2024 | 全国勘察设计注册工程师
执业资格考试用书

Zhuce Gongyong Shebei Gongchengshi (Jishui Paishui) Zhiye Zige Kaoshi
Jichu Kaoshi Fuxi Jiaocheng

注册公用设备工程师（给水排水）执业资格考试
基础考试复习教程

（上册）

注册工程师考试复习用书编委会 / 编
徐洪斌　曹纬浚 / 主编

微信扫一扫
里面有数字资源的获取和使用方法哟

人民交通出版社
北京

内 容 提 要

本书编写人员全部是多年从事注册公用设备工程师基础考试培训工作的专家、教授。书中内容紧扣现行考试大纲并覆盖了考试大纲的全部内容，着重于对概念的理解运用，重点突出。教程小节后附有习题，每章后附有题解和参考答案。另出版有配套复习用书《2024 注册公用设备工程师（给水排水）执业资格考试基础考试试卷》（含公共基础、专业基础 4 个分册，收录有 2022 年补考真题和 2023 年真题），可作为考生检验复习效果和准备考试之用。

本书配电子书，部分科目配有视频讲解，考生可微信扫描上册封面红色“二维码”，登录“注考大师”获取资源（有效期一年）。

由于本书篇幅较大，故分为上、下两册，上册为公共基础考试内容，下册为专业基础考试内容，以便于携带和翻阅。

本书可供参加 2024 年注册公用设备工程师（给水排水）执业资格考试基础考试的考生复习使用。

图书在版编目（CIP）数据

2024 注册公用设备工程师（给水排水）执业资格考试基础考试复习教程/徐洪斌，曹纬浚主编.—北京：人民交通出版社股份有限公司，2024.4

ISBN 978-7-114-19220-3

Ⅰ.①2… Ⅱ.①徐… ②曹… Ⅲ.①给排水系统—资格考试—自学参考资料 Ⅳ.①TU991

中国国家版本馆 CIP 数据核字（2024）第 017114 号

书　　名：2024 注册公用设备工程师（给水排水）执业资格考试基础考试复习教程
著 作 者：徐洪斌　曹纬浚
责任编辑：刘彩云
责任印制：刘高彤
出版发行：人民交通出版社
地　　址：（100011）北京市朝阳区安定门外外馆斜街 3 号
网　　址：http://www.ccpcl.com.cn
销售电话：（010）59757973
总 经 销：人民交通出版社发行部
经　　销：各地新华书店
印　　刷：北京市密东印刷有限公司
开　　本：889 × 1194　1/16
印　　张：74.75
字　　数：1956 千
版　　次：2024 年 4 月　第 1 版
印　　次：2024 年 4 月　第 1 次印刷
书　　号：ISBN 978-7-114-19220-3
定　　价：178.00 元（含上、下两册）

主编简介 Editor-in-Chief's Profile

与地下组织成员在长沙解放前夕合影（前排右一）

曹纬浚，生于 1932 年 8 月，湖南长沙人，高级工程师，国家一级注册结构工程师。

1949 年 2 月高中时参加了我党的地下外围组织，组织了解放前长沙广雅中学（后改名为长沙七中）的学生运动。

1950 年 6 月入党。1950 年 9 月组织调动入伍。1951 年参加抗美援朝，在铁道兵司令部任机要秘书，在朝鲜立三等功 2 次，获得朝鲜政府颁发的军功章 3 枚。

1953 年底回国后参加了黎湛和鹰厦铁路的建设。1956 年入唐山铁道学院（现西南交大）学习，

①

②

①1953 年朝鲜战争停战后回京（胸前佩戴的是 3 枚朝鲜政府颁发的军功章和 1 枚抗美援朝纪念章）

②1955 年中尉照

1961 年毕业后在铁道兵科研院参与铁路军用钢梁的研究设计和试验。1965 年 7 月作为我国援越铁路抢修专家组的专家赴越南工作，和全组 8 位同志一起用抗美援朝的铁路抢修经验指导越南人抢修铁路，并重点负责铁路便桥的设计。仅用 4 个月就指导越南抢修大队抢通了河内到荣市 300 多公里铁路，恢复了向越南南方的战争物资供应。1966 年 7 月回国时获得越南政府授予的友谊勋章。1969 年 7 月到铁道兵 14 师 67 团任总工程师，主持全团的技术工作，参加了京原铁路和沙通铁路的建设。1972 年 7 月再次作为援越铁路抢修专家组的专家赴越南工作，1973 年 2 月回国时再获友谊勋章。在部队先后立三等功 3 次。

纪念章、军功章、友谊勋章（中间 3 枚纪念章，居中为 2019 年颁发的“庆祝中华人民共和国成立 70 周年”纪念章，颁给 1949 年 10 月 1 日前参加革命的离休干部；居右为 2020 年颁发的“抗美援朝 70 周年”纪念章；居左为 2021 年建党 100 周年颁发的“光荣在党 50 年”纪念章。胸前佩戴的是军功章和友谊勋章）

1975 年起在铁道兵地铁设计院任副总工程师。1983 年 7 月随部队集体转业后，在北京城建设计研究总院任副院长。1988 年起在北京市规划委所属的北京设科技术开发中心任总经理。1992 年 12 月离休。

1995 年起受北京市规划委委托，先后组织了北京市设计行业的注册建筑师、注册结构工程师、注册岩土工程师的考前培训，并先后主编了多套辅导教材。

前　言

原建设部（现住房和城乡建设部）和原人事部（现人力资源和社会保障部）从 2003 年起实施注册公用设备工程师（给水排水）执业资格考试制度。

本教程的编写老师都是本专业有较深造诣的教授和高级工程师，分别来自北京建筑大学、北京工业大学、北京交通大学、北京工商大学、郑州大学及北京市建筑设计研究院。为了帮助公用设备工程师们准备考试，教师们根据多年教学实践经验和考生的回馈意见，依据考试大纲和现行教材、规范，对考试必备的基础知识进行了凝练总结，编写了这本教程，以协助考生在较短时间内理解和掌握考试大纲的要求。本教程的目的是为了指导复习，因此力求简明扼要，联系实际，着重对概念和规范的理解应用，并注意突出重点，是一套值得考生信赖的考前辅导和培训用书。

本教程分上、下册出版，上册第 1 至第 11 章为上午段公共基础考试内容，下册第 12 至第 18 章为下午段专业基础考试内容，每册书后均附有考试大纲、试题配置说明。考生在复习本书的同时，可结合《2024 注册公用设备工程师（给水排水）执业资格考试基础考试试卷》（含公共基础、专业基础 4 个分册，收录有 2022 年补考真题、2023 年真题及解析，配有在线题库）进行相关知识点的巩固，并熟练掌握高频考题的解题思路和结论。

本书配电子书，部分科目配有视频讲解，考生可微信扫描上册封面红色“二维码”，登录“注考大师”获取资源（有效期一年）。

本书由徐洪斌、曹纬浚担任主编，参加编写的人员有刘明惠、吴昌泽、王秋媛、范元玮、魏京花、谢亚勃、刘燕、钱民刚、许小重、毛军、李兆年、黄辉、许怡生、陈向东、孙伟、李魁元、蒋全科、耿颖、何新生、马浩亮、杨苗青、张秀金、程辉、李远、赵江涛、李国令、张俊龙、黄善恒、刘俊钊、刘儒雪、尚丹、汤秋菊、李瑶华、彭杨彬、段东歌、任孟月、张玉欢、高睿成、李夏、陶淑元、魏颂雨、姚松源、李欣烨、高照、郭宝磊、杨增浩、王晨曦、赵宇鑫、王文博、周子杰、张婧怡、吕明哲、赵怡蔚、段妮妮、吴楠、刘润泽。

祝各位考生考试取得好成绩！

徐洪斌

2024 年 1 月

主编致考生

一、注册公用设备工程师（给水排水）在专业考试之前进行基础考试是和国外接轨的做法。通过基础考试并达到职业实践年限后就可以申请参加专业考试。基础考试是考大学中的基础课程，按考试大纲的安排，上午考试段考 11 科，120 道题，4 个小时，每题 1 分，共 120 分；下午考试段考 7 科，60 道题，4 个小时，每题 2 分，共 120 分；上、下午共 240 分。试题均为 4 选 1 的单选题，平均每题时间上午 2 分钟，下午 4 分钟，因此不会有复杂的论证和计算，主要是检验考生的基本概念和基本知识。考生在复习时不要偏重难度大或过于复杂的知识，而应将复习的注意力主要放在弄清基本概念和基本知识方面。

二、考生在复习本教程之前，应认真阅读“考试大纲”，清楚地了解考试的内容和范围，以便合理制订自己的复习计划。复习时一定要紧扣“考试大纲”的内容，将全面复习与突出重点相结合。着重对“考试大纲”要求掌握的基本概念、基本理论、基本计算方法、计算公式和步骤，以及基本知识的应用等内容有系统、有条理地重点掌握，明白其中的道理和关系，掌握分析问题的方法。同时还应会使用为减少计算工作量或简化、方便计算所制作的表格等。本教程中每章前均有一节“复习指导”，具体说明本章的复习重点、难点和复习中要注意的问题，建议考生认真阅读每章的“复习指导”，参考“复习指导”的意见进行复习。在对基本概念、基本原理和基本知识有一个整体把握的基础上，对每章节的重点、难点进行重点复习和重点掌握。

三、注册公用设备工程师（给水排水）基础考试上、下午试卷共计 240 分，上、下午不分段计算成绩，这几年及格线都是 55%，也就是说，上、下午试卷总分达到 132 分就可以通过。因此，考生在准备考试时应注意扬长避短。从道理上讲，自己较弱的科目更应该努力复习，但毕竟时间和精力有限，如 2009 年新增加的“信号与信息技术”，据了解，非信息专业的考生大多未学过，短时间内要掌握好比较困难，而“信号与信息技术”总共只有 6 道题，6 分，只占总分的 2.5%，也就是说，即使“信号与信息技术”1 分未得，其他科目也还有 234 分，从 234 分中考 132 分是完全可以做到的。因此考生可以根据考试分科题量、分数分配和自己的具体情况，计划自己的复习重点和主要得分科目。当然一些主要得分科目是不能放松的，如“高等数学”24 题（上午段）24 分，“水文学和水文地质”12 题（下午段）24 分，“水泵及水泵站”12 题（下午段）24 分，都是不能放松的；其他科目则可根据自己过去对课程的掌握情况有所侧重，争取在自己过去学得好的课程中多得分。

四、在考试拿到试卷时，建议考生不要顺着题序顺次往下做。因为有的题会比较难，有的题不很熟悉，耽误的时间会比较多，以致到最后时间不够，题做不完，有些题会做但时间来不及，这就太得不偿失了。建议考生将做题过程分为四遍：

（1）首先用 15~20 分钟将题从头到尾看一遍，一是首先解答出自己很熟悉很有把握的题；二是将那些需要稍加思考估计能在平均答题时间里做出的题做个记号。这里说的平均答题时间，是指上午段 4 个小时考 120 道题，平均每题 2 分钟；下午段 4 个小时考 60 道题，平均每题 4 分钟，这个 2 分钟（上午）、4 分钟（下午）就是平均答题时间。将估计在这个时间里能做出来的题做上记号。

（2）第二遍做这些做了记号的题，这些题应该在考试时间里能做完，做完了这些题可以说就考出了考生的基本水平，不管考生基础如何，复习得怎么样，考得如何，至少不会因为题没做完而遗憾了。

（3）这些会做或基本会做的题做完以后，如果还有时间，就做那些需要稍多花费时间的题，能做几个算几个，并适当抽时间检查一下已答题的答案。

（4）考试时间将近结束时，比如还剩 5 分钟要收卷了，这时你就应看看还有多少道题没有答，这些题确实不会了，建议考生也不要放弃。既然是单选，那也不妨估个答案，答对了也是有分的。建议考生回头看看已答题目的答案，A、B、C、D 各有多少，虽然整个卷子四种答案的数量并不一定是平均的，但还是可以这样考虑，看看已答的题 A、B、C、D 中哪个答案最少，然后将不会做没有答的题按这个前边最少的答案通填，这样其中会有 1/4 可能还会多于 1/4 的题能得分，如果考生前边答对的题离及格正好差几分，这样一补充就能及格了。

五、基础考试是不允许带书和资料的，因此一些重要的公式、规定，考生一定要自己记住。

六、本教程每节后均附有习题，并在每章后附有提示及参考答案。建议考生在复习好本教程内容的基础上，多做习题。多做习题能帮助巩固已学的概念、理论、方法和公式等，并能发现自己的不足，哪些地方理解得不正确，哪些地方没有掌握好；同时熟能生巧，提高解题速度。

复习中若遇到疑问，可根据上、下册不同，参考封底邮箱信息，发邮件至两位主编邮箱，我们会尽快回复解答。相信这本教程能帮助大家准备好考试。

最后，祝愿各位考生取得好成绩！

曹纬浚

2024 年 1 月

目　录 CONTENTS

第一章　数　　学

复习指导

在注册工程师基础考试中，基础部分试卷试题总数为120道题，其中数学占24题。近几年，数学题高等数学部分有18道题，线性代数、概率论与数理统计各3道题。数学题的数量占上午试题总量的1/5，因而复习好数学至关重要。

一、考试大纲

1.1　空间解析几何

向量的线性运算；向量的数量积、向量积及混合积；两向量垂直、平行的条件；直线方程；平面方程；平面与平面、直线与直线、平面与直线之间的位置关系；点到平面、直线的距离；球面、母线平行于坐标轴的柱面、旋转轴为坐标轴的旋转曲面的方程；常用的二次曲面方程；空间曲线在坐标面上的投影曲线方程。

1.2　微分学

函数的有界性、单调性、周期性和奇偶性；数列极限与函数极限的定义及其性质；无穷小和无穷大的概念及其关系；无穷小的性质及无穷小的比较；极限的四则运算；函数连续的概念；函数间断点及其类型；导数与微分的概念；导数的几何意义和物理意义；平面曲线的切线和法线；导数和微分的四则运算；高阶导数；微分中值定理；洛必达法则；一元函数的切线与法线，空间曲线的切线与法平面、曲面的切平面及法线；函数单调性的判别；函数的极值；函数曲线的凹凸性、拐点；偏导数与全微分的概念；二阶偏导数；多元函数的极值和条件极值；多元函数的最大、最小值及其简单应用。

1.3　积分学

原函数与不定积分的概念；不定积分的基本性质；基本积分公式；定积分的基本概念和性质（包括定积分中值定理）；积分上限的函数及其导数；牛顿-莱布尼兹公式；不定积分和定积分的换元积分法与分部积分法；有理函数、三角函数的有理式和简单无理函数的积分；广义积分；二重积分与三重积分的概念、性质、计算和应用；两类曲线积分的概念、性质和计算；求平面图形的面积、平面曲线的弧长和旋转体的体积。

1.4　无穷级数

数项级数的敛散性概念；收敛级数的和；级数的基本性质与级数收敛的必要条件；几何级数与p级数及其收敛性；正项级数敛散性的判别法；任意项级数的绝对收敛与条件收敛；幂级数及其收敛半径、收敛区间和收敛域；幂级数的和函数；函数的泰勒级数展开；函数的傅里叶系数与傅里叶级数。

1.5　常微分方程

常微分方程的基本概念；变量可分离的微分方程；齐次微分方程；一阶线性微分方程；全微分方程；可降阶的高阶微分方程；线性微分方程解的性质及解的结构定理；二阶常系数齐次线性微分方程。

1.6 线性代数

行列式的性质及计算；行列式按行按列展开定理的应用；矩阵的运算；逆矩阵的概念、性质及求法；矩阵的初等变换和初等矩阵；矩阵的秩；等价矩阵的概念和性质；向量的线性表示；向量组的线性相关和线性无关；线性方程组有解的判定；线性方程组求解；矩阵的特征值和特征向量的概念与性质；相似矩阵的概念和性质；矩阵的相似对角化；二次型及其矩阵表示；合同矩阵的概念和性质；二次型的秩；惯性定理；二次型及其矩阵的正定性。

1.7 概率论与数理统计

随机事件与样本空间；事件的关系与运算；概率的基本性质；古典型概率；条件概率；概率的基本公式；事件的独立性；独立重复试验；随机变量；随机变量的分布函数；离散型随机变量的概率分布；连续型随机变量的概率密度；常见随机变量的分布；随机变量的数学期望、方差、标准差及其性质；随机变量函数的数学期望；矩、协方差、相关系数及其性质；总体；个体；简单随机样本；统计量；样本均值；样本方差和样本矩；χ^2分布；t分布；F分布；点估计的概念；估计量与估计值；矩估计法；最大似然估计法；估计量的评选标准；区间估计的概念；单个正态总体的均值和方差的区间估计；两个正态总体的均值差和方差比的区间估计；显著性检验；单个正态总体的均值和方差的假设检验。

二、复习指导

在复习中，首先要熟悉大纲，按大纲的要求分清哪些属于考试要求，哪些不属于考试要求，有的放矢地做好复习工作。建议考生除了复习本复习教程上的内容外，还可结合同济大学编的《高等数学》上、下册（第六版或第七版）课本一起复习。由于复习教程篇幅所限，有的内容显得简单了，结合书本复习，可进一步充实相关的内容。另外，在教科书中还附有大量的习题，可在复习时做练习题用。

关于考试的试题基础部分在上午考，时间为 4 个小时，考题有 120 道，也就是要在 240 分钟内做完 120 道题，平均 2 分钟做 1 道题，这一点也是我们在复习中应该注意的。这样，大的定理证明、复杂的计算题、计算量大大超过 2 分钟的题目就不可能在试题中出现。试题的形式都是单选题，从给出的四个选项中挑一个。如果题目是以计算题形式给出的，可通过正确的计算选择其中一个答案，有的从形式上看也是计算题，但涉及的内容有函数的特性，不妨先去判定一下。对常微分方程中的题目，如求二阶常系数线性非齐次方程的特解，可将给出的选项代入试题试算一下，求出方程的特解。对于线性代数中求可逆方阵的逆矩阵时，可将给出的选项代入试题，求出符合公式$\boldsymbol{AB}=\boldsymbol{E}$的逆矩阵等。这对提高计算速度，减少复杂的计算有帮助。有的题目属于概念题，应认真回顾所学过的概念，做出正确的选择，有的题目要求根据学过的定义、定理判定，要很好想一下这些定义、定理的具体内容，经分析后选出要求的答案。因而掌握书本的定义、定理性质是必要的。另外，熟悉一些题目的计算步骤，记住曾做过一些题目的结论也是必要的。并注意根据题目的要求，当能肯定选出某一选项后，其余三个选项，不论它所给出的内容是什么，都不再去验证它为什么错。有的题目给了四个选项，一时判定不了的，可以采取逐一排除的方法，得到最后的结论。这些做法在具体做题时需要灵活掌握。但可以肯定的是，选择题往往是从涉及概念性较强、计算比较灵活，而计算量又不很大的一类题目中选出。了解以上情况之后，从一开始复习就要加以注意。最后通过系统的复习达到对考试要求的内容有一个全面了解，应该记忆的定义、定理、性质和一些推导出来的结论要记住，应该记忆的公式要记牢，对各种类型的计算题解题的步骤要记住，只有这样，才能较好地应对这次考试。

下面按章、节讲一下每一部分的重点和难点，按复习教程所写的内容顺序进行。

（一）空间解析几何与向量代数

重点：（1）掌握利用向量的基本向量分解式或坐标表示式进行向量运算，如加法、减法、数乘，数量积、向量积、混合积的计算。

（2）熟练掌握利用两向量平行、两向量垂直坐标所具备的性质，设$\vec{a}$，$\vec{b}$为非零向量，$\vec{a}=\{a_x,a_y,a_z\}$，$\vec{b}=\{b_x,b_y,b_z\}$，则①$\vec{a}/\!/\vec{b}\Leftrightarrow\vec{a}\times\vec{b}=\vec{0}\Leftrightarrow\vec{a}=\lambda\vec{b}\Leftrightarrow\frac{a_x}{b_x}=\frac{a_y}{b_y}=\frac{a_z}{b_z}$；②$\vec{a}\perp\vec{b}\Leftrightarrow\vec{a}\cdot\vec{b}=0\Leftrightarrow a_xb_x+a_yb_y+a_zb_z=0$。会利用上述条件求直线方程、平面方程，判定直线和平面间的某种位置关系，空间曲线在坐标面上的投影曲线。

（3）熟练掌握二次曲面类型的判别。

难点：利用两向量平行或垂直的条件求直线方程、平面方程，判定直线和平面的位置关系是其中的难点。

（二）一元函数微分学

重点：（1）掌握函数的概念，函数奇偶性、单调性、周期性、有界性的判定方法。

（2）熟练掌握求极限的方法，把利用极限的性质、极限运算法则、极限的存在准则、两个重要极限、等价无穷小求极限方法和洛必达法则求未定式极限等方法灵活地结合在一起。

（3）理解函数连续的概念，会判定函数的间断点及间断点类型，了解初等函数的连续性和闭区间上连续函数的性质。

（4）理解导数的概念，掌握利用导数定义求导数的方法，尤其是分段函数，会利用左、右导数定义判定其在分段点的可导性。掌握导数的几何意义，会求平面曲线的切线和法线。理解函数连续性与可导性之间的关系，掌握微分的定义。

（5）熟练掌握基本初等函数的求导公式，导数的四则运算法则，复合函数的求导法则，隐函数和参数方程所确定的函数的一阶、二阶导数，幂指函数的求导方法，高阶导数的计算。

（6）理解罗尔定理、拉格朗日中值定理。熟练掌握函数的极值概念，掌握用导数判断函数的单调性和求函数极值的方法，掌握函数最大值和最小值的求法及其简单应用。会用二阶导数判断函数图形的凹凸性，会求函数图形的拐点以及水平、铅直和斜渐近线。

难点：灵活运用各种方法求未定式极限，微分的定义，隐函数和参数方程所确定的函数的二阶导数的求法，幂指函数的求导方法，罗尔定理、拉格朗日中值定理的应用，极值的判断方法，图形的凹凸性。

（三）一元函数积分学

重点：（1）原函数与不定积分的概念。

（2）熟练掌握不定积分的基本积分公式，不定积分第一类换元法、第二类换元法和分部积分法。

（3）掌握积分上限的函数及其导数，牛顿-莱布尼兹公式，定积分的换元积分法，定积分的分部积分法。熟练掌握利用奇偶函数在对称区间上定积分的性质，简化定积分的运算。

（4）理解用定积分去解决实际问题的思想方法即定积分的元素法，学会用元素法计算平面图形的面积 、旋转体体积、平面曲线的弧长。

（5）理解无穷限广义积分和无界函数广义积分的定义及计算。

难点：不定积分和定积分计算，以及元素法求面积、体积的正确运用。

（四）多元函数微分学

重点：（1）熟练掌握复合函数偏导数和全微分的计算，隐函数偏导数和全微分的计算。

（2）掌握二元函数在一点的连续性，偏导存在和全微分的概念及它们之间的联系。

（3）熟练掌握求空间曲线的切线和法平面、空间曲面的切平面和法线的方程的方法。

难点：二元函数连续性、偏导存在和可微概念之间的关系，求二元复合函数和隐函数的偏导、全微分是难点。

（五）多元函数积分学

重点：（1）熟练掌握二重积分的计算，并会在直角坐标系下把二重积分写成两种积分顺序下的二次积分，会把二重积分化为极坐标系下的二次积分。

（2）熟练掌握把三重积分化为在直角坐标系下、柱面坐标系下、球面坐标系下的三次积分（计算三重积分不是重点）。

（3）熟练掌握对弧长和坐标的曲线积分的计算。

难点：把三重积分化为直角、柱面、球面坐标系下的三次积分，对弧长的曲线积分。

（六）级数

重点：（1）熟练掌握数项级数敛散性的判定。

（2）熟练掌握幂级数的收敛半径和收敛区间的求法。

（3）熟练掌握利用已知函数展开式，采用间接展开法，把函数展开成幂级数。

（4）掌握用狄利克雷收敛定理确定傅里叶级数的和函数，求在某点傅里叶级数的和。

难点：（1）数项级数敛散性的判定。

（2）用间接展开法把函数展开成幂级数。

（七）常微分方程

重点：（1）熟练掌握一阶微分方程中可分离变量方程、一阶线性方程通解的求法。

（2）熟练掌握二阶常系数线性齐次方程通解的计算方法。

（3）掌握列微分方程、解应用题方法。

难点：列微分方程、解应用题。

技巧：对于常微分方程的考题，使用“代入选项试算法”会加快做题速度，不妨一试。

（八）线性代数

根据考试大纲的要求，线性代数需要掌握以下内容：行列式、矩阵、n维向量、线性方程组、矩阵的特征值与特征向量、二次型。

行列式是线性代数的基本工具，而高阶行列式的计算一般都要用到行列式的相关性质。

矩阵是线性代数研究的主要对象，是求解线性方程组的有力工具。除了掌握矩阵的基本运算外，还应会求逆矩阵、矩阵的秩，进而会求解矩阵方程。

在求解线性方程组时会涉及解向量的最大线性无关组的问题，对于向量组要会求它的最大线性无关组。能熟练利用齐次及非齐次线性方程组解的性质，写出方程组的通解。

特征值与特征向量是矩阵理论中最基本的概念之一，对此，应熟练掌握。

关于二次型，首先要会写出它的矩阵形式，即找出它所对应的实对称阵。将一般二次型化为标准型时，也会遇到求二次型所对应矩阵的特征根的问题。

（九）概率论与数理统计

概率论与数理统计需要掌握的内容如下。

随机事件与概率、古典概型、一维随机变量的分布和数字特征、数理统计的基本概念、参数估计、假设检验。

对事件运算、古典概型、全概率公式、独立重复试验要会灵活运用这些工具解决具体问题。

对于随机变量可以有三种描述工具：分布函数、离散型随机变量的分布律、连续型随机变量的概率密度，需要熟悉它们的定义、性质，并且要会使用。比如，概率密度$f(x)$中如果含未知数A，则可用$\int_{-\infty}^{+\infty} f(x)\mathrm{d}x=1$定出$A$。而对正态$N(\mu,\sigma^2)$分布的随机变量要转化成标准正态$N(0,1)$分布才可查表。

数字特征可从某个侧面反映随机变量分布的特点，数学期望和方差的性质及有关计算公式属于基本内容，用它们可以解决一些实际问题，应该予以关注。

统计量，比如样本均值$\overline{X}$和方差S^2，抽样分布是参数估计、假设检验的基础。

总之，大家应在基本概念清晰的基础上，熟练掌握有关的计算问题，特别是比较简洁的计算。

第一节　空间解析几何与向量代数

一、空间直角坐标

（一）空间直角坐标系

在空间取定一点O，和以O为原点的两两垂直的三个数轴，依次记作x轴（横轴）、y轴（纵轴）、z轴（竖轴），构成一个空间直角坐标系（见图 1-1-1）。通常坐标轴正向符合右手规则，即以右手握住z轴，当右手的四个手指从正向x轴以$\frac{\pi}{2}$角度转向正向y轴时，大拇指的指向就是z轴的正向。并设$\vec{i}$、$\vec{j}$、$\vec{k}$为x轴、y轴、z轴上的单位向量，又称为$Oxyz$坐标系，或$[O,\vec{i},\vec{j},\vec{k}]$坐标系。

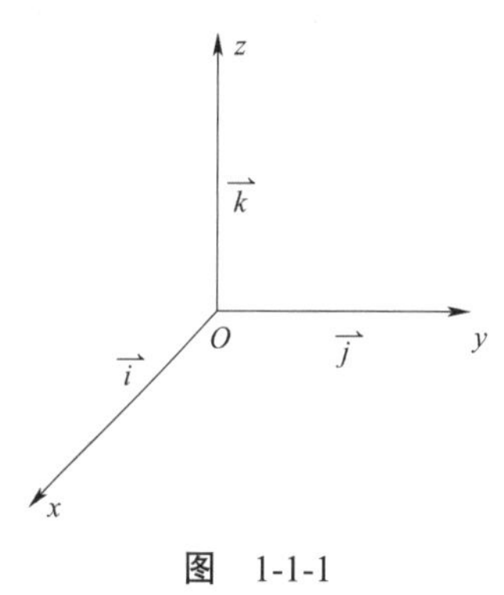

图 1-1-1

（二）两点间的距离

在空间直角坐标系中，$M_1(x_1,y_1,z_1)$与$M_2(x_2,y_2,z_2)$之间的距离为

$$d=\sqrt{(x_2-x_1)^2+(y_2-y_1)^2+(z_2-z_1)^2} \tag{1-1-1}$$

（三）空间有向直线方向的确定

设有一条有向直线L，它与三个坐标轴正向的夹角分别为α、β、$\gamma(0\leqslant\alpha,\beta,\gamma\leqslant\pi)$，称为直线$L$的方向角；$\{\cos\alpha,\cos\beta,\cos\gamma\}$称为直线$L$的方向余弦，三个方向余弦有以下关系

$$\cos^2\alpha+\cos^2\beta+\cos^2\gamma=1 \tag{1-1-2}$$

二、向量代数

（一）向量的概念

既有大小又有方向的量称为向量，数学上常用一条有方向的线段，即有向线段来表示，以A为起点，B为终点的向量，记作$\overrightarrow{AB}$，或简记作$\vec{a}$。向量$\vec{a}$的长记作$|\vec{a}|$，又称为向量$\vec{a}$的模。两个向量$\vec{a}$和$\vec{b}$若满足：①$|\vec{a}|=|\vec{b}|$，②$\vec{a}/\!/\vec{b}$，③$\vec{a}$，$\vec{b}$指向同一侧，即大小相同，方向完全重合，则称$\vec{a}=\vec{b}$。（经过平行移动后能完全重合的向量相等）

与$\vec{a}$方向一致的单位向量记作$\vec{a}^0$，则$\vec{a}^0=\frac{\vec{a}}{|\vec{a}|}$。若$\vec{a}^0=\{\cos\alpha,\cos\beta,\cos\gamma\}$，也即为$\vec{a}$的方向余弦。

（二）向量的运算

1. 两向量的和

以$\vec{a}$、$\vec{b}$为边的平行四边形的对角线（见图1-1-2）所表示的向量$\vec{c}$，称向量$\vec{a}$与$\vec{b}$的和，记作

$$\vec{c}=\vec{a}+\vec{b} \tag{1-1-3}$$

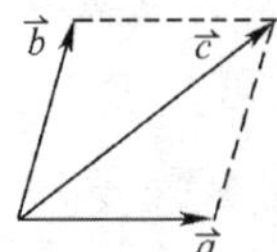

图 1-1-2

一般说，n个向量$\vec{a}_1$，$\vec{a}_2$，…，$\vec{a}_n$的和可定义如下：先作向量$\vec{a}_1$，再以$\vec{a}_1$的终点为起点作向量$\vec{a}_2$，…，最后以向量$\vec{a}_{n-1}$的终点为起点作向量$\vec{a}_n$，则以向量$\vec{a}_1$的起点为起点、以向量$\vec{a}_n$的终点为终点的向量$\vec{b}$称为$\vec{a}_1$，$\vec{a}_2$，…，$\vec{a}_n$的和，即

$$\vec{b}=\vec{a}_1+\vec{a}_2+\cdots+\vec{a}_n \tag{1-1-4}$$

2. 两向量的差

设$\vec{a}$为一向量，与$\vec{a}$的模相同，而方向相反的向量叫作$\vec{a}$的负向量，记作$-\vec{a}$，规定两个向量$\vec{a}$与$\vec{b}$的差为

$$\vec{a}-\vec{b}=\vec{a}+(-\vec{b}) \tag{1-1-5}$$

3. 向量与数的乘法

设λ是一个实数，向量$\vec{a}$与λ的乘积$\lambda\vec{a}$规定为：

当$\lambda>0$时，$\lambda\vec{a}$表示一个向量，它的方向与$\vec{a}$的方向相同，模等于$|\vec{a}|$的λ倍，即$|\lambda\vec{a}|=\lambda|\vec{a}|$；

当$\lambda=0$时，$\lambda\vec{a}$是零向量，即$\lambda\vec{a}=\vec{0}$；

当$\lambda<0$时，$\lambda\vec{a}$表示一个向量，它的方向与$\vec{a}$的方向相反，模等于$|\vec{a}|$的$|\lambda|$倍，即$|\lambda\vec{a}|=|\lambda||\vec{a}|$。

4. 共线向量和共面向量

方向相同或相反的向量称为共线向量。

两个向量$\vec{a}$、$\vec{b}$共线的充分必要条件是存在不全为零的常数λ、μ，使得$\lambda\vec{a}+\mu\vec{b}=0$。

平行于同一平面的向量称为共面向量。

三个向量$\vec{a}$、$\vec{b}$、$\vec{c}$共面的充分必要条件是存在不全为零的常数k_1、k_2、k_3，使得$k_1\vec{a}+k_2\vec{b}+k_3\vec{c}=0$。

5. 两向量的数量积

两向量的数量积为一数量，表示为

$$\vec{a}\cdot\vec{b}=|\vec{a}||\vec{b}|\cos(\widehat{\vec{a},\vec{b}}) \tag{1-1-6}$$

6. 两向量的向量积

两向量的向量积为一向量，记作$\vec{a}\times\vec{b}=\vec{c}$。

①$|\vec{c}|=|\vec{a}\times\vec{b}|=|\vec{a}||\vec{b}|\sin(\widehat{\vec{a},\vec{b}})$，$|\vec{c}|$的几何意义为以$\vec{a}$、$\vec{b}$为边作出的平行四边形的面积；②$\vec{c}\perp\vec{a}$，$\vec{c}\perp\vec{b}$；③$\vec{c}$的正向按右手规则即以四个手指从$\vec{a}$以不超过π的角度转向$\vec{b}$，则大拇指的指向即为$\vec{c}$的方向。

7. 三个向量的混合积

$(\vec{a}\times\vec{b})\cdot\vec{c}$称为向量$\vec{a}$、$\vec{b}$、$\vec{c}$的混合积，记作$[\vec{a}\ \vec{b}\ \vec{c}]$，$|(\vec{a}\times\vec{b})\cdot\vec{c}|$的几何意义表示以$\vec{a}$、$\vec{b}$、$\vec{c}$为棱的平行六面体的体积。可推出，当向量$\vec{a}$、$\vec{b}$、$\vec{c}$共面时，混合积$[\vec{a}\ \vec{b}\ \vec{c}]=0$，即$(\vec{a}\times\vec{b})\cdot\vec{c}=0$。

（三）向量运算的性质（$\vec{a}$、$\vec{b}$为向量，λ、μ为数量）

交换律

$\vec{a}+\vec{b}=\vec{b}+\vec{a}$，$\lambda\vec{a}=\vec{a}\lambda$，$\vec{a}\cdot\vec{b}=\vec{b}\cdot\vec{a}$

结合律

$(\vec{a}+\vec{b})+\vec{c}=\vec{a}+(\vec{b}+\vec{c})$，$(\lambda\mu)\,\vec{a}=\lambda(\mu\vec{a})$

$\lambda(\vec{a}\cdot\vec{b})=(\lambda\vec{a})\cdot\vec{b}=\vec{a}\cdot(\lambda\vec{b})$，$\lambda(\vec{a}\times\vec{b})=(\lambda\vec{a})\times\vec{b}=\vec{a}\times(\lambda\vec{b})$

分配律

$(\lambda+\mu)\vec{a}=\lambda\vec{a}+\mu\vec{a}$，$\lambda(\vec{a}+\vec{b})=\lambda\vec{a}+\lambda\vec{b}$，$(\vec{a}+\vec{b})\cdot\vec{c}=\vec{a}\cdot\vec{c}+\vec{b}\cdot\vec{c}$，$(\vec{a}+\vec{b})\times\vec{c}=\vec{a}\times\vec{c}+\vec{b}\times\vec{c}$

向量的数量积满足交换律，即$\vec{a}\cdot\vec{b}=\vec{b}\cdot\vec{a}$；

向量的向量积不满足交换律，即$\vec{a}\times\vec{b}\neq\vec{b}\times\vec{a}$，$\vec{a}\times\vec{b}=-\vec{b}\times\vec{a}$。

（四）向量在轴上的投影

给定向量$\overrightarrow{AB}$及u轴，过A、B点分别向u轴作垂直平面，与u轴交于A_1、B_1，则有向线段$\overrightarrow{A_1B_1}$的值A_1B_1称为$\overrightarrow{AB}$在u轴上的投影，记作$\mathrm{Prj_u}\overrightarrow{AB}$，向量的投影是一个数量。

设$\overrightarrow{AB}$与u轴的夹角为α，则

$$\mathrm{Prj_u}\overrightarrow{AB}=\left|\overrightarrow{AB}\right|\cos\alpha$$

n个向量的和在u轴上的投影为

$$\mathrm{Prj_u}(\vec{a}_1+\vec{a}_2+\cdots+\vec{a}_n)=\mathrm{Prj_u}\vec{a}_1+\mathrm{Prj_u}\vec{a}_2+\cdots+\mathrm{Prj_u}\vec{a}_n \tag{1-1-7}$$

（五）向量的投影表示

设$\vec{a}$的起点A坐标为(x_1,y_1,z_1)，终点B坐标为(x_2,y_2,z_2)，则$\vec{a}=\overrightarrow{AB}=\{x_2-x_1,y_2-y_1,z_2-z_1\}$，记$a_x=x_2-x_1$，$a_y=y_2-y_1$，$a_z=z_2-z_1$，$a_x$、$a_y$、$a_z$称为向量$\vec{a}$在$x$轴、$y$轴、$z$轴上的投影。又设$\vec{i}$、$\vec{j}$、$\vec{k}$依次为与$x$、$y$、$z$轴正向一致的单位向量，则

$$\vec{a}=a_x\vec{i}+a_y\vec{j}+a_z\vec{k}=(x_2-x_1)\vec{i}+(y_2-y_1)\vec{j}+(z_2-z_1)\vec{k} \tag{1-1-8}$$

又可写成

$$\vec{a}=\{a_x,a_y,a_z\}=\{x_2-x_1,y_2-y_1,z_2-z_1\} \tag{1-1-9}$$

式（1-1-8）又称为向量$\vec{a}$按基本单位向量的分解式，式（1-1-9）又叫作向量$\vec{a}$的坐标表示式。

（六）向量运算的坐标表示式

设$\vec{a}=\{a_x,a_y,a_z\}$，$\vec{b}=\{b_x,b_y,b_z\}$，$\vec{c}=\{c_x,c_y,c_z\}$，则

$$\vec{a}\pm\vec{b}=\{a_x\pm b_x,a_y\pm b_y,a_z\pm b_z\}$$

$$\lambda\vec{a}=\{\lambda a_x,\lambda a_y,\lambda a_z\}$$

$$\vec{a}\cdot\vec{b}=a_xb_x+a_yb_y+a_zb_z$$

$$\vec{a}\times\vec{b}=\begin{vmatrix}\vec{i}&\vec{j}&\vec{k}\\a_x&a_y&a_z\\b_x&b_y&b_z\end{vmatrix}=\begin{vmatrix}a_y&a_z\\b_y&b_z\end{vmatrix}\vec{i}-\begin{vmatrix}a_x&a_z\\b_x&b_z\end{vmatrix}\vec{j}+\begin{vmatrix}a_x&a_y\\b_x&b_y\end{vmatrix}\vec{k} \tag{1-1-10}$$

$$[\vec{a}\,\vec{b}\,\vec{c}]=(\vec{a}\times\vec{b})\cdot\vec{c}=\begin{vmatrix}a_x&a_y&a_z\\b_x&b_y&b_z\\c_x&c_y&c_z\end{vmatrix}=\begin{vmatrix}b_y&b_z\\c_y&c_z\end{vmatrix}a_x-\begin{vmatrix}b_x&b_z\\c_x&c_z\end{vmatrix}a_y+\begin{vmatrix}b_x&b_y\\c_x&c_y\end{vmatrix}a_z$$

向量的模和方向余弦的坐标表示式：

设$\vec{a}=\{a_x,a_y,a_z\}$，α、β、γ为$\vec{a}$的方向角，则$|\vec{a}|=\sqrt{a_x^2+a_y^2+a_z^2}$。

$$\begin{aligned}\cos\alpha&=\frac{a_x}{|\vec{a}|}=\frac{a_x}{\sqrt{a_x^2+a_y^2+a_z^2}}\\\cos\beta&=\frac{a_y}{|\vec{a}|}=\frac{a_y}{\sqrt{a_x^2+a_y^2+a_z^2}}\\\cos\gamma&=\frac{a_z}{|\vec{a}|}=\frac{a_z}{\sqrt{a_x^2+a_y^2+a_z^2}}\end{aligned} \tag{1-1-11}$$

且满足$\cos^2\alpha+\cos^2\beta+\cos^2\gamma=1$。

（七）两向量的夹角、平行与垂直坐标表示

设$\vec{a}=\{a_x,a_y,a_z\}$，$\vec{b}=\{b_x,b_y,b_z\}$，则

$$\cos(\widehat{\vec{a},\vec{b}})=\frac{\vec{a}\cdot\vec{b}}{|\vec{a}||\vec{b}|}=\frac{a_xb_x+a_yb_y+a_zb_z}{\sqrt{a_x^2+a_y^2+a_z^2}\sqrt{b_x^2+b_y^2+b_z^2}}$$

$$0\leqslant(\widehat{\vec{a},\vec{b}})\leqslant\pi \tag{1-1-12}$$

$$\vec{a}/\!/\vec{b}\Leftrightarrow\vec{a}\times\vec{b}=\vec{0}\Leftrightarrow\vec{a}=\lambda\vec{b}\Leftrightarrow\frac{a_x}{b_x}=\frac{a_y}{b_y}=\frac{a_z}{b_z}$$

$$\vec{a}\perp\vec{b}\Leftrightarrow\vec{a}\cdot\vec{b}=0\Leftrightarrow a_xb_x+a_yb_y+a_zb_z=0$$

注：上面两式要牢记，后面会经常用到。

三、平面

（一）平面的一般方程

$$Ax+By+Cz+D=0$$

其中，平面法向量$\vec{n}=\{A,B,C\}$。

（二）平面的点法式方程

过定点(x_0,y_0,z_0)，以$\vec{n}=\{A,B,C\}$为法线向量的平面方程为

$$A(x-x_0)+B(y-y_0)+C(z-z_0)=0$$

称为平面的点法式方程。

（三）平面的截距式方程

设a，b，c分别为平面在x轴、y轴、z轴上的截距，则平面方程为：

$$\frac{x}{a}+\frac{y}{b}+\frac{z}{c}=1 \tag{1-1-13}$$

该方程又称为平面的截距式方程。

（四）两平面的夹角

两平面法向量的夹角（通常指锐角），称为两平面的夹角。

设两平面方程为

$$\pi_1\qquad A_1x+B_1y+C_1z+D_1=0，\vec{n}_1=\{A_1,B_1,C_1\}$$

$$\pi_2\qquad A_2x+B_2y+C_2z+D_2=0，\vec{n}_2=\{A_2,B_2,C_2\}$$

则两平面夹角φ的余弦为

$$\cos\varphi=\frac{|A_1A_2+B_1B_2+C_1C_2|}{\sqrt{A_1^2+B_1^2+C_1^2}\sqrt{A_2^2+B_2^2+C_2^2}}\quad(即\vec{n}_1,\vec{n}_2的夹角余弦) \tag{1-1-14}$$

两平面平行的充分必要条件为

$$\frac{A_1}{A_2}=\frac{B_1}{B_2}=\frac{C_1}{C_2}\neq\frac{D_1}{D_2}\quad(即\vec{n}_1/\!/\vec{n}_2) \tag{1-1-15}$$

两平面垂直的充分必要条件为

$$A_1A_2+B_1B_2+C_1C_2=0\quad(即\vec{n}_1\perp\vec{n}_2) \tag{1-1-16}$$

（五）三平面的交点

设三个平面方程为$A_i x + B_i y + C_i z + D_i = 0$（其中，$i = 1, 2, 3$），若系数行列式$D \neq 0$，则三平面有唯一交点，交点坐标即方程组的解。

（六）点到平面的距离

若平面方程为$Ax + By + Cz + D = 0$，平面外一点$M(x_1, y_1, z_1)$，则点M到平面的距离为

$$d = \frac{|Ax_1 + By_1 + Cz_1 + D|}{\sqrt{A^2 + B^2 + C^2}} \tag{1-1-17}$$

（七）点到直线的距离

设点$M_0(x_0, y_0, z_0)$是直线L外的一点，$M_1(x_1, y_1, z_1)$是直线L上的任意取定的点，且直线L的方向向量为$\vec{s}$，点M_0到直线L的距离为d，设点$M_0(x_0, y_0, z_0)$，直线L的方程为$\frac{x-x_1}{m} = \frac{y-y_1}{n} = \frac{z-z_1}{p}$，则

$$d = \frac{|\overrightarrow{M_0 M_1} \times \vec{s}|}{|\vec{s}|} = \left| \frac{\begin{vmatrix} \vec{i} & \vec{j} & \vec{k} \\ x_1 - x_0 & y_1 - y_0 & z_1 - z_0 \\ m & n & p \end{vmatrix}}{\sqrt{m^2 + n^2 + p^2}} \right| \tag{1-1-18}$$

四、空间直线

（一）空间直线的一般方程

空间直线L可以看作是两个平面π_1和π_2的交线，如果两个相交平面π_1和π_2的方程分别为$A_1 x + B_1 y + C_1 z + D_1 = 0$和$A_2 x + B_2 y + C_2 z + D_2 = 0$，则$L$的方程为

$$\begin{cases} A_1 x + B_1 y + C_1 z + D_1 = 0 \\ A_2 x + B_2 y + C_2 z + D_2 = 0 \end{cases} \tag{1-1-19}$$

（二）空间直线的点向式方程（或对称式方程）与参数方程

设直线L上一点$M_0(x_0, y_0, z_0)$和它的一个方向向量$\vec{s} = \{m, n, p\}$已知，则L的方程为

$$\frac{x - x_0}{m} = \frac{y - y_0}{n} = \frac{z - z_0}{p} \tag{1-1-20}$$

称为直线的点向式方程（或对称式方程）。

设$\frac{x-x_0}{m} = \frac{y-y_0}{n} = \frac{z-z_0}{p} = t$，则空间直线$L$的参数方程为

$$x = x_0 + mt, \ y = y_0 + nt, \ z = z_0 + pt \tag{1-1-21}$$

在空间直线的点向式方程中，当m、n、p中有一个为0，例如$m = 0$，而n、$p \neq 0$时，则方程组应理解为$x - x_0 = 0$，$\frac{y-y_0}{n} = \frac{z-z_0}{p}$。此时直线与$x$轴垂直。

当m、n、p中有两个为0，例如$m = n = 0$，而$p \neq 0$时，则方程组应理解为$x - x_0 = 0$与$y - y_0 = 0$联立。此时直线与z轴平行。

（三）两直线的夹角

两直线方向向量的夹角（通常指锐角），叫作两直线的夹角。

设两直线的方程分别为$\frac{x-x_1}{m_1} = \frac{y-y_1}{n_1} = \frac{z-z_1}{p_1}$，$\frac{x-x_2}{m_2} = \frac{y-y_2}{n_2} = \frac{z-z_2}{p_2}$，则两直线间夹角的余弦为

$$\cos\varphi = \frac{|m_1 m_2 + n_1 n_2 + p_1 p_2|}{\sqrt{m_1^2 + n_1^2 + p_1^2}\sqrt{m_2^2 + n_2^2 + p_2^2}} \tag{1-1-22}$$

直线平行的充分必要条件为

$$\frac{m_1}{m_2}=\frac{n_1}{n_2}=\frac{p_1}{p_2} \tag{1-1-23}$$

两条直线垂直的充分必要条件为

$$m_1m_2+n_1n_2+p_1p_2=0$$

（四）两直线共面（平行或相交）的条件

设两直线的方程分别为

$$\frac{x-x_1}{m_1}=\frac{y-y_1}{n_1}=\frac{z-z_1}{p_1}$$
$$\frac{x-x_2}{m_2}=\frac{y-y_2}{n_2}=\frac{z-z_2}{p_2}$$

则它们共面的条件为

$$\begin{vmatrix} x_2-x_1 & y_2-y_1 & z_2-z_1 \\ m_1 & n_1 & p_1 \\ m_2 & n_2 & p_2 \end{vmatrix}=0 \tag{1-1-24}$$

（五）直线与平面的夹角

当直线与平面不垂直时，和它在平面上投影直线的夹角$\varphi\left(0\leqslant\varphi<\frac{\pi}{2}\right)$，称为直线与平面的夹角。当直线与平面垂直时，规定直线与平面的夹角为$\frac{\pi}{2}$。

设平面π的方程为$Ax+By+Cz+D=0$，直线L的方程为$\frac{x-x_0}{m}=\frac{y-y_0}{n}=\frac{z-z_0}{p}$，则直线$L$和平面$\pi$间夹角$\varphi$的正弦为

$$\sin\varphi=\frac{|Am+Bn+Cp|}{\sqrt{A^2+B^2+C^2}\ \sqrt{m^2+n^2+p^2}} \tag{1-1-25}$$

直线与平面平行的条件为

$$Am+Bn+Cp=0 \tag{1-1-26}$$

直线与平面垂直的条件为

$$\frac{A}{m}=\frac{B}{n}=\frac{C}{p} \tag{1-1-27}$$

（六）空间曲线在坐标面的投影曲线方程

设空间曲线C的一般方程为

$$\begin{cases}F(x,y,z)=0\\G(x,y,z)=0\end{cases}$$

空间曲线在坐标面上的投影得到的曲线，称为空间曲线在坐标面上的投影曲线。

空间曲线C在xOy平面上的投影曲线可表示为$\begin{cases}H(x,y)=0\\z=0\end{cases}$，其中方程$H(x,y)=0$，由方程组$\begin{cases}F(x,y,z)=0\\G(x,y,z)=0\end{cases}$，消去字母$z$得到。$H(x,y)=0$又称为曲线$C$在$xOy$平面的投影柱面方程，$z=0$为$xOy$平面。

同理，消去方程组中变量x或变量y，再分别和$x=0$或$y=0$联立，得到曲线C在yOz面或xOz面上的投影曲线方程。

$$\begin{cases}R(y,z)=0\\x=0\end{cases}\quad 或\quad \begin{cases}T(x,z)=0\\y=0\end{cases}$$

五、柱面、锥面、旋转曲面、二次曲面

（一）柱面

动直线L平行于定直线并沿定曲线C移动形成的图形称为柱面，定曲线C叫作柱面的准线，动直线L叫作柱面的母线。只含x、y而缺z的方程$F(x,y)=0$在空间直角坐标系中表示母线平行于z轴的柱面，其准线是xOy面上的曲线C：$F(x,y)=0$。类似地，只含x，z而缺y的方程$G(x,z)=0$和只含y、z而缺x的方程$H(y,z)$分别表示母线平行于y轴和x轴的柱面。

（二）锥面

设直线L绕另一条与L相交的直线旋转一周，所得到的旋转曲面叫作圆锥面，两直线的交点叫作圆锥面的顶点，两直线的夹角$\alpha\left(0<\alpha<\frac{\pi}{2}\right)$叫作圆锥面的半顶角。

如圆锥面方程$x^2+y^2=z^2$，椭圆锥面方程$3x^2+4y^2=z^2$。

（三）旋转曲面

一条平面曲线绕其平面上的一条直线旋转一周所形成的曲面叫作旋转曲面，这条定直线叫作旋转曲面的轴。若yOz平面上曲线L的方程是$f(y,z)=0$，将此曲线绕Oy轴旋转一周，得旋转曲面方程为$f\left(y,\pm\sqrt{x^2+z^2}\right)=0$，将此曲线绕$Oz$轴旋转一周，旋转曲面方程为$f\left(\pm\sqrt{x^2+y^2},z\right)=0$（即绕某一个轴旋转，该变量坐标量不变，另一个变量改写为另两个变量平方和，再开方的形式）。如曲线L：$\begin{cases}f(x,y)=0\\ z=0\end{cases}$，绕$x$轴旋转一周产生的旋转面方程为$f\left(x,\pm\sqrt{y^2+z^2}\right)=0$，绕$y$轴旋转一周产生的旋转面方程为$f\left(\pm\sqrt{x^2+z^2},y\right)=0$。

（四）二次曲面

三元二次方程所表示的曲面叫作二次曲面。而将平面称为一次面。

常见的二次曲面（见图 1-1-3）有：

由方程

$$\frac{x^2}{a^2}+\frac{y^2}{b^2}+\frac{z^2}{c^2}=1$$

所表示的曲面叫作椭球面（见图 1-1-3a）。

当$a=b=c$时，方程

$$x^2+y^2+z^2=a^2$$

表示的曲面叫作球面；当$a=b\neq c$时，方程

$$\frac{x^2}{a^2}+\frac{y^2}{a^2}+\frac{z^2}{c^2}=1$$

表示的曲面叫作旋转椭球面。

由方程

$$\frac{x^2}{2p}+\frac{y^2}{2q}=z\quad(p与q同号)$$

所表示的曲面叫作椭圆抛物面（见图 1-1-3b）。

由方程

$$-\frac{x^2}{2p}+\frac{y^2}{2q}=z\quad(p与q同号)$$

所表示的曲面叫作双曲抛物面或马鞍形曲面（见图 1-1-3c）。

由方程

$$\frac{x^2}{a^2}+\frac{y^2}{b^2}-\frac{z^2}{c^2}=1 \quad (a,\ b,\ c均不为0)$$

所表示的曲面叫作单叶双曲面（见图 1-1-3d）。

由方程

$$\frac{x^2}{a^2}-\frac{y^2}{b^2}+\frac{z^2}{c^2}=-1 \quad (a,\ b,\ c均不为0)$$

所表示的曲面叫作双叶双曲面（见图 1-1-3e）。

注：以上两式为双曲面标准式，等号左边两项正号、一项负号；等号右边+1 时是单叶双曲面，−1 时是双叶双曲面。曲面绕负项的轴。如等号左边两项负号、一项正号时，对等号两边均乘"−1"，将等号左边变成两项正号、一项负号的标准式，再根据等号右边是"+1"或"−1"来判断是单叶还是双叶双曲面。

由方程

$$z^2=a^2(x^2+y^2) \quad (a\neq 0)$$

所表示的曲面叫作圆锥面（见图 1-1-3f）。

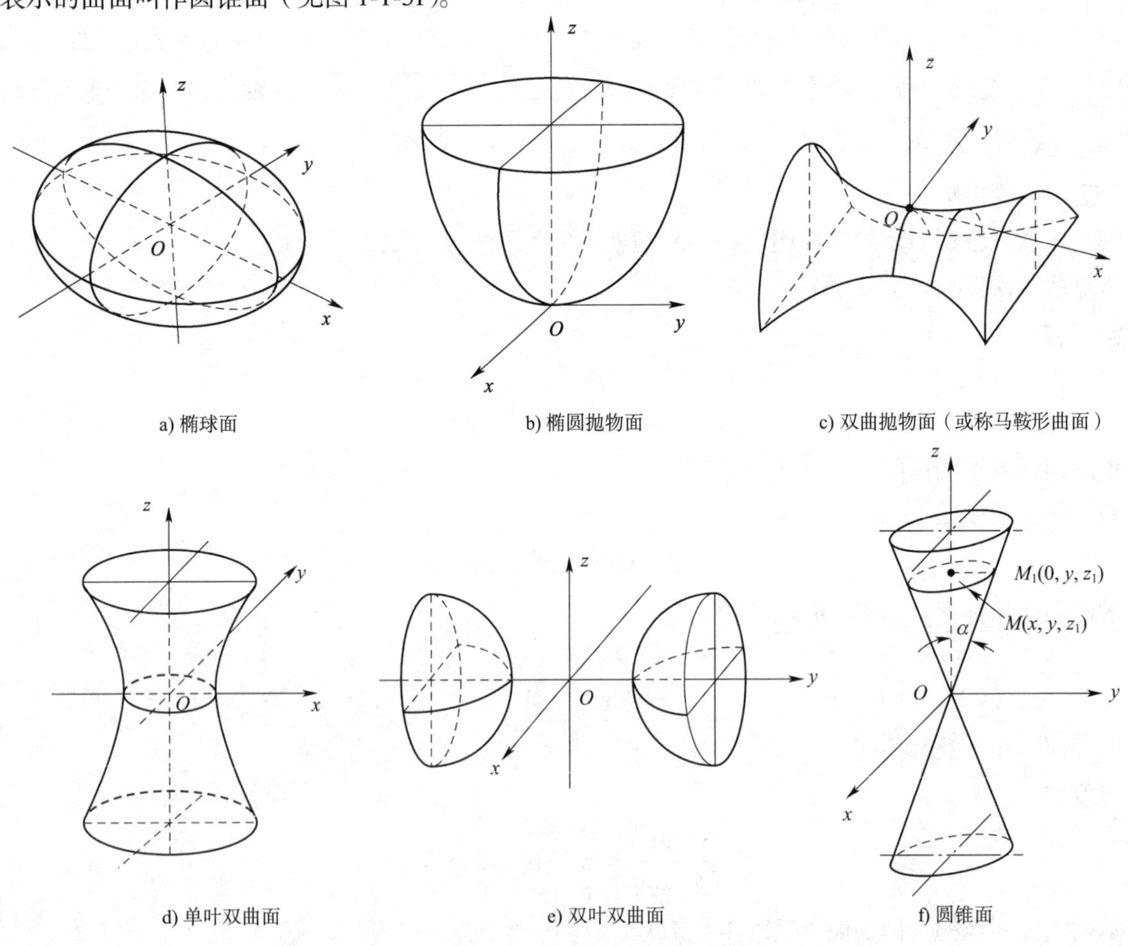

图 1-1-3 常见的二次曲面

【例 1-1-1】 设$\vec{a}$，$\vec{b}$向量互相平行，但方向相反，且$|\vec{a}|>|\vec{b}|>0$，则有：

A. $|\vec{a}+\vec{b}|=|\vec{a}|-|\vec{b}|$　　B. $|\vec{a}+\vec{b}|>|\vec{a}|-|\vec{b}|$

C. $|\vec{a}+\vec{b}|<|\vec{a}|-|\vec{b}|$　　D. $|\vec{a}+\vec{b}|=|\vec{a}|+|\vec{b}|$

解 由题设条件画出向量$\vec{a}$、$\vec{b}$的示意图（见解图），根据向量的运算法则，两平行向量相加，取绝对值较大向量的方向。向量的模为绝对值较大向量的模减去绝对值较小向量的模。

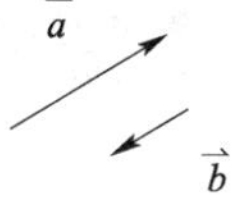

例 1-1-1 解图

答案： A

【例 1-1-2】 已知向量$\vec{\alpha}=(-3,-2,1)$，$\vec{\beta}=(1,-4,-5)$，则$|\vec{\alpha}\times\vec{\beta}|$等于：

A. 0　　B. 6　　C. $14\sqrt{3}$　　D. $14i+15j-10k$

解 $\vec{\alpha}\times\vec{\beta}=\begin{vmatrix}\vec{i} & \vec{j} & \vec{k}\\ -3 & -2 & 1\\ 1 & -4 & -5\end{vmatrix}=14\vec{i}-14\vec{j}+14\vec{k}$

$|\vec{\alpha}\times\vec{\beta}|=\sqrt{14^2+14^2+14^2}=\sqrt{3\times14^2}=14\sqrt{3}$

答案： C

【例 1-1-3】 已知向量$\vec{\alpha}=(2,1,-1)$，若向量$\vec{\beta}$与$\vec{\alpha}$平行，且$\vec{\alpha}\cdot\vec{\beta}=3$，则$\vec{\beta}$为：

A. $(2,1,-1)$　　B. $\left(\frac{3}{2},\frac{3}{4},-\frac{3}{4}\right)$　　C. $\left(1,\frac{1}{2},-\frac{1}{2}\right)$　　D. $\left(1,-\frac{1}{2},\frac{1}{2}\right)$

解 利用两向量平行的知识以及两向量数量积的运算法则计算。

已知$\vec{\beta}/\!/\vec{\alpha}$，则有$\vec{\beta}=\lambda\vec{\alpha}$（$\lambda$为任意非零常数）

所以$\vec{\alpha}\cdot\vec{\beta}=\vec{\alpha}\cdot\lambda\vec{\alpha}=\lambda(\vec{\alpha}\cdot\vec{\alpha})=\lambda[2\times2+1\times1+(-1)\times(-1)]=6\lambda$

已知$\vec{\alpha}\cdot\vec{\beta}=3$，即$6\lambda=3$，$\lambda=\frac{1}{2}$。所以$\vec{\beta}=\frac{1}{2}\vec{\alpha}=\left(1,\frac{1}{2},-\frac{1}{2}\right)$

答案： C

【例 1-1-4】 设$\vec{i},\vec{j},\vec{k}$分别表示空间直角坐标系中沿ox轴、oy轴、oz轴正向上的基本单位向量，则$\vec{i}\times\vec{j}\times\vec{k}$等于：

A. $\vec{0}$　　B. 1　　C. -1　　D. $\vec{k}$

解 $\vec{i}\times\vec{j}\times\vec{k}=\vec{k}\times\vec{k}=\vec{0}$

答案： A

【例 1-1-5】 求过已知点$M_0(4,-1,3)$且平行于直线$\frac{x-3}{2}=\frac{y}{1}=\frac{z-1}{5}$的直线方程。

解 已知$M_0(4,-1,3)$，$\vec{s}=\{2,1,5\}$

则直线方程

$$\frac{x-4}{2}=\frac{y+1}{1}=\frac{z-3}{5}$$

【例 1-1-6】 过z轴和点$(1,2,-1)$的平面方程是：

A. $x+2y-z-6=0$　　B. $2x-y=0$

C. $y+2z=0$　　D. $x+z=0$

解 如解图所示。取z轴的方向向量$\vec{s}=\{0,0,1\}$，连接原点$O(0,0,0)$和点$M(1,2,-1)$的向量$\overrightarrow{OM}=\{1,2,-1\}$，过$z$轴和$\overrightarrow{OM}$的平面的法向量为

$$\vec{n}=\begin{vmatrix}\vec{i} & \vec{j} & \vec{k}\\ 0 & 0 & 1\\ 1 & 2 & -1\end{vmatrix}=-2\vec{i}+\vec{j}$$

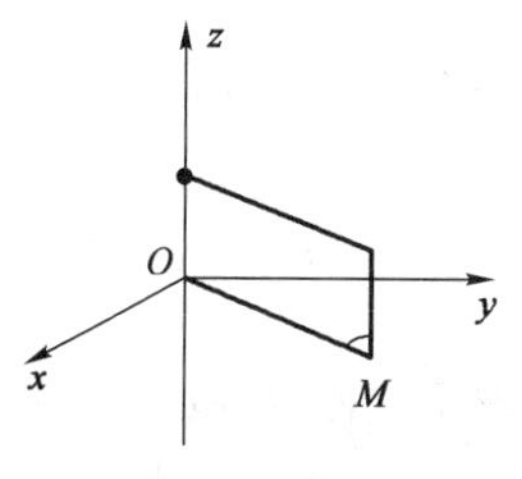

例 1-1-6 解图

过z轴和点$M(1,2,-1)$的平面方程为

$$-2(x-1)+(y-2)=0$$

化简得$-2x+y=0$，即$2x-y=0$。

答案： B

【例 1-1-7】 若向量$\vec{\alpha}$，$\vec{\beta}$满足$|\vec{\alpha}|=2$，$|\vec{\beta}|=\sqrt{2}$，且$\vec{\alpha}\cdot\vec{\beta}=2$，则$|\vec{\alpha}\times\vec{\beta}|$等于：

A. 2　　B. $2\sqrt{2}$　　C. $2+\sqrt{2}$　　D. 不能确定

解 $|\vec{\alpha}|=2$，$|\vec{\beta}|=\sqrt{2}$，$\vec{\alpha}\cdot\vec{\beta}=2$

由$\vec{\alpha}\cdot\vec{\beta}=|\vec{\alpha}||\vec{\beta}|\cos\left(\widehat{\vec{\alpha},\vec{\beta}}\right)=2\times\sqrt{2}\cos\left(\widehat{\vec{\alpha},\vec{\beta}}\right)=2$，知$\cos\left(\widehat{\vec{\alpha},\vec{\beta}}\right)=\frac{\sqrt{2}}{2}$，$\left(\widehat{\vec{\alpha},\vec{\beta}}\right)=\frac{\pi}{4}$

故$|\vec{\alpha}\times\vec{\beta}|=|\vec{\alpha}||\vec{\beta}|\sin\left(\widehat{\vec{\alpha},\vec{\beta}}\right)=2\times\sqrt{2}\times\frac{\sqrt{2}}{2}=2$

答案：A

【例 1-1-8】 设向量$\vec{\alpha}=(5,1,8)$，$\vec{\beta}=(3,2,7)$，若$\lambda\vec{\alpha}+\vec{\beta}$与$oz$轴垂直，则常数$\lambda$等于：

A. $\frac{7}{8}$　　B. $-\frac{7}{8}$　　C. $\frac{8}{7}$　　D. $-\frac{8}{7}$

解 本题考查两向量的加法，向量与数量的乘法和运算，以及两向量垂直与坐标运算的关系。

已知$\vec{\alpha}=(5,1,8)$，$\vec{\beta}=(3,2,7)$，$\lambda\vec{\alpha}+\vec{\beta}=\lambda(5,1,8)+(3,2,7)=(5\lambda+3,\lambda+2,8\lambda+7)$

设oz轴的单位正向量为$\vec{\tau}=(0,0,1)$，已知$\lambda\vec{\alpha}+\vec{\beta}$与$oz$轴垂直，由两向量数量积的运算：

$$\vec{a}\cdot\vec{b}=a_xb_x+a_yb_y+a_zb_z$$

$\vec{a}\perp\vec{b}$，则$\vec{a}\cdot\vec{b}=0$，即$a_xb_x+a_yb_y+a_zb_z=0$

所以$\left(\lambda\vec{\alpha}+\vec{\beta}\right)\cdot\vec{\tau}=0$，$0+0+8\lambda+7=0$，得到$\lambda=-\frac{7}{8}$

答案：B

【例 1-1-9】 设空间直线的点向式方程为$\frac{x}{0}=\frac{y}{1}=\frac{z}{2}$，则该直线过原点且：

A. 垂直于Ox轴

B. 垂直于Oy轴，但不平行于Ox轴

C. 垂直于Oz轴，但不平行于Ox轴

D. 平行于Ox轴

解 **方法 1**：由直线的点向式方程可知，直线过原点，方向向量$\vec{s}=\{0,1,2\}$，方向向量在x轴的投影为 0，所以空间直线过原点且垂直于Ox轴。

方法 2：直线方向向量$\vec{s}=\{0,1,2\}$，Ox轴方向向量$\vec{i}=\{1,0,0\}$，$\vec{s}\cdot\vec{i}=0$，所以直线垂直于Ox轴。

答案：A

【例 1-1-10】 过直线L_1：$\frac{x+1}{1}=\frac{y-2}{2}=\frac{z+3}{1}$和直线$L_2$：$\begin{cases}x=-t+3\\y=-2t-1\\z=-t+1\end{cases}$的平面方程是：

A. $x+y-1=0$　　B. $-x+z+2=0$

C. $x+2y-z=0$　　D. $2x+2z-1=0$

解 解题时，对于直线方程应考虑它的方向向量，对于平面要考虑它的法向量，切记！

已知直线L_1的方向向量$\vec{s}_1=\{1,2,1\}$，直线L_2：$\begin{cases}x=-t+3\\y=-2t-1\\z=-t+1\end{cases}$可化为$\frac{x-3}{-1}=\frac{y+1}{-2}=\frac{z-1}{-1}$，其方向向量$\vec{s}_2=\{-1,-2,-1\}$，因$\vec{s}_1$、$\vec{s}_2$坐标成比例，故$L_1/\!/L_2$。分别在$L_1$、$L_2$上取点$M_1(-1,2,-3)$，$M_2(3,-1,1)$，$\overrightarrow{M_1M_2}=\{4,-3,4\}$，所求平面的法向量$\vec{n}\perp L_1$，$\vec{n}\perp\overrightarrow{M_1M_2}$，法向量$\vec{n}=\begin{vmatrix}\vec{i}&\vec{j}&\vec{k}\\1&2&1\\4&-3&4\end{vmatrix}=11\vec{i}-0\vec{j}-11\vec{k}$，可取$\vec{n}=\{1,0,-1\}$。

已知$M_1(-1,2,-3)$，$\vec{n}=\{1,0,-1\}$，则平面方程为

$$1(x+1)+0(y-2)-1(z+3)=0$$

即$-x+z+2=0$

答案：B

【例 1-1-11】 已知直线L_1：$\frac{x-1}{1}=\frac{y}{-4}=\frac{z+3}{1}$，直线$L_2$：$\begin{cases}x=2t\\y=-2t-2\\z=-t\end{cases}$，则这两条直线的夹角为：

A. $\frac{\pi}{3}$　　B. $\frac{\pi}{4}$　　C. 0　　D. $\frac{\pi}{2}$

解　L_1的方向向量$\vec{s}_1=\{1,-4.1\}$

L_2写成点向式方程$\frac{x}{2}=\frac{y+2}{-2}=\frac{z}{-1}=t$，$\vec{s}_2=\{2,-2,-1\}$

两直线的夹角通常指交成的锐角，设L_1和L_2的夹角为φ，由计算公式

$$\cos\varphi=\frac{|1\times2+(-4)\times(-2)+1\times(-1)|}{\sqrt{1^2+(-4)^2+1^2}\sqrt{2^2+(-2)^2+(-1)^2}}=\frac{1}{\sqrt{2}}$$

得$\varphi=\frac{\pi}{4}$

答案：B

【例 1-1-12】 设平面π的方程为$3x-4y-5z-2=0$，以下选项中错误的是：

A. 平面π过点$(-1,0,-1)$

B. 平面π的法向量为$-3\vec{i}+4\vec{j}+5\vec{k}$

C. 平面π在z轴的截距是$-\frac{2}{5}$

D. 平面π与平面$-2x-y-2z+2=0$垂直

解　逐一验证选项 A、B、C 正确。

验证 D，两平面法向量为：$\vec{n}_1=\{3,-4,-5\}$，$\vec{n}_2=\{-2,-1,-2\}$。由条件知两平面垂直，那么两平面的法线向量也垂直，则$\vec{n}_1\cdot\vec{n}_2=0$，但$\vec{n}_1\cdot\vec{n}_2=-6+4+10=8\neq0$，选项 D 错误。

答案：D

【例 1-1-13】 已知直线L：$\frac{x}{3}=\frac{y+1}{-1}=\frac{z-3}{2}$，平面$\pi$：$-2x+2y+z-1=0$，则：

A. L与π垂直相交　　B. L平行于π，但L不在π上

C. L与π非垂直相交　　D. L在π上

解　$\vec{s}=\{3,-1,2\}$，$\vec{n}=\{-2,2,1\}$，$\vec{s}\cdot\vec{n}\neq0$，$\vec{s}$与$\vec{n}$不垂直。

故直线L不平行于平面π，从而选项 B、D 不成立；又因为$\vec{s}$、$\vec{n}$坐标不成比例，从而$\vec{s}$不平行于$\vec{n}$，所以L不垂直于平面π，选项 A 不成立。即直线L与平面π非垂直相交。

答案：C

【例 1-1-14】 方程$y^2+z^2-4x+8=0$表示：

A. 单叶双曲面　　B. 双叶双曲面

C. 锥面　　D. 旋转抛物面

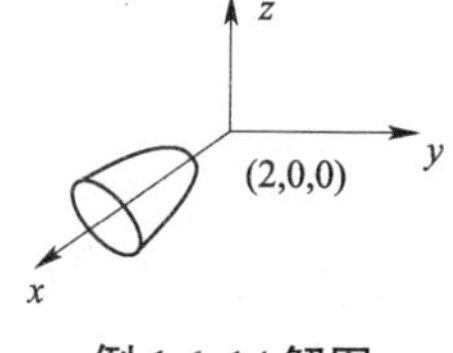

例 1-1-14 解图

解　将方程变形得$y^2+z^2=4(x-2)$，而$y^2+z^2=4x$表示顶点在$(0,0,0)$，曲线$y^2=4x$或$z^2=4x$绕x轴旋转，得到的旋转抛物面，可知方程$y^2+z^2=4(x-2)$为顶点在$(2,0,0)$绕x轴旋转所得的旋转抛物面（见解图）。

答案：D

注：判断空间曲面的方法还可以使用截痕法（即可以令某一个坐标量$z=0$，则可以观察图像在xOy平面上的投影，以此来判断整体图像的趋势），这不需要强行记忆上述公式，但需要较强的平面解析几何的功底，具体应用见后面的例题评注。

【例 1-1-15】 下列方程中代表锥面的是：

A. $\frac{x^2}{3}+\frac{y^2}{2}-z^2=0$　　B. $\frac{x^2}{3}-\frac{y^2}{2}-z^2=1$

C. $\frac{x^2}{3}+\frac{y^2}{2}-z^2=1$　　D. $\frac{x^2}{3}+\frac{y^2}{2}+z^2=1$

解 选项 A 等号左边两项正项、一项负项，等号右边为 0，是锥面（见注）。

选项 D 等号左边三项均为正项，等号右边为 1 或其他正数，是椭球面。如等号右边为 0，就是一个点了。

将选项 B 等号两边均乘以“−1”，变成双曲面的标准式，等号右边变成“−1”，可以看出，选项 B 为双叶双曲面（绕x轴），选项 C 为单叶双曲面（绕z轴）。

答案： A

注：本题可以采用截痕法，在选项 A 中，令$z=0$，可以看出，方程变为$\frac{x^2}{3}+\frac{y^2}{2}=0$，这在$xOy$平面上是一个点，若令$z=c$，$c$为非零常数，则方程变为椭圆。再令$x=0$，则方程变成$\frac{y^2}{2}-z^2=0$，或者$y=\pm\sqrt{2}z$，这是在$yOz$平面上从原点出发的两条对称直线，$y=0$亦是如此。由此看来，这就是一个椭圆锥曲面，故选 A，其他选项类似做法，如解图所示。

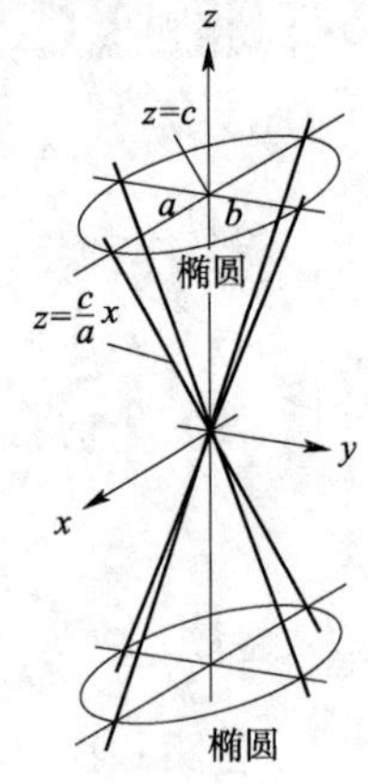

例 1-1-15 解图

习　题

1-1-1 设$\vec{\alpha}=\vec{i}+2\vec{j}+3\vec{k}$，$\vec{\beta}=\vec{i}-3\vec{j}-2\vec{k}$，与$\vec{\alpha}$，$\vec{\beta}$都垂直的单位向量为（　　）。

A. $\pm(\vec{i}+\vec{j}-\vec{k})$　　B. $\pm\frac{1}{\sqrt{3}}(\vec{i}-\vec{j}+\vec{k})$

C. $\pm\frac{1}{\sqrt{3}}(-\vec{i}+\vec{j}+\vec{k})$　　D. $\pm\frac{1}{\sqrt{3}}(\vec{i}+\vec{j}-\vec{k})$

1-1-2 已知$|\vec{a}|=1$，$|\vec{b}|=\sqrt{2}$，且$\widehat{(\vec{a},\vec{b})}=\frac{\pi}{4}$，则$|\vec{a}+\vec{b}|$等于（　　）。

A. 1　　B. $1+\sqrt{2}$　　C. 2　　D. $\sqrt{5}$

1-1-3 设$\vec{a}$，$\vec{b}$，$\vec{c}$均为向量，下列等式中正确的是（　　）。

A. $(\vec{a}+\vec{b})\cdot(\vec{a}-\vec{b})=|\vec{a}|^2-|\vec{b}|^2$　　B. $\vec{a}(\vec{a}\cdot\vec{b})=|\vec{a}|^2\vec{b}$

C. $(\vec{a}\cdot\vec{b})^2=|\vec{a}|^2|\vec{b}|^2$　　D. $(\vec{a}+\vec{b})\times(\vec{a}-\vec{b})=\vec{a}\times\vec{a}-\vec{b}\times\vec{b}$

1-1-4 已知两条空间直线L_1：$\begin{cases}3x+z=4\\y+2z=9\end{cases}$，直线$L_2$：$\begin{cases}6x-y=7\\3y+6z=1\end{cases}$，这两直线的关系为（　　）。

A. 平行但不重合　　B. 重合　　C. 垂直　　D. 相交但不垂直

1-1-5 直线L：$\frac{x+3}{2}=\frac{y+4}{1}=\frac{z}{3}$与平面$\pi$：$4x-2y-2z=3$的位置关系为（　　）。

A. 相互平行　　B. L在π上

C. 垂直相交　　D. 相交但不垂直

1-1-6 过点$M_0(2,1,3)$且与直线L：$\frac{x+1}{3}=\frac{y-1}{2}=\frac{z}{-1}$垂直相交的直线方程是（　　）。

A. $\frac{x-2}{-\frac{12}{7}}=\frac{y-1}{\frac{5}{7}}=\frac{z-3}{-\frac{24}{7}}$　　B. $\frac{x-2}{3}=\frac{y-1}{-2}=\frac{z-3}{4}$

C. $\frac{x-2}{2}=\frac{y-1}{-1}=\frac{z-3}{4}$　　D. $\frac{x-2}{3}=\frac{y-1}{-1}=\frac{z-3}{4}$

1-1-7 过点$M(3,-2,1)$且与直线L：$\begin{cases}x-y-z+1=0\\2x+y-3z+4=0\end{cases}$平行的直线方程是（　　）。

A. $\frac{x-3}{1}=\frac{y+2}{-1}=\frac{z-1}{-1}$　　B. $\frac{x-3}{2}=\frac{y+2}{1}=\frac{z-1}{-3}$

C. $\frac{x-3}{4}=\frac{y+2}{-1}=\frac{z-1}{3}$　　D. $\frac{x-3}{4}=\frac{y+2}{1}=\frac{z-1}{3}$

1-1-8　球面$x^2+y^2+(z+3)^2=25$与平面$z=1$的交线是（　　）。

A. $x^2+y^2=9$　　B. $x^2+y^2+(z-1)^2=9$

C. $\begin{cases}x=3\cos t\\y=3\sin t\end{cases}$　　D. $\begin{cases}x^2+y^2=9\\z=1\end{cases}$

1-1-9　已知平面π过点(1,1,0)，(0,0,1)，(0,1,1)，则与平面π垂直且过点(1,1,1)的直线的对称式方程为（　　）。

A. $\frac{x-1}{1}=\frac{y-1}{0}=\frac{z-1}{1}$　　B. $\frac{x-1}{-2}=\frac{y-1}{0}=\frac{z-1}{1}$

C. $\frac{x-1}{1}=\frac{z-1}{1}$　　D. $\frac{x-1}{1}=\frac{y-1}{0}=\frac{z-1}{-1}$

1-1-10 将椭圆$\begin{cases}\frac{x^2}{9}+\frac{z^2}{4}=1\\y=0\end{cases}$，绕$x$轴旋转一周所生成的旋转曲面的方程是（　　）。

A. $\frac{x^2}{9}+\frac{y^2}{9}+\frac{z^2}{4}=1$　　B. $\frac{x^2}{9}+\frac{z^2}{4}=1$

C. $\frac{x^2}{9}+\frac{y^2}{4}+\frac{z^2}{4}=1$　　D. $\frac{x^2}{9}+\frac{y^2}{4}+\frac{z^2}{9}=1$

1-1-11　母线平行x轴且通过曲线$\begin{cases}2x^2+y^2+z^2=16\\x^2-y^2+z^2=0\end{cases}$的柱面方程是（　　）。

A. 椭圆柱面$3x^2+2z^2=16$　　B. 椭圆柱面$x^2+2y^2=16$

C. 双曲柱面$3y^2-z^2=16$　　D. 抛物柱面$3y^2-z=16$

1-1-12 直线L_0：$\frac{x-1}{3}=\frac{y-2}{2}=\frac{z-3}{1}$在$xOy$平面上的投影直线方程为（　　）。

A. $\begin{cases}2x+3y+4=0\\z=0\end{cases}$　　B. $\begin{cases}2x-3y+4=0\\z=0\end{cases}$

C. $\begin{cases}y-2z+4=0\\z=0\end{cases}$　　D. $\begin{cases}y+2z-4=0\\z=0\end{cases}$

第二节　一元函数微分学

一、函数

（一）函数的定义

设x和y是两个变量，D是给定的数集，如果对于每个数$x\in D$，变量y按照一定的法则总有一个确定的数值与它对应，则称y是x的函数，记作$y=f(x)$。数集D叫作这个函数的定义域，x叫作自变量，y叫作因变量。

函数定义中有两个要素：对应法则和定义域。

定义域的确定：一种是有实际背景的函数，根据实际背景中变量的实际意义确定；另一种是用算式表达的函数，通常约定函数的定义域是使算式有意义的一切实数组成的集合。

（二）函数的特性

1. 有界性

设函数$f(x)$在区间I上有定义，若存在正数M，使得对任何$x\in I$，恒有$|f(x)|\leqslant M$成立，则称$f(x)$在区间I上是有界函数；否则，$f(x)$在区间I上是无界函数。

如果存在常数M（不一定局限于正数），使函数$f(x)$在区间I上恒有$f(x) \leqslant M$，则称$f(x)$在区间I上有上界，并且任意一个$N \geqslant M$的数N都是$f(x)$在区间I上的一个上界；如果存在常数m，使$f(x)$在区间I上恒有$f(x) \geqslant m$，则称$f(x)$在区间I上有下界，并且任意一个$l \leqslant m$的数l都是$f(x)$在区间I上的一个下界。

显然，函数$f(x)$在区间I上有界的充分必要条件是$f(x)$在区间I上既有上界又有下界。

2. 单调性

设函数$f(x)$在区间I上有定义，在I上的任意两点$x_1 < x_2$，都有$f(x_1) < f(x_2)$[或$f(x_1) > f(x_2)$]，则称$y = f(x)$在区间I上为单调增加（或单调减少）的函数。

3. 奇偶性

设函数$f(x)$的定义域D关于原点对称，即若$x \in D$，必有$-x \in D$，如果D上任意x满足$f(-x) = f(x)$[或$f(-x) = -f(x)$]，则称$f(x)$为偶函数（或奇函数）。偶函数的图形是关于y轴对称的，奇函数的图形是关于原点对称的。

4. 周期性

设函数$f(x)$的定义域为D，如果存在一个非零常数T，对一切的$x \in D$，有$(x \pm T) \in D$，且$f(x + T) = f(x)$恒成立，则称函数$f(x)$为周期函数，并把T称为$f(x)$的周期。应当指出的是，通常讲的周期函数的周期，是指最小的正周期。

关于函数的性质，除了有界性与无界性之外，单调性、奇偶性、周期性都是函数的特殊性质，而不是每一个函数都一定具备的。

（三）复合函数与初等函数

1. 复合函数

设$y = f(u)$，定义域D_u，$u = \varphi(x)$，定义域为D_x，值域为W_u，当$W_u \subset D_u$时，称$y = f[\varphi(x)]$是由$y = f(u)$和$u = \varphi(x)$复合而成的复合函数，称u为中间变量。

2. 初等函数

幂函数、指数函数、对数函数、三角函数、反三角函数和常数称为基本初等函数。

由基本初等函数经过有限次的四则运算和有限次的复合步骤所构成的并用一个解析式表达的函数，称为初等函数。

在微积分运算中，常把一个初等函数分解为基本初等函数来研究，学会分析初等函数的结构是十分重要的。

在微积分中，常常见到一些非初等函数。函数$f(x)$在自变量不同取值范围，用两个或两个以上表达式表示的函数关系叫分段函数。

二、极限

（一）数列的极限

（1）数列$\{x_n\}$，$\lim\limits_{n \to \infty} x_n = a \Leftrightarrow \forall \varepsilon > 0$，$\exists$正整数$N$，当$n > N$时，有$|x_n - a| < \varepsilon$成立。

（2）收敛数列的性质：

性质1（极限的唯一性）：数列$\{x_n\}$不能收敛于两个不同的极限值。

性质2（收敛数列的有界性）：如果数列$\{x_n\}$收敛，那么数列$\{x_n\}$一定有界。

性质3（收敛数列的保号性）：如果数列$\{x_n\}$收敛于a，且$a > 0$(或$a < 0$)，那么存在正整数N，当$n > N$时，总有$x_n > 0$(或$x_n < 0$)。

性质4（收敛数列与其子数列间的关系）：如果数列$\{x_n\}$收敛于a，那么它的任一子数列也收敛，且极限也是a。

（3）数列极限的四则运算：

设$\lim\limits_{n\to\infty} x_n = A$，$\lim\limits_{n\to\infty} y_n = B$，则

$$\lim_{n\to\infty}(x_n \pm y_n) = A \pm B;\quad \lim_{n\to\infty}(x_n y_n) = AB;\quad \lim_{n\to\infty}\frac{x_n}{y_n} = \frac{A}{B}\quad (B \neq 0)$$

（4）数列极限存在的准则——夹逼准则，单调有界数列必有极限。

（二）函数的极限

1. 自变量趋于无穷大时函数的极限

（1）$\lim\limits_{x\to\infty} f(x) = A \Leftrightarrow \forall\varepsilon > 0$，$\exists X > 0$，当$|x| > X$时，有$|f(x) - A| < \varepsilon$成立。

（2）$\lim\limits_{x\to+\infty} f(x) = A \Leftrightarrow \forall\varepsilon > 0$，$\exists X > 0$，当$x > X$时，有$|f(x) - A| < \varepsilon$成立。

（3）$\lim\limits_{x\to-\infty} f(x) = A \Leftrightarrow \forall\varepsilon > 0$，$\exists X > 0$，当$x < -X$时，有$|f(x) - A| < \varepsilon$成立。

注：若$\lim\limits_{x\to\infty} f(x) = A$，$x \to \infty$既表示趋于$+\infty$，也表示趋于$-\infty$。显然，$\lim\limits_{x\to\infty} f(x) = A$成立的充分必要条件是$\lim\limits_{x\to+\infty} f(x) = \lim\limits_{x\to-\infty} f(x) = A$。

2. 自变量趋于有限值时函数的极限

（1）$\lim\limits_{x\to x_0} f(x) = A \Leftrightarrow \forall\varepsilon > 0$，$\exists\delta > 0$，当$0 < |x - x_0| < \delta$时，有$|f(x) - A| < \varepsilon$成立。

（2）$\lim\limits_{x\to x_0^+} f(x) = A \Leftrightarrow \forall\varepsilon > 0$，$\exists\delta > 0$，当$0 < x - x_0 < \delta$时，有$|f(x) - A| < \varepsilon$成立。

（3）$\lim\limits_{x\to x_0^-} f(x) = A \Leftrightarrow \forall\varepsilon > 0$，$\exists\delta > 0$，当$-\delta < x - x_0 < 0$时，有$|f(x) - A| < \varepsilon$成立。

显然，

$$\lim_{x\to x_0} f(x) = A \Leftrightarrow \lim_{x\to x_0^-} f(x) = \lim_{x\to x_0^+} f(x) = A \tag{1-2-1}$$

3. 函数极限的性质

性质1（极限的唯一性）：如果$\lim\limits_{\substack{x\to x_0\\(x\to\infty)}} f(x)$存在，则极限值是唯一的。

性质2（局部有界性）：如果$\lim\limits_{x\to x_0} f(x) = A$，则$f(x)$在$x_0$（不含$x_0$）附近有界。

如果$\lim\limits_{x\to\infty} f(x) = A$，则$f(x)$在$|x|$充分大有界。

性质3（保序性）：如果$\lim\limits_{x\to x_0} f(x) = A$，$\lim\limits_{x\to x_0} g(x) = B$，若$A < B$，则在$x_0$的某个去心领域有$f(x) < g(x)$；如果在$x_0$的某个去心领域有$f(x) \leqslant g(x)$，则有$A \leqslant B$。当$x \to \infty$时，有类似的结论。

性质4（函数极限与数列极限的关系）：函数极限$\lim\limits_{x\to x_0} f(x)$存在的充分必要条件为对于$f(x)$定义域内任一收敛于$x_0$的数列$\{x_n\}$，且满足$x_n \neq x_0$，相应的函数值数列$\{f(x_n)\}$都收敛。

4. 函数极限的运算法则

四则运算，夹逼定理（这两条法则与数列极限类似）。

复合函数的极限运算法则：设复合函数$y = f[\varphi(x)]$在x_0的某个去心领域有定义，如果$\lim\limits_{x\to x_0} \varphi(x) = u_0(x \to x_0, \varphi(x) \neq u_0)$且$\lim\limits_{u\to u_0} f(u) = A$，则$\lim\limits_{x\to x_0} f[\varphi(x)] = \lim\limits_{u\to u_0} f(u) = A$。

5. 两个重要极限

$\lim\limits_{x\to 0}\frac{\sin x}{x} = 1$；$\lim\limits_{x\to\infty}\left(1 + \frac{1}{x}\right)^x = e\left[\text{或}\lim\limits_{x\to 0}(1 + x)^{\frac{1}{x}} = e\right]$。

（三）无穷小量与无穷大量

1. 无穷小量与无穷大量的定义

定义1：如果函数$f(x)$当$x \to x_0$(或$x \to \infty$)时，极限为零，则称函数$f(x)$是$x \to x_0$(或$x \to \infty$)时的无穷小量。

定义 2：如果函数$f(x)$当$x \to x_0$(或$x \to \infty$)时，$|f(x)|$无限增大，则称$f(x)$是$x \to x_0$(或$x \to \infty$)时的无穷大，记作$\lim\limits_{\substack{x \to x_0 \\ (x \to \infty)}} f(x) = \infty$。

注：无穷大量、无穷小量的概念是反映变量的变化趋势，因此任何常量都不是无穷大量，任何非零常量都不是无穷小量，谈及无穷大量、无穷小量之时，首先应给出自变量的变化趋势。

2. 无穷小量与无穷大量的关系

在自变量的同一变化过程中，如果$f(x)$为无穷大，则$\frac{1}{f(x)}$为无穷小；反之，如果$f(x)$为无穷小，且$f(x) \neq 0$，则$\frac{1}{f(x)}$为无穷大。

3. 无穷小量与函数极限的关系

$\lim\limits_{\substack{x \to x_0 \\ (x \to \infty)}} f(x) = A \Leftrightarrow f(x) = A + \alpha(x)$，其中$\lim\limits_{\substack{x \to x_0 \\ (x \to \infty)}} \alpha(x) = 0$。 (1-2-2)

4. 无穷小量的性质

有限个无穷小的代数和也是无穷小。

有界函数与无穷小的乘积是无穷小，常数与无穷小的乘积是无穷小，有限个无穷小的乘积是无穷小。

有极限函数与无穷小的乘积是无穷小。

5. 无穷小量的比较

当在给定的趋势下，变量$\alpha(\alpha \neq 0)$、β都是无穷小量，那么它们谁趋近于零的速度更快呢，我们给出如下定义：

如果$\lim \frac{\beta}{\alpha} = 0$，就说$\beta$是比$\alpha$高阶的无穷小，记作$\beta = o(\alpha)$；

如果$\lim \frac{\beta}{\alpha} = \infty$，就说$\beta$是比$\alpha$低阶的无穷小；

如果$\lim \frac{\beta}{\alpha} = C \neq 0$，就说$\beta$是与$\alpha$同阶的无穷小；

如果$\lim \frac{\beta}{\alpha^k} = C \neq 0$，$k > 0$，就说$\beta$是关于$\alpha$的$k$阶无穷小；

如果$\lim \frac{\beta}{\alpha}=1$，就说$\beta$与$\alpha$是等价无穷小，记作$\alpha \sim \beta$。

常用的等价无穷小，当$x \to 0$时，$x \sim \sin x \sim \tan x \sim \arcsin x \sim \arctan x \sim e^x - 1 \sim \ln(1+x)$，$1 - \cos x \sim \frac{1}{2}x^2$，$(1+x)^\alpha - 1 \sim \alpha x$。

6. β与α是等价无穷小的充要条件

$\beta - \alpha = o(\alpha)$。

7. 等价无穷小替换定理

设某一过程中，$\alpha \sim \alpha'$，$\beta \sim \beta'$，且$\lim \frac{\beta'}{\alpha'}$存在（或$\infty$），则$\lim \frac{\beta}{\alpha} = \lim \frac{\beta'}{\alpha'}$（或$\infty$）。

注：求极限过程中，一个无穷小量可以用与其等价的无穷小量代替，但只能在因式情况下使用，和、差情况不能用。

8. 求极限常用的几种方法

分解因式消去非零无穷小因子法；分子（分母）有理化法；化无穷大为无穷小法；无穷小量性质；极限的四则运算法则；复合函数的极限运算；单调有界数列必有极限；夹逼准则；等价无穷小替换；两个重要极限；函数的连续性；洛必达法则。

三、函数的连续性

（一）连续的定义

设函数$y = f(x)$在x_0点的某一邻域内有定义，如果$\lim\limits_{\Delta x \to 0} \Delta y = \lim\limits_{\Delta x \to 0} [f(x_0 + \Delta x) - f(x_0)] = 0$，则称

函数$y=f(x)$在x_0点连续。

它的另一等价定义是：设函数$y=f(x)$在x_0点的某一邻域内有定义，如果$\lim\limits_{x \to x_0} f(x)=f(x_0)$，则称函数$y=f(x)$在$x_0$点连续。

（二）左连续及右连续

如果$\lim\limits_{x \to x_0^-} f(x)=f(x_0)$，则称函数$y=f(x)$在$x_0$点左连续；

如果$\lim\limits_{x \to x_0^+} f(x)=f(x_0)$，则称函数$y=f(x)$在$x_0$点右连续。

显然，$f(x)$在x_0点连续的充分必要条件是$f(x)$在x_0点左连续和右连续。

在区间上每一点都连续的函数，叫作在该区间上的连续函数，或者说函数在该区间上连续。如果区间包括端点，那么函数在右端点连续是指左连续，在左端点连续是指右连续。 连续函数的图形是一条连续而不间断的曲线。

（三）函数间断点及分类

设函数$f(x)$在x_0点的某去心邻域内有定义。如果函数$f(x)$有下列三种情形之一：①在$x=x_0$没有定义；②虽在$x=x_0$有定义，但$\lim\limits_{x \to x_0} f(x)$不存在；③虽在$x=x_0$有定义，且$\lim\limits_{x \to x_0} f(x)$存在，但$\lim\limits_{x \to x_0} f(x) \neq f(x_0)$，则函数$f(x)$在$x_0$点不连续，而点$x_0$称为函数$f(x)$的不连续点或间断点。

通常把间断点分成两类：如果x_0是函数$f(x)$的间断点，但左极限$f(x_0-0)$及右极限$f(x_0+0)$都存在，那么x_0称为函数$f(x)$的第一类间断点。左极限$f(x_0-0)$和右极限$f(x_0+0)$至少有一个不存在的间断点，称为第二类间断点。在第一类间断点中，左、右极限相等者称为可去间断点，不相等者称为跳跃间断点。无穷间断点和振荡间断点显然是第二类间断点。

（四）连续函数的运算性质

1. 四则运算

由函数在某点连续的定义和极限的四则运算法则，立即可得出：

（1）有限个在某点连续的函数的和是一个在该点连续的函数；

（2）有限个在某点连续的函数的乘积是一个在该点连续的函数；

（3）两个在某点连续的函数的商是一个在该点连续的函数，只要分母在该点不为零。

2. 复合函数的连续性

设函数$u=g(x)$在x_0点连续，函数$y=f(u)$在点$u_0=g(x_0)$连续，那么复合函数$y=f[g(x)]$在x_0点也是连续的。

总之，一切初等函数在其定义区间内都是连续的。

（五）闭区间连续函数性质

1. 最大值和最小值定理

在闭区间上连续的函数在该区间上一定有最大值和最小值。

2. 有界性定理

在闭区间上连续的函数一定在该区间上有界。

3. 零点定理

设函数$y=f(x)$在闭区间$[a,b]$上连续，且$f(a)$与$f(b)$异号[即$f(a) \cdot f(b)<0$]，那么在开区间内至少有函数$f(x)$的一个零点，即至少有一点$x_0 \in (a,b)$使$f(x_0)=0$。

4. 介值定理

设函数$y=f(x)$在闭区间$[a,b]$上连续，且在这区间的端点取不同的函数值$f(a)=A$及$f(b)=B$，那么，对于A与B之间的任意一个数C，在开区间(a,b)内至少有一点x_0，使得$f(x_0)=C$。

推论：在闭区间上连续的函数必取得介于最大值M与最小值m之间的任何值。

【例 1-2-1】 判定函数$f(x)=\ln\left(x+\sqrt{x^2+1}\right)$的奇偶性。

解 利用函数奇偶性定义判定

$$\begin{aligned} f(-x) &= \ln\left[-x+\sqrt{(-x)^2+1}\right]=\ln\left(-x+\sqrt{x^2+1}\right) \\ &= \ln\frac{x^2+1-x^2}{\sqrt{x^2+1}+x}=\ln\frac{1}{\sqrt{x^2+1}+x}=\ln\left(x+\sqrt{x^2+1}\right)^{-1} \\ &= -\ln\left(x+\sqrt{x^2+1}\right)=-f(x) \end{aligned}$$

$f(-x)=-f(x)$，由定义可知函数是奇函数。

【例 1-2-2】 设$f(e^{x-2})=3x+1$，求$f(x)$。

解 **方法 1**：令$u=e^{x-2}$，则$x=\ln u+2$，$f(u)=3(\ln u+2)+1=3\ln u+7$

$$f(x)=3\ln x+7 \quad (x>0)$$

方法 2：由$f(e^{x-2})=3x+1$，可得$f(e^{x-2})=3(x-2)+7=3\ln e^{x-2}+7$

$$f(x)=3\ln x+7 \qquad (x>0)$$

【例 1-2-3】 假设当$x\to+\infty$时，$f(x)$，$g(x)$都是无穷大量，则当$x\to+\infty$时，下列结论正确的是：

A. $f(x)+g(x)$是无穷大量　　B. $\frac{f(x)+g(x)}{f(x)g(x)}\to 0$

C. $\frac{g(x)}{f(x)}\to 1$　　D. $f(x)-g(x)\to 0$

解

$$\lim_{x\to+\infty}\frac{f(x)+g(x)}{f(x)g(x)}=\lim_{x\to+\infty}\frac{1}{g(x)}+\lim_{x\to+\infty}\frac{1}{f(x)}=0$$

其他情况均可通过举例说明是错误的。

答案：B

【例 1-2-4】 设$f(x)=F(x)\left(\frac{1}{a^x-1}+\frac{1}{2}\right)$，其中$a>0$，$a\neq 1$，$F(x)$为奇函数，则$f(x)$是：

A. 偶函数　　B. 奇函数

C. 非奇非偶函数　　D. 奇偶性与a有关

解 $f(-x)=F(-x)\left(\frac{1}{a^{-x}-1}+\frac{1}{2}\right)=-F(x)\left(\frac{a^x}{1-a^x}+\frac{1}{2}\right)$

$$=F(x)\left(\frac{a^x}{a^x-1}-\frac{1}{2}\right)=F(x)\left(\frac{a^x-1+1}{a^x-1}-\frac{1}{2}\right)=F(x)\left(\frac{1}{a^x-1}+\frac{1}{2}\right)=f(x)$$

所以$f(x)$是偶函数。

答案：A

【例 1-2-5】 求极限$\lim\limits_{n\to\infty}\frac{\sqrt[3]{n^2}\sin n!}{n+1}$

解 $\lim\limits_{n\to\infty}\frac{\sqrt[3]{n^2}\sin n!}{n+1}=\lim\limits_{n\to\infty}\frac{n^{\frac{2}{3}}}{n+1}\cdot\sin n!$

当$n\to\infty$时，$\frac{n^{\frac{2}{3}}}{n+1}\to 0$，$|\sin n!|\leqslant 1$

故原式$=0$。

【例 1-2-6】 若$\lim\limits_{x\to 1}\frac{2x^2+ax+b}{x^2+x-2}=1$，则必有：

A. $a=-1$，$b=2$　　B. $a=-1$，$b=-2$

C. $a=-1$，$b=-1$　　D. $a=1$，$b=1$

解 因为$\lim\limits_{x\to 1}(x^2+x-2)=0$，故$\lim\limits_{x\to 1}(2x^2+ax+b)=0$，即$2+a+b=0$，得$b=-2-a$

代入原式：

$$\lim_{x\to1}\frac{2x^2+ax-2-a}{x^2+x-2}=\lim_{x\to1}\frac{2(x+1)(x-1)+a(x-1)}{(x+2)(x-1)}=\lim_{x\to1}\frac{2\times2+a}{3}=1$$

故$4+a=3$，得$a=-1$，$b=-1$。

答案： C

注：本题体现了极限法则的逆用思想，因为题中$x\to1$时，分母极限为 0，则分子极限也是 0，比值极限才有可能等于 1，如果分子极限为非 0 常数，则比值极限一定是无穷大。

【例 1-2-7】 若$\lim\limits_{x\to0}(1-x)^{\frac{k}{x}}=2$，则常数$k$等于：

A. $-\ln2$　　B. $\ln2$　　C. 1　　D. 2

解 $\lim\limits_{x\to0}(1-x)^{\frac{k}{x}}=2$，利用基本极限公式$\lim\limits_{x\to0}(1+x)^{\frac{1}{x}}=e$变形

因$\lim\limits_{x\to0}(1-x)^{\frac{k}{x}}=\lim\limits_{x\to0}[1+(-x)]^{-\frac{1}{x}(-k)}=\lim\limits_{x\to0}\left\{[1+(-x)]^{\frac{1}{-x}}\right\}^{-k}=e^{-k}$

所以$e^{-k}=2$，$k=-\ln2$

答案： A

注：本题体现了基本极限公式的用法。只有完全符合两个重要极限的形式，才能得到相应的结果，如$\lim\limits_{x\to0}\frac{\sin x}{x}=1$，$\lim\limits_{x\to0}\frac{\sin kx}{x}=k$，$\lim\limits_{x\to0}(1+x)^{\frac{1}{x}}=e$，$\lim\limits_{x\to\infty}\left(1+\frac{1}{x}\right)^x=e$，因此要拼凑它。

【例 1-2-8】 下列极限中，正确的是：

A. $\lim\limits_{x\to0}2^{\frac{1}{x}}=\infty$　　B. $\lim\limits_{x\to0}2^{\frac{1}{x}}=0$

C. $\lim\limits_{x\to0}\sin\frac{1}{x}=0$　　D. $\lim\limits_{x\to\infty}\frac{\sin x}{x}=0$

解 本题考查函数极限的基本运算。

由于$\lim\limits_{x\to0^+}\frac{1}{x}=+\infty$，$\lim\limits_{x\to0^-}\frac{1}{x}=-\infty$，所以$\lim\limits_{x\to0^+}2^{\frac{1}{x}}=+\infty$，$\lim\limits_{x\to0^-}2^{\frac{1}{x}}=0$，可得$\lim\limits_{x\to0}2^{\frac{1}{x}}$不存在，故选项 A 和 B 错误。

当$x\to0$时，有$\frac{1}{x}\to\infty$，则$\sin\frac{1}{x}$的值在$[-1,1]$震荡，极限不存在，故选项 C 错误。

当$x\to\infty$时，即$\lim\limits_{x\to\infty}\frac{1}{x}=0$，又$\sin x$为有界函数，即$|\sin x|\leqslant1$，根据无穷小和有界函数的乘积为无穷小，可得$\lim\limits_{x\to\infty}\frac{\sin x}{x}=0$，选项 D 正确。

答案： D

【例 1-2-9】 设$f(x)=\frac{1+e^{\frac{1}{x}}}{2+3e^{\frac{1}{x}}}$，问$x=0$是否为间断点，若是间断点，是什么类型的间断点？

解 因$x=0$函数没有定义，所以$x=0$是间断点。

又因

$$\lim_{x\to0^+}f(x)=\lim_{x\to0^+}\frac{e^{\frac{1}{x}}\left(\frac{1}{e^{\frac{1}{x}}}+1\right)}{e^{\frac{1}{x}}\left(\frac{2}{e^{\frac{1}{x}}}+3\right)}=\frac{1}{3}$$

$$\lim_{x\to0^-}f(x)=\lim_{x\to0^-}\frac{1+e^{\frac{1}{x}}}{2+3e^{\frac{1}{x}}}=\frac{1}{2}$$

左右极限存在但不相等，所以$x=0$是第一类间断点，属跳跃间断点。

【例 1-2-10】 设函数$f(x)=\frac{\sin(x-1)}{x^2-1}$，则：

A. $x=1$和$x=-1$均为第二类间断点

B. $x=1$和$x=-1$均为可去间断点

C. $x=1$为第二类间断点，$x=-1$为可去间断点

D. $x=1$为可去间断点，$x=-1$为第二类间断点

解 函数$f(x)=\frac{\sin(x-1)}{x^2-1}$在$x=\pm1$没有定义，可知$x=\pm1$是间断点。

因为$\lim\limits_{x\to1}\frac{\sin(x-1)}{x^2-1}=\lim\limits_{x\to1}\frac{\sin(x-1)}{x-1}\frac{1}{x+1}=\frac{1}{2}$，故$x=1$为可去间断点。$\lim\limits_{x\to-1}\frac{\sin(x-1)}{x^2-1}=\infty$，故$x=-1$为第二类间断点。

答案：D

【例 1-2-11】 下列极限计算中，错误的是：

A. $\lim\limits_{n\to\infty}\frac{2^n}{x}\sin\frac{x}{2^n}=1$

B. $\lim\limits_{x\to\infty}\frac{\sin x}{x}=1$

C. $\lim\limits_{x\to0}(1-x)^{\frac{1}{x}}=e^{-1}$

D. $\lim\limits_{x\to\infty}\left(1+\frac{1}{x}\right)^{2x}=e^2$

解 选项 A：$\lim\limits_{n\to\infty}\frac{2^n}{x}\sin\frac{x}{2^n}=\lim\limits_{n\to\infty}\frac{\sin\frac{x}{2^n}}{\frac{x}{2^n}}$，设$\frac{x}{2^n}=t$，当$n\to\infty$，$t\to0$，原式$=\lim\limits_{t\to0}\frac{\sin t}{t}=1$

选项 B：$\lim\limits_{x\to\infty}\frac{\sin x}{x}=\lim\limits_{x\to\infty}\frac{1}{x}\sin x=0$（无穷小量与有界函数的乘积为无穷小量）

注意：$\lim\limits_{x\to0}\frac{\sin x}{x}=1$

同理可验证选项 C：

由$\lim\limits_{x\to0}(1+kx)^{\frac{1}{x}}=\lim\limits_{x\to0}(1+kx)^{\frac{1}{kx}\cdot k}=e^k$，知$\lim\limits_{x\to0}(1-x)^{\frac{1}{x}}=\lim\limits_{x\to0}[1+(-1)x]^{\frac{1}{-x}(-1)}=e^{-1}$

选项 D：$\lim\limits_{x\to\infty}\left(1+\frac{1}{x}\right)^{2x}=\lim\limits_{x\to\infty}\left[\left(1+\frac{1}{x}\right)^x\right]^2=e^2$

答案：B

【例 1-2-12】 x趋于 0 时，$\sqrt{1-x^2}-\sqrt{1+x^2}$与$x^k$是同阶无穷小，则常数$k$等于：

A. 2　　B. -1　　C. 1　　D. $1/2$

解 利用同阶无穷小定义计算。

求极限$\lim\limits_{x\to0}\frac{\sqrt{1-x^2}-\sqrt{1+x^2}}{x^k}$，只要当极限值为常数$C$，且$C\neq0$时，即为同阶无穷小。

$$\lim_{x\to0}\frac{\sqrt{1-x^2}-\sqrt{1+x^2}}{x^k}\xlongequal{\text{分子有理化}}\lim_{x\to0}\frac{\left(\sqrt{1-x^2}-\sqrt{1+x^2}\right)\left(\sqrt{1-x^2}+\sqrt{1+x^2}\right)}{x^k\left(\sqrt{1-x^2}+\sqrt{1+x^2}\right)}$$

$$=\lim_{x\to0}\frac{-2x^2}{x^k\left(\sqrt{1-x^2}+\sqrt{1+x^2}\right)}\xlongequal[\text{满足为常数}C\text{，且}C\neq0]{\text{只有}k=2\text{时，极限值才}}\lim_{x\to0}\frac{-2x^2}{x^2\left(\sqrt{1-x^2}+\sqrt{1+x^2}\right)}=-1$$

答案：A

【例 1-2-13】 若$x\to0$时，$f(x)$为无穷小，且为x^2的高阶无穷小，则$\lim\limits_{x\to0}\frac{f(x)}{\sin^2x}$等于：

A. 1　　B. 0　　C. $\frac{1}{2}$　　D. ∞

解 本题考查高阶无穷小的概念和等价无穷小替换定理。

由题意可得，$\lim\limits_{x\to0}\frac{f(x)}{\sin^2x}=\lim\limits_{x\to0}\frac{f(x)}{x^2}=0$

答案：B

【例 1-2-14】 已知$\lim\limits_{x\to\infty}\left(\frac{x^2+1}{x+1}-ax+b\right)=3$，则常数$a$与$b$的值是：

A. $a=-1$，$b=2$

B. $a=1$，$b=4$

C. $a=-1$，$b=3$　　　　D. $a=1$，$b=3$

解　因为 $\lim\limits_{x\to\infty}\left(\frac{x^2+1}{x+1}-ax+b\right)=\lim\limits_{x\to\infty}\frac{(1-a)x^2+(b-a)x+1+b}{x+1}=3$

有

$$\begin{cases}1-a=0\\b-a=3\end{cases}\Rightarrow\begin{cases}a=1\\b=4\end{cases}$$

答案： B

注：求有理多项式$f(x)$极限时，若是讨论无穷大$(x\to\infty)$，分子分母高次幂相等时，则观察高次幂的系数；若是讨论无穷小$(x\to 0)$，分子分母低次幂相等时，则观察低次幂的系数。例如：$\lim\limits_{x\to0}\frac{ax+bx^2}{x}=2$，则$a=2$且$b$为任意实数。

【例 1-2-15】 当$x\to x_0$时，若$f(x)$有极限，$g(x)$无极限，则下列结论正确的是：

A. $f(x)g(x)$当$x\to x_0$时，必无极限

B. $f(x)g(x)$当$x\to x_0$时，必有极限

C. $f(x)g(x)$当$x\to x_0$时，可能有极限，也可能无极限

D. $f(x)g(x)$当$x\to x_0$时，若有极限，则极限必为 0

解　举例说明：

（1）$\lim\limits_{x\to0}x=0$，$\lim\limits_{x\to0}\sin\frac{1}{x}$振荡无极限，而$\lim\limits_{x\to0}x\sin\frac{1}{x}=0$（无穷小量乘有界函数的极限为 0）。选项A错误。

（2）$\lim\limits_{x\to0}x=0$，$\lim\limits_{x\to0}\frac{1}{x^2}$无极限，$\lim\limits_{x\to0}x\cdot\frac{1}{x^2}=\lim\limits_{x\to0}\frac{1}{x}=\infty$无极限。选项 B 错误。

（3）$\lim\limits_{x\to0}x=0$，$\lim\limits_{x\to0}\frac{1}{x}$无极限，$\lim\limits_{x\to0}x\cdot\frac{1}{x}=\lim\limits_{x\to0}1=1$有极限，极限不为 0。选项 D 错误。

答案： C

四、导数与微分

（一）导数定义

设函数$y=f(x)$在点x_0的某一邻域内有定义，当自变量x在点x_0处取得增量Δx（点$x_0+\Delta x$仍在该领域内）时，相应的函数取得增量$\Delta y=f(x_0+\Delta x)-f(x_0)$，如果当$\Delta x\to 0$时这两个增量比的极限

$$\lim_{\Delta x\to0}\frac{\Delta y}{\Delta x}=\lim_{\Delta x\to0}\frac{f(x_0+\Delta x)-f(x_0)}{\Delta x}\tag{1-2-3}$$

存在，则称这个极限值为函数$y=f(x)$在点x_0的导数，并称函数$y=f(x)$在x_0点可导。若上述极限不存在，则称函数$y=f(x)$在x_0点不可导。

函数$y=f(x)$在点x_0的导数可记为

$$f'(x_0)=\lim_{\Delta x\to0}\frac{f(x_0+\Delta x)-f(x_0)}{\Delta x}\tag{1-2-4}$$

也可记为$y'\big|_{x=x_0}$，$\frac{\mathrm{d}y}{\mathrm{d}x}\big|_{x=x_0}$，$\frac{\mathrm{d}}{\mathrm{d}x}f(x)\big|_{x=x_0}$。

用导数定义求函数$f(x)$在点x_0的导数还可用下式计算

$$f'(x_0)=\lim_{x\to x_0}\frac{f(x)-f(x_0)}{x-x_0}\tag{1-2-5}$$

（二）函数$f(x)$在$x=x_0$的单侧导数

$$f'_-(x_0)=\lim_{\Delta x\to0^-}\frac{f(x_0+\Delta x)-f(x_0)}{\Delta x}\text{或}f'_-(x_0)=\lim_{x\to x_0^-}\frac{f(x)-f(x_0)}{x-x_0}\tag{1-2-6}$$

$$f'_+(x_0)=\lim_{\Delta x\to 0^+}\frac{f(x_0+\Delta x)-f(x_0)}{\Delta x} \text{或} f'_+(x_0)=\lim_{x\to x_0^+}\frac{f(x)-f(x_0)}{x-x_0} \tag{1-2-7}$$

分别称为函数$f(x)$在点x_0的左导数与右导数，统称为单侧导数。

函数$f(x)$在x_0处可导的充分必要条件是$f'_+(x_0)=f'_-(x_0)$。

函数$f(x)$在x_0处可导，则函数在x_0处必连续；反之，不一定成立。

（三）$f(x)$在点x_0处的导数$f'(x_0)$的几何意义与物理意义

导数$f'(x_0)$的几何意义表示曲线$y=f(x)$在对应点$\big(x_0,f(x_0)\big)$处的切线斜率。

已知函数$y=f(x)$及其曲线上点(x_0,y_0)，则函数$f(x)$在点(x_0,y_0)处的切线方程为

$$y-y_0=f'(x_0)(x-x_0)$$

法线方程为

$$y-y_0=-\frac{1}{f'(x_0)}(x-x_0)\quad [f'(x_0)\neq 0]$$

函数在一点导数的物理意义为物体做变速直线运动，已知物体运动的距离s和时间t的函数：$s=s(t)$，导数$s'(t_0)$表示物体在t_0时刻的瞬时速度。

（四）函数的导函数及求导函数公式

如果函数$y=f(x)$在区间(a,b)内每一点都有导数，称这种对应关系所确定的函数为$y=f(x)$的导函数，记为$f'(x)$，y'，$\frac{\mathrm{d}y}{\mathrm{d}x}$，$\frac{\mathrm{d}}{\mathrm{d}x}f(x)$。即

$$f'(x)=\lim_{\Delta x\to 0}\frac{f(x+\Delta x)-f(x)}{\Delta x}\quad [x\in(a,b)] \tag{1-2-8}$$

（五）常用的求导方法

1. 利用导数的定义求导

特别是分段函数在交界点处的导数往往用在这一点左、右导数的定义计算。

2. 利用基本导数公式表和导数的四则运算法则求导

基本导数公式：

$(c)'=0$　　　　$(\ln x)'=\frac{1}{x}$

$(x^\mu)'=\mu x^{\mu-1}$（μ为实数）　　　　$(\arcsin x)'=\frac{1}{\sqrt{1-x^2}}$

$(\sin x)'=\cos x$　　　　$(\arccos x)'=-\frac{1}{\sqrt{1-x^2}}$

$(\cos x)'=-\sin x$　　　　$(\arctan x)'=\frac{1}{1+x^2}$

$(\tan x)'=\sec^2 x$　　　　$(\mathrm{arccot}\, x)'=-\frac{1}{1+x^2}$

$(\cot x)'=-\csc^2 x$　　　　$(\mathrm{sh}\, x)'=\mathrm{ch}x$

$(\sec x)'=\sec x\tan x$　　　　$(\mathrm{ch}\, x)'=\mathrm{sh}x$

$(\csc x)'=-\csc x\cot x$　　　　$(\mathrm{th}\, x)'=\frac{1}{\mathrm{ch}^2 x}$

$(a^x)'=a^x\ln a$（$a>0$，$a\neq 1$）　　　　$(\mathrm{arsh}\, x)'=\frac{1}{\sqrt{1+x^2}}$

$(e^x)'=e^x$　　　　$(\mathrm{arch}\, x)'=\frac{1}{\sqrt{x^2-1}}$

$(\log_a x)'=\frac{1}{x\ln a}$（$a>0$，$a\neq 1$）　　　　$(\mathrm{arth}\, x)'=\frac{1}{1-x^2}$

函数和、差、积、商求导法则：

$$[f(x) \pm g(x)]' = f'(x) \pm g'(x)$$

$$[f(x) \cdot g(x)]' = f'(x)g(x) + f(x)g'(x)$$

$$\left[\frac{f(x)}{g(x)}\right]' = \frac{f'(x)g(x) - f(x)g'(x)}{[g(x)]^2} \qquad [g(x) \neq 0]$$

3. 利用复合函数的求导法则求导

若$u = \varphi(x)$在点x处可导，$y = f(u)$在相应点$u = \varphi(x)$处可导，则复合函数$f[\varphi(x)]$在x处可导，且$\frac{\mathrm{d}y}{\mathrm{d}x} = \frac{\mathrm{d}y}{\mathrm{d}u} \cdot \frac{\mathrm{d}u}{\mathrm{d}x}$或记为$\{f[\varphi(x)]\}' = f'[\varphi(x)] \cdot \varphi'(x)$。

4. 反函数求导法

如果函数$x = \varphi(y)$在区间I_y内单调、可导且$\varphi'(y) \neq 0$，那么它的反函数$y = f(x)$在对应区间$I_x = \{x|x = \varphi(y), y \in I_y\}$内也可导，且有$f'(x) = \frac{1}{\frac{\mathrm{d}x}{\mathrm{d}y}} = \frac{1}{\varphi'(y)}$。

5. 求函数的高阶导数

若$f'(x)$在(a,b)内可导，则它的导数称为$f(x)$的二阶导数。一般说来，$f(x)$的$n-1$阶导数仍是x的函数，若它可导，则该导数称为函数$f(x)$的n阶导数，记为$y^{(n)}$，$f^{(n)}(x)$，$\frac{\mathrm{d}^n y}{\mathrm{d}x^n}$，$\frac{\mathrm{d}^n f(x)}{\mathrm{d}x^n}$。求$y = f(x)$的$n$阶导数，利用求一阶导数的法则逐次地往下求导即可，但在计算过程中，要注意分析归纳，找出规律，写出n阶导数的表示式。

6. 参数方程求导法

设$y = f(x)$的参数方程为$x = \varphi(t)$，$y = \psi(t)$时，$x = \varphi(t)$具有单调连续的反函数，$\varphi'(t) \neq 0$，$\varphi(t)$与$\psi(t)$均可导，则$\frac{\mathrm{d}y}{\mathrm{d}x} = \frac{\mathrm{d}y}{\mathrm{d}t} \cdot \frac{\mathrm{d}t}{\mathrm{d}x} = \frac{\mathrm{d}y/\mathrm{d}t}{\mathrm{d}x/\mathrm{d}t} = \frac{\psi'(t)}{\varphi'(t)}$。

7. 隐函数求导法

若方程$F(x,y) = 0$确定了隐函数$y = f(x)$，则由$F[x, f(x)] = 0$两边对x求导，并运用复合函数求导法则，就可求得$f'(x)$。

对隐函数求导应熟练掌握。还可以应用多元函数隐函数的方法计算，可能更简单，见多元函数微分法。

8. 取对数求导法

求幂指函数或某些含有复杂的乘、除、乘方、开方运算函数的导数时，可以采用先取对数后求导的方法进行。[幂指函数：形如$y = f(x)^{g(x)}$的函数]

9. 参数方程的二阶导数

若方程$x = \varphi(t)$，$y = \psi(t)$二阶可导，且$\varphi'(t) \neq 0$。在求出一阶导数$\frac{\mathrm{d}y}{\mathrm{d}x} = \frac{\psi'(t)}{\varphi'(t)}$后求二阶导数时，别忘乘$\frac{\mathrm{d}t}{\mathrm{d}x}$，即$\frac{\mathrm{d}^2 y}{\mathrm{d}x^2} = \frac{\mathrm{d}}{\mathrm{d}x}\left(\frac{\mathrm{d}y}{\mathrm{d}x}\right) = \frac{\mathrm{d}}{\mathrm{d}t}\left[\frac{\psi'(t)}{\varphi'(t)}\right] \cdot \frac{\mathrm{d}t}{\mathrm{d}x} = \frac{\psi''\varphi' - \psi'\varphi''}{[\varphi'(t)]^3}$。

10. 隐函数的二阶导数

若$F(x,y) = 0$，求出一阶导数后，在求二阶导数时，把式中的y作为中间变量来求导，然后代入y'，整理后得y''。

（六）函数微分及微分公式

1. 微分定义

设函数$y = f(x)$在某一区间I上有定义，x_0、$x_0 + \Delta x$在I上，如果$\Delta y = f(x_0 + \Delta x) - f(x_0)$可表示为

$$\Delta y = A\Delta x + o(\Delta x) \tag{1-2-9}$$

其中A是不依赖于Δx的常数，$o(\Delta x)$为比Δx高阶的无穷小，则称函数$f(x)$在x_0处可微。$\mathrm{d}y = A\Delta x$称为$f(x)$在x_0处相应于自变量增量Δx的微分。$f(x)$在x_0处可微的充分必要条件是$f(x)$在x_0处可导。记

$\Delta x = \mathrm{d}x$，则$\mathrm{d}y = A\Delta x = f'(x_0)\mathrm{d}x$。

函数$y = f(x)$在任意点x的微分，称为函数的微分。记作$\mathrm{d}y = f'(x)\mathrm{d}x$。

函数的微分就是求出函数$f'(x)$乘以$\mathrm{d}x$。函数的微分具有微分形式的不变性，即不论u是中间变量还是自变量，函数$f(u)$的一阶微分都具有相同的形式，即$\mathrm{d}f(u) = f'(u)\mathrm{d}u$。

2. 微分公式：

$\mathrm{d}C = 0$（C是常数）

$\mathrm{d}(x^\mu) = \mu x^{\mu-1}\mathrm{d}x$

$\mathrm{d}(\sin x) = \cos x\,\mathrm{d}x$

$\mathrm{d}(\cos x) = -\sin x\,\mathrm{d}x$

$\mathrm{d}(\tan x) = \sec^2 x\mathrm{d}x$

$\mathrm{d}(\cot x) = -\csc^2 x\mathrm{d}x$

$\mathrm{d}(\sec x) = \sec x\tan x\,\mathrm{d}x$

$\mathrm{d}(\csc x) = -\csc x\cot x\,\mathrm{d}x$

$\mathrm{d}(a^x) = a^x\ln a\,\mathrm{d}x$

$\mathrm{d}(e^x) = e^x\mathrm{d}x$

$\mathrm{d}(\log_a x) = \frac{1}{x\ln a}\mathrm{d}x$

$\mathrm{d}(\ln x) = \frac{1}{x}\mathrm{d}x$

$\mathrm{d}(\arcsin x) = \frac{1}{\sqrt{1-x^2}}\mathrm{d}x$

$\mathrm{d}(\arccos x) = -\frac{1}{\sqrt{1-x^2}}\mathrm{d}x$

$\mathrm{d}(\arctan x) = \frac{1}{1+x^2}\mathrm{d}x$

$\mathrm{d}(\operatorname{arccot} x) = -\frac{1}{1+x^2}\mathrm{d}x$

3. 函数和、差、积、商微分法则

$$\mathrm{d}(u \pm v) = \mathrm{d}u \pm \mathrm{d}v \qquad \mathrm{d}(cu) = c\mathrm{d}(u) \quad (c\text{为常数})$$

$$\mathrm{d}(uv) = v\mathrm{d}u + u\mathrm{d}v \qquad \mathrm{d}\left(\frac{u}{v}\right) = \frac{v\mathrm{d}u - u\mathrm{d}v}{v^2}$$

【例 1-2-16】 $y = 2^{\tan\frac{1}{x}}$，求y'。

解 该题为复合函数求导，注意求导时要有从外到里层层剥开的思想。该题即为函数$y = 2^{\tan\frac{1}{x}}$，由$y = 2^u$，$u = \tan V$，$V = \frac{1}{x}$复合而成，所以$y' = (2^u)'_u \cdot (\tan V)'_V \cdot \left(\frac{1}{x}\right)'_x$，即

$$y' = 2^{\tan\frac{1}{x}} \cdot \ln 2 \cdot \sec^2\frac{1}{x} \cdot \left(-\frac{1}{x^2}\right) = -\frac{\ln 2}{x^2}2^{\tan\frac{1}{x}} \cdot \sec^2\frac{1}{x}$$

【例 1-2-17】 若函数$y = f(x)$在点x_0处有不等于零的导数，并且其反函数$x = g(y)$在点$y_0\big(y_0 = f(x_0)\big)$处连续，则导数$g'(y_0)$等于：

A. $\frac{1}{f(x_0)}$　　B. $\frac{1}{f(y_0)}$　　C. $\frac{1}{f'(x_0)}$　　D. $\frac{1}{f'(y_0)}$

解 根据反函数的求导法则：如果函数$x = \varphi(y)$在区间I_y内单调、可导且$\varphi'(y) \neq 0$，那么它的反函数$y = f(x)$在对应区间$I_x = \{x | x = \varphi(y), y \in I_y\}$内也可导，且有$f'(x) = \frac{1}{\frac{\mathrm{d}x}{\mathrm{d}y}} = \frac{1}{\varphi'(y)}$。

所以，函数$y = f(x)$的反函数$x = g(y)$在点$y_0\big(y_0 = f(x_0)\big)$的导数$g'(y_0) = \frac{1}{f'(x_0)}$。

答案：C

【例 1-2-18】 $y = x^{\sin x}(x > 0)$，求y'。

解 本题属于幂指函数的求导问题，既不能使用幂函数的导数公式，也不能使用指数函数的导数公式。

方法 1：可利用对数求导法求解。即

$$\ln y = \sin x\ln x$$

$$\frac{1}{y} \cdot y' = \cos x\ln x + \frac{\sin x}{x}$$

$$y' = x^{\sin x}\left(\cos x\ln x + \frac{\sin x}{x}\right)$$

方法 2：$y=x^{\sin x}=e^{\sin x\ln x}$，则

$$y'=\left(e^{\sin x\ln x}\right)'=e^{\sin x\ln x}(\sin x\ln x)'=x^{\sin x}\left(\cos x\ln x+\frac{\sin x}{x}\right)$$

【例 1-2-19】 已知$x^2+y^2-xy=1$，求由方程确定的函数y的导数y'。

解 方法 1：两边对x求导，求导时，把式中字母y看作x的函数。

$$2x+2y\frac{\mathrm{d}y}{\mathrm{d}x}-\left(y+x\frac{\mathrm{d}y}{\mathrm{d}x}\right)=0$$

$$2x+2y\frac{\mathrm{d}y}{\mathrm{d}x}-y-x\frac{\mathrm{d}y}{\mathrm{d}x}=0$$

$$(2y-x)\frac{\mathrm{d}y}{\mathrm{d}x}=y-2x$$

$$\frac{\mathrm{d}y}{\mathrm{d}x}=\frac{y-2x}{2y-x}$$

方法 2：利用二元方程确定的隐函数求导法则计算，这时先将原式写成$F(x,y)=0$的形式。（参见第四节多元函数微分学，隐函数的微分法）

$$x^2+y^2-xy-1=0$$

设$F(x,y)=x^2+y^2-xy-1$，则

$$F_x=2x-y，F_y=2y-x$$

$$\frac{\mathrm{d}y}{\mathrm{d}x}=-\frac{F_x}{F_y}=-\frac{2x-y}{2y-x}=\frac{y-2x}{2y-x}$$

注：用方法 2 求隐函数的导数显得简单，以后不妨用这种方法。

方法 3：利用微分运算法则，方程两边微分，得

$$\mathrm{d}(x^2+y^2-xy)=0\Rightarrow 2x\mathrm{d}x+2y\mathrm{d}y-y\mathrm{d}x-x\mathrm{d}y=0\Rightarrow(2x-y)\mathrm{d}x=(x-2y)\mathrm{d}y$$

$$\frac{\mathrm{d}y}{\mathrm{d}x}=\frac{2x-y}{x-2y}$$

【例 1-2-20】 $y=\ln\left(x+\sqrt{x^2-a^2}\right)$，求$\frac{\mathrm{d}y}{\mathrm{d}x}$，$\frac{\mathrm{d}^2y}{\mathrm{d}x^2}$。

解 在计算一阶导数后，注意将其化为最简形式，再求二阶导数。

$$\frac{\mathrm{d}y}{\mathrm{d}x}=\frac{1}{x+\sqrt{x^2-a^2}}\left(1+\frac{x}{\sqrt{x^2-a^2}}\right)=\frac{1}{x+\sqrt{x^2-a^2}}\cdot\frac{x+\sqrt{x^2-a^2}}{\sqrt{x^2-a^2}}$$

$$=\frac{1}{\sqrt{x^2-a^2}}$$

$$\frac{\mathrm{d}^2y}{\mathrm{d}x^2}=-\frac{1}{2}(x^2-a^2)^{-\frac{3}{2}}\cdot 2x=-\frac{x}{(x^2-a^2)^{\frac{3}{2}}}$$

【例 1-2-21】 设$\begin{cases}x=e^{2t}\\y=t-e^{-t}\end{cases}$，求$\frac{\mathrm{d}y}{\mathrm{d}x}$，$\frac{\mathrm{d}^2y}{\mathrm{d}x^2}$。

解

$$\frac{\mathrm{d}y}{\mathrm{d}t}=1+e^{-t}，\frac{\mathrm{d}x}{\mathrm{d}t}=2e^{2t}$$

$$\frac{\mathrm{d}y}{\mathrm{d}x}=\frac{\frac{\mathrm{d}y}{\mathrm{d}t}}{\frac{\mathrm{d}x}{\mathrm{d}t}}=\frac{1+e^{-t}}{2e^{2t}}=\frac{1}{2}(e^{-2t}+e^{-3t})$$

$$\frac{\mathrm{d}^2y}{\mathrm{d}x^2}=\frac{\mathrm{d}}{\mathrm{d}t}\left(\frac{\mathrm{d}y}{\mathrm{d}x}\right)\cdot\frac{\mathrm{d}t}{\mathrm{d}x}=\frac{1}{2}(-2e^{-2t}-3e^{-3t})\frac{1}{\frac{\mathrm{d}x}{\mathrm{d}t}}$$

$$=\frac{1}{2}(-2e^{-2t}-3e^{-3t})\frac{1}{2e^{2t}}=-\frac{1}{2}e^{-4t}-\frac{3}{4}e^{-5t}$$

注：参数方程的二阶导数$\frac{\mathrm{d}^2y}{\mathrm{d}x^2}$公式。

【例 1-2-22】 如果$f(x)$在x_0处可导，$g(x)$在x_0处不可导，则$f(x)g(x)$在x_0处：

A. 可能可导也可能不可导　　B. 不可导

C. 可导　　D. 连续

解 举例说明。

如$f(x)=x$在$x=0$处可导，$g(x)=|x|=\begin{cases}x & x\geqslant 0\\ -x & x<0\end{cases}$在$x=0$处不可导。

则$f(x)g(x)=x|x|=\begin{cases}x^2 & x\geqslant 0\\ -x^2 & x<0\end{cases}$

设$H(x)=x|x|=\begin{cases}x^2 & x\geqslant 0\\ -x^2 & x<0\end{cases}$，则

$$H'_+(0)=\lim_{x\to 0^+}\frac{x^2-0}{x-0}=0,\ H'_-(0)=\lim_{x\to 0^-}\frac{-x^2-0}{x-0}=0$$

通过计算，$H'_+(0)=H'_-(0)=0$，可知$f(x)g(x)$在$x=0$处可导。

又如$f(x)=2$在$x=0$处可导，$g(x)=|x|=\begin{cases}x & x\geqslant 0\\ -x & x<0\end{cases}$在$x=0$处不可导。则

$$f(x)g(x)=2|x|=\begin{cases}2x & x\geqslant 0\\ -2x & x<0\end{cases}$$

设$Q(x)=2|x|=\begin{cases}2x & x\geqslant 0\\ -2x & x<0\end{cases}$，则

$$Q'_+(0)=\lim_{x\to 0^+}\frac{2x-0}{x-0}=2,\ Q'_-(0)=\lim_{x\to 0^-}\frac{-2x-0}{x-0}=-2$$

通过计算，$Q'_+(0)=2$，$Q'_-(0)=-2$，可知$f(x)g(x)$在$x=0$处不可导。

答案： A

【例 1-2-23】 设$y=f(\ln x)e^{f(x)}$，其中$f(x)$为可微函数，则微分dy等于：

A. $e^{f(x)}[f'(\ln x)+f'(x)]\mathrm{d}x$　　B. $e^{f(x)}\left[\frac{1}{x}f'(\ln x)+f'(x)f(\ln x)\right]\mathrm{d}x$

C. $e^{f(x)}f'(\ln x)f'(x)\mathrm{d}x$　　D. $\frac{1}{x}e^{f(x)}f'(\ln x)\mathrm{d}x$

解 **方法 1：** 利用复合函数求导法计算。

函数微分$\mathrm{d}y=y'\mathrm{d}x$，而$y'=\left[f(\ln x)'e^{f(x)}+f(\ln x)e^{f(x)}\right]'=f'(\ln x)\frac{1}{x}e^{f(x)}+f(\ln x)e^{f(x)}f'(x)=e^{f(x)}\left[\frac{1}{x}f'(\ln x)+f'(x)f(\ln x)\right]$，可得$\mathrm{d}y=e^{f(x)}\left[\frac{1}{x}f'(\ln x)+f'(x)f(\ln x)\right]\mathrm{d}x$。

方法 2： 根据微分的运算法则及微分形式不变性计算。

$$\begin{aligned}\mathrm{d}y&=\mathrm{d}\left[f(\ln x)e^{f(x)}\right]=\mathrm{d}[f(\ln x)]e^{f(x)}+f(\ln x)\mathrm{d}e^{f(x)}=f'(\ln x)\mathrm{d}(\ln x)e^{f(x)}+f(\ln x)e^{f(x)}\mathrm{d}f(x)\\&=e^{f(x)}\left[\frac{1}{x}f'(\ln x)+f'(x)f(\ln x)\right]\mathrm{d}x\end{aligned}$$

答案： B

【例 1-2-24】 设$f(x)=e^x$，$g(x)=\sin x$，且$y=f[g'(x)]$，则$\frac{\mathrm{d}^2y}{\mathrm{d}x^2}$等于：

A. $e^{\cos x}(\sin x+\cos x)$　　B. $e^{\cos x}(\sin x-\cos x)$

C $e^{\cos x}(\sin^2 x-\cos x)$　　D. $e^{\cos x}(\sin^2 x+\cos x)$

解 由已知$f(x)=e^x$，$g(x)=\sin x$，易知$g'(x)=\cos x$，$y=f[g'(x)]=e^{\cos x}$，

则$\frac{\mathrm{d}y}{\mathrm{d}x}=-\sin x e^{\cos x}$，$\frac{\mathrm{d}^2y}{\mathrm{d}x^2}=(-\sin x e^{\cos x})'=-\cos x e^{\cos x}-\sin x e^{\cos x}(-\sin x)=e^{\cos x}(\sin^2 x-\cos x)$。

答案： C

【例 1-2-25】 曲线$y=x^3-6x$上切线平行于x轴的点是：

A. (0,0)　　B. $(\sqrt{2},1)$

C. $(-\sqrt{2},4\sqrt{2})$和$(\sqrt{2},-4\sqrt{2})$　　D. (1,2)和(−1,2)

解 切线平行x轴，即切线的斜率为0。设曲线的切点坐标为(x_0,y_0)，则

$$y=x^3-6x,\ y'=3x^2-6,\ y'|_{x=x_0}=3x_0^2-6$$

令$3x_0^2-6=0$，解得$x_0=\pm\sqrt{2}$

所求切点坐标为$(\sqrt{2},-4\sqrt{2})$，$(-\sqrt{2},4\sqrt{2})$

答案： C

【例 1-2-26】 已知$f(x)$是二阶可导函数，$y=e^{2f(x)}$，则$\frac{d^2y}{dx^2}$为：

A. $e^{2f(x)}$　　B. $e^{2f(x)}f''(x)$

C. $e^{2f(x)}[2f'(x)]$　　D. $2e^{2f(x)}\left[2\left(f'(x)\right)^2+f''(x)\right]$

解 利用复合函数求导法则，题中$f(x)$为x的二阶可导函数。

$y'=\left(e^{2f(x)}\right)'=2f'(x)e^{2f(x)}$

$y''=2\left[f''(x)e^{2f(x)}+f'(x)e^{2f(x)}\cdot 2f'(x)\right]=2e^{2f(x)}[2(f'(x))^2+f''(x)]$

答案： D

【例 1-2-27】 设$y=e^{\sin^2 x}$，则dy为：

A. $e^x d\sin^2 x$　　B. $e^{\sin^2 x}d\sin^2 x$

C. $e^{\sin^2 x}\sin 2x\, d\sin x$　　D. $e^{\sin^2 x}d\sin x$

解 **方法1：** 可利用复合函数求导法求解。

$dy=y'dx=e^{\sin^2 x}\cdot 2\sin x\cdot\cos x\,dx=e^{\sin^2 x}\cdot 2\sin x\,d\sin x=e^{\sin^2 x}d\sin^2 x$

方法2： 可利用微分形式不变性求解。

设$u=\sin^2 x$，$dy=e^u du=e^{\sin^2 x}d\sin^2 x$

答案： B

五、微分中值定理

微分中值定理是导数应用的理论基础，最重要的是拉格朗日中值定理，罗尔定理可看作它的特例，柯西定理是它的推广。

（一）罗尔定理

若$f(x)$在$[a,b]$连续，在(a,b)内可导，且$f(a)=f(b)$，则至少存在一点$\xi\in(a,b)$，使$f'(\xi)=0$。

由罗尔定理可以证明方程根的问题：若$f(x)$可导，则在方程$f(x)=0$的两个不同实根（如果有）之间至少存在方程$f'(x)=0$的一个根。

（二）拉格朗日中值定理

若$f(x)$在$[a,b]$连续，在(a,b)内可导，则至少存在一点$\xi\in(a,b)$，使得

$$f(b)-f(a)=f'(\xi)(b-a)\tag{1-2-10}$$

由拉格朗日中值定理可以证明：若$f(x)$在区间I上的导数恒等于零，则$f(x)$在I上为常数。

（三）柯西中值定理

若$f(x)$，$F(x)$在$[a,b]$连续，在(a,b)内可导，且$F'(x)\neq 0$，则至少存在一点$\xi\in(a,b)$，使得

$$\frac{f(b)-f(a)}{F(b)-F(a)}=\frac{f'(\xi)}{F'(\xi)}\tag{1-2-11}$$

（四）洛必达法则

若：（1）$\lim\limits_{x\to a(或\infty)} f(x)=\lim\limits_{x\to a(或\infty)} F(x)=0(或\infty)$；（2）$f'(x)$及$F'(x)$在$0<|x-x_0|<\delta(或|x|>X)$处存在，且$F'(x)\neq 0$，（3）$\lim\limits_{x\to a(或\infty)}\frac{f'(x)}{F'(x)}$存在(或∞)，则

$$\lim_{x\to a(或\infty)}\frac{f(x)}{F(x)}=\lim_{x\to a(或\infty)}\frac{f'(x)}{F'(x)}=存在(或\infty) \tag{1-2-12}$$

满足以上条件的两个函数比的极限等于两个函数导数比的极限，在利用洛必达法则时，三个条件中有一条不满足就不能应用。对于未定型$0\cdot\infty$、$\infty-\infty$、0^0、∞^0、1^∞可化为$\frac{0}{0}$或$\frac{\infty}{\infty}$型的极限计算。洛必达法则是计算未定式极限的一种有效方法，但与前面学过的计算极限的方法（例如等价无穷小替换、两个重要极限等）结合使用，效果更好。

（五）泰勒公式

若$f(x)$在(a,b)内具有$n+1$阶导数，$x_0\in(a,b)$，则$\forall x\in(a,b)$有下面式子成立。

$$f(x)=f(x_0)+\frac{f'(x_0)}{1!}(x-x_0)+\cdots+\frac{f^{(n)}(x_0)}{n!}(x-x_0)^n+R_n(x) \tag{1-2-13}$$

该公式称为$f(x)$的n阶泰勒公式，$R_n(x)$称为余项，其中$R_n(x)$表达式为

$$R_n(x)=\frac{f^{(n+1)}(\zeta)}{(n+1)!}(x-x_0)^{n+1} \tag{1-2-14}$$

这里ζ是介于x_0与x之间的某个值。

在泰勒公式（1-2-13）中取$x_0=0$，就得到常用的麦克劳林公式

$$f(x)=f(0)+f'(0)x+\frac{f''(0)}{2!}x^2+\cdots+\frac{f^{(n)}(0)}{n!}x^n+R_n(x) \tag{1-2-15}$$

其中$R_n(x)=\frac{f^{(n+1)}(\zeta)}{(n+1)!}x^{n+1}$，这里$\zeta$是介于 0 与$x$之间的某个值。

六、导数的应用

（一）判定函数的单调区间

设$y=f(x)$在区间(a,b)上可导，$\forall x\in(a,b)$，若$f'(x)>0$（或<0）[在个别点亦可$f'(x)=0$]，则$f(x)$在区间(a,b)上严格单调增加（或减小）。

（二）求函数的极值

若函数$f(x)$在点x_0的某一邻域内的任何点$x(x\neq x_0)$恒有$f(x)<f(x_0)$[或$f(x)>f(x_0)$]，则函数$f(x)$在点x_0有极大值（或极小值），函数的极大值、极小值统称为函数的极值，点x_0为$f(x)$的极值点。函数的极值是局部的概念，在某一邻域内函数的极大（小）值不一定是函数在定义域内的最大（小）值。

极值存在的必要条件：若$f'(x_0)$存在，且x_0为$f(x)$的极值点，则$f'(x_0)=0$。但逆命题不成立，即若$f'(x_0)=0$，但x_0不一定是函数$f(x)$的极值点。导数为零的点称为函数的驻点。驻点以及导数不存在的点称为函数可疑极值点。

极值存在的第一充分条件：设$f(x)$在x_0点连续，且在x_0的某一去心邻域$U^0(x_0,\delta)$内可导，若$x\in(x_0-\delta,x_0)$，$f'(x)>0$[或$f'(x)<0$]；若$x\in(x_0,x_0+\delta)$，$f'(x)<0$[或$f'(x)>0$]，则$f(x)$在x_0点取得极大值（或极小值）。

极值存在的第二充分条件：设$f(x)$在x_0点具有二阶导数，且$f'(x_0)=0$，若$f''(x_0)<0$，则$f(x)$在x_0点取得极大值；若$f''(x_0)>0$，则$f(x)$在x_0点取得极小值。

（三）函数的最大值、最小值

函数$f(x)$在$[a,b]$上连续，则其在$[a,b]$上的最大值和最小值可通过比较端点、驻点、一阶导数不存在的点的函数值的大小来确定，即

$$f_{最大值}=\max\{f(a),f(b),f(x_1),f(x_2),\cdots,f(x_n)\}$$
$$f_{最小值}=\min\{f(a),f(b),f(x_1),f(x_2),\cdots,f(x_n)\}$$

其中，x_1，x_2，…，x_n为$f(x)$在$[a,b]$内的所有可能极值点。

在求解实际问题时，经常用到下面结论：若$f(x)$在$[a,b]$上连续，且在(a,b)内只有唯一一个极值点x_0，则当$f(x_0)$为极大（小）值时，它就是$f(x)$在$[a,b]$上的最大（小）值。

若$f(x)$在$[a,b]$上单调增加（减少），则$f(a)$为其最小（大）值，$f(b)$为其最大（小）值。

（四）凹凸性，拐点

设$f(x)$在$[a,b]$上连续，任给x_1，$x_2\in(a,b)$恒有$f\left(\frac{x_1+x_2}{2}\right)>$（或$<$）$\frac{f(x_1)+f(x_2)}{2}$，则称$f(x)$在$[a,b]$上是凸（或凹）的。若曲线在$x_0$两旁凹凸性改变，则称点$(x_0,f(x_0))$为曲线的拐点。

函数凹凸性判别法则（充分条件）：设$f(x)$在$[a,b]$上连续，在(a,b)内$f''(x)$存在，若$a<x<b$时，$f''(x)>0$[或$f''(x)<0$]，在个别点$f''(x)$可以为零，则曲线为凹（或凸）。

设$f(x)$连续，若在点x_0，$f''(x_0)=0$或$f''(x_0)$不存在，且在x_0两侧$f''(x)$改变符号时，则点$(x_0,f(x_0))$是拐点。

（五）曲线的渐近线

若动点沿曲线$y=f(x)$无限远离坐标原点时，此动点到某一固定直线的距离趋近于零，则称该直线为曲线渐近线。

渐近线的求法：

1. 垂直渐近线

若$\lim\limits_{x\to x_0^+}f(x)=\infty$（或$\lim\limits_{x\to x_0^-}f(x)=\infty$），则$x=x_0$为曲线$y=f(x)$的垂直渐近线。

2. 水平渐近线

若$\lim\limits_{x\to+\infty}f(x)=k$（或$\lim\limits_{x\to-\infty}f(x)=k$），则$y=k$为曲线$y=f(x)$的水平渐近线。

3. 斜渐近线

若曲线$y=f(x)$以直线$y=ax+b$为斜渐近线，则由渐近线的定义，容易得

$$\lim_{x\to+\infty}[f(x)-(ax+b)]=0\left(或\lim_{x\to-\infty}[f(x)-(ax+b)]=0\right)$$

进而有
$$\lim_{x\to+\infty}\left[\frac{f(x)}{x}-a-\frac{b}{x}\right]=0或\lim_{x\to-\infty}\left[\frac{f(x)}{x}-a-\frac{b}{x}\right]=0$$

所以，
$$a=\lim_{x\to+\infty}\frac{f(x)}{x}或a=\lim_{x\to-\infty}\frac{f(x)}{x}$$
$$b=\lim_{x\to+\infty}[f(x)-ax]或b=\lim_{x\to-\infty}[f(x)-ax]$$

【例 1-2-28】 求$\lim\limits_{x\to\infty}x\left(e^{\frac{1}{x}}-1\right)$。

解

$$原式\overset{\infty\cdot0}{=}\lim_{x\to\infty}\frac{e^{\frac{1}{x}}-1}{\frac{1}{x}}\overset{\frac{0}{0}}{=}\lim_{x\to\infty}\frac{\frac{1}{x}}{\frac{1}{x}}=1\qquad\left(x\to\infty,e^{\frac{1}{x}}-1\sim\frac{1}{x}\right)$$

【例 1-2-29】 求$\lim\limits_{x\to0^+}x^{\sin x}$。

解
$$原式\overset{0^0}{=}\lim_{x\to0^+}e^{\ln x^{\sin x}}=\lim_{x\to0^+}e^{\sin x\ln x}=e^{\lim\limits_{x\to0^+}\sin x\ln x}$$

因 $$\lim_{x\to0^+}\sin x\ln x\overset{0\cdot\infty}{=}\lim_{x\to0^+}\frac{\ln x}{\frac{1}{\sin x}}\overset{\frac{\infty}{\infty}}{=}\lim_{x\to0^+}-\frac{\sin^2 x}{x\cos x}=-\lim_{x\to0^+}\frac{x^2}{x\cos x}$$
$$=0\qquad(x\to0,\sin^2 x\sim x^2)$$

故 原式 $=e^0=1$

【例 1-2-30】 求函数$y=x^2e^{-x}$的单调区间、极值及此函数曲线的凹凸区间和拐点。

解 （1）D：$(-\infty,+\infty)$

（2）$y'=2xe^{-x}-x^2e^{-x}=xe^{-x}(2-x)$

$y''=2e^{-x}-2xe^{-x}-2xe^{-x}+x^2e^{-x}=e^{-x}(x^2-4x+2)$

（3）令$y'=0$，得$x_1=0$，$x_2=2$

令$y''=0$，得$x_3=2-\sqrt{2}$，$x_4=2+\sqrt{2}$

（4）列表。

例 1-2-30 解表

x	$(-\infty,0)$	0	$(0,2-\sqrt{2})$	$2-\sqrt{2}$	$(2-\sqrt{2},2)$	2	$(2,2+\sqrt{2})$	$2+\sqrt{2}$	$(2+\sqrt{2},+\infty)$
y'	−	0	+	+	+	0	−	−	−
y''	+	+	+	0	−	−	−	0	+

函数在$(0,2)$单增，在$(-\infty,0)$与$(2,+\infty)$单减。

$$f_{极小}(0)=0,\ f_{极大}(2)=4e^{-2}$$

$(-\infty,2-\sqrt{2})$，$(2+\sqrt{2},+\infty)$为凹区间，$(2-\sqrt{2},2+\sqrt{2})$为凸区间，点$\left(2-\sqrt{2},(2-\sqrt{2})^2e^{\sqrt{2}-2}\right)$，$\left(2+\sqrt{2},(2+\sqrt{2})^2e^{-(2+\sqrt{2})}\right)$为拐点。

【例 1-2-31】 设函数$f(x)$在$(-\infty,+\infty)$内连续，其导函数的图形如图所示，则$f(x)$有：

A. 一个极小值点和两个极大值点

B. 两个极小值点和一个极大值点

C. 两个极小值点和两个极大值点

D. 三个极小值点和一个极大值点

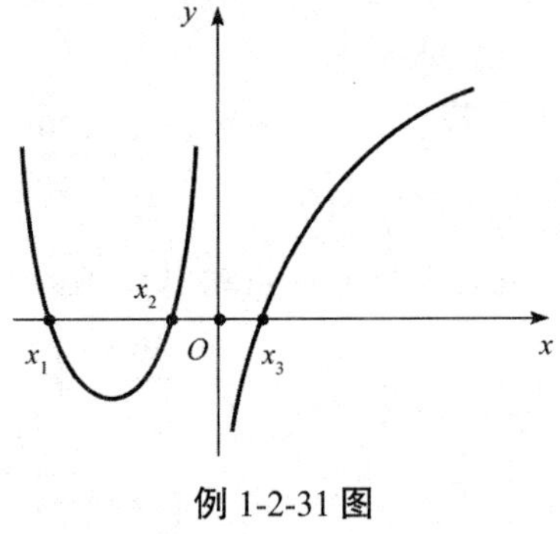

例 1-2-31 图

解 根据连续函数在x_0取得极值的充分条件：如果在x_0点两侧导数符号发生变化，则x_0一定是极值点。从解图可看出，在x_1和原点O两侧导数符号由正变负，因此x_1和原点O是两个极大值点；在x_2和x_3两侧导数符号由负变正，因此x_2和x_3是两个极小值点。

答案： C

【例 1-2-32】 下列极限式中，能够使用洛必达法则求极限的是：

A. $\lim\limits_{x\to0}\frac{1+\cos x}{e^x-1}$　　B. $\lim\limits_{x\to0}\frac{x-\sin x}{\sin x}$　　C. $\lim\limits_{x\to0}\frac{x^2\sin\frac{1}{x}}{\sin x}$　　D. $\lim\limits_{x\to\infty}\frac{x+\sin x}{x-\sin x}$

解 $\lim\limits_{x\to0}\frac{x-\sin x}{\sin x}\overset{\frac{0}{0}}{=}\lim\limits_{x\to0}\frac{1-\cos x}{\cos x}=0$

选项 A、C、D 均不能用洛必达法则求极限。

答案： B

【例 1-2-33】 下列有关极限的命题中，正确的是：

A. 若$y=f(x)$在$x=x_0$处有$f'(x_0)=0$，则$f(x)$在$x=x_0$必取得极值

B. 极大值一定大于极小值

C. 若可导函数$y = f(x)$在$x = x_0$处取得极值，则必有$f'(x_0) = 0$

D. 极大值就是最大值

解 选项A，仅为$y = f(x)$在x_0取得极值的必要条件，错误；

选项B，函数的极大值不一定大于极小值，错误；

选项D，极大值也不一定就是函数的最大值，错误。

答案：C

【例 1-2-34】设偶函数$f(x)$具有二阶连续导数，且$f''(0) \neq 0$，则$x = 0$：

A. 一定不是$f'(x)$取得零值的点　　B. 一定不是$f(x)$的极值点

C. 一定是$f(x)$的极值点　　D. 不能确定是否为极值点

解 本题考查导数的应用。

根据极值存在的第二充分条件：设$f(x)x_0$点具有二阶导数，且$f'(x_0) = 0$，若$f''(x_0) < 0$，$f(x)$在x_0点取得极大值，若$f''(x_0) > 0$，$f(x)$在x_0点取得极小值。

由题意，$f(x)$为偶函数，即$f(x) = f(-x)$，等式两边求导，可得$f'(x) = -f'(-x)$,令$x = 0$，易知，$f'(0) = 0$，选项A错误。又因为$f''(0) \neq 0$，根据极值存在的第二充分条件，$x = 0$一定是$f(x)$的极值点。

答案：C

【例 1-2-35】设在$[0,1]$上$f''(x) < 0$，则$f'(0)$，$f'(1)$，$f(1) - f(0)$的大小顺序是：

A. $f'(1) < f'(0) < f(1) - f(0)$　　B. $f'(1) < f(1) - f(0) < f'(0)$

C. $f(1) - f(0) < f'(1) < f'(0)$　　D. 无法判断

解 由在$[0,1]$上$f''(x) < 0$可知，$f'(x)$在$[0,1]$上单调递减，且由拉格朗日中值定理可得$f(1) - f(0) = f'(\xi)$,其中$\xi \in (0,1)$，所以$f'(1) < f'(\xi) < f'(0)$，故选B。

答案：B

【例 1-2-36】设函数$f(x)$二阶可导，并且处处满足方程$f''(x) + 3\big(f'(x)\big)^2 + 2e^x f(x) = 0$，若$x_0$是该函数的一个驻点且$f(x_0) < 0$，则$f(x)$在点$x_0$：

A. 取得极大值　　B. 取得极小值　　C. 不取得极值　　D. 不能确定

解 将x_0代入方程得$f''(x_0) + 3\big(f'(x_0)\big)^2 + 2e^{x_0} f(x_0) = 0$

因为x_0为该函数的一个驻点，所以$f'(x_0) = 0$

$f''(x_0) + 2e^{x_0} f(x_0) = 0$，即$f''(x_0) = -2e^{x_0} f(x_0) > 0$

利用函数取得极值的第二充分条件，$f(x)$在点x_0取得极小值。

答案：B

【例 1-2-37】设$f(x) = x(x-1)(x-2)$，则方程$f'(x) = 0$的实根个数是：

A. 3　　B. 2　　C. 1　　D. 0

解 $f(x) = x(x-1)(x-2)$

$f(x)$在$[0,1]$连续，在$(0,1)$可导，且$f(0) = f(1)$

由罗尔定理可知，存在$f'(\zeta_1) = 0$，ζ_1在$(0,1)$之间

$f(x)$在$[1,2]$连续，在$(1,2)$可导，且$f(1) = f(2)$

由罗尔定理可知，存在$f'(\zeta_2) = 0$，ζ_2在$(1,2)$之间

因为$f'(x) = 0$是二次方程，所以$f'(x) = 0$的实根个数为2

答案： B

注：运用罗尔定理求解对于多数考生而言稍显困难，本题并非只能使用罗尔定理求解，还可以先将函数展开为$f(x) = x^3 - 3x^2 + 2x$，求解出$f'(x) = 3x^2 - 6x + 2 = 0$，这是一个一元二次方程，利用根的判别式$b^2 - 4ac = (-6)^2 - 4 \times 3 \times 2 > 0$，故有 2 个根。

【例 1-2-38】 设函数$f(x)$在$(-\infty,+\infty)$上是偶函数，且在$(0,+\infty)$内有$f'(x) > 0$，$f''(x) > 0$，则在$(-\infty,0)$内必有：

A. $f'(x) > 0, f''(x) > 0$　　B. $f'(x) < 0, f''(x) > 0$

C. $f'(x) > 0, f''(x) < 0$　　D. $f'(x) < 0, f''(x) < 0$

解 已知$f(x)$在$(-\infty,+\infty)$为偶函数，$f(x)$的图形关于y轴对称。又知$f(x)$在$(0,+\infty)$上，$f'(x) > 0$，$f''(x) > 0$，因而函数$f(x)$在$(0,+\infty)$上的图形单增且凹向。

由对称性可知，函数$f(x)$在$(-\infty,0)$上图形单减且凹向，所以在$(-\infty,0)$上$f'(x) < 0$，$f''(x) > 0$，选 B。

还可通过$f(-x) = f(x)$，求出一阶、二阶导数，确定在$(-\infty,0)$上，y'、y''的符号。

答案： B

【例 1-2-39】 对于曲线$y = \frac{1}{5}x^5 - \frac{1}{3}x^3$，下列说法不正确的是：

A. 有 3 个极值点　　B. 有 3 个拐点

C. 有 2 个极值点　　D. 对称原点

解 求曲线的极值点：

$$y = \frac{1}{5}x^5 - \frac{1}{3}x^3,\ y' = x^4 - x^2 = x^2(x+1)(x-1)$$

令$y' = 0$，驻点$x = -1$，0，1，把定义域分成$(-\infty,-1)$，$(-1,0)$，$(0,1)$，$(1,+\infty)$几个区间。

列表。

例 1-2-39 解表

x	$(-\infty,-1)$	-1	$(-1,0)$	0	$(0,1)$	1	$(1,+\infty)$
$f'(x)$	+	0	−	0	−	0	+
$f(x)$	↗	极大点	↘	无极值	↘	极小点	↗

可知函数有 2 个极值点，选项 C 正确，选项 A 不正确。

本题选项 D 正确，因为$f(x)$为奇函数，图形关于原点对称。

还可通过计算拐点的方法，确定选项 B 正确。

答案： A

【例 1-2-40】 方程$x^3 + x - 1 = 0$：

A. 无实根　　B. 只有一个实根　　C. 有两个实根　　D. 有三个实根

解 设$f(x) = x^3 + x - 1 = 0$，$f'(x) = 3x^2 + 1 > 0$，$x \in (-\infty,+\infty)$，所以$f(x)$单调递增。又显然有$f(0) = -1 < 0$，$f(1) = 1 > 0$，$f(x)$连续，由零点定理，$f(x)$在$(0,1)$上存在零点，且由单调性$f(x)$在$x \in (-\infty,+\infty)$内仅有唯一零点，即方程$x^3 + x - 1 = 0$只有一个实根。

答案： B

【例 1-2-41】 曲线$y = e^{-\frac{1}{x^2}}$的渐近线方程是：

A. $y = 0$　　B. $y = 1$　　C. $x = 0$　　D. $x = 1$

解　由$\lim\limits_{x\to\infty} e^{-\frac{1}{x^2}}=1$，知$y=1$是曲线$y=e^{-\frac{1}{x^2}}$的一条水平渐近线。

答案： B

【例 1-2-42】 曲线$y=\frac{1}{x}+\ln(1+e^x)$渐近线的条数为：

A. 0　　B. 1　　C. 2　　D. 3

解　由$\lim\limits_{x\to 0}\left[\frac{1}{x}+\ln(1+e^x)\right]=\infty$，知$x=0$是曲线的一条垂直渐近线；

由$\lim\limits_{x\to -\infty}\left[\frac{1}{x}+\ln(1+e^x)\right]=0$，知$y=0$是曲线的一条水平渐近线；

由：

$$a=\lim_{x\to+\infty}\frac{f(x)}{x}=\lim_{x\to+\infty}\left[\frac{1}{x^2}+\frac{\ln(1+e^x)}{x}\right]=\lim_{x\to+\infty}\frac{1}{x^2}+\lim_{x\to+\infty}\frac{\ln(1+e^x)}{x}$$

$$=\lim_{x\to+\infty}\frac{\ln(1+e^x)}{x}\overset{\text{洛必达}}{=\!=}\lim_{x\to+\infty}\frac{e^x}{1+e^x}=1$$

$$b=\lim_{x\to+\infty}[f(x)-ax]=\lim_{x\to+\infty}\left[\frac{1}{x}+\ln(1+e^x)-x\right]=\lim_{x\to+\infty}\frac{1}{x}+\lim_{x\to+\infty}[\ln(1+e^x)-\ln e^x]$$

$$=\lim_{x\to+\infty}\ln\frac{1+e^x}{e^x}=0$$

知$y=x$是曲线的一条斜渐近线。

综上，曲线渐近线的条数为 3 条。

答案： D

习　题

1-2-1　设$f(x)=\frac{x-1}{x}(x\neq 0,1)$，求$f\left[\frac{1}{f(x)}\right]$等于（　　）。

A. $1-x$　　B. $\frac{1}{1-x}$　　C. $\frac{1}{x}$　　D. x

1-2-2　$\lim\limits_{x\to\infty}\frac{3x^2+5}{5x+3}\sin\frac{2}{x}=$（　　）。

A. 1　　B. $\frac{6}{5}$　　C. 2　　D. -1

1-2-3　极限$\lim\limits_{x\to\infty}\frac{x^3-2x+5}{3x^5+2x+3}(2+\cos x-3\sin x)$的值等于（　　）。

A. $\frac{2}{3}$　　B. 0　　C. -1　　D. 不存在

1-2-4　若$f(u)$在u_0处不可导，$u=g(x)$在x_0处可导，且$u_0=g(x_0)$，则$f[g(x)]$在x_0处（　　）。

A. 可导　　B. 不可导

C. 可能可导也可能不可导　　D. 连续

1-2-5　极限$\lim\limits_{x\to 0}\frac{\ln(1-tx^2)}{x\sin x}$的值等于（　　）。

A. t　　B. $-t$　　C. 1　　D. -1

1-2-6　当$x\to 0$时，$x^2-\sin x$是x的（　　）。

A. 高阶无穷小　　B. 同阶无穷小但不是等价无穷小

C. 低阶无穷小　　D.等价无穷小

1-2-7　$\lim\limits_{x\to 0}\frac{\sqrt{2-2\cos x}}{x}$的结果（　　）。

A. 不存在　　B. 1　　C. $\sqrt{2}$　　D. 2

1-2-8　设$f(x)=\begin{cases}\cos x+x\sin\frac{1}{x} & x<0\\ x^2+1 & x\geqslant 0\end{cases}$，则$x=0$是$f(x)$的（　　）。

A. 可去间断点　　B. 跳跃间断点　　C. 振荡间断点　　D. 连续点

1-2-9 若当$x \to x_0$时，$\alpha(x)$、$\beta(x)$都是无穷小($\beta \neq 0$)，则$x \to x_0$时，下列哪一个选项不一定是无穷小？（ ）

A. $|\alpha(x)| + |\beta(x)|$ B. $\alpha^2(x) + \beta^2(x)$ C. $\ln[1 + \alpha(x)\beta(x)]$ D. $\frac{\alpha^2(x)}{\beta(x)}$

1-2-10 若在区间(a, b)内，$f'(x) = g'(x)$，则下列等式中错误的是（ ）。

A. $f(x) = cg(x)$ B. $f(x) = g(x) + c$

C. $\int \mathrm{d}f(x) = \int \mathrm{d}g(x)$ D. $\mathrm{d}f(x) = \mathrm{d}g(x)$

（以上各式中，c为任意常数）

1-2-11 已知函数在x_0处可导，且$\lim\limits_{x \to 0} \frac{x}{f(x_0 - 2x) - f(x_0)} = \frac{1}{4}$，则$f'(x_0) =$（ ）。

A. 4 B. −4 C. −2 D. 2

1-2-12 函数$f(x) = \frac{x+1}{x}$在[1,2]上符合拉格朗日定理条件的ξ值为（ ）。

A. $\sqrt{2}$ B. $-\sqrt{2}$ C. $\frac{1}{\sqrt{2}}$ D. $-\frac{1}{\sqrt{2}}$

1-2-13 点(0,1)是曲线$y = ax^3 + bx^2 + c$的拐点，则有（ ）。

A. $a = 1$，$b = -3$，$c = 1$

B. a为不等于 0 的实数，$b = 0$，$c = 1$

C. $a = 1$，$b = 0$，c为不等于 1 的任意实数

D. a、b为任意值，c为不等于 1 的任意实数

1-2-14 曲线$x^3 + y^3 + (x + 1)\cos(\pi y) + 9 = 0$，在$x = -1$点处的法线方程是（ ）。

A. $y + 3x + 6 = 0$ B. $y - 3x - 1 = 0$

C. $y - 3x - 8 = 0$ D. $y + 3x + 1 = 0$

1-2-15 设由抛物线$y = x^2$与三条直线$x = a$，$x = a + 1$，$y = 0$所围成的平面图形，当$a =$（ ）时图形的面积最小。

A. $a = 1$ B. $a = -\frac{1}{2}$ C. $a = 0$ D. $a = 2$

1-2-16 若$f''(x)$存在，则函数$y = \ln[f(x)]$的二阶导数为（ ）。

A. $\frac{f''(x)f(x) - [f'(x)]^2}{[f(x)]^2}$ B. $\frac{f''(x)}{f'(x)}$ C. $\frac{f''(x)f(x) + [f'(x)]^2}{[f(x)]^2}$ D. $\ln''[f(x)] \cdot f''(x)$

1-2-17 设参数方程$\begin{cases} x = f(t) - \ln f(t) \\ y = tf(t) \end{cases}$确定了$y$是$x$的函数，且$f'(t)$存在，$f(0) = 2$，$f'(0) = 2$，则当$t = 0$时，$\frac{\mathrm{d}y}{\mathrm{d}x}$的值等于（ ）。

A. $\frac{4}{3}$ B. $-\frac{4}{3}$ C. −2 D. 2

1-2-18 设曲线$y = \ln(1 + x^2)$，M是曲线上的点，若曲线在M点的切线平行于已知直线$y - x + 1 = 0$，则M点的坐标是（ ）。

A. $(-2, \ln 5)$ B. $(-1, \ln 2)$ C. $(1, \ln 2)$ D. $(2, \ln 5)$

1-2-19 设$f(x)$的二阶导数存在，且$f'(x) = f(1 - x)$，则（ ）成立。

A. $f''(x) + f'(x) = 0$ B. $f''(x) - f'(x) = 0$

C. $f''(x) + f(x) = 0$ D. $f''(x) - f(x) = 0$

1-2-20 设函数$f(x) = \begin{cases} e^{-x} + 1 & x \leqslant 0 \\ ax + 2 & x > 0 \end{cases}$，若$f(x)$在$x = 0$处可导，则$a$的值是（ ）。

A. 1 B. 2 C. 0 D. −1

1-2-21 设$f(x) = \begin{cases} x^2 \sin\frac{1}{x} & x > 0 \\ ax + b & x \leqslant 0 \end{cases}$在$x = 0$处可导，则$a$，$b$之值为（ ）。

A. $a=1$，$b=0$　　B. $a=0$，b为任意常数

C. $a=0$，$b=0$　　D. $a=1$，b任意常数

1-2-22 已知$\begin{cases} x=\frac{1-t^2}{1+t^2} \\ y=\frac{2t}{1+t^2} \end{cases}$，则$\frac{\mathrm{d}y}{\mathrm{d}x}$为（　　）。

A. $\frac{t^2-1}{2t}$　　B. $\frac{1-t^2}{2t}$　　C. $\frac{x^2-1}{2x}$　　D. $\frac{2t}{t^2-1}$

1-2-23 设$y=(1+x)^{\frac{1}{x}}$，则$y'(1)$等于（　　）。

A. 2　　B. e　　C. $\frac{1}{2}-\ln 2$　　D. $1-\ln 4$

1-2-24 函数$f(x)=10\arctan x-3\ln x$的极大值是（　　）。

A. $10\arctan 2-3\ln 2$　　B. $\frac{5}{2}\pi-3$

C. $10\arctan 3-3\ln 3$　　D. $10\arctan\frac{1}{3}$

1-2-25 设$f(x)$在$(-a,a)$是连续偶函数，且当$0<x<a$时，$f(x)<f(0)$，则（　　）。

A. $f(0)$是$f(x)$在$(-a,a)$的极大值，但不是最大值

B. $f(0)$是$f(x)$在$(-a,a)$的最小值

C. $f(0)$是$f(x)$在$(-a,a)$的极大值，也是最大值

D. $f(0)$是曲线$y=f(x)$的拐点的纵坐标

1-2-26 曲线$y=x^3(x-4)$既单增且向上凹的区间为（　　）。

A. $(-\infty,0)$　　B. $(0,+\infty)$　　C. $(2,+\infty)$　　D. $(3,+\infty)$

1-2-27 函数$f(x)=\frac{x^2}{2}+2x+\ln|x|$在$[-4,-1]$上的最大值为（　　）。

A. 2　　B. 1　　C. $\ln 4$　　D. $-\frac{3}{2}$

1-2-28 设函数$f(x)$在$(-\infty,+\infty)$二阶可导，并且处处满足方程$xf''(x)+3x\big(f'(x)\big)^2=1-e^{-x}$，若$x_0\neq 0$是该函数的一个驻点，则下列命题成立的是（　　）。

A. $\big(x_0 f(x_0)\big)$是曲线$y=f(x)$的拐点

B. $f(x_0)$是$f(x)$的极小值

C. $f(x_0)$是$f(x)$的极大值

D. $f(x_0)$不是极值，$\big(x_0,f(x_0)\big)$也不是曲线$y=f(x)$的拐点

第三节 一元函数积分学

一、不定积分

（一）不定积分的概念

1. 原函数定义

定义在某区间I上的函数$f(x)$，若存在函数$F(x)$，使得该区间上的一切x，均有$F'(x)=f(x)$或$\mathrm{d}F(x)=f(x)\mathrm{d}x$，则称$F(x)$为$f(x)$在区间$I$上的原函数。

若函数$f(x)$存在两个原函数，那么它们只相差一个常数。由于常数的导数为零，所以函数$f(x)$如果有原函数，则$f(x)$就有无穷多个原函数，可表示为$F(x)+C$。

2. 不定积分定义

函数$f(x)$的全体原函数称为$f(x)$的不定积分，记作$\int f(x)\mathrm{d}x$。

若$F(x)$是$f(x)$的一个原函数，则$\int f(x)\mathrm{d}x = F(x) + C$ （C为任意常数） (1-3-1)

3. 不定积分的性质

利用原函数的定义和不定积分的概念可得到下面性质

$$\int kf(x)\mathrm{d}x = k\int f(x)\mathrm{d}x \quad (\text{常数}k \neq 0)$$

$$\int [f(x) \pm g(x)]\mathrm{d}x = \int f(x)dx \pm \int g(x)\mathrm{d}x$$

$$\mathrm{d}\int f(x)\mathrm{d}x = f(x)\mathrm{d}x，\ \frac{\mathrm{d}}{\mathrm{d}x}\int f(x)\mathrm{d}x = f(x)$$

$$\int \mathrm{d}F(x) = F(x) + C，\ \int F'(x)\mathrm{d}x = F(x) + C$$

（二）不定积分的计算

1. 利用原函数的定义计算不定积分

2. 利用积分公式计算不定积分

常用的不定积分公式有：

$$\int k\mathrm{d}x = kx + C \quad (k\text{是常数})$$

$$\int x^{\mu}\mathrm{d}x = \frac{x^{\mu+1}}{\mu+1} + C \quad (\mu \neq -1)$$

$$\int \frac{\mathrm{d}x}{x} = \ln|x| + C$$

$$\int \frac{\mathrm{d}x}{1+x^2} = \arctan x + C$$

$$\int \frac{\mathrm{d}x}{\sqrt{1-x^2}} = \arcsin x + C$$

$$\int \cos x\,\mathrm{d}x = \sin x + C$$

$$\int \sin x\,\mathrm{d}x = -\cos x + C$$

$$\int \frac{\mathrm{d}x}{\cos^2 x} = \int \sec^2 x\mathrm{d}x = \tan x + C$$

$$\int \frac{\mathrm{d}x}{\sin^2 x} = \int \csc^2 x\mathrm{d}x = -\cot x + C$$

$$\int \sec x \tan x\,\mathrm{d}x = \sec x + C$$

$$\int \csc x \cot x\,\mathrm{d}x = -\csc x + C$$

$$\int e^x\mathrm{d}x = e^x + C$$

$$\int a^x\mathrm{d}x = \frac{a^x}{\ln a} + C \quad (a > 0, a \neq 1)$$

$$\int \mathrm{sh}x\mathrm{d}x = \mathrm{ch}x + C$$

$$\int \mathrm{ch}x\mathrm{d}x = \mathrm{sh}x + C$$

$$\int \tan x\,\mathrm{d}x = -\ln|\cos x| + C$$

$$\int \cot x\,\mathrm{d}x = \ln|\sin x| + C$$

$$\int \sec x\,\mathrm{d}x = \ln|\sec x + \tan x| + C$$

$$\int \csc x\,\mathrm{d}x = \ln|\csc x - \cot x| + C$$

$$\int \frac{\mathrm{d}x}{a^2+x^2} = \frac{1}{a}\arctan\frac{x}{a} + C$$

$$\int \frac{\mathrm{d}x}{x^2-a^2} = \frac{1}{2a}\ln\left|\frac{x-a}{x+a}\right| + C$$

$$\int \frac{\mathrm{d}x}{\sqrt{a^2-x^2}} = \arcsin\frac{x}{a} + C$$

$$\int \frac{\mathrm{d}x}{\sqrt{x^2-a^2}} = \ln\left|x + \sqrt{x^2-a^2}\right| + C$$

$$\int \frac{\mathrm{d}x}{\sqrt{x^2+a^2}} = \ln\left(x + \sqrt{x^2+a^2}\right) + C$$

3. 换元积分法

第一类换元积分法：设$f(u)$具有原函数$F(u)$，而$u=\varphi(x)$可导，则有

$$\int f[\varphi(x)]\varphi'(x)\mathrm{d}x=\int f(u)\mathrm{d}u=F[\varphi(x)]+C \tag{1-3-2}$$

第二类换元积分法：设$x=\varphi(t)$在区间$[\alpha,\beta]$上单调可导，且$\varphi'(t)\neq 0$，又设$f[\varphi(t)]\varphi'(t)$具有原函数$F(t)$，则有

$$\int f(x)\mathrm{d}x=\int f[\varphi(t)]\varphi'(t)\mathrm{d}t=F(t)+c=F[\varphi^{-1}(x)]+C \tag{1-3-3}$$

式中，$\varphi^{-1}(x)$为$x=\varphi(t)$的反函数。

用式（1-3-3），在计算时可根据函数的特点适当选择代换函数。常用的代换有三角代换、根式代换、倒代换等。

三角代换，如被积函数$f(x)$中含有

$$\sqrt{a^2-x^2}\text{，可设}x=a\sin t\quad\left(-\frac{\pi}{2}<t<\frac{\pi}{2}\right)$$

$$\sqrt{x^2+a^2}\text{，可设}x=a\tan t\quad\left(-\frac{\pi}{2}<t<\frac{\pi}{2}\right)$$

$$\sqrt{x^2-a^2}\text{，可设}x=a\sec t\quad\left(0<t<\frac{\pi}{2}\right)$$

根式代换，如$\int\frac{1}{\sqrt{2x-1}+1}\mathrm{d}x$，可设$\sqrt{2x-1}=t$

倒代换，如$\int\frac{1}{x\sqrt{x^2-1}}\mathrm{d}x$，可设$x=\frac{1}{t}(t>0$ 或$t<0)$

4. 分部积分法

设$u(x)$，$v(x)$有连续的一阶导数，且$\int v(x)\mathrm{d}u(x)$存在，由公式$\mathrm{d}(uv)=u\mathrm{d}v+v\mathrm{d}u$得到分部积分公式

$$\int u\mathrm{d}v=uv-\int v\mathrm{d}u$$

或

$$\int uv'\mathrm{d}x=uv-\int vu'\mathrm{d}x \tag{1-3-4}$$

利用分部积分公式计算不定积分的方法称为分部积分法。

分部积分法的关键是正确地选择u和v，选择u和v一般要考虑下面两点：①v要容易求；②$\int v\mathrm{d}u$要比$\int u\mathrm{d}v$易求。如果被积函数是正整数次幂函数与正（余）弦函数的乘积或是正整数次幂函数与指数函数的乘积时，设幂函数为u，其余的为v'。如果被积函数是正整数次幂函数与对数函数的乘积或是幂函数与反三角函数的乘积时，设对数函数或反三角函数为u，其余的为v'。掌握了这些规律，对解决一部分不定积分是有利的，对后面求定积分也是有用的。在定积分分部积分法中，设u和v'的方法与不定积分方法完全一致。

5. 有理函数积分

有理函数是指两个多项式的商所表示的函数，即

$$R(x)=\frac{P_n(x)}{Q_m(x)}=\frac{a_0x^n+a_1x^{n-1}+\cdots+a_n}{b_0x^m+b_1x^{m-1}+\cdots+b_m}$$

式中m，n为非负整数，$a_0\neq 0$，$b_0\neq 0$，$P_n(x)$与$Q_m(x)$无公因式。当次数$m>n$时称为真分式，次数$m\leqslant n$时称为假分式。计算时，先通过代数变形或多项式除法化假分式为一个多项式和真分式之和，再把真分式的分母在实数范围内因式分解，转换为部分分式之和，用比较同次幂或代特殊值法确

定待定系数，再积分。

运用上述方法可将真分式的不定积分化为下面四类积分：

$$\text{I.}\int\frac{A}{x-a}\mathrm{d}x \quad \text{II.}\int\frac{A}{(x-a)^n}\mathrm{d}x \quad \text{III.}\int\frac{Mx+N}{x^2+Px+Q}\mathrm{d}x \quad \text{IV.}\int\frac{Mx+N}{(x^2+Px+Q)^n}\mathrm{d}x$$

以上是解有理函数不定积分的一般步骤，但在解此类题之前应先考虑是否有更简便的方法，这一点应注意。

6. 三角函数有理式的积分

三角函数有理式的不定积分可通过三角代换设$\tan\frac{x}{2}=u$来解决，$\mathrm{d}x=\frac{2}{1+u^2}\mathrm{d}u$，$\sin x=\frac{2u}{1+u^2}$，$\cos x=\frac{1-u^2}{1+u^2}$化为有理函数的积分。对于三角函数的有理式积分，在解题前同样要考虑有没有更简便的方法来求解。

7. 简单无理函数的积分

$$\int R\left(x,\sqrt[n]{ax+b}\right)\mathrm{d}x,\quad \int R\left(x,\sqrt[n]{\frac{ax+b}{cx+d}}\right)\mathrm{d}x$$

可通过变量替换，设$\sqrt[n]{ax+b}$，$\sqrt[n]{\frac{ax+b}{cx+d}}$为$u$，转化为以$u$为变量的有理函数，原积分即可化为有理函数的积分。

【例 1-3-1】 已知$\frac{\sin x}{1+x\sin x}$为$f(x)$的一个原函数，求$\int f(x)f'(x)\mathrm{d}x$。

解
$$\int f(x)f'(x)\mathrm{d}x=\int f(x)\mathrm{d}f(x)=\frac{1}{2}f^2(x)+C$$

由原函数定义可知

$$f(x)=\left(\frac{\sin x}{1+x\sin x}\right)'=\frac{\cos x\,(1+x\sin x)-\sin x\,(\sin x+x\cos x)}{(1+x\sin x)^2}=\frac{\cos x-\sin^2 x}{(1+x\sin x)^2}$$

$$\text{原式}=\frac{1}{2}\left[\frac{\cos x-\sin^2 x}{(1+x\sin x)^2}\right]^2+C$$

【例 1-3-2】 已知$f(x)$为连续的偶函数，则$f(x)$的原函数中：

A. 有奇函数　　B. 都是奇函数

C. 都是偶函数　　D. 没有奇函数也没有偶函数

解 举例$f(x)=x^2$，$\int x^2\mathrm{d}x=\frac{1}{3}x^3+C$

当$C=0$时，$\int x^2\mathrm{d}x=\frac{1}{3}x^3$为奇函数；

当$C=1$时，$\int x^2\mathrm{d}x=\frac{1}{3}x^3+1$为非奇非偶函数。

答案：A

【例 1-3-3】 已知$F(x)$是e^{-x}的一个原函数，则不定积分$\int\mathrm{d}F(2x)$等于：

A. $e^{-x}+C$　　B. $-e^{-x}+C$　　C. $e^{-2x}+C$　　D. $-e^{-2x}+C$

解 本题考查原函数的定义及不定积和微分运算互逆的性质。

由已知$F(x)$是e^{-x}的一个原函数，即$F'(x)=e^{-x}$，可得$F(x)=\int e^{-x}\mathrm{d}x=-e^{-x}+C$，所以

$$\int\mathrm{d}F(2x)=F(2x)+C=-e^{-2x}+C$$

答案：D

【例 1-3-4】 $f'(e^x)=1+x$，则$f(x)$等于：

A. $x+\frac{1}{2}x^2+C$　　B. $x\ln x+C$

C. $x+e^x+C$　　D. $(1+x)^2+C$

解　方法 1：把式子转化为关于$f(x)$形式的表达式，设$e^x = t$，$x = \ln t$，则$f'(t) = 1 + \ln t$，即$f'(x) = 1 + \ln x$

$$\begin{aligned} f(x) &= \int (1 + \ln x)\mathrm{d}x = x + \int \ln x\,\mathrm{d}x \\ &= x + x\ln x - \int 1\mathrm{d}x = x + x\ln x - x + C \\ &= x\ln x + C \end{aligned}$$

方法 2：等式两边同乘以e^x，即$f'(e^x)\cdot e^x = (1+x)\cdot e^x$，两边积分，可得

$$\begin{aligned} f(e^x) &= \int (1+x)\cdot e^x\mathrm{d}x = \int (1+x)\mathrm{d}e^x \\ &= (1+x)\cdot e^x - \int e^x\mathrm{d}x = (1+x)\cdot e^x - e^x + C \\ &= xe^x + C \end{aligned}$$

所以$f(x) = x\ln x + C$

答案：B

【例 1-3-5】 若$\sec^2 x$是$f(x)$的一个原函数，则$\int xf(x)\mathrm{d}x$等于：

A. $\tan x + C$　　　　B. $x\tan x - \ln|\cos x| + C$

C. $x\sec^2 x + \tan x + C$　　　　D. $x\sec^2 x - \tan x + C$

解　$\int xf(x)\mathrm{d}x = \int x\,\mathrm{d}\sec^2 x = x\sec^2 x - \int \sec^2 x\mathrm{d}x = x\sec^2 x - \tan x + C$

答案：D

【例 1-3-6】 若$\int f(x)\mathrm{d}x = x^3 + C$，则$\int f(\cos x)\sin x\,\mathrm{d}x$等于：

A. $-\cos^3 x + C$　　　　B. $\sin^3 x + C$

C. $\cos^3 x + C$　　　　D. $\frac{1}{3}\cos^3 x + C$

解　已知$\int f(x)\mathrm{d}x = x^3 + C$，先将$\int f(\cos x)\sin x\,\mathrm{d}x$换成已给式子形式。

设$\cos x = u$，$\mathrm{d}u = -\sin x\,\mathrm{d}x$，$\sin x\,\mathrm{d}x = -\mathrm{d}u$，则

$$\int f(\cos x)\sin x\,\mathrm{d}x = -\int f(u)\mathrm{d}u = -u^3 + C = -(\cos x)^3 + C = -\cos^3 x + C$$

答案：A

【例 1-3-7】 下列积分式中，正确的是：

A. $\int \cos(2x+3)\,\mathrm{d}x = \sin(2x+3) + C$　　　　B. $\int e^{\sqrt{x}}\mathrm{d}x = e^{\sqrt{x}} + C$

C. $\int \ln x\,\mathrm{d}x = x\ln x - x + C$　　　　D. $\int \frac{1}{\sqrt{4-x^2}}\mathrm{d}x = \frac{1}{2}\arcsin\frac{x}{2} + C$

解　计算如下

选项 A，$\int \cos(2x+3)\,\mathrm{d}x = \frac{1}{2}\int \cos(2x+3)\,\mathrm{d}(2x+3) = \frac{1}{2}\sin(2x+3) + C$，错误。

选项 B，设$\sqrt{x} = t$，$x = t^2$，$\mathrm{d}x = 2t\mathrm{d}t$，$\int e^{\sqrt{x}}\mathrm{d}x = 2\int e^t\cdot t\mathrm{d}t = 2(te^t - \int e^t\mathrm{d}t) = 2e^t(t-1) + C = 2e^{\sqrt{x}}\left(\sqrt{x} - 1\right) + C$，错误。

选项 C，$\int \ln x\,\mathrm{d}x \overset{\text{分部积分}}{=\!=\!=} x\ln x - \int \mathrm{d}x = x\ln x - x + C$，正确。

选项 D，$\int \frac{1}{\sqrt{4-x^2}}\mathrm{d}x \overset{\text{积分公式}}{=\!=\!=} \arcsin\frac{x}{2} + C$，错误。

答案：C

【例 1-3-8】 不定积分$\int \frac{x}{\sin^2(x^2+1)}\mathrm{d}x$等于：

A. $-\frac{1}{2}\cot(x^2+1)+C$ B. $\frac{1}{\sin(x^2+1)}+C$

C. $-\frac{1}{2}\tan(x^2+1)+C$ D. $-\frac{1}{2}\cot x+C$

解 本题可用第一类换元积分方法计算，也可用凑微分方法计算。

方法 1： 设$t=x^2+1$，则有$\mathrm{d}t=2x\mathrm{d}x$

$$\int\frac{x}{\sin^2(x^2+1)}\mathrm{d}x=\int\frac{1}{\sin^2 t}\frac{1}{2}\mathrm{d}t=\frac{1}{2}\int\csc^2 t\mathrm{d}t=-\frac{1}{2}\cot t+C=-\frac{1}{2}\cot(x^2+1)+C$$

方法2： $\int\frac{x}{\sin^2(x^2+1)}\mathrm{d}x=\frac{1}{2}\int\frac{1}{\sin^2(x^2+1)}\mathrm{d}(x^2+1)=-\frac{1}{2}\cot(x^2+1)+C$

答案： A

二、定积分

（一）定积分概念

定积分的引入是应实际的需要而产生的，如数学中计算曲边梯形的面积，物理中计算变速直线运动的物体在时间$[t_1,t_2]$内所经过的路程等。

1. 定积分定义

设$f(x)$是定义在$[a,b]$上的有界函数，在$[a,b]$中任意插入一些分点$a=x_0<x_1<\cdots<x_n=b$，把$[a,b]$分成n个小区间，每个小区间的长度为$\Delta x_i=x_i-x_{i-1}(i=1,2,\cdots,n)$，在每个小区间$[x_{i-1},x_i]$上任意取一点$\xi_i$，作函数值与小区间$\Delta x_i$的乘积$f(\xi_i)\Delta x_i$(其中,$i=1,2,\cdots,n$)，作和式$\sum\limits_{i=1}^{n}f(\xi_i)\Delta x_i$，令$\lambda=\max\{\Delta x_i(i=1,2,\cdots,n)\}\to 0$，如果上式极限（这个极限与区间的分法及各小区间上$\xi_i$的取法无关）存在，则称此极限为函数$f(x)$在$[a,b]$上的定积分，记作$\int_a^b f(x)\mathrm{d}x$，即

$$\int_a^b f(x)\mathrm{d}x=\lim_{\lambda\to 0}\sum_{i=1}^{n}f(\xi_i)\Delta x_i \tag{1-3-5}$$

2. 定积分的几何意义、物理意义

几何意义：

当在$[a,b]$上$f(x)\geqslant 0$，$\int_a^b f(x)\mathrm{d}x$表示由曲线$y=f(x)$，x轴和直线$x=a$、$x=b$所围成图形的面积；

当在$[a,b]$上$f(x)\leqslant 0$，$\int_a^b f(x)\mathrm{d}x$表示由曲线$y=f(x)$，x轴和直线$x=a$、$x=b$所围成图形的面积的负值；

当$f(x)$可正可负，$\int_a^b f(x)\mathrm{d}x$表示由曲线$y=f(x)$，x轴和直线$x=a$、$x=b$所围成图形的面积的代数和。

物理意义：$\int_a^b f(x)\mathrm{d}x$可以表示不同的物理量，如变速直线运动所经过的路程，变力所做的功。

为了以后计算和应用方便，对定积分作以下两点补充规定：

（1）当$a=b$时，$\int_a^b f(x)\mathrm{d}x=0$；

（2）当$a>b$时，$\int_a^b f(x)\mathrm{d}x=-\int_b^a f(x)\mathrm{d}x$。

3. 定积分性质

（1）若$f(x)$在$[a,b]$上可积，k为常数，则

$$\int_a^b kf(x)\mathrm{d}x=k\int_a^b f(x)\mathrm{d}x \tag{1-3-6}$$

（2）若$f(x)$，$g(x)$在$[a,b]$上可积，则

$$\int_a^b [f(x) \pm g(x)]\mathrm{d}x = \int_a^b f(x)\mathrm{d}x \pm \int_a^b g(x)\mathrm{d}x$$

（3）如果$a < c < b$，则$f(x)$在$[a,b]$上可积，有

$$\int_a^b f(x)\mathrm{d}x = \int_a^c f(x)\mathrm{d}x + \int_c^b f(x)\mathrm{d}x \tag{1-3-7}$$

（4）如果在区间$[a,b]$上，$f(x) = 1$，则

$$\int_a^b 1\mathrm{d}x = \int_a^b \mathrm{d}x = b - a$$

（5）如果在区间$[a,b]$上$f(x)$可积，$f(x) \geqslant 0$，则$\int_a^b f(x)\mathrm{d}x \geqslant 0 (a < b)$。

（6）如果在区间$[a,b]$上$f(x)$、$g(x)$可积，$f(x) \leqslant g(x)$，则有

$$\int_a^b |f(x)\mathrm{d}x| \leqslant \int_a^b |g(x)|\mathrm{d}x \quad (a < b)$$

（7）设M及m分别是$f(x)$在区间$[a,b]$上的最大值及最小值，$f(x)$在$[a,b]$上可积，则

$$m(b-a) \leqslant \int_a^b f(x)\mathrm{d}x \leqslant M(b-a) \quad (a < b)$$

（8）定积分中值定理。如果函数$f(x)$在闭区间$[a,b]$上连续，则在积分区间$[a,b]$上至少存在一个点ξ，使下式成立

$$\int_a^b f(x)\mathrm{d}x = f(\xi)(b-a) \quad (a \leqslant \xi \leqslant b) \tag{1-3-8}$$

4. 积分上限函数

（1）设$f(x)$在$[a,b]$上连续，$x \in [a,b]$，称$\int_a^x f(t)\mathrm{d}t$为积分上限函数，记作$\Phi(x) = \int_a^x f(t)\mathrm{d}t$。

（2）若$f(x)$在$[a,b]$上连续，则积分上限函数的导数

$$\Phi'(x) = \left[\int_a^x f(t)\mathrm{d}t\right]' = f(x) \quad (a \leqslant x \leqslant b)$$

上式可说明积分上限函数$\int_a^x f(t)\mathrm{d}t$是$f(x)$的一个原函数。

（3）若$f(x)$在$[a,b]$上连续，且$g(x)$可导，则$\left[\int_a^{g(x)} f(t)\mathrm{d}t\right]' \xlongequal{u=g(x)} f(u) \cdot g'(x) = f[g(x)] \cdot g'(x)$。

注：如果给出的函数为积分下限函数，求导时，可利用定积分的性质，交换积分下限函数的上、下限，且改变原积分的符号，化为积分上限函数，再利用积分上限求导的方法计算。

（二）定积分的计算

（1）利用定义计算：即分割、取近似、求和、取极限的方法。

（2）利用牛顿-莱布尼兹公式计算：设函数$f(x)$在$[a,b]$上连续，$F(x)$为其原函数，则

$$\int_a^b f(x)\mathrm{d}x = F(x)\Big|_a^b = F(b) - F(a)$$

（3）利用换元法计算：若$f(x)$在$[a,b]$上连续，$x = \varphi(t)$满足条件：①$\varphi(\alpha) = a$，$\varphi(\beta) = b$；②$\varphi(t)$在$[\alpha,\beta]$（或$[\beta,\alpha]$）上具有连续导数，则

$$\int_a^b f(x)\mathrm{d}x = \int_\alpha^\beta f[\varphi(t)]\varphi'(t)\mathrm{d}t \tag{1-3-9}$$

（4）利用分部积分法计算：设$u = u(x)$、$v = v(x)$在$[a,b]$上连续可导，则

$$\int_a^b u(x)v'(x)\mathrm{d}x = u(x)v(x)\Big|_a^b - \int_a^b u'(x)v(x)\mathrm{d}x \tag{1-3-10}$$

或

$$\int_a^b u(x)\mathrm{d}v(x) = u(x)v(x)\Big|_a^b - \int_a^b v(x)\mathrm{d}u(x)$$

定积分的换元法、分部积分法与不定积分采用的方法是一致的，只多了上下限。不定积分的换元法有第一和第二类换元法，定积分换元法由公式（1-3-10）左往右推就是第二类换元法，由公式（1-3-10）右往左推就是第一类换元法。定积分分部积分中u与$\mathrm{d}v$的取法与不定积分相同。

（5）利用定积分的性质计算。

（6）利用公式计算：

① $\int_0^{\frac{\pi}{2}}\sin^m x\mathrm{d}x = \int_0^{\frac{\pi}{2}}\cos^m x\mathrm{d}x$ （m为正整数）

$$= \begin{cases} \frac{m-1}{m}\times\frac{m-3}{m-2}\times\cdots\times\frac{5}{6}\times\frac{3}{4}\times\frac{1}{2}\times\frac{\pi}{2} & (m\text{为正偶数}) \\ \frac{m-1}{m}\times\frac{m-3}{m-2}\times\cdots\times\frac{6}{7}\times\frac{4}{5}\times\frac{2}{3}\times 1 & (m\text{为大于 1 的奇数}) \end{cases}$$

② $\int_0^{\pi}\sin^m x\mathrm{d}x = 2\int_0^{\frac{\pi}{2}}\sin^m x\mathrm{d}x$ （m为正整数）

③ $\int_{-a}^{a} f(x)\mathrm{d}x = \begin{cases} 2\int_0^a f(x)\mathrm{d}x & f(x)\text{为偶函数} \\ 0 & f(x)\text{为奇函数} \end{cases}$

④ $\int_a^{a+T} f(x)\mathrm{d}x = \int_0^T f(x)\mathrm{d}x$ [a为实数、T为周期函数$f(x)$的周期]

⑤ $\int_0^{\pi} xf(\sin x)\mathrm{d}x = \frac{\pi}{2}\int_0^{\pi} f(\sin x)\mathrm{d}x$

【例 1-3-9】 $\frac{\mathrm{d}}{\mathrm{d}x}\int_{2x}^{0} e^{-t^2}\mathrm{d}t$等于：

A. e^{4x^2}　　B. $2e^{-4x^2}$　　C. $-2e^{-4x^2}$　　D. e^{-x^2}

解 $\frac{\mathrm{d}}{\mathrm{d}x}\int_{2x}^{0} e^{-t^2}\mathrm{d}t = -\frac{\mathrm{d}}{\mathrm{d}x}\int_0^{2x} e^{-t^2}\mathrm{d}t = -e^{-4x^2}\cdot 2 = -2e^{-4x^2}$

答案： C

注：该题是积分下限函数求导，可以利用定积分的性质将其转化为积分上限函数，故有$\int_{2x}^{0} e^{-t^2}\mathrm{d}t = -\int_0^{2x} e^{-t^2}\mathrm{d}t$，然后利用公式即可求出。

【例 1-3-10】 设$f(x)$在$(-\infty,+\infty)$连续，$x\neq 0$，则$\varphi(x) = \int_0^{\frac{1}{x}} f(t)\mathrm{d}t$的导数为：

A. $-\frac{1}{x^2}f\left(\frac{1}{x}\right)$　　B. $f\left(\frac{1}{x}\right)$　　C. $f(x)$　　D. $f\left(\frac{1}{x}\right)\ln x$

解 本题为积分上限函数，按前述公式计算。

$$\varphi'(x) = \frac{\mathrm{d}}{\mathrm{d}x}\int_0^{\frac{1}{x}} f(t)\mathrm{d}t = f\left(\frac{1}{x}\right)\left(-\frac{1}{x^2}\right) = -\frac{1}{x^2}f\left(\frac{1}{x}\right)$$

答案： A

【例 1-3-11】 设f连续，$f(0)=1$，那么$\lim\limits_{x\to 0}\frac{\int_0^x tf(t)\mathrm{d}t}{x^2}$的值为：

A. 1　　B. $\frac{1}{2}$　　C. $\frac{3}{2}$　　D. 2

解 $\lim\limits_{x\to 0}\frac{\int_0^x tf(t)\mathrm{d}t}{x^2} \overset{\frac{0}{0}}{=} \lim\limits_{x\to 0}\frac{xf(x)}{2x} = \lim\limits_{x\to 0}\frac{f(x)}{2} = \frac{1}{2}$

答案： B

【例 1-3-12】 计算$\int_0^{\pi}\sqrt{\sin^3 x - \sin^5 x}\,\mathrm{d}x$，其值为：

A. $\frac{4}{5}$　　B. 0　　C. $\frac{2}{5}$　　D. 1

解

$$\begin{aligned}原式&=\int_0^{\pi}\sqrt{\sin^3 x(1-\sin^2 x)}\,dx=\int_0^{\pi}(\sin x)^{\frac{3}{2}}|\cos x|dx\\&=\int_0^{\frac{\pi}{2}}(\sin x)^{\frac{3}{2}}|\cos x|dx+\int_{\frac{\pi}{2}}^{\pi}(\sin x)^{\frac{3}{2}}|\cos x|dx\\&=\int_0^{\frac{\pi}{2}}(\sin x)^{\frac{3}{2}}\cos x\,dx+\int_{\frac{\pi}{2}}^{\pi}(\sin x)^{\frac{3}{2}}(-\cos x)dx\\&=\frac{2}{5}(\sin x)^{\frac{5}{2}}\Big|_0^{\frac{\pi}{2}}-\frac{2}{5}(\sin x)^{\frac{5}{2}}\Big|_{\frac{\pi}{2}}^{\pi}=\frac{4}{5}\end{aligned}$$

答案：A

【例 1-3-13】 计算$\int_{-2}^{2}(|x|+x)e^{|x|}dx$，其值为：

A. x　　B. $2(e^2+1)$　　C. e^2　　D. 无法确定

解　　原式 $=\int_{-2}^{2}|x|e^{|x|}dx+\int_{-2}^{2}xe^{|x|}dx$

$f(x)=xe^{|x|}$为奇函数，故$\int_{-2}^{2}xe^{|x|}dx=0$，则

$$\begin{aligned}原式&=2\int_0^2|x|e^{|x|}dx\quad\left[因f(x)=|x|e^{|x|}为偶函数\right]\\&=2\int_0^2xe^x dx=2\int_0^2x de^x=2\left(xe^x\Big|_0^2-\int_0^2e^x dx\right)\\&=2(2e^2-e^2+1)=2(e^2+1)\end{aligned}$$

答案：B

【例 1-3-14】 定积分$\int_0^1\frac{x^3}{\sqrt{1+x^2}}dx$的值等于：

A. $\frac{1}{3}(\sqrt{2}-2)$　　B. $\frac{1}{3}(2-\sqrt{2})$　　C. $\frac{1}{3}(1-2\sqrt{2})$　　D. $\frac{1}{\sqrt{2}}-1$

解　本题考查定积分的计算方法。

方法1：$\int_0^1\frac{x^3}{\sqrt{1+x^2}}dx=\frac{1}{2}\int_0^1\frac{x^2}{\sqrt{1+x^2}}dx^2$

令$u=1+x^2$，$du=2xdx$。当$x=0$时，$u=1$；当$x=1$时，$u=2$。则

$$\frac{1}{2}\int_0^1\frac{x^2}{\sqrt{1+x^2}}dx^2=\frac{1}{2}\int_1^2\left(\sqrt{u}-\frac{1}{\sqrt{u}}\right)du=\frac{1}{2}\left(\frac{2}{3}u^{\frac{3}{2}}-2\sqrt{u}\right)\Big|_1^2=\frac{1}{3}(2-\sqrt{2})$$

方法2：
$$\begin{aligned}\int_0^1\frac{x^3}{\sqrt{1+x^2}}dx&=\frac{1}{2}\int_0^1\frac{x^2}{\sqrt{1+x^2}}d(1+x^2)=\frac{1}{2}\int_0^1\frac{(1+x^2)-1}{\sqrt{1+x^2}}d(1+x^2)\\&=\frac{1}{2}\left[\int_0^1\sqrt{1+x^2}d(1+x^2)-\int_0^1\frac{1}{\sqrt{1+x^2}}d(1+x^2)\right]\\&=\frac{1}{2}\left[\frac{1}{3}(1+x^2)^{\frac{3}{2}}\right]\Big|_0^1-(1+x^2)^{\frac{1}{2}}\Big|_0^1=\frac{1}{3}(2-\sqrt{2})\end{aligned}$$

方法 3：令$x=\tan t$，$dx=\sec^2 t dt$。

当$x=0$时，$t=0$；当$x=1$时，$t=\frac{\pi}{4}$。

$$\int_0^1\frac{x^3}{\sqrt{1+x^2}}dx=\int_0^{\frac{\pi}{4}}\frac{\tan^3 t}{\sec t}\sec^2 t dt=\int_0^{\frac{\pi}{4}}\frac{\sin^3 t}{\cos^4 t}dt=-\int_0^{\frac{\pi}{4}}\frac{\sin^2 t}{\cos^4 t}d\cos t=-\int_0^{\frac{\pi}{4}}\frac{1-\cos^2 t}{\cos^4 t}d\cos t$$

$$=-\int_0^{\frac{\pi}{4}}\left(\frac{1}{\cos^4 t}-\frac{1}{\cos^2 t}\right)d\cos t=\left(\frac{1}{3}\cos^{-3}t-\cos^{-1}t\right)\Big|_0^{\frac{\pi}{4}}=\frac{1}{3}(2-\sqrt{2})$$

答案：B

【例 1-3-15】 下列定积分中，积分值为零的是：

A. $\int_1^2 \ln x\,dx$　　B. $\int_{-1}^1 e^x dx$　　C. $\int_{-\frac{\pi}{2}}^{\frac{\pi}{2}} x\cos x\,dx$　　D. $\int_{-1}^1 x^2 dx$

解 选项 A，根据定积分的性质，$x\in[1,2]$时，且除了$x=1$点外，连续函数$\ln x>0$，所以$\int_1^2 \ln x dx>0$。

选项 B，根据定积分的性质，$x\in[-1,1]$时，连续函数$e^x>0$，所以$\int_{-1}^1 e^x dx>0$。

选项 C，根据奇函数在对称区间的性质，被积函数$f(x)=x\cos x$为奇函数，所以$\int_{-\frac{\pi}{2}}^{\frac{\pi}{2}} x\cos x\,dx=0$。

选项 D，根据定积分的性质，$x\in[-1,1]$时，且除了$x=0$点外，连续函数$x^2>0$，所以$\int_{-1}^1 x^2 dx>0$。

答案：C

【例 1-3-16】 设$f(x)$为$(-\infty,+\infty)$上的连续函数，且满足$f(x)=3x^2-x\int_0^1 f(x)dx$，则$f(x)$的表达式为：

A. $\frac{2}{3}$　　B. $3x^2$　　C. $3x^2-\frac{2}{3}x$　　D. $3x^2-\frac{2}{3}$

解 因为$f(x)$在$[0,1]$上连续，所以$\int_0^1 f(x)\,dx$为一确定的值。

设$\int_0^1 f(x)dx=A$，则$f(x)=3x^2-xA$

两边积分

$$\int_0^1 f(x)dx=\int_0^1 3x^2dx-\int_0^1 Axdx$$

$$A=1-\frac{A}{2}\cdot x^2\Big|_0^1,\ A=1-\frac{A}{2},\ A=\frac{2}{3}$$

$$f(x)=3x^2-Ax=3x^2-\frac{2}{3}x$$

答案：C

注：该题的基本思想是将定积分（某个确定数字）设为待定常数进行求解，最后再反代回原方程求出$f(x)$的表达式。

【例 1-3-17】 设$f''(u)$连续，已知$n\int_0^1 xf''(2x)dx=\int_0^2 tf''(t)dt$，那么$n$为：

A. 2　　B. 1　　C. 3　　D. 4

解 设$2x=t$，$x=\frac{t}{2}$，$dx=\frac{1}{2}dt$，当$x=1$，$t=2$；当$x=0$，$t=0$。

左$=n\int_0^2 \frac{t}{2}f''(t)\frac{1}{2}dt=\frac{n}{4}\int_0^2 tf''(t)dt$，右$=\int_0^2 tf''(t)dt$，左$=$右。

所以$\frac{n}{4}=1$，$n=4$。

答案：D

三、广义积分

（一）无穷限积分

设$f(x)$在$[a,+\infty)$上连续，且对任何$b>a$，若极限$\lim\limits_{b\to+\infty}\int_a^b f(x)dx$存在，则定义

$$\int_a^{+\infty} f(x)dx=\lim_{b\to+\infty}\int_a^b f(x)dx \tag{1-3-11}$$

并说$f(x)$在$[a,+\infty)$上广义积分存在或收敛；若上述极限不存在，就说广义积分不存在或发散。同理可定义

$$\int_{-\infty}^{b} f(x)\mathrm{d}x = \lim_{a\to-\infty}\int_{a}^{b} f(x)\mathrm{d}x \tag{1-3-12}$$

$$\int_{-\infty}^{+\infty} f(x)\mathrm{d}x = \int_{-\infty}^{c} f(x)\mathrm{d}x + \int_{c}^{+\infty} f(x)\mathrm{d}x \tag{1-3-13}$$

其中c为$(-\infty,+\infty)$上任一点。只有当右边两个广义积分都存在时，广义积分才收敛。若有一个不存在，则广义积分发散。

（二）无界函数积分

设函数$f(x)$在$(a,b]$上有连续，在点a的右邻域内无界，取$\varepsilon>0$，如果极限$\lim\limits_{\varepsilon\to0^+}\int_{a+\varepsilon}^{b} f(x)\mathrm{d}x$存在，则称此极限为函数$f(x)$在$(a,b]$上的广义积分，仍然记作

$$\int_{a}^{b} f(x)\mathrm{d}x = \lim_{\varepsilon\to0^+}\int_{a+\varepsilon}^{b} f(x)\mathrm{d}x \tag{1-3-14}$$

这时也称广义积分$\int_a^b f(x)\mathrm{d}x$收敛。如果上述极限不存在，就称广义积分$\int_a^b f(x)\mathrm{d}x$发散。

类似地，设函数$f(x)$在$[a,b)$上连续，而在点b的左邻域内无界，取$\varepsilon>0$，如果极限$\lim\limits_{\varepsilon\to0^+}\int_{a}^{b-\varepsilon} f(x)\mathrm{d}x$存在，则定义

$$\int_{a}^{b} f(x)\mathrm{d}x = \lim_{\varepsilon\to0^+}\int_{a}^{b-\varepsilon} f(x)\mathrm{d}x \tag{1-3-15}$$

这时也称广义积分$\int_a^b f(x)\mathrm{d}x$收敛。否则，就称广义积分$\int_a^b f(x)\mathrm{d}x$发散。

设函数$f(x)$在$[a,b]$上除点$c(a<c<b)$外连续，而在点c的邻域内无界，如果两个广义积分$\int_a^c f(x)\mathrm{d}x$与$\int_c^b f(x)\mathrm{d}x$都收敛，则定义

$$\int_{a}^{b} f(x)\mathrm{d}x = \int_{a}^{c} f(x)\mathrm{d}x + \int_{c}^{b} f(x)\mathrm{d}x = \lim_{\varepsilon\to0^+}\int_{a}^{c-\varepsilon} f(x)\mathrm{d}x + \lim_{\varepsilon\to0^+}\int_{c+\varepsilon}^{b} f(x)\mathrm{d}x \tag{1-3-16}$$

这时也称广义积分$\int_a^b f(x)\mathrm{d}x$收敛。否则，就称广义积分$\int_a^b f(x)\mathrm{d}x$发散。

上述广义积分，在计算中都是先通过计算定积分，再取极限求出最后的结果。在计算定积分时，常义积分所用的一切计算方法均能使用，在求极限时有时还要用到洛必达法则才能求出最后的极限。对于无界函数的积分，它很容易和常义积分混淆在一起，计算前要认真分析一下是常义积分还是广义积分，否则将会出现错误的结果。

【例 1-3-18】 广义积分$\int_e^{+\infty}\frac{1}{x(\ln x)^2}\mathrm{d}x$的值为：

A. 1　　B. 0　　C. 2　　D. 发散

解　方法 1：

$$原式 = \lim_{b\to+\infty}\int_e^b \frac{1}{(\ln x)^2}\mathrm{d}\ln x = \lim_{b\to+\infty}\left(-\frac{1}{\ln x}\right)\Bigg|_e^b = -\lim_{b\to+\infty}\left(\frac{1}{\ln b}-\frac{1}{\ln e}\right) = 1$$

方法 2：

$$原式 = \int_e^{+\infty}\frac{1}{(\ln x)^2}\mathrm{d}\ln x = -\frac{1}{\ln x}\Bigg|_e^{+\infty} = -\left(\lim_{x\to+\infty}\frac{1}{\ln x}-1\right) = 1$$

答案： A

【例 1-3-19】 广义积分$\int_{-1}^{1}\frac{1}{x^3}\mathrm{d}x$的值为：

A. 0　　B. 发散　　C. 2　　D. 1

解　$\lim\limits_{x\to0}\frac{1}{x^3}=\infty$，$x=0$为无穷不连续点。

方法 1：

$$原式=\int_{-1}^{0}\frac{1}{x^3}\mathrm{d}x+\int_{0}^{1}\frac{1}{x^3}\mathrm{d}x$$

因

$$\int_{0}^{1}\frac{1}{x^3}\mathrm{d}x=\lim_{\varepsilon\to0^+}\int_{\varepsilon}^{1}\frac{1}{x^3}\mathrm{d}x=\lim_{\varepsilon\to0^+}\left(-\frac{1}{2}\right)\left(\frac{1}{x^2}\right)\Big|_{\varepsilon}^{1}=-\frac{1}{2}\left(1-\lim_{\varepsilon\to0^+}\frac{1}{\varepsilon^2}\right)=+\infty$$

所以广义积分$\int_{-1}^{1}\frac{1}{x^3}\mathrm{d}x$发散。

方法 2：因$\int_{0}^{1}\frac{1}{x^3}\mathrm{d}x=-\frac{1}{2}\left(\frac{1}{x^2}\Big|_{0}^{1}\right)=-\frac{1}{2}\left(1-\lim_{x\to0^+}\frac{1}{x^2}\right)=+\infty$，所以广义积分$\int_{-1}^{1}\frac{1}{x^3}\mathrm{d}x$发散。

答案：B

注：在广义积分中，只要有一项发散则发散，即便是左右对称的情况，例如本题，$\int_{0}^{1}\frac{1}{x^3}\mathrm{d}x=+\infty$，而$\int_{-1}^{0}\frac{1}{x^3}\mathrm{d}x=-\infty$，看似相加即可抵消，然而却不能用这种思维来处理本题，因为正无穷大与负无穷之和未必是 0，这种情况就是发散。

【例 1-3-20】下列广义积分收敛的是：

A. $\int_{1}^{+\infty}\cos x\,\mathrm{d}x$　　B. $\int_{1}^{+\infty}\frac{1}{x^3}\mathrm{d}x$　　C. $\int_{1}^{+\infty}\ln x\,\mathrm{d}x$　　D. $\int_{1}^{+\infty}e^x\,\mathrm{d}x$

解　对每一选项通过计算检验

A. $\int_{1}^{+\infty}\cos x\,\mathrm{d}x=\sin x\Big|_{1}^{+\infty}=\lim\limits_{x\to+\infty}\sin x-\sin 1$，振荡无极限

B. $\int_{1}^{+\infty}\frac{1}{x^3}\mathrm{d}x=-\frac{1}{2}x^{-2}\Big|_{1}^{+\infty}=-\frac{1}{2}\left(\lim\limits_{x\to+\infty}x^{-2}-1\right)=\frac{1}{2}$

C. $\int_{1}^{+\infty}\ln x\mathrm{d}x=(x\ln x-x)\Big|_{1}^{+\infty}=x(\ln x-1)\Big|_{1}^{+\infty}=\lim\limits_{x\to+\infty}x(\ln x-1)+1=+\infty$

D. $\int_{1}^{+\infty}e^x\mathrm{d}x=e^x\Big|_{1}^{+\infty}=+\infty$

答案：B

【例 1-3-21】下列命题或等式中，错误的是：

A. 设$f(x)$在$[-a,a]$上连续且为偶函数，则$\int_{-a}^{a}f(x)\mathrm{d}x=2\int_{0}^{a}f(x)\mathrm{d}x$

B. 设$f(x)$在$[-a,a]$上连续且为奇函数，则$\int_{-a}^{a}f(x)\mathrm{d}x=0$

C. 设$f(x)$是$(-\infty,+\infty)$上连续的周期函数，周期为T，则$\int_{a}^{a+T}f(x)\mathrm{d}x=\int_{0}^{T}f(x)\mathrm{d}x$

D. $\int_{-1}^{1}\frac{1}{x^2}\mathrm{d}x=-\frac{1}{x}\Big|_{-1}^{1}=-2$

解　由定积分公式计算可知选项 A、B 正确。选项 C 计算如下：

$$\int_{a}^{a+T}f(x)\mathrm{d}x=\int_{a}^{0}f(x)\mathrm{d}x+\int_{0}^{T}f(x)\mathrm{d}x+\int_{T}^{a+T}f(x)\mathrm{d}x \qquad ①$$

将式子$\int_{T}^{a+T}f(x)\mathrm{d}x$变形，设$x=t+T$，$\mathrm{d}x=\mathrm{d}t$。当$x=T$时，$t=0$；当$x=a+T$时，$t=a$。

$$\int_{T}^{a+T}f(x)\mathrm{d}x=\int_{0}^{a}f(t+T)\mathrm{d}t=\int_{0}^{a}f(t)\mathrm{d}t=\int_{0}^{a}f(x)\mathrm{d}x=-\int_{a}^{0}f(x)\mathrm{d}x$$

代入式①，得$\int_{a}^{a+T}f(x)\mathrm{d}x=\int_{0}^{T}f(x)\mathrm{d}x$，正确。

选项 D 是广义积分，计算如下：

$$\int_{-1}^{1}\frac{1}{x^2}\mathrm{d}x=\int_{-1}^{0}\frac{1}{x^2}\mathrm{d}x+\int_{0}^{1}\frac{1}{x^2}\mathrm{d}x \quad (x=0\ 为无穷间断点)$$

而$\int_{-1}^{0}\frac{1}{x^2}\mathrm{d}x=\lim\limits_{\varepsilon\to0^+}\int_{-1}^{0-\varepsilon}\frac{1}{x^2}\mathrm{d}x=\lim\limits_{\varepsilon\to0^+}\left(\frac{-1}{x}\right)\Big|_{-1}^{0-\varepsilon}=\lim\limits_{\varepsilon\to0^+}\left(\frac{1}{\varepsilon}-1\right)=+\infty$，错误。

答案：D

四、定积分的应用

应用定积分理论来分析和解决一些几何、物理中的问题，不仅要掌握一些具体公式，更重要的是会运用元素法将一个量表示成定积分的分析方法。

（一）用元素法解题的主要步骤

（1）确定积分变量及变量的变化区间；

（2）找出所求量的微分元素；

（3）在积分区间上积分。而选对积分变量及变量的变化区间、正确写出所求量的微分元素是微分元素法的关键。

（二）定积分的应用

1. 定积分的几何应用

计算平面图形的面积，旋转体和平行截面面积为已知的立体的体积，平面曲线的弧长。

（1）平面图形的面积

直角坐标方程：设曲边梯形由曲边$y=f(x)$　$[f(x)\geqslant 0]$，直线$x=a$，$x=b$以及x轴围成，如图 1-3-1 所示。则平面图形的面积为

$$A=\int_a^b f(x)\mathrm{d}x$$

参数方程：设曲边由参数方程$\begin{cases}x=\varphi(t)\\y=\psi(t)\end{cases}$给出，直线$x=a$，$x=b$以及$x$轴围成，如图 1-3-2 所示。

则平面图形的面积为　　$A=\int_a^b f(x)\mathrm{d}x=\int_{t_1}^{t_2}\psi(t)\varphi'(t)\mathrm{d}t$

（当$x=a$时，$t=t_1$；当$x=b$时，$t=t_2$）

极坐标方程：设曲边方程为$r=r(\theta)$以及射线$\theta=\alpha$，$\theta=\beta$围成的图形，如图 1-3-3 所示。

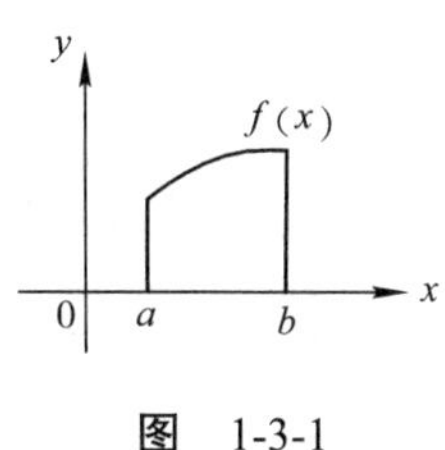

图　1-3-1

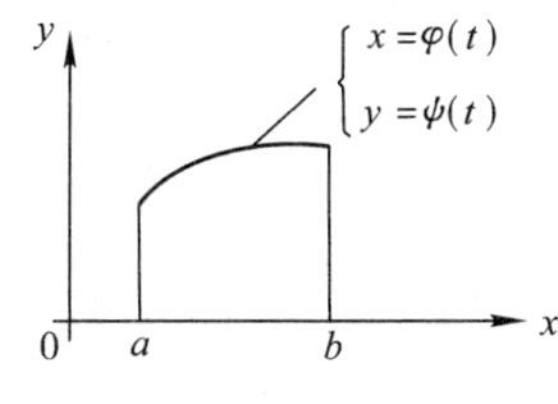

图　1-3-2

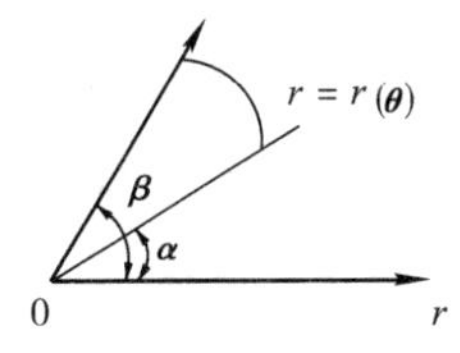

图　1-3-3

则平面图形的面积为：　　$A=\int_\alpha^\beta \frac{1}{2}r^2(\theta)\mathrm{d}\theta$

（2）旋转体的侧面积

由曲线$y=f(x)$，直线$x=a$，$x=b$以及x轴围成的平面图形，绕x轴旋转一周而生成的旋转体的侧面积为

$$S=2\pi\int_a^b f(x)\sqrt{1+[f'(x)]^2}\mathrm{d}x$$

（3）体积

旋转体的体积：设由曲线$y=f(x)$，直线$x=a$，$x=b$以及x轴围成的平面图形，如图 1-3-4 所示，绕x轴旋转一周而生成的旋转体的体积，则

$$V_x=\int_a^b \pi[f(x)]^2\mathrm{d}x$$

平行截面面积为已知的立体的体积：设立体由曲面S，以及平面$x=a$和$x=b$所围成，过任一点$x(a\leqslant x\leqslant b)$且垂直于$x$轴的平面截该立体所截得的截面$A=A(x)$是已知的连续函数，如图 1-3-5 所示。则

$$V=\int_a^b A(x)\mathrm{d}x$$

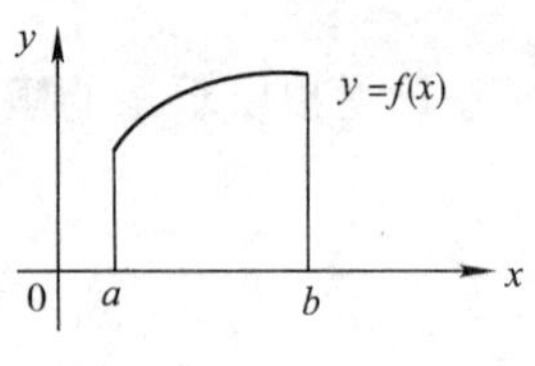

图 1-3-4

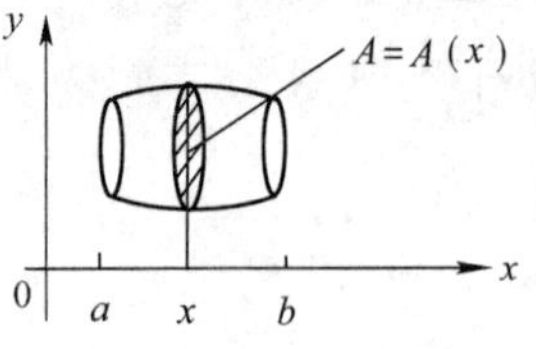

图 1-3-5

（4）平面曲线的弧长

直角坐标方程：曲线C的方程为$y=f(x)$，$a\leqslant x\leqslant b$，$f(x)$在$[a,b]$上具有一阶连续导数，则$s=\int_a^b\sqrt{1+[f'(x)]^2}\,\mathrm{d}x$。

参数方程：曲线C的方程为$\begin{cases}x=\varphi(t)\\y=\psi(t)\end{cases}$，$t_1\leqslant t\leqslant t_2$，其中$\varphi(t)$、$\psi(t)$在$[t_1,t_2]$上具有连续导数，则$s=\int_{t_1}^{t_2}\sqrt{[\varphi'(t)]^2+[\psi'(t)]^2}\,\mathrm{d}t$。

极坐标方程：曲线C的方程为$r=r(\theta)$，$\alpha\leqslant\theta\leqslant\beta$，$r(\theta)$在$[\alpha,\beta]$上具有一阶连续导数，则$s=\int_\alpha^\beta\sqrt{[r(\theta)]^2+[r'(\theta)]^2}\,\mathrm{d}\theta$。

2. 定积分的物理应用

计算物体做变速直线运动所经过的路程及物体在变力作用下沿直线运动所做的功、水压力等。

【例 1-3-22】 计算抛物线$y^2=2x$与直线$y=x-4$所围成平面图形的面积。

解 如解图所示，求交点$\begin{cases}y^2=2x\\y=x-4\end{cases}$，得$(8,4)$和$(2,-2)$

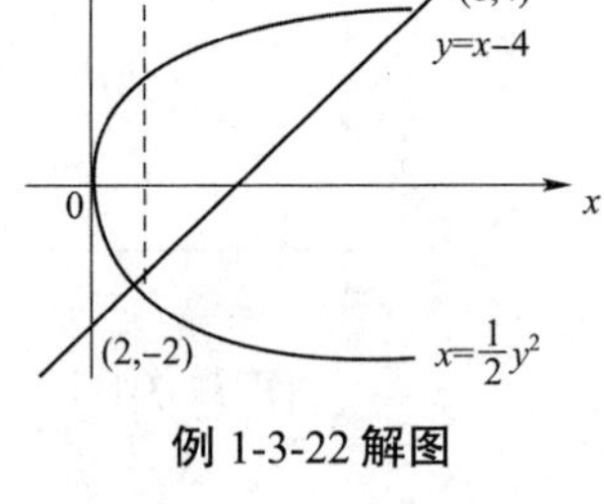

例 1-3-22 解图

选积分变量为y，则

$$A=\int_{-2}^{4}\left(y+4-\frac{1}{2}y^2\right)\mathrm{d}y$$
$$=\left(\frac{1}{2}y^2+4y-\frac{1}{6}y^3\right)\Big|_{-2}^{4}=18$$

选积分变量为x，则

$$A=\int_0^2\left[\sqrt{2x}-\left(-\sqrt{2x}\right)\right]\mathrm{d}x+\int_2^8\left[\sqrt{2x}-(x-4)\right]\mathrm{d}x$$
$$=\int_0^2 2\sqrt{2x}\mathrm{d}x+\int_2^8\left(\sqrt{2x}-x+4\right)\mathrm{d}x=18$$

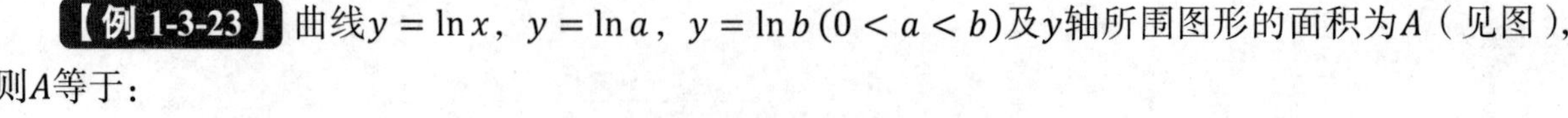

【例 1-3-23】 曲线$y=\ln x$，$y=\ln a$，$y=\ln b\,(0<a<b)$及y轴所围图形的面积为A（见图），则A等于：

A. $\int_{\ln a}^{\ln b}\ln x\,\mathrm{d}x$　　B. $\int_{e^a}^{e^b}e^x\mathrm{d}x$

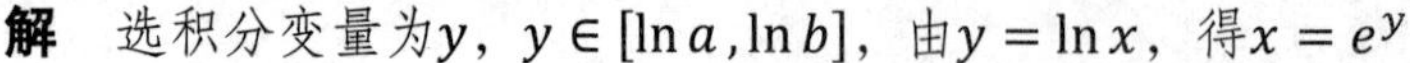

C. $\int_{\ln a}^{\ln b}e^y\mathrm{d}y$　　D. $\int_{e^a}^{e^b}\ln x\,\mathrm{d}x$

例 1-3-23 图

解 选积分变量为y，$y\in[\ln a,\ln b]$，由$y=\ln x$，得$x=e^y$

则$dA=e^{y}dy$，即$A=\int_{\ln a}^{\ln b}e^{y}dy$

答案：C

【例 1-3-24】计算：（1）求由直线$x=0$，$x=2$，$y=0$与抛物线$y=-x^2+1$所围成平面图形的面积S；（2）求上述平面图形绕x轴旋转一周所得的旋转体的体积V_x（见图）。

解 因为平面图形有一部分在x轴的上方，另有一部分在x轴下方，在计算面积I_2时需加一个负号。

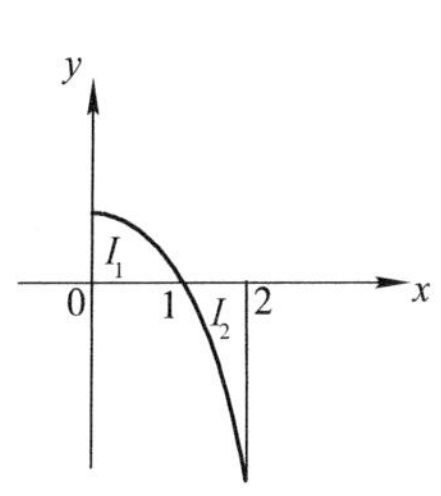

例 1-3-24 图

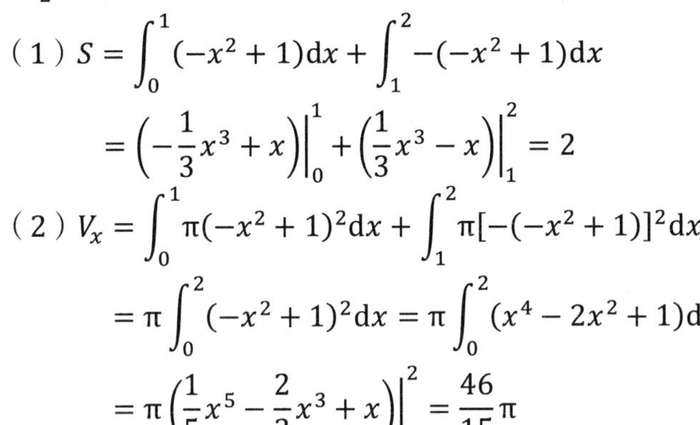

（1）$S=\int_0^1(-x^2+1)dx+\int_1^2-(-x^2+1)dx$

$=\left(-\frac{1}{3}x^3+x\right)\Big|_0^1+\left(\frac{1}{3}x^3-x\right)\Big|_1^2=2$

（2）$V_x=\int_0^1\pi(-x^2+1)^2dx+\int_1^2\pi[-(-x^2+1)]^2dx$

$=\pi\int_0^2(-x^2+1)^2dx=\pi\int_0^2(x^4-2x^2+1)dx$

$=\pi\left(\frac{1}{5}x^5-\frac{2}{3}x^3+x\right)\Big|_0^2=\frac{46}{15}\pi$

【例 1-3-25】设在区间$[a,b]$上，$f(x)>0$，$f'(x)<0$，$f''(x)>0$，令$S_1=\int_a^b f(x)dx$，$S_2=f(b)(b-a)$，$S_3=\frac{1}{2}[f(a)+f(b)](b-a)$，则：

A. $S_1<S_2<S_3$　　B. $S_2<S_1<S_3$　　C. $S_3<S_1<S_2$　　D. $S_2<S_3<S_1$

解 在$[a,b]$上，$y=f(x)$如解图所示。

由已知 $f(x)>0$，图形在x轴上方

$f'(x)<0$，$f(x)$的图形单调减少

$f''(x)>0$，$f(x)$的图形为凹形

例 1-3-25 解图

$S_1=\int_a^b f(x)dx$为由$y=f(x)$，$x=a$，$x=b$及x轴所围成的图形面积。

$S_2=f(b)(b-a)$表示的是以最小值$f(b)$为高，以$(b-a)$为底的长方形面积。

$S_3=\frac{1}{2}[f(a)+f(b)](b-a)$表示以$f(a)$为下底，$f(b)$为上底，$(b-a)$为高的梯形面积。

由画出的图形可知，面积大小的顺序为$S_2<S_1<S_3$。

答案：B

【例 1-3-26】求由曲线$y=2-x^2$与$y=|x|$所围成图形的面积（见图）。下列表示式错误的是：

A. $\int_{-1}^0(2-x^2+x)dx+\int_0^1(2-x^2-x)dx$

B. $\int_0^1 2ydy+\int_1^2 2\sqrt{2-y}dy$

C. $2\int_0^1(2-x^2-x)dx$

D. $\int_{-1}^1(2-x^2-x)dx$

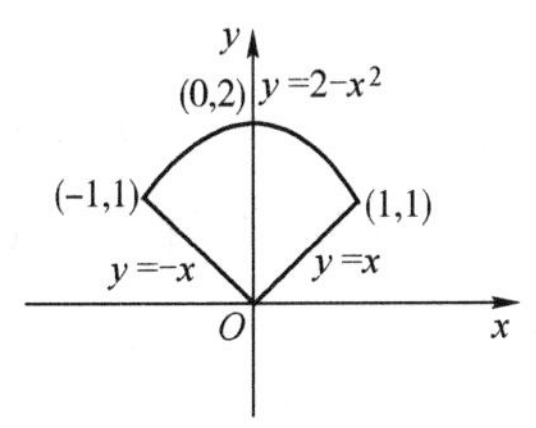

例 1-3-26 图

解 $\begin{cases}y=2-x^2\\y=x\end{cases}$与$\begin{cases}y=2-x^2\\y=-x\end{cases}$的交点分别为(1,1)、(−1,1)，经分析A、B、C列式均正确。

A. 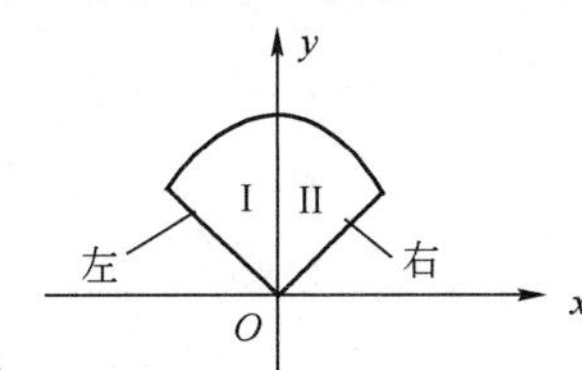

为按左、右两部分分别列式计算面积。

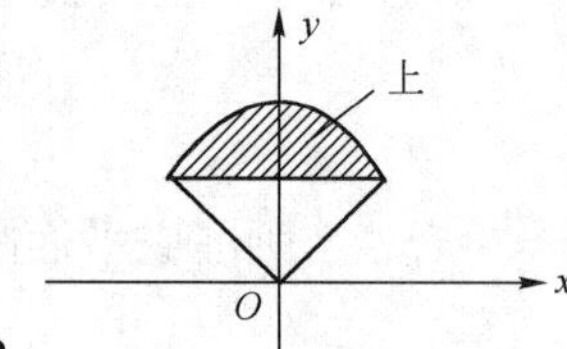

B. 利用图形关于y轴的对称式，按上、下两部分分别列式计算面积。

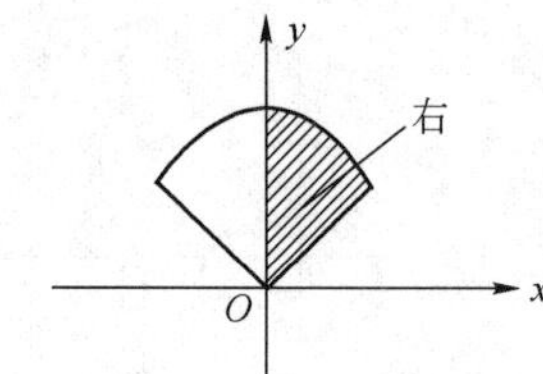

C. 利用图形关于y轴对称，面积为右半部面积的 2 倍列式计算面积。

D. 列式错误在于对曲线$y = 2 - x^2$与$y = |x|$所围成图形的理解有误。

$y = |x| = \begin{cases} x & x \geqslant 0 \\ -x & x < 0 \end{cases}$

两交点坐标应为$(-1,1)$、$(1,1)$。选项 D 的被积函数$f(x) = 2 - x^2 - x$是由计算曲线$y = 2 - x^2$、$y = x$与y轴所围成图形面积元素的表达式。

答案： D

【例 1-3-27】 由交点为(x_1,y_1)及(x_2,y_2)（其中$x_1 < x_2$）的两曲线$y = f(x) > 0$，$y = g(x) > 0[f(x) \geqslant g(x)]$所围图形绕$x$轴旋转一周所得的旋转体体积$V$是：

A. $\int_{x_1}^{x_2} \pi[f(x) - g(x)]^2 \mathrm{d}x$　　B. $\int_{x_1}^{x_2} \pi[f^2(x) - g^2(x)] \mathrm{d}x$

C. $\int_{x_1}^{x_2} [\pi f(x)]^2 \mathrm{d}x - \int_{x_1}^{x_2} [\pi g(x)]^2 \mathrm{d}x$　　D. $\int_{x_1}^{x_2} [\pi f(x) - \pi g(x)] \mathrm{d}x$

解　如解图所示，$x \in [x_1, x_2]$

则$\mathrm{d}V = \pi f^2(x)\mathrm{d}x - \pi g^2(x)\mathrm{d}x = \pi[f^2(x) - g^2(x)]\mathrm{d}x$

$$V = \int_{x_1}^{x_2} \pi[f^2(x) - g^2(x)] \mathrm{d}x$$

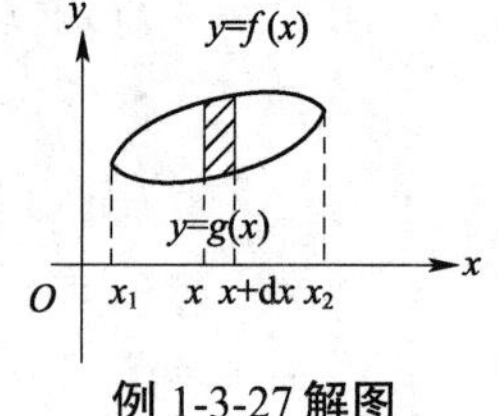

例 1-3-27 解图

答案： B

习　题

1-3-1　下列各式中正确的是（C为任意常数）（　　）。

A. $\int f'(3-2x)\mathrm{d}x = -\frac{1}{2}f(3-2x) + C$　　B. $\int f'(3-2x)\mathrm{d}x = -f(3-2x) + C$

C. $\int f'(3-2x)\mathrm{d}x = f(x) + C$　　D. $\int f'(3-2x)\mathrm{d}x = \frac{1}{2}f(3-2x) + C$

1-3-2　设$F(x)$是$f(x)$的一个原函数，则$\int e^{-x} f(e^{-x})\mathrm{d}x$等于（　　）。

A. $F(e^{-x}) + C$　　B. $-F(e^{-x}) + C$　　C. $F(e^{x}) + C$　　D. $-F(e^{x}) + C$

1-3-3　计算积分$\int \frac{f'(\ln x)}{x\sqrt{f(\ln x)}}\mathrm{d}x = $（　　）。

A. $\sqrt{f(\ln x)} + C$　　B. $-\sqrt{f(\ln x)} + C$　　C. $2\sqrt{f(\ln x)} + C$　　D. $-2\sqrt{f(\ln x)} + C$

1-3-4　设$f(x)$的一个原函数为$\cos x$，$g(x)$的一个原函数为x^2，则$f[g(x)] = $（　　）。

A. $\cos x^2$　　B. $-\sin x^2$　　C. $\cos 2x$　　D. $-\sin 2x$

1-3-5　如果$\int \frac{f'(\ln x)}{x}\mathrm{d}x = x^2 + C$，则$f(x) = $（　　）$+C$。

A. $\frac{1}{x^2}$　　B. e^x　　C. e^{2x}　　D. xe^x

1-3-6　设$f(x)$连续，则$\lim\limits_{x \to a} \frac{x}{x-a}\int_a^x f(t)\mathrm{d}t$为（　　）。

A. 0　　B. a　　C. $af(a)$　　D. $f(a)$

1-3-7 设函数$f(x)$在区间$[a,b]$上连续，则下列结论不正确的是（　　）。

A. $\int_a^b f(x)\mathrm{d}x$是$f(x)$的一个原函数

B. $\int_a^x f(t)\mathrm{d}t$是$f(x)$的一个原函数$(a<x<b)$

C. $\int_x^b f(t)\mathrm{d}t$是$-f(x)$的一个原函数$(a<x<b)$

D. $f(x)$在$[a,b]$上是可积的

1-3-8 若$f(x)$为可导函数，且已知$f(0)=0$，$f'(0)=2$，则$\lim\limits_{x\to 0}\frac{\int_0^x f(t)\mathrm{d}t}{x^2}=$（　　）。

A. 0　　B. 1　　C. 2　　D. 不存在

1-3-9 广义积分$I=\int_e^{+\infty}\frac{\mathrm{d}x}{x(\ln x)^2}$，则（　　）。

A. $I=1$　　B. $I=-1$　　C. $I=\frac{1}{2}$　　D. 此广义积分发散

1-3-10 下列广义积分中发散的是（　　）。

A. $\int_2^{+\infty}\frac{1}{x\ln^3 x}\mathrm{d}x$　　B. $\int_0^{+\infty}e^{-x}\mathrm{d}x$　　C. $\int_{-1}^0\frac{2}{\sqrt{1-x^2}}\mathrm{d}x$　　D. $\int_1^e\frac{1}{x\ln x}\mathrm{d}x$

1-3-11 设$Q(x)=\int_0^{x^2}te^{-t}\mathrm{d}t$，则$Q'(x)=$（　　）。

A. xe^{-x}　　B. $-xe^{-x}$　　C. $2x^3e^{-x^2}$　　D. $-2x^3e^{-x^2}$

1-3-12 $\int_0^a f(x)\mathrm{d}x=$（　　）。

A. $\int_0^{\frac{a}{2}}[f(x)+f(x-a)]\mathrm{d}x$　　B. $\int_0^{\frac{a}{2}}[f(x)+f(a-x)]\mathrm{d}x$

C. $\int_0^{\frac{a}{2}}[f(x)-f(a-x)]\mathrm{d}x$　　D. $\int_0^{\frac{a}{2}}[f(x)-f(x-a)]\mathrm{d}x$

1-3-13 设$f(x)=\begin{cases}1 & 0\leqslant x\leqslant\frac{1}{2}\\ 0 & \frac{1}{2}<x\leqslant 1\end{cases}$，则$\xi$在等式$f(\xi)=\int_0^1 f(x)\mathrm{d}x$中的情况是（　　）。

A. 在$[0,1]$内至少有一点ξ，使该式成立

B. 在$[0,1]$内不存在ξ，使该式成立

C. 在$\left[0,\frac{1}{2}\right]$，$\left(\frac{1}{2},1\right]$都存在$\xi$，使该式成立

D. 仅在$\left[0,\frac{1}{2}\right]$中存在$\xi$，使该式成立

1-3-14 下列结论中，错误的是（　　）。

A. $\int_{-a}^a f(x^2)\mathrm{d}x=2\int_0^a f(x^2)\mathrm{d}x$　　B. $\int_0^{2\pi}\sin^{10}x\mathrm{d}x=\int_0^{2\pi}\cos^{10}x\mathrm{d}x$

C. $\int_{-\pi}^{\pi}\cos 5x\sin 7x\,\mathrm{d}x=0$　　D. $\int_0^1 10^x\mathrm{d}x=9$

1-3-15 设$f(x)$在$[-a,a]$上连续且为非零偶函数，则$\varphi(x)=\int_0^x f(t)\mathrm{d}t$是（　　）。

A. 偶函数　　B. 奇函数　　C. 非奇非偶函数　　D. 不存在

1-3-16 设函数$f(x)$在$[0,+\infty]$上连续，且满足$f(x)=xe^{-x}+e^x\int_0^1 f(x)\mathrm{d}x$，则$f(x)$是（　　）。

A. xe^{-x}　　B. $xe^{-x}-e^{x-1}$　　C. e^{x-1}　　D. $(x-1)e^{-x}$

1-3-17 曲线$y^2=4-x$与y轴所围成部分的面积为（　　）。

A. $\int_{-2}^2(4-y^2)\mathrm{d}y$　　B. $\int_0^2(4-y^2)\mathrm{d}y$　　C. $\int_0^4\sqrt{4-x}\,\mathrm{d}x$　　D. $\int_{-4}^4\sqrt{4-x}\,\mathrm{d}x$

1-3-18 在区间$[0,2\pi]$上，曲线$y=\sin x$与$y=\cos x$之间所围图形的面积是（　　）。

A. $\int_{\frac{\pi}{4}}^{\pi}(\sin x-\cos x)\mathrm{d}x$　　B. $\int_{\frac{\pi}{4}}^{\frac{5}{4}\pi}(\sin x-\cos x)\mathrm{d}x$

C. $\int_0^{2\pi}(\sin x-\cos x)\mathrm{d}x$　　D. $\int_0^{\frac{5}{4}\pi}(\sin x-\cos x)\mathrm{d}x$

1-3-19 若$\int_0^x f(t)\mathrm{d}t=\frac{1}{2}x^4$，则$\int_0^4\frac{1}{\sqrt{x}}f(\sqrt{x})\,\mathrm{d}x=$（　　）。

A. 2　　B. 4　　C. 8　　D. 16

第四节　多元函数微分学

一、多元函数的概念

（一）n元函数定义

设有集合$E \subset R^n$（R^n表示n维实数空间），如果对于E中每一点$P(x_1,x_2,\cdots,x_n)$，按照对应法则有唯一一个确定的u值与之对应，则称u为$(x_1,x_2,\cdots,x_n)$的n元函数（当n≥2时称为多元函数）。

在R^n中点$P_1(x_1,x_2,\cdots,x_n)$和点$P_2(y_1,y_2,\cdots,y_n)$间的距离公式为

$$|P_1P_2| = \sqrt{(y_1-x_1)^2+\cdots+(y_n-x_n)^2} \tag{1-4-1}$$

与点P_0的距离小于$\delta(\delta>0)$的点M的全体称为点P_0的δ邻域，记为$U(P_0,\delta)$。用$U(P_0)$表示点P_0的某一邻域；用$\overline{U}(P_0,\delta)$表示 P_0点的δ去心邻域。

（当$n=2$时，即二元函数的定义，二维空间两点间的距离公式及点P_0的δ邻域的概念同上。）

（二）二元函数的极限

设二元函数$z=f(x,y)$的定义域为$D\subset R^2$，点$P(x_0,y_0)$为D的聚点（即在P_0的任一邻域内，总含有D中无限多个点，则称P_0为D的聚点）。若$\forall\varepsilon>0$，$\exists\delta>0$,使当$0<\sqrt{(x-x_0)^2+(y-y_0)^2}<\delta$时，有$|f(x,y)-A|<\varepsilon$成立，则称$A$为二元函数$f(x,y)$，当$(x,y)\to(x_0,y_0)$的极限，记为$\lim\limits_{\substack{x\to x_0\\y\to y_0}} f(x,y)=A$，其中点$(x,y)\to(x_0,y_0)$要求以任意方式进行，极限均存在且相等，这是二元函数极限与一元函数极限最大的不同之处。

二元函数比一元函数多了一个自变量，求极限时注意它们的区别与联系。关于一元函数的极限的运算法则和计算公式，可以推广到二元函数，但形式要比一元函数复杂得多。

（三）二元函数的连续性

设$f(x,y)$的定义域为D，$M_0(x_0,y_0)\in D$，且为D的聚点，若有$\lim\limits_{\substack{x\to x_0\\y\to y_0}} f(x,y)=f(x_0,y_0)$，则称$f(x,y)$在点$M_0$连续。若$f(x,y)$在区域$D$中的每一点均连续，则称$f(x,y)$在$D$上连续。在有界闭区域上连续的二元函数，介值定理、最值定理仍成立。连续二元函数的和、差、积、商（分母不为零）仍为连续函数，二元连续函数的复合函数也具有相应的连续性。二元初等函数在定义区域上连续。这些性质都可推广到三元以上的函数中。

二、二元函数的偏导数和全微分

（一）偏导数

1. 二元函数在一点的偏导数

设$z=f(x,y)$在点$P_0(x_0,y_0)$的某一邻域内有定义，$P_1(x_0+\Delta x,y_0)$为该邻域内的一点，若有

$$\lim_{\Delta x\to 0}\frac{f(x_0+\Delta x,y_0)-f(x_0,y_0)}{\Delta x} \tag{1-4-2}$$

存在，则称此极限为$f(x,y)$在点P_0处对x的偏导数，记作$z'_x|_{(x_0,y_0)}$，$\left.\frac{\partial z}{\partial x}\right|_{(x_0,y_0)}$，$f'_x|_{(x_0,y_0)}$，$\left.\frac{\partial f}{\partial x}\right|_{(x_0,y_0)}$。

类似地，函数$z=f(x,y)$在点$P_0(x_0,y_0)$处对y的偏导数定义为

$$f_y'(x_0,y_0)=\lim_{\Delta y\to 0}\frac{f(x_0,y_0+\Delta y)-f(x_0,y_0)}{\Delta y}$$

记作$z_y'\big|_{(x_0,y_0)}$，$\frac{\partial z}{\partial y}\big|_{(x_0,y_0)}$，$f_y'\big|_{(x_0,y_0)}$，$\frac{\partial f}{\partial y}\big|_{(x_0,y_0)}$。

2. 二元函数偏导函数

若$z=f(x,y)$在定义域D内的每一点(x,y)处对x（或y）的偏导数都存在，称这种对应关系所确定的函数为函数z对x（对y）的偏导函数，记作$\frac{\partial z}{\partial x}$，$z_x'$，$\frac{\partial f}{\partial x}$，$f_x'\left(\frac{\partial z}{\partial y},z_y',\frac{\partial f}{\partial y},f_y'\right)$。

计算二元函数在一点的偏导数，可以用定义求，也可用先求出偏导函数再代值的方法计算。求二元函数的偏导函数时，只要把一个变量当作变量，另一个变量看作常数求导即可。对于二元分段函数，在分界点处的偏导数，必须用函数在一点的偏导数定义计算。

对于一元函数，曾有函数在一点可导，在这一点必连续的结论；对于二元函数，函数在一点存在对x、对y的偏导数，但不能保证函数在这一点连续。

3. 基本概念关系图（见图 1-4-1）

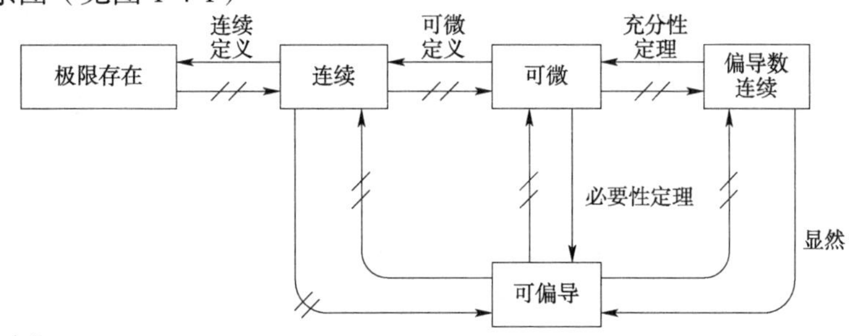

注：—//→表示“不一定”

图　1-4-1

反例就不一一列举了，请大家记住结论即可。

4. 二元函数高阶偏导

函数$z=f(x,y)$在D内的偏导数$\frac{\partial z}{\partial x}$和$\frac{\partial z}{\partial y}$仍是$x$，$y$的二元函数，如果$\frac{\partial z}{\partial x}$和$\frac{\partial z}{\partial y}$的偏导数也存在，则称它们的偏导数为$z=f(x,y)$的二阶偏导数，按求导数次序不同有

$$\frac{\partial^2 z}{\partial x^2}=\frac{\partial}{\partial x}\left(\frac{\partial z}{\partial x}\right)\qquad\qquad \frac{\partial^2 z}{\partial x\partial y}=\frac{\partial}{\partial y}\left(\frac{\partial z}{\partial x}\right)$$

$$\frac{\partial^2 z}{\partial y^2}=\frac{\partial}{\partial y}\left(\frac{\partial z}{\partial y}\right)\qquad\qquad \frac{\partial^2 z}{\partial y\partial x}=\frac{\partial}{\partial x}\left(\frac{\partial z}{\partial y}\right)$$

其中，$\frac{\partial^2 z}{\partial x\partial y}$与$\frac{\partial^2 z}{\partial y\partial x}$称为二阶混合偏导。类似可定义三阶、四阶以及$n$阶偏导。二阶及二阶以上的偏导数称为高阶偏导数。在$\frac{\partial^2 z}{\partial x\partial y}$与$\frac{\partial^2 z}{\partial y\partial x}$连续时，高阶混合偏导与求导的次序无关，即$\frac{\partial^2 z}{\partial x\partial y}=\frac{\partial^2 z}{\partial y\partial x}$。

（二）全微分

（1）二元函数全微分定义：

设$z=f(x,y)$在点$P(x,y)$的某一邻域内有定义，点$P_1(x+\Delta x,y+\Delta y)$在该邻域内，若全增量$\Delta z=f(x+\Delta x,y+\Delta y)-f(x,y)$可表示为

$$\Delta z=A\Delta x+B\Delta y+o(\rho)\tag{1-4-3}$$

式中，A、B与Δx及Δy无关，而仅与x、y有关；$\rho=\sqrt{(\Delta x)^2+(\Delta y)^2}$，$o(\rho)$表示关于$\rho$的高阶无穷小，则称$f(x,y)$在$(x,y)$处可微。$A\Delta x+B\Delta y$为$f(x,y)$在点$(x,y)$处的全微分，记作$\mathrm{d}z=A\Delta x+B\Delta y$。

若$z=f(x,y)$在区域D内每点均可微分，称$f(x,y)$在区域D内可微。

函数$z=f(x,y)$的全微分为

$$dz = \frac{\partial z}{\partial x}dx + \frac{\partial z}{\partial y}dy \tag{1-4-4}$$

（2）可微的必要条件：如果函数$z = f(x,y)$在点(x,y)处可微，则该函数在点(x,y)的偏导$\frac{\partial z}{\partial x}$、$\frac{\partial z}{\partial y}$都存在，且$dz = \frac{\partial z}{\partial x}dx + \frac{\partial z}{\partial y}dy$。

（3）可微的充分条件：如果函数$z = f(x,y)$的偏导$\frac{\partial z}{\partial x}$、$\frac{\partial z}{\partial y}$在点$(x,y)$都连续，则函数在该点可微。

（4）二元函数在(x,y)点可微、偏导存在、连续之间的关系（见图 1-4-2）：

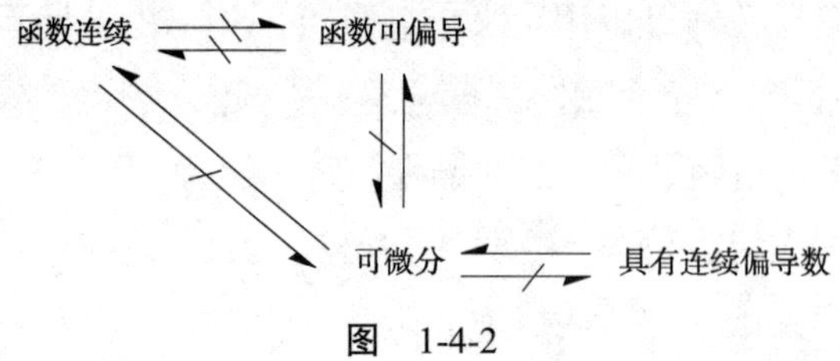

图 1-4-2

二元函数$z = f(x,y)$在(x,y)点可微，函数在点(x,y)的偏导一定存在；但偏导存在，二元函数在点(x,y)不一定可微。函数$z = f(x,y)$在点(x,y)可微，则函数在点(x,y)连续；但函数在点(x,y)连续，二元函数在这一点不一定可微。如果函数$z = f(x,y)$的偏导数$\frac{\partial z}{\partial x}$、$\frac{\partial z}{\partial y}$在点$(x,y)$连续，则二元函数在该点可微分。

这个结论一定要牢记，在考概念性题目中经常要用到。

（5）二元函数$f(x,y)$在一点(x_0,y_0)偏导的几何意义：

二元函数$z = f(x,y)$在$P_0(x_0,y_0)$对x的偏导数$f_x'(x_0,y_0)$的几何意义为由曲面$z = f(x,y)$与平面$y = y_0$交成的曲线C在点$M_0(x_0,y_0,z_0)$的切线斜率。对y的偏导数$f_y'(x_0,y_0)$表示由曲面$z = f(x,y)$与平面$x = x_0$交成的曲线C在点$M_0(x_0,y_0,z_0)$的切线斜率。

（三）复合函数的微分法

1. 复合函数全导数公式

设$u = \varphi(t)$，$v = \psi(t)$在点t可导，函数$z = f(u,v)$在对应点(u,v)具有连续偏导数，则复合函数$z = f[\varphi(t),\psi(t)]$在点$t$可导，且有

$$\frac{dz}{dt} = \frac{\partial z}{\partial u}\frac{du}{dt} + \frac{\partial z}{\partial v}\frac{dv}{dt} \tag{1-4-5}$$

推广：设$u = f(x,y,z,t)$，$x = u(t)$，$y = v(t)$，$z = \omega(t)$，则

$$\frac{du}{dt} = \frac{\partial u}{\partial x}\frac{dx}{dt} + \frac{\partial u}{\partial y}\frac{dy}{dt} + \frac{\partial u}{\partial z}\frac{dz}{dt} + \frac{\partial u}{\partial t} \tag{1-4-6}$$

式（1-4-5）、式（1-4-6）称函数z对t的全导数公式。

2. 复合函数偏导数公式

推广到多个中间变量，多个自变量的情况有下面公式：

（1）设$u = \varphi(x,y)$，$v = \psi(x,y)$在点(x,y)可偏导，函数$z = f(u,v)$在对应点(u,v)具有连续偏导数，则复合函数$z = f[u(x,y),v(x,y)]$在点(x,y)可导，且有

$$\frac{\partial z}{\partial x} = \frac{\partial z}{\partial u}\cdot\frac{\partial u}{\partial x} + \frac{\partial z}{\partial v}\cdot\frac{\partial v}{\partial x} \qquad \frac{\partial z}{\partial y} = \frac{\partial z}{\partial u}\cdot\frac{\partial u}{\partial y} + \frac{\partial z}{\partial v}\cdot\frac{\partial v}{\partial y} \tag{1-4-7}$$

（2）设$z = f(u,x,y)$有连续偏导数，$u = \varphi(x,y)$可偏导，则复合函数$z = f[\varphi(x,y),x,y]$的偏导数

$$\frac{\partial z}{\partial x} = \frac{\partial f}{\partial u}\cdot\frac{\partial u}{\partial x} + \frac{\partial f}{\partial x} \qquad \frac{\partial z}{\partial y} = \frac{\partial f}{\partial u}\cdot\frac{\partial u}{\partial y} + \frac{\partial f}{\partial y} \tag{1-4-8}$$

（3）设$z=f(u,v,\omega)$有连续偏导数，$u=\varphi(x,y)$，$v=\psi(x,y)$，$\omega=\omega(x,y)$都可偏导，则

$$\frac{\partial z}{\partial x}=\frac{\partial z}{\partial u}\cdot\frac{\partial u}{\partial x}+\frac{\partial z}{\partial v}\cdot\frac{\partial v}{\partial x}+\frac{\partial z}{\partial \omega}\cdot\frac{\partial \omega}{\partial x} \tag{1-4-9a}$$

$$\frac{\partial z}{\partial y}=\frac{\partial z}{\partial u}\cdot\frac{\partial u}{\partial y}+\frac{\partial z}{\partial v}\cdot\frac{\partial v}{\partial y}+\frac{\partial z}{\partial \omega}\cdot\frac{\partial \omega}{\partial y} \tag{1-4-9b}$$

（四）隐函数的微分法

（1）设方程$F(x,y)=0$，满足$F(x_0,y_0)=0, F(x,y)$在点(x_0,y_0)的某一邻域内连续，且有连续的偏导数$F_x'(x,y)$、$F_y'(x,y), F_y'(x_0,y_0)\neq 0$，则方程$F(x,y)=0$在点$(x_0,y_0)$的邻域内恒能唯一确定一个单值连续且具有连续导数的函数$y=f(x)$，它满足条件$y_0=f(x_0)$，并有

$$\frac{\mathrm{d}y}{\mathrm{d}x}=-\frac{F_x'(x,y)}{F_y'(x,y)} \tag{1-4-10}$$

（2）设方程$F(x,y,z)=0$满足$F(x_0,y_0,z_0)=0$，$F(x,y,z)$在点(x_0,y_0,z_0)的某一邻域内连续且有连续偏导数$F_x'(x,y,z)$、$F_y'(x,y,z)$、$F_z'(x,y,z)$，$F_z'(x_0,y_0,z_0)\neq 0$，则在点(x_0,y_0,z_0)的邻域内，方程$F(x,y,z)=0$恒能唯一确定一个单值且具有连续偏导数的函数$z=f(x,y)$，它满足条件$z_0=f(x_0,y_0)$，并有

$$\frac{\partial z}{\partial x}=-\frac{F_x'(x,y,z)}{F_z'(x,y,z)},\quad \frac{\partial z}{\partial y}=-\frac{F_y'(x,y,z)}{F_z'(x,y,z)} \tag{1-4-11}$$

三、多元函数的应用

（一）空间曲线的切线与法平面

设空间曲线γ的参数方程为$x=x(t)$，$y=y(t)$，$z=z(t)$，其中$x(t)$，$y(t)$，$z(t)$均可微。曲线γ上的点$M_0(x_0,y_0,z_0)$对应$t=t_0$，且$x'(t_0)$、$y'(t_0)$、$z'(t_0)$不同时为零，则曲线γ在点M_0处的切线方程为

$$\frac{x-x_0}{x'(t_0)}=\frac{y-y_0}{y'(t_0)}=\frac{z-z_0}{z'(t_0)} \tag{1-4-12}$$

过点M_0与切线垂直的平面称为曲线γ在点M_0处的法平面，它的方程为

$$x'(t_0)(x-x_0)+y'(t_0)(y-y_0)+z'(t_0)(z-z_0)=0$$

其中，$\{x'(t_0),y'(t_0),z'(t_0)\}$既是曲线$\gamma$在$M_0$处的切线的方向向量，又是$\gamma$在$M_0$处的法平面的法向量。

（二）曲面的切平面与法线

设曲面Σ的方程为$F(x,y,z)=0$，$M_0(x_0,y_0,z_0)$为Σ上的一点，$F(x,y,z)$在点M_0可微，且$F_x'(x_0,y_0,z_0)$，$F_y'(x_0,y_0,z_0)$，$F_z'(x_0,y_0,z_0)$不同时为零，则曲面Σ在点M_0处的切平面方程为

$$F_x'|_{M_0}(x-x_0)+F_y'\big|_{M_0}(y-y_0)+F_z'|_{M_0}(z-z_0)=0 \tag{1-4-13}$$

过点M_0与切平面垂直的直线称为曲面Σ在M_0的法线，法线方程为

$$\frac{x-x_0}{F_x'(x_0,y_0,z_0)}=\frac{y-y_0}{F_y'(x_0,y_0,z_0)}=\frac{z-z_0}{F_z'(x_0,y_0,z_0)} \tag{1-4-14}$$

其中，$\{F_x',F_y',F_z'\}_{M_0}$既是曲面Σ在点M_0处的切平面的法向量，又是曲面Σ在点M_0处的法线的方向向量。

（三）多元函数的极值

多元函数的极值问题分为无条件极值和条件极值两大类。对于自变量除了限定其在定义域内变化

外，没有其他任何限制的极值问题，称为无条件极值；如果自变量还要受一定的其他条件限制，则称为条件极值。

1. 无条件极值

设函数$z=f(x,y)$在点(x_0,y_0)的某个邻域内有定义，对于该邻域内异于点(x_0,y_0)的点(x,y)，恒有$f(x,y)<f(x_0,y_0)$［或$f(x,y)>f(x_0,y_0)$］，则称$f(x_0,y_0)$为$f(x,y)$的极大值（或极小值），则称点(x_0,y_0)为极大值点（或极小值点）。

函数的极大值和极小值统称为函数的极值。使$f(x,y)$的一阶偏导数均等于零的点称为$f(x,y)$的驻点。可偏导的函数在点(x_0,y_0)取得极值的必要条件是点(x_0,y_0)为它的驻点。

驻点和使$f(x,y)$的一阶偏导数不存在的点统称为函数的极值可疑点，判断驻点是否为函数的极值点的方法如下：

设函数$z=f(x,y)$在点(x_0,y_0)的某邻域内连续且有一阶及二阶连续偏导数，又$f'_x(x_0,y_0)=0$，$f'_y(x_0,y_0)=0$，记$A=f''_{xx}(x_0,y_0)$，$B=f''_{xy}(x_0,y_0)$，$C=f''_{yy}(x_0,y_0)$则

（1）$AC-B^2>0$时具有极值，且当$A<0$时有极大值，当$A>0$时有极小值；

（2）$AC-B^2<0$时没有极值；

（3）$AC-B^2=0$时可能有极值，也可能没有极值，需另找其他方法判断。

2. 条件极值

求解条件极值常用的方法有两种：

（1）直接由约束条件找出变量之间的关系，代入目标函数将条件极值化为无条件极值；

（2）运用拉格朗日乘数法，构造辅助函数。

拉格朗日乘数法：求$z=f(x,y)$（目标函数）在约束条件$\varphi(x,y)=0$下的极值，可构造函数

$$F(x,y,\lambda)=f(x,y)+\lambda\varphi(x,y) \tag{1-4-15}$$

将$F(x,y,\lambda)$分别对x、y、λ求偏导，并令其为零，得到方程组$\begin{cases}F'_x=f'_x+\lambda\varphi'_x=0\\F'_y=f'_y+\lambda\varphi'_y=0\\F'_\lambda=\varphi(x,y)=0\end{cases}$，解出$x$、$y$、$\lambda$。得到$F(x,y,\lambda)$的驻点$(x_0,y_0,\lambda_0)$，则$(x_0,y_0)$就是原问题的极值可疑点。对于实际问题可根据问题本身的性质确定该极值可疑点是否为极值点。

这种方法可以推广到自变量多于两个，条件多于一个的情况。

在实际问题中，如果多元函数只有唯一可能极值点，而根据问题的性质可知，最大值（或最小值）一定存在，那么在这个可能极值点处，取得函数的最大值（或最小值）。

【例 1-4-1】 $f(x,y)=\ln\left(x+\frac{y}{2x}\right)$，求$\left.\frac{\partial z}{\partial x}\right|_{(1,0)}$，$\left.\frac{\partial z}{\partial y}\right|_{(1,0)}$。

解

$$\frac{\partial z}{\partial x}=\frac{1}{x+\frac{y}{2x}}\left(1-\frac{y}{2x^2}\right)=\frac{2x^2-y}{x(2x^2+y)}，则\left.\frac{\partial z}{\partial x}\right|_{(1,0)}=1$$

$$\frac{\partial z}{\partial y}=\frac{1}{x+\frac{y}{2x}}\cdot\frac{1}{2x}=\frac{1}{2x^2+y}，则\left.\frac{\partial z}{\partial y}\right|_{(1,0)}=\frac{1}{2}$$

【例 1-4-2】 设函数$z=\left(\frac{y}{x}\right)^x$，则全微分$\mathrm{d}z\Big|_{\substack{x=1\\y=2}}=$：

A. $\ln2\mathrm{d}x+\frac{1}{2}\mathrm{d}y$　　B. $(\ln2+1)\mathrm{d}x+\frac{1}{2}\mathrm{d}y$

C. $2\left[(\ln2-1)\mathrm{d}x+\frac{1}{2}\mathrm{d}y\right]$　　D. $\frac{1}{2}\ln2\mathrm{d}x+2\mathrm{d}y$

解 利用二元函数求全微分公式$\mathrm{d}z=\frac{\partial z}{\partial x}\mathrm{d}x+\frac{\partial z}{\partial y}\mathrm{d}y$计算，代入$x=1$，$y=2$，求出$\mathrm{d}z\Big|_{\substack{x=1\\y=2}}$的值。

（1）计算$\frac{\partial z}{\partial x}$：

$$z=\left(\frac{y}{x}\right)^x$$

z对x求导，为幂指函数求导，两边取对数，得

$$\ln z=x\ln\left(\frac{y}{x}\right)$$

两边对x求导，得

$$\frac{1}{z}z_x=\ln\frac{y}{x}+x\cdot\frac{x}{y}\left(-\frac{y}{x^2}\right)=\ln\frac{y}{x}-1$$

进而得

$$z_x=z\left(\ln\frac{y}{x}-1\right)=\left(\frac{y}{x}\right)^x\left(\ln\frac{y}{x}-1\right)$$

（2）计算$\frac{\partial z}{\partial y}$：

$$\frac{\partial z}{\partial y}=x\left(\frac{y}{x}\right)^{x-1}\frac{1}{x}=\left(\frac{y}{x}\right)^{x-1}$$

$$\mathrm{d}z=\frac{\partial z}{\partial x}\mathrm{d}x+\frac{\partial z}{\partial y}\mathrm{d}y=\left(\frac{y}{x}\right)^x\left(\ln\frac{y}{x}-1\right)\mathrm{d}x+\left(\frac{y}{x}\right)^{x-1}\mathrm{d}y$$

$$\mathrm{d}z\Big|_{\substack{x=1\\y=2}}=2(\ln 2-1)\mathrm{d}x+\mathrm{d}y=2\left[(\ln 2-1)\mathrm{d}x+\frac{1}{2}\mathrm{d}y\right]$$

答案：C

【例 1-4-3】设$z=z(x,y)$是由方程$xz-xy+\ln(xyz)=0$所确定的可微函数，则$\frac{\partial z}{\partial y}$等于：

A. $\frac{-xz}{xz+1}$　　B. $-x+\frac{1}{2}$　　C. $\frac{z(-xz+y)}{x(xz+1)}$　　D. $\frac{z(xy-1)}{y(xz+1)}$

解　设函数$F(x,y,z)=xz-xy+\ln(xyz)$

$$F_y=-x+\frac{xz}{xyz}=-x+\frac{1}{y},\ F_z=x+\frac{xy}{xyz}=x+\frac{1}{z}$$

$$\frac{\partial z}{\partial y}=-\frac{F_y}{F_z}=-\frac{\frac{-xy+1}{y}}{\frac{xz+1}{z}}=-\frac{(1-xy)z}{y(xz+1)}=\frac{z(xy-1)}{y(xz+1)}$$

答案：D

【例 1-4-4】设方程$x^2+y^2+z^2=4z$，确定可微函数$z=z(x,y)$，则全微分$\mathrm{d}z$等于：

A. $\frac{1}{2-z}(y\mathrm{d}x+x\mathrm{d}y)$　　B. $\frac{1}{2-z}(x\mathrm{d}x+y\mathrm{d}y)$

C. $\frac{1}{2+z}(\mathrm{d}x+\mathrm{d}y)$　　D. $\frac{1}{2-z}(\mathrm{d}x-\mathrm{d}y)$

解　方法 1：设函数$F(x,y,z)=x^2+y^2+z^2-4z$，则

$$F_x=2x,\ F_y=2y,\ F_z=2z-4$$

$$\frac{\partial z}{\partial x}=-\frac{F_x}{F_z}=-\frac{2x}{2z-4}=-\frac{x}{z-2},\ \frac{\partial z}{\partial y}=-\frac{F_y}{F_z}=-\frac{2y}{2z-4}=-\frac{y}{z-2}$$

$$\mathrm{d}z=\frac{\partial z}{\partial x}\mathrm{d}x+\frac{\partial z}{\partial y}\mathrm{d}y=-\frac{x}{z-2}\mathrm{d}x-\frac{y}{z-2}\mathrm{d}y=\frac{1}{2-z}(x\mathrm{d}x+y\mathrm{d}y)$$

方法 2：根据微分的运算法则，对方程两边求微分，$\mathrm{d}(x^2+y^2+z^2)=4\mathrm{d}z$，$2x\mathrm{d}x+2y\mathrm{d}y+2z\mathrm{d}z=4\mathrm{d}z$，整理得$\mathrm{d}z=\frac{1}{2-z}(x\mathrm{d}x+y\mathrm{d}y)$。

答案：B

【例 1-4-5】 设$z=f\left(xy,\frac{x}{y}\right)$，函数$z=f(u,v)$具有连续偏导数，求$\frac{\partial z}{\partial x}$，$\frac{\partial z}{\partial y}$。

解
$$\frac{\partial z}{\partial x}=\frac{\partial z}{\partial u}\cdot y+\frac{\partial z}{\partial v}\cdot\frac{1}{y}=y\frac{\partial z}{\partial u}+\frac{1}{y}\frac{\partial z}{\partial v}$$
$$\frac{\partial z}{\partial y}=\frac{\partial z}{\partial u}\cdot x+\frac{\partial z}{\partial v}\left(-\frac{x}{y^2}\right)=x\frac{\partial z}{\partial u}-\frac{x}{y^2}\frac{\partial z}{\partial v}$$

【例 1-4-6】 求曲线$x=t$，$y=t^2$，$z=t^3$在点(1,1,1)处的切线和法平面。

解 将点(1,1,1)代入曲线方程，可得$t=1$

$$切向量\vec{s}=\{1,2t,3t^2\}，\vec{s}|_{t=1}=\{1,2,3\}$$

切线方程
$$\frac{x-1}{1}=\frac{y-1}{2}=\frac{z-1}{3}$$

法平面方程　　$(x-1)+2(y-1)+3(z-1)=0$，整理得：$x+2y+3z-6=0$

【例 1-4-7】 曲面$x^2-4y^2+2z^2=6$上点(2,2,3)处的法线方程是：

A. $x-1=\frac{y-6}{-4}=\frac{z}{3}$　　B. $\frac{x-2}{-1}=\frac{y-2}{-4}=\frac{z-3}{3}$

C. $\frac{x-1}{1}=\frac{y-6}{4}=\frac{z-1}{2}$　　D. $\frac{x-2}{1}=\frac{y-2}{-4}=\frac{z-3}{3}$

解 曲面$x^2-4y^2+2z^2-6=0$

设函数
$$F(x,y,z)=x^2-4y^2+2z^2-6$$

则
$$F_x=2x，F_y=-8y，F_z=4z$$
$$\vec{n}_{切}=\{2x,-8y,4z\}|_{(2,2,3)}=\{4,-16,12\}$$

取切平面的法向量为法线的方向向量$\vec{s}=\{4,-16,12\}$

即法线方程为
$$\frac{x-2}{4}=\frac{y-2}{-16}=\frac{z-3}{12}$$

化简得
$$\frac{x-2}{1}=\frac{y-2}{-4}=\frac{z-3}{3}$$

答案： D

【例 1-4-8】 已知函数$f\left(xy,\frac{x}{y}\right)=x^2$，则$\frac{\partial f(x,y)}{\partial x}+\frac{\partial f(x,y)}{\partial y}$等于：

A. $2x+2y$　　B. $x+y$　　C. $2x-2y$　　D. $x-y$

解 题目中需要求解$\frac{\partial f}{\partial x}$和$\frac{\partial f}{\partial y}$，故联想到采用换元的形式，将函数$f\left(xy,\frac{x}{y}\right)$变形为$f(u,v)$的形式。此时求解$\frac{\partial f}{\partial u}$和$\frac{\partial f}{\partial v}$,即可认为是求解$\frac{\partial f}{\partial x}$和$\frac{\partial f}{\partial y}$,再换写成$f(x,y)$的形式。若不进行换元，将无法进行偏导数计算。

设$u=xy$，$v=\frac{x}{y}$，那么$x=\frac{u}{y}$，$x=yv$

$x^2=\frac{u}{y}\cdot yv=u\cdot v$

原函数化为$f(u,v)=uv$，即$f(x,y)=xy$

$f'_x(x,y)=y$，$f'_y(x,y)=x$

$\frac{\partial f}{\partial x}+\frac{\partial f}{\partial y}=y+x$

答案： B

【例 1-4-9】 函数$z=f(x,y)$在点(x_0,y_0)处具有偏导数是它在该点存在全微分的：

A. 必要不充分条件　　B. 充分不必要条件

C. 充分必要条件　　D. 既不充分也不必要条件

解 可通过图 1-4-1“基本概念关系图”得到结果。

答案： A

【例 1-4-10】 对于二元函数$z=f(x,y)$在点(x_0,y_0)处连续是它在该点处偏导数存在的：

A. 必要不充分条件　　B. 充分不必要条件

C. 充分必要条件　　D. 既不充分也不必要条件

解 可通过图 1-4-1"基本概念关系图"得到结果。

答案： D

【例 1-4-11】 函数$f(x,y)$在点$P_0(x_0,y_0)$处有一阶偏导数是函数在该点连续的：

A. 必要条件　　B. 充分条件

C. 充分必要条件　　D. 既不充分也不必要条件

解 可通过图 1-4-1"基本概念关系图"得到结果。$f(x,y)$在点$P_0(x_0,y_0)$处有一阶偏导数，不能说明$f(x,y)$在点$P_0(x_0,y_0)$处连续；同样，$f(x,y)$在点$P_0(x_0,y_0)$处连续，也不能确定$f(x,y)$在点$P_0(x_0,y_0)$处有一阶偏导数。

答案： D

【例 1-4-12】 设$z=f(x,xy)$，其中$f(u,v)$具有二阶连续偏导数，则$\frac{\partial^2 z}{\partial x\partial y}$等于：

A. $\frac{\partial f}{\partial v}+xy\frac{\partial^2 f}{\partial v^2}$　　B. $\frac{\partial f}{\partial v}+x\left(\frac{\partial^2 f}{\partial x^2}+y\frac{\partial^2 f}{\partial v^2}\right)$

C. $\frac{\partial f}{\partial v}+\frac{\partial^2 f}{\partial v\partial u}+\frac{\partial^2 f}{\partial v^2}$　　D. $\frac{\partial f}{\partial v}+x\left(\frac{\partial^2 f}{\partial v\partial u}+y\frac{\partial^2 f}{\partial v^2}\right)$

解 本题考查多元复合函数二阶偏导数计算。

函数$z=f(x,xy)$，其中$f(u,v)$具有二阶连续偏导数，设$u=x,v=xy$，则

$$\frac{\partial z}{\partial x}=\frac{\partial f}{\partial u}+y\frac{\partial f}{\partial v},\quad \frac{\partial^2 z}{\partial x\partial y}=\frac{\partial}{\partial y}\left(\frac{\partial f}{\partial u}\right)+\frac{\partial}{\partial y}\left(y\frac{\partial f}{\partial v}\right)=x\frac{\partial^2 f}{\partial u\partial v}+\frac{\partial f}{\partial v}+xy\frac{\partial^2 f}{\partial v^2}=\frac{\partial f}{\partial v}+x\left(\frac{\partial^2 f}{\partial v\partial u}+y\frac{\partial^2 f}{\partial v^2}\right)$$

答案： D

习　题

1-4-1 设$z=u^2\ln v$，而$u=\varphi(x,y)$，$v=\psi(y)$均为可导函数，则$\frac{\partial z}{\partial y}$为（　　）。

A. $2u\ln v+u^2\cdot\frac{1}{v}$　　B. $2\varphi_y'\ln v+u^2\cdot\frac{1}{v}$

C. $2u\varphi_y'\ln v+u^2\cdot\frac{1}{v}\cdot\psi'$　　D. $2u\psi_y'\cdot\frac{1}{v}\cdot\psi'$

1-4-2 已知$y=y(x,z)$，由方程$xyz=e^{x+y}$确定，则$\frac{\partial y}{\partial x}$是（　　）。

A. $\frac{y(x-1)}{x(1-y)}$　　B. $\frac{y}{x(1-y)}$　　C. $\frac{yz}{1-y}$　　D. $\frac{y(1-xz)}{x(1-y)}$

1-4-3 若函数$z=\frac{\ln(xy)}{y}$，则当$x=e$，$y=e^{-1}$时，全微分$\mathrm{d}z$等于（　　）。

A. $e\mathrm{d}x+\mathrm{d}y$　　B. $e^2\mathrm{d}x-\mathrm{d}y$

C. $\mathrm{d}x+e^2\mathrm{d}y$　　D. $e\mathrm{d}x+e^2\mathrm{d}y$

1-4-4 在曲线$x=t$，$y=t^2$，$z=t^3$上某点的切线平行于平面$x+2y+z=4$，则该点的坐标为（　　）。

A. $\left(-\frac{1}{3},\frac{1}{9},-\frac{1}{27}\right)$，$(-1,1,-1)$　　B. $\left(-\frac{1}{3},\frac{1}{9},-\frac{1}{27}\right)$，$(1,1,1)$

C. $\left(\frac{1}{3},\frac{1}{9},\frac{1}{27}\right)$，$(1,1,1)$　　D. $\left(\frac{1}{3},\frac{1}{9},\frac{1}{27}\right)$，$(-1,1,-1)$

1-4-5 曲面$z=x^2-y^2$与平面$x-y-z-1=0$平行的切平面方程是（　　）。

A. $x-y-z-1=0$　　B. $x-y-z+1=0$

C. $x-y-z=0$　　D. $x-y-z-2=0$

1-4-6 二元函数$z=x^3-y^3+3x^2+3y^2-9x$的极大值点是（　　）。

A. (1,0)　　B. (1,2)　　C. (−3,0)　　D. (−3,2)

1-4-7　曲面$xyz=1$上平行于$x+y+z+3=0$的切平面方程是（　　）。

A. $x+y+z=0$　　B. $x+y+z=1$

C. $x+y+z=2$　　D. $x+y+z=3$

1-4-8　曲面$z=x^2-y^2$在点$(\sqrt{2},-1,1)$处的法线方程是（　　）。

A. $\frac{x-\sqrt{2}}{2\sqrt{2}}=\frac{y+1}{-2}=\frac{z-1}{-1}$　　B. $\frac{x-\sqrt{2}}{2\sqrt{2}}=\frac{y+1}{-2}=\frac{z-1}{1}$

C. $\frac{x-\sqrt{2}}{2\sqrt{2}}=\frac{y+1}{2}=\frac{z-1}{-1}$　　D. $\frac{x-\sqrt{2}}{2\sqrt{2}}=\frac{y+1}{2}=\frac{z-1}{1}$

1-4-9　对于二元函数$z=f(x,y)$，下列有关偏导数和全微分关系中正确的命题是（　　）。

A. 偏导数不连续，则全微分必不存在

B. 偏导数连续，则全微分必存在

C. 全微分存在，则偏导数必连续

D. 全微分存在，而偏导数不一定存在

1-4-10 若二元函数$z=f(x,y)$在点$P_0(x_0,y_0)$处的两个偏导数$\frac{\partial z}{\partial x}$，$\frac{\partial z}{\partial y}$存在，则（　　）。

A. $f(x,y)$在点P_0处连续　　B. $z=f(x,y_0)$在点P_0处连续

C. $\mathrm{d}z=\left.\frac{\partial z}{\partial x}\right|_{P_0}\mathrm{d}x+\left.\frac{\partial z}{\partial y}\right|_{P_0}\mathrm{d}y$　　D. 上述选项都不对

第五节　多元函数积分学

一、二重积分

（一）二重积分的概念与性质

1. 二重积分的定义

设$f(x,y)$为有界闭区域D上的有界函数，将D分割成n个小区域$\Delta\sigma_1$，$\Delta\sigma_2$，$\cdots$，$\Delta\sigma_n$，$\Delta\sigma_i$也表示第i个小区域的面积，用λ_i表示$\Delta\sigma_i(i=1,2,\cdots,n)$的直径（$\Delta\sigma_i$上任意两点间距离的最大值），在每一$\Delta\sigma_i$上任取一点$(x_i,y_i)$，作积分和$\sum\limits_{i=1}^{n}f(x_i,y_i)\Delta\sigma_i$，如果$\|\lambda\|\to 0$时，($\|\lambda\|=\max\{\lambda_1,\cdots,\lambda_n\}$)积分和有极限$I$，即

$$\lim_{\|\lambda\|\to 0}\sum_{i=1}^{n}f(x_i,y_i)\,\Delta\sigma_i=I \tag{1-5-1}$$

则称I为二元函数$f(x,y)$在闭区域D上的二重积分，记作$\iint\limits_D f(x,y)\mathrm{d}\sigma$。

2. 二重积分存在的充分条件

若$f(x,y)$在D上连续，则二重积分$\iint\limits_D f(x,y)\mathrm{d}\sigma$一定存在。

3. 二重积分的几何意义

若$f(x,y)\geqslant 0$，则二重积分$\iint\limits_D f(x,y)\mathrm{d}\sigma$表示以曲面$z=f(x,y)$为顶，以区域$D$为底，以$D$的边界为准线，母线平行于$Oz$轴的柱面围成的曲顶柱体的体积。当$f(x,y)=1$时，$\iint\limits_D 1\mathrm{d}x\mathrm{d}y$表示$D$的面积。

4. 二重积分的性质

（1）$\iint\limits_D kf(x,y)\mathrm{d}\sigma=k\iint\limits_D f(x,y)\mathrm{d}\sigma$　（k为常数）。

（2）$\iint\limits_D [f(x,y)\pm g(x,y)]\mathrm{d}\sigma=\iint\limits_D f(x,y)\mathrm{d}\sigma\pm\iint\limits_D g(x,y)\mathrm{d}\sigma$。

（3）$\iint\limits_D f(x,y)\mathrm{d}\sigma = \iint\limits_{D_1} f(x,y)\mathrm{d}\sigma + \iint\limits_{D_2} f(x,y)\mathrm{d}\sigma$ （其中$D = D_1 + D_2$）。

（4）在D上，$f(x,y) = 1$，σ为D的面积，则$\iint\limits_D 1\mathrm{d}\sigma = \iint\limits_D \mathrm{d}\sigma = \sigma$。

（5）在D上，$f(x,y) \leqslant g(x,y)$，则$\iint\limits_D f(x,y)\mathrm{d}\sigma \leqslant \iint\limits_D g(x,y)\mathrm{d}\sigma$。

（6）设M，m分别为$f(x,y)$在闭区域D上的最大值、最小值，σ是D的面积，则$m\sigma \leqslant \iint\limits_D f(x,y)\mathrm{d}\sigma \leqslant M\sigma$。

（7）设$f(x,y)$在闭区域D上连续，σ是D的面积，则在D上至少存在一点(ξ,η)使$\iint\limits_D f(x,y)\mathrm{d}\sigma = f(\xi,\eta)\sigma$。

（二）二重积分的计算

1. 直角坐标系

计算二重积分时，可根据被积函数$f(x,y)$和区域D的形状选择积分顺序，是先y后x，还是先x后y，把D用不等式组表示，再将二重积分化为累次积分计算。

若$D = \{(x,y)|a \leqslant x \leqslant b, y_1(x) \leqslant y \leqslant y_2(x)\}$，则

$$\iint\limits_D f(x,y)\mathrm{d}x\mathrm{d}y = \int_a^b \mathrm{d}x \int_{y_1(x)}^{y_2(x)} f(x,y)\,\mathrm{d}y \tag{1-5-2}$$

若$D = \{(x,y)|c \leqslant y \leqslant d, x_1(y) \leqslant x \leqslant x_2(y)\}$，则

$$\iint\limits_D f(x,y)\mathrm{d}x\mathrm{d}y = \int_c^d \mathrm{d}y \int_{x_1(y)}^{x_2(y)} f(x,y)\,\mathrm{d}x \tag{1-5-3}$$

2. 极坐标系

如果积分区域D的边界曲线用极坐标方程表示比较方便（如圆周等），且被积函数用极坐标表示也较方便（如含有$x^2 + y^2$等），则可以利用直角坐标与极坐标的关系式$x = r\cos\theta$，$y = r\sin\theta$，面积元素$\mathrm{d}x\mathrm{d}y = r\mathrm{d}r\mathrm{d}\theta$，将二重积分转化为极坐标计算

$$\iint\limits_D f(x,y)\mathrm{d}x\mathrm{d}y = \iint\limits_D f(r\cos\theta, r\sin\theta)r\mathrm{d}r\mathrm{d}\theta \tag{1-5-4}$$

在极坐标系下，若

（1）$D = \{(r,\theta)|\alpha \leqslant \theta \leqslant \beta, \varphi_1(\theta) \leqslant r \leqslant \varphi_2(\theta)\}$，则

$$\iint\limits_D f(r\cos\theta, r\sin\theta)r\mathrm{d}r\mathrm{d}\theta = \int_\alpha^\beta \mathrm{d}\theta \int_{\varphi_1(\theta)}^{\varphi_2(\theta)} f(r\cos\theta, r\sin\theta)r\mathrm{d}r \tag{1-5-5}$$

（2）$D = \{(r,\theta)|\alpha \leqslant \theta \leqslant \beta, 0 \leqslant r \leqslant \varphi(\theta)\}$，则

$$\iint\limits_D f(r\cos\theta, r\sin\theta)r\mathrm{d}r\mathrm{d}\theta = \int_\alpha^\beta \mathrm{d}\theta \int_0^{\varphi(\theta)} f(r\cos\theta, r\sin\theta)\,r\mathrm{d}r \tag{1-5-6}$$

式中，α、$\beta \in [0,2\pi]$且$\alpha < \beta$；$\varphi(\theta)$、$\varphi_1(\theta)$、$\varphi_2(\theta)$均为连续函数。式（1-5-5）对应于极点位于积分区域D外部的情况；式（1-5-6）对应于极点位于积分区域D内部或边界上的情形。

二、三重积分

（一）三重积分的一般概念

1. 三重积分的定义

设$f(x,y,z)$是空间有界闭区域Ω上的有界函数，用任意分法将Ω分成n份ΔU_1，ΔU_2，…，ΔU_n（同

时用它表示子区域的体积），在ΔU_i内任取一点(x_i, y_i, z_i)作积分和$\sum_{i=1}^{n} f(x_i, y_i, z_i)\Delta U_i$，若当$n \to \infty$，$\|\lambda\| \to 0$时［$\|\lambda\|$表示$\Delta U_i(i = 1,2,\cdots,n)$的最大直径］极限$\lim_{\|\lambda\|\to 0} \sum_{i=1}^{n} f(x_i, y_i, z_i)\Delta U_i$存在，则称此极限值为$f(x,y,z)$在$\Omega$上的三重积分，记作$\iiint_{\Omega} f(x,y,z)\mathrm{d}U$。

2. 三重积分存在的充分条件

在有界闭区域Ω上连续函数$f(x,y,z)$在Ω上必定可积。

3. 三重积分的性质

三重积分也有类似二重积分的7个性质（不再赘述）。

（二）三重积分的计算

三重积分的计算，也是根据被积函数和积分区域Ω的情况，选择一种合适的坐标系和积分顺序，将它化为累次积分进行计算。

1. 直角坐标

设$\Omega = \{(x,y,z) | a \leqslant x \leqslant b, y_1(x) \leqslant y \leqslant y_2(x), z_1(x,y) \leqslant z \leqslant z_2(x,y)\}$，则

$$\iiint_{\Omega} f(x,y,z)\mathrm{d}x\mathrm{d}y\mathrm{d}z = \int_a^b \mathrm{d}x \int_{y_1(x)}^{y_2(x)} \mathrm{d}y \int_{z_1(x,y)}^{z_2(x,y)} f(x,y,z)\,\mathrm{d}z \tag{1-5-7}$$

同理可写出其他顺序，将三重积分化为三次积分。（在直角坐标系下，体积元素$\mathrm{d}v = \mathrm{d}x\mathrm{d}y\mathrm{d}z$）

2. 柱坐标

设$\Omega = \{(x,y,z) | \alpha \leqslant \theta \leqslant \beta, r_1(\theta) \leqslant r \leqslant r_2(\theta), z_1(r,\theta) \leqslant z \leqslant z_2(r,\theta)\}$，则

$$\iiint_{\Omega} f(x,y,z)\mathrm{d}x\mathrm{d}y\mathrm{d}z = \int_{\alpha}^{\beta} \mathrm{d}\theta \int_{r_1(\theta)}^{r_2(\theta)} r\mathrm{d}r \int_{z_1(r,\theta)}^{z_2(r,\theta)} f(r\cos\theta, r\sin\theta, z)\,\mathrm{d}z \tag{1-5-8}$$

同理也可写出其他顺序，将三重积分化为三次积分。

在柱坐标系下，体积元素$\mathrm{d}v = r\mathrm{d}r\mathrm{d}\theta\mathrm{d}z$，直角坐标和柱坐标的关系$x = r\cos\theta$，$y = r\sin\theta$，$z = z$。

3. 球面坐标

设$\Omega = \{(x,y,z) | \alpha \leqslant \theta \leqslant \beta, \varphi_1(\theta) \leqslant \varphi \leqslant \varphi_2(\theta), r_1(\theta,\varphi) \leqslant r \leqslant r_2(\theta,\varphi)\}$，则

$$\iiint_{\Omega} f(x,y,z)\mathrm{d}x\mathrm{d}y\mathrm{d}z = \int_{\alpha}^{\beta} \mathrm{d}\theta \int_{\varphi_1(\theta)}^{\varphi_2(\theta)} \sin\varphi\mathrm{d}\varphi \int_{r_1(\theta,\varphi)}^{r_2(\theta,\varphi)} f(r\sin\varphi\cos\theta, r\sin\varphi\sin\theta, r\cos\varphi)\,r^2\mathrm{d}r \tag{1-5-9}$$

在球坐标系下，体积元素$\mathrm{d}v = r^2\sin\varphi\mathrm{d}r\mathrm{d}\theta\mathrm{d}\varphi$，直角坐标和球面坐标的关系$x = r\sin\varphi\cos\theta$，$y = r\sin\varphi\sin\theta$，$z = r\cos\varphi$。

在计算三重积分时，当积分区域Ω为圆柱形（或柱形）区域，或Ω的投影为圆域时，被积函数具有$f(x^2 + y^2)$的形式，一般可采用柱面坐标计算；当积分区域为球形区域或锥面与球面围成的区域，被积函数具有$f(x^2 + y^2 + z^2)$的形式，用球面坐标计算较为方便。

【例 1-5-1】 设D域为$0 \leqslant x \leqslant y$，$0 \leqslant y \leqslant 1$，则$\iint_D \mathrm{d}x\mathrm{d}y$为：

A. 1　　B. $\frac{1}{2}$　　C. 2　　D. 3

解 画出D域图形（见解图）

$\iint_D \mathrm{d}x\mathrm{d}y$中被积函数$f(x,y) = 1$

二重积分在数值上等于D的面积，所以

$\iint_D \mathrm{d}x\mathrm{d}y = \frac{1}{2} \times 1 \times 1 = \frac{1}{2}$

例 1-5-1 解图

答案：B

【例 1-5-2】 若D域是以(0,0)，(1,0)，(0,1)为顶点的三角形区域，由二重积分的几何意义知，$\iint\limits_D(1-x-y)\mathrm{d}\sigma$的值等于：

A. $\frac{1}{3}$　　B. $\frac{1}{2}$　　C. 1　　D. $\frac{1}{6}$

解　由二重积分的几何意义知，$\iint\limits_D(1-x-y)\mathrm{d}\sigma$表示以$z=1-x-y$为曲顶、$D$为底的曲顶柱体的体积。

曲顶柱体见解图，曲顶为一平面，方程$z=1-x-y$，该二重积分表示正三棱锥的体积，所以

$$\iint\limits_D(1-x-y)\mathrm{d}\sigma=\frac{1}{3}\times 底面积\times 高=\frac{1}{3}\times\frac{1}{2}\times1\times1\times1=\frac{1}{6}$$

例 1-5-2 解图

答案：D

【例 1-5-3】 将二重积分$\iint\limits_D f(x,y)\mathrm{d}x\mathrm{d}y$化为直角坐标系下的二次积分，其中$D$由$x+y=1$，$x-y=1$及$y$轴围成（见图），要求用两种积分顺序表示。

解　（1）先y后x

$$D:\begin{cases}0\leqslant x\leqslant1\\x-1\leqslant y\leqslant-x+1\end{cases}$$

$$\iint\limits_D f(x,y)\mathrm{d}x\mathrm{d}y=\int_0^1\mathrm{d}x\int_{x-1}^{1-x}f(x,y)\mathrm{d}y$$

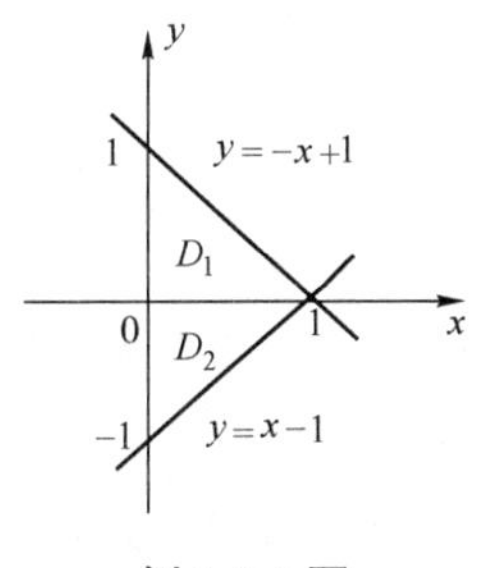

例 1-5-3 图

（2）先x后y

由于右边界曲线由两个方程给出，把D分为D_1，D_2两部分，见图。

$$\iint\limits_D=\iint\limits_{D_1+D_2}=\iint\limits_{D_1}+\iint\limits_{D_2}$$

$$D_1:\begin{cases}0\leqslant y\leqslant1\\0\leqslant x\leqslant1-y\end{cases}\qquad D_2:\begin{cases}-1\leqslant y\leqslant0\\0\leqslant x\leqslant1+y\end{cases}$$

$$\iint\limits_D f(x,y)\mathrm{d}x\mathrm{d}y=\int_0^1\mathrm{d}y\int_0^{1-y}f(x,y)\mathrm{d}x+\int_{-1}^0\mathrm{d}y\int_0^{1+y}f(x,y)\mathrm{d}x$$

注：计算二重积分是化为两次定积分，关键是确定积分上下限：①上限>下限；②内层积分上、下限应为外层积分变量的函数；③外层积分上、下限应为常数（后积先定限）；④二重积分结果为常数。

【例 1-5-4】 设D：$|x|\leqslant\pi$，$0\leqslant y\leqslant1$，则$\iint\limits_D(2+xy)\mathrm{d}\sigma$等于：

A. 0　　B. 2π

C. 1　　D. 4π

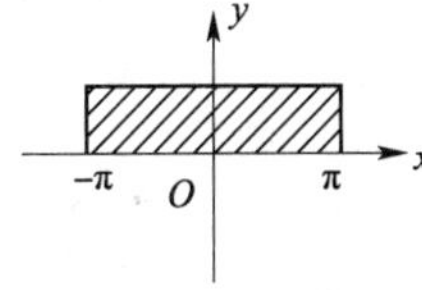

例 1-5-4 解图

解　画出积分区域D的图形（见解图）。

$$\iint\limits_D(2+xy)\mathrm{d}\sigma=\iint\limits_D2\mathrm{d}\sigma+\iint\limits_D xy\mathrm{d}\sigma$$

首先，利用二重积分的对称性及二重积分的几何意义计算，积分区域D关于y轴对称，函数$f(x,y)$满足$f(-x,y)=-f(x,y)$，为关于变量x的奇函数，因而

$$\iint\limits_D xy\mathrm{d}\sigma=0$$

其次，$\iint\limits_D2\mathrm{d}\sigma=2\iint\limits_D\mathrm{d}\sigma=2\times D$的面积$=2\times2\pi\times1=4\pi$，故原式$=4\pi$。

答案： D

【例 1-5-5】 已知二重积分$I=\int_0^1 \mathrm{d}x\int_x^{\sqrt{x}}\frac{\sin y}{y}\mathrm{d}y$，其值等于：

A. $2-\sin 1$　　B. $1-\sin 2$　　C. 0　　D. $1-\sin 1$

解 如解图所示，先对y积分时，被积函数无初等函数表示的原函数，需要改变积分顺序后再计算。先作出曲线$y=x$，$y=\sqrt{x}$，求交点(0,0)、(1,1)，再作直线$x=0$、$x=1$把积分区域还原。

按先x后y的顺序

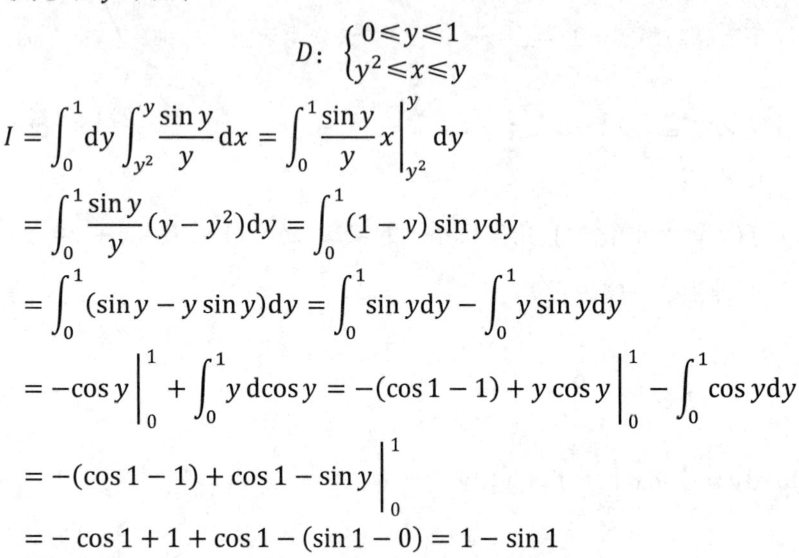

$$D:\begin{cases}0\leqslant y\leqslant 1\\ y^2\leqslant x\leqslant y\end{cases}$$

$$I=\int_0^1 \mathrm{d}y\int_{y^2}^{y}\frac{\sin y}{y}\mathrm{d}x=\int_0^1\frac{\sin y}{y}x\Big|_{y^2}^{y}\mathrm{d}y$$

$$=\int_0^1\frac{\sin y}{y}(y-y^2)\mathrm{d}y=\int_0^1(1-y)\sin y\mathrm{d}y$$

$$=\int_0^1(\sin y-y\sin y)\mathrm{d}y=\int_0^1\sin y\mathrm{d}y-\int_0^1 y\sin y\mathrm{d}y$$

$$=-\cos y\Big|_0^1+\int_0^1 y\,\mathrm{d}\cos y=-(\cos 1-1)+y\cos y\Big|_0^1-\int_0^1\cos y\mathrm{d}y$$

$$=-(\cos 1-1)+\cos 1-\sin y\Big|_0^1$$

$$=-\cos 1+1+\cos 1-(\sin 1-0)=1-\sin 1$$

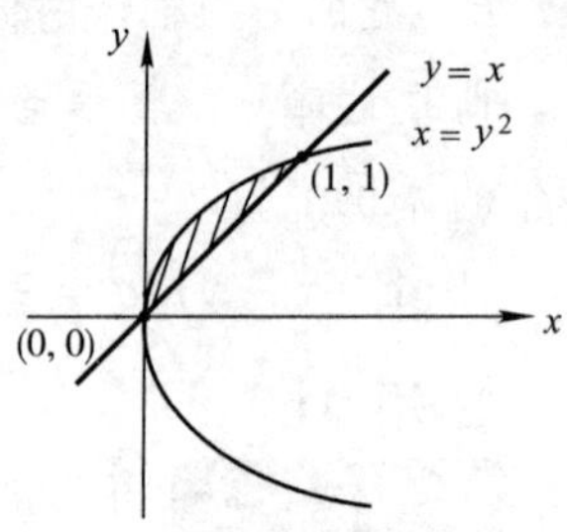

例 1-5-5 解图

答案： D

注：这是一个交换积分次序的题目，先根据所给出的积分上下限画出积分区域，再按正确的积分次序写出二次积分的积分上下限。

【例 1-5-6】 若D域是$x^2+y^2\leqslant 4$，$y\geqslant 0$，则$\iint\limits_D \sin(x^3y^2)\,\mathrm{d}\sigma$的值等于：

A. 0　　B. 2　　C. 3　　D. 无法计算

解 画出积分区域D的图形，D为上半圆和x轴围成的图形（见解图），图形关于y轴以称，方程$f(x,y)=\sin(x^3y^2)$满足$f(-x,y)=-f(x,y)$，为关于变量x的奇函数，由二重积分几何意义可知$\iint\limits_D \sin(x^3y^2)\,\mathrm{d}\sigma=0$。

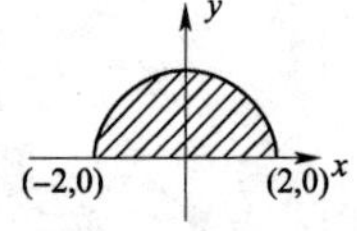

例 1-5-6 解图

答案： A

【例 1-5-7】 二次积分$\int_0^1 \mathrm{d}x\int_{x^2}^{x}f(x,y)\mathrm{d}y$交换积分次序后的二次积分是：

A. $\int_{x^2}^{x}\mathrm{d}y\int_0^1 f(x,y)\mathrm{d}x$　　B. $\int_0^1\mathrm{d}y\int_{y^2}^{y}f(x,y)\mathrm{d}x$

C. $\int_y^{\sqrt{y}}\mathrm{d}y\int_0^1 f(x,y)\mathrm{d}x$　　D. $\int_0^1\mathrm{d}y\int_y^{\sqrt{y}}f(x,y)\mathrm{d}x$

解 根据给出的二重积分的上下限$0\leqslant x\leqslant 1$，$x^2\leqslant y\leqslant x$画出积分区域$D$，再写出先$x$后$y$的积分表达式。

D：$0\leqslant y\leqslant 1$，$y\leqslant x\leqslant\sqrt{y}$　（见解图）

$y=x$，即$x=y$；$y=x^2$，得$x=\sqrt{y}$

所以二次积分交换积分顺序后为$\int_0^1\mathrm{d}y\int_y^{\sqrt{y}}f(x,y)\mathrm{d}x$。

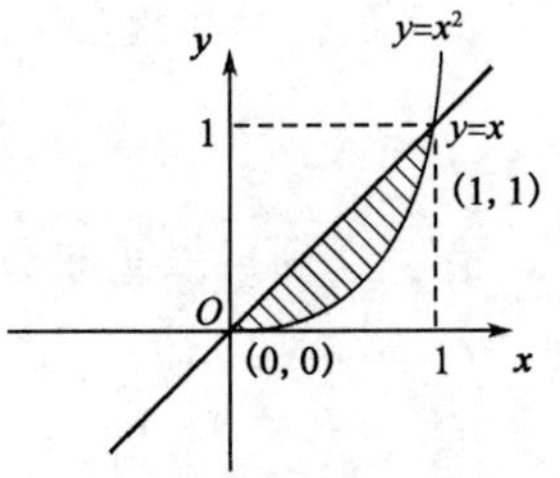

例 1-5-7 解图

答案： D

【例 1-5-8】 $I=\int_0^1\mathrm{d}y\int_0^{\sqrt{1-y}}3x^2y^2\mathrm{d}x$，则交换积分次序后得：

A. $I=\int_0^1 \mathrm{d}x\int_0^{\sqrt{1-x}} 3x^2y^2\mathrm{d}y$　　B. $I=\int_0^{\sqrt{1-y}} \mathrm{d}x\int_0^1 3x^2y^2\mathrm{d}y$

C. $I=\int_0^1 \mathrm{d}x\int_0^{1-x^2} 3x^2y^2\mathrm{d}y$　　D. $I=\int_0^1 \mathrm{d}x\int_0^{1+x^2} 3x^2y^2\mathrm{d}y$

解　画出积分区域D（见解图），写出先y后x的积分表达式。

由$x=\sqrt{1-y}$，得$x^2=1-y$，$y=1-x^2$

D：$\begin{cases}0\leqslant x\leqslant 1\\0\leqslant y\leqslant 1-x^2\end{cases}$

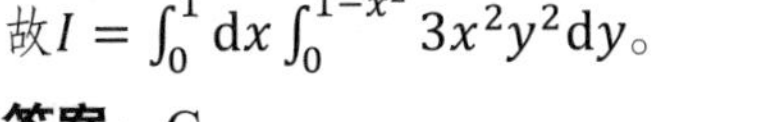

故$I=\int_0^1 \mathrm{d}x\int_0^{1-x^2} 3x^2y^2\mathrm{d}y$。

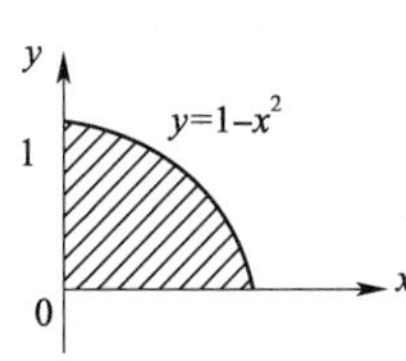

例 1-5-8 解图

答案： C

【例 1-5-9】 区域D由x轴，圆$x^2+y^2-2x=0(y\geqslant 0)$的内部及直线$x+y=2$下方所围成，$f(x,y)$是连续函数，化$\iint\limits_D f(x,y)\mathrm{d}x\mathrm{d}y$为二次积分是：

A. $\int_0^{\frac{\pi}{4}}\mathrm{d}\varphi\int_0^{2\cos\varphi} f(\rho\cos\varphi,\rho\sin\varphi)\rho\mathrm{d}\rho$　　B. $\int_0^1\mathrm{d}y\int_{1-\sqrt{1-y^2}}^{2-y} f(x,y)\mathrm{d}x$

C. $\int_0^{\frac{\pi}{2}}\mathrm{d}\varphi\int_0^1 f(\rho\cos\varphi,\rho\sin\varphi)\rho\mathrm{d}\rho$　　D. $\int_0^1\mathrm{d}x\int_0^{\sqrt{2x-x^2}} f(x,y)\mathrm{d}y$

解　积分区域D为$x^2+y^2-2x=0$，即$(x-1)^2+y^2=1$。由解图可知，选项 A、C 积分变量ρ、φ的取值均有错误。

在化为直角坐标计算时，按先x后y的顺序积分

由$(x-1)^2+y^2=1$，$(x-1)^2=1-y^2$，$x-1=\pm\sqrt{1-y^2}$，

$x=1\pm\sqrt{1-y^2}$，取方程$x=1-\sqrt{1-y^2}$。

D：$\begin{cases}0\leqslant y\leqslant 1\\1-\sqrt{1-y^2}\leqslant x\leqslant 2-y\end{cases}$

$\iint\limits_D f(x,y)\mathrm{d}x\mathrm{d}y=\int_0^1\mathrm{d}y\int_{1-\sqrt{1-y^2}}^{2-y} f(x,y)\mathrm{d}x$

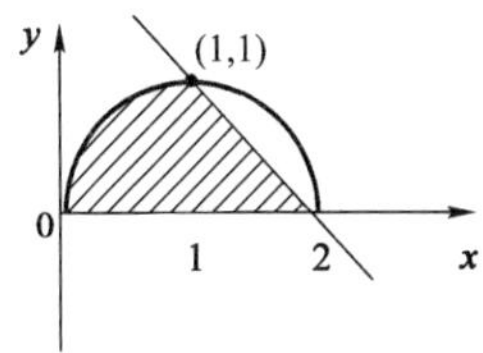

例 1-5-9 解图

答案： B

【例 1-5-10】 设D是由直线$y=x$和圆$x^2+(y-1)^2=1$所围成且在直线$y=x$下方的平面区域，则二重积分$\iint\limits_D x\mathrm{d}x\mathrm{d}y$等于：

A. $\int_0^{\frac{\pi}{2}}\cos\theta\mathrm{d}\theta\int_0^{2\cos\theta}\rho^2\mathrm{d}\rho$　　B. $\int_0^{\frac{\pi}{2}}\sin\theta\mathrm{d}\theta\int_0^{2\sin\theta}\rho^2\mathrm{d}\rho$

C. $\int_0^{\frac{\pi}{4}}\sin\theta\mathrm{d}\theta\int_0^{2\sin\theta}\rho^2\mathrm{d}\rho$　　D. $\int_0^{\frac{\pi}{4}}\cos\theta\mathrm{d}\theta\int_0^{2\sin\theta}\rho^2\mathrm{d}\rho$

解　本题考查将直角坐标系下的二重积分化为极坐标系下的二次积分的知识。关键是把区域D写成极坐标系下的不等式组，其中将圆的方程$x^2+(y-1)^2=1$化为极坐标系下的表达式又是关键的关键。如解图所示。

$x^2+(y-1)^2=1$，即$x^2+y^2-2y=0$

直角坐标和极坐标的关系为：

$x=\rho\cos\theta$，$y=\rho\sin\theta$

代入方程$x^2+(y-1)^2=1$，得：

$$\rho^2-2\rho\sin\theta=0,\ \rho(\rho-2\sin\theta)=0$$

所以$\rho=0$，$\rho=2\sin\theta$

积分区域D的极坐标表达式为$\begin{cases}0\leqslant\theta\leqslant\frac{\pi}{4}\\0\leqslant\rho\leqslant 2\sin\theta\end{cases}$

面积元素$\mathrm{d}x\mathrm{d}y=\rho\mathrm{d}\rho\mathrm{d}\theta$，

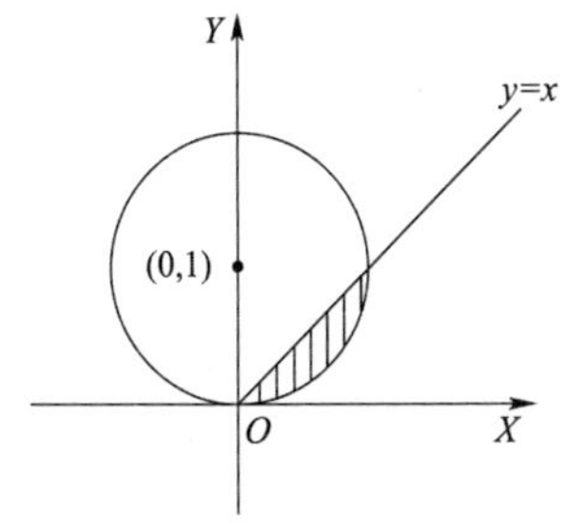

例 1-5-10 解图

$$\iint\limits_D x\mathrm{d}x\mathrm{d}y=\iint\limits_D \rho\cos\theta\rho\mathrm{d}\rho\mathrm{d}\theta=\int_0^{\frac{\pi}{4}}\cos\theta\mathrm{d}\theta\int_0^{2\sin\theta}\rho^2\mathrm{d}\rho$$

答案：D

【例 1-5-11】 设D是由$y=x^2-4$和$y=0$围成的平面区域（见图），则$I=\iint\limits_D(ax+y)\mathrm{d}x\mathrm{d}y$：

A. $I>0$　　B. $I=0$

C. $I<0$　　D. I的符号与参数a有关

解

$$\iint\limits_D(ax+y)\mathrm{d}x\mathrm{d}y=\underset{\text{（I）}}{\iint\limits_D ax\mathrm{d}x\mathrm{d}y}+\underset{\text{（II）}}{\iint\limits_D y\mathrm{d}x\mathrm{d}y}$$

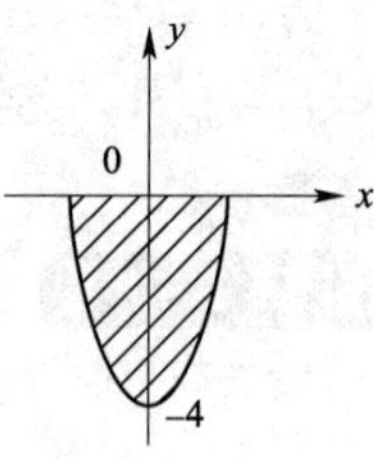

例 1-5-11 图

（I）由于积分区域D关于y轴对称，被积函数满足$f(-x,y)=-f(x,y)$，故$\iint\limits_D ax\mathrm{d}x\mathrm{d}y=0$。

（II）由于在积分区域D内，被积函数$y\leqslant 0$，故$\iint\limits_D y\mathrm{d}x\mathrm{d}y<0$。

答案：C

【例 1-5-12】 计算由曲面$z=2-x^2-y^2$及$z=\sqrt{x^2+y^2}$所围成立体的体积（见图）。

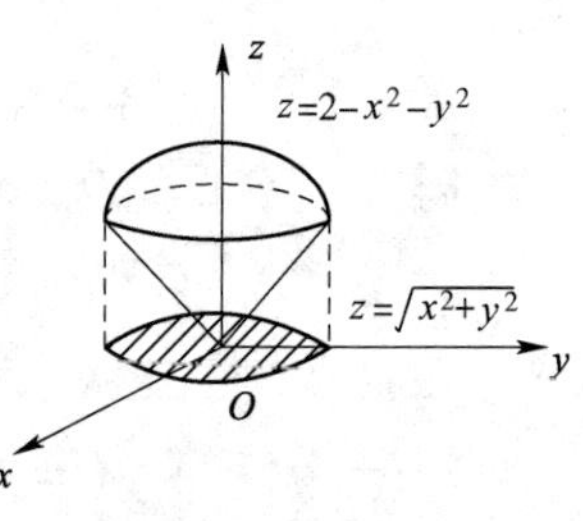

例 1-5-12 图

解 利用三重积分计算（本题也可用二重积分计算）

投影区域D_{xy}

$$\begin{cases}z=2-x^2-y^2\\ z=\sqrt{x^2+y^2}\end{cases}\xrightarrow{\text{消字母}z}D_{xy}:\ x^2+y^2\leqslant 1$$

利用柱面坐标计算，将$x=r\cos\theta$，$y=r\sin\theta$代入方程，即

$z=2-x^2-y^2$，得$z=2-r^2$，又由$z=\sqrt{x^2+y^2}$，可得$z=r$，Ω：$\begin{cases}r\leqslant z\leqslant 2-r^2\\ 0\leqslant r\leqslant 1\\ 0\leqslant\theta\leqslant 2\pi\end{cases}$

$$V=\iiint\limits_\Omega \mathrm{d}V=\int_0^{2\pi}\mathrm{d}\theta\int_0^1 r\mathrm{d}r\int_r^{2-r^2}\mathrm{d}z=\frac{5}{6}\pi$$

【例 1-5-13】 计算由曲面$z=\sqrt{x^2+y^2}$及$z=x^2+y^2$所围成的立体体积的三次积分为：

A. $\int_0^{2\pi}\mathrm{d}\theta\int_0^1 r\mathrm{d}r\int_{r^2}^r\mathrm{d}z$　　B. $\int_0^{2\pi}\mathrm{d}\theta\int_0^1 r\mathrm{d}r\int_r^1\mathrm{d}z$

C. $\int_0^{2\pi}\mathrm{d}\theta\int_0^{\frac{\pi}{4}}\sin\varphi\mathrm{d}\varphi\int_0^1 r^2\mathrm{d}r$　　D. $\int_0^{2\pi}\mathrm{d}\theta\int_{\frac{\pi}{4}}^{\frac{\pi}{2}}\sin\varphi\mathrm{d}\varphi\int_0^1 r^2\mathrm{d}r$

解 由已知条件画出积分区域，如解图所示。

将直角坐标系方程化为球坐标系下的方程：

$z=\sqrt{x^2+y^2}\Rightarrow\varphi=\frac{\pi}{4}$；$z=x^2+y^2\Rightarrow r\cos\varphi=r^2\sin^2\varphi\Rightarrow r=\frac{\cos\varphi}{\sin^2\varphi}$

所以，球坐标系下三次积分为$\int_0^{2\pi}\mathrm{d}\theta\int_{\frac{\pi}{4}}^{\frac{\pi}{2}}\sin\varphi\mathrm{d}\varphi\int_0^{\frac{\cos\varphi}{\sin^2\varphi}}r^2\mathrm{d}r$，选项 C、D 错。

化柱面坐标计算，求D_{xy}，消z。由$\begin{cases}z=\sqrt{x^2+y^2}\\ z=x^2+y^2\end{cases}$，得$D_{xy}$：$x^2+y^2\leqslant 1$

Ω化为柱面坐标为$\begin{cases}r^2\leqslant z\leqslant r\\ 0\leqslant r\leqslant 1\\ 0\leqslant\theta\leqslant 2\pi\end{cases}$，$\mathrm{d}V=r\mathrm{d}r\mathrm{d}\theta\mathrm{d}z$

$$V=\iiint\limits_\Omega 1\mathrm{d}V=\int_0^{2\pi}\mathrm{d}\theta\int_0^1 r\mathrm{d}r\int_{r^2}^r 1\mathrm{d}z$$

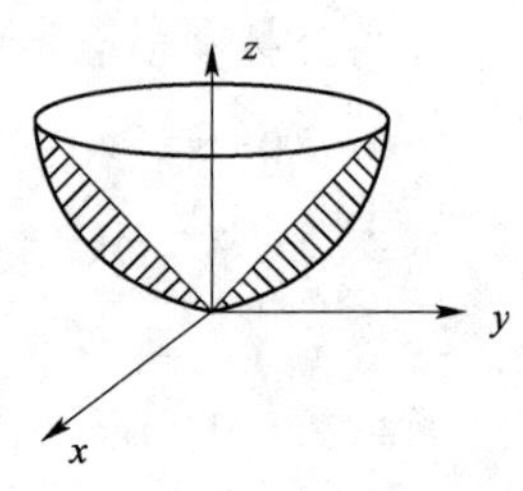

例 1-5-13 解图

答案：A

【例 1-5-14】 设函数$f(x,y)$在$x^2+y^2\leqslant 1$范围内连续，使下式

$$\iint\limits_{x^2+y^2\leqslant 1} f(x,y)\mathrm{d}x\mathrm{d}y = 4\int_0^1 \mathrm{d}x \int_0^{\sqrt{1-x^2}} f(x,y)\mathrm{d}y$$

成立的充分条件是：

A. $f(-x,y)=f(x,y)$，$f(x,-y)=-f(x,y)$

B. $f(-x,y)=f(x,y)$，$f(x,-y)=f(x,y)$

C. $f(-x,y)=-f(x,y)$，$f(x,-y)=-f(x,y)$

D. $f(-x,y)=-f(x,y)$，$f(x,-y)=f(x,y)$

解　如解图所示，因为积分区域D关于y轴对称，函数$f(x,y)$满足$f(-x,y)=f(x,y)$，所以

$$\iint\limits_{D} f(x,y)\mathrm{d}x\mathrm{d}y = 2\iint\limits_{D_1} f(x,y)\mathrm{d}x\mathrm{d}y$$

又因D_1关于x轴对称，函数$f(x,y)$满足$f(x,-y)=f(x,y)$，则

$$\iint\limits_{D_1} f(x,y)\mathrm{d}x\mathrm{d}y = 2\iint\limits_{D_2} f(x,y)\mathrm{d}x\mathrm{d}y$$

D：$x^2+y^2\leqslant 1$　　D_1：$x_2+y_2\leqslant 1(x\geqslant 0)$　　D_2：$x_2+y_2\leqslant 1(x\geqslant 0, y\geqslant 0)$

例 1-5-14 解图

故 $\iint\limits_{x^2+y^2\leqslant 1} f(x,y)\mathrm{d}x\mathrm{d}y = 4\iint\limits_{D_2} f(x,y)\mathrm{d}x\mathrm{d}y$，$D_2$：$\begin{cases}0\leqslant x\leqslant 1\\ 0\leqslant y\leqslant \sqrt{1-x^2}\end{cases}$

所以 $\iint\limits_{x^2+y^2\leqslant 1} f(x,y)\mathrm{d}x\mathrm{d}y = 4\int_0^1 \mathrm{d}x\int_0^{\sqrt{1-x^2}} f(x,y)\mathrm{d}y$

答案： B

三、对弧长的曲线积分

（一）对弧长的曲线积分的概念

设L是平面上的可求长曲线，$f(x,y)$是定义在L上的有界函数，将L任意地分为n个小弧段$\widehat{M_{i-1}M_i}\,(i=1,2,\cdots,n)$，设$\widehat{M_{i-1}M_i}$的长为$\Delta s_i$，在$\widehat{M_{i-1}M_i}$上任意取一点$(\xi_i,\eta_i)$作积分和$\sum\limits_{i=1}^{n} f(\xi_i,\eta_i)\Delta s_i$，若$\lambda=\max\{\Delta s_i,(i=1,2,\cdots,n)\}\to 0$，上述和式极限存在，则称此极限为$f(x,y)$在$L$上对弧长的曲线积分，记作$\int_L f(x,y)\mathrm{d}s$。

（二）对弧长的曲线积分的性质

（1）$\int_L kf(x,y)\mathrm{d}s = k\int_L f(x,y)\mathrm{d}s$（$k$为常数）

（2）可加性：$\int_{\widehat{AB}} f(x,y)\mathrm{d}s = \int_{\widehat{AC}} f(x,y)\mathrm{d}s + \int_{\widehat{CB}} f(x,y)\mathrm{d}s$　（C为$\widehat{AB}$上的任一点）

（3）与路径方向无关性：$\int_{\widehat{AB}} f(x,y)\mathrm{d}s = \int_{\widehat{BA}} f(x,y)\mathrm{d}s$

（三）对弧长的曲线积分的计算

（1）设曲线的参数方程为$x=\varphi(t)$、$y=\psi(t)$，$\alpha\leqslant t\leqslant\beta$且$\varphi(t)$、$\psi(t)$在$[\alpha,\beta]$上具有连续导数，且$[\varphi'(t)]^2+[\psi'(t)]^2\neq 0$，则

$$\int_L f(x,y)\mathrm{d}s = \int_\alpha^\beta f[\varphi(t),\psi(t)]\sqrt{[\varphi'(t)]^2+[\psi'(t)]^2}\mathrm{d}t \tag{1-5-10}$$

（2）设曲线方程为$y=y(x)$，$a\leqslant x\leqslant b$且$y(x)$在$[a,b]$上具有连续导数，则

$$\int_L f(x,y)\mathrm{d}s=\int_a^b f[x,y(x)]\sqrt{1+[y'(x)]^2}\mathrm{d}x$$

式中，当$f(x,y)=1$时，$\int_L \mathrm{d}s=\int_a^b\sqrt{1+[f'(x)]^2}\mathrm{d}x$，可用它计算平面曲线的弧长，与一元定积分应用求弧长公式一样。

（3）设曲线方程为$x=x(y)$，$c\leqslant y\leqslant d$，且$x(y)$在$[c,d]$上具有连续导数，则

$$\int_L f(x,y)\mathrm{d}s=\int_c^d f[x(y),y]\sqrt{1+[x'(y)]^2}\mathrm{d}y \tag{1-5-11}$$

在计算对弧长的曲线积分时，由于$\mathrm{d}s>0$，化为定积分后，积分下限必须小于积分上限。

四、对坐标的曲线积分

（一）对坐标的曲线积分的概念和性质

设L为平面上的有向曲线，$P(x,y)$是定义在L上的有界函数，自L的起点至终点任意分L为n个弧段$\widehat{M_{i-1}M_i}(i=1,2,\cdots,n)$，$\widehat{M_{i-1}M_i}$在$x$轴上的投影为$\Delta x_i$，在$\widehat{M_{i-1}M_i}$上任取一点$(\xi_i,\eta_i)$作积分和$\sum\limits_{i=1}^{n}P(\xi_i,\eta_i)\Delta x_i$，如果$\lambda=\max|\Delta x_i|$，$(i=1,2,\cdots,n)\}\to 0$，上述和式的极限存在，则称此极限为函数$P(x,y)$沿曲线$L$对坐标$x$的曲线积分，记作$\int_L P(x,y)\mathrm{d}x$，即

$$\int_L P(x,y)\mathrm{d}x=\lim_{\lambda\to 0}\sum_{i=1}^{n}P(\xi_i,\eta_i)\Delta x_i$$

同理，可以定义函数$Q(x,y)$沿曲线L对坐标y的曲线积分

$$\int_L Q(x,y)\mathrm{d}y=\lim_{\lambda\to 0}\sum_{i=1}^{n}Q(\xi_i,\eta_i)\Delta y_i$$

一般平面曲线L对坐标的曲线积分表达式为

$$\int_L P(x,y)\mathrm{d}x+Q(x,y)\mathrm{d}y$$

对坐标的曲线积分具有以下性质：

1. 积分区域可加性

$$\int_L P\mathrm{d}x+Q\mathrm{d}y=\int_{L_1}P\mathrm{d}x+Q\mathrm{d}y+\int_{L_2}P\mathrm{d}x+Q\mathrm{d}y$$

其中，$L=L_1+L_2$。

2. 与积分曲线的方向有关

$$\int_L P(x,y)\mathrm{d}x+Q(x,y)\mathrm{d}y=-\int_{-L}P(x,y)\mathrm{d}x+Q(x,y)\mathrm{d}y \tag{1-5-12}$$

其中，L和$-L$方向相反。

（二）计算

（1）设曲线L的参数方程为$x=\varphi(t)$，$y=\psi(t)$，L的起点与终点所对应的参数依次为α与β，且$P(x,y)$、$Q(x,y)$连续，$\psi(t)$、$\varphi(t)$连续可微，则

$$\int_L P(x,y)\mathrm{d}x+Q(x,y)\mathrm{d}y=\int_\alpha^\beta\{P[\varphi(t),\psi(t)]\varphi'(t)+Q[\varphi(t),\psi(t)]\psi'(t)\}\mathrm{d}t \tag{1-5-13}$$

（2）设曲线L的方程$y=y(x)$连续可微，起点与终点的横坐标依次为a、b，则

$$\int_L P(x,y)\mathrm{d}x+Q(x,y)\mathrm{d}y=\int_a^b\{P[x,y(x)]+Q[x,y(x)]y'(x)\}\mathrm{d}x \tag{1-5-14}$$

（3）设曲线L的方程$x=x(y)$连续可微，起点与终点的纵坐标依次为c、d，则

$$\int_L P(x,y)\mathrm{d}x+Q(x,y)\mathrm{d}y=\int_c^d\{P[x(y),y]x'(y)+Q[x(y),y]\}\mathrm{d}y \tag{1-5-15}$$

五、多元积分学的应用

（一）平面图形的面积

设D为xOy平面上的有界闭区域，则D的面积A为

$$A=\iint_D \mathrm{d}x\mathrm{d}y \tag{1-5-16}$$

（二）几何体的体积

设Ω为三维空间里的几何体，则Ω的体积V为

$$V=\iiint_\Omega \mathrm{d}x\mathrm{d}y\mathrm{d}z \tag{1-5-17}$$

（三）曲顶柱体体积

设曲面Σ的方程为$z=f(x,y)\geqslant 0$，$(x,y)\in D$，则D上以Σ为顶的曲顶柱体体积V为

$$V=\iint_D f(x,y)\mathrm{d}x\mathrm{d}y \tag{1-5-18}$$

多元积分可用于计算曲面面积、平面薄片和空间物体的质量、重心、转动惯量、对质点的引力等。曲线积分可用于计算曲线形构件的质量、重心、转动惯量、引力、变力沿曲线运动所做的功等。

【例 1-5-15】 已知$\int_L\sqrt{y}\mathrm{d}s$，其中$L$是抛物线$y=x^2$上点$A(0,0)$与点$B(1,1)$之间的一段弧（见图），其值为：

A. $\frac{1}{12}(5\sqrt{5}-1)$　　B. $5\sqrt{5}-1$　　C. $\frac{1}{12}$　　D. $\frac{5}{12}\sqrt{5}$

解 用对弧长的曲线积分的方法，计算如下：

抛物方程为$y=x^2$，故$y'=2x$

利用公式$\int_L f(x,y)\mathrm{d}s=\int_a^b f[x,y(x)]\sqrt{1+y'^2(x)}\mathrm{d}x$

L：$\begin{cases}x=x\\y=x^2\end{cases}$，$\mathrm{d}s=\sqrt{1^2+(2x)^2}\mathrm{d}x=\sqrt{1+4x^2}\mathrm{d}x\quad(0\leqslant x\leqslant 1)$

有：$\int_L\sqrt{y}\mathrm{d}s=\int_0^1\sqrt{x^2}\sqrt{1+4x^2}\mathrm{d}x$

$=\int_0^1 x\sqrt{1+4x^2}\mathrm{d}x=\frac{1}{12}(5\sqrt{5}-1)$

例 1-5-15 解图

答案： A

【例 1-5-16】 设L是从$A(1,0)$至$B(-1,2)$的线段，则$\int_L(x+y)\mathrm{d}s$等于：

A. $-2\sqrt{2}$　　B. $2\sqrt{2}$　　C. 2　　D. 0

解 如解图所示，线段AB的方程为

$y-2=\frac{-2}{2}(x+1)$，$y=-x+1$

L参数方程：$\begin{cases}y=-x+1\\x=x\end{cases}(-1\leqslant x\leqslant 1)$，$\mathrm{d}s=\sqrt{1+1}\mathrm{d}x=\sqrt{2}\mathrm{d}x$

故$\int_L(x+y)\mathrm{d}s=\int_{-1}^1[x+(-x+1)]\sqrt{2}\mathrm{d}x=\int_{-1}^1\sqrt{2}\mathrm{d}x=\sqrt{2}x\Big|_{-1}^1=2\sqrt{2}$

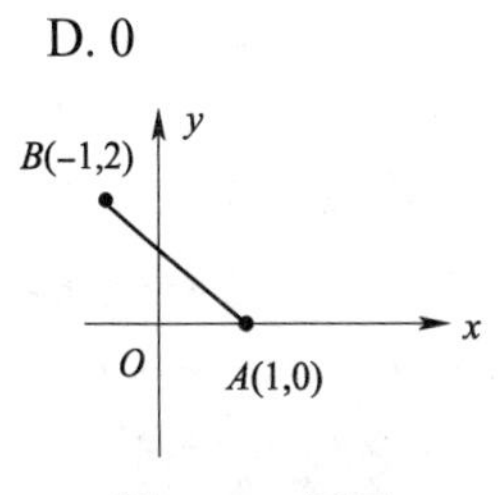

例 1-5-16 解图

答案： B

【例 1-5-17】 设L为圆周$x=a\cos t$，$y=a\sin t\,(a>0,\ 0\leqslant t\leqslant 2\pi)$，则

对弧长的曲线积分$\int_L (x^2+y^2)\mathrm{d}s$的值等于：

A. $2\pi a^3$　　B. $2\pi a^2$

C. $2\pi a$　　D. πa

解 本题考查对弧长的曲线积分的计算。

设L为圆周$x=a\cos t$，$y=a\sin t\,(a>0,\ 0\leqslant t\leqslant 2\pi)$，则对弧长的曲线积分

$$\int_L (x^2+y^2)\mathrm{d}s=\int_0^{2\pi} a^2(\cos^2 t+\sin^2 t)a\sqrt{(-\sin t)^2+(\cos t)^2}\mathrm{d}t=\int_0^{2\pi} a^3\mathrm{d}t=2\pi a^3$$

【例 1-5-18】 已知$\int_L (x+y)\mathrm{d}x+(x-y)\mathrm{d}y$，其中$L$为直线$y=2x-1$上从(1,1)到(2,3)的有向线段（见图）。其值为：

A. 0　　B. $\frac{5}{2}$　　C. 1　　D. 2

解 本题为对坐标的曲线积分，计算方法如下：

通过计算直线方程为$y=2x-1$，直线L的参数方程为$\begin{cases}x=x\\y=2x-1\end{cases}(x:1\to 2)$。将原式中所有的$y$替换为$x$的表达式，则：

$$\begin{aligned}&\int_L (x+y)\mathrm{d}x+(x-y)\mathrm{d}y \qquad (x:1\to 2)\\&=\int_1^2 (x+2x-1)\mathrm{d}x+(x-2x+1)2\mathrm{d}x\\&=\int_1^2 (x+1)\mathrm{d}x=\frac{5}{2}\end{aligned}$$

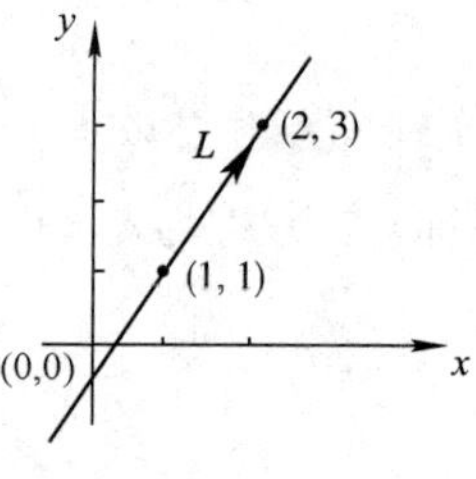

例 1-5-18 图

答案： B

【例 1-5-19】 设L是椭圆$\begin{cases}x=a\cos\theta\\y=b\sin\theta\end{cases}(a>0,b>0)$的上半椭圆周，沿顺时针方向，则曲线积分$\int_L y^2\mathrm{d}x$等于：

A. $\frac{5}{3}ab^2$　　B. $\frac{4}{3}ab^2$　　C. $\frac{2}{3}ab^2$　　D. $\frac{1}{3}ab^2$

解 本题考查了参数方程形式的对坐标的曲线积分（也称第二类曲线积分），注意绕行方向为顺时针。

积分路径L沿顺时针方向，取椭圆上半周，则角度θ的取值范围为π到 0。

根据$x=a\cos\theta$，可知$\mathrm{d}x=-a\sin\theta\mathrm{d}\theta$，因此原式有：

$$\begin{aligned}\int_L y^2\mathrm{d}x&=\int_\pi^0 (b\sin\theta)^2(-a\sin\theta)\mathrm{d}\theta=\int_0^\pi ab^2\sin^3\theta\,\mathrm{d}\theta\\&=ab^2\int_0^\pi \sin^2\theta\,\mathrm{d}(-\cos\theta)\\&=-ab^2\int_0^\pi (1-\cos^2\theta)\mathrm{d}(\cos\theta)=\frac{4}{3}ab^2\end{aligned}$$

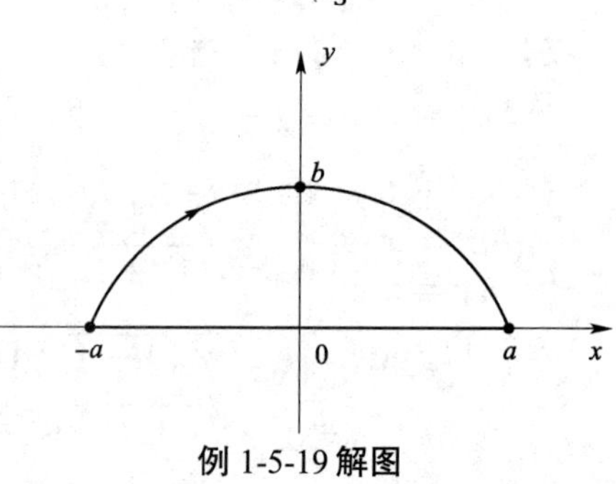

例 1-5-19 解图

答案： B

注：对坐标的曲线积分应注意积分路径的方向，然后写出积分变量的上下限，本题若取逆时针为绕行方向，则θ的范围应从 0 到π。简单作图即可观察和验证。

【例 1-5-20】 设L是曲线$y=\ln x$上从点(1,0)至点$(e,1)$的一段曲线，则曲线积分$\int_L \frac{2y}{x}\mathrm{d}x+x\mathrm{d}y$等于：

A. e　　B. $e+2$　　C. 2　　D. $e-1$

解　见解图。

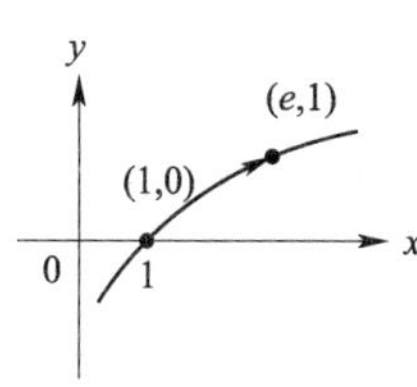

例 1-5-20 解图

L_1：$\begin{cases} y=\ln x \\ x=x \end{cases}$　$(x:1\to e)$

原式$=\int_1^e \frac{2\ln x}{x}dx + x\cdot\frac{1}{x}dx = \int_1^e\left(\frac{2\ln x}{x}+1\right)dx$

$=[(\ln x)^2+x]\Big|_1^e=(1+e)-(0+1)=e$

答案：A

【例 1-5-21】 设圆周曲线L：$x^2+y^2=1$取逆时针方向，则对坐标的曲线积分$\int_L \frac{ydx-xdy}{x^2+y^2}$等于：

A. 2π　　B. -2π　　C. π　　D. 0

解　本题考查对坐标的曲线积分的计算方法。应注意对坐标的曲线积分与曲线的积分路径方向有关，积分变量的变化区间应从起点所对应的参数积到终点所对应的参数。

L：$x^2+y^2=1$

参数方程可表示为$\begin{cases} x=\cos\theta \\ y=\sin\theta \end{cases}$　$(0\leqslant\theta\leqslant 2\pi)$，则

$$\int_L \frac{ydx-xdy}{x^2+y^2}=\int_0^{2\pi}\frac{\sin\theta(-\sin\theta)-\cos\theta\cos\theta}{\cos^2\theta+\sin^2\theta}d\theta=\int_0^{2\pi}(-1)d\theta=-\theta\Big|_0^{2\pi}=-2\pi$$

答案：B

习　题

1-5-1　设D为由$y=x$，$x=0$，$y=1$所围成的区域，则$\iint\limits_D e^{-y}dxdy=$（　　）。

A. $\frac{1}{2}(e^{-1})$　　B. $-\frac{1}{2e}$　　C. $\frac{1}{2}(1+e)$　　D. $1-\frac{2}{e}$

1-5-2　化二次积分为极坐标系下的二次积分，$\int_0^1 dx\int_0^{x^2} f(x,y)dy=$（　　）。

A. $\int_0^{\frac{\pi}{3}} d\theta\int_0^{\sec\theta\tan\theta} f(r\cos\theta,r\sin\theta)rdr$　　B. $\int_0^{\frac{\pi}{4}} d\theta\int_0^{\sec\theta\tan\theta} f(r\cos\theta,r\sin\theta)rdr$

C. $\int_0^{\frac{\pi}{3}} d\theta\int_{\sec\theta\tan\theta}^{\sec\theta} f(r\cos\theta,r\sin\theta)rdr$　　D. $\int_0^{\frac{\pi}{4}} d\theta\int_{\sec\theta\tan\theta}^{\sec\theta} f(r\cos\theta,r\sin\theta)rdr$

1-5-3　设D为圆域$x^2+y^2\leqslant 4$，则下列式子中正确的是（　　）。

A. $\iint\limits_D \sin(x^2+y^2)\,dxdy=\iint\limits_D \sin 4dxdy$

B. $\iint\limits_D \sin(x^2+y^2)\,dxdy=\int_0^{2\pi}d\theta\int_0^4 \sin r^2 dr$

C. $\iint\limits_D \sin(x^2+y^2)\,dxdy=\int_0^{2\pi}d\theta\int_0^2 r\sin r^2 dr$

D. $\iint\limits_D \sin(x^2+y^2)\,dxdy=\int_0^{2\pi}d\theta\int_0^2 \sin r^2 dr$

1-5-4　$I=\iint\limits_D xyd\sigma$，$D$由$y^2=x$及$y=x-2$所围成，则化为二次积分后的结果为（　　）。

A. $I=\int_0^4 dx\int_{y+2}^{y^2} xydy$　　B. $I=\int_{-1}^2 dy\int_{y^2}^{y+2} xydx$

C. $I=\int_0^1 dx\int_{-\sqrt{x}}^{\sqrt{x}} xydy+\int_1^4 dx\int_{x-2}^{x} xydy$　　D. $I=\int_{-1}^2 dx\int_{y^2}^{y+2} xydy$

1-5-5　改变积分次序$\int_0^3 dy\int_y^{6-y} f(x,y)dx$，则有（　　）。

A. $\int_0^3 dx\int_x^{6-x} f(x,y)dy$　　B. $\int_0^3 dx\int_0^x f(x,y)dy+\int_3^6 dx\int_0^{6-x} f(x,y)dy$

C. $\int_0^3 dx\int_0^x f(x,y)dy$　　D. $\int_3^6 dx\int_0^{6-x} f(x,y)dy$

1-5-6 曲线$y=\frac{2}{3}x^{\frac{3}{2}}$上相应于$x$从 0 到 1 的一段弧的长度是（　　）。

A. $\frac{2}{3}(\sqrt[3]{4}-1)$　　B. $\frac{4}{3}\sqrt{2}$　　C. $\frac{2}{3}(2\sqrt{2}-1)$　　D. $\frac{4}{15}$

1-5-7 设L是连接$A(1,0)$，$B(0,1)$，$C(-1,0)$的折线，则曲线积分$\int_{ABC}\frac{\mathrm{d}x+\mathrm{d}y}{|x|+|y|}=$（　　）。

A. 0　　B. −2　　C. 2　　D. 4

1-5-8 两个圆柱体$x^2+y^2\leqslant R^2$，$x^2+z^2\leqslant R^2$公共部分的体积V为（　　）。

A. $2\int_0^R \mathrm{d}x\int_0^{\sqrt{R^2-x^2}}\sqrt{R^2-x^2}\mathrm{d}y$　　B. $8\int_0^R \mathrm{d}x\int_0^{\sqrt{R^2-x^2}}\sqrt{R^2-x^2}\mathrm{d}y$

C. $\int_{-R}^R \mathrm{d}x\int_{-\sqrt{R^2-x^2}}^{\sqrt{R^2-x^2}}\sqrt{R^2-x^2}\mathrm{d}y$　　D. $4\int_{-R}^R \mathrm{d}x\int_{-\sqrt{R^2-x^2}}^{\sqrt{R^2-x^2}}\sqrt{R^2-x^2}\mathrm{d}y$

1-5-9 设平面闭区域D由$x=0$，$y=0$，$x+y=\frac{1}{2}$，$x+y=1$所围成，$I_1=\iint\limits_D[\ln(x+y)]^3\mathrm{d}x\mathrm{d}y$，$I_2=\iint\limits_D(x+y)^3\mathrm{d}x\mathrm{d}y$，$I_3=\iint\limits_D[\sin(x+y)]^3\mathrm{d}x\mathrm{d}y$，则$I_1$，$I_2$，$I_3$之间的关系应是（　　）。

A. $I_1<I_2<I_3$　　B. $I_1<I_3<I_2$　　C. $I_3<I_2<I_1$　　D. $I_3<I_1<I_2$

第六节 级 数

一、常数项级数及其敛散性

（一）常数项级数的概念

1. 常数项级数定义

由无穷数列$\{a_n\}$组成的表达式

$$\sum_{n=1}^{\infty}a_n=a_1+a_2+\cdots+a_n+\cdots \tag{1-6-1}$$

称为常数项无穷级数，简称常数项级数。a_n称为级数的通项（或一般项）。

2. 常数项级数敛散性定义

$$S_n=\sum_{i=1}^{n}a_i=a_1+a_2+\cdots+a_n$$

称为级数式（1-6-1）的前n项和，简称部分和。若$\lim\limits_{n\to\infty}S_n=S$存在，则称级数$\sum\limits_{n=1}^{\infty}a_n$收敛，$S$为该级数的和，即$S=\sum\limits_{n=1}^{\infty}a_n$。若$\lim\limits_{n\to\infty}S_n$不存在，则称级数$\sum\limits_{n=1}^{\infty}a_n$发散。

由于$a_n=S_n-S_{n-1}$，可以得到级数$\sum\limits_{n=1}^{\infty}a_n$收敛的必要条件$\lim\limits_{n\to\infty}a_n=0$。反之，若$\lim\limits_{n\to\infty}a_n\neq0$，则$\sum\limits_{n=1}^{\infty}a_n$发散。

（二）常数项级数的性质

（1）如果级数$\sum\limits_{n=1}^{\infty}a_n$收敛于和$S$，$c$为常数，则$\sum\limits_{n=1}^{\infty}ca_n$收敛，其和为$cS$。

（2）如果级数$\sum\limits_{n=1}^{\infty}a_n$、$\sum\limits_{n=1}^{\infty}b_n$都收敛，其和分别为$A$、$B$，则$\sum\limits_{n=1}^{\infty}(a_n\pm b_n)$收敛，其和为$A\pm B$。

（3）一个级数收敛，另一个级数发散，则它们对应项的和或差所得的级数发散。

（4）两个发散级数对应项的和或差所得的级数敛散性不定。

（5）在级数中去掉、加上或改变有限项不会改变级数的收敛性。在收敛时和要改变。

（6）如果级数$\sum_{n=1}^{\infty} a_n$收敛，则对其任意加括号后所得的级数仍收敛且其和不变。若加括号后所成的级数发散，则原级数也发散。

二、正项级数敛散性判别法

各项为正数的级数$\sum_{n=1}^{\infty} a_n = a_1 + a_2 + \cdots + a_n + \cdots (a_n \geqslant 0)$称为正项级数，各项符号相同的级数都可以归入正项级数（负项级数各项乘以−1 可化为正项级数来判定）。正项级数的部分和S_n构成一个单调增加（或不减少）的数列$\{S_n\}$。由极限存在准则可知，正项级数收敛的充要条件是其部分和数列$\{S_n\}$有上界。

（一）利用级数收敛的必要条件判别

设$\sum_{n=1}^{\infty} a_n$，其中$a_n \geqslant 0 (n = 1,2,\cdots)$。若$\lim_{n\to\infty} a_n \neq 0$，则$\sum_{n=1}^{\infty} a_n$发散。

（二）正项级数收敛的基本定理

正项级数收敛的充要条件是其部分和数列有界。

（三）常用的正项级数敛散法

1. 比较判别法

设$\sum_{n=1}^{\infty} a_n$、$\sum_{n=1}^{\infty} b_n$为两个正项级数，且$0 \leqslant a_n \leqslant b_n (n = 1,2,\cdots)$，那么若$\sum_{n=1}^{\infty} b_n$收敛，则$\sum_{n=1}^{\infty} a_n$收敛；若$\sum_{n=1}^{\infty} a_n$发散，则$\sum_{n=1}^{\infty} b_n$发散。

推广，设k为一正常数，N为自然数，$\sum_{n=1}^{\infty} a_n$、$\sum_{n=1}^{\infty} b_n$为两个正项级数，且$a_n \leqslant kb_n (n \geqslant N)$，若级数$\sum_{n=1}^{\infty} b_n$收敛，则$\sum_{n=1}^{\infty} a_n$收敛；若$\sum_{n=1}^{\infty} a_n$发散，则$\sum_{n=1}^{\infty} b_n$发散。

2. 比较判别法的极限形式

设$\sum_{n=1}^{\infty} a_n$、$\sum_{n=1}^{\infty} b_n$为两个正项级数，若$\lim_{n\to\infty} \frac{a_n}{b_n} = c$，则当：

（1）$0 < c < +\infty$时，$\sum_{n=1}^{\infty} a_n$与$\sum_{n=1}^{\infty} b_n$具有相同的敛散性；

（2）$c = 0$时，$\sum_{n=1}^{\infty} b_n$收敛，则$\sum_{n=1}^{\infty} a_n$也收敛；

（3）$c = +\infty$时，$\sum_{n=1}^{\infty} b_n$发散，则$\sum_{n=1}^{\infty} a_n$也发散。

在运用比较判别法时，常用下面三个级数作为比较的级数：①等比级数$\sum_{n=1}^{\infty} aq^{n-1}$，当$|q| < 1$时级数收敛，当$|q| \geqslant 1$时发散。②调和级数$\sum_{n=1}^{\infty} \frac{1}{n}$，这是一个发散的级数。③$p$级数$\sum_{n=1}^{\infty} \frac{1}{n^p}$（$p > 0$，实数），当$p > 1$时，$p$级数收敛；当$p \leqslant 1$时，$p$级数发散。

3. 比值判别法

设$\sum_{n=1}^{\infty} a_n$为正项级数，若$\lim_{n\to\infty} \frac{a_{n+1}}{a_n} = \rho$，则当$\rho < 1$时，级数收敛；当$\rho > 1$（包括$+\infty$）时，级数发散，当$\rho = 1$时，级数的敛散性不确定。

4. 根值判别法

设$\sum_{n=1}^{\infty} a_n$为正项级数，若$\lim_{n\to\infty} \sqrt[n]{a_n} = \rho$，则当$\rho < 1$时，级数收敛；当$\rho > 1$（包括$\rho = \infty$）时，级

数发散，当$\rho = 1$时，级数的敛散性不确定。

三、任意项级数敛散性的判定

（一）交错级数敛散性的判定（莱布尼茨定理）

设交错级数$\sum\limits_{n=1}^{\infty}(-1)^{n-1}a_n(a_n > 0, n = 1,2,\cdots)$，即$a_1 - a_2 + a_3 - a_4 + a_5\cdots$组成的级数，满足条件：①$\lim\limits_{n\to\infty} a_n = 0$；②$a_n \geqslant a_{n+1}(n = 1,2,\cdots)$。则交错级数收敛，且其和$S \leqslant a_1$。

（二）一般异号级数敛散性的判定

若一个级数$\sum\limits_{n=1}^{\infty} a_n$各项为任意实数，$a_n(n = 1,2,\cdots)$可正、可负和零，构成的级数，称为一般异号级数。一般异号级数敛散性的判定方法：

把级数各项取绝对值，化为正项级数判定。

设$\sum\limits_{n=1}^{\infty} a_n$，其中项$a_n(n = 1,2,\cdots)$为任意实数，若$\sum\limits_{n=1}^{\infty} |a_n|$收敛，则$\sum\limits_{n=1}^{\infty} a_n$也收敛；若各项取绝对值的级数$\sum\limits_{n=1}^{\infty} |a_n|$采用比值法或根值法判定得到级数发散，则原级数$\sum\limits_{n=1}^{\infty} a_n$一定发散。

设级数$\sum\limits_{n=1}^{\infty} a_n$为一般异号级数，若$\lim\limits_{n\to\infty} a_n \neq 0$，则$\sum\limits_{n=1}^{\infty} a_n$发散。

（三）绝对收敛与条件收敛

设$\sum\limits_{n=1}^{\infty} a_n$，其中项$a_n(n = 1,2,\cdots)$为任意实数，若$\sum\limits_{n=1}^{\infty} |a_n|$收敛，则称$\sum\limits_{n=1}^{\infty} a_n$绝对收敛；若$\sum\limits_{n=1}^{\infty} |a_n|$发散，但$\sum\limits_{n=1}^{\infty} a_n$收敛，则称$\sum\limits_{n=1}^{\infty} a_n$条件收敛。

已知级数$\sum\limits_{n=1}^{\infty} a_n$，如果级数$\sum\limits_{n=1}^{\infty} a_n$绝对收敛，则级数$\sum\limits_{n=1}^{\infty} a_n$必定收敛。

四、幂级数及其敛散性

设函数列$u_n(x)(n = 1,2,\cdots)$都是定义在区间I上的函数，则称$\sum\limits_{n=1}^{\infty} u_n(x) = u_1(x) + u_2(x) + \cdots + u_n(x) + \cdots$为定义在区间$I$上的函数项级数。

对于每个确定的值$x_0 \in I$，级数$\sum\limits_{n=1}^{\infty} u_n(x)$就成为常数项级数$\sum\limits_{n=1}^{\infty} u_n(x_0)$，如果该常数项级数$\sum\limits_{n=1}^{\infty} u_n(x_0)$收敛，则称$x_0$为函数项级数$\sum\limits_{n=1}^{\infty} u_n(x)$的收敛点；如果$\sum\limits_{n=1}^{\infty} u_n(x_0)$发散，则称$x_0$为函数项级数$\sum\limits_{n=1}^{\infty} u_n(x)$的发散点，所有收敛点（发散点）的全体称为级数的收敛域（发散域）。

对应于收敛域内的任意一个数x，函数项级数成为一收敛的常数项级数，因而有一确定的和s。这样，在收敛域上函数项级数的和是x的函数$s(x)$,称$s(x)$为函数项级数的和函数，其定义域就是级数的收敛域。函数项级数的前n项和记作$s_n(x)$，则在收敛域上有$\lim\limits_{n\to\infty} s_n(x) = s(x)$，而级数的余项$r_n(x) = s(x) - s_n(x)$，在收敛域上$\lim\limits_{n\to\infty} r_n(x) = 0$。

（一）幂级数

（1）形如$a_0 + a_1x + a_2x^2 + \cdots + a_nx^n + \cdots$的级数称为幂级数，常数$a_0$，$a_1$，⋯，$a_n$，⋯称为幂级数的系数。对于形如$a_0 + a_1(x - x_0) + a_2(x - x_0)^2 + \cdots + a_n(x - x_0)^n + \cdots$的幂级数，令$z = x - x_0$就可把它化为上面的形式。

（2）阿贝尔定理：如果级数$\sum\limits_{n=0}^{\infty} a_nx^n$在$x = x_0(x_0 \neq 0)$时收敛，则适合不等式$|x| < |x_0|$的一切$x$使

该幂级数绝对收敛。反之，如果级数$\sum\limits_{n=0}^{\infty} a_n x^n$在$x = x_0$时发散，则适合不等式$|x| > |x_0|$的一切$x$使该幂级数发散。

（3）形如$\sum\limits_{n=0}^{\infty} a_n x^n$幂级数的收敛区间、收敛域：

①存在一个正数$R(0 < R < \infty)$，当$|x| < R$时，幂级数收敛；当$|x| > R$时，幂级数发散。称开区间$(-R, R)$为幂级数的收敛区间。再通过判定端点$x = \pm R$的敛散性，得到级数的收敛域。有下列几种情况：$(-R, R)$或$(-R, R]$或$[-R, R)$或$[-R, R]$。

②对任何实数x幂级数都收敛，幂级数的收敛区间、收敛域均为$(-\infty, +\infty)$。

③除$x = 0$外幂级数均发散，收敛域只有一点$x = 0$。

对于情况①，常数R称为幂级数的收敛半径；情况②，幂级数的收敛半径$R = +\infty$；情况③，收敛半径$R = 0$。

（二）幂级数收敛半径R的求法

1. 不缺项的幂级数

（1）设$\sum\limits_{n=0}^{\infty} a_n x^n$，若$\lim\limits_{n\to\infty}\left|\frac{a_{n+1}}{a_n}\right| = \rho$，则：①当$0 < \rho < \infty$时，$R = \frac{1}{\rho}$；②当$\rho = 0$时，$R = +\infty$；③当$\rho = +\infty$时，$R = 0$。其中，$a_{n+1}$、$a_n$为幂级数连续两项的系数。

（2）对于形如$\sum\limits_{n=0}^{\infty} a_n (x - x_0)^n$的幂级数，令$y = x - x_0$，将它化为$\sum\limits_{n=0}^{\infty} a_n y^n$的形式，再利用上面方法求出$R$值，回代$y = x - x_0$，解不等式得到$x$的收敛范围。

2. 缺项的幂级数

对于$\sum\limits_{n=0}^{\infty} a_n x^n$级数中，缺少$x$的乘方次数为奇数次的项或缺少$x$的乘方次数为偶数次的项时，例如$\sum\limits_{n=0}^{\infty} a_n x^{2n}$、$\sum\limits_{n=0}^{\infty} a_n x^{2n-1}$，可把级数看作为函数项级数，用比值法计算，即$\lim\limits_{n\to\infty}\left|\frac{U_{n+1}(x)}{U_n(x)}\right| = \rho(x)\begin{cases} < 1，解出|x| < R，级数绝对收敛。\\ > 1，解出|x| > R，级数发散。\end{cases}$

则R值为级数的收敛半径。

［其中$U_{n+1}(x)$，$U_n(x)$为幂级数的相邻两项］

注：求幂级数的收敛半径R，重点应放在“1.不缺项的幂级数”这一部分。

（三）幂级数的运算

1. 幂级数的四则运算

设$\sum\limits_{n=0}^{\infty} a_n x^n$与$\sum\limits_{n=0}^{\infty} \mathrm{b}_n x^n$的收敛半径分别为$R$与$R'$，则：

（1）$\sum\limits_{n=0}^{\infty} a_n x^n \pm \sum\limits_{n=0}^{\infty} b_n x^n = \sum\limits_{n=0}^{\infty} (a_n \pm b_n) x^n$，其收敛半径$R = \min\{R, R'\}$；

（2）$\sum\limits_{n=0}^{\infty} a_n x^n$与$\sum\limits_{n=0}^{\infty} b_n x^n$的积所得级数的收敛半径$R = \min\{R, R'\}$；

（3）$\sum\limits_{n=0}^{\infty} a_n x^n$与$\sum\limits_{n=0}^{\infty} b_n x^n (b_0 \neq 0)$的商所得到的级数，在比$R$、$R'$小得多的范围内收敛。

2. 幂级数的分析运算法

设幂级数$\sum\limits_{n=0}^{\infty} a_n x^n$的收敛半径为$R$，和函数为$S(x)$，则：

（1）$S(x)$在其收敛区间上连续。

（2）$S(x)$在$(-R,R)$上可积，$\forall x\in(-R,R)$，有逐项积分公式

$$\int_0^x S(x)\mathrm{d}x=\int_0^x\sum_{n=0}^{\infty}a_nx^n\mathrm{d}x=\sum_{n=0}^{\infty}\int_0^x a_nx^n\mathrm{d}x=\sum_{n=0}^{\infty}\frac{a_n}{n+1}x^{n+1}\mathrm{d}x \tag{1-6-2}$$

（3）$S(x)$在$(-R,R)$上可导，且有逐项求导公式

$$S'(x)=\left(\sum_{n=0}^{\infty}a_nx^n\right)'=\sum_{n=0}^{\infty}(a_nx^n)'=\sum_{n=1}^{\infty}na_nx^{n-1} \tag{1-6-3}$$

逐项积分和逐项微分后的级数的收敛半径仍为R，但端点$x=\pm R$的敛散性可能会发生变化。

利用幂级数的四则运算和分析运算的性质以及一些函数幂级数的展开式可求出幂级数的和函数，并由此可求出一些常数项级数的和。

（四）函数的幂级数展开式

1. 函数的泰勒级数与麦克劳林级数

设$f(x)$在$x=x_0$的各阶导数都存在，$a_n=\frac{1}{n!}f^{(n)}(x_0)\ (n=1,2,\cdots)$，称为函数$f(x)$的泰勒系数，以这些系数写成的幂级数称为$f(x)$的泰勒级数，记为

$$f(x_0)+\frac{f'(x_0)}{1!}(x-x_0)+\cdots+\frac{1}{n!}f^{(n)}(x_0)(x-x_0)^n+\cdots \tag{1-6-4}$$

但此级数不一定收敛于$f(x)$，只有当函数$f(x)$在包含$x=x_0$的某区间I内无限次可导，而且泰勒公式中的余项$R_n(x)$，当$x\in I$时，满足条件

$$\lim_{n\to\infty}R_n(x)=0 \tag{1-6-5}$$

其中$R_n(x)=\frac{f^{(n+1)}(\xi)}{(n+1)!}(x-x_0)^{n+1}$，$\xi$是介于$x$与$x_0$之间的某个值，则$f(x)$的泰勒级数收敛于$f(x)$，即

$$f(x)=f(x_0)+\frac{f'(x_0)}{1!}(x-x_0)+\cdots+\frac{1}{n!}f^{(n)}(x_0)(x-x_0)^n+\cdots \tag{1-6-6}$$

称为$f(x)$在$x=x_0$的泰勒级数展开式。当$x_0=0$时，称为$f(x)$的麦克劳林级数展开式

$$f(x)=f(0)+\frac{f'(0)}{1!}x+\frac{f''(0)}{2!}x^2+\cdots+\frac{1}{n!}f^n(0)x^n+\cdots \tag{1-6-7}$$

2. 函数的幂级数展开式

通常用直接展开法和间接展开法将函数展开成幂级数。直接展开法是先求出$f^{(n)}(x)(n=1,2,\cdots)$，写出$f(x)$的幂级数，求出收敛半径R，然后再讨论在$(-R,R)$内泰勒公式中的余项$R_n(x)\to 0(n\to\infty)$，得到幂级数在该区间内收敛于$f(x)$。间接展开法是利用一些已知函数的幂级数展开式如e^x、$\sin x$、$\cos x$、$\ln(1+x)$、$(1+x)^m$等的展开式作为基础，再利用幂级数的四则运算和分析运算的性质，以及函数幂级数展开式的唯一性定理将函数展开成幂级数。

常用的函数展开式有

$$e^x=1+x+\frac{1}{2!}x^2+\cdots+\frac{1}{n!}x^n+\cdots=\sum_{n=0}^{\infty}\frac{x^n}{n!}\quad(-\infty,+\infty)$$

$$\sin x=x-\frac{1}{3!}x^3+\frac{1}{5!}x^5+\cdots+(-1)^n\frac{x^{2n+1}}{(2n+1)!}+\cdots=\sum_{n=0}^{\infty}(-1)^n\frac{x^{2n+1}}{(2n+1)!}\quad(-\infty,+\infty)$$

$$\cos x=1-\frac{1}{2!}x^2+\frac{1}{4!}x^4+\cdots+(-1)^n\frac{x^{2n}}{(2n)!}+\cdots=\sum_{n=0}^{\infty}(-1)^n\frac{x^{2n}}{(2n)!}\quad(-\infty,+\infty)$$

$$\ln(1+x)=x-\frac{x^2}{2}+\frac{x^3}{3}-\cdots+(-1)^n\frac{x^{n+1}}{(n+1)}+\cdots=\sum_{n=1}^{\infty}(-1)^{n-1}\frac{x^n}{n}\quad(-1,1]$$

$$(1+x)^m = 1 + mx + \frac{m(m-1)}{2!}x^2 + \cdots + \frac{m(m-1)\cdots(m-n+1)}{n!}x^n + \cdots \quad (m\text{为任意常数})$$

当$m>0$时，收敛于$[-1,1]$；当$-1<m<0$时，收敛于$(-1,1]$；当$m\leqslant -1$时，收敛于$(-1,1)$。

$$\frac{1}{1+x} = 1 - x + x^2 - \cdots + (-1)^n x^n + \cdots = \sum_{n=0}^{\infty}(-1)^n x^n \quad (-1,1)$$

$$\frac{1}{1-x} = 1 + x + x^2 + \cdots + x^n + \cdots = \sum_{n=0}^{\infty} x^n \quad (-1,1)$$

函数$\frac{1}{1+x}$、$\frac{1}{1-x}$的展开式应特别关注，在求函数展开式中经常用到。

五、傅里叶级数

（一）傅里叶系数、傅里叶级数

若周期为 2π的函数$f(x)$可积，则

$$a_n = \frac{1}{\pi}\int_{-\pi}^{\pi} f(x)\cos nx\,\mathrm{d}x \qquad (n = 0,1,2,\cdots)$$
$$b_n = \frac{1}{\pi}\int_{-\pi}^{\pi} f(x)\sin nx\,\mathrm{d}x \qquad (n = 1,2,\cdots) \tag{1-6-8}$$

称为$f(x)$的傅里叶系数，用它们作系数的三角级数

$$\frac{a_0}{2} + \sum_{n=1}^{\infty}(a_n\cos nx + b_n\sin nx) \tag{1-6-9}$$

称为$f(x)$的傅里叶级数。函数的傅里叶级数不一定收敛，即使收敛，它的和函数也不一定就是$f(x)$，这一点值得注意。

（二）狄利克雷收敛定理

狄利克雷收敛定理：若$f(x)$是周期为2π的周期函数，且满足在一个周期内连续或只有有限个第一类间断点，并且至多只有有限个极值点，则$f(x)$的傅里叶级数收敛，并且当x是$f(x)$的连续点时，级数收敛于$f(x)$，当x是$f(x)$的间断点时，级数收敛于$\frac{f(x-0)+f(x+0)}{2}$。

只要函数满足狄利克雷收敛条件，那么傅里叶级数在连续点处收敛于函数在该点的函数值，在间断点处，收敛于函数在该点左极限与右极限的算术平均值。

（三）函数展开成傅里叶级数

（1）设函数$f(x)$为以 2π为周期函数，且满足狄利克雷收敛定理条件，则系数

$$a_0 = \frac{1}{\pi}\int_{-\pi}^{\pi} f(x)\mathrm{d}x$$
$$a_n = \frac{1}{\pi}\int_{-\pi}^{\pi} f(x)\cos nx\,\mathrm{d}x \qquad (n = 1,2,\cdots)$$
$$b_n = \frac{1}{\pi}\int_{-\pi}^{\pi} f(x)\sin nx\,\mathrm{d}x \qquad (n = 1,2,\cdots)$$

它的傅里叶级数为

$$f(x) \sim \frac{a_0}{2} + \sum_{n=1}^{\infty}(a_n\cos nx + b_n\sin nx)$$

（2）若周期为 2π的连续函数$f(x)$是奇函数，则

$$a_n = 0 \qquad (n = 0,1,2,\cdots)$$
$$b_n = \frac{2}{\pi}\int_{0}^{\pi} f(x)\sin nx\,\mathrm{d}x \qquad (n = 1,2,\cdots)$$

它的傅里叶级数只含有正弦项，即

$$f(x)=\sum_{n=1}^{\infty}b_n\sin nx \qquad [\text{在}f(x)\text{连续点处收敛}]$$

若周期为 2π的连续函数$f(x)$是偶函数，则

$$a_n=\frac{2}{\pi}\int_0^{\pi}f(x)\cos nx\,\mathrm{d}x \qquad (n=0,1,2,\cdots)$$

$$b_n=0 \qquad (n=1,2,\cdots)$$

它的傅里叶级数只含有常数项和余弦项，即

$$f(x)\sim\frac{a_0}{2}+\sum_{n=1}^{\infty}a_n\cos nx$$

分别称这样的级数为正弦级数和余弦级数。

（3）如果$f(x)$在$[-\pi,\pi]$上有定义，并且满足收敛定理的条件，通过周期延拓，变成以 2π为周期的周期函数$F(x)$，然后展开成傅里叶级数，在$(-\pi,\pi)$上$F(x)\equiv f(x)$，$F(x)$的展开式即为$f(x)$的展开式，根据收敛定理，级数在端点$x=-\pi$、$x=\pi$收敛于$\frac{f(\pi-0)+f(-\pi+0)}{2}$。只定义在$[0,\pi]$上的函数$f(x)$，可先通过奇延拓（或偶延拓），再周期延拓得到以2π为周期的周期函数，将奇延拓（偶延拓）后的函数展开成傅里叶级数，这个级数必定是正弦级数（余弦级数），再限制x在$(0,\pi)$上，这样便得到$f(x)$的正弦级数（余弦级数）展开式。

（4）周期为$2l$的函数，也有相关的收敛定理，它的系数的计算公式为

$$\begin{aligned}a_n&=\frac{1}{l}\int_{-l}^{l}f(x)\cos\frac{n\pi x}{l}\mathrm{d}x \qquad (n=0,1,2,\cdots)\\ b_n&=\frac{1}{l}\int_{-l}^{l}f(x)\sin\frac{n\pi x}{l}\mathrm{d}x \qquad (n=1,2,\cdots)\end{aligned} \tag{1-6-10}$$

傅里叶级数为

$$f(x)\sim\frac{a_0}{2}+\sum_{n=1}^{\infty}\left(a_n\cos\frac{n\pi x}{l}+b_n\sin\frac{n\pi x}{l}\right) \tag{1-6-11}$$

周期为$2l$的奇（或偶）函数，定义在$[-l,l]$上的函数及定义在$[0,l]$上的函数可仿照周期为 2π的函数，定义在$[-\pi,\pi]$上的函数及定义在$[0,\pi]$上的函数来处理。

【例 1-6-1】 设级数$\sum_{n=1}^{\infty}\frac{1}{1+a^n}(a>0)$，在下面结论中，错误的是：

A. $a>1$时级数收敛　　　　B. $a\leqslant 1$时级数收敛

C. $a<1$时级数发散　　　　D. $a=1$时级数发散

解 本题考查级数收敛的必要条件及正项级数的比较判别法。

正项级数$\sum_{n=1}^{\infty}\frac{1}{1+a^n}(a>0)$,一般项$\frac{1}{1+a^n}<\frac{1}{a^n}$，当$a>1$时，级数$\sum_{n=1}^{\infty}\frac{1}{a^n}$收敛，根据正项级数比较判别法，$\sum_{n=1}^{\infty}\frac{1}{1+a^n}(a>0)$收敛，选项 A 正确。当$a<1$时，$\lim\limits_{n\to\infty}\frac{1}{1+a^n}=1\neq 0$，$a=1$时，$\lim\limits_{n\to\infty}\frac{1}{1+a^n}=\frac{1}{2}\neq 0$，由级数收敛的必要条件可知，级数发散，选项 B 错误，选项 C、D 正确。

答案： B

【例 1-6-2】 级数$\sum_{n=1}^{\infty}\frac{(-1)^n}{a_n}(a_n>0)$满足下列什么条件时收敛？

A. $\lim\limits_{n\to\infty}a_n=\infty$　　　　B. $\lim\limits_{n\to\infty}\frac{1}{a_n}=0$

C. 发散　　　　D. $\{a_n\}$单调递增且$\lim\limits_{n\to\infty}a_n=+\infty$

解 本题考查级数收敛的充分条件。

注意本题有$(-1)^n$，显然$\sum_{n=1}^{\infty}\frac{(-1)^n}{a_n}(a_n>0)$是一个交错级数。

交错级数收敛，即$\sum_{n=1}^{\infty}(-1)^n a_n$，只要满足：①$a_n>a_{n+1}$，②$a_n\to 0(n\to\infty)$。

在选项 D 中，已知a_n单调递增，即$a_n<a_{n+1}$，所以$\frac{1}{a_n}>\frac{1}{a_{n+1}}$

已知$\lim\limits_{n\to\infty}a_n=+\infty$，所以$\lim\limits_{n\to\infty}\frac{1}{a_n}=0$

故级数$\sum_{n=1}^{\infty}\frac{(-1)^n}{a_n}(a_n>0)$收敛

其他选项均不符合交错级数收敛的判别方法。

答案：D

【例 1-6-3】 级数$\sum_{n=1}^{\infty}(-1)^n\frac{1}{n^{p-1}}$:

A. 当$1<p\leqslant 2$时条件收敛　　B. 当$p>2$时条件收敛

C. 当$p<1$时条件收敛　　D. 当$p>1$时条件收敛

解　$\sum_{n=1}^{\infty}(-1)^n\frac{1}{n^{p-1}}$级数条件收敛应满足条件：①取绝对值后级数发散；②原级数收敛。

$\sum_{n=1}^{\infty}\left|(-1)^n\frac{1}{n^{p-1}}\right|=\sum_{n=1}^{\infty}\frac{1}{n^{p-1}}$，取绝对值后的级数为$p$级数，当$0<p-1\leqslant 1$时，即$1<p\leqslant 2$，取绝对值后级数发散，原级数$\sum_{n=1}^{\infty}(-1)^n\frac{1}{n^{p-1}}$为交错级数。

在$1<p\leqslant 2$时，取绝对值后的级数发散，而当$p>1$时，满足莱布尼兹定理条件：①$\frac{1}{n^{p-1}}>\frac{1}{(n+1)^{p-1}}$；②$\lim\limits_{n\to\infty}\frac{1}{n^{p-1}}=0$，原级数收敛［因幂函数$y=x^p$，当$p>0$在$(0,+\infty)$递增，即有$n^p<(n+1)^p$，$\frac{1}{n^p}>\frac{1}{(n+1)^p}$。本题中，$p>1$，则有$p-1>0$，进而有上面结论$\frac{1}{n^{p-1}}>\frac{1}{(n+1)^{p-1}}$成立］。

综合以上结论$1<p\leqslant 2$和$p>1$，应为$1<p\leqslant 2$。

答案：A

【例 1-6-4】 幂级数$x-\frac{x^2}{2}+\frac{x^3}{3}-\cdots+(-1)^{n-1}\frac{x^n}{n}+\cdots$的收敛半径和收敛域为：

A. 2；$(-2,2]$　　B. 2；$(-2,2)$　　C. 1；$(-1,1]$　　D. 1；$(-1,1)$

解

$$\rho=\lim_{n\to\infty}\left|\frac{a_{n+1}}{a_n}\right|=\lim_{n\to\infty}\frac{\frac{1}{n+1}}{\frac{1}{n}}=1$$

$R=\frac{1}{\rho}=1$，即$|x|<1$收敛

当$x=1$时，代入级数得：

$1-\frac{1}{2}+\frac{1}{3}-\cdots+(-1)^{n-1}\frac{1}{n}+\cdots$为交错级数，满足莱布尼兹定理条件，收敛。

当$x=-1$时，代入级数得：

$-1-\frac{1}{2}-\frac{1}{3}-\cdots-\frac{1}{n}\cdots=-\left(1+\frac{1}{2}+\frac{1}{3}+\cdots+\frac{1}{n}+\cdots\right)$为调和级数，发散。

收敛域$(-1,1]$

答案：C

注：在求级数的收敛域时，要注意对两个端点的讨论。本题中，要对端点$x=1$，$x=-1$加以讨论。

【例 1-6-5】 函数$f(x)=\frac{1}{x}$，将其展开为$x-3$的幂级数为：

A. $\frac{1}{3}\sum_{n=0}^{\infty}(-1)^n\left(\frac{x-3}{3}\right)^n$　$(0,6)$　　B. $\frac{1}{2}\sum_{n=0}^{\infty}(-1)^n\left(\frac{x-3}{4}\right)^n$　$(0,6)$

C. $\frac{1}{4}\sum_{n=0}^{\infty}(-1)^n\left(\frac{x-3}{4}\right)^n$　$(0,6)$　　D. $\sum_{n=0}^{\infty}(-1)^n\left(\frac{x-3}{3}\right)^n$　$(0,6)$

解

$$\frac{1}{x}=\frac{1}{3+x-3}=\frac{1}{3}\times\frac{1}{1+\frac{x-3}{3}}$$

利用已知$\frac{1}{1+x}=1-x+x^2-x^3+\cdots$，$x\in(-1,1)$，展开式得到

$$\frac{1}{3}\times\frac{1}{1+\frac{x-3}{3}}=\frac{1}{3}\times\left[1-\frac{x-3}{3}+\left(\frac{x-3}{3}\right)^2-\left(\frac{x-3}{3}\right)^3+\cdots\right]$$

由$-1<x<1$，代入$-1<\frac{x-3}{3}<1$，得$0<x<6$

$$\frac{1}{x}=\frac{1}{3}\times\left[1-\frac{x-3}{3}+\left(\frac{x-3}{3}\right)^2-\cdots\right]\quad(0,6)$$

答案：A

【例 1-6-6】 函数$f(x)=e^{2x-1}$的麦克劳林级数展开式的前三项是：

A. $e^{-1}+e^{-2}x+e^{-3}x^2$　　B. $e+2ex+4ex^2$

C. $e^{-1}+2e^{-1}x+2e^{-1}x^2$　　D. $e^{-1}+2e^{-2}x+4e^{-3}x^3$

解　方法 1：函数展开成麦克劳林级数的一般形式为：

$$f(x)=f(0)+\frac{f'(0)}{1!}x+\frac{f''(0)}{2!}x^2+\cdots+\frac{f^{(n)}(0)}{n!}x^n+R_n(x)$$

其中，$R_n(x)=\frac{f^{(n+1)}(\xi)}{(n+1)!}x^{n+1}$（$\xi$是介于 0 与$x$之间的某个数）

本题函数$f(x)=e^{2x-1}$，则$f'(x)=2e^{2x-1}$，$f''(x)=4e^{2x-1}$

代入$x=0$，则$f(0)=e^{-1}$，$f'(0)=2e^{-1}$，$f''(0)=4e^{-1}$

其麦克劳林级数展开式的前三项为：$f(0)+f'(0)x+\frac{f''(0)}{2!}x^2$

代入$e^{-1}+\frac{2e^{-1}}{1!}x+\frac{4e^{-1}}{2!}x^2=e^{-1}+2e^{-1}x+2e^{-1}x^2$

即$f(x)$的前三项为$e^{-1}+2e^{-1}x+2e^{-1}x^2$

方法 2：利用间接法展开

$$f(x)=e^{2x-1}=e^{-1}e^{2x}=e^{-1}\left[1+\frac{2x}{1!}+\frac{(2x)^2}{2!}+\cdots\right]=e^{-1}+2e^{-1}x+2e^{-1}x^2+\cdots$$

即$f(x)$麦克劳林级数展开式的前三项为$e^{-1}+2e^{-1}x+2e^{-1}x^2$

答案：C

【例 1-6-7】 下列各级数发散的是：

A. $\sum\limits_{n=1}^{\infty}\sin\frac{1}{n}$　　B. $\sum\limits_{n=1}^{\infty}(-1)^{n-1}\frac{1}{\ln(n+1)}$

C. $\sum\limits_{n=1}^{\infty}\frac{n+1}{3^{\frac{n}{2}}}$　　D. $\sum\limits_{n=1}^{\infty}(-1)^{n-1}\left(\frac{2}{3}\right)^n$

解　选 A。分析如下：

$\sum\limits_{n=1}^{\infty}\sin\frac{1}{n}$为正项级数，对于$\lim\limits_{n\to\infty}\frac{\sin\frac{1}{n}}{\frac{1}{n}}$，因$\lim\limits_{x\to\infty}\frac{\sin\frac{1}{x}}{\frac{1}{x}}\xlongequal{\text{设}t=\frac{1}{x}，\text{当}x\to\infty\text{时，}t\to0}\lim\limits_{t\to0}\frac{\sin t}{t}=1$，故$\lim\limits_{n\to\infty}\frac{\sin\frac{1}{n}}{\frac{1}{n}}=1$，而$\sum\limits_{n=1}^{\infty}\frac{1}{n}$发散，所以$\sum\limits_{n=1}^{\infty}\sin\frac{1}{n}$发散。

选项 B，$\sum\limits_{n=1}^{\infty}(-1)^{n-1}\frac{1}{\ln(n+1)}$为交错级数，可用莱布尼兹定理判定：①$u_n\geqslant u_{n+1}$；②$\lim\limits_{n\to\infty}u_n=0$。级数收敛。

选项 C，$\sum\limits_{n=1}^{\infty}\frac{n+1}{3^{\frac{n}{2}}}$为正项级数，用比值判别法$\lim\limits_{n\to\infty}\frac{u_{n+1}}{u_n}=\frac{1}{\sqrt{3}}<1$，收敛。

选项 D，$\sum_{n=1}^{\infty}(-1)^{n-1}\left(\frac{2}{3}\right)^{n}=\frac{2}{3}-\left(\frac{2}{3}\right)^{2}+\left(\frac{2}{3}\right)^{3}+\left(\frac{2}{3}\right)^{4}+\cdots$为等比级数，公比$q=-\frac{2}{3}$，$|q|<1$，收敛。

答案： A

【例 1-6-8】 级数$\sum_{n=1}^{\infty}u_n$收敛的充要条件是：

A. $\lim_{n\to\infty}u_n=0$　　B. $\lim_{n\to\infty}\frac{u_{n+1}}{u_n}=r<1$

C. $u_n\leqslant\frac{1}{n^2}$　　D. $\lim_{n\to\infty}S_n$存在，其中$S_n=u_1+\cdots+u_n$

解 选项 A 错误：$\sum_{n=1}^{\infty}u_n$收敛 $\Rightarrow\lim_{n\to\infty}u_n=0$仅是级数收敛的必要条件，而非充分条件。例如调和级数$\sum_{n=1}^{\infty}\frac{1}{n}$，满足$\lim_{n\to\infty}u_n=\lim_{n\to\infty}\frac{1}{n}=0$，但级数发散。

选项 B 错误：$\lim_{n\to\infty}\frac{u_{n+1}}{u_n}=r<1$为正项级数收敛的充分条件，但所给级数并未说明是什么类型的级数。

选项 C 错误：此条件仅对正项级数收敛适用。

选项 D 正确：$\lim_{n\to\infty}S_n$存在是级数$\sum_{n=1}^{\infty}u_n$收敛的充分必要条件，这是判定级数敛散性的基本定理。

答案： D

【例 1-6-9】 设部分和$S_n=\sum_{k=1}^{n}a_k$，则数列$\{S_n\}$有界，是级数$\sum_{n=1}^{\infty}a_n$收敛的：

A. 充分不必要条件　　B. 必要不充分条件

C. 充分必要条件　　D. 既不充分条件也不必要条件

解 正项极数收敛的充要条件是其部分和数列$\{S_n\}$有上界，但在本题中数列$\{a_n\}$的a_n未给出$a_n\geqslant0$的条件，所以选项 C 不成立。部分数列$\{S_n\}$有界仅是级数收敛的必要条件，但非充分条件。

例如：级数$\sum_{n=1}^{\infty}n$，$S_n=1+2+\cdots+n=\frac{n(n+1)}{2}$，部分数列$\{S_n\}$无界，级数一定发散；例如：极数$\sum_{n=1}^{\infty}(-1)^{n+1}$，$S_n=1-1+1\cdots+(-1)^{n+1}$，$|S_n|\leqslant1$有界，但级数发散，选项 A、D 也不成立。所以选项 B 成立。

答案： B

【例 1-6-10】 级数$\sum_{n=1}^{\infty}\frac{\sin\frac{n\pi}{2}}{\sqrt{n^3}}$的收敛性是：

A. 绝对收敛　　B. 发散　　C. 条件收敛　　D. 无法判定

解 级数各项取绝对值，即$\sum_{n=1}^{\infty}\left|\frac{\sin\frac{n\pi}{2}}{\sqrt{n^3}}\right|$，因$\left|\frac{\sin\frac{n\pi}{2}}{\sqrt{n^3}}\right|\leqslant\frac{1}{n^{\frac{3}{2}}}$，而级数$\sum_{n=1}^{\infty}\frac{1}{n^{\frac{3}{2}}}$，$p=\frac{3}{2}>1$，收敛，由正项级数比较法知，级数$\sum_{n=1}^{\infty}\left|\frac{\sin\frac{n\pi}{2}}{\sqrt{n^3}}\right|$收敛，所以原级数$\sum_{n=1}^{\infty}\frac{\sin\frac{n\pi}{2}}{\sqrt{n^3}}$绝对收敛。

答案： A

【例 1-6-11】 已知数列$\{b_n\}$，有$\lim_{n\to\infty}b_n=\infty$，且$b_n\neq0(n=1,2,3,\cdots)$，则级数$\sum_{n=1}^{\infty}\left(\frac{1}{b_n}-\frac{1}{b_{n+1}}\right)$的和为：

A. $\frac{1}{b_1}$　　B. $\frac{1}{2b_1}$　　C. $\frac{1}{b_1b_2}$　　D. ∞

解 $S_n=\left(\frac{1}{b_1}-\frac{1}{b_2}\right)+\left(\frac{1}{b_2}-\frac{1}{b_3}\right)+\cdots+\left(\frac{1}{b_n}-\frac{1}{b_{n+1}}\right)=\frac{1}{b_1}-\frac{1}{b_{n+1}}$

$\lim_{n\to\infty}S_n=\lim_{n\to\infty}\left(\frac{1}{b_1}-\frac{1}{b_{n+1}}\right)=\frac{1}{b_1}\quad(b_1\neq0)$

注：$\lim_{n\to\infty}b_n=\infty$，$\lim_{n\to\infty}b_{n+1}=\infty$，$\lim_{n\to\infty}\frac{1}{b_{n+1}}=0$。

答案： A

【例 1-6-12】级数$\sum_{n=1}^{\infty} n\left(\frac{1}{2}\right)^{n-1}$的和是：

A. 1　　B. 2　　C. 3　　D. 4

解 考虑级数$\sum_{n=1}^{\infty} nx^{n-1}$，收敛区间$(-1,1)$，则

$$S(x)=\sum_{n=1}^{\infty} nx^{n-1}=\sum_{n=1}^{\infty}(x^n)'=\left(\sum_{n=1}^{\infty}x^n\right)'=\left(\frac{x}{1-x}\right)'=\frac{1}{(1-x)^2}$$

故$\sum_{n=1}^{\infty} n\left(\frac{1}{2}\right)^{n-1}=S\left(\frac{1}{2}\right)=4$

答案：D

【例 1-6-13】幂级数$\sum_{n=1}^{\infty}(2n-1)x^{n-1}$在$|x|<1$的和函数是：

A. $\frac{1}{(1-x)^2}$　　B. $\frac{1+x}{(1-x)^2}$　　C. $\frac{x}{(1-x)^2}$　　D. $\frac{1-x}{(1-x)^2}$

解 本题考查幂级数的和函数。

幂级数$\sum_{n=1}^{\infty}(2n-1)x^{n-1}$收敛区间$(-1,1)$，则和函数$S(x)=\sum_{n=1}^{\infty}(2n-1)x^{n-1}=\sum_{n=1}^{\infty}2nx^{n-1}-\sum_{n=1}^{\infty}x^{n-1}=2\left(\sum_{n=1}^{\infty}x^n\right)'-\frac{1}{1-x}=2\left(\frac{x}{1-x}\right)'-\frac{1}{1-x}=\frac{2}{(1-x)^2}-\frac{1}{1-x}=\frac{1+x}{(1-x)^2}$，$|x|<1$。

答案：B

【例 1-6-14】函数e^x展开成为$x-1$的幂级数是：

A. $\sum_{n=0}^{\infty}\frac{(x-1)^n}{n!}$　　B. $e\sum_{n=0}^{\infty}\frac{(x-1)^n}{n!}$　　C. $\sum_{n=0}^{\infty}\frac{(n-1)^n}{n}$　　D. $\sum_{n=0}^{\infty}\frac{(x-1)^n}{ne}$

解 $e^x=e^{x-1+1}=ee^{x-1}$

已知$e^x=1+\frac{1}{1!}x+\frac{1}{2!}x^2+\cdots+\frac{1}{n!}x^n+\cdots\quad(-\infty,+\infty)$

$e^{x-1}=1+\frac{1}{1!}(x-1)+\frac{1}{2!}(x-1)^2+\cdots+\frac{1}{n!}(x-1)^n+\cdots=\sum_{n=0}^{\infty}\frac{1}{n!}(x-1)^n\quad(-\infty,+\infty)$

$e^x=e\sum_{n=0}^{\infty}\frac{1}{n!}(x-1)^n\quad(-\infty,+\infty)$

答案：B

注：求函数$f(x)$的展开式时，一般都是用间接展开法，即利用已知函数的幂级数展开式计算。常用的$\frac{1}{1+x}$、$\frac{1}{1-x}$及e^x函数的展开式应牢记，是近几年来的热门考点。

【例 1-6-15】级数$\sum_{n=1}^{\infty}\frac{(2x+1)^n}{n}$的收敛域是：

A. $(-1,1)$　　B. $[-1,1]$　　C. $[-1,0)$　　D. $(-1,0)$

解 设$2x+1=z$，级数为$\sum_{n=1}^{\infty}\frac{z^n}{n}$。

$\lim_{n\to\infty}\left|\frac{a_{n+1}}{a_n}\right|=\lim_{n\to\infty}\frac{\frac{1}{n+1}}{\frac{1}{n}}=1$，$\rho=1$，$R=\frac{1}{\rho}=1$

当$z=1$时，$\sum_{n=1}^{\infty}\frac{1}{n}$发散；当$z=-1$时，$\sum_{n=1}^{\infty}\frac{(-1)^n}{n}$收敛。

所以$-1\leqslant z<1$收敛，即$-1\leqslant 2x+1<1$，$-1\leqslant x<0$。

答案：C

【例 1-6-16】若级数$\sum_{n=1}^{\infty}b_n$收敛，且$\lim_{n\to\infty}\frac{a_n}{b_n}=1$，则级数$\sum_{n=1}^{\infty}a_n$：

A. 收敛　　B. 发散

C. 收敛且其和与$\sum_{n=1}^{\infty}b_n$的和相等　　D. 不一定收敛

解　如果$\sum_{n=1}^{\infty}a_n$和$\sum_{n=1}^{\infty}b_n$都是正项级数，且$\lim_{n\to\infty}\frac{a_n}{b_n}=1$，由正项级数的比较判别法极限形式，可判定$\sum_{n=1}^{\infty}a_n$一定收敛，但如果$\sum_{n=1}^{\infty}a_n$和$\sum_{n=1}^{\infty}b_n$不是正项级数，则结论不一定成立。

例如：$b_n=(-1)^n\frac{1}{\sqrt{n}}$，$a_n=(-1)^n\frac{1}{\sqrt{n}}+\frac{1}{n}$

可判定$\sum_{n=1}^{\infty}b_n$收敛，而$\lim_{n\to\infty}\frac{(-1)^n\frac{1}{\sqrt{n}}+\frac{1}{n}}{(-1)^n\frac{1}{\sqrt{n}}}=\lim_{n\to\infty}\left[1+(-1)^n\frac{1}{\sqrt{n}}\right]=1$

但$\sum_{n=1}^{\infty}a_n$发散。因为$\sum_{n=1}^{\infty}(-1)^n\sqrt{\frac{1}{n}}$收敛，$\sum_{n=1}^{\infty}\frac{1}{n}$发散，对应项之和所得到的级数发散。

答案：D

【例 1-6-17】下列命题中，正确的是：

A. 周期函数$f(x)$的傅里叶级数收敛于$f(x)$

B. 若$f(x)$有任意阶导数，则$f(x)$的泰勒级数收敛于$f(x)$

C. 正项级数收敛的充分必要条件是级数的部分和数列有界

D. 若正项级数收敛，则级数$\sum_{n=1}^{\infty}\sqrt{a_n}$必收敛

解　选项 A 错误。由迪利克雷收敛定理知，周期函数在满足一定的条件下，展开成的傅里叶级数才收敛于$f(x)$。

选项 B 错误。若$f(x)$有任意阶导数，$f(x)$的泰勒级数在$\lim_{n\to\infty}R_n(x)=0$的条件下才收敛于$f(x)$。

选项 D 错误。举例说明，$\sum_{n=1}^{\infty}\frac{1}{n^2}$收敛$(p>1)$，但$\sum_{n=1}^{\infty}\frac{1}{n}$为调和级数，发散。

选项 C 正确。正项级数收敛的充分必要条件是级数的部分和数列有界，这是正项级数收敛的基本定理。

答案：C

【例 1-6-18】级数$\sum_{n=1}^{\infty}\left(\frac{\sin na}{n^2}-\frac{1}{\sqrt{n}}\right)$(其中$a$为常数)收敛性的正确结论是：

A. 条件收敛　　B. 发散

C. 绝对收敛　　D.收敛性与a的取值相关

解　本题考查级数条件收敛、绝对收敛的有关概念，以及判定级数收敛与发散的基本方法。

将级数$\sum_{n=1}^{\infty}\frac{\sin na}{n^2}$的一般项取绝对值，$\left|\frac{\sin na}{n^2}\right|\leqslant\frac{1}{n^2}$，$\sum_{n=1}^{\infty}\frac{1}{n^2}$收敛，得级数$\sum_{n=1}^{\infty}\frac{\sin na}{n^2}$收敛；又知级数$\sum_{n=1}^{\infty}\frac{1}{\sqrt{n}}$发散，故级数$\sum_{n=1}^{\infty}\left(\frac{\sin na}{n^2}-\frac{1}{\sqrt{n}}\right)$发散。

答案：B

【例 1-6-19】设级数$\sum_{n=1}^{\infty}a_n(x-2)^n$在$x=0$处收敛，在$x=4$处发散，则级数的收敛域为：

A. [0,4)　　B. (0,4)　　C. [0,4]　　D. [−2,2]

解　设$x-2=t$，级数$\sum_{n=1}^{\infty}a_nt^n$，当$x=0$，$t=-2$，级数收敛。

由阿贝尔定理可知，$\sum_{n=1}^{\infty}a_nt^n$在$(-2,2)$收敛，因当$t=-2$时收敛，所以在$[-2,2)$收敛。

又当$x=4$，$t=2$时，级数发散，由阿贝尔定理可知，$\sum_{n=1}^{\infty}a_nt^n$在$(-\infty,-2)$和$(2,+\infty)$上发散，因当$t=2$时级数发散，所以$\sum_{n=1}^{\infty}a_nt^n$在$(-\infty,-2)$和$[2,+\infty)$上发散，在$[-2,2)$上收敛，所以级数$\sum_{n=1}^{\infty}a_nt^n$的收敛域为$[-2,2)$。

把t值代入$x-2=t$，当$t=2$，$x=4$；当$t=-2$，$x=0$。

则原级数 $\sum\limits_{n=1}^{\infty} a_n(x-2)^n$ 的收敛域为[0,4)。

答案： A

【例 1-6-20】 周期为2的函数 $f(x)$，它在一个周期内的表达式为 $f(x)=x(-1\leqslant x<1)$，设它的傅里叶级数的和函数为 $S(x)$，则 $S\left(\frac{3}{2}\right)$ 等于：

A. 1　　B. $-\frac{1}{2}$　　C. −1　　D. $\frac{1}{2}$

解　由狄利克雷收敛定理可知，$x=\frac{3}{2}$ 是函数 $f(x)$ 的连续点（见解图），级数的和函数 $S(x)$ 收敛于 $x=\frac{3}{2}$ 对应的函数值。

因为 $f(x)$ 是周期为2的周期函数，则

$$S\left(\frac{3}{2}\right)=S\left(-\frac{1}{2}\right)=f\left(-\frac{1}{2}\right)=x\Big|_{x=-\frac{1}{2}}=-\frac{1}{2}$$

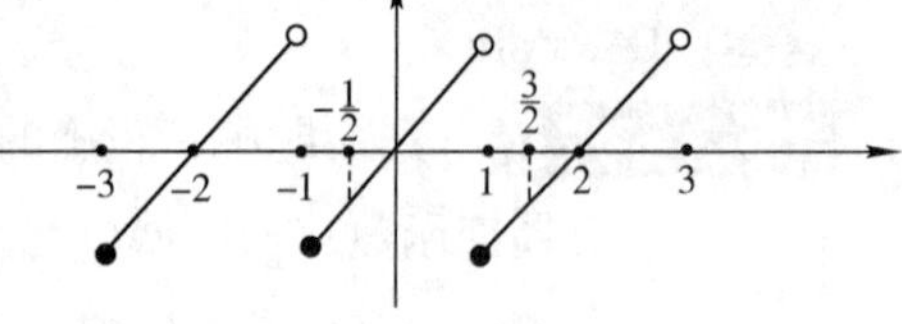

例 1-6-20 解图

答案： B

【例 1-6-21】 设 $f(x)$ 是以 2π 为周期的周期函数，它在 $(-\pi,\pi]$ 的表达式为 $f(x)=\begin{cases}x+1 & -\pi<x\leqslant 0\\ 2 & 0<x\leqslant\pi\end{cases}$，$S(x)$ 表示 $f(x)$ 以 2π 为周期的傅里叶级数的和函数，则 $S(6\pi)$ 的值等于：

A. 3　　B. 2　　C. $\frac{3}{2}$　　D. 1

解　本题考查傅里叶级数狄利克雷收敛定理。

已知 $f(x)$ 是以 2π 为周期的周期函数，它在 $(-\pi,\pi]$ 的表达式为 $f(x)=\begin{cases}x+1 & -\pi<x\leqslant 0\\ 2 & 0<x\leqslant\pi\end{cases}$，满足狄利克雷收敛定理的条件，则傅里叶级数收敛，并且当 x 是 $f(x)$ 的连续点时，级数收敛于 $f(x)$，当 x 是 $f(x)$ 的间断点时，级数收敛于 $\frac{f(x-0)+f(x+0)}{2}$。所以傅里叶级数的和函数

$$S(6\pi)=S(0)=\frac{f(0-0)+f(0+0)}{2}=\frac{1+2}{2}=\frac{3}{2}$$

答案： C

习　题

1-6-1　下列级数中，发散的级数是（　　）。

A. $\sum\limits_{n=1}^{\infty}(-1)^n\frac{1}{\sqrt{n}}$　　B. $\sum\limits_{n=1}^{\infty}\frac{n}{2^n}$　　C. $\sum\limits_{n=1}^{\infty}\left(\frac{1}{n}-\frac{1}{n+1}\right)$　　D. $\sum\limits_{n=1}^{\infty}\sin\frac{n\pi}{3}$

1-6-2　函数 $\sum\limits_{n=1}^{\infty}\frac{(-1)^{n-1}}{n}$ 的收敛性是（　　）。

A. 绝对收敛　　B. 条件收敛　　C. 等比级数收敛　　D. 发散

1-6-3　设级数 $\sum\limits_{n=1}^{\infty}U_n$ 是条件收敛的，又设 $U_n^*=\frac{U_n+|U_n|}{2}$，$U_n^{**}=\frac{U_n-|U_n|}{2}$，则级数 $\sum\limits_{n=1}^{\infty}U_n^*$ 和 $\sum\limits_{n=1}^{\infty}U_n^{**}$（　　）。

A. $\sum\limits_{n=1}^{\infty}U_n^*$ 和 $\sum\limits_{n=1}^{\infty}U_n^{**}$ 都是收敛的　　B. $\sum\limits_{n=1}^{\infty}U_n^*$ 和 $\sum\limits_{n=1}^{\infty}U_n^{**}$ 都是发散的

C. $\sum\limits_{n=1}^{\infty}U_n^*$ 发散，但 $\sum\limits_{n=1}^{\infty}U_n^{**}$ 收敛　　D. $\sum\limits_{n=1}^{\infty}U_n^*$ 收敛，但 $\sum\limits_{n=1}^{\infty}U_n^{**}$ 发散

1-6-4　已知幂级数 $\sum\limits_{n=1}^{\infty}\frac{a^n-b^n}{a^n+b^n}x^n(0<a<b)$，则所给级数的收敛半径 R 等于（　　）。

A. b　　B. $\frac{1}{a}$　　C. $\frac{1}{b}$　　D. R 的值与 a，b 无关

1-6-5　级数$\sum_{n=1}^{\infty}\left(x^n+\frac{1}{2^n x^n}\right)$的收敛域为（　　）。

A. $|x|<1$　　B. $|x|>\frac{1}{2}$　　C. $\frac{1}{2}<|x|<1$　　D. 无法确定

1-6-6　设$f(x)=\begin{cases}x & -\pi\leqslant x<0\\ 1 & 0\leqslant x\leqslant\pi\end{cases}$的傅里叶级数展开式为$\frac{a_0}{2}+\sum_{n=1}^{\infty}(a_n\cos nx+b_n\sin nx)$，则其中的系数$a_3$=（　　）。

A. $\frac{1}{\pi}$　　B. $\frac{2}{\pi}$　　C. $\frac{2}{9\pi}$　　D. 0

1-6-7　幂级数$x^2-\frac{1}{2}x^3+\frac{1}{3}x^4-\cdots+\frac{(-1)^{n+1}}{n}x^{n+1}+\cdots(-1<x\leqslant1)$的和是（　　）。

A. $x\sin x$　　B. $\frac{x^2}{1+x^2}$

C. $x\ln(1-x)$　　D. $x\ln(1+x)$

1-6-8　若$\lim\limits_{n\to\infty}\left|\frac{C_n}{C_{n+1}}\right|=3$，则幂级数$\sum_{n=0}^{\infty}C_n(x-1)^n$的敛散性为（　　）。

A. 必在$|x|>3$时发散　　B. 必在$|x|\leqslant3$时发散

C. 在$x=-3$处敛散性不定　　D. 其收敛半径为 3

1-6-9　函数$f(x)=\frac{x}{x^2-5x+6}$展开成$(x-5)$的级数的收敛区间是（　　）。

A. (10,1)　　B. (−1,1)　　C. (3,7)　　D. (4,5)

1-6-10 设$f(x)$是以 2π为周期的奇函数，它在$[0,\pi)$上的表达式为$f(x)=\begin{cases}x & 0\leqslant x\leqslant\frac{\pi}{2}\\ \pi & \frac{\pi}{2}<x<\pi\end{cases}$，$S(x)=\sum_{n=1}^{\infty}b_n\sin nx$，其中$b_n=\frac{2}{\pi}\int_0^{\pi}f(x)\sin nx\mathrm{d}x$，则$S\left(-\frac{\pi}{2}\right)$的值是（　　）。

A. $\frac{\pi}{2}$　　B. $\frac{3\pi}{4}$　　C. $-\frac{3\pi}{4}$　　D. 0

第七节　常微分方程

一、微分方程的基本概念

凡含有未知函数的导数（或微分）的方程，称为微分方程。未知函数是一元函数的方程，称为常微分方程。方程中所出现的导数的最高阶数，称为微分方程的阶。代入微分方程能使方程成为恒等式的函数，称为微分方程的解。微分方程的解中含有独立个任意常数，且任意常数的个数与微分方程的阶数相同，称为微分方程的通解。用来确定任意常数的条件，称为初始条件。确定了通解中任意常数以后的解，称为微分方程的特解。

二、一阶微分方程的解法

（一）可分离变量的微分方程

如果一阶微分方程$F(x,y,y')=0$可以写成$y'=f(x)g(y)$，易化为形式$\psi(y)\mathrm{d}y=\varphi(x)\mathrm{d}x$，两端积分，可得通解

$$\int\psi(y)\mathrm{d}y=\int\varphi(x)\mathrm{d}x+C \tag{1-7-1}$$

设函数$G(y)$和$F(x)$是依次为$\psi(y)$和$\varphi(x)$的原函数，则$G(y)=F(x)+C$为微分方程的通解，C为任意常数。

（二）齐次方程

形如$\frac{\mathrm{d}y}{\mathrm{d}x}=f\left(\frac{y}{x}\right)$的微分方程称为齐次方程。作变量代换 $u=\frac{y}{x}$ ，$y=xu$，$y'=u+xu'$，代入方程可化为$u+xu'=f(u)$，分离变量后，两边积分，得

$$\int\frac{\mathrm{d}u}{f(u)-u}=\int\frac{\mathrm{d}x}{x}+C \tag{1-7-2}$$

其中，C为任意常数。求出积分后，再把 $u=\frac{y}{x}$代入，得到齐次方程通解。

若一阶微分方程可化为$\frac{\mathrm{d}x}{\mathrm{d}y}=f(\frac{x}{y})$的形式，也称为齐次方程，类似可设$v=\frac{x}{y}$求通解。

（三）一阶线性方程

若一阶方程$F(x,y,y')=0$可化为

$$y'+P(x)y=Q(x) \tag{1-7-3}$$

其中，$P(x)$、$Q(x)$是x的函数或常数，则该方程称为一阶线性微分方程，当$Q(x)\neq 0$时，称为一阶线性非齐次方程。当$Q(x)=0$时，$y'+P(x)y=0$称为一阶线性齐次微分方程。解一阶线性非齐次方程时，可先解对应的齐次方程，求出一阶线性齐次方程通解$y=Ce^{-\int P(x)\mathrm{d}x}$，然后常数变易，将解中的$c$写成$C(x)$，代入求出$C(x)=\int Q(x)e^{\int P(x)\mathrm{d}x}\mathrm{d}x+C$，最后得到非齐次的通解

$$y=e^{-\int P(x)\mathrm{d}x}\left[\int Q(x)e^{\int P(x)\mathrm{d}x}\,\mathrm{d}x+C\right] \tag{1-7-4}$$

通常可以直接利用式（1-7-4），求出一阶线性非齐次方程的通解。

将式（1-7-4）写成$y=e^{-\int P(x)\mathrm{d}x}\int Q(x)e^{\int P(x)\mathrm{d}x}\,\mathrm{d}x+Ce^{-\int P(x)\mathrm{d}x}$形式，得到一阶非齐次方程的通解=（第一项）非齐线性方程的一个特解+（第二项）线性齐次方程的通解。

（四）全微分方程

若一阶微分方程$P(x,y)\mathrm{d}x+Q(x,y)\mathrm{d}y=0$的左端恰好是某一函数$u=u(x,y)$的全微分，称为全微分方程。即

$$\mathrm{d}u(x,y)=P(x,y)\mathrm{d}x+Q(x,y)\mathrm{d}y$$

这里，$\frac{\partial u}{\partial x}=P(x,y)$，$\frac{\partial u}{\partial y}=Q(x,y)$

那么$u(x,y)=C$就是全微分方程的通解。

通解的求法：

当$P(x,y)$、$Q(x,y)$在单连通域G内具有一阶连续偏导数，$\frac{\partial P}{\partial y}=\frac{\partial Q}{\partial x}$在区域$G$内恒成立，那么全微分方程的通解可通过计算下面积分求出

$$u(x,y)=\int_{x_0}^{x}P(x,y)\mathrm{d}x+\int_{y_0}^{y}Q(x_0,y)\mathrm{d}y=C \tag{1-7-5}$$

或

$$u(x,y)=\int_{x_0}^{x}P(x,y_0)\mathrm{d}x+\int_{y_0}^{y}Q(x,y)\mathrm{d}y=C \tag{1-7-6}$$

其中，x_0、y_0是在区域G内适当选定的点$M_0(x_0,y_0)$的坐标。

三、可降阶的高阶微分方程

（一）$y^{(n)}=f(x)$型

这种方程只需逐次积分，求出其通解。每次积分，方程的阶数降低一次，出现一个任意常数。

（二）$y''=f(x,y')$型

微分方程中不显含y。

应牢记用下面方法变形，然后计算。

令$y'=P(x)$，则$y''=P'(x)$，方程化为$\frac{\mathrm{d}P}{\mathrm{d}x}=f(x,P)$，解微分方程求出$P=\varphi(x,C_1)$，代入$y'=P(x)$，从而把方程化为$\frac{\mathrm{d}y}{\mathrm{d}x}=\varphi(x,C_1)$，运用分离变量法，求得原方程的通解为

$$y=\int\varphi(x,C_1)\mathrm{d}x+C_2 \tag{1-7-7}$$

（三）$y''=f(y,y')$型

微分方程中不显含x。

令$y'=P$，则$y''=\frac{\mathrm{d}P}{\mathrm{d}x}=\frac{\mathrm{d}P}{\mathrm{d}y}\cdot\frac{\mathrm{d}y}{\mathrm{d}x}=P\frac{\mathrm{d}P}{\mathrm{d}y}$，从而可将原方程化为$P\frac{\mathrm{d}P}{\mathrm{d}y}=f(y,P)$，设其通解为$P=\varphi(y,C_1)$，再运用分离变量法，求得原方程的通解为

$$\int\frac{\mathrm{d}y}{\varphi(y,C_1)}=x+C_1 \tag{1-7-8}$$

【例 1-7-1】 对于微分方程$y''+2y'+y=0$，则$y=Cxe^{-x}$(其中C为任意常数)是：

A. 通解　　B. 特解　　C. 方程的解　　D. 不是解

解 将$y=Cxe^{-x}$代入微分方程验证是方程的解，因为$y=Cxe^{-x}$含有任意常数C，故非特解，但含有独立的任意常数的个数只有一个，而微分方程的阶数是二，所以不是通解。

答案： C

【例 1-7-2】 判别一阶微分方程$(e^{x+y}-e^x)\mathrm{d}x+(e^{x+y}+e^y)\mathrm{d}y=0$的类型，并求其通解。

解

$$e^x(e^y-1)\mathrm{d}x+e^y(e^x+1)\mathrm{d}y=0$$

$$\frac{e^x}{e^x+1}\mathrm{d}x+\frac{e^y}{e^y-1}\mathrm{d}y=0$$

微分方程为一阶可分离变量方程。

$$\int\frac{e^x}{e^x+1}\mathrm{d}x+\int\frac{e^y}{e^y-1}\mathrm{d}y=\ln c$$

$$\ln(e^x+1)+\ln(e^y-1)=\ln c$$

$$\ln(e^x+1)(e^y-1)=\ln c$$

$$(e^x+1)(e^y-1)=C$$

通解为$(e^x+1)(e^y-1)=C$

【例 1-7-3】 微分方程$y\mathrm{d}x+(y^2x-e^y)\mathrm{d}y=0$是：

A. 可分离变量方程　　B. 可化为一阶线性的微分方程

C. 全微分方程　　D. 齐次方程

解 将方程变形：

$$y\mathrm{d}x+(y^2x-e^y)\mathrm{d}y=0,\quad y\frac{\mathrm{d}x}{\mathrm{d}y}+y^2x-e^y=0$$

$$y\frac{\mathrm{d}x}{\mathrm{d}y}+y^2x=e^y,\quad \frac{\mathrm{d}x}{\mathrm{d}y}+yx=\frac{1}{y}e^y$$

答案： B

【例 1-7-4】 微分方程$xy'-y=x^2e^{2x}$通解y等于：

A. $x\left(\frac{1}{2}e^{2x}+C\right)$　　B. $x(e^{2x}+C)$

C. $x\left(\frac{1}{2}x^2e^{2x}+C\right)$　　D. $x^2e^{2x}+C$

解 $xy'-y=x^2e^{2x}$，$y'-\frac{1}{x}y=xe^{2x}$

$$P(x)=-\frac{1}{x},\ Q(x)=xe^{2x}$$

$$y=e^{-\int\left(-\frac{1}{x}\right)\mathrm{d}x}\left[\int xe^{2x}e^{\int\left(-\frac{1}{x}\right)\mathrm{d}x}\mathrm{d}x+C\right]=e^{\ln x}\left(\int xe^{2x}e^{-\ln x}\,\mathrm{d}x+C\right)$$

$$=x\left(\int e^{2x}\,\mathrm{d}x+C\right)=x\left(\frac{1}{2}e^{2x}+C\right)$$

答案：A

【例 1-7-5】 设$f(x)$满足关系式$f(x)=\int_0^{2x}f\left(\frac{t}{2}\right)\mathrm{d}t+\ln 2$，则$f(x)$等于：

A.$e^x\ln 2$　　B.$e^{2x}\ln 2$　　C.$e^x+\ln 2$　　D.$e^{2x}+\ln 2$

解 **方法 1**：将所给选项代入关系式直接验算，可得到选项 B 正确。

方法 2：对积分关系式两边求导化为微分方程，并注意到由所给关系式在特殊点可确定出微分方程所应满足的初始条件。

将关系式$f(x)=\int_0^{2x}f\left(\frac{t}{2}\right)\mathrm{d}t+\ln 2$两边求导，$f'(x)=f\left(\frac{2x}{2}\right)\cdot 2\Rightarrow f'(x)=2f(x)$，分离变量$\frac{\mathrm{d}f(x)}{f(x)}=2\mathrm{d}x$，两边积分$\ln f(x)=2x+\ln C$，即$f(x)=Ce^{2x}$。由原关系式$f(0)=\ln 2$，得$C=\ln 2$，所以$f(x)=e^{2x}\ln 2$。

答案：B

注：一般未知函数中含有变上限的积分时，常可通过对关系式两边求导化为微分方程再找出初始条件而解之。

【例 1-7-6】 设$\int_0^x f(t)\mathrm{d}t=2f(x)-4$，且$f(0)=2$，则$f(x)$是：

A. $e^{\frac{x}{2}}$　　B. $e^{\frac{x}{2}+1}$　　C. $2e^{\frac{x}{2}}$　　D. $\frac{1}{2}e^{2x}$

解 方程左边是积分上限函数，可利用积分上限函数求导的方法计算。

方程两边求导，得$f(x)=2f'(x)$

设$f(x)=y$，$f'(x)=y'$，方程化为$2y'=y$，解方程$\frac{2}{y}\mathrm{d}y=\mathrm{d}x$，得$2\ln y=x+C_1\Rightarrow\ln y=\frac{x}{2}+\frac{C_1}{2}$，$y=e^{\frac{x}{2}+\frac{C_1}{2}}=Ce^{\frac{x}{2}}$，其中$C=e^{\frac{C_1}{2}}$

代入初始条件$x=0$，$y=2$，得$C=2$

所以$y=2e^{\frac{x}{2}}$，即$f(x)=2e^{\frac{x}{2}}$

答案：C

【例 1-7-7】 已知微分方程$y'+p(x)y=q(x)[q(x)\neq 0]$有两个不同的特解$y_1(x)$，$y_2(x)$，$C$为任意常数，则该微分方程的通解是：

A. $y=C(y_1-y_2)$　　B. $y=C(y_1+y_2)$

C. $y=y_1+C(y_1+y_2)$　　D. $y=y_1+C(y_1-y_2)$

解 $y'+p(x)y=q(x)$，$y_1(x)-y_2(x)$为对应齐次方程的解。

微分方程$y'+p(x)y=q(x)$的通解为$y=y_1+C(y_1-y_2)$

其中y_1为一阶非齐次方程的一个特解，$C(y_1-y_2)$为一阶齐次方程的通解。

答案：D

【例 1-7-8】 设$p(x)$在$(-\infty,+\infty)$连续且不恒等于 0，$y_1(x)$、$y_2(x)$是微分方程$y'+p(x)y=0$的两个不同特解，则下列结论中不成立的是：

A. $\frac{y_2(x)}{y_1(x)}\equiv$常数［假设其中$y_1(x)\neq 0$］

B. $C(y_1 - y_2)$构成方程的通解

C. $(y_1 - y_2)$ =常数

D. $y_1(x) - y_2(x)$在任意一点不等于 0

解 一阶线性齐次方程$y' + p(x)y = 0$任意两个解，只差一个常数因子，所以$\frac{y_2(x)}{y_1(x)} \equiv$常数，选项 A 成立。

因为$p(x)$不恒等于 0，非零常数不可能是微分方程$y' + p(x)y = 0$的解。已知$y_1(x)$，$y_2(x)$是方程两个不同的解，则$y_1(x) - y_2(x)$也是这个方程的解，从而$(y_1 - y_2)$不可能为非零常数，所以选项 C 不成立，并且$C(y_1 - y_2)$构成方程的通解，选项 B 成立。

对于一阶微分方程$y' + p(x)y = 0$两个不同的解不能满足在相同的初始条件下使函数值相同的条件，所以$y_1(x) - y_2(x)$在任意一点不等于 0，选项 D 成立。

答案： C

四、高阶线性微分方程

（一）线性微分方程解的结构

二阶和二阶以上的微分方程称为高阶微分方程。形如

$$y'' + P(x)y' + Q(x)y = f(x) \tag{1-7-9}$$

其中$P(x)$、$Q(x)$为x的函数或常数。当$f(x) \neq 0$时，方程称为二阶线性非齐次方程。

当$f(x) = 0$时，对应的方程

$$y'' + P(x)y' + Q(x)y = 0 \tag{1-7-10}$$

称为二阶线性齐次方程。

1. 二阶线性齐次微分方程（1-7-10）解的结构

（1）如果函数$y_1(x)$与$y_2(x)$是方程（1-7-10）的两个解，那么$y = C_1y_1 + C_2y_2$也是方程（1-7-10）的解，其中C_1、C_2是任意常数。

（2）如果$y_1(x)$与$y_2(x)$是方程（1-7-10）的两个线性无关的解，那么$y = C_1y_1 + C_2y_2$就是方程（1-7-10）的通解。

2. 二阶线性非齐次方程（1-7-9）解的结构

（1）若y^*是二阶非齐次线性方程（1-7-9）的一个特解，Y是对应的线性齐次方程（1-7-10）的通解，那么$y = Y + y^*$是二阶非齐次线性微分方程（1-7-9）的通解。

（2）若非齐次线性方程（1-7-9）的右端$f(x)$是几个函数的和，如

$$y'' + P(x)y' + Q(x)y = f_1(x) + f_2(x) \tag{1-7-11}$$

而y_1^*与y_2^*分别是方程$y'' + P(x)y' + Q(x)y = f_1(x)$与$y'' + P(x)y' + Q(x)y = f_2(x)$的特解，那么$y_1^* + y_2^*$就是方程（1-7-11）的特解。

（二）二阶常系数线性齐次方程通解的计算

（1）定义：当二阶线性齐次方程$y'' + P(x)y' + Q(x)y = 0$中$P(x)$、$Q(x)$为常数时，即$y'' + py' + qy = 0$（其中，p、q为常数），该方程称为二阶常系数线性齐次方程。

（2）二阶常系数线性齐次方程通解的计算：设二阶常系数线性齐次方程

$$y'' + py' + qy = 0 \tag{1-7-12}$$

（其中，p、q均为常数）

求方程解（1-7-12）的步骤如下：

①写出对应的特征方程

$$r^2+pr+q=0 \tag{1-7-13}$$

②求出特征根（即特征方程的根）

$$r_{1,2}=\frac{-p\pm\sqrt{p^2-4q}}{2} \tag{1-7-14}$$

③按下面规则写出方程（1-7-12）的通解

若$r_1\neq r_2$，为两个不同的实特征根，则方程的通解为

$$y=C_1e^{r_1x}+C_2e^{r_2x} \tag{1-7-15}$$

若$r_1=r_2$，为重特征根，则方程的通解为

$$y=e^{r_1x}(C_1+C_2x) \tag{1-7-16}$$

若$r_{1,2}=\alpha\pm i\beta$，为一对共轭复根，则方程的通解为

$$y=e^{\alpha x}(C_1\cos\beta x+C_2\sin\beta x) \tag{1-7-17}$$

（三）二阶常系数线性非齐次方程简介

$y''+py'+qy=f(x)$中，$f(x)=P_m(x)\cdot e^{\lambda x}[P_m(x)$为某个$m$次多项式$]$时方程通解的求法：

（1）二阶常系数线性非齐次方程的通解为

$y=\overline{y}$（二阶常系数线性齐次方程的通解）$+y^*$（二阶常系数线性非齐次方程的一个特解）

（2）二阶常系数线性齐次方程$y''+py'+qy=0$的通解按“（二）二阶常系数线性齐次方程通解的计算”求出。

（3）当自由项$f(x)=P_m(x)e^{\lambda x}[P_m(x)$为某个$m$次多项式$]$时，方程有形如$y^*=x^kQ_m(x)e^{\lambda x}$的特解，其中$Q_m(x)$与$P_m(x)$为同次多项式，其系数待定，而$k$按$\lambda$不是特征方程的根、是特征方程的单根或是特征方程的重根，依次取为0、1或2。

注：考试大纲中没有“二阶常系数非齐次方程”，但2013年、2017年试题中均出现过，应该是超纲了。为了帮助考生了解二阶常系数非齐次方程，我们特意加了一点简介。

【例1-7-9】 求二阶线性齐次方程（1）$y''-y'-6y=0$；（2）$y''+9y=0$；（3）$y''+2y'+y=0$的通解。

解 （1）$r^2-r-6=0$

$r_1=3$，$r_2=-2$

$y=C_1e^{3x}+C_2e^{-2x}$

（2）$r^2+9=0$

$r_1=\pm 3i\quad(\alpha=0,\beta=3)$

$y=C_1\cos 3x+C_2\sin 3x$

（3）$r^2+2r+1=0$

$r=-1$ （重根）

$y=e^{-x}(C_1+C_2x)$

【例1-7-10】 二阶微分方程$xy''+y'=0$的通解是：

A. $C_1x^3+C_2$　　B. $C_1\ln x+C_2$　　C. $C_1e^x+C_2$　　D. 不存在

解 本题为可降阶的高阶微分方程，不显含变量y：

设 $y'=P$，$y''=P'$

方程转化为 $xP'+P=0$，$x\frac{\mathrm{d}P}{\mathrm{d}x}=-P$，$\frac{1}{P}\mathrm{d}P=-\frac{1}{x}\mathrm{d}x$

积分 $\ln P=-\ln x+\ln C_1$，$P=\frac{C_1}{x}$，即$\frac{\mathrm{d}y}{\mathrm{d}x}=\frac{C_1}{x}$，$y=C_1\ln x+C_2$

故$y=C_1\ln x+C_2$

答案：B

【例 1-7-11】 微分方程$y''-4y'+3y=0$，$y|_{x=0}=6$，$y'|_{x=0}=10$，满足初始条件的特解：

A. $y=4e^x+e^{3x}$ B. $y=e^x+2e^{3x}$

C. $y=4e^x+2e^{3x}$ D. $y=2e^x+4e^{3x}$

解 方程的特征方程为$r^2-4r+3=0$，解得$r_1=1$，$r_2=3$

则通解为$y=C_1e^x+C_2e^{3x}$

求导$y'=C_1e^x+3C_2e^{3x}$

代入初始条件$\begin{cases}C_1+C_2=6\\C_1+3C_2=10\end{cases}\Rightarrow C_1=4$，$C_2=2$

方程的特解为$y=4e^x+2e^{3x}$

答案：C

【例 1-7-12】 由微分方程$y''-y'=0$所确定的积分曲线方程，使其在点$M(0,0)$和直线$y=x$相切，则曲线方程为：

A. $y=C_1+C_2e^x$ B. $y=-1+e^x$ C. $y=1+e^x$ D. $y=2+e^{2x}$

解 $y''-y'=0$的特征方程为：$r^2-r=0$，解得$r_1=0$，$r_2=1$

故通解为$y=C_1e^{0x}+C_2e^x$，即$y=C_1+C_2e^x$，$y'=C_2e^x$

初始条件为：$y|_{x=0}=0$，$y'|_{x=0}=1$

代入通解，得：$C_1+C_2=0$，$C_2=1$

所以$C_2=1$，$C_1=-1$，$y=-1+e^x$

答案：B

【例 1-7-13】 下列微分方程中，以$y=e^{-2x}(C_1+C_2x)$(C_1，C_2为任意常数)为通解的微分方程是：

A. $y''+3y'+2y=0$ B. $y''-4y'+4y=0$

C. $y''+4y'+4y=0$ D. $y''+2y=0$

解 **方法 1**：将通解$y=e^{-2x}(C_1+C_2x)$(C_1，C_2为任意常数)代入每个选项验证，选项 C 正确。

方法 2：通解$y=e^{-2x}(C_1+C_2x)$含有两个独立任意常数，因此以它为通解的方程为二阶常微分方程，对y求导数，$y'=e^{-2x}(-2C_1+C_2-2C_2x)$，$y''=e^{-2x}(4C_1-4C_2+4C_2x)$，联立$y$，$y'$和$y''$，消去$C_1$，$C_2$得，$y''+4y'+4y=0$。

方法 3：利用二阶常系数齐次微分方程的特征方程法求通解。

选项 A，$y''+3y'+2y=0$对应的特征方程为$r^2+3r+2=0$，特征根为$r_1=-1$，$r_2=-2$，所以方程的通解为$y=C_1e^{-x}+C_2e^{-2x}$，选项 A 错误。

选项 B，$y''-4y'+4y=0$对应的特征方程为$r^2-4r+4=0$，特征根为$r_1=r_2=2$，所以方程的通解为$y=(C_1+C_2x)e^{2x}$，选项 B 错误。

选项 C，$y''+4y'+4y=0$对应的特征方程为$r^2+4r+4=0$，特征根为$r_1=r_2=-2$，所以方程的通解为$y=(C_1+C_2x)e^{-2x}$，选项 C 正确。

选项 D，$y''+2y=0$对应的特征方程为$r^2+2=0$，特征根为$r_1=-\sqrt{2}i$，$r_2=\sqrt{2}i$，所以方程的通解为$y=C_1\cos\sqrt{2}x+C_2\sin\sqrt{2}x$，选项D错误。

方法4：利用二阶常系数齐次微分方程的通解形式。

以$y=e^{-2x}(C_1+C_2x)$(C_1，C_2为任意常数)为通解的微分方程一定为二阶常系数齐次微分方程，并且$r=-2$为对应特征方程的重根，所以特征方程为$r^2+4r+4=0$，由此可知所求的微分方程为$y''+4y'+4y=0$。

答案：C

【例 1-7-14】已知函数$y_1(x)$，$y_2(x)$，$y_3(x)$都是方程$y''(x)+P_1(x)y'(x)+P_2(x)y(x)=Q(x)$（以下称方程①）的特解，其中$P_1$，$P_2$，$Q$为已知非零连续函数，且$\frac{y_1-y_2}{y_2-y_3}\neq$常数，方程①的通解是：

A. $y=C_1y_1+C_2y_2+y_3$

B. $y=C_1y_1+C_2(y_1-y_3)+y_2$

C. $y=C_1(y_2-y_3)+C_2y_1+y_1$

D. $y=(C_1+1)y_1+(C_2-C_1)y_2-C_2y_3$

（其中C_1、C_2为常数）

解 验证：y_1-y_2，y_2-y_3是方程①对应的齐次方程的解，如将y_1-y_2代入方程，$(y_1''-y_2'')+P_1(y_1'-y_2')+P_2(y_1-y_2)=y_1''+P_1y_1'+P_2y_1-(y_2''+P_1y_2'+P_2y_2)=Q(x)-Q(x)=0$。

所以y_1-y_2是方程①对应齐次方程的解。

同样验证y_2-y_3也是方程①对应齐次方程的解。

而已知$\frac{y_1-y_2}{y_2-y_3}\neq$常数，所以$y_1-y_2$，$y_2-y_3$是方程①对应齐次方程的两个线性无关的解。可知方程①对应齐次方程的通解为：$y=C_1(y_1-y_2)+C_2(y_2-y_3)$

所以方程①的通解是：$y=C_1(y_1-y_2)+C_2(y_2-y_3)+y_1$

解整理得：$y=(C_1+1)y_1+(C_2-C_1)y_2-C_2y_3$

答案：D

【例 1-7-15】已知y_0是微分方程$y''+py'+qy=0$的解，y_1是微分方程$y''+py'+qy=f(x)[f(x)\neq 0]$的解，则下列函数中的微分方程$y''+py'+qy=f(x)$的解是：

A. $y=y_0+C_1y_1$（C_1是任意常数）

B. $y=C_1y_1+C_2y_0$（C_1、C_2是任意常数）

C. $y=y_0+y_1$

D. $y=2y_1+3y_0$

解 本题考查微分方程解的基本知识。可将选项代入微分方程，满足微分方程的才是解。

已知y_1是微分方程$y''+py'+qy=f(x)[f(x)\neq 0]$的解，即将$y_1$代入后，满足微分方程$y_1''+py_1'+qy_1=f(x)$，但对任意常数$C_1(C_1\neq 1)$，$C_1y_1$得到的解均不满足微分方程，验证如下：

设$y=C_1y_1(C_1\neq 1)$，求导$y'=C_1y_1'$，$y''=C_1y_1''$，并将$y=C_1y_1$代入方程得：

$$C_1y_1''+pC_1y_1'+qC_1y_1=C_1(y_1''+py_1'+qy_1)=C_1f(x)\neq f(x)$$

所以C_1y_1不是微分方程的解。

因而在选项 A、B、D 中，含有常数$C_1(C_1\neq 1)$乘y_1的形式，即C_1y_1这样的解均不满足方程解的条件，所以选项 A、B、D 均不成立。

可验证选项 C 成立，已知$y=y_0+y_1$，$y'=y_0'+y_1'$，$y''=y_0''+y_1''$，代入方程得

$$\begin{aligned}(y_0''+y_1'')+p(y_0'+y_1')+q(y_0+y_1)&=y_0''+py_0'+qy_0+y_1''+py_1'+qy_1\\&=0+f(x)=f(x)\end{aligned}$$

注意：本题只是验证选项中哪一个解是微分方程的解，不是求微分方程的通解。

答案：C

【例 1-7-16】 微分方程$\frac{d^2y}{dx^2}+2y=1$的通解为：

A. $\frac{1}{2}+C_1\cos\sqrt{2}x+C_2\sin\sqrt{2}x$ B. $\frac{1}{2}+C_1e^{\sqrt{2}}x+C_2e^{-\sqrt{2}x}$

C. $C_1\cos\sqrt{2}x+C_2\sin\sqrt{2}x$ D. $C_1e^{\sqrt{2}x}+C_2e^{-\sqrt{2}x}$

解 可直接看出$y^*=\frac{1}{2}$是二阶线性非齐次方程的一个特解，

二阶线性齐次方程$\frac{d^2y}{dx^2}+2y=0$的特征方程为：$r^2+2=0$，解得$r_{1,2}=\pm\sqrt{2}i$

故齐次线性方程的通解为$y=C_1\cos\sqrt{2}x+C_2\sin\sqrt{2}x$

原方程的通解为：$y=y^*+y$，即$y=\frac{1}{2}+C_1\cos\sqrt{2}x+C_2\sin\sqrt{2}x$

答案： A

【例 1-7-17】 微分方程$y''-6y'+9y=(x+1)e^{3x}$的待定特解的形式是：

A. $x^2(Ax+B)$ B. $x^2(x+1)e^{3x}$

C. Axe^{3x} D. $x^2(Ax+B)e^{3x}$

解 二阶线性非齐次方程对应的齐次方程的特征方程为$r^2-6r+9=0$，$r_{1,2}=3$。

$f(x)=(x+1)e^{3x}$，$r=3$为对应齐次方程的特征方程的二重根。

故微分方程特解形式为$y^*=x^2(Ax+B)e^{3x}$。

答案： D

【例 1-7-18】 下列函数中，微分方程$y''-y'-2y=3e^x$的一个特解的是：

A. $y=e^{2x}+2e^x$ B. $y=2e^{-x}+e^x$

C. $y=e^{2x}-2e^{-x}-\frac{3}{2}e^x$ D. $y=e^{2x}+e^{-x}-e^x$

解 本题考查二阶常系数线性非齐次微分方程的特解。

方法 1： 将四个函数代入微分方程直接验证，可得选项 C 正确。

方法 2： 二阶常系数非齐次微分方程所对应的齐次方程的特征方程为$r^2-r-2=0$，特征根$r_1=-1$，$r_2=2$，可得齐次方程的通解为$Y=C_1e^{2x}+C_2e^{-x}$。

另一方面，由右端项$f(x)=3e^x$，可知$\lambda=1$不是对应齐次方程的特征根，所以非齐次方程的特解形式为$y^*=Ae^x$，A为待定常数。代入非齐次微分方程，得$y''-y'-2y=(Ae^x)''-(Ae^x)'-2Ae^x=-2Ae^x=3e^x$，通过比较有$A=-\frac{3}{2}$，所以$y^*=-\frac{3}{2}e^x$是微分方程的一个特解，可得方程的通解为$y=Y+y^*=C_1e^{2x}+C_2e^{-x}-\frac{3}{2}e^x$。由此可知，选项 C 正确。

答案： C

习 题

1-7-1 判断下列一阶微分方程中可化为一阶线性方程的是（ ）。

A. $(5-2xy-y^2)dx-(x+y)^2dy=0$ B. $(x^2+y^2)dx-xydy=0$

C. $(x^2e^y-2y)dy+e^{-y}dx=0$ D. $dy-e^xdx=-2xydx$

1-7-2 微分方程$y'=\frac{x}{y}+\frac{y}{x}$，$y|_{x=1}=2$的特解为（ ）。

A. $y^2=x^2(2+\ln x)$ B. $y^2=4\ln x$

C. $y^2=2x^2(2+\ln x)$ D. $y^2=x^2(4+\ln x)$

1-7-3 若方程$y'+p(x)y=0$的一个特解为$y=\cos 2x$，则该方程满足初始条件$y|_{x=0}=2$的特解

为（ ）。

A. $\cos 2x + 2$　　B. $\cos 2x + 1$

C. $2\cos x$　　D. $2\cos 2x$

1-7-4 设函数$p(x)$，$q(x)$，$f(x)$都连续，$f(x) \neq 0$，y_1，y_2，y_3都是$y'' + p(x)y' + q(x)y = f(x)$的解，则它必定有解（ ）。

A. $y_1 + y_2 + y_3$　　B. $-y_1 - y_2 - y_3$

C. $y_1 + y_2 - y_3$　　D. $y_1 - y_2 - y_3$

1-7-5 微分方程$(1 + x^2)y'' = 2xy'$满足初始条件$y|_{x=0} = 1$，$y'|_{x=0} = 3$的特解是（ ）。

A. $x^3 + 3x + 2$　　B. $9x^3 + 3x + 1$

C. $x^3 + 3x + 1$　　D. $9x^3 + 3x + 2$

1-7-6 下列函数中不是方程$y'' - 2y' + y = 0$的解的函数是（ ）。

A. x^2e^x　　B. e^x　　C. xe^x　　D. $(x + 2)e^x$

1-7-7 已知$r_1 = 3$，$r_2 = -3$是方程$y'' + py' + qy = 0$（p和q是常数）的特征方程的两个根，则该微分方程是（ ）。

A. $y'' + 9y' = 0$　　B. $y'' - 9y' = 0$

C. $y'' + 9y = 0$　　D. $y'' - 9y = 0$

1-7-8 函数$y = C_1e^x + C_2e^{-2x} + xe^x$满足的一个微分方程是（ ）。

A.$y'' - y' - 2y = 3xe^x$　　B.$y'' - y' - 2y = 3e^x$

C.$y'' + y' - 2y = 3xe^x$　　D.$y'' + y' - 2y = 3e^x$

第八节 线性代数

一、行列式及其计算

二阶行列式：$\begin{vmatrix} a_{11} & a_{12} \\ a_{21} & a_{22} \end{vmatrix} = a_{11}a_{22} - a_{12}a_{21}$

三阶行列式：$\begin{vmatrix} a_{11} & a_{12} & a_{13} \\ a_{21} & a_{22} & a_{23} \\ a_{31} & a_{32} & a_{33} \end{vmatrix}$

$$= a_{11}a_{22}a_{33} + a_{12}a_{23}a_{31} + a_{13}a_{21}a_{32} - a_{11}a_{23}a_{32} - a_{12}a_{21}a_{33} - a_{13}a_{22}a_{31}$$

它们有以下特点：

（1）展开式有$n!$项$(n = 2,3)$，每项都是n个元素相乘，这n个元素既位于不同的行又位于不同的列。

（2）每项带有正号或负号，当这n个元素所在行按自然顺序排定后，若相应的列号的排列是偶排列时，该项取正号；反之，即其列号的排列是奇排列时，该项取负号。

定义：设有n^2个数a_{ij} $(i,j = 1,2,\cdots,n)$，令

$$\begin{vmatrix} a_{11} & a_{12} & \cdots & a_{1n} \\ a_{21} & a_{22} & \cdots & a_{2n} \\ \vdots & \vdots & & \vdots \\ a_{n1} & a_{n2} & \cdots & a_{nn} \end{vmatrix} = \sum_{p_1p_2\cdots p_n} (-1)^t a_{1p_1}a_{2p_2}\cdots a_{np_n}$$

这里$\sum\limits_{p_1p_2\cdots p_n}$对所有$n$阶排列$p_1p_2\cdots p_n$求和，共有$n!$项，叫作一个$n$阶行列式，记作$|\boldsymbol{A}|$，也记作

det$\boldsymbol{A}$。n阶行列式中共有$n!$项求和。

特别地，当$n=1$时，一阶行列式就是$|a|=a$，注意不要与绝对值符号相混淆；当$n=2$、3时，与上面的二阶、三阶行列式展开式一致。

（一）行列式的展开定理与推论

1. 定义：将行列式$\boldsymbol{D}_n$中a_{ij}所在的行与列划去，剩下的元素按原顺序排成的低一阶行列式，叫作元素a_{ij}的余子式，记作M_{ij}。称$A_{ij}=(-1)^{i+j}M_{ij}$为元素a_{ij}的代数余子式。

2. 定理：n阶行列式

$$\boldsymbol{D}=\begin{vmatrix} a_{11} & a_{12} & \cdots & a_{1n} \\ a_{21} & a_{22} & \cdots & a_{2n} \\ \vdots & \vdots & & \vdots \\ a_{n1} & a_{n2} & \cdots & a_{nn} \end{vmatrix}$$

的值等于它的任意一行（列）的各元素与其对应代数余子式的乘积的和。

即

$$\begin{aligned} \boldsymbol{D}&=a_{i1}A_{i1}+a_{i2}A_{i2}+\cdots+a_{in}A_{in} \quad (i=1,2,\cdots,n) \\ \boldsymbol{D}&=a_{1j}A_{1j}+a_{2j}A_{2j}+\cdots+a_{nj}A_{nj} \quad (j=1,2,\cdots,n) \end{aligned} \tag{1-8-1}$$

三角行列式$\begin{vmatrix} a_{11} & a_{12} & \cdots & a_{1n} \\ 0 & a_{22} & \cdots & a_{2n} \\ 0 & 0 & \ddots & \vdots \\ 0 & 0 & \cdots & a_{nn} \end{vmatrix}=\begin{vmatrix} a_{11} & 0 & \cdots & 0 \\ a_{21} & a_{22} & \cdots & 0 \\ \vdots & \vdots & \ddots & \vdots \\ a_{n1} & a_{n2} & \cdots & a_{nn} \end{vmatrix}=a_{11}a_{22}\cdots a_{nn}$

3. 推论：n阶行列式$\boldsymbol{D}$的某一行（列）的各元素与另一行（列）对应元素的代数余子式的乘积之和等于零。

即

$$\begin{aligned} a_{i1}A_{j1}+a_{i2}A_{j2}+\cdots+a_{in}A_{jn}=0 \quad (i\neq j;\ i,j=1,2,\cdots,n) \\ a_{1i}A_{1j}+a_{2i}A_{2j}+\cdots+a_{ni}A_{nj}=0 \quad (i\neq j;\ i,j=1,2,\cdots,n) \end{aligned} \tag{1-8-2}$$

（二）行列式的性质

（1）行列式与它的转置行列式相等。

（2）对换行列式的任意两行（列），行列式仅改变符号。

（3）行列式的一行（列）的所有元素同乘以数k，等于该行列式乘以数k［一行（列）元素的公因数可以提到行列式外］。

（4）如果行列式中有两行（列）元素成比例，则行列式为零。

（5）若行列式某一行（列）的各元素是两个数之和，则该行列式等于按此行（列）分成的两个相应行列式的和。

例如 $\begin{vmatrix} a_{11}+a_{11}' & a_{12}+a_{12}' \\ a_{21} & a_{22} \end{vmatrix}=\begin{vmatrix} a_{11} & a_{12} \\ a_{21} & a_{22} \end{vmatrix}+\begin{vmatrix} a_{11}' & a_{12}' \\ a_{21} & a_{22} \end{vmatrix}$

（6）将行列式的某一行（列）的各元素同乘以一个数后加到另一行（列）对应元素上，行列式值不变。

行列式的计算可根据行列式的元素及其排列特点灵活运用性质和展开定理。三、四阶行列式和简单的高阶行列式是重点。

（三）克莱姆法则

设方程组①$\begin{cases} a_{11}x_1+a_{12}x_2+\cdots+a_{1n}x_n=b_1 \\ a_{21}x_1+a_{22}x_2+\cdots+a_{2n}x_n=b_2 \\ \cdots \\ a_{n1}x_1+a_{n2}x_2+\cdots+a_{nn}x_n=b_n \end{cases}$，用矩阵记为$\boldsymbol{Ax}=\boldsymbol{b}$（见“五、线性方程组”）

若线性方程组①的系数行列式$\boldsymbol{D}=|\boldsymbol{A}|\neq 0$，则该方程组有唯一解

$$x_j=\frac{\boldsymbol{D}_j}{\boldsymbol{D}}\quad(j=1,2,\cdots,n)$$

其中$\boldsymbol{D}_j$是将$\boldsymbol{D}$中的第j列用方程组的常数列$\boldsymbol{b}$替换后得到的n阶行列式。

在变量个数较少且$|\boldsymbol{A}|\neq 0$时，可用克莱姆法则求解。（一般解法见“五、线性方程组”）

【例 1-8-1】 解方程$\begin{vmatrix}1&1&1&1\\1&x&2&2\\2&2&x&3\\3&3&3&x\end{vmatrix}=0$。

解 由于$\begin{vmatrix}1&1&1&1\\1&x&2&2\\2&2&x&3\\3&3&3&x\end{vmatrix}\xlongequal[\substack{-2r_1+r_3\\-3r_1+r_4}]{-r_1+r_2}\begin{vmatrix}1&1&1&1\\0&x-1&1&1\\0&0&x-2&1\\0&0&0&x-3\end{vmatrix}\xlongequal{\text{三角行列式}}(x-1)(x-2)(x-3)$

所以方程的解为$x=1$，$x=2$，$x=3$［$-3r_1+r_4$表示第 1 行元素乘（-3）加到第 4 行］

【例 1-8-2】 计算行列式$\boldsymbol{D}=\begin{vmatrix}0&3&0&1\\a&d&e&f\\0&1&b&2\\0&0&0&c\end{vmatrix}$。

解

$$\boldsymbol{D}\xlongequal{\text{按}r_1\text{展开}}(-1)^{1+2}3\begin{vmatrix}a&e&f\\0&b&2\\0&0&c\end{vmatrix}+(-1)^{1+4}\begin{vmatrix}a&d&e\\0&1&b\\0&0&0\end{vmatrix}\xlongequal{\text{三角行列式}}-3abc$$

或

$$\boldsymbol{D}\xlongequal{\text{按}c_1\text{展开}}(-1)^{2+1}a\begin{vmatrix}3&0&1\\1&b&2\\0&0&c\end{vmatrix}\xlongequal{\text{按}r_3\text{展开}}-ac\begin{vmatrix}3&0\\1&b\end{vmatrix}=-3abc\quad(c_1\text{表示第 1 列})$$

【例 1-8-3】 设$\boldsymbol{D}=\begin{vmatrix}-1&5&7&-8\\1&1&1&1\\2&0&-9&6\\-3&4&3&7\end{vmatrix}$，则$A_{41}+A_{42}+A_{43}+A_{44}=$:

A. 2　　B. 1　　C. −1　　D. 0

解　方法 1： 将行列式第 4 行换成（1　1　1　1）

得行列式$\boldsymbol{D}_1=\begin{vmatrix}-1&5&7&-8\\1&1&1&1\\2&0&-9&6\\1&1&1&1\end{vmatrix}=0$　［行列式性质（4）］

把$\boldsymbol{D}_1$按第 4 行展开，$\boldsymbol{D}_1=1\cdot A_{41}+1\cdot A_{42}+1\cdot A_{43}+1\cdot A_{44}=0$。

方法 2： $\boldsymbol{D}$的第二行元素与第四行元素代数余子式乘积之和等于 0。

答案： D

【例 1-8-4】 在函数$f(x)=\begin{vmatrix}2x&1&-1\\-x&-x&x\\1&2&x\end{vmatrix}$中$x^3$的系数是:

A. 1　　B. −2　　C. −1　　D. 3

解 将行列式按第一行展开

$$f(x)=2x\begin{vmatrix}-x&x\\2&x\end{vmatrix}+1\times(-1)^{1+2}\begin{vmatrix}-x&x\\1&x\end{vmatrix}+(-1)\times(-1)^{1+3}\begin{vmatrix}-x&-x\\1&2\end{vmatrix}$$

可以看出，在展开式中含有x^3的项仅有$2x\begin{vmatrix}-x&x\\2&x\end{vmatrix}=2x(-x^2-2x)=-2x^3-4x^2$，其余均不含$x^3$的项。

所以x^3的系数为−2。

答案： B

【例 1-8-5】 行列式$\boldsymbol{D}$非零的充分条件是：

A. $\boldsymbol{D}$的所有元素非零

B. $\boldsymbol{D}$至少有几个元素非零

C. $\boldsymbol{D}$的任意两行元素之间不成比例

D. 以$\boldsymbol{D}$为系数行列式的齐次线性方程组有唯一解

解　方法 1（举反例）：

$\begin{vmatrix}1 & 1\\1 & 1\end{vmatrix}=0$，选项 A 错；$\begin{vmatrix}1 & 1\\0 & 0\end{vmatrix}=0$，选项 B 错；$\begin{vmatrix}1 & 1 & 0\\0 & 1 & 1\\0 & 0 & 0\end{vmatrix}=0$，选项 C 错。

方法 2［利用“五、线性方程组”中（一）3 结论（2）］：

A为n阶方阵时，齐次线性方程组$\boldsymbol{Ax}=\boldsymbol{0}$只有零解（有唯一解）的充要条件是$|\boldsymbol{A}|\neq 0$。

选项 D 成立。

答案： D

二、矩阵及其运算

（一）矩阵的概念

由$m\times n$个数$a_{ij}(i=1,2,\cdots,m;\ j=1,2,\cdots,n)$排成$m$行$n$列的数表

$$\boldsymbol{A}_{m\times n}=\begin{bmatrix}a_{11} & a_{12} & \cdots & a_{1n}\\a_{21} & a_{22} & \cdots & a_{2n}\\\vdots & \vdots & & \vdots\\a_{m1} & a_{m2} & \cdots & a_{mn}\end{bmatrix}=(a_{ij})_{m\times n}$$

叫作m行n列矩阵，a_{ij}叫作矩阵$\boldsymbol{A}$的第i行第j列元素。

若$m=n$，则$\boldsymbol{A}$为n阶方阵。

只有一行的矩阵称为行矩阵（或行向量），只有一列的矩阵称为列矩阵（或列向量）。

元素都是零的矩阵称为零矩阵，记作$\boldsymbol{0}$。

主对角线上的元素为 1，其他元素全为 0 的n阶方阵，称为n阶单位矩阵，记作$\boldsymbol{E}$，即

$$\boldsymbol{E}=\begin{bmatrix}1 & & \\ & \ddots & \\ & & 1\end{bmatrix}$$

除主对角线外，其他元素全部为零的方阵称为对角方阵，记作$\boldsymbol{\Lambda}$，即$\boldsymbol{\Lambda}=\begin{bmatrix}a_{11} & & 0\\ & \ddots & \\0 & & a_{nn}\end{bmatrix}$。

矩阵

$$\begin{bmatrix}a_{11} & \cdots & a_{1n}\\ & \ddots & \vdots\\0 & & a_{nn}\end{bmatrix}\text{和}\begin{bmatrix}a_{11} & & 0\\\vdots & \ddots & \\a_{n1} & \cdots & a_{nn}\end{bmatrix}$$

分别称为上三角矩阵和下三角矩阵。

（二）矩阵的运算

1. 矩阵相等

如果两个$m\times n$矩阵$\boldsymbol{A}=(a_{ij})$，$\boldsymbol{B}=(b_{ij})$的对应元素相等，即

$$a_{ij} = b_{ij} \quad (i = 1,2,\cdots,m;\ j = 1,2,\cdots,n)$$

则称矩阵$\boldsymbol{A}$与矩阵$\boldsymbol{B}$相等，记作$\boldsymbol{A} = \boldsymbol{B}$。

2. 矩阵的运算

（1）
$$\boldsymbol{A} \pm \boldsymbol{B} = \begin{bmatrix} a_{11} \pm b_{11} & \cdots & a_{1n} \pm b_{1n} \\ a_{21} \pm b_{21} & \cdots & a_{2n} \pm b_{2n} \\ \vdots & & \vdots \\ a_{m1} \pm b_{m1} & \cdots & a_{mn} \pm b_{mn} \end{bmatrix}$$

设$\boldsymbol{A}$、$\boldsymbol{B}$、$\boldsymbol{C}$均为$m \times n$矩阵，则加法满足

交换律：$\boldsymbol{A} + \boldsymbol{B} = \boldsymbol{B} + \boldsymbol{A}$

结合律：$\boldsymbol{A} + \boldsymbol{B} + \boldsymbol{C} = (\boldsymbol{A} + \boldsymbol{B}) + \boldsymbol{C} = \boldsymbol{A} + (\boldsymbol{B} + \boldsymbol{C})$

（2）设λ为数
$$\lambda\boldsymbol{A} = \begin{bmatrix} \lambda a_{11} & \cdots & \lambda a_{1n} \\ \lambda a_{21} & \cdots & \lambda a_{2n} \\ \vdots & & \vdots \\ \lambda a_{m1} & \cdots & \lambda a_{mn} \end{bmatrix}$$

注意：数乘矩阵是用这个数乘矩阵的每一个元素，而数乘行列式是用这个数乘行列式的某一行（列）的每个元素。

设$\boldsymbol{A}$、$\boldsymbol{B}$均为$m \times n$矩阵，λ、μ为数，则

$\lambda(\boldsymbol{A} + \boldsymbol{B}) = \lambda\boldsymbol{A} + \lambda\boldsymbol{B}$

$(\lambda + \mu)\boldsymbol{A} = \lambda\boldsymbol{A} + \mu\boldsymbol{A}$

（3）
$$\boldsymbol{A}_{m\times n}\boldsymbol{B}_{n\times p} = \begin{bmatrix} a_{11} & \cdots & a_{1n} \\ a_{21} & \cdots & a_{2n} \\ \vdots & & \vdots \\ a_{m1} & \cdots & a_{mn} \end{bmatrix}\begin{bmatrix} b_{11} & \cdots & b_{1p} \\ b_{21} & \cdots & b_{2p} \\ \vdots & & \vdots \\ b_{n1} & \cdots & b_{np} \end{bmatrix} = \begin{bmatrix} c_{11} & \cdots & c_{1p} \\ c_{21} & \cdots & c_{2p} \\ \vdots & & \vdots \\ c_{m1} & \cdots & c_{mp} \end{bmatrix} = \boldsymbol{C}_{m\times p}$$

其中$c_{ij} = a_{i1}b_{1j} + a_{i2}b_{2j} + \cdots + a_{in}b_{nj}(i = 1,2,\cdots,m;\ j = 1,2,\cdots,p)$。

c_{ij}是左矩阵$\boldsymbol{A}$的第i个行向量与右矩阵$\boldsymbol{B}$的第j个列向量的数量积（内积）。$c_{ij} = 0$表示两向量正交（垂直）。

注意：矩阵相乘时，必须满足左矩阵的列数与右矩阵的行数相同。

假设运算均是可行的，则

$(\boldsymbol{AB})\boldsymbol{C} = \boldsymbol{A}(\boldsymbol{BC})$

$\boldsymbol{A}(\boldsymbol{B} + \boldsymbol{C}) = \boldsymbol{AB} + \boldsymbol{AC}$

$(\boldsymbol{B} + \boldsymbol{C})\boldsymbol{A} = \boldsymbol{BA} + \boldsymbol{CA}$

$\lambda(\boldsymbol{AB}) = (\lambda\boldsymbol{A})\boldsymbol{B} = \boldsymbol{A}(\lambda\boldsymbol{B})$ （λ为数）

$\boldsymbol{AE} = \boldsymbol{A}$，$\boldsymbol{EA} = \boldsymbol{A}$

注意：

①矩阵的乘法不满足交换律，即$\boldsymbol{AB} \neq \boldsymbol{BA}$。

②矩阵乘法不满足消去律，即由$\boldsymbol{AB} = \boldsymbol{AC}$，且$\boldsymbol{A} \neq \boldsymbol{0}$，不能推出$\boldsymbol{B} = \boldsymbol{C}$，只有当$\boldsymbol{A}$为可逆方阵时，由$\boldsymbol{AB} = \boldsymbol{AC}$可推出$\boldsymbol{B} = \boldsymbol{C}$。

③由$\boldsymbol{AB} = \boldsymbol{0}$不能推出$\boldsymbol{A} = \boldsymbol{0}$或$\boldsymbol{B} = \boldsymbol{0}$。例如$\begin{bmatrix} 1 & 1 \\ -1 & -1 \end{bmatrix}\begin{bmatrix} -1 & -1 \\ 1 & 1 \end{bmatrix} = \begin{bmatrix} 0 & 0 \\ 0 & 0 \end{bmatrix}$。

$\boldsymbol{AB} = \boldsymbol{0}$表示$\boldsymbol{A}$的每个行向量与$\boldsymbol{B}$的每个列向量正交（垂直）。

（4）设$\boldsymbol{A}$是n阶方阵，k个$\boldsymbol{A}$相乘记作$\boldsymbol{A}^k$，称为$\boldsymbol{A}$的k次幂。

$$\boldsymbol{A}^k\boldsymbol{A}^l = \boldsymbol{A}^{k+l}，(\boldsymbol{A}^k)^l = \boldsymbol{A}^{kl}(k和l都是正整数)$$

设$\boldsymbol{A}$是n阶方阵，$f(x)=a_nx^n+a_{n-1}x^{n-1}+\cdots+a_1x+a_0$是一个一元$n$次多项式。

用代替多项式中的x，得到矩阵多项式

$$f(A)=a_nA^n+a_{n-1}A^{n-1}+\cdots+a_1A+a_0\boldsymbol{I}$$

其中$\boldsymbol{I}$是n阶单位矩阵，矩阵多项式还是一个n阶方阵。

注意：

①由$\boldsymbol{A}^2=\boldsymbol{A}$不能推出$\boldsymbol{A}=\boldsymbol{0}$或$\boldsymbol{A}=\boldsymbol{E}$，仅当方阵$\boldsymbol{A}$可逆时，可以推出$\boldsymbol{A}=\boldsymbol{E}$；仅当$\boldsymbol{A}-\boldsymbol{E}$可逆时，可以推出$\boldsymbol{A}=\boldsymbol{0}$。

②由$\boldsymbol{A}^2=\boldsymbol{0}$，不能推出$\boldsymbol{A}=\boldsymbol{0}$。例如$\boldsymbol{A}=\begin{bmatrix}1&-1\\1&-1\end{bmatrix}$，$\boldsymbol{A}^2=\begin{bmatrix}1&-1\\1&-1\end{bmatrix}\begin{bmatrix}1&-1\\1&-1\end{bmatrix}=\begin{bmatrix}0&0\\0&0\end{bmatrix}$。

（三）转置矩阵

1. 定义：把矩阵$\boldsymbol{A}$的所有行换成相应的列所得的矩阵，称为矩阵$\boldsymbol{A}$的转置矩阵，记作$\boldsymbol{A}^{\mathrm{T}}$。

若
$$\boldsymbol{A}=\begin{bmatrix}a_{11}&a_{12}&\cdots&a_{1n}\\a_{21}&a_{22}&\cdots&a_{2n}\\\vdots&\vdots&&\vdots\\a_{m1}&a_{m2}&\cdots&a_{mn}\end{bmatrix}$$

则
$$\boldsymbol{A}^{\mathrm{T}}=\begin{bmatrix}a_{11}&a_{21}&\cdots&a_{m1}\\a_{12}&a_{22}&\cdots&a_{m2}\\\vdots&\vdots&&\vdots\\a_{1n}&a_{2n}&\cdots&a_{mn}\end{bmatrix}$$

2. 性质：

$(\boldsymbol{A}^{\mathrm{T}})^{\mathrm{T}}=\boldsymbol{A}$

$(\lambda\boldsymbol{A})^{\mathrm{T}}=\lambda\boldsymbol{A}^{\mathrm{T}}$ （λ为数）

$(\boldsymbol{A}+\boldsymbol{B})^{\mathrm{T}}=\boldsymbol{A}^{\mathrm{T}}+\boldsymbol{B}^{\mathrm{T}}$

$(\boldsymbol{AB})^{\mathrm{T}}=\boldsymbol{B}^{\mathrm{T}}\boldsymbol{A}^{\mathrm{T}}$

$(\boldsymbol{A}_1\boldsymbol{A}_2\cdots\boldsymbol{A}_n)^{\mathrm{T}}={\boldsymbol{A}_n}^{\mathrm{T}}\cdots{\boldsymbol{A}_2}^{\mathrm{T}}{\boldsymbol{A}_1}^{\mathrm{T}}$

3. 定义：若n阶方阵$\boldsymbol{A}$满足$\boldsymbol{A}=\boldsymbol{A}^{\mathrm{T}}$，则称$\boldsymbol{A}$为对称矩阵；若$n$阶方阵满足$\boldsymbol{A}=-\boldsymbol{A}^{\mathrm{T}}$，则称$\boldsymbol{A}$为反对称矩阵。

（四）方阵的行列式

1. 定义：由n阶方阵$\boldsymbol{A}$的元素按原次序组成的行列式叫作方阵$\boldsymbol{A}$的行列式，记作$|\boldsymbol{A}|$或 det$\boldsymbol{A}$。

①设$\boldsymbol{A}$、$\boldsymbol{B}$是两个n阶方阵，则：$|\boldsymbol{A}^{\mathrm{T}}|=|\boldsymbol{A}|$，$|k\boldsymbol{A}|=k^n|\boldsymbol{A}|$（$k$为数），$|\boldsymbol{AB}|=|\boldsymbol{A}||\boldsymbol{B}|$，$|\boldsymbol{A}^k|=|\boldsymbol{A}|^k$（$k$为正整数）；②设$\boldsymbol{A}$为$m$阶方阵，$\boldsymbol{B}$为$n$阶方阵，则$(m+n)$阶行列式$\begin{vmatrix}\boldsymbol{A}&\boldsymbol{0}\\\boldsymbol{0}&\boldsymbol{B}\end{vmatrix}=|\boldsymbol{A}||\boldsymbol{B}|$。

2. 定义：若n阶方阵$\boldsymbol{A}$，满足$|\boldsymbol{A}|\neq0$，则称$\boldsymbol{A}$为非奇异矩阵；如果$|\boldsymbol{A}|=0$，则称$\boldsymbol{A}$为奇异矩阵。

三、可逆矩阵、分块矩阵、矩阵的秩与矩阵的初等变换

（一）可逆矩阵

1. 定义：设$\boldsymbol{A}$为n阶方阵，若存在n阶方阵$\boldsymbol{B}$，使

$$\boldsymbol{AB}=\boldsymbol{BA}=\boldsymbol{E}$$

则称$\boldsymbol{A}$是可逆矩阵，并称$\boldsymbol{B}$为$\boldsymbol{A}$的逆矩阵，记作$\boldsymbol{A}^{-1}=\boldsymbol{B}$。

所以
$$\boldsymbol{AA}^{-1}=\boldsymbol{A}^{-1}\boldsymbol{A}=\boldsymbol{E}$$

方阵$\boldsymbol{A}$的逆矩阵$\boldsymbol{A}^{-1}$若存在，则必唯一。因为若$\boldsymbol{B}$、$\boldsymbol{C}$都是$\boldsymbol{A}$的逆矩阵，则$\boldsymbol{B}=\boldsymbol{BE}=\boldsymbol{BAC}=\boldsymbol{EC}=\boldsymbol{C}$。

2. 结论：设$\boldsymbol{A}$、$\boldsymbol{B}$均为n阶方阵，若$\boldsymbol{AB}=\boldsymbol{E}$或$\boldsymbol{BA}=\boldsymbol{E}$，则$\boldsymbol{A}$、$\boldsymbol{B}$均可逆，且互为逆矩阵，即$\boldsymbol{A}^{-1}=$

$\boldsymbol{B}$，$\boldsymbol{B}^{-1}=\boldsymbol{A}$（利用此结论不仅可验证$n$阶方阵$\boldsymbol{A}$、$\boldsymbol{B}$是否互为逆矩阵，还可证明逆矩阵公式）。

（1）若$\boldsymbol{A}$可逆，则$\boldsymbol{A}^{-1}$亦可逆，且$(\boldsymbol{A}^{-1})^{-1}=\boldsymbol{A}$。

（2）若$\boldsymbol{A}$可逆，数$\lambda\neq 0$，则$\lambda\boldsymbol{A}$可逆，且$(\lambda\boldsymbol{A})^{-1}=\frac{1}{\lambda}\boldsymbol{A}^{-1}$，因为$(\lambda\boldsymbol{A})\left(\frac{1}{\lambda}\boldsymbol{A}^{-1}\right)=\boldsymbol{E}$。

（3）若$\boldsymbol{A}$可逆，则$\boldsymbol{A}^{\mathrm{T}}$亦可逆，且$(\boldsymbol{A}^{\mathrm{T}})^{-1}=(\boldsymbol{A}^{-1})^{\mathrm{T}}$，因为$\boldsymbol{A}^{\mathrm{T}}(\boldsymbol{A}^{-1})^{\mathrm{T}}=(\boldsymbol{A}^{-1}\boldsymbol{A})^{\mathrm{T}}=\boldsymbol{E}^{\mathrm{T}}=\boldsymbol{E}$。

（4）若$\boldsymbol{A}$、$\boldsymbol{B}$为同阶方阵且均可逆，则$\boldsymbol{AB}$亦可逆，且$(\boldsymbol{AB})^{-1}=\boldsymbol{B}^{-1}\boldsymbol{A}^{-1}$，因为$(\boldsymbol{AB})(\boldsymbol{B}^{-1}\boldsymbol{A}^{-1})=\boldsymbol{AEA}^{-1}=\boldsymbol{E}$。

（5）设$\boldsymbol{A}$为m阶可逆矩阵，$\boldsymbol{B}$为n阶可逆矩阵，则$\begin{bmatrix}\boldsymbol{A} & \boldsymbol{0}\\ \boldsymbol{0} & \boldsymbol{B}\end{bmatrix}^{-1}=\begin{bmatrix}\boldsymbol{A}^{-1} & \boldsymbol{0}\\ \boldsymbol{0} & \boldsymbol{B}^{-1}\end{bmatrix}$，$\begin{bmatrix}\boldsymbol{0} & \boldsymbol{A}\\ \boldsymbol{B} & \boldsymbol{0}\end{bmatrix}^{-1}=\begin{bmatrix}\boldsymbol{0} & \boldsymbol{B}^{-1}\\ \boldsymbol{A}^{-1} & \boldsymbol{0}\end{bmatrix}$。

（6）$|\boldsymbol{A}^{-1}|=\frac{1}{|\boldsymbol{A}|}$。因为$\boldsymbol{AA}^{-1}=\boldsymbol{E}$，$|\boldsymbol{A}|\cdot|\boldsymbol{A}^{-1}|=|\boldsymbol{AA}^{-1}|=|\boldsymbol{E}|=1$。

3. 定义：设$\boldsymbol{A}$为n阶方阵，如果$\boldsymbol{A}^{\mathrm{T}}\boldsymbol{A}=\boldsymbol{AA}^{\mathrm{T}}=\boldsymbol{E}$，则称$\boldsymbol{A}$为正交矩阵（$\boldsymbol{A}^{\mathrm{T}}$也是正交矩阵）。

①若$\boldsymbol{A}$为正交矩阵，则$\boldsymbol{A}^{-1}=\boldsymbol{A}^{\mathrm{T}}$，$(\boldsymbol{A}^{\mathrm{T}})^{-1}=\boldsymbol{A}$。

②$\boldsymbol{A}$为正交矩阵的充要条件是$\boldsymbol{A}$的行（列）向量是两两正交的单位向量组。

4. 伴随矩阵

定义：设$\boldsymbol{A}=\begin{bmatrix}a_{11} & a_{12} & \cdots & a_{1n}\\ a_{21} & a_{22} & \cdots & a_{2n}\\ \vdots & \vdots & & \vdots\\ a_{n1} & a_{n2} & \cdots & a_{nn}\end{bmatrix}$

A_{ij}是方阵的行列式$|\boldsymbol{A}|$中元素a_{ij}的代数余子式，则称矩阵$\boldsymbol{A}^{*}=\begin{bmatrix}A_{11} & A_{21} & \cdots & A_{n1}\\ A_{12} & A_{22} & \cdots & A_{n2}\\ \vdots & \vdots & & \vdots\\ A_{1n} & A_{2n} & \cdots & A_{nn}\end{bmatrix}$为矩阵$\boldsymbol{A}$的伴随矩阵。注意：元素$a_{ij}$的代数余子式$A_{ij}$在$\boldsymbol{A}^{*}$中的第$j$行第$i$列。

结论：

（1）$\boldsymbol{AA}^{*}=\boldsymbol{A}^{*}\boldsymbol{A}=|\boldsymbol{A}|\boldsymbol{E}$（由行列式展开定理和推论可得）。

（2）设$\boldsymbol{A}$为n阶方阵，则$|\boldsymbol{A}^{*}|=|\boldsymbol{A}|^{n-1}$。

（3）方阵$\boldsymbol{A}$可逆（$\boldsymbol{A}^{-1}$存在）的充要条件是$|\boldsymbol{A}|\neq 0$（$\boldsymbol{A}$为非奇异方阵），且

$$\boldsymbol{A}^{-1}=\frac{1}{|\boldsymbol{A}|}\boldsymbol{A}^{*}\tag{1-8-3}$$

用此式求$\boldsymbol{A}^{-1}$要算一个n阶行列式和n^2个$n-1$阶行列式，计算量较大，后面会介绍简便算法。［见初等变换的应用（4）］

对于二阶矩阵$\boldsymbol{A}=\begin{bmatrix}a & b\\ c & d\end{bmatrix}$，当$|\boldsymbol{A}|=ad-bc\neq 0$时，$\boldsymbol{A}^{-1}=\frac{1}{ad-bc}\begin{bmatrix}d & -b\\ -c & a\end{bmatrix}$。

另外，当$a_{11}a_{22}\cdots a_{nn}\neq 0$时，$\begin{bmatrix}a_{11} & & & \\ & a_{22} & & \\ & & \ddots & \\ & & & a_{nn}\end{bmatrix}^{-1}=\begin{bmatrix}1/a_{11} & & & \\ & 1/a_{22} & & \\ & & \ddots & \\ & & & 1/a_{nn}\end{bmatrix}$。

（4）若$\boldsymbol{A}$可逆，则$\boldsymbol{A}^{*}=|\boldsymbol{A}|\boldsymbol{A}^{-1}$，$(\boldsymbol{A}^{*})^{-1}=\frac{\boldsymbol{A}}{|\boldsymbol{A}|}$。

【例 1-8-6】 设$\boldsymbol{A}$为 4 阶矩阵，且$|\boldsymbol{A}|=2$，则$\left|\frac{1}{2}\boldsymbol{A}\right|$为：

A. $\frac{1}{8}$　　B. 4　　C. 1　　D. 0

解　利用公式$|k\boldsymbol{A}|=k^n|\boldsymbol{A}|$，则$\left|\frac{1}{2}\boldsymbol{A}\right|=\left(\frac{1}{2}\right)^4\cdot|\boldsymbol{A}|=\frac{1}{16}\times 2=\frac{1}{8}$

答案： A

【例 1-8-7】 设$\boldsymbol{A}$为 3 阶方阵，且$|\boldsymbol{A}|=\frac{1}{2}$，则$|(2\boldsymbol{A}^*)^{-1}|=$：

A. $\frac{1}{2}$　　B. $\frac{1}{4}$　　C. 1　　D. 2

解 利用公式$|\boldsymbol{A}^{-1}|=\frac{1}{|\boldsymbol{A}|}$，$|k\boldsymbol{A}|=k^n|\boldsymbol{A}|$，$|\boldsymbol{A}^*|=|\boldsymbol{A}|^{n-1}$，

$$|(2\boldsymbol{A}^*)^{-1}|=\frac{1}{|2\boldsymbol{A}^*|}\xlongequal[\text{行列式}]{|\boldsymbol{A}^*|\text{为三阶}}\frac{1}{8|\boldsymbol{A}^*|}\xlongequal[\text{矩阵}]{\boldsymbol{A}\text{为三阶}}\frac{1}{8}\frac{1}{|\boldsymbol{A}|^{3-1}}=\frac{1}{8}\frac{1}{|\boldsymbol{A}|^2}=\frac{1}{8}\times 4=\frac{1}{2}$$

答案： A

【例 1-8-8】 设$\boldsymbol{A}$、$\boldsymbol{B}$均为三阶矩阵，且行列式$|\boldsymbol{A}|=1$，$|\boldsymbol{B}|=-2$，$\boldsymbol{A}^{\mathrm{T}}$为$\boldsymbol{A}$的转置矩阵，则行列式$\left|-2\boldsymbol{A}^{\mathrm{T}}\boldsymbol{B}^{-1}\right|$等于：

A. −1　　B. 1　　C. −4　　D. 4

解 利用公式$|k\boldsymbol{A}|=k^n|\boldsymbol{A}|$，$|\boldsymbol{AB}|=|\boldsymbol{A}||\boldsymbol{B}|$，$\left|\boldsymbol{A}^{\mathrm{T}}\right|=|\boldsymbol{A}|$，$|\boldsymbol{A}^{-1}|=\frac{1}{|\boldsymbol{A}|}$

$$\left|-2\boldsymbol{A}^{\mathrm{T}}\boldsymbol{B}^{-1}\right|=(-2)^3\left|\boldsymbol{A}^{\mathrm{T}}\boldsymbol{B}^{-1}\right|=(-8)\left|\boldsymbol{A}^{\mathrm{T}}\right|\cdot|\boldsymbol{B}^{-1}|=(-8)|\boldsymbol{A}|\cdot\frac{1}{|\boldsymbol{B}|}=-8\times 1\times\frac{1}{-2}=4$$

答案： D

【例 1-8-9】 设$\boldsymbol{A}$，$\boldsymbol{B}$为三阶方阵，且行列式$|\boldsymbol{A}|=-\frac{1}{2}$，$|\boldsymbol{B}|=2$，$\boldsymbol{A}^*$是$\boldsymbol{A}$的伴随矩阵，则行列式$|2\boldsymbol{A}^*\boldsymbol{B}^{-1}|$等于：

A. 1　　B. −1　　C. 2　　D. −2

解 $|2\boldsymbol{A}^*\boldsymbol{B}^{-1}|=2^3|\boldsymbol{A}^*\boldsymbol{B}^{-1}|=2^3|\boldsymbol{A}^*|\cdot|\boldsymbol{B}^{-1}|=2^3|\boldsymbol{A}|^{3-1}\frac{1}{|\boldsymbol{B}|}=1$

答案： A

【例 1-8-10】 设$\boldsymbol{A}$为 3 阶矩阵，且$|\boldsymbol{A}|=\frac{1}{2}$，则$\left|\frac{3}{2}\boldsymbol{A}^{-1}+7\boldsymbol{A}^*\right|$等于：

A. 10　　B. 125　　C. 500　　D. 250

解 因为$\boldsymbol{A}^{-1}=\frac{1}{|\boldsymbol{A}|}\boldsymbol{A}^*$

$$\left|\frac{3}{2}\boldsymbol{A}^{-1}+7\boldsymbol{A}^*\right|=\left|\frac{3}{2}\frac{1}{|\boldsymbol{A}|}\boldsymbol{A}^*+7\boldsymbol{A}^*\right|=|3\boldsymbol{A}^*+7\boldsymbol{A}^*|=|10\boldsymbol{A}^*|\xlongequal[\text{三阶矩阵}]{\boldsymbol{A}^*\text{为}}10^3|\boldsymbol{A}^*|$$

$$\xlongequal{\text{公式}|\boldsymbol{A}^*|=|\boldsymbol{A}|^{n-1}}10^3|\boldsymbol{A}|^{3-1}=10^3|\boldsymbol{A}|^2=10^3\times\frac{1}{4}=250$$

答案： D

（二）分块矩阵

在矩阵$\boldsymbol{A}$中，用一些横线和纵线将$\boldsymbol{A}$分成若干小矩阵，这些小矩阵称为矩阵$\boldsymbol{A}$的子块，以子块为元素的矩阵称为分块矩阵。对矩阵进行分块是为了简化计算，我们特别关注的是将矩阵按列分块：

$$A=(\boldsymbol{\alpha}_1\ \boldsymbol{\alpha}_2\cdots\boldsymbol{\alpha}_n)$$

其中$\boldsymbol{\alpha}_i$是列向量，以及准对角矩阵：

$$\boldsymbol{A}=\begin{bmatrix}A_1 & & & \\ & A_2 & & \\ & & \ddots & \\ & & & A_s\end{bmatrix}$$，其中$\boldsymbol{A}_i$是方阵。

设$\boldsymbol{A}=\begin{bmatrix}A_1 & & & \\ & A_2 & & \\ & & \ddots & \\ & & & A_s\end{bmatrix}$，$\boldsymbol{B}=\begin{bmatrix}B_1 & & & \\ & B_2 & & \\ & & \ddots & \\ & & & B_s\end{bmatrix}$，其中相应的子块都是同阶方阵，并且假设以下涉及的运算都可行。关于准对角矩阵的运算有以下一些重要结论：

(1) $\boldsymbol{A}+\boldsymbol{B}=\begin{bmatrix} A_1+B_1 & & & \\ & A_2+B_2 & & \\ & & \ddots & \\ & & & A_s+B_s \end{bmatrix}$；

(2) $k\boldsymbol{A}=\begin{bmatrix} kA_1 & & & \\ & kA_2 & & \\ & & \ddots & \\ & & & kA_s \end{bmatrix}$；

(3) $\boldsymbol{AB}=\begin{bmatrix} A_1B_1 & & & \\ & A_2B_2 & & \\ & & \ddots & \\ & & & A_sB_s \end{bmatrix}$；

(4) $\boldsymbol{A}^{\mathrm{k}}=\begin{bmatrix} \boldsymbol{A}_1^{\mathrm{k}} & & & \\ & \boldsymbol{A}_2^{\mathrm{k}} & & \\ & & \ddots & \\ & & & \boldsymbol{A}_s^{\mathrm{k}} \end{bmatrix}$；

(5) $\boldsymbol{A}^{-1}=\begin{bmatrix} \boldsymbol{A}_1^{-1} & & & \\ & \boldsymbol{A}_2^{-1} & & \\ & & \ddots & \\ & & & \boldsymbol{A}_s^{-1} \end{bmatrix}$；

(6) $|\boldsymbol{A}|=|A_1||A_2|\cdots|A_s|$。

（三）矩阵的秩

1. 定义：在$m\times n$矩阵$\boldsymbol{A}$中任取k行、k列($k\leqslant\min\{m,n\}$)，位于这些行列交叉处的k^2个元素按其原来的次序构成一个k阶行列数，称为矩阵$\boldsymbol{A}$的k阶子式。

矩阵$\boldsymbol{A}$中不为零的子式的最高阶数，称为矩阵$\boldsymbol{A}$的秩，记为$R(\boldsymbol{A})$。

规定零矩阵的秩为零，即$R(\boldsymbol{0})=0$。

(1) 矩阵的秩$R(\boldsymbol{A})\geqslant r$的充分必要条件是$\boldsymbol{A}$中至少有一个$r$阶子式不为零。

矩阵的秩$R(\boldsymbol{A})\leqslant r$的充分必要条件是$\boldsymbol{A}$中所有$r+1$阶子式全为零。

如果矩阵$\boldsymbol{A}$中至少有一个r阶子式不为零，而所有$r+1$阶子式全为零，则$R(\boldsymbol{A})=r$。

(2) 当n阶方阵$\boldsymbol{A}$的秩$R(\boldsymbol{A})=n$时，称方阵$\boldsymbol{A}$为满秩阵。

n阶方阵$\boldsymbol{A}$的秩$R(\boldsymbol{A})=n$的充分必要条件是$|\boldsymbol{A}|\neq 0$（n阶方阵$\boldsymbol{A}$为满秩阵的充要条件是$\boldsymbol{A}$为非奇异矩阵）。

2. 结论：

(1) $R(\boldsymbol{A})=R(\boldsymbol{A}^{\mathrm{T}})$。

(2) 若$\boldsymbol{A}$为$m\times n$矩阵，$\boldsymbol{A}\neq\boldsymbol{0}$，则$0<R(\boldsymbol{A})\leqslant\min\{m,n\}$。

(3) $R(\boldsymbol{A}+\boldsymbol{B})\leqslant R(\boldsymbol{A})+R(\boldsymbol{B})$。

(4) 若$\boldsymbol{A}+\boldsymbol{B}=k\boldsymbol{E}(k\neq 0)$，则$R(\boldsymbol{A})+R(\boldsymbol{B})\geqslant n$，其中$\boldsymbol{A}$、$\boldsymbol{B}$为$n$阶方阵。

(5) $R(\boldsymbol{AB})\leqslant\min[R(\boldsymbol{A}),R(\boldsymbol{B})]$。

(6) 若$\boldsymbol{AB}=\boldsymbol{0}$，则$R(\boldsymbol{A})+R(\boldsymbol{B})\leqslant n$，其中$\boldsymbol{A}$为$m\times n$矩阵，$\boldsymbol{B}$为$n\times s$矩阵。

(7) 若$\boldsymbol{A}$可逆，则$R(\boldsymbol{AB})=R(\boldsymbol{B})$，若$\boldsymbol{B}$可逆，则$R(\boldsymbol{AB})=R(\boldsymbol{A})$。

(8) 设$\boldsymbol{A}$为n阶方阵，$\boldsymbol{A}^*$为$\boldsymbol{A}$的伴随矩阵，则

①$R(\boldsymbol{A})=n\Leftrightarrow R(\boldsymbol{A}^*)=n$

②$R(\boldsymbol{A})=n-1\Leftrightarrow R(\boldsymbol{A}^*)=1$

③$R(\boldsymbol{A})\leqslant n-2\Leftrightarrow R(\boldsymbol{A}^*)=0$，即$\boldsymbol{A}^*=\boldsymbol{0}$。

【例 1-8-11】 设$\boldsymbol{A}$、$\boldsymbol{B}$是n阶矩阵，且$\boldsymbol{B} \neq \boldsymbol{0}$，满足$\boldsymbol{AB} = \boldsymbol{0}$，则以下选项中错误的是：

A. $R(\boldsymbol{A}) + R(\boldsymbol{B}) \leqslant n$　　B. $|\boldsymbol{A}| = 0$ 或$|\boldsymbol{B}| = 0$

C. $0 \leqslant R(\boldsymbol{A}) < n$　　D. $\boldsymbol{A} = \boldsymbol{0}$

解　由矩阵乘法运算法则可知，两个非零矩阵之积可以是零矩阵。所以由$\boldsymbol{AB} = \boldsymbol{0}$，得$\boldsymbol{A} = \boldsymbol{0}$是错误的，即选项 D 错误。$\boldsymbol{AB} = \boldsymbol{0}$表明$\boldsymbol{A}$的行向量与$\boldsymbol{B}$的列向量正交（垂直）。正交向量可以是非零向量。

选项 A、B、C 可由矩阵的秩的性质判定。

若$\boldsymbol{AB} = \boldsymbol{0}$，则$R(\boldsymbol{A}) + R(\boldsymbol{B}) \leqslant n$，选项 A 正确。

已知$\boldsymbol{AB} = \boldsymbol{0}$，$|\boldsymbol{AB}| = |\boldsymbol{0}|$，$|\boldsymbol{A}||\boldsymbol{B}| = 0$，所以$|\boldsymbol{A}| = 0$或$|\boldsymbol{B}| = 0$，选项 B 正确。

另外，因$\boldsymbol{AB} = \boldsymbol{0}$，所以$R(\boldsymbol{A}) + R(\boldsymbol{B}) \leqslant n$成立，而$\boldsymbol{B} \neq \boldsymbol{0}$，所以$1 \leqslant R(\boldsymbol{B}) \leqslant n$，$0 \leqslant R(\boldsymbol{A}) < n$，选项 C 正确。

答案： D

【例 1-8-12】 设矩阵$\boldsymbol{A}$中有一个$(k-1)$阶子式不为零，且所有$(k+1)$阶子式全为零，则$\boldsymbol{A}$的秩r必为：

A. k　　B. $k-1$　　C. $k+1$　　D. $k-1$或k

解　$\boldsymbol{A}$中所有$(k+1)$阶子式全为零，故$R(\boldsymbol{A}) < k+1$，又因为$\boldsymbol{A}$中有一个$(k-1)$阶子式不为零，故$R(\boldsymbol{A}) \geqslant k-1$，由此可知，$r = k-1$或$r = k$。

答案： D

【例 1-8-13】 已知矩阵$\boldsymbol{A} = \begin{bmatrix} 1 & 1 & 2 & -2 \\ 1 & 3 & -x & -2x \\ 1 & -1 & 6 & 0 \end{bmatrix}$的秩为 2，则$x =$：

A. 1　　B. 2　　C. 4　　D. −1

解　$R(\boldsymbol{A}) = 2$说明矩阵$\boldsymbol{A}$的一切三阶子式都为 0，

故$\begin{vmatrix} 1 & 1 & 2 \\ 1 & 3 & -x \\ 1 & -1 & 6 \end{vmatrix} = 0$

而$\begin{vmatrix} 1 & 1 & 2 \\ 1 & 3 & -x \\ 1 & -1 & 6 \end{vmatrix} \xlongequal[r_1\times(-1)+r_3]{r_1\times(-1)+r_2} \begin{vmatrix} 1 & 1 & 2 \\ 0 & 2 & -x-2 \\ 0 & -2 & 4 \end{vmatrix} = \begin{vmatrix} 2 & -2-x \\ -2 & 4 \end{vmatrix}$

$= 8 - (4+2x) = 4 - 2x = 0$，即$x = 2$。

答案： B

（四）矩阵的初等变换、初等矩阵

1. 矩阵的初等变换

（1）对调两行（对调i、j两行，记作$r_i \leftrightarrow r_j$）；

（2）以数$k \neq 0$乘以某一行中所有元素（第i行乘k记作$r_i \times k$）；

（3）把某一行元素的k倍加到另一行对应元素上（第j行的k倍加到第i行上，记作$kr_j + r_i$）。

以上是矩阵的初等行变换。

如果把其中的“行”换成“列”，即得矩阵的初等列变换（其中记号“r”换成“c”即可）。

矩阵的初等行（列）变换，统称为矩阵的初等变换。

2. 初等矩阵

由单位矩阵$\boldsymbol{E} = \begin{bmatrix} 1 & 0 & 0 & \cdots & 0 \\ 0 & 1 & 0 & \cdots & 0 \\ 0 & 0 & 1 & \cdots & 0 \\ \vdots & \vdots & \vdots & & \vdots \\ 0 & 0 & 0 & \cdots & 1 \end{bmatrix}$经过一次初等变换得到的矩阵称为初等矩阵。

三种初等变换对应着三种初等矩阵。

（1）对调两行或对调两列

交换n阶单位矩阵的第i行（列）和第j行（列）所得初等矩阵，可记作$\boldsymbol{E}(i,j)$。

$$\boldsymbol{E}\xrightarrow[(c_i\leftrightarrow c_j)]{r_i\leftrightarrow r_j}\boldsymbol{E}(i,j)=\begin{bmatrix}1&0&\cdots&0&\cdots&0\\ \vdots&\vdots&&\vdots&&\vdots\\ 0&0&\cdots&1&\cdots&0\\ \vdots&\vdots&&\vdots&&\vdots\\ 0&1&\cdots&0&\cdots&0\\ \vdots&\vdots&&\vdots&&\vdots\\ 0&0&\cdots&0&\cdots&1\end{bmatrix}\begin{matrix}\\ \\ i\\ \\ j\\ \\ \\ \end{matrix}$$

（2）以数$k\neq 0$乘某行或某列

把n阶单位矩阵第i行（列）乘以一个非零常数k所得的初等矩阵可记作$\boldsymbol{E}[i(k)]$。

$$\boldsymbol{E}\underset{kc_i}{\overset{kr_i}{\longrightarrow}}\boldsymbol{E}[i(k)]=\begin{bmatrix}1&&&&&\\ &\ddots&&&&\\ &&1&&&\\ &&&k&&\\ &&&&1&\\ &&&&&\ddots&\\ &&&&&&1\end{bmatrix}i$$

（3）以数k乘某行（列）加到另一行（列）上去

把n阶单位矩阵的第j行（第i列）所有元素乘以k，加到第i行（第j列）所得初等矩阵可记作$\boldsymbol{E}[i,j(k)]$。

$$\boldsymbol{E}\xrightarrow[kc_i+c_j]{kr_j+r_i}\boldsymbol{E}[i,j(k)]=\begin{bmatrix}1&&&&&\\ &\ddots&&&&\\ &&1&&k&&\\ &&&\ddots&&\\ &&&&1&\\ &&&&&\ddots&\\ &&&&&&1\end{bmatrix}\begin{matrix}\\ \\ i\\ \\ j\\ \\ \\ \end{matrix}$$

初等矩阵都是可逆的，其逆矩阵仍是初等矩阵，且有

$$[\boldsymbol{E}(i,j)]^{-1}=\boldsymbol{E}(i,j)$$
$$\left[\boldsymbol{E}\big(i(k)\big)\right]^{-1}=\boldsymbol{E}\left[i\left(\frac{1}{k}\right)\right]$$
$$\left[\boldsymbol{E}\big(i,j(k)\big)\right]^{-1}=\boldsymbol{E}[i,j(-k)]$$

3. 结论：

（1）方阵$\boldsymbol{A}$可逆的充要条件是$\boldsymbol{A}$等于若干个初等矩阵的乘积。

（2）矩阵的初等变换与初等矩阵有下面关系：矩阵$\boldsymbol{A}$左乘一个初等矩阵，相当于对矩阵$\boldsymbol{A}$作一次与初等矩阵同类型的初等行变换；矩阵$\boldsymbol{A}$右乘一个初等矩阵，相当于对矩阵$\boldsymbol{A}$作了一次与初等矩阵同类型的初等列变换。设$\boldsymbol{A}$为$m\times n$矩阵，$\boldsymbol{P}$为m阶可逆矩阵，$\boldsymbol{Q}$为n阶可逆矩阵，则$\boldsymbol{PA}$表示对$\boldsymbol{A}$进行若干次初等行变换，$\boldsymbol{AQ}$表示对$\boldsymbol{A}$进行若干次初等列变换。

（3）初等变换不改变矩阵的秩。

设$\boldsymbol{A}$为$m\times n$矩阵，$\boldsymbol{P}$为m阶可逆矩阵，$\boldsymbol{Q}$为n阶可逆矩阵，则$R(\boldsymbol{PAQ})=R(\boldsymbol{PA})=R(\boldsymbol{AQ})=R(\boldsymbol{A})$。

4. 应用

（1）求$R(\boldsymbol{A})$

利用初等行变换求矩阵的秩时，只需把矩阵化为行阶梯形，非零行的个数即为矩阵的秩。

$\boldsymbol{A}\xrightarrow{\text{初等行变换}}\boldsymbol{B}$（行阶梯形矩阵），$R(\boldsymbol{A})=R(\boldsymbol{B})$。

如$B=\begin{bmatrix}1&2&-1&0&2\\0&3&2&2&-1\\0&0&0&-3&1\\0&0&0&0&0\end{bmatrix}$就是行阶梯形矩阵，其特征是：

①可以画出一个阶梯折线，线的左侧、下侧全是0；

②每个阶梯只占一个非零行；

③每个非零行在阶梯线右侧第一个数不为0。

矩阵$\boldsymbol{B}$中，$b_{11}=1$，$b_{22}=3$，$b_{34}=-3$。$\boldsymbol{B}$有3个非零行，$R(\boldsymbol{B})=3$。

【例 1-8-14】已知矩阵$\boldsymbol{A}=\begin{bmatrix}1&0&0\\0&1&2\\0&2&4\end{bmatrix}$，则$\boldsymbol{A}$的秩$R(\boldsymbol{A})$等于：

A. 0　　B. 1　　C. 2　　D. 3

解　$\boldsymbol{A}=\begin{bmatrix}1&0&0\\0&1&2\\0&2&4\end{bmatrix}\xrightarrow{-2r_2+r_3}\begin{bmatrix}1&0&0\\0&1&2\\0&0&0\end{bmatrix}$

行阶梯形矩阵的非零行向量的个数为2，所以$R(\boldsymbol{A})=2$。

答案： C

【例 1-8-15】设$\boldsymbol{A}=\begin{bmatrix}1&-1&2\\2&1&1\\-1&1&-2\end{bmatrix}$，$\boldsymbol{B}=\begin{bmatrix}2&a&1\\0&3&a\\0&0&-1\end{bmatrix}$，则秩$R(\boldsymbol{AB}-\boldsymbol{A})$等于：

A. 1　　B. 2　　C. 3　　D. 与a的取值有关

解　**方法1：**$\boldsymbol{AB}-\boldsymbol{A}=\boldsymbol{AB}-\boldsymbol{AE}=\boldsymbol{A}(\boldsymbol{B}-\boldsymbol{E})$

$$=\begin{bmatrix}1&-1&2\\2&1&1\\-1&1&-2\end{bmatrix}\begin{bmatrix}1&a&1\\0&2&a\\0&0&-2\end{bmatrix}=\begin{bmatrix}1&a-2&-a-3\\2&2a+2&a\\-1&-a+2&a+3\end{bmatrix}\xrightarrow[r_1+r_3]{-2r_1+r_2}$$

$$\begin{bmatrix}1&a-2&-a-3\\0&6&3a+6\\0&0&0\end{bmatrix}\text{(两个非零行)}$$

所以$R(\boldsymbol{AB}-\boldsymbol{A})=2$

方法2：$\boldsymbol{AB}-\boldsymbol{A}=\boldsymbol{A}(\boldsymbol{B}-\boldsymbol{E})$

$\boldsymbol{B}-\boldsymbol{E}=\begin{bmatrix}1&a&1\\0&2&a\\0&0&-2\end{bmatrix}$，$|\boldsymbol{B}-\boldsymbol{E}|\overset{\text{三角行列式}}{=\!=\!=}-4\neq 0$

所以矩阵$\boldsymbol{B}-\boldsymbol{E}$可逆

利用矩阵秩的性质：若$\boldsymbol{A}$可逆，则$R(\boldsymbol{AB})=R(\boldsymbol{B})$

$R[\boldsymbol{A}(\boldsymbol{B}-\boldsymbol{E})]=R(\boldsymbol{A})$

而$\boldsymbol{A}=\begin{bmatrix}1&-1&2\\2&1&1\\-1&1&-2\end{bmatrix}\xrightarrow[r_1+r_3]{-2r_1+r_2}\begin{bmatrix}1&-1&2\\0&3&-3\\0&0&0\end{bmatrix}$

$R(\boldsymbol{A})=2$，所以$R(\boldsymbol{AB}-\boldsymbol{A})=2$

答案： B

（2）求向量组的秩和最大线性无关组（详见“四、向量组的线性相关性”）

$$\boldsymbol{A}\xrightarrow{\text{初等行变换}}\boldsymbol{B}\text{(行阶梯形矩阵)}$$

（3）解矩阵方程$\boldsymbol{AX}=\boldsymbol{B}$和$\boldsymbol{XA}=\boldsymbol{B}$

解方程$\boldsymbol{AX}=\boldsymbol{B}$时，若$\boldsymbol{A}$可逆，$\boldsymbol{A}^{-1}\boldsymbol{AX}=\boldsymbol{A}^{-1}\boldsymbol{B}$，$\boldsymbol{X}=\boldsymbol{A}^{-1}\boldsymbol{B}$。

注意$\boldsymbol{A}^{-1}\boldsymbol{A}=\boldsymbol{E}$与$\boldsymbol{A}^{-1}\boldsymbol{B}=\boldsymbol{X}$表示对$\boldsymbol{A}$与$\boldsymbol{B}$进行了相同的初等行变换，$\boldsymbol{A}$化为$\boldsymbol{E}$时$\boldsymbol{B}$就化为$\boldsymbol{X}$。

$$(\boldsymbol{A}|\boldsymbol{B}) \xrightarrow{\text{初等行变换}} (\boldsymbol{E}|\boldsymbol{X})$$

解$\boldsymbol{XA}=\boldsymbol{B}$时，可先化为$\boldsymbol{A}^{\mathrm{T}}\boldsymbol{X}^{\mathrm{T}}=\boldsymbol{B}^{\mathrm{T}}$，$(\boldsymbol{A}^{\mathrm{T}}|\boldsymbol{B}^{\mathrm{T}}) \xrightarrow{\text{初等行变换}} (\boldsymbol{E}|\boldsymbol{X}^{\mathrm{T}})$，再求$\boldsymbol{X}$。

【例 1-8-16】 设$\boldsymbol{A}=\begin{bmatrix}2&5\\1&3\end{bmatrix}$，$\boldsymbol{B}=\begin{bmatrix}4&-6\\2&1\end{bmatrix}$，求解矩阵方程$\boldsymbol{AZ}=\boldsymbol{B}$。

解　方法 1： 方程两边左乘$\boldsymbol{A}^{-1}$，得$\boldsymbol{Z}=\boldsymbol{A}^{-1}\boldsymbol{B}$

$$\boldsymbol{A}^{-1}=\frac{1}{|\boldsymbol{A}|}\boldsymbol{A}^*=\frac{1}{6-5}\begin{bmatrix}3&-5\\-1&2\end{bmatrix}=\begin{bmatrix}3&-5\\-1&2\end{bmatrix}$$

所以
$$\boldsymbol{Z}=\begin{bmatrix}3&-5\\-1&2\end{bmatrix}\begin{bmatrix}4&-6\\2&1\end{bmatrix}=\begin{bmatrix}2&-23\\0&8\end{bmatrix}$$

方法 2： $[\boldsymbol{A}|\boldsymbol{B}]=\left[\begin{array}{cc|cc}2&5&4&-6\\1&3&2&1\end{array}\right]\xrightarrow{r_1\leftrightarrow r_2}\left[\begin{array}{cc|cc}1&3&2&1\\2&5&4&-6\end{array}\right]\xrightarrow{-2r_1+r_2}\left[\begin{array}{cc|cc}1&3&2&1\\0&-1&0&-8\end{array}\right]\xrightarrow[-1\times r_2]{3r_2+r_1}\left[\begin{array}{cc|cc}1&0&2&-23\\0&1&0&8\end{array}\right]$

$$\boldsymbol{Z}=\begin{bmatrix}2&-23\\0&8\end{bmatrix}$$

（4）求$\boldsymbol{A}^{-1}$（解方程$\boldsymbol{AX}=\boldsymbol{E}$）

$$(\boldsymbol{A}|\boldsymbol{E}) \xrightarrow{\text{初等行变换}} (\boldsymbol{E}|\boldsymbol{A}^{-1})$$

【例 1-8-17】 已知矩阵$\boldsymbol{A}=\begin{bmatrix}1&2&-1\\3&4&-2\\5&-4&1\end{bmatrix}$，则$\boldsymbol{A}^{-1}$为：

A. $\begin{bmatrix}-4&2&0\\-13&6&-1\\-32&14&-2\end{bmatrix}$　B. $\begin{bmatrix}-4&-13&-32\\2&6&14\\0&-1&-2\end{bmatrix}$　C. $\begin{bmatrix}-2&1&0\\-13&3&-\frac{1}{2}\\-16&7&-1\end{bmatrix}$　D. $\begin{bmatrix}-2&1&0\\-\frac{13}{2}&3&-\frac{1}{2}\\-16&7&-1\end{bmatrix}$

解　方法 1： $\boldsymbol{A}^{-1}=\frac{1}{|\boldsymbol{A}|}\boldsymbol{A}^*$

$$|\boldsymbol{A}|=\begin{vmatrix}1&2&-1\\3&4&-2\\5&-4&1\end{vmatrix}=\begin{vmatrix}1&2&-1\\0&-2&1\\0&-14&6\end{vmatrix}=2\neq 0$$

$$\boldsymbol{A}^*=\begin{bmatrix}-4&-13&-32\\2&6&14\\0&-1&-2\end{bmatrix}^{\mathrm{T}}=\begin{bmatrix}-4&2&0\\-13&6&-1\\-32&14&-2\end{bmatrix},\ \boldsymbol{A}^{-1}=\frac{1}{2}\boldsymbol{A}^*=\begin{bmatrix}-2&1&0\\-\frac{13}{2}&3&-\frac{1}{2}\\-16&7&-1\end{bmatrix}$$

方法 2：

$$(\boldsymbol{A}|\boldsymbol{E})=\left[\begin{array}{ccc|ccc}1&2&-1&1&0&0\\3&4&-2&0&1&0\\5&-4&1&0&0&1\end{array}\right]\xrightarrow[-5r_1+r_3]{-3r_1+r_2}\left[\begin{array}{ccc|ccc}1&2&-1&1&0&0\\0&-2&1&-3&1&0\\0&-14&6&-5&0&1\end{array}\right]\xrightarrow{-\frac{1}{2}r_2}$$

$$\left[\begin{array}{ccc|ccc}1&2&-1&1&0&0\\0&1&-\frac{1}{2}&\frac{3}{2}&-\frac{1}{2}&0\\0&-14&6&-5&0&1\end{array}\right]\xrightarrow[14r_2+r_3]{-2r_2+r_1}$$

$$\left[\begin{array}{ccc|ccc}1&0&0&-2&1&0\\0&1&-\frac{1}{2}&\frac{3}{2}&-\frac{1}{2}&0\\0&0&-1&16&-7&1\end{array}\right]\xrightarrow[-r_3]{-\frac{1}{2}r_3+r_2}\left[\begin{array}{ccc|ccc}1&0&0&-2&1&0\\0&1&0&-\frac{13}{2}&3&-\frac{1}{2}\\0&0&1&-16&7&-1\end{array}\right]$$

$$\boldsymbol{A}^{-1}=\begin{bmatrix}-2&1&0\\-\frac{13}{2}&3&-\frac{1}{2}\\-16&7&-1\end{bmatrix}$$

方法 3： 矩阵$\boldsymbol{A}$与选项中矩阵相乘，乘积应为单位矩阵。矩阵$\boldsymbol{A}$乘选项 D 的矩阵得$\boldsymbol{E}$，那么选项 D 为$\boldsymbol{A}$的逆矩阵。该方法是选择题比较适用的做题方法。

答案： D

【例 1-8-18】已知矩阵$\boldsymbol{A}=\begin{bmatrix}1&2&-1\\3&4&-2\\5&-4&1\end{bmatrix}$，且$\boldsymbol{A}^2-\boldsymbol{AB}=\boldsymbol{E}$，则矩阵$\boldsymbol{B}$为：

A. $\begin{bmatrix}3&1&-1\\\frac{19}{2}&1&-\frac{3}{2}\\21&-11&2\end{bmatrix}$　B. $\begin{bmatrix}3&1&-1\\4&\frac{3}{2}&-3\\21&-11&2\end{bmatrix}$　C. $\begin{bmatrix}2&1&-1\\\frac{19}{2}&1&-\frac{3}{2}\\21&-11&2\end{bmatrix}$　D. $\begin{bmatrix}3&1&-1\\\frac{19}{2}&1&-\frac{3}{2}\\12&-11&2\end{bmatrix}$

解　因为$\boldsymbol{A}^2-\boldsymbol{AB}=\boldsymbol{E}$，$\boldsymbol{A}(\boldsymbol{A}-\boldsymbol{B})=\boldsymbol{E}$，所以$\boldsymbol{A}$与$(\boldsymbol{A}-\boldsymbol{B})$互为逆阵，$\boldsymbol{A}-\boldsymbol{B}=\boldsymbol{A}^{-1}$，由上例，

$$\boldsymbol{A}^{-1}=\begin{bmatrix}-2&1&0\\-\dfrac{13}{2}&3&-\dfrac{1}{2}\\-16&7&-1\end{bmatrix}$$

$$\boldsymbol{B}=\boldsymbol{A}-\boldsymbol{A}^{-1}=\begin{bmatrix}1&2&-1\\3&4&-2\\5&-4&1\end{bmatrix}-\begin{bmatrix}-2&1&0\\-\dfrac{13}{2}&3&-\dfrac{1}{2}\\-16&7&-1\end{bmatrix}=\begin{bmatrix}3&1&-1\\\dfrac{19}{2}&1&-\dfrac{3}{2}\\21&-11&2\end{bmatrix}$$

答案：A

（5）解方程组$\boldsymbol{Ax}=\boldsymbol{0}$和$\boldsymbol{Ax}=\boldsymbol{b}\quad(\boldsymbol{b}\neq\boldsymbol{0})$（详见“五、线性方程组”）

（五）等价矩阵与矩阵的标准形

1. 定义：如果矩阵$\boldsymbol{A}$经有限次初等变换变成矩阵$\boldsymbol{B}$，就称矩阵$\boldsymbol{A}$与$\boldsymbol{B}$等价，记作$\boldsymbol{A}\cong\boldsymbol{B}$。或设$\boldsymbol{A}$、$\boldsymbol{B}$均为$m\times n$矩阵，$\boldsymbol{P}$为$m$阶可逆矩阵，$\boldsymbol{Q}$为$n$阶可逆矩阵，若$\boldsymbol{PAQ}=\boldsymbol{B}$或$\boldsymbol{PA}=\boldsymbol{B}$或$\boldsymbol{AQ}=\boldsymbol{B}$，则称矩阵$\boldsymbol{A}$与矩阵$\boldsymbol{B}$等价。

矩阵之间的等价关系具有下列性质：

（1）反身性：$\boldsymbol{A}\cong\boldsymbol{A}$；

（2）对称性：若$\boldsymbol{A}\cong\boldsymbol{B}$，则$\boldsymbol{B}\cong\boldsymbol{A}$；

（3）传递性：若$\boldsymbol{A}\cong\boldsymbol{B}$，$\boldsymbol{B}\cong\boldsymbol{C}$，则$\boldsymbol{A}\cong\boldsymbol{C}$。

（4）若$\boldsymbol{A}\cong\boldsymbol{B}$，则$R(\boldsymbol{A})=R(\boldsymbol{B})$。

2. 定义：形如$\begin{bmatrix}\boldsymbol{E}_{\mathrm{r}}&\boldsymbol{0}\\\boldsymbol{0}&\boldsymbol{0}\end{bmatrix}$的矩阵，称为矩阵的标准形，其中$\boldsymbol{E}_{\mathrm{r}}=\begin{bmatrix}1&&\\&\ddots&\\&&1\end{bmatrix}$为$r$阶单位矩阵。矩阵标准形中单位矩阵$\boldsymbol{E}_{\mathrm{r}}$的阶数$r$为矩阵的秩。

结论：

（1）任何矩阵都可经过一系列的初等行、列变换化为标准形，所以矩阵与它的标准形等价。

（2）每个非零矩阵都有唯一的等价标准形。

（3）有相同标准形的矩阵是等价的。

（4）n阶方阵$\boldsymbol{A}$可逆的充要条件是$\boldsymbol{A}\cong\boldsymbol{E}$。

四、向量组的线性相关性

（一）n维向量

1. 定义：由n个数组成的有序数组$(a_1,a_2,\cdots,a_n)$，称为n维向量，称$\boldsymbol{\alpha}=(a_1,a_2,\cdots,a_n)$为$n$维行向

量，$\boldsymbol{\alpha}^{\mathrm{T}}=\begin{bmatrix}a_1\\a_2\\\vdots\\a_n\end{bmatrix}$为$n$维列向量。其中$a_i$称作$\boldsymbol{\alpha}$的第$i$个坐标（分量）$(i=1,2,\cdots,n)$。

分量全为实数的向量称为实向量。我们只讨论实向量。

分量全为 0 的向量称为零向量，记作$\mathbf{0}$，即$\mathbf{0}=(0,0,\cdots,0)$

向量$-\boldsymbol{\alpha}=(-a_1,-a_2,\cdots,-a_n)$，称为$\boldsymbol{\alpha}$的负向量。

2. 运算：设$\boldsymbol{\alpha}=(a_1,a_2,\cdots,a_n)$，$\boldsymbol{\beta}=(b_1,b_2,\cdots,b_n)$

当$a_i=b_i(i=1,2,\cdots,n)$时，称$\boldsymbol{\alpha}$与$\boldsymbol{\beta}$相等，记作$\boldsymbol{\alpha}=\boldsymbol{\beta}$。

向量加法定义：

$$\boldsymbol{\alpha}+\boldsymbol{\beta}=(a_1+b_1,a_2+b_2,\cdots,a_n+b_n)$$

向量减法定义：

$$\boldsymbol{\alpha}-\boldsymbol{\beta}=\boldsymbol{\alpha}+(-\boldsymbol{\beta})=(a_1-b_1,a_2-b_2,\cdots,a_n-b_n)$$

数与向量$\boldsymbol{\alpha}$乘积定义：k为实数，则$k\boldsymbol{\alpha}=(k\alpha_1,k\alpha_2,\cdots,k\alpha_n)$

n维向量的加法和数乘运算满足下面性质（设$\boldsymbol{\alpha}$、$\boldsymbol{\beta}$、$\boldsymbol{\gamma}$为n维向量，k、l为实数）。

（1）$\boldsymbol{\alpha}+\boldsymbol{\beta}=\boldsymbol{\beta}+\boldsymbol{\alpha}$;

（2）$(\boldsymbol{\alpha}+\boldsymbol{\beta})+\boldsymbol{\gamma}=\boldsymbol{\alpha}+(\boldsymbol{\beta}+\boldsymbol{\gamma})$;

（3）$\boldsymbol{\alpha}+\mathbf{0}=\boldsymbol{\alpha}$;

（4）$\boldsymbol{\alpha}+(-\boldsymbol{\alpha})=\mathbf{0}$;

（5）$k(\boldsymbol{\alpha}+\boldsymbol{\beta})=k\boldsymbol{\alpha}+k\boldsymbol{\beta}$;

（6）$(k+l)\boldsymbol{\alpha}=k\boldsymbol{\alpha}+l\boldsymbol{\alpha}$。

（二）向量的线性表示

定义：设$\boldsymbol{\alpha}_1$，$\boldsymbol{\alpha}_2$，…，$\boldsymbol{\alpha}_s$，$\boldsymbol{\beta}$均为n维向量，若存在一组数k_1，k_2，…，k_s，使得$\boldsymbol{\beta}=k_1\boldsymbol{\alpha}_1+k_2\boldsymbol{\alpha}_2+\cdots+k_s\boldsymbol{\alpha}_s$，则称向量$\boldsymbol{\beta}$是向量组$\boldsymbol{\alpha}_1$，$\boldsymbol{\alpha}_2$，…，$\boldsymbol{\alpha}_s$的一个线性组合，也称向量$\boldsymbol{\beta}$可由向量组$\boldsymbol{\alpha}_1$，$\boldsymbol{\alpha}_2$，…，$\boldsymbol{\alpha}_s$线性表示。

说明：$\boldsymbol{\beta}$可由$\boldsymbol{\alpha}_1$，$\boldsymbol{\alpha}_2$，…，$\boldsymbol{\alpha}_s$线性表示与方程组$x_1\boldsymbol{\alpha}_1+x_2\boldsymbol{\alpha}_2+\cdots+x_s\boldsymbol{\alpha}_s=\boldsymbol{\beta}$有解一致。

（三）向量组的线性相关性

1. 定义：对于m个n维向量$\boldsymbol{\alpha}_1$，$\boldsymbol{\alpha}_2$，…，$\boldsymbol{\alpha}_m$，若存在不全为零的m个数k_1，k_2，…，k_m，使得

$$k_1\boldsymbol{\alpha}_1+k_2\boldsymbol{\alpha}_2+\cdots+k_m\boldsymbol{\alpha}_m=\mathbf{0}$$

则称这m个向量线性相关；否则，称它们线性无关。

说明：$\boldsymbol{\alpha}_1$，$\boldsymbol{\alpha}_2$，…，$\boldsymbol{\alpha}_m$线性相关与齐次线性方程组$x_1\boldsymbol{\alpha}_1+x_2\boldsymbol{\alpha}_2+\cdots+x_m\boldsymbol{\alpha}_m=\mathbf{0}$有非零解一致。$\boldsymbol{\alpha}_1$，$\boldsymbol{\alpha}_2$，…，$\boldsymbol{\alpha}_m$线性无关与齐次线性方程组$x_1\boldsymbol{\alpha}_1+x_2\boldsymbol{\alpha}_2+\cdots+x_m\boldsymbol{\alpha}_m=\mathbf{0}$只有零解一致。

2. 结论：

（1）单独一个零向量线性相关；

（2）含有零向量的向量组线性相关；

（3）单独一个非零向量线性无关；

（4）n个n维标准单位向量$\boldsymbol{\varepsilon}_1=(1,0,0,\cdots,0)$，$\boldsymbol{\varepsilon}_2=(0,1,0,\cdots,0)$，…，$\boldsymbol{\varepsilon}_n=(0,\cdots,0,1)$线性无关。

3. 判别向量组的线性相关性还有下面几个重要定理：

（1）若$\boldsymbol{\alpha}_1$，$\boldsymbol{\alpha}_2$，…，$\boldsymbol{\alpha}_s$线性无关，而$\boldsymbol{\alpha}_1$，$\boldsymbol{\alpha}_2$，…，$\boldsymbol{\alpha}_s$，$\boldsymbol{\beta}$线性相关，则$\boldsymbol{\beta}$可由$\boldsymbol{\alpha}_1$，$\boldsymbol{\alpha}_2$，…，$\boldsymbol{\alpha}_s$线性表示，且表示法唯一。

（2）如果一个向量组中有一部分向量线性相关，那么这个向量组线性相关。（相关组增加向量还相关）

（3）如果一个向量组线性无关，那么它的任何一部分向量组也线性无关。（无关组减少向量还无关）

（4）如果向量组$\boldsymbol{\alpha}_i=(a_{1i},a_{2i},a_{3i},\cdots,a_{ji})$，$i=1$，2，…，$s$，线性无关，那么在每一个向量上添一个分量所得到的向量组$\boldsymbol{\beta}_i=(a_{1i},a_{2i},a_{3i},\cdots,a_{ji},a_{(j+1)i})$，$i=1$，2，…，$s$，也线性无关。

（5）$n+1$个n维向量线性相关。（推广：m个n维向量$\boldsymbol{\alpha}_1$，$\boldsymbol{\alpha}_2$，…，$\boldsymbol{\alpha}_m$，当$m>n$时，$\boldsymbol{\alpha}_1$，$\boldsymbol{\alpha}_2$，…，$\boldsymbol{\alpha}_m$线性相关。）

（6）向量组$\boldsymbol{\alpha}_1$，$\boldsymbol{\alpha}_2$，…，$\boldsymbol{\alpha}_s(s\geqslant2)$线性相关的充要条件是其中至少有一个向量可由其余向量线性表示。

向量组$\boldsymbol{\alpha}_1$，$\boldsymbol{\alpha}_2\cdots\boldsymbol{\alpha}_s(s\geqslant2)$线性无关的充要条件是向量组中任一向量都不能由其余向量线性表示。

（7）n个n维向量$\boldsymbol{\alpha}_i=(a_{i1},a_{i2},\cdots,a_{in})$，$i=1$，2，…，$n$，线性无关的充要条件是行列式

$$\begin{vmatrix}a_{11} & a_{12} & \cdots & a_{1n}\\ \vdots & \vdots & & \vdots\\ a_{n1} & a_{n2} & \cdots & a_{nn}\end{vmatrix}\neq0$$

（8）n个n维向量$\boldsymbol{\alpha}_i=(a_{i1},a_{i2},\cdots,a_{in})$，$i=1$，2，…，$n$，线性相关的充要条件是行列式

$$\begin{vmatrix}a_{11} & a_{12} & \cdots & a_{1n}\\ \vdots & \vdots & & \vdots\\ a_{n1} & a_{n2} & \cdots & a_{nn}\end{vmatrix}=0$$

（9）设$\boldsymbol{A}$为$m\times n$矩阵，则

①m个n维行向量线性相关的充要条件是$R(\boldsymbol{A})<m$，n个m维列向量线性相关的充要条件是$R(\boldsymbol{A})<n$。

②m个n维行向量线性无关的充要条件是$R(\boldsymbol{A})=m$，n个m维列向量线性无关的充要条件是$R(\boldsymbol{A})=n$。

【例 1-8-19】 设$\boldsymbol{\beta}=(0,k,k^2)$能由$\boldsymbol{\alpha}_1=(1+k,1,1)$，$\boldsymbol{\alpha}_2=(1,1+k,1)$，$\boldsymbol{\alpha}_3=(1,1,1+k)$唯一线性表示，则$k$的取值为：

A. $k\neq0$　　B. $k=0$或1　　C. $k\neq1$　　D. $k\neq0$，-3

解 $\boldsymbol{\beta}$可由$\boldsymbol{\alpha}_1$，$\boldsymbol{\alpha}_2$，$\boldsymbol{\alpha}_3$唯一线性表示，即仅存在一组数x_1，x_2，x_3使$x_1\boldsymbol{\alpha}_1+x_2\boldsymbol{\alpha}_2+x_3\boldsymbol{\alpha}_3=\boldsymbol{\beta}$，即方程组$\left(\boldsymbol{\alpha}_1^{\mathrm{T}},\boldsymbol{\alpha}_2^{\mathrm{T}},\boldsymbol{\alpha}_3^{\mathrm{T}}\right)\begin{bmatrix}x_1\\x_2\\x_3\end{bmatrix}=\boldsymbol{\beta}^{\mathrm{T}}$有唯一解。那么系数行列式

$$\left|\boldsymbol{\alpha}_1^{\mathrm{T}},\boldsymbol{\alpha}_2^{\mathrm{T}},\boldsymbol{\alpha}_3^{\mathrm{T}}\right|=\begin{vmatrix}1+k & 1 & 1\\ 1 & 1+k & 1\\ 1 & 1 & 1+k\end{vmatrix}\xlongequal[c_3+c_1]{c_2+c_1}\begin{vmatrix}3+k & 1 & 1\\ 3+k & 1+k & 1\\ 3+k & 1 & 1+k\end{vmatrix}\xlongequal[-r_1+r_3]{-r_1+r_2}\begin{vmatrix}3+k & 1 & 1\\ 0 & k & 0\\ 0 & 0 & k\end{vmatrix}$$
$$=k^2(3+k)\neq0$$

即$k\neq0$，-3。

答案：D

【例 1-8-20】 若向量组$\boldsymbol{\alpha}$、$\boldsymbol{\beta}$、$\boldsymbol{\gamma}_1$线性无关，$\boldsymbol{\alpha}$、$\boldsymbol{\beta}$、$\boldsymbol{\gamma}_2$线性相关，则：

A. $\boldsymbol{\alpha}$必可由向量组$\boldsymbol{\beta}$，$\boldsymbol{\gamma}_1$，$\boldsymbol{\gamma}_2$线性表示

B. $\boldsymbol{\beta}$必不可由$\boldsymbol{\alpha}$，$\boldsymbol{\gamma}_1$，$\boldsymbol{\gamma}_2$线性表示

C. $\boldsymbol{\gamma}_2$必可由$\boldsymbol{\alpha}$，$\boldsymbol{\beta}$，$\boldsymbol{\gamma}_1$线性表示

D. $\boldsymbol{\gamma}_2$必不可由$\boldsymbol{\alpha}$，$\boldsymbol{\beta}$，$\boldsymbol{\gamma}_1$线性表示

解 因为$\boldsymbol{\alpha}$、$\boldsymbol{\beta}$、$\boldsymbol{\gamma}_1$线性无关，所以$\boldsymbol{\alpha}$，$\boldsymbol{\beta}$线性无关［定理（3）］，而$\boldsymbol{\alpha}$、$\boldsymbol{\beta}$、$\boldsymbol{\gamma}_2$线性相关，故$\boldsymbol{\gamma}_2$必可由$\boldsymbol{\alpha}$，$\boldsymbol{\beta}$线性表示［定理（1）］，从而$\boldsymbol{\gamma}_2$必可由$\boldsymbol{\alpha}$、$\boldsymbol{\beta}$、$\boldsymbol{\gamma}_1$线性表示$(\boldsymbol{\gamma}_2=\boldsymbol{k}_1\boldsymbol{\alpha}+\boldsymbol{k}_2\boldsymbol{\beta}=\boldsymbol{k}_1\boldsymbol{\alpha}+\boldsymbol{k}_2\boldsymbol{\beta}+0\cdot\boldsymbol{\gamma}_1)$。

答案： C

【例 1-8-21】 设$\boldsymbol{\alpha}$，$\boldsymbol{\beta}$，$\boldsymbol{\gamma}$，$\boldsymbol{\delta}$是n维向量，已知$\boldsymbol{\alpha}$，$\boldsymbol{\beta}$线性无关，$\boldsymbol{\gamma}$可以由$\boldsymbol{\alpha}$，$\boldsymbol{\beta}$线性表示，$\boldsymbol{\delta}$不能由$\boldsymbol{\alpha}$，$\boldsymbol{\beta}$线性表示，则以下选项中正确的是：

A. $\boldsymbol{\alpha}$，$\boldsymbol{\beta}$，$\boldsymbol{\gamma}$，$\boldsymbol{\delta}$线性无关　　B. $\boldsymbol{\alpha}$，$\boldsymbol{\beta}$，$\boldsymbol{\gamma}$线性无关

C. $\boldsymbol{\alpha}$，$\boldsymbol{\beta}$，$\boldsymbol{\delta}$线性相关　　D. $\boldsymbol{\alpha}$，$\boldsymbol{\beta}$，$\boldsymbol{\delta}$线性无关

解 已知$\boldsymbol{\gamma}$可以由$\boldsymbol{\alpha}$，$\boldsymbol{\beta}$线性表示，根据“3”定理（6）可推出$\boldsymbol{\alpha}$、$\boldsymbol{\beta}$、$\boldsymbol{\gamma}$线性相关，所以选项 B 错误。

用定理（2），由$\boldsymbol{\alpha}$，$\boldsymbol{\beta}$，$\boldsymbol{\gamma}$相关，推出$\boldsymbol{\alpha}$，$\boldsymbol{\beta}$，$\boldsymbol{\gamma}$，$\boldsymbol{\delta}$也相关，所以选项 A 错误。

选项 C 可用反证法证明它是错误的。假设$\boldsymbol{\alpha}$，$\boldsymbol{\beta}$，$\boldsymbol{\delta}$线性相关，已知$\boldsymbol{\alpha}$，$\boldsymbol{\beta}$线性无关，根据定理（1），$\boldsymbol{\delta}$可由$\boldsymbol{\alpha}$，$\boldsymbol{\beta}$线性表示，与已知$\boldsymbol{\delta}$不能由$\boldsymbol{\alpha\beta}$线性表示矛盾，所以$\boldsymbol{\alpha}$，$\boldsymbol{\beta}$，$\boldsymbol{\delta}$线性无关，选项 C 错误。

注意：不相关就无关，不无关就相关。在选项 C、D 中必有一个对，一个错。

答案： D

（四）最大线性无关组

定义（1）：设有两个向量组，$\boldsymbol{A}$：$\boldsymbol{\alpha}_1$，$\boldsymbol{\alpha}_2$，…，$\boldsymbol{\alpha}_s$，$\boldsymbol{B}$：$\boldsymbol{\beta}_1$，$\boldsymbol{\beta}_2$，…，$\boldsymbol{\beta}_t$，如果向量组$\boldsymbol{A}$中每个向量都能由向量组$\boldsymbol{B}$线性表示，则称向量组$\boldsymbol{A}$能由向量组$\boldsymbol{B}$线性表示。

定义（2）：如果向量组$\boldsymbol{A}$能由向量组$\boldsymbol{B}$线性表示，且向量组$\boldsymbol{B}$也能由向量组$\boldsymbol{A}$线性表示，则称两个向量组等价，记作$\boldsymbol{A} \cong \boldsymbol{B}$。

注意这里的$\boldsymbol{A}$、$\boldsymbol{B}$不是矩阵，是向量组。$\boldsymbol{A}$组与$\boldsymbol{B}$组等价，向量维数必须相同，但向量个数可以不同。矩阵$\boldsymbol{A}$、$\boldsymbol{B}$等价时，行数相同，列数相同。

1. 向量组等价性质

（1）反身性：$\boldsymbol{A} \cong \boldsymbol{A}$。

（2）对称性：若$\boldsymbol{A} \cong \boldsymbol{B}$，则$\boldsymbol{B} \cong \boldsymbol{A}$。

（3）传递性：若$\boldsymbol{A} \cong \boldsymbol{B}$，$\boldsymbol{B} \cong \boldsymbol{C}$，则$\boldsymbol{A} \cong \boldsymbol{C}$。

2. 定义：设有向量组$\boldsymbol{A}$：$\boldsymbol{\alpha}_1$，$\boldsymbol{\alpha}_2$，…，$\boldsymbol{\alpha}_s$，而向量组$\boldsymbol{B}$：$\boldsymbol{\alpha}_{i1}$，$\boldsymbol{\alpha}_{i2}$，…，$\boldsymbol{\alpha}_{ir}(r \leqslant s)$是向量组$\boldsymbol{A}$的一个部分向量组。如果：①向量组$\boldsymbol{B}$线性无关；②向量组$\boldsymbol{A}$中的每一个向量都可由向量组$\boldsymbol{B}$线性表示，则称向量组$\boldsymbol{B}$是向量组$\boldsymbol{A}$的一个最（极）大线性无关组。

由定义可知，向量组的一个最大线性无关组与向量组本身是等价的。

一般地，向量组的最大线性无关组不是唯一的。一个向量组的任意两个极大线性无关组可以互相线性表示，因此它们是等价的。两个等价的线性无关的向量组各自所含的向量的个数必定相等。因而一个向量组的最大线性无关向量组所含向量的个数是个不变数，它由向量组本身确定。

（五）向量组的秩

1. 定义：向量组的最大线性无关组中所含向量的个数，称为向量组的秩。

结论：

（1）设向量组$\boldsymbol{A}$的秩为r_1，向量组$\boldsymbol{B}$的秩为r_2，若向量组$\boldsymbol{A}$可以由向量组$\boldsymbol{B}$线性表示，则$r_1 \leqslant r_2$。若向量组$\boldsymbol{B}$可以由向量组$\boldsymbol{A}$线性表示，则$r_2 \leqslant r_1$。

（2）等价向量组有相同的秩。

2. 定义：设$\boldsymbol{A}$是$m \times n$矩阵，将矩阵的每个行看作行向量，矩阵的m个行向量构成一个向量组，该向量组的秩称为矩阵的行秩。

将矩阵的每个列看作列向量，矩阵的n个列向量构成一个向量组，该向量组的秩称为矩阵的列秩。

定理：矩阵的行秩 = 矩阵的列秩 = 矩阵的秩。

3. 求向量组的秩和最大线性无关组的步骤：

（1）当$\boldsymbol{\alpha}_1$，$\boldsymbol{\alpha}_2$，…，$\boldsymbol{\alpha}_m$是列向量时，记矩阵$\boldsymbol{A}=(\boldsymbol{\alpha}_1,\boldsymbol{\alpha}_2,\cdots,\boldsymbol{\alpha}_m)$；当$\boldsymbol{\alpha}_1$，$\boldsymbol{\alpha}_2$，…，$\boldsymbol{\alpha}_m$是行向量时，记矩阵$\boldsymbol{A}=\left(\boldsymbol{\alpha}_1^{\mathrm{T}},\boldsymbol{\alpha}_2^{\mathrm{T}},\cdots,\boldsymbol{\alpha}_m^{\mathrm{T}}\right)^{\mathrm{T}}$。

（2）$\boldsymbol{A}\xrightarrow{\text{初等行变换}}\boldsymbol{B}$（行阶梯形矩阵），向量组的秩$r=R(\boldsymbol{A})=R(\boldsymbol{B})=\boldsymbol{B}$中非零行的行数。

（3）在矩阵$\boldsymbol{B}$的r个阶梯上各取一个非零的数（分布在不同的r列上），它们在矩阵$\boldsymbol{A}$上对应的r个列向量构成最大线性无关组。

【例 1-8-22】 已知向量组$\boldsymbol{\alpha}_1=(3,2,-5)^{\mathrm{T}}$，$\boldsymbol{\alpha}_2=(3,-1,3)^{\mathrm{T}}$，$\boldsymbol{\alpha}_3=\left(1,-\frac{1}{3},1\right)^{\mathrm{T}}$，$\boldsymbol{\alpha}_4=(6,-2,6)^{\mathrm{T}}$，则该向量组的一个极大线性无关组是：

A. $\boldsymbol{\alpha}_2$，$\boldsymbol{\alpha}_4$　　B. $\boldsymbol{\alpha}_3$，$\boldsymbol{\alpha}_4$　　C. $\boldsymbol{\alpha}_1$，$\boldsymbol{\alpha}_2$　　D. $\boldsymbol{\alpha}_2$，$\boldsymbol{\alpha}_3$

解 $\boldsymbol{\alpha}_1$、$\boldsymbol{\alpha}_2$、$\boldsymbol{\alpha}_3$、$\boldsymbol{\alpha}_4$为列向量作矩阵$\boldsymbol{A}$，进行初等行变换。

$$\boldsymbol{A}=\begin{bmatrix}3&3&1&6\\2&-1&-\frac{1}{3}&-2\\-5&3&1&6\end{bmatrix}\xrightarrow{-r_1+r_3}\begin{bmatrix}3&3&1&6\\2&-1&-\frac{1}{3}&-2\\-8&0&0&0\end{bmatrix}\xrightarrow[\text{(第 3 行只有一个数非零)}]{-\frac{1}{8}r_3}$$

$$\begin{bmatrix}3&3&1&6\\2&-1&-\frac{1}{3}&-2\\1&0&0&0\end{bmatrix}\xrightarrow[(-2)r_3+r_2]{(-3)r_3+r_1}\begin{bmatrix}0&3&1&6\\0&-1&-\frac{1}{3}&-2\\1&0&0&0\end{bmatrix}\xrightarrow{3r_2+r_1}$$

$$\begin{bmatrix}0&0&0&0\\0&-1&-\frac{1}{3}&-2\\1&0&0&0\end{bmatrix}\xrightarrow{r_1\leftrightarrow r_3}\begin{bmatrix}1&0&0&0\\0&-1&-\frac{1}{3}&-2\\0&0&0&0\end{bmatrix}=\boldsymbol{B}$$

（说明：利用第二个矩阵第三行的特点，可不经计算直接写出第四个矩阵。）

注意：$b_{11}=1$与$b_{22}=-1$不为 0，又不同行、不同列，$b_{11}=1$与$b_{23}=-\frac{1}{3}$不为 0，又不同行、不同列，$b_{11}=1$与$b_{24}=-2$不为 0，又不同行、不同列。

极大无关组可取$\boldsymbol{\alpha}_1$、$\boldsymbol{\alpha}_2$或$\boldsymbol{\alpha}_1$、$\boldsymbol{\alpha}_3$或$\boldsymbol{\alpha}_1$、$\boldsymbol{\alpha}_4$。（说明：直接观察$\boldsymbol{\alpha}_2$、$\boldsymbol{\alpha}_3$、$\boldsymbol{\alpha}_4$成比例，可判断选项 A、B、D 错误。）

答案：C

五、线性方程组

（一）齐次线性方程组

1. 三种表达

（1）
$$\begin{cases}a_{11}x_1+a_{12}x_2+\cdots+a_{1n}x_n=0\\a_{21}x_1+a_{22}x_2+\cdots+a_{2n}x_n=0\\\cdots\\a_{m1}x_1+a_{m2}x_2+\cdots+a_{mn}x_n=0\end{cases}\tag{1-8-4}$$

可用矩阵形式表示为

（2）　　$\boldsymbol{Ax}=\boldsymbol{0}$［表示解向量$\boldsymbol{x}$与$\boldsymbol{A}$的每个行向量都正交（垂直）］

其中，$\boldsymbol{A}$为系数矩阵

$$\boldsymbol{A}=\begin{bmatrix}a_{11}&a_{12}&\cdots&a_{1n}\\a_{21}&a_{22}&\cdots&a_{2n}\\\vdots&\vdots&&\vdots\\a_{m1}&a_{m2}&\cdots&a_{mn}\end{bmatrix};\ \boldsymbol{x}=\begin{bmatrix}x_1\\x_2\\\vdots\\x_n\end{bmatrix}$$

若将$\boldsymbol{A}$的第j列元素看作是向量$\boldsymbol{\alpha}_j=\begin{bmatrix}a_{1j}\\a_{2j}\\\vdots\\a_{mj}\end{bmatrix}(j=1,2,\cdots,n)$，则方程组（1-8-4）可用向量形式表示为

（3）$$x_1\boldsymbol{\alpha}_1+x_2\boldsymbol{\alpha}_2+\cdots+x_n\boldsymbol{\alpha}_n=\boldsymbol{0}$$

显然$\boldsymbol{A0}=\boldsymbol{0}$，即$\boldsymbol{Ax}=\boldsymbol{0}$必有零解。

因此$\boldsymbol{Ax}=\boldsymbol{0}$有唯一解就是只有零解。

2. $\boldsymbol{Ax}=\boldsymbol{0}$解的性质

（1）设$\boldsymbol{\xi}_1$，$\boldsymbol{\xi}_2$均为齐次线性方程组$\boldsymbol{Ax}=\boldsymbol{0}$的解，则$\boldsymbol{\xi}_1+\boldsymbol{\xi}_2$也是方程组$\boldsymbol{Ax}=\boldsymbol{0}$的解。

（2）设$\boldsymbol{\xi}$为齐次线性方程组$\boldsymbol{Ax}=\boldsymbol{0}$的解，则$k\boldsymbol{\xi}$（$k$为任意常数）也是方程组$\boldsymbol{Ax}=\boldsymbol{0}$的解。

（3）若$\boldsymbol{\xi}_1$，$\boldsymbol{\xi}_2$，…，$\boldsymbol{\xi}_t$均为齐次线性方程组$\boldsymbol{Ax}=\boldsymbol{0}$的解，则$k_1\boldsymbol{\xi}_1+k_2\boldsymbol{\xi}_2+\cdots+k_t\boldsymbol{\xi}_t$（$k_1$，$k_2$，…，$k_t$为任意常数）也是方程组$\boldsymbol{Ax}=\boldsymbol{0}$的解。

显然，$\boldsymbol{Ax}=\boldsymbol{0}$有非零解就是有无穷多解。

3. 结论

（1）设$\boldsymbol{A}$为$m\times n$矩阵，则

$\boldsymbol{Ax}=\boldsymbol{0}$只有零解的充要条件是$R(\boldsymbol{A})=n$；

$\boldsymbol{Ax}=\boldsymbol{0}$有非零解的充要条件是$R(\boldsymbol{A})<n$。

（2）设$\boldsymbol{A}$为n阶方阵，则

$\boldsymbol{Ax}=\boldsymbol{0}$只有零解的充要条件是$|\boldsymbol{A}|\neq 0$；

$\boldsymbol{Ax}=\boldsymbol{0}$有非零解的充要条件是$|\boldsymbol{A}|=0$。

4. 定义

设$\boldsymbol{\beta}_1$，$\boldsymbol{\beta}_2$，…，$\boldsymbol{\beta}_l$是$\boldsymbol{Ax}=\boldsymbol{0}$的$l$个解向量，若：

（1）$\boldsymbol{\beta}_1$，$\boldsymbol{\beta}_2$，…，$\boldsymbol{\beta}_l$线性无关；

（2）$\boldsymbol{Ax}=\boldsymbol{0}$的任意解向量都是$\boldsymbol{\beta}_1$，$\boldsymbol{\beta}_2$，…，$\boldsymbol{\beta}_l$的线性组合。

则称$\boldsymbol{\beta}_1$，$\boldsymbol{\beta}_2$，…，$\boldsymbol{\beta}_l$是$\boldsymbol{Ax}=\boldsymbol{0}$的基础解系。

$\boldsymbol{Ax}=\boldsymbol{0}$的基础解系就是所有解向量的最大线性无关组。只有零解时，没有基础解系。

5. 结论

（1）设$\boldsymbol{A}$为$m\times n$矩阵，且$R(\boldsymbol{A})=r<n$，则$\boldsymbol{Ax}=\boldsymbol{0}$的基础解系由$n-r$个线性无关的解向量构成。

（2）设$\boldsymbol{\xi}_1$，$\boldsymbol{\xi}_2$，…，$\boldsymbol{\xi}_{n-r}$为$\boldsymbol{Ax}=\boldsymbol{b}$的一组基础解系，则通解$x=k_1\boldsymbol{\xi}_1+k_2\boldsymbol{\xi}_2+\cdots+k_{n-r}\boldsymbol{\xi}_{n-r}$（其中$k_1$，$k_2$，…，$k_{n-r}$为任意常数）。

6. 解法

（1）$\boldsymbol{A}\xrightarrow{\text{初等行变换}}\boldsymbol{B}$（行阶梯形矩阵），求$R(\boldsymbol{A})$，判断解是否唯一。

（2）若$R(\boldsymbol{A})<n$，有非零解，$\boldsymbol{B}\xrightarrow{\text{初等行变换}}\boldsymbol{C}$（简化行阶梯形），得$\boldsymbol{Ax}=\boldsymbol{0}$的同解方程组$\boldsymbol{Cx}=\boldsymbol{0}$，求出基础解系和通解。

【例 1-8-23】 求线性齐次方程组$\begin{cases}x_1-x_2-x_3+x_4=0\\x_1-x_2+x_3-3x_4=0\\x_1-x_2-2x_3+3x_4=0\end{cases}$的通解。

解

$$A=\begin{bmatrix}1&-1&-1&1\\1&-1&1&-3\\1&-1&-2&3\end{bmatrix}\xrightarrow[-r_1+r_3]{-r_1+r_2}\begin{bmatrix}1&-1&-1&1\\0&0&2&-4\\0&0&-1&2\end{bmatrix}\xrightarrow{\frac{1}{2}r_2}$$

$$\begin{bmatrix}1&-1&-1&1\\0&0&1&-2\\0&0&-1&2\end{bmatrix}\xrightarrow[r_2+r_3]{r_2+r_1}\begin{bmatrix}1&-1&0&-1\\0&0&1&-2\\0&0&0&0\end{bmatrix}=C(\text{简化行阶梯形})$$

同解方程组为$\begin{cases}x_1-x_2-x_4=0\\x_3-2x_4=0\end{cases}$，$\begin{cases}x_1=x_2+x_4\\x_3=2x_4\end{cases}$

$\begin{bmatrix}x_2\\x_4\end{bmatrix}$取$\begin{bmatrix}1\\0\end{bmatrix}$，$\begin{bmatrix}0\\1\end{bmatrix}$，则$\begin{bmatrix}x_1\\x_3\end{bmatrix}$为$\begin{bmatrix}1\\0\end{bmatrix}$，$\begin{bmatrix}1\\2\end{bmatrix}$

基础解系$\boldsymbol{\xi}_1=\begin{bmatrix}1\\1\\0\\0\end{bmatrix}$，$\boldsymbol{\xi}_2=\begin{bmatrix}1\\0\\2\\1\end{bmatrix}$；通解$\boldsymbol{x}=C_1\begin{bmatrix}1\\1\\0\\0\end{bmatrix}+C_2\begin{bmatrix}1\\0\\2\\1\end{bmatrix}$（其中$C_1$，$C_2$为任意实数）。

【例 1-8-24】 设$\boldsymbol{B}$是 3 阶非零矩阵，已知$\boldsymbol{B}$的每一列都是方程组$\begin{cases}x_1+2x_2-2x_3=0\\2x_1-x_2+tx_3=0\\3x_1+x_2-x_3=0\end{cases}$的解，则$t$等于：

A. 0　　B. 2　　C. −1　　D. 1

解 已知$\boldsymbol{B}$是 3 阶非零矩阵，即在$\boldsymbol{B}$中至少有一列为非零向量。可知方程组应有非零解。因而方程组系数矩阵的行列式$\begin{vmatrix}1&2&-2\\2&-1&t\\3&1&-1\end{vmatrix}=0$

计算$\begin{vmatrix}1&2&-2\\2&-1&t\\3&1&-1\end{vmatrix}\overset{(-2)r_1+r_2}{\underset{(-3)r_1+r_3}{=\!=\!=}}\begin{vmatrix}1&2&-2\\0&-5&4+t\\0&-5&5\end{vmatrix}\overset{(-1)r_2+r_3}{=\!=\!=}\begin{vmatrix}1&2&-2\\0&-5&4+t\\0&0&1-t\end{vmatrix}=-5(1-t)=0\Rightarrow t=1$

答案：D

【例 1-8-25】 设$\boldsymbol{A}=\begin{bmatrix}1&2&-2\\4&t&3\\3&-1&1\end{bmatrix}$，$\boldsymbol{B}$为三阶非零矩阵，且$\boldsymbol{AB}=\boldsymbol{0}$，则参数$t$等于：

A. −3　　B. 1　　C. 4　　D. −1

解 方法 1：因为$\boldsymbol{B}$是三阶非零矩阵，设$\boldsymbol{B}=(\boldsymbol{b}_1,\boldsymbol{b}_2,\boldsymbol{b}_3)$，则$\boldsymbol{b}_1$，$\boldsymbol{b}_2$，$\boldsymbol{b}_3$中至少有一个为非零向量，由$\boldsymbol{AB}=\boldsymbol{0}$，有$\boldsymbol{A}(\boldsymbol{b}_1,\boldsymbol{b}_2,\boldsymbol{b}_3)=\boldsymbol{0}$，即$(\boldsymbol{Ab}_1,\boldsymbol{Ab}_2,\boldsymbol{Ab}_3)=\boldsymbol{0}$

从而有$\boldsymbol{Ab}_1=\boldsymbol{0}$，$\boldsymbol{Ab}_2=\boldsymbol{0}$，$\boldsymbol{Ab}_3=\boldsymbol{0}$，即方程组$\boldsymbol{Ax}=\boldsymbol{0}$有非零解。

由方程组$\boldsymbol{Ax}=\boldsymbol{0}$有非零解的充要条件是$|\boldsymbol{A}|=0$，得：

$$|\boldsymbol{A}|=\begin{vmatrix}1&2&-2\\4&t&3\\3&-1&1\end{vmatrix}\overset{r_1\times(-4)+r_2}{\underset{r_1\times(-3)+r_3}{=\!=\!=}}\begin{vmatrix}1&2&-2\\0&t-8&11\\0&-7&7\end{vmatrix}=7(t-8)+77$$
$$=7t-56+77=0，7t+21=0，t=-3$$

方法 2：因为$\boldsymbol{AB}=\boldsymbol{0}$，所以$R(\boldsymbol{A})+R(\boldsymbol{B})\leqslant n=3$。

又因为$\boldsymbol{B}$为非零矩阵，所以$R(\boldsymbol{B})>0$，则有$R(\boldsymbol{A})\leqslant 2$。

故$|\boldsymbol{A}|=0$，$t=-3$。

答案：A

【例 1-8-26】 设$\boldsymbol{A}$为矩阵，$\boldsymbol{\alpha}_1=\begin{bmatrix}1\\0\\2\end{bmatrix}$，$\boldsymbol{\alpha}_2=\begin{bmatrix}0\\1\\-1\end{bmatrix}$都是线性方程组$\boldsymbol{Ax}=\boldsymbol{0}$的解，则矩阵$\boldsymbol{A}$为：

A. $\begin{bmatrix}0 & 1 & -1\\4 & -2 & -2\\0 & 1 & 1\end{bmatrix}$　　B. $\begin{bmatrix}2 & 0 & -1\\0 & 1 & 1\end{bmatrix}$　　C. $\begin{bmatrix}-1 & 0 & 2\\0 & 1 & -1\end{bmatrix}$　　D. $(-2\quad 1\quad 1)$

解　方法 1:（验算）

$\begin{bmatrix}0 & 1 & -1\\4 & -2 & -2\\0 & 1 & 1\end{bmatrix}\begin{bmatrix}1\\0\\2\end{bmatrix}=\begin{bmatrix}-2\\ *\\ *\end{bmatrix}\neq \mathbf{0}$ →选项 A 错误。

$\begin{bmatrix}2 & 0 & -1\\0 & 1 & 1\end{bmatrix}\begin{bmatrix}1\\0\\2\end{bmatrix}=\begin{bmatrix}0\\2\end{bmatrix}\neq \mathbf{0}$ →选项 B 错误。

$\begin{bmatrix}-1 & 0 & 2\\0 & 1 & -1\end{bmatrix}\begin{bmatrix}1\\0\\2\end{bmatrix}=\begin{bmatrix}3\\ *\end{bmatrix}\neq \mathbf{0}$ →选项 C 错误。

$(-2\quad 1\quad 1)\begin{bmatrix}1\\0\\2\end{bmatrix}=0$，$(-2\quad 1\quad 1)\begin{bmatrix}0\\1\\-1\end{bmatrix}=0$ →选项 D 正确。

方法 2: 已知$\boldsymbol{\alpha}_1$、$\boldsymbol{\alpha}_2$是方程组$\boldsymbol{Ax}=\mathbf{0}$的解，而$\boldsymbol{\alpha}_1$、$\boldsymbol{\alpha}_2$线性无关，未知数个数$n=3$，方程组$\boldsymbol{Ax}=\mathbf{0}$的基础解系解向量的个数$=n-R(\boldsymbol{A})=3-R(\boldsymbol{A})\geqslant 2$，$R(\boldsymbol{A})\leqslant 1$，选项 D 正确。

答案: D

（二）非齐次线性方程组

1. 三种表达

（1）
$$\begin{cases}a_{11}x_1+a_{12}x_2+\cdots+a_{1n}x_n=b_1\\a_{21}x_1+a_{22}x_2+\cdots+a_{2n}x_n=b_2\\\cdots\\a_{m1}x_1+a_{m2}x_2+\cdots+a_{mn}x_n=b_m\end{cases}\tag{1-8-5}$$

（常数b_1，b_2，…，b_m不全为 0）

用矩阵形式表示为

（2）
$$\boldsymbol{Ax}=\boldsymbol{b}，\boldsymbol{b}=(b_1,b_2,\cdots,b_m)^{\mathrm{T}}\neq\mathbf{0}$$

$\boldsymbol{A}$为方程组的系数矩阵。

或用向量形式表示为

（3）
$$x_1\boldsymbol{\alpha}_1+x_2\boldsymbol{\alpha}_2+\cdots+x_n\boldsymbol{\alpha}_n=\boldsymbol{b}(\boldsymbol{b}\neq\mathbf{0})\tag{1-8-6}$$

向量$\boldsymbol{\alpha}_j=\left(a_{1j},a_{2j},\cdots,a_{mj}\right)^{\mathrm{T}}(j=1,2,\cdots,n)$为$\boldsymbol{A}$的第$j$列。

2. 定义

$$记\widetilde{\boldsymbol{A}}=\begin{bmatrix}a_{11} & a_{12} & \cdots & a_{1n} & b_1\\a_{21} & a_{22} & \cdots & a_{2n} & b_2\\\cdots & \cdots & \cdots & \cdots & \cdots\\a_{m1} & a_{m2} & \cdots & a_{mn} & b_m\end{bmatrix}=(\boldsymbol{A}|\boldsymbol{b})$$

称$\widetilde{\boldsymbol{A}}$为$\boldsymbol{Ax}=\boldsymbol{b}$的增广矩阵。

3. 结论

设$\boldsymbol{A}$为$m\times n$矩阵，则

（1）$\boldsymbol{Ax}=\boldsymbol{b}$有解的充要条件是$R(\boldsymbol{A})=R(\widetilde{\boldsymbol{A}})$。

（2）$\boldsymbol{Ax}=\boldsymbol{b}$有唯一解的充要条件是$R(\boldsymbol{A})=R(\widetilde{\boldsymbol{A}})=n$;

$\boldsymbol{Ax}=\boldsymbol{b}$有无穷多解的充要条件是$R(\boldsymbol{A})=R(\widetilde{\boldsymbol{A}})<n$。

（3）若y_1，y_2是方程组$\boldsymbol{Ax}=\boldsymbol{b}$的解，则$y_1-y_2$是对应齐次方程组$\boldsymbol{Ax}=\mathbf{0}$的解。

（4）若y_1，y_2，…，y_s为$\boldsymbol{Ax}=\boldsymbol{b}$的解，$k_1$，$k_2$，…，$k_s$为常数，则

①$k_1y_1+k_2y_2+\cdots+k_sy_s$为$\boldsymbol{Ax}=\boldsymbol{0}$的解的充要条件是$k_1+k_2+\cdots+k_s=0$；

②$k_1y_1+k_2y_2+\cdots+k_sy_s$为$\boldsymbol{Ax}=\boldsymbol{b}$的解的充要条件是$k_1+k_2+\cdots+k_s=1$。

（5）若y是方程组$\boldsymbol{Ax}=\boldsymbol{b}$的解，$\boldsymbol{\xi}$是$\boldsymbol{Ax}=\boldsymbol{0}$的解，则$y+\boldsymbol{\xi}$是方程组$\boldsymbol{Ax}=\boldsymbol{b}$的解。

（6）若$R(\boldsymbol{A})=R(\widetilde{\boldsymbol{A}})=r<n$时，$\boldsymbol{Ax}=\boldsymbol{b}$有无穷多解，则其通解为

$$x=y^*+k_1\boldsymbol{\xi}_1+k_2\boldsymbol{\xi}_2+\cdots+k_{n-r}\boldsymbol{\xi}_{n-r}$$

其中y^*为$\boldsymbol{Ax}=\boldsymbol{b}$的一个解，$\boldsymbol{\xi}_1$，$\boldsymbol{\xi}_2$，…，$\boldsymbol{\xi}_{n-r}$为$\boldsymbol{Ax}=\boldsymbol{0}$的一组基础解系，$k_1$，$k_2$，…，$k_{n-r}$为任意常数。

4. 解法

（1）$\widetilde{\boldsymbol{A}}=(\boldsymbol{A}|\boldsymbol{b})\xrightarrow{\text{初等行变换}}\boldsymbol{B}$（行阶梯形矩阵），求$R(\boldsymbol{A})$（不看$\boldsymbol{B}$的最后一列）、$R(\widetilde{\boldsymbol{A}})$，判断是否有解，解是否唯一。

（2）若$R(\boldsymbol{A})=R(\widetilde{\boldsymbol{A}})=r\leqslant n$，$\boldsymbol{B}\xrightarrow{\text{初等行变换}}\boldsymbol{C}$（简化行阶梯形）。

（3）按矩阵$\boldsymbol{C}$还原出一个线性方程组（原方程组的同解方程组），解这个同解方程组。

【例 1-8-27】 设y_1，y_2，…，y_s是方程组$\boldsymbol{Ax}=\boldsymbol{b}$的解，若$k_1y_1+k_2y_2+\cdots+k_sy_s$也是$\boldsymbol{Ax}=\boldsymbol{b}$的解，则$k_1+k_2+\cdots+k_s$等于：

A. 2　　B. 1　　C. −1　　D. 不存在

解 若$k_1y_1+k_2y_2+\cdots+k_sy_s$是方程组的解，则$\boldsymbol{A}(k_1y_1+k_2y_2+\cdots+k_sy_s)=\boldsymbol{b}$

即$\boldsymbol{A}k_1y_1+\boldsymbol{A}k_2y_2+\cdots+\boldsymbol{A}k_sy_s=k_1\boldsymbol{A}y_1+k_2\boldsymbol{A}y_2+\cdots+k_s\boldsymbol{A}y_s=k_1\boldsymbol{b}+k_2\boldsymbol{b}+\cdots+k_s\boldsymbol{b}$

$$=(k_1+k_2+\cdots+k_s)\boldsymbol{b}=\boldsymbol{b}$$

因$\boldsymbol{b}\neq\boldsymbol{0}$，所以$k_1+k_2+\cdots+k_s=1$［可直接用结论（4）中的②判定］

答案： B

【例 1-8-28】 设方程组$\begin{cases}x_1-x_2+6x_3=0\\4x_2-8x_3=-4\\x_1+3x_2-2x_3=a\end{cases}$，问$a$取何值时，方程组有解：

A. −4　　B. 2　　C. 1　　D. −1

解

$$\widetilde{\boldsymbol{A}}=\begin{bmatrix}1&-1&6&0\\0&4&-8&-4\\1&3&-2&a\end{bmatrix}\xrightarrow{-r_1+r_3}\begin{bmatrix}1&-1&6&0\\0&4&-8&-4\\0&4&-8&a\end{bmatrix}\xrightarrow{-r_2+r_3}\begin{bmatrix}1&-1&6&0\\0&4&-8&-4\\0&0&0&a+4\end{bmatrix}$$

$a=-4$时，$R(\boldsymbol{A})=R(\widetilde{\boldsymbol{A}})$，方程组有解。

答案： A

【例 1-8-29】 设非齐次线性方程组$\begin{cases}x_1-x_2-x_3+x_4=0\\x_1-x_2+x_3-3x_4=1\\x_1-x_2-2x_3+3x_4=-\frac{1}{2}\end{cases}$，求方程组通解。

解 $\widetilde{\boldsymbol{A}}=\begin{bmatrix}1&-1&-1&1&0\\1&-1&1&-3&1\\1&-1&-2&3&-\frac{1}{2}\end{bmatrix}\xrightarrow[(-1)r_1+r_3]{(-1)r_1+r_2}\begin{bmatrix}1&-1&-1&1&0\\0&0&2&-4&1\\0&0&-1&2&-\frac{1}{2}\end{bmatrix}$

$$\xrightarrow{\frac{1}{2}r_2}\begin{bmatrix}1&-1&-1&1&0\\0&0&1&-2&\frac{1}{2}\\0&0&-1&2&-\frac{1}{2}\end{bmatrix}\xrightarrow{1\cdot r_2+r_3}\begin{bmatrix}1&-1&-1&1&0\\0&0&1&-2&\frac{1}{2}\\0&0&0&0&0\end{bmatrix}=B$$

$$\xrightarrow{1\cdot r_2+r_1}\begin{bmatrix}1&-1&0&-1&\frac{1}{2}\\0&0&1&-2&\frac{1}{2}\\0&0&0&0&0\end{bmatrix}=\boldsymbol{C}$$

$R(\boldsymbol{A})=R(\widetilde{\boldsymbol{A}})=2<4$，方程组有解且有无穷多组解。

同解方程组为 $\begin{cases}x_1-x_2-x_4=\frac{1}{2}\\x_3-2x_4=\frac{1}{2}\end{cases}$

变形 $\begin{cases}x_1=x_2+x_4+\frac{1}{2}\\x_3=2x_4+\frac{1}{2}\end{cases}$ （x_2，x_4为自由未知量）

令$x_2=C_1$，$x_4=C_2$

$$\begin{cases}x_1=C_1+C_2+\dfrac{1}{2}\\x_2=C_1\\x_3=2C_2+\dfrac{1}{2}\\x_4=C_2\end{cases}$$

方程组通解$\begin{bmatrix}x_1\\x_2\\x_3\\x_4\end{bmatrix}=C_1\begin{bmatrix}1\\1\\0\\0\end{bmatrix}+C_2\begin{bmatrix}1\\0\\2\\1\end{bmatrix}+\begin{bmatrix}\frac{1}{2}\\0\\\frac{1}{2}\\0\end{bmatrix}$（$C_1$，$C_2$为任意常数）

六、方阵的特征值与特征向量

（一）定义

1. 对于n阶方阵$\boldsymbol{A}$，如果存在常数λ和n维非零列向量$\boldsymbol{x}$满足

$$\boldsymbol{Ax}=\lambda\boldsymbol{x}$$

则数λ称为方阵$\boldsymbol{A}$的特征值，非零向量$\boldsymbol{x}$称为方阵$\boldsymbol{A}$对应特征值λ的特征向量。

2. 上式可写成

$$(\boldsymbol{A}-\lambda\boldsymbol{E})\boldsymbol{x}=\boldsymbol{0}\quad\text{或}\quad(\lambda\boldsymbol{E}-\boldsymbol{A})\boldsymbol{x}=\boldsymbol{0}$$

该齐次线性方程组有非零解的充要条件是系数行列式

$$|\boldsymbol{A}-\lambda\boldsymbol{E}|=0\quad\text{或}\quad|\lambda\boldsymbol{E}-\boldsymbol{A}|=0\quad\text{或}\quad R(\lambda\boldsymbol{E}-\boldsymbol{A})<n \tag{1-8-7}$$

即

$$\begin{vmatrix}a_{11}-\lambda&a_{12}&\cdots&a_{1n}\\a_{21}&a_{22}-\lambda&\cdots&a_{2n}\\\vdots&\vdots&&\vdots\\a_{n1}&a_{n2}&\cdots&a_{nn}-\lambda\end{vmatrix}=0\text{ 或}\begin{vmatrix}\lambda-a_{11}&-a_{12}&\cdots&-a_{1n}\\-a_{21}&\lambda-a_{22}&\cdots&-a_{2n}\\\vdots&\vdots&&\vdots\\-a_{n1}&-a_{n2}&\cdots&\lambda-a_{nn}\end{vmatrix}=0$$

$|\boldsymbol{A}-\lambda\boldsymbol{E}|$或$|\lambda\boldsymbol{E}-\boldsymbol{A}|$是关于$\lambda$的$n$次多项式称作方阵$\boldsymbol{A}$的特征多项式。$|\boldsymbol{A}-\lambda\boldsymbol{E}|=0$或$|\lambda\boldsymbol{E}-\boldsymbol{A}|=0$是以$\lambda$为未知数的一元$n$次方程，称为方阵$\boldsymbol{A}$的特征方程。特征方程的解，就是方阵$\boldsymbol{A}$的特征值，在复数范围内$n$阶方阵有$n$个特征值（包括重根）。

3. 设$\lambda=\lambda_i$为$\boldsymbol{A}$的一个特征值，则方程

$$(\lambda_i\boldsymbol{E}-\boldsymbol{A})\boldsymbol{x}=\boldsymbol{0}$$

的非零解$\boldsymbol{x}=\boldsymbol{p}_i$就是方阵$\boldsymbol{A}$对应于特征值$\lambda_i$的特征向量。

（二）求n阶矩阵$\boldsymbol{A}$的特征值与特征向量的步骤

（1）求$\boldsymbol{A}$的特征方程$|\lambda \boldsymbol{E}-\boldsymbol{A}|=0$的全部根$\lambda_1$，$\lambda_2$，⋯，$\lambda_n$。

（2）将$\lambda=\lambda_i$代入$(\lambda \boldsymbol{E}-\boldsymbol{A})\boldsymbol{x}=\boldsymbol{0}$，得齐次线性方程组$(\lambda_i \boldsymbol{E}-\boldsymbol{A})\boldsymbol{x}=\boldsymbol{0}$。

（3）方程组$(\lambda_i \boldsymbol{E}-\boldsymbol{A})\boldsymbol{x}=\boldsymbol{0}$的基础解系，就是$\boldsymbol{A}$对应于$\lambda_i$的线性无关的特征向量，通解（$\boldsymbol{0}$除外）就是$\boldsymbol{A}$对应于$\lambda=\lambda_i$的全部特征向量。

若有$\lambda=0$，那么$\boldsymbol{Ax}=\boldsymbol{0}$的所有非零解向量，即为特征值$\lambda=0$对应的特征向量。

（三）特征值和特征向量的重要性质

（1）如果n阶方阵$\boldsymbol{A}$的全部特征值是λ_1，λ_2，⋯，λ_n，那么

①$\lambda_1+\lambda_2+\cdots+\lambda_n=a_{11}+a_{22}+\cdots+a_{nn}$（其中$a_{11}$，$a_{22}$，⋯，$a_{nn}$为方阵$\boldsymbol{A}$主对角线上的元素）。

②$\lambda_1\lambda_2\cdots\lambda_n=|\boldsymbol{A}|$。

（2）方阵$\boldsymbol{A}$可逆的充要条件是$\boldsymbol{A}$的特征值全不为0。

（3）若λ为$\boldsymbol{A}$的特征值，则矩阵$k\boldsymbol{A}$、$a\boldsymbol{A}+b\boldsymbol{E}$（$a$，$b$是不为零的常数）、$\boldsymbol{A}^2$、$\boldsymbol{A}^m$、$\boldsymbol{A}^{-1}$、$\boldsymbol{A}^*$分别有特征值$k\lambda$、$a\lambda+b$、$\lambda^2$、$\lambda^m$、$\frac{1}{\lambda}$、$\frac{|\boldsymbol{A}|}{\lambda}(\lambda\neq 0)$，且特征向量相同。

（4）$\boldsymbol{A}^{\mathrm{T}}$与$\boldsymbol{A}$有相同的特征值（特征向量一般不同）。

（5）若线性无关的向量$\boldsymbol{x}_1$，⋯，$\boldsymbol{x}_m$都是矩阵$\boldsymbol{A}$的属于特征值λ的特征向量，则对任意不全为零的数k_1，⋯，k_m，则向量$k_1x_1+\cdots+k_mx_m$也是矩阵$\boldsymbol{A}$的属于特征值λ的特征向量。

（6）方阵$\boldsymbol{A}$的属于不同特征值的特征向量是线性无关的，即如果λ_1，λ_2，⋯，λ_m是方阵$\boldsymbol{A}$的两两互不相同的特征值，向量$\boldsymbol{x}_1$，$\boldsymbol{x}_2$，⋯，$\boldsymbol{x}_m$是依次与之对应的特征向量，那么向量组$\boldsymbol{x}_1$，$\boldsymbol{x}_2$，⋯，$\boldsymbol{x}_m$一定线性无关。注意：常数k_1，k_2，⋯，k_m中至少有两个不为0时，$k_1\boldsymbol{x}_1+k_2\boldsymbol{x}_2+\cdots+k_m\boldsymbol{x}_m$不是$\boldsymbol{A}$的特征向量。

【例 1-8-30】 求矩阵$\boldsymbol{A}=\begin{bmatrix}-2&1&1\\0&2&0\\-4&1&3\end{bmatrix}$的特征值与特征向量。

解 （1）求特征值

$$|\lambda\boldsymbol{E}-\boldsymbol{A}|=\begin{vmatrix}\lambda+2&-1&-1\\0&\lambda-2&0\\4&-1&\lambda-3\end{vmatrix}\xlongequal{\text{按}r_2\text{展开}}(\lambda-2)\begin{vmatrix}\lambda+2&-1\\4&\lambda-3\end{vmatrix}=(\lambda-2)^2(\lambda+1)=0$$

所以$\lambda_1=\lambda_2=2$，$\lambda_3=-1$

（2）求特征向量

将$\lambda=2$代入得$(2\boldsymbol{E}-\boldsymbol{A})\boldsymbol{x}=\boldsymbol{0}$

$$2\boldsymbol{E}-\boldsymbol{A}=\begin{bmatrix}4&-1&-1\\0&0&0\\4&-1&-1\end{bmatrix}\xrightarrow{-r_1+r_3}\begin{bmatrix}4&-1&-1\\0&0&0\\0&0&0\end{bmatrix}\xrightarrow{\frac{1}{4}r_1}\begin{bmatrix}1&-\frac{1}{4}&-\frac{1}{4}\\0&0&0\\0&0&0\end{bmatrix}=C$$

$x_1=\frac{1}{4}x_2+\frac{1}{4}x_3$

$x_2=1$，$x_3=0$时，$x_1=\frac{1}{4}$；$x_2=0$，$x_3=1$ 时，$x_1=\frac{1}{4}$

$\lambda=2$，对应的全部特征向量是$k_1\begin{bmatrix}\frac{1}{4}\\1\\0\end{bmatrix}+k_2\begin{bmatrix}\frac{1}{4}\\0\\1\end{bmatrix}$（常数$k_1$、$k_2$不同时为0）

$$=C_1\begin{bmatrix}1\\4\\0\end{bmatrix}+C_2\begin{bmatrix}1\\0\\4\end{bmatrix}（C_1,C_2\text{是不同时为零的任意常数}）$$

求$\lambda_3=-1$对应的特征向量，解$(\lambda_3\boldsymbol{E}-\boldsymbol{A})\boldsymbol{x}=\boldsymbol{0}$

$$-\boldsymbol{E}-\boldsymbol{A}=\begin{bmatrix}1 & -1 & -1\\0 & -3 & 0\\4 & -1 & -4\end{bmatrix}\xrightarrow{-4r_1+r_3}\begin{bmatrix}1 & -1 & -1\\0 & -3 & 0\\0 & 3 & 0\end{bmatrix}\xrightarrow{r_2+r_3}\begin{bmatrix}1 & -1 & -1\\0 & -3 & 0\\0 & 0 & 0\end{bmatrix}\xrightarrow[-\frac{1}{3}r_2]{-\frac{1}{3}r_2+r_1}\begin{bmatrix}1 & 0 & -1\\0 & 1 & 0\\0 & 0 & 0\end{bmatrix}$$

所以$\begin{cases}x_1=x_3\\x_2=0\end{cases}$，当$x_3=1$时，$x_2=0$，$x_1=1$，特征向量$\boldsymbol{\xi}=\begin{bmatrix}1\\0\\1\end{bmatrix}$

$\lambda_3=-1$对应的全部特征向量为$C\begin{bmatrix}1\\0\\1\end{bmatrix}$（其中$C$为不等于0的任意常数）。

【例 1-8-31】 设三阶方阵有3个特征值λ_1，λ_2，λ_3，若$|\boldsymbol{A}|=36$，$\lambda_1=2$，$\lambda_2=3$，则λ_3为：

A. 6　　B. 3　　C. 2　　D. 4

解 由方阵$\boldsymbol{A}$的行列式与特征值的关系$|\boldsymbol{A}|=\lambda_1\lambda_2\lambda_3$，得：$\lambda_1\lambda_2\lambda_3=36$

又$\lambda_1=2$，$\lambda_2=3$，所以$\lambda_3=\frac{36}{\lambda_1\lambda_2}=\frac{36}{2\times3}=6$。

答案：A

【例 1-8-32】 设$\boldsymbol{A}$是3阶矩阵，$\boldsymbol{\alpha}_1=(1,0,1)^{\mathrm{T}}$，$\boldsymbol{\alpha}_2=(1,1,0)^{\mathrm{T}}$是$\boldsymbol{A}$的属于特征值为1的特征向量。$\boldsymbol{\alpha}_3=(0,1,2)^{\mathrm{T}}$是$\boldsymbol{A}$的属于特征值为$-1$的特征向量，则：

A. $\boldsymbol{\alpha}_1-\boldsymbol{\alpha}_2$是$\boldsymbol{A}$的属于特征值为1的特征向量

B. $\boldsymbol{\alpha}_1-\boldsymbol{\alpha}_3$是$\boldsymbol{A}$的属于特征值为1的特征向量

C. $\boldsymbol{\alpha}_1-\boldsymbol{\alpha}_3$是$\boldsymbol{A}$的属于特征值为2的特征向量

D. $\boldsymbol{\alpha}_1+\boldsymbol{\alpha}_2+\boldsymbol{\alpha}_3$是$\boldsymbol{A}$的属于特征值为1的特征向量

解 **方法1：**根据矩阵的特征值和特征向量的定义，$\boldsymbol{\alpha}_1$，$\boldsymbol{\alpha}_2$是矩阵$\boldsymbol{A}$特征值1对应的特征向量，就有$\begin{cases}\boldsymbol{A}\,\alpha_1=1\cdot\boldsymbol{\alpha}_1 & ①\\\boldsymbol{A}\,\alpha_2=1\cdot\boldsymbol{\alpha}_2 & ②\end{cases}$成立。

①式−②式得$\boldsymbol{A}(\boldsymbol{\alpha}_1-\boldsymbol{\alpha}_2)=1\cdot(\boldsymbol{\alpha}_1-\boldsymbol{\alpha}_2)$，而$\boldsymbol{\alpha}_1-\boldsymbol{\alpha}_2$为非零向量，由定义可知，$\boldsymbol{\alpha}_1-\boldsymbol{\alpha}_2$是$\boldsymbol{A}$的属于特征值为1的特征向量，选项B、C、D均不成立。

方法2：可通过特征值和特征向量的重要性质（5）和（6）中的"注意"直接判定。

答案：A

【例 1-8-33】 已知3维列向量$\boldsymbol{\alpha}$、$\boldsymbol{\beta}$满足$\boldsymbol{\beta}\neq k\boldsymbol{\alpha}$（$k$为常数），$\boldsymbol{\alpha}^{\mathrm{T}}\boldsymbol{\beta}=4$，设3阶矩阵$\boldsymbol{A}=\boldsymbol{\beta}\boldsymbol{\alpha}^{\mathrm{T}}$，则：

A. $\boldsymbol{\beta}$是$\boldsymbol{A}$的属于特征值0的特征向量　　B. $\boldsymbol{\alpha}$是$\boldsymbol{A}$的属于特征值0的特征向量

C. $\boldsymbol{\beta}$是$\boldsymbol{A}$的属于特征值4的特征向量　　D. $\boldsymbol{\alpha}$是$\boldsymbol{A}$的属于特征值4的特征向量

解 因为$\boldsymbol{\alpha}^{\mathrm{T}}\boldsymbol{\beta}=4$，所以$\boldsymbol{\alpha}\neq\boldsymbol{0}$，$\boldsymbol{\beta}\neq\boldsymbol{0}$。

因为$\boldsymbol{A\beta}=\boldsymbol{\beta}\boldsymbol{\alpha}^{\mathrm{T}}\boldsymbol{\beta}=\boldsymbol{\beta}(\boldsymbol{\alpha}^{\mathrm{T}}\boldsymbol{\beta})=4\boldsymbol{\beta}$，选项C成立。

$\boldsymbol{A\alpha}\xlongequal[\boldsymbol{A}=\boldsymbol{\beta}\boldsymbol{\alpha}^{\mathrm{T}}]{\text{代入}}\boldsymbol{\beta}\boldsymbol{\alpha}^{\mathrm{T}}\boldsymbol{\alpha}=\boldsymbol{\beta}|\boldsymbol{\alpha}|^2=|\boldsymbol{\alpha}|^2\boldsymbol{\beta}\neq|\boldsymbol{\alpha}|^2k\boldsymbol{\alpha}$，即$\boldsymbol{A\alpha}\neq\lambda\boldsymbol{\alpha}$，$\boldsymbol{\alpha}$不是$\boldsymbol{A}$的特征向量，选项B、D不成立。

答案：C

七、相似矩阵的概念和性质

（一）相似矩阵的概念

定义设$\boldsymbol{A}$、$\boldsymbol{B}$都是n阶矩阵，若有可逆矩阵$\boldsymbol{P}$，使$\boldsymbol{P}^{-1}\boldsymbol{AP}=\boldsymbol{B}$，则称$\boldsymbol{A}$和$\boldsymbol{B}$相似，或说$\boldsymbol{A}$相似于$\boldsymbol{B}$，记作$\boldsymbol{A}\sim\boldsymbol{B}$，可逆矩阵$\boldsymbol{P}$称为相似变换矩阵。

若$\boldsymbol{A}\sim\boldsymbol{B}$，则$\boldsymbol{A}\cong\boldsymbol{B}$（相似必等价，等价未必相似）。

（二）相似矩阵的性质

（1）$\boldsymbol{A}\sim\boldsymbol{A}$。

（2）若$\boldsymbol{A}\sim\boldsymbol{B}$，则$\boldsymbol{B}\sim\boldsymbol{A}$。

（3）若$\boldsymbol{A}\sim\boldsymbol{B}$且$\boldsymbol{B}\sim\boldsymbol{C}$，则$\boldsymbol{A}\sim\boldsymbol{C}$。

（4）设n阶方阵$\boldsymbol{A}$和$\boldsymbol{B}$相似，则有：

①$R(\boldsymbol{A})=R(\boldsymbol{B})$；

②$|\boldsymbol{A}|=|\boldsymbol{B}|$；

③$\boldsymbol{A}$和$\boldsymbol{B}$的特征多项式相同，即$|\lambda\boldsymbol{E}-\boldsymbol{A}|=|\lambda\boldsymbol{E}-\boldsymbol{B}|$；

④$\boldsymbol{A}$和$\boldsymbol{B}$的特征值相同。

⑤$\boldsymbol{A}$和$\boldsymbol{B}$主对角线元素之和相等，即$\sum\limits_{i=1}^{n}a_{ii}=\sum\limits_{i=1}^{n}b_{ii}$。

【例 1-8-34】 设$\boldsymbol{A}=\begin{bmatrix}1&x&1\\x&1&y\\1&y&1\end{bmatrix}$，$\boldsymbol{B}=\begin{bmatrix}0&0&0\\0&1&0\\0&0&2\end{bmatrix}$，且$\boldsymbol{A}$与$\boldsymbol{B}$相似，则下列结论中成立的是：

A. $x=y=0$　　B. $x=0$，$y=1$　　C. $x=1$，$y=0$　　D. $x=y=1$

解 因为$\boldsymbol{A}$与$\boldsymbol{B}$相似，所以$|\boldsymbol{A}|=|\boldsymbol{B}|=0$，且$R(\boldsymbol{A})=R(\boldsymbol{B})=2$。

方法 1： 当$x=y=0$时，$|\boldsymbol{A}|=\begin{vmatrix}1&0&1\\0&1&0\\1&0&1\end{vmatrix}=0$，$\boldsymbol{A}=\begin{bmatrix}1&0&1\\0&1&0\\1&0&1\end{bmatrix}\xrightarrow{-r_1+r_3}\begin{bmatrix}1&0&1\\0&1&0\\0&0&0\end{bmatrix}$

$R(\boldsymbol{A})=R(\boldsymbol{B})=2$

方法 2： $|\boldsymbol{A}|=\begin{vmatrix}1&x&1\\x&1&y\\1&y&1\end{vmatrix}\xlongequal[-r_1+r_3]{-xr_1+r_2}\begin{vmatrix}1&x&1\\0&1-x^2&y-x\\0&y-x&0\end{vmatrix}=-(y-x)^2$

令$|\boldsymbol{A}|=0$，得$x=y$

当$x=y=0$时，$|\boldsymbol{A}|=|\boldsymbol{B}|=0$，$R(\boldsymbol{A})=R(\boldsymbol{B})=2$；

当$x=y=1$时，$|\boldsymbol{A}|=|\boldsymbol{B}|=0$，但$R(\boldsymbol{A})=1\neq R(\boldsymbol{B})$。

答案： A

【例 1-8-35】 若 3 阶矩阵$\boldsymbol{A}$相似于矩阵$\boldsymbol{B}$，矩阵$\boldsymbol{A}$的特征值为1、2、3，则行列式$|2\boldsymbol{B}-\boldsymbol{I}|$等于：

A. 15　　B. 12　　C. 9　　D. 6

解 本题考查特征值的重要性质。

由于矩阵$\boldsymbol{A}$相似于矩阵$\boldsymbol{B}$，故矩阵$\boldsymbol{A}$与矩阵$\boldsymbol{B}$有相同的特征值，即$\boldsymbol{B}$的特征值为1、2、3，$2\boldsymbol{B}$的特征值为2、4、6，$2\boldsymbol{B}-\boldsymbol{I}$的特征值为1、3、5，故$|2\boldsymbol{B}-\boldsymbol{I}|=15$。

答案： A

八、矩阵的相似对角化

1. 定义：对n阶方阵$\boldsymbol{A}$，若存在可逆矩阵$\boldsymbol{P}$，使

$$\boldsymbol{P}^{-1}\boldsymbol{AP}=\begin{bmatrix}\lambda_1&&&\\&\lambda_2&&\\&&\ddots&\\&&&\lambda_n\end{bmatrix}=(\text{对角矩阵})\tag{1-8-8}$$

则称$\boldsymbol{A}$相似于对角矩阵，也称矩阵$\boldsymbol{A}$可相似对角化。

2. 结论

（1）若有可逆矩阵$\boldsymbol{P}$，使得

$$P^{-1}AP=\begin{bmatrix}\lambda_1 & & & \\ & \lambda_2 & & \\ & & \ddots & \\ & & & \lambda_n\end{bmatrix}$$

则λ_1，λ_2，…，λ_n为$\boldsymbol{A}$的n个特征值，而矩阵$\boldsymbol{P}$的n个列向量是矩阵$\boldsymbol{A}$的对应于这些特征值λ_1，λ_2，…，λ_n的n个线性无关的特征向量。

（2）n阶矩阵$\boldsymbol{A}$相似于对角矩阵$\boldsymbol{\Lambda}$的充要条件是$\boldsymbol{A}$有n个线性无关的特征向量。

（3）如果n阶方阵$\boldsymbol{A}$有n个不同的特征值，则$\boldsymbol{A}$一定可以相似对角化。

（4）如果$\boldsymbol{A}$有重特征值，且对每一个重特征值，其重数和对应的线性无关的特征向量的个数都相等，则$\boldsymbol{A}$一定可以相似对角化。

（5）如果对应方阵$\boldsymbol{A}$的某个特征值λ，它的线性无关的特征向量的个数小于该特征值λ的重数，造成方阵$\boldsymbol{A}$的线性无关的特征向量个数小于n，从而$\boldsymbol{A}$不可相似对角化。

3. 实对称矩阵的相似对角化

定义：如果n阶方阵$\boldsymbol{A}$等于它的转置矩阵，即$\boldsymbol{A}=\boldsymbol{A}^{\mathrm{T}}$，则称$\boldsymbol{A}$为对称矩阵。所有元素为实数的对称矩阵，称为实对称矩阵。

定义n阶实对称矩阵$\boldsymbol{A}$称为正交矩阵，如果$\boldsymbol{A}^{\mathrm{T}}\boldsymbol{A}=\boldsymbol{E}$。

性质：

（1）n阶实对称矩阵有n个实特征值（重根按重数计算）。

（2）实对称矩阵对应于不同特征值的特征向量必正交。

定理：设$\boldsymbol{A}$为n阶实对称矩阵，则必存在正交矩阵$\boldsymbol{P}$，使

$$P^{-1}AP=P^{\mathrm{T}}AP=\Lambda=\begin{bmatrix}\lambda_1 & & & \\ & \lambda_2 & & \\ & & \ddots & \\ & & & \lambda_n\end{bmatrix}$$

其中λ_1，λ_2，…，λ_n是$\boldsymbol{A}$的特征值，$\boldsymbol{P}$的列向量是$\boldsymbol{A}$的分别与λ_1，λ_2，…，λ_n对应的两两正交的单位特征向量。

4. 给定实对称矩阵$\boldsymbol{A}$，求正交矩阵$\boldsymbol{P}$使$\boldsymbol{A}$相似对角化的步骤

（1）解特征方程$|\lambda \boldsymbol{E}-\boldsymbol{A}|=0$，求出$\boldsymbol{A}$的全部特征值$\lambda_1$，$\lambda_2$，…，$\lambda_n$（做完这一步，就可以求出$\boldsymbol{A}$的相似对角矩阵$\boldsymbol{\Lambda}$）。

（2）解齐次线性方程组$(\lambda_i \boldsymbol{E}-\boldsymbol{A})\boldsymbol{x}=\boldsymbol{0}$，求出基础解系，如果特征值$\lambda_i$是单根，就对应一个特征向量，如果特征值$\lambda_i$是$k$重根，就对应$k$个线性无关的特征向量。

（3）特征值是单根时，对求出的这个特征向量单位化。

（4）特征值是k重根时，对它所对应的那组k个线性无关的特征向量进行正交化再单位化（或称正交规范化）。

（5）将所有经过正交化、单位化的两两正交的单位特征向量$\boldsymbol{q}_1$，$\boldsymbol{q}_2$，…，$\boldsymbol{q}_n$（依次对应特征值λ_1，λ_2，…λ_n）排成一个矩阵，$\boldsymbol{P}=(\boldsymbol{q}_1,\boldsymbol{q}_2,\cdots,\boldsymbol{q}_n)$,那么$\boldsymbol{P}$是正交矩阵，而且有$\boldsymbol{P}^{-1}\boldsymbol{A}\boldsymbol{P}=\boldsymbol{P}^{\mathrm{T}}\boldsymbol{A}\boldsymbol{P}=\boldsymbol{\Lambda}=\begin{bmatrix}\lambda_1 & & & \\ & \lambda_2 & & \\ & & \ddots & \\ & & & \lambda_n\end{bmatrix}$。

注意：$\boldsymbol{P}=(\boldsymbol{q}_1,\boldsymbol{q}_2,\cdots,\boldsymbol{q}_n)$中，$\boldsymbol{q}_1$，$\boldsymbol{q}_2$，…，$\boldsymbol{q}_n$的排列顺序应和特征值$\lambda_1$，$\lambda_2$，…，$\lambda_n$的排列顺序

一致，即$\boldsymbol{q}_i(i=1,\cdots,n)$恰好是$\lambda_i$对应的特征向量。

【例 1-8-36】 已知矩阵$\boldsymbol{A}=\begin{bmatrix}1 & -1 & 1\\ 2 & 4 & -2\\ -3 & -3 & 5\end{bmatrix}$与$\boldsymbol{B}=\begin{bmatrix}\lambda & 0 & 0\\ 0 & 2 & 0\\ 0 & 0 & 2\end{bmatrix}$相似，则$\lambda$等于：

A. 6　　B. 5　　C. 4　　D. 14

解　因为$\boldsymbol{A}$与$\boldsymbol{B}$相似，由相似矩阵性质（4）⑤$\boldsymbol{A}$与$\boldsymbol{B}$主对角线元素之和相等，即$1+4+5=\lambda+2+2$，得$\lambda=6$。

答案： A

【例 1-8-37】 已知二阶实对称矩阵$\boldsymbol{A}$的一个特征值为 1，而$\boldsymbol{A}$对应特征值 1 的特征向量为$\begin{bmatrix}1\\ -1\end{bmatrix}$，若$|\boldsymbol{A}|=-1$，则$\boldsymbol{A}$的另一个特征值及其对应的特征向量是：

A. $\lambda=1$，$\boldsymbol{x}=(1,1)^{\mathrm{T}}$　　B. $\lambda=-1$，$\boldsymbol{x}=(1,1)^{\mathrm{T}}$

C. $\lambda=-1$，$\boldsymbol{x}=(-1,1)^{\mathrm{T}}$　　D. $\lambda=-1$，$\boldsymbol{x}=(1,-1)^{\mathrm{T}}$

解　利用公式$|\boldsymbol{A}|=\lambda_1\lambda_2\cdots\lambda_n$，当$\boldsymbol{A}$为二阶方阵时，$|\boldsymbol{A}|=\lambda_1\lambda_2$

则有$\lambda_2=\frac{|\boldsymbol{A}|}{\lambda_1}=\frac{-1}{1}=-1$。

根据实对称矩阵性质（2），实对称矩阵对应不同特征值的特征向量正交。

$\begin{bmatrix}1\\ 1\end{bmatrix}^{\mathrm{T}}\cdot\begin{bmatrix}1\\ -1\end{bmatrix}=[1,1]\cdot\begin{bmatrix}1\\ -1\end{bmatrix}=0$，所以$\begin{bmatrix}1\\ 1\end{bmatrix}$与$\begin{bmatrix}1\\ -1\end{bmatrix}$正交。

答案： B

【例 1-8-38】 设$\lambda_1=6$，$\lambda_2=\lambda_3=3$为三阶实对称矩阵$\boldsymbol{A}$的特征值，属于$\lambda_2=\lambda_3=3$的特征向量为$\boldsymbol{\xi}_2=(-1,0,1)^{\mathrm{T}}$，$\boldsymbol{\xi}_3=(1,2,1)^{\mathrm{T}}$，则属于$\lambda_1=6$的特征向量是：

A. $(1,-1,1)^{\mathrm{T}}$　　B. $(1,1,1)^{\mathrm{T}}$

C. $(0,2,2)^{\mathrm{T}}$　　D. $(2,2,0)^{\mathrm{T}}$

解　实对称矩阵的不同特征值对应的特征向量必正交。$\lambda_1=6$对应的特征向量$\boldsymbol{\xi}_1$必定与λ_2和λ_3所对应的特征向量$\boldsymbol{\xi}_2$和$\boldsymbol{\xi}_3$分别正交，故有$\boldsymbol{\xi}_1^{\mathrm{T}}\cdot\boldsymbol{\xi}_2=\boldsymbol{\xi}_1^{\mathrm{T}}\cdot\boldsymbol{\xi}_3=0$，代入选项只有A满足。

答案： A

九、合同矩阵的概念和性质

（一）合同矩阵

定义：设$\boldsymbol{A}$、$\boldsymbol{B}$为n阶方阵，若存在n阶可逆矩阵$\boldsymbol{P}$，使$\boldsymbol{P}^{\mathrm{T}}\boldsymbol{A}\boldsymbol{P}=\boldsymbol{B}$，则称$\boldsymbol{A}$合同于$\boldsymbol{B}$或$\boldsymbol{A}$与$\boldsymbol{B}$合同，记作$\boldsymbol{A}\simeq\boldsymbol{B}$。

若$\boldsymbol{A}\simeq\boldsymbol{B}$，则$\boldsymbol{A}\cong\boldsymbol{B}$（合同必等价，等价未必合同）。

（二）合同矩阵的性质

合同是方阵之间的又一个等价关系，它具有下列性质：

（1）自反性：$\boldsymbol{A}\simeq\boldsymbol{A}$。

（2）对称性：若$\boldsymbol{A}\simeq\boldsymbol{B}$，则$\boldsymbol{B}\simeq\boldsymbol{A}$。

（3）传递性：若$\boldsymbol{A}\simeq\boldsymbol{B}$且$\boldsymbol{B}\simeq\boldsymbol{C}$，则$\boldsymbol{A}\simeq\boldsymbol{C}$。

（4）若$\boldsymbol{A}\simeq\boldsymbol{B}$，则$R(\boldsymbol{A})=R(\boldsymbol{B})$（合同变换不改变矩阵的秩）。

（5）设$\boldsymbol{A}$为对称矩阵，若$\boldsymbol{A}\simeq\boldsymbol{B}$，则$\boldsymbol{B}$也为对称矩阵。

结论：任何一个实对称矩阵$\boldsymbol{A}$都合同于对角矩阵，即存在正交矩阵$\boldsymbol{P}$，使得

$$\boldsymbol{P}^{\mathrm{T}}\boldsymbol{AP}=\begin{bmatrix}\lambda_1 & & & \\ & \lambda_2 & & \\ & & \ddots & \\ & & & \lambda_n\end{bmatrix}$$ (其中λ_1，λ_2，…，λ_n为实对称矩阵$\boldsymbol{A}$的特征值) (1-8-9)

十、二次型

（一）二次型定义

含有n个变量x_1，x_2，…，x_n的二次齐次函数（即每项都是二次的多项式）

$f(x_1,x_2,\cdots,x_n)=a_{11}x_1^2+a_{22}x_2^2+\cdots+a_{nn}x_n^2+2a_{12}x_1x_2+2a_{13}x_1x_3+\cdots+2a_{n-1,n}x_{n-1}x_n$称为一个$n$元二次型，简称二次型。当$a_{ij}$都是实数时，称为实二次型。

（二）实二次型的矩阵表示（令$a_{ij}=a_{ji}$）

$$\begin{aligned}f(x_1,x_2,\cdots,x_n)&=x_1(a_{11}x_1+a_{12}x_2+\cdots+a_{1n}x_n)+x_2(a_{21}x_1+a_{22}x_2+\cdots+a_{2n}x_n)+\cdots+\\&\quad x_n(a_{n1}x_1+a_{n2}x_2+\cdots+a_{nn}x_n)\\&=(x_1,x_2,\cdots,x_n)\begin{bmatrix}a_{11}x_1+a_{12}x_2+\cdots+a_{1n}x_n\\a_{21}x_1+a_{22}x_2+\cdots+a_{2n}x_n\\\vdots\\a_{n1}x_1+a_{n2}x_2+\cdots+a_{nn}x_n\end{bmatrix}\\&=(x_1,x_2,\cdots,x_n)\begin{bmatrix}a_{11}&a_{12}&\cdots&a_{1n}\\a_{21}&a_{22}&\cdots&a_{2n}\\\vdots&\vdots&&\vdots\\a_{n1}&a_{n2}&\cdots&a_{nn}\end{bmatrix}\begin{bmatrix}x_1\\x_2\\\vdots\\x_n\end{bmatrix}\end{aligned}\quad(1\text{-}8\text{-}10)$$

记 $$\boldsymbol{A}=\begin{bmatrix}a_{11}&a_{12}&\cdots&a_{1n}\\a_{21}&a_{22}&\cdots&a_{2n}\\\vdots&\vdots&&\vdots\\a_{n1}&a_{n2}&\cdots&a_{nn}\end{bmatrix},\ \boldsymbol{x}=\begin{bmatrix}x_1\\x_2\\\vdots\\x_n\end{bmatrix}$$

则二次型可记作

$$f=\boldsymbol{x}^{\mathrm{T}}\boldsymbol{Ax}$$

其中，$\boldsymbol{A}$为实对称矩阵。

对称矩阵$\boldsymbol{A}$叫作二次型f的矩阵。$\boldsymbol{A}$的秩叫作二次型f的秩。

例如二次型$f=x^2-3z^2-4xy+yz$用矩阵表示，就是

$$f=(x,y,z)\begin{bmatrix}1&-2&0\\-2&0&\frac{1}{2}\\0&\frac{1}{2}&-3\end{bmatrix}\begin{bmatrix}x\\y\\z\end{bmatrix}$$

任给一个实二次型，就唯一地确定一个实对称矩阵；反之，任给一个实对称矩阵，也可唯一地确定一个实二次型。一个实二次型和一个实对称矩阵是一一对应的。

（三）二次型的标准形和规范形

1. 定义：形如$f=\varphi_1x_1^2+\varphi_2x_2^2+\cdots+\varphi_nx_n^2$的二次型称为二次型的标准形。在标准形中，如果平方项的系数$\varphi_i(i=1,2,\cdots,n)$为1，-1或0，即$f=x_1^2+x_2^2+\cdots+x_p^2-x_{p+1}^2-\cdots-x_r^2$，则称其为二次型的规范形。

正交变换定义：如果$\boldsymbol{P}$为正交矩阵，则线性变换$\boldsymbol{x}=\boldsymbol{Py}$称为正交变换。

2. **定理**：任给实二次型$f(x_1,x_2,\cdots,x_n)=\boldsymbol{x}^{\mathrm{T}}\boldsymbol{Ax}$(其中$\boldsymbol{A}=\boldsymbol{A}^{\mathrm{T}}$)，一定有正交变换$\boldsymbol{x}=\boldsymbol{Py}$($\boldsymbol{P}^{\mathrm{T}}=$

P^{-1}），使$f=\lambda_1 y_1^2+\lambda_2 y_2^2+\cdots+\lambda_n y_n^2=y^{\mathrm{T}}\begin{bmatrix}\lambda_1 & & & \\ & \lambda_2 & & \\ & & \ddots & \\ & & & \lambda_n\end{bmatrix}y$。

其中λ_1，λ_2，…，λ_n是$\boldsymbol{A}$的特征值，而$\boldsymbol{P}$的列向量就是对应于λ_1，λ_2，…，λ_n的两两正交的单位特征向量。

3. 用正交变换化实二次型为标准形的计算步骤：

（1）写出二次型的矩阵$\boldsymbol{A}$。

（2）求出矩阵$\boldsymbol{A}$的特征值λ_1，λ_2，…，λ_n，二次型的标准形为$\lambda_1 y_1^2+\lambda_2 y_2^2+\cdots+\lambda_n y_n^2$。

如果需要，则求出正交变换$\boldsymbol{x}=\boldsymbol{Py}$。

（3）求特征值对应的线性无关的特征向量。

（4）将单特征值对应的一个特征向量单位化。

将k重特征值对应的k个线性无关的特征向量先正交化再单位化（称为正交规范化），得到两两正交的k个单位特征向量。

（5）将这些两两正交的单位向量按$\lambda_1,\lambda_2,\cdots,\lambda_n$对应的顺序排列成矩阵，得到正交矩阵$\boldsymbol{P}$，这时有

$\boldsymbol{P}^{\mathrm{T}}\boldsymbol{AP}=\boldsymbol{P}^{-1}\boldsymbol{AP}=\boldsymbol{\Lambda}=\begin{bmatrix}\lambda_1 & & & \\ & \lambda_2 & & \\ & & \ddots & \\ & & & \lambda_n\end{bmatrix}$。

在正交变换$\boldsymbol{x}=\boldsymbol{Py}$下，$f=\boldsymbol{x}^{\mathrm{T}}\boldsymbol{Ax}=(\boldsymbol{Py})^{\mathrm{T}}\boldsymbol{APy}=\boldsymbol{y}^{\mathrm{T}}\boldsymbol{P}^{\mathrm{T}}\boldsymbol{APy}=\boldsymbol{y}^{\mathrm{T}}\boldsymbol{\Lambda y}=\lambda_1 y_1^2+\lambda_2 y_2^2+\cdots+\lambda_n y_n^2$。

说明：用配方法也可以求二次型的标准形，这时线性变换$\boldsymbol{x}=\boldsymbol{Py}$是可逆变换（$\boldsymbol{P}$为可逆矩阵），平方项的系数未必是特征值。

【例 1-8-39】 求二次型$f(x_1,x_2,x_3)=4x_1^2+x_2^2-3x_3^2+4x_1x_2$的秩，并把它化为标准形、规范形。

解 f对应矩阵$\boldsymbol{A}=\begin{bmatrix}4 & 2 & 0\\ 2 & 1 & 0\\ 0 & 0 & -3\end{bmatrix}$

$\boldsymbol{A}\xrightarrow{\text{初等行变换}}\begin{bmatrix}2 & 1 & 0\\ 0 & 0 & -3\\ 0 & 0 & 0\end{bmatrix}$，$R(\boldsymbol{A})=2$，二次型的秩为 2。

方法 1：（正交变换化为标准形）

①求特征值并写出标准形：

$|\lambda\boldsymbol{E}-\boldsymbol{A}|=\begin{vmatrix}\lambda-4 & -2 & 0\\ -2 & \lambda-1 & 0\\ 0 & 0 & \lambda+3\end{vmatrix}=(\lambda+3)(\lambda^2-5\lambda)=0$

$\lambda_1=5$，$\lambda_2=-3$，$\lambda_3=0$

$R(\boldsymbol{A})=2$，$\boldsymbol{A}$有两个特征值不为 0，f有标准形$5y_1^2-3y_2^2+0y_3^2$

②求正交矩阵$\boldsymbol{P}$（本题可以省略这一步）：

$5\boldsymbol{E}-\boldsymbol{A}=\begin{bmatrix}1 & -2 & 0\\ -2 & 4 & 0\\ 0 & 0 & 8\end{bmatrix}\to\begin{bmatrix}1 & -2 & 0\\ 0 & 0 & 1\\ 0 & 0 & 0\end{bmatrix}$，$\boldsymbol{p}_1=\begin{bmatrix}2\\ 1\\ 0\end{bmatrix}$，单位化$\boldsymbol{q}_1=\begin{bmatrix}\frac{2}{\sqrt{5}}\\ \frac{1}{\sqrt{5}}\\ 0\end{bmatrix}$

$-3\boldsymbol{E}-\boldsymbol{A}=\begin{bmatrix}-7 & -2 & 0\\ -2 & -4 & 0\\ 0 & 0 & 0\end{bmatrix}\to\begin{bmatrix}1 & 0 & 0\\ 0 & 1 & 0\\ 0 & 0 & 0\end{bmatrix}$，$\boldsymbol{p}_2=\begin{bmatrix}0\\ 0\\ 1\end{bmatrix}$，单位化$\boldsymbol{q}_2=\begin{bmatrix}0\\ 0\\ 1\end{bmatrix}$

$0\boldsymbol{E}-\boldsymbol{A}=\begin{bmatrix}-4 & -2 & 0\\ -2 & -1 & 0\\ 0 & 0 & 3\end{bmatrix}\to\begin{bmatrix}2 & 1 & 0\\ 0 & 0 & 1\\ 0 & 0 & 0\end{bmatrix}$，$\boldsymbol{p}_3=\begin{bmatrix}1\\ -2\\ 0\end{bmatrix}$，单位化$\boldsymbol{q}_3=\begin{bmatrix}\frac{1}{\sqrt{5}}\\ -\frac{2}{\sqrt{5}}\\ 0\end{bmatrix}$

正交矩阵$\boldsymbol{P}=\begin{bmatrix}\frac{2}{\sqrt{5}} & 0 & \frac{1}{\sqrt{5}}\\ \frac{1}{\sqrt{5}} & 0 & -\frac{2}{\sqrt{5}}\\ 0 & 1 & 0\end{bmatrix}$

$f\overset{\boldsymbol{x}=\boldsymbol{P}\boldsymbol{y}}{=\!=\!=}5y_1^2-3y_2^2+0y_3^2\xlongequal[z_3=y_3]{z_1=\sqrt{5}y_1,\ z_2=\sqrt{3}y_2}z_1^2-z_2^2+0z_3^2$（规范形）

方法 2：（可逆变换化为标准形）（配方法）

$f=4x_1^2+4x_1x_2+x_2^2-3x_3^2=(2x_1+x_2)^2-3x_3^2$

令$\begin{cases}y_1=2x_1+x_2\\ y_2=x_3\\ y_3=x_2\end{cases}$，则$\begin{bmatrix}y_1\\ y_2\\ y_3\end{bmatrix}=\begin{bmatrix}2 & 1 & 0\\ 0 & 0 & 1\\ 0 & 1 & 0\end{bmatrix}\begin{bmatrix}x_1\\ x_2\\ x_3\end{bmatrix}$，即$\boldsymbol{y}=\boldsymbol{Q}\boldsymbol{x}$，$\boldsymbol{x}=\boldsymbol{Q}^{-1}\boldsymbol{y}$

$f=\boldsymbol{x}^{\mathrm{T}}\boldsymbol{A}\boldsymbol{x}\overset{\boldsymbol{x}=\boldsymbol{Q}^{-1}\boldsymbol{y}}{=\!=\!=}\boldsymbol{y}^{\mathrm{T}}\begin{bmatrix}1 & 0 & 0\\ 0 & -3 & 0\\ 0 & 0 & 0\end{bmatrix}\boldsymbol{y}=y_1^2-3y_2^2$（标准形）

$\overset{z_1=y_1}{=\!=\!=}z_1^2-z_2^2+0z_3^2$（规范形）

$z_2=\sqrt{3}y_2$，$z_3=y_3$

说明：本题不要求变换矩阵，配方后可直接写出标准形和规范形。

（本题二次型的正惯性指数为 1，负惯性指数为 1）

（四）惯性定理

惯性定理：设n元实二次型$f=\boldsymbol{x}^{\mathrm{T}}\boldsymbol{A}\boldsymbol{x}$的秩$R(A)=r$。两个实的可逆变换$\boldsymbol{x}=\boldsymbol{P}\boldsymbol{y}$及$\boldsymbol{x}=\boldsymbol{Q}\boldsymbol{z}$（$\boldsymbol{P}$，$\boldsymbol{Q}$为$n$阶可逆矩阵），使

$$f\overset{\boldsymbol{x}=\boldsymbol{P}\boldsymbol{y}}{=\!=\!=}k_1y_1^2+k_2y_2^2+\cdots+k_ry_r^2\quad(k_i\neq 0)$$

及

$$f\overset{\boldsymbol{x}=\boldsymbol{Q}\boldsymbol{z}}{=\!=\!=}\lambda_1z_1^2+\lambda_2z_2^2+\cdots+\lambda_rz_r^2\quad(\lambda_i\neq 0)$$

则k_1，…，k_r中正数的个数与λ_1，…，λ_r中正数的个数相等。

在标准形中，正平方项个数p称为正惯性指数，负平方项个数q称为负惯性指数，$p+q=r$。

（五）二次型及其矩阵的正定性

1. 定义：设有实二次型$f(\boldsymbol{x})=\boldsymbol{x}^{\mathrm{T}}\boldsymbol{A}\boldsymbol{x}$，如果对任何$\boldsymbol{x}\neq\boldsymbol{0}$，都有$f(\boldsymbol{x})>0$，则称$f$为正定二次型，并称实对称矩阵$\boldsymbol{A}$是正定矩阵；如果对任何$\boldsymbol{x}\neq\boldsymbol{0}$，都有$f(\boldsymbol{x})<0$，则称$f$为负定二次型，并称实对称矩阵$\boldsymbol{A}$是负定矩阵。

2. 几个充要条件：

（1）实二次型$f=\boldsymbol{x}^{\mathrm{T}}\boldsymbol{A}\boldsymbol{x}$为正定的充分必要条件是正惯性指数等于未知数的个数。

（2）实二次型$f=\boldsymbol{x}^{\mathrm{T}}\boldsymbol{A}\boldsymbol{x}$为正定的充分必要条件是对称矩阵$\boldsymbol{A}$的特征值全为正。

（3）实二次型$f=\boldsymbol{x}^{\mathrm{T}}\boldsymbol{A}\boldsymbol{x}$为正定的充分必要条件是$\boldsymbol{A}$的各阶顺序主子式都为正，即

$$a_{11}>0,\ \begin{vmatrix}a_{11} & a_{12}\\ a_{21} & a_{22}\end{vmatrix}>0,\ \cdots,\ \begin{vmatrix}a_{11} & \cdots & a_{1n}\\ \vdots & & \vdots\\ a_{n1} & \cdots & a_{nn}\end{vmatrix}>0$$

（4）实对称矩阵$\boldsymbol{A}$为负定的充分必要条件是$\boldsymbol{A}$的奇数阶顺序主子式为负，而偶数阶顺序主子式为正，即

$$(-1)^r\begin{vmatrix}a_{11} & \cdots & a_{1r}\\ \vdots & & \vdots\\ a_{r1} & \cdots & a_{rr}\end{vmatrix}>0\qquad(r=1,2,\cdots,n)$$

（5）实二次型$f = \boldsymbol{x}^{\mathrm{T}}\boldsymbol{A}\boldsymbol{x}$为正定的充分必要条件是对称矩阵$\boldsymbol{A}$合同于单位矩阵($\boldsymbol{A} \approx \boldsymbol{E}$)。

（6）设$\boldsymbol{A}$、$\boldsymbol{B}$均为n阶实对称矩阵，$\boldsymbol{A} \simeq \boldsymbol{B}$（$\boldsymbol{A}$与$\boldsymbol{B}$合同），则$\boldsymbol{A}$为正定矩阵的充要条件是$\boldsymbol{B}$为正定矩阵。

【例 1-8-40】 实二次型$f(x_1,x_2,x_3) = x_1^2 + 2x_1x_2 + tx_2^2 + 3x_3^2$，当$t =$（　　）时，$f$的秩为 2。

A. 0　　B. 1　　C. 2　　D. 3

解　实二次型对应的矩阵$\boldsymbol{A} = \begin{bmatrix} 1 & 1 & 0 \\ 1 & t & 0 \\ 0 & 0 & 3 \end{bmatrix}$

对$\boldsymbol{A}$进行初等行变换

$$\begin{bmatrix} 1 & 1 & 0 \\ 1 & t & 0 \\ 0 & 0 & 3 \end{bmatrix} \to \begin{bmatrix} 1 & 1 & 0 \\ 0 & t-1 & 0 \\ 0 & 0 & 3 \end{bmatrix}$$

因为$\boldsymbol{R}(\boldsymbol{A}) = 2$，故$t - 1 = 0$，$t = 1$

答案：B

【例 1-8-41】 判别二次型$f_1 = 2x_1^2 + 3x_2^2 + x_3^2 + 2\sqrt{2}x_1x_2$，$f_2 = -x_1^2 - x_2^2 - 3x_3^2 - 2x_1x_3 - 2x_2x_3$是正定的，还是负定的？

解　（1）f_1对应矩阵$\boldsymbol{A} = \begin{bmatrix} 2 & \sqrt{2} & 0 \\ \sqrt{2} & 3 & 0 \\ 0 & 0 & 1 \end{bmatrix}$

顺序主子式$\boldsymbol{D}_1 = 2 > 0$，$\boldsymbol{D}_2 = \begin{vmatrix} 2 & \sqrt{2} \\ \sqrt{2} & 3 \end{vmatrix} = 6 - 2 > 0$，$\boldsymbol{D}_3 = \begin{vmatrix} 2 & \sqrt{2} & 0 \\ \sqrt{2} & 3 & 0 \\ 0 & 0 & 1 \end{vmatrix} = 1 \times \begin{vmatrix} 2 & \sqrt{2} \\ \sqrt{2} & 3 \end{vmatrix} > 0$

f_1是正定的。

（2）f_2对应矩阵$\boldsymbol{A} = \begin{bmatrix} -1 & 0 & -1 \\ 0 & -1 & -1 \\ -1 & -1 & -3 \end{bmatrix}$

顺序主子式$\boldsymbol{D}_1 = -1 < 0$，$\boldsymbol{D}_2 = \begin{vmatrix} -1 & 0 \\ 0 & -1 \end{vmatrix} = 1 > 0$，$\boldsymbol{D}_3 = \begin{vmatrix} -1 & 0 & -1 \\ 0 & -1 & -1 \\ -1 & -1 & -3 \end{vmatrix} = -1 < 0$

f_2是负定的。

【例 1-8-42】 若实二次型$f(x_1,x_2,x_3) = x_1^2 + 4x_2^2 + 2x_3^2 + 2tx_1x_2 + 2x_1x_3$是正定的，则$t$应满足：

A. $-2 < t < 2$　　B. $-\sqrt{2} < t < \sqrt{2}$

C. $-\sqrt{2} < t < 2$　　D. $-2 < t < \sqrt{2}$

解　二次型f的矩阵为$\begin{bmatrix} 1 & t & 1 \\ t & 4 & 0 \\ 1 & 0 & 2 \end{bmatrix}$

要使二次型正定，其各阶顺序主子式应满足

$$|\boldsymbol{A}_1| = 1 > 0，|\boldsymbol{A}_2| = \begin{vmatrix} 1 & t \\ t & 4 \end{vmatrix} = 4 - t^2 > 0，|\boldsymbol{A}_3| = \begin{vmatrix} 1 & t & 1 \\ t & 4 & 0 \\ 1 & 0 & 2 \end{vmatrix} = 4 - 2t^2 > 0$$

解不等式组$\begin{cases} 4 - t^2 > 0 \Rightarrow t^2 < 4 \Rightarrow -2 < t < 2 \\ 4 - 2t^2 > 0 \Rightarrow t^2 < 2 \Rightarrow -\sqrt{2} < t < \sqrt{2} \end{cases}$

取公共部分得：$-\sqrt{2} < t < \sqrt{2}$。

答案：B

【例 1-8-43】 已知三元二次型$f = ax_1^2 + ax_2^2 + x_3^2 - 2ax_2x_3$，$a$满足以下哪个条件时，$f$是正定二次型？

A. $a>1$　　B. $0<a<1$

C. $-1<a<0$　　D. $a>0$

解 二次型的矩阵$\boldsymbol{A}=\begin{bmatrix}a & 0 & 0\\0 & a & -a\\0 & -a & 1\end{bmatrix}$

f为正定的充要条件：

$$a>0,\ \begin{vmatrix}a & 0\\0 & a\end{vmatrix}>0,\ \begin{vmatrix}a & 0 & 0\\0 & a & -a\\0 & -a & 1\end{vmatrix}>0$$

即$\begin{cases}a>0\\a^2>0\\a^2(1-a)>0\end{cases}\Rightarrow 0<a<1$

答案： B

【例 1-8-44】 若对称矩阵$\boldsymbol{A}$与矩阵$\boldsymbol{B}=\begin{bmatrix}1 & 0 & 0\\0 & 0 & 2\\0 & 2 & 0\end{bmatrix}$合同，则二次型$f(x_1,x_2,x_3)=\boldsymbol{x}^{\mathrm{T}}\boldsymbol{A}\boldsymbol{x}$的标准型是：

A. $f=y_1^2+2y_2^2-2y_3^2$

B. $f=2y_1^2-2y_2^2-y_3^2$

C. $f=y_1^2-y_2^2-2y_3^2$

D. $f=-y_1^2+y_2^2-2y_3^2$

解 本题考查二次型标准型的表示方法。

矩阵$\boldsymbol{B}$的特征方程为$|\lambda\boldsymbol{E}-\boldsymbol{B}|=\begin{vmatrix}\lambda-1 & 0 & 0\\0 & \lambda & -2\\0 & -2 & \lambda\end{vmatrix}=(\lambda-1)(\lambda^2-4)=0$，特征值分别为：$\lambda_1=1$，$\lambda_2=2$，$\lambda_3=-2$

合同矩阵的判别方法：实对阵矩阵的$\boldsymbol{A}$和$\boldsymbol{B}$合同的充分必要条件是$\boldsymbol{A}$和$\boldsymbol{B}$的特征值中正、负特征值的个数相等。

已知，矩阵$\boldsymbol{B}$对应的二次型的正惯性指数和负惯性指数分别为 2 和 1，由于合同矩阵具有相同的正、负惯性指数，故二次型$f(x_1,x_2,x_3)=\boldsymbol{x}^{\mathrm{T}}\boldsymbol{A}\boldsymbol{x}$的标准型是：

$$f=y_1^2+2y_2^2-2y_3^2$$

答案： A

习　题

1-8-1 行列式$\boldsymbol{D}_1=\begin{vmatrix}1 & 3 & 1\\2 & 2 & 3\\3 & 1 & 5\end{vmatrix}$，$\boldsymbol{D}_2=\begin{vmatrix}\lambda & 0 & 1\\0 & \lambda-1 & 1\\1 & 0 & \lambda\end{vmatrix}$，若$\boldsymbol{D}_1=\boldsymbol{D}_2$，则$\lambda$的值为（　　）。

A. 0，1　　B. 0，2　　C. −1，1　　D. −1，2

1-8-2 已知行列式$\begin{vmatrix} & & & \lambda_1\\ & & \lambda_2 & \\ & \iddots & & \\ \lambda_n & & & \end{vmatrix}$，其中$\lambda_i\neq 0(i=1,2,\cdots,n)$，则行列式的值为（　　）。

A. $\lambda_1\lambda_2\lambda_3\cdots\lambda_n$　　B. 0

C. $-\lambda_1\lambda_2\cdots\lambda_n$　　D. $(-1)^{\frac{n(n-1)}{2}}\lambda_1\lambda_2\cdots\lambda_n$

1-8-3 设$\boldsymbol{A}$是4×5矩阵，$\boldsymbol{B}$是5×4矩阵，则下列结论中不正确的是（　　）。

A. $|\boldsymbol{AB}| \neq 0$　　B. $|\boldsymbol{A}^{\mathrm{T}}\boldsymbol{B}^{\mathrm{T}}|$有意义

C. $R(\boldsymbol{A}) = R(\boldsymbol{A}^{\mathrm{T}}) \leqslant 4$　　D. $R(\boldsymbol{AB}) \leqslant 4$

1-8-4　已知$\boldsymbol{\alpha}_1 = \begin{bmatrix}2\\0\\0\end{bmatrix}$，$\boldsymbol{\alpha}_2 = \begin{bmatrix}0\\0\\-3\end{bmatrix}$，下列向量中是$\boldsymbol{\alpha}_1$，$\boldsymbol{\alpha}_2$的线性组合的是（　　）。

A. $\boldsymbol{\beta} = \begin{bmatrix}-3\\0\\4\end{bmatrix}$　　B. $\boldsymbol{\beta} = \begin{bmatrix}0\\1\\0\end{bmatrix}$　　C. $\boldsymbol{\beta} = \begin{bmatrix}1\\1\\0\end{bmatrix}$　　D. $\boldsymbol{\beta} = \begin{bmatrix}0\\-1\\1\end{bmatrix}$

1-8-5　向量组的秩为r的充要条件是（　　）。

A. 该向量组所含向量的个数必大于r

B. 该向量组中任何r个向量必线性无关，任何$r+1$个向量必线性相关

C. 该向量组中有r个向量线性无关，有$r+1$个向量线性相关

D. 该向量组中有r个向量线性无关，任何$r+1$个向量必线性相关

1-8-6　利用初等行变换求矩阵$\begin{bmatrix}1 & 1 & 2 & 2 & 1\\0 & 2 & 1 & 5 & -1\\2 & 0 & 3 & -1 & 3\\1 & 1 & 0 & 4 & -1\end{bmatrix}$的列向量组的一个最大无关组为（　　）。

A. 第 1、2 列　　B. 第 2、3 列　　C. 第 4、5 列　　D. 第 1、2、3 列

1-8-7　设$\boldsymbol{A} = \begin{bmatrix}a_1b_1 & a_1b_2 & \cdots & a_1b_n\\a_2b_1 & a_2b_2 & \cdots & a_2b_n\\\vdots & \vdots & & \vdots\\a_nb_1 & a_nb_2 & \cdots & a_nb_n\end{bmatrix}$，其中$a_i \neq 0$，$b_i \neq 0(i = 1,2,\cdots,n)$，则矩阵$\boldsymbol{A}$的秩等于（　　）。

A. n　　B. 0　　C. 1　　D. 2

1-8-8　设$\boldsymbol{\alpha}_1$，$\boldsymbol{\alpha}_2$，$\boldsymbol{\alpha}_3$是四元非齐次线性方程组$\boldsymbol{Ax} = \boldsymbol{b}$的三个解向量，且$R(\boldsymbol{A}) = 3$，$\boldsymbol{\alpha}_1 = (1,2,3,4)^{\mathrm{T}}$，$\boldsymbol{\alpha}_2 + \boldsymbol{\alpha}_3 = (0,1,2,3)^{\mathrm{T}}$，$C$表示任意常数，则线性方程组$\boldsymbol{Ax} = \boldsymbol{b}$的通解$\boldsymbol{x}$为（　　）。

A. $\begin{bmatrix}1\\2\\3\\4\end{bmatrix} + C\begin{bmatrix}1\\1\\1\\1\end{bmatrix}$　　B. $\begin{bmatrix}1\\2\\3\\4\end{bmatrix} + C\begin{bmatrix}0\\1\\2\\3\end{bmatrix}$　　C. $\begin{bmatrix}1\\2\\3\\4\end{bmatrix} + C\begin{bmatrix}2\\3\\4\\5\end{bmatrix}$　　D. $\begin{bmatrix}1\\2\\3\\4\end{bmatrix} + C\begin{bmatrix}3\\4\\5\\6\end{bmatrix}$

1-8-9　可逆矩阵$\boldsymbol{A}$（即$|\boldsymbol{A}| \neq 0$）与矩阵（　　）有相同的特征值。

A. $\boldsymbol{A}^{\mathrm{T}}$　　B. $\boldsymbol{A}^{-1}$　　C. $\boldsymbol{A}^2$　　D. $\boldsymbol{A}+\boldsymbol{E}$

1-8-10　设$\boldsymbol{A}$、$\boldsymbol{B}$均为n阶矩阵，则下列各式中正确的是（　　）。

A. $(\boldsymbol{A}+\boldsymbol{B})(\boldsymbol{A}-\boldsymbol{B}) = \boldsymbol{A}^2 - \boldsymbol{B}^2$　　B. $(\boldsymbol{AB})^2 = \boldsymbol{A}^2\boldsymbol{B}^2$

C. 由$\boldsymbol{AC} = \boldsymbol{BC}$，必可推出$\boldsymbol{A} = \boldsymbol{B}$　　D. $\boldsymbol{A}^2 - \boldsymbol{E} = (\boldsymbol{A}+\boldsymbol{E})(\boldsymbol{A}-\boldsymbol{E})$

1-8-11　设$\boldsymbol{A}$、$\boldsymbol{B}$、$\boldsymbol{C}$均为n阶方阵，且$\boldsymbol{ABC} = \boldsymbol{E}$，则（　　）。

A. $\boldsymbol{ACB} = \boldsymbol{E}$　　B. $\boldsymbol{CBA} = \boldsymbol{E}$　　C. $\boldsymbol{BAC} = \boldsymbol{E}$　　D. $\boldsymbol{BCA} = \boldsymbol{E}$

1-8-12　设$\boldsymbol{A}$为三阶矩阵，$|\boldsymbol{A}| = \frac{1}{2}$，则$|(2\boldsymbol{A})^{-1} - 5\boldsymbol{A}^*|$为（　　）。

A. 0　　B. −16　　C. 4　　D. −8

1-8-13　设$\boldsymbol{A}$为n阶方阵，且$|\boldsymbol{A}| = a \neq 0$，则$|\boldsymbol{A}^*| =$（　　）。

A. a　　B. $\frac{1}{a}$　　C. a^{n-1}　　D. a^n

1-8-14　设三阶方阵$\boldsymbol{A}$的特征值为 1，2，−2，它们所对应的特征向量分别为$\boldsymbol{\alpha}_1$，$\boldsymbol{\alpha}_2$，$\boldsymbol{\alpha}_3$，令$\boldsymbol{P} = (\boldsymbol{\alpha}_1,\boldsymbol{\alpha}_2,\boldsymbol{\alpha}_3)$，则$\boldsymbol{P}^{-1}\boldsymbol{AP} =$（　　）。

A. $\begin{bmatrix}1 & & \\ & 2 & \\ & & -2\end{bmatrix}$　　B. $\begin{bmatrix}2 & & \\ & 1 & \\ & & -2\end{bmatrix}$　　C. $\begin{bmatrix}-1 & & \\ & -2 & \\ & & 2\end{bmatrix}$　　D. $\begin{bmatrix}-2 & & \\ & 1 & \\ & & 2\end{bmatrix}$

1-8-15 设$\lambda=2$是可逆矩阵$\boldsymbol{A}$的一个特征值，则矩阵$\boldsymbol{E}+\left(\frac{1}{2}\boldsymbol{A}^3\right)^{-1}$有一个特征值等于（　　）。

A. $\frac{1}{4}$　　B. $\frac{5}{4}$　　C. 5　　D. $\frac{4}{5}$

1-8-16 设$\boldsymbol{A}$为n阶方阵，则以下结论正确的是（　　）。

A. 若$\boldsymbol{A}$可逆，则$\boldsymbol{A}$的对应于λ的特征向量也是$\boldsymbol{A}^{-1}$对应于特征值$\frac{1}{\lambda}$的特征向量

B. $\boldsymbol{A}$的特征向量的任一线性组合仍是$\boldsymbol{A}$的特征向量

C. 若λ是方阵$\boldsymbol{A}$对应特征向量$\boldsymbol{x}$的特征值，那么$\boldsymbol{A}^*$对应于特征向量$\boldsymbol{x}$的特征值为$\lambda|\boldsymbol{A}|$

D. $\boldsymbol{A}$的特征向量为方程组$(\boldsymbol{A}-\lambda\boldsymbol{E})\boldsymbol{x}=0$的全部解向量

1-8-17 已知向量$\boldsymbol{\alpha}=(1,a,1)^{\mathrm{T}}$，$\boldsymbol{\beta}=(-1,-1,-b)^{\mathrm{T}}$，$\boldsymbol{\gamma}=(b,2,0)^{\mathrm{T}}$为三阶实对称矩阵$\boldsymbol{A}$的 3 个不同特征值对应的特征向量，则（　　）。

A. $a=1,b=-2$　　B. $a=-2,b=1$

C. $a=-1,b=2$　　D. $a=2,b=-1$

1-8-18 已知三阶矩阵$\boldsymbol{A}$的特征值为−1，1，2，则矩阵$\boldsymbol{B}=(\boldsymbol{A}^*)^{-1}$（其中$\boldsymbol{A}^*$为$\boldsymbol{A}$的伴随矩阵）的特征值为（　　）。

A. 1，−1，−2　　B. $\frac{1}{2}$，$-\frac{1}{2}$，-1

C. $-\frac{1}{4}$，$\frac{1}{4}$，$\frac{1}{2}$　　D. $-\frac{1}{3}$，$\frac{1}{3}$，$\frac{2}{3}$

1-8-19 设$\boldsymbol{A}$是一个三阶实矩阵，如果对于任一三维列向量$\boldsymbol{x}$，都有$\boldsymbol{x}^{\mathrm{T}}\boldsymbol{A}\boldsymbol{x}=0$，那么（　　）。

A. $|\boldsymbol{A}|=0$　　B. $|\boldsymbol{A}|>0$

C. $|\boldsymbol{A}|<0$　　D. 以上都不成立

1-8-20 n阶实对称矩阵$\boldsymbol{A}$为正定矩阵，则下列不成立的是（　　）。

A. 所有K阶子式为正$(K=1,2,\cdots,n)$

B. $\boldsymbol{A}$的所有特征值全为正

C. $\boldsymbol{A}^{-1}$为正定矩阵

D. 秩$(\boldsymbol{A})=n$

第九节　概率论与数理统计

一、随机事件与概率

（一）随机事件与样本空间

随机试验（记作E）具有以下特点：在相同条件下试验可以重复进行；每次试验的可能结果不止一个，并且能事先确定试验的全部可能结果；每次试验的结果事先不可预测。

随机试验E的每个可能结果称为一个基本事件，试验E的所有可能结果的集合称为E的样本空间，记作Ω。

随机事件可以由E的某些基本事件组成，通常用A，B，C，…表示。

每次试验必然发生的事件，称作必然事件，记作Ω；每次试验必不发生的事件，称作不可能事件，记作$\varnothing$。用图形表示事件，可使分析直观方便，图 1-9-1 中方形区域表示Ω。

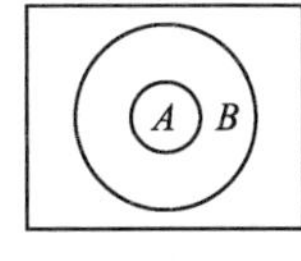

a)

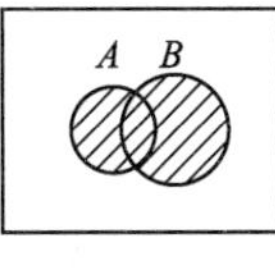

b)

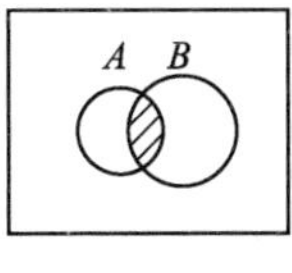

c)

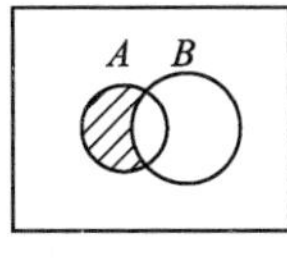

d)

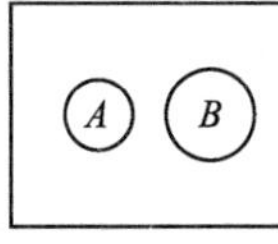

e)

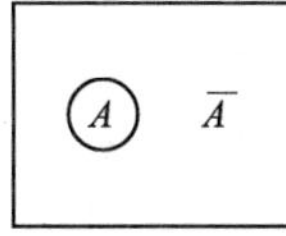

f)

图　1-9-1

（二）随机事件的关系及运算

1. 包含与相等

若事件A发生必然导致事件B发生，则称事件B包含事件A或A被B包含，记作$B \supset A$或$A \subset B$（见图 1-9-1a）。若$A \subset B$且$B \subset A$，则称事件A与事件B相等，记作$A = B$。

2. 和事件

事件A与B中至少有一个发生的事件称作事件A与B的和事件，记作$A \cup B$或$A + B$（见图 1-9-1b）。

3. 积事件

事件A与B同时发生的事件称作事件A与B的积事件，记作AB或$A \cap B$（见图 1-9-1c）。

4. 差事件

事件A发生而事件B不发生，这样的事件称作事件A与B的差事件，记作$A - B$（见图 1-9-1d）。

5. 互不相容事件

若事件A与B不能同时发生，即$AB = \varnothing$，则称事件A与B互不相容或互斥（见图 1-9-1e）。

6. 对立事件

若在一次实验中，事件A与B中必有且仅有一个发生，即$A \cup B = \Omega$且$AB = \varnothing$，则称A与B互为对立事件（或逆事件）。A的对立事件记为$\overline{A}$，所以$A \cup \overline{A} = \Omega$，$A\overline{A} = \varnothing$（见图 1-9-1f）。注意“$A$不发生”即“$\overline{A}$发生”，所以$A - B = A\overline{B}$。

事件的运算律：

①$A \cup B = B \cup A$

②$A \cup (B \cup C) = (A \cup B) \cup C$

③$AB = BA$

④$(AB)C = A(BC)$

⑤$A(B \cup C) = (AB) \cup (AC)$

⑥$A \cup (BC) = (A \cup B)(A \cup C)$

⑦$\overline{A \cup B} = \overline{A}\,\overline{B}$

⑧$\overline{AB} = \overline{A} \cup \overline{B}$

【例 1-9-1】 有A、B、C三个事件，下列选项中与事件A互斥的是：

A. $\overline{B \cup C}$　　B. $\overline{A \cup B \cup C}$　　C. $\overline{A}B + AC$　　D. $A(B + C)$

解　$A(\overline{B \cup C}) = A\overline{B}\,\overline{C}$可能发生，选项 A 错。

$A(\overline{A \cup B \cup C}) = A\overline{A}\,\overline{B}\,\overline{C} = \varnothing$，选项 B 对。

或见解图：

图 a），$\overline{B \cup C}$（斜线区域）与A有交集。

图 b），$\overline{A \cup B \cup C}$（斜线区域）与$A$无交集。

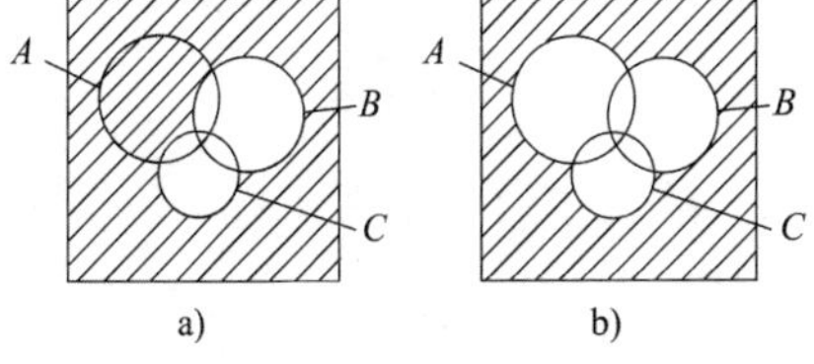

例 1-9-1 解图

答案：B

（三）概率及其性质

1. 概率的统计定义

若在n次重复试验中事件A出现了m次，则比值$\frac{m}{n}$称为事件A在这n次试验中出现的频率，记为$f_n(A)=\frac{m}{n}$。

当试验次数n无限增大时，$f_n(A)$就稳定于某个常数p，则数p称为A的概率，记作$P(A)$。$P(A)$表示事件A发生的可能性有多大。在图示法中，可把$P(A)$看作A区域的面积（表示Ω的方形区域面积为 1）。

2. 概率的性质（公式）

（1）对任意事件A，有$0\leqslant P(A)\leqslant 1$。$P(\Omega)=1$，$P(\emptyset)=0$。

（2）对任意两事件A、B（见图 1-9-1b），有$P(A\cup B)=P(A)+P(B)-P(AB)$。

一般地，设A_1，A_2，…，A_n是n个事件，则$P(A_1\cup A_2\cup\cdots\cup A_n)=\sum\limits_{i=1}^{n}P(A_i)-\sum\limits_{1\leqslant i<j\leqslant n}^{n}P(A_iA_j)+\sum\limits_{1\leqslant i<j<k\leqslant n}^{n}P(A_iA_jA_k)+\cdots+(-1)^{n-1}P(A_1A_2\cdots A_n)$。

（3）对互不相容事件A、B（见图 1-9-1e），有$P(A\cup B)=P(A)+P(B)$。

（4）$P(A)+P(\overline{A})=1$，$P(\overline{A})=1-P(A)$（见图 1-9-1f）。

（5）$P(AB)+P(A\overline{B})=P(A)$，$P(A\overline{B})=P(A-B)=P(A)-P(AB)$（见图 1-9-1d）。

当$B\subset A$时，$AB=B$，$P(A-B)=P(A)-P(B)$。

【例 1-9-2】 若$P(A)=0.8$，$P(A\overline{B})=0.2$，则$P(\overline{A}\cup\overline{B})$等于：

A. 0.4　　B. 0.6　　C. 0　　D. 0.3

解 因　$P(AB)+P(A\overline{B})=P(A)$

所以　$P(AB)=P(A)-P(A\overline{B})=0.6$

$P(\overline{A}\cup\overline{B})=P(\overline{AB})=1-P(AB)=1-0.6=0.4$

答案：A

3. 概率的古典定义

设随机试验的全部可能结果是n个等可能发生的基本事件，其中有且仅有m个基本事件被随机事件A包含，则事件A的概率

$$P(A)=\frac{m}{n}$$

例如，在一批N个产品中有M个次品。设事件A是“从这批产品中任取n个产品，其中恰有m个次品”，那么

$$P(A)=\frac{C_M^m\cdot C_{N-M}^{n-m}}{C_N^n}$$

【例 1-9-3】 袋中有 5 个球，其中 3 个是白球，2 个是红球，一次随机地取出 3 个球，其中恰有 2 个是白球的概率是：

A. $\left[\frac{3}{5}\right]^2\frac{2}{5}$　　B. $C_5^3\left[\frac{3}{5}\right]^2\frac{1}{5}$　　C. $\left[\frac{3}{5}\right]^2$　　D. $\frac{C_3^2C_2^1}{C_5^3}$

解 本题属于古典概型的摸球模型，它的样本空间所含样本点的个数为C_5^3，所研究的事件所含样本点的个数为$C_3^2C_2^1$，故所求概率为$\frac{C_3^2C_2^1}{C_5^3}$。

答案：D

（四）条件概率

1. 条件概率

定义：设A、B为两个事件，$P(A)>0$，则称$P(B|A)=\frac{P(AB)}{P(A)}$为事件$A$发生的条件下，事件$B$发生的条件概率。

说明：①$P(B)=\frac{P(B)}{P(\Omega)}$表示在$\Omega$范围内$B$发生的可能性大小；$P(B|A)=\frac{P(AB)}{P(A)}$表示在$A$范围内$B$（就是$AB$）发生的可能性大小。

②求条件概率有时不用此式，而用压缩样本空间方法，把思考范围从Ω压缩到A的范围内。

条件概率性质（公式）：设A、B、C为随机事件，$P(C)>0$，则：

（1）$0\leqslant P(A|C)\leqslant 1$；

（2）$P(A\cup B|C)=P(A|C)+P(B|C)-P(AB|C)$；

（3）$AB=\varnothing$时，$P(A\cup B|C)=P(A|C)+P(B|C)$；

（4）$P(A|C)+P(\overline{A}|C)=1$；

（5）$P(AB|C)+P(A\overline{B}|C)=P(A|C)$。

2. 乘法公式

$$P(A)>0\text{ 时，}P(AB)=P(A)P(B|A) \qquad (1\text{–}9\text{–}1)$$

$$P(B)>0\text{ 时，}P(AB)=P(B)P(A|B)$$

$$P(AB)>0\text{ 时，}P(ABC)=P(A)P(B|A)P(C|BA)$$

设A_1，A_2，…，A_n是n个事件，若

$P(A_1A_2\cdots A_{n-1})>0$，则$P(A_1A_2\cdots A_n)=P(A_1)P(A_2|A_1)P(A_3|A_1A_2)\cdots P(A_n|A_1A_2\cdots A_{n-1})$

3. 全概率公式

设事件组A_1，A_2，…，A_n互不相容，且$A_1\cup A_2\cup\cdots\cup A_n=\Omega$，$P(A_i)>0$，$i=1$，2，…，$n$。则对任一事件$B$有

$$P(B)=\sum_{i=1}^{n}P(B|A_i)P(A_i) \qquad (1\text{–}9\text{–}2)$$

4. 贝叶斯（Bayes）公式

在全概率公式条件下，且$P(B)>0$，则有

$$P(A_i|B)=\frac{P(A_i)P(B|A_i)}{\sum\limits_{k=1}^{n}P(A_k)P(B|A_k)} \quad (i=1,2,\cdots,n) \qquad (1\text{–}9\text{–}3)$$

【例 1-9-4】 设有一箱产品由三家工厂生产，第一家工厂生产总量的$\frac{1}{2}$，其他两厂各产总量的$\frac{1}{4}$，又知各厂次品率分别为 2%、2%、4%，现从此箱任取一件产品，（1）问取到正品的概率是多少？（2）如果已知取到的这件产品恰为正品，问它是由第二家工厂生产的概率是多少？

解 注意：$\frac{1}{2}$、$\frac{1}{4}$、$\frac{1}{4}$为概率，分别设出对应的一个事件；2%、2%、4%为条件概率，分别设出对应的两个事件。设A_i为“取到一件第i厂产品”，$i=1$，2，3；B为“取到一件正品”，$\overline{B}$为“取到一件次品”。

$P(A_1)=\frac{1}{2}$，$P(A_2)=P(A_3)=\frac{1}{4}$，$P(\overline{B}|A_1)=0.02$，$P(\overline{B}|A_2)=0.02$，$P(\overline{B}|A_3)=0.04$。

（1）由全概率公式 $P(B)=\sum\limits_{i=1}^{3}P(A_i)P(B|A_i)$

且$P(B|A_i)=1-P(\overline{B}|A_i)\quad(i=1,2,3)$

$$P(B)=\frac{1}{2}\times 0.98+\frac{1}{4}\times 0.98+\frac{1}{4}\times 0.96=0.975$$

或

$$P(\overline{B})=\frac{1}{2}\times 0.02+\frac{1}{4}\times 0.02+\frac{1}{4}\times 0.04=0.025$$
$$P(B)=1-P(\overline{B})=0.975$$

（2）由贝叶斯公式可知

$$P(A_2|B)=\frac{\frac{1}{4}\times 0.98}{\frac{1}{2}\times 0.98+\frac{1}{4}\times 0.98+\frac{1}{4}\times 0.96}\approx 0.2513$$

（五）独立性

1. 相互独立

定义：若事件A、B满足$P(AB)=P(A)P(B)$，则称A与B相互独立。

结论：

（1）如果A、B相互独立，则A与$\overline{B}$、$\overline{A}$与B、$\overline{A}$与$\overline{B}$均相互独立。

（2）如果A、B独立，$0<P(A)<1$，则$P(B|A)=P(B|\overline{A})=P(B)$（$A$发生与否不影响$B$发生的概率）。$A$、$B$独立的含义是“$A$发生与否”同“$B$发生与否”在概率上互不影响。

【例 1-9-5】 已知事件A与B相互独立，且$P(\overline{A})=0.4$，$P(\overline{B})=0.5$，则$P(A\cup B)$等于：

A. 0.6　　B. 0.7　　C. 0.8　　D. 0.9

解 因为A与B独立，所以$\overline{A}$与$\overline{B}$独立。

$P(A\cup B)=1-P(\overline{A\cup B})=1-P(\overline{A}\,\overline{B})=1-P(\overline{A})P(\overline{B})=0.8$

或者$P(A\cup B)=P(A)+P(B)-P(AB)$

由于A与B相互独立，则$P(AB)=P(A)P(B)$

而$P(A)=1-P(\overline{A})=0.6$，$P(B)=1-P(\overline{B})=0.5$

故$P(A\cup B)=0.6+0.5-0.6\times 0.5=0.8$

答案： C

【例 1-9-6】 若$P(A)>0$，$P(B)>0$，$P(\overline{B})>0$，$P(A|B)=P(A)$，则下列各式不成立的是：

A. $P(B|A)=P(B)$　　B. $P(A|\overline{B})=P(A)$

C. $P(AB)=P(A)P(B)$　　D. $AB=\emptyset$

解 因$P(AB)=P(B)P(A|B)=P(A)P(B)>0$，而$AB=\emptyset$时，$P(AB)=0$。选项 D 不成立。

或因$P(AB)=P(B)P(A|B)=P(A)P(B)$，选项 C 成立；$A$、$B$相互独立，所以选项 A、B 也成立。

答案： D

定义：对于三个事件A、B、C，如果有

$$P(AB)=P(A)P(B)$$
$$P(AC)=P(A)P(C)$$
$$P(BC)=P(B)P(C)$$
$$P(ABC)=P(A)P(B)P(C)$$

则称三事件A、B、C相互独立。

定义：对于n个事件A_1、A_2、…、A_n，如果对任何整数$k(2\leqslant k\leqslant n)$，任意$1\leqslant i_1<i_2<\cdots<i_k\leqslant n$，有$P(A_{i1}A_{i2}\cdots A_{ik})=P(A_{i1})P(A_{i2})\cdots P(A_{ik})$成立，则称$A_1$、$A_2$、…、$A_n$相互独立。

2. 独立重复试验（贝努利概型）

设一次试验中，事件A发生的概率为$p(0 < p < 1)$，则在n次独立重复试验（n重贝努利试验）中A发生k次的概率

$$P_k = C_n^k p^k q^{n-k} \qquad (q = 1 - p; k = 0,1,2,\cdots,n)$$

【例 1-9-7】在一小时内一台车床不需要工人看管的概率为 0.8，一个工人看管三台车床，三台车床工作相互独立，求在一小时内三台车床中至少有一台不需要人看管的概率。

解 设A表示“一小时内一台车床不需要看管”，看管三台车床相当于 3 次独立重复试验。

B表示“一小时内三台车床中至少有一台不需要看管”；

B_k表示“一小时内三台车床中恰有k台不需要看管”，k =0，1，2，3。

由题意可知 $p = P(A) = 0.8$

方法 1： $P(B_k) = C_3^k 0.8^k 0.2^{3-k} \qquad (k = 0,1,2,3)$

$$P(B) = P(B_1) + P(B_2) + P(B_3) = \sum_{k=1}^{3} C_3^k 0.8^k 0.2^{3-k} = 0.992$$

方法 2： $P(B) = 1 - P(\overline{B})$，$P(\overline{B}) = P(B_0) = 0.2^3$，$P(B) = 1 - 0.2^3 = 0.992$

由此可见，借助性质$P(A) = 1 - P(\overline{A})$有时可简化计算。

二、随机变量

为了进一步研究随机现象，需要将随机试验的结果数量化，为此先定义随机变量。

（一）随机变量及其分布函数

1. 如果对于随机试验的每一个可能结果ω，变量X都有一确定实数与它对应，则称X为随机变量。含随机变量的等式、不等式表示随机事件，如$X = 0$，$X \leqslant 2$等。

2. 对任意实数x，称函数

$$F(x) = P\{X \leqslant x\} \qquad (-\infty < x < +\infty)$$

为随机变量X的分布函数。

3. 分布函数性质：

（1）$0 \leqslant F(x) \leqslant 1(-\infty < x < +\infty)$；$\lim\limits_{x \to +\infty} F(x) = 1$，$\lim\limits_{x \to -\infty} F(x) = 0$；

（2）$F(x)$是非减函数，即$x_1 < x_2$时，$F(x_1) \leqslant F(x_2)$；

（3）$F(x)$是右连续的，即$\lim\limits_{x \to a^+} F(x) = F(a)$；

（4）$P\{a < X \leqslant b\} = F(b) - F(a)$，$P(X > a) = 1 - F(a)$。

（二）离散型随机变量

1. 离散型随机变量的全部可能取值为有限多个（记为x_1，x_2，$\cdots$，x_n）或可数多个（记为x_1，x_2，$\cdots$，x_n，$\cdots$）。

离散型随机变量的分布律为

$$P\{X = x_k\} = P_k \qquad (k = 1,2,\cdots,n,\cdots)$$

也可用表格表示

X	x_1	x_2	$\cdots$	x_n	$\cdots$
P_k	P_1	P_2	$\cdots$	P_n	$\cdots$

2. 分布律的性质：

（1）非负性，$P_k \geqslant 0 (k=1,2,\cdots)$；

（2）全部概率的和为 1，即 $\sum\limits_{k=1}^{\infty} P_k = 1$。

（3）$P(a < X \leqslant b) = \sum\limits_{a<x_k \leqslant b} P_k$。

3. 离散型随机变量的分布函数：

$$F(x) = P\{X \leqslant x\} = \sum_{x_k \leqslant x} P\{X = x_k\}$$

【例 1-9-8】 离散型随机变量X的分布律为$P(X=k) = C\lambda^k (k=0,1,2,\cdots)$，则下列不成立的是：

A. $C > 0$　　B. $0 < \lambda < 1$

C. $C = 1 - \lambda$　　D. $C = \frac{1}{1-\lambda}$

解　由分布律性质知$C\lambda^k \geqslant 0 (k=0,1,2,\cdots)$，$\sum\limits_{k=0}^{\infty} C\lambda^k = \frac{C}{1-\lambda} = 1$。所以$C > 0$，$\lambda > 0$，$|\lambda| < 1$，$C = 1-\lambda$。

答案： D

（三）连续型随机变量

1. 定义：对于随机变量X，如果存在非负函数$f(x)$，使对任意实数x有

$$F(x) = P\{X \leqslant x\} = \int_{-\infty}^{x} f(t)\mathrm{d}t$$

则称X为连续型随机变量，称$f(x)$为X的概率密度。此时，$F(x)$为连续函数。

2. 概率密度$f(x)$性质：

（1）$\int_{-\infty}^{+\infty} f(x)\mathrm{d}x = 1$（其中$f(x) \geqslant 0$）；

（2）在$f(x)$连续点有$F'(x) = f(x)$；

（3）$P\{a < X \leqslant b\} = F(b) - F(a) = \int_a^b f(x)\mathrm{d}x$（等于曲边梯形面积）。

注意：连续型随机变量X取任一定值a的概率$P\{X=a\} = 0$，但“$X=a$”有时并非不可能事件。

【例 1-9-9】 下列函数中，可以作为连续型随机变量的分布函数的是：

A. $\Phi(x) = \begin{cases} 0 & x < 0 \\ 1 - e^x & x \geqslant 0 \end{cases}$　　B. $F(x) = \begin{cases} e^x & x < 0 \\ 1 & x \geqslant 0 \end{cases}$

C. $G(x) = \begin{cases} e^{-x} & x < 0 \\ 1 & x \geqslant 0 \end{cases}$　　D. $H(x) = \begin{cases} 0 & x < 0 \\ 1 + e^{-x} & x \geqslant 0 \end{cases}$

解　分布函数［记为$Q(x)$］性质为：①$0 \leqslant Q(x) \leqslant 1$，$Q(-\infty) = 0$，$Q(+\infty) = 1$；②$Q(x)$是非减函数；③$Q(x)$是右连续的。

$\Phi(+\infty) = -\infty$；$F(x)$满足分布函数的性质①、②、③；

$G(-\infty) = +\infty$；$x \geqslant 0$时，$H(x) > 1$。

答案： B

【例 1-9-10】 设随机变量X的概率密度为$f(x) = \begin{cases} Axe^{-\frac{x^2}{2\sigma^2}} & x \geqslant 0 \\ 0 & x < 0 \end{cases}$，求常数$A$。

解　由$\int_{-\infty}^{+\infty} f(x)\mathrm{d}x = 1$，可知$\int_0^{+\infty} Axe^{-\frac{x^2}{2\sigma^2}}\mathrm{d}x = -A\sigma^2 \int_0^{+\infty} e^{-\frac{x^2}{2\sigma^2}}\mathrm{d}\left(-\frac{x^2}{2\sigma^2}\right) = A\sigma^2 = 1$，得$A = \frac{1}{\sigma^2}$。

【例 1-9-11】 设连续型随机变量X的分布函数为

$$F(x) = A + B\arctan x \quad (-\infty < x < +\infty)$$

求：（1）常数A与B；

（2）随机变量X在$(-1,1)$内取值的概率；

（3）随机变量X的概率密度。

解　（1）因$F(+\infty)=A+\frac{\pi}{2}B=1$，$F(-\infty)=A-\frac{\pi}{2}B=0$

所以$A=\frac{1}{2}$，$B=\frac{1}{\pi}$，$F(x)=\frac{1}{2}+\frac{1}{\pi}\arctan x$

（2）$P\{-1<X<1\}=F(1)-F(-1)=\frac{1}{\pi}\arctan 1-\frac{1}{\pi}\arctan(-1)=\frac{1}{2}$

（3）$f(x)=F'(x)=\frac{1}{\pi(1+x^2)}$　　$(-\infty<x<+\infty)$

（四）常用概率分布

1. 0–1 分布

分布律

$$P\{X=k\}=p^k q^{1-k}\qquad (k=0,1)$$

或

$$\begin{array}{c|cc} X & 0 & 1 \\ \hline P_k & q & p \end{array}\qquad (0<p<1,q=1-p)$$

2. 二项分布$B(n,p)$

分布律

$$P\{X=k\}=C_n^k p^k q^{n-k}\qquad (0<p<1,q=1-p;k=0,1,2,\cdots,n)$$

说明：（1）$0-1$分布就是$B(1,p)$。

（2）当X表示“n次独立重复试验中，事件A发生的次数”时，$X\sim B(n,p)$，$p=P(A)$。

3. 泊松分布$P(\lambda)$

分布律

$$P\{X=k\}=\frac{e^{-\lambda}\lambda^k}{k!}\qquad (\text{参数}\lambda\text{为正常数},k=0,1,2,\cdots)$$

4. 均匀分布$U(a,b)$

概率密度

$$f(x)=\begin{cases}\dfrac{1}{b-a} & a\leqslant x\leqslant b\\ 0 & \text{其他}\end{cases}$$

5. 指数分布$E(\lambda)$

概率密度

$$f(x)=\begin{cases}\lambda e^{-\lambda x} & x\geqslant 0\\ 0 & x<0\end{cases}\qquad (\text{参数}\lambda\text{为正常数})$$

6. 正态分布$N(\mu,\sigma^2)$

概率密度

$$f(x)=\frac{1}{\sqrt{2\pi}\sigma}e^{-\frac{(x-\mu)^2}{2\sigma^2}}\qquad (-\infty<x<+\infty，\mu\text{为常数}，\sigma\text{为正常数})$$

标准正态分布$N(0,1)$

概率密度

$$\varphi(x)=\frac{1}{\sqrt{2\pi}}e^{-\frac{x^2}{2}}\qquad (-\infty<x<+\infty)\tag{1-9-4}$$

分布函数　$\Phi(x)=\frac{1}{\sqrt{2\pi}}\int_{-\infty}^{x}e^{-\frac{t^2}{2}}\mathrm{d}t$

$\Phi(x)$为图 1-9-2 斜线部分面积值。显然

$$\Phi(0)=0.5$$

$$\Phi(-a) = 1 - \Phi(a) \quad （见图 1-9-3）$$

$$a > 0\text{时}，P\{|X| < a\} = 2\Phi(a) - 1 \quad （见图 1-9-3）$$

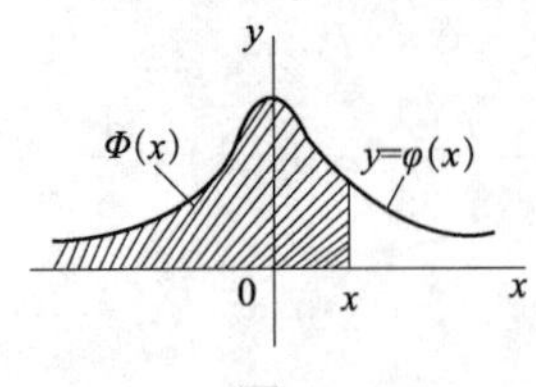

图 1-9-2

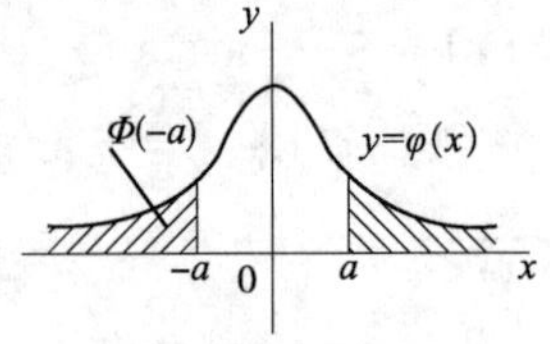

图 1-9-3

结论：设$X \sim N(\mu,\sigma^2)$，则

（1）$\frac{X-\mu}{\sigma} \sim N(0,1)$ （X的标准化）

（2）$P(a < X \leqslant b) = P\left(\frac{a-\mu}{\sigma} < \frac{X-\mu}{\sigma} \leqslant \frac{b-\mu}{\sigma}\right) = \Phi\left(\frac{b-\mu}{\sigma}\right) - \Phi\left(\frac{a-\mu}{\sigma}\right)$

（3）当a、b为常数，$a \neq 0$时，$aX + b \sim N(a\mu + b, a^2\sigma^2)$。

【例 1-9-12】 设$X \sim N(1,2^2)$，$\Phi(0.5) = 0.69$，$\Phi(1) = 0.84$，求$P\{-1 < X^3 < 8\}$。

解 $P\{-1 < X^3 < 8\} = P\{-1 < X < 2\}$

$$= \Phi\left(\frac{2-1}{2}\right) - \Phi\left(\frac{-1-1}{2}\right) = \Phi(0.5) - \Phi(-1)$$

$$= \Phi(0.5) - [1 - \Phi(1)] = 0.69 - (1 - 0.84) = 0.53$$

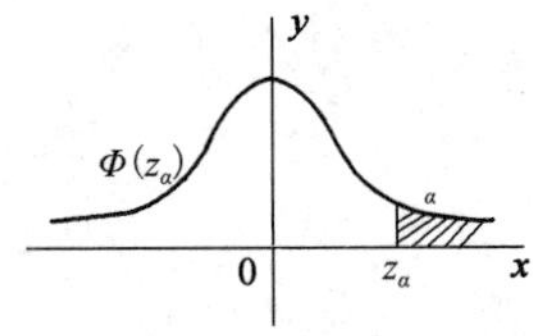

图 1-9-4

为了便于应用，对于标准正态分布，我们引入上α分位数的定义：

设$X \sim N(0,1)$，若数z_α满足条件（见图 1-9-4）

$$P\{X > z_\alpha\} = \alpha \quad (0 < \alpha < 1) \quad (1\text{-}9\text{-}5)$$

则称数z_α为标准正态分布上α分位数。$\Phi(z_\alpha) = P(X \leqslant z_\alpha) = 1 - \alpha$，由于概率密度$\varphi(x)$为偶函数，所以$z_{1-\alpha} = -z_\alpha$。（有的书不用$z_\alpha$而用$u_\alpha$）

查表可知$z_{0.05} = 1.645$，$z_{0.025} = 1.96$，$z_{0.95} = -1.645$。

7. 二维随机变量及其分布函数

（1）二维随机变量

对于随机试验的每一个可能结果ω，$X(\omega)$、$Y(\omega)$都是定义在样本空间上的随机变量，称(X,Y)为二维随机变量。

（2）二维随机变量的联合分布函数和边缘分布函数

联合分布函数$F(x,y)$的定义：设二维随机变量(X,Y)，称二元函数

$$F(x,y) = P(X \leqslant x, Y \leqslant y) \quad (-\infty < x,y < +\infty)$$

为X与Y的联合分布函数，或称为二维随机变量(X,Y)的分布函数。

联合分布函数的性质：

①$F(x,y)$分别对x，y是单调不减函数。

②$F(x,y)$分别对x，y是右连续的。

③$0 \leqslant F(x,y) \leqslant 1$，$x$，$y$为任意实数，$\lim\limits_{\substack{x\to-\infty \\ y\to-\infty}} F(x,y) = 0$，$\lim\limits_{x\to-\infty} F(x,y) = 0$，$\lim\limits_{y\to-\infty} F(x,y) = 0$，$\lim\limits_{\substack{x\to+\infty \\ y\to+\infty}} F(x,y) = 1$。

对任意$x_1 \leqslant x_2$，$y_1 \leqslant y_2$，有$F(x_2,y_2) - F(x_2,y_1) - F(x_1,y_2) + F(x_1,y_1) \geqslant 0$。

（3）边缘分布函数$F_X(x)$，$F_Y(y)$

$$F_X(x) = \lim_{y\to+\infty} F(x,y) = F(x,+\infty)；\ F_Y(y) = \lim_{x\to+\infty} F(x,y) = F(+\infty,y)$$

$F(x,y)$是(X,Y)的分布函数。

8. 二维离散型随机变量

（1）联合分布律

定义：设随机变量X可能取值为x_1，x_2，…，x_m，…，随机变量Y可能取值为y_1，y_2，…，y_n，…，把$X=x_i$与$Y=y_j$的积事件的概率$P(X=x_i,Y=y_j)=p_{ij}(i=1,2,\cdots,m,\cdots;j=1,2,\cdots,n,\cdots)$称为$(X,Y)$的联合分布律（简称分布律）。

性质：①$p_{ij}\geqslant 0(i=1,2,\cdots,m,\cdots;j=1,2,\cdots,n,\cdots)$；②$\sum\limits_{i=1}^{\infty}\sum\limits_{j=1}^{\infty}p_{ij}=1$。

（2）边缘分布律

定义：设(X,Y)的联合分布律为$P(X=x_i,Y=y_j)=p_{ij}(i=1,2,\cdots,m,\cdots;j=1,2,\cdots,n,\cdots)$，称$P(X=x_i)=\sum\limits_{j=1}^{\infty}p_{ij}=p_{i\cdot}(i=1,2,\cdots,m,\cdots)$为关于$X$的边缘分布律，称$P(Y=y_j)=\sum\limits_{i=1}^{\infty}p_{ij}=p_{\cdot j}(j=1,2,\cdots,n,\cdots)$为关于$Y$的边缘分布律。

（3）X与Y相互独立的充要条件

$P(X=x_i,Y=y_j)=P(X=x_i)P(Y=y_j)(i=1,2,\cdots,m,\cdots;j=1,2,\cdots,n,\cdots)$恒成立，即$p_{ij}\equiv p_{i\cdot}p_{\cdot j}$。

【例 1-9-13】 设二维随机变量(X,Y)的分布律为

例 1-9-13 表

Y	X		
	1	2	3
1	$\frac{1}{6}$	$\frac{1}{9}$	$\frac{1}{18}$
2	$\frac{1}{3}$	β	α

X与Y相互独立，则α与β的取值为：

A. $\alpha=\frac{1}{6}$，$\beta=\frac{1}{6}$　　B. $\alpha=0$，$\beta=\frac{1}{3}$

C. $\alpha=\frac{2}{9}$，$\beta=\frac{1}{9}$　　D. $\alpha=\frac{1}{9}$，$\beta=\frac{2}{9}$

解　方法 1：利用性质$\sum\limits_{i=1}^{\infty}\sum\limits_{j=1}^{\infty}p_{ij}=1$和$X$与$Y$相互独立的充要条件$p_{ij}\equiv p_{i\cdot}p_{\cdot j}$建立两个方程。

$$\begin{cases}\frac{1}{6}+\frac{1}{9}+\frac{1}{18}+\frac{1}{3}+\beta+\alpha=1\\P(X=2,Y=1)=P(X=2)P(Y=1)\end{cases}，即\begin{cases}\alpha+\beta=\frac{1}{3}\\\frac{1}{9}=\left(\frac{1}{9}+\beta\right)\left(\frac{1}{6}+\frac{1}{9}+\frac{1}{18}\right)\end{cases}$$

$\alpha=\frac{1}{9}$，$\beta=\frac{2}{9}$

方法 2：利用$p_{ij}\equiv p_{i\cdot}p_{\cdot j}$导出比例关系。

$$\frac{P(X=i,Y=1)}{P(X=i,Y=2)}=\frac{P(X=i)P(Y=1)}{P(X=i)P(Y=2)}=\frac{P(Y=1)}{P(Y=2)}\quad(i=1,2,3)$$

得$\frac{1/6}{1/3}=\frac{1/9}{\beta}=\frac{1/18}{\alpha}$（两个方程），即$\alpha=\frac{1}{9}$，$\beta=\frac{2}{9}$

答案：D

注：二维离散型随机变量X与Y相互独立时，联合分布律（矩阵）任意两行（列）对应成比例，考试时不必推导，直接使用。

9. 二维连续型随机变量

（1）二维连续型随机变量X、Y的联合概率密度$f(x,y)$的性质

①$f(x,y)\geqslant 0$

②$\int_{-\infty}^{+\infty}\int_{-\infty}^{+\infty}f(x,y)\mathrm{d}x\mathrm{d}y=1$

③$P[(X,Y)\in G]=\iint\limits_{G}f(x,y)\mathrm{d}x\mathrm{d}y$

④在$f(x,y)$连续点处，有$\frac{\partial^2 F(x,y)}{\partial x\partial y}=f(x,y)$

（2）边缘概率密度

关于X的边缘概率密度：$f_X(x)=\int_{-\infty}^{+\infty}f(x,y)\mathrm{d}y\quad(-\infty<x<+\infty)$

关于Y的边缘概率密度：$f_Y(y)=\int_{-\infty}^{+\infty}f(x,y)\mathrm{d}x\quad(-\infty<y<+\infty)$

（3）X与Y相互独立的充要条件是

$f(x,y)=f_X(x)\cdot f_Y(y)$处处成立（严格地讲应是“几乎处处成立”）

如设X、Y的联合概率密度为：

$$f(x,y)=\begin{cases}6xy^2 & 0\leqslant x\leqslant 1,\ 0\leqslant y\leqslant 1\\ 0 & \text{其他}\end{cases}$$

则
$$f_X(x)=\begin{cases}\int_0^1 6xy^2\mathrm{d}y=2x\cdot y^3\Big|_0^1=2x & 0\leqslant x\leqslant 1\\ 0 & \text{其他}\end{cases}$$

$$f_Y(y)=\begin{cases}\int_0^1 6xy^2\mathrm{d}x=3y^2\cdot x^2\Big|_0^1=3y^2 & 0\leqslant y\leqslant 1\\ 0 & \text{其他}\end{cases}$$

因为$f(x,y)=f_X(x)\cdot f_Y(y)$处处成立，所以$X$与$Y$相互独立。

【例 1-9-14】 设二维随机变量(X,Y)的概率密度为$f(x,y)=\begin{cases}e^{-2ax+by} & x>0,\ y>0\\ 0 & \text{其他}\end{cases}$，则常数$a$，$b$应满足的条件是：

A. $ab=-\frac{1}{2}$，且$a>0$，$b<0$　　B. $ab=\frac{1}{2}$，且$a>0$，$b>0$

C. $ab=-\frac{1}{2}$，$a<0$，$b<0$　　D. $ab=\frac{1}{2}$，且$a<0$，$b<0$

解　方法1：利用联合概率密度的性质，$\int_{-\infty}^{+\infty}\int_{-\infty}^{+\infty}f(x,y)\mathrm{d}x\mathrm{d}y=1$

$$\int_0^{+\infty}\int_0^{+\infty}e^{-2ax+by}\mathrm{d}y\mathrm{d}x=\int_0^{+\infty}e^{-2ax}\mathrm{d}x\cdot\int_0^{+\infty}e^{by}\mathrm{d}y=1$$

当$a>0$时，$\int_0^{+\infty}e^{-2ax}\mathrm{d}x=\frac{-1}{2a}e^{-2ax}\Big|_0^{+\infty}=\frac{1}{2a}$

当$b<0$时，$\int_0^{+\infty}e^{by}\mathrm{d}y=\frac{1}{b}e^{by}\Big|_0^{+\infty}=\frac{-1}{b}$

$\dfrac{1}{2a}\times\dfrac{-1}{b}=1$，$ab=-\dfrac{1}{2}$

方法2：$x>0$，$y>0$时

$$f(x,y)=e^{-2ax+by}=2ae^{-2ax}\cdot(-b)e^{by}\cdot\frac{-1}{2ab}$$

当$\frac{-1}{2ab}=1$，即$ab=-\frac{1}{2}$时，X服从参数$\lambda=2a(a>0)$的指数分布，Y服从参数$\lambda=-b(b<0)$的指数分布，X与Y相互独立。

答案：A

（4）二维正态分布$N(\mu_1,\mu_2,\sigma_1^2,\sigma_2^2,\rho)$

①若X与Y的联合概率密度为

$$f(x,y)=\frac{1}{2\pi\sigma_1\sigma_2\sqrt{1-\rho^2}}e^{-\frac{1}{2(1-\rho^2)}\left[\frac{(x-\mu_1)^2}{\sigma_1^2}-2\rho\frac{(x-\mu_1)(y-\mu_2)}{\sigma_1\sigma_2}+\frac{(y-\mu_2)^2}{\sigma_2^2}\right]}$$

（μ_1，μ_2为常数，σ_1、σ_2为正常数，$|\rho|<1$）

则称(X,Y)服从二维正态分布，记为$(X,Y)\sim N(\mu_1,\mu_2,\sigma_1^2,\sigma_2^2,\rho)$

②设$(X,Y)\sim N(\mu_1,\mu_2,\sigma_1^2,\sigma_2^2,\rho)$，则

a.$X\sim N(\mu_1,\sigma_1^2)$，$Y\sim N(\mu_2,\sigma_2^2)$

b.X与Y相互独立的充要条件是$\rho=0$ (X,Y不相关)，即

$$f(x,y)=\frac{1}{\sqrt{2\pi}\sigma_1}e^{-\frac{(x-\mu_1)^2}{2\sigma_1^2}}\cdot\frac{1}{\sqrt{2\pi}\sigma_2}e^{-\frac{(y-\mu_2)^2}{2\sigma_2^2}}$$

三、随机变量的数字特征

（一）随机变量的数字特征

1. 数学期望（均值）

（1）定义：设离散型随机变量X的分布律为$P\{X=x_k\}=P_k(k=1,2,\cdots,n,\cdots)$。若$\sum\limits_{k=1}^{\infty}x_kP_k$绝对收敛，则称$\sum\limits_{k=1}^{\infty}x_kP_k$为$X$的数学期望，记作$E(X)$，即$E(X)=\sum\limits_{k=1}^{\infty}x_kP_k$。

设连续型随机变量X的概率密度为$f(x)$，若$\int_{-\infty}^{+\infty}xf(x)\mathrm{d}x$绝对收敛，则称$\int_{-\infty}^{+\infty}xf(x)\mathrm{d}x$为$X$的数学期望，记作$E(X)$，即$E(X)=\int_{-\infty}^{+\infty}xf(x)\mathrm{d}x$。

（2）性质：

①$E(c)=c$ (c为常数)；

②$E(kX)=kE(X)$ (k为常数)；

③$E(kX+b)=kE(X)+b$ (k,b均为常数)；

④$E(X_1+X_2+\cdots+X_m)=E(X_1)+E(X_2)+\cdots+E(X_m)$。

⑤设X_1，X_2，…，X_m相互独立，则$E(X_1X_2\cdots X_m)=E(X_1)E(X_2)\cdots E(X_m)$。

（3）随机变量函数的数学期望：

①设X为离散型，分布律为$P(X=x_i)=P_i(i=1,2,\cdots)$，$Y=g(X)$，则随机变量$Y$的数学期望为

$$E(Y)=E[g(X)]=\sum_{i=1}^{\infty}g(x_i)P_i\quad(\text{绝对收敛})$$

②设X为连续型，概率密度为$f(x)$，$Y=g(X)$，则随机变量Y的数学期望为

$$E(Y)=E[g(X)]=\int_{-\infty}^{+\infty}g(x)f(x)\mathrm{d}x\quad(\text{绝对收敛})$$

③设(X,Y)的联合分布律为$P(X=x_i,Y=y_j)=p_{ij}(i=1,2,\cdots,m,\cdots;j=1,2,\cdots,n,\cdots)$，$Z=g(X,Y)$，则

$$E(Z)=E[g(X,Y)]=\sum_{i=1}^{\infty}\sum_{j=1}^{\infty}g(x_i,y_j)p_{ij}$$

④设(X,Y)的联合概率密度为$f(x,y)$，$Z=g(X,Y)$，则

$$E(Z)=E[g(X,Y)]=\int_{-\infty}^{+\infty}\int_{-\infty}^{+\infty}g(x,y)f(x,y)\mathrm{d}x\mathrm{d}y$$

2. 方差

（1）定义：称$E[(X-E(X))^2]$为X的方差，记为$D(X)$，即$D(X)=E[(X-E(X))^2]$，方差用于刻画随机变量取值分散程度。称$\sqrt{D(X)}$为X的标准差或均方差。

设离散型随机变量X的分布律为$P(X=x_k)=P_k\ (k=1,2,\cdots)$，则

$$D(X)=\sum_{k=1}^{\infty}[x_k-E(X)]^2P_k$$

设连续型随机变量X的概率密度为$f(x)$，则

$$D(X)=\int_{-\infty}^{+\infty}[x-E(X)]^2f(x)\mathrm{d}x$$

计算方差有时用公式

$$D(X)=E(X^2)-[E(X)]^2 \tag{1-9-6}$$

（2）性质：

①$D(C)=0$ （C为常数）；

②$D(CX)=C^2D(X)$，$D(X\pm C)=D(X)$ （C为常数）；

③设随机变量X_1，X_2相互独立，则

$$D(X_1\pm X_2)=D(X_1)+D(X_2)$$

设随机变量X_1，X_2，…，X_n相互独立，C_1，C_2，…，C_n为常数，则$D(\sum\limits_{i=1}^{n}C_iX_i)=\sum\limits_{i=1}^{n}C_i^2D(X_i)$。

特别对独立同分布的随机变量X_1，…，X_n，如果$E(X_i)=\mu$，$D(X_i)=\sigma^2\ (i=1,2,\cdots,n)$，令$\overline{X}=\frac{1}{n}\sum\limits_{i=1}^{n}X_i$，则

$$E(\overline{X})=E(\frac{1}{n}\sum_{i=1}^{n}X_i)=\mu$$

$$D(\overline{X})=D(\frac{1}{n}\sum_{i=1}^{n}X_i)=\frac{1}{n}\sigma^2$$

【例 1-9-15】 已知$E(X)=2$，$D(X)=1$，$Y=X^2$，求$E(Y)$。

解 $E(Y)=E(X^2)=D(X)+[E(X)]^2=1+2^2=5$。

（二）常用概率分布的期望和方差（见表 1-9-1）

表 1-9-1

X服从的分布	$E(X)$	$D(X)$
参数p的$0-1$分布，$q=1-p$	p	pq
二项分布$B(n,p)$，$q=1-p$	np	npq
参数λ的泊松分布$P(\lambda)$	λ	λ
(a,b)上的均匀分布$U(a,b)$	$\frac{a+b}{2}$	$\frac{(b-a)^2}{12}$
参数λ的指数分布$E(\lambda)$	$\frac{1}{\lambda}$	$\frac{1}{\lambda^2}$
正态分布$N(\mu,\sigma^2)$	μ	σ^2

【例 1-9-16】 设随机变量X服从参数为 2 的泊松分布，则随机变量$Z=3X+2$的标准差是：

A. 18　　B. $3\sqrt{2}$　　C. 6　　D. 4

解 $\sqrt{D(Z)}=\sqrt{9D(X)}=\sqrt{9\times 2}=3\sqrt{2}$

答案： B

（三）矩、协方差、相关系数及其性质

（1）设k为正整数，称$E(X^k)$为X的k阶原点矩，$E(X)$存在时，称$E[(X-E(X))^k]$为X的k阶中心矩。X的方差$D(X)$为X的二阶中心矩。

（2）设X、Y为随机变量，$E(X)$、$E(Y)$存在，则称$E[(X-E(X))(Y-E(Y))]$为X与Y的协方差，记作$\mathrm{Cov}(X、Y)$，即$\mathrm{Cov}(X、Y)=E[(X-E(X))(Y-E(Y))]$。

因为$[X-E(X)][Y-E(Y)]=XY-XE(Y)-YE(X)+E(X)E(Y)$，所以

$$\mathrm{Cov}(X,Y)=E(XY)-E(X)\cdot E(Y)$$

协方差性质：

①$\mathrm{Cov}(X,Y)=\mathrm{Cov}(Y,X)$；

②$\mathrm{Cov}(X_1+X_2,Y)=\mathrm{Cov}(X_1,Y)+\mathrm{Cov}(X_2,Y)$；

③$\mathrm{Cov}(aX,bY)=ab\mathrm{Cov}(X,Y)$，其中$a$、$b$为常数；

④若X与Y相互独立，则$\mathrm{Cov}(X,Y)=0$。

⑤$D(X\pm Y)=D(X)+D(Y)\pm 2\mathrm{Cov}(X,Y)$

（3）设$D(X)>0$，$D(Y)>0$，则称$\frac{\mathrm{Cov}(X,Y)}{\sqrt{D(X)D(Y)}}$为$X$与$Y$的相关系数，记作$\rho_{XY}$。

相关系数性质：

①$|\rho_{XY}|\leqslant 1$；

②$|\rho_{XY}|=1$的充分必要条件是存在常数a、$b(a\neq 0)$，使$P\{Y=aX+b\}=1$。

ρ_{XY}描述X和Y之间线性相关关系的密切程度。$|\rho_{XY}|$接近 1，说明X、Y之间有密切的线性相关关系；$\rho_{XY}=0$时称X与Y不相关，说明X与Y之间没有线性相关关系。

相互独立和不相关的关系：

①若X与Y相互独立，即$E(XY)=E(X)\cdot E(Y)$，则X与Y不相关，即$\rho_{XY}=0$。

②若X与Y相关，则X与Y一定不独立。

切比雪夫不等式$P(|X-E(X)|\geqslant\varepsilon)\leqslant\frac{D(X)}{\varepsilon^2}$，其中$\varepsilon$为任意正数。

【例 1-9-17】 设X，Y是两个随机变量，且$E(X)=1$，$E(Y)=2$，$D(X)=1$，$D(Y)=4$，相关系数$\rho_{XY}=0.6$，则数学期望$E[(2X-Y+1)^2]$等于：

A. 5.2　　B. 4.2　　C. 3.2　　D. 2.2

解 本题考查随机变量的数学期望、方差、协方差、相关系数等的概念及性质。

方法 1： 把$2X-Y+1$看成一个整体，直接用公式$E(X^2)=D(X)+[E(X)]^2$

$$\begin{aligned}E[(2X-Y+1)^2]&=D(2X-Y+1)+[E(2X-Y+1)]^2=D(2X-Y)+(2EX-EY+1)^2\\&=D(2X-Y)+1=D(2X)+D(Y)-2\mathrm{cov}(2X,Y)+1\\&=4D(X)+D(Y)-4\mathrm{cov}(X,Y)+1=4D(X)+D(Y)-4\rho_{XY}\sqrt{D(X)D(Y)}+1\\&=4\times 1+4-4\times 0.6\sqrt{1\times 4}+1=4.2\end{aligned}$$

方法 2： 把$2X-Y+1$的平方展开后再用性质计算。

$$\begin{aligned}E[(2X-Y+1)^2]&=E[(2X-Y)^2+2(2X-Y)+1]=E(2X-Y)^2+2E(2X-Y)+1\\&=E(4X^2-4XY+Y^2)+4E(X)-2E(Y)+1\\&=4E(X^2)-4E(XY)+E(Y^2)+4E(X)-2E(Y)+1\end{aligned}$$

利用公式$E(X^2)=D(X)+E(X)^2$，$E(XY)=\mathrm{Cov}(X,Y)+E(X)E(Y)$

$$\mathrm{Cov}(X,Y)=\rho_{XY}\sqrt{D(X)D(Y)}$$

即可得出结论。

答案： B

（四）中心极限定理

（1）独立同分布的中心极限定理

设随机变量X_1，X_2，…，X_n，…相互独立，服从同一分布，$E(X_i)=\mu$，$D(X_i)=\sigma^2\neq 0(i=1,2,\cdots)$，则对任意实数$x$，有$\lim\limits_{n\to\infty}\left\{\frac{\sum_{i=1}^{n}X_i-n\mu}{\sqrt{n}\sigma}\leqslant x\right\}=\Phi(x)=\int_{-\infty}^{x}\frac{1}{\sqrt{2\pi}}e^{-\frac{t^2}{2}}\mathrm{d}t$。

（2）德莫佛-拉普拉斯定理

设n_{A}是n重贝努利试验中事件 A 出现的次数，$p(0<p<1)$是事件 A 在每次试验中出现的概率，则对任意实数x，有$\lim\limits_{n\to\infty}\left\{\frac{n_{\mathrm{A}}-np}{\sqrt{np(1-p)}}\leqslant x\right\}=\Phi(x)=\int_{-\infty}^{x}\frac{1}{\sqrt{2\pi}}e^{-\frac{t^2}{2}}\mathrm{d}t$。

四、数理统计的基本概念

（一）总体与样本

在统计学中，我们把研究对象的全体（或某项指标X）称为总体，组成总体的基本单元称为个体。总体可以用随机变量X表示。例如X表示钢筋强度、灯泡寿命等。

从一个总体X中，随机地抽取n个个体称为样本，记为X_1，X_2，…，X_n。若样本X_1，X_2，…，X_n相互独立，且与X有相同的概率分布，则称X_1，X_2，…，X_n是来自总体X的容量为n的（简单随机）样本。每次具体抽样，所得数据为样本观察值，用x_1，x_2，…，x_n表示。

如果总体的概率密度为$f(x)$，则$(X_1,X_2,\cdots,X_n)$有联合密度$f(x_1)f(x_2)\cdots f(x_n)$。

（二）统计量

设X_1，X_2，…，X_n是来自总体X的样本，则不含未知参数的连续函数$g(X_1,X_2,\cdots,X_n)$称为统计量。

常用统计量有：

（1）样本均值$\overline{X}=\frac{1}{n}\sum\limits_{i=1}^{n}X_i$；

（2）样本方差$S^2=\frac{1}{n-1}\sum\limits_{i=1}^{n}(X_i-\overline{X})^2$；

（3）样本标准差$S=\sqrt{\frac{1}{n-1}\sum\limits_{i=1}^{n}(X_i-\overline{X})^2}$。

如果$E(X)=\mu$，$D(X)=\sigma^2$，则$E(\overline{X})=\mu$，$D(\overline{X})=\frac{1}{n}\sigma^2$且$E(S^2)=\sigma^2$。

（4）样本k阶原点矩 $A_k=\frac{1}{n}\sum\limits_{i=1}^{n}X_i^k \quad (k=1,2,\cdots)$

样本k阶中心矩 $B_k=\frac{1}{n}\sum\limits_{i=1}^{n}\left(X_i-\overline{X}\right)^k \quad (k=1,2,\cdots)$

统计量的分布称为抽样分布。

（三）正态总体样本均值与样本方差的分布

1. 数理统计中常用的分布

（1）χ^2分布

设Z_1，Z_2，…，Z_n相互独立且都服从$N(0,1)$分布，则称

$$Y=\sum_{i=1}^{n} Z_i^2$$

服从自由度为n的χ^2分布，记作$Y \sim \chi^2(n)$。

若数$\chi_\alpha^2(n)$满足$P\{Y>\chi_\alpha^2(n)\}=\alpha(0<\alpha<1)$，则称数$\chi_\alpha^2(n)$为$\chi^2(n)$分布的上$\alpha$分位数（见图 1-9-5）。

χ^2分布的性质：

①设$X \sim \chi^2(n)$，则$E(X)=n$，$D(X)=2n$。

②可加性：设$X \sim \chi^2(n_1)$，$Y \sim \chi^2(n_2)$，且X，Y相互独立，则$X+Y \sim \chi^2(n_1+n_2)$。

（2）t分布

设X、Y相互独立，且$X \sim N(0,1)$，$Y \sim \chi^2(n)$，则称

$$T=\frac{X}{\sqrt{\frac{Y}{n}}}$$

服从自由度为n的t分布，记作$T \sim t(n)$。

若数$t_\alpha(n)$满足

$$P\{T>t_\alpha(n)\}=\alpha \qquad (0<\alpha<1)$$

则称数$t_\alpha(n)$为$t(n)$分布的上α分位数（见图 1-9-6）。

$t(n)$分布的概率密度$f(x)$为偶函数，因而有

$$t_{1-\alpha}(n)=-t_\alpha(n)$$

（3）F分布

设X、Y相互独立，且$X \sim \chi^2(n_1)$、$Y \sim \chi^2(n_2)$，则称

$$F=\frac{X/n_1}{Y/n_2}$$

服从F分布，记作$F \sim F(n_1,n_2)$，n_1、n_2分别为第一、第二自由度。

若数$F_\alpha(n_1,n_2)$满足

$$P\{F>F_\alpha(n_1,n_2)\}=\alpha \qquad (0<\alpha<1)$$

则称数$F_\alpha(n_1,n_2)$为$F(n_1,n_2)$分布的上α分位数（见图 1-9-7）。

若$F \sim F(n_1,n_2)$，则$\frac{1}{F} \sim F(n_2,n_1)$，由此可得$F_{1-\alpha}(n_1,n_2)=\frac{1}{F_\alpha(n_2,n_1)}$。

若$T \sim t(n)$，则$T^2 \sim F(1,n)$，$\frac{1}{T^2} \sim F(n,1)$。

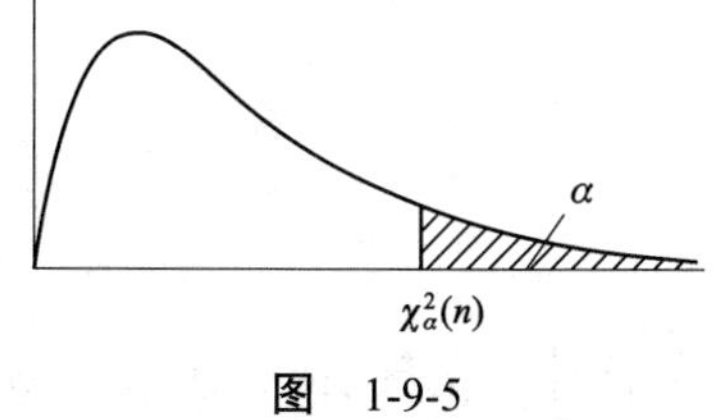

图 1-9-5

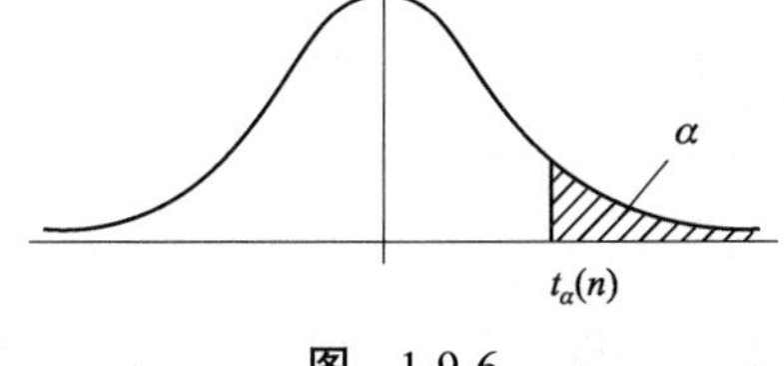

图 1-9-6

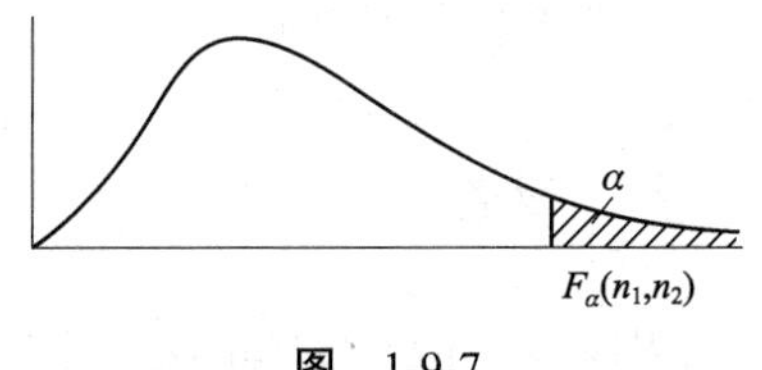

图 1-9-7

2. 正态总体常用抽样分布

结论（1）：设X_1，X_2，$\cdots$，X_n是来自正态总体$N(\mu,\sigma^2)$的样本，$\overline{X}$为样本均值，S^2为样本方差，则

①$\overline{X}$与S^2相互独立。

②$\overline{X} \sim N\left(\mu,\frac{\sigma^2}{n}\right)$，$\frac{\overline{X}-\mu}{\frac{\sigma}{\sqrt{n}}} \sim N(0,1)$。

③$Y=\frac{(n-1)S^2}{\sigma^2}=\frac{\sum_{i=1}^{n}\left(X_i-\overline{X}\right)^2}{\sigma^2}\sim\chi^2(n-1)$。

④$T=\frac{\overline{X}-\mu}{\frac{S}{\sqrt{n}}}\sim t(n-1)$。

结论（2）：设X_1，X_2，…，X_m和Y_1，Y_2，…，Y_n是分别来自总体$N(\mu_1,\sigma_1^2)$和$N(\mu_2,\sigma_2^2)$的样本，且X_1，X_2，…，X_m；Y_1，Y_2，…，Y_n相互独立，$\overline{X}$、$\overline{Y}$和S_1^2、S_2^2分别为两样本的样本均值和样本方差，则

①当${\sigma_1}^2={\sigma_2}^2=\sigma^2$时，记$S_{\mathrm{w}}=\sqrt{\frac{(m-1)S_1^2+(n-1)S_2^2}{m+n-2}}$，

$$\frac{\left(\overline{X}-\overline{Y}\right)-(\mu_1-\mu_2)}{\sqrt{\frac{m+n}{mn}}S_{\mathrm{w}}}\sim t(m+n-2)$$

②$F=\frac{S_1^2/\sigma_1^2}{S_2^2/\sigma_2^2}\sim F(m-1,n-1)$

【例 1-9-18】 设X_1，X_2，…，X_n与Y_1，Y_2，…，Y_n是来自正态总体$X\sim N(\mu,\sigma^2)$的样本，并且相互独立，$\overline{X}$与$\overline{Y}$分别是其样本均值，则$\frac{\sum_{i=1}^{n}\left(X_i-\overline{X}\right)^2}{\sum_{i=1}^{n}\left(Y_i-\overline{Y}\right)^2}$服从的分布是：

A. $t(n-1)$　　B. $F(n-1,n-1)$　　C. $\chi^2(n-1)$　　D. $N(\mu,\sigma^2)$

解 设$S_1^2=\frac{1}{n-1}\sum_{i=1}^{n}(X_i-\overline{X})^2$，因为总体$X\sim N(\mu,\sigma^2)$

所以$\frac{\sum_{i=1}^{n}\left(X_i-\overline{X}\right)^2}{\sigma^2}=\frac{(n-1)S_1^2}{\sigma^2}\sim\chi^2(n-1)$，同理$\frac{\sum_{i=1}^{n}\left(Y_i-\overline{Y}\right)^2}{\sigma^2}\sim\chi^2(n-1)$

又因为两样本相互独立，所以$\frac{\sum_{i=1}^{n}\left(X_i-\overline{X}\right)^2}{\sigma^2}$与$\frac{\sum_{i=1}^{n}\left(Y_i-\overline{Y}\right)^2}{\sigma^2}$相互独立

$$\frac{\sum_{i=1}^{n}\left(X_i-\overline{X}\right)^2}{\sum_{i=1}^{n}\left(Y_i-\overline{Y}\right)^2}=\frac{\frac{\sum_{i=1}^{n}\left(X_i-\overline{X}\right)^2}{(n-1)\sigma^2}}{\frac{\sum_{i=1}^{n}\left(Y_i-\overline{Y}\right)^2}{(n-1)\sigma^2}}\sim F(n-1,n-1)$$

答案： B

说明：如果知道$\sum_{i=1}^{n}\left(X_i-\overline{X}\right)^2$与$\chi^2$分布有关，$\frac{\sum_{i=1}^{n}\left(X_i-\overline{X}\right)^2}{\sum_{i=1}^{n}\left(Y_i-\overline{Y}\right)^2}$与$F$分布有关，而本题只有一个选项是$F$分布，不用推导即可判定。

五、参数估计

用样本来估计总体的某些未知参数（主要是期望和方差），这就是参数估计。参数估计有点估计和区间估计两种。

（一）点估计

设总体X的分布函数为$F(x,\theta)$，θ是未知参数，构造一个统计量$g(X_1,X_2\cdots,X_n)$，用它的值$g(x_1,x_2,\cdots,x_n)$估计参数θ，称为参数的点估计问题。称统计量$g(X_1,X_2\cdots,X_n)$为θ的估计量，称$g(x_1,x_2,\cdots,x_n)$为θ的估计值，θ的估计量和估计值可记为$\hat{\theta}$。

1. 矩估计法

设X_1，X_2，…，X_n是X的样本，X的分布中含k个待估计参数θ_1，θ_2，…，θ_k。如果总体矩$\mu_l = E(X^l)\ (l=1,2,\cdots,k)$存在，相应的样本矩$A_l = \frac{1}{n}\sum_{i=1}^{n} X_i^l\ (l=1,2,\cdots,k)$，令$\mu_l = A_l\ (l=1,2,\cdots,k)$，$\theta_1$，$\theta_2$，…，$\theta_k$的解$\hat{\theta}_1$，$\hat{\theta}_2$，…，$\hat{\theta}_k$分别为$\theta_1$，$\theta_2$，…，$\theta_k$的矩估计量。

样本均值 $\overline{X} = \frac{1}{n}\sum_{i=1}^{n} X_i$

样本二阶中心矩 $S_n^2 = \frac{1}{n}\sum_{i=1}^{n}(X_i - \overline{X})^2$

$\overline{X}$、S_n^2分别是总体参数$E(X)$、$D(X)$的矩估计量。

【例 1-9-19】 设总体X服从均匀分布$U(1,\theta)$，$\overline{X} = \frac{1}{n}\sum_{i=1}^{n} X_i$，则$\theta$的矩估计为：

A. $\overline{X}$　　B. $2\overline{X}$　　C. $2\overline{X}-1$　　D. $2\overline{X}+1$

解 因为$X \sim U(1,\theta)$，所以$E(X) = \frac{1+\theta}{2}$，则$\theta = 2E(X)-1$，用$\overline{X}$代替$E(X)$，得$\theta$的矩估计$\hat{\theta} = 2\overline{X}-1$。

答案：C

【例 1-9-20】 设总体X的概率密度$f(x) = \begin{cases}(\theta+1)x^{\theta} & 0<x<1 \\ 0 & \text{其他}\end{cases}$，其中$\theta > -1$是未知参数，$X_1$，$X_2$，…，$X_n$是来自总体$X$的样本，则$\theta$的矩估计量是：

A. $\overline{X}$　　B. $\frac{2\overline{X}-1}{1-\overline{X}}$　　C. $2\overline{X}$　　D. $\overline{X}-1$

解 $E(X) = \int_0^1 x(\theta+1)x^{\theta}\mathrm{d}x = \frac{\theta+1}{\theta+2}$，$\theta = \frac{2E(X)-1}{1-E(X)}$，用$\overline{X}$替换$E(X)$，得$\hat{\theta} = \frac{2\overline{X}-1}{1-\overline{X}}$。

答案：B

【例 1-9-21】 设总体X的概率分布为：

X	0	1	2	3
P	θ^2	$2\theta(1-\theta)$	θ^2	$1-2\theta$

其中$\theta(0<\theta<\frac{1}{2})$是未知参数，利用样本值 3，1，3，0，3，1，2，3，所得θ的矩估计值是：

A. $\frac{1}{4}$　　B. $\frac{1}{2}$　　C. 2　　D. 0

解 $E(X) = 1\times 2\theta(1-\theta) + 2\theta^2 + 3(1-2\theta) = 3-4\theta$，$\theta = \frac{3-E(X)}{4}$，用$\overline{X}$替换$E(X)$，得估计量$\hat{\theta} = \frac{3-\overline{X}}{4}$。

因为$\overline{X} = \frac{3+1+3+3+1+2+3}{8} = 2$，得估计值$\hat{\theta} = \frac{3-2}{4} = \frac{1}{4}$。

答案：A

2. 最（极）大似然估计法

（1）似然函数

设总体X的分布律为$P(X=x_k) = P_k(\theta)\ (k=1,2,\cdots)$，其中含有未知参数$\theta$，$x_1$，$x_2$，…，$x_n$为一组样本值，则函数$L(\theta) = \prod_{i=1}^{n} P(X=x_i)$称为似然函数。

设总体X的概率密度$f(x,\theta)$已知，其中θ为未知参数，Θ为θ的取值范围。对于样本X_1，X_2，…，X_n的一组样本值x_1，x_2，…，x_n，

则函数
$$L(\theta) = \prod_{i=1}^{n} f(x_i,\theta),\ \theta \in \Theta \quad (1\text{-}9\text{-}7)$$

称为似然函数。未知参数可以是一个也可以是多个。

（2）最（极）大似然估计

如果似然函数$L(\theta)$在$\hat{\theta}$上取得最大值，则称$\hat{\theta}$为θ的最（极）大似然估计。一般来说，求θ的最

（极）大似然估计$\hat{\theta}$可以通过求解下面方程

$$\frac{\mathrm{d}L(\theta)}{\mathrm{d}\theta}=0 \quad 或 \quad \frac{d}{\mathrm{d}\theta}\ln L(\theta)=0$$

求得，当概率密度中含多个未知参数θ_1，…，θ_k时，可用类似方法求得$\hat{\theta}_1$，…，$\hat{\theta}_k$。

【例 1-9-22】 设总体X服从指数分布，概率密度为

$$f(x)=\begin{cases}\lambda e^{-\lambda x} & x>0\\ 0 & x\leqslant 0\end{cases} \qquad (\lambda>0)$$

其中λ为未知数，如果取得样本观察值为x_1，x_2，…，x_n，求参数λ的极大似然估计。

解 似然函数

$$L(\lambda)=\prod_{i=1}^{n}\lambda e^{-\lambda x_i}=\lambda^n e^{-\lambda\sum\limits_{i=1}^{n}x_i} \quad (\lambda>0)$$

$$\ln L(\lambda)=n\ln\lambda-\lambda\sum_{i=1}^{n}x_i$$

$$\frac{\mathrm{d}}{\mathrm{d}\lambda}\ln L(\lambda)=\frac{n}{\lambda}-\sum_{i=1}^{n}x_i=0$$

所以，λ的极大似然估计为

$$\hat{\lambda}=\frac{n}{\sum\limits_{i=1}^{n}x_i}=\frac{1}{\bar{x}}(估计值)，\hat{\lambda}=\frac{1}{\bar{X}}(估计量)$$

（二）估计量的评选标准

1. 无偏性

设$\hat{\theta}=\hat{\theta}(X_1,X_2,\cdots,X_n)$是参数$\theta$的估计量，若$E(\hat{\theta})=\theta$，则称$\hat{\theta}$是$\theta$的无偏估计量。

结论：$\bar{X}=\frac{1}{n}\sum\limits_{i=1}^{n}X_i$是$E(X)$的无偏估计量。

$S^2=\frac{1}{n-1}\sum\limits_{i=1}^{n}(X_i-\bar{X})^2$是$D(X)$的无偏估计量。

【例 1-9-23】 设$\hat{\theta}$是参数θ的一个无偏估计量，又方差$D(\hat{\theta})>0$，下面结论中正确的是：

A. $\hat{\theta}^2$是θ^2的无偏估计量

B. $(\hat{\theta})^2$不是θ^2的无偏估计量

C. 不能确定$(\hat{\theta})^2$是不是θ^2的无偏估计量

D. $(\hat{\theta})^2$不是θ^2的估计量

解 因为$\hat{\theta}$是θ的一个无偏估计量，所以$E(\hat{\theta})=\theta$。

$$E\left[(\hat{\theta})^2\right]=D(\hat{\theta})+\left[E(\hat{\theta})\right]^2=D(\hat{\theta})+\theta^2$$

又因$D(\hat{\theta})>0$，所以$E\left[(\hat{\theta})^2\right]>\theta^2$，$(\hat{\theta})^2$不是$\theta^2$的无偏估计量。

答案： B

2. 有效性

设$\hat{\theta}_1$、$\hat{\theta}_2$都是θ的无偏估计量，若$D(\hat{\theta}_1)<D(\hat{\theta}_2)$，则称$\hat{\theta}_1$比$\hat{\theta}_2$有效。

例如，设$\mu=E(X)$，$\sigma^2=D(X)>0$，X_1、X_2为总体X的样本，μ的两个估计量为

$$\hat{\mu}_1=\frac{1}{2}X_1+\frac{1}{2}X_2，\hat{\mu}_2=\frac{1}{3}X_1+\frac{2}{3}X_2$$

因为

$$E(\hat{\mu}_1)=\frac{1}{2}E(X_1)+\frac{1}{2}E(X_2)=\mu$$

$$E(\hat{\mu}_2)=\frac{1}{3}E(X_1)+\frac{2}{3}E(X_2)=\mu$$

所以$\hat{\mu}_1$、$\hat{\mu}_2$都是μ的无偏估计量。

但是
$$D(\hat{\mu}_1)=\frac{1}{4}D(X_1)+\frac{1}{4}D(X_2)=\frac{1}{2}\sigma^2$$
$$D(\hat{\mu}_2)=\frac{1}{9}D(X_1)+\frac{4}{9}D(X_2)=\frac{5}{9}\sigma^2$$
$$D(\hat{\mu}_1)<D(\hat{\mu}_2)$$

所以$\hat{\mu}_1$比$\hat{\mu}_2$有效。

结论：设X_1，X_2，…，X_n是总体X的样本，$E(X)=\mu$，$D(X)=\sigma^2$，C_1，C_2，…，C_n为常数。

则：（1）$\hat{\mu}=\sum\limits_{i=1}^{n}C_iX_i$是$\mu$的无偏估计量的充要条件是$\sum\limits_{i=1}^{n}C_i=1$。

（2）$\overline{X}=\frac{1}{n}\sum\limits_{i=1}^{n}X_i$在（1）的所有无偏估计量当中最有效。

3. 一致性

设$\hat{\theta}(X_1,X_2,\cdots,X_n)$是$\theta$的估计量，若对任一给定的$\varepsilon>0$和一切$\theta\in\Theta$（$\Theta$为$\theta$的可能取值范围，称为参数空间），均有$\lim\limits_{n\to\infty}P(|\hat{\theta}-\theta|>\varepsilon)=0$，则称$\hat{\theta}$是$\theta$的一致估计量。

结论：设X_1，X_2，…，X_n是总体X的一个样本，$E(X)=\mu$，$D(X)>0$，则样本均值$\overline{X}$是μ的一致估计量。

（三）区间估计

点估计不能反映估计的可靠性和精确性，由此产生了区间估计。

设总体X的分布含有未知参数θ。若由样本X_1，X_2，…，X_n确定的两个统计量$\theta_1(X_1,X_2,\cdots,X_n)$及$\theta_2(X_1,X_2,\cdots,X_n)$，对于给定的值$\alpha(0<\alpha<1)$满足

$$P\{\theta_1(X_1,X_2,\cdots,X_n)<\theta<\theta_2(X_1,X_2,\cdots,X_n)\}=1-\alpha \tag{1-9-8}$$

则称随机区间(θ_1,θ_2)为θ的置信度为$(1-\alpha)$的置信区间。θ_1和θ_2分别称为置信下限和置信上限。

式（1-9-8）的意义是：随机抽样得到的区间(θ_1,θ_2)包含θ真值的概率为$(1-\alpha)$，不含θ值的概率为α。

置信度$1-\alpha$就是区间估计的可靠性，α小则置信度高。区间长度$\theta_2-\theta_1$反映区间估计的精确性，$\theta_2-\theta_1$小表示估计精度高。当n一定时，提高置信度（α取值小）则降低估计精度（$\theta_2-\theta_1$的值大）。

求置信区间的方法：

（1）先找一个与待估参数有关的统计量，一般找θ的一个良好的点估计量$\hat{\theta}$。

（2）设法找出表达式中含此统计量$\hat{\theta}$和待估参数θ的一个随机变量U，其分布已知且与θ无关。

（3）对于给定的置信度$(1-\alpha)$，选取常数a、b，使$P(a<U<b)=1-\alpha$。一般取b为U的分布的上$\frac{\alpha}{2}$分位数，取a为U的分布的上$(1-\frac{\alpha}{2})$分位数。

（4）把不等式$a<U<b$改写为等价的形式$\theta_1<\theta<\theta_2$，其中θ_1、θ_2与a、b和样本X_1，X_2，…，X_n有关，而与θ无关，于是有$P(\theta_1<\theta<\theta_2)=1-\alpha$，随机区间$(\theta_1,\theta_2)$就是参数$\theta$的一个置信度为$(1-\alpha)$的置信区间。

1. 正态总体均值μ的区间估计

设总体$X\sim N(\mu,\sigma^2)$。

（1）σ^2已知，求μ的置信区间

取$\hat{\mu}=\overline{X}$，由于$U=\frac{\overline{X}-\mu}{\sigma/\sqrt{n}}\sim N(0,1)$，$P\left\{-z_{\frac{\alpha}{2}}<\frac{\overline{X}-\mu}{\sigma}\sqrt{n}<z_{\frac{\alpha}{2}}\right\}=1-\alpha$

$$P\left\{\overline{X}-z_{\frac{\alpha}{2}}\frac{\sigma}{\sqrt{n}}<\mu<\overline{X}+z_{\frac{\alpha}{2}}\frac{\sigma}{\sqrt{n}}\right\}=1-\alpha$$

总体均值μ的$(1-\alpha)$置信区间为

$$\left(\overline{X}-z_{\frac{\alpha}{2}}\frac{\sigma}{\sqrt{n}},\overline{X}+z_{\frac{\alpha}{2}}\frac{\sigma}{\sqrt{n}}\right) \tag{1-9-9}$$

说明：置信上下限为$\overline{X}\pm z_{\frac{\alpha}{2}}\frac{\sigma}{\sqrt{n}}$。

（2）σ^2未知，求μ的置信区间

$$S^2=\frac{1}{n-1}\sum_{i=1}^{n}\left(X_i-\overline{X}\right)^2$$

取$\hat{\mu}=\overline{X}$，由于$U=\frac{\overline{X}-\mu}{S/\sqrt{n}}\sim t(n-1)$，$P\left\{-t_{\frac{\alpha}{2}}(n-1)<\frac{\overline{X}-\mu}{S}\sqrt{n}<t_{\frac{\alpha}{2}}(n-1)\right\}=1-\alpha$

总体均值μ的$(1-\alpha)$置信区间为

$$\left(\overline{X}-t_{\frac{\alpha}{2}}(n-1)\frac{S}{\sqrt{n}},\overline{X}+t_{\frac{\alpha}{2}}(n-1)\frac{S}{\sqrt{n}}\right) \tag{1-9-10}$$

说明：公式（1-9-10）与公式（1-9-9）对比记。

2. 正态总体方差σ^2的区间估计（μ未知）

取$\hat{\sigma}^2=S^2$，由于$U=\frac{(n-1)S^2}{\sigma^2}\sim\chi^2(n-1)$，

$$P\left\{\chi^2_{1-\frac{\alpha}{2}}(n-1)<\frac{(n-1)S^2}{\sigma^2}<\chi^2_{\frac{\alpha}{2}}(n-1)\right\}=1-\alpha$$

总体方差σ^2的$(1-\alpha)$置信区间为$\left(\frac{(n-1)S^2}{\chi^2_{\frac{\alpha}{2}}(n-1)},\frac{(n-1)S^2}{\chi^2_{1-\frac{\alpha}{2}}(n-1)}\right)$ (1-9-11)

3. 两个正态总体均值差和方差比的区间估计

设X_1，X_2，…，X_m和Y_1，Y_2，…，Y_n分别是总体$N(\mu_1,\sigma_1^2)$和$N(\mu_2,\sigma_2^2)$的两个相互独立的样本。$\overline{X}$和$\overline{Y}$为两个样本的样本均值，S_1^2和S_2^2为两个样本的样本方差。

（1）σ_1^2和σ_2^2已知时，$(\mu_1-\mu_2)$的置信区间

由于$\overline{X}-\overline{Y}\sim N\left(\mu_1-\mu_2,\frac{\sigma_1^2}{m}+\frac{\sigma_2^2}{n}\right)$，$\frac{(\overline{X}-\overline{Y})-(\mu_1-\mu_2)}{\sqrt{\frac{\sigma_1^2}{m}+\frac{\sigma_2^2}{n}}}\sim N(0,1)$

$(\mu_1-\mu_2)$的$(1-\alpha)$置信区间为

$$\left(\overline{X}-\overline{Y}-z_{\frac{\alpha}{2}}\sqrt{\frac{\sigma_1^2}{m}+\frac{\sigma_2^2}{n}},\overline{X}-\overline{Y}+z_{\frac{\alpha}{2}}\sqrt{\frac{\sigma_1^2}{m}+\frac{\sigma_2^2}{n}}\right)$$

（2）σ_1^2、σ_2^2未知，但知$\sigma_1^2=\sigma_2^2$时，$(\mu_1-\mu_2)$的置信区间

记
$$S_{\mathrm{w}}=\sqrt{\frac{(m-1)S_1^2+(n-1)S_2^2}{m+n-2}}$$

由于
$$\frac{\left(\overline{X}-\overline{Y}\right)-(\mu_1-\mu_2)}{\sqrt{\frac{m+n}{mn}}S_{\mathrm{w}}}\sim t(m+n-2)$$

所以$(\mu_1-\mu_2)$的$(1-\alpha)$置信区间为

$$\left(\overline{X}-\overline{Y}-t_{\frac{\alpha}{2}}(m+n-2)\sqrt{\frac{m+n}{mn}}S_{\mathrm{w}},\overline{X}-\overline{Y}+t_{\frac{\alpha}{2}}(m+n-2)\sqrt{\frac{m+n}{mn}}S_{\mathrm{w}}\right)$$

【例 1-9-24】 甲、乙两工人生产同一零件，甲 8 天的日产量是 628、583、510、554、612、523、530、615，乙 10 天的日产量是 535、433、398、470、567、480、498、560、503、426。

假定日产量均服从正态分布，且方差相同，试求两工人日平均产量之差的置信区间。($\alpha = 0.05$)

解 记甲日产量为X，乙日产量为Y，$m = 8$，$n = 10$。

$$\overline{X} = 569.38，S_1^2 = 2140.55$$

$$\overline{Y} = 487.00，S_2^2 = 3256.22$$

$$S_{\mathrm{w}} = \sqrt{\frac{(m-1)S_1^2 + (n-1)S_2^2}{m+n-2}} = \sqrt{\frac{7 \times 2140.55 + 9 \times 3256.22}{16}} = 52.613$$

$$t_{0.025}(16) = 2.1199$$

$$t_{\frac{\alpha}{2}}(m+n-2)\sqrt{\frac{m+n}{mn}}S_{\mathrm{w}} = 2.1199 \times \sqrt{\frac{18}{80}} \times 52.613 = 52.91$$

则$(\mu_1 - \mu_2)$的 0.95 置信区间为$(29.47,135.29)$。

（3）σ_1^2/σ_2^2的置信区间

由于

$$F = \frac{S_1^2/\sigma_1^2}{S_2^2/\sigma_2^2} \sim F(m-1,n-1)$$

$$P\left\{F_{1-\frac{\alpha}{2}}(m-1,n-1) < \frac{S_1^2/\sigma_1^2}{S_2^2/\sigma_2^2} < F_{\frac{\alpha}{2}}(m-1,n-1)\right\} = 1-\alpha$$

所以σ_1^2/σ_2^2的$(1-\alpha)$置信区间为

$$\left(\frac{S_1^2}{S_2^2} \cdot \frac{1}{F_{\frac{\alpha}{2}}(m-1,n-1)}, \frac{S_1^2}{S_2^2} \cdot \frac{1}{F_{1-\frac{\alpha}{2}}(m-1,n-1)}\right)$$

六、假设检验

假设检验是根据样本信息，通过构造适当的统计量，对原假设是否为真作出统计推断，得出拒绝或接受的决定。假设检验的基本思想是：小概率事件（例如发生概率小于 0.01 的事件）在一次观察中可以认为几乎不可能发生。

（一）假设检验的一般步骤

（1）根据问题的要求，设立一个待检验的原假设H_0（也称零假设）及对立假设H_1（也称备择假设），这里H_0、H_1是首先必须明确给出的。假设检验分为参数假设检验（对总体的未知参数提出假设）和非参数假设检验（如检验总体是否服从正态分布）。进行参数假设检验时，H_0中一定有等号，H_1中一定没有等号。设θ为未知参数，θ_0为已知常数：①检验θ与θ_0是否有（显著）差异时，H_0：$\theta = \theta_0$，H_1：$\theta \neq \theta_0$；②检验θ是否比θ_0（显著）大时，H_0：$\theta \leqslant \theta_0$（或$\theta = \theta_0$），$H_1$：$\theta > \theta_0$；③检验$\theta$是否比$\theta_0$（显著）小时，$H_0$：$\theta \geqslant \theta_0$（或$\theta = \theta_0$），$H_1$：$\theta < \theta_0$。

（2）选一个检验“统计量”$T(X_1,X_2,\cdots,X_n)$，在假设H_0成立（等号成立）的条件下，其分布是完全已知的。[严格地讲，$T(X_1,X_2,\cdots X_n)$在H_0中等号成立时，才是统计量]

（3）选一检验显著性水平α（小概率值）并确定H_0的一个否定域（或拒绝域）W_α，使H_0成立时，$P(T \in W_\alpha) = \alpha$。

（4）由样本具体数据算出$T(X_1,X_2,\cdots,X_n)$的实际值$T(x_1,x_2,\cdots,x_n)$，若$T \in W_\alpha$，则否定H_0接受H_1，这时可能犯第一类错误（弃真），其概率为α。若$T \notin W_\alpha$，则接受H_0。这时可能犯第二类错误（取伪）。

（二）正态总体参数的假设检验

设总体$X \sim N(\mu,\sigma^2)$，X_1，X_2，…，X_n是来自X的一个样本，$\overline{X}$为样本均值，S^2为样本方差，显著性水平为α。

1. σ^2已知时，总体均值μ的假设检验（见表 1-9-2）

H_0：$\mu = \mu_0$，H_1：$\mu \neq \mu_0$（μ_0为已知常数）

H_0成立时，统计量$U = \frac{\overline{X}-\mu_0}{\sigma/\sqrt{n}} \sim N(0,1)$

当$|U| = \frac{|\overline{X}-\mu_0|}{\sigma/\sqrt{n}} > z_{\frac{\alpha}{2}}$时（用$\overline{X}$代替$\mu$与$\mu_0$比较，$\overline{X}$与$\mu_0$差别大，推断$\mu$与$\mu_0$差别大），否定$H_0$；当$|U| \leqslant z_{\frac{\alpha}{2}}$时，接受$H_0$。

表 1-9-2

H_0	H_1	统计量及其分布	拒绝（H_0）域
$\mu = \mu_0$	$\mu \neq \mu_0$	$U = \dfrac{\overline{X}-\mu_0}{\sigma/\sqrt{n}} \sim N(0,1)$	$\lvert U\rvert > z_{\frac{\alpha}{2}}$
$\mu \leqslant \mu_1$	$\mu > \mu_0$		$U > z_\alpha$
$\mu \geqslant \mu_0$	$\mu < \mu_0$		$U < -z_\alpha$

2. σ^2未知时，总体均值μ的假设检验（见表 1-9-3）

H_0：$\mu \leqslant \mu_0$，H_1：$\mu > \mu_0$（μ_0为已知常数）

$\mu = \mu_0$时，统计量$T = \frac{\overline{X}-\mu_0}{S/\sqrt{n}} \sim t(n-1)$

当$T = \frac{\overline{X}-\mu_0}{S/\sqrt{n}} > t_\alpha(n-1)$时（$\overline{X}$比$\mu_0$显著大，推断$\mu$比$\mu_0$显著大），否定$H_0$；当$T \leqslant t_\alpha(n-1)$时，接受$H_0$。

表 1-9-3

H_0	H_1	统计量及其分布	拒绝(H_0)域
$\mu = \mu_0$	$\mu \neq \mu_0$	$T = \dfrac{\overline{X}-\mu_0}{S/\sqrt{n}} \sim t(n-1)$	$\lvert T\rvert > t_{\frac{\alpha}{2}}(n-1)$
$\mu \leqslant \mu_1$	$\mu > \mu_0$		$T > t_\alpha(n-1)$
$\mu \geqslant \mu_0$	$\mu < \mu_0$		$T < -t_\alpha(n-1)$

3. μ未知时，总体方差σ^2的假设检验（见表 1-9-4）

H_0：$\sigma^2 \geqslant \sigma_0^2$，$H_1$：$\sigma^2 < \sigma_0^2$（$\sigma_0$为已知常数）

$\sigma^2 = \sigma_0^2$时，统计量

$$\chi^2 = \frac{1}{\sigma_0^2}\sum_{i=1}^{n}\left(X_i - \overline{X}\right)^2 = \frac{(n-1)S^2}{\sigma_0^2} \sim \chi^2(n-1)$$

当$\chi^2 < \chi^2_{1-\alpha}(n-1)$时，否定$H_0$（$\sigma^2$比$\sigma_0^2$显著小）；否则，接受$H_0$。

表 1-9-4

H_0	H_1	统计量及其分布	拒绝(H_0)域
$\sigma^2 = \sigma_0^2$	$\sigma^2 \neq \sigma_0^2$	$\chi^2 = \dfrac{(n-1)S^2}{\sigma_0^2} \sim \chi^2(n-1)$	$\chi^2 < \chi^2_{1-\frac{\alpha}{2}}(n-1)$或$\chi^2 > \chi^2_{\frac{\alpha}{2}}(n-1)$
$\sigma^2 \leqslant \sigma_0^2$	$\sigma^2 > \sigma_0^2$		$\chi^2 > \chi^2_\alpha(n-1)$
$\sigma^2 \geqslant \sigma_0^2$	$\sigma^2 < \sigma_0^2$		$\chi^2 < \chi^2_{1-\alpha}(n-1)$

【例 1-9-25】 根据长期经验和资料的分析，某砖瓦厂生产的砖的抗断强度X服从正态分布，方差$\sigma^2 = 1.21$，今从该厂生产的一批砖中随机抽取 6 块，测得抗断强度分别为（单位：kg/cm²）：32.56，

29.66，31.64，30.00，31.87，31.03。

问：这批砖的平均抗断强度可否认为是32.50kg/cm²？($\alpha = 0.05$)

解 假设H_0：$\mu = 32.50$，H_1：$\mu \neq 32.50$

根据所给样本值，计算统计量U的值

$$U = \frac{\overline{x} - 32.50}{\sigma/\sqrt{n}} = \frac{31.13 - 32.50}{\sqrt{1.21/6}} = \frac{-1.37}{1.1} \times \sqrt{6} \approx -3$$

$z_{0.025} = 1.96$，而$|U| = 3 > 1.96$，故应在显著性水平$\alpha = 0.05$下否定H_0，即不能认为平均抗断强度是32.50kg/cm²。

【例 1-9-26】 设X_1，X_2，…，X_n是来自总体$N(\mu, \sigma^2)$的样本，μ、σ^2未知，$\overline{X} = \frac{1}{n}\sum_{i=1}^{n} X_i$，$Q^2 = \sum_{i=1}^{n}\left(X_i - \overline{X}\right)^2$，$Q > 0$。则检验假设$H_0$：$\mu = 0$时应选取的统计量是：

A. $\sqrt{n(n-1)}\frac{\overline{X}}{Q}$　　B. $\sqrt{n}\frac{\overline{X}}{Q}$　　C. $\sqrt{n-1}\frac{\overline{X}}{Q}$　　D. $\sqrt{n}\frac{\overline{X}}{Q^2}$

解 当σ^2未知时检验假设H_0：$\mu = \mu_0$，应选取统计量$T = \frac{\overline{X} - \mu_0}{S/\sqrt{n}}$，本题$S^2 = \frac{1}{n-1} \cdot \sum_{i=1}^{n}\left(X_i - \overline{X}\right)^2 = \frac{1}{n-1}Q^2$，$S = \frac{Q}{\sqrt{n-1}}$，取$\mu_0 = 0$，$T = \frac{\overline{X}}{Q}\sqrt{n(n-1)}$。

答案： A

习　题

1-9-1 设A、B为随机事件，$A \cup B = B$，则错误的是（　　）。

A. $A \subset B$　　B. $\overline{B} \subset \overline{A}$　　C. $A\overline{B} = \emptyset$　　D. $\overline{A}B = \emptyset$

1-9-2 设$P(A) = P(B) = \frac{1}{2}$，则正确的是（　　）。

A. $P(A \cup B) = 1$　　B. $P(\overline{AB}) = \frac{1}{4}$

C. $P(AB) = \frac{1}{2}$　　D. $P(AB) = P(\overline{A}\,\overline{B})$

1-9-3 设$P(A) > 0$，则$P(B|A) = 1$成立的充分条件是（　　）。

A. $A = \Omega$　　B. $B \subset A$　　C. $A \subset B$　　D. $P(B|\overline{A}) = 0$

1-9-4 两台机床加工同样的零件，第一台出现废品的概率是 0.03，第二台出现废品的概率是 0.02，第一台加工的零件比第二台加工的零件多一倍，将加工出来的零件放在一起，则任意取出一零件是合格品的概率是（　　）。

A. 0.027　　B. 0.973　　C. 0.954　　D. 0.982

1-9-5 两个小组生产同样的零件，第一组的废品率是 2%，第二组的产量是第一组的 2 倍而废品率是 3%。若两组生产的零件放在一起，从中任抽取一件，经检查是废品，则这件废品是第一组生产的概率为（　　）。

A. 15%　　B. 25%　　C. 35%　　D. 45%

1-9-6 设随机事件A与B相互独立，且$P(A) = 0.4$，$P(B) = 0.3$，则$P(A \cup B)$是（　　）。

A. 0.48　　B. 0.58　　C. 0.50　　D. 0.70

1-9-7 设A、B相互独立，$P(A) = 0.2$，$P(B) = 0.4$，则$P(\overline{A}|B)$等于：

A. 0.2　　B. 0.4　　C. 0.6　　D. 0.8

1-9-8 设A、B相互独立，$P(A) > 0$，$P(B) > 0$，则一定有$P(A \cup B)$等于：

A. $P(A)+P(B)$ B. $P(A)P(B)$

C. $1-P(\overline{A})P(\overline{B})$ D. $1+P(\overline{A})P(\overline{B})$

1-9-9 设$0<P(A)<1$，$0<P(B)<1$，$P(A|B)+P(\overline{A}|\overline{B})=1$，则正确的是（ ）。

A. A、B互斥 B. A、B对立

C. A、B独立 D. A、B不独立

1-9-10 某人射击，每次击中目标的概率为 0.8，射击 3 次，至少击中 2 次的概率约为（ ）。

A. 0.7 B. 0.8 C. 0.5 D. 0.9

1-9-11 设X的分布律为

X	0	1	2	3
P	0.4	a	b	0.1

，已知随机事件｛$X\leqslant 1$｝与｛$0<X<3$｝相互独立，则（ ）。

A. $a=0.2$ $b=0.3$ B. $a=0.4$ $b=0.1$

C. $a=0.3$ $b=0.2$ D. $a=0.1$ $b=0.4$

1-9-12 设随机变量X的概率密度$f(x)$为偶函数，X的分布函数为$F(x)$，则对任意实数a，有（ ）。

A. $F(-a)=1-\int_0^a f(x)\mathrm{d}x$ B. $F(-a)=\frac{1}{2}-\int_0^a f(x)\mathrm{d}x$

C. $F(-a)=F(a)$ D. $F(-a)=2F(a)-1$

1-9-13 下列函数中，（ ）可作为随机变量的概率密度。

A. $f(x)=\begin{cases} x & -1<x<1 \\ 0 & \text{其他} \end{cases}$ B. $f(x)=\begin{cases} x^2 & -1<x<1 \\ 0 & \text{其他} \end{cases}$

C. $f(x)=\begin{cases} \frac{1}{2} & -1<x<1 \\ 0 & \text{其他} \end{cases}$ D. $f(x)=\begin{cases} 2 & -1<x<1 \\ 0 & \text{其他} \end{cases}$

1-9-14 设X服从参数$\lambda=3$的指数分布，其分布函数为$F(x)$，则$F\left(\frac{1}{3}\right)$等于：

A. $\frac{1}{3e}$ B. $\frac{e}{3}$ C. $1-e^{-1}$ D. $1-\frac{1}{3}e^{-1}$

1-9-15 设$X\sim N(\mu,\sigma^2)$，则σ增大时，$P(|X-\mu|<\sigma)$（ ）。

A. 增大 B. 减小 C. 不变 D. 变化情况不确定

1-9-16 设随机变量X服从正态$N(1,2^2)$，$a=P\{12<X\leqslant 16\}$，$b=P\{14<X\leqslant 18\}$，则a与b之间的关系是（ ）。

A. $a<b$ B. $a>b$ C. $a=b$ D. $a\leqslant b$

1-9-17 设X的分布律为

X	-2	1	a
P	$\frac{1}{4}$	b	$\frac{1}{4}$

，$E(X)=1$，则常数a、b分别为：

A. 2，$\frac{1}{2}$ B. 4，$\frac{1}{2}$ C. 6，$\frac{1}{4}$ D. 8，$\frac{1}{3}$

1-9-18 设X的分布函数$F(x)=\frac{1}{2}+\frac{1}{\pi}\arctan x$，则$E(X)=$（ ）。

A. 0 B. $\frac{1}{2}$ C. $\frac{1}{\pi}$ D. 不存在

1-9-19 设X表示 4 次独立射击命中次数，已知 4 次射击至少命中一次的概率为$\frac{15}{16}$，则$E(X^2)=$（ ）。

A. 2 B. 3 C. 4 D. 5

1-9-20 设$E(X)=E(Y)=\frac{1}{3}$，$E(X^2)=E(Y^2)=\frac{1}{6}$，$E(XY)=\frac{1}{12}$，则$X$与$Y$的相关系数$\rho=$（ ）。

A. $\frac{1}{3}$　　B. $-\frac{1}{3}$　　C. $\frac{1}{2}$　　D. $-\frac{1}{2}$

1-9-21 设总体X的分布律为 $\begin{array}{c|cc} X & 0 & 1 \\ \hline P & 1-p & p \end{array}$ $(0<p<1)$，X_1，X_2，…，X_n为样本，则样本均值$\overline{X}$的标准差为：

A. $\sqrt{\frac{p(1-p)}{n}}$　　B. $\frac{p(1-p)}{n}$　　C. $\sqrt{np(1-p)}$　　D. $np(1-p)$

1-9-22 设X_1，X_2，…，X_{16}为正态总体$N(\mu,4)$的一个样本，样本均值$\overline{X}=\frac{1}{16}\sum_{i=1}^{16}X_i$，则$E\left[\left(\overline{X}-\mu\right)^2\right]=$（　　）。

A. $\frac{1}{8}$　　B. $\frac{1}{4}$　　C. $\frac{1}{16}$　　D. $\frac{1}{12}$

1-9-23 设X_1，X_2，…，X_{16}为正态总体$N(\mu,4)$的一个样本，样本均值$\overline{X}=\frac{1}{16}\sum_{i=1}^{16}X_i$，则$P\left(\left|\overline{X}-\mu\right|<1\right)=$（　　）。[$\Phi(2)=0.977\,2$]

A. 0.954 4　　B. 0.931 2　　C. 0.960 7　　D. 0.972 2

1-9-24 设总体$X\sim N(0,\sigma^2)$，X_1，X_2，…，X_n是样本，$Y=C\left(\sum_{i=1}^{n}X_i\right)^2\sim\chi^2(1)$，则$C=$（　　）。

A. n　　B. $n\sigma$　　C. $\frac{1}{\sigma}$　　D. $\frac{1}{n\sigma^2}$

1-9-25 设X、Y是两个方差相等的正态总体，$\left(X_1,\cdots,X_{n_1}\right)$、$\left(Y_1,\cdots,Y_{n_2}\right)$分别是$X$、$Y$的样本，两样本独立，样本方差分别为$S_1^2$、$S_2^2$，则统计量$F=\frac{S_1^2}{S_2^2}$服从$F$分布，它的自由度为（　　）。

A. (n_1-1,n_2-1)　　B. (n_1,n_2)

C. (n_1+1,n_2+1)　　D. (n_1+1,n_2-1)

1-9-26 设总体X的概率密度$f(x)=\begin{cases}\lambda x^{-(\lambda+1)} & x>1\\ 0 & x\leqslant 1\end{cases}$ $(\lambda>1)$。X_1，X_2，…，X_n为样本，$\overline{X}$为样本均值，则λ的矩估计量是（　　）。

A. $\frac{\overline{X}}{\overline{X}+1}$　　B. $\frac{\overline{X}}{\overline{X}-1}$　　C. $\frac{\overline{X}+1}{\overline{X}}$　　D. $\frac{\overline{X}-1}{\overline{X}}$

1-9-27 设总体$X\sim N(\mu,\sigma^2)$，μ，σ^2均未知，X_1，X_2，…，X_n为样本，则σ^2的无偏估计是：

A. $\frac{1}{n-1}\sum_{i=1}^{n}\left(X_i-\overline{X}\right)^2$　　B. $\frac{1}{n-1}\sum_{i=1}^{n}(X_i-\mu)^2$　　C. $\frac{1}{n}\sum_{i=1}^{n}\left(X_i-\overline{X}\right)^2$　　D. $\frac{1}{n}\sum_{i=1}^{n}(X_i-\mu)^2$

1-9-28 设总体$X\sim P(\lambda)$（参数λ的泊松分布），λ未知，X_1，X_2，…，X_n是样本，$\overline{X}$是样本均值，S^2是样本方差，$\hat{\lambda}=a\overline{X}+(2-3a)S^2$为$\lambda$的无偏估计，则$a=$（　　）。

A. −1　　B. 0　　C. $\frac{1}{2}$　　D. 1

1-9-29 设X_1、X_2是总体X的样本，$E(X)=\mu$未知，$D(X)=\sigma^2$，则下列μ的估计量中最有效的估计量是（　　）。

A. $\frac{2}{3}X_1+\frac{1}{3}X_2$　　B. $\frac{1}{4}X_1+\frac{3}{4}X_2$　　C. $\frac{2}{5}X_1+\frac{3}{5}X_2$　　D. $\frac{1}{2}X_1+\frac{1}{2}X_2$

1-9-30 设总体$X\sim N(\mu,\sigma^2)$，μ未知，σ^2已知，X_1，X_2，…，X_n是样本，下列选项中能提高μ的区间估计精度（置信区间长度L小，估计精度高）的做法是（　　）。

A. 减小α，增大n　　B. 减小α，减小n

C. 增大α，增大n　　D. 增大α，减小n

1-9-31 某厂家广告宣称，饮用其产品一个月可平均减体重大于 3kg。为考察广告的真实性，检验部门随机抽取 30 名饮用者，测得一个月平均减体重 2.8kg。设月减体重$X\sim N(\mu,\sigma^2)$，原假设H_0和对立假设应写成（ ）。

A. H_0：$\mu \leqslant 3$，H_1：$\mu > 3$　　B. H_0：$\mu \geqslant 3$，H_1：$\mu < 3$

C. H_0：$\mu \leqslant 2.8$，H_1：$\mu > 2.8$　　D. H_0：$\mu \geqslant 2.8$，H_1：$\mu < 2.8$

1-9-32 某厂生产合金弦线，其抗拉强度服从均值为 10 560MPa 的正态分布$N(\mu, \sigma^2)$。现从一批产品中随机抽出 10 根，得样本均值$\overline{x} = 10\,631.4$，样本方差$S^2 = \frac{1}{n-1}\sum_{i=1}^{n}(x_i - \overline{x})^2 = 6\,560.4$，现检验这批产品的平均抗拉强度有无显著变化($\alpha = 0.05$)。

检验假设H_0：$\mu = 10\,560$，H_1：$\mu \neq 10\,560$

问：在H_0成立时采用统计量$\frac{\overline{X} - 10\,560}{S/\sqrt{10}}$服从（ ）。

A. $t(9)$分布　　B. $t(10)$分布　　C. 正态分布　　D. $\chi^2(9)$分布

1-9-33 对单个正态总体$N(\mu, \sigma^2)$作假设检验时，在下列（ ）情况下采用t检验法（检验统计量服从t分布）。

A. σ^2已知，H_0：$\mu = \mu_0$（μ_0为已知常数）

B. σ^2未知，H_0：$\mu = \mu_0$（μ_0为已知常数）

C. μ已知，H_0：$\sigma^2 = \sigma_0^2$（σ_0为已知正常数）

D. μ未知，H_0：$\sigma^2 = \sigma_0^2$（σ_0为已知正常数）

习题题解及参考答案

第一节

1-1-1 **解：** 利用向量积求出与$\vec{\alpha}$、$\vec{\beta}$都垂直的向量，$\vec{\alpha} \times \vec{\beta} = \begin{vmatrix} \vec{i} & \vec{j} & \vec{k} \\ 1 & 2 & 3 \\ 1 & -3 & -2 \end{vmatrix} = 5(\vec{i} + \vec{j} - \vec{k})$，$|\vec{\alpha} \times \vec{\beta}| = 5\sqrt{3}$，因单位向量$\vec{\alpha}^0 = \frac{\vec{\alpha}}{|\alpha|}$，所以$\vec{\alpha}^0 = \pm\frac{1}{\sqrt{3}}(\vec{i} + \vec{j} - \vec{k})$。

答案： D

1-1-2 **解：** 利用数量积计算公式$\vec{a} \cdot \vec{a} = |\vec{a}|^2$，求出$|\vec{a}|^2$，即得到$|\vec{a}|$。$\left|\vec{a} + \vec{b}\right|^2 = (\vec{a} + \vec{b}) \cdot (\vec{a} + \vec{b}) = \vec{a} \cdot \vec{a} + 2\,\vec{a} \cdot \vec{b} + \vec{b} \cdot \vec{b} = 5$，所以$\left|\vec{a} + \vec{b}\right| = \sqrt{5}$。

答案： D

1-1-3 **解：** 运用数量积和向量积的定义及它们的运算性质计算，$(\vec{a} + \vec{b}) \cdot (\vec{a} - \vec{b}) = \vec{a} \cdot \vec{a} + \vec{b} \cdot \vec{a} - \vec{a} \cdot \vec{b} - \vec{b} \cdot \vec{b} = |\vec{a}|^2 - \left|\vec{b}\right|^2$，选项 A 成立。选项 B、C、D 均不成立。

答案： A

1-1-4 **解：** 利用已知的两直线方程计算出它们各自的方向向量。

例如$\begin{cases} 3x + z = 4 \\ y + 2z = 9 \end{cases}$，$\vec{s}_1 = \vec{n}_1 \times \vec{n}_2 = \begin{vmatrix} \vec{i} & \vec{j} & \vec{k} \\ 3 & 0 & 1 \\ 0 & 1 & 2 \end{vmatrix} = -\vec{i} - 6\vec{j} + 3\vec{k}$，同理求出$\vec{s}_2 = -6\vec{i} - 36\vec{j} + 18\vec{k}$。$\vec{s}_1$、$\vec{s}_2$对应坐标成比例，故$\vec{s}_1 /\!/ \vec{s}_2$，则$\vec{L}_1 /\!/ \vec{L}_2$或重合，在$L_1$上取一点（1,7,1），代入$L_2$方程，不满足$L_2$方程，因而$L_1$、$L_2$平行但不重合。

答案： A

1-1-5 **解：** 直线L的方向向量$\vec{s}=\{2,1,3\}$，平面π的法向量$\vec{n}=\{4,-2,-2\}$，$\vec{s}\cdot\vec{n}=0$，则$\vec{s}\perp\vec{n}$，直线与平面平行或重合，取L上一点（$-3,-4,0$）代入平面π方程得$4\times(-3)-2\times(-4)+0=-4\neq 3$，不满足平面方程，故直线//平面。

答案： A

1-1-6 **解：** 见解图，取已知直线的方向向量为与其垂直平面的法向量，取$\vec{n}=\vec{s}=\{3,2,-1\}$，$M_0(2,1,3)$。过$M_0$与$L$垂直的平面方程：$3(x-2)+2(y-1)-(z-3)=0$，化简得$3x+2y-z-5=0$。求出已知直线和垂直平面的交点，$L$的参数方程为$x=3t-1$，$y=2t+1$，$z=-t$，代入平面方程$3(3t-1)+2(2t+1)+t-5=0$，解出$t=\frac{3}{7}$，交点为$M_1\left(\frac{2}{7},\frac{13}{7},-\frac{3}{7}\right)$。连接$M_0M_1$，$\overrightarrow{M_0M_1}=\left\{-\frac{12}{7},\frac{6}{7},-\frac{24}{7}\right\}=-\frac{6}{7}\{2,-1,4\}$，取$\vec{s}_{M_0M_1}=\{2,-1,4\}$，与已知直线垂直相交的直线方程为$\frac{x-2}{2}=\frac{y-1}{-1}=\frac{z-3}{4}$。

题 1-1-6 解图

答案： C

1-1-7 **解：** 利用给出的直线方程，求出直线方程的方向向量

$\vec{n}_1=\{1,-1,-1\}$，$\vec{n}_2=\{2,1,-3\}$

$$\vec{n}_1\times\vec{n}_2=\begin{vmatrix}\vec{i} & \vec{j} & \vec{k}\\ 1 & -1 & -1\\ 2 & 1 & -3\end{vmatrix}=\vec{i}\begin{vmatrix}-1 & -1\\ 1 & -3\end{vmatrix}-\vec{j}\begin{vmatrix}1 & -1\\ 2 & -3\end{vmatrix}+\vec{k}\begin{vmatrix}1 & -1\\ 2 & 1\end{vmatrix}=4\vec{i}+\vec{j}+3\vec{k}$$

取$\vec{s}=\{4,1,3\}$

利用$\vec{s}=\{4,1,3\}$，点$M(3,-2,1)$写出L的方程：$\frac{x-3}{4}=\frac{y+2}{1}=\frac{z-1}{3}$。

答案： D

1-1-8 **解：** 通过方程组$\begin{cases}x^2+y^2+(z+3)^2=25\\ z=1\end{cases}$消去$z$，得$x^2+y^2=9$，为空间曲线在$xOy$平面上的投影柱面。联立$\begin{cases}x^2+y^2=9\\ z=1\end{cases}$，为球面与平面$z=1$的交线。

答案： D

1-1-9 **解：** 设点$M_1(1,1,0)$，$M_2(0,0,1)$，$M_3(0,1,1)$，分别写出向量$\overrightarrow{M_1M_2}=\{-1,-1,1\}$，$\overrightarrow{M_1M_3}=\{-1,0,1\}$，平面$\pi$的法向量$\vec{n}=\overrightarrow{M_1M_2}\times\overrightarrow{M_1M_3}=-\vec{i}+0\vec{j}-\vec{k}=\{-1,0,-1\}$，取$\vec{s}=\vec{n}=\{1,0,1\}$，点$M(1,1,1)$，所求直线对称式方程为：$\frac{x-1}{1}=\frac{y-1}{0}=\frac{z-1}{1}$。

答案： A

1-1-10 **解：** 在xOz平面上的曲线$f(x,z)=0$，绕x轴旋转一周，旋转曲面方程为$f\left(x,\pm\sqrt{y^2+z^2}\right)=0$。则旋转曲面方程为$\frac{x^2}{9}+\frac{y^2+z^2}{4}=1$。

答案： C

1-1-11 **解：** $\begin{cases}2x^2+y^2+z^2=16 & ①\\ x^2-y^2+z^2=0 & ②\end{cases}$

消x，由②式×2 得$2x^2-2y^2+2z^2=0$ ③

①式−③式得 $3y^2-z^2=16$

答案： C

1-1-12 **解：方法 1**，已知直线L_0，点$M_0(1,2,3)$，$\vec{S}=\{3,2,1\}$

xOy平面方程为$z=0$，法向量$\vec{n}=\{0,0,1\}$

设直线L_0在xOy平面上投影平面的法向量为$\vec{n}_{投影平面}$，则

$$\vec{n}_{投影平面}=\vec{s}\times\vec{n}=\begin{vmatrix}\vec{i} & \vec{j} & \vec{k}\\ 3 & 2 & 1\\ 0 & 0 & 1\end{vmatrix}=\{2,-3,0\}$$

过点M_0在xOy平面上投影平面为$2(x-1)-3(y-2)=0$，即$2x-3y+4=0$

L_0在xOy平面上投影直线方程为$\begin{cases}2x-3y+4=0\\ z=0\end{cases}$

方法 2，也可以用L_0方程中前面部分$\frac{x-1}{3}=\frac{y-2}{2}$所表示的平面和$z=0$所表示的平面表示$L_0$在$xOy$平面上的投影直线方程，即$\begin{cases}\frac{x-1}{3}=\frac{y-2}{2}\\ z=0\end{cases}$，整理得$\begin{cases}2x-3y+4=0\\ z=0\end{cases}$

答案：B

第二节

1-2-1　**解：**因为$\frac{1}{f(x)}=\frac{x}{x-1}$，所以

$$f\left[\frac{1}{f(x)}\right]=\frac{\frac{1}{f(x)}-1}{\frac{1}{f(x)}}=\frac{\frac{x}{x-1}-1}{\frac{x}{x-1}}=\frac{1}{x}$$

答案：C

1-2-2　**解：**

$$\lim_{x\to\infty}\frac{3x^2+5}{5x+3}\sin\frac{2}{x}=\lim_{x\to\infty}\frac{x\left(3x+\frac{5}{x}\right)}{5x+3}\sin\frac{2}{x}$$

$$=\lim_{x\to\infty}\frac{3x+\frac{5}{x}}{5x+3}\times\frac{\sin\frac{2}{x}}{\frac{2}{x}}\times 2=\frac{3}{5}\times 1\times 2=\frac{6}{5}$$

答案：B

1-2-3　**解：**因为$\lim\limits_{x\to\infty}\frac{x^3-2x+5}{3x^5+2x+3}=0$，$|2+\cos x-3\sin x|\leqslant 6$

所以$\lim\limits_{x\to\infty}\frac{x^3-2x+5}{3x^5+2x+3}(2+\cos x-3\sin x)=0$

答案：B

1-2-4　**解：**举例说明：

设$f(u)=|u|$，在$u=0$处不可导，取$u=g(x)=\sin x$在$x=0$处可导，$f[g(x)]$在$x=0$处不可导，选项 A 错。

取$u=g(x)=x^4$，$f[g(x)]=|x^4|=x^4$在$x=0$处可导，选项 B 错，所以选项 C 正确。

另设$f(u)=\begin{cases}1 & u\geqslant 0\\ -1 & u<0\end{cases}$，在$u=0$处既不可导也不连续，$u=g(x)=x^3$在$x=0$可导，

$f(g(x))=\begin{cases}1 & x\geqslant 0\\ -1 & x<0\end{cases}$在$x=0$处不连续，选项 D 错。

答案：C

1-2-5　**解：**$x\to 0$利用等价无穷小计算

$$\ln(1-tx^2)\sim -tx^2，x^2\sim x\sin x$$

$$原式=\lim_{x\to 0}\frac{-tx^2}{x^2}=-t$$

答案：B

1-2-6　**解：**$\lim\limits_{x\to 0}\frac{x^2-\sin x}{x}=\lim\limits_{x\to 0}\left(x-\frac{\sin x}{x}\right)=-1(\neq 0)$，为同阶无穷小，但不是等价无穷小。

答案： B

1-2-7 **解：** $\lim\limits_{x\to 0}\frac{\sqrt{2-2\cos x}}{x}=\lim\limits_{x\to 0}\frac{\sqrt{4\sin^2\frac{x}{2}}}{x}=\lim\limits_{x\to 0}\frac{2\left|\sin\frac{x}{2}\right|}{x}$

当$x\to 0^+$时

$$\lim_{x\to 0^+}\frac{2\left|\sin\frac{x}{2}\right|}{x}=\lim_{x\to 0^+}\frac{\sin\frac{x}{2}}{\frac{x}{2}}=1$$

当$x\to 0^-$时

$$\lim_{x\to 0^-}\frac{2\left|\sin\frac{x}{2}\right|}{x}=\lim_{x\to 0^-}\frac{-2\sin\frac{x}{2}}{\frac{x}{2}}=-1$$

答案： A

1-2-8 **解：** 在$x=0$处，当满足$\lim\limits_{x\to 0^+}f(x)=\lim\limits_{x\to 0^-}f(x)=f(0)$时，$f(x)$在$x=0$处连续。

计算：$x=0$，$f(0)=1$，$\lim\limits_{x\to 0^-}\left(\cos x+x\sin\frac{1}{x}\right)=1$，$\lim\limits_{x\to 0^+}(x^2+1)=1$，所以在$x=0$处，$f(x)$连续。

答案： D

1-2-9 **解：** 举例说明

①$\alpha(x)=x$，$\beta(x)=x^4$，在$x\to 0$时为无穷小

$$\lim_{x\to 0}\frac{x^2}{x^4}=\lim_{x\to 0}\frac{1}{x^2}=\infty$$

②$\alpha(x)=x^2$，$\beta(x)=x^4$，在$x\to 0$时为无穷小

$$\lim_{x\to 0}\frac{(x^2)^2}{x^4}=1$$

答案： D

1-2-10 **解：** 可以验证$f(x)=Cg(x)$错误，求导$f'(x)=Cg'(x)$。

答案： A

1-2-11 **解：** 利用函数在一点可导的定义计算

$$f'(x_0)=\lim_{\Delta x\to 0}\frac{f(x_0+\Delta x)-f(x_0)}{\Delta x}$$

$$\text{原式}=\lim_{x\to 0}\frac{1}{\frac{f(x_0-2x)-f(x_0)}{x}}=\lim_{x\to 0}\frac{1}{\frac{f(x_0-2x)-f(x_0)}{-2x}\times(-2)}=\frac{1}{-2f'(x_0)}=\frac{1}{4}$$

求出$f'(x_0)=-2$

答案： C

1-2-12 **解：** 验证$f(x)$在区间$[1,2]$上满足拉格朗日中值定理的条件，即有

$$f(2)-f(1)=f'(\xi)(2-1),\ 1<\xi<2$$

$$\frac{3}{2}-2=-\frac{1}{x^2}\bigg|_{x=\xi}(2-1),\ -\frac{1}{2}=-\frac{1}{\xi^2},\ \xi^2=2,\ \xi=\sqrt{2}$$

答案： A

1-2-13 **解：** 利用点$(0,1)$是曲线$y=ax^3+bx^2+c$拐点的条件，$y'=3ax^2+2bx$，$y''=6ax+2b$，令$y''=0$，$6ax+2b=0$，$x=\frac{-2b}{6a}=-\frac{1}{3}\frac{b}{a}$。

因拐点横坐标为 0，即$x=0$，则$b=0$。

将$b=0$代入曲线方程，$y=ax^3+C$，$y''=6ax$，当$a\neq0$时，$(-\infty,0)$，$(0,+\infty)$两侧y''异号，再将拐点坐标$x=0$，$y=1$代入$y=ax^3+bx^2+c$，$c=1$，所以$b=0$，$c=1$，a为不等于 0 的任何实数。

答案： B

1-2-14 **解：方法 1**，利用多元隐函数方法求导，$F(x,y)=0$，求出F_x、F_y

则$\frac{dy}{dx}=-\frac{F_x}{F_y}$，$F_x=3x^2+\cos(\pi y)$，$F_y=3y^2+(x+1)[-\sin(\pi y)\cdot\pi]$

$$\frac{dy}{dx}=-\frac{F_x}{F_y}=-\frac{3x^2+\cos(\pi y)}{3y^2+(x+1)[-\pi\sin(\pi y)]}$$

当$x=-1$时，代入原方程$y=-2$

切线斜率$K_{切}=\left.\frac{dy}{dx}\right|_{\substack{x=-1\\y=-2}}=-\frac{3+1}{3\times4}=-\frac{1}{3}$

法线斜率$K_{法}=3$

法线方程$y+2=3(x+1)$，即$y-3x-1=0$。

方法 2，利用方程所确定的隐函数方法求导，两边对x求导，y看作以x为自变量的函数

$3x^2+3y^2y'+\cos(\pi y)+(x+1)[-\sin(\pi y)\cdot\pi y']=0$

当$x=-1$时，代入原方程$y=-2$，将$(-1,-2)$代入上式得：

切线斜率$K_{切}=\left.\frac{dy}{dx}\right|_{\substack{x=-1\\y=-2}}=-\frac{1}{3}$

法线斜率$K_{法}=3$

法线方程$y+2=3(x+1)$，即$y-3x-1=0$。

答案： B

1-2-15 **解：** 面积$A=\int_a^{a+1}x^2dx=\frac{1}{3}[(a+1)^3-a^3]$

利用导数知识求在面积最小时的a值

$$A'=\frac{1}{3}[3(a+1)^2-3a^2]=2a+1$$

令$A'=0$，$a=-\frac{1}{2}$，$A''=2>0$，所以当$a=-\frac{1}{2}$取得面积最小。

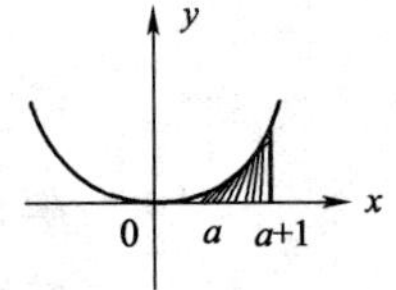

题 1-2-15 解图

答案： B

1-2-16 **解：** 用复合函数求导法则计算

$$y'=\frac{1}{f(x)}\cdot f'(x)=\frac{f'(x)}{f(x)}$$

再利用函数商的求导法则

$$y''=\frac{f''\cdot f-f'\cdot f'}{f^2(x)}=\frac{f\cdot f''-(f')^2}{f^2}$$

答案： A

1-2-17 **解：** $\frac{dy}{dt}=f(t)+tf'(t)$，$\frac{dx}{dt}=f'(t)-\frac{f'(t)}{f(t)}$

$$\frac{dy}{dx}=\frac{\frac{dy}{dt}}{\frac{dx}{dt}}=\frac{f^2(t)+tf(t)f'(t)}{f(t)f'(t)-f'(t)}$$

将$t=0$，$f(0)=2$，$f'(0)=2$代入得：

$$\left.\frac{\mathrm{d}y}{\mathrm{d}x}\right|_{\substack{t=0\\f(0)=2\\f'(0)=2}}=\frac{2^2+0}{2\times2-2}=2$$

答案： D

1-2-18 **解：** $\frac{\mathrm{d}y}{\mathrm{d}x}=\frac{2x}{1+x^2}$，已知直线$y=x-1$，斜率$k=1$，$\frac{2x}{1+x^2}=1$，$x^2-2x+1=0$，解出$x=1$，二重根。当$x=1$时，$y=\ln2$。

答案： C

1-2-19 **解：** 已知$f'(x)=f(1-x)$，两边求导，有：$f''(x)=-f'(1-x)$ ①

在式$f'(x)=f(1-x)$中，当x取$1-x$时，有：$f'(1-x)=f(x)$ ②

将②式代入①式：$f''(x)=-f(x)$，$f''(x)+f(x)=0$。

答案： C

1-2-20 **解：** 已知$f(x)$在$x=0$可导，即左导$f'_-(0)=$右导$f'_+(0)$，则

$$f'_+(0)=\lim_{x\to0^+}\frac{f(x)-f(0)}{x-0}=\lim_{x\to0^+}\frac{ax+2-2}{x-0}=a$$

$$f'_-(0)=\lim_{x\to0^-}\frac{f(x)-f(0)}{x-0}=\lim_{x\to0^-}\frac{e^{-x}+1-2}{x}=\lim_{x\to0^-}\frac{e^{-x}-1}{x}$$

$$=\lim_{x\to0^-}\frac{-x}{x}=-1\qquad(\text{当}x\to0\text{ 时},e^{-x}-1\sim-x)$$

答案： D

1-2-21 **解：** $f(x)$在$x=0$可导，所以在$x=0$必连续，即

$$\lim_{x\to0^+}f(x)=\lim_{x\to0^-}f(x)=f(0)，f(0)=b$$

$$\lim_{x\to0^+}x^2\sin\frac{1}{x}=0，\lim_{x\to0^-}(ax+b)=b$$

得到$b=0$

利用$f(x)$在$x=0$可导，$f'_+(0)=f'_-(0)$，而

$$f'_+(0)=\lim_{x\to0^+}\frac{x^2\sin\frac{1}{x}-b}{x-0}=\lim_{x\to0^+}\frac{x^2\sin\frac{1}{x}}{x}=\lim_{x\to0^+}x\sin\frac{1}{x}=0，f'_-(0)=\lim_{x\to0^-}\frac{ax+b-b}{x}=a$$

得到$a=0$，$b=0$

答案： C

1-2-22 **解：** $\frac{\mathrm{d}x}{\mathrm{d}t}=\frac{-4t}{(1+t^2)^2}$，$\frac{\mathrm{d}y}{\mathrm{d}t}=\frac{2-2t^2}{(1+t^2)^2}$

则$\frac{\mathrm{d}y}{\mathrm{d}x}=\frac{\frac{\mathrm{d}y}{\mathrm{d}t}}{\frac{\mathrm{d}x}{\mathrm{d}t}}=\frac{t^2-1}{2t}$

答案： A

1-2-23 **解：** $f(x)$为幂指函数，利用对数求导法计算，两边取对数，即$\ln y=\frac{1}{x}\ln(1+x)$，两边对$x$求导

$$\frac{1}{y}\frac{\mathrm{d}y}{\mathrm{d}x}=-\frac{1}{x^2}\ln(1+x)+\frac{1}{x(1+x)}$$

$$\frac{\mathrm{d}y}{\mathrm{d}x}=(1+x)^{\frac{1}{x}}\left[-\frac{1}{x^2}\ln(1+x)+\frac{1}{x(1+x)}\right]$$

$$\left.\frac{\mathrm{d}y}{\mathrm{d}x}\right|_{x=1}=2\times\left[(-1)\ln2+\frac{1}{2}\right]=-2\ln2+1=1-\ln4$$

答案：D

1-2-24 **解：**定义域$(0,+\infty)$

$$f'(x)=\frac{10}{1+x^2}-\frac{3}{x}=\frac{-3x^2+10x-3}{x(1+x^2)}=\frac{-(3x-1)(x-3)}{x(1+x^2)}$$

令$f'(x)=0$，$-3x^2+10x-3=0$，得到$x=3$，$x=\frac{1}{3}$，分割定义域，判定$x=\frac{1}{3}$，$x=3$邻近两侧一阶导数的符号。当$0<x<\frac{1}{3}$时，$f'(x)<0$；当$\frac{1}{3}<x<3$时，$f'(x)>0$；当$x>3$时，$f'(x)<0$。确定$x=3$处取得极大值$f(3)$。

答案：C

1-2-25 **解：**画示意图

已知当$0<x<a$时，$f(x)<f(0)$，函数是连续偶函数，所以当$-a<x<0$时，$f(0)>f(x)$，即$f(0)$是$f(x)$在$(-a,a)$上的极大值，也是最大值。

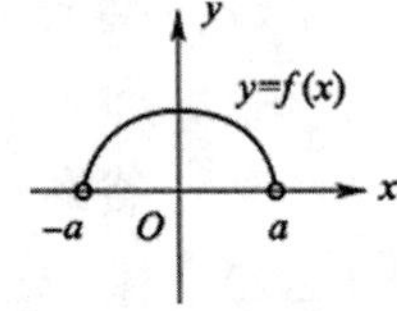

题 1-2-25 解图

答案：C

1-2-26 **解：**定义域$(-\infty,+\infty)$，$y=x^3(x-4)=x^4-4x^3$，$y'=4x^2(x-3)=0$，得到$x=0$，$x=3$。则由$y''=12(x-2)x=0$，得到$x=0$，$x=2$。列表如下。

题 1-2-26 解表

x	$(-\infty,0)$	0	(0,2)	2	(2,3)	3	$(3,+\infty)$
y'	−	0	−	−	−	0	+
y''	+	0	−	0	+	+	+
y	↘	拐	↘	拐	↘	极值	↗

确定单增且向上凹的区间为$(3,+\infty)$。

答案：D

1-2-27 **解：**定义域$[-4,-1]$

$$f'(x)=x+2+\frac{1}{x}=\frac{x^2+2x+1}{x}$$

可作为公式记住，$(\ln|x|)'=\frac{1}{x}$

令$f'(x)=0$，即$x^2+2x+1=0$，$x=-1$为驻点，端点$x=-4$，$x=-1$，比较$f(-1)$与$f(-4)$函数值的大小，确定最大值。

答案：C

1-2-28 **解：**将x_0代入方程$x_0f''(x_0)+3x_0\big(f'(x_0)\big)^2=1-e^{-x_0}$，已知$x_0$是函数的一个驻点，则$f'(x_0)=0$，化简，得：

$$x_0f''(x_0)=1-e^{-x_0},\ f''(x_0)=\frac{1-e^{-x_0}}{x_0}=\frac{e^{x_0}-1}{x_0e^{x_0}}>0$$

由极值存在的第二充分条件，可知$f(x_0)$是$f(x)$的极小值。

[注：当$x_0>0$时，$e^{x_0}-1>0$，$x_0e^{x_0}>0$，所以$f''(x_0)>0$；当$x_0<0$时，$e^{x_0}-1<0$，$x_0e^{x_0}<0$，所以$f''(x_0)>0$。]

答案：B

第三节

1-3-1 **解：** 利用凑微分方法，即

$$\int f'(3-2x)\mathrm{d}x=\frac{-1}{2}\int f'(3-2x)\mathrm{d}(-2x+3)=-\frac{1}{2}f(3-2x)+C$$

答案： A

1-3-2 **解：** 利用第一类换元积分法（凑微分法），即

$$\int e^{-x}f(e^{-x})\mathrm{d}x=-\int f(e^{-x})\mathrm{d}e^{-x}=-F(e^{-x})+C$$

答案： B

1-3-3 **解：** 凑微分，即

$$\int\frac{f'(\ln x)}{x\sqrt{f(\ln x)}}\mathrm{d}x=\int\frac{f'(\ln x)}{\sqrt{f(\ln x)}}\mathrm{d}\ln x=\int\frac{1}{\sqrt{f(\ln x)}}\mathrm{d}f(\ln x)=2\sqrt{f(\ln x)}+C$$

答案： C

1-3-4 **解：** 利用函数原函数的定义计算。

$$(x^2)'=2x,\ g(x)=2x,\ (\cos x)'=-\sin x\ ,\ f(x)=-\sin x$$

所以$f[g(x)]=-\sin[g(x)]=-\sin 2x$。

答案： D

1-3-5 **解：** 计算函数的积分，即左$=\int f'(\ln x)\mathrm{d}\ln x=f(\ln x)+C_1$，而右$=x^2+C_2$，则$f(\ln x)+C_1=x^2+C_2$，设$t=\ln x$，$x=e^t$，代入得$f(t)+C_1=e^{2t}+C_2$，则$f(x)=e^{2x}+C$（其中$C=C_2-C_1$）。

答案： C

1-3-6 **解：** $\lim\limits_{x\to a}\frac{x}{x-a}\int_a^x f(t)\mathrm{d}t=\lim\limits_{x\to a}\frac{x\int_a^x f(t)\mathrm{d}t}{x-a}\overset{\frac{0}{0}}{=}\lim\limits_{x\to a}\frac{\int_a^x f(t)\mathrm{d}t+xf(x)}{1}=af(a)\left(因\int_a^a f(t)\mathrm{d}t=0\right)$。

答案： C

1-3-7 **解：** $f(x)$在$[a,b]$连续，$f(x)$在$[a,b]$可积，定积分$\int_a^b f(x)\mathrm{d}x$为一确定常数。

答案： A

1-3-8 **解：** $\lim\limits_{x\to 0}\frac{\int_0^x f(t)\mathrm{d}t}{x^2}\overset{\frac{0}{0}}{=}\lim\limits_{x\to 0}\frac{f(x)}{2x}=\frac{1}{2}\lim\limits_{x\to 0}\frac{f(x)-f(0)}{x-0}=\frac{1}{2}f'(0)=\frac{2}{2}=1$。

答案： B

1-3-9 **解：** $I=\int_e^{+\infty}\frac{1}{x(\ln x)^2}\mathrm{d}x=\int_e^{+\infty}\frac{1}{(\ln x)^2}\mathrm{d}\ln x=-\frac{1}{\ln x}\Big|_e^{+\infty}=-\left(\lim\limits_{x\to+\infty}\frac{1}{\ln x}-\frac{1}{\ln e}\right)=1$

答案： A

1-3-10 **解：** 逐一计算各个选项来确定。

选项 A：$\int_2^{+\infty}\frac{1}{x\ln^3 x}\mathrm{d}x=\int_2^{+\infty}\frac{1}{\ln^3 x}\mathrm{d}(\ln x)=-\frac{1}{2}\frac{1}{\ln^2 x}\Big|_2^{+\infty}=-\frac{1}{2}\left(\lim\limits_{x\to+\infty}\frac{1}{\ln^2 x}-\frac{1}{\ln^2 2}\right)=\frac{1}{2\ln^2 2}$，收敛。

选项 B：$\int_0^{+\infty}e^{-x}\mathrm{d}x=-e^{-x}\Big|_0^{+\infty}=-\left(\lim\limits_{x\to+\infty}e^{-x}-1\right)=1$，收敛。

选项 C：因$x=-1$为无穷不连续点，则$\int_{-1}^{0}\frac{2}{\sqrt{1-x^2}}\mathrm{d}x=2\arcsin x\Big|_{-1}^{0}=2\left(0-\lim\limits_{x\to-1^+}\arcsin x\right)=\pi$，收敛。

选项 D：因$x=1$为函数的无穷不连续点，则$\int_1^e\frac{1}{x\ln x}\mathrm{d}x=\int_1^e\frac{1}{\ln x}\mathrm{d}\ln x=\ln\ln x\Big|_1^e=$

$\ln\ln e - \lim\limits_{x\to 1^+}\ln\ln x = \infty$，发散。

答案： D

1-3-11 **解：** 积分上限函数求导数，$Q'(x) = x^2e^{-x^2}\cdot 2x = 2x^3e^{-x^2}$。

答案： C

1-3-12 **解：** $\int_0^a f(x)\mathrm{d}x = \int_0^{\frac{a}{2}} f(x)\mathrm{d}x + \int_{\frac{a}{2}}^a f(x)\mathrm{d}x$。

将$\int_{\frac{a}{2}}^a f(x)\mathrm{d}x$变形，设$x = a - t$，$\mathrm{d}x = -\mathrm{d}t$。

当$x = a$时，$t = 0$；当$x = \frac{a}{2}$时，$t = \frac{a}{2}$。

$\int_{\frac{a}{2}}^a f(x)\mathrm{d}x = \int_{\frac{a}{2}}^0 f(a-t)(-\mathrm{d}t) = \int_0^{\frac{a}{2}} f(a-t)\mathrm{d}t = \int_0^{\frac{a}{2}} f(a-x)\mathrm{d}x$。

答案： B

1-3-13 **解：** 计算$\int_0^1 f(x)\mathrm{d}x = \int_0^{\frac{1}{2}} 1\mathrm{d}x + \int_{\frac{1}{2}}^1 0\mathrm{d}x = \frac{1}{2}$，因此在[0,1]内不存在$\xi$，使等式成立。

答案： B

1-3-14 **解：** 可以验证选项 A、B、C 均成立，例如$\int_{-a}^a f(x^2)\mathrm{d}x = \int_{-a}^0 f(x^2)\mathrm{d}x + \int_0^a f(x^2)\mathrm{d}x$，设$x = -t$，$\mathrm{d}x = -\mathrm{d}t$，$\int_{-a}^0 f(x^2)\mathrm{d}x = \int_a^0 f[(-t)^2](-\mathrm{d}t) = \int_0^a f(t^2)\mathrm{d}t = \int_0^a f(x^2)\mathrm{d}x$，从而$\int_{-a}^a f(x)\mathrm{d}x = 2\int_0^a f(x^2)\mathrm{d}x$。

选项 D：$\int_0^1 10^x\mathrm{d}x = \frac{1}{\ln 10}10^x\Big|_0^1 = \frac{1}{\ln 10}(10-1) = \frac{9}{\ln 10}$。

答案： D

1-3-15 **解：** $\varphi(-x) = \int_0^{-x} f(t)\mathrm{d}t$

设$t = -u$，$\mathrm{d}t = -\mathrm{d}u$

当$t = -x$时，$u = x$；当$t = 0$时，$u = 0$

$\varphi(-x) = \int_0^{-x} f(t)\mathrm{d}t = \int_0^x f(-u)(-\mathrm{d}u) \xlongequal{f\text{为偶函数}} -\int_0^x f(u)\mathrm{d}u = -\int_0^x f(t)\mathrm{d}t = -\varphi(x)$

即$\varphi(-x) = -\varphi(x)$，所以$\varphi(x)$为奇函数。

答案： B

1-3-16 **解：** 已知$f(x)$在$[0,+\infty]$连续，$f(x)$在[0,1]上可积，定积分$\int_0^1 f(x)\mathrm{d}x$为一常数。

设$A = \int_0^1 f(x)\mathrm{d}x$，则$f(x) = xe^{-x} + Ae^x$，两边在[0,1]区间上作定积分，得

$$\int_0^1 f(x)\mathrm{d}x = \int_0^1 xe^{-x}\mathrm{d}x + \int_0^1 Ae^x\mathrm{d}x$$

$$A = \int_0^1 xe^{-x}\mathrm{d}x + A\int_0^1 e^x\mathrm{d}x \qquad ①$$

而$\int_0^1 xe^{-x}\mathrm{d}x = -\int_0^1 x\,\mathrm{d}e^{-x} = -\left(xe^{-x}\Big|_0^1 - \int_0^1 e^{-x}\mathrm{d}x\right) = -\left(\frac{2}{e} - 1\right)$，$\int_0^1 e^x\mathrm{d}x = e - 1$

代入①式

$$A = -\left(\frac{2}{e} - 1\right) + (e-1)A$$

求出$A = -\frac{1}{e}$，则

$$f(x) = xe^{-x} - \frac{1}{e}e^x = xe^{-x} - e^{x-1}$$

答案： B

1-3-17 **解：** 见解图，$y^2 = 4 - x$，$x = 4 - y^2$，当$x = 0$时，$y = \pm 2$，$S = \int_{-2}^2 (4 - y^2)\mathrm{d}y$。

答案： A

1-3-18 **解：** 画解图，x：$\left[\frac{\pi}{4},\frac{5}{4}\pi\right]$

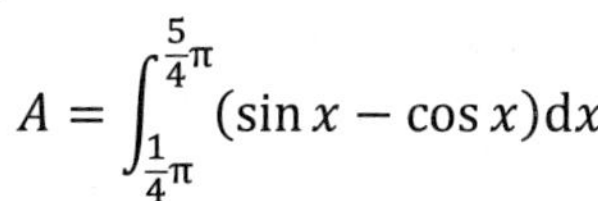

$$A=\int_{\frac{1}{4}\pi}^{\frac{5}{4}\pi}(\sin x-\cos x)\mathrm{d}x$$

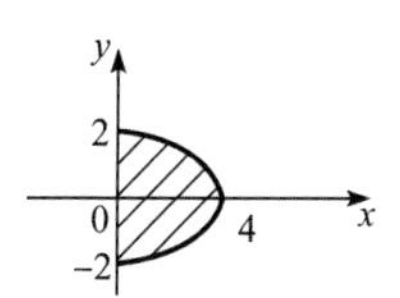

题 1-3-17 解图

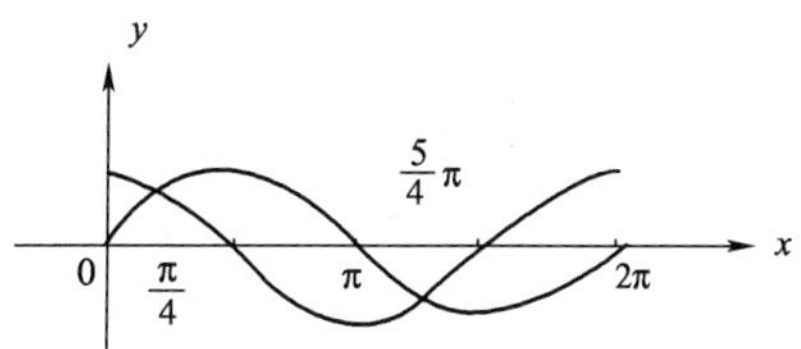

题 1-3-18 解图

答案： B

1-3-19 **解：** 因为积分上限函数$F(x)=\int_0^x f(t)\,\mathrm{d}t=\frac{1}{2}x^4$是$f(x)$的一个原函数。所以

$$\int_0^4\frac{1}{\sqrt{x}}f\left(\sqrt{x}\right)\mathrm{d}x=\int_0^4 2f\left(\sqrt{x}\right)\mathrm{d}\sqrt{x}=2F\left(\sqrt{x}\right)\Big|_0^4=2[F(2)-F(0)]=2\times\frac{1}{2}\times(2)^4=16$$

答案： D

第四节

1-4-1 **解：** 利用二元复合函数，求偏导的方法计算。

$$\frac{\partial z}{\partial y}=\frac{\partial z}{\partial u}\cdot\frac{\partial u}{\partial y}+\frac{\partial z}{\partial v}\cdot\frac{\partial v}{\partial y}=2u\varphi_y'\ln v+\frac{u^2}{v}\psi'$$

答案： C

1-4-2 **解：** $xyz-e^{x+y}=0$，设函数$F(x,y,z)=xyz-e^{x+y}$，$F_x=yz-e^{x+y}$，$F_y=xz-e^{x+y}$。

$$\frac{\partial y}{\partial x}=-\frac{F_x}{F_y}=-\frac{yz-e^{x+y}}{xz-e^{x+y}}\xlongequal[xyz=e^{x+y}]{\text{由原方程可知}}-\frac{yz-xyz}{xz-xyz}=-\frac{z(y-xy)}{z(x-xy)}=-\frac{y(1-x)}{x(1-y)}$$

答案： A

1-4-3 **解：** $\frac{\partial z}{\partial x}=\frac{1}{y}\cdot\frac{1}{xy}\cdot y=\frac{1}{xy}$，$\left.\frac{\partial z}{\partial x}\right|_{\substack{x=e\\y=e^{-1}}}=1$

$$\frac{\partial z}{\partial y}=\frac{\frac{1}{xy}xy-\ln(xy)}{y^2}=\frac{1-\ln xy}{y^2}，\left.\frac{\partial z}{\partial y}\right|_{\substack{x=e\\y=e^{-1}}}=e^2$$

$$\mathrm{d}z=\mathrm{d}x+e^2\mathrm{d}y$$

答案： C

1-4-4 **解：** 曲线切线的方向向量$\vec{s}=\{1,2t,3t^2\}$，平面法向量$\vec{n}=\{1,2,1\}$，切线与平面平行，那么切线的方向向量应与平面的法向量垂直。

$\vec{s}\perp\vec{n}$,则$\vec{s}\cdot\vec{n}=0$，即$1+4t+3t^2=0$，解方程$3t^2+4t+1=0$，$t_1=-\frac{1}{3}$，$t_2=-1$，得对应点$\left(-\frac{1}{3},\frac{1}{9},-\frac{1}{27}\right)$，$(-1,1,-1)$。

答案： A

1-4-5 **解：** 求曲面$z=x^2-y^2$的切平面的法向量，$x^2-y^2-z=0$，设函数$F(x,y,z)=x^2-y^2-z$，$\vec{n}=\{F_x,F_y,F_z\}=\{2x,-2y,-1\}$，已知平面法向量$\vec{n}_{已知}=\{1,-1,-1\}$，两平面平行，法向量平行，$\vec{n}/\!/\vec{n}_{已知}$，对应坐标成比例，有$\frac{2x}{1}=\frac{-2y}{-1}=\frac{-1}{-1}=1$，得$x=\frac{1}{2}$，$y=\frac{1}{2}$，代入方程得$z=0$，求出切点坐标$M_0\left(\frac{1}{2},\frac{1}{2},0\right)$。已知$\vec{n}=\{1,-1,-1\}$，切平面方程$\Big(x-$

$\frac{1}{2}\Big)-\Big(y-\frac{1}{2}\Big)-(z-0)=0$，化简为$x-y-z=0$。

答案： C

1-4-6 **解：** 利用二元函数求极值的充分条件计算

$$\begin{cases}z'_x=3x^2+6x-9=0, & 得x_1=-3，x_2=1\\ z'_y=-3y^2+6y=0, & 得y_1=0，y_2=2\end{cases}$$

求出驻点$M_1(-3,0)$，$M_2(-3,2)$，$M_3(1,0)$，$M_4(1,2)$，再求出z_{xx}，z_{xy}，z_{yy}，逐一判定在哪一点取得极大值，如$M_2(-3,2)$，设$A=z_{xx}=6x+6$，$B=z_{xy}=0$，$C=z_{yy}=-6y+6$，代入$A=-12$，$B=0$，$C=-6$，$AC-B^2>0$，$A<0$，在该点取得极大值。

答案： D

1-4-7 **解：** $xyz-1=0$，设函数$F(x,y,z)=xyz-1$，计算F_x、F_y、F_z，即$F_x=yz$，$F_y=xz$，$F_z=xy$，$\vec{n}=\{yz,xz,xy\}$。已知平面法向量$\vec{n}=\{1,1,1\}$，因两平面平行，平面法向量平行，对应坐标成比例，即$\frac{yz}{1}=\frac{xz}{1}=\frac{xy}{1}$，解出$y=x=z$，代入得$x^3=1$，$x=1$，即$x=y=z=1$。

M_0点坐标$(1,1,1)$，$\vec{n}=\{1,1,1\}$，切平面方程$(x-1)+(y-1)+(z-1)=0$，$x+y+z-3=0$。

答案： D

1-4-8 **解：** $z=x^2-y^2$，$M_0\big(\sqrt{2},-1,1\big)$，$x^2-y^2-z=0$，

$\vec{n}=\{2x,-2y,-1\}|_{(\sqrt{2},-1,1)}=\big\{2\sqrt{2},2,-1\big\}$，取$\vec{s}=\vec{n}=\big\{2\sqrt{2},2,-1\big\}$，$M_0\big(\sqrt{2},-1,1\big)$，法线方程为

$$\frac{x-\sqrt{2}}{2\sqrt{2}}=\frac{y+1}{2}=\frac{z-1}{-1}$$

答案： C

1-4-9 **解：** 可通过图 1-4-1 基本概念关系图得到正确答案为 B。

答案： B

1-4-10 **解：** 偏导数$\frac{\partial z}{\partial x}\Big|_{(x_0,y_0)}$存在，表示一元函数$z=f(x,y_0)$在点$x=x_0$处可导，所以$z=f(x,y_0)$在$P_0$点连续，即选项 B 正确。

选项 A 对于二元函数在某一点存在偏导数，即使是存在所有偏导，也不能推出函数在该点连续，所以 A 错误。

选项 C 对于二元函数在某一点存在所有偏导数也推不出函数在该点可微，所以 C 错误，D 也错误。

答案： B

第五节

1-5-1 **解：** 求交点$\begin{cases}y=x\\ y=1\end{cases}$，$(1,1)$，先对$y$积分，再对$x$积分

D：$\begin{cases}0\leqslant x\leqslant 1\\ x\leqslant y\leqslant 1\end{cases}$

$$\iint\limits_D e^{-y}\mathrm{d}x\mathrm{d}y=\int_0^1\mathrm{d}x\int_x^1 e^{-y}\mathrm{d}y=-\int_0^1\left(\frac{1}{e}-e^{-x}\right)\mathrm{d}x=-\left(\frac{1}{e}\cdot x+e^{-x}\right)\Big|_0^1$$

$$=-\left(\frac{2}{e}-1\right)=-\frac{2}{e}+1$$

题 1-5-1 解图

答案： D

1-5-2 **解：** 还原积分区域D，如解图所示，D在极坐标下不等式组为：

$$\begin{cases}0\leqslant\theta\leqslant\frac{\pi}{4}\\ \tan x\sec\theta\leqslant r\leqslant\sec\theta\end{cases}$$

利用直角坐标与极坐标的关系式$x=r\cos\theta$，$y=r\sin\theta$变形

其中$y=x^2$，化为$r\sin\theta=(r\cos\theta)^2$，$r=\frac{\sin\theta}{\cos^2\theta}=\tan\theta\sec\theta$。

$x=1$，化为$r\cos\theta=1$，$r=\sec\theta$，面积元素$\mathrm{d}x\mathrm{d}y=r\mathrm{d}r\mathrm{d}\theta$，

原式$=\int_0^{\frac{\pi}{4}}\mathrm{d}\theta\int_{\tan\theta\sec\theta}^{\sec\theta}f(r\cos\theta,\sin\theta)r\mathrm{d}r$

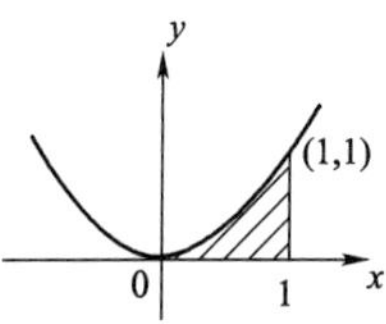

题 1-5-2 解图

答案： D

1-5-3 **解：** G为圆域$\iint\limits_G\sin(x^2+y^2)\,\mathrm{d}x\mathrm{d}y$，用$x=r\cos\theta$，$y=r\sin\theta$，$\mathrm{d}x\mathrm{d}y=r\mathrm{d}r\mathrm{d}\theta$代入积分式，

原式$=\iint\limits_D\sin r^2\cdot r\mathrm{d}r\mathrm{d}\theta=\int_0^{2\pi}\mathrm{d}\theta\int_0^2 r\sin r^2\,\mathrm{d}r$　　D：$\begin{cases}0\leqslant\theta\leqslant 2\pi\\0\leqslant r\leqslant 2\end{cases}$

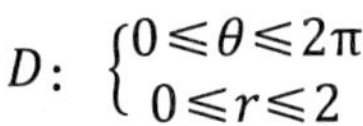

答案： C

1-5-4 **解：** 求交点$\begin{cases}y^2=x\\y=x-2\end{cases}$，$(4,2)$，$(1,-1)$

先对x积分，后对y积分

D：$\begin{cases}-1\leqslant y\leqslant 2\\y^2\leqslant x\leqslant y+2\end{cases}$，$I=\int_{-1}^2\mathrm{d}y\int_{y^2}^{y+2}xy\mathrm{d}x$

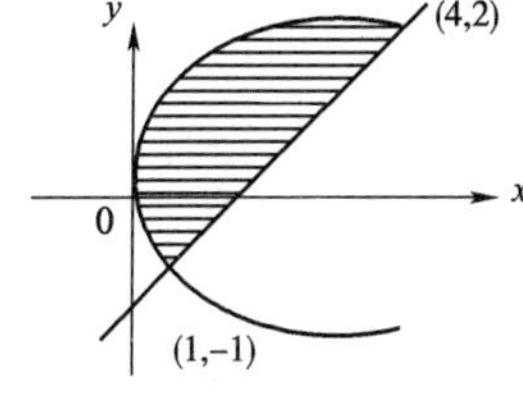

题 1-5-4 解图

答案： B

1-5-5 **解：** 复原积分区域画出图形。

求交点$\begin{cases}y=6-x\\y=x\end{cases}$，交点为$(3,3)$，因围成区域$D$的上面曲线由两个方程组成，因而分成两个部分计算。

D_1：$\begin{cases}0\leqslant x\leqslant 3\\0\leqslant y\leqslant x\end{cases}$，$D_2$：$\begin{cases}3\leqslant x\leqslant 6\\0\leqslant y\leqslant 6-x\end{cases}$

$$\text{原式}=\iint\limits_D f(x,y)\mathrm{d}x\mathrm{d}y=\iint\limits_{D_1}f(x,y)\mathrm{d}x\mathrm{d}y+\iint\limits_{D_2}f(x,y)\mathrm{d}x\mathrm{d}y$$

$$=\int_0^3\mathrm{d}x\int_0^x f(x,y)\mathrm{d}y+\int_3^6\mathrm{d}x\int_0^{6-x}f(x,y)\mathrm{d}y$$

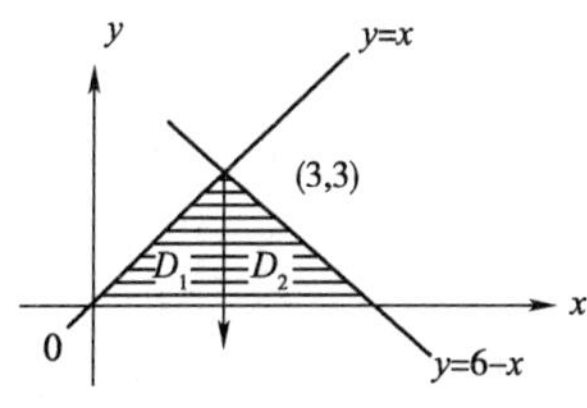

题 1-5-5 解图

答案： B

1-5-6 **解：** L：$\begin{cases}y=\frac{2}{3}x^{\frac{3}{2}}\\x=x\end{cases}$，　$0\leqslant x\leqslant 1$

$$\mathrm{d}s=\sqrt{1+[y'(x)]^2}\mathrm{d}x=\sqrt{1+x}\mathrm{d}x$$

$$S=\int_L 1\cdot\mathrm{d}s=\int_0^1\sqrt{1+x}\mathrm{d}x=\frac{2}{3}\left(2\sqrt{2}-1\right)$$

答案： C

1-5-7 **解：** 此题为对坐标的曲线积分

$$\int_{ABC}\frac{\mathrm{d}x+\mathrm{d}y}{|x|+|y|}=\int_{L_1}+\int_{L_2}$$

L_1：$\begin{cases}y=-x+1\\x=x\end{cases}$，$x$：$1\to 0$，$\int_{L_1}=\int_1^0\frac{1+(-1)}{x+(-x+1)}\mathrm{d}x=0$

L_2：$\begin{cases}y=x+1\\x=x\end{cases}$，$x$：$0\to -1$，$\int_{L_2}=\int_0^{-1}\frac{1+1}{-x+(x+1)}\mathrm{d}x=\int_0^{-1}2\mathrm{d}x=-2\int_{-1}^0\mathrm{d}x=-2$

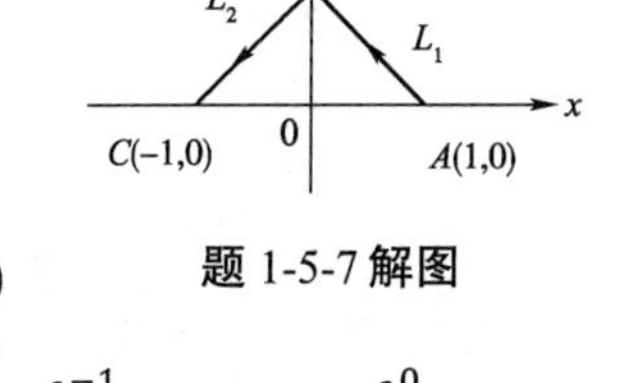

题 1-5-7 解图

答案： B

1-5-8 **解：** 画出公共部分图形，V由八块相等的部分构成，只要求出一块即可。

计算V_1，体积$V=8V_1$，D_1由$x^2+y^2=R^2$，$x=0$，$y=0$围成

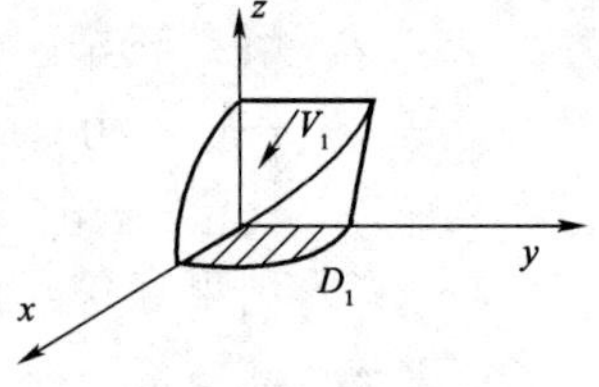

题 1-5-8 解图

由$x^2+z^2=R^2$，得$z=\sqrt{R^2-x^2}$

$V_1=\iint\limits_{D_1}\sqrt{R^2-x^2}\mathrm{d}x\mathrm{d}y$，$D_1$：$\begin{cases}0\leqslant x\leqslant R\\0\leqslant y\leqslant\sqrt{R^2-x^2}\end{cases}$

$V_1=\int_0^R\mathrm{d}x\int_0^{\sqrt{R^2-x^2}}\sqrt{R^2-x^2}\,\mathrm{d}y$

则$V=8\int_0^R\mathrm{d}x\int_0^{\sqrt{R^2-x^2}}\sqrt{R^2-x^2}\mathrm{d}y$

答案：B

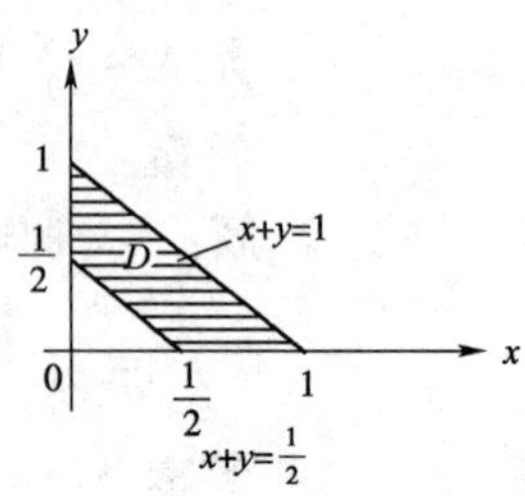

题 1-5-9 解图

1-5-9 **解**：在D内$\frac{1}{2}\leqslant x+y\leqslant1$，$\ln(x+y)\leqslant0$，$[\ln(x+y)]^3\leqslant0$，已知当$0<x<\frac{\pi}{2}$时，$\sin x<x$，在$D$内的点满足$0<x+y<\frac{\pi}{2}$，所以$0<\sin(x+y)<x+y$成立，即$0<\sin^3(x+y)<(x+y)^3$，在$D$上满足$\ln^3(x+y)<\sin^3(x+y)<(x+y)^3$，则$\iint\limits_D\ln^3(x+y)\,\mathrm{d}x\mathrm{d}y<\iint\limits_D\sin^3(x+y)\,\mathrm{d}x\mathrm{d}y<\iint\limits_D(x+y)^3\mathrm{d}x\mathrm{d}y$，即$I_1<I_3<I_2$。

答案：B

第六节

1-6-1 **解**：可验证选项 A、B、C 均收敛。

$\sum\limits_{n=1}^{\infty}(-1)^n\frac{1}{\sqrt{n}}$，因$u_n\geqslant u_{n+1}$，$\lim\limits_{n\to\infty}u_n=0$，交错级数收敛。

$\sum\limits_{n=1}^{\infty}\frac{n}{2^n}$，因$\lim\limits_{n\to\infty}\frac{u_{n+1}}{u_n}=\lim\limits_{n\to\infty}\frac{\frac{n+1}{2^{n+1}}}{\frac{n}{2^n}}=\lim\limits_{n\to\infty}\frac{n+1}{n}\cdot\frac{1}{2}=\frac{1}{2}<1$，级数收敛。

$\sum\limits_{n=1}^{\infty}\left(\frac{1}{n}-\frac{1}{n+1}\right)$，因$\frac{1}{n}-\frac{1}{n+1}=\frac{1}{n(n+1)}<\frac{1}{n^2}$，而$\sum\limits_{n=1}^{\infty}\frac{1}{n^2}$收敛，所以$\sum\limits_{n=1}^{\infty}\left(\frac{1}{n}-\frac{1}{n+1}\right)$收敛。

$\sum\limits_{n=1}^{\infty}\sin\frac{n\pi}{3}$，因$\lim\limits_{n\to\infty}u_n=\lim\limits_{n\to\infty}\sin\frac{n\pi}{3}\neq0$，级数发散。

答案：D

1-6-2 **解**：$\sum\limits_{n=1}^{\infty}\left|(-1)^{n-1}\frac{1}{n}\right|=\sum\limits_{n=1}^{\infty}\frac{1}{n}$发散，而原级数$\sum\limits_{n=1}^{\infty}(-1)^{n-1}\frac{1}{n}$满足$u_n\geqslant u_{n+1}$，且$\lim\limits_{n\to\infty}u_n=0$，级数$\sum\limits_{n=1}^{\infty}\frac{(-1)^{n-1}}{n}$收敛，所以级数$\sum\limits_{n=1}^{\infty}(-1)^{n-1}\frac{1}{n}$条件收敛。

答案：B

1-6-3 **解**：$\sum\limits_{n=1}^{\infty}U_n$条件收敛，即$\sum\limits_{n=1}^{\infty}|U_n|$发散，$\sum\limits_{n=1}^{\infty}U_n$收敛，所以$\frac{1}{2}\sum\limits_{n=1}^{\infty}U_n$收敛，$\frac{1}{2}\sum\limits_{n=1}^{\infty}|U_n|$发散。

而 $U^*=\frac{1}{2}U_n+\frac{1}{2}|U_n|$，$\sum\limits_{n=1}^{\infty}U^*$发散。（注：常数项级数性质 3）

$U^{**}=\frac{1}{2}U_n-\frac{1}{2}|U_n|$，$\sum\limits_{n=1}^{\infty}U^{**}$发散。（注：常数项级数性质 3）

答案：B

1-6-4 **解**：

$$\lim_{n\to\infty}\left|\frac{a_{n+1}}{a_n}\right|=\lim_{n\to\infty}\frac{\dfrac{a^{n+1}-b^{n+1}}{a^{n+1}+b^{n+1}}}{\dfrac{a^n-b^n}{a^n+b^n}}=\lim_{n\to\infty}\frac{a^{n+1}-b^{n+1}}{a^n-b^n}\cdot\frac{a^n+b^n}{a^{n+1}+b^{n+1}}$$

$$=\lim_{n\to\infty}\frac{b^{n+1}\left[\left(\frac{a}{b}\right)^{n+1}-1\right]}{b^n\left[\left(\frac{a}{b}\right)^n-1\right]}\cdot\frac{b^n\left[\left(\frac{a}{b}\right)^n+1\right]}{b^{n+1}\left[\left(\frac{a}{b}\right)^{n+1}+1\right]}$$

因为$0<a<b$，$0<\frac{a}{b}<1$，$\lim\limits_{n\to\infty}\left(\frac{a}{b}\right)^n=0$，所以$\lim\limits_{n\to\infty}\left|\frac{a_{n+1}}{a_n}\right|=b\cdot\frac{1}{b}=1$

$R=\frac{1}{\rho}=1$

答案： D

1-6-5 **解：** $\sum\limits_{n=1}^{\infty}\left(x^n+\frac{1}{2^nx^n}\right)=\sum\limits_{n=1}^{\infty}x^n+\sum\limits_{n=1}^{\infty}\frac{1}{2^nx^n}$

级数$\sum\limits_{n=1}^{\infty}x^n$为公比$q=x$的等比级数，当$|x|<1$时，级数收敛

级数$\sum\limits_{n=1}^{\infty}\frac{1}{2^nx^n}=\sum\limits_{n=1}^{\infty}\left(\frac{1}{2x}\right)^n$为公比$q=\frac{1}{2x}$的等比级数，

当$\left|\frac{1}{2x}\right|<1$时，级数收敛，即$|x|>\frac{1}{2}$时收敛

因此，级数$\sum\limits_{n=1}^{\infty}x^n$，$\sum\limits_{n=1}^{\infty}\left(\frac{1}{2x}\right)^n$的和在$\frac{1}{2}<|x|<1$收敛

答案： C

1-6-6 **解：** $f(x)=\begin{cases}x & -\pi\leqslant x<0\\ 1 & 0\leqslant x\leqslant\pi\end{cases}$，利用公式求出$a_3$的值。

$$a_3=\frac{1}{\pi}\int_{-\pi}^{\pi}f(x)\cos 3x\mathrm{d}x=\frac{1}{\pi}\left(\int_{-\pi}^{0}x\cos 3x\mathrm{d}x+\int_{0}^{\pi}\cos 3x\mathrm{d}x\right)$$

$$=\frac{1}{\pi}\left(\frac{1}{3}\int_{-\pi}^{0}x\mathrm{d}\sin 3x+0\right)=\frac{1}{\pi}\left[\frac{1}{3}\left(x\sin 3x\,\Big|_{-\pi}^{0}-\int_{-\pi}^{0}\sin 3x\mathrm{d}x\right)\right]$$

$$=\frac{1}{9\pi}\cos 3x\Big|_{-\pi}^{0}=\frac{1}{9\pi}[1-(-1)]=\frac{2}{9\pi}$$

答案： C

1-6-7 **解：** 原级数$=x\left(x-\frac{1}{2}x^2+\frac{1}{3}x^3-\cdots+\frac{(-1)^{n+1}}{n}x^n+\cdots\right)$

已知$\ln(1+x)=x-\frac{1}{2}x^2+\frac{1}{3}x^3-\cdots$，$-1<x\leqslant1$，幂级数和为$x\ln(1+x)$。

答案： D

1-6-8 **解：** 设$x-1=z$，原幂级数$=\sum\limits_{n=0}^{\infty}C_nz^n$

因为$\lim\limits_{n\to\infty}\left|\frac{C_{n+1}}{C_n}\right|=\lim\limits_{n\to\infty}\left|\frac{1}{\frac{C_n}{C_{n+1}}}\right|=\frac{1}{3}$

所以$R=3$，$\sum\limits_{n=0}^{\infty}C_nz^n$在$-3<z<3$收敛，即原幂级数在$-2<x<4$收敛。

只有选项D正确。

答案： D

1-6-9 **解：** 利用$f(x)=\frac{x}{(x-2)(x-3)}=\frac{A}{x-2}+\frac{B}{x-3}$，计算出$A=-2$，$B=3$。

$f(x)=\frac{-2}{x-2}+\frac{3}{x-3}$，函数$\frac{-2}{x-2}=-2\frac{1}{x-5+3}=-\frac{2}{3}\frac{1}{1+\frac{x-5}{3}}$，展开成$x-5$的幂级数后，收敛区间通过下式计算：由$-1<\frac{x-5}{3}<1$，解出$2<x<8$。

同理，函数$\frac{3}{x-3}=3\times\frac{1}{x-5+2}=\frac{3}{2}\times\frac{1}{1+\frac{x-5}{2}}$，展开成$x-5$的幂级数后，收敛区间通过下式计算：由$-1<\frac{x-5}{2}<1$，解出$3<x<7$，故交集为$3<x<7$。

答案： C

1-6-10 **解：** 奇延拓，周期延拓，作出$f(x)$的图形，由迪利克雷收敛定理可知，因$x=-\frac{\pi}{2}$为函数的间断点，且$f(x)$是以2π为周期的奇函数，则

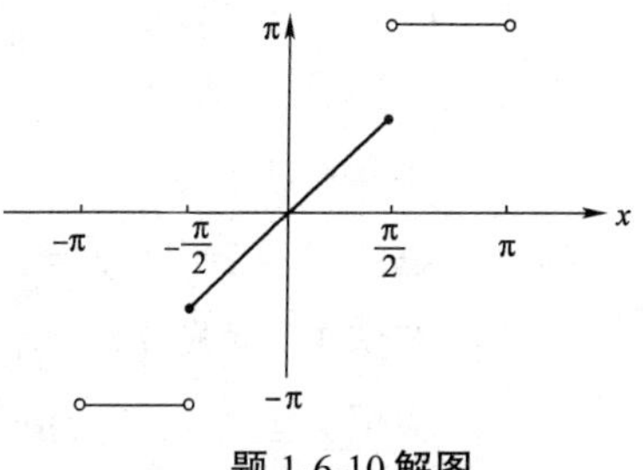

题 1-6-10 解图

$$S\left(-\frac{\pi}{2}\right)=-S\left(\frac{\pi}{2}\right)$$
$$=-\frac{f\left(\frac{\pi}{2}-0\right)+f\left(\frac{\pi}{2}+0\right)}{2}$$
$$=-\frac{\frac{\pi}{2}+\pi}{2}=-\frac{3}{4}\pi$$

答案： C

第七节

1-7-1 **解：** $\mathrm{d}y-e^x\mathrm{d}x=-2xy\mathrm{d}x$，$\frac{\mathrm{d}y}{\mathrm{d}x}-e^x=-2xy$，$\frac{\mathrm{d}y}{\mathrm{d}x}+2xy=e^x$。

答案： D

1-7-2 **解：** 本题为一阶齐次方程。

设$u=\frac{y}{x}$，$y=xu$，$\frac{\mathrm{d}y}{\mathrm{d}x}=u+x\frac{\mathrm{d}u}{\mathrm{d}x}$，代入方程$y'=\frac{x}{y}+\frac{y'}{x}$

得$u+x\frac{\mathrm{d}u}{\mathrm{d}x}=\frac{1}{u}+u$，$x\frac{\mathrm{d}u}{\mathrm{d}x}=\frac{1}{u}$，$u\mathrm{d}u=\frac{1}{x}\mathrm{d}x$，$\frac{1}{2}u^2=\ln x+C$

通解$\frac{1}{2}\frac{y^2}{x^2}=\ln x+C$，代入初始条件$x=1$，$y=2$，$C=2$，特解$y^2=2x^2(2+\ln x)$。

答案： C

1-7-3 **解：** **方法 1**，可将$y=\cos 2x$代入原方程求出$p(x)$，计算如下：

$y=\cos 2x$，$y'=-2\sin 2x$，代入$-2\sin 2x+p(x)\cos 2x=0$，则$p(x)=2\tan 2x$

再把求出的$p(x)$代入原方程得：

$$y'+2(\tan 2x)y=0,\quad \frac{\mathrm{d}y}{\mathrm{d}x}=-2(\tan 2x)\cdot y$$
$$\frac{1}{y}\mathrm{d}y=-2\tan 2x\mathrm{d}x,\quad \ln y=\ln\cos 2x+\ln C$$

通解$y=C\cos 2x$，代入初始条件$x=0$，$y=2$，解出$C=2$，选项 D 正确。

方法 2，因为一阶线性齐次方程$y'+p(x)y=0$任意两个解只差一个常数因子，所以选项A、B、C 都不是该方程的解。

答案： D

1-7-4 **解：** 已知y_1,y_2,y_3都是$y''+p(x)y'+q(x)y=f(x)$的解，即$y_1''+p(x)y_1'+q(x)y_1=f(x)$，$y_2''+p(x)y_2'+q(x)y_2=f(x)$，$y_3''+p(x)y_3'+q(x)y_3=f(x)$

则$(y_1+y_2-y_3)''+p(x)(y_1+y_2-y_3)'+q(x)(y_1+y_2-y_3)=2f(x)-f(x)=f(x)$

即$y_1+y_2-y_3$是方程$y''+p(x)y'+q(x)y=f(x)$的解。

答案： C

1-7-5 **解：** 方程是$y''=f(x,y')$不显含字母y，设$y'=p(x)$，$y''=p'$，代入方程$(1+x^2)p'=2xp$，$(1+x^2)\mathrm{d}p=2xp\mathrm{d}x$，分离变量得$\frac{\mathrm{d}p}{p}=\frac{2x}{1+x^2}\mathrm{d}x$，两边积分，$\ln p=\ln(1+x^2)+\ln C_1$，$p=C_1(1+x^2)$，即$y'=C_1(1+x^2)$，由条件$y'|_{x=0}=3$，知$C_1=3$，得$y'=3(1+x^2)$，两边积分$y=x^3+3x+C_2$，由条件$y|_{x=0}=1$，得$C_2=1$，特解$y=x^3+3x+1$。

答案： C

1-7-6 **解：** $y''-2y'+y=0$。

方法 1，对应特征方程$r^2-2r+1=0$，$r=1$，二重根。

通解$y=(C_1+C_2x)e^x$，其中C_1、C_2为任意常数。

当$C_1=0$，$C_2=1$时，解$y=xe^x$，选项C成立。

当$C_1=2$，$C_2=1$时，解为$y=(x+2)e^x$，选项D成立。

当$C_1=1$，$C_2=0$时，解为$y=e^x$，选项B也成立，选项A不是方程的解。

方法2，将选项A、B、C、D逐个代入方程检验，选项A代入后不满足方程，计算如下：

$y=x^2e^x$，$y'=(2x+x^2)e^x$，$y''=(2+4x+x^2)e^x$

把y、y'、y''代入原方程不成立，所以选项A不是方程的解函数。选项B、C、D代入均成立。

方法3，在方程的通解$y=(C_1+C_2x)e^x$中，常数C_1、C_2取任意数，选项A均不成立。

答案：A

1-7-7 **解：**已知$r_1=3$，$r_2=-3$，从而可知二阶线性齐次方程对应的特征方程为$(r-3)\cdot(r+3)=0$，即$r^2-9=0$，反推知二阶常系数线性齐次方程为$\frac{\mathrm{d}^2y}{\mathrm{d}x^2}-9y=0$。

答案：D

1-7-8 **解：方法1**，将函数代入所给选项关系式直接验算，知选项D正确。

方法2，可将函数$y=C_1e^x+C_2e^{-2x}+xe^x$看作为二阶常系数线性非齐次微分方程的通解。$y=C_1e^x+C_2e^{-2x}$是对应线性齐次微分方程的通解，可得方程的特征根为$r_1=1$，$r_2=-2$，特征方程$r^2+r-2=0$，则对应二阶常系数齐次微分方程为$y''+y'-2y=0$，可设线性非齐次微分方程的形式为$y''+y'-2y=Q(x)$，它的一个特解为$y^*=xe^x$，且$y^{*\prime}=(x+1)e^x$，$y^{*\prime\prime}=(x+2)e^x$，代入到方程中，可得$Q(x)=3e^x$。

答案：D

第八节

1-8-1 **解：**分别求出行列式$\boldsymbol{D}_1$，$\boldsymbol{D}_2$的值。

即$\boldsymbol{D}_1=0$，$\boldsymbol{D}_2=(\lambda+1)(\lambda-1)^2$，从而$\lambda$值取$-1$，1。

答案：C

1-8-2 **解：**利用行列式的性质将第一行按顺序与第二行、第三行互换，一直换到第n行，一共交换$n-1$次，变号次数$(n-1)$次，再将原行列式第二行按顺序换到第$n-1$行，交换$(n-2)$次，依次进行，最后将原行列式第$n-1$行和第n行交换，得

$$\begin{vmatrix} & & & \lambda_1 \\ & & \lambda_2 & \\ & \iddots & & \\ \lambda_n & & & \end{vmatrix}=(-1)^{n-1}(-1)^{n-2}\cdots(-1)^1\begin{vmatrix}\lambda_n & & & \\ & \lambda_{n-1} & & \\ & & \ddots & \\ & & & \lambda_1\end{vmatrix}$$

$$=(-1)^{1+2+\cdots+(n-1)}\begin{vmatrix}\lambda_n & & & \\ & \lambda_{n-1} & & \\ & & \ddots & \\ & & & \lambda_1\end{vmatrix}=(-1)^{\frac{n(n-1)}{2}}\begin{vmatrix}\lambda_n & & & \\ & \lambda_{n-1} & & \\ & & \ddots & \\ & & & \lambda_1\end{vmatrix}$$

$$=(-1)^{\frac{n(n-1)}{2}}\lambda_1\lambda_2\cdots\lambda_n$$

答案：D

1-8-3 **解：**矩阵$\boldsymbol{AB}$可能为奇异矩阵，也可能为非奇异矩阵；若$\boldsymbol{AB}$为奇异矩阵，则有$|\boldsymbol{AB}|=0$。如$\boldsymbol{A}=\boldsymbol{0}$时，$\boldsymbol{AB}=\boldsymbol{0}$，$|\boldsymbol{AB}|=0$，故选项A不成立。或$\boldsymbol{A}^{\mathrm{T}}\boldsymbol{B}^{\mathrm{T}}$为5×5方阵，选项B正确。$R(\boldsymbol{A})=R(\boldsymbol{A}^{\mathrm{T}})\leqslant\min\{4,5\}=4$，选项C正确。$\boldsymbol{AB}$为4×4方阵，$R(\boldsymbol{AB})\leqslant4$，选项D正确。

答案：A

1-8-4 **解：方法 1**，若$\boldsymbol{\beta}$是$\boldsymbol{\alpha_1}$，$\boldsymbol{\alpha_2}$的线性组合，则$\boldsymbol{\beta}$，$\boldsymbol{\alpha_1}$，$\boldsymbol{\alpha_2}$线性相关，于是$|\boldsymbol{\beta},\boldsymbol{\alpha_1},\boldsymbol{\alpha_2}|=0$。选项 A 计算如下：$\begin{vmatrix}-3&2&0\\0&0&0\\4&0&-3\end{vmatrix}=0$，其余选项计算行列式的值均不为 0，故选项 A 成立。

方法 2，由于$\boldsymbol{\alpha_1}$与$\boldsymbol{\alpha_2}$的第 2 个分量为 0，所以$\boldsymbol{\alpha_1}$、$\boldsymbol{\alpha_2}$线性组合的第 2 个分量还为 0，选 A。

答案： A

1-8-5 **解：** 向量组的秩为r，即它的最大线性无关组向量个数为r，因此选项 D 正确。

答案： D

1-8-6 **解：** 将矩阵作行的初等变换化为行阶梯形，找出不为零的最高阶子式对应的列向量。

$$\begin{bmatrix}1&1&2&2&1\\0&2&1&5&-1\\2&0&3&-1&3\\1&1&0&4&-1\end{bmatrix}\xrightarrow[-r_1+r_4]{-2r_1+r_3}\begin{bmatrix}1&1&2&2&1\\0&2&1&5&-1\\0&-2&-1&-5&1\\0&0&-2&2&-2\end{bmatrix}\xrightarrow{r_2+r_3}$$

$$\begin{bmatrix}1&1&2&2&1\\0&2&1&5&-1\\0&0&0&0&0\\0&0&-2&2&-2\end{bmatrix}\xrightarrow{r_3\leftrightarrow r_4}\begin{bmatrix}1&1&2&2&1\\0&2&1&5&-1\\0&0&-2&2&-2\\0&0&0&0&0\end{bmatrix}，因为\begin{vmatrix}1&1&2\\0&2&1\\0&0&-2\end{vmatrix}\neq 0。$$

注意：第 1、2、4 列或第 1、2、5 列也是最大线性无关组。

答案： D

1-8-7 **解：方法 1**，$\boldsymbol{A}\xrightarrow[-\frac{a_n}{a_1}r_1+r_n]{-\frac{a^2}{a_1}r_1+r_2 \atop \cdots}\begin{bmatrix}a_1b_1&a_1b_2&\cdots&a_1b_n\\0&0&\cdots&0\\\cdots&\cdots&\cdots&\cdots\\0&0&\cdots&0\end{bmatrix}$，则$R(\boldsymbol{A})=1$

方法 2，令$\boldsymbol{B}=\begin{bmatrix}a_1\\a_2\\\vdots\\a_n\end{bmatrix}_{n\times1}$，$\boldsymbol{C}=(b_1,b_2,\cdots,b_n)_{1\times n}$，则$\boldsymbol{A}=\boldsymbol{B}_{n\times1}\cdot\boldsymbol{C}_{1\times n}\neq\boldsymbol{0}$

因$R(\boldsymbol{B}_n\times1)=1$，$R(\boldsymbol{C}_{1\times n})=1$，$0<R(\boldsymbol{A})=R(\boldsymbol{BC})\leqslant\min\left\{R(\boldsymbol{B})、R(\boldsymbol{C})\right\}$，则$R(\boldsymbol{A})=1$

答案： C

1-8-8 **解：方法 1**，验证$\boldsymbol{\alpha}=\frac{\boldsymbol{\alpha}_2+\boldsymbol{\alpha}_3}{2}$是非齐次方程组$\boldsymbol{Ax}=\boldsymbol{b}$的解。

代入方程$\boldsymbol{A\alpha}=\boldsymbol{A}\frac{\boldsymbol{\alpha}_2+\boldsymbol{\alpha}_3}{2}=\frac{1}{2}(\boldsymbol{A\alpha}_2+\boldsymbol{A\alpha}_3)=\frac{1}{2}(\boldsymbol{b}+\boldsymbol{b})=\boldsymbol{b}$，$\boldsymbol{\alpha}=\frac{\boldsymbol{\alpha}_2+\boldsymbol{\alpha}_3}{2}=\begin{bmatrix}0\\\frac{1}{2}\\1\\\frac{3}{2}\end{bmatrix}$，因$\boldsymbol{\alpha_1}$是非齐次线性方程组的解，$\boldsymbol{\alpha}$也是非齐次线性方程组的解，可以验证$\boldsymbol{\alpha_1}-\boldsymbol{\alpha}$是对应齐次方程组$\boldsymbol{Ax}=\boldsymbol{0}$的解，代入方程组$\boldsymbol{A}(\boldsymbol{\alpha}_1-\boldsymbol{\alpha})=\boldsymbol{A\alpha}_1-\boldsymbol{A\alpha}=\boldsymbol{b}-\boldsymbol{b}=\boldsymbol{0}$。

设$\boldsymbol{\xi}=\boldsymbol{\alpha}_1-\boldsymbol{\alpha}=\begin{bmatrix}1\\\frac{3}{2}\\2\\\frac{5}{2}\end{bmatrix}$，而对应齐次线性方程组$\boldsymbol{Ax}=\boldsymbol{0}$基础解系中向量个数=未知数个数−$R(\boldsymbol{A})=4-3=1$，所以对应齐次线性方程组的通解为$C\boldsymbol{\xi}$（$C$为任意常数），非齐次方程组$\boldsymbol{Ax}=\boldsymbol{b}$的通解为：

$\boldsymbol{x} = \boldsymbol{\alpha}_1 + C\boldsymbol{\xi}$（非齐次的一个特解 + 齐次的通解）

$$= \begin{bmatrix}1\\2\\3\\4\end{bmatrix} + C\begin{bmatrix}1\\ \frac{3}{2}\\2\\ \frac{5}{2}\end{bmatrix} = \begin{bmatrix}1\\2\\3\\4\end{bmatrix} + C\frac{1}{2}\begin{bmatrix}2\\3\\4\\5\end{bmatrix}$$

即 $x = \begin{bmatrix}1\\2\\3\\4\end{bmatrix} + C_1\begin{bmatrix}2\\3\\4\\5\end{bmatrix} \quad \left(C_1 = \frac{C}{2}\right)$

方法 2，观察四个选项，发现它们唯一不同之处是C后面的向量，因此解题的关键是判定任意常数C后面哪个向量是$\boldsymbol{Ax} = \boldsymbol{0}$的基础解系（$\boldsymbol{Ax} = \boldsymbol{0}$的一个非零解向量）。利用结论：设$y_1$，$y_2$，…，$y_s$为$\boldsymbol{Ax} = \boldsymbol{b}$的解，则$\sum\limits_{i=1}^{s} k_i y_i$是$\boldsymbol{Ax} = \boldsymbol{0}$的解的充要条件是$\sum\limits_{i=1}^{s} k_i = 0$。

$2\alpha_1 - (\alpha_2 + \alpha_3) = \begin{bmatrix}2\\3\\4\\5\end{bmatrix} \neq \boldsymbol{0}$，是$\boldsymbol{Ax} = \boldsymbol{0}$的基础解系。

答案： C

1-8-9 **解：** 矩阵对应的特征多项式相同，则有相同的特征值。

因$\left|\lambda\boldsymbol{E} - \boldsymbol{A}^{\mathrm{T}}\right| = \left|(\lambda\boldsymbol{E} - \boldsymbol{A})^{\mathrm{T}}\right| = |\lambda\boldsymbol{E} - \boldsymbol{A}|$，所以$\boldsymbol{A}^{\mathrm{T}}$与$\boldsymbol{A}$的特征多项式相同，因而有相同的特征值。或直接用特征值和特征向量的性质（4）$\boldsymbol{A}^{\mathrm{T}}$与$\boldsymbol{A}$有相同特征值。

答案： A

1-8-10 **解：** 运算中应注意矩阵的乘法不满足交换律，即$\boldsymbol{AB} \neq \boldsymbol{BA}$，逐个验证选项 A、B、C、D，计算如下：

选项 A，$(\boldsymbol{A}+\boldsymbol{B})(\boldsymbol{A}-\boldsymbol{B}) = \boldsymbol{A}^2 + \boldsymbol{BA} - \boldsymbol{AB} + \boldsymbol{B}^2 \neq \boldsymbol{A}^2 - \boldsymbol{B}^2$。

选项 B，$(\boldsymbol{AB})^2 = (\boldsymbol{AB})(\boldsymbol{AB}) = \boldsymbol{ABAB} \neq \boldsymbol{A}^2\boldsymbol{B}^2$。

选项 C，$\boldsymbol{AC} = \boldsymbol{BC}$，只有当矩阵$\boldsymbol{C}$可逆时，选项 C 才成立，但矩阵$\boldsymbol{C}$是否可逆，未知。

选项 D，$(\boldsymbol{A}+\boldsymbol{E})(\boldsymbol{A}-\boldsymbol{E}) = \boldsymbol{A}^2 + \boldsymbol{EA} - \boldsymbol{AE} - \boldsymbol{E}^2 = \boldsymbol{A}^2 - \boldsymbol{E}$，成立。

答案： D

1-8-11 **解：** 因$\boldsymbol{A}$、$\boldsymbol{B}$、$\boldsymbol{C}$均为n阶方阵，且$\boldsymbol{ABC} = \boldsymbol{E}$，取行列式$|\boldsymbol{ABC}| = 1$，即$|\boldsymbol{A}||\boldsymbol{B}||\boldsymbol{C}| = 1$，可知$|\boldsymbol{A}|$、$|\boldsymbol{B}|$、$|\boldsymbol{C}|$均不为 0，所以$\boldsymbol{A}$、$\boldsymbol{B}$、$\boldsymbol{C}$均可逆。

等式$\boldsymbol{ABC} = \boldsymbol{E}$两边左乘$\boldsymbol{A}^{-1}$，得$\boldsymbol{BC} = \boldsymbol{A}^{-1}\boldsymbol{E}$，$\boldsymbol{BC} = \boldsymbol{EA}^{-1}$，等式两边再右乘$A$得$\boldsymbol{BCA} = \boldsymbol{EA}^{-1}\boldsymbol{A} = \boldsymbol{E}$。

注：此题可用一个小技巧，$\boldsymbol{ABC} = \boldsymbol{E}$，记住$\boldsymbol{A}$后面是$\boldsymbol{B}$，$\boldsymbol{B}$后面是$\boldsymbol{C}$，$\boldsymbol{C}$后面是$\boldsymbol{A}$，就对了，$\boldsymbol{BCA} = \boldsymbol{CAB} = \boldsymbol{E}$。推广：设$\boldsymbol{A}_1$，$\boldsymbol{A}_2$，…，$\boldsymbol{A}_k$均为$n$阶方阵，$\boldsymbol{A}_1\boldsymbol{A}_2\cdots\boldsymbol{A}_k = \boldsymbol{E}$，记住$\boldsymbol{A}_1$后面是$\boldsymbol{A}_2$，$\boldsymbol{A}_2$后面是$\boldsymbol{A}_3$，…，$\boldsymbol{A}_k$后面是$\boldsymbol{A}_1$，如$\boldsymbol{A}_{k-1}\boldsymbol{A}_k\boldsymbol{A}_1\cdots\boldsymbol{A}_{k-2} = \boldsymbol{E}$。

答案： D

1-8-12 **解：** 因$\boldsymbol{A}^{-1} = \frac{1}{|\boldsymbol{A}|}$，所以$\boldsymbol{A}^* = |\boldsymbol{A}|\boldsymbol{A}^{-1}$

再用公式$(\lambda\boldsymbol{A})^{-1} = \frac{1}{\lambda}\boldsymbol{A}^{-1}$，$|k\boldsymbol{A}| = k^n|\boldsymbol{A}|$，$|\boldsymbol{A}^{-1}| = \frac{1}{|\boldsymbol{A}|}$

$$|(2\boldsymbol{A})^{-1} - 5\boldsymbol{A}^*| = \left|\frac{1}{2}\boldsymbol{A}^{-1} - 5\,|\,\boldsymbol{A}\,|\,\boldsymbol{A}^{-1}\,\right| = \left|\frac{1}{2}\boldsymbol{A}^{-1} - \frac{5}{2}\boldsymbol{A}^{-1}\right|$$
$$= |-2\boldsymbol{A}^{-1}| = (-2)^3|\boldsymbol{A}^{-1}| = -8 \times 2 = -16$$

答案： B

1-8-13 **解：** $|\boldsymbol{A}^*| = |\boldsymbol{A}|^{n-1} = a^{n-1}$。

答案： C

1-8-14 **解：** 若$\boldsymbol{P}^{-1}\boldsymbol{A}\boldsymbol{P} = \begin{bmatrix} \lambda_1 & & \\ & \lambda_2 & \\ & & \lambda_3 \end{bmatrix}$，$\boldsymbol{P}$的列向量的排列顺序与对角矩阵主对角线上特征值的排列顺序之间存在着对应关系。$\boldsymbol{P}$中的$\boldsymbol{\alpha}_1$对应对角矩阵中的$\lambda_1 = 1$，$\boldsymbol{P}$中的$\boldsymbol{\alpha}_2$对应对角矩阵中的$\lambda_2 = 2$，$\boldsymbol{P}$中的$\boldsymbol{\alpha}_3$对应对角矩阵中的$\lambda_3 = -2$。

答案： A

1-8-15 **解：** $\boldsymbol{A}$有一个特征值λ，$\boldsymbol{A}^3$有特征值λ^3，$\frac{1}{2}\boldsymbol{A}^3$有特征值$\frac{1}{2}\lambda^3$，$\left(\frac{1}{2}\boldsymbol{A}^3\right)^{-1}$有特征值$\frac{2}{\lambda^3}$，$\boldsymbol{E}+\left(\frac{1}{2}\boldsymbol{A}^3\right)^{-1}$有特征值$1+\frac{2}{\lambda^3}$，代入$\lambda = 2$。或一步写出答案，$\boldsymbol{E}$改为1（$\boldsymbol{E}$的特征值为1），$\boldsymbol{A}$改为$\lambda = 2$，即可得$1+\left(\frac{1}{2}\times 2^3\right)^{-1}$。

答案： B

1-8-16 **解：** 选项 A，设可逆阵$\boldsymbol{A}$的特征值λ对应的特征向量为$\boldsymbol{\alpha}$，则$\boldsymbol{A}\boldsymbol{\alpha} = \lambda\boldsymbol{\alpha}$，$\lambda \neq 0$，所以$\boldsymbol{\alpha} = \boldsymbol{A}^{-1}\lambda\boldsymbol{\alpha} = \lambda\boldsymbol{A}^{-1}\boldsymbol{\alpha}$，$\boldsymbol{A}^{-1}\boldsymbol{\alpha} = \frac{1}{\lambda}\boldsymbol{\alpha}$，所以$\alpha$也是$\boldsymbol{A}^{-1}$对应特征值$\frac{1}{\lambda}$的特征向量。

选项 B，设λ_1，λ_2为n阶方阵$\boldsymbol{A}$的两个不相等特征值。$\boldsymbol{x}_1$，$\boldsymbol{x}_2$分别为λ_1，λ_2对应的特征向量，则线性组合$\boldsymbol{x}_1+\boldsymbol{x}_2$不是$\boldsymbol{A}$的特征向量，选项B不成立。

选项 C，可逆方阵$\boldsymbol{A}$对应特征向量$\boldsymbol{x}$的特征值$\lambda \neq 0$，那么$\boldsymbol{A}^* = |\boldsymbol{A}|\boldsymbol{A}^{-1}$对应于特征向量$\boldsymbol{x}$的特征值为$\frac{|\boldsymbol{A}|}{\lambda}$，$\lambda \neq 0$，选项C不成立。

选项D，由于$\boldsymbol{A}$的特征向量为非零向量，故方程组$(\boldsymbol{A}-\lambda\boldsymbol{E})\boldsymbol{x} = \boldsymbol{0}$的零解不是$\boldsymbol{A}$的特征向量，选项D不成立。

答案： A

1-8-17 **解：** 实对称矩阵对应于不同特征值的特征向量必正交。

$\boldsymbol{\alpha}^{\mathrm{T}}\cdot\boldsymbol{\beta} = 0$，即$(1,a,1)\begin{bmatrix}-1\\-1\\-b\end{bmatrix} = -1-a-b = 0$，$a+b+1 = 0$，选项C、D错误。

$\boldsymbol{\beta}^{\mathrm{T}}\boldsymbol{\gamma} = 0$，即$(-1,-1,-b)\begin{bmatrix}b\\2\\0\end{bmatrix} = -b-2 = 0$，$b = -2$，只能选A。

$\boldsymbol{\alpha}^{\mathrm{T}}\boldsymbol{\gamma} = 0$，即$(1,a,1)\begin{bmatrix}b\\2\\0\end{bmatrix} = b+2a = 0$；（可省略）

解方程组$\begin{cases}a+b+1 = 0\\b+2 = 0\\b+2a = 0\end{cases}$，解出$a = 1$，$b = -2$。（可省略）

答案： A

1-8-18 **解：** 设$\boldsymbol{A}$有特征值λ_1，λ_2，λ_3，则有$|\boldsymbol{A}| = \lambda_1\lambda_2\lambda_3 = -1\times 1\times 2 = -2 \neq 0$。

$\boldsymbol{A}\boldsymbol{A}^* = |\boldsymbol{A}|\boldsymbol{E}$，$\dfrac{\boldsymbol{A}\boldsymbol{A}^*}{|\boldsymbol{A}|} = \boldsymbol{E}$，$(\boldsymbol{A}^*)^{-1} = \dfrac{\boldsymbol{A}}{|\boldsymbol{A}|}$

$(\boldsymbol{A}^*)^{-1}$有特征值$\frac{\lambda_1}{|\boldsymbol{A}|} = \frac{1}{2}$，$\frac{\lambda_2}{|\boldsymbol{A}|} = -\frac{1}{2}$，$\frac{\lambda_3}{|\boldsymbol{A}|} = -1$。

答案： B

1-8-19 **解：方法 1**，已知对任一三维列向量$\boldsymbol{x}$，有$\boldsymbol{x}^{\mathrm{T}}\boldsymbol{A}\boldsymbol{x} = 0$，所以$(\boldsymbol{x}^{\mathrm{T}}\boldsymbol{A}\boldsymbol{x})^{\mathrm{T}} = \boldsymbol{x}^{\mathrm{T}}\boldsymbol{A}^{\mathrm{T}}\boldsymbol{x} = 0$，

$\boldsymbol{x}^{\mathrm{T}}\boldsymbol{A}\boldsymbol{x}+\boldsymbol{x}^{\mathrm{T}}\boldsymbol{A}^{\mathrm{T}}\boldsymbol{x} = \boldsymbol{x}^{\mathrm{T}}(\boldsymbol{A}+\boldsymbol{A}^{\mathrm{T}})\boldsymbol{x} = 0$

因$(\boldsymbol{A}+\boldsymbol{A}^{\mathrm{T}})^{\mathrm{T}} = (\boldsymbol{A})^{\mathrm{T}}+(\boldsymbol{A}^{\mathrm{T}})^{\mathrm{T}} = \boldsymbol{A}^{\mathrm{T}}+\boldsymbol{A} = \boldsymbol{A}+\boldsymbol{A}^{\mathrm{T}}$，所以$\boldsymbol{A}+\boldsymbol{A}^{\mathrm{T}}$为实对称矩阵。

设$\boldsymbol{A}+\boldsymbol{A}^{\mathrm{T}}=\boldsymbol{B}=\begin{bmatrix}a_{11} & a_{12} & a_{13}\\ a_{12} & a_{22} & a_{23}\\ a_{13} & a_{23} & a_{33}\end{bmatrix}$，即有$(x_1,x_2,x_3)\begin{bmatrix}a_{11} & a_{12} & a_{13}\\ a_{12} & a_{22} & a_{23}\\ a_{13} & a_{23} & a_{33}\end{bmatrix}\begin{bmatrix}x_1\\ x_2\\ x_3\end{bmatrix}=0$，

也就是$a_{11}x_1^2+a_{22}x_2^2+a_{33}x_3^2+2a_{12}x_1x_2+2a_{13}x_1x_3+2a_{23}x_2x_3=0$，

代入$\begin{bmatrix}1\\0\\0\end{bmatrix}$、$\begin{bmatrix}0\\1\\0\end{bmatrix}$、$\begin{bmatrix}0\\0\\1\end{bmatrix}$、$\begin{bmatrix}1\\1\\0\end{bmatrix}$、$\begin{bmatrix}1\\0\\1\end{bmatrix}$、$\begin{bmatrix}0\\1\\1\end{bmatrix}$，可得$a_{11}$，$a_{22}$，$a_{33}$，$a_{12}$，$a_{13}$，$a_{23}$皆为 0，

所以$\boldsymbol{A}+\boldsymbol{A}^{\mathrm{T}}=0$，$\boldsymbol{A}=-\boldsymbol{A}^{\mathrm{T}}$

所以$\boldsymbol{A}$为三阶反对称矩阵。 ①

①式取行列式：$|\boldsymbol{A}|=\left|-\boldsymbol{A}^{\mathrm{T}}\right|=(-1)^3\left|\boldsymbol{A}^{\mathrm{T}}\right|=-\left|\boldsymbol{A}^{\mathrm{T}}\right|=-|\boldsymbol{A}|$，得$2|\boldsymbol{A}|=0$，则$|\boldsymbol{A}|=0$。

说明：解题过程最后一段可以得出一个结论：设$\boldsymbol{A}$为奇数阶反对称矩阵，则$|\boldsymbol{A}|=0$。

方法 2，设$\boldsymbol{A}=\begin{bmatrix}a_{11} & a_{12} & a_{13}\\ a_{21} & a_{22} & a_{23}\\ a_{31} & a_{32} & a_{33}\end{bmatrix}$，$\boldsymbol{x}=\begin{bmatrix}x_1\\ x_2\\ x_3\end{bmatrix}$

$\boldsymbol{x}^{\mathrm{T}}\boldsymbol{A}\boldsymbol{x}=a_{11}x_1^2+a_{22}x_2^2+a_{33}x_3^2+(a_{12}+a_{21})x_1x_2+(a_{13}+a_{31})x_1x_3+(a_{23}+a_{32})x_2x_3$

因为对任一$\boldsymbol{x}$，都有$\boldsymbol{x}^{\mathrm{T}}\boldsymbol{A}\boldsymbol{x}=0$，代入$x_1=1$，$x_2=x_3=0$，可得$a_{11}=0$，同理$a_{22}=a_{33}=0$；代入$x_1=x_2=1$，$x_3=0$，可得$a_{12}+a_{21}=0$，同理$a_{13}+a_{31}=a_{23}+a_{32}=0$

则$\boldsymbol{A}=\begin{bmatrix}0 & a_{12} & a_{13}\\ -a_{12} & 0 & a_{23}\\ -a_{13} & -a_{23} & 0\end{bmatrix}$，$|\boldsymbol{A}|=a_{12}a_{23}(-a_{13})+a_{13}(-a_{12})(-a_{23})=0$

注意：不可把$\boldsymbol{A}$设成对称矩阵。

答案： A

1-8-20 **解：方法 1**，已知n阶实对称矩阵$\boldsymbol{A}$为正定矩阵，所以$\boldsymbol{A}$的所有特征值皆正，选项 B 成立。设$\boldsymbol{A}$的特征值为λ_1，λ_2，…，λ_n，可知$\boldsymbol{A}^{-1}$的特征值为$\frac{1}{\lambda_1}$，$\frac{1}{\lambda_2}$，…，$\frac{1}{\lambda_n}$。因λ_1，λ_2，…，λ_n均大于 0，则$\frac{1}{\lambda_1}$，$\frac{1}{\lambda_2}$，…，$\frac{1}{\lambda_n}$均大于 0，所以$\boldsymbol{A}^{-1}$为正定矩阵，选项 C 成立。

又由于$\boldsymbol{A}$为正定，其所有顺序主子式全大于零，因而矩阵$\boldsymbol{A}$的行列式大于 0，$R(\boldsymbol{A})=n$，选项 D 成立，故选项 A 不成立。

方法 2，（举反例）$\boldsymbol{A}=\begin{bmatrix}1 & 0 & 0\\ 0 & 1 & 0\\ 0 & 0 & 1\end{bmatrix}$为正定矩阵，但二阶子式$\begin{vmatrix}0 & 0\\ 1 & 0\end{vmatrix}=0$，选项 A 错误。

答案： A

第九节

1-9-1 **解：** $A\subset(A\cup B)=B$，$\overline{B}=\left(\overline{A}\,\overline{B}\right)\subset\overline{A}$，$A\overline{B}=A\left(\overline{\overline{A}\cup B}\right)=A\,\overline{A}\,\overline{B}=\varnothing$，选项 A、B、C 均正确。

答案： D

1-9-2 **解：** $P(A\cup B)=P(A)+P(B)-P(AB)=1-P(AB)\leqslant 1$

$P\left(\overline{A}\,\overline{B}\right)=P\left(\overline{A\cup B}\right)=1-P(A\cup B)=1-[P(A)+P(B)-P(AB)]=P(AB)$。

答案： D

1-9-3 **解：** $A=\Omega$时，$AB=B$，$P(B|A)=\frac{P(AB)}{P(A)}=\frac{P(B)}{P(\Omega)}=P(B)\leqslant 1$

$B\subset A$时，$AB=B$且$P(B)\leqslant P(A)$，$P(B|A)=\frac{P(AB)}{P(A)}=\frac{P(B)}{P(A)}\leqslant 1$

$A\subset B$时，$AB=A$，$P(B|A)=\frac{P(AB)}{P(A)}=\frac{P(A)}{P(A)}=1$。

答案： C

1-9-4 **解：** 注意 0.03 和 0.02 是条件概率，作为条件的事件与不作条件的事件要分别设。

设A_i为"取到第i台加工的零件"（$i=1,2$），B为"废品"，则$\overline{B}$为合格品。

$P(A_1)=\frac{2}{3}$，$P(A_2)=\frac{1}{3}$，$P(B|A_1)=0.03$，$P(B|A_2)=0.02$，应用全概率公式

$$P(\overline{B})=1-P(B)=1-[P(A_1)P(B|A_1)+P(A_2)P(B|A_2)]$$

$$=1-\left(\frac{2}{3}\times 0.03+\frac{1}{3}\times 0.02\right)=\frac{292}{300}\approx 0.973$$

答案： B

1-9-5 **解：** 设A_i为"取到第i组生产的零件"，$i=1$、2，B为"废品"，则$P(A_1)=\frac{1}{3}$，$P(A_2)=\frac{2}{3}$，$P(B|A_1)=0.02$，$P(B|A_2)=0.03$，求$P(A_1|B)$，显然可用贝叶斯公式，

$$P(A_1|B)=\frac{P(A_1B)}{P(B)}=\frac{P(A_1)P(B|A_1)}{P(A_1)P(B|A_1)+P(A_2)P(B|A_2)}=\frac{\frac{1}{3}\times 0.02}{\frac{1}{3}\times 0.02+\frac{2}{3}\times 0.03}=\frac{1}{4}$$

答案： B

1-9-6 **解：** A与B相互独立，即$P(AB)=P(A)P(B)$

$$P(A\cup B)=P(A)+P(B)-P(AB)=P(A)+P(B)-P(A)P(B)$$

或 $$P(A\cup B)=1-P(\overline{A\cup B})=1-P(\overline{A}\,\overline{B})=1-P(\overline{A})P(\overline{B})$$

$$=1-[1-P(A)][1-P(B)]=1-(1-0.4)(1-0.3)$$

$$=0.58$$

答案： B

1-9-7 **解：** 因为A、B相互独立，所以$\overline{A}$、B相互独立，则

$$P(\overline{A}|B)=P(\overline{A})=1-P(A)=0.8$$

答案： D

1-9-8 **解：** $P(A\cup B)=P(A)+P(B)-P(AB)=P(A)+P(B)-P(A)P(B)$，选项 A、B 错误；$1+P(\overline{A})P(\overline{B})\geqslant 1$，选项 D 错误。

$P(A\cup B)=1-P(\overline{A\cup B})=1-P(\overline{A}\,\overline{B})=1-P(\overline{A})P(\overline{B})$，选项 C 正确。

答案： C

1-9-9 **解：** 注意从$P(A)=0$推不出$A=\varnothing$，从$P(A)\leqslant P(B)$推不出$A\subset B$，从$P(B)=1$推不出$B=\Omega$，单从概率值推不出互斥、包含、对立关系，选项 A、B 错误。从选项内容看，答案一定在选项 C 和 D 中。

$P(A|B)+P(\overline{A}|\overline{B})=1$，$P(A|B)=1-P(\overline{A}|\overline{B})=P(A|\overline{B})$

注意：$P(A|B)=P(A|\overline{B})$表示B发生或不发生对A发生的概率无影响，所以可由此式判断A、B独立。推导过程如下：

$$\frac{P(AB)}{P(B)}=\frac{P(A\overline{B})}{P(\overline{B})}=\frac{P(A)-P(AB)}{1-P(B)}$$

$P(AB)-P(AB)P(B)=P(B)P(A)-P(B)P(AB)$，$P(AB)=P(A)P(B)$。

答案： C

1-9-10 **解：** 这是 3 次独立重复试验，设A为"每次命中目标"，$P(A)=0.8$，至少击中两次的概率为：

$$P=C_3^2 0.8^2\times 0.2+C_3^3 0.83^3=0.896\approx 0.9$$

或设X为"3 次射击命中的次数"，则$X\sim B(3,0.8)$

$$P(X\geqslant 2)=P(X=2)+P(X=3)$$

答案： D

1-9-11 **解：** 由分布律的性质可知$0.4+a+b+0.1=1$，即$a+b=0.5$

$$\{X\leqslant 1\}\cap\{0<X<3\}=\{X=1\}$$

由独立性$P\{X=1\}=P\{X\leqslant 1\}\cdot P\{0<X<3\}$

即$a=(0.4+a)(a+b)$，得出$a=0.4$，$b=0.1$

答案： B

1-9-12 **解：** 因$f(-x)=f(x)$，所以$F(0)=\int_{-\infty}^{0}f(x)\mathrm{d}x=\int_{0}^{+\infty}f(t)\mathrm{d}t=0.5$

$$F(-a)=\int_{-\infty}^{-a}f(x)\mathrm{d}x\overset{x=-t}{=\!=\!=}-\int_{+\infty}^{a}f(-t)\mathrm{d}t=\int_{a}^{+\infty}f(t)\mathrm{d}t$$

$$=\int_{0}^{+\infty}f(x)\mathrm{d}x-\int_{0}^{a}f(x)\mathrm{d}x=0.5-\int_{0}^{a}f(x)\mathrm{d}x$$

也可把$f(x)$的积分值理解为曲边梯形面积（见解图）并利用图形对称性来判定。

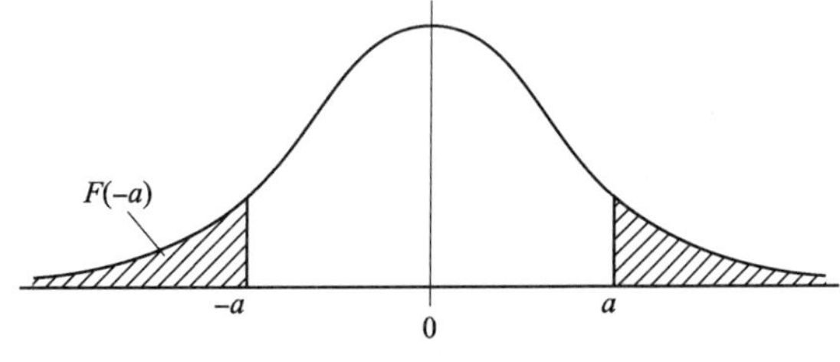

题 1-9-12 解图

答案： B

1-9-13 **解：** 用概率密度性质$f(x)\geqslant 0$且$\int_{-\infty}^{+\infty}f(x)\mathrm{d}x=1$去核对。

选项 A 中$f(x)$不满足$f(x)\geqslant 0$。

选项 B、D 中$f(x)$不满足$\int_{-\infty}^{+\infty}f(x)\mathrm{d}x=1$。

选项 C 中$f(x)$满足$f(x)\geqslant 0$，且$\int_{-\infty}^{+\infty}f(x)\mathrm{d}x=1$。

也可以由均匀分布的概率密度函数$f(x)=\begin{cases}\frac{1}{b-a} & a<x<b\\ 0 & 其他\end{cases}$直接判定选项 C 正确。

答案： C

1-9-14 **解：** $F\left(\frac{1}{3}\right)=P\left(X\leqslant\frac{1}{3}\right)=\int_{0}^{\frac{1}{3}}3e^{-3x}\mathrm{d}x=-e^{-3x}\Big|_{0}^{\frac{1}{3}}=1-e^{-1}$

答案： C

1-9-15 **解：** $X\sim N(\mu,\sigma^2)$，$\frac{X-\mu}{\sigma}\sim N(0,1)$，$P(|X-\mu|<\sigma)=P\left(\left|\frac{X-\mu}{\sigma}\right|<1\right)=2\Phi(1)-1$

答案： C

1-9-16 **解：** $f(x)>0$，且$x>1$时，$f(x)$单调减少（见解图）。

$a=\int_{12}^{16}f(x)\mathrm{d}x$等于区间$[12,16]$上曲边梯形面积。

$b=\int_{14}^{18}f(x)\mathrm{d}x$等于区间$[14,18]$上曲边梯形面积。

显然$a>b$，或

$$b=\int_{14}^{18}f(x)\mathrm{d}x\overset{x=t+2}{=\!=\!=}\int_{12}^{16}f(t+2)\mathrm{d}t=\int_{12}^{16}f(x+2)\mathrm{d}x$$

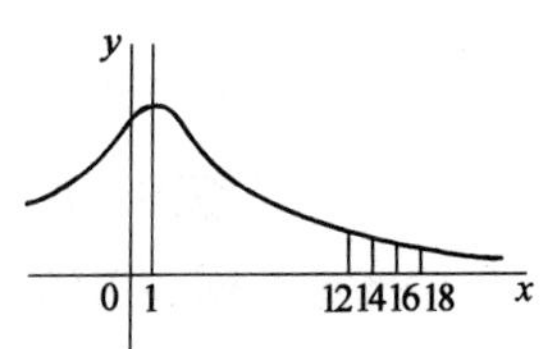

题 1-9-16 解图

$$a-b=\int_{12}^{16}f(x)\mathrm{d}x-\int_{12}^{16}f(x+2)\mathrm{d}x=\int_{12}^{16}[f(x)-f(x+2)]\mathrm{d}x$$

因为$x>1$时，$f(x)$严格单调减少，所以在［12,16］上$f(x)-f(x+2)>0$

故$a-b>0$，$a>b$。

答案：B

1-9-17 **解**：由分布律性质$\frac{1}{4}+b+\frac{1}{4}=1$，得$b=\frac{1}{2}$

由$E(X)=-2\times\frac{1}{4}+1\times\frac{1}{2}+a\times\frac{1}{4}=1$，得$a=4$。

答案：B

1-9-18 **解**：$f(x)=F'(x)=\frac{1}{\pi(1+x^2)}$

$E(X)=\int_{-\infty}^{+\infty}\frac{x}{\pi(1+x^2)}\mathrm{d}x=\frac{1}{2\pi}\int_{-\infty}^{+\infty}\frac{1}{1+x^2}\mathrm{d}(1+x^2)=\frac{1}{2\pi}\ln(1+x^2)\Big|_{-\infty}^{+\infty}$（发散）

答案：D

注意：本题如果根据$f(x)$为偶函数，判定$E(X)=0$就错了。

1-9-19 **解**：$X\sim B(4,p)$，$P(X\geqslant 1)=\frac{15}{16}$，$P(X=0)=(1-p)^4=\frac{1}{16}$，$p=\frac{1}{2}$

$E(X^2)=D(X)+[E(X)]^2=np(1-p)+(np)^2$，代入$n=4$，$p=\frac{1}{2}$

答案：D

1-9-20 **解**：$D(X)=E(X^2)-[E(X)]^2=\frac{1}{18}$，$D(Y)=\frac{1}{18}$，

$\mathrm{Cov}(X,Y)=E(XY)-E(X)E(Y)=-\frac{1}{36}$，$\rho=\frac{\mathrm{Cov}(X,Y)}{\sqrt{D(X)D(Y)}}=-\frac{1}{2}$。

答案：D

1-9-21 **解**：X服从 0–1 分布，$D(X)=p(1-p)$

$D(\overline{X})=\frac{D(X)}{n}=\frac{p(1-p)}{n}$，$\sqrt{D(\overline{X})}=\sqrt{\frac{p(1-p)}{n}}$

答案：A

1-9-22 **解**：因为$E(\overline{X})=E(X)=\mu$，所以$E\left[(\overline{X}-\mu)^2\right]=D(\overline{X})=\frac{D(X)}{n}=\frac{\sigma^2}{n}=\frac{4}{16}=\frac{1}{4}$。

答案：B

1-9-23 **解**：$X\sim N(\mu,\sigma^2)$，$\overline{X}\sim N\left(\mu,\frac{\sigma^2}{n}\right)$，$\frac{\overline{X}-\mu}{\frac{\sigma}{\sqrt{n}}}=2(\overline{X}-\mu)\sim N(0,1)$，

$P(|\overline{X}-\mu|<1)=P(|2(\overline{X}-\mu)|<2)=2\Phi(2)-1=0.954\ 4$。

答案：A

1-9-24 **解**：当$W\sim N(0,1)$时，$W^2\sim\chi^2(1)$。

要使$Y=C\left(\sum\limits_{i=1}^{n}X_i\right)^2=\left(\sum\limits_{i=1}^{n}\sqrt{C}X_i\right)^2\sim\chi^2(1)$，应使$\sum\limits_{i=1}^{n}\sqrt{C}X_i\sim N(0,1)$，应使$D\left(\sum\limits_{i=1}^{n}\sqrt{C}X_i\right)=1$

即$\sum\limits_{i=1}^{n}CD(X_i)=nCD(X)=nC\sigma^2=1$，$C=\frac{1}{n\sigma^2}$。

答案：D

1-9-25 **解**：注意对两个正态总体的样本，有$\frac{\sigma_2^2S_1^2}{\sigma_1^2S_2^2}\sim F(n_1-1,n_2-1)$，两总体方差相等，即$\sigma_1^2=\sigma_2^2$时，$\frac{\sigma_2^2S_1^2}{\sigma_1^2S_2^2}=\frac{S_1^2}{S_2^2}\sim F(n_1-1,n_2-1)$。

答案：A

1-9-26 **解**：$E(X)=\int_1^{+\infty}x\lambda x^{-(\lambda+1)}\mathrm{d}x=\frac{\lambda}{\lambda-1}$，$\lambda=\frac{E(X)}{E(X)-1}$，用$\overline{X}$替换$E(X)$，得$\lambda$的矩估计量$\hat{\lambda}=\frac{\overline{X}}{\overline{X}-1}$。

答案：B

1-9-27 **解**：根据无偏性的结论$S^2=\frac{1}{n-1}\sum\limits_{i=1}^{n}(X_i-\overline{X})^2$，$E(S^2)=D(X)=\sigma^2$。

注意：选项 B 和 D 中μ是未知参数，所以不是估计量。

答案：A

说明：选项 B、D 中含有未知参数μ，不是统计量，因而不是估计量。选项 C 是σ^2的矩估计量，但不是无偏估计量。

1-9-28 **解**：因$\overline{X}$，S^2分别为$E(x)$，$D(x)$的无偏估计：

$$E(\hat{\lambda}) = aE(\overline{X}) + (2-3a)E(S^2) = aE(X) + (2-3a)D(X)$$
$$= a\lambda + (2-3a)\lambda = (2-2a)\lambda = \lambda$$

$2-2a=1$，$a=\frac{1}{2}$。

答案：C

1-9-29 **解**：用有效性结论：当$\sum_{i=1}^{n} C_i = 1$时，$\sum_{i=1}^{n} C_i X_i$是$E(X)$的无偏估计，在这些无偏估计中$\overline{X}$的方差最小，$\overline{X}$最有效。或仿有效性中的例子做。

答案：D

1-9-30 **解**：μ的$(1-\alpha)$置信区间是$\left(\overline{X} - u_{\frac{\alpha}{2}}\frac{\sigma}{\sqrt{n}}, \overline{X} + u_{\frac{\alpha}{2}}\frac{\sigma}{\sqrt{n}}\right)$

区间长$L = 2u_{\frac{\alpha}{2}}\frac{\sigma}{\sqrt{n}}$

提高精度（应减小L），应减小$u_{\frac{\alpha}{2}}$，增大n；而减小$u_{\frac{\alpha}{2}}$应增大α（见解图）。

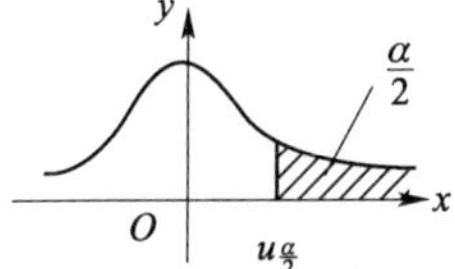

题 1-9-30 解图

答案：C

说明：标准正态分布上α分位数可记为z_α，有时也记为u_α。

1-9-31 **解**：月减体重$X \sim N(\mu, \sigma^2)$，μ为月平均减体重。广告宣称的月平均减体重大于 3kg，即$\mu > 3$。检验$\mu > 3$是真是伪（没有等号应作为H_1），H_0应写成$\mu \leqslant 3$或$\mu = 3$（2.8 是样本均值$\overline{X}$的观测值$\overline{x}$）。

答案：A

1-9-32 **解**：总体$X \sim N(\mu, \sigma^2)$，σ^2未知时，$\frac{\overline{X}-\mu}{\frac{S}{\sqrt{n}}} \sim t(n-1)$，在$H_0$：$\mu = \mu_0$成立时，检验统计量$\frac{\overline{X}-\mu_0}{\frac{S}{\sqrt{n}}} \sim t(n-1)$。本题$n = 10$，$\mu_0 = 10\,560$。

答案：A

1-9-33 **解**：选项 A，H_0成立时，统计量$U = \frac{\overline{X}-\mu_0}{\sigma}\sqrt{n} \sim N(0,1)$（称为$u$检验法）；

选项 B，H_0成立时，统计量$T = \frac{\overline{X}-\mu_0}{S}\sqrt{n} \sim t(n-1)$（称为$t$检验法）；

选项 C，H_0成立时，统计量$\sum_{i=1}^{n}\left(\frac{X_i-\mu}{\sigma_0}\right)^2 \sim \chi^2(n)$（称为$\chi^2$检验法）；

选项 D，H_0成立时，统计量$\frac{(n-1)S^2}{{\sigma_0}^2} \sim \chi^2(n-1)$（称为$\chi^2$检验法）。

答案：B

第二章 普通物理

复习指导

一、考试大纲

2.1 热学

气体状态参量；平衡态；理想气体状态方程；理想气体的压强和温度的统计解释；自由度；能量按自由度均分原理；理想气体内能；平均碰撞频率和平均自由程；麦克斯韦速率分布律；方均根速率；平均速率；最概然速率；功；热量；内能；热力学第一定律及其对理想气体等值过程的应用；绝热过程；气体的摩尔热容量；循环过程；卡诺循环；热机效率；净功；制冷系数；热力学第二定律及其统计意义；可逆过程和不可逆过程。

2.2 波动学

机械波的产生和传播；一维简谐波表达式；描述波的特征量；波面，波前，波线；波的能量、能流、能流密度；波的衍射；波的干涉；驻波；自由端反射与固定端反射；声波；声强级；多普勒效应。

2.3 光学

相干光的获得；杨氏双缝干涉；光程和光程差；薄膜干涉；光疏介质；光密介质；迈克尔逊干涉仪；惠更斯-菲涅耳原理；单缝衍射；光学仪器分辨本领；衍射光栅与光谱分析；X射线衍射；布拉格公式；自然光和偏振光；布儒斯特定律；马吕斯定律；双折射现象。

二、复习指导

（一）热学

热学包含两部分内容：气体分子运动论和热力学基础。

气体分子运动论主要是研究宏观热现象的本质，对大量分子运用统计平均方法揭示压强、温度的微观本质，进而讨论三个统计规律，即分子平均动能按自由度均分的统计规律，分子速率分布的统计规律，分子碰撞的统计规律。

其中，理想气体状态方程，气体的压强和温度公式及其推导，理想气体的内能，麦克斯韦分子速率分布为重点。本部分内容公式较多，但切不可死记公式，必须弄清公式的来龙去脉和公式的物理意义。

热力学部分的核心是热力学第一定律、热力学第二定律，尤以热力学第一定律及其在各等值过程、绝热过程中的应用为重点。此外，对循环过程（包括卡诺循环）热机效率也应予以足够的重视。

热力学部分习题主要是根据热力学第一定律来计算理想气体的几种典型过程的功、热量、内能变化以及循环过程的效率等问题。解题前应首先弄清是什么过程（等温、等压、等容、绝热）及这一过程的特点。因为功、热量都是过程量，其值与过程的性质有关。

（二）波动学

这一节主要讨论机械波的产生、描述、能量和干涉。其中平面简谐波的波动方程和波的干涉为本节重点。

理解波动方程$y(x,t)$时要特别注意理解建立波动方程的思路，要从三个不同角度，即x=常量，t=常量以及x和t都变化的三个方面去理解波动方程的物理意义。

学习波的干涉时，要注意掌握相干条件并运用相位差或波程差的概念，分析相干波叠加后振幅极大、极小问题。

此外，由于机械振动是产生机械波的根源，因此有必要复习机械振动的有关概念：谐振动方程、相位、同方向同频率谐振动的合成。

（三）光学

光学（波动光学）含有三部分内容：光的干涉、光的衍射、光的偏振。

光的干涉是波动光学的基础，在光的衍射、偏振中都要用到。

在光的干涉中，以分波阵面干涉（双缝）和分振幅干涉（薄膜、劈尖）为重点。但不管是分波阵面干涉还是分振幅干涉，最重要的是要善于分析光路，掌握好光程的概念及在垂直入射情况下光程差的计算。此外，在光程差的计算中，应注意因界面反射条件不同而产生的附加光程差$\lambda/2$（半波损失）。

光的衍射以夫琅禾费单缝衍射为重点。要特别注意不要把单缝衍射暗纹公式$a\sin\theta = k\lambda$与双缝干涉明纹公式$\delta = k\lambda$相混淆，二者形式相似而结果相反，前者表示单缝边缘光线的光程差，后者是两束相干光的光程差。

此外，式中k是一可变的整数，具体取值视问题的条件而定。

在光的偏振中，以马吕斯定律和布儒斯特定律为重点。理解马吕斯定律时应注意，定律中的光强I_0为入射偏振片前的偏振光的光强，而自然光通过偏振片后光强减小为入射光强度的一半。

第一节 热 学

一、平衡态、气体状态参量

热学的研究对象是由大量原子、分子组成的宏观物质系统，称为热力学系统。关于分子数目的典型常数是阿伏伽德罗常数$N_0 = 6.022\times10^{23}$个分子/mol，即 1mol 的任何物质含有6.022×10^{23}个分子。热学的研究内容：热现象所遵循的普遍规律，即热力学第一定律和热力学第二定律，以及（热力学）系统的物理性质与冷热现象的关系。

（一）平衡态

系统的宏观物理性质不随时间变化的状态，称系统处于平衡态，或称为静态。

（二）气体状态参量

系统的宏观物理性质，是由经过定义的物理量来描述。经长期研究发现，当一定量的气体处于平衡态时，用它的体积V、压强p、温度T来描述它的物理状态，这些描述气体状态的物理量，称为气体平衡状态参量，简称状态参量。

体积（V），指气体分子可到达的空间。在容器中气体的体积，也就是容器体积（容积）。体积的国际单位是立方米（m^3）。有时也用升（L），$1L = 10^{-3}m^3$。

压强（p），是指气体作用于外界（例如容器壁）每单位面积上的正压力。压强的国际单位称为帕斯卡，简称帕（Pa），即牛顿/米^2（N/m^2）。实际应用中经常会出现大气压的压强单位，$1atm = 1.013 \times 10^5Pa$。

温度（T），是热学中特有的表示系统冷热程度的物理量，温度的数值表示叫温标，采用热力学温标（开尔文温标）时，温度用T表示，而用摄氏温标时，温度用t表示，热力学温度T与摄氏温度t的关系为

$$T(\mathrm{K}) = 273.15 + t \quad (℃)$$

二、理想气体状态方程

严格遵守波义耳-马略特定律、盖吕萨克定律、查理定律和阿伏伽德罗定律的气体称为理想气体，与气体的化学成分无关。实际中的各种气体只有在压强较低（或稀薄气体）的情况下才能视为理想气体。

综合上述理想气体遵守的四条定律，可导出理想气体状态参量之间的一个在任何情况下都成立的关系式，叫理想气体状态方程。

$$pV = \frac{m}{M}RT \tag{2-1-1}$$

式中：m——气体的质量；

M——摩尔质量；

R——摩尔气体常量，值为$8.31\mathrm{J/(mol \cdot K)}$。

理想气体状态方程还可化为另一种形式，设质量为m的气体的分子数为N，1mol 气体的分子数为N_0（阿伏伽德罗常数），$\left(\frac{m}{M}\right)$mol 气体的分子数为$N = \frac{m}{M}N_0$。

即

$$\frac{m}{M} = \frac{N}{N_0} \tag{2-1-2}$$

把它代入式（2-1-1），有$pV = \frac{N}{N_0}RT = N\frac{R}{N_0}T$，即

$$p = \frac{N}{V}\frac{R}{N_0}T \tag{2-1-3}$$

令

$$n = \frac{N}{V},\ k = \frac{R}{N_0} \tag{2-1-4}$$

于是

$$p = nkT \tag{2-1-5}$$

式中：n——单位体积内的分子数，称分子数密度；

k——$1.38 \times 10^{-23}\mathrm{J/K}$，称玻尔兹曼常数。

压强$p_0 = 1atm$，温度$T = 273.15K$，1mol 任何理想气体体积均为 22.4L，这一状态称为理想气体的标准状态。

【例 2-1-1】 有两种理想气体，第一种的压强为p_1，体积为V_1，温度为T_1，总质量为M_1，摩尔质量为μ_1；第二种的压强为p_2，体积为V_2，温度为T_2，总质量为M_2，摩尔质量为μ_2。当$V_1 = V_2$，$T_1 = T_2$，$M_1 = M_2$时，则$\frac{\mu_1}{\mu_2}$:

A. $\frac{\mu_1}{\mu_2} = \sqrt{\frac{p_1}{p_2}}$　　B. $\frac{\mu_1}{\mu_2} = \frac{p_1}{p_2}$

C. $\frac{\mu_1}{\mu_2} = \sqrt{\frac{p_2}{p_1}}$　　D. $\frac{\mu_1}{\mu_2} = \frac{p_2}{p_1}$

解 理想气体状态方程$pV = \frac{M}{\mu}RT$，因为$V_1 = V_2$，$T_1 = T_2$，$M_1 = M_2$，所以$\frac{\mu_1}{\mu_2} = \frac{p_2}{p_1}$。

答案： D

三、理想气体的压强和温度的统计解释

（一）理想气体的微观图景

从微观图景来看，理想气体是由数目巨大的运动着的分子组成。各运动着的分子之间，以及分子与容器壁之间会发生频繁的碰撞，使每个分子的运动速率和方向发生频繁的变化，这样，从整体来看，理想气体是一个这样的群体：其中每一个分子都做杂乱无章的运动，或者说，分子做热运动。

（二）理想气体分子模型

最简单的分子模型是把分子看成一个直径可忽略不计的、具有一定质量（分子质量）m'的弹性小球。所谓直径可以忽略是指小球之间的距离远大于小球直径，这样，可把小球当作质点来处理。小球与器壁间碰撞，视为完全弹性碰撞。

（三）压强的统计解释

理想气体对容器壁产生的压强，是大量分子不断撞击器壁的结果。根据完全弹性碰撞的力学知识，以及处于平衡态的理想气体的压强特征——对容器各面施加的压强相等，可推导出一个重要的压强公式

$$p=\frac{2}{3}n\overline{\omega} \tag{2-1-6}$$

式中，$n=N/V$，即分子数密度，N是分子总数，$\overline{\omega}$称为分子的平均平动动能，它等于全体分子的平动动能之和除以全体分子总数，即

$$\overline{\omega}=\left(\frac{1}{2}m'v_1^2+\frac{1}{2}m'v_2^2+\cdots+\frac{1}{2}m'v_N^2\right)/N=\frac{1}{2}m'\overline{v}^2 \tag{2-1-7}$$

$\overline{v}^2$为分子速率平方的平均值。请注意，各分子间的频繁碰撞使每个分子的速率$v_1,v_2,\cdots,v_N$在发生频繁的变化，但$\overline{v}^2$和$\overline{\omega}$却不随时间变化（因为压强p不随时间变化），这是大量做热运动分子集体的统计规律性的表现。所谓统计规律性，是指以平动动能为例，一个特定的分子，例如编号为i的分子，它的平动动能$\omega_i=\frac{1}{2}m'v_i^2$是随时（或随机）变化的，而大量分子的平均平动动能$\overline{\omega}$却表现出不变的规律性，即统计规律性。

（四）温度的统计解释

联立理想气体状态方程（2-1-5）及压强公式（2-1-6）

$$\begin{cases}p=nkT\\ p=\dfrac{2}{3}n\overline{\omega}\end{cases}$$

由上两式消去p得

$$\overline{\omega}=\frac{3}{2}kT \tag{2-1-8}$$

上式把热学中特有的量——温度与大量分子的平均平动动能联系起来，这使我们摆脱了温度是冷热程度这种无法定量描述的经验之谈，而把温度看作是大量分子热运动强度的标志。温度越高，分子的总体表现是热运动越激烈。

【例 2-1-2】 关于温度的意义，有下列几种说法：

（1）气体的温度是分子平均平动动能的量度；

（2）气体的温度是大量气体分子热运动的集体体现，具有统计意义；

（3）温度的高低反映物质内部分子运动剧烈程度的不同；

（4）从微观上看，气体的温度表示每个分子的冷热程度。

这些说法中正确的是：

A.（1），（2），（4） B.（1），（2），（3）

C.（2），（3），（4） D.（1），（3），（4）

解 本题考核气体分子运动论。气体的温度是分子平均平动动能的量度，气体的温度是大量气体分子热运动的集体体现，具有统计意义，温度的高低反映物质内部分子运动剧烈程度的不同，正是因为它的统计意义，单独说某个分子的温度是没有意义的。

答案： B

四、能量按自由度均分原理

（一）自由度数目i

气体中每一个分子可由单个原子或多个原子组成，称单原子分子或多原子分子，由单原子分子组成的气体如氦气（He）、氖气（Ne）等，由双原子分子组成的气体如氧气（O_2）、氮气（N_2）等，至于甲烷气（CH_4），自然是由五原子分子组成的气体了。

自由度数目i是指决定某物体在空间的位置所需要的独立坐标数目。

据此，把构成气体分子的每一个原子看成一质点，且各原子之间的距离固定不变（称刚性分子，即视为刚体）。那么，单原子分子的自由度$i=3$，即有三个平动自由度；刚性双原子分子的自由度$i=5$，即有三个平动自由度和两个转动自由度；由三个及以上原子组成的刚性多原子分子$i=6$，有三个平动自由度和三个转动自由度。

（二）能量按自由度均分原理

它的内容是：在温度为T的平衡态下，每一个分子的每一个自由度都具有相同的平均动能，其值为$\frac{1}{2}kT$（请特别注意“平均”两字）。

据此，一个单原子分子有三个平均自由度，单原子分子的平均（平动）动能$\overline{\omega}=3\cdot\frac{1}{2}kT$，这正是式（2-1-8）。刚性双原子分子$i=5$，它的平均动能$\overline{\varepsilon}=\frac{5}{2}kT$（细说起来，即三个平动自由度对应平均平动动能为$\frac{3}{2}kT$，两个转动自由度对应平均转动动能为$\frac{2}{2}kT$）。一般说来，若一个分子的自由度数为$i$，那么，据能量按自由度均分原理，该分子的平均动能为

$$\overline{\varepsilon}=\frac{i}{2}kT$$

五、理想气体内能

从微观上讲，理想气体是指分子之间相互作用势能小到可以忽略不计的气体，因为各分子的热运动动能远大于它们之间相互作用势能。这样，整个理想气体具有的机械能量，就等于每个分子热运动动能之和，设理想气体分子总数为N，一个分子的动能用ε表示，则理想气体的内能E可表示为

$$E=\varepsilon_1+\varepsilon_2+\cdots+\varepsilon_N=N\cdot\frac{\varepsilon_1+\varepsilon_2+\cdots+\varepsilon_N}{N}=N\bar{\varepsilon}$$

式中，$\bar{\varepsilon}$为每一分子的平均动能，应为$\frac{i}{2}kT$，故

$$E=\frac{i}{2}NkT \tag{2-1-9}$$

$$N=\left(\frac{m}{M}\right)N_0$$
$$N_0k=R$$
$$E=\frac{i}{2}\left(\frac{m}{M}\right)RT \tag{2-1-10}$$

由于理想气体状态方程$pV=\left(\frac{m}{M}\right)RT$，$E$还可表示为

$$E=\frac{i}{2}pV \tag{2-1-11}$$

理想气体每单位体积的内能，即内能密度为

$$E/V=\frac{i}{2}p \tag{2-1-12}$$

【例 2-1-3】 在标准状态下，当氢气和氦气的压强与体积都相等时，氢气和氦气的内能之比为：

A. $\frac{5}{3}$　　B. $\frac{3}{5}$　　C. $\frac{1}{2}$　　D. $\frac{3}{2}$

解　由$E=\frac{m}{M}\frac{i}{2}RT=\frac{i}{2}pV$，注意到氢为双原子分子，氦为单原子分子，即$i(H_2)=5$，$i(He)=3$，又$p(H_2)=p(He)$，$V(H_2)=V(He)$，故$\frac{E(H_2)}{E(He)}=\frac{i(H_2)}{i(He)}=\frac{5}{3}$。

答案： A

六、麦克斯韦速率分布律

（一）速率分布函数

设理想气体分子总数为N，各分子的速率自然有大有小，现以$\mathrm{d}N$表示速率在$v\to v+\mathrm{d}v$区间内的分子数，如图 2-1-1 所示，定义速率分布函数为

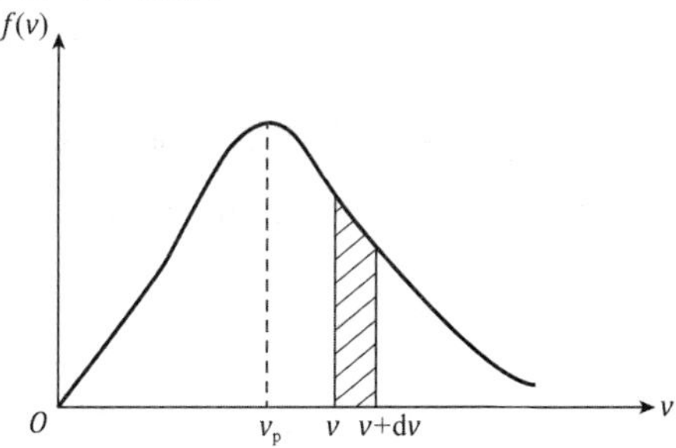

图 2-1-1　麦克斯韦速率分布曲线

$$f(v)=\frac{\mathrm{d}N}{N\mathrm{d}v} \tag{2-1-13}$$

从速率分布函数的定义式可知，它的意义是在单位速率间隔内分子的百分数，当理想气体处于平衡态时，分布函数与时间无关，而与速率v有关。式（2-1-13）可改写为

$$\mathrm{d}N=Nf(v)\mathrm{d}v \tag{2-1-14}$$

如要表示速率在$v_1\to v_2$区间内的分子数，可将上式积分

$$\int_{v_1}^{v_2}\mathrm{d}N=\Delta N=\int_{v_1}^{v_2}Nf(v)\mathrm{d}v$$

故
$$\int_{v_1}^{v_2}f(v)\mathrm{d}v=\frac{\Delta N}{N} \tag{2-1-15}$$

表示速率在$v_1 \to v_2$区间内的分子数占总分子数的百分率。由于全体分子速率分布总在$0 \to \infty$区间内，把式（2-1-14）从$v=0$到$v \to \infty$积分得

$$\int_0^{\infty} f(v)\mathrm{d}v = 1 \tag{2-1-16}$$

上式说明，$\int_0^{\infty} f(v)dv =$ 分布曲线下总面积 $=1$，速率分布函数应满足归一化条件。

（二）麦克斯韦速率分布函数

理论和实践都证实，处于温度为T的理想气体，速率分布函数的具体数学形式是

$$f(v) = \left(\frac{m'}{2\pi kT}\right)^{3/2} e^{\frac{-m'v^2}{2kT}} 4\pi v^2 \tag{2-1-17}$$

式中各文字的意义都已交代过。此式称为麦克斯韦速率分布函数。若以v为横坐标，以$f(v)$为纵坐标，此函数的大致图形，如图 2-1-2 所示，温度越高，分布曲线的最高点越向速率大的方向移动。

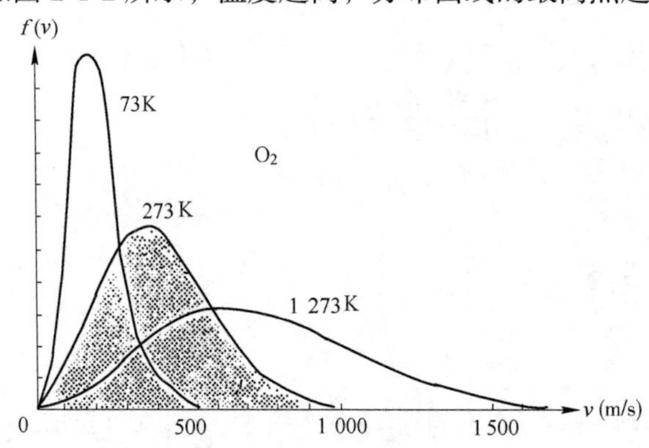

图 2-1-2 不同温度下速率分布曲线

（三）三种速率

知道了麦克斯韦速率分布函数后，可求出全体分子的三种速率。

（1）最可几速率v_{p}（最概然速率）：与$f(v)$的极大值相对应的速率。

由$\frac{\mathrm{d}f(v)}{\mathrm{d}v} = 0$，得

$$v_{\mathrm{p}} = \sqrt{\frac{2kT}{m'}} = \sqrt{\frac{2RT}{M}} \tag{2-1-18}$$

M为气体的摩尔质量。

（2）平均速率$\bar{v}$：大量分子速率的算术平均值。

$$\overline{v} = \frac{1}{N}\int_0^{\infty} v\mathrm{d}N = \int_0^{\infty} vf(v)\mathrm{d}v = \sqrt{\frac{8kT}{\pi m'}} = \sqrt{\frac{8RT}{\pi M}} \tag{2-1-19}$$

【例 2-1-4】 两瓶不同种类的理想气体，分子的平均平动相同，分子数密度不同，则二者为：

A. 温度相同，压强相同　　B. 温度相同，压强不同

C. 温度不同，压强相同　　D. 温度不同，压强不同

解 根据分子的平均平动公式：$\overline{\omega} = \frac{3}{2}kT$，分子的平均平动相同，温度相同；再根据压强公式$p = nkT$，分子数密度不同，压强不同。

答案：B

【例 2-1-5】 假定氧气的热力学温度提高一倍，氧分子全部离解为氧原子，则氧原子的平均速率

是氧分子平均速率的：

A. 4 倍　　B. 2 倍　　C. $\sqrt{2}$倍　　D. $\frac{1}{\sqrt{2}}$

解 $\overline{v}=\sqrt{\frac{8RT}{\pi M}}$，$\overline{v}_{O_2}=\sqrt{\frac{8RT}{\pi M}}=\sqrt{\frac{8RT}{\pi\cdot 32}}$

氧气的热力学温度提高一倍，氧分子全部离解为氧原子，$T_O=2T_{O_2}$

$\overline{v}_O=\sqrt{\frac{8RT_O}{\pi M_0}}=\sqrt{\frac{8R\cdot 2T}{\pi\cdot 16}}$，则$\frac{\overline{v}_O}{\overline{v}_{O_2}}=\sqrt{\frac{8R\cdot 2T}{\pi\cdot 16}}\Big/\sqrt{\frac{8RT}{\pi\cdot 32}}=2$

答案：B

（3）方均根速率$\sqrt{\overline{v}^2}$：大量分子速率二次方平均值的平方根。

$$\overline{v}^2=\frac{1}{N}\int_0^{\infty}v^2f(v)\mathrm{d}v=\frac{3kT}{m'} \tag{2-1-20}$$

$$\sqrt{\overline{v}^2}=\sqrt{\frac{3kT}{m'}}=\sqrt{\frac{3RT}{M}}$$

七、平均碰撞频率$\overline{Z}$和平均自由程$\overline{\lambda}$

气体分子间在做频繁的相互碰撞，一个分子在单位时间内的碰撞次数Z简称为碰撞次数，或称碰撞频率。由于分子热运动的无规则性，没有理由说各分子的Z是一样的，Z对全体分子的平均值$\overline{Z}$，称平均碰撞频率（次数）。

一个分子在相继的两次碰撞之间所自由通过的路程，叫自由程。各分子的自由程各不相同，对全体分子取平均，叫平均自由程，以$\overline{\lambda}$表示。对于一个分子平均来说，在单位时间内自由通过的路程为平均速率$\overline{v}$，所以下式成立

$$\overline{v}=\overline{Z}\,\overline{\lambda} \tag{2-1-21}$$

研究表明

$$\overline{Z}=\sqrt{2}\pi d^2n\overline{v} \tag{2-1-22}$$

式中：n——分子数密度；

d——分子有效直径，不同分子有不同的有效直径。

$$\overline{\lambda}=\frac{\overline{v}}{\overline{Z}}=\frac{1}{\sqrt{2}\pi d^2n}=\frac{kT}{\sqrt{2}\pi d^2p} \tag{2-1-23}$$

上式中最后一等式利用了理想气体状态方程$p=nkT$。式（2-1-23）表明在T一定时，$\overline{\lambda}$与p成反比。$\overline{\lambda}$在对气体内迁移现象（包括热传导、扩散、黏滞等）讨论时起重要作用。

【例 2-1-6】 容积恒定的容器内盛有一定量的某种理想气体，分子的平均自由程为$\overline{\lambda}_0$，平均碰撞频率为$\overline{Z}_0$，若气体的温度降低为原来的$1/4$，则此时分子的平均自由程$\overline{\lambda}$和平均碰撞频率$\overline{Z}$为：

A. $\overline{\lambda}=\overline{\lambda}_0$，$\overline{Z}=\overline{Z}_0$　　B. $\overline{\lambda}=\overline{\lambda}_0$，$\overline{Z}=\frac{1}{2}\overline{Z}_0$

C. $\overline{\lambda}=2\overline{\lambda}_0$，$\overline{Z}=2\overline{Z}_0$　　D. $\overline{\lambda}=\sqrt{2}\lambda_0$，$\overline{Z}=4\overline{Z}_0$

解 气体分子的平均碰撞频率$Z_0=\sqrt{2}n\pi d^2\overline{v}=\sqrt{2}n\pi d^2\sqrt{\frac{8RT}{\pi M}}$

平均自由程$\overline{\lambda}_0=\frac{\overline{v}}{Z_0}=\frac{1}{\sqrt{2}n\pi d^2}$

$T'=\frac{1}{4}T$，$\overline{\lambda}=\overline{\lambda}_0$，$\overline{Z}=\frac{1}{2}\overline{Z}_0$

答案：B

八、热力学第一定律

（一）准静态过程

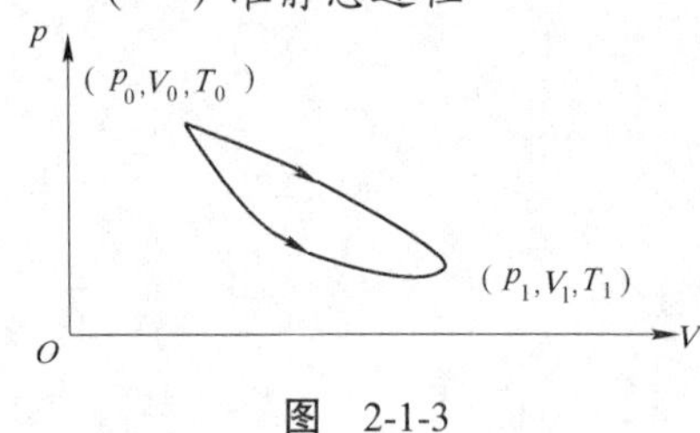

图 2-1-3

热力学系统在与外界发生相互作用时，它（以及外界）的状态要发生变化，状态变化的过程，叫热力学过程。以理想气体为例，系统从初态（p_0，V_0，T_0）变化到终态（p_1，V_1，T_1），可通过各种不同过程实现（参看示意图 2-1-3），不同的过程体现了系统与外界的不同相互作用。

要使原先处于平衡态的理想气体状态发生变化，首先要破坏它原先的平衡态。也即系统要历经一非平衡态（非静态）情形。但若过程进行得如此缓慢，使过程进行中系统的状态都近似达到平衡态，这种理想化的过程叫准静态过程。在准静态过程中，气体的状态都可用平衡态（静态）参量（p，V，T）来描述。

（二）理想气体内能的改变ΔE

一定量理想气体的内能E由式（2-1-10）确定。故理想气体经历任何过程从温度为T_1的状态变到温度为T_2的状态时，内能的增量为

$$\Delta E = E_2 - E_1 = \frac{m}{M}\frac{i}{2}R(T_2 - T_1) = \frac{m}{M}\frac{i}{2}R\Delta T \tag{2-1-24}$$

显然，一定量理想气体的内能增量只取决于系统的初、终态，而与联系初、终态的过程无关，这一结论十分重要。或者可说，内能本身是状态的单值函数。

（三）功A

利用力学中功的概念，计算气缸中气体在准静态过程中所做的功。设气体的压强为p，活塞面积为S，气体对活塞的压力$f = pS$（见图 2-1-4），当活塞移动微小距离$\mathrm{d}L$时，气体体积变化$\mathrm{d}V = S\mathrm{d}L$，过程中所做微功$\mathrm{d}A = f\mathrm{d}L = pS\mathrm{d}L = p\mathrm{d}V$。当气体体积从$V_1$膨胀到$V_2$时，气体对外（活塞）做功为

$$A = \int_{V_1}^{V_2} p\mathrm{d}V \tag{2-1-25}$$

当过程用p-V图上一条曲线表示时（见图 2-1-5），功A即表示曲边梯形的面积。可见，若以不同的曲线（代表不同的变化过程）连接相同的初态（V_1）、终态（V_2），功A不同，功与过程有关。注意，若$V_2 > V_1$，气体体积随过程膨胀，气体对外做正功（$A > 0$）；反之，若$V_2 < V_1$，气体被压缩，气体对外做负功。还要注意，功A的表达式（2-1-25）只对准静态过程成立，对非准静态过程不成立。如气体向真空膨胀，对外做功$A = 0$。

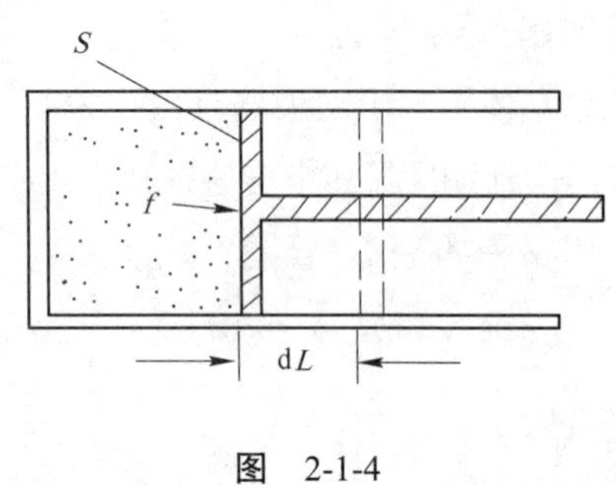

图 2-1-4

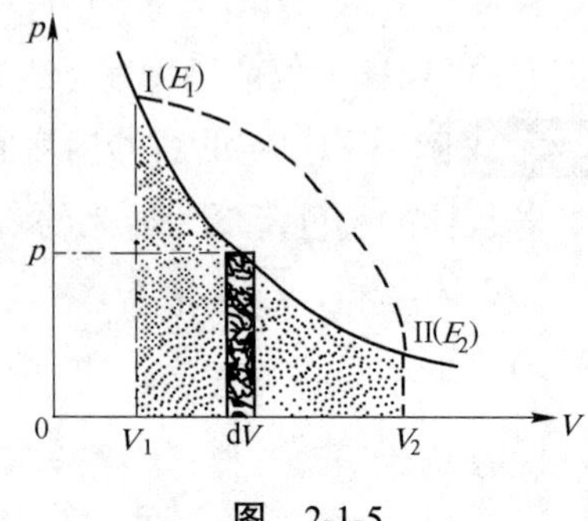

图 2-1-5

（四）热量Q

气体对外做正功或负功（外界对气体做正功），都会使气体（及外界）状态发生变化。改变系统状态，不仅可采取做功的方式，也可采取热量交换的方式。气体从外界吸收热量或放热给外界，都会使气

体（及外界）状态发生变化。气体从外界吸收（或放热给外界）的热量多少，不仅取决于气体的初、终态，也取决于联系两态的变化过程，这一点在热力学第一定律中会清楚地看出。

（五）热力学第一定律

设一热力学系统与外界相互作用，使系统从某一初态 a 经过一个系统状态变化过程到达终态 b，无数试验事实总结出下面的热力学第一定律（即能量守恒与转换定律）

$$Q_{\mathrm{a}\to\mathrm{b}} = E_{\mathrm{b}} - E_{\mathrm{a}} + A_{\mathrm{a}\to\mathrm{b}}$$

或简写为

$$Q = \Delta E + A \tag{2-1-26}$$

式中：Q——过程中系统从外界吸收的热量（若$Q>0$为吸热，$Q<0$为放热）；

A——过程中系统对外界做功（可正可负，负功表示外界对系统做正功）；

ΔE——系统内能的增量，即系统终态内能与初态内能的差。

若过程的初、终态一定，则ΔE一定，而A与过程有关，故Q也与过程有关。

对于一个微小变化过程，热力学第一定律可写成微分形式

$$\mathrm{d}Q = \mathrm{d}E + \mathrm{d}A$$

热力学第一定律不仅适用于理想气体，而且还适用于液体、固体等一切热力学系统。

【例 2-1-7】 一定量的理想气体由 a 状态经过一过程到达 b 状态，吸热为 335J，系统对外做功 126J；若系统经过另一过程由 a 状态到达 b 状态，系统对外做功 42J，则过程中传入系统的热量为：

A. 530J　　B. 167J　　C. 251J　　D. 335J

解　两过程都是由 a 状态到达 b 状态，内能是状态量，内能增量$\Delta E = \frac{m}{M}\frac{i}{2}R(T_{\mathrm{b}} - T_{\mathrm{a}})$相同。

由热力学第一定律$Q = (E_2 - E_1) + W = \Delta E + W$，有$Q_1 - W_1 = Q_2 - W_2$，即$335 - 126 = Q_2 - 42$，可得$Q_2 = 251\mathrm{J}$。

答案：C

九、热力学第一定律对理想气体等值过程和绝热过程的应用

$\left(\frac{m}{M}\right)$mol 的理想气体，从初态（p_1，V_1，T_1）经某一过程变化到终态（p_2，V_2，T_2），如何计算热力学第一定律中的Q、ΔE、A?

首先要注意ΔE与过程无关，它由式（2-1-24）确定

$$\Delta E = \left(\frac{m}{M}\right)\frac{i}{2}R(T_2 - T_1)$$

功A可通过式（2-1-25）计算，那么过程吸热Q可以从热力学第一定律算出。

（一）等容过程（图 2-1-6）

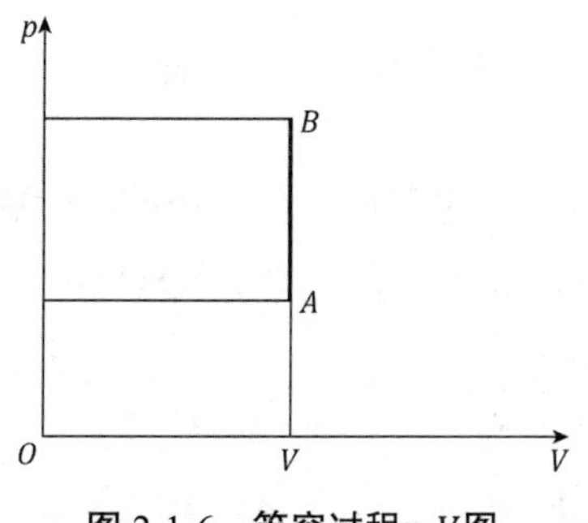

图 2-1-6　等容过程p-V图

过程方程：$V=$ 恒量，或$p/T=$ 恒量

$$A=\int_{V_1}^{V_2}p\mathrm{d}V=0 \qquad (\mathrm{d}V=0)$$

$$Q_{\mathrm{V}}=\Delta E+A=\left(\frac{m}{M}\right)\frac{i}{2}R(T_2-T_1) \tag{2-1-27}$$

（二）等压过程（图 2-1-7）

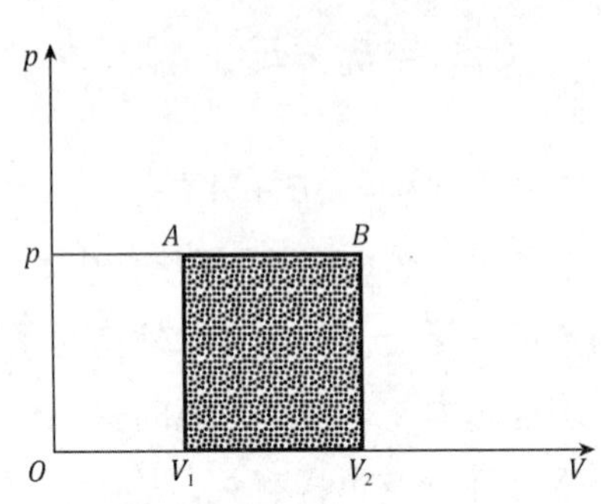

图 2-1-7　等压过程p-V图

过程方程：$p=$ 恒量，或$T/V=$ 恒量

$$A=\int_{V_1}^{V_2}p\mathrm{d}V=p(V_2-V_1)$$

利用状态方程$pV=\left(\frac{m}{M}\right)RT$，可将上式写成

$$A=\left(\frac{m}{M}\right)R(T_2-T_1) \tag{2-1-28}$$

$$Q_{\mathrm{p}}=\Delta E+A=\left(\frac{m}{M}\right)\left(\frac{i+2}{2}\right)R(T_2-T_1) \tag{2-1-29}$$

比较式（2-1-29）和式（2-1-27）可知，等压过程吸热量比等容过程吸热量多。

【例 2-1-8】 一定量的理想气体，经过等体过程，温度增量ΔT，内能变化ΔE_1，吸收热量Q_1；若经过等压过程，温度增量也为ΔT，内能变化ΔE_2，吸收热量Q_2，则一定是：

A. $\Delta E_2=\Delta E_1$，$Q_2>Q_1$　　B. $\Delta E_2=\Delta E_1$，$Q_2<Q_1$

C. $\Delta E_2>\Delta E_1$，$Q_2>Q_1$　　D. $\Delta E_2<\Delta E_1$，$Q_2<Q_1$

解　两过程温度增量均为ΔT，内能增量$\Delta E=\frac{m}{M}\frac{i}{2}R\Delta T$相同，即$\Delta E_2=\Delta E_1$。

由热力学第一定律，等体过程不做功，$W_1=0$，$Q_1=\Delta E_1=\frac{m}{M}\frac{i}{2}R\Delta T$；

对于等压过程，$Q_2=\Delta E_2+W_2=\frac{m}{M}\left(\frac{i}{2}+1\right)R\Delta T$，所以$Q_2>Q_1$。

答案： A

【例 2-1-9】 有 1mol 刚性双原子分子理想气体，在等压过程中对外做功W，则其温度变化ΔT为：

A. $\frac{R}{W}$　　B. $\frac{W}{R}$　　C. $\frac{2R}{W}$　　D. $\frac{2W}{R}$

解　等压过程由$W=p\Delta V=p(V_2-V_1)=\frac{m}{M}R\Delta T$，今$\frac{m}{M}=1$，故$\Delta T=\frac{W}{R}$。

答案： B

【例 2-1-10】 一定量的单原子分子理想气体，分别经历等压膨胀过程和等体升温过程，若两过程中的温度变化ΔT相同，则两过程中气体吸收能量之比$Q_{\mathrm{p}}/Q_{\mathrm{V}}$为：

A. 1/2　　B. 2/1　　C. 3/5　　D. 5/3

解　等压过程吸收热量：$Q_{\mathrm{p}}=\frac{m}{M}C_{\mathrm{p}}\Delta T$

等体过程吸收热量：$Q_{\mathrm{V}}=\frac{m}{M}C_{\mathrm{V}}\Delta T$

单原子分子，自由度$i=3$，$C_{\mathrm{V}}=\frac{i}{2}R$，$C_{\mathrm{p}}=C_{\mathrm{V}}+R$，则

$$Q_{\mathrm{p}}/Q_{\mathrm{V}}=\frac{C_{\mathrm{p}}}{C_{\mathrm{V}}}=\frac{\frac{3}{2}R+R}{\frac{3}{2}R}=\frac{5}{3}$$

答案： D

（三）等温过程（图 2-1-8）

过程方程：T=恒量，或pV=恒量

$$A=\int_{V_1}^{V_2}p\mathrm{d}V=\int_{V_1}^{V_2}\frac{\left(\frac{m}{M}\right)RT}{V}\mathrm{d}V=\left(\frac{m}{M}\right)RT\int_{V_1}^{V_2}\frac{\mathrm{d}V}{V}$$

$$A=\left(\frac{m}{M}\right)RT\ln\frac{V_2}{V_1}=\left(\frac{m}{M}\right)RT\ln\frac{p_1}{p_2} \tag{2-1-30}$$

图 2-1-8 等温过程p-V图

而$\Delta E=0$（因$T_2=T_1$）

$$Q_{\mathrm{T}}=A=\left(\frac{m}{M}\right)RT\ln\frac{V_2}{V_1}=\left(\frac{m}{M}\right)RT\ln\frac{p_1}{p_2} \tag{2-1-31}$$

可见等温过程中，理想气体从外界吸收的热量Q，全部转化为气体对外做功。

【例 2-1-11】 一定量理想气体由初态（p_1，V_1，T_1）经等温膨胀到达终态（p_2，V_2，T_1），则气体吸收的热量Q为：

A. $Q=p_1V_1\ln\frac{V_2}{V_1}$　　B. $Q=p_1V_2\ln\frac{V_2}{V_1}$

C. $Q=p_1V_1\ln\frac{V_1}{V_2}$　　D. $Q=p_2V_1\ln\frac{p_2}{p_1}$

解 等温过程$\Delta E=0$，吸收的热量等于对外做功，$Q=\frac{m}{M}RT\ln\frac{V_2}{V_1}=p_1V_1\ln\frac{V_2}{V_1}$。

答案： A

（四）绝热过程

$$Q=0$$

$$A=-\Delta E=-\left(\frac{m}{M}\right)\frac{i}{2}R(T_2-T_1) \tag{2-1-32}$$

绝热过程中，气体对外做功，是以减少自己的内能为代价的。绝热过程的方程将在第十一节中介绍。图 2-1-9 为绝热过程与等温过程的比较。

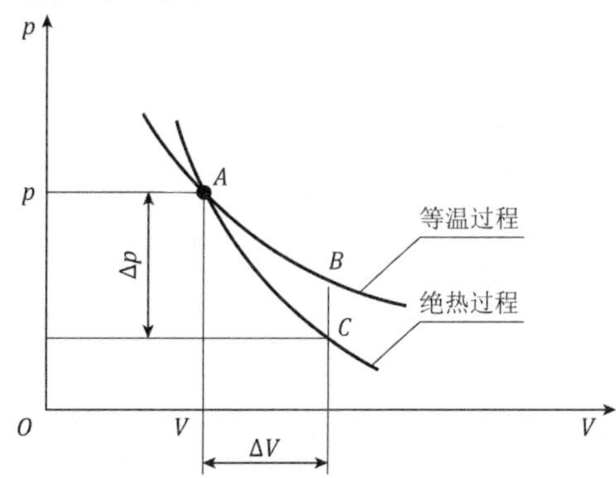

图 2-1-9 绝热过程与等温过程比较

【例 2-1-12】 一定量的理想气体对外做了 500J 的功，如果过程是绝热的，气体内能的增量为：

A. 0　　B. 500J　　C. −500J　　D. 250J

解 由热力学第一定律$Q=W+\Delta E$知，绝热过程做功等于内能增量的负值，$\Delta E=-W=-500\mathrm{J}$。

答案： C

十、热容量

（一）热容量定义

一系统每升高单位温度所吸收的热量，称为系统的热容量。即

$$C = \mathrm{d}Q/\mathrm{d}T \tag{2-1-33}$$

当系统为 1mol 时，它的热容量称摩尔热容量，单位为$\mathrm{J/(mol \cdot K)}$。系统热容量C等于摩尔热容量乘以摩尔数。

（二）定容摩尔热容量C_V与定压摩尔热容量C_p

1mol 系统在等容过程中，每升高单位温度所吸收的热量，称定容摩尔热容量C_V。1mol 系统在等压过程中，每升高单位温度所吸收的热量，称定压摩尔热容量C_p，即

$$C_\mathrm{V} = \left.\frac{\mathrm{d}Q}{\mathrm{d}T}\right|_{V=恒量}, \quad C_\mathrm{p} = \left.\frac{\mathrm{d}Q}{\mathrm{d}T}\right|_{p=恒量} \tag{2-1-34}$$

对 1mol 理想气体而言，由式（2-1-27）及式（2-1-29）可得

$$C_\mathrm{V} = \frac{Q}{T_2 - T_1} = \frac{i}{2}R，C_\mathrm{p} = \frac{Q}{T_2 - T_1} = \frac{i+2}{2}R \tag{2-1-35}$$

由此可知

$$C_\mathrm{p} - C_\mathrm{V} = R \tag{2-1-36}$$

此式也称为迈耶公式。

令

$$\gamma = C_\mathrm{p}/C_\mathrm{V} = (i+2)/i \tag{2-1-37}$$

γ为比热容比，亦为绝热系数。

对单原子分子，自由度$i = 3$，故$\gamma = 5/3$；对刚性双原子分子，$i = 5$，故$\gamma = 7/5$。

引入C_v与C_p后，式(2-1-27)可表示为$Q_\mathrm{V} = \left(\frac{m}{M}\right)C_\mathrm{V}(T_2 - T_1)$，式(2-1-29)可表示为$Q_\mathrm{p} = \left(\frac{m}{M}\right)C_\mathrm{p}(T_2 - T_1)$。

十一、绝热过程方程

理想气体的绝热过程方程可由热力学第一定律式（2-1-26）通过积分求得，结果是

$$V^{\gamma-1}T = 恒量 \tag{2-1-38}$$

利用理想气体状态方程还可把上式改写为以下两种形式

$$pV^{\gamma} = 恒量，p^{\gamma-1}T^{-\gamma} = 恒量 \tag{2-1-39}$$

绝热过程做功已由式（2-1-32）给出。也可根据理想气体状态方程$pV = \frac{m}{M}RT$改写为

$$A = \frac{i}{2}(p_1V_1 - p_2V_2)$$

由式（2-1-37）知$\frac{i}{2} = \frac{1}{\gamma-1}$，故

$$A = \frac{1}{\gamma-1}(p_1V_1 - p_2V_2) \tag{2-1-40}$$

这是绝热过程做功的另一计算公式。此公式可直接由功的表达式得到

$$A = \int_{V_1}^{V_2} p\mathrm{d}V = p_1V_1^{\gamma}\int_{V_1}^{V_2}\frac{\mathrm{d}V}{V^{\gamma}} = p_1V_1^{\gamma}\left(\frac{V_2^{1-\gamma}}{1-\gamma} - \frac{V_1^{1-\gamma}}{1-\gamma}\right) = \frac{1}{\gamma-1}(p_1V_1 - p_2V_2)$$

十二、循环过程、热机效率、卡诺循环

（一）循环过程

系统从某一状态开始经一系列变化过程又回到原来状态，这个变化过程叫循环过程。在过程的p-V图上，循环过程必为一封闭曲线。系统经一循环后，由于返回原来状态，故系统内能不变，这是循环过程的重要特性。

在如图 2-1-10 所示的循环过程中，系统从A态出发，在过程$A \to B \to C$中，系统对外做正功；在过程$C \to D \to A$中，系统对外做负功（外界对系统做正功）。因此，整个循环过程系统对外做的净功为循环过程曲线所包围的面积（图中阴影部分），把热力学第一定律应用于循环过程，因$\Delta E = 0$，故有

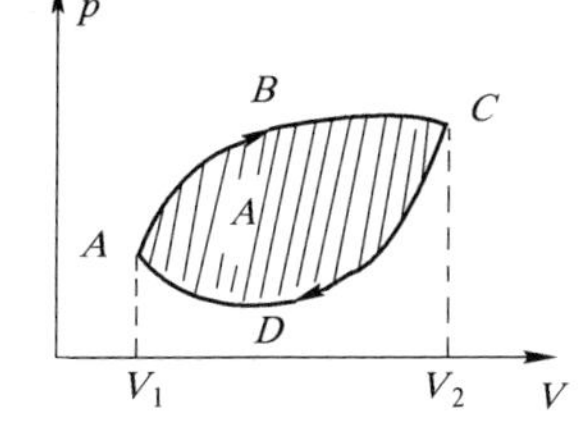

图　2-1-10

$$A = Q(\text{循环过程}) \tag{2-1-41}$$

即系统对外做的净功应等于系统从外界吸收的净热量。循环是顺时针的，则$A > 0$，称为热机。

【例 2-1-13】 一定量的理想气体经历了$acbda$的循环过程，气体经一次循环对外所做的净功为：

A. 1200J　　　　B. −1200J

C. 1600J　　　　D. 900J

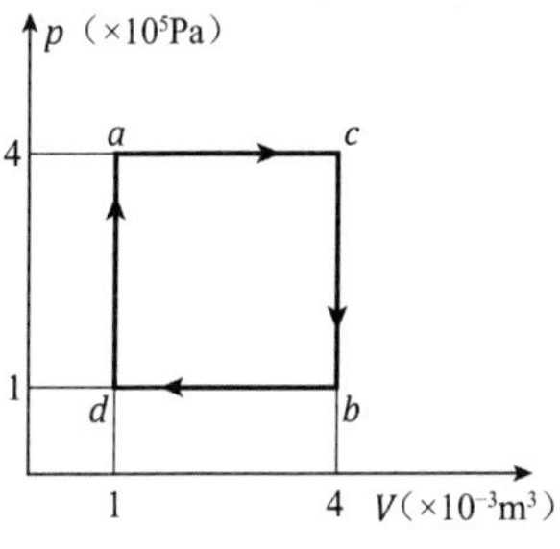

例 2-1-13 图

解　气体经一次循环对外所做的净功为曲线所包围的面积，此循环为顺时针正循环，系统对外做正功。

$$W = (4-1) \times 10^5 \times (4-1) \times 10^{-3} = 900\text{J}$$

答案：D

（二）热机效率η

式（2-1-41）中Q表示系统在循环过程中从外界吸收的净热量，可把它改写成$Q = Q_1 - |Q_2|$，Q_1表示吸热，Q_2表示放热，热机效率η被定义为

$$\eta = \frac{A}{Q_1} = \frac{Q_1 - |Q_2|}{Q_1} = 1 - \frac{|Q_2|}{Q_1} \tag{2-1-42}$$

（三）制冷系数ω

如果工作物质做逆循环，系统从低温热源吸收热量Q_2，向高温热源放出热量Q_1，而外界必须做功A，这样的循环为制冷机，制冷系数定义为：

$$\omega = \frac{Q_2}{A} = \frac{Q_2}{Q_1 - Q_2} \tag{2-1-43}$$

（四）卡诺循环

卡诺循环是在两个恒定的高温（T_1）热源和低温（T_2）热源之间工作的热机的一个特殊循环过程。它由两个等温过程、两个绝热过程组成。以理想气体为工作物质的卡诺循环如图 2-1-11 所示。

过程 1→2 为等温吸热过程，系统从高温热源吸热Q_1由式（2-1-31）确定

$$Q_1 = \frac{m}{M} R T_1 \ln \frac{V_2}{V_1}$$

过程 3→4 为等温放热过程，系统放热给低温热源Q_2为

$$Q_2 = \frac{m}{M} R T_2 \ln \frac{V_3}{V_4}$$

又因 2→3 及 4→1 均为绝热过程，故有

$$T_1 V_1^{\gamma-1} = T_2 V_4^{\gamma-1}$$

$$T_1 V_2^{\gamma-1} = T_2 V_3^{\gamma-1}$$

$$\frac{V_2}{V_1} = \frac{V_3}{V_4}$$

于是，卡诺循环效率为

$$\eta = \frac{Q_1 - Q_2}{Q_1} = \frac{T_1 - T_2}{T_1} = 1 - \frac{T_2}{T_1} \tag{2-1-44}$$

若使卡诺循环逆时针方向进行：1→4→3→2→1，如图 2-1-12 所示。气体将从低温热源吸热Q_2，又接受外界做功A，向高温热源放热$Q_1 = A + Q_2$，这是卡诺制冷循环。

由制冷系数定义

$$\omega = \frac{Q_2}{A} = \frac{Q_2}{Q_1 - Q_2}$$

因此卡诺制冷机的制冷系数为

$$\omega_{卡诺} = \frac{T_2}{T_1 - T_2} \tag{2-1-45}$$

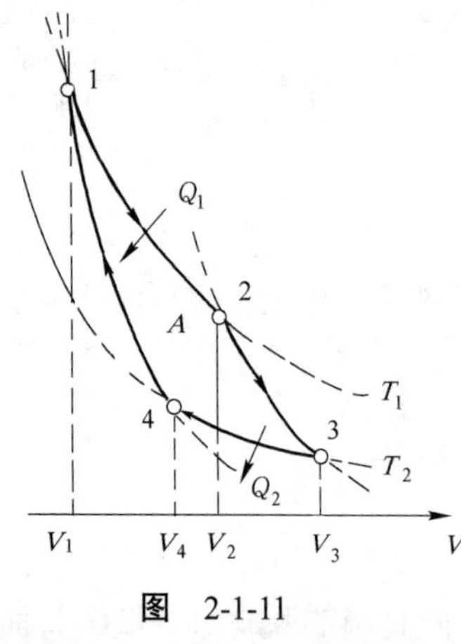

图 2-1-11

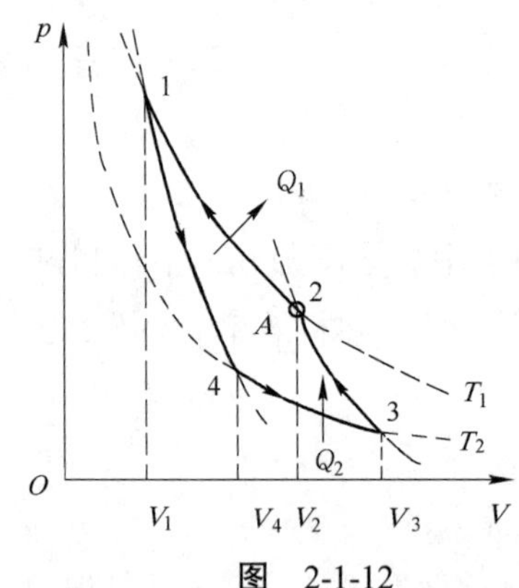

图 2-1-12

【例 2-1-14】 两个卡诺热机的循环曲线如图所示，一个工作在温度为T_1与T_3的两个热源之间，另一个工作在温度为T_2与T_3的两个热源之间，已知这两个循环曲线所包围的面积相等，由此可知：

A. 两个热机的效率一定相等

B. 两个热机从高温热源所吸收的热量一定相等

C. 两个热机向低温热源所放出的热量一定相等

D. 两个热机吸收的热量与放出的热量（绝对值）的差值一定相等

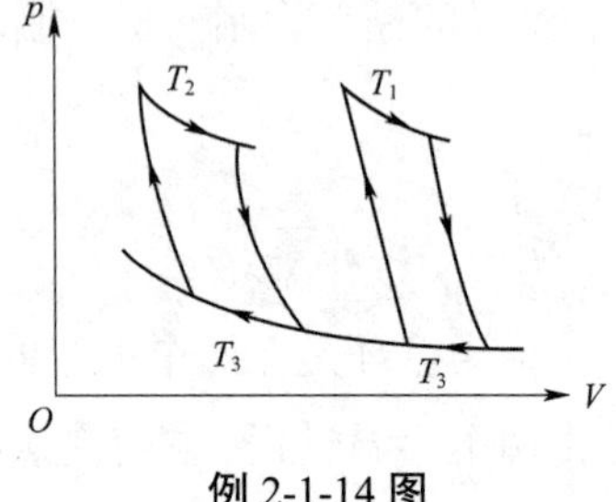

例 2-1-14 图

解 此题考查卡诺循环。卡诺循环的热机效率$\eta = 1 - \frac{T_2}{T_1}$，由图看出高温热源 T_1与T_2不同，低温热源T_3相同，所以效率不同。两个循环曲线所包围的面积相等，净功相等，$W = Q_1 - Q_2$，即两个热机吸

收的热量与放出的热量（绝对值）的差值一定相等。

答案：D

【例 2-1-15】一卡诺热机，低温热源的温度为 27℃。热机效率为 40%，其高温热源温度为：

A. 500K　　B. 45℃　　C. 400K　　D. 500℃

解　卡诺循环的热机效率$\eta = 1 - \frac{T_2}{T_1} = 1 - \frac{273+27}{T_1} = 40\%$，$T_1 = 500\text{K}$

此题注意开尔文温度与摄氏温度的变换。

答案：A

【例 2-1-16】卡诺制冷机工作于温度为 300K 和 400K 的两个热源之间，此制冷机的制冷系数为：

A. 2　　B. $1/2$　　C. $1/3$　　D. 3

解　卡诺制冷机$\omega = \frac{T_2}{T_1 - T_2} = \frac{300}{400-300} = 3$

答案：D

十三、可逆过程和不可逆过程

系统在外界作用下经过一个过程从初态变到终态，外界同时要发生变化：也从初态变到终态，现使系统发生的变化过程逆向进行，即从终态到初态，若外界同时也从终态恢复到初态，那么系统（及外界）发生的过程叫可逆过程。所谓可逆过程是指逆过程可以抹去正过程所留下的一切变化，好像世界上什么事情都没有发生过一样，不满足可逆过程条件的一切过程，称为不可逆过程。

功、热转换过程是不可逆的：功可以完全转变成热量；但在不引起其他任何变化的条件下（外界也同时复原），热不能完全变化为功。热量可以自动地从高温物体传到低温物体。但在不引起其他任何变化的条件下（即不能自动地），热量不能从低温物体传到高温物体。气体分子可自动地从密度大处向密度小处扩散，而自动的逆过程不行。动、植物的生老病死等等都是不可逆过程。

十四、热力学第二定律及其统计意义

上节提到的许多不可逆过程实例，说明自然界所发生的千变万化的过程有单向性（不可逆性），可以证明，各种单向性过程是相互沟通的，即从某一过程的单向性可推得另一过程的单向性。因此，要说明这种单向性的变化规律，只要任选一实例即可。有以下两种典型表述，并称之为热力学第二定律。

（1）开尔文表述：不可能制造出一种循环工作的热机，它只从单一热源吸热使之完全变为功而不使外界发生任何变化。

（2）克劳修斯表述：热量不能自动地从低温物体传向高温物体而不引起外界变化。

人们把从单一热源吸热并使之全部变成功而不引起其他变化的机器叫第二类永动机。这种永动机不违背热力学第一定律，但违背热力学第二定律，故不能制成。

电冰箱是克劳修斯表述的很好注释。热量不是不能从低温物体（冰箱内部）传向高温物体（箱外），而是不能自动地进行。冰箱不插上电源就不会制冷。

自（动）发（生）过程的单向性可以用系统处于某一状态的概率予以解释，这称为热力学第二定律的统计意义（或统计解释）。我们举一个气体向真空膨胀（扩散）的具体例子，来说明热力学第二定律的统计意义。假定气体由N个分子组成，处在体积为V的容器中，但一开始全部气体被隔板挡在只占容器$1/n$的空间中。当隔板被抽掉时，气体会自动扩散到均匀占满整个容器空间为止，这是个不可逆过程。

系统的初态概率为$(1/n)^N$，扩散过程使气体分子占据越来越大空间，即n减小，概率变大，最后当$n=1$时，即气体分布在整个容器中时，概率达最大，自发过程终止，系统达平衡态。系统内部进行的自发过程，总是由概率小的宏观状态向概率大的宏观状态进行，这就是热力学第二定律的统计意义。由于分子总数N极大，n与 1 的任何有限偏离，例如$n=1.1$，则此宏观态的概率为$(1/1.1)^N \to 0$，因此，要使系统自动返回初态的可能性几近乎零，即实际上过程是不可逆的。

习 题

2-1-1 两容器内分别装有氢气和氦气，若它们的温度和质量分别相等，则（ ）。

A. 两种气体分子的平均平动动能相等

B. 两种气体分子的平均动能相等

C. 两种气体分子的平均速率相等

D. 两种气体的内能相等

2-1-2 若理想气体的体积为V，压强为p，温度为T，一个分子的质量为m'，k为玻兹曼常量，R为摩尔气体常量，则该理想气体的分子数为（ ）。

A. pV/m'　　B. $pV/(kT)$　　C. $pV/(RT)$　　D. $pV/(m'T)$

2-1-3 一瓶氦气和一瓶氮气密度相同，分子平均平动动能相同，而且它们都处于平衡状态，则它们（ ）。

A. 温度相同、压强相同

B. 温度、压强都不相同

C. 温度相同，但氦气的压强大于氮气的压强

D. 温度相同，但氦气的压强小于氮气的压强

2-1-4 压强为p、体积为V的氦气（He，视为刚性分子理想气体）的内能为（ ）。

A. $\frac{3}{2}pV$　　B. $\frac{5}{2}pV$　　C. $\frac{1}{2}pV$　　D. $3pV$

2-1-5 在容积$V=8\times10^{-3}\text{m}^3$的容器中，装有压强$p=5\times10^2\text{Pa}$的理想气体，则容器中气体分子的平动动能总和为（ ）。

A. 2J　　B. 3J　　C. 5J　　D. 6J

2-1-6 某容器内储有 1mol 氢气和 1mol 氦气，设两种气体各自对器壁产生的压强分别为p_1和p_2，则两者的大小关系是（ ）。

A. $p_1>p_2$　　B. $p_1=p_2$　　C. $p_1<p_2$　　D. 不确定

2-1-7 两瓶不同的气体，一瓶是氧，另一瓶是一氧化碳，若它们的压强和温度相同，但体积不同，则下列量相同的是：①单位体积中的分子数，②单位体积的质量，③单位体积的内能，其中正确的是（ ）。

A. ①②　　B. ②③　　C. ①③　　D. ①②③

2-1-8 两种理想气体的温度相等，则它们的：①分子的平均动能相等，②分子的转动动能相等，③分子的平均平动动能相等，④内能相等，以上论断中，正确的是（ ）。

A. ①②③④　　B. ①②④　　C. ①④　　D. ③

2-1-9 一定量氢气和氧气，都可视为理想气体，它们分子的平均平动动能相同，那么它们分子的平

均速率之比$\overline{v}_{H_2}:\overline{v}_{O_2}$为（　　）。

A. 1∶16　　B. 16∶1　　C. 1∶4　　D. 4∶1

2-1-10 一定量的理想气体，在容积不变的条件下，当温度升高时，分子平均碰撞次数$\overline{Z}$及平均自由程$\overline{\lambda}$的变化情况是（　　）。

A. $\overline{Z}$增大，$\overline{\lambda}$不变　　B. $\overline{Z}$不变，$\overline{\lambda}$增大

C. $\overline{Z}$增大，$\overline{\lambda}$增大　　D. $\overline{Z}$、$\overline{\lambda}$都不变

2-1-11 理想气体的密度ρ在某一过程中与绝对温度T成反比关系，则该过程为（　　）。

A. 等容过程　　B. 等压过程　　C. 等温过程　　D. 绝热过程

2-1-12 两个相同的容器，一个装氦气，一个装氧气（视为刚性分子），开始时它们的温度和压强都相同。现将 9J 的热量传给氦气，使之升高一定温度。若使氧气也升到同样的温度，则应向氧气传递的热量是（　　）。

A. 9J　　B. 15J　　C. 18J　　D. 6J

2-1-13 1mol 氧气和 1mol 水蒸气（均视为刚性分子理想气体），若在体积不变的情况下吸收相等的热量，则它们的（　　）。

A. 温度升高相同，压强增加相同　　B. 温度升高不同，压强增加不同

C. 温度升高相同，压强增加不同　　D. 温度升高不同，压强增加相同

2-1-14 在常温条件下，压强、体积、温度都相同的氮气和氦气在等压过程中吸收了相等的热量，则它们对外做功之比为（　　）。

A. 5∶9　　B. 5∶7

C. 1∶1　　D. 9∶5

2-1-15 如图所示，理想气体由初态a经acb过程变到终态b。则（　　）。

A. 内能增量为正，对外做功为正，系统吸热为正

B. 内能增量为负，对外做功为正，系统吸热为正

C. 内能增量为负，对外做功为正，系统吸热为负

D. 不能判断

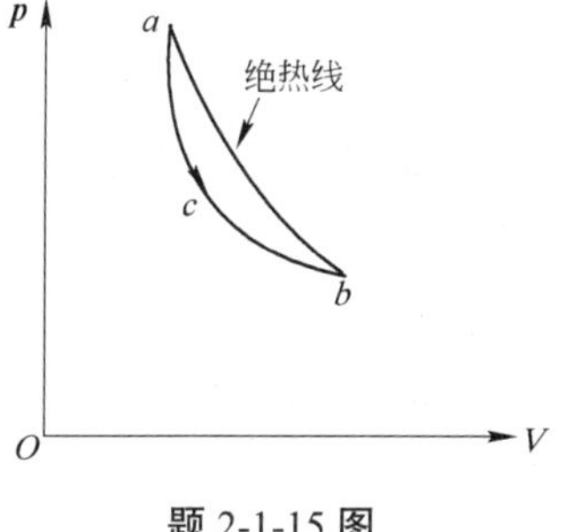

题 2-1-15 图

2-1-16 一定量理想气体，从状态A开始，分别经历等压、等温、绝热三种过程（AB、AC、AD），其容积由V_1都膨胀到$2V_1$，其中（　　）。

A. 气体内能增加的是等压过程，气体内能减少的是等温过程

B. 气体内能增加的是绝热过程，气体内能减少的是等压过程

C. 气体内能增加的是等压过程，气体内能减少的是绝热过程

D. 气体内能增加的是绝热过程，气体内能减少的是等温过程

2-1-17 一定量的理想气体，起始温度为T，体积为V_0，后经历绝热过程，体积变为$2V_0$，再经过等压过程，温度回升到起始温度，最后再经过等温过程，回到起始状态，则在此循环过程中（　　）。

A. 气体从外界净吸的热量为负值

B. 气体对外界净做的功为正值

C. 气体从外界净吸的热量为正值

D. 气体内能减少

2-1-18 设高温热源的热力学温度是低温热源热力学温度的n倍，则理想气体在一次卡诺循环中，传给低温热源的热量是从高温热源吸取的热量的（　　）。

A. n倍　　B. $n-1$倍　　C. $1/n$　　D. $(n+1)/n$倍

2-1-19 热力学第二定律可表述为（　　）。

A. 功可以全部转换为热，但热不能全部转换为功

B. 热量不能从低温物体传到高温物体

C. 热可以全部转换为功，但功不能全部转换为热

D. 热量不能自动地从低温物体传到高温物体

2-1-20 “理想气体和单一热源接触做等温膨胀时，吸收的热量全部用来对外做功。”对此说法，有如下几种评论，哪种是正确的？（　　）。

A. 不违反热力学第一定律，但违反热力学第二定律

B. 不违反热力学第二定律，但违反热力学第一定律

C. 不违反热力学第一定律，也不违反热力学第二定律

D. 违反热力学第一定律，也违反热力学第二定律

第二节 波 动 学

一、机械波的产生和传播

（一）一些基本概念

振动（状态）的传播过程称为波动。机械振动在弹性媒质中的传播过程称为机械波。变化的电磁场在空间的传播过程称为电磁波。本节研究的是机械波，但许多基本规律都适用于电磁波。

产生波动要有两个条件：第一要有振动源，第二要有传播振动的弹性媒质。

如果质点振动方向与波的传播方向垂直，这种波叫横波（如手握长绳一端上下抖动，振动沿水平方向传播出去，绳上形成横波）。如果质点振动方向与波的传播方向一致，这种波叫纵波（如空气中传播的声波是纵波）。

波从波源出发，在媒质中向各个方向传播，那些振动相位相同的点的集合称为波（阵）面。波面为平面的称为平面波，波面为球面的称为球面波等。传到最前面的那个波面称为波前。波的传播方向称为波线。在各向同性的媒质中，波线与波面垂直。

（二）波速、波长、频率

波速是单位时间内振动状态传播的距离，以u表示。u取决于媒质的物理性质，对机械波来说，取决于媒质的惯性与弹性，具体结论如下。

在弹性固体中，横波与纵波的速度分别是

$$u=\sqrt{G/\rho}\qquad\text{(横波)}$$

$$u=\sqrt{Y/\rho}\qquad\text{(纵波)}$$

式中，G和Y分别为媒质的切变弹性模量和杨氏弹性模量，ρ为媒质密度。

在气体和液体中，不能传播横波，因为它们的切变弹性模量为零。而纵波在气体和液体中的传播

速度为

$$u=\sqrt{B/\rho} \qquad (\text{纵波})$$

式中，B为媒质容变弹性模量。在理想气体中，声速为

$$u=\sqrt{\gamma p/\rho}=\sqrt{\gamma RT/M}$$

式中，$\gamma=C_{\mathrm{p}}/C_{\mathrm{V}}$，$p$为压强，$\rho$为密度，$M$为摩尔质量。

波长λ：波动传播时，同一波线上的两个相邻的相位相差为 2π 的质点，它们之间的距离称为波长λ。

周期T和频率ν：振动状态传播一个波长的距离所需的时间为一个周期T。频率$\nu=1/\mathrm{T}$，单位为1/秒（1/s），或称赫兹（Hz）。

二、平面简谐波的波动方程

波面为平面、媒质中各点均做简谐振动（简谐振动的传播过程）的波，叫平面简谐波。

设在无吸收的均匀媒质中，有一平面简谐波沿x轴正向以波速u传播。各质点振动位移方向与x轴垂直（横波），即y方向，设在$x=0$处质点的振动方程为

$$y=A\cos(\omega t+\varphi_0)$$

式中，A为振幅，ω为圆频率（角频率），y是$x=0$处的质点在t时刻偏离平衡位置的位移。设媒质中某点P的x坐标为x_{P}，由于P点的振动是由$x=0$处的振动以波速u传过来的，故应比$x=0$处的质点晚振动x_{P}/u的时间，P点的振动方程应为

$$y_{\mathrm{P}}=A\cos[\omega(t-x_{\mathrm{P}}/u)+\varphi_0]$$

略去P，即媒质中任一坐标为x的质点，其振动方程，亦即平面简谐波的波动方程为

$$y=A\cos\left[\omega\left(t-\frac{x}{u}\right)+\varphi_0\right] \tag{2-2-1}$$

利用$\omega=2\pi\nu$，$\nu=1/T$，$u=\lambda/T$等，可将波动方程变为如下形式

$$y=A\cos\left(2\pi\nu t-\frac{2\pi x}{\lambda}+\varphi_0\right) \tag{2-2-2}$$

$$y=A\cos\left[2\pi\left(\frac{t}{T}-\frac{x}{\lambda}\right)+\varphi_0\right] \tag{2-2-3}$$

$$y=A\cos\left[\frac{2\pi}{\lambda}(ut-x)+\varphi_0\right] \tag{2-2-4}$$

波动方程的意义：

（1）当x一定时（即波线上某一点），波动方程表示坐标为x的质点的振动方程。

（2）当t一定时（即某一瞬时），波动方程表示t时刻各质点的位移，即t时刻的波形。

（3）当x、t都变时，波动方程表示整个波形以波速u向x正方向传播。

如果波沿x轴负向传播，仍设$x=0$处振动方程为

$$y=A\cos(\omega t+\varphi_0)$$

任一坐标为x的质点要比$x=0$处的质点早振动x/u这么多时间，即相位超前$\omega\frac{x}{u}$。因此，任一坐标为x的质点振动方程，即波动方程为

$$\begin{aligned}y&=A\cos\left[\omega\left(t+\frac{x}{u}\right)+\varphi_0\right]=A\cos\left(2\pi\nu t+\frac{2\pi x}{\lambda}+\varphi_0\right)\\&=A\cos\left[2\pi\left(\frac{t}{T}+\frac{x}{\lambda}\right)+\varphi_0\right]=A\cos\left[\frac{2\pi}{\lambda}(ut+x)+\varphi_0\right]\end{aligned} \tag{2-2-5}$$

又若设$x = x_0$处质点的振动方程为

$$y = A\cos(\omega t + \varphi)$$

则沿x正向传播，波速为u的波动方程为

$$y = A\cos\left[\omega\left(t - \frac{x - x_0}{u}\right) + \varphi\right] \tag{2-2-6}$$

沿x轴负向传播的波动方程为

$$y = A\cos\left[\omega\left(t + \frac{x - x_0}{u}\right) + \varphi\right] \tag{2-2-7}$$

【例 2-2-1】 一平面简谐波沿x轴正方向传播，振幅$A = 0.02\text{m}$，周期$T = 0.5\text{s}$，波长$\lambda = 100\text{m}$，原点处质元的初相位$\varphi = 0$，则波动方程的表达式为：

A. $y = 0.02\cos 2\pi\left(\frac{t}{2} - 0.01x\right)$（SI）

B. $y = 0.02\cos 2\pi(2t - 0.01x)$（SI）

C. $y = 0.02\cos 2\pi\left(\frac{t}{2} - 100x\right)$（SI）

D. $y = 0.02\cos 2\pi(2t - 100x)$（SI）

解 当初相位φ=0 时，波动方程的表达式为$y = A\cos\left[\omega\left(t - \frac{x}{u}\right) + \varphi_0\right]$，利用$\omega = 2\pi\nu$，$\nu = \frac{1}{T}$，$u = \lambda\nu$，波动方程可写为$y = A\cos\left[2\pi\left(\frac{t}{T} - \frac{x}{\lambda}\right) + \varphi_0\right]$，令$A = 0.02\text{m}$，$T = 0.5\text{s}$，$\lambda = 100\text{m}$，则得$y = 0.02\cos 2\pi(2t - 0.01x)$（SI）。

答案：B

【例 2-2-2】 一横波沿一根弦线传播，其方程为$y = -0.02\cos\pi(4x - 50t)$（SI），该波的振幅与波长分别为：

A. 0.02cm，0.5cm　　B. −0.02m，−0.5m

C. −0.02m，0.5m　　D. 0.02m，0.5m

解 ①波动方程标准式：$y = A\cos\left[\omega\left(t - \frac{x-x_0}{u}\right) + \varphi_0\right]$

②本题方程：$y = -0.02\cos\pi(4x - 50t) = 0.02\cos[\pi(4x - 50t) + \pi]$

$$= 0.02\cos[\pi(50t - 4x) + \pi] = 0.02\cos\left[50\pi\left(t - \frac{4x}{50}\right) + \pi\right]$$

$$= 0.02\cos\left[50\pi\left(t - \frac{x}{\frac{50}{4}}\right) + \pi\right]$$

故$\omega = 50\pi = 2\pi\nu$，$\nu = 25\text{Hz}$，$u = \frac{50}{4}$，波长$\lambda = \frac{u}{\nu} = 0.5\text{m}$，振幅$A = 0.02\text{m}$。

答案：D

【例 2-2-3】 已知平面简谐波的方程为$y = A\cos(Bt - Cx)$，式中A、B、C为正常数，此波的波长和波速分别为：

A. $\frac{B}{C}$，$\frac{2\pi}{C}$　　B. $\frac{2\pi}{C}$，$\frac{B}{C}$　　C. $\frac{\pi}{C}$，$\frac{2B}{C}$　　D. $\frac{2\pi}{C}$，$\frac{C}{B}$

解 此题考查波动方程基本关系。

$$y = A\cos(Bt - Cx) = A\cos B\left(t - \frac{x}{B/C}\right)$$

$$u = \frac{B}{C}，\omega = B，T = \frac{2\pi}{\omega} = \frac{2\pi}{B}$$

$$\lambda = u \cdot T = \frac{B}{C} \cdot \frac{2\pi}{B} = \frac{2\pi}{C}$$

答案：B

【例 2-2-4】 一平面简谐波的波动方程为$y = 2 \times 10^{-2}\cos 2\pi\left(10t - \frac{x}{5}\right)$（SI）。$t = 0.25\text{s}$时，处于

平衡位置，且与坐标原点$x=0$最近的质元的位置是：

A. $\pm 5\mathrm{m}$　　B. 5m　　C. $\pm 1.25\mathrm{m}$　　D. 1.25m

解　在$t=0.25\mathrm{s}$时刻，处于平衡位置，$y=0$

由简谐波的波动方程$y=2\times10^{-2}\cos2\pi\left(10\times0.25-\frac{x}{5}\right)=0$，可知$\cos2\pi\left(10\times0.25-\frac{x}{5}\right)=0$

则$2\pi\left(10\times0.25-\frac{x}{5}\right)=(2k+1)\frac{\pi}{2}$，$k=0,\pm1,\pm2,\cdots$

由此可得$x=\frac{5}{4}(9-2k)$

当$x=0$时，$k=4.5$。所以$k=4$，$x=1.25$或$k=5$，$x=-1.25$时，与坐标原点$x=0$最近。

答案：C

【例 2-2-5】一横波的波动方程是$y=2\times10^{-2}\cos2\pi\left(10t-\frac{x}{5}\right)$(SI)，$t=0.25\mathrm{s}$时，距离原点($x=0$)处最近的波峰位置为：

A. $\pm 2.5\mathrm{m}$　　B. $\pm 7.5\mathrm{m}$　　C. $\pm 4.5\mathrm{m}$　　D. $\pm 5\mathrm{m}$

解　所谓波峰，其纵坐标$y=2\times10^{-2}\mathrm{m}$，亦即要求$\cos2\pi\left(10t-\frac{x}{5}\right)=1$，即$2\pi\left(10t-\frac{x}{5}\right)=\pm2k\pi$；当$t=0.25\mathrm{s}$时，$20\pi\times0.25-\frac{2\pi x}{5}=\pm2k\pi$，$x=(12.5\mp5k)$。

距原点最近的点取$x=0$，得$k=2.5$。则当$k=2$，$x=2.5$；$k=3$，$x=-2.5$。

答案：A

三、波的能量、能流密度

（一）波的能量

当弹性媒质中有振动传播时，各质元要发生振动，因而有动能。各质元也要发生弹性形变，因而有势能，振动传播时，媒质中各质元由近及远一层层振动起来，所以能量也逐层传播出去。能量随波动而传播，这是波动的重要特征。

设在质量密度为ρ的弹性媒质中，有一平面简谐波以速度u沿x轴正向传播，初相$\varphi_0=0$，其波动方程设为式（2-2-1）[注：也可设为式（2-2-5），结果一样]

$$y=A\cos\left[\omega\left(t-\frac{x}{u}\right)\right]$$

在x处取一小块媒质，体积为ΔV，质量为$\Delta m=\rho\Delta V$（质元），此质元做简谐振动，其动能W_K为

$$W_k=\frac{1}{2}\Delta mv^2=\frac{1}{2}\rho\Delta V\left(\frac{\partial y}{\partial t}\right)^2=\frac{1}{2}\rho A^2\omega^2\sin^2\left[\omega\left(t-\frac{x}{u}\right)\right]\Delta V$$

可以证明，质元的弹性形变势能$W_p=W_k$，所以在质元（或体元）内总机械能为

$$W=W_k+W_p=\rho A^2\omega^2\sin^2\left[\omega\left(t-\frac{x}{u}\right)\right]\Delta V \tag{2-2-8}$$

说明两点：

（1）由于$\sin^2\left[\omega\left(t-\frac{x}{u}\right)\right]=\sin^2\left[\frac{2\pi}{T}\left(t-\frac{x}{u}\right)\right]$随时间$t$在0~1之间变化。当$\Delta V$中机械能增加时，说明上一个邻近体元传给它能量；当$\Delta V$中机械能减少时，说明它的能量传给下一个邻近体元。这正符合能量传播图。

（2）体元ΔV中动能与势能同时达最大值（当体元处在平衡位置$y=0$时）及最小值（当体元处在最大位移$y=A$时）。

（二）能量密度、能流密度

能量（体）密度是指媒质中每单位体积具有的机械能，按式（2-2-8），应为

$$w = W/\Delta V = \rho A^2\omega^2 \sin^2\left[\omega\left(t - \frac{x}{u}\right)\right] \tag{2-2-9}$$

可见ω也随时间而变化。能量密度在一个周期内的平均值叫平均能量密度，用$\overline{\omega}$表示，即

$$\overline{\omega} = \frac{1}{T}\int_0^T \rho A^2\omega^2 \sin^2\left[\omega\left(t - \frac{x}{u}\right)\right]\mathrm{d}t = \frac{1}{2}\rho A^2\omega^2 \tag{2-2-10}$$

从上式可看出，对平面简谐波而言，$\overline{\omega}$与体元所在位置无关，是个恒量。它的单位是$\mathrm{J/m^3}$。

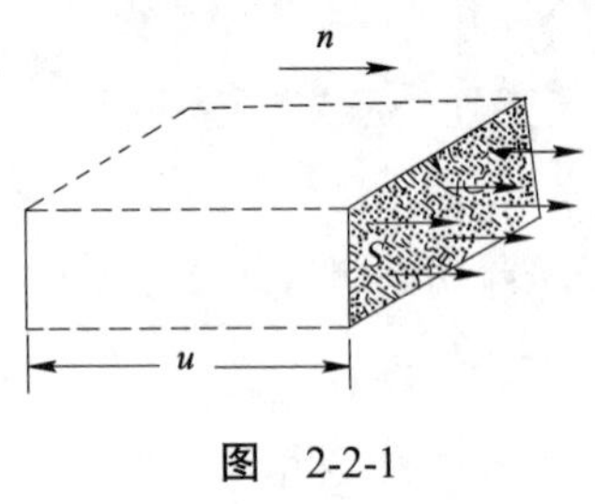

图 2-2-1

为了定量地描述能量随波动而传播，引进能流密度这一物理量，它的定义是：单位时间内通过垂直于波传播方向每单位截面面积的平均能量，用I表示。

参见图 2-2-1，在垂直于波传播方向上取一截面积S，并以波速u为高作一柱体，该柱体内含有能量平均为

$$\overline{W} = \overline{\omega}\Delta V = \frac{1}{2}\rho A^2\omega^2 S u$$

在单位时间内，这些能量都应传过S面，根据能流密度I的定义应为

$$I = \overline{W}/S = \frac{1}{2}\rho A^2\omega^2 u \tag{2-2-11}$$

定义能流密度矢量$\boldsymbol{I}$，它的方向为波的传播方向，即波速$\boldsymbol{u}$的方向，故

$$\boldsymbol{I} = \frac{1}{2}\rho A^2\omega^2 \boldsymbol{u} \tag{2-2-12}$$

能流密度又称为波强。它的单位是$\mathrm{J/(m^2 \cdot s)}$，或$\mathrm{W/m^2}$(瓦/米^2)。

【例 2-2-6】 一平面简谐波的波动方程为$y = 2\times10^{-2}\cos\left[2\pi\left(10t - \frac{x}{5}\right)\right]$（SI），对$x = 2.5\mathrm{m}$处的质元，在$t = 0.25\mathrm{s}$时，它的：

A. 动能最大，势能最大　　B. 动能最大，势能最小

C. 动能最小，势能最大　　D. 动能最小，势能最小

解 简谐波在弹性媒质中传播时媒质质元的能量不守恒，任一质元 $W_{\mathrm{p}} = W_{\mathrm{k}}$，平衡位置时动能及势能均为最大，最大位移处动能及势能均为零。

将$x = 2.5\mathrm{m}$，$t = 0.25\mathrm{s}$代入波动方程$y = 2\times10^{-2}\cos\left[2\pi\left(10\times0.25 - \frac{2.5}{5}\right)\right] = 0.02\mathrm{m}$，为波峰位置，动能及势能均为零。

答案： D

四、波的衍射

波在传播过程中遇到障碍物时，能够绕过障碍物的边缘，在障碍物的阴影区内继续传播，这种现象称为波的衍射。

五、波的干涉

（一）波的叠加原理

从几个波源发出的波在同一媒质中传播时，不论相遇与否，都各自保持原有特性（频率、波长、振动方向、传播方向等），按各自原来的传播方向前进。在相遇区域中，各质点同时参与几种振动，各质点的振动位移等于各振动引起位移的矢量和。上述结论，称为波的叠加原理。

（二）波的干涉现象

由两个（或多个）频率相同、振动方向相同、相位差恒定的波源发出的波叫相干波。满足上述条件的波源叫相干波源。在相干波相遇的区域内，各质点（同时参与两种振动）的振动将有恒定的振幅，但有的质点振幅大，即振动加强；有的质点振幅小，即振动减弱。这种现象称为波的干涉现象。

（三）干涉条件

设两相干波源S_1及S_2的振动方程为

$$y_1 = A_1\cos(\omega t + \varphi_1)$$
$$y_2 = A_2\cos(\omega t + \varphi_2)$$

由两波源发出的两列平面简谐波在媒质中经r_1、r_2的波程分别传到P点相遇（参见图 2-2-2）。在P点引起的分振动分别为

$$y_{1\mathrm{P}} = A_1\cos\left(\omega t + \varphi_1 - \frac{2\pi r_1}{\lambda}\right)$$
$$y_{2\mathrm{P}} = A_2\cos\left(\omega t + \varphi_2 - \frac{2\pi r_2}{\lambda}\right)$$

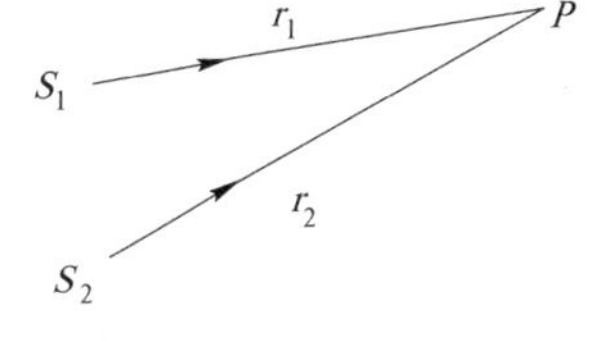

图 2-2-2

P点的合振动方程为

$$y_\mathrm{P} = y_{1\mathrm{P}} + y_{2\mathrm{P}} = A\cos(\omega t + \varphi) \tag{2-2-13}$$

其中

$$A = \sqrt{A_1^2 + A_2^2 + 2A_1A_2\cos\left[\varphi_2 - \varphi_1 - \frac{2\pi(r_2 - r_1)}{\lambda}\right]} \tag{2-2-14}$$

$$\tan\varphi = \frac{A_1\sin\left(\varphi_1 - \frac{2\pi r_1}{\lambda}\right) + A_2\sin\left(\varphi_2 - \frac{2\pi r_2}{\lambda}\right)}{A_1\cos\left(\varphi_1 - \frac{2\pi r_1}{\lambda}\right) + A_2\cos\left(\varphi_2 - \frac{2\pi r_2}{\lambda}\right)} \tag{2-2-15}$$

由式（2-2-14）可看出，当两分振动在P点的相位差$\Delta\varphi = \varphi_2 - \varphi_1 - 2\pi(r_2 - r_1)/\lambda$为$2\pi$的整数倍时，合振幅最大，$A = A_1 + A_2$；当$\Delta\varphi$为$\pi$的奇数倍时，合振幅最小，$A = |A_1 - A_2|$。即：

$\Delta\varphi = \pm 2k\pi \quad (k = 0,1,2,\cdots)$干涉加强条件。

$\Delta\varphi = \pm(2k+1)\pi \quad (k = 0,1,2,\cdots)$干涉减弱条件。

干涉加强及减弱条件也可用波程差$\delta = r_2 - r_1$来表示：

当$\delta = r_2 - r_1 = \pm k\lambda - (\varphi_2 - \varphi_1)\lambda/(2\pi)$时，干涉加强。

当$\delta = r_2 - r_1 = \pm(2k+1)\lambda/2 - (\varphi_2 - \varphi_1)\lambda/(2\pi)$时，干涉减弱。

如果两相干波源的振动初相位相等，即$\varphi_1 = \varphi_2$，则：

当$\delta = r_2 - r_1 = \pm k\lambda$时，干涉加强；

当$\delta = r_2 - r_1 = \pm(2k+1)\lambda/2$时，干涉减弱。

波的干涉加强及减弱条件，在讨论光的干涉现象时会用到。

【例 2-2-7】 两列相干波，其表达式分别为$y_1 = 2A\cos\left[2\pi\left(\nu t - \frac{x}{2}\right)\right]$和$y_2 = A\cos\left[2\pi\left(\nu t + \frac{x}{2}\right)\right]$，在叠加后形成的合成波中，波中质元的振幅范围是：

A. $A \sim 0$　　B. $3A \sim 0$　　C. $3A \sim -A$　　D. $3A \sim A$

解 两列振幅不相同的相干波，在同一直线上沿相反方向传播，叠加的合成波振幅为：

$$A^2 = A_1^2 + A_2^2 + 2A_1A_2\cos\Delta\varphi$$

当$\cos\Delta\varphi = 1$时，合振幅最大，$A' = A_1 + A_2 = 3A$；

当$\cos\Delta\varphi = -1$ 时，合振幅最小，$A' = |A_1 - A_2| = A$。

此题注意振幅没有负值，要取绝对值。

答案： D

六、驻波

（一）驻波的形成

两频率相同、振动方向相同、振幅相同，沿相反方向传播的平面简谐波，叠加起来形成驻波，这是一种具体的干涉现象。

如图 2-2-3 所示，左边放一音叉，音叉末端系一水平细绳AB，细绳经过滑轮悬一重物。音叉振动时，绳上产生波动向右传播到达B点，在B点反射产生反射波向左传播。这样入射波和反射波在同一绳子上沿相反方向传播，它们相互干涉产生驻波。这里波在绳子固定端B处反射，反射波在分界处产生相位跃变π，入射波与反射波相位相反，因而在反射处形成波节（振幅为零）。如果波在绳子自由端反射，那么反射处形成波腹（振幅最大）。所谓自由端反射，是指反射端是自由不受限制的，波在该点反射不存在半波损失，入射波与反射波同相，反射点为波腹。

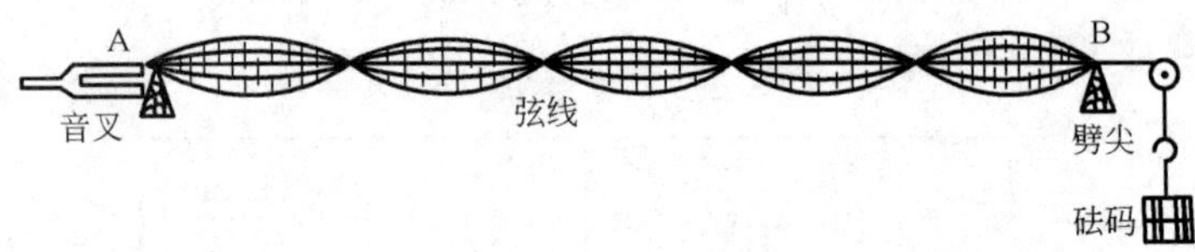

图 2-2-3　驻波试验

（二）驻波方程

设一列平面简谐波沿x正向传播，另一列沿x负向传播，初相位均设为零，波动方程分别设为

$$y_1 = A\cos\left[2\pi\left(\nu t - \frac{x}{\lambda}\right)\right]$$

$$y_2 = A\cos\left[2\pi\left(\nu t + \frac{x}{\lambda}\right)\right]$$

合成波的波动方程为

$$y = y_1 + y_2 = A\cos\left[2\pi\left(\nu t - \frac{x}{\lambda}\right)\right] + A\cos\left[2\pi\left(\nu t + \frac{x}{\lambda}\right)\right]$$

利用三角公式

$$\cos\alpha + \cos\beta = 2\cos\left(\frac{\alpha+\beta}{2}\right)\cos\left(\frac{\alpha-\beta}{2}\right)$$

可得

$$y = 2A\cos\left(\frac{2\pi x}{\lambda}\right)\cos(2\pi\nu t) \qquad (2\text{-}2\text{-}16)$$

上式为驻波方程。

（三）驻波的特点

1. 振幅分布特点

驻波中各质点的振幅$\left|2A\cos\left(2\pi\frac{x}{\lambda}\right)\right|$随各质点的位置$x$而变化。

当$2\pi x/\lambda = k\pi(k = 0, \pm1, \pm2, \cdots)$时，即

$$x = k\lambda/2 \qquad (k = 0, \pm1, \pm2, \cdots)$$

各处的振幅最大（$2A$），这些点称为波腹。

当$2\pi x/\lambda = (2k+1)\pi/2(k = 0, \pm1, \pm2, \cdots)$时，即

$$x=(2k+1)\lambda/4 \qquad (k=0,\pm1,\pm2,\cdots)$$

各处的振幅为零，即质点不动，这些点称为波节。可见，相邻两波节（或波腹）间距为半波长$\lambda/2$。

2. 位相分布特点

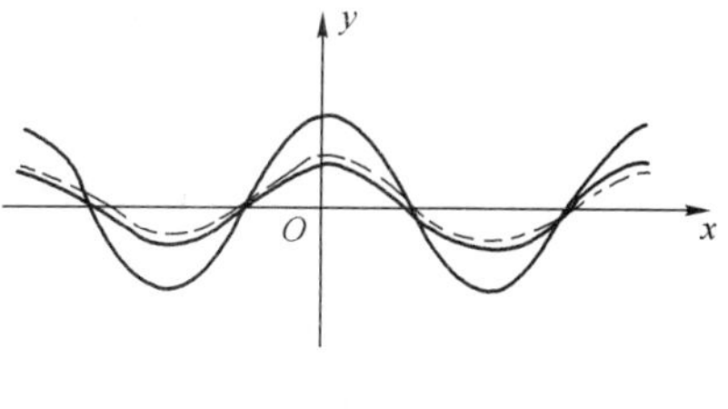

图 2-2-4

从驻波方程式（2-2-16）看，有$\cos(2\pi\nu t)$，似乎各点相位都为$2\pi\nu t$，即各点相位似乎相同。其实不然。因$2A\cos(2\pi x/\lambda)$是随x的变化而有正、负之分，而在相邻两节点间各质点因为$2A\cos(2\pi x/\lambda)$有相同的符号，所以各质点相位相同；在同一节点的两侧各质点因$2A\cos(2\pi x/\lambda)$有相反的符号，故节点两侧的质点相位相反（即相位相关为π）。也就是说，驻波被波节点分成若干长度为$\lambda/2$的小段，每一小段上各质点相位相同；相邻两段上各质点相位相反。概貌见图 2-2-4。

3. 能量传播特点

驻波是由方向相反的两列波叠加而成。由能流密度矢量$\boldsymbol{I}=\frac{1}{2}\rho A^2\omega^2\boldsymbol{u}$知，驻波的能流密度矢量$\boldsymbol{I}^1+\boldsymbol{I}^2=0$，故驻波不传播能量。

【例 2-2-8】 两列相干波，其表达式$y_1=A\cos\left[2\pi\left(\nu t-\frac{x}{\lambda}\right)\right]$和$y_2=A\cos\left[2\pi\left(\nu t+\frac{x}{\lambda}\right)\right]$，在叠加后形成的驻波中，波腹处质元振幅为：

A. A　　B. $-A$　　C. $2A$　　D. $-2A$

解 两列振幅相同的相干波，在同一直线上沿相反方向传播，叠加的结果即为驻波。

叠加后形成的驻波的波动方程为$y=y_1+y_2=2A\cos\left(2\pi\frac{x}{\lambda}\right)\cos(2\pi\nu t)$，驻波的振幅是随位置变化的，$A'=2A\cos\left(2\pi\frac{x}{\lambda}\right)$，波腹处有最大振幅$2A$。

答案： C

【例 2-2-9】 在弦线上有一简谐波，$y_1=2.0\times10^{-2}\cos\left[100\pi\left(t+\frac{x}{20}\right)-\frac{\pi}{3}\right]$(SI)，为了在此弦线上形成驻波，且在$x=0$处为一波腹，此弦线上还应有一简谐波，其表达式为：

A. $y_2=2.0\times10^{-2}\cos\left[100\pi\left(t-\frac{x}{20}\right)+\frac{\pi}{3}\right]$(SI)

B. $y_2=2.0\times10^{-2}\cos\left[100\pi\left(t-\frac{x}{20}\right)+\frac{4\pi}{3}\right]$(SI)

C. $y_2=2.0\times10^{-2}\cos\left[100\pi\left(t-\frac{x}{20}\right)-\frac{\pi}{3}\right]$(SI)

D. $y_2=2.0\times10^{-2}\cos\left[100\pi\left(t-\frac{x}{20}\right)-\frac{4\pi}{3}\right]$(SI)

解 驻波是由振幅、频率和传播速度都相同的两列相干波，在同一直线上沿相反方向传播时叠加而成的一种特殊形式的干涉现象。

设另一简谐波的表达式为：$y_2=2.0\times10^{-2}\cos\left[100\pi\left(t-\frac{x}{20}\right)+\varphi\right]$(SI)

则驻波方程为：

$$y=y_1+y_2=2.0\times10^{-2}\cos\left[100\pi\left(t+\frac{x}{20}\right)-\frac{\pi}{3}\right]+2.0\times10^{-2}\cos\left[100\pi\left(t-\frac{x}{20}\right)+\varphi\right]$$

$$=4.0\times10^{-2}\cos\left[100\pi t+\frac{1}{2}\left(\varphi-\frac{\pi}{3}\right)\right]\cos\left[5\pi x-\frac{1}{2}\left(\varphi+\frac{\pi}{3}\right)\right]$$

因为$x=0$处为波腹，所以$\cos\left[-\frac{1}{2}\left(\varphi+\frac{\pi}{3}\right)\right]=\pm1$，则$-\frac{1}{2}\left(\varphi+\frac{\pi}{3}\right)=k\pi$

当$k=0$时，$\varphi=-\frac{\pi}{3}$；当$k=1$时，$\varphi=\frac{5\pi}{3}$

答案： C

七、声波、声强级

在弹性媒质中传播的机械纵波，其频率在 20~20 000Hz 之间，能引起人的听觉，这种波叫声波；频率高于 20 000Hz 的波叫超声波，低于 20Hz 的叫次声波。

（一）声强

声强就是声波的能流密度，即

$$I=\frac{1}{2}\rho A^2\omega^2 u \tag{2-2-17}$$

由上式可知，频率越高，越容易获得较大的声强。

（二）声强级

能引起听觉的声波，不仅有频率范围，而且还有声强范围。对于每个可闻频率，声强都有上下两个限值，低于下限的声强不能引起听觉，称为听阈声强，高于上限的声强也不能引起听觉，太高了只能引起痛觉，称为痛阈声强。在 1 000Hz 频率时，一般正常人听觉的最高声强为$10^{-4}\mathrm{W/m^2}$，最低声强为$10^{-12}\mathrm{W/m^2}$，规定声强$I_0=10^{-12}\mathrm{W/m^2}$作为测定声强的标准，由于声强的数量级相差悬殊，所以常用对数标度作为声强级的量度，声强级I_L定义为

$$I_\mathrm{L}=\lg\frac{I}{I_0}(\mathrm{B}) \tag{2-2-18}$$

声强级单位为贝尔（B），1 贝尔=10 分贝（dB），故声强级也可定义为

$$I_\mathrm{L}=10\lg\frac{I}{I_0}(\mathrm{dB}) \tag{2-2-19}$$

【例 2-2-10】 两人轻声谈话的声强级为 40dB，热闹市场上噪声的声强级为 80dB。市场上噪声的声强与轻声谈话的声强之比为：

A. 2　　B. 20　　C. 10^2　　D. 10^4

解 声强级为$L=10\lg\frac{I}{I_0}$，其中$I_0=10^{-12}\mathrm{W/m^2}$为测定基准，$I$的单位为 B（贝尔）。轻声谈话的声强级为 40dB（分贝），dB 为 B 的$1/10$，即为 4B，则由$4=\lg\frac{I_1}{I_0}$，得轻声谈话声强$I_1=I_0\times10^4\mathrm{W/m^2}$，同理可得热闹市场上声强$I_2=I_0\times10^8\mathrm{W/m^2}$，可知市场上噪声的声强与轻声谈话的声强之比$\frac{I_2}{I_1}=\frac{I_0\times10^8}{I_0\times10^4}=10^4$。

答案： D

八、多普勒效应

当波源、观察者（接收器）相对媒质静止时，观察者接收到的频率是波源的频率ν_0。

当波源或观察者相对媒质运动，或两者都相对媒质运动时，观察者接收到的频率ν'和声源频率ν_0不同，这种现象称为多普勒效应。

为简明计，设声源和观察者在同一直线上运动（这种限制并非必要，下面要说明的）。以v_S表示波源（相对于媒质）的运动速度，v_B表示观察者（相对于媒质）的运动速度，u表示波在媒质中的传播速度，下面分三种情况讨论。

（一）声源不动，观察者以v_B运动

若观察者向着波源运动，表示$v_\mathrm{B}>0$（规定）。此时，相当于波以$u+v_\mathrm{B}$的速度通过观察者，所以单位时间内通过观察者的完整波数，即观察者接收到的波的频率为

$$\nu' = \frac{u + v_B}{\lambda} = \left(1 + \frac{v_B}{u}\right)\nu_0 \tag{2-2-20}$$

可见，若观察者向着波源运动，$v_B > 0$，$\nu' > \nu_0$；反之若观察者背离波源运动，$v_B < 0$，$\nu' < \nu_0$。

（二）观察者静止，波源以v_S运动

若波源向着观察者运动，表示$v_S > 0$。由于波速u与波源运动无关，波在一周期内传播距离总等于波长λ，但在一周期内波源向前移动了$v_S T$的距离，其效果相当于波长缩短为

$$\lambda' = \lambda - v_S T$$

因此，观察者接收到的频率ν'由于波长缩短而增大为

$$\nu' = \frac{u}{\lambda - v_S T} = \frac{u}{(u - v_S)T} = \frac{u}{u - v_S}\nu_0 \tag{2-2-21}$$

若波源背离观察者运动，$v_S < 0$，$\nu' < \nu_0$。

（三）波源、观察者同时运动

综上（一）、（二）所述，此时观察者接收到的频率为

$$\nu' = \frac{u}{u - v_S}\left(1 + \frac{v_B}{u}\right)\nu_0 = \frac{u + v_B}{u - v_S}\nu_0 \tag{2-2-22}$$

最后要说明，如果波源与观察者不在同一直线上运动，则以上公式中v_B、v_S代表观察者及波源速度在两者连线上的分量。

【例 2-2-11】 一声波波源相对媒质不动，发出的声波频率是ν_0。设以观察者的运动速度为波速的1/2，当观察者远离波源运动时，他接收到的声波频率是：

A. ν_0　　B. $2\nu_0$　　C. $\nu_0/2$　　D. $3\nu_0/2$

解 本题考查声波的多普勒效应公式。注意波源不动，$v_S = 0$，观察者远离波源运动，v_0前取负号。设波速为u，则：

$$\nu' = \frac{u - v}{u}\nu_0 = \frac{u - \frac{1}{2}u}{u}\nu_0 = \frac{1}{2}\nu_0$$

答案： C

习　题

2-2-1 一横波沿绳子传播时的波动方程为$y = 0.05\cos(4\pi x - 10\pi t)$ (SI)，则（　　）。

A. 波长为 0.05m　　B. 波长为 0.5m　　C. 波速为 25m/s　　D. 波速为 5m/s

2-2-2 一平面简谐波在弹性媒质中传播，在某一瞬时，媒质中某质元正处于平衡位置，此时它的能量是（　　）。

A. 动能为零，势能为零　　B. 动能最大，势能最大

C. 动能为零，势能最大　　D. 动能最大，势能为零

2-2-3 一平面简谐波沿x轴正向传播，已知$x = L(L < \lambda)$处质点的振动方程为$y = A\cos\omega t$，波速为u，那么$x = 0$处质点的振动方程为（　　）。

A. $y = A\cos(\omega t + L/u)$　　B. $y = A\cos(\omega t - L/u)$

C. $y = A\cos\omega(t + L/u)$　　D. $y = A\cos\omega(t - L/u)$

2-2-4 一振幅为A、周期为T、波长为λ的平面简谐波沿x轴负向传播，在$x = \lambda/2$处，$t = T/4$时，振动相位为π，则此平面简谐波的波动方程为（　　）。

A. $y = A\cos(2\pi t/T - 2\pi x/\lambda - \pi/2)$　　B. $y = A\cos(2\pi t/T + 2\pi x/\lambda + \pi/2)$

C. $y = A\cos(2\pi t/T + 2\pi x/\lambda - \pi/2)$　　D. $y = A\cos(2\pi t/T - 2\pi x/\lambda + \pi)$

2-2-5 在下面几种说法中，正确的说法是（　　）。

A. 波源不动时，波源的振动周期与波动周期在数值上是不同的

B. 波源振动的速度与波速相同

C. 在波传播方向上的任一质点的振动相位总是比波源的相位滞后

D. 在波传播方向上的任一质点的振动相位总是比波源的相位超前

2-2-6 一平面简谐波在媒质中沿x轴正方向传播，传播速度$u = 15\text{cm/s}$，波的周期$T = 2\text{s}$，沿波线上A、B两点相距 5.0cm，当波传播时，B点的振动相位比A点落后（　　）。

A. $\pi/2$　　B. $\pi/3$　　C. $\pi/6$　　D. $3\pi/2$

2-2-7 一平面简谐波在弹性媒质中传播，在媒质质元从最大位移处回到平衡位置的过程中（　　）。

A. 它的势能转换成动能

B. 它的动能转换成势能

C. 它从相邻一段媒质元获得能量，其能量逐渐增加

D. 它把自己的能量传给相邻的一段媒质元，其能量逐渐减少

2-2-8 在驻波中，两个相邻波节间各质点的振动（　　）。

A. 振幅相同，相位相同　　B. 振幅不同，相位相同

C. 振幅相同，相位不同　　D. 振幅不同，相位不同

2-2-9 两列相干平面简谐波振幅都是 4cm，两波源相距 30cm，相位差为π，在两波源连线的中垂线上任意一点P，两列波叠加后合振幅为（　　）。

A. 8cm　　B. 16cm　　C. 30cm　　D. 0

2-2-10 两振幅均为A的相干波源S_1和S_2（见图）相距$3\lambda/4$（λ为波长），若在S_1、S_2的连线上，S_1右侧的各点合振幅均为$2A$，则两波的初相位差$\varphi_{02} - \varphi_{01}$是（　　）。

$3\lambda/4$　S_2　S_1

题 2-2-10 图

A. 0　　B. $\pi/2$　　C. π　　D. $3\pi/2$

2-2-11 在波长为λ的驻波中两个相邻波节之间的距离为（　　）。

A. λ　　B. $\lambda/2$　　C. $3\lambda/4$　　D. $\lambda/4$

第三节 光　学

光波是电磁波，是电磁量$\boldsymbol{E}$、$\boldsymbol{H}$（$\boldsymbol{E}$为电场强度，$\boldsymbol{H}$为磁场强度）的扰动在空间的传播。它不依赖于空间是否存在媒质，光的传播速度为$c = 3.0 \times 10^8\text{m/s}$，在媒质中的传播速度为$u = c/n$，$n$为媒质的折射率。光波是横波，其中$\boldsymbol{E}$、$\boldsymbol{H}$矢量的振动方向与光波的传播方向总是垂直的（见图 2-3-1）。

由于对人眼和光学仪器起作用的主要是由矢量$\boldsymbol{E}$，故称$\boldsymbol{E}$为光矢量。

一、相干光波的叠加

几列光波在媒质中传播而相遇时，通常满足波的叠加原理。我们首先讨论的是同方向、同频率、有

恒定初相差的两个单色光源（称相干光源）所发出的两列光波的叠加（即相干光的叠加）。

在场点P，由相干光源S_1、S_2（见图 2-3-2）所发出的两列相干光波引起的光扰动分别为

$$y_1 = A_1 \cos\left(\omega t - 2\pi\frac{r_1}{\lambda} + \varphi_1\right)$$

$$y_2 = A_2 \cos\left(\omega t - 2\pi\frac{r_2}{\lambda} + \varphi_2\right)$$

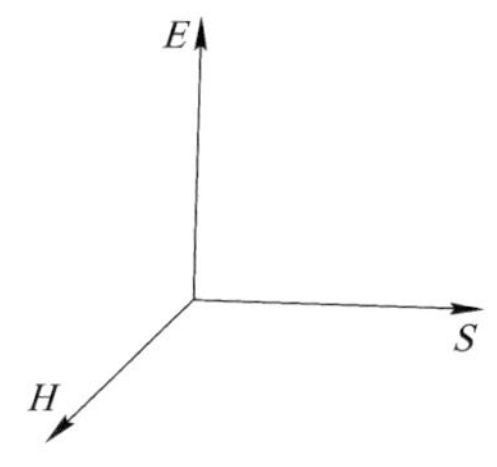

图　2-3-1

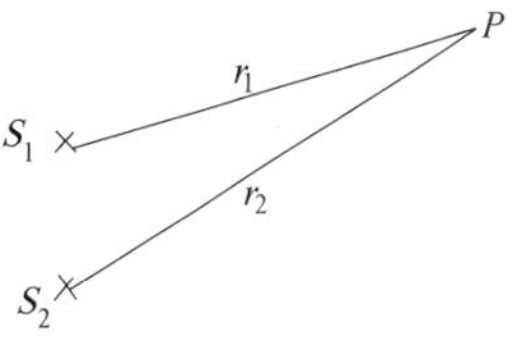

图　2-3-2

在P点合扰动的振幅满足

$$A^2 = A_1^2 + A_2^2 + 2A_1A_2 \cos\left(\varphi_2 - \varphi_1 - 2\pi\frac{r_2 - r_1}{\lambda}\right)$$

相应地，P点的光强为

$$I = I_1 + I_2 + 2\sqrt{I_1 I_2}\cos\Delta\varphi \tag{2-3-1}$$

式中，$I_1 = A_1^2$，$I_2 = A_2^2$，$2\sqrt{I_1 I_2}\cos\Delta\varphi$为干涉项，它决定了空间干涉场的光强分布。

当$\Delta\varphi = \pm 2k\pi$时$(k = 0,1,2,\cdots)$，有$I_{\max} = I_1 + I_2 + 2\sqrt{I_1 I_2}$，此时场点光强最大、亮点。

当$\Delta\varphi = \pm(2k+1)\pi$时$(k = 0,1,2,\cdots)$，则有$I_{\min} = I_1 + I_2 - 2\sqrt{I_1 I_2}$，此时场点光强最小、暗点。

在干涉场中，凡具有相同相位差的所有亮点（或暗点）的轨迹，就形成同一k级的（或暗）条纹，k称干涉条纹的级次。

当$\Delta\varphi$为其他值，该对应点光强介于$I_{\max}$与$I_{\min}$之间。

当$I_1 = I_2$时，则合光强为

$$I = 2I_1 + 2I_1\cos\Delta\varphi = 2I_1(1 + \cos\Delta\varphi) = 4I_1\cos^2\frac{\Delta\varphi}{2} \tag{2-3-2}$$

当$\Delta\varphi = \pm 2k\pi$时，$I_{\max} = 4I_1$；

当$\Delta\varphi = \pm(2k+1)\pi$时，$I_{\min} = 0$。

若相干光源的初相位相同，即$\varphi_1 = \varphi_2$，则

$$\Delta\varphi = 2\pi\frac{r_1 - r_2}{\lambda} \tag{2-3-3}$$

当波程差$\delta = r_1 - r_2$满足以下条件时，即

$$\delta = r_1 - r_2 = \begin{cases} \pm k\lambda & \text{有最大光强} \\ & (k = 0,1,2,\cdots) \\ \pm(2k+1)\dfrac{\lambda}{2} & \text{有最小光强} \end{cases} \tag{2-3-4}$$

二、光程与光程差

在实际问题中经常遇到相干的两束光在不同媒质中传播的情形，此时须引入光程的概念。

若两相干光分别在折射率为n_1、n_2的媒质中传播r_1、r_2的几何路程，因光在媒质中的传播速度u是

真空中光速c的$\frac{1}{n}$，而在媒质中的波长λ_n与真空中波长λ的关系为$\lambda_n = \lambda/n$，一个波长对应2π的相位改变。故有

$$2\pi r_1/\lambda_1 = 2\pi n_1 r_1/\lambda$$
$$2\pi r_2/\lambda_2 = 2\pi n_2 r_2/\lambda$$

将媒质的折射率n与光在媒质中通过的几何路程r的乘积叫光程(nr)。于是

$$\Delta\varphi = \varphi_2 - \varphi_1 + \frac{2\pi}{\lambda}(n_1 r_1 - n_2 r_2) \tag{2-3-5}$$

通常两束相干光源取自同一波阵面上，有$\varphi_2 = \varphi_1$，则两束相干光在空间各点的相位差仅取决于光程差δ，即

$$\Delta\varphi = \frac{2\pi}{\lambda}(n_1 r_1 - n_2 r_2) = \frac{2\pi}{\lambda}\delta \tag{2-3-6}$$

当

$$\Delta\varphi = \frac{2\pi}{\lambda}\delta = \begin{cases} \pm 2k\pi & \text{加强} \\ & (k = 0,1,2,\cdots) \\ \pm(2k+1)\pi & \text{减弱} \end{cases} \tag{2-3-7}$$

或

$$\delta = \begin{cases} \pm k\lambda & \text{加强} \\ & (k = 0,1,2,\cdots) \\ \pm(2k+1)\dfrac{\lambda}{2} & \text{减弱} \end{cases} \tag{2-3-8}$$

三、相干光的获得

前面提到通过分离光波，可得到相干光。有两种方法：分割波阵面及分割振幅。

- 相干光的获得
  - 分割波阵面法
    - 杨氏双缝干涉
    - 双面镜干涉
    - 洛埃镜干涉
  - 分割振幅法——薄膜干涉
    - 等倾——迈克尔逊干涉仪
    - 等厚——
      - 劈尖干涉
      - 牛顿环
    - 增透膜
    - 增反膜

四、光的干涉

（一）杨氏双缝干涉

如图 2-3-3 所示，杨氏用单色光从S发出的光波波阵面到达离S等远的双缝S_1、S_2时，S_1、S_2为同一波阵面上的两点，可视为两相干波源（称分波阵面法），从S_1、S_2发出的两列波分别经r_1、r_2传到屏上P点，产生干涉条纹的明暗条件由光程差δ决定。

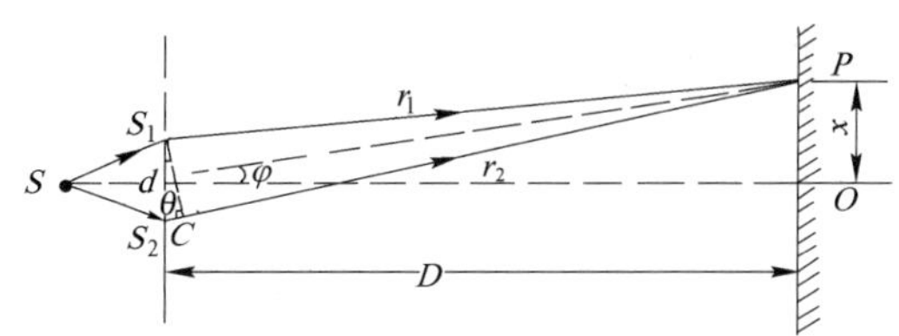

图 2-3-3 双狭缝干涉条纹分布计算用图

1. 干涉条纹分布的特点

（1）屏幕上出现的是平行、等距的明、暗相间的直条纹，条纹间距与D成正比，与缝距d成反比，条纹间距随入射波长的增大而变大。

（2）以白光入射，除中央条纹为白色外，两侧的干涉条纹将按波长从中间向两侧对称排列，对同级彩色条纹，紫光靠正中央明纹，红光远离中央明纹。

（3）由于不同波长与其相应的干涉条纹的间距不同，故当级次增加时，不同级的条纹可能发生重叠。

（4）干涉条纹不仅出现在屏幕上，凡是两束光重叠的区域都存在干涉场，场内均可观察到干涉条纹，故杨氏双缝干涉属于非定域干涉。

2. 明、暗纹条件、位置及间距

在折射率为n的媒质中，两束相干光在干涉场中任一点P的光程差为$\delta = n(r_2 - r_1)$

当

$$\delta = \begin{cases} \pm k\lambda & \text{出现明条纹} \\ & (k = 0,1,2,\cdots) \\ \pm(2k+1)\dfrac{\lambda}{2} & \text{出现暗条纹} \end{cases}$$

式中：λ——光在真空中的波长。

由图 2-3-3 知 $$r_2 - r_1 \approx d\sin\theta \approx xd/D$$

所以 $$\delta = nd\sin\theta = nxd/D$$

故明、暗的位置为

$$\begin{aligned} x_{明} &= \pm kD\lambda/(nd) \\ x_{暗} &= \pm(2k+1)D\lambda/(2nd) \end{aligned} \quad (k = 0,1,2,\cdots) \tag{2-3-9}$$

相邻明（或暗）纹的间距为

$$\Delta x = D\lambda/(nd) \tag{2-3-10}$$

【例 2-3-1】 在空气中用波长为λ的单色光进行双缝干涉实验时，观测到相邻明条纹的间距为1.33mm，当把实验装置放入水中（水的折射率为$n = 1.33$）时，则相邻明条纹的间距变为：

A. 1.33mm　　B. 2.66mm　　C. 1mm　　D. 2mm

解 由杨氏双缝干涉条纹间距公式知，空气中$\Delta x = \frac{D}{d}\lambda$，放入水中$\Delta x_n = \frac{D}{d}\lambda_n = \frac{\Delta x}{n} = \frac{1.33}{1.33} = 1$。

答案： C

（二）薄膜干涉

1. 等倾干涉

图 2-3-4 为厚度均匀，折射率为n_2的薄膜，置于折射率为n_1的媒质中，一单色光经薄膜上下表面反射后得到 1 和 2 两条光线，它们相互平行，并且是相干的。由反射、折射定律可得到两光束的光程差为

$$\delta = 2d\sqrt{n_2^2 - n_1^2\sin^2 i} = 2n_2 d\cos\gamma$$

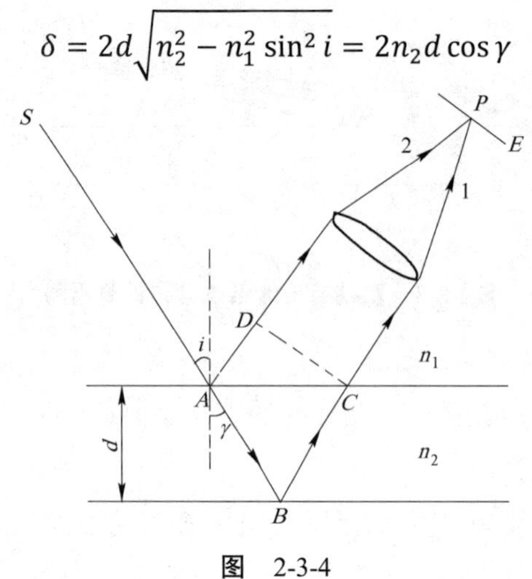

图 2-3-4

由上式可知，光程差取决于入射角i的大小，理论证明，当光从光疏媒质射向光密媒质，在分界面反射时有半波损失。在我们讨论的问题中，不论$n_1 < n_2$，还是$n_1 > n_2$，1 与 2 两条光线之一总有半波损失出现，因而在光程差中必须计及这个半波损失。1 与 2 两条光线的光程差最后应表示为

$$\delta = 2n_2 d\cos\gamma + \frac{\lambda}{2} \tag{2-3-11}$$

而光线的干涉图样由下式决定

$$\delta = 2n_2 d\cos\gamma + \frac{\lambda}{2} = \begin{cases} 2k\dfrac{\lambda}{2} & (k = 1,2,\cdots) \quad \text{相长干涉(明纹)} \\ (2k+1)\dfrac{\lambda}{2} & (k = 0,1,2,\cdots) \quad \text{相消干涉(暗纹)} \end{cases} \tag{2-3-12}$$

要注意的是，此时干涉图样不是在薄膜面上，而是在无穷远，若用透镜进行观察，在置于透镜焦平面的屏上，可以看到干涉图样。因干涉图样中同一干涉条纹是来自膜面的等倾角光线经透镜聚焦后的轨迹，故称为等倾干涉条纹。

当$i = 0$时，光垂直入射，有

$$\delta = 2n_2 d + \frac{\lambda}{2} = \begin{cases} 2k\dfrac{\lambda}{2} & (k = 1,2,\cdots) \quad \text{反射光加强，透射光减弱} \\ (2k+1)\dfrac{\lambda}{2} & (k = 0,1,2,\cdots) \quad \text{反射光相消，透射光加强} \end{cases} \tag{2-3-13}$$

2. 等厚干涉（劈尖 牛顿环）

（1）劈尖

劈尖薄膜的厚度不均匀而形成如图 2-3-5 所示的劈尖形的膜层，称之为劈尖。

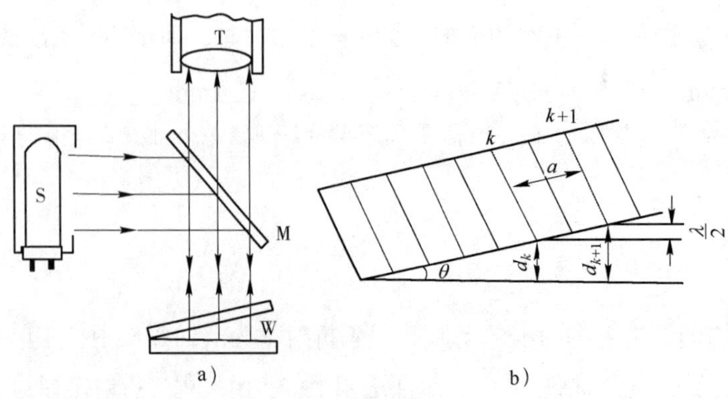

图 2-3-5

从单色光源S发出的光经光学系统成为平行光束，经平玻璃片M反射后垂直入射到空气壁尖W，由劈尖上、下表面反射的光速进行相干叠加，形成干涉条纹，通过显微镜T进行观察、测量。

根据式（2-3-13）知

$$\delta = 2d + \frac{\lambda}{2} = \begin{cases} 2k\frac{\lambda}{2} & (k = 1,2,\cdots) \quad 明条纹 \\ (2k+1)\frac{\lambda}{2} & (k = 0,1,2,\cdots) \quad 暗条纹 \end{cases} \tag{2-3-14}$$

显然，同一明（或暗）条纹对应相同厚度的空气层，因而是等厚条纹。

由式（2-3-14）得两相邻明（或暗）条纹对应的空气层厚度差都等于$\lambda/2$，见图2-3-5b）。

$$d_{k+1} - d_k = \lambda/2$$

设劈尖的夹角为θ，则相邻明（或暗）纹之间距a应满足关系式

$$a\sin\theta = \lambda/2 \tag{2-3-15}$$

从式（2-3-15）看出，θ角越小，条纹分布越疏；反之，θ角越大，条纹分布越密。当θ角大到一定程度，干涉条纹将密得无法分辨，这时将看不到干涉条纹。

从式（2-3-15）可知，如已知夹角θ，测出条纹间距a，就可算出波长λ。反之，如λ已知，测出条纹，就可算出微小角度θ。

【例 2-3-2】 在玻璃（折射率$n_3 = 1.60$）表面镀一层MgF_2（折射率$n_2 = 1.38$）薄膜作为增透膜，为了使波长为500nm（$1nm = 10^{-9}m$）的光从空气（$n_1 = 1.00$）正入射时尽可能少反射，MgF_2薄膜的最小厚度应是：

A. 78.1nm　　B. 90.6nm

C. 125nm　　D. 181nm

解　正入射时薄膜上下两束反射光的光程差：$\delta = 2n_2e$

增透膜要求反射光相消：$\delta = 2n_2e = (2k+1)\frac{\lambda}{2}$

$k = 0$时，膜有最小厚度，$e = \frac{\lambda}{4n_2} = \frac{500}{4\times1.38} = 90.6\text{nm}$

答案： B

【例 2-3-3】 在空气中有一肥皂膜，厚度为$0.32\mu m(1\mu m = 10^{-6}m)$，折射率$n = 1.33$，若用白光垂直照射，通过反射，此膜呈现的颜色大体是：

A. 紫光（430nm）　　B. 蓝光（470nm）

C. 绿光（566nm）　　D. 红光（730nm）

解　反射光呈现颜色为这种频率光的增反膜效果，薄膜上下两束反射光的光程差：$\delta = 2ne + \frac{\lambda}{2}$

反射光加强：$\delta = 2ne + \frac{\lambda}{2} = k\lambda$，$\lambda = \frac{2ne}{k-\frac{1}{2}} = \frac{4ne}{2k-1}$

$k = 2$时，$\lambda = \frac{4ne}{2k-1} = \frac{4\times1.33\times0.32\times10^3}{3} = 567\text{nm}$

答案： C

【例 2-3-4】 波长为λ的单色光垂直照射在折射率为n的劈尖薄膜上，在由反射光形成的干涉条纹中，第五级明条纹与第三级明条纹所对应的薄膜厚度差为：

A. $\frac{\lambda}{2n}$　　B. $\frac{\lambda}{n}$　　C. $\frac{\lambda}{5n}$　　D. $\frac{\lambda}{3n}$

解　相邻两条纹的厚度差为介质中的半个波长，第五级明条纹与第三级明条纹所对应的薄膜厚度差为$2\cdot\frac{\lambda}{2n} = \frac{\lambda}{n}$。

答案： B

【例 2-3-5】 两块平板玻璃构成空气劈尖，左边为棱边，用单色平行光垂直入射。若上面的平板玻璃慢慢地向上平移，则干涉条纹：

A. 向棱边方向平移，条纹间隔变小　　B. 向远离棱边方向平移，条纹间隔变大

C. 向棱边方向平移，条纹间隔不变　　D. 向远离棱边方向平移，条纹间隔变小

解 等厚干涉，$a=\frac{\lambda}{2n\theta}$，夹角不变，条纹间隔不变。

答案： C

（2）牛顿环

将一块曲率半径很大的平凸透镜放置在如图 2-3-6 所示的一平板玻璃 B 上面，两者之间形成空气薄层，单色光垂直照射在平凸透镜上，在空气层上、下表面反射的两相干光形成干涉现象。形成的干涉条纹为明暗相间的同心环形条纹，这种干涉条纹称为牛顿环。

3. 迈克尔逊干涉仪

如图 2-3-7 所示迈克尔逊干涉仪结构示意图。M_1、M_2为平面反射镜，G_1、G_2为两块相同材料制成的等厚平行玻璃板，在G_1的一面镀有半透明的薄银层，称为分束板，G_2为光路补偿板。G_1、G_2与M_1、M_2均成 45°交角。

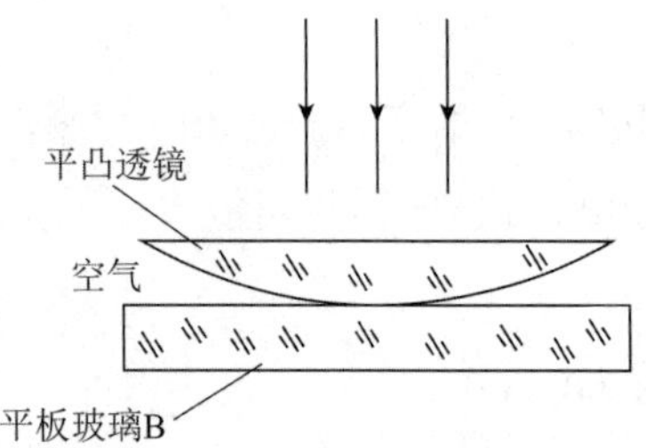

图 2-3-6　牛顿环实验示意图

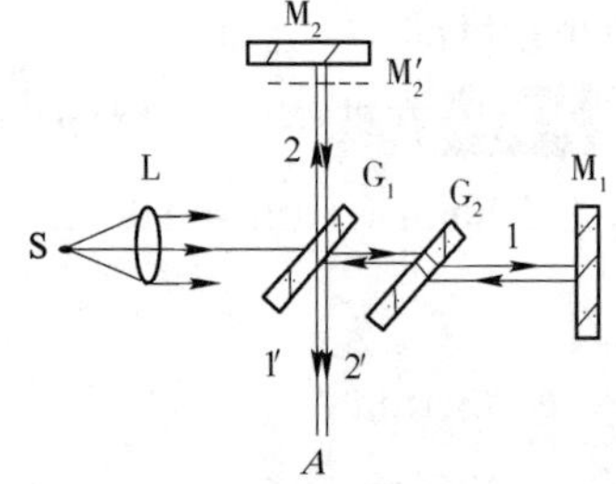

图 2-3-7　迈克尔逊干涉仪光路示意图

平行光束射入G_1后到达半透明银膜层，分成两束，其中一束I_1透过银层到达G_2，穿过G_2传向M_1，经M_1反射后又穿过G_2，再经G_1的薄银层反射传向A处；另一束I_2经镀银层反射，经G_1射出向M_2传播，经M_2反射后再穿过G_1传向A处。I_1、I_2满足相干条件，故在A处通过望远镜可以看到干涉条纹。

由图可知，从M_1上反射的光，可以看成是从M_1在G_1的薄银层产生的虚像M'处发出的，故I_1、I_2之间的光程差由M_2与M_1'之间距离Δd决定。

当M_1与M_2不严格垂直时，M_1'与M_2构成劈尖，产生明暗相间的等厚干涉条纹。

当M_1与M_2严格垂直时，M_1'与M_2平行，产生等倾干涉条纹。

当移动M_2时，Δd改变，干涉条纹移动。当M_2移动$\frac{\lambda}{2}$的距离，视场中看到干涉条纹移动 1 条，若条纹移动ΔN条，则M_2移动的距离为

$$\Delta d=\Delta N\frac{\lambda}{2} \tag{2-3-16}$$

依此可测光波波长；反之，若已知波长λ，可测微小长度Δd。

【例 2-3-6】 若在迈克尔逊干涉仪的可动反射镜M移动了 0.620mm 的过程中，观察到干涉条纹移动了 2 300 条，则所用光波的波长为：

A. 269nm　　B. 539nm　　C. 2 690nm　　D. 5 390nm

解 由迈克尔逊干涉仪公式$\Delta d=k\cdot\frac{\lambda}{2}$，可得$\lambda=\frac{2\times0.62\times10^6}{2\,300}=539\text{nm}$。

答案： B

注：此题由可见光范围（400~760nm）不用计算可直接得出结论。

【例 2-3-7】 在空气中做牛顿环实验，当平凸透镜垂直向上缓慢平移而远离平面镜时，可以观察到这些环状干涉条纹：

A. 向右平移　　B. 静止不动　　C. 向外扩张　　D. 向中心收缩

解　牛顿环的环状干涉条纹为等厚干涉条纹，当平凸透镜垂直向上缓慢平移而远离平面镜时，原k级条纹向环中心移动，故这些环状干涉条纹向中心收缩。

答案： D

五、光的衍射

光沿直线传播是建立几何光学的基本依据，在通常情况下，光表现出直线传播的性质。但是，当光通过很窄的单缝时，却表现出与直线传播不同的现象，一部分光线绕过单缝的边缘到达偏离直线传播的区域在屏上出现明、暗相间的条纹，这种现象称为光的衍射现象。它与光的干涉现象一样，显示了光的波的特性。

（一）惠更斯-菲涅耳原理

惠更斯原理可以解释光偏离直线传播的现象，但它不能解释为什么在屏上会出现明、暗条纹。菲涅耳接受了惠更斯的次波概念，并提出各次波都是相干的，从而发展了惠更斯原理，后称惠更斯-菲涅耳原理。其要点可定性表述为：从同一波源上各点发出的次波是相干波，经过传播在空间某点相遇时的叠加是相干叠加。

（二）夫琅禾费单缝衍射

平行光线的衍射现象，叫夫琅禾费衍射。

在不透明的平面物体上开一条狭缝K（缝长远大于缝宽），用一束平行光线垂直地照射在狭缝上，当缝宽a与入射光波长的数量级相近时，经单缝衍射的光线，通过透镜L汇聚在屏幕E上，出现与狭缝平行的明暗相间的衍射条纹。

采用菲涅耳“半波带法”可以说明衍射图样的形成。如图 2-3-8a）所示，AB为狭缝截面，缝宽为a。一束平行单色光垂直狭缝平面入射，通过狭缝的光发生衍射，衍射角φ相同的平行光束经透镜L_2会聚于放置在透镜焦平面处的屏上，会聚点P的光强取决于同一衍射角φ的平行光束中各光线之间的光程差。

如图 2-3-8b）所示，对应于某衍射角φ，把缝上波前S沿着与狭缝平行方向分成一系列宽度相等的窄条ΔS，并使从相邻ΔS各对应点发出的光线的光程差为半个波长，这样的ΔS称为半波带。由图 2-3-8 可知，对应于衍射角为φ的屏上P点，缝边缘两条光线之间的光程差为

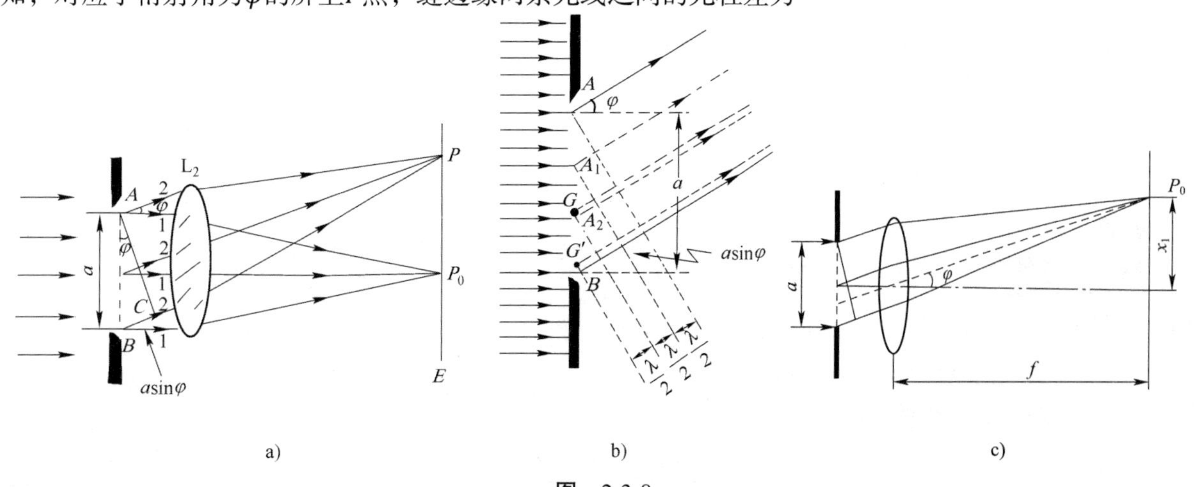

图　2-3-8

$$\delta = BC = a\sin\varphi$$

因而半波带的数目N为

$$N = 2a\sin\varphi/\lambda$$

当N恰好为偶数时，因相邻半波带各对应点的光线差都是$\lambda/2$，即相位差为π，因而两相邻半波带的光线在P点都干涉相消，P点的光强为零，即P点为暗点；当N为奇数时，因相邻半波带发出的光两两干涉相消后，剩下一个半波带发出的光未被抵消，因此P点为明点。由此可得单缝夫琅和费衍射条纹的明暗纹条件为

$$a\sin\varphi = \begin{cases} \pm 2k\lambda/2 & (k = 1,2,\cdots) \quad 暗纹 \\ \pm(2k+1)\lambda/2 & (k = 0,1,2,\cdots) \quad 明纹 \end{cases} \tag{2–3–17}$$

当$\varphi = 0$时，有

$$a\sin\varphi = 0 \qquad 中央明纹中心$$

式中k为衍射级，中央明纹是零级明纹，因所有光线到达中央明纹中心P_0点的光程相同，光程差为零，故中央明纹中心P_0处光强最大。明暗以中央明纹为中心两边对称分布，依次是第一级（$k = 1$），第二级（$k = 2$），……暗纹和明纹。中央明纹宽度是由紧邻中央明纹两侧的暗纹（$k = 1$）决定，即

$$-\lambda < a\sin\varphi < \lambda$$

当半波带数N不是整数时，P点的光强介于明暗之间，实际上屏上光强的分布是连续变化的。对一定波长的单色光，缝宽a越小，各级条纹的衍射角φ越大，在屏上相邻条纹的间隔也越大，即衍射效果越显著。反之，a越大，φ越小，各级衍射条纹向中央明纹靠拢；当a增大到分辨不清各级条纹时，衍射现象消失，此时相当于光直线传播的情况。

中央明纹的宽度由紧邻中央明纹两侧的暗纹（$k = 1$）决定。如图 2-3-8c）所示，通常衍射角φ很小。

由暗纹条件$a\sin\varphi = 1\times\lambda(k = 1)$，得$\varphi \approx \frac{\lambda}{a}$，$x_1 = \varphi f$。

第一级暗纹距中心P_0的距离为$x_1 = \varphi f = \frac{\lambda}{a}f$，所以中央明纹的宽度$l_0 = 2x_1 = \frac{2\lambda f}{a}$。

其他明纹宽度是中央明纹宽度的一半，即$l = \frac{l_0}{2} = \frac{\lambda f}{a}$。

【例 2-3-8】 在单缝夫琅禾费衍射实验中，波长为λ的单色光垂直入射到单缝上，对应衍射角为 30°的方向上，若单缝处波阵面可分成 3 个半波带，则缝宽a为：

A. λ　　B. 1.5λ　　C. 2λ　　D. 3λ

解　由单缝夫琅禾费衍射明纹条件，对应衍射角为 30°的方向上，单缝处波面可分成 3 个半波带，即$\delta = a\sin 30° = (2k+1)\frac{\lambda}{2} = 3\cdot\frac{\lambda}{2}$，可得$a = 3\lambda$。

答案：D

【例 2-3-9】 在单缝夫琅禾费衍射实验中，屏上第三级暗纹对应的单缝处波面可分成的半波带的数目为：

A. 3　　B. 4　　C. 5　　D. 6

解　由单缝夫琅禾费衍射暗纹条件，$a\sin\varphi = 2k\cdot\frac{\lambda}{2} = 6\cdot\frac{\lambda}{2}$，半波纹的数目为 6。

答案：D

【例 2-3-10】 在单缝夫琅禾费衍射实验中，单缝宽度$a = 1\times10^{-4}$m，透镜焦距$f = 0.5$m。若用$\lambda = 400$nm的单色平行光垂直入射，中央明纹的宽度为：

A. 2×10^{-3}m　　B. 2×10^{-4}m　　C. 4×10^{-4}m　　D. 4×10^{-3}m

解　单缝夫琅禾费衍射中央明纹的宽度为：

$$l_0 = \frac{2\lambda f}{a} = \frac{2\times400\times10^{-9}\times0.5}{1\times10^{-4}} = 4\times10^{-3}\text{m}$$

答案：D

（三）光学仪器的分辨本领

若夫琅禾费单缝衍射中的狭缝用直径为D的圆孔代替，则衍射图样的中央是一明亮的圆斑，外围是一组同心暗环和明环，如图 2-3-9 所示。

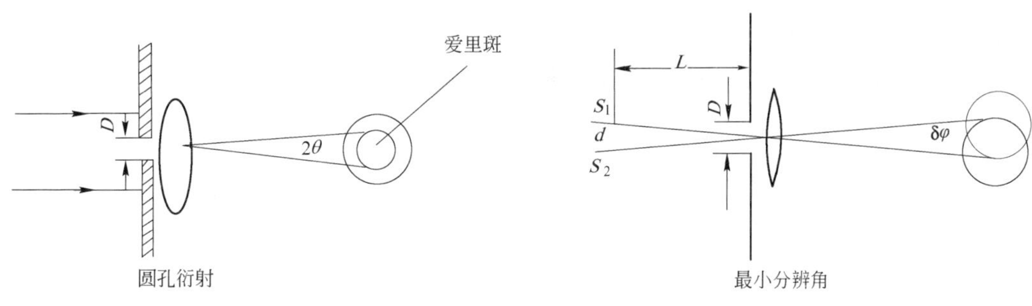

图 2-3-9

由第一暗环所包围的中央亮斑称爱里斑，其光强占整个入射光强的 84%，理论计算可得爱里斑的半角宽度为

$$\theta = 1.22\lambda/D \tag{2-3-18}$$

通常，光学仪器中所用的光阑和透镜都是圆形的，点光源通过透镜所成的像因圆孔衍射其结果不是一个清晰的像点，而是一个衍射光斑。

当用光学仪器观察物体时，物体上靠得很近的两物点（或靠得很近的两物体）S_1、S_2发出的光通过直径为D的透镜时，形成了两个一定大小的爱里斑，如图 2-3-9 所示。瑞利指出，若一个点光源的爱里斑中心恰好与另一点光源的爱里斑的第一暗环相重合，这两个点光源恰好能为光学仪器所分辨，这就是瑞利准则。

两物点的像的最小分辨角$\delta\varphi$恰等于爱里斑的半角宽度，即

$$\delta\varphi = \theta = 1.22\lambda/D \tag{2-3-19}$$

分辨角$\delta\varphi$越小，说明光学仪器的分辨率越高，常取$1/\delta\varphi$表示光学仪器的分辨本领R，即

$$R = D/1.22\lambda \tag{2-3-20}$$

例如，人眼的瞳孔直径$D \approx 2\text{mm}$，入射光平均波长$\lambda = 550\text{nm}$，可算得最小分辨角$\delta\varphi \approx 3.4\times10^{-4}\text{rad}$，即约$1'$；而世界上最大天文望远镜物镜的孔径有 6m，可算得$\delta\varphi = 1.12\times10^{-7}\text{rad}$，比人眼的分辨能力提高 3 000 倍。

【例 2-3-11】通常亮度下，人眼睛瞳孔的直径约为 3mm，视觉感受到最灵敏的光波波长为$550\text{nm}(1\text{nm} = 1\times10^{-9}\text{m})$，则人眼睛的最小分辨角约为：

A. $2.24\times10^{-3}\text{rad}$　B. $1.12\times10^{-4}\text{rad}$　C. $2.24\times10^{-4}\text{rad}$　D. $1.12\times10^{-3}\text{rad}$

解　人眼睛的最小分辨角：

$$\theta = 1.22\frac{\lambda}{D} = \frac{1.22\times550\times10^{-6}}{3} = 2.24\times10^{-4}\text{rad}$$

答案：C

（四）衍射光栅

单缝衍射形成的明条纹尚不够理想，为使明纹本身既窄又亮且相邻明纹分得很开，通常都使用衍射光栅。例如我们在玻璃片上刻划出许多等距离等宽度的平行直线，刻痕处不透光，而两刻痕间可以透光，相当于一个单缝，这样就构成了透射式平面衍射光栅。由大量等宽、等间距的平行狭缝所组成的光学元

件称衍射光栅。光栅和棱镜一样是一种分光装置，主要用来形成光谱（见图 2-3-10）。

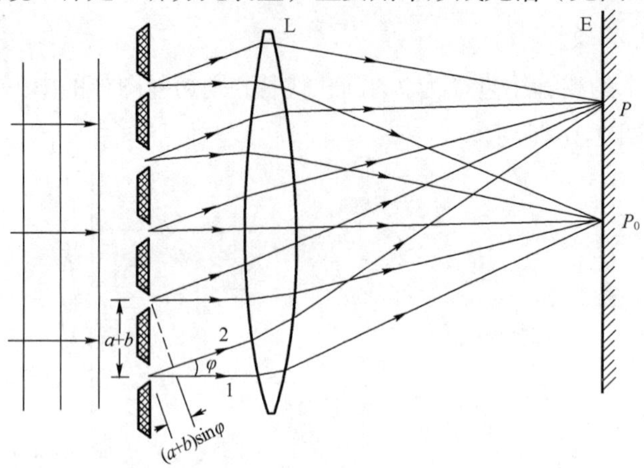

图 2-3-10　衍射光栅

缝的宽度a和刻痕（不透光）的宽度b之和，即$a+b$称为光栅常数。

一束平行单色光垂直照射在光栅上，光线经过透镜L后将在屏幕E上呈现各级衍射条纹，如图 2-3-10 所示。

对光栅中每一条透光缝，由于衍射都将在屏幕上呈现衍射图样，而各缝发出的衍射光都是相干光，所以缝与缝之间的光波相互干涉，光栅衍射条纹是单缝衍射和多缝干涉的总效果。

$$(a+b)\sin\varphi=\pm k\lambda \quad (k=0,1,2,\cdots) \tag{2-3-21}$$

当衍射角φ满足条件时，即形成明条纹。显然，光栅上狭缝的条数愈多，条纹就愈明亮。上式中整数k表示条纹的级数，上述明条纹称为光栅的衍射条纹。式（2-3-21）称为光栅公式。

一般来说，当φ满足式（2-3-21）时，是合成光强为最大的必要条件，这些明条纹，细窄而明亮，称为主极大。可以证明，各主极大明条纹之间充满大量的暗条纹，当光栅狭缝数很大时，在主极大明条纹之间实际上形成一片黑暗的背景。当多缝干涉明纹与单缝衍射暗纹位置重叠时，会产生缺级现象。

【例 2-3-12】 波长$\lambda=550\text{nm}(1\text{nm}=10^{-9}\text{m})$的单色光垂直入射于光栅常数为$2\times10^{-4}\text{cm}$的平面衍射光栅上，可能观察到光谱线的最大级次为：

A. 2　　B. 3　　C. 4　　D. 5

解　光栅公式　　$d\sin\theta=\pm k\lambda \quad (k=1,2,3,\cdots)$

在波长、光栅常数不变的情况下，要使k最大，$\sin\theta$必最大，取$\sin\theta=1$，此时

$$d=\pm k\lambda,\ k=\pm\frac{d}{\lambda}=\pm\frac{2\times10^{-4}\times10^{-2}}{550\times10^{-9}}=3.636$$

取整后可得最大级次为 3。

答案：B

（五）光谱分析

由式（2-3-21）可知，在给定光栅常数情况下，衍射角φ的大小和入射光的波长有关，白光通过光栅后，各单色光将产生相应的各自分开的条纹，形成光栅的衍射光谱。中央明纹（零级）仍为白色，而在中央条纹两侧，对称地排列着第一级、第二级等光谱，如图 2-3-11 所示。

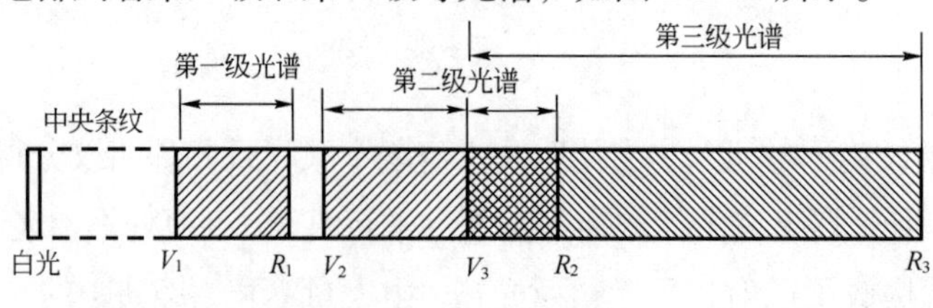

图 2-3-11　衍射光谱

由于不同元素（或化合物）各有自己特定的光谱，所以由谱线的成分可以分析出发光物质所含的元素和化合物，还可以从谱线的强度定量地分析出元素的含量，这种分析方法叫作光谱分析。

（六）伦琴射线的衍射

伦琴射线又叫X射线，它是一种波长为 0.1nm 数量级电磁波。1912 年德国物理学家劳厄用晶格常数 d（晶体中相邻原子间距）作衍射光栅，获得了X射线的衍射图样，开创了X射线作晶体结构分析的重要应用。

英国科学家布喇格把晶体中周期性排列的原子看成为一系列互相平行的原子层，如图 2-3-12 所示，当一束平行的X射线照射到晶体上时，晶体中各原子都成为向各方向散射子波的波源，各层间的散射线相互叠加产生相干现象。

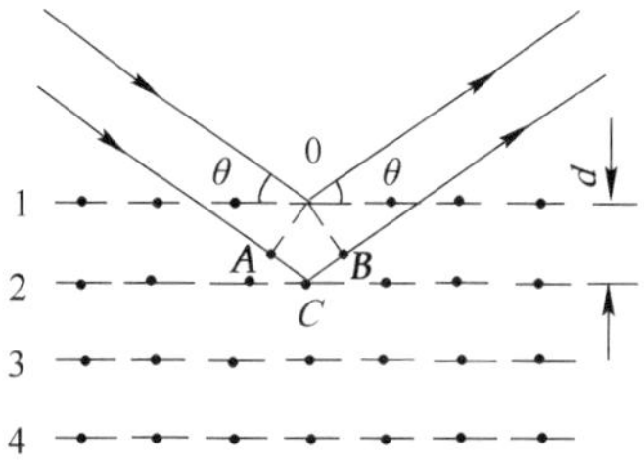

如图 2-3-12 所示，设原子层之间距离为d，当一束平行的相干X射线以与晶面夹角θ入射时，相邻两层反射线的光程差为

$$AC + CB = 2d\sin\theta$$

显然，当符合以下条件

$$2d\sin\theta = k\lambda \quad (k = 1,2,3,\cdots) \qquad (2\text{–}3\text{–}22)$$

时，各原子层的反射线都将相互加强，光强极大，上式就是著名的布喇格公式。

图 2-3-12　布喇格方法

晶体对X射线的衍射应用很广，若已知晶体的晶格常数，就可用来测定X射线的波长，这一方面的工作叫X射线的光谱分析；若用已知波长的X射线在晶体上衍射，就可测定晶体的晶格常数，这类工作叫X光结构分析。

六、光的偏振

（一）自然光和偏振光

光矢量只限于单一方向振动的光称线偏振光。一般光源（如电灯、太阳等）的发光机理是由为数众多的原子或分子等的自发辐射，它们之间，无论在发光的前后次序（相位），振动的取向和大小（偏振和振幅），以及发光的持续时间（波列的长短）都相互独立。所以从垂直光传播方向的平面上看，几乎各个方向都有大小不等、前后参差不齐而变化很快的光矢量的振动，按统计平均而言，无论哪一个方向的振动都不比其他方向占优势，这种光就是自然光。

自然光中任一方向的光振动，都可分解成某两个相互垂直方向的振动，它们在每个方向上的时间平均值相等，但无固定的相位关系，不能合成一个线偏振光。通常把自然光用两个相互独立的、等振幅的、振动方向互相垂直的线偏振光表示，如图 2-3-13 所示，这两个线偏振光的光强等于自然光光强度的一半。

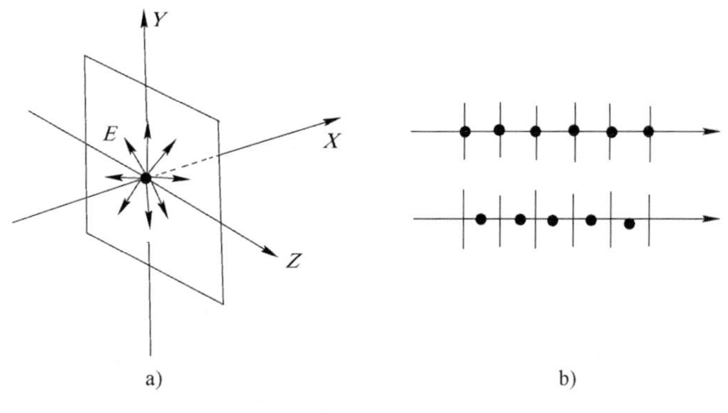

图　2-3-13

线偏振光传播方向与振动方向构成的平面叫振动面。由于线偏振光的$\boldsymbol{E}$总在振动面内，故又称平面偏振光如图 2-3-14a）所示。

若光矢量$\boldsymbol{E}$可取任意方向，但在各方向上振幅不同，这种光叫部分偏振光，如图 2-3-14b）所示。

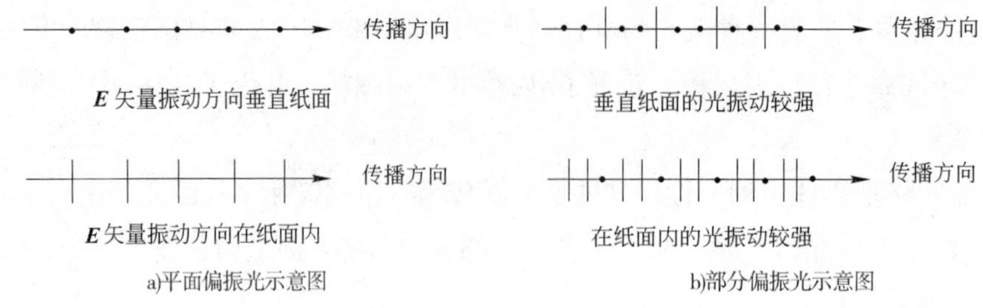

a)平面偏振光示意图　　b)部分偏振光示意图

图　2-3-14

（二）起偏和检偏，马吕斯定律

1. 偏振片的起偏和检偏

使自然光转变成偏振光叫起偏，能使自然光变成偏振光的装置叫偏振器。

起偏器只能透过沿某方向振动的光矢量或光矢量振动沿该方向的分量，而不能透过与该方向垂直振动的光矢量或光矢量振动与该方向垂直的分量。这个透光方向称为偏振化方向或起偏方向。自然光透过偏振片后，透光强变为入射光强的一半，透射光即变为偏振光。由偏振片的特性可知，它既可用作起偏器，也可用作检偏器，检验向它入射的光是否为线偏振光。

自然光透过偏振片后，逆着光的传播方向观察透射光的强弱，当转动偏振片时，光强不变。若线偏振光入射偏振片，则透射光的强弱在转动偏振片时要发生周期性变化。光矢量振动方向与偏振光方向平行时透射光量最强，垂直时最暗。

图 2-3-15 表示利用偏振片起偏与检偏的情况，图中A、B分别为起偏器和检偏器。

2. 马吕斯定律

若入射线偏振光的光强为I_0，透过检偏器后，透射光强（不计检偏器对光的吸收）为I，则

$$I = I_0 \cos^2 \alpha \tag{2-3-23}$$

式中，α是线偏振光振动方向和检偏器偏振化方向之间的夹角。上式即为马吕斯定律（参见图2-3-16）。

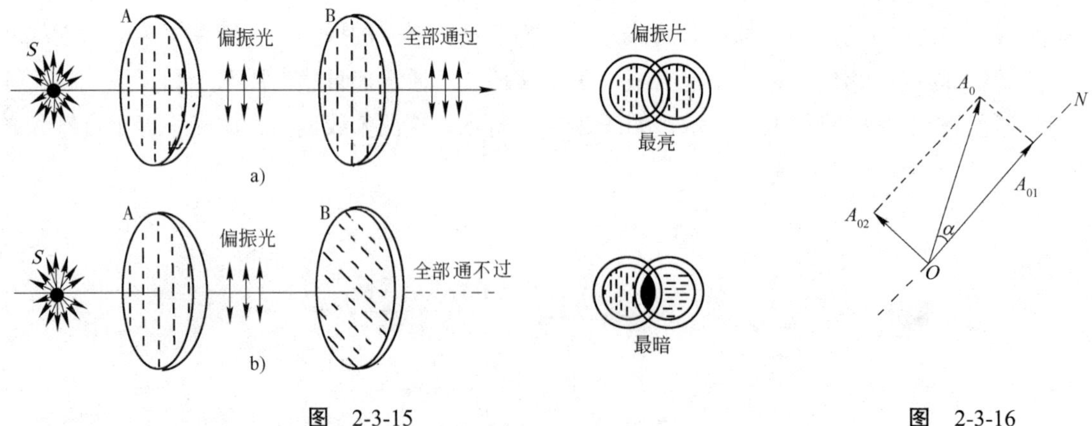

图　2-3-15　　图　2-3-16

由式上可知，当$\alpha = 0°$(或 180°)时，$I = I_0$；$\alpha = 90°$(或 270°)时，$I = 0$，此时无光从检偏器射出。

【例 2-3-13】 两偏振片叠放在一起，欲使一束垂直入射的线偏振光经过两个偏振片后振动方向转过 90°，且使出射光强尽可能大，则入射光的振动方向与前后两偏振片的偏振化方向夹角分别为：

A. 45°和 90°　　B. 0°和 90°　　C. 30°和 90°　　D. 60°和 90°

解 注意题目给定入射光为线偏振光，由马吕斯定律：

经过第一个偏振片后 $I = I_0\cos^2\alpha$

经过第二个偏振片后 $I' = I\cos^2\left(\frac{\pi}{2}-\alpha\right) = \frac{I_0}{4}\sin^2(2\alpha)$

出射光强最大 $I' = \frac{I_0}{4}\sin^2(2\alpha) = \frac{I_0}{4}$，$\sin(2\alpha) = 1$，$\alpha = \frac{\pi}{4}$

答案：A

【例 2-3-14】 一束自然光垂直穿过两个偏振片，两个偏振片的偏振化方向成 45°。已知通过此两偏振片后光强为I，则入射至第二个偏振片的线偏振光强度。

A. I　　B. $2I$　　C. $3I$　　D. $I/2$

解 注意题目的问题为入射至第二个偏振片的线偏振光强度。

由马吕斯定律：$I = I_0\cos^2\alpha = I_0\cos^2 45°$，则$I_0 = 2I$。

答案：B

【例 2-3-15】 一束自然光通过两块叠放在一起的偏振片，若两偏振片的偏振化方向间夹角由α_1转到α_2，则前后透射光强度之比为：

A. $\frac{\cos^2\alpha_2}{\cos^2\alpha_1}$　　B. $\frac{\cos\alpha_2}{\cos\alpha_1}$　　C. $\frac{\cos^2\alpha_1}{\cos^2\alpha_2}$　　D. $\frac{\cos\alpha_1}{\cos\alpha_2}$

解 此题考查马吕斯定律。

$$I = I_0\cos^2\alpha$$

光强为I_0的自然光通过第一个偏振片的光强为入射光强的一半，即$I_1 = \frac{1}{2}I_0\cos^2\alpha_1$，通过第二个偏振片的光强为$I_2 = \frac{I_0}{2}\cos^2\alpha_2$，则：

$$\frac{I_1}{I_2} = \frac{\frac{1}{2}I_0\cos^2\alpha_1}{\frac{1}{2}I_0\cos^2\alpha_2} = \frac{\cos^2\alpha_1}{\cos^2\alpha_2}$$

答案：C

（三）反射、折射产生的偏振、布儒斯特定律

当一束自然光在两种媒质n_1、n_2的分界面上反射和折射时，反射光和折射光都是部分偏振光。实验表明：反射光中垂直入射面的光振动较强，折射光中平行于入射面的光振动较强，它们随入射角的变化而变化，参见图 2-3-17。

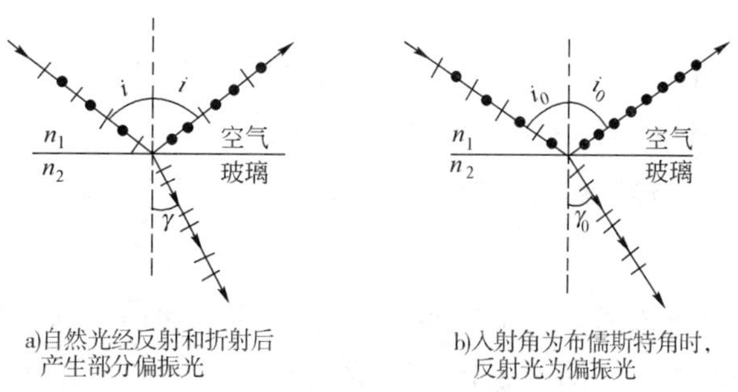

图 2-3-17　反射和折射时的偏振现象

1815 年，布儒斯特发现：当入射角i增大至某一特定值i_0，且满足

$$\tan i_0 = n_2/n_1 = n_{21} \tag{2-3-24}$$

时，反射光为光振动垂直入射面的线偏振光，折射光仍为部分偏振光。i_0称为布儒斯特角。上式即布儒斯特定律的数学表达式，式中，n_1、n_2为媒质的折射率。

由折射定律，入射角i_0与折射角γ的关系

$$\frac{\sin i_0}{\sin r}=\frac{n_2}{n_1}=\tan i_0=\frac{\sin i_0}{\cos i_0}$$

故

$$i_0+\gamma=\pi/2 \tag{2-3-25}$$

【例 2-3-16】 一束自然光从空气投射到玻璃板表面上，当折射角为 30°时，反射光为完全偏振光，则此玻璃的折射率为：

A. 2　　B. 3　　C. $\sqrt{2}$　　D. $\sqrt{3}$

解 依据布儒斯特定律，折射角为 30°时，入射角为 60°，则$\tan 60°=\frac{n_2}{n_1}=\sqrt{3}$。

答案： D

七、双折射现象

（一）概述

当一束自然光射向各向异性媒质时，在界面折入晶体内部的折射光线常分为传播方向不同的两束折射光线，如图 2-3-18 所示，这种现象称为晶体的双折射现象。

试验发现，两束折射光具有如下特性：

（1）两束折射光是光振动方向不同的线偏振光。

（2）其中一束折射光始终在入射面内，并遵守折射定律，称为寻常光，简称o光；另一束折射光一般不在入射面内，且不遵从折射定律，称为非常光，简称e光。在入射角$i=0$时，寻常光沿原方向传播$(\gamma_0=0)$，而非常光一般不沿原方向传播$(\gamma_0\neq 0)$，如图 2-3-19 所示，此时当以入射光为轴转动晶体时，o光不动，而e光绕轴旋转。

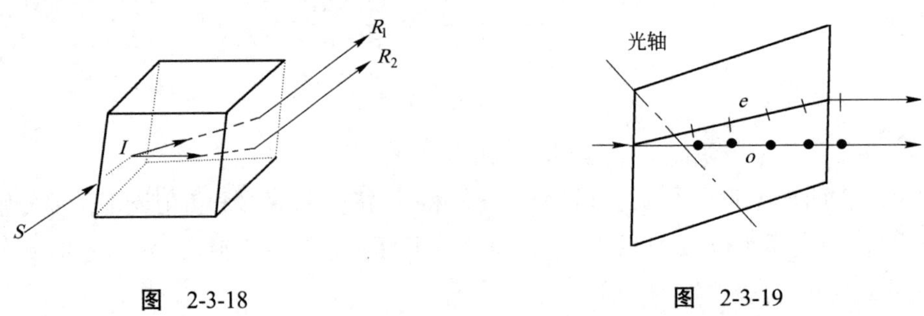

图 2-3-18　　图 2-3-19

（3）在方解石一类晶体内存在一个特殊方向，光线沿该方向传播时，不产生双折射现象，这个特殊的方向称为晶体的光轴。光轴仅标志双折射晶体的一个特定方向，任何平行于这个方向的直线都是晶体的光轴。只有一个光轴方向的晶体，称为单轴晶体，为方解石、石英等；有两个光轴方向的晶体，称为双轴晶体，如云母、硫磺等。

当光线沿晶体的某一表面入射时，此表面的法线与晶体的光轴所构成的平面叫作主截面，方解石的主截面是一平行四边形，自然光沿如图 2-3-19 所示的方向入射时，入射面就是主截面，由检偏器可以检测到o光、e光都是偏振光，o光的光振动垂直于主截面，而e光的光振动则在主截面内。

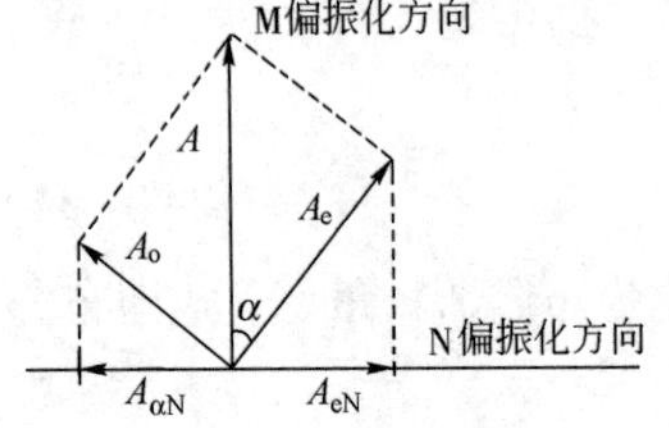

图 2-3-20　偏振光的干涉

（二）偏振光的干涉

振幅为A的偏振光通过晶体后形成o、e光，这两束光频率相同，存在一定相位差，只是由于振动方向相互垂直而不相干，于是利用偏振片N偏振化方向与偏振片M的偏振化方向正交，如图 2-3-20 所示把o、e光的振动方向引到同一方向，这样就成为两束相干的偏振光。

习 题

2-3-1 在真空中波长为λ的单色光，在折射率为n的透明介质中从A沿某路径传播到B，若A、B两点相位差为3π，则此路径AB的光程为（ ）。

A. 1.5λ　　B. $1.5n\lambda$　　C. 3λ　　D. $\frac{1.5\lambda}{n}$

2-3-2 用白光光源进行双缝实验，若用一个纯红色的滤光片遮盖一条缝，用一个纯蓝色的滤光片遮盖另一条缝，则（ ）。

A. 干涉条纹的宽度将发生改变　　B. 产生红光和蓝光的两套彩色干涉条纹

C. 干涉条纹的亮度将发生改变　　D. 不产生干涉条纹

2-3-3 在双缝干涉实验中，若用透明的云母片遮住上面的一条缝，则（ ）。

A. 干涉图样不变　　B. 干涉图样下移

C. 干涉图样上移　　D. 不产生干涉条纹

2-3-4 双缝间距为 2mm，双缝与屏幕相距 300cm，用波长 600nm 的光照射时，屏幕上干涉条纹的相邻两明纹的距离是（ ）。

A. 5.0mm　　B. 4.5mm　　C. 4.2mm　　D. 0.9mm

2-3-5 在双缝干涉实验中，波长$\lambda = 550\text{nm}$的单色平行光垂直入射到缝间距$a = 2\times10^{-4}\text{m}$的双缝上，屏到双缝的距离$D = 2\text{m}$，则中央明条纹两侧的第 10 级明纹中心的间距为（ ）。

A. 11m　　B. 1.1m　　C. 0.11m　　D. 0.011m

2-3-6 一束波长为λ的单色光从空气垂直入射到折射率为n的透明薄膜上，要使反射光线得到加强，薄膜最小厚度应为（ ）。

A. $\frac{\lambda}{4}$　　B. $\frac{\lambda}{4n}$　　C. $\frac{\lambda}{2}$　　D. $\frac{\lambda}{2n}$

2-3-7 真空中波长为λ的单色光，在折射率为n的均匀透明媒质中，从A点沿某一路径传播到B点，路径长度为L，A、B两点光振动相位差记为$\Delta\varphi$，则（ ）。

A. $L = 3\lambda/2$ 时，$\Delta\varphi = 3\pi$　　B. $L = 3\lambda/(2n)$时，$\Delta\varphi = 3n\pi$

C. $L = 3\lambda/(2n)$时，$\Delta\varphi = 3\pi$　　D. $L = 3n\lambda/2$ 时，$\Delta\varphi = 3n\pi$

2-3-8 两块平玻璃构成空气壁尖，左边为棱边。用单色平行光垂直入射。若上面的玻璃慢慢向上平移，则干涉条纹（ ）。

A. 向棱边方向平移，条纹间隔变小　　B. 向棱边方向平移，条纹间隔变大

C. 向棱边方向平移，条纹间隔不变　　D. 向离开棱边方向平移，条纹间隔不变

2-3-9 用波长为λ的单色光垂直照射到空气劈尖上，从反射光中观察干涉条纹，距顶点L处是暗纹。使劈尖角θ连续增大，直到该处再次出现暗纹时（见图），劈尖角的改变量$\Delta\theta$是（ ）。

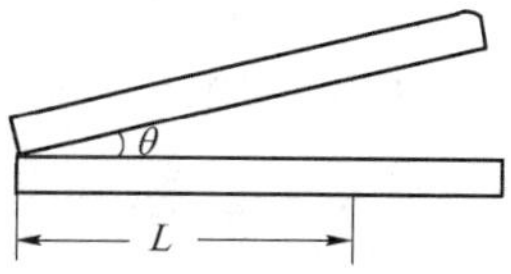

题 2-3-9 图

A. $\frac{\lambda}{2L}$　　B. $\frac{\lambda}{L}$

C. $\frac{2\lambda}{L}$　　D. $\frac{\lambda}{4L}$

2-3-10 一束波长为λ的平行单色光垂直入射到一单缝AB上，装置如图所示，在屏幕 D 上形成衍射

图样，如果P是中央亮纹一侧第一个暗纹所在的位置，则BC的长度为（　　）。

A. $\lambda/2$　　B. λ　　C. $3\lambda/2$　　D. 2λ

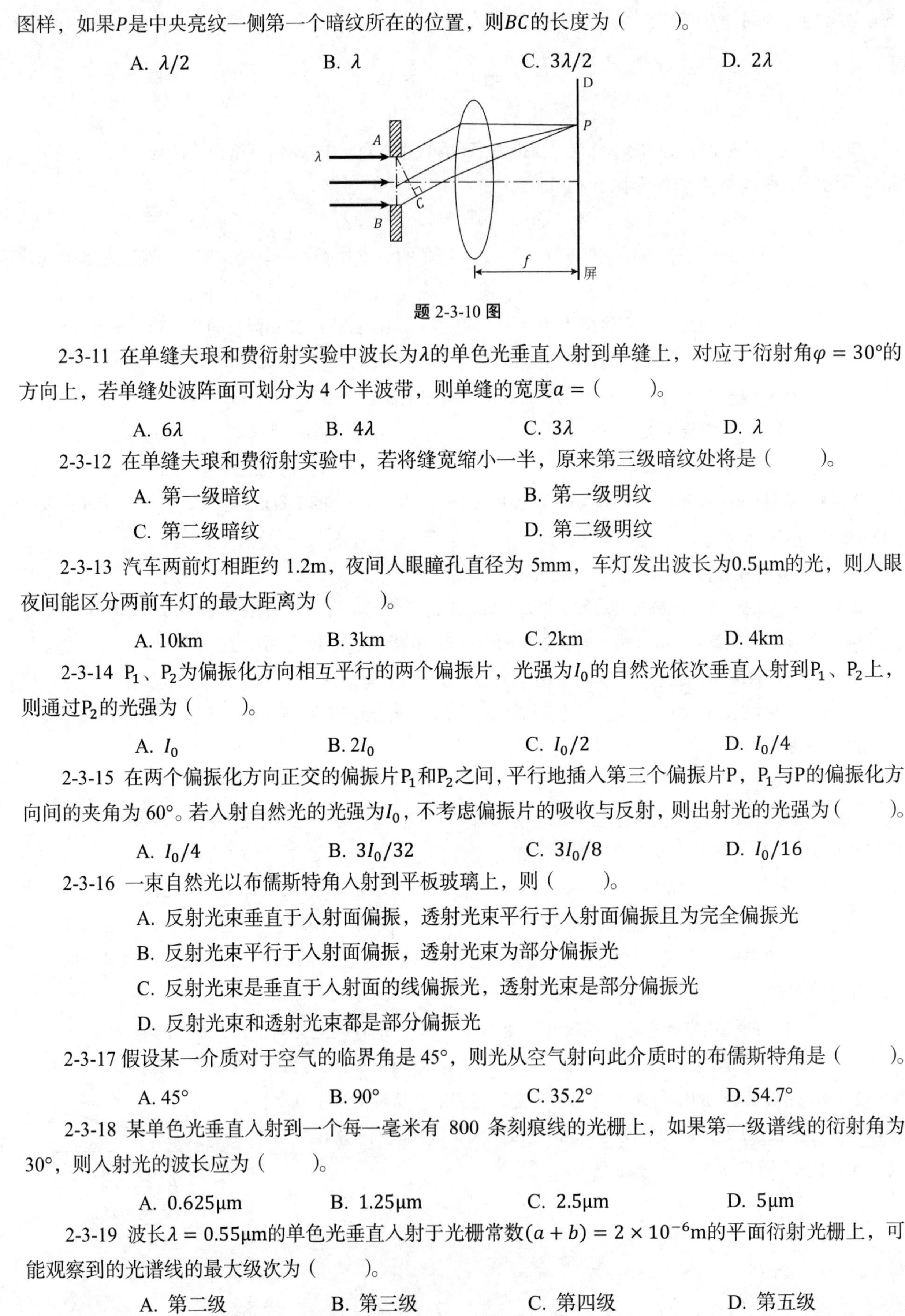

题 2-3-10 图

2-3-11 在单缝夫琅和费衍射实验中波长为λ的单色光垂直入射到单缝上，对应于衍射角$\varphi = 30°$的方向上，若单缝处波阵面可划分为 4 个半波带，则单缝的宽度$a =$（　　）。

A. 6λ　　B. 4λ　　C. 3λ　　D. λ

2-3-12 在单缝夫琅和费衍射实验中，若将缝宽缩小一半，原来第三级暗纹处将是（　　）。

A. 第一级暗纹　　B. 第一级明纹

C. 第二级暗纹　　D. 第二级明纹

2-3-13 汽车两前灯相距约 1.2m，夜间人眼瞳孔直径为 5mm，车灯发出波长为0.5μm的光，则人眼夜间能区分两前车灯的最大距离为（　　）。

A. 10km　　B. 3km　　C. 2km　　D. 4km

2-3-14 P_1、P_2为偏振化方向相互平行的两个偏振片，光强为I_0的自然光依次垂直入射到P_1、P_2上，则通过P_2的光强为（　　）。

A. I_0　　B. $2I_0$　　C. $I_0/2$　　D. $I_0/4$

2-3-15 在两个偏振化方向正交的偏振片P_1和P_2之间，平行地插入第三个偏振片P，P_1与P的偏振化方向间的夹角为 60°。若入射自然光的光强为I_0，不考虑偏振片的吸收与反射，则出射光的光强为（　　）。

A. $I_0/4$　　B. $3I_0/32$　　C. $3I_0/8$　　D. $I_0/16$

2-3-16 一束自然光以布儒斯特角入射到平板玻璃上，则（　　）。

A. 反射光束垂直于入射面偏振，透射光束平行于入射面偏振且为完全偏振光

B. 反射光束平行于入射面偏振，透射光束为部分偏振光

C. 反射光束是垂直于入射面的线偏振光，透射光束是部分偏振光

D. 反射光束和透射光束都是部分偏振光

2-3-17 假设某一介质对于空气的临界角是 45°，则光从空气射向此介质时的布儒斯特角是（　　）。

A. 45°　　B. 90°　　C. 35.2°　　D. 54.7°

2-3-18 某单色光垂直入射到一个每一毫米有 800 条刻痕线的光栅上，如果第一级谱线的衍射角为 30°，则入射光的波长应为（　　）。

A. 0.625μm　　B. 1.25μm　　C. 2.5μm　　D. 5μm

2-3-19 波长$\lambda = 0.55\mu m$的单色光垂直入射于光栅常数$(a + b) = 2 \times 10^{-6}m$的平面衍射光栅上，可能观察到的光谱线的最大级次为（　　）。

A. 第二级　　B. 第三级　　C. 第四级　　D. 第五级

2-3-20 一束自然光从空气投射到玻璃表面上（空气折射率为 1），当折射角为 30°时，反射光是完全

偏振光，则此玻璃板的折射率等于（ ）。

A. 1.33　　B. $\sqrt{2}$　　C. $\sqrt{3}$　　D. 1.5

习题题解及参考答案

第一节

2-1-1 **解：** 用$\overline{\omega}=\frac{3}{2}kT$，平均动能$=\frac{i}{2}kT$，平均速率$\bar{v}\propto\sqrt{\frac{RT}{M}}$，$E_{内}=\frac{m}{M}\frac{i}{2}RT$分析，注意到$M(\mathrm{H_2})\neq M(\mathrm{He})$，$i(\mathrm{H_2})\neq i(\mathrm{He})$。

答案： A

2-1-2 **解：** $p=nkT$，分子数密度$n=\frac{N(分子数)}{V}$，即$p=\frac{N}{V}kT$，则$N=\frac{pV}{kT}$。

答案： B

2-1-3 **解：** 由$\overline{\omega}=\frac{3}{2}kT$知，若两气体分子平均平动动能相同，则$T(\mathrm{He})=T(\mathrm{N_2})$，又根据$pV=\frac{m}{MRT}$得$p=\frac{\frac{m}{V}}{M}RT$，式中$\frac{m}{V}$即气体密度，由于摩尔质量$M(\mathrm{He})<M(\mathrm{N_2})$，故$p(\mathrm{He})>p(\mathrm{N_2})$。

答案： C

2-1-4 **解：** $E=\frac{i}{2}\frac{m}{M}RT=\frac{i}{2}pV$。氦气自由度$i=3$，则$E=\frac{3}{2}pV$。

答案： A

2-1-5 **解：** 气体分子的平动自由度$i=3$，平动动能的总和即气体由于平动产生的部分内能

$$E=\frac{3}{2}\frac{m}{M}RT=\frac{3}{2}pV=\frac{3}{2}\times5\times10^2\times8\times10^{-3}=6\mathrm{J}$$

答案： D

2-1-6 **解：** 用$p=nkT$或$pV=\frac{m}{M}RT$分析。注意到氢气、氦气都在同一容器中，温度相同，单位体积的分子数相同。

答案： B

2-1-7 **解：** 1. 用$p=nkT$分析①，单位体积内分子数n应相同。

2. 用$pV=\frac{m}{M}RT$分析②，单位体积内的质量$\frac{m}{V}=\frac{pM}{RT}$不同（摩尔质量$M$不同）。

3. 用内能$E=\frac{i}{2}\frac{m}{M}RT=\frac{i}{2}pV$分析③，单位体积内的内能$\frac{E}{V}=\frac{i}{2}p$应相同，因为氧和一氧化碳都是双原子分子，自由度$i$相同。

答案： C

2-1-8 **解：** 1. 平均动能 = 平均平动动能 + 平均转动动能 $=\frac{3}{2}kT+\frac{i(转动)}{2}kT$。

2. 内能$E=\frac{i}{2}\frac{m}{M}RT$。温度相同，平均平动动能相等。

答案： D

2-1-9 **解：** 由$\overline{\omega}=\frac{3}{2}kT$，知：$T(\mathrm{H_2})=T(\mathrm{O_2})$

又平均速率$\bar{v}\propto\sqrt{\frac{RT}{M}}$，$\frac{\bar{v}_{\mathrm{H_2}}}{\bar{v}_{\mathrm{O_2}}}=\sqrt{\frac{M(\mathrm{O_2})}{M(\mathrm{H_2})}}=\sqrt{\frac{32}{2}}=\frac{4}{1}$。

答案： D

2-1-10 **解：** 平均碰撞次数$\overline{Z}=\sqrt{2}\pi d^2n\bar{v}$，平均速率$\bar{v}=1.6\sqrt{\frac{RT}{M}}$，平均自由程$\overline{\lambda}=\frac{\bar{v}}{\overline{Z}}=\frac{1}{\sqrt{2}\pi d^2n}$。

答案： A

2-1-11 **解：** 由$pV=\frac{m}{M}RT$，可得$p=\frac{\rho}{M}RT$；当p不变时，ρ与T成反比。

答案： B

2-1-12 **解：** 由$pV=\frac{m}{M}RT$，知：$\frac{m}{M}(\mathrm{He})=\frac{m}{M}(\mathrm{O_2})$

对He，有$\frac{m}{M}\frac{3}{2}R\Delta T=9\mathrm{J}$，即$\frac{m}{M}R\Delta T=6\mathrm{J}$

对O_2，有$\frac{m}{M}\frac{5}{2}R\Delta T=\frac{5}{2}\times 6=15\mathrm{J}$

答案： B

2-1-13 **解：** $Q_{\mathrm{V}}=\frac{m}{M}\frac{i}{2}R\Delta T$

本题，$Q_{\mathrm{V}}=\frac{m}{M}\frac{i(\mathrm{O_2})}{2}R\Delta T\,(\mathrm{O_2})=\frac{m}{M}\frac{i(\mathrm{H_2O})}{2}R\Delta T(\mathrm{H_2O})$

因$i(\mathrm{O_2})\neq i(\mathrm{H_2O})$，则$\Delta T(\mathrm{H_2})\neq\Delta T(\mathrm{H_2O})$，又由$pV=\frac{m}{M}RT$，知$V$不变时，$\Delta p(\mathrm{O_2})\neq\Delta p(\mathrm{H_2O})$。

答案： B

2-1-14 **解：** $Q_{\mathrm{p}}=\frac{m}{M}(\frac{i}{2}+1)R\Delta T=(\frac{i}{2}+1)p\Delta V$

$$A_{\mathrm{p}}=p\Delta V$$

$$\frac{7}{2}p\Delta V(\mathrm{N_2})=\frac{5}{2}p\Delta V'(\mathrm{He})$$

$$\frac{A(\mathrm{N_2})}{A(\mathrm{He})}=\frac{p\Delta V}{p\Delta V'}=\frac{5}{7}$$

答案： B

2-1-15 **解：** ①由图知$T_{\mathrm{a}}>T_{\mathrm{b}}$，所以沿$acb$过程内能减少（内能增量为负）。

②由图知沿acb过程$A>0$。

③$Q_{\mathrm{acb}}=E_{\mathrm{b}}-E_{\mathrm{a}}+A_{\mathrm{acb}}$，又$E_{\mathrm{b}}-E_{\mathrm{a}}=-A_{绝热}=-$(绝热曲线下面积)。

比较$A_{绝热}$和A_{acb}，知$Q_{\mathrm{acb}}<0$。

答案： C

2-1-16 **解：** 画p-V图，当容积增加时，等压过程内能增加（T增加），绝热过程内能减少。而等温过程内能不变。

答案： C

2-1-17 **解：** 画p-V图，此循环为逆循环（制冷机），Q(循环)$=A$(净)，A(净)<0。

答案： A

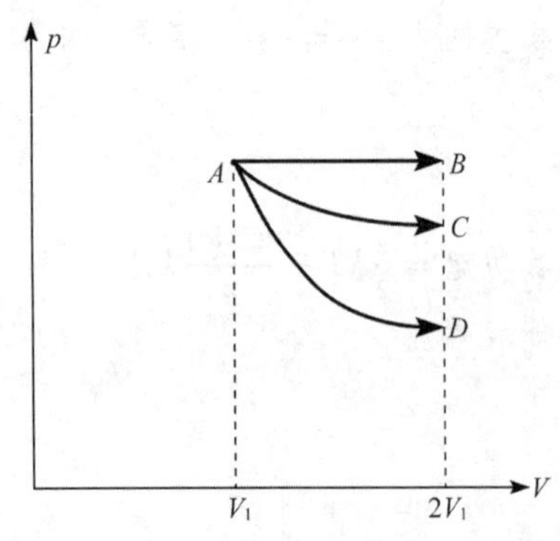

题 2-1-16 解图

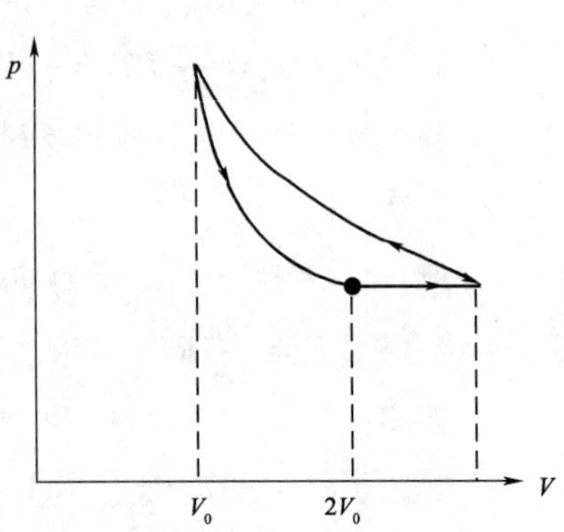

题 2-1-17 解图

2-1-18 **解：** $\eta_{卡诺}=1-\frac{T_2}{T_1}=1-\frac{Q_2}{Q_1}$，$T_1=nT_2$，$\frac{1}{n}=\frac{Q_2}{Q_1}$，$Q_2=\frac{1}{n}Q_1$

答案： C

2-1-19　**解：** 注意对热力学第二定律的全面理解，选项 A 表述不完整，选项 B、C 不正确，选项 D 表明热传导过程的不可逆性。

答案： D

2-1-20　**解：** 热力学第二定律开尔文表述：不可能制成一种循环动作的热机，只从一个热源吸取热量，使之完全变为有用功而不产生出其他影响，而本题叙述的是单一的"等温过程"，不是循环，不违反热力学第二定律。

答案： C

第二节

2-2-1　**解：** 将波动方程化为标准形式，再比较计算。并注意到$\cos\varphi = \cos(-\varphi)$，

$$y = 0.05\cos(4\pi x - 10\pi t) = 0.05\cos(10\pi t - 4\pi x) = 0.05\cos\left[10\pi\left(t - \frac{x}{2.5}\right)\right]$$

故$\omega = 10\pi = 2\pi\nu$，波速$u = 2.5\mathrm{m/s}$，波长$\lambda = \frac{u}{\nu} = \frac{2.5}{5} = 0.5\mathrm{m}$。

答案： B

2-2-2　**解：** 在波动中，质元的动能和势能变化是同相位的，它们同时达到最大值，又同时达到最小值。本题中"质元正处于平衡位置"，此时速度最大。

答案： B

2-2-3　**解：** 以$x = L$处为原点，写出波动方程

$$y_{\mathrm{L}} = A\cos\left[\omega(t - \frac{x}{u})\right]$$

再令$x = -L$代入波动方程，得$x = 0$处质点的振动方程。

答案： C

2-2-4　**解：** 设负向传播波动方程为

$$y = A\cos\left(\omega t + \frac{\omega x}{u} + \varphi_0\right) = A\cos\left(\frac{2\pi}{T}t + \frac{2\pi x}{\lambda} + \varphi_0\right)$$

因

$$\frac{2\pi}{T}\times\frac{T}{4} + \frac{2\pi\times\frac{\lambda}{2}}{\lambda} + \varphi_0 = \pi$$

所以

$$\varphi_0 = -\frac{\pi}{2}$$

答案： C

2-2-5　**解：** 波源振动速度和波速是两个完全不同的概念，波速是恒量，振动速度是随时间变化的周期性函数，波动周期等于波源的振动周期，沿波传播方向上任一点总是比波源的相位滞后。

答案： C

2-2-6　**解：** $\Delta\varphi = \frac{2\pi(\Delta x)}{\lambda}$，波速$u = \lambda\nu = \lambda\frac{1}{T}$，故

$$\Delta\varphi = \frac{2\pi}{u\cdot T}\cdot\Delta x = \frac{2\pi\cdot 5}{15\times 2} = \frac{\pi}{3}$$

答案： B

2-2-7　**解：** 在波动中动能和势能的变化是同相位的，它们同时达到最大值，又同时达到最小值。对任意质元来说，它的机械能是不守恒的，即沿着波动的传播方向，该质元不断地从后面

的质元获得能量（质元从一端点向平衡位置移动时），又不断地把能量传递给前面的质元（质元从平衡位置向端点移动时）。

答案： C

2-2-8 **解：** 由驻波性质：驻波两相邻波节间各点振幅不同，相位相同。合振幅为$\left|2A\cos\left(2\pi\frac{x}{\lambda}\right)\right|$。

答案： B

2-2-9 **解：** 由干涉减弱条件，$\Delta\varphi=\varphi_{02}-\varphi_{01}-\frac{2\pi(r_2-r_1)}{\lambda}=\pm(2k+1)\pi\quad(k=0,1,2,\cdots)$

现$\varphi_{02}-\varphi_{01}=\pi$，$r_2-r_1=0$，故$\Delta\varphi=\pi$，$A=|A_1-A_2|=0$。

答案： D

2-2-10 **解：** 按题意作解图，S_1右侧任取P点，可见$r_2-r_1=\frac{3\lambda}{4}$，又知$S_1$右侧的各点合振幅均为$2A$，说明$S_1$右侧各点干涉加强，即$\Delta\varphi=0$（取$k=0$）。

$$\Delta\varphi=\varphi_{02}-\varphi_{01}-\frac{2\pi(r_2-r_1)}{\lambda}=0\quad(k=0)$$

得

$$\varphi_{02}-\varphi_{01}=\frac{2\pi\left(\frac{3\lambda}{4}\right)}{\lambda}=\frac{3}{2}\pi$$

题 2-2-10 解图

答案： D

2-2-11 **解：** 波节的位置$x=(2k+1)\frac{\lambda}{4}\qquad(k=0,\pm1,\pm2,\cdots)$

令$k=0$和$k=1$，相邻两波节之间距离$x_1-x_0=\frac{\lambda}{2}$。

同理，两相邻波腹间的距离亦为$\frac{\lambda}{2}$。

答案： B

第三节

2-3-1 **解：** $\Delta\varphi=\frac{2\pi\delta}{\lambda}$（$\delta$指光程差）。$\delta=\frac{3\pi}{2\pi}\lambda=\frac{3}{2}\lambda$。

答案： A

2-3-2 **解：** 考虑相干光源（波源）的条件，从两滤光片出来的光不是相干光。白光是复色光源，红色滤光片与蓝色滤光片透射光频率不同，不能相干。

答案： D

2-3-3 **解：** 考查零级明纹向哪一方向移动，遮板后上缝较下缝到原中央明纹处光程增加了$(n-1)e$。

答案： C

2-3-4 **解：** $\Delta x=\frac{D}{d}\lambda=\frac{3\,000}{2}\times600\times10^{-6}=0.9\text{mm}$。

答案： D

2-3-5 **解：** 双缝干涉条纹宽度公式$\Delta x=\frac{D\lambda}{na}$

中央明条纹两侧的第 10 级明纹中心的间距为$20\cdot\Delta x=20\times\frac{2\times550\times10^{-9}}{1\times2\times10^{-4}}=0.11\text{m}$

答案： C

2-3-6 **解：** $2ne+\frac{\lambda}{2}=k\lambda\ (k=1)$，式中$\frac{\lambda}{2}$为附加光程差（半波损失）。

答案： B

2-3-7 **解：** $\Delta\varphi=\frac{2\pi\delta}{\lambda}$（$\delta$指光程差），依本题题意$\delta=nL$，即$\Delta\varphi=\frac{2\pi nL}{\lambda}$。

答案： C

2-3-8　**解：** 见解图，同一明纹（暗纹）对应相同厚度的空气层，间距为$\frac{\lambda}{2\sin\theta}$。

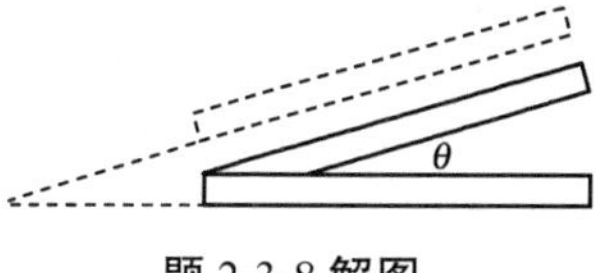

题 2-3-8 解图

答案： C

2-3-9　**解：** $\theta \approx \frac{e}{L}$（$e$为空气层厚度），$\Delta\theta = \frac{\Delta e}{L}$，又相邻两明（暗）纹对应的空气层厚度差$\Delta e = e_{k+1} - e_k = \frac{\lambda}{2}$。

答案： A

2-3-10　**解：** 单缝衍射菲涅耳半波带法，第一级暗纹$BC = 2k \cdot \lambda/2 = \lambda \quad (k = 1)$

答案： B

2-3-11　**解：** $a\sin\varphi = k\lambda = 2k\frac{\lambda}{2}$，令$a\sin 30° = 4 \times \frac{\lambda}{2}$。

答案： B

2-3-12　**解：** 由$a\sin\varphi = k\lambda$（暗纹），知$a\sin\varphi = 3\lambda$，现$a'\sin\varphi = \frac{3}{2}\lambda\left(a' = \frac{a}{2}\right)$，应满足明纹条件，即$a'\sin\varphi = \frac{3}{2}\lambda = (2k+1)\frac{\lambda}{2} \Rightarrow k = 1$。

答案： B

2-3-13　**解：** 最小分辨角$\delta\varphi = 1.22\frac{\lambda}{D}$，两车灯对瞳孔中心张角为$\frac{\Delta x(车灯距)}{L(人车距离)}$，故

$$1.22\frac{\lambda}{D(孔径)} = \frac{\Delta x}{L}，\ L = \frac{D \cdot \Delta x}{1.22 \cdot \lambda} = \frac{5 \times 10^{-3} \times 1.2}{1.22 \times 0.5 \times 10^{-6}} \approx 10 \times 10^3 \mathrm{m}$$

答案： A

2-3-14　**解：** 马吕斯定律，自然光通过偏振片P_1光强衰减一半：$I = \frac{1}{2}I_0\cos^2 0° = \frac{1}{2}I_0$

答案： C

2-3-15　**解：** 由$I = I_0\cos^2\alpha$，并注意到"自然光通过偏振片后，光强减半"，则

$$I = \frac{I_0}{2}\cos^2 60°\cos^2 30° = \frac{3I_0}{32}$$

答案： B

2-3-16　**解：** 自然光以布儒斯特角入射，反射光为垂直于入射面的线偏振光，折射光（透射光束）为部分偏振光。

答案： C

2-3-17　**解：** 如解图所示，按临界角的概念，光必须从光密介质射向光疏介质才可能发生全反射，即$\frac{\sin 45°}{\sin 90°} = \frac{n_1}{n_2}$，而光从空气射向介质时，布儒斯特角应满足$\tan i_0 = \frac{n_2}{n_1}$，故$\tan i_0 = \frac{n_2}{n_1} = \frac{1}{\sin 45°} = \sqrt{2}$，$i_0 = 54.7°$ 。

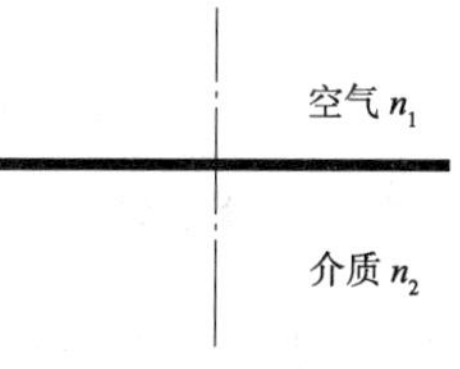

题 2-3-17 解图

答案： D

2-3-18　**解：** 注意到光栅常数$a + b = \frac{1}{800}\mathrm{mm}$，由$(a+b)\sin\varphi = k\lambda$，$\frac{1}{800}\sin 30° = 1 \times \lambda$，$1\mu\mathrm{m} = 10^{-6}\mathrm{m}$。

答案： A

2-3-19　**解：** 由$(a+b)\sin\varphi = k\lambda$，令$2 \times 10^{-6}\sin 90° = k \times 0.55 \times 10^{-6}$，$k = 3.6$，$k$只能取整数。

答案： B

2-3-20　**解：** 由$\tan i_0 = \frac{n_2}{n_1}$，又$i_0 + \gamma_0 = 90°$，$\tan 60° = n_2$。

答案： C

第三章 普通化学

复习指导

一、考试大纲

3.1 物质的结构和物质状态

原子结构的近代概念；原子轨道和电子云；原子核外电子分布；原子和离子的电子结构；原子结构和元素周期律；元素周期表；周期、族；元素性质及氧化物及其酸碱性。离子键的特征；共价键的特征和类型；杂化轨道与分子空间构型；分子结构式；键的极性和分子的极性；分子间力与氢键；理想气体状态方程；分压定律；晶体与非晶体；晶体类型与物质性质。

3.2 溶液

溶液的浓度；非电解质稀溶液通性；渗透压；弱电解质溶液的解离平衡；解离常数；同离子效应；缓冲溶液；水的离子积及溶液的pH值；盐类的水解及溶液的酸碱性；溶度积常数；溶度积规则。

3.3 化学反应速率及化学平衡

反应热与热化学方程式；化学反应速率；温度和反应物浓度对反应速率的影响；活化能的物理意义；催化剂；化学反应方向的判断；化学平衡的特征；化学平衡移动原理。

3.4 氧化还原反应与电化学

氧化还原的概念；氧化剂与还原剂；氧化还原电对；氧化还原反应方程式的配平；原电池的组成和符号；电极反应与电池反应；标准电极电势；电极电势的影响因素及应用；金属腐蚀与防护。

3.5 有机化学

有机物特点、分类及命名；官能团及分子构造式；同分异构；有机物的重要反应：加成、取代、消除、氧化、催化加氢、聚合反应、加聚与缩聚；基本有机物的结构、基本性质及用途：烷烃、烯烃、炔烃、芳烃、卤代烃、醇、苯酚、醛和酮、羧酸、酯；合成材料：高分子化合物、塑料、合成橡胶、合成纤维、工程塑料。

二、复习指导

普通化学中基本概念和基本理论较多，而计算方面的问题比较简单，所以在复习时应特别注意对基本概念及理论的理解。

（一）物质结构和物质状态

本节内容多、概念多，考生复习时不易掌握。若将其分类，可包括以下两个方面的内容。

1. 原子结构

核外电子到底是如何运动的？它涉及原子轨道、波函数、量子数、电子云等基本概念。考生必须明确一个波函数就是一个原子轨道，它由三个量子数（n、l、m）正确组合来决定，在每个轨道上只能容纳二个自旋相反的电子（即$m_s = \pm\frac{1}{2}$），在此基础上才能进行包括原子、离子的核外电子排布，进一步了解原子核外电子的排布与周期表的关系，以及元素性质、元素氧化物及其水合物酸碱性的递变规律。

2. 化学键与晶体结构

$$
\text{化学键}\begin{cases}\text{离子键——离子晶体}\\ \text{共价键——}\begin{cases}\text{分子晶体}\\ \text{原子晶体}\end{cases}\\ \text{金属键——金属晶体}\end{cases}
$$

（1）不同的化学键有不同的形成和特征。例如共价键：①形成；②特征；③类型；④键的极性和分子的极性。

（2）不同的晶体结构有不同的物理特性。

（3）分子间力与氢键。

（4）杂化轨道理论，这部分内容是难点但不是重点，只要求对给出的分子能确定它的杂化类型和分子的空间构型即可。

本节其余部分作为一般了解。

（二）溶液

溶液中包括溶质和溶剂。

溶液的浓度是指一定量溶剂（或溶液）中含有的溶质量，常用的有“物质的量”浓度和质量摩尔浓度。

溶剂可以是水、乙醇、苯、四氯化碳等。

溶质按其在水中是否电离分电解质和非电解质，本节讨论非电解质稀溶液的通性。

电解质按其电离的程度分强电解质和弱电解质，本节讨论弱电解质的电离平衡及其移动。

电解质按其溶解的程度分易溶电解质和难溶电解质，本节讨论后者的溶解平衡及其移动。

1. 稀溶液的通性

稀溶液的通性是指难挥发非电解质的稀溶液的蒸气压下降、沸点升高、凝固点下降以及渗透压等。计算不是重点，但对浓溶液和电解质溶液要求会定性分析。

2. 电离平衡、溶解平衡及其移动

这是本节的重点。内容较多，但不难掌握，可按以下思路复习。

（1）电离平衡

①弱电解质的电离平衡；

②水的离子积及 pH 值；

③水解平衡。

以上要求掌握电离平衡常数的表达式，它与电离度的关系，溶液的C_{H^+}、C_{OH^-}和 pH 值的计算。

（2）电离平衡的移动

①单相同离子效应；

②缓冲溶液：缓冲溶液的组成、溶液 pH 值的计算。

（3）溶解平衡

①溶度积（K_{sp}）；

②溶度积与溶解度（S）的关系；

③溶度积规则及应用。

（三）化学反应速率和化学平衡

本节讨论三个问题，重点是后两者。同时提出几个要点：

（1）书写热化学方程式时注意物质的状态、反应条件、计量系数，$\Delta H < 0$为放热；$\Delta H > 0$为吸热。

（2）平均速率与瞬时速率均能表示反应速率，但以不同物质的浓度变化表示反应速率时其数值不一定相等。

（3）影响速率的因素主要有物质的本性（对给定反应体现在活化能上）、反应温度、反应物浓度及催化剂。

①浓度的影响。除必须掌握质量作用定律以外，还要明确基元反应、非基元反应、反应级数、速度常数等基本概念。

②温度的影响。主要反应在温度对速度常数的影响上，公式不用死记，但温度升高时速率常数升高、反应速度增加的结论必须掌握，而且这结论对吸热反应、放热反应、正反应的速率常数、逆反应的速率常数均适用。

③催化剂的影响。使用催化剂能降低活化能从而提高反应速率。明确活化能、活化分子等概念，反应热与正、逆反应活化能的关系。

（4）化学平衡。

除明确平衡时的特征外，还必须写出平衡时的特征常数——平衡常数表达式。掌握平衡常数物理意义、影响因素、特征和应用。

在化学平衡的移动方面，掌握浓度、温度、压强改变对移动的影响。

总之除掌握质量作用定律表达式和平衡常数表达式外，还要掌握浓度、温度、压力、催化剂对速率、速率常数、平衡常数及平衡移动的影响。

（四）氧化还原与电化学

本节没有难点，基本概念与要记忆的较多，要求掌握以下五个方面。

1. 基本概念

如氧化数、氧化剂、还原剂、氧化反应、还原反应等，以及它们之间的关系。如：

氧化剂在发生还原反应过程中氧化数降低。

还原剂在发生氧化反应过程中氧化数升高。

2. 原电池

自发的氧化还原反应（即原电池中的电池反应）可以组成原电池，原电池中有正、负极，两极上发生不同的电极反应。原电池的电动势$E = \varphi_{正} - \varphi_{负}$，最后落实到原电池符号。

3. 电极电势

影响电极电势的因素中，温度的影响一般不大，常将温度定在 298K；浓度、介质与物质的本性对电极电势的影响，可从能斯特方程看出。例如半反应

$$\mathrm{MnO_4^- + 8H^+ + 5e \rightleftharpoons Mn^{2+} + 4H_2O}$$

能斯特方程为

$$\varphi_{MnO_4^-/Mn^{2+}} = \varphi^{\Theta}_{MnO_4^-/Mn^{2+}} + \frac{0.059}{5}\lg\frac{C_{MnO_4^-} \cdot C_{H^+}^8}{C_{Mn^{2+}}}$$

由上式可见氧化态的浓度升高、介质的酸度升高，能使电极电势升高。至于物质本性的影响体现在φ^{Θ}数值的大小上。

电极电势应用很广，可用来判断原电池的正、负极；氧化剂、还原剂的相对强弱；氧化还原反应的方向和进行的程度。

4. 电解

电解池中发生的氧化还原反应是不自发的，因此电解池中两极名称、两极反应不同于原电池，除要掌握这些之外，还要明确分解电压、超电势的概念及形成的原因，判断电解的产物。

5. 金属腐蚀及防止

了解电化学腐蚀的目的是如何防止金属的腐蚀。

（五）有机化合物

重点掌握：

（1）有机物的特点、分类和命名。

（2）有机物的重要反应包括取代、加成、消去、氧化还原、加聚、缩聚反应和定位效应、不对称加成规则及查氏规则。

（3）重要的高分子材料，如 PVC、ABS、环氧树脂、橡胶等。

第一节 物质结构和物质状态

物质结构与性质之间有着必然的联系，要深入了解物质的宏观性质，必须探究其微观性质。分子是保持物质化学性质的最小微粒，由原子组成。所以本节主要学习原子结构理论，在此基础上，讨论分子结构和晶体结构的基本内容。

一、原子核外电子排布

（一）核外电子运动的特性

核外电子运动具有两大特性，即量子化和波粒二象性，这也是一切实物微粒运动的共同特性。

1. 能量的量子化

实验证明，辐射能的吸收和发射只能是一小份一小份的，是不连续的。这一小份不连续能量的基本单位叫量子。物质吸收或发射能量只能是量子的整数倍。量子的能量E与频率ν成正比。即

$$E = h\nu \tag{3-1-1}$$

式中，h为普朗克常数，等于 6.626×10^{-34}J · s。

原子中电子的能量是量子化的，当电子从高能量状态$E_{高}$跃迁到低能量状态$E_{低}$时，就以光量子的形式发射能量；反之吸收能量，其频率为

$$\nu = \frac{E_{高} - E_{低}}{h} \tag{3-1-2}$$

由于电子的能量是量子化的，所以光量子的能量和波长也是不连续的，这就是原子光谱是线状的原因所在。

2. 波粒二象性

一切实物微粒（光子、电子、中子、质子等）运动时，既有粒子的性质又有波的性质，即为波粒二象性。电子在核外运动也有波粒二象性。粒子性表现在电子与实物相互作用时有能量的吸收或发射，如能量E和动量p；波动性表现在电子在传播过程中有干涉和衍射现象，如波长λ和频率ν。

波粒二象性的内在联系是

$$E = h\nu \tag{3-1-3}$$

$$p = \frac{h}{\lambda} \tag{3-1-4}$$

$$\lambda = \frac{h}{p} = \frac{h}{m\nu} \tag{3-1-5}$$

式中，m为实物粒子的质量；ν为实物粒子的运动速度；p为动量。

此式就是著名的德布罗意（de Broglie）关系式，它把微观粒子的粒子性和波动性统一起来。人们把这种与微观粒子相联系的波，叫作德布罗意波或物质波。

3. 测不准原理

宏观物体运动时，人们可以依据经典物理定律准确确定其在任何指定时刻的位置和速度。而对于微观粒子则不同，对运动中的微观粒子来说，不可能同时准确确定它的位置和动量。这就是海森堡（Heisenberg）不确定原理。其关系式为

$$\Delta p \cdot \Delta x \geqslant \frac{h}{4\pi} \tag{3-1-6}$$

式中，Δp为微观粒子动量的不确定度；Δx为微观粒子位置的不确定度。

它表明，微观粒子位置的不确定度Δx越小，相应它的动量的不确定度Δp就越大。对电子来说，当电子位置确定的误差越小，相应的动量的测定误差就越大，反之亦然。也就是说，电子的位置若能准确地测定，其动量就不可能准确地测定。电子运动有它特殊的规律。

（二）核外电子运动状态的描述

可用波函数和电子云来描述核外电子运动的状态。

1. 波函数与原子轨道

描述核外电子运动规律的方程叫薛定谔方程，对单电子体系该方程可写成下列形式

$$\frac{\partial^2\psi}{\partial x^2} + \frac{\partial^2\psi}{\partial y^2} + \frac{\partial^2\psi}{\partial z^2} + \frac{8\pi^2 m}{h^2}(E - V)\psi = 0 \tag{3-1-7}$$

式中，ψ为描述电子运动情况的波函数，m为电子质量，E为电子的总能量，V为电子的势能。

求解该方程，可得到波函数ψ和总能量E。在求解过程中必须引入三种量子数n、l、m，才能解出一系列符合量子数条件的波函数ψ_1、ψ_2、…，以及相应的能量E_1、E_2、…。

波函数是描述波的数学函数式，表示核外电子的运动状态；波函数是空间坐标的函数$\psi(x,y,z)$或$\psi(\gamma,\theta,\Phi)$。在量子力学里，将描述原子中单个电子运动状态的函数式称为波函数，习惯上又称为原子轨道。每一个波函数代表核外电子的一种运动状态，表示一个原子轨道。所以不同波函数$\psi_{n、l、m}$就可以表示电子在核外出现的不同原子轨道或运动状态。

2. 量子数

波函数ψ是描述原子处于定态时电子运动状态的数学函数式。求解薛定谔方程时，要得到合理的波函数解，要求方程中的一些参数满足一定的条件，为此引进取分立值的三个参数（量子数），即主量子数n、角量子数l、磁量子数m。三个量子数取值不是任意的，有一定限制条件。一组允许的量子数n、l、m取值对应一个合理的波函数$\psi_{n,l,m}$，即可以确定一个原子轨道。电子除轨道运动外，还有自旋运动，所以，描述一个电子的运动状态除以上三个量子数外，还需第四个量子数，即自旋量子数m_s。量子数的物理意义及取值的限制描述如下：

（1）主量子数n

n的取值：n=1，2，3，…，目前稳定原子中n最大为 7。

n的意义：

①代表电子层，n=1，2，…，分别为第一电子层，第二电子层，……，分别用 K，L，M，N，…表示；

②代表电子离核的平均距离（$r \propto n^2$）；

③决定原子轨道的能级（$E \propto n$）。

所以n越大能级越高（$E_1 < E_2 < E_3 < \cdots$），电子离核的平均距离越远（$r_1 < r_2 < r_3 < \cdots$）。

（2）角量子数l

l的取值：l=0，1，2，…，n−1，目前l最大为 3。

n与l的关系为：n=1，l=0；n=2，l=0，1；n=3，l=0，1，2；n=4，l=0，1，2，3，…

l的意义：

①表示电子亚层，l=0，1，2，3，分别为 s，p，d，f 亚层，其轨道分别叫 s，p，d，f 轨道，轨道上的电子分别叫 s，p，d，f 电子。

②确定轨道的形状：l=0，1，2，…，轨道的形状分别为球形、双球形、四橄榄形……。

③在多电子原子中l还决定亚层的能量，当n一定时，l越大亚层能量也越大，同一亚层的原子轨道能量相等，故叫等价（简并）轨道。

（3）磁量子数m

m的取值：m=0，±1，±2，±3，…，±l，由于l最大为 3，所以m只有前 7 个取值。

l与m的关系为：l=0，m=0；l=1，m=0，±1；l=2，m=0，±1、±2；l=3，m=0，±1，±2，±3。

m的意义：

①确定轨道在空间的取向。

②确定亚层中轨道的数目。m的每一个取值代表轨道在空间的一种取向，即一条轨道。如l=1 的 p 亚层，m为 0，±1 三个取值，所以 p 亚层在空间有三种取向，有三条 p 轨道。

③在无外加磁场的情况下，轨道能量与m无关。

（4）自旋量子数m_s

m_s决定电子自旋方向，可取$+\frac{1}{2}$和$-\frac{1}{2}$两个值。每一套（n，l，m），m_s可取$\pm\frac{1}{2}$两个值。

量子数与核外电子运动状态列于表 3-1-1。

量子数与核外电子运动状态 表 3-1-1

主量子数 n	主层符号	角量子数 l	亚层符号	磁量子数 m	亚层轨道数	电子层中轨道数	自旋量子数 m_s	电子层中电子容量
1	K	0	1s	0	1	1	±1/2	2
2	L	0	2s	0	1	4	±1/2	8
		1	2p	0，±1	3		±1/2	
3	M	0	3s	0	1	9	±1/2	18
		1	3p	0，±1	3		±1/2	
		2	3d	0，±1，±2	5		±1/2	
4	N	0	4s	0	1	16	±1/2	32
		1	4p	0，±1	3		±1/2	
		2	4d	0，±1，±2	5		±1/2	
		3	4f	0，±1，±2，±3	7		±1/2	

【例 3-1-1】 下列量子数正确组合的是：

A. $n=1$，$l=1$，$m=0$　　B. $n=2$，$l=0$，$m=1$

C. $n=3$，$l=2$，$m=3$　　D. $n=4$，$l=3$，$m=2$

解 三个量子数取值不是任意的，有一定限制条件。n的取值：$n=1$，2，3，…，目前稳定原子中n最大为 7；l的取值：$l=0$，1，2，…，$n-1$，目前l最大为 3；m的取值：$m=0$，±1，±2，±3，…，±l，由于l最大为 3，所以m只有前 7 个取值。选项 A 中，n取 1，l可取 0；选项 B 中，l取 0，m可取 0；选项 C 中，l取 2，m可取 0，±1，±2。

答案： D

【例 3-1-2】 量子数$n=4$，$l=2$，$m=0$的原子轨道数目是：

A. 1　　B. 2　　C. 3　　D. 4

解 一组允许的量子数n、l、m取值对应一个合理的波函数，即可以确定一个原子轨道。量子数$n=4$，$l=2$，$m=0$为一组合理的量子数，确定一个原子轨道。

答案： A

【例 3-1-3】 决定原子轨道取向的量子数和确定原子轨道形状的量子数分别是：

A. 主量子数、角量子数　　B. 角量子数、磁量子数

C. 磁量子数、角量子数　　D. 自旋量子数、主量子数

解 三个量子数的物理意义分别为：

主量子数n：①代表电子层；②代表电子离原子核的平均距离；③决定原子轨道的能量。

角量子数l：①表示电子亚层；②确定原子轨道形状；③在多电子原子中决定亚层能量。

磁量子数m：①确定原子轨道在空间的取向；②确定亚层中轨道数目。

答案： C

【例 3-1-4】 多电子原子中同一电子层原子轨道能级（量）最高的亚层是：

A. s 亚层　　B. p 亚层　　C. d 亚层　　D. f 亚层

解 多电子原子中原子轨道的能级取决于主量子数n和角量子数l：主量子数n相同时，l越大，能量越高；角量子数l相同时，n越大，能量越高。同一电子层中的原子轨道n相同，l越大，能量越高。

答案： D

【例 3-1-5】 主量子数n=3 的原子轨道最多可容纳的电子总数是：

A. 10　　B. 8　　C. 18　　D. 32

解　主量子数为n的电子层中原子轨道数为n^2，最多可容纳的电子总数为 $2n^2$。主量子n=3，原子轨道最多可容纳的电子总数为 $2\times3^2=18$。

答案：C

3. 概率密度与电子云

概率是核外电子在空间出现的机会。概率密度是电子在核外空间某处单位体积内出现的概率。根据实验和理论的研究已经证实，电子的概率密度等于波函数的平方，即ψ^2。为了形象地表示电子在原子中的概率密度分布情况，在化学上引入电子云的概念。电子云是用黑点的疏密度来表示核外空间各点电子概率密度大小的具体图像。例如基态氢原子的 1s 电子云呈球状。

4. 原子轨道和电子云的角度分布图

用数学方法把$\psi(\gamma,\theta,\Phi)$分成两个函数的乘积，即

$$\psi(\gamma,\theta,\Phi)=R(r)\cdot Y(\theta,\Phi) \tag{3-1-8}$$

式中：$R(r)$——波函数的径向分布部分；

$Y(\theta,\Phi)$——波函数的角度分布部分。

角度分布图：波函数的角度分布部分(Y)随角度(θ,Φ)变化的图形。原子轨道和电子云的角度分布平面示意图见图 3-1-1 和图 3-1-2。两图的作法、外形和空间取向相似，区别在于前者比后者“胖”些；前者有“+”“−”之分，后者则没有。

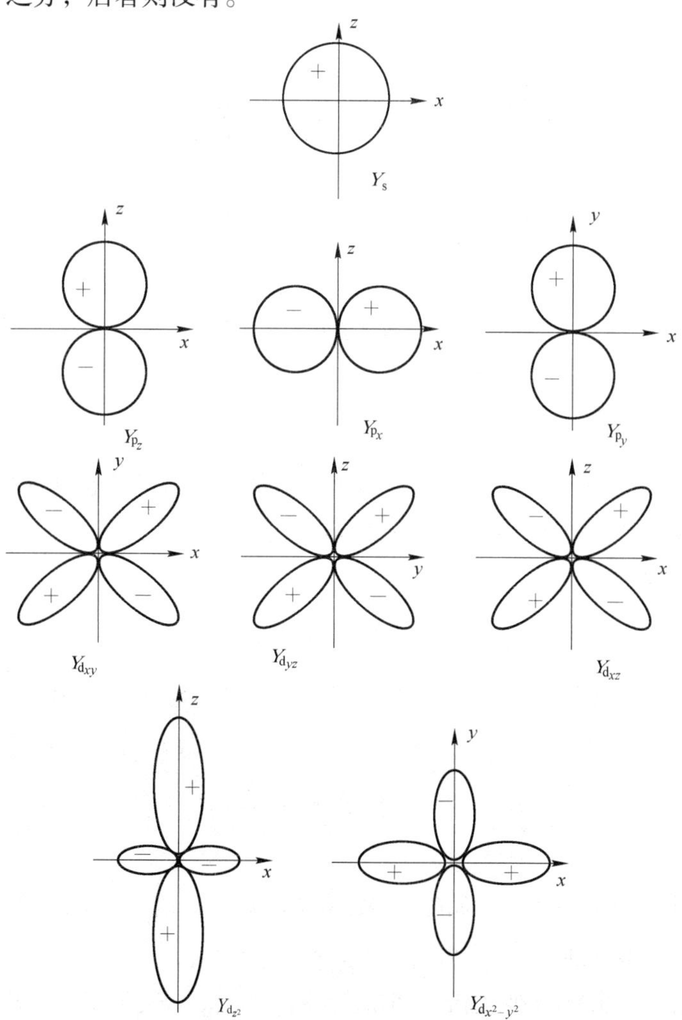

图 3-1-1　s、p、d 原子轨道角度分布平面示意图

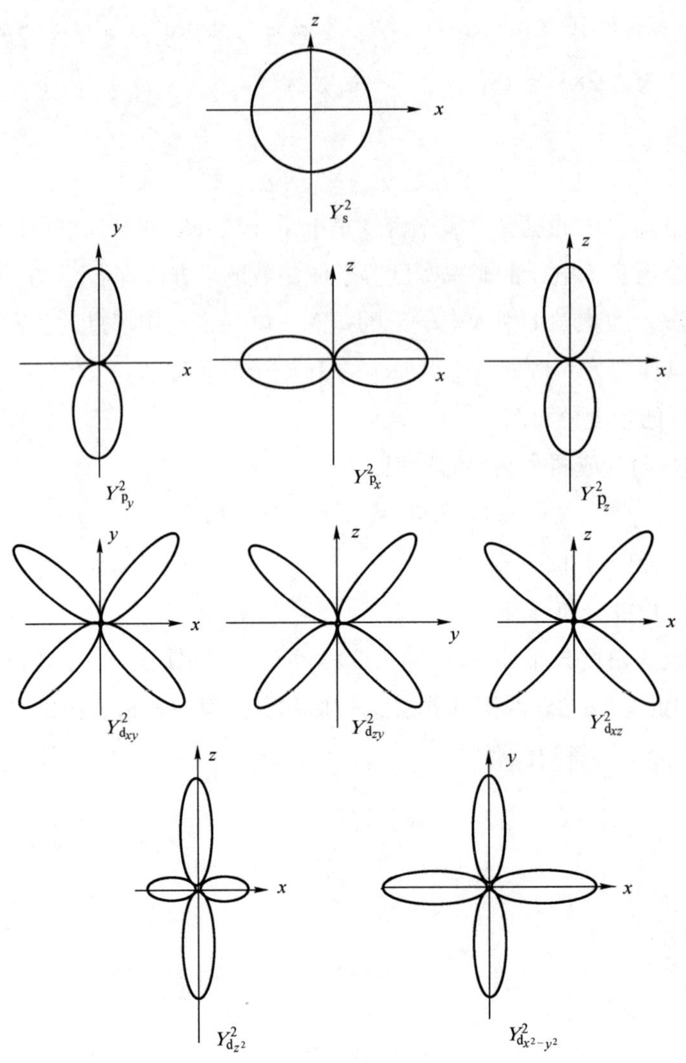

图 3-1-2 s、p、d 电子云角度分布平面示意图

（三）核外电子的分布

1. 原子轨道的近似能级顺序

在多电子原子中，原子轨道的能级不仅与主量子数有关，与角量子数也有关系。我国化学家徐光宪教授，根据光谱试验数据的结果归纳出一个近似规律：在多电子原子中各原子轨道的能量由$n+0.7l$来决定，数值越大，能量越高，见表 3-1-2。

多电子原子的能级顺序表 表 3-1-2

轨道符号	1s	2s	2p	3s	3p	4s	3d	4p	5s	4d	5p	6s	4f	5d	6p	7s	5f	…
$n+0.7l$	1.0	2.0	2.7	3.0	3.7	4.0	4.4	4.7	5.0	5.4	5.7	6.0	6.1	6.4	6.7	7.0	7.1	
能级高低顺序	----------→从左到右、依次升高																	

由表 3-1-2 可知：

（1）当l不变时，E随n增大而增大。如$E_{1s}<E_{2s}<E_{3s}<\cdots$，$E_{2p}<E_{3p}<E_{4p}<\cdots$。

（2）当n不变时，E随l增大而增大。如$E_{4s}<E_{4p}<E_{4d}<E_{4f}$。

（3）当n、l均变化时，出现能级交错。如$E_{4s}<E_{3d}<E_{4p}$，$E_{5s}<E_{4d}<E_{5p}$，$E_{6s}<E_{4f}<E_{5d}<E_{6p}$。

2. 屏蔽效应

在多电子原子中，核电荷（Z）对某个电子的吸引力，由于其他电子对该电子的排斥而被削弱的作用称为屏蔽效应，若削弱部分为σ（叫屏蔽常数），则有效核电荷$Z^* = Z - \sigma$。屏蔽作用越大，核电荷减小越多，核对电子的引力越小，电子能级越高，屏蔽作用的大小为$\mathrm{K} > \mathrm{L} > \mathrm{M} > \mathrm{N}\cdots$，所以当$l$相同时，能级随$n$增大而升高。

3. 钻穿效应

外层电子穿过内层钻入核附近，减少内层电子对它的屏蔽作用而使能级降低的现象称为钻穿效应。钻穿效应越大，轨道能级越低。钻穿效应的大小顺序为$n\mathrm{s} > n\mathrm{p} > n\mathrm{d} > n\mathrm{f}$，所以当$n$不变时，轨道能级随$l$增大而升高。

至于能量出现交错如$E_{4\mathrm{s}} < E_{3\mathrm{d}}$，是因为 4s 电子钻穿效应比 3d 大，受其他电子的屏蔽作用小，故使得 4s 电子的能级比 3d 还低。同理可解释$E_{6\mathrm{s}} < E_{4\mathrm{f}} < E_{5\mathrm{d}} < E_{6\mathrm{p}}$。

4. 核外电子排布的规则

原子中的电子按一定规则排布在各原子轨道上。人们根据原子光谱实验和量子力学理论，总结出三个排布原则：泡利不相容原理、能量最低原理和洪特规则。

（1）泡利不相容原理

在同一原子中，不可能有四个量子数完全相同的两个电子存在。每一个轨道上最多只能容纳两个自旋相反的电子。每个电子层中电子的最大容量为$2n^2$。

（2）能量最低原理

电子总是优先占据能级较低的轨道。电子进入轨道的先后顺序为：ns、（n−2）f、（n−1）d、np，即按 1s，2s、2p，3s、3p，4s、3d、4p，5s、4d、5p，6s、4f、5d、6p，7s、5f、6d、7p 的顺序填充，如图 3-1-3 所示。

（3）洪特规则

在等价轨道（如 3 个 p 轨道、5 个 d 轨道、7 个 f 轨道）上，电子尽可能分占不同的轨道，而且自旋方向相同。同一电子亚层，电子处于全充满（p^6、d^{10}、f^{14}）、半充满（p^3、d^5、f^7）状态时较稳定。

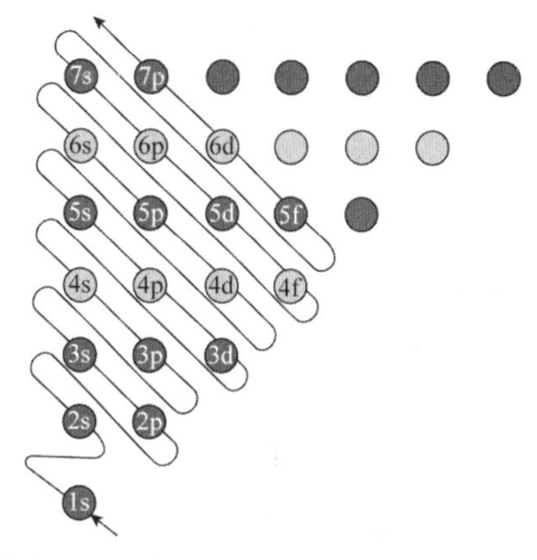

图 3-1-3 电子进入轨道后的顺序示意图

5. 核外电子分布式和外层电子分布式

原子的核外电子分布式是电子按n和l增大的顺序在各个轨道上分布的式子。例如，25 号元素 Mn 原子的核外电子分布式为 $1\mathrm{s}^2 2\mathrm{s}^2 2\mathrm{p}^6 3\mathrm{s}^2 3\mathrm{p}^6 3\mathrm{d}^5 4\mathrm{s}^2$。

外层电子（价电子）是指那些对元素性质有显著影响的电子，它们在各个轨道上分布的式子叫作外层电子分布式，或外层（价层）电子构型。例如，Mn 的外层电子构型为 $3\mathrm{d}^5 4\mathrm{s}^2$，又如 K 是 $4\mathrm{s}^1$。

原子得到或失去电子后便是离子。应当指出，当原子失去电子而成为正离子时，一般是能量较高的最外层的电子先失去，而且往往引起电子层数的减少。原子成为负离子时，原子所得的电子总是分布在它的最外电子层上。Mo^{2+}和I^-离子的核外电子分布式及外层电子分布式为：

离子	离子的核外电子分布式	离子的外层电子分布式
Mo^{2+}	$1\mathrm{s}^2 2\mathrm{s}^2 2\mathrm{p}^6 3\mathrm{s}^2 3\mathrm{p}^6 3\mathrm{d}^{10} 4\mathrm{s}^2 4\mathrm{p}^6 4\mathrm{d}^4$	$4\mathrm{s}^2 4\mathrm{p}^6 4\mathrm{d}^4$
I^-	$1\mathrm{s}^2 2\mathrm{s}^2 2\mathrm{p}^6 3\mathrm{s}^2 3\mathrm{p}^6 3\mathrm{d}^{10} 4\mathrm{s}^2 4\mathrm{p}^6 4\mathrm{d}^{10} 5\mathrm{s}^2 5\mathrm{p}^6$	$5\mathrm{s}^2 5\mathrm{p}^6$

正确书写核外电子分布式，可先根据三个分布规则和近似能级顺序将电子依次填入相应轨道，再

按电子层顺序整理一下分布式，按n由小到大自左向右排列各原子轨道，相同电子层的轨道排在一起。

例如，4s轨道的能级比3d轨道低，在填入电子时，先填入4s，后填入3d，但4s是比3d更外层的轨道，因而在正确书写原子的电子分布式时，3d总是写在4s前面。

例如，第29号元素铜，Cu $1s^22s^22p^63s^23p^63d^{10}4s^1$。

对于核外电子比较多的元素，由光谱测定的核外电子分布，并不完全与理论预测的一致。对于这些特例，应以实验事实为准。

【例 3-1-6】 下列基态原子的核外电子分布式错误的是：

A. $1s^22s^22p^63s^23p^3$　　B. $1s^22s^22p^63s^13p^1$

C. $1s^22s^22p^63s^23p^4$　　D. $1s^22s^22p^63s^23p^5$

解 选项B中的核外电子分布式不是基态原子的核外电子分布式。正确的是$1s^22s^22p^63s^2$。

答案： B

二、原子结构与元素周期律

原子核外电子分布的周期性是元素周期律的基础，元素周期表是周期律的表现形式。

（一）核外电子的排布与元素周期表的关系

首先分析周期表中各元素最后一个电子填充的电子亚层，见表3-1-3。

电子填充与周期表的关系　　表 3-1-3

周期	IA IIA	IIIB~VIIB、VIII、IB、IIB	IIIA~0	元素的数目	电子填充的亚层	最高主量子数n	原子的电子层数
1	$1s^1$		$1s^2$	2	1s	1	1
2	$2s^{1\sim2}$		$2p^{1\sim6}$	8	2s、2p	2	2
3	$3s^{1\sim2}$		$3p^{1\sim6}$	8	3s、3p	3	3
4	$4s^{1\sim2}$	$3d^{1\sim10}4s^{1\sim2}$	$4p^{1\sim6}$	18	4s、3d、4p	4	4
5	$5s^{1\sim2}$	$4d^{1\sim10}5s^{1\sim2}$	$5p^{1\sim6}$	18	5s、4d、5p	5	5
6	$6s^{1\sim2}$	$4f^{1\sim14}5d^{1\sim10}6s^{1\sim2}$	$6p^{1\sim6}$	32	6s、4f、5d、6p	6	6

由表3-1-3可看到：

（1）在周期表中各同周期或同族元素的外层电子排布是有规律的。如同主族元素，原子的最外层电子数相等；同周期主族元素最外层电子数由1逐渐增加到8个电子。

（2）核外电子排布与划分周期有关。如元素所在周期数等于该元素原子的电子层数，等于原子中最高主量子数。

（3）核外电子排布与族的关系，由表3-1-3可见：

主族、IB和IIB的族数等于（$ns+np$）层上的电子数，n为最高主量子数。

IIIB~VIIB的族数等于［$(n-1)\mathrm{d}+ns$］层上的电子数。

VIII族元素的电子数为［$(n-1)\mathrm{d}+ns$］层上的电子数，即8~10个电子。

（4）元素在周期表中的分区：

s区：包括IA、IIA族元素。外层电子构型为ns^1和ns^2（n是最高主量子数）。

p区：包括IIIA至VIIA和零族元素。外层电子构型为ns^2np^1至ns^2np^6（He为$1s^2$）。

d区：包括IIIB至VIIB和VIII族元素。外层电子构型一般为$(n-1)\mathrm{d}^1ns^2$至$(n-1)\mathrm{d}^8ns^2$，但有例外。

ds区：包括IB、IIB族元素。外层电子构型为$(n-1)\mathrm{d}^{10}ns^1$和$(n-1)\mathrm{d}^{10}ns^2$。d区和ds区元素叫过渡元素。

f 区：包括镧系中的 57~71 号元素和锕系中的 89~103 号元素。外层电子构型为$(n-2)f^{0\sim14}(n-1)d^{0\sim2}ns^2$。

【例 3-1-7】 锰原子的核外电子排布式为 $1s^22s^22p^63s^23p^63d^54s^2$，锰所在的：（1）周期数为（　　）；（2）族数为（　　）。

（1）A. 2　　B. 4　　C. 3　　D. 5

（2）A. VIIA　　B. IIA　　C. VIIB　　D. IIB

解　周期数为最高主量子数；价电子构型 $3d^54s^2$，为 d 区副族元素，族数为价电子数。

答案：（1）B；（2）C

（二）周期表中元素性质的递变规律

元素的性质决定于原子结构。由于原子的电子层结构呈周期性变化，所以元素的基本性质如原子半径、电离能、电子亲和能、电负性等也呈周期性变化，元素的化合物如氧化物及其水合物的酸碱性也呈递变性规律变化。

1. 原子半径

原子半径包括共价半径、金属半径、范德华半径。共价半径是同种元素的两原子以共价单键结合时两原子核间距的一半；金属半径是金属晶体中相邻两原子核间距的一半；在分子晶体中，分子间是以范德华力结合的。例如稀有气体形成的单原子分子晶体中，两个同种原子核间距离的一半就是范德华半径。

在周期表中，原子半径的变化规律为：同一周期主族元素从左到右有效核电荷E^*依次增加，原子半径依次减小，副族元素的原子半径略有减小；同一族元素从上到下，主族元素原子半径递增，副族元素略有增大但不明显，特别是五、六周期的元素，由于镧系收缩使得它们的原子半径相差很小。

2. 电离能（I）

定义：基态的气态原子失去一个电子形成+1 价气态离子所需要的最低能量为该原子的第一电离能（I_1）；从+1 价气态离子再失去一个电子形成+2 价气态离子时所需最低能量为第二电离能（I_2）；依此类推。随失去电子数的增加，电离能依次增加，即$I_1<I_2<I_3<\cdots$。通常所说的电离能是指I_1，单位为kJ/mol。

变化规律：同一周期从左到右，主族元素的有效核电荷数依次增加，原子半径依次减小，电离能依次增大；同一主族元素从上到下原子半径依次增大，电离能依次减小，副族元素的变化不如主族元素那样有规律。

意义：电离能可用来衡量单个气态原子失去电子的难易程度。元素的电离能越小，越易失去电子，金属性越强。

3. 电子亲和能（Y）

基态的气态原子得到一个电子形成−1 价气态离子所放出的能量称为该元素的电子亲和能。电子亲和能越大，越容易获得电子，元素的非金属性越强。

4. 电负性（X）

为了衡量分子中各原子吸引电子的能力，泡利在 1932 年引入了电负性的概念。电负性数值越大，表明原子在分子中吸引电子的能力越强；电负性数值越小，表明原子在分子中吸引电子的能力越弱。元素的电负性较全面反映了元素的金属性和非金属性的强弱。

变化规律：同一周期从左到右，主族元素的电负性逐渐增大；同一主族从上到下元素的电负性逐渐减小。副族元素的电负性规律性较差。金属元素的电负性一般小于 2.0（金和铂除外）；非金属元素的电负性一般大于 2.0（硅除外）。

【例 3-1-8】 下列元素中第一电离能最小的是：

A. H　　B. Li　　C. Na　　D. K

解 第一电离能是基态的气态原子失去一个电子形成+1 价气态离子所需要的最低能量。变化规律：同一周期从左到右，主族元素的有效核电荷数依次增加，原子半径依次减小，电离能依次增大；同一主族元素从上到下原子半径依次增大，电离能依次减小。

答案：D

【例 3-1-9】 下列元素，电负性最大的是：

A. F　　B. Cl　　C. Br　　D. I

解 周期表中元素电负性的递变规律：同一周期从左到右，主族元素的电负性逐渐增大；同一主族元素从上到下电负性逐渐减小。

答案：A

【例 3-1-10】 下列几种元素中原子半径最小的是：

A. Na　　B. Al　　C. F　　D. Bi

解 原子半径的变化规律为：同一周期主族元素从左到右原子半径依次减小，同一主族元素从上到下原子半径依次增加。Na、Al、P、Cl 是同一周期主族元素，原子半径 Na > Al>P >Cl；P 和 Bi 是同一主族元素，原子半径 Bi>P；F 和 Cl 是同一主族元素，原子半径 Cl>F。所以题中四个元素原子半径最小的是 F。

答案：C

5. 对角线规则和镧系收缩

在 s 区和 p 区元素中，除了同族元素的性质相似外，还有一些元素及其化合物的性质呈现出“对角线”相似性。所谓对角线相似，即 IA 族的 Li 与IIA 族的 Mg、IIA 族的 Be 与IIIA 族的 Al、IIIA 族的 B 与IVA 族的 Si，这三对元素在周期表中处于对角线位置，相应两元素及其化合物的性质有许多相似之处。这种相似性称为对角线规则。

镧系元素的原子半径和离子半径的递变趋势是随着原子序数的增大而缓慢地减小，这种现象称为镧系收缩。随着原子序数的增加，镧系元素的原子半径虽然只是缓慢地变小，但是经过从 La 到 Yb 的 14 种元素的原子半径递减的积累却减小了 14pm 之多，从而造成了镧系后边 Lu，Hf 和 Ta 的原子半径与同族的 Y，Zr 和 Nb 的原子半径极为接近。

（三）元素的氧化物及其水合物酸碱性递变规律

1. 分类

（1）碱性氧化物——活泼金属的氧化物。

（2）酸性氧化物——主要是非金属氧化物。

（3）两性氧化物——主要是 Be、Al、Pb、Sb 等对角线上元素的氧化物和一些金属氧化物，如 TiO_2、Cr_2O_3 等。

（4）惰性氧化物或称不成盐氧化物，即不与水、酸、碱反应的氧化物，如 CO、NO 等。

2. 一般规律

（1）同周期元素最高价态氧化物及其水合物从左到右酸性递增、碱性递减。例如第三周期主族元素的氧化物及其水合物的酸碱性变化规律如下：

氧化物	Na_2O	MgO	Al_2O_3	SiO_2	P_2O_5	SO_3	Cl_2O_7
氧化物的水合物	$NaOH$	$Mg(OH)_2$	$Al(OH)_3$	H_2SiO_3	H_3PO_4	H_2SO_4	$HClO_4$
酸碱性	强碱	中强碱	两性	弱酸	中强酸	强酸	最强酸

酸性递增、碱性递减 →

又如第四周期副族：

氧化物	Sc_2O_3	TiO_2	V_2O_5	CrO_3	Mn_2O_7
氧化物的水合物	$Sc(OH)_3$	$Ti(OH)_4$	HVO_3	H_2CrO_4	$HMnO_4$
酸碱性	碱性	两性	弱酸	中强酸	高强酸

酸性递增、碱性递减 →

（2）同一主族元素相同价态的氧化物及其水合物，从上至下酸性减弱、碱性增强。例如 VA 族：

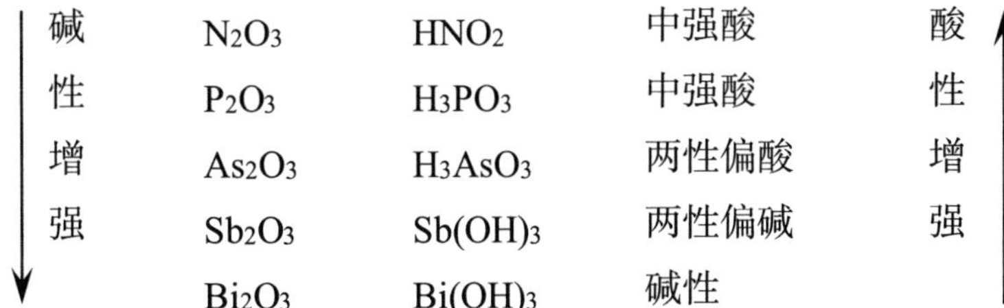

碱性增强 ↓	N_2O_3	HNO_2	中强酸	酸性增强 ↑
	P_2O_3	H_3PO_3	中强酸	
	As_2O_3	H_3AsO_3	两性偏酸	
	Sb_2O_3	$Sb(OH)_3$	两性偏碱	
	Bi_2O_3	$Bi(OH)_3$	碱性	

又例如VIB 族：

酸性 $H_2CrO_4>H_2MoO_4>H_2WO_4$

（3）同一元素不同价态的氧化物及其水合物，依价态升高的顺序酸性增强，碱性减弱。

例如：

CrO	Cr_2O_3	CrO_3
$Cr(OH)_2$	$Cr(OH)_3$	H_2CrO_4
碱性	两性	酸性

酸性增强 →

3. 氧化物及其水合物的酸碱性与结构的关系

（1）R—O—H 规则

以下分四点简要说明规则内容：

①氧化物的水合物不论是酸还是碱，其结构中均含有 R—O—H 部分。如：

$Mg(OH)_2$：HO—Mg—OH；H_2SO_4：

$$\mathrm{HO-\overset{\displaystyle O}{\overset{\|}{\underset{\underset{\displaystyle O}{\|}}{S}}}-OH}$$

②规则把 R、O、H 都看成离子，即 R^{n+}、O^{2-}、H^+。

③R—O—H 有两种电离方式，即：

R — O ┆ H　酸式电离，产生H^+，则为酸

R ┆ O — H　碱式电离，产生OH^-，则为碱

④采取何种方式电离取决于 R^{n+}与 O^{2-}和 O^{2-}与 H^+之间作用力的大小。若 R^{n+}的电荷多、半径小，

则 R^{n+}与 O^{2-}的引力将大于 O^{2-}与 H^+的引力，则发生酸式电离呈酸性；若 R^{n+}电荷少，半径大，具有 8 电子构型，R^{n+}与 O^{2-}的引力将小于 O^{2-}与 H^+的引力，则发生碱式电离呈碱性；如果 R^{n+}与 O^{2-}的引力近似等于 O^{2-}与 H^+的引力，既可发生酸式电离，也可以发生碱式电离，该水合物具有两性。以第三周期氧化物之水合物的酸碱性递变规律说明如下：

R^{n+}	Na^+	Mg^{2+}	Al^{3+}	Si^{4+}	P^{5+}	S^{6+}	Cl^{7+}
R^{n+}电荷数	+1	+2	+3	+4	+5	+6	+7
R^{n+}半径（Pm）	90	65	50	41	34	29	26
$R(OH)_n$	NaOH	$Mg(OH)_2$	$Al(OH)_3$	H_2SiO_3	H_3PO_4	H_2SO_4	$HClO_4$
酸碱性	强碱	中强碱	两性	弱酸	中强酸	强酸	最强酸

R^{n+}的电荷数递增，半径递减，R^{n+}与O^{2-}引力递增，酸式电离递增，酸性增强。→

（2）鲍林规则

为了说明含氧酸酸性的相对强弱，鲍林将含氧酸写成 $(HO)_mRO_n$，n为不与 H 结合的氧原子数。鲍林认为：n值越大，酸性越强。例如：

$HClO_4$	写成 $HOClO_3$	$n=3$	
H_2SO_4	写成 $(HO)_2SO_2$	$n=2$	n值下降
HNO_2	写成 HONO	$n=1$	酸性减弱
H_3BO_3	写成 $(HO)_3B$	$n=0$	↓

【例 3-1-11】 下列物质中酸性最弱的是：

A. H_3PO_4　　B. $HClO_4$　　C. H_3AsO_4　　D. H_3AsO_3

解　同一周期元素最高价态氧化物及其水合物从左到右酸性递增、碱性递减，酸性 $HClO_4 > H_3PO_4$；同一元素不同价态的氧化物及其水合物，依价态升高的顺序酸性增强、碱性减弱。酸性 $H_3PO_4 > H_3AsO_4 > H_3AsO_3$。所以题中最弱酸是 H_3AsO_3。

答案：D

三、化学键

化学键是分子或晶体中原子或离子间的强烈作用力。键能约为 100~800 kJ/mol，是决定分子和晶体的化学性质的主要因素。一般分为共价键、离子键和金属键三大类。

（一）离子键

1. 离子键的形成和特性

电负性大的非金属原子（如VIIA 元素）和电负性小的金属原子（如 IA 元素）相互靠近时发生电子转移形成正负离子，正负离子借静电作用形成离子键。由离子键结合而成的化合物或晶体叫离子型化合物或离子晶体。

离子键的特征是没有饱和性和方向性。离子键的实质是静电引力。离子的电荷数取决于形成离子时原子得失电子数。

2. 离子半径

离子半径是反映离子大小的一个物理量。在离子型化合物中，相邻两正、负离子的核间距也就是正、负离子半径之和。离子半径的导出以正、负离子半径之和等于相邻两正、负离子的核间距（离子键键长）这一原理为基础，从大量 X 射线晶体结构分析实测键长值中推引出离子半径。离子半径的大小主要取决于离子所带电荷和离子本身的电子分布，但还要受离子化合物结构类型的影响。其变化规律为：同周期不同元素离子的半径随离子电荷代数值增大而减小，如 $S^{2-}>Cl^{-}>Na^{+}>Mg^{2+}>Al^{3+}>Si^{4+}>P^{5+}$。同族元素电荷数相同的离子半径随电子层数增加而增大，如 $Be^{2+}<Mg^{2+}<Ca^{2+}<Sr^{2+}<Ba^{2+}$，$F^{-}<Cl^{-}<Br^{-}<I^{-}$。同种元素的离子半径随电荷数的增大而减小，如 $Fe^{2+}>Fe^{3+}$，$Pb^{2+}>Pb^{4+}$等。

3. 离子的电子构型

在离子型化合物中，对简单的负离子来讲都具有稀有气体原子的稳定结构，如 Cl^{-}（$3s^23p^6$）、O^{2-}（$2s^22p^6$）等，对正离子来讲具有：

（1）2 电子构型，如 Li^{+}、Be^{2+}（$1s^2$）。

（2）8 电子构型，如 Na^{+}、Mg^{2+}、Al^{3+}、Ca^{2+}（ns^2np^6）。

（3）9~17 电子构型，如 Fe^{2+}、Cr^{3+}、Cu^{2+}、Mn^{2+}（$ns^2np^6nd^{1\sim9}$）。

（4）18 电子构型，如 Cu^{+}、Zn^{2+}、Ag^{+}、Cd^{2+}（$ns^2np^6nd^{10}$）。

（5）18+2 电子构型，如 Sn^{2+}、Pb^{2+}、$Sb^{3+}$$[(n-1)s^2(n-1)p^6(n-1)d^{10}ns^2]$。

4. 晶格能（U）

在离子晶体中表示离子键的强度和晶格的牢固程度可用晶格能衡量。晶格能是指在 298K、100kPa 压力下，由气态正负离子生成 1 摩尔离子晶体时所放出的能量。由此可见晶格能值越大，放出的能量越大，离子晶体越稳定，破坏其晶格时耗费的能量也越大。

影响晶格能的因素主要有正负离子的电荷数和其半径，它们的关系可粗略表示为

$$U \propto \frac{|Z_+ \cdot Z_-|}{r_+ + r_-} \tag{3-1-9}$$

对于晶体构型相同的离子晶体，离子电荷越多，半径越小，晶格能越大，离子键越强，晶格越牢固。

5. 离子的极化

离子在外电场或另一离子作用下，发生变形产生诱导偶极的现象叫离子极化。正负离子相互极化的强弱取决于离子的极化力和变形性。

离子的极化力是指某离子使其他离子变形的能力，极化力取决于：

（1）离子的电荷。电荷数越多，极化力越强。

（2）离子的半径。半径越小，极化力越强。

（3）离子的电子构型。当电荷数相等、半径相近时，极化力的大小为：18 或 18+2 电子构型>9~17 电子构型>8 电子构型。

离子的变形性是指某离子在外电场作用下电子云变形的程度。影响变形性的因素有：

（1）离子的电荷。正离子电荷越多，变形性越小；负离子电荷越多，变形性越大，如

$$Si^{4+} < Al^{3+} < Mg^{2+} < Na^{+} < F^{-} < O^{2-}$$

（2）离子半径。半径越大，变形性越大。如

$$I^- > Br^- > Cl^- > F^-$$

（3）离子的电子构型。8电子构型的离子其变形性小于其他电子构型。

每种离子都具有极化力与变形性，但在一般情况下，主要考虑正离子的极化力和负离子的变形性，只有当正离子也容易变形时才考虑正负离子间的相互极化作用。

由于离子的极化作用，使负离子的电子云向正离子偏移，导致电子云的重叠，键的极性减弱，使离子键向共价键过渡，离子晶体向分子晶体过渡。例如d区、ds区、p区金属元素的氯化物、氧化物等晶体的过渡就是离子极化作用的结果。

【例 3-1-12】 在NaCl，$MgCl_2$，$AlCl_3$，$SiCl_4$四种物质中，离子极化作用最强的是：

A. NaCl　　B. $MgCl_2$　　C. $AlCl_3$　　D. $SiCl_4$

解　离子的极化作用是指离子的极化力，离子的极化力为某离子使其他离子变形的能力。极化力取决于：①离子的电荷，电荷数越多，极化力越强；②离子的半径，半径越小，极化力越强；③离子的电子构型，当电荷数相等、半径相近时，极化力的大小为：18或18+2电子构型>9~17电子构型>8电子构型。每种离子都具有极化力和变形性，一般情况下，主要考虑正离子的极化力和负离子的变形性。离子半径的变化规律：同周期不同元素离子的半径随离子电荷代数值增大而减小。四个化合物中$SiCl_4$是分子晶体。NaCl、$MgCl_2$、$AlCl_3$中的阴离子相同，都为Cl^-，阳离子分别为Na^+、Mg^{2+}、Al^{3+}，离子半径逐渐减小，离子电荷逐渐增大，极化力逐渐增强，对Cl^-的极化作用逐渐增强，所以离子极化作用最强的是$AlCl_3$。

答案：C

【例 3-1-13】 Ca^{2+}的电子构型是：

A. 18　　B. 8　　C. 18+2　　D. 9−17

解　Ca^{2+}的核外电子排布为：$1s^22s^22p^63s^23p^6$，最外层8个电子，为8电子构型。

答案：B

（二）共价键

1. 共价键的形成

当非金属元素和电负性相差不大的原子之间相互靠近时，通过电子相互配对形成的化学键为共价键。由共价键形成的化合物叫共价型化合物。共价型化合物的晶体有原子晶体和分子晶体。

共价键理论包括价键理论和杂化轨道理论。

2. 价键理论的要点

（1）两原子靠近时，自旋相反的未成对电子可以配对形成共价键（所以价键理论也称电子配对法）。

（2）成键电子的原子轨道必须发生最大限度的重叠。轨道重叠越多，共价键越牢固。

3. 共价键的特征

（1）具有饱和性。一个原子含有n个未成对电子，只能和n个自旋方向相反的电子配对成键。如:N·可形成3个共价单键，或形成一个共价叁键；:O:可形成2个共价单键，或形成一个共价双键，:F·只能形成一个共价单键。

（2）具有方向性。轨道重叠时成键电子的原子轨道总是沿一定的方向进行重叠。

4. 共价键的类型——σ键和π键

σ键：成键轨道沿键轴（两原子核间连线）方向以“头碰头”的方式重叠。重叠部分以键轴为对称轴呈圆柱形对称分布。故σ键重叠程度大、键能大、稳定性高。

π键：成键轨道沿键轴方向以“肩并肩”方式重叠。重叠部分垂直于键轴镜面反对称。π键重叠程度较σ键小，π键没有σ键牢固，稳定性较差，易发生化学反应。共价单键一般为σ键，双键中含一个σ键一个π键，叁键中一个σ键两个π键。

【例 3-1-14】 $H_2C=HC-CH=CH_2$ 分子中所含化学键共有：

A. 4 个σ键，2 个π键　　B. 9 个σ键，2 个π键

C. 7 个σ键，4 个π键　　D. 5 个σ键，4 个π键

解　共价键的类型分σ键和π键。共价单键均为σ键；共价双键中含 1 个σ键，1 个π键；共价三键中含 1 个σ键，2 个π键。

丁二烯分子中，碳氢间均为共价单键，碳碳间含 1 个碳碳单键，2 个碳碳双键。结构式为：

```
H                H
 \              /
  C=C — C=C
 /  |     |  \
H   H     H   H
```

答案： B

5. 杂化轨道理论要点

杂化轨道理论是在价键理论基础上发展起来的，能较好地解释多原子分子的空间构型。其主要论点为：

（1）原子轨道在成键过程中并不是一成不变的。原子（一般为中心原子）在成键时，受外力作用使原子中能级相近的原子轨道重新组合成新的原子轨道，这一过程称为轨道杂化，简称杂化。新组合成的原子轨道叫杂化轨道。

（2）杂化轨道的数目取决于参加杂化的轨道数（见表 3-1-4），即一个原子中能量相近的n个原子轨道，可以而且只能形成n个杂化轨道。

杂化类型与分子空间构型　　**表** 3-1-4

杂化类型	sp	sp^2	sp^3	sp^3不等性	
参加杂化轨道数	1 个 s、1 个 p	1 个 s、2 个 p	1 个 s、3 个 p	1 个 s、3 个 p	
杂化轨道数	2	3	4	4	
轨道间夹角	180°	120°	109°28'	<109°28'	<109°28'
空间构型	直线形	平面三角形	正四面体	三角锥形	“V”字形
实例	$BeCl_2$、$HgCl_2$	BF_3、BCl_3	CH_4、SiF_4	NH_3、PH_3	H_2O、H_2S

（3）杂化轨道的形状：杂化后使轨道的正瓣变大，更能满足最大重叠原理，从而提高成键能力，使分子更稳定。

（4）杂化轨道的空间构型决定分子的空间构型（见表 3-1-4）。sp^3杂化轨道中含孤电子对数不同，分子的空间构型不同。

（5）杂化轨道分等性杂化轨道和不等性杂化轨道。凡能量相等、成分相同的杂化轨道叫等性杂化轨道；凡原子中有孤对电子占据杂化轨道而不成键的杂化叫不等性杂化，所形成的杂化轨道的成分不完全等同，故称不等性杂化轨道。

6. 杂化类型的确定

对于 AB_n 型的分子、离子，且限于只有 s、p 参与的杂化，下面介绍如何确定中心原子的杂化类型。

(1)确定 A 的价电子对数(x)

若 AB_n 为分子:$x=\frac{1}{2}$(A 的价电子数+B 提供的电子总数),见表 3-1-5。

表 3-1-5

族数	H	IIA、IIB	IIIA	IVA	VA	VIA	VIIA
A 的价电子数	—	2	3	4	5	6	7
B 提供的电子数	1	—	—	—	—	0	1

若 AB_n^{m+} 为正离子:$x=\frac{1}{2}$(A 的价电子数+B 提供的电子总数−离子的电荷数)

若 AB_n^{m-} 为负离子:$x=\frac{1}{2}$(A 的价电子数+B 提供的电子总数+离子的电荷数)

离子的电荷数即m值。

(2)确定杂化类型(见表 3-1-6)

表 3-1-6

价电子对数	2	3	4
杂化类型	sp 杂化	sp^2 杂化	sp^3 杂化

【例 3-1-15】 PCl_3 分子空间几何构型及中心原子杂化类型分别为:

A. 正四面体,sp^3 杂化　　B. 三角锥形,不等性 sp^3 杂化

C. 正方形,dsp^2 杂化　　D. 正三角形,sp^2 杂化

解 PCl_3 分子中心原子 P 的价电子对数$x=\frac{1}{2}(5+3)=4$,中心原子 P 与三个 Cl 形成三个σ键,且中心原子 P 还有一个孤对电子,所以中心原子 P 为不等性 sp^3 杂化,PCl_3 分子空间几何构型为三角锥形。

答案:B

(三)金属键

金属中自由电子与原子(或正离子)之间的作用力称为金属键。

1. 金属键的形成

金属元素的原子半径一般较大,而最外层电子数又较少,因此,金属晶体中最外层电子易从金属原子上脱落,在晶体内自由运动,成为自由电子。原子脱落电子后形成正离子。在整个金属晶体中的原子(或离子)与自由电子所形成的化学键称为金属键。又称改性共价键,即将自由电子看成是金属原子或离子的共有电子,所有原子都参与的一种特殊的共价键。金属的一些特性,如传热性、导电性、延展性等,都与自由电子的存在与运动有关。

2. 金属键的特征

无方向性和无饱和性。

3. 金属键的强度

决定于金属的价电子数和原子半径。价电子数越多,原子半径越小,金属键越强。

离子键通常存在于离子晶体中,共价键存在于共价型单质或共价型化合物中,金属键存在于金属及合金中。

四、分子间的力和氢键

(一)共价键的极性

共价键有无极性取决于相邻两原子间共用电子对有无偏移。有偏移的是极性共价键;没有偏移的

是非极性共价键。采用电负性差值来判别时：电负性差等于零为非极性共价键；电负性差不等于零为极性共价键。

（二）分子的极性

分子是否有极性取决于分子中正负电荷中心是否重合。重合的为非极性分子；不重合的为极性分子。分子是否有极性或分子极性的大小也可用分子的偶极矩来判断。

偶极矩μ等于极上电荷q乘以偶极长度l。μ等于零为非极性分子；μ不等于零为极性分子，而且μ值越大，分子的极性越大。

对双原子分子，分子的极性决定于键的极性。对于多原子分子，分子的极性决定于键的极性和分子的空间构型，若键有极性，而分子空间构型对称，则分子无极性，如 CO_2、$HgCl_2$、BF_3、CCl_4 等；若键有极性，而分子空间构型不对称，则分子有极性，如 NH_3、H_2O、$SiHCl_3$ 等。

多原子分子（AB_n型）极性的判断：

A 的氧化数的绝对值与 A 的价电子数是否相等，相等为非极性分子，不等为极性分子。

总之，共价键是否有极性，取决于相邻两原子间共用电子对是否偏移；而分子是否有极性，取决于整个分子中正、负电荷中心是否重合。

上述讨论分子极性时，只是考虑孤立分子中电荷的分布情况。如果把分子置于外加电场中，由于同性相斥，异性相吸，非极性分子原来重合的正、负电荷中心被分开，极性分子原来不重合的正、负电荷中心也被进一步分开。这种正、负两“极”（即电中心）分开的过程叫极化。由此产生的偶极叫诱导偶极。分子被极化的难易程度用分子的极化率来表示，极化率由试验测定，它反映分子在外电场作用下变形的性质。分子的变形性与分子大小有关，分子越大，包含的电子越多，就会有较多的电子被吸引得较松，分子的变形性也越大。

分子以原子核为骨架，电子受到骨架的吸引。但是，原子核和电子无时无刻不在运动。所谓分子构型其实只表现了在一段时间内的大体情况，每一瞬间都是不平衡的。因此，所谓的正、负电荷中心的位置只是在一段时间的统计结果。在某一瞬间，正、负电荷中心可能离开它的平衡位置，由此产生的偶极叫瞬时偶极。

（三）分子间力

在分子与分子之间存在的作用力称分子间力，也称范德华力。分子间力是分子间一种较弱的相互作用力，比化学键小 1~2 个数量级。

1. 分子间力的产生

任何分子都有正、负电荷中心，非极性分子也有正、负电荷中心，不过是重合在一起。任何分子都有变形的性能。分子的极性和变形性是当分子互相靠近时分子间产生吸引作用的根本原因。

（1）色散力

色散力是瞬时偶极与瞬时偶极之间产生的作用力。瞬时偶极是由于每一瞬间分子的正、负电荷中心不重合产生的偶极。分子量越大，产生的瞬时偶极也越大，色散力越大。色散力存在于非极性分子与非极性分子之间，也存在于非极性分子与极性分子、极性分子与极性分子之间。

（2）诱导力

诱导力是由诱导偶极和固有偶极之间产生的作用力。诱导偶极是由于在极性分子的固有偶极的影响下产生的偶极。固有偶极越大，产生的诱导偶极也越大，诱导力也就越大。诱导力存在于非极性分子与极性分子之间，也存在于极性分子与极性分子之间。

诱导偶极也可在外电场的作用下产生。

（3）取向力

取向力是由固有偶极和固有偶极之间产生的作用力。固有偶极即极性分子原有的偶极。分子的极性越大，取向力越大。取向力存在于极性分子与极性分子之间。

分子间力是色散力、诱导力、取向力的总称。

2. 影响分子间力的因素

分子间力以色散力为主，只有当分子的极性特别大时（如 H_2O）才以取向力为主。

在同类型分子中，色散力正比于分子的摩尔质量，正比于分子半径。所以分子间力正比于分子的摩尔质量，正比于分子半径。

3. 分子间力的特征

（1）没有方向性和饱和性；

（2）分子间力比化学键小 1~2 个数量级；

（3）分子间力的作用范围 0.3~0.5nm。

分子间力主要影响物质的熔点、沸点和硬度等。对同类型分子，分子量越大，色散力越大，分子间力越大，物质的熔、沸点相对要高，硬度要大。

（四）氢键

氢原子与电负性大、半径小、有孤对电子的原子 X（如 F、O、N）形成强极性共价键（H—X）后，还能吸引另一个电负性较大的原子Y（如F、O、N）中的孤对电子而形成氢键（X—H···Y），点线表示氢键。氢键具有饱和性和方向性，其键能比共价键的键能小得多，与分子间力更为接近些。氢键分为分子内氢键和分子间氢键，分子间氢键使物质熔点、沸点升高，分子内氢键使物质溶、沸点降低。若溶质分子与溶剂分子之间可以形成氢键，则溶质的溶解度增大。

【例 3-1-16】 下列分子中属极性分子的是：

A. $SiCl_4$　　B. NH_3　　C. CO_2　　D. BF_3

解 对于多原子分子，分子的极性取决于键的极性和分子的空间构型，若键有极性，而分子的空间构型对称，则分子无极性；若键有极性，而分子的空间构型不对称，则分子有极性。$SiCl_4$、NH_3、CO_2、BF_3 四个分子中的共价键都是极性键，但 $SiCl_4$、CO_2、BF_3 三个分子空间构型对称，为非极性分子，而 NH_3 是三角锥形分子，为极性分子。

答案：B

【例 3-1-17】 下列每组分子中只存在色散力的是：

A. H_2 和 CO_2　　B. HCl 和 SO_3　　C. H_2O 和 O_2　　D. SO_2 和 H_2S

解 非极性分子与非极性分子间只存在色散力，极性分子与非极性分子间存在色散力和诱导力；极性分子与极性分子间存在色散力、诱导力和取向力。H_2 和 CO_2 都为非极性分子，只存在色散力。

答案：A

【例 3-1-18】 下列分子中存在氢键的是：

A. CO_2　　B. HBr　　C. NH_3　　D. CH_4

解 当分子中的氢原子与电负性大、半径小、有孤对电子的原子（如 N、O、F）形成强极性共价键后，还能吸引另一个电负性较大原子（如 N、O、F）中的孤对电子而形成氢键。

答案：C

【例 3-1-19】 下列分子中键的极性最大的是：

A. HF　　B. HCl　　C. HBr　　D. HI

解　两个原子间形成共价键时，两原子电负性差值越大，共价键极性越大。F 原子电负性最大。

答案： A

【例 3-1-20】 下列化合物中，含极性键的非极性分子是：

A. Cl_2　　B. H_2S　　C. CH_4　　D. H_2O

解　不同原子间形成的共价键为极性共价键。对于多原子分子，分子的极性取决于键的极性和分子的空间构型，若键有极性，而分子的空间构型对称，则分子无极性。CH_4 为正四面体构型，为非极性分子。

答案： C

五、理想气体定律

气体的基本特征是它的扩散性和压缩性。

气体的密度小，分子之间的空隙很大，这正是气体具有较大压缩性的原因，也是不同气体可以任何比例混合成为均匀混合物的原因。

温度与压力对气体体积的影响很大，联系体积、压力和温度之间关系的方程式称为状态方程。

（一）理想气体状态方程

理想气体体积、温度和压力之间的关系式为理想气体状态方程式，即为

$$pV = nRT \tag{3-1-10}$$

式中，R称为摩尔气体常数。在国际单位制中，p以 Pa、V以 m^3、T以 K 为单位，则$R = 8.314J/(mol \cdot K)$。

对真实气体，该式实际上是一个近似方程式，只有在分子本身体积极小（接近于没有体积）和分子间相互作用力极小（可忽略）的情况下，上述方程式才是准确的。真实气体分子本身有体积，分子之间有相互作用力，但在温度不太低、压强不太高的情况下，这两个因素可忽略不计，用上式进行计算的结果能接近实际情况。

（二）混合气体分压定律

（1）分体积：指相同温度下，组分气体i具有和混合气体相同压强时所占的体积V_i。若混合气体中有组分 1，2，3，…，i种气体，则混合气体的体积$V_{总} = V_1 + V_2 + \cdots + V_i$。

（2）体积分数：指某组分i的分体积V_i与总体积$V_{总}$之比，即$X_i = V_i/V_{总}$。

（3）分压强：在恒温时，某组分气体i占据与混合气体相同体积时，对容器所产生的压强，即为该组分气体的分压强p_i，也称分压。

（4）分压定律：

由实验结果得出：混合气体的总压强$p_{总}$为各组分气体的分压之和，即

$$p_{总} = p_1 + p_2 + \cdots + p_i \tag{3-1-11}$$

混合气体中每一种气体都分别遵守理想气体状态方程式，即

$$p_i V_{总} = n_i RT \tag{3-1-12}$$

由以上两点可引出两条重要推论，即

$$p_i = p_{总} \times \frac{V_i}{V_{总}} \tag{3-1-13}$$

$$p_i = p_{总} \times \frac{n_i}{n_{总}} \tag{3-1-14}$$

所以混合气体分压定律为：混合气体的总压强$p_{总}$等于组分气体分压之和；某组分气体分压p_i的大小和它在气体混合物中的体积分数$V_i/V_{总}$（或摩尔分数$n_i/n_{总}$）成正比。

（三）有关计算

根据分压定律，可以计算混合气体的总压，也可根据总压和体积分数计算组分气体的分压。

【例 3-1-21】 在 298K 时，将压强为 3.33×10^4Pa 的氮气 0.2L 和压强为 4.67×10^4Pa 的氧气 0.3L 移入 0.3L 的真空容器，问混合气体中各组分气体的分压强、分体积和总压强各为多少？从答案中可得到什么结论？

解 由题意可知，两气体混合过程中温度不变，又知两气体在 298K 时不发生化学反应，混合前后物质的量不变。所以

$$(pV)_{混合前} = (pV)_{混合后}$$

对氮气

$$3.33\times10^4\times0.2 = P_{N_2}\times0.3，p_{N_2} = 2.22\times10^4\text{Pa}$$

对氧气

$$4.67\times10^4\times0.3 = p_{O_2}\times0.3，p_{O_2} = 4.67\times10^4\text{Pa}$$

$$p_{总} = (2.22+4.67)\times10^4 = 6.89\times10^4\text{Pa}$$

根据分压定律

$$p_i = p_{总}\times V_i/V_{总}，V_i = p_i\times V_{总}/P_{总}$$

对氮气

$$V_{N_2} = 2.22\times10^4\times0.3\div(6.89\times10^4) = 0.097\text{L}$$

对氧气

$$V_{O_2} = 4.67\times10^4\times0.3\div(6.89\times10^4) = 0.203\text{L}$$

则氮气和氧气的分压分别为2.22×10^4Pa和4.67×10^4Pa，分体积分别为 0.097L 和 0.203L，总压强为6.89×10^4Pa。可见分体积并不一定是混合前气体的体积。

【例 3-1-22】 将 1 体积氮气和 3 体积氢气的混合物放入反应器中，在总压强为 1.42×10^6Pa 的压强下开始反应，当原料气有 9%反应时，各组分的分压和混合气体的总压各为多少？

解 ①先求反应前各物质的分压，根据

$$p_i = p_{总}\times\frac{V_i}{V_{总}}$$

对氮气

$$p_{N_2} = 1.42\times10^6\times\frac{1}{1+3} = 3.55\times10^5\text{Pa}$$

对氢气

$$p_{H_2} = 1.42\times10^6\times\frac{3}{1+3} = 1.065\times10^6\text{Pa}$$

②求反应后各物质的分压，由于氮气和氢气已有 9%起了反应，故它们的分压比反应前减小 9%，即：

对氮气 $$p_{N_2} = 3.55\times10^5\times(1-9\%) = 3.23\times10^5\text{Pa}$$

对氢气 $$p_{H_2} = 1.065 \times 10^6 \times (1 - 9\%) = 9.69 \times 10^5\text{Pa}$$

对氨气：根据化学反应方程式

$$N_2 + 3H_2 = 2NH_3$$

氨的生成量为氮消耗量的 2 倍，因此生成的氨的分压为氮分压减少值的 2 倍，即

$$p_{NH_3} = 2 \times (3.55 - 3.23) \times 10^5 = 6.40 \times 10^4\text{Pa}$$

因此混合气体的总压强

$$p_{总} = p_{H_2} + p_{N_2} + p_{NH_3} = (3.23 + 9.69 + 0.64) \times 10^5 = 1.36 \times 10^6\text{Pa}$$

则氮的分压为3.23×10^5Pa，氢的分压为9.69×10^5Pa，氨的分压6.40×10^4Pa；混合气体的总压为1.36×10^6Pa。

六、液体蒸气压、沸点、汽化热

同气体相比，液体是不可压缩的；液体分子的扩散也比气体分子缓慢得多。

（一）液体的蒸气压

蒸气压是饱和蒸气压的简称，指在一定温度下与液体相互平衡的蒸气所具有的压强。

在某温度下，若将某液体放置在密封的容器中，液体分子将迅速蒸发，随气相中蒸气分子的浓度增加，凝聚速度v_1逐渐增加而接近蒸发速度v_2

$$液体 \underset{凝聚}{\overset{蒸发}{\rightleftharpoons}} 蒸气$$

当$v_1 = v_2$时，液气之间达成动态平衡，此时蒸气分子的浓度和蒸气压均达到某一恒定值。只要有液体与蒸气共存，蒸气压与容器的体积无关。当温度升高时，蒸气压升高。如80℃时水的蒸气压为47.4kPa，100℃时为 101.3kPa。

（二）液体的沸点

液体在其蒸气压与液面上压强相等时的温度下沸腾，如果此压强为正常大气压（101.3kPa），液体沸腾时的温度就为该液体的正常沸点。即一种液体的正常沸点就是它的平衡蒸气压恰好等于 101.3kPa 时的温度。在 101.3kPa 下的水，正常沸点是 100℃，苯的正常沸点是 80℃。若液面上的压强降低，液体的沸点低于正常沸点，如水面压强降到 3.2kPa，水在 25℃就沸腾，水的沸点为 25℃。反之，水面压强高于 101.3kPa，水的沸点高于正常沸点 100℃，如高压锅中沸水的温度就高于 100℃。

（三）液体的汽化热

为使一种液体能在恒温下蒸发，必须向此液体供给充分的热量。所以把在恒温下使单位质量的液体蒸发所必须供给的热能叫作汽化热。如水的汽化热在 100℃时为 40.6kJ/mol，50℃时为 42.7kJ/mol。

七、晶体类型与物质的性质

（一）晶体的基本类型及物理性质

大多数固体物质都是晶体。晶体是具有规则几何多面体外形的固体。由于晶格结点上的粒子不同，粒子间作用力不同，可将晶体分为离子晶体、原子晶体、分子晶体和金属晶体四种基本类型。

1. 离子晶体

在离子晶体中，组成晶格的微粒是正、负离子，它们交错地排列在晶格结点上，彼此以离子键相

结合，离子键的键能较大，因此离子晶体具有较高的熔点、沸点，硬而较脆，易溶于极性溶剂，固态时不导电，熔融状态或水溶液中能导电。

绝大多数盐类（如 NaCl、CaF_2、K_2SO_4 等）、强碱（如 NaOH、KOH 等）和许多金属氧化物（如 MgO、CaO、Na_2O 等）都属于离子晶体的结构类型。

离子晶体的熔点、硬度与晶格的牢固程度与晶格能的大小有关。晶格能是指在 298.15K 和标准压力下，由气态正、负离子生成 1mol 离子晶体所释放出来的能量。

离子电荷与离子半径对离子晶体熔点和硬度的影响：晶格能的大小与正、负离子的电荷（分别以 q^+、q^-表示）及正、负离子的半径（分别用r^+、r^-表示）有关。离子电荷数越多、离子半径越小时，产生的静电强度越大，与相反电荷离子的结合力就越强，相应离子的晶格能就越大，熔点就越高，硬度也越大。

2. 原子晶体

在原子晶体中，组成晶格的粒子是原子。原子间以共价键相结合，由于共价键的结合力极强，所以这类晶体的熔点极高，硬度极大，延展性差，不能导电，不溶于大多数溶剂中。

周期表中第IVA 族元素碳（金刚石）、硅、锗、灰锡等单质的晶体是原子晶体。周期表中第IIIA、IVA、VA 族元素彼此组成的化合物如碳化硅（SiC）、氮化铝（AlN）等化合物也是原子晶体。

3. 分子晶体

在分子晶体中，组成晶格的粒子是分子，分子内部虽以共价键相结合，但分子之间则仅靠分子间作用力结合成晶体。由于分子间力比化学键力弱得多，因此，分子晶体的熔点、沸点都很低，在常温下多为气体、液体或低熔点固体。

在分子晶体中，不存在离子或自由电子，所以无论是固态、还是液态都不导电。

分子晶体的物种极多，许多单质如 H_2、O_2、N_2、I_2、硫（S_3）、白磷（P_4）等和数以万计的化合物如冰（H_2O）、氨（NH_3）、氯化氢（HCl）等在一定条件下形成的固体都属于分子晶体。

4. 金属晶体

在金属晶体的晶格结点上排列着金属的原子和正离子，在它们之间存在着从金属原子脱落下来的自由电子。由于自由电子的存在使金属具有导电性。它的导电性随着温度的升高而降低，它还具有良好的传热性和延展性。

以上四种晶体的结构特征及物理特性，归纳于表 3-1-7。

四种晶体的结构特征与物理特性 表 3-1-7

晶体类型		离子晶体	原子晶体	分子晶体	金属晶体
晶格结点上粒子		正、负离子	原子	分子	原子、正离子
粒子间作用力		离子键	共价键	分子间力（氢键）	金属键
物理特性	熔点	较高	高	低	多数高、少数低
	硬度	较硬	大	小	多数大、少数小
	导电性	熔融或溶解后导电	差	差	良
	延展性	差	差	差	良
实例		NaCl、MgO、KNO_3、CsCl	金刚石、Si、SiC、GaAs、BN	CO_2、H_2、I_2、H_2O、SO_2	金属及合金

（二）过渡型晶体

过渡型晶体又叫混合型晶体。晶体内部质点间有多种作用力。

1. 层状结构晶体

如石墨，层内碳原子间作用力是 sp^2-$sp^2\sigma$键和大π键，层与层之间是分子间力。故石墨耐高温，有金属光泽和良好的传热性、导电性及润滑性。

2. 链状结构晶体

如石棉，链内原子之间是共价键，链与链之间作用力是弱静电引力。故石棉易撕裂成纤维状。

（三）推测晶体某些物理特性的一般方法

1. 根据元素的性质确定键型和晶型

（1）绝大多数金属为金属键，属金属晶体。

（2）在共价化合物中，先区分原子晶体。原子晶体为数不多，如金刚石（C）、Si、Ge、灰 Sn，化合物有 SiC、SiO_2、GaAs、AlN、BN 等。

（3）区分离子晶体和分子晶体。位于周期表左下角的金属元素与右上角的非金属元素形成的晶体是典型的离子晶体；一般金属元素与非金属元素形成的晶体是过渡型晶体；非金属元素的单体及其化合物除少数为原子晶体外，其余都是分子晶体。

2. 根据各类晶体的特性预测其物理性能

注意区分分子晶体中原子间作用力（即化学键力）和分子间作用力（包括分子间力和氢键），同类型分子晶体随摩尔质量增大，分子间力增大，熔沸点升高。有氢键的分子晶体，熔沸点有所升高但仍低于离子晶体、原子晶体和金属晶体。

不同的金属晶体金属键强度差别较大，IA 族金属原子半径较大、价电子最少，因此金属键较弱，金属晶体熔点低，硬度小，VIB 族原子未成对的外电子数多，原子半径小，金属键较强，元素单质的熔沸点最高。

【例 3-1-23】下列物质中熔点最高的是：

A. NaCl　　B. NaF　　C. NaBr　　D. NaI

解　四个化合物都是离子晶体，离子晶体晶格能越大，熔点越高。晶格能大小与正、负离子电荷和半径有关，离子电荷数越多、离子半径越小，晶格能越大。四个化合物正、负离子电荷数相同，氟离子半径最小，NaF 的晶格能最大，熔点最高。

答案：B

【例 3-1-24】下列物质中熔点最高的是：

A. $AlCl_3$　　B. $SiCl_4$　　C. SiO_2　　D. H_2O

解　四种晶体类型中，原子晶体熔点最高。题中四种物质，SiO_2 是原子晶体，熔点最高。

答案：C

习　题

3-1-1　下列各套量子数中不合理的是（　　）。

A. $n=2$，$l=1$，$m=-1$　　B. $n=3$，$l=1$，$m=0$

C. $n=2$，$l=2$，$m=-2$　　D. $n=4$，$l=3$，$m=3$

3-1-2 下列原子或离子的外层电子分布式中不正确的是（ ）。

A. V^{2+} $3s^2$ $3p^6$ $3d^3$　　B. Fe^{2+} $3d^4$ $4s^2$

C. Cu^{2+} $3s^2$ $3p^6$ $3d^9$　　D. Cl $3s^2$ $3p^5$

3-1-3 属于第五周期的某一元素的原子失去三个电子后，在角量子数为 2 的外层轨道上电子恰好处于半充满状态，该元素的原子序数为（ ）。

A. 26　　B. 41　　C. 76　　D. 44

3-1-4 量子数$n = 4$、$l = 2$的轨道上允许容纳的最多电子数是（ ）。

A. 8　　B. 10　　C. 18　　D. 32

3-1-5 下列各组原子和离子半径变化的顺序中，不正确的一组是（ ）。

A. $P^{3-}>S^{2-}>Cl^{-}>F^{-}$　　B. $K^{+}>Ca^{2+}>Fe^{2+}>Ni^{2+}$

C. Al>Si>Mg>Ca　　D. $V>V^{2+}>V^{3+}>V^{4+}$

3-1-6 下列元素电负性大小顺序中正确的是（ ）。

A. Be>B>Al>Mg　　B. B>Al>Be≈Mg

C. B>Be≈Al>Mg　　D. B≈Al<Be<Mg

3-1-7 下列含氧酸中酸性最弱的是（ ）。

A. $HClO_3$　　B. $HBrO_3$　　C. H_2SO_4　　D. H_2CO_3

3-1-8 下列氢氧化物中碱性最强的是（ ）。

A. $Sr(OH)_2$　　B. $Fe(OH)_3$　　C. $Ca(OH)_2$　　D. $Sc(OH)_3$

3-1-9 下列共价型化合物中键有极性、分子没有极性的是（ ）。

A. H_2O　　B. $CHCl_3$　　C. BF_3　　D. PCl_3

3-1-10 OF_2分子中氧原子的杂化轨道是（ ）。

A. sp^3杂化　　B. dsp^2杂化　　C. sp^2杂化　　D. sp^3不等性杂化

3-1-11 下列各组判断中不正确的是（ ）。

A. $SiCl_4$、CH_4、CO_2、BCl_3均为非极性分子

B. H_2O、H_2S、OF_2、SO_2均为非极性分子

C. $SnCl_2$、HCl、H_2S、PCl_3均为极性分子

D. CO、HI、NH_3、HF 均为极性分子

3-1-12 SO_2分子之间存在着（ ）。

A. 色散力　　B. 色散力、诱导力

C. 色散力、取向力　　D. 取向力、诱导力、色散力

3-1-13 下列化合物中，分子间具有氢键的是（ ）。

A. SiH_4　　B. HF　　C. H_2S　　D. C_2H_6

3-1-14 下列晶体熔化时要破坏共价键力的是（ ）。

A. SiC　　B. MgO　　C. CO_2　　D. Cu

第二节 溶 液

溶液是由一种或几种物质以分子、原子或离子状态分散到另一种物质中形成均匀而稳定的体系。后者称溶剂，一般为液体；前者为溶质，可为固体、液体、气体。

一、溶液的浓度及计算

溶液的浓度是指一定量的溶剂（或溶液）中含有的溶质量。

（一）质量百分比浓度（A%）

溶液中组分 A 的质量百分比浓度可表示为

$$A\% = \frac{\text{A 的质量}}{\text{溶液总质量}} \times 100\% \tag{3-2-1}$$

例如，36%的浓盐酸即为 100g 浓盐酸中含 36g 氯化氢和 64g 水。

（二）“物质的量”浓度（C_A）

在溶液的单位体积V中，含有溶质 A 的“物质的量”n_A。表达式为

$$C_A = \frac{n_A(\mathrm{mol})}{V(\mathrm{L})} \tag{3-2-2}$$

（三）物质的量分数（或摩尔分数）（X_A）

溶液中组分 A 的“物质的量”（或组分 A 的摩尔数）n_A，与各组分的“物质的量”总和（或各组分的总摩尔数）$n_A + n_B$之比，可表达为

$$X_A = \frac{n_A}{n_A + n_B} \tag{3-2-3}$$

（四）质量摩尔浓度（m_A）

1 000g 溶剂中溶质 A 的“物质的量”为n_A，则m_A可表示为

$$m_A = n_A/1\,000\mathrm{g} \tag{3-2-4}$$

【例 3-2-1】 现有 100mL 浓硫酸，测得其质量分数为 98%，密度为 $1.84\mathrm{g \cdot mL^{-1}}$，其物质的量浓度为：

A. $18.4\mathrm{mol \cdot L^{-1}}$　B. $18.8\mathrm{mol \cdot L^{-1}}$　C. $18.0\mathrm{mol \cdot L^{-1}}$　D. $1.84\mathrm{mol \cdot L^{-1}}$

解 100mL 浓硫酸中 H_2SO_4 的物质的量$n = 100 \times 1.84 \times 0.98/98 = 1.84\mathrm{mol}$

物质的量浓度$C = 1.84/0.1 = 18.4\mathrm{mol \cdot L^{-1}}$

答案： A

二、稀溶液通性

稀溶液的通性是指溶液的蒸气压降低、沸点升高、凝固点下降以及渗透压等。这些性质只与溶质的粒子数有关，与溶质本性无关，所以又叫依数性。

（一）溶液的蒸气压下降

蒸气压是指在一定温度下，液体与它的蒸气处于平衡时蒸气所具有的压强。所谓溶液的蒸气压，

实际上是指溶液中溶剂的蒸气压。在相同温度下，溶液的蒸气压总是低于纯溶剂的蒸气压。纯溶剂的蒸气压p^*与溶液蒸气压$p_{溶液}$之差叫溶液蒸气压的降低Δp。

$$\Delta p = p^* - p_{溶液} \tag{3-2-5}$$

其定量关系为拉乌尔定律

$$\Delta p = \frac{n_A}{n_A + n_B} \times p^* \quad 或 \quad \Delta p = \frac{n_A}{n_B} \times p^* \tag{3-2-6}$$

式中，n_A、n_B分别表示溶质、溶剂物质的量。$\frac{n_A}{n_A+n_B}$（或$\frac{n_A}{n_B}$）称溶质 A 的物质的量分数。该式表示：难挥发非电解质稀溶液的蒸气压下降与溶质的物质的量分数成正比。

（二）溶液的沸点上升和凝固点下降

沸点就是液相蒸气压等于外压时的温度，而凝固点则是固相蒸气压等于液相蒸气压时的温度。一切纯物质都有一定的沸点和凝固点。例如当纯水的蒸气压等于 101.325kPa 时，它的沸点（正常沸点）就是 100℃，而 0℃即为水的凝固点，此时$p_{H_2O}(s) = p_{H_2O}(L)$ =0.611kPa，冰水共存。

由于溶液的蒸气压下降，使得它的沸点高于纯溶剂的沸点。而溶液的凝固点都低于纯溶剂的凝固点。溶液沸点上升和凝固点下降的定量关系为拉乌尔定律。

$$\Delta T_{bp} = k_{bp} \cdot m \tag{3-2-7}$$

$$\Delta T_{fp} = k_{fp} \cdot m \tag{3-2-8}$$

上述式中：ΔT_{bp}、ΔT_{fp}——分别表示沸点升高度数和凝固点降低度数；

k_{bp}、k_{fp}——分别表示溶剂的沸点上升常数和凝固点下降常数；

m——质量摩尔浓度，在近似计算中也可用物质的量浓度（C）代替。

沸点升高用于热处理，凝固点下降一般作制冷剂的防冻剂。

【例 3-2-2】 将 3.0g 尿素 $CO(NH_2)_2$ 溶于 200g 水中，计算此溶液的沸点和凝固点。已知水的k_{bp} = 0.52，k_{fp} = 1.86。

解 尿素的摩尔质量为60g/mol，尿素的$n = 3.0/60 = 0.05$mol

质量摩尔浓度

$$m = \frac{0.05}{200} \times 1\ 000 = 0.25\,\text{mol/kg}$$

$$\Delta T_{bp} = k_{bp} \cdot m = 0.52 \times 0.25 = 0.13℃$$

此溶液的沸点为

$$100 + 0.13 = 100.13℃$$

$$\Delta T_{fp} = k_{fp} \cdot m = 1.86 \times 0.25 = 0.47℃$$

此溶液的凝固点为

$$0.00 - 0.47 = -0.47℃$$

【例 3-2-3】 下列溶液凝固点最高的是：

A. 1mol/L HAc　　B. 0.1mol/L $CaCl_2$

C. 1mol/L H_2SO_4　　D. 0.1mol/L HAc

解 根据拉乌尔定律，溶液凝固点下降的度数与溶液中所有溶质粒子的质量摩尔浓度（近似等于物质量浓度）成正比。四种溶液中溶质粒子浓度大小顺序为：C>A>B>D，所以选项 D 溶液凝固点下降最小，凝固点最高。

答案： D

（三）渗透压

只允许溶剂分子通过，不允许溶质分子通过的薄膜叫半透膜。溶剂分子透过半透膜进入溶液的现象叫渗透。阻止溶剂分子通过半透膜进入溶液所施加于溶液的最小额外压力叫渗透压。渗透压的大小可用范托夫公式表示

$$p_{渗}=\frac{n}{V}RT=CRT \tag{3-2-9}$$

式中：R——取值为 8.31[$Pa \cdot m^3/(mol \cdot K)$]；

T——绝对温度（K）。

难挥发非电解质稀溶液的性质（Δp、ΔT_{bp}、ΔT_{fp}、$p_{渗}$）与一定量溶剂中所溶解溶质的物质的量成正比，与溶质本性无关。

稀溶液定律并不适用于浓溶液和电解质溶液，但可做到定性比较。例如下列水溶液的凝固点，由高到低的排列顺序为：0.1mol/L $C_6H_{12}O_6$ >0.1mol/L HAc > 0.1mol/L NaCl > 0.1 mol/L $CaCl_2$ > 1mol/L $C_6H_{12}O_6$ > 1 mol/L HAc > 1mol/L NaCl > 1 mol/L H_2SO_4。

【例 3-2-4】 下列溶液中渗透压最高的是：

A. 0.1mol/L C_2H_5OH　　B. 0.1mol/L NaCl

C. 0.1mol/L HAc　　D. 0.1mol/L Na_2SO_4

解 根据范托夫公式$p_{渗}=CRT$，四种溶液中粒子浓度顺序为：D>B>C>A，所以选项 D 溶液的渗透压最大。

答案： D

三、电解质溶液

在水溶液中或在熔融状态下能形成离子，因而能导电的物质称电解质。在水溶液中能完全电离的电解质称为强电解质；仅能部分电离的称为弱电解质。

（一）一元弱酸、弱碱的电离平衡

$$AB \rightleftharpoons A^+ + B^-$$

平衡时

$$K_i=\frac{[C_{A^+}/C^{\Theta}][C_{B^-}/C^{\Theta}]}{[C_{AB}/C^{\Theta}]} \text{或} K_i=\frac{C_{A^+}\cdot C_{B^-}}{C_{AB}} \tag{3-2-10}$$

式中：K_i——电离常数，K_i是温度的函数，与物质的浓度无关；对类型相同的酸或碱可用K_i值的大小衡量它们电离程度的大小，并比较其酸性或碱性的相对强弱。

当弱电解质在溶液中达到电离平衡时，已电离的分子数占溶质分子总数的百分比叫作电离度（解离度），常用α表示，即

$$\alpha=\frac{\text{已电离的溶质分子数}}{\text{溶质的分子总数}}\times 100\% \tag{3-2-11}$$

α与K_i都能表示弱电解质的电离能力，都可用来比较弱电解质的相对强弱，不同的是电离度受温度和浓度的影响。

电离度α与K_i的关系

$$K_i=\frac{C\alpha^2}{1-\alpha} \tag{3-2-12}$$

式中：C——AB 的起始浓度。

当$C/K_i \geqslant 500$时，α很小，上式可改写为

$$K_i = C\alpha^2 \text{或} \alpha = \sqrt{\frac{K_i}{C}} \quad \text{(稀释定律)} \tag{3-2-13}$$

它表明浓度越稀，电离度越大。

当 AB 为弱酸时，$K_i = K_a$；$C_{A^+} = C_{H^+}$

$$C_{H^+} = C \cdot \alpha = \sqrt{K_a \cdot C} \tag{3-2-14}$$

当 AB 为弱碱时，$K_i = K_b$；$C_{B^-} = C_{OH^-}$

$$C_{OH^-} = C \cdot \alpha = \sqrt{K_b \cdot C} \tag{3-2-15}$$

当 AB 是 H_2O 时，$C_{H^+} = C_{A^+}$；$C_{OH^-} = C_{B^-}$

则

$$C_{H^+} \cdot C_{OH^-} = K_i \cdot C_{H_2O} = K_w \tag{3-2-16}$$

K_w为 H_2O 的离子积，298K 纯水中$C_{H^+} = C_{OH^-}$ =1×10^{-7}mol/L，所以K_w =1×10^{-14}。

令

$$-\lg C_{H^+} = \text{pH} \quad \text{(酸度)} \tag{3-2-17}$$

$$-\lg C_{OH^-} = \text{pOH} \quad \text{(碱度)} \tag{3-2-18}$$

则

$$-\lg C_{H^+} - \lg C_{OH^-} = -\lg K_w$$

$$\text{pH} + \text{pOH} = 14 \tag{3-2-19}$$

【例 3-2-5】 已知$K_b^\ominus(NH_3 \cdot H_2O)=1.8\times10^{-5}$，0.1mol·L^{-1} 的 $NH_3 \cdot H_2O$ 溶液的 pH 为：

A. 2.87　　B. 11.13　　C. 2.37　　D. 11.63

解　$NH_3 \cdot H_2O$ 为一元弱碱，

$$C_{OH^-} = \sqrt{K_b \cdot C} = \sqrt{1.8 \times 10^{-5} \times 0.1} \approx 1.34 \times 10^{-3}\text{mol/L}$$

$$C_{H^+} = 10^{-14}/C_{OH^-} \approx 7.46 \times 10^{-12}\text{，} \text{pH} = -\lg C_{H^+} \approx 11.13$$

答案： B

（二）多元弱酸的电离平衡

多元弱酸的电离是分级进行的，每一级有一个电离常数，且$K_{a1} > K_{a2}$，以硫化氢为例：

一级电离　$H_2S \rightleftharpoons H^+ + HS^-$　　$K_{a1} = C_{H^+} \cdot C_{HS^-}/C_{H_2S} = 1.0 \times 10^{-7}$

二级电离　$HS^- \rightleftharpoons H^+ + S^{2-}$　　$K_{a2} = C_{H^+} \cdot C_{S^{2-}}/C_{HS^-} = 1.3 \times 10^{-13}$

计算溶液中C_{H^+}时，可采用与一元弱酸计算C_{H^+}相似的计算方法，如 H_2S 水溶液中

$$C_{H^+} = C_{HS^-} = \sqrt{K_{a1} \cdot C} \tag{3-2-20}$$

因此，比较多元弱酸的强弱时，或与一元弱酸比较强弱时，只需比较K_{a1}的大小即可。

计算$C_{S^{2-}}$时用K_{a2}

$$C_{S^{2-}} = K_{a2} \cdot \frac{C_{HS^-}}{C_{H^+}} = K_{a2} \tag{3-2-21}$$

以上两级电离平衡符合多重平衡规则：两电离平衡方程式相加得总平衡式，总式的K_a等于$K_{a1} \cdot K_{a2}$，即

$$H_2S \rightleftharpoons 2H^+ + S^{2-} \qquad K_a = K_{a1} \cdot K_{a2} = \frac{C_{H^+}^2 \cdot C_{S^{2-}}}{C_{H_2S}}$$

或

$$C_{S^{2-}} = K_{a1} \cdot K_{a2} \cdot \frac{C_{H_2S}}{C_{H^+}^2} \tag{3-2-22}$$

该关系式表明：只要调节 H_2S 饱和溶液中的 pH 值就可以控制 S^{2-}的浓度。室温时 H_2S 饱和溶液的浓度可视为 0.1mol/L。

（三）单相同离子效应

在弱电解质溶液中，加入与其具有共同离子的强电解质时，导致弱电解质电离度降低的现象称为单相同离子效应。它是离子浓度的改变引起电离平衡移动的结果。例如在 HAc 溶液中加入 NaAc，由于增加了 Ac^-离子的浓度，使 HAc 电离平衡向左移动，从而降低了 HAc 的电离度。

【例 3-2-6】 往 0.1mol/L的$NH_3 \cdot H_2O$溶液中加入一些NH_4Cl固体并使其完全溶解后，则：

A. 氨的电离度增加　　B. 氨的电离度减小

C. 溶液的 pH 值增加　　D. 溶液的H^+浓度下降

解　$NH_3 \cdot H_2O$溶液中存在如下电离平衡：$NH_3 \cdot H_2O \rightleftharpoons NH_4^+ + OH^-$，加入一些$NH_4Cl$固体并使其完全溶解后，溶液中的$NH_4^+$浓度增加，平衡逆向移动，氨的电离度减小，溶液的 pH 值减小。

答案： B

（四）缓冲溶液

缓冲溶液是弱酸及弱酸盐（或弱碱及弱碱盐）的混合液，其pH值能在一定范围内不受少量酸或碱或稀释的影响而发生显著的变化。缓冲溶液的缓冲原理就是单相同离子效应。

【例 3-2-7】 下列各组溶液能作缓冲溶液的是：

A. KOH 溶液—KNO_3 溶液

B. 0.1mol/L 20mL $NH_3 \cdot H_2O$—0.1mol/L 30mL HCl 溶液

C. 0.5mol/L 50mL HAc 溶液—0.5mol/L 25mL NaOH 溶液

D. 0.5mol/L 50mL HCl 溶液—0.5mol/L 25mL NaOH 溶液

解　缓冲溶液是由弱酸及弱酸盐（或弱碱及弱碱盐）的混合液。选项 C 中 HAc 的物质的量是 NaOH 的 2 倍，两种溶液混合后反应生成 NaAc，形成 HAc—NaAc 缓冲溶液。

答案： C

缓冲溶液 pH 值的计算方法：

酸性缓冲溶液

$$C_{H^+} = K_a \cdot C_{酸}/C_{盐}$$

$$pH = pK_a - \lg(C_{酸}/C_{盐}) \tag{3-2-23}$$

式中

$$pK_a = -\lg K_a$$

碱性缓冲溶液

$$C_{OH^-} = K_b \cdot C_{碱}/C_{盐}$$

$$pH = 14 - pK_b + \lg(C_{碱}/C_{盐}) \tag{3-2-24}$$

式中

$$pK_b = -\lg K_b$$

【例 3-2-8】 20mL 0.1mol/L氨水与 10mL 0.1mol/L HCl 混合。求 pH 值（$K_b = 1.77 \times 10^{-5}$）。

解　两种溶液混合后，生成 NH_4Cl，其浓度为$C_{NH_4^+} = 10 \times 0.1/30 = \frac{1}{30}$mol/L，剩余的氨浓度为$C_{NH_3} = (20 \times 0.1 - 10 \times 0.1)/30 = \frac{1}{30}$mol/L。所以该体系为$NH_3$—$NH_4^+$体系，其pH值为$pH = 14 - pK_b + \lg C_{碱}/C_{盐} = 14 - 4.75 = 9.25$。

缓冲溶液的选择与配制：

缓冲溶液的 pH 值首先取决于 pK_a 或 pK_b，其次是 $C_{酸}/C_{盐}$ 或 $C_{碱}/C_{盐}$ 的比值。在配制一定 pH 值的缓冲溶液时，所选择弱酸的 pK_a（或弱碱的 pK_b）要尽可能与要求的 pH 值（或 pOH 值）接近，然后调节 $C_{酸}/C_{盐}$（或 $C_{碱}/C_{盐}$）的比值，当比值为 1 时缓冲能力最大。这时溶液的 pH=pK_a（pOH=pK_b）。例如配制 pH 值为 5 的缓冲溶液时，可选择 HAc–NaAc（因 pK_{HAc}=4.75），然后再确定 HAc 和 NaAc 的用量。

【例 3-2-9】 将 0.2mol/L的乙酸与 0.2mol/L的乙酸钠溶液混合，为使溶液的 pH 维持在 4.05，则加入酸和盐的体积比为（K_a=1.76×10^{-5}）：

A. 6 : 1　　B. 4 : 1　　C. 5 : 1　　D. 10 : 1

解　弱酸和弱酸盐组成的缓冲溶液 $pH = pK_a - \lg C_{酸}/C_{盐}$

所以 $4.05 = -\lg 1.76\times10^{-5} - \lg C_{酸}/C_{盐}$

$\lg C_{酸}/C_{盐} = -\lg 1.76\times10^{-5} - 4.05 \approx 0.704$，$C_{酸}/C_{盐} \approx 5.0$

设加入酸的体积为 $V_{酸}$，加入盐的体积为 $V_{盐}$，则

$$\frac{(0.2\times V_{酸})\div(V_{酸}+V_{盐})}{(0.2\times V_{盐})\div(V_{酸}+V_{盐})}=5$$

即 $V_{酸}/V_{盐} = 5:1$

答案：C

（五）盐类的水解

盐类的水解是指盐类的离子与水作用生成弱酸或弱碱的反应。由于这个反应的发生，破坏了水的电离平衡，使溶液具有酸性或碱性。

盐类的水解由水的电离平衡和弱电解质的电离平衡组成。其水解常数 K_h 可由多重平衡规则导出。如 NaAc 的水解平衡，可由下列两个电离平衡相减得到

$$H_2O \rightleftharpoons H^+ + OH^- \qquad K_w$$

$$HAc \rightleftharpoons H^+ + Ac^- \qquad K_a$$

$$H_2O + Ac^- \rightleftharpoons HAc + OH^- \qquad K_h$$

$$K_h = \frac{C_{HAc}\cdot C_{OH^-}}{C_{Ac^-}} = \frac{K_w}{K_a} \tag{3-2-25}$$

同理可推导出一元弱碱强酸盐、弱酸弱碱盐及多元弱酸强碱盐的水解常数（见表 3-2-1）。

各类盐的水解常数、C_{H^+} 或 C_{OH^-} 及溶液的酸碱性　　表 3-2-1

盐的种类	水解平衡实例	水解常数	C_{H^+} 或 C_{OH^-}	酸碱性
强碱弱酸盐	$Ac^-+H_2O \rightleftharpoons HAc+OH^-$	K_w/K_a	$C_{OH^-}=\sqrt{C\cdot K_w/K_a}$	碱性
强酸弱碱盐	$NH_4^++H_2O \rightleftharpoons NH_3\cdot H_2O+H^+$	K_w/K_b	$C_{H^+}=\sqrt{C\cdot K_w/K_b}$	酸性
弱酸弱碱盐	$NH_4^++Ac^-+H_2O \rightleftharpoons NH_3\cdot H_2O+HAc$	$K_w/K_a\cdot K_b$	$C_{H^+}=\sqrt{K_a\cdot K_w/K_b}$	$K_a=K_b$ 中性 $K_a>K_b$ 酸性 $K_a<K_b$ 碱性
多元弱酸盐	$CO_3^{2-}+H_2O \rightleftharpoons HCO_3^-+OH^-$	K_w/K_{a2}	$C_{OH^-}=\sqrt{\frac{K_w\cdot C}{K_{a2}}}$	碱性
	$HCO_3^-+H_2O \rightleftharpoons H_2CO_3+OH^-$	K_w/K_{a1}		

盐类水解的程度可用水解常数来衡量，K_h 越大（或 K_a 或 K_b 越小），盐类的水解程度越大；也可用水解度 h 来衡量。

$$h = \frac{已水解盐的物质的量(或浓度)}{起始盐物质的量(或浓度)} \times 100\% \tag{3-2-26}$$

多元弱酸强碱盐的水解是分级进行的。如 Na_2CO_3 按下面两级进行水解：

一级水解 $CO_3^{2-}+H_2O \rightleftharpoons HCO_3^-+OH^-$ $K_{h1} = 1.8 \times 10^{-4}$

二级水解 $HCO_3^-+H_2O \rightleftharpoons H_2CO_3+OH^- \rightleftharpoons H_2CO_3 + OH^-$ $K_{h2} = 2.3 \times 10^{-8}$

由于$K_{h1} \geqslant K_{h2}$，所以计算该类盐溶液的 pH 值时，一般只考虑一级水解即可。

影响水解平衡移动的因素有：水解离子的本性、温度、盐的浓度、溶液的酸度等。

【例 3-2-10】 已知$K_b(NH_3 \cdot H_2O)=1.8\times10^{-5}$，将 0.2mol·L^{-1} 的 $NH_3 \cdot H_2O$ 溶液和 0.2mol·L^{-1} 的 HCl 溶液等体积混合，其混合溶液 pH 为：

A. 5.12　　B. 8.87　　C. 1.63　　D. 9.73

解 将 0.2mol·L^{-1} 的 $NH_3 \cdot H_2O$ 与 0.2mol·L^{-1} 的 HCl 溶液等体积混合生成 0.1mol·L^{-1} 的 NH_4Cl 溶液，NH_4Cl 为强酸弱碱盐，可以水解，

溶液$C_{H^+} = \sqrt{C \cdot K_W/K_b} = \sqrt{0.1 \times 10^{-14}/(1.8 \times 10^{-5})} \approx 7.5 \times 10^{-6}$，$pH = -\lg C_H^+ = 5.12$

答案：A

【例 3-2-11】 浓度均为 0.1mol·L^{-1} 的 NH_4Cl、NaCl、NaOAc、Na_3PO_4 溶液，其 pH 值从小到大顺序正确的是：

A. NH_4Cl，NaCl，NaOAc，Na_3PO_4　　B. Na_3PO_4，NaOAc，NaCl，NH_4Cl

C. NH_4Cl，NaCl，Na_3PO_4，NaOAc　　D. NaOAc，Na_3PO_4，NaCl，NH_4Cl

解 NH_4Cl 为强酸弱碱盐，水解显酸性；NaCl 不水解；NaOAc 和 Na_3PO_4 均为强碱弱酸盐，水解显碱性，因为$K_a(HAc) > K_{a_3}(H_3PO_4)$，所以 Na_3PO_4 的水解程度更大，碱性更强。

答案：A

（六）多相离子平衡

一定温度下的难溶电解质饱和溶液中未溶解的固体与溶液中离子之间的平衡叫多相离子平衡，简称溶解平衡。平衡时离子浓度的乘积为一常数，称溶度积。

1. 溶度积（K_{sp}）

$$A_nB_m(s) \rightleftharpoons nA^{m+} + mB^{n-}$$

溶度积的表达式为

$$K_{sp(A_nB_m)} = C_{A^{m+}}^n \cdot C_{B^{n-}}^m \tag{3-2-27}$$

溶度积和溶解度S（单位：mol/L）都可表示物质的溶解能力。如用K_{sp}直接比较，仅限于同类型的难溶电解质。K_{sp}与S的关系如下：

对 AB 型物质：如 AgX、$BaSO_4$、$CaCO_3$ 等。

$$S = \sqrt{K_{sp(AB)}} \tag{3-2-28}$$

对 A_2B（或 AB_2）型物质：如 Ag_2CrO_4、Mg（OH）$_2$ 等。

$$S = \sqrt[3]{\frac{K_{sp(A_2B)}}{4}} \tag{3-2-29}$$

对同类型的难溶物质，其溶度积大，则溶解度也一定大。但对于不同类型的难溶物质，溶度积大的，溶解度不一定大，所以要求出溶解度方可比较溶解能力的大小。

【例 3-2-12】 能正确表示 $HgCl_2$ 的S与K_{sp}之间的关系式是：

A. $S=\sqrt{\frac{K_{sp}}{2}}$　　B. $S=\sqrt{K_{sp}}$

C. $S=\sqrt[3]{K_{sp}}$　　D. $S=\sqrt[3]{\frac{K_{sp}}{4}}$

解 $HgCl_2$ 为 AB_2 型物质，S与K_{sp}的关系为 D 式。

答案： D

2. 溶度积规则

对于难溶电解质 A_nB_m，在任意状态时

$$C_{A^{m+}}^{n}\cdot C_{B^{n-}}^{m}=Q(\text{离子积}) \tag{3-2-30}$$

若$Q>K_{sp}$　为过饱和溶液，有沉淀析出；

若$Q=K_{sp}$　为饱和溶液，处于平衡状态；

若$Q<K_{sp}$　为不饱和溶液，无沉淀析出。

3. 多相同离子效应

在难溶电解质饱和溶液中加入含有相同离子的强电解质，使难溶电解质溶解度降低的现象称多相同离子效应。利用同离子效应可使某些离子沉淀更完全。离子沉淀完全的条件是被沉淀离子的浓度$\leqslant 10^{-5}$mol/L。

4. 沉淀的溶解

根据溶度积规则，沉淀溶解的必要条件是$Q<K_{sp}$。因此，一切能降低离子浓度的方法都会促使溶解平衡向溶解的方向移动，沉淀就会溶解。通常采用的方法有酸碱溶解法、氧化还原法、配合溶解法等。

5. 沉淀的转化

由一种沉淀向另一种沉淀转化的过程称沉淀的转化。向沉淀物中加入另一沉淀剂后，沉淀转化的可能性和限度，由平衡常数K确定。

例如
$$Ag_2CrO_4(s)+2Cl^- \rightleftharpoons 2AgCl(s)+{CrO_4}^{2-}$$

$$K=\frac{C_{{CrO_4}^{2-}}}{C_{Cl^-}^2}=\frac{C_{{CrO_4}^{2-}}\cdot C_{Ag^+}^2}{C_{Cl^-}^2\cdot C_{Ag^+}^2}=\frac{K_{sp(Ag_2CrO_4)}}{K_{sp(AgCl)}^2}$$

$$K=\frac{9\times 10^{-12}}{(1.56\times 10^{-10})^2}=3.7\times 10^8>1\times 10^7$$

K值较大，沉淀转化可以实现。对同一类型的难溶电解质，反应物的K_{sp}与生成物的K_{sp}的比值越大，沉淀转化越完全。

6. 分步沉淀

若溶液中含有多种离子，加入沉淀剂时，离子积先超过K_{sp}的离子先沉淀，后超过者后沉淀。这种先后沉淀的现象叫分步沉淀。分步沉淀不仅与K_{sp}有关，而且还与被沉淀的离子浓度有关。当离子浓度相同时，对同类型难溶电解质，K_{sp}越小者越先沉淀。

分步沉淀可用来分离或提纯物质。如果被分离的几种物质K_{sp}相差越大，则分离就越完全。

【例 3-2-13】 在 $BaSO_4$ 饱和溶液中，加入 $BaCl_2$，利用同离子效应使 $BaSO_4$ 的溶解度降低，体系中$C({SO_4}^{2-})$的变化是：

A. 增大　　B. 减小　　C. 不变　　D. 不能确定

解 在 $BaSO_4$ 饱和溶液中，存在 $BaSO_4 = Ba^{2+}+{SO_4}^{2-}$ 平衡，加入 $BaCl_2$，溶液中 Ba^{2+}增加，平衡向

左移动，SO_4^{2+}的浓度减小。

答案： B

【例 3-2-14】 AgCl 固体在下列哪一种溶液中的溶解度最大：

A. 0.01mol/L氨水溶液　　B. 0.01mol/L氯化钠溶液

C. 纯水　　D. 0.01mol/L硝酸银溶液

解 AgCl 水溶液中存在如下沉淀溶解平衡：$AgCl(s) \rightleftharpoons Ag^+ + Cl^-$。氯化钠和硝酸银溶液都会使 AgCl 的溶解度降低（多相同离子效应）；氨水溶液中，Ag^+与 NH_3 形成配合物，使平衡向右移动，从而使 AgCl 溶解度增大。

答案： A

【例 3-2-15】 下列水溶液中 pH 值最大的是：

A. $0.1mol/dm^3$ HCN

B. $0.1mol/dm^3$ NaCN

C. $0.1mol/dm^3$ HCN+$0.1mol/dm^3$ NaCN

D. $0.1mol/dm^3$ NaAc

解 HCN 和 HAc 两个弱酸的解离常数分别为 5.8×10^{-10} 和 1.76×10^{-5}

选题 A 溶液为一元弱酸，$C_{H^+} = \sqrt{K_a \cdot C} = \sqrt{5.8\times10^{-11}} \approx 7.6\times10^{-6} mol\cdot L^{-1}$

选项 C 溶液为缓冲溶液，$C_{H^+} = K_a \times C_{酸}/C_{盐} = K_a = 5.8\times10^{-10} mol\cdot L^{-1}$

选项 B、D 均为强碱弱酸盐，可以水解，溶液显碱性。

选项 B 溶液的$C_{OH^-} = \sqrt{C\times\frac{K_W}{K_a}} = \sqrt{0.1\times\frac{10^{-14}}{5.8\times10^{-10}}} \approx 1.3\times10^{-3} mol\cdot L^{-1}$

则$C_{H^+} = \frac{K_W}{C_{OH^-}} \approx 7.7\times10^{-12} mol\cdot L^{-1}$

选项 D 溶液的$C_{OH^-} = \sqrt{C\times\frac{K_w}{K_a}} = \sqrt{0.1\times\frac{10^{-14}}{1.76\times10^{-5}}} \approx 7.5\times10^{-6} mol\cdot L^{-1}$

则$C_{H^+} = \frac{K_W}{C_{OH^-}} \approx 1.3\times10^{-9} mol\cdot L^{-1}$

总结：一元弱酸溶液显酸性；一元弱酸及弱酸盐组成的缓冲溶液显酸性；强碱弱酸盐显碱性，弱酸的解离常数越小，强碱弱酸盐的碱性越强。

答案： B

7. 多相离子平衡计算举例

【例 3-2-16】 计算$Mg(OH)_2$：①在纯水中；②在0.01mol/L $MgCl_2$溶液中；③在0.2mol/L NH_4Cl和0.5mol/L氨水混合溶液中的溶解度。已知$K_{sp[Mg(OH)_2]} = 1.8\times10^{-11}$，$K_{b[NH_3\cdot H_2O]} = 1.77\times10^{-5}$。

解 设$Mg(OH)_2$的溶解度为$x$mol/L

①在纯水中

$$Mg(OH)_2(s) \rightleftharpoons Mg^{2+} + 2OH^-$$

平衡浓度(mol/L)　　x　　$2x$

$$K_{sp} = C_{Mg^{2+}}\cdot C_{OH^-}^2 = 4x^3$$

$$x = \sqrt[3]{\frac{K_{sp[Mg(OH)_2]}}{4}} = \sqrt[3]{\frac{1.8\times10^{-11}}{4}} = 1.65\times10^{-4} mol/L$$

②在$MgCl_2$溶液中

$$Mg(OH)_2(s) \rightleftharpoons Mg^{2+} + 2OH^-$$

平衡浓度(mol/L)　　$0.01 + x$　　$2x$

$$K_{sp} = (0.01 + x)(2x)^2 = 1.8 \times 10^{-11}$$

按近似计算，$0.01 + x \approx 0.01$，则$x = 2.12 \times 10^{-5}$mol/L

③在混合溶液中

$$Mg(OH)_2(s) + 2NH_4^+ \rightleftharpoons Mg^{2+} + 2NH_3 \cdot H_2O$$

平衡浓度(mol/L)　　$0.2 - 2x$　　x　　$0.5 + 2x$

该式的K

$$K = K_{sp[Mg(OH)]_2}/K_b^2 = 1.8 \times 10^{-11}/(1.77 \times 10^{-5})^2 = 0.057$$

$$K = C_{Mg^{2+}} \cdot C_{NH_3 \cdot H_2O}^2 \,/\, C_{NH_4^+}^2 = x(0.5 + 2x)^2 \,/\, (0.2 - 2x)^2 = 0.057$$

按近似计算，$0.5 + 2x \approx 0.5$，则$x = 9.12 \times 10^{-3}$mol/L

因 $2x$远小于 0.2，故可忽略 $2x$。

【例 3-2-17】 向含有0.1mol/L $CuSO_4$和1.0mol/L HCl混合液中不断通入 H_2S 气体，计算溶液中残留的 Cu^{2+}离子浓度。已知$K_{a1}=1.1\times10^{-7}$，$K_{a2}=1.3\times10^{-13}$，$K_{sp(CuS)} = 6.3\times10^{-36}$，$H_2S$ 饱和溶液的浓度为 0.1mol/L。

解　设反应后溶液中残留的 Cu^{2+}浓度为$x$mol/L

$$Cu^{2+} + H_2S \rightleftharpoons CuS(s) + 2H^+$$

平衡浓度(mol/L)　　x　　0.1　　$1.2 - 2x$

$$K = \frac{K_{a1} \cdot K_{a2}}{K_{sp}} = \frac{1.1 \times 10^{-7} \times 1.3 \times 10^{-13}}{6.3 \times 10^{-36}} = 2.27 \times 10^{15}$$

$$2.27 \times 10^{15} = C_{H^+}^2/C_{Cu^{2+}} \cdot C_{H_2S} = (1.2 - 2x)^2/x \times 0.1$$

按近似计算，$1.2 - 2x \approx 1.2$

$$x = 1.2^2/(0.1 \times 2.27 \times 10^{15}) = 6.3 \times 10^{-15}\text{mol/L}$$

【例 3-2-18】 在 0.1mol/L $FeCl_3$溶液中加入等体积 0.2mol/L氨水和 2.0mol/L NH_4Cl 混合液，能否产生 $Fe(OH)_3$ 沉淀？已知$K_{sp[Fe(OH)_3]}=4.0\times10^{-38}$，$K_{b(NH_3 \cdot H_2O)}=1.77\times10^{-5}$。

解　加入等体积的 $NH_3 \cdot H_2O$ 和 NH_4Cl 溶液后，各物质浓度将降低一半。即

$C_{Fe^{3+}} = 0.05$mol/L，$C_{NH_3 \cdot H_2O} = 0.1$mol/L，$C_{NH_4Cl} = 1.0$mol/L

$$C_{OH^-} = K_b \cdot \frac{C_{碱}}{C_{盐}} = 1.77 \times 10^{-5} \times \frac{0.1}{1.0} = 1.77 \times 10^{-6}\text{mol/L}$$

$$Q = C_{Fe^{3+}} \cdot C_{OH^-}^3 = 0.05 \times (1.77 \times 10^{-6})^3 = 2.8 \times 10^{-19} > 4.8 \times 10^{-38}$$

所以有 $Fe(OH)_3$ 沉淀析出。

习　题

3-2-1　在 120cm^3 的水溶液中含糖（$C_{12}H_{22}O_{11}$）15.0g，溶液密度为 1.047g/cm^3，该溶液的质量百分比浓度（%）、物质的量浓度（mol/L）、质量摩尔浓度（mol/kg）、物质的量分数分别为（　　）。

A. 11.1%、0.366mol/L、0.347mol/kg，7.09×10^{-3}

B. 11.9%、0.366mol/L、0.397mol/kg，7.09×10^{-3}

C. 11.9%、0.044mol/L、0.347mol/kg，7.09×10^{-3}

D. 11.1%、0.044mol/L、0.397mol/kg，6.20×10^{-3}

3-2-2 在20℃时，将15.0g葡萄糖（$C_6H_{12}O_6$）溶于200g水中，该溶液的冰点（$K_{fp}=1.86$）、正常沸点（$K_{bp}=0.52$）、渗透压（设$C=m$）分别是（ ）。

A. −0.776℃、72.93℃、1.02×10^3Pa

B. 0.776℃、99.78℃、1.02×10^3kPa

C. −0.776℃、100.22℃、1.02×10^3kPa

D. 273.93℃、72.93℃、1.02×10^6Pa

3-2-3 下列酸溶液的C_{H^+}、电离度分别为（ ）。

（1）0.25mol/L 氢溴酸；（2）0.25mol/L 次氯酸（$K_a=3.2\times10^{-8}$）。

A. （1）0.25mol/L，0%；（2）8.9×10^{-5}mol/L，0.036

B. （1）0.25mol/L，50%；（2）8.0×10^{-9}mol/L，3.2×10^{-6}

C. （1）0.25mol/L，100%；（2）8.0×10^{-9}mol/L，3.2×10^{-6}%

D. （1）0.25mol/L，100%；（2）8.9×10^{-5}mol/L，0.036%

3-2-4 H_2S 饱和溶液浓度为 0.1mol/L，已知$K_{a1}=1.32\times10^{-7}$，$K_{a2}=7.1\times10^{-15}$，该溶液的C_{H^+}、C_{HS^-}、$C_{S^{2-}}$和pH值分别为（ ）。

A. 1.15×10^{-4}、1.15×10^{-4}、7.1×10^{-15}、3.94

B. 1.15×10^{-4}、7.1×10^{-15}、2.3×10^{-4}、3.94

C. 3.6×10^{-15}、0、7.1×10^{-15}、14.4

D. 2.3×10^{-4}、1.15×10^{-4}、1.15×10^{-4}、3.64

3-2-5 在0.1mol/L乙酸溶液中，下列说法不正确的是（ ）。

A. 加入少量氢氧化钠溶液，乙酸的电离平衡向右移动

B. 加入水稀释后，乙酸的电离度增加

C. 加入冰乙酸，由于增加反应物的浓度，使乙酸的电离平衡向右移动，电离度增加

D. 加入少量盐酸，使乙酸电离度减小

3-2-6 在含有 0.1mol/L 氨水与 0.1mol/L NH_4Cl 的溶液中，C_{H^+}为（ ）（已知$K_{bNH_3\cdot H_2O}=1.8\times10^{-5}$）。

A. 1.34×10^{-3}mol/L　　B. 9.46×10^{-12}mol/L

C. 1.8×10^{-5}mol/L　　D. 5.56×10^{-10}mol/L

3-2-7 50mL、0.1mol/L的某一元弱酸HA溶液与20mL、0.10mol/L的KOH溶液混合，并加水稀释至100mL，测得该溶液的pH=5.25。此一元弱酸的电离常数为（ ）。

A. 5.6×10^{-6}　　B. 3.7×10^{-6}

C. 8.4×10^{-6}　　D. 6.3×10^{-6}

3-2-8 AgCl在（1）纯水中；（2）NaCl溶液中；（3）$Na_2S_2O_3$溶液中的溶解度大小的顺序是（ ）。

A. （1）>（2）>（3）　　B. （3）>（2）>（1）

C. （3）>（1）>（2）　　D. （1）>（3）>（2）

3-2-9 0.025mol/L NaAc溶液的pH值及水解度分别为（ ）（$K_a=1.76\times10^{-5}$）。

A. 5.42，1.06×10^{-4}　　B. 8.58，0.015%

C. 8.58，1.06×10^{-4}　　D. 5.42，0.015%

第三节 化学反应速率与化学平衡

一、热化学

（一）系统和环境、状态和状态函数

1. 系统和环境

系统：人们将其作为研究对象的那部分物质世界，即被研究的物质和它们所占有的空间。

环境：系统之外并与系统有密切联系的其他物质或空间。

系统和环境之间可以有物质和能量的传递。按传递情况不同，将系统分为：

（1）敞开系统：与环境之间既有物质交换又有能量交换的系统。

（2）封闭系统：与环境之间没有物质交换，但有能量交换的系统。

（3）隔离系统：与环境之间既无物质交换又无能量交换的系统。

2. 状态和状态函数

状态：即系统的物理和化学性质的综合表现。系统的状态由状态量进行描述。状态量就是描述系统有确定值的物理量。如以气体为系统时，n、p，V、T等。

状态函数：确定体系状态的物理量。

状态函数的特点：状态函数是状态的单值函数。当系统的状态发生变化时，状态函数的变化量只与系统的始、末态有关，而与变化的实际途径无关。

（二）化学反应计量式和反应进度

根据质量守恒定律，用规定的化学符号和化学式来表示化学反应的式子，叫作化学反应方程式或化学反应计量式。

书写化学反应计量式时应做到：

（1）根据实验事实，正确写出反应物和产物的化学式；

（2）反应前后原子的种类和数量保持不变，即满足原子守恒，如果是离子方程式还要满足电荷守恒；

（3）要表明物质的聚集状态，g表示气态，l表示液态，s表示固态，aq表示水溶液。

一般用化学反应计量式表示化学反应中的质量守恒关系，通式为

$$0=\sum_{\mathrm{B}}\nu_{\mathrm{B}}\mathrm{B} \tag{3-3-1}$$

ν_{B}称为 B 的化学计量数，量纲为一。并规定，反应物的化学计量数为负，产物的化学计量数为正。对任一反应

$$a\mathrm{A}+b\mathrm{B}=y\mathrm{Y}+z\mathrm{Z}$$

$$\nu_{\mathrm{A}}=-a;\ \nu_{\mathrm{B}}=-b;\ \nu_{\mathrm{Y}}=y;\ \nu_{\mathrm{Z}}=z$$

例如，合成氨的化学反应计量式为

$$N_2 + 3H_2 = 2NH_3$$

则$\nu(N_2) = -1$；$\nu(H_2) = -3$；$\nu(NH_3) = 2$

化学计量数与化学反应方程式的写法有关，如合成氨的化学反应计量式写为

$$\frac{1}{2}N_2 + \frac{3}{2}H_2 = NH_3$$

则$\nu(N_2) = -\frac{1}{2}$；$\nu(H_2) = -\frac{3}{2}$；$\nu(NH_3) = 1$

ν_B的物理意义：表示按计量反应方程式反应时各物质转化的比例数。

反应进度：为了描述化学反应进行的程度，引入一个新物理量——反应进度。反应进度ξ的定义为式

$$d\xi = \nu_B{}^{-1}dn_B \tag{3-3-2}$$

式中，n_B为物质 B 的物质的量，ν_B为 B 的化学计量数。反应进度ξ的单位为 mol。

对于有限的变化，有$\Delta\xi = \Delta n_B/\nu_B$

对于化学反应，一般选尚未反应时，$\xi = 0$，因此

$$\xi = [n_B(\xi) - n_B(0)]/\nu_B \tag{3-3-3}$$

式中，$n_B(0)$为$\xi = 0$时物质 B 的物质的量，$n_B(\xi)$为$\xi = \xi$时物质 B 的物质的量。

引入反应进度这个量的最大优点，是在反应进行到任意时刻时，可用任一反应物或产物来表示反应进行的程度，所得的值总是相等的。

应用反应进度时应注意：

（1）反应进度与化学计量式匹配；

（2）对于同一化学反应计量式，用任何物质的量的变化量来计算反应进度都是相等的。

ξ =1mol 的物理意义：反应按所给反应式的系数比例进行了一个单位的化学反应。

（三）热和功

热和功是系统发生变化时与环境进行能量交换的两种形式。

（1）热。系统与环境之间因温度不同而交换或传递的能量称为热，表示为Q。规定：系统从环境吸热时，Q为正值；系统向环境放热时，Q为负值。Q与具体的变化途径有关，不是状态函数。

（2）功。除了热之外，其他被传递的能量叫作功，表示为W。规定：环境对系统做功时，W为正值；系统对环境做功时，W为负值。功与途径有关，不是状态函数。功分体积功和非体积功（表面功、电功等）。

等外压过程中，体积功为

$$W_{体} = -p_{外}(V_2 - V_1) = -p_{外}\Delta V \tag{3-3-4}$$

（四）热力学能

热力学能为系统内部运动能量的总和。内部运动包括分子的平动、转动、振动以及电子运动和核运动，用U表示。

由于分子内部运动的相互作用十分复杂，因此目前尚无法测定内能的绝对数值。

内能的特征：状态函数、无绝对数值、广度性质。

（五）热力学第一定律

当系统由始态变化到终态时，系统与环境间传递的热量Q和功W之和等于系统的热力学能的变化量ΔU。即

$$\Delta U = Q + W \tag{3-3-5}$$

这就是热力学第一定律的数学表达式。

例如，某封闭系统在某一过程中从环境中吸收了 50kJ 的热量，对环境做了 30kJ 的功，则系统在过程中热力学能的变化为：$\Delta U_{体系}$ =（+50kJ）+（−30kJ）=20kJ。系统热力学能净增为 20kJ。

（六）化学反应的反应热

化学反应热是指等温过程热，即当反应发生后，使反应产物的温度回到反应前始态的温度，化学反应过程中吸收或放出的热量，简称反应热。

根据反应条件的不同，反应热又可分为恒容反应热和恒压反应热两种。

1. 恒容反应热

恒容过程，体积功$W_{体}$ =0，不做非体积功W' =0 时，所以

$$W = W_{体} + W' = 0,\ Q_{\mathrm{V}} = \Delta U \tag{3-3-6}$$

2. 恒压反应热

恒压过程，不做非体积功时，$W_{体} = -p(V_2 - V_1)$，所以$Q_{\mathrm{p}} = \Delta U + p(V_2 - V_1)$

（七）焓和焓变

在封闭系统中等压反应条件下进行化学反应时，反应热为

$$Q_{\mathrm{p}} = \Delta U + p(V_2 - V_1) = (U_2 - U_1) + p(V_2 - V_1) = (U_2 + p_2V_2) - (U_1 + p_1V_1) \tag{3-3-7}$$

定义：$H = U + pV$，H称为焓。则$Q_{\mathrm{p}} = H_2 - H_1 = \Delta H$。

H是一个重要的热力学函数，是状态函数，但不能知道它的绝对数值。

公式$Q_{\mathrm{p}} = \Delta H$的意义：

（1）等压热效应即为焓的增量，故Q_{p}也只取决于始终态，而与途径无关；

（2）可以通过ΔH的计算求出的Q_{p}值。

通常，许多化学反应是在“敞口”容器中进行的，系统压力与环境压力相等，这时的反应热称为定压反应热。定压反应热以ΔH表示，单位：kJ/mol。并规定，当反应放出热量时（放热反应），ΔH<0；当反应吸收热量时（吸热反应），ΔH>0。

（八）热化学方程式

热化学方程式：表示化学反应与其热效应关系的化学方程式。

如：$2H_2(g) + O_2(g) = 2H_2O(g)$；$\Delta_{\mathrm{r}}H_{\mathrm{m}}^{\ominus}(298) = -483.6\mathrm{kJ/mol}$

表示在 298K、100kPa 下，当反应进度为 1mol 时，放出 483.6kJ 的热量。

r 表示反应（reaction），$\Delta_{\mathrm{r}}H_{\mathrm{m}}$表示反应的摩尔焓变，m 表示反应进度为 1mol，$^{\ominus}$表示热力学标准态。

热力学中对标准态（$^{\ominus}$）的规定：气态物质的标准态是标准压力$p^{\ominus}$=100kPa 时表现出理想气体性质的纯气体物质的状态；液体、固体物质的标准态是指处于标准压力下纯液体或纯固体的状态；溶液中溶质的标准态是在标准压力下，质量摩尔浓度为 1mol/kg 时的状态。标准状态时温度不作规定。

书写热化学方程式时应注意以下几个问题：

（1）注明反应物与生成物的聚集状态。g 表示气态，l表示液态，s 表示固态。

$$2H_2(g) + O_2(g) = 2H_2O(g),\ \Delta_{\mathrm{r}}H_{\mathrm{m}}^{\ominus} = -483.6\mathrm{kJ/mol}$$

$$2H_2(g) + O_2(g) = 2H_2O(l),\ \Delta_{\mathrm{r}}H_{\mathrm{m}}^{\ominus} = -571.68\mathrm{kJ/mol}$$

（2）不同计量系数的同一反应，其摩尔反应热不同。

$$H_2(g) + \frac{1}{2}O_2(g) = H_2O(g),\ \Delta_{\mathrm{r}}H_{\mathrm{m}}^{\ominus}(298) = -241.8\mathrm{kJ/mol}$$

$$2H_2(g) + O_2(g) = 2H_2O(g),\ \Delta_rH_m^\ominus(298) = -483.6kJ/mol$$

（3）正逆反应的反应热效应数值相等，符号相反。

$$2H_2(g) + O_2(g) = 2H_2O(g),\ \Delta_rH_m^\ominus(298) = -483.6kJ/mol$$

$$2H_2O(g) = 2H_2(g) + O_2(g),\ \Delta_rH_m^\ominus(298) = +483.6kJ/mol$$

（4）注明反应的温度和压力。

（九）盖斯定律

盖斯定律，即化学反应的恒压或恒容反应热只与物质的始态和终态有关而与变化的途径无关。换句话说，一个化学反应如果分几步完成，则总反应的反应热等于各步反应的反应热之和。

应用盖斯定律通过计算不仅可以得到某些恒压反应热，从而减少大量实验测定工作，而且可以计算出难以或无法用实验直接测定的某些反应的反应热。

（十）标准摩尔生成焓

标准状态时，由指定单质生成单位物质的量的纯物质 B 时反应的焓变，称为标准摩尔生成焓，记作$\Delta_fH_m^\ominus$。上标 $^\ominus$ 表示标准状态，下标“f”（formation 的词头）表示生成。$\Delta_fH_m^\ominus$的单位为 kJ/mol，通常使用的是 298.15K 的摩尔生成焓数据。

指定单质通常指标准压力和该温度下最稳定的单质。如 C：石墨（s）；Hg：Hg（l）等。但 P 为白磷（s），即 P（s，白）。

显然，标准态指定单质的标准生成焓为 0。生成焓的负值越大，表明该物质键能越大，对热越稳定。

由标准摩尔生成焓（$\Delta_fH_m^\ominus$）计算标准摩尔反应焓变（$\Delta_rH_m^\ominus$）：根据标准摩尔生成焓的定义，应用盖斯定律可以导出，化学反应的标准摩尔反应焓变等于生成物的标准摩尔生成焓的总和减去反应物的标准摩尔生成焓的总和。

【例 3-3-1】 在 298K，100kPa 下，反应$2H_2(g) + O_2(g) = 2H_2O(l)$的$\Delta_rH_m^\ominus = -572kJ\cdot mol^{-1}$，则 H_2O（l）的$\Delta_fH_m^\ominus$是：

A. $572kJ\cdot mol^{-1}$　　B. $-572kJ\cdot mol^{-1}$　　C. $286kJ\cdot mol^{-1}$　　D. $-286kJ\cdot mol^{-1}$

解　由物质的标准摩尔生成焓$\Delta_rH_m^\ominus$和反应的标准摩尔反应焓变$\Delta_rH_m^\ominus$的定义可知，H_2O（l）的标准摩尔生成焓$\Delta_fH_m^\ominus$为反应$H_2(g) + \frac{1}{2}O_2(g) = H_2O(l)$的标准摩尔反应焓变$\Delta_rH_m^\ominus$。反应$2H_2(g) + O_2(g) = 2H_2O(l)$的标准摩尔反应焓变是反应$H_2(g) + \frac{1}{2}O_2(g) = H_2O(l)$的标准摩尔反应焓变的 2 倍，即$H_2(g) + \frac{1}{2}O_2(g) = H_2O(l)$的$\Delta_rH_m^\ominus = \frac{1}{2}\times(-572) = -286kJ\cdot mol^{-1}$。

答案： D

二、化学反应速率

（一）化学反应速率的表示方法

化学反应速率通常是用单位时间内反应物或生成物浓度的变化量来表示。时间单位常用 s（秒）、min（分）或 h（小时），浓度单位一般用 mol/L。

$$\overline{v}_i = \Delta C_i/\Delta t\ (\text{平均速率}) \tag{3-3-8}$$

对同一反应，用不同物质的浓度变化表示$\overline{v}$时，其数值不一定相等。如

$$N_2(g) + 3H_2(g) \rightleftharpoons 2NH_3(g)$$

当$\overline{v}_{NH_3}$=0.2mol/(L·s)时，$\overline{v}_{H_2}$=0.3mol/(L·s)，而$\overline{v}_{N_2}$=0.1mol/(L·s)。它们的比值恰好等于反应方

程中各物质的化学计量数之比，即

$\bar{v}_{N_2}:\bar{v}_{H_2}:\bar{v}_{NH_3}=0.1:0.3:0.2=1:3:2$

所以当反应速率以数值表达时应注明以哪种物质的浓度变化为标准。

实际速率为瞬时速率v_i，即

$$v_i=\lim_{\Delta t\to 0}\frac{\Delta C_i}{\Delta t}=\frac{dC_i}{dt} \tag{3-3-9}$$

瞬时速率可通过试验，并经作图法求得。

用反应进度定义的反应速率：单位体积内反应进度随时间的变化率。即

$$v=\frac{1}{V}\frac{d\xi}{dt} \tag{3-3-10}$$

因为$d\xi=v_B{}^{-1}dn_B$，对于恒容反应$dC_B=dn_B/V$，上式可写成反应速率的常用定义式

$$v=\frac{1}{v_B}\cdot\frac{dC_B}{dt} \tag{3-3-11}$$

v的 SI 单位：$mol/(dm^3\cdot s)$。

例如，对于合成氨反应$N_2(g)+3H_2(g) = 2NH_3(g)$

其反应速率：

$$v=\frac{1}{2}\frac{dC(NH_3)}{dt}=-\frac{dC(N_2)}{dt}=-\frac{1}{3}\frac{dC(H_2)}{dt}$$

显然，用反应进度定义的反应速率的量值与表示速率物质的选择无关，亦即一个反应就只有一个反应速率值，但与计量系数有关，所以在表示反应速率时，必须写明相应的化学计量方程式。

（二）反应速率方程

浓度是影响反应速率的重要因素之一，表明反应物浓度与反应速率之间的定量关系的方程称为反应速率方程，简称速率方程。

1. 基元反应的速率方程——质量作用定律

实验证明，浓度越大，速率越快，对基元反应（一步完成的反应）

$$aA+bB\longrightarrow C$$

其反应速率方程或质量作用定律表达式为

$$v=kC_A^a\cdot C_B^b \tag{3-3-12}$$

即基元反应的反应速率与以化学计量数为方次的反应物浓度的乘积成正比，这就是质量作用定律，也叫速率定律。

a、b分别是反应物 A、B 的化学计量数，表示反应级数。对于 A 是a级反应，对于 B 是b级反应，对整个反应或总反应的级数为（$a+b$）级。一个一级反应就是$a+b=1$的反应，依此类推。

k为速率常数，它表示反应物均为单位浓度时的反应速率。k的大小取决于反应物的本质及反应温度，而与浓度无关。

质量作用定律只适用于基元反应。

2. 非基元反应的速率方程

非基元反应即由几个基元反应组成的复杂反应，质量作用定律虽适用于其中每一个基元反应，但往往不适用于总的反应，其速率方程必须由实验测得反应速度才能确定。对于反应式

$$aA+bB\longrightarrow cC+dD$$

其速率方程为

$$v = kC_A^x \cdot C_B^y$$

式中，x、y的值通常由实验测定，可为零、整数或小数。

上述定量关系式，除适用于气体反应外，也适用于溶液中的反应。液态和固态纯物质由于浓度不变，在式中通常不表达出来。气体压力的改变相当于浓度的影响。

【例 3-3-2】 某基元反应的速率方程为$v = kC_A \cdot C_B^2$，当$C_A' = 2C_A$；$C_B' = 2C_B$时，其速率方程为：

A. $v' = v$　　B. $v' = 4v$　　C. $v' = 8v$　　D. $v' = 16v$

解　$v' = k(2C_A)(2C_B)^2 = 8kC_A \cdot C_B^2 = 8v$

答案： C

（三）温度对速率的影响——阿仑尼乌斯公式

温度对化学反应速率的影响主要体现在速率常数k上。温度升高，k值增大。两者的定量关系可用阿仑尼乌斯公式表示

$$k = Ze^{\frac{-\varepsilon}{RT}}$$

或

$$\lg k = -\frac{\varepsilon}{2.303RT} + \lg Z \tag{3-3-13}$$

式中：ε——给定的反应活化能；

Z——给定的指前因子。

由公式可知：

（1）对某反应温度越高，速率常数就越大，所以速率也越大；温度一定时，活化能越大，速率常数就越小，速率也越小。

（2）以$\lg k$对$\frac{1}{T}$作图可得一直线，其斜率为$-\varepsilon/2.303R$，截距为$\lg Z$。因此，由作图法可求给定反应的活化能和指前因子，以及给定温度下的速率常数值。ε也可由下式求得

$$\lg\frac{k_2}{k_1} = \frac{\varepsilon}{2.303R}\left(\frac{T_2 - T_1}{T_1 \cdot T_2}\right) \tag{3-3-14}$$

（四）催化剂对速率的影响

化学反应过程的实质是旧的化学键断裂，新的化学键建立的过程，在此过程中必定伴随着能量的变化。首先需足够的能量使旧的化学键断裂。

1. 化学反应活化能和活化分子

根据气体运动理论，只有具有足够能量的分子（或原子）的碰撞才有可能发生反应。这种能够发生反应的碰撞叫有效碰撞。这种具有足够能量可以发生有效碰撞而发生反应的分子叫作活化分子。活化分子所具有的平均能量与反应物分子的平均能量之差称为活化能。活化能的大小，由反应物自身性质所决定。活化分子占反应分子总数的百分比叫活化分子百分数。反应的活化能越高，活化分子百分数越小，反应越慢，反之反应越快。

2. 催化剂

催化剂是一种能改变反应速率而本身在反应前后的质量和化学性质都不改变的物质。催化剂之所以加快反应的速度，是因为它改变了反应的历程，降低了反应活化能，增加了活化分子百分数，如图 3-3-1 所示。

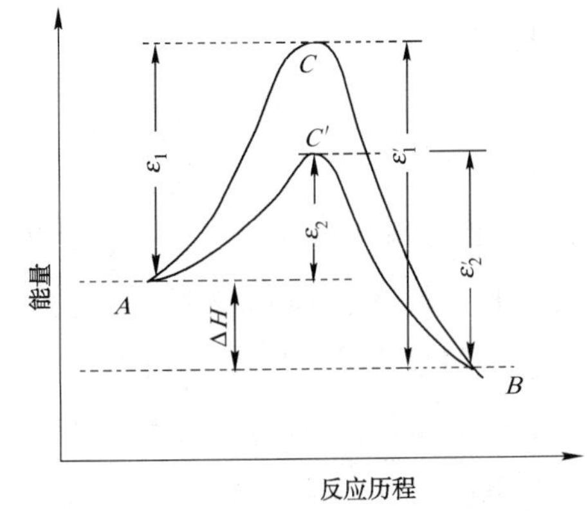

图 3-3-1　有催化与无催化的反应活化能比较

图 3-3-1 表明有催化剂时和无催化剂时活化能的差别。图中A和B分别为反应物分子和生成物分子的平均能量；C和C'分别表示无催化剂和有催化剂时活化分子的平均能量；ε_1和ε_2分别为无催化剂和有催化剂时的活化能，显然$\varepsilon_1 > \varepsilon_2$。

一般化学反应的活化能在 40~420kJ/mol 之间，大多数反应在 60~240kJ/mol 之间。

对可逆反应，ε_1为正反应活化能，ε_1'为逆反应活化能，则正反应的热效应$\Delta H_{正}$和逆反应的热效应$\Delta H_{逆}$可表示为

$$\Delta H_{正} = \varepsilon_1 - \varepsilon_1' = -\Delta H_{逆} \tag{3-3-15}$$

由以上讨论可见：浓度、温度、催化剂对反应速率的影响都可归结为活化分子数的改变，但改变的原因各不相同。浓度的影响是通过增加单位体积内的分子总数；温度的影响是通过能量的变化改变活化分子百分数；而催化剂是通过改变反应机理，降低反应活化能增加活化分子的百分数。

【例 3-3-3】 催化剂可加快反应速率的原因，下列叙述正确的是：

A. 降低了反应的$\Delta_r H_m^\ominus$　　B. 降低了反应的$\Delta_r G_m^\ominus$

C. 降低了反应的活化能　　D. 使反应的平衡常数$K^\ominus$减小

解 催化剂之所以加快反应的速率，是因为它改变了反应的历程，降低了反应的活化能，增加了活化分子百分数。

答案：C

三、化学反应的方向

（一）化学反应的自发性

在给定条件下能自动进行的反应或过程叫自发反应或自发过程。

自发过程具有以下共同特征：

（1）具有不可逆性——单向性；

（2）有一定的限度；

（3）可由一定物理量判断变化的方向和限度。

化学反应在指定条件下自发进行的方向和限度问题，是科学研究和生产实践中极为重要的理论问题之一。

（二）化学反应方向的判据

1. 化学反应方向和焓变

化学反应中，许多放热反应都能自发地进行。例如：

$$H_2(g) + \frac{1}{2}O_2(g) = H_2O(l)，\Delta_r H_m^\ominus(298K) = -285.83kJ/mol$$

$$H^+(aq) + OH^-(aq) = H_2O(l)，\Delta_r H_m^\ominus(298K) = -55.84kJ/mol$$

显然，能量越低，体系的状态就越稳定。化学反应一般也符合上述能量最低原理。的确，很多化学反应自发朝着放热的方向进行。据此，有人曾试图以反应的焓变（$\Delta_r H_m$）作为反应自发性的判据。认为，在等温等压条件下，当$\Delta_r H_m < 0$时，化学反应自发进行。

但是，试验表明，有些吸热过程（$\Delta_r H_m > 0$）也能自发进行。例如：

$NH_4Cl(s) = NH_4^+(aq) + Cl^-(aq)$，$\Delta_r H_m^\ominus(298K) = 9.76kJ/mol$

$CaCO_3(s) = CaO(s) + CO_2(g)$，$\Delta_r H_m^\ominus(1\,123K) = 178.32kJ/mol$

$H_2O(l) = H_2O(g)$，$\Delta_r H_m^\ominus(298K) = 44kJ/mol$

这些吸热反应在一定条件下均能自发进行。说明放热（$\Delta_r H_m < 0$）只是有助于反应自发进行的因素之一，而不是唯一的因素。当温度升高时，另外一个因素变得更重要，热力学上，将决定反应自发性的另一个状态函数称为熵。

2. 化学反应与熵变

研究发现，自然界中的物理和化学的自发过程一般都朝着混乱程度增大的方向进行。热力学上，用一个新的状态函数“熵”来表示体系的混乱度。熵是系统内部质点混乱程度或无序程度的量度，以“S”表示。系统的混乱度愈大，熵愈大。熵是状态函数。熵的变化只与始态、终态有关，而与途径无关。

热力学第二定律的统计表达：在隔离系统中发生的自发进行的反应必伴随着熵的增加，或隔离系统的熵总是趋向于极大值。这就是自发过程的热力学准则，称为熵增加原理。这就是隔离系统的熵判据。

热力学第三定律：系统内物质微观粒子的混乱度与物质的聚集状态和温度等有关。在绝对零度时，理想晶体内分子的各种运动都将停止，物质微观粒子处于完全整齐有序的状态。人们根据一系列低温实验事实和推测，总结出一个经验定律——热力学第三定律。

在绝对零度时，一切纯物质的完美晶体的熵值都等于零，即$S(0K) = 0$。

知道某一物质从绝对零度到指定温度下的一些化学数据，就可以求出此温度的熵值，称为这一物质的规定熵。

标准摩尔熵：单位物质的量的纯物质在标准状态下的规定熵叫作该物质的标准摩尔熵，以S_m（或简写为S）表示。注意S_m的 SI 单位为$J/(mol \cdot K)$。

根据上述讨论并比较物质的标准熵值，可以得出下面一些规律：对于同一种物质，$S_g > S_l > S_s$；同一物质在相同的聚集状态时，其熵值随温度的升高而增大，$S_{高温} > S_{低温}$。对于不同种物质，$S_{复杂分子} > S_{简单分子}$。对于混合物和纯净物，$S_{混合物} > S_{纯物质}$。

熵变的计算：熵是状态函数，反应或过程的熵变$\Delta_r S$，只跟始态和终态有关，而与变化的途径无关。反应的标准摩尔熵变$\Delta_r S_m^\ominus$（或简写为$\Delta S^\ominus$），其计算及注意点与$\Delta_r H_m$的相似。

$$\Delta_r S_m^\ominus = \sum v_i S_m^\ominus(生成物) - \sum v_i S_m^\ominus(反应物)$$

应当指出，虽然物质的标准熵随温度的升高而增大，但只要温度升高没有引起物质聚集状态的改变时，则可忽略温度的影响，近似认为反应的熵变基本不随温度而变。

虽然熵增加有利于反应的自发进行，但与反应焓变一样，一般情况不能仅用熵变作为反应自发进行的判据。要判断反应自发进行的方向，必须将这两个因素综合考虑。

3. 反应自发性的判据——反应的吉布斯函数变

为了确定反应自发性的判据，1875年，美国化学家吉布斯（Gibbs）首先提出一个把焓和熵归并在一起的热力学函数——G（现称吉布斯自由能或吉布斯函数），并定义：$G = H - TS$。

对于等温过程：

$$\Delta G = \Delta H - T\Delta S \tag{3-3-16}$$

ΔG表示反应和过程的吉布斯函数变，简称吉布斯函数变，式（3-3-16）称为吉布斯等温方程。

反应自发性的判据：根据热力学推导得出，对于恒温、恒压不做非体积功的一般反应，其自发性的判断标准（称为最小自由能原理）为：

$\Delta G < 0$，自发过程，过程能向正方向进行。

$\Delta G = 0$，平衡状态。

$\Delta G > 0$，非自发过程，过程能向逆方向进行。

这一规律表明：等温、等压的封闭体系内，不做非体积功的条件下，任何自发过程总是朝着吉布斯函数减小的方向进行。系统不会自发地从吉布斯函数小的状态向吉布斯函数大的状态进行。

恒温、恒压下化学反应自发进行方向的判据是化学反应的ΔG，ΔG的大小取决于反应的ΔH、ΔS和温度T。表 3-3-1 给出了ΔH、ΔS和T对反应自发性的影响。

ΔH、ΔS和T对反应自发性的影响 **表 3-3-1**

反应实例	ΔH	ΔS	$\Delta G = \Delta H - T\Delta S$	反应情况
$H_2(g) + Cl_2(g) = 2HCl(g)$	−	+	−	自发（任何温度）
$2CO(g) = 2C(s) + O_2(g)$	+	−	+	非自发（任何温度）
$CaCO_3(s) = CaO(s) + CO_2(s)$	+	+	升高至某温度时由正值变为负值	升高温度有利于反应自发进行
$N_2(g) + 3H_2(g) = 2NH_3(g)$	−	−	降低至某温度时由正值变为负值	降低温度有利于反应自发进行

4. 反应的摩尔吉布斯函数变的计算及应用

（1）标准状态下摩尔吉布斯函数变的计算

标准摩尔生成吉布斯函数：在标准状态时，由指定单质生成单位物质的量的纯物质时反应的吉布斯函数变，叫作该物质的标准摩尔生成吉布斯函数，用$\Delta_f G_m^\ominus$表示，常用单位为 kJ/mol。

任何指定单质（注意磷为白磷）：$\Delta_f G_m^\ominus = 0$

298.15K 时的物质的$\Delta_f G_m^\ominus$可以查到。

反应的标准摩尔吉布斯函数变以$\Delta_r G_m^\ominus$表示。

298.15K 时，反应的标准摩尔吉布斯函数变的计算公式为

$$\Delta_r G_m^\ominus(298.15\text{K}) = \sum v_i \Delta_f G_m^\ominus(\text{生成物}) - \sum v_i \Delta_f G_m^\ominus(\text{反应物})$$

利用物质的$\Delta_f H_m^\ominus$(298.15K)和$S_m^\ominus$(298.15K)的数据求算：先计算得到反应的$\Delta_r H_m^\ominus$和$\Delta_r S_m^\ominus$，然后利用下列公式计算反应的$\Delta_r G_m^\ominus$(298.15K)

$$\Delta_r G_m^\ominus(298.15\text{K}) = \Delta_r H_m^\ominus(298.15\text{K}) - 298.15\Delta_r S_m^\ominus(298.15\text{K})$$

需要指出，上式计算得到的$\Delta_r G_m^\ominus$为 298.15K 时的值，而$\Delta_r G_m^\ominus$值随温度不同而改变。但由于温度对大多数反应的焓变和熵变影响较小，对这些反应可看作：$\Delta_r H_m^\ominus(T) \approx \Delta_r H_m^\ominus(298.15\text{K})$，$\Delta_r S_m^\ominus(T) \approx \Delta_r S_m^\ominus(298.15\text{K})$，所以任一温度$T$时的标准摩尔吉布斯函数变可按下式近似计算

$$\begin{aligned}\Delta_r G_m^\ominus(T) &= \Delta_r H_m^\ominus(T) - T\Delta_r S_m^\ominus(T)\\ &\approx \Delta_r H_m^\ominus(298.15\text{K}) - T\Delta_r S_m^\ominus(298.15\text{K})\end{aligned}$$

（2）非标准状态下摩尔吉布斯函数变的计算

许多化学反应是在等温等压非标准状态下进行的，此时反应的$\Delta_r G_m$可根据实际条件用热力学等温方程进行计算

$$\Delta_r G_m(T) = \Delta_r G_m^\ominus(T) + RT\ln Q \qquad (3\text{–}3\text{–}17)$$

式中，Q为反应熵。

【例 3-3-4】 化学反应：$Zn(s) + O_2(g) \longrightarrow ZnO(s)$，其熵变$\Delta_r S_m^\ominus$为：

A. 大于零　　B. 小于零

C. 等于零　　D. 无法确定

解 气体分子数增加的反应，其熵变$\Delta_r S_m^\ominus$大于零；气体分子数减少的反应，其熵变$\Delta_r S_m^\ominus$小于零。本题中氧气分子数减少，选项 B 正确。

答案： A

【例 3-3-5】 已知反应$N_2(g) + 3H_2(g) = 2NH_3(g)$的$\Delta_r H_m < 0$，$\Delta_r S_m < 0$，则该反应为：

A. 低温易自发，高温不易自发　　B. 高温易自发，低温不易自发

C. 任何温度都易自发　　D. 任何温度都不易自发

解 由公式$\Delta G = \Delta H - T\Delta S$可知，当$\Delta H$和$\Delta S$均小于零时，$\Delta G$在低温时小于零，所以低温自发，高温非自发。

答案： A

【例 3-3-6】 某化学反应在任何温度下都可以自发进行，此反应需满足的条件是：

A. $\Delta_r H_m < 0$，$\Delta_r S_m > 0$　　B. $\Delta_r H_m > 0$，$\Delta_r S_m < 0$

C. $\Delta_r H_m < 0$，$\Delta_r S_m < 0$　　D. $\Delta_r H_m > 0$，$\Delta_r S_m > 0$

解 由公式$\Delta G = \Delta H - T\Delta S$可知，当$\Delta H < 0$和$\Delta S > 0$时，$\Delta G$在任何温度下都小于零，都能自发进行。

答案： A

【例 3-3-7】 金属钠在氯气中燃烧生成氯化钠晶体，其反应的熵变是：

A. 增大　　B. 减少　　C. 不变　　D. 无法判断

解 反应方程式为$2Na(s) + Cl_2(g) = 2NaCl(s)$。气体分子数增加的反应，其熵值增大；气体分子数减小的反应，熵值减小。

答案： B

四、化学平衡

（一）化学平衡时的特征

当$v_{正} = v_{逆}$时，化学反应达到平衡状态。化学平衡的特征：

（1）外观上反应“停顿”了，实质是动态平衡；

（2）当外界条件不变时，反应物和生成物浓度不再随时间改变；

（3）平衡状态可以从正逆两方向到达。

（二）化学平衡常数表达式

1. 经验平衡常数（或实验平衡常数）

对任何可逆反应

$$aA + bB \rightleftharpoons dD + gG$$

在一定温度下，反应达到平衡时生成物浓度的乘积与反应物浓度乘积之比是一个常数

$$\frac{C_G^g \cdot C_D^d}{C_A^a \cdot C_B^b} = K_c \tag{3-3-18}$$

K_c叫浓度平衡常数，简称平衡常数。上式为化学平衡常数表达式。

对气体反应，平衡常数既可用浓度表示，也可用平衡时各气体的分压表示。

$$K_p = \frac{p_G^g \cdot p_D^d}{p_A^a \cdot p_B^b} \tag{3-3-19}$$

K_p叫分压平衡常数（或压力平衡常数）。K_p与K_c的关系为

$$K_p = K_c(RT)^{\Delta n} \tag{3-3-20}$$

式中，$\Delta n = (g+d)-(a+b)$，$R = 8.314\text{Pa}\cdot\text{m}^3/(\text{K}\cdot\text{mol})$。注意计算时$p$、$C$与$R$的单位一致。

2. 标准平衡常数K^Θ

在K_c与K_p表达式中，浓度或分压均为用平衡时物质的绝对浓度或绝对分压来表示的；而标准平衡常数，则是用平衡时物质的相对浓度或相对分压来表示。如

$$\text{Zn(s)} + 2\text{H}^+ \rightleftharpoons \text{H}_2\text{(g)} + \text{Zn}^{2+}$$

$$K^\Theta = \frac{[C_{\text{Zn}^{2+}}/C^\Theta][p_{\text{H}_2}/p^\Theta]}{[C_{\text{H}^+}/C^\Theta]^2} \tag{3-3-21}$$

式中：C^Θ——标准浓度，C^Θ =1.0mol/L；

p^Θ——标准压强，p^Θ =100kPa。

热力学上，标准平衡常数简称平衡常数，是一无量纲的量。平衡常数是表征化学反应进行到最大程度时反应进行程度的一个常数。对于同一类型的反应，在给定反应条件下，K^Θ值越大，表明正反应进行得越完全。在一定温度下，不同反应，各有其特定的K^Θ值。对于指定反应，其平衡常数K^Θ的值只是温度的函数，而与参与平衡的物质的量无关。

书写平衡常数表达式时应注意：

（1）平衡常数表达式与反应历程无关，但必须是平衡时的相对浓度或相对压力，化学计量数为其指数；

（2）纯固体、纯液体的浓度不列入表达式；

（3）平衡常数表达式与反应方程的书写形式有关，例如在 373K 时

$$\text{N}_2\text{O}_4 \rightleftharpoons 2\text{NO}_2 \qquad K_1 = \frac{[C_{\text{NO}_2}/C^\Theta]^2}{C_{\text{N}_2\text{O}_4}/C^\Theta} = 0.36$$

$$\frac{1}{2}\text{N}_2\text{O}_4 \rightleftharpoons \text{NO}_2 \qquad K_2 = \frac{C_{\text{NO}_2}/C^\Theta}{[C_{\text{N}_2\text{O}_4}/C^\Theta]^{\frac{1}{2}}} = \sqrt{K_1} = 0.6$$

$$2\text{NO}_2 \rightleftharpoons \text{N}_2\text{O}_4 \qquad K_3 = \frac{C_{\text{N}_2\text{O}_4}/C^\Theta}{[C_{\text{NO}_2}/C^\Theta]^2} = \frac{1}{K_1} = 2.8$$

【例 3-3-8】 下列反应的标准平衡常数可用p^Θ/p_{H_2}表示的是：

A. $\text{H}_2\text{(g)} + \text{S(g)} \rightleftharpoons \text{H}_2\text{S(g)}$　　B. $\text{H}_2\text{(g)} + \text{S(s)} \rightleftharpoons \text{H}_2\text{S(g)}$

C. $\text{H}_2\text{(g)} + \text{S(s)} \rightleftharpoons \text{H}_2\text{S}(l)$　　D. $\text{H}_2(l) + \text{S(s)} \rightleftharpoons \text{H}_2\text{S(s)}$

解 选项 A、B、C、D 的标准平衡常数分别为：

$$K_1^\Theta = \frac{p_{\text{H}_2\text{S}}/p^\Theta}{p_{\text{H}_2}/p^\Theta \cdot p_\text{S}/p^\Theta} = \frac{p_{\text{H}_2\text{S}} \cdot p^\Theta}{p_{\text{H}_2} \cdot p_\text{S}}$$

$$K_2^\Theta = \frac{p_{\text{H}_2\text{S}}/p^\Theta}{p_{\text{H}_2}/p^\Theta} = \frac{p_{\text{H}_2\text{S}}}{p_{\text{H}_2}}$$

$$K_3^\Theta = \frac{1}{p_{\text{H}_2}/p^\Theta} = \frac{p^\Theta}{p_{\text{H}_2}}$$

$$K_4^\Theta = \frac{1}{1} = 1$$

答案： C

3. 平衡常数的物理意义和特征

（1）平衡常数是可逆反应进行程度的特征常数，其值越大，表明正反应趋势越大，反应物的平衡转化率也越高，见表 3-3-2。

（2）平衡常数只是温度的函数。表 3-3-2 中，反应 I 的K值，随温度的升高而减少，此反应为放热反应，$\Delta H < 0$；反应II的K值，随温度的升高而增大，此反应为吸热反应，$\Delta H > 0$。

平衡常数与转化率 表 3-3-2

反应 I：$SO_2(g) + \frac{1}{2}O_2(g) \rightleftharpoons SO_3(g)$				反应II：$CH_4(g) + H_2O(g) \rightleftharpoons CO(g) + 3H_2(g)$			
T(K)	400	500	600	T(K)	600	700	900
K	442.4	50.5	9.37	K	0.38	7.4	1.3×10^3
SO_2转化率（%）	99.2	93.5	73.6	CH_4转化率（%）	65	92	99

（3）符合多重平衡规则。当n个反应相加（或相减）得总反应时，总反应的K等于各个反应平衡常数的乘积（或商）。如

$$\begin{array}{ll} FeO(s) + CO(g) \rightleftharpoons Fe(s) + CO_2(g) & K_1 \\ -)FeO(s) + H_2(g) \rightleftharpoons Fe(s) + H_2O(g) & K_2 \\ \hline CO(g) + H_2O(g) = CO_2(g) + H_2(g) & K_3 = K_1/K_2 \end{array}$$

【例 3-3-9】 已知反应（1）$H_2(g) + S(s) \rightleftharpoons H_2S(g)$，其平衡常数为$K_1^\Theta$，

（2）$S(s) + O_2(g) \rightleftharpoons SO_2(g)$，其平衡常数为$K_2^\Theta$，则反应

（3）$H_2(g) + SO_2(s) \rightleftharpoons O_2(g) + H_2S(g)$的平衡常数为$K_3^\Theta$是：

A. $K_1^\Theta + K_2^\Theta$　　B. $K_1^\Theta \cdot K_2^\Theta$　　C. $K_1^\Theta - K_2^\Theta$　　D. K_1^Θ / K_2^Θ

解　多重平衡规则：当n个反应相加（或相减）得总反应时，总反应的K等于各个反应平衡常数的乘积（或商）。题中反应（3）=（1）−（2），所以$K_3^\Theta = K_1^\Theta / K_2^\Theta$。

答案： D

4. 平衡常数的应用

（1）判断反应进行的方向

对于反应

$$aA + bB \rightleftharpoons gG + dD$$

体系处于任意状态，浓度商和分压商分别为

$$Q_c = \frac{[C_G/C^\Theta]^g \cdot [C_D/C^\Theta]^d}{[C_A/C^\Theta]^a \cdot [C_B/C^\Theta]^b} \qquad Q_p = \frac{[p_G/p^\Theta]^g \cdot [p_D/p^\Theta]^d}{[p_A/p^\Theta]^a \cdot [p_B/p^\Theta]^b} \tag{3-3-22}$$

Q_c与Q_p总称反应商Q。

当$Q = K$时，处于平衡状态；

当$Q < K$时，反应正向进行；

当$Q > K$时，反应逆向进行。

这就是化学反应进行方向的反应商判据。

（2）进行有关的计算

①已知K和各反应物的起始浓度，可求各物质的平衡浓度及某反应物的转化率。平衡转化率为

$$\alpha = \frac{\text{某物已转化浓度}}{\text{该物起始浓度}} \times 100\% \qquad (3\text{-}3\text{-}23)$$

②已知某温度下各物质的平衡浓度（分压）或各反应物的起始浓度（分压）和某一物质的转化率，求K。

③用多重平衡规则求另一平衡的K

【例 3-3-10】 在 313K 时，$N_2O_4 \rightleftharpoons 2NO_2$ 反应的压力为 506.625kPa，K=0.9，求该温度下 N_2O_4 的平衡转化率。

解 设 N_2O_4 的起始量为$n$mol，平衡转化率为α。 $N_2O_4 \rightleftharpoons 2NO_2$

起始物质的量（mol） n 0

平衡物质的量（mol） $n-n\alpha$ $2n\alpha$

平衡时总物质的量（mol） $n-n\alpha+2n\alpha=n(1+\alpha)$

平衡时物质的量分数 $\frac{1-\alpha}{1+\alpha}$ $\frac{2\alpha}{1+\alpha}$

平衡时分压（Pa） $\frac{1-\alpha}{1+\alpha}\cdot p$ $\frac{2\alpha}{1+\alpha}\cdot p$

$$K = \frac{\left[p_{NO_2}/p^{\ominus}\right]^2}{\left[p_{N_2O_4}/p^{\ominus}\right]} = \frac{4\alpha^2 p}{(1-\alpha^2)p^{\ominus}} = 0.9$$

$$\frac{20\alpha^2}{1-\alpha^2} = 0.9 \Rightarrow \alpha = 0.208 = 20.8\%$$

标准平衡常数可由吉布斯等温方程式导出。

在化学热力学中，推导出了$\Delta_r G_m$与系统组成间的关系

$$\Delta_r G_m(T) = \Delta_r G_m^{\ominus}(T) + RT\ln Q \qquad (3\text{-}3\text{-}24)$$

当反应达到平衡时$\Delta_r G_m = 0$，$Q = K^{\ominus}$

$$\Delta_r G_m^{\ominus}(T) = -RT\ln K^{\ominus}$$

$$\ln K^{\ominus} = \frac{\Delta_r G_m^{\ominus}}{-RT} \qquad (3\text{-}3\text{-}25)$$

上式反映了标准平衡常数$K^{\ominus}$与$\Delta_r G_m^{\ominus}$之间的关系。

（三）化学平衡的移动

化学平衡是相对的、暂时的、有条件的。当外界条件（浓度、压强、温度）改变时，可逆反应从一个平衡状态向另一个平衡状态转化的过程称化学平衡的移动。

1. 浓度对平衡的影响

对处于平衡状态的可逆反应，若保持其他条件不变，则增加反应物浓度或减少生成物浓度，使$Q<K$，平衡向右移动；同理减少反应物浓度或增加生成物浓度，使$Q>K$，平衡向左移动。

2. 压强对平衡的影响

对有气体参加的反应，改变总压强（各气体反应物和生成物分压之和）时，如果反应前后气体分子数相等，平衡不移动；如果反应前后气体分子总数不等，平衡就会移动。例如

$$N_2 + 3H_2 \rightleftharpoons 2NH_3$$

平衡时各气体分压（Pa） a b c

$$K = \frac{c^2}{a\cdot b^3}(p^{\ominus})^2$$

总压增大 2 倍时（Pa） $2a$ $2b$ $2c$

$$Q=\frac{c^2}{4a\cdot b^3}(p^\ominus)^2$$

$Q<K$，平衡向右移动

所以增加总压强时，平衡向气体分子总数减少的方向移动；降低总压强时，平衡向气体分子数增加的方向移动。

引入不参加反应的气体，对化学平衡是否有影响，要视反应具体条件而定：①恒温、恒容条件下，对化学平衡无影响；②恒温、恒压条件下，不参加反应气体引入，反应体系体积的增大，造成各组分气体分压的减小，化学平衡向气体分子总数增加的方向移动。

【例 3-3-11】 在一容器中，反应$2SO_2(g)+O_2(g)\rightleftharpoons 2SO_3(g)$达平衡后，在恒温下加入一定量氮气，并保持总压不变，平衡将会：

A. 正向移动　　B. 逆向移动

C. 无明显变化　　D. 不能判断

解　加入氮气，总压不变，各气体分压减小，平衡向气体分子数增加方向移动，逆向移动。

答案：B

3. 温度对平衡的影响

温度对平衡的影响与反应的热效应有关。对放热反应（$\Delta H<0$），升高温度，K下降（使$K<Q$），平衡向吸热方向移动；对吸热反应（$\Delta H>0$），升高温度，K升高（使$K>Q$），平衡向吸热反应方向移动。总之，温度升高，平衡向吸热方向移动；温度降低，平衡向放热方向移动。正反应为放热反应，则逆反应为吸热反应；若正反应为吸热反应，则逆反应为放热反应。

4. 催化剂和化学平衡

催化剂能改变反应速率，但对于任一确定的可逆反应来说，由于反应前后催化剂的化学组成、质量不变，因此无论是否使用催化剂，反应的始终态都是一样的，催化剂不会影响化学平衡状态。但催化剂加入尚未达到平衡的可逆反应体系中，可以同时加快正逆反应速率，缩短达到平衡的时间。

5. 吕查德原理

如果改变平衡体系的条件之一（浓度、压强和温度），平衡就向着削弱这种改变的方向移动（见表3-3-3）。

外界条件对反应速率、平衡常数和平衡移动的影响　　表 3-3-3

影响因素	v	k	K	平衡移动方向
增加反应物浓度	增加	不变	不变	向正反应方向移动
增加气体分子总压强	增加	不变	不变	向气体分子总数减小方向移动
升高反应温度	增加	增大	正反应吸热K增大， 正反应放热K减小	向吸热方向移动
加催化剂	增加	增大	不变	不移动

【例 3-3-12】 已知反应$C_2H_2(g)+2H_2(g)\rightleftharpoons C_2H_6(g)$的$\Delta_r H_m<0$，当反应达平衡后，欲使反应向右进行，可采取的方法是：

A. 升温，升压　　B. 升温，减压　　C. 降温，升压　　D. 降温，减压

解　此反应为气体分子数减小的反应，升压，反应向右进行；反应的$\Delta_r H_m<0$，为放热反应，降温，反应向右进行。

答案：C

【例 3-3-13】 反应$A(S) + B(g) \rightleftharpoons C(g)$的$\Delta H < 0$，欲增大其平衡常数，可采取的措施是：

A. 增大 B 的分压　　B. 降低反应温度　　C. 使用催化剂　　D. 减小 C 的分压

解　此反应为放热反应。平衡常数只是温度的函数，对于放热反应，平衡常数随着温度升高而减小。相反，对于吸热反应，平衡常数随着温度的升高而增大。

答案：B

【例 3-3-14】 反应 $A(s) + B(g) \rightleftharpoons 2C(g)$在体系中达到平衡，如果保持温度不变，升高体系的总压（减小体积），平衡向左移动，则K^{Θ}的变化是：

A. 增大　　B. 减小　　C. 不变　　D. 无法判断

解　对于指定反应，平衡常数K^{Θ}的值只是温度的函数，与参与平衡的物质的量、浓度、压强等无关。

答案：C

【例 3-3-15】 某企业生产一产品，反应的平衡转化率为 65%，为提高生产效率，研制出一种新的催化剂，同样温度下，使用催化剂后，其平衡转化率为：

A. 大于 65%　　B. 小于 65%　　C. 等于 65%　　D. 达到 100%

解　催化剂能够改变反应途径，降低活化能，同时提高正、逆反应速率，但只能改变达到平衡的时间而不能改变平衡的状态。平衡常数只是温度的函数，与分压、浓度、催化剂无关。本题同样温度下，使用催化剂，平衡常数不变，平衡转化率不变。

答案：C

习　题

3-3-1　升高温度可以增加反应速率的主要原因是（　　）。

A. 增加了分子总数　　B. 降低了活化能

C. 增加了活化分子百分数　　D. 分子平均动能增加

3-3-2　某放热反应的正反应活化能为 15kJ/mol，逆反应的活化能是（　　）。

A. −15kJ/mol　　B. 大于 15kJ/mol

C. 小于 15kJ/mol　　D. 无法判断

3-3-3　对于一个给定条件下的反应，随着反应的进行（　　）。

A. 正反应速率降低　　B. 速率常数变小

C. 平衡常数变大　　D. 逆反应速率降低

3-3-4　下列不正确的说法是（　　）。

A. 质量作用定律只适用于基元反应

B. 对吸热反应温度升高，平衡常数减小

C. 非基元反应是由若干个基元反应组成

D. 反应速率常数的大小取决于反应物的本性及反应温度

3-3-5　某温度下，下列反应的平衡常数的关系是（　　）。

$$2SO_2(g) + O_2(g) \rightleftharpoons 2SO_3(g) \qquad K_1$$

$$SO_3(g) \rightleftharpoons SO_2(g) + \frac{1}{2}O_2(g) \qquad K_2$$

A. $K_1 = K_2$　　B. $K_1 = \frac{1}{(K_2)^2}$　　C. $(K_2)^2 = K_1$　　D. $K_2 = 2K_1$

3-3-6 在 298K，总压强为 100kPa 的混合气体中，含有 N_2、H_2、He、CO_2 四种气体，其质量均为 1g，它们分压的大小顺序是（　　）。

A. $H_2>He>N_2>CO_2$　　B. $CO_2>N_2>He>H_2$

C. $He>N_2>CO_2>H_2$　　D. $CO_2>He>N_2>H_2$

3-3-7 某气相反应$2NO(g)+O_2(g) \rightleftharpoons 2NO_2(g)$是放热反应，反应达到平衡时，使平衡向右移动的条件是（　　）。

A. 升高温度和增加压力　　B. 降低温度和压力

C. 降低温度和增加压力　　D. 升高温度和降低压力

3-3-8 已知在一定温度下

$$SO_3(g) \rightleftharpoons SO_2(g)+\frac{1}{2}O_2(g) \qquad K=0.050$$

$$NO_2(g) \rightleftharpoons NO(g)+\frac{1}{2}O_2(g) \qquad K=0.012$$

则反应$SO_2(g)+NO_2(g) \rightleftharpoons SO_3(g)+NO(g)$的$K$为（　　）。

A. 4.2　　B. 0.038　　C. 0.24　　D. 0.062

第四节　氧化还原反应与电化学

一、氧化还原反应的基本概念

化学反应中有电子转移的反应称氧化还原反应，反应前后反应物和生成物的氧化数发生了变化。

（一）氧化数（又称氧化值）

元素的氧化数是划分氧化还原反应和非氧化还原反应的主要依据，也是定义氧化剂、还原剂的重要概念。

1. 氧化数的概念

氧化数是某元素一个原子的电荷数，这种电荷数可由假设把每个键中的电子指定给电负性更大的原子而求得。

2. 确定氧化数的规则

（1）在离子型化合物中，氧化数等于离子电荷。

（2）在共价化合物中，把共用电子对指定给电负性大的原子后，原子的表观电荷数就是该原子的氧化数。

（3）分子或离子的总电荷数等于各元素氧化数的代数和。分子的总电荷数为零。

3. 一些已知元素氧化数的习惯规定

（1）在单质中，元素的氧化数均为零。

（2）除在金属氢化物中 H 的氧化数为−1 外，氢在其他化合物中的氧化数均为+1。

（3）除在过氧化物中氧的氧化数为−1，在氟化物中氧的氧化数为+1 或+2（分别如 O_2F_2 和 OF_2）外，氧的氧化数一般为−2。

（4）在化合物中，碱金属的氧化数为+1，碱土金属的氧化数为+2，F 的氧化数为−1。

（二）氧化剂和还原剂

在氧化还原反应中，某元素的原子失去电子，使该元素的氧化数增加；相反，某元素的原子得到电子，其氧化数减少。

失去电子的物质为还原剂，在反应中被氧化；得到电子的物质为氧化剂，在反应中被还原。

例如

失电子，氧化数升高（氧化）

$$Zn + Cu^{2+} = Zn^{2+} + Cu$$

得电子，氧化数降低（还原）

还原剂　　氧化剂

氧化、还原是指反应过程。

（三）氧化还原方程的配平

1. 配平原则

还原剂失电子总数等于氧化剂得电子总数，反应前后各元素原子总数相等。

2. 配平的步骤

（1）写出未配平的离子方程，如 $MnO_4^- + SO_3^{2-} + H^+ \longrightarrow Mn^{2+} + SO_4^{2-} + H_2O$

（2）将离子方程写成氧化、还原半反应式，并配平，即

还原反应 $MnO_4^- + 8H^+ + 5e^- = Mn^{2+} + 4H_2O$

氧化反应 $SO_3^{2-} + H_2O - 2e^- = SO_4^{2-} + 2H^+$

（3）将两个半反应式各乘以适当系数，使得失电子数相等，然后将两个半反应式合并得到一个配平的氧化还原方程，即

$$\begin{array}{rr|l} & 2\times & MnO_4^- + 8H^+ + 5e^- = Mn^{2+} + 4H_2O \\ + & 5\times & SO_3^{2-} + H_2O - 2e^- = SO_4^{2-} + 2H^+ \\ \hline \end{array}$$

$$2\,MnO_4^- + 5\,SO_3^{2-} + 6H^+ = 2Mn^{2+} + 5SO_4^{2-} + 3H_2O$$

二、原电池

原电池是借助氧化还原反应产生电流的装置。

（一）原电池的组成、电极反应和电池反应

1. 原电池的组成

原电池由三部分组成。

（1）半电池或称电极（包括导体）。

（2）金属导线：组成外电路。

（3）盐桥：盐桥的作用为沟通内电路，保持溶液电中性，使电流持续产生，例如铜锌原电池是由两个半电池组成，一个为锌半电池或叫锌电极；另一个为铜半电池或叫铜电极。

2. 电极反应和电池反应

对于铜锌原电池：

锌电极上发生的电极反应为

$$Zn(s) - 2e^- = Zn^{2}(aq) \qquad (\text{氧化反应})$$

铜电极上发生的电极反应为

$$Cu^{2}(aq)+2e^{-} \longequal Cu(s) \qquad (还原反应)$$

原电池中发生的电池反应为

$$Zn(s)+Cu^{2+}(aq) \longequal Zn^{2+}(aq)+Cu(s) \qquad (氧化还原反应)$$

电极反应也称半反应，每一个半反应都有两类物质：一类可作还原剂的物质，称为还原态物质，如Cu、Zn等；另一类可作氧化剂的物质，称为氧化态物质，如Cu^{2+}、Zn^{2+}等。氧化态和相应的还原态物质组成电对，称氧化还原电对，可表示为氧化态/还原态，如 Cu^{2+}/Cu 和 Zn^{2+}/Zn。一些电极反应，电极符号见表 3-4-1。

电极种类和电极符号 **表** 3-4-1

电极种类	电极反应	电极符号	
		负极	正极
I. 金属—金属离子	$Zn^{2+}+2e^- \rightleftharpoons Zn$	$Zn\|Zn^{2+}$	$Zn^{2+}\|Zn$
II. 同种金属不同价态离子	$Fe^{3+}+e^- \rightleftharpoons Fe^{2+}$	$Pt\|Fe^{3+}, Fe^{2+}$	$Fe^{2+}, Fe^{3+}\|Pt$
III. 非金属—非金属离子	$2H^++2e^- \rightleftharpoons H_2$	$Pt\|H_2\|H^+$	$H^+\|H_2\|Pt$
IV. 金属—金属难溶盐—负离子	$AgCl(s)+e^- \rightleftharpoons Ag+Cl^-$	$Ag\|AgCl(s)\|Cl^-$	$Cl^-\|AgCl(s)\|Ag$

在铜半电池中，氧化剂 Cu^{2+}发生还原反应，所以是正极；在锌半电池中，还原剂 Zn 发生氧化反应，所以是负极。原电池中电子流动方向由负极流向正极，电流方向刚好相反。原电池电动势为

$$E=\varphi_{正}-\varphi_{负}=\varphi_{氧化剂}-\varphi_{还原剂} \tag{3-4-1}$$

（二）原电池的符号（图式）

原电池的装置可用符号表示，如铜锌原电池表示为

$$(-)Zn|ZnSO_4(c_1)||CuSO_4(c_2)|Cu(+)$$

按规定负极写在左边，正极写在右边，以双垂线（||）表示盐桥，单线（|）表示两相之间的界面，盐桥两边应是半电池组成中的溶液，若离子浓度不是标准浓度（1mol/L），则需标明。除金属及其对应的金属盐溶液组成的半电池外，其余几种电极在组成半电池时需外加导电体材料如铂、石墨等。

【例 3-4-1】 两个电极组成原电池，下列叙述正确的是：

A. 作正极的电极的$\varphi_{正}$值必须大于零

B. 作负极的电极的$\varphi_{负}$值必须小于零

C. 必须是$\varphi^{\Theta}_{正}>\varphi^{\Theta}_{负}$

D. 电极电势φ值大的是正极，φ值小的是负极

解 电对的电极电势越大，其氧化态的氧化能力越强，越易得电子发生还原反应，做正极；电对的电极电势越小，其还原态的还原能力越强，越易失电子发生氧化反应，做负极。

答案：D

【例 3-4-2】 将下列反应组成原电池，并用原电池符号表示

$$FeCl_3+KI \longrightarrow I_2+FeCl_2+KCl$$

解 ①由氧化数变化确定氧化剂和还原剂

氧化数降低，还原反应

$$Fe^{3+} + I^- \rightarrow Fe^{2+} + I_2$$

氧化数升高，氧化反应

氧化剂　还原剂

②确定正负极，并选择电极

氧化剂发生还原反应为正极；还原剂发生氧化反应为负极。正极选择第II类电极；负极选择第III类电极。

③组成原电池并用原电池符号表示

$$(-)\mathrm{Pt}|\mathrm{I_2(s)}|\ \mathrm{I^-}(c_1)||\mathrm{Fe^{2+}}(c_2),\ \mathrm{Fe^{3+}}(c_3)|\mathrm{Pt}(+)$$

三、电极电势

（一）标准电极电势

当温度为 298K，离子浓度为 1mol/L，气体的分压为 100kPa，固体为纯固体，液体为纯液体，此状态称标准状态。标准状态时的电极电势称标准电极电势，用φ^{Θ}表示，非标准状态下的电势就称电极电势，用φ表示。标准电极电势标志着物质氧化还原能力的大小，是判断氧化剂、还原剂强弱以及氧化还原反应方向的基本依据。φ^{Θ}值的大小只取决于物质的本性，与物质的数量和电极反应的方向无关。例如

$$\mathrm{Zn^{2+}} + 2\mathrm{e^-} \rightleftharpoons \mathrm{Zn} \qquad \varphi^{\Theta} = -0.76\mathrm{V}$$

$$2\mathrm{Zn^{2+}} + 4\mathrm{e^-} \rightleftharpoons 2\mathrm{Zn} \qquad \varphi^{\Theta} = -0.76\mathrm{V}$$

$$\mathrm{Zn} \rightleftharpoons \mathrm{Zn^{2}} + 2\mathrm{e^-} \qquad \varphi^{\Theta} = -0.76\mathrm{V}$$

电极电势的物理意义和注意事项：

（1）φ^{Θ}代数值越大，表明电对的氧化态越易得电子，即氧化态就是越强的氧化剂；φ^{Θ}代数值越小，表明电对的还原态越易失电子，即还原态就是越强的还原剂。如：$\varphi^{\Theta}(\mathrm{Cl_2/Cl^-}) = 1.3583\mathrm{V}$，$\varphi^{\Theta}(\mathrm{Br_2/Br^-}) = 1.066\mathrm{V}$，$\varphi^{\Theta}(\mathrm{I_2/I^-}) = 0.5355\mathrm{V}$。可知：$Cl_2$氧化性较强，而$I^-$还原性较强。

（2）φ^{Θ}代数值与电极反应中化学计量数的选配无关。如 $Zn^{2+}+2e^-=Zn$ 与 $2Zn^{2+}+4e^-=2Zn$，φ^{Θ}数值相同。

（3）φ^{Θ}代数值与半反应的方向无关。无论电对物质在实际反应中的转化方向如何，其φ^{Θ}代数值不变。如 $Cu^{2+}+2e^-=Cu$ 与 $Cu=Cu^{2+}+2e^-$，φ^{Θ}数值相同。

（二）浓度对电极电势的影响——能斯特方程

电极电势与物质的本性、物质的浓度、温度有关，一般温度的影响较小，对某一电对而言，浓度的影响可用能斯特方程表示

$$a_{\text{氧化型}} + n\mathrm{e^-} \rightleftharpoons b_{\text{还原型}}$$

在 25℃时

$$\varphi = \varphi^{\Theta} + \frac{0.059}{n}\lg\frac{C^{a}_{\text{氧化型}}}{C^{b}_{\text{还原型}}} \qquad (3\text{-}4\text{-}2)$$

式中，φ为指定浓度下的电极电势；φ^{Θ}为标准电极电势；n为电极反应中得失电子数；$C_{\text{还原型}}$为还原态物质的浓度；$C_{\text{氧化型}}$为氧化态物质的浓度。

利用该方程可计算不同离子浓度或不同分压时的φ值，但使用时须注意：

（1）纯固体、纯液体不列入方程；

（2）电极反应式中，化学计量数为浓度或分压的指数；

（3）参加电极反应的H^+或OH^-或其他离子的浓度也应列入方程；水的浓度不必写入式中。

【例 3-4-3】 计算当$\mathrm{H^+}$浓度为 3.0mol/L，其他离子浓度为 1mol/L 时，电对$\mathrm{Cr_2O_7{}^{2-}/Cr^{3+}}$的电极

电势。已知$\varphi^{\Theta}_{{Cr_2O_7}^{2-}/Cr^{3+}}=1.33V$。

解　　$${Cr_2O_7}^{2-}+14H^{+}+6e^{-}\rightleftharpoons 2Cr^{3+}+7H_2O$$

能斯特方程　$$\varphi_{{Cr_2O_7}^{2-}/Cr^{3+}}=\varphi^{\Theta}_{{Cr_2O_7}^{2-}/Cr^{3+}}+\frac{0.059}{n}\lg\frac{c_{{Cr_2O_7}^{2-}}\cdot c^{14}_{H^+}}{c^{2}_{Cr^{3+}}}$$
$$=1.33+\frac{0.059}{6}\lg 3^{14}$$
$$=1.40V$$

【例 3-4-4】 向原电池$(-)Ag，AgCl|Cl^{-}||Ag^{+}|Ag(+)$的负极中加入 NaCl，则原电池电动势的变化是：

A. 变大　　B. 变小　　C. 不变　　D. 不能确定

解　负极氧化反应：$Ag+Cl^{-}=AgCl+e^{-}$

正极还原反应：$Ag^{+}+e^{-}=Ag$

电池反应：$Ag^{+}+Cl^{-}=AgCl$

原电池负极能斯特方程式为：$\varphi_{AgCl/Ag}=\varphi^{\Theta}_{AgCl/Ag}+0.059\lg\frac{1}{c_{Cl^-}}$由于负极中加入 NaCl，$Cl^{-}$浓度增加，则负极电极电势减小，正极电极电势不变，因此电池的电动势增大。

答案： A

【例 3-4-5】 有原电池$(-)Zn|ZnSO_4(c_1)||CuSO_4(c_2)|Cu(+)$，如向铜半电池中通入硫化氢，则原电池电动势变化趋势是：

A. 变大　　B. 变小　　C. 不变　　D. 无法判断

解　铜电极通入 H_2S，生成 CuS 沉淀，Cu^{2+}浓度减小。

铜半电池反应为：$Cu^{2+}+2e^{-}=Cu$，根据电极电势的能斯特方程式

$$\varphi=\varphi^{\Theta}+\frac{0.059}{2}\lg\frac{c_{氧化型}}{c_{还原型}}=\varphi^{\Theta}+\frac{0.059}{2}\lg c_{Cu^{2+}}$$

$c_{Cu^{2+}}$减小，电极电势减小。原电池的电动势$E=\varphi_{正}-\varphi_{负}$，$\varphi_{正}$减小，$\varphi_{负}$不变，则电动势$E$减小。

答案： B

【例 3-4-6】 下列各电对的电极电势与 H^{+}浓度有关的是：

A. Zn^{2+}/Zn　　B. Br_2/Br　　C. AgI/Ag　　D. ${MnO_4}^{-}/Mn^{2+}$

解　四个电对的电极反应分别为：

$Zn^{2+}+2e^{-}=Zn$；$Br_2+2e^{-}=2Br^{-}$

$AgI+e^{-}=Ag+I^{-}$

${MnO_4}^{-}+8H^{+}+5e^{-}=Mn^{2+}+4H_2O$

只有 ${MnO_4}^{-}/Mn^{2+}$电对的电极反应与 H^{+}的浓度有关。

根据电极电势的能斯特方程式，${MnO_4}^{-}/Mn^{2+}$电对的电极电势与 H^{+}的浓度有关。

答案： D

（三）电极电势的应用

（1）判断原电池正负极，计算原电池电动势，φ值较大的为正极，φ值较小的为负极。当两极处于标准状态时，直接用φ^{Θ}来判断和计算。

（2）判断氧化剂和还原剂的相对强弱。φ^{Θ}值或φ值越大，表示电对中氧化态的氧化能力越强，是强氧化剂；φ^{Θ}值或φ值越小，表示电对中还原态的还原能力越强，是强还原剂。

（3）判断氧化还原反应的方向

$$E=\varphi_{氧化剂}-\varphi_{还原剂}>0 \quad 反应正向进行$$

$$E=\varphi_{氧化剂}-\varphi_{还原剂}=0 \quad 处于平衡状态$$

$$E=\varphi_{氧化剂}-\varphi_{还原剂}<0 \quad 反应逆向进行$$

（4）判断反应进行的程度

氧化还原反应达到平衡时，平衡常数K^{Θ}与标准电动势E^{Θ}之间的关系为

$$\lg K^{\Theta}=\frac{nE^{\Theta}}{0.059}=\frac{n\left(\varphi^{\Theta}_{氧化剂}-\varphi^{\Theta}_{还原剂}\right)}{0.059} \tag{3-4-3}$$

式中，n为氧化还原反应中转移的电子数。K越大，反应进行的程度越大。

【例 3-4-7】 在 298K 时，对反应

$$2Fe^{3+}(1.0mol/L)+Cu \rightleftharpoons 2Fe^{2+}(0.2mol/L)+Cu^{2+}(0.01mol/L)$$

已知$\varphi^{\Theta}_{Cu^{2+}/Cu}=0.34V$，$\varphi^{\Theta}_{Fe^{3+}/+Fe^{2+}}=0.77V$。

①将该反应设计成原电池，并用符号表示；

②写出两极反应；

③判断反应进行方向；

④计算 298K 时反应的平衡常数K^{Θ}。

解 ①设计原电池

$$\varphi_{Fe^{3+}/Fe^{2+}}=0.77+\frac{0.059}{1}\lg\frac{1.0}{0.2}=0.81V$$

$$\varphi_{Cu^{2+}/Cu}=0.34+\frac{0.059}{2}\lg 0.01=0.28V$$

原电池符号：$(-)Cu|Cu^{2+}(0.01mol/L)\|Fe^{2+}(0.2mol/L)$，$Fe^{3+}(1.0mol/L)|Pt(+)$

②写出两极反应

正极电极反应 $Fe^{3+}+e^{-} \rightleftharpoons Fe^{2+}$

负极电极反应 $Cu-2e^{-} \rightleftharpoons Cu^{2+}$

③判断反应方向

$$E=\varphi_{氧化剂}-\varphi_{还原剂}=0.81-0.28=0.53V>0(反应正向进行)$$

计算平衡常数

$$\lg K^{\Theta}=\frac{nE^{\Theta}}{0.059}=\frac{2\times(0.77-0.34)}{0.059}=14.58$$

$$K^{\Theta}=3.80\times10^{14}$$

【例 3-4-8】 已知：$\varphi^{\Theta}_{Fe^{3+}/Fe^{2+}}=0.77V$；$\varphi^{\Theta}_{Zn^{2+}/Zn}=-0.76V$；$\varphi^{\Theta}_{Cu^{2+}/Cu}=0.34V$。

氧化型物质的氧化能力由强到弱的排列次序正确的是：

A. Fe^{3+}>Zn^{2+}>Cu^{2+}　　B. Zn^{2+}>Fe^{3+}>Cu^{2+}

C. Cu^{2+}>Fe^{3+}>Zn^{2+}　　D. Fe^{3+}>Cu^{2+}>Zn^{2+}

解 φ^{Θ}值或φ值越大，表示电对中氧化态的氧化能力越强；φ^{Θ}值或φ值越小，表示电对中还原态的还原能力越强。三个电对中氧化型物质的氧化能力由强到弱的顺序为：Fe^{3+}>Cu^{2+}>Zn^{2+}。

答案：D

【例 3-4-9】 反应 Zn^{2+}（1.0mol/L）+Fe$\rightleftharpoons$Zn+Fe^{2+}（0.1mol/L）自发进行的方向是：

A. 正向　　B. 逆向　　C. 平衡状态　　D. 不能判断

解

$$\varphi_{Zn^{2+}/Zn}=\varphi^{\ominus}_{Zn^{2+}/Zn}+\frac{0.059}{2}\lg C_{Zn^{2+}}=-0.76V$$

$$\varphi_{Fe^{2+}/Fe}=\varphi^{\ominus}_{Fe^{2+}/Fe}+\frac{0.059}{2}\lg C_{Fe^{2+}}=-0.44-0.029\ 5\approx-0.47V$$

$$E=\varphi_{Zn^{2+}/Zn}-\varphi^{\ominus}_{Fe^{2+}/Fe}=-0.76+0.47=-0.29V<0(\text{反应逆向进行})$$

答案： B

【例 3-4-10】 上题反应的$\lg K^{\ominus}$是：

A. $\frac{-2\times0.32}{0.059}$　　B. $\frac{2\times0.32}{0.059}$　　C. $\frac{-2\times0.29}{0.059}$　　D. $\frac{2\times0.29}{0.059}$

解　$\lg K^{\ominus}=\frac{nE^{\ominus}}{0.059}=\frac{2\times(-0.76+0.44)}{0.059}=\frac{-2\times0.32}{0.059}$

答案： A

（四）元素电势图

当某元素可以形成三种或三种以上氧化值的物质时，这些物质可以组成多种不同的电对，各电对的标准电极电势可用图的形式表示出来，这种图叫作元素电势图。元素电势图一般按元素的氧化值由高到低的顺序，把各物质的化学式从左到右写出来，各不同氧化值物质之间用直线连接起来，在直线上表明两种不同氧化值物质所组成的电对的标准电极电势。例如氧元素在酸性溶液中的电势图为：

$$O_2\xrightarrow{0.6945}H_2O_2\xrightarrow{1.763}H_2O\quad(O_2\to H_2O:\ 1.229)$$

元素电势图的应用：

（1）判断歧化反应。对于元素电势图$A\xrightarrow{\varphi^{\ominus}_{左}}B\xrightarrow{\varphi^{\ominus}_{右}}C$，若$\varphi^{\ominus}_{右}>\varphi^{\ominus}_{左}$，B 即是电极电势大的电对的氧化型，可作氧化剂，又是电极电势小的电对的还原型，也可作还原剂，B 的歧化反应能够发生；若$\varphi^{\ominus}_{右}<\varphi^{\ominus}_{左}$，B 的歧化反应不能发生。

（2）计算标准电极电势。根据元素电势图，可以从已知某些电对的标准电极电势计算出另一电对的标准电极电势。假如有一元素电势图为：$A\xrightarrow[(z_1)]{\varphi^{\ominus}_1}B\xrightarrow[(z_2)]{\varphi^{\ominus}_2}C$（$A\to C$：$\varphi^{\ominus}_x$，$(z_x)$），则$\varphi^{\ominus}_x=\frac{z_1\varphi^{\ominus}_1+z_2\varphi^{\ominus}_2}{z_x}$（$z$为电对中具有变价的元素的一个原子氧化值的变化数）。

如在酸性溶液中，铜元素的电势图为 $Cu^{2+}\xrightarrow{0.16V}Cu^{+}\xrightarrow{0.52V}Cu$，则计算得：$\varphi^{\ominus}_{Cu^{2+}/Cu}=\frac{\varphi^{\ominus}_{Cu^{2+}/Cu^{+}}+\varphi^{\ominus}_{Cu^{+}/Cu}}{2}=\frac{0.16+0.52}{2}=0.34V$。

四、电解

电流通过电解液在电极上引起氧化还原反应的过程叫电解。

（一）电解池的组成和电极反应

电解池是将电能转变成化学能的装置。电解池中有两极，与外电源负极相连的极叫阴极，与外电源正极相连的极叫阳极。电解时阴极上发生还原反应，阳极上发生氧化反应。

（二）分解电压与超电压

使电解顺利进行时所需最小外加电压叫实际分解电压，理论分解电压是电解产物形成原电池时所产生的电动势，它与外加电压方向相反。一般情况下实际分解电压总是大于理论分解电压。主要原因是电极的极化。电极极化又分浓差极化和电化学极化两类。

浓差极化是由电极反应速度快，而离子扩散速度慢，使电极表面离子浓度低于整体的离子浓度所造成的极化现象。阴极表面离子浓度降低将使阴极电势更负，阳极表面离子浓度降低将使阳极电势更正，分解电压将增大。浓差极化可用加热和搅拌等方法消除。

电化学极化是电极反应速度慢所引起的极化现象。其结果也是使阴极电势变得更负，阳极电势更正。实际析出电势与理论析出电势之差叫超电势（η表示），统一规定超电势取正值。即

$$\eta_{阴} = \varphi_{阴、理} - \varphi_{阴、实} \tag{3-4-4}$$

$$\eta_{阳} = \varphi_{阳、实} - \varphi_{阳、理} \tag{3-4-5}$$

阴极超电势与阳极超电势之和等于超电压，即

$$E_{超} = \eta_{阴} + \eta_{阳} \tag{3-4-6}$$

（三）电解产物的一般规律

电解产物析出的先后顺序由它们的析出电势来决定。而析出电势又与标准电极电势、离子浓度、超电势等有关。但总的原则是：析出电势代数值较大的氧化型物质首先在阴极还原；析出电势代数值较小的还原型物质首先在阳极氧化。一般规律是：

阴极 当$\varphi^\Theta > \varphi^\Theta_{Al^{3+}/Al}$时 $M^{n+} + ne^- \rightleftharpoons M$

当$\varphi^\Theta < \varphi^\Theta_{Al^{3+}/Al}$时 $2H^+ + 2e^- \rightleftharpoons H_2$

阳极 可溶性电极 $M - ne^- \rightleftharpoons M^{n+}$

惰性电极 简单负离子，如Cl^-、Br^-、I^-、S^{2-}分别析出Cl_2、Br_2、I_2、S。

复杂离子，如$4OH^- - 4e^- \rightleftharpoons O_2 + 2H_2O$。

【例 3-4-11】 电解 NaCl 水溶液时，阴极上放电的离子是：

A. H^+　　B. OH^-　　C. Na^+　　D. Cl^-

解 电解产物析出顺序由它们的析出电势决定。析出电势与标准电极电势、离子浓度、超电势有关。总的原则：析出电势代数值较大的氧化型物质首先在阴极还原，析出电势代数值较小的还原型物质首先在阳极氧化。

阴极：当$\varphi^\Theta > \varphi^\Theta_{Al^{3+}/Al}$时，$M^{n+} + ne^- = M$

当$\varphi^\Theta < \varphi^\Theta_{Al^{3+}/Al}$时，$2H^+ + 2e^- = H_2$

因$\varphi^\Theta_{Na^+/Na} < \varphi^\Theta_{Al^{3+}/Al}$，所以$H^+$首先放电析出。

答案： A

五、金属的腐蚀及其防止

（一）金属的腐蚀

金属腐蚀是指金属表面与周围介质发生化学或电化学作用而遭受的破坏。金属腐蚀分化学腐蚀和电化学腐蚀两大类。

单纯由化学作用引起的腐蚀叫化学腐蚀。其特点是腐蚀过程中没有水汽的参与。如金属与干燥的O_2、H_2S、Cl_2、SO_2等气体和石油中的有机硫化物作用生成相应的化合物，高温时尤为显著。

金属与电解质溶液接触时发生电化学腐蚀。在腐蚀过程中形成许多微小的腐蚀电池。杂质等电极电势较大的物质作为阴极发生还原反应，电极电势较小的物质在阳极上发生氧化反应而被腐蚀。由于腐蚀介质的不同，电化学腐蚀又可分为下列三种类型。

1. 析氢腐蚀

在酸性介质中（以 Fe 为例）

阳极 $Fe - 2e^- \rightleftharpoons Fe^{2+}$

阴极（导电杂质） $2H^+ + 2e^- = H_2$

电池反应 $Fe + 2H^+ \rightleftharpoons Fe^{2+} + H_2$

或 $Fe + 2H_2O \rightleftharpoons Fe(OH)_2 + H_2$

2. 吸氧腐蚀

在弱碱性或中性介质中（以 Fe 为例）:

阳极 $Fe - 2e^- \rightleftharpoons Fe^{2+}$

阴极（导电杂质） $\frac{1}{2}O_2 + H_2O + 2e^- \rightleftharpoons 2OH^-$

总反应 $Fe + H_2O + \frac{1}{2}O_2 \rightleftharpoons Fe(OH)_2$

$Fe(OH)_2$在空气中进一步氧化脱水成为铁锈 Fe_2O_3，钢铁在大气中的腐蚀主要是吸氧腐蚀。

3. 差异充气腐蚀

当金属表面氧气分布不均时发生差异充气腐蚀，实际上是吸氧腐蚀的一种。

$$O_2 + 2H_2O + 4e^- \rightleftharpoons 4OH^-$$
$$\varphi = \varphi^\ominus + \frac{0.059}{4}\lg\frac{p_{O_2}}{C_{OH^-}^4}$$

可见，p_{O_2}小的部位，φ值小，作为阳极被腐蚀。这种腐蚀的危害极大，多发生在金属表面不光滑或加工的接口处等。

【例 3-4-12】在差异充气腐蚀中，氧气浓度大和小部分的名称分别为:

A. 阳极和阴极　　B. 阴极和阳极

C. 正极和负极　　D. 负极和正极

解 差异充气腐蚀中，$\varphi = \varphi^\ominus + \frac{0.059}{4}\lg\frac{p_{O_2}}{C_{OH^-}^4}$，所以，$p_{O_2}$大的部分，$\varphi$值大，为阴极；$p_{O_2}$小的部分，$\varphi$值小，为阳极，被腐蚀。

答案： B

（二）金属腐蚀的防止

防止金属腐蚀的方法很多，常用的有组成合金法、表面涂层法、缓蚀剂法、阴极保护法等。

缓蚀剂法是在腐蚀介质中加入少量物质来延缓腐蚀速率的方法，所加的物质叫缓蚀剂。缓蚀剂分为无机缓蚀剂和有机缓蚀剂两大类，在中性或碱性介质中常加无机缓蚀剂，如亚硝酸盐、铬酸盐、重铬酸盐、磷酸盐等；在酸性介质中加入有机缓蚀剂，如乌洛托品［六次甲基四胺$(CH_2)_6N_4$］、若丁（其主要成分为苯基硫脲）等来减缓钢铁的腐蚀。

阴极保护法分为两种。

1. 牺牲阳极保护法

将活泼金属与被保护金属组成原电池，使活泼金属作为腐蚀电池的阳极而被腐蚀，被保护的金属作为阴极得到保护。此法常用于保护海轮外壳、锅炉及海底设备。

2. 外加电流法

这是在直流电源作用下，将被保护的金属与另一附加电极组成电解池，被保护金属作为电解池的阴极而达到保护的目的。这种方法用于防止土壤、河水和海水中的金属设备被腐蚀。

【例 3-4-13】 下列防止金属腐蚀的方法中错误的是：

A. 在金属表面涂刷油漆

B. 在外加电流保护法中，被保护金属直接与电源正极相连

C. 在外加电流保护法中，被保护金属直接与电源负极相连

D. 为了保护铁制管道，可使其与锌片相连

解 在外加电流保护法中，被保护金属作为电解池的阴极得到保护，与电源负极相连。

答案： B

六、原电池、电解池、腐蚀电池的比较

（一）原电池中发生自发的氧化还原反应（表 3-4-2）

表 3-4-2

电极名称	电势	电极反应
正极	高	还原反应
负极	低	氧化反应

（二）电解池中发生强制的氧化还原反应（表 3-4-3）

表 3-4-3

电极名称	电势	电极反应
阳极	高	氧化反应
阴极	低	还原反应

（三）腐蚀电池中发生自发的氧化还原反应（表 3-4-4）

表 3-4-4

电极名称	电势	电极反应
阴极	高	还原反应
阳极	低	氧化反应

习 题

3-4-1 在 $KMnO_4+HCl \longrightarrow KCl+MnCl_2+Cl_2+H_2O$ 反应中，配平后各物种前的化学计量数从左到右依次为（ ）。

A. 2、8、2、2、3、8　　B. 2、16、2、2、5、8

C. 2、4、1、2、3、8　　D. 2、16、2、2、5、4

3-4-2 在上题反应中，作为氧化剂的是（ ）。

A. HCl　　B. $MnCl_2$　　C. Cl_2　　D. $KMnO_4$

3-4-3 下列两电极反应

$$Cu^{2+} + 2e^- \rightleftharpoons Cu$$

$$I_2 + 2e^- \rightleftharpoons 2I^-$$

当离子浓度增大时，电极电势变化正确的是（ ）。

A. $\varphi_{Cu^{2+}/Cu}$变小，φ_{I_2/I^-}变大　　B. $\varphi_{Cu^{2+}/Cu}$变大，φ_{I_2/I^-}变大

C. $\varphi_{Cu^{2+}/Cu}$变小，φ_{I_2/I^-}变大　　D. $\varphi_{Cu^{2+}/Cu}$变大，φ_{I_2/I^-}变小

3-4-4 已知$\varphi^{\ominus}_{MnO_4^-/Mn^{2+}} = 1.51V$，$\varphi^{\ominus}_{MnO_4^-/MnO_2} = 1.68V$，$\varphi^{\ominus}_{MnO_4^-/MnO_4^{2-}} = 0.56V$，则还原型物质的还原性由强到弱排列的次序是（　　）。

A. $MnO_4^- > MnO_2 > Mn^{2+}$　　B. $Mn^{2+} > MnO_4^- > MnO_2$

C. $MnO_4^- > Mn^{2+} > MnO_2$　　D. $MnO_2 > MnO_4^- > Mn^{2+}$

3-4-5 下列两反应能自发进行

$$2Fe^{3+} + Cu \rightleftharpoons 2Fe^{2+} + Cu^{2+}；Cu^{2+} + Fe \rightleftharpoons Fe^{2+} + Cu$$

由此比较 a：$\varphi_{Fe^{3+}/Fe^{2+}}$，b：$\varphi_{Cu^{2+}/Cu}$，c：$\varphi_{Fe^{2+}/Fe}$的代数值大小顺序为（　　）。

A. a > b > c　　B. c > b > a　　C. b > a > c　　D. a > c > b

3-4-6 反应 $A+B^{2+} = A^{2+}+B$ 的标准平衡常数是 10^4，则该反应组成原电池时，该原电池的电动势是（　　）。

A. 0.118V　　B. 1.20V　　C. 0.07V　　D. 0.236V

3-4-7 用铜作电极电解 $CuCl_2$ 水溶液时，阳极的主要反应是（　　）。

A. $4OH^- - 4e^- \rightleftharpoons 2H_2O + O_2$　　B. $2Cl^- - 2e^- = Cl_2$

C. $2H^+ + 2e^- \rightleftharpoons H_2$　　D. $Cu - 2e^- = Cu^{2+}$

3-4-8 将钢管的一部分埋在沙土中，另一部分埋在黏土中，埋入黏土中的钢管成为腐蚀电池的（　　）。

A. 正极　　B. 负极　　C. 阴极　　D. 阳极

第五节　有机化合物

一、有机化合物的特点、分类及命名

有机化合物在结构和性质上的特点如下：

（一）结构特点

（1）碳原子之间可以形成 C—C 单键、C=C 双键和 C ≡ C 叁键。碳原子的连接方式有长短不等的直链、支链和首尾相连的环链。例如

$CH_3—C≡CH$　　$CH_3(CH_2)_{16}CH_3$　　（环己烯：CH、HC、CH_2、H_2C、CH_2、CH_2 成环，HC=CH）

丙炔　　正十八烷　　环己烯

（2）普遍存在同分异构现象。一种分子式往往可以表示几种性能完全不同的化合物，这些化合物叫同分异构体。例如正丁烷与异丁烷的分子式都是 C_4H_{10}，而它们的结构式分别为

$CH_3—CH_2—CH_2—CH_3$　　$CH_3—CH(CH_3)—CH_3$

正丁烷　　异丁烷

这种由于碳原子的连接方式不同形成的异构体叫碳骼异构体。又如分子式都是 C_2H_6O 的乙醇和甲醚结构式分别为

$$CH_3-CH_2-OH \qquad CH_3-O-CH_3$$

乙醇　　甲醚

这种由于官能团的不同形成的异构体叫官能团异构体。因此，为了准确地表示一个有机化合物，通常采用结构式而不用分子式。

（二）性质特点

（1）容易燃烧。除 CCl_4 外都可以燃烧，目前所用的固体、液体、气体燃料几乎都是有机物。

（2）熔点、沸点低。绝大多数有机化合物都是共价化合物，晶体类型属分子晶体，分子间作用力较弱。故大多数有机物的熔点、沸点较低，一般熔点在 573K 以下。

（3）难溶于水，易溶于有机溶剂。大多数有机化合物是非极性或弱极性的分子，根据“相似相溶”原则，都可溶于酒精、乙醚、丙酮、煤油、汽油等有机溶剂。

（4）反应速率慢、产物种类多。有机物之间的反应速率慢，常要用加热加压或加催化剂的方法来加速反应。有机反应进行时，常有副反应发生，产物种类多。

（5）绝缘性能好。绝大多数有机物是非电解质，在溶解和熔融状态下不导电，是优良的绝缘材料。

（三）有机物的分类

1. 按碳原子的连接方式分类

（1）开链化合物

碳原子相互连接成两端张开的链，开链化合物又叫脂肪类化合物。如

$$CH_3-CH_2-OH \qquad CH_3-\overset{\overset{\displaystyle O}{\|}}{C}-CH_3 \qquad H_2C=CH-CH=CH_2$$

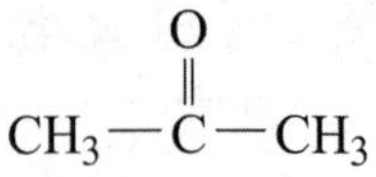

乙醇　　丙酮　　1,3-丁二烯

（2）碳环化合物

碳原子相互连接成环状。碳环化合物又分三类：

脂环化合物，性质与链状化合物相似，主要存在于石油和煤焦油中，如：

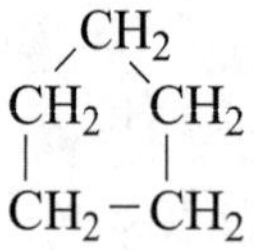

环戊烯 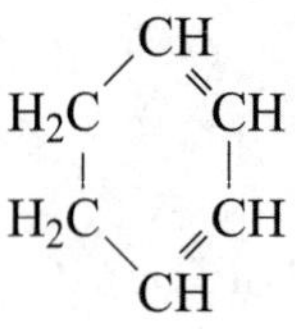　　1,3-环己二烯 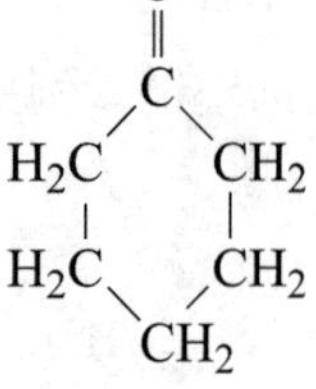　　环己酮

芳香族化合物，这类化合物分子中都含有苯环结构，如：

苯 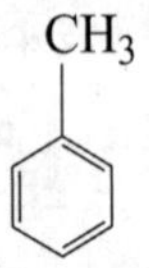　　甲苯 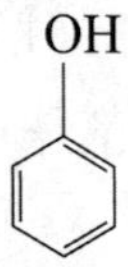　　苯酚 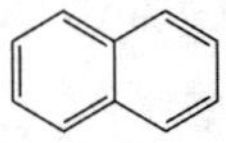　　萘

③杂环化合物，环上除有碳原子外，还有其他原子（如 O、N、S），如：

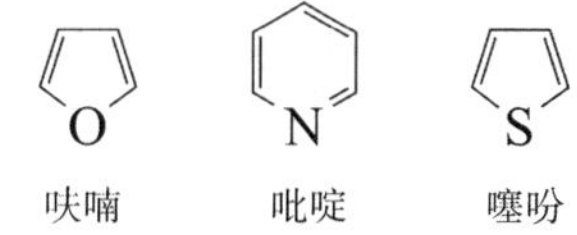

呋喃　吡啶　噻吩

2. 按官能团分类

将含有相同官能团和化学性质基本相似的化合物划分为一类。表 3-5-1 列出了一些主要化合物的类别、官能团的名称及通式等。表中 R、R'表示烷基，Ar 表示芳烃基，X 表示卤素。

一些主要有机物的类型　表 3-5-1

类　别	通　式	官能团	名　称	例　子
烷烃	C_nH_{2n+2}			CH_4　甲烷
烯烃	C_nH_{2n}	$>C=C<$	双键	$CH_2=CH_2$　乙烯
炔烃	C_nH_{2n-2}	$-C\equiv C-$	叁键	$CH\equiv CH$　乙炔
卤代烃	R—X	—X	卤素原子	$C_6H_5B_r$　溴苯
醇或酚	R—OH 或 Ar—OH	—OH	羟基	CH_3CH_2OH　乙醇，C_6H_5OH　苯酚
醚	R—O—R'	—O—	醚键	$C_2H_5-O-C_2H_5$　乙醚
醛	R—CHO	$-\overset{H}{\overset{\vert}{C}}=O$	醛基	$CH_3-\overset{O}{\overset{\Vert}{C}}-H$　乙醛
酮	$R-\overset{O}{\overset{\Vert}{C}}-R'$	$-\overset{O}{\overset{\Vert}{C}}-$	羰基	$CH_3-\overset{O}{\overset{\Vert}{C}}-CH_3$　丙酮
羧酸	RCOOH	$-\overset{O}{\overset{\Vert}{C}}-OH$	羧基	CH_3COOH　乙酸
酯	RCOOR'	$-\overset{O}{\overset{\Vert}{C}}-O-R'$	烷氧羰基	$CH_3COOCH_2CH_3$　乙酸乙酯
胺	$R-NH_2$	$-NH_2$	氨基	$H_2NCH_2CH_2NH_2$　乙二胺
酰胺	$R-\overset{O}{\overset{\Vert}{C}}-NH_2$	$-\overset{O}{\overset{\Vert}{C}}-NH_2$	氨基甲酰基	$CH_3-\overset{O}{\overset{\Vert}{C}}-NH_2$　乙酰胺
腈	R—CN	—CN	氰基	$H_2C=CHCN$　丙烯腈
硝基化合物	$R-NO_2$ 或 $Ar-NO_2$	$-NO_2$	硝基	$C_6H_5NO_2$　硝基苯
磺酸	$R-SO_3H$	$-SO_3H$	磺酸基	$C_6H_5SO_3H$　苯磺酸

（四）有机物的命名

有机物的命名方法有习惯命名法、衍生物命名法、系统命名法。重点介绍系统命名法。

1. 链烃及其衍生物的命名原则

（1）选择主链

选择最长碳链或含有官能团的最长碳链为主链，以主链作为母体，主链中的碳原子数用甲、乙、……壬、癸、十一、十二……表示，称某烷、某烯、某炔、某醇、某醛、某酸等，支链、卤原子、硝基则视为取代基。

（2）主链编号

从距取代基或官能团最近的一端开始，对碳原子依次用 1，2，3，…进行编号，来表明取代基或官能团的位置。但要尽可能采用最小数目。有n个取代基时，简单的在前，复杂的在后，相同的取代基和官能团的数目，用二、三、…表示。

（3）写出全称

将取代基的位置编号、数目和名称写在前面，将母体化合物的名称写在后面，例如

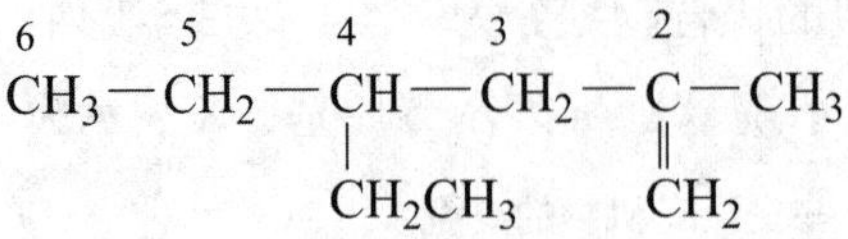

$$\overset{6}{CH_3}-\overset{5}{CH_2}-\overset{4}{\underset{CH_2CH_3}{\underset{|}{CH}}}-\overset{3}{CH_2}-\overset{2}{\underset{CH_2}{\underset{\|}{C}}}-CH_3 \quad \text{2-甲基-4-乙基-1-己烯}$$

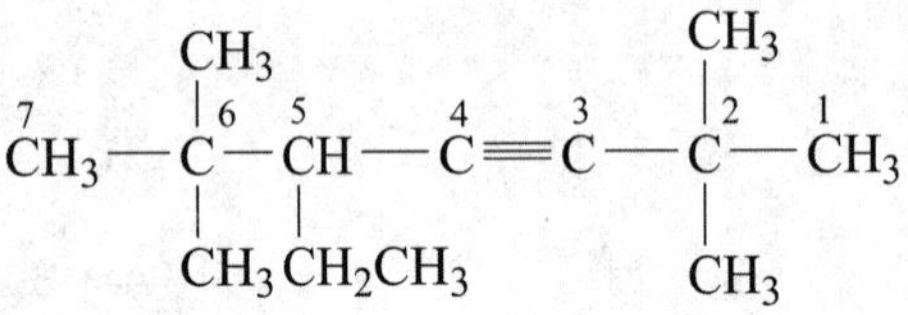

$$\overset{7}{CH_3}-\overset{CH_3}{\underset{CH_3}{\overset{6}{C}}}-\underset{CH_2CH_3}{\overset{5}{CH}}-\overset{4}{C}\equiv\overset{3}{C}-\overset{CH_3}{\underset{CH_3}{\overset{2}{C}}}-\overset{1}{CH_3} \quad \text{2，2，6，6-四甲基-5-乙基-3-庚炔}$$

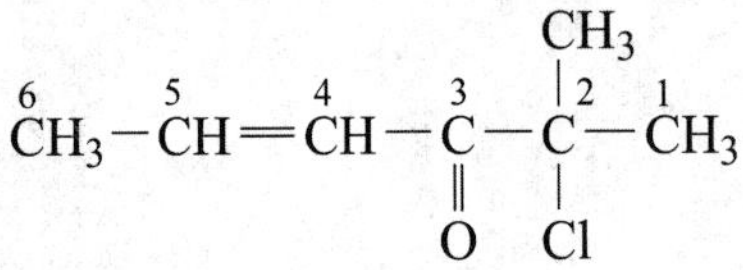

$$\overset{6}{CH_3}-\overset{5}{CH}=\overset{4}{CH}-\underset{O}{\underset{\|}{\overset{3}{C}}}-\overset{CH_3}{\underset{Cl}{\overset{2}{C}}}-\overset{1}{CH_3} \quad \text{2-氯-2-甲基-4-己烯-3-酮}$$

2. 芳香烃及其衍生物的命名原则

（1）选择母体

选择苯环上所连官能团（$-OR$、$-NH_2$、$-OH$、$-\overset{O}{\overset{\|}{C}}-$、$-CN$、$-\overset{O}{\overset{\|}{C}}-H$、$-\overset{O}{\overset{\|}{C}}-NH_2$、$-\overset{O}{\overset{\|}{C}}-X$、$-SO_3H$、$-\overset{O}{\overset{\|}{C}}-OR$、$-\overset{O}{\overset{\|}{C}}-OH$、$\rangle C=C\langle$、$-C\equiv C-$）或带官能团最长的碳链为母体，把苯环视为取代基。当苯环上有简单的烃基（分子量较小的烃基）、卤原子、硝基时，把苯环当作母体。

（2）编号

将母体中碳原子依次用 1，2，…编号，使官能团或取代基位次具有最小值。当苯环上含有两个或三个取代基时，可分别用邻-、间-、对-或连-、均-、偏-等词头表示。例如：

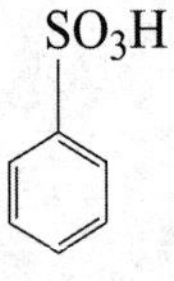

SO_3H
苯磺酸

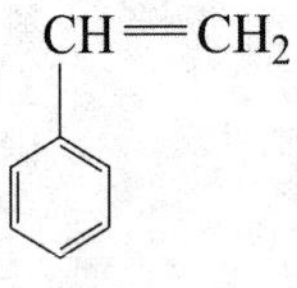

$CH=CH_2$
苯乙烯

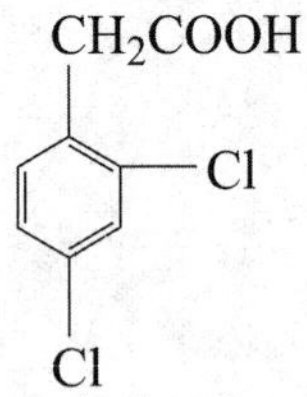

CH_2COOH Cl Cl
2，4二氯苯乙酸

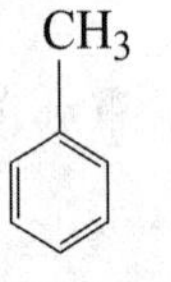

CH_3
甲苯

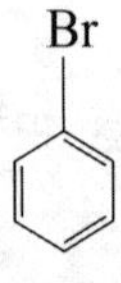

Br
溴苯

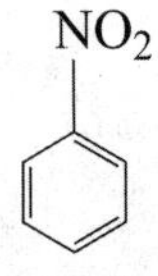

NO_2
硝基苯

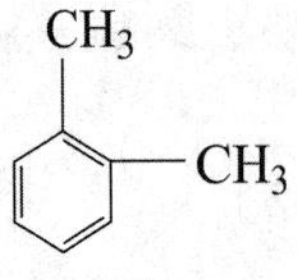

CH_3 CH_3
邻-二甲苯

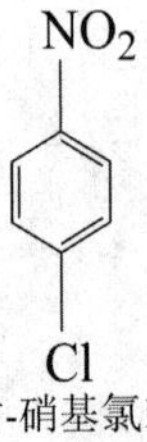

NO_2 Cl
对-硝基氯苯

CH_3 H_3C CH_3
均-三甲苯

【例 3-5-1】 下列物质中，不属于醇类的是：

A. C_4H_9OH　　B. 甘油　　C. $C_6H_5CH_2OH$　　D. C_6H_5OH

解　羟基与烷基直接相连为醇，通式为 R—OH（R 为烷基）；羟基与芳香基直接相连为酚，通式为 Ar—OH（Ar 为芳香基）。

答案： D

【例 3-5-2】 下列有机物中，对于可能处在同一平面上的最多原子数目的判断，正确的是：

A. 丙烷最多有 6 个原子处于同一平面上

B. 丙烯最多有 9 个原子处于同一平面上

C. 苯乙烯（$C_6H_5-CH{=}CH_2$）最多有 16 个原子处于同一平面上

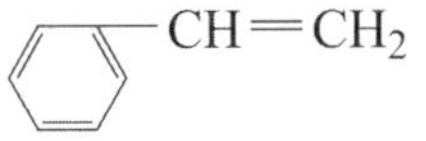

D. $CH_3CH{=}CH-C\equiv C-CH_3$ 最多有 12 个原子处于同一平面上

解　丙烷最多 5 个原子处于一个平面，丙烯最多 7 个原子处于一个平面，苯乙烯最多 16 个原子处于一个平面，$CH_3CH{=}CH-C\equiv C-CH_3$ 最多 10 个原子处于一个平面。

答案： C

【例 3-5-3】 分子式为 C_4H_9Cl 的同分异构体有几种：

A. 4 种　　B. 3 种　　C. 2 种　　D. 1 种

解　分子式为 C_4H_9Cl 的同分异构体分别有 $CH_3-CH_2-CH_2-CH_2Cl$，$CH_3-CH_2-CHCl-CH_3$，$CH_3-CH(CH_3)-CH_2Cl$，$CH_3-CCl(CH_3)-CH_3$，共 4 种。

答案： A

【例 3-5-4】 下列关于烯烃的叙述正确的是：

A. 分子中所有原子处于同一平面的烃是烯烃

B. 含有碳碳双键的有机物是烯烃

C. 能使溴水褪色的有机物是烯烃

D. 分子式为 C_4H_8 的链烃一定是烯烃

解　烯烃中只有乙烯的所有原子在同一平面，其他烯烃的所有原子不在同一平面，乙炔、苯的所有原子处于同一平面，但两者不属于烯烃，故选项 A 错误；

烯烃含有碳碳双键，但含有碳碳双键的物质不一定是烯烃，如 $CH_2{=}CHCl$ 等，故选项 B 错误；

烯烃与溴水发生加成反应，可以使溴水褪色，但能使溴水褪色的物质不一定是烯烃，如炔烃等，故选项 C 错误；

分子式为 C_4H_8 的链烃，不饱和度为 1，一定含有一个碳碳双键，该烃一定是烯烃，选项 D 正确。

答案： D

二、有机物的重要反应

（一）裂化反应

有机化合物在高温下分解叫热解，烷烃的热解叫裂化反应，裂化反应的实质是 C—C 键和 C—H 键

的断裂。反应产物是混合物，碳原子越多的有机物热解时产物越复杂。丁烷的裂化反应如下

$$CH_3CH_2CH_2CH_3 \longrightarrow \begin{cases} CH_3-CH=CH_2+CH_4 \\ CH_2=CH_2+CH_3-CH_3 \\ CH_3-CH_2-CH=CH_2+H_2 \end{cases}$$

在催化裂化下，除有 C—C 键的断裂外还伴随着异构化、环化、芳香化、聚合、缩合等反应发生。

（二）取代反应

在反应中，反应物分子的一个原子或原子团被其他原子或原子团替代的反应。例如：在日光或加热下，CH_4 与 Cl_2 发生的取代反应生成 HCl 和氯甲烷（CH_3Cl）、二氯甲烷（CH_2Cl_2）、三氯甲烷（$CHCl_3$）、四氯化碳（CCl_4）。

芳香烃有以下几种重要取代反应：

（1）氯化

$$C_6H_6 + Cl_2 \xrightarrow{Fe或FeCl_3} C_6H_5Cl + HCl$$

（2）硝化

$$C_6H_6 + HNO_3 \xrightarrow{浓H_2SO_4} C_6H_5NO_2 + H_2O$$

（3）磺化

$$C_6H_6 + H_2SO_4(浓) \longrightarrow C_6H_5SO_3H + H_2O$$

当苯环上已有一个取代基，再进入第二个取代基时，按苯环的结构可以进入邻位、间位和对位形成三种异构体。但事实上这三个不同的位置取代的机会是不均等的，第二个取代基进入的位置决定于苯环上原有取代基，与新进入的取代基关系不大，把苯环上原有取代基对新进入取代基的定位作用叫取代基的定位效应。根据实验结果一般把定位基分为两类：

（1）邻位、对位定位基

定位效应的大小顺序：—NH_2>—OH>—CH_3>Cl>Br>I>—C_6H_5，同时使苯环活化。例如：

$$C_6H_5CH_3 + HNO_3(浓) \xrightarrow{浓H_2SO_4} \underset{58\%}{邻\text{-}CH_3C_6H_4NO_2} + \underset{38\%}{对\text{-}CH_3C_6H_4NO_2} + \underset{4\%}{间\text{-}CH_3C_6H_4NO_2}$$

（2）间位定位基

其定位效应大小顺序：—NO_2>—CN>—SO_3H>—CHO>—COOH，同时使苯环钝化。例如：

$$C_6H_5NO_2 + HNO_3(发烟) \xrightarrow[368\sim373K]{浓H_2SO_4} \underset{93.2\%}{间\text{-}C_6H_4(NO_2)_2} + \underset{6.5\%}{邻\text{-}C_6H_4(NO_2)_2} + \underset{0.3\%}{对\text{-}C_6H_4(NO_2)_2}$$

（三）加成反应

不饱和分子中的双键、叁键打开，即分子中的π键断裂，两个一价的原子或原子团加到不饱和键的两个碳原子上，这种反应叫加成反应，重要的加成反应有以下两种类型。

1. 不饱和烃的加成反应

如烯烃的加成反应

$$CH_3CH{=}CH_2 + HOH \longrightarrow CH_3\underset{\displaystyle OH}{CH}-\underset{\displaystyle H}{CH_2}$$

像这种结构不对称的烯烃与水、卤化氢等极性试剂加成时，主要是试剂中带负电荷的部分加到双键含氢较少的或不含氢的碳原子上，而带正电荷部分加到双键含氢较多的碳原子上，这一规律称不对称加成规则，此经验规律也称马尔可夫尼克夫规则，简称马氏规则。合成高分子的原料如氯乙烯、乙酸乙烯酯、丙烯腈等都是通过加成反应得到的。例如：乙炔与 HCl 的加成得氯乙烯

$$CH{\equiv}CH + HCl \xrightarrow{HgCl_2} CH_2{=}CHCl$$

乙炔与乙酸的加成得乙酸乙烯酯

$$CH{\equiv}CH + CH_3COOH \xrightarrow[150\times10^5\sim180\times10^5Pa]{碱} CH_2{=}CH-O-\overset{\displaystyle O}{\overset{\|}{C}}-CH_3$$

乙炔与 HCN 的加成得丙烯腈

$$CH{\equiv}CH + HCN \xrightarrow[353\sim363K]{CuCl_2+NH_4Cl} CH_2{=}CHCN$$

2. 醛和酮的加成反应

醛和酮的分子中都含有羰基（$-\overset{\displaystyle O}{\overset{\|}{C}}-$），羰基中 C=O 双键也能发生加成反应。当醛酮与结构对称的试剂加成时，反应情况类似烯烃加成；当与结构不对称的试剂加成时，由于

$$\gt\overset{\delta+}{C}{=}\overset{\delta-}{O}$$

试剂分子中带负电荷的部分加到碳原子上，带正电荷部分加到氧原子上。如醛、酮与 HCN 的加成反应

$$\begin{matrix}R\\H\end{matrix}\gt\overset{\delta+}{C}{=}\overset{\delta-}{O} + \overset{\delta+}{H}\overset{\delta-}{CN} \longrightarrow \begin{matrix}R\\H\end{matrix}\gt C\lt\begin{matrix}OH\\CN\end{matrix}$$

$$\begin{matrix}R'\\R\end{matrix}\gt C{=}O + HCN \longrightarrow \begin{matrix}R'\\R\end{matrix}\gt C\lt\begin{matrix}OH\\CN\end{matrix}$$

（四）消去反应

从有机化合物分子中消去一个小分子化合物如 HX、H_2O 等的作用叫消去反应，重要的消去反应有卤代烷的消去反应和醇的消去反应等。

1. 卤代烷的消去反应

卤代烷与 NaOH 的乙醇溶液共热时，可发生消去反应

$$\underset{\substack{|\\H}}{R-CH}-\underset{\substack{|\\X}}{CH_2}+NaOH\xrightarrow{C_2H_5OH}RCH=CH_2+NaX+H_2O$$

叔卤代烷最容易脱卤化氢，仲卤代烷次之，伯卤代烷最难。仲、叔卤代烷脱卤化氢时，氢原子主要是从含氢较少的碳原子上脱去，如2-溴丁烷的消去反应

$$CH_3-\underset{\substack{|\\H}}{CH}-\underset{\substack{|\\Br}}{CH}-\underset{\substack{|\\H}}{CH_2}+KOH\xrightarrow{C_2H_5OH}\underset{81\%}{CH_3CH=CHCH_3}+\underset{19\%}{CH_3CH_2CH=CH_2}$$

2. 醇的消去反应

醇在有催化剂和一定高温下能发生消去反应，使醇分子脱去水而变成烯烃，例如

$$\underset{\substack{|\\H}}{CH_2}-\underset{\substack{|\\OH}}{CH_2}\xrightarrow[\text{(或}Al_2O_3\text{，}360^\circ C)]{\text{浓}H_2SO_4\text{，}170^\circ C}H_2C=CH_2+H_2O$$

醇脱水时主要从含氢较少的碳原子上脱去氢原子，这样形成的烯烃比较稳定，此规律叫作查依采夫规律，简称查氏规则，例如

$$CH_3-CH_2-CH_2-\underset{\substack{|\\OH}}{CH}-CH_3\xrightarrow[-H_2O]{\text{酸}}\begin{cases}CH_3CH_2-CH=CH-CH_3\\ \text{2-戊烯（主要产物）}\\ CH_3-CH_2-CH_2-CH=CH_2\\ \text{1-戊烯（次要产物）}\end{cases}$$

（五）氧化还原反应

有机化学中把分子中加入氧或失去氢的反应叫氧化反应，把分子中失去氧或加入氢的反应叫还原反应。

1. 烷烃的氧化

烷烃在常温下是稳定的，但在高温催化下可氧化成醇、醛、酮、酸，例如甲烷氧化可得到甲醛、甲酸

$$CH_4+O_2\xrightarrow[873K]{Ni}HCHO+H_2O$$

2. 不饱和烃的氧化

烯烃分子中由于存在双键，比烷烃容易氧化，冷的稀高锰酸钾碱性溶液能使烯烃氧化为二元醇

$$3CH_2=CH_2+2KMnO_4+4H_2O\longrightarrow 3\underset{\substack{|\\OH}}{CH_2}-\underset{\substack{|\\OH}}{CH_2}+2KOH+2MnO_2$$

在较强的氧化剂作用下（如酸性高锰酸钾溶液），可进一步氧化而使碳链在原双键处完全断裂，氧化结果可简单表示如下

$$RCH=CH_2\xrightarrow{[O]}R\overset{\overset{O}{\|}}{C}-OH+H\overset{\overset{O}{\|}}{C}-OH,\quad H\overset{\overset{O}{\|}}{C}-OH\xrightarrow{[O]}CO_2+H_2O$$

$$\begin{matrix}R\\ \end{matrix}\!\!\!\!>C=CH-R'\xrightarrow{[O]}\begin{matrix}R\\ \end{matrix}\!\!\!\!>C=O+R'-\overset{\overset{O}{\|}}{C}-OH\quad (R_2C=CH-R'\xrightarrow{[O]}R_2C=O+R'-COOH)$$

即当原双键碳原子上连有两个氢原子时，氧化后$CH_2<$就变成甲酸或进一步氧化成 CO_2 和 H_2O；当原双键碳原子上连有一个氢原子和一个烷基时，氧化后$RCH<$就变成 RCOOH（羧酸）；当原双键碳原子上连有两个烷基时，氧化后$R_2C<$就变成$R-\overset{\overset{O}{\|}}{C}-R$（酮）。

炔烃最易被氧化，一般叁键完全断裂，如乙炔被 $KMnO_4$ 氧化

$$3CH\equiv CH + 10KMnO_4 + 2H_2O \longrightarrow 6CO_2 + 10KOH + 10MnO_2\downarrow$$

3. 芳烃的氧化

芳香烃中苯环较稳定，普通情况下与氧化剂不作用。但苯环带有侧链时，不论侧链长短如何，都是侧链中直接与苯环连接的碳原子被氧化变为羧基（—COOH），例如

$$C_6H_5-CH_2-CH_3 \xrightarrow{[O]} C_6H_5-COOH$$

4. 醇的氧化

醇的氧化随分子中—OH 的位置不同而难易程度不同：伯醇（R—OH）氧化最初得到醛，继续氧化可得到羧酸，例如

$$CH_3CH_2OH \xrightarrow{[O]} CH_3CHO \xrightarrow{[O]} CH_3COOH$$

仲醇（R_2CH—OH）氧化得到酮，一般不再被氧化，例如

$$\underset{\text{异丙醇}}{CH_3-\underset{\underset{OH}{|}}{CH}-CH_3} \xrightarrow{[O]} \underset{\text{丙酮}}{CH_3-\underset{\underset{O}{\|}}{C}-CH_3}$$

5. 醛的氧化

醛非常容易氧化成酸。弱氧化剂（$CuSO_4$ 及酒石酸钾钠的碱溶液）可将醛氧化成酸，但与酮不能反应。

（六）加聚反应

由低分子化合物（单体）通过加成反应，相互结合成为高聚物的反应叫加聚反应。在此反应过程中，没有产生其他副产物，因此高聚物具有与单体相同的成分。发生加聚反应的单体必须含有不饱和键，乙烯类单体的加聚反应如下

$$\underset{\text{乙烯类单体}}{n\,CH_2=\underset{\underset{X}{|}}{CH}} \longrightarrow \underset{\text{乙烯类高聚物}}{\left[CH_2-\underset{\underset{X}{|}}{CH}\right]_n}$$

反应式中 $\left[CH_2-\underset{\underset{X}{|}}{CH}\right]_n$ 为链节，n为聚合度，X 可以是 H、R、Cl、CN、Ar 等。

常见的单体和加聚而成的高聚物见表 3-5-2。

常见单体和高聚物 表 3-5-2

单体	高聚物
$CH_2=CH_2$ 乙烯	$\lbrack CH_2-CH_2 \rbrack_n$ 聚乙烯
$CH_2=CH-CH_3$ 丙烯	$\lbrack CH_2-CH(CH_3) \rbrack_n$ 聚丙烯
$CH_2=CHCl$ 氯乙烯	$\lbrack CH_2-CHCl \rbrack_n$ 聚氯乙烯
$CH_2=CH-CH=CH_2$ 1,3-丁二烯	$\lbrack CH_2-CH=CH-CH_2 \rbrack_n$ 聚丁二烯
$CH_2=CHCN$ 丙烯腈	$\lbrack CH_2-CH(CN) \rbrack_n$ 聚丙烯腈
$CF_2=CF_2$ 四氟乙烯	$\lbrack CF_2-CF_2 \rbrack_n$ 聚四氟乙烯
$CH_2=CH-C_6H_5$ 苯乙烯	$\lbrack CH(C_6H_5)-CH_2 \rbrack_n$ 聚苯乙烯
$CH_2=C(CH_3)-COOCH_3$ 2-甲基丙烯酸甲酯	$\lbrack CH_2-C(CH_3)(COOCH_3) \rbrack_n$ 聚 2-甲基丙烯酸甲酯（有机玻璃）
$CH_2=CH-O-C(=O)-CH_3$ 乙酸乙烯酯	$\lbrack CH_2-CH(O-C(=O)-CH_3) \rbrack_n$ 聚乙酸乙烯酯

（七）缩聚反应

由一种或多种单体互相缩合成为高聚物，同时析出其他低分子物质（如水、氨、醇、卤化氢等）的反应叫缩聚反应，所生成的高聚物的成分与单体不同，例如

$$nHO-\underset{\|}{\overset{}{C}}\lbrack CH_2 \rbrack_4 C(=O)-OH + nH-N(H)\lbrack CH_2 \rbrack_6 N(H)-H \longrightarrow$$

（己二酸） （己二胺）

$$\lbrack C(=O)\lbrack CH_2 \rbrack_4 C(=O)-N(H)\lbrack CH_2 \rbrack_6 N(H) \rbrack_n + (2n-1)H_2O$$

（聚酰胺 66，即尼龙 66）

一般而言，含有两个官能团的单体缩聚形成线型高聚物，如聚酰胺 66；含有三个官能团的单体缩聚形成体型高聚物，如丙三醇与邻苯二甲酸酐缩聚形成醇酸树脂，反应如下

$$n\,CH_2(OH)-CH(OH)-CH_2(OH) + n\,C_6H_4(CO)_2O \xrightarrow{-H_2O}$$

（丙三醇）

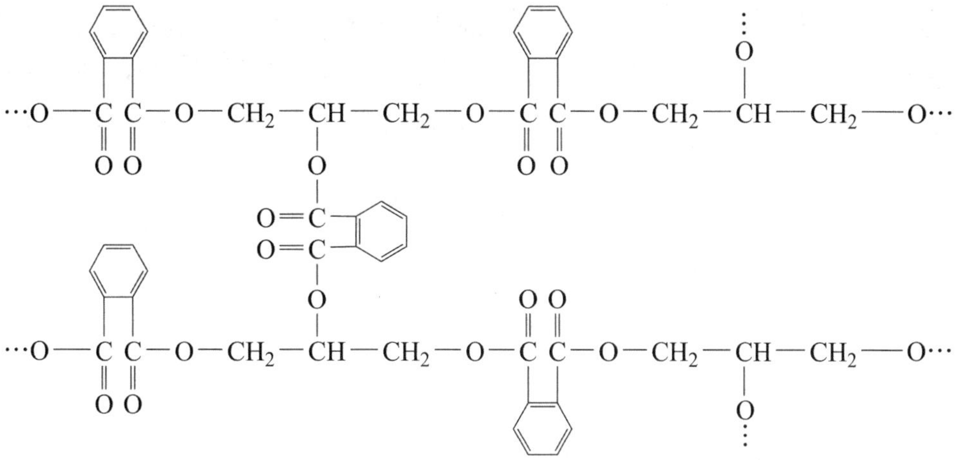

$$\cdots O-\underset{\underset{O}{\|}}{C}\ \underset{\underset{O}{\|}}{C}-O-CH_2-CH-CH_2-O-\underset{\underset{O}{\|}}{C}\ \underset{\underset{O}{\|}}{C}-O-CH_2-CH-CH_2-O\cdots$$

$$\cdots O-\underset{\underset{O}{\|}}{C}\ \underset{\underset{O}{\|}}{C}-O-CH_2-CH-CH_2-O-\overset{\overset{O}{\|}}{C}\ \overset{\overset{O}{\|}}{C}-O-CH_2-CH-CH_2-O\cdots$$

（八）催化加氢

催化加氢是指在催化剂作用下，还原剂氢等与不饱和化合物的加成反应。

1. 碳-碳重键的加氢反应

催化加氢方法几乎能使各种类型的碳-碳双键或叁键，无论是孤立的还是共轭的，以不同的难易程度加氢成为饱和键（示例如下）。常用的催化剂有钯、铂、镍等。该方法具有成本低、操作简单、收率高、产品质量好和选择性好等优点，因此它在精细有机合成和工业生产中成为广泛采用的方法。

$$CH_2{=}CH_2 \xrightarrow[\text{催化剂}]{H_2} CH_3-CH_3$$

2. 芳香环系的加氢反应

芳香族化合物也能进行催化加氢，转变成饱和的脂肪族环系。但它要比脂肪族化合物中的烯键加氢困难得多。例如，异丙烯基苯在很温和的条件下（常温、常压），侧链上的烯键就能够被加氢，而苯环保持不变。

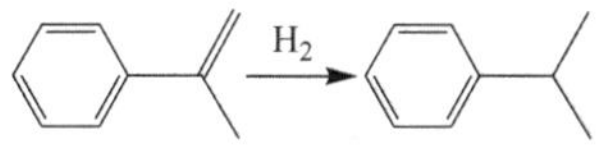

$$\xrightarrow{H_2}$$

芳香环系催化加氢示例

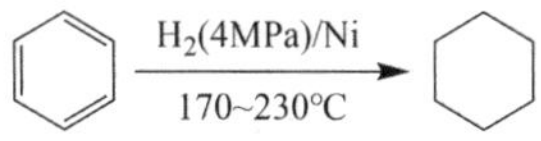

$$\xrightarrow[170\sim230^{\circ}C]{H_2(4MPa)/Ni}$$

【例 3-5-5】 在下列有机物中，经催化加氢反应后不能生成 2-甲基戊烷的是：

A. $CH_2{=}\underset{\underset{CH_3}{|}}{C}CH_2CH_2CH_3$　　B. $(CH_3)_2CHCH_2CH{=}CH_2$

C. $CH_3\underset{\underset{CH_3}{|}}{C}{=}CHCH_2CH_3$　　D. $CH_3CH_2\underset{\underset{CH_3}{|}}{C}HCH{=}CH_2$

解 选项 A、B、C 催化加氢均生成 2-甲基戊烷，选项 D 催化加氢生成 3-甲基戊烷。

答案： D

三、典型有机物的分子式、性质和用途

（一）烷烃

烷烃是只有碳-碳单键的饱和链烃。烷烃的通式为 C_nH_{2n+2}。随着相对分子质量的增加，烷烃的熔

沸点有规律地升高，它们的密度也由小变大。烷烃都不溶于水，易溶于有机溶剂。烷烃的化学性质较稳定，常温下与强酸、强碱、强氧化剂及还原剂都不易反应，所以除作为燃料外，还常用作溶剂、润滑油。在较特殊的条件下，烷烃也显示一定的反应能力，而这些化学性质在基本有机原料工业及石油化工中都非常重要。

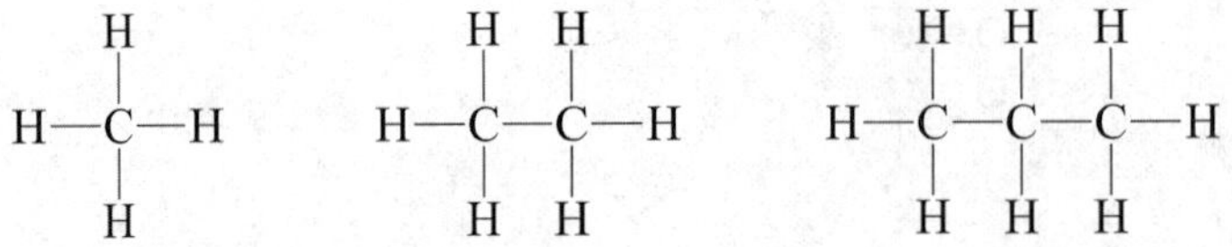

$$\begin{array}{c} \text{H} \\ | \\ \text{H—C—H} \\ | \\ \text{H} \end{array} \qquad \begin{array}{c} \text{H}\ \ \text{H} \\ |\ \ \ | \\ \text{H—C—C—H} \\ |\ \ \ | \\ \text{H}\ \ \text{H} \end{array} \qquad \begin{array}{c} \text{H}\ \ \text{H}\ \ \text{H} \\ |\ \ \ |\ \ \ | \\ \text{H—C—C—C—H} \\ |\ \ \ |\ \ \ | \\ \text{H}\ \ \text{H}\ \ \text{H} \end{array}$$

甲烷（CH_4）　乙烷（C_2H_6）　丙烷（C_3H_8）

在烷烃系列中任意两个含不同数目碳原子的烷烃分子在组成上相差 CH_2 或它的整数倍，像这样具有相同通式，组成上相差 CH_2 或它的整数倍的一系列化合物称为同系物。

烷烃能够发生卤化反应、氧化反应。

甲烷（CH_4）是最简单的烷烃。甲烷是无色、无味的可燃性气体，比空气轻，微溶解于水，燃烧热 3.97×10^4kJ/m^3，可被液化和固化；性质稳定，在适当条件下能发生氧化、卤化、热解等反应；甲烷与空气的混合气体在点燃时会发生爆炸，爆炸极限 5.3%~14.0%（体积）。

甲烷在工业上主要用于制造乙炔以及经转化制成氢气或合成氨和有机合成的原料气，也用于制备炭黑、硝基甲烷、一氯甲烷、二氯甲烷、三氯甲烷（氯仿）、二硫化碳、四氯化碳和氢氰酸等，也可直接用作燃料。

（二）烯烃

烯烃是指含碳-碳双键（烯键）的碳氢化合物，烯烃的通式为 C_nH_{2n}。烯烃属于不饱和烃，不饱和烃是指含有碳碳重键（碳碳双键、碳碳三键）的烃类化合物，它们都能与氢分子发生加成反应，生成烷烃。随着相对分子质量的增加，烯烃的熔沸点逐渐升高。

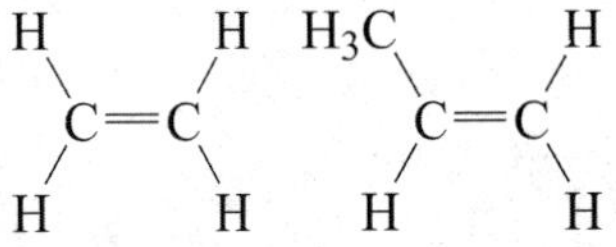

$$\begin{array}{c} \text{H}\qquad\ \ \text{H} \\ \diagdown\quad\diagup \\ \text{C}=\text{C} \\ \diagup\quad\diagdown \\ \text{H}\qquad\ \ \text{H} \end{array} \qquad \begin{array}{c} \text{H}_3\text{C}\qquad\ \ \text{H} \\ \diagdown\quad\diagup \\ \text{C}=\text{C} \\ \diagup\quad\diagdown \\ \text{H}\qquad\ \ \text{H} \end{array} \qquad CH_3CH_2CH=CH_2 \qquad CH_3CH=CHCH_3$$

乙烯　丙烯　1-丁烯　2-丁烯

碳碳双键是烯烃的官能团，烯烃容易发生加成反应、氧化反应和聚合反应，不饱和烯烃通过聚合反应可以形成聚合物。烯烃双键两边 C 原子均通过共价键与不同基团连接时，有顺反异构体。

乙烯是最简单的有代表性的烯烃分子，它具有平面型分子结构。它是石油化学工业最重要的基础原料，主要用于制造塑料、合成纤维、有机溶剂等。它还是一种植物生长调节剂，可以催熟果实。丙烯和丁烯也是重要的化工原料。

（三）炔烃

炔烃是含碳-碳叁键的一类不饱和脂肪烃。炔烃的通式为 C_nH_{2n-2}。炔烃的熔沸点低，密度小，难溶于水，易溶于有机溶剂。

$$H—C\equiv C—H \qquad H—C\equiv C—CH_3 \qquad H—C\equiv C—CH_2CH_3 \qquad CH_3C\equiv CCH_3$$

乙炔　丙炔　1-丁炔　2-丁炔

炔烃的化学活性比烯烃弱，容易发生加成反应、氧化反应。能被高锰酸钾氧化，产物为羧酸。

乙炔是最简单的炔烃分子，具有直线型结构，主要用于化工原料和高分子材料单体的合成，还可以用于涂料、增塑剂等原料的合成。

（四）芳烃

芳烃是芳香烃的简称，是指分子结构中含有一个或者多个苯环的烃类化合物。最简单和最重要的芳烃是苯及其同系物甲苯、二甲苯、乙苯等。芳烃的物理性质和其他烃类类似，它们都没有极性，不溶于水，密度比水小。

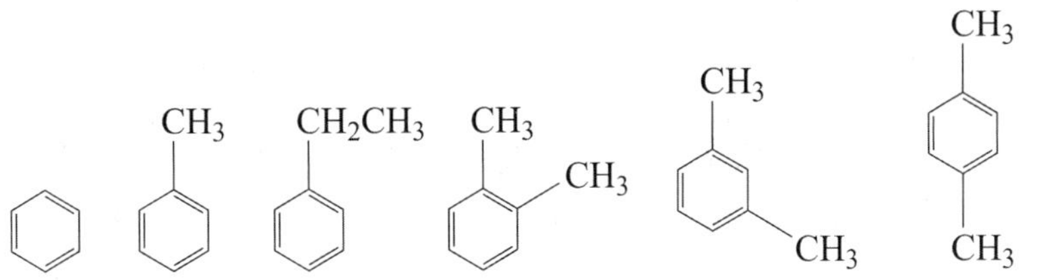

苯　甲苯　乙苯　邻二甲苯　间二甲苯　对二甲苯

苯（ 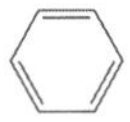　）是无色、易挥发、易燃烧的液体，有芳香气味；有毒，比水轻；熔点 5.5℃，沸点 80.1℃，溶于乙醇、乙醚等许多有机溶剂；苯蒸气与空气形成爆炸性混合物，爆炸极限 1.5%~8.0%（体积）。

苯是染料、塑料、合成橡胶、合成树脂、合成纤维、合成药物和农药等的重要原料，也可用作动力燃料以及涂料、橡胶、胶水等的溶剂。

苯的来源：工业上由焦炉气（煤气）和炼焦油的轻油部分中回收，近年来随石油化工的发展，将由石油产品的芳构化得到。

甲苯（$—CH_3$）是无色易挥发的液体，有芳香气味，比水轻，熔点−95℃，沸点 110.8℃，不溶于水，溶于乙醇、乙醚和丙酮，化学性质与苯相似；蒸气与空气形成爆炸性混合物，爆炸极限 1.2%~7.0%（体积）；用于制造糖精、染料、药物和炸药等，并用作溶剂；由分馏煤焦油的轻油部分或由催化重整轻汽油馏分而制得。

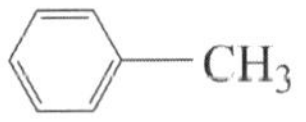

苯分子中 6 个碳原子和 6 个氢原子共处同一平面。苯不能使 $KMnO_4$ 酸性溶液和溴水褪色。在适当情况下，分子中的氢能被卤素、硝基、磺酸基等置换，也能与氯、氢等起加成反应。

芳香烃能够发生取代反应，如卤化反应和硝化反应；侧链上含有α氢的烷基苯可以被 $KMnO_4$ 氧化，如甲苯、乙苯等。

（五）卤代烃

卤代烃是指烃分子中的氢原子被卤素（氟、氯、溴、碘）取代后生成的化合物。绝大多数卤代烃不溶于水或在水中溶解度很小，但能溶于很多有机溶剂，有些可以直接作为溶剂使用。卤代烃大都具有一种特殊气味，多卤代烃一般都难燃或不燃。卤代烃是一类重要的有机合成中间体，是许多有机合成的原料。

命名时卤原子常作为取代基。卤原子直接与烷基相连的化合物称为卤代烷，如氯甲烷、二氯甲烷、氯仿等；氯乙烯属于不饱和卤代烃，卤苯是芳香卤代烃。

卤代烃中的卤原子比较活泼，能够发生取代反应（如卤代烃的水解反应），还能发生消除反应等。常常通过卤代烃来进行官能团间的相互转化。

制备卤代烃的常用方法：

（1）加成反应

一卤代烃的制备：$CH_2{=}CH_2+HBr \longrightarrow CH_3—CH_2Br$

邻二卤代烃的制备：$CH_2{=}CH_2+Cl_2 \longrightarrow CH_2Cl—CH_2Cl$

（2）取代反应

一卤代烃的制备：$CH_3CH_2OH+HBr \longrightarrow CH_3CH_2Br+H_2O$

卤苯的制备：$C_6H_6+Br_2 \xrightarrow{Fe} C_6H_5Br+HBr$

（六）醇

醇是羟基（—OH）与烃分子中饱和碳原子相连的化合物，常用 R—OH 表示。羟基是醇的官能团。根据分子中含有羟基的个数，醇可分为一元醇、二元醇、三元醇和多元醇，例如：

CH_3OH 甲醇　CH_3CH_2OH 乙醇　$CH_3CH_2CH_2OH$ 丙醇　$CH_2(OH)—CH_2(OH)$ 乙二醇　$CH_2(OH)—CH(OH)—CH_2(OH)$ 丙三醇

醇分子中与羟基相连的基团为烷基时，称为饱和醇，如乙醇为饱和一元醇。羟基与芳香烃侧链上的碳原子相连的化合物是芳香醇，如苯甲醇（也称苄醇）。

$C_6H_5CH_2OH$

苯甲醇

低级的饱和一元醇（如甲醇、乙醇、丙醇等）都能以任意比例与水混溶，乙二醇、丙三醇也能与水混溶。

醇能够与金属钠发生反应，生成醇钠和氢气，例如：

$$2CH_3CH_2OH+2Na \longrightarrow 2CH_3CH_2ONa+H_2\uparrow$$

醇在催化剂的作用下，能够与氧气反应生成醛，例如：

$$2CH_3CH_2OH+O_2 \xrightarrow{Ag} 2CH_3CHO+2H_2O$$

醇也能发生消除反应，生成烯烃。

制备醇的方法：

（1）烯烃水和法：$CH_2=CH_2+H_2O \xrightarrow{H^+} CH_3CH_2OH$

（2）醛的催化加氢：$CH_3CHO+H_2 \xrightarrow{Ni} CH_3CH_2OH$

乙醇为无色透明易挥发的液体，比水轻，熔点−117.3℃，沸点 78.4℃，能溶于水、甲醇、乙醚和氯仿等溶剂，也能作为溶剂溶解有机化合物和若干无机化合物；乙醇与水能形成共沸混合物，普通的酒精中含乙醇 95.57%（质量）在 78.10℃时馏出；乙醇是易燃的液体，其蒸气与空气混合能形成爆炸性混合物，爆炸极限 3.5%~18%（体积）。乙醇的用途很广，是一种重要的溶剂，并用于制染料、涂料、药物、合成橡胶、洗涤剂等。

乙二醇主要用于合成涤纶及其他高聚物的原料，也可用作汽车散热器的抗冻剂。

丙三醇俗称甘油，可由油脂水解得到，是肥皂工业的副产品，广泛用于化妆品、皮革、食品等保湿剂。甘油的三硝酸酯（俗称硝化甘油）是炸药的重要成分，也是治疗心脏病的药物。

（七）酚

酚是羟基与芳烃基直接连接的化合物，通式为 Ar—OH（Ar 为芳烃基）。根据分子中所含羟基的数目可分为一元酚：分子中含一个羟基，如苯酚 C_6H_5OH；二元酚：分子中含二个羟基，如苯二酚 $C_6H_4(OH)_2$；多元酚：分子中含三个或三个以上羟基，如苯三酚 $C_6H_3(OH)_3$ 和苯六酚 $C_6(OH)_6$。

苯酚　对苯二酚　间苯三酚

与醇类似，酚与金属钠反应，生成酚钠和氢气。

$$2C_6H_5—OH+2Na \longrightarrow 2C_6H_5—ONa+H_2$$

苯酚难溶于水，但能溶于氢氧化钠水溶液。向苯酚的氢氧化钠溶液中通入 CO_2，溶液由澄清变浑浊。这说明苯酚具有一定的酸性，苯酚的酸性小于碳酸。利用苯酚的酸性可以将其分离提纯。

$$C_6H_5—OH+NaOH \longrightarrow C_6H_5—ONa+H_2O$$

$$C_6H_5—ONa+CO_2+H_2O \longrightarrow C_6H_5—OH+NaHCO_3$$

酚能发生芳环上的取代反应，它的反应活性比芳烃高。例如，苯酚与溴水反应生成白色沉淀三溴苯酚。

$$C_6H_5OH+3Br_2 \xrightarrow{H_2O} C_6H_2Br_3OH + 3HBr$$

大多数酚与三氯化铁的溶液呈显色反应，在三氯化铁溶液中苯酚呈紫色。这个反应可用于酚的鉴别。

苯酚除用作防腐剂、医药品、增塑剂外，还用于制染料、合成树脂、塑料、合成纤维和农药等。苯酚与醛类缩聚生成酚醛树脂，商业上称电木。

（八）醚

醚是两个烃基用氧原子连接在一起的化合物，常用 R—O—R'表示。醚键（C—O—C）是醚类的官能团，例如：

$CH_3—O—CH_3$　$CH_3CH_2OCH_2CH_3$　$C_6H_5—O—CH_3$　$C_6H_5—O—C_6H_5$

二甲醚（甲醚）　二乙醚（乙醚）　苯甲醚　二苯醚

苯甲醚和二苯醚都属于芳香醚。

醚在水中的溶解度比烷烃大一些，能溶于许多有机溶剂，并能溶解许多有机化合物。

醚键相当稳定，醚不易发生一般的有机反应，因此在许多反应中常用醚作为溶剂。

乙醚是重要的醚类化合物，主要用作溶剂，也具有麻醉作用。

（九）醛和酮

醛和酮是含有羰基（ >C=O ）的化合物。醛是羰基与烃基和氢原子结合的化合物，表示为 RCHO。 >C=O（连 H）称为醛基，缩写为—CHO，是醛的官能团，例如：

HCHO　CH_3CHO　$CH_3CH_2CH_2CHO$　C_6H_5CHO

甲醛　乙醛　丁醛　苯甲醛

酮是羰基与两个烃基结合的化合物，表示为 RCOR'。酮分子中的羰基也称酮基，例如：

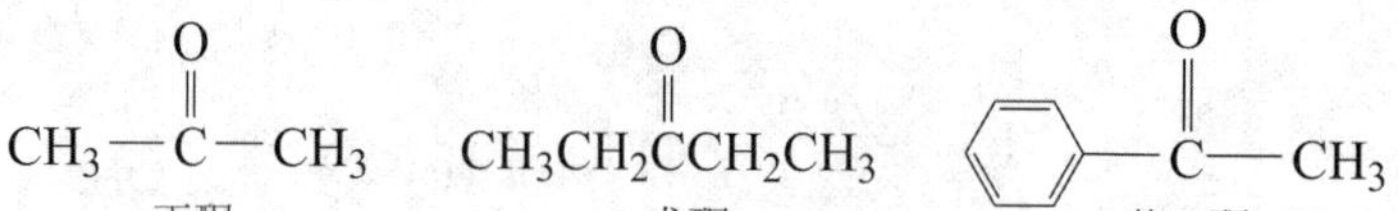

$$CH_3-\overset{\overset{\large O}{\|}}{C}-CH_3 \qquad CH_3CH_2\overset{\overset{\large O}{\|}}{C}CH_2CH_3 \qquad C_6H_5-\overset{\overset{\large O}{\|}}{C}-CH_3$$

丙酮　3-戊酮　苯乙酮

醛和酮都能发生催化加氢反应，生成不同类型的醇。醛能发生银镜反应，被氧化成羧酸，而酮不能发生银镜反应。醛和酮都能被 $KMnO_4$ 溶液氧化，醛被氧化成羧酸，酮则在强烈条件下才能被氧化，而且碳链断裂。

一般来说，醛和酮比烯烃的沸点高，比醇和羧酸的沸点低。小于或等于 5 个碳原子的低级醛和酮在水中的溶解度较高，醛和酮一般能溶于有机溶剂。很大程度上，醛和酮都有芳香性气味，是芬芳气味天然物质中的主要活性成分。基于此，一些醛和酮被用作香水和香料。

乙醛（CH_3CHO）为无色流动的液体，有辛辣刺激性的气味，比水轻，熔点 −123.5℃，沸点 20.2℃；能与水、乙醇、乙醚、氯仿相混合，易燃、易挥发，蒸气与空气形成爆炸性混合物，爆炸极限 4.0%~57.0%（体积），易氧化成乙酸，与碱作用时发生许多复杂的变化，于浓硫酸或盐酸存在下聚合成三聚乙醛。

乙醛用于制造乙酸、乙酸乙酯、正丁醇、合成树脂等。

（十）羧酸

羧酸是分子中含有羧基（—COOH）的化合物，通式为 RCOOH 或 $R(COOH)_n$，式中 R 为脂烃基或芳烃基，分别称为脂肪（族）酸或芳香（族）酸。根据分子中含有羧基的数目，可分为一元羧酸、二元羧酸……，例如：

$$HCOOH \qquad CH_3COOH \qquad C_6H_5COOH$$

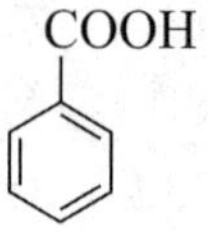

甲酸　乙酸　苯甲酸

羧酸的沸点比多数相对分子质量相近的烃、卤代烃都要高，甚至比相对分子质量相当的醇、醛、酮的沸点还要高。羧酸在水中可以电离出氢离子，它的酸性比碳酸强。

羧酸能够发生酯化反应。酯化反应是在强酸（如浓硫酸）的催化下，羧酸与醇反应生成酯和水，酯化反应是可逆反应，例如：

$$CH_3COOH+CH_3CH_2OH \underset{\triangle}{\overset{H_2SO_4}{\rightleftharpoons}} CH_3COOCH_2CH_3+H_2O$$

乙酸乙酯

甲酸（HCOOH）俗称蚁酸，除了具有羧酸的性质外，还具有醛的性质，能发生银镜反应。甲酸具有杀菌作用，可用作消毒和防腐剂。

乙酸（CH_3COOH）俗称醋酸，是食醋的主要成分，是有机合成的重要原料。

苯甲酸（C_6H_5COOH）可用作药物和食品中的防腐剂。

（十一）酯

酯是烃基与酯基（—COOR）相连的化合物，由酸（羧酸或无机含氧酸）与醇反应生成，是羧基分子中的羟基被烷氧基取代的产物，例如：

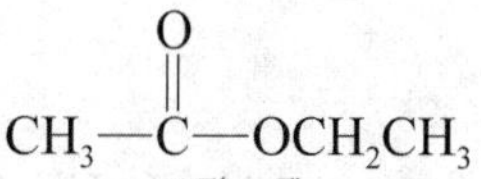

$$CH_3-\overset{\overset{\large O}{\|}}{C}-OCH_2CH_3$$

乙酸乙酯

酯在酸（或碱）的催化作用下发生水解反应，生成羧酸和醇，这个反应是酯化反应的逆反应。酯在碱催化作用下的水解反应称为皂化反应。肥皂是通过油脂的皂化反应制备的。

乙酸乙酯用作清漆、稀薄剂、人造革、硝酸纤维素塑料等的溶剂，也用作制染料、药物、香料等的原料。

四、几种重要的高分子合成材料

高分子合成材料的主要成分是合成树脂，其次为增强和改善材料的某些性能，还常加入一些填料、增塑剂、固定剂、润滑剂、抗静电剂等。主要的合成树脂有聚乙烯、聚苯乙烯、聚氯乙烯、聚酰胺、环氧树脂、ABS 树脂、聚碳酸酯等，下面简要介绍：

（一）聚乙烯 $\text{+}CH_2-CH_2\text{+}_n$

聚乙烯是由单体乙烯加聚而成的加聚物，有低分子量和高分子量两种。

低分子量聚乙烯一般为无色、无臭、无味、无毒的液体；比水轻；不溶于水，微溶于松节油、甲苯等溶剂；耐水和大多数化学品；可用作高级润滑油和涂料等。

高分子量聚乙烯的纯品是乳白色蜡状固体粉末，经加入稳定剂后可加工成粒状；在常温下不溶于已知溶剂中，但在脂肪烃、芳香烃、卤代烃中长期接触时能溶胀；在 70℃以上时可稍溶于甲苯、乙酸、戊酯等溶剂中，具热塑性；在空气中加热和受日光影响，发生氧化作用；能耐大多数酸碱的侵蚀，吸水性小；在低温时可保持柔软性，电绝缘性高。

聚乙烯主要用于制造塑料制品，如包装薄膜、容器、管道、日用品、电视和雷达的高频电绝缘材料，也用于抽丝成纤维，以及用作金属、木材和织物的涂层等。

（二）聚氯乙烯 $\text{+}CH_2-CHCl\text{+}_n$

聚氯乙烯是由单体氯乙烯 $CH_2{=}CHCl$ 经加聚而成的高聚物。

聚氯乙烯有热塑性；工业品是白色或浅黄色粉末；相对密度约 1.4，含氯量 56%~58%；低分子量的易溶于酮类、酯类、氯化烃类溶剂，高分子量的则难溶解；具有极好的耐化学腐蚀性，但热稳定性和耐光性较差，在 140℃开始分解出氯化氢，在制造塑料时需加稳定剂；电绝缘性优良，不会燃烧。

聚氯乙烯用于制造塑料、涂料、合成纤维等。根据所加增塑剂的多少，可制得软质和硬质塑料，前者可用于制成薄膜（如雨衣、台布、包装材料、农业用薄膜等）、人造革和电线套层等，后者可用于制板材、管道和阀等。

（三）聚丙烯腈 $\text{+}CH_2-\underset{\displaystyle CN}{\underset{|}{CH}}\text{+}_n$

聚丙烯腈是由单体丙烯腈 $CH_2{=}CH{-}CN$ 经加聚而成的高分子化合物。

聚丙烯腈为白色粉末，溶于二甲基甲酰胺或硫氰酸盐等溶液；耐老化强度高，绝热性能好。

聚丙烯腈主要用于制造合成纤维（如人造羊毛）。

（四）聚酰胺（尼龙）

聚酰胺树脂是具有许多重复的酰胺基 $-\overset{\displaystyle O}{\overset{\|}{C}}-\overset{\displaystyle H}{\overset{|}{N}}-$ 的高聚物的总称，商品名尼龙。它是由二元胺与二元酸缩聚而成或由内酰胺聚合而成的，例如尼龙 66（聚己二酰己二胺）是由己二胺 $H_2N-(CH_2)_6-NH_2$ 和己二酸[$HOOC(CH_2)_4COOH$]缩聚而成的。

尼龙 6（聚己内酰胺）是由氨基酸或其内酰胺缩聚而成的，尼龙 1010（聚癸二酰癸二胺）则是癸二酸与癸二胺的缩聚物。

聚酰胺为白色至淡黄色的不透明固体，熔点 180~280℃；不溶于乙醇、丙酮、乙酸乙酯等普通溶剂，但溶于酚类、硫酸、甲酸、乙酸和某些无机盐溶液；有良好的韧性、耐油和耐溶剂性、优异的机械性能、耐磨性，一定的吸水性和耐温性。

主要用于制合成纤维、工程塑料、涂料和胶黏剂等。

（五）聚碳酸酯

聚碳酸酯的结构式为：$\left[O - C_6H_4 - C(CH_3)_2 - C_6H_4 - O - \overset{O}{\overset{\|}{C}} \right]_n$

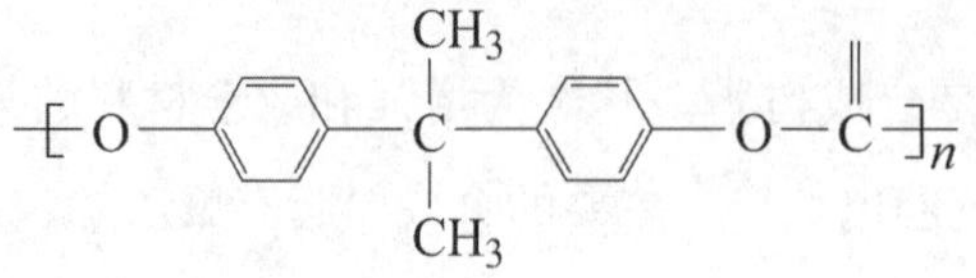

它是由二酚基丙烷 $HO - C_6H_4 - C(CH_3)_2 - C_6H_4 - OH$ 的钠盐与光气 $Cl - \underset{\underset{O}{\|}}{C} - Cl$ 在常温常压下缩聚而成的。或由二酚基丙烷与碳酸二苯酯 $C_6H_5 - O - \underset{\underset{O}{\|}}{C} - O - C_6H_5$ 经酯交换和缩聚而制得。

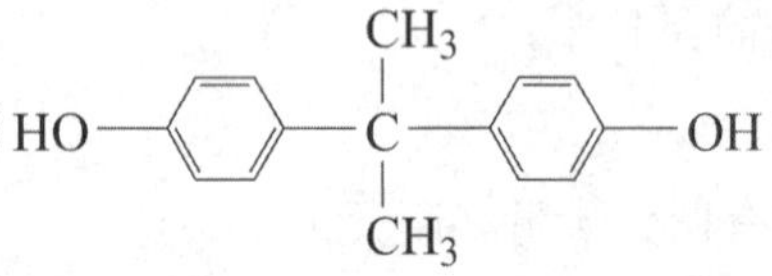

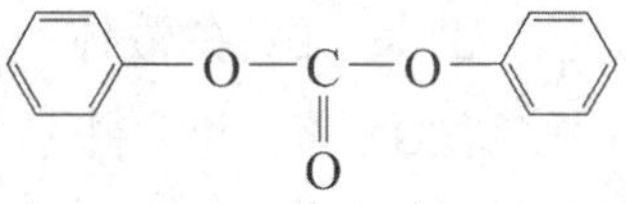

聚碳酸酯是透明几乎无色或淡黄色的固体，相对密度为 1.2，熔点等于或大于 220℃，软化点高；能耐低温；溶于二氯甲烷，稍溶于芳香烃和酮等；吸水性小；熔化与冷却后变成透明的玻璃状物；能耐盐类、无机稀酸、有机稀酸、弱碱等，但被碱破坏、在甲醇中溶胀。聚碳酸酯可用作工程塑料，特别适用于制造外形复杂的摩擦件，如齿轮和其他机械零件、电子元件、精密仪器零件等；可用作医疗用具、光学仪器、家具日用品等，还可用作薄膜、泡沫体和玻璃纤维增强塑料等。

（六）ABS 树脂

ABS 树脂又称丙丁苯树脂，学名丙烯腈-丁二烯-苯乙烯共聚物。即它是由丙烯腈（A）与丁二烯（B）、苯乙烯（S）共聚而制成。其结构式为

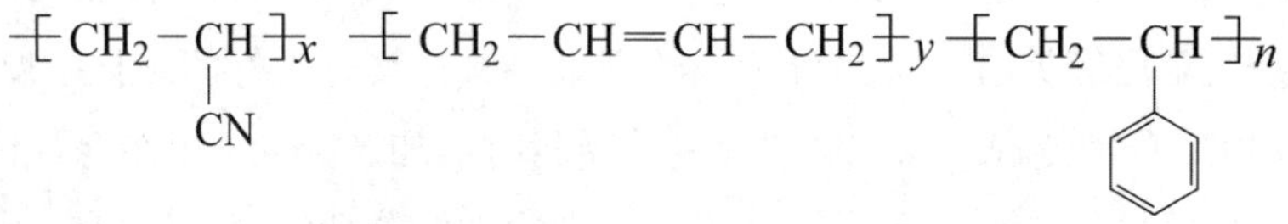

$$\left[CH_2 - \underset{\underset{CN}{|}}{CH} \right]_x \left[CH_2 - CH = CH - CH_2 \right]_y \left[CH_2 - \underset{\underset{C_6H_5}{|}}{CH} \right]_n$$

ABS 树脂兼有丙烯腈较高的强度、耐热和耐油性，苯乙烯的透明、坚硬、良好的电绝缘性和机械加工性，以及丁二烯的弹性和抗冲击性等优良的综合性能。

ABS 树脂可用作工程塑料，制造齿轮、轴承、仪表壳、冰箱门框衬里、汽车零件、电话机、行李箱、水管、煤气管、工具零件等。

（七）橡胶

天然橡胶是由异戊二烯互相结合起来而成的高聚物。

$$\underset{\text{异戊二烯}}{n CH_2 = \overset{\overset{CH_3}{|}}{C} - CH = CH_2} \longrightarrow \underset{\text{聚异戊二烯}}{\left[CH_2 - \overset{\overset{CH_3}{|}}{C} = CH - CH_2 \right]_n}$$

合成橡胶是由 1，3-丁二烯或与其他单体聚合而成的丁二烯类高聚物。

1. 丁二烯类合成橡胶

在催化剂作用下，1，3-丁二烯可聚合成顺丁橡胶。

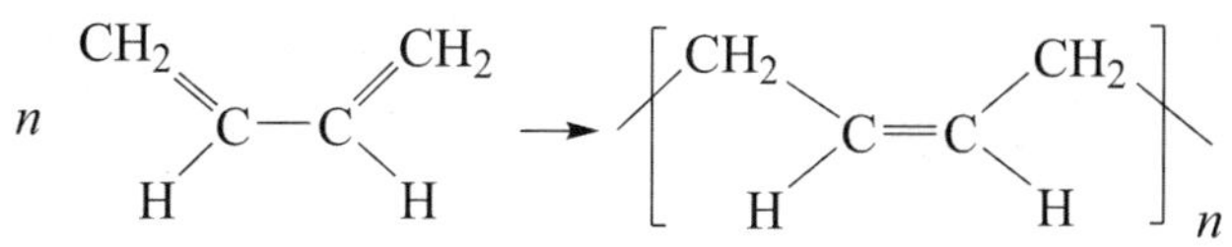

$$n\ CH_2{=}CH{-}CH{=}CH_2 \longrightarrow \left[CH_2{-}CH{=}CH{-}CH_2 \right]_n$$

顺丁橡胶的弹性虽好，但抗拉强度和塑性都不如天然橡胶。

由 1，3-丁二烯与苯乙烯共聚可得丁苯橡胶，一般可用下式表示

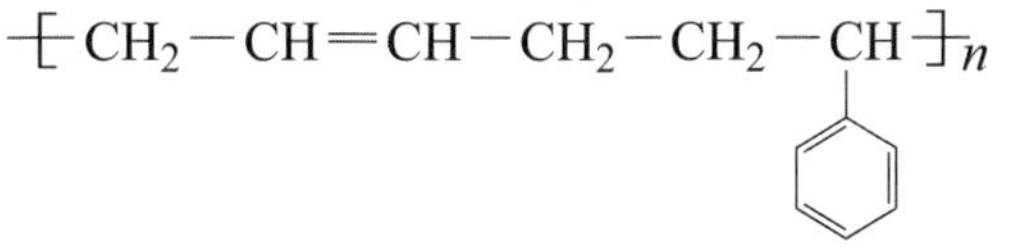

$$\left[CH_2-CH=CH-CH_2-CH_2-\underset{\displaystyle C_6H_5}{\underset{|}{CH}} \right]_n$$

丁苯橡胶的机械性能和耐磨性接近天然橡胶，绝缘性较好，但不耐油和有机溶剂。

由丁二烯与丙烯腈共聚则可得丁腈橡胶，可用下式表示

$$\left[CH_2-CH=CH-CH_2-CH_2-\underset{\displaystyle CN}{\underset{|}{CH}} \right]_n$$

丁腈橡胶的最大优点是耐油，抗拉强度比丁苯橡胶好，耐磨性、耐热性比天然橡胶好，但塑性低，加工较难。

顺丁橡胶用于制造胶鞋、胶管、胶板、胶布和模型等制品；丁苯橡胶主要用于制造轮胎和其他橡胶等工业制品，苯乙烯含量约 10%的丁苯橡胶用于制造耐寒橡胶制品；丁腈橡胶用于制造耐油胶管、飞机油箱、密封热圈、胶黏剂等橡胶制品。

2. 硅橡胶

硅橡胶是含有硅原子的特种合成橡胶的总称，结构式示意如下

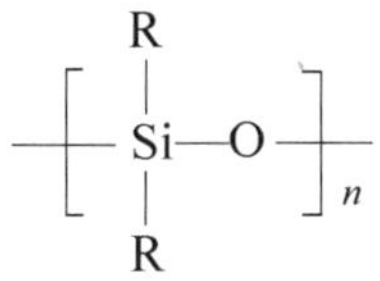

$$\left[\overset{\displaystyle R}{\overset{|}{\underset{\displaystyle R}{\underset{|}{Si}}}}-O \right]_n$$

式中，R 主要是甲基 CH_3，部分是乙基 C_2H_5、乙烯基 $CH{=}CH_2$、苯基 C_6H_5 或其他有机基团，以改进胶的性能。

硅橡胶是一种直链状的高分子量的聚硅氧烷，它是由有机硅单体部分水解后缩聚而成的。例如：

$$\underset{\text{二甲基二氯硅烷}}{(CH_3)_2SiCl_2} + 2H_2O \longrightarrow \underset{\text{二甲基硅二醇}}{(CH_3)_2Si(OH)_2} + 2HCl$$

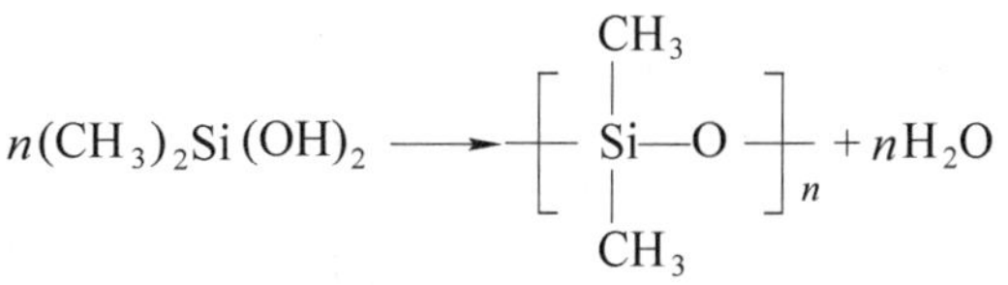

$$n(CH_3)_2Si(OH)_2 \longrightarrow \left[\overset{\displaystyle CH_3}{\overset{|}{\underset{\displaystyle CH_3}{\underset{|}{Si}}}}-O \right]_n + nH_2O$$

硅橡胶的种类很多，具有不同技术性能和用途。一般在−60~250℃仍能保持良好的弹性，耐热、耐油、防水、不易老化、绝缘性能好，但机械性能较差，耐碱性不及其他橡胶。

硅橡胶用于制造火箭、导弹、飞机的零件和绝缘材料，也用于制造高温和低温下使用的垫圈，密封零件，高温高压设备的衬垫、油管衬里等。

（八）环氧树脂

环氧树脂是含有环氧基团 $-\underset{|}{C}\overset{\displaystyle O}{\diagup\diagdown}\underset{|}{C}-$ 的树脂的总称。环氧树脂品种很多，目前应用较广的是由环

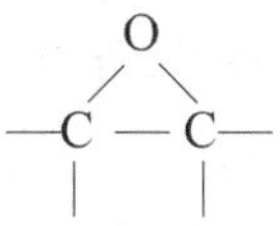

氧氯丙烷 $-\overset{\large O}{\overbrace{C-C}}-$ 和双酚 A 即二酚基丙烷 $HO-C_6H_4-C(CH_3)_2-C_6H_4-OH$，在碱性催化作用下缩聚而成的线形高聚物，结构简示如下

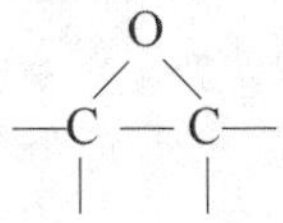

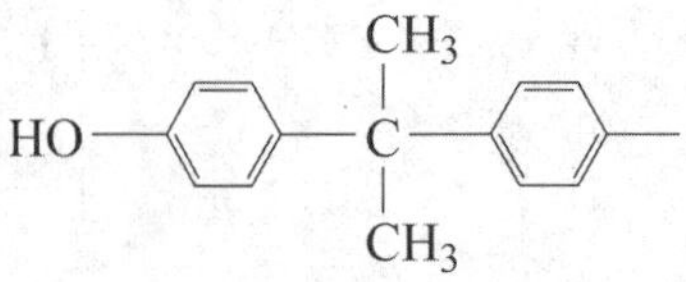

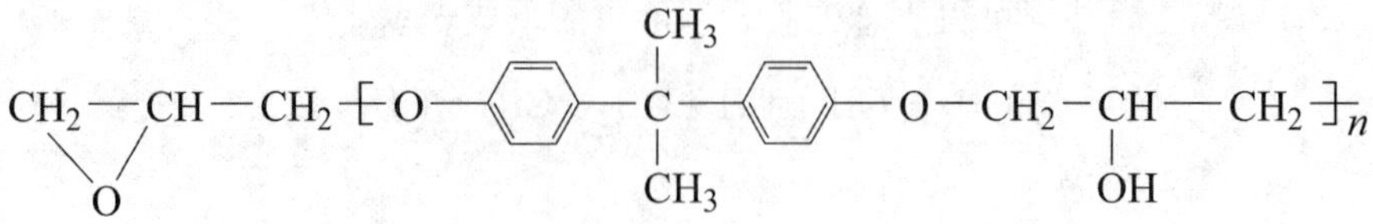

$$\underset{\diagdown O \diagup}{CH_2-CH}-CH_2\text{-}[O-C_6H_4-C(CH_3)_2-C_6H_4-O-CH_2-\underset{OH}{CH}-CH_2]_n$$

根据不同配比和制法，可得不同相对分子质量的产品。相对分子质量小的是黄色或琥珀色高黏度透明液体，相对分子质量大的是固体，熔点一般在 145~155℃；溶于丙酮、乙二醇、甲苯和苯乙烯等溶剂；无臭无味，耐碱和大部分溶剂；与多元胺、有机酸酐、其他固化剂反应变成坚硬的体型高聚物；耐热性、绝缘性、硬度和柔韧性都好；对金属和非金属具有优异的黏合力。

环氧树脂是目前广泛使用的黏合剂，俗称万能胶，可作金属和非金属材料（如陶瓷、玻璃、木材等）的黏合剂，也可用以制造涂料、增强塑料或浇铸成绝缘制品等，还可用于处理纺织品，起防皱、防缩、防水等作用。

【例 3-5-6】 某液体烃与溴水发生加成反应生成 2，3-二溴-2-甲基丁烷，该液体烃是：

A. 2-丁烯　　B. 2-甲基-1-丁烷

C. 3-甲基-1-丁烷　　D. 2-甲基-2-丁烯

解 加成反应生成 2，3-二溴-2-甲基丁烷，该烃在 2，3 位碳碳间有双键，所以该烃为 2-甲基-2-丁烯。

答案：D

【例 3-5-7】 下列各组物质在一定条件下反应，可以制得比较纯净的 1，2-二氯乙烷的是：

A. 乙烯通入浓盐酸中　　B. 乙烷与氯气混合

C. 乙烯与氯气混合　　D. 乙烯与卤化氢气体混合

解 乙烯与氯气混合，可以发生加成反应：$C_2H_4+Cl_2 = CH_2Cl-CH_2Cl$。

答案：C

【例 3-5-8】 下列有机物中，既能发生加成反应和酯化反应，又能发生氧化反应的化合物是：

A. $CH_3CH=CHCOOH$　　B. $CH_3CH=CHCOOC_2H_5$

C. $CH_3CH_2CH_2CH_2OH$　　D. $HOCH_2CH_2CH_2CH_2OH$

解 选项 A 为丁烯酸，烯烃能发生加成反应和氧化反应，酸可以发生酯化反应。

答案：A

【例 3-5-9】 下列化合物在一定条件下，既能发生消除反应，又能发生水解反应的是：

A. 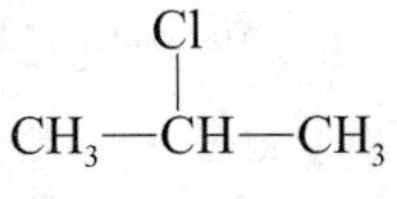 $CH_3-\underset{}{\overset{Cl}{\overset{|}{CH}}}-CH_3$　　B. CH_3Cl　　C. 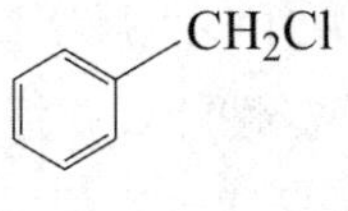 $C_6H_5CH_2Cl$　　D. 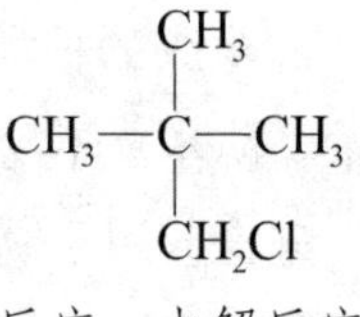 $CH_3-\overset{CH_3}{\overset{|}{\underset{CH_2Cl}{\underset{|}{C}}}}-CH_3$

解 消除反应是有机化合物分子中消去一个小分子化合物（如 HX、H_2O 等）的反应。水解反应是水作为亲核试剂攻击化合物中的原子或离子，从而导致化合物的分解，常见的水解反应有卤代烃水解、磺酸及其盐的水解、酯的水解、胺的水解等。题中四个选项均为卤代烃，卤代烃水解本质是取代反应，四个选项均能发生水解反应生成相应的醇。选项 A 既能发生消除反应生成丙烯，又能发生水解反应生成异丙醇；选项 B 只有一个碳；选项 C 和选项 D 与 Cl 成键的 C 原子的相邻 C 原子无 H，均不能发生

消除反应。

答案： A

【例 3-5-10】 人造象牙的主要成分是 $\text{+}CH_2-O\text{+}_n$，它是经加聚反应制得的。合成此高聚物的单体是：

A. $(CH_3)_2O$　　B. CH_3CHO　　C. HCHO　　D. HCOOH

解　由低分子化合物（单体）通过加成反应，相互结合成高聚物的反应称为加聚反应。加聚反应没有产生副产物，高聚物成分与单体相同，单体含有不饱和键。HCHO 为甲醛，加聚反应为：$nH_2C=O \longrightarrow \text{+}CH_2-O\text{+}_n$。

答案： C

【例 3-5-11】 人造羊毛的结构简式为：$\text{+}CH_2-\underset{\displaystyle CN}{\underset{|}{CH}}\text{+}_n$，它属于：

①共价化合物；②无机化合物；③有机化合物；④高分子化合物；⑤离子化合物。

A. ②④⑤　　B. ①④⑤　　C. ①③④　　D. ③④⑤

解　人造羊毛为聚丙烯腈，由单体丙烯腈通过加聚反应合成，为高分子化合物。分子中存在共价键，为共价化合物，同时为有机化合物。

答案： C

习　题

3-5-1　下列化合物属于芳香族化合物的是（　　）。

A. $H_2C\langle^{CH=CH}_{CH_2-CH}\rangle CH$（环）　　B. $C_6H_5-CH_3$

C. $CH_2=CH-CH=CH_2$　　D. （呋喃环，含 O）

3-5-2　下列化合物属于醛类的有机物是（　　）。

A. RCHO　　B. $R-\overset{\displaystyle O}{\overset{||}{C}}-R'$　　C. R—OH　　D. RCOOH

3-5-3　下列化合物叫 2，4-二氯苯乙酸的物质是（　　）。

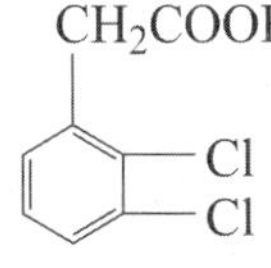

A.（CH_2COOH，Cl，Cl）　　B.（CH_2COOH，Cl，Cl）　　C.（CH_2COOH，Cl，Cl）　　D.（CH_2COOH，Cl，Cl）

3-5-4　下列反应属于取代反应的是（　　）。

A. $C_6H_6 + H_2SO_4(浓) \longrightarrow C_6H_5-SO_3H + H_2O$

B. $CH_3-CH=CH_2 + H_2O \longrightarrow CH_3-\underset{\displaystyle OH}{\underset{|}{CH}}-CH_3$

C. $CH_3-CH_2-\underset{\displaystyle Br}{\underset{|}{CH}}-CH_3 \xrightarrow[KOH]{C_2H_5OH} CH_3-CH=CH-CH_3$

D. $3CH_2=CH_2+2KMnO_4+4H_2O \longrightarrow 3\underset{\displaystyle OH}{\underset{|}{CH_2}}-\underset{\displaystyle OH}{\underset{|}{CH_2}}+2KOH+2MnO_2$

3-5-5 苯乙烯与丁二烯反应后的产物是（ ）。

A. 尼龙 66 B. 丁苯橡胶 C. 环氧树脂 D. 聚苯乙烯

3-5-6 ABS 是下列哪一组单体的共聚物（ ）。

A. 苯乙烯、氯丁烯、丙烯腈 B. 丁二烯、氯乙烯、苯烯腈

C. 苯烯腈、丁二烯、苯乙烯 D. 丁二烯、苯乙烯、丙烯腈

3-5-7 聚酰胺树脂中含有下列哪种结构（ ）。

A. $\text{-}\!\!\left[CH_2-\underset{\displaystyle CN}{\underset{|}{CH}}\right]\!\!\text{-}$ B. $CH_3-\underset{\displaystyle CH_3}{\underset{|}{C}}=CH-CH_2\!\!\left.\right]\!\!\text{-}$

C. $\text{-}\!\!\left[\overset{\displaystyle O}{\overset{\|}{C}}-\overset{\displaystyle H}{\overset{|}{N}}\right]\!\!\text{-}$ D. $\text{-}\!\!\left[\overset{\displaystyle R}{\overset{|}{\underset{\displaystyle R}{\underset{|}{Si}}}}-O\right]\!\!\text{-}$

3-5-8 双酚 A 与环氧氯丙烷作用后的产物为（ ）。

A. 尼龙 66 B. 聚碳酸酯

C. 顺丁橡胶 D. 环氧树脂

习题题解及参考答案

第一节

3-1-1 **解：**三个量子数取值不是任意的。n的取值：$n=1,2,3,\cdots$，目前稳定原子中n最大为 7；l的取值：$l=0,1,2,\cdots,n-1$，目前l最大为 3；m的取值：$m=0,\pm1,\pm2,\pm3,\cdots,\pm l$，由于$l$最大为 3，所以$m$只有前 7 个取值。选项 C 中$n$取 2 时，$l$可以取 0，1。

答案：C

3-1-2 **解：**原子得到或失去电子后便是离子。当原子失去电子而成为正离子时，一般是能量较高的最外层的电子先失去，而且往往引起电子层数的减小。Fe 原子基态时外层电子分布式为 $3d^64s^2$，Fe^{2+}的外层电子分布式为 $3s^23p^63d^6$。

答案：B

3-1-3 **解：**据题意该元素三价正离子的外层电子分布式为 $4s^24p^64d^5$，故该元素原子基态外层电子分布式为 $4d^65s^2$。所以该元素原子序数为 44。

答案：D

3-1-4 **解：**$n=4$，$l=2$为 4d 轨道，d 轨道为 5 个等价的原子轨道，每个轨道可以容纳两个自旋相反的电子，所以 4d 轨道最大容纳 10 个电子。

答案：B

3-1-5　**解：**原子半径变化规律：同一周期从左到右，主族元素的有效核电荷数依次增加，原子半径依次减小；同一主族元素从上到下原子半径依次增加。

离子半径变化规律：同周期不同元素离子的半径随离子电荷代数值增大而减小，同族元素电荷数相同的离子半径随电子层数增加而增大，同种元素的离子半径随电荷数代数值增大而减小。

答案：C

3-1-6　**解：**同一周期从左到右，主族元素的电负性逐渐增大，同一主族元素从上到下电负性逐渐减小。根据对角线规则，Be 与 Al 的性质相似。

答案：C

3-1-7　**解：**元素氧化物及其水合物酸碱性变化规律：同周期元素最高价态氧化物及其水合物从左到右酸性递增、碱性递减；同一主族元素相同价态的氧化物及其水合物，从上至下酸性减弱、碱性增强；同一元素不同价态的氧化物及其水合物，依价态升高的顺序酸性增强，碱性减弱。

答案：D

3-1-8　**解：**根据元素氧化物及其水合物酸碱性变化规律（同题 3-1-7）。

答案：A

3-1-9　**解：**不同元素原子间形成的共价键为极性共价键。分子的极性取决于键的极性和分子的空间构型。若键有极性，而分子的空间构型对称，则分子无极性；若键有极性，而分子空间构型不对称，则分子有极性。BF_3 中 B 与 F 间为极性共价键，而分子为平面三角形分子，为非极性分子。

答案：C

3-1-10　**解：**OF_2 中 O 原子的价电子对数$x=\frac{1}{2}(6+2)=4$，中心原子 O 的杂化类型与 H_2O 中的氧原子类似，为 sp^3 不等性杂化。

答案：D

3-1-11　**解：**分子的极性取决于键的极性和分子的空间构型。若键有极性，而分子的空间构型对称，则分子无极性；若键有极性，而分子空间构型不对称，则分子有极性。B 项中四个化合物均为极性分子。

答案：B

3-1-12　**解：**分子间力包括色散力、诱导力和取向力。非极性分子与非极性分子间只有色散力，极性分子与非极性分子间存在诱导力和色散力，极性分子间存在取向力、诱导力和色散力。SO_2 为极性分子，极性分子间存在取向力、诱导力和色散力。

答案：D

3-1-13　**解：**氢键形成条件：当分子中的氢原子与电负性大、半径小、有孤对电子的原子（如 N、O、F）形成强极性共价键后，还能吸引另一个电负性较大原子（如 N、O、F）中的孤对电子而形成氢键。

答案：B

3-1-14　**解：**原子晶体融化时要破坏共价键。SiC 为原子晶体。

答案：A

第二节

3-2-1 **解：** 糖水溶液质量=120×1.047≈125.6g

糖水中水的质量=125.6−15.0=110.6g

糖水中糖和水的物质的量$n_{糖}=\frac{15.0}{342}\approx 0.0439\text{mol}$，$n_{水}=\frac{110.6}{18}\approx 6.14\text{mol}$

质量百分比浓度=$\frac{15.0}{125.6}\times 100\%\approx 11.9\%$

物质的量浓度$C_{糖}=\frac{0.0439}{0.12}\approx 0.366\text{mol/L}$

质量摩尔浓度$m_{糖}=\frac{0.0439}{110.6}\times 1000\approx 0.397\text{mol/kg}$

物质的量分数$x_{糖}=\frac{0.0439}{0.0439+6.14}\approx 7.09\times 10^{-3}$

答案： B

3-2-2 **解：** 葡萄糖水溶液的质量摩尔浓度$m=\frac{\frac{15.0}{180}}{200}\times 1000\approx 0.417\text{mol/kg}$

根据拉乌尔定律，$\Delta T_{\text{fp}}=k_{\text{fp}}\cdot m=1.86\times 0.417\approx 0.776℃$

则溶液冰点为−0.776℃

$\Delta T_{\text{bp}}=k_{\text{bp}}\cdot m=0.52\times 0.417\approx 0.220℃$

则溶液沸点为 100.22℃

溶液渗透压$p_{渗}=CRT\approx mRT=0.417\times 8.31\times 293\approx 1.02\times 10^{3}\text{kPa}$

答案： C

3-2-3 **解：** 氢溴酸是强酸，水溶液中完全电离，所以 0.25mol/L 氢溴酸的氢离子浓度和电离度分别为 0.25mol/L、100%。

次氯酸为一元弱酸，0.25mol/L 次氯酸的$C_{\text{H}^+}=\sqrt{K_a\cdot C}=\sqrt{3.2\times 10^{-8}\times 0.25}$
$\approx 8.9\times 10^{-5}\text{mol/L}$

电离度$\alpha=\frac{8.9\times 10^{-5}}{0.25}\times 100\%\approx 0.036\%$

答案： D

3-2-4 **解：** 因为 H_2S 的$K_{a1}\gg K_{a2}$，计算C_{H^+}时，按一元弱酸处理，

所以$C_{\text{H}^+}=C_{\text{HS}^-}=\sqrt{K_{a1}\cdot C}=\sqrt{1.32\times 10^{-7}\times 0.1}\approx 1.15\times 10^{-4}\text{mol/L}$

计算$C_{\text{S}^{2-}}$时用二级电离 $HS^- \rightleftharpoons H^+ + S^{2-}$

$C_{\text{S}^{2-}}=K_{a2}\cdot\frac{C_{\text{HS}^-}}{C_{\text{H}^+}}=7.1\times 10^{-15}\text{mol/L}$

$\text{pH}=-\lg 1.15\times 10^{-4}\approx 3.94$

答案： A

3-2-5 **解：** 根据公式$\alpha=\sqrt{\frac{K_a}{C}}$，加入冰乙酸，浓度增大，电离度减小。

答案： C

3-2-6 **解：** 氨水和氯化铵组成缓冲溶液

$C_{\text{OH}^-}=K_b\cdot\frac{C_{碱}}{C_{盐}}=1.8\times 10^{-5}\times\frac{0.1}{0.1}=1.8\times 10^{-5}\text{mol/L}$

$C_{\text{H}^+}=\frac{K_W}{C_{\text{OH}^-}}=\frac{10^{-14}}{1.8\times 10^{-5}}\approx 5.56\times 10^{-10}\text{mol/L}$

答案： D

3-2-7 **解：** HA 过量，反应后形成 HA—KA 缓冲溶液，溶液中 HA 和 KA 的浓度分别为：

$C_{\text{HA}}=\frac{(0.05-0.02)\times 0.1}{0.1}=0.03\text{mol/L}$

$C_{KA}=\frac{0.02\times0.1}{0.1}=0.02\text{mol/L}$

$pH=5.25$，则$C_{H^+}=5.62\times10^{-6}\text{mol/L}$

根据公式$C_{H^+}=K_a\times\frac{C_{酸}}{C_{盐}}$

则$K_a=\frac{C_{H^+}\times C_{盐}}{C_{酸}}=\frac{5.62\times10^{-6}\times0.02}{0.03}\approx3.7\times10^{-6}$

答案： B

3-2-8 **解：** 在 NaCl 溶液中由于同离子效应，AgCl 溶解度降低；在 $Na_2S_2O_3$ 溶液中，由于形成 $Ag_2S_2O_3$ 沉淀，AgCl 溶解度增大。

答案： C

3-2-9 **解：** NaAc 为强碱弱酸盐，发生水解

$C_{OH^-}=\sqrt{C\times\frac{K_W}{K_a}}=\sqrt{0.025\times\frac{10^{-14}}{1.76\times10^{-5}}}\approx3.77\times10^{-6}\text{mol/L}$

$C_{H^+}=\frac{K_W}{C_{OH^-}}=\frac{10^{-14}}{3.77\times10^{-6}}\approx2.65\times10^{-9}\text{mol/L}$

$pH=-\lg2.65\times10^{-9}\approx8.58$

水解度$\alpha=\frac{C_{OH^-}}{C_{盐}}=\frac{3.77\times10^{-6}}{0.025}\approx0.015\%$

答案： B

第三节

3-3-1 **解：** 升高温度，分子获得能量，活化分子百分数增加。

答案： C

3-3-2 **解：** $\Delta H=\varepsilon-\varepsilon'$，$\Delta H$为正反应热效应，$\varepsilon$为正反应活化能，$\varepsilon'$为逆反应活化能。正反应为放热反应，$\Delta H<0$，则$\varepsilon-\varepsilon'<0$，$\varepsilon'>\varepsilon=15\text{kJ/mol}$。

答案： B

3-3-3 **解：** 随着反应进行，反应物浓度降低，生成物浓度升高，正反应速度降低，逆反应速度升高，速率常数和平衡常数不变。

答案： A

3-3-4 **解：** 对放热反应，温度升高，平衡常数减小；对吸热反应，温度升高，平衡常数增大。

答案： B

3-3-5 **解：** 反应方程式 1 为反应方程式 2 的逆反应乘以 2。

根据多重平衡规则，$K_1=\left(\frac{1}{K_2}\right)^2=\frac{1}{(K_2)^2}$

答案： B

3-3-6 **解：** 四种气体质量相等，分子量越小，物质的量越大。四种气体分子量大小顺序为：$H_2<He<N_2<CO_2$，所以物质的量的大小顺序为：$CO_2<N_2<He<H_2$。根据分压定律可知分压大小顺序为：$H_2>He>N_2>CO_2$。

答案： A

3-3-7 **解：** 放热反应，降低温度，平衡向右移动；气体分子数减小的反应，增大压力，平衡向右移动。

答案： C

3-3-8 **解：** 反应 3 为反应 2 减反应 1 得到的。

根据多重平衡规则，$K_3 = \frac{K_2}{K_1} = \frac{0.012}{0.050} = 0.24$

答案： C

第四节

3-4-1 **解：** 按氧化还原配平法配平。

答案： B

3-4-2 **解：** Mn 的氧化数由+7（反应物 $KMnO_4$）降低到+2（生成物 $MnCl_2$），得电子，$KMnO_4$ 为氧化剂。

答案： D

3-4-3 **解：** 两个电极的电极电势分别为：

$\varphi_{Cu^{2+}/Cu} = \varphi^{\Theta}_{Cu^{2+}/Cu} + \frac{0.059}{2}\lg C_{Cu^{2+}}$

$\varphi_{I_2/I^-} = \varphi^{\Theta}_{I_2/I^-} + \frac{0.059}{2}\lg\frac{1}{(C_{I^-})^2} = \varphi^{\Theta}_{I_2/I^-} - 0.059\lg C_{I^-}$

所以，当离子浓度增大时，$\varphi_{Cu^{2+}/Cu}$变大，φ_{I_2/I^-}变小。

答案： D

3-4-4 **解：** φ^{Θ}值或φ值越大，表示电对中氧化态的氧化能力越强，φ^{Θ}值或φ值越小，表示电对中还原态的还原能力越强。三个电对中还原型物质的还原能力由强到弱的顺序为选项 C。

答案： C

3-4-5 **解：** 两个反应能自发进行，所以两个反应的电动势都大于零，即正极电极电势大于负极电极电势。由反应 1 可知：$\varphi_{Fe^{3+}/Fe^{2+}} > \varphi_{Cu^{2+}/Cu}$；由反应 2 可知：$\varphi_{Cu^{2+}/Cu} > \varphi_{Fe^{2+}/Fe}$。

答案： A

3-4-6 **解：** 根据$\lg K^{\Theta} = \frac{nE^{\Theta}}{0.059}$，知$E^{\Theta} = \frac{0.059\times\lg K^{\Theta}}{n} = \frac{0.059\times\lg 10^4}{2} = 0.118V$。

答案： A

3-4-7 **解：** 电解池中，与外电源负极相连的极叫阴极，与外电源正极相连的极叫阳极。电解时阴极发生还原反应，阳极发生氧化反应。析出电势代数值较大的氧化型物质首先在阴极还原，析出电势代数值较小的还原型物质首先在阳极氧化。电解时，阳极如果是可溶性电极，可溶性电极首先被氧化，阳极如果是惰性电极，简单负离子被氧化，如 Cl^-、Br^-、I^-、S^{2-}分别析出 Cl_2、Br_2、I_2、S。

答案： D

3-4-8 **解：** 当钢管埋在沙土中时，由于沙土中含有较多的氧气和水分，因此钢管表面的铁离子会被氧化成三价铁离子，同时释放出电子，形成阳极。这些电子会通过钢管内部的导线流向埋入黏土中的钢管，使黏土中的铁离子还原为二价铁离子。这样，就形成了一个腐蚀电池。而在埋入黏土中的钢管表面，由于缺乏氧气和水分，因此不会发生氧化反应。相反，它会吸收来自阳极的电子，并被还原为二价铁离子，从而形成一个阴极。

答案： D

第五节

3-5-1 **解：** 芳香族类化合物分子中含有苯环结构。选项 A 为脂环化合物，选项 D 为杂环化合物。

答案： B

3-5-2　**解：**选项 A 为醛，选项 B 为酮，选项 C 为醇，选项 D 为酸。

答案：A

3-5-3　**解：**根据芳香烃及其衍生物命名原则，选项 A 为 2，3-二氯苯乙酸，选项 B 为 3，4-二氯苯乙酸，选项 C 为 2，4-二氯苯乙酸，选项 D 为 3，5-二氯苯乙酸。

答案：C

3-5-4　**解：**选项A为苯环上的磺化反应，相当于苯环上的氢被磺酸基取代；选项B为加成反应；选项 C 为消去反应；选项 D 为氧化反应。

答案：A

3-5-5　**解：**1，3-丁二烯与苯乙烯共聚可得丁苯橡胶。

答案：B

3-5-6　**解：**ABS 树脂又称丙丁苯树脂，学名丙烯腈-丁二烯-苯乙烯共聚物。

答案：D

3-5-7　**解：**聚酰胺树脂，商品名尼龙，是具有许多重复的酰胺基的高聚物。

答案：C

3-5-8　**解：**环氧树脂是含有环氧基团的树脂，品种很多，目前应用较广的是双酚 A 与环氧氯丙烷在碱性催化作用下缩聚而成的线性高聚物。

答案：D

第四章　理 论 力 学

复 习 指 导

一、考试大纲

4.1　静力学

平衡；刚体；力；约束及约束力；受力图；力矩；力偶及力偶矩；力系的等效和简化；力的平移定理；平面力系的简化；主矢；主矩；平面力系的平衡条件和平衡方程式；物体系统（含平面静定桁架）的平衡；摩擦力；摩擦定律；摩擦角；摩擦自锁。

4.2　运动学

点的运动方程；轨迹；速度；加速度；切向加速度和法向加速度；平动和绕定轴转动；角速度；角加速度；刚体内任一点的速度和加速度。

4.3　动力学

牛顿定律；质点的直线振动；自由振动微分方程；固有频率；周期；振幅；衰减振动；阻尼对自由振动振幅的影响——振幅衰减曲线；受迫振动；受迫振动频率；幅频特性；共振；动力学普遍定理；动量；质心；动量定理及质心运动定理；动量及质心运动守恒；动量矩；动量矩定理；动量矩守恒；刚体定轴转动微分方程；转动惯量；回转半径；平行轴定理；功；动能；势能；动能定理及机械能守恒；达朗贝尔原理；惯性力；刚体作平动和绕定轴转动（转轴垂直于刚体的对称面）时惯性力系的简化；动静法。

二、基本要求

（一）静力学

熟练掌握并能灵活运用静力学中的基本概念及公理分析相关问题，特别是对物体的受力分析；掌握不同力系的简化方法和简化结果；能够根据各种力系和滑动摩擦的特性，定性或定量地分析和解决物体系统的平衡问题。

（二）运动学

熟练运用直角坐标法和自然法求解点的各运动量；能根据刚体的平行移动（平动）、绕定轴转动和平面运动的定义及其运动特征，求解刚体的各运动量；掌握刚体上任一点的速度和加速度的计算公式及刚体上各点速度和加速度的分布规律。

（三）动力学

能应用动力学基本定律列出质点运动微分方程；能正确理解并熟练地计算动力学普遍定理中各基本物理量（如动量、动量矩、动能、功、势能等），熟练掌握动力学普遍定理（包括动量定理、质心运动定理、动量矩定理、刚体定轴转动微分方程、动能定理）及相应的守恒定理；掌握刚体转动惯量的计算公式及方法，熟记杆、圆盘及圆环的转动惯量，并会利用平行移轴定理计算简单组合形体的转动惯量；能正确理解惯性力的概念，并能正确表示出各种不同运动状态的刚体上惯性力系主矢和主矩的大小、方向、作用点，能应用动静法求解质点、质点系的动力学问题；能应用质点运动微分方程列出单自由度系统线性振动的微分方程，并会求其周期、频率和振幅。掌握阻尼对自由振动振幅的影响及受迫振动的幅频特性和共振的概念。

三、重点难点分析

（一）静力学

静力学所研究的是物体受力作用后的平衡规律，重点包括以下三部分内容：

（1）静力学的基本概念（平衡、刚体、力、力偶等）和公理；约束的类型及约束力的确定；物体的受力分析和受力图。这一部分的难点就是物体的受力分析。在画受力图时除根据约束的类型确定约束力的方向外，还要会利用二力平衡原理、三力汇交平衡定理、力偶的性质等，来确定铰链或固定铰支座约束力的方向。

（2）各种力系的简化方法及简化结果。其难点在于主矢和主矩的概念及计算。可通过力的平移定理加深对主矢、主矩、合力、合力偶的认识，通过熟练掌握力的投影，力对点之矩和力对轴之矩的计算，来得到主矢和主矩的正确结果。

（3）各种力系的平衡条件及与之相对应的平衡方程，平衡方程的不同形式及对应的附加条件。难点在于物体及物体系统（包括考虑摩擦）平衡问题的求解。解题时要灵活选取合适的研究对象进行受力分析，列平衡方程时要选取适当的投影轴和矩心（矩轴），使问题能够得到快速准确的解答。

（二）运动学

运动学研究物体运动的几何性质。重点是：

（1）描述点的运动的矢量法、直角坐标法和自然法。要明确用不同的方法所表示的同一个点的运动量，形式不同，但不同形式的结果之间是相互有关系的，要熟练掌握这些关系，并将这些关系应用到解题当中去。

（2）刚体的平动及其运动特征（尤其是作曲线平动的刚体）；作定轴转动刚体的转动方程、角速度和角加速度及刚体内各点速度、加速度的计算方法。这是运动学的基本内容，在物理学中都学习过，正是这些看似简单的问题，却往往容易出现概念性错误且不能熟练应用。解决的方法是在认真分析刚体运动形式的基础上，根据其运动特征，选择相应的计算公式。

（3）点的复合运动。解题时首先要明确一个动点、两个坐标系以及与之相应的三种运动，合理选择动点、动系，其原则是相对运动轨迹易于判断。这一部分的难点是牵连点的概念，以及牵连速度、牵连加速度的判断与计算。要把动系看成是$x'O'y'$平面，在此平面上与所选动点相重合的点，即为牵连点，该点相对于定参考系的速度、加速度，称为牵连速度和牵连加速度，解题时一定要深刻理解这一定义。

（4）刚体的平面运动。要会正确判断机构中作平面运动的刚体，熟练掌握并能灵活运用求平面运动刚体上点的速度的三种方法——基点法、瞬心法和速度投影法；会应用基点法求平面运动刚体上点的加速度。特别要熟悉刚体瞬时平动时的运动特征为：刚体的角速度为零，角加速度不为零；刚体上各点的速度相同，加速度不同，但其上任意两点的加速度在该两点连线上的投影相等。

（三）动力学

动力学研究物体受力作用后的运动规律。重点是：

（1）会应用动力学基本定律（牛顿第二定律）和动力学普遍定理（动量定理、动量矩定理和动能定理）列出质点和质点系（包括平动、定轴转动、平面运动的刚体）的运动微分方程，解微分方程时要注意初始条件只能用于确定微分方程解中的积分常数；要熟练掌握动量、动量矩、动能、势能、功的概念与计算方法，正确选择及综合应用动力学普遍定理求解质点系动力学问题；动力学普遍定理的综合应用，大体上包含两方面含义：一是对几个定理，即动量定理、质心运动定理、动量矩定理、定轴转动微分方程、平面运动微分方程和动能定理的特点、应用条件、可求解何类问题等有透彻的了解，能根据不同类型问题的已知条件和待求量，选择适当的定理，包括各种守恒情况的判断，相应守恒定理的应用。二是对比较复杂的问题，应能采用多个定理联合求解。此外，求解动力学问题，往往需要进行运动分析，以提供运动学补充方程。因而对动力学普遍定理的综合应用，须熟悉有关定理及应用范围和条件，多做练习，通过比较总结（包括一题多解的讨论），从中摸索出规律。其解题步骤是：首先选取研究对象，对其进行受力分析和运动分析；其次是根据分析的结果，针对物体不同的运动选择不同的定理，通常可先应用动能定理求解系统的各运动量（速度、加速度、角速度和角加速度），再应用质心运动定理或动量矩定理（定轴转动微分方程）求解未知力。

（2）刚体系统惯性力系的简化及达朗贝尔原理的应用。这一部分的关键是要分析物体的运动形式，并根据其运动形式确定惯性力并将其画在受力图上，根据受力图列平衡方程，求解未知量。要注意的是：因为达朗贝尔原理是采用静力平衡方程求解未知量，故未知量的数目不能超过独立的平衡方程数。未知量中包括速度、加速度、角速度、角加速度、约束力等，若未知量数目超过了独立的平衡方程数，则需要建立补充方程，在多数情况下，是建立运动学的补充方程。当单独使用达朗贝尔原理解题出现计算上的困难（如需解微分方程）时，由于质点系的达朗贝尔原理实际是动量定理、动量矩定理的另一种表达形式，故可联合应用达朗贝尔原理与动能定理求解质点系的动力学问题。

（3）质点的直线振动是用牛顿第二定律列出自由振动、衰减振动和受迫振动微分方程，并求出固有频率、周期、振幅。这一部分的关键是要会求自由振动的固有频率，了解阻尼对自由振动振幅的影响，通过幅频特性，掌握共振时的频率与固有频率的关系。

第一节 静力学

静力学研究物体在力作用下的平衡规律，主要包括物体的受力分析、力系的等效简化、力系的平衡条件及其应用。

一、静力学的基本概念及基本原理

（一）基本概念

1. 力的概念

力是物体间相互的机械作用，这种作用将使物体的运动状态发生变化——运动效应，或使物体的形状发生变化——变形效应。力的量纲为牛顿（N）。力的作用效果取决于力的三要素：力的大小、方向、作用点。力是矢量，满足矢量的运算法则。当求共点二力之合力时，采用力的平行四边形法则：其合力可由两个共点力为边构成的平行四边形的对角线确定，见图 4-1-1a）。或者说，合力矢等于此二力的几何和，即

$$\boldsymbol{F}_{\mathrm{R}}=\boldsymbol{F}_1+\boldsymbol{F}_2 \tag{4-1-1}$$

显然，求$\boldsymbol{F}_{\mathrm{R}}$时，只需画出平行四边形的一半就够了，即以力矢$\boldsymbol{F}_1$的尾端$B$作为力矢$\boldsymbol{F}_2$的起点，连接$AC$所得矢量即为合力$\boldsymbol{F}_{\mathrm{R}}$。如图 4-1-1b）所示三角形$ABC$称为力三角形。这种求合力的方法称为力的三角形法则。

多个共点力的合成可采用力的多边形规则：若有汇交于点A的四个力$\boldsymbol{F}_1$、$\boldsymbol{F}_2$、$\boldsymbol{F}_3$、$\boldsymbol{F}_4$，如图 4-1-2a）所示，求合力时可任取一点a，先作力三角形求出$\boldsymbol{F}_1$与$\boldsymbol{F}_2$的合力$\boldsymbol{F}_{\mathrm{R1}}$，再作力三角形求出$\boldsymbol{F}_{\mathrm{R1}}$与$\boldsymbol{F}_3$的合力$\boldsymbol{F}_{\mathrm{R2}}$，最后作力三角形合成$\boldsymbol{F}_{\mathrm{R2}}$与$\boldsymbol{F}_4$即得合力$\boldsymbol{F}_{\mathrm{R}}$，如图 4-1-2b）所示。多边形$abcde$称为此汇交力系的力多边形，而封闭边$ae$则表示此汇交力系合力$\boldsymbol{F}_{\mathrm{R}}$的大小和方向，显然$\boldsymbol{F}_{\mathrm{R}}$的作用线必过汇交点$A$。利用力多边形法简化力系时，求$\boldsymbol{F}_{\mathrm{R1}}$和$\boldsymbol{F}_{\mathrm{R2}}$的中间过程可略去，只需将组成力多边形的各分力首尾相连，而合力则由第一个分力的起点指向最后一个分力的终点（矢端）即可。根据矢量相加的交换率，任意变换各分力矢的作图次序，可得形状不同的力多边形，但其合力矢仍然不变，如图 4-1-2c）所示。

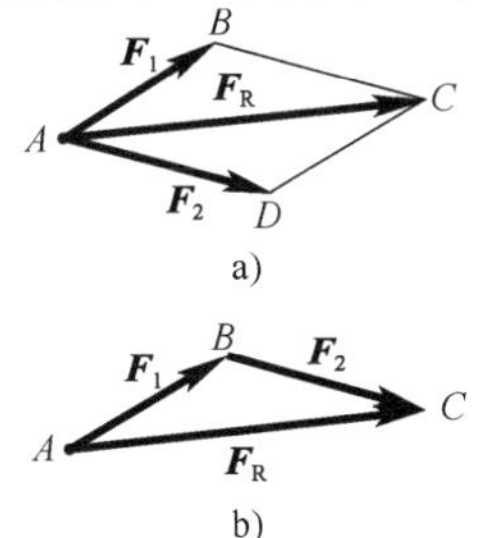

图 4-1-1 力的平行四边形法则

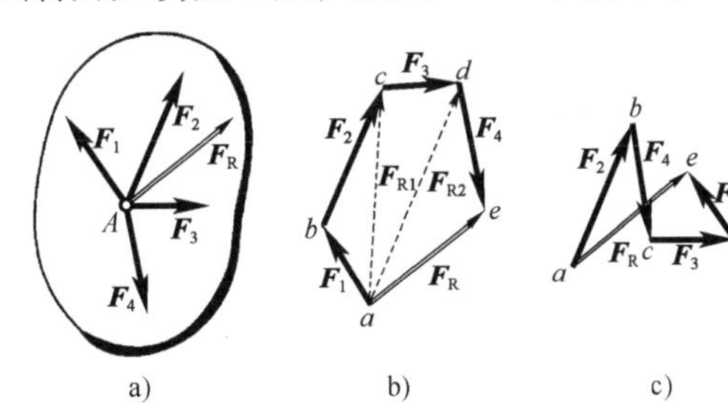

图 4-1-2 力的多边形规则

【例 4-1-1】 平面汇交力系$(\boldsymbol{F}_1,\boldsymbol{F}_2,\boldsymbol{F}_3,\boldsymbol{F}_4,\boldsymbol{F}_5)$的力多边形如图所示，则该力系的合力$\boldsymbol{F}_{\mathrm{R}}$等于：

A. $\boldsymbol{F}_3$　　B. $-\boldsymbol{F}_3$

C. $\boldsymbol{F}_2$　　D. $-\boldsymbol{F}_2$

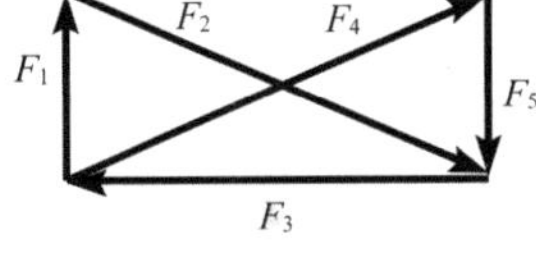

例 4-1-1 图

解 根据力的多边形规则，当$\boldsymbol{F}_1$、$\boldsymbol{F}_2$、$\boldsymbol{F}_3$、$\boldsymbol{F}_4$、$\boldsymbol{F}_5$各分力首尾相连时，合力应由第一个分力$\boldsymbol{F}_1$的起点指向最后一个分力$\boldsymbol{F}_5$的终点（矢端）。

答案： B

（1）力对点之矩

力使物体绕某支点（或矩心）转动的效果可用力对点之矩度量。设力$\boldsymbol{F}$作用于刚体上的A点，如图 4-1-3 所示，用$\boldsymbol{r}$表示空间任意点O到A点的矢径，于是，力$\boldsymbol{F}$对O点的力矩定义为矢径$\boldsymbol{r}$与力矢$\boldsymbol{F}$的矢量积，记为$\boldsymbol{M}_{\mathrm{O}}(\boldsymbol{F})$。即

$$\boldsymbol{M}_{\mathrm{O}}(\boldsymbol{F})=\boldsymbol{r}\times\boldsymbol{F} \tag{4-1-2}$$

式（4-1-2）中点O称作力矩中心，简称矩心。力$\boldsymbol{F}$使刚体绕O点转动效果的强弱取决于：①力矩的大小；②力矩的转向；③力和矢径所组成平面的方位。因此，力矩是一个矢量，矢量的模即力矩的大小为

$$|\boldsymbol{M}_{\mathrm{O}}(\boldsymbol{F})|=|\boldsymbol{r}\times\boldsymbol{F}|=rF\sin\theta=Fd \tag{4-1-3}$$

矢量的方向与OAB平面的法线$\boldsymbol{n}$一致，按右手螺旋法则来确定。力矩的单位为 N · m 或 kN · m。

（2）力对轴之矩

如图 4-1-4 所示，力$\boldsymbol{F}$对任意轴z的矩用$M_z(\boldsymbol{F})$表示，称为力对轴之矩。其值为

$$M_z(\boldsymbol{F})=M_{\mathrm{O}}(\boldsymbol{F}_{xy})=\pm F_{xy}d \tag{4-1-4}$$

力对轴的矩是力使刚体绕某轴转动效果的度量，是代数量。其正负号按右手螺旋法则确定。从力对轴之矩的定义可得其性质：

①当力沿其作用线移动时，力对轴之矩不变。

②当力的作用线与某轴平行（如与z轴平行，则$F_{xy}=0$）或相交（$d=0$）时，力对该轴之矩为零。

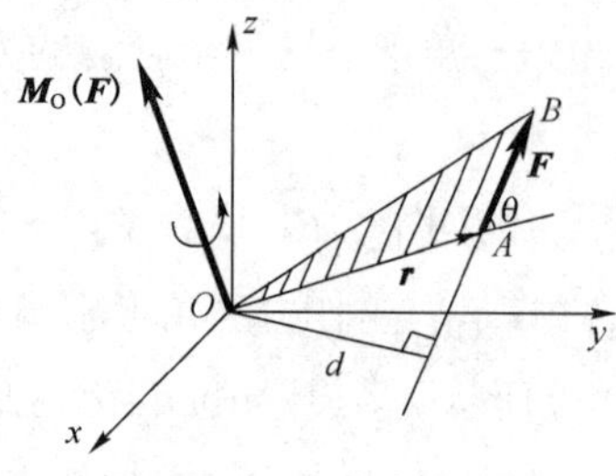

图 4-1-3 力对点之矩

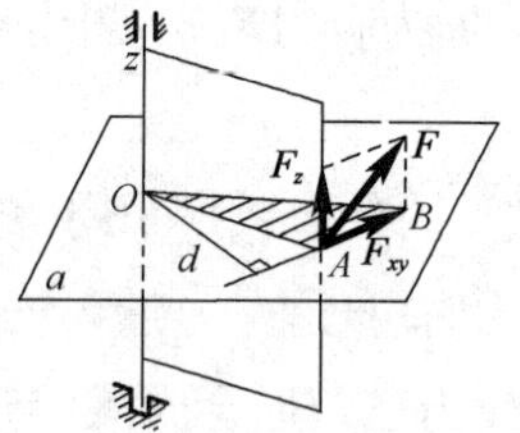

图 4-1-4 力对轴之矩

（3）力矩关系定理

力对任意点的矩矢在通过该点的任一轴上的投影，等于此力对该轴的矩。即

$$[\boldsymbol{M}_O(\boldsymbol{F})]_z = M_z(\boldsymbol{F}) \tag{4-1-5}$$

（4）合力矩定理

汇交力系的合力对某点（或某轴）之矩等于力系中各分力对同一点（或同一轴）之矩的矢量和（或代数和）。即

$$\boldsymbol{M}_O(\boldsymbol{F}_R) = \sum \boldsymbol{M}_O(\boldsymbol{F}_i) \tag{4-1-6a}$$

或

$$M_z(\boldsymbol{F}_R) = \sum M_z(\boldsymbol{F}_i) \tag{4-1-6b}$$

【例 4-1-2】 如图所示结构直杆BC，受荷载$\boldsymbol{F}$、q作用，$BC=L$，$F=qL$，其中q为均布荷载，单位 N/m，集中力以 N 计，长度以 m 计。则该主动力系对O点的合力矩为：

A. $M_O = 0$

B. $M_O = qL^2/2$ N·m（↶）

C. $M_O = 3qL^2/2$ N·m（↶）

D. $M_O = qL^2$N·m（↷）

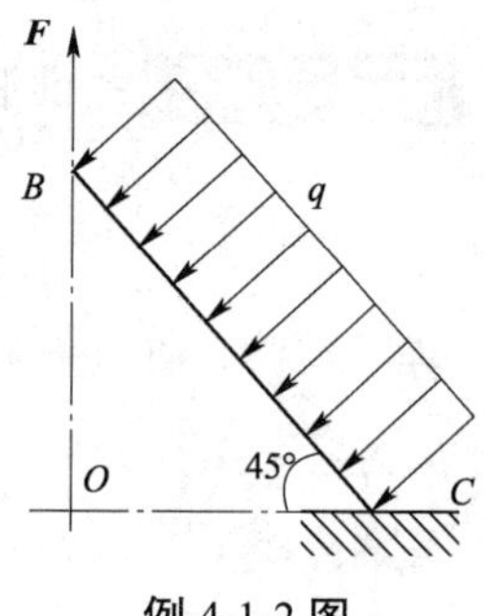

例 4-1-2 图

解 根据合力矩定理，主动力系对O点的合力矩等于各分力对O点的力矩之代数和，即：$M_O(\boldsymbol{F}_R) = M_O(\boldsymbol{F}) + M_O(qL)$。由于$\boldsymbol{F}$力和均布荷载$q$的合力作用线均通过$O$点，故合力矩为零。

答案： A

2. 力偶的概念

大小相等、方向相反、作用线互相平行但不重合的两个力所组成的力系（见图 4-1-5），称为力偶，记为$(\boldsymbol{F},\boldsymbol{F}')$，且$\boldsymbol{F}=-\boldsymbol{F}'$。力偶与力同是力学中的基本元素。力偶没有合力，故只能使物体产生转动并将改变其转动状态。力偶对物体的转动效果取决于力偶矩矢$\boldsymbol{M}$。$\boldsymbol{M}$定义为组成力偶的两个力对任一点之矩的矢量和，即

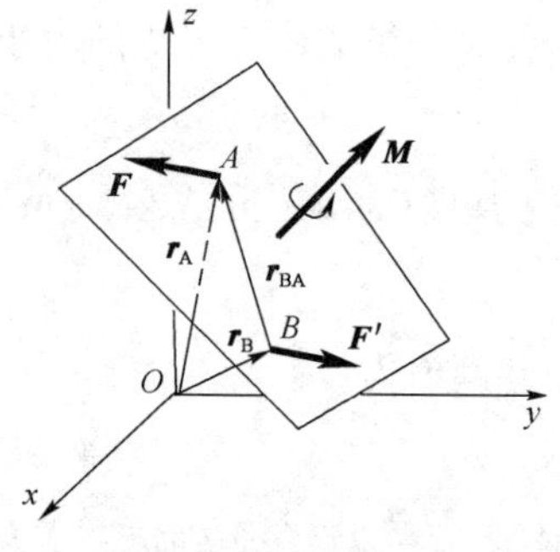

图 4-1-5 力偶矩矢量

$$\boldsymbol{M} = \boldsymbol{M}_O(\boldsymbol{F}) + \boldsymbol{M}_O(\boldsymbol{F}') = \boldsymbol{r}_A \times \boldsymbol{F} + \boldsymbol{r}_B \times \boldsymbol{F}' = \boldsymbol{r}_{BA} \times \boldsymbol{F} \tag{4-1-7}$$

力偶矩矢与矩心O无关。力偶的三要素为

（1）力偶矩的大小；

（2）力偶的转向；

（3）力偶作用面的方位。

力偶矩矢的大小为

$$|\boldsymbol{M}| = Fd \tag{4-1-8}$$

其中，d为力偶中两个力之间的垂直距离，称为力偶臂。方向按右手螺旋法则确定。

力偶的作用效果仅取决于力偶矩矢，故只要保持力偶矩矢不变，力偶可在其作用面内任意移动和转动，或同时改变力偶中力的大小和力偶臂的长短，或在平行平面内移动，都不改变力偶对同一刚体的作用效果。

3. 刚体的概念

在物体受力以后的变形对其运动和平衡的影响小到可以忽略不计的情况下，便可把物体抽象成为不变形的力学模型——刚体。

4. 平衡的概念

平衡是指物体相对惯性参考系静止或作匀速直线平行移动的状态。

（二）基本原理

1. 二力平衡原理

不计自重的刚体在二力作用下平衡的必要和充分条件是：二力沿着同一作用线，大小相等，方向相反。仅受两个力作用且处于平衡状态的物体，称为二力体，又称二力构件。

2. 加减平衡力系原理

在作用于刚体的力系中，加上或减去任意一个平衡力系，不改变原力系对刚体的作用效应。

推论Ⅰ：力的可传性。作用于刚体上的力可沿其作用线滑移至刚体内任意点而不改变力对刚体的作用效应。

推论Ⅱ：三力平衡汇交定理。作用于刚体上三个相互平衡的力，若其中两个力的作用线汇交于一点，则此三力必在同一平面内，且第三个力的作用线通过汇交点。

【例 4-1-3】 作用在一个刚体上的两个力$\boldsymbol{F}_1$、$\boldsymbol{F}_2$，满足$\boldsymbol{F}_1=-\boldsymbol{F}_2$的条件，则该二力可能是：

A. 作用力和反作用力或一对平衡的力　　B. 一对平衡的力或一个力偶

C. 一对平衡的力或一个力和一个力偶　　D. 作用力和反作用力或一个力偶

解 因为作用力和反作用力分别作用在两个不同的刚体上，故选项 A、D 是错误的；而当$\boldsymbol{F}_1=-\boldsymbol{F}_2$时，两个力不可能合成为一个力，选项 C 也不正确。

答案：B

注：作用力与反作用力、一对平衡的力和一个力偶中的两个力均可用矢量表达式$\boldsymbol{F}_1=-\boldsymbol{F}_2$表示，一定要分清三者的不同之处。

（三）约束与约束力

阻碍物体运动的限制条件称为约束，约束对被约束物体的机械作用称为约束力。

工程中常见的几种典型约束的性质以及相应约束力的确定方法见表 4-1-1。

几种典型约束的性质及相应约束力的确定方法　　表 4-1-1

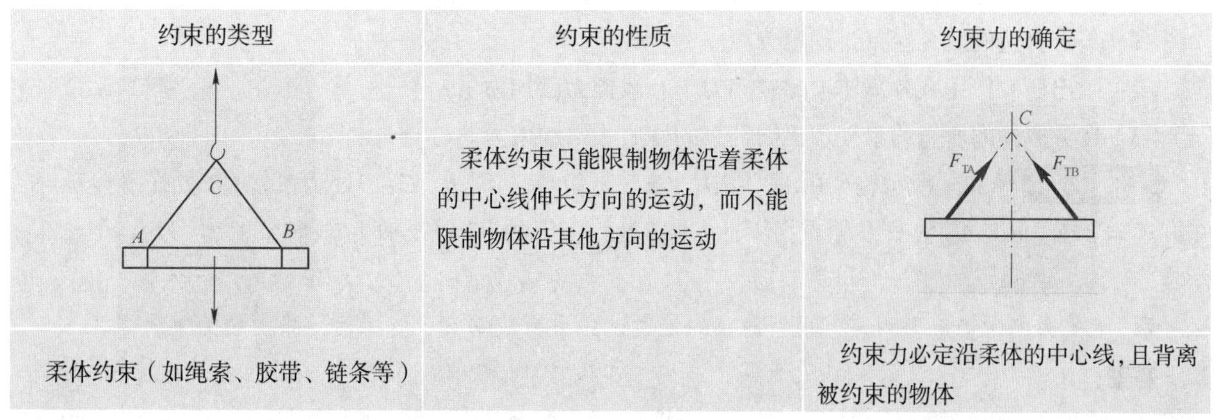

约束的类型	约束的性质	约束力的确定
柔体约束（如绳索、胶带、链条等）	柔体约束只能限制物体沿着柔体的中心线伸长方向的运动，而不能限制物体沿其他方向的运动	约束力必定沿柔体的中心线，且背离被约束的物体

续上表

约束的类型	约束的性质	约束力的确定
光滑接触约束	光滑接触约束只能限制物体沿接触面的公法线指向支承面的运动，而不能限制物体沿接触面或离开支承面的运动	光滑接触面的约束力通过接触点，沿接触面的公法线并指向被约束的物体
圆柱铰链与铰链支座	铰链约束只能限制物体在垂直于销钉轴线的平面内任意方向的运动，而不能限制物体绕销钉的转动	约束力作用在垂直于销钉轴线平面内，通过销钉中心，而方向待定
可动铰支座（辊轴支座）	可动铰支座不能限制物体绕销钉的转动和沿支承面的运动，而只能限制物体在支承面垂直方向的运动	可动铰支座的约束力通过销钉中心且垂直于支承面，指向待定
固定端约束	固定端约束既能限制物体移动，又能限制物体绕固定端转动	约束力可表示为两个互相垂直的分力和一个约束力偶，指向均待定

（四）受力分析与受力图

分析力学问题时，往往必须首先根据问题的性质、已知量和所要求的未知量，选择某一物体（或几个物体组成的系统）作为研究对象，并假想地将所研究的物体从与之接触或连接的物体中分离出来，即解除其所受的约束而代之以相应的约束力。解除约束后的物体，称为分离体。分析作用在分离体上的全部主动力和约束力，画出分离体的受力简图——受力图。这一过程即为受力分析。

受力分析是求解静力学和动力学问题的重要基础，具体步骤如下：

（1）选定合适的研究对象，确定分离体；

（2）画出所有作用在分离体上的主动力（一般皆为已知力）；

（3）在分离体的所有约束处，根据约束的性质画出约束力。

【例 4-1-4】 如图所示构架由AC、BD、CE三杆组成，A、B、C、D处为铰接，E处光滑接触。已知：$F_{\mathrm{p}} = 2\mathrm{kN}$，$\theta = 45°$，杆及轮重均不计，则$E$处约束力的方向与$x$轴正向所成的夹角为：

A. 0°　　B. 45°　　C. 90°　　D. 225°

解 E处为光滑接触面约束，根据约束的性质，约束力应垂直于支撑面，指向被约束物体。

答案： B

【例 4-1-5】 结构如图所示，杆DE的点H由水平闸拉住，其上的销钉C置于杆AB的光滑直槽中，各杆自重均不计，已知$F_{\mathrm{p}}=10\mathrm{kN}$。销钉$C$处约束力的作用线与$x$轴正向所成的夹角为：

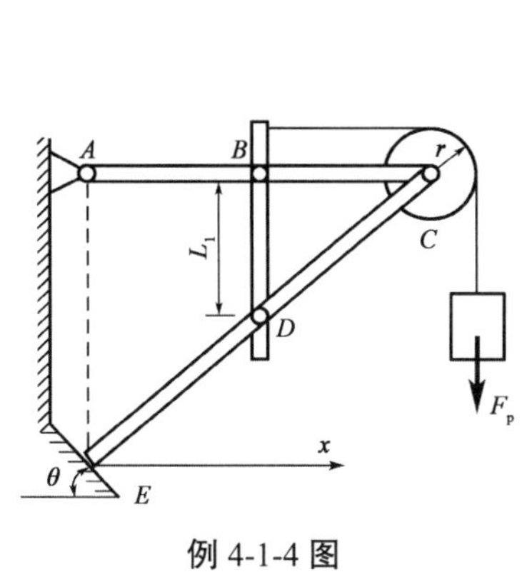

例 4-1-4 图

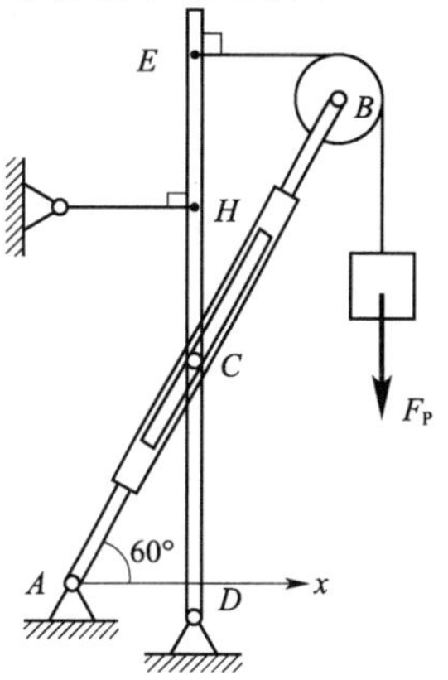

例 4-1-5 图

A. 0°　　B. 90°　　C. 60°　　D. 150°

解 销钉C处为光滑接触约束，约束力应垂直于AB光滑直槽，由于$\boldsymbol{F}_{\mathrm{p}}$的作用，直槽的左上侧与销钉接触，故其约束力的作用线与x轴正向所成的夹角为 150°。

答案： D

【例 4-1-6】 在如图 a）所示结构中，如果将作用于构件AC上的力偶M搬移到构件BC上，则根据力偶的性质（力偶可在其作用面内任意移动和转动，不改变力偶对同一刚体的作用效果），A、B、C三处的约束力：

A. 都不变　　B. 仅C处改变　　C. 都改变　　D. 仅C处不变

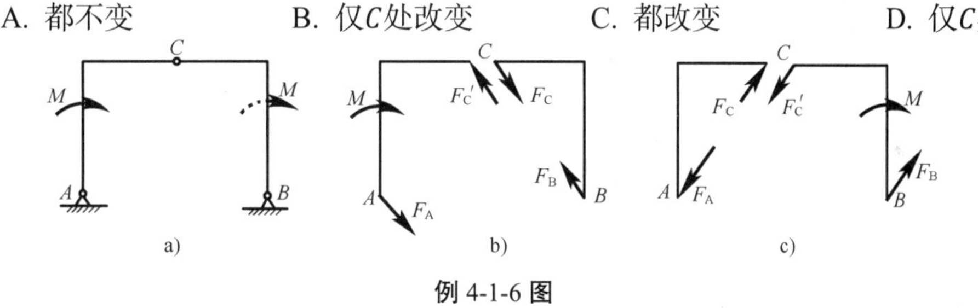

例 4-1-6 图

解 若力偶M作用于构件AC上，则BC为二力构件，AC满足力偶的平衡条件，受力图如图 b）所示；若力偶M作用于构件BC上，则AC为二力构件，BC满足力偶的平衡条件，受力图如图 c）所示。从图中看出，两种情况下A、B、C三处约束力的方向都发生了变化，这与力偶的性质并不矛盾，因为力偶在其作用面内移动后（从构件AC移至构件BC），并未改变其使系统整体（ACB）产生顺时针转动趋势的作用效果。

答案： C

【例 4-1-7】 图示三铰刚架中，若将作用于构件BC上的力$\boldsymbol{F}$沿其作用线移至构件AC上，则A、B、C处约束力的大小：

A. 都不变

B. 都改变

C. 只有C处改变

D. 只有C处不改变

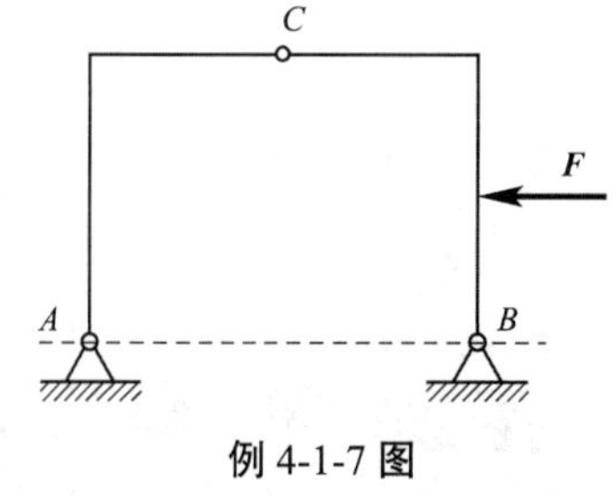

例 4-1-7 图

解 若力$\boldsymbol{F}$作用于构件BC上，则AC为二力构件，满足二力平衡条件，BC满足三力平衡条件，受力图如解图 a）所示。

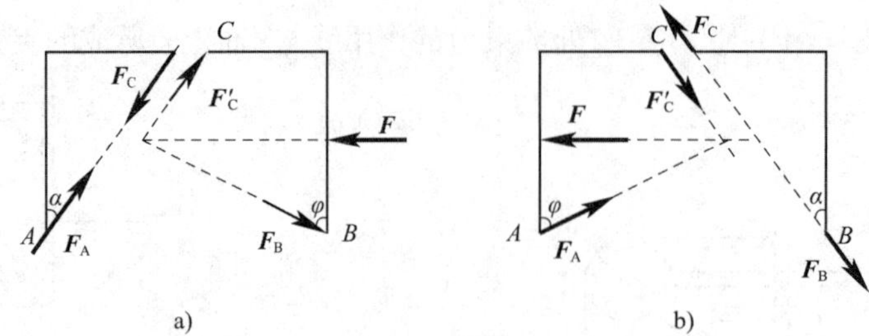

例 4-1-7 解图

对BC列平衡方程：

$$\sum F_x = 0，F - F_B \sin\varphi - F'_C \sin\alpha = 0$$

$$\sum F_y = 0，F'_C \cos\alpha - F_B \cos\varphi = 0$$

解得：

$$F'_C = \frac{F}{\sin\alpha + \cos\alpha\tan\varphi} = F_A，F_B = \frac{F}{\tan\alpha\cos\varphi + \sin\varphi}$$

若力$\boldsymbol{F}$移至构件AC上，则BC为二力构件，而AC满足三力平衡条件，受力图如解图 b）所示。

对AC列平衡方程：

$$\sum F_x = 0，F - F_A \sin\varphi - F'_C \sin\alpha = 0$$

$$\sum F_y = 0，F_A \cos\varphi - F'_C \cos\alpha = 0$$

解得：

$$F'_C = \frac{F}{\sin\alpha + \cos\alpha\tan\varphi} = F_B，F_A = \frac{F}{\tan\alpha\cos\varphi + \sin\varphi}$$

由此可见，两种情况下，只有C处约束力的大小没有改变，而A、B处约束力的大小都发生了改变。

答案： D

注：此题问的是约束力大小的变化，这就需要在数值上计算一下，不像前一道例题，问的是约束力的变化，这就需要考虑力的三要素，其中一个要素有变化，约束力就改变了。所以一定要注意题目问的是什么。

【例 4-1-8】 如图 a）所示将大小为 100N 的力$\boldsymbol{F}$沿x、y方向分解，若$\boldsymbol{F}$在x轴上的投影为 50N，而沿x方向的分力的大小为 200N，则$\boldsymbol{F}$在y轴上的投影为：

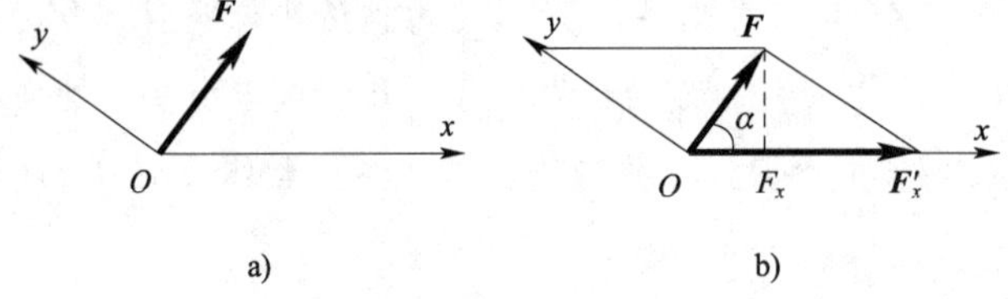

例 4-1-8 图

A. 0　　B. 50N　　C. 200N　　D. 100N

解 如图 b）所示，根据力的投影公式，$F_x = F\cos\alpha = 50\text{N}$，故$\alpha = 60°$。而分力$\boldsymbol{F}'_x$的大小是力$\boldsymbol{F}$大小的 2 倍，因此力$\boldsymbol{F}$与$y$轴垂直，在$y$轴的投影为零。

答案： A

【例 4-1-9】 试确定如图 a）、b）所示系统中A、B处约束力的方向。

解 在图 a）中，BC为二力杆，根据二力平衡原理，B处约束力$\boldsymbol{F}_B$必沿杆BC方向；因为系统整体受三个力作用，由三力平衡汇交定理知，A处约束力$\boldsymbol{F}_A$与力$\boldsymbol{F}_B$、$\boldsymbol{F}$汇交于一点，见图 c）。

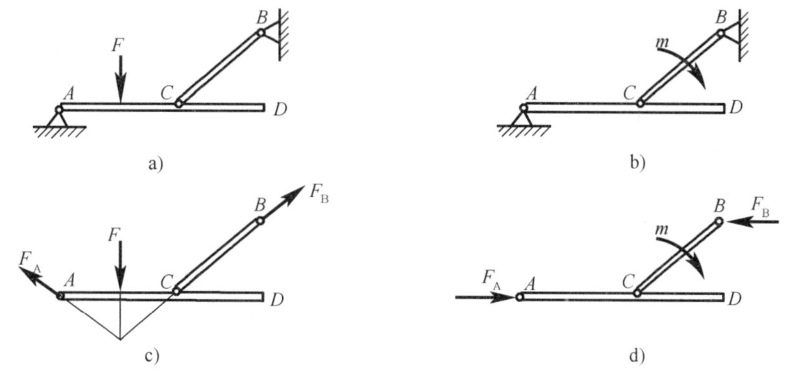

例 4-1-9 图

在图 b）中，AC为二力杆（只在A、C处受力），根据二力平衡原理，A处约束力$\boldsymbol{F}_A$必沿杆AC方向；由力偶的性质（力偶只能与力偶平衡）知，B处约束力$\boldsymbol{F}_B$应与力$\boldsymbol{F}_A$组成一力偶，与m平衡，其受力如图 d）所示。

【例 4-1-10】图示结构由直杆AC，DE和直角弯杆BCD所组成，自重不计，受载荷$\boldsymbol{F}$与$M = Fa$作用。则A处约束力的作用线与x轴正向所成的夹角为：

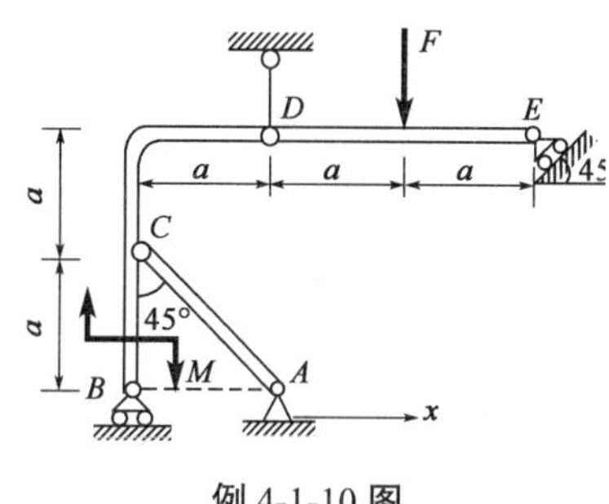

例 4-1-10 图

A. 135°　　B. 90°

C. 0°　　D. 45°

解　首先分析杆DE，E处为活动铰链支座，约束力垂直于支撑面如解图 a）所示，杆DE的铰链D处的约束力可按三力汇交原理确定；其次分析铰链D，D处铰接了杆DE、直角弯杆BCD和连杆，连杆的约束力$\boldsymbol{F}_D$沿杆为铅垂方向，杆DE作用在铰链D上的力为$\boldsymbol{F}'_{D右}$，按照铰链D的平衡，其受力图如解图 b）所示；最后分析直杆AC和直角弯杆BCD，直杆AC为二力杆，A处约束力沿杆方向，根据力偶的平衡，由$\boldsymbol{F}_A$与$\boldsymbol{F}'_{D左}$组成的逆时针转向力偶与顺时针转向的主动力偶M组成平衡力系，故A处约束力的指向如解图 c）所示。

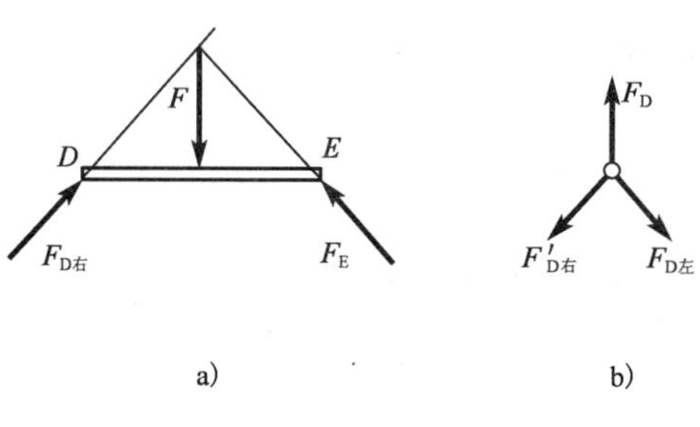

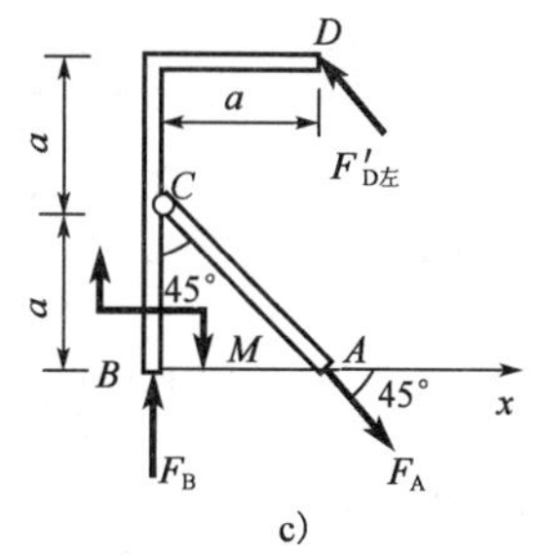

例 4-1-10 解图

答案：D

【例 4-1-11】图示构架中，G、B、C、D处为光滑铰链，杆及滑轮自重不计。已知悬挂物体重F_p，且$AB = AC$。则B处约束力的作用线与x轴正向所成的夹角为：

A. 0°　　B. 90°

C. 60°　　D. 150°

解　因为杆BC为二力构件，B、C处的约束力应沿BC连线，且等值反向（见解图），而$\triangle ABC$为等边三角形，故B处约束力的作用线与x轴正向所成的夹角为 150°。

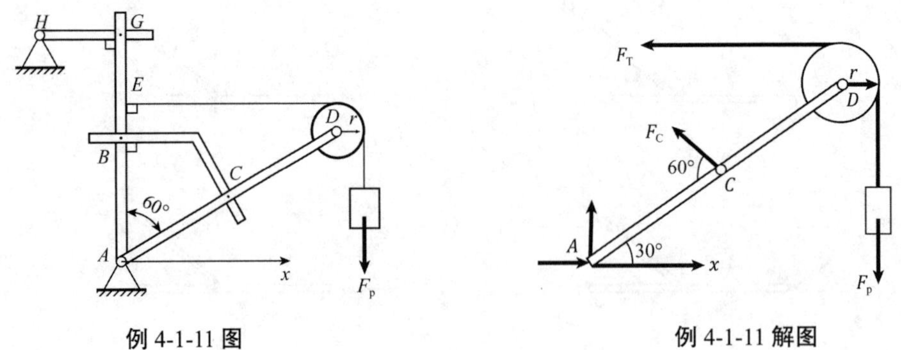

例 4-1-11 图　　　　例 4-1-11 解图

答案： D

二、力系的简化

将作用在物体上的一个力系用另一个与其对物体作用效果相同的力系来代替，则这两个力系互为等效力系。若用一个简单力系等效地替换一个复杂力系，则称为力系的简化。

（一）力的平移定理

作用在刚体上的力可以向任意点O平移，但必须同时附加一个力偶，这一附加力偶的力偶矩等于平移前的力对平移点O之矩。

（二）任意力系的简化

考察作用在刚体上的任意力系$(\boldsymbol{F}_1,\boldsymbol{F}_2,\cdots,\boldsymbol{F}_n)$，如图 4-1-6a）所示。若在刚体上任取一点$O$（简化中心），应用力的平移定理，将力系中的各力$\boldsymbol{F}_1,\boldsymbol{F}_2,\cdots,\boldsymbol{F}_n$逐个向简化中心平移，最后得到汇交于$O$点的，由$\boldsymbol{F}_1',\boldsymbol{F}_2',\cdots,\boldsymbol{F}_n'$组成的汇交力系，以及由所有附加力偶$\boldsymbol{M}_1,\boldsymbol{M}_2,\cdots,\boldsymbol{M}_n$组成的力偶系，如图 4-1-6b）所示。

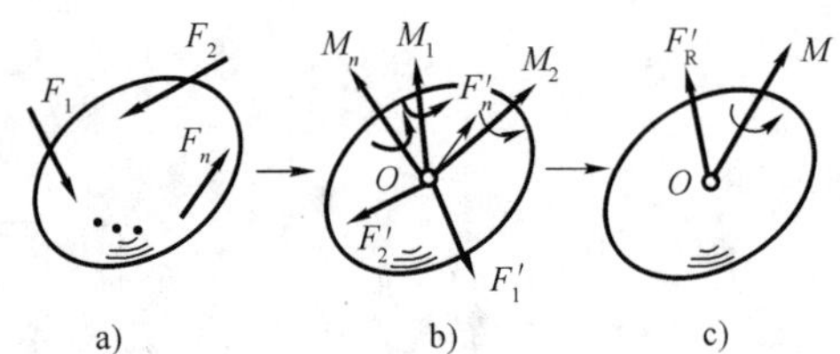

图 4-1-6　任意力系的简化

平移后得到的汇交力系和力偶系，可以分别合成一个作用于O点的合力$\boldsymbol{F}_{\mathrm{R}}'$，以及合力偶$\boldsymbol{M}_{\mathrm{O}}$，如图 4-1-6c）所示。其中

$$\left.\begin{aligned}\boldsymbol{F}_{\mathrm{R}}' &= \sum_{i=1}^{n}\boldsymbol{F}_i\\ \boldsymbol{M}_{\mathrm{O}} &= \sum_{i=1}^{n}\boldsymbol{M}_i = \sum_{i=1}^{n}\boldsymbol{M}_{\mathrm{O}}(\boldsymbol{F}_i)\end{aligned}\right\} \tag{4-1-9}$$

任意力系中所有各力的矢量和$\boldsymbol{F}_{\mathrm{R}}'$，称为该力系的主矢；而诸力对于任选简化中心$O$之矩的矢量和$\boldsymbol{M}_{\mathrm{O}}$，称为该力系对简化中心的主矩。

上述结果表明：任意力系向任选一点O简化，可得一个力和一个力偶，这个力等于该力系的主矢，作用线通过简化中心；简化所得力偶的力偶矩矢等于该力系对简化中心O的主矩。注意：任意力系的主矢与简化中心的选择无关，而其主矩与简化中心的选择有关。

（三）平面力系的简化结果

平面力系的简化结果见表4-1-2。

平面力系简化的最后结果　　表4-1-2

F'_R（主矢）	M_O（主矩）	最后结果	说明
$F'_R \neq 0$	$M_O \neq 0$	合力	合力作用线到简化中心O的距离为 $d=\frac{\lvert M_O \rvert}{F'_R}$
	$M_O = 0$	合力	合力作用线通过简化中心
$F'_R = 0$	$M_O \neq 0$	合力偶	此时主矩与简化中心无关
	$M_O = 0$	平衡	

【例4-1-12】 如图所示边长为a的正方形物块$OABC$。已知：$F_1=F_2=F_3=F_4=F$，力偶矩$M_1=M_2=Fa$。该力系向O点简化后的主矢及主矩应为：

A. $F_R=0N$，$M_O=4Fa$（顺时针）

B. $F_R=0N$，$M_O=3Fa$（逆时针）

C. $F_R=0N$，$M_O=2Fa$（逆时针）

D. $F_R=0N$，$M_O=2Fa$（顺时针）

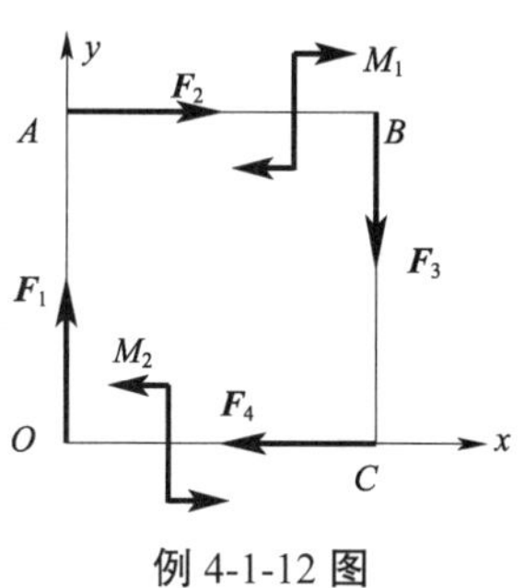

例4-1-12图

解　四个分力构成自行封闭的四边形（F_1与F_3等值反向、F_2与F_4等值反向），故主矢为零：$F_R=0N$；M_1与M_2等值反向，$\boldsymbol{F}_1$与$\boldsymbol{F}_3$、$\boldsymbol{F}_2$与$\boldsymbol{F}_4$构成顺时针转向的两个力偶，每个力偶的力偶矩大小均为Fa，故主矩为：$M_O=M_2-M_1-Fa-Fa=-2Fa$（顺时针）。

答案： D

【例4-1-13】 设一平面力系，如图所示，各力在x轴上的投影$\sum F_x=0$，各力对A和B点的矩之和分别为$\sum M_A(\boldsymbol{F})=0$，$\sum M_B(\boldsymbol{F})=400\text{kN}\cdot\text{m}$（以逆时针为正）。若$L=20\text{m}$，则该力系简化的最后结果为：

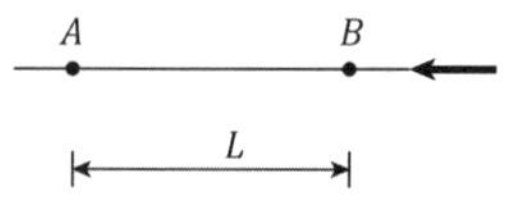

例4-1-13图

A. 平衡　　B. 一力和一力偶

C. 一合力偶　　D. 一合力

解　根据力系简化最后结果分析，对于平面力系，若主矢为零，力系简化的最后结果为合力偶；若主矢不为零，则无论主矩是否为零，力系简化的最后结果均为合力。该题中力系向A点简化的矩为零，而向B点简化的矩不为零，故主矢不为零，其简化的最后结果为一合力。

答案： D

注：平面力系若不平衡，简化的最后结果只可能是合力或合力偶。

【例4-1-14】 图示平面力系中，已知$q=10\text{kN/m}$，$M=20\text{kN}\cdot\text{m}$，$a=2\text{m}$。则该主动力系对$B$点的合力矩为：

A. $M_B=0$

B. $M_B=20\text{kN}\cdot\text{m}$（逆时针）

C. $M_B=40\text{kN}\cdot\text{m}$（逆时针）

D. $M_B=40\text{kN}\cdot\text{m}$（顺时针）

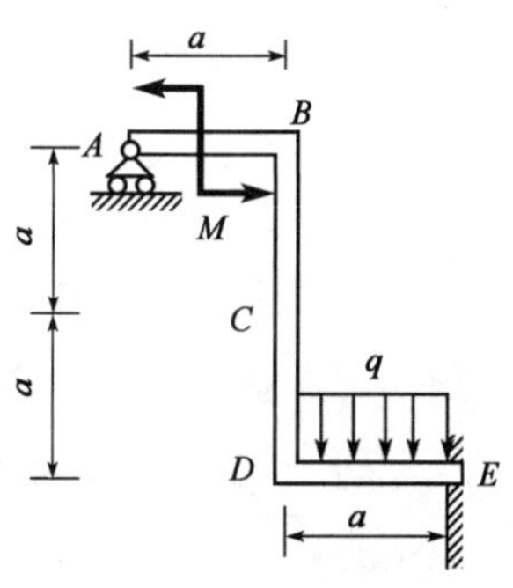

例4-1-14图

解　将主动力系对B点取矩求代数和：

$$M_B=M-qa^2/2=20-10\times2^2/2=0$$

答案： A

三、力系的平衡

力系平衡的充分必要条件是力系的主矢与主矩同时等于零。

（一）平面力系的平衡

1. 平面力系的平衡方程

根据平衡条件$\boldsymbol{F}'_{\mathrm{R}}=0,\boldsymbol{M}_{\mathrm{O}}=0$，可得平面任意力系和平面特殊力系的几种不同形式的平衡方程（见表4-1-3）。

平面力系的平衡方程　　表4-1-3

力（偶）系	平面任意力系	平面汇交力系	平面平行力系（取y轴与各力作用线平行）	平面力偶系
平衡条件	主矢、主矩同时为零 $\boldsymbol{F}'_{\mathrm{R}}=0$，$\boldsymbol{M}_{\mathrm{O}}=0$	合力为零 $\boldsymbol{F}_{\mathrm{R}}=0$	主矢、主矩同时为零 $\boldsymbol{F}'_{\mathrm{R}}=0$，$\boldsymbol{M}_{\mathrm{O}}=0$	合力偶矩为零 $\boldsymbol{M}=0$
基本形式平衡方程	$\sum F_x=0$ $\sum F_y=0$ $\sum m_{\mathrm{O}}(\boldsymbol{F})=0$	$\sum F_x=0$ $\sum F_y=0$	$\sum F_y=0$ $\sum m_{\mathrm{O}}(\boldsymbol{F})=0$	$\sum m=0$
二力矩形式平衡方程	$\sum F_x=0$（或$\sum F_y=0$） $\sum m_{\mathrm{A}}(\boldsymbol{F})=0$ $\sum m_{\mathrm{B}}(\boldsymbol{F})=0$ A、B两点连线不垂直于x轴（或y轴）	$\sum m_{\mathrm{A}}(\boldsymbol{F})=0$ $\sum m_{\mathrm{B}}(\boldsymbol{F})=0$ A、B两点与力系的汇交点不在同一直线上	$\sum m_{\mathrm{A}}(\boldsymbol{F})=0$ $\sum m_{\mathrm{B}}(\boldsymbol{F})=0$ A、B两点连线不与各力平行	无
三力矩形式平衡方程	$\sum m_{\mathrm{A}}(\boldsymbol{F})=0$ $\sum m_{\mathrm{B}}(\boldsymbol{F})=0$ $\sum m_{\mathrm{C}}(\boldsymbol{F})=0$ A、B、C三点不在同一直线上	无	无	无

【例4-1-15】 平面平行力系处于平衡，应有独力平衡方程的个数为：

A. 1个　　B. 2个　　C. 3个　　D. 4个

解 对于平面平行力系，向一点简化的结果仍为一主矢和一主矩，但主矢的作用线与平行力系中的力平行，若要令其等于零，只需一个平衡方程。而主矩为零应和任意力系一样需要一个平衡方程。

答案： B

【例4-1-16】 构件$ABDE$受平面力系作用，如图所示。欲求未知力$\boldsymbol{F}_{\mathrm{NA}}$、$\boldsymbol{F}_{\mathrm{Ey}}$和$\boldsymbol{F}_{\mathrm{E}x}$，独立的平衡方程组是：

A. $\sum M_{\mathrm{C}}(\boldsymbol{F})=0$，$\sum M_{\mathrm{D}}(\boldsymbol{F})=0$，$\sum M_{\mathrm{B}}(\boldsymbol{F})=0$

B. $\sum F_y=0$，$\sum M_{\mathrm{A}}(\boldsymbol{F})=0$，$\sum M_{\mathrm{B}}(\boldsymbol{F})=0$

C. $\sum F_x=0$，$\sum M_{\mathrm{A}}(\boldsymbol{F})=0$，$\sum M_{\mathrm{B}}(\boldsymbol{F})=0$

D. $\sum F_x=0$，$\sum M_{\mathrm{B}}(\boldsymbol{F})=0$，$\sum M_{\mathrm{C}}(\boldsymbol{F})=0$

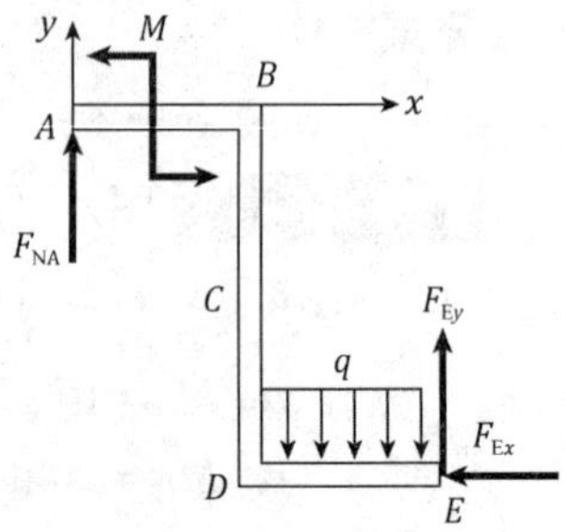

例4-1-16图

解 根据平面任意力系独立平衡方程组的条件，三个平衡方程中，选项A不满足三个矩心不共线的三矩式要求，选项B、D不满足两矩心连线不垂直于投影轴的二矩式要求。只有选项C的两矩心A、B点连线不垂直于投影轴x，满足独立平衡方程组的条件。

答案： C

【例 4-1-17】 如图 a）所示平面构架，不计各杆自重。已知：物块M重力的大小为F_P，悬挂如图所示，不计小滑轮D的尺寸与重量，A、E、C均为光滑铰链，$L_1 = 1.5\text{m}$，$L_2 = 2\text{m}$。则支座B的约束力为：

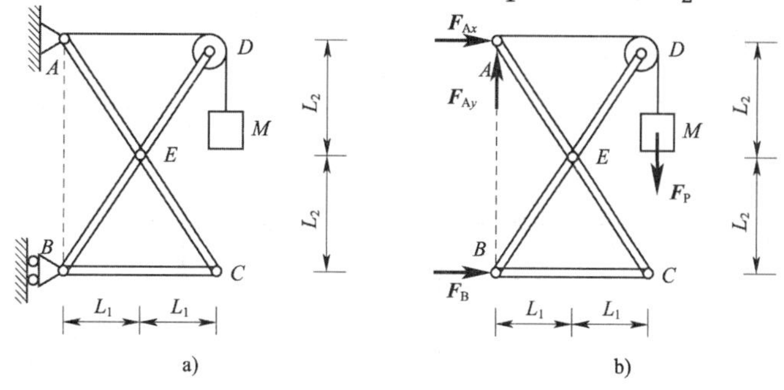

例 4-1-17 图

A. $F_B = 3F_P/4$（→）　　B. $F_B = 3F_P/4$（←）

C. $F_B = F_P$（←）　　D. $F_B = 0$

解 取构架整体为研究对象，根据约束的性质，B处为活动铰链支座，约束力为水平方向（图 b）。列平衡方程：$\sum M_A(F) = 0$，$F_B \cdot 2L_2 - F_P \cdot 2L_1 = 0$，$F_B = 3F_P/4$。

答案： A

【例 4-1-18】 重力为$\boldsymbol{W}$的圆球置于光滑的斜槽内，如图所示。右侧斜面B处对球的约束力$\boldsymbol{F}_{NB}$的大小为：

A. $F_{NB} = W/(2\cos\theta)$

B. $F_{NB} = W/\cos\theta$

C. $F_{NB} = W\cos\theta$

D. $F_{NB} = W\cos\theta/2$

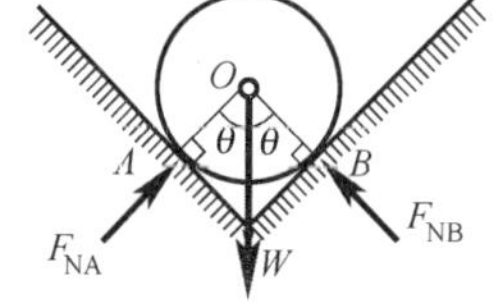

例 4-1-18 图

解 以圆球为研究对象，沿OA、OB方向有约束力$\boldsymbol{F}_{NA}$和$\boldsymbol{F}_{NB}$，由对称性可知两约束力大小相等，对圆球列铅垂方向的平衡方程

$$\sum F_y = 0,\ F_{NA}\cos\theta + F_{NB}\cos\theta - W = 0,\ F_{NB} = \frac{W}{2\cos\theta}$$

答案： A

2. 物体系统的平衡

由两个或两个以上的物体（构件）通过一定的约束方式连接在一起而组成的系统，称为物体系统，简称物系。

当物系整体平衡时，系统中每一个物体也都平衡。系统内各物体间相互的作用力，称为内力；系统以外的物体作用于系统的力，称为外力。

通常情况下，每一个处于平衡状态的物体在平面力系作用下，具有三个独立的平衡方程，若物体系统由n个物体组成，则系统便具有$3n$个独立的平衡方程（在特殊力系作用下，物系中独立的平衡方程数目可由表 4-1-3 确定），可解$3n$个未知量。若物系中实际存在的未知量数目为k，则当$k = 3n$时，应用全部独立的平衡方程就可求得全部未知量，此类问题称为静定问题；当$k > 3n$时，应用全部独立的平衡方程不能求出全部未知量，此类问题称为静不定问题，或称为超静定问题。

求解物体系统平衡问题的方法及步骤：

（1）首先判断物系的静定性。只有肯定了所给物系是静定的，才着手求解。

（2）选取研究对象。尽可能通过整体平衡，求得某些未知约束力，再根据具体所要求的未知量，选择合适的局部或单个物体作为研究对象。

（3）进行受力分析。根据约束的性质及作用与反作用定律，严格区分施力体与受力体，内力与外力（只分析所选研究对象受到的外力），画出研究对象的受力图。

（4）建立平衡方程，求解未知量。

【例 4-1-19】 在如图 a）所示结构中，已知q、L，设力偶逆时针转向为正。则固定端B处约束力的值为：

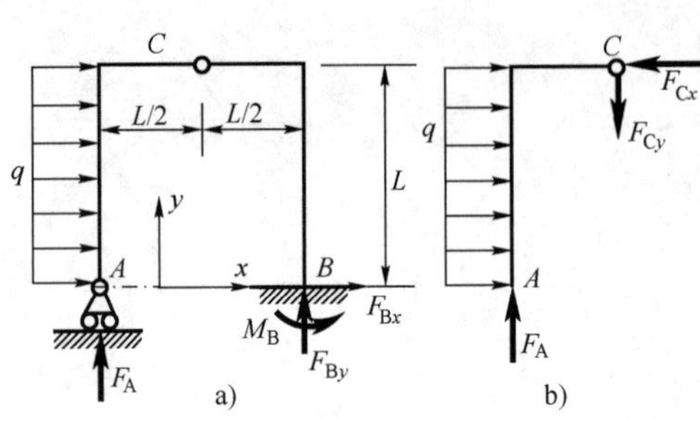

例 4-1-19 图

A. $F_{Bx}=qL$，$F_{By}=qL$，$M_B=-3qL^2/2$

B. $F_{Bx}=-qL$，$F_{By}=qL$，$M_B=3qL^2/2$

C. $F_{Bx}=qL$，$F_{By}=-qL$，$M_B=3qL^2/2$

D. $F_{Bx}=-qL$，$F_{By}=-qL$，$M_B=3qL^2/2$

解 选AC为研究对象，受力如图 b）所示，列平衡方程

$$\sum m_C(\boldsymbol{F})=0,\ qL\cdot\frac{L}{2}-F_A\cdot\frac{L}{2}=0,\ F_A=qL$$

再选结构整体为研究对象，受力如图 a）所示，列平衡方程

$$\sum F_x=0,\ F_{Bx}+qL=0,\ F_{Bx}=-qL$$

$$\sum F_y=0,\ F_A+F_{By}=0,\ F_{By}=-qL$$

$$\sum m_B(\boldsymbol{F})=0,\ M_B-qL\cdot\frac{L}{2}-F_A\cdot L=0,\ M_B=\frac{3}{2}qL^2$$

答案： D

【例 4-1-20】 图示多跨梁由AC和CD铰接而成，自重不计。已知$q=10\text{kN/m}$，$M=40\text{kN}\cdot\text{m}$，$F=2\text{kN}$作用在$AB$中点，且$\theta=45°$，$L=2\text{m}$。则支座$D$的约束力为：

A. $F_D=10\text{kN}$（铅垂向上）　　B. $F_D=15\text{kN}$（铅垂向上）

C. $F_D=40.7\text{kN}$（铅垂向上）　　D. $F_D=14.3\text{kN}$（铅垂向下）

解 以CD为研究对象，其受力如解图所示，列平衡方程：

$$\sum M_C(F)=0,\ 2L\cdot F_D-M-q\cdot L\cdot\frac{L}{2}=0$$

代入数值得：$F_D=15\text{kN}$（铅垂向上）

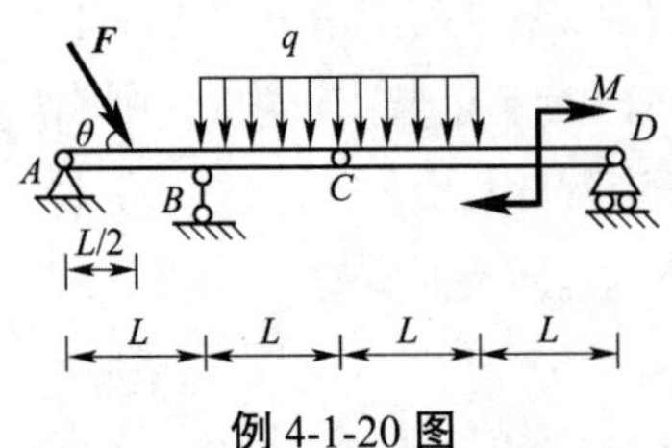

例 4-1-20 图

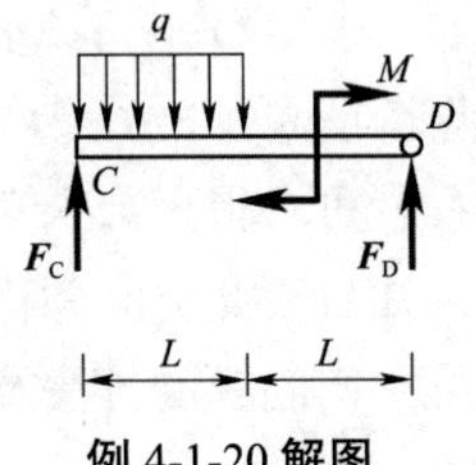

例 4-1-20 解图

答案： B

【例 4-1-21】 如图 a）所示水平梁AB由铰A与杆BD支撑。在梁上O处用小轴安装滑轮，轮上跨过软

绳，绳一端水平地系于墙上，另一端悬挂重力为$\boldsymbol{W}$的物块。构件均不计自重。铰A的约束力大小为：

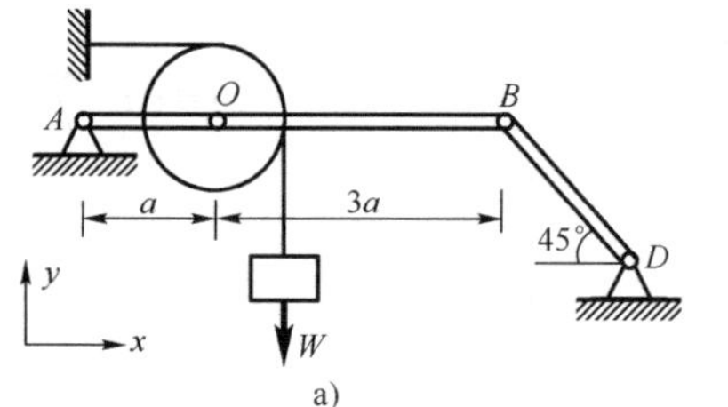

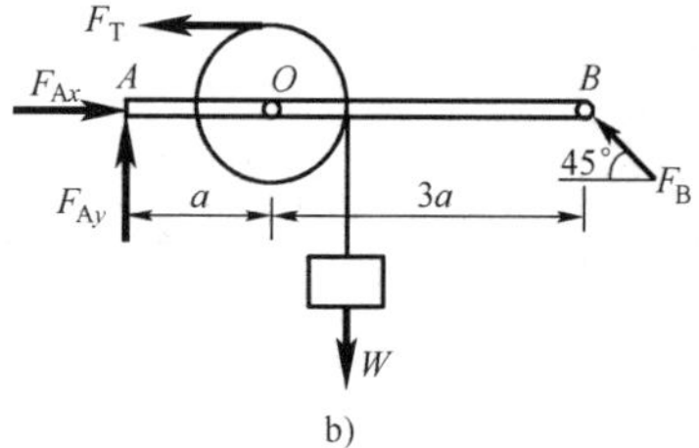

例 4-1-21 图

A. $F_{Ax}=5W/4$，$F_{Ay}=3W/4$　　　　B. $F_{Ax}=W$，$F_{Ay}=W/2$

C. $F_{Ax}=3W/4$，$F_{Ay}=W/4$　　　　D. $F_{Ax}=W/2$，$F_{Ay}=W$

解　取杆AB及滑轮为研究对象，受力如图 b）所示。列平衡方程：

$\sum m_A(\boldsymbol{F})=0$，$F_B\sin 45°\times 4a+F_T\cdot r-W(a+r)=0$

因为$F_T=W$，$F_B\cos 45°=F_B\sin 45°=W/4$

$\sum F_x=0$，$F_{Ax}-F_T-F_B\cos 45°=0$，$F_{Ax}=5W/4$

$\sum F_y=0$，$F_{Ay}-W+F_B\sin 45°=0$，$F_{Ay}=3W/4$

答案：A

【例 4-1-22】 在如图 a）所示机构中，已知：F_P，$L=2\text{m}$，$r=0.5\text{m}$，$\theta=30°$，$BE=EG$，$CE=EH$。则支座A的约束力为：

A. $F_{Ax}=F_P$（←），$F_{Ay}=1.75F_P$（↓）　　　　B. $F_{Ax}=0$，$F_{Ay}=0.75F_P$（↓）

C. $F_{Ax}=0$，$F_{Ay}=0.75F_P$（↑）　　　　D. $F_{Ax}=F_P$（→），$F_{Ay}=1.75F_P$（↑）

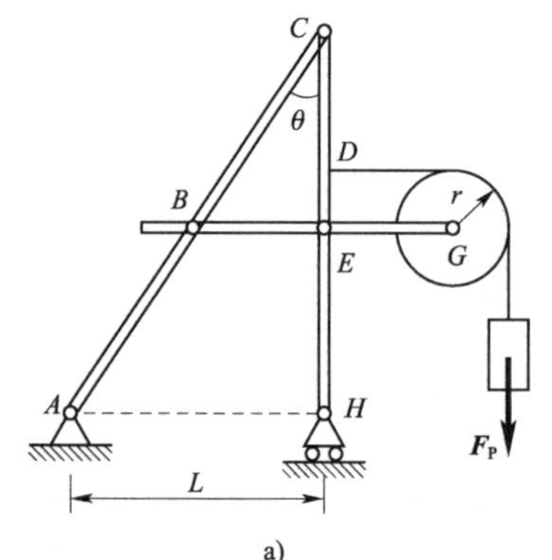

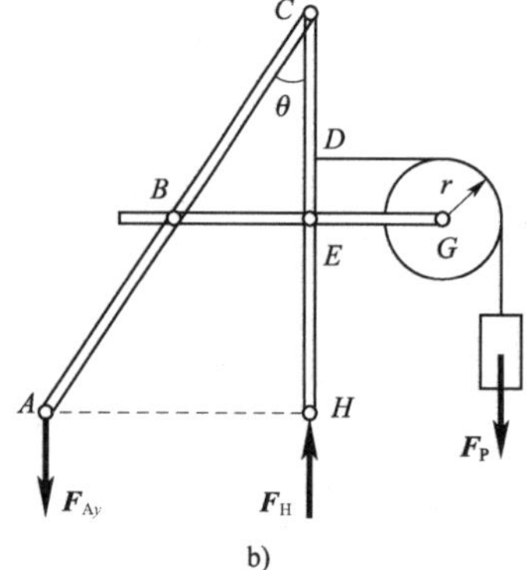

例 4-1-22 图

解　对系统进行整体分析，外力有主动力$\boldsymbol{F}_P$，A、H处约束力，由于$\boldsymbol{F}_P$与H处约束力均为铅垂方向，故A处也只有铅垂方向约束力（图 b），列平衡方程$\sum M_H(\boldsymbol{F})=0$，$F_{Ay}\cdot L-F_P(0.5L+r)=0$，$F_{Ay}=0.75F_P$。

答案：B

（二）平面静定桁架

桁架是一种由若干直杆在两端彼此用铰链连接而成的杆系结构，其特点是受力后几何形状不变。若桁架所有的杆件都在同一平面内，称其为平面桁架，各杆间的铰接点称作节点；各杆自重不计，所受荷载均作用于节点上，或平均分配在杆件两端的节点上。所以桁架中的各杆均为二力杆。

平面静定桁架的内力计算方法：

（1）节点法——利用平面汇交力系的平衡方程，选取各节点为研究对象，计算桁架中各杆之内力；常用于结构的设计计算。

（2）截面法——利用平面一般力系的平衡方程，用假想平面截取其中一部分桁架作为研究对象，计算桁架中指定杆件之内力；常用于结构的校核计算。

【例 4-1-23】 如图所示不计自重的水平梁与桁架在B点铰接。已知：荷载$\boldsymbol{F}_1$、$\boldsymbol{F}$均与BH垂直，$F_1 = 8\text{kN}$，$\boldsymbol{F} = 4\text{kN}$，$M = 6\text{kN}\cdot\text{m}$，$q = 1\text{kN/m}$，$L = 2\text{m}$。则杆件 1 的内力为：

A. $F_1 = 0$　　B. $F_1 = 8\text{kN}$

C. $F_1 = -8\text{kN}$　　D. $F_1 = -4\text{kN}$

例 4-1-23 图

解　取节点D分析其平衡，可知 1 杆为零杆。

答案： A

【例 4-1-24】 不经计算，通过直接判定得出如图所示桁架中内力为零的杆数为：

A. 2 根　　B. 3 根

C. 4 根　　D. 5 根

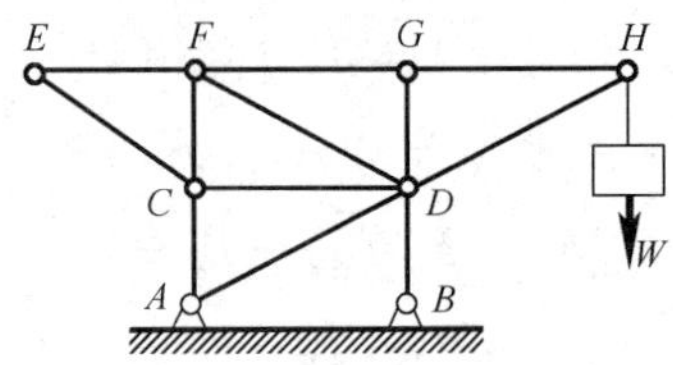

例 4-1-24 图

解　根据节点法，由节点E的平衡，可判断出杆EC、EF为零杆，再由节点C和G，可判断出杆CD、GD为零杆；由系统的整体平衡可知：支座A处只有铅垂方向的约束力，故通过分析节点A，可判断出杆AD为零杆。

答案： D

注：判断零杆时，首先分析无外荷载作用的两杆节点和其中两杆在同一直线上的三杆节点。

（三）滑动摩擦

在主动力作用下，当两物体接触处有相对滑动或有相对滑动趋势时，在接触处的公切面内将受到一定的阻力阻碍其相对滑动，这种现象称为滑动摩擦。

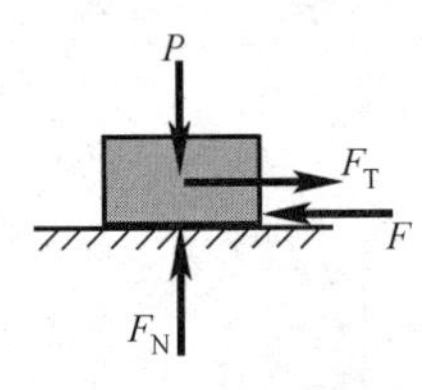

图 4-1-7　滑动摩擦

1. 各种摩擦力的计算公式

图 4-1-7 中所示力$\boldsymbol{P}$、$\boldsymbol{F}_\text{T}$为主动力，摩擦力$\boldsymbol{F}$可根据物体的运动状态分为三类。其计算公式见表 4-1-4。

摩擦力计算一览表　　表 4-1-4

类　别	静摩擦力$\boldsymbol{F}_\text{s}$	最大静摩擦力$\boldsymbol{F}_\text{max}$	动摩擦力$\boldsymbol{F}_\text{d}$
产生条件	物体接触面之间有相对滑动趋势，但物体仍保持静止	物体接触面之间有相对滑动趋势，但物体处于要滑而未滑的临界平衡状态	物体接触面之间开始相对滑动
方向	与相对滑动趋势方向相反	与相对滑动趋势方向相反	与相对滑动方向相反
大小	$0 \leqslant F_\text{s} \leqslant F_\text{max}$ F_s之值由平衡方程确定 $F_\text{s} = F_\text{T}$	$F_\text{max} = f_\text{s}F_\text{N}$ 式中，F_N为接触面的法向约束力（也称法向正压力）；f_s称作静滑动摩擦因数，其值可从工程手册中查找	$F_\text{d} = f_\text{d}F_\text{N}$ 式中，F_N为接触面法向反力；f_d为动滑动摩擦因数

2. 摩擦曲线

摩擦力$\boldsymbol{F}$与主动力$\boldsymbol{F}_\text{T}$之间的关系以及物体的运动状态，可用如图 4-1-8 所示的摩擦曲线来表示。

3. 摩擦角与自锁

静摩擦力$\boldsymbol{F}_\text{s}$与法向约束力$\boldsymbol{F}_\text{N}$的合力$\boldsymbol{F}_\text{RA}$称为全约束力，其作用线与接触面的公法线成一偏角φ，见图 4-1-9a）。当物块处于平衡的临界状态时，静摩擦力达到最大值$\boldsymbol{F}_\text{max}$，偏角$\varphi$也达到最大值$\varphi_\text{f}$，见图

4-1-9b)。全约束力与法线间夹角的最大值φ_f称为摩擦角。由图可得

$$\tan\varphi_f=\frac{F_{max}}{F_N}=\frac{f_sF_N}{F_N}=f_s \tag{4-1-10}$$

即摩擦角的正切等于静摩擦因数。

因静摩擦力$\boldsymbol{F}_s$总是小于或等于最大静摩擦力$\boldsymbol{F}_{max}$，故全约束力与支承面法线间的夹角φ，总是小于或等于摩擦角φ_f，其变化范围为

$$0\leqslant\varphi\leqslant\varphi_f \tag{4-1-11}$$

如图 4-1-10a)所示，若设作用于物块上主动力的合力$\boldsymbol{F}_R$与接触面法线的夹角为θ，全约束力$\boldsymbol{F}_{RA}$与接触面法线间的夹角为φ，则当$\boldsymbol{F}_R$的作用线在摩擦角之内（$\theta<\varphi_f$）时，无论这个力怎样大，都会产生与之满足二力平衡条件的全约束力$\boldsymbol{F}_{RA}(\varphi=\theta<\varphi_f)$，使物块保持静止，这种现象称为自锁现象。

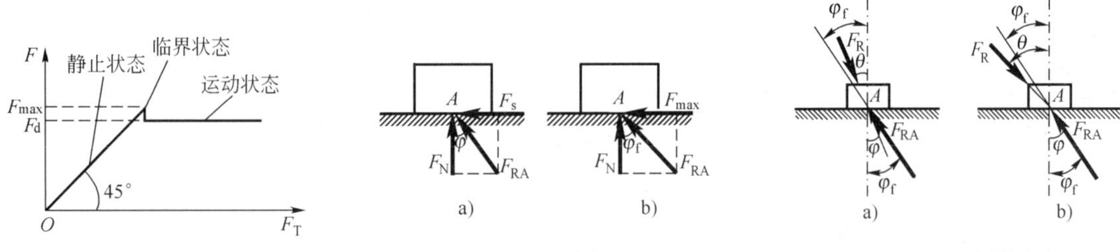

图 4-1-8 摩擦曲线　　图 4-1-9 摩擦角　　图 4-1-10 自锁现象

反之，如图 4-1-10b)所示，当$\boldsymbol{F}_R$的作用线在摩擦角之外$(\theta>\varphi_f)$时，无论这个力怎样小，物块一定会滑动。$\theta=\varphi_f$时，物块处于临界平衡状态。

4. 考虑滑动摩擦时物体系统的平衡

考虑摩擦时平衡问题的特点是：在受力分析时必须考虑摩擦力。考虑摩擦力后，物体系统除满足力系的平衡条件（平衡方程）外，还需满足物理条件，即

$$F_s\leqslant f_sF_N \quad 或 \quad \theta\leqslant\varphi_f$$

【例 4-1-25】 重力大小为W的物块自由地放在倾角为α的斜面上，如图 a)所示。且$\sin\alpha=3/5$，$\cos\alpha=4/5$。物块上作用一水平力$\boldsymbol{F}$，且$F=W$。若物块与斜面间的静摩擦因数$f=0.2$，则该物块的状态为：

A. 静止状态　　B. 临界平衡状态

C. 滑动状态　　D. 条件不足，不能确定

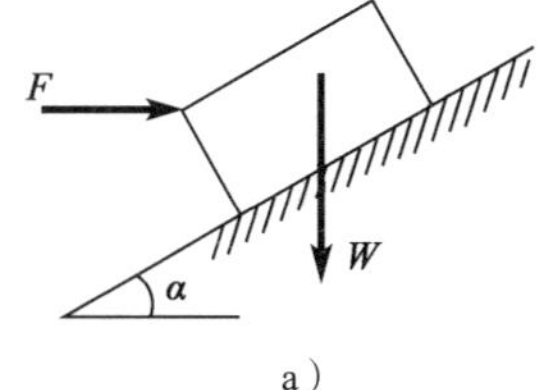

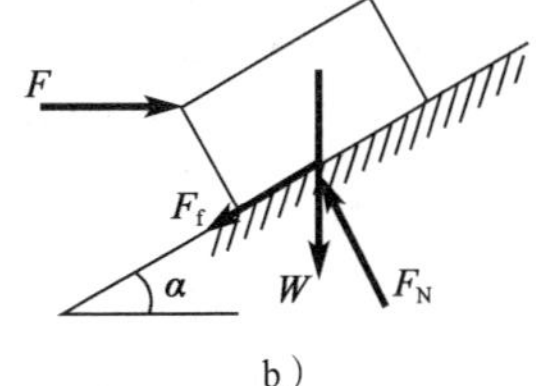

例 4-1-25 图

解 如图 b)所示，若物块平衡，沿斜面方向有$F_f=F\cos\alpha-W\sin\alpha=0.2F$

而最大静摩擦力$F_{fmax}=f\cdot F_N=f(F\sin\alpha+W\cos\alpha)=0.28F$

因$F_{fmax}>F_f$，所以物块静止。

答案：A

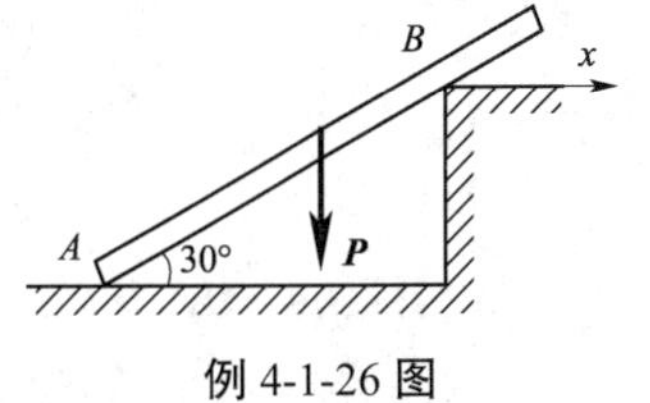

例 4-1-26 图

【例 4-1-26】 杆AB的A端置于光滑水平面上，AB与水平面夹角为 30°，杆重力大小为P如图所示。B处有摩擦，则杆AB平衡时，B处

的摩擦力与x方向的夹角为：

A. 90°　　B. 30°　　C. 60°　　D. 45°

解 在重力作用下，杆A端有向左侧滑动的趋势，故B处摩擦力应沿杆指向右上方向。

答案：B

【例 4-1-27】 重W的物块自由地放在倾角为α的斜面上。若物块与斜面间的静摩擦因数$\mu = 0.4$，且$W = 60\text{kN}$，$\alpha = 30°$，则该物块的状态为：

A. 静止状态　　B. 临界平衡状态

C. 滑动状态　　D. 条件不足，不能确定

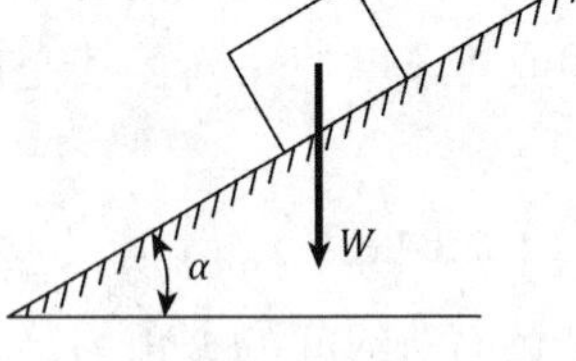

例 4-1-27 图

解 因为静摩擦因数$\mu = 0.4$，故摩擦角为$\varphi_{\text{m}} = \arctan 0.4 = 21.8°$，小于斜面的角度30°，根据斜面的自锁条件，物块会滑动。

答案：C

【例 4-1-28】 如图 a）所示结构中，已知：B处光滑，杆AC与墙间的静摩擦因数$f_{\text{s}} = 1$，$\theta = 60°$，$BC = 2AB$，杆自重不计。试问在垂直于杆AC的力$\boldsymbol{F}$作用下，杆能否平衡？为什么？

解 本例已知静摩擦因数以及外加力方向，求保持静止的条件，因此需用平衡方程与物理条件联合求解，现用解析法与几何法分别求解。

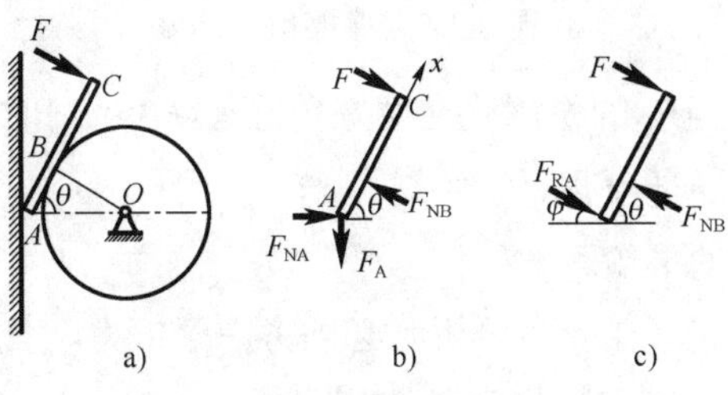

例 4-1-28 图

（1）解析法

以杆AC为研究对象，其受力图如图 b）所示。注意到，杆在A处有摩擦，B处光滑。应用平面力系平衡方程和A处摩擦力的物理方程，有

$$\sum \boldsymbol{F}_x = 0,\ F_{\text{NA}} \cos 60° - F_{\text{A}} \sin 60° = 0 \quad ①$$

$$F_{\text{A}} \leqslant f_{\text{s}} F_{\text{NA}} \quad ②$$

由①式得

$$\frac{F_{\text{A}}}{F_{\text{NA}}} = \frac{\cos 60°}{\sin 60°} = \cot 60° = 0.577 \quad ③$$

由②式得

$$\frac{F_{\text{A}}}{F_{\text{NA}}} \leqslant f_{\text{s}} = 1 \quad ④$$

比较③式和④式，满足平衡条件，所以系统平衡。

（2）几何法

因为杆AC在C、B两处的力均垂直于杆，故杆若平衡，A处的全反力$\boldsymbol{F}_{\text{RA}}$必与杆垂直，见图 c），其中$\boldsymbol{F}_{\text{RA}} = \boldsymbol{F}_{\text{A}} + \boldsymbol{F}_{\text{NA}}$。由于$\boldsymbol{F}_{\text{RA}}$与$\boldsymbol{F}_{\text{NA}}$的夹角$\varphi = 30°$，而$A$处的摩擦角为

$$\varphi_{\text{f}} = \arctan f_{\text{s}} = \arctan 1 = 45°$$

由此可得$\varphi < \varphi_{\text{f}}$，满足自锁条件，所以系统平衡。

注：若已知条件为摩擦角而非摩擦因数时，尽量应用自锁条件求解摩擦问题。

习　　题

4-1-1　如图所示三力矢$\boldsymbol{F}_1$、$\boldsymbol{F}_2$、$\boldsymbol{F}_3$的关系是（　　）。

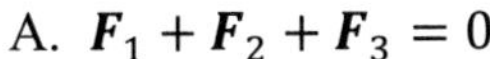

A. $\boldsymbol{F}_1+\boldsymbol{F}_2+\boldsymbol{F}_3=0$

B. $\boldsymbol{F}_3=\boldsymbol{F}_1+\boldsymbol{F}_2$

C. $\boldsymbol{F}_2=\boldsymbol{F}_1+\boldsymbol{F}_3$

D. $\boldsymbol{F}_1=\boldsymbol{F}_2+\boldsymbol{F}_3$

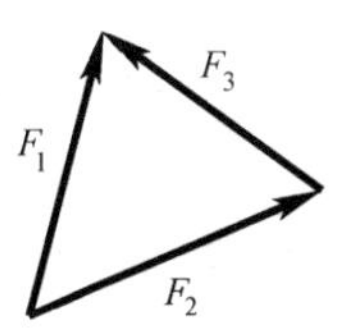

题 4-1-1 图

4-1-2　两直角刚杆AC、CB支承如图所示，在铰C处受力$\boldsymbol{P}$作用，则A、B两处约束反力与x轴正向所成的夹角$\alpha=$（　　），$\beta=$（　　）。

A. 30°，45°　　B. 45°，135°　　C. 90°，30°　　D. 135°，90°

4-1-3　已知$\boldsymbol{F}_1$、$\boldsymbol{F}_2$、$\boldsymbol{F}_3$、$\boldsymbol{F}_4$为作用于刚体上的平面共点力系，其力矢关系如图所示为平行四边形，由此可知（　　）。

A. 力系可合成为一个力偶　　B. 力系可合成为一个力

C. 力系简化为一个力和一力偶　　D. 力系的合力为零，力系平衡

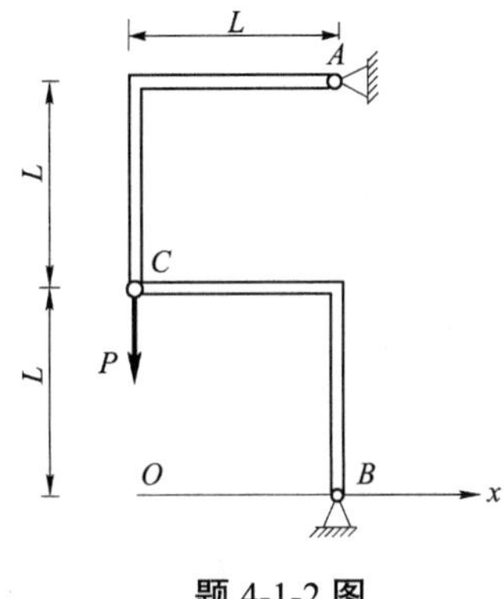

题 4-1-2 图

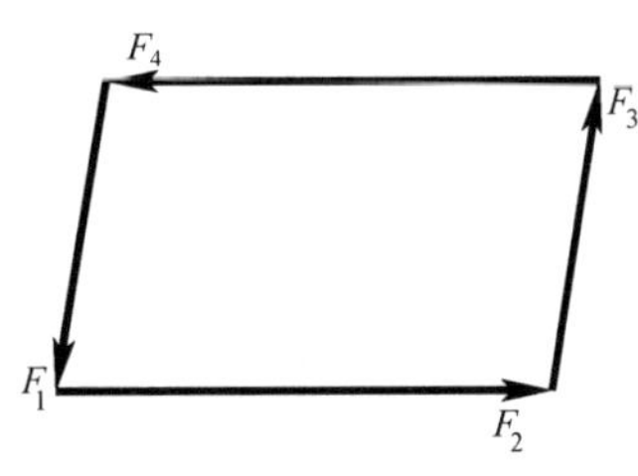

题 4-1-3 图

4-1-4　设力$\boldsymbol{F}$在x轴上的投影为F，则该力在与x轴共面的任一轴上的投影（　　）。

A. 一定不等于零　　B. 不一定等于零

C. 一定等于零　　D. 等于F

4-1-5　如图所示结构受力$\boldsymbol{P}$作用，杆重不计，则A支座约束力的大小为（　　）。

A. $P/2$　　B. $\sqrt{3}P/2$　　C. $P/\sqrt{3}$　　D. 0

4-1-6　如图所示一等边三角形板，边长为a，沿三边分别作用有力$\boldsymbol{F}_1$、$\boldsymbol{F}_2$和$\boldsymbol{F}_3$，且$F_1=F_2=F_3$，则此三角形板处于（　　）状态。

A. 平衡　　B. 移动

C. 转动　　D. 既移动又转动

题 4-1-5 图

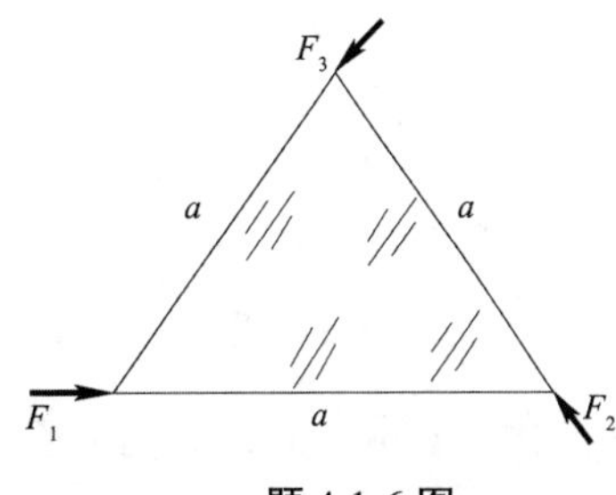

题 4-1-6 图

4-1-7　在如图所示结构中，如果将作用于构件AC上的力偶m搬移到构件BC上，则A、B、C三处的反力（　　）。

A. 都不变　　B. A、B处反力不变，C处反力改变

C. 都改变　　D. A、B处反力改变，C处反力不变

4-1-8　杆AF、BE、EF、CD相互铰接，并支承如图所示，今在AF杆上作用一力偶($\boldsymbol{P}$、$\boldsymbol{P}'$)，若不计各杆自重，则A支座反力的作用线（　　）。

A. 过A点平行力$\boldsymbol{P}$　　B. 过A点平行BG连线

C. 沿AG直线　　D. 沿AH直线

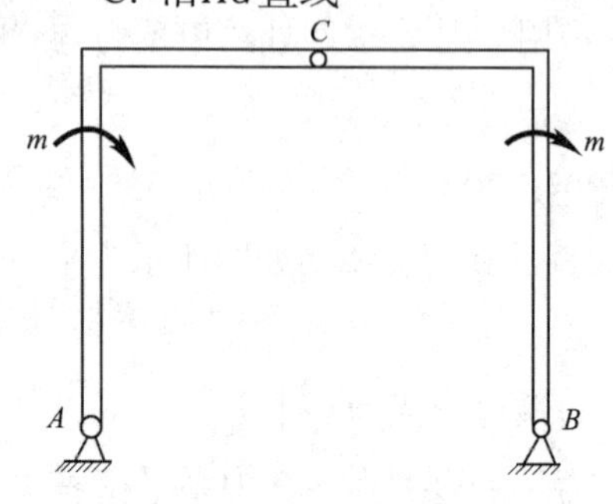

题 4-1-7 图

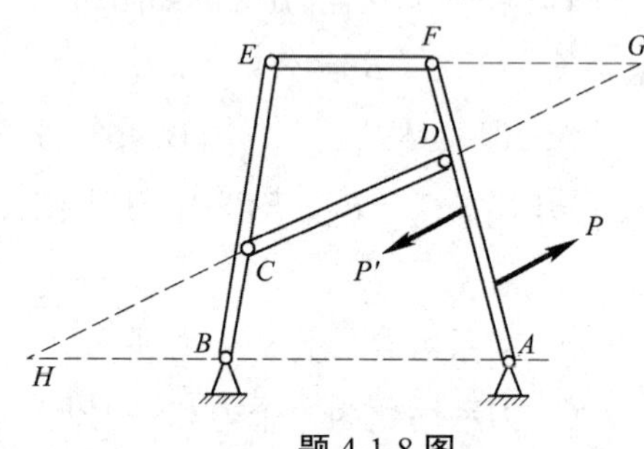

题 4-1-8 图

4-1-9　力$\boldsymbol{F}_1$，$\boldsymbol{F}_2$共线且方向相反，大小为$F_1 = 2F_2$，其合力为$\boldsymbol{F}_{\mathrm{R}}$可表示为（　　）。

A. $\boldsymbol{F}_{\mathrm{R}} = \boldsymbol{F}_1 - \boldsymbol{F}_2$　　B. $\boldsymbol{F}_{\mathrm{R}} = \boldsymbol{F}_2 - \boldsymbol{F}_1$

C. $\boldsymbol{F}_{\mathrm{R}} = \boldsymbol{F}_1/2$　　D. $\boldsymbol{F}_{\mathrm{R}} = \boldsymbol{F}_2$

4-1-10　平面力系向点 1 简化时，主矢$\boldsymbol{R}' = 0$，主矩$\boldsymbol{M}_1 \neq 0$，如将该力系向另一点 2 简化，则（　　）。

A. $\boldsymbol{R}' \neq 0$，$\boldsymbol{M}_2 \neq 0$　　B. $\boldsymbol{R}' = 0$，$\boldsymbol{M}_2 \neq \boldsymbol{M}_1$

C. $\boldsymbol{R}' = 0$，$\boldsymbol{M}_2 = \boldsymbol{M}_1$　　D. $\boldsymbol{R}' \neq 0$，$\boldsymbol{M}_2 = \boldsymbol{M}_1$

4-1-11　五根等长的细直杆铰接成图所示杆系结构，各杆重量不计，若$P_{\mathrm{A}} = P_{\mathrm{C}} = P$，且垂直$BD$，则杆$BD$的内力$S_{\mathrm{BD}}$为（　　）。

A. $-P$（压）　　B. $-\sqrt{3}P$（压）

C. $-\sqrt{3}P/3$（压）　　D. $-\sqrt{3}P/2$（压）

4-1-12　在如图所示系统中，绳DE能承受的最大拉力为 10kN，杆重不计，则力$\boldsymbol{P}$的最大值为（　　）。

A. 5kN　　B. 10kN　　C. 15kN　　D. 20kN

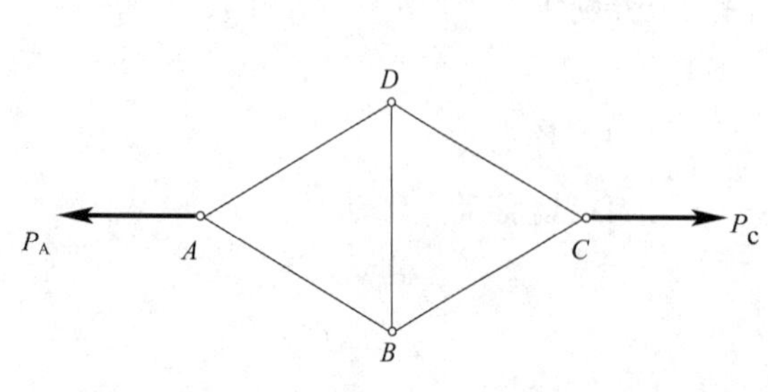

题 4-1-11 图

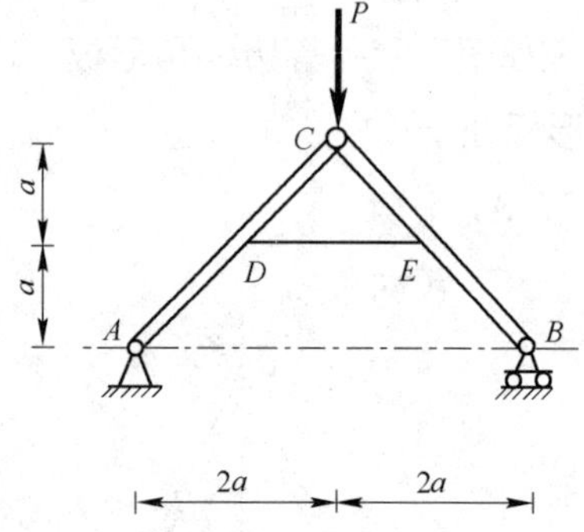

题 4-1-12 图

4-1-13　力系简化时若取不同的简化中心，则（　　）。

A. 力系的主矢、主矩都会改变

B. 力系的主矢不会改变，主矩一般会改变

C. 力系的主矢会改变、主矩一般不改变

D. 力系的主矢、主矩都不会改变，力系简化时与简化中心无关

4-1-14 某平面任意力系向O点简化后，得到如图所示的一个力$\boldsymbol{R}$和一个力偶矩为$\boldsymbol{M}_{\mathrm{O}}$的力偶，则该力系的最后合成结果是（　　）。

A. 作用在O点的一个合力

B. 合力偶

C. 作用在O点左边某点的一个合力

D. 作用在O点右边某点的一个合力

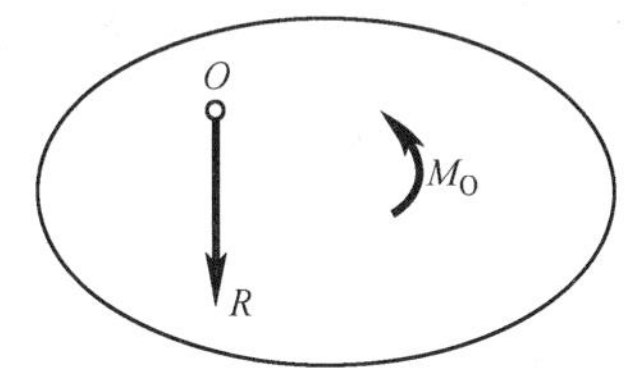

题 4-1-14 图

4-1-15 桁架结构形式与荷载$\boldsymbol{F}_{\mathrm{P}}$均已知（见图）。结构中杆件内力为零的杆件数为（　　）。

A. 零根　　B. 2 根　　C. 4 根　　D. 6 根

4-1-16 两直角刚杆ACD，BEC在C处铰接，并支承如图所示。若各杆重不计，则支座A处约束力的方向为（　　）。

A. $\boldsymbol{F}_{\mathrm{A}}$的作用线沿水平方向

B. $\boldsymbol{F}_{\mathrm{A}}$的作用线沿铅垂方向

C. $\boldsymbol{F}_{\mathrm{A}}$的作用线平行于$B$、$C$连线

D. $\boldsymbol{F}_{\mathrm{A}}$的作用线方向无法确定

4-1-17 带有不平行两槽的矩形平板上作用一力偶M，如图所示。今在槽内插入两个固定于地面的销钉，若不计摩擦则有（　　）。

A. 平板保持平衡　　B. 平板不能平衡

C. 平衡与否不能判断　　D. 上述三种结果都不对

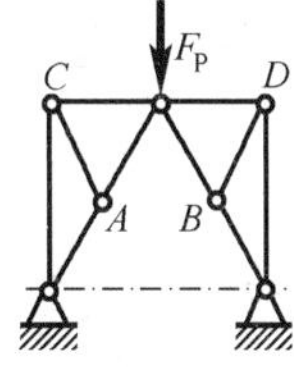

题 4-1-15 图

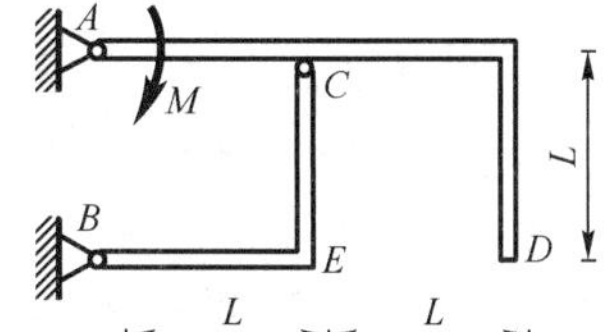

题 4-1-16 图

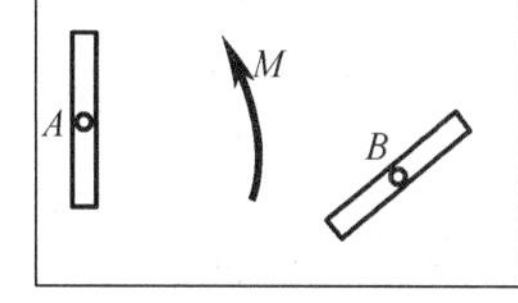

题 4-1-17 图

4-1-18 物块A的重力$W = 10\mathrm{N}$，被大小为$F_{\mathrm{P}} = 50\mathrm{N}$的水平力挤压在粗糙的铅垂墙面$B$上，且处于平衡（见图）。物块与墙间的摩擦因数$f = 0.3$。$A$与$B$间的摩擦力大小为（　　）。

A. $F = 15\mathrm{N}$

B. $F = 10\mathrm{N}$

C. $F = 3\mathrm{N}$

D. 只依据所给条件则无法确定

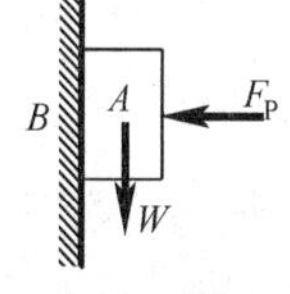

题 4-1-18 图

4-1-19 物块重力的大小为 5kN，与水平面间的摩擦角为$\varphi_{\mathrm{m}} = 35°$，今用与铅垂线成 60°角的力$\boldsymbol{P}$推动物块，如图所示，若$P = 5\mathrm{kN}$，则物块将（　　）。

A. 不动　　B. 滑动

C. 处于临界状态　　D. 滑动与否无法确定

4-1-20 物块重力的大小为$G = 20\text{N}$，用$P = 40\text{N}$的力按如图所示方向把物块压在铅直墙上，物块与墙之间的摩擦因数$f = \sqrt{3}/4$，则作用在物块上的摩擦力等于（　　）

A. 20N　　B. 15N　　C. 0　　D. $10\sqrt{3}$N

4-1-21 重力$W = 80\text{kN}$的物体自由地放在倾角为30°的斜面上，如图所示，若物体与斜面间的静摩擦因数$f = \sqrt{3}/4$，动摩擦因数$f' = 0.4$，则作用在物体上的摩擦力的大小为（　　）。

A. 30kN　　B. 40kN　　C. 27.7kN　　D. 0

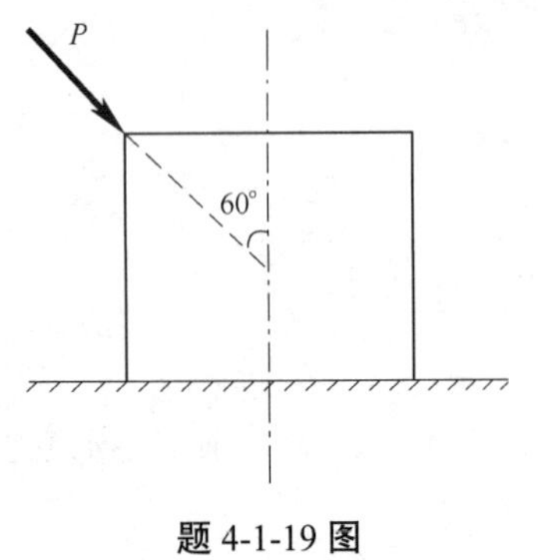

题 4-1-19 图

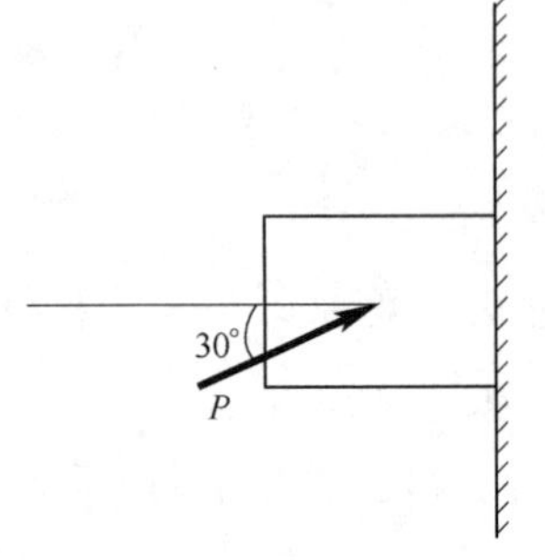

题 4-1-20 图

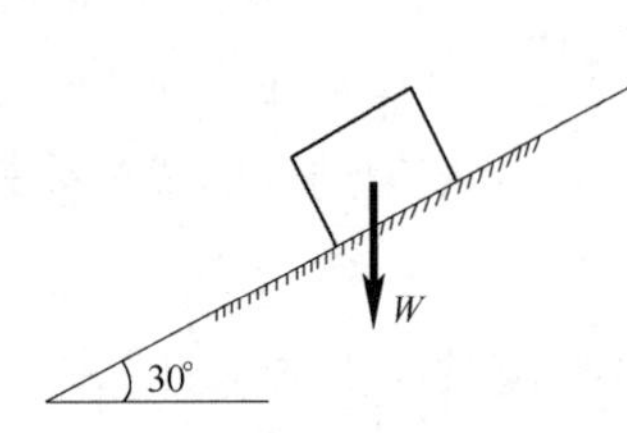

题 4-1-21 图

4-1-22 物A重力的大小为100kN，物B重力的大小为25kN，A物与地面摩擦因数为0.2，滑轮处摩擦不计，如图所示，则物体A与地面间的摩擦力为（　　）。

A. 20kN　　B. 16kN

C. 15kN　　D. 12kN

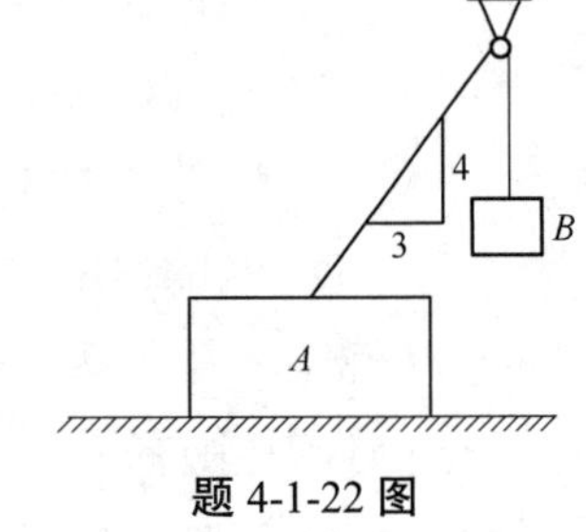

题 4-1-22 图

第二节　运　动　学

运动学是用几何学的观点来研究物体的运动规律，即物体运动的描述（其在空间的位置随时间变化的规律）、运动的速度和加速度，而不涉及引起物体运动的物理原因。

一、点的运动学

点的运动学主要研究点相对于某一参考系的运动量随时间的变化规律，包括点的运动方程的建立、运动轨迹的描述、速度和加速度的确定。

（一）描述点的运动的基本方法与基本公式

描述点的运动常用的基本方法有矢量法、直角坐标法、自然法。现将这三种方法及其应用范围归纳于表4-2-1中。

研究点的运动的基本方法　　表 4-2-1

方　法	矢　量　法	直角坐标法	自　然　法
特点与用途	简明、直观，常用于理论推导	便于代数及微积分运算，常用于轨迹未知的情况	速度、切向加速度、法向加速度的算式简单、物理意义明确，常用于轨迹已知的情况

续上表

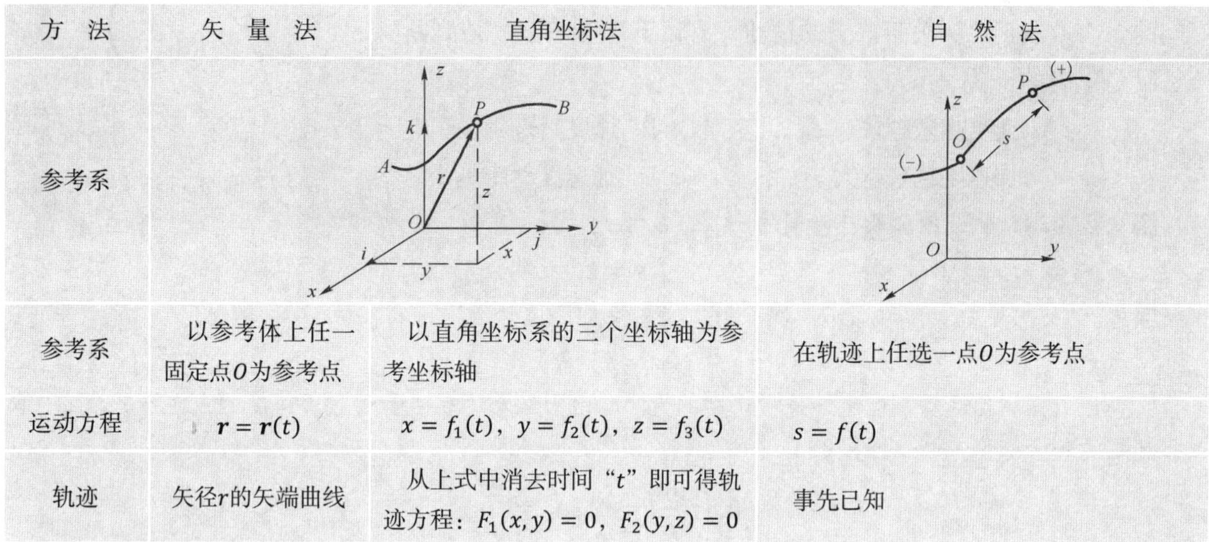

方　法	矢　量　法	直角坐标法	自　然　法
参考系			
参考系	以参考体上任一固定点O为参考点	以直角坐标系的三个坐标轴为参考坐标轴	在轨迹上任选一点O为参考点
运动方程	$\boldsymbol{r}=\boldsymbol{r}(t)$	$x=f_1(t)$，$y=f_2(t)$，$z=f_3(t)$	$s=f(t)$
轨迹	矢径r的矢端曲线	从上式中消去时间"t"即可得轨迹方程：$F_1(x,y)=0$，$F_2(y,z)=0$	事先已知

用上述三种方法描述的点的速度、加速度的基本公式见表 4-2-2。

速度、加速度计算公式　　　　**表** 4-2-2

基本方法	速　　度	加速度分量	全 加 速 度	备注
矢量法	$\boldsymbol{v}=\frac{\mathrm{d}\boldsymbol{r}}{\mathrm{d}t}=\dot{\boldsymbol{r}}$		$\boldsymbol{a}=\frac{\mathrm{d}\boldsymbol{v}}{\mathrm{d}t}=\frac{\mathrm{d}^2\boldsymbol{r}}{\mathrm{d}t^2}=\ddot{\boldsymbol{r}}$	
直角坐标法	$v_x=\frac{\mathrm{d}x}{\mathrm{d}t}$，$v_y=\frac{\mathrm{d}y}{\mathrm{d}t}$，$v_z=\frac{\mathrm{d}z}{\mathrm{d}t}$ $v=\sqrt{v_x^2+v_y^2+v_z^2}$ $\cos(\boldsymbol{v},\boldsymbol{i})=\frac{v_x}{v}$ $\cos(\boldsymbol{v},\boldsymbol{j})=\frac{v_y}{v}$ $\cos(\boldsymbol{v},\boldsymbol{k})=\frac{v_z}{v}$	$a_x=\frac{\mathrm{d}v_x}{\mathrm{d}t}=\ddot{x}$ $a_y=\frac{\mathrm{d}v_y}{\mathrm{d}t}=\ddot{y}$ $a_z=\frac{\mathrm{d}v_z}{\mathrm{d}t}=\ddot{z}$	$a=\sqrt{a_x^2+a_y^2+a_z^2}$ $\cos(\boldsymbol{a},\boldsymbol{i})=\frac{a_x}{a}$ $\cos(\boldsymbol{a},\boldsymbol{j})=\frac{a_y}{a}$ $\cos(\boldsymbol{a},\boldsymbol{k})=\frac{a_z}{a}$	
自然法	$v=\frac{\mathrm{d}s}{\mathrm{d}t}=\dot{s}$ 或 $\boldsymbol{v}=\dot{s}\boldsymbol{\tau}$	$a_\tau=\frac{\mathrm{d}v}{\mathrm{d}t}=\ddot{s}$ 沿切线方向 $a_n=\frac{v^2}{\rho}=\frac{(\dot{s})^2}{\rho}$ 恒指向曲率中心	$a=\sqrt{a_\tau^2+a_n^2}$，$\tan\beta=\frac{\lvert a_\tau\rvert}{a_n}$ β为$\boldsymbol{a}$与法线轴n正向间的夹角	加速度恒指向曲线凹的一侧

（二）三种基本方法之间的相互关系（见表 4-2-3）

三种基本方法之间的相互关系　　　　**表** 4-2-3

运 动 方 程	速　　度	加　速　度
$\boldsymbol{r}=x\boldsymbol{i}+y\boldsymbol{j}+z\boldsymbol{k}$	$\boldsymbol{v}=v_x\boldsymbol{i}+v_y\boldsymbol{j}+v_z\boldsymbol{k}=\dot{s}\boldsymbol{\tau}$ $v=\dot{s}=\sqrt{v_x^2+v_y^2+v_z^2}$	$\boldsymbol{a}=a_x\boldsymbol{i}+a_y\boldsymbol{j}+a_z\boldsymbol{k}=\ddot{s}\boldsymbol{\tau}+\frac{\dot{s}^2}{\rho}\boldsymbol{n}$ $a=\sqrt{a_x^2+a_y^2+a_z^2}=\sqrt{\ddot{s}^2+\frac{\dot{s}^4}{\rho^2}}$

【例 4-2-1】如图所示点P沿螺线自外向内运动。它走过的弧长与时间的一次方成正比。关于该点的运动，有以下 4 种答案，请判断哪一个答案是正确的：

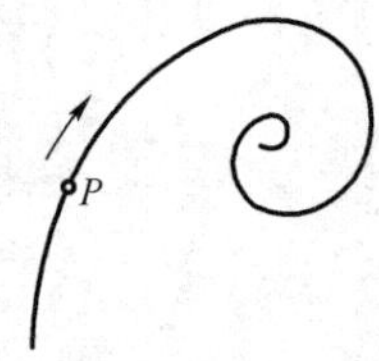

例 4-2-1 图

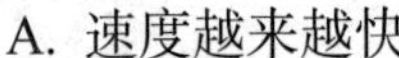

A. 速度越来越快　　　　B. 速度越来越慢

C. 加速度越来越大　　　　D. 加速度越来越小

解　因为运动轨迹的弧长与时间的一次方成正比，所以有

$$s = kt$$

其中k为比例常数。对时间求一次导数后得到点的速度

$$v = \dot{s} = k$$

可见该点做匀速运动。但这只是指速度的大小。由于运动的轨迹为曲线，速度的方向不断改变，所以，还需要作加速度分析。于是，有

$$a_\tau = \frac{\mathrm{d}v}{\mathrm{d}t} = 0,\ a_n = \frac{v^2}{\rho}$$

总加速度

$$a = \sqrt{a_\tau^2 + a_n^2} = a_n = \frac{v^2}{\rho}$$

当点由外向内运动时，运动轨迹的曲率半径ρ逐渐变小，所以加速度a越来越大。

答案： C

【例 4-2-2】点在铅垂平面Oxy内的运动方程为$\begin{cases} x = v_0 t \\ y = gt^2/2 \end{cases}$，式中，$t$为时间，$v_0$、$g$为常数。点的运动轨迹应为：

A. 直线　　　　B. 圆弧曲线

C. 抛物线　　　　D. 直线与圆连线

解　由第一个方程可得$t = x/v_0$，将其代入第二个方程，可得抛物线方程$y = gx^2/(2v_0^2)$。

答案： C

【例 4-2-3】点沿直线运动，其速度$v = 20t + 5$，已知：当$t = 0$时，$x = 5\mathrm{m}$，则点的运动方程为：

A. $x = 10t^2 + 5t + 5$　　　　B. $x = 20t + 5$

C. $x = 10t^2 + 5t$　　　　D. $x = 20t^2 + 5t + 5$

解　因为速度$v = \frac{\mathrm{d}x}{\mathrm{d}t}$，积一次分，即：$\int_5^x \mathrm{d}x = \int_0^t (20t + 5)\mathrm{d}t$，$x - 5 = 10t^2 + 5t$。

答案： A

【例 4-2-4】已知动点的运动方程为$x = t$，$y = 2t^2$，则其轨迹方程为：

A. $x = t^2 - t$　　　　B. $y = 2t$

C. $y - 2x^2 = 0$　　　　D. $y + 2x^2 = 0$

解　将运动方程中的参数t消去：$t = x$，$y = 2x^2$。

答案： C

【例 4-2-5】一炮弹以初速度和仰角α射出。对于如图所示直角坐标的运动方程为$x = v_0 \cos\alpha t$，$y = v_0 \sin\alpha t - gt^2/2$，则当$t = 0$时，炮弹的速度和加速度的大小分别为：

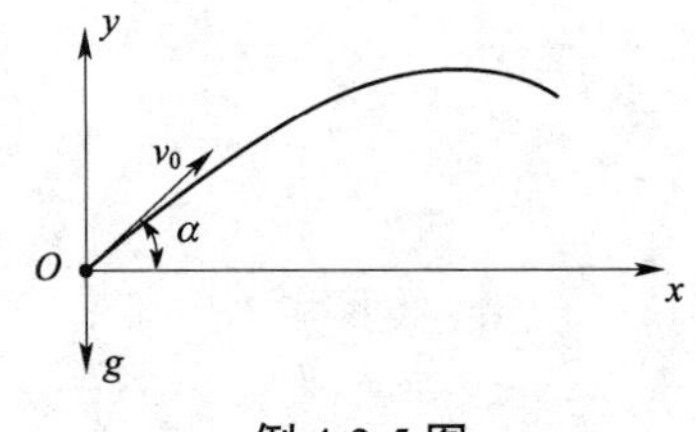

例 4-2-5 图

A. $v = v_0 \cos\alpha$，$a = g$

B. $v = v_0$，$a = g$

C. $v=v_0\sin\alpha$，$a=-g$

D. $v=v_0$，$a=-g$

解 分别对运动方程x和y求时间t的一阶、二阶导数，即：$\dot{x}=v_0\cos\alpha$，$\dot{y}=v_0\sin\alpha-gt$；$\ddot{x}=0$，$\ddot{y}=-g$；当$t=0$时，速度的大小$v=\sqrt{\dot{x}^2+\dot{y}^2}=v_0$，加速度的大小$a=|\ddot{y}|=g$。

答案：B

【例 4-2-6】 动点A和B在同一坐标系中的运动方程分别为$\begin{cases}x_{\mathrm{A}}=t\\y_{\mathrm{A}}=2t^2\end{cases}$，$\begin{cases}x_{\mathrm{B}}=t^2\\y_{\mathrm{B}}=2t^4\end{cases}$，其中$x$、$y$以cm计，$t$以s计，则两点相遇的时刻为：

A. $t=1\mathrm{s}$　　B. $t=0.5\mathrm{s}$　　C. $2s$　　D. $t=1.5s$

解 两点相遇时应具有相同的坐标，即$x_{\mathrm{A}}=x_{\mathrm{B}}$，$y_{\mathrm{A}}=y_{\mathrm{B}}$，根据运动方程有$t=t^2$，$2t^2=2t^4$，解得$t=1\mathrm{s}$。

答案：A

【例 4-2-7】 一动点沿直线轨道按照$x=3t^3+t+2$的规律运动（x以 m 计，t以 s 计），则当$t=4\mathrm{s}$时，动点的位移、速度和加速度分别为：

A. $x=54\mathrm{m}$，$v=145\mathrm{m/s}$，$a=18\mathrm{m/s^2}$

B. $x=198\mathrm{m}$，$v=145\mathrm{m/s}$，$a=72\mathrm{m/s^2}$

C. $x=198\mathrm{m}$，$v=49\mathrm{m/s}$，$a=72\mathrm{m/s^2}$

D. $x=192\mathrm{m}$，$v=145\mathrm{m/s}$，$a=12\mathrm{m/s^2}$

解 将x对时间t求一阶导数为速度，即：$v=9t^2+1$；再对时间t求一阶导数为加速度，即$a=18t$，将$t=4\mathrm{s}$代入，可得：$x=198\mathrm{m}$，$v=145\mathrm{m/s}$，$a=72\mathrm{m/s^2}$。

答案：B

二、刚体的基本运动

刚体的基本运动包括刚体的平行移动和刚体绕定轴转动这两种简单的运动形式。

（一）刚体的平行移动

1. 定义

刚体运动时，其上任意直线始终平行于其初始位置，刚体的这种运动称为平行移动，简称平移。

2. 平移刚体的运动分析

若在平移刚体内任选两点A、B（见图 4-2-1），其矢径分别为$\boldsymbol{r}_{\mathrm{A}}$和$\boldsymbol{r}_{\mathrm{B}}$，则两条矢端曲线就是这两点的轨迹。根据图中的几何关系，有：$\boldsymbol{r}_{\mathrm{A}}=\boldsymbol{r}_{\mathrm{B}}+\boldsymbol{r}_{\mathrm{BA}}$，且$\boldsymbol{r}_{\mathrm{BA}}$为常矢量，则类似的，有

$$\dot{\boldsymbol{r}}_{\mathrm{A}}=\dot{\boldsymbol{r}}_{\mathrm{B}}，即\boldsymbol{v}_{\mathrm{A}}=\boldsymbol{v}_{\mathrm{B}} \tag{4-2-1}$$

$$\dot{\boldsymbol{v}}_{\mathrm{A}}=\dot{\boldsymbol{v}}_{\mathrm{B}}，即\boldsymbol{a}_{\mathrm{A}}=\boldsymbol{a}_{\mathrm{B}} \tag{4-2-2}$$

式（4-2-1）和式（4-2-2）表明：刚体平移时，其上各点的运动轨迹形状相同；同一瞬时，刚体上各点的速度、加速度均相同。因此平移时，可以用刚体上任一点（如质心）的运动表示刚体的运动。于是，研究平移刚体的运动可归结为研究点的运动。

（二）刚体绕定轴转动

1. 定义

刚体运动时，若其上（或其扩展部分）有一条直线始终保持不动，则称这种运动为绕定轴转动，简

称转动。这条固定的直线称为转轴（见图 4-2-2）。轴线上各点的速度和加速度均恒为零，其他各点均围绕轴线做圆周运动。

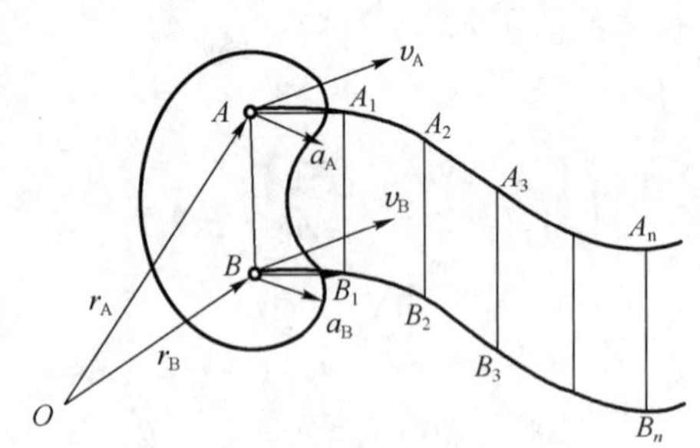

图 4-2-1　平移刚体的运动分析

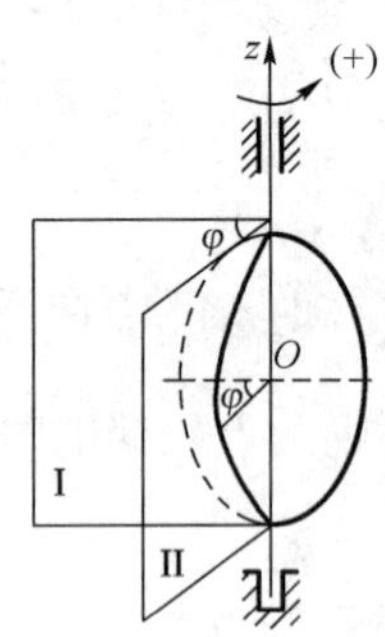

图 4-2-2　刚体绕定轴转动

2. 转动刚体的运动分析

（1）转动方程

如图 4-2-2 所示绕定轴z转动的刚体，设通过转轴z所作的平面 I 固定不动（称为定平面），平面II与刚体固连随刚体一起转动（称为动平面）。任一瞬时刚体的位置，可由动平面II与定平面 I 的夹角φ确定。角φ称为转角，单位是弧度（rad），为代数量。当刚体转动时，转角φ随时间t变化，它是时间的单值连续函数，即

$$\varphi = f(t) \tag{4-2-3}$$

上式称为刚体的转动方程，它反映了刚体绕定轴转动的规律。

（2）角速度

刚体的转角对时间的一阶导数，称为角速度，用于度量刚体转动的快慢和转动方向，用字母ω表示。即

$$\omega = \frac{\mathrm{d}\varphi}{\mathrm{d}t} = \dot{\varphi} \tag{4-2-4}$$

角速度的单位是弧度/秒（rad/s）。在工程中很多情况还用转速n（转/分）来表示刚体转动的快慢。此时，ω与n之间的换算关系为

$$\omega = \frac{2n\pi}{60} = \frac{n\pi}{30} \tag{4-2-5}$$

（3）角加速度

刚体的角速度对时间的一阶导数，称为角加速度，用于度量角速度的快慢和转动方向，用字母α表示。即

$$\alpha = \frac{\mathrm{d}\omega}{\mathrm{d}t} = \dot{\omega} = \ddot{\varphi} \tag{4-2-6}$$

角加速度的单位为弧度/秒^2（rad/s^2）。角速度和角加速度都是描述刚体整体运动的物理量。

3. 定轴转动刚体上各点的速度和加速度

在转动刚体上任取一点M，设其到转轴O的垂直距离为r称为转动半径，如图 4-2-3 所示。显然，M点的运动是以O为圆心、r为半径的圆周运动。若转动刚体的角速度为ω，角加速度为α，弧坐标原点为O'，则当刚体转过角度φ时，点M的弧坐标为

$$s = r\varphi \tag{4-2-7}$$

点M速度的大小为

$$v=\frac{\mathrm{d}s}{\mathrm{d}t}=\frac{\mathrm{d}}{\mathrm{d}t}(r\varphi)=r\frac{\mathrm{d}\varphi}{\mathrm{d}t}=r\cdot\omega \tag{4-2-8}$$

点M的切向加速度和法向加速度的大小分别为

$$a_\tau=\frac{\mathrm{d}v}{\mathrm{d}t}=\frac{\mathrm{d}}{\mathrm{d}t}(r\omega)=r\frac{\mathrm{d}\omega}{\mathrm{d}t}=r\cdot\alpha \tag{4-2-9}$$

$$a_n=\frac{v^2}{\rho}=\frac{(r\omega)^2}{\rho}=r\cdot\omega^2 \tag{4-2-10}$$

所以刚体上任一M点的加速度大小为

$$\left.\begin{aligned} a&=\sqrt{a_\tau^2+a_n^2}=r\sqrt{\alpha^2+\omega^4}\\ \text{方向}\quad \tan\theta&=\frac{|a_\tau|}{a_n}=\frac{|\alpha|}{\omega^2}\end{aligned}\right\} \tag{4-2-11}$$

式中：θ——加速度$\boldsymbol{a}$与法向加速度的夹角。

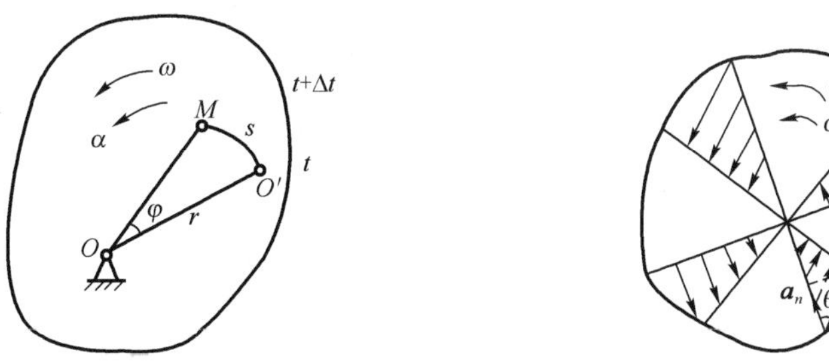

图 4-2-3 转动刚体上M点的运动分析　　图 4-2-4 转动刚体上各点速度、加速度分布

由公式（4-2-8）与式（4-2-11）可得以下结论：

①在任意瞬时，转动刚体内各点的速度、切向加速度、法向加速度和全加速度的大小与各点的转动半径成正比。

②在任意瞬时，转动刚体内各点的速度方向与各点的转动半径垂直，各点的全加速度的方向与各点转动半径的夹角全部相同。所以，刚体内任一条通过且垂直于轴的直线上各点的速度和加速度呈线性分布，如图 4-2-4 所示。

【例 4-2-8】 两摩擦轮如图所示。则两轮的角速度与半径关系的表达式为：

A. $\omega_1/\omega_2=R_1/R_2$　　B. $\omega_1/\omega_2=R_2/R_1^2$

C. $\omega_1/\omega_2=R_1/R_2^2$　　D. $\omega_1/\omega_2=R_2/R_1$

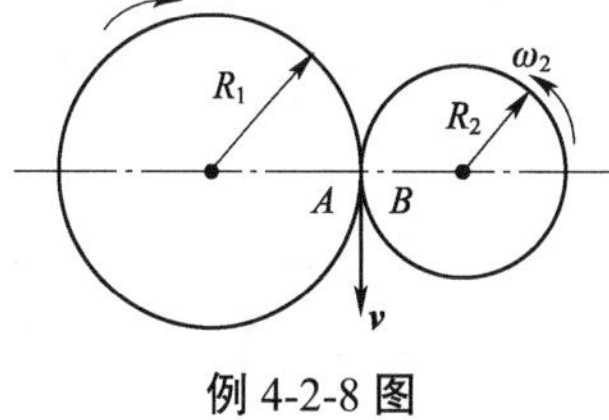

例 4-2-8 图

解 两轮啮合点A、B的速度相同，且$v_\mathrm{A}=R_1\omega_1=v_\mathrm{B}=R_2\omega_2$，所以有$\omega_1/\omega_2=R_2/R_1$。

答案： D

【例 4-2-9】 一定轴转动刚体，其运动方程为$\varphi=a-bt^2/2$，其中a、b均为常数，则知该刚体作：

A. 匀加速转动　　B. 匀减速转动

C. 匀速转动　　D. 减速转动

解 根据角速度和角加速度的定义，$\omega=\dot{\varphi}=-bt$，$\alpha=\dot{\omega}=\ddot{\varphi}=-b$，因为角加速度与角速度同为负号，且为常量，所以刚体作匀加速转动。

答案： A

注：分析此题时很容易因为角加速度为负，错判选项B为正确答案。刚体作定轴转动时，只要角速度与角加速度同符号，则刚体加速转动，反之异号时，刚体减速转动。

【例 4-2-10】 杆$OA = l$，绕固定轴O转动，某瞬时杆端A点的加速度为a如图所示，则该瞬时杆OA的角速度及角加速度为：

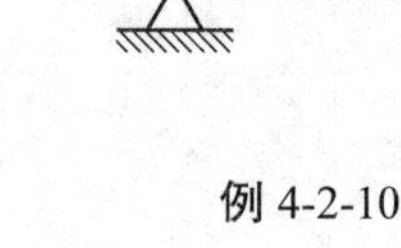

例 4-2-10 图

A. 0，$\frac{a}{l}$　　B. $\sqrt{\frac{a\cos\alpha}{l}}$，$\frac{a\sin\alpha}{l}$

C. $\sqrt{\frac{a}{l}}$，0　　D. 0，$\sqrt{\frac{a}{l}}$

解　根据定轴转动刚体上一点加速度与转动角速度、角加速度的关系：$a_n = \omega^2 l$，$a_\tau = \alpha l$，而题中$a_n = 0 = \omega^2 l$，$a_\tau = a = \alpha l$，所以有杆的角速度$\omega = 0$，角加速度$\alpha = \frac{a}{l}$。

答案：A

【例 4-2-11】 物体作定轴转动的转动方程为$\varphi = 4t - 3t^2$（φ以 rad 计，t以 s 计），则此物体内转动半径r=0.5m 的一点，在t=1s 时的速度和切向加速度的大小分别为：

A. -2m/s，-20m/s^2　　B. -1m/s，-3m/s^2

C. -2m/s，-8.54m/s^2　　D. 0m/s，-20.2m/s^2

解　物体的角速度及角加速度分别为：$\omega = \dot{\varphi} = 4 - 6t\text{rad/s}$，$\alpha = \ddot{\varphi} = -6\text{rad/s}^2$，则$t = 1\text{s}$时物体内转动半径$r = 0.5\text{m}$点的速度为：$v = \omega r = -1\text{m/s}$，切向加速度为：$a_\tau = \alpha r = -3\text{m/s}^2$。

答案：B

【例 4-2-12】 滑轮半径$r = 50\text{mm}$，安装在发动机上旋转，其皮带的运动速度为20m/s，加速度为6m/s^2。扇叶半径$R = 75\text{mm}$，如图所示。则扇叶最高点B的速度和切向加速度分别为：

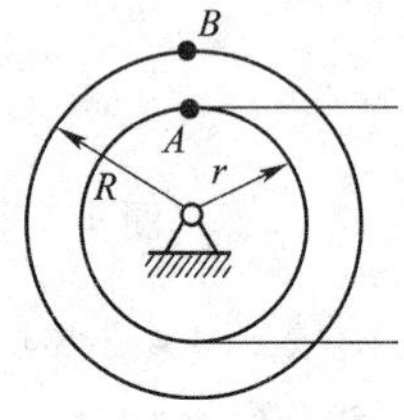

例 4-2-12 图

A. 30m/s，9m/s^2　　B. 60m/s，9m/s^2

C. 30m/s，6m/s^2　　D. 60m/s，18m/s^2

解　滑轮上A点的速度和切向加速度与皮带相应的速度和加速度相同，根据定轴转动刚体上速度、切向加速度的线性分布规律，可得B点的速度$v_\text{B} = 20R/r = 30\text{m/s}$，切向加速度$a_\text{Bt} = 6R/r = 9\text{m/s}^2$。

答案：A

【例 4-2-13】 一绳缠绕在半径为r的鼓轮上，绳端系一重物M，重物M以速度v和加速度a向下运动（如图所示）。则绳上两点A、D和轮缘上两点B、C的加速度是：

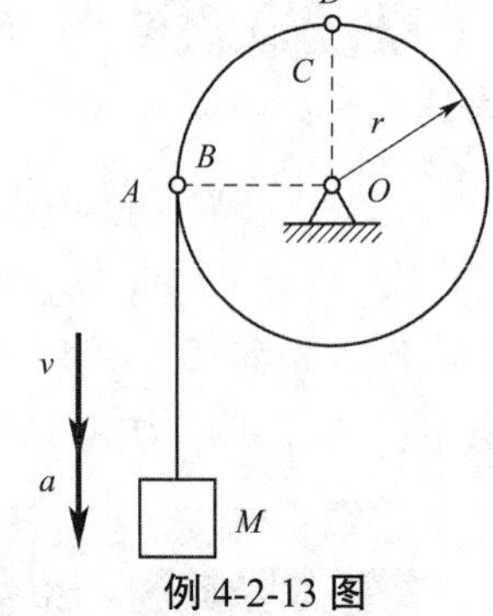

例 4-2-13 图

A. A、B两点的加速度相同，C、D两点的加速度相同

B. A、B两点的加速度不相同，C、D两点的加速度不相同

C. A、B两点的加速度相同，C、D两点的加速度不相同

D. A、B两点的加速度不相同，C、D两点的加速度相同

解　绳上A点的加速度大小为a（该点速度方向在下一瞬时无变化，故只有铅垂方向的加速度），而轮缘上各点的加速度大小为$\sqrt{a^2 + \left(\frac{v^2}{r}\right)^2}$，绳上$D$点随轮缘$C$点一起运动，所以两点加速度相同。

答案：D

【例 4-2-14】 图示机构中，三杆长度相同，且$AC /\!/ BD$，则AB杆的运动形式为：

A. 绕点C的定轴转动　　　　B. 平行移动

C. 绕点O的定轴转动　　　　D. 圆周运动

解　因为A、B两点的速度方向相同，大小相等，根据刚体作平行移动时的特性，可作判断。

答案： B

【例 4-2-15】 图示机构中，曲柄$OA = r$，以常角速度ω转动。则滑动构件BC的速度、加速度的表达式为：

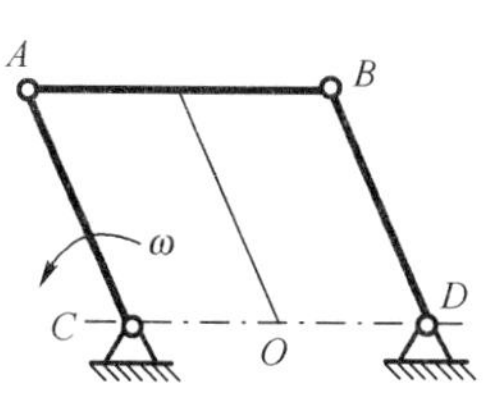

例 4-2-14 图

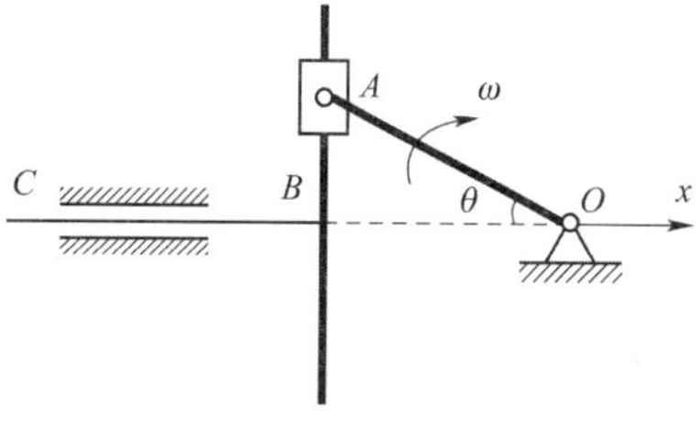

例 4-2-15 图

A. $r\omega\sin\omega t$，$r\omega\cos\omega t$　　　　B. $r\omega\cos\omega t$，$r\omega^2\sin\omega t$

C. $r\sin\omega t$，$r\omega\cos\omega t$　　　　D. $r\omega\sin\omega t$，$r\omega^2\cos\omega t$

解　构件BC是平行移动刚体，根据其运动特性，构件上各点有相同的速度和加速度，用其上一点B的运动即可描述整个构件的运动，点B的运动方程为：

$$x_{\mathrm{B}} = -r\cos\theta = -r\cos\omega t$$

则其速度为$v_{\mathrm{BC}} = \dot{x}_{\mathrm{B}} = r\omega\sin\omega t$，加速度的表达式为$a_{\mathrm{BC}} = \ddot{x}_{\mathrm{B}} = r\omega^2\cos\omega t$。

答案： D

习　题

4-2-1　点M沿半径为R的圆周运动，其速度的大小为$v = kt$，k是有量纲的常数，则点M的全加速度的大小为（　　）。

A. $(k^2t^2/R) + k^2$　　　　B. $[(k^2t^2/R^2) + k^2]^{\frac{1}{2}}$

C. $[(k^4t^4/R^2) + k^2]^{\frac{1}{2}}$　　　　D. $[(k^4t^2/R^2) + k^2]^{\frac{1}{2}}$

4-2-2　已知点P在xOy平面内的运动方程为$\begin{cases} x = 4\sin\frac{\pi}{3}t \\ y = 4\cos\frac{\pi}{3}t \end{cases}$，则点的运动轨迹为（　　）。

A. 直线运动　　　　B. 圆周运动

C. 椭圆运动　　　　D. 不能确定

4-2-3　圆轮绕固定轴O转动，某瞬时轮缘上一点的速度v和加速度a如图所示，试问（　　）情况是不可能的。

A. 图 a）、图 b）的运动是不可能的

B. 图 a）、图 c）的运动是不可能的

C. 图 b）、图 c）的运动是不可能的

D. 均不可能

4-2-4　直角刚杆OAB在如图所示瞬时有$\omega = 2\mathrm{rad/s}$，$\alpha = 5\mathrm{rad/s^2}$，若$OA = 40\mathrm{cm}$，$AB = 30\mathrm{cm}$，则$B$点的速度大小为（　　）cm/s。

A. 100　　B. 160　　C. 200　　D. 250

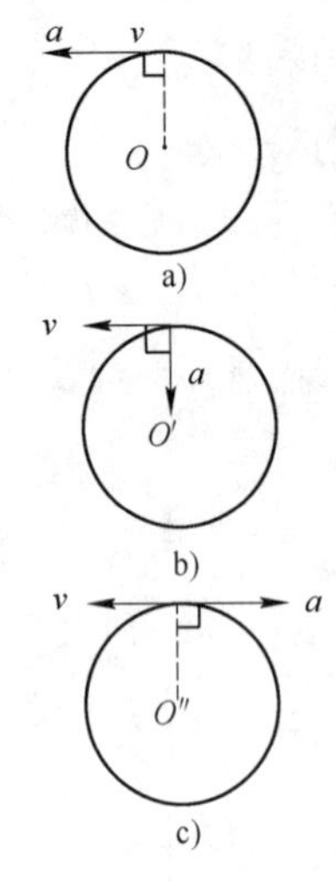

题 4-2-3 图

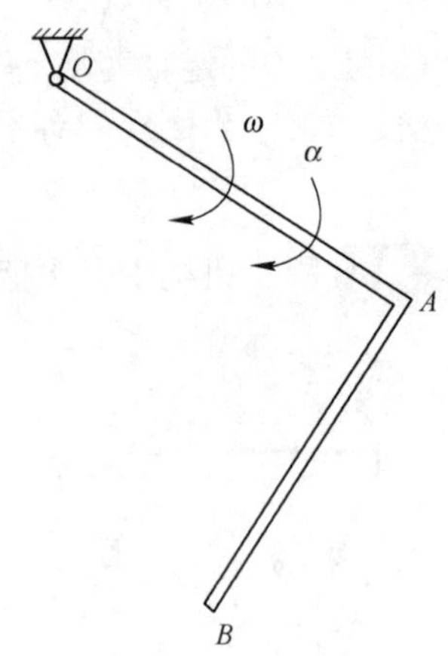

题 4-2-4 图

4-2-5　直角刚杆$AO = 2\text{m}$，$BO = 3\text{m}$，已知某瞬时A点速度的大小$v_A = 6\text{m/s}$，而B点的加速度与BO成$\theta = 60°$角，如图所示，则该瞬时刚杆的角加速度α为（　　）rad/s^2。

A. 3　　B. $\sqrt{3}$　　C. $5\sqrt{3}$　　D. $9\sqrt{3}$

4-2-6　直角刚杆OAB可绕固定轴O在图示平面内转动，已知$OA = 40\text{cm}$，$AB = 30\text{cm}$，$\omega = 2\text{rad/s}$，$\alpha = 1\text{rad/s}^2$，则如图所示瞬时，B点加速度在y方向的投影为（　　）cm/s^2。

A. 40　　B. 200　　C. 50　　D. −200

4-2-7　绳子的一端绕在滑轮上，另一端与置于水平面上的物块B相连，如图所示，若物B的运动方程为$x = kt^2$，其中k为常数，轮子半径为R，则轮缘上A点的加速度的大小为（　　）。

A. $2k$　　B. $(4k^2t^2/R)^{\frac{1}{2}}$

C. $(4k^2 + 16k^4t^4/R^2)^{\frac{1}{2}}$　　D. $2k + 4k^2t^2/R$

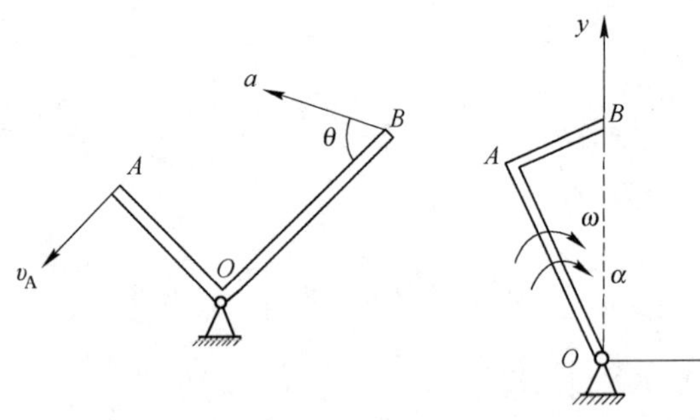

题 4-2-5 图

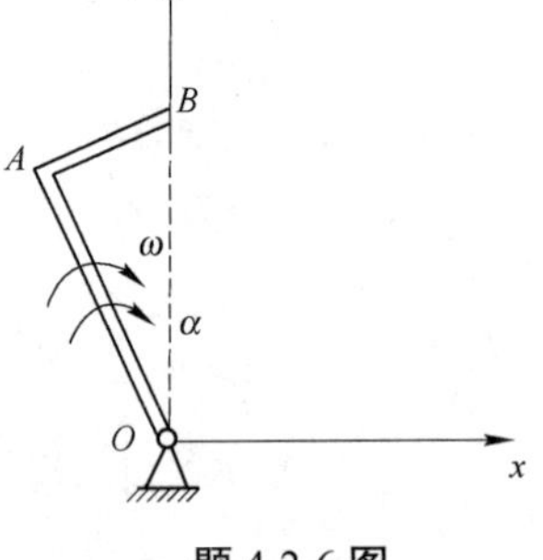

题 4-2-6 图

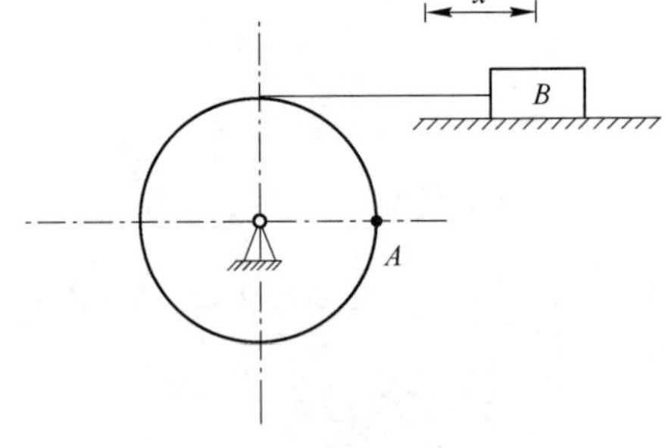

题 4-2-7 图

4-2-8　圆盘某瞬时以角速度ω，角加速度α绕O轴转动，其上A、B两点的加速度分别为$\boldsymbol{a}_A$和$\boldsymbol{a}_B$，与半径的夹角分别为θ和φ，如图所示，若$OA = R$，$OB = R/2$，则（　　）。

A. $a_A = a_B$，$\theta = \varphi$　　B. $a_A = a_B$，$\theta = 2\varphi$

C. $a_A = 2a_B$，$\theta = \varphi$　　D. $a_A = 2a_B$，$\theta = 2\varphi$

4-2-9　两个相啮合的齿轮，A、B分别为齿轮O_1、O_2上的啮合点（见图），则A、B两点的加速度关系是（　　）。

A. $a_{A\tau} = a_{B\tau}$，$a_{An} = a_{Bn}$　　B. $a_{A\tau} = a_{B\tau}$，$a_{An} \neq a_{Bn}$

C. $a_{A\tau} \neq a_{B\tau}$，$a_{An} = a_{Bn}$　　D. $a_{A\tau} \neq a_{B\tau}$，$a_{An} \neq a_{Bn}$

4-2-10 单摆由长l的摆杆与摆锤A组成（见图），其运动规律$\varphi=\varphi_0\sin\omega t$。锤$A$在$t=\frac{\pi}{4\omega}$s时的速度、切向加速度与法向加速度在自然坐标系中的投影分别为（　　）。

A. $v=\frac{1}{2}l\varphi_0\omega$，$a_\tau=-\frac{1}{2}l\varphi_0\omega^2$，$a=\frac{\sqrt{2}}{2}l\varphi_0^2\omega^2$

B. $v=\frac{1}{2}l\varphi_0\omega$，$a_\tau=\frac{1}{2}l\varphi_0\omega^2$，$a=-\frac{\sqrt{2}}{2}l\varphi_0^2\omega^2$

C. $v=\frac{\sqrt{2}}{2}l\varphi_0\omega$，$a_\tau=-\frac{\sqrt{2}}{2}l\varphi_0\omega^2$，$a=\frac{1}{2}l\varphi_0^2\omega^2$

D. $v=\frac{\sqrt{2}}{2}l\varphi_0\omega$，$a_\tau=\frac{\sqrt{2}}{2}l\varphi_0\omega^2$，$a=-\frac{1}{2}l\varphi_0^2\omega^2$

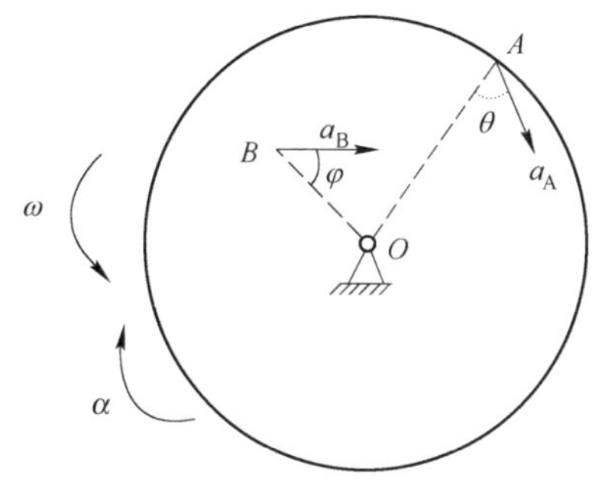

题 4-2-8 图

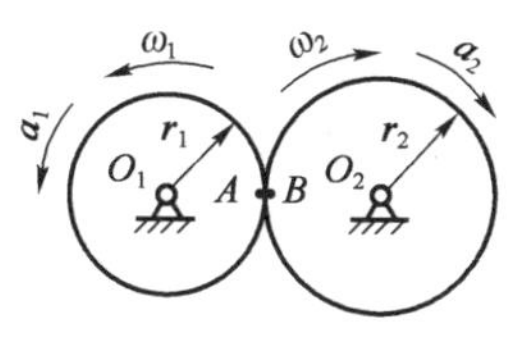

题 4-2-9 图

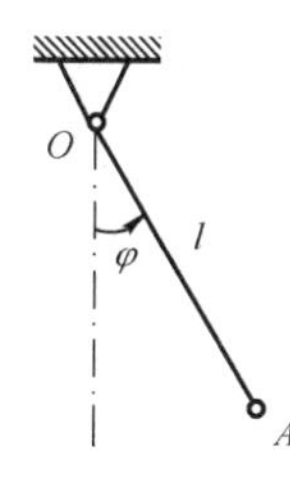

题 4-2-10 图

4-2-11 每段长度相等的直角折杆在图示的平面内绕O轴转动，角速度ω为顺时针转向，M点的速度方向应是图中的（　　）。

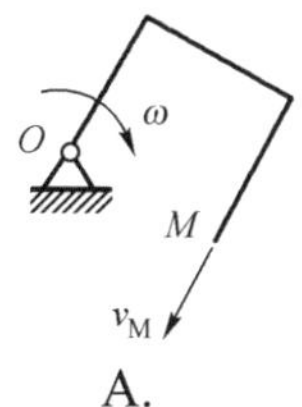

A.

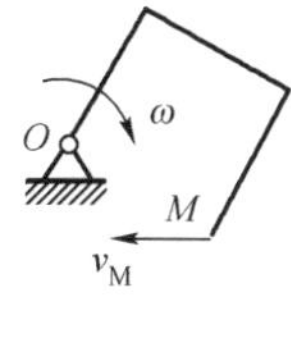

B.

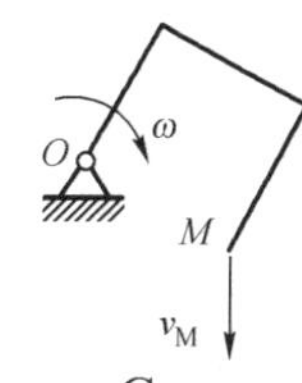

C.

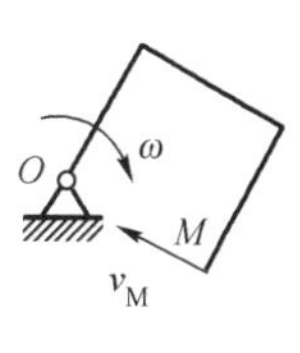

D.

第三节　动　力　学

动力学所研究的是物体的运动与其所受力之间的关系。

一、动力学基本定律及质点运动微分方程

（一）动力学基本定律

动力学的全部理论都是建立在动力学基本定律基础之上的。而动力学基本定律就是牛顿运动定律，或曰牛顿三定律。其中最重要的是牛顿第二定律，即质量为m的质点在合力$\boldsymbol{F}_R$的作用下所产生的加速度$\boldsymbol{a}$满足下列关系式

$$\boldsymbol{F}_R=m\boldsymbol{a} \tag{4-3-1}$$

式（4-3-1）称为动力学基本方程。

（二）质点运动微分方程

若将式（4-3-1）中的加速度表示为矢径对时间的二阶导数，便得质点运动微分方程为

$$m\frac{\mathrm{d}^2\boldsymbol{r}}{\mathrm{d}t^2}=\boldsymbol{F}_{\mathrm{R}} \quad 或 \quad m\ddot{\boldsymbol{r}}=\boldsymbol{F}_{\mathrm{R}} \tag{4-3-2}$$

将式（4-3-2）投影到固定的直角坐标轴上，得到直角坐标形式的质点运动微分方程为

$$m\ddot{x}=F_{\mathrm{R}x},\ m\ddot{y}=F_{\mathrm{R}y},\ m\ddot{z}=F_{\mathrm{R}z} \tag{4-3-3}$$

将式（4-3-2）投影到质点轨迹的自然轴系上，得到质点自然形式的运动微分方程为

$$m\ddot{s}=F_{\mathrm{R}\tau},\ m\frac{\dot{s}^2}{\rho}=F_{\mathrm{R}n},\ 0=F_{\mathrm{Rb}} \tag{4-3-4}$$

应用式（4-3-3）和式（4-3-4）可求解质点动力学的两类问题。第一类问题是：已知质点的运动，求作用于该质点的力；第二类问题是：已知作用于质点的力，求该质点的运动。由式（4-3-2）可知，第一类问题只需进行微分运算，而第二类问题则需要解微分方程（进行积分运算），借已知的运动初始条件确定积分常数后，才能完全确定质点的运动。

【例 4-3-1】 设物块A为质点，其重力大小$W=10\mathrm{N}$，静止在一个可绕y轴转动的平面上，如图所示。绳长$l=2\mathrm{m}$，取重力加速度$g=10\mathrm{m/s^2}$。当平面与物块以常角速度 2rad/s 转动时，则绳中的张力是：

A. 11N　　B. 8.66N　　C. 5.00N　　D. 9.51N

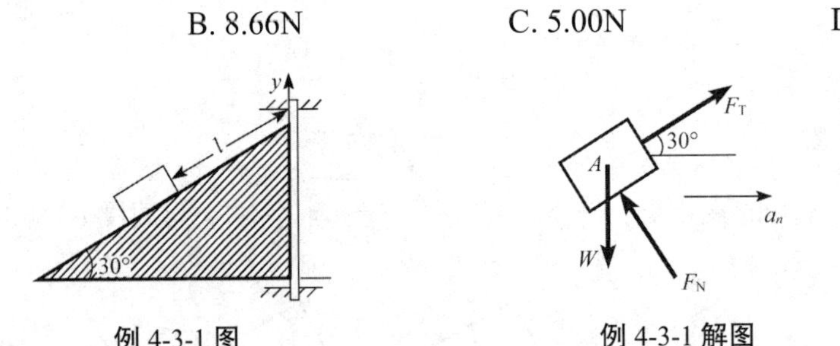

例 4-3-1 图　　例 4-3-1 解图

解　物块围绕y轴做匀速圆周运动，其加速度为指向y轴的法向加速度a_n，其运动及受力分析如解图所示。

根据质点运动微分方程$ma=F$，将方程沿着斜面方向投影有：

$$\frac{W}{g}a_n\cos30°=F_{\mathrm{T}}-W\sin30°$$

将$a_n=\omega^2 l\cos30°$代入，解得：$F_{\mathrm{T}}=6+5=11\mathrm{N}$。

答案： A

【例 4-3-2】 放在弹簧平台上的物块A，重力为$\boldsymbol{W}$，做上下往复运动，当经过图示位置的 1、0、2 时（0 为静平衡位置），平台对A的约束力分别为$\boldsymbol{P_1}$、$\boldsymbol{P_2}$、$\boldsymbol{P_3}$，它们之间的大小关系为：

A. $P_1=P_2=W=P_3$

B. $P_1>P_2=W>P_3$

C. $P_1<P_2=W<P_3$

D. $P_1<P_3=W>P_2$

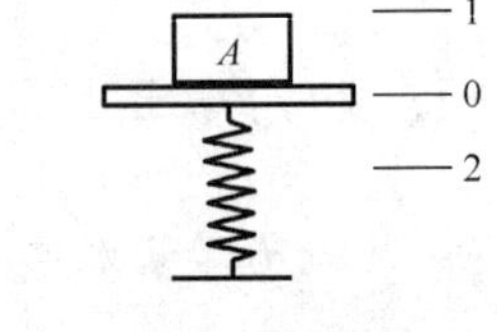

例 4-3-2 图

解　物块A在位置 1 时，其加速度向下，应用牛顿第二定律，$Wa/g=W-P_1$，则$P_1=W(1-a/g)$；而在静平衡位置 0 时，物块A的加速度为零，即$P_2=W$；同理，物块A在位置 2 时，其加速度向上，故$P_3=W(1+a/g)$。

答案： C

【例 4-3-3】 质量为m的物块A，置于与水平面成θ角的斜面B上，如图 a）所示，A与B间的摩擦

因数为f，为保持A与B一起以加速度$\boldsymbol{a}$水平向右运动，则所需的加速度$\boldsymbol{a}$最大是：

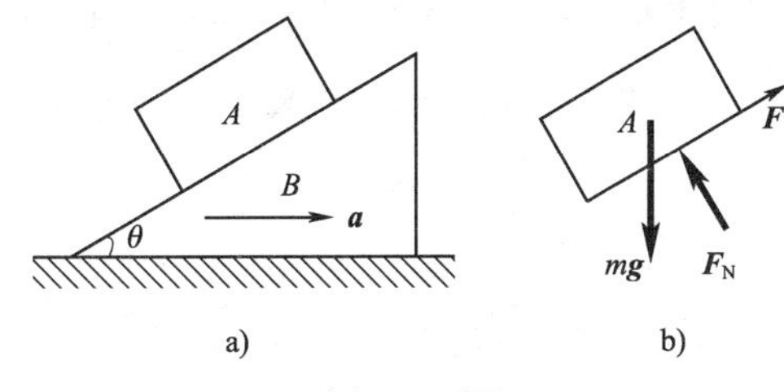

例 4-3-3 图

A. $a=\frac{g(f\cos\theta+\sin\theta)}{\cos\theta+f\sin\theta}$　　B. $a=\frac{gf\cos\theta}{\cos\theta+f\sin\theta}$

C. $a=\frac{g(f\cos\theta-\sin\theta)}{\cos\theta+f\sin\theta}$　　D. $a=\frac{gf\sin\theta}{\cos\theta+f\sin\theta}$

解　物块A的受力如图 b）所示，应用牛顿第二定律，沿斜面方向有：$ma\cos\theta=F-mg\sin\theta$，垂直于斜面方向有：$ma\sin\theta=mg\cos\theta-F_N$；所以当摩擦力$F=ma\cos\theta+mg\sin\theta\leqslant F_N f$时可保证$A$与$B$一起以加速度$a$水平向右运动。式中$F_N=mg\cos\theta-ma\sin\theta$，代入后可求：$a\leqslant\frac{g(f\cos\theta-\sin\theta)}{\cos\theta+f\sin\theta}$。

答案：C

【例 4-3-4】质量为m的物体M在地面附近自由降落，它所受的空气阻力的大小为$F_R=Kv^2$，其中K为阻力系数，v为物体速度，该物体所能达到的最大速度为：

A. $v=\sqrt{mg/K}$　　B. $v=\sqrt{mgK}$

C. $v=\sqrt{g/K}$　　D. $v=\sqrt{gK}$

解　按照牛顿第二定律，在铅垂方向有$ma=F_R-mg=Kv^2-mg$，当$a=0$（速度v的导数为零）时有速度最大，为$v=\sqrt{mg/K}$。

答案：A

二、动力学普遍定理

由有限个或无限个质点通过约束联系在一起的系统，称为质点系。工程实际中的机械和结构物以及刚体均为质点系。对于质点系，没有必要研究其中每个质点的运动。

动力学普遍定理（包括动量定理、动量矩定理、动能定理）建立了表明质点系整体运动的物理量（如动量、动量矩、动能）与表明力作用效果的量（如冲量、力、力矩、力的功）之间的关系。应用动力学普遍定理能够有效地解决质点系的动力学问题。

（一）动力学普遍定理中各物理量的概念及定义

1. 质心

质心为质点系的质量中心，其位置可通过下列公式确定

$$x_C=\frac{\sum m_i x_i}{\sum m_i}=\frac{\sum m_i x_i}{m},\ y_C=\frac{\sum m_i y_i}{\sum m_i}=\frac{\sum m_i y_i}{m},\ z_C=\frac{\sum m_i z_i}{\sum m_i}=\frac{\sum m_i z_i}{m}\tag{4-3-5}$$

若令质点系质心的矢径为$\boldsymbol{r}_C=x_C\boldsymbol{i}+y_C\boldsymbol{j}+z_C\boldsymbol{k}$，第$i$个质点的矢径为$\boldsymbol{r}_i=x_i\boldsymbol{i}+y_i\boldsymbol{j}+z_i\boldsymbol{k}$；则质点系质心坐标的公式还可表示为

$$\boldsymbol{r}_C=\frac{\sum m_i\boldsymbol{r}_i}{\sum m_i}=\frac{\sum m_i\boldsymbol{r}_i}{m}\tag{4-3-6}$$

2. 转动惯量

转动惯量的定义、计算公式及常用简单形体的转动惯量见表 4-3-1 及表 4-3-2。

转动惯量的定义及计算公式 **表 4-3-1**

名称	定 义	计算公式
转动惯量	刚体内各质点的质量与质点到轴的垂直距离平方的乘积之和，是刚体转动惯性的度量	$J_z=\sum_{i=1}^{n}m_i r_i^2$
	刚体的质量与回转半径平方的乘积	$J_z=m\rho_z^2$
平行移轴定理	刚体对任一轴的转动惯量等于其对通过质心并与该轴平行的轴的转动惯量，加上刚体质量与两轴间距离平方的乘积	$J_z=J_{Cz}+md^2$

常用简单均质物体的转动惯量及回转半径 **表 4-3-2**

物体形状	简 图	转动惯量	回转半径
细直杆	y; l/2; l/2	$J_y=\frac{1}{12}ml^2$	$\rho_y=\frac{1}{\sqrt{12}}l$
细圆环	y; r; O; x	$J_x=J_y=\frac{1}{2}mr^2$ $J_z=J_O=mr^2$	$\rho_x=\rho_y=\frac{1}{\sqrt{2}}r$ $\rho_z=r$
薄圆盘	y; r; O; x	$J_x=J_y=\frac{1}{4}mr^2$ $J_z=J_O=\frac{1}{2}mr^2$	$\rho_x=\rho_y=\frac{1}{2}r$ $\rho_z=\frac{1}{\sqrt{2}}r$

3. 其他基本物理量

动力学普遍定理中各基本物理量（如动量、动量矩、动能、冲量、功、势能等）的概念、定义及表达式见表 4-3-3。

动力学普遍定理中各物理量的概念、定义及表达式 **表 4-3-3**

物理量	概念及定义	表达式		量纲及单位
		质 点	质点系	
动量	物体的质量与其速度的乘积，是物体机械运动强弱的一种度量	$m\boldsymbol{v}$	$\boldsymbol{p}=\sum m_i\boldsymbol{v}_i=m\boldsymbol{v}_C$	$[M][L][T]^{-1}$ kg·m/s
冲量	力与其作用时间的乘积，用以度量作用于物体的力在一段时间内对其运动所产生的累计效应	$\boldsymbol{I}=\int_{t_1}^{t_2}\boldsymbol{F}\mathrm{d}t$	$\boldsymbol{I}=\sum\int_{t_1}^{t_2}\boldsymbol{F}_i\mathrm{d}t=\sum\boldsymbol{I}_i$	$[M][L][T]^{-1}$ kg·m/s

续上表

物理量		概念及定义	表达式（质点）	表达式（质点系）	量纲及单位
动量矩	质点	质点的动量对任选固定点O之矩，用以度量质点绕该点运动的强弱	$\boldsymbol{M}_{\mathrm{O}}(m\boldsymbol{v})=\boldsymbol{r}\times m\boldsymbol{v}$ $[\boldsymbol{M}_{\mathrm{O}}(m\boldsymbol{v})]_z=M_z(m\boldsymbol{v})$		$[\mathrm{M}][\mathrm{L}]^2[\mathrm{T}]^{-1}$ $\mathrm{kg\cdot m^2/s}$或 $\mathrm{N\cdot m\cdot s}$
	质系	质点系中所有各质点的动量对于任选固定点O之矩的矢量和	$\boldsymbol{L}_{\mathrm{O}}=\sum\boldsymbol{M}_{\mathrm{O}}(m_i\boldsymbol{v}_i)=\sum\boldsymbol{r}_i\times m_i\boldsymbol{v}_i$		
	平移刚体	刚体的动量对于任选固定点O之矩	$\boldsymbol{L}_{\mathrm{O}}=\boldsymbol{M}_{\mathrm{O}}(m\,\boldsymbol{v}_{\mathrm{C}})=\boldsymbol{r}_{\mathrm{C}}\times m\boldsymbol{v}_{\mathrm{C}}$		
	转动刚体	刚体的转动惯量与角速度的乘积	$L_z=J_z\omega$		
动能	质点	质点的质量与速度平方的乘积之半，是由于物体的运动而具有的能量	$T=\frac{1}{2}mv^2$		$[\mathrm{M}][\mathrm{L}]^2[\mathrm{T}]^{-2}$ J或$\mathrm{N\cdot m}$或 $\mathrm{kg\cdot m^2/s^2}$
	质系	质点系中所有各质点动能之和	$T=\sum\frac{1}{2}m_iv_i^2$		
	平移刚体	刚体的质量与质心速度的平方之半	$T=\frac{1}{2}mv_{\mathrm{C}}^2$		
	转动刚体	刚体的转动惯量与角速度的平方之半	$T=\frac{1}{2}J_z\cdot\omega^2$		
	平面运动刚体	随质心平移的动能与绕质心转动的动能之和	$T=\frac{1}{2}mv_{\mathrm{C}}^2+\frac{1}{2}J_{\mathrm{C}}\omega^2$		
功		力在其作用点的运动路程中对物体作用的累积效应，功是能量变化的度量	$W_{12}=\int_{M_1}^{M_2}\boldsymbol{F}\cdot\mathrm{d}\boldsymbol{r}=\int_{M_1}^{M_2}(\boldsymbol{F}_x\mathrm{d}x+\boldsymbol{F}_y\mathrm{d}y+\boldsymbol{F}_z\mathrm{d}z)$		$[\mathrm{M}][\mathrm{L}]^2[\mathrm{T}]^{-2}$ J或$\mathrm{N\cdot m}$或 $\mathrm{kg\cdot m^2/s^2}$
		重力的功只与质点起、止位置有关	$W_{12}=mg(z_1-z_2)$		
		弹性力的功只与质点起、止位置的变形量有关	$W_{12}=\frac{k}{2}(\delta_1^2-\delta_2^2)$		
		定轴转动刚体上作用力的功 若$m_z(\boldsymbol{F})=$常量，则表达式表示如右栏	$W_{12}=\int_{\varphi_1}^{\varphi_2}m_z(\boldsymbol{F})\mathrm{d}\varphi$ $W_{12}=m_z(\boldsymbol{F})(\varphi_2-\varphi_1)$		
势能		质点从某位置至零势点有势力所做的功	$V=\int_{M}^{M_0}\boldsymbol{F}\cdot\mathrm{d}\boldsymbol{r}$		$[\mathrm{M}][\mathrm{L}]^2[\mathrm{T}]^{-2}$ J或$\mathrm{N\cdot m}$或 $\mathrm{kg\cdot m^2/s^2}$
		重力势能：空间直角坐标系原点为零势点	$V=mgz_{\mathrm{C}}$		
		弹性势能：弹簧原长为零势点	$V=\frac{1}{2}k\delta^2$		

（二）动力学三大普遍定理

动力学普遍定理（包括动量定理、质心运动定理，对固定点和相对质心的动量矩定理、动能定理）及相应的守恒定理的表达式及适用范围见表 4-3-4。

动力学普遍定理的表达式及适用范围 表 4-3-4

<table>
<tr><th>定理</th><th colspan="3">表 达 式</th><th>守 恒 情 况</th><th>说 明</th></tr>
<tr><td rowspan="3">动量定理</td><td>质点</td><td colspan="2">$\frac{\mathrm{d}}{\mathrm{d}t}(m\boldsymbol{v})=\boldsymbol{F}$</td><td>若$\sum\boldsymbol{F}^{(e)}=0$，则$\boldsymbol{p}=$恒量
若$\sum F_x^{(e)}=0$，则$\boldsymbol{p}_x=$恒量</td><td rowspan="3">主要阐明了刚体作平动或质系随质心平动部分的运动规律，常用于研究平动部分、质心的运动及约束力的求解</td></tr>
<tr><td>质系</td><td colspan="2">$\frac{\mathrm{d}}{\mathrm{d}t}\boldsymbol{p}=\sum\boldsymbol{F}^{(e)}$</td><td rowspan="2">若$\sum\boldsymbol{F}^{(e)}=0$，则$\boldsymbol{v}_{\mathrm{C}}=$恒量；当$\boldsymbol{v}_{\mathrm{C0}}=0$时，$\boldsymbol{r}_{\mathrm{C}}=$恒量，即质心位置不变
若$\sum F_x^{(e)}=0$，则$v_{\mathrm{C}x}$=恒量；当$v_{\mathrm{C}x0}=0$时，$x_{\mathrm{C}}=$恒量，即质心x坐标不变</td></tr>
<tr><td>质心运动定理</td><td colspan="2">$m\boldsymbol{a}_{\mathrm{C}}=\sum\boldsymbol{F}^{(e)}$</td></tr>
<tr><td rowspan="4">动量矩定理</td><td>质点</td><td colspan="2">$\frac{\mathrm{d}}{\mathrm{d}t}\boldsymbol{M}_{\mathrm{O}}(m\boldsymbol{v})=\boldsymbol{M}_{\mathrm{O}}(\boldsymbol{F})$
$\frac{\mathrm{d}}{\mathrm{d}t}M_z(m\boldsymbol{v})=M_z(\boldsymbol{F})$</td><td>若$\boldsymbol{M}_{\mathrm{O}}(\boldsymbol{F})=0$，则$\boldsymbol{M}_{\mathrm{O}}(m\boldsymbol{v})=$恒量
若$M_z(\boldsymbol{F})=0$，则$M_z(m\boldsymbol{v})$=恒量</td><td rowspan="4">主要阐明了刚体作定轴转动或质系绕质心转动部分的运动规律，常用于研究定轴转动及绕质心转动部分的运动</td></tr>
<tr><td>质系</td><td colspan="2">$\frac{\mathrm{d}\boldsymbol{L}_{\mathrm{O}}}{\mathrm{d}t}=\boldsymbol{M}_{\mathrm{O}}^{(e)}=\sum\boldsymbol{M}_{\mathrm{O}}\left(\boldsymbol{F}^{(e)}\right)$
$\frac{\mathrm{d}L_z}{\mathrm{d}t}=M_z^{(e)}=\sum M_z\left(\boldsymbol{F}^{(e)}\right)$
注：矩心O可以是任意固定点，亦可是质心</td><td>若$\sum\boldsymbol{M}_{\mathrm{O}}(\boldsymbol{F}^{e})=0$，则$\boldsymbol{L}_{\mathrm{O}}=$恒量
若$\sum M_z\left(\boldsymbol{F}^{(e)}\right)=0$，则$L_z=$恒量</td></tr>
<tr><td>定轴转动刚体</td><td colspan="2">$J_z\alpha=\sum M_z\left(\boldsymbol{F}^{(e)}\right)$</td><td rowspan="2">若$\sum M_z\left(\boldsymbol{F}^{(e)}\right)=0$，则$\alpha=0$，$\omega=$恒量，刚体绕$z$轴作匀角速度转动
若$\sum M_z\left(\boldsymbol{F}^{(e)}\right)=$恒量，则$\alpha=$恒量，刚体绕$z$轴作匀变速度转动</td></tr>
<tr><td>平面运动刚体</td><td colspan="2">$m\boldsymbol{a}_{\mathrm{C}}=\sum\boldsymbol{F}^{(e)}$
$J_{\mathrm{C}}\alpha=\sum M_{\mathrm{C}}\left(\boldsymbol{F}^{(e)}\right)$</td></tr>
<tr><td rowspan="3">动能定理</td><td></td><td>微分形式</td><td>积分形式</td><td rowspan="3">若质点或质系只在有势力作用下运动，则机械能守恒
$E=T+V=$常值</td><td rowspan="3">由于能量的概念更为广泛，所以此定理能阐明平动、转动、平面运动等运动规律，故常用于解各物体有关的运动量($\boldsymbol{v}$、$\boldsymbol{a}$、ω、α)</td></tr>
<tr><td>质点</td><td>$\mathrm{d}\left(\frac{1}{2}mv^2\right)=\delta W$</td><td>$\frac{1}{2}mv_2^2-\frac{1}{2}mv_1^2=W_{12}$</td></tr>
<tr><td>质系</td><td>$\mathrm{d}T=\sum\delta W_i$</td><td>$T_2-T_1=\sum W_{12i}$</td></tr>
</table>

【例 4-3-5】 如图所示丁字杆$OABD$的OA及BD段质量均为m，且$AD=AB=OA/2=l/2$，已知丁字杆在图示位置的角速度为ω，求此瞬时丁字杆的动量，对O轴的动量矩及动能。

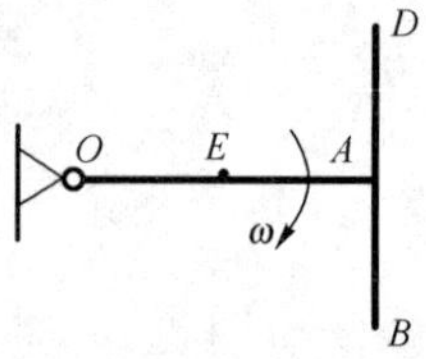

例 4-3-5 图

解 丁字杆作定轴转动，按照定义可求如下物理量。

（1）动量

根据公式$\boldsymbol{p}=\sum m_i\boldsymbol{v}_{\mathrm{i}}=\sum\boldsymbol{p}_i=m\boldsymbol{v}_{\mathrm{C}}$，可将丁字杆分为$OA$和$BD$两部分，则整体的动量大小为

$$p=p_{\mathrm{OA}}+p_{\mathrm{BD}}=mv_{\mathrm{E}}+mv_{\mathrm{A}}=m\frac{l}{2}\omega+ml\omega=\frac{3}{2}ml\omega\quad(\text{方向铅垂向下})$$

亦可求出丁字杆质心C的位置，即

$$x_{\mathrm{C}}=\frac{m\frac{l}{2}+ml}{2m}=\frac{3}{4}l$$

丁字杆的动量为

$$p = 2mv_C = 2m \cdot \frac{3}{4}l\omega = \frac{3}{2}ml\omega$$

（2）对O轴的动量矩

$$L_O = J_O\omega$$

其中转动惯量J_O为

$$J_O = \frac{1}{3}ml^2 + \frac{1}{12}ml^2 + ml^2 = \frac{17}{12}ml^2$$

所以对O轴的动量矩为

$$L_O = \frac{17}{12}ml^2\omega$$

（3）动能

$$T = \frac{1}{2}J_O\omega^2 = \frac{17}{24}ml^2\omega^2$$

注：求解刚体的动量时，主要是求出刚体质心的速度；而求解刚体的动量矩和动能时，则首先需要判断刚体的运动形式，再应用相应的公式求解。

【例 4-3-6】 图示均质圆轮，质量m，半径R，由挂在绳上的重力大小为W的物块使其绕O运动。设物块速度为v，不计绳重，则系统动量、动能的大小为：

A. $\frac{W}{g} \cdot v$；$\frac{1}{2} \cdot \frac{v^2}{g}\left(\frac{1}{2}mg + W\right)$

B. mv；$\frac{1}{2} \cdot \frac{v^2}{g}\left(\frac{1}{2}mg + W\right)$

C. $\frac{W}{g} \cdot v + mv$；$\frac{1}{2} \cdot \frac{v^2}{g}\left(\frac{1}{2}mg - W\right)$

D. $\frac{W}{g} \cdot v - mv$；$\frac{W}{g} \cdot v + mv$

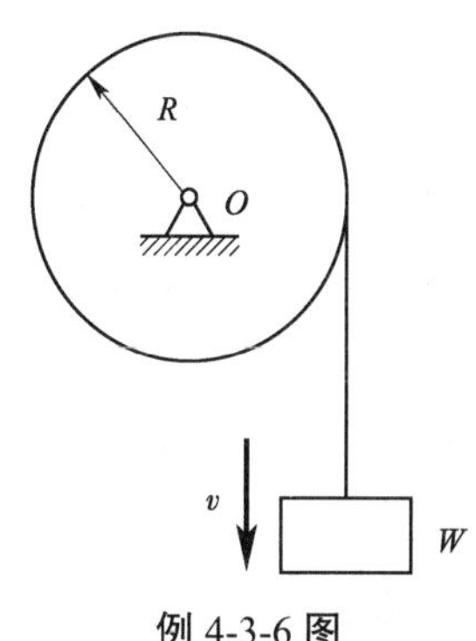

例 4-3-6 图

解 根据动量的公式：$p = mv_C$，则圆轮质心速度为零而动量为零，故系统的动量只有物块的$\frac{W}{g} \cdot v$。

又根据动能的公式：圆轮的动能为$\frac{1}{2} \cdot \frac{1}{2}mR^2\omega^2 = \frac{1}{4}mR^2\left(\frac{v}{R}\right)^2 = \frac{1}{4}mv^2$，物块的动能为$\frac{1}{2} \cdot \frac{W}{g}v^2$，二者相加为$\frac{1}{2} \cdot \frac{v^2}{g}\left(\frac{1}{2}mg + W\right)$。

答案：A

【例 4-3-7】 A块与B块叠放如图所示，各接触面处均考虑摩擦。当B块受力F作用沿水平面运动时A块仍静止于B块上，于是：

A. 各接触面处的摩擦力均做负功

B. 各接触面处的摩擦力均做正功

C. A块上的摩擦力做正功

D. B块上的摩擦力做正功

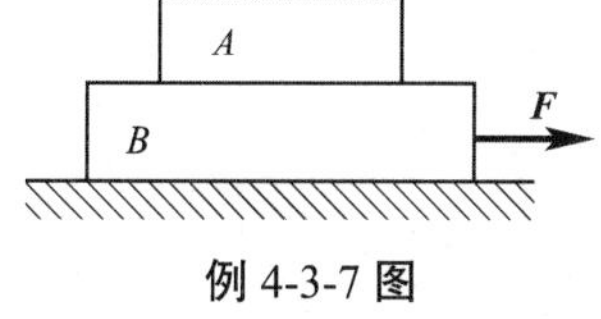

例 4-3-7 图

解 作用在物块B上下两面的摩擦力均水平向左，而物块B向右运动，其摩擦力做负功；而作用在物块A上的摩擦力水平向右，使其向右运动，做正功。

答案：C

【例 4-3-8】 质量m_1与半径r均相同的三个均质滑轮，在绳端作用有力或挂有重物，如图所示。已知均质滑轮的质量为$m_1 = 2\text{kN} \cdot \text{s}^2/\text{m}$，重物的质量分别为$m_2 = 0.2\text{kN} \cdot \text{s}^2/\text{m}$，$m_3 = 0.1\text{kN} \cdot \text{s}^2/\text{m}$，重力加速度按$g = 10\text{m/s}^2$计算，则各轮转动的角加速度$\alpha$间的关系是：

A. $\alpha_1 = \alpha_3 > \alpha_2$　　B. $\alpha_1 < \alpha_2 < \alpha_3$

C. $\alpha_1 > \alpha_3 > \alpha_2$　　D. $\alpha_1 \neq \alpha_2 = \alpha_3$

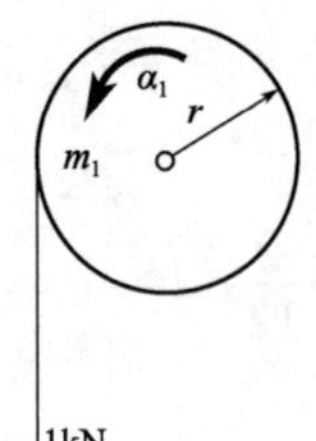

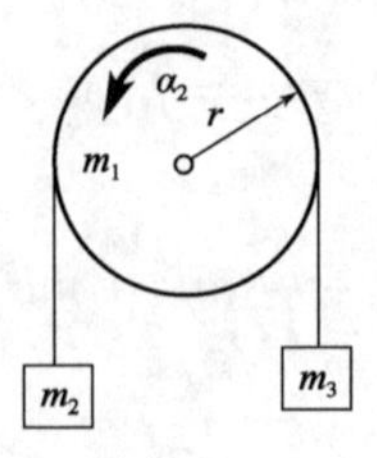

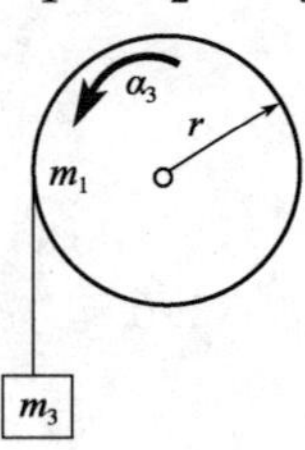

例 4-3-8 图

解　根据动量矩定理：$J\alpha_1 = 1 \times r$（J为滑轮的转动惯量）；$J\alpha_2 + m_2r^2\alpha_2 + m_3r^2\alpha_2 = (m_2g - m_3g)r = 1 \times r$；$J\alpha_3 + m_3r^2\alpha_3 = m_3gr = 1 \times r$，则

$$\alpha_1 = \frac{1 \times r}{J};\ \alpha_2 = \frac{1 \times r}{J + m_2r^2 + m_3r^2};\ \alpha_3 = \frac{1 \times r}{J + m_3r^2}$$

答案：C

【例 4-3-9】 如图所示圆环以角速度ω绕铅直轴AC自由转动，圆环的半径为R，对转轴z的转动惯量为I。在圆环中的A点放一质量为m的小球，设由于微小的干扰，小球离开A点。忽略一切摩擦，则当小球达到B点时，圆环的角速度为：

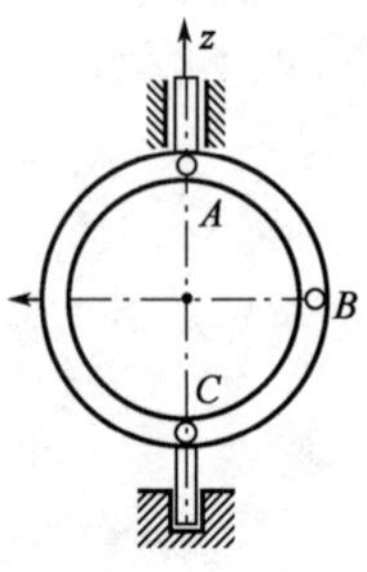

例 4-3-9 图

A. $mR^2\omega/(I + mR^2)$　　B. $I\omega/(I + mR^2)$

C. ω　　D. $2I\omega/(I + mR^2)$

解　系统在转动中对转动轴z的动量矩守恒，即：$I\omega = (I + mR^2)\omega_t$（设$\omega_t$为小球达到$B$点时圆环的角速度），则$\omega_t = I\omega/(I + mR^2)$。

答案：B

【例 4-3-10】 质量为m，长为$2l$的均质细杆初始位于水平位置，如图 a）所示。A端脱落后，杆绕轴B转动，当杆转到铅垂位置时，AB杆B处的约束力大小为：

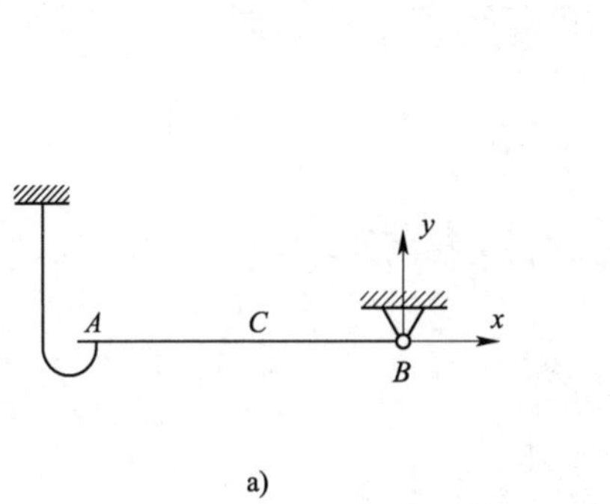

a)

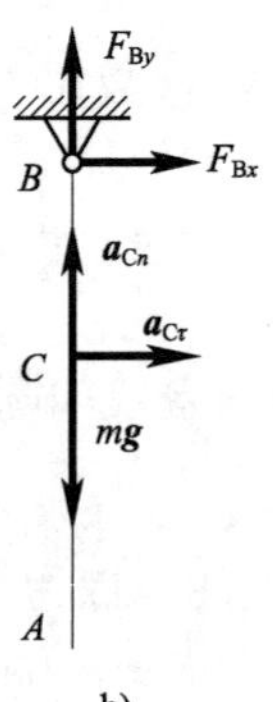

b)

例 4-3-10 图

A. $F_{Bx} = 0$；$F_{By} = 0$　　B. $F_{Bx} = 0$；$F_{By} = mg/4$

C. $F_{Bx} = l$；$F_{By} = mg$　　D. $F_{Bx} = 0$；$F_{By} = 5mg/2$

解　根据动能定理，当杆从水平位置转动到铅垂位置时（图 b）

初动能$T_1 = 0$；末动能$T_2 = \frac{1}{2}J_B\omega^2 = \frac{1}{2} \cdot \frac{1}{3}m(2l)^2\omega^2 = \frac{2}{3}ml^2\omega^2$

重力的功$W_{12} = mgl$

代入动能定理$T_2 - T_1 = W_{12}$，得$\omega^2 = \frac{3g}{2l}$，$\omega = \sqrt{\frac{3g}{2l}}$

根据定轴转动微分方程：$J_{B}\alpha = M_{B}(F) = 0$，$\alpha = 0$

杆质心的加速度$a_{C\tau} = l\alpha = 0$，$a_{Cn} = l\omega^2 = \frac{3g}{2}$

由质心运动定理：$m\boldsymbol{a}_{C} = \sum \boldsymbol{F}$

可得：$ml\omega^2 = F_{By} - mg$，则$F_{By} = \frac{5}{2}mg$，$F_{Bx} = 0$

答案： D

【例 4-3-11】如图所示均质链条传动机构的大齿轮以角速度ω转动，已知大齿轮半径为R，质量为m_1，小齿轮半径为r，质量为m_2，链条质量不计，则此系统的动量为：

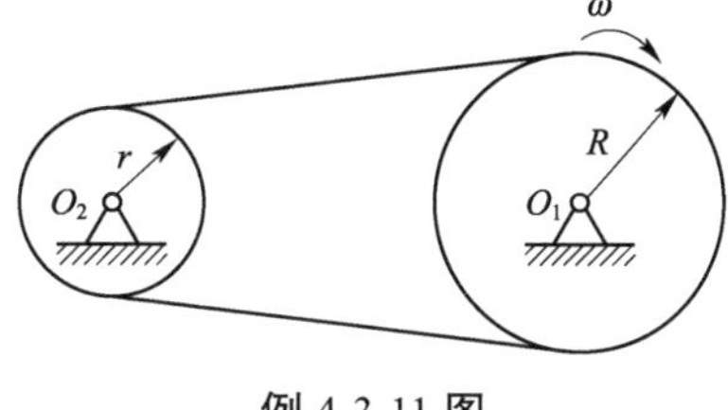

例 4-3-11 图

A. $(m_1 + 2m_2)v \rightarrow$　　B. $(m_1 + m_2)v \rightarrow$

C. $(2m_2 - m_1)v \rightarrow$　　D. 0

解 根据动量的定义，系统的动量$p = m_i v_i$，而两轮质心的速度均为零，故动量为零，链条不计质量，所以此系统的动量为零。

答案： D

【例 4-3-12】均质圆柱体半径为R，质量为m，绕关于对纸面垂直的固定水平轴自由转动，初瞬时静止（质心G在O轴的铅垂线上，$\theta = 0$），如图所示。则圆柱体在位置$\theta = 90°$时的角速度是：

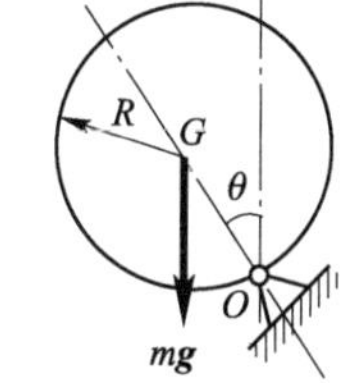

例 4-3-12 图

A. $\sqrt{\frac{g}{3R}}$　　B. $\sqrt{\frac{2g}{3R}}$　　C. $\sqrt{\frac{4g}{3R}}$　　D. $\sqrt{\frac{g}{2R}}$

解 根据动能定理：$T_2 - T_1 = W_{12}$，其中$T_1 = 0$（初瞬时静止），$T_2 = \frac{1}{2} \cdot \frac{3}{2}mR^2\omega^2$，$W_{12} = mgR$，代入动能定理：$\frac{3}{4}mR^2\omega^2 - 0 = mgR$，可得$\omega = \sqrt{\frac{4g}{3R}}$。

答案： C

三、达朗贝尔原理

达朗贝尔原理提供了研究非自由质点系动力学问题的一种普遍方法，即通过引入惯性力，将动力学问题在形式上转化为静力学问题，用静力学中求解平衡问题的方法求解动力学问题，故亦称动静法。

（一）惯性力的概念

当质点受到力的作用而要其改变运动状态时，由于质点具有保持其原有运动状态不变的惯性，将会体现出一种抵抗能力，这种抵抗力，就是质点给予施力物体的反作用力，而这个反作用力称为惯性力，用$\boldsymbol{F}_{I}$表示。质点惯性力的大小等于质点的质量与加速度的乘积，方向与质点加速度方向相反。即

$$\boldsymbol{F}_{I} = -m\boldsymbol{a} \tag{4-3-7}$$

需要特别指出的是，质点的惯性力是质点对改变其运动状态的一种抵抗，它并不作用于质点上，而是作用在使质点改变运动状态的施力物体上，但由于惯性力反映了质点本身的惯性特征，所以其大小、方向又由质点的质量和加速度来度量。

（二）刚体惯性力系的简化

对于刚体，可以将其细分而作为无穷多个质点的集合。如果我们研究刚体整体的运动，可以运用静力学中所述力系简化的方法，将刚体无穷多质点上虚加的惯性力向一点简化，并利用简化的结果来等效原来的惯性力系。其简化结果见表 4-3-5。

刚体惯性力系的简化结果 表 4-3-5

<table>
<tr><th>刚体的运动形式</th><th>表达式</th><th colspan="2">备注</th></tr>
<tr><td>平移刚体</td><td>$\boldsymbol{F}_{\mathrm{I}}=-m\boldsymbol{a}_{\mathrm{C}}$，$M_{\mathrm{IC}}=0$</td><td colspan="2">惯性力合力的作用点在质心，适用于任意形状的刚体</td></tr>
<tr><td rowspan="2">定轴转动刚体</td><td>$\boldsymbol{F}_{\mathrm{I}}=-m\boldsymbol{a}_{\mathrm{C}}$，$M_{\mathrm{IO}}=-J_{\mathrm{O}}\alpha$</td><td>惯性力的作用点在转动轴$O$处</td><td rowspan="2">只适用于转动轴垂直于质量对称平面的刚体</td></tr>
<tr><td>$\boldsymbol{F}_{\mathrm{I}}=-m\boldsymbol{a}_{\mathrm{C}}$，$M_{\mathrm{IC}}=-J_{\mathrm{C}\alpha}$</td><td>惯性力的作用点在质心$C$处</td></tr>
<tr><td>平面运动刚体</td><td>$\boldsymbol{F}_{\mathrm{I}}=-m\boldsymbol{a}_{\mathrm{C}}$，$M_{\mathrm{IC}}=-J_{\mathrm{C}\alpha}$</td><td colspan="2">惯性力的作用点在质心C处</td></tr>
</table>

（三）达朗贝尔原理的含义

当质点（系）上施加了恰当的惯性力后，从形式上看，质点（系）运动的任一瞬时，作用于质点上的主动力、约束力，以及质点的惯性力构成一平衡力系。这就是质点（系）的达朗贝尔原理。应用该原理求解动力学问题的方法，称为动静法。达朗贝尔原理的方程见表 4-3-6。

达朗贝尔原理基本方程 表 4-3-6

<table>
<tr><th>方法</th><th>方程</th><th>备注</th></tr>
<tr><td>质点的达朗贝尔原理</td><td>$\boldsymbol{F}+\boldsymbol{F}_{\mathrm{N}}+\boldsymbol{F}_{\mathrm{I}}=0$</td><td rowspan="2">由牛顿第二定律推出，只具有平衡方程的形式，而没有平衡的实质。特别适用于已知质点（系）的运动求约束力的情形。对质点系的动静法，只需考虑外力的作用</td></tr>
<tr><td>质点系的达朗贝尔原理</td><td>$\sum_{i=1}^{n}\boldsymbol{F}_i+\sum_{i=1}^{n}\boldsymbol{F}_{\mathrm{N}i}+\sum_{i=1}^{n}\boldsymbol{F}_{\mathrm{I}i}=0$
$\sum_{i=1}^{n}\boldsymbol{M}_{\mathrm{O}}(\boldsymbol{F}_i)+\sum_{i=1}^{n}\boldsymbol{M}_{\mathrm{O}}(\boldsymbol{F}_{\mathrm{N}i})+\sum_{i=1}^{n}\boldsymbol{M}_{\mathrm{O}}(\boldsymbol{F}_{\mathrm{I}i})=0$</td></tr>
</table>

（四）附加动约束力

通常我们把系统静止时外界对系统的约束力称为静约束力，而把系统运动时外界对系统的约束力称为动约束力。而附加动约束力为动约束力与静约束力的差值。

在达朗贝尔原理中，惯性力就是用来表示系统运动状态时的特性的，因此附加动约束力取决于惯性力系，只求附加动约束力时，可以不考虑惯性力以外的其他主动力。

【例 4-3-13】 如图所示均质圆盘作定轴转动，其中图 a）、图 c）的转动角速度为常量，而图 b）、图 d）的角速度不为常量。则（　　）的惯性力系简化结果为平衡力系。

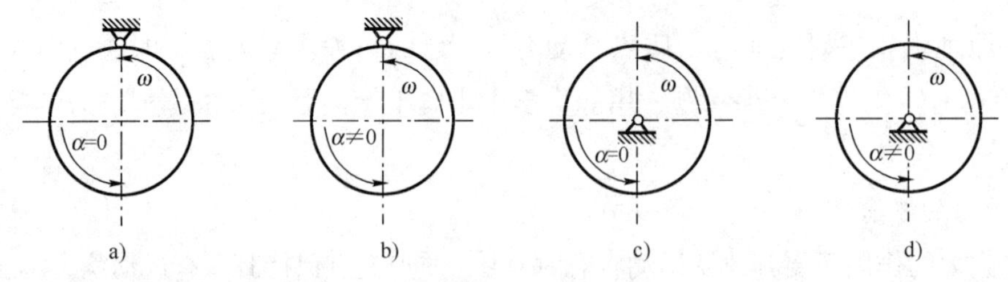

例 4-3-13 图

A. 图 a）　　B. 图 b）　　C. 图 c）　　D. 图 d）

解 根据定轴转动刚体惯性力系的简化结果，上述圆盘的惯性力系均可简化为作用于质心的一个力$\boldsymbol{F}_{\mathrm{I}}$和一力偶矩为$M_{\mathrm{IC}}$的力偶，且

$$\boldsymbol{F}_{\mathrm{I}}=-m\boldsymbol{a}_{\mathrm{C}}，M_{\mathrm{IC}}=-J_{\mathrm{C}}\alpha$$

在图 c）中，$\boldsymbol{a}_{\mathrm{C}}=0$，$\alpha=0$，故$\boldsymbol{F}_{\mathrm{I}}=0$，$M_{\mathrm{IC}}=0$，惯性力系成为平衡力系。

答案：C

【例 4-3-14】质量为m，半径为R的均质圆盘，绕垂直于图面的水平轴O转动，其角速度为ω，在图示瞬时，角加速度为零，盘心C在其最低位置，此时将圆盘的惯性力系向O点简化，其惯性力主矢和惯性力主矩的大小分别为：

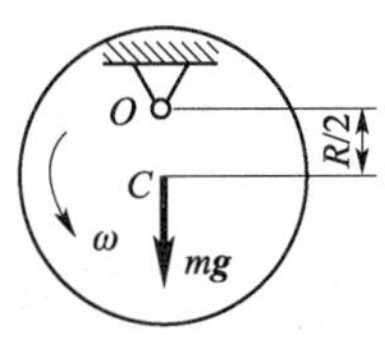

例 4-3-14 图

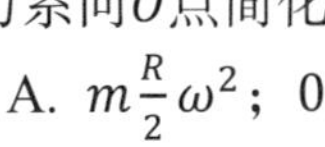

A. $m\frac{R}{2}\omega^2$；0　　　　B. $mR\omega^2$；0

C. 0；0　　　　D. 0；$\frac{1}{2}mR^2\omega^2$

解　根据定轴转动刚体惯性力系的简化结果，求惯性力主矢和主矩大小的公式分别为$F_{\mathrm{I}} = ma_C$，$M_{\mathrm{IO}} = J_O\alpha$，此题中：$a_C = \frac{1}{2}R\omega^2$，$\alpha = 0$，代入公式可得：$F_{\mathrm{I}} = m\frac{R}{2}\omega^2$，$M_{\mathrm{I}} = 0$。

答案：A

【例 4-3-15】均质直杆OA的质量为m，长为l，以匀角速度ω绕O轴转动如图示。此时将OA杆的惯性力系向O点简化，其惯性力主矢和惯性力主矩的大小分别为：

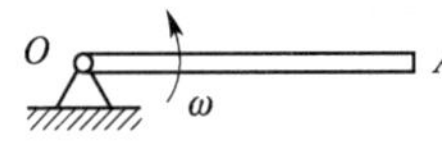

例 4-3-15 图

A. 0，0　　　　B. $\frac{1}{2}ml\omega^2$，$\frac{1}{3}ml^2\omega^2$

C. $ml\omega^2$，$\frac{1}{2}ml^2\omega^2$　　　　D. $\frac{1}{2}ml\omega^2$，0

解　根据定轴转动刚体惯性力系的简化结果分析，匀角速度转动（$\alpha = 0$）刚体的惯性力主矢和主矩的大小分别为：$F_{\mathrm{I}} = ma_{\mathrm{C}} = \frac{1}{2}ml\omega^2$，$M_{\mathrm{IO}} = J_O\alpha = 0$。

答案：D

【例 4-3-16】质量不计的水平细杆AB长为L，在沿垂图面内绕A轴转动，其另一端固连质量为m的质点B，在图 a）示水平位置静止释放。则此瞬时质点B的惯性力为：

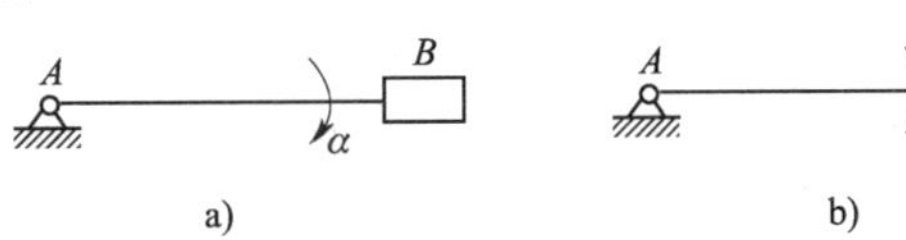

例 4-3-16 图

A. $F_{\mathrm{g}} = mg$　　B. $F_{\mathrm{g}} = \sqrt{2}mg$　　C. 0　　D. $F_{\mathrm{g}} = \frac{\sqrt{2}}{2}mg$

解　杆水平瞬时，其角速度为零，加在物块上的惯性力铅垂向上（图 b），列平衡方程$\sum M_O(\boldsymbol{F}) = 0$，则有$(F_{\mathrm{g}} - mg)l = 0$，所以$F_{\mathrm{g}} = mg$。

答案：A

【例 4-3-17】三角形物块沿水平地面运动的加速度为$\boldsymbol{a}$，方向如图 a）所示。物块倾斜角为θ。重力大小为W的小球在斜面上用细绳拉住，绳另端固定在斜面上。设物块运动中绳不松软，则小球对斜面的压力$\boldsymbol{F}_{\mathrm{N}}$的大小为：

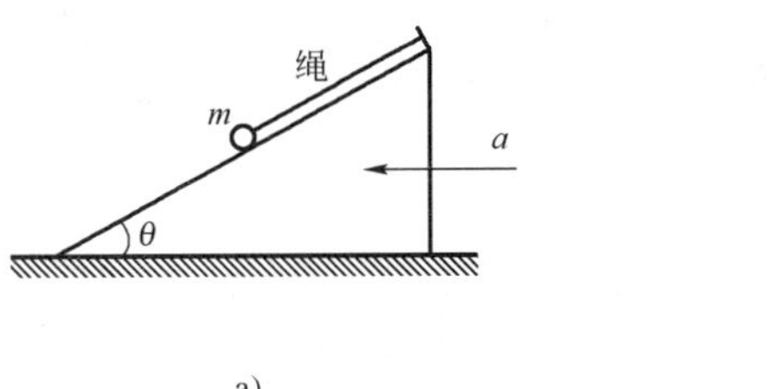

例 4-3-17 图

A. $F_{\mathrm{N}} < W\cos\theta$　　　　B. $F_{\mathrm{N}} > W\cos\theta$

C. $F_{\mathrm{N}} = W\cos\theta$　　　　D. 只根据所给条件则不能确定

解　应用达朗贝尔原理，在小球上加一水平向右的惯性力$\boldsymbol{F}_{\mathrm{I}}$，使其与重力$\boldsymbol{W}$、绳的拉力$\boldsymbol{F}_{\mathrm{T}}$及斜面的约束力$\boldsymbol{F}_{\mathrm{N}}'$形成形式上的平衡状态，受力如图 b）所示。将小球所受之力沿垂直于斜面的方向列力的投影

平衡方程，有

$$F_N' - F_I \sin\theta - W\cos\theta = 0$$

则$F_N' = F_N = F_I \sin\theta + W\cos\theta$

答案：B

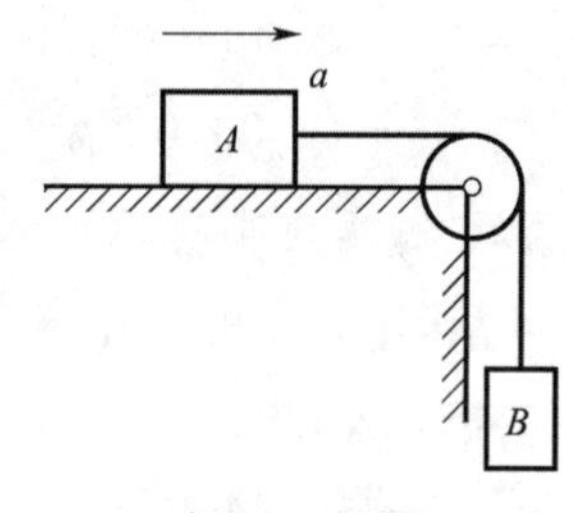

例 4-3-18 图

【例 4-3-18】 物块A的质量为 8kg，静止放在无摩擦的水平面上。另一质量为 4kg 的物块B被绳系住，如图所示，滑轮无摩擦。若物块A的速度$a = 3.3\text{m/s}^2$，则物块B的惯性力为：

A. 13.2N(铅垂向上)　　B. 13.2N(铅垂向下)

C. 26.4N(铅垂向上)　　D. 26.4N(铅垂向下)

解　根据惯性力的定义：$F_I = -ma$，物块B的加速度与物块A的加速度大小相同，且向下，故物块B的惯性力$F_{BI} = 4 \times 3.3 = 13.2\text{N}$，方向与其加速度方向相反，即铅垂向上。

答案：A

【例 4-3-19】 均质细杆OA，质量为m，长l。在如图水平位置静止释放，当运动到铅直位置时，其角速度$\omega = \sqrt{\frac{3g}{l}}$，角加速度$\varepsilon = 0$，则轴承$O$施加于杆$OA$的附加动反力为：

O　A

例 4-3-19 图

A. $\frac{3}{2}mg(\uparrow)$　　B. $6mg(\downarrow)$

C. $6mg(\uparrow)$　　D. $\frac{3}{2}mg(\downarrow)$

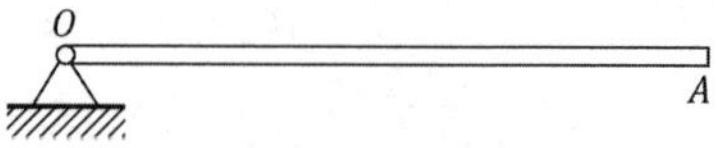

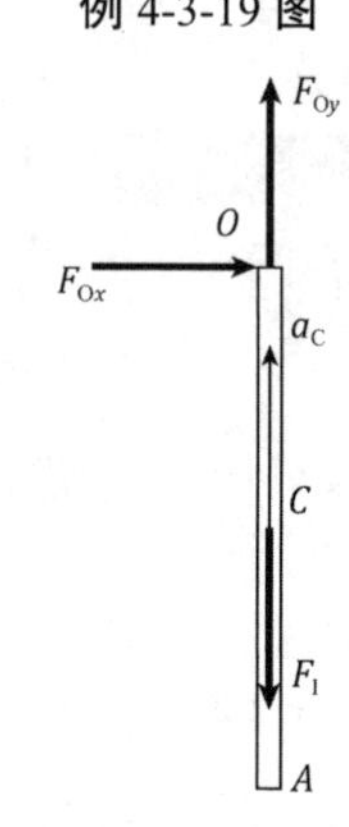

例 4-3-19 解图

解　如解图杆释放至铅垂位置时，其角加速度为零，质心加速度只有指向转动轴O的法向加速度，根据达朗贝尔原理，施加其上的惯性力$F_I = ma_C = m\omega^2 \times \frac{l}{2} = \frac{3}{2}mg$，为求附加动反力的大小，可不考虑主动力即重力，列平衡方程，可得$F_{Ox} = 0$；$F_{Oy} - F_I = 0$，$F_{Oy} = \frac{3}{2}mg$，方向向上。

答案：A

四、质点的直线振动

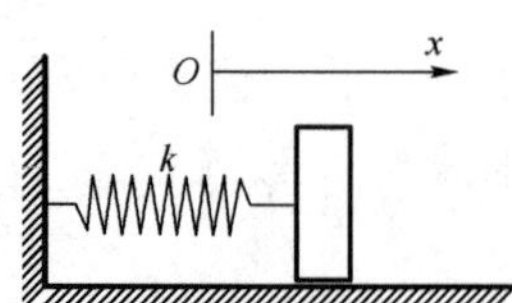

图 4-3-1 单自由度系统自由振动模型

物体在某一位置附近作往复运动，这种运动称为振动。常见的振动有钟摆的运动、汽缸中活塞的运动等。

（一）自由振动微分方程

质量块受初始扰动，仅在恢复力作用下产生的振动称为自由振动。考查如图 4-3-1 所示之弹簧振子，设物块的质量为m，弹簧的刚度为k，由牛顿定律

$$m\frac{\mathrm{d}^2x}{\mathrm{d}t^2} = -kx$$

令$\omega_0^2 = \frac{k}{m}$，则有

$$\frac{\mathrm{d}^2x}{\mathrm{d}t^2} + \omega_0^2 x = 0 \tag{4-3-8}$$

此式称为无阻尼自由振动微分方程的标准形式。其解为

$$x = A\sin(\omega_0 t + \varphi) \tag{4-3-9}$$

（二）振动周期、固有频率和振幅

若初始$t = 0$时，$x = x_0$，$v = v_0$，则式（4-3-9）中各参数的物理意义及计算公式列于表 4-3-7 中。

自由振动的参数　　表 4-3-7

	振　幅	初 相 角	固有圆频率	周　期
公式	$A=\sqrt{x_0^2+\frac{v_0^2}{\omega_0^2}}$	$\varphi=\arctan\frac{\omega_0 x_0}{v_0}$	$\omega_0=\sqrt{\frac{k}{m}}$	$T=\frac{2\pi}{\omega_0}$
定义	相对于振动中心的最大位移	初相角决定质点运动的起始位置	2π秒内的振动次数	振动一次所需要的时间

（三）求固有频率的方法

1. 列微分方程

化振动微分方程为标准形式（4-3-8）后，取位移坐标x前的系数，即为固有频率ω_0的平方。

2. 利用弹簧的静变形δ_{st}

在静平衡位置，刚度为k的弹簧产生的弹性力与物块的重力mg相等，即$k\delta_{st}=mg$，将其代入表 4-3-7 中固有圆频率的表达式，有

$$\omega_0=\sqrt{\frac{k}{m}}=\sqrt{\frac{mg}{m\delta_{st}}}=\sqrt{\frac{g}{\delta_{st}}} \tag{4-3-10}$$

3. 等效弹簧刚度

图 4-3-2a）为两个弹簧并联的模型，图 4-3-2b）为弹簧串联模型，这两种模型均可简化为如图 4-3-2c）所示弹簧-质量系统。

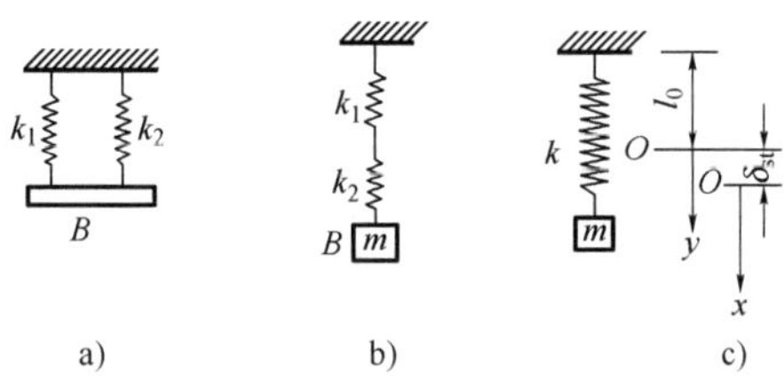

图 4-3-2　弹簧的并联和串联模型

弹簧并联

$$k=k_1+k_2 \tag{4-3-11}$$

系统的固有频率

$$\omega_0=\sqrt{\frac{k}{m}}=\sqrt{\frac{k_1+k_2}{m}}$$

弹簧串联

$$k=\frac{k_1k_2}{k_1+k_2} \tag{4-3-12}$$

系统的固有频率

$$\omega_0=\sqrt{\frac{k}{m}}=\sqrt{\frac{k_1k_2}{m(k_1+k_2)}}$$

4. 能量法

因为自由振动系统为保守系统，故运动过程中，系统的机械能守恒。若设系统的静平衡位置（振动中心）为零势能位置，则在此位置，物块的速度达到最大，系统具有最大动能，势能为零；当物块偏离振动中心极端位置时，位移最大，速度为零，系统具有最大势能，动能为零。因此在这两个位置机械能守恒，有

$$T_{max}=V_{max} \tag{4-3-13}$$

根据式（4-3-9）可得$T_{max}=\frac{1}{2}m\dot{x}_{max}^2=\frac{1}{2}mA^2\omega_0^2$，$V_{max}=\frac{1}{2}kA_{max}^2=\frac{1}{2}kA^2$

则有

$$\omega_0=\sqrt{\frac{k}{m}}$$

所得结果与表 4-3-7 中固有频率的公式相同。

（四）衰减振动

振动中的阻力，习惯上称为阻尼。这里仅考虑阻力的大小与运动速度成正比，阻力的方向与速度矢量的方向相反这种类型的阻力，即

$$\boldsymbol{F}_{\mathrm{d}} = -c\boldsymbol{v} \tag{4-3-14}$$

如图 4-3-3 所示为弹簧振子的有阻尼自由振动的力学模型，根据牛顿定律

$$m\frac{\mathrm{d}^2x}{\mathrm{d}t^2} = -kx - c\frac{\mathrm{d}x}{\mathrm{d}t}$$

令$n = c/(2m)$，上述方程可以整理成

$$\frac{\mathrm{d}^2x}{\mathrm{d}t^2} + 2n\frac{\mathrm{d}x}{\mathrm{d}t} + \omega_0^2x = 0 \tag{4-3-15}$$

对于不同的n值，上述方程的解有以下三种不同形式。

1. 弱阻尼状态（或欠阻尼状态）

此时，$n < \omega_0$，方程（4-3-15）的解为

$$x = Ae^{-nt}\sin\left(\sqrt{\omega_0^2 - n^2}t + \varphi\right) \tag{4-3-16}$$

式中，A、φ为积分常数，由初始条件决定。如图 4-3-4 所示为振了的位移与时间的关系。此时振子的运动是一种振幅按指数规律衰减的振动。图中振幅的包络线的表达式为Ae^{-nt}，相邻的两个振幅之比称为减缩系数，记作η。

$$\eta = \frac{A_m}{A_{m+1}} = \frac{Ae^{-nt_\mathrm{m}}}{Ae^{-n(t_\mathrm{m}+T_\mathrm{d})}} = e^{nT_\mathrm{d}} \tag{4-3-17}$$

其中$T_\mathrm{d} = \frac{2\pi}{\omega_\mathrm{d}} = \frac{2\pi}{\sqrt{\omega_0^2-n^2}}$为阻尼振动的周期。为应用方便，常引入对数减缩率，记作$\varLambda$。

$$\varLambda = \ln\left(\frac{A_m}{A_{m+1}}\right) = nT_\mathrm{d} \tag{4-3-18}$$

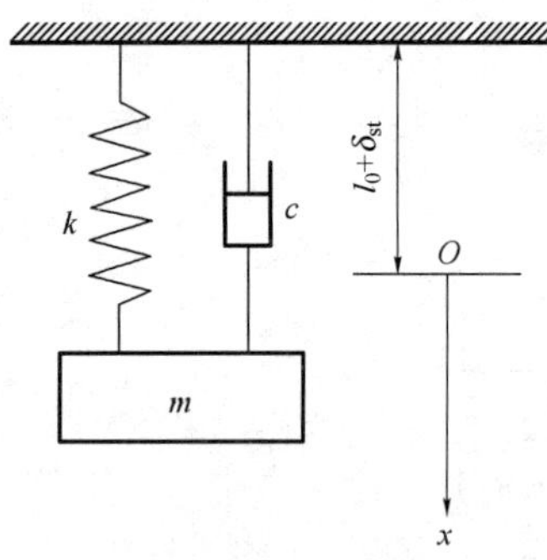

图 4-3-3 弹簧振子的有阻尼自由振动模型

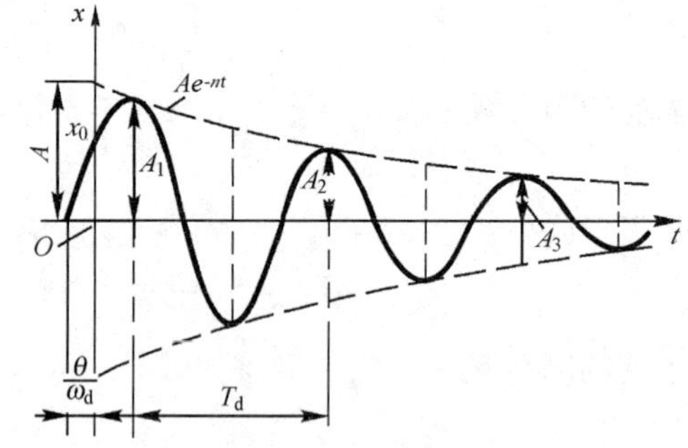

图 4-3-4 弱阻尼状态振子的位移与时间的关系

2. 过阻尼状态

此时$n > \omega_\mathrm{n}$，方程（4-3-15）的解为

$$x = C_1e^{\lambda_1t} + C_2e^{\lambda_2t} \tag{4-3-19}$$

式中，C_1、C_2为积分常数，由初始条件决定。此时已不能振动，系统缓慢回到平衡状态。

3. 临界阻尼状态

此时$n = \omega_\mathrm{n}$，方程（4-3-15）的解为

$$x = e^{-nt}(C_1 + C_2t) \tag{4-3-20}$$

系统也不能振动且较快地回到平衡位置。

（五）受迫振动

受迫振动是系统在外界激励下所产生的振动，如图 4-3-5 所示为强迫振动的力学模型，系统在激振力$\boldsymbol{F}$作用下发生振动。

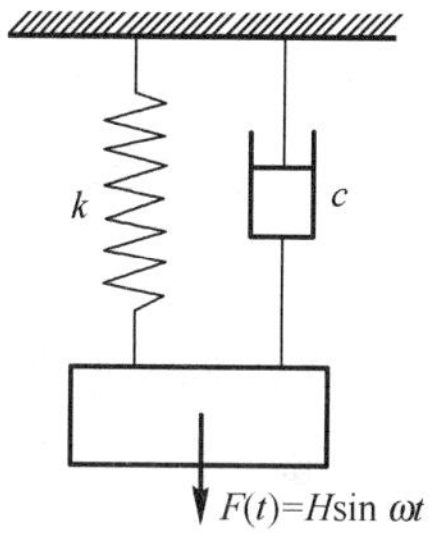

外激振力一般为时间的函数，最简单的形式是简谐激振力

$$F = H\sin\omega t \tag{4-3-21}$$

图 4-3-5　弹簧振子的强迫振动模型

对质点应用牛顿第二定律，有

$$m\frac{\mathrm{d}^2x}{\mathrm{d}t^2} = -kx - c\frac{\mathrm{d}x}{\mathrm{d}t} + H\sin\omega t$$

令$h = H/m$，上述方程变为

$$\frac{\mathrm{d}^2x}{\mathrm{d}t^2} + 2n\frac{\mathrm{d}x}{\mathrm{d}t} + \omega_0^2x = h\sin\omega t \tag{4-3-22}$$

这一方程称为有阻尼受迫振动微分方程的标准形式，若其中第二项（即阻尼项）为零，则为无阻尼受迫振动。方程（4-3-20）的通解为

$$x = Ae^{-nt}\sin\left(\sqrt{\omega_0^2 - n^2}t + \varphi\right) + B\sin(\omega t - \varepsilon) \tag{4-3-23}$$

其中A和φ为积分常数，由运动初始条件确定；B为受迫振动的振幅，ε为受迫振动的相位差，可由下列公式表示

$$B = \frac{h}{\sqrt{(\omega_0^2 - \omega^2)^2 + 4n^2\omega^2}} \tag{4-3-24}$$

$$\tan\varepsilon = \frac{2n\omega}{\omega_0^2 - \omega^2} \tag{4-3-25}$$

可见有阻尼受迫振动的解由两部分组成，第一部分是衰减振动，第二部分是受迫振动。通常将第一部分称为瞬态过程，第二部分称为稳态过程，稳态过程是研究的重点。

受迫振动的振幅达到极大值的现象称为共振。

在稳态过程中，受迫振动的一个重要特征是：振幅、相位差的取值与激振力的频率、系统的自由振动固有频率和阻尼有关。其关系曲线如图 4-3-6、图 4-3-7 所示。采用量纲为 1 的形式，图中横轴表示频率比$s = \omega/\omega_0$，纵轴表示振幅比$\beta = B/B_0$ ($B_0 = H/k$)，阻尼的改变用阻尼比$\zeta = n/\omega_0$的改变来表示。

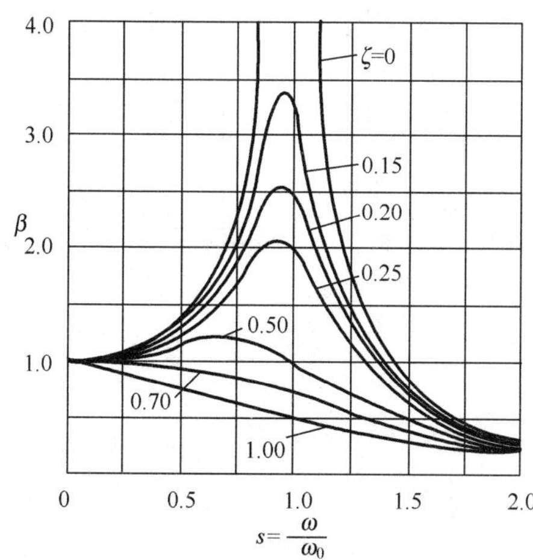

图 4-3-6　幅频特性曲线

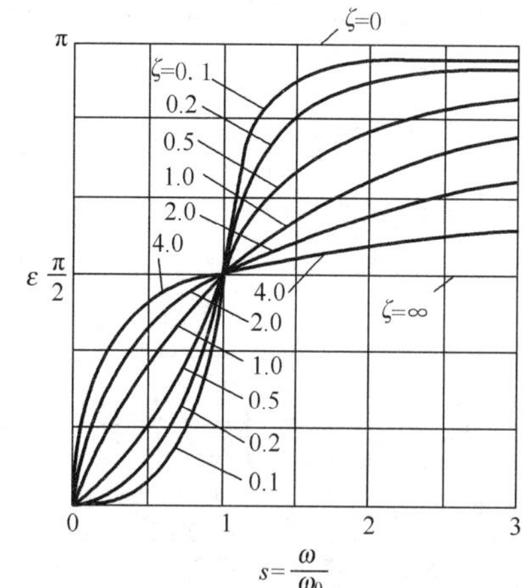

图 4-3-7　相频特性曲线

将式（4-3-24）对ω求一次导数并令其等于零，可以发现，此时振幅B有极大值，即共振固有圆频率ω_{r}为

$$\omega_r = \sqrt{\omega_0^2 - 2n^2} \tag{4-3-26}$$

当阻尼为零时，共振固有圆频率为

$$\omega_r = \omega_0 \tag{4-3-27}$$

即无阻尼强迫振动时，只要激振力频率与自由振动频率相等，便发生共振，由式（4-3-20）可知，此时的振幅B为无穷大。

共振是受迫振动中常见的现象，共振时，振幅随时间的增加不断增大，有时会引起系统的破坏，应设法避免；利用共振也可制造各种设备，如超声波发生器、核磁共振仪等，造福于人类。实际问题中，由于阻尼的存在，振幅不会无限增大。

【例 4-3-20】 如图所示，弹簧-物块直线振动系统位于铅垂面内。弹簧刚度系数为k，物块质量为m。若已知物块的运动微分方程为$m\ddot{x} + kx = 0$，则描述运动坐标Ox的坐标原点应为：

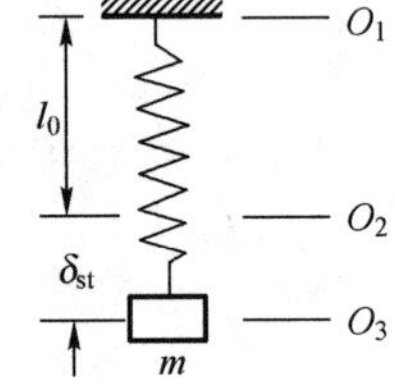

例 4-3-20 图

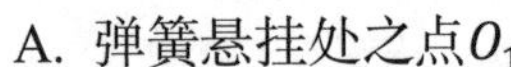

A. 弹簧悬挂处之点O_1

B. 弹簧原长l_0处之点O_2

C. 弹簧由物块重力引起静伸长δ_{st}之点O_3

D. 任意点皆可

解 列振动微分方程时，把坐标原点设在物体静平衡的位置处，列出的方程才是齐次微分方程。

答案：C

【例 4-3-21】 单摆作微幅摆动的周期与质量m和摆长l的关系是：

A. $\frac{1}{2\pi}\sqrt{\frac{g}{l}}$　　B. $\frac{1}{2\pi}\sqrt{\frac{l}{g}}$　　C. $2\pi\sqrt{\frac{g}{l}}$　　D. $2\pi\sqrt{\frac{l}{g}}$

解 单摆的运动微分方程为$ml\ddot{\varphi} = -mg\sin\varphi$

因为是微幅摆动，$\sin\varphi \approx \varphi$，则有$\ddot{\varphi} + \frac{g}{l}\varphi = 0$

所以，单摆的圆频率$\omega = \sqrt{\frac{g}{l}}$，而周期$T = \frac{2\pi}{\omega} = 2\pi\sqrt{\frac{l}{g}}$

答案：D

【例 4-3-22】 图示振动系统中$m = 200\text{kg}$，弹簧刚度$k = 10\,000\text{N/m}$，设地面振动可表示为$y = 0.1\sin(10t)$（y以 cm、t以 s 计）。则：

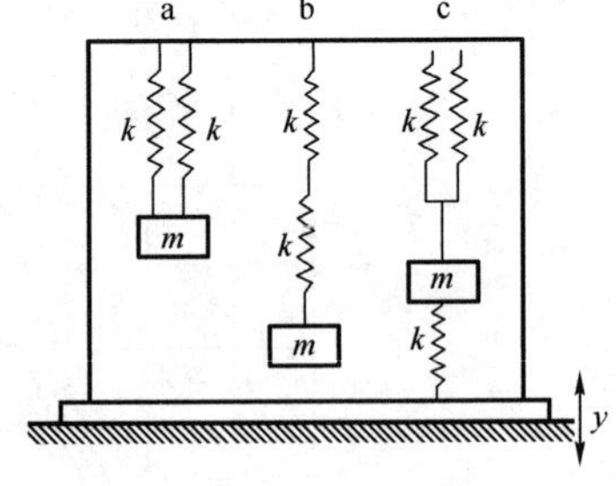

例 4-3-22 图

A. 装置 a 振幅最大　　B. 装置 b 振幅最大

C. 装置 c 振幅最大　　D. 三种装置振动情况一样

解 此系统为无阻尼受迫振动，装置 a、b、c 的自由振动频率分别为

$$\omega_{0a} = \sqrt{\frac{2k}{m}} = \sqrt{\frac{20\,000}{200}} = 10\text{rad/s}$$

$$\omega_{0b} = \sqrt{\frac{k}{2m}} = \sqrt{\frac{10\,000}{400}} = 5\text{rad/s}$$

$$\omega_{0c} = \sqrt{\frac{3k}{m}} = \sqrt{\frac{30\,000}{200}} = 12.25\text{rad/s}$$

由于外加激振y的频率为 10rad/s，与ω_{0a}相等，故装置 a 会发生共振，从理论上讲振幅将无穷大。

答案： A

【例 4-3-23】 质量为 110kg 的机器固定在刚度为 2×10^6N/m 的弹性基础上，当系统发生共振时，机器的工作频率为：

A. 66.7rad/s　　B. 95.3rad/s　　C. 42.6rad/s　　D. 134.8rad/s

解 发生共振时，系统的工作频率与其固有频率相等，为$\sqrt{\frac{k}{m}}=\sqrt{\frac{2\times10^6}{110}}=134.8\text{rad/s}$

答案： D

【例 4-3-24】 如图所示系统中，当物块振动的频率比为 1.27 时，k的值是：

A. 1×10^5N/m

B. 2×10^5N/m

C. 1×10^4N/m

D. 1.5×10^5N/m

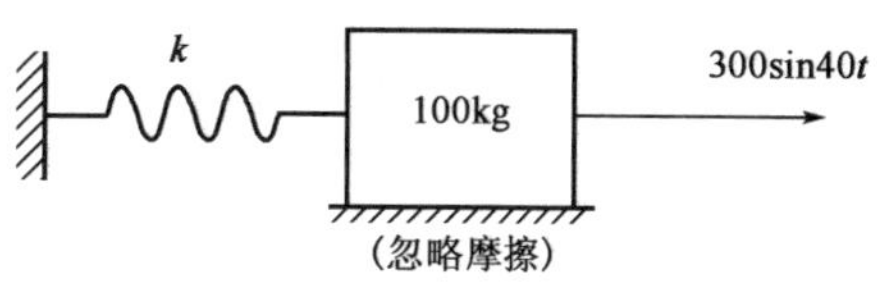

例 4-3-24 图

解 已知频率比$\frac{\omega}{\omega_0}$=1.27，且$\omega=40\text{rad/s}$，$\omega_0=\sqrt{\frac{k}{m}}$　$(m=100\text{kg})$，所以

$$k=\left(\frac{40}{1.27}\right)^2\times100=9.9\times10^4\approx1\times10^5\text{N/m}$$

答案： A

【例 4-3-25】 一无阻尼弹簧—质量系统受简谐激振力作用，当激振频率为$\omega_1=6\text{rad/s}$时，系统发生共振。给质量块增加 1kg 的质量后重新试验，测得共振频率为$\omega_2=5.86\text{rad/s}$。则原系统的质量及弹簧刚度系数是：

A. 19.68kg，623.55N/m　　B. 20.68kg，623.55N/m

C. 21.68kg，744.53N/m　　D. 20.68kg，744.53N/m

解 当激振频率与系统的固有频率相等时，系统发生共振，即：

$$\omega_0=\sqrt{\frac{k}{m}}=\omega_1=6\text{rad/s};\ \sqrt{\frac{k}{1+m}}=\omega_2=5.86\text{rad/s}$$

联立求解可得：$m=20.68\text{kg}$，$k=744.53\text{N/m}$

答案： D

【例 4-3-26】 小球质量为m，刚接于杆的一端，杆的另一端铰接于O点。杆长l，在其中点A的两边各连接一刚度为k的弹簧，如图所示。如杆和弹簧的质量不计，小球可视为一质点，其系统做微摆动时的运动微分方程为$ml^2\ddot{\varphi}=\left(mgl-\frac{1}{4}l^2k\right)\varphi$，则该系统的固有圆频率为：

A. $\sqrt{\frac{lk+4mg}{4ml}}$　　B. $\sqrt{\frac{4mg-lk}{4ml}}$

C. $\sqrt{\frac{lk-2mg}{2ml}}$　　D. $\sqrt{\frac{lk-4mg}{4ml}}$

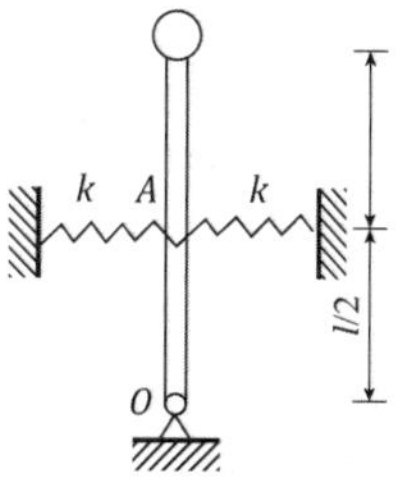

例 4-3-26 图

解 运动微分方程整理后为：$\ddot{\varphi}+\left(\frac{k}{4m}-\frac{g}{l}\right)\varphi=0$，这是单自由度自由振动微分方程的标准形式，其$\varphi$前面的系数即为该系统固有圆频率的平方，所以固有圆频率$\omega=\sqrt{\frac{lk-4mg}{4ml}}$。

答案： D

习　题

4-3-1　已知A物重力的大小$P = 20\text{N}$，B物重力的大小$Q = 30\text{N}$，滑轮C、滑轮D不计质量，并略去各处摩擦，如图所示，则绳水平段的拉力为（　　）。

A. 30N　　B. 20N　　C. 16N　　D. 24N

4-3-2　求解质点动力学问题时，质点的初条件是用来（　　）。

A. 分析力的变化规律　　B. 建立质点运动微分方程

C. 确定积分常数　　D. 分离积分变量

4-3-3　质量为m的物体自高H处水平抛出，如图所示，运动中受到与速度一次方成正比的空气阻力$\boldsymbol{R}$作用，$\boldsymbol{R} = -km\boldsymbol{v}$，$k$为常数。则其运动微分方程为（　　）。

A. $m\ddot{x} = -km\dot{x}$，$m\ddot{y} = -km\dot{y} - mg$　　B. $m\ddot{x} = km\dot{x}$，$m\ddot{y} = km\dot{y} - mg$

C. $m\ddot{x} = -km\dot{x}$，$m\ddot{y} = km\dot{y} - mg$　　D. $m\ddot{x} = -km\dot{x}$，$m\ddot{y} = -km\dot{y} + mg$

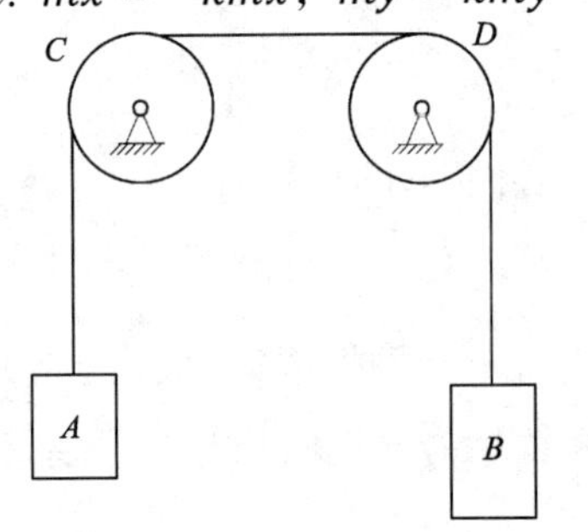

题 4-3-1 图

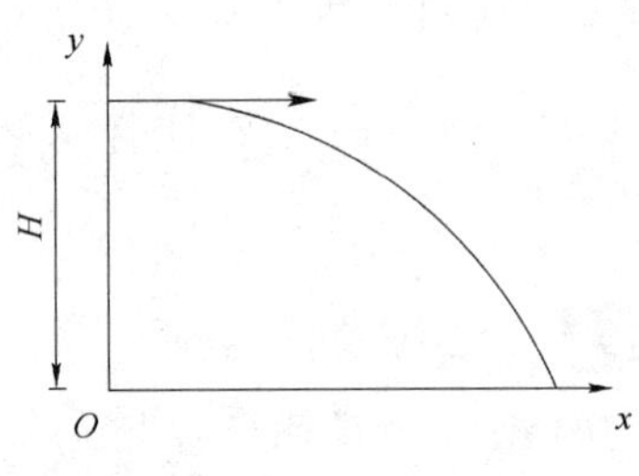

题 4-3-3 图

4-3-4　汽车以匀速率v在不平的道路上行驶，如图所示，当汽车通过A、B、C三个位置时，汽车对路面的压力分别为$\boldsymbol{N}_{\text{A}}$、$\boldsymbol{N}_{\text{B}}$、$\boldsymbol{N}_{\text{C}}$，则下述关系式（　　）成立。

A. $N_{\text{A}} = N_{\text{B}} = N_{\text{C}}$　　B. $N_{\text{A}} < N_{\text{B}} < N_{\text{C}}$

C. $N_{\text{A}} > N_{\text{B}} > N_{\text{C}}$　　D. $N_{\text{A}} = N_{\text{B}} > N_{\text{C}}$

4-3-5　质量分别为$m_1 = m$，$m_2 = 2m$的两个小球M_1，M_2用长为L而重量不计的刚杆相连，现将M_1置于光滑水平面上，且M_1M_2与水平面成60°角，如图所示，则当无初速释放、M_2球落地时，M_1球移动的水平距离为（　　）。

A. $L/3$　　B. $L/4$　　C. $L/6$　　D. 0

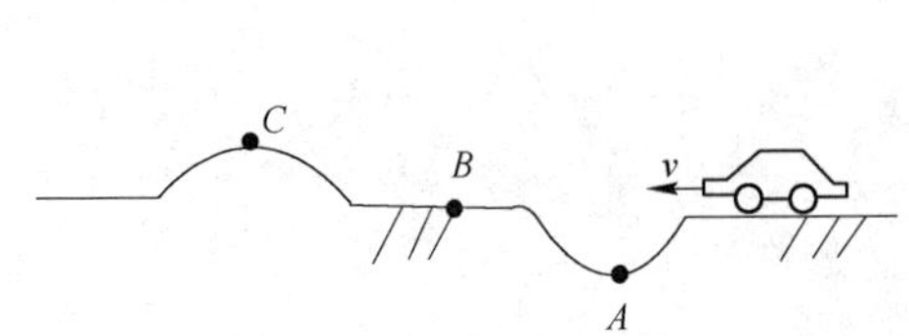

题 4-3-4 图

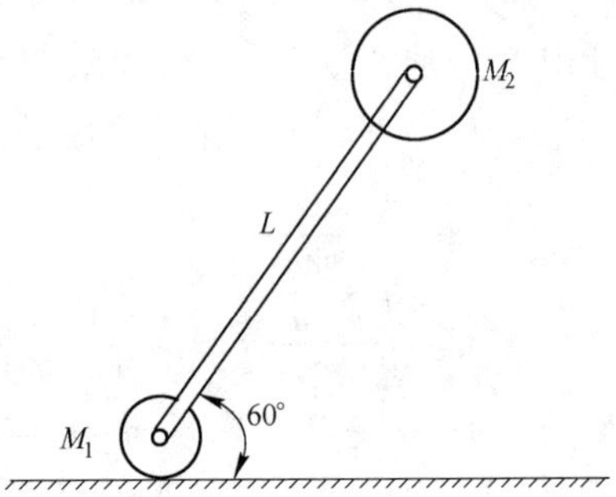

题 4-3-5 图

4-3-6　设有质量相等的两物体A、B，在同一段时间内，A物发生水平移动，而B物发生铅直移动，则此两物体的重力在这段时间内的冲量（　　）。

A. 不同　　　　　　　　B. 相同

C. A物重力的冲量大　　　　　　D. B物重力的冲量大

4-3-7 匀质杆质量为m，长$OA=l$，在铅垂面内绕定轴O转动。杆质心C处连接刚度系数k较大的弹簧，弹簧另端固定。图示位置为弹簧原长，当杆由此位置逆时针方向转动时，杆上A点的速度为v_A，若杆落至水平位置的角速度为零，则v_A的大小应为（　　）。

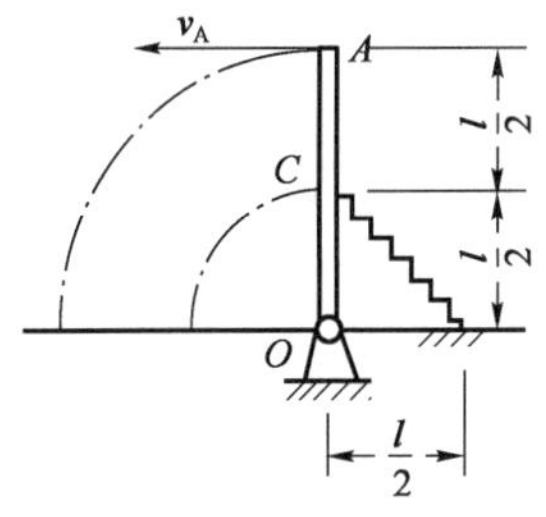

题 4-3-7 图

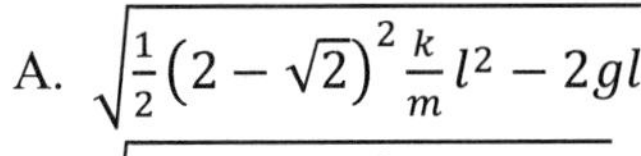

A. $\sqrt{\frac{1}{2}\left(2-\sqrt{2}\right)^2\frac{k}{m}l^2-2gl}$

B. $\sqrt{\frac{1}{4}\left(2-\sqrt{2}\right)^2\frac{k}{m}l^2-gl}$

C. $\sqrt{\frac{1}{2}\left(2-\sqrt{2}\right)^2\frac{k}{m}l^2-8gl}$

D. $\sqrt{\frac{3}{4}\left(2-\sqrt{2}\right)^2\frac{k}{m}l^2-3gl}$

4-3-8 在光滑的水平面上，放置一静止的均质直杆AB，当AB上受一力偶m作用时，如图所示，AB将绕（　　）点转动。

A. A点　　　　　　　　B. B点

C. C点　　　　　　　　D. 先绕A点转动，然后绕C点转动

4-3-9 如图所示，两种不同材料的均质细长杆焊接成直杆ABC，AB段为一种材料，长度为a，质量为m_1，BC段为另一种材料，长度为b，质量为m_2，杆ABC以匀角速度ω转动，则其对A轴的动量矩大小为（　　）。

A. $L_A=(m_1+m_2)(a+b)^2\omega/3$

B. $L_A=[m_1a^2/3+m_2b^2/12+m_2(b/2+a)^2]\omega$

C. $L_A=(m_1a^2/3+m_2b^2/3+m_2a^2)\omega$

D. $L_A=m_1a^2\omega/3+m_2b^2\omega/3$

4-3-10 如图所示，直角均质弯杆ABC，$AB=BC=L$，每段质量记作M_{AB}、M_{BC}，则弯杆对过A且垂直于图平面的A轴的转动惯量为（　　）。

A. $J_A=M_{AB}L^2/3+M_{BC}L^2/3+M_{BC}L^2$

B. $J_A=M_{AB}L^2/3+M_{BC}L^2/3+M_{BC}\sqrt{2}\,L^2$

C. $J_A=M_{AB}L^2/3+M_{BC}L^2/12+M_{BC}L^2/4$

D. $J_A=M_{AB}L^2/3+M_{BC}L^2/12+5M_{BC}L^2/4$

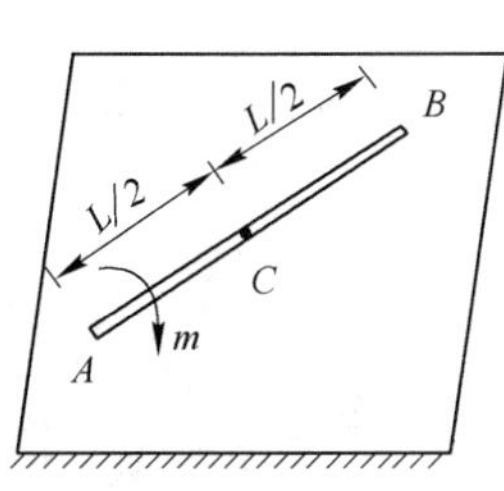

题 4-3-8 图

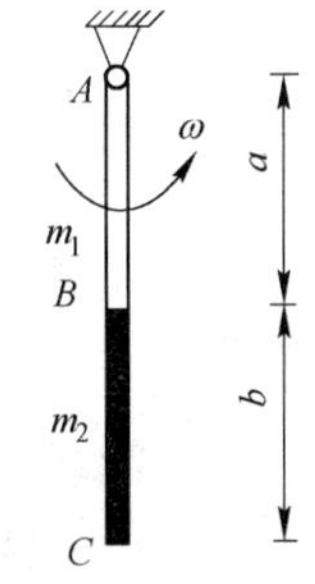

题 4-3-9 图

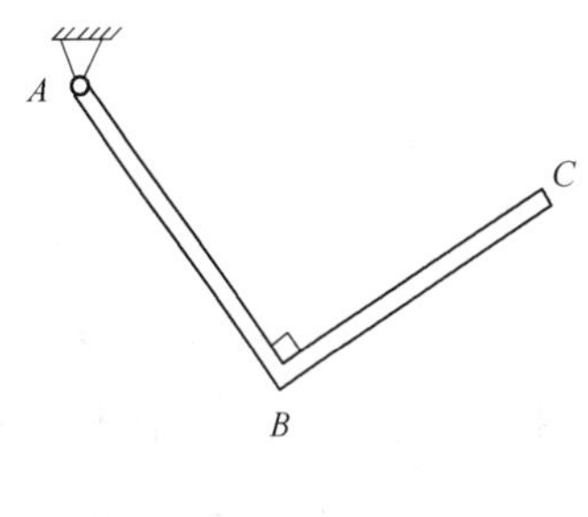

题 4-3-10 图

4-3-11 如图所示，刚体的质量m，质心为C，对定轴O的转动惯量为J_O，对质心的转动惯量为J_C，若转动角速度为ω，则刚体对O轴的动量矩H_O为（　　）。

A. $mv_C \cdot OC$　　B. $J_O\omega$　　C. $J_C\omega$　　D. $J_{O\omega}{}^2$

4-3-12 一端固结于O点的弹簧，如图所示，另一端可自由运动，弹簧的原长$L_0 = 2b/3$，弹簧的弹性系数为k，若以B点处为零势能面，则A处的弹性势能为（　　）。

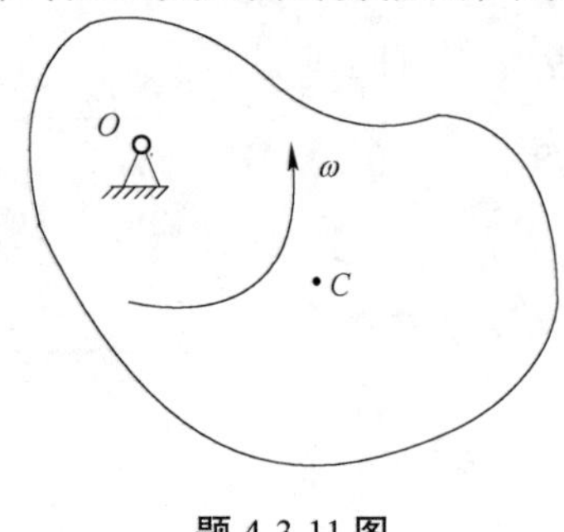

题 4-3-11 图

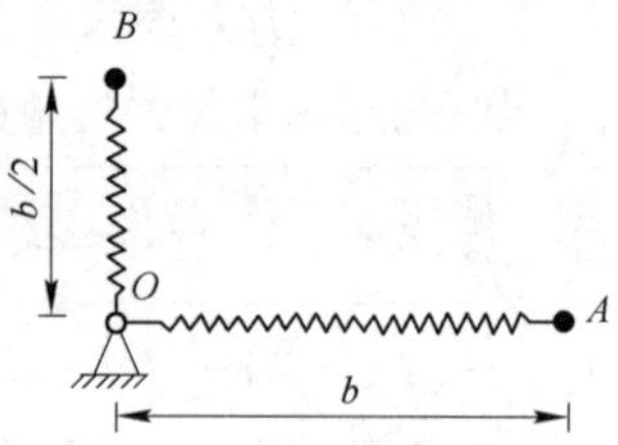

题 4-3-12 图

A. $kb^2/24$　　B. $5kb^2/18$　　C. $3kb^2/8$　　D. $-3kb^2/8$

4-3-13 某弹簧的弹性系数为k，在Ⅰ位置弹簧的变形为δ_1，在Ⅱ位置弹簧的变形为δ_2。若取Ⅱ位置为零势能位置，则在Ⅰ位置弹性力的势能为（　　）。

A. $k(\delta_1^2 - \delta_2^2)$　　B. $k(\delta_2^2 - \delta_1^2)$　　C. $\frac{1}{2}k(\delta_1^2 - \delta_2^2)$　　D. $\frac{1}{2}k(\delta_2^2 - \delta_1^2)$

4-3-14 半径为R，质量为m的均质圆盘在其自身平面内作平面运动。在如图所示位置时，若已知图形上A、B两点的速度方向如图所示，$\alpha = 45°$，且知B点速度大小为v_B。则圆轮的动能为（　　）。

A. $mv_B^2/16$　　B. $3mv_B^2/16$　　C. $mv_B^2/4$　　D. $3mv_B^2/4$

4-3-15 已知曲柄OA长r，以角速度ω转动，均质圆盘半径为R，质量为m，在固定水平面上作纯滚动，则如图所示瞬时圆盘的动能为（　　）。

A. $2mr^2\omega^2/3$　　B. $mr^2\omega^2/3$　　C. $4mr^2\omega^2/3$　　D. $mr^2\omega^2$

4-3-16 如图所示，一弹簧常数为k的弹簧下挂一质量为m的物体，若物体从静平衡位置（设静伸长为δ）下降Δ距离，则弹性力所做的功为（　　）。

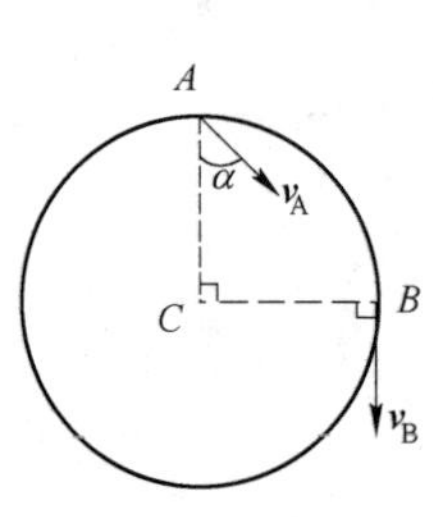

题 4-3-14 图

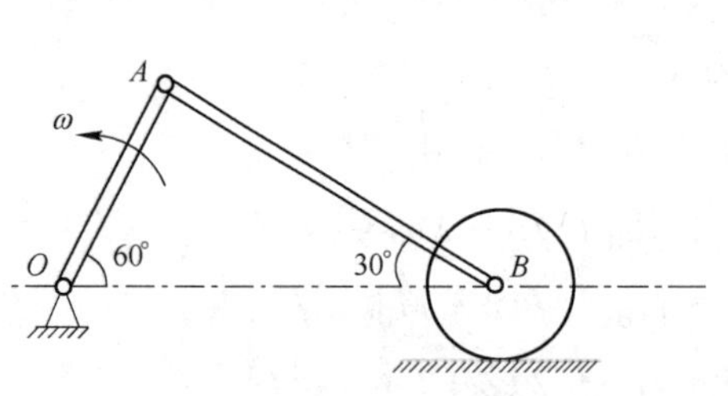

题 4-3-15 图

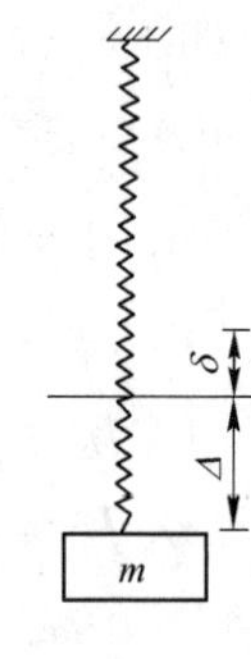

题 4-3-16 图

A. $\frac{1}{2}k\Delta^2$　　B. $\frac{1}{2}k(\delta + \Delta)^2$

C. $\frac{1}{2}k[(\Delta + \delta)^2 - \delta^2]$　　D. $\frac{1}{2}k[\delta^2 - (\Delta + \delta)^2]$

4-3-17 如图所示，忽略质量的细杆$OC = l$，其端部固结均质圆盘，杆上点C为圆盘圆心，盘质量为m，半径为r，系统以角速度ω绕轴O转动，系统的动能是（　　）。

A. $T = \frac{1}{2}m(l\omega)^2$　　B. $T = \frac{1}{2}m[(l + r)\omega^2]$

C. $T = \frac{1}{2}\left(\frac{1}{2}mr^2\right)\omega^2$　　D. $T = \frac{1}{2}\left(\frac{1}{2}mr^2 + ml^2\right)\omega^2$

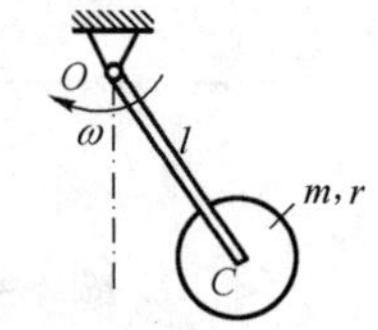

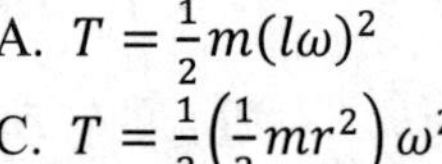

题 4-3-17 图

4-3-18 两重物的质量均为m，分别系在两软绳上（见图）。此两绳又分别绕在半径各为r与$2r$并固结

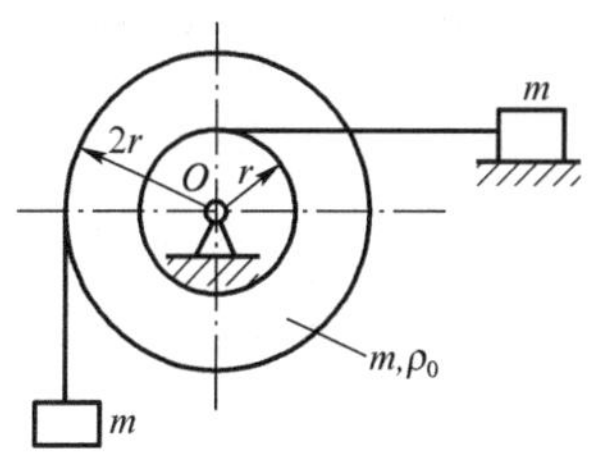

题 4-3-18 图

一起的两圆轮上。两圆轮构成之鼓轮的质量亦为m，对轴O的回转半径为ρ_0。两重物中一铅垂悬挂，一置于光滑平面上。当系统在左重物重力作用下运动时，鼓轮的角加速度α为（　　）。

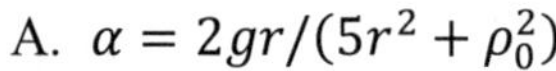

A. $\alpha = 2gr/(5r^2+\rho_0^2)$　　B. $\alpha = 2gr/(3r^2+\rho_0^2)$

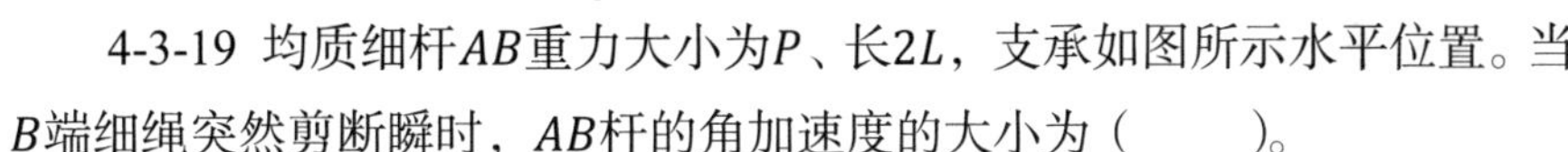

C. $\alpha = 2gr/\rho_0^2$　　D. $\alpha = gr/(5r^2+\rho_0^2)$

4-3-19 均质细杆AB重力大小为P、长$2L$，支承如图所示水平位置。当B端细绳突然剪断瞬时，AB杆的角加速度的大小为（　　）。

A. 0　　B. $3g/(4L)$　　C. $3g/(2L)$　　D. $6g/L$

4-3-20 如图所示，在倾角为α的光滑斜面上置一弹性系数为k的弹簧，一质量为m的物块沿斜面下滑s距离与弹簧相碰，碰后弹簧与物块不分离并发生振动，则自由振动的固有圆频率为（　　）。

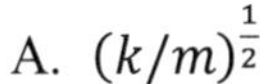

A. $(k/m)^{\frac{1}{2}}$　　B. $[k/(ms)]^{\frac{1}{2}}$　　C. $[k/(m\sin\alpha)]^{\frac{1}{2}}$　　D. $(k\sin\alpha/m)^{\frac{1}{2}}$

题 4-3-19 图

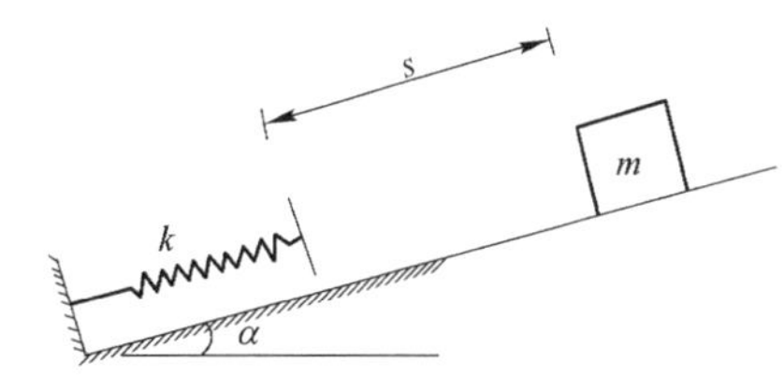

题 4-3-20 图

4-3-21 设如图所示 a)、b)、c）三个质量弹簧系统的固有频率分别为ω_1、ω_2、ω_3，则它们之间的关系是（　　）。

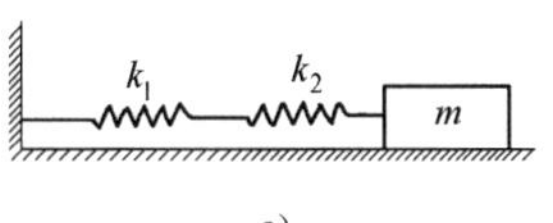

a)

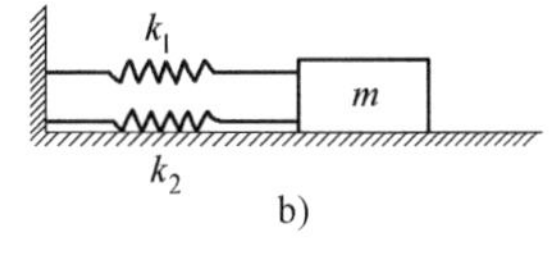

b)

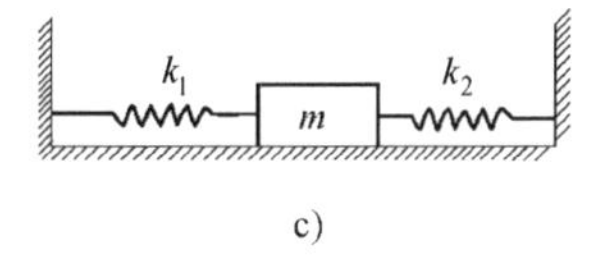

c)

题 4-3-21 图

A. $\omega_1 < \omega_2 = \omega_3$　　B. $\omega_2 < \omega_3 = \omega_1$　　C. $\omega_3 < \omega_1 = \omega_2$　　D. $\omega_1 = \omega_2 = \omega_3$

习题题解及参考答案

第一节

4-1-1　**解：** 根据力多边形法则：各分力首尾相连，而合力则由第一个分力的起点指向最后一个分力的终点（矢端），题中$\boldsymbol{F}_2$、$\boldsymbol{F}_3$首尾相连为分力，而$\boldsymbol{F}_1$由$\boldsymbol{F}_2$的起点指向$\boldsymbol{F}_3$的终点为两分力的合力，所以表达式为：$\boldsymbol{F}_1 = \boldsymbol{F}_2 + \boldsymbol{F}_3$。

答案： D

4-1-2　**解：** AC与BC均为二力构件，故A处约束力沿AC方向，B处约束力沿BC方向；分析铰链C的平衡，其受力如解图所示。

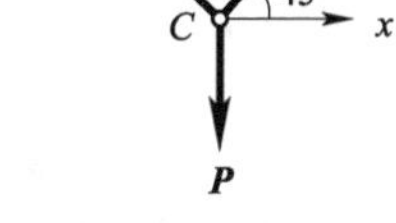

题 4-1-2 解图

答案： B

4-1-3　**解：** 题中四个力为作用于同一刚体上的平面共点力系，其力矢关系图构成了首尾相连自行封闭的平行四边形，满足平面共点力系平衡的几何条件，所以力系平衡。

答案： D

4-1-4　**解：** 因为$\boldsymbol{F}$与x轴平行，故$\boldsymbol{F}$除在与x轴垂直的轴上投影为零外，在其他轴上的投影均不为零。

答案： B

4-1-5　**解：** AC与BC均为二力杆，铰链C的受力图见解图，列平衡方程：$\sum F_x = 0$，可得$F_A = F_B$；$\sum F_y = 0$，$F_A\sin 60° + F_B\sin 60° - P = 0$，解得：$F_A = P/\sqrt{3}$。

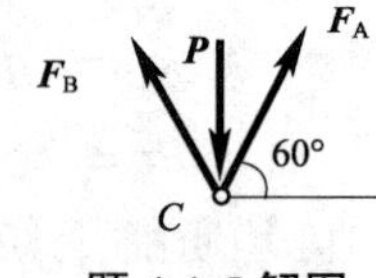

题 4-1-5 解图

答案： C

4-1-6　**解：** 将各力向$\boldsymbol{F}_1$力作用点平移进行简化，简化后的主矢为零（各力首尾相连），$\boldsymbol{F}_2$平移后将附加一力偶（$\boldsymbol{F}_1$不动$\boldsymbol{F}_3$沿作用线移动），使三角形板转动。

答案： C

4-1-7　**解：** 力偶作用在AC杆时，BC杆是二力构件，B、C处约束力沿BC连线方向；再考虑整体平衡，A、B处约束力应组成一力偶与主动力偶m平衡，故A处约束力的方向与B处约束力反向平行。若将外力偶搬移至BC杆，则AC杆是二力构件，同理：A、B、C处约束力的方向均沿AC连线方向。由此可知，力偶作用在不同的刚体上，约束力的作用线方向都改变了。

答案： C

4-1-8　**解：** 题中杆CD、EF为二力杆，故C处约束力沿CD方向，E处约束力沿EF方向，分析BE杆，应用三力平衡汇交定理得B处约束力的作用线应汇交于G点（也是C、E两处约束力的汇交点）；再分析结构整体平衡，A、B处约束力应组成一力偶与主动力偶（P，P'）平衡，故A处约束力的方向与B处约束力反向平行（平行于BG连线）。

答案： B

4-1-9　**解：** 按矢量的表达式应该表示为：$\boldsymbol{F}_R = \boldsymbol{F}_1 + \boldsymbol{F}_2$，所以选项 A、B 不正确；如解图所示，合力的方向应与$\boldsymbol{F}_1$相同（所以选项 D 错误），大小等于$\boldsymbol{F}_1$的一半。

题 4-1-9 解图

答案： C

4-1-10　**解：** 根据平面任意力系的简化结果分析，主矢为零时，力系简化的最后结果为一合力偶，合力偶矩与简化中心的位置无关。

答案： C

4-1-11　**解：** 截面法（见解图）：设y轴与BC垂直，则

$\sum F_y = 0$，$P_C\cos 60° + F_{DB}\cos 30° = 0$

$F_{DB} = -\sqrt{3}P/3$（压）

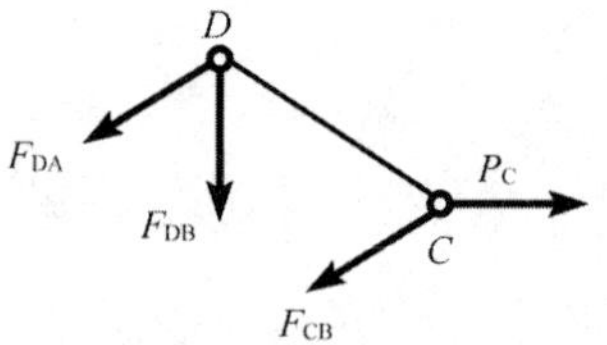

题 4-1-11 解图

答案： C

4-1-12　**解：** 根据整体的对称性，A、B处的约束力均垂直向上，大小为$F_A = F_B = \frac{P}{2}$。以BC为研究对象，受力如解图所示，列平衡方程：

$$\sum M_C(F) = 0,\ F_B \cdot 2a - T_E \cdot a = 0$$

将$T_E = 10\text{kN}$代入，得：$P = 10\text{kN}$。

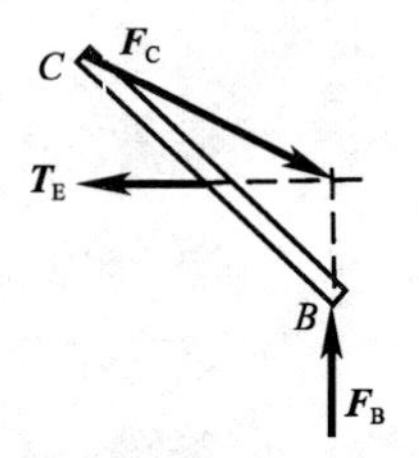

题 4-1-12 解图

答案： B

4-1-13　**解：** 根据主矢和主矩的性质，主矢与简化中心无关，主矩一般与简化中心有关。

答案：B

4-1-14 **解：**根据力的平移定理，若主矢$\boldsymbol{R}$向O点左边某点O'平移后，将附加一顺时针转向的力偶$M_O' = Rd$（d为垂直于R的OO'距离），其中$d = M_0/R$，这样，力系最后合成的结果是作用于O'点的合力。

答案：C

4-1-15 **解：**应用桁架零杆判断的方法，先分析A、B节点，可知AC、BD杆为零杆，再分析C、D节点，两节点分别连接的是两根互相垂直的杆件，若要节点平衡，则两节点连接的杆均为零杆。

答案：D

4-1-16 **解：**因为BEC为二力构件，故B处约束力的方向应是沿BC连线，对结构整体分析，A、B处的约束力必须组成一力偶，才能与作用在结构上的外力偶$\boldsymbol{M}$组成平衡力系。

答案：C

4-1-17 **解：**A、B槽均为光滑接触面约束，其约束力均垂直于槽壁，由于两约束力的作用线不平行，无法组成力偶与外力偶$\boldsymbol{M}$平衡，故平板不能平衡。

答案：B

4-1-18 **解：**物块平衡，受力如解图所示，最大摩擦力为$F_{\max} = f \cdot F_{\mathrm{N}} = 0.3 \times 50 = 15\mathrm{N}$，而主动力$W = 10\mathrm{N}$，所以摩擦力可按铅垂方向力的平衡来计算，即：$F = W = 10\mathrm{N}$。

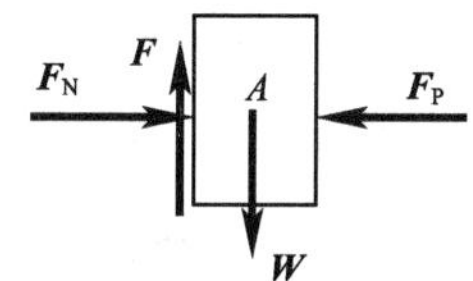

题 4-1-18 解图

答案：B

4-1-19 **解：**主动力（大小相等的重力与P力）合力的作用线与接触面法线的夹角为 30°，小于摩擦角 35°，故物块自锁。

答案：A

4-1-20 **解：**在铅垂方向主动力合力为：$P\sin 30° - G = 40 \times 0.5 - 20 = 0$，物块无滑动趋势，故摩擦力为零。

答案：C

4-1-21 **解：**摩擦角$\varphi_{\mathrm{m}} = \arctan f = 23.4° < 30°$（斜面的倾角），故物块不自锁而滑动，摩擦力为

$$F = W\cos 30° f' = 80 \times 0.866 \times 0.4 = 27.7\mathrm{kN}$$

答案：C

4-1-22 **解：**物A所受正压力$F_{\mathrm{N}} = 100 - 25 \times 4/5 = 80\mathrm{kN}$，$F_{\max} = F_{\mathrm{N}} \cdot f = 16\mathrm{kN}$，而水平方向的主动力为$25 \times \frac{3}{5} = 15\mathrm{kN}$，故物体处于平衡状态，摩擦力与主动力在水平方向组成平衡力系，即等值反向。

答案：C

第二节

4-2-1 **解：**因为$a_\tau = \frac{\mathrm{d}v}{\mathrm{d}t} = k$，$a_n = v^2/R = (kt)^2/R$，所以$a = \sqrt{a_\tau^2 + a_n^2} = \sqrt{k^2 + (k^4t^4/R^2)}$。

答案：C

4-2-2 **解：**将两个运动方程平方相加，有$x^2 + y^2 = 4^2\left(\sin^2\frac{\pi}{3}t + \cos^2\frac{\pi}{3}t\right) = 4^2$。

答案：B

4-2-3 **解：**轮缘上一点做圆周运动，必有法向加速度，所以图 a)、c）的运动是不可能的。

答案： B

4-2-4　**解：** 曲杆OAB为定轴转动刚体，点B的速度为转动半径OB与角速度的乘积，即：$v_B = OB \cdot \omega = 50 \times 2 = 100\text{cm/s}$。

答案： A

4-2-5　**解：** 由$v_A = \omega \cdot OA$，所以$\omega = 6/2 = 3\text{rad/s}$；再由$\tan\theta = \alpha/\omega^2$，求得$\alpha = 3^2 \times \tan 60° = 9\sqrt{3}\text{rad/s}^2$。

答案： D

4-2-6　**解：** 曲杆OAB为定轴转动刚体，点B的加速度在y轴上的投影即为其法向加速度，点B的转动半径为OB，故$a_{By} = -\omega^2 \cdot OB = -2^2 \times 50 = -200\text{cm/s}^2$。

答案： D

4-2-7　**解：** 轮缘点A的速度与物块B的速度相同，即：$v_A = v_B = \frac{dx}{dt} = 2kt$；轮缘点$A$的切向加速度与物块$B$的加速度相同，即：$a_{A\tau} = a_B = \frac{dv_B}{dt} = 2k$。所以，$a_{An} = v_A^2/R = 4k^2t^2/R$，而$a_A = \sqrt{a_{A\tau}^2 + a_{An}^2} = \sqrt{4k^2 + 16k^4t^4/R^2}$。

答案： C

4-2-8　**解：** 定轴转动刚体内各点加速度的分布为$a = r\sqrt{\alpha^2 + \omega^4}$，其中$r$为点到转动轴的距离；而各点加速度与转动半径的夹角均相同，即$\tan\theta = \tan\varphi = \frac{\alpha}{\omega^2}$，所以，$a_A = 2a_B$，$\theta = \varphi$。

答案： C

4-2-9　**解：** 根据两啮合齿轮运动的性质，A、B两点无相对滑动，故两点速度和切向加速度相同，而法向加速度分别为$a_{An} = v_A^2/r_1$，$a_{Bn} = v_B^2/r_2$，由于$v_A = v_B$，$r_1 \neq r_2$，所以两点法向加速度不同。

答案： B

4-2-10　**解：** 摆杆的角速度为$\dot{\varphi} = \varphi_0\omega\cos\omega t$

角加速度为$\ddot{\varphi} = -\varphi_0\omega^2\sin\omega t$

将$t = \frac{\pi}{4\omega}$s代入，则有：$\dot{\varphi} = \frac{\sqrt{2}}{2}\varphi_0\omega$，$\ddot{\varphi} = -\frac{\sqrt{2}}{2}\varphi_0\omega^2$

摆锤A的速度为$v = \dot{\varphi}l = \frac{\sqrt{2}}{2}l\varphi_0\omega$

切向加速度为$a_\tau = \ddot{\varphi}l = -\frac{\sqrt{2}}{2}l\varphi_0\omega^2$，法向加速度为$a_n = l\dot{\varphi}^2 = \frac{1}{2}l\varphi_0^2\omega^2$

答案： C

4-2-11　**解：** 根据定轴转动刚体内点的速度分析，M点速度的方向应垂直于转动半径OM。

答案： A

第三节

4-3-1　**解：** 设绳的拉力为$\boldsymbol{F}_T$且处处相等（因为滑轮质量及各处摩擦不计），对A、B物块分别使用牛顿第二定律：$\frac{P}{g}a_A = F_T - P$；$\frac{Q}{g}a_B = Q - F_T$，且$a_A = a_B$，解得：$F_T = 24\text{N}$。

答案： D

4-3-2　**解：** 初始条件反映的是质点某一时刻的运动，只能用来确定解质点运动微分方程时出现的积分常数。

答案： C

4-3-3　**解：** 质点在运动过程中受重力和阻力作用，应用直角坐标形式的质点运动微分方程，而阻力在直角坐标系中可表示为：$\boldsymbol{R}=-km\dot{x}\boldsymbol{i}-km\dot{y}\boldsymbol{j}$。

答案： A

4-3-4　**解：** 汽车匀速行驶，切向加速度为零，途经A、B、C三点时的法向加速度分别为铅垂向上、零、铅垂向下，可加惯性力用达朗贝尔原理进行分析，在A、B、C三点所加惯性力分别为铅垂向下、零、铅垂向上，由此可知，汽车对路面的压力$N_A>N_B>N_C$。

答案： C

4-3-5　**解：** 系统在水平方向受力为零，且初始为静止，故质心在水平方向守恒，其运动轨迹为铅垂线，而系统质心到M_1的距离为$2L/3$。

答案： A

4-3-6　**解：** 同样力的冲量只取决于作用时间，与位移无关。

答案： B

4-3-7　**解：** 应用动能定理$T_2-T_1=W_{12}$

其中，$T_2=0$

$$T_1=\frac{1}{2}J_O\omega^2=\frac{1}{2}\cdot\frac{1}{3}ml^2\frac{v_A^2}{l^2}=\frac{1}{6}mv_A^2$$

$$W_{12}=mg\frac{l}{2}-\frac{k}{2}\left(l-\frac{\sqrt{2}}{2}l\right)^2=mg\frac{l}{2}-\frac{k}{8}\left(2-\sqrt{2}\right)^2l^2$$

将上述各式代入动能定理，可解得：$v_A=\sqrt{\frac{3}{4}\left(2-\sqrt{2}\right)^2\frac{k}{m}l^2-3gl}$

答案： D

4-3-8　**解：** 根据质心运动定理，在水平面上直杆受力为零，故质心不运动，且动量矩定理$J_C\alpha=m$，故AB杆绕质心C转动。

答案： C

4-3-9　**解：** $L_A=J_A\omega$，其中$J_A=J_{(AB)A}+J_{(BC)A}$，且$J_{AB(A)}=m_1a^2/3$

求$J_{(BC)A}$时要使用平行移轴定理，即：

$$J_{(BC)A}=\frac{1}{12}m_2b^2+m_2\left(a+\frac{b}{2}\right)^2$$

答案： B

4-3-10　**解：** $J_A=J_{(AB)A}+J_{(BC)A}$，其中$J_{(AB)A}=M_{AB}L^2/3$

求$J_{(BC)A}$时要使用平行移轴定理，即：

$$J_{(BC)A}=\frac{1}{12}M_{BC}L^2+M_{BC}\left(L^2+\frac{L^2}{4}\right)$$

答案： D

4-3-11　**解：** 根据定轴转动刚体动量矩的定义$H_0=J_0\cdot\omega$。

答案： B

4-3-12　**解：** 根据势能的定义$U=k(\delta_A^2-\delta_B^2)/2$，式中$\delta_A$、$\delta_B$分别为$A$、$B$位置弹簧的变形量，$\delta_A=b-L_0=b/3$，$\delta_B=L_0-b/2=b/6$，代入势能公式得：$U=kb^2/24$。

答案： A

4-3-13　**解：** 根据势能的定义，弹性力从Ⅰ位置到Ⅱ位置所做的功即为弹性力在Ⅰ位置的势能。

答案： C

4-3-14　**解：** 根据v_A、v_B的方向可求出圆盘的瞬时速度中心在BC延长线与轮缘左侧的交点，故圆盘的角速度为：$\omega = v_B/(2R)$，质心的速度为：$v_C = v_B/2$，再由动能的定义$T = mv_C^2/2 + J_C\omega^2/2$求解，其中：$J_C = mR^2/2$。

答案： B

4-3-15　**解：** 应用速度投影定理通过A点速度求出B点速度，即：$v_A = r\omega = v_B\cos 30°$，进而求出圆轮的角速度$\omega = v_B/R$，并由$T = mv_B^2/2 + J_B\omega^2/2$求动能，其中：$J_B = mR^2/2$。

答案： D

4-3-16　**解：** 弹性力的功$W_{12} = k(\delta_1^2 - \delta_2^2)/2$。其中，初始位置$\delta_1 = \delta$，末态位置$\delta_2 = \Delta + \delta$。

答案： D

4-3-17　**解：** 圆盘绕轴O作定轴转动，其动能为$T = J_O\omega^2/2$。其中，$J_O = mr^2/2 + ml^2$。

答案： D

4-3-18　**解：** 应用动能定理：

$$T_2 - T_1 = W_{12}$$

若设重物A下降h时鼓轮的角速度为ω_O，则系统的动能为：

$$T_2 = \frac{1}{2}mv_A^2 + \frac{1}{2}mv_B^2 + \frac{1}{2}J_O\omega_O^2，T_1 = 常量$$

其中，$v_A = 2r\omega_O$；$v_B = r\omega_O$；$J_O = m\rho_O^2$。

力所做的功为$W_{12} = mgh$

代入动能定理

$$\frac{5}{2}mr^2\omega_O^2 + \frac{1}{2}m\rho_O^2\omega_O^2 - T_1 = mgh$$

将上式等号两边同时对时间t求导数，可得：

$$5mr^2\omega_O\alpha + m\rho_O^2\omega_O\alpha = mg\dot{h}$$

式中，$\dot{h} = v_A = 2r\omega_O$，则鼓轮的角加速度为$\alpha = \frac{2rg}{5r^2 + \rho_O^2}$。

答案： A

4-3-19　**解：** 将惯性力系向A点简化，其运动和受力分析如解图所示，图中

$$M_{IA} = J_A\alpha = \frac{1}{3}\frac{P}{g}(2L)^2\alpha$$

通过平衡方程$\sum M_A(F) = 0$，$M_{IA} - PL = 0$可求出角速度。

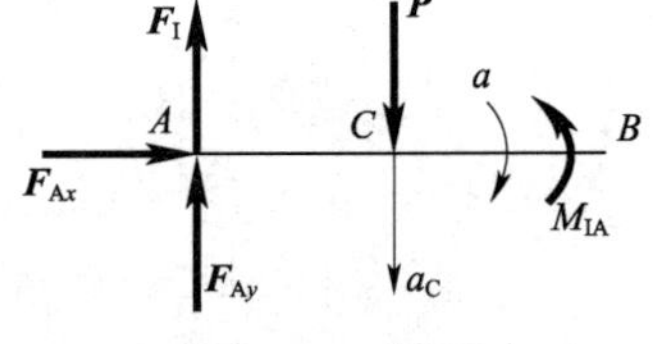

题 4-3-19 解图

答案： B

4-3-20　**解：** 物块的自由振动固有圆频率为$\sqrt{\frac{k}{m}}$，与其他条件无关。

答案： A

4-3-21　**解：** 因为$\omega = \sqrt{\frac{k}{m}}$，所以只要系统等效的弹簧刚度大，固有频率就大。按弹簧的串、并联计算其等效的弹簧刚度。图 a）两弹簧为串联，$k = k_1k_2/(k_1 + k_2)$；图 b）和 c）两弹簧均为并联，$k = k_1 + k_2$。

答案： A

第五章 材料力学

复习指导

一、考试大纲

5.1 材料在拉伸、压缩时的力学性能

低碳钢、铸铁拉伸、压缩试验的应力-应变曲线；力学性能指标。

5.2 拉伸和压缩

轴力和轴力图；杆件横截面和斜截面上的应力；强度条件；胡克定律；变形计算。

5.3 剪切和挤压

剪切和挤压的实用计算；剪切面；挤压面；剪切强度；挤压强度；剪切胡克定律。

5.4 扭转

扭矩和扭矩图；圆轴扭转切应力；切应力互等定理；圆轴扭转的强度条件；扭转角计算及刚度条件。

5.5 截面几何性质

静矩和形心；惯性矩和惯性积；平行轴公式；形心主轴及形心主惯性矩概念。

5.6 弯曲

梁的内力方程；剪力图和弯矩图；分布荷载、剪力、弯矩之间的微分关系；正应力强度条件；切应力强度条件；梁的合理截面；弯曲中心概念；求梁变形的积分法、叠加法。

5.7 应力状态

平面应力状态分析的解析法和应力圆法；主应力和最大切应力；广义胡克定律；四个常用的强度理论。

5.8 组合变形

拉/压-弯组合、弯-扭组合情况下杆件的强度校核；斜弯曲。

5.9 压杆稳定

压杆的临界荷载；欧拉公式；柔度；临界应力总图；压杆的稳定校核。

二、复习指导

根据“考试大纲”的要求，结合以往的考试，考生在复习材料力学部分时，应注意以下几点。

（1）轴向拉伸和压缩部分的内容重点考察基本概念，考试题以概念类、记忆类、简单计算类为主。

（2）剪切和挤压实用计算部分，受力分析和破坏形式是重点，剪切面和挤压面的区分是难点，挤压面面积的计算容易混淆，考试题以概念题、比较判别题和简单计算题为主。

（3）扭转部分考试题以概念、记忆和一般计算为主，对于实心圆截面和空心圆截面两种情形，截面上剪应力的分布、极惯性矩与抗扭截面系数计算要严格区分。

（4）截面的几何性质部分的考试题，侧重于平行移轴公式的应用，形心主轴概念的理解和有一对称轴的组合截面惯性矩的计算步骤与计算方法。

（5）弯曲内力部分考试题主要考察作Q、M图的熟练程度，熟练掌握用简便法计算指定截面的Q、M和用简便法作Q、M图是这部分的关键所在。

（6）弯曲应力部分考试题重点考察：①正应力最大的危险截面，剪应力最大的危险截面的确定；②梁受拉侧、受压侧的判断，对于U形、T形等截面中性轴为非对称轴的情形尤其重要；③焊接工字形截面梁三类危险点的确定，即除了正应力危险点，剪应力危险点外，还有一类危险点，即在M、Q均较大的截面上腹板与翼缘交界处的点，但该类危险点处于复杂应力状态，需要用强度理论进行强度计算。题型以分析、计算为主。

（7）弯曲变形部分考试题重点考察给定梁的边界条件和连续条件的正确写法和用叠加法求梁的位移的灵活应用。叠加法有三方面的应用：①荷载分解，变形或位移叠加，这是叠加法的直接应用；②计算梁不变形部分的位移的叠加法，就是变形部分的位移叠加上不变形部分的位移；③逐段刚化法，是上面两种方法的进一步延拓。

（8）应力状态与强度理论部分考试题重点测试：①应力状态的有关概念；②主应力、最大剪应力的计算；③主应力、最大剪应力计算与强度理论的综合应用；④在各种应力状态下尤其是单向应力状态、纯剪切应力状态下材料的破坏原因分析。考试题多属于概念理解、分析计算类。

（9）组合变形部分考试题重点考察：①各种基本变形组合时的分析方法；②对于有两根对称轴、四个角点的截面杆，在斜弯曲、拉（压）-弯曲、偏心拉（压）时最大正应力计算；③用强度理论解决弯-扭组合变形的强度计算问题。

（10）压杆稳定部分考试题重点测试：①压杆稳定性的概念。压杆的极限应力不但与材料有关，而且与λ有关，而λ又与长度、支承情况、截面形状和尺寸有关；②压杆临界应力的计算思路，即先计算压杆在两个形心主惯性平面内的柔度，取其中最大的一个作为依据，再根据该最大柔度的范围选择适当的临界应力计算公式计算临界应力。考试题多属概念类和比较判别类。

本章的重点是弯曲内力、弯曲应力、应力状态与强度理论，其他各部分均有考题，覆盖了全部内容。

材料力学本身概念性很强，基本内容要求相当熟练，少部分内容如应力状态分析和压杆稳定则还要求能深入进行分析，一般来说，计算都不复杂。尤其是注册结构工程师基础考试，题量大，时间紧，更不会涉及很复杂的计算。

第一节　概　　论

材料力学是研究各种类型构件（主要是杆）的强度、刚度和稳定性的学科，它提供了有关的基本理论、计算方法和试验技术，使我们能合理地确定构件的材料、尺寸和形状，以达到安全与经济的设计要求。

一、材料力学的基本思路

（一）理论公式的建立

理论公式的建立思路如图5-1-1所示。

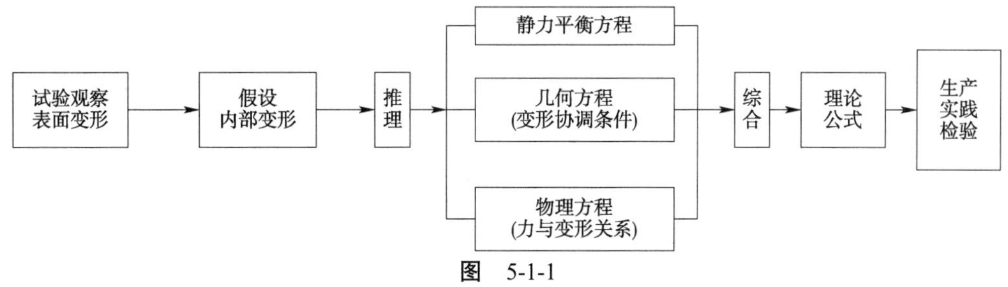

图　5-1-1

（二）分析问题和解决问题

分析问题和解决问题思路如图 5-1-2 所示。

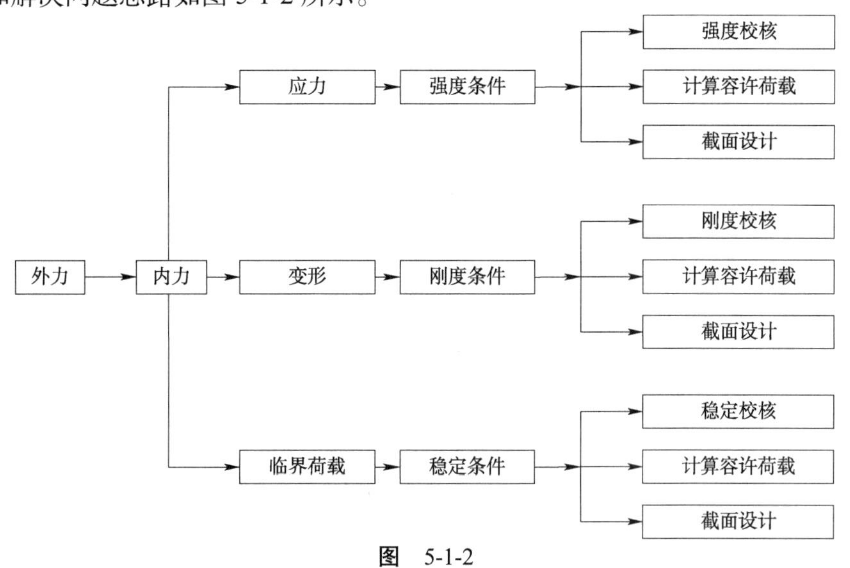

图　5-1-2

二、杆的四种基本变形

杆的四种基本变形见表 5-1-1。

杆的四种基本变形　　　　**表** 5-1-1

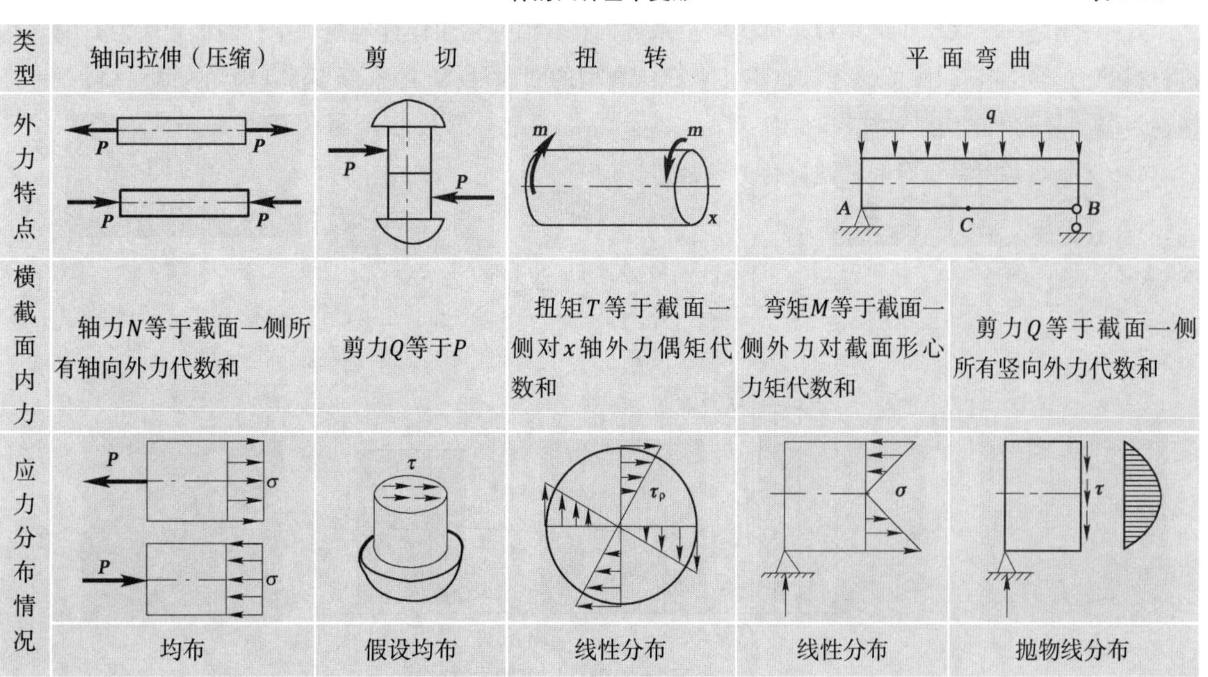

类型	轴向拉伸（压缩）	剪　切	扭　转	平 面 弯 曲	
外力特点					
横截面内力	轴力N等于截面一侧所有轴向外力代数和	剪力Q等于P	扭矩T等于截面一侧对x轴外力偶矩代数和	弯矩M等于截面一侧外力对截面形心力矩代数和	剪力Q等于截面一侧所有竖向外力代数和
应力分布情况					
	均布	假设均布	线性分布	线性分布	抛物线分布

续上表

类型	轴向拉伸（压缩）	剪切	扭转	平面弯曲	
应力公式	$\sigma=\dfrac{N}{A}$	$\tau=\dfrac{Q}{A_s}$ $\sigma_{bs}=\dfrac{P_{bs}}{A_{bs}}$	$\tau_\rho=\dfrac{T}{I_p}\rho$	$\sigma=\dfrac{M}{I_z}y$	$\tau=\dfrac{QS_z^*}{bI_z}$
强度条件	$\sigma_{max}=\dfrac{N_{max}}{A}\leqslant[\sigma]$	$\tau=\dfrac{Q}{A_s}\leqslant[\tau]$ $\sigma_{bs}=\dfrac{P_{bs}}{A_{bs}}\leqslant[\sigma_{bs}]$	$\tau_{max}=\dfrac{T_{max}}{W_p}\leqslant[\tau]$	$\sigma_{max}=\dfrac{M_{max}}{W_z}\leqslant[\sigma]$	$\tau_{max}=\dfrac{Q_{max}S_{zmax}^*}{bI_z}\leqslant[\tau]$
变形公式	$\Delta l=\dfrac{Nl}{EA}$		$\Phi=\dfrac{Tl}{GI_p}$	$f_c=\dfrac{5ql^4}{384EI_z}$	$\theta_A=\dfrac{ql^3}{24EI_z}$
刚度条件			$\varphi_{max}=\dfrac{T_{max}}{GI_p}\leqslant[\varphi]$	$\dfrac{f_{max}}{l}\leqslant\left[\dfrac{f}{l}\right]$	$\theta_{max}\leqslant[\theta]$
应变能	$U=\dfrac{N^2l}{2EA}$		$U=\dfrac{T^2l}{2GI_p}$	纯弯 $U=\dfrac{M^2l}{2EI_z}$	非纯弯 $U=\displaystyle\int_l\dfrac{M^2(x)}{2EI_z}\mathrm{d}x$

三、材料的力学性质

在表 5-1-1 所列的强度条件中，为确保构件不致因强度不足而破坏，应使其最大工作应力σ_{max}不超过材料的某个限值。显然，该限值应小于材料的极限应力σ_u，可规定为极限应力σ_u的若干分之一，并称之为材料的许用应力，以$[\sigma]$（或$[\tau]$）表示，即

$$[\sigma]=\frac{\sigma_u}{n} \tag{5-1-1}$$

式中，n是一个大于 1 的系数，称为安全系数，其数值通常由设计规范规定；而极限应力σ_u则要通过材料的力学性能试验才能确定。这里主要介绍典型的塑性材料——低碳钢和典型的脆性材料——铸铁在常温、静载下的力学性能。

（一）低碳钢材料拉伸和压缩时的力学性质

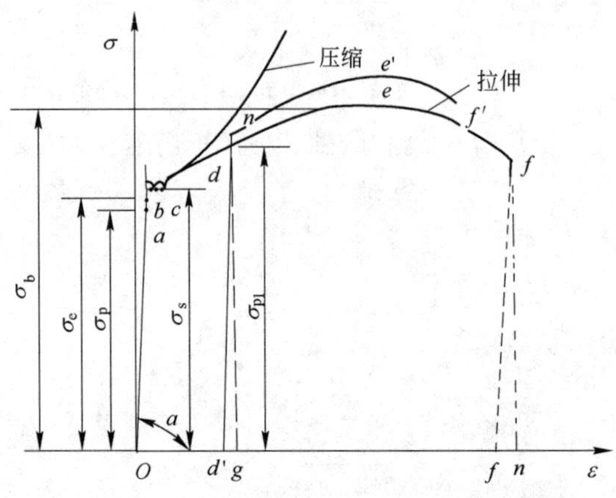

图 5-1-3 低碳钢拉伸、压缩的力学性质

低碳钢（通常将含碳量在 0.3%以下的钢称为低碳钢，也叫软钢）材料拉伸和压缩时的σ-ε曲线如图 5-1-3 所示。

从图 5-1-3 中拉伸时的σ-ε曲线可看出，整个拉伸过程可分为以下四个阶段。

1. 弹性阶段（Ob段）

在该段中的直线段（Oa）称线弹性段，其斜率即为弹性模量E，对应的最高应力值σ_{p}为比例极限。在该段应力范围（即$\sigma \leqslant \sigma_{\mathrm{p}}$）内，胡克定律$\sigma = E\varepsilon$成立。而$ab$段，即为非线性弹性段，在该段内所产生的应变仍是弹性的，但它与应力已不成正比。b点相对应的应力σ_{e}称为弹性极限。

2. 屈服阶段（bc段）

该段内应力基本上不变，但应变却在迅速增长，而且在该段内所产生的应变成分，除弹性应变外，还包含了明显的塑性变形，该段的应力最低点σ_s称为屈服极限。这时，试件上原光滑表面将会出现与轴线大致成 45°的滑移线，这是由于试件材料在 45°的斜截面上存在着最大剪应力而引起的。对于塑性材料来说，由于屈服时所产生的显著的塑性变形将会严重地影响其正常工作，故σ_s是衡量塑性材料强度的一个重要指标。对于无明显屈服阶段的其他塑性材料，工程上将产生 0.2%塑性应变时的应力作为名义屈服极限，并用$\sigma_{0.2}$表示。

3. 强化阶段（ce段）

在该段，应力又随应变增大而增大，故称强化。该段中的最高点e所对应的应力乃材料所能承受的最大应力σ_b，称为强度极限，它是衡量材料强度（特别是脆性材料）的另一重要指标。在强化阶段中，绝大部分的变形是塑性变形，并发生“冷作硬化”的现象。

4. 局部变形阶段（ef段）

在应力到达e点之前，试件标距内的变形是均匀的；但当到达e点后，试件的变形就开始集中于某一较弱的局部范围内进行，该处截面纵向急剧伸长，横向显著收缩，形成“颈缩”；最后至f点试件被拉断。

试件拉断后，可测得以下两个反映材料塑性性能的指标。

（1）延伸率

$$\delta = \frac{l_1 - l_0}{l_0} \times 100\% \tag{5-1-2}$$

式中：l_0——试件原长；

l_1——试件拉断后的长度。

工程上规定$\delta \geqslant 5\%$的材料称为塑性材料，$\delta < 5\%$的称为脆性材料。

（2）截面收缩率

$$\psi = \frac{A_0 - A_1}{A_0} \times 100\% \tag{5-1-3}$$

式中：A_0——变形前的试件横截面面积；

A_1——试件拉断后的最小截面积。

对比低碳钢压缩时与拉伸时的σ-ε曲线可知，低碳钢压缩时的弹性模量E、比例极限σ_p和屈服极限σ_s与拉伸时大致相同。

（二）铸铁拉伸与压缩时的力学性质

铸铁拉伸与压缩时的σ-ε曲线如图 5-1-4 所示。

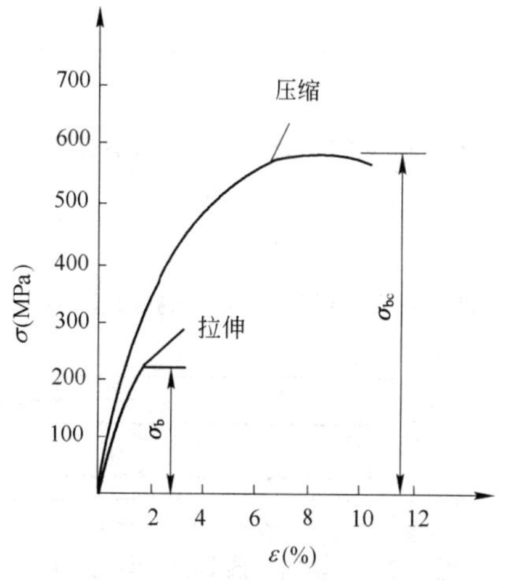

图　5-1-4

从铸铁拉伸时的σ-ε曲线中可以看出，它没有明显的直线部分。因其拉断前的应变很小，因此工程上通常取其σ-ε曲线的一条割线的斜率，作为其弹性模量。它没有屈服阶段，也没有颈缩现象（故衡量铸铁拉伸强度的唯一指标就是它被拉断时的最大应力σ_b），在较小的拉应力作用下即被拉断，且其延伸率很小，故铸铁是一种典型的脆性材料。

铸铁压缩时的σ-ε曲线与拉伸相比，可看出这类材料的抗压能力要比抗拉能力强得多，其塑性变形也较为明显。破坏断口为斜断面，这表明试件是因τ_{max}而剪坏的。

对于塑性材料制成的杆，通常取屈服极σ_s（或名义屈服极限$\sigma_{0.2}$）作为极限应力σ_u的值；而对脆性材料制成的杆，应该取强度极限σ_b作为极限应力σ_u的值。

【例 5-1-1】 图示四种材料的应力-应变曲线中，强度最大的材料是：

A. A

B. B

C. C

D. D

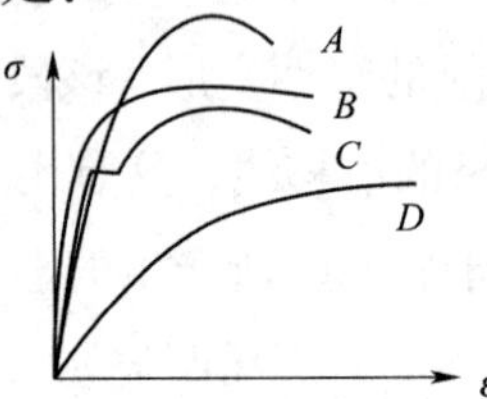

例 5-1-1 图

解　由图可知，曲线A的强度失效应力最大，故 A 材料强度最高。

答案：A

习　题

5-1-1　在低碳钢拉伸实验中，冷作硬化现象发生在（　　）。

A. 弹性阶段

B. 屈服阶段

C. 强化阶段

D. 局部变形阶段

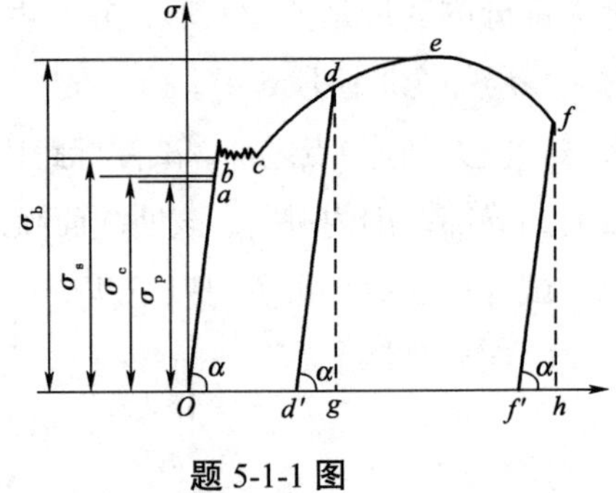

题 5-1-1 图

第二节　轴向拉伸与压缩

一、轴向拉伸与压缩的概念

（一）力学模型

轴向拉压杆的力学模型如图 5-2-1 所示。

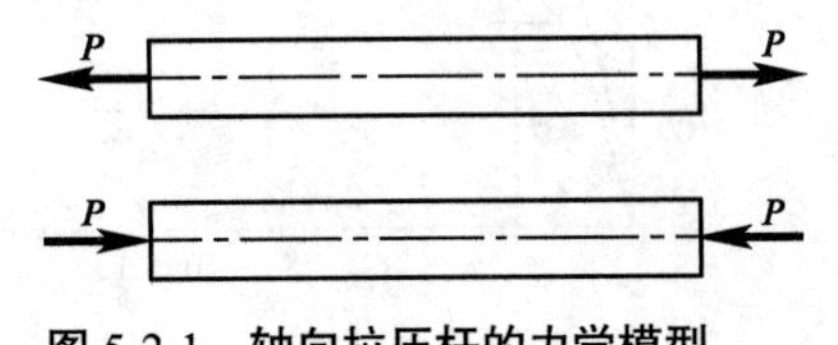

图 5-2-1　轴向拉压杆的力学模型

P-轴向拉力或压力

（二）受力特征

作用于杆两端外力的合力，大小相等、方向相反，并沿杆件轴线作用。

（三）变形特征

杆件主要产生轴线方向的均匀伸长（缩短）。

二、轴向拉伸（压缩）杆横截面上的内力

（一）内力

由外力作用而引起的构件内部各部分之间的相互作用力。

（二）截面法

截面法是求内力的一般方法，用截面法求内力的步骤如下。

（1）截开。在需求内力的截面处，假想地沿该截面将构件截分为二。

（2）代替。任取一部分为研究对象，称为脱离体。用内力代替弃去部分对脱离体的作用。

（3）平衡。对脱离体列写平衡条件，求解未知内力。

截面法示意图如图 5-2-2 所示。

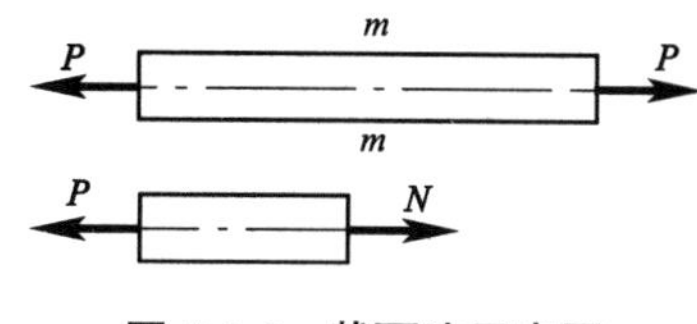

图 5-2-2　截面法示意图

（三）轴力

轴向拉压杆横截面上的内力，其作用线必定与杆轴线相重合，称为轴力，以N表示。轴力N规定以拉力为正，压力为负。

（四）轴力图

轴力图表示沿杆件轴线各横截面上轴力变化规律的图线。

【例 5-2-1】 试作如图 a）所示等直杆的轴力图。

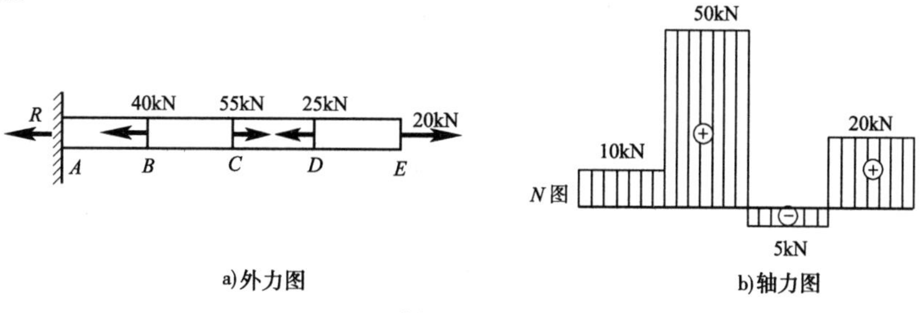

例 5-2-1 图

解　先考虑外力平衡，求出支反力$R=10\text{kN}$

显然　$N_{AB}=10\text{kN}$，$N_{BC}=50\text{kN}$，$N_{CD}=-5\text{kN}$，$N_{DE}=20\text{kN}$

由图 b）可见，某截面上外力的大小等于该截面两侧内力的变化。

三、轴向拉压杆横截面上的应力

分布规律：轴向拉压杆横截面上的应力垂直于截面，为正应力，且正应力在整个横截面上均匀分布，如图 5-2-3 所示。

正应力公式

$$\sigma=\frac{N}{A} \tag{5-2-1}$$

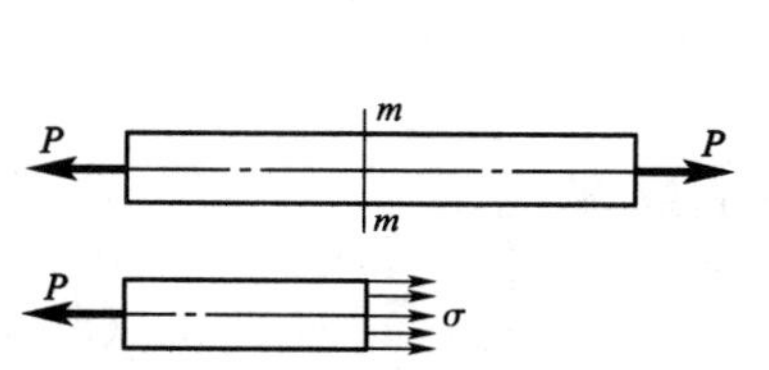

图 5-2-3　正应力在整个横截面上均匀分布

式中：N——轴力（N）；

A——横截面面积（m^2）。

应力单位为N/m^2，即 Pa，也常用 MPa，$1\text{MPa}=10^6\text{Pa}=1\text{N/mm}^2$。

四、轴向拉压杆斜截面上的应力

斜截面上的应力均匀分布，如图 5-2-4 所示，其总应力及应力分量如下。

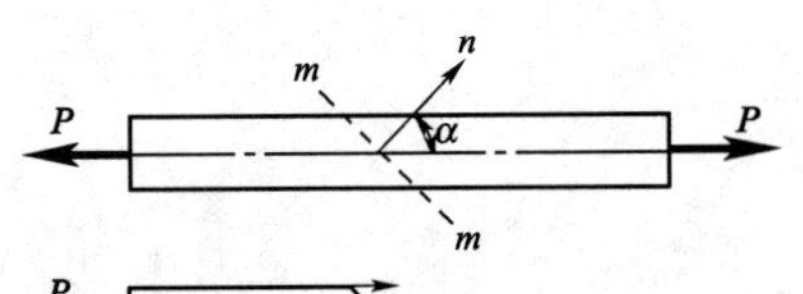

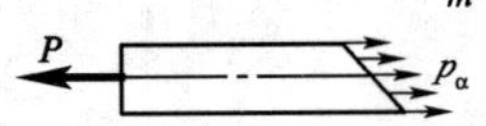

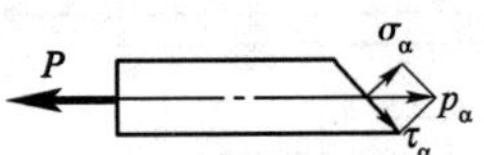

图 5-2-4 斜截面上的应力均匀分布

总应力

$$p_\alpha = \frac{N}{A_\alpha} = \sigma_0 \cos\alpha \tag{5-2-2}$$

正应力

$$\sigma = p_\alpha \cos\alpha = \sigma_0 \cos^2\alpha \tag{5-2-3}$$

剪应力

$$\tau_\alpha = p_\alpha \sin\alpha = \frac{\sigma_0}{2}\sin 2\alpha \tag{5-2-4}$$

上述式中：α——由横截面外法线转至斜截面外法线的夹角，以逆时针转动为正；

A_α——斜截面m-m的截面积；

σ_0——横截面上的正应力。

σ_α拉应力为正，压应力为负。τ_α以其对截面内一点产生顺时针力矩时为正，反之为负。

轴向拉压杆中最大正应力发生在$\alpha=0°$的横截面上，最小正应力发生在$\alpha=90°$的纵截面上，其值分别为

$$\sigma_{\alpha\max} = \sigma_0，\sigma_{\alpha\min} = 0$$

最大剪应力发生在$\alpha=\pm45°$的斜截面上，最小剪应力发生在$\alpha=0°$的横截面和$\alpha=90°$的纵截面上，其值分别为

$$|\tau_\alpha|_{\max} = \frac{\sigma_0}{2}，|\tau_\alpha|_{\min} = 0$$

五、强度条件

（一）许用应力

材料正常工作容许采用的最高应力，由极限应力除以安全系数求得。

1. 塑性材料

$$[\sigma] = \frac{\sigma_s}{n_s} \tag{5-2-5}$$

2. 脆性材料

$$[\sigma] = \frac{\sigma_b}{n_b} \tag{5-2-6}$$

上两式中：σ_s——屈服极限；

σ_b——抗拉强度；

n_s、n_b——安全系数。

（二）强度条件

构件的最大工作应力不得超过材料的许用应力。轴向拉压杆的强度条件为

$$\sigma_{\max} = \frac{N_{\max}}{A} \leqslant [\sigma] \tag{5-2-7}$$

强度计算的三类问题：

（1）强度校核：

$$\sigma_{max} = \frac{N_{max}}{A} \leqslant [\sigma]$$

（2）截面设计：

$$A \geqslant \frac{N_{max}}{[\sigma]}$$

（3）确定许可荷载$N_{max} \leqslant [\sigma]A$，再根据平衡条件，由$N_{max}$计算$[P]$。

【例 5-2-2】 图示结构的两杆许用应力均为$[\sigma]$，杆 1 的面积为A，杆 2 的面积为 $2A$，则该结构的许用载荷是：

A. $[F] = A[\sigma]$　　B. $[F] = 2A[\sigma]$

C. $[F] = 3A[\sigma]$　　D. $[F] = 4A[\sigma]$

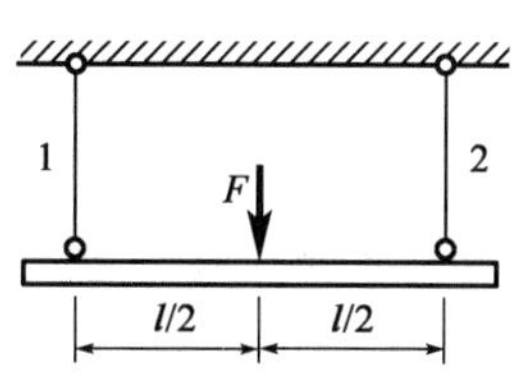

例 5-2-2 图

解　此题受力是对称的，故$F_1 = F_2 = \frac{F}{2}$

由杆 1，得$\sigma_1 = \frac{F_1}{A_1} = \frac{\frac{F}{2}}{A} = \frac{F}{2A} \leqslant [\sigma]$，故$F \leqslant 2A[\sigma]$

由杆 2，得$\sigma_2 = \frac{F_2}{A_2} = \frac{\frac{F}{2}}{2A} = \frac{F}{4A} \leqslant [\sigma]$，故$F \leqslant 4A[\sigma]$

从两者取最小的，所以$[F] = 2A[\sigma]$。

答案： B

六、轴向拉压杆的变形——胡克定律

（一）轴向拉压杆的变形

杆件在轴向拉伸时，轴向伸长，横向缩短，见图 5-2-5；而在轴向压缩时，轴向缩短，横向伸长。

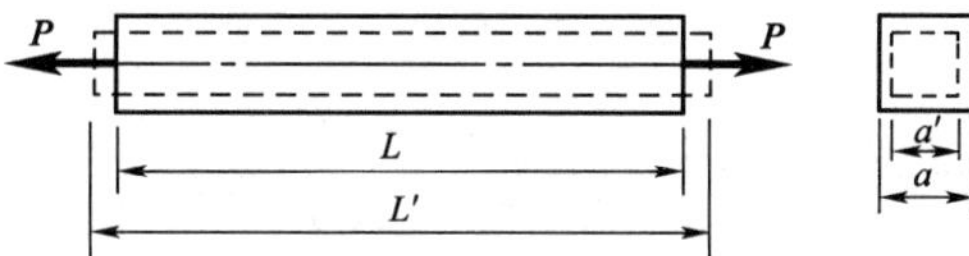

图 5-2-5　轴向拉杆的变形

轴向变形

$$\Delta L = L' - L \tag{5-2-8}$$

轴向线应变

$$\varepsilon = \frac{\Delta L}{L} \tag{5-2-9}$$

横向变形

$$\Delta a = a' - a \tag{5-2-10}$$

横向线应变

$$\varepsilon' = \frac{\Delta a}{a} \tag{5-2-11}$$

（二）胡克定律

当应力不超过材料比例极限时，应力与应变成正比，即

$$\sigma = E\varepsilon \tag{5-2-12}$$

式中：E——材料的弹性模量。

或用轴力及杆件变形量表示为

$$\Delta L = \frac{NL}{EA} \tag{5-2-13}$$

式中：EA——杆的抗拉（压）刚度，表示杆件抵抗拉、压弹性变形的能力。

【例 5-2-3】 变截面杆AC受力如图所示。已知材料弹性模量为E，杆BC段的截面积为A，杆AB段的截面积为 $2A$，则杆C截面的轴向位移是：

A. $FL/(2EA)$

B. $FL/(EA)$

C. $2FL/(EA)$

D. $3FL/(EA)$

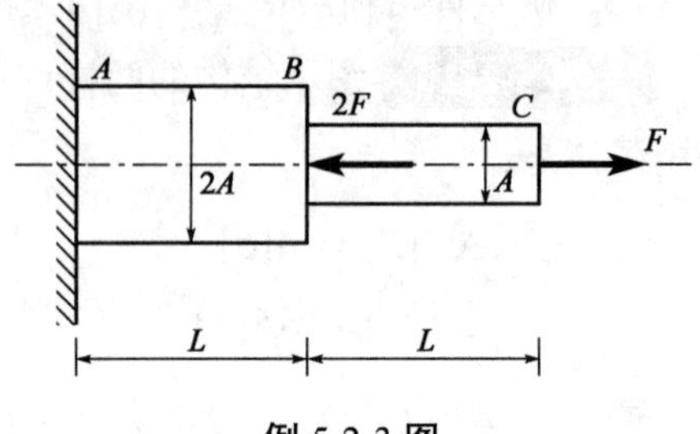

例 5-2-3 图

解 用直接法求轴力，可得：$N_{AB} = -F, N_{BC} = F$

杆C截面的位移是

$$\delta_C = \Delta l_{AB} + \Delta l_{BC} = -Fl/(E \cdot 2A) + Fl/(EA) = Fl/(2EA)$$

答案： A

（三）泊松比

当应力不超过材料的比例极限时，横向线应变ε'与纵向线应变ε之比的绝对值，即为泊松比，即

$$\mu = \left|\frac{\varepsilon'}{\varepsilon}\right| = -\frac{\varepsilon'}{\varepsilon} \tag{5-2-14}$$

泊松比μ是材料的弹性常数之一，无量纲。

【例 5-2-4】 已知拉杆横截面积A =100mm^2，弹性模量E =200GPa，横向变形系数μ =0.3，轴向拉力F =20kN，拉杆的横向应变是：

A. ε' =0.3×10^{-3}　　B. $\varepsilon' = -0.3\times10^{-3}$

C. ε' =10^{-3}　　D. $\varepsilon' = -10^{-3}$

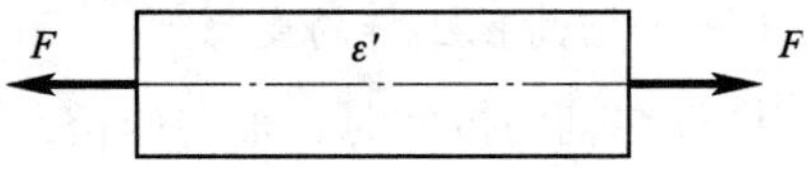

例 5-2-4 图

解 $\varepsilon' = -\mu\varepsilon = -\mu\frac{\sigma}{E} = -\mu\frac{F_N}{AE} = -0.3\frac{20\times10^3\text{N}}{100\text{mm}^2\times200\times10^3\text{MPa}} = -0.3\times10^{-3}$

答案： B

习　题

5-2-1 等截面杆轴向受力如图所示。杆的最大轴力是（　　）kN。

A. 8　　B. 5　　C. 3　　D. 13

5-2-2 如图所示，拉杆承受轴向拉力$\boldsymbol{P}$的作用，设斜截面m-m的面积为A，则$\sigma = P/A$为（　　）。

A. 横截面上的正应力　　B. 斜截面上的正应力

C. 斜截面上的应力　　D. 斜截面上的剪应力

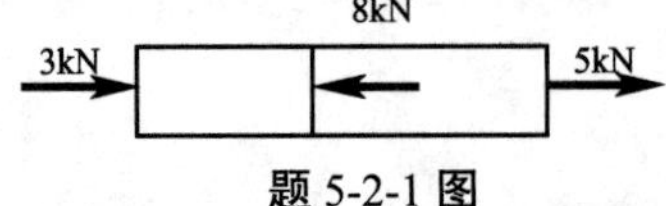

题 5-2-1 图

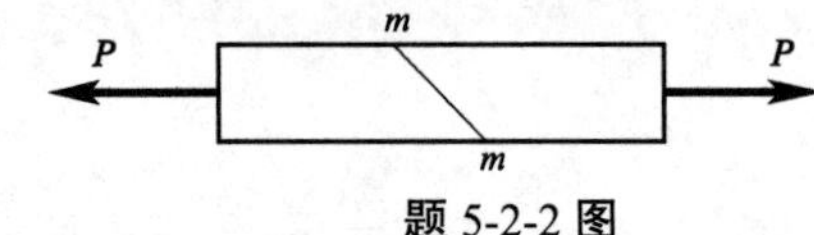

题 5-2-2 图

5-2-3 两拉杆的材料和所受拉力都相同，且均处在弹性范围内，若两杆长度相等，横截面面积$A_1 > A_2$，则（　　）。

A. $\Delta l_1 < \Delta l_2$，$\varepsilon_1 = \varepsilon_2$　　B. $\Delta l_1 = \Delta l_2$，$\varepsilon_1 < \varepsilon_2$

C. $\Delta l_1 < \Delta l_2$，$\varepsilon_1 < \varepsilon_2$　　D. $\Delta l_1 = \Delta l_2$，$\varepsilon_1 = \varepsilon_2$

5-2-4　等直杆的受力情况如图所示，则杆内最大拉力N_1和最大压力N_2分别为（　　）。

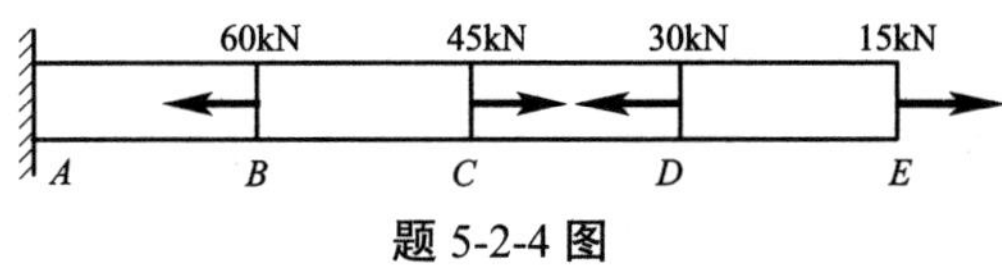

题 5-2-4 图

A. $N_1 = 60\text{kN}$，$N_2 = 15\text{kN}$　　B. $N_1 = 60\text{kN}$，$N_2 = -15\text{kN}$

C. $N_1 = 30\text{kN}$，$N_2 = -30\text{kN}$　　D. $N_1 = 90\text{kN}$，$N_2 = -60\text{kN}$

5-2-5　如图所示，刚梁AB由杆 1 和杆 2 支承。已知两杆的材料相同，长度不等，横截面面积分别为A_1和A_2，若荷载$\boldsymbol{P}$使刚梁平行下移，则其截面面积为（　　）。

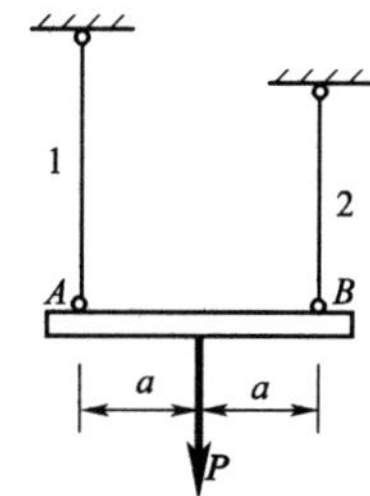

题 5-2-5 图

A. $A_1 < A_2$　　B. $A_1 = A_2$

C. $A_1 > A_2$　　D. A_1、A_2为任意

5-2-6　如图所示变截面杆中，AB段、BC段的轴力为（　　）。

A. $N_{\text{AB}} = -10\text{kN}$，$N_{\text{BC}} = 4\text{kN}$　　B. $N_{\text{AB}} = 6\text{kN}$，$N_{\text{BC}} = 4\text{kN}$

C. $N_{\text{AB}} = -6\text{kN}$，$N_{\text{BC}} = 4\text{kN}$　　D. $N_{\text{AB}} = 10\text{kN}$，$N_{\text{BC}} = 4\text{kN}$

5-2-7　变形杆如图所示，其中在BC段内（　　）。

A. 有位移，无变形　　B. 有变形，无位移

C. 既有位移，又有变形　　D. 既无位移，又无变形

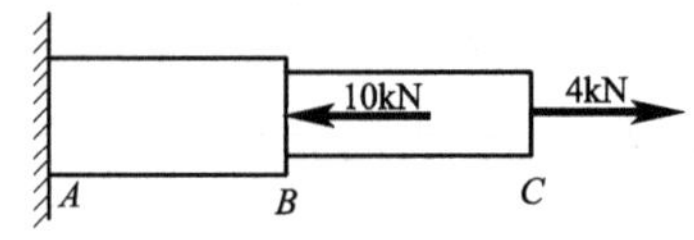

题 5-2-6 图　　题 5-2-7 图

5-2-8　已知如图所示等直杆的轴力图（N图），则该杆相应的荷载图如（　　）所示。（图中集中荷载单位均为 kN，分布荷载单位均为 kN/m）

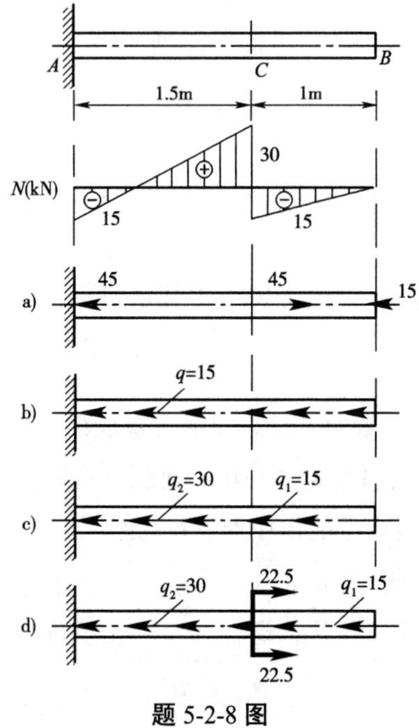

题 5-2-8 图

A. 图 a） B. 图 b） C. 图 c） D. 图 d）

5-2-9 有一横截面面积为A的圆截面杆件受轴向拉力作用，在其他条件不变时，若将其横截面改为面积仍为A的空心圆，则杆为（ ）。

A. 内力、应力、轴向变形均增大 B. 内力、应力、轴向变形均减少

C. 内力、应力、轴向变形均不变 D. 内力、应力不变、轴向变形增大

5-2-10 如图所示桁架，在结点C沿水平方向受P力作用。各杆的抗拉刚度相等。若结点C的铅垂位移以V_C表示，BC杆的轴力以N_{BC}表示，则（ ）。

A. $N_{BC}=0$，$V_C=0$ B. $N_{BC}=0$，$V_C\neq 0$

C. $N_{BC}\neq 0$，$V_C=0$ D. $N_{BC}\neq 0$，$V_C\neq 0$

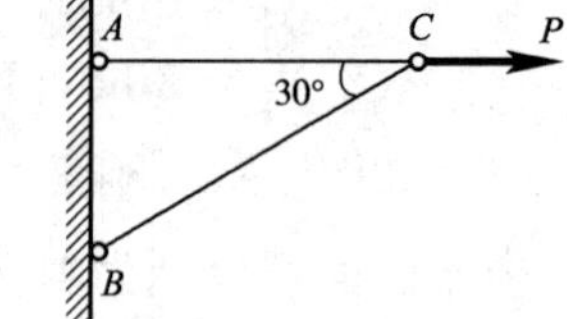

题 5-2-10 图

第三节 剪切和挤压

一、剪切的实用计算

（一）剪切的概念

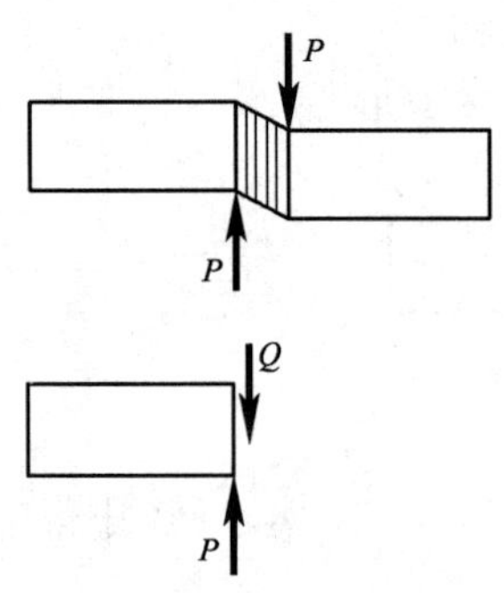

图 5-3-1 剪切的力学模型

力学模型如图 5-3-1 所示。

（1）受力特征。构件上受到一对大小相等、方向相反，作用线相距很近，且与构件轴线垂直的力作用。

（2）变形特征。构件沿两力的分界面有发生相对错动的趋势。

（3）剪切面。构件将发生相对错动的面。

（4）剪力Q。剪切面上的内力，其作用线与剪切面平行。

（二）剪切实用计算

（1）名义剪应力。假定剪应力沿剪切面是均匀分布的，若A_Q为剪切面面积，Q为剪力，则

$$\tau=\frac{Q}{A_Q} \tag{5-3-1}$$

（2）许用剪应力。按实际构件的受力方式，用试验的方法求得名义剪切极限应力τ^0，再除以安全系数n。

（3）剪切强度条件。剪切面上的工作剪应力不得超过材料的许用剪应力

$$\tau=\frac{Q}{A_Q}\leqslant[\tau] \tag{5-3-2}$$

【例 5-3-1】 直径$d=0.5\text{m}$的圆截面立柱，固定在直径$D=1\text{m}$的圆形混凝土基座上，圆柱的轴向压力$F=1\ 000\text{kN}$，混凝土的许用应力$[\tau]=1.5\text{MPa}$。假设地基对混凝土板的支反力均匀分布，为使混凝土基座不被立柱压穿，混凝土基座所需的最小厚度t应是：

A. 159mm B. 212mm C. 318mm D. 424mm

解 混凝土基座与圆截面立柱的交接面，即圆环形基座板的内圆柱面即为剪切面，如解图所示。

$$A_Q=\pi dt$$

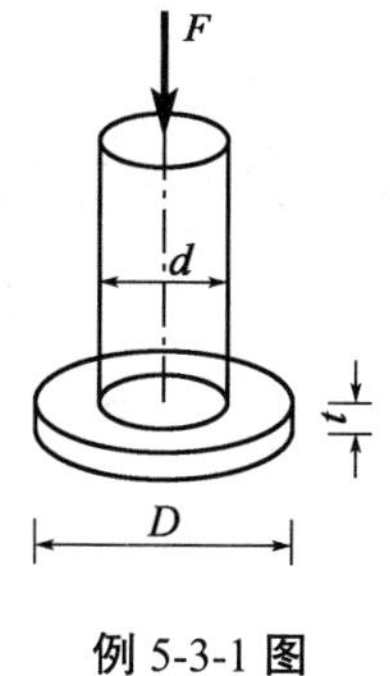

例 5-3-1 图

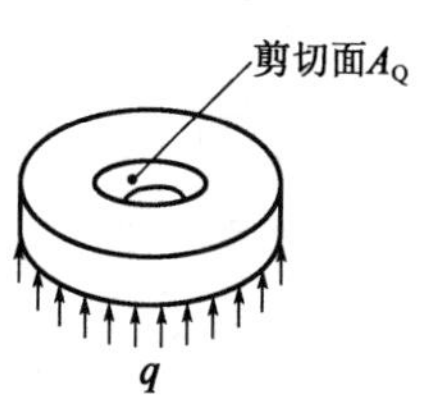

例 5-3-1 解图

圆形混凝土基座上的均布压力（面荷载）为：

$$q=\frac{1\,000\times10^3\text{N}}{\frac{\pi}{4}\times1\,000^2\text{mm}^2}=\frac{4}{\pi}\text{MPa}$$

作用在剪切面上的剪力为：

$$Q=q\cdot\frac{\pi}{4}\left(1\,000^2-500^2\right)=750\text{kN}$$

由剪切强度条件：

$$\tau=\frac{Q}{A_\text{Q}}=\frac{Q}{\pi dt}\leqslant[\tau]$$

可得：

$$t\geqslant\frac{Q}{\pi d[\tau]}=\frac{750\times10^3\text{N}}{\pi\times500\text{mm}\times1.5\text{MPa}}=318.3\text{mm}$$

答案：C

二、挤压的实用计算

（一）挤压的概念

（1）挤压。两构件相互接触的局部承压作用。

（2）挤压面。两构件间相互接触的面。

（3）挤压力P_bs。承压接触面上的总压力。

（二）挤压实用计算

（1）名义挤压应力。假设挤压力在名义挤压面上均匀分布，即

$$\sigma_\text{bs}=\frac{P_\text{bs}}{A_\text{bs}}\tag{5-3-3}$$

式中：A_bs——名义挤压面面积。

当挤压面为平面时，名义挤压面面积等于实际的承压接触面面积；当挤压面为曲面时，则名义挤压面面积取为实际承压接触面在垂直挤压力方向的投影面积。

（2）许用挤压应力。根据直接试验结果，按照名义挤压应力公式计算名义极限挤压应力，再除以安全系数。

（3）挤压强度条件。挤压面上的工作挤压应力不得超过材料的许用挤压应力，即

$$\sigma_\text{bs}=\frac{P_\text{bs}}{A_\text{bs}}\leqslant[\sigma_\text{bs}]\tag{5-3-4}$$

【例 5-3-2】已知铆钉的许用切应力为$[\tau]$，许用挤压应力为$[\sigma_\text{bs}]$，钢板的厚度为t，则图示铆钉直

径d与钢板厚度t的合理关系是：

A. $d=\frac{8t[\sigma_{bs}]}{\pi[\tau]}$　　B. $d=\frac{4t[\sigma_{bs}]}{\pi[\tau]}$

C. $d=\frac{\pi[\tau]}{8t[\sigma_{bs}]}$　　D. $d=\frac{\pi[\tau]}{4t[\sigma_{bs}]}$

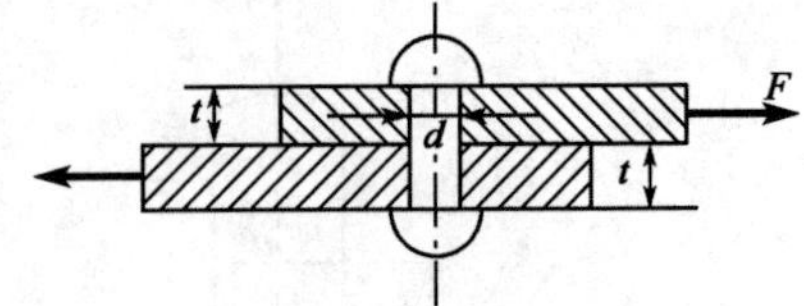

例 5-3-2 图

解　由铆钉的剪切强度条件：

$$\tau=\frac{F_s}{A_s}=\frac{F}{\frac{\pi}{4}d^2}=[\tau]$$

可得：

$$\frac{4F}{\pi d^2}=[\tau] \quad ①$$

由铆钉的挤压强度条件：

$$\sigma_{bs}=\frac{F_{bs}}{A_{bs}}=\frac{F}{dt}=[\sigma_{bs}]$$

可得：

$$\frac{F}{dt}=[\sigma_{bs}] \quad ②$$

d与t的合理关系应使两式同时成立，②式除以①式，得到

$$\frac{\pi d}{4t}=\frac{[\sigma_{bs}]}{[\tau]}$$

即

$$d=\frac{4t[\sigma_{bs}]}{\pi[\tau]}$$

答案：B

三、剪应力互等定理与剪切胡克定律

（一）纯剪切

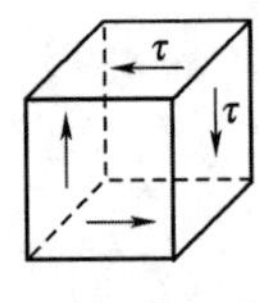

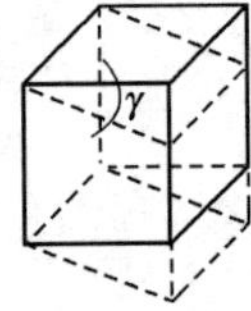

图 5-3-2　纯剪切单元体

若单元体各个侧面上只有剪应力而无正应力，称为纯剪切。

纯剪切引起剪应变γ，即相互垂直的两线段间角度的改变。

（二）剪应力互等定理

在互相垂直的两个平面上，垂直于两平面交线的剪应力，总是大小相等，且共同指向或背离这一交线（见图 5-3-2），即

$$\tau=-\tau' \quad (5-3-5)$$

（三）剪切胡克定律

当剪应力不超过材料的剪切比例极限时，剪应力τ与剪应变γ成正比，即

$$\tau=G\gamma \quad (5-3-6)$$

式中：G——材料的剪切弹性模量。

对各向同性材料，E、G、μ间只有两个独立常数，即

$$G=\frac{E}{2(1+\mu)} \quad (5-3-7)$$

习　题

5-3-1　钢板用两个铆钉固定在支座上，铆钉直径为d，在图示荷载下，铆钉的最大切应力是（　　）。

A. $\tau_{\max}=\frac{4F}{\pi d^2}$　　B. $\tau_{\max}=\frac{8F}{\pi d^2}$　　C. $\tau_{\max}=\frac{12F}{\pi d^2}$　　D. $\tau_{\max}=\frac{2F}{\pi d^2}$

5-3-2　螺钉受力如图所示，一直螺钉和钢板的材料相同，拉伸许用应力$[\sigma]$是剪切许可应力$[\tau]$的 2 倍，即$[\sigma]=2[\tau]$，钢板厚度t是螺钉头高度h的 1.5 倍，则螺钉直径d的合理值为（　　）。

A. $d=2h$　　B. $d=0.5h$　　C. $d^2=2Dt$　　D. $d^2=Dt$

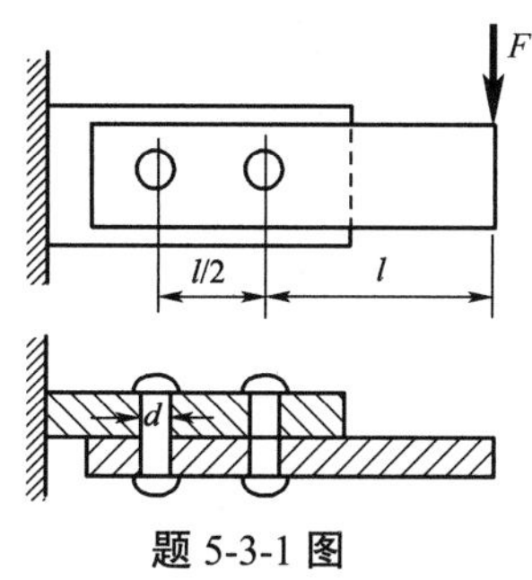

题 5-3-1 图

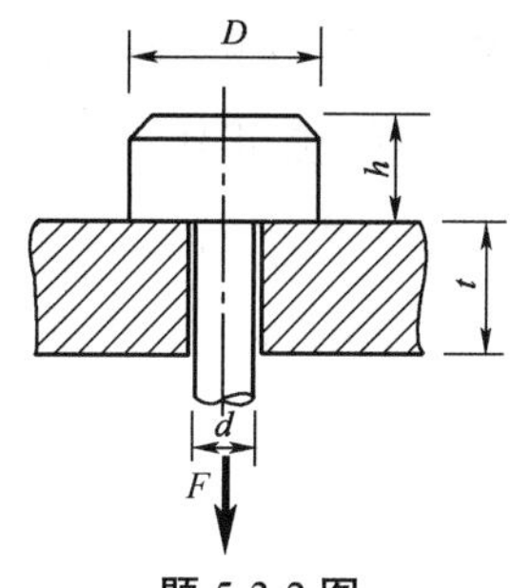

题 5-3-2 图

5-3-3　图示连接件，两端受拉力$\boldsymbol{P}$作用，接头的挤压面积为（　　）。

A. ab　　B. cb　　C. lb　　D. lc

5-3-4　如图所示，在平板和受拉螺栓之间垫上一个垫圈，可以提高（　　）。

A. 螺栓的拉伸强度　　B. 螺栓的剪切强度

C. 螺栓的挤压强度　　D. 平板的挤压强度

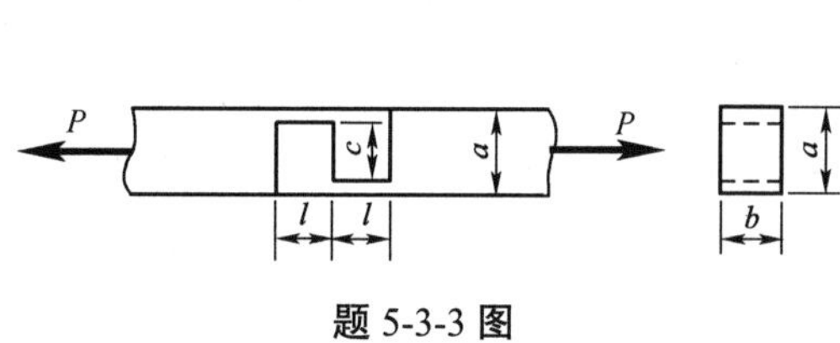

题 5-3-3 图

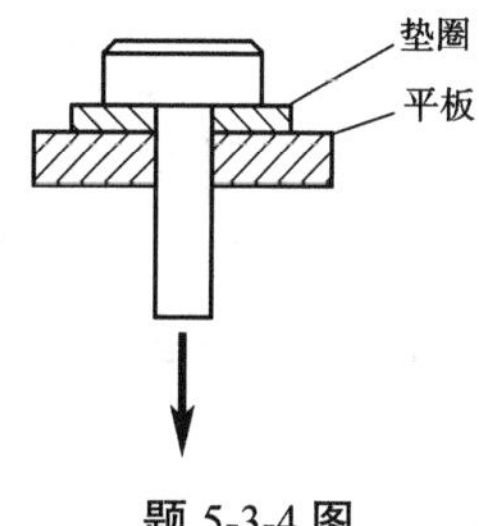

题 5-3-4 图

5-3-5　图示铆接件，设钢板和铝铆钉的挤压应力分别为$\sigma_{jy,1}$、$\sigma_{jy,2}$，则两者的大小关系是（　　）。

A. $\sigma_{jy,1}<\sigma_{jy,2}$　　B. $\sigma_{jy,1}=\sigma_{jy,2}$

C. $\sigma_{jy,1}>\sigma_{jy,2}$　　D. 不确定的

5-3-6　如图所示，插销穿过水平放置平板上的圆孔，在其下端受有一拉力$\boldsymbol{P}$，该插销的剪切面积和挤压面积分别为（　　）。

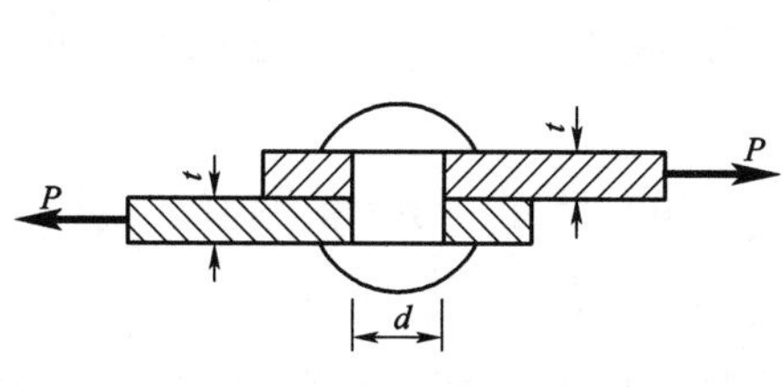

题 5-3-5 图

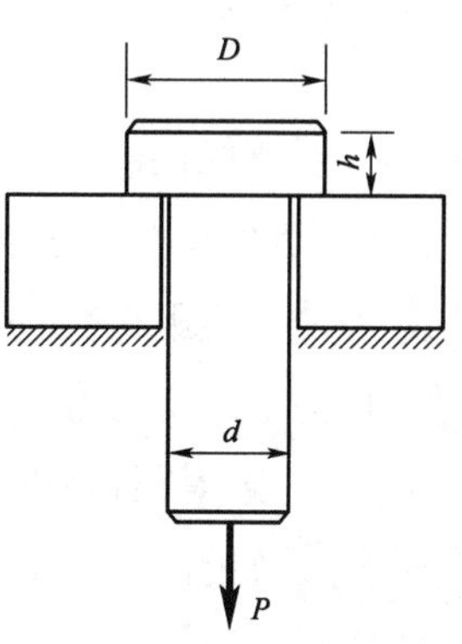

题 5-3-6 图

A. πdh，$\pi D^2/4$

B. πdh，$\pi(D^2-d^2)/4$

C. πDh，$\pi D^2/4$

D. πDh，$\pi(D^2-d^2)/4$

5-3-7 要用冲床在厚度为t的钢板上冲出一圆孔，则冲力大小（ ）。

A. 与圆孔直径的平方成正比

B. 与圆孔直径的平方根成正比

C. 与圆孔直径成正比

D. 与圆孔直径的三次方成正比

第四节 扭 转

一、扭转的概念

（一）扭转的力学模型

扭转的力学模型，如图 5-4-1 所示。

（1）受力特征。杆两端受到一对力偶矩相等，转向相反，作用平面与杆件轴线相垂直的外力偶作用。

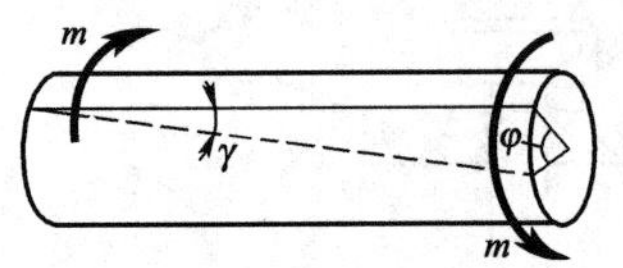

图 5-4-1 扭转力学模型

（2）变形特征。杆件表面纵向线变成螺旋线，即杆件任意两横截面绕杆件轴线发生相对转动。

（3）扭转角φ。杆件任意两横截面间相对转动的角度。

（二）外力偶矩的计算

轴所传递的功率、转速与外力偶矩（kN · m）间有如下关系

$$m = 9.55\frac{P}{n} \tag{5-4-1}$$

式中：P——传递功率（kW）;

n——转速（r/min）。

二、扭矩及扭矩图

（1）扭矩。受扭杆件横截面上的内力是一个在截面平面内的力偶，其力偶矩称为扭矩，用T表示，如图 5-4-2 所示，其值用截面法求得。

（2）扭矩符号。扭矩T的正负号规定，以右手法则表示扭矩矢量，若矢量的指向与截面外向法线的指向一致时扭矩为正，反之为负。如图 5-4-2 所示，扭矩均为正号。

（3）扭矩图。表示沿杆件轴线各横截面上扭矩变化规律的图线。扭矩图实例见本节后习题 5-4-6。

【例 5-4-1】 如图所示，等截面圆轴上装有 4 个皮带轮，每个轮传递力偶矩，为提高承载力，方案最合理的是：

A. 1 与 3 对调　　B. 2 与 3 对调

C. 2 与 4 对调　　D. 3 与 4 对调

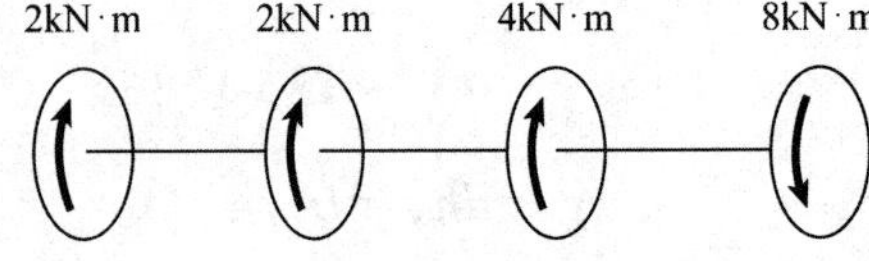

例 5-4-1 图

解 3 和 4 对调最合理，最大扭矩4kN · m最小，如解图所

示。如果 1 和 3 对调，或者是 2 和 3 对调，则最大扭矩都是8kN · m；如果 2 和 4 对调，则最大扭矩是 6kN · m。所以选项 D 正确。

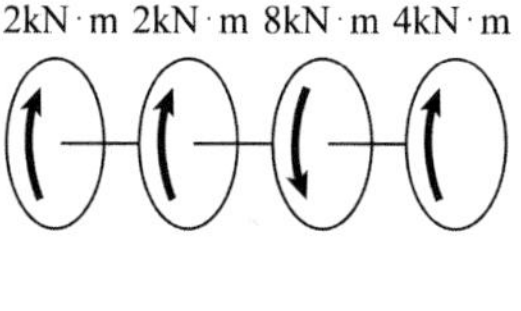

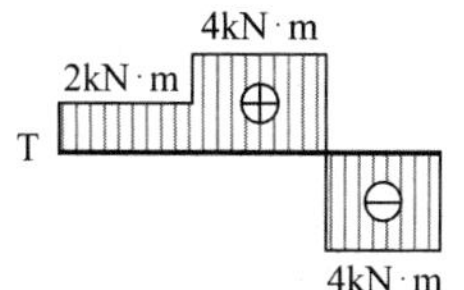

例 5-4-1 解图

答案：D

三、圆杆扭转时的剪应力与强度条件

（一）横截面上的剪应力

（1）剪应力分布规律。横截面上任一点的剪应力，其方向垂直于该点所在的半径，其值与该点到圆心的距离成正比，如图 5-4-3 所示。

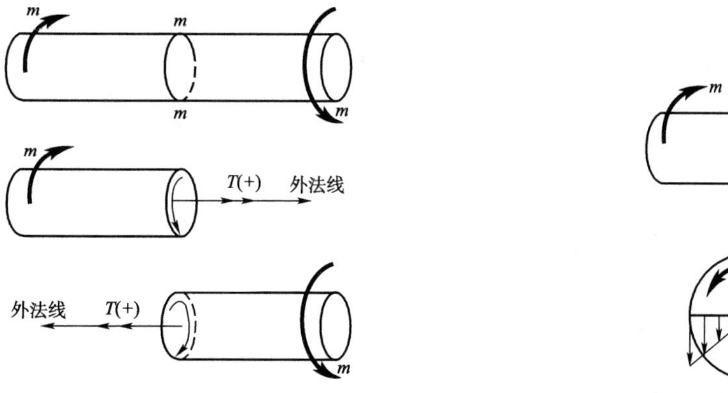

图 5-4-2　扭矩及其正负号规定　　图 5-4-3　圆杆扭转时横截面上的剪应力

（2）剪应力计算公式。横截面上距圆心为ρ的任一点的剪应力τ_ρ为

$$\tau_\rho = \frac{T}{I_\mathrm{p}}\rho \tag{5-4-2}$$

横截面上的最大剪应力发生在横截面周边各点处，其值为

$$\tau_{\max} = \frac{T}{I_\mathrm{p}}R = \frac{T}{W_\mathrm{p}} \tag{5-4-3}$$

（3）剪应力公式的讨论：

①公式适用于线弹性范围（$\tau_{\max} \leqslant \tau_\rho$），小变形条件下的等截面实心或空心圆直杆。

②T为所求截面上的扭矩。

③I_p称为极惯性矩，W_p称为抗扭截面系数，其值与截面尺寸有关。

实心圆截面（见图 5-4-4a）

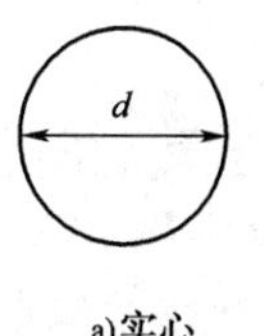

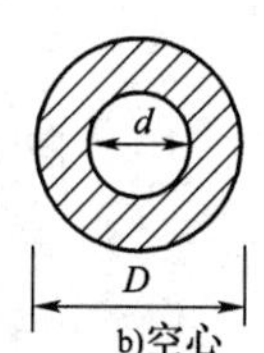

图 5-4-4　圆截面

$$\left.\begin{aligned} I_p &= \frac{\pi d^4}{32} \\ W_p &= \frac{\pi d^3}{16} \end{aligned}\right\} \quad (5\text{-}4\text{-}4)$$

空心圆截面（见图 5-4-4b）

$$\left.\begin{aligned} I_p &= \frac{\pi D^4}{32}(1-\alpha^4) \\ W_p &= \frac{\pi D^3}{16}(1-\alpha^4) \end{aligned}\right\} \quad (5\text{-}4\text{-}5)$$

其中$\alpha = d/D$

【例 5-4-2】 图示两根圆轴，横截面积相同，但分别为实心圆和空心圆。在相同的扭矩T作用下，两轴最大切应力的关系是：

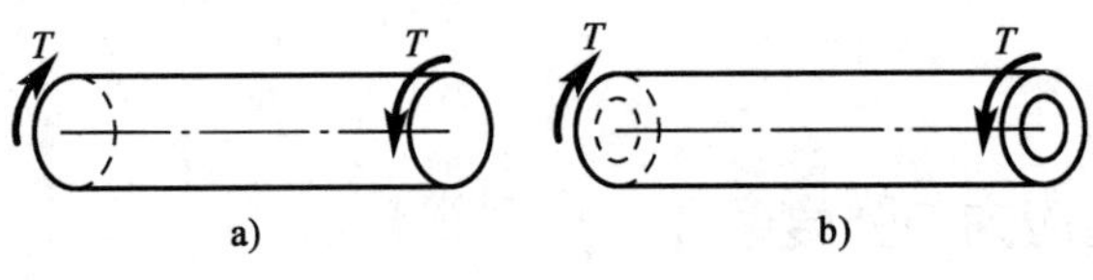

例 5-4-2 图

A. $\tau_a < \tau_b$　　B. $\tau_a = \tau_b$　　C. $\tau_a > \tau_b$　　D. 不能确定

解 设实心圆直径为d，空心圆外径为D，空心圆内外径之比为α，因两者横截面积相同，故有$\frac{\pi}{4}d^2 = \frac{\pi}{4}D^2(1-\alpha^2)$，即$d = D(1-\alpha^2)^{\frac{1}{2}}$。

$$\frac{\tau_a}{\tau_b} = \frac{\dfrac{T}{\frac{\pi}{16}d^3}}{\dfrac{T}{\frac{\pi}{16}D^3(1-\alpha^4)}} = \frac{D^3(1-\alpha^4)}{d^3} = \frac{D^3(1-\alpha^2)(1+\alpha^2)}{D^3(1-\alpha^2)(1-\alpha^2)^{\frac{1}{2}}} = \frac{1+\alpha^2}{\sqrt{1-\alpha^2}} > 1$$

答案： C

【例 5-4-3】 已知实心圆轴按强度条件可承担的最大扭矩为T，若改变该轴的直径，使其横截面积增加 1 倍，则可承担的最大扭矩为：

A. $\sqrt{2}T$　　B. $2T$　　C. $2\sqrt{2}T$　　D. $4T$

解 由强度条件$\tau_{max} = T/W_p \leqslant [\tau]$，可知直径为$d$的圆轴可承担的最大扭矩为$T \leqslant [\tau]W_p = [\tau]\pi d^3/16$。若改变该轴直径为$d_1$，使$A_1 = \pi d_1^2/4 = 2A = 2\pi d^2/4$，则有$d_1^2 = 2d^2$，即$d_1 = \sqrt{2}d$。

故其可承担的最大扭矩为：$T_1 = [\tau]\pi d_1^3/16 = 2\sqrt{2}[\tau]\pi d^3/16 = 2\sqrt{2}T$

答案： C

（二）圆杆扭转时的强度条件

强度条件：圆杆扭转时横截面上的最大剪应力不得超过材料的许用剪应力，即

$$T_{max} = \frac{T_{max}}{W_p} \leqslant [\tau] \quad (5\text{-}4\text{-}6)$$

由强度条件可对受扭杆进行强度校核、截面设计和确定许可荷载三类问题的计算。

四、圆杆扭转时的变形及刚度条件

（一）圆杆的扭转变形计算

单位长度扭转角θ（rad/m）

$$\theta=\frac{\mathrm{d}\varphi}{\mathrm{d}x}=\frac{T}{GI_p} \tag{5-4-7}$$

扭转角φ（rad）

$$\varphi=\int_L \frac{T}{GI_p}\mathrm{d}x \tag{5-4-8}$$

若在长度L内，T、G、I_p均为常量时

$$\varphi=\frac{TL}{GI_p} \tag{5-4-9}$$

式（5-4-9）适用于线弹性范围，小变形下的等直圆杆。GI_p表示圆杆抵抗扭转弹性变形的能力，称为抗扭刚度。

【例 5-4-4】 图示圆轴在扭转力矩作用下发生扭转变形，该轴A、B、C三个截面相对于D截面的扭转角间满足：

A. $\phi_{DA}=\phi_{DB}=\phi_{DC}$　　B. $\phi_{DA}=0$，$\phi_{DB}=\phi_{DC}$

C. $\phi_{DA}=\phi_{DB}=2\phi_{DC}$　　D. $\phi_{DA}=2\phi_{DC}$，$\phi_{DB}=0$

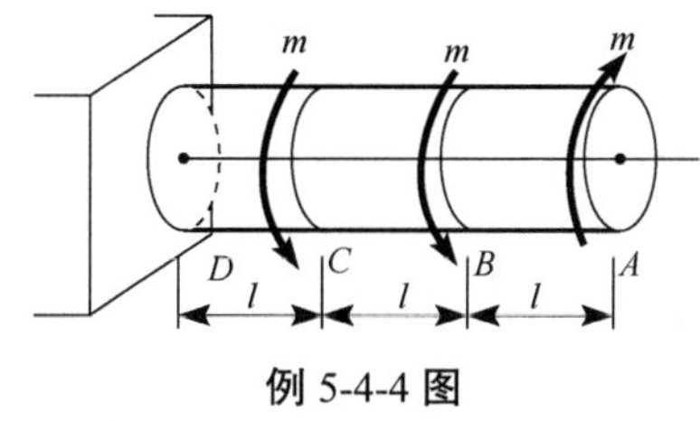

例 5-4-4 图

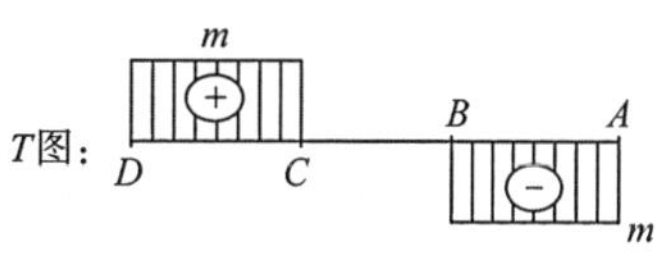

例 5-4-4 解图

解　根据该轴的外力和反力可得其扭矩图如解图所示。故

$$\phi_{DA}=\phi_{DC}+\phi_{CB}+\phi_{BA}=\frac{ml}{GI_p}+0-\frac{ml}{GI_p}=0$$

$$\phi_{DB}=\phi_{DC}+\phi_{CB}=\phi_{DC}+0$$

答案：B

（二）圆杆扭转时的刚度条件

即刚度条件：圆杆扭转时的最大单位长度扭转角不得超过规定的许可值$[\theta]$（°/m），即

$$\theta_{max}=\frac{T_{max}}{GI_p}\times\frac{180°}{\pi}\leqslant[\theta] \tag{5-4-10}$$

由刚度条件，同样可对受扭圆杆进行刚度校核、截面设计和确定许可荷载三类问题的计算。

习　题

5-4-1　直径为d的实心圆轴受扭，为使扭转最大切应力减少一半，圆轴的直径应改为（　　）。

A. $2d$　　B. $0.5d$　　C. $\sqrt{2}d$　　D. $\sqrt[3]{2}d$

5-4-2　圆轴直径为d，剪切弹性模量为G，在外力作用下发生扭转变形，现测得单位长度扭转角为θ，圆轴的最大切应力是（　　）。

A. $\tau=16\theta G/(\pi d^3)$　B. $\tau=\theta G\pi d^3/16$　C. $\tau=\theta Gd$　D. $\tau=\theta Gd/2$

5-4-3　图 a）所示圆轴抗扭截面模量为W_p，切变模量为G，扭转变形后，圆轴表面A点处截取的单元体互相垂直的相邻边线改变了γ角，如图 b）所示。圆轴承受的扭矩T为（　　）。

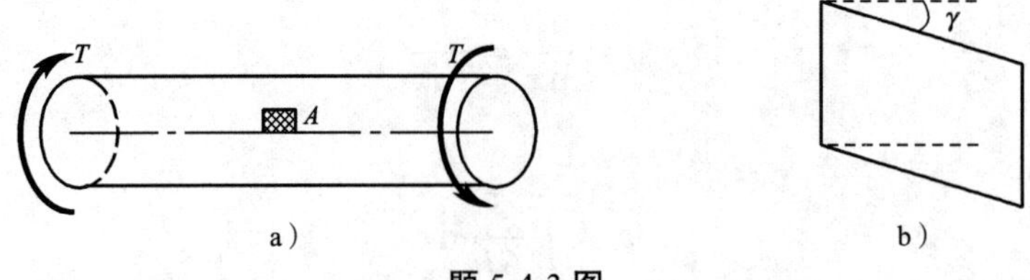

题 5-4-3 图

A. $T=G\gamma W_p$　　B. $T=G\gamma/W_p$　　C. $T=\gamma W_p/G$　　D. $T=W_p/(G\gamma)$

5-4-4　直径为d的实心圆轴受扭，若使扭转角减小一半，圆轴的直径需变为（　　）。

A. $\sqrt[4]{2}d$　　B. $\sqrt[3]{\sqrt{2}}d$　　C. $0.5d$　　D. $2d$

5-4-5　如图所示，左端固定的直杆受扭转力偶作用，在截面 1-1 和 1-2 处的扭矩为（　　）。

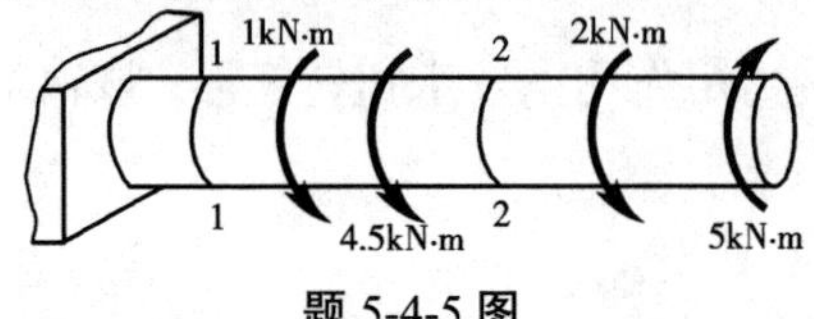

题 5-4-5 图

A. 12.5kN · m，−3kN · m　　B. −2.5kN · m，−3kN · m

C. −2.5kN · m，3kN · m　　D. 2.5kN · m，−3kN · m

5-4-6　如图所示，圆轴的扭矩图为（　　）。

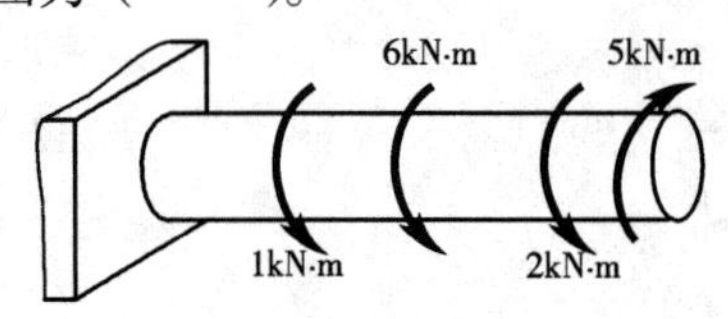

题 5-4-6 图

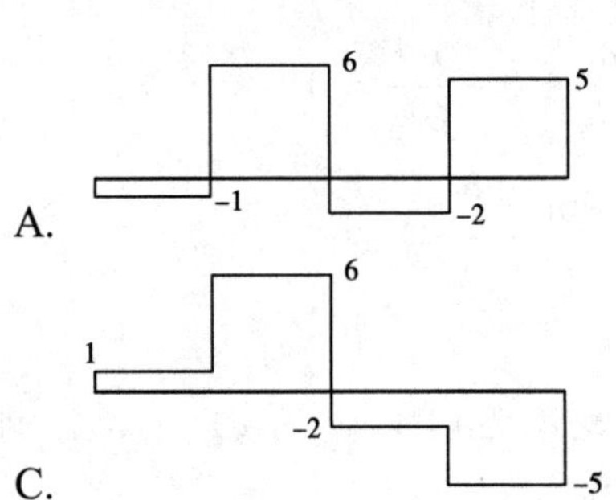

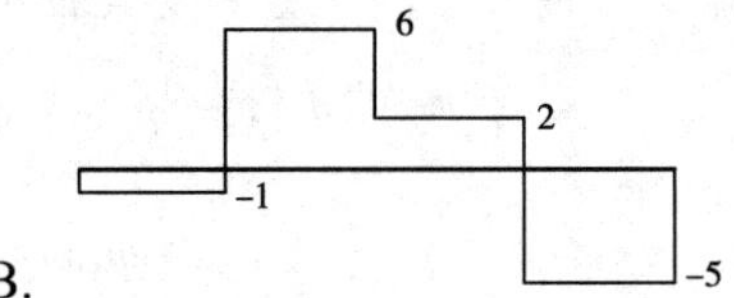

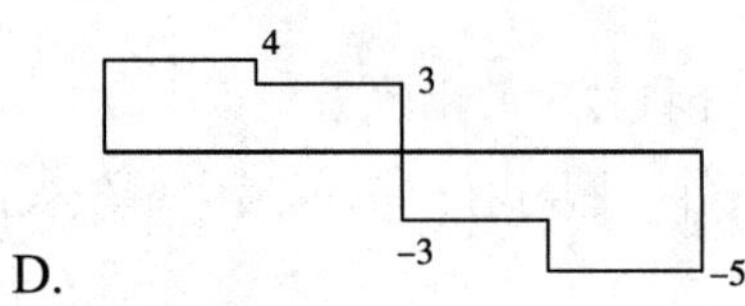

5-4-7　直径为D的实心圆轴，两端受扭转力矩作用，轴内最大剪应力为τ。若轴的直径改为$D/2$，则轴内的最大剪应力应为（　　）。

A. 2τ　　B. 4τ　　C. 8τ　　D. 16τ

5-4-8　如图所示，直杆受扭转力偶作用，在截面 1-1 和 2-2 处的扭矩为（　　）。

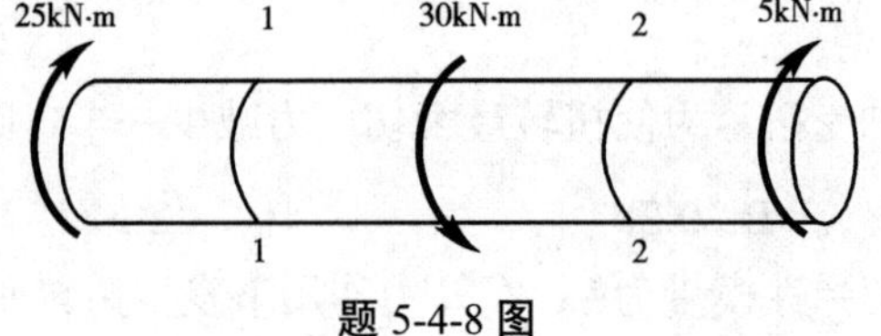

题 5-4-8 图

A. 5kN · m，5kN · m　　B. 25kN · m，−5kN · m

C. 35kN · m，−5kN · m　　D. −25kN · m，25kN · m

5-4-9　两端受扭转力偶矩作用的实心圆轴，不发生屈服的最大许可荷载为M_0，若将其横截面面积增加 1 倍，则最大许可荷载为（　　）。

A. $\sqrt{2}M_0$　　B. $2M_0$　　C. $2\sqrt{2}M_0$　　D. $4M_0$

5-4-10 空心圆轴和实心圆轴的外径相同时，截面的抗扭截面模量较大的是（　　）。

A. 空心轴　　B. 实心轴　　C. 一样大　　D. 不能确定

5-4-11 受扭实心等直圆轴，当直径增大 1 倍时，其最大剪应力$\tau_{2\max}$和两端相对扭转角φ_2与原来的$\tau_{1\max}$和φ_1的比值为（　　）。

A. $\tau_{2\max}:\tau_{1\max}=1:2$，$\varphi_2:\varphi_1=1:4$

B. $\tau_{2\max}:\tau_{1\max}=1:4$，$\varphi_2:\varphi_1=1:8$

C. $\tau_{2\max}:\tau_{1\max}=1:8$，$\varphi_2:\varphi_1=1:16$

D. $\tau_{2\max}:\tau_{1\max}=1:4$，$\varphi_2:\varphi_1=1:16$

第五节　截面图形的几何性质

一、静矩与形心

对图 5-5-1 所示截图

$$\left.\begin{aligned} S_z &= \int_A y\,\mathrm{d}A \\ S_y &= \int_A z\,\mathrm{d}A \end{aligned}\right\} \tag{5-5-1}$$

静矩的量纲为长度的三次方。

对于由几个简单图形组成的组合截面

$$\left.\begin{aligned} S_z &= A_1y_1 + A_2y_2 + A_3y_3 + \cdots = A\cdot y_{\mathrm{c}} \\ S_y &= A_1z_1 + A_2z_2 + A_3z_3 + \cdots = A\cdot z_{\mathrm{c}} \end{aligned}\right\} \tag{5-5-2}$$

形心坐标

$$\left.\begin{aligned} y_{\mathrm{c}} &= \frac{A_1y_1 + A_2y_2 + A_3y_3 + \cdots}{A_1 + A_2 + A_3 + \cdots} = \frac{S_z}{A} \\ z_{\mathrm{c}} &= \frac{A_1z_1 + A_2z_2 + A_3z_3 + \cdots}{A_1 + A_2 + A_3 + \cdots} = \frac{S_y}{A} \end{aligned}\right\} \tag{5-5-3}$$

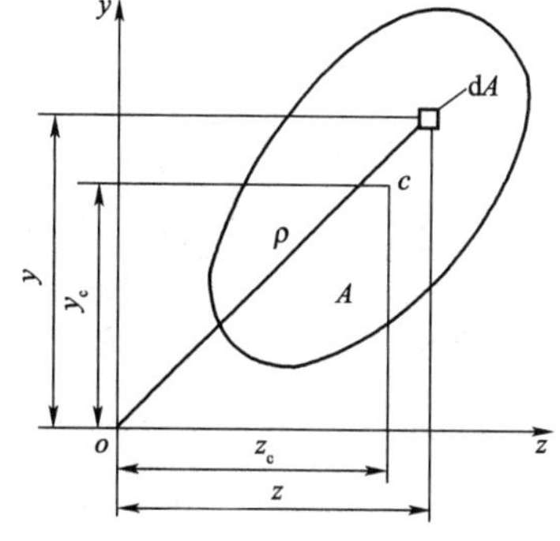

图 5-5-1　截面图形

显然，若z轴过形心，$y_{\mathrm{c}}=0$，则有$S_z=0$，反之亦然；若y轴过形心，$z_{\mathrm{c}}=0$，则有$S_y=0$，反之亦然。

二、惯性矩、惯性半径、极惯性矩、惯性积

对图 5-5-1 所示截面，对z轴和y轴的惯性矩为

$$I_z = \int_A y^2\mathrm{d}A\text{；}\ I_y = \int_A z^2\mathrm{d}A \tag{5-5-4}$$

惯性矩总是正值，其量纲为长度的四次方，亦可写成

$$I_z = Ai_z^2\text{；}\ I_y = Ai_y^2 \tag{5-5-5}$$

$$i_z = \sqrt{\frac{I_z}{A}}\text{；}\ i_y = \sqrt{\frac{I_y}{A}} \tag{5-5-6}$$

i_z、i_y称为截面对z、y轴的惯性半径，其量纲为长度的 1 次方。

截面对o点的极惯性矩为

$$I_p = \int_A \rho^2 \mathrm{d}A \tag{5-5-7}$$

因$\rho^2 = y^2 + z^2$，故有$I_p = I_z + I_y$，显然I_p也恒为正值，其量纲为长度的 4 次方。

截面对y、z轴的惯性积为

$$I_{yz} = \int_A yz \mathrm{d}A \tag{5-5-8}$$

I_{yz}可以为正值，也可以为负值，也可以是零，其量纲为长度的 4 次方。若y、z两坐标轴中有一个为截面的对称轴，则其惯性积I_{yz}恒等于零。

常用截面的几何性质见表 5-5-1。

常用截面的几何性质 表 5-5-1

项目	矩 形	图 形	空 心 圆	箱 形
截面图形	y, z, c, h, b	y, z, c, D	y, z, c, d, D	y, z, c, H, h, b, B
截面的几何性质	$A = bh$ $I_z = \frac{bh^3}{12}$ $I_y = \frac{hb^3}{12}$ $I_{yz} = 0$ $i_z = \frac{h}{2\sqrt{3}}$ $i_y = \frac{b}{2\sqrt{3}}$ $W_z = \frac{bh^2}{6}, W_y = \frac{hb^2}{6}$	$A = \frac{\pi}{4}D^2$ $I_z = I_y = \frac{\pi}{64}D^4$ $I_p = \frac{\pi}{32}D^4$ $I_{yz} = 0$ $i_z = i_y = \frac{D}{4}$ $W_z = W_y = \frac{\pi}{32}D^3$ $W_p = \frac{\pi}{16}D^3$	$A = \frac{\pi}{4}D^2(1-\alpha^2)$ $I_z = I_y = \frac{\pi}{64}D^4(1-\alpha^4)$ $I_p = \frac{\pi}{32}D^4(1-\alpha^4)$ $I_{yz} = 0, \alpha = \frac{d}{D}$ $i_z = i_y = \frac{\sqrt{D^2+d^2}}{4}$ $W_z = W_y = \frac{\pi}{32}D^3(1-\alpha^4)$ $W_p = \frac{\pi}{16}D^3(1-\alpha^4)$	$A = BH - bh$ $I_z = \frac{BH^3 - bh^3}{12}$ $I_y = \frac{HB^3 - hb^3}{12}$ $I_{yz} = 0$

注：图形中的c为截面形心；公式中W_z、W_y为抗弯截面系数，W_p为抗扭截面系数。

【例 5-5-1】 如图所示，空心圆轴的外径为D，内径为d，其极惯性矩I_p是：

A. $I_p = \pi(D^3 - d^3)/16$

B. $I_p = \pi(D^3 - d^3)/32$

C. $I_p = \pi(D^4 - d^4)/16$

D. $I_p = \pi(D^4 - d^4)/32$

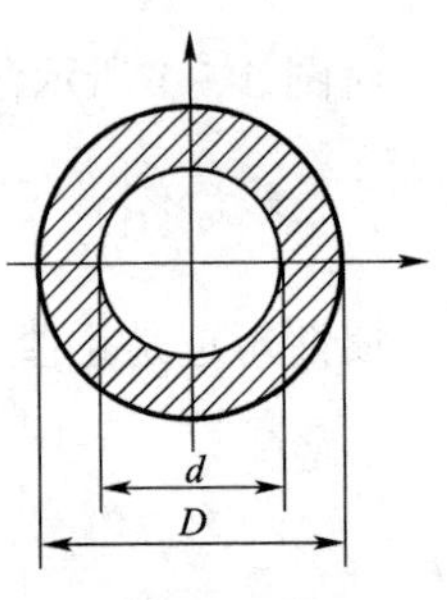

例 5-5-1 图

解 根据极惯性矩I_p的定义：$I_p = \int_A \rho^2 \mathrm{d}A$，可知极惯性矩是一个定积分，具有可加性，所以：$I_p = \pi D^4/32 - \pi d^4/32 = \pi(D^4 - d^4)/32$。

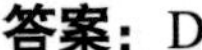

答案： D

三、平行移轴公式

若已知任一截面图形（见图 5-5-2）形心为c，面积为A，对形心轴z_c和y_c的惯性矩为I_{zc}和I_{yc}、惯性积为I_{yczc}，则该图形对于与z_c轴平行且相距为a的z轴，及与y_c轴平行且相距为b的y轴的惯性矩和惯性积分别为

$$\left.\begin{aligned} I_z &= I_{zc} + a^2A \\ I_y &= I_{yc} + b^2A \\ I_{yz} &= I_{yczc} + abA \end{aligned}\right\} \tag{5-5-9}$$

显然，在图形对所有互相平行的惯性矩中，以形心轴的惯性矩为最小。

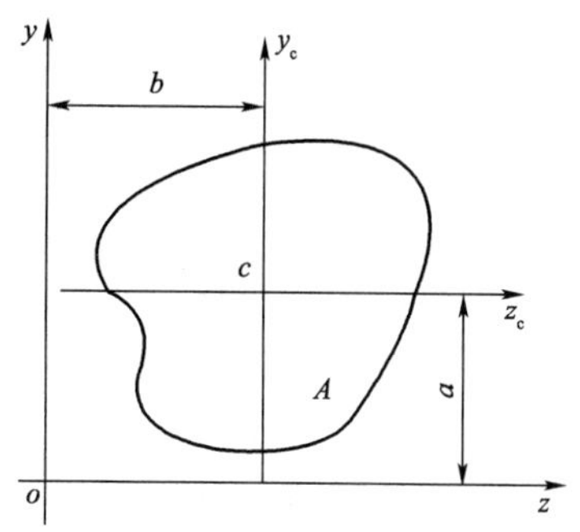

图 5-5-2　具有平行轴的截面图形

四、主惯性轴和主惯性矩、形心主（惯性）轴和形心主（惯形）矩

若截面图形对通过某点的某一对正交坐标轴的惯性积为零，则称这对坐标轴为图形在该点的主惯性轴，简称主轴。图形对主惯性轴的惯性矩称为主惯性矩。显然，当任意一对正交坐标轴中之一轴为图形的对称轴时，图形对该两轴的惯性积必为零，故这对轴必为主轴。

过截面形心的主惯性轴，称为形心主轴。截面对形心主轴的惯性矩称为形心主矩。杆件的轴线与横截面形心主轴所组成的平面，称为形心主惯性平面。

习　题

5-5-1　图示矩形截面对z_1轴的惯性矩I_{z_1}为（　　）。

A. $I_{z_1} = bh^3/12$　　B. $I_{z_1} = bh^3/3$

C. $I_{z_1} = 7bh^3/6$　　D. $I_{z_1} = 13bh^3/12$

5-5-2　矩形截面挖去一个边长为a的正方形，如图所示，该截面对z轴的惯性矩I_z为（　　）。

A. $I_z = bh^3/12 - a^4/12$

B. $I_z = bh^3/12 - 13a^4/12$

C. $I_z = bh^3/12 - a^4/3$

D. $I_z = bh^3/12 - 7a^4/12$

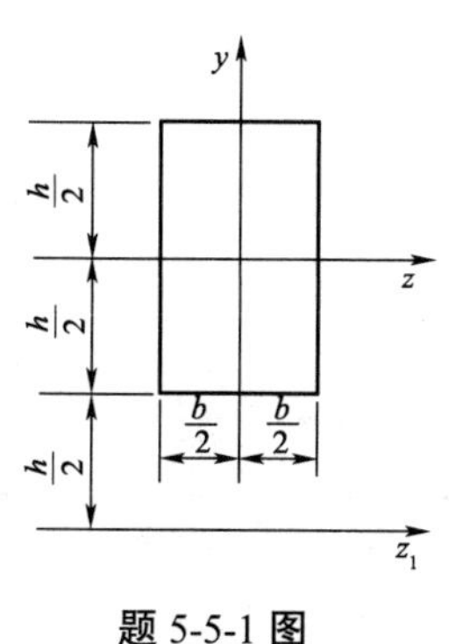

题 5-5-1 图

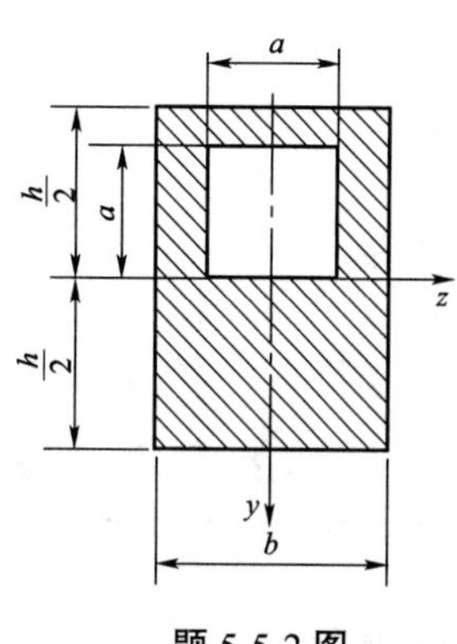

题 5-5-2 图

5-5-3　面积相等的两个图形分别如图所示。它们与对称轴y、z的惯性矩之间的关系为（　　）。

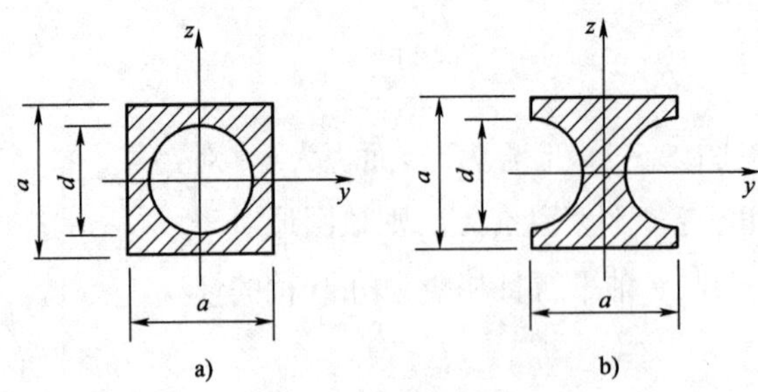

题 5-5-3 图

A. $I_z^{\mathrm{a}} < I_z^{\mathrm{b}}$，$I_y^{\mathrm{a}} = I_y^{\mathrm{b}}$　　B. $I_z^{\mathrm{a}} > I_z^{\mathrm{b}}$，$I_y^{\mathrm{a}} = I_y^{\mathrm{b}}$

C. $I_z^{\mathrm{a}} = I_z^{\mathrm{b}}$，$I_y^{\mathrm{a}} = I_y^{\mathrm{b}}$　　D. $I_z^{\mathrm{a}} = I_z^{\mathrm{b}}$，$I_y^{\mathrm{a}} > I_y^{\mathrm{b}}$

5-5-4　在yOz正交坐标系中，设图形对y、z轴的惯性矩分别为I_y和I_z，则图形对坐标原点极惯性矩为（　　）。

A. $I_{\mathrm{p}} = 0$　　B. $I_{\mathrm{p}} = I_z + I_y$　　C. $I_{\mathrm{p}} = \sqrt{I_z^2 + I_y^2}$　　D. $I_{\mathrm{p}} = I_z^2 + I_y^2$

5-5-5　图示矩形截面，m-m线以上部分和以下部分对形心轴z的两个静矩（　　）。

A. 绝对值相等，正负号相同　　B. 绝对值相等，正负号不同

C. 绝对值不等，正负号相同　　D. 绝对值不等，正负号不同

5-5-6　直径为d的圆形对其形心轴的惯性半径i等于（　　）。

A. $d/2$　　B. $d/4$　　C. $d/6$　　D. $d/8$

5-5-7　图示的矩形截面和正方形截面具有相同的面积。设它们对对称轴y的惯性矩分别为I_y^{a}、I_y^{b}，对对称轴z的惯性分别为I_z^{a}、I_z^{b}，则（　　）。

A. $I_z^{\mathrm{a}} > I_z^{\mathrm{b}}$，$I_y^{\mathrm{a}} < I_y^{\mathrm{b}}$　　B. $I_z^{\mathrm{a}} > I_z^{\mathrm{b}}$，$I_y^{\mathrm{a}} > I_y^{\mathrm{b}}$

C. $I_z^{\mathrm{a}} < I_z^{\mathrm{b}}$，$I_y^{\mathrm{a}} > I_y^{\mathrm{b}}$　　D. $I_z^{\mathrm{a}} < I_z^{\mathrm{b}}$，$I_y^{\mathrm{a}} < I_y^{\mathrm{b}}$

5-5-8　在图形对通过某点的所有轴的惯性矩中，图形对主惯性轴的惯性矩一定（　　）。

A. 最大　　B. 最小　　C. 最大或最小　　D. 为零

5-5-9　如图所示的截面，其轴惯性矩的关系为（　　）。

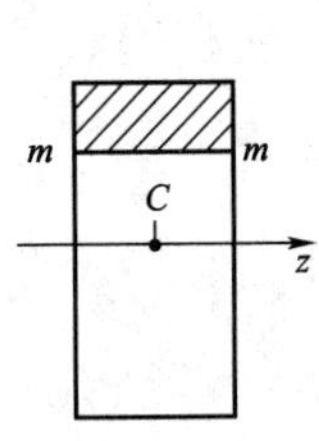

题 5-5-5 图

a)　　b)

题 5-5-7 图

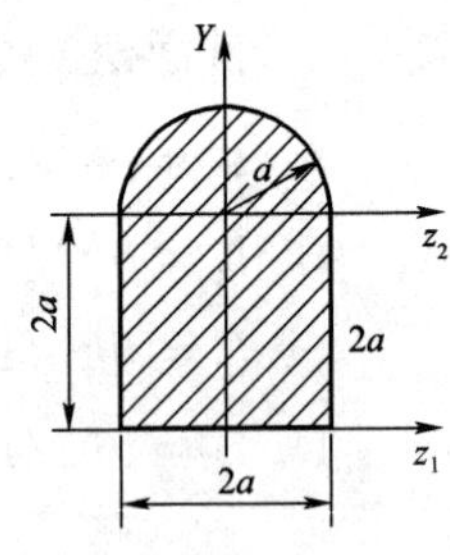

题 5-5-9 图

A. $I_{z_1} = I_{z_2}$　　B. $I_{z_1} > I_{z_2}$　　C. $I_{z_1} < I_{z_2}$　　D. 不能确定

第六节　弯曲梁的内力、应力和变形

一、平面弯曲的概念

弯曲变形是杆件的基本变形之一。以弯曲为主要变形的杆件通常为梁。

（1）弯曲变形特征。任意两横截面绕垂直杆轴线的轴做相对转动，同时杆的轴线也弯成曲线。

（2）平面弯曲。荷载作用面（外力偶作用面或横向力与梁轴线组成的平面）与弯曲平面（即梁轴线弯曲后所在平面）相平行或重合的弯曲。

产生平面弯曲的条件：

（1）梁具有纵对称面时，只要外力（横向力或外力偶）都作用在此纵对称面内。

（2）非对称截面梁。

纯弯曲时，只要外力偶作用在与梁的形心主惯平面（即梁的轴线与其横截面的形心主惯性轴所构成的平面）平行的平面内。

横力弯曲时，横向力必须通过截面的弯曲中心，并在与梁的形心主惯性平面平行的平面内。

二、梁横截面上的内力分量——剪力与弯矩

（一）剪力与弯矩

（1）剪力。梁横截面上切向分布内力的合力，称为剪力，以Q表示。

（2）弯矩。梁横截面上法向分布内力形成的合力偶矩，称为弯矩，以M表示。

（3）剪力与弯矩的符号。考虑梁微段$\mathrm{d}x$，使右侧截面对左侧截面产生向下相对错动的剪力为正，反之为负；使微段产生凹向上的弯曲变形的弯矩为正，反之为负，如图 5-6-1 所示。

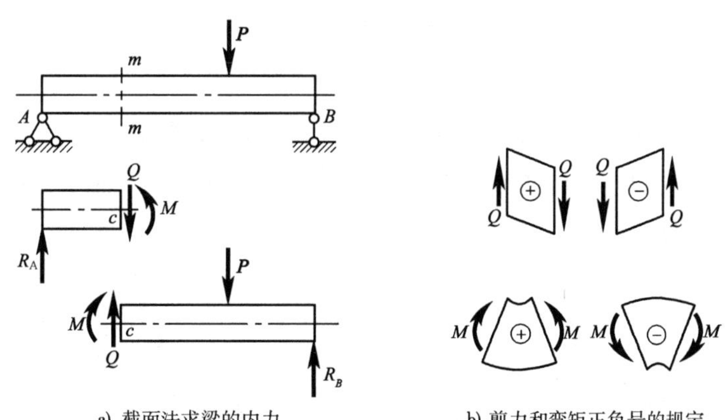

图 5-6-1 梁的内力

（4）剪力与弯矩的计算。由截面法可知，梁的内力可用直接法求出：

①横截面上的剪力，其值等于该截面左侧（或右侧）梁上所有外力在横截面方向的投影代数和，且左侧梁上向上的外力或右侧梁上向下的外力引起正剪力，反之则引起负剪力。

②横截面上的弯矩，其值等于该截面左侧（或右侧）梁上所有外力对该截面形心的力矩代数和，且向上外力均引起正弯矩，左侧梁上顺时针转向的外力偶及右侧梁上逆时针转向的外力偶引起正弯矩，反之则产生负弯矩，如图 5-6-2 所示。

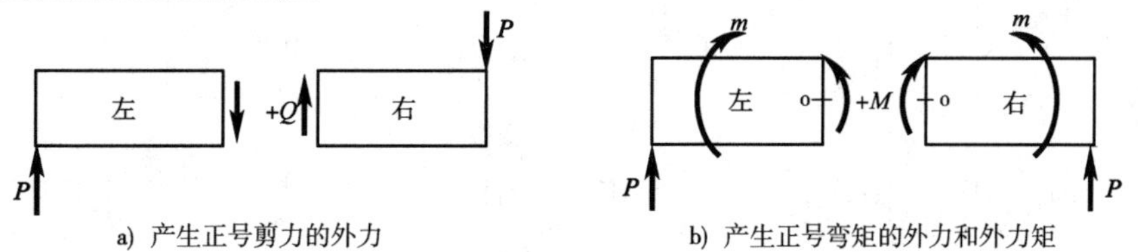

图 5-6-2 直接法求梁的内力

【例 5-6-1】 如图所示，求 1-1 截面和 2-2 截面的内力。

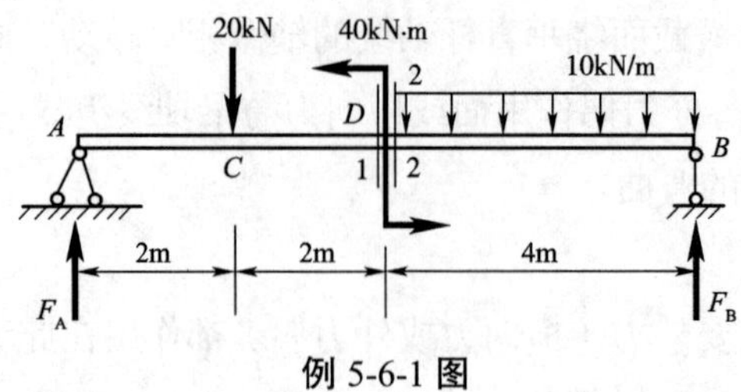

例 5-6-1 图

解 先求支反力，$\sum M_B = 0$

$$F_A \times (2+2+4) = 20 \times 6 + 40 + (10 \times 4) \times 2,\ F_A = 30\text{kN}$$

$$\sum F_y = 0,\ F_A + F_B = 20 + 10 \times 4,\ F_B = 30\text{kN}$$

直接法求内力，$Q_1 = F_A - 20 = 30 - 20 = 10\text{kN}$

$$M_1 = F_A \times 4 - 20 \times 2 = 30 \times 4 - 40 = 80\text{kN} \cdot \text{m}$$

$$Q_2 = 10 \times 4 - F_B = 40 - 30 = 10\text{kN}$$

$$M_2 = F_B \times 4 - (10 \times 4) \times 2 = 30 \times 4 - 80 = 40\text{kN} \cdot \text{m}$$

（二）内力方程——剪力方程与弯矩方程

（1）剪力方程。表示沿杆轴各横截面上剪力随截面位置变化的函数，称为剪力方程，表示为

$$Q = Q(x)$$

（2）弯矩方程。表示沿杆轴各横截面上弯矩随截面位置变化的函数，称为弯矩方程，表示为

$$M = M(x)$$

（三）剪力图与弯矩图

（1）剪力图。表示沿杆轴和横截面上剪力随截面位置变化的图线，称为剪力图。

（2）弯矩图。表示沿杆轴各横截面上弯矩随截面位置变化的图线，称为弯矩图。

图 5-6-3 给出了常用梁的剪力图和弯矩图。

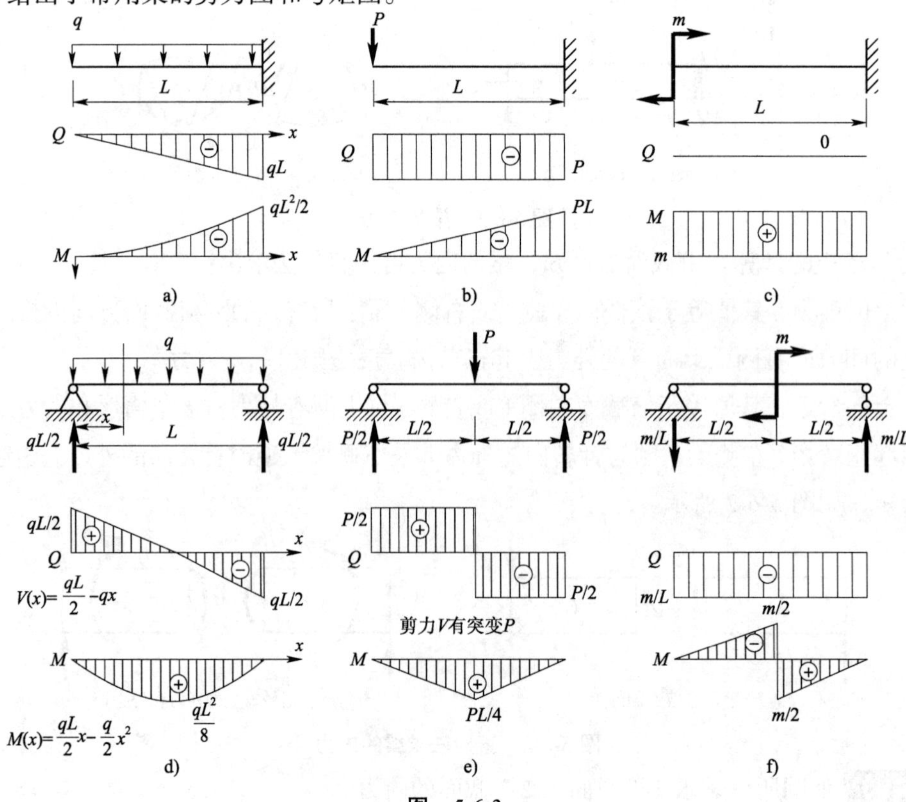

图 5-6-3

三、荷载集度与剪力、弯矩间的关系及应用

（一）微分关系

若规定荷载集度q向上为正，则梁任一横截面上的剪力、弯矩与荷载集度间的微分关系

$$\frac{\mathrm{d}Q}{\mathrm{d}x}=q;\quad \frac{\mathrm{d}M}{\mathrm{d}x}=Q;\quad \frac{\mathrm{d}^2M}{\mathrm{d}x^2}=q \tag{5-6-1}$$

当以梁的左端为x轴原点，且以向右为x正轴，并规定剪力图以向上为正轴，而弯矩图则取向下为正轴时，可将工程上常见的外力与剪力图和弯矩图之间的关系列在表 5-6-1 中。

几种常见外力与剪力图和弯矩图间的关系 **表 5-6-1**

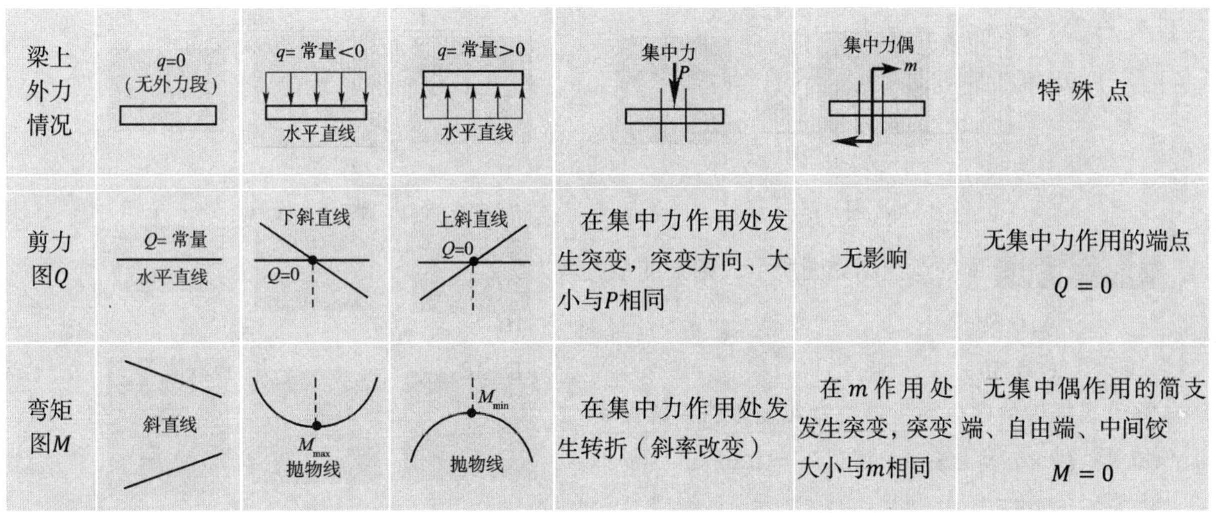

梁上外力情况	q=0（无外力段）	q= 常量<0 水平直线	q= 常量>0 水平直线	集中力 P	集中力偶 m	特殊点
剪力图Q	Q= 常量 水平直线	下斜直线 Q=0	上斜直线 Q=0	在集中力作用处发生突变，突变方向、大小与P相同	无影响	无集中力作用的端点 $Q=0$
弯矩图M	斜直线	M_{max} 抛物线	M_{min} 抛物线	在集中力作用处发生转折（斜率改变）	在m作用处发生突变，突变大小与m相同	无集中偶作用的简支端、自由端、中间铰 $M=0$

利用表 5-6-1 可以快速地作出剪力图和弯矩图。

【例 5-6-2】 悬臂梁的荷载如图所示，若有集中力m在梁上移动，梁的内力变化情况是：

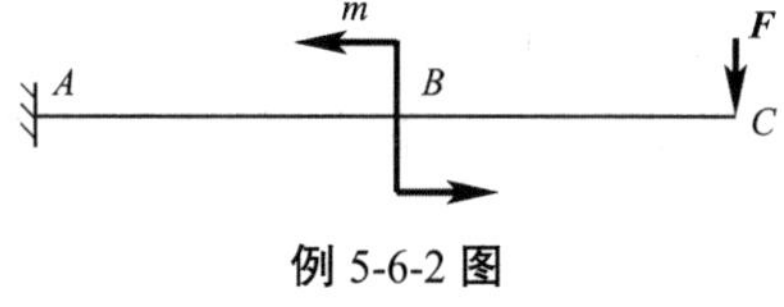

例 5-6-2 图

A. 剪力图、弯矩图均不变

B. 剪力图、弯矩图均改变

C. 剪力图不变，弯矩图改变

D. 剪力图改变，弯矩图不变

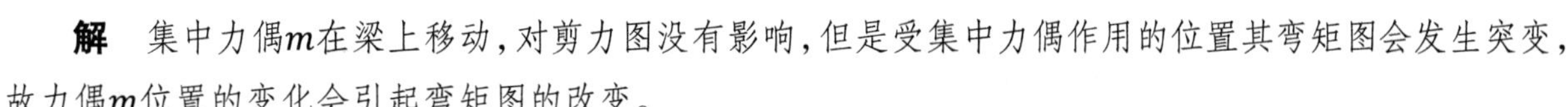

解 集中力偶m在梁上移动，对剪力图没有影响，但是受集中力偶作用的位置其弯矩图会发生突变，故力偶m位置的变化会引起弯矩图的改变。

答案： C

（二）快速作图法

（1）求支反力，并校核。

（2）根据外力不连续点分段。

（3）定形：根据各段梁上的外力，确定其Q、M图的形状。

（4）定量：用直接法计算各分段点、极值点的Q、M值。

【例 5-6-3】 作图 a）所示悬臂梁的剪力图、弯矩图。

解 见图 b）、c）。

【例 5-6-4】 由图 b）所示梁的剪力图，画出梁的荷载图和弯矩图。（梁上无集中力偶作用）

解 见图 a）、c）。

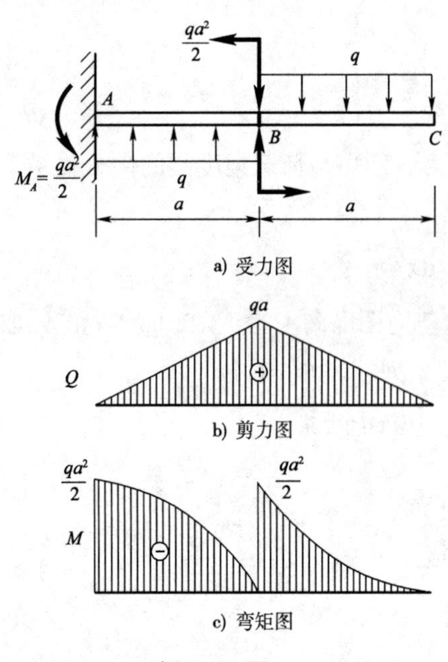

例 5-6-3 图

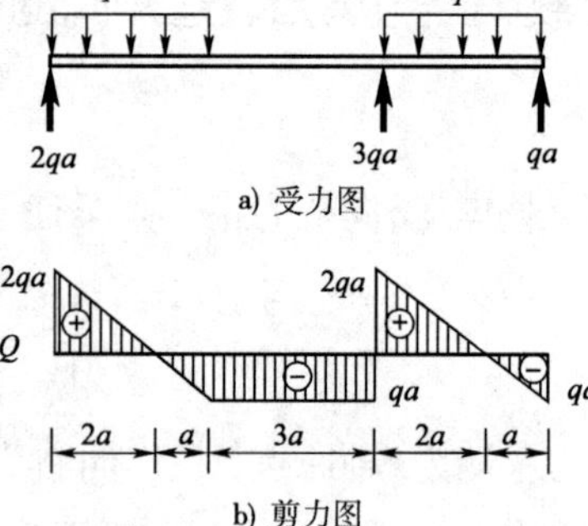

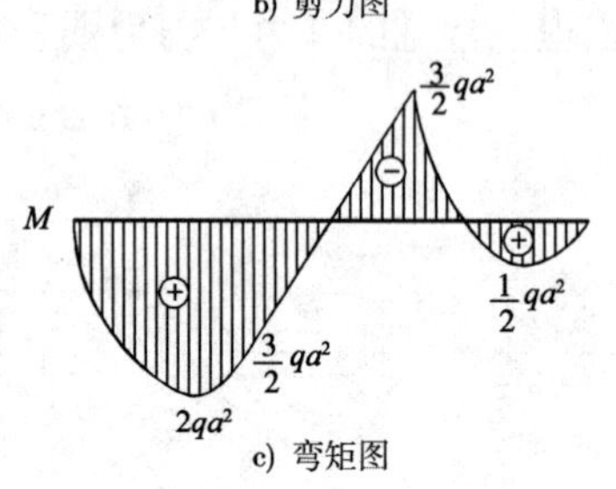

c) 弯矩图

例 5-6-4 图

【例 5-6-5】 梁的弯矩图如图所示，则梁的最大剪力为：

A. $0.5F$　　　　B. F

C. $1.5F$　　　　D. $2F$

解　根据梁的弯矩图可以推断其受力图如解图 a）所示。

其中：$P_1 \times a = 0.5Fa$，所以$P_1 = 0.5F$

$F_B \times a = 1.5Fa$，所以$F_B = 1.5F$

用直接法求$M_D = F_C \times a - 2a \times P_1 = 1.5Fa$，所以$F_C = 2.5F$

由$\sum Y = 0$，$P_1 + P_2 = F_C + F_B$，可知：$P_2 = 3.5F$

由受力图可以画出剪力图如解图 b）所示，可见最大剪力为 2F。

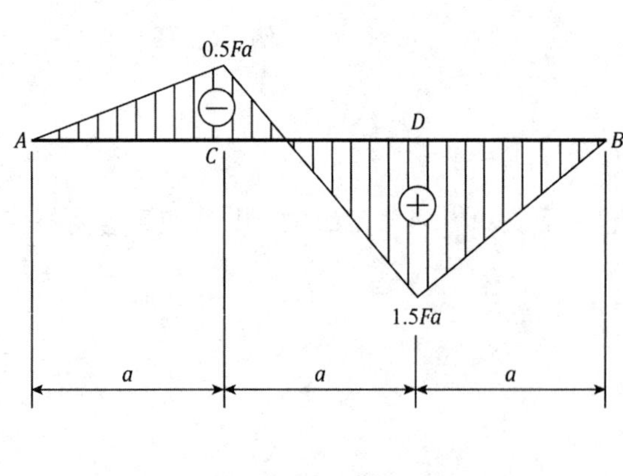

例 5-6-5 图

a)

b)

例 5-6-5 解图

答案： D

【例 5-6-6】 梁AB的弯矩图如图所示，梁上荷载F、m的值为：

A. $F = 8\text{kN}$，$m = 14\text{kN}\cdot\text{m}$

B. $F = 8\text{kN}$，$m = 6\text{kN}\cdot\text{m}$

C. $F = 6\text{kN}$，$m = 8\text{kN}\cdot\text{m}$

D. $F = 6\text{kN}$，$m = 14\text{kN}\cdot\text{m}$

解 由最大负弯矩为 8kN·m，可以反推：$M_{\max}=F\times 1\text{m}$，故 $F=8\text{kN}$

再由支座C处（即外力偶矩m作用处）两侧的弯矩的突变值是 14kN·m，可知外力偶矩$m=\text{kN}\cdot\text{m}$

答案： A

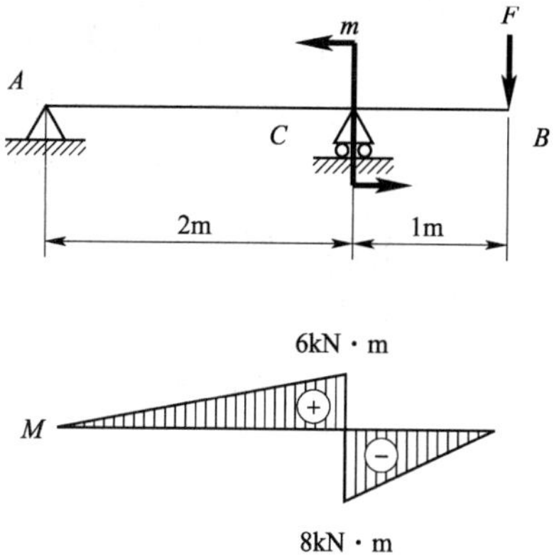

例 5-6-6 图

四、弯曲正应力、正应力强度条件

（一）纯弯曲

梁的横截面上只有弯矩而无剪力时的弯曲，称为纯弯曲。

（二）中性层与中性轴

（1）中性层。杆件弯曲变形时既不伸长也不缩短的一层。

（2）中性轴。中性层与横截面的交线，即横截面上正应力为零的各点的连线。

（3）中性轴位置。当杆件发生平面弯曲，且处于线弹性范围时，中性轴通过横截面形心，且垂直于荷载作用平面。

（4）中性层的曲率。杆件发生平面弯曲，中性层（或杆轴）的曲率与弯矩间的关系为

$$\frac{1}{\rho}=\frac{M}{EI_z} \tag{5-6-2}$$

式中：ρ——变形后中性层（或杆轴）的曲率半径；

EI_z——杆的抗弯刚度，轴z为横截面的中性轴。

（三）平面弯曲杆件横截面上的正应力

分布规律：正应力与大小与该点至中性轴的垂直距离成正比，中性轴一侧为拉应力，另一侧为压应力，如图 5-6-4 所示。

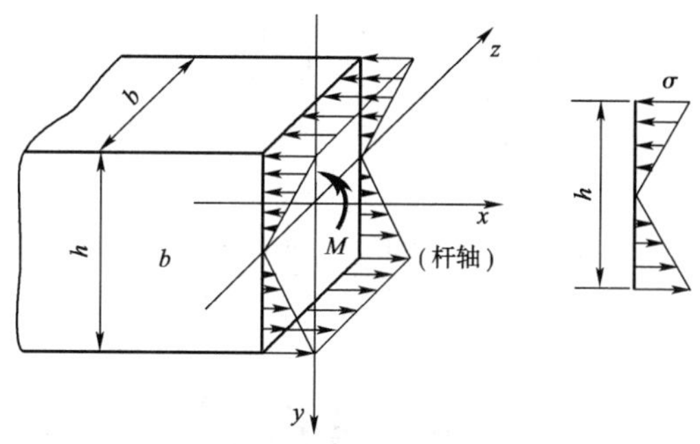

图 5-6-4 弯曲梁横截面上正应力分布

计算公式如下，任一点应力

$$\sigma=\frac{M}{I_z}y \tag{5-6-3}$$

最大应力

$$\sigma_{\max}=\frac{M}{I_z}y_{\max}=\frac{M}{W_z} \tag{5-6-4}$$

其中

$$W_z=\frac{I_z}{y_{\max}} \tag{5-6-5}$$

式中：M——截面上的弯矩；

I_z——截面对其中性轴的惯性矩；

W_z——抗弯截面系数，其量纲为长度的三次方，常用截面W_z的计算公式，见表 5-2；

y——计算点与中性轴间的距离。

【例 5-6-7】 图示矩形截面简支梁中点承受集中力F =100kN。若h =200mm，b =100mm，梁的最大弯曲正应力是：

A. 75MPa　　B. 150MPa　　C. 300MPa　　D. 50MPa

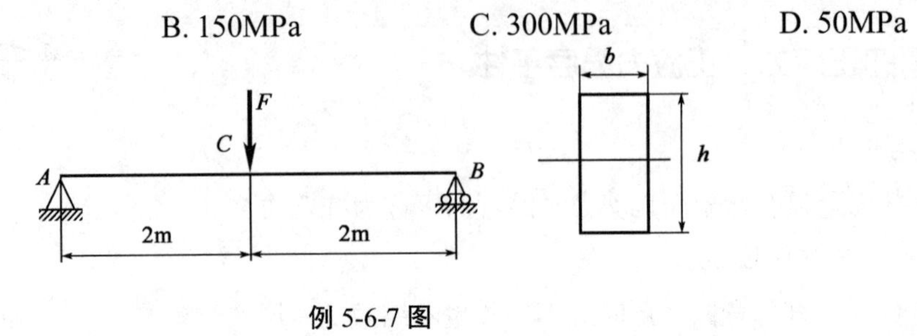

例 5-6-7 图

解　梁两端的支座反力为$F/2$ =50kN，梁中点最大弯矩$M_{\max} = 50 \times 2 = 100\text{kN} \cdot \text{m}$

最大弯曲正应力

$$\sigma_{\max} = \frac{M_{\max}}{W_z} = \frac{M_{\max}}{\frac{bh^2}{6}} = \frac{100 \times 10^6 \text{N} \cdot \text{mm}}{\frac{1}{6} \times 100 \times 200^2 \text{mm}^3} = 150\text{MPa}$$

答案： B

【例 5-6-8】 承受竖直向下荷载的等截面悬臂梁，结构分别采用整块材料、两块材料并列、三块材料并列和两块材料叠合（未黏结）四种方案，对应横截面如图所示。在这四种横截面中，发生最大弯曲正应力的截面是：

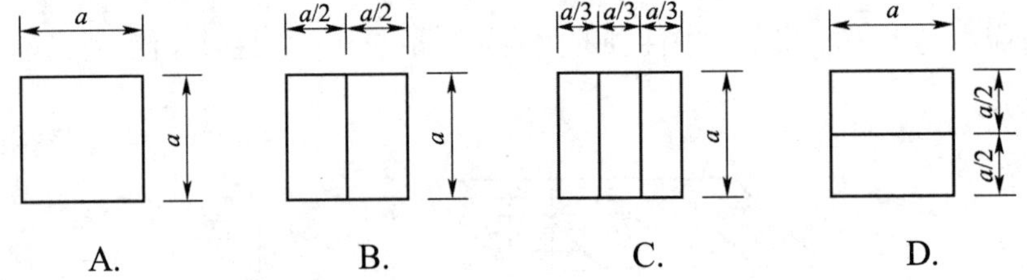

A.　　B.　　C.　　D.

解　A 图看整体：

$$\sigma_{\max} = \frac{M}{W_z} = \frac{M}{\frac{a^3}{6}} = \frac{6M}{a^3}$$

B 图看一根梁：

$$\sigma_{\max} = \frac{M}{W_z} = \frac{0.5M}{\frac{0.5a^3}{6}} = \frac{M}{\frac{a^3}{6}} = \frac{6M}{a^3}$$

C 图看一根梁：

$$\sigma_{\max} = \frac{M}{W_z} = \frac{\frac{1}{3}M}{\frac{\frac{1}{3}a^3}{6}} = \frac{M}{\frac{a^3}{6}} = \frac{6M}{a^3}$$

D 图看一根梁：

$$\sigma_{\max} = \frac{M}{W_z} = \frac{0.5M}{\frac{a \times (0.5a)^2}{6}} = \frac{2M}{\frac{a^3}{6}} = \frac{12M}{a^3}$$

答案： D

（四）梁的正应力强度条件

在危险截面上

$$\sigma_{\max}=\frac{M}{W_z}\leqslant[\sigma] \tag{5-6-6}$$

或

$$\left.\begin{aligned}\sigma_{\max}^{+}&=\frac{M}{I_z}y_{\max}^{+}\leqslant[\sigma_{t}]\\ \sigma_{\max}^{-}&=\frac{M}{I_z}y_{\max}^{-}\leqslant[\sigma_{c}]\end{aligned}\right\} \tag{5-6-7}$$

式中：$[\sigma]$——材料的许用弯曲正应力；

$[\sigma_t]$——材料的许用拉应力；

$[\sigma_c]$——材料的许用压应力；

$y_{\max}^{+}$、$y_{\max}^{-}$——分别为最大拉应力$\sigma_{\max}^{+}$和最大压应力$\sigma_{\max}^{-}$所在的截面边缘到中性轴z的距离。

【例 5-6-9】 图示悬臂梁AB，由三根相同的矩形截面直杆胶合而成，材料的许可应力为$[\sigma]$。若胶合面开裂，假设开裂后三根杆的挠曲线相同，接触面之间无摩擦力，则开裂后的梁承载能力是原来的：

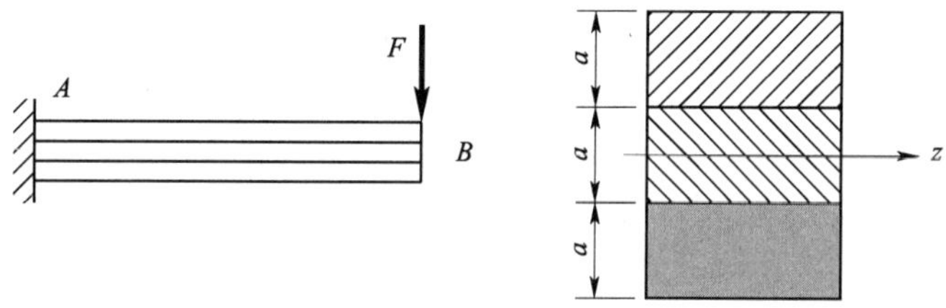

例 5-6-9 图

A. 1/9　　B. 1/3　　C. 两者相同　　D. 3 倍

解　开裂前，由整体梁的强度条件$\sigma_{\max}=M/W_{g}\leqslant[\sigma]$，可知

$$M\leqslant[\sigma]W_{g}=[\sigma]\frac{b(3a)^2}{6}=\frac{3}{2}ba^2[\sigma]$$

胶合面开裂后，每根梁承担总弯矩M_1的1/3，由单根梁的强度条件

$$\sigma_{1\max}=\frac{M_1}{W_{g1}}=\frac{\frac{M_1}{3}}{W_{g1}}=\frac{M_1}{3W_{g1}}\leqslant[\sigma]$$

可知

$$M_1\leqslant3[\sigma]W_{g1}=3[\sigma]\frac{ba^2}{6}=\frac{1}{2}ba^2[\sigma]$$

故开裂后每根梁的承载能力是原来的1/3。

答案： B

五、弯曲剪应力与剪应力强度条件

（一）矩形截面梁的剪应力

两个假设：

（1）剪应力方向与截面的侧边平行。

（2）沿截面宽度剪应力均匀分布（见图 5-6-5）。

计算公式

$$\tau=\frac{QS_z^*}{bI_z} \tag{5-6-8}$$

式中：Q——横截面上的剪力；

b——横截面的宽度；

I_z——整个横截面对中性轴的惯性矩；

S_z^*——横截面上距中性轴为y的横线相对于中性轴以外部分的面积对中性轴的静矩。

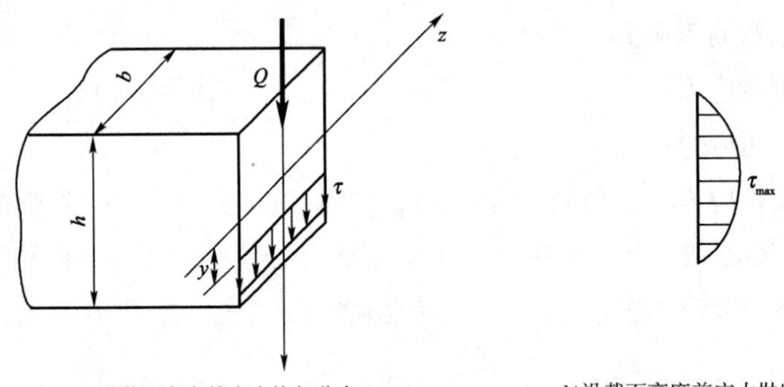

a)沿截面宽度剪应力均匀分布　　b)沿截面高度剪应力抛物线分布

图 5-6-5　矩形截面梁剪应力的分布

最大剪应力发生在中性轴处

$$\tau_{\max}=\frac{3}{2}\frac{Q}{bh}=\frac{3}{2}\frac{Q}{A} \tag{5-6-9}$$

（二）其他常用截面梁的最大剪应力

工字形截面

$$\tau_{\max}=\frac{QS_{z\max}^*}{I_zd} \tag{5-6-10}$$

其中，d为腹板厚度，工字型钢中，$I_z/S_{z\max}^*$可查型钢表。

圆形截面

$$\tau_{\max}=\frac{4}{3}\frac{Q}{A} \tag{5-6-11}$$

环形截面

$$\tau_{\max}=2\frac{Q}{A} \tag{5-6-12}$$

最大剪应力均发生在中性轴上。

（三）剪应力强度条件

梁的最大工作剪应力不得超过材料的许用剪应力，即

$$\tau_{\max}=\frac{Q_{\max}S_{z\max}^*}{bI_z}\leqslant[\tau] \tag{5-6-13}$$

式中：$Q_{\max}$——全梁的最大剪力；

$S_{z\max}^*$——中性轴一边的横截面面积对中性轴的静矩；

b——横截面在中性轴处的宽度；

I_z——整个横截面对中性轴的惯性矩。

【例 5-6-10】 梁的横截面是由狭长矩形构成的工字形截面，如图 a）所示，z轴为中性轴，截面上的剪力竖直向下，该截面上的最大切应力在：

A. 腹板中性轴处

B. 腹板上下缘延长线与两侧翼缘相交处

C. 截面上下缘

D. 腹板上下缘

解　矩形截面切应力的分布是一个抛物线形状（见图 b），最大切应力在中性轴子上，图 a）示梁的横截面可以看作是一个中性轴，附近梁的宽度b突然变大的矩形截面。根据弯曲切应力的计算公式：

$$\tau = \frac{QS_g^*}{gI_g}$$

在b突然变大的情况下，中性轴附近的τ突然变小，切应力分布图沿y方向的分布如图 b）所示。所以最大切应力该在 2 点。

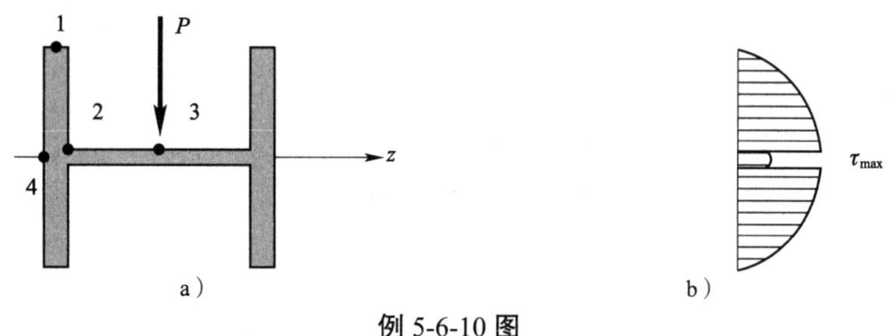

例 5-6-10 图

答案：B

六、梁的合理截面

梁的强度通常是由横截面上的正应力控制的。由弯曲正应力强度条件$\sigma_{max} = \frac{M_{max}}{W_z} \leqslant [\sigma]$可知，在截面积$A$一定的条件下，截面图形的抗弯截面系数越大，梁的承载能力就越大，故截面就越合理。因此就W_z/A而言，对工字形、矩形和圆形三种形状的截面，工字形最为合理，矩形次之，圆形最差。此外对于$[\sigma_t] = [\sigma_c]$的塑性材料，一般采用对称于中性轴的截面，使截面上、下边缘的最大拉应力和最大压应力同时达到许用应力。对于$[\sigma_t] \neq [\sigma_c]$的脆性材料，一般采用不对称于中性轴的截面，如$T$形、п形等，使最大拉应力$\sigma_{tmax}$和最大压应力$\sigma_{cmax}$同时达到$[\sigma_t]$和$[\sigma_c]$，如图 5-6-6 所示。

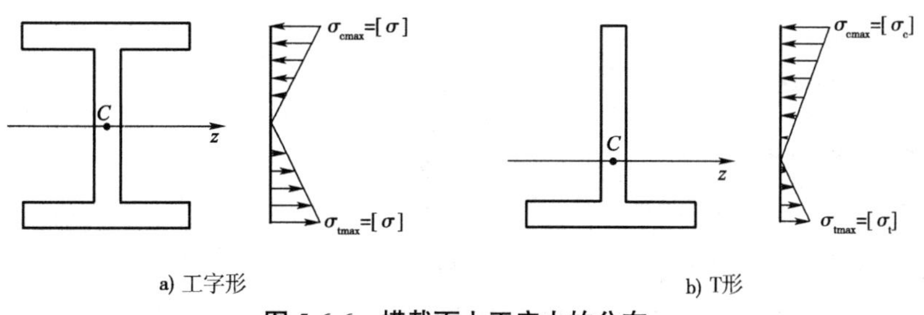

图 5-6-6　横截面上正应力的分布

七、弯曲中心的概念

在横向力作用下，梁分别在两个形心主惯性平面xy和xz的内弯曲时，横截面上剪力Q_y和Q_z作用线的交点，称为截面的弯曲中心，也称为剪切中心。

当梁上的横向力不能过截面的弯曲中心时，梁除了发生弯曲变形外还要发生扭转变形。

弯曲中心的位置仅取决于截面的几何形状和大小，它与外力的大小和材料的力学性质无关。弯曲中心实际上是截面上弯曲剪应力的合力作用点，见表 5-6-2。

几种薄壁截面的弯心位置 表 5-6-2

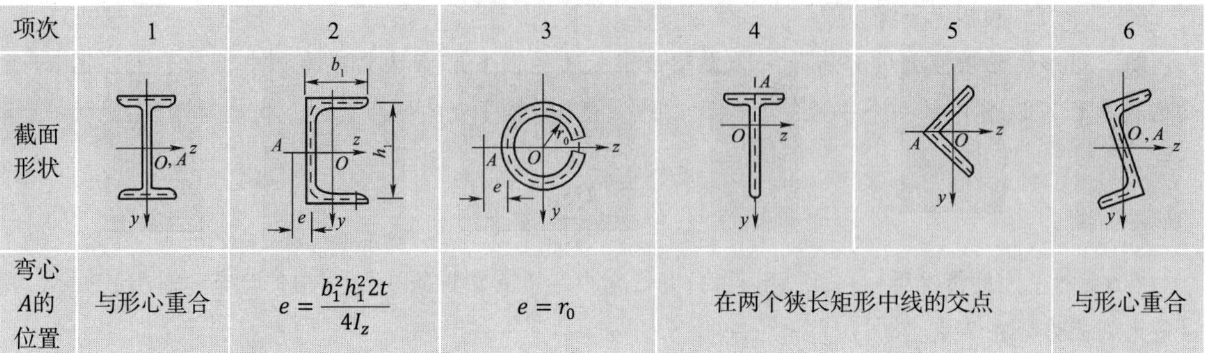

项次	1	2	3	4	5	6
截面形状						
弯心A的位置	与形心重合	$e=\frac{b_1^2h_1^2 2t}{4I_z}$	$e=r_0$	在两个狭长矩形中线的交点		与形心重合

因此，弯曲中心的位置有以下特点。

（1）具有两个对称轴或反对称轴的截面，其弯曲中心与形心重合。

（2）有一个对称轴的截面，其弯曲中心必在此对称轴上。

（3）若薄壁截面的中心线是由相交于一点的若干直线段所组成，则此交点就是截面的弯曲中心。

八、梁的变形——挠度与转角

（一）挠曲线

在外力作用下，梁的轴线由直线变为光滑的弹性曲线，梁弯曲后的轴线称为挠曲线。在平面弯曲下，挠曲线为梁形心主惯性平面内的一条平面曲线$v=f(x)$，如图 5-6-7 所示。

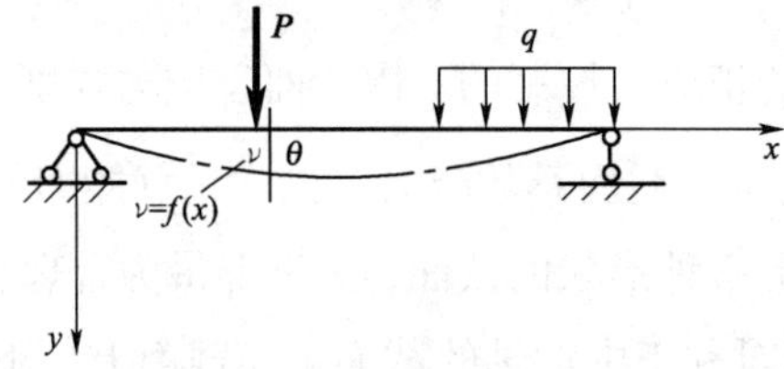

图 5-6-7 梁的挠度与转角

【例 5-6-11】 图示ACB用积分法求变形时，确定积分常数的条件是：（式中V为梁的挠度，θ为梁横截面的转角，ΔL为杆DB的伸长变形）

A. $V_A=0$，$V_B=0$，$V_{C左}=V_{C右}$，$\theta_C=0$

B. $V_A=0$，$V_B=\Delta L$，$V_{C左}=V_{C右}$，$\theta_C=0$

C. $V_A=0$，$V_B=\Delta L$，$V_{C左}=V_{C右}$，$\theta_{C左}=\theta_{C右}$

D. $V_A=0$，$V_B=\Delta L$，$V_C=0$，$\theta_{C左}=\theta_{C右}$

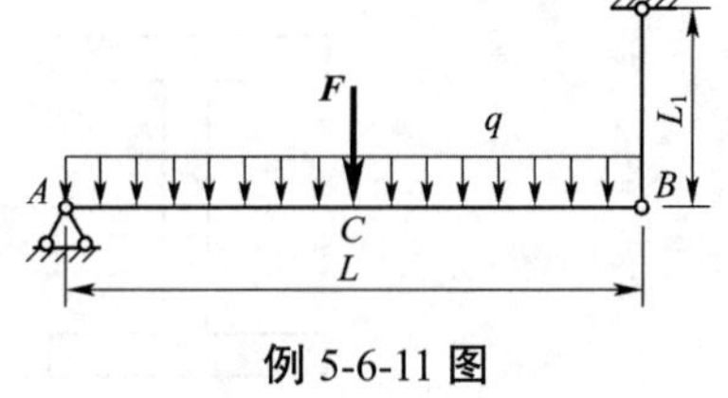

例 5-6-11 图

解 A处为固定铰链支座，挠度总是等于 0，即$V_A=0$

B处挠度等于BD杆的变形量，即$V_B=\Delta L$

C处有集中力$\boldsymbol{F}$作用，挠度方程和转角方程将发生转折，但是满足连续光滑的要求，即：$V_{C左}=V_{C右}$，$\theta_{C左}=\theta_{C右}$。

答案： C

（二）挠度与转角

梁弯曲变形后，梁的每一个横截面都要产生位移，它包括挠度和转角两部分。

（1）挠度。梁横截面形心在垂直于轴线方向的线位移，称为挠度，记作ν。沿梁轴各横截面挠度的变化规律，即为梁的挠曲线方程，即

$$\nu = f(x)$$

（2）转角。横截面相对原来位置绕中性轴所转过的角度，称为转角，记作θ。小变形情况下

$$\theta \approx \tan\theta = \frac{\mathrm{d}\nu}{\mathrm{d}x} = \nu'$$

此外，横截面形心沿梁轴线方向的位移，小变形条件下可忽略不计。

（三）挠曲线近似微分方程

在线弹性范围、小变形条件下，挠曲线近似微分方程为

$$\frac{\mathrm{d}^2\nu}{\mathrm{d}x^2} = -\frac{M(x)}{EI_z} \tag{5-6-14}$$

挠度ν向下为正，转角θ顺时针转为正。

九、积分法计算梁的变形

根据挠曲线近似微分方程（5-6-14），积分两次，即得梁的转角方程和挠度方程

$$\theta = \frac{\mathrm{d}\nu}{\mathrm{d}x} = -\int \frac{M(x)}{EI_i}\mathrm{d}x + C$$

$$\nu = -\iint \frac{M(x)}{EI_z}\mathrm{d}x\mathrm{d}x + Cx + D$$

其中，积分常数C、D可由梁的边界条件来确定。当梁的弯矩方程需分段列出时，挠曲线微分方程也需分段建立、分段积分。于是全梁的积分常数数目将为分段数目的2倍。为了确定全部积分常数，除利用边界条件外，还需利用分段处挠曲线的连续条件（在分界点处左、右两段梁的转角和挠度均应相等）。

十、用叠加法求梁的变形

（一）叠加原理

几个荷载同时作用下梁的任一截面的挠度或转角，等于各个荷载单独作用下同一截面挠度或转角的总和。

（二）叠加原理的适用条件

叠加原理仅适用于线性函数。要求挠度、转角为梁上荷载的线性函数，必须满足以下条件：

（1）材料为线弹性材料。

（2）梁的变形为小变形。

（3）结构为几何线性。

（三）叠加法的特征

（1）各荷载同时作用下的挠度、转角等于各荷载单独作用下挠度、转角的总和，应该是几何和，同一方向的几何和即为代数和。

（2）梁的简单荷载作用下的挠度、转角应为已知或可查手册，见表5-6-3。

（3）叠加法适宜于求梁某一指定截面的挠度和转角。

几种常用梁在简单荷载作用下的变形 表 5-6-3

序号	支承和荷载作用情况	梁端转角	最大挠度
1		$\theta_B=\frac{ml}{EI}$	$f_B=\frac{ml^2}{2EI}$
2		$\theta_B=\frac{Pl^2}{2EI}$	$f_B=\frac{Pl^3}{3EI}$
3		$\theta_B=\frac{ql^3}{6EI}$	$f_B=\frac{ql^4}{8EI}$
4		$\theta_A=\frac{Ml}{3EI}$ $\theta_B=-\frac{Ml}{6EI}$	$x=\left(1-\frac{1}{\sqrt{3}}\right)l$处，$f_{max}=\frac{Ml^2}{9\sqrt{3}EI}$ $x=\frac{l}{2}$处，$f_C=\frac{Ml^2}{16EI}$
5		$\theta_A=-\theta_B=\frac{Pl^2}{16EI}$	$x=\frac{l}{2}$处，$f_C=\frac{Pl^3}{48EI}$
6		$\theta_A=-\theta_B=\frac{ql^3}{24EI}$	$x=\frac{l}{2}$处，$f_C=\frac{5ql^4}{384EI}$

【例 5-6-12】 图示悬臂梁自由端承受集中力偶M_g。若梁的长度减少一半，梁的最大挠度是原来的：

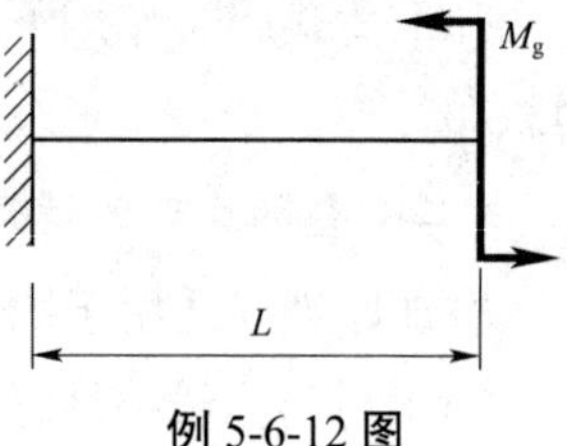

例 5-6-12 图

A. 1/2 B. 1/4

C. 1/8 D. 1/16

解 由悬臂梁的最大挠度计算公式$f_{max}=\frac{M_gL^2}{2EI}$，可知$f_{max}$与$L^2$成正比，故有：

$$f_{1max}=\frac{M_g\left(\frac{L}{2}\right)^2}{2EI}=\frac{1}{4}f_{max}$$

答案： B

习 题

5-6-1 图示外伸梁，在C、D处作用相同的集中力F，截面A的剪力和截面C的弯矩分别是（ ）。

A. $F_{SA}=0$，$M_C=0$　　B. $F_{SA}=F$，$M_C=Fl$

C. $F_{SA}=F/2$，$M_C=Fl/2$　　D. $F_{SA}=0$，$M_C=2Fl$

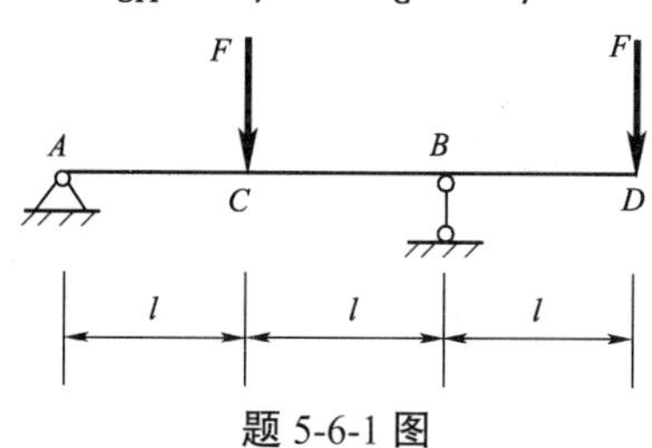

题 5-6-1 图

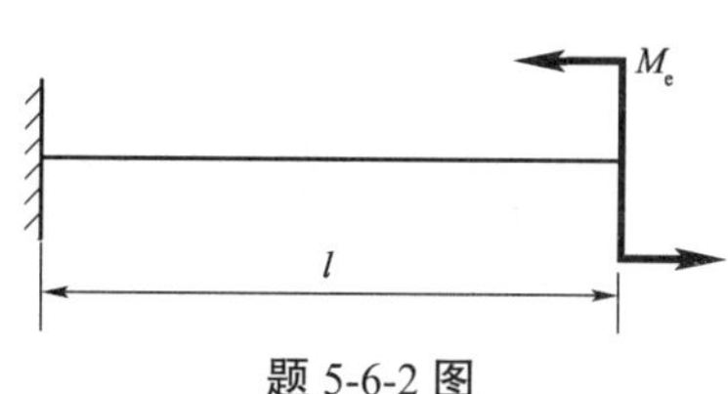

题 5-6-2 图

5-6-2　图示悬臂梁自由端承受集中力偶M_e，若梁的长度减少一半，梁的最大挠度是原来的(　　)。

A. 1/2　　B. 1/4　　C. 1/8　　D. 1/16

5-6-3　如图所示，悬臂梁AB由两根相同的矩形截面梁胶合而成。若胶合面全部开裂，假设开裂后两杆的弯曲变形相同，接触面之间无摩擦力，则开裂后梁的最大挠度是原来的（　　）。

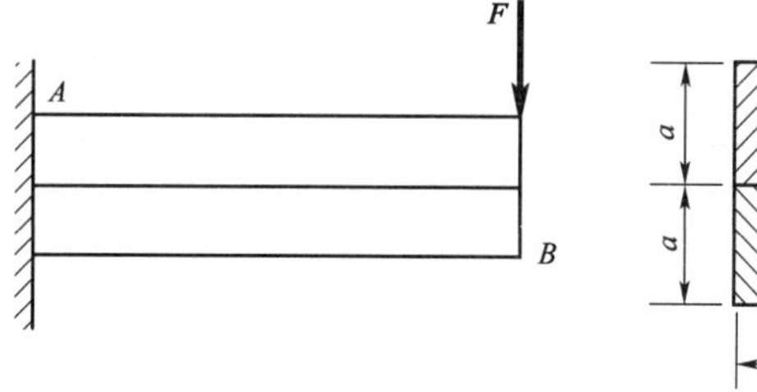

题 5-6-3 图

A. 两者相同　　B. 2 倍　　C. 4 倍　　D. 8 倍

5-6-4　图示外伸梁，A截面的剪力为（　　）。

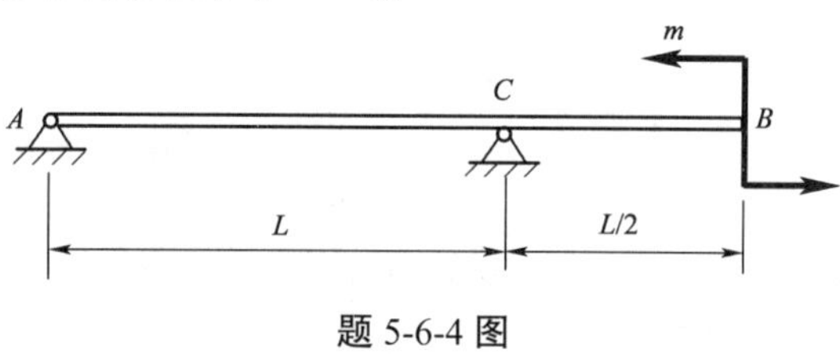

题 5-6-4 图

A. 0　　B. $3m/(2L)$　　C. m/L　　D. $-m/L$

5-6-5　两根梁长度、截面形状和约束条件完全相同，一根材料为钢，另一根为铝。在相同的外力作用下发生弯曲形变，两者不同之处为（　　）。

A. 弯曲内力　　B. 弯曲正应力　　C. 弯曲切应力　　D. 挠曲线

5-6-6　图示四个悬臂梁中挠曲线是圆弧的（　　）。

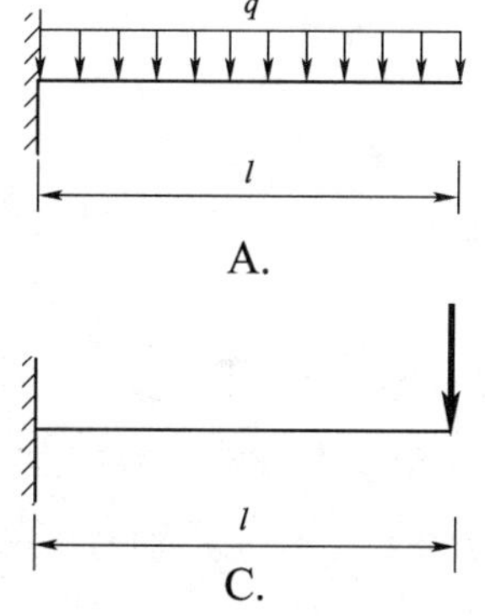

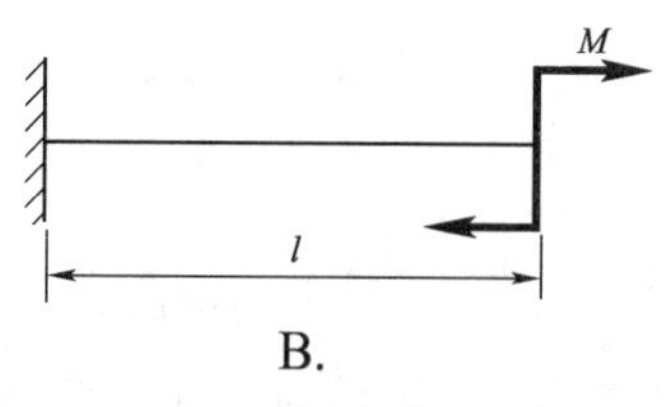

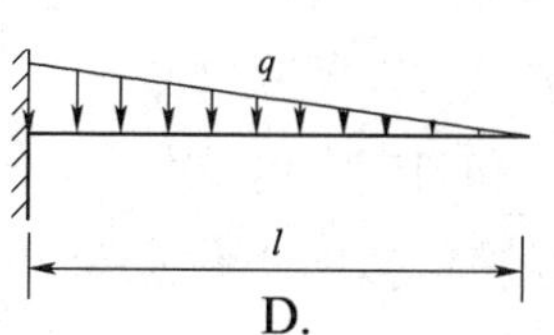

5-6-7 带有中间铰的静定梁受载情况如图所示，则（　　）。

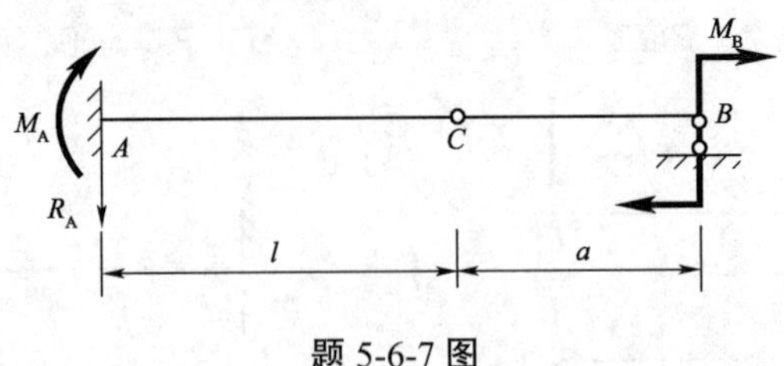

题 5-6-7 图

A. a越大，则M_A越大　　B. l越大，M_A则越大

C. a越大，则R_A越大　　D. l越大，R_A则越大

5-6-8 设图示两根圆截面梁的直径分别为d和 $2d$，许可荷载分别为$[P_1]$和$[P_2]$。若两梁的材料相同，则$[P_2]/[P_1]$等于（　　）。

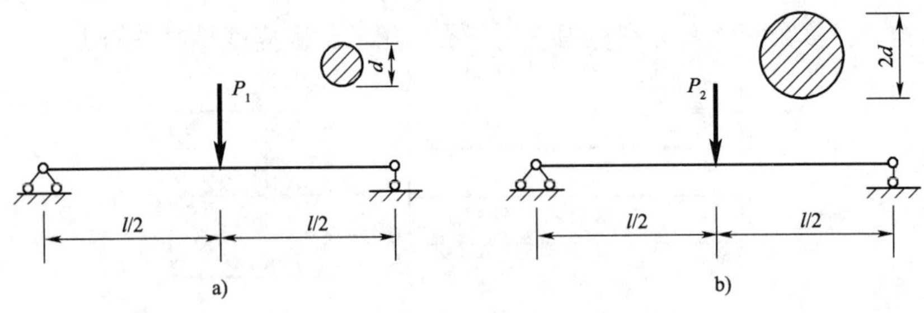

题 5-6-8 图

A. 2　　B. 4　　C. 8　　D. 16

5-6-9 悬臂梁受载情况如图所示，在截面C上（　　）。

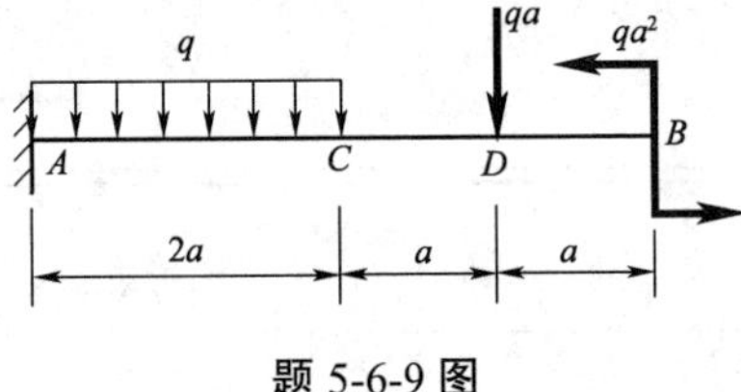

题 5-6-9 图

A. 剪力为零，弯矩不为零　　B. 剪力不为零，弯矩为零

C. 剪力和弯矩均为零　　D. 剪力和弯矩不为零

5-6-10 已知图示两梁的抗弯截面刚度EI相同，若两者自由端的挠度相等，则P_1/P_2等于（　　）。

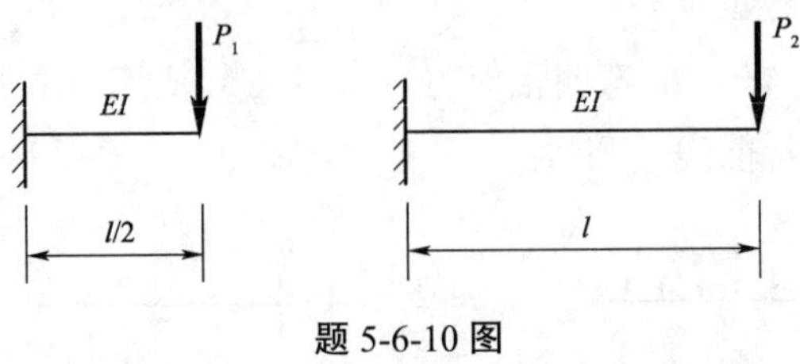

题 5-6-10 图

A. 2　　B. 4　　C. 8　　D. 16

5-6-11 矩形截面梁横力弯曲时，在横截面的中性轴处（　　）。

A. 正应力最大，剪应力为零　　B. 正应力为零，剪应力最大

C. 正应力和剪应力均最大　　D. 正应力和剪应力均为零

5-6-12 一跨度为l的简支架，若仅承受一个集中力P，当P在梁上任意移动时，梁内产生的最大剪力$Q_{\max}$和最大弯矩$M_{\max}$分别满足（　　）。

A. $Q_{max} \leqslant P$，$M_{max} = Pl/4$

B. $Q_{max} \leqslant P/2$，$M_{max} \leqslant Pl/4$

C. $Q_{max} \leqslant P$，$M_{max} \leqslant Pl/4$

D. $Q_{max} \leqslant P/2$，$M_{max} = Pl/2$

5-6-13 图示梁的剪力等于零的截面位置x之值为（　　）。

A. $5a/6$　　B. $6a/5$　　C. $6a/7$　　D. $7a/6$

5-6-14 梁的横截面形状如图所示，则截面对z轴的抗弯截面模量W_z为（　　）。

A. $(BH^3 - bh^3)/12$　　B. $(BH^2 - bh^2)/6$

C. $(BH^3 - bh^3)/(6H)$　　D. $(BH^3 - bh^3)/(6h)$

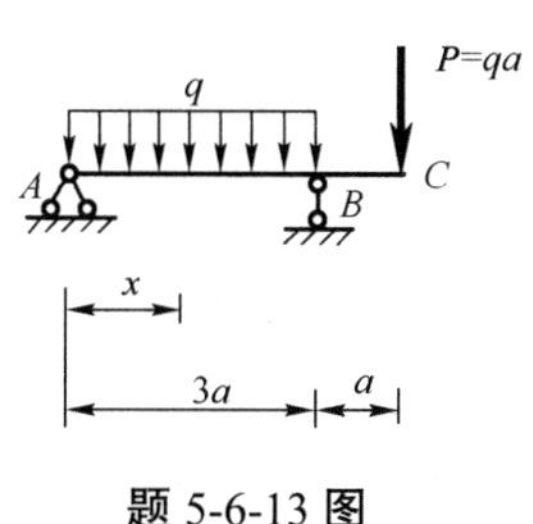

题 5-6-13 图

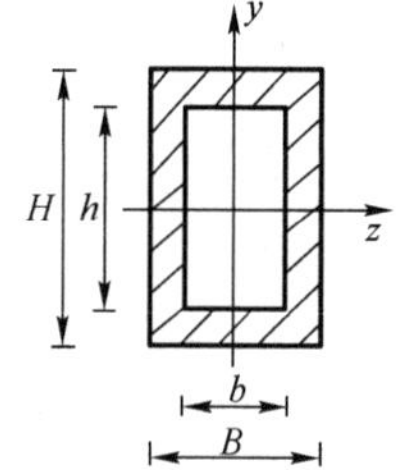

题 5-6-14 图

5-6-15 就正应力强度而言，如图所示的梁，以下列哪个图所示的加载方式最好？（　　）

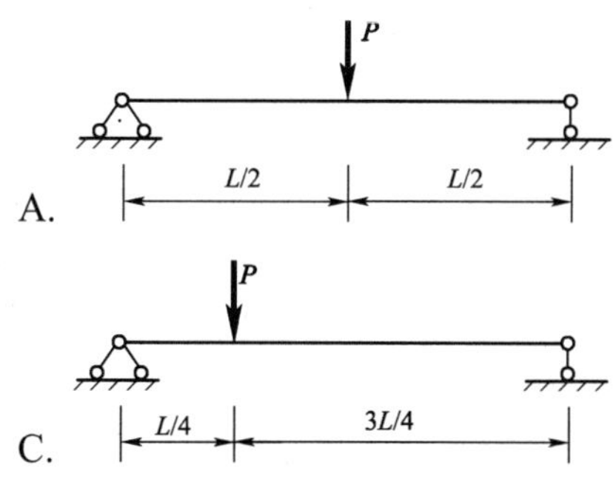

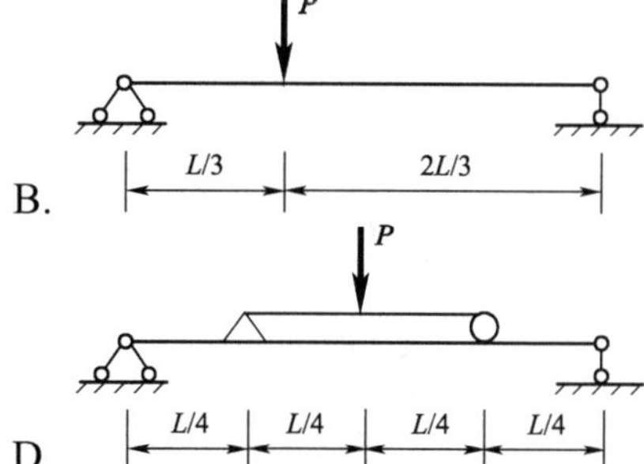

5-6-16 在等直梁平面弯曲的挠曲线上，曲率最大值发生在（　　）的截面上。

A. 挠度最大　　B. 转角最大

C. 弯矩最大　　D. 剪力最大

第七节　应力状态与强度理论

一、点的应力状态及其分类

（1）定义：受力后构件上任一点沿各个不同方向上应力情况的集合，称为一点的应力状态。

（2）单元体选取方法：

①分析构件的外力和支座反力；

②过研究点取横截面，分析其内力；

③确定横截面上该点的σ、τ的大小和方向。

（3）主平面：过某点的无数多个截面中，最大（或最小）正应力所在的平面称为主平面，主平面上剪应力必为零。

（4）主应力：主平面上的最大（或最小）正应力。

（5）点的应力状态分类：对任一点总可找到三对互相垂直的主平面，相应地存在三个互相垂直的主应力，按代数值大小排列为$\sigma_1 \geqslant \sigma_2 \geqslant \sigma_3$。若这三个主应力中，仅一个不为零，则该应力状态称为单向应力状态；如有两个不为零，称为二向应力状态；当三个主应力均不为零时，称为三向应力状态。

二、二向应力状态

（一）斜截面上的应力

平面应力状态如图 5-7-1 所示，设其σ_x、σ_y、τ_x为已知，则任意斜截面（其外法线n与x轴夹角为α）上的正应力和剪应力分别为

$$\left.\begin{aligned}\sigma_\alpha &= (\sigma_x+\sigma_y)/2+\cos 2\alpha(\sigma_x-\sigma_y)/2-\tau_x\sin 2\alpha\\ \tau_\alpha &= \sin 2\alpha(\sigma_x-\sigma_y)/2+\tau_x\cos 2\alpha\end{aligned}\right\} \tag{5-7-1}$$

式（5-7-1）中应力的符号规定为：正应力以拉应力为正，压应力为负；剪应力对单元体内任意点的矩为顺时针者为正，反之为负。α的符号规定为：由x轴转到外法线n为逆时针者为正，反之为负。

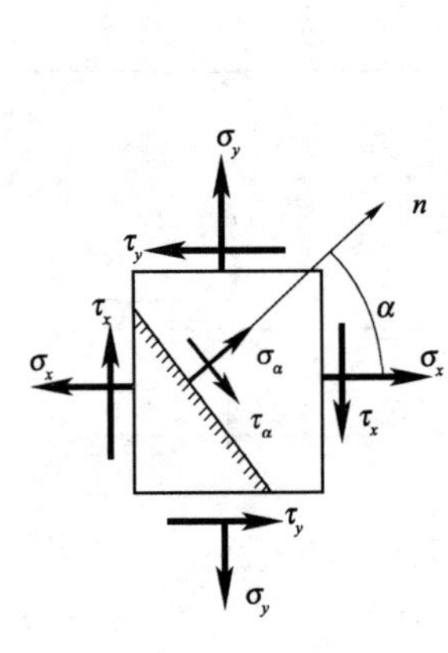

图 5-7-1　平面应力状态单元体

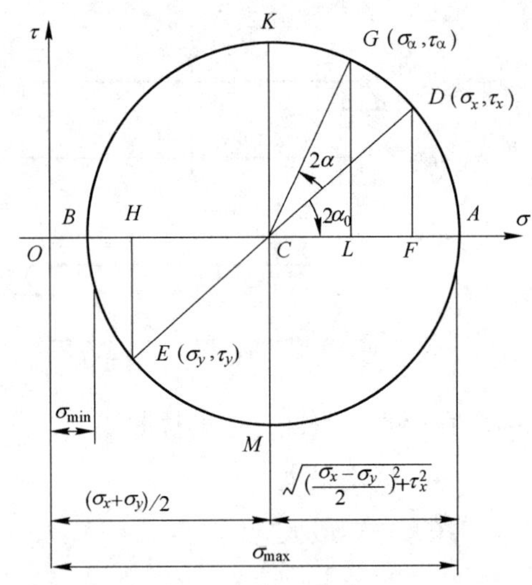

图 5-7-2　应力圆

首先，按下列方法画应力圆，如图 5-7-2 所示。按一定比例尺在σ轴上取横坐标$\overline{OF}=\sigma_x$，在τ轴上取纵坐标$\overline{FD}=\tau_x$，得D点；量取$\overline{OH}=\sigma_y$，$\overline{HE}=\tau_y$，得E点；连接D、E两点的直线，与x轴交于C点（此点即为应力圆的圆心）；以C点为圆心，$\overline{CD}$或$\overline{CE}$为半径作圆，此圆即为应力圆。

然后，以CD为单元体x轴的基准线，沿逆时针方向量 2α角度，画其射线，此射线与应力圆的交点G的横坐标和纵坐标，即为单元体α斜截面上的正应力σ_α和剪应力τ_α。

图解法的步骤可以用 16 个字概括如下：点面对应，先找基准，转向相同，夹角两倍。

（二）主应力、主平面

根据理论推导，平面应力状态（见图 5-7-2）的主应力计算公式为

$$\left.\begin{matrix}\sigma_{\max}\\ \sigma_{\min}\end{matrix}\right\} = \frac{\sigma_x + \sigma_y}{2} \pm \sqrt{\left(\frac{\sigma_x - \sigma_y}{2}\right)^2 + \tau_x^2} \tag{5-7-2}$$

主平面所在截面的方位α_0可由下式确定

$$\tan 2\alpha_0 = \frac{-2\tau_x}{\sigma_x - \sigma_y} \tag{5-7-3}$$

同时满足该式的两个角度α_1和α_3相差 90°，其中α_1和α_3分别对应于主应力α_1和α_3(设$\alpha_2 = 0$,则$\alpha_1 = \sigma_{\max}$，$\alpha_3 = \sigma_{\min}$，否则按代数值排列）。若式（5-7-2）中的负号放在分子上，按$\tan 2\alpha_0$的定义确定$2\alpha_0$的象限，即设$\theta = \arctan\left(\frac{-2\tau_x}{\sigma_x - \sigma_y}\right)$，则$2\alpha_0$分别为$\theta$（第 I 象限），180°$-\theta$（第II象限），180°$+\theta$（第III象限）和$-\theta$（第IV象限），这样得到的$\alpha_0$即为$\alpha_1$的值。

在图 5-7-2 中，$\overline{OA} = \sigma_{\max}$，$\overline{OB} = \sigma_{\min}$，由图可见，在应力圆上$D$点（代表法线为$x$轴的平面）到$A$点所对的圆心角为$2\alpha_0$（顺时针方向），相应地，在单元体上由$x$轴顺时针方向量取$\alpha_0$，就是$\sigma_{\max}$所在平面的法线位置。

【例 5-7-1】 两单元体分别如图 a)、b）所示。关于其主应力和主方向，下面论述中正确的是：

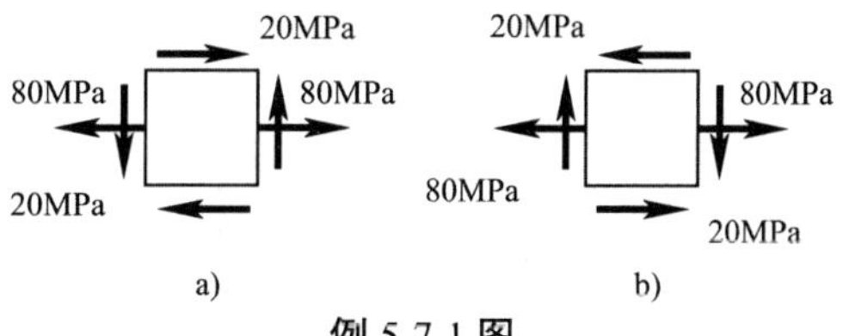

例 5-7-1 图

A. 主应力大小和方向均相同

B. 主应力大小相同，但方向不同

C. 主应力大小和方向均不同

D. 主应力大小不同，但方向均相同

解 图 a)、图 b）两单元体中$\sigma_y = 0$，用解析法公式：

$$\left.\begin{matrix}\sigma_1\\ \sigma_3\end{matrix}\right\} = \frac{\sigma}{2} \pm \sqrt{\left(\frac{\sigma}{2}\right)^2 + \tau^2} = \frac{80}{2} \pm \sqrt{\left(\frac{80}{2}\right)^2 + 20^2} = \begin{matrix}84.72\\ -4.72\end{matrix}\text{MPa}$$

则$\sigma_1 = 84.72$MPa，$\sigma_2 = 0$MPa，$\sigma_3 = -4.72$MPa，两单元体主应力大小相同。

两单元体主应力的方向可以用观察法判断。

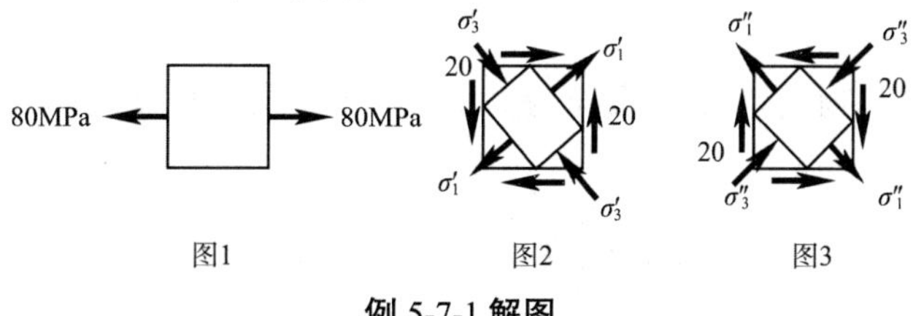

例 5-7-1 解图

图 a）主应力的方向可以看成是解图 1 和图 2 两个单元体主应力方向的叠加，显然主应力σ_1的方向在第一象限。

图 b）主应力的方向可以看成是解图 1 和图 3 两个单元体主应力方向的叠加，显然主应力σ_1的方向在第四象限。

所以两单元体主应力的方向不同。

答案： B

（三）最大（最小）剪应力

图 5-7-2 中应力圆上K、M点的纵坐标即分别为τ_{max}和τ_{min}

$$\begin{matrix}\tau_{max}\\ \tau_{min}\end{matrix} = \pm\sqrt{\left(\frac{\sigma_x-\sigma_y}{2}\right)^2+\tau_x^2} \tag{5-7-4}$$

显然，最大（最小）剪应力所在平面与主平面夹角为 45°。

三、三向应力状态、广义胡克定律

（一）斜截面上应力、最大剪应力

在σ-τ直角坐标系下，代表单元体任何截面上应力的点，必定在由σ_1和σ_2、σ_2和σ_3、σ_3和σ_1所组成的三个应力圆（见图 5-7-3）的圆周上，或由它们所围成的阴影范围内。

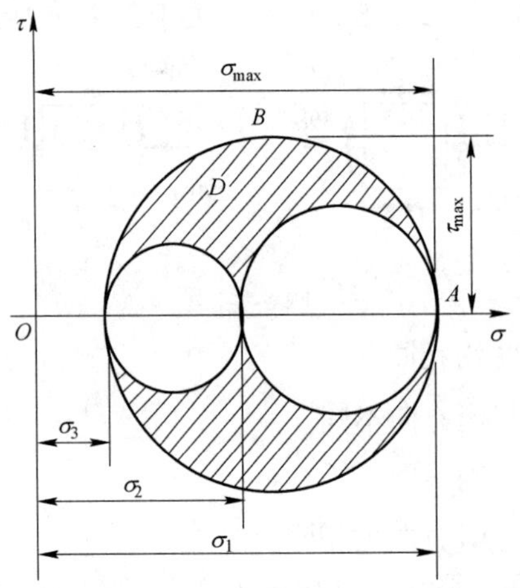

图 5-7-3　三向应力状态的应力圆

理论分析证明了在三向应力状态中，最大剪应力的作用面与最大主应力σ_1和最小主应力σ_3所在平面成 45°，而与σ_2所在平面垂直，其值为

$$\tau_{max} = \frac{\sigma_1-\sigma_3}{2} \tag{5-7-5}$$

（二）广义胡克定律

对各向同性材料，在线弹性范围内，复杂应力状态下的应力与应变之间存在着如下的关系，这种关系称为广义胡克定律，即

$$\left.\begin{aligned}\varepsilon_x &= \frac{1}{E}\left[\sigma_x-\mu\left(\sigma_y+\sigma_z\right)\right]\\ \varepsilon_y &= \frac{1}{E}\left[\sigma_y-\mu\left(\sigma_z+\sigma_x\right)\right]\\ \varepsilon_z &= \frac{1}{E}\left[\sigma_z-\mu\left(\sigma_x+\sigma_y\right)\right]\end{aligned}\right\} \tag{5-7-6}$$

以及

$$\tau_{xy} = G\gamma_{xy}\quad \tau_{yz} = G\gamma_{yz}\quad \tau_{zx} = G\gamma_{zx} \tag{5-7-7}$$

在平面应力状态下，$\sigma_z = 0$，式（5-7-5）成为

$$\left.\begin{aligned}\varepsilon_x &= \frac{1}{E}(\sigma_x - \mu\sigma_y) \\ \varepsilon_y &= \frac{1}{E}(\sigma_y - \mu\sigma_x) \\ \varepsilon_z &= -\frac{\mu}{E}(\sigma_x + \sigma_y)\end{aligned}\right\} \tag{5-7-8}$$

由式（5-7-7）可以反解出

$$\left.\begin{aligned}\sigma_x &= \frac{E}{1-\mu^2}(\varepsilon_x + \mu\varepsilon_y) \\ \sigma_y &= \frac{E}{1-\mu^2}(\varepsilon_y + \mu\varepsilon_x)\end{aligned}\right\} \tag{5-7-9}$$

四、强度理论

强度理论实质上是利用简单拉压的试验结果，建立复杂应力状态下的强度条件的一些假说。这些假说认为，复杂应力状态下的危险准则，是某种决定因素达到单向拉伸时同一因素的极限值。强度理论分为两类：一类是解释材料发生脆性断裂破坏原因的，例如，最大拉应力理论（第一强度理论）和最大伸长线应变理论（第二强度理论）；另一类是解释塑性屈服破坏原因的，例如，最大剪应力理论（第三强度理论）和最大形状改变比能理论（第四强度理论）。这四种常用的强度理论的强度条件为

$$\sigma_{r1} = \sigma_1 \leqslant [\sigma] \tag{5-7-10}$$

$$\sigma_{r2} = \sigma_1 - \mu(\sigma_2 + \sigma_3) \leqslant [\sigma] \tag{5-7-11}$$

$$\sigma_{r3} = \sigma_1 - \sigma_3 \leqslant [\sigma] \tag{5-7-12}$$

$$\sigma_{r4} = \sqrt{\sigma_1^2 + \sigma_2^2 + \sigma_3^2 - \sigma_1\sigma_2 - \sigma_2\sigma_3 - \sigma_3\sigma_1} \leqslant [\sigma] \tag{5-7-13}$$

式中：$\sigma_{ri}(i = 1,2,3,4)$——相当应力；

σ_1、σ_2、σ_3——分别为复杂应力状态下的主应力；

$[\sigma]$——材料单向拉伸的许用应力。

在平面应力状态下（如$\sigma_2 = 0$），第四强度理论可简化为

$$\sigma_{r4} = \sqrt{\sigma_1^2 + \sigma_3^2 - \sigma_1\sigma_3} \leqslant [\sigma] \tag{5-7-14}$$

若平面应力状态如图 5-7-4 所示，即$\sigma_x = \sigma$，$\sigma_y = 0$，$\tau_x = \tau_y = \tau$时

$$\sigma_{r3} = \sqrt{\sigma^2 + 4\tau^2} \leqslant [\sigma] \tag{5-7-15}$$

$$\sigma_{r4} = \sqrt{\sigma^2 + 3\tau^2} \leqslant [\sigma] \tag{5-7-16}$$

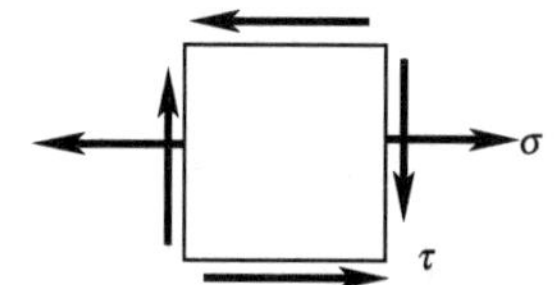

图 5-7-4 $\sigma_y = 0$时的平面应力状态

梁中任一点的应力状态，以及弯扭组合或拉扭组合变形时危险点的应力状态都可以归结为上述情况。

此外，对于抗拉和抗压强度不等的材料，还有根据综合试验结果建立的莫尔强度理论，其强度条件为

$$\sigma_m = \sigma_1 - \frac{[\sigma_t]}{[\sigma_c]}\sigma_3 \leqslant [\sigma_t] \tag{5-7-17}$$

式中：σ_m——莫尔强度理论的相当应力；

$[\sigma_t]$、$[\sigma_c]$——分别为材料的单向拉伸和单向压缩时的许用拉应力和许用压应力。

【例 5-7-2】 已知某点的应力状态如图 a）所示，求该点的主应力大小及方位。

解

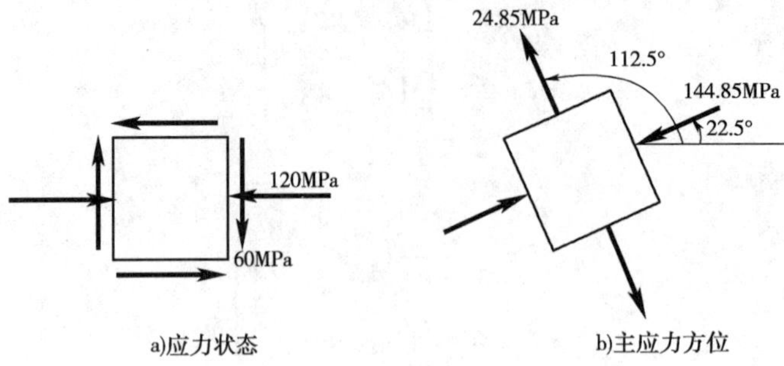

例 5-7-2 图

$$\begin{matrix}\sigma_{\max}\\ \sigma_{\min}\end{matrix}=\frac{\sigma_x+\sigma_y}{2}\pm\sqrt{\left(\frac{\sigma_x-\sigma_y}{2}\right)^2+\tau_x^2}=\frac{-120+0}{2}\pm\sqrt{\left(\frac{-120-0}{2}\right)^2+60^2}=\begin{matrix}24.85\text{MPa}\\ -144.85\text{MPa}\end{matrix}$$

$$\sigma_1=24.85\text{MPa}，\sigma_2=0\text{MPa}，\sigma_3=-144.85\text{MPa}$$

$$\tan 2\alpha_1=\frac{-2\tau_x}{\sigma_x-\sigma_y}=\frac{-2\times 60}{-120-0}=1$$

$$2\alpha_1=180°+45°=225°$$

$$\alpha_1=112.5°，\alpha_3=112.5°-90°=22.5°$$

主应力方位如图 b）所示。

思考：主应力方向位能否用观察法确定。

【例 5-7-3】 按照第三强度理论，图示两种应力状态的危险程度是：

A. 无法判断　　B. 两者相同

C. a）更危险　　D. b）更危险

解　图 a）中：

$\sigma_1=200\text{MPa}，\sigma_2=0，\sigma_3=0$

$\sigma_{r3}^{a}=\sigma_1-\sigma_3=200\text{MPa}$

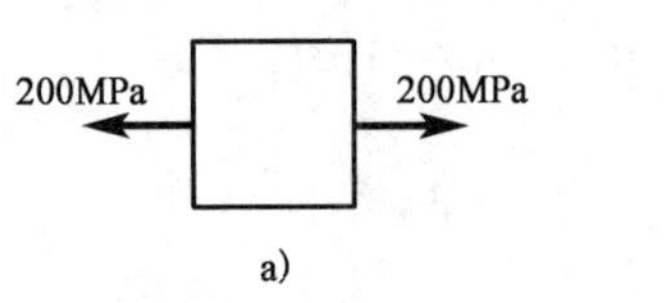

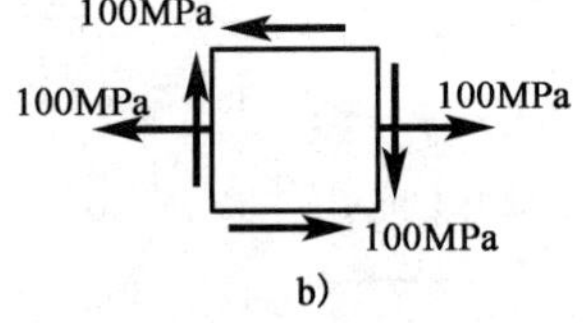

例 5-7-3 图

图 b）中：

$$\sigma_1=\frac{100}{2}+\sqrt{\left(\frac{100}{2}\right)^2+100^2}=161.8\text{MPa}，\sigma_2=0，\sigma_3=\frac{100}{2}-\sqrt{\left(\frac{100}{2}\right)^2+100^2}=-61.8\text{MPa}$$

$\sigma_{r3}^{b}=\sigma_1-\sigma_3=223.6\text{MPa}$

故图 b）更危险。

答案： D

【例 5-7-4】 在图示xy坐标系下，单元体的最大主应力σ_1大致指向：

A. 第一象限，靠近x轴

B. 第一象限，靠近y轴

C. 第二象限，靠近x轴

D. 第二象限，靠近y轴

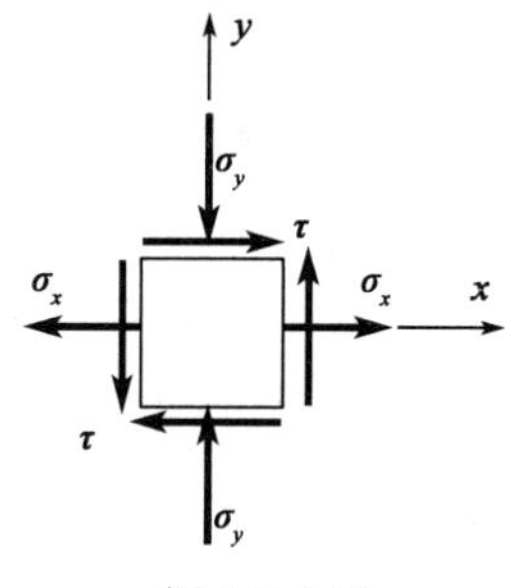

例 5-7-4 图

解　图示单元体的最大主应力σ_1的方向，可以看作是σ_x的方向（沿x轴）和纯剪切单元体的最大拉应力的主方向（在第一象限沿 45°向上），叠加后的合应力的指向。

答案： A

习　题

5-7-1　在图示四种应力状态中，最大切应力值最大的应力状态是（　　）。

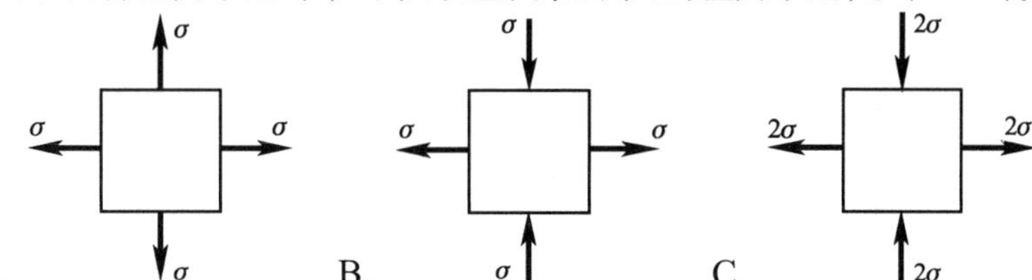

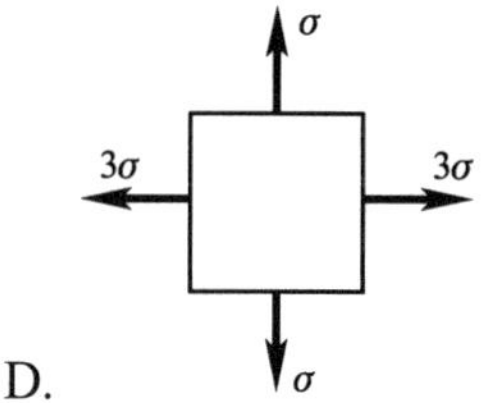

5-7-2　受力体一点处的应力状态如图所示，该点的最大主应力σ_1为（　　）MPa。

A. 70　　B. 10　　C. 40　　D. 50

5-7-3　设受扭圆轴中的最大剪应力为τ，则最大正应力（　　）。

A. 出现在横截面上，其值为τ

B. 出现在 45°斜截面上，其值为 2τ

C. 出现在横截面上，其值为 2τ

D. 出现在 45°斜截面上，其值为τ

5-7-4　图示为三角形单元体，已知ab、ca两斜布的正应力为σ，剪应力为零。在竖直面bc上有（　　）。

A. $\sigma_x = \sigma$，$\tau_{xy} = 0$

B. $\sigma_x = \sigma$，$\tau_{xy} = \sigma\sin 60° - \sigma\sin 45°$

C. $\sigma_x = \sigma\cos 60° + \sigma\cos 45°$，$\tau_{xy} = 0$

D. $\sigma_x = \sigma\cos 60° + \sigma\cos 45°$，$\tau_{xy} = \sigma\sin 60° - \sigma\sin 45°$

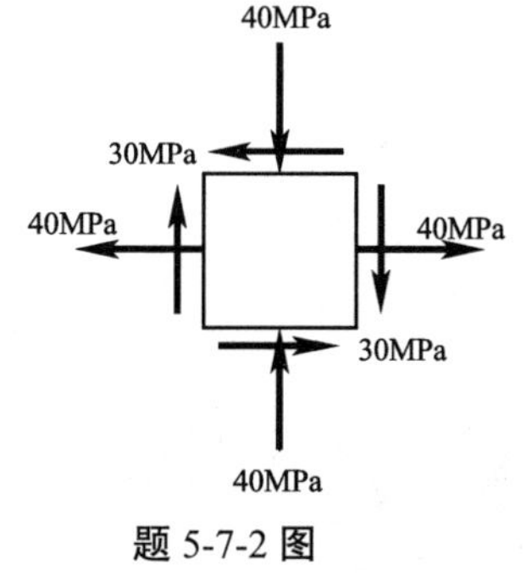

题 5-7-2 图

题 5-7-4 图

5-7-5　四种应力状态分别如图所示，按照第三强度理论，其相当应力最大的是（　　）。

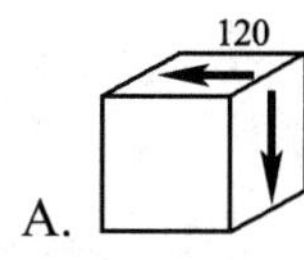

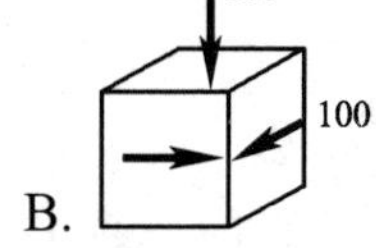

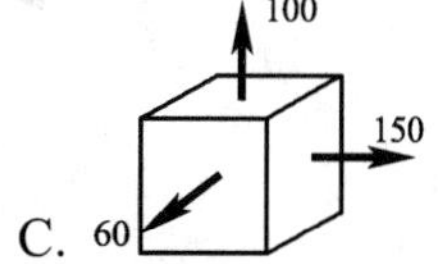

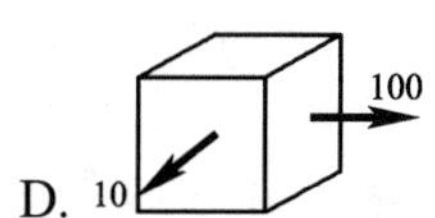

5-7-6　图示为等腰直角三角形单元体，已知两直角边表示的截面上只有剪应力，且等于τ_0，则底边表示的截面上的正应力σ和剪应力τ分别为（　　）。

A. $\sigma = \tau_0$，$\tau = \tau_0$　　　　B. $\sigma = \tau_0$，$\tau = 0$

C. $\sigma = \sqrt{2}\tau_0$，$\tau = \tau_0$　　　　D. $\sigma = \sqrt{2}\tau_0$，$\tau = 0$

5-7-7　单元体的应力状态如图所示，若已知其中一个主应力为 5MPa，则另一个主应力为（　　）MPa。

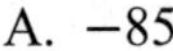

A. −85　　B. 85　　C. −75　　D. 75

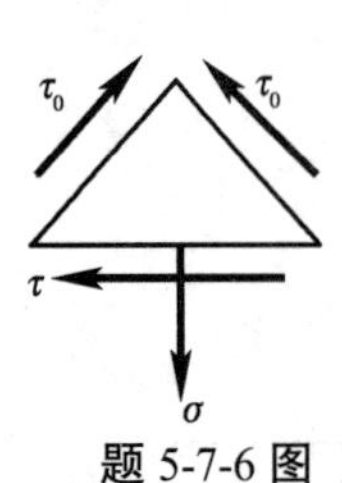

题 5-7-6 图

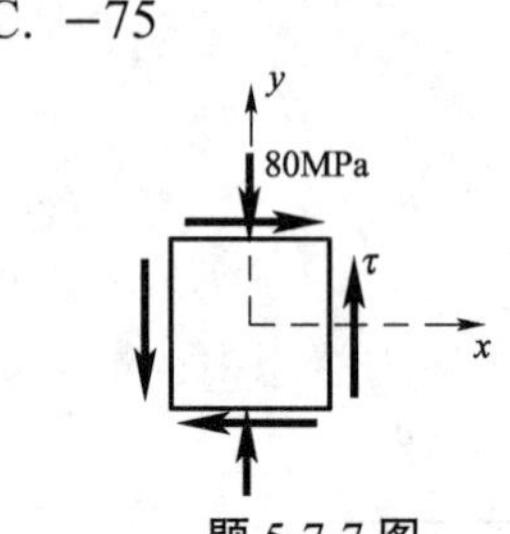

题 5-7-7 图

5-7-8　如图所示悬臂梁，给出了 1、2、3、4 点处的应力状态如图所示，其中应力状态错误的位置点是（　　）。

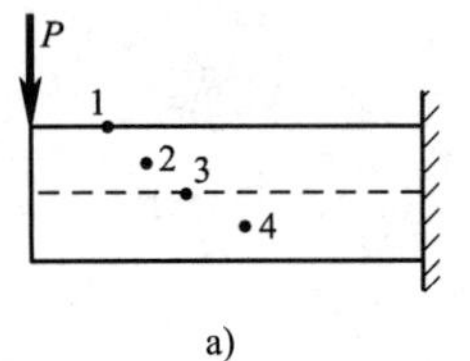

a)

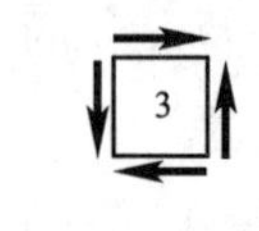

b)

题 5-7-8 图

A. 1 点　　B. 2 点　　C. 3 点　　D. 4 点

5-7-9　单元体的应力状态如图所示，其σ_1的方向（　　）。

A. 在第一、三象限内，且与x轴成小于 45°的夹角

B. 在第一、三象限内，且与y轴成小于 45°的夹角

C. 在第二、四象限内，且与x轴成小于 45°的夹角

D. 在第二、四象限内，且与y轴成小于 45°的夹角

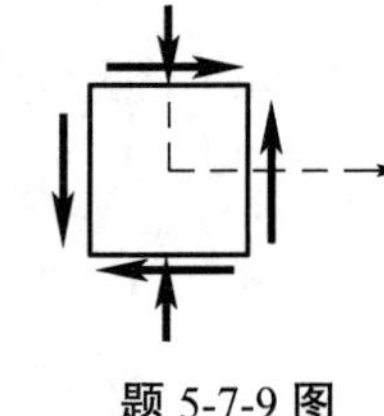

题 5-7-9 图

5-7-10 对于平面应力状态，以下说法正确的是（　　）。

A. 主应力就是最大正应力

B. 主平面上无剪应力

C. 最大剪应力作用的平面上正应力必为零

D. 主应力必不为零

5-7-11 三种平面应力状态如图所示（图中用σ和τ分别表示正应力和剪应力），它们之间的关系是（　　）。

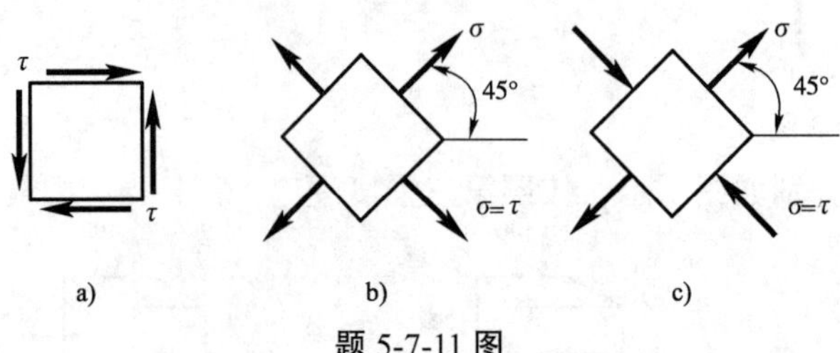

题 5-7-11 图

A. 全部等价　　B. a）与 b）等价　　C. a）与 c）等价　　D. 都不等价

第八节　组 合 变 形

在小变形和材料服从胡克定律的前提下，组合变形问题的解法思路如图 5-8-1 所示。

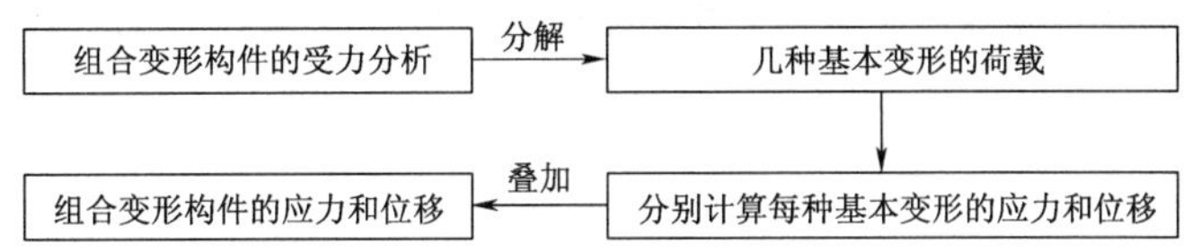

图 5-8-1　组合变形问题的解法思路

一、斜弯曲

当梁上的横向荷载与形心主惯性平面不平行时，梁将发生斜弯曲，其特点为：

（1）斜弯曲可看作两个相互垂直平面内的平面弯曲的叠加。

（2）斜弯曲后，梁的挠曲线所在平面不再与荷载所在平面相重合。

（3）其危险点为单向应力状态，最大正应力为两个方向平面弯曲正应力的代数和。

①对于有棱角的截面，如矩形、工字形、槽形等，危险点在凸角处，具体位置可用观察法确定。其强度条件为

$$\sigma_{\max}=\frac{M_{y\max}}{W_y}+\frac{M_{z\max}}{W_z}\leqslant[\sigma] \tag{5-8-1}$$

式中：$M_{y\max}$、$M_{z\max}$——分别为危险截面上两个表心主惯性平面内的弯矩；

W_y、W_z——分别为截面对y轴、z轴的抗弯截面模量。

②对没有凸角的截面，则必须先确定中性轴的位置，斜弯曲梁的中性轴是一条过截面形心的斜线，其与z轴的夹角α可根据下式确定

$$\tan\alpha=\frac{I_zM_y}{I_yM_z} \tag{5-8-2}$$

式中：M_y、M_z——分别为梁危险截面上两个形心主惯性平面内的弯矩；

I_y、I_z——分别为危险截面对y轴、z轴的惯性矩。

设截面上距中性轴最远的危险点a的坐标为y_a、z_a，则其强度条件为

$$\sigma_{\max}=\frac{M_{y\max}}{I_y}z_a+\frac{M_{z\max}}{I_z}y_a\leqslant[\sigma] \tag{5-8-3}$$

③对圆轴截面（或正多边形截面），因为任一形心轴均为形心主轴，所以最大弯矩的方向即为最大应力的方向，其强度条件为

$$\sigma_{\max}=\frac{M_{\max}}{W}=\frac{32\sqrt{M_y^2+M_z^2}}{\pi d^3}\leqslant[\sigma] \tag{5-8-4}$$

二、拉（压）弯组合变形

当构件同时受到轴向力和横向力作用，或构件上仅作用有轴向力，但其作用线未与轴线重合，即偏心拉伸（压缩）时，都会产生拉（压）弯组合变形。其强度条件都可用式（5-8-5）表示

$$\begin{matrix}\sigma_{\text{tmax}} \\ \sigma_{\text{cmax}}\end{matrix} = \frac{N}{A} \pm \frac{M_y}{W_y} \pm \frac{M_z}{W_z} \leqslant \begin{matrix}[\sigma_{\text{t}}] \\ [\sigma_{\text{c}}]\end{matrix} \tag{5-8-5}$$

式中：N、M_y、M_z——分别为危险截面上的轴力、弯矩；

$[\sigma_{\text{t}}]$、$[\sigma_{\text{c}}]$——分别为材料的许用拉应力、许用压应力。

其危险点在危险截面的上、下边缘，为单向应力状态，最大拉应力和最大压应力为轴向拉压正应力和两个方向平面弯曲正应力的代数和。式（5-8-5）中各项的正负号可由观察法确定。

对于有棱角的截面，危险点在凸角处；对没有凸角的截面，则必须先确定中性轴的位置。偏心压缩构件危险截面上的中性轴是一条不通过截面形心的斜直线，它在y轴、z轴上的截距分别为

$$a_y = -\frac{i_z^2}{y_{\text{P}}}；\ a_z = -\frac{i_y^2}{z_{\text{P}}} \tag{5-8-6}$$

式中：i_z、i_y——分别为截面对z轴、y轴的惯性半径；

z_{P}、y_{P}——分别为轴向力P的作用点距y轴、z轴的偏心距。

【例 5-8-1】 图示矩形截面受压杆，杆的中间段右侧有一槽，如图 a）所示，若在杆的左侧，即槽的对称位置也挖出同样的槽（见图 b），则图 b）杆的最大压应力是图 a）最大压应力的：

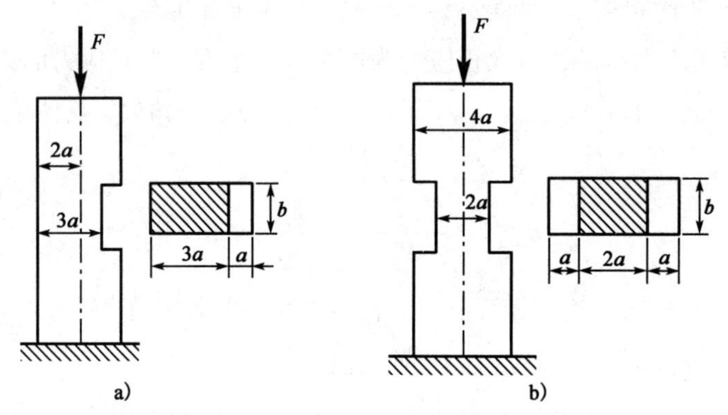

例 5-8-1 图

A. 3/4　　B. 4/3　　C. 3/2　　D. 2/3

解　题图 a）是偏心受压，在中间段危险截面上，外力作用点O与被削弱的截面形心C之间的偏心距$e = a/2$（见解图），产生的附加弯矩$M = F \cdot a/2$，故题图 a）中的最大应力：

$$\sigma_{\text{a}} = -\frac{F_{\text{N}}}{A_{\text{a}}} - \frac{M}{W} = -\frac{F}{3ab} - \frac{F\frac{a}{2}}{\frac{b}{6}(3a)^2} = -\frac{2F}{3ab}$$

例 5-8-1 解图

题图 b）虽然截面面积小，但却是轴向压缩，其最大压应力：

$$\sigma_{\text{b}} = -\frac{F_{\text{N}}}{A_{\text{b}}} = -\frac{F}{2ab}$$

故$\sigma_{\text{b}}/\sigma_{\text{a}} = 3/4$

答案： A

【例 5-8-2】 图示正方形截面杆AB，力F作用在xOy平面内，与x轴夹角α，杆距离B端为a的横截面上最大正应力在$\alpha = 45°$时的值是$\alpha = 0$时值的：

A. $7\sqrt{2}/2$倍　　B. $3\sqrt{2}$倍　　C. $5\sqrt{2}/2$倍　　D. $\sqrt{2}$倍

解　当$\alpha = 0°$时，杆是轴向受位：

$$\sigma_{max}^{0°}=\frac{F_N}{A}=\frac{F}{a^2}$$

当$\alpha=45°$时，杆是轴向受拉与弯曲组合变形：

$$\sigma_{max}^{45°}=\frac{F_N}{A}+\frac{M_g}{W_g}=\frac{\frac{\sqrt{2}}{2}F}{a^2}+\frac{\frac{\sqrt{2}}{2}F\cdot a}{\frac{a^3}{6}}=\frac{7\sqrt{2}}{2}\frac{F}{a^2}$$

可得

$$\frac{\sigma_{max}^{45°}}{\sigma_{max}^{0°}}=\frac{\frac{7\sqrt{2}}{2}\frac{F}{a^2}}{\frac{F}{a^2}}=\frac{7\sqrt{2}}{2}$$

答案： A

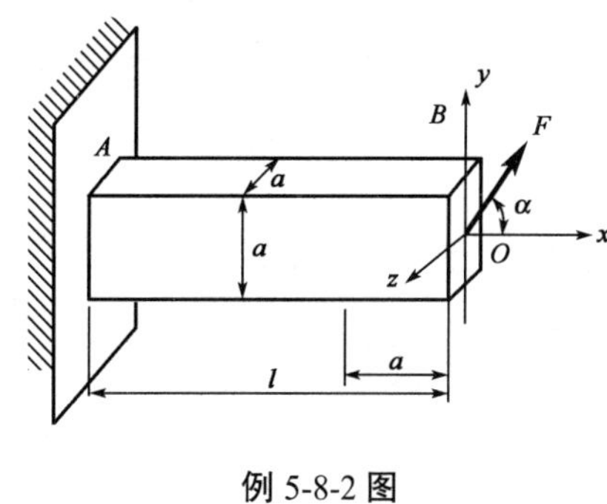

例 5-8-2 图

三、弯扭组合变形

弯扭组合变形（或拉压、弯、扭组合变形）时的危险截面是最大弯矩M_{max}（或最大轴力N_{max}）与最大扭矩同时作用的截面，危险点是σ_{max}（弯曲正应力或拉压应力）和τ_{max}（扭转剪应力）同时作用的点。该点属复杂应力状态，因此其第三和第四强度理论的强度条件仍可由式（5-7-15）、式（5-7-16）来表示

$$\sigma_{r3}=\sqrt{\sigma^2+4\tau^2}$$

$$\sigma_{r4}=\sqrt{\sigma^2+3\tau^2}$$

式中：σ、τ——分别在危险点处的最大弯曲（或拉压）正应力、最大扭转剪应力。

对于圆截面杆，在弯扭组合变形时，可以用下式计算

$$\sigma_{r3}=\frac{\sqrt{M^2+T^2}}{W}\leqslant[\sigma] \tag{5-8-7}$$

其中
$$W=\frac{\pi d^3}{32}；\ \sigma_{r4}=\frac{\sqrt{M^2+0.75T^2}}{W}\leqslant[\sigma] \tag{5-8-8}$$

式中：M——危险截面上的弯矩或合成弯矩，$M=\sqrt{M_y^2+M_z^2}$；

T——危险截面上的扭矩；

W——抗弯截面系数。

习 题

5-8-1 矩形截面杆AB，A端固定，B端自由，B端右下角处承受力与轴线平行的集中力F（见图），杆的最大正应力是（ ）。

A. $\sigma=3F/(bh)$ B. $\sigma=4F/(bh)$ C. $\sigma=7F/(bh)$ D. $\sigma=13F/(bh)$

5-8-2 图示圆轴固定端最上缘A点的单元体的应力状态是（ ）。

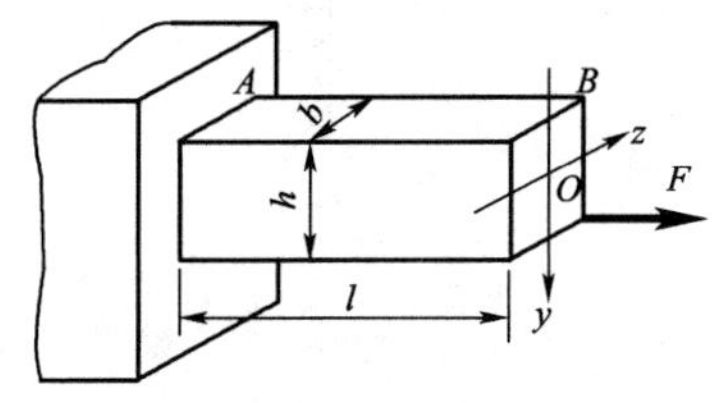

题 5-8-1 图

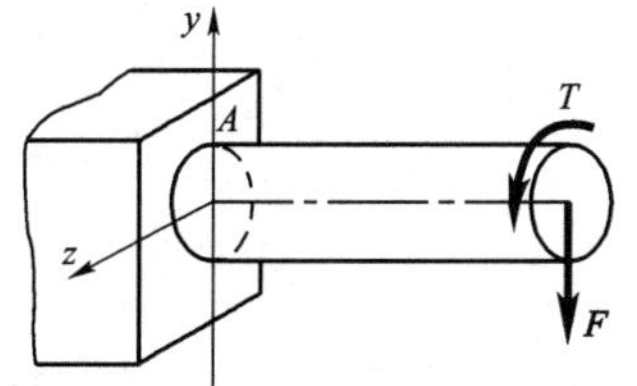

题 5-8-2 图

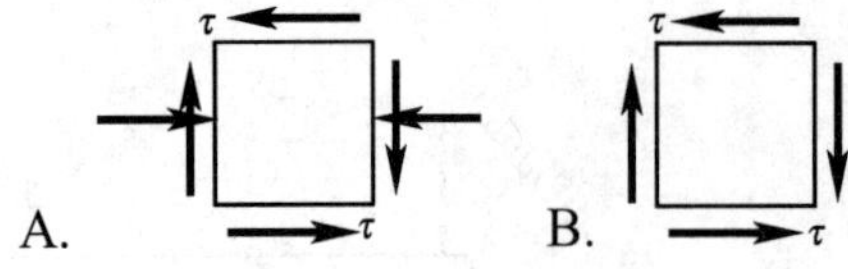

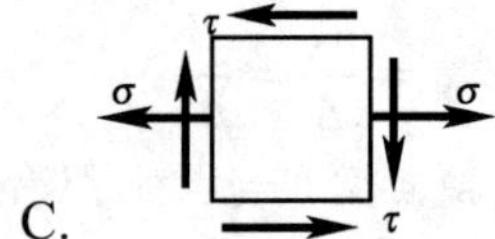

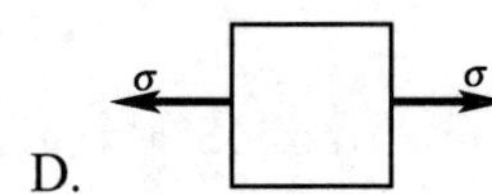

5-8-3 图示为T形截面杆，一端固定、一端自由，自由端的集中力F作用在截面的左下角点，并与杆件的轴线平行。该杆发生的变形为（　　）。

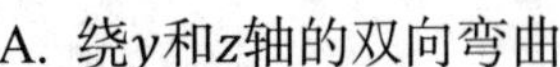

A. 绕y和z轴的双向弯曲

B. 轴向拉伸和绕y、z轴的双向弯曲

C. 轴向拉伸和绕z轴弯曲

D. 轴向拉伸和绕y轴弯曲

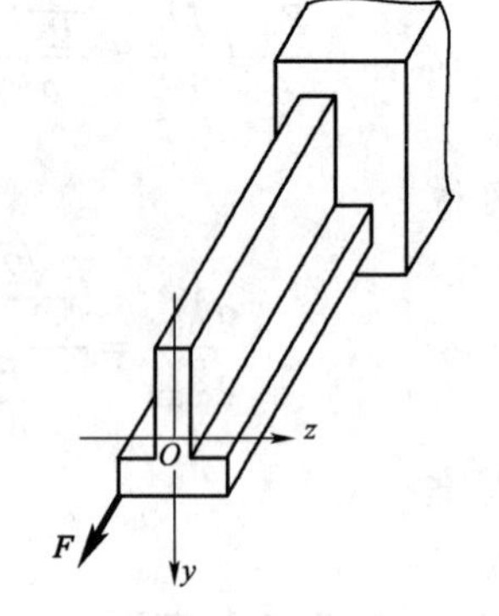

题 5-8-3 图

5-8-4 图示圆轴，在自由端圆周边界承受竖直向下的集中力F，按第三强度理论，危险截面的相当力σ_{r3}为（　　）。

A. $\sigma_{r3}=\frac{16}{\pi d^3}\sqrt{(FL)^2+4\left(\frac{Fd}{2}\right)^2}$

B. $\sigma_{r3}=\frac{16}{\pi d^3}\sqrt{(FL)^2+\left(\frac{Fd}{2}\right)^2}$

C. $\sigma_{r3}=\frac{32}{\pi d^3}\sqrt{(FL)^2+4\left(\frac{Fd}{2}\right)^2}$

D. $\sigma_{r3}=\frac{32}{\pi d^3}\sqrt{(FL)^2+\left(\frac{Fd}{2}\right)^2}$

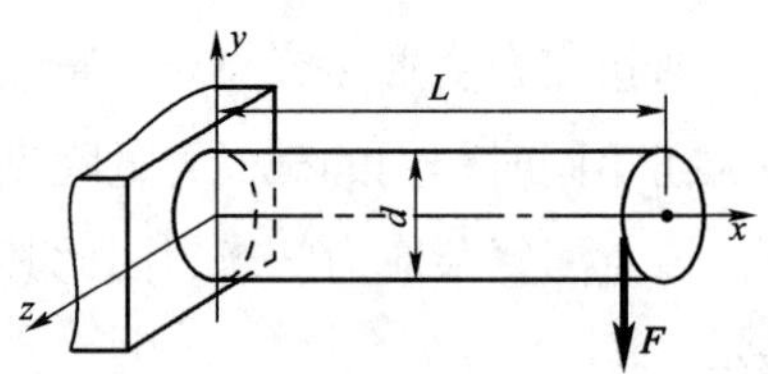

题 5-8-4 图

5-8-5 图示为正方形截面等直杆，抗弯截面模量为W，在危险截面上，弯矩为M，扭矩为M_n，A点处有最大正应力σ和最大剪应力τ。若材料为低碳钢，则其强度条件为（　　）。

A. $\sigma\leqslant[\sigma],\tau\leqslant[\tau]$

B. $\frac{1}{W}\sqrt{M^2+M_n^2}\leqslant[\sigma]$

C. $\frac{1}{W}\sqrt{M^2+0.75M_n^2}\leqslant[\sigma]$

D. $\sqrt{\sigma^2+4\tau^2}\leqslant[\sigma]$

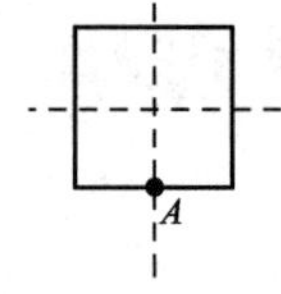

题 5-8-5 图

5-8-6 工字形截面梁在图示荷载作用下，截面m-m上的正应力分布为（　　）。

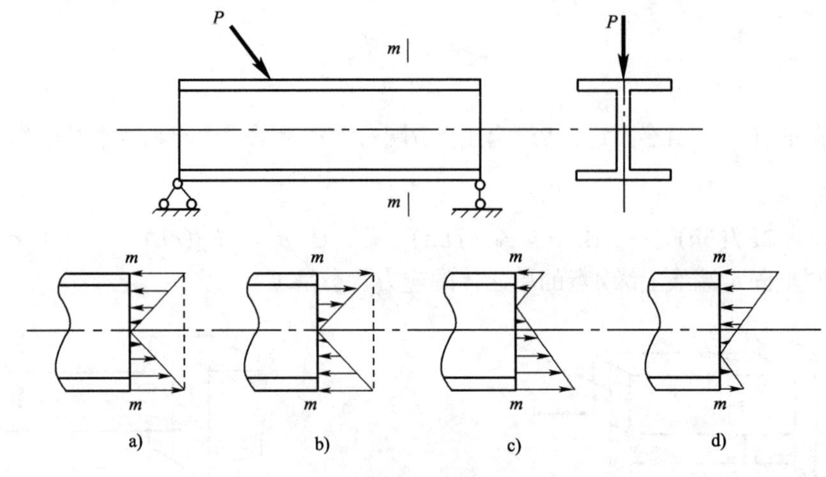

题 5-8-6 图

A. 图 a）　　B. 图 b）　　C. 图 c）　　D. 图 d）

5-8-7　矩形截面杆的截面宽度沿杆长不变，杆的中段高度为2α，左、右段高度为3α，在图示三角形分布荷载作用下，杆的截面m-m和截面n-n分别发生（　　）。

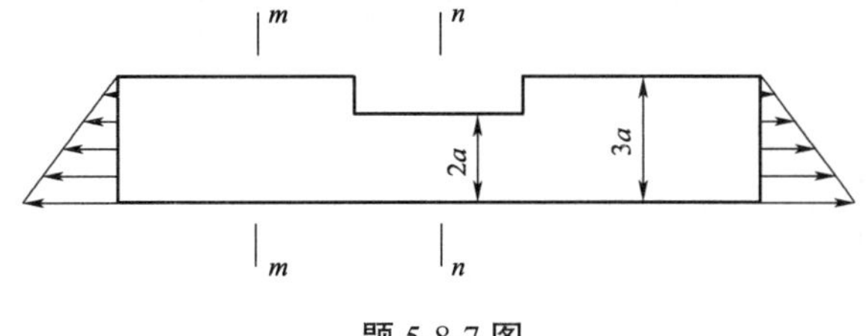

题 5-8-7 图

A. 单向拉伸、拉弯组合变形　　B. 单向拉伸、单向拉伸变形

C. 拉弯组合、单向拉伸变形　　D. 拉弯组合、拉弯组合变形

5-8-8　一正方形截面短粗立柱（图 a），若将其底面加宽 1 倍（图 b），原厚度不变，则该立柱的强度（　　）。

A. 提高 1 倍　　B. 提高不到 1 倍

C. 不变　　D. 降低

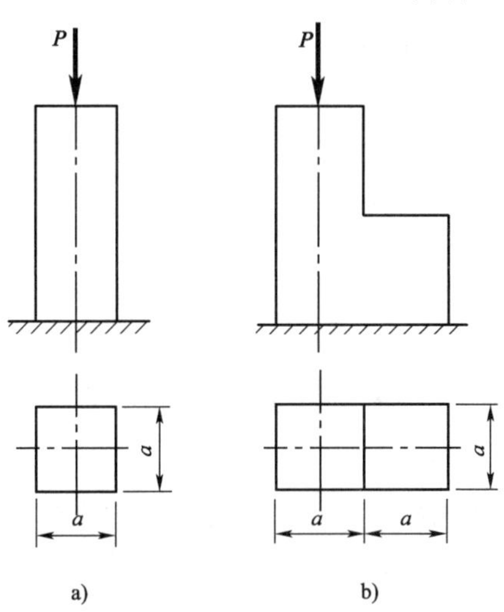

题 5-8-8 图

5-8-9　图示应力状态为其危险点的应力状态，则杆件为（　　）。

A. 斜弯曲变形　　B. 偏心拉弯变形

C. 拉弯组合变形　　D. 弯扭组合变形

5-8-10 折杆受力如图所示，以下结论中错误的为（　　）。

A. 点B和D处于纯剪状态

B. 点A和C处为二向应力状态，两点处$\sigma_1 > 0$，$\sigma_2 = 0$，$\sigma_3 < 0$

C. 按照第三强度理论，点A及C比点B及D危险

D. 点A及C的最大主应力σ_1数值相同

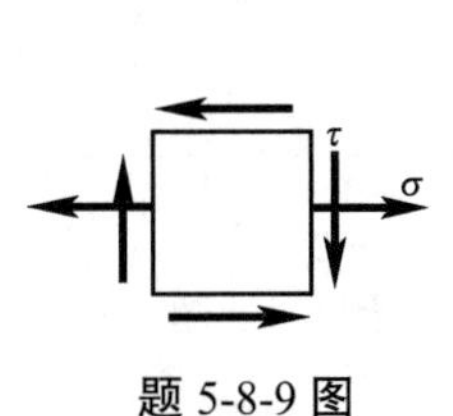

题 5-8-9 图

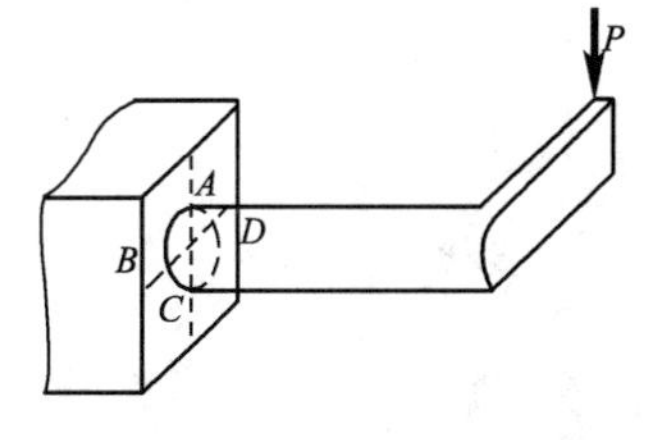

题 5-8-10 图

第九节　压杆稳定

一、细长压杆的临界力——欧拉公式

欧拉公式如下

$$P_{cr}=\frac{\pi^2 EI}{(\mu l)^2} \tag{5-9-1}$$

式中：P_{cr}——压杆的临界力；

E——压杆材料的弹性模量；

I——截面的主惯性矩；

μ——长度系数；

μl——压杆失稳时挠曲线中一个“半波正弦曲线”的长度，称为相当长度，此相当长度等于压杆失稳时挠曲线上两个弯矩零点之间的长度。

常用的四种杆端约束压杆的长度系数μ：

（1）一端固定、一端自由，$\mu=2$；

（2）两端铰支，$\mu=1$；

（3）一端固定、一端铰支，$\mu=0.7$；

（4）两端固定，$\mu=0.5$。

工程实际中压杆的杆端约束往往比较复杂，不能简单地将它归于哪一类，要对其做具体分析，从而定出与实际较接近的μ值。

【例 5-9-1】图示细长压杆AB的A端自由，B端固定在简支梁上。该压杆的长度系数μ是：

A. $\mu>2$　　B. $2>\mu>1$　　C. $1>\mu>0.7$　　D. $0.7>\mu>0.5$

解　杆端约束越弱，μ越大，在两端固定（μ=0.5），一端固定、一端铰支（μ=0.7），两端铰支（μ=1）和一端固定、一端自由（μ=2）这四种杆端约束中，一端固定、一端自由的约束最弱，μ最大。而图示细长压杆AB一端自由、一端固定在简支梁上，其杆端约束比一端固定、一端自由（μ=2）时更弱，故μ比2更大。

答案：A

【例 5-9-2】一端固定另端自由的细长（大柔度）压杆，长度为L（图 a），当杆的长度减少一半时（图 b），其临界载荷是原来的：

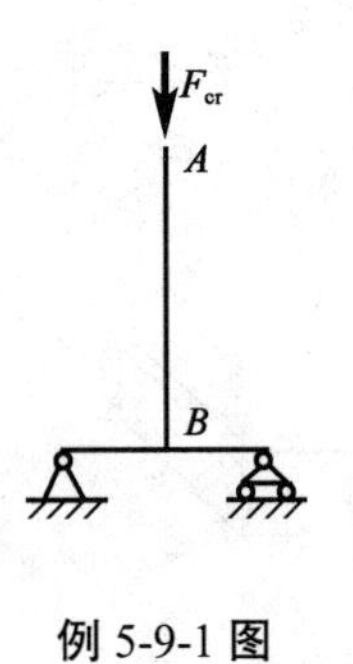

例 5-9-1 图

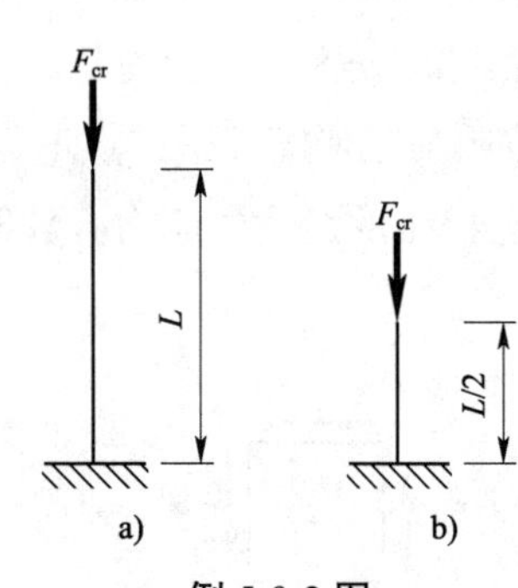

例 5-9-2 图

A. 4倍　　B. 3倍　　C. 2倍　　D. 1倍

解 由一端固定、另端自由的细长压杆的临界力计算公式$F_{cr}=\frac{\pi^2EI}{(2l)^2}$，可知$F_{cr}$与$L^2$成反比。故有：

$$F_{cr1}=\frac{\pi^2EI}{\left(2\cdot\frac{L}{2}\right)^2}=4\frac{\pi^2EI}{(2L)^2}=4F_{cr}$$

答案： A

二、临界应力、柔度、欧拉公式的适用范围

（一）临界应力、柔度

$$\sigma_{cr}=\frac{P_{cr}}{A}=\frac{\pi^2EI}{(\mu l)^2A}=\frac{\pi^2Ei^2}{(\mu l)^2}=\frac{\pi^2E}{\left(\frac{\mu l}{i}\right)^2}=\frac{\pi^2E}{\lambda^2} \tag{5-9-2}$$

其中$i=\sqrt{\frac{I}{A}}$，$\lambda=\frac{\mu l}{i}$

式中：i——惯性半径，它是反映截面形状和尺寸的一个几何量；

λ——压杆的柔度，又称为长细比，它是一个无量纲量，综合地反映了杆长、杆端约束以及截面形状和尺寸对临界应力的影响。

可见，柔度λ是一个极其重要的量。

（二）临界应力总图、欧拉公式的适用范围

根据压杆的柔度值可将所有压杆分为三类：$\lambda \geqslant \lambda_p$的压杆为细长杆或大柔度杆，其临界应力可按欧拉公式计算；$\lambda_s<\lambda<\lambda_p$的压杆为中长杆或中柔度杆，其临界应力可按经验公式$\sigma_{cr}=a-b\lambda$计算；$\lambda \leqslant \lambda_s$的压杆则为短杆或小柔度杆，应按强度问题处理，用$\sigma_{cr}=\sigma_s$来计算其临界应力。图5-9-1 表示出这三种压杆的临界应力σ_{cr}随柔度λ的变化关系，称为临界应力总图，由图 5-9-1 中可以看到欧拉公式的使用条件是$\sigma_{cr}=\frac{\pi^2E}{\lambda^2}\leqslant\sigma_p$，亦即

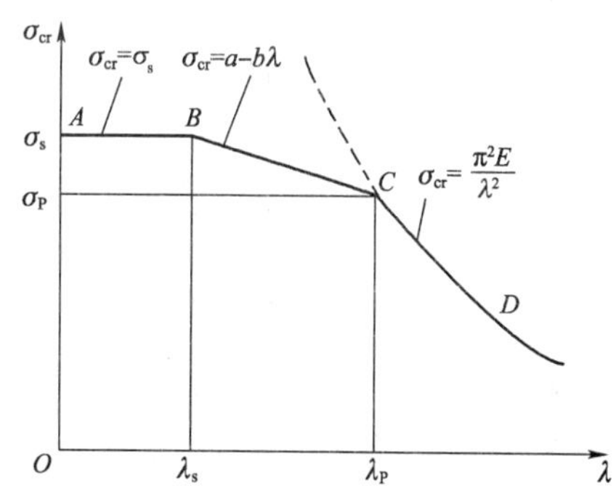

图 5-9-1 压杆临界应力总图

$$\lambda \geqslant \sqrt{\frac{\pi^2E}{\sigma_p}}=\lambda_p \tag{5-9-3}$$

中长杆与短杆的柔度分界值为（a、b是由试验得到的材料常数）

$$\lambda_s=\frac{a-\sigma_s}{b} \tag{5-9-4}$$

三、压杆的稳定计算

（一）安全系数法

$$P \leqslant \frac{P_{cr}}{[n_{st}]} \quad 或 \quad n_{st}=\frac{P_{cr}}{P}\geqslant[n_{st}] \tag{5-9-5}$$

式中：P——压杆所受的实际轴向压力；

P_{cr}——压杆的临界力；

n_{st}——压杆的工作稳定安全系数；

$[n_{st}]$——规定的稳定安全系数。

（二）折减系数法（土建结构规范中常用）

$$\sigma = \frac{P}{A} \leqslant [\sigma_{st}] = \varphi[\sigma] \quad 或 \quad \frac{P}{\varphi A} \leqslant [\sigma] \tag{5-9-6}$$

式中：$[\sigma]$——强度许用应力；

A——压杆横截面面积；

$[\sigma_{st}]$——稳定许用应力；

φ——$[\sigma_{st}]$与$[\sigma]$的比值，称为折减系数，是一个小于1的系数，其值可根据有关材料的φ-λ关系曲线或折减系数表查得，或由经验公式算得。

对折减系数表中没有的非整数λ所对应值的φ值，可用线性插值公式计算

$$\varphi = \varphi_1 - \frac{\lambda - \lambda_1}{\lambda_2 - \lambda_1}(\varphi_1 - \varphi_2) \tag{5-9-7}$$

式中：λ_1、λ_2——整数的柔度；

φ_1、φ_2——分别为λ_1、λ_2所对应的折减系数。

利用式（5-9-5）、式（5-9-6）两个稳定条件，除了可用来对压杆的稳定性进行校核，确定压杆的允许荷载外，还可用试算法确定压杆的截面尺寸。

若压杆横截面上两个形心主惯性轴方向μ和i各不相同，则应用公式$\lambda = \mu l / i$分别计算λ_y和λ_z，求出最大柔度λ_{max}作为计算的依据。

四、提高压杆稳定性的措施

（1）减小压杆长度l，或在压杆的中间增加支承。

（2）改善杆端约束，使长度系数μ值减小。

（3）选择合理的截面形状：

①使材料的分布尽量远离截面的形心，以增大惯性矩I；

②尽可能使压杆在两个形心主惯性平面内有相等或相近的稳定性，即$\lambda_z \approx \lambda_y$。

（4）合理选用材料。

对大柔度杆，在弹性模量E值相同或相近的材料中，没有必要选用高强度钢。对中柔度杆和小柔度杆，选用高强度钢能提高其稳定性。

习 题

5-9-1 图示三根压杆均为细长（大柔度），且弯曲刚度均为EI。三根压杆的临界荷载F_{cr}的关系为（　　）。

A. $F_{cra} > F_{crb} > F_{crc}$　　B. $F_{crb} > F_{cra} > F_{crc}$

C. $F_{crc} > F_{cra} > F_{crb}$　　D. $F_{crb} > F_{crc} > F_{cra}$

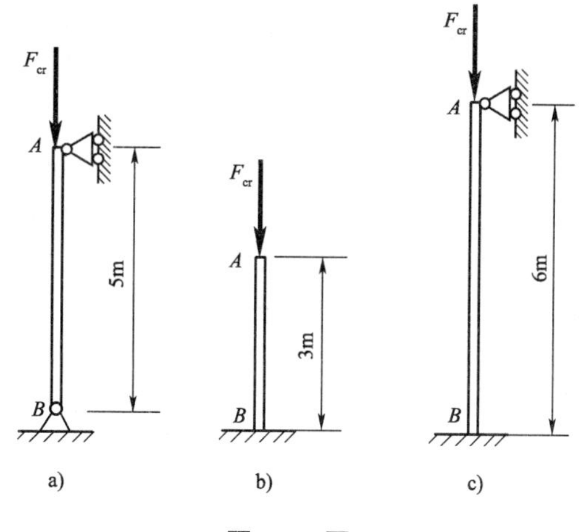

题 5-9-1 图

5-9-2　两根安全相同的细长（大柔度）压杆AB和CD如图所示，杆的下端为固定铰链约束，上端与刚性水平杆固结。两杆的弯曲刚度均为EI，其临界荷载F_a为（　　）。

A. $2.04 \times \pi^2 EI/L^2$　　B. $4.08 \times \pi^2 EI/L^2$

C. $8 \times \pi^2 EI/L^2$　　D. $2 \times \pi^2 EI/L^2$

5-9-3　圆截面细长压杆的材料和杆端约束保持不变，若将其直径缩小一半，则压杆的临界压力的原压杆的（　　）。

A. 1/2　　B. 1/4　　C. 1/8　　D. 1/16

5-9-4　压杆下端固定，上端与水平弹簧相连，如图所示，该杆长度系数μ值为（　　）。

A. $\mu < 0.5$　　B. $0.5 < \mu < 0.7$

C. $0.7 < \mu < 2$　　D. $\mu > 2$

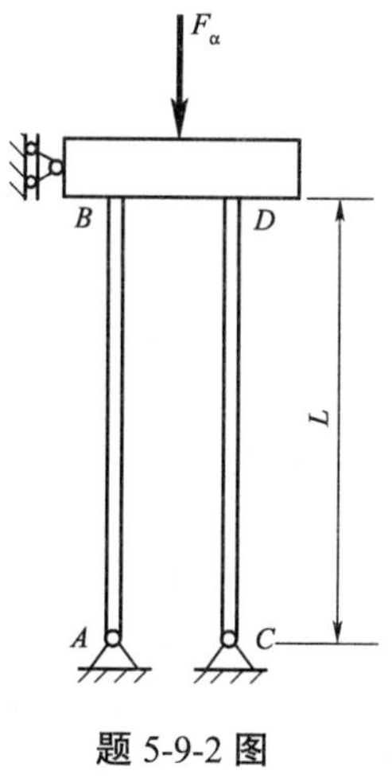

题 5-9-2 图

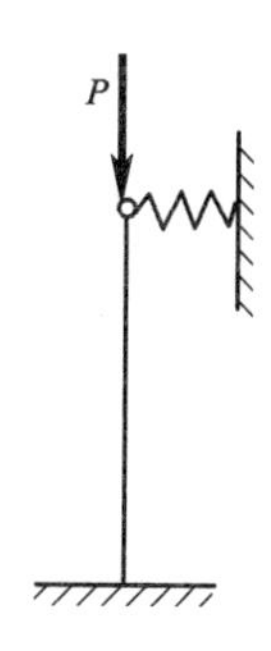

题 5-9-4 图

5-9-5　压杆失稳是指压杆在轴向压力作用下（　　）。

A. 局部横截面的面积迅速变化

B. 危险截面发生屈服或断裂

C. 不能维持平衡状态而突然发生运动

D. 不能维持直线平衡状态而突然变弯

5-9-6　假设图示三个受压结构失稳时临界压力分别为P_{cr}^{a}、P_{cr}^{b}、P_{cr}^{c}，比较三者的大小，则（　　）。

A. P_{cr}^{a}最小　　B. P_{cr}^{b}最小　　C. P_{cr}^{c}最小　　D. $P_{cr}^{a} = P_{cr}^{b} = P_{cr}^{c}$

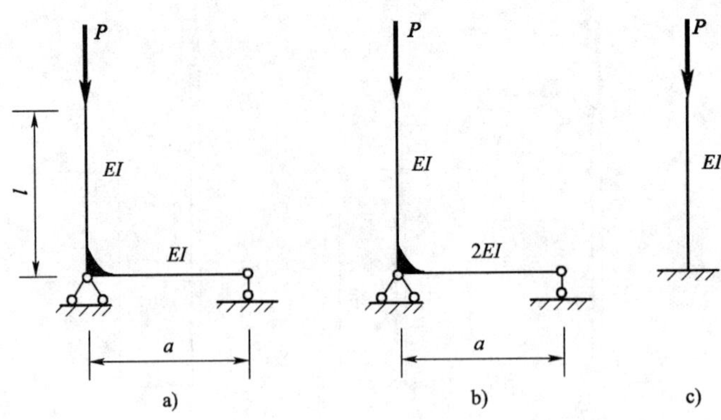

题 5-9-6 图

5-9-7　图示两端铰支压杆的截面为矩形，当其失稳时，(　　)。

A. 临界压力$P_{cr}=\pi^2EI_y/l^2$，挠曲线位于xy面内

B. 临界压力$P_{cr}=\pi^2EI_y/l^2$，挠曲线位于xz面内

C. 临界压力$P_{cr}=\pi^2EI_z/l^2$，挠曲线位于xy面内

D. 临界压力$P_{cr}=\pi^2EI_z/l^2$，挠曲线位于xz面内

5-9-8　在材料相同的条件下，随着柔度的增大(　　)。

A. 细长杆的临界应力是减小的，中长杆不是

B. 中长杆的临界应力是减小的，细长杆不是

C. 细长杆和中长杆的临界应力均是减小的

D. 细长杆和中长杆的临界应力均不是减小的

5-9-9　如图所示，一端固定，一端为球形铰的大柔度压杆，横截面为矩形，则该杆临界力P_{cr}为(　　)。

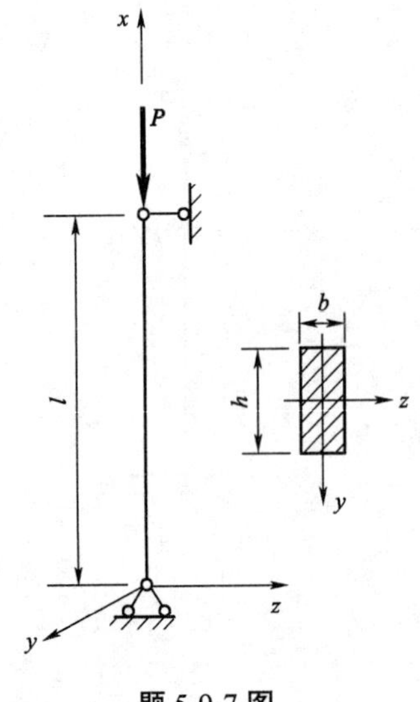

题 5-9-7 图

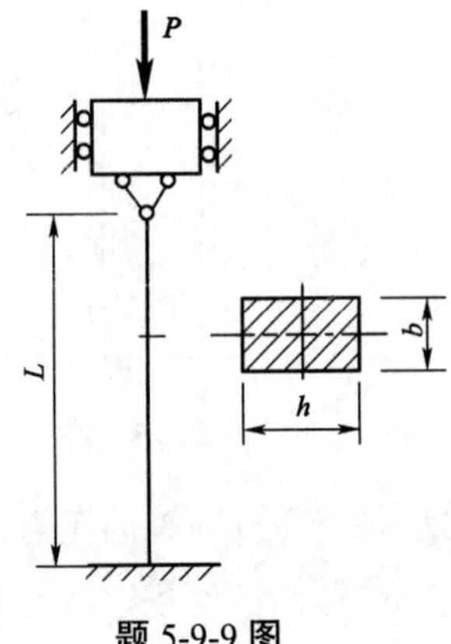

题 5-9-9 图

A. $1.68Ebh^3/L^2$　　　　B. $3.29Ebh^3/L^2$

C. $1.68Eb^3h/L^2$　　　　D. $0.82Eb^3h/L^2$

习题题解及参考答案

第一节

5-1-1 **解：** 低碳钢拉伸试验时的应力—应变曲线如图 5-1-3 所示。当材料拉伸到强化阶段（ce段）后，卸除荷载时，应力和应变按直线规律变化，如图 5-1-3 中直线dd'。当再次加载时，沿$d'd$直线上升，材料的比例极限提高到d而塑性减少，此现象称为冷作硬化。

答案： C

第二节

5-2-1 **解：** 用直接法求轴力，可得左段轴力为−3kN，而右段轴力为 5kN。

答案： B

5-2-2 **解：** 由于A是斜截面m-m的面积，轴向拉力P沿斜截面是均匀分布的，所以$\sigma = P/A$应为斜截面上沿轴线方向的总应力，而不是垂直于斜截面的正应力。

答案： C

5-2-3 **解：** $\Delta l_1 = \frac{F_{\mathrm{N}} l}{EA_1} l$，$\Delta l_2 = \frac{F_{\mathrm{N}} l}{EA_2}$

因为$A_1 > A_2$，所以$\Delta l_1 < \Delta l_2$。又

$$\varepsilon_1 = \frac{\Delta l_1}{l}，\ \varepsilon_2 = \frac{\Delta l_2}{l}$$

故$\varepsilon_1 < \varepsilon_2$。

答案： C

5-2-4 **解：** 用直接法求轴力，可得$N_{\mathrm{AB}} = -30\mathrm{kN}$，$N_{\mathrm{BC}} = 30\mathrm{kN}$，$N_{\mathrm{CD}} = -15\mathrm{kN}$，$N_{\mathrm{DE}} = 15\mathrm{kN}$。

答案： C

5-2-5 **解：** $N_1 = N_2 = \frac{P}{2}$，若使刚梁平行下移，则应使两杆位移相同，即$\Delta l_2 = \frac{2}{E}\frac{l_1}{A_1} = \Delta l_2 \frac{\frac{P}{2} l_2}{EA_2}$，则$A_1/A_2 = l_1/l_2 > 1$。

答案： C

5-2-6 **解：** 用直接法求轴力，可得$N_{\mathrm{AB}} = -6\mathrm{kN}$，$N_{\mathrm{BC}} = 4\mathrm{kN}$。

答案： C

5-2-7 **解：** 用直接法求内力，可得AB段轴力为F，既有变形，又有位移；BC段没有轴力，所以没有变形，但是由于AB段的位移使BC段有一个向右的位移。

答案： A

5-2-8 **解：** 由轴力图（N图）可见，轴力沿轴线是线性渐变的，所以杆上必有沿轴线分布的均布荷载，同时在C截面两侧轴力的突变值是 45kN，故在C截面上一定对应有集中力 45kN。

答案： D

5-2-9 **解：** 受轴向拉力作用杆件的内力$F_{\mathrm{N}} = \sum F_x$（截面一侧轴向外力代数和），应力$\sigma = F_{\mathrm{N}}/A$，轴向变形$\Delta l = F_{\mathrm{N}} l/(EA)$，若横截面面积$A$和其他条件不变，则内力、应力、轴向变形均不变。

答案： C

5-2-10 **解：** 由零杆判别法可知BC杆为零杆，$N_{BC}=0$。但是AC杆受拉伸长后与BC杆仍然相连，由杆的小变形的威利沃特法（williot）可知变形后C点移到C'点，如解图所示。

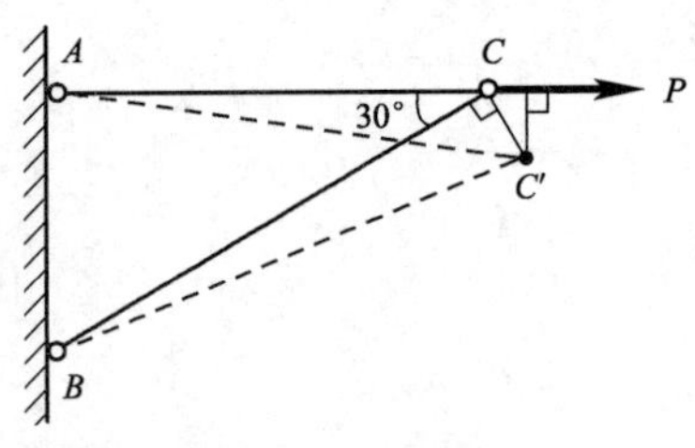

题 5-2-10 解图

答案： B

第三节

5-3-1 **解：** 把F平移到铆钉群中心O点，并加一个附加力偶m，如解图所示。

$\sum M_O=0$，$Q_1\cdot\dfrac{1}{2}=F\cdot\dfrac{5}{4}l=m$，$Q_1=\dfrac{5}{2}F$

$\sum M_y=0$，$Q_2=\dfrac{F}{2}$

式中，Q_1为力偶m产生的剪力，Q_2为平移后的F力产生的剪力。显然铆钉B比铆钉A受的剪力大，

$F_{smax}=Q_1+Q_2=3F$

$$\tau_{max}=\frac{F_{smax}}{A_s}=\frac{3F}{\frac{\pi}{4}d^2}=\frac{12F}{\pi d^2}$$

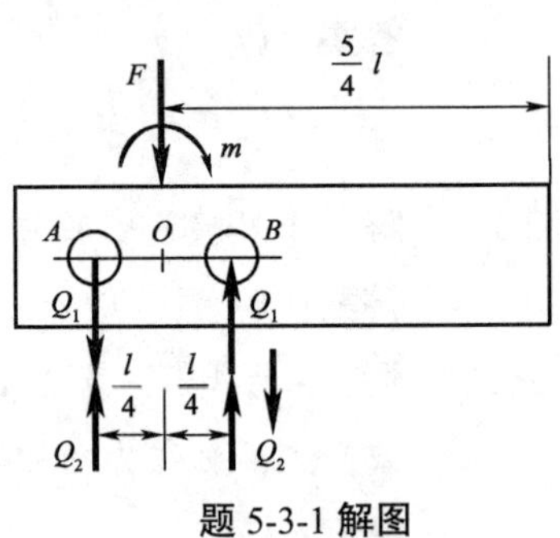

题 5-3-1 解图

答案： C

5-3-2 **解：** 由螺杆的拉伸强度条件，得

$$\sigma=\frac{F_N}{A}=\frac{F}{\frac{\pi}{4}d^2}=\frac{4F}{\pi d^2}=[\sigma]$$

由螺母的剪切强度条件，得

$$\tau=\frac{F_s}{A_s}=\frac{F}{\pi dh}=[\tau]$$

把以上两式代入$[\sigma]=2\tau$，得

$$\frac{4F}{\pi d^2}=2\frac{F}{\pi dh}$$

即$d=2h$

答案： A

5-3-3 **解：** 当挤压的接触面为平面时，接触面面积cb就是挤压面积。

答案： B

5-3-4 **解：** 加垫圈后，螺栓的剪切面、挤压面、拉伸面积都无改变，只有平板的挤压面积增加了，平板的挤压强度提高了。

答案： D

5-3-5 **解：** 挤压应力等于挤压力除以挤压面积。钢板和铝铆钉的挤压力互为作用力和反作用力，大小相等、方向相反；而挤压面积就是相互接触面的正投影面积，也相同。

答案： B

5-3-6 **解：** 插销中心部分有向下的趋势，插销帽周边部分受平板支撑有向上的趋势，故插销的剪切面积是一个圆柱面积πdh，而插销帽与平板的接触面积就是挤压面积，为一个圆环面积$\frac{\pi}{4}(D^2-d^2)$。

答案： B

5-3-7 **解：** 在钢板上冲断的圆孔板，如解图所示。设冲力为F，剪力为Q，钢板的剪切强度极限为τ_b，圆孔直径为d。则有$\tau = \frac{Q}{\pi dt} = \tau_b$，故冲力$F = Q = \tau dt\tau_b$。

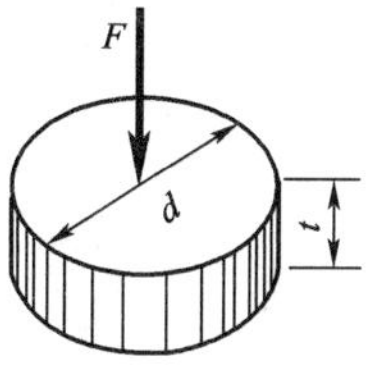

题 5-3-7 解图

答案： C

第四节

5-4-1 **解：** 为使$\tau_1 = \tau/2$，应使

$$\frac{T}{\frac{\pi}{16}d_1^3} = \frac{1}{2}\frac{T}{\frac{\pi}{16}d^3}$$

即$d_1^3 = 2d^3$，$d_1 = \sqrt[3]{2}d$。

答案： D

5-4-2 **解：** 由$\theta = T/(GI_p)$，得$T/I_p = \theta G$，故

$$\tau_{max} = \frac{T}{I_p}\frac{d}{2} = \frac{\theta Gd}{2}$$

答案： D

5-4-3 **解：**根据剪应力计算公式$\tau = T/W_p$，可得$T = \tau W_p$，又由剪切胡克定律$\tau = G\gamma$，有$T = G\gamma W_p$。

答案： A

5-4-4 **解：** 设圆轴的直径变为d_1，则有$\phi_1 = \phi/2$，即

$$\frac{Tl}{GI_{p1}} = \frac{1}{2}\frac{Tl}{GI_p}$$

所以$I_{p1} = 2I_p$，则$\frac{\pi}{64}d_1^4 = 2 \times \frac{\pi}{64}d^4$，得到$d_1 = \sqrt[4]{2}d$。

答案： A

5-4-5 **解：** 首先考虑整体平衡，设左端反力偶m由外向里转，则有

$$\sum M_x = 0，m - 1 - 4.5 - 2 + 5 = 0，m = 2.5\text{kN}\cdot\text{m}$$

再由截面法平衡求出：$T_1 = m = 2.5\text{kN}\cdot\text{m}$，$T_2 = 2 - 5 = -3\text{kN}\cdot\text{m}$

答案： D

5-4-6 **解：** 首先考虑整体平衡，设左端反力偶m在外表面由外向里转，则有

$$\sum M_x = 0，m - 1 - 6 - 2 + 5 = 0，m = 4\text{kN}\cdot\text{m}$$

再由直接法求出各段扭矩，从左至右各段扭矩分别为$4\text{kN}\cdot\text{m}$、$3\text{kN}\cdot\text{m}$、$-3\text{kN}\cdot\text{m}$、$-5\text{kN}\cdot\text{m}$，在各集中力偶两侧截面上扭矩的变化量就等于集中力偶矩的大小。显然符合这些规律的扭矩图只有 D 图。

答案： D

5-4-7 **解：** 设直径为D的实心圆轴最大剪应力

$$\tau = \frac{T}{\frac{\pi}{16}D^3}$$

则直径为$D/2$的实心圆轴最大剪应力

$$\tau_1 = \frac{T}{\frac{\pi}{16}\left(\frac{D}{2}\right)^3} = 8\frac{T}{\frac{\pi}{16}D^3} = 8\tau$$

答案： C

5-4-8　**解：** 用截面法（或直接法）可求出截面 1-1 处的扭矩为 25kN·m，截面 2-2 处的扭矩为 −5kN·m。

答案： B

5-4-9　**解：** 设实心圆原来横截面面积为$A=\frac{\pi}{4}d^2$，增大后面积$A_1=\frac{\pi}{4}d_1^2$，则有：$A_1=2A$，即$\frac{\pi}{4}d_1^2=2\frac{\pi}{4}d^2$，所以$d_1=\sqrt{2}d$。

原面积不发生屈服时

$$\tau_{\max}=\frac{M_0}{W_{\rm p}}=\frac{M_0}{\frac{\pi}{16}d^3}\leqslant\tau_{\rm s}，M_0\leqslant\frac{\pi}{16}d^3\tau_{\rm s}$$

将面积增大后

$$\tau_{\max1}=\frac{M_1}{W_{\rm p1}}=\frac{M_1}{\frac{\pi}{16}d_1^3}\leqslant\tau_{\rm s}$$

最大许可荷载

$$M_1\leqslant\frac{\pi}{16}d_1^3\tau_{\rm s}=2\sqrt{2}\frac{\pi}{16}d^3\tau_{\rm s}=2\sqrt{2}M_0$$

答案： C

5-4-10　**解：** 实心圆轴截面的抗扭截面模量$W_{\rm p1}=\frac{\pi}{16}D^3$，空心圆轴截面的抗扭截面模量$W_{\rm p2}=\frac{\pi}{16}D^3\left(1-\frac{d^4}{D^4}\right)$，当外径$D$相同时，显然$W_{\rm p1}>W_{\rm p2}$。

答案： B

5-4-11　**解：**

$$\tau_{2\max}=\frac{T}{\frac{\pi}{16}(2d)^3}=\frac{1}{8}\frac{T}{\frac{\pi}{16}d^3}=\frac{1}{8}\tau_{1\max}$$

$$\phi_2=\frac{Tl}{G\frac{\pi}{32}(2d)^4}=\frac{1}{16}\frac{Tl}{G\frac{\pi}{32}d^4}=\frac{1}{16}\phi_1$$

答案： C

第五节

5-5-1　**解：** 图示矩形截面形心轴为z轴，z_1轴到z轴距离是h，由移轴定理可得

$$I_{z1}=I_z+a^2A=\frac{bh^3}{12}+h^2\cdot bh=\frac{13}{12}bh^3$$

答案： D

5-5-2　**解：** 正方形的形心轴距z轴是$\frac{a}{2}$，如解图所示。用移轴定理得$I_z^{方}=I_{zc}+\left(\frac{a}{2}\right)^2A=\frac{a^4}{12}+\frac{a^2}{4}\cdot a^2=\frac{a^4}{3}$，整个组合截面的惯性矩为

$$I_z=I_z^{矩}-I_z^{方}=\frac{bh^3}{12}-\frac{a^4}{3}$$

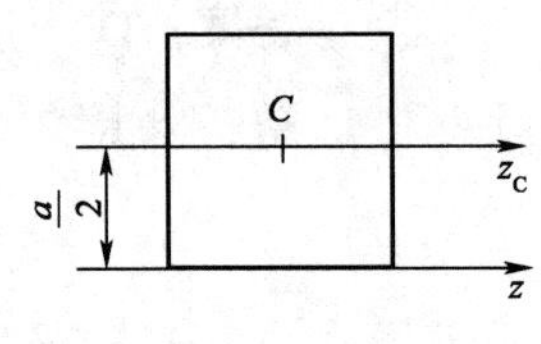

题 5-5-2 解图

答案： C

5-5-3　**解：** 由定义$I_z=\int_A y^2{\rm d}A$和$I_y=\int_A z^2{\rm d}A$，可知 a)、b）两图图形面积相同，但图 a）中的面积距离z轴较远，因此$I_z^{\rm a}>I_z^{\rm b}$；而两图面积距离y轴远近相同，故$I_y^{\rm a}=I_y^{\rm b}$。

答案： B

5-5-4 **解：** 由定义$I_p = \int_A \rho^2 \mathrm{d}A$，$I_z = \int_A y^2 \mathrm{d}A$，$I_y = \int_A z^2 \mathrm{d}A$，以及勾股定理$\rho^2 = y^2 + z^2$，两边积分就可得$I_p = I_z + I_y$。

答案： B

5-5-5 **解：** 根据静矩定义$S_z = \int_A y\mathrm{d}A$，图示矩形截面的静矩等于$m$-$m$线以上部分和以下部分静矩之和，即$S_z = S_z^{上} + S_z^{下}$，又由于$z$轴是形心轴，$S_z = 0$，故$S_z^{上} + S_z^{下} = 0$，$S_z^{上} = -S_z^{下}$。

答案： B

5-5-6 **解：**

$$i = i_y = i_z = \sqrt{\frac{I_z}{A}} = \sqrt{\frac{\frac{\pi}{64}d^4}{\frac{\pi}{4}d^2}} = \frac{d}{4}$$

答案： B

5-5-7 **解：** 根据惯性矩的定义$I_z = \int_A y^2 \mathrm{d}A$，$I_y = \int_A z^2 \mathrm{d}A$，可知惯性矩的大小与面积到轴的距离有关。面积分布离轴越远，其惯性矩越大；面积分布离轴越近，其惯性矩越小。可见I_y^{a}最大，I_z^{a}最小。

答案： C

5-5-8 **解：** 图形对主惯性轴的惯性积为零，对主惯性轴的惯性矩是对通过某点的所有轴的惯性矩中的极值，也就是最大或最小的惯性矩。

答案： C

5-5-9 **解：** 由移轴定理$I_z = I_{zc} + a^2A$可知，在所有与形心轴平行的轴中，距离形心轴越远，其惯性矩越大。图示截面为一个正方形与一半圆形的组合截面，其形心轴应在正方形形心和半圆形形心之间。所以z_1轴距离截面形心轴较远，其惯性矩较大。

答案： B

第六节

5-6-1 **解：** 对B点取力矩：$\sum M_{\mathrm{B}} = 0$，$F_{\mathrm{A}} = 0$。应用直接法求剪力和弯矩，得$F_{\mathrm{SA}} = 0$，$M_{\mathrm{C}} = 0$。

答案： A

5-6-2 **解：** 原来$f = \frac{Ml^2}{2EI}$，梁长减半后

$$f_1 = \frac{M\left(\frac{l}{2}\right)^2}{2EI} = \frac{1}{4}f$$

答案： B

5-6-3 **解：** 开裂前$f = Fl^3/(3EI)$，其中$I = b(2a)^3/12 = 8ba^3/12 = 8I_1$

开裂后

$$f_1 = \frac{\frac{F}{2}l^3}{3EI_1} = \frac{\frac{1}{2}Fl^3}{3E \cdot \frac{I}{8}} = 4\frac{Fl^3}{3EI} = 4f$$

答案： C

5-6-4 **解：** 设F_{A}向上，取整体平衡：$\sum M_{\mathrm{C}} = 0$，$m - F_{\mathrm{A}}L = 0$，所以$F_{\mathrm{A}} = m/l$。用直接法求A截面

剪力$F_{SA} = F_A = m/l$。

答案： C

5-6-5 **解：** 因为钢和铝的弹性模量不同，而只有挠度涉及弹性模量，所以选挠曲线。

答案： D

5-6-6 **解：** 由挠曲线方程$\nu = Mx^2/(2EI)$可以得到正确答案。

答案： B

5-6-7 **解：** 由中间铰链C处断开，分别画出AC和BC的受力图（见解图）。

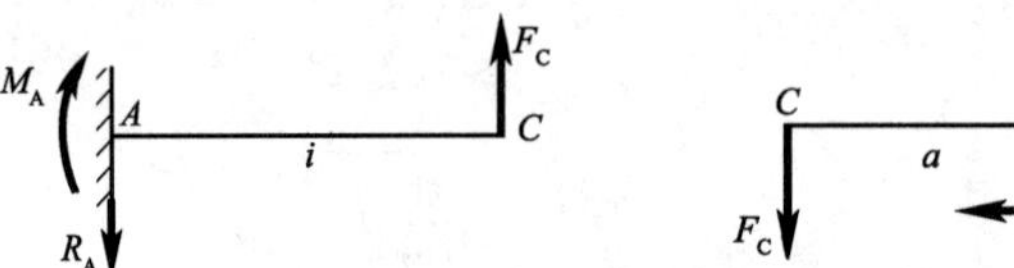

题 5-6-7 解图

先取BC杆，$\sum M_B = 0$，$F_C a = M_0$，$F_C = M_O/a$

再取AC杆，$\sum M_y = 0$，$R_A = F_C = M_O/a$

$$\sum M_A = 0，M_A = F_C l = M_O l/a$$

可见只有选项B是正确的。

答案： B

5-6-8 **解：** 从题图a）可知，$M_{max} = P_1 l/4$

$$\sigma_{max} = \frac{M_{max}}{W_z} = \frac{\frac{P_1 l}{4}}{\frac{\pi}{32}d^3} = \frac{8P_1 l}{\pi d^3} \leqslant [\sigma]$$

所以$P_1 \leqslant \pi d^3[\sigma]/(8l)$

从题图b）可知，$M_{max} = P_2 l/4$，同理，$P_2 \leqslant \pi(2d)^3[\sigma]/(8l)$

可见$P_2/P_1 = (2d)^3/d^3 = 8$

答案： C

5-6-9 **解：** 用直接法，取截面C右侧计算比较简单：$F_{SC} = qa$，$M_C = qa^2 - qa \cdot a = 0$。

答案： B

5-6-10 **解：** 设

$$f_1 = \frac{P_1\left(\frac{l}{2}\right)^3}{3EI}，f_2 = \frac{P_2 l^3}{3EI}$$

令$f_1 = f_2$，则有

$$P_1\left(\frac{l}{2}\right)^3 = P_{2l}^3，\frac{P_1}{P_2} = 8$$

答案： C

5-6-11 **解：** 矩形截面梁横力弯曲时，横截面上的正应力σ沿截面高度线性分布，如解图a）所示，在上下边缘σ最大，在中性轴上正应力为零。横截面上的剪应力τ沿截面高度呈抛物线分布，如解图b）所示，在上下边缘τ为零，在中性轴处剪应力最大。

答案： B

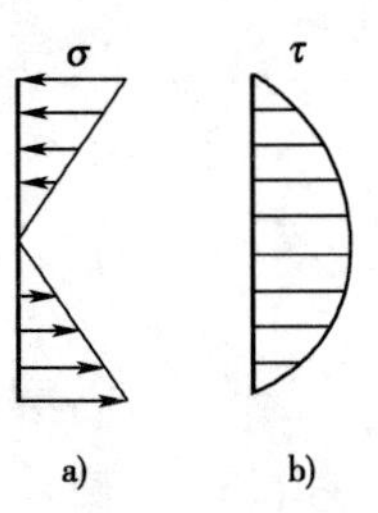

题 5-6-11 解图

5-6-12 **解：** 经分析可知，移动荷载作用在跨中$l/2$处时，有最大弯矩$M_{\max}=Pl/4$，支反力和弯矩图如解图 a）所示。当移动荷载作用在支座附近、无限接近支座时，见解图 b）有最大剪力$Q_{\max}$趋近于P值。

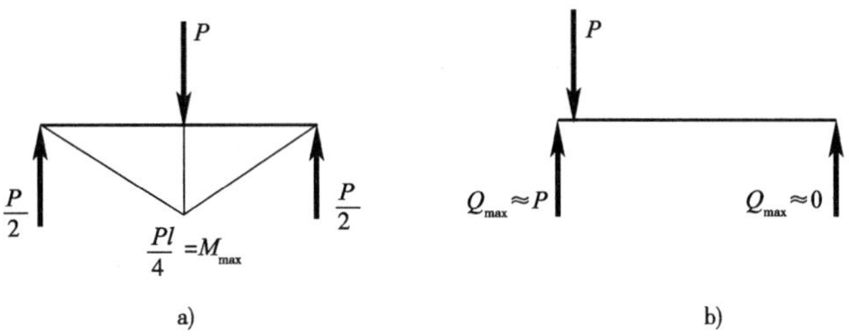

题 5-6-12 解图

答案： A

5-6-13 **解：** 首先求支反力，设F_A向上，取整体平衡：

$\sum M_B=0$，$F_A\cdot 3a+qa\cdot a=3qa\cdot\frac{3}{2}a$

所以$F_A=7qa/6$

由$F_S(x)=F_A=qx=0$，得$x=\frac{F_A}{q}=\frac{7}{6}a$

答案： D

5-6-14 **解：** 根据定义

$$W_z=\frac{I_z}{y_{\max}}=\frac{\frac{BH^3}{12}-\frac{bh^3}{12}}{\frac{H}{2}}=\frac{BH^3-bh^3}{6H}$$

答案： C

5-6-15 **解：** 题图所示四个梁，其支反力和弯矩图如解图所示。

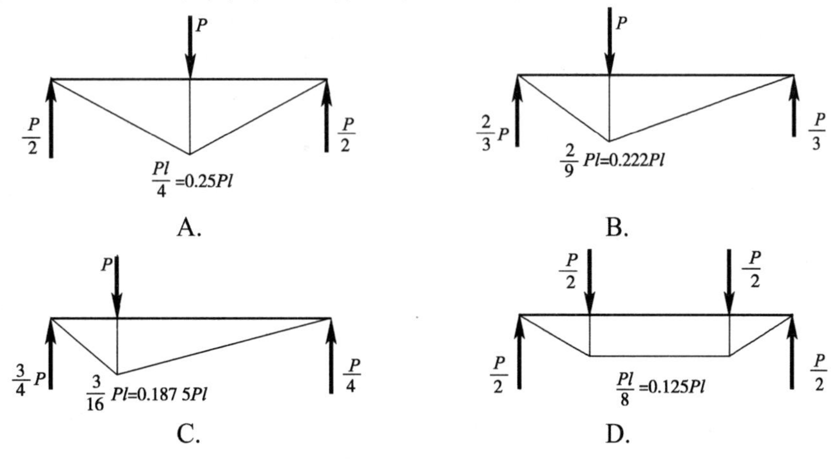

题 5-6-15 解图

就梁的正应力强度条件而言，$\sigma_{\max}=M_{\max}/W_z\leqslant[\sigma]$，$M_{\max}$越小，$\sigma_{\max}$越小，梁就越安全。上述四个弯矩图中显然 D 图的$M_{\max}$最小。

答案： D

5-6-16 **解：** 根据公式梁的弯曲曲率$1/\rho=M/(EI)$与弯矩成正比，故曲率的最大值发生在弯矩最大的截面上。

答案： C

第七节

5-7-1　**解：** 选项A，图中$\sigma_1=\sigma$，$\sigma_2=\sigma$，$\sigma_3=0$；选项B，图中$\sigma_1=\sigma$，$\sigma_2=0$，$\sigma_3=-\sigma$

选项C，图中$\sigma_1=2\sigma$，$\sigma_2=0$，$\sigma_3=-2\sigma$；选项D，图中$\sigma_1=3\sigma$，$\sigma_2=\sigma$，$\sigma_3=0$

根据最大切应力公式$\tau_{\max}=(\sigma_1-\sigma_3)/2$，显然C图$\tau_{\max}=[2\sigma-(-2\sigma)]/2=2\sigma$最大。

答案： C

5-7-2　**解：** 图中，$\sigma_x=40\text{MPa}$，$\sigma_y=-40\text{MPa}$，$\tau_x=30\text{MPa}$，由公式

$$\sigma_{\max}=\frac{\sigma_x+\sigma_y}{2}+\sqrt{\left(\frac{\sigma_x-\sigma_y}{2}\right)^2+\tau_x^2}=\frac{40+(-40)}{2}+\sqrt{\left[\frac{40-(-40)}{2}\right]^2+30^2}=50\text{MPa}$$

故$\sigma_1=50\text{MPa}$

答案： D

5-7-3　**解：** 受扭圆轴最大剪应力τ发生在圆轴表面，是纯剪切应力状态（解图a），而其主应力$\sigma_1=\tau$出现在45°斜截面上（解图b），其值为τ。

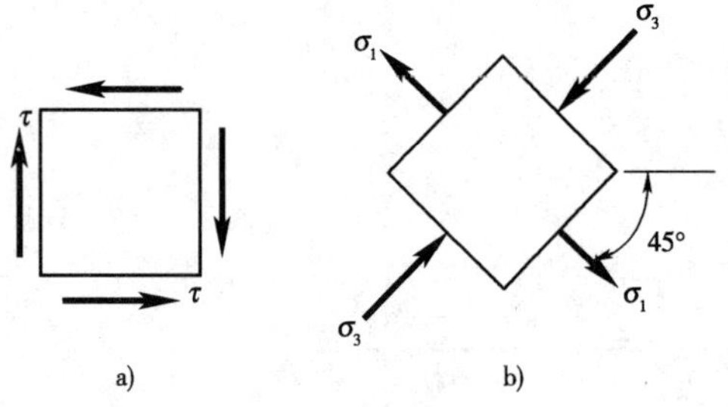

题5-7-3 解图

答案： D

5-7-4　**解：** 设单元体厚度为1，则ab、bc、ac三个面的面积就等于ab、bc、ac；在单元体图上作辅助线ad，则

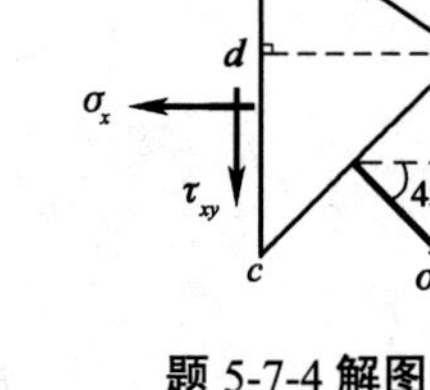

题5-7-4 解图

从图中可以看出如下几何关系：

$ad=ab\sin 60°=ac\sin 45°$

$bc=bd+dc=ac\cos 60°+ac\cos 45°$

由单元体的整体平衡方程，可得：

$\sum F_x=0$，$\sigma_x\cdot bc=\sigma\cos 60°\cdot ab+\sigma\cos 45°\cdot ac=\sigma(bd+dc)=\sigma\cdot bc$

$\sigma_x=\sigma$

$\sum F_y=0$，$\tau_{xy}\cdot bc=\sigma\sin 60°\cdot ab-\sigma\sin 45°\cdot ac=\sigma(ad-ad)=0$

$\tau_{xy}=0$

答案： A

5-7-5　**解：**

状态A，$\sigma_{r3}=\sigma_1-\sigma_3=120-(-120)=240$

状态B，$\sigma_{r3}=\sigma_1-\sigma_3=100-(-100)=200$

状态C，$\sigma_{r3}=\sigma_1-\sigma_3=150-60=90$

状态D，$\sigma_{r4}=\sigma_1-\sigma_3=100-0=100$

显然状态A相当应力σ_{r3}最大。

答案： A

5-7-6　**解：** 该题有两种解法。

方法 1，对比法

把图示等腰三角形单元体与纯剪切应力状态对比。把两上直角边看作是纯剪切应力状态中单元体的两个边，则σ和τ所在截面就相当于纯剪切单元体的主平面，故$\sigma = \tau_0$，$\tau = 0$。

方法 2，小块平衡法

设两个直角边截面面积为A，则底边截面面积为$\sqrt{2}A$。由平衡方程

$\sum F_y = 0$，$\sigma \cdot \sqrt{2}A = 2\tau_0 A \cdot \sin 45°$，$\sigma = \tau_0$

$\sum F_x = 0$，$\tau \cdot \sqrt{2}A + \tau_0 A \cos 45° = \tau_0 A \cdot \cos 45°$，$\tau = 0$

答案： B

5-7-7　**解：** 图示单元体应力状态类同于梁的应力状态：$\sigma_2 = 0$且$\sigma_x = 0$（或$\sigma_y = 0$），故其主应力的特点与梁相同，即有如下规律

$$\sigma_1 = \frac{\sigma}{2} + \sqrt{\left(\frac{\sigma}{2}\right)^2 + \tau^2} > 0;\ \sigma_3 = \frac{\sigma}{2} - \sqrt{\left(\frac{\sigma}{2}\right)^2 + \tau^2} < 0$$

已知其中一个主应力为$5\text{MPa} > 0$，即

$$\sigma_1 = \frac{-80}{2} + \sqrt{\left(\frac{-80}{2}\right)^2 + \tau^2} = 5\text{MPa}$$

所以

$$\sqrt{\left(\frac{-80}{2}\right)^2 + \tau^2} = 45\text{MPa}$$

则另一个主应力必为

$$\sigma_3 = \frac{-80}{2} - \sqrt{\left(\frac{-80}{2}\right)^2 + \tau^2} = -85\text{MPa}$$

答案： A

5-7-8　**解：** 首先分析各横截面上的内力——剪力Q和弯矩M，如解图 a）所示。再分析各横截面上的正应力σ和剪应力τ沿高度的分布，如解图 b）和图 c）所示。可见 4 点的剪应力方向不对。

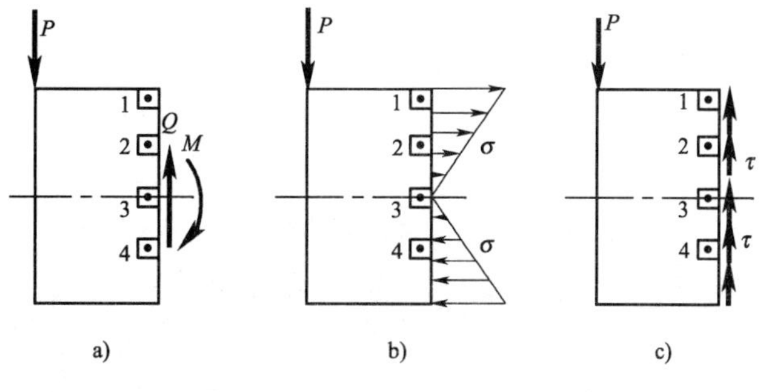

题 5-7-8 解图

答案： D

5-7-9　**解：** 题图单元体的主方向可用叠加法判断。把图中单元体看成是单向压缩和纯剪切两种应力状态的叠加，如解图 a)、b）所示。

其中解图 a）主压应力σ_3'的方向即为σ_y的方向（沿y轴），而解图 b）与解图 c）等价，其主压应力σ_3'的方向沿与y轴成 45°的方向。因此题中单元体主压应力σ_3的方向应为σ_3'和σ_3''的合力方向。根据求合力的平行四边形法则，σ_3与y轴的夹角α必小于 45°，而σ_1与σ_3相互垂直，故σ_1与x轴夹角也是$\alpha < 45°$，如解图 d）所示。

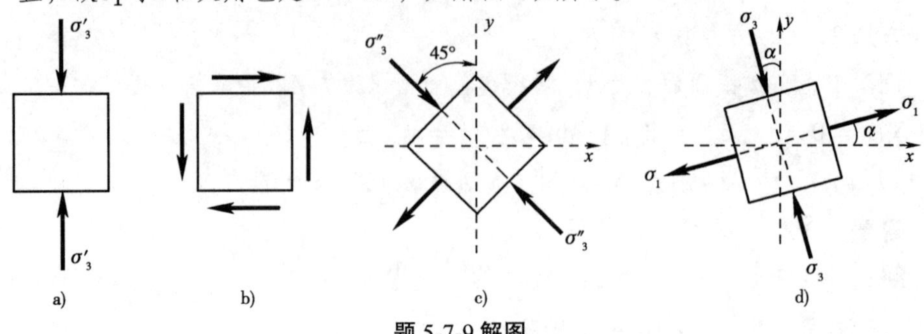

题 5-7-9 解图

答案： A

5-7-10 **解：** 根据定义，剪应力等于零的平面为主平面，主平面上的正应力为主应力。可以证明，主应力为该点各平面中的最大或最小正应力。主应力可以是零。

选项 A 错，因为主应力可能是最大的应力，也可能是最小的应力。

选项 C 错，没有这个规律。

选项 D 也是错的，主应力有可能是零。

答案： B

5-7-11 **解：** 图 a）为纯剪切应力状态，经分析可知其主应力为$\sigma_1 = \tau$，$\sigma_2 = 0$，$\sigma_3 = -\tau$，方向如图 c）所示。

答案： C

第八节

5-8-1 **解：** 把力F平移到截面形心，加两个附加力偶M_y和M_z，AB杆的变形为轴向拉伸和对y、z轴双向弯曲。最大拉应力

$$\sigma_{\max}^{+} = \frac{F_N}{A} + \frac{M_z}{W_z} + \frac{M_y}{W_y} = \frac{F}{bh} + \frac{F\frac{h}{2}}{\frac{bh^2}{6}} + \frac{F\frac{b}{2}}{\frac{hb^2}{6}} = 7\frac{F}{bh}$$

答案： C

5-8-2 **解：** 图示圆轴为弯扭组合变形。力F产生的弯矩引起A点的拉应力σ，力偶T产生的扭矩引起A点的切应力τ。

答案： C

5-8-3 **解：** 这显然是偏心拉伸，而且对y、z轴都有偏心。把F力平移到截面形心O点，要加两个附加力偶矩，该杆要发生轴向拉伸和绕y、z轴的双向弯曲。

答案： B

5-8-4 **解：** 把F力向轴线x平移并加一个附加力偶，则使圆轴产生弯曲和扭转组合变形。最大弯矩$M = Fl$，最大扭矩$T = Fd/2$。由公式

$$\sigma_{r3} = \frac{\sqrt{M^2 + T^2}}{W_z} = \frac{\sqrt{(Fl)^2 + \left(\frac{Fd}{2}\right)^2}}{\frac{\pi}{32}d^3}$$

可知正确答案为 D。

答案： D

5-8-5　**解：** 在弯扭组合变形情况下，A点属于复杂应力状态，既有最大正应力，又有最大剪应力τ（见解图）。和梁的应力状态相同：

$$\sigma_y = 0,\ \sigma_2 = 0,\ \sigma_1 = \frac{\sigma}{2} + \sqrt{\left(\frac{\sigma}{2}\right)^2 + \tau^2},\ \sigma_3 = \frac{\sigma}{2} - \sqrt{\left(\frac{\sigma}{2}\right)^2 + \tau^2}$$

$$\sigma_{r3} = \sigma_1 - \sigma_3 = \sqrt{\sigma^2 + 4\tau^2}$$

题 5-8-5 解图

选项中 A 为单向应力状态，B、C 只适用于圆截面。

答案： D

5-8-6　**解：** 从截面m-m截开后取右侧部分分析可知，右边只有一个铅垂的反力，只能在m-m截面上产生题图 a）所示的弯曲正应力。

答案： A

5-8-7　**解：** 图中三角形分布荷载可简化为一个合力，其作用线距离杆的截面下边缘的距离为$\frac{3a}{3} = a$，所以这个合力对m-m截面是一个偏心拉力，m-m截面要发生拉弯组合变形，而这个合力作用线正好通过n-n截面发生单向拉伸变形。

答案： C

5-8-8　**解：** 题图 a）是轴向受压变形，最大压应力$\sigma_{\max}^{\mathrm{a}} = -P/a^2$

题图 b）底部是偏心受压变形，偏心距为$a/2$，最大压应力

$$\sigma_{\max}^{\mathrm{b}} = \frac{F_{\mathrm{N}}}{A} - \frac{M_z}{W_z} = -\frac{P}{2a^2} - \frac{P \cdot \frac{a}{2}}{\frac{a}{6}(2a)^2} = -\frac{5P}{4a^2}$$

显然题图 b）最大压应力大于题图 a），该立柱的承载力降低了。

答案： D

5-8-9　**解：** 斜弯曲、偏心拉弯和拉弯组合变形中单元体上只有正应力没有剪应力，只有弯扭组合变形中才既有正应力σ，又有剪应力τ。

答案： D

5-8-10　**解：** 把力P平移到圆轴轴线上，再加一个附加力偶，可见圆轴为弯扭组合变形。其中A点的应力状态如解图 a）所示，C点的应力状态如解图 b）所示。A、C两点的应力状态与梁中各点相同，而B、D两点位于中性轴上，为纯剪切应力状态。但由于A点的正应力为拉应力，而C点的正应力为压应力，所以最大拉力

$$\sigma_1 = \frac{\sigma}{2} + \sqrt{\left(\frac{\sigma}{2}\right)^2 + \tau^2}$$

计算中，σ的正负号不同，σ_1的数值也不相同。

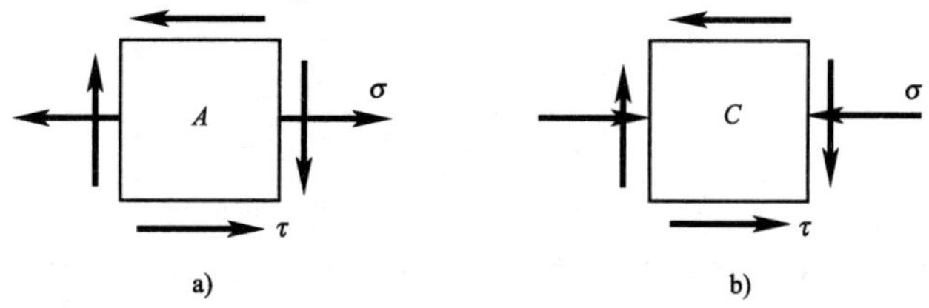

题 5-8-10 解图

答案： D

第九节

5-9-1 **解：** 题图 a)：$\mu l = 1 \times 5 = 5\text{m}$

题图 b)：$\mu l = 2 \times 3 = 6\text{m}$

题图 c)：$\mu l = 0.7 \times 6 = 4.2\text{m}$

由公式

$$F_{cr} = \pi^2 EI/(\mu l)^2$$

可知题图 b）中F_{crb}最小，题图 c）中F_{crc}最大。

答案： C

5-9-2 **解：** 题图所示结构的临界荷载应该是使压杆AB和CD同时到达临界荷载，也就是压杆AB（或CD）临界荷载的 2 倍，故有

$$F_a = 3F_{cr} = 2 \times \frac{\pi^2 EI}{(0.7l)^2} = 4.08 \times \frac{\pi^2 EI}{l^2}$$

答案： B

5-9-3 **解：** 细长压杆临界力

$$P_{cr} = \frac{\pi^2 EI}{(\mu l)^2}$$

对圆截面$I = \pi d^4/64$，当直径d缩小一半，变为$d/2$时，压杆的临界力P_{cr}为压杆的$\left(\frac{1}{2}\right)^4 = \frac{1}{16}$。

答案： D

5-9-4 **解：** 从常用的四种杆端约束压杆的长度系数μ的值变化规律中可看出，杆端约束越强，μ值越小（压杆的临界力越大）。图示压杆的杆端约束一端固定、一端弹性支承，比一端固定、一端自由时（$\mu = 2$）强，但又比一端固定、一端铰支时（$\mu = 0.7$）弱，故$0.7 < \mu < 2$，即为选项 C 的范围内。

答案： C

5-9-5 **解：** 根据压杆稳定的概念，压杆稳定是指压杆直线平衡的状态在微小外力干扰去除后自我恢复的能力，因此只有选项 D 是正确的。

答案： D

5-9-6 **解：** 根据压杆临界压力的公式

$$P_{cr} = \frac{\pi^2 EI}{(\mu l)^2}$$

可知，当EI相同时，杆端约束越强，μ值越小，压杆的临界压力越大。题图 a）中压杆下边杆端约束最弱（刚度为EI），题图 c）中杆端约束最强（刚度为无穷大），故P_{cr}^{a}最小。

答案： A

5-9-7 **解：** 临界压力是指压杆由稳定开始转化为不稳定的最小轴向压力。

由公式

$$P_{cr} = \frac{\pi^2 EI}{(\mu l)^2}$$

可知，当压杆截面对某轴惯性矩最小时，则压杆截面绕该轴转动并发生弯曲最省力，即这时的轴向压力最小。显然图示矩形截面中I_y是最小惯性矩，而挠曲线应位于xz面内。

答案： B

5-9-8 **解：** 不同压杆的临界应力总图如解图所示。解图中AB段表示短杆的临界应力，BC段表示中长杆的临界应力，CD段表示细长杆的临界应力。从解图中可以看出，在材料相同的条件下，随着柔度的增大，细长杆和中长杆的临界应力均是减小的。

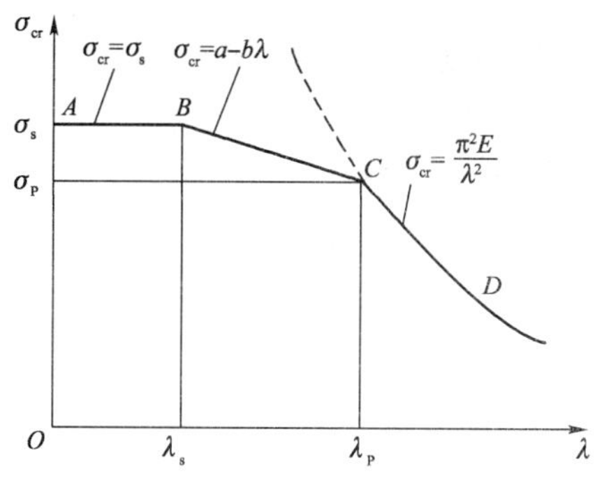

题 5-9-8 解图

答案： C

5-9-9 **解：** 压杆临界力公式中的惯性矩应取压杆横截面上的最小惯性矩I_{max}，故

$$P_{cr}=\frac{\pi^2 EI_{min}}{(\mu l)^2}=\frac{\pi^2 E\dfrac{1}{12}hb^3}{(0.7L)^2}=1.68\frac{Eb^3h}{L^2}$$

答案： C

第六章 流体力学

复习指导

一、考试大纲

6.1 流体的主要物性与流体静力学

连续介质和质点；流体的压缩性与膨胀性；流体的黏性与牛顿内摩擦定律；流体静压强及其特性；重力作用下静水压强的分布规律；作用于平面的液体总压力的计算。

6.2 流体动力学基础

以流场为对象描述流动的概念；流体运动的总流分析；三维流动连续性方程、恒定总流连续性方程、能量方程和动量方程的运用。

6.3 流动阻力和能量损失

沿程阻力损失和局部阻力损失；实际流体的两种流态——层流和紊流；圆管中层流运动；紊流运动的特征；减小阻力的措施。

6.4 孔口、管嘴管道流动

孔口自由出流、孔口淹没出流；管嘴出流；有压管道恒定流；管道的串联和并联。

6.5 明渠恒定流

明渠均匀水流特性；产生均匀流的条件；明渠恒定非均匀流的流动状态；明渠恒定均匀流的水力计算。

6.6 渗流、井和集水廊道

土壤的渗流特性；达西定律；井和集水廊道。

6.7 相似原理和量纲分析

力学相似原理；相似准数；量纲分析法。

二、复习指导

注册工程师基础课程考试的特点是题型固定（均为单项选择题），每题做题时间短（平均每 2 分钟应做完一道题），知识覆盖面宽且侧重于基本概念、基本理论、基本公式的应用，较少涉及艰深复杂的理论和数量大的计算。根据以上特点，在复习时应注意对基本概念的准确理解，以提高分析判断能力。例如，下面节后习题 6-2-1，其中的 B 项中有“剪切变形”，而 D 项中有“剪切变形速度”，两者只差“速度”两字，如果对牛顿内摩擦定律有准确的理解，可立刻判断出 D 项为正确答案。在单选题中有一部分是数字答案供选择，这部分题是需要经过计算后确定的，所以在复习时应记住重要的基本公式，并掌握其运用方法，结合第四节提供的复习题灵活运用，勤加练习，例如习题 6-3-2，就是应用静水压强基本方程和压强的三种表示方法解答的。在单选题中有一部分题是要靠记住一些基本结论去回答的，例如习题 6-5-2、习题 6-5-4，是要记住层流与紊流核心区的流速分布图才能正确选择。所以复习时对一些重要结论应该加强记忆。在单选题中，还有一部分题是要用基本原理或基本方程去分析的题，例如圆柱形外管嘴流量增加的原因，就是要用能量方程去分析，证明管内收缩断面处存在真空值，产生吸力，增加了作用水头，从而使流量增加。如果理解了能量方程的物理意义，就能解释在位能不变的条件下，流速增加的地方，压强将减小。所以在复习基本方程时，不仅要记住其表达式，更重要的是应理解其物理意义，并学会应用这些方程分析问题。

下面按考试大纲的顺序列出一部分需要准确理解、熟练掌握、灵活运用的基本概念、基本理论和基本方程，供复习时参考。

连续介质，流体的黏性及牛顿内摩擦定律，$\tau = \mu \frac{\mathrm{d}u}{\mathrm{d}y}$。

静水压强及其特性；静水压强的基本方程：$p = p_0 + \rho g h$；压强分布图；测管水头$z + \frac{p}{\rho g}$的物理意义；等压面的性质和画法以及运用等压面求解压力计算题的方法；平面总压力的大小、方向和作用点（公式$P = \gamma h_c A$，$y_D = y_c + \frac{I_c}{y_c A}$，或图解法公式$P = \Omega b$）；曲面总压力水平分力和垂直分力的计算公式$P_x = \gamma h_c A_z$，$P_z = \gamma V$，$\theta = \arctan \frac{P_z}{P_x}$。

质点导数、加速度导数的概念；流线、元流、总流的性质，过流断面及水力要素；流量、平均流速关系式：$Q = VA$；三维不可压缩流动连续性方程；一维流动连续性方程：$v_1 A_1 = v_2 A_2$；能量方程：$z_1 + \frac{p_1}{\gamma} + \frac{\alpha_1 v_1^2}{2g} = z_2 + \frac{p_2}{\gamma} + \frac{\alpha_2 v_2^2}{2g} + h_w$的物理意义，应用范围，应用方法（选断面、基准面、选点）；动量方程$\sum F = \rho Q(\alpha_{02} v_2 - \alpha_{01} v_1)$的物理意义，应用范围和应用方法（选控制体、选坐标），总水头线、测压管水头线的画法和变化规律。

层流与紊流的判别标准，沿程损失的基本公式（$h_f = \lambda \frac{L}{d} \frac{v^2}{2g}$）和圆管层流的流速分布；紊流的流速分布和紊流沿程阻力系数的变化规律（尼古拉兹图）；局部水头损失产生的原因及计算公式（$h_m = \zeta \frac{v^2}{2g}$），突扩及突缩局部阻力系数公式；边界层及边界层的分离现象，绕流阻力。

孔口及管嘴出流的流速、流量公式（$v = \phi\sqrt{2gH_0}$，$Q = \mu A\sqrt{2gH_0}$）；流速系数、收缩系数、流量系数之间的相互关系；圆柱形外管嘴流量增加的原因；串联管路总水头；并联管路水头损失相等、流量与阻抗平方根成反比等概念。

明渠均匀流水力坡度、水面坡度、渠底坡度相等的概念，发生明渠均匀流的条件；谢才公式$v = C\sqrt{Ri}$与曼宁公式$C = \frac{1}{n} R^{\frac{1}{6}}$公式的联合运用；梯形断面水力要素的计算，水力最佳断面概念。

渗流模型必须遵循的条件；达西定律（$v = KJ$，$Q = KAJ$）的物理意义，应用范围；潜水井、承压井、廊道的流量计算。

基本量纲与导出量纲，量纲和谐原理的应用，无量纲量的组合方法，π 定理；两个流动力学相似的条件；重力、黏性力、压力相似准则的物理意义；在何种情况下选用何种相似准则。

流速、压强、流量的量测仪器和量测方法。

第一节 流体力学定义及连续介质假设

流体力学是研究流体宏观机械运动规律及其在工程上应用方法的科学。本章所研究的流体仅限于不可压缩流体，即以水为代表的液体和密度变化较小的低流速气体。

流体力学原理在水利、土木、环保、航天、化工、机械等工程上均有广泛的应用，是土木工程师、结构工程师所应具有的基础理论知识。

流体是由大量的分子所组成，分子间具有一定的空隙，每个分子都在不断地作不规则运动，因此，流体的微观结构和运动在空间和时间上都是不连续的。由于流体力学是研究流体的宏观运动，没有必要对流体进行以分子为单元的微观研究，因而假设流体为连续介质，即认为流体是由微观上充分大而宏观上充分小的质点所组成，质点之间没有空隙且连续地充满流体所占有的空间。

流体质点是一个抽象出来的流体中最小的任意一个物理实体。微观上充分大是指质点含足够多流体分子，个别分子的行为不影响总体的统计平均特性；宏观上充分小是指其体积极限趋近于零。流体质点具有均匀的宏观物理量，例如某点的质量、密度、温度、压强、流速、动量、动能等。流体质点的形状可以任意设定，例如四面体、六面体等。

将流体运动视为由无数个流体质点所组成的连续介质的运动，它们的物理量在空间和时间上都是连续的。这样就可以摆脱研究分子运动的复杂性，运用数学分析中的连续函数这一有力工具。根据连续介质假设所得到的理论结果，在很多情况下与相应的实验结果很符合，因此，这一假设已被普遍采用，只是在某些特殊情况，例如高空的稀薄气体不能作为连续介质来处理。此外，在深入探讨流体黏滞性产生机理时，仍不能不考虑到流体实际存在着分子运动。

【例 6-1-1】 连续介质假设意味着是：

A. 流体分子相互紧连

B. 流体的物理量是连续函数

C. 流体分子间有间隙

D. 流体不可压缩

解 根据连续介质假设可知，流体质点无间隙地充满流动域的整个空间，流体的物理量是连续函数。

答案： B

【例 6-1-2】 按连续介质假设，流体质点是：

A. 几何的点

B. 流体的分子

C. 流体内的固体颗粒

D. 几何尺寸在宏观上与同流动特征尺度相比是微小量，又含有大量流体分子的微元体

解 流体质点的宏观尺寸充分小、趋近于零，可视为微元体；流体质点的微观尺寸足够大、含有大量流体分子，以保持流体的物理性质。

答案： D

习　题

6-1-1 连续介质假设既可摆脱研究流体分子运动的复杂性，又可（　　）。

A. 不考虑流体的压缩性

B. 不考虑流体的黏性

C. 运用数学分析中的连续函数理论分析流体运动

D. 不计流体的内摩擦力

第二节　流体的主要物理性质

流体运动的外因是流体所受到的外力和外部边界的作用，流体运动的内因则是流体自身的物理性质。为了研究流体的运动规律，必须对两方面有所探讨，本节首先介绍流体所具有的主要的物理性质。

一、易流动性

固体在静止时，可以承受切应力，流体在静止时不能承受切应力，只要在微小切应力作用下，就发生流动而变形。流体在静止时不能承受切应力、抵抗剪切变形的性质称为易流动性。这是因为流体分子之间距离远大于固体，流体也被认为不能承受拉力，而只能承受压力。

二、质量、密度

物体中所含物质数量，称为质量，单位体积流体中所含流体的质量称为密度，以ρ表示。对于均质流体，设体积为V的流体具有的质量为m，则其密度为

$$\rho = \frac{m}{V} \tag{6-2-1}$$

对于非均质流体，由连续介质假设可得

$$\rho = \lim_{\Delta V \to 0} \frac{\Delta m}{\Delta V} \tag{6-2-2}$$

密度的国际单位为 kg/m^3。

流体密度随温度与压强而变，对于液体和低流速气体，可认为密度是一个常数。在一个标准大气压下，不同温度的水和空气的物理性质分别见表 6-2-1 及表 6-2-2。4℃左右水的密度ρ =1 000kg/m^3，可以作为标准状态下水的密度，一般的冷水也可采用此值，温度较高的热水要考虑密度的变化。

水的物理特性（在一个标准大气压下）　　表 6-2-1

温度（℃）	重度 γ（kN/m^3）	密度 ρ（kg/m^3）	黏度 $\mu\times10^3$（$N\cdot s/m^2$）	运动黏度 $\nu\times10^6$（m^2/s）	表面张力 σ（N/m）	汽化压强 p_v（kN/m^2）绝对	体积模量 $K\times10^{-6}$（kN/m^2）
0	9.805	999.8	1.781	1.785	0.075 6	0.61	2.02
5	9.807	1000.0	1.518	1.519	0.074 9	0.87	2.06
10	9.804	999.7	1.307	1.396	0.074 2	1.23	2.10
15	9.798	999.1	1.139	1.139	0.073 5	1.70	2.15
20	9.789	998.2	1.002	1.003	0.072 8	2.34	2.18
25	9.777	997.0	0.890	0.893	0.072 0	3.17	2.22
30	9.764	995.7	0.798	0.800	0.071 2	4.24	2.25
40	9.730	992.2	0.653	0.658	0.069 6	7.38	2.28

续上表

温度（℃）	重度 γ（kN/m^3）	密度 ρ（kg/m^3）	黏度 $\mu\times10^3$（$N\cdot s/m^2$）	运动黏度 $\nu\times10^6$（m^2/s）	表面张力 σ（N/m）	汽化压强 p_v（kN/m^2）绝对	体积模量 $K\times10^{-6}$（kN/m^2）
50	9.689	988.0	0.547	0.553	0.067 9	12.33	2.29
60	9.642	983.2	0.466	0.474	0.066 2	19.92	2.28
70	9.589	977.8	0.404	0.413	0.064 4	31.16	2.25
80	9.530	971.8	0.354	0.364	0.062 6	46.34	2.20
90	9.466	965.3	0.315	0.326	0.060 8	70.10	2.14
100	9.399	958.4	0.282	0.294	0.058 9	101.33	2.07

空气的物理特性（在一个标准大气压下）　　表 6-2-2

温度（℃）	密度 ρ（kg/m^3）	重度 γ（N/m^3）	黏度 $\mu\times10^5$（$N\cdot s/m^2$）	运动黏度 $\nu\times10^5$（m^2/s）
−40	1.515	14.86	1.49	0.98
−20	1.395	13.68	1.61	1.15
0	1.293	12.68	1.71	1.32
10	1.248	12.24	1.76	1.41
20	1.205	11.82	1.81	1.50
30	1.165	11.43	1.86	1.60
40	1.128	11.06	1.90	1.68
60	1.060	10.40	2.00	1.87
80	1.000	9.81	2.09	2.09
100	0.946	9.28	2.18	2.31
200	0.747	7.33	2.58	3.45

三、重力、重度

地球对流体的引力，即为重力，单位体积流体内所具有的重力称为容重或重度，以γ表示。对于均质流体，设体积为V的流体具有的重力为G，则重度

$$\gamma=\frac{G}{V} \tag{6-2-3}$$

对于非均质流体，由连续介质假设可得

$$\gamma=\lim_{\Delta V\to 0}\frac{\Delta G}{\Delta V} \tag{6-2-4}$$

由牛顿运动定律知：$G=mg$，g为重力加速度，一般采用g=9.8m/s^2，由式（6-2-3）可得

$$\gamma=\rho g \tag{6-2-5}$$

重度γ的单位为 N/m^3，亦随压力和温度而变，在一个标准大气压下水的重度随温度而变化的值见表 6-2-1。一般冷水的重度可视为常数，可用γ =9 800N/m^3（重度γ均可用ρg代替）。

四、黏性

流体在运动时，具有抵抗剪切变形速度的性质，称为黏性，它是由于流体内部分子的内聚力及分子运动的动量输运所引起。当某流层对其邻流层发生相对位移而引起剪切变形时，在流层间产生的切力（即流层间内摩擦力）就是黏性的表现。由实验知，在二维平行直线流动中，流层间切力（即内摩擦力）T的大小与流体的黏性有关，并与速度梯度$\frac{\mathrm{d}u}{\mathrm{d}y}$（即剪切变形速度）和接触面积$A$成正比，而与接触面上压力无关，即

$$T=\mu A\frac{\mathrm{d}u}{\mathrm{d}y} \tag{6-2-6}$$

单位面积上的切力称为切应力，以τ表示，有

$$\tau=\mu\frac{\mathrm{d}u}{\mathrm{d}y} \tag{6-2-7}$$

上式为牛顿内摩擦定律的表达式，式中μ称为动力黏度（或动力黏性系数），单位为 Pa·s（帕·秒）或$\mathrm{N\cdot s/m^2}$，动力黏度与密度的比值称为运动黏度（或运动黏性系数），以ν表示，即

$$\nu=\frac{\mu}{\rho} \tag{6-2-8}$$

ν的单位为 $\mathrm{m^2/s}$，或 $\mathrm{cm^2/s}$，动力黏度μ与运动黏度ν的值均随温度t和流体种类而变，水、空气的μ及ν值随温度t的变化可查表 6-2-1 和表 6-2-2。水的运动黏度ν可用下列经验公式求得

$$\nu=\frac{0.017\,75}{1+0.033\,7t+0.000\,221t^2} \tag{6-2-9}$$

式中：ν——运动黏度（$\mathrm{cm^2/s}$），在后面的计算中，采用单位$\mathrm{m^2/s}$；

t——水温（℃）。

由上式可知水的运动黏度随温度升高而减少，而空气的运动黏度随温度升高而增加。

【例 6-2-1】 水的运动黏性系数随温度的升高而：

A. 增大　　B. 减小　　C. 不变　　D. 先减小然后增大

解　水的运动黏性系数随温度的升高而减小。

答案：B

式（6-2-6）中的速度梯度$\frac{\mathrm{d}u}{\mathrm{d}y}$也就是剪切变形速度$\frac{\mathrm{d}\alpha}{\mathrm{d}t}$，可证明如下：

从图 6-2-1 可看出，原为正方形的微元体，由于速度梯度的存在，上边运动快于下边，经时间$\mathrm{d}t$后，正方形变为平行四边形，直角变形为锐角，产生一剪切变形角$\mathrm{d}\alpha$，当$\mathrm{d}\alpha$角度很小时，$\mathrm{d}\alpha\approx\tan\mathrm{d}\alpha=\frac{\mathrm{d}u\mathrm{d}t}{\mathrm{d}y}$。

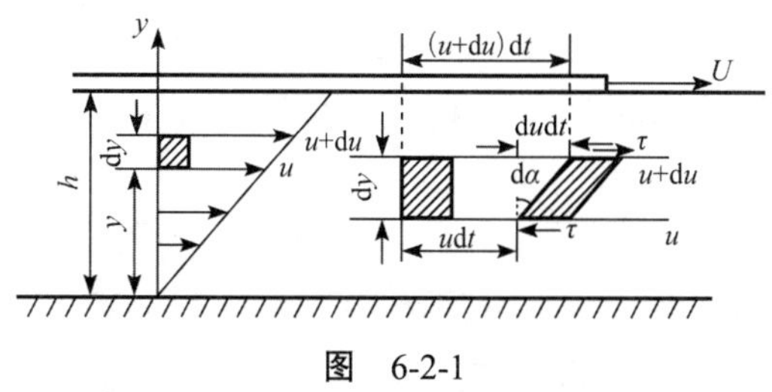

图　6-2-1

即

$$\frac{\mathrm{d}u}{\mathrm{d}y}=\frac{\mathrm{d}\alpha}{\mathrm{d}t}$$

$\frac{\mathrm{d}\alpha}{\mathrm{d}t}$为单位时间内的剪切变形角度，故称为剪切变形速度，或剪切变形率。

$$\tau=\mu\frac{\mathrm{d}u}{\mathrm{d}y}\text{或}\tau=\mu\frac{\mathrm{d}\alpha}{\mathrm{d}t} \tag{6-2-10}$$

凡是符合牛顿内摩擦定律的流体称为牛顿流体，例如水、酒精和一般气体。凡τ与$\frac{\mathrm{d}u}{\mathrm{d}y}$或$\frac{\mathrm{d}\alpha}{\mathrm{d}t}$不成线性关系的流体称为非牛顿流体，例如泥浆、血液、胶溶液、聚合物液体等。本章主要讨论牛顿流体。

【例 6-2-2】某固定不动平板水平放置，其上有一层厚度为 10mm 的油层，油的黏度$\mu=9.81\times10^{-2}\mathrm{Pa\cdot s}$，油层液面上漂浮一水平滑移平板，已知其水平移动速度u =1m/s，试求作用在移动平板上单位面积的切应力τ；又若油层厚度增加至 80mm，且沿铅直方向油层断面上的流速分布式为：$u=4y-y^2$，式中y为从固定平板起算的铅直坐标，此时平板移动速度改变，再求移动平板单位面积切应力τ（参见图 6-2-1）。

解 （1）当油层厚度为 10mm 时，由于厚度小流速分布可近似为直线分布，此时沿铅直方向的流速梯度

$$\frac{\mathrm{d}u}{\mathrm{d}y}\approx\frac{u}{y}=\frac{1\mathrm{m/s}}{0.01\mathrm{m}}=100\mathrm{s}^{-1}$$

切应力

$$\tau=\mu\frac{\mathrm{d}u}{\mathrm{d}y}=9.81\times10^{-2}\times100=9.81\mathrm{Pa}$$

（2）当厚度增至 80mm，流速分布为$u=4y-y^2$，则有

$$\tau=\mu\frac{\mathrm{d}u}{\mathrm{d}y}=\mu(4-2y)=9.81\times10^{-2}\times(4-2\times0.08)=0.376\,7\mathrm{Pa}$$

五、压缩性与热胀性

当作用在流体上的压力增大时，流体的体积减小；压力减小时，体积增大的性质称为流体的压缩性或流体的弹性。液体的压缩性一般以体积压缩系数β或弹性系数K来量度，设液体体积为V，压强增加$\mathrm{d}p$后，体积减小$\mathrm{d}V$，则压缩系数

$$\beta=-\frac{\frac{\mathrm{d}V}{V}}{\mathrm{d}p}=\frac{\frac{\mathrm{d}\rho}{\rho}}{\mathrm{d}p} \tag{6-2-11}$$

式中，负号表示压强增大，体积减小；β的单位为 $\mathrm{m^2/N}$。

压缩系数的倒数称为体积弹性模量K，即

$$K=\frac{1}{\beta}=-V\frac{\mathrm{d}p}{\mathrm{d}V} \tag{6-2-12}$$

体积弹性模量的单位为 $\mathrm{N/m^2}$ 或 Pa。β及K均为正值，不同的液体有不同的β及K值，水的体积弹性模量K可近似地取为 2×10^9Pa。若压强增量$\mathrm{d}p$为一个大气压，则体积的相对变化$\Delta V/V$约为 1/20 000，因此在$\mathrm{d}p$不大时，水的体积压缩性可忽略不计，此种液体称为不可压缩流体。

气体的压缩性较大，对于理想气体体积与压强、温度的关系，一般遵循理想气体的状态方程式

$$\frac{p}{\rho}=RT \tag{6-2-13}$$

式中：p——压强(Pa)；

ρ——密度($\mathrm{kg/m^3}$)；

T——流体温度(K)；

R——气体常数[$\mathrm{m\cdot N/(kg\cdot K)}$]，与气体的分子量有关，对空气$R$ =287$\mathrm{m\cdot N/(kg\cdot K)}$。

当气体的流速小于 50m/s 时，密度变化为 1%，可作为未压缩气体来处理。

流体温度升高体积膨胀的性质称为热胀性，可用热胀系数α（单位是$\mathrm{K^{-1}}$）来量度

$$\alpha=\frac{\frac{\mathrm{d}V}{V}}{\mathrm{d}T}=\frac{\mathrm{d}V}{V\mathrm{d}T}\text{或}\alpha=-\frac{\mathrm{d}\rho}{\rho\mathrm{d}T} \tag{6-2-14}$$

六、表面张力特性

在流体自由液面的分子作用半径范围内，由于分子的引力大于斥力，在表层沿表面产生极其微小的拉力，称为表面张力。其大小可用表面张力系数σ来量度，σ是自由液面单位长度上所受到的张力，单位为 N/m。

由于表面张力的作用，如果把细管竖立在液体中，液体就会在细管中上升（如水）或下降（如水银），这种现象称为毛细管现象。毛细管内外液面高差h与液体的种类及毛细管直径d有关。对于水，由于内聚力小于水与管壁的附着力，因此毛细管内液面上升，实验得知

$$h = \frac{29.8}{d} \tag{6-2-15}$$

对于水银，内聚力大于附着力，管中水面下降，其液面差

$$h = \frac{10.5}{d} \tag{6-2-16}$$

式中，h和d均以 mm 计。

后文将要介绍的玻璃测压管，为了避免表面张力毛细现象的影响，其管径d应大于 10mm。

七、汽化压强与空蚀现象

液体分子逸出液面，向空间扩散的过程称汽化，液体汽化为蒸气；汽化的逆过程为凝结，蒸气凝结为液体。在液体中，汽化与凝结同时存在，当这两个过程达到平衡时，宏观的汽化现象停止，此时液面压强称为饱和蒸气压强或汽化压强，水的汽化压强列于表 6-2-3。当液体某处的压强低于汽化压时，该处即产生汽化。液体汽化处，将发生空泡，当空泡流入高压区时，会突然破裂溃灭，周围水则以极高速度充填其间并产生很高的冲击压力。如空泡在固壁处溃灭，则使壁面承受很高的冲压，使壁面受到破坏，同时气化时逸出的活泼气体，也有化学腐蚀的作用，因此液体在汽化时易引起固壁的所谓空蚀现象。水泵或建筑物中发生空蚀时，往往伴有振动、噪声、断流等现象，应尽量避免。

水 的 汽 化 压 强　　表 6-2-3

水温（℃）	0	5	10	15	20	25	30
汽化压强（kN/m²）	0.61	0.87	1.23	1.70	2.34	3.17	4.21
水温（℃）	40	50	60	70	80	90	100
汽化压强（kN/m²）	7.38	12.33	19.92	31.16	47.34	70.10	101.33

【例 6-2-3】 半径为R的圆管中，横截面上流速分布为$u = 2(1 - r^2/R^2)$，其中r表示到圆管轴线的距离，则在$r_1 = 0.2R$处的黏性切应力与$r_2 = R$处的黏性切应力大小之比为：

A. 5　　B. 25　　C. 1/5　　D. 1/25

解　切应力$\tau = \mu\frac{\mathrm{d}u}{\mathrm{d}y}$，而$y = R - r$，$\mathrm{d}y = -\mathrm{d}r$，故 $\frac{\mathrm{d}u}{\mathrm{d}y} = -\frac{\mathrm{d}u}{\mathrm{d}r}$

题设流速$u = 2\left(1 - \frac{r^2}{R^2}\right)$，故$\frac{\mathrm{d}u}{\mathrm{d}y} = -\frac{\mathrm{d}u}{\mathrm{d}r} = \frac{2\times2r}{R^2} = \frac{4r}{R^2}$

题设$r_1 = 0.2R$，故切应力$\tau_1 = \mu\left(\frac{4\times0.2R}{R^2}\right) = \mu\left(\frac{0.8}{R}\right)$

题设$r_2 = R$，则切应力$\tau_2 = \mu\left(\frac{4R}{R^2}\right) = \mu\left(\frac{4}{R}\right)$

切应力大小之比$\frac{\tau_1}{\tau_2} = \frac{\mu\left(\frac{0.8}{R}\right)}{\mu\left(\frac{4}{R}\right)} = \frac{0.8}{4} = \frac{1}{5}$

答案： C

习　题

6-2-1　与牛顿内摩擦定律直接有关的因素是（　　）。

A. 压强、速度和黏度　　B. 压强、黏度、剪切变形

C. 切应力、温度和速度　　D. 黏度、切应力与剪切变形速度

6-2-2　水的动力黏度随温度的升高而（　　）。

A. 增大　　B. 减小　　C. 不变　　D. 不定

第三节　流体静力学

一、作用在流体上的力

作用在流体上的力可分为两大类。

（一）质量力

作用于每一个流体质点上与流体质量成正比的力，称质量力；在均质流体中它与体积成正比，又称为体积力，质量力的单位为 N。常见的质量力有重力和惯性力，重力等于质量m与重力加速度g的乘积，惯性力则等于质量与加速度$\boldsymbol{a}$的乘积，方向与加速度方向相反。

在分析流体运动时，常引用单位质量流体所受质量力，称为单位质量力，以$\boldsymbol{F}/m$表示，具有加速度$\boldsymbol{a}$的量纲。设单位质量力在直角坐标系三个轴上的分量，以X、Y、Z表示，则单位质量力的表达式为

$$\vec{f} = X\vec{i} + Y\vec{j} + Z\vec{k} \tag{6-3-1}$$

$$X = F_x/m,\ Y = F_y/m,\ Z = F_z/m$$

对于仅受重力作用的流体，其单位质量力在三个轴上的分量分别为

$$X = 0,\ Y = 0,\ Z = -g$$

（二）表面力

作用于流体的表面，与作用的面积成比例的力称表面力。表面力又可以分为垂直于作用面的压力和沿作用面切线方向的切力；表面力既可以是作用于流体边界面上的压力、切力，例如大气压力、活塞压力，也可以是一部分流体质点作用于另一部分流体质点上的压力和切力；表面力的单位为 N。

作用在单位面积上的表面力称为表面应力，例如压应力和切应力，在连续介质中可用下式表示

$$p = \lim_{\Delta A \to 0} \frac{\Delta P}{\Delta A} \tag{6-3-2}$$

$$\tau = \lim_{\Delta A \to 0} \frac{\Delta T}{\Delta A} \tag{6-3-3}$$

式中：p——压应力或压强（Pa）;

τ——切应力（Pa）;

P——法向力（N）

T——切向力（N）。

在静止流体中，没有切应力，只有压强。静水压强有两个特性：垂直于作用面并指向流体内部，且同一点上的静水压强在各个方向上相等，与作用面的方位无关。

二、欧拉平衡微分方程

1755 年，欧拉（Euler）以平衡流体中取出的正六面体作为隔离体，经过微元分析，在外力平衡条件下得出了欧拉平衡微分方程

$$\begin{cases} X-\frac{1}{\rho}\frac{\partial p}{\partial x}=0 \\ Y-\frac{1}{\rho}\frac{\partial p}{\partial y}=0 \\ Z-\frac{1}{\rho}\frac{\partial p}{\partial z}=0 \end{cases} \tag{6-3-4}$$

式中：X、Y、Z——分别代表x、y、z方向上流体所受的单位质量力；

ρ——流体密度；

$\frac{1}{\rho}\frac{\partial p}{\partial x}$、$\frac{1}{\rho}\frac{\partial p}{\partial y}$、$\frac{1}{\rho}\frac{\partial p}{\partial z}$——分别为$x$、$y$、$z$三个方向上的单位质量表面力，$\frac{\partial p}{\partial x}$、$\frac{\partial p}{\partial y}$、$\frac{\partial p}{\partial z}$分别为三个轴向的压强变化率。

改写欧拉平衡微分方程，可得

$$\begin{cases} X=\frac{1}{\rho}\frac{\partial p}{\partial x} \\ Y=\frac{1}{\rho}\frac{\partial p}{\partial y} \\ Z=\frac{1}{\rho}\frac{\partial p}{\partial z} \end{cases} \tag{6-3-5}$$

对于不可压缩流体，其密度ρ为常数，上式表明质量力与压强变化率同号，即质量力作用的方向即为压强增加的方向。仅受重力作用的静水中，压强沿地心引力的方向增加，所以静水中越往下，水深越大压强也越大。

上式还表明，如果任两个轴向的单位质量力为零，则此两轴构成的面为等压面；等压面上压强不变。例如仅受重力作用的静水，$X=0$、$Y=0$，则X，Y轴构成的面为等压面，即仅受重力作用的静水中，等压面是与重力垂直的面，在小范围内是水平面。

将欧拉平衡方程（6-3-4）各式分别乘以$\mathrm{d}x$、$\mathrm{d}y$、$\mathrm{d}z$相加后可得

$$\mathrm{d}p=\rho(X\mathrm{d}x+Y\mathrm{d}y+Z\mathrm{d}z) \tag{6-3-6}$$

式中：$\mathrm{d}p$——压强的全微分；

其余符号意义同前。

上式是欧拉平衡微分方程的又一形式。

三、仅受重力作用时静水压强基本方程

将欧拉平衡微分方程（6-3-6）对仅受重力作用的静水积分即可得静水压强基本方程。

以$X=Y=0$，$Z=-g$代入上式得

$$\mathrm{d}p=-\rho g\mathrm{d}z=-\gamma\mathrm{d}z$$

两边作不定积分得

$$p = -\gamma z + C$$

或

$$z + \frac{p}{\gamma} = C \tag{6-3-7}$$

式中：C——积分常数，可根据边界条件定出。

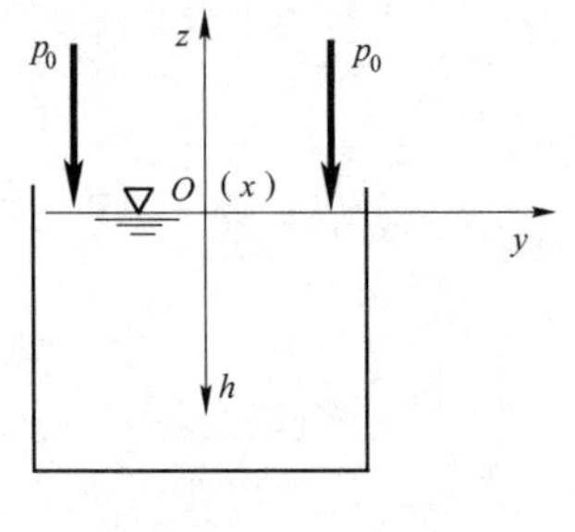

图　6-3-1

以如图 6-3-1 所示静水容器中表面压强为p_0，自液面向下计算的水深为$h = z_0 - z$，则由式（6-3-7）

$$z + \frac{p}{\gamma} = z_0 + \frac{p_0}{\gamma}$$

则有

$$p = p_0 + \gamma(z_0 - z)$$

或

$$p = p_0 + \gamma h = p_0 + \rho g h \tag{6-3-8}$$

式（6-3-8）称为静水压强基本方程，可用来计算液面下某一水深处的流体静压强p。

式中表面压强p_0在敞口容器中为大气压强p_a，大气压强p_a的值与海拔高程有关，通常海拔高度不大处，一般采用p_a=98kPa，即为一个工程大气压（用 at 表示），1at=98kPa。这不同于海平面处的标准大气压，一个标准大气压为 101.325kPa（以 atm 表示）。

式（6-3-8）表明水下任一点静压强由表面压强p_0与水柱重力所构成的压强γh两部分组成，且水面压强p_0均匀传播到水中所有各点，与水深无关，这正是读者熟知的帕斯卡原理。

四、压强的两种基准和三种表示方法

（一）两种基准

压强的基准是指压强的起算点，如以绝对真空为零点起算的压强称为绝对压强p'；绝对压强最小为零，无负压强。图 6-3-2 是它们之间的关系示意图。

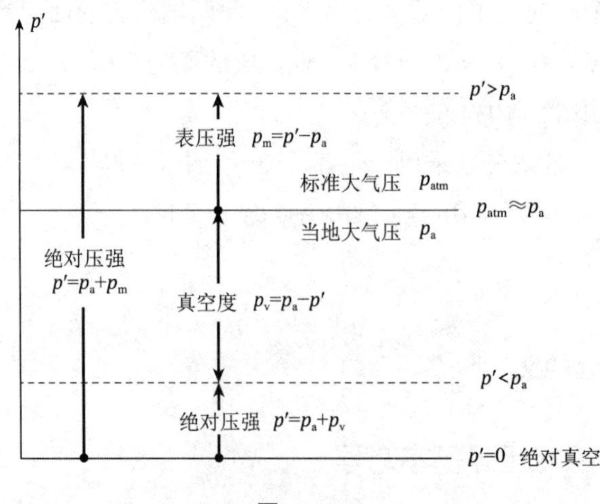

图　6-3-2

如以当地大气压为零起算则称为相对压强p，它与绝对压强p'只相差一个当地大气压p_a，即

$$p = p' - p_a \tag{6-3-9}$$

相对压强可正可负，当相对压强小于当地大气压时则出现负压，此时称为出现部分真空现象，真空值用p_v表示，其大小可用下式求出

$$p_v = p_a - p' \tag{6-3-10}$$

或

$$p_v = -p \tag{6-3-11}$$

真空值所对应的液柱高度为h_v，称真空度，真空度始终为正值，即

$$h_v = \frac{p_v}{\gamma} \tag{6-3-12}$$

（二）压强的三种表示方法[1]

第一种表示压强的方法是从压强的基本定义出发，以单位面积上的压力来表示，在国际单位制中为N/m^2或Pa，$1N/m^2 = 1Pa$。第二种表示方法是用工程大气压的倍数表示，$1at = 9.8 \times 10^4 Pa = 98kPa$。第三种表示方法是用液柱高度$h$来表示，常用水柱高度或水银柱高度来表示，其单位是 mH_2O 或 mmHg。与压强p的关系可用$h = p/\gamma$确定，例如一个工程大气压所对应的水柱高度h应为

$$h = \frac{p}{\gamma} = \frac{9.8 \times 10^4}{9.8 \times 10^3} = 10mH_2O$$

记住下面一组数据，有助于以心算法进行压强单位的换算，即 $1mH_2O$= 0.1 个工程大气压 = 9.8kPa。

【例 6-3-1】 设大气压为 101kPa，某点压力表读数为 20kPa，则相对压强和绝对压强分别是：

A. 20kPa，121kPa　　B. 121kPa，20kPa

C. 20kPa，20kPa　　D. 121kPa，121kPa

解 压力表读数为相对压强。绝对压强=大气压+相对压强 $= 101 + 20 = 121kPa$

答案： A

【例 6-3-2】 密闭水箱如图所示，已知水深$h = 1m$，自由面上的压强$p_0 = 90kN/m^2$，当地大气压$p_a = 101kN/m^2$，则水箱底部A点的真空度为：

A. $-1.2kN/m^2$　　B. $9.8kN/m^2$

C. $1.2kN/m^2$　　D. $-9.8kN/m^2$

解 真空度$p_v = p_a - p' = 101 - (90 + 9.8) = 1.2kN/m^2$

答案： C

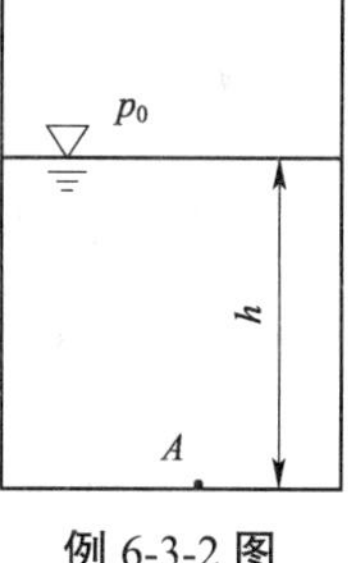

例 6-3-2 图

五、静水压强基本方程的物理意义

（一）几何意义

z——位置高度，即计算点距基准面的铅直高度，以 m 计；

$\frac{p}{\gamma}$——压强高度或测压管高度，即计算点至测压管中液面的铅直高度，以 m 计，见图 6-3-3；

$z + \frac{p}{\gamma}$——测压管水头，即从基准面到测压管中液面的高度，以 m 计。在静止液体中$z + \frac{p}{\gamma} = C$，即静水中各点的测压管水头相等，各点测压管水头上端构成的线或面称为测压管水头线（或面）。静水中测压管水头线是一水平线。

[1]《中华人民共和国法定计量单位》中规定，标准大气压和毫米汞（水）柱两种压强的表示方法（即本款所述的第二、第三种方法），属于废除单位。但在目前工程实用上，仍有大量资料应用后两种单位，故此处仍编入。

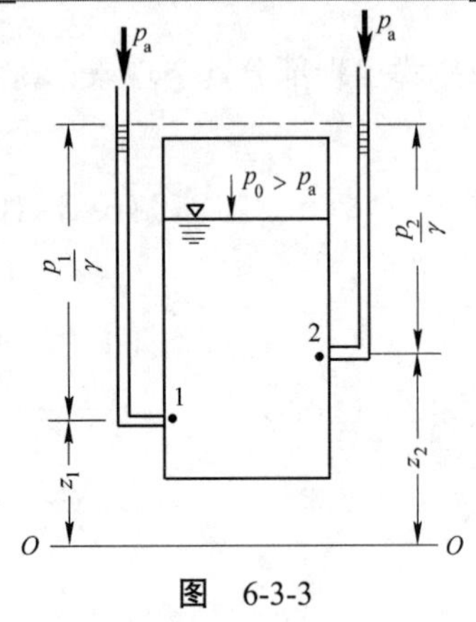

图 6-3-3

（二）能量意义

z——单位重量流体的位能，因为$z=\frac{mg\cdot z}{mg}$，简称单位位能；

$\frac{p}{\gamma}$——单位重量流体的压能，因为$\frac{p}{\gamma}=\frac{mg\cdot\frac{p}{\gamma}}{mg}$，简称单位压能；

$z+\frac{p}{\gamma}$——单位重量流体的势能，简称单位势能。在静水中$z+\frac{p}{\gamma}=C$，表明静水中各点单位势能相等，为能量守恒定律的一种反映。

在图 6-3-3 中，$z_1+\frac{p_1}{\gamma}=z_2+\frac{p_2}{\gamma}$。此外，在水力学中习惯上将高度称为水头，所以$z$又可称为位置水头，$\frac{p}{\gamma}$称为压强水头。

【例 6-3-3】 设A、B两处液体的密度分别为ρ_A与ρ_B，由 U 形管连接，如图所示。已知水银密度为ρ_m，1、2 面的高度差为Δh，它们与A、B中心点的高度差分别是h_1与h_2，则A、B两中心点的压强差p_A-p_B为：

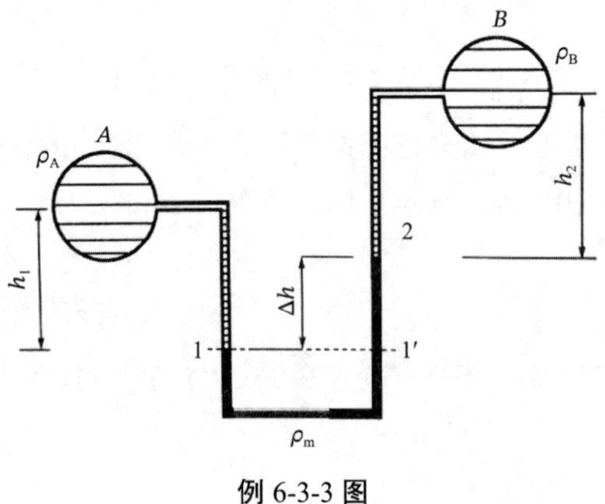

例 6-3-3 图

A. $\left(-h_1\rho_A+h_2\rho_B+\Delta h\rho_m\right)g$　　B. $\left(h_1\rho_A-h_2\rho_B-\Delta h\rho_m\right)g$

C. $\left[-h_1\rho_A+h_2\rho_B+\Delta h\left(\rho_m-\rho_A\right)\right]g$　　D. $\left[h_1\rho_A-h_2\rho_B-\Delta h\left(\rho_m-\rho_A\right)\right]g$

解 仅受重力作用的静止流体的等压面是水平面。因此，点 1 与点 2 的压强相等。

$$p_A+\rho_A g h_1=p_B+\rho_B g h_2+g\rho_m\Delta h$$

$$p_A-p_B=\left(-h_1\rho_A+h_2\rho_B+\Delta h\rho_m\right)g$$

答案： A

六、压强分布图

在实际工程中常把静压强的分布用作图法表示出来，便于形象直观地分析问题。从静压强基本方程$p=p_0+\gamma h$可知，当容器为敞口时，表面压强$p_0=p_a$，容器外壁同时作用着大气压强p_a，两者抵消后，容器所受到的有效压强为相对压强。此外$p=\gamma h$，即与水深h为一线性关系，所以压强沿水深的变化为一直线，在液面处$\gamma h=0$，在水深为H处为γH，此两点连一直线，即为压强分布图。作图时应注意力矢的方向要与作用面成直角，因为静水压强的特性之一是与作用面垂直，各种情况下的压强分布如图 6-3-4 所示。如在密闭容器中$p_0\neq p_a$时，则要计及p_0的作用，但因p_0在传递时是等值的，与h无关，所以只要几何地叠加即可。

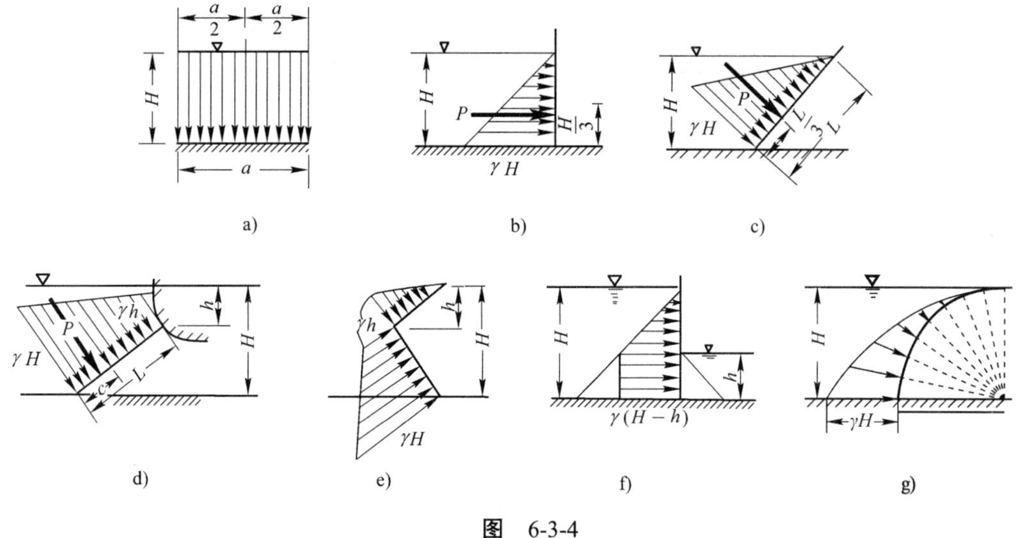

图 6-3-4

七、测压计

测量流体静压强的方法、仪器种类很多，并日趋现代化。下面介绍常用的液柱式测压计及其原理，其余将在流体参数的量测一节中再讲。

（一）玻璃测压管

测压管是一根两端开口的玻璃管，一端与所测流体连通，另一端与大气连通，管内液体在压强作用下上升至某一高度h_{A}，见图 6-3-5a），则被测点流体压强$p_{\mathrm{A}} = \gamma h_{\mathrm{A}}$。当压强较大时，测压管太长，使用不便，可采用 U 形水银压力计测压。

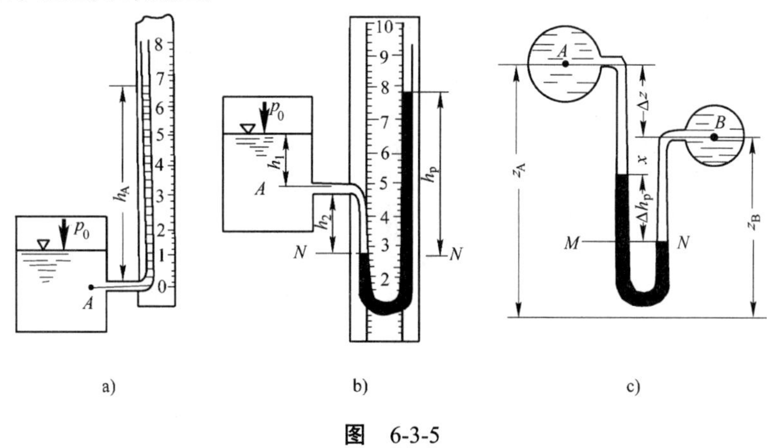

图 6-3-5

（二）U 形水银压力计

此种压力计如图 6-3-5b）所示，在 U 形玻璃管中盛放与水不相混掺的某种液体，例如水银。在测量气体压强时，可盛水或酒精。被测点压强$p_{\mathrm{A}} = \gamma_{\mathrm{Hg}} h_{\mathrm{p}} - \gamma h_2$，液面压强$p_0 = \gamma_{\mathrm{Hg}} h_{\mathrm{p}} - \gamma (h_1 + h_2)$。

（三）压差计

水银压差计如图 6-3-5c）所示，可测出液体中两点的压差Δp或两点测压管水头差。仅受重力作用的等压面为水平面如图 6-3-5 中的MN平面，等压面上压强处处相等。利用等压面原理可导出图中A、B两点压差为

$$p_{\mathrm{B}} - p_{\mathrm{A}} = \Delta p = \gamma \Delta z + \left(\frac{\gamma_{\mathrm{Hg}}}{\gamma} - 1\right) \gamma \Delta h_{\mathrm{p}}$$

两点测压管水头差为

$$\left(z_{\mathrm{B}}+\frac{p_{\mathrm{B}}}{\gamma}\right)-\left(z_{\mathrm{A}}+\frac{p_{\mathrm{A}}}{\gamma}\right)=\left(\frac{\gamma_{\mathrm{Hg}}}{\gamma}-1\right)\Delta h_{\mathrm{p}}$$

若水的重度$\gamma=9.8\mathrm{kN/m^3}$，水银的重度$\gamma_{\mathrm{Hg}}=133.28\mathrm{kN/m^3}$，则压差为

$$\Delta p=\gamma\Delta z+12.6\gamma\Delta h_{\mathrm{p}}$$

两点测压管水头差为

$$\left(z_{\mathrm{B}}+\frac{p_{\mathrm{B}}}{\gamma}\right)-\left(z_{\mathrm{A}}+\frac{p_{\mathrm{A}}}{\gamma}\right)=12.6\Delta h_{\mathrm{p}}$$

八、液体的相对平衡

液体相对于地球运动，但液体质点之间及液体与容器壁之间无相对运动时，称为液体的相对平衡或相对静止状态。例如相对于地面作等加速直线运动的洒水车和容器中的液体绕中心轴作等角速旋转运动，在运动经历一定时间后就会达到这种相对平衡状态。

现在用达朗贝尔原理，取坐标系在运动容器上，液体相对于这一坐标系是静止的，这样可使这种运动问题作为静止问题来处理。如图 6-3-6a）所示为一水平等加速运动的洒水车，取直角坐标系x、y、z在自由液面上，此时车中液体在重力及水平惯性力共同作用处于相对平衡状态，作用在液体质点上的单位质量力在各个轴向的分量分别为

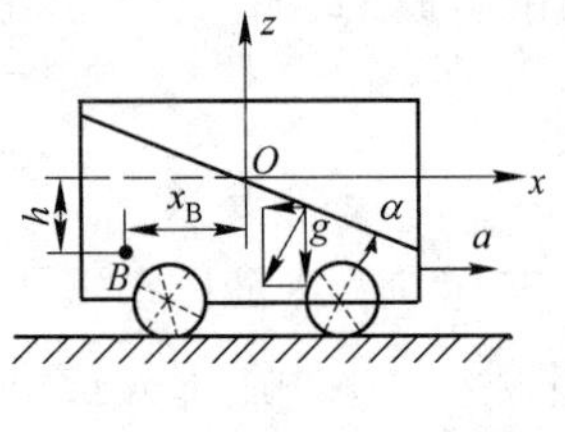

a)

$$X=-a,\ Y=0,\ Z=-g$$

代入 Euler 平衡方程$\mathrm{d}p=\rho(X\mathrm{d}x+Y\mathrm{d}y+Z\mathrm{d}z)$，有

$$\mathrm{d}p=\rho(-a\mathrm{d}x-g\mathrm{d}z)$$

积分后得

$$p=-(\rho ax+\rho gz)+C$$

或

$$p=-\gamma\left(\frac{a}{g}x+z\right)+C$$

当$x=0$，$z=0$时，$p=p_0$代入上式可得$C=p_0$，最后得

$$p=p_0-\gamma\left(\frac{a}{g}x+z\right)$$

其中，p_0为液面压强，$\gamma=\rho g$为液体重度。自由液面上$p=p_0$，即$ax/g+z=0$，或$ax+gz=0$，液面倾角为α，则$\tan\alpha=-z/x=a/g$，当水平加速度增加时，液面倾角增大。

又如图 6-3-6b）为绕容器纵轴作等角速旋转之相对平衡，此时各轴向的单位质量力分别为

$$X=\omega^2x,\ Y=\omega^2y,\ Z=-g$$

代入 Euler 平衡方程后积分得

$$p=p_0+\gamma\left(\frac{\omega^2r^2}{2g}-z\right)$$

b)

图 6-3-6

式中：ω——旋转角速度；

r——质点距轴心的旋转半径。

自由液面上$p=p_0$，由上式可得自由液面方程为

$$z = \frac{\omega^2 r^2}{2g}$$

所以自由液面为一旋转抛物面，旋转越快，液面上高度越大。在同一转速下，边壁处液面上升最高。

九、作用在平面上的液体总压力

（一）平面静水总压力的大小

如图 6-3-7 所示一倾斜置于水下的任意形状平面，总面积为A，与水平线的交角为α，围绕面上M点取一微小面积$\mathrm{d}A$，淹没深度为h，作用在$\mathrm{d}A$上的静水总压力为$\mathrm{d}P$，则

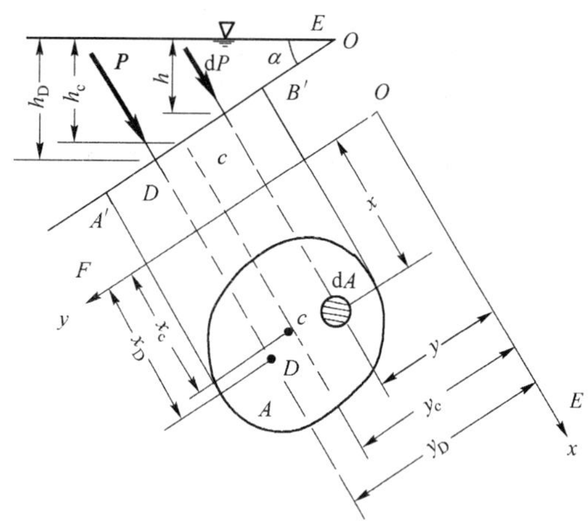

图 6-3-7

$$\mathrm{d}P = p\mathrm{d}A = \gamma h\mathrm{d}A$$

而全面积A上的静水总压为P，则

$$P = \int_A \mathrm{d}P = \int_A \gamma h\mathrm{d}A = \int_A \gamma y\sin\alpha\mathrm{d}A = \gamma\sin\alpha\int_A y\,\mathrm{d}A = \gamma\sin\alpha y_c A = \gamma h_c A = p_c A$$

即

$$P = \gamma h_c A = p_c A \tag{6-3-13}$$

式中：h_c——面积A形心点c处的水深；

p_c——形心点c处的静压强。

上式表明平面总压力的大小等于形心点压强乘以平面受压面积。

（二）平面总压力的方向和作用点

由静水压强特性知，总压力垂直于受压平面，总压力作用点可根据合力对某一轴的力矩等于各分力对同一轴力矩之和求得。设总压力对x轴的力矩为$P\cdot y_D$，y_D为总压力作用点D至x轴的距离，则有

$$P\cdot y_D = \int_A y\,\mathrm{d}P = \int_A y\gamma y\sin\alpha\mathrm{d}A = \gamma\sin\alpha\int_A y^2\mathrm{d}A$$
$$= \gamma\sin\alpha I_x = \gamma\sin\alpha(I_{xc} + y_c^2 A)$$

又因为$P = \gamma y_c\sin\alpha A$，代入上式后求得$y_D$

$$y_D = y_c + \frac{I_{xc}}{y_c A} \tag{6-3-14}$$

式中：y_c——面积形心c点至x轴的距离；

I_{xc}——过形心c轴的受压面积A的惯性矩，可查有关表格，例如矩形面积$I_{xc} = bh^3/12$，圆形面积$I_{xc} = \pi r^4/4$。

（三）平面总压力的图解法

对于垂直置于水中的矩形平面，见图 6-3-4b)，总压力可应用图解法求得，其大小等于压强分布图的面积Ω乘以受压面的宽度b，即$p = b\cdot\Omega$。总压力的作用线通过压强分布图的形心，作用线与受压面的交点，即为总压力的作用点。

【例 6-3-4】 设有一铅直矩形闸门，如图所示，顶边水平，所在水深为$h_1 = 1\text{m}$，闸门高$h = 2\text{m}$，宽$b = 1.5\text{m}$，静水总压力P和作用点D点距离水面的距离y_D为：

A. 58.8kN，2.17m　　B. 58.8kN，2m　　C. 29.4kN，2.17m　　D. 29.4kN，2m

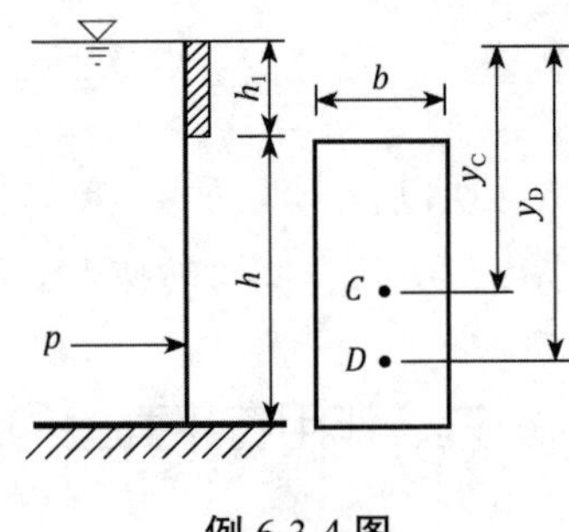

例 6-3-4 图

解　根据平板受力计算公式，静压力

$$P=\rho g h_c A$$

其中，$h_c=h_1+\frac{h}{2}=1+\frac{2}{2}=2\text{m}$

$$A=bh=1.5\times 2=3\text{m}^2$$

代入，得：

$$P=1000\times 9.8\times 2\times 3=58.8\text{kN}$$

压力中心

$$y_D=y_c+\frac{I_{xc}}{y_c A}$$

其中，$y_c=h_c=2\text{m}$，$I_{xc}=\frac{1}{12}bh^3=\frac{1}{12}\times 1.5\times 2^3=1\text{m}^4$

$$y_D=2+\frac{1}{2\times 1.5\times 2}=2.17\text{m}$$

答案：A

十、作用在曲面上的液体总压力

如图 6-3-8a）所示一二维受压曲面，取曲面上一点M并绕M取微小面积$\text{d}A$，作用在微小面积$\text{d}A$上的总压力为$\text{d}P=p\text{d}A=\gamma h\text{d}A$，$\text{d}P$垂直于$\text{d}A$，与水平方向成$\theta$角，将$\text{d}P$分解为水平分力$\text{d}P_x$及铅垂分力$\text{d}P_z$，分别为

$$\text{d}P_x=\text{d}P\cos\theta=\gamma h\text{d}A\cos\theta=\gamma h\text{d}A_x$$
$$\text{d}P_z=\text{d}P\sin\theta=\gamma h\text{d}A\sin\theta=\gamma h\text{d}A_z$$

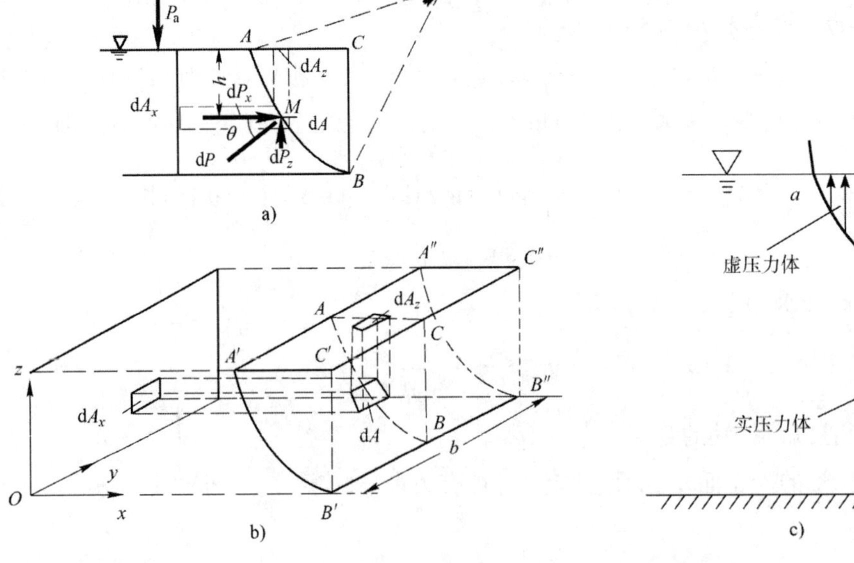

图　6-3-8

作用在全部曲面上的水平总分力为

$$P_x=\int \text{d}P_x=\int_A \gamma h\,\text{d}A\cos\theta=\int_{A_x}\gamma h\text{d}A_x=\gamma h_c A_x$$

即
$$P_x=\gamma h_c A_x \tag{6-3-15}$$

式中：h_c——曲面在铅垂面上投影面积A_x的形心点水深。

作用在全部曲面上的铅垂总分力为

$$P_z = \int \mathrm{d}P_z = \int_A \gamma\, h\mathrm{d}A \sin\theta = \int_{A_z} \gamma\, h\mathrm{d}A_z = \gamma \int_{A_z} h\,\mathrm{d}A_z$$

积分式$\int_{A_z} h\mathrm{d}A_z$为曲面以上与自由液面（或其延长面）以下铅垂柱体的体积，称为压力体的体积V，如图 6-3-8b）所示$A'B'C'A''B''C''$的体积，所以曲面总压力的铅垂分力为

$$P_z = \gamma V \tag{6-3-16}$$

即铅垂分力$\boldsymbol{P}_z$等于压力体内液体的重力γV。若压力体内有液体压力体与液体在曲面同一侧则为实压力体，$\boldsymbol{P}_z$方向向下，若压力体内无液体，液体在曲面的另一侧，则为虚压力体，此时$\boldsymbol{P}_z$的方向向上，称为浮力，参见图 6-3-8c）。曲面总压力的合力$\boldsymbol{P}$可用$\boldsymbol{P}_x$及$\boldsymbol{P}_z$求得

$$P = \sqrt{P_x^2 + P_z^2} \tag{6-3-17}$$

曲面总压力与水平线的夹角θ

$$\theta = \arctan\frac{P_z}{P_x} \tag{6-3-18}$$

对于对称的几何图形，总压力作用点均应在水平对称轴上。

注意：压力体仅用于计算作用在平面和曲面的力在铅垂方向上的分力，压力体是一个纯几何体。在使用压力体求解铅垂分力时，一定要有自由液面或通过变换形成自由液面。压力体在铅垂方向上可以进行算术叠加，即正负相抵。

【例 6-3-5】 设有一弧形闸门，如图所示，已知闸门宽度$b = 3\text{m}$，半径$r = 2.828\text{m}$，$\varphi = 45°$，闸门转动轴O点距底面高度$H = 2\text{m}$，门轴O在水面延长线上，试求当闸门前水深$h = 2\text{m}$时，作用在闸门上的静水总压力。

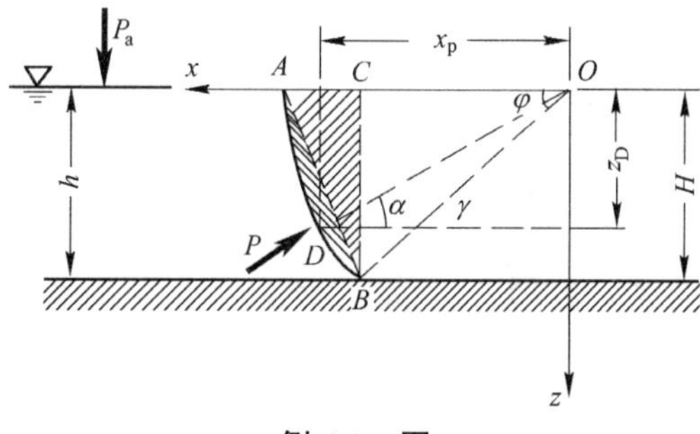

例 6-3-5 图

解 水平分力

$$P_x = \gamma h_c A_x = 9.8 \times 10^3 \times \frac{1}{2} \times 2 \times 2 \times 3$$
$$= 58.8 \times 10^3\text{N} = 58.8\text{kN}$$

铅直分力

$$P_z = \gamma V = \gamma\left(\frac{\varphi}{360°} \times \pi \times r^2 - \frac{1}{2} h \times r\cos\varphi\right) \times b$$

V是图中阴影线部分体积，为虚压力体，$\boldsymbol{P}_z$方向向上，为浮力。

$$P_z = 9.8 \times 10^3\left(\frac{45°}{360°} \times \pi \times 2.828^2 - \frac{1}{2} \times 2 \times 2.828 \times \cos 45°\right) \times 3$$
$$= 33.52 \times 10^3\text{N} = 33.52\text{kN}$$

合力

$$P = \sqrt{P_x^2 + P_z^2} = \sqrt{(58.8 \times 10^3)^2 + (33.52 \times 10^3)^2}$$
$$= 67.68 \times 10^3\text{N} = 67.68\text{kN}$$

与水平线夹角为

$$\theta = \arctan\frac{P_z}{P_x} = \arctan\frac{33.52 \times 10^3}{58.8 \times 10^3} = 30°$$

十一、浮力和潜体及浮体的稳定性

浸没于液体中的物体称为潜体，漂浮在液体自由表面的物体称为浮体。无论是潜体还是浮体，也无论物体表面形状是如何的复杂多变，它们均受到液体对其施加的铅直向上的托举力的作用，此力称为浮力或浮托力。浮力的大小可用上述曲面总压力铅垂分力计算法计算。如图 6-3-9 所示一浸没于水中的潜体沿潜体表面作铅直切线AA'、BB'……，这些切线组成切于潜体表面的垂直向上的柱状体，该柱面与潜体表面的交线，把潜体表面分为AFB、AHB上下两部分，上半部分AFB表面所受到静水总压力铅垂分力$\boldsymbol{P}_{z1}$，应等于曲面AFB上压力体内液体的重力，方向向下，下半部分AHB表面所受到的静水总压力铅垂分力$\boldsymbol{P}_{z2}$等于曲面AHB以上压力体的重力，方向向上为浮力。作用在整个潜体表面上的铅垂分力$P_z = P_{z2} - P_{z1}$，亦即等于潜体自身体积大小的液体重力，所以潜体所受浮力应等于潜体所排开的同体积的液体重力。潜体所受的水平分力$\boldsymbol{P}_x$，左右前后均大小相等方向相反，水平分力的合力$\boldsymbol{P}_x = 0$，故潜体所受总压力的合力，只有铅垂向上的浮力。计算潜体浮力的原理就是人们熟知的阿基米德（Archimeds）原理，此原理对浮体也同样适用。

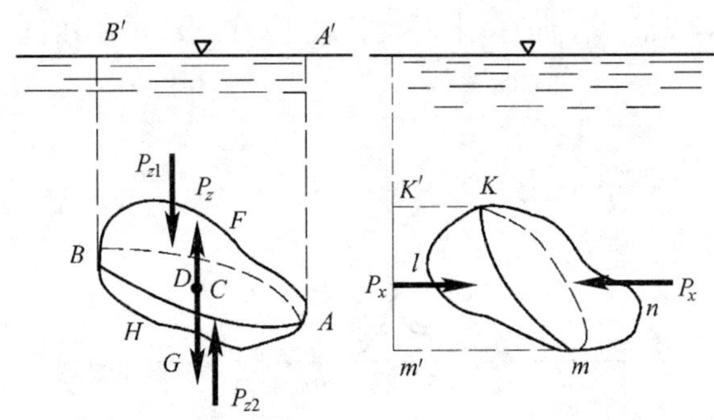

图　6-3-9

浮力的作用点称为浮心，浮心显然与所排开液体体积的形心重合。

潜体除了浮力作用外，还同时受到重力的作用，当潜体重力$\boldsymbol{G}$大于浮力$\boldsymbol{P}_z$时，物体下沉；当$G = P_z$时，物体可在液体中任意深度保持平衡。当$G < P_z$时，物体上升，减少在液体中浸没体积，从而减小浮力，直至浮力与重力相等时为止，此时潜体就变为浮体了。

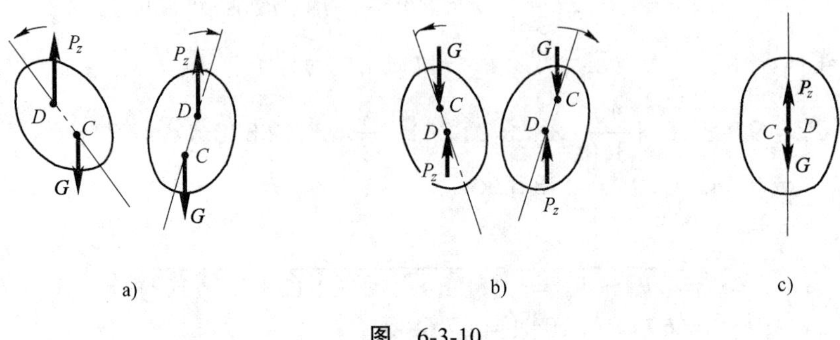

图　6-3-10

现探讨潜体的稳定性。潜体在倾斜后恢复其原来平衡位置的能力，称为潜体的稳定性。按照重心C

与浮心D在同一铅垂线上的相对位置，有三种可能性：①重心C位于浮心D之下，如图 6-3-10a）所示，潜体如有倾斜，重力$\boldsymbol{G}$与浮力$\boldsymbol{P}_z$形成一个使潜体恢复原来平衡位置的转动力矩，使潜体能恢复原位，称为稳定平衡。②重心C位于浮心D之上，如图 6-3-10b）所示，潜体如有倾斜，重力$\boldsymbol{G}$与浮力$\boldsymbol{P}_z$将产生一个使潜体继续倾斜的转动力矩，潜体不能恢复其原位，称为不稳定平衡。③重心C与浮心D相重合，如图 6-3-10c）所示，潜体如有倾斜，重力$\boldsymbol{G}$与浮力$\boldsymbol{P}_z$不产生转动力矩，潜体处于随遇平衡状态。即潜体在任意位置均可随意平衡，不需恢复原有状态。

浮体平衡的稳定性要求与潜体有所不同，浮体重心C在浮心D之上时，其平衡仍有可能是稳定的。设有两浮体如图 6-3-10 所示，浮体处于平衡位置时重心C与浮心D的连线垂直于浮面（浮体在平衡位置时与自由液面交线），称为浮轴，浮心与重心均在浮轴上；倾斜后重心C位置一般不改变，但浮心及浮力和浮轴不重合，改变了位置。设浮力与浮轴的交点为M，称定倾中心，定倾中心到原浮心D的距离称定倾半径，以ρ表示。重心C和原浮心D的距离称为偏心距，以e表示。浮体倾斜后能否恢复其原平衡位置，取决于重心C与定倾中心M的相对位置，有三种可能性：①$\rho > e$，即M点高于C点，如图 6-3-11a）所示，这时重力$\boldsymbol{G}$与倾斜后的浮力$\boldsymbol{P}_z'$构成一扶正力矩，使浮体恢复到原位，浮体处于稳定平衡；②$\rho < e$，即M点低于C点，如图 6-3-11b）所示，这时重力$\boldsymbol{G}$与倾斜后浮力$\boldsymbol{P}_z'$构成一倾覆力矩，使浮体继续倾斜，浮体处于不稳定平衡；③$\rho = e$，即M与C重合，这时$\boldsymbol{G}$与$\boldsymbol{P}_z'$不产生力矩，浮体处于随遇平衡。

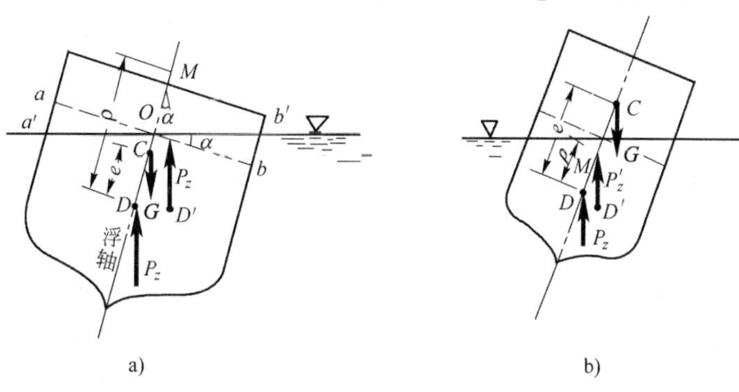

图 6-3-11

【例 6-3-6】 密闭水箱如图所示，已知水深$h = 2\text{m}$，自由面上的压强$p_0 = 88\text{kN/m}^2$，当地大气压强$p_a = 101\text{kN/m}^2$，则水箱底部A点的绝对压强与相对压强分别为：

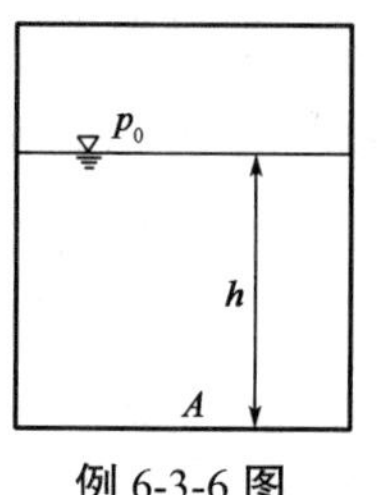

例 6-3-6 图

A. 107.6kN/m^2 和-6.6kN/m^2

B. 107.6kN/m^2 和 6.6kN/m^2

C. 120.6kN/m^2 和-6.6kN/m^2

D. 120.6kN/m^2 和 6.6kN/m^2

解 A点绝对压强$p_A' = p_0 + \rho g h = 88 + 1 \times 9.8 \times 2 = 107.6\text{kPa}$

A点相对压强$p_A = p_A' - p_a = 107.6 - 101 = 6.6\text{kPa}$。

答案： B

【例 6-3-7】 如图所示，一密闭容器内盛有油和水，油层厚$h_1 = 40\text{cm}$，油的密度$\rho_a = 850\text{kg/m}^3$，盛有水银的 U 形测压管的左侧液面距水面的深度$h_2 = 60\text{cm}$，水银柱右侧高度低于油面$h = 50\text{cm}$，水银的密度$\rho_{Hg} = 13\,600\text{kg/m}^3$，试求油面上的压强$p_e$为：

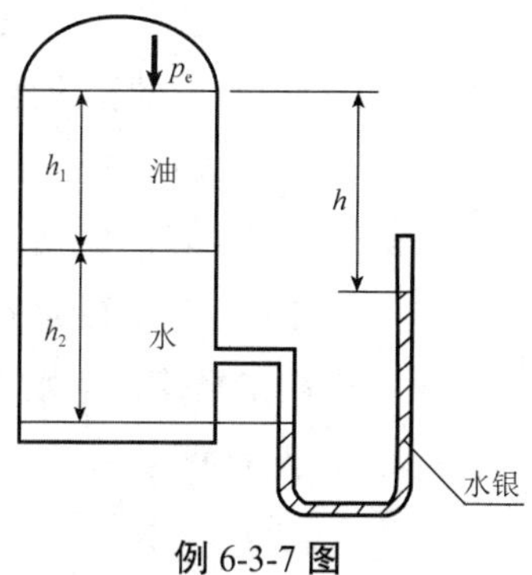

例 6-3-7 图

A. 13 600Pa

B. 63 308Pa

C. 66 640Pa

D. 57 428Pa

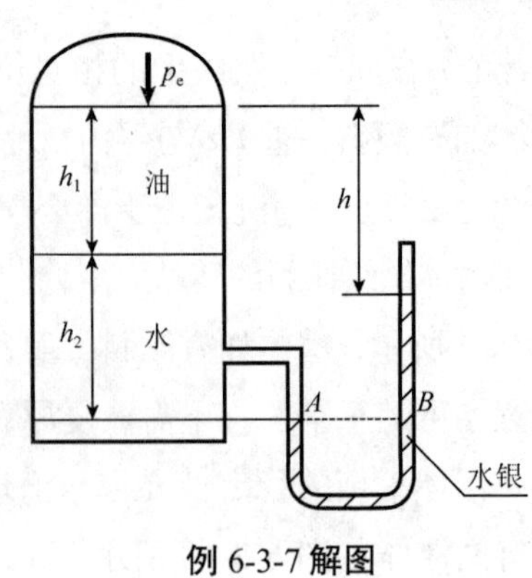

例 6-3-7 解图

解 绘出等压面A-B（见解图），则有$p_A = p_B$，存在：

$$p_A = p_e + \rho_1 g h_1 + \rho_2 g h_2 = p_B = \rho_{Hg} g(h_1 + h_2 - h)$$

则$p_e = \rho_{Hg} g(h_1 + h_2 - h) - (\rho_1 g h_1 + \rho_2 g h_2)$

$$= 13\,600 \times 9.8 \times (0.4 + 0.6 - 0.5) - (850 \times 0.4 \times 9.8 + 1000 \times 0.6 \times 9.8)$$

$$= 57\,428\text{Pa}$$

答案： D

习　题

6-3-1 单位质量力的国际单位是（　　）。

A. 牛（N）　　B. 帕（Pa）

C. 牛/千克（N/kg）　　D. 米/秒^2（m/s^2）

6-3-2 与大气相连通的自由水面下 5m 处的相对压强为（　　）。

A. 5at　　B. 0.5at　　C. 98kPa　　D. 40kPa

6-3-3 某点的相对压强为−39.2kPa，则该点的真空值与真空高度分别为（　　）。

A. 39.2kPa，4mH_2O　　B. 58.8kPa，6mH_2O

C. 34.3kPa，3.5mH_2O　　D. 19.6kPa，2mH_2O

6-3-4 密闭容器内自由表面压强p_0 =9.8kPa 液面下水深 2m 处的绝对压强为（　　）。

A. 19.6kPa　　B. 29.4kPa

C. 205.8kPa　　D. 117.6kPa

6-3-5 用 U 形水银压力计测容器中某点水的相对压强，如已知水和水银的重度分别为γ及γ'，压力计中液面差为Δh，被测点至内侧低水银液面的高差为h_1，则被测点的相对压强为（　　）。

A. $\gamma'\Delta h$　　B. $(\gamma' - \gamma)\Delta h$

C. $\gamma'(h_1 + \Delta h)$　　D. $\gamma'\Delta h - \gamma h_1$

6-3-6 圆柱形木桶，顶部与底部用环箍紧，桶内盛满液体，顶箍与底箍所受张力之比为（　　）。

A. 2　　B. 1/2　　C. 2/3　　D. 1/4

6-3-7 一垂直立于水中的矩形平板闸门，门宽 4m，门前水深 2m，该闸门所受静水总压力为（　　），压力中心距自由液面的铅直距离为（　　）。

A. 60kN，1m　　B. 78.4kN，4/3m

C. 85kN，1.2m　　D. 70kN，1m

6-3-8 水下有一半径为$R = 0.1$m 的半球形侧盖，球心至水面的距离$H = 5$m，作用于半球盖上水平方向的静水压力为（　　）。

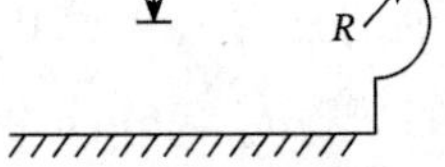

A. 0.98kN　　B. 1.96kN

C. 0.77kN　　D. 1.54kN

题 6-3-8 图

第四节　流体动力学

一、流体运动学基本概念

表征流体运动的各种物理量，如速度、加速度、压强、密度、动量、能量等，称为运动要素。流体运动学就是要研究流体运动要素随时间、空间而变化的规律。由于描述流体运动的方法不同，运动要素的表示式也有不同。在流体力学中，有两种描述流体运动方法，即拉格朗日（Largange）法和欧拉（Euler）法。

拉格朗日是从分析流体质点的运动着手，设法描述出每一个流体质点自始至终的运动过程，即它们的位置随时间变化的规律。如所有流体质点的运动轨迹均知道了，则整个流体运动的状况也就清楚了。为了区分不同的流体质点，拉格朗日采用起始时刻$t=t_0$时每个质点的空间坐标(a,b,c)作为标志，然后表达出每一流体质点在任意时刻t在空间的坐标位置，在直角坐标系它们皆是拉格朗日变量a、b、c和时间t的连续函数，即

$$\begin{cases} x = x(a,b,c,t) \\ y = y(a,b,c,t) \\ z = z(a,b,c,t) \end{cases}$$

由上式可知，若a，b，c为常数，t为变数，可得某个指定质点运动轨迹方程；如果t为常数，a、b、c为变数，可得某一瞬时不同质点在空间分布位置。如a、b、c、t全都是变量时，则方程所表达的是任意质点的运动轨迹。流体质点在任何时刻的速度，可从上式对时间取偏导数得到，即

$$u_x = \frac{\partial x}{\partial t} = \frac{\partial x(a,b,c,t)}{\partial t}$$

$$u_y = \frac{\partial y}{\partial t} = \frac{\partial y(a,b,c,t)}{\partial t}$$

$$u_z = \frac{\partial z}{\partial t} = \frac{\partial z(a,b,c,t)}{\partial t}$$

任意流体质点在任何时刻的加速度，可从上式对时间取偏导数得到，即

$$a_x = \frac{\partial u_x}{\partial t} = \frac{\partial^2 x(a,b,c,t)}{\partial t^2}$$

$$a_y = \frac{\partial u_y}{\partial t} = \frac{\partial^2 y(a,b,c,t)}{\partial t^2}$$

$$a_z = \frac{\partial u_z}{\partial t} = \frac{\partial^2 z(a,b,c,t)}{\partial t^2}$$

当加速度确定后，可通过牛顿第二定律，建立运动和作用于该点上力的关系，反之亦然。

由于流体不同于固体，流体微团运动中有线变形、角变形，互相间位置不固定，因此运动轨迹极其复杂多变，要想求出这些函数，常导致数学上的困难；其次，在实际工程上，多数情况下并不需要知道每一质点的运动轨迹及其速度等要素的变化；再次，测量流体运动要素，要跟着流体质点移动测量仪器，以测出不同瞬时的数值，这种测量方法是很难实现的。因此不常采用拉格朗日方法，而多采用欧拉方法。

欧拉方法是从分析通过流场中某固定空间点上流体质点的运动着手，设法描述出每一个空间点上

流体质点的运动随时间变化的规律。如果知道了所有空间点上质点的运动规律，那么整个流动情况也就清楚了。至于流体质点在到达某空间点之前是从哪里来的，到达某空间点后又将到那里去，则不予研究。在直角坐标系中，选取坐标(x,y,z)将每一空间点区分开来。在一般情况下，同一时刻，不同空间点上流体质点的速度也是不同的，所以任意时刻任意空间点流体质点的速度u将是空间坐标和时间的函数，写成向量形式为

$$\vec{u}=\vec{u}(x,y,z,t)$$

投影到x，y，z各个轴向的速度分量为

$$u_x=u_x(x,y,z,t)$$

$$u_y=u_y(x,y,z,t)$$

$$u_z=u_z(x,y,z,t)$$

同样，其他运动要素如压强p和密度ρ可写为

$$p=p(x,y,z,t)$$

$$\rho=\rho(x,y,z,t)$$

由上式可知，当t为常数，(x,y,z)为变数，则可得同一瞬时，通过不同空间点各流体质点速度分布情况，是某瞬时空间的流速向量场。若(x,y,z)为常数，t为变量，则可得不同瞬时，通过空间某固定点流体质点速度变化的情况。

现讨论流体质点加速度的表达式。从欧拉法的观点来看，在流动中不仅处于不同空间点上的质点可以具有不同的速度，就是同一空间点上的质点，也因时间先后的不同可以有不同的速度。所以流体质点的加速度由两部分组成，一是由于时间过程而使空间点上的质点速度发生变化的加速度，称当地加速度（或时变加速度），另一是流动中质点位置移动而引起的速度变化所形成的加速度，称为迁移加速度（或位变加速度）。以欧拉法求加速度时，x，y，z，t均看成是自变量，以复合函数求导法则，求流速u的全导数，各轴加速度的分量为

$$a_x=\frac{\mathrm{d}u_x}{\mathrm{d}t}=\frac{\partial u_x}{\partial t}+\frac{\partial u_x}{\partial x}\frac{\mathrm{d}x}{\mathrm{d}t}+\frac{\partial u_x}{\partial y}\frac{\mathrm{d}y}{\mathrm{d}t}+\frac{\partial u_x}{\partial z}\frac{\mathrm{d}z}{\mathrm{d}t}$$

$$a_y=\frac{\mathrm{d}u_y}{\mathrm{d}t}=\frac{\partial u_y}{\partial t}+\frac{\partial u_y}{\partial x}\frac{\mathrm{d}x}{\mathrm{d}t}+\frac{\partial u_y}{\partial y}\frac{\mathrm{d}y}{\mathrm{d}t}+\frac{\partial u_y}{\partial z}\frac{\mathrm{d}z}{\mathrm{d}t}$$

$$a_z=\frac{\mathrm{d}u_z}{\mathrm{d}t}=\frac{\partial u_z}{\partial t}+\frac{\partial u_z}{\partial x}\frac{\mathrm{d}x}{\mathrm{d}t}+\frac{\partial u_z}{\partial y}\frac{\mathrm{d}y}{\mathrm{d}t}+\frac{\partial u_z}{\partial z}\frac{\mathrm{d}z}{\mathrm{d}t}$$

上式中$\mathrm{d}x$、$\mathrm{d}y$、$\mathrm{d}z$是流体质点在$\mathrm{d}t$时段内在空间的位移在各个轴的投影，因此

$$\frac{\mathrm{d}x}{\mathrm{d}t}=u_x\quad\frac{\mathrm{d}y}{\mathrm{d}t}=u_y\quad\frac{\mathrm{d}z}{\mathrm{d}t}=u_z$$

代入上式得欧拉法流体质点加速度的表达式

$$\left.\begin{aligned}a_x&=\frac{\partial u_x}{\partial t}+u_x\frac{\partial u_x}{\partial x}+u_y\frac{\partial u_x}{\partial y}+u_z\frac{\partial u_x}{\partial z}\\a_y&=\frac{\partial u_y}{\partial t}+u_x\frac{\partial u_y}{\partial x}+u_y\frac{\partial u_y}{\partial y}+u_z\frac{\partial u_y}{\partial z}\\a_z&=\frac{\partial u_z}{\partial t}+u_x\frac{\partial u_z}{\partial x}+u_y\frac{\partial u_z}{\partial y}+u_z\frac{\partial u_z}{\partial z}\end{aligned}\right\}\tag{6-4-1}$$

工程上大多采用欧拉法，因多数情况下，感兴趣的只是某些固定位置上流体质点的运动情况，并不一定要知道流体质点运动情况的历史演变。其次，测量流体的运动要素，用欧拉法时可将测试仪表固定在指定的空间点上即可，较易进行量测。

二、迹线、流线、元流、总流等基本概念

（一）迹线

迹线是一个流体质点在一段连续时间内在空间运动的轨迹线，它是拉格朗日法研究流体的几何表示。

（二）流线

流线是这样的曲线，对于某一固定时刻而言，曲线上任一点的速度方向与曲线在该点的切线方向重合；流线描绘出同一时刻不同位置上流体质点的速度方向。可以把流体运动想象为流线族构成的几何图像，如图 6-4-1 所示。这是欧拉法研究流体运动的几何表示方式。

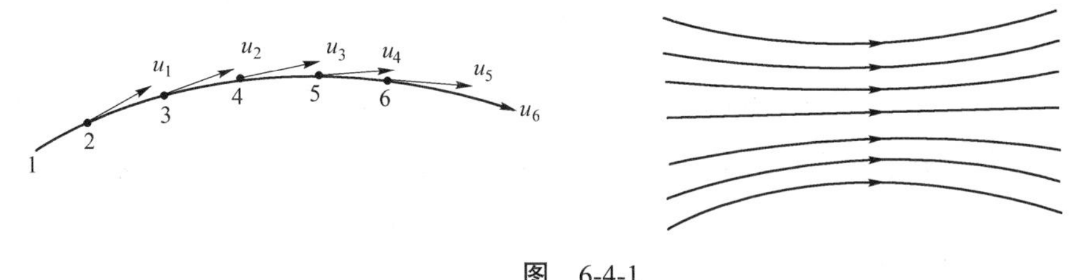

图 6-4-1

由流线的定义可知，流线有这样一些性质：过空间某点在同一时刻只能作一根流线；流线不能转折，因为折点处会有两个流速向量，流线只能是光滑的连续曲线；对流速不随时间变化的恒定流动［详细定义见本小节的“（五）流体运动的分类”］，流线形状不随时间改变，与迹线重合，对非恒定流流线形状随时间而改变；流线密处流速快，流线疏处流速慢。

由于流速向量与切线向量重合，两向量方向余弦相同，方向平行，所以两向量的向量积

$$\vec{u}\times\mathrm{d}\vec{s}=0$$

从而可得

$$\frac{\mathrm{d}x}{u_x}=\frac{\mathrm{d}y}{u_y}=\frac{\mathrm{d}z}{u_z}=\frac{\mathrm{d}s}{u} \tag{6-4-2}$$

上式称为流线微分方程，式中，$\mathrm{d}x$、$\mathrm{d}y$、$\mathrm{d}z$为流线上微小长度$\mathrm{d}s$在三个坐标轴上的投影，u_x、u_y、u_z为相应的流速分量，解上式可得到流线方程。

【例 6-4-1】 关于流线，下列说法错误的是：

A. 流线不能相交

B. 流线可以是一条直线，也可以是光滑的曲线，但不可能是折线

C. 在恒定流中，流线与迹线重合

D. 流线表示不同时刻的流动趋势

解 流线表征了该光滑曲线或直线上某一时刻大量流体质点的速度方向，表示同一时刻的流动趋势。

答案：D

（三）流管、流束、过流断面、元流、总流

在流场中，任意取一非流线且不自相交的封闭曲线，从这封闭曲线上各点绘出流线，组成管状曲面，称为流管，如图 6-4-2 所示的虚线所示流管内的流体称为流束。

在流束上取一横断面，使它与流线正交，这一断面称为过流断面，当流体为水时称为过水断面。过流断面面积为无限小的流束称为元流，元流同一断面上各点的运动要素如流速，压强等可以认为是相等的。

过流断面面积有一定大小的流束称为总流，总流可以看成是由无限多个元流所组成，总流断面上各

点的流速、压强不一定相等。

（四）流量、断面平均流速

单位时间内流过过流断面的流体数量称为流量，它可以用体积流量Q、质量流量Q_m、重力流量Q_G表示，单位分别为 m^3/s、kg/s、N/s 等。对不可压缩流体，一般均用体积流量Q表示；对于元流而言，流速为u，断面上各点相等，断面积为dA，则体积流量为

$$dQ = udA \tag{6-4-3}$$

对于总流而言，通过断面积为A的体积流量为

$$Q = \int_A dQ = \int_A udA \tag{6-4-4}$$

当点流速u在断面上的分布函数已知时，可用上式直接积分求出流量。当总流断面各点流速u的变化未知时，需利用断面平均流速v来计算总流量。断面平均流速v是假想的，在断面上均匀分布的流速，以此流速计算的流量，应与各点以实际流速通过的流量相等。如图 6-4-3 所示。

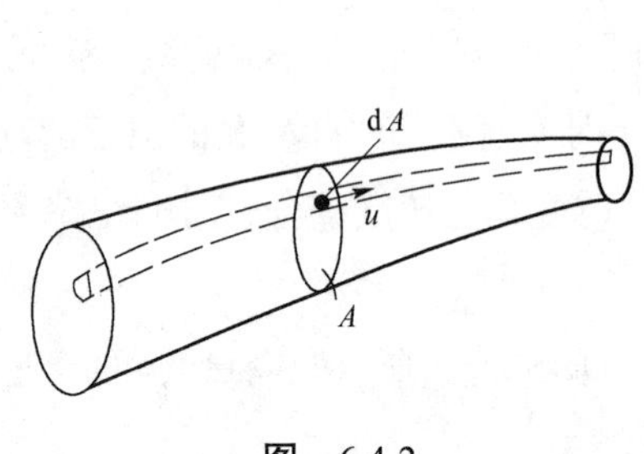

图 6-4-2

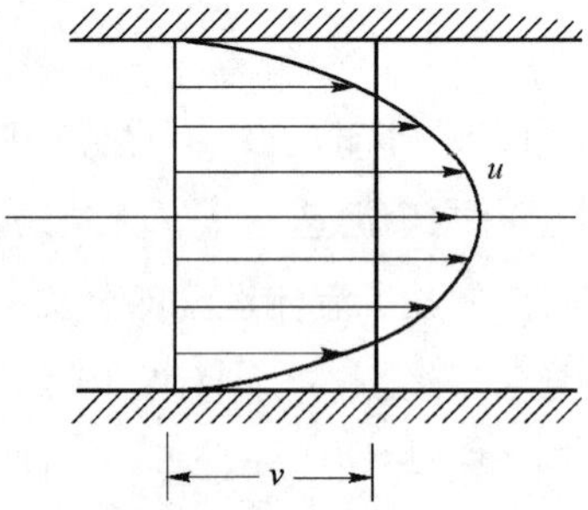

图 6-4-3

将平均流速代入式（6-4-4）中可求得总流的流量Q，即

$$Q = \int_A dQ = \int_A udA = \int_A vdA = v\int_A dA = vA$$

即

$$Q = vA \tag{6-4-5}$$

或

$$v = \frac{Q}{A} \tag{6-4-6}$$

已知体积流量Q，可以用下面式子求出质量流量Q_m和重力流量Q_G

$$Q_m = \rho Q \tag{6-4-7}$$

$$Q_G = \gamma Q \tag{6-4-8}$$

式中：ρ、γ——分别为流体的密度和重度。

（五）三维流动的连续性方程

在三维流动中，流动参数随x、y、z三个坐标变化。假定流场中任意一点的流速为$\vec{u} = \vec{u}(x、y、z)$，或者$\vec{u} = u_x\vec{i} + u_y\vec{j} + u_z\vec{k}$。根据质量守恒方程可以推导出，对于不可压缩流动，如果该流动存在，则速度矢量的散度等于零。即

$$\frac{\partial u_x}{\partial x} + \frac{\partial u_y}{\partial y} + \frac{\partial u_z}{\partial x} = 0 \tag{6-4-9}$$

式（6-4-9）是不可压缩流动存在的充要条件。

【例 6-4-2】 下列不可压缩二维流动中，满足连续性方程的是：

A. $u_x = 2x$，$u_y = 2y$　　B. $u_x = 0$，$u_y = 2xy$

C. $u_x = 5x$，$u_y = -5y$　　D. $u_x = 2xy$，$u_y = -2xy$

解 对二维不可压缩流体运动，连续性微分方程式为：$\frac{\partial u_x}{\partial x} + \frac{\partial u_y}{\partial y} = 0$，即$\frac{\partial u_x}{\partial x} = -\frac{\partial u_y}{\partial y}$。对选项 C 求偏导数，可得：$\frac{\partial u_x}{\partial x} = 5$，$\frac{\partial u_y}{\partial y} = -5$，满足连续性方程。

答案： C

（六）流体运动的分类

按各点运动要素（流速、压强等）是否随时间而变化，可将流体运动分为恒定流和非恒定流。各点运动要素不随时间而变化的流体运动称为恒定流，例如常水头孔口出流即是恒定流的一种。各点运动要素随时间而变化的流体运动称为非恒定流，变水头孔口出流即是一例。

按各点运动要素是否随位置而变化，可将流体运动分成均匀流和非均匀流。在给定的某一时刻，各点流速都不随位置而变的流动称为均匀流；反之，则称为非均匀流。按此严格定义的均匀流，工程上甚少出现。在经常使用的管道渠道中，一般定义均匀流是按各断面相应点流速相等为均匀流，或流线为平行直线的流动为均匀流，例如直径不变的长直管道内离进口较远处的流动，即是实际均匀流的一种。反之如流线不平行或相应点流速不相等的流动为非均匀流。

按流线是否接近于平行直线，又可将非均匀流分成渐变流和急变流。各流线之间的夹角很小，即各流线几乎是平行的，且各流线曲率半径很大，即各流线几乎是直线的流体运动称为渐变流；反之，则称为急变流。顶角很小的渐变圆锥形管道中的流动，可视为渐变流。

按限制总流的边界情况，可将流体运动分为有压流、无压流和射流。边界全部为固体所限而没有自由液面的流动称为有压流，例如水泵的压水管道中的流动。边界部分为固体、部分为大气，具有自由液面的流体运动称为无压流，例如河流、引水明渠中的流动。流体经由孔口或管嘴喷射到某一空间，在充满气体或其他流体的空间继续喷射流动，其边界不受固体限制而与其他流体接触，这种流动称为射流，例如消防水枪的喷射流动即是射流的一种。

按决定流体的运动要素所需空间坐标的维数，可将流动分为一维、二维、三维流动，或称一元、二元、三元流动。长管、明渠以断面平均运动要素而言，主流方向只有一个，故可视为平均意义上的一维流动。

三、恒定流连续方程

连续性方程是根据质量守恒定理与连续介质假设推导而得。取一元流如图 6-4-4 所示，设为恒定流，流管形状不变，在$\mathrm{d}t$时间内由$\mathrm{d}A_1$流入的质量为$\rho_1 u_1 \mathrm{d}A_1 \mathrm{d}t$，从$\mathrm{d}A_2$流出的质量为$\rho_2 u_2 \mathrm{d}A_2 \mathrm{d}t$，由于流体为连续介质，流管内充满无空隙的流体，根据质量守恒原理，流入的质量必与流出的质量相等，可得

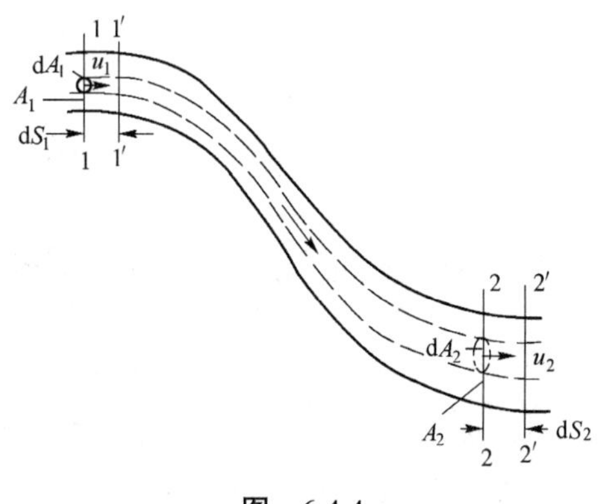

图 6-4-4

$$\rho_1 u_1 \mathrm{d}A_1 \mathrm{d}t = \rho_2 u_2 \mathrm{d}A_2 \mathrm{d}t$$

消去 $\mathrm{d}t$得

$$\rho_1 u_1 \mathrm{d}A_1 = \rho_2 u_2 \mathrm{d}A_2 \qquad (6-4-10)$$

对于不可压缩流体$\rho_1=\rho_2=\rho$，有

$$u_1\mathrm{d}A_1 = u_2\mathrm{d}A_2 \tag{6-4-11}$$

式（6-4-10）、式（6-4-11）为元流连续性方程。将式（6-4-11）积分，可得不可压缩流体总流连续性方程。即

$$\int_{A_1} u_1\mathrm{d}A_1 = \int_{A_2} u_2\mathrm{d}A_2$$

$$Q_1 = Q_2$$

$$v_1A_1 = v_2A_2 \tag{6-4-12}$$

将式（6-4-10）对总流积分可得

$$\rho_1v_1A_1 = \rho_2v_2A_2 \tag{6-4-13}$$

由式（6-4-12）可写出

$$\frac{v_1}{v_2} = \frac{A_2}{A_1}$$

上式表明在同一总流上，各断面的断面平均流速v与断面面积成反比，即断面增大时流速减少，反之亦然。

四、欧拉运动微分方程

由牛顿第二运动定律：$\vec{F} = m\vec{a}$，两边除以质量m，对单位质量而言，有

$$\frac{\vec{F}}{m} = \vec{a}$$

即单位质量的外力合力等于加速度，比拟欧拉平衡方程的形式，将上式写成应用于流体微元的三维表达式

$$\left.\begin{aligned} X - \frac{1}{\rho}\frac{\partial p}{\partial x} = \frac{\mathrm{d}u_x}{\mathrm{d}t} \\ Y - \frac{1}{\rho}\frac{\partial p}{\partial y} = \frac{\mathrm{d}u_y}{\mathrm{d}t} \\ Z - \frac{1}{\rho}\frac{\partial p}{\partial z} = \frac{\mathrm{d}u_z}{\mathrm{d}t} \end{aligned}\right\} \tag{6-4-14}$$

上式即为欧拉运动微分方程，仅适用于理想流体，因为没有计及流体的黏性切应力。

欧拉方程有四个未知数u_x、u_y、u_z、p，它与连续性微分方程一起有四个方程式，所以从原则上讲欧拉方程是可解的，但因为它是一阶非线性偏微分方程，至今仍未找到一般解，只是在几种特殊情况下得到了它的解，水力学中最常见的是在重力场中的伯努利（Bernoulli）积分。

五、恒定流能量方程（或伯努利方程）

（一）理想流体元流的能量方程

理想流体，即无黏性流体，无内摩擦力和能量损失。

将欧拉方程在下列条件下积分：

恒定流：$\frac{\partial u}{\partial t} = 0$，$\frac{\partial p}{\partial t} = 0$，则

$$\mathrm{d}p = \frac{\partial p}{\partial x}\mathrm{d}x + \frac{\partial p}{\partial y}\mathrm{d}y + \frac{\partial p}{\partial z}\mathrm{d}z$$

不可压缩流体：$\rho=$常数

仅受重力作用：$X=Y=0$，$Z=-g$

沿流线积分：$\mathrm{d}x=u_x\mathrm{d}t$，$\mathrm{d}y=u_y\mathrm{d}t$，$\mathrm{d}z=u_z\mathrm{d}t$

将式（6-4-14）分别乘以$\mathrm{d}x$，$\mathrm{d}y$，$\mathrm{d}z$，相加后得

$$(X\mathrm{d}x+Y\mathrm{d}y+Z\mathrm{d}z)-\frac{1}{\rho}\left(\frac{\partial p}{\partial x}\mathrm{d}x+\frac{\partial p}{\partial y}\mathrm{d}y+\frac{\partial p}{\partial x}\mathrm{d}z\right)=\frac{\mathrm{d}u_x}{\mathrm{d}t}\mathrm{d}x+\frac{\mathrm{d}u_y}{\mathrm{d}t}\mathrm{d}y+\frac{\mathrm{d}u_z}{\mathrm{d}t}\mathrm{d}z$$

利用上述积分条件可得

$$\begin{aligned}-g\mathrm{d}z-\frac{1}{\rho}\mathrm{d}p&=u_x\mathrm{d}u_x+u_y\mathrm{d}u_y+u_z\mathrm{d}u_z\\&=\frac{1}{2}\mathrm{d}\left(u_x^2+u_y^2+u_z^2\right)=\mathrm{d}\left(\frac{u^2}{2}\right)\end{aligned}$$

因为$\rho=$常数，上式变为

$$\mathrm{d}\left(gz+\frac{p}{\rho}+\frac{u^2}{2}\right)=0$$

积分得

$$gz+\frac{p}{\rho}+\frac{u^2}{2}=\text{常数}$$

两边除以重力加速度g，并且因$\rho g=\gamma$得

$$z+\frac{p}{\gamma}+\frac{u^2}{2g}=\text{常数} \tag{6-4-15}$$

上式即为伯努利积分或理想流体元流伯努利方程，对同一元流的任意两个断面可将式（6-4-15）写成

$$z_1+\frac{p_1}{\gamma}+\frac{u_1^2}{2g}=z_2+\frac{p_2}{\gamma}+\frac{u_2^2}{2g} \tag{6-4-16a}$$

上式以$\gamma=\rho g$代入，可写成

$$z_1+\frac{p_1}{\rho g}+\frac{u_1^2}{2g}=z_2+\frac{p_2}{\rho g}+\frac{u_2^2}{2g} \tag{6-4-16b}$$

（二）理想流体元流能量方程的物理意义

z——位置高度或位置水头，单位位能；

$\frac{p}{\gamma}$——压强高度或压强水头，单位压能；

$\frac{u^2}{2g}$——流速水头，单位动能，因为单位动能等于动能$\frac{1}{2}mu^2$除以流体重力mg，即单位动能$=\frac{\frac{1}{2}mu^2}{mg}=\frac{u^2}{2g}$；

$z+\frac{p}{\gamma}$——测压管水头，单位势能，各断面测压管水头的连线称测管水头线，如图 6-4-5 所示，测压管水头线沿流向可升、可降、可水平；

$z+\frac{p}{\gamma}+\frac{u^2}{2g}$——总水头，单位重力流体的总机械能，简称单位能，沿流各断面总水头的连线为总水头线，理想流体的总水头线是一水平线，反映了理想流体运动时各断面单位能守恒，是能量守恒定律在流体运动中的一种体现。因任意一断面三种单位能之和为一常数，如果其中某一种单位能发生变化，则另两种必定也会跟着转变。

例如对一水平管道，单位位能z各断面相同，当管道断面变小处，该处流速加快（连续性方程），单位动能$\frac{u^2}{2g}$加大，则该处压强水头或单位压能$\frac{p}{\gamma}$必然降低，当动能加大到一定程度，该处将出现负压，可将气体或其他流体吸入，这就是喷射器（或射流泵）能抽水的原因。这也表明流体运动过程中，不仅遵循能量守恒原理，同时能量也可从一种形式转化为另一种形式，体现了能量转化原理。

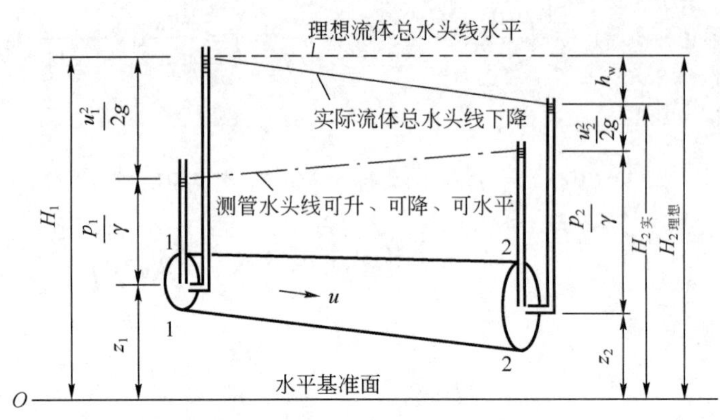

图 6-4-5

人们利用元流能量方程原理，制造出简便的测量流体某处流速u的仪器，这就是工程上常用的毕托（Pitot）管，毕托管构造示意于图 6-4-6。毕托管是一有 90°弯曲的细管，其顶端开孔截面正对迎面液流，放在测定点A处，在来流势能、动能共同作用下，流体沿弯管上升至一定高度$\frac{p'}{\gamma}$后保持稳定，此时A点的运动质点由于受到测速管的阻滞，流速变为零。测压管置于和A同一断面的壁上，其液柱高度为$\frac{p}{\gamma}$。未放测速毕托管前A处的总单位能为$z+\frac{p}{\gamma}+\frac{u^2}{2g}$，放入测速毕托管后，动能全部转化为压能，故总单位能为$z+\frac{p'}{\gamma}$。

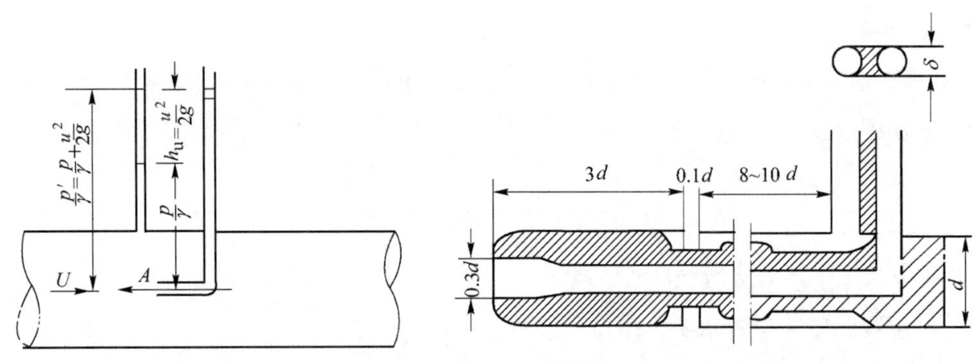

图 6-4-6

对于恒定流，当测管很少影响流场时，A点的单位能应保持不变，故

$$z+\frac{p}{\gamma}+\frac{u^2}{2g}=z+\frac{p'}{\gamma}$$

$$\frac{u^2}{2g}=\frac{p'}{\gamma}-\frac{p}{\gamma}=h_{\mathrm{u}}$$

式中，h_{u}为测速管与测压管二者水头差，反映了被测点的流速水头大小，而流速u可按下式求得

$$u=\sqrt{2gh_{\mathrm{u}}}=\sqrt{2g\left(\frac{p'-p}{\gamma}\right)} \tag{6-4-17}$$

毕托管细部构造亦示意于图 6-4-6 中，由于放入毕托管后流场受到干扰，而实际流体的黏性亦有影响，所以使用式（6-4-17）时需加一修正系数C，称毕托管修正系数。由实验确定，$C=1\sim1.04$，近似可取$C=1.0$。此时流速为

$$u=C\sqrt{2g\left(\frac{p'-p}{\gamma}\right)} \tag{6-4-18}$$

（三）实际流体元流能量方程

对于实际流体，黏性切应力阻碍流体运动，为克服阻力，单位重量流体损失的机械能称为单位能损失，所对应的水柱高度称为水头损失。令元流断面 1 至断面 2 的水头损失为$h'_{\mathrm{w}_{1\text{-}2}}$，则实际流体元流的能量方程为

$$z_1+\frac{p_1}{\gamma}+\frac{u_1^2}{2g}=z_2+\frac{p^2}{\gamma}+\frac{u_2^2}{2g}+h'_{\mathrm{w}_{1\text{-}2}} \tag{6-4-19}$$

实际流体元流的总水头线是一条沿流下降的斜坡线，又称为水力坡度线。总水头线的坡度称为水力坡度J，水力坡度可用单位长度上的水头损失计算，对线性变化的水力坡度

$$J=\frac{h'_{\mathrm{w}}}{L} \tag{6-4-20}$$

L为发生水头损失流段的流长，当非线性变化时，水力坡度为

$$J=\frac{\mathrm{d}h'_{\mathrm{w}}}{\mathrm{d}L} \tag{6-4-21}$$

（四）实际流体总流的能量方程

根据实际流体元流的能量方程（6-4-19）对总流过水断面积分，即可得到实际流体总流的能量方程。在积分时需做一些假设，除了要满足伯努利积分时的四个假设之外，还需满足无能量输入或输出总流之中和所取过水断面处满足渐变流条件。由于渐变流中加速度很小，加速度形成的惯性力可不计，质量力仅为重力，因而同一过水断面上动压按静压分布，即同一断面上的$z+\frac{p}{\gamma}$=常数，即同一断面的各点测压管水头相等。

根据式（6-4-19），单位时间内通过元流两过水断面的总能量的关系式为

$$\left(z_1+\frac{p_1}{\gamma}+\frac{u_1^2}{2g}\right)\gamma\mathrm{d}Q=\left(z_2+\frac{p_2}{\gamma}+\frac{u_2^2}{2g}\right)\gamma\mathrm{d}Q+h'_{\mathrm{w}_{1-2}}\gamma\mathrm{d}Q$$

而由连续性方程知$\mathrm{d}Q=u_1\mathrm{d}A_1=u_2\mathrm{d}A_2$，代入上式后并对总流两断面进行积分

$$\int_{A_1}\left(z_1+\frac{p_1}{\gamma}+\frac{u_1^2}{2g}\right)\gamma u_1\mathrm{d}A_1=\int_{A_2}\left(z_2+\frac{p_2}{\gamma}+\frac{u_2^2}{2g}\right)\gamma u_2\mathrm{d}A_2+\int_Q h'_{\mathrm{w}_{1-2}}\gamma\mathrm{d}Q$$

上式中第一种形式的积分为

$$\int_A\left(z+\frac{p}{\gamma}\right)\gamma\mathrm{d}Q=\gamma\left(z+\frac{p}{\gamma}\right)\int_A\mathrm{d}\,Q=\gamma Q\left(z+\frac{p}{\gamma}\right)$$

第二种形式的积分为

$$\begin{aligned}\int_A \gamma \frac{u^3}{2g}\mathrm{d}A &= \frac{\gamma}{2g}\int_A u^3 \mathrm{d}A = \frac{\gamma}{2g}\int_A (v+\Delta u)^3 \mathrm{d}A \\ &= \frac{\gamma}{2g}\int_A (v^3 + 3v^2\Delta u + 3v\Delta u^2 + \Delta u^3)\mathrm{d}A \\ &= \frac{\gamma}{2g}\left(v^3 A + 3v^2\int_A \Delta u \mathrm{d}A + 3v\int_A \Delta u^2 \mathrm{d}A + \int_A \Delta u^3 \mathrm{d}A\right) \\ &= \frac{\gamma}{2g}\left(v^3 A + 3v\int \Delta u^2 \mathrm{d}A\right) = \frac{\gamma}{2g}(\alpha v^3 A) = \gamma Q\frac{\alpha v^2}{2g}\end{aligned}$$

因为$\int_A \Delta u \mathrm{d}A = 0$，而$\int_A \Delta u^3 \mathrm{d}A$可略去，括号内$3v\int \Delta u^2 \mathrm{d}A$项为正值，故$\int_A u^3 \mathrm{d}A > v^3 A$。

令$\alpha = \frac{\int u^3 \mathrm{d}A}{v^3 A}$，则知$\alpha>1$，称为动能修正系数，由试验知$\alpha=1.0\sim1.1$，通常取$\alpha=1.0$。第三种积分为$\int_Q h'_{\mathrm{w}}\gamma \mathrm{d}Q'$，若令$h_{\mathrm{w}}$为单位质量流体从断面 1 流至断面 2 能量损失的平均值，上积分可写成

$$\int_Q h'_{\mathrm{w}}\gamma \mathrm{d}Q = \gamma Q h_{\mathrm{w}}$$

将上述三种积分结果汇总化简后可得

$$\left(z_1 + \frac{p_1}{\gamma}\right)\gamma Q + \frac{\alpha_1 v_1^2}{2g}\gamma Q = \left(z_2 + \frac{p_2}{\gamma}\right)\gamma Q + \frac{\alpha_2 v_2^2}{2g}\gamma Q + h_{\mathrm{w}}\gamma Q$$

以重量流量γQ除以各项，得到以单位重量流体表示的总流能量方程

$$z_1 + \frac{p_1}{\gamma} + \frac{\alpha_1 v_1^2}{2g} = z_2 + \frac{p_2}{\gamma} + \frac{\alpha_2 v_2^2}{2g} + h_{\mathrm{w1\text{-}2}} \tag{6-4-22a}$$

以$\gamma = \rho g$代入，上式亦可写为

$$z_1 + \frac{p_1}{\rho g} + \frac{\alpha_1 v_1^2}{2g} = z_2 + \frac{p_2}{\rho g} + \frac{\alpha_2 v_2^2}{2g} + h_{\mathrm{w1\text{-}2}} \tag{6-4-22b}$$

与元流能量方程比较可见，以平均流速水头与动能修正系数乘积$\frac{\alpha v^2}{2g}$代替了$\frac{u^2}{2g}$，又以总流的水头损失h_{w}代替了元流的水头损失h'_{w}，其余各项不变。

（五）总流能量方程的应用范围和应用举例

由能量方程推导过程可知，能量方程必须满足这些条件方可应用，即恒定流、不可压缩流体、仅受重力作用、所取断面必须是渐变流、两断面间无机械能的输入或输出、也无流量的汇入或分出。

如果欲用于有机械能的输入或输出的情况，则可修正如下

$$z_1 + \frac{p_1}{\gamma} + \frac{\alpha_1 v_1^2}{2g} \pm H = z_2 + \frac{p_2}{\gamma} + \frac{\alpha_2 v_2^2}{2g} + h_{\mathrm{w}} \tag{6-4-23}$$

上式中H为输入或输出的单位机械能以液柱高度表示的水头，输入时用正号，输出时用负号。如果欲用于有流量分出或汇入的情况，则按单位能的意义作如下处理，对于如图 6-4-7a）所示的情况有

$$\left.\begin{aligned} z_1 + \frac{p_1}{\gamma} + \frac{\alpha_1 v_1^2}{2g} = z_2 + \frac{p_2}{\gamma} + \frac{\alpha_2 v_2^2}{2g} + h_{\mathrm{w1\text{-}2}} \\ z_1 + \frac{p_1}{\gamma} + \frac{\alpha_1 v_1^2}{2g} = z_3 + \frac{p_3}{\gamma} + \frac{\alpha_3 v_3^2}{2g} + h_{\mathrm{w1\text{-}3}} \\ Q_1 = Q_2 + Q_3 \end{aligned}\right\} \tag{6-4-24}$$

对于如图 6-4-7b）所示的情况有

$$\left.\begin{aligned} z_1 + \frac{p_1}{\gamma} + \frac{\alpha_1 v_1^2}{2g} = z_3 + \frac{p_3}{\gamma} + \frac{\alpha_3 v_3^3}{2g} + h_{\mathrm{w1\text{-}3}} \\ z_2 + \frac{p_2}{\gamma} + \frac{\alpha_2 v_2^2}{2g} = z_3 + \frac{p_3}{\gamma} + \frac{\alpha_3 v_3^2}{2g} + h_{\mathrm{w2\text{-}3}} \\ Q_1 + Q_2 = Q_3 \end{aligned}\right\} \tag{6-4-25}$$

在使用能量方程时，应注意配合应用连续方程。

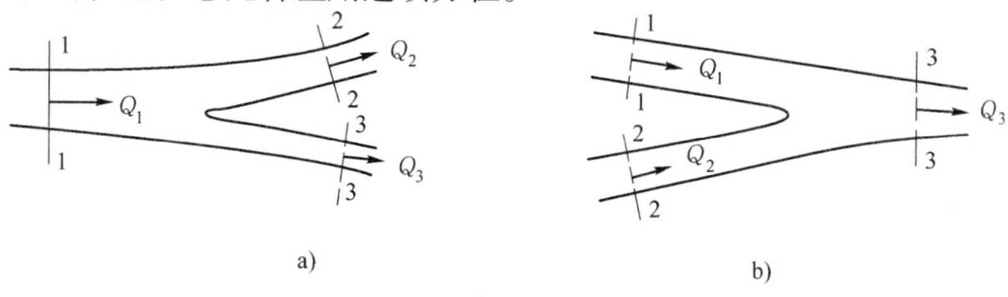

图 6-4-7

【例 6-4-3】 用一根直径d为 100mm 的管道从恒定水位的水箱引水，如图所示。若所需引水流量Q为 30L/s，水箱至管道出口的总水头损失$h_{\mathrm{w}}=3\mathrm{m}$，水箱水面流速很小可忽略不计，试求水面至出口中心点的水头H。

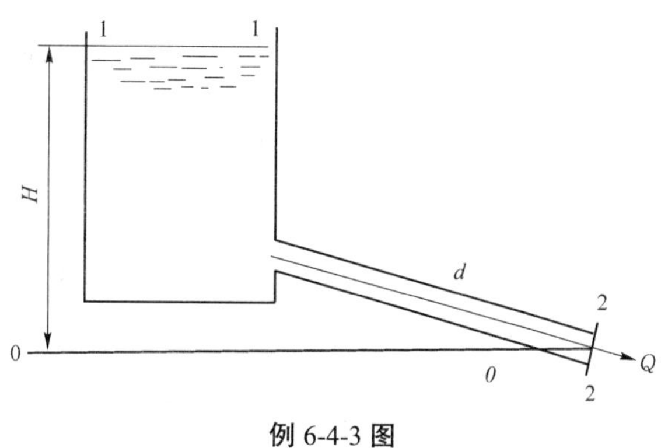

例 6-4-3 图

解 选水箱水面为断面 1-1，管道出口断面为断面 2-2，过断面 2-2 中点取一水平面为基准面 0-0，对此二断面写能量方程

$$z_1+\frac{p_1}{\gamma}+\frac{\alpha_1 v_1^2}{2g}=z_2+\frac{p_2}{\gamma}+\frac{\alpha_2 v_2^2}{2g}+h_{\mathrm{w1\text{-}2}}$$

$$H+0+0=0+0+\frac{\alpha_2 v_2^2}{2g}+h_{\mathrm{w1\text{-}2}}$$

因两断面均与大气相连，压强为当地大气压，所以$p_1=p_2=0$，水面流速$v_1\approx 0$，现取$\alpha_2=1.0$，则有

$$H=\frac{v_2^2}{2g}+h_{\mathrm{w1\text{-}2}}$$

管道出口流速$V_2=\frac{Q}{A_2}=\frac{Q}{\frac{\pi}{4}d^2}=3.82\mathrm{m/s}$，所以水头$H$为

$$H=\frac{3.82^2}{2\times 9.8}+3=3.74\mathrm{m}$$

【例 6-4-4】 试导出如图所示的文丘里（Venturi）流量计的流量公式，若已测出测压管水头差$\Delta h=0.5\mathrm{mH_2O}$，流量系数$\mu=0.98$；管道直径$d_1=100\mathrm{mm}$，文丘里管的喉管直径$d_2=50\mathrm{mm}$，求此时管内通过的流量$Q$。

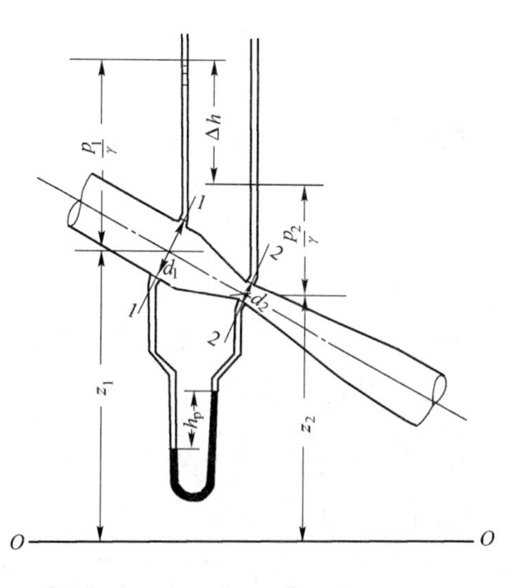

例 6-4-4 图

解 如图在测压管所在位置选取与流线垂直的断面 1-1 及 2-2，基准面选在管道下方任一位置。对断面 1-1 及 2-2 写能量方程，则

$$z_1+\frac{p_1}{\gamma}+\frac{\alpha_1 v_1^2}{2g}=z_2+\frac{p_2}{\gamma}+\frac{\alpha_2 v_2^2}{2g}+h_{\mathrm{w1\text{-}2}}$$

令$\alpha_1=\alpha_2\approx 1.0$，因文丘里管两断面相距很近且很光滑，阻力很小，$h_w$可先忽略不计，再用实验得到的流量系数校正。

$$\left(z_1+\frac{p_1}{\gamma}\right)-\left(z_2+\frac{p_2}{\gamma}\right)=\frac{v_2^2-v_1^2}{2g}$$

等号左端为断面1-1与断面2-2测压管水头差Δh，所以

$$v_2^2-v_1^2=2g\Delta h$$

利用连续方程$v_1A_1=v_2A_2$，可将v_2换算成v_1

$$v_2=v_1\frac{A_1}{A_2}=v_1\left(\frac{d_1}{d_2}\right)^2$$

代入上式

$$v_1^2\left(\frac{d_1}{d_2}\right)^4-v_1^2=2g\Delta h$$

故

$$v_1=\sqrt{\frac{2g\Delta h}{\left(\frac{d_1}{d_2}\right)^4-1}}$$

流量

$$Q=v_1A_1=\frac{\pi}{4}d_1^2\sqrt{\frac{2g\Delta h}{\left(\frac{d_1}{d_2}\right)^4-1}} \tag{6-4-26}$$

对某一已知的文丘里流量计，直径d_1及d_2为已定常数，$g=9.8\mathrm{m/s^2}$也是常数，所以$\frac{\pi}{4}d_1^2\times\sqrt{\frac{2g}{\left(\frac{d_1}{d_2}\right)^4-1}}$也是一常数，令$K=\frac{\pi}{4}d_1^2\sqrt{\frac{2g}{\left(\frac{d_1}{d_2}\right)^4-1}}$，则有

$$Q=K\sqrt{\Delta h} \tag{6-4-27}$$

代入本题数据得

$$K=\frac{\pi}{4}(0.1)^2\sqrt{\frac{2\times 9.8}{\left(\frac{0.1}{0.05}\right)^4-1}}\approx 0.008\,97\mathrm{m^{\frac{5}{2}}/s}$$

$$Q=\mu K\sqrt{\Delta h}=0.98\times 0.008\,97\times\sqrt{0.5}=0.006\,22\mathrm{m^3/s}$$

【例6-4-5】 设在供水管路中有一水泵，如图所示，已知吸水池水面与水塔水面高差$z=30\mathrm{m}$，从断面1-1流至断面2-2的总水头损失$h_{w_{1\text{-}2}}$为5m。求水泵所需要的水头或水泵扬程。

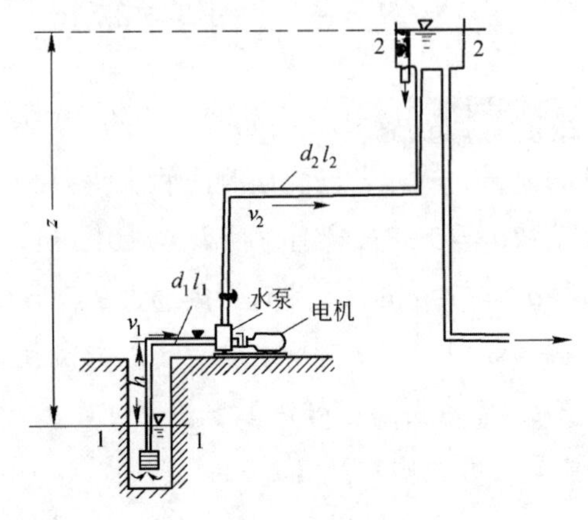

例6-4-5图

解 因为在流程中有水泵的机械能输入，所以采用式（6-4-22a），选断面1及2写能量方程

$$z_1+\frac{p_1}{\gamma}+\frac{\alpha_1v_1^2}{2g}+H=z_2+\frac{p_2}{\gamma}+\frac{\alpha_2v_2^2}{2g}+h_{w_{1\text{-}2}}$$

水泵扬程H为

$$H=(z_2-z_1)+\frac{p_2-p_1}{\gamma}+\frac{\alpha_2v_2^2-\alpha_1v_1^2}{2g}+h_{w_{1\text{-}2}}$$

$z_2 - z_1 = z$为两水面高差，1-1 及 2-2 液面均为当地大气压，相对压强为零，$p_1 = p_2 = 0$，令$\alpha_1 = \alpha_2 = 1.0$，且因水面流速很小可不计，$v_1 = v_2 \approx 0$，所以

$$H = z + h_{w_{1\text{-}2}}$$

代入本题数据后得

$$H = 30 + 5 = 35\text{m}$$

六、恒定流动量方程

流体像其他物体一样遵循动量定律，即动量对于时间的变化率$\frac{\mathrm{d}K}{\mathrm{d}t}$等于作用于物体上各外力的合力$F$。现将此定理运用于如图 6-4-8 所示的元流和总流推导出恒定流动量方程，取过流断面 1-1 及 2-2，作为控制面，流体由 1-1 向 2-2 流动，先取一条元流（图中虚线所示）分析。经过时间$\mathrm{d}t$后断面从 1-1 移至 1′-1′，2-2 移至 2′-2′，元流的动量增量应为 1-1′ 段和 2-2′ 段的动量之差，即等于流出控制面的动量减去流入控制面的动量，因为中间一段 1′-2 动量无变化，所以

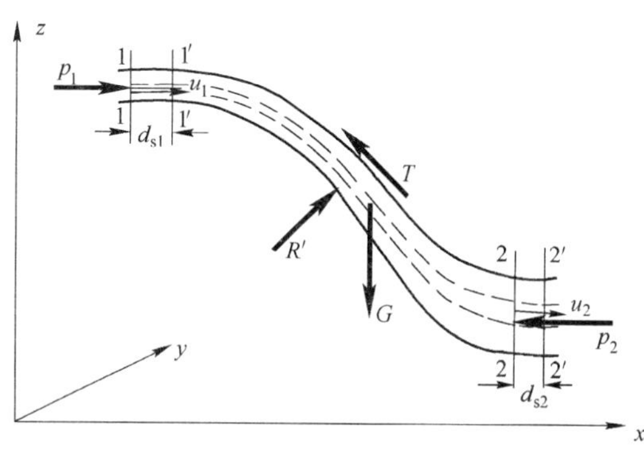

图 6-4-8

$$\begin{aligned}\mathrm{d}\boldsymbol{K} &= \rho \mathrm{d}S_2 \mathrm{d}A_2 \boldsymbol{u}_2 - \rho \mathrm{d}S_1 \mathrm{d}A_1 \boldsymbol{u}_1 \\ &= \rho \mathrm{d}Q \mathrm{d}t(\boldsymbol{u}_2 - \boldsymbol{u}_1)\end{aligned}$$

动量的变化率$\frac{\mathrm{d}\boldsymbol{K}}{\mathrm{d}t} = \rho \mathrm{d}Q(\boldsymbol{u}_2 - \boldsymbol{u}_1)$，按动量定律

$$\rho \mathrm{d}Q(\boldsymbol{u}_2 - \boldsymbol{u}_1) = \boldsymbol{F}$$

将上式对总流积分，即可得总流动量方程

$$\int_{A_2} \rho \boldsymbol{u}_2 u_2 \mathrm{d}A_2 - \int_{A_1} \rho \boldsymbol{u}_1 u_1 \mathrm{d}A_1 = \sum \boldsymbol{F}$$

现分析$\int_A u^2 \mathrm{d}A$的积分形式

$$\int_A u^2 \mathrm{d}A = \int_A (v + \Delta u)^2 \mathrm{d}A = \int_A (v^2 + 2v\Delta u + \Delta u^2)\mathrm{d}A = v^2 A + \int_A \Delta u^2 \mathrm{d}A = \beta v^2 A$$

因为$\int_A \Delta u \mathrm{d}A = 0$，且$\int \Delta u^2 \mathrm{d}A$为正数，故$\int_A u^2 \mathrm{d}A > v^2 A$，$\alpha_0 > 1$，$\beta = \frac{\int_A u^2 \mathrm{d}A}{v^2 A}$称动量修正系数，由试验确定，$\beta = 1.0 \sim 1.05$，一般可取$\beta \approx 1.0$。将此代入原积分式后有

$$\beta_2 \rho v_2 v_2 A_2 - \beta_1 \rho v_1 v_1 A_1 = \sum F$$

因

$$v_2 A_2 = v_1 A_1 = Q$$

得

$$\sum F = \rho Q(\beta_2 v_2 - \beta_1 v_1) \tag{6-4-28}$$

上式即为以向量形式表示的动量方程，如果投影到三个坐标轴上分别计算，则有

$$\begin{cases}\sum F_x = \rho Q(\beta_2 v_{2x} - \beta_1 v_{1x}) \\ \sum F_y = \rho Q(\beta_2 v_{2y} - \beta_1 v_{1y}) \\ \sum F_z = \rho Q(\beta_2 v_{2z} - \beta_1 v_{1z})\end{cases} \tag{6-4-29}$$

动量方程中的力F和速度$\boldsymbol{v}$均是向量，即使应用式（6-4-28），应注意方向和正负号。并且牢记脚标

“2”代表流出控制体的断面，脚标“1”代表流入控制体的断面，且动量的增量要用“2”减去“1”，次序不能颠倒。

动量方程主要用于求流体与固体边界的相互作用力。

【例 6-4-6】 求水平放置的等截面弯头所受到的水流推力，如图所示，弯管直径d =200mm，管中流速v =4m/s，压强为p =98kPa，不计水头损失。

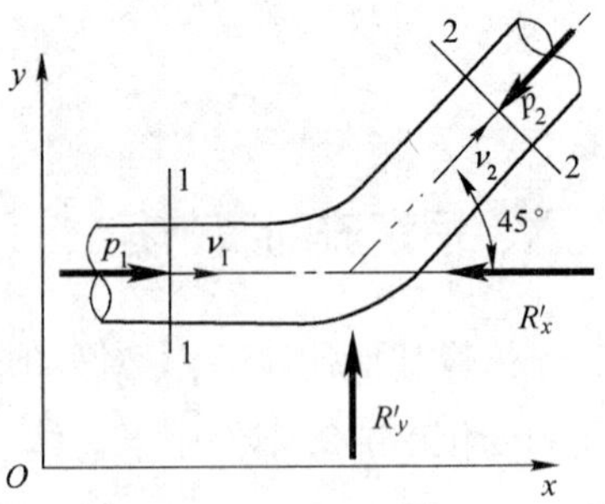

例 6-4-6 图

解 取二维坐标x、y如图所示，选控制面为 1-1、2-2，令管壁对水流的反力在两个轴上投影分别为R'_x、R'_y，先对x轴应用式（6-4-29）

$$\sum F_x = \rho Q(\beta_2 v_{2x} - \beta_1 v_{1x})$$

设$\beta_2 = \beta_1 = 1.0$，则

$$-R'_x - p_2 A_2 \cos\theta + p_1 A_1 = \rho Q(v_2 \cos\theta - v_1)$$

由于是等截面，所以$A_1 = A_2 = A$，得

$$R'_x = A(p_1 - p_2 \cos\theta) - \rho Q(v_2 \cos\theta - v_1)$$

由于等截面，又不计水头损失，所$v_1 = v_2 = v = 4\text{m/s}$，$p_1 = p_2 = p = 98\text{kPa}$，$Q = \frac{\pi}{4}d^2 v = \frac{\pi}{4}0.2^2 \times 4 = 0.126\text{m}^3/\text{s}$。将数字代入求得

$$\begin{aligned} R'_x &= \frac{\pi}{4}0.2^2 \times (98 \times 10^3 - 98 \times 10^3 \cos 45°) - 1\,000 \times 0.126 \times (4 \times \cos 45° - 4) \\ &= 1\,049.7\text{N} \end{aligned}$$

再对y轴应用式（6-4-29）

$$\sum F_y = \rho Q(\beta_2 v_{2y} - \beta_1 v_{1y})$$

$$R'_y - p_2 A_2 \sin\theta = \rho Q(v_2 \sin\theta - 0)$$

$$\begin{aligned} R'_y &= p_2 A_2 \sin\theta + \rho Q v_2 \sin 45° \\ &= 98 \times 10^3 \times \frac{\pi}{4}0.2^2 \times \sin 45° + 1\,000 \times 0.126 \times 4 \sin 45° = 2\,533\text{N} \end{aligned}$$

合力$R = \sqrt{R_x^2 + R_y^2} = \sqrt{1\,049.7^2 + 2\,533^2} = 2\,741.9\text{N}$

管道所受推力$\boldsymbol{P}$与此大小相等方向相反，$\boldsymbol{P} = -\boldsymbol{R}$。

习 题

6-4-1 理想流体是指（ ）的流体。

A. 密度为常数　　B. 黏度不变

C. 不可压缩　　D. 无黏性

6-4-2 关于质点加速度，下来说法错误的是（ ）。

A. 欧拉法中分析流动的概念

B. 包含当地加速度和迁移加速度两部分

C. 质点加速度中x、y、z与t是独立变量

D. 包含时变加速度和位变加速度两部分

6-4-3 恒定流是指（ ）。

A. 当地加速度$\frac{\partial u}{\partial t}=0$　　B. 迁移加速度$\frac{\partial u}{\partial s}=0$

C. 当地加速度$\frac{\partial u}{\partial t}\neq 0$　　D. 迁移加速度$\frac{\partial u}{\partial s}\neq 0$

6-4-4　均匀流是指（　　）。

A. 当地加速度为零　　B. 合加速度为零

C. 流线为平行直线　　D. 流线为平行曲线

6-4-5　伯努利方程中$z+\frac{p}{\gamma}+\frac{\alpha v^2}{2g}$表示（　　）。

A. 单位重量流体的势能　　B. 单位重量流体的动能

C. 单位重量流体的机械能　　D. 单位质量流体的机械能

6-4-6　毕托管测速比压计中的水头差是（　　）。

A. 单位动能与单位压能之差　　B. 单位动能与单位势能之差

C. 测压管水头与流速水头之差　　D. 总水头与测压管水头之差

6-4-7　黏性流体测压管水头线的沿程变化是（　　）。

A. 沿程下降　　B. 沿程上升

C. 保持水平　　D. 前三种情况都有可能

6-4-8　变直径有压圆管流动，上游断面 1 的直径d_1 =150mm，下游断面 2 的直径d_2 =300mm，断面 1 的平均流速v_1 =6m/s，断面 2 的平均流速v_2为（　　）。

A. 3m/s　　B. 2m/s　　C. 1.5m/s　　D. 1m/s

6-4-9　已知倾斜放置的文丘里流量计的测压管水头差 Δh=0.6mH$_2$O，如例 6-4-2 图所示，收缩前粗管直径d_1 =100mm，喉管直径d_2 =50mm，流量校正系数μ =0.98，流量Q为（　　）。

A. 0.008m^3/s　　B. 0.006 51m^3/s

C. 0.007 5m^3/s　　D. 0.006 81m^3/s

第五节　流动阻力和能量损失

本节主要研究由于流体黏性的作用而产生的流动阻力和由于克服阻力而消耗的能量损失。对于液体，常用单位重量液体的能量损失即水头损失h_{w}来表示；对于气体，常用单位体积的能量损失即压强损失$p_{\mathrm{w}}=\gamma h_{\mathrm{w}}$来表示。

水头损失可分为沿程水头损失和局部水头损失两种类型。当流体作流线平行地均匀流动时，水流阻力只有沿程不变的切应力，称为沿程阻力，由于克服沿程阻力消耗能量而产生的水头损失称为沿程水头损失h_{f}，如图 6-5-1 所示直管段部分的水头损失即是此种；当限制流体的固体边界急剧改变时，会引起流体流速分布、内部结构变化、形成漩涡等一系列现象，因此产生的阻力称为局部阻力，由于克服局部阻力消耗能量而产生的水头损失称为局部水头损失h_{m}，如图 6-5-1 所示流经“弯头”“缩小”“放大”及“闸门”等处的水头损失即为局部损失。

图 6-5-1 流段两断面间的全部水头损失h_{w}可以表示为两断面间所有沿程损失和所有局部损失的总和，即

$$h_{\mathrm{w}}=\sum h_{\mathrm{f}}+\sum h_{\mathrm{m}}$$

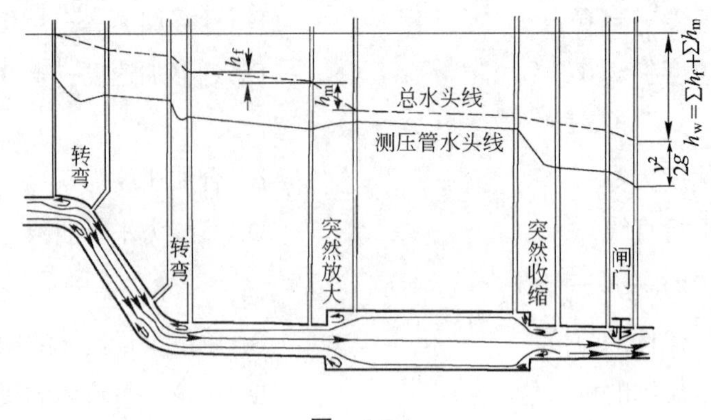

图 6-5-1

一、两种流态——层流和紊流

1883 年英国物理学家奥斯本·雷诺（Osborne Reynotds）经实验研究发现，水头损失和流体流动状态有关，而流动状态又可分为层流和紊流两种类型。

（一）层流

流体呈层状流动，各层的质点互不混掺；层流时水头损失h_f与平均流速v的一次方成比例，即$h_f=k_1v$；层流一般发生在低流速、细管径、高黏性的流体流动中。

（二）紊流

流体的质点互相混掺，迹线紊乱地流动；紊流时水头损失h_f与平均流速的 1.75~2 次方成比例，即$h_f=k_2v^{1.75\sim2}$；紊流发生在流速较快、断面较大、黏性小的流体流动中。

（三）层流与紊流的判别标准

雷诺经大量实验研究后提出用一个无量纲数$\frac{vd}{\nu}$来区别流态。后人为纪念他，称之为下临界雷诺数，并以雷诺名字的头两个字母表示，即

$$\mathrm{Re_c}=\frac{v_c d}{\nu}=2\,000 \tag{6-5-1}$$

若管道中实际的雷诺数$\mathrm{Re}=\frac{vd}{\nu}<2\,000$为层流，$\mathrm{Re}>2\,000$为紊流。

【例 6-5-1】 直径为 20mm 的管流，平均流速为 9m/s，已知水的运动黏性系数$\nu=0.011\,4\mathrm{cm^2/s}$，则管中水流的流态和水流流态转变的层流流速分别是：

A. 层流，19cm/s　　B. 层流，11.4cm/s　　C. 紊流，19cm/s　　D. 紊流，11.4cm/s

解　管中雷诺数$\mathrm{Re}=\frac{v\cdot d}{\nu}=\frac{2\times900}{0.011\,4}=157\ 894.74\gg\mathrm{Re_c}$，为紊流。

欲使流态转变为层流时的流速$v_c=\frac{\mathrm{Re_c}\cdot\nu}{d}=\frac{2\,000\times0.011\,4}{2}=11.4\mathrm{cm/s}$。

答案：D

【例 6-5-2】 两圆管内水的层流流动，雷诺数比为$\mathrm{Re_1}:\mathrm{Re_2}=1:2$，流量之比为$Q_1:Q_2=3:4$，则两管直径之比$D_1:D_2$是：

A. 8∶3　　B. 3∶2　　C. 3∶8　　D. 2∶3

解　雷诺数$\mathrm{Re}=\frac{v\cdot d}{\nu}$，运动黏度相同，$Q=Av=\frac{\pi}{4}d^2v$，联立可得：

$$\frac{\mathrm{Re_1}}{\mathrm{Re_2}}=\frac{v_1d_1}{v_2d_2}=\frac{Q_1d_2}{Q_2d_1},\ \frac{d_1}{d_2}=\frac{Q_1\mathrm{Re_2}}{Q_2\mathrm{Re_1}}=\frac{3\times2}{4\times1}=\frac{3}{2}$$

答案：B

二、均匀流基本方程

在均匀流条件下可导出切应力τ与水力坡度J的关系式

$$\tau = \rho gRJ = \rho g\frac{r}{2}J$$

上式表明圆管中切应力与半径r成正比，为线性分布，如图 6-5-2a）所示。

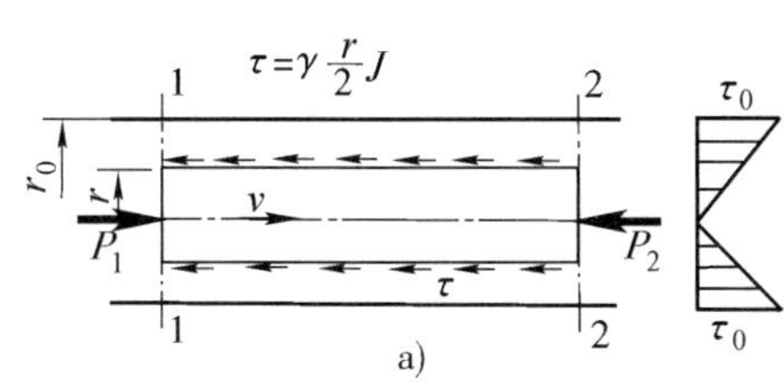

a)

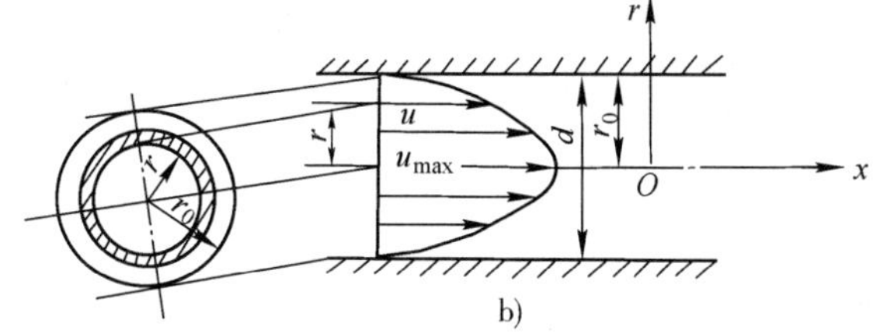

b)

图 6-5-2

三、圆管中的层流运动及沿程损失计算

当圆管中的流态为层流时，断面上各点的流速u可用下式计算

$$u = \frac{\gamma J}{4\mu}(r_0^2 - r^2) \tag{6-5-2}$$

式中：γ——重度；

J——水力坡度；

μ——动力黏度；

r_0——水管内半径；

r——断面上任一点半径。

由上式可知，层流时圆管断面流速分布为二次抛物线，如图 6-5-2b）所示。最大流速$u_{\max}$发生在$r = 0$的管轴心处，$u_{\max} = \frac{\gamma J}{4\mu}r_0^2$；断面平均流速$v = \frac{Q}{A} = \frac{\int_A u\mathrm{d}A}{A}$经积分计算后可得$v = \frac{\gamma J}{8\mu}r_0^2$，所以$v = \frac{1}{2}u_{\max}$，即平均流速是最大流速的一半。而动能修正系数$\alpha = 2$，动量修正系数$\beta = 1.33$。

若以$u_{\max} = \frac{\gamma J}{4\mu}r_0^2$代入式（6-5-2）中可得：$u = u_{\max}\left[1 - \left(\frac{r}{r_0}\right)^2\right]$。

圆管层流时水头损失h_f的计算公式可导出为

$$h_f = \lambda\frac{L}{d}\frac{v^2}{2g} \tag{6-5-3}$$

上式称达西-魏斯巴赫（Darcy-Weisbach），公式中L为流长，d为管内径，v为断面平均流速，g为重力加速度，λ为沿程阻力系数，在圆管层流时可按下式计算

$$\lambda = \frac{64}{\mathrm{Re}} \tag{6-5-4}$$

上式只能在 Re<2 300 时应用。

对于非圆断面的管道，可以用水力半径R来代替式中的管径d，水力半径为断面面积A与湿周χ之比，即

$$R = \frac{A}{\chi} \tag{6-5-5}$$

对有压圆管其水力半径按式（6-5-5）可求得为

$$R=\frac{\frac{\pi}{4}d^2}{\pi d}=\frac{d}{4}$$

将此关系代入式（6-5-3）可得

$$h_{\mathrm{f}}=\lambda\frac{L}{4R}\frac{v^2}{2g} \tag{6-5-6}$$

上式称达西公式，比式（6-5-3）应用范围更广。

【例 6-5-3】 一直径为 50mm 的圆管，运动黏性系数υ =0.18cm²/s，密度ρ =0.85g/cm³ 的油在管内以v =5cm/s 的速度做层流运动，则沿程损失系数是：

A. 0.09　　B. 0.461　　C. 0.1　　D. 0.13

解 有压圆管层流运动的沿程损失系数$\lambda=\frac{64}{\mathrm{Re}}$

而雷诺数$\mathrm{Re}=\frac{vd}{\nu}=\frac{5\times5}{0.18}=138.89$，$\lambda=\frac{64}{138.89}=0.461$

答案： B

【例 6-5-4】 半圆形明渠，半径r_0 =4m，水力半径为：

A. 4m　　B. 3m　　C. 2m　　D. 1m

解 水力半径R等于过流面积除以湿周，即$R=\frac{\pi r_0^2}{2\pi r_0}$

代入题设数据，可得水力半径$R=\frac{\pi\times4^2}{2\times\pi\times4}=2\mathrm{m}$

答案： C

四、紊流运动及沿程损失计算

（一）紊流的脉动现象

在紊流中由于质点的混掺及旋涡的转移，使紊流中某点的流速、压强均随时间t而围绕某一时间平均值上下跳动，此现象称为脉动现象。图 6-5-3a）表示紊流流速u_x随时间t而脉动的情况，由于紊流脉动是一个随机过程，从瞬时来看没有规律，给研究带来困难。但从较长的时间过程来看，它又有一定规律，它可以看成是一个时间平均流动和脉动的叠加，而时均流动是恒定的。例如时均流速$\overline{u}_x=\frac{1}{T}\int u_x\mathrm{d}t$，在图 6-5-3 中$\overline{u}_x$是一条水平线。

（二）紊流的阻力

紊流除由于黏性而产生的黏性切应力之外，更主要的是由于质点混掺、动量交换而形成的惯性切应力$\overline{\tau}_2=-\rho\overline{u_x'u_y'}$。根据普朗特（Prandtl）混合长度半经验理论，惯性切应力

$$\tau_2=\rho l^2\left(\frac{\mathrm{d}u_x}{\mathrm{d}y}\right)^2$$

式中，l为混合长度。据卡门（Kazman）的研究：$l=\kappa y$，κ =0.36~0.435，平均值取κ =0.4。所以紊流阻力由两部分叠加，得

$$\tau=\mu\frac{\mathrm{d}u_x}{\mathrm{d}y}+\rho l^2\left(\frac{\mathrm{d}u_x}{\mathrm{d}y}\right)^2$$

根据上述紊流阻力公式，可导出紊流核心区紊流速分布公式为

$$u=\frac{1}{\kappa}u_*\cdot\ln y+C \tag{6-5-7}$$

由上式知紊流核心区流速分布为对数分布，远较层流均匀，如图 6-5-3b）所示，式中$u_*=\sqrt{\frac{\tau_0}{\rho}}$称

为切应力流速，y为距壁面的距离。式中积分常数与固壁壁面的粗糙度Δ高低有关，所以紊流的阻力、流速分布、水头损失，不仅与黏性有关，与雷诺数 Re 有关，而且还与边壁粗糙度Δ和相对粗糙度$\frac{\Delta}{d}$有关。

在壁面附近的黏性底层中，紊流流速分布为直线分布。

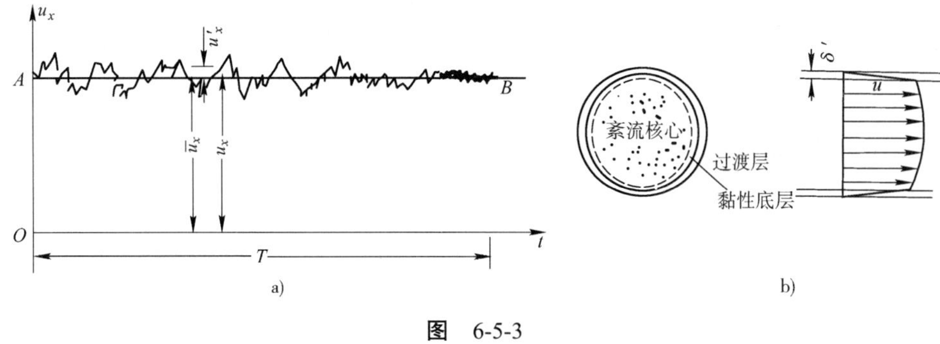

图　6-5-3

（三）紊流的沿程阻力系数

紊流与层流一样，计算沿程损失的公式仍可用达西公式（6-5-3）或公式（6-5-6），但沿程阻力系数随流态不同及所在流区不同而用不同公式计算。根据尼古拉兹（Nikuradse）在人工粗糙（黏沙粒）管中的试验，流区可划分如下：

1. 层流区

Re <2 000，$\lambda=\frac{64}{\text{Re}}$，参见图 6-5-4。

2. 紊流光滑区

4 000< Re <10^5，管壁绝对粗糙度$\Delta<0.4\delta_0$，而黏性底层厚度$\delta_0=\frac{32.8d}{\text{Re}\sqrt{\lambda}}$，此时黏性底层厚度遮盖了边壁粗糙度，沿程阻力系数仅随雷诺数而变，$\lambda=\lambda(\text{Re})$，可用布拉休斯（Blasince）公式计算

$$\lambda=\frac{0.3164}{\text{Re}^{0.25}} \tag{6-5-8}$$

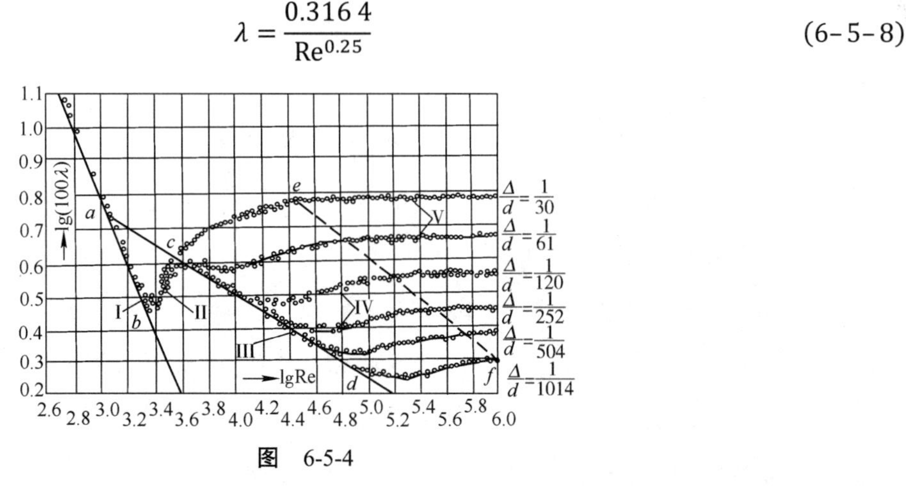

图　6-5-4

也可用尼古拉兹光滑管公式计算

$$\frac{1}{\sqrt{\lambda}}=2\lg\left(\text{Re}\sqrt{\lambda}\right)-0.8 \tag{6-5-9}$$

【例 6-5-5】 尼古拉兹实验曲线中，当某管路流动在紊流光滑区内时，随着雷诺数的 Re 增大，其沿程损失系数λ将：

A. 增大　　B. 减小　　C. 不变　　D. 增大或减小

解　由尼古拉兹实验曲线图可知，在紊流光滑区，随着雷诺数 Re 的增大，沿程损失系数将减小。

答案： B

3. 紊流过渡区

由水力光滑区向水力粗糙区的过渡，此时 $0.4\delta_0 < \Delta < 6\delta_0$，沿程阻力系数$\lambda$可按科里布鲁克（Colebrook）公式计算，此时λ与Re、$\frac{\Delta}{d}$均有关，即

$$\frac{1}{\sqrt{\lambda}} = -2\lg\left(\frac{\Delta}{3.7d} + \frac{2.51}{\mathrm{Re}\sqrt{\lambda}}\right) \tag{6-5-10}$$

本流区的沿程阻力系数也可用阿里特苏里经验公式计算：$\lambda = 0.11\left(\frac{\Delta}{d} + \frac{68}{\mathrm{Re}}\right)^{0.25}$。

4. 紊流粗糙区（或称阻力平方区）

因为此时阻力系数λ只与相对粗糙度$\frac{\Delta}{d}$有关，与 Re 无关，h_f与v^2成正比。阻力系数有多种计算公式，最著名的有尼古拉兹粗糙区公式和谢才（Chegy）公式。尼氏公式如下

$$\lambda = \frac{1}{\left(2\lg 3.7\frac{d}{\Delta}\right)^2} \tag{6-5-11}$$

应用范围为$\Delta > 6\delta_0$。

谢才公式如下

$$v = C\sqrt{RJ} \tag{6-5-12}$$

式中：v——平均流速；

C——谢才系数；

R——水力半径，$R = A/\chi$；

J——水力坡度，$J = h_f/L$，或者$h_f = LJ$。

谢才系数有多种计算公式，其中工程上常用的有曼宁（Manning）公式

$$C = \frac{1}{n}R^{\frac{1}{6}} \tag{6-5-13}$$

式中：n——边壁粗糙系数，可查表 6-5-1。

粗 糙 系 数 *n* 值 **表 6-5-1**

序号	壁面性质及状况	n
1	特别光滑的黄铜管、玻璃管	0.009
2	精致水泥浆抹面，安装及连接良好的新制清洁铸铁管及钢管，精刨木板	0.011
3	正常情况下无显著水锈的给水管，非常清洁的排水管，最光滑的混凝土面	0.012
4	正常情况的排水管，略有积污的给水管，良好的砖砌体	0.013
5	积污的给水管和排水管，中等情况下渠道的混凝土砌面	0.014
6	良好的块石圬工，旧的砖砌体，比较粗制的混凝土砌面，特别光滑、仔细开挖的岩石面	0.017
7	坚实黏土的渠道，不密实淤泥层（有的地方是中断的）覆盖的黄土、砾石及泥土的渠道，良好养护情况下的大土渠	0.022 5
8	良好的干砌圬工，中等养护情况的土渠，情况极良好的河道（河床清洁、顺直、水流畅通、无塌岸深潭）	0.025
9	养护情况中等标准以下的土渠	0.027 5

续上表

序号	壁面性质及状况	n
10	情况较差的土渠（如部分渠底有杂草、卵石或砾石、部分岸坡崩塌等），情况良好的天然河道	0.030
11	情况很差的土渠（如断面不规则，有杂草、块石、水流不畅等），情况较良好的天然河道，但有不多的块石和野草	0.035
12	情况特别差的土渠（如有不少深潭及塌岸，杂草丛生，渠底有大石块等），情况不大良好的天然河道（如杂草、块石较多，河床不甚规则而有弯曲，有不少深潭和塌岸）	0.040

比较达西公式与谢才公式，可得

$$\left.\begin{aligned} C &= \sqrt{\frac{8g}{\lambda}} \\ \lambda &= \frac{8g}{C^2} \end{aligned}\right\} \tag{6-5-14}$$

谢才公式对水力粗糙区的明渠、管道均可用，对明渠应用尤为方便。

5. 第一过渡区（流态过渡区）

由层流向紊流过渡，该区域很窄，且λ无定量公式。

此后，科里布鲁克（Co Lebrook）等人，对工业上实用管道进行研究，得出了计算紊流过渡区的阻力系数公式［式（6-5-10）］，式中Δ为实用管道的当量粗糙度，所谓当量粗糙度，就是指和实用管道紊流粗糙区λ值相等的、管径相同的尼古拉兹人工粗糙管的砂粒粒径高度。见表 6-5-2。1944 年莫迪（Moody L.F）在式（6-5-10）的基础上绘制了实用管道的λ与 Re、$\frac{\Delta}{d}$之间关系图，称莫迪图，如图 6-5-5 所示。根据已知的 Re 与$\frac{\Delta}{d}$可由莫迪图查出沿程阻力系数λ值。

实用管道当量粗糙度Δ值　　表 6-5-2

序　号	边 界 种 类	当量粗糙度Δ值（mm）
1	钢板制风管	0.15（引自全国通用通风管道计算表）
2	塑料板制风管	0.10（引自全国通用通风管道计算表）
3	表面光滑砖风道	4.0（引自采暖通风设计手册）
4	矿渣混凝土板风道	1.5（引自采暖通风设计手册）
5	钢丝网抹灰风道	10~15（引自采暖通风设计手册）
6	胶合板风道	1.0（引自采暖通风设计手册）
7	铅管、铜管、玻璃管	0.01（引自莫迪当量粗糙度图等）
8	镀锌钢管	0.15（引自莫迪当量粗糙度图等）
9	铸铁管	0.25（引自莫迪当量粗糙度图等）
10	混凝土管	0.3~3（引自莫迪当量粗糙度图等）
11	旧的生锈金属管	0.60（引自莫迪当量粗糙度图等）
12	污秽的金属管	0.75~0.97（引自莫迪当量粗糙度图等）

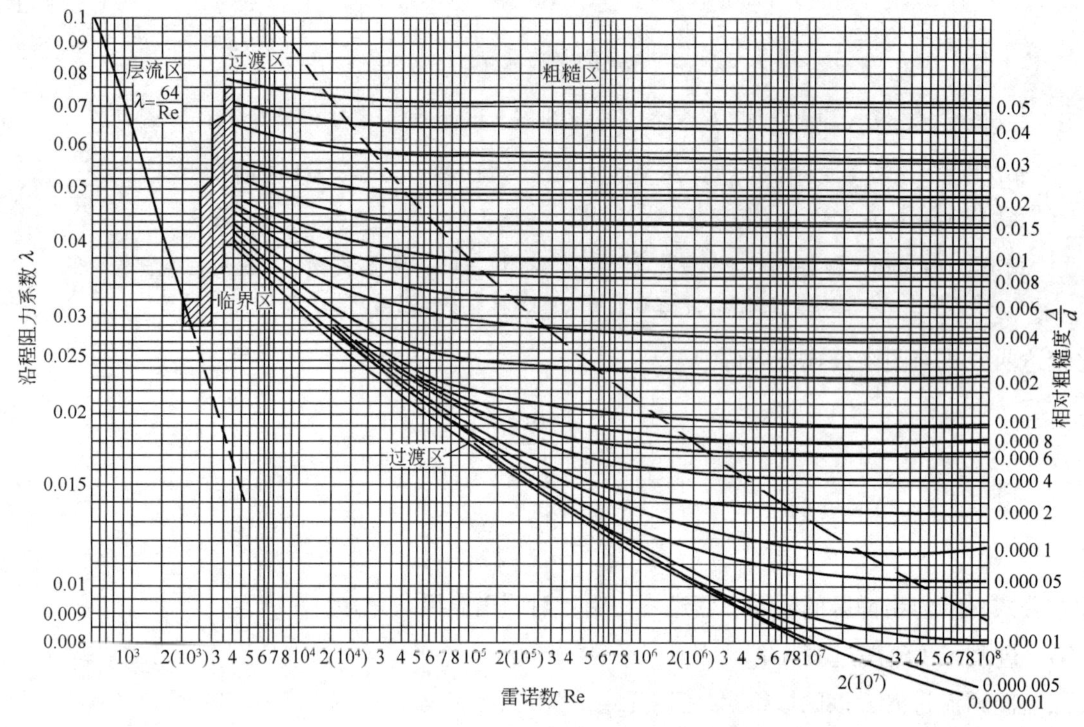

图 6-5-5

【例 6-5-6】 设有一恒定均匀有压管流，管径d =200mm，绝对粗糙度Δ =0.2mm，水的运动黏度ν =0.15×10^{-5}m^2/s，流量Q =5L/s，试求该管的沿程阻力系数λ及每米管长沿程损失h_f。

解 为判别流态，先求断面平均流速v

$$v=\frac{Q}{A}=\frac{4Q}{\pi d^2}=\frac{4\times0.005}{\pi\times0.2^2}=0.16\text{m/s}$$

雷诺数$\text{Re}=\frac{vd}{\nu}=\frac{0.16\times0.2}{0.15\times10^{-5}}=21\,333>2\,000$紊流，但$\text{Re}<10^5$。

设紊流处于水力光滑区，按伯拉休斯公式求沿程阻力的系数$\lambda=\frac{0.316\,4}{\text{Re}^{0.25}}=\frac{0.316\,4}{21\,333^{0.25}}=0.026$。验证是否在水力光滑区，为此先求黏性底层厚度

$$\delta=\frac{32.8\text{d}}{\text{Re}\sqrt{\lambda}}=\frac{32.8\times0.2}{21\,333\sqrt{0.026}}=1.95\text{mm}$$

$$0.4\delta=0.4\times1.95=0.78\text{mm}>0.2\text{mm}$$

是光滑区，假设正确。

$$h_f=\lambda\frac{L}{d}\cdot\frac{v^2}{2g}=0.026\times\frac{1}{0.2}\times\frac{0.16^2}{19.6}=1.7\times10^{-4}\text{m}$$

【例 6-5-7】 略有积污的给水管，管径d为 600mm，通过流量Q为 352L/s，管长 7.5km，绝对粗糙度Δ =1.5mm，平均水温 10°C，求沿程损失h_f。

解 流速

$$v=\frac{4Q}{\pi d^2}=\frac{4\times0.352}{\pi0.6^2}=1.245\text{m/s}$$

雷诺数

$$\text{Re}=\frac{vd}{\nu}=\frac{1.245\times0.6}{1.306\times10^{-6}}=571\,950>2\,000$$

因Re较大且粗糙度较大，设在水力粗糙区用尼氏粗糙公式（6-5-11）求沿程阻力系数λ

$$\lambda=\frac{1}{\left(2\lg3.7\frac{d}{\Delta}\right)^2}=\frac{1}{\left(2\lg3.7\times\frac{600}{1.5}\right)^2}=0.024\,9$$

验证是否在水力粗糙区，求黏性底层厚度

$$\delta_0=\frac{32.8d}{\mathrm{Re}\sqrt{\lambda}}=\frac{32.8\times0.6}{571\,950\times\sqrt{0.024\,9}}=0.218\mathrm{mm}$$

$$6\delta_0=6\times0.218=1.308\mathrm{mm}$$

$\Delta=1.5\mathrm{mm}>6\delta_0$，是在水力粗糙区。

$$h_\mathrm{f}=\lambda\frac{L}{d}\frac{v^2}{2g}=0.024\,9\times\frac{7\,500}{0.6}\times\frac{1.245^2}{2\times9.8}=24.61\mathrm{m}$$

用谢才公式再求一次，按略有积污的给水管查表 6-5-1 得粗糙系数$n=0.013$，代入曼宁公式

$$C=\frac{1}{n}R^{\frac{1}{6}}=\frac{1}{0.013}\left(\frac{0.6}{4}\right)^{\frac{1}{6}}=56.071\sqrt{\mathrm{m}}/\mathrm{s}$$

$$\lambda=\frac{8g}{C^2}=\frac{8\times9.8}{56.071^2}=0.024\,94$$

与用尼氏公式计算基本相同，在以上计算中关键是要把粗糙系数及绝对粗糙度选好，其次选用流区公式要正确。

五、局部水头损失

局部水头损失计算的普遍公式为

$$h_\mathrm{m}=\zeta\frac{v^2}{2g} \tag{6-5-15}$$

式中：ζ——局部阻力系数，视局部阻力形式而定，其数值由试验确定，可查局部阻力系数图表。

但对突然放大的局部损失（见图 6-5-6），可用理论导出局部阻力系数。

$$\zeta_1=\left(1-\frac{A_1}{A_2}\right)^2,\ h_\mathrm{m}=\zeta_1\frac{v_1^2}{2g}$$

相应于放大前流速v_1。

$$\zeta_2=\left(\frac{A_2}{A_1}-1\right)^2,\ h_\mathrm{m}=\zeta_2\frac{v_2^2}{2g}$$

相应于放大后流速v_2

对于突然缩小的局部损失，其局部阻力系数为

$$\zeta=0.5\left(1-\frac{A_2}{A_1}\right),\ h_\mathrm{m}=\zeta\frac{v_2^2}{2g}$$

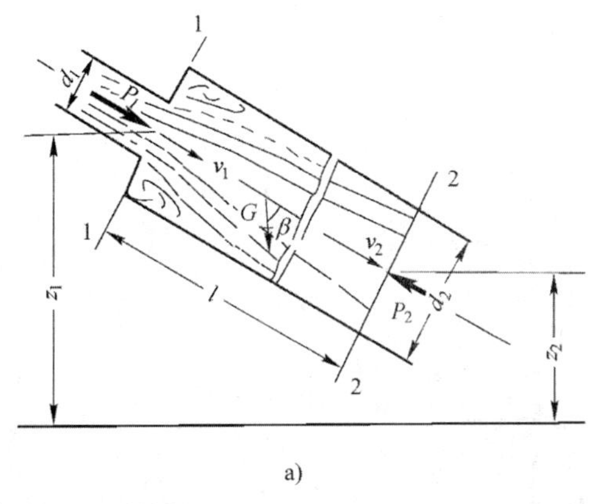

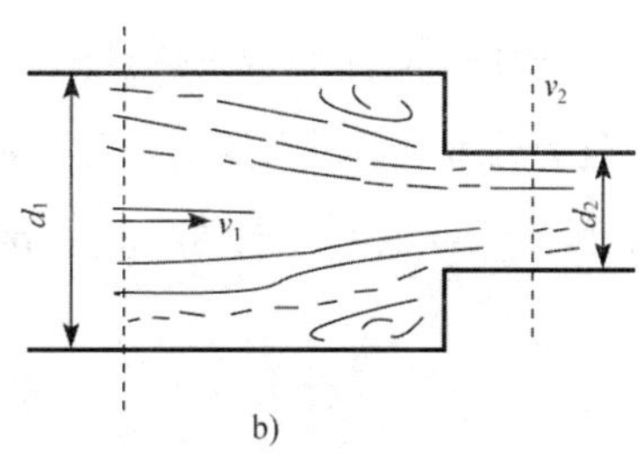

图 6-5-6

六、边界层基本概念和线流阻力

（一）边界层的定义和分类

当应用理想流体运动微分方程即欧拉运动方程来求解低黏性大雷诺数的实际流动时与实验结果出现有较大的差别，在圆柱绕流问题上甚至出现谬误，但完全应用黏性流体运动方程，即纳维-斯托克斯（Navier-Stokes）方程求解整个流场时又有数学上的困难。直到 1904 年普朗特（L Prandtl）提出了边界层理论，为解决实际流体的流动开拓了新的境界，现以如图 6-5-7 所示的平板边界层为例加以说明。当实际流体以某一速度U_0流向平板时，不论其雷诺数多么大，由于黏性作用紧贴固定边界上的流速必为零，但沿边界法线方向（图中y方向）流速迅速增大，这样，在边界附近的流区存在着相当大的流速梯度，此区内的黏性切应力就不能忽略，边界附近的这一流体层就称为边界层。边界层外的流区，因流速梯度小，黏性作用可略去，按理想流体处理。普朗特又根据边界层内流动的具体条件，运用量级对比法，把实际流体运动微分方程（N-S）方程加以简化，成为边界层方程，为解决边界层内的流动创造了条件。

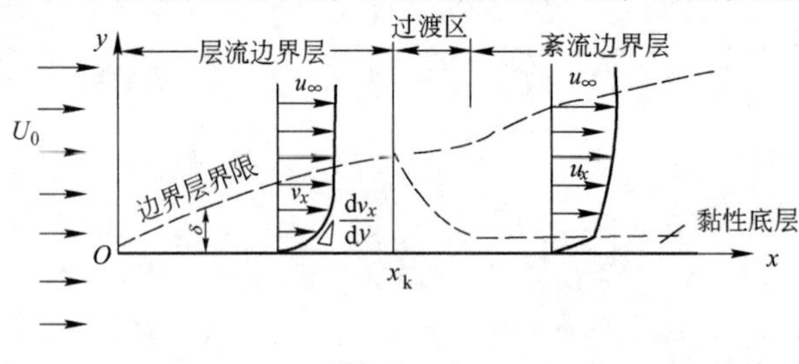

图 6-5-7

边界层的厚度δ从理论上讲，应该是由平板的表面流速为零处沿平板外法线方向一直到流速达到来流流速U_0的地方，这样厚度δ将是无穷大。实际观察发现，在离平板法向很小距离内流速就恢复到接近来流的速度。因此，一般规定当$u_x = 0.99U_0$时的地方，即是边界层的外边界，所以边界层的厚度δ是随距平板前端 0 点处的水平距离x而变的，在$x = 0$即平板前端处$\delta = 0$，然后随x之增大δ也随之增大；在$x = x_\mathrm{k}$以前为层流边界层，在$x > x_\mathrm{k}$以后经一很短的过渡段就发展为紊流边界层。层流边界层转变为紊流边界层的转变点称为转捩点，转捩点的雷诺数为$\mathrm{Re_c} = U_0x_\mathrm{k}/\nu$，对于光滑平板$\mathrm{Re_c}$的范围为$3\times10^5 < \mathrm{Re_c} < 3\times10^6$。在紊流边界层内紧靠壁面处，流速较小，黏性仍起作用，近于层流运动，这一极薄层称为黏性底层（或近壁层流层）。

布拉休斯（Blasiuce）于 1908 年求得边界层方程在层流边界时的精确解，边界层厚度δ与x坐标的关系如下

$$\delta = 5\sqrt{\frac{Lx}{\mathrm{Re_L}}} = 5\frac{x}{\sqrt{\mathrm{Re}_x}} \tag{6-5-16}$$

式中：L——平板长度；

x——水平距离；

$\mathrm{Re_L}$——平板末端断面的雷诺数，$\mathrm{Re_L} = \frac{U_0L}{\nu}$；

Re_x——距起点x距离断面的雷诺数，$\mathrm{Re}_x = \frac{U_0x}{\nu}$。

由式（6-5-16）可知平板末端层流边界层的厚度

$$\delta = 5\frac{L}{\sqrt{\mathrm{Re_L}}} \tag{6-5-17}$$

当平板边界层已发展为紊流边界层时，则需用卡门（Kazman）动量积分方程求近似解。

（二）边界层的分离现象

当流体不是流经平板，而是流向曲面物体时，可能产生边界层分离现象。现以圆柱绕流为例加以分析，如图 6-5-8a）所示一圆柱绕流的平面图。流体由A至B流动时，断面收缩，流速加快，压强减少（$\frac{\partial p}{\partial x}<0$）是加速减压段，此顺流的压差足以克服边界层内的阻力和主流动能的增加，边界层内流速不会减至零。但在流过B点以后，由于断面扩大，流体处于减速增压段（$\frac{\partial p}{\partial x}>0$），这时动能部分恢复为压能，为克服边界层内的阻力，也消耗了动能，此双重原因，使边界层内质点流速迅速降低，到一定地点，如图 6-5-8b）所示的贴近柱面的C点流速降到了零，流体质点将在C点停滞下来，继续流来的流体质点被迫脱离原来的流线，沿CE方向流去，从而使边界层脱离了柱面，这种现象即为边界层分离现象。C点称为分离点，它不是指柱面上流速为零的点而是指贴近柱面流速为零的点。由于分离点下游的逆流向压差，使边界层分离后的液体反向回流，形成旋涡区。绕流物体边界层分离后的旋涡区称为绕流物体的尾流区，尾流区是充斥旋涡体的负压力，这使绕流体上下游形成“压差阻力”。尾流区的大小取决于边界层分离点的位置，而分离点的位置又取决于绕流物体的形状、粗糙度、雷诺数等。如流体遇到绕流体的锐缘时，分离点就在锐缘，如遇到流线形状的绕流体，则尾流区大大减小，所以“压差阻力”又称为“形状阻力”。

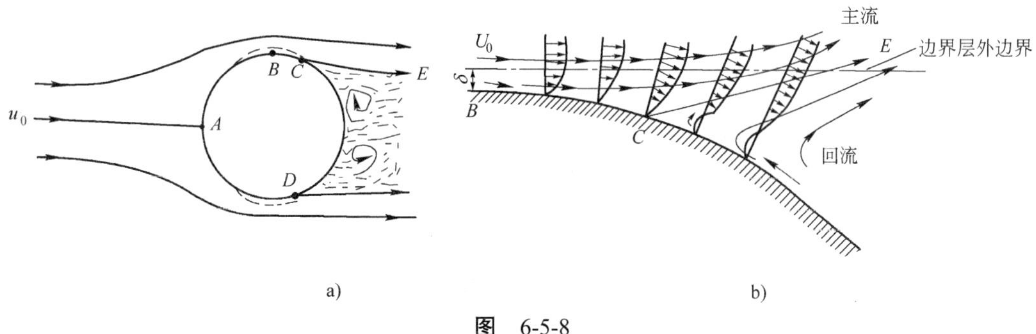

图 6-5-8

（三）绕流阻力

绕流阻力是指物体受到的绕其流过的流体所给予的阻力，绕流阻力由摩擦阻力和压差阻力（或称形状阻力）两部分所组成。1726 年牛顿提出绕流阻力计算公式为

$$D = C_{\mathrm{D}} A \frac{\rho U_0^2}{2} \tag{6-5-18}$$

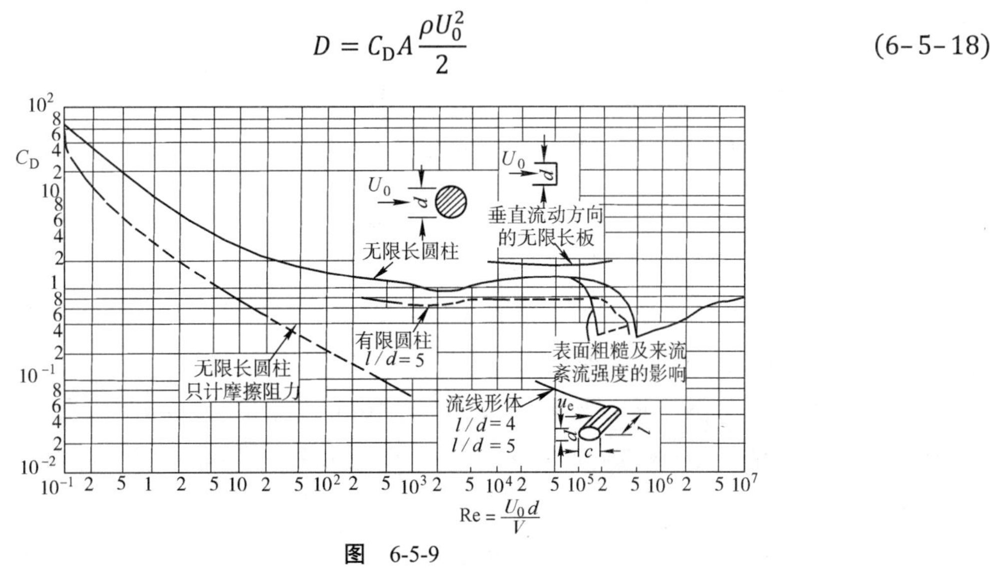

图 6-5-9

式中：D——绕流阻力；

ρ——流体密度；

U_0——来流流体未受物体影响前相对于物体的流速；

A——绕流物体与流体流向正交的断面投影面积；

C_D——绕流阻力系数，主要取决于被绕流体的形状、流体雷诺数、物面粗糙度及来流紊流强度，依靠试验来确定（参见图 6-5-9）。

1851 年斯托克斯（Stokes）研究了微小圆球形颗粒在流体中极慢流动（蠕动）时的阻力，它利用黏性流体运动微分方程（N-S方程）忽略了惯性项，进行理论分析，得到了绕流阻力公式

$$D = 3\pi\mu v d \tag{6-5-19}$$

式中：D——圆球绕流阻力；

μ——流体动力黏度；

d——圆球颗粒直径；

v——颗粒与流体的相对流速。

当泥沙颗粒在水中下沉时，重力与浮力及绕流阻力三者达到平衡，颗粒将均匀下沉，此时相对速度即为沉降速度v，重力与浮力之差为$\frac{\pi}{6}d^3(\gamma'-\gamma)$，$\gamma'$与$\gamma$分别为颗粒重度与流体重度。此两力差与式（6-5-19）所表示之绕流阻力平衡后可求得沉速$v=\frac{1}{3\pi\mu d}\frac{\pi}{6}d^3(\gamma'-\gamma)$，即

$$v = \frac{d^2}{18\mu(\gamma'-\gamma)} \tag{6-5-20}$$

上式在$\mathrm{Re}<1$时适用。

将圆球阻力公式（6-5-19）与牛顿提出的绕流阻力普遍公式（6-5-18）比较，可得圆球阻力系数C_D的理论公式为

$$C_D A\frac{\rho U_0^2}{2} = 3\pi\mu U_0 d$$

$$C_D \times \frac{\pi}{4}d^2\frac{\rho U_0^2}{2} = 3\pi\mu U_0 d$$

化简后得

$$C_D = \frac{24}{\mathrm{Re}} \tag{6-5-21}$$

式中：Re——雷诺数，$\mathrm{Re}=\frac{U_0 d}{\nu}$。

上式在$\mathrm{Re}<1$时与实验符合很好。在$\mathrm{Re}=10\sim10^3$时，$C_D\approx\frac{13}{\sqrt{\mathrm{Re}}}$，当$\mathrm{Re}=10^3\sim2\times10^5$时，可采用平均值$C_D=0.45$。而且当$\mathrm{Re}>1$时，沉降速度用下式计算

$$v = \sqrt{\frac{4}{3C_D}\left(\frac{\gamma'-\gamma}{\gamma}\right)gd} \tag{6-5-22}$$

为了减小绕流阻力可将物体设计成流线型使边界层分离点后移，尾流区缩小，减少形状阻力；使物体表面光滑平顺及吸走边界层停滞点处的流体，也可达到减阻的目的。

【例 6-5-8】 已知圆柱形工业烟囱的高度$h=40\text{m}$，直径$d=1.5\text{m}$，水平风速$U_0=10\text{m/s}$，空气的密度$\rho=1.2\text{kg/m}^3$，运动黏度$\nu=1.5\times10^{-5}\text{m}^2/\text{s}$。假定当雷诺数为 10^6 时，阻力系数$C_d=0.31$。烟囱受到的绕流阻力为：

A. 558N　　B. 1 000N　　C. 1 116N　　D. 2 232N

解 计算雷诺数，$\mathrm{Re}=\frac{vd}{\nu}=\frac{10\times1.5}{1.5\times10^{-5}}=10^6$，另$C_d=0.31$，则绕流阻力为：

$$D = C_d A\frac{\rho U_0^2}{2} = C_d A\frac{\rho U_0^2}{2} = 0.31\times40\times1.5\times\frac{1.2\times10^2}{2} = 1116\text{N}$$

注意：因烟囱是圆柱体，故迎风面是以直径为长、柱体高度为宽的矩形，其面积$A = 40 \times 1.5 = 60\text{m}^2$。

七、减小阻力的措施

长期以来，减小阻力就是工程流体力学中的一个重要的研究课题。这方面的研究成果，对国民经济和国防建设的很多部门都有十分重大的意义。例如，对于在流体中航行的各种运载工具（飞机、轮船等），减小阻力就意味着减小发动机的功率和节省燃料消耗，或者在可能提供的动力条件下提高航行速度。这一点在军事上具有更大的意义。长距离输送像原油这类黏性很大的液体，需要消耗巨大的能量，如能将原油的管输摩阻大幅度降低，会给国民经济带来很大好处。对于经常运转的其他管道系统，减阻在节约能源上的意义也是不容忽视的。因此近年来减阻问题的研究，日益引起各有关领域的重视。

减小管中流体运动的阻力有两条完全不同的途径：一是改进流体外部的边界，改善边壁对流动的影响；另一是在流体内部投加极少量的添加剂，使其影响流体运动的内部结构来实现减阻。

添加剂减阻是近二十年才迅速发展起来的减阻技术。虽然到目前为止，它在工业技术中还没有得到广泛的应用，但就当前了解的试验研究成果和少数生产使用情况来看，它的减阻效果是很突出的。此外，添加剂减阻又和紊流机理这个流体力学中的基本理论问题密切相关。通过对添加剂减阻机理的研究，必将推动紊流理论的进一步发展。添加剂减阻已成为流体力学中一项富有生命力的研究课题。

下面介绍改善边壁的减阻措施。

要降低粗糙区或过渡区内的紊流沿程阻力，最容易想到的减阻措施是减小管壁的粗糙度。此外，用柔性边壁代替刚性边壁也可能减少沿程阻力。水槽中的拖曳试验表明，高雷诺数下的柔性平板的摩擦阻力比刚性平板小 50%。对安放在另一管道中间的弹性软管进行过阻力试验，两管间的环形空间充满液体，结果比同样条件的刚性管道的沿程阻力小 35%。环形空间内液体的黏性愈大，软管的管壁愈薄，减阻效果愈好。

减小紊流局部阻力的着眼点在于防止或推迟流体与壁面的分离，避免旋涡区的产生或减小旋涡区的大小和强度。下面选几种典型的常用配件为例来说明这个问题。

（一）管道进口

图 6-5-10 表明，平顺的管道进口可以减小局部损失系数 90%以上。

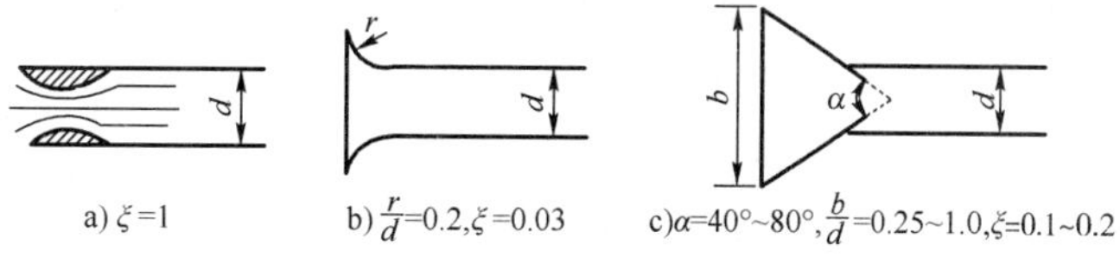

图 6-5-10　几种进口阻力系数

（二）渐扩管和突扩管

扩散角大的渐扩管阻力系数较大，如制成图 6-5-11a）示的形式，在扩散角$\alpha < 25°$的条件下，阻力系数约减小一半。突扩管如制成图 6-5-11b）示的台阶式，阻力系数也可能有所减小。

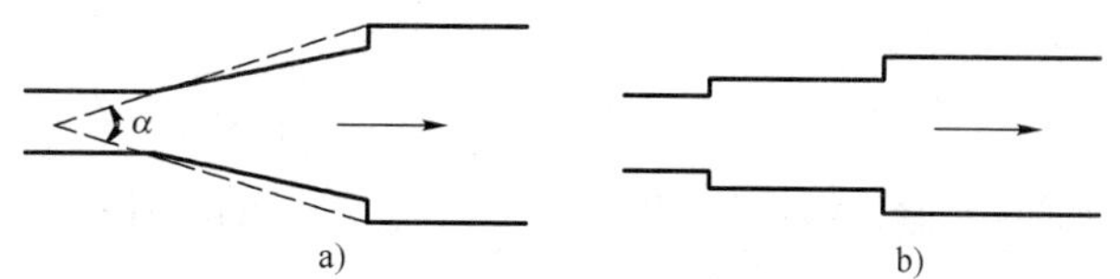

图 6-5-11　复合式渐扩管和台阶式突扩管

（三）弯管

弯管的阻力系数在一定范围内随曲率半径R的增大而减小。表 6-5-3 给出了 90°弯管在不同R/d时的ξ值。

不同R/d时 90°弯管的ξ值（Re = 10^6） **表 6-5-3**

R/d	0	0.5	1	2	3	4	6	10
ξ	1.14	1.00	0.246	0.159	0.145	0.167	0.20	0.24

由表可知，如R/d <1，ξ值随R/d的减小而急剧增加，这与旋涡区的出现和增大有关。如R/d >3，ξ值又随R/d的加大而增加，这是由于弯管加长后，摩阻增大造成的。因此弯管的R最好在（1~4）d的范围内。

断面大的弯管，往往只能采用较小的R/d，可在弯管内部布置一组导流叶片，以减小旋涡区和二次流，降低弯管的阻力系数。愈接近内侧，导流叶片应布置得愈密些。如图 6-5-12 所示的弯管，装上圆弧形导流叶片后，阻力系数由 1.0 减小到 0.3 左右。

（四）三通

尽可能地减小支管与合流管之间的夹角，或将支管与合流管连接处的折角改缓，都能改进三通的工作，减小局部阻力系数。例如将 90°T 形三通的折角切割成如图 6-5-13 所示的 45°斜角，则合流时的$\xi_{1\text{-}3}$和$\xi_{2\text{-}3}$减小 30%~50%，分流时的$\xi_{3\text{-}1}$减小 20%~30%。但对分流的$\xi_{3\text{-}2}$影响不大。如将切割的三角形加大，阻力系数还能显著下降。

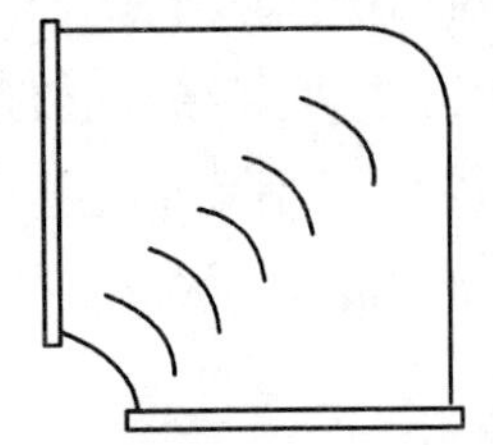

图 6-5-12 装有导叶的弯管

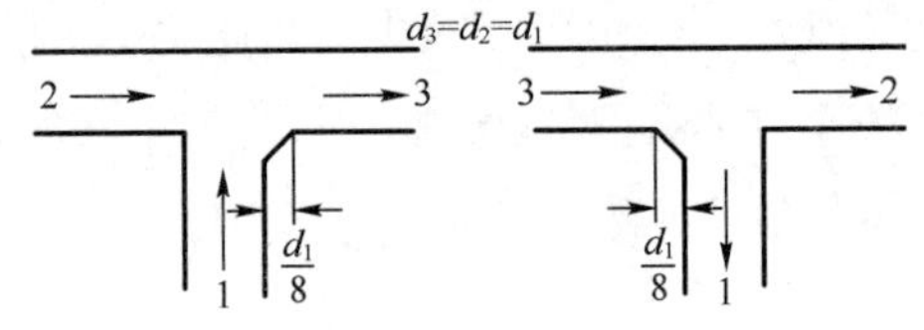

图 6-5-13 切割折角的 T 形三通

配件之间的不合理衔接，也会使局部阻力加大。例如在既要转 90°，又要扩大断面的流动中，如均选用$R/d = 1$的弯管和$A_2/A_1 = 2.28$、$l_d/r_1 = 4.1$的渐扩管，在直接连接（$l_s = 0$）的情况下，先弯后扩的水头损失为先扩后弯的水头损失的 4 倍。即使中间都插入一段$l_0 = 4d$的短管，也仍然大 2.4 倍。因此，如果没有其他原因，先弯后扩是不合理的。

习 题

6-5-1 有压圆管均匀流切应力τ沿断面的分布为（ ）。

A. 断面上各点τ相等　B. 管壁处是零，向管轴线性增大

C. 管轴处是零，与半径成正比　D. 按抛物线分布

6-5-2 圆管层流运动的流速分布图是（ ）。

A. 直线分布　B. 对数曲线分布　C. 抛物线分布　D. 双曲线分布

6-5-3 圆管层流运动，轴心处最大流速与断面平均流速的比值是（ ）。

A. 1　B. 2　C. 3/2　D. 3

6-5-4 圆管紊流核心区的流速分布是（ ）。

A. 直线分布 B. 抛物线分布 C. 对数曲线分布 D. 双曲线分布

6-5-5 有压圆管流动，若断面 1 的直径是其下游断面 2 直径的 2 倍，则断面 1 与断面 2 雷诺数的关系是（ ）。

A. $\mathrm{Re}_1=0.5\mathrm{Re}_2$ B. $\mathrm{Re}_1=\mathrm{Re}_2$ C. $\mathrm{Re}_1=1.5\mathrm{Re}_2$ D. $\mathrm{Re}_1=2\mathrm{Re}_2$

6-5-6 有压圆管层流的沿程阻力系数λ在莫迪图上随着雷诺数 Re 的增加而（ ）。

A. 增加 B. 线性的减少 C. 不变 D. 以上答案均不对

6-5-7 层流的沿程损失与平均流速的（ ）成正比。

A. 2 次方 B. 1.75 次方 C. 1 次方 D. 1.85 次方

6-5-8 有压圆管流动，紊流粗糙区的沿程阻力系数λ（ ）。

A. 与相对粗糙度有关 B. 与雷诺数有关

C. 与相对粗糙度及雷诺数均有关 D. 与雷诺数及管长有关

6-5-9 谢才公式仅适用于（ ）。

A. 水力光滑区 B. 水力粗糙区或阻力平方区

C. 紊流过渡区 D. 第一过渡区

6-5-10 若一管道的绝对粗糙度Δ不改变，只要改变管中流动参数，也能使其由水力粗糙管变成水力光滑管，这是（ ）。

A. 因为加大流速后，黏性底层变厚了

B. 减小管中雷诺数，黏性底层变厚遮住了绝对粗糙度

C. 流速加大后，把管壁冲得光滑了

D. 其他原因

6-5-11 流体绕固体流动时所形成的绕流阻力，除了黏性摩擦力外，更主要的是因为（ ）形成的形状阻力。

A. 流速和密度的加大

B. 固体表面粗糙

C. 雷诺数加大，表面积加大

D. 有尖锐边缘的非流线形物体，产生边界层的分离和漩涡区

6-5-12 如例 6-4-5 图所示的水泵供水管路，水池与水塔液面高差$z=15\mathrm{m}$，两液面间吸水管及压水管系统总阻力系数$\zeta_s=\sum\lambda\frac{L}{d}+\sum\zeta=65$，管中流速$v=1\mathrm{m/s}$，水泵所需的最小扬程$H$为（ ）。

A. 16mH$_2$O B. 20mH$_2$O C. 17.31mH$_2$O D. 18.32mH$_2$O

第六节 孔口、管嘴及有压管流

一、孔口出流

（一）孔口出流的分类

容器壁上开一孔口后会有液体通过孔口流出，这种流动称孔口出流。如壁厚对出流现象无影响，孔

壁与液流仅在一条周线上接触，这种孔口称为薄壁孔口，反之称为非薄壁孔口。当孔口高度$e < \frac{H}{10}$时称为小孔口，式中H为孔口形心上的水头，小孔口断面上各点水头近似相等可用形心点水头代表。若孔口高度$e \geqslant \frac{H}{10}$就称为大孔口。孔口前水头H恒定不变时，称为常水头孔口，如孔口前水头随时间而改变时称为变水头孔口出流。液体经孔口流入大气称自由出流孔口，液体经孔口流入液面以下称为淹没出流孔口。

（二）常水头薄壁小孔口自由出流

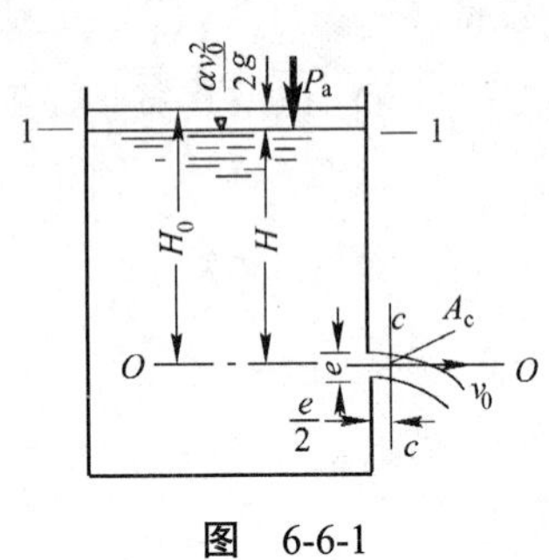

图 6-6-1

如图 6-6-1 所示，取基准面 0-0 过孔口中心，并取上游自由液面为断面 1-1，孔口外收缩断面（距壁$e/2$处）c-c为下游断面，写能量方程

$$H + 0 + \frac{\alpha_1 v_0^2}{2g} = 0 + 0 + \frac{\alpha_2 v_c^2}{2g} + h_w$$

令$H_0 = H + \frac{\alpha_1 v_0^2}{2g}$，$v_0$为上游水面流速，$H_0$称自由出流小孔口水头。当$v_0$很小时$H_0 \approx H$，孔口水头损失$h_w = \zeta_c \frac{v_c^2}{2g}$，$\zeta_c$为小孔口阻力系数，由试验确定。代入上式后得$H = (\alpha_c + \zeta_c)\frac{v_c^2}{2g}$，故收缩断面平均流速

$$v_c = \frac{1}{\sqrt{\alpha_c + \zeta_c}}\sqrt{2gH_0} = \varphi\sqrt{2gH_0} \tag{6-6-1}$$

式中，$\varphi = \frac{1}{\sqrt{\alpha_c + \zeta_c}}$为小孔口流速系数，可由试验确定，据前人研究$\varphi$ =0.97，ζ_c =0.06，α_c =1.0。

设收缩断面面积与孔口断面面积比值为$\varepsilon = A_c/A$，称为收缩系数，小孔口的收缩系数ε =0.64（当收缩为充分、完善圆形时），故小孔口的出流流量

$$Q = v_c A_c = \varphi\sqrt{2gH_0} \times \varepsilon A = \varepsilon\varphi A\sqrt{2gH_0}$$

令$\psi = \varepsilon\varphi$，称小孔口流量系数，则有

$$Q = \psi A\sqrt{2gH_0} \tag{6-6-2}$$

对充分收缩的圆形小孔口，$\psi = 0.97 \times 0.64 \approx 0.62$，收缩是否充分和完善与孔口至容器壁的距离有关，当孔口距壁的距离大于相应的孔口边长的 3 倍时，为充分完善收缩，否则为不充分完善收缩。

（三）常水头薄壁小孔口淹没出流

如图 6-6-2 所示，取上游自由液面为断面 1-1，下游过水断面 2-2，能量方程为

$$H_1 + 0 + \frac{\alpha_1 v_0^2}{2g} = H_2 + 0 + \frac{\alpha_2 v_2^2}{2g} + h_w$$

水头损失包括水流经孔口的局部损失及经收缩面后放大的损失两项，即$h_w = (\zeta_1 + \zeta_2)\frac{v_c^2}{2g}$。

令$H_0 = (H_1 - H_2) + \frac{\alpha_1 v_0^2}{2g} - \frac{\alpha_2 v_2^2}{2g}$，代入上式可得

$$H_0 = (\zeta_1 + \zeta_2)\frac{v_c^2}{2g}$$

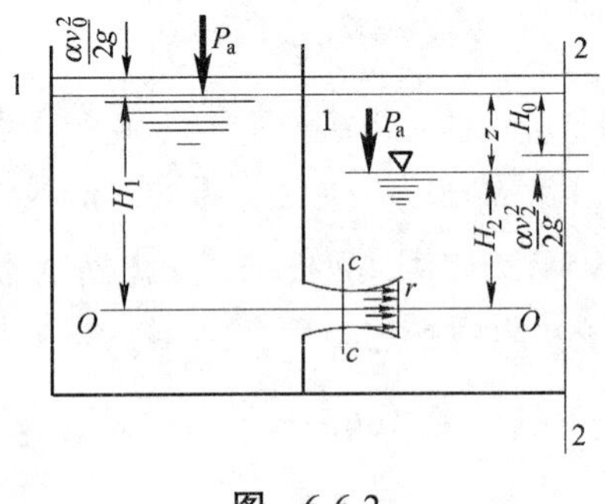

图 6-6-2

因A_2远大于A_c，故$\zeta_2 = 1$，所以流速

$$v_c = \frac{1}{\sqrt{1 + \zeta_1}}\sqrt{2gH_0} = \varphi\sqrt{2gH_0}$$

孔口流量

$$Q = \varepsilon\varphi A\sqrt{2gH_0} = \psi A\sqrt{2gH_0}$$

上式与小孔口自由出流形式完全相同，但应注意孔口的水头H_0的意义有所不同，此处的H_0是孔口上下游断面总水头之差，当上下游断面流速水头可不计时，即为上下游液面高差Z。

（四）薄壁大孔口出流

上述关于小孔口出流的公式可以用于大孔口，只是流量系数ψ值要大于小孔口，随孔口型式而变，大约为ψ =0.65~0.9，详见水力学手册有关表格。

二、管嘴出流

管嘴出流是在孔口处连接长为 3~4 倍孔口直径的短管后形成的液体出流，与孔口类似可以分为常水头、变水头、自由出流、淹没出流等，并根据外形可以将管嘴分为如图 6-6-3 所示的圆柱形、圆锥形和流线型管嘴等类型。

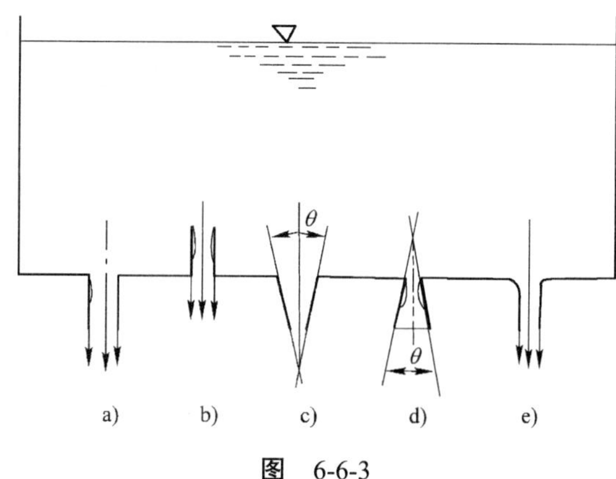

图 6-6-3

管嘴出流很多地方与孔口类似，故流速流量公式可应用与孔口相同的公式，但流速系数φ及流量系数μ与孔口不同，现以圆柱形外管嘴为例加以说明。圆柱形管嘴进口处先收缩，形成一收缩断面，收缩断面后流线扩张至出口处充满断面，无收缩，故出口断面的收缩系数ε =1，流速系数φ与流量系数相等，其值为$\varphi = \psi$ =0.82，远大于小孔口的流量系数。与相同直径、水头的小孔口相比较，其出流量约为小孔口的$0.82/0.62 = 1.32$倍。流量增加的原因是在收缩断面处存在真空，其真空度$p_v/\gamma = 0.75H_0$，这就使管嘴比孔口的作用总水头加大，从而加大了出流量。圆柱形管嘴水出流必须满足的工作条件是：$H <$ 9mH₂O，管嘴长度$L = 3\text{~}4$d。

其余各种管嘴的φ、ψ、ε值均可查有关水力计算手册确定。

【例 6-6-1】 在长管水力计算中：

A. 只有速度水头可忽略不计

B. 只有局部水头损失可忽略不计

C. 速度水头和局部水头损失均可忽略不计

D. 两断面的测压管水头差并不等于两断面间的沿程水头损失

解 在长管水力计算中，作用水头主要用于克服沿程水头损失，速度水头和局部水头损失均可忽略不计。

答案：C

【例 6-6-2】 正常工作条件下的薄壁小孔口与圆柱形外管嘴，直径d相等、作用水头H相等，则小孔口出流流量Q_1与管嘴出流流量Q_2的关系为：

A. $Q_1 < Q_2$　　B. $Q_1 > Q_2$

C. $Q_1 = Q_2$　　D. 条件不足，无法确定

解 薄壁小孔口的流量$Q_1 = \psi_1 A\sqrt{2gH}$，流量系数$\psi_1 = 0.62$；圆柱形外管嘴的流量$Q_2 = \psi_2 A\sqrt{2gH}$，

流量系数$\psi_2 = 0.82$。显然，$\psi_1 < \psi_2$。因而管嘴的出流流量Q_2大于同直径、同作用水头的孔口出流流量Q_1。

答案： A

三、有压管流

（一）有压管流的分类及简单短管水力计算

按水头损失所占比例不同可将有压管分为长管和短管。长管是指该管流中的能量损失以沿程损失为主，局部损失和流速水头所占比重很小，可以忽略不计的管道；短管是指局部损失和流速水头所占比重较大，计算时不能忽略的管道。根据管道布置与连接情况又可将有压管道分为简单管道与复杂管道两类，前者指没有分支的等直径管道，后者指由两条以上的管道组成的管系。复杂管又可分为串联、并联管道和枝状、环状管网，如图 6-6-4 所示。

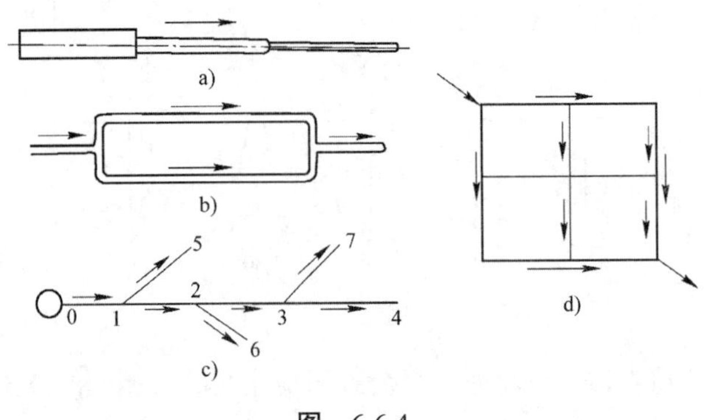

图　6-6-4

【例 6-6-3】 在长管水力计算中：

A. 只有速度水头可忽略不计

B. 只有局部水头损失可忽略不计

C. 速度水头和局部水头损失均可忽略不计

D. 两断面的测压管水头差并不等于两断面间的沿程水头损失

解　在长管水力计算中，速度水头和局部水头损失均可忽略不计。

答案： C

1. 短管自由出流

若短管中的液体经出口流入大气中，称为自由出流，如图 6-6-5 所示。

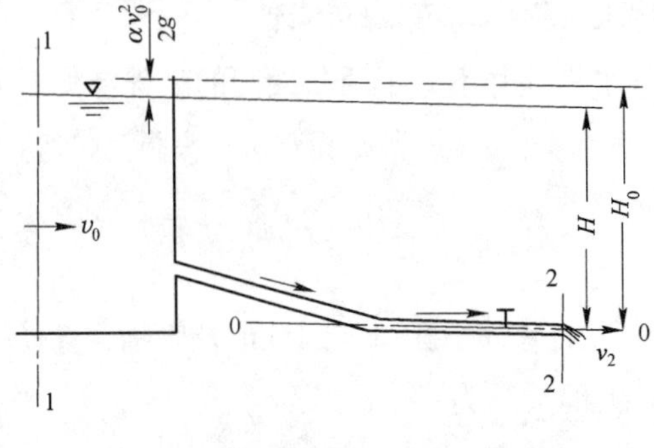

图　6-6-5

选上游过流断面 1-1 和管道出口过流断面 2-2，其能量方程为

$$H+0+\frac{\alpha_1 v_0^2}{2g}=0+0+\frac{\alpha_2 v_2^2}{2g}+h_{w1\text{-}2}$$

令$H_0=H+\frac{\alpha_1 v_0^2}{2g}$，称作用水头，则

$$H_0=\frac{\alpha v_2^2}{2g}+h_w \tag{6-6-3}$$

水头损失$h_w=\sum h_f+\sum h_m=\sum\lambda\frac{L}{d}\frac{v^2}{2g}+\sum\zeta\frac{v^2}{2g}=\zeta_c\frac{v^2}{2g}$，$\zeta_c=\sum\lambda\frac{L}{d}+\sum\zeta$为短管的总阻力系数，代入式（6-6-3）中得

$$H_0=(\alpha+\zeta_c)\frac{v^2}{2g} \tag{6-6-4}$$

取$\alpha=1$得

$$v=\frac{1}{\sqrt{1+\zeta_c}}\sqrt{2gH_0}=\varphi_c\sqrt{2gH_0} \tag{6-6-5}$$

$\varphi_c=\frac{1}{\sqrt{1+\zeta_c}}$称为短管的流速系数。

短管的流量为

$$Q=vA=\varphi_c A\sqrt{2gH_0}=\mu_c A\sqrt{2gH_0} \tag{6-6-6}$$

式中：A——短管过流断面积；

$\varphi_c=\mu_c$——短管流量系数。

2. 短管淹没出流

若短管中流体经出口流入下游自由液面之下的液体中，则称为淹没出流，如图 6-6-6 所示。以下游自由液面为基准面，对断面 1-1 及 2-2 写能量方程，即

$$H+0+\frac{\alpha_0 v_0^2}{2g}=0+0+\frac{\alpha_2 v_2^2}{2g}+h_w$$

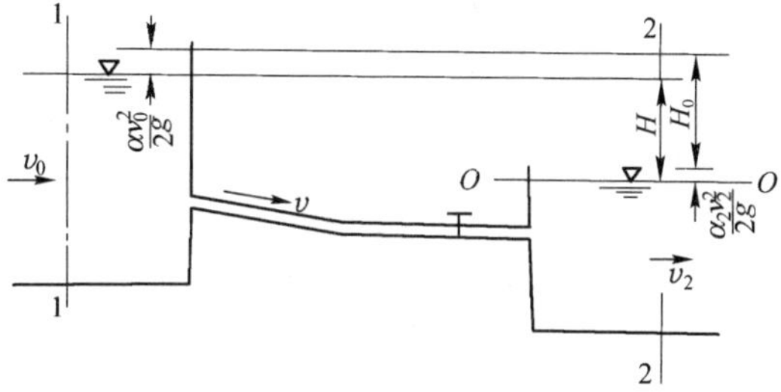

图　6-6-6

令$H_0=z+\frac{\alpha_0 v_0^2}{2g}-\frac{\alpha_2 v_2^2}{2g}$，则得

$$H_0=h_w=h_f+h_m \tag{6-6-7}$$

H_0为淹没出流短管上下游断面总水头之差，式中的水头损失可按$h_w=\zeta_c\frac{v^2}{2g}$计算，$\zeta_c=\sum\lambda\frac{L}{d}+\sum\zeta$，式中$\sum\zeta$比自由出流多一出口，损失$\zeta_{出口}$ =1.0 代入式（6-6-7）中，有

$$H_0=\zeta_c\frac{v^2}{2g}$$

或

$$v=\frac{1}{\sqrt{\zeta_c}}\sqrt{2gH_0}=\varphi_c\sqrt{2gH_0} \tag{6-6-8}$$

短管的流量

$$Q = vA = \varphi_c A\sqrt{2gH_0} = \mu_c A\sqrt{2gH_0} \tag{6-6-9}$$

式中，$\mu_c = \varphi_c = \frac{1}{\sqrt{\zeta_c}}$。比较与自由出流短管的差别主要在于总水头不同，淹没出流用的是总水头之差。当上下游水面流速很小时，$H_0 = H$，即可用液面高差代替总水头之差。

3. 简单短管水力计算几类问题

应用简单短管基本公式于工程实际的水力计算，一般有以下几类问题。

（1）已知水头、管径、管长、管道壁面性质和局部阻力的组成，求流量和流速。这类问题多属校核性质，可直接代入短管的流量、流速公式求解。

（2）已知流量、管径、管长、管壁性质及局部阻力组成，求作用水头。

（3）已知流量、水头、管长、管壁性质及局部阻力组成，求管径。这类问题直接用前述各短管公式求解有一定困难，因为式中阻力系数及断面面积中均包含有管径，所以一般用试算法求解。解得的管径尺寸，与标准管径的规格可能不一致，要选用相近的且稍大的标准管径。

（4）计算各过流断面的压强。对于位置固定的管道，绘制测压管水头线，便可解决此类问题。有时为了防止短管最高点处，由于真空而产生汽蚀、汽化，需求出短管最高点允许的安装高度。

【例 6-6-4】 离心泵管道系统如图所示。已知水泵流量Q =25m³/h，吸水管长L_1 =5m，压水管长L_2 =20m，水泵提水高度z =18m，最大允许的真空度不超过$\frac{p_v}{\gamma}$ =6mH₂O。试确定吸水管直径d_a、压水管直径d_p和水泵允许的安装高度h_s以及水泵的总扬程H。

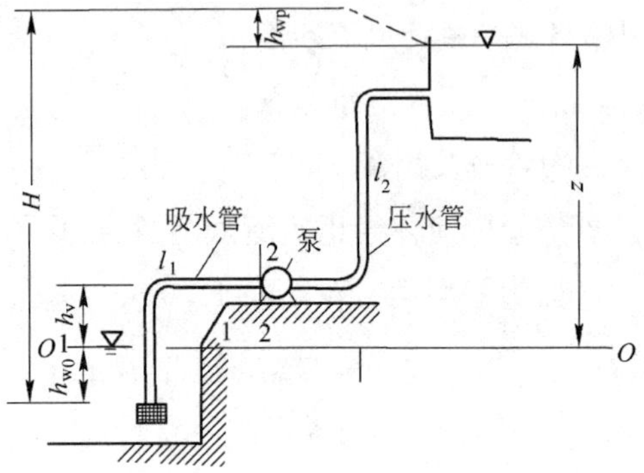

例 6-6-4 图

解 由给排水设计手册查得水泵吸水管允许的经济流速v_a =1~1.6m/s，现采用v_a =1.6m/s，则吸水管径：

$$d_a = \frac{4Q}{\pi v_a} = \frac{4\times 25}{\pi\times 1.6\times 3\,600} = 0.074\text{m} = 74\text{mm}$$

选取标准管径$d_a = 75$mm，相应的v_a为

$$v_a = \frac{4\times 25}{\pi\times 0.075^2\times 3\,600} = 1.57\text{m/s}$$

对吸水池液面 1-1 及水泵吸入口断面 2-2 写能量方程，得水泵吸水管最高点安装高度（水泵轴线高度），即

$$h_s = \frac{p_v}{\gamma} - \frac{\alpha_2 v_2^2}{2g} - h_{w_{1\text{-}2}}$$

给水管粗糙系数$n = 0.012\,5$，用曼宁公式求谢才系数$C = \frac{1}{n}R^{\frac{1}{6}} = \frac{1}{0.012\,5}\times\left(\frac{0.075}{4}\right)^{\frac{1}{6}} = 41.23\sqrt{\text{m}}/\text{s}$，沿程阻力系数$\lambda = \frac{8g}{C^2} = \frac{8\times 9.8}{41.23^2} = 0.046\,1$。吸水管的局部阻力系数有滤水网底阀$\zeta_1 = 8.5$，弯头$\zeta_2 = 0.29$。水泵入口前的渐缩管$\zeta_3 = 0.1$，将数据代入求安装高度，即

$$h_s = 6 - \frac{1.57^2}{2\times 9.8} - \left(0.046\,1\times\frac{5}{0.075} + 8.5 + 0.29 + 0.1\right)\times\frac{1.57^2}{2\times 9.8} = 4.37\text{m}$$

如压水管选取相同的经济流速，可得相同的管径，即$d_p = 0.075\text{m} = 75\text{mm}$，$v_p = 1.57\text{m/s}$，$\lambda = 0.046\,1$。压水管的局部阻力系数有两个弯头，一个出口即$\zeta_{弯头} = 0.29$，$\zeta_{出口} = 1.0$。压水管水头损失

$$h_{wp} = \left(0.046\times\frac{20}{0.075} + 2\times 0.29 + 1\right)\times\frac{1.57^2}{2\times 9.8} = 1.74\text{m}$$

吸水管水头损失

$$h_{wa}=\left(0.046\,1\times\frac{5}{0.075}+8.5+0.29+0.1\right)\times\frac{1.57^2}{2\times 9.8}=1.5\text{m}$$

水泵总扬程

$$H=z+h_w=z+h_{wp}+h_{wa}=18+1.74+1.5=21.24\text{m}$$

（二）有压长管中的恒定流

1. 简单长管

图 6-6-7 为一简单长管示意图。由于不考虑流速水头，总水头线与测管水头线重合。又因不计局部损失，对断面 1-1 及 2-2 写能量方程可得

$$H=h_f=\lambda\frac{L}{d}\frac{v^2}{2g}=\lambda\frac{L}{d}\frac{\left(\frac{4Q}{\pi d^2}\right)^2}{2g}=\frac{8\lambda}{\pi^2 gd^5}LQ^2$$

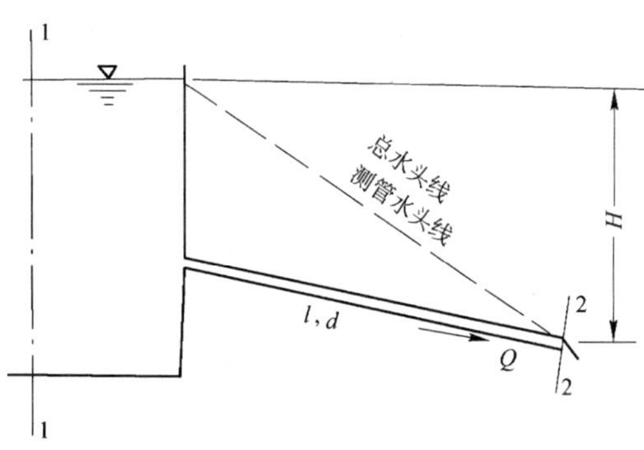

图 6-6-7

令$S_0=\frac{8\lambda}{\pi^2 gd^5}$，称为管道的比阻，为单位流量通过单位长度管道所损失的水头。S_0的单位为 s^2/m^6，$S_0=f(\lambda,d)$，当管壁性质已知时，S_0仅与d有关，可制成表格备查。将比阻代入长管公式可得

$$H=h_f=S_0LQ^2=SQ^2 \tag{6-6-10}$$

上式即为简单长管的基本公式，它可解Q、H、d各类问题，式中$S=S_0L$称为管道的阻抗。S的单位为 s^2/m^5。

【例 6-6-5】 如图所示由大体积水箱供水，且水位恒定，水箱顶部压力表读数 19 600Pa，水深H =2m，水平管道长l =100m，直径d =200mm，沿程损失系数 0.02，忽略局部损失，则管道通过流量是：

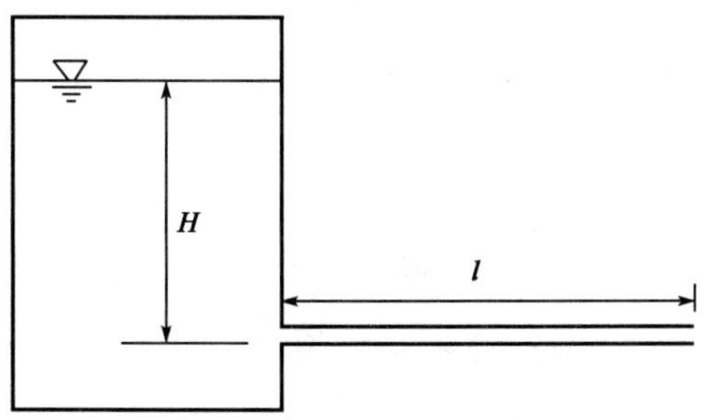

例 6-6-5 图

A. 83.8L/s　　B. 196.5L/s　　C. 59.3L/s　　D. 47.4L/s

解 对水箱自由液面与管道出口写能量方程：

$$H+\frac{p}{\rho g}=\frac{v^2}{2g}+h_f=\frac{v^2}{2g}\left(1+\lambda\frac{\text{L}}{\text{d}}\right)$$

代入题设数据并化简：

$$2+\frac{19\ 600}{9\ 800}=\frac{v^2}{2g}\left(1+0.02\times\frac{100}{0.2}\right)$$

计算得流速$v=2.67\mathrm{m/s}$

流量$Q=v\times\frac{\pi}{4}d^2=2.67\times\frac{\pi}{4}\times0.2^2=0.083\ 84\mathrm{m^3/s}=83.84\mathrm{L/s}$

答案： A

2. 串联管道

由不同直径的管段顺次联结而成的管道系统称为串联管系，如图 6-6-8 所示。

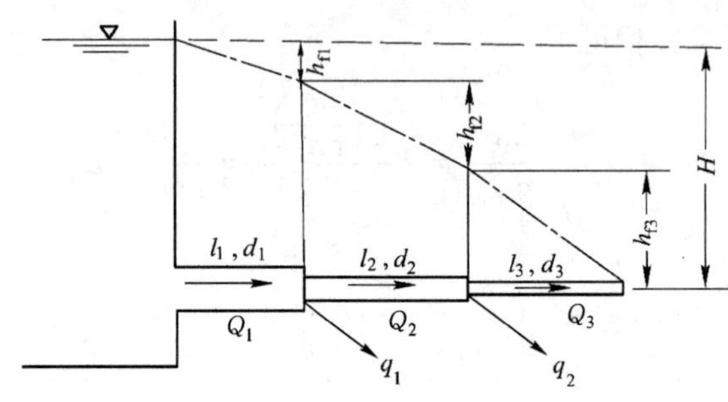

图　6-6-8

各管段流量关系，由连续性方程可得

$$Q_i=Q_{i+1}+q_i \tag{6-6-11}$$

总水头

$$H=\sum h_{\mathrm{f}}=\sum_{i=1}^{n}S_{0i}L_iQ_i^2=\sum_{i=1}^{n}S_iQ^2 \tag{6-6-12}$$

将上两式联立可解Q、H、d等问题。

3. 并联管道

两条以上的管道在一处分流，以后又在另一处汇流，这样组成的管系称为并联管系，如图 6-6-9 所示。

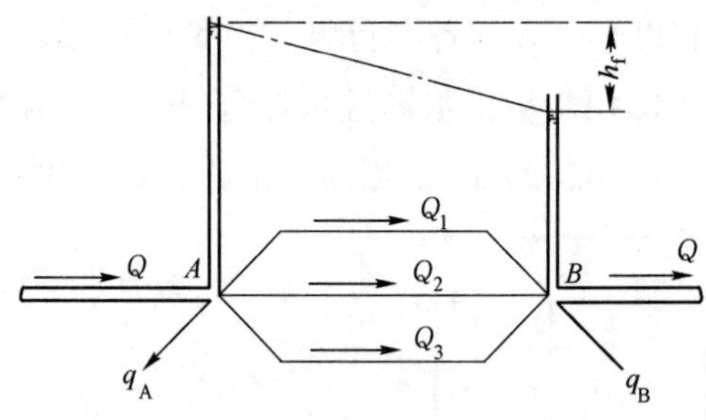

图　6-6-9

并联管道分流点与汇流点之间各管段水头损失皆相等，即

$$h_{\mathrm{f}_1}=h_{\mathrm{f}_2}=h_{\mathrm{f}_3}=\cdots=h_{\mathrm{f}}$$

或

$$h_{\mathrm{f}}=S_1Q_1^2=S_2Q_2^2=S_3Q_3^2=\cdots=S_iQ_i^2 \tag{6-6-13}$$

而每一并联管段中的流量

$$Q_i=\sqrt{\frac{h_{\mathrm{f}}}{S_i}} \tag{6-6-14}$$

分流点A之前的总流量

$$Q = Q_1 + Q_2 + Q_3 + \cdots + Q_n + q_A$$

或
$$Q = \sum_{i=1}^{n} Q_i + q_A \tag{6-6-15}$$

当已知总流量Q，欲求各并联管流量时可用下式

$$Q_i = (Q - q_A)\sqrt{\frac{S_p}{S_i}} \tag{6-6-16}$$

式中，S_p可按下式求解

$$\frac{1}{\sqrt{S_p}} = \frac{1}{\sqrt{S_1}} + \frac{1}{\sqrt{S_2}} + \cdots + \frac{1}{\sqrt{S_n}}$$

由式（6-6-13）可看出任两分路流量之比，等于该两管段阻抗反比之平方根，即

$$\frac{Q_1}{Q_2} = \sqrt{\frac{S_2}{S_1}}$$

【例 6-6-6】 并联长管 1、2，两管的直径相同，沿程阻力系数相同，长度$L_2 = 3L_1$，通过的流量为：

A. $Q_1 = Q_2$　　B. $Q_1 = 1.5Q_2$　　C. $Q_1 = 1.73Q_2$　　D. $Q_1 = 3Q_2$

解 并联长管路的水头损失相等，即$S_1Q_1^2 = S_2Q_2^2$

式中管路阻抗

$$S_1 = \frac{8\lambda\frac{L_1}{d_1}}{g\pi^2 d_1^4},\quad S_2 = \frac{8\lambda\frac{3L_1}{d_2}}{g\pi^2 d_2^4}$$

又因$d_1 = d_2$，所以得：

$$\frac{Q_1}{Q_2} = \sqrt{\frac{S_2}{S_1}} = \sqrt{\frac{3L_1}{L_1}} = 1.732,\quad Q_1 = 1.732Q_2$$

答案： C

【例 6-6-7】 主干管在A、B间是由两条支管组成的一个并联管路，两支管的长度和管径分别为l_1 =1 800m，d_1 =150mm，l_2 =3 000m，d_2=200mm，两支管的沿程阻力系数λ均为 0.01，若主干管流量Q =39L/s，则两支管流量分别为：

A. Q_1 =12L/s，Q_2 =27L/s　　B. Q_1 =15L/s，Q_2 =24L/s

C. Q_1 =24L/s，Q_2 =15L/s　　D. Q_1 =27L/s，Q_2 =12L/s

解 $Q_1 + Q_2 = 39\text{L/s}$

$$\frac{Q_1}{Q_2} = \sqrt{\frac{S_2}{S_1}} = \sqrt{\frac{8\lambda L_2}{\pi^2 g d_2^5} \Big/ \frac{8\lambda L_1}{\pi^2 g d_1^5}} = \sqrt{\frac{L_2 \cdot d_1^5}{L_1 \cdot d_2^5}} = \sqrt{\frac{3\,000}{1\,800} \times \left(\frac{0.15}{0.20}\right)^5} = 0.629$$

即$0.629Q_2 + Q_2 = 39\text{L/s}$，得$Q_2 = 24\text{L/s}$，$Q_1 = 15\text{L/s}$

答案： B

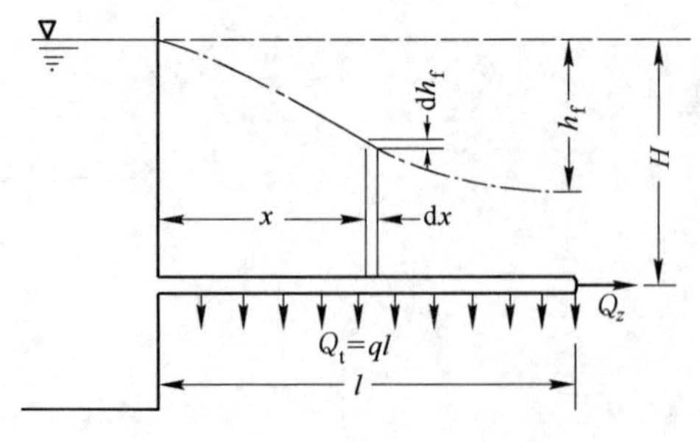

图 6-6-10 沿程均匀+泄流管道

（三）沿程均匀泄流长管

沿程均匀泄流管道如图 6-6-10 所示。

距进口x距离处的通过流量Q_x与转输流Q_z及途泄流量Q_t的关系如下

$$Q_x = Q_z + Q_t - \frac{Q_t}{L}x$$

在dx长度上的沿程损失为$dh_f = SdxQ_x^2$，即$dh_f = S_0\left(Q_z + Q_t - \frac{Q_t}{L}x\right)^2 dx$，全长水头损失

$$h_f = \int_0^L d\,h_f = S_0L\left(Q_z^2 + Q_zQ_t + \frac{1}{3}Q_t^2\right) \tag{6-6-17}$$

当转输流量$Q_z = 0$，即仅有途泄流量时，则

$$h_f = \frac{1}{3}S_0LQ_t^2 \tag{6-6-18}$$

表明当全程均匀泄流时的水头损失，等于全部流量在末端泄出时的水头损失的 1/3。式（6-6-17）还可用下列近似公式代替

$$h_f = S_0L(Q_z + 0.55Q_t)^2 = S_0LQ_c^2 \tag{6-6-19}$$

Q_c称为计算流量，而

$$Q_c = Q_z + 0.55Q_t \tag{6-6-20}$$

（四）枝状管网

枝状管网是由多条管段串联而成的干管和与干管相连的多条支管组成，如图 6-6-11 所示。

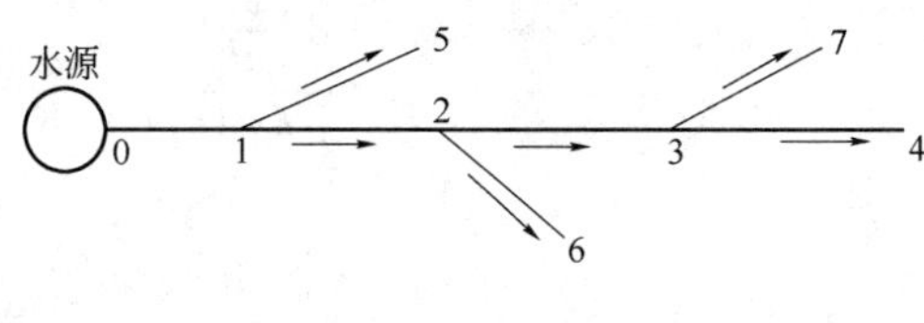

图 6-6-11

枝状管网水力计算主要是求干管起点水头及管径。计算顺序是先由经济流速求干管管径，再求干线起点水头和各节点水头，最后由各节点水头和支管流量求支管管径。经济流速可查设计手册求得，在初步计算时，可参考下列数值：管径d =100~200mm，流速v =0.6~1.0m/s，管径d =200~400mm，流速v =1.0~1.4m/s。

干管是指从水源开始到供水条件最不利点的管道，其余则为支线。供水条件最不利点一般是指距水源远、地形高、建筑物层数多、需用流量大的供水点。为克服沿途阻力和满足供水的其他要求，在水流到达最不利点之后，应保留一定的剩余水头（或称自由水头），由图 6-6-12 可推得干管起点水塔水面距地面的总水头H为

$$H = \sum h_f + H_z + z - z_0 \tag{6-6-21}$$

式中：H_z——供水条件最不利点所需自由水头，由用户提出需要，对于楼房建筑可参考表 6-6-1；

z——最不利点高程；

z_0——起点地面高程。

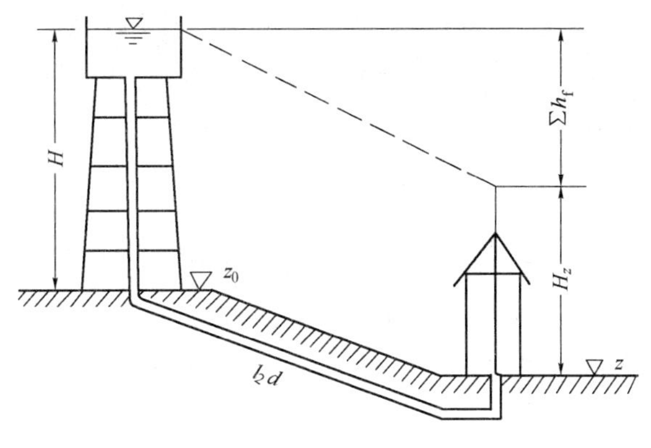

图　6-6-12

表 6-6-1

建筑物层数	1	2	3	4	5	6	7	8
自由水头（m）	10	12	16	20	24	28	32	36

（五）环状管网

环状管网是由多条管段互相连接成为闭合形状的管道系统，其优点是增加了供水的可靠性，缺点是增加了管长从而也增加了造价。将有两个环的管网示意于图 6-6-13。

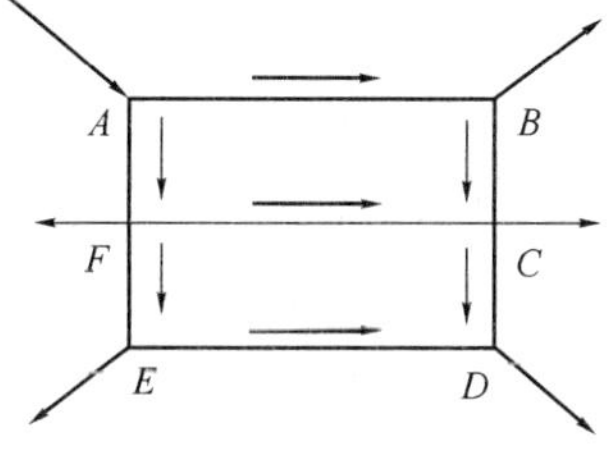

图　6-6-13

根据工程要求先进行管线布置，管长和各节点流量均是已知的。环网计算主要求各管段通过流量、管径和管段水头损失，管径当通过流量已知时可用选定的经济流速求出，与管段数相等的通过流量是待求的未知数，管段数、节点数与环数有下列关系

$$N_{\mathrm{p}} = N_j + N_{\mathrm{L}} - 1 \tag{6-6-22}$$

式中：N_{p}——管段总数；

N_j——节点总数；

N_{L}——独立环路数目。

如图 6-6-13 所示两个环网的管段数$N_{\mathrm{p}} = 6 + 2 - 1 = 7$。

下面探讨一下是否能列N_{p}个方程求解N_{p}个未知流量。由环网特性，必须满足下列两个水力计算原则。

（1）节点流量的代数和为零，即

$$\sum Q_{\text{节点}} = 0 \tag{6-6-23}$$

因为流入某一节点的流量必须等于同时流出该节点的流量（连续性要求）。如以流入为正流出为负，则节点流量正负相消代数和为零。

（2）沿任一闭合环路水头损失的代数和为零，即

$$\sum h_{\mathrm{f}\,\text{沿环}} = 0 \tag{6-6-24}$$

任一闭合环路均可视为分流点与汇流点两边的并联管道，因此沿分流点两个方向至汇流点的水头损失应相等，如以顺时针方向为正，逆时针方向为负，则沿环一周水头损失代数和为零。就以图 6-6-13 中的上一环为例有

$$h_{\mathrm{fABC}} - h_{\mathrm{fAFC}} = 0$$

根据水力计算第一原则可列出（$N_j - 1$）个方程，根据第二原则可列出N_{L}个方程，共可列出$N_j + N_{\mathrm{L}} -$

$1 = N_p$个方程，方程数与管段数相等，正好求解N_p个未知数。但当环数增多，方程个数很多时手工计算工作量很大，目前多用电脑辅助计算。对于环数较少的简单环网，可用哈代-克劳斯（Hardy-Cross）逐步渐近法求解较好，该法实质上是解环方程方法，其计算步骤如下。

（1）初步拟定水流方向，并按$\sum Q_{节} = 0$分配各管段通过流量。

（2）按初分流量和所选经济流速求管径d，$d = \sqrt{\frac{4Q}{\pi v}}$，选接近的标准直径。

（3）根据d、n或λ求比阻S_0，再求出各段水头损失$h_f = S_0LQ^2 = SQ^2$，S为阻抗。

（4）求每一环的水头损失代数和$\sum h_{f沿环}$，视其是否满足$\sum h_{f沿环} = 0$，如不满足，则其值$\sum h_{f沿环} = \Delta h$为闭合差；然后看$|\Delta h|$是否小于允许的误差ε，如$|\Delta h| > \varepsilon$，则需校正初步分配的流量。

（5）求各环的校正流量。

设各环的校正流量为ΔQ，则

$$\Delta Q = -\frac{\sum h_f}{2\sum \frac{h_f}{Q}} = \frac{-\Delta h}{2\sum \frac{h_f}{Q}} \tag{6-6-25}$$

当流量校正后需从步骤（3）开始重复计算，直到每一环的闭合差Δh均趋于零或小于允许的误差。

（六）有压管路中的水击（水锤）

1. 水击现象

在有压管道中，由于某种原因（如迅速关闭或开启阀门、水泵机组突然停机等）使得管中水流速度发生突然变化，从而引起管内压强急剧升高和降低的交替变化及水体、管壁压缩与膨胀的交替变化，并以波的形式在管中往返传播的现象称为水击（或水锤），因其声音犹如用锤锤击管道的声音一样。水击可能导致强烈的振动、噪声和气穴，有时甚至引起管道的变形、爆裂或阀门的损坏。因此水击问题，影响工程的安全与经济，应给予足够的重视。

水击现象产生的外因是边界条件的突然变化，内因则是水流运动的惯性和水体的压缩性以及管壁的弹性。

2. 水击波的发展过程

水击波的发展过程如图 6-6-14 所示，约为四个过程，现以关闭阀门水击为例加以说明。

（1）升压波向上游传播

如图 6-6-14a）所示，在$0 < t < L/c$时间段，水击压力升高水头$\Delta H = \Delta p/\gamma$，以很高波速$c$（钢管中约 1 000m/s）从阀门处开始逆流而上，在$t = L/c$时传到水箱处。

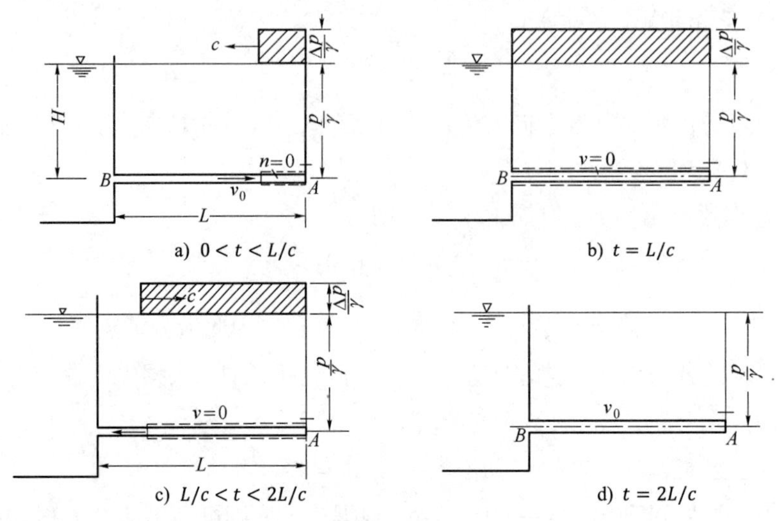

图　6-6-14

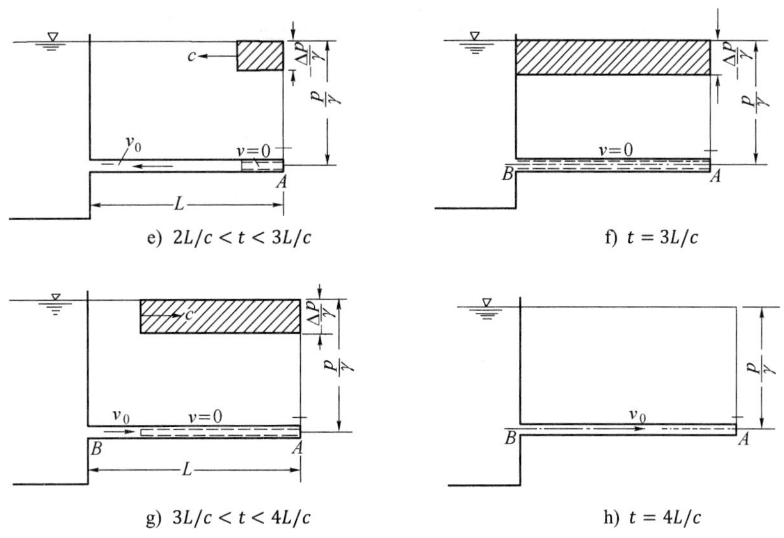

e) $2L/c < t < 3L/c$　　f) $t = 3L/c$

g) $3L/c < t < 4L/c$　　h) $t = 4L/c$

图 6-6-14　水击波的发展过程

（2）降压反射波向下游传播

如图 6-6-14c）所示，当$t = L/c$时，升压波到达水箱，由于水箱水位不变，管中压力大于水箱水位，使高压水向水箱流去产生一反向流速$\boldsymbol{v}$，即产生一降压反射波使管中压力恢复正常；在$2L/c < t < 3L/c$时段一直持续着；当$t = 2L/c$时到达阀门。

（3）降压波向上游传播

如图 6-6-14e）所示，当$t = 2L/c$时，降压反射波到达阀门后，因惯性使阀门处水流反向流动，在阀门处形成一降压波向上游传播；在$2L/c < t < 3L/c$时段一直持续着；当$t = 3L/c$时，降压波到达水箱，并且压力低于水箱中水位，这使水箱中水向阀门流动，流速由零变为$\boldsymbol{v}$，这就开始了第四过程。

（4）升压反射波向下游传播

如图 6-6-14g）所示，在$3L/c < t < 4L/c$过程中，升压反射波一直向阀门传播，反射波传到处，压强即由负压恢复到正常；在$t = 4L/c$，传到了阀门处，完成了一个传播周期，此后又重复上述过程，直到能量消耗殆尽为止。

水击波往返传播一次的时间称为相长，$2L/c$为半周期，周期为$4L/c$。

3. 水击的分类和直接水击压强的计算

水击按关闭阀门时间T_s与相长$2L/c$比较可以分为直接水击和间接水击两种。

（1）直接水击

$T_s < 2L/c$，此时降压反射波尚未回到阀门处，水击压力升高已经完成，所以未受到降压的抵消作用，因此直接水击压力升高大，最为危险，须尽量避免和防止。直接水击压力升高计算式已于 1898 年被茹科夫斯基导出，见式（6-6-26）。或以水头表示，见式（6-6-27）。

$$\Delta p = \rho c v_0 \tag{6-6-26}$$

$$\Delta H = \frac{c v_0}{g} \tag{6-6-27}$$

式中：v_0——阀门全开时的流速；

g——重力加速度；

c——水击传播速度（m/s）。

$$c = \frac{c_0}{\sqrt{1 + \frac{K}{E}\frac{D}{\delta}}} = \frac{1\,435}{\sqrt{1 + \frac{K}{E}\frac{D}{\delta}}} \tag{6-6-28}$$

式中：c_0——液体中声波传播速度，在1~25个大气压时，c_0 =1 435m/s；

K——水的弹性模量，在水温10℃，1个标准大气压时，K =2.10×10^{5}N/cm^2；

E——管壁材料的弹性模量，钢管的E =2.06×10^{7}N/cm^2；

D——管内直径；

δ——壁厚。

对于一般钢管$D/\delta \approx 100$，$K/E \approx 0.01$，代入式（6-6-27），得$c \approx 1\,000$m/s。如管内关阀前流速v_0 =1m/s，则直接水击压力升高水头$\Delta H = cv_0/g = 1\,000 \times 1/9.8 = 102mH_2$O。

（2）间接水击

$T_S \geqslant 2L/c$，此时降压反射波已回到阀门处，抵消了部分压力升高值，此种水击称间接水击，间接水击压力小于直接水击。间接水击压力的精确计算，涉及水击波的叠加，较为复杂，但可按下式作近似的估算

$$\Delta p = \rho c v_0 \frac{T}{T_S} \tag{6-6-29}$$

$$\Delta H = \frac{cv_0}{g}\frac{T}{T_S} \tag{6-6-30}$$

式中：T——水击波相长，$T = 2L/c$；

T_S——阀门关闭的时间；

其余符号意义同前。

4. 水击危害的预防

一般来说，可从延长关闭阀门时间，缩短水击波传播长度，减小管内流速，以及在管路上设置减压、缓冲装置等方面着手。

习　题

6-6-1　环状管网水力计算的原则是（　　）。

A. 各节点的流量与各管段流量代数和为零，水头损失相等

B. 各管段水头损失代数和为零，流量相等

C. 流入为正、流出为负，每一节点流量的代数和为零；顺时针为正，逆时针为负，沿环一周水头损失的代数和为零

D. 其他

6-6-2　作用水头与直径均相同的圆柱形外管嘴和小孔口，前者的通过流量是后者的（　　）倍，原因是（　　）。

A. 1.75，前者收缩断面处有真空存在

B. 0.75，后者的阻力比前者小

C. 1.82，前者过流面积大

D. 1.32，前者收缩断面处有真空存在

6-6-3　某常水头薄壁小孔口的水头$H_0=5\text{m}$，孔口直径$d=10\text{mm}$，流量系数$\mu=0.62$，该小孔口的出流量Q为（　　）。

A. 0.61L/s　　B. $7.82\times10^{-4}\text{m}^3/\text{s}$　　C. 0.58L/s　　D. $4.82\times10^{-4}\text{m}^3/\text{s}$

第七节　明渠恒定流

一、明渠均匀流特性及其发生条件

明渠均匀流是水深、断面平均流速、断面流速分布均沿流程不变的具有自由液面的明渠流，如图 6-7-1所示。

由于河底坡度线与水面线及水力坡度线三条线平行，所以三线的坡度相等，即

$$J=J_z=i \tag{6-7-1}$$

式中：J——水力坡度，$J=h_f/L$；

J_z——水面坡度；

$$J_z=\frac{(z_1+h_1)-(z_2+h_2)}{L}$$

i——河底坡度，$i=(z_1-z_2)/L$，$i=\sin\theta$，当$\theta<6°$时，$\sin\theta\approx\tan\theta$，$i=\Delta z/(Lx)$。

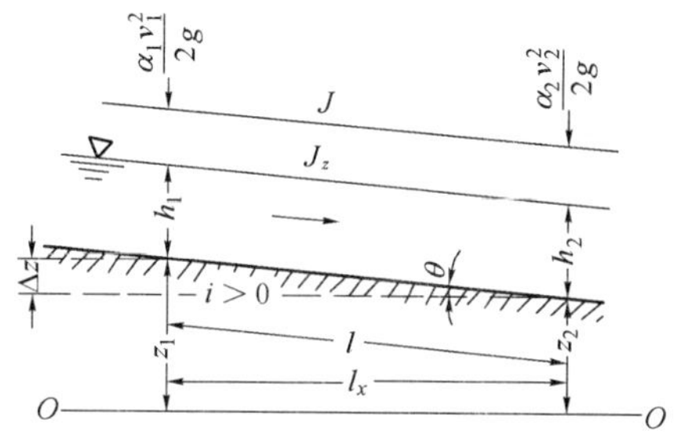

图　6-7-1

水力坡度=水面坡度=河底坡度，是明渠均匀流的特性。产生明渠均匀流必须满足以下这些条件：渠中流量保持不变，沿程没有水流流出或流入；渠道为长直棱柱体；顺坡渠道（即河底高程沿水流方向降低）；渠壁粗糙系数沿程不变，没有局部损失，以及底坡不变、断面形状与面积不变等。均匀流多在人工明渠中产生，天然河流的顺直渠段，可近似作为均匀流来处理。

【例 6-7-1】 下面说法正确的是：

A. 平坡棱柱形渠道可以形成明渠均匀流

B. 正坡棱柱形渠道可以形成明渠均匀流

C. 正坡非棱柱形渠道可以形成明渠均匀流

D. 平坡非棱柱形渠道可以形成明渠均匀流

解　只有在正坡棱柱形渠道中，沿程断面形状、尺寸和水深才均不变，底坡与水面平行，可以形成明渠均匀流，其他均不能。

答案： B

二、明渠均匀流基本公式及断面水力要素

明渠流断面尺寸大，流速快，壁面粗糙，一般均属于大雷诺数的水力粗糙区，其水力计算的基本公式用谢才公式

$$v=C\sqrt{RJ}$$

但在均匀流时由明渠均匀流特性知$J=i$，可用渠底坡度i代替J，应用更加方便，此时

$$\left.\begin{aligned} v &= C\sqrt{Ri} \\ Q &= CA\sqrt{Ri} = K\sqrt{i} \\ K &= CA\sqrt{R} \end{aligned}\right\} \tag{6-7-2}$$

式中，K称为流量模数，单位为m^3/s，与流量同。为了使用谢才公式，必须配合断面水力要素的计算公式和谢才系数C的计算公式，例如前面介绍的$C=\frac{1}{n}R^{\frac{1}{6}}$的曼宁公式。

断面水力要素的计算公式常用的有矩形、梯形和未充满的圆形断面以及复式断面几种，如图 6-7-2 所示，现分别介绍。

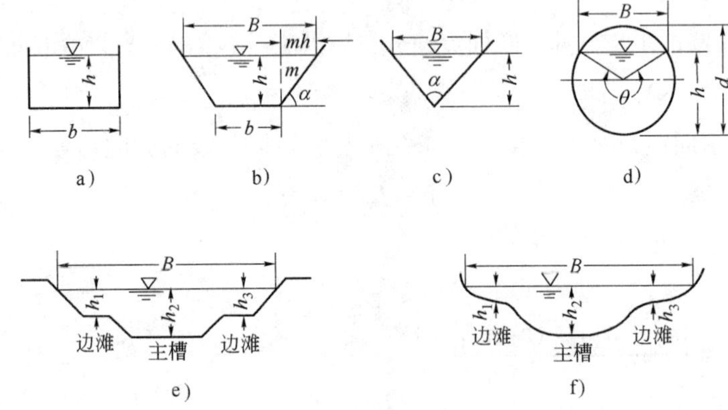

图 6-7-2

（一）矩形断面水力要素

$$\left.\begin{aligned} A &= bh \\ \chi &= b+2h \\ R &= \frac{A}{\chi} \end{aligned}\right\} \tag{6-7-3}$$

（二）边坡系数相等的梯形断面水力要素

$$\left.\begin{aligned} A &= (b+mh)h \\ \chi &= b+2h\sqrt{1+m^2} \\ R &= \frac{A}{\chi} \\ B &= b+2mh \end{aligned}\right\} \tag{6-7-4}$$

上式中$m=\cot\alpha$，称为边坡系数，α为边坡角，见图 6-7-2b），当α =90°时，m =0，梯形变为矩形，式（6-7-3）是式（6-7-4）的一个特例。

【例 6-7-2】 一梯形断面明渠，水力半径R =1m，底坡i =0.000 8，粗糙系数n =0.02，则输水流速度为：

A. 1m/s　　B. 1.4m/s　　C. 2.2m/s　　D. 0.84m/s

解 由明渠均匀流谢才公式知流速$v=C\sqrt{Ri}$，$C=\frac{1}{n}R^{\frac{1}{6}}$

代入题设数据，得：$C=\frac{1}{0.02}1^{\frac{1}{6}}=50\sqrt{m}/s$

流速$v=50\sqrt{1\times0.0008}=1.41m/s$

答案： B

（三）未充满的圆形断面水力要素

$$\left.\begin{aligned} A&=\frac{d^2}{8}(\theta-\sin\theta)\\ \chi&=\frac{d}{2}\theta\\ R&=\frac{d}{4}\left(1-\frac{\sin\theta}{\theta}\right)\\ B&=d\sin\frac{\theta}{2} \end{aligned}\right\} \tag{6-7-5}$$

上式中θ为圆心角，与管内液体的充满度h/d有关，h为充水深度，见图 6-7-2d）。因此

$$\frac{h}{d}=\sin^2\frac{\theta}{4} \tag{6-7-6}$$

当已知充满度h/d后可用上式求出θ，再由直径d和θ用式（6-7-5）求各种水力要素。

（四）复式断面水力要素

可将其分解为几个简单的几何图形叠加求解，注意湿周只计入固体与液体接触的边长，液体与液体接触部分不计入。断面各部分水力坡度J不变，则

$$Q=(K_1+K_2+\cdots)\sqrt{J}$$

【例 6-7-3】 两条明渠过水断面面积相等，断面形状分别为（1）方形，边长为a；（2）矩形，底边宽为 $2a$，水深为 $0.5a$，它们的底坡与粗糙系数相同，则两者的均匀流流量关系式为：

A. $Q_1>Q_2$　　B. $Q_1=Q_2$　　C. $Q_1<Q_2$　　D. 不能确定

解　由明渠均匀流谢才-曼宁公式$Q=\frac{1}{n}R^{\frac{2}{3}}i^{\frac{1}{2}}A$可知：在题设条件下面积$A$，粗糙系数$n$，底坡$i$均相同，则流量$Q$的大小取决于水力半径$R$的大小。对于方形断面，其水力半径$R_1=\frac{a^2}{3a}=\frac{a}{3}$，对于矩形断面，其水力半径为$R_2=\frac{2a\times0.5a}{2a+2\times0.5a}=\frac{a^2}{3a}=\frac{a}{3}$，即$R_1=R_2$。故$Q_1=Q_2$。

答案： B

三、明渠的水力最佳断面和允许流速

（一）水力最佳断面

当过水断面积A、粗糙系数n、底坡i一定时，通过流量Q或过水能力最大时的断面形状，称为水力最佳断面。由谢才公式和曼宁公式可得

$$Q=CA\sqrt{Ri}=\frac{1}{n}R^{\frac{1}{6}}AR^{\frac{1}{2}}i^{\frac{1}{2}}=\frac{1}{n}\left(\frac{A}{\chi}\right)^{\frac{2}{3}}Ai^{\frac{1}{2}}=\frac{1}{n}R^{\frac{2}{3}}Ai^{\frac{1}{2}}$$

即

$$Q=\frac{i^{\frac{1}{2}}}{n}A^{\frac{5}{3}}\chi^{-\frac{2}{3}} \tag{6-7-7}$$

由式（6-7-7）可知，当A、n、i一定时，湿周χ最小，Q才最大，故圆形是最佳的形状。但在明渠中，圆形施工不便，往往用梯形。梯形的边坡系数取决于土壤的性质，当边坡系数m按土壤性质已确定时，梯形的水力最佳断面条件，可由$\frac{\mathrm{d}\chi}{\mathrm{d}h}=0$求$\chi$极小值的办法求出。

$$\chi=\frac{A}{h}-mh+2h\sqrt{1+m^2}$$

$$\frac{\mathrm{d}\chi}{\mathrm{d}h}=-\frac{A}{h^2}-m+2\sqrt{1+m^2}=0$$

将$A=(b+mh)h$代入上式并整理后可得

$$\beta = \frac{b}{h} = 2\left(\sqrt{1+m^2} - m\right) \tag{6-7-8}$$

式中，$\beta = b/h$为水力最佳宽深比。将式（6-7-8）依次代入A及χ公式，最后求得水力最佳的水力半径为

$$R = \frac{h}{2} \tag{6-7-9}$$

对于矩形断面m =0，代入式（6-7-8）得水力最佳矩形断面宽深比为β =2，即$b = 2h$的扁矩形。对于小型土渠，工程造价主要取决于土方量，因此水力最佳断面，可能是经济实用的。对于大型渠道，按水力最佳梯形决定的断面，往往是太过窄而深，深挖高填式施工，未必是经济合理的，就不一定采用水力最佳断面。

（二）明渠的允许流速

明渠中流速过大会引起渠道的冲刷，过小又会导致水中悬浮泥沙在渠中淤积，且易使河滩上滋生杂草，从而影响渠道的输水能力。因此，在设计渠道时，应使其断面平均流速v在允许范围内，即

$$v_{\max} > v > v_{\min}$$

式中：$v_{\max}$——渠道最大不冲刷流速或最大允许流速；

$v_{\min}$——渠道最小不淤积流速或最小允许流速。

最大允许流速取决于渠道土壤或加固材料性质，最小允许流速取决于悬浮泥沙颗粒大小，可查有关手册或用经验公式计算。

四、明渠均匀流水力计算的几类问题

（一）已知b、h、m、n、i要求渠道的通过流量Q

这类问题往往是对已建成渠道进行的校核验算，可直接代入谢才公式求解。

（二）已知Q、b、h、m、i，求粗糙系数n

可联合用谢才、曼宁两式解出n

$$n = \frac{A}{Q} R^{\frac{2}{3}} i^{\frac{1}{2}}$$

直接代入数据即可。

（三）已知Q、b、h、m、n，设计渠道底坡i

先求出流量模数$K = AC\sqrt{R}$，之后再代入谢才公式求底坡$i = Q^2/K^2$，或求出流速再用$i = v^2/(C^2R)$求底坡。在实际工程中，由此计算而得的底坡数值，只是一个参考值，还要综合考虑地形、地质、施工等因素后才能确定。

（四）已知Q、m、n、i，设计渠道过水断面的尺寸b和h

此时，在基本公式中出现两个未知数，解答不确定。为了使问题有唯一确定的解，须结合工程要求和经济条件，先定出其中的一个b或h值，或是宽深比β值，再行设计，现分述如下。

1. 设定渠道底宽b，求均匀流水深h_0

首先由已知的流量Q及底坡i，算出所设计的渠道断面应具有的流量模数$K_0 = Q/\sqrt{i}$；然后根据$K = AC\sqrt{R} = (b+mh)h\frac{1}{n}\left[\frac{(b+mh)h}{b+2h\sqrt{1+m^2}}\right]^{\frac{2}{3}} = f(h)$公式，用试算法或图解法求解。以试算为例，就要多次设定一系列的h，求对应的K，当此K值恰好等于K_0时，此时的h就是所要求的水深h_0。如以所设定的一系列的水深h为纵标，以所对应的K作为横标，可绘出$K = f(h)$曲线；再以$K_0 = Q/\sqrt{i}$为横坐标，作垂线交$K =$

$f(h)$曲线于一点，由交点引水平线截取纵坐标于一点，此点的h值即为所求的均匀流水深h_0。

2. 设定渠道水深h_0，求相应的渠道底宽b

这种情况与上面的相似，可用试算法或图解法求解。设定一系列b，求对应的K，作出$K=f(b)$曲线；再求出$K_0=Q/\sqrt{i}$，在$K=f(b)$曲线上找出对应于此K_0的b值，即为所求的底宽b。

3. 设定渠道宽深比β，求相应的h_0和b值

由于补充了一个条件，设定了β，使h_0和b转变成互相依赖的一个变量，使方程有确定的解。按上面介绍的方法，求得h_0或b后，即可由$\beta=b/h_0$求得另一个。

4. 根据允许流速求断面尺寸

先求面积$A=\frac{Q}{v_{max}}$，再求水力半径$R=\left(\frac{nv_{max}}{\sqrt{i}}\right)^{\frac{3}{2}}$。

五、圆形断面无压排水管水力计算

现行《室外排水设计规范》(GB 50014—2006)(2016 年版)规定，雨水管道与合流管道，可按满流设计。而污水管道应按不满流设计，其最大设计充满度$\alpha=h/d$按表 6-7-1 规定采用。

最大设计充满度 表 6-7-1

管径d（mm）	最大设计充满度$\alpha\left(\frac{h}{d}\right)$	管径d（mm）	最大设计充满度$\alpha\left(\frac{h}{d}\right)$
150~300	0.60	500~900	0.75
350~450	0.70	≥1 000	0.80

在进行排水管水力计算时，首先确定其充满度$\alpha=h/d$值，然后由$h/d=\sin^2\frac{\theta}{4}$，解出圆心角$\theta$，再由$d$及$\theta$用式(6-7-5)求出水力要素，最后由谢才公式求解所要解的问题。

排水管水力计算问题的类型，与明渠均匀流相似，也是求流量Q、粗糙系数n、底坡i和管径d或水深h。现举例说明。

【例 6-7-4】 某圆形污水管管径d =600mm，管壁粗糙系数n =0.014，管道底坡i =0.0024，求最大设计充满度时的流速和流量。

解 由表 6-7-1 查出，d =600mm 时最大设计充满度$\alpha=\frac{h}{d}$=0.75，代入式（6-7-6），解出$\theta=\frac{4}{3}\pi$

由式（6-7-5）可得：

面积$A=\frac{d^2}{8}(\theta-\sin\theta)=\frac{0.6^2}{8}\times\left(\frac{4}{3}\pi-\sin\frac{4}{3}\pi\right)=0.227\,5\text{m}^2$

湿周$\chi=\frac{d}{2}\theta=\frac{0.6}{2}\times\frac{4}{3}\pi=1.256\,6\text{m}$

水力半径$R=\frac{A}{\chi}=\frac{0.227\,5}{1.256\,6}=0.181\,0\text{m}$

谢才系数$C=\frac{1}{n}R^{\frac{1}{6}}=\frac{1}{0.014}\times(0.181)^{\frac{1}{6}}=53.722\sqrt{\text{m}}/\text{s}$

流速$v=C\sqrt{Ri}=53.722\times\sqrt{0.181\times0.002\,4}=1.12\text{m/s}$

流量$Q=vA=1.12\times0.227\,5=0.254\,8\text{m}^3/\text{s}$

在实际工作中，为了简便，还制定了各种图表，载于各种手册中，此处就省略了。

排水管水力最优充满度为h/d =0.95，θ =308°，此时流量最大；当h/d =0.81 时，流速最快。但这两个充满度均大于最大设计充满度，不宜作为设计充满度采用。

六、明渠非均匀流基本概念

（一）明渠非均匀流发生的条件

无论是天然河流或人工渠道，由于地形、地质情况复杂多变，河槽本身的边界条件是不断变化的，而且在河渠上往往有各种形式的水工建筑物（如闸、坝、跌水、桥、涵等）。在河槽边界发生变化的地方和有水工建筑物的地方，破坏了均匀流形成的条件，就会产生非均匀流的水流现象。例如闸、坝挡水后使上游水位壅高，水深增加，流速变小；而在陡坡或跌水的上游则水位降低，水深逐渐减小，流速变大。

对非均匀流现象进行研究具有重要的实际意义，如计算壅水曲线，可正确估计闸、坝壅水对上游淹没影响的范围；对水跃现象的研究，有助于正确设计下游消能防冲措施。

（二）明渠非均流的特点和几类现象

明渠非均匀流的特点是水深、流速不断地沿程变化，而在此变化中又可分为渐变流和急变流。

属于渐变流的有以下两类水力现象：

1. 壅水现象

如在河流或渠道中的水流遇到闸、坝等挡水建筑物时，上游水位壅高，水深沿流增加，流速逐渐减少，这种现象称为壅水现象，其水面曲线称为壅水曲线，如图 6-7-3 所示。

2. 降水现象

如在河底坡度突然变陡的陡坡上游或河底高程突然下降的跌水上游，水深沿流不断减小，水面高程逐渐下降的现象称为降水现象，其水面曲线，如图 6-7-4 所示。

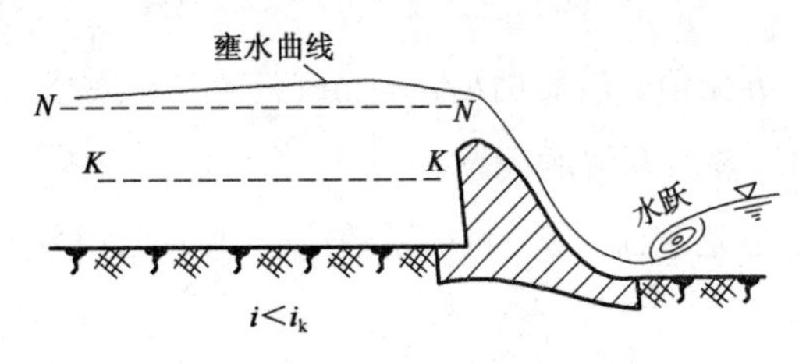

图 6-7-3　壅水曲线

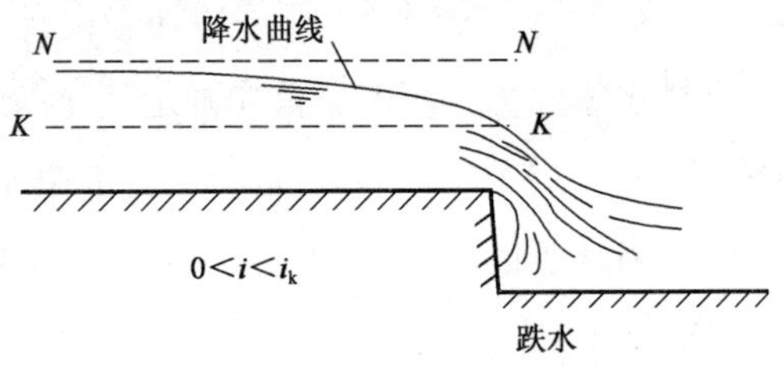

图 6-7-4　降水曲线与跌水

属于急变流的有以下两类水力现象：

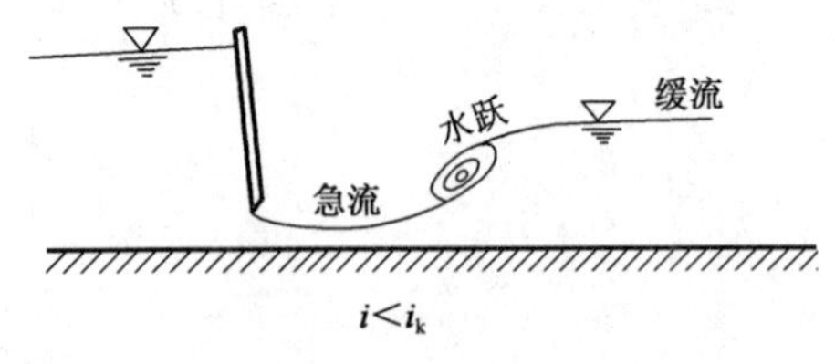

图 6-7-5　水跃现象

1.水跃现象

当水流由水深小、流速大的急流状态急剧转变为水深大、流速小的缓流时，将发生强烈的旋滚和消耗巨大的能量，这就是水跃现象，如图 6-7-5 所示。

2. 跌水现象

在底坡突然下降或由缓坡变陡处，水面骤然下降，流速剧增的现象称为跌水现象，如图 6-7-4 所示。

（三）明渠非均匀流的流态（急流、缓流、临界流）

本段所讨论的是以微弱扰动波在水中传播的速度为判别标准的一种流动分类。这种流态的划分，对明渠非均匀流运动规律的分析，很有帮助。

1. 明渠中弱扰动波传播速度

由于明渠的自由液面没有固体边界的限制，受扰动后可改变水面标高以适应扰动，因而能在水面形成一微微隆起的波（简称微幅波），此波形成后将以某一速度向四周传播，称为微幅波的传播波速c，它的快慢与水流深度有关。现在我们对矩形断面渠道中静止水中的波速c的计算方法进行分析（见图 6-7-6）。

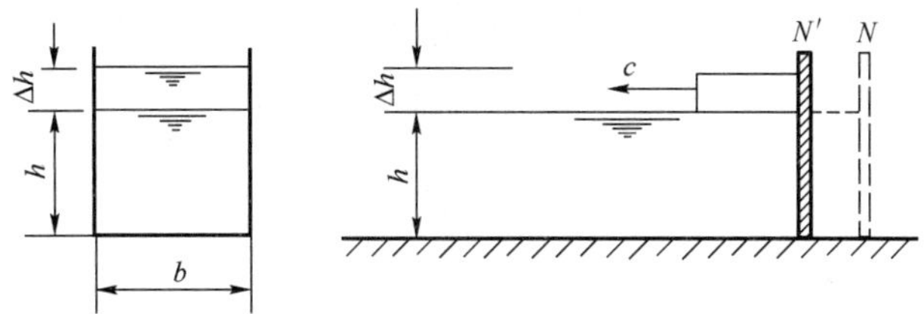

图 6-7-6　微幅波的传播

将平板N向左拨动到N'时，水面将产生一隆起的微幅波，并以波速c向左传播。设波高Δh很小，与水深相比可以忽略不计，波移动时的摩擦阻力也可忽略不计，呈非恒定流。现取移动坐标，以速度c与波一起向左移动，此时波就固定不动，而渠中的水则有了向右的速度c，呈恒定流。由伯努利方程可知

$$h+\frac{c^2}{2g}=\text{常数}$$

另一方面，对单位宽度而言，连续性方程可写成

$$ch=\text{常数}$$

将上两式微分后为

$$\begin{cases}\mathrm{d}h+\dfrac{c\mathrm{d}c}{g}=0\\ c\mathrm{d}h+h\mathrm{d}c=0\end{cases}$$

将上述方程组联立求解，得

$$\frac{c^2\mathrm{d}c}{g}-h\mathrm{d}c=0$$

$$\left(\frac{c^2}{g}-h\right)\mathrm{d}c=0$$

$$\frac{c^2}{g}=h$$

故

$$c=\pm\sqrt{gh} \tag{6-7-10}$$

对梯形等棱柱形断面，可用平均水深$\overline{h}=A/B$代入，式中A为过水断面面积，B为水面宽度，则上式变为

$$c=\pm\sqrt{g\overline{h}}$$

如果在明渠流中，水流流速为v，则波的传递速度与水流流速叠加后即为波的实际传播速度c'，即

$$c'=v\pm\sqrt{g\overline{h}}$$

当微波顺水流方向传播时，上式右端第二项取正号；逆水流方向传播时，取负号。

2. 急流、缓流、临界流

我们以波速c与流速v的相互关系来区分明渠中水流的缓急。

当明渠中水流流速较大而波速较小，满足不等式$v>c$或$v>\sqrt{g\overline{h}}$时，则微幅波速与流速叠加后的波速为正值，说明干扰只能顺水流方向向下游传播，不能逆水流方向朝上游传播，这种流动称为急流。

当明渠中水流流速较小而波速较大，满足不等式$v<c$或$v<\sqrt{g\overline{h}}$时，则叠加后的波速值可能有正

有负。说明干扰既能向下游传播，也能向上游传播，这种流动称为缓流。

当明渠中水流流速v正好等于波速c时，即满足等式$v = c$时，干扰向上游传播的速度为零，正是急流与缓流的分界，称为临界流。此时的水流流速称为临界流速$v_c = \sqrt{g\bar{h}}$，可用来判别流态的缓急。$v > v_c$为急流，$v < v_c$为缓流，$v = v_c$为临界流。

3. 弗劳德数

如果把流态判别式的等号两边都除以$\sqrt{g\bar{h}}$可得

$$\left.\begin{array}{ll}\dfrac{v}{\sqrt{g\bar{h}}} > 1 & \text{急流} \\ \dfrac{v}{\sqrt{g\bar{h}}} = 1 & \text{临界流} \\ \dfrac{v}{\sqrt{g\bar{h}}} < 1 & \text{缓流}\end{array}\right\} \tag{6-7-11}$$

等号左边为无量纲数，称为弗劳德数，以符号 Fr 表示，Fr 可作为判断流态缓急的判别准则。

$$\left.\begin{array}{ll}\mathrm{Fr} > 1 & \text{急流} \\ \mathrm{Fr} = 1 & \text{临界流} \\ \mathrm{Fr} < 1 & \text{缓流}\end{array}\right\} \tag{6-7-12}$$

4. 临界水深和临界底坡

为了区别渠中流态的缓、急，还可以运用临界水深和临界底坡的概念。

（1）临界水深h_c是断面比能（$h + \frac{\alpha v^2}{2g}$）最小时的水深，对矩形断面可用下式计算

$$h_c = \sqrt[3]{\frac{\alpha q^2}{g}} \tag{6-7-13}$$

式中，q为单宽流量；α为动能改正系数，一般取 1~1.1。

设明渠中产生均匀流的水深为正常水深h_0，则有

$$\left.\begin{array}{ll}h_0 < h_c & \text{急流} \\ h_0 = h_c & \text{临界流} \\ h_0 > h_c & \text{缓流}\end{array}\right\} \tag{6-7-14}$$

（2）临界底坡i_c，当通过一定流量时的正常水深恰好等于临界水深，此时的底坡称为临界底坡。临界底坡可用下式计算

$$i_c = \frac{Q^2}{K_c^2} \tag{6-7-15}$$

式中，Q为通过流量；K_c为临界流时的流量模数，$K_c = C_c A_c \sqrt{R_c}$。

设明渠中形成均匀流时的底坡为i，则有

$$\left.\begin{array}{ll}i > i_c & \text{急流} \\ i = i_c & \text{临界流} \\ i < i_c & \text{缓流}\end{array}\right\} \tag{6-7-16}$$

习 题

6-7-1 明渠均匀流的特征是（ ）。

A. 断面面积、壁面粗糙度沿流程不变 B. 流量不变的长直渠道

C. 底坡不变、粗糙度不变的长渠 D. 水力坡度、水面坡度、渠底坡度皆相等

6-7-2 某梯形断面明渠均匀流，渠底宽度$b=2.0\text{m}$，水深$h=1.2\text{m}$，边坡系数$m=1.0$，渠道底坡$i=0.0008$，粗糙系数$n=0.025$，则渠中的通过流量Q应为（ ）。

A. $5.25\text{m}^3/\text{s}$ B. $3.46\text{m}^3/\text{s}$ C. $2.52\text{m}^3/\text{s}$ D. $1.95\text{m}^3/\text{s}$

6-7-3 关于明渠水力最优断面，下列说法不正确的是（ ）。

A. 是过流面积、粗糙系数和底坡一定时，过流能力最大的断面形状

B. 对于明渠均匀流，水力最优断面是水力半径最大的断面

C. 对于明渠均匀流，水力最优断面是湿周最小的断面

D. 对于明渠均匀流，水力最优断面的宽深比与边坡系数无关

第八节 渗流定律、井和集水廊道

一、渗流及渗流模型

流体在孔隙介质中的流动称为渗流，水在土壤孔隙中的流动是渗流典型的例子。工程中水源井、集水廊道出水量的计算，以滤池为代表的各种过滤设备中流经多孔介质的渗流速度、渗流系数的确定，地下水资源、油气资源的开发利用等方面，均需应用渗流理论的有关知识。在土木工程上，主要是研究以水为代表的液体，在土壤孔隙中的流动。水在土壤孔隙中的流动，是极不规则的迂回曲折运动，要详细考察每一孔隙中的流动状况是非常困难的，一般也无此必要。工程中所关心的主要是宏观的平均效果，为了研究方便，常用简化的渗流模型来代替实际的渗流运动。所谓渗流模型，是设想流体作为连续介质连续地充满渗流区的全部空间，包括土壤颗粒骨架所占据的空间；渗流的运动要素可作为渗流区全部空间的连续函数来研究。以渗流模型取代实际渗流，必须要遵循这几个原则：①通过渗流模型某一断面的流量必须与实际渗流通过该断面的流量相等；②渗流模型某一确定作用面上的压力，要与实际渗流在该作用面上的真实压力相等；③渗流模型的阻力与实际渗流的阻力相等，即能量损失相等。

渗流模型中的渗流流速u为渗流模型中微小过流断面面积ΔA除通过该面积的真实渗流量ΔQ，即

$$u=\frac{\Delta Q}{\Delta A}$$

因为上式中ΔA内有一部分面积为土粒所占据，所以孔隙的过流断面面积$\Delta A'$要比ΔA小，$\Delta A'=n\Delta A$，n为土壤孔隙率（为孔隙体积与土壤总体积之比）。因此孔隙中真实渗流速度为

$$u'=\frac{\Delta Q}{\Delta A'}=\frac{\Delta Q}{n\Delta A}=\frac{u}{n}$$

由于孔隙率$n<1$，所以$u'>u$。引入渗流模型之后，把渗流视为连续介质运动，前面各章关于分析连续介质空间场运动要素的各种方法和概念就可直接应用于渗流中。例如按运动要素是否随时间变化，可分为恒定渗流和非恒定渗流；按运动要素是否沿流程变化，可分为均匀渗流和非均匀渗流等。非均匀渗流又可分为渐变渗流和急变渗流；从有无地下水自由浸润面可分为无压渗流和有压渗流等。

二、渗流基本定律——达西定律

1852~1855 年，达西对均质沙土中的渗流，做了大量的试验研究，总结得出了渗流能量损失与渗流流速、流量之间的关系式为

$$Q = kAJ \tag{6-8-1}$$

式中：Q——渗流流量；

k——渗透系数，表示土壤在透水方面的物理性质，具有速度的量纲；

J——水力坡度，$J = h_w/L \approx (H_1 - H_2)/L$；

H_1、H_2——分别为渗流上、下游断面的测压管水头。

如图 6-8-1 所示。因渗流速极小，流速水头可忽略不计，测压管水头差就可代替总水头差。$J = -\frac{dH}{dL}$，所以用负号是因H沿L减少。

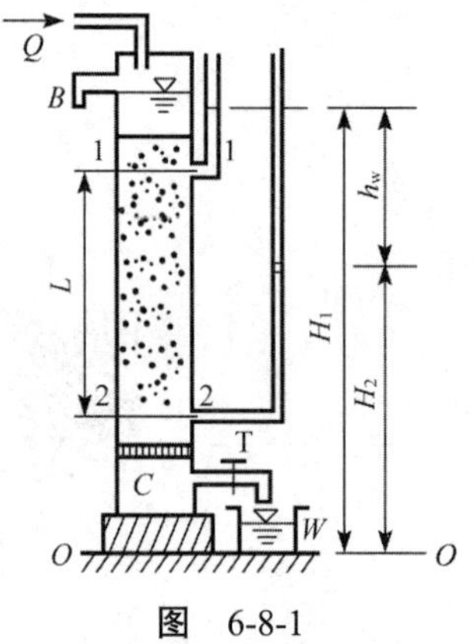

图 6-8-1

渗流断面平均流速为

$$v = \frac{Q}{A} = kJ \tag{6-8-2}$$

上式表明渗流速度与水力坡度一次方成正比，亦即与水头损失一次方成正比，并与土壤的透水性有关。由此得知渗流遵循层流运动的规律，所以达西渗流定律也称为渗流线性定律。

对于均质土壤试样，其中产生的是均匀渗流，可认为各点的流动状态相同，点流速u与断面平均流速v相同，所以达西定律也可写为

$$u = kJ \tag{6-8-3}$$

对于非均质土壤，u与J均与位置有关，u与v不一定相同，达西定律只能以式（6-8-3）的形式表示。

对于渐变渗流，裘皮衣（Dupuit）认为流线曲率很小，两断面间任一流线长度dS近似相等，水力坡度相同，断面上各点流速均匀分布，即

$$u = v = kJ = -k\frac{dH}{dS}$$

也可以应用达西定律。

达西定律的适用范围为线性渗流，其雷诺数$Re = \frac{vd}{\nu} < 1\sim10$。式中，$d$为土壤颗粒有效粒径，可用$d_{10}$代表，$d_{10}$表示筛分后占 10%质量的土粒所能通过的筛孔直径。

三、集水廊道

集水廊道既是采集地下水作水源的给水建筑物，又是排泄地下水降低附近地下水位的排水建筑物。如图 6-8-2 所示一水平底的集水廊道，底部为不透水层，侧面为透水性均质土壤，上为地面，在廊道未取水前土壤中天然无压地下水水面（称浸润面），为一水平线，如图中虚线所示，取水后水面降落为曲率极小的缓降曲线，为一渐变渗流，可以用达西定律。

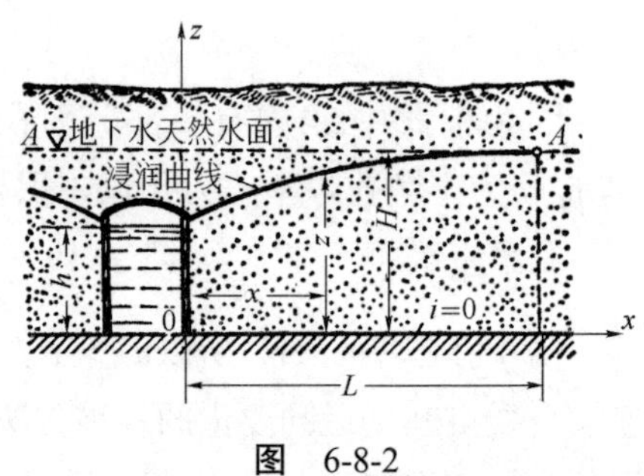

图 6-8-2

集水廊道主要解决两类问题：一是求出每一侧面单位长度的出流量q、总流量Q；另一是求出地下水降落曲面的坐标x及z的关系式，以便确定取水后各处的水位z

值。x为距廊道侧壁的水平距离，z为从廊道底部算起的水面铅垂高度，即地下水水位。设h为廊道内水深，根据达西定律，$Q = kAJ$，单位长度流量：

$$q = kz\frac{\mathrm{d}z}{\mathrm{d}x}$$

$$\frac{q}{k}\int_0^x \mathrm{d}x = \int_h^z z\mathrm{d}z$$

$$\frac{q}{k}x = \frac{1}{2}(z^2 - h^2)$$

或

$$z^2 - h^2 = \frac{2q}{k}x \tag{6-8-4}$$

上式为地下廊道采水后地下水浸润线方程，若q及h已知，k是渗流系数，为常数，则任一距离x处的水位z可求得，并可绘出水面曲线。

为了求单长流量q，可利用其边界条件，当水平距离$x \to L$时，地下水位$z \to H$，H为取水前地下水天然水平面到不透水层的高度，亦称含水层厚度，代入式（6-8-4）可得

$$q = \frac{k(H^2 - h^2)}{2L} \tag{6-8-5}$$

式中，L称为集水廊道的影响长度（沿x方向），即在L之外水面不再降落，恢复天然地下水位，不受取水的影响。

集水廊道两侧的总流量为Q，则

$$Q = 2qL_0 \tag{6-8-6}$$

式中：L_0——垂直于纸面的廊道纵向长度。

四、管井涌水量的计算

（一）潜水井（普通完全井）

具有自由液面的无压地下水称潜水。潜水井用来汲取无压地下水，井的断面通常为圆形，水由透水的井壁渗入井中。潜水井又可分为完全井与不完全井两类，井底深达不透水层的称为完全井，如图 6-8-3 所示，按达西定律其流量为

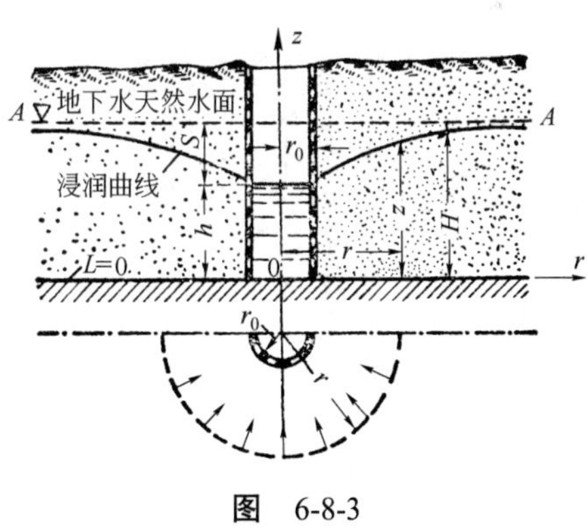

图　6-8-3

$$Q = kAJ = k2\pi rz\frac{\mathrm{d}z}{\mathrm{d}r}$$

分离变量后积分上式，得

$$\int z\mathrm{d}z\& = \frac{Q}{2\pi k}\int\frac{\mathrm{d}r}{r}$$

$$z^2 = \frac{Q}{\pi k}\ln r + c$$

式中：c——积分常数。

当$r = r_0$时，$z = h$，代入上式得积分常数$c = h^2 - \frac{Q}{\pi k}\ln r_0$，将积分常数$c$再代回原式有

$$z^2 - h^2 = \frac{Q}{\pi k}\ln\frac{r}{r_0} \tag{6-8-7}$$

换成常用对数后得

$$z^2 - h^2 = \frac{0.73Q}{k}\lg\frac{r}{r_0} \tag{6-8-8}$$

式中：h——井中水深；

r_0——井的半径。

上式表明潜水井取水时井外地下水浸润线方程，即r与z的关系式。从理论上说，当某井取水，四周形成漏斗状浸润面后，水面降落的影响应该延伸到无穷远处。但从工程实用观点来看，当水面降落的浸润线延伸到某一距离R之后，水面即接近含水层原有的厚度。即当$r \to R$后，$z \to H$，R称为井的影响半径，将此边界条件代入式（6-8-8）中，可求出潜水井涌水量公式

$$Q = 1.366\frac{k(H^2 - h^2)}{\lg\frac{R}{r_0}} \tag{6-8-9}$$

式中的影响半径R可由试验方法求得。当无试验资料，初步计算时可用经验公式估算

$$R = 3\,000S\sqrt{k} \tag{6-8-10}$$

式中，$S = H - h$，为抽水稳定后，井中水面降落深度以米（m）计。k为渗流系数，以m/s计。

【例 6-8-1】 潜水完全井抽水量大小与相关物理量的关系是：

A. 与井半径成正比　　B. 与井的影响半径成正比

C. 与含水层厚度成正比　　D. 与土体渗透系数成正比

解　根据公式（6-8-9）可知，潜水完全井抽水量与渗透系数k和含水层厚度H有关，且与渗透系数k成正比。

答案：D

（二）自流井（承压井）

如含水层位于两不透水层之间，其中渗流所受的压强大于大气压强，这样的含水层称为自流层，由自流层供水的井为自流井。设一井底直至不透水层的完全自流井如图 6-8-4 所示。在未抽水时，井中水位将升高至H高度处，此H值即为天然状态下含水层的测压管水头，它大于含水层的厚度t，有时甚至高出地面，使水从井口中自动流出。当抽水经过相当长的时间后，井四周的测管水头线，将形成一稳定的轴对称的漏斗状曲线，如图 6-8-4 所示。取距井中心轴为r处的渗流过水断面，该面面积$A = 2\pi rt$，它与测管水头无关，该处水力坡度$J = \frac{\mathrm{d}z}{\mathrm{d}r}$，为该处测管水头线的坡度，则该断面渗流流量$Q$按达西公式，有

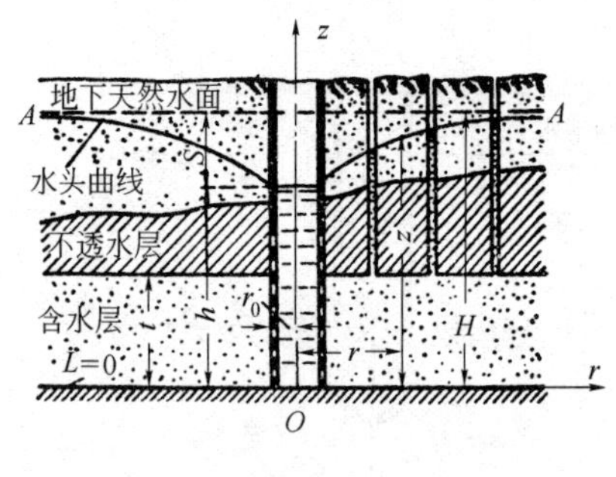

图　6-8-4

$$Q = k2\pi rt\frac{\mathrm{d}z}{\mathrm{d}r}$$

分离变量并积分得

$$z = \frac{Q}{2\pi kt}\ln r + c$$

式中，c为积分常数，由边界条件确定。当$r = r_0$时，$z = h$，代入上式得$c = h - \frac{Q}{2\pi kt}\ln r_0$，将$c$代入原式有

$$z - h = \frac{Q}{2\pi kt}\ln\frac{r}{r_0} \tag{6-8-11}$$

或转换成常用对数

$$z - h = 0.366\frac{Q}{kt}\lg\frac{r}{r_0} \tag{6-8-12}$$

此即自流井水头曲线方程。引入井的影响半径概念，令上式中的$r = R$时，$z = H$，就可得到自流井

的涌水量公式

$$Q = 2.73\frac{kt(H-h)}{\lg\frac{R}{r_0}} \tag{6-8-13}$$

井中水面降落深度$S = H - h$，上式可写成

$$Q = 2.73\frac{ktS}{\lg\frac{R}{r_0}} \tag{6-8-14}$$

五、大口井涌水量

大口井是汲取浅层地下水的一种井，井径较大，大致为2~10m或更大些。大口井一般是不完全井，下接含水量丰富的透水层，底部进水成为涌水量的重要部分。如图6-8-5所示一底部为半球形，井壁四周为不透水层，主要由底部进水的大口井，利用达西公式可推得其流量Q的计算公式

$$Q = \frac{2\pi kS}{\frac{1}{r_0} - \frac{1}{R}} \tag{6-8-15}$$

因$R \gg r_0$，所以上式近似为

$$Q = 2\pi k r_0 S \tag{6-8-16}$$

对于平底大口井，福希海梅认为过流断面是半椭球面，渗流流线是双曲线，如图6-8-6所示。其涌水量Q的公式为

$$Q = 4kr_0S \tag{6-8-17}$$

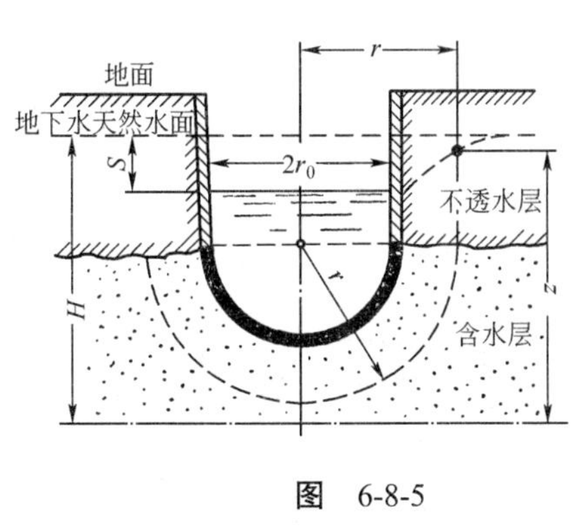

图　6-8-5

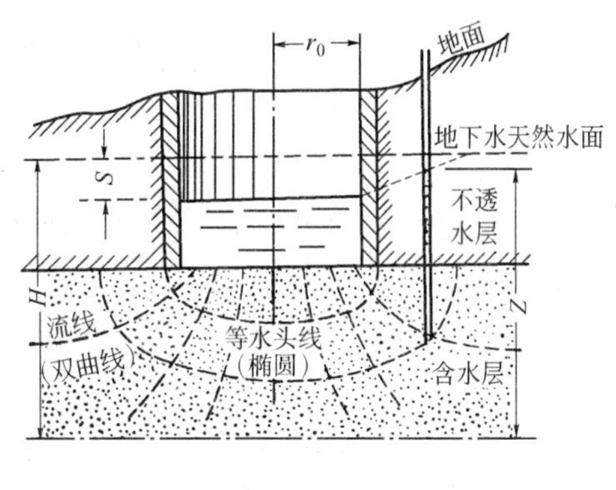

图　6-8-6

六、井群的涌水量

（一）潜水井井群

如图6-8-7所示一潜水井井群平面图，在水平不透水层上有n个完全潜水井，由于各井之间距离较近，因此各井的出水量和浸润曲线的形状均相互影响，所以井群计算与单井不同，需应用势流叠加原理。经分析推导得潜水井群的浸润线方程为

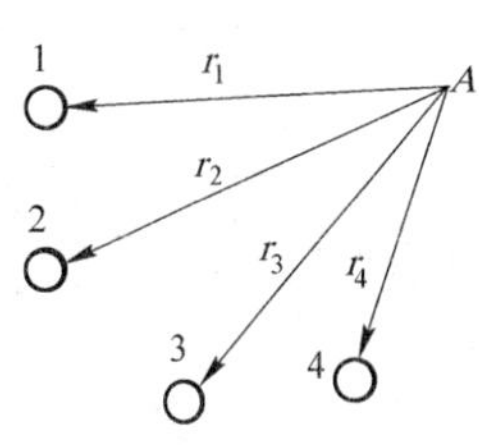

图　6-8-7

$$z^2 = H^2 - 0.732\frac{Q}{k}\left[\lg R - \frac{1}{n}\lg(r_1r_2r_3\cdots r_n)\right] \tag{6-8-18}$$

式中：z——潜水井井群影响范围内某点的浸润线水头；

H——未抽水时含水层水位；

Q——井群总流量；

n——井的总数；

r_1、r_2、r_3、…、r_n——各个井到计算点的半径；

R——井群的影响半径可用经验公式（6-8-19）计算或做抽水试验确定。

$$R = 575S\sqrt{Hk} \tag{6-8-19}$$

井群的总流量公式为

$$Q = 1.366\frac{k(H^2 - z^2)}{\lg R - \frac{1}{n}\lg(r_1 r_2 r_3 \cdots r_n)} \tag{6-8-20}$$

（二）自流井井群

与潜水井类似，用势流叠加原理可导出自流井井群的水头线方程和流量公式。水头线方程为

$$z = H - \frac{0.366Q}{kt}\left[\lg R - \frac{1}{n}(r_1 r_2 r_3 \cdots r_n)\right] \tag{6-8-21}$$

自流井井群的流量为

$$Q = 2.73\frac{kt(H - z)}{\lg R - \frac{1}{n}\lg(r_1 r_2 r_3 \cdots r_n)} \tag{6-8-22}$$

【例 6-8-2】 设某圆形基坑，其周围布置了 6 个潜水完全井，如图所示。各井距基坑中心点距离r为 30m，含水层厚度H为 15m，渗流系数k =0.0008m/s，井群影响半径R =300m，欲使基坑中心点水位下降S =5m，求各井的抽水量。

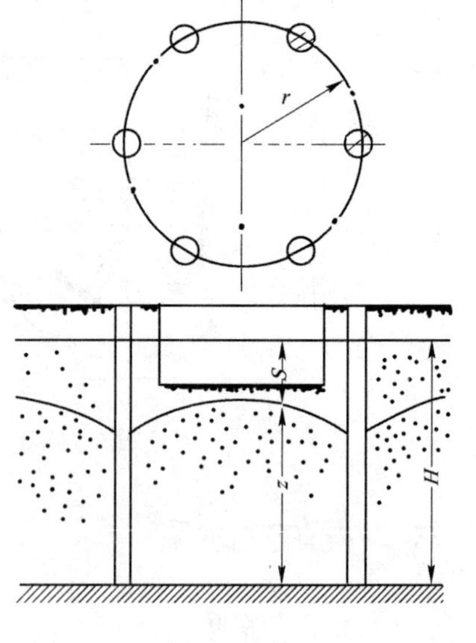

例 6-8-2 图

解 $r_1 = r_2 = r_3 = \cdots = r_n = 30\text{m}$，代入式（6-8-16）得总流

$$Q = 1.366\frac{0.000\,8 \times (15^2 - 10^2)}{\lg 300 - \frac{1}{6}\lg(30^6)} = 0.136\text{m}^3/\text{s}$$

每口井抽出量为

$$\frac{Q}{n} = \frac{0.136}{6} = 0.022\,7\text{m}^3/\text{s} = 22.7\text{L/s}$$

习 题

6-8-1 达西渗透定律表明渗流量与（ ）成正比，与（ ）有关。

A. 过流面积、流速，介质颗粒大小

B. 过流面积、水力坡度，水的黏性

C. 过流面积、水头损失，土壤均匀程度

D. 过流面积、水力坡度一次方，渗透系数

6-8-2　潜水井是指（　　）。

A. 全部潜没在地下水中的井

B. 从有自由表面潜水含水层中开凿的井

C. 井底直达不透水层的井

D. 从两不透水层之间汲取有压地下水的井

6-8-3　某一井底直达不透水层的潜水井，井的半径r_0 =0.2m，含水层的水头H =10m，渗透系数k =0.000 6m/s，影响半径R =294m，抽水稳定后井中水深为h =6m，此时该井的出水流量Q为（　　）。

A. 20.51L/s　　B. 18.5L/s　　C. 16.56L/s　　D. 14.55L/s

第九节　量纲分析和相似原理

一、量纲分析

（一）量纲和单位

描述流体运动的物理量如长度、时间、质量、速度、加速度等，都可按其性质不同而加以分类，表征各种物理量性质和类别的标志称为物理量的量纲（或因次）。例如长度、时间、质量是三个性质完全不同的物理量，因而具有三种不同的量纲。我们注意到这三种量纲是互不依赖的，即其中任一量纲，不能从其他两个推导出来，这种互不依赖，互相独立的量纲称为基本量纲。通常表示量纲的符号用方括号将字母括起来，这三个基本量纲可分别表示为：长度［L］、时间［T］、质量［M］。其他物理量的量纲，均可用基本量纲推导出来，称为导出量纲，例如速度量纲就是导出量纲，$[v]=\frac{[L]}{[T]}$。各种导出量纲，一般可用基本量纲指数乘积的形式来表示，$[v]=[LT^{-1}]$。如以[x]表任一物理量的导出量纲，则

$$[x]=\left[L^aT^bM^c\right] \tag{6-9-1}$$

例如力 F 的量纲为导出量纲$[F]=[LT^{-2}M]$，则其量纲指数$a=1$，$b=-2$，$c=1$；又如前面导出的速度量纲，其量纲指数$a=1$，$b=-1$，$c=0$。导出量纲按照其基本量纲的指数可分成以下三类：

（1）如果$a\neq0$，$b=0$，$c=0$为几何学的量；

（2）如果$a\neq0$，$b\neq0$，$c=0$为运动学的量；

（3）如果$c\neq0$为动力学的量。

除现在所选择的三种基本量纲[L]、[T]、[M]（国际单位制 SI）之外，以往在工程上曾广泛使用过工程单位制，其基本量纲的选择为[L]、[T]、[F]，质量反而成为导出量纲。

为了比较同一类物理量的大小，可以选择与其同类的标准量加以比较，此标准量称为单位。例如要比较长度的大小，可以选择 m、cm 或市尺为单位。但由于选择的单位不同，同一长度可以用不同的数值表示，可以是 1（以 m 为单位），也可以是 100（以 cm 为单位），也可以是 3（以市尺为单位）。可见有量纲量的数值大小是不确定的，随所选用单位不同而变化的。当基本量纲指数$a=b=c=0$时，则

$$[x]=[L^0T^0M^0]=[1]$$

[x]为无量纲纯数，或量纲为 1 的量，它的数值大小，与所选用单位无关。使实验成果无量纲化，往往更具普遍意义。例如要反映沿程机械能减少情况，用水力坡度$J=h_w/L$这一无量纲值（$[J]=[LL^{-1}]=$

[1]）要比用水头损失值更能反映其普遍性。因为后者随所选单位不同而变化，而前者不论所选择的是何种长度单位，只要形成该水力坡度的物理条件不变，则J的值也不会变。又如判别流态的雷诺数$\mathrm{Re}=\frac{vd}{\nu}$，其量纲式为

$$[\mathrm{Re}]=\frac{[\mathrm{LT^{-1}}][\mathrm{L}]}{[\mathrm{L^2T^{-1}}]}=[\mathrm{L^0T^0M^0}]=[1]$$

为无量纲数。

前已指出下临界雷诺数$\mathrm{Re_c}$ =2 000，就是判别流态的普适性常数，不论单位是英制还是国际单位制$\mathrm{Re_c}$ =2 000 不变，均是判别流态是层流还是紊流的标准数值。

（二）量纲和谐原理

一个正确的、完整的反映客观规律的物理方程中，各项的量纲是一致的，这就是量纲一致性原理，或称量纲和谐原理。

量纲和谐原理用途广泛，是量纲分析的基础，它首先可以判断物理方程是否正确。人们熟知水动力学三大方程是正确的，这三个方程的量纲每一个均是和谐的。连续方程等号前后是流量的量纲，能量方程每一项皆为长度量纲，动量方程每一项皆为力的量纲。

量纲和谐原理还可用来确定方程式中系数的量纲以及分析经验公式的结构是否合理。

量纲和谐原理还表明，量纲相同的量才可以相加减；量纲不同的量不能相加减，也不能相等，但可以相乘除。

量纲和谐原理最主要的用途还在于将各有关的物理量的函数关系，以各物理量指数乘积的形式表达出来，并确定其指数，以便将实验结果建立起一个结构合理、正确反映客观规律的力学方程或物理方程，此种分析方法称为量纲分析法。

（三）量纲分析法

量纲分析法有两种：一种适用于影响因素间的关系为单项指数形式的场合，称瑞利（RayLeigh）法；另一种为具有普遍性的方法，称π定理。下面分别介绍。

1. 瑞利法

首先列出影响该物理过程的主要因素x_1、x_2、x_3、⋯、x_n之间待定的函数关系

$$y=f(x_1,x_2,x_3,\cdots,x_n)$$

由于各因素的量纲只能由基本量纲的积和商导出而不能相加减，因此函数关系式可写成指数乘积的形式为

$$y=kx_1^{a_1}x_2^{a_2}x_3^{a_3}\cdots x_n^{a_n}$$

式中：　k——无量纲系数；

a_1、a_2、⋯、a_n——待定指数。

再将上式用基本量纲表示为

$$[\mathrm{L}^a\mathrm{T}^b\mathrm{M}^c]=[\mathrm{L}^{a_1}\mathrm{T}^{b_1}\mathrm{M}^{c_1}]^{\alpha_1}[\mathrm{L}^{a_2}\mathrm{T}^{b_2}\mathrm{M}^{c_2}]^{\alpha_2}\cdots[\mathrm{L}^{a_n}\mathrm{T}^{b_n}\mathrm{M}^{c_n}]^{\alpha_n}$$

由量纲和谐原理可得

[L]　$$a=a_1\alpha_1+a_2\alpha_2+\cdots a_n\alpha_n$$

[T]　$$b=b_1\alpha_1+b_2\alpha_2+\cdots b_n\alpha_n$$

[M]　$$c=c_1\alpha_1+c_2\alpha_2+\cdots c_n\alpha_n$$

解上述联立方程组，可求出待定α_1、α_2、…、α_n，从而确定函数关系。但因方程组中的方程数只有三个，当待定指数个数$n > 3$时，则有（$n-3$）个指数需用其他指数的函数来表示。

【例 6-9-1】 实验指出判别层流、紊流的下临界流速v_c与管径d、流体密度ρ、流体黏度μ有关，试用量纲分析法求出它们间的函数关系。

解

$$v_c = f(d, \rho, \mu)$$

或

$$v_c = k d^{\alpha_1} \rho^{\alpha_2} \mu^{\alpha_3}$$

再写成量纲式

$$[\mathrm{LT^{-1}M^0}] = [\mathrm{LT^0M^0}]^{\alpha_1}[\mathrm{L^{-3}T^0M}]^{\alpha_2}[\mathrm{L^{-1}T^{-1}M}]^{\alpha_3}$$

由量纲和谐得

$$\left.\begin{array}{ll}[\mathrm{L}] & 1 = \alpha_1 - 3\alpha_2 - \alpha_3 \\ [\mathrm{T}] & -1 = -\alpha_3 \\ [\mathrm{M}] & 0 = \alpha_2 + \alpha_3\end{array}\right\} \text{解得}\alpha_3 = 1,\ \alpha_2 = -1,\ \alpha_1 = -1$$

将指数α_1、α_2、α_3回代入指数乘积函数关系式，有

$$v_c = k\frac{\mu}{\rho d} = k\frac{\nu}{d}$$

上式化为无量纲形式后有

$$k = \frac{v_c d}{\nu}$$

此无量纲数k即为下临界雷诺数

$$\mathrm{Re_c} = \frac{v_c d}{\nu}$$

【例 6-9-2】 设动力黏性系数μ的单位是Pa·s，则用M、T、L表示μ的量纲为：

A. $\mathrm{ML^{-1}T^{-1}}$　　B. $\mathrm{L^{-1}T^{-1}}$　　C. $\mathrm{L^2T^{-1}}$　　D. $\mathrm{ML^{-3}T^{-1}}$

解　先用单位分析

$$\mathrm{Pa \cdot s} = \frac{\mathrm{N}}{\mathrm{m^2}} \cdot \mathrm{s} = \frac{\mathrm{kg} \cdot \frac{\mathrm{m}}{\mathrm{s^2}}}{\mathrm{m^2}} \cdot \mathrm{s} = \frac{\mathrm{kg}}{\mathrm{m \cdot s}}$$

故μ量纲的表达式

$$\dim\mu = \frac{\mathrm{M}}{\mathrm{LT}} = \mathrm{ML^{-1}T^{-1}}$$

答案： A

【例 6-9-3】 设L为长度量纲，T为时间量纲，则沿程损失系数的量纲为：

A. m　　B. m/s　　C. $\mathrm{m^2/s}$　　D. 无量纲

解　由沿程水头损失公式：$h_f = \lambda\frac{L}{d}\cdot\frac{v^2}{2g}$，可解出沿程损失系数$\lambda = \frac{2gdh_f}{Lv^2}$，写成量纲表达式$\dim\left(\frac{2gdh_f}{Lv^2}\right) = \frac{\mathrm{LT^{-2}LL}}{\mathrm{LL^2T^{-2}}} = 1$，即$\dim(\lambda) = 1$。故沿程损失系数$\lambda$为无量纲数。

答案： D

2. π定理

π定理在 1915 年由布金汉（E Buckingham）首先提出，所以又称为布金汉原理。

设有n个变量的物理方程式

$$f(x_1, x_2, x_3, \cdots, x_n) = 0$$

其中可选出m个变量在量纲上是互相独立的，那么此方程式必然可以表示为（$n-m$）个无量纲数（以π表示）的物理方程，即

$$F(\pi_1,\pi_2,\pi_3,\cdots,\pi_{n-m})=0$$

在应用π定理时，要注意所选取的m个量纲独立的物理量，应使它们不能组成一个无量纲数。设所选择的物理量为x_1、x_2、x_3，它们的量纲式可用基本量纲表示为

$$\left.\begin{aligned}[x_1]&=[\mathrm{L}^{a_1}\mathrm{T}^{b_1}\mathrm{M}^{c_1}]\\ [x_2]&=[\mathrm{L}^{a_2}\mathrm{T}^{b_2}\mathrm{M}^{c_2}]\\ [x_3]&=[\mathrm{L}^{a_3}\mathrm{T}^{b_3}\mathrm{M}^{c_3}]\end{aligned}\right\}\tag{6-9-2}$$

为使x_1、x_2、x_3互相独立、不能组合成无量纲数，就要使它们的指数乘积不能为零，也就要求式（6-9-2）中的指数行列式不等于零（证明略去），即

$$\begin{vmatrix}a_1 & b_1 & c_1\\ a_2 & b_2 & c_2\\ a_3 & b_3 & c_3\end{vmatrix}\neq 0\tag{6-9-3}$$

现以x_1为长度，x_2为时间，x_3为质量，即$a_1=1$，$b_2=1$，$c_3=1$，其余均为零代入式（6-9-3）

$$\begin{vmatrix}1 & 0 & 0\\ 0 & 1 & 0\\ 0 & 0 & 1\end{vmatrix}=1\neq 0$$

所以上述三个基本物理量的量纲是互相独立的。如果我们所选择的物理量分别属于此三种类型，则容易满足相互独立的条件。在实践中常分别选几何学的量（管径d，水头H等）、运动学的量（速度v，加速度g等）和动力学的量（密度ρ，黏度μ等）各一个，作为独立的变量。

无量纲的π项的组成，可以从所选用的独立变量之外的其余变量中，每次轮取一个，与所选的独立变量组合而成，即

$$\left.\begin{aligned}\pi_1&=x_1^{\alpha_1}x_2^{\beta_1}x_3^{\gamma_1}x_4\\ \pi_2&=x_1^{\alpha_2}x_2^{\beta_2}x_3^{\gamma_2}x_5\\ &\cdots\cdots\\ \pi_{n-m}&=x_1^{\alpha(n-m)}x_2^{\beta(n-m)}x_3^{\gamma(n-m)}x_n\end{aligned}\right\}\tag{6-9-4}$$

式中：α_i、β_i、γ_i——待定指数。

根据量纲和谐原理，可以求出式（6-9-4）中的指数α_i、β_i、γ_i，因左端各π项的指数为零（π为无量纲数）。

二、流动相似的概念

为了能用模型试验的结果去预测原型流将要发生的情况，必须使模型流动与原型流动满足力学相似条件，所谓力学相似包括几何相似、运动相似、动力相似、初始条件与边界条件相似几个方面。在下面的讨论中，原型中的物理量标以下标p，模型中的物理量标以下标m。

（一）几何相似

几何相似是指两个流动的对应线段长度成比例，对应角度相等，对应的边界性质相同或边界条件相

似（指固体边界的粗糙度和自由液面等），亦即原型和模型两个流动的几何形状相似。

$$\theta_{\mathrm{p}} = \theta_{\mathrm{m}}$$

式中，θ表示两线段之间的夹角。

两个流动的长度比尺、面积比尺、体积比尺可分别表示为

$$\left.\begin{aligned} \lambda_{\mathrm{L}} &= \frac{L_{\mathrm{p}}}{L_{\mathrm{m}}} \\ \lambda_{\mathrm{A}} &= \frac{A_{\mathrm{p}}}{A_{\mathrm{m}}} = \lambda_{\mathrm{L}}^2 \\ \lambda_{\mathrm{v}} &= \frac{v_{\mathrm{p}}}{v_{\mathrm{m}}} = \lambda_{\mathrm{L}}^3 \end{aligned}\right\} \tag{6-9-5}$$

长度比尺视试验场地大小，试验要求不同而取不同的值，通常水工模型λ_{L} =10~100。当长、宽、高三个方向长度比尺相同时称为正态模型，否则称为变态模型。几何相似是力学相似的前提。

（二）运动相似

运动相似是指两个流场对应点上同名的运动学的量成比例，主要是流速场、加速度场相似。时间比尺、速度比尺、加速度比尺可分别表示为

$$\left.\begin{aligned} \lambda_{\mathrm{t}} &= \frac{t_{\mathrm{p}}}{t_{\mathrm{m}}} \\ \lambda_{\mathrm{v}} &= \frac{v_{\mathrm{p}}}{v_{\mathrm{m}}} \\ \lambda_{\mathrm{a}} &= \frac{a_{\mathrm{p}}}{a_{\mathrm{m}}} \end{aligned}\right\} \tag{6-9-6}$$

作为特例，重力加速度比尺$\lambda_{\mathrm{g}} = g_{\mathrm{p}}/g_{\mathrm{m}}$，如果原型与模型均在同一星球上，$\lambda_{\mathrm{g}} \approx 1$。

（三）动力相似

动力相似是指两个流场对应点上同名的动力学的量成比例，即力场相似。密度比尺、动力黏度比尺、作用力比尺可分别表示为

$$\left.\begin{aligned} \lambda_{\rho} &= \frac{\rho_{\mathrm{p}}}{\rho_{\mathrm{m}}} \\ \lambda_{\mu} &= \frac{\mu_{\mathrm{p}}}{\mu_{\mathrm{m}}} \\ \lambda_{\mathrm{F}} &= \frac{F_{\mathrm{p}}}{F_{\mathrm{m}}} \end{aligned}\right\} \tag{6-9-7}$$

作用在流体上的外力通常有重力G、黏性切力T、压力P、弹性力E、表面张力S等，其比尺为

$$\lambda_{\mathrm{F}} = \frac{G_{\mathrm{p}}}{G_{\mathrm{m}}} = \frac{T_{\mathrm{p}}}{T_{\mathrm{m}}} = \frac{P_{\mathrm{p}}}{P_{\mathrm{m}}} = \frac{E_{\mathrm{p}}}{E_{\mathrm{m}}} = \frac{S_{\mathrm{p}}}{S_{\mathrm{m}}}$$

对非恒定流还应满足初始条件相似。

（四）边界条件与初始条件相似

初始条件和边界条件的相似是保证两个流动相似的充分条件，正如初始条件和边界条件是微分方程的定解条件一样。

对于非恒定流，初始条件是必需的；对于恒定流，初始条件则失去了实际意义。

边界条件相似，是指两个流动相应边界性质相同，如固体边界上的法向流速都为零；自由液面上的压强均等于大气压强等等，对于原型和模型来说都是一样的。

当然，如果把边界条件相似归类于几何相似，对于恒定流动来说，又无需考虑初始条件相似问题，这样流体运动的力学相似就只包括几何相似、运动相似和动力相似三个方面了。

（五）牛顿一般相似原理

设作用在流体上的外力合力F，使流体产生的加速度为a，流体的质量为m，则由牛顿第二定律惯性力$F = ma$可知，力的比尺λ_F也可表示为

$$\lambda_F = \frac{F_p}{F_m} = \frac{M_p a_p}{M_m a_m} = \frac{\rho_p L_p^2 v_p^2}{\rho_m L_m^2 v_m^2} \tag{6-9-8}$$

或

$$\frac{F_p}{\rho_p L_p^2 v_p^2} = \frac{F_m}{\rho_m L_m^2 v_m^2} \tag{6-9-9}$$

式中，$\frac{F}{\rho L^2 v^2}$为一无量纲数，以Ne表示有

$$\mathrm{Ne} = \frac{F}{\rho L^2 v^2} \tag{6-9-10}$$

Ne称为牛顿数。式（6-9-10）可表示为

$$(\mathrm{Ne})_p = (\mathrm{Ne})_m$$

两流动动力相似，归结为牛顿数相等。以比尺表示可得

$$\frac{\lambda_F}{\lambda_\rho \lambda_L^2 \lambda_v^2} = 1 \tag{6-9-11}$$

三、相似准则

要使流动完全满足牛顿相似准则，牛顿数相等，就要求相应点上所有的同名力均有同一比尺，实际上很难做到。在某一具体流动中，占主导地位的作用力往往只有一种，因此在做模型试验时，只要让主要作用力满足相似条件即可。下面介绍只考虑一种主要作用力的相似准则。

（一）重力相似准则

当外力只有重力G时，则牛顿数中的外力合力$F = G$，考虑式（6-9-8）有

$$\lambda_F = \frac{G_p}{G_m} = \frac{\rho_p L_p^3 g_p}{\rho_m L_m^3 g_m} = \frac{\rho_p L_p^2 v_p^2}{\rho_m L_m^2 v_m^2}$$

化简后得

$$\frac{v_p^2}{g_p L_p} = \frac{v_m^2}{g_m L_m} \tag{6-9-12}$$

上式中$\frac{v^2}{gL}$为一无量纲数，称为弗劳德（Fraude）数，以Fr表示，则重力相似，归结为弗劳德数相等，即

$$(\mathrm{Fr})_p = (\mathrm{Fr})_m \tag{6-9-13}$$

以相似比尺表示

$$\frac{\lambda_v^2}{\lambda_g \lambda_L} = 1 \tag{6-9-14}$$

一般$\lambda_g = 1$，所以在重力相似时，流速比尺与长度比尺的关系为

$$\lambda_v = \lambda_L^{\frac{1}{2}} \tag{6-9-15}$$

据此，可推得流量比尺λ_Q

$$\lambda_Q = \lambda_v \lambda_A = \lambda_L^{\frac{1}{2}} \lambda_L^2$$

所以

$$\lambda_Q = \lambda_L^{\frac{5}{2}} \tag{6-9-16}$$

同理可导出时间比尺λ_t

$$\lambda_t = \frac{\lambda_L}{\lambda_v} = \lambda_L^{\frac{1}{2}} \tag{6-9-17}$$

弗劳德数的物理意义为惯性力与重力之比。

（二）黏性切力相似准则

当主要作用力为黏性切力T时，$F = T$，代入式（6-9-8）有

$$\lambda_F = \frac{T_p}{T_m} = \frac{\mu_p L_p v_p}{\mu_m L_m v_m} = \frac{\rho_p L_p^2 v_p^2}{\rho_m L_m^2 v_m^2}$$

考虑到运动黏度$\nu_p = \frac{\mu_p}{\rho_p}$，$\nu_m = \frac{\mu_m}{\rho_m}$

化简后得

$$\frac{v_p L_p}{\nu_p} = \frac{v_m L_m}{\nu_m} \tag{6-9-18}$$

式中$\frac{vL}{\nu}$为一无量纲数，为雷诺数，以Re表示，则黏性切力相似准则归结为雷诺数相等，即

$$(\mathrm{Re})_p = (\mathrm{Re})_m \tag{6-9-19}$$

以比尺表示为

$$\frac{\lambda_v \lambda_L}{\lambda_\nu} = 1 \tag{6-9-20}$$

如原型与模型均用同一种流体且温度也相近，则黏度比尺$\lambda_\nu = 1$，所以黏性力相似时，速度比尺、流量比尺及时间比尺有以下关系

$$\left.\begin{aligned} \lambda_v &= \frac{1}{\lambda_L} \\ \lambda_Q &= \lambda_L \\ \lambda_t &= \lambda_L^2 \end{aligned}\right\} \tag{6-9-21}$$

雷诺数的物理意义为惯性力与黏性力之比。

一般来说，当影响流速的主要因素是黏滞力时，就可用雷诺准则设计模型，例如有压管流，当其阻力处于层流区、水力光滑区，主要考虑使原型与模型的雷诺数相等，在紊流过渡区，既要雷诺数相等，又要相对粗糙度$\frac{\Delta}{d}$相似。但在紊流粗糙区或称阻力平方区时，阻力主要取决于相对粗糙度$\frac{\Delta}{d}$，而与黏性关系很少，故只要保持原型与模型几何相似、相对糙度相似即可达到力学相似，而不需要雷诺数相等，这一区域称为自动模型区。在阻力平方区的明渠也只要考虑重力相似准则和几何相似准则，而不必考虑雷诺准则。

若要同时满足弗劳德准则和雷诺准则是很困难的，因为必须使这两个准则等价，即

$$\frac{\lambda_v^2}{\lambda_g \lambda_L} = \frac{\lambda_v \lambda_L}{\lambda_\nu}$$

$\lambda_g = 1$，代入上式有

$$\lambda_\nu = \frac{\lambda_L^2}{\lambda_v} = \frac{\lambda_L^2}{\lambda_L^{\frac{1}{2}}} = \lambda_L^{\frac{3}{2}}$$

要使流体的黏度正好满足上式很难做到。

（三）压力相似准则

$$\lambda_F = \frac{P_p}{P_m} = \frac{p_p L_P^2}{p_m L_m^2} = \frac{\rho_p L_p^2 v_p^2}{\rho_m L_m^2 v_m^2}$$

化简后得

$$\frac{p_p}{\rho_p v_p^2} = \frac{p_m}{\rho_m v_m^2} \tag{6-9-22}$$

式中：$\frac{p}{\rho v^2}$——无量纲数，称欧拉（Euler）数，以Eu表示，则压力相似归结为欧拉数相等。

$$(\mathrm{Eu})_p = (\mathrm{Eu})_m \tag{6-9-23}$$

写成比尺形式

$$\frac{\lambda_p}{\lambda_\rho \lambda_v^2} = 1 \tag{6-9-24}$$

欧拉准则不是独立准则，当佛劳德准则与雷诺准则满足时，欧拉准则自动满足。Eu也可用压差形式表示为

$$\mathrm{Eu} = \frac{\Delta p}{\rho v^2} \tag{6-9-25}$$

（四）其他各种准则

除上述三种主要的相似准数外，尚有柯西（Canchy）数、马赫（Mach）数、韦伯（Weber）数和斯特鲁哈（Strohae）数等准数，分别表示弹性力、高速气流弹性力、表面张力、惯性力（非恒定性）等起的作用。土木工程上较少应用，此处不再详述。

【例 6-9-4】 烟气在加热炉回热装置中流动，拟用空气介质进行实验。已知空气黏度$\nu_{空气} = 15 \times 10^{-6}\mathrm{m}^2/\mathrm{s}$，烟气运动黏度$\nu_{烟气} = 60 \times 10^{-6}\mathrm{m}^2/\mathrm{s}$，烟气流速$v_{烟气} = 3\mathrm{m/s}$，如若实际长度与模型长度的比尺$\lambda_L$ =5，则模型空气的流速应为：

A. 3.75m/s　　B. 0.15m/s　　C. 2.4m/s　　D. 60m/s

解 按雷诺模型，$\frac{\lambda_v \lambda_L}{\lambda_\nu} = 1$，流速比尺$\lambda_v = \frac{\lambda_\nu}{\lambda_L}$

按题设$\lambda_\nu = \frac{60\times10^{-6}}{15\times10^{-6}} = 4$，长度比尺$\lambda_L = 5$，因此流速比尺$\lambda_v = \frac{4}{5} = 0.8$

$\lambda_v = \frac{v_{烟气}}{v_{空气}}$，$v_{空气} = \frac{v_{烟气}}{\lambda_v} = \frac{3}{0.8} = 3.75\mathrm{m/s}$

答案： A

【例 6-9-5】 新设计汽车的迎风面积为 1.5m^2，最大行驶速度为 108km/h，拟在风洞中进行模型试验。已知风洞试验段的最大风速为 45m/s，则模型的迎风面积为：

A. 0.67m^2　　B. 2.25m^2　　C. 3.6m^2　　D. 1m^2

解 模型在风洞中用空气进行试验，则黏滞阻力为其主要作用力，应按雷诺准则进行模型设计，即

$$(\mathrm{Re})_p = (\mathrm{Re})_m 或 \frac{\lambda_v \lambda_L}{\lambda_\nu} = 1$$

因为模型与原型都是使用空气，假定空气温度也相同，可以认为运动黏度$\nu_p = \nu_m$，所以，$\lambda_\nu = 1$，

$\lambda_v \lambda_L = 1$

已知汽车原型最大速度$v_p = 108\text{km/h} = 30\text{m/s}$，模型最大风速$v_m = 45\text{m/s}$

于是，线性比尺

$$\lambda_L = \frac{1}{\lambda_v} = \frac{1}{\frac{v_p}{v_m}} = \frac{v_m}{v_p} = \frac{45}{30} = 1.5$$

面积比尺$\lambda_A = \lambda_L^2 = 1.5^2 = 2.25$

已知汽车迎风面积$A_p = 1.5\text{m}^2$，$\lambda_A = A_p/A_m$，可求得模型的迎风面积为：

$$A_m = \frac{A_p}{\lambda_A} = \frac{1.5}{2.25} = 0.667\text{m}^2$$

由上述计算可知，线性比尺大于 1，模型的迎风面积应小于原型汽车的迎风面积，所以选项 B 和 C 可以被排除。若选择选项 D，模型面积过小，原型与模型的面积比尺及线性比尺均增大，则速度比尺减小，所需的风洞风速会过大，超过风洞所能提供的最大风速，因此，可使得模型的迎风面积略大于计算值 0.667m^2，选择选项 A 较为合理。

答案： A

习　题

6-9-1　量纲和谐原理用途很多，其中最重要的一种是（　　）。

A. 判断物理方程是否正确

B. 确定经验公式中系数的量纲

C. 分析经验公式结构是否合理

D. 作为量纲分析原理探求物理量间的函数关系

6-9-2　模型设计中的自动模型区是指（　　）。

A. 只要原型与模型雷诺数相等，即自动相似的区域

B. 只要模型与原型弗劳德数相等，即自动相似的区域

C. 处于水力光滑区时，两个流场雷诺数不需要相等即自动相似

D. 在紊流粗糙区，只要满足几何相似，即可自动满足力学相似

6-9-3　为探求用输油管道一段弯管的压降计算油的流量，进行了水模拟实验。选取内径$d_m = 20\text{mm}$的水管。已知输油管内径$d_m = 100\text{mm}$，油的流量$Q_n = 2 \times 10^{-2}\text{m}^3/\text{s}$，运动黏度$\nu_n = 0.625 \times 10^{-6}\text{m}^2/\text{s}$，密度$\rho_n = 720\text{kg/m}^3$，水的运动黏度$\nu_m = 1 \times 10^{-6}\text{m}^2/\text{s}$，密度$\rho_m = 998\text{kg/m}^3$。为了保证流动相似，则水的流量为（　　）。

A. $1.25 \times 10^{-2}\text{m}^3/\text{s}$　B. $8 \times 10^{-4}\text{m}^3/\text{s}$　C. $6.4 \times 10^{-3}\text{m}^3/\text{s}$　D. $1.44 \times 10^{-2}\text{m}^3/\text{s}$

习题题解及参考答案

第一节

6-1-1　**解：** 可压缩性是指流体承受压力产生形变的性质，流体的黏性是指流体抵抗剪切变形的性质，流体的内摩擦力实际上是黏性切应力。无论流体是否为连续介质，这些力都存在。而

连续介质模型是指流体无间隙地充满整个研究域空间，物理量是空间坐标和时间的函数，便于运用高等数学中连续函数理论分析流体运动。

答案： C

第二节

6-2-1 **解：** 牛顿内摩擦定律为：$\tau=\mu\frac{\mathrm{d}u}{\mathrm{d}y}=\mu\frac{\mathrm{d}\alpha}{\mathrm{d}t}$，与牛顿内摩擦定律直接有关的因素是黏度、切应力、速度梯度或剪切变形速度。

答案： D

6-2-2 **解：** 液体的动力黏度随温度的升高而减小，气体的则相反。水的动力黏度随温度的升高而减少。

答案： B

第三节

6-3-1 **解：** 单位质量力具有加速度的量纲。

答案： D

6-3-2 **解：** 与大气连通的自由液面下 5m 水深处的相对压强为 0.5at。

答案： B

6-3-3 **解：** 真空高度$h_\mathrm{v}=\frac{p_\mathrm{v}}{\rho g}=\frac{39.2\mathrm{kPa}}{9.8\mathrm{kN/m^3}}=4\mathrm{m\ H_2O}$，真空值$p_\mathrm{v}=39.2\mathrm{kPa}$

答案： A

6-3-4 **解：** 绝对压强$p'=p_0+\rho gh=9.8\mathrm{kPa}+9.8\times2\mathrm{kPa}=29.4\mathrm{kPa}$

答案： B

6-3-5 **解：** 被测点的相对压强为$\gamma'\Delta h-\gamma h_1$。

答案： D

6-3-6 **解：** 设桶顶部所受张力为T_1，底部所受张力为T_2，总压力p作用于距底部$1/3$水深h处，由静力矩原量可知：$T_1\cdot 2h/3=T_2\cdot h/3$，则有$T_1/T_2=1/2$，则张力之比为$1/2$。

答案： B

6-3-7 **解：** 总压力$p=\rho gh_cA=9.8\mathrm{kN/m^3}\times1\mathrm{m}\times4\mathrm{m}\times\pi\mathrm{m}=78.4\mathrm{kN}$

压力中心距液面为$\frac{2}{3}h=\frac{2}{3}\times2\mathrm{m}=\frac{4}{3}\mathrm{m}$

答案： B

6-3-8 **解：** 半球侧盖在垂直立面上的投影为一个圆，其半径为R，水平方向的合力为作用于投影平面上的力，故水平静压力$P_x=\rho gh_cA=\rho gh_c\pi R^2=1\times9.8\times5\times\pi\times0.1^2=1.54\mathrm{kN}$。

答案： D

第四节

6-4-1 **解：** 理想流体是指无黏性流体。

答案： D

6-4-2 **解：** 质点加速度是欧拉法中描述流体质点流经空间场中某点时速度的变化率。速度的变化由时间变化和空间位置的变化所引起，即对应时变加速度或当地加速度、迁移加速度或位变加速度。欧拉变数（x,y,z,t）不是独立变量，x,y,z均是时间t的函数。

答案：C

6-4-3 **解**：恒定流是指当地加速度$\frac{\partial u}{\partial t}=0$的流动。

答案：A

6-4-4 **解**：均匀流指流线为平行直线的流动。

答案：C

6-4-5 **解**：伯努利方程中$z+\frac{p}{\gamma}+\frac{\alpha v^2}{2g}$表示单位重量流体的机械能。

答案：C

6-4-6 **解**：毕托管比压计中的水头差是总水头与测压管水头之差。

答案：D

6-4-7 **解**：黏性流体测压管水头线的沿程变化：可升、可降、可水平。

答案：D

6-4-8 **解**：由连续方程可得：

$$v_2=v_1\left(\frac{A_1}{A_2}\right)=v_1\left(\frac{d_1}{d_2}\right)^2=6\mathrm{m/s}\times\left(\frac{150\mathrm{mm}}{300\mathrm{mm}}\right)^2=1.5\mathrm{m/s}$$

答案：C

6-4-9 **解**：文丘里流量计的流量：

$$Q=\mu\frac{\pi}{4}d_1^2\sqrt{\frac{2g\Delta h}{\left(\frac{d_1}{d_2}\right)^4-1}}$$

代入数据后：

$$Q=0.98\times\frac{\pi}{4}\times0.1^2\times\sqrt{\frac{2\times9.8\times0.6}{\left(\frac{0.1}{0.05}\right)^4-1}}=0.006\,81\mathrm{m^3/s}$$

答案：D

第五节

6-5-1 **解**：有压圆管均匀流切应力τ沿断面的分布为管轴处是0，与半径成正比。

答案：C

6-5-2 **解**：圆管层流的流速分布是抛物线分布。

答案：C

6-5-3 **解**：圆管层流轴心处最大流速是断面平均流速的2倍。

答案：B

6-5-4 **解**：圆管紊流核心区的流速分布为对数分布曲线。

答案：C

6-5-5 **解**：由题设条件得：$d_1=2d_2$

由连续方程知：

$$v_1=v_2\left(\frac{d_2}{d_1}\right)^2=v_2\left(\frac{d_2}{2d_2}\right)^2=\frac{v_2}{4}$$

代入雷诺数公式：

$$\mathrm{Re}_1 = \frac{v_1 d_1}{\nu} = \frac{\frac{v_2}{4} \cdot 2d_2}{\nu} = \frac{1}{2}\frac{v_2 d_2}{\nu} = \frac{1}{2}\mathrm{Re}_2 = 0.5\mathrm{Re}_2$$

答案： A

6-5-6 **解：** 有压圆管层流的沿程阻力系数：$\lambda = \frac{64}{\mathrm{Re}}$，随Re的增加阻力系数$\lambda$线性减少。

答案： B

6-5-7 **解：** 层流的沿程损失与平均流速的 1 次方成正比。

答案： C

6-5-8 **解：** 有压圆管流动，紊流粗糙区的沿程阻力系数与相对粗糙度有关。

答案： A

6-5-9 **解：** 谢才公式仅适用于水力粗糙区即阻力平方区。

答案： B

6-5-10 **解：** 随雷诺数的减少，黏性底层变厚，遮住了绝对粗糙度。

答案： B

6-5-11 **解：** 由于边界层分离形成漩涡区，增大了压差阻力。

答案： D

6-5-12 **解：** 水泵所需扬程$H = z + h_{\mathrm{w}} = 15\mathrm{m} + 65 \times \frac{1^2}{2\times 9.8}\mathrm{m} = 18.33\mathrm{m}$

答案： D

第六节

6-6-1 **解：** 每一节点流量代数和为 0，即$\sum Q_{节点} = 0$；沿环一周水头损失的代数和为 0，即$\sum h_{\mathrm{w}\,沿环} = 0$。

答案： C

6-6-2 **解：** 水头与直径均相同的圆柱形外管嘴过流量是小孔口过流量的 1.32 倍。

答案： D

6-6-3 **解：** 小孔口出流量：

$$Q = \mu A\sqrt{2gH_0} = 0.62 \times \frac{\pi}{4} \times (0.01)^2 \times \sqrt{2 \times 9.8 \times 5} = 4.82 \times 10^{-4}\mathrm{m^3/s}$$

答案： D

第七节

6-7-1 **解：** 明渠均匀流的特征是：水力坡度=水面坡度=渠底坡度。

答案： D

6-7-2 **解：** 明渠均匀流的流量：$Q = CA\sqrt{Ri}$，$C = \frac{1}{n}R^{\frac{1}{6}}$，其中：

面积$A = (b + mh)h = (2 + 1 \times 1.2) \times 1.2 = 3.84\mathrm{m}^2$

湿周$\chi = b + 2h\sqrt{1 + m^2} = 2 + 2 \times 1.2\sqrt{1 + 1^2} = 5.394\mathrm{m}$

水力半径$R = A/\chi = 3.84/5.394 = 0.711\,9\mathrm{m}$

谢才系数$C = \frac{1}{n}R^{\frac{1}{6}} = 1/0.025 \times 0.711\,9^{\frac{1}{6}} = 37.8\sqrt{\mathrm{m}}/\mathrm{s}$

代入流量公式：

$$Q = CA\sqrt{Ri} = 37.8 \times 3.84 \times \sqrt{0.711\,9 \times 0.000\,8} = 3.463\text{m}^3/\text{s}$$

答案： B

6-7-3　**解：** 水力最优断面是过流面积、粗糙系数和底坡一定时，过流能力最大的断面形状。对于明渠均匀流，水力最优断面是水力半径最大、湿周最小的断面。水力最优断面的宽深比仅与边坡系数有关。

答案： D

第八节

6-8-1　**解：** 渗流量与过流面积A、水力坡度J的一次方成正比，与土壤的渗透系数k有关。

答案： D

6-8-2　**解：** 潜水井是指从有自由液面的潜水含水层中开凿的井。

答案： B

6-8-3　**解：** 潜水井流量公式：

$$Q = 1.366\frac{k(H^2 - h^2)}{\lg\dfrac{R}{r_0}}$$

代入数据：

$$Q = 1.366\frac{0.000\,6 \times (10^2 - 6^2)}{\lg\dfrac{294}{0.2}} = 0.016\,56\text{m}^3/\text{s} = 16.56\text{L/s}$$

答案： C

第九节

6-9-1　**解：** 量纲和谐原理最重要的一种用途是：探求物理量间的函数关系。

答案： D

6-9-2　**解：** 紊流粗糙区为自动模型区。

答案： D

6-9-3　**解：** 这是黏性有压管流，要使流动相似，模型流动与原型流动的雷诺数必须相等。

长度比尺

$$\lambda_\text{L} = \frac{d_\text{n}}{d_\text{m}} = \frac{100}{20} = 5$$

运动黏度比尺

$$\lambda_\upsilon = \frac{\upsilon_\text{n}}{\upsilon_\text{m}} = \frac{0.625 \times 10^{-6}}{1 \times 10^{-6}} = 0.625$$

由雷诺准则确定流速比尺

$$\lambda_\text{v} = \frac{\lambda_\upsilon}{\lambda_\text{L}} = \frac{0.625}{5} = 0.125$$

模型管内流量

$$Q_\text{m} = \frac{Q_\text{n}}{\lambda_\text{L}^2\lambda_\text{v}} = \frac{0.02}{5^2 \times 0.125} = 6.4 \times 10^{-3}\text{m}^3/\text{s}$$

答案： C

第七章　电工电子技术

复 习 指 导

一、考试大纲

7.1　电磁学概念

电荷与电场；库仑定律；高斯定理；电流与磁场；安培环路定律；电磁感应定律；洛仑兹力。

7.2　电路知识

电路组成；电路的基本物理过程；理想电路元件及其约束关系；电路模型；欧姆定律；基尔霍夫定律；支路电流法；等效电源定理；叠加原理；正弦交流电的时间函数描述；阻抗；正弦交流电的相量描述；复数阻抗；交流电路稳态分析的相量法；交流电路功率；功率因数；三相配电电路及用电安全；电路暂态；R-C、R-L 电路暂态特性；电路频率特性；R-C、R-L 电路频率特性。

7.3　电动机与变压器

理想变压器；变压器的电压变换、电流变换和阻抗变换原理；三相异步电动机接线、起动、反转及调速方法；三相异步电动机运行特性；简单继电-接触控制电路。

7.5　模拟电子技术

晶体二极管；极型晶体三极管；共射极放大电路；输入阻抗与输出阻抗；射极跟随器与阻抗变换；运算放大器；反相运算放大电路；同相运算放大电路；基于运算放大器的比较器电路；二极管单相半波整流电路；二极管单相桥式整流电路。

7.6　数字电子技术

与、或、非门的逻辑功能；简单组合逻辑电路；D 触发器；JK 触发器数字寄存器；脉冲计数器。

二、复习指导

本章内容可以分为电场与磁场、电路分析方法、电机及拖动基础、模拟电子技术和数字电子技术五个部分。复习重点及要点如下。

（一）电场与磁场

该部分属于物理学中电学部分的内容，是分析电学现象的基础，主要包括库仑定律、高斯定律、安培环路定律、电磁感应定律。利用这些定理分析电磁场问题时物理概念一定要清楚，要注意所用公式、定律的使用条件和公式中各物理量的意义。

（二）电路分析方法

1. 直流电路重点

重点内容包括电路的基本元件、欧姆定律、基尔霍夫定律、叠加原理、戴维南定理。

电路分析的任务是分析线性电路的电压、电流及功率关系。重点是要弄清有源元件（电压源和电流源）和无源元件（电阻、电感和电容）在电路中的作用；电路中电压、电流受基尔霍夫电压定律和基尔霍夫电流定律约束，欧姆定律表达了电阻元件的电压电流关系；使用公式时必须注意电路图中电压、电流正方向和实际方向的关系。叠加原理和戴维南定理是分析线性电路重要定理，必须通过大量的练习灵活地处理电路问题。

2. 正弦交流电路重点

重点内容包括正弦量的表示方法、单相和三相电路计算、功率及功率因数、串联与并联谐振的概念。

交流电路与直流电路的分析方法相同，关键是建立正弦交流信号的幅值、相位和频率的概念和正确地表示正弦量的最大值、有效值、初相位、相位差和角频率，熟悉正弦信号和相量之间的关系并进行转换；能用相量法计算正弦交流电路。

交流电路的无功功率反映电路中储能元件与电源进行能量交换的规模，有功功率才是电路真正消耗掉的功率，它不仅与电路中电压和电流的大小有关，还与功率因数$\cos\phi$有关。

谐振是交流电路中的特殊现象：谐振发生时，电压的相位与电流的相位相同。此时电路对外呈电阻性质，注意掌握串联谐振和并联谐振的条件和电压电流特征。

三相电路中负载连接的原则是保证负载上得到额定电压，分清对称性负载和非对称性负载的条件，并会计算对称性负载三相电路中电压电流和有功功率的大小；注意星形接法中中线的作用。

3. 一阶电路的暂态过程

理解暂态过程出现的条件和物理意义。在含有储能元件 C、L 的电路中，由于电容电压和电感电流不会发生跃变，所以，电路换路（如开关动作）时必须经过一段时间，各物理量才会从旧的稳态过渡到新的稳态。重点是建立电路暂态的概念，用一阶电路三要素法分析电路换路时，电路的电压电流的变化规律。关键在于确定电压电流的初始值、稳态值和时间常数，并用典型公式计算。

（三）电机及拖动基础

主要内容：变压器、三相异步电动机的基本工作原理和使用方法、常用继电器-接触器控制电路、安全用电常识。

了解变压器的基本结构、工作原理，单相变压器原副边电压、电流、阻抗关系及变压器额定值的意义，经济运行条件。了解三相交流异步电动机中转速、转矩、功率关系、名牌数据的意义，特别是电动机的常规使用方法。例如，对三相交流异步电动机启动进行控制的目的是限制电动机的起动电流。正常运行为三角形接法的电动机，起动时采用星形接法，起动电流减少的程度可根据三相电路理论，将三相电动机视为一个三相对称形负载便可确定。

掌握常用低压电气控制电路的绘图方法，必须明确，控制电路图中控制电器符号是按照电器未动作的状态表示的。阅读继电接触器控制电路图时要特别注意自锁、联锁的作用，了解过载，短路和失压保护的方法。

安全用电属于基本用电知识，重点是了解接零、接地的区别和应用场合。

（四）模拟电子技术

主要内容：二极管及二极管整流电路、电容电感滤波原理、稳压电路的基本结构；三极管及单管电压放大电路，能够确定三极管电压放大电器的主要技术指标。

了解半导体器件结构、原理、伏安特性、主要参数及使用方法。学习半导体器件的重点是要掌握 PN 结的单向导电性，难点是正确理解和应用二极管的非线性、三极管的电流控制关系。

能正确计算二极管整流电路中输入电压的有效值和整流输出电压平均值的大小关系，理解电容滤波电路的滤波原理和稳压管稳压电路的原理和对电路输出电压的影响。

分析分离元件放大电路的基础在于正确读懂放大电路图（静态偏置、交流耦合、反馈环节的主要特点），正确计算放大电路的静态参数，并会用微变等效电路分析放大器的动态指标（放大倍数、输入电阻、输出电阻）。

分析理想运算放大器组成的线性运算电路（比例、加法、减法和积分运算电路）的基础是正确理解应用运算放大器的理想条件（虚短路——同相输入端和反向输入端的电位相同，虚断路——运放的输入电流为零，输出电阻很小——恒压输出），然后根据线性电路理论分析输出电压（电流）与输入电压（电流）的关系。

（五）数字电子技术

数字电路是利用晶体管的开关特性工作的，分析数字电路时要注意输入和输出信号的逻辑关系，而不是大小关系。复习要点是正确对电路进行化简，并会用波形图和逻辑代数式表示电路输出和输入逻辑关系。基础元件是与门、或门、与非门和异或门电路。学员必需熟练地应用这些器件的逻辑功能，组合逻辑电路就是这些元件的逻辑组合，组合电路没有记忆功能，输出只与当前的输入逻辑有关。

时序逻辑电路有保持、记忆和计数功能，这种触发器主要有三种：R-S、D、J-K 型触发器。分析时序电路时必须注意时钟作用时刻，复习时必须记住这三种触发器的逻辑状态表，会分析时序电路输入、输出信号的时序关系。

第一节　电场与磁场

（一）库仑定律

库仑定律是研究两个静止的点电荷在真空中相互作用规律的，内容如下：

在真空中两个静止点电荷间的相互作用力，方向沿两个点电荷的连线，同种电荷相斥，异种电荷相吸；大小正比于两点电荷电量大小的乘积，反比于两点电荷间距离的平方。

该定律可用矢量公式表示为

$$\boldsymbol{F}_{21}=-\boldsymbol{F}_{12}=\frac{1}{4\pi\varepsilon_0}\frac{q_1q_2}{r_{12}^3}\boldsymbol{r}_{12} \tag{7-1-1}$$

式中：$\boldsymbol{F}_{12}$——点电荷 2 作用于点电荷 1 上的力（N）；

$\boldsymbol{F}_{21}$——点电荷 1 作用于点电荷 2 上的力（N）；

r_{12}——点电荷 1 和 2 之间的距离（m）；

$\boldsymbol{r}_{12}$——点电荷 1 指向点电荷 2 的矢量（m）；

q_1、q_2——分别为点电荷 1 和 2 的电量（C），含正负；

ε_0——真空的介电常数，大小为$8.85\times10^{-12}\text{F/m}$。

（二）电场强度

传递电力的中介物质是电场。置于电场中某点的试验电荷q_0将受到源电荷作用的电力$\boldsymbol{F}$，定义该点电场强度（简称场强）

$$\boldsymbol{E}=\frac{\boldsymbol{F}}{q_0}\quad(\text{N/C}) \tag{7-1-2}$$

作为描写电场的场量。$\boldsymbol{E}$是矢量，可以叠加。

若场源是电量为q（含正负）的点电荷，由计算可知，在观察点P的电场强度为

$$\boldsymbol{E}=\frac{q}{4\pi\varepsilon_0 r^3}\boldsymbol{r} \tag{7-1-3}$$

式中：$\boldsymbol{E}$——点电荷q产生的电场强度（N/C）；

r——点电荷q至观察点P的距离（m）；

$\boldsymbol{r}$——点电荷q指向P的矢径（m）。

【例 7-1-1】 真空中，点电荷q_1和q_2的空间位置如图所示，q_1为正电荷，且$q_2=-q_1$，则A点的电场强度的方向是：

A. 从A点指向q_1

B. 从A点指向q_2

C. 垂直于q_1q_2连线，方向向上

D. 垂直于q_1q_2连线，方向向下

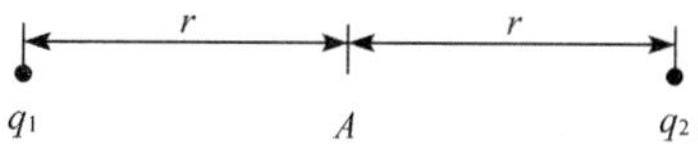

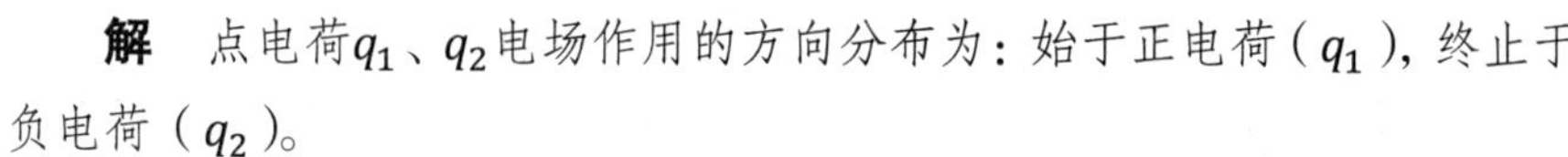

例 7-1-1 图

解　点电荷q_1、q_2电场作用的方向分布为：始于正电荷（q_1），终止于负电荷（q_2）。

答案： B

【例 7-1-2】 两个等量异号的点电荷$+q$和$-q$，间隔为l，求如图所示考察点P在两点电荷连线的中垂线上时，P点的电场强度。

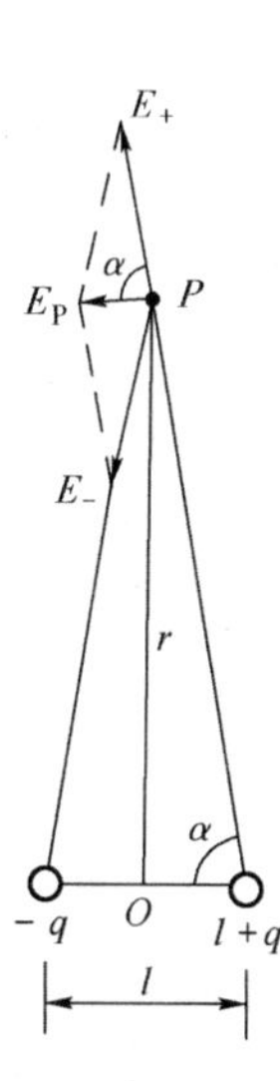

例 7-1-2 图

解　正负电荷单独在P点产生的电场的场强分别为

$$E_+=\frac{1}{4\pi\varepsilon_0}\frac{q}{r^2+\left(\frac{l}{2}\right)^2}\text{；}\ E_-=\frac{1}{4\pi\varepsilon_0}\frac{q}{r^2+\left(\frac{l}{2}\right)^2}$$

方向如图所示，故P点总场强大小为$E_{\mathrm{p}}=E_+\cos\alpha+E_-\cos\alpha=2E_+\cos\alpha$，而$\cos\alpha=\frac{l}{2\sqrt{r^2+\left(\frac{l}{2}\right)^2}}$，当$r\gg l$时，注意到场强方向，有$\boldsymbol{E}_{\mathrm{p}}=-\frac{1}{4\pi\varepsilon_0}\frac{q\boldsymbol{l}}{r^3}$（其中，$\boldsymbol{l}$为负电荷指向正电荷的矢量）。

（三）高斯定理

高斯定理指出了电场强度的分布与场源之间的关系：真空中，静电场对任意封闭曲面的电通量只决定于被包围在该曲面内部的电量，且等于被包围在该曲面内的电量代数和除以ε_0，即

$$\oint_A \boldsymbol{E}\cdot\mathrm{d}\boldsymbol{A}=\frac{1}{\varepsilon_0}\sum q \tag{7-1-4}$$

式中：$\boldsymbol{E}$——电场强度（N/C）；

$\mathrm{d}\boldsymbol{A}$——面积元矢量，大小等于$\mathrm{d}A$（A为封闭曲面），方向是$\mathrm{d}A$的正法线方向（由内指向外）；

ε_0——真空介电常数；

$\sum q$——封闭曲面内电量代数和（C）。

【例 7-1-3】 用高斯定理计算场强。如图所示，无限长带电直导线，电荷密度为η，求其电场。

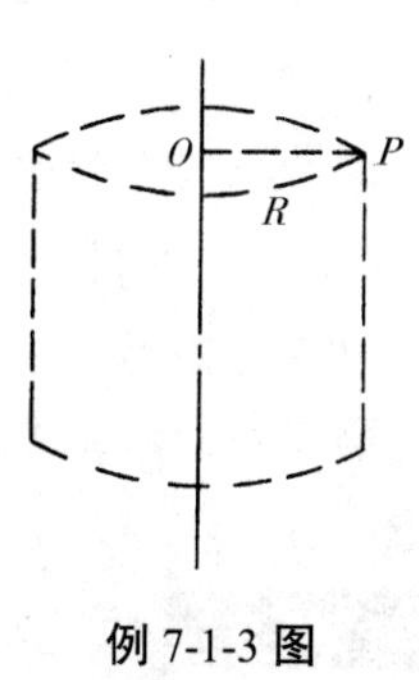

例 7-1-3 图

解　任取一考查点P，到导线距离为R，过P作一封闭圆柱面，柱面高l，底面半径R，轴线与导线重合。由对称性知，P点场强方向沿半径方向，设其大小为E，按高斯定理，有

$$2\pi Rl\cdot E=\frac{1}{\varepsilon_0}\eta\cdot l$$

所以

$$E=\frac{1}{\varepsilon_0}\eta\cdot\frac{1}{2\pi R}$$

考虑方向，有$\boldsymbol{E}=\frac{1}{2\pi\varepsilon_0}\frac{\eta}{R}<\boldsymbol{R}^0$（$\boldsymbol{R}^0$为由$O$点指向$P$的单位矢量）。

（四）电场力做功

电荷从a点移至b点，电场力做功

$$A_{\mathrm{ab}}=\int_a^b\boldsymbol{F}\cdot\mathrm{d}\boldsymbol{l} \tag{7-1-5}$$

式中：$\boldsymbol{F}$——电场对电荷的作用力。

可以证明，A_{ab}的大小仅与试验电荷电量以及a、b点的位置有关，而与路径无关，即静电场力是保守力。

基于静电场是保守力场，可以定义电场空间位置的标量函数：电势，其量值等于单位正电荷从该点经任意路径到无穷远处时电场力所做的功，单位为伏特（V）。静电场中，任意两点a和b的电势之差叫电势差，也叫电压。

（五）磁感应强度，磁场强度，磁通

（1）静止的电荷产生静电场；而运动电荷周围不仅存在电场，也存在磁场。对于电场曾以作用在试验电荷上的电力定义了场强$\boldsymbol{E}$，仿此，研究作用在运动电荷上的磁力来引入描写磁场的物理量：磁感应强度（又称磁通密度）$\boldsymbol{B}$，单位为特斯拉（T）。在各向同性的磁介质中，再定义辅助量磁场强度$\boldsymbol{H}$（A/m），即

$$\boldsymbol{H}=\frac{\boldsymbol{B}}{\mu} \tag{7-1-6}$$

式中：μ——磁介质的磁导率，空气的磁导率$\mu_0=4\pi\times10^{-7}\mathrm{H/m}$。

举例来说，如图 7-1-1 所示无限长直导线电流强度大小为I，方向向上，则距导线a处磁感应强度大小为$\frac{I\mu}{2\pi a}$，磁场强度大小为$H=\frac{I}{2\pi a}$，两者方向皆垂直半径，与电流方向成右手螺旋。

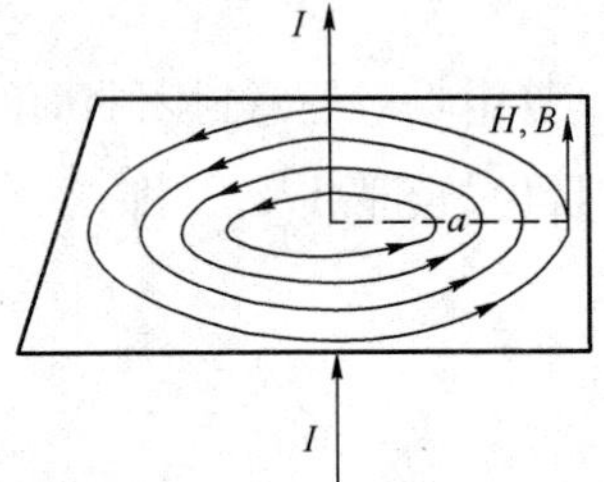

图 7-1-1　无限长直导线的磁感应强度与磁场强度

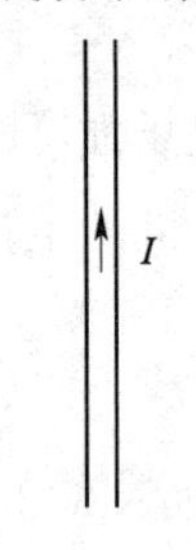

例 7-1-4 图

【例 7-1-4】 由图示长直导线上的电流产生的磁场：

A. 方向与电流方向相同

B. 方向与电流方向相反

C. 顺时针方向环绕长直导线（自上向下俯视）

D. 逆时针方向环绕长直导线（自上向下俯视）

解　电流与磁场的方向可以根据右手螺旋定则确定，即让右手大拇指指向电流的方向，那么四指的指向就是磁感线的环绕方向。

答案：D

【例 7-1-5】 通过外力使某导体在磁场中运动时，会在导体内部产生电动势，那么，在不改变运

动速度和磁场强弱的前提下，若使该电动势达到最大值，应使导体的运动方向与磁场方向：

A. 相同　　B. 相互垂直　　C. 相反　　D. 呈45°夹角

解 当一段导体在匀强磁场中做匀速切割磁感线运动时，不论电路是否闭合，感应电动势的大小只与磁感应强度B、导体长度L、切割速度$\boldsymbol{v}$及v与B方向夹角θ的正弦值成正比，即$E = BLv\sin\theta$（θ为B，L，v三者间通过互相转化两两垂直所得的角）。因此，当$\sin\theta = 1$，即$\theta = 90°$时，电动势最大。

答案：B

（2）定义通过有限曲面S的磁通量（Wb）为

$$\Phi_{\mathrm{m}} = \int_S \boldsymbol{B} \cdot \mathrm{d}\boldsymbol{S} \tag{7-1-7}$$

（六）安培力

磁场中的载流导体会受到磁场力的作用，称为安培力，考查电流元所受安培力，有

$$\mathrm{d}\boldsymbol{F} = I\mathrm{d}\boldsymbol{l} \times \boldsymbol{B} \tag{7-1-8}$$

式中：$I\mathrm{d}\boldsymbol{l}$——电流元；

$\boldsymbol{B}$——磁感应强度。

至于任意形状载流导体在磁场中所受安培力，应等于各电流元所受安培力之和（矢量和）

$$\boldsymbol{F} = \int_L \mathrm{d}\boldsymbol{F} = \int I\mathrm{d}\boldsymbol{l} \times \boldsymbol{B} \tag{7-1-9}$$

显然，长为l的直线电流在匀强磁场$\boldsymbol{B}$中所受安培力为

$$\boldsymbol{F} = I\boldsymbol{l} \times \boldsymbol{B} \tag{7-1-10}$$

【例 7-1-6】 一载流直导线AB如图所示放置，电流大小为I_0，方向从A至B，磁感应强度$\boldsymbol{B}_0$方向沿x轴正向，大小为B_0，求AB导线受力。

解

$$\boldsymbol{F} = I_0\overrightarrow{AB} \times \boldsymbol{B}_0$$

$$|\vec{\boldsymbol{F}}| = I_0 B|\overrightarrow{AB}|\sin\theta = I_0 B_0\sqrt{5} \times \frac{1}{\sqrt{5}} = I_0 B_0$$

$\boldsymbol{F}$方向可以用左手判定，垂直纸面向内。

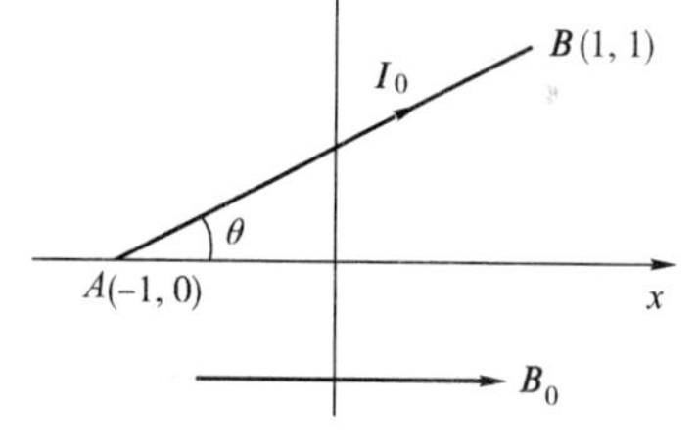

例 7-1-6 图

（七）安培环路定理

真空中，在稳恒电流产生的磁场中，不管载流回路形状如何，对任意闭合路径，磁感应强度的线积分（即环量）仅取决于被闭合路径所圈围的电流的代数和

$$\oint_L \boldsymbol{B} \cdot \mathrm{d}\boldsymbol{l} = \mu_0 \sum I \tag{7-1-11}$$

式中：$\boldsymbol{B}$——磁感应强度（T）；

μ_0——真空磁导率（H/m）；

$\sum I$——被闭合路径圈围的电流代数和（A）。

亦可表示成

$$\oint_L \boldsymbol{H} \cdot \mathrm{d}\boldsymbol{l} = \sum I \tag{7-1-12}$$

式中：$\boldsymbol{H}$——磁场强度。

电流的正方向，由积分的闭合曲线所取绕行方向用右手螺旋法则决定。

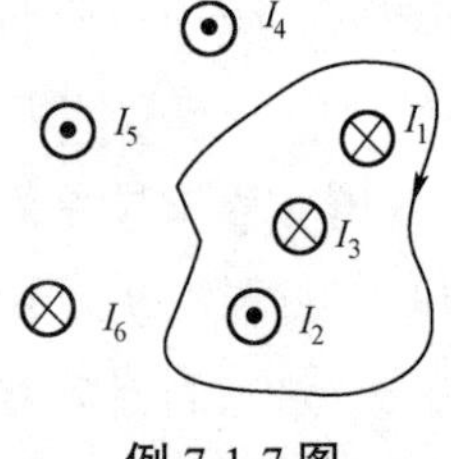

例 7-1-7 图

【例 7-1-7】 磁场由若干互相平行的无限长载流直导线产生，各导线电流分别为I_1、I_2、I_3、I_4、I_5、I_6，方向如图所示，求磁感应强度$\boldsymbol{B}$对闭合回路C（绕行方向如图所示）的线积分。

解　根据安培环路定理

$$\oint_C \boldsymbol{B} \cdot \mathrm{d}\boldsymbol{l} = \mu_0(I_1 - I_2 + I_3)$$

【例 7-1-8】 运动的电荷在穿越磁场时会受到力的作用，这种力称为：

A. 库仑力　　B. 洛伦兹力　　C. 电场力　　D. 安培力

解　洛伦兹力是运动电荷在磁场中所受的力。这个力既适用于宏观电荷，也适用于微观电荷粒子。电流元在磁场中所受安培力就是其中运动电荷所受洛伦兹力的宏观表现。

库仑力指在真空中两个静止的点电荷之间的作用力。

电场力是指电荷之间的相互作用，只要有电荷存在就会有电场力。

安培力是通电导线在磁场中受到的作用力。

答案： B

（八）电磁感应定律

当空间磁场随时间发生变化时，会在周围空间激起感应电场，这个感应电场作用于导体回路产生感应电动势，并可以在导体回路中形成感应电流。

法拉第电磁感应定律指出：不论任何原因，使通过回路面积的磁通量发生变化时，回路中产生的感应电动势与磁通量对时间的变化率成正比，即

$$\varepsilon = -\frac{\mathrm{d}\Phi}{\mathrm{d}t} \tag{7-1-13}$$

如果感应回路不止一匝，而是N匝，则有：

$$\varepsilon = -N\frac{\mathrm{d}\Phi}{\mathrm{d}t} \tag{7-1-14}$$

使用式（7-1-13）及式（7-1-14）时，要先在回路上任意规定一个绕行方向作为回路正方向，再用右手螺旋法则确定回路面积正法线方向。

【例 7-1-9】 如图所示，均匀磁场中，磁感应强度方向向上，大小为 5T，圆环半径 0.5m，电阻 5Ω，现磁感应强度以 1T/s 速度均匀减小，问圆环内电流的大小及方向。

解　确定绕行方向如图所示，则

$$\boldsymbol{\Phi} = \int_S \boldsymbol{B} \cdot \mathrm{d}S = B \cdot \pi r^2$$

$$\varepsilon = -\frac{\mathrm{d}\Phi}{\mathrm{d}t} = -\frac{\mathrm{d}B}{\mathrm{d}t} \cdot \pi r^2 = \frac{\pi}{4}$$

所以圆环内电流大小$i = \frac{\varepsilon}{R} = \frac{\pi}{20}$，方向与绕行方向一致。

【例 7-1-10】 图示铁芯线圈通一直流电流I，并在铁芯中产生磁通Φ，线圈的电阻为R，那么线圈两端的电压为：

A. $U = IR$　　B. $U = N\frac{\mathrm{d}\theta}{\mathrm{d}t}$　　C. $U = -N\frac{\mathrm{d}\theta}{\mathrm{d}t}$　　D. $U = 0$

解　线圈中通入直流电流I，铁芯中磁通Φ为常量，根据电磁感应定律：$e = -N\frac{\mathrm{d}\Phi}{\mathrm{d}t} = 0$，因此本题中电压电流关系仅受线圈的电阻$R$影响。所以$U = IR$。

答案： A

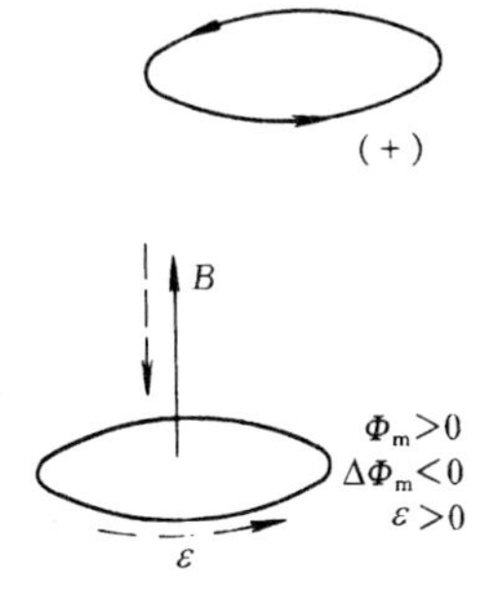

例 7-1-9 图

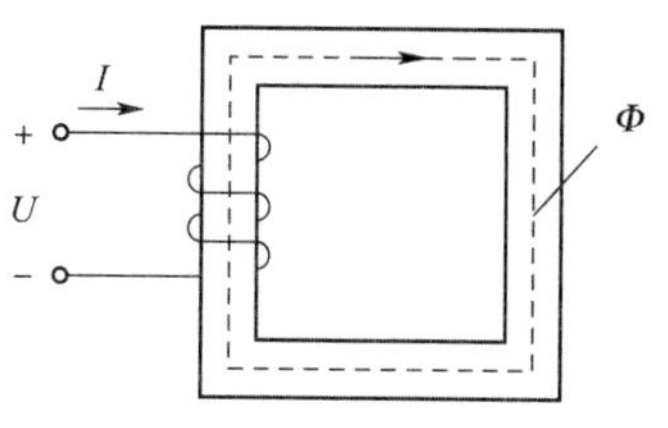

例 7-1-10 图

习　题

7-1-1　无限大平行板电容器，两极板相隔 5cm，板上均匀带电，$\sigma=3\times10^{-6}\mathrm{C/m^2}$，若将负极板接地，则正极板的电势为（　　）。

A. $\frac{7.5}{\varepsilon_0}\times10^{-8}\mathrm{V}$　　B. $\frac{15}{\varepsilon_0}\times10^{-8}\mathrm{V}$

C. $\frac{30}{\varepsilon_0}\times10^{-6}\mathrm{V}$　　D. $\frac{7.5}{\varepsilon_0}\times10^{-6}\mathrm{V}$

7-1-2　如图所示导体回路处在一均匀磁场中，$B=0.5\mathrm{T}$，$R=2\Omega$，ab边长$L=0.5\mathrm{m}$，可以滑动，$\alpha=60°$，现以速度$v=4\mathrm{m/s}$将ab边向右匀速平行移动，通过R的感应电流为（　　）。

A. 0.5A　　B. −1A　　C. −0.86A　　D. 0.43A

7-1-3　如图所示电路中，磁性材料上绕有两个导电线圈，若上方线圈加的是 100V 的直流电压，则（　　）。

A. 下方线圈两端不会产生磁感应电动势

B. 下方线圈两端产生方向为左“−”右“+”的磁感应电动势

C. 下方线圈两端产生方向为左“+”右“−”的磁感应电动势

D. 磁性材料内部的磁通取逆时针方向

7-1-4　在图中，线圈 a 的电阻为R_a，线圈 b 的电阻为R_b，两者彼此靠近如图示，若外加激励$u=U_M\sin\omega t$，则（　　）。

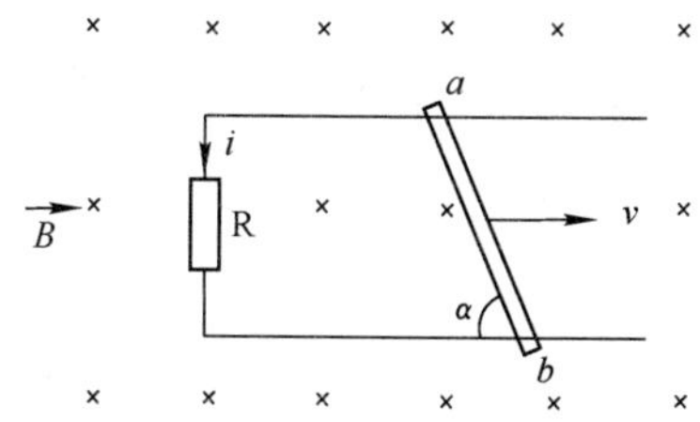

题 7-1-2 图

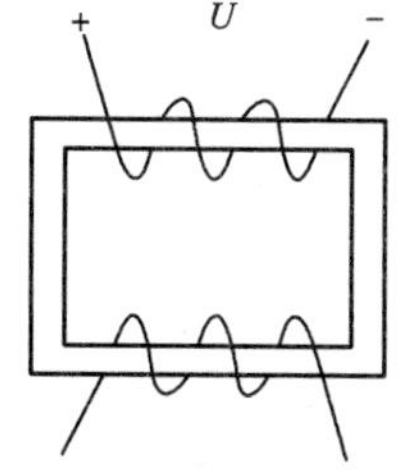

题 7-1-3 图

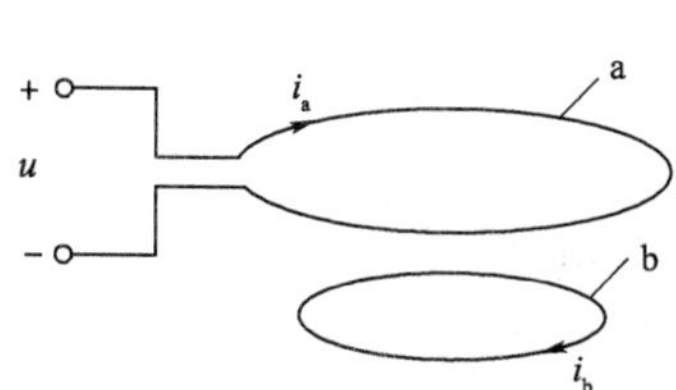

题 7-1-4 图

A. $i_a=\frac{u}{R_a}$，$i_b=0$　　B. $i_a\neq\frac{u}{R_a}$，$i_b\neq0$

C. $i_a=\frac{u}{R_a}$，$i_b\neq0$　　D. $i_a\neq\frac{u}{R_a}$，$i_b=0$

第二节　电路的基本概念和基本定律

一、电路的作用和基本物理量

（一）电路的作用

电路是电流流通的路径。它是人们为实现某种要求，将必要的元件、设备按一定的方式组合起来的物理系统。

电路的作用大体上可以分为两类：实现能量的传输与分配和传递并处理信息。但无论电路的作用属于前者还是后者，从电路的具体结构中都可以分为电源、负载和中间环节这三部分。

电源：将非电能转变为电能的物理装置（如发电机、电池、传感器等），作用是为电路提供电能或信号。

负载：将电能转变为非电能的物理装置（如电炉、电动机、扬声器等）。

中间环节：对电能量进行传输，分配和控制的部分（如开关等）。

为便于对实际电路进行分析，可以用数学语言来说明电路现象，根据问题要求，突出电路的电、磁性质，用电路符号和连线组合起来的图形就是电路模型，如图 7-2-1 所示。

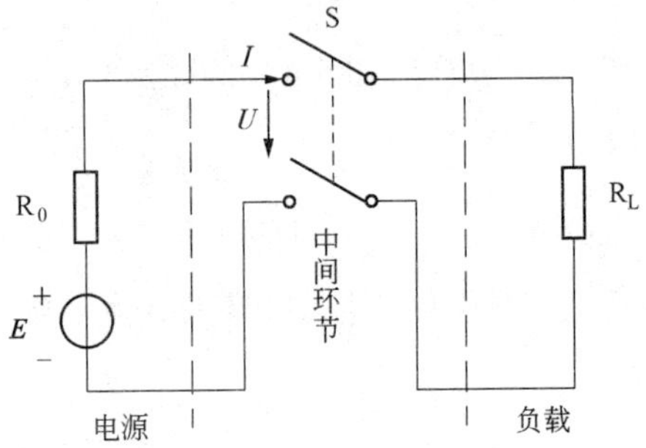

图 7-2-1　**电路模型**

（二）电路的基本物理量

1. 电流

反映电荷定向流动的物理现象。

（1）电流的大小

电流的大小用**电流强度**表示，简称**电流**，单位是安培（A）。

电流用公式表示为：

$$i=\frac{\mathrm{d}q}{\mathrm{d}t} \tag{7-2-1}$$

当$i=I$（相对于时间是一个常数）时，称为直流电流。

（2）电流的方向

电流的实际方向定义为正电荷移动的方向。

在电工理论中为解题方便常常采用“正方向”的概念。即：在解题前先人为假定正方向，用箭头标在电路图中，然后根据假定的正方向求解，最后根据电流数值的正负号判定电流的实际方向。

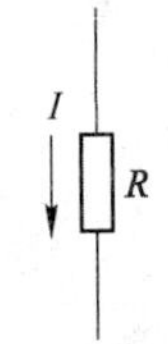

图 7-2-2　**电路图**

如图 7-2-2 所示电路中，求解电流为$I=3\mathrm{A}>0$，说明假定电流正方向与电流实际方向一致；反之，如果$I=-3\mathrm{A}<0$，说明假设的电流正方向与实际的电流方向是相反的。

2. 电压与电位差

电压是衡量电场力对电荷做功的物理量，其大小用电场力将单位正电荷从高电位点移动到另一低电位点所做的功。

电位是电路中某一点对于参考点之间的电压，电路中由a点到b点之间的电压U_{ab}可以表示为：

$$U_{ab} = U_a - U_b \tag{7-2-2}$$

式中，U_a，U_b分别表示电路中a，b两点的电位。

电压、电位的基本单位是伏特（V）。

3. 电动势

电动势是反映电源内部非电能做功的物理量，在数值上等于非静电力将单位正电荷从低电位点推向高电位点所做的功。

电动势E的正方向是从低电位指向高电位，如图 7-2-3 所示。

$$\left.\begin{array}{l} E_{ba} = 3V \\ U_{ab} = 3V \end{array}\right\} U_{ab} = E_{ba}$$

$$\left.\begin{array}{l} U_{ab} = 3V \\ E_{ab} = -3V \end{array}\right\} U_{ab} = -E_{ab}$$

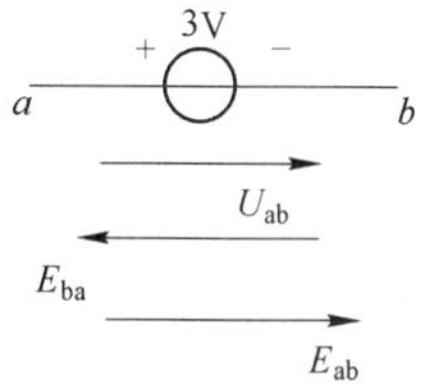

图 7-2-3　电压与电动势方向

在分析电源问题时用电动势表示与用电压表示是一样的，注意的是E与U的箭头指向一致时数值相反，两者箭头指向相反时数值相同。

同样，在解题过程人们很难事先确定电压、电动势的实际方向。因此，与电流一样，在实际电路中也是用“正方向”的概念求解电压和电动势的。

4. 电功率

当电路中某元件或者网络的电压电流正方向一致时，根据$P = UI$计算出的功率若为正值，表示该元件或者网络在吸收电功率；若计算出的功率为负值，则认为该元件或者网络发出电功率，起到电源的作用。

【例 7-2-1】 分析如图所示电路的功率分配情况。

解　根据欧姆定律

$$I = \frac{U}{R} = \frac{10}{2} = 5A$$

且

$$P_R = RI^2 = 2 \times 5^2 = 50W > 0$$

可见负载 R 消耗电功率。

10V 电源吸收的电功率为：

$$P_s = -UI = -10 \times 5 = -50W < 0$$

可见，该电压源发出电功率。

全部电路的功率关系：

$$\sum P = P_R + P_s = 50 + (-50) = 0W$$

说明该电路的功率平衡。

【例 7-2-2】 图示电路消耗电功率 2W，则下列表达式中正确的是：

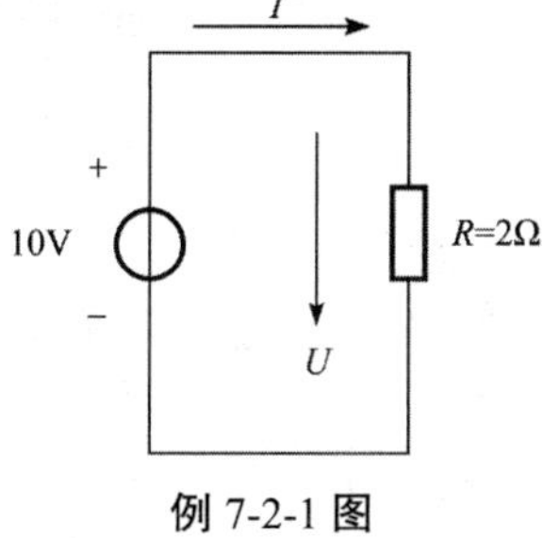

例 7-2-1 图

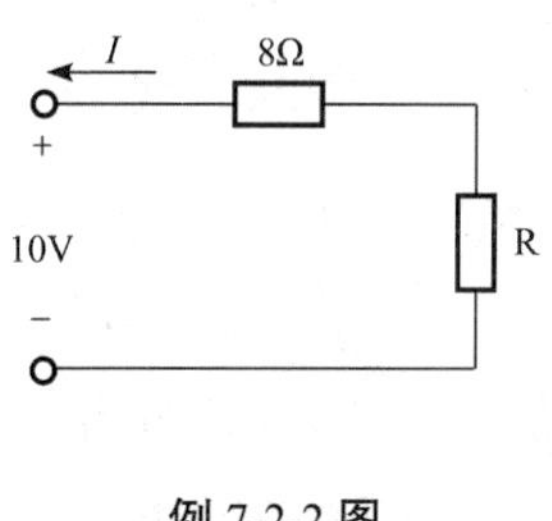

例 7-2-2 图

A. $(8+R)I^2=2$，$(8+R)I=10$

B. $(8+R)I^2=2$，$-(8+R)I=10$

C. $-(8+R)I^2=2$，$-(8+R)I=10$

D. $-(8+R)I=10$，$(8+R)I=10$

解　电路的功率关系$P=UI$以及欧姆定律$U=RI$，是在电路的电压、电流的正方向一致时成立；当方向不一致时，前面增加“-”号。

答案：B

二、基本电路元件

电路中的元件根据用途不同一般可分为两类：电源元件和负载元件。

（一）电源元件

电源的作用是满足负载要求的电压、电流和功率。电源的外特性（电压、电流关系）称为电源的“V-A 特性”，它可以表示电源的端电压和端电流关系。实际电源的物理结构可以不同，但是对外电路的作用都可以用电压源模型或者是电流源模型来表示。

1. 实际电压源模型

实际电压源模型可由理想电压源（U_s）与电阻（R_0）串联组成，如图 7-2-4a）所示，实际电压源端电压可用下式计算

$$U=U_s-R_0I \tag{7-2-3}$$

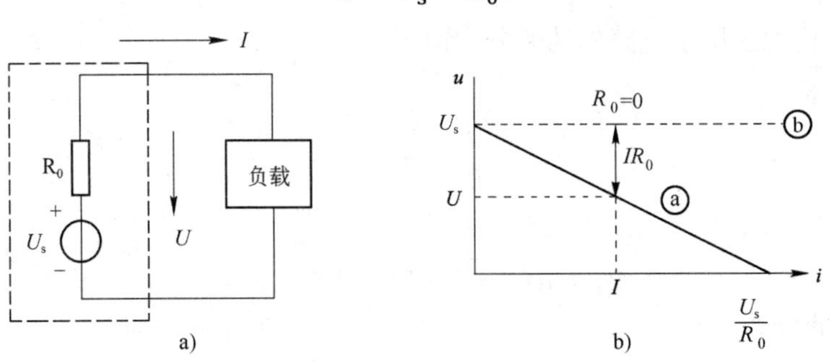

图 7-2-4　实际电压源模型与 V-A 特性

可以得出如图 7-2-4b）所示的“V-A 特性”。可见，负载电流增加时实际电源端电压减小，并且电压减小的程度与R_0的大小有关。为减少电源内部的能量消耗，我们希望实际电压源的内阻R_0越小越好。

$R_0=0$的电压源称为理想电压源，如图 7-2-4b）所示曲线ⓑ，理想电压源的特点是：$U=E_s=$常数，与负载电流的大小无关，理想电压源供出电流大小是由外电路控制的。

2. 实际电流源模型

实际电流源模型可由理想电流源（I_s）与电源内阻（R_0）并联组成，如图 7-2-5a）所示，实际电流源输出电流的大小可以用下式表示：

$$I=I_s-\frac{U}{R_0} \tag{7-2-4}$$

“V-A 特性”如图 7-2-5b）所示，可见实际电流源的电流随负载电压的增加而减小，为减少电流源内部损耗，电流源内阻R_0越大越好。

$R_0=\infty$的电流源称为理想电流源，如图 7-2-5b）所示曲线。

理想电流源的特点是$I = I_s$ =常数，即输出电流与负载的大小无关；而理想电流源两端的电压大小由外电路决定。

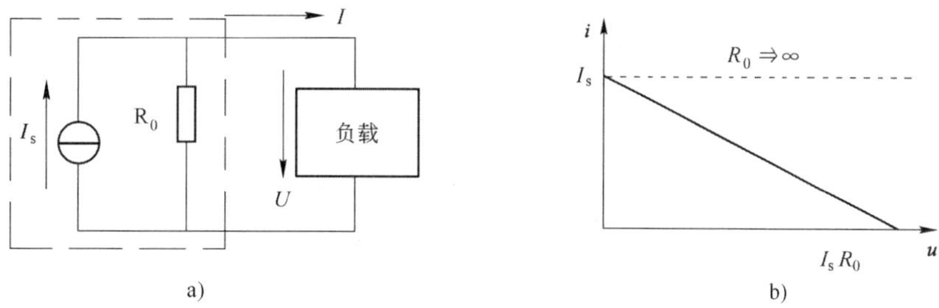

图 7-2-5　实际电流源模型及外特性

3. 两种电源的等效变换

在实际中，用电压源或电流源符号表示电源的作用没有本质的区别，因为两种电源模型对外部（负载）作用是完全等效的。

电压源与电流源的变换方法：电压源和电流源中电阻R_0的数值相同，且$U_s = R_0 I_s$，则公式（7-2-3）可改写为

$$U = R_0 I_s - R_0 I \tag{7-2-5}$$

进而可改写为

$$I = I_s - \frac{U}{R_0}$$

与式（7-2-4）一致。

两种电源的外特性方程一致，它们对外电路的作用是一样的，这就是等效变换的概念。

【例 7-2-3】 将如图所示的电压源变换为电流源，并证明两个电源对负载R_L的作用相同。

解　将电压源图 a）转换为电流源图 b），其中

$$R_0 = 1\Omega，I_s = \frac{U_s}{R_0} = \frac{5}{1} = 5\text{A}$$

$$I = \frac{U_s}{R_0 + R_L} = 1\text{A} \qquad I = I_s \frac{R_0}{R_0 + R_L} = 1\text{A}$$

$$U = R_L I = 4\text{V} \qquad U = R_L I = 4\text{V}$$

可见两个电源在电阻R_L上产生的电压、电流相同，$P_R = UI = 4 \times 1 = 4\text{W}$。

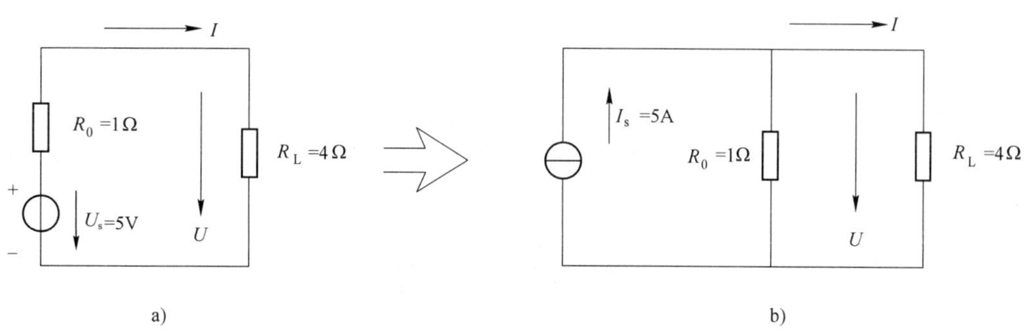

例 7-2-3 图　电压源串联电阻转变为电流源并联电阻

这里有三点需要注意：

（1）理想电压源与理想电流源不能等效变换；

（2）所谓等效变换是指端电压U、端电流I的等效，即对外部负载等效，不对内部电路等效；

（3）变换以后电流源I_s正方向与电压源U_s的方向相反。

【例 7-2-4】 图示电路的等效电路为：

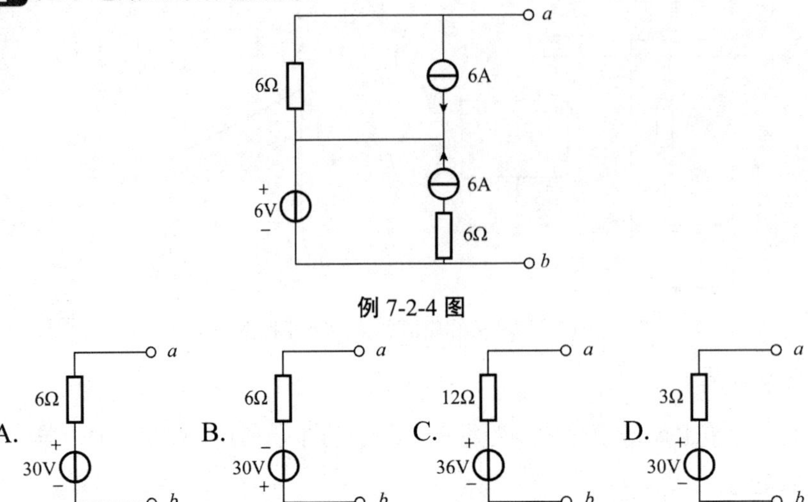

例 7-2-4 图

解　如解图所示，根据等效原理，①与 6V 的电压源并联的元件都失效，相当于 6V 的电压源，将电流源与电阻的并联等效为电压源与电阻的串联；②将两个串联的电压源等效为一个电压源。

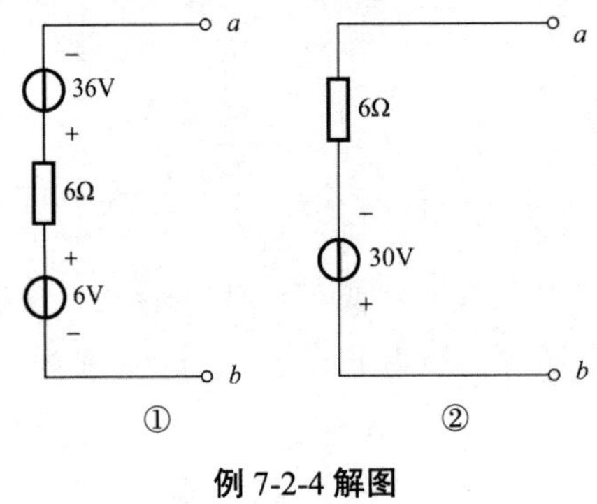

例 7-2-4 解图

答案：B

（二）负载元件

1. 电阻元件

电阻元件是反映电路中消耗电能能力的元件，其端电压u的大小与流过该电阻电流i的大小成比例。

线性电阻：$u/i = r = R =$常数（见图 7-2-6 中曲线ⓐ）；非线性电阻：$u/i = r \neq$常数（见图 7-2-6 中曲线ⓑ）。

2. 电感元件

电感元件是反映储存磁场能量能力的元件，由物理学中电磁感应定律（Ψ为电感元件中的磁通量），即

$$e_1 = -\frac{\mathrm{d}\Psi}{\mathrm{d}t} = -\left(\frac{\mathrm{d}\Psi}{\mathrm{d}i}\right)\frac{\mathrm{d}i}{\mathrm{d}t}$$

当$\frac{\mathrm{d}\Psi}{\mathrm{d}i} =$ 常数 $= L$，称为线性电感（见图 7-2-7 中曲线ⓐ），可写出电压电流关系式

$$u = -e = L\frac{\mathrm{d}i}{\mathrm{d}t}\left(\text{或}i = \frac{1}{L}\int u\mathrm{d}t\right)$$

当$\frac{\mathrm{d}\Psi}{\mathrm{d}i} \neq$常数，称为非线性电感（见图 7-2-7 中曲线ⓑ）。

3. 电容元件

电容元件是反映储存电场能量能力的元件。

根据$i=\frac{\mathrm{d}q}{\mathrm{d}t}=\frac{\mathrm{d}q}{\mathrm{d}u}\cdot\frac{\mathrm{d}u}{\mathrm{d}t}$，当$\frac{\mathrm{d}q}{\mathrm{d}u}=C=$常数时，为线性电容，见图 7-2-8 中曲线ⓐ，即

$$i=C\frac{\mathrm{d}u}{\mathrm{d}t}\quad 或\quad u=\frac{1}{C}\int i\mathrm{d}t$$

当$\frac{\mathrm{d}q}{\mathrm{d}u}\neq$常数时，为非线性电容，见图 7-2-8 中曲线ⓑ。

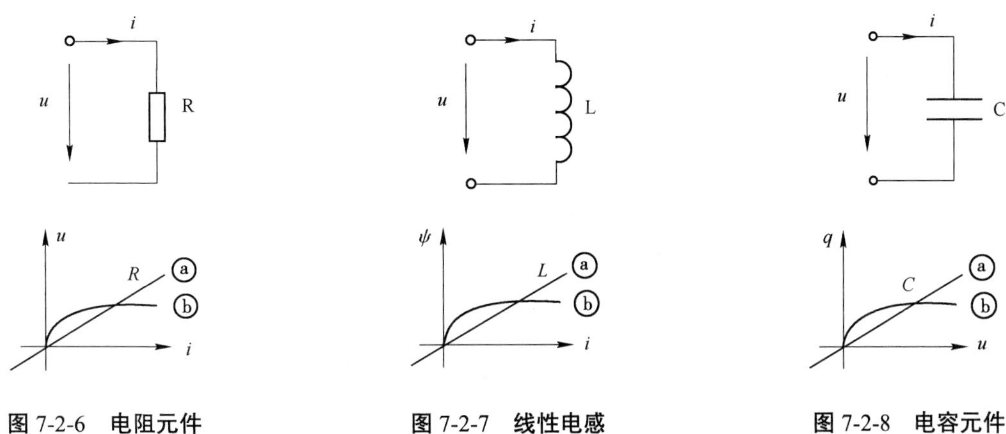

图 7-2-6　电阻元件　　**图 7-2-7　线性电感**　　**图 7-2-8　电容元件**

电路基础部分是以分析线性电路为主。

线性电路是由独立电源和线性元件构成的。即使在后边遇到非线性元件（二极管、三极管……），也是将非线性元件线性化以后，用线性电路的解题方法处理。

独立电源——电压源E_s、电流源I_s的数值为常数，与其供出的电流和电压无关。

线性元件——R、L、C线性元件。

三、电路的工作状态

如图 7-2-9 所示为最简单的电源向负载供电的电路：通过开关 S_1、S_2 的适当组合，电路将工作于三种状态（有载工作状态、开路和短路工作状态）。

电源端电压关系　　$U=U_s-R_0I$　［图 7-2-9b）中曲线①］　　(7-2-6)

负载电压关系　　$U=R_LI$　［图 7-2-9b）中曲线②］　　(7-2-7)

图 7-2-9b）中①、②曲线交点I_Q、U_Q是实际电路的工作电压和工作电流。

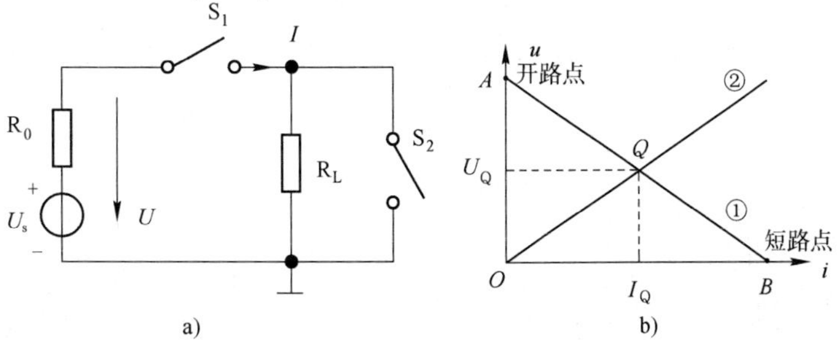

图 7-2-9　工作电路

（一）有载工作状态（S_1 合，S_2 分）

这时电源与负载接通向负载供电，供电的多少与负载电阻R_L有关。

由式（7-2-6）和式（7-2-7）可知　　$U_s - R_0 I = R_L I$

变为功率方程　　$U_s I - R_0 I^2 = R_L I^2$

即

$$P_s - \Delta P = P_L \tag{7-2-8}$$

电源发出的功率P_s减去电源内阻R_0上消耗的功率ΔP以后，才是负载上实际得到的功率P_L。

当电源或负载电压、电流、功率都达到规定值（生产厂家规定的标称值）时，称电源或负载运行为额定工作状态。

（二）开路状态

指电源与负载断开（S_1分），即

$$I = 0，U = U_s，P_L = 0$$

此时称电路的开路状态，电源不向负载供电（空载）。

（三）短路状态

指电源电流不流经负载，直接由导线返回电源的情况。对电压源来说短路时，$U = 0$，$I = U_s/R_0$，$P_L = 0$（图 7-2-9 中B点）。但电源产生的功率很大（$P_s = IU_s$），该功率全部消耗在电源内阻R_0上，使电源严重发热。实际电压源短路是一种事故状态，实际中必须避免。

四、电路的基本定律

电路一旦构成，应注意如何分析电路中的电压、电流和功率的大小。分析电路的依据有两个：一是元件本身对电压电流的约束关系；二是这些元件组成电路以后，电路结构对电压、电流的约束关系（即基尔霍夫电压、电流定律）。

（一）基尔霍夫电流定律

根据电流连续性质，基尔霍夫电流定律是用来处理节点（三条或三条以上通电导线汇合点）电流关系的定律。

定义：任一电路，任何时刻，任一节点电流的代数和为 0，即

$$\sum i = 0 \tag{7-2-9}$$

一般流入节点电流为正，流出节点电流为负。

如图 7-2-10 所示电路中，节点a的电流关系为

$$I_1 + I_2 - I_3 = 0$$

基尔霍夫电流定律也可以用来分析闭合曲面的电流关系，如图 7-2-11 所示电路，$I' = I$。

当 S 打开时，$I = 0$。

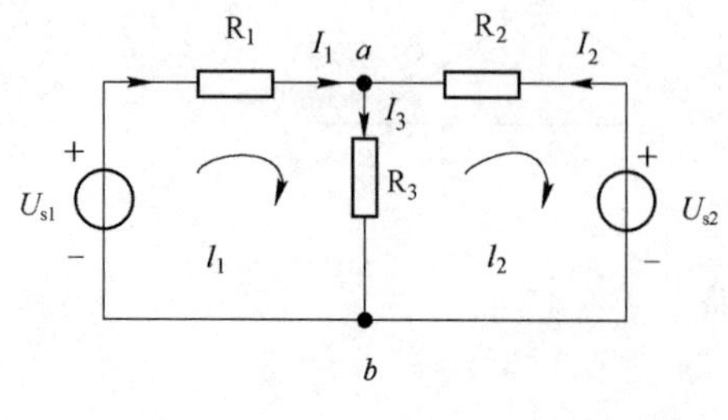

图　7-2-10

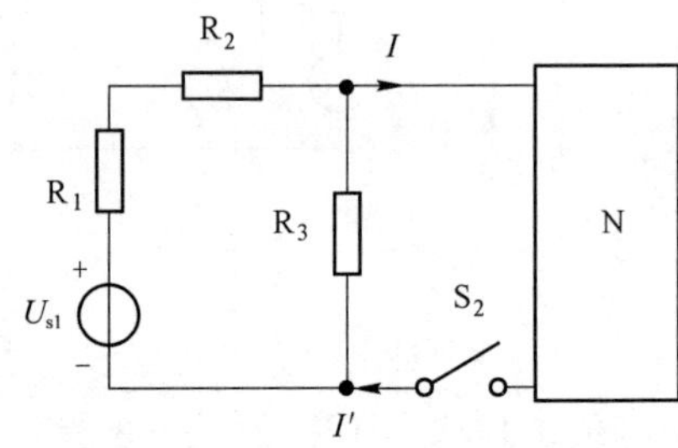

图　7-2-11

（二）基尔霍夫电压定律

根据能量守恒性质，基尔霍夫电压定律可以确定回路中各部分电压关系。

定义：任一电路，任何时刻，回路电压降的代数和为 0，即

$$\sum u = 0 \tag{7-2-10}$$

如图 7-2-10 所示电路l_1、l_2回路（取顺时针方向），有

$$l_1: \qquad -U_{s1} + I_1R_1 + I_3R_3 = 0$$

$$l_2: \qquad -I_3R_3 - I_2R_2 + U_{s2} = 0$$

同样基尔霍夫定律也可以从闭合回路推广应用于开路的情况。

【例 7-2-5】 已知电路如图 a）所示，其中电流I等于：

A. 0.1A　　B. 0.2A　　C. −0.1A　　D. −0.2A

解　见图 b），设 2V 电压源电流为I'，则：$I = I' + 0.1$

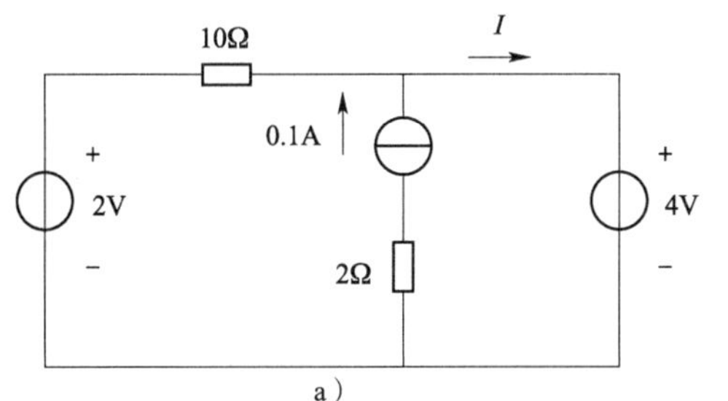

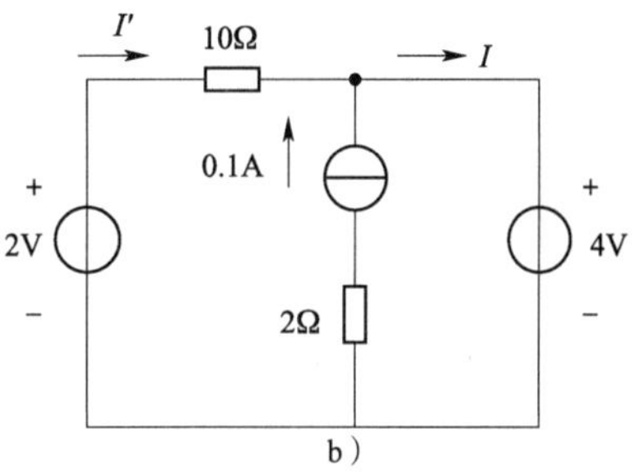

例 7-2-5 图

$10I' = 2 - 4 = -2\text{V}$，$I' = -0.2\text{A}$

$I = -0.2 + 0.1 = -0.1\text{A}$

答案： C

习　题

7-2-1　如图所示电阻电路中a、b端的等效电阻为（　　）。

A. 6Ω　　B. 12Ω　　C. 3Ω　　D. 9Ω

7-2-2　某电热器的额定功率为 2W，额定电压为 100V。拟将它串联一电阻后接在额定电压为 200V 的直流电源上使用，则该串联电阻 R 的阻值和额定功率P_N分别应为（　　）。

A. R=5kΩ，P_N=1W　　B. R=5kΩ，P_N=2W

C. R=10kΩ，P_N=2W　　D. R=10kΩ，P_N=1W

7-2-3　在如图所示的电路中，用量程为 10V、内阻为 20kΩ/V 级的直流电压表，测得A、B两点间的电压U_{AB}为（　　）。

A. 6V　　B. 5V　　C. 4V　　D. 3V

7-2-4　如图所示电路中，已知：$U_1 = U_2$ =12V，$R_1 = R_2$ =4kΩ，R_3 =16kΩ。S 断开后A点电位U_{AO}和 S 闭合后A点电位U_{As}分别是（　　）。

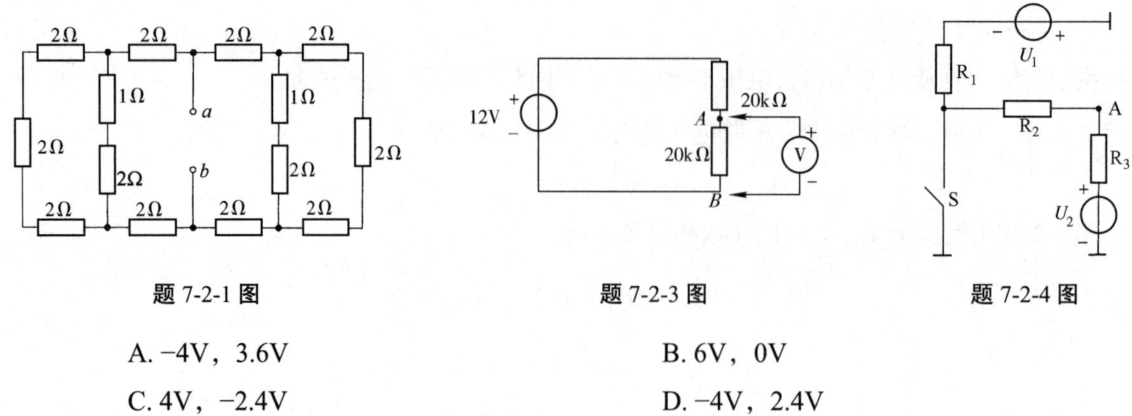

题 7-2-1 图　　题 7-2-3 图　　题 7-2-4 图

A. −4V，3.6V　　B. 6V，0V

C. 4V，−2.4V　　D. −4V，2.4V

7-2-5　在如图所示的电路中，I_{s1} =3A，I_{s2} =6A。当电流源I_{s1}单独作用时，流过R =1Ω 电阻的电流I' =1A，则流过电阻 R 的实际电流I值为（　　）。

A. −1A　　B. +1A　　C. −2A　　D. +2A

7-2-6　观察如图所示的直流电路，可知，在该电路中（　　）。

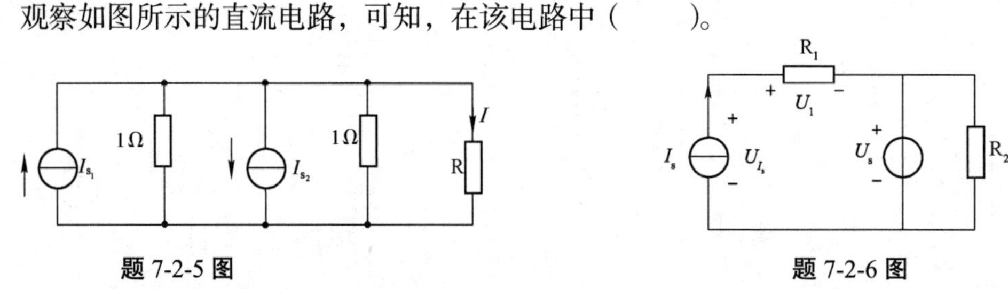

题 7-2-5 图　　题 7-2-6 图

A. I_s和 R1 形成一个实际电流源模型，U_s和 R2 形成一个实际电压源模型

B. 理想电流源I_s的端电压为 0

C. 理想电流源I_s的端电压由U_1和U_2共同决定

D. 流过理想电压源的电流与I_s无关

第三节　直流电路的解题方法

电路分析的目的是找出电路中U、I，进而计算P。本部分总结几种最常用的电路分析方法：电源变换法、支路电流法、叠加原理和戴维南定理。

一、电源等效变换法

由上节电源元件的介绍，可知实际电压源模型的外特性和实际电流源模型的外特性是相同的。因此，电源的两种模型对外电路互相等效，可以进行等效变换。但是，电压源模型和电流源模型的等效关系只是对外电路而言的，对电源内部则不等效。

例如在图 7-3-1a）中，当电压源开路时，$I = 0$，电源内阻R_0上不损耗功率；但在图 7-3-1b）中电流源开路时，内阻R_0上仍有电流，有功率损耗。

电源等效电阻不限于电源内部内阻R_0，只要一个电压为U_s的理想电压源和某个电阻R_0串联的电路，都可以化为一个电流为I_s的理想电流源和这个电阻并联的电路图 7-3-2，两者是等效的。

其中

$$I_s=\frac{U_s}{R_0}\quad 或\quad U_s=R_0I_s \tag{7-3-1}$$

a)　b)

图　7-3-1

图　7-3-2

在分析复杂电路时，也可以用电源等效变换的方法。

【例 7-3-1】 用电源变换法求如图所示电路中的电流。

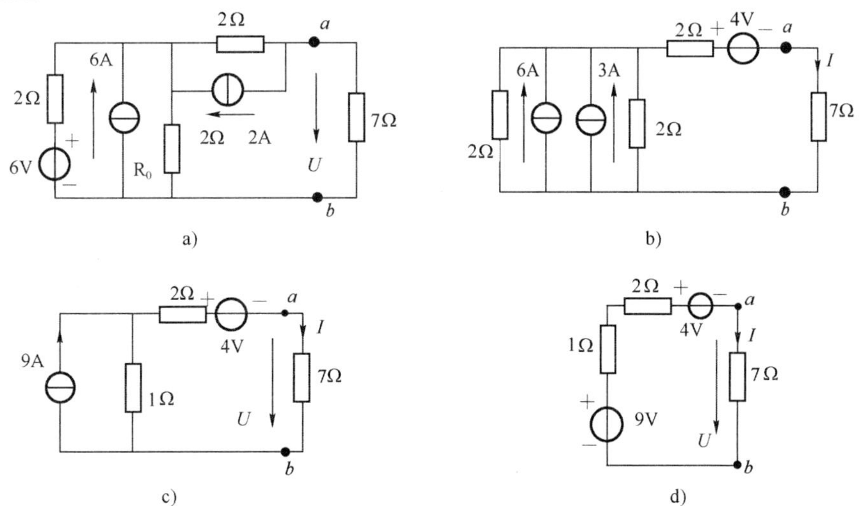

例 7-3-1 图

解　电源变换过程如图 b）、c）、d）所示，由图 d）得出$I=\frac{9-4}{1+2+7}=0.5A$。

【例 7-3-2】 图示电路的等效电流源模型为：

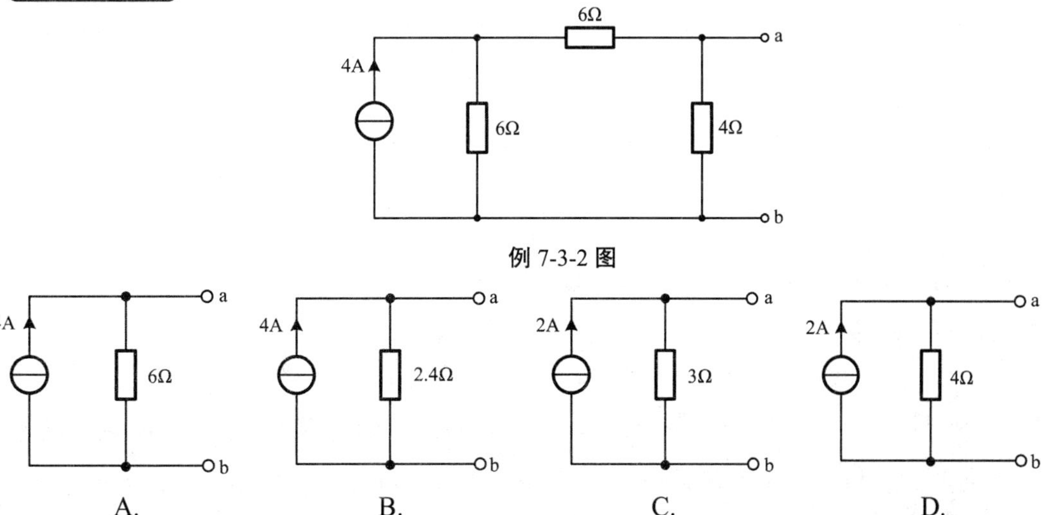

解　①先将电流源与电阻的并联（见解图 a）化为电压源与电阻的串联（见解图 b）。

②再将两个串联电阻化为一个电阻（见解图 c）。

③将电压源与电阻的串联化为电流源与电阻的并联（见解图 d）。

④将两个并联电阻化为一个电阻，最终结果如解图 e）所示。

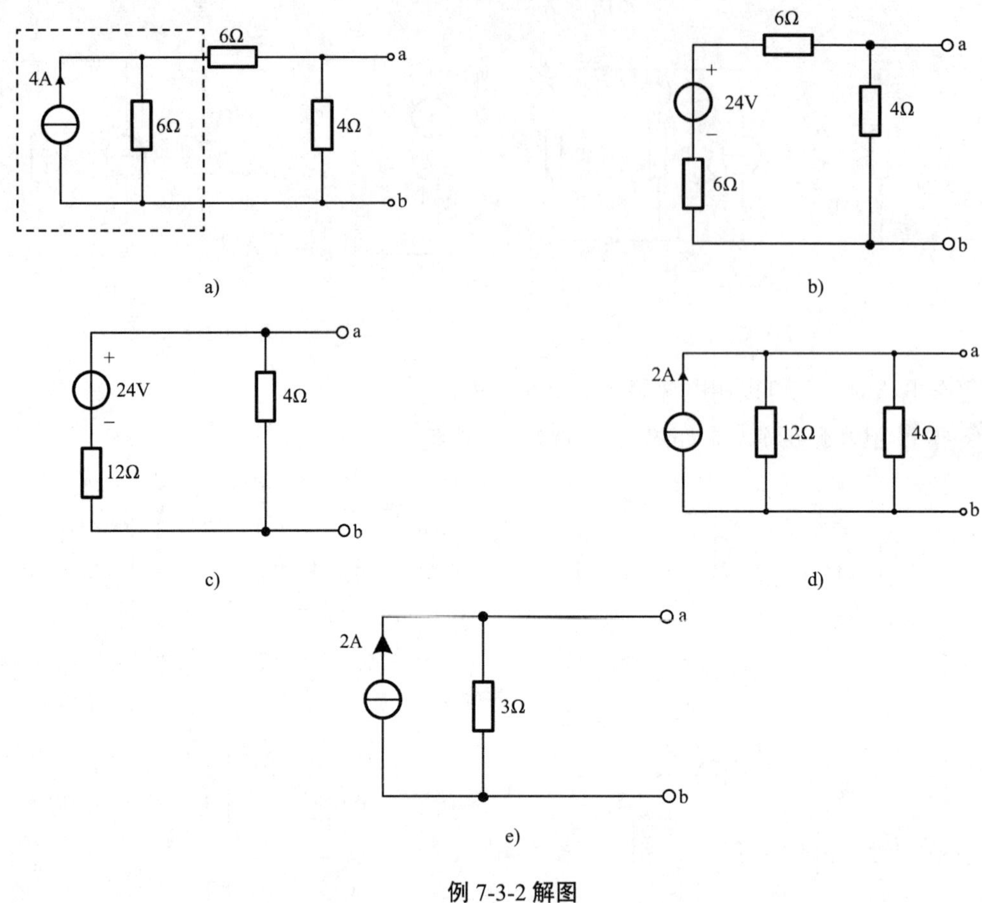

例 7-3-2 解图

答案： C

二、支路电流法

在计算复杂电路的各种方法中，支路电流法是最基本的。它是应用基尔霍夫电流定律和电压定律分别对结点和回路列出所需要的方程组，而后解出各未知支路电流。

设所分析电路的结点数为n，支路数为b，则支路电流法的解题步骤为：

（1）选定支路并标出各支路电流的参考方向，并对选定的回路标出回路环绕方向。

（2）任意选定一个结点作为参考结点，对其他$(n-1)$个独立的结点根据 KCL 列出$(n-1)$个独立的方程。

（3）对平面图自然形成的网孔，根据 KVL 列出$b-(n-1)$个独立的方程，其中无源元件的电压根据元件特性用支路电流变量表示。

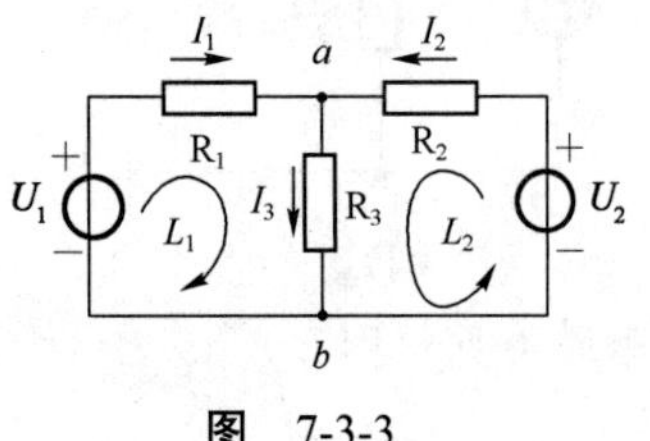

图 7-3-3

（4）联立求解b个方程，求出各支路电流。

今以如图 7-3-3 所示的两个电源并联的电路为例说明支路电流法的应用。在本电路中，支路数$b=3$，结点数$n=2$，共要列出三个独立方程。

对结点a和回路L_1、回路L_2列 KCL 方程及 KVL 方程

$$I_1 + I_2 - I_3 = 0$$
$$U_1 = R_1 I_1 + R_3 I_3 \tag{7-3-2}$$
$$U_2 = R_2 I_2 + R_3 I_3$$

最后对三个方程联立求解，就可以得出支路电流I_1、I_2、I_3。

三、叠加原理

1. 内容

在有多个电源共同作用的线性电路中，各支路电流（或元件的端电压）等于各个电源单独作用时，在该支路中产生电流（或电压）的代数和。

2. 方法

当一个电源单独作用时，其他不作用的电源令其数值为 0。即不作用的电压源电压$U_s = 0$（短路），不作用的电流源$I_s = 0$（断路）。电路其他部分结构参数不变的情况下求此电源单独产生的响应。

把所有独立电源单独产生的响应求得之后，再求所有单独响应的代数和，这就是实际的响应。求代数和时，要注意各电源单独作用时支路电流（或电压）的方向是否与原图一致，一致时此项取“+”号，相反时该项为“−”号；或者在分别求取单独响应时，各电压电流选择与原图一致的正方向，这样叠加时只用简单地相加即可。

【例 7-3-3】 用叠加原理求图中的电流I。

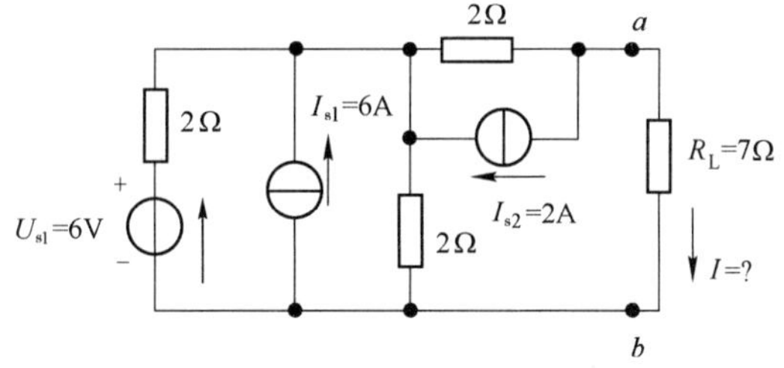

例 7-3-3 图　电路图（叠加原理）

分析　该图有三个独立电源共同作用，且为线性电阻，该电路为线性电路，可以用叠加原理求。

解　第一步：将原图改画为单一电源作用的简单电路，如解图所示。

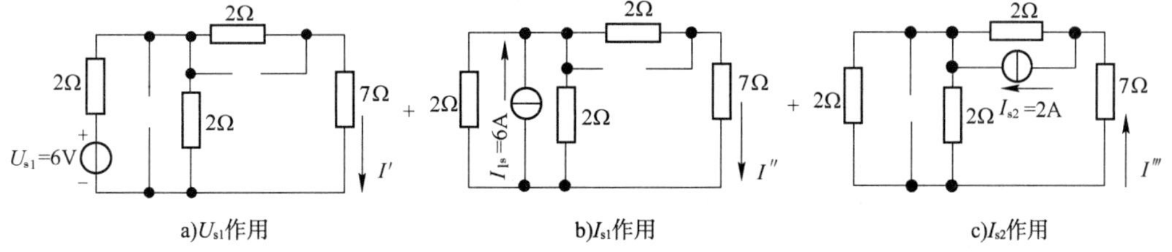

例 7-3-3 解图　简单电路图

第二步：求分电路中电流I'、I''和I'''。

$$I' = \frac{U_{s1}}{2 + 2/\!/(2+7)} \cdot \frac{2}{2 + (7+2)} = \frac{6}{2 + (2/\!/9)} \cdot \frac{2}{11} = 0.3\text{A}$$

$$I'' = I_{s1} \frac{2}{2 + 2/\!/(2+7)} \cdot \frac{2}{2 + (7+2)} = \frac{6 \times 2}{2 + (2/\!/9)} \cdot \frac{2}{2+9} = 0.6\text{A}$$

$$I''' = I_{s2} \frac{2}{[(2/\!/2) + 7] + 2} = 2 \times \frac{2}{1 + 7 + 2} = 0.4\text{A}$$

（这里“//”为电阻并联符号，如$2//9=\frac{2\times9}{2+9}$）

第三步：求各电源单独作用时响应的代数和。

$$I=I'+I''-I'''=0.3+0.6-0.4=0.5\text{A}$$

【例 7-3-4】 已知电路如图 a）所示，其中，响应电流I在电压源单独作用时的分量为：

A. 0.375A　　B. 0.25A

C. 0.125A　　D. 0.187 5A

解　根据叠加原理，写出电压源单独作用时的电路模型，如图 b）所示。

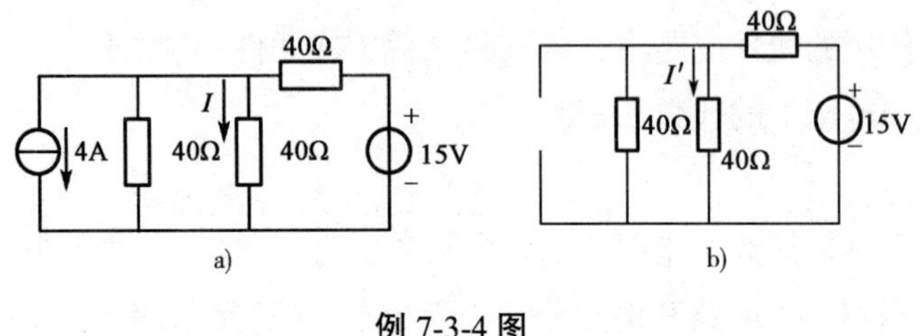

例 7-3-4 图

$$I'=\frac{15}{40+40//40}\times\frac{40}{40+40}=\frac{15}{40+20}\times\frac{1}{2}=0.125\text{A}$$

答案： C

四、戴维南定理

1. 内容

任何一个线性有源二端网络，对外部电路来说总可以用一个电压为U_s的理想电压源和一个电阻R_0串联的电路表示，如图 7-3-4 所示。

2. 方法

理想电压源电压为原来电路在图 7-3-4a）中a、b点断开的开路电压

$$U_s=U_{oc}$$

等效电阻 R_0 的数值：由电路开路端口（图 7-3-4 中a、b点）向线性有源二端网络内部看过去的除源电阻（除源——去除电源作用，将电压源短路、电流源断路即可）。

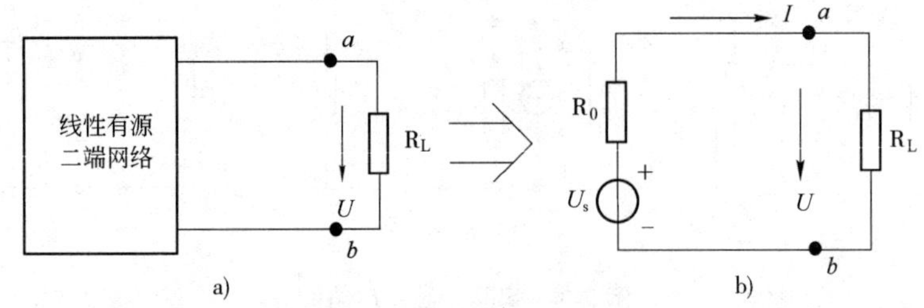

图 7-3-4　线性有源二端网络简化

【例 7-3-5】 用戴维南定理求图中 7Ω 电阻中的电流I。

解　第一步：移去待求电流支路，将图中a、b点断开，构成线性有源二端网络。

第二步：求等效电压源电压（即原网络的开路电压）U_{oc}和内阻R_0。

（1）用叠加原理求U_{oc}（见图 a）

$$U_{oc}=U_{s1}\frac{2}{2+2}+I_1(2//2)-I_2\cdot2=6\times\frac{2}{4}+6\times1-2\times2=5\text{V}$$

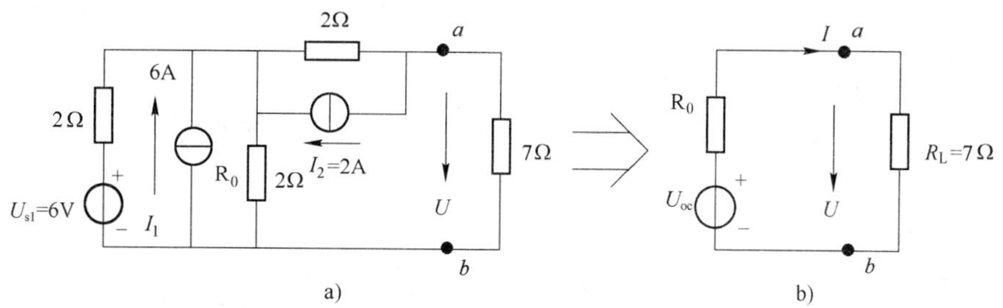

例 7-3-5 图　电路图（戴维南定理）

（2）求R_0

将有源二端网络除源后，求端口电阻R_{ab}，见解图。

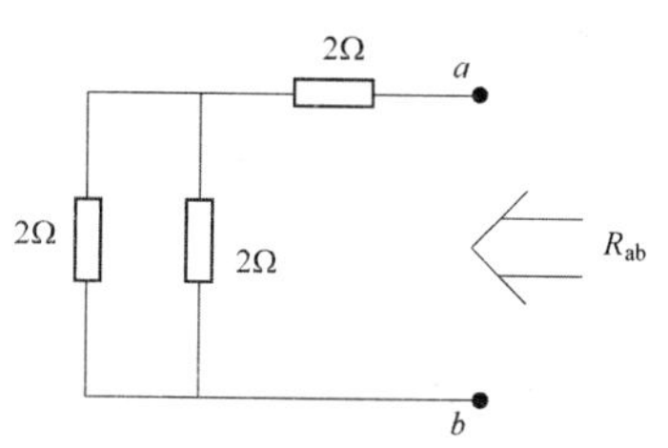

例 7-3-5 解图　等效电阻

$$R_{ab}=2+(2/\!/2)=3\Omega$$

第三步：画等效电路图，如图 b）所示，求I。

$$R_0=R_{ab}=3\Omega,\ U_s=U_{oc}=5V$$

$$I=\frac{U_s}{R_0+R_L}=\frac{5}{3+7}=0.5A$$

习　题

7-3-1　在如图 a）所示电路中的电流为I时，可将图 a）等效为图 b），其中等效电压源电压U_s和等效电阻R_0分别为（　　）。

A. −1V，5.143Ω　　B. 1V，5Ω　　C. −1V，5Ω　　D. 1V，5.143Ω

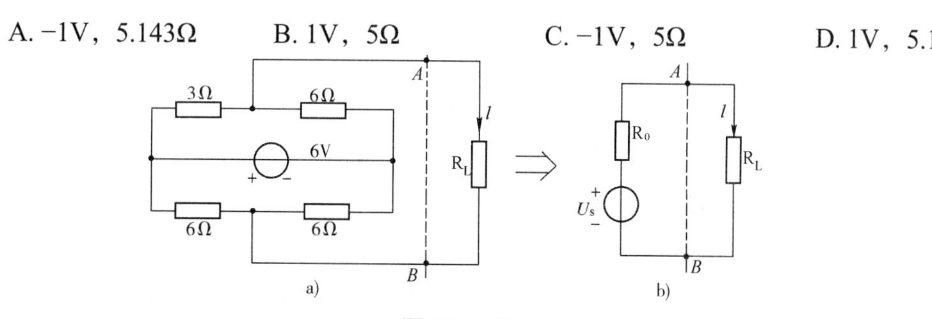

题 7-3-1 图

7-3-2　如图所示电路中，已知：U_{s1} =100V，U_{s2} =80V，R_2 =2Ω，I =4A，I_2 =2A，则可用基尔霍夫定律求得电阻 R₁ 和供给负载 N 的功率分别为（　　）。

A. 16Ω，304W　　B. 16Ω，272W　　C. 12Ω，304W　　D. 12Ω，0W

7-3-3　电路如图所示，用叠加定理求得电阻 R_L 消耗的功率为（　　）。

A. 1/24W　　B. 3/8W　　C. 1/8W　　D. 1/12W

7-3-4　如图所示电路中，电压源U_{s2}单独作用时，电流源端电压分量U_{I_s}'为（　　）。

A. $U_{s2}-I_sR_2$　　B. U_{s2}　　C. 0　　D. I_sR_2

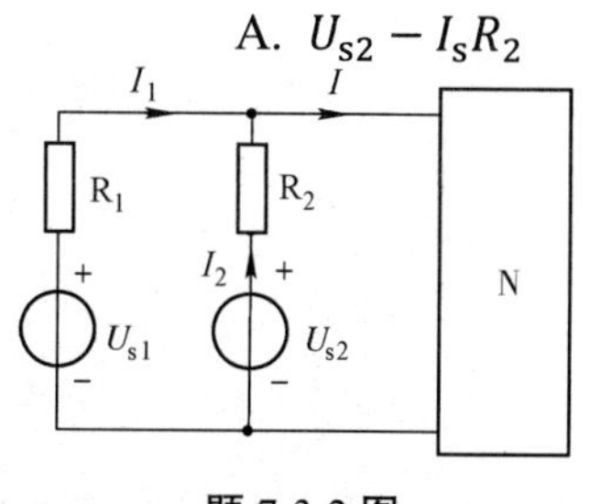

题 7-3-2 图

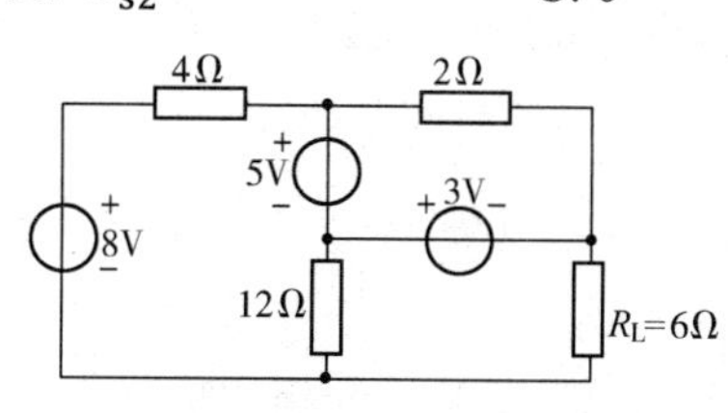

题 7-3-3 图

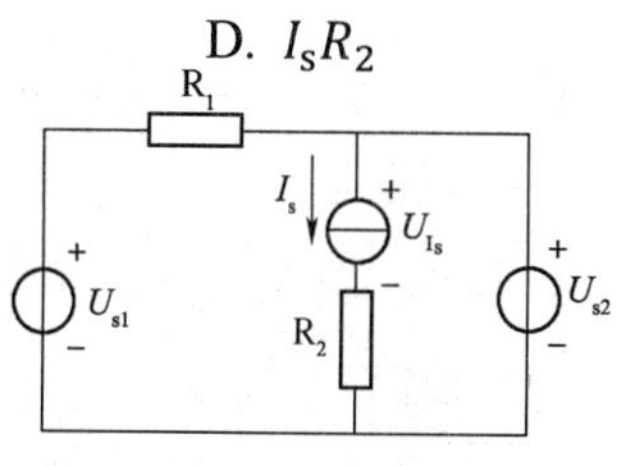

题 7-3-4 图

第四节 正弦交流电路的解题方法

如果电路中的电压、电流随时间按正弦规律变化，该电路便称为“正弦交流电路”，电网上输送的电能都是以正弦交流形式工作的。

一、正弦交流电的三要素表示法

（一）正弦交流电的三要素

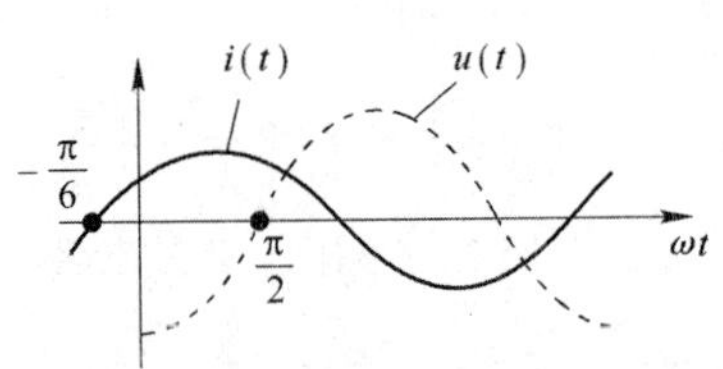

图 7-4-1 正弦电流电压随时间变化规律

已知正弦电流随时间的变化规律如图 7-4-1 所示，写成瞬时值表达式为

$$i(t) = I_m \sin(\omega t + \psi_i)\,(A)$$

其中，I_m、ω和ψ_i分别是正弦电流的幅值、角频率和初相位，称为正弦交流电的三要素，分别表示正弦电流的大小、变化速度和在时间轴上的位置。

1. 幅值与有效值

幅值I_m表示正弦量在变化的过程中可能出现的最高峰值。

有效值I是从交流电流与直流电流在同一元件上一个周期内产生的热效应相等条件考虑的，交流电的有效值定义为

$$I = \sqrt{\frac{1}{T}\int_0^T i^2(t)\mathrm{d}t}$$

当$i(t)$是正弦交流电时，$i(t) = I_m \sin(\omega t + \psi_i)$，则

$$I = I_m/\sqrt{2} = 0.707I_m \tag{7-4-1}$$

此结论也适用于正弦交流电压、电动势的有效值计算。说明正弦交流信号的有效值只与幅值有关，与初相位和频率都无关。

2. 频率与周期

角频率

$$\omega = \frac{2\pi}{T} \quad (\mathrm{rad/s})$$

其中

$$T = \frac{1}{f} \tag{7-4-2}$$

式中：f（频率）——正弦量每秒钟变化的次数（Hz）；

T（周期）——正弦量变化一次所用的时间（s）。

我国的工频电源$f = 50\mathrm{Hz}$，$T = 1/f = 0.02\mathrm{s}$，$\omega = 2\pi f = 314\mathrm{rad/s}$。

3. 初相位和相位差

ψ叫作正弦量的初相位（当时间$t = 0$时正弦量的相位）。

相位差是两个正弦量的相位之差，反映正弦量在时间上的先后关系。当两个正弦量的频率相同时，

相位差也就是初相位之差。

相位差

$$\varphi=(\omega t+\psi_{\mathrm{u}})-(\omega t+\psi_{\mathrm{i}})=\psi_{\mathrm{u}}-\psi_{\mathrm{i}} \tag{7-4-3}$$

如图 7-4-1 所示

$$i(t)=I_{\mathrm{m}}\sin\left(\omega t+\frac{\pi}{6}\right)$$

$$u(t)=U_{\mathrm{m}}\sin\left(\omega t-\frac{\pi}{2}\right)$$

$$\varphi=\left(-\frac{\pi}{2}\right)-\frac{\pi}{6}=-\frac{2}{3}\pi$$

$\varphi<0$说明电压$u(t)$滞后$i(t)\frac{2}{3}\pi$。正弦量的初相位ψ与计时起点有关，而相位差φ与计时起点无关；并且只有同频率的正弦量才有相位差可言。

（二）正弦量的表示法

有三种方法可以表示正弦量：

（1）三角函数，$i(t)=I_{\mathrm{m}}\sin(\omega t+\psi_i)$；

（2）波形图，如图 7-4-1 所示；

（3）相量表示法。

前面两种方法都直观地表示了正弦量的三要素，但是对电路进行定量分析时很不方便，所以引入相量来定量求解正弦交流电路。因为在正弦交流电路分析中，正弦量通常由相量的形式表示出来，所以，在这里着重介绍相量表示法。

首先，可以证明，在单一频率的正弦激励下，线性电路中各部分电压电流的频率与电源频率相同。因此在计算时，只要解出各正弦量的大小关系（幅值或有效值）和相对位置（初相位或相位差）即可。

相量就是只包含了正弦量的幅值（或有效值）和初相位的复数，它的模是正弦量的幅值（或有效值），其幅角是正弦量的初相位。线性电路中正弦信号u，i频率已由电源频率确定，利用相量法求解线性交流电路将使计算大大简化。

将正弦信号$i(t)=I_{\mathrm{m}}\sin(\omega t+\psi_i)$改写为相量形式，为

$$\dot{I}_{\mathrm{m}}=I_{\mathrm{m}}\angle\psi_{\mathrm{i}}$$

相量图如图 7-4-2 所示。

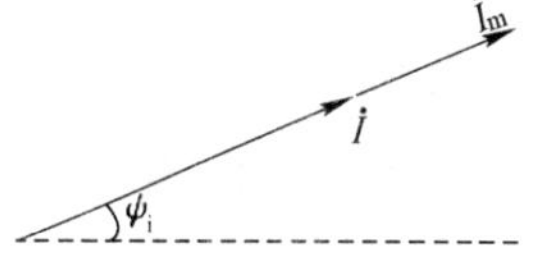

图 7-4-2　相量图

频率相同的正弦量可以画在同一张相量图上，这样可以直观地反映多个正弦量之间的大小及其相位关系。

相量也可用有效值表示

$$\dot{I}=I\angle\psi_{\mathrm{i}}$$

即

$$\dot{I}=\dot{I}_{\mathrm{m}}/\sqrt{2}$$

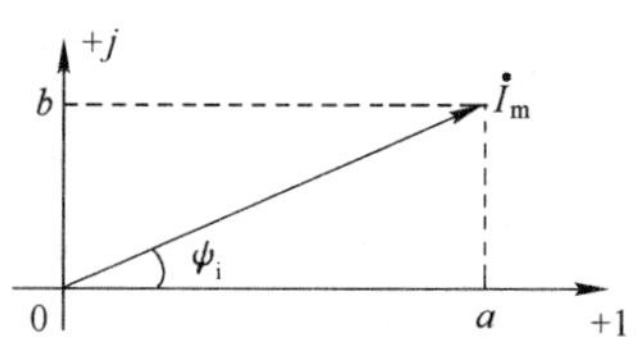

图 7-4-3　复平面内表示相量

在数学中，复数可以在复平面内表示出来，因此，相量也可以在复平面内表示。

对于如图 7-4-2 所示的电流相量用复数坐标表示后，如图 7-4-3 所示，可以写为三种对应的复数表达式。

代数式（注意：为避免与电流的记号混淆，相量的虚数单位用j表示）

$$\dot{I}_{\mathrm{m}}=a+jb \tag{7-4-4}$$

极坐标式

$$\dot{I}_m = I_m \underline{/\psi_i} \tag{7-4-5}$$

指数式

$$\dot{I}_m = I_m e^{j\psi_i} \tag{7-4-6}$$

变换公式如下

$$\left.\begin{aligned} I_m &= \sqrt{a^2+b^2} \\ \psi_i &= \arctan\frac{b}{a} \end{aligned}\right\} \tag{7-4-7}$$

$$\left.\begin{aligned} a &= I_m\cos\psi_i \\ b &= I_m\sin\psi_i \end{aligned}\right\} \tag{7-4-8}$$

【例 7-4-1】 已知有效值为 10V 的正弦交流电压的相量图如图所示，则它的时间函数形式是：

A. $u(t) = 10\sqrt{2}\sin(\omega t - 30°)\mathrm{V}$

B. $u(t) = 10\sin(\omega t - 30°)\mathrm{V}$

C. $u(t) = 10\sqrt{2}\sin(-30°)\mathrm{V}$

D. $u(t) = 10\cos(-30°) + 10\sin(-30°)\mathrm{V}$

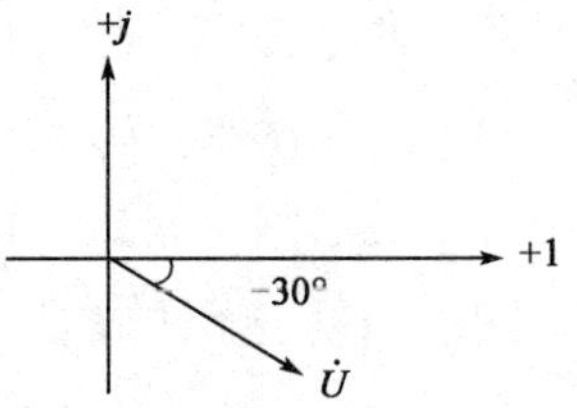

例 7-4-1 图

解　本题注意正弦交流电的三个特征（大小、相位、速度）和描述方法。

由相量图可分析，电压最大值为 $10\sqrt{2}\mathrm{V}$，初相位为$-30°$，角频率用ω表示，正确描述为：

$$u(t) = 10\sqrt{2}\sin(\omega t - 30°)\,\mathrm{V}$$

答案：A

二、单相交流电路

在交流电路中由于电压、电流随时间变化，那么电路中储存的电磁场能量也都是随时间变化的，因此交流电路分析时不仅要分析电阻（R）元件的消耗电能情况，还要注意电感（L）元件和电容（C）元件对电场磁场储能的变化情况。

（一）纯电阻电路（见图 7-4-4）

1. u_R-i关系

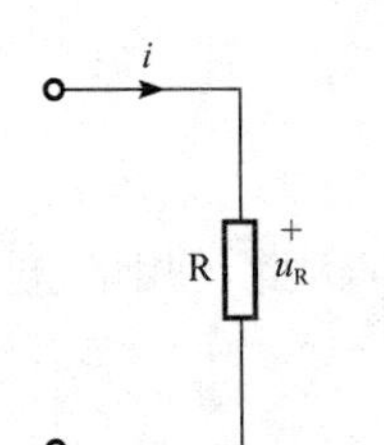

图 7-4-4　纯电阻电路

由$u_R = Ri$，设$i(t) = I_m\sin(\omega t + \psi_i)$

$$u_R = RI_m\sin(\omega t + \psi_i) = U_{Rm}\sin(\omega t + \psi_u)$$

大小关系　　$U_{Rm} = RI_m$　（或$U_R = RI$）

相位关系　　$\psi_u = \psi_i$，$\varphi = \psi_u - \psi_i = 0$

纯电阻元件中电压电流的相位相同。

复数表达式　　$\dot{I}_m = I_m\underline{/\psi_i}$

$$\dot{U}_{Rm} = U_{Rm}\underline{/\psi_u} = RI_m\underline{/\psi_i} = R\dot{I}_m$$

即　　$\dot{U}_{Rm} = R\dot{I}_m$（或$\dot{U}_R = R\dot{I}$）

相量图（设$\psi_i = 0$）如图 7-4-5a）所示，波形图如图 7-4-5b）所示。

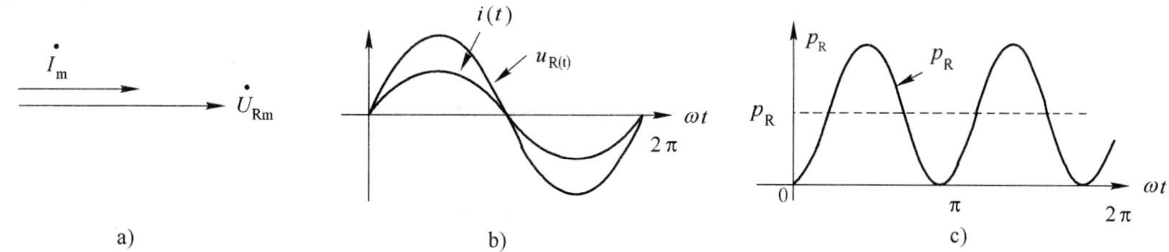

图 7-4-5　纯电阻电路电压、电流、功率

2. 功率关系

瞬时功率

$$p_R = u_R i = U_{Rm}\sin(\omega t + \psi_u) I_m \sin(\omega t + \psi_i)$$

令$\psi_i = 0$，则$\psi_u = 0$

$$p_R = U_R I[1 - \cos(2\omega t)]$$

图 7-4-5c）是瞬时功率波形图，$p_R > 0$意味着电阻元件任何瞬时都消耗功率。

虽然瞬时功率反映任意时刻电阻消耗功率的情况，但我们用功率表测量的是电路中某元件平均消耗功率的多少，定为平均功率（有功功率）。

平均功率

$$P_R = \frac{1}{T}\int_0^T p_R \mathrm{d}t = U_R I = RI^2 = U_R^2/R \tag{7-4-9}$$

（二）纯电感电路（见图 7-4-6）

1. u_L-i关系

$$u_L = L\frac{\mathrm{d}i(t)}{\mathrm{d}t} \tag{7-4-10}$$

设
$$i(t) = I_m \sin(\omega t + \psi_i)$$

$$u_L = L\frac{\mathrm{d}}{\mathrm{d}t}[I_m\sin(\omega t + \psi_i)] = (\omega L)I_m\sin(\omega t + 90° + \psi_i) = U_{Lm}\sin(\omega t + \psi_u)$$

大小关系
$$U_{Lm} = (\omega L)I_m$$

定义
$$X_L = \omega L = 2\pi f L \ [\Omega]$$

称X_L为感抗。

相位关系（见图 7-4-7）
$$\psi_u = \psi_i + 90°$$
$$\varphi = \psi_u - \psi_i = 90°$$

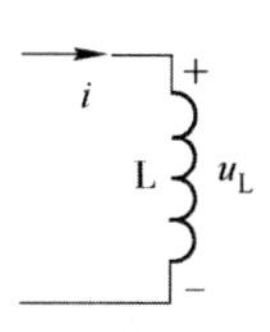

图 7-4-6　纯电感电路

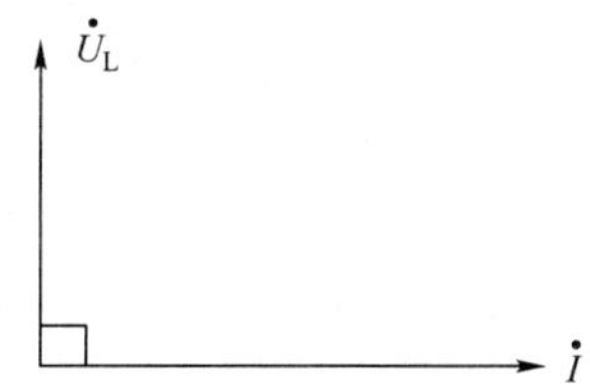

图 7-4-7　纯电感电路相量图

电感元件两端电压$u_L(t)$比通过电感元件的电流$i(t)$在相位上超前 90°。

相量表达式

$$\dot{U}_{Lm} = U_{Lm}\angle\psi_u = X_L I_m \angle\psi_i + 90°$$
$$= (X_L e^{j90°})(I_m e^{j\psi_i}) = jX_L \cdot \dot{I}_m \tag{7-4-11}$$

相量图（设$\psi_i = 0°$）如图 7-4-7 所示。

电感元件的电压$u_L(t)$和电流$i(t)$波形图如图 7-4-8a）所示。

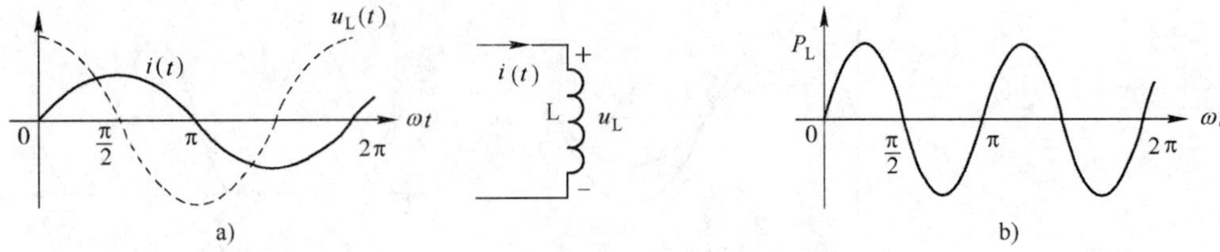

图 7-4-8　纯电感电路电压、电流、功率

2. 功率关系

瞬时功率　　$p_L = u_L i = U_{Lm}\sin(\omega t + 90°)\,I_m\sin(\omega t) = \frac{1}{2}U_{Lm}I_m\sin(2\omega t) = U_L I\sin(2\omega t)$

得到波形如图 7-4-8b）所示。

下面分析电感元件中磁场能量转化情况。

在图 7-4-8a）中 0~$\frac{\pi}{2}$：$u_L(t)>0$，且$i(t)>0$，说明此时间内电感元件的实际电压、电流方向就是假定的正方向。

$$p_L(t) = u_L(t)i(t) > 0$$

此时电感元件吸收电能，再以磁场形式储存。

$\frac{\pi}{2}$~π：$u_L(t)<0$，但$i(t)>0$

$$p_L(t) = u_L(t)\cdot i(t) < 0$$

此时电感元件放出电能，把以磁场形式储存的能量释放出来。

在 0~π 内，纯电感元件吸收的电能与发出的电能相等。

平均功率

$$P_L = \frac{1}{T}\int_0^T p_L(t)\mathrm{d}t = 0 \tag{7-4-12}$$

可见，理想电感元件不消耗电能。

为了衡量电感元件与电路其他部分之间进行电能交换的规模，定义无功功率用符号“Q_L”表示，单位为“乏”，记为 var，即

$$Q_L = U_L I = I^2 X_L = U_L^2/X_L \quad (\text{var}) \tag{7-4-13}$$

（三）纯电容电路（见图 7-4-9）

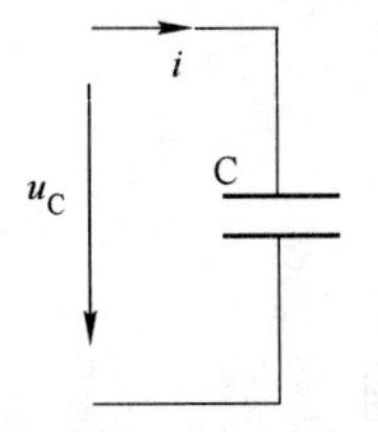

图 7-4-9　纯电容电路

1. u_C-i关系

$$i = C\frac{\mathrm{d}u_C}{\mathrm{d}t}$$

设$u_C = U_{Cm}\sin(\omega t + \psi_u)$，则

$$i = C\frac{\mathrm{d}}{\mathrm{d}t}[U_{Cm}\sin(\omega t + \psi_u)] = (\omega C)U_{Cm}\sin(\omega t + \psi_u + 90°) = I_m\sin(\omega t + \psi_i)$$

大小关系　　$I_m = U_{Cm}/\left(\frac{1}{\omega C}\right)$

定义“$X_C = \frac{1}{\omega C}$”为“容抗”，单位为 Ω。

则　　$$I_m = U_{Cm}/X_C$$

或　　$$I = U_C/X_C$$

相位关系　　$$\psi_i = \psi_u + 90°$$

$$\varphi = \psi_u - \psi_i = -90°$$

即：电容元件中的电流$i(t)$比电压$u_C(t)$超前 90°，或电容元件的端电压$u_C(t)$滞后电流$i(t)$90°。

用相量表示电容元件电压、电流的大小和相位关系。

$$\dot{I}_m = I_m\angle\psi_i = \frac{U_{Cm}}{X_C}\angle\psi_u + 90° = \left(\frac{1}{X_C}e^{j90°}\right)\cdot U_{Cm} = \frac{1}{-jX_C}\dot{U}_{Cm}$$

$$\dot{U}_{Cm} = -jX_C\dot{I}_m\text{（或}\dot{U}_C = -jX_C\dot{I}\text{）}$$

相量图和波形图如图 7-4-10 所示，其中电压初相$\psi_u = 0°$。

图 7-4-10　纯电容电路的相量图和波形图

2. 功率关系

瞬时功率

$$p_C(t) = u_C(t)i(t) = U_{Cm}\sin(\omega t)\,I_m\sin(\omega t + 90°) = \frac{1}{2}U_{Cm}\,I_m\sin(2\omega t) = U_C I\sin(2\omega t)$$

平均功率

$$P_C = \frac{1}{T}\int_0^T p_C(t)\mathrm{d}t = 0$$

无功功率

$$Q_C = U_C I = I^2X_C = U_C^2/X_C$$

为将P与Q对应，平均功率P又称为电路的“有功功率”。

（四）RLC 串联的正弦交流电路

1. u-i关系

RLC 串联交流电路如图 7-4-11 所示。

设

$$i = I_m\sin\omega t$$

由基尔霍夫电压定律可知

$$\begin{aligned} u &= u_R + u_L + u_C = Ri + L\frac{\mathrm{d}i}{\mathrm{d}t} + \frac{1}{C}\int i\mathrm{d}t \\ &= RI_m\sin\omega t + L\omega I_m\sin(\omega t + 90°) + \frac{I_m}{\omega C}\sin(\omega t - 90°) \\ &= U_m\sin(\omega t + \psi_u) \end{aligned} \tag{7-4-14}$$

相量关系

$$\begin{aligned} \dot{U} &= \dot{U}_R + \dot{U}_L + \dot{U}_C = R\dot{I} + jX_L\dot{I} - jX_C\dot{I} \\ &= [R + j(X_L - X_C)]\dot{I} = Z\dot{I} \end{aligned} \tag{7-4-15}$$

假设：$X_L > X_C$，作出相量图如图 7-4-12 所示。

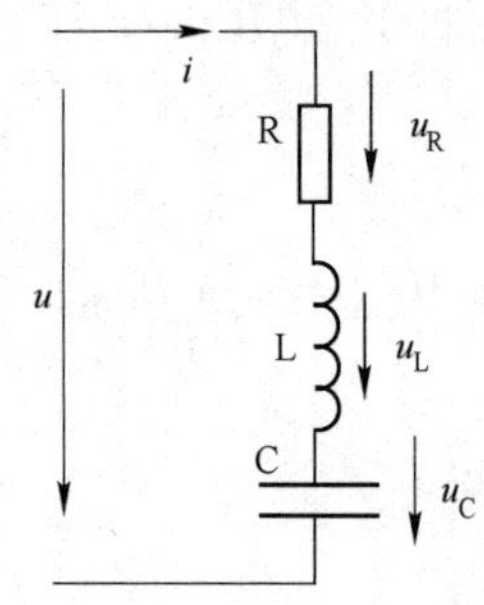

图 7-4-11　RLC 串联电路

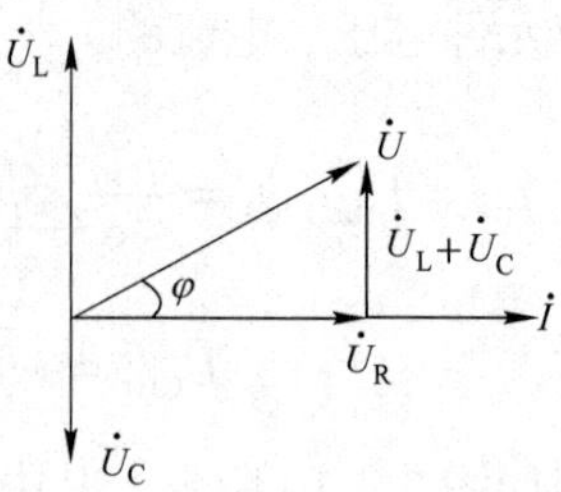

图 7-4-12　RLC 串联电路的相量图

可见，$\dot{U}$、$\dot{U}_R$、$\dot{U}_L+\dot{U}_C$组成一个直角三角形，称为电压三角形，利用它可知$\dot{U}$的大小和相位关系

$$U=\sqrt{U_R^2+(U_L-U_C)^2}=\sqrt{(IR)^2+(IX_L-IX_C)^2}=I\sqrt{R^2+(X_L-X_C)^2}$$

$\frac{U}{I}=\sqrt{R^2+(X_L-X_C)^2}$，称为电路的阻抗，用$|Z|$表示，单位“欧姆”。

相位差φ可以用下式分析

$$\varphi=\arctan\frac{U_L-U_C}{U_R}=\arctan\frac{X_L-X_C}{R}$$

已知X_L、X_C、R参数后，完全可以确定u、i的大小和相位关系，即可以将$\dot{U}$、$\dot{I}$表示如下

$$\frac{\dot{U}}{\dot{I}}=Z=|Z|\angle\psi=\sqrt{R^2+(X_L-X_C)^2} \tag{7-4-16}$$

定义：$Z=|Z|\angle\psi$为电路的复阻抗，由此作出的三角形称为阻抗三角形，如图 7-4-13a）所示（注意：Z并不是表示正弦量的相量，阻抗三角形各边只能用直线段表示，而不带箭头）。

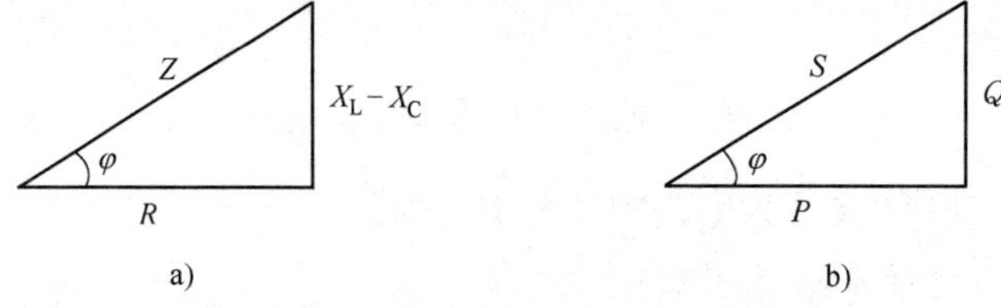

图 7-4-13　阻抗三角形和功率三角形

交流电路中欧姆定律的复数表达式为

$$\dot{U}=Z\dot{I} \tag{7-4-17}$$

$$\varphi=\psi_u-\psi_i$$

φ表示电压超前电流的角度。

当$X_L>X_C$时，$\varphi>0$，电压超前于电流，该电路具有感性性质，称感性电路。

当$X_L<X_C$时，$\varphi<0$，电压滞后于电流，该电路具有容性性质，称容性电路。

当$X_L=X_C$时，$\varphi=0$，电压与电流同相位，该电路具有阻性性质，称阻性电路。

【例 7-4-2】 图示电路中，$Z_1=6+j8\Omega$，$Z_2=-jX_c\Omega$，为使I取得最大值，X_C的数值为：

A. 6　　　　B. 8

C. −8　　　　D. 0

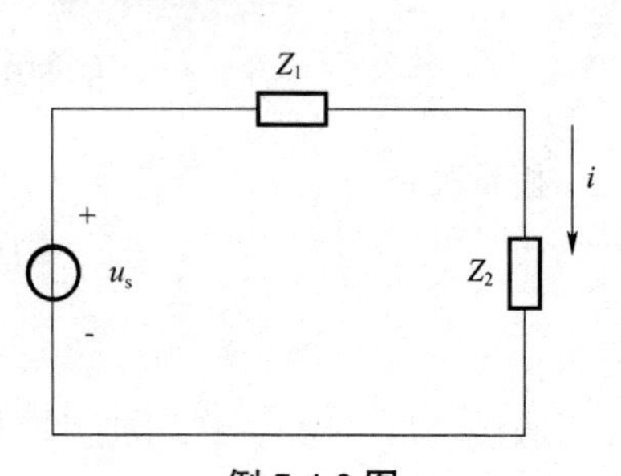

例 7-4-2 图

解　根据电路可以分析，总阻抗$Z=Z_1+Z_2=6+j8-jX_C$，当$X_C=8$时，Z有最小值，电流I有最大值（电路出现谐振，呈现电阻性质）。

答案： B

2. 功率关系

在RLC串联的交流电路中，有耗能元件R又有储能元件L和C，即：在消耗能量的过程中又与电源不断进行能量交换，既有有功功率，又有无功功率。

有功功率（平均功率）

$$P = U_R I = UI\cos\varphi \quad (\text{W}) \tag{7-4-18}$$

无功功率

$$Q = (U_L - U_C)I = Q_L - Q_C = UI\sin\varphi \quad (\text{var}) \tag{7-4-19}$$

视在功率

$$S = UI = UI\sqrt{\cos^2\varphi + \sin^2\varphi} = \sqrt{(UI\cos\varphi)^2 + (UI\sin\varphi)^2}$$

$$S = \sqrt{(P^2 + Q^2)} \tag{7-4-20}$$

由此形成的功率关系用功率三角形表示（见图 7-4-13b），其中$S = UI$表示电源做功能力，消耗的功率为$P = S\cos\varphi$，这里$\cos\varphi$称为电路的功率因数，在交流电路中是个重要概念。

（五）交流电路的计算

计算交流电路的方法与直流电路的计算方法相同，以叠加原理和戴维南定理为主要解题方法。注意的是由于交流电路中电压电流相位不同，我们不仅要注意电压电流的大小关系，也同样要注意它们之间的相位关系，所以交流电路的计算是采用相量图和复数运算相结合的办法。

简单地说，在计算交流电路时只要把直流电路中的R，U，I参数分别改写为相应的Z，$\dot{U}$，$\dot{I}$即可。

元件的电压电流关系：

$$\dot{U} = Z\dot{I} \tag{7-4-21}$$

基尔霍夫电压定律：$\sum\dot{U} = 0$

基尔霍夫电流定律：$\sum\dot{I} = 0$

视在功率

$$S = UI \tag{7-4-22}$$

有功功率

$$P = UI\cos\varphi \tag{7-4-23}$$

无功功率

$$Q = UI\sin\varphi \tag{7-4-24}$$

【例 7-4-3】 电路如图所示，已知：$u(t) = 220\sqrt{2}\sin 314t$（V），求$i$，$i_1$，$i_2$。

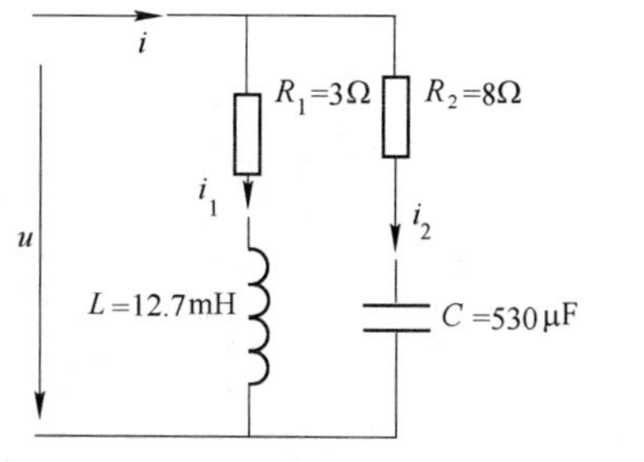

例 7-4-3 图　电路图

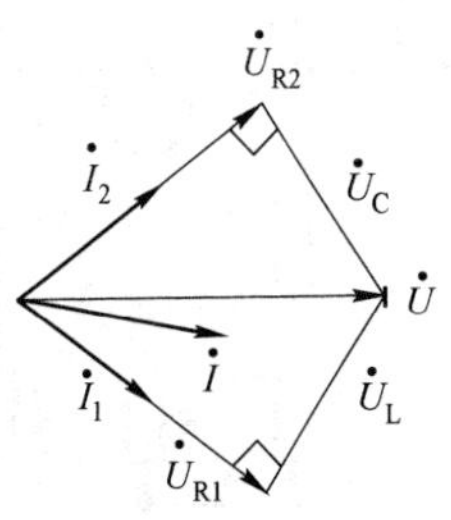

例 7-4-3 解图　相量图

解　（1）复数计算

$$Z_1 = R_1 + jX_{L1} = 3 + j(314 \times 12.7 \times 10^{-3}) = 3 + j4 = 5\angle 53.1^\circ \Omega$$

$$Z_2 = R_2 - jX_{C1} = 8 - j\frac{10^6}{314 \times 530} = 8 - j6 = 10\angle -36.9^\circ \Omega$$

$$\dot{I}_1 = \frac{\dot{U}}{Z_1} = \frac{220\angle 0^\circ}{5\angle 53.1^\circ} = 44\angle -53.1^\circ \text{A}$$

$$\dot{I}_2 = \frac{\dot{U}}{Z_2} = \frac{220\angle 0^\circ}{10\angle -36.9^\circ} = 22\angle 36.9^\circ \text{A}$$

$$\begin{aligned}\dot{I} &= \dot{I}_1 + \dot{I}_2 = 44\angle -53.1^\circ + 22\angle 36.9^\circ \\ &= 44\cos(-53.1^\circ) + j44\sin(-53.1^\circ) + 22\cos 36.9^\circ + j22\sin 36.9^\circ \\ &= 49.2\angle -26.5^\circ\end{aligned}$$

（2）相量分析

i_1支路为感性，i_1滞后u，i_2支路为容性，i_2超前u，将u写为复数$\dot{U}=220\angle 0^\circ$V。

定性作相量图如解图所示。

电流计算结果可见与相量图的分析是一致的。

【例 7-4-4】 用仪表测得图示电路的电压$u(t)$和电流$i(t)$的结果是 10V 和 0.2A，设电流$i(t)$的初相位为 10°，电压与电流呈反相关系，则如下关系成立的是：

A. $\dot{U}=10\angle -10^\circ$V　　　　B. $\dot{U}=-10\angle -10^\circ$V

C. $\dot{U}=10\sqrt{2}\angle -170^\circ$V　　　　D. $\dot{U}=10\angle -170^\circ$V

解　画相量图分析（见解图），电压表和电流表读数为有效值。

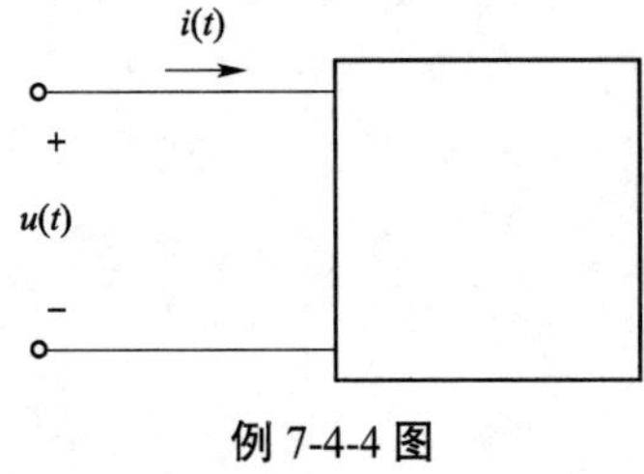

例 7-4-4 图

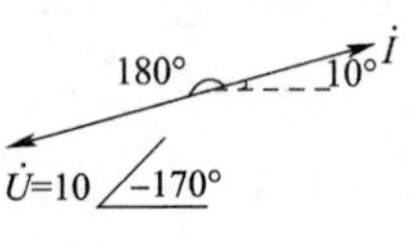

例 7-4-4 解图

答案：D

【例 7-4-5】 图示电路中，$R = X_L = X_C$，此时，4 块电流表读数的关系为：

A. $A = A_1 + A_2 + A_3$　　　　B. $A = A_1 + (A_2 - A_3)$

C. $A = A_1$，$A_2 = A_3$　　　　D. $A = 3A_1$，$A_2 = A_3 > A_1$

解　此电路的相量模型如解图所示。

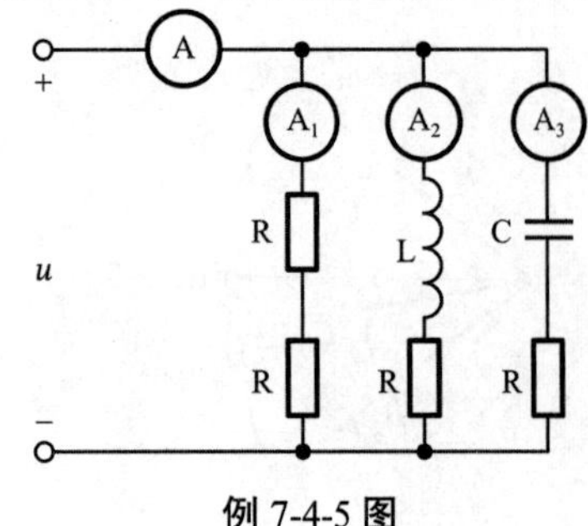

例 7-4-5 图

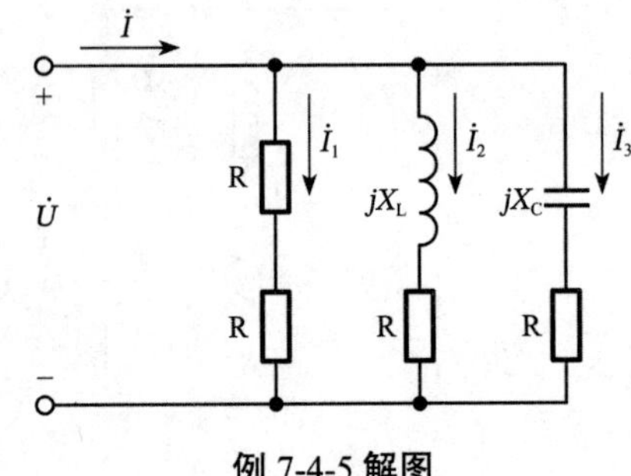

例 7-4-5 解图

$$\dot{I}_1=\frac{\dot{U}}{R+R}=\frac{\dot{U}}{2R}$$

$$\dot{I}_2=\frac{\dot{U}}{R+jX_L}=\frac{\dot{U}}{R+jR}=\frac{\dot{U}}{R\sqrt{2}\angle 45^\circ}=\frac{\sqrt{2}\dot{U}\angle -45^\circ}{2R}$$

$$\dot{I}_2=\frac{\dot{U}}{R-jX_C}=\frac{\dot{U}}{R-jR}=\frac{\dot{U}}{R\sqrt{2}\angle -45^\circ}=\frac{\sqrt{2}\dot{U}\angle 45^\circ}{2R}$$

$$\dot{I}=\dot{I}_1+\dot{I}_2+\dot{I}_3=\frac{\dot{U}}{2R}+\frac{\sqrt{2}\dot{U}\angle -45^\circ}{2R}+\frac{\sqrt{2}\dot{U}\angle 45^\circ}{2R}=\frac{3\dot{U}}{2R}$$

由于各电流表的读数为各电流的有效值，则：

$$A_1=I_1=\frac{U}{2R};\ A_2=I_2=\frac{\sqrt{2}U}{2R};\ A_3=I_3=\frac{\sqrt{2}U}{2R};\ A=I=\frac{3U}{2R}$$

答案： D

【例 7-4-6】 一交流电路由 R、L、C 串联而成，其中，$R=10\Omega$，$X_L=8\Omega$，$X_C=6\Omega$。通过该电路的电流为 10A，则该电路的有功功率、无功功率和视在功率分别为：

A. 1kW，1.6kvar，2.6kV · A　　B. 1kW，200var，1.2kV · A

C. 100W，200var，223.6V · A　　D. 1kW，200var，1.02kV · A

解　交流电路的功率关系为：

$$S^2=P^2+Q^2$$

式中：S——视在功率反映设备容量；

P——耗能元件消耗的有功功率；

Q——储能元件交换的无功功率。

本题中：$P=I^2R=1\,000\text{W}$，$Q=I^2(X_L-X_C)=200\text{var}$

$S=\sqrt{P^2+Q^2}=1\,019\approx 1\,020\text{V·A}$

答案： D

（六）交流电路的谐振

在有 R、L、C 三种元件存在的交流电路中，由于电容电感的阻抗与频率有关，所以电压电流的大小和相位关系除了与这三个参数有关以外，还与电源频率有关，即

$$\frac{\dot{U}}{\dot{I}}=Z=F(R,L,C,f)$$

如果调节电路参数使$\varphi=0$（电路出现纯电阻性质），我们就说该电路出现谐振。这是交流电的特殊现象，在电子技术中非常有用，而在强电系统中要防止电路中出现过高电压，过大电流必须避免电路出现谐振。因此我们必须充分认识电路的谐振现象，对它进行合理的应用和控制。

1. 串联谐振（见图 7-4-14）

（1）串联谐振条件

根据$Z=R+j(X_L-X_C)=\sqrt{R^2+(X_L-X_C)^2}\angle \arctan\frac{X_L-X_C}{R}$

可知：当$X_L=X_C$时$\varphi=0$电路出现纯电阻性质，即

$$\omega_0 L=(\omega_0 C)^{-1}$$

$$\omega_0=\frac{1}{\sqrt{LC}}\quad 或\quad f_0=\frac{1}{2\pi\sqrt{LC}}\tag{7-4-25}$$

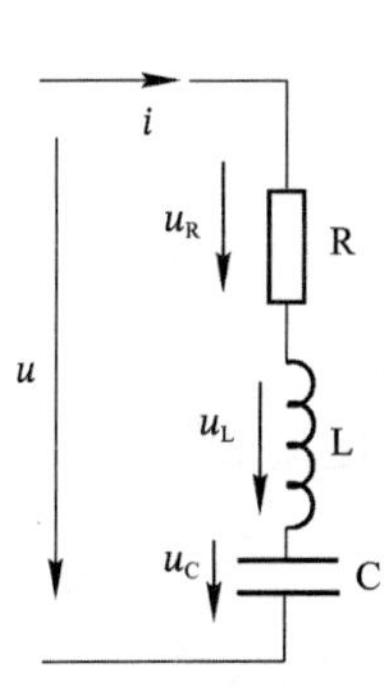

图 7-4-14　RLC 串联电路

（2）串联电路谐振特点

阻抗最小

$$Z_0 = R = Z_{\min}$$

电流最大

$$I_0 = \frac{U}{|Z_0|} = \frac{U}{Z_{\min}} = I_{\max}$$

电压谐振，因

$$U_C = I_0 X_C = \frac{U}{R} X_C = \left(\frac{X_C}{R}\right) \cdot U$$

定义品质因数

$$Q = \frac{X_C}{R}$$

所以

$$U_C = QU$$

$$U_L = U_C = QU \tag{7-4-26}$$

当$Q \gg 1$时，分电压（U_L或U_C）可能比总电压大许多倍，故称为电压谐振。

2. 并联谐振

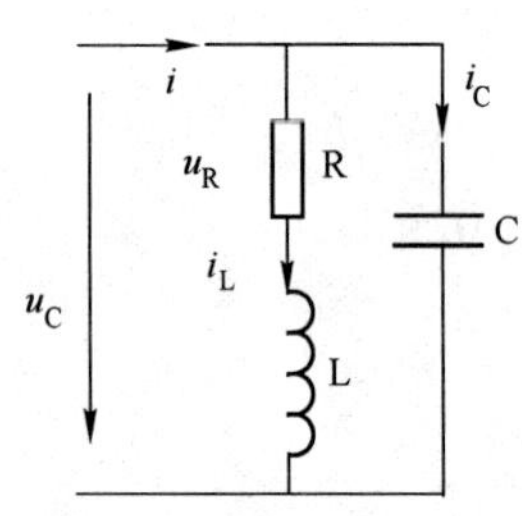

图 7-4-15 LC **并联电路**

这里主要分析电感线圈与电容器并联的实际情况，一般电容器的漏电流很小，可以设电容器为纯电容元件，得如图 7-4-15 所示电路图。同样，当$u(t)$和$i(t)$的相位相同时（$\varphi = 0$），电路谐振。

（1）并联谐振条件

根据

$$\frac{\dot{I}}{\dot{U}} = \frac{1}{Z} = \frac{1}{R + jX_L} + \frac{1}{-jX_C} = \frac{R - jX_L}{R^2 + X_L^2} + j\frac{1}{X_C}$$

$$= \frac{R}{R^2 + X_L^2} + j\left(\frac{1}{X_C} - \frac{X_L}{R^2 + X_L^2}\right)$$

令：上式的虚部为 0，则可实现$\varphi = 0$的要求（且设电感线圈的电阻R比其感抗X_L小许多）。

$$\frac{1}{X_C} = \frac{X_L}{R^2 + X_L^2} \approx \frac{1}{X_L}$$

可得并联电路谐振条件为：

$$\omega_0 C = \frac{1}{\omega_0 L}$$

$$\omega_0 = \frac{1}{\sqrt{LC}} \quad 或 \quad f_0 = \frac{1}{2\pi\sqrt{LC}}$$

（2）并联电路谐振特点

阻抗最大

$$Z_0 = \frac{R^2 + X_L^2}{R} = Z_{\max}$$

电流最小

$$I_0 = \frac{U}{|Z_0|} = \frac{U}{|Z_{\max}|} = I_{\min}$$

电流谐振

$$I_0 = \frac{U}{Z_0} = \frac{UR}{R^2 + X_L^2} \approx \frac{UR}{X_L^2} = \frac{U}{X_C} \cdot \frac{R}{X_L} = \frac{I_C}{Q}$$

$$I_C = QI_0$$

当$Q = \frac{X_C}{R} \gg 1$时，电路中电容支路的分电流I_C可能会比总电流大许多，这就是“电流谐振”的含义。

三、三相交流电路

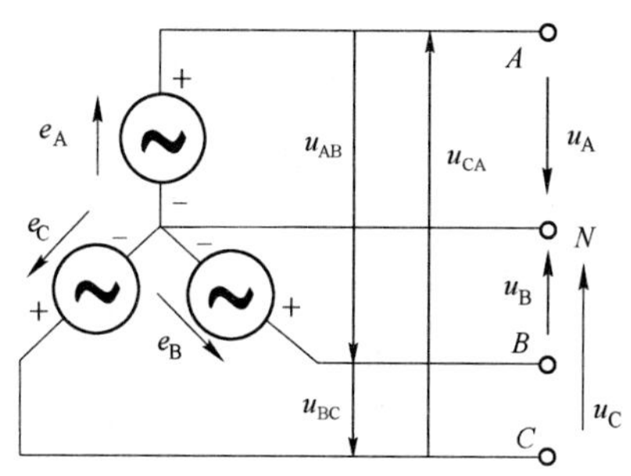

图 7-4-16　三相交流电源

三相交流电是目前广泛使用的输、配电方式，其原因是三相电源应用方便，且经济性能也比较理想。在用电方面三相电的负载主要是三相交流电动机。

（一）三相交流电源（见图 7-4-16）

三相交流电源是三相交流发电机产生的，三相发电机内部有三相定子绕组，电机中每套绕组电动势分别为

$$\left.\begin{aligned} e_{\mathrm{A}} &= E_{\mathrm{m}}\sin(\omega t) \\ e_{\mathrm{B}} &= E_{\mathrm{m}}\sin(\omega t-120°) \\ e_{\mathrm{C}} &= E_{\mathrm{m}}\sin(\omega t+120°) \end{aligned}\right\} \tag{7-4-27}$$

这种具有有效值（或幅值）相等、频率相等、相位上互差 120°的三相电动势，称为对称三相电动势，具有这一性质的电源就是我们常说的三相电源。我们这里只讨论星形连接的三相电源。

1. 两种端线

（1）火线：各电动势的正向（绕组首端）引出线（A，B，C）；

（2）中线：各相电动势的尾端公共线（N）。

2. 两种端电压

（1）相电压：火线与中线间的电压（U_{A}，U_{B}，U_{C}），简记为“U_{P}”；

（2）线电压：火线与火线间的电压（U_{AB}，U_{BC}，U_{CA}），简记为“U_{L}”。

一般相电压的有效值可以用U_{P}表示。两种电压之间的关系分析如下

$$\left.\begin{aligned} \dot{U}_{\mathrm{A}} &= \dot{E}_{\mathrm{A}} = U_{\mathrm{P}}\angle 0° \\ \dot{U}_{\mathrm{B}} &= U_{\mathrm{P}}\angle -120° \\ \dot{U}_{\mathrm{C}} &= U_{\mathrm{P}}\angle 120° \end{aligned}\right\} \tag{7-4-28}$$

$$\left.\begin{aligned} \dot{U}_{\mathrm{AB}} &= \dot{U}_{\mathrm{A}} - \dot{U}_{\mathrm{B}} = (\sqrt{3}U_{\mathrm{P}}\angle 30°) \\ \dot{U}_{\mathrm{BC}} &= (\sqrt{3}\angle 30°)\dot{U}_{\mathrm{B}} \\ \dot{U}_{\mathrm{CA}} &= (\sqrt{3}\angle 30°)\dot{U}_{\mathrm{C}} \end{aligned}\right\} \tag{7-4-29}$$

同理

通常，三相交流电器的电压标称值是线电压U_{L}。

（二）三相交流负载

负载与电源之间的接线原则是：使负载上得到额定电压，具体接法分为两种。

（1）星形接法：负载上得到电源的相电压。

（2）三角形接法：负载上得到电源的线电压。

就负载本身性质分析，又可以将负载划分为两类，对称性负载（$Z_{\mathrm{A}}=Z_{\mathrm{B}}=Z_{\mathrm{C}}$）和不对称负载（不符合对称关系的负载）。三相电动机和三相变压器是属于三相对称性负载，使用时必须接在三相电源上方能工作。而白炽灯、日光灯及普通家用电器为单相用电器，使用时是接在三相源的其中一相上，在分析三相电路时，这类负载可以称为不对称负载。

1. 三相负载的星形（Y）连接

由图 7-4-17 可知，星形连接时每相负载上得到的电压是电源的相电压，数值为$U_{\mathrm{Load}}=U_{\mathrm{P}}=$

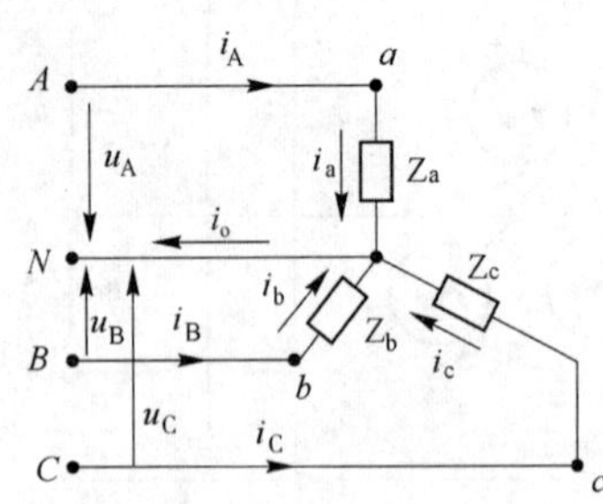

图 7-4-17　三相负载星形连接

$U_L/\sqrt{3}$，流过负载的电流i_a、i_b、i_c叫作相电流，用I_P表示相电流的有效值；在输电线流过的电流i_A、i_B、i_C叫作线电流，用I_L表示线电流的有效值。

在负载为星形接法的三相电路中，各个相电流与线电流相等，即

$$I_P = I_L \tag{7-4-30}$$

如果是三相对称性电路，则只取一相计算即可，如

$$I_L = I_P = I_A = \frac{U_A}{|Z_A|}$$

可以证明：采用三相四线制（有中线）星形连接的三相对称性负载，中线电流$I_N = 0$；此时使中线断开，负载的相电压仍旧保持三相对称关系，也就是说星形接法的对称性三相电路中，可以采用三相三线制（无中线）供电体系。但是当负载不对称时中线电流不为零（$I_N \neq 0$），为了保证负载的电压对称并且互不影响，中线不允许断开，所以在不对称负载、星形接法的三相电路中，中线上不许接熔断器或刀闸开关，并且中线应选用强度较好的钢线。

2. 三相负载的三角形（△）连接

当三相负载采用三角形接法时，负载上得到的电压是电源的线电压：

$$U_{Load} = U_L \tag{7-4-31}$$

如果负载是对称的，三角形接法的线电流是相电流的$\sqrt{3}$倍：

$$I_L = \sqrt{3} I_P = \sqrt{3}\frac{U_{AB}}{|Z_{AB}|} \tag{7-4-32}$$

三角形接法（见图 7-4-18）的负载不能引中线，因此，它只有一种三相三线制供电体系。

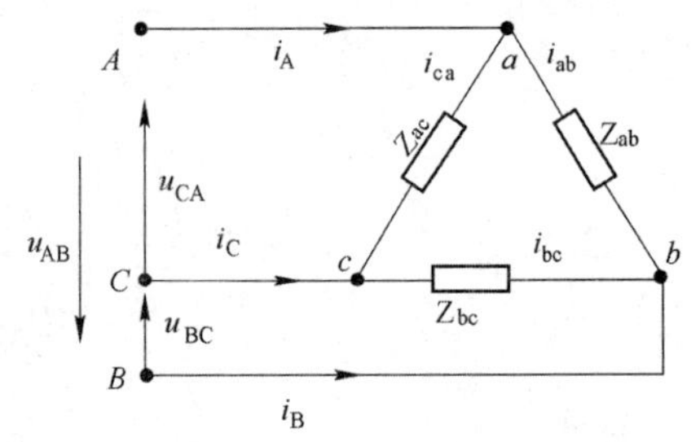

图 7-4-18　三相负载三角形连接

在实际中应采用何种方法将负载与三相电源连接，主要取决于负载额定电压的大小。例如：三个额定电压为 220V 的负载，接入 380V 的三相电源中，必须以星形连接方式与电源接通，并且应使三个负载分别接在电源的三相中，以便保证三相电源平衡分配。

三相电路的有功功率P和无功功率Q可以分相计算，对称式三相电路的功率关系为

有功功率

$$P = 3U_P I_P \cos\varphi = \sqrt{3} U_L I_L \cos\varphi$$

无功功率

$$Q = 3U_P I_P \sin\varphi = \sqrt{3} U_L I_L \sin\varphi$$

视在功率

$$S = 3U_P I_P = \sqrt{3} U_L I_L$$

【例 7-4-7】 额定容量为 20kV·A、额定电压为 220V 的某交流电源，有功功率为 8kW、功率因数为 0.6 的感性负载供电后，负载电流的有效值为：

A. $20 \times 10^3/220 = 90.9$A

B. $8 \times 10^3/(0.6 \times 220) = 60.6$A

C. $8\times10^3/220=36.36\text{A}$

D. $20\times10^3/(0.6\times220)=151.5\text{A}$

解　交流电路中电压、电流与有功功率的基本关系为：

$$P=UI\cos\varphi \quad （\cos\varphi\text{是功率因数}）$$

可知，$I=P/(U\cos\varphi)=8\,000/(220\times0.6)=60.6\text{A}$

答案： B

习　题

7-4-1　如图所示正弦交流电路中，各电压表读数均为有效值。已知电压表 V、V_1 和 V_2 的读数分别为 10V、6V 和 3V，则电压表 V_3 读数为（　　）。

A. 1V　　B. 5V　　C. 4V　　D. 11V

7-4-2　如图所示电路中，已知 Z_1 是纯电阻负载，电流表 A、A_1、A_2 的读数分别为 5A、4A、3A，那么 Z_2 负载一定是（　　）。

A. 电阻性的　　B. 纯电感性或纯电容性质

C. 电感性的　　D. 电容性的

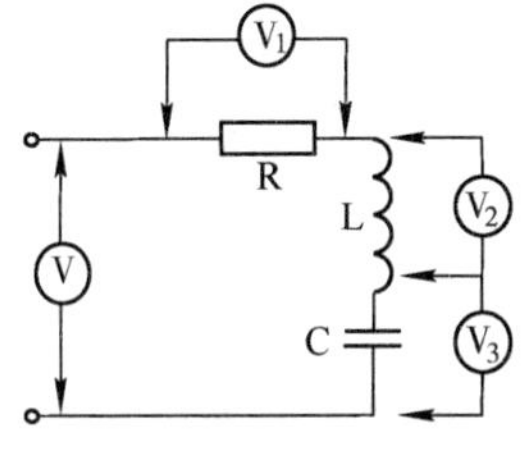

题 7-4-1 图

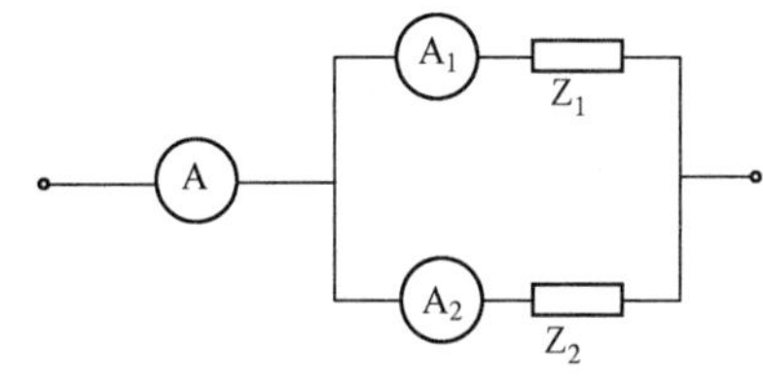

题 7-4-2 图

7-4-3　已知无源二端网络如图所示，输入电压和电流按下式计算

$$u(t)=220\sqrt{2}\sin(314t+30°)\,(\text{V})$$
$$i(t)=4\sqrt{2}\sin(314t-25°)\,(\text{V})$$

则该网络消耗的电功率为（　　）。

A. 721W　　B. 880W　　C. 505W　　D. 850W

7-4-4　如图所示正弦交流电路中，已知$u=100\sin(10t+45°)\,\text{V}$，$i_1=i=10\sin(10t+45°)\,\text{A}$，$i_2=20\sin(10t+135°)\,\text{A}$，元件 1、2、3 的等效参数值分别为（　　）。

A. $R=5\Omega$，$L=0.5\text{H}$，$C=0.02\text{F}$

B. $L=0.5\text{H}$，$C=0.02\text{F}$，$R=20\Omega$

C. $R_1=10\Omega$，$R_2=10\text{H}$，$C=5\text{F}$

D. $R=10\Omega$，$C=0.02\text{F}$，$L=0.5\text{H}$

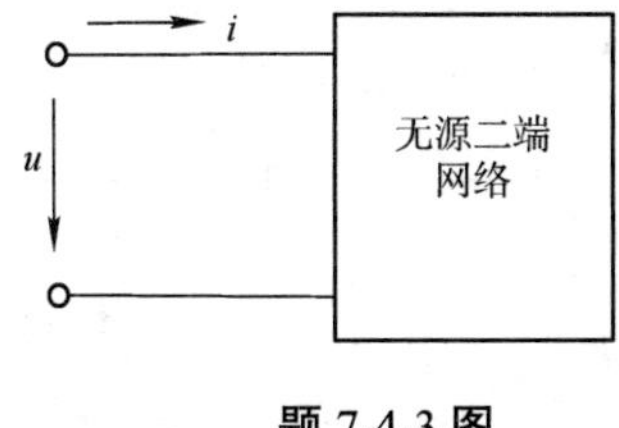

题 7-4-3 图

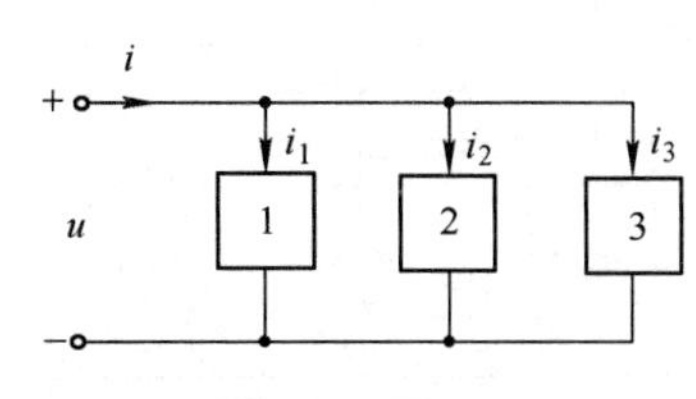

题 7-4-4 图

7-4-5　某三相电路中，三个线电流分别为

$$i_A = 18\sin(314t + 23°)\,(A)$$
$$i_R = 18\sin(314t - 97°)\,(A)$$
$$i_C = 18\sin(314t + 143°)\,(A)$$

当$t = 10$s 时，三个电流之和为（　　）。

A. 18A　　B. 0A　　C. $18\sqrt{2}$A　　D. $18\sqrt{3}$A

7-4-6　如图所示 RLC 串联电路原处于感性状态，今保持频率不变欲调节可变电容使其进入谐振状态，则电容 C 值（　　）。

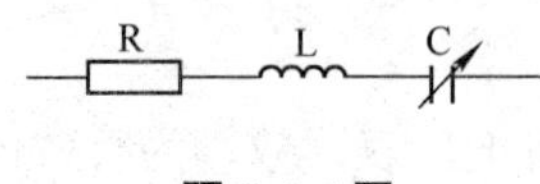

题 7-4-6 图

A. 必须增大　　B. 必须减小

C. 不能预知其增减　　D. 先增大后减小

7-4-7　在三相对称电路中，负载每相的复阻抗为Z，且电源电压保持不变。若负载接成 Y 形时消耗的有功功率为P_Y，接成△形时消耗的有功功率为$P_\triangle$，则两种连接法的有功功率关系为（　　）。

A. $P_\triangle = 3P_Y$　　B. $P_\triangle = 1/3P_Y$

C. $P_\triangle = P_Y$　　D. $P_\triangle = 1/2P_Y$

7-4-8　有三个 100Ω 的线性电阻接成△形三相对称负载，然后挂接在线电压为 220V 的三相对称电源上，这时供电线路上的电流应为（　　）A。

A. 6.6　　B. 3.8　　C. 2.2　　D. 1.3

7-4-9　中性点接地的三相五线制电路中，所有单相电气设备电源插座的正确接线是图中的（　　）。

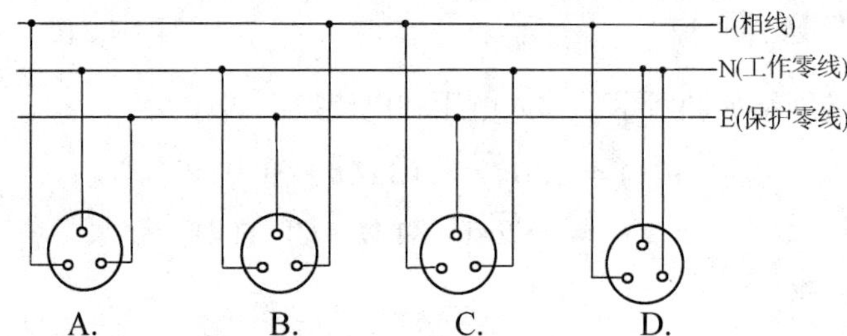

7-4-10 在如图所示的三相四线制低压供电系统中，如果电动机 M_1 采用保护接中线，电动机 M_2 采用保护接地。当电动机 M_2 的一相绕组的绝缘破坏导致外壳带电，则电动机 1 的外壳与地的电位（　　）。

A. 相等或不等　　B. 不相等　　C. 不能确定　　D. 相等

7-4-11 当如图所示电路的激励电压$u_i = \sqrt{2}U_i\sin(\omega t + \varphi)$时，电感元件上的响应电压$u_L$的初相位为（　　）。

A. $90° - \arctan\frac{\omega L}{R}$　　B. $90° - \arctan\frac{\omega L}{R} + \varphi$

C. $\arctan\frac{\omega L}{R}$　　D. $\varphi - \arctan\frac{\omega L}{R}$

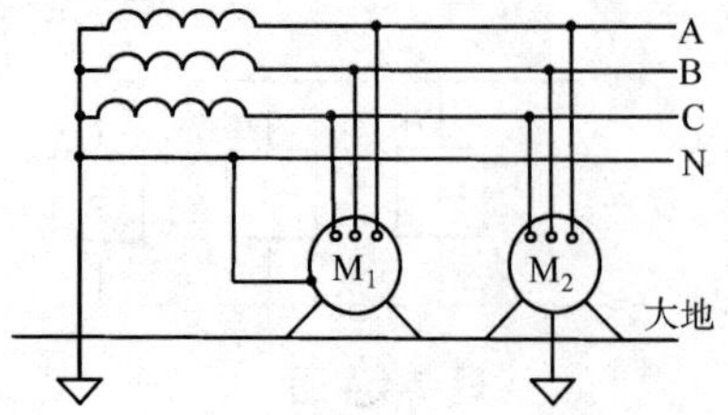

题 7-4-10 图

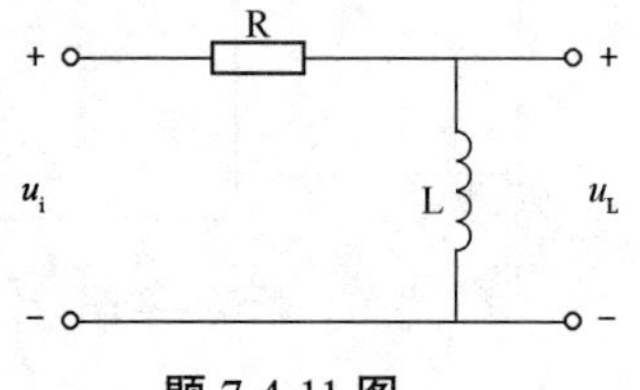

题 7-4-11 图

第五节　电路的暂态过程

含储能元件（L、C）的电路当结构发生变化（如开关动作）时，电路就要从一种稳定状态向另一种稳定状态过渡，电压电流需要一定的时间才能达到再次稳定，这种物理过程就是电路的暂态过程。

如果电路中只有一个储能元件（L 或 C），由于储能元件的伏安关系为积分或微分关系，所以描述此电路的方程是一阶微分方程，我们将这种电路的暂态过程称为“一阶电路的暂态过程”。

（一）电路的响应

电路中的电源（电压源或电流源）称为电路的激励，它推动电路工作；由激励作用在电路中各部分产生的电压和电流称为电路的响应。

根据电路储能元件的不同分为 RC 电路响应和 RL 电路响应，同时每种响应都可以划分为三种基本响应方式。

1. 零输入响应

电路换路以后，无外加激励，暂态过程仅由初始能量产生。

2. 零状态响应

电路的初始能量为零，仅由外加激励产生响应。

3. 全响应

电路的响应由储能元件（L、C）的初始能量和外加激励共同产生。

（二）换路定则

换路定则用来确定电路暂态过程的电压、电流的初始值。根据能量不跃变原则，能量的积累和衰减都要经过一段时间，否则相应的电功率$p=\frac{\mathrm{d}W}{\mathrm{d}t}$就趋向无限大（即$\mathrm{d}t\to 0$，而$\mathrm{d}W\neq 0$）一般电路是做不到功率无限大的。

已知

$$\text{磁场能量}\qquad W_{\mathrm{L}}=\frac{1}{2}Li_{\mathrm{L}}^{2}$$

$$\text{电场能量}\qquad W_{\mathrm{C}}=\frac{1}{2}Cu_{\mathrm{C}}^{2}$$

既然能量（W_{L}、W_{C}）不会跃变，i_{L}和u_{C}也不能出现跃变，由此可得出换路定则的两个公式

$$i_{\mathrm{L}(t_0+)}=i_{\mathrm{L}(t_0-)} \tag{7-5-1}$$

$$u_{\mathrm{C}(t_0+)}=u_{\mathrm{C}(t_0-)} \tag{7-5-2}$$

（三）求解一阶电路的三要素法

对于一阶电路（RL 或 RC），响应不论是电压还是电流都由稳态分量和暂态分量两部分合成，即

$$f(t)=f(\infty)+[f(t_{0+})-f(\infty)]e^{-t/\tau} \tag{7-5-3}$$

式中：　$f(t)$——电压、电流的全响应；

$f(\infty)$——电压、电流的稳态分量；

$[f(t_{0+})-f(\infty)]e^{-t/\tau}$——电压、电流的暂态分量；

τ——暂态过程的时间常数。

可见，只要能解出$f(\infty)$、$f(t_{0+})$和τ这三个要素，就可以求出暂态过程中的电压或电流响应。下面通过一个具体例子加以说明。

【例 7-5-1】 如图所示电路中已知$U_s = 4V$，$R_1 = 2k\Omega$，$R_2 = 2k\Omega$，$R_3 = 1k\Omega$，$C = 1\mu F$。开关 S 在t_0时刻突然闭合，电容电压的初始值为$U_{C(0-)} = 1V$，试求$i_2(t)$，$u_C(t)$，并画出$U_C(t)$的暂态过程曲线。

解　（1）确定初始值$f(0+)$

根据换路定则　　$U_{C(0+)} = U_{C(0-)} = 1V$

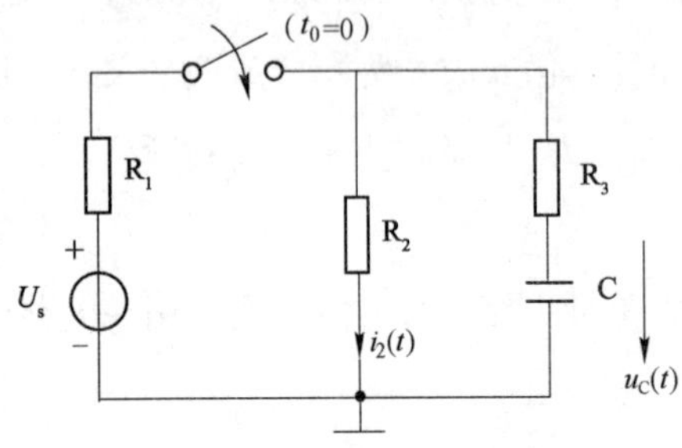

例 7-5-1 图　电路图

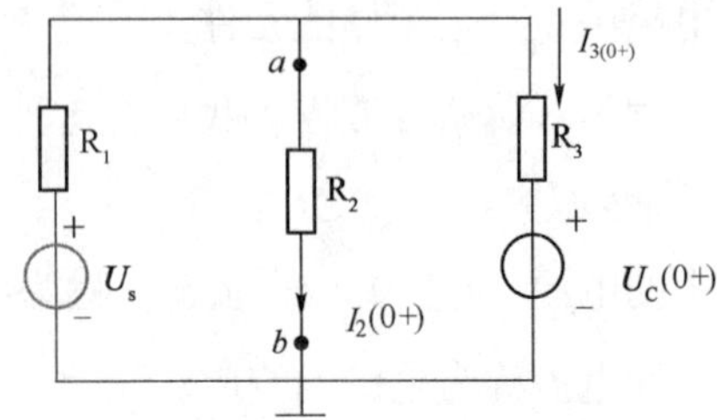

例 7-5-1 解图 1　t=0+时的电路图

将$t = 0+$的电路表示为如解图 1 所示，这时$U_{C(0+)}$的作用与独立电源的作用相同（其数值与当前电路结构无关，仅由$U_{C(0-)}$决定）。

求$I_{2(0+)}$时可以用戴维南定理，具体做法是：将 R2 电阻两端a、b点分开，求除去 R2 以后，a、b两端除源电阻 R0，即

$$R_0 = R_1 // R_3 = \frac{1 \times 2}{1+2} = \frac{2}{3} k\Omega$$

求ab端的开路电压U_{ab0}，即

$$U_{ab0} = U_{C(0+)} + I_{3(0+)} R_3 = U_{C(0+)} + \frac{U_s - U_{C(0+)}}{R_1 + R_3} \cdot R_3$$

$$= 1 + \frac{4-1}{2+1} \times 1 = 2V$$

R2 电阻与等效电压源接通以后（见解图 2），求实际 R2 电阻中通过的电流$I_{2(0+)}$，即：

$$I_{2(0+)} = \frac{U_{2ab0}}{R_0 + R_2} = \frac{2}{\frac{2}{3} + 2} = 0.75mA$$

（2）确定稳态值$f(\infty)$

在稳态时，电容元件相当于开路，电路如解图 3 所示。

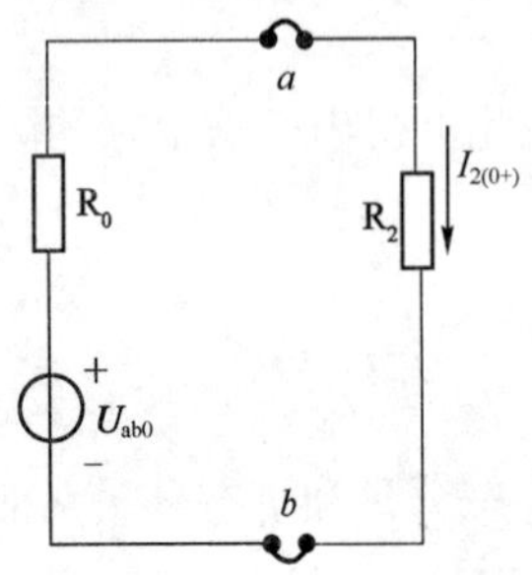

例 7-5-1 解图 2　R_2等效电路

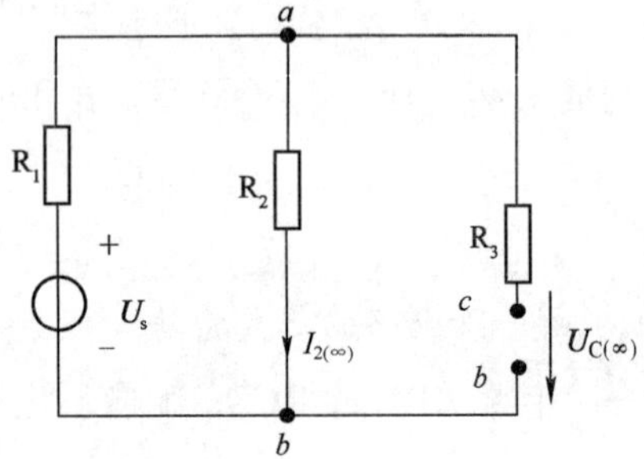

例 7-5-1 解图 3　$t \to \infty$稳态电路

$$I_{2(\infty)} = \frac{U_s}{R_1 + R_2} = \frac{4}{2+2} = 1mA$$

$$U_{2(\infty)} = R_2 I_{2(\infty)} = 2 \times 1 = 2V$$

$$U_{C(\infty)} = U_{2(\infty)} = 2V$$

（3）确定时间常数 τ

$$\tau = R \cdot C \tag{7-5-4}$$

R是由电容 C 两端向电路其他部分看的除源等效电阻，如解图 4 所示。

$$R = R_3 + (R_1 /\!/ R_2) = 1 + (2 /\!/ 2) = 2\text{k}\Omega$$

$$\tau = R \cdot C = 2 \times 1 \times 10^{-3} = 2\text{ms}$$

（4）将三要素参数代入公式

$$u_{\text{C}}(t) = U_{\text{C}(\infty)} + \left(U_{\text{C}(0+)} - U_{\text{C}(\infty)}\right)e^{-t/\tau} = 2 + (1-2)e^{-t/2\times10^{-3}}(\text{V})$$

$$i_2(t) = I_{2(\infty)} + \left(I_{2(0+)} - I_{2(\infty)}\right)e^{-t/\tau} = 1 + (0.75-1)e^{-t/2\times10^{-3}}(\text{mA})$$

（5）绘制$u_{\text{C}}(t)$的暂态过程曲线（见解图 5）

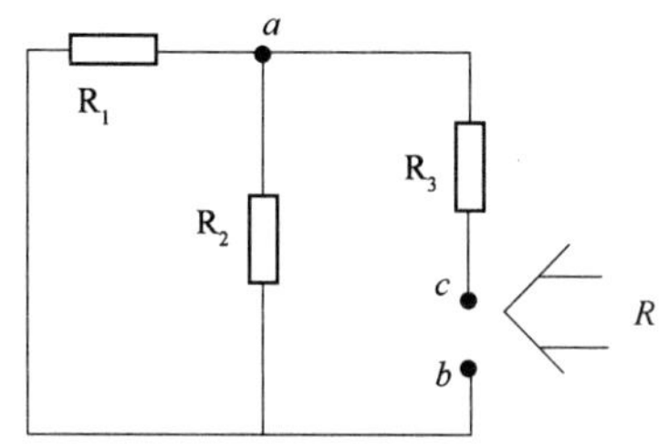

例 7-5-1 解图 4　等效电阻

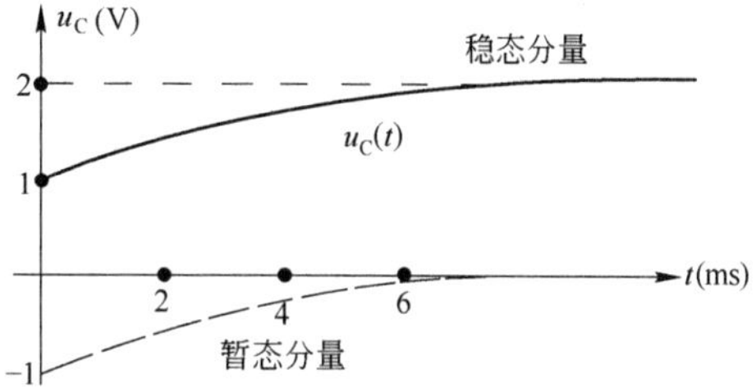

例 7-5-1 解图 5　电容电压$u_{\text{C}}(t)$的波形图

这里，我们只分析了 RC 电路，RL 电路的暂态过程分析方法不变，但有如表 7-5-1 所示三点区别。

表 7-5-1

序号	区　别	RC　电　路	RL　电　路
1	时间常数	$\tau = RC$	$\tau = L/R$
2	在稳态电路中	电容元件开路	电感元件短路
3	在t_{0+}电路中	$u_{\text{C}(t_0+)} = u_{\text{C}(t_0-)}$电容初始电压按理想电压源处理	$i_{\text{L}(t_0+)} = i_{\text{L}(t_0-)}$电感初始电流按理想电流源处理

【例 7-5-2】 图示电路中，电感及电容元件上没有初始储能，开关 S 在$t=0$时刻闭合，那么，在开关闭合瞬间（$t=0$），电路中取值为 10V 的电压是：

A. u_{L}　　B. u_{C}　　C. $u_{\text{R1}} + u_{\text{R2}}$　　D. u_{R2}

解　在开关闭合瞬间（$t=0+$时刻），电感等效为电流源（电流为初始电流），电容等效为电压源（电压为初始电压）。则此电路的等效电路图如解图所示。

$$U_{\text{C}(0+)} = 0\text{V}，I_{\text{L}(0+)} = 0\text{A}$$

则$U_{\text{R}_1(0+)} = U_{\text{R}_2(0+)} = 0\text{V}$

根据电路的回路电压关系：$\sum U_{(0+)} = -10 + U_{\text{L}(0+)} + U_{\text{C}(0+)} + U_{\text{R1}(0+1)} + U_{\text{R2}(0+)} = 0$

代入数值，得$U_{\text{L}(0+)} = 10\text{V}$

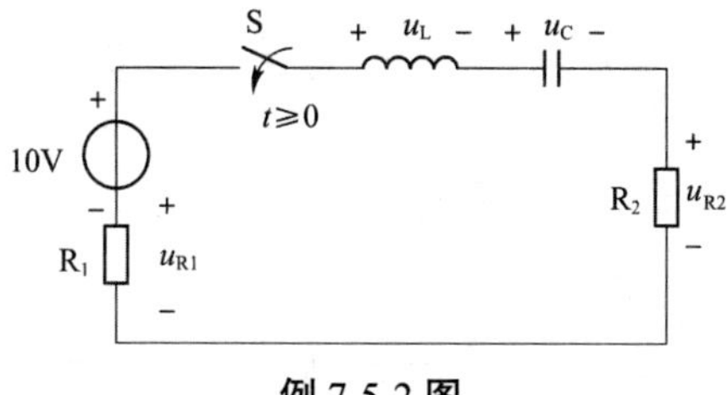

例 7-5-2 图

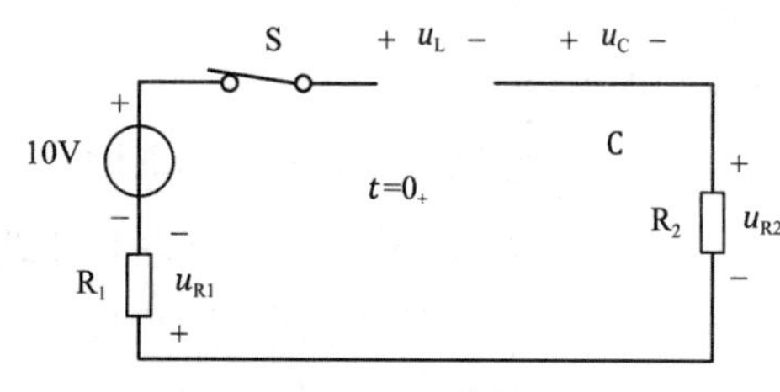

例 7-5-2 解图

答案：A

【例 7-5-3】 已知电路如图所示，设开关在$t = 0$时刻断开，那么：

A. 电流i_C从 0 逐渐增长，再逐渐衰减为 0

B. 电压u从 3V 逐渐衰减到 2V

C. 电压u从 2V 逐渐增长到 3V

D. 时间常数$\tau = 4C$

例 7-5-3 图

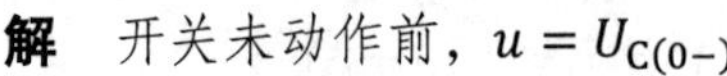

解　开关未动作前，$u = U_{C(0-)}$

在直流稳态电路中，电容为开路状态时，$U_{C(0-)} = \frac{1}{2} \times 6 = 3V$

当电路再次稳定时

$$U_{C(\infty)} = \frac{1}{3} \times 6 = 2V$$

因此换路电器电压逐步衰减到 2V。

答案：B

习　题

7-5-1　在开关 S 闭合瞬间，如图所示电路中的i_R、i_L、i_C和i这四个量中，发生跃变的量是（　　）。

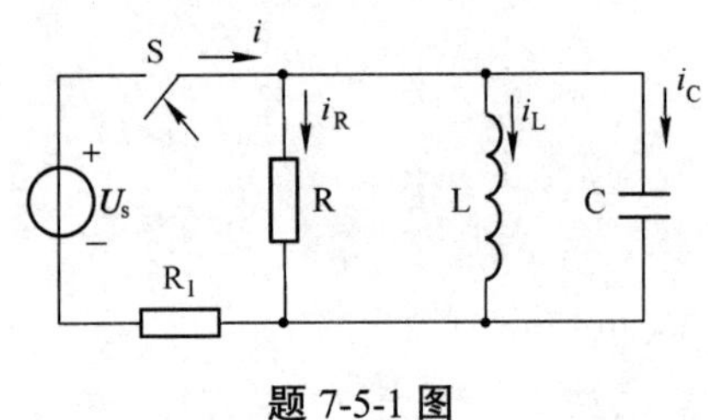

题 7-5-1 图

A. i_R和i_C　　B. i_C和i　　C. i_C和i_L　　D. i_R和i

7-5-2　如图所示电路在开关 S 闭合后的时间常数τ值为（　　）。

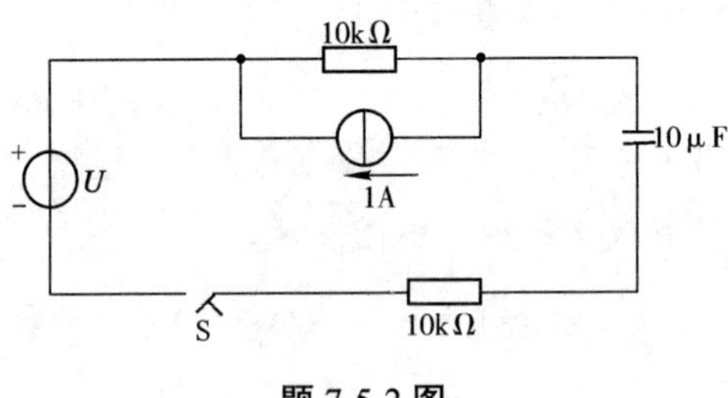

题 7-5-2 图

A. 0.1s　　B. 0.2s　　C. 0.3s　　D. 0.5s

7-5-3　如图所示电路当开关 S 在位置“1”时已达稳定状态。在$t = 0$时将开关 S 瞬间合到位置“2”，则在$t > 0$后电流i_C应（　　）。

A. 与图示方向相同且逐渐增大

B. 与图示方向相反且逐渐衰减到零

C. 与图示方向相同且逐渐减少

D. 与图示方向相同且逐渐衰减到零

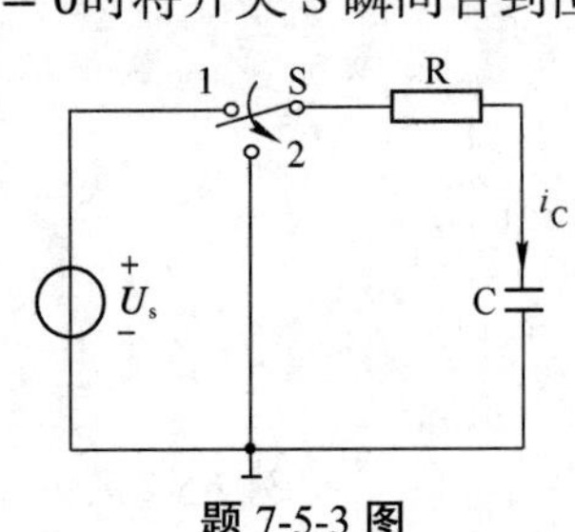

题 7-5-3 图

7-5-4　如图所示电路中，$R = 1\mathrm{k\Omega}$，$C = 1\mathrm{\mu F}$，$U_1 = 1\mathrm{V}$，电容无初始储能，如果开关 S 在$t = 0$时刻闭合，则给出输出电压波形的是（　　）。

A. a）　　B. b）　　C. c）　　D. d）

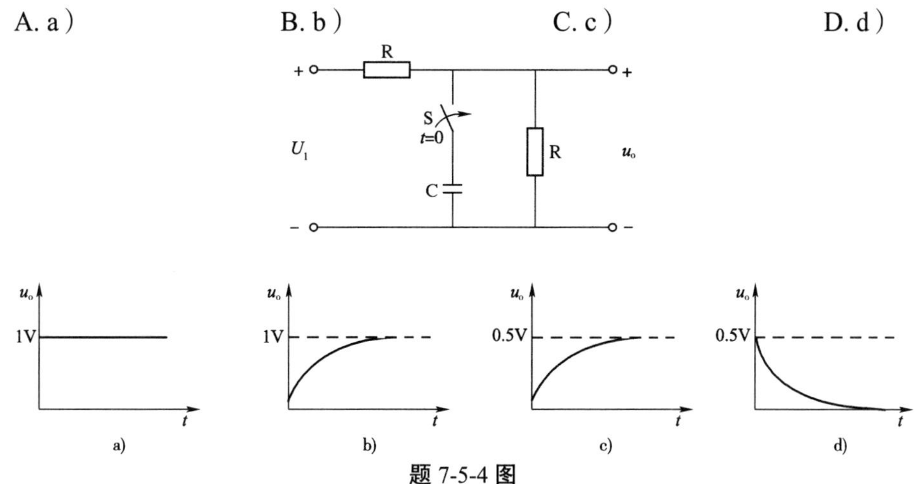

题 7-5-4 图

第六节　变压器、电动机及继电接触控制

一、磁路基础知识

在变压器、电机以及其他含有铁磁元件的电路中，不仅有电路问题，而且有磁路问题，两者是相互关联的，只有同时掌握了电路和磁路的基本知识，才能对这些元件或电路进行分析。

磁路和电路有许多相似之处，现在将两者的情况对照于表 7-6-1。

磁路与电路对照图　　表 7-6-1

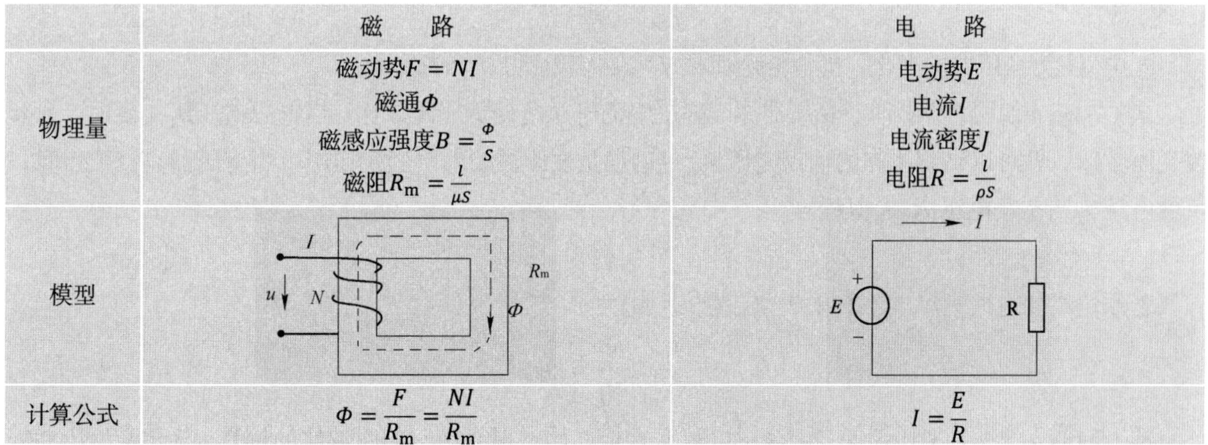

	磁　路	电　路
物理量	磁动势$F = NI$ 磁通Φ 磁感应强度$B = \frac{\Phi}{S}$ 磁阻$R_m = \frac{l}{\mu S}$	电动势E 电流I 电流密度J 电阻$R = \frac{l}{\rho S}$
模型	I, u, N, R_m, Φ	I, E, R
计算公式	$\Phi = \frac{F}{R_m} = \frac{NI}{R_m}$	$I = \frac{E}{R}$

分析磁路的一般做法是将磁路关系转化为电路关系，这就要用到磁场电流定律——安培环路定律

$$\oint \boldsymbol{H}\mathrm{d}\boldsymbol{l} = \sum I \tag{7-6-1}$$

由此可以得出两个关系式

$$\Phi = \frac{NI}{\frac{l}{\mu S}} = \frac{F}{R_m} \tag{7-6-2}$$

该式在形式上与电路的欧姆定律相似，称为“磁路欧姆定律”。由于磁导率μ不是常数（与电流I有关），则该公式不作为定量公式，只能用来定性分析。

$$\sum I = NI = H_1 l_1 + H_2 l_2 + \cdots = \sum(Hl)$$

式中，$H_1 l_1$，$H_2 l_2$ ⋯是磁路各段的磁压降，从形式看，它可以称为磁路的基尔霍夫定律，可以直接计算磁路。

本课程的重点在于用磁路基础分析电动机和变压器的性质。

二、变压器

变压器是一种常用的交流电气设备，在电力系统和电子线路中应用广泛。

变压器的一般构造包括闭合铁芯和高压、低压绕组等主要部分，其中绕组是变压器的电路部分，铁芯是变压器的磁路部分。对于绕组来说，与电源相连的称为原绕组（或称初级绕组、一次绕组），与负载相连的称为副绕组（或称次级绕组、二次绕组）。变压器的工作基于电磁感应原理，图 7-6-1 为变压器的原理示意图。

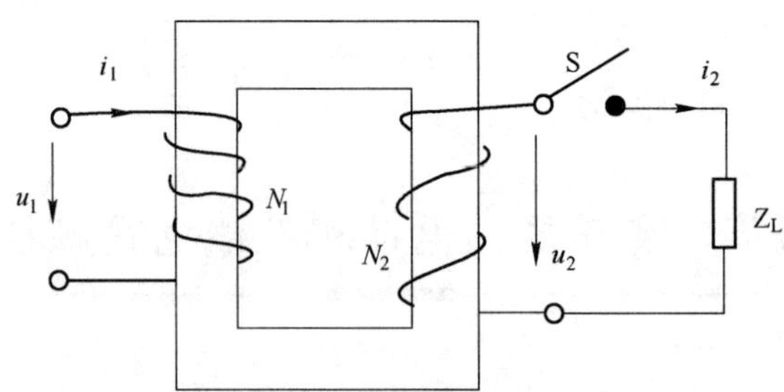

图 7-6-1　变压器原理示意图

（一）电压变换

若原绕组接交流电源，电压有效值为U_1，则副绕组空载电压为U_{2o}。

则：

$$\frac{U_1}{U_{2o}} = \frac{N_1}{N_2} = K \tag{7-6-3}$$

式中，K为变压器的变化，即原绕组匝数N_1与副绕组匝数N_2的比。

式（7-6-3）说明，空载时，变压器原、副绕组的电压之比等于匝数比。当电源电压U_1一定时，只要改变匝数比，就可以得到不同的输出电压U_{2o}，这就是变压器的电压变换作用。当变压器有载工作时，负载电压U_2与空载电压U_{2o}近似相等。

（二）电流变换

若原绕组的电流为I_1，副绕组的电流为I_2，则

$$\frac{I_1}{I_2} = \frac{N_2}{N_1} = \frac{1}{K} \tag{7-6-4}$$

式（7-6-4）说明，变压器原、副绕组电流有效值之比近似等于它们匝数比的倒数，这就是变压器的电流变换作用。

（三）阻抗变换

当把阻抗为Z_L的负载接到变压器副边，则

$$|Z_L| = \frac{U_2}{I_2}$$

对电源来说，它所接的负载等效阻抗为

$$|Z_L'| = \frac{U_1}{I_1} = \frac{KU_2}{I_2/K} = K^2\frac{U_2}{I_2} = K^2|Z_L| \tag{7-6-5}$$

式(7-6-5)说明，当把阻抗为$|Z_L|$的负载接到变压器副边，对电源来说，相当于接上一个阻抗为$|Z'_L| = K^2|Z_L|$的负载。这就是变压器的阻抗变换作用，在电子电路中就可以根据这一功能实现阻抗“匹配”。

【例 7-6-1】 图示变压器为理想变压器，且N_1 =100 匝，若希望I_1 =1A 时，P_{R2} =40W，则N_2应为：

A. 50 匝　　B. 200 匝

C. 25 匝　　D. 400 匝

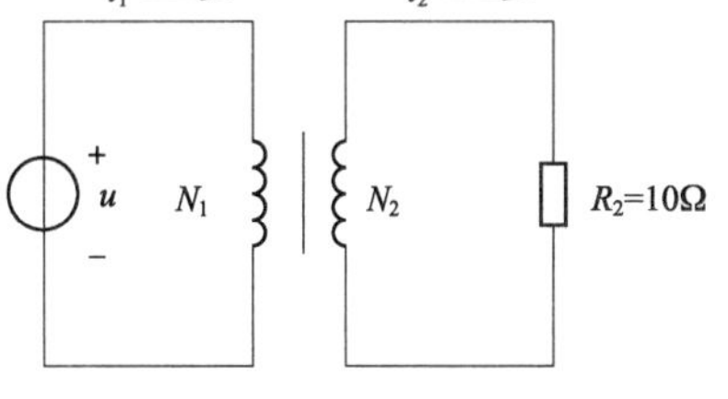

例 7-6-1 图

解 根据理想变压器关系有

$I_2 = \sqrt{\frac{P_2}{R_2}} = \sqrt{\frac{40}{10}} = 2\text{A}$,$K = \frac{I_2}{I_1} = 2$,$N_2 = \frac{N_1}{K} = \frac{100}{2} = 50$匝

答案： A

【例 7-6-2】 设图示变压器为理想器件，且$u_s = 90\sqrt{2}\sin\omega t\,\text{V}$，开关 S 闭合时，信号源的内阻$R_1$与信号源右侧电路的等效电阻相等，那么，开关 S 断开后，电压：

A. u_1，因变压器的匝数比k及电阻R_L、R_1未知而无法确定

B. $u_1 = 45\sqrt{2}\sin\omega t\,\text{V}$

C. $u_1 = 60\sqrt{2}\sin\omega t\,\text{V}$

D. $u_1 = 30\sqrt{2}\sin\omega t\,\text{V}$

解 图示电路可以等效为解图，其中，$R'_L = k^2 R_L$

S 闭合时，$2R_1 /\!/ R'_L = R_1$，可知$R'_L = 2R_1$

如果开关 S 打开，则$u_1 = \frac{R'_L}{R_1 + R'_L} u_s = \frac{2}{3} u_s = 60\sqrt{2}\sin\omega t\text{V}$

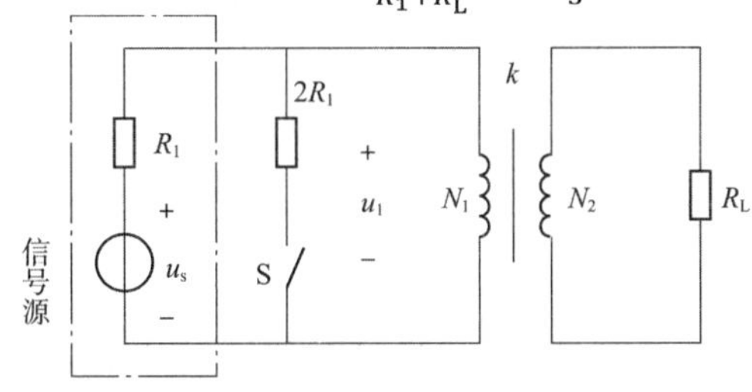

例 7-6-2 图

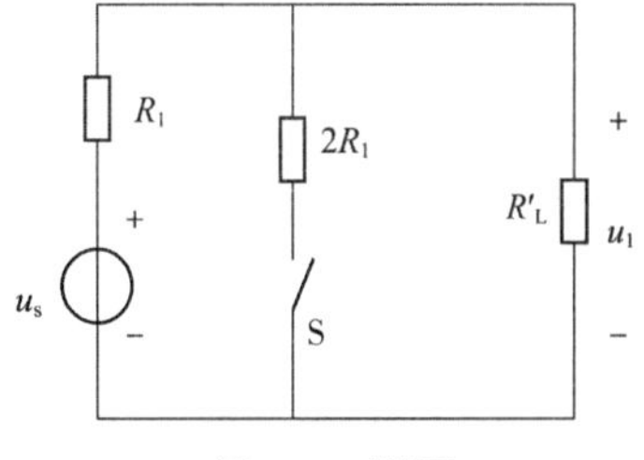

例 7-6-2 解图

答案： C

三、三相交流异步电动机

电动机是一种能将电能转化为机械能的旋转机械，电动机按照电源的种类不同，可分为交流电动机和直流电动机。交流电动机又分为异步电动机（或称感应电动机）和同步电动机。异步电动机按结构又分为鼠笼式异步电动机和绕线异式步电动机。三相异步电动机是在工农业生产、科研和国防等部门得到最广泛应用的一种电动机。

三相异步电动机主要由固定不动的定子和可转动的转子以及其他零部件组成。无论是定子还是转子，都包括绕组和铁芯两个主要部分。

（一）三相异步电动机基本关系

1. 转速和转向

同步转速n_0：定子绕组通以三相交流电后，产生的旋转磁场的转速，可用下式计算

$$n_0 = \frac{60f_1}{p} \quad (\text{转/分，r/min}) \tag{7-6-6}$$

式中：f_1——电源频率；

p——电动机的磁极对数。

转子转速$n < n_0$，转差率s是用来表示n与n_0相差程度的量，即

$$s = \frac{n_0 - n}{n_0} \tag{7-6-7}$$

式（7-6-7）也可写成

$$n = (1 - s)n_0 \tag{7-6-8}$$

一般异步电动机在额定负载时的转差率为 1%~9%，而在起动开始瞬间由于$n = 0$而$s = 1$为最大。表 7-6-2 为三相异步电动机的磁极对数p与同步转速n_0以及电动机转速n（当$s = 3\%$）之间的数量关系。

p与n_0及n的关系　　表 7-6-2

p（极对数）	1	2	3	4	5	6
n_0（r/min）	3 000	1 500	1 000	750	600	500
n（r/min）	2 910	1 455	970	728	582	485

三相异步电动机的型号中，最后一位数字是表示磁极数的，例如 Y132-4 型号说明了该电动机为 4 极（即$p = 2$）电机。根据这个数字就可以判断电动机的转速，反过来也可以根据转速确定磁极数。

异步机的转向与旋转磁场的转向相同。要改变电动机转向，只要任意对调两根定子绕组连接电源的导线即可。

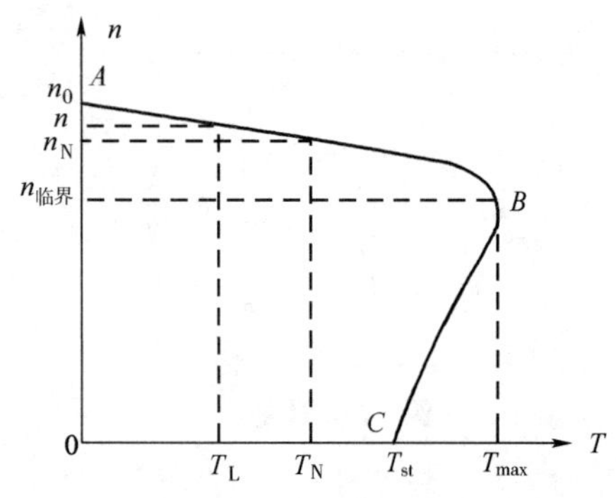

图 7-6-2　**电动机的机械特性曲线和电磁转矩**

2. 机械特性曲线和电磁转矩

（1）机械特性曲线

在一定的电源电压和转子电阻下，转速与电磁转矩的关系曲线$n = f(T)$称为电动机的机械特性曲线。如图 7-6-2 所示。

机械特性曲线上的AB段是电动机的稳定工作段。在AB段，当负载有所变动，电动机能自动调节转速和转矩来适应负载的变化。例如当负载增大，电动机会沿着AB段下行，降低转速（仍高于临界转速）而发出更大的电磁转矩来满足负载，电动机仍能稳定工作。AB段较平坦，电动机从空载到额定负载转速下降很少，也就是说异步电动机的机械特性是硬特性。

BC段则是不稳定段。假如负载转矩增大到超过电动机的最大转矩，那么电动机的转速下降超过临界转速，于是它发出的电磁转矩也减小，直至电动停转发生堵转（闷车），时间一长则电动机烧毁。

（2）电磁转矩

异步电动机的电磁转矩是由旋转磁场的每极磁通与转子电流相互作用而产生的。转矩与定子电压的平方成正比，并与转子回路的电阻和感抗、转差率以及电动机的结构有关。

①额定转矩T_N

电动机在额定负载时的转矩

$$T_N = 9\,550\frac{P_{2N}}{n_N} \qquad (牛 \cdot 米，N \cdot m) \tag{7-6-9}$$

式中：P_{2N}——电动机的额定输出功率（kW）；

n_N——电动机的额定转速（r/min）。

②负载转矩T_L

电动机在实际负载下发出的实际转矩

$$T_L = 9\,550\frac{P_2}{n} \qquad (N \cdot m) \tag{7-6-10}$$

式中：P_2——电动机的实际输出功率（kW）；

n——电动机的实际转速（r/min）。

③最大转矩T_{max}

电动机能发出的最大转矩

$$T_{max} = \lambda T_N \tag{7-6-11}$$

式中，λ为电动机的过载系数，一般为1.8~2.2。电动机发出最大转矩时对应的转速为临界转速$n_{临界}$。

起动转矩T_{st}

电动机刚起动时发出的转矩，一般有

$$T_{st} = (1.0\sim2.2)T_N \tag{7-6-12}$$

【例7-6-3】 某三相异步电动机的额定负载$T_{CN} = 40kN \cdot m$，当其带动30kN · m的负载工作，收获70%的工作效率。那么，为使该电动机的工作效率高于70%，则所带动的负载应：

A. 低于30kN · m　　　　B. 高于40kN · m

C. 位于30~40kN · m　　　　D. 位于25~35kN · m

解　由异步电动机的效率与负载的关系可知：当负载小于额定负载时，效率随负载的增大而增大；当负载大于额定负载时，效率随负载的增大而减小；当负载等于额定负载时，效率最大。由此可知：为使该电动机的工作效率高于70%（对应30kN · m的负载），带动的负载应该大于30kN · m。在30~40kN · m负载范围内，效率单调递增。

答案：C

3. 星形接法和三角形接法

鼠笼式异步电动机接线盒内有6根引出线，分别标以U_1、U_2、V_1、V_2、W_1和W_2。其中U_1和U_2是定子第一相绕组的首末端，V_1和V_2、W_1和W_2分别是第二相和第三相绕组的首末端。定子三相绕组的连接法有星形和三角形两种，见图7-6-3。

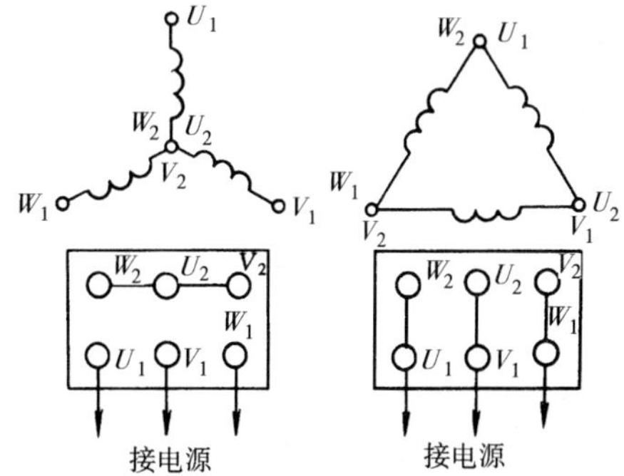

图7-6-3　定子绕组的星形连接和三角形连接

4. 功率、效率和功率因数

电动机的输入功率

$$P_1 = \sqrt{3}U_L I_L \cos\varphi \tag{7-6-13}$$

式中：U_L、I_L——分别为线电压、线电流；

$\cos\varphi$——电动机的功率因数。

电动机的输出功率$P_2 < P_1$，其差值为电动机本身的功率损耗，包括铜损、铁损以及机械损耗，电动机的效率

$$\eta = \frac{P_2}{P_1} \tag{7-6-14}$$

一般为72%~93%。

电动机的功率因数在额定负载时为0.7~0.9，轻载和空载时为0.2~0.3。故应适当选用电动机容量，

避免“大马拉小车”，更要缩短空载运行时间。

（二）三相异步电动机的应用

1. 起动

将三相异步电动机接到三相电源上，它的转速从零开始，直到匀速转动的过程为起动。三相异步电动机起动转矩的大小与定子电压U_1和转子电阻R_2有关，当定子电压减小时起动转矩减小，在一定条件下转子电阻R_2增加时起动转矩增加。

三相异步电动机起动时的电流很大，定子边的起动电流为额定电流的5~7倍，但起动转矩却较小。因此，为了减小异步电动机的起动电流（有时也为了提高起动转矩）必须采用适当的起动方法。

（1）直接起动

直接起动（也称全压起动）是利用闸刀开关或接触器，将电动机直接接到具有额定电压的电源上，这种起动方法最为简单经济。电动机能否直接起动，应按各地区电业部门的规定执行，30kW以下的异步电动机一般都可以采用直接起动。

（2）降压起动

在不允许直接起动的场合，可以采用降低定子绕组电压的方法来减小起动电流称为降压起动，主要有以下几种方法。

①星形-三角形换接起动

正常工作时采用三角形接法的异步电动机，起动时先接成星形，待转速上升到接近额定转速时，再换接成三角形，这种方法叫星-角（Y-△）换接起动。

由于电动机的转矩与电压的平方成正比，所以采用Y-△换接起动时，起动电流、起动转矩都减小到直接起动时的$\left(1/\sqrt{3}\right)^2 = 1/3$。

这种方法虽然使起动电流受到控制，但也使起动转矩减小很多，故只适应于空载或轻载起动的电动机。

②自耦变压器降压起动

对于容量较大，且正常运行时做星形连接的鼠笼式异步电动机，可利用三相自耦变压器来降压起动，称为自耦变压器降压起动。

这种方法适用于起动不频繁的场合。由于起动设备较笨重且费用高，故本方法仅适用于较大容量的鼠笼式异步电动机。

自耦变压器起动时电动机的起动电流和起动转矩均为直接起动时的$1/K^2$，其中K为自耦变压器的变比。

③转子串电阻起动

由于绕线式异步电动机的结构特点，绕线式异步电动机可采用在转子电路中串入附加电阻的方法来起动。

起动时，转子电路串入附加电阻，起动完毕后，将附加电阻短接。这种方法不仅可以减小起动电流，还可以使起动转矩提高，因此，广泛应用于要求起动转矩较大的生产机械，如起重机、卷扬机等。

2. 调速

调速就是在同一负载下得到不同转速，以满足生产过程的要求。改变电动机的转速有三种可能，即改变电源的频率调速，改变电动机极对数调速，以及改变电动机转差率调速，前两者是鼠笼式异步电动机的调速方法，后者是绕线式异步电动机的调速方法。随着近年来电子技术的迅速发展，变频调速技术发展很快。

3. 制动

因为电动机的转动部分有惯性，所以把电源切断后，电动机还继续转动一定时间，然后停止。为了缩短辅助工时，提高生产机械的生产率，并为了安全起见，往往要求电动机能够迅速停车，这就需要对电动机制动。电动机制动，也就是要求它产生一个与转子转动方向相反的制动转矩。

异步电动机的制动常用下列几种方法。

（1）能耗制动

这种制动方法就是在切断三相电源的同时，接通直流电源，使直流通入定子绕组从而生产制动转矩。

因为这种方法是用消耗转子的动能来进行制动的，所以称为能耗制动。这种制动能量消耗小，制动平稳，但需要直流电源。

（2）反接制动

在电动机停车时，可将定子绕组接到电源的三根导线中的任意两根对调位置，从而产生制动转矩的制动方法。

这种制动比较简单，效果较好，但能量消耗较大，且当转速接近零时，应利用某种控制电器将电源自动切断，否则电动机将反转。

（3）发电反馈制动

当转子的转速超过旋转磁场的转速时，这时的转矩也是制动的。例如，当起重机快速下放重物时，就会发生这种情况。实际上这时电动机已转入发电机运行，将重物的位能转换为电能而反馈到电网里去，所以称为发电反馈制动。

四、电动机的继电接触器控制

采用继电器、接触器及按钮等控制电器来实现对电动机的自动控制称为电动机的继电器、接触器控制。

（一）常用控制电器

1. 组合开关

组合开关有单极、双极、三极和四极几种，额定持续电流有 10A、25A、60A 和 100A 等多种。可以用作电源的引入开关，也可以用它来直接起动和停止小容量的电动机或使电动机正反转等。

2. 按钮

按钮通常用来接通或断开控制电路，从而控制电动机的运行。

按钮的特点是靠外力（手按）动作（常闭断开或常开闭合），但当外力消失时可以自己复位，按钮结构原理图及符号如图 7-6-4 所示。

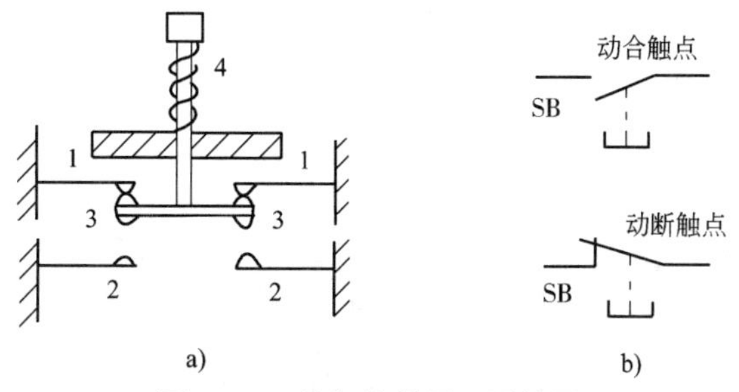

图 7-6-4　按钮结构原理及符号

3. 行程开关

行程开关（即限位开关）是利用生产机械的某些运动部件碰撞而使其动作，从而接通或断开控制电路的一种电器，行程开关结构及符号如图 7-6-5 所示。

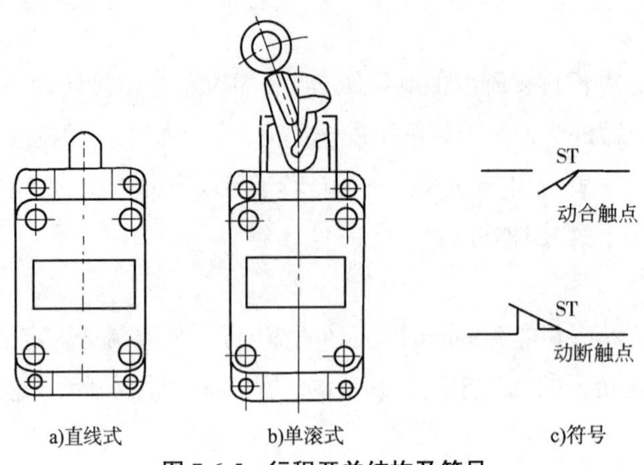

图 7-6-5　行程开关结构及符号

4. 交流接触器

交流接触器常用来接通或断开电动机的主电路。

接触器是利用电磁吸力来工作的，主要由电磁铁和触点两部分组成，其结构原理图及电器符号如图 7-6-6 所示。当线圈 1 得电产生电磁吸力使触点 2、3 动作（常开闭合，或常闭断开）；当线圈失电，触点靠弹簧 4 拉力而复位。图 7-6-6b）为交流接触器的电器符号。

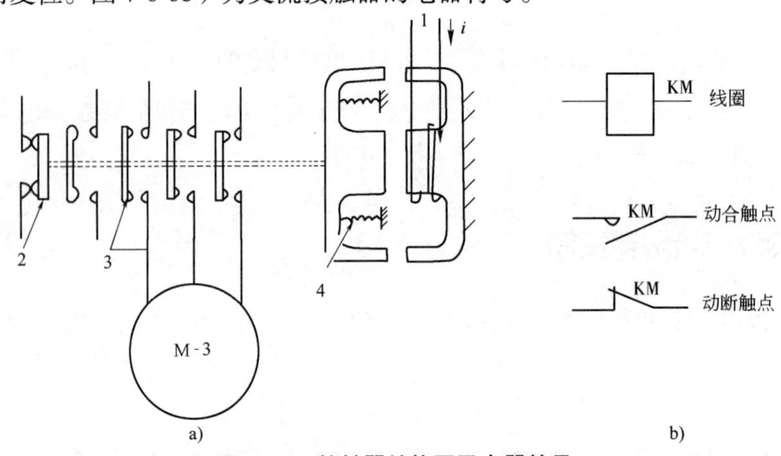

图 7-6-6　接触器结构图及电器符号

5. 热继电器

热继电器是用于电动机过载保护的一种电器，它的动作原理基于电流的热效应，其结构图及符号如图 7-6-7 所示。发热元件串接在电动机的主电路中，当电动机长期过载时，发热元件通过电流大于容许值，其热量使双金属片受热弯曲，从而脱扣，使动断（常闭）触点断开，切断电路达到保护电器的目的。

由于热惯性，热继电器不能立即动作，因此不能作短路保护。

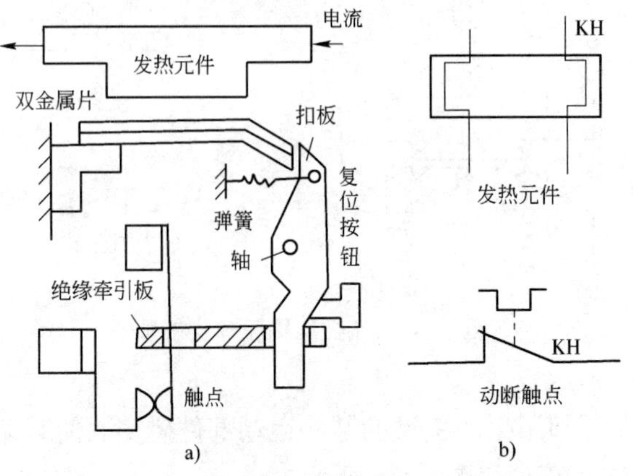

图 7-6-7　热继电器结构图及电器符号

6. 熔断器

熔断器（常说的“保险丝”）是最常用的简便有效的保护电器，熔断器的熔体用电阻率较高的易熔合金制成。

7. 自动空气断路器

自动空气断路器又名自动空气开关。它兼有刀开关和熔断器的功能，其特点是动作后不用更换元件，动作电流可整定，切断电流大，断开时间短，工作安全可靠。

（二）三相异步电动机的基本控制电路

这里主要分析的是鼠笼电机的控制电路。在看电气控制原理图时，要分清主电路和控制电路。主电路是从电源到电动机，其中接有开关（闸门开关、组合开关等）、熔断器、接触器的主触头、热断电器的发热元件等；控制电路中接有按钮、接触器的线圈和辅助触头（如自锁和互锁触头）、热继电器的常闭触头和其他控制电器的触头和线圈。

在电气原理图中各种电器都有规定的符号（下面分别介绍）和文字表示。为读图方便，同一电器的线圈和触点虽然按需要分画在电路的不同部分（主电路和辅电路），但必须用同一符号说明；另外还要说明的是各种触点的状态全表示在电气未通电的状态。

1. 直接起动控制电路

控制原理图如图 7-6-8 所示。

电路的工作过程：先将组合开关 Q 闭合，为电动机起动作准备。当按下起动钮 SB_2 时，交流接触器 KM 的线圈得电，动铁心被吸合而将三个主触点闭合，电动机 M 起动。当松开 SB_2 时，起动按钮复位，但是由于与起动按钮并联的辅助触点和主触点同时闭合，因此接触器线圈的电路仍然接通，而使接触器触点保持在闭合的位置，这个辅助触点称为自锁触点。如将停止按钮 SB_1 按下，则将线圈的电路切断，动铁心和触点恢复到断开的位置而使电动机停机。

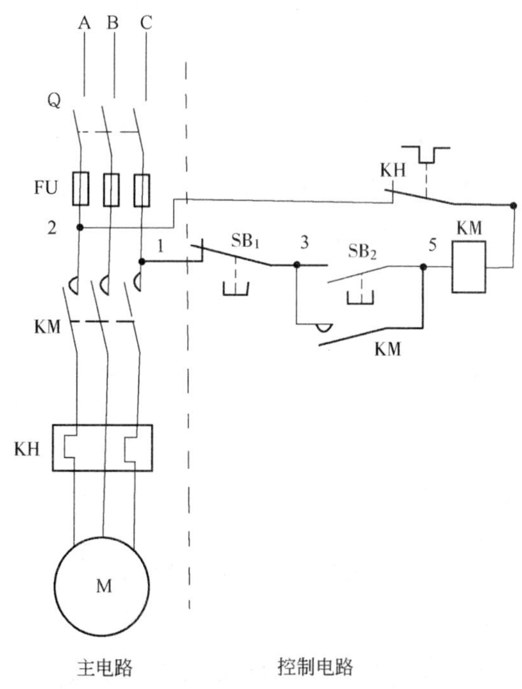

图 7-6-8 直接起动控制电路

上述控制线路中，熔断器 FU 起短路保护，热继电器 KH 起过载保护，交流接触器 KM 起零压和失压保护作用。

2. 正反转控制电路

控制电路原理图如图 7-6-9 所示。

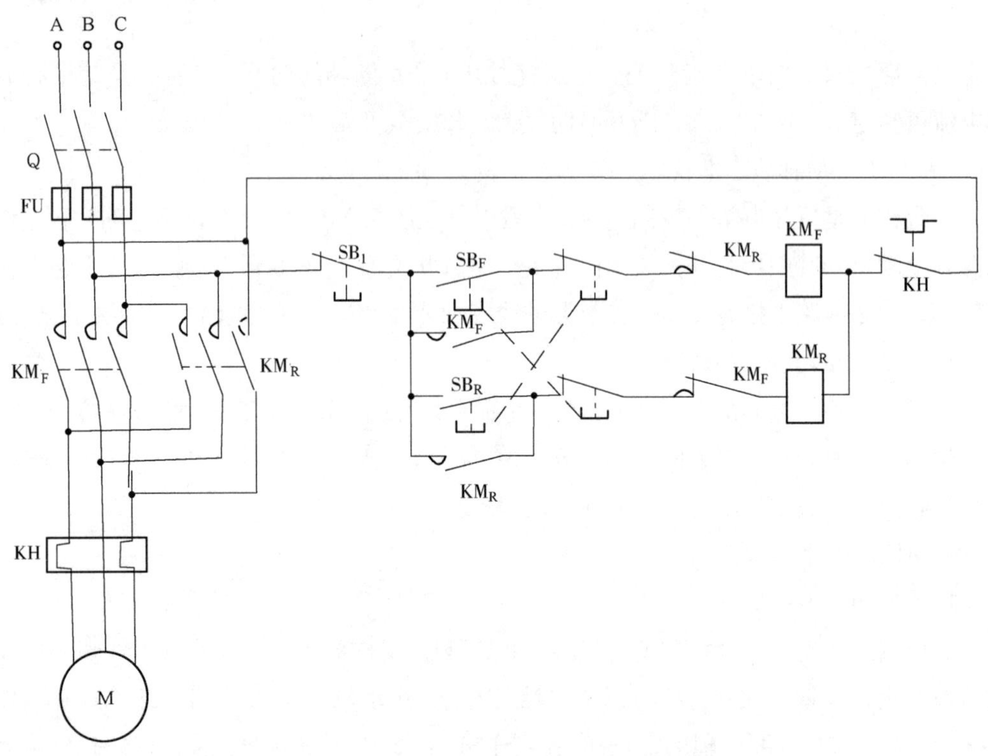

图 7-6-9 鼠笼式电动机正反转的控制电路

按下正转起动按钮 SB_F，正转接触器 KM_F 通电，电动机 M 正转；按下反转起动按钮 SB_R，反转接触器 KM_R 通电，电动机 M 反转。按下停机按钮 SB_1，正反转接触器 KM_F 和 KM_R 均失电，电动机停止运行。

上述控制电路中，正转接触器 KM_F 的一个常闭辅助触点串接在反转接触器 KM_R 的线圈电路中，而反转接触器的一个常闭辅助触点串接在正转接触器的线圈电路中，这两个常闭触点称为联锁触点。联锁触点可防止正反转两个接触器同时闭合，以免造成电源短路。

【例 7-6-4】 为实现对电动机的过载保护，除了将热继电器的热元件串接在电动机的供电电路中外，还应将其：

A. 常开触点串接在控制电路中　　B. 常闭触点串接在控制电路中

C. 常开触点串接在主电路中　　D. 常闭触点串接在主电路中

解 实现对电动机的过载保护，除了将热继电器的热元件串联在电动机的主电路的解，还应将热继电器的常闭触点串接在控制电路中。

当电机过载时，这个常闭触点断开，控制电路供电通路断开。

答案：B

【例 7-6-5】 三相电路如图所示，设电灯 D 的额定电压为三相电源的相电压，用电设备 M 的外壳线a及电灯 D 另一端线b应分别接到：

A. PE 线和 PE 线　　B. N 线和 N 线

C. PE 线和 N 线　　D. N 线和 PE 线

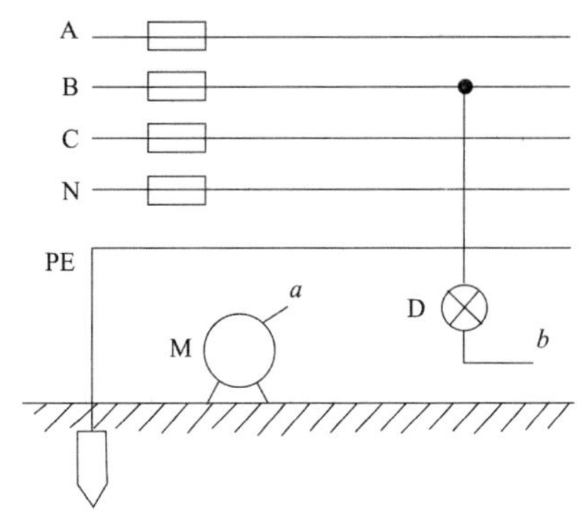

例 7-6-5 图

解　用电设备 M 的外壳线a接到保护地线 PE 上，电灯 D 的b线应接到电源中性点 N 上。说明如下：

三相四线制：相线 A、B、C，保护零线 PEN（图示的 N 线）。PEN 线上有工作电流通过，PEN 线在进入用电建筑物处要做重复接地；我国民用建筑采用该配电方式。

三相五线制：相线 A、B、C，零线 N，保护接地线 PE。N 线有工作电流通过，PE 线平时无电流（仅在出现对地漏电或短路时有故障电流）。

零线和地线的根本差别在于一个构成工作回路，一个起保护作用（叫作保护接地），一个回电网，一个回大地，在电子电路中这两个概念要区别开，工程中也要求这两根线分开接。

答案： C

五、安全用电

为了人身安全和电力系统工作的需要，要求电气设备采取接地措施。

（一）工作接地

将电力系统的中性点接地，如图 7-6-10 所示，这种接地方式称为工作接地。

工作接地有下列目的：

（1）降低触电电压；

（2）迅速切断故障设备；

（3）降低电气设备对地的绝缘水平。

（二）保护接地

保护接地就是将电气设备正常情况下不带电的金属外壳接地，如图 7-6-11 所示，保护接地适用于中性点不接地的低压系统。

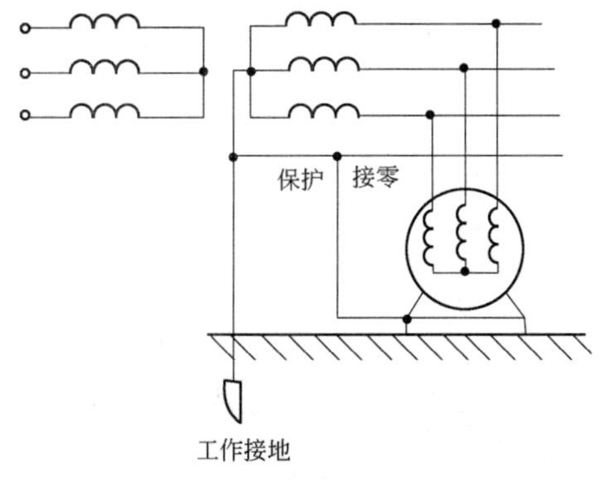

图 7-6-10　工作接地、保护接零

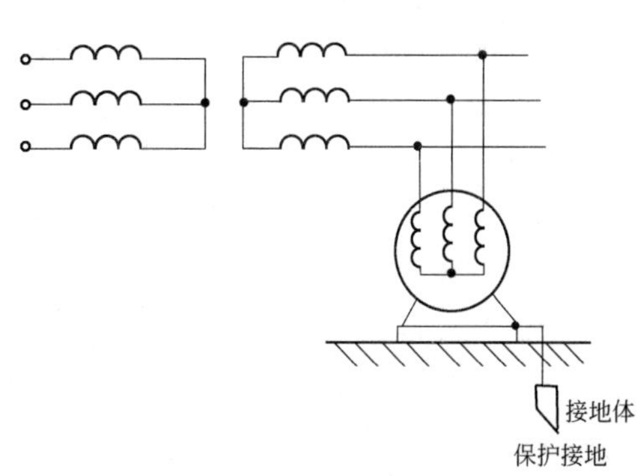

图 7-6-11　保护接地

（三）保护接零

保护接零就是将电气设备的金属外壳接到零线（或称中线）上，如图 7-6-10 所示，保护接零宜用于中性点接地的低压系统中。

习 题

7-6-1 有一容量为 10kV·A 的单相变压器，电压为 3 300/220V，变压器在额定状态下运行。在理想的情况下副边可接 40W、220V、功率因数$\cos\varphi=0.44$的日光灯（ ）盏。

A. 110 B. 200 C. 250 D. 50

7-6-2 三相异步电动机的转动方向由（ ）决定。

A. 电源电压的大小 B. 电源频率

C. 定子电流相序 D. 起动瞬间定转子相对位置

7-6-3 三相异步电动机空载起动与满载起动时的起动转矩关系是（ ）。

A. 二者相等 B. 满载起动转矩大 C. 空载起动转矩大 D. 无法估计

7-6-4 针对三相异步电动机起动的特点，采用 Y-△换接起动可减小起动电流和起动转矩，以下说法中正确的是（ ）。

A. Y 连接的电动机采用 Y-△换接起动，起动电流和起动转矩都是直接起动的$1/3$

B. Y 连接的电动机采用 Y-△换接起动，起动电流是直接起动的$1/3$，起动转矩是直接起动的$1/\sqrt{3}$

C. △连接的电动机采用 Y-△换接起动，起动电流是直接起动的$1/\sqrt{3}$，起动转矩是直接起动的$1/\sqrt{3}$

D. △连接的电动机采用 Y-△换接起动，起动电流和起动转矩都是直接起动的$1/3$

7-6-5 三相异步电动机在额定负载下，欠压运行，定子电流将（ ）。

A. 小于额定电流 B. 大于额定电流 C. 等于额定电流 D. 不变

7-6-6 如图所示的控制电路中，SB 为按钮，KM 为接触器，若按动 SB_2，试判断下述哪个结论正确？（ ）

A. 接触器 KM_2 通电动作后 KM_1 跟着动作

B. 只有接触器 KM_2 动作

C. 只有接触器 KM_1 动作

D. 以上都不对

7-6-7 如图所示为两台电动机 M_1、M_2 的控制电路，两个交流接触器 KM_1、KM_2 的主常开触头分别接入 M_1、M_2 的主电路，该控制电路所起的作用是（ ）。

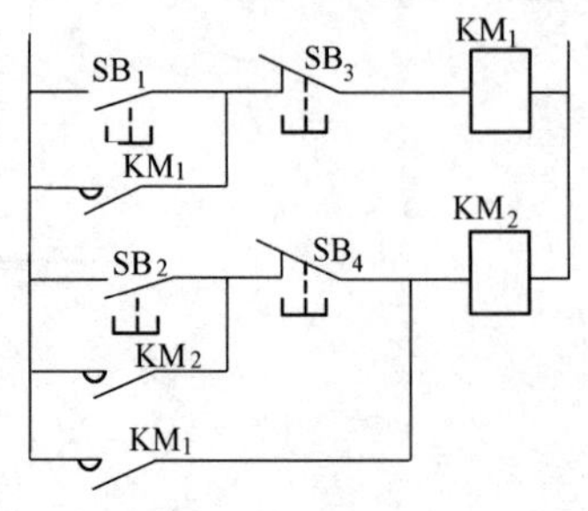

题 7-6-6 图

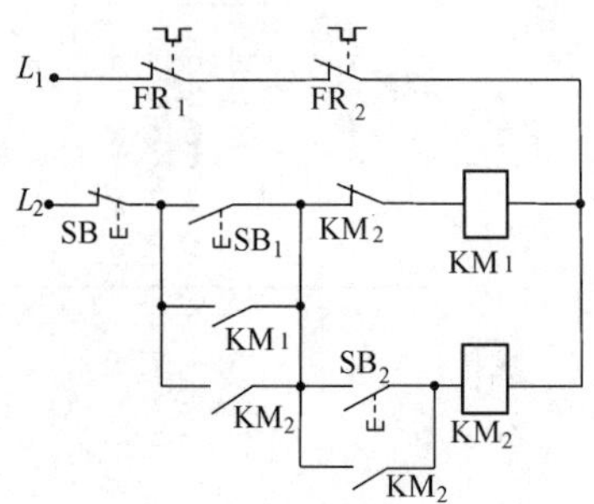

题 7-6-7 图

A. 必须 M_1 先起动，M_2 才能起动，然后两机连续运转

B. M_1、M_2 可同时起动，必须 M_1 先停机，M_2 才能停机

C. 必须 M_1 先起动、M_2 才能起动，M_2 起动后，M_1 自动停机

D. 必须 M_2 先起动，M_1 才能起动，M_1 起动后，M_2 自动停机

7-6-8 额定转速为 1 450r/min 的三相异步电动机，空载运行时转差率为（ ）。

A. $s=\frac{1\,500-1\,450}{1\,500}=0.033$　　B. $s=\frac{1\,500-1\,450}{1\,450}=0.035$

C. $0.033<s<0.035$　　D. $s<0.033$

7-6-9 在电动机的继电接触控制电路中，具有短路保护、过载保护、欠压保护和行程保护，其中，需要同时接在主电路和控制电路中的保护电器是（ ）。

A. 热继电器和行程开关　　B. 熔断器和行程开关

C. 接触器和行程开关　　D. 接触器和热继电器

第七节 二极管及其应用

半导体材料与导体、绝缘体最大的不同之处在于它的导电能力在一定条件下可以转化，当温度变化或掺入杂质以后它的导电能力会发生明显的改变。

常用的半导体材料是硅（Si）和锗（Ge），它们都是四价元素，我们称纯净的半导体材料为本征半导体。如果我们在本征半导体的一侧掺入五价元素（如磷）将生成大量的自由电子，构成 N 型半导体；在另一侧掺入三价元素（如硼）就会产生大量的空穴。这样在 P 型区和 N 型区的交界处就形成 PN 结，PN 结是构成各种半导体器件的基础。

当不加电源时，在半导体内部由于 P 型区和 N 型区的浓度差别出现扩散过程。扩散的结果在 PN 结交界处形成“空间电荷区”，这个空间电荷区产生一个内电场，内电场的方向由 N 区指向 P 区。

二极管的核心就是 PN 结，由 P 区引出的电极叫作阳极，N 区引出的电极叫作阴极。我们把阳极电位高于阴极电位的情况叫作二极管的正向偏置状态，简称“正偏”，如图 7-7-1a）所示，而把阳极电位低于阴极电位的状态叫作二极管的反向偏置状态，如图 7-7-1b）所示。

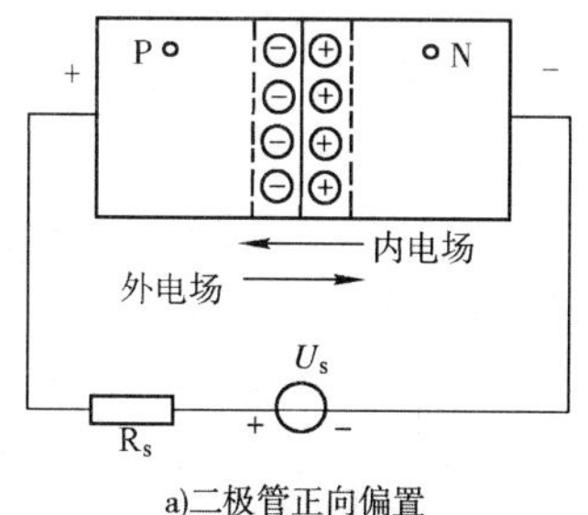

a)二极管正向偏置

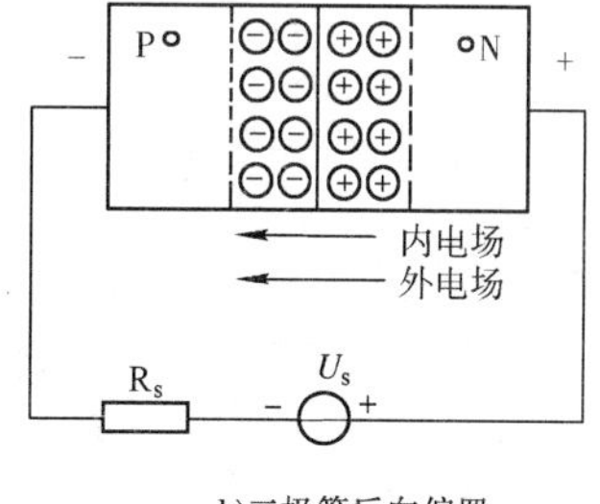

b)二极管反向偏置

图 7-7-1

当二极管加上正偏电源时，外电场与内电场方向相反，空间电荷区变薄，半导体的导电能力增加，外部产生较大的正向电流I_F。当二极管加上反向偏置的外部电源时外电场与内部电场方向相同，使 PN 结处的空间电荷区加宽，半导体的导电能力削弱，产生的反向电流I_R远小于正向电流I_F。

可见二极管具有单向导电性。

二极管符号如图 7-7-2 所示。

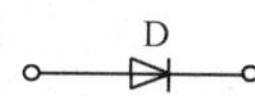

图 7-7-2 二极管符号

一、二极管

二极管的伏安特性如图 7-7-3 所示。

由图可见，当外加正向电压很低时，正向电流很小，几乎为零。当正向电压超过一定数值后，电流增长很快。这个一定数值的正向电压称为死区电压，死区电压U_T的大小与材料及环境温度有关。通常，硅管的死区电压约为 0.5V，锗管约为 0.2V；二极管正常工作电压U_F硅管为 0.6~1V，锗管工作电压为 0.2~0.3V。

当外加反向电压时，只有很小的反向电流。反向电流随温度的上升增长很快；在反向电压不超过某一范围时基本恒定，而与反向电压的高低无关，故通常称它为反向饱和电流。当外加反向电压过高时，反向电流将突然增加，二极管失去单向导电性，这种现象称为击穿。二极管被击穿后，一般不能恢复原来的性能，即二极管被损坏。

二、稳压管

稳压管是一种特殊的面接触型半导体硅二极管，由于它在电路中与适当数值的电阻配合后能起稳定电压的作用，故称为稳压管。

稳压管的伏安特性曲线的正向特性与普通二极管的类似，如图 7-7-4 所示。其差异是稳压管的反向特性曲线比较陡，且电压较低。

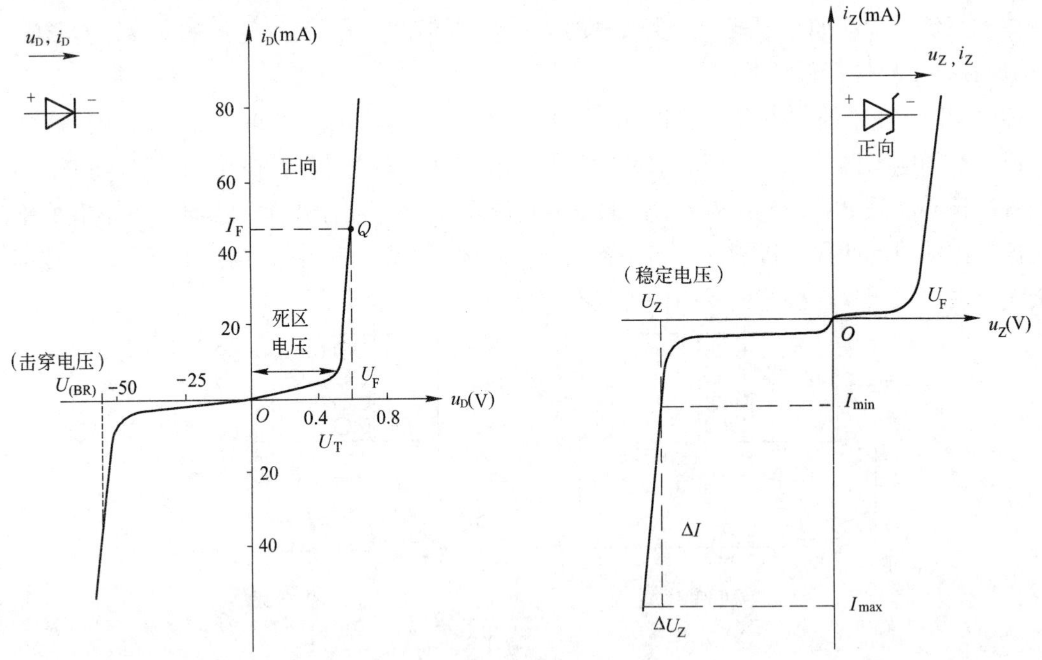

图 7-7-3　2CP10 硅二极管的伏安特性曲线　　图 7-7-4　稳压管的伏安特性曲线

稳压管工作于反向击穿区，从反向特性曲线上可见，在反向击穿区，虽然电流在很大范围内变化，但稳压管两端的电压变化很小，正是利用这一特性实现稳压。与普通二极管不同的是，稳压管的反向击穿是可逆的，去掉反向电压之后，稳压管可恢复正常。当然，如果反向电流超过允许范围，稳压管也将会发生热击穿而损坏。

三、二极管应用电路

（一）整流电路

整流电路的作用是将交流电变为单方向变化的直流电，目前主要采用单相半波整流电路和桥式整流电路。

1. 单相半波整流电路

如图 7-7-5 所示为单相半波整流电路，由整流变压器T_r、整流元件 D（二极管）及负载电阻 R_L 组成。

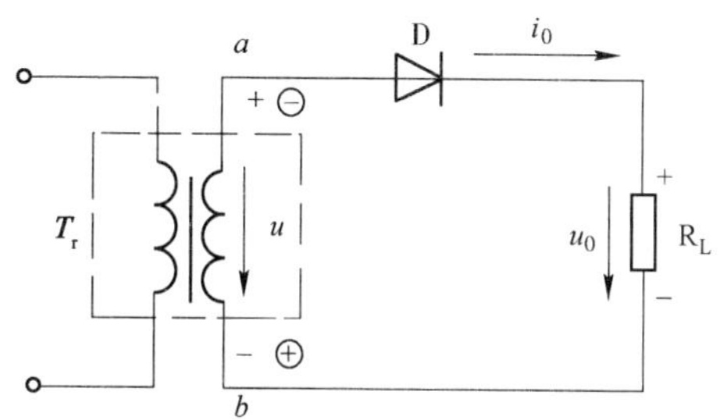

图 7-7-5 单相半波整流电路

设整流变压器副边的电压为

$$u=\sqrt{2}U\sin(\omega t)$$

其波形如图 7-7-6a）所示。

由于二极管具有单向导电性，只有当它的阳极电位高于阴极电位时才能导通。在变压器副边电压u的正半周，a点的电位高于b点，二极管因承受正向电压而导通，二极管的正向压降可以忽略不计，这时负载电阻 R_L 上的电压u_0的正半波和u的正半波是相同的，通过的电流为i_0。在电压u的负半周，a点的电位低于b点，二极管因承受反向电压而截止，负载电阻 R_L 上没有电压，因此，在负载电阻 R_L 上得到的是半波整流电压u_0，如图 7-7-6 负载上整流电压的平均值

$$U_0=\frac{1}{2\pi}\int_0^{\pi}\sqrt{2}\,U\sin(\omega t)\mathrm{d}(\omega t)=\frac{\sqrt{2}}{\pi}U=0.45U \tag{7-7-1}$$

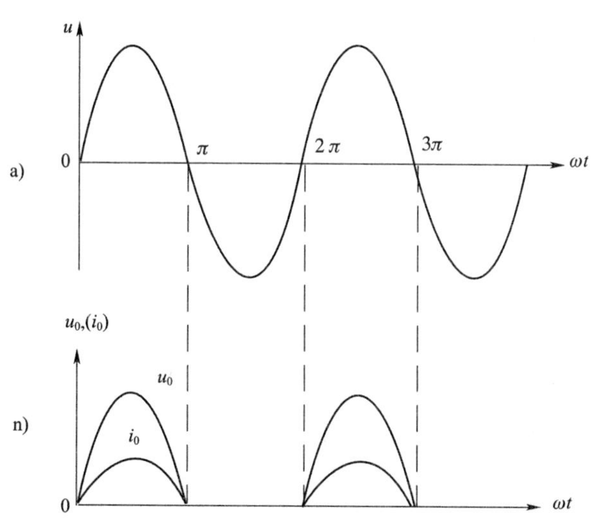

图 7-7-6 单相半波整流电路的电压与电流的波形

负载上整流电流平均值

$$I_0=\frac{U_0}{R_L}=0.45\frac{U}{R_L} \tag{7-7-2}$$

二极管不导通时，承受的最高反向电压和平均电流为

$$\left.\begin{aligned} U_{\mathrm{DRM}} &= U_{\mathrm{m}} = \sqrt{2}U \\ I_{\mathrm{D}} &= I_0 = 0.45\frac{U}{R_{\mathrm{L}}} \end{aligned}\right\} \tag{7-7-3}$$

这样，根据U_0、I_0和U_{DRM}、I_{D}就可确定整流电路输出电压、电流的大小，并可以选择合适的整流元件。

2. 单相桥式整流电路

单相桥式整流电路如图 7-7-7 所示。

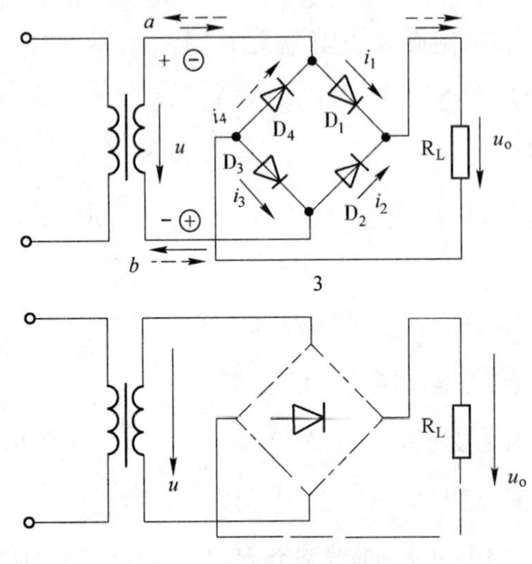

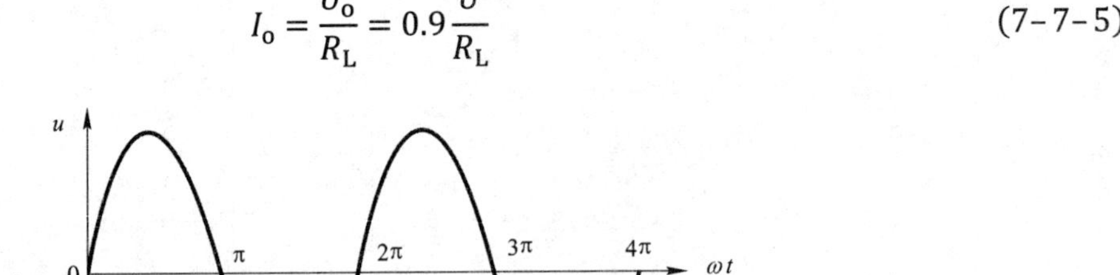

图 7-7-7 单相桥式整流电路

在变压器副边电压u的正半周，a点的电位高于b点，二极管 D_1 和 D_3 导通，D_2 和 D_4 截止；电流i_1的通路是$a \to D_1 \to R_L \to D_3 \to b$。这时，负载电阻 R_L 上得到一个半波电压，如图 7-7-8b）所示的 0~π段所示。

在电压u的负半周，b点的电位高于a点；因此，D_1 和 D_3 截止，D_2 和 D_4 导通，电流i_2的通路是$b \to D_2 \to R_L \to D_4 \to a$；同样，在负载电阻上得到一个半波电压，如图 7-7-8b）所示的π~2π段所示。

因此，单相桥式整流电路的整流电压的平均值U_{o}比半波整流时增加了 1 倍，即

$$U_{\mathrm{o}} = 2 \times 0.45U = 0.9U \tag{7-7-4}$$

负载电阻中的直流电流为：

$$I_{\mathrm{o}} = \frac{U_{\mathrm{o}}}{R_{\mathrm{L}}} = 0.9\frac{U}{R_{\mathrm{L}}} \tag{7-7-5}$$

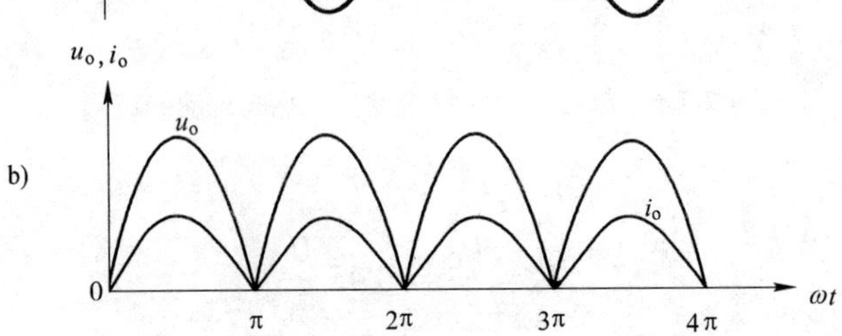

图 7-7-8 单相桥式整流电路的电压与电流的波形

由于四个二极管是交替导通的，故每个二极管中流过的平均电流只有负载电流的一半，即

$$I_D = \frac{1}{2}I_o = 0.45\frac{U}{R_L} \tag{7-7-6}$$

二极管截止时所承受的最高反向电压就是电源电压的最大值，即

$$U_{DRM} = \sqrt{2}U \tag{7-7-7}$$

【例 7-7-1】 二极管应用电路如图所示，设二极管为理想器件，当$u_1 = 10\sin(\omega t)$V时，输出电压u_o的平均值U_o等于：

A. 10V　　B. $0.9 \times 10 = 9$V

C. $0.9 \times \frac{10}{\sqrt{2}} = 6.36$V　　D. $-0.9 \times \frac{10}{\sqrt{2}} = -6.36$V

解　本题采用全波整流电路结构与二极管连接方式结合分析。

输出直流电压U_o与输入交流有效值U_i的关系为：

$$U_o = -0.9U_i$$

本题$U_i = \frac{10}{\sqrt{2}}$V，代入上式得$U_o = -0.9 \times \frac{10}{\sqrt{2}} = -6.36$V。

答案： D

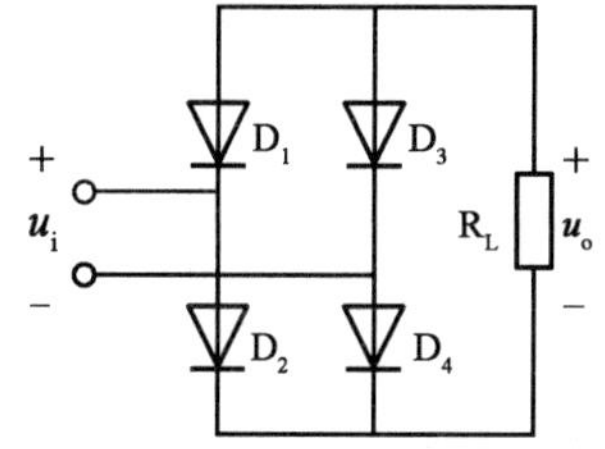

例 7-7-1 图

（二）滤波电路

整流电路虽然可以把交流电转换为直流电，但是这种直流电压是脉动电压。为了改善输出电压的脉动程度，整流电路中还要接滤波器。

常用的滤波电路有：

1. 电容滤波器（C 滤波器）

负载两端并联电容器就是一个最简单的滤波器，如图 7-7-9 所示。电容滤波器是根据电容器的端电压在电路状态改变时不能跃变的原理制成的。

电容滤波器电路简单，一般用于输出电压U_o较高，并且负载变化较小的场合。

2. 电感电容滤波器（LC 滤波器）

为了减小输出电压的脉动程度，在滤波电容之前串接一个铁芯电感线圈 L，这样就组成了电感电容滤波器，如图 7-7-10 所示。

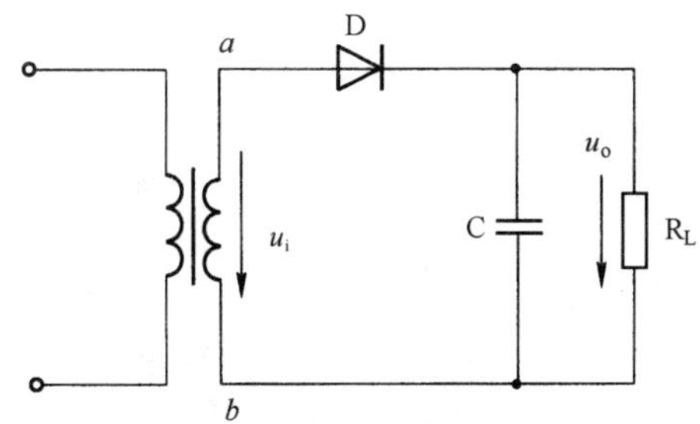

图 7-7-9　接有电容滤波器的单相半波整流电路

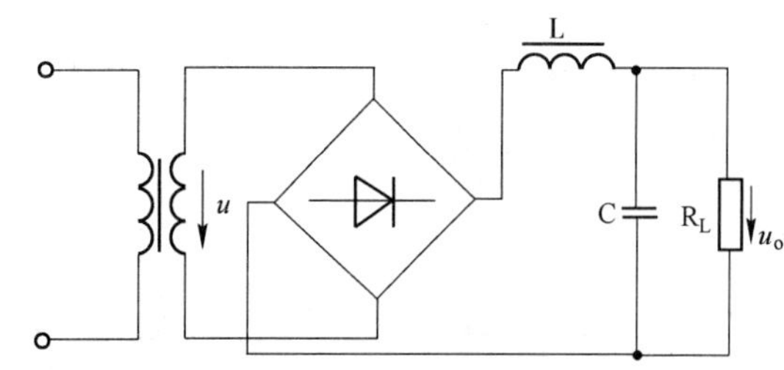

图 7-7-10　电感电容滤波电路

由于当通过电感线圈的电流发生变化时，线圈中要产生自感电动势阻碍电流的变化，因而使负载电流和负载电压的脉动大为减小。

具有 LC 滤波器的整流电路适用于电流较大，要求输出电压脉动很小的场合。

3. π 形滤波器

如果要求输出电压的脉动更小，可以在 LC 滤波器的前面再并联一滤波电容，这样便构成 π 形 LC

滤波器。它的滤波效果比 LC 滤波器更好，但整流二极管冲击电流较大。

π 形滤波电路主要适用于负载电流较小而又要求输出电压脉动很小的场合。

（三）稳压电路

经整流和滤波后的电压往往会随交流电源电压的波动和负载的变化而变化，因此需要设置稳压电路。最简单的直流稳压电路是采用稳压管的稳压电路，如图 7-7-11 所示。

引起电压不稳定的原因是交流电源电压的波动和负载电流的变化。通过稳压管与电阻 R 的调整作用，可以维持输出电压的稳定。

稳压管稳压电路的稳压效果不够理想，它一般适用于稳压性能要求不高，并且负载电流较小的场合。串联型晶体管稳压电路是性能较好的一种稳压电路，目前广泛采用的集成稳压电路也都是以晶体管串联稳压电路为基础的。

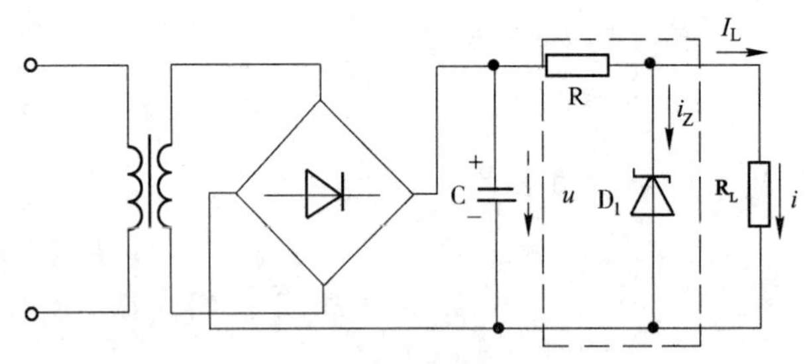

图 7-7-11　稳压管稳压电路

习　题

7-7-1　如果把一个小功率二极管直接同一个电源电压为 1.5V、内阻为零的电池实行正向连接，电路如图所示，则后果是该管（　　）。

A. 击穿　　B. 电流为零

C. 电流正常　　D. 电流过大使管子烧坏

7-7-2　在如图所示的二极管电路中，设二极管 D 是理想的（正向电压为 0V，反向电流为 0A），且电压表内阻为无限大，则电压表的读数为（　　）。

A. 15V　　B. 3V　　C. −18V　　D. −15V

7-7-3　如图所示电路中，A 点和 B 点的电位分别是（　　）。

A. 2V，−1V　　B. −2V，1V　　C. 2V，1V　　D. 1V，2V

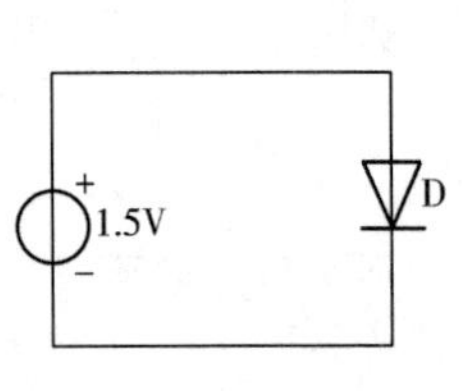

题 7-7-1 图

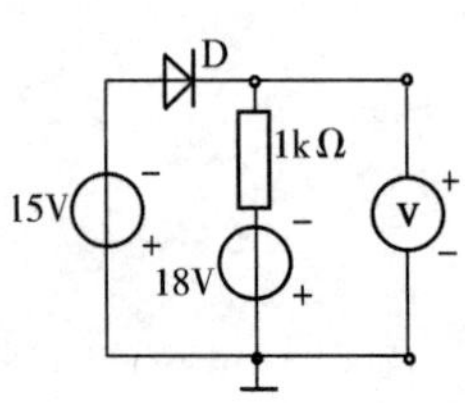

题 7-7-2 图

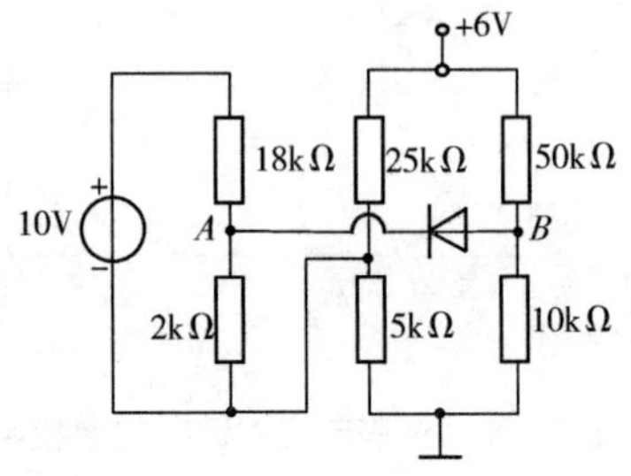

题 7-7-3 图

7-7-4　单相桥式整流电路如图 a）所示，变压器副边电压u_2的波形如图 b）所示，设四个二极管均为理想元件，则二极管 D_1 两端的电压u_{D_1}的波形为图 c）中的（　　）图。

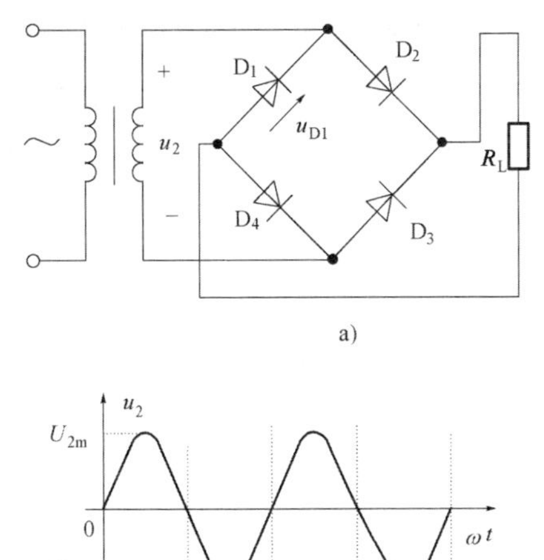

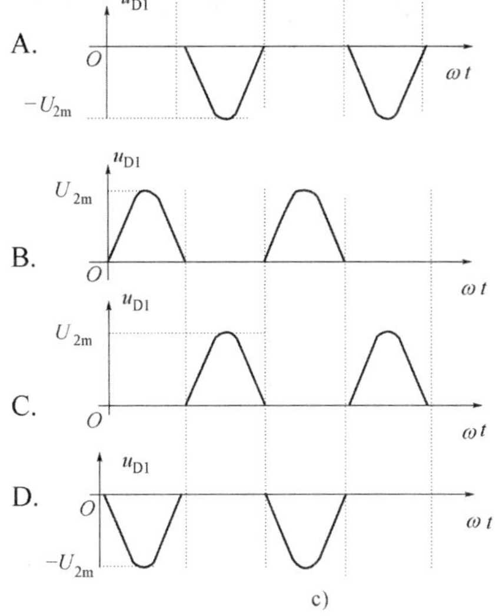

题 7-7-4 图

7-7-5　整流滤波电路如图所示，已知$U_2 = 30\text{V}$，$U_o = 12\text{V}$，$R = 2\text{k}\Omega$，$R_L = 4\text{k}\Omega$，稳压管的稳定电流$I_{zmin} = 5\text{mA}$与$I_{zmax} = 18\text{mA}$，通过稳压管的电流和通过二极管的平均电流分别是（　　）。

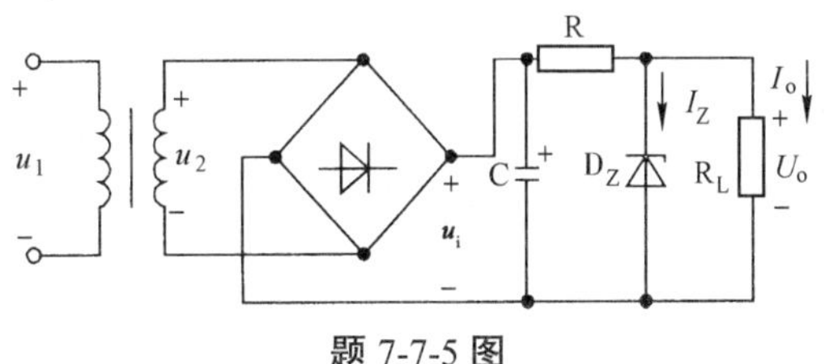

题 7-7-5 图

A. 5mA，2.5mA　　B. 8mA，8mA　　C. 6mA，2.5mA　　D. 6mA，4.5mA

7-7-6　如图所示电路中，若输入电压$U_i = 10\sin(\omega t + 30°)\text{V}$，则输出电压的平均值$U_o$为（　　）V。

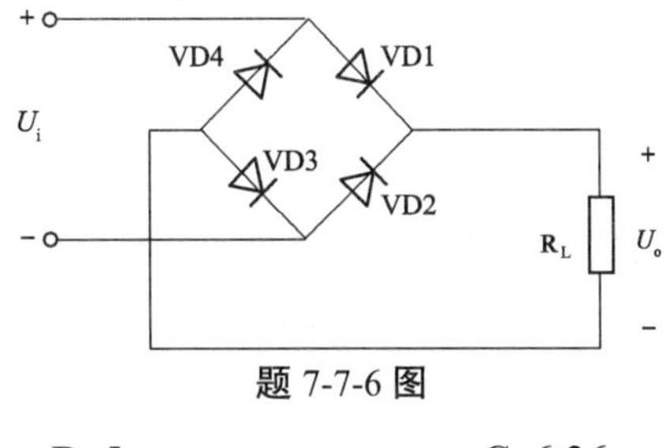

题 7-7-6 图

A. 3.18　　B. 5　　C. 6.36　　D. 10

第八节　三极管及其基本放大电路

一、晶体三极管

三极管（又称晶体管）是一种重要的半导体材料，它的出现使半导体技术出现了重大的飞跃。三极管的种类很多，根据三极管的工作频率分，可以分为高频管和低频管；根据功率分，可以分为大功率管和小功率管；按材料分，可以分为硅管和锗管。

（一）三极管结构

三极管在结构上可以分为 NPN 型和 PNP 型两类，其结构示意图和符号如图 7-8-1 所示。

每一类都分成基区、发射区和集电区，分别引出基极 B、发射极 E 和集电极 C；三极管内部有两个

PN 结，基区和发射区之间的 PN 结称为发射结，基区和集电区之间的 PN 结称为集电结。

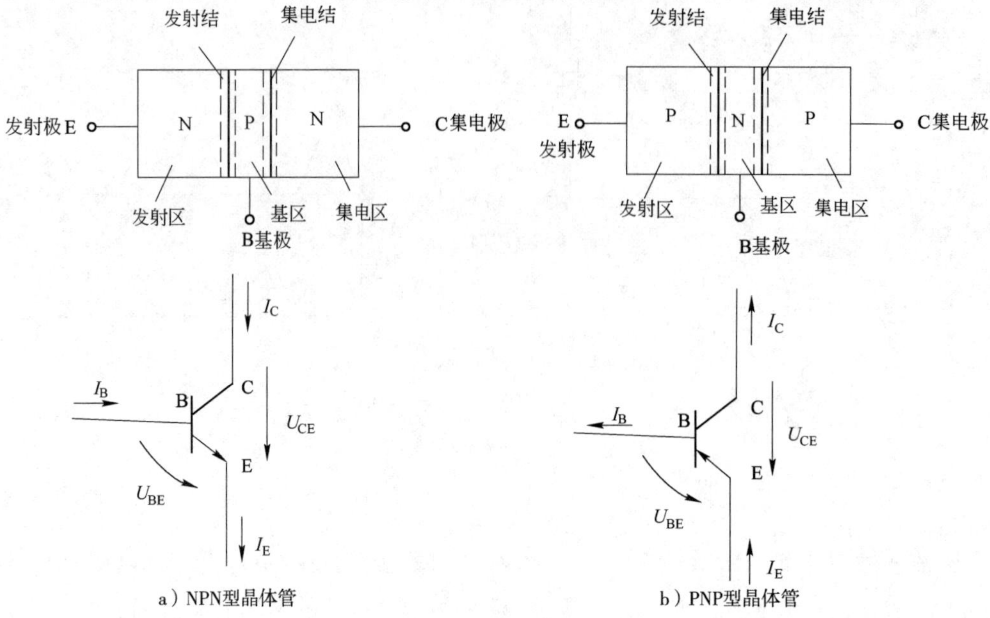

图 7-8-1　三极管的结构示意图和表示符号

（二）三极管的特性曲线

三极管的特性曲线反映了三极管各电极上的电压和电流之间的函数关系。常用的是三极管共发射极接法的特性曲线，分为输入特性曲线和输出特性曲线。

NPN 管的特性曲线分析如下，见图 7-8-2 晶体管试验电路。

1. 输入特性曲线

三极管的输入特性曲线是指当集-射极电压U_{CE}为常数时，输入电路中基极电流i_B与基-射极电压u_{BE}之间的关系曲线，其表达式为

$$i_B = f(u_{BE})|_{U_{CE}=常数} \tag{7-8-1}$$

如图 7-8-3 所示，三极管输入特性曲线与二极管的伏安特性一样。

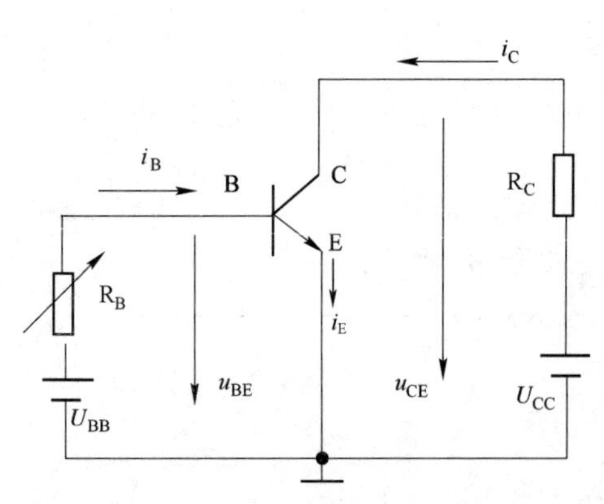

图 7-8-2　晶体管实验电路

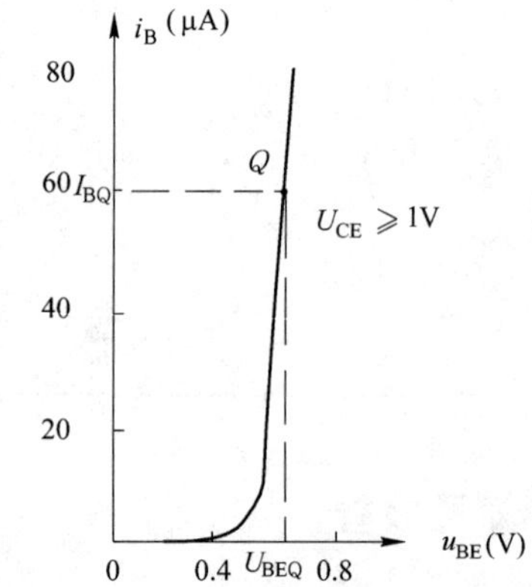

图 7-8-3　3DG6 三极管的输入特性曲线

2. 输出特性曲线

输出特性曲线是指基极电流I_B为常数时，集电极电流i_C与集-射极电压u_{CE}之间的关系曲线，其表达式为

$$i_C = f(u_{CE})|_{I_B=常数} \tag{7-8-2}$$

如图 7-8-4 所示，不同的I_B下，可得出不同的曲线，所以三极管的输出特性曲线是一族曲线。

通常把三极管的输出特性曲线分为三个工作区。

（1）截止区

$I_B = 0$的曲线以下的区域称为截止区。此时$I_B = 0$、$I_C \approx 0$，相当于三极管的三个极处于断开状态。其特点是发射结和集电结均处于反向偏置状态。

（2）放大区

输出特性曲线近似水平，且各曲线之间又相互平行的部分是放大区。此时，I_C和I_B成正比例关系，即$I_C = \beta I_B$（β为电流放大系数），这就是三极管的电流放大作用。三极管工作于放大状态时，发射结处于正向偏置，集电结处于反向偏置。

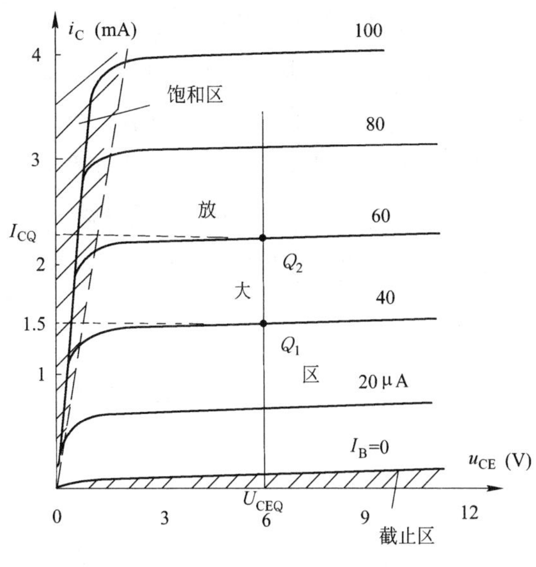

图 7-8-4　3DG6 三极管的输出特性曲线

（3）饱和区

当$U_{CE} < U_{BE}$时，集电结处于正向偏置，三极管工作于饱和区，此时I_B的变化对I_C的影响较小。其特点是发射结和集电结均处于正向偏置状态。

二、基本放大电路

三极管放大电路是将模拟信号进行放大的电路系统，对放大电路的基本要求是能够不失真地放大信号。

放大电路的框图，如图 7-8-5 所示。

图 7-8-5 中①-①′左端是等效信号源，是放大器处理的对象，②-②′右端是放大器的负载。放大器的基本任务是：在输入信号的控制下把电源的能量无失真地传递给负载。

放大器内的三极管是主要控制元件，它必须工作在放大状态。

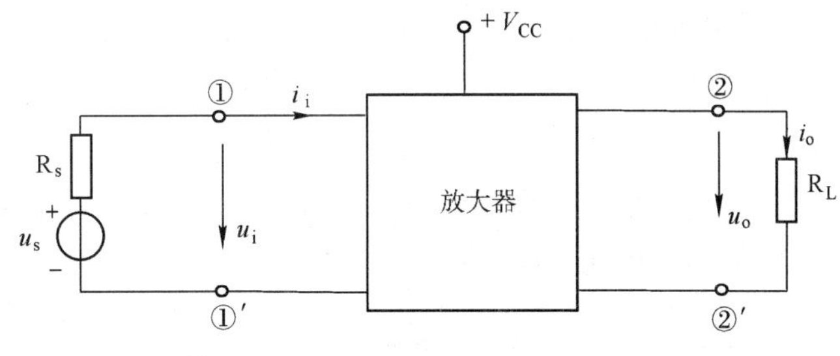

图　7-8-5

这部分内容的复习要求是能确定放大器在没有信号输入时三极管的静态工作点（I_{BQ}，I_{CQ}，V_{CEQ}），并能正确估算放大器的动态指标（电压放大倍数A_u，输入电阻r_i，输出电阻r_o）。

（一）放大电路的组成

利用三极管的电流放大作用，可以组成多种类型的放大电路，常见的有共射极接法的单管电压放大电路，如图 7-8-6 所示。

需要放大的输入电压u_i接在三极管的基极和发射极之间，负载电阻 R_L 接在三极管的集电极和发射极之间，被放大的输出电压u_o从 R_L 两端取出。

（二）放大电路的静态分析

静态是指放大电路输入信号为零时的工作状态。静态分析是要确定放大电路的静态值（直流值）I_B、I_C、U_{BE}和U_{CE}，以保证三极管工作在放大区。

因为静态值是直流，故用放大电路的直流通路分析计算。绘制放大电路直流通路的原则是电路中的电容视为开路，图 7-8-6 电路的直流通路如图 7-8-7 所示。

由图 7-8-7 的直流通路，可得出

$$I_B = \frac{U_{CC} - U_{BE}}{R_B} \approx \frac{U_{CC}}{R_B} \tag{7-8-3}$$

硅管的U_{BE}为 0.6~0.7V，相对于U_{CC}较小，计算时可以将U_{BE}忽略。

$$I_C = \beta I_B \tag{7-8-4}$$

$$U_{CE} = U_{CC} - I_C R_C \tag{7-8-5}$$

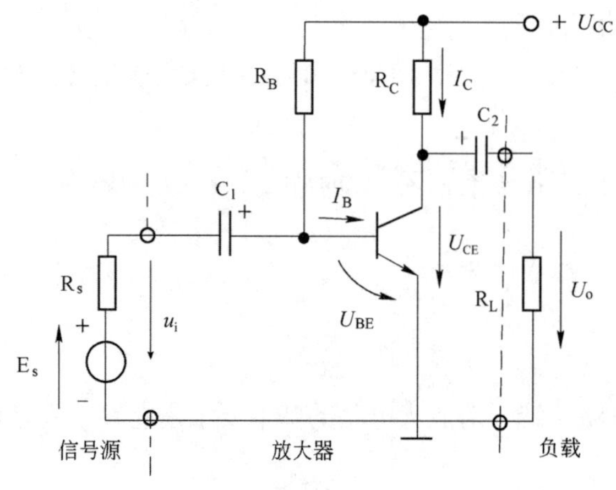

图 7-8-6　基本交流放大电路

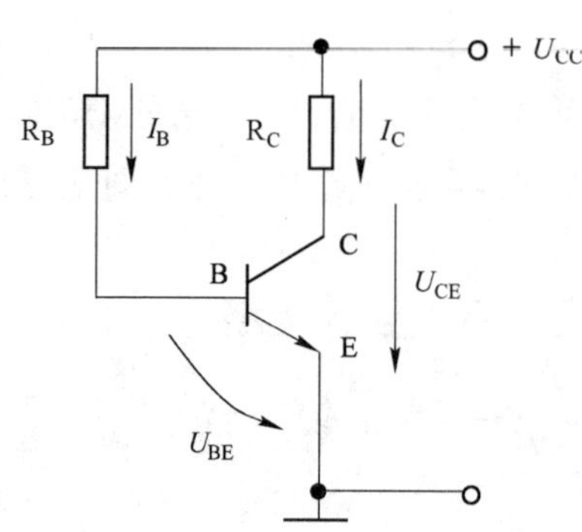

图 7-8-7　图 7-8-5 示交流放大器的直流通路

（三）放大电路的动态分析

动态是放大电路有输入信号时的工作状态，动态分析要确定放大电路的电压放大倍数A_u、输入电阻r_i和输出电阻r_o等。它是在静态值确定后分析动态信号的传输情况，考虑的只是电流和电压的动态信号分量，常用的分析方法是微变等效电路法。

1. 微变等效电路

所谓放大电路的微变等效电路，是把非线性电路等效为一个线性电路，即把三极管线性化，图 7-8-8a）示三极管的微变等效电路如图 7-8-8b）所示。

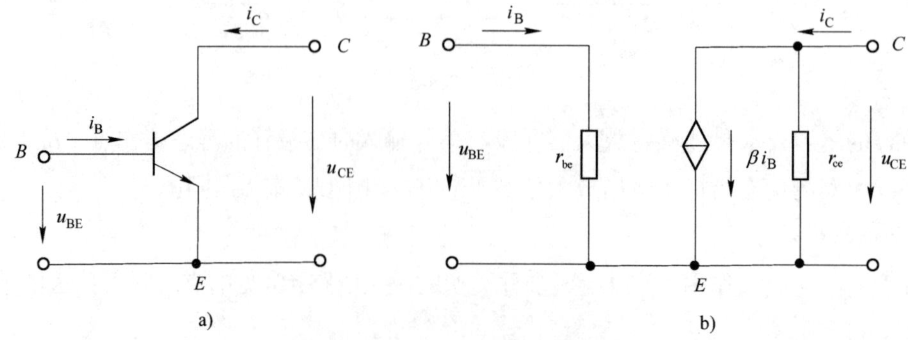

图 7-8-8　三极管及其微变等效电路

其中输入电阻r_{be}的估算公式为

$$r_{be} = r_{bb} + (\beta + 1)\frac{26(\text{mV})}{I_E(\text{mA})} \tag{7-8-6}$$

式中，r_{bb}为三极管的体电阻，其数值在 200~300Ω 之间。

将三极管用微变等效电路代替后可得出放大电路的微变等效电路。画放大器的微变等效电路时要把电路中的电容及直流电源视为短路，如图 7-8-9b）所示。

2. 电压放大倍数A_u

根据图 7-8-9b），当放大电路输入正弦交流信号时，可将电压和电流用相量表示，分析如下

$$\dot{U}_i = \dot{I}_B r_{be}$$

$$\dot{U}_o = -\dot{I}_C R_L' = -\beta \dot{I}_B R_L'$$

式中

$$R_L' = R_C /\!/ R_L$$

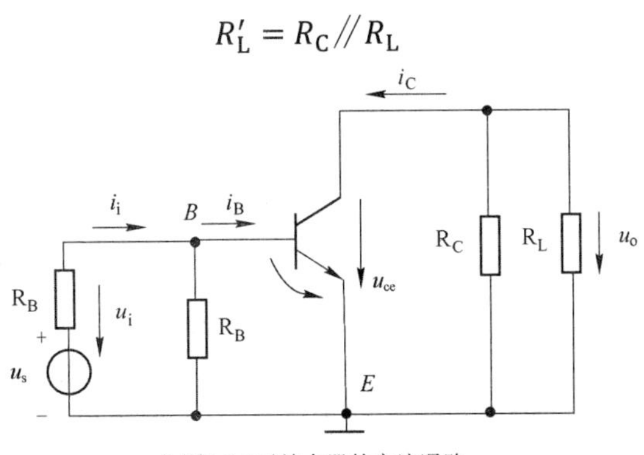

a）图7-8-5示放大器的交流通路

b）微变等效电路

图 7-8-9

整理后可知放大电路的电压放大倍数

$$\dot{A}_u = \frac{\dot{U}_o}{\dot{U}_i} = -\beta\frac{R_L'}{r_{be}} \tag{7-8-7}$$

3. 输入电阻r_i

放大电路的输入电阻r_i是从信号源u_i向放大器看进去的电阻

$$r_i = \frac{\dot{U}_i}{\dot{I}_i} = R_B /\!/ r_{be} \approx r_{be} \tag{7-8-8}$$

通常放大器的基极电阻R_B远大于三极管输入电阻r_{be}（约 1kΩ），分析时可认为放大器的输入电阻就是r_{be}的数值。

r_i是对交流而言的动态电阻，通常希望电压放大电路的输入电阻能高一些。

4. 输出电阻r_o

放大电路的输出电阻就是放大电路的输出端向左看的等效电阻

$$r_o \approx R_c \tag{7-8-9}$$

通常，希望放大电路的输出电阻r_o越小越好。

（四）静态工作点和静态工作点稳定的放大电路

放大电路应有合适的静态工作点，以保证有较好的放大效果，否则将引起非线性失真。

在图 7-8-6 的基本交流放大电路中

$$I_{\mathrm{B}}=\frac{U_{\mathrm{CC}}-U_{\mathrm{BE}}}{R_{\mathrm{B}}}\approx\frac{U_{\mathrm{CC}}}{R_{\mathrm{B}}}$$

当R_{B}一经选定后，I_{B}也就固定下来，故该电路称为固定偏置电路。

固定偏置电路虽然简单和容易调整，但在外部因素的影响下，将引起静态工作点的变动，严重时使放大电路不能正常工作，其中影响最大的是温度变化。

为使静态工作点稳定，常采用图 7-8-10 所示的分压偏置式放大电路。

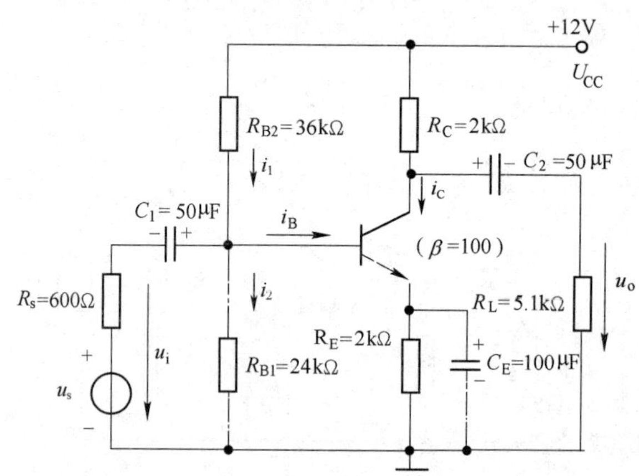

图 7-8-10 分压式偏置放大电路

分压偏置放大电路的特点有两个：第一是在输入端用 R_{B1}、R_{B2} 两分压电阻使B点电位U_{B}不变；第二是用了 R_E 电阻使温度发生变化时，U_{E}电位变化，从而U_{BE}改变，调节I_{B}后，使I_{C}稳定。

分压式偏置电路稳定静态工作点的物理过程如下（以温度升高为例）：

$$T(^{\circ}\mathrm{C})\uparrow\rightarrow I_{\mathrm{C}}\uparrow\rightarrow I_{\mathrm{E}}\uparrow\xrightarrow{R_{\mathrm{E}}}U_{\mathrm{E}}\uparrow\xrightarrow{U_{\mathrm{B}}\text{不变}}U_{\mathrm{BE}}\downarrow$$
$$I_{\mathrm{C}}\downarrow\leftarrow I_{\mathrm{B}}\downarrow\leftarrow$$

可见，该电路具有稳定I_{C}的作用（只要稳定了I_{C}，也就稳定了静态工作点），从而，温度变化对此电路的静态工作点影响不大。

【例 7-8-1】 设如图 7-8-10 所示放大电路的输入信号u_{i}为正弦信号，电路参数如图上所注。试求：（1）放大电路的输入电阻和输出电阻；（2）放大电路的电压放大倍数。

解 因放大器的动态参数与静态工作点有关，故应先分析放大器的静态工作点，先画出放大电路的直流通路，如解图 1a）所示。从三极管基极端与接地端往左看，R_{B1}、R_{B2} 和电源 U_{CC} 组成一个有源两端网络。应用戴维南定理，此有源两端网络可用一个等效电压源表示，如解图 1b）所示。其中U_{BB}为有源两端网络的开路电压，即

$$U_{\mathrm{BB}}=\frac{R_{\mathrm{B1}}}{R_{\mathrm{B1}}+R_{\mathrm{B2}}}U_{\mathrm{CC}}=\frac{24\times10^{3}}{(24+36)\times10^{3}}\times12=4.8\mathrm{V}$$

R_{B}为除源网络的等效电阻，将电压源短路（除源）得

$$R_{\mathrm{B}}=\frac{R_{\mathrm{B1}}R_{\mathrm{B2}}}{R_{\mathrm{B1}}+R_{\mathrm{B2}}}=\frac{24\times10^{3}\times36\times10^{3}}{(24+36)\times10^{3}}=14.4\mathrm{k\Omega}$$

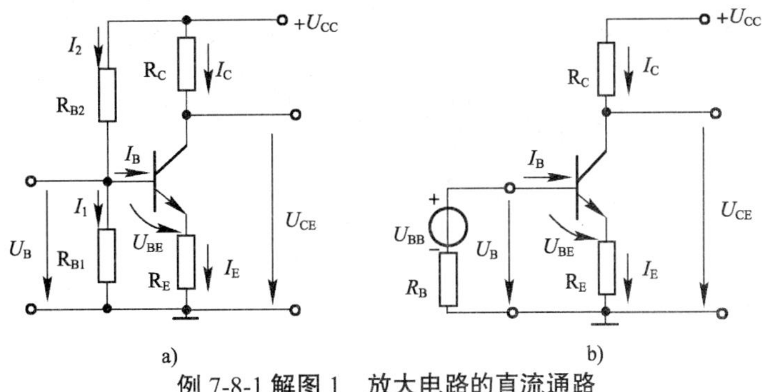

例 7-8-1 解图 1　放大电路的直流通路

由此，列出基极回路的 KVL 方程

$$U_{BB} = I_B R_B + U_{BE} + I_E R_E = I_B R_B + U_{BE} + (1+\beta) I_B R_E$$

所以，基极电流

$$I_B = \frac{U_{BB} - U_{BE}}{R_B + (1+\beta)R_E} = \frac{4.8 - 0.7}{14.4 \times 10^3 + (1+100) \times 2 \times 10^3} = 19\mu A$$

发射极电流

$$I_E = (1+\beta) I_B = (1+100) \times 19 \times 10^{-6} = 1.92mA$$

三极管的输入电阻

$$r_{be} = 300 + (\beta + 1)\frac{26(mV)}{I_E(mA)} = 300 + (100+1) \times \frac{26}{1.92} = 1.668k\Omega$$

在实际放大电路中，一般取$I_1 \gg I_B$［$I_1 \geqslant (5\sim10)I_B$］，用以保证$U_B$不随$I_B$而变，所以$I_1 \approx I_2$。在近似估算时，可认为基极对地电位

$$U_B \approx \frac{R_{B1}}{R_{B1} + R_{B2}} U_{CC} = 4.8V$$

发射极电流

$$I_E = \frac{U_B - U_{BE}}{R_E} = \frac{4.8 - 0.7}{2 \times 10^3} = 2mA$$

三极管的输入电阻

$$r_{be} = 300 + (\beta + 1) \times \frac{26(mV)}{I_E(mA)} = 300 + (100+1) \times \frac{26}{2} = 1.6k\Omega$$

从上可见，应用估算法与应用戴维南定理的精确计算法相比，r_{be}稍小些（本例小于 4%），这在工程计算中是允许的。

（1）为了求出放大电路的输入电阻和输出电阻，画出其微变等效电路如解图 2 所示。可以看出，放大电路的输入电阻r_i是R_{B1}、R_{B2}和r_{be}三者的并联，即

$$r_i = R_{B1} /\!/ R_{B2} /\!/ r_{be} = 24 /\!/ 36 /\!/ 1.6 = 1.44k\Omega$$

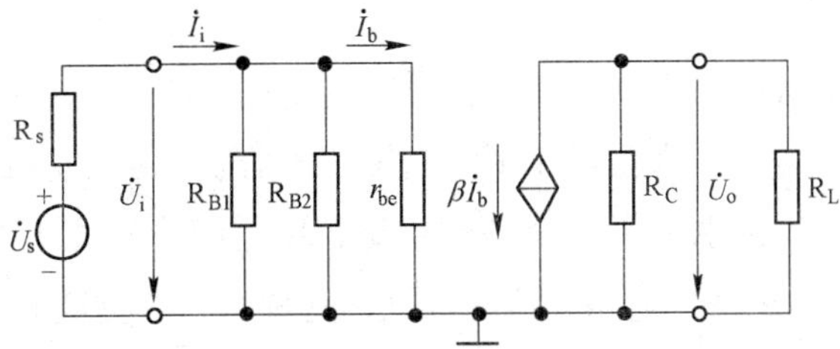

例 7-8-1 解图 2　微变等效电路图

由解图 2 可知，输出电阻r_o等于集电极负载电阻R_C，即

$$r_o = R_C = 2k\Omega$$

（2）如果考虑信号源内阻R_s的影响时，放大电路的电压放大倍数应该是

$$\dot{A}_{us}=\frac{\dot{U}_o}{\dot{U}_s}=\frac{\dot{U}_o}{\dot{U}_i}\times\frac{\dot{U}_i}{\dot{U}_s}=-\beta\frac{R_L'}{r_{be}}\times\frac{r_i}{R_s+r_i} \tag{7-8-10}$$

从上式可见，当$r_i \gg R_s$时，R_s对电压放大倍数的影响就很小。因此，一般要求电压放大电路的输入电阻r_i值较大。

对于本例题，电压放大倍数

$$\dot{A}_{us}=-100\times\frac{1.44\times10^3}{1.6\times10^3}\times\frac{1.44\times10^3}{(0.6+1.44)\times10^3}=-89\times0.71=-63$$

式（7-8-10）中，$R_L'=R_C/\!/R_L=2/\!/5.1=1.44\text{k}\Omega$

【例 7-8-2】 晶体三极管放大电路如图所示，在并入电容C_E后，下列不变的量是：

A. 输入电阻和输出电阻　　B. 静态工作点和电压放大倍数

C. 静态工作点和输出电阻　　D. 输入电阻和电压放大倍数

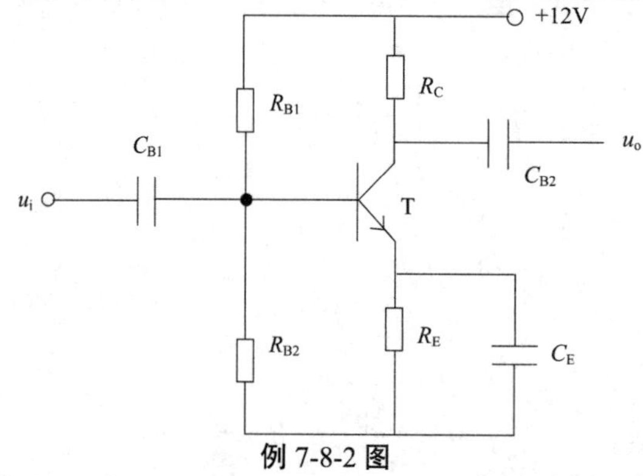

例 7-8-2 图

解　电压放大器的耦合电容有隔直通交的作用，因此电容C_E接入以后不会改变放大器的静态工作点。对于交变信号，接入电容C_E以后电阻R_E被短路，根据放大器的交流通道来分析放大器的动态参数，输入电阻R_i、输出电阻R_o、电压放大倍数A_u分别为

$$R_i=R_{B1}/\!/R_{B2}/\!/[r_{be}+(1+\beta)R_E]$$

$$R_o=R_C$$

$$A_u=\frac{-\beta R_L'}{\gamma_{be}+(1+\beta)R_E}\qquad(R_L'=R_C/\!/R_L)$$

可见，输出电阻R_o与R_E无关。

所以，并入电容C_E后不变的量是静态工作点和输出电阻R_o。

答案： C

（五）射极输出器

1. 射极输出器的工作原理

共发射极电路能获得较高的电压放大倍数，但其输入电阻较小，输出电阻较大。因此，共发射极电路常用作多级放大电路的中间级，用来获得较高的电压放大倍数。射极输出器具有较高的输入电阻和较低的输出电阻，可用作多级放大电路的输入级或输出级，以适应信号源或负载对放大电路的要求。

如图 7-8-11 所示是射极输出器的电路，从图可见，这种电路的负载电阻 R_L 经过耦合电容 C_2 接在三极管的发射极上，即输出电压u_o从三极管的发射极取出，所以称为射极输出器。它的直流和交流通路如图 7-8-12、图 7-8-13 所示，由交流通路可见，这种电路以三极管的集电极作为输入回路和输出回路的公共端，所以是属共集电极电路。

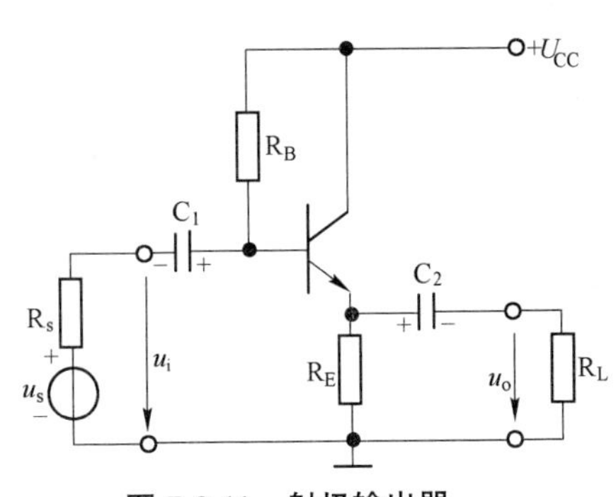

图 7-8-11　射极输出器

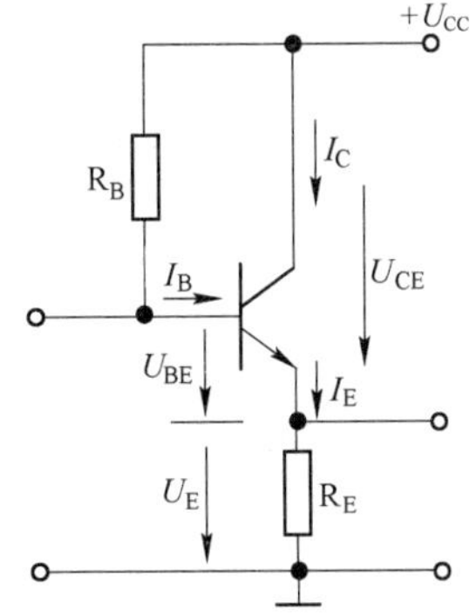

图 7-8-12　射极输出器的直流通路

当没有输入信号（静态）时，射极输出器可用如图 7-8-12 所示的直流通路来分析，此时基极电流

$$I_B=\frac{U_{CC}-U_{BE}}{R_B+(\beta+1)R_E}$$

静态时的集电极电流

$$I_C=\beta I_B=\frac{\beta(U_{CC}-U_{BE})}{R_B+(\bar{\beta}+1)R_E}$$

静态时的集电极-发射极间电压

$$U_{CE}=U_{CC}-I_ER_E\approx U_{CC}-I_CR_E$$

2. 射极输出器的电压放大倍数

为了分析射极输出器的电压放大倍数，图 7-8-14 中画出射极输出器的微变等效电路。图中假设输入为正弦信号，放大电路没有非线性失真，即电压和电流的交流分量也是正弦信号，所以均用相量表示。

从图 7-8-14 可列出输入回路的电压方程

$$\dot{U}_i=\dot{I}_br_{be}+\dot{I}_e(R_E/\!/R_L)=\dot{I}_br_{be}+(\beta+1)\dot{I}_b(R_E/\!/R_L)=\dot{I}_b[r_{be}+(\beta+1)R'_L]$$

式中，$R'_L=R_E/\!/R_L$为等效负载电阻。

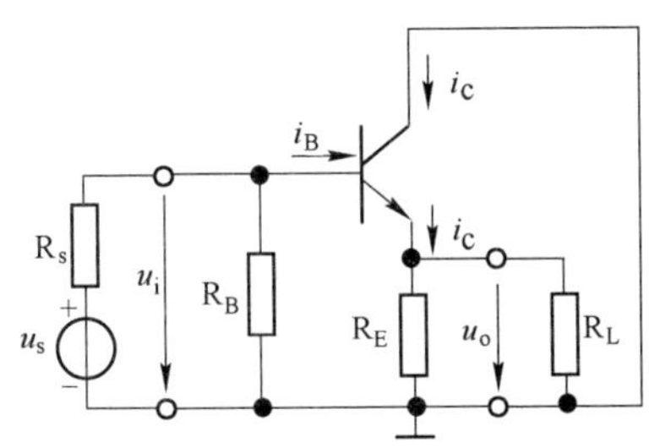

图 7-8-13　射极输出器的交流通路

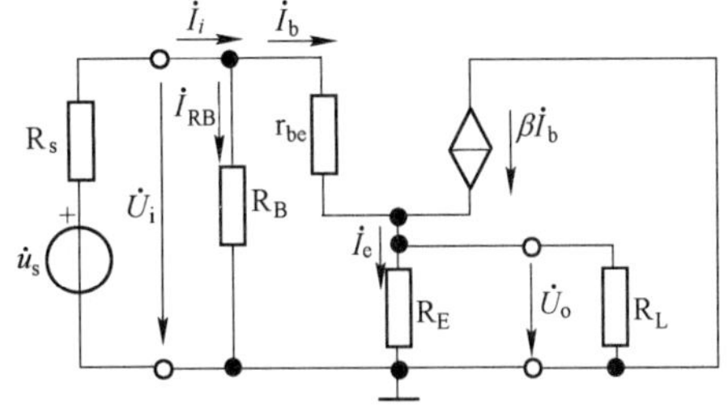

图 7-8-14　射极输出器的微变等效电路

输出电压

$$\dot{U}_o=\dot{I}_e(R_E/\!/R_L)=(\beta+1)\dot{I}_bR'_L$$

所以，电压放大倍数

$$\dot{A}_u=\frac{\dot{U}_o}{\dot{U}_i}=\frac{(\beta+1)\dot{I}_bR'_L}{\dot{I}_b[r_{be}+(\beta+1)R'_L]}=\frac{(\beta+1)R'_L}{r_{be}+(\beta+1)R'_L}\tag{7-8-11}$$

一般$\beta\gg1$，且r_{be}小于R'_L，所以

$$\dot{A}_u\approx\frac{\beta R'_L}{r_{be}+\beta R'_L}\leqslant1\tag{7-8-12}$$

从上式可见，射极输出器的电压放大倍数小于 1，即输出电压U_o的大小接近于输入电压U_i的大小。

同时从式（7-8-9）还可看到$\dot{A}_u$为正，即射极输出器的输出电压$\dot{U}_o$和输入电压$\dot{U}_i$同相位。

综上所述，射极输出器不但输出电压U_o的大小与输入电压U_i的大小相等，而且两者的相位相同。也就是说，输出电压U_o总是跟随输入电压U_i作相应变化，因此，射极输出器又称为电压跟随器。

应该指出，虽然射极输出器没有电压放大作用，但是，由于射极输出器的发射极电流I_e比基极电流I_b要大（$\beta+1$）倍，所以它具有一定的电流放大和功率放大作用。

3. 射极输出器的输入电阻和输出电阻

射极输出器的输入电阻可以从如图 7-8-14 所示的微变等效电路中求得，同时可以看出，输入电流

$$\dot{I}_i=\dot{I}_{RB}+\dot{I}_b=\frac{\dot{U}_i}{R_B}+\frac{\dot{U}_i}{r_{be}+(\beta+1)R_L'}=\left[\frac{1}{R_B}+\frac{1}{r_{be}+(\beta+1)R_L'}\right]\dot{U}_i$$

所以，射极输出器的输入电阻

$$r_i=\frac{\dot{U}_i}{\dot{I}_i}=\frac{1}{\dfrac{1}{R_B}+\dfrac{1}{r_{be}+(\beta+1)R_L'}}=R_B/\!/[r_{be}+(\beta+1)R_L'] \tag{7-8-13}$$

可见，射极输出器的输入电阻r_i由两部分电阻并联而成：一个是偏置电阻R_B；另一个是基极回路电阻$[r_{be}+(\beta+1)R_L']$。在一般情况下，R_B的阻值很大（几十千欧到几百千欧），并且基极回路电阻$[r_{be}+(\beta+1)R_L']$要比共发射极放大电路的输入电阻大得多。所以，射极输出器的输入电阻比共发射极放大电路的输入电阻提高几十倍到几百倍。

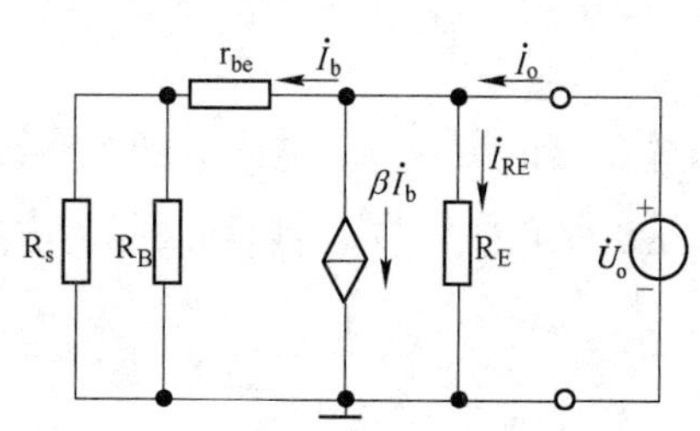

图 7-8-15　求射极输出器的输出电阻

射极输出器的输出电阻，按定义可用求等效电源内电阻的方法求得。其方法之一是除源法，即将信号源u_s短路（除独立源），在输出端（断开负载电阻R_L）加一交流电压$\dot{U}_o$，如图 7-8-15 所示。

按输出电阻的定义

$$r_o=\left.\frac{\dot{U}_o}{\dot{I}_o}\right|_{\substack{R_L=\infty\\u_s=0}}$$

由图 7-8-15 可得

$$\begin{aligned}\dot{I}_o&=\dot{I}_{RE}+\beta\dot{I}_b+\dot{I}_b=\dot{I}_{RE}+(\beta+1)\dot{I}_b\\&=\frac{\dot{U}_o}{R_E}+\frac{(\beta+1)\dot{U}_o}{r_{be}+(R_s/\!/R_B)}=\left(\frac{1}{R_E}+\frac{\beta+1}{r_{be}+R_s'}\right)\dot{U}_o\end{aligned}$$

式中，$R_s'=R_s/\!/R_B$。

所以，输出电阻

$$r_o=\frac{\dot{U}_o}{\dot{I}_o}=\frac{1}{\dfrac{1}{R_E}+\dfrac{\beta+1}{r_{be}+R_s'}}=R_E/\!/\frac{r_{be}+R_s'}{\beta+1} \tag{7-8-14}$$

上式说明，射极输出器的输出电阻r_o是R_E和$\frac{r_{be}+R_s'}{\beta+1}$两部分电阻并联的结果。在一般情况下，（$r_{be}+R_s'$）较小，$\beta\gg1$，而$R_E$通常为几千欧，因此射极输出器的输出电阻$r_o$很低。

习　题

7-8-1　如图所示电路，能实现交流放大的是图（　　）。

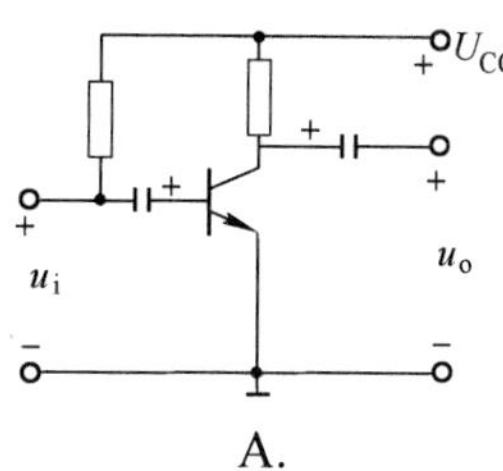

A.

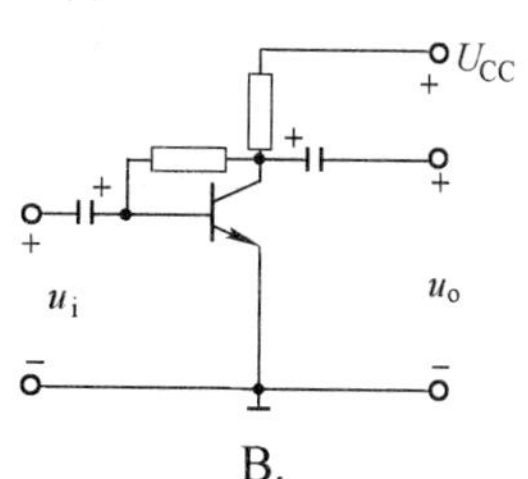

B.

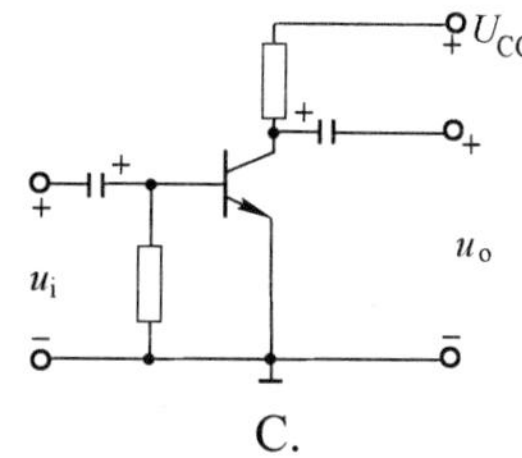

C.

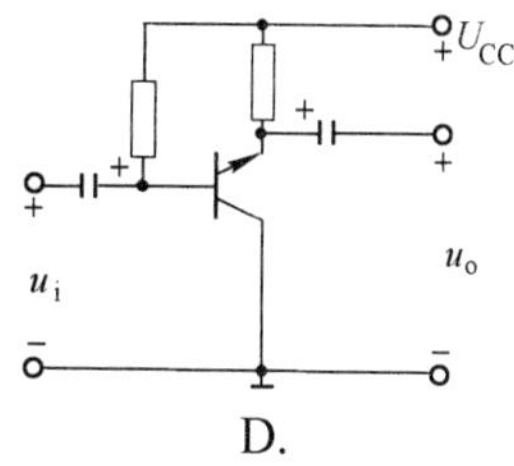

D.

7-8-2　如图所示电路中的晶体管，当输入信号为 3V 时，工作状态是（　　）。

A. 饱和　　B. 截止　　C. 放大　　D. 不确定

7-8-3　如图所示为共发射极单管电压放大电路，估算静态点I_B、I_C、V_{CE}分别为（　　）。

A. 57μA，2.28mA，5.16V　　B. 57μA，2.8mA，8V

C. 57μA，4mA，0V　　D. 30μA，2.8mA，3.5V

7-8-4　如图所示放大器的输入电阻r_i、输出电阻r_o和电压放大倍数A_u分别为(　　)。($r_{be} = 1.25\text{k}\Omega$)

A. 200kΩ，3kΩ，47.5 倍　　B. 1.25kΩ，3kΩ，47.5 倍

C. 1.25kΩ，3kΩ，−47.5 倍　　D. 1.25kΩ，1.5kΩ，−47.5 倍

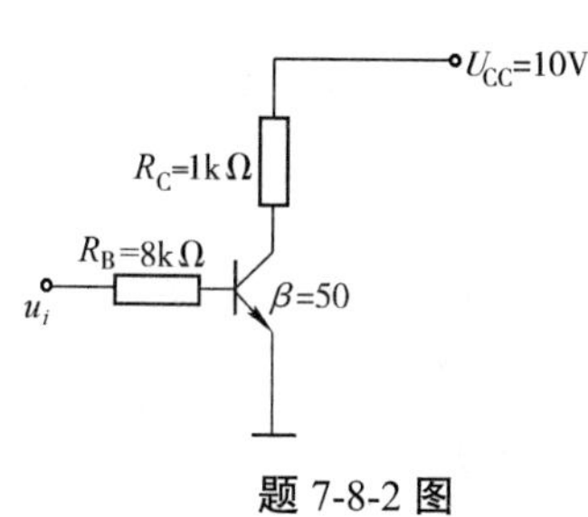

题 7-8-2 图

题 7-8-3、题 7-8-4 图

7-8-5　某晶体管放大电路的空载放大倍数$A_k = -80$、输入电阻$r_i = 1\text{k}\Omega$ 和输出电阻$r_o = 3\text{k}\Omega$，将信号源（$u_s = 10\sin\omega t\text{mV}$，$R_s = 1\text{k}\Omega$）和负载（$R = 5\text{k}\Omega$）接于该放大电路之后（见图），负载电压$u_o$将为（　　）。

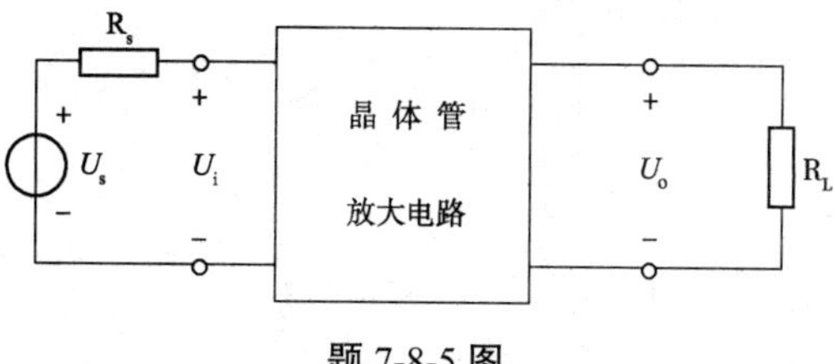

题 7-8-5 图

A. $-0.8\sin\omega t\text{V}$　　B. $-0.5\sin\omega t\text{V}$　　C. $-0.4\sin\omega t\text{V}$　　D. $-0.25\sin\omega t\text{V}$

7-8-6 将放大倍数为 1，输入电阻为 100Ω，输出电阻为 50Ω 的射级输出器插接在信号源（u_s，R_s）与负载（R_L）之间，形成图 b）电路，与图 a）电路相比，负载电压的有效值（ ）。

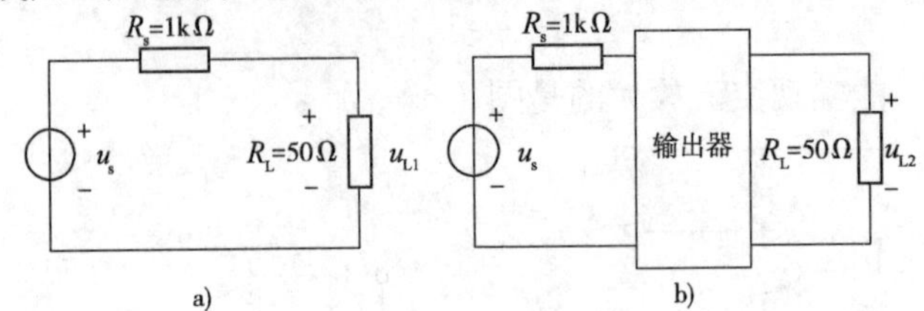

题 7-8-6 图

A. $U_{L2} > U_{L1}$　　B. $U_{L2} = U_{L1}$

C. $U_{L2} < U_{L1}$　　D. 因为U_2未知，不能确定U_{L1}和U_{L2}之间的关系

第九节　集成运算放大器

一、集成运算放大器简介

集成运算放大器是具有高开环放大倍数并带有深度负反馈的多级直接耦合放大电路，它不仅可以放大直流信号，也可以放大交流信号。集成运算放大器具有开环放大倍数高、输入电阻高、输出电阻低、可靠性高、体积小等主要特点。

为了使集成运算放大器（简称运算放大器）电路分析得以简化，一般将实际运算放大器进行理想化，理想化的条件是：

开环电压放大倍数　$A_u \to \infty$

输入电阻　$r_i \to \infty$

输出电阻　$r_o \to 0$

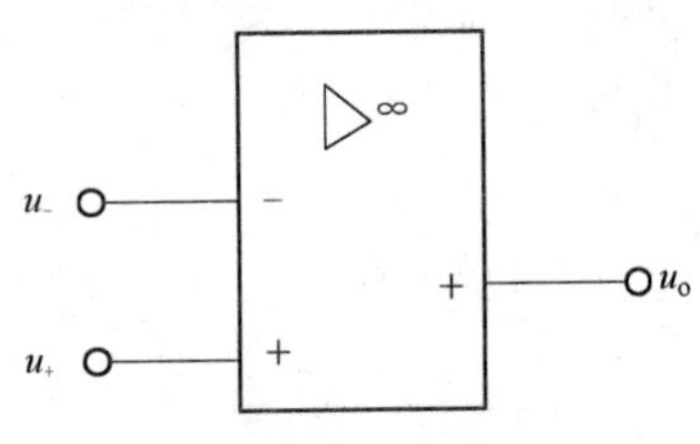

图 7-9-1　运算放大器的图形符号

如图 7-9-1 所示是理想运算放大器的图形符号，它有两个输入端和一个输出端。反相输入端标上“−”号，同相输入端和输出端标上“+”号。它们对“地”的电位分别用u_-、u_+和u_o表示，反相输入信号u_-的电位变化极性与输出信号u_o的极性相反；同相输入信号u_+的电位变化极性与输出信号u_o的极性相同。当运算放大器工作在线性区时，u_o、u_+和u_-之间关系为

$$u_o = A_u(u_+ - u_-) \tag{7-9-1}$$

由于$r_i = \infty$，故可认为两个输入端的输入电流为零（即虚断路）；由于运算放大器的开环电压放大倍数$A_u \to \infty$，而输出电压u_o是一个有限值，则

$$u_+ - u_- = \frac{u_o}{A_u} \approx 0$$

即

$$u_+ \approx u_- \quad \text{（即虚短路）} \tag{7-9-2}$$

如果反相端有输入时，同相端接“地”，即$u_+ = 0$，则$u_- \approx 0$。这就是说反相输入端的电位接近于“地”电位，通常称为“虚地”。

由于$r_o \Rightarrow 0$，可以认为输出端电压恒定，仅受输入信号控制，与负载R_L的变化无关：

$$u_o = A_u(u_+ - u_-)$$

二、基本运算电路

（一）比例运算

1. 反相输入

如图 7-9-2 所示，输入信号从反相输入端引入。

由于$i_1 \approx i_f$，$u_- \approx u_+ = 0$（流过图 7-9-2 中电阻R_2的电流基本为 0），则

$$i_1 = \frac{u_i - u_-}{R_1} = \frac{u_i}{R_1}$$

$$i_f = \frac{u_- - u_o}{R_F} = -\frac{u_o}{R_F}$$

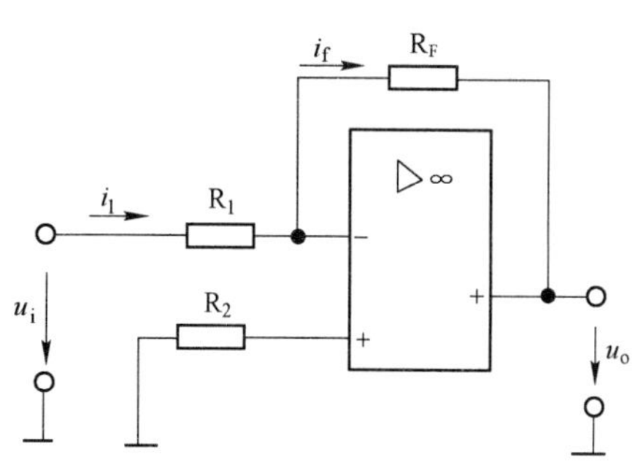

图 7-9-2　反相比例运算电路

由此得出

$$u_o = -\frac{R_F}{R_1}u_i \tag{7-9-3}$$

闭环电压放大倍数为

$$A_{uf} = \frac{u_o}{u_i} = -\frac{R_F}{R_1} \tag{7-9-4}$$

上式表明，输出电压与输入电压是反相比例运算关系。

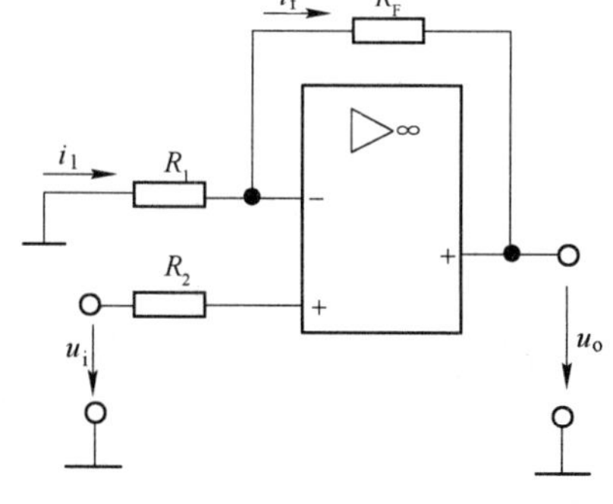

图 7-9-3　同相比例运算电路

2. 同相输入

如图 7-9-3 所示，输入信号从同相输入端引入。

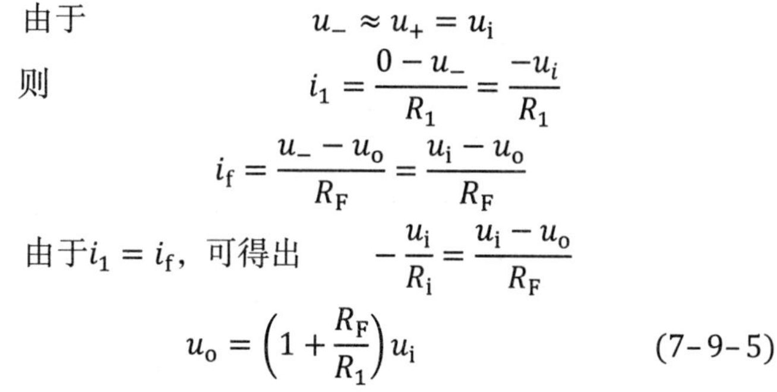

由于　$u_- \approx u_+ = u_i$

则　$i_1 = \frac{0 - u_-}{R_1} = \frac{-u_i}{R_1}$

$$i_f = \frac{u_- - u_o}{R_F} = \frac{u_i - u_o}{R_F}$$

由于$i_1 = i_f$，可得出　$-\frac{u_i}{R_i} = \frac{u_i - u_o}{R_F}$

则

$$u_o = \left(1 + \frac{R_F}{R_1}\right)u_i \tag{7-9-5}$$

闭环电压放大倍数则为

$$A_{uf} = \frac{u_o}{u_i} = 1 + \frac{R_F}{R_1} \tag{7-9-6}$$

可见，输出电压与输入电压是同相比例运算关系。

【例 7-9-1】 运算放大器应用电路如图所示，设运算放大器输出电压的极限值为±11V。如果将−2.5V 电压接入 A 端，而 B 端接地后，测得输出电压为 10V，如果将−2.5V 电压接入 B 端，而 A 端接地，则该电路的输出电压u_o等于：

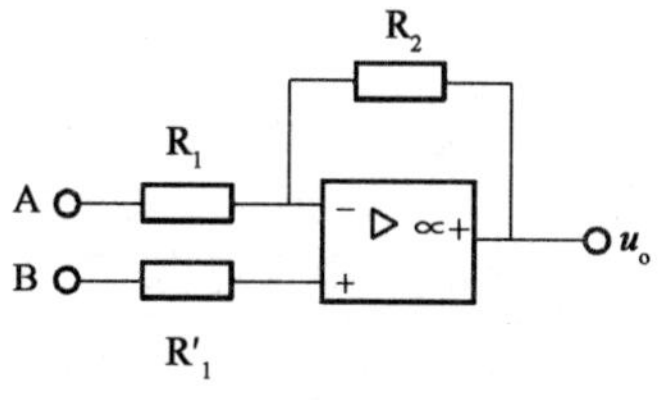

例 7-9-1 图

A. 10V　　B. −10V

C. −11V　　D. −12.5V

解　将电路 A 端接入−2.5V 的信号电压，B 端接地，则构成反相比例运算电路。输出电压与输入的信号电压关系为：$u_o=-\frac{R_2}{R_1}u_i$，可知：$\frac{R_2}{R_1}=-\frac{u_o}{u_i}=4$。

当 A 端接地，B 端接信号电压，就构成同相比例电路，则输出u_o与输入电压u_i的关系为：

$$u_o=\left(1+\frac{R_2}{R_1}\right)u_i=-12.5\mathrm{V}$$

考虑到运算放大器输出电压在−11~11V 之间，可以确定放大器已经工作在负饱和状态，输出电压为负的极限值−11V。

答案： C

（二）加法运算

如果在反相输入端增加若干输入电路，则构成反相加法运算电路，如图 7-9-4 所示。

由图可列出

$$i_{11}=\frac{u_{i1}}{R_{11}}\quad i_{12}=\frac{u_{i2}}{R_{12}}\quad i_{13}=\frac{u_{i3}}{R_{13}}\quad i_f=\frac{-u_o}{R_F}$$

$$i_f=i_{11}+i_{12}+i_{13}$$

整理可得

$$u_o=-\left(\frac{R_F}{R_{11}}u_{i1}+\frac{R_F}{R_{12}}u_{i2}+\frac{R_F}{R_{13}}u_{i3}\right)\tag{7-9-7}$$

当$R_{11}=R_{12}=R_{13}=R_F$时，则上式为

$$u_o=-(u_{i1}+u_{i2}+u_{i3})\tag{7-9-8}$$

（三）减法电路

减法运算电路如图 7-9-5 所示。两个输入端都有信号输入，为差动输入方式。

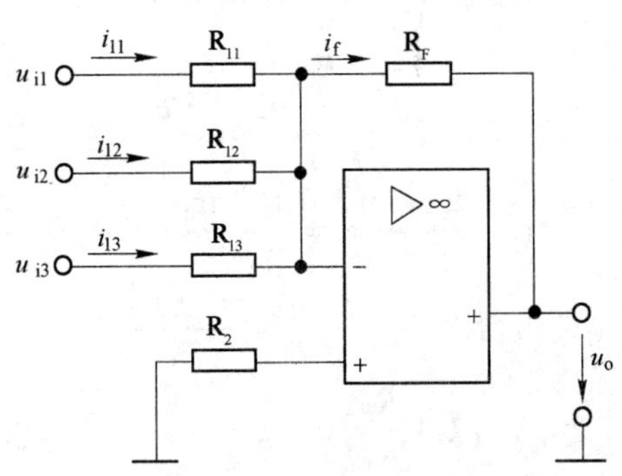

图 7-9-4　反相加法运算电路

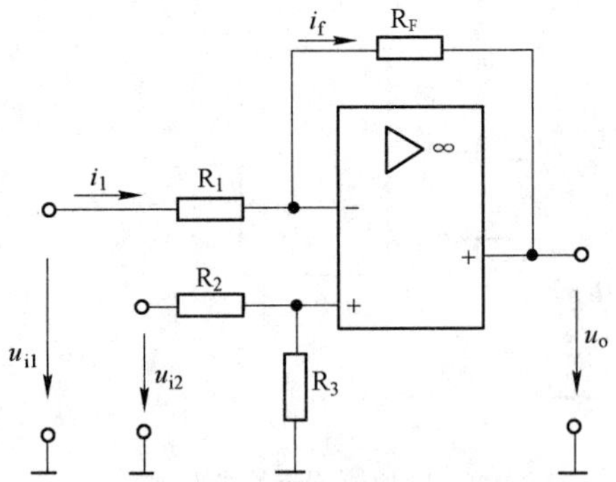

图 7-9-5　减法运算电路

由图 7-9-5 可列出

$$u_-=u_{i1}-i_1R_1=u_{i1}-\frac{u_{i1}-u_o}{R_1+R_F}R_1$$

$$u_+=\frac{u_{i2}}{R_2+R_3}R_3$$

因为$u_-\approx u_+$，整理可得

$$u_o=\left(1+\frac{R_F}{R_1}\right)\frac{R_3}{R_2+R_3}u_{i2}-\frac{R_F}{R_1}u_{i1}\tag{7-9-9}$$

当$R_1=R_2=R_3=R_F$，则

$$u_o = u_{i2} - u_{i1} \tag{7-9-10}$$

可见，输出电压u_o是两个输入电压的差值，实现了减法运算。

（四）积分运算

积分运算电路如图 7-9-6 所示。

由于反相输入$u_- = u_+ \approx 0$，故

$$i_1 = \frac{u_i}{R_1}$$

$$i_f = C_F\frac{du_C}{dt} = C_F\frac{d(u_- - u_o)}{dt} = -C_F\frac{du_o}{dt}$$

则

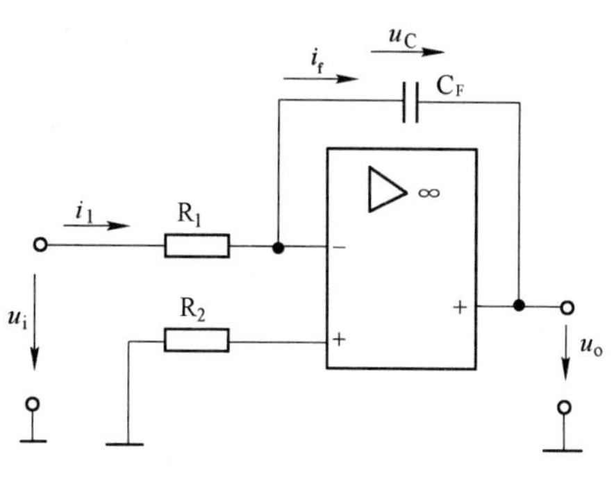

图 7-9-6　积分运算电路

$$u_0 = -\frac{1}{R_1C_F}\int u_i dt \tag{7-9-11}$$

上式表明u_o与u_i的积分成比例，R_1C_F称为积分时间常数。

【例 7-9-2】 运算放大器应用电路如图所示，其中C =1μF，R =1MΩ，$U_{OM} = \pm 10$V，若u_1 =1V，则u_o：

A. 等于 0V

B. 等于 1V

C. 等于 10V

D. t <10s 时，为$-t$；t≥10s 后，为−10V

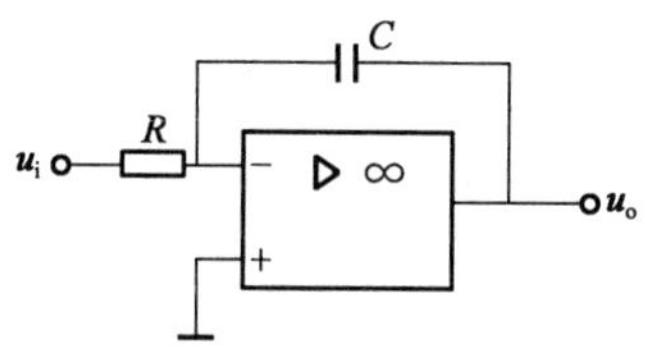

例 7-9-2 图

解　该电路为运算放大器的积分运算电路。

$$u_o = -\frac{1}{RC}\int u_i dt$$

当$u_i = 1$V时，$u_o = -\frac{1}{RC}t$

当t <10s 时，$u_o = -t$

t≥10s 后，电路出现反向饱和，$u_o = -10$V

波形分析如解图所示。

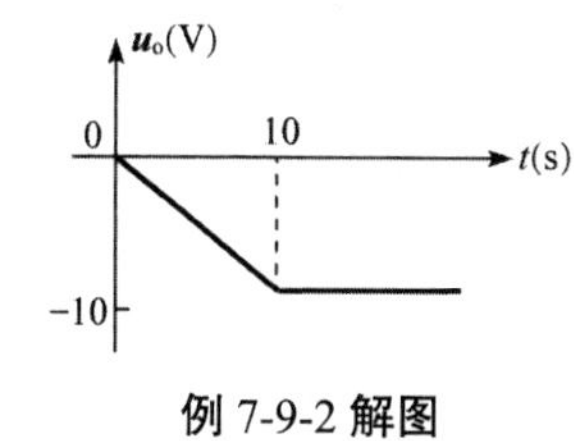

例 7-9-2 解图

答案： D

实例： 仪表测量电路

如图 7-9-7 所示为三运放构成的仪用放大器，A_1，A_2均为同相放大电路。

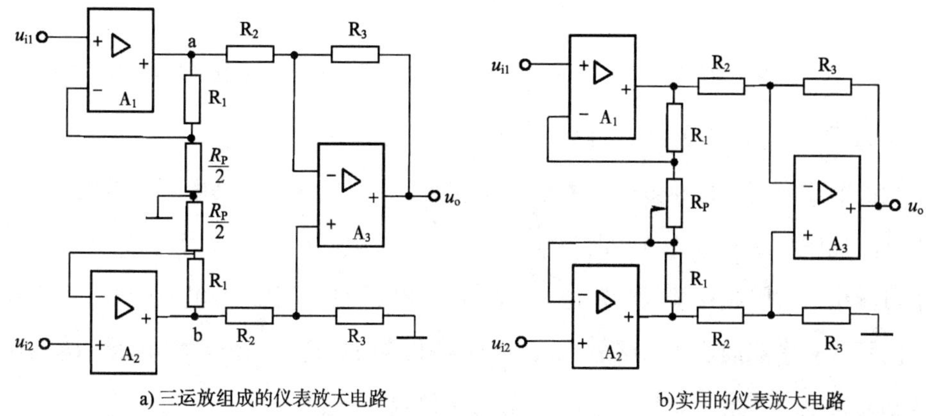

a) 三运放组成的仪表放大电路　　b)实用的仪表放大电路

图　7-9-7

其中

$$u_a = \left(1+\frac{R_1}{\frac{R_P}{2}}\right)u_{i1}，\ u_b = \left(1+\frac{R_1}{\frac{R_P}{2}}\right)u_{i2}$$

$$u_{ab} = u_a - u_b = \left(1+\frac{2R_1}{R_P}\right)(u_{i1}-u_{i2})$$

A_3为差动放大电路，输出电压

$$u_o = -\frac{R_3}{R_2}u_{ab} = \frac{R_3}{R_2}\left(1+\frac{2R_1}{R_P}\right)(u_{i2}-u_{i1})$$

当输出电压需要调节时可以采用图 7-9-7b）所示电路，调节可变电阻 R_P 即可改变电路的电压放大倍数。该电路的特点为电压放大倍数容易调整，输入电阻较大。在 LH0036 系列仪表中电路的输入电阻可达到 300MΩ 以上。

三、电压比较器电路

电压比较器的作用是用来比较输入电压和参考电压，图 7-9-8a）是一种基本电压比较器电路和输入、输出电压的传输特性。

该电路的参考电压U_R加在同相输入端，输入电压u_i加在反相输入端，运算放大器工作于开环状态。由于运算放大器的开环电压放大倍数很高，即使输入端有一个非常微小的差值信号，也会使输出电压饱和。因此，用作比较器时，运算放大器工作在饱和区（即非线性区）。当$u_i < U_R$时，$U_o = +U_{o(sat)}$；当$u_i > U_R$时，$U_o = -U_{o(sat)}$。当参考电压$U_R = 0$时，电压比较器又叫作过零比较器，图 7-9-9b）是过零比较器的电压传输特性。

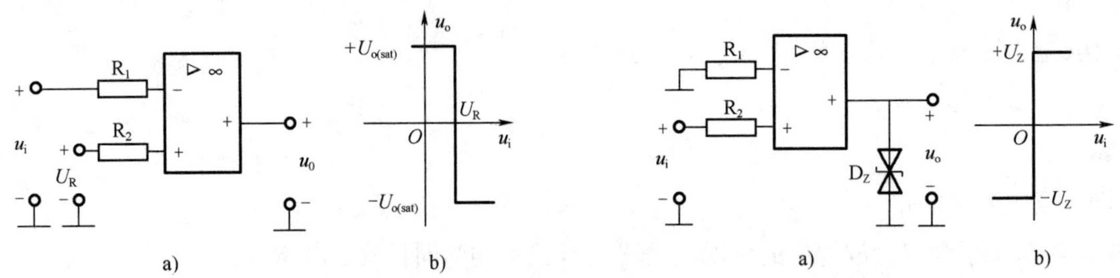

图 7-9-8　电压比较器　　图 7-9-9　过零比较器电路和电压传输特性

图 7-9-10 为过零比较器将正弦波电压转变为矩形波电压。

当电压比较器的输入端进行模拟信号大小的比较时，在输出端则以高电平或低电平［即为数字信号（1 或 0）］来反映比较结果。当$U_R = 0$时，输入电压u_i与零电平比较，成为过零比较器。

有时为了将输出电压限制在某一特定值，与接在输出端的数字电路的电平配合，可在比较器的输出端与“地”之间跨接一个双向稳压二极管 D_Z，作双向限幅用。稳压二极管的电压为U_Z，电路和传输特性如图 7-9-11 所示。U_i与零电平比较，输出电压u被限制在$+U_Z$或$-U_Z$。

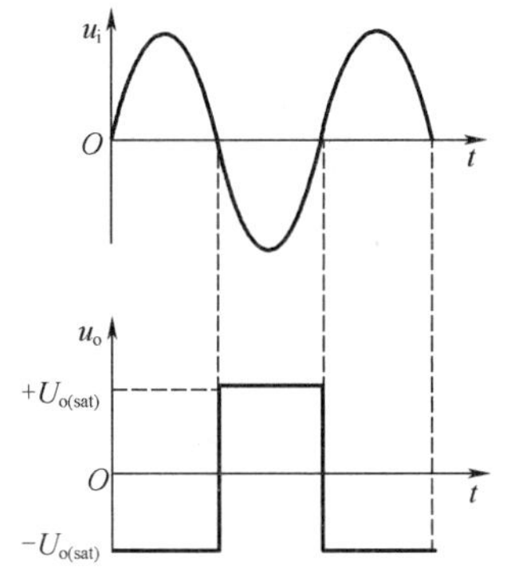

图 7-9-10　过零比较器将正弦波电压转变为矩形波电压

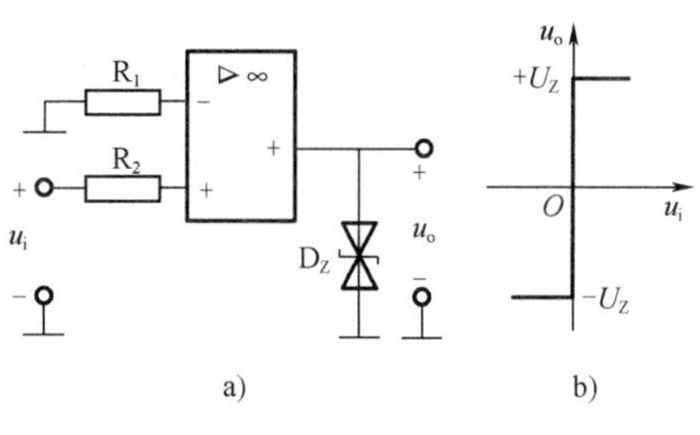

图 7-9-11　带有输出限幅的电压比较电路

【例 7-9-3】 图示为一种电压比较电路，用作电平检测电路，图中U_R为参考电压且为正值，DR 和 DG 分别为红色和绿色发光二极管，试判断在什么情况下它们会亮？

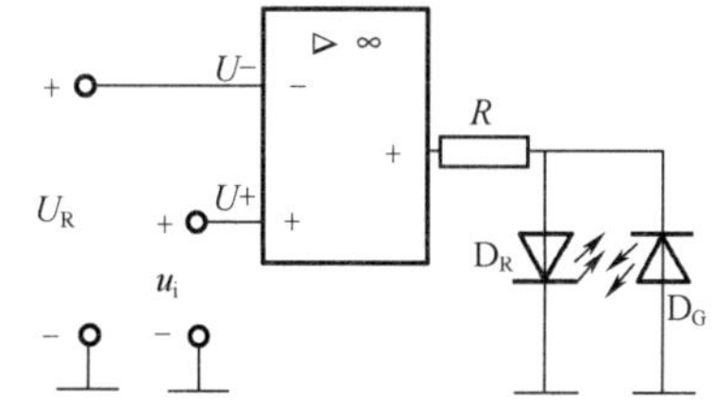

例 7-9-3 图　电压比较电路用作电平检测电路

解　当$u_i < U_R$时（$U_+ < U_-$），$u_o = -U_{o(sat)}$，二极管 DG 导通，DR 截止，绿灯亮；

当$u_i > U_R$时（$U_+ < U_-$），$u_o = +U_{o(sat)}$，二极管 DG 截止，DR 导通，红灯亮。

四、滤波电路的基础知识

（一）滤波电路分类

通常，按照滤波电路的工作频带为其命名，分为低通滤波器（LPF）、高通滤波器（HPF）、带通滤波器（BPF）、带阻滤波器（BEF）和全通滤波器（AF）。设截止频率为f_p，频率低于f_p的信号可以通过，高于f_p的信号被衰减的滤波电路称为低通滤波器；反之，频率高于f_p的信号可以通过，而频率低于f_p的信号被衰减的滤波电路称为高通滤波器。前者可以作为直流电源整流后的滤波电路，以便得到平滑的直流电压；后者可以作为交流放大电路的耦合电路，隔离直流成分，削弱低频信号，只放大频率高于f_p的信号。

设低频段的截止频率为f_{p1}，高频段的截止频率为f_{p2}，频率为f_{p1}到f_{p2}之间的信号可以通过，低于f_{p1}或高于f_{p2}的信号被衰减的滤波电路称为带通滤波器；反之，频率低于f_{p1}和高于f_{p2}的信号可以通过，而频率是f_{p1}到f_{p2}之间的信号被衰减的滤波电路称为带阻滤波器。前者常用于载波通信或弱信号提取等场合，以提高信噪比；后者用于在已知干扰或噪声频率的情况下，阻止其通过。

全通滤波器对于频率从零到无穷大的信号具有同样的比例系数，但对于不同频率的信号将产生不同的相移。

（二）典型滤波电路

实际上，任何滤波器均不可能具备如图 7-9-12 所示的幅频特性，在通带和阻带之间存在着过渡带。通带中输出电压与输入电压之比$\dot{A}_{up}$称为通带放大倍数。如图 7-9-13 所示为低通滤波器电路和幅频特性。

使$|\dot{A}_u| \approx 0.707|\dot{A}_{up}|$的频率为通带截止频率$f_p$。从$f_p$到$|\dot{A}_u|$接近零的频段称为过渡带。使$|\dot{A}_u|$趋近于零的频段称为阻带。过渡带愈窄，电路的选择性愈好，滤波特性愈理想。

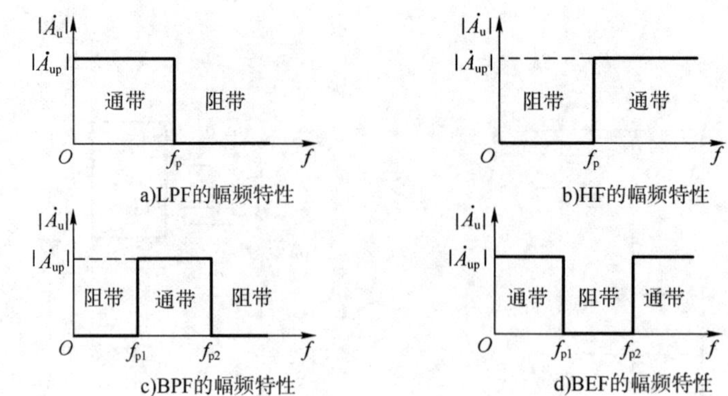

图 7-9-12　理想滤波电路的幅频特性

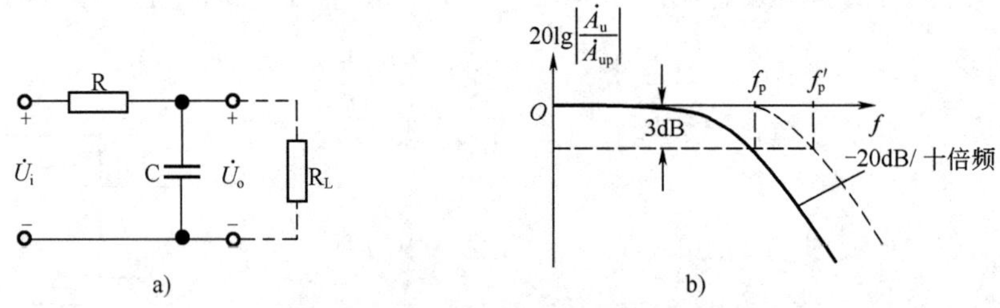

图 7-9-13　低通滤波器电路和幅频特性

分析滤波电路，就是求解电路的频率特性。若滤波电路仅由无源元件（电阻、电容、电感）组成，则称为无源滤波电路。若滤波电路不仅有无源元件，还有有源元件（双极型管、单极型管、集成运放）组成，则称为有源滤波电路。

1. 无源低通滤波器

如图 7-9-13 所示为 RC 低通滤波器，当信号频率趋于零时，电容的容抗趋于无穷大，通带放大倍数计算如下

$$\dot{A}_u=\frac{\dot{U}_o}{\dot{U}_i}=\frac{R_L/\!/\frac{1}{j\omega C}}{R+R_L/\!/\frac{1}{j\omega C}}=\frac{\frac{R_L}{R+R_L}}{1+j\omega(R/\!/R_L)C}$$

$$\dot{A}_u=\frac{\dot{U}_o}{\dot{U}_i}=\frac{\dot{A}_{up}}{1+j\frac{f}{f_p'}}$$

$$f_p'=\frac{1}{2\pi\left(R/\!/R_L\right)C}$$

结果表明负载电阻R_L对放大倍数的影响：负载电阻R_L减小，通带放大倍数的数值减小，通带截止频率升高。可见，无源滤波电路的通带放大倍数及其截止频率都随负载而变化，这一缺点不符合信号处理的要求，因而产生有源滤波电路。

2. 有源滤波电路

为了使负载不影响滤波特性，可在无源滤波电路和负载之间加一个高输入电阻低输出电阻的隔离电路，最简单的方法是加一个电压跟随器，即构成一阶有源低通滤波电路，如图 7-9-14a）所示，这样就构成了有源滤波电路。在理想运放的条件下，由于电压跟随器的输入电阻为无穷大，输出电阻为零，电路的负载能力提高。负载变化，放大倍数的表达式不变，因此频率特性不变。

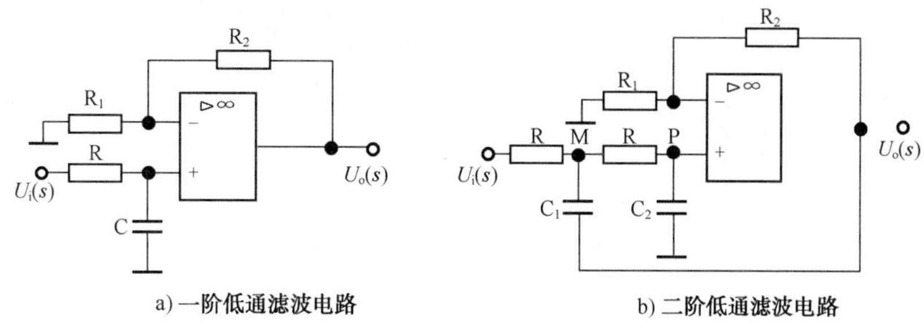

图 7-9-14　低通滤波电路

有源滤波电路一般由 RC 网络和集成运放组成，因而必须在合适的直流电源供电的情况下才能起滤波作用，与此同时，还可以进行放大。组成电路时，应选用带宽合适的集成运放。有源滤波电路不适于高电压、大电流的负载，只适用于信号处理。

图 7-9-14b）为用运算放大器构成的一阶、二阶低通滤波电路。

高通滤波电路与低通滤波电路具有对偶性，如果将如图 7-9-14b）所示二阶低通滤波电路中滤波环节的电容替换成电阻，电阻替换成电容，就可得如图 7-9-15 所示的高通滤波电路。

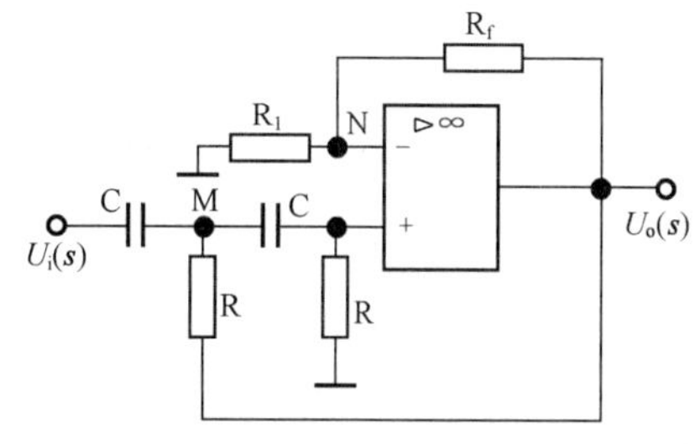

图 7-9-15　二阶高通滤波电路

习　题

7-9-1　如图所示电路中，输出电压的表达式是（　　）。

A. $-\frac{R_{F2}}{R_2}u_{i1}+\left(1+\frac{R_{F2}}{R_2}\right)u_{i2}$　　B. $-\frac{R_{F1}}{R_2}u_{i1}+\left(1+\frac{R_{F2}}{R_2}\right)u_{i2}$

C. $u_{i1}\frac{R_{F1}\cdot R_{F2}}{R_1R_2}+u_{i2}\frac{R_2+R_{F2}}{R_2}$　　D. $u_{i1}\frac{R_{F1}\cdot R_{F2}}{R_1R_2}-u_{i2}\frac{R_2+R_{F2}}{R_2}$

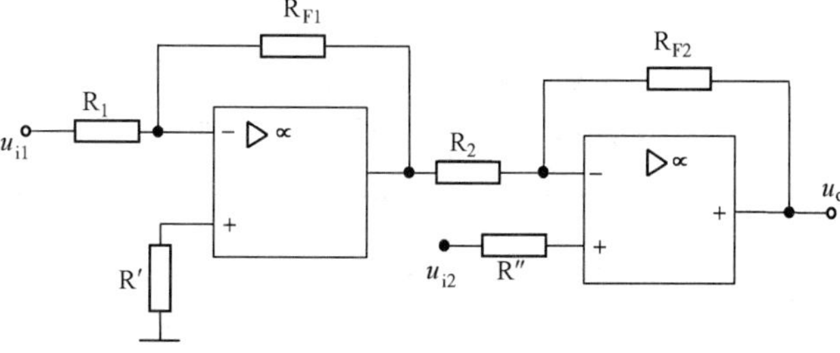

题 7-9-1 图

7-9-2　电路如图所示，负载电流i_L与负载电阻R_L的关系为（　　）。

A. R_L增加，i_L减小　　B. i_L的大小与R_L的阻值无关

C. i_L随R_L增加而增大　　D. R_L减小，i_L减小

7-9-3　如图所示为可变电压放大器，当输入$u_i=\frac{1}{2}$V 时，调节范围为（　　）。

A. −5.5~5.5V　　B. −1~+1V

C. −0.5~−1V　　D. −0.5~−5.5V

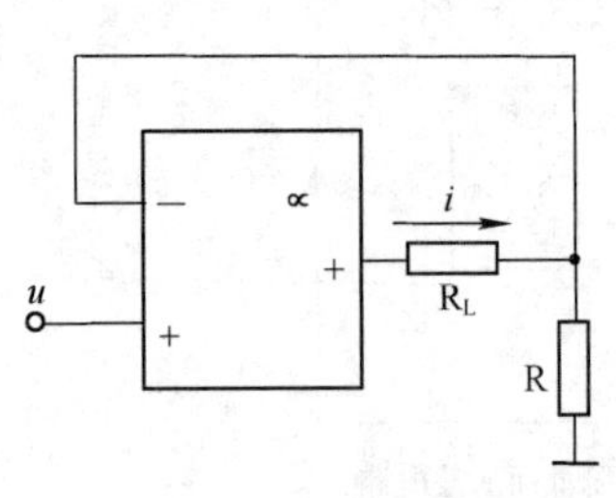

题 7-9-2 图

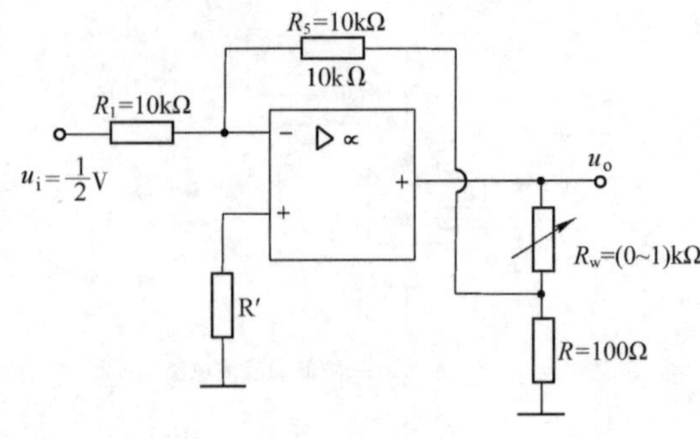

题 7-9-3 图

7-9-4　将运算放大器直接用于两信号的比较，如图 a）所示，其中：$u_{i2}=-1\mathrm{V}$，u_{i1}的波形由图 b）给出，则输出电压u_o等于（　　）。

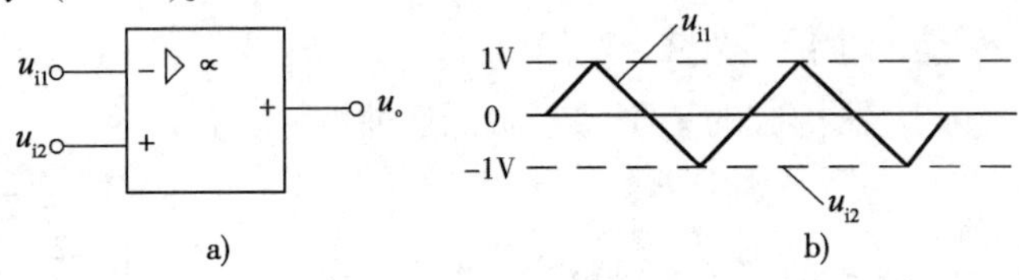

题 7-9-4 图

A. u_{i1}　　B. $-u_{i2}$　　C. 正的饱和值　　D. 负的饱和值

7-9-5　运算放大器应用电路如图所示，在运算放大器线性工作区，输出电压与输入电压之间的运算关系是（　　）。

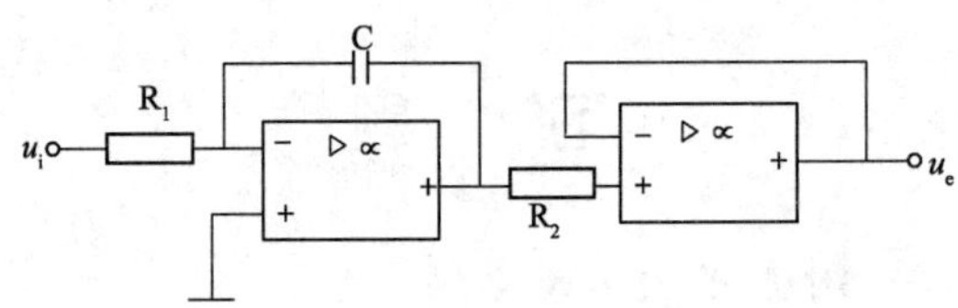

题 7-9-5 图

A. $u_o=-\frac{1}{R_1C}\int u_i\mathrm{d}t$　　B. $u_o=\frac{1}{R_1C}\int u_i\mathrm{d}t$

C. $u_o=-\frac{1}{(R_1+R_2)C}\int u_i\mathrm{d}t$　　D. $u_o=\frac{1}{(R_1+R_2)C}\int u_i\mathrm{d}t$

第十节　数字电路

一、门电路

（一）门电路的基本概念

在数字电路中，门电路是组合逻辑电路的最基本逻辑元件，它的应用极为广泛。所谓门，就是一个开关，在一定的条件下允许信号通过，条件不满足，信号就不能通过。门电路的输入信号与输出信号之间存在一定的逻辑关系，所以门电路又称为逻辑门电路。基本逻辑门电路有与门、或门和非门电路。

（二）基本门电路

1. 与门电路

如图 7-10-1a）所示为二极管与门电路，其中 A、B 为输入逻辑变量，F 为输出端。设二极管 D_A、D_B 为理想元件，即导通时端电压为 0V。由图 7-10-1 可见，在 A、B 中只要有一个输入为低电平时，输出端 F 就是低电平，只有当 A、B 端全为高电平时，F 端才有可能出现高电平。现在我们把高电平定义为逻辑“1”，而把低电平定义为逻辑“0”，则 F 与输入端 A、B 的逻辑关系符合与逻辑关系。

$$F = A \cdot B \tag{7-10-1}$$

逻辑功能表见表 7-10-1。

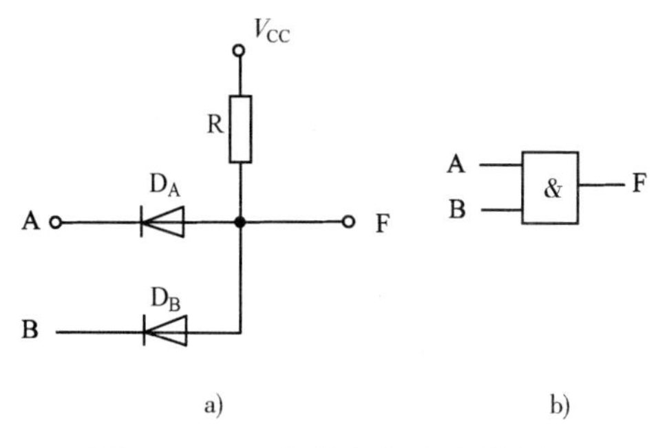

图 7-10-1　二极管与门电路及符号

与门逻辑状态表　　表 7-10-1

A	B	F
0	0	0
0	1	0
1	0	0
1	1	1

通常在进行逻辑电路的分析时，人们只关心输出和输入之间的逻辑关系，而不关心其内部结构，因此可以把与门用图 7-10-1b）的逻辑符号表示。

2. 或门电路

如图 7-10-2a）所示为二极管或门电路和它的逻辑符号。

两个二极管的负极同时经电阻 R 接到了负电源 V_{EE} 上，只要 A、B 中有一个是高电平；F 就是高电平；只有在 A、B 同时为低电平时，F 才是低电平。因此 F 与 A、B 之间为或的逻辑关系，逻辑状态表见表 7-10-2。

$$F = A + B \tag{7-10-2}$$

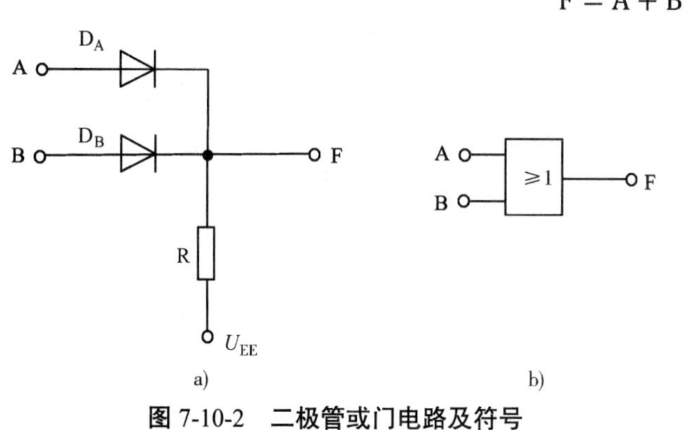

图 7-10-2　二极管或门电路及符号

或门逻辑状态表　　表 7-10-2

A	B	F
0	0	0
0	1	1
1	0	1
1	1	1

3. 三极管非门电路

（1）半导体三极管的开关特性

三极管有截止、饱和、放大三个工作区，在如图 7-10-3 所示的三极管电路中，$U_i \leqslant 0$时，$V_{BE} \leqslant 0$，因而三极管工作在截止区。截止区的工作特点是$i_B \approx 0$，集电极电流$i_C = i_{CEO} \approx 0$，所以三极管的集射极之间如同一个断开的开关一样，这时输出电压$u_o \approx V_{CC}$。

当u_i为正，并且使$i_B \geqslant i_{Bs} = \frac{V_{CC}}{\beta R_C}$时，$V_{BE}$和$V_{BC}$同时为正向偏置，三极管工作在饱和区。饱和区的工作特点是 C-E 间的饱和压降$V_{CES} \approx 0$，而i_C不再随i_B的增加而增加，此时 C-E 间如同开关短路一样，故三极重集电极电位$V_C = 0$。

可见，只要用u_i的高低电平控制三极管分别工作在饱和导通和截止状态，就可控制它的开关状态，并在输出端得到对应的高、低电平。而与之相反的电平，即符合“非”的逻辑关系。

电路中通常满足$V_{CC} \gg V_{CES}$，$i_{CEO} \approx 0$，所以在分析三极管开关电路时经常使用图 7-10-4 给出的三极管开关等效电路。

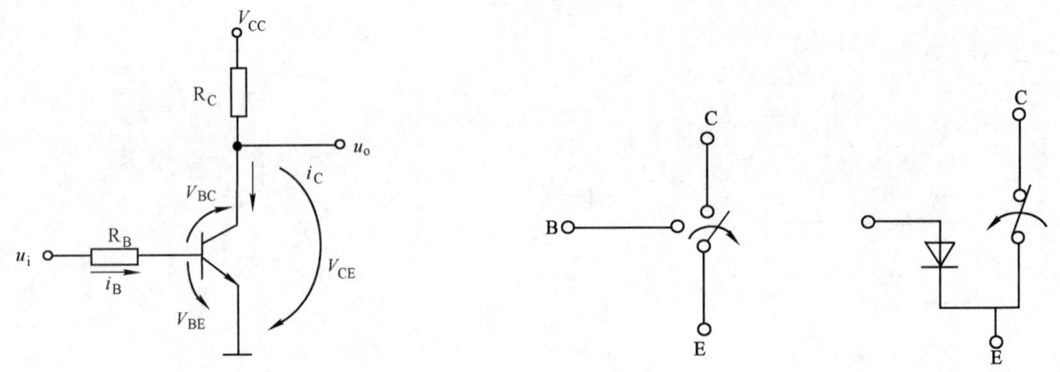

图 7-10-3　三极管非门电路　　　　图 7-10-4　三极管开关等效电路

（2）非门

从以上分析的三极管开关特性可以发现，当输入u_i为低电平时，输出u_o为高电平；而输入u_i为高电平时输出u_o为低电平，因此输入与输出之间具有反相关系，即非逻辑，因此我们可以把它当作非门使用。

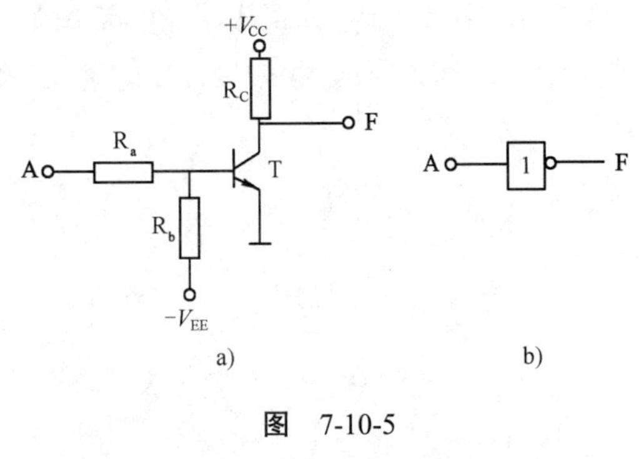

图　7-10-5

在实用的非门电路中，为保证输入为低电平时三极管能可靠截止，通常将电路接成如图 7-10-5 所示的形式。由于增加了电阻 R_a 和负电源 V_{EE}，当输入低电平信号为 0V 时三极管的基极电位为负电位，发射结处于反向偏置，从而可以保证三极管可靠截止。

图 7-10-5b）是非门的逻辑符号，其中 F 与 A 的逻辑关系式为

$$F = \overline{A} \tag{7-10-3}$$

表 7-10-3 是非门逻辑状态表。

以上三种是基本逻辑门电路，有时还可以把它们组合成为组合门电路，以丰富逻辑功能。常用的一种是与非门电路，其图形符号如图 7-10-6 所示。

非门逻辑状态表　　　　**表 7-10-3**

A	F
0	1
1	0

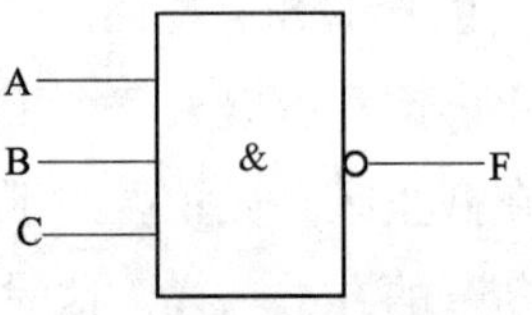

图 7-10-6　与非门电路的图形符号

与非门的逻辑功能是：当输入端全为 1 时，输出为 0；当输入端有一个或几个为 0 时，输出为 1。与非逻辑关系可用下式表示

$$F = \overline{A \cdot B \cdot C} \tag{7-10-4}$$

表 7-10-4 是与非门逻辑状态表。

与非门逻辑状态　　表 7-10-4

A	B	C	F	A	B	C	F
0	0	0	1	1	0	0	1
0	0	1	1	1	0	1	1
0	1	0	1	1	1	0	1
0	1	1	1	1	1	1	0

【例 7-10-1】 如图所示电路中$R_C = 1\text{k}\Omega$，$R_1 = 12\text{k}\Omega$，$R_2 = 12\text{k}\Omega$，$V_{CC} = 12\text{V}$，$V_{EE} = 12\text{V}$，晶体三极管的电流放大倍数$\beta = 30$。分析在输入电位$V_A = 0\text{V}$和$V_A = 3\text{V}$时此电路是否符合"非"门逻辑要求？如不符合应如何调整？输出端与+3V 电源相连的二极管起什么作用？

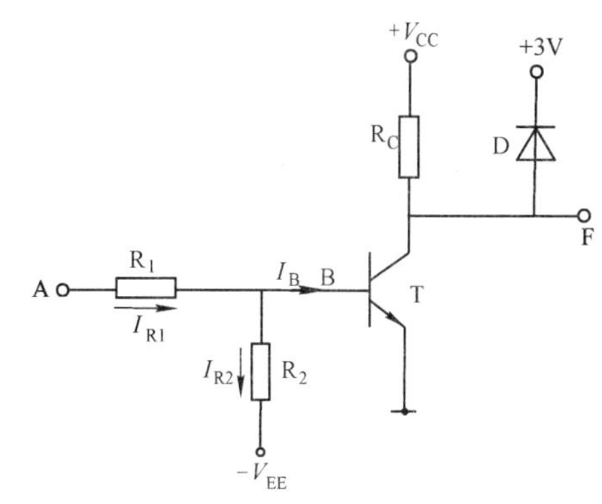

例 7-10-1 图

解　①当输入端 A 为"0"时，$V_A = 0\text{V}$，此时V_B电位可按下式计算（此时晶体三极管设为截止状态，$I_B = 0\text{A}$）

$$V_B = V_A - \frac{V_A - (-V_{EE})}{R_1 + R_2} R_1 = 0 - \frac{0 - (-12)}{12 + 2} \times 2 = -1.71\text{V}$$

此时$V_B = V_{BE} < 0.5\text{V}$，三极管可靠截止，输出状态为"1"。

②当输入端 A 为"1"，即$V_A = 3\text{V}$时，设三极管为导通状态，$V_{BE} = 0.7\text{V}$，则

$$I_B = I_{R1} - I_{R2} = \frac{V_A - V_B}{R_1} - \frac{V_B - V_{EE}}{R_2} = \frac{3 - 0.7}{2} - \frac{0.7 - (-12)}{12}$$
$$= 1.15 - 1.06 = 0.09\text{mA}$$
$$I_{BS} = \frac{I_{CS}}{\beta} \approx \frac{V_{CC}/R_C}{\beta} = \frac{12/1}{30} = 0.4\text{mA}$$

（I_{CS}为三极管集电极最大允许电流）

故$I_B \leqslant I_{BS}$

I_B不足以使三极管饱和，必须调整。若使$R_1 = 1.5\text{k}\Omega$，$R_2 = 18\text{k}\Omega$，则

$$I_B = \frac{3 - 0.7}{1.5} - \frac{0.7 - (-12)}{18} = 0.83\text{mA} > I_{BS}$$

此时$I_B > I_{BS}$，三极管处于饱和状态，$V_{CE} = V_{CES} = 0.3\text{V}$，即为逻辑"0"。通常逻辑电路中的电平高于 2.4V 时，设为逻辑"1"状态；逻辑"0"的电平小于 0.4V，此电路接入二极管是使输出高电平时二极管导通，使输出电位不超过 3V 太多（实际为 3.3V 左右）。符合"1"电平要求。

【例 7-10-2】 试分析图示逻辑电路的逻辑功能。

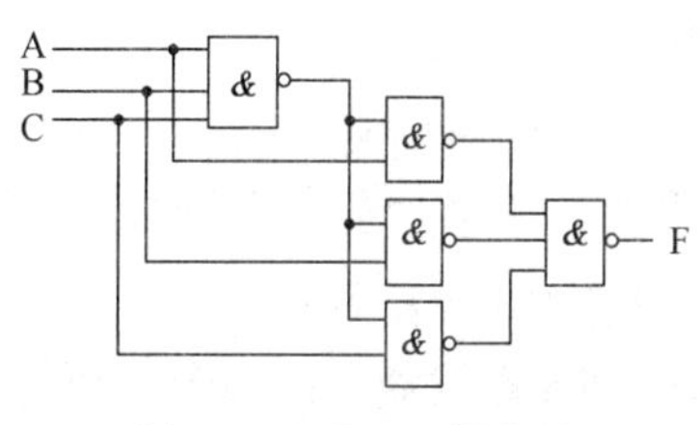

例 7-10-2 图　逻辑电路

解　根据逻辑图，可写出其逻辑表达式为

$$F = \overline{\overline{\overline{ABC} \cdot A} \cdot \overline{\overline{ABC} \cdot B} \cdot \overline{\overline{ABC} \cdot C}}$$

利用逻辑代数的反演定理，上式可化简为

$$F = \overline{ABC} \cdot A + \overline{ABC} \cdot B + \overline{ABC} \cdot C = \overline{ABC}(A + B + C)$$
$$= \overline{\overline{ABC} \cdot \overline{\overline{A} \cdot \overline{B} \cdot \overline{C}}}$$
$$= \overline{ABC + \overline{A} \cdot \overline{B} \cdot \overline{C}}$$

其逻辑状态表见解表。可知，该电路的逻辑功能是：当三个输入端的电平一致时（A、B、C均为"1"

或均为“0”)，输出为“0”；当三个输入电平不一致时，输出为“1”。因此有时把它称为“不一致”电路，可以用这个逻辑电路来识别输入电平是否一致。

逻辑状态表　　例 7-10-2 解表

A	B	C	F	A	B	C	F
0	0	0	0	1	0	0	1
0	0	1	1	1	0	1	1
0	1	0	1	1	1	0	1
0	1	1	1	1	1	1	0

【例 7-10-3】 已知数字信号 A 和数字信号 B 的波形如图所示，则数字信号 $F=\overline{AB}$的波形为：

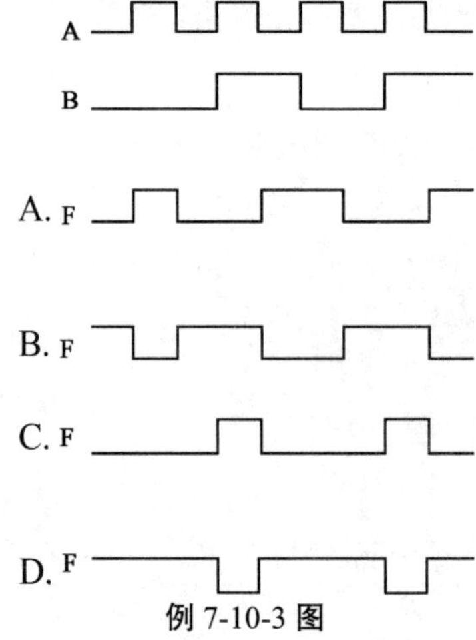

例 7-10-3 图

解　“与非门”电路遵循输入有“0”输出则“1”的原则，利用输入信号 A、B 的对应波形分析如解图所示，可见 D 图正确。

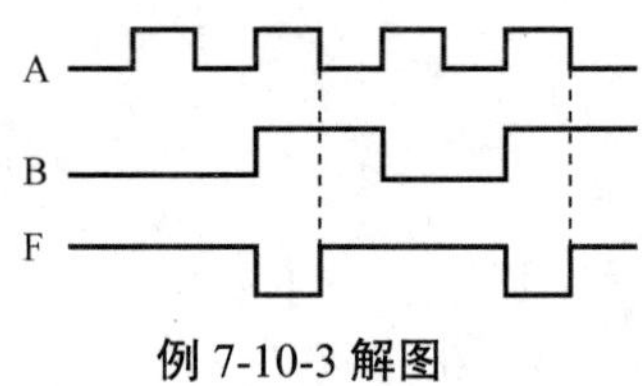

例 7-10-3 解图

答案：D

二、触发器

触发器是时序逻辑电路的基本单元，常见的 RS 触发器、D 触发器和 JK 触发器都是具有两个稳定状态的双稳态触发器。

(一) RS 触发器

RS 触发器又分基本 RS 触发器和可控 R-S 触发器。

1. 基本 RS 触发器

基本 RS 触发器可由两个与非门交叉连接而成，如图 7-10-7a) 所示。

Q与$\overline{Q}$是基本 RS 触发器的输出端，两者的逻辑状态在正常条件下保持相反。这种触发器有两种稳定状态：Q =1、$\overline{Q}$ =0，称为置位状态（“1”态）；Q =0、$\overline{Q}$ =1，称为复位状态（“0”态）。相应的输入端分别为直接置位端或直接置 1 端（$\overline{S}_D$）和直接复位端或直接置 0 端（$\overline{R}_D$）。

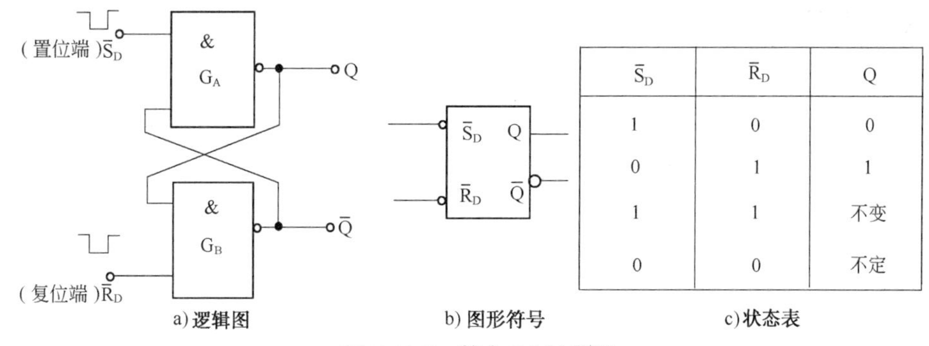

$\bar{S}_D$	$\bar{R}_D$	Q
1	0	0
0	1	1
1	1	不变
0	0	不定

a）逻辑图　　b）图形符号　　c）状态表

图 7-10-7　基本 RS 触发器

基本 RS 触发器输入对应有四种不同的状态，可以得出输出与输入的逻辑关系如图 7-10-7c）所示状态表。从而可知，基本 RS 触发器有两个稳定的状态，它可以直接置位或复位。在直接置位端加负脉冲（$\bar{S}_D=0$）即可置位，在直接复位端加负脉冲（$\bar{R}_D=0$）即可复位。负脉冲除去以后，直接置位端和直接复位端都处于“1”态高电平（平时固定接高电平），此时触发器保持原状态不变，实现存储或记忆功能。但是，负脉冲不可同时加直接置位端和直接复位端。

图 7-10-7b）是基本 RS 触发器的图形符号，图中输入端引线上靠近方框的小圆圈是表示触发器用负脉冲（0 电平）来置位或复位，即代表低电平有效；输出端$\bar{Q}$的小圆圈表示在正常情况下$\bar{Q}$与Q的状态相反。

2. 可控 RS 触发器

图 7-10-8a）是可控 RS 触发器的逻辑图。其中，与非门 G_A 和 G_B 构成基本触发器，与非门 G_C 和 G_D 构成引导电路，R 和 S 是信号输入端。cp 是时钟脉冲输入端，通过引导电路来实现脉冲对输入端 R 和 S 的控制，故称为可控 RS 触发器。

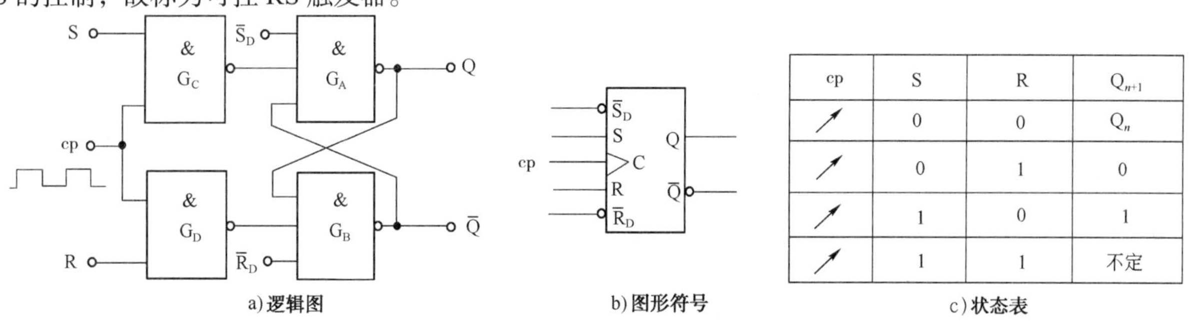

cp	S	R	Q_{n+1}
↗	0	0	Q_n
↗	0	1	0
↗	1	0	1
↗	1	1	不定

a）逻辑图　　b）图形符号　　c）状态表

图 7-10-8　可控 RS 触发器

当时钟脉冲来到之前，即 cp=0 时，不论 R 和 S 端的电平如何变化，G_C 门和 G_D 门的输出均为 1，基本触发器保持原状态不变。只有 cp=1 时，触发器才按 R、S 端的输入状态来决定其输出状态。时钟脉冲过去后，cp 恢复为“0”状态，输出状态不变。

R_D 和 S_D 是直接复位端和直接置位端，即不经过时钟脉冲 cp 的控制可以直接使基本触发器置 0 或置 1。一般用在工作之初，预先使触发器处于某一给定状态，在不用时让它们处于高电平。触发器的输出状态与 R、S 输入状态的关系如图 7-10-8c）所示的状态表。Q_n表示时钟脉冲来到之前触发器的输出状态，Q_{n+1}表示时钟脉冲来到之后的状态。

（二）JK 触发器

如图 7-10-9a）所示是 JK 触发器的逻辑图，它由两个可控 RS 触发器组成，分别称为主触发器和从触发器。此外，还通过一个非门将两个触发器联系起来。这就是触发器的主从器结构，时钟脉冲先使主触发器翻转，然后使从触发器翻转，“主从”之名由此而来。

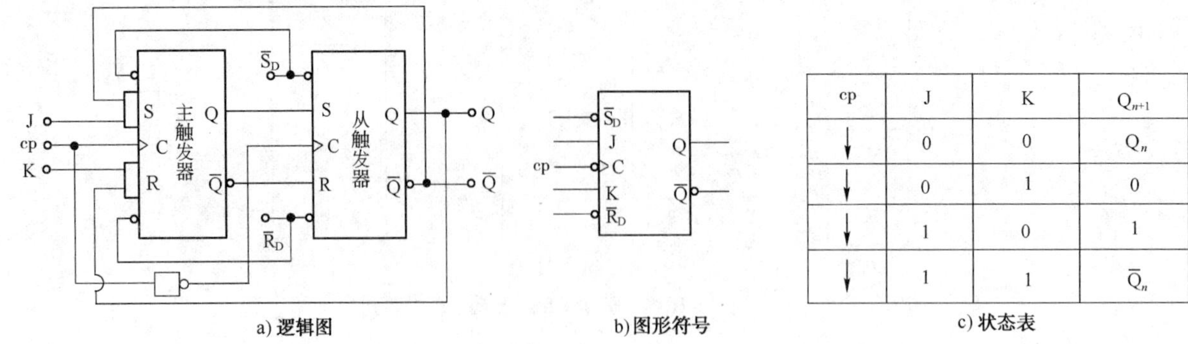

cp	J	K	Q_{n+1}
↓	0	0	Q_n
↓	0	1	0
↓	1	0	1
↓	1	1	$\overline{Q}_n$

a) 逻辑图　　b) 图形符号　　c) 状态表

图 7-10-9　主从型 JK 触发器

当时钟脉冲来到后，即 cp=1 时，非门的输出为 0，从触发器的状态不变；至于这时主触发器是否翻转，要看触发器当前输出的状态以及 J、K 输入端所处状态而定（$S=J\overline{Q}$、$R=KQ$）。当 cp 从 1 变为 0 时，主触发器的状态保持；由于这时非门的输出为 1，从触发器打开，主触发器就可以将信号送到从触发器，使两者状态一致。

可见，在时钟脉冲来到之前（即 cp=0 时），触发器的状态（即从触发器的状态）与主触发器的状态是一致的。

由于 JK 触发器在 cp=1 时，把输入信号暂时存储在主触发器中，为从触发器翻转或保持原态做好准备；到 cp 下跳为 0 时，存储的信号起作用，或者触发从触发器使之翻转，或者使之保持原态。此外，主从型触发器具有在 cp 下跳为 0 时翻转的特点，也就是具有在时钟脉冲后沿触发的特点。后沿触发在图形符号中 cp 输入端靠近方框处用小圆圈表示，如图 7-10-9b）所示。

JK 触发器的状态表如图 7-10-9c）所示。

（三）D 触发器

D 触发器的逻辑功能是：它的输出端 Q 的状态随输入端 D 的状态而变化，但总比输入端状态的变化晚一步。

即

$$Q_{n+1} = D_n \tag{7-10-5}$$

如图 7-10-10a）所示为 JK 触发器转换为 D 触发器的逻辑电路图。

D 触发器和 JK 触发器都是常用的寄存器和计数器等时序逻辑电路的逻辑部件。

D 触发器的状态表如图 7-10-10b）所示。

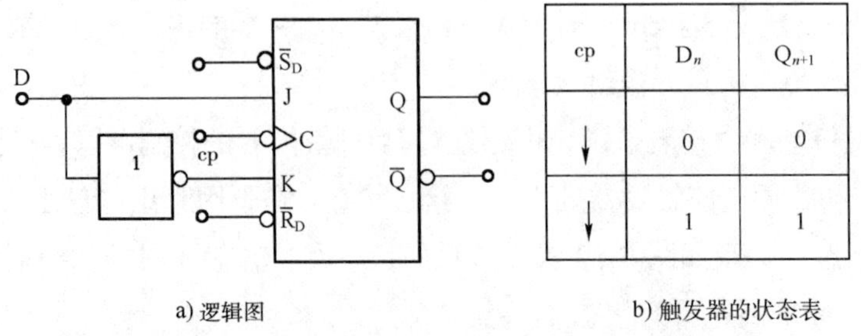

cp	D_n	Q_{n+1}
↓	0	0
↓	1	1

a) 逻辑图　　b) 触发器的状态表

图 7-10-10　将 JK 触发器转换为 D 触发器

【例 7-10-4】 图示为单脉冲输出电路，输入信号 J_1、P_1 和时钟 cp 的信号如图所示，试画出 Q_1、Q_2 和 M 端的工作波形（设触发器的初始状态为“0”）。

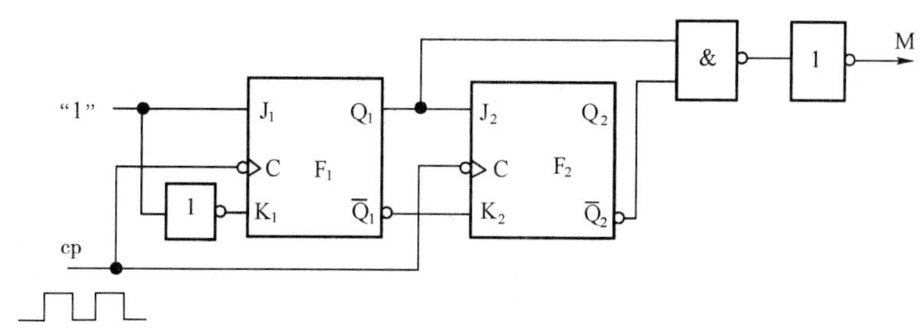

例 7-10-4 图　单脉冲输出电路

解　触发器 F_1 和 F_2 在同一时钟脉冲作用下，为同步触发方式。分析时，应先确定Q_1、Q_2的波形；

输出端 M 与Q_1、Q_2的输出为组合逻辑关系，$M= Q_1 \cdot \overline{Q}_2$。绘制的$Q_1$、$Q_2$和 M 的波形如解图所示。

触发器具有时序逻辑的特征，可以由它组成各种时序逻辑电路。其中，寄存器和计数器是最典型的时序逻辑电路。

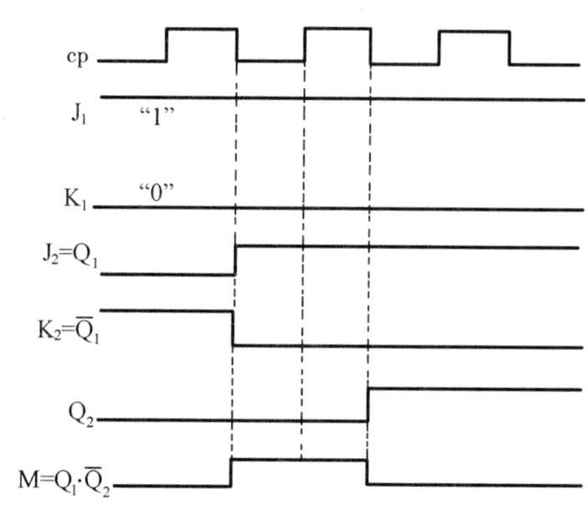

例 7-10-4 解图　波形图

【例 7-10-5】 如图 a）所示电路中，复位信号、数据输入及时钟脉冲信号如图 b）所示，经分析可知，在第一个和第二个时钟脉冲的下降沿过后，输出 Q 先后等于：

A. 0，0　　　B. 0，1　　　C. 1，0　　　D. 1，1

解　图示为 JK 触发器和与非门的组合，触发时刻为 cp 脉冲的下降沿，触发器输入信号为：$J = \overline{Q \cdot A}$，K= "0"。

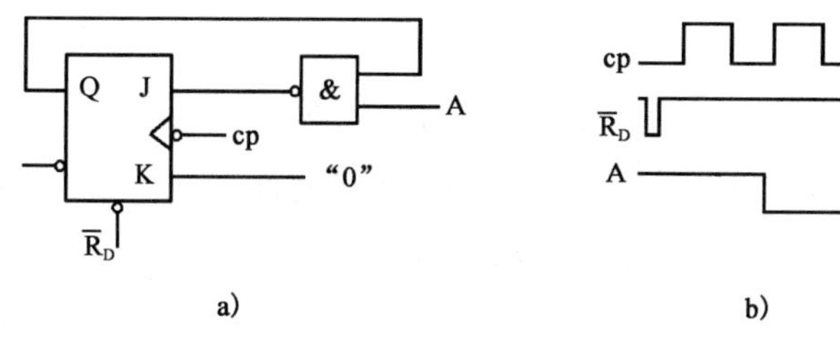

例 7-10-5 图

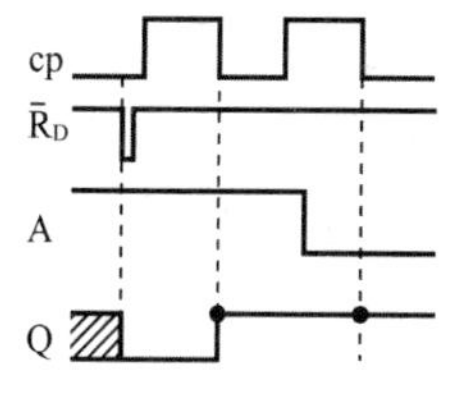

例 7-10-5 解图

输出波形为解图 Q 所示。两个脉冲的下降沿后 Q 为高电平。

答案： D

三、寄存器

寄存器用来暂时存放参与运算的数据和运算结果。一个触发器只能寄存一位二进制数，要存多位数时就得用多个触发器。

寄存器存放数码的方式有并行和串行两种。并行方式就是数码各位从各对应位输入端同时输入到寄存器中，串行方式就是数码从一个输入端逐位输入到寄存器中。

寄存器取出数码的方式也有并行和串行两种。在并行方式中，被取出的数码各位在对应于各位的输出端上同时出现；　而在串行方式中，被取出的数码仅在一个输出端逐位出现。

寄存器常分为数码寄存器和移位寄存器两种，其区别在于有无移位的功能。

（一）数码寄存器

这种寄存器只有寄存数码和清除原有数码的功能。图 7-10-11 是一种四位数码寄存器。输入端是四个与门，如果要输入四位二进制数 d_3~d_0 时，可使与门的寄存控制信号 IE=1，把与非打开 d_3~d_0 便输入。当时钟脉冲 cp=1 时，d_3~d_0 以反量形式寄存在四个 D 触发器 FF_3~FF_0 的 Q 端。输出端是四个三态非门（当取出信号 OE=0 时 Q_3~Q_0 端悬空，当 OE=1 时 Q_3~Q_0 取触发器 FF_3~FF_0 端悬空输出的反量）。这样，如果要取出时，可使三态门的输出控制信号 OE=1，d_3~d_0 便可从三态门的 Q_3~Q_0 端输出。

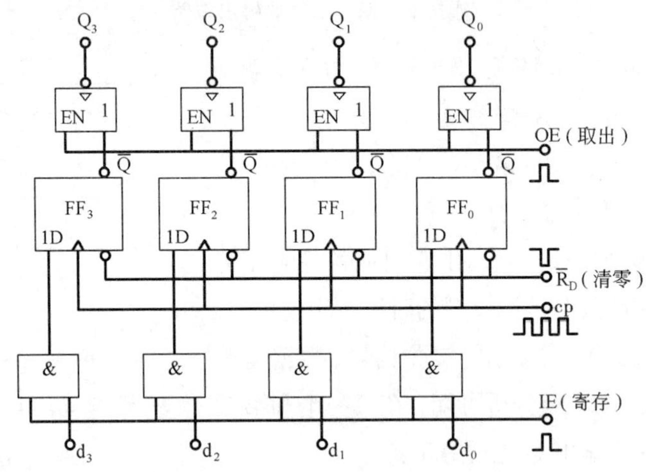

图 7-10-11　四位数码寄存器

（二）移位寄存器

移位寄存器除了有存放数码的功能以外，还有将存储的数据移位的功能，即每当来一个移位正脉冲（时钟脉冲），触发器的状态便向右或向左移一位，也就是指寄存的数码可以在移位脉冲的控制下依次进行左右移位。

1. 单向移位寄存器

图 7-10-12 是由 JK 触发器组成的四位移位寄存器。FF_0 接成 D 触发器，数码由 D 端输入。设寄存的二进制数为 1011，按移位脉冲的工作节拍从高位到低位依次串行送到 D 端。

工作之初各触发器清零。

首先 D=1，第一个移位脉冲的下降沿来到时使触发器 FF_0 翻转 Q_0=1，其他仍保持 0 态。接着 D=0，第二个移位脉冲的下降沿来到时使 FF_0 和 FF_1 同时翻转，由于 FF_1 的 J 端为 1，FF_0 的 J 端为 0，所以 Q_1=1，Q_0=0，Q_2 和 Q_3 仍为 0。

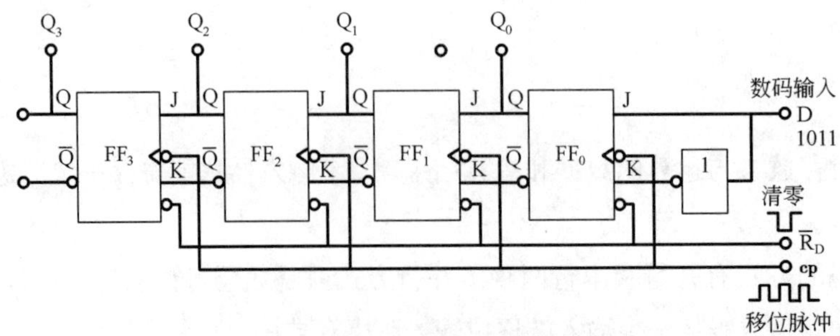

图 7-10-12　四位移位寄存器

以后的过程见表 7-10-5，移位一次存入一个新的数码。直到第四个脉冲的下降沿来到时，存数结束，这时可以在四个触发器的输出端得到并行的数码输出。

移位寄存器状态表　　表 7-10-5

移位脉冲数	寄存器中的数码				移动过程
	Q_3	Q_2	Q_1	Q_0	
0	0	0	0	0	清零
1	0	0	0	1	左移一位
2	0	0	1	0	左移二位
3	0	1	0	1	左移三位
4	1	0	1	1	左移四位

2. 双向移位寄存器

74LS194 是双向移位寄存器，其外引线排列和逻辑符号如图 7-10-13 所示，各引线说明如下：

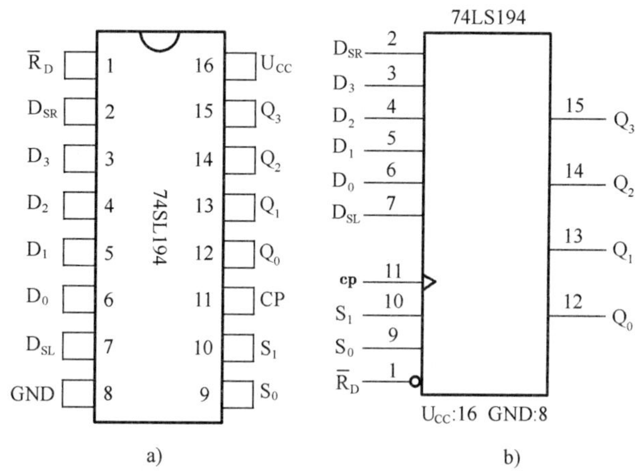

图 7-10-13　74LS194 引线排列和逻辑符号

1 为数据清零端，R_D 是清零线，低电平有效。

3~6 为并行数据输入端 D_3~D_0。

12~15 位数据输出端 Q_3~Q_0。

2 为右移的串行数据输入端 D_{SR}。

7 为左移的串行数据输入端 D_{SL}。

9、10 位工作方式控制端：当 S_1=S_0=1 时，数据并行输入；

S_1=0，S_0=1 时，右移数据输入；

S_1=1，S_0=0 时，左移数据输入；

S_1=S_0=0 时，寄存器处于保持状态。

11 为时钟脉冲输入端 cp，上升沿有效（cp↑）。

可见，74LS194 型移位寄存器具有清零、并行输入、串行输入、数据右移和左移的移位功能。

四、计数器

在数字逻辑系统中，计数器是基本部件之一，它能累计输入脉冲的数目，最后给出累计的总数。计数器可以进行加法计数，也可以进行减法计数，或者可以进行两者兼有的可逆计数。若从进位制来分，有二进制计数器、十进制计数器等多种。

（一）二进制计数器

二进制只有 0 和 1 两个数码。当本位是 1，再加 1 时，本位变为 0，而向高位进位。由于双稳态触发器有 1 和 0 两个状态，所以一个触发器可以表示一位二进制数。如果要表示n位二进制数，就得用n个触发器。

根据上述，可以列出四位二进制加法计数器的状态表 7-10-6，表中还列出对应的十进制数。要实现四位二进制加法计数，必须用四个双稳态触发器。

四位二进制加法计数器的状态　　表 7-10-6

计数脉冲数	二 进 制 数				十 进 制 数
	Q_3	Q_2	Q_1	Q_0	
0	0	0	0	0	0
1	0	0	0	1	1
2	0	0	1	0	2
3	0	0	1	1	3
4	0	1	0	0	4
5	0	1	0	1	5
6	0	1	1	0	6
7	0	1	1	1	7
8	1	0	0	0	8
9	1	0	0	1	9
10	1	0	1	0	10
11	1	0	1	1	11
12	1	1	0	0	12
13	1	1	0	1	13
14	1	1	1	0	14
15	1	1	1	1	15
16	0	0	0	0	0

1. 异步二进制计数器

由表 7-10-14 可见，每来一个计数脉冲，最低位触发器翻转一次；而高位触发器是在相邻的低位触发器从 1 变为 0 进位时翻转。因此，可用四个主从型 JK 触发器来组成四位异步二进制加法计数器图 7-10-14 所示，触发器的 J、K 端悬空相当于 1，有计数功能。触发器的进位脉冲从 Q 端输出送到相邻高位触发器的 cp 端，这符合主从型触发器在输入正脉冲的下降沿触发的特点。

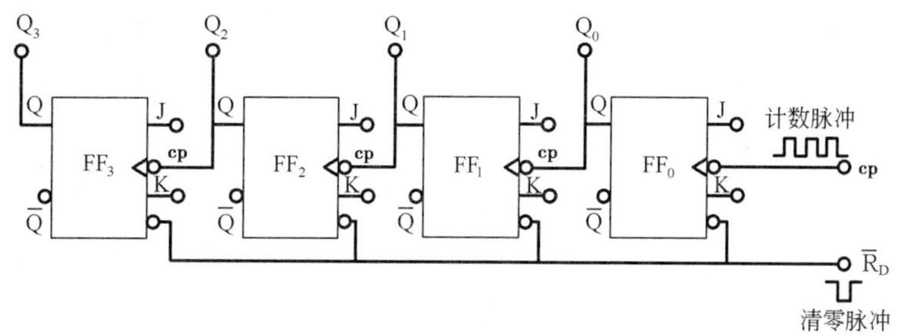

图 7-10-14　四位异步二进制加法计数器

图 7-10-15 是四位异步二进制加法计数器的波形图。

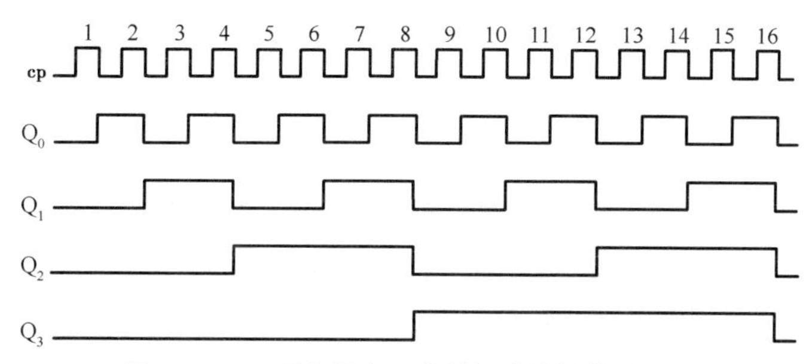

图 7-10-15　四位异步二进制加法计数器波形图

2. 同步二进制计数器

如果计数器还是用四个主从型 JK 触发器组成，根据表 7-10-6 可得出各位触发器的 J、K 端的逻辑关系式：

（1）第一位触发器 FFo，每来一个计数脉冲就翻转一次，故 $J_0=K_0=1$；

（2）第二位触发器 FF_1，在 $Q_0=1$ 时再来一个脉冲才翻转，故 $J_1=K_1=Q_0$；

（3）第三位触发器 FF_2，在 $Q_1=Q_0=1$ 时再来一个脉冲才翻转，故 $J_2=K_2=Q_1Q_0$；

（4）第四位触发器 FF_3，在 $Q_2=Q_1=Q_0=1$ 时再来一个脉冲才翻转，故 $J_3=K_3=Q_2Q_1Q_0$。

由上述逻辑关系式可得出如图 7-10-16 所示的四位同步二进制加法计数器的逻辑电路图。由于计数脉冲同时加到各位触发器的 cp 端，各触发器输出端的状态变换和计数脉冲同步，这是“同步”名称的由来，并与“异步”相区别。同步计数器的计数速度较异步为快。

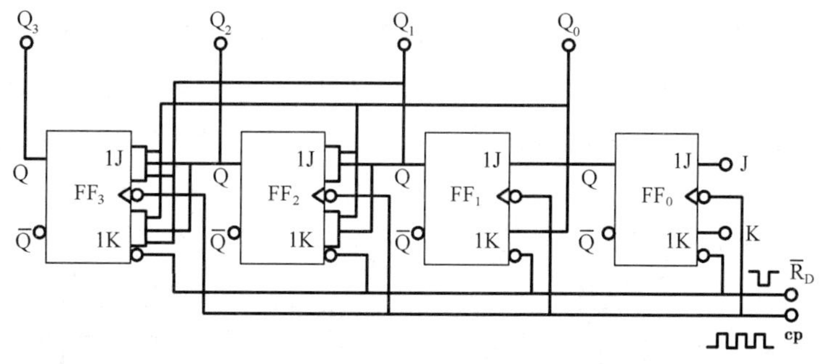

图 7-10-16　四位同步二进制加法计数器

四位二进制加法计数器，能记的最大十进制数为 $2^4-1=15$。n位二进制加法计数器，能记的最大十进制数为 2^n-1。

（二）十进制计数器

二进制计数器结构简单，但是读数不习惯，所以在有些场合采用十进制计数器较为方便。

十进制计数器是在二进制计数器的基础上得出的，用四位二进制数来代表十进制的每一位数所以也称为二-十进制计数器。 如采用最常用的 8421 编码方式，是取四位二进制数前面的 0000~1001 来表示十进制的 0~9 十个数码，而去掉后面的 1010~1111 六个数。也就是计数器计到第九个脉冲时再来一个脉冲，即由 1001 变为 0000，经过十个脉冲循环一次。同步十进制计数器与二进制加法计数器相比，同步十进制计数器来第十个脉冲不是由 1001 变为 1010，而是恢复 0000，即要求第二位触发器 FF_1 不得翻转，保持 0 态，第四位触发器 FF_3 应翻转为 0。图 7-10-17 是十进制加法计数器的波形图。

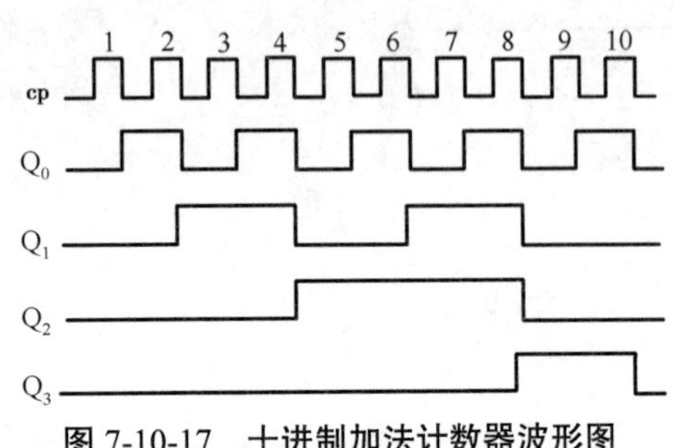

图 7-10-17　十进制加法计数器波形图

图 7-10-18 是 74LS290 型异步二-五-十进制计数器的逻辑图和外引线列图。

$R_{0(1)}$和 $R_{0(2)}$是清零输入端，当两端全为 1 时，将四个触发器清零；$S_{9(1)}$和 $S_{9(2)}$是置“9”输入端。同样，当两端全为 1 时，$Q_3Q_2Q_1Q_0$=1001，即表示十进制数 9。清零时，$S_{9(1)}$和 $S_{9(2)}$中至少有一端为 0，不是置 1，以保证清零可靠进行。它有两个时钟脉冲输入端 cp_0 和 cp_1。

（1）只输入计数脉冲 cp_0，由 Q_0 输出，FF_1~ FF_3 三位触发器不用，为二进制计数器。

（2）只输入计数脉冲 cp_1，由 $Q_3Q_2Q_1$ 输出，为五进制计数器。

（3）将 Q_0 端与 FF_1 的 cp_1 端连接，输入计数脉冲 cp_0。

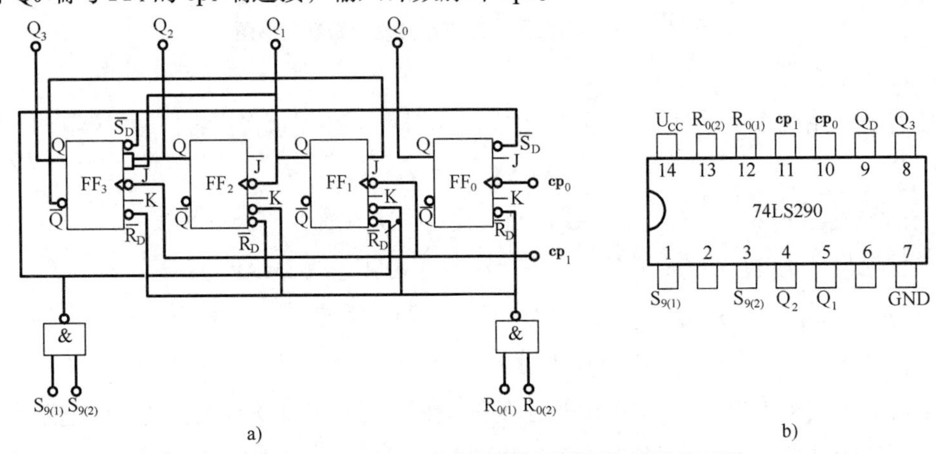

图 7-10-18　74LS290 型计数器的逻辑图和外引线列图

（三）任意进制计数器

当需要任意进制的计数器时，将现有的计数器改接即可。如利用清零端进行反馈置 0，可得出小于原进制的多种进制的计数器。将图 7-10-19a）中的 74LS290 型十进制计数器改接成图 7-10-19 所示的两个电路，就分别成为六进制计数器和九进制计数器。以图 7-10-19 为例，它从 0000 开始计数，来 5 个脉冲 cp 后变为 0101。

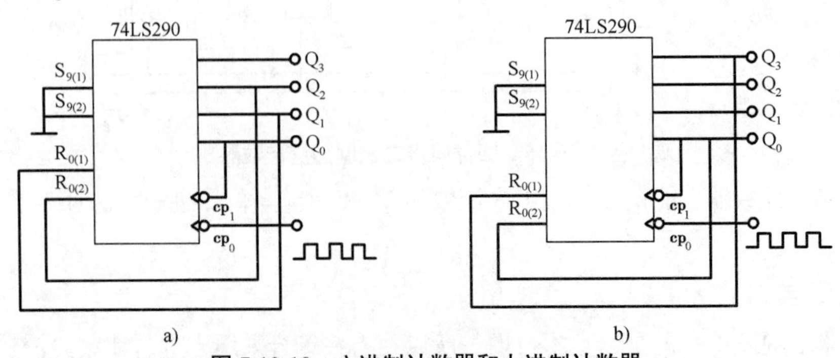

图 7-10-19　六进制计数器和九进制计数器

当第六个脉冲来到后，出现 0110 的状态，由于 Q_0 和 Q_1 端分别接到 $R_{0(1)}$和 $R_{0(2)}$清零端强迫清零，

0110 这一状态转瞬即逝，立即回到 0000。它经过 6 个脉冲循环一次，故为六进制计数器，状态循环如图 7-10-20 所示。

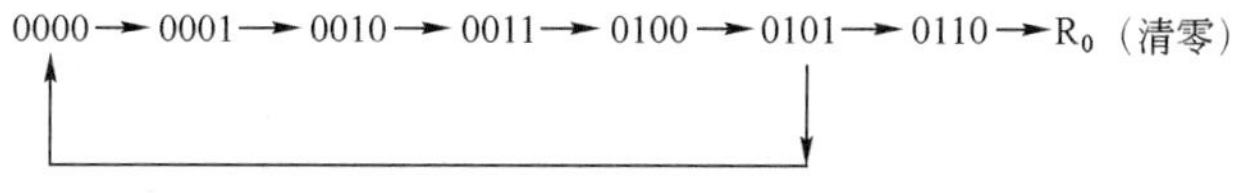

图 7-10-20　进制计数器状态循环图

当需要十以上进制的计数时，可以采用多片 74LS290 来实现。

习　题

7-10-1　由三个二极管和电阻 R 组成一个基本逻辑门电路，如图所示，输入二极管的高电平和低电平分别是 3V 和 0V，电路的逻辑关系式是（　　）。

A. Y=ABC　　B. Y=A+B+C

C. Y=AB+C　　D. Y=C·（A+B）

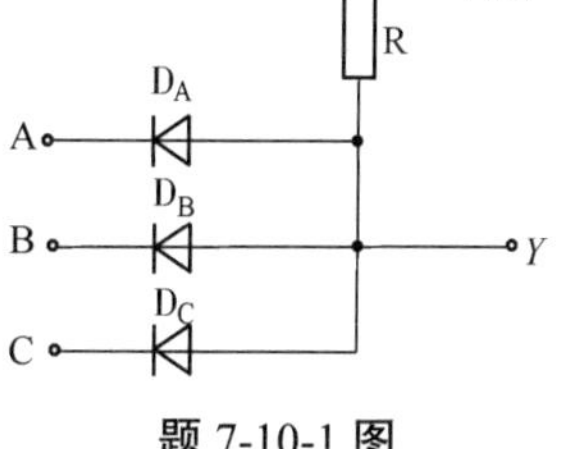

题 7-10-1 图

7-10-2　现有一个三输入端与非门，需要把它用作反相器（非门），请问如图所示电路中哪种接法正确（　　）。

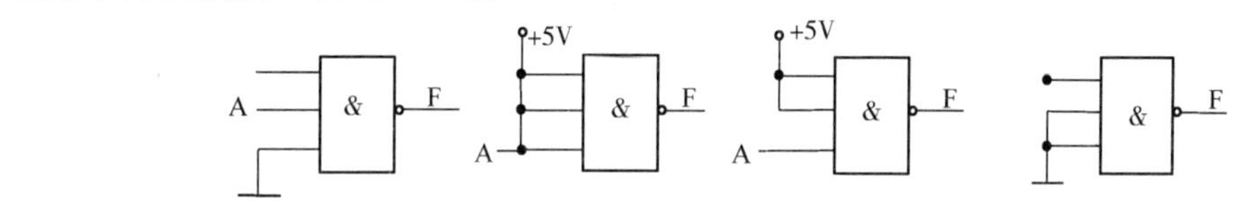

7-10-3　如图所示电路的逻辑式是（　　）。

A. $Y=AB(\overline{A}+\overline{B})$　　B. $Y=A\overline{B}+B\overline{A}$

C. $Y=(A+B)\overline{A}\ \overline{B}$　　D. $Y=AB+\overline{A}\ \overline{B}$

7-10-4　逻辑电路如图所示，A=“1”时，C 脉冲来到后 D 触发器（　　）。

A. 具有计数器功能　　B. 置“0”　　C. 置“1”　　D. 无法确定

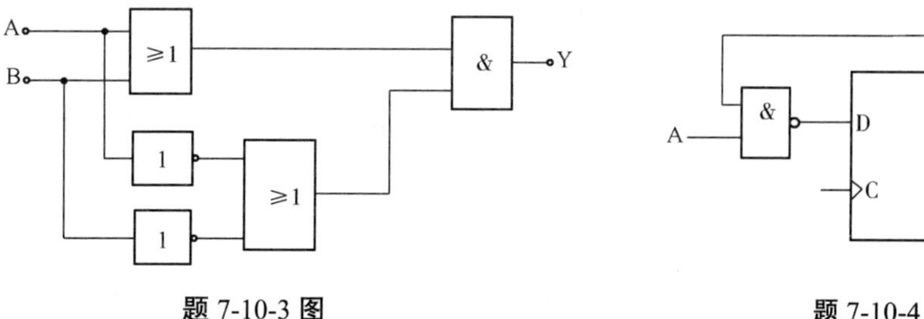

题 7-10-3 图　　题 7-10-4 图

7-10-5　由两个主从型 JK 触发器组成的逻辑电路如图 a）所示，设 Q_1、Q_2 的初始态是 00，已知输入信号 A 和脉冲信号 cp 的波形如图 b）所示，当第二个 cp 脉冲作用后，Q_1Q_2 将变为（　　）。

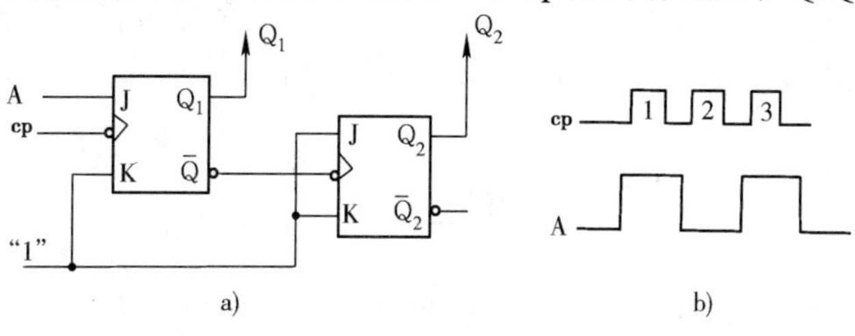

题 7-10-5 图

A. 11　　B. 10　　C. 01　　D. 保持 00 不变

7-10-6　已知 RS 触发器，R、S、C 端的信号如图所示，请问输出端 Q 的几种波形中，正确的是(　　)(设触发器初始状态为“0”)。

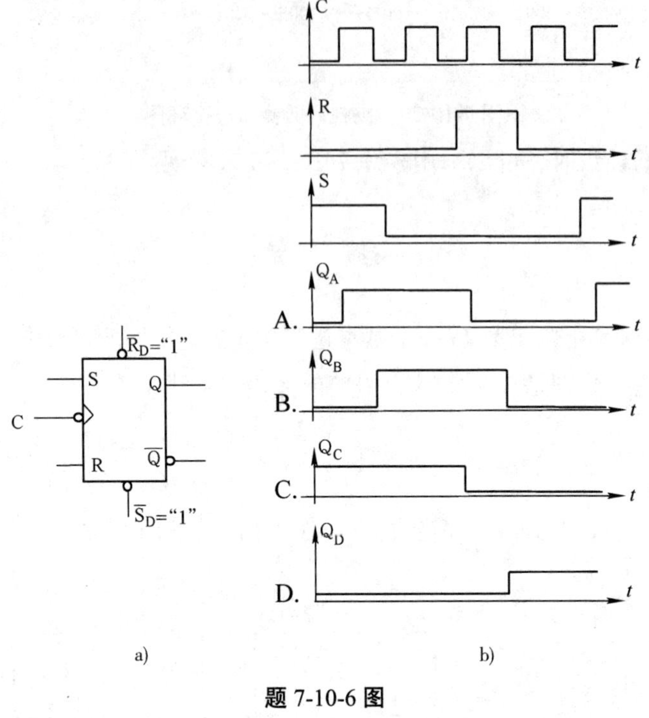

题 7-10-6 图

习题题解及参考答案

第一节

7-1-1　**解：**σ为电荷密度，对于无限大平行板电容器而言，极板间的电势差为$\sigma l/\varepsilon_0$。

答案：B

7-1-2　**解：**感应电动势的大小与磁感应强度B、导体切割磁场的速度以及磁场中有效导体的长度成正比。

答案：D

7-1-3　**解：**根据电磁感应定律$e=-\frac{\mathrm{d}\varphi}{\mathrm{d}t}$，当外加电压为直流量时，$\frac{\mathrm{d}\varphi}{\mathrm{d}t}=0$，则$e=0$，则下方线圈中无感应电动势。

答案：A

7-1-4　**解：**a 线圈中加上变化的电源u，则产生变化的电流和磁通ϕ(在线圈中产生感应电动势e_a，影响电流i_a)；该磁通又与线圈 b 交链，在线圈 b 中产生感应电动势，并由此产生电流i_b。

答案：B

第二节

7-2-1　**解：**注意所求电阻的端口位置，用简单电阻串、并联方法求解。

答案：C

7-2-2　**解：**根据题意可知，电热器的额定电阻为$R_\mathrm{N}=U_\mathrm{N}^2/P_\mathrm{N}=100^2/2=$5kΩ。

答案： B

7-2-3　**解：** 电压表内阻与 20kΩ 电阻为并联。

答案： C

7-2-4　**解：** 当开关 S 开时，电阻 R_1、R_2、R_3 为串联，当开关 S 闭合时，电位可以 R_1、R_2 电阻分压决定。

答案： D

7-2-5　**解：** 用线性电路的叠加原理分析。

答案： A

7-2-6　**解：** 理想电流源I_s两端的电压由其以外电路决定。$U_{I_s} = U_1 + U_s$。

答案： C

第三节

7-3-1　**解：** 用戴维南定理。U_s为原电路的负载R_L开路电压，R_0为除源（6V 电压源短路）的电阻。

答案： B

7-3-2　**解：** 根据节点电流关系求出电流I_1后，确定网络N的端口电压。

答案： C

7-3-3　**解：** 用叠加原理求出R_L上的电压U_L后，再用公式$P_L = \frac{U_L^2}{R_L}$计算功率。

答案： A

7-3-4　**解：** 当电压源U_{s2}单独作用时需将U_{s1}短路，电流源I_s断路处理。题图的电路应等效为解图所示电路，即$U'_{I_s} = U_{s2}$。

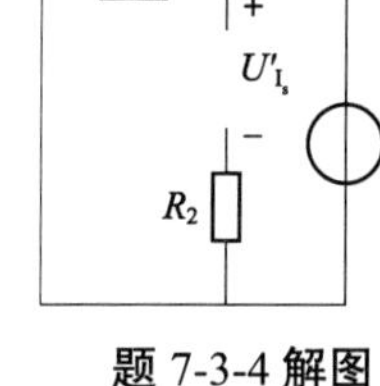

题 7-3-4 解图

答案： B

第四节

7-4-1　**解：** 交流电压表读数为交流电压的有效值，回路电压关系为相量关系：$\dot{U} = \dot{U}_1 + \dot{U}_2 + \dot{U}_3$。

答案： D

7-4-2　**解：** 交流电路中电流为相量关系：$\dot{I} = \dot{I}_1 + \dot{I}_2$，以并联电压为参考，画出电流相量图即可。

答案： B

7-4-3　**解：** 电路中消耗的功率为：$P = UI\cos\varphi$，$\varphi = \varphi_u - \varphi_i$。

答案： C

7-4-4　**解：** 由给定条件$i_1 = i$可见该电路为谐振电路，1 为电阻性电路，2、3 分别为纯电容电路和纯电感电路（或反之）。

答案： D

7-4-5　**解：** 三相对称电路中三相电流之和为 0，即：

$$i_A + i_B + i_C = 0$$

答案： B

7-4-6　**解：** 串联电路中$Z = R + j\left(\omega L - \frac{1}{\omega C}\right)$，感性电路中$\omega L > \frac{1}{\omega C}$，而处于谐振状态的电路$\omega L = \frac{1}{\omega C}$。

答案： B

7-4-7　**解：** 三相对称电路中负载消耗的功率与每相负载电压有关，当电源线电压一定时，三角形连接负载电压是星形连接负载电压的$\sqrt{3}$倍。

答案： A

7-4-8　**解：** 三角形连接的对称三相电路中，线电流是相电流的$\sqrt{3}$倍。

答案： B

7-4-9　**解：** 三相供电系统中对于单相供电的负载一般要用到火线 L（相线），电源的中性点线 N（或工作零线），以及保护零线 E。电源插座对这三根线位置有明确的规定。如解图所示。

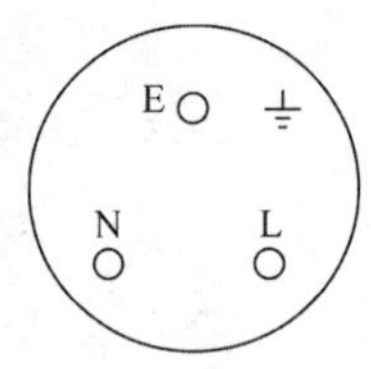

题 7-4-9 解图

答案： C

7-4-10　**解：** 此题分析时应考虑接地电阻对电路的影响。

答案： B

7-4-11　**解：** 用交流电路的复数符号法分析。

电感上的电压相量：

$$\dot{U}_{\rm L} = \frac{j\omega L}{R + j\omega L}\dot{U}_{\rm i}$$

答案： B

第五节

7-5-1　**解：** 根据储能元件的换路关系，电感元件的电流不跃变，电容电压不跃变。后者在本题中也保证了电阻电流不跃变。

答案： B

7-5-2　**解：** 一阶 R-C 电路的暂态过程中，时间常数$\tau = RC$，其中 R 的数值是换路后的除源后电容 C 两端等效的电阻。

答案： B

7-5-3　**解：** 开关动作以后，电容进入放电过程。电流是由电容电压释放形成的，应与图示电流的参考方向相反。

答案： B

7-5-4　**解：** 根据一阶电路暂态过程的三要素公式：$u_{\rm o}(t) = U_{\rm c}(\infty) + [U_{\rm c}(0+) - U_{\rm c}(\infty)]e^{-t/\tau}$。

答案： C

第六节

7-6-1　**解：** 变压器的容量为视在功率$S = $10kV·A，理想情况下负载上得到的总的有功功率$P = S\cos\varphi = N \times 40$，“$N$”为所求日光灯数量。

答案： A

7-6-2　**解：** 电动机转子的转向与旋转磁场转向一致，旋转磁场的转向由定子电流的相序决定。

答案： C

7-6-3　**解：** 三相异步电动机的起动转矩由定子电压和转子电阻决定，与负载无关。

答案： A

7-6-4　**解：** Y-△换接起动方法仅用于正常运行时△连接的电机，起动时由于绕组电压降低，使得电流和起动转矩都是直接起动的1/3。

答案： D

7-6-5　**解：** 根据电动机的功率平衡关系即可分析。

答案： B

7-6-6　**解：** 控制电路中电器符号均为没有动作的状态，且同电器采用同标号。读图时一般采用自上而下的顺序。

答案： B

7-6-7　**解：** 同上题。

答案： C

7-6-8　**解：** 由三相交流异步电动机的转差率关系

$$S_N = \frac{n_0 - n_N}{n_0} \times 100\% = 0.033$$

可以判断电动机为 4 极电机，旋转磁场的转速$n_0 = 1\,500\text{r/min}$，电机空载时转差率应小于额定转差率。

答案： D

7-6-9　**解：** 根据继电器工作原理分析，其线圈在控制电路中，接触点分别在主辅电路中。

答案： D

第七节

7-7-1　**解：** 二极管为非线性元件。当它正向偏置时，电流-电压关系成指数关系，正向电压一般为 0.3V 或 0.7V 左右。

答案： D

7-7-2　**解：** 由电路分析可见，该图中的二极管工作于正向偏置，处于导通状态。

答案： D

7-7-3　**解：** 首先设二极管处于截止状态，判断二极管的偏置状态。

答案： C

7-7-4　**解：** 该电路为桥式的全波整流电路，当u_2的瞬时电压为负时，D_1二极管正向偏置；当u_2的瞬时电压为正时，D_1二极管反向偏置，承受的电压为$-u_2$。

答案： D

7-7-5　**解：** 该电路为全波整流、稳压电路，其中电容 C 上的电压为直流量，可以认为电容电流为零；整流二极管中的电流为电阻 R 中电流的 1/2。

答案： D

7-7-6　**解：** 该电路为二极管桥式全波整流电路，电压关系为$U_L = 0.9U_i$，$U_i = 10/\sqrt{2}$。

答案： C

第八节

7-8-1　**解：** 分为放大电路的静态和动态两部分电路分析。静态时，要求工作点合适（在线性工作区）。动态时，信号能正常输出。

答案： B

7-8-2　**解：** 图示电路中三极管发射极电压反偏时为截止状态，$i_B = 0$。集电结反偏时为放大状态，$i_c = \beta i_B$；集电结正偏（$V_C < V_B$）时，放大器工作在饱和状态。

答案： A

7-8-3　**解：** 画放大器的直流通道分析，如解图所示。

设$U_{BE}=0.6V$，则

$$I_B=\frac{V_{CC}-U_{BE}}{R_B}=\frac{12-0.6}{200}=0.057mA$$

$$I_C=\beta I_B=40\times0.057=2.28mA$$

$$U_{CE}=V_{CC}-I_CR_C=12-2.28\times3=5.16V$$

题 7-8-3 解图

答案： A

7-8-4　**解：** 画放大器的交流微变等效电路图分析。

答案： C

7-8-5　**解：** 考虑放大器输入、输出电阻影响时，可以将电路等效为解图：

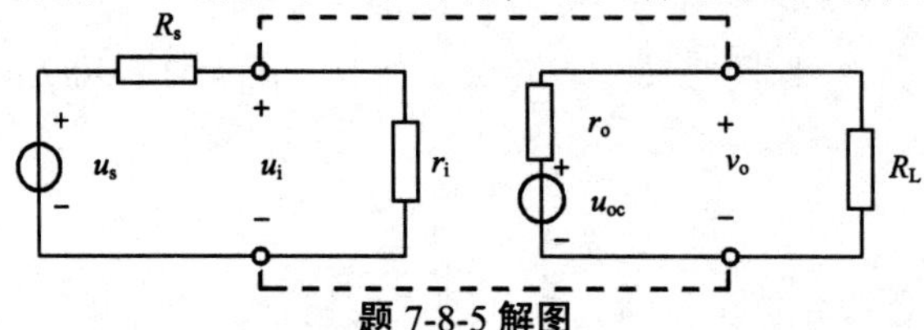

题 7-8-5 解图

答案： D

7-8-6　**解：** 图 b）的等效电路与上题的提示电路相仿。R_s与输入电阻r_i串联，输出电阻r_o与负载电阻串联。

答案： C

第九节

7-9-1　**解：** 图示为两级放大电路，第一级为反相比例电路，第二级为比例减法电路。

设第一级输出电压为u_o'，则：$u_o'=-\frac{R_{F1}}{R_1}u_{i1}$

$$u_o=-\frac{R_{F2}}{R_2}u_o'+\left(1+\frac{R_{F2}}{R_2}\right)u_{i2}=\frac{R_{F1}\cdot R_{F2}}{R_1\cdot R_2}u_{i1}+\left(1+\frac{R_{F2}}{R_2}\right)u_{i2}$$

答案： C

7-9-2　**解：** 本电路为运算放大器的线性应用电路，可用三个理想条件分析。如解图所示，由虚断路和虚短路分析，可知负载电阻R_L与R中的电流相同。则：

$i=i_R=u_R/R$ ，$U_R=u_-=u_+=u$

因此$i=u/R$，即i与R_L无关。

答案： B

7-9-3　**解：** 本电路为运算放大器的线性应用电路。如解图所示，分析如下：

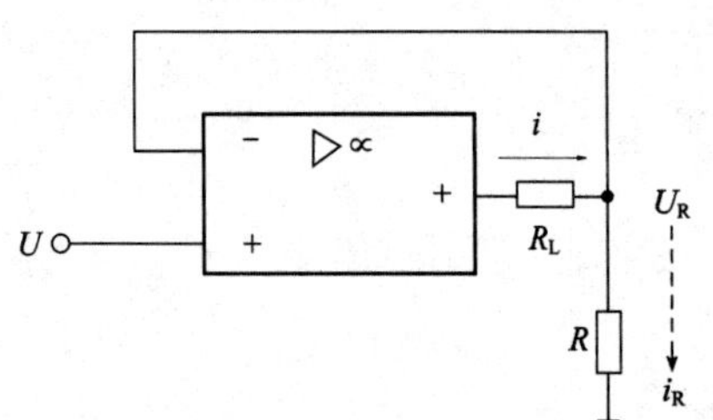

题 7-9-2 解图

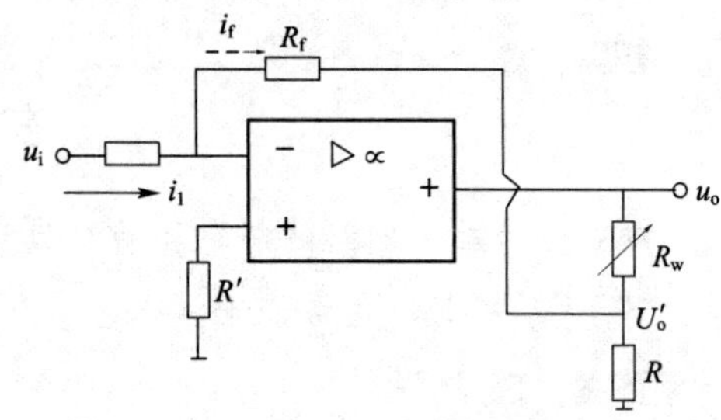

题 7-9-3 解图

$i_1 = i_f$，$u_+ = u_- = 0$，$u_o' = -\frac{R_f}{R_1}u_i$

题中$R_f = 10\text{k}\Omega$，$R = 100\Omega$，$R_f \gg R$

可以认为R_W与R中的电流相同。

$$\frac{u_o'}{R} = \frac{u_o}{R + R_W}$$

$$u_o = \frac{R + R_W}{R}\left(-\frac{R_f}{R_1}\right)u_i$$

$R_W = 0$时，$u_o = -u_i = -0.5\text{V}$

$R_W = 1\text{k}\Omega$时，$u_o = \frac{0.1+1}{0.1} \times (-u_i) = 5.5\text{V}$

所以u_o的调节范围是$-0.5 \sim -5.5\text{V}$。

答案： D

7-9-4　**解：** 本电路为电压比较电路，属于运放的非线性应用。$u_+ > u_-$时，输出u_o是正饱和的；$u_+ < u_-$时，输出u_o是负饱和的。$u_+ = u_{i2}$，$u_- = u_{i1}$。从波形图观察所有的时间点上均有$u_{i1} > u_{i2}$，因此$u_- > u_+$均成立，运放是处于负饱和的。

答案： D

7-9-5　**解：** 电路为集成运算放大器构成的二级线性放大电路，第一级为积分电路，第二级是电压跟随电路。

答案： A

第十节

7-10-1　**解：** 输出信号 y 与输入信号按逻辑分析，当某点电压u≥2.4V时，为逻辑“1”；当某点电压u≤0.4V时，为逻辑“0”。分析时可以设二极管为理想二极管。

答案： A

7-10-2　**解：** 当与非门的输入端接 5V 为逻辑“1”，接地为逻辑“0”，悬空为逻辑“1”处理。

答案： C

7-10-3　**解：** 用逻辑代数公式计算。

答案： B

7-10-4　**解：** D 触发器的逻辑关系式为Q_{n+1} =D，$Q_{n+1} = \overline{Q}_n$时为计数功能。

答案： A

7-10-5　**解：** 根据触发器符号可见输出信号在 cp 脉冲的下降沿动作。

答案： C

7-10-6　**解：** 利用 R-S 触发器的功能表分析，输出信号在脉冲 C 的下降沿动作。

答案： B

第八章　信号与信息技术

复 习 指 导

一、考试大纲

7.4　信号与信息

信号；信息；信号的分类；模拟信号与信息；模拟信号描述方法；模拟信号的频谱；模拟信号增强；模拟信号滤波；模拟信号变换；数字信号与信息；数字信号的逻辑编码与逻辑演算；数字信号的数值编码与数值运算。

二、复习指导

目前，信号与信息技术正处于快速发展阶段，内容涉及面广，主要包括计算机基础知识、电路电子技术、信息通信技术等。但是，就其具体内容来讲，该部分内容正是目前工程技术人员在工作中经常用到的。复习的重点是信息技术应用的系统化、规范化。

根据考试大纲的要求，本次复习应该注意以下几项内容：

（一）信息、消息与信号的概念

信息、消息和信号关系是借助于信号形式，传送消息，使受信者从所得到的消息中获取信息。

（二）信号的分类

要搞清楚信号的概念：什么是确定性信号、随机信号、连续信号和离散信号，特别要搞清楚模拟信号和数字信号形式上的不同，并区别它们的不同表示方法。

（三）模拟信号的描述

在信号分析中不仅可以从时域考虑，而且可以从频域考虑问题。在复习本部分内容时，一般是以正弦函数为基本信号，分析常用的周期和非周期信号的一些基本特性以及信号在系统中的传输问题。抓住基本概念，即周期信号频谱的离散性、谐波性和收敛性。

频谱分析是模拟信号分析的重要方法，也是模拟信号处理的基础，在工程上有着重要的应用。

要了解模拟信号滤波、模拟信号变换、模拟信号识别的知识。

数字电子信号的处理采用了与模拟信号不同的方式，电子器件的工作状态也不同。数字电路的工作信号是二值信号，要用它来表示数并进行数的运算，就必须采取二进制形式表示。复习内容主要包括：

（1）了解数字信号的数制和代码，掌握几种常用进制表示，数制转换、数字信号的常用代码。

（2）搞清楚算术运算和逻辑运算的特点和区别，逻辑函数化简处理后能凸显其内在的逻辑关系，通常还可以使硬件电路结构简单。

（3）了解数字信号的符号信息处理方法，数字信号的存储技术，模拟信号与数字信号的互换知识。

数字信号是信息的编码形式，可以用电子电路或电子计算机方便、快速地对它进行传输、存储和处理。因此，将模拟信号转换为数字信号，或者说用数字信号对模拟信号进行编码，从而将模拟信号问题转化为数字信号问题加以处理，是现代信息技术中的重要内容。

第一节　基本概念

一、信息、消息与信号

信息、消息和信号三者的关系是借助于某种信号形式，传送消息，使受信者从所得到的消息中获取信息。具体可以概括为：

信息（information）——受信者预先不知道的新内容。一般是指人的大脑通过感官直接或间接接收的关于客观事物的存在形式和变化情况。

消息（message）——信息的物理形式（如声音、文字、图像等），一般是指传递信息的媒体。

信号（signal）——消息的表现形式。信号是运载消息的工具，是可以直接观测到的物理现象（如电、光、声、电磁波等）。通常说“信号是信息的表现形式”。

在现代技术中信息表现为有特点的数据。数据是一种符号代码，用来描述信息。广义地讲，数据包括一切可以用来描述信息的符号体系，如文字、数字、图表、曲线等。在信息工程中，数据是一种以二进制数字“0”和“1”为代码的符号体系。应当指出，任何符号本身都不具有特定的含义，只有当它们按照确定的编码规则，被用来表示特定的信息时才可以称为数据。因此。正是由此在信息技术中通常认为数据就是信息。信号是具体的，可以对它进行加工、处理和传输；信息和数据都是抽象的，它们都必须借助信号才能得以加工、处理和传送。有些教材中把信息、消息和信号比喻成货物、道路（媒体）和交通工具（车）的关系，即信息是货，媒体是路，信号是车。“货”是利用“车”通过“路”来传送的。

除了人的大脑，任何物理系统都不能直接处理抽象的信息或数据，因此在以计算机为核心的信息系统中以数字信号来表示、存储、处理、传送信息或数据。从这个意义上讲，数字信号是信息的物理代码，亦可称为代码信号。

人们通过两个渠道从信号获取信息：一个是直接观测对象；另一个是通过人与人之间的交流。前者是借助对象发出的真实信号直接获取信息。例如，观测化学反应器中的温度、压力、流量、浓度等信号随时间变化的情况，获取化工过程的信息，观测机械零件和建筑结构中的应力、变形等信号，获取机械或建筑物的状态信息等；后者则用符号对信息进行编码后再以信号的形式传送出去，人们在收到这种编码信号并对它进行必要的翻译处理（译码）之后，间接获取信息，例如书籍、报刊用的是文字符号编码，口头报告、演讲用的是语音信号编码，数字通信系统中使用的是数字信号编码等，它们传递的都是预先编制好的信息。

二、信号的分类

直接观测对象所获取的信号是在现实世界的时间域里进行的，是随时间变化的，称为时间信号；人为生成并按照既定的编码规则对信息进行编码的信号是代码信号。时间信号可以用时间函数、时间曲线或时间序列来描述，在波形图上时间信号是按照时间的变化反映的。但是代码信号与时间信号不同，只能用它的序列式波形图或自身所代表的符号代码序列表示。

图 8-1-1a）表示的是实际观测到的时间信号——压力信号$p(t)$的时间曲线描述形式，它的时间函数描述形式为$p = f(t)$；

图 8-1-1b）是一个二进制数代码信号的波形表示形式，它的符号代码序列描述形式是 0101100。

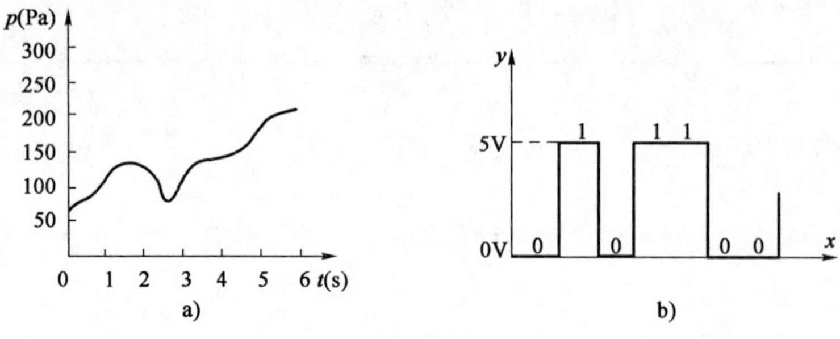

图 8-1-1　时间信号与代码信号

文字、图像、语言、数据等消息的复杂性，导致传送的信号也是多种多样的，但无论信号多么复杂，终归可以表示成时间的函数，因此“信号”与“函数”常常相互通用。信号随时间变化的规律是多种多样的，可以大致分类如下：

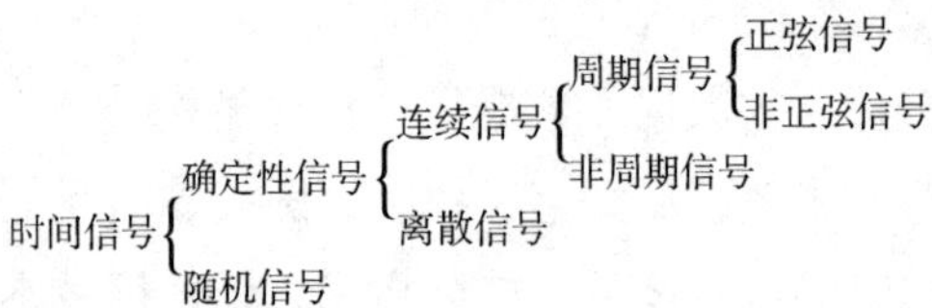

1. 确定性信号和随机信号

按信号是否可以预知划分，可以将其分为确定性信号和随机信号。

（1）确定性信号，是可以表示成确定时间函数的信号，即对于给定的时刻，信号都有一个确定的函数值与之对应，如$f(t) = 2\cos(2\pi t)$等。

（2）随机信号，是只能知道在某时刻取某一数值的概率，不能表示成确定时间函数的信号。由于随机信号带有“不确定性”和“不可预知性”，通常使用概率统计的方法进行研究。

例如电力系统的运行中难免受到其他信号的干扰，这些干扰信号是不可预知的，是随机出现的，那么该系统中负荷变化的信号属于随机信号。

严格来讲，除了实验室专用设备发出的有规律的信号外，电子信息系统中传输的信号都是随机信号。

2. 连续信号和离散信号

按信号是否是时间连续的函数划分，可以将其分为连续时间信号和离散时间信号，简称连续信号和离散信号。

（1）连续信号，是指在某一时间范围内，对于一切时间值除了有限个间断点外都有确定的函数值的信号$f(t)$。连续时间信号的时间一定是连续的，但是幅值不一定是连续的（存在有限个间断点）。

连续信号与通常所说的模拟信号不同，模拟信号是幅值随时间连续变化的连续时间信号。由观测所得到的各种原始形态的时间信号（光的、热的、机械的、化学的，等等）都必须转换成电信号（电压或电流信号）之后才能加以处理。通常，由原始时间信号转换而来的电信号就称为模拟信号。

为了保证模拟转换不丢信息，模拟信号的变化规律必须与原始信号相同；而为了便于处理，模拟信号的幅值变化区间又必须控制在一定的范围之内，在电气与信息工程中，模拟信号的幅值范围为 0~5V（电压信号）或 0~20mA（电流信号）。

从技术上讲，由于“模拟”转换在观测过程中就已实际完成，所以通常指时间信号为模拟信号；而离散的时间信号通常是运用模-数（AD）转换技术变换为数字代码信号之后再加以处理的，所以在电气与信息工程中，实际处理的模拟信号都是连续的时间信号。因此，"模拟信号"一词实际上是指连续时间信号。

（2）离散信号，是指在某些不连续时间（也称离散时刻）定义函数值的信号，在离散时刻以外的时间，信号是无定义的。离散信号的时间不连续，幅值可连续也可不连续。在离散信号中相邻离散时刻的间隔可以是相等的，也可以是不相等的。

为了方便研究或处理信号，人们常常将连续信号进行采样，即只取有代表性的离散时刻的信号数值，抽样后得到离散的采样信号。将幅值量化后并以二进制代码表示的离散信号（也就是时间和幅值均离散的信号）称为数字信号。

数字信号通常是指以二进制数字符号"0"和"1"为代码对信息进行编码的信号。在实际应用中，数字信号是一种电压信号，它通常取0V和+5V两个离散值，这两个具体的离散值分别用来表示两个抽象的代码"0"和"1"。一个数字信号序列表示一串代码，只要确定某种编码规则，这种数字代码串就可以用来对任何信息进行编码。

模拟信号具体、直观，便于人的理解和运用；数字信号则便于计算机处理。所以，在实际应用中经常将两者互相转换，以发挥各自的优点。

模拟信号数字化的过程如图 8-1-2 所示。时间、幅值均连续的模拟信号如图 8-1-2a）所示，经过等间距采样变成时间离散、幅值连续的抽样信号如图 8-1-2b）所示，再经过量化后的离散信号如图 8-1-2c）所示，以二进制对量化的幅度编码得到的数字信号如图 8-1-2d）所示。

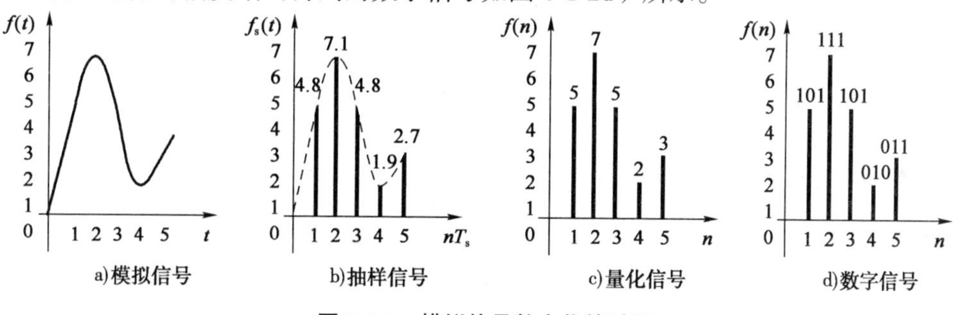

图 8-1-2 模拟信号数字化的过程

3. 周期信号和非周期信号

按信号是否具有重复性，可以将其划分为周期信号和非周期信号。

（1）周期信号，是按一定时间间隔T或N重复着某一变化规律的连续或离散信号。最典型的连续周期信号是正弦函数的信号。除正弦函数信号以外的连续周期函数信号称为非正弦周期信号。

连续周期信号$f(t)$满足

$$f(t)=f(t+mT) \qquad (m=0,\pm1,\pm2,\cdots) \tag{8-1-1}$$

时间间隔T称为最小正周期，简称连续周期信号的周期。

离散周期信号$f(k)$满足

$$f(k)=f(k+mN) \qquad (m=0,\pm1,\pm2,\cdots) \tag{8-1-2}$$

时间间隔N称为最小正周期，简称离散周期信号的周期。

（2）非周期信号，是不满足周期信号特性的、不具有重复性的连续或离散信号。当周期信号的周期为无穷大时，周期信号就变成了非周期信号。

4. 采样信号

按等时间间隔读取连续信号某一时刻的数值叫作采样（或抽样），采样所得到的信号称为采样（抽样）信号。显然，采样信号是一种离散信号，它是连续信号的离散化形式。或者说，通过采样，连续信号被转换为离散信号。

采样的更深一层意义在于通过模拟-数字转换装置，可以将采样信号进一步转换为数字描述形式，并进而采用数值分析与计算方法高效地处理模拟信号，例如，采用数值运算方法实现模拟信号的放大、变换、滤波等（见图 8-1-3）。

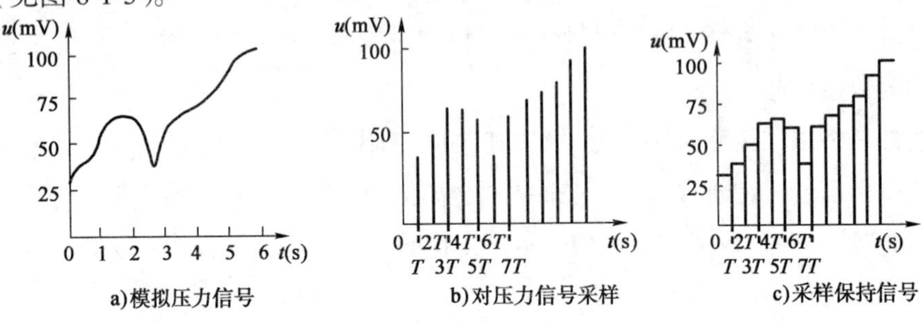

图 8-1-3　对压力信号的采样过程

图 8-1-3b）的电压信号是图 8-1-3a）压力信号的采样信号。不难看出，在每个采样点上，采样信号的值与连续信号在该点上的瞬间值相等，而在整个采样区间里，采样信号的变化规律与连续信号相同。

由于如图 8-1-3b）所示的离散时间信号是如图 8-1-3a）所示的连续时间信号的采样信号，所以，若连续时间信号的连续时间函数描述为

$$u = f(t)$$

则该离散时间信号的离散时间序列描述形式为

$$u^* = \{f(0), f(T), f(2T), f(3T), \cdots, f(nT), f[(n+1)T], \cdots\} \tag{8-1-3}$$

所谓离散时间信号是指只在特定的时间点上才出现的信号。例如图 8-1-3b）所示的信号，它只在时间点 0、T、$2T$、$3T$、$4T$…上出现，而在这些时间点之间的任何瞬间，信号的值是没有定义的。所以，在离散时间信号的描述中，时间轴上是不能连续取值的。

令采样的时间间隔为采样周期T，每秒采样次数为采样频率f，那么采样频率越高，采样信号越接近原来的连续信号。但是过于频繁地采样，势必会降低系统的整体工作效率。按照著名的采样定理，取采样频率为信号中最高谐波频率的 2 倍以上时，采样信号即可保留原始信号的全部信息。在实际应用中，往往将采样得到的每一个瞬间信号在其采样周期内予以保持，生成所谓的采样保持信号如图 8-1-3c）所示。采样保持信号是一种特殊信号形式，它兼有离散和连续的双重性质，在数字控制系统中有着广泛应用。

三、模拟信号与信息

模拟信号是通过观测，直接从对象获取的信号。模拟信号是连续的时间信号，它提供对象原始形态的信息。

在时间域里，它的瞬间量值表示对象的状态信息，比如某一时刻对象中的温度有多高，压力有多强；它随时间变化的情况提供对象的过程信息，比如对象中的温度或压力是在增加还是在减小，它们以什么样的规律在变化等。通过时间函数的描述，可以借助相关的数学运算对模拟信号进行各种处理和变换，实现信息分析、综合、评价等各种复杂的处理。

在频率域里，模拟信号是由诸多频率不同、大小不同、相位不同的信号叠加组成的，具有自身特定的频谱结构。所以从频域的角度看，信息被装载于模拟信号的频谱结构之中，通过频域分析可以从中提取更加丰富、更加细微的信息，进行更为简洁、更为精细的信息分析和处理。

（一）常用模拟信号的描述

在信号分析中，常用一些基本函数表示复杂信号。

1. 直流信号

直流信号定义为

$$f(t)=A \qquad (-\infty<t<\infty) \tag{8-1-4}$$

即在全时间域上等于恒值的信号，波形如图 8-1-4 所示。

2. 正弦信号

如图 8-1-5 所示为大家所熟知的正弦信号，表示为

$$f(t)=A\sin(\omega t+\varphi) \tag{8-1-5}$$

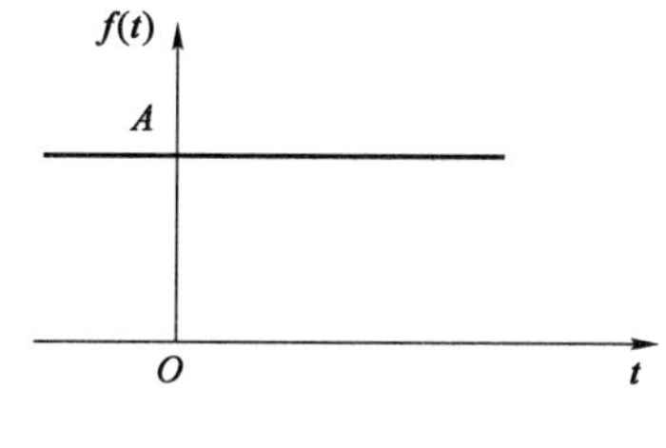

图 8-1-4　直流信号

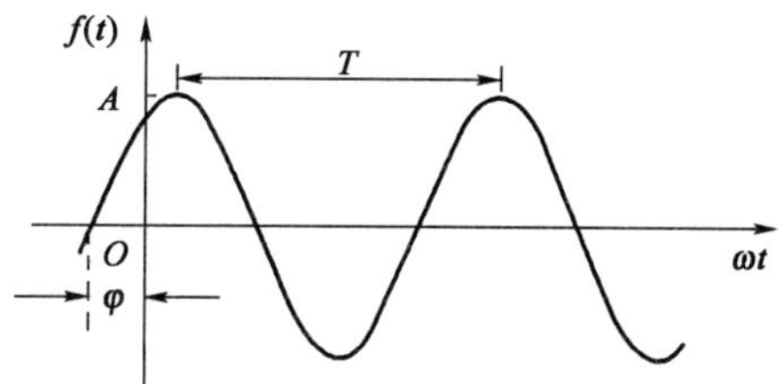

图 8-1-5　正弦信号

3. 单位阶跃信号

单位阶跃信号用$\varepsilon(t)$表示，其定义为

$$\varepsilon(t)=\begin{cases}1 & (t>0)\\ 0 & (t<0)\end{cases} \tag{8-1-6}$$

该函数在$t=0$处发生跃变，数值 1 为阶跃的幅度，若阶跃幅度为A，则可记为$A\varepsilon(t)$。延迟t_0后发生跃变的单位阶跃函数可表示为

$$\varepsilon(t-t_0)=\begin{cases}1 & (t>t_0)\\ 0 & (t<t_0)\end{cases} \tag{8-1-7}$$

在负时间域幅值恒定为 1，而在$t=0$发生跃变到零的阶跃信号可表示为

$$\varepsilon(-t)=\begin{cases}1 & (t<0)\\ 0 & (t>0)\end{cases} \tag{8-1-8}$$

$\varepsilon(t)$、$\varepsilon(t-t_0)$和$\varepsilon(-t)$的波形分别如图 8-1-6 所示。

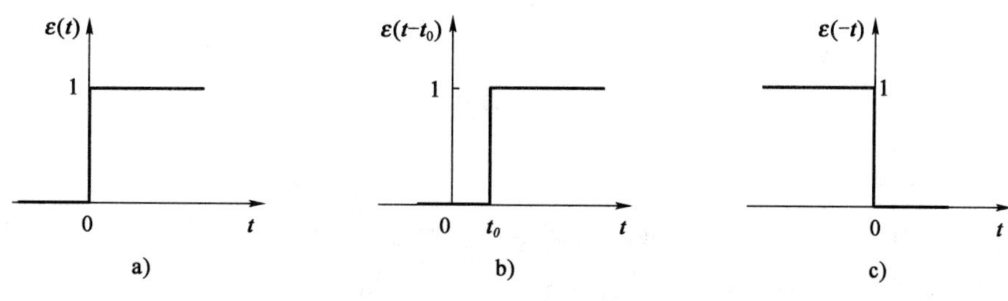

图 8-1-6　波形图

4. 斜坡信号

斜坡信号常用$r(t)$表示，其定义为

$$r(t)=\begin{cases}t & (t\geqslant 0)\\0 & (t<0)\end{cases} \tag{8-1-9}$$

也可以借助阶跃信号简洁地表示为

$$r(t)=t\varepsilon(t) \tag{8-1-10}$$

斜坡信号的波形如图 8-1-7 所示。

5. 实指数信号

常用的实指数信号是单边的，其定义为

$$f(t)=Ae^{-\alpha t}\qquad(\alpha>0,\ t>0) \tag{8-1-11}$$

实指数信号的波形如图 8-1-8 所示。

要注意的是，引入单位阶跃函数后，信号$f(t)$和$f(t)\varepsilon(t)$的波形有时是不同的。例如，信号e^{-t}和$e^{-t}\varepsilon(t)$的波形如图 8-1-9 所示，图 8-1-9a）在整个时间域均按e^{-t}规律变化，而图 8-1-9b）仅在正时间域按规律e^{-t}变化，它在负时间域全为零。

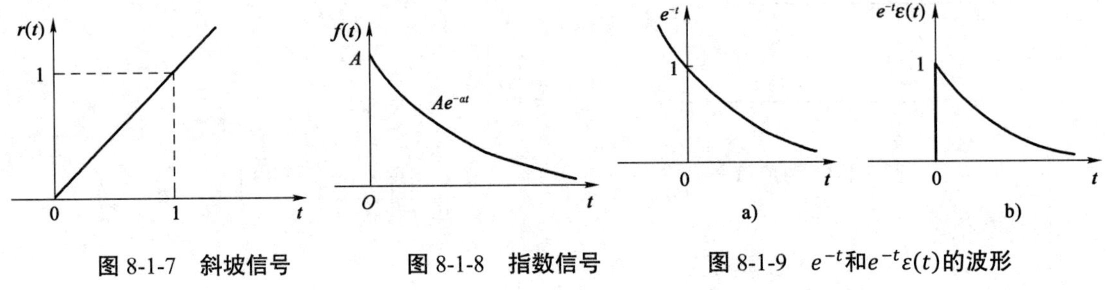

图 8-1-7　斜坡信号　　图 8-1-8　指数信号　　图 8-1-9　e^{-t}和$e^{-t}\varepsilon(t)$的波形

6. 复指数信号

设α为任意实数，则复指数信号可表示为

$$f(t)=Ae^{(\alpha+j\omega)t} \tag{8-1-12}$$

式中，若$\alpha=0$，则$f(t)$成为虚指数信号；若$\omega=0$，则$f(t)$成为实指数信号。根据欧拉公式，复指数信号可以表示为

$$f(t)=Ae^{\alpha t}(\cos\omega t+j\sin\omega t) \tag{8-1-13}$$

$\alpha<0$，$t\geqslant 0$时，实部和虚部波形如图 8-1-10 所示。

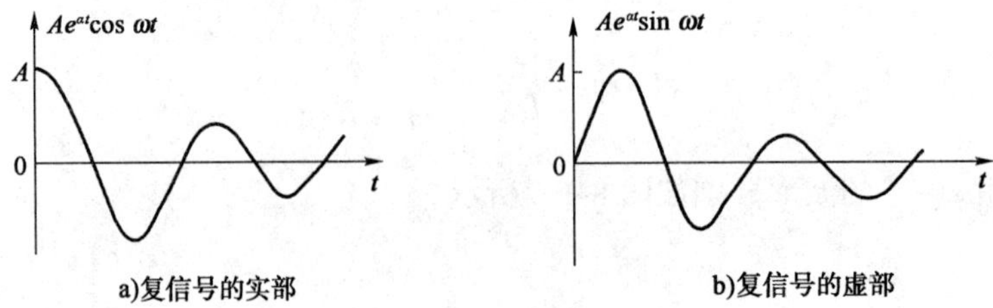

图 8-1-10　复指数信号

（二）模拟信号的时域处理

在信号的时域分析中，复杂信号可以通过对简单信号进行加（减）、延时、反转、尺度展缩、微分、积分等运算获得。

1. 相加与相乘

设有信号$f_1(t)=\varepsilon(t)$，$f_2(t)=-\varepsilon(t-t_0)$，则两者之和为$f(t)=\varepsilon(t)-\varepsilon(t-t_0)$。

$f(t)$在任意时刻的值是两信号在该时刻值的和，$f(t)$的波形如图 8-1-11 所示。

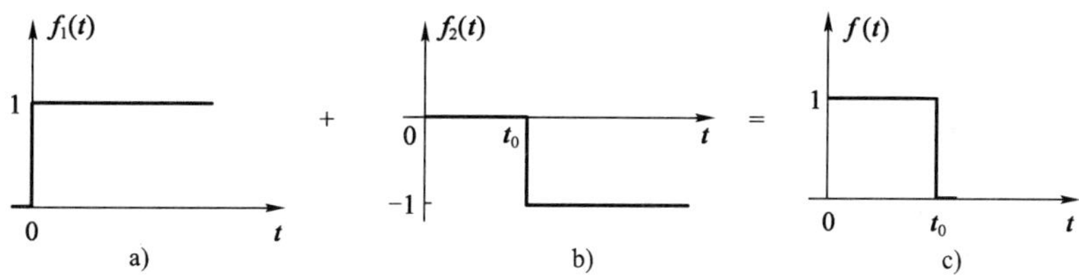

图 8-1-11　信号相加的波形图

信号$f_1(t)$和$f_2(t)$相乘所得的新函数$f(t)=f_1(t)f_2(t)$在任意时刻的值等于两个信号在该时刻的值之积，图 8-1-12 为信号相乘的波形。

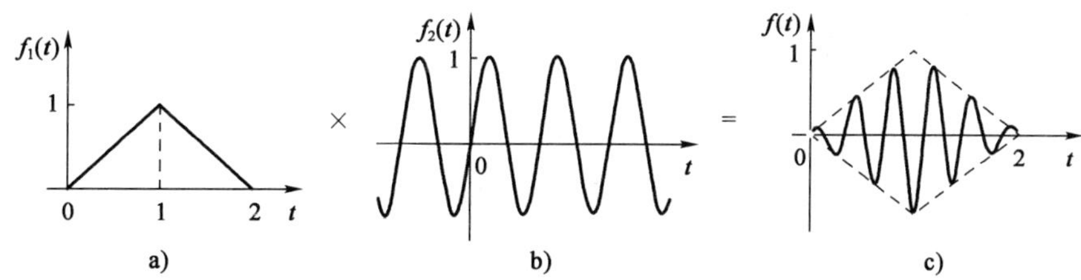

图 8-1-12　信号相乘后的波形图

2. 反转与延时

将信号$f_1(t)$的自变量t换为$-t$，可得到另一个信号$f_1(-t)$，这称为信号的反转。作图时将$f_1(t)$的波形以纵坐标为轴反转 180°即成为$f_1(-t)$，图 8-1-13a）是其示意图。

将信号$f_2(t)$的自变量t换为$(t\pm t_0)$，t_0为正的实常数，则可得一个新的信号$f_2(t\pm t_0)$。这就意味着把$f(t)$的波形沿时间轴整体平移（延时）t_0个单位，$f_2(t+t_0)$表示向左平移t_0个单位，$f(t-t_0)$表示向右平移t_0个单位。图 8-1-13b）为其示意图。

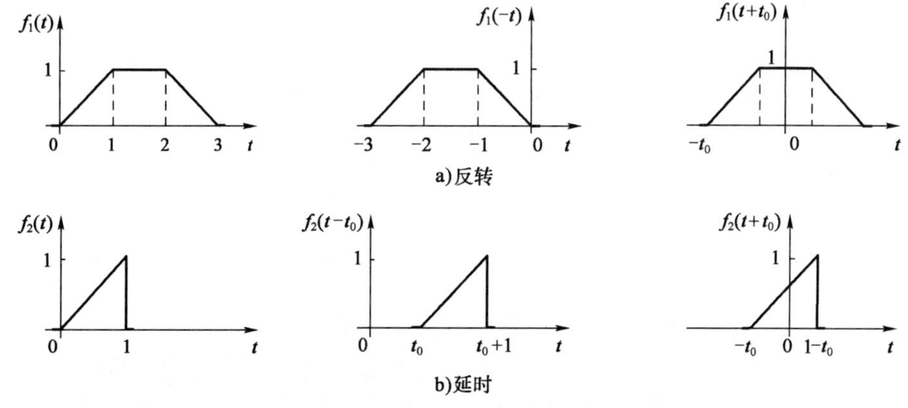

图 8-1-13　信号反转与延时后波形图

3. 压缩与扩展

若将信号$f(t)$的自变量t换为αt（α为正实数），则信号$f(\alpha t)$将在时间尺度上压缩或扩展，这称为信号的尺度变换。若$0<\alpha<1$，就意味着原信号从原点沿t轴扩展；若$\alpha>1$，就意味着原信号沿t轴压缩（幅值不变）。如图 8-1-14 中$f(t)$和$x(t)$所示。

信号的尺度展缩应用在信息的存储、压缩和解压缩技术方面。如$f(t)$是已录制好的音乐信号磁带，则$f(2t)$是以原声的 2 倍速度播放，$f\left(\frac{t}{2}\right)$是将原声降低一半速度播放。

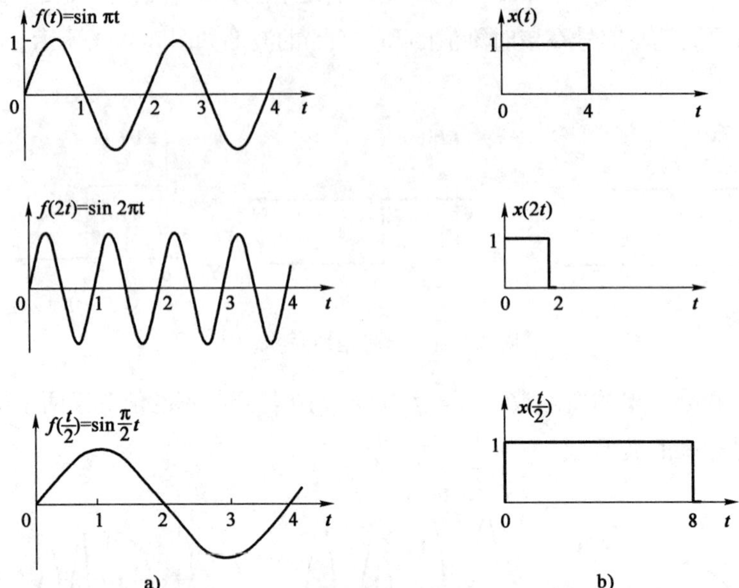

图 8-1-14　信号压缩与扩展后的波形图

4. 微分与积分

设信号$f(t)$的微分表示为

$$y(t)=\frac{\mathrm{d}f(t)}{\mathrm{d}t}=f'(t)=f^{(1)}(t) \tag{8-1-14}$$

$f(t)$的积分表示为

$$y(t)=\int_{-\infty}^{t}f(\tau)\mathrm{d}\tau=f^{(-1)}(t) \tag{8-1-15}$$

式中τ为积分变量，以区别于积分上限t。

对于斜坡函数，其导数为阶跃函数，即$r'(t)=\varepsilon(t)$；反之，单位阶跃函数的积分为斜坡函数，即

$$r(t)=\int_{-\infty}^{t}\varepsilon(\tau)\mathrm{d}\tau=t\varepsilon(t) \tag{8-1-16}$$

例如，对于如图 8-1-15 所示信号$f(t)$，可表示为

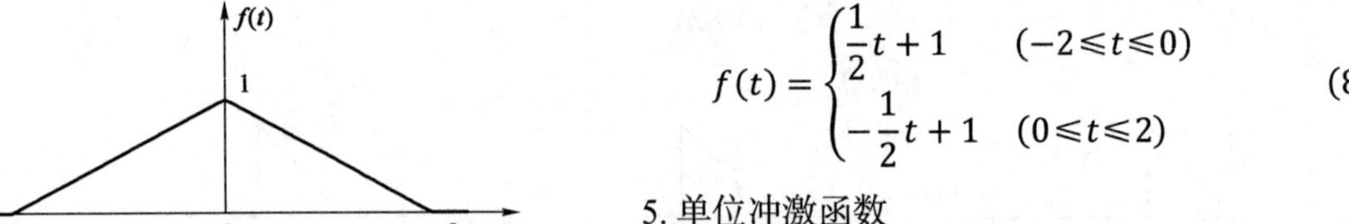

$$f(t)=\begin{cases}\frac{1}{2}t+1 & (-2\leqslant t\leqslant 0)\\ -\frac{1}{2}t+1 & (0\leqslant t\leqslant 2)\end{cases} \tag{8-1-17}$$

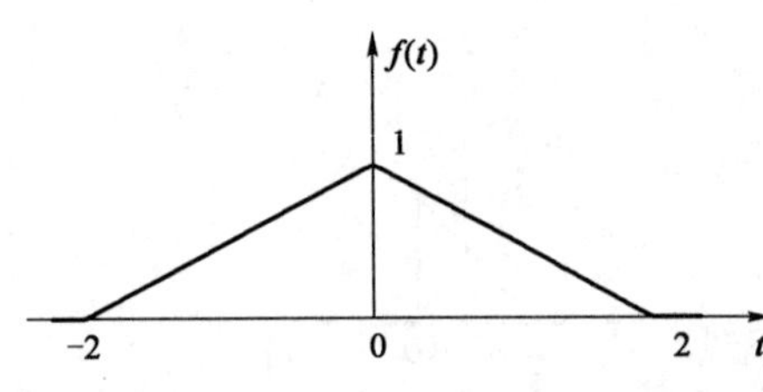

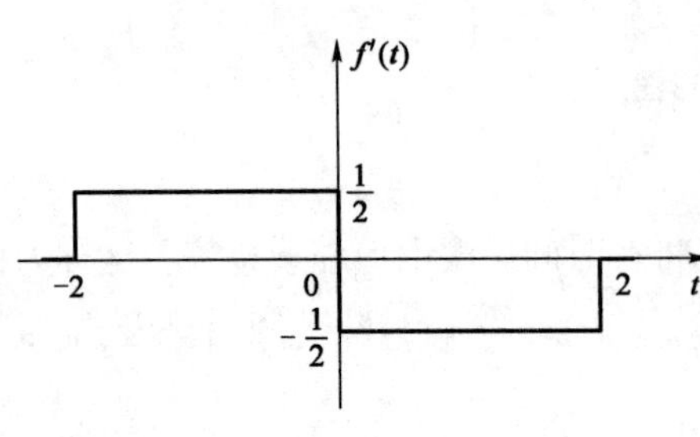

图　8-1-15

5. 单位冲激函数

冲激函数的提出有着广泛的物理基础。RC 串联电路接通直流电源的情形。如图 8-1-16a）所示，设电容电压初始状态为零，当$t=0$时电路接通，充电电流从初始值开始按指数规律下降，即

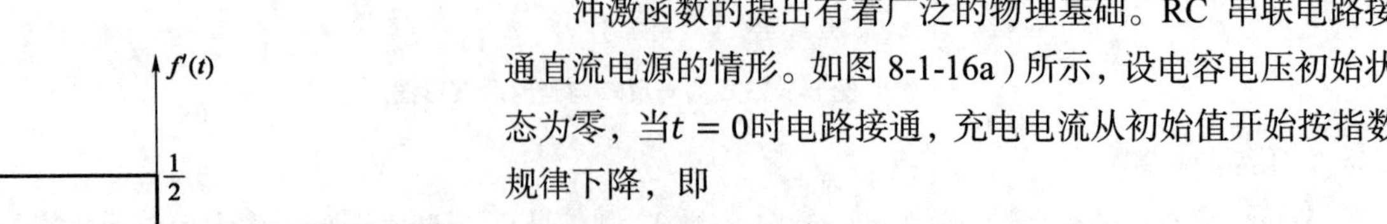

$$i_{\mathrm{c}}(t)=\frac{1}{R}e^{-\frac{t}{RC}}\qquad(t>0) \tag{8-1-18}$$

若电路中$R\to 0$，则充电时间常数$\tau=RC=0$，这意味着在$t=0$瞬间电源以无穷大电流给电容充电，即

$$i_{\mathrm{c}}(t)=\begin{cases}\infty & (t=0)\\ 0 & (t\neq 0)\end{cases} \tag{8-1-19}$$

电容上的电荷应是电流的积分值，即

$$q=\int_{-\infty}^{\infty} i_{\mathrm{c}}\mathrm{d}t = CU_{\mathrm{s}}=1\mathrm{C} \tag{8-1-20}$$

这 1C 的电荷恰是图 8-1-16b）中i_{c}曲线下的面积。

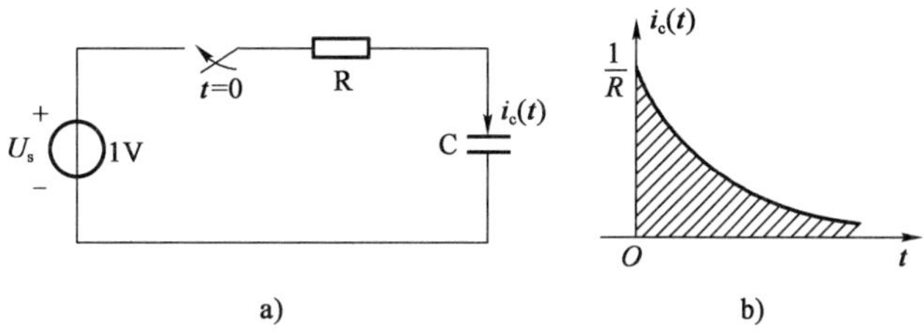

图 8-1-16　电容充电波形

再观察图 8-1-17 中的函数$f(t)$，当其缓升宽度$\tau\to 0$时，它就变成了阶跃信号$\varepsilon(t)$；而对$f(t)$求导后，则变为高度为$1/\tau$、宽度为τ的矩形脉冲，即$f'(t)=f_{\tau}(t)$，注意$f_{\tau}(t)$的面积为 1。当$\tau\to 0$时$f_{\tau}(t)$的高度变为无穷大，但此面积仍为 1，此时变为冲激函数，用$\delta(t)$表示。对应来看，即有$\varepsilon'(t)=\delta(t)$。可见，$\delta(t)$只在$t=0$出现，其余时间均为零。

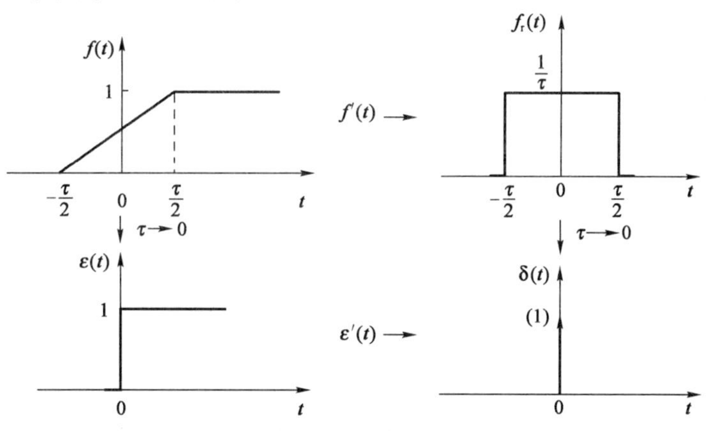

图 8-1-17　冲激函数的概念

由上可知，单位冲激函数$\delta(t)$可以看作是一个宽度为无穷小，高度为无穷大，但面积为 1 的极窄矩形脉冲。该函数是一个不同于一般信号的奇异函数，其定义为

$$\begin{cases}\delta(t)=0 \quad (t\neq 0)\\ \displaystyle\int_{-\infty}^{0}\delta(t)\mathrm{d}t=1\end{cases} \tag{8-1-21}$$

上述定义表明，$\delta(t)$是在$t=0$瞬间出现又立即消失的信号，且幅值为无限大；在$t\neq 0$处，它始终为零，而积分$\int_{-\infty}^{\infty}\delta(t)\mathrm{d}t=1$是该函数的面积，通常称为$\delta(t)$的强度。强度为$A$的冲激信号可记为$A\delta(t)$，延迟$t_0$出现的冲激信号可记为$A\delta(t-t_0)$，它们的波形如图 8-1-18 所示，符号（$A$）表示其强度。

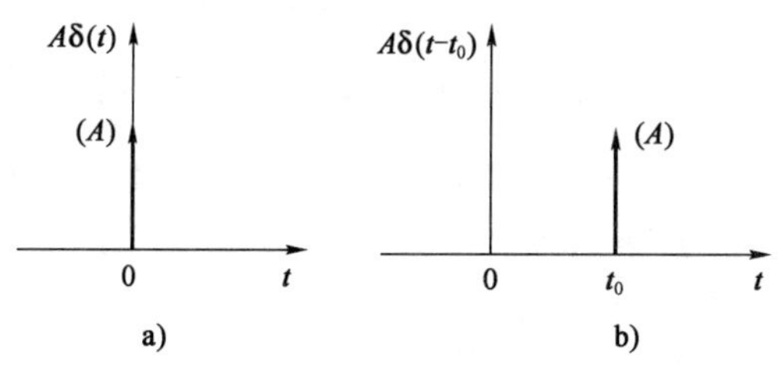

图 8-1-18　冲激信号及延时

根据δ(t)的定义，可以建立单位阶跃函数与单位冲击函数的确切关系，由于δ(t)只在$t=0$时刻存在，所以

$$\int_{-\infty}^{\infty}\delta(t)\mathrm{d}t=\int_{0-}^{0+}\delta(t)\mathrm{d}t=1 \tag{8-1-22}$$

则

$$\int_{-\infty}^{\infty}\delta(t)\mathrm{d}t=\begin{cases}1 & (t>0)\\0 & (t<0)\end{cases} \tag{8-1-23}$$

上式表明：单位冲激信号的积分为单位阶跃信号；反过来，单位阶跃信号的导数应为单位冲激信号，即

$$\delta(t)=\frac{\mathrm{d}\varepsilon(t)}{\mathrm{d}t} \tag{8-1-24}$$

在引入δ(t)的前提下，函数在不连续点处也有导数值。

【例 8-1-1】 已知$f(t)$的波形如图 a）所示，试求其一阶导数并画出波形。

解　首先用$\varepsilon(t)$的组合表示$f(t)$，即$f(t)=\varepsilon(t)+\varepsilon(t-t_1)-2\varepsilon(t-t_2)$

对上式求导，得$f'(t)=\delta(t)+\delta(t-t_1)-2\delta(t-t_2)$

其波形如图 b）所示。

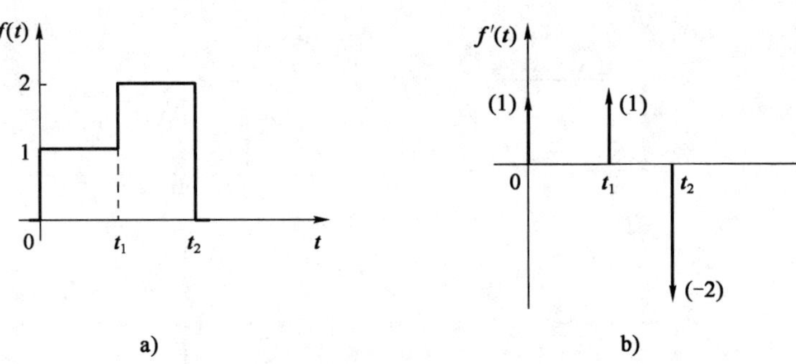

例 8-1-1 图

【例 8-1-2】 模拟信号$u(t)$的波形如图所示，设$1(t)$为单位阶跃函数，则$u(t)$的时间域描述形式为：

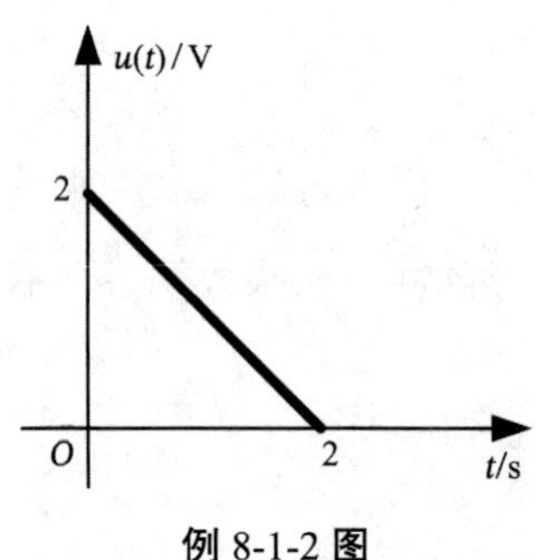

例 8-1-2 图

A. $u(t)=-t+2\mathrm{V}$

B. $u(t)=(-t+2)-1(t)\mathrm{V}$

C. $u(t)=(-t+2)(t-2)\mathrm{V}$

D. $u(t)=(-t+2)1(t)-(-t+2)1(t-2)\mathrm{V}$

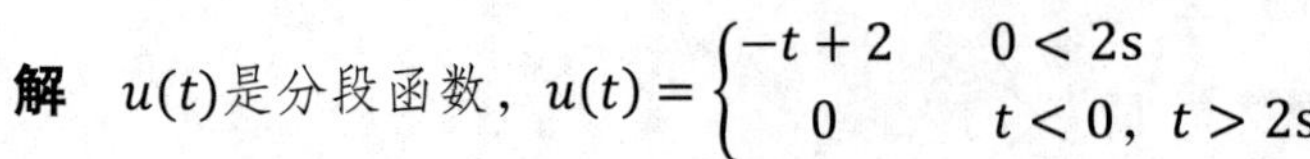

解　$u(t)$是分段函数，$u(t)=\begin{cases}-t+2 & 0<2\mathrm{s}\\0 & t<0，t>2\mathrm{s}\end{cases}$

它可以由函数$(-t+2)$乘以在 1~2s 间为 1 的脉冲函数$[1(t)-1(t-2)]$得到，因此：

$$u(t)=(-t+2)[1(t)-1(t-2)]=(-t+2)1(t)-(-t+2)1(t-2)$$

答案：D

【例 8-1-3】 给出如图 a）所示非周期信号的时域描述形式：

A. $u(t) = 10 \times 1(t-3) - 10 \times 1(t-6)\text{V}$

B. $u(t) = 3 \times 1(t-3) - 10 \times 1(t-6)\text{V}$

C. $u(t) = 3 \times 1(t-3) - 6 \times 1(t-6)\text{V}$

D. $u(t) = 10 \times 1(t-3) - 1(t-6)\text{V}$

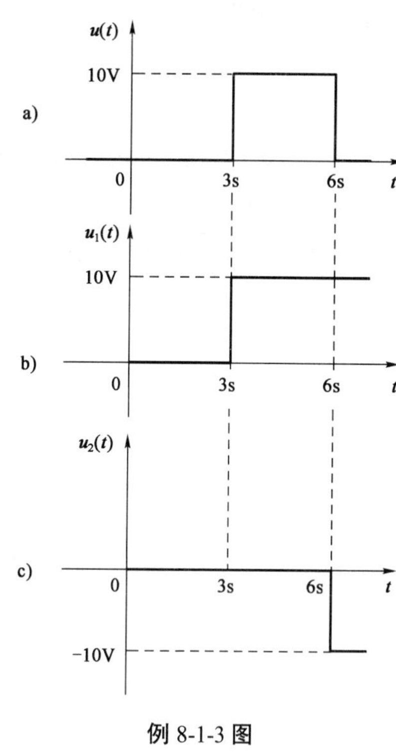

例 8-1-3 图

解　将图 a）中的信号$u(t)$分解为图 b）所示信号$u_1(t)$和图 c）所示信号$u_2(t)$的叠加$u(t) = u_1(t) + u_2(t)$。

答案： A

（三）模拟信号的频谱

本部分以正弦函数（余弦函数亦统称为正弦函数）为基本信号，分析常用的周期和非周期信号的一些基本特性以及信号在系统中的传输问题。由数学上的欧拉公式可知

$$\left.\begin{aligned} \sin \omega t &= \frac{1}{2j}\left(e^{j\omega t} - e^{-j\omega t}\right) \\ \cos \omega t &= \frac{1}{2}\left(e^{j\omega t} + e^{-j\omega t}\right) \end{aligned}\right\} \tag{8-1-25}$$

可把虚指数函数$e^{j\omega t}$作为基本信号，将任意周期信号和非周期信号分解为一系列虚指数函数的和。分解工具是傅里叶级数（针对周期信号）和傅里叶积分（针对非周期信号）。利用信号的正弦分解思想，系统的响应可看作各不同频率正弦信号产生响应的叠加。由于在信号分析中所用的独立变量是频率，故称为频域分析。

1. 周期信号的频谱

周期信号是定义在（$-\infty, \infty$）区间内，每隔一定周期T按相同规律重复变化的信号，它们一般可表示为

$$f(t) = f(t + mT) \quad (m = 0, \pm 1, \pm 2, \cdots) \tag{8-1-26}$$

当周期信号$f(t)$满足狄里赫利条件时，则可用傅里叶级数表示为三角函数

$$f(t) = a_0 + \sum_{n=1}^{\infty}\left[a_n \cos(n\omega_1 t) + b_n \sin(n\omega_1 t)\right] \tag{8-1-27}$$

式中，$\omega_1 = \frac{2\pi}{T}$称为$f(t)$的基波角频率，$n\omega_1$称为$n$次谐波的角频率；$a_0$为$f(t)$的直流分量，$a_n$和$b_n$分别为各余弦分量和正弦分量的幅度。当函数给定以后，系数a_0、a_n和b_n可以由下式确定

$$\left.\begin{aligned} a_0 &= \frac{1}{T}\int_0^T f(t)\mathrm{d}t \\ a_n &= \frac{2}{T}\int_0^T f(t)\cos(n\omega t)\,\mathrm{d}t \\ b_n &= \frac{2}{T}\int_0^T f(t)\sin(n\omega t)\,\mathrm{d}t \end{aligned}\right\} \tag{8-1-28}$$

傅里叶级数还可以写成

$$f(t) = A_0 + \sum_{n=1}^{\infty} A_n \cos(n\omega_1 t + \varphi_n) \tag{8-1-29}$$

这里

$$A_n=\sqrt{a_n^2+b_n^2},\ \varphi_n=-\arctan\frac{b_n}{a_n} \tag{8-1-30}$$

可见，模拟信号为一个直流信号和一系列正弦信号的叠加。由于直流信号可表示为0次谐波信号，$A_n\cos(n\omega_1 t+\varphi_n)$称为函数$f(t)$的第$n$次谐波分量，这种将一个周期函数展开成一系列谐波之和的傅里叶级数的方法叫作谐波分析。谐波分析中，我们认为模拟信号是由一系列谐波信号叠加而成的。我们用典型模拟信号分析：不同周期信号的谐波构成情况是不相同的，例如如图 8-1-19 所示的几种常见周期信号经过傅里叶级数分解后的谐波分量描述形式分别为

$$u_1(t)=\frac{4U_{1\mathrm{m}}}{\pi}\left(\frac{1}{2}-\frac{1}{3}\cos 2\omega t-\frac{1}{15}\cos 4\omega t-\cdots\right) \tag{8-1-31}$$

$$u_2(t)=\frac{4U_{2\mathrm{m}}}{\pi}\left(\sin\omega t+\frac{1}{3}\sin 3\omega t+\frac{1}{5}\sin 5\omega t+\cdots\right) \tag{8-1-32}$$

$$u_3(t)=U_{3\mathrm{m}}\left[\frac{1}{2}-\frac{1}{\pi}\left(\sin\omega t+\frac{1}{2}\sin 2\omega t+\frac{1}{3}\sin 3\omega t+\cdots\right)\right] \tag{8-1-33}$$

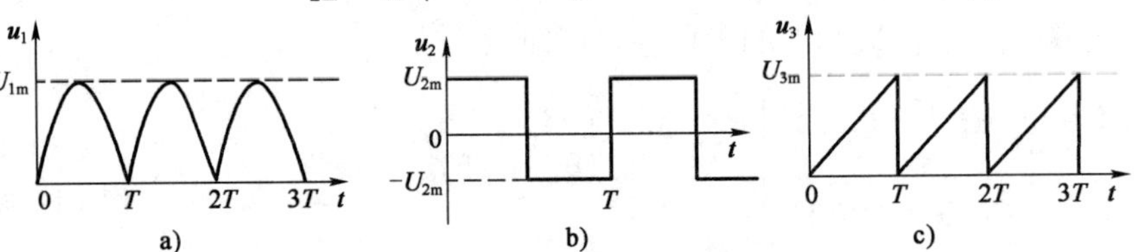

图 8-1-19 典型非正弦信号的时域波形图

显然，周期信号的波形不同，其谐波组成的成分情况也不同。信号的谐波组成情况通常用频谱的形式来表示。

（1）周期信号波形的谐波叠加

图 8-1-20 表示了图 8-1-19b）信号谐波叠加的情况。其中，图 8-1-20b）、c）表示的是 1、3 次谐波叠加的波形与原始方波波形的比较；图 8-1-20c）表示的是 1、3、5 次谐波叠加后的波形与原始方波的比较。不难看出，随着更多谐波成分的加入，叠加后的波形将越来越趋近于原始的方波波形。

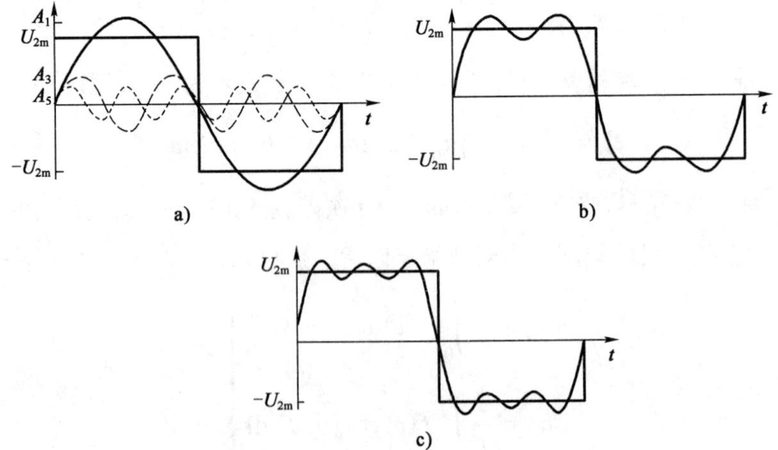

图 8-1-20 方波信号的谐波叠加

（2）周期信号的频谱

仔细考查式（8-1-32）可以发现：随着谐波次数k的增加，方波信号各个谐波的幅值按照$\frac{4}{k\pi}$的规律衰减（其中，k =1，3，5，7…），而它们的初相位却保持0°不变。将方波信号谐波成分的这种特性用图形的形式表达出来，就形成了如图 8-1-21 所示的谱线形式。这种表示方波信号性质的谱线称为频谱。图

8-1-21a）所表示的谐波幅值谱线随频率的分布状况称为幅度频谱；图 8-1-21b）则称为相位频谱，它表示谐波的初相与频率的关系。谱线顶点的连线称为频谱的包络线（图中以虚线表示），它形象地表示了频谱的分布状况。借助数学工具分析可知，周期信号频谱的谱线只出现在周期信号频率ω整数倍的地方，是离散的频谱。方波的幅度频谱随着谐波次数的增高而迅速减小。

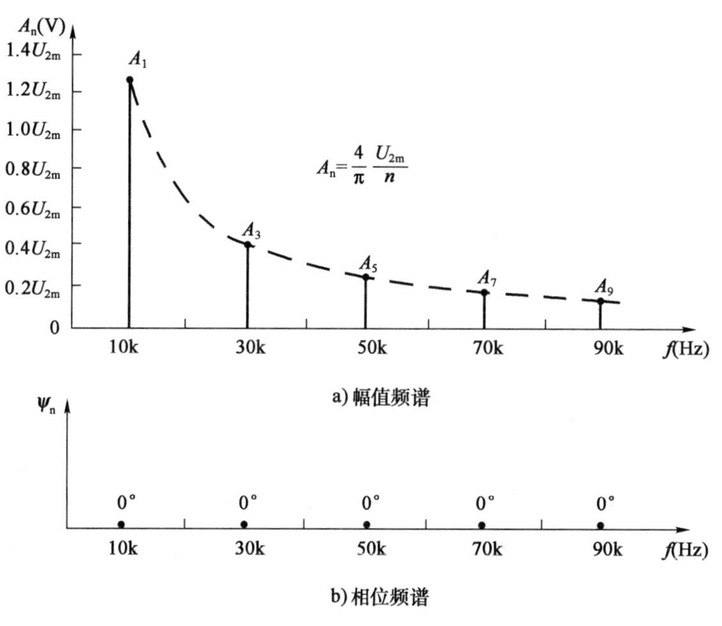

图 8-1-21　方波信号的频谱

【例 8-1-4】 设周期信号$u(t)$的幅值频谱如图所示，则该信号：

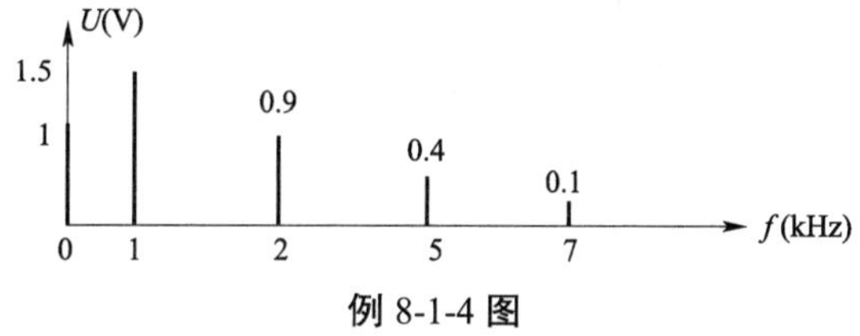

例 8-1-4 图

A. 是一个离散时间信号　　B. 是一个连续时间信号

C. 在任意瞬间均取正值　　D. 最大瞬时值为 1.5V

解　周期信号的幅值频谱是离散且收敛的。这个周期信号一定是时间上的连续信号，选项 A 错误。

本题给出的图形是周期信号的频谱图。频谱图是非正弦信号中不同正弦信号分量的幅值按频率变化排列的图形，其大小是表示各次谐波分量的幅值，用正值表示。例如本题频谱图中出现的 1.5V 对应于 1kHz 的正弦信号分量的幅值，而不是这个周期信号的幅值。因此本题选项 C 或 D 都是错误的。

答案： B

【例 8-1-5】 求如图所示周期信号$f(t)$的傅里叶级数展开式，并画出频谱图。

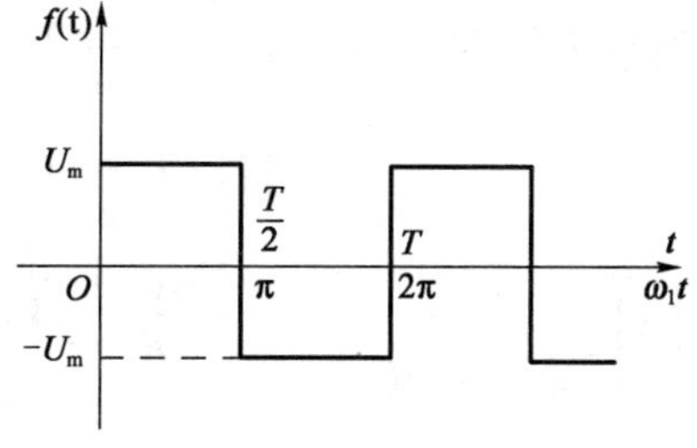

例 8-1-5 图　矩形波

解　$f(t)$在第一个周期内的表达式为

$$\begin{cases} f(t)=U_{\mathrm{m}} & 0\leqslant t\leqslant \dfrac{T}{2} \\ f(t)=-U_{\mathrm{m}} & \dfrac{T}{2}\leqslant t\leqslant T \end{cases}$$

根据式（8-1-28）求得所需要的系数为

$$a_n=\frac{1}{T}\int_0^T f(t)\mathrm{d}t=0$$

$$a_k=\frac{1}{\pi}\int_0^{2\pi} f(t)\cos(k\omega_1 t)\,\mathrm{d}(\omega_1 t)=\frac{2U_{\mathrm{m}}}{\pi}\int_0^{\pi}\cos(k\omega_1 t)\,\mathrm{d}(\omega_1 t)=0$$

$$b_k=\frac{1}{\pi}\int_0^{2\pi} f(t)\sin(k\omega_1 t)\,\mathrm{d}(\omega_1 t)=\frac{2U_{\mathrm{m}}}{k\pi}[1-\cos(k\pi)]$$

当k为偶数时，$\cos(k\pi)=1$，$b_k=0$

当k为奇数时，$\cos(k\pi)=-1$，$b_k=\frac{4U_{\mathrm{m}}}{k\pi}$

由此求得

$$f(t)=\frac{4U_{\mathrm{m}}}{\pi}\left[\sin(\omega_1 t)+\frac{1}{3}\sin(3\omega_1 t)+\frac{1}{5}\sin(5\omega_1 t)+\cdots\right]$$

图 8-1-22 是矩形波函数的频谱图，由上例方波信号的频谱图中，每根垂直线称为谱线，其所在频率位置$n\omega_1$为该次谐波的角频率。每根谱线的高度为该次谐波的振幅值。观察可知，周期信号的振幅谱具有下列特点：

①离散性。频谱图由频率离散的谱线组成，每根谱线代表一个谐波分量。这样的频谱称为不连续频谱或离散频谱。

②谐波性。谱中的谱线只能在基波频率ω_1的整数倍频率上出现。

③收敛性。频谱中各谱线的高度，随谐波次数的增高而逐渐减小。当谐波次数无限增多时，谐波分量的振幅趋于无穷小。

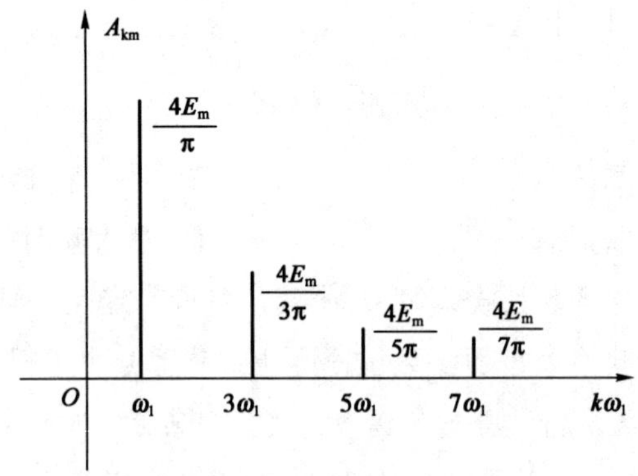

图 8-1-22　矩形波函数的频谱图

这些特点虽然是从具体的信号得出的，但除了少数特例外，许多信号的频谱都具有这些特点。

【例 8-1-6】 模拟信号$u_1(t)$和$u_2(t)$的幅值频谱分别如图 a）和图 b）所示，则在时域中：

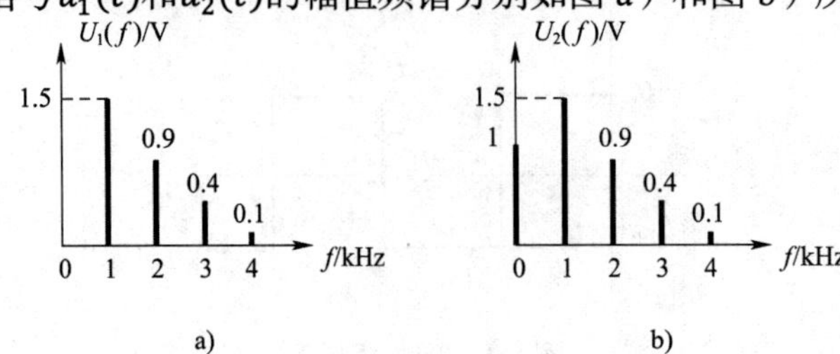

例 8-1-6 图

A. $u_1(t)$和$u_2(t)$是同一个函数

B. $u_1(t)$和$u_2(t)$都是离散时间函数

C. $u_1(t)$和$u_2(t)$都是周期性连续时间函数

D. $u_1(t)$是非周期性时间函数，$u_2(t)$是周期性时间函数

解　本题中$u_1(t)$、$u_2(t)$信号的幅频特性都是离散的，可以判断这两个信号都是周期信号。又观察到图 b）u_2的频谱特性中含有$f=0$的直流分量，而u_1没有。可见，这两个周期信号并不相等，它们不是同一时间函数。因此只有选项 C 正确。

答案： C

【例 8-1-7】 若某周期信号的一次谐波分量为$5\sin(10^3 t)\,\mathrm{V}$，则它的三次谐波分量可表示为：

A. $U\sin(3\times10^3 t)$，$U>5\mathrm{V}$

B. $U\sin(3\times10^3 t)$，$U<5\mathrm{V}$

C. $U\sin(10^6 t)$，$U>5\mathrm{V}$

D. $U\sin(10^6 t)$，$U<5\mathrm{V}$

解　周期信号频谱是离散的频谱，信号的幅度随谐波次数的增高而减小。针对本题情况可知该周期信号的一次谐波分量为：

$u_1=U_{1\mathrm{m}}\sin(\omega_1 t)=5\sin(10^3 t)$，$U_{1\mathrm{m}}=5\mathrm{V}$，$\omega_1=10^3$

$u_3=U_{3\mathrm{m}}\sin(3\omega t)$，$\omega_3=3\omega_1=3\times10^3$

$U_{3\mathrm{m}}<U_{1\mathrm{m}}$，故$U_{3\mathrm{m}}<5\mathrm{V}$

答案： B

2. 非周期信号的频谱

非周期信号是模拟信号的普遍形式，所以本节所讨论的非周期信号描述问题实质上是模拟信号描述的一般性问题。

从直观的角度看，非周期信号可以定义为周期$T\to\infty$（或频率$f=0$）的周期信号，即：当周期信号的周期趋向无穷大时，这个周期信号就转化成了非周期信号。当周期T趋向无穷大时，各次谐波之间的谱线距离趋于消失，信号的频谱也从离散形式变成了连续形式。因此在非周期信号的分析中，可以先把这种非周期函数看作一种周期函数，在周期趋于无限大的条件下，求出其极限形式的傅氏级数展开式，就得到了表示这种非周期函数的傅氏积分公式。得到

$$f(t)=\sum_{k=-\infty}^{\infty}c_{\mathrm{k}}e^{jk\omega_1 t}\tag{8-1-34}$$

其中

$$c_{\mathrm{k}}=\frac{1}{T}\int_{-\frac{T}{2}}^{\frac{T}{2}}f(t)e^{-jk\omega_1 t}\mathrm{d}t\quad(k=0,\pm1,\pm2\cdots)\tag{8-1-35}$$

c_{k}的频谱是$k\omega_1$的函数，且为线状的，其相邻间隔（频率差）为

$$\Delta\omega_{\mathrm{k}}=(k+1)\omega_1-k\omega_1=\omega_1=\frac{2\pi}{T}\tag{8-1-36}$$

当T越来越大时，c_{k}的值及相邻谱线的间隔就越来越小，谱线就变成连续的，而其幅度$|k\omega_1|$将趋于无限小，这样我们可以定义一个新的函数

$$F(jk\omega_1)=Tc_{\mathrm{k}}=\frac{2\pi c_{\mathrm{k}}}{\Delta\omega_{\mathrm{k}}}=\int_{-\frac{T}{2}}^{\frac{T}{2}}f(t)e^{-jk\omega_1 t}\mathrm{d}t\tag{8-1-37}$$

当$T\to\infty$时，$\omega_1=\frac{2\pi}{T}\to\mathrm{d}\omega$，而相邻谐波之间的频率差也越来越小，这时可以把$k\omega_1$看作是一个连续变量$\omega$并取极限时，式（8-1-37）可以写成

$$F(j\omega)=\int_{-\infty}^{\infty}f(t)e^{-jk\omega t}\mathrm{d}t \tag{8-1-38}$$

上式称为傅里叶积分或傅里叶变换。它把一个时间函数变成了一个频率函数。另外，由式（8-1-37）知

$$c_{\mathrm{k}}=\frac{F(jk\omega_1)}{T}=\frac{\Delta\omega_k F(jk\omega_1)}{2\pi} \tag{8-1-39}$$

将c_{k}代入式（8-1-34），当$T\to\infty$时，上式的求和变成积分，可以将式（8-1-34）改写成

$$f(t)=\frac{1}{2\pi}\int_{-\infty}^{\infty}F(j\omega)e^{jk\omega t}\mathrm{d}\omega \tag{8-1-40}$$

式（8-1-40）称为傅氏反变换。频谱函数$F(j\omega)$一般为ω的复函数，有时把$F(j\omega)$简记为$F(\omega)$。将非周期信号的频谱表示为傅里叶积分，当然，时域信号$f(t)$要满足绝对可积。凡满足绝对可积条件的信号，它的变换$F(\omega)$必然存在。对非周期函数进行傅氏变换就可以得到非周期函数的频谱。

下面给出几个常用非周期信号的频谱：

（1）门函数$g_{\tau}(t)$的频谱

幅度为 1、宽度为τ的单个矩形脉冲常称为门函数，记为$g_{\tau}(t)$，它可表示

$$g_{\tau}(t)=\begin{cases}1 & \left(|t|<\dfrac{\tau}{2}\right)\\ 0 & \left(|t|>\dfrac{\tau}{2}\right)\end{cases} \tag{8-1-41}$$

其波形如图 8-1-23a）所示。

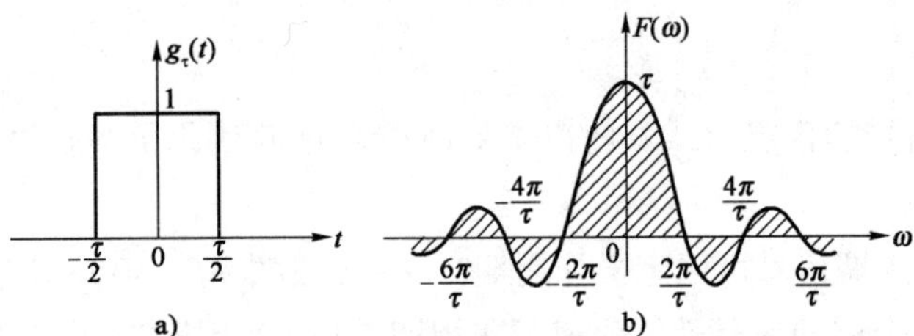

图 8-1-23 门函数的频谱图

（2）冲击函数$\delta(t)$的频谱

由定义式（8-1-38），并应用$\delta(t)$的取样性质，得

$$F(\omega)=\int_{-\infty}^{\infty}\delta(t)e^{-j\omega t}\mathrm{d}t=1 \tag{8-1-42}$$

即有变换对

$$\delta(t)\leftrightarrow 1 \tag{8-1-43}$$

图 8-1-24 为它们的图示。可见，冲激信号的频谱是均匀谱。

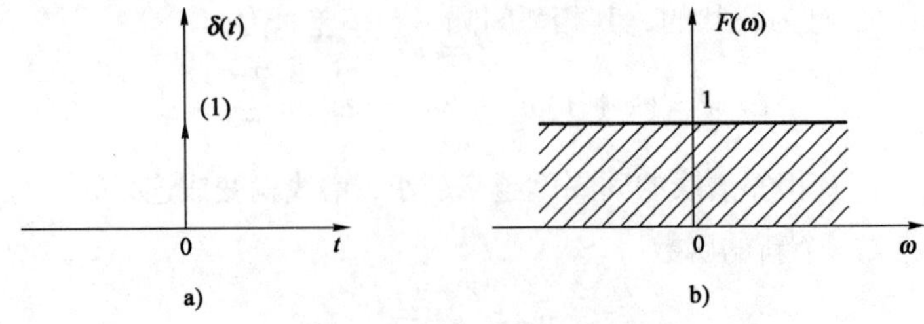

图 8-1-24 冲击函数的频谱图

（3）直流信号的频谱

设直流信号

$$f(t)=1 \qquad (-\infty,\infty) \tag{8-1-44}$$

经傅氏反变换，且$\delta(t)$为t的偶函数，则$\delta(t)$可表示为

$$\delta(t)=\delta(-t)=\frac{1}{2\pi}\int_{-\infty}^{\infty}1\cdot e^{-j\omega t}\mathrm{d}\omega \tag{8-1-45}$$

将上式中ω换为t，t换为ω，有

$$2\pi\delta(\omega)=\int_{-\infty}^{\infty}1\cdot e^{-j\omega t}\mathrm{d}t \tag{8-1-46}$$

上式表明单位直流信号的傅里叶变换（频谱）为$2\pi\delta(\omega)$，即

$$1\leftrightarrow 2\pi\delta(\omega) \tag{8-1-47}$$

它们的图形如图 8-1-25 所示。这表明，直流仅由$\omega=0$的分量组成。

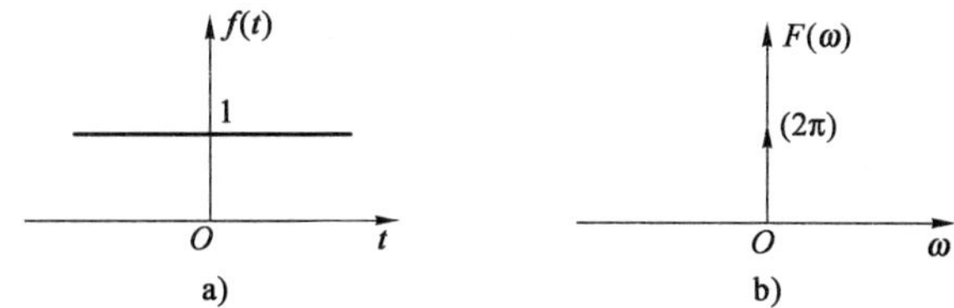

图 8-1-25　直流信号的频谱图

归纳以上分析，对于非周期信号可以得到以下重要结论：

①非周期信号的频谱是连续频谱；

②若信号在时域中持续时间有限，则其频谱在频域将延伸到无限，这可简单地称为时间有限，频域无限。

③信号的脉冲宽度越窄，则信号的带宽越宽。

频谱分析是模拟信号分析的重要方法，也是模拟信号处理的基础，在工程上有着重要的应用。这种分析方法实质上是对信号特征的更为细致的提取，在信号处理中，根据频谱的特征可以进行信号的识别和信息的提取。

在实际运用中，根据问题性质和分析目标的不同，可以采用不同方式来描述模拟信号。例如，在电路稳态分析中采用时域描述方式以求分析过程直观并便于理解；在电路动态过程分析中，则采用频域描述方式以求分析简便和透彻。

【例 8-1-8】 周期信号中的谐波信号是：

A. 离散时间信号　　B. 数字信号

C. 采样信号　　D. 连续时间信号

解　周期信号中的谐波信号是从傅里叶级数分解中得到的，它是正弦交流信号，是连续时间信号。

答案：D

【例 8-1-9】 周期信号的频谱是：

A. 离散的

B. 连续的

C. 高频谐波部分是离散的，低频谐波部分是连续的

D. 有离散的，也有连续的，无规律可循

解 周期信号的谐波是按照级数形式分解出来的，所以频谱是离散的频谱。

答案： A

【例 8-1-10】 模拟信号$u_1(t)$和$u_2(t)$的幅值频谱分别如图 a）和图 b）所示，则：

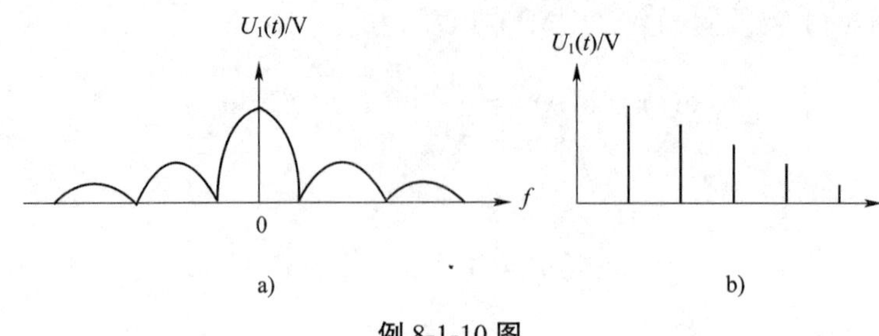

例 8-1-10 图

A. $u_1(t)$是连续时间信号，$u_2(t)$是离散时间信号

B. $u_1(t)$是非周期性时间信号，$u_2(t)$是周期性时间信号

C. $u_1(t)$和$u_2(t)$都是非周期性时间信号

D. $u_1(t)$和$u_2(t)$都是周期性时间信号

解 根据信号的幅值频谱关系，周期信号的频谱是离散的，而非周期信号的频谱是连续的。图 a）是非周期性时间信号的频谱，图 b）是周期性时间信号的频谱。

答案： B

四、模拟信号的处理

信号是信息的载体。在电子系统中，信号的处理服从于信息处理的需要，如信号的放大处理为的是信息的增强，信号之间的算术运算、微分积分运算等是信息的变换，信号的滤波、整形等则通常是为了信息的识别和提取。

（一）模拟信号增强

将微弱的信号放大到可以方便观测和利用是模拟信号最基本的一种处理方式。信号的放大包含信号幅度的放大和信号带载能力的增强两个目标，前者称为电压放大，后者称为功率放大，这是模拟电子电路的重点内容。实际上，电压放大和功率放大都涉及信号本身能量的增强，所以，信号的放大过程可以理解为一种能量转换过程，电子电路的放大理论就是在较微弱的信号控制下把电源的能量转换成具有较大能量的信号。模拟信号放大的核心问题是保证放大前后的信号是同一个信号，即经过放大处理后的信号不能失真、信号的形状或频谱结构保持不变，即信号所携带的信息保持不变。

针对这些基本要求，电子电路中所要处理的问题主要有：

（1）非线性问题。电子器件本身的非线性特性无法严格保持信号放大过程的线性变换关系，这导致信号放大之后出现波形的畸变。

（2）频率特性问题。由于电路中储能元件（电容、电感）的影响，电子电路不能保证信号中的各次谐波成分获得同等比例的放大效果，这导致放大后信号的谐波组分或频谱结构发生改变。

（3）噪声与干扰问题。放大电路内部的电子噪声和外部的干扰信号导致放大后的信号中夹杂着其他的信号，在情况严重时，这些夹杂信号会淹没放大信号本身，导致无法对信号进行识别和应用。

（二）模拟信号滤波

从信号中滤除部分谐波信号叫作滤波。滤波是从模拟信号中去除伪信息，提取有用信息的一种重要技术手段。

滤波电路通常是按照滤波电路的工作频带命名的，分为低通滤波器（LPF）、高通滤波器（HPF）、带通滤波器（BPF）、带阻滤波器（BEF）等。

各种滤波器的理想幅频特性如图 8-1-26 所示。允许通过的频段称为通带，将信号的幅值衰减到零的频段称为阻带。

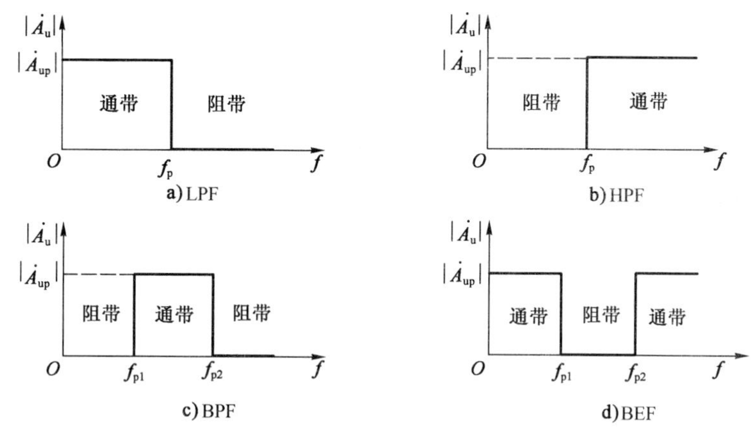

图 8-1-26 理想滤波电路的幅频特性

幅频特性通常用来描述放大器的电压放大倍数与频率变化之间的关系，如图 8-1-26 描述了典型滤波器的幅频特性。在图 8-1-26a）中，设截止频率为f_p，低于频率f_p的信号可以通过，高于f_p的信号被衰减的滤波电路称为低通滤波器；反之，频率高于f_p的信号可以通过，而频率低于f_p的信号被衰减的滤波电路称为高通滤波器。低通和高通滤波器的理想频率特性分别如图 8-1-26a）、b）所示。

对于带通电路，设低频段的截止频率为f_{p1}，高频段的截止频率为f_{p2}，频率在f_{p1}到f_{p2}之间的信号可以通过，低于f_{p1}或高于f_{p2}的信号被衰减的滤波电路称为带通滤波器，如图 8-1-26c）所示；对于频率低于f_{p1}和高于f_{p2}的信号可以通过，频率是f_{p1}到f_{p2}之间的信号被衰减的滤波电路称为带阻滤波器，如图 8-1-26d）所示。

滤波是模拟信号处理的一项核心技术，在信号识别和信息提取中有着重要应用，通常信号在传输和处理过程中会受到干扰信号的影响，干扰信号的谐波与有用信号的谐波往往分布在频谱不同的频段上，所以通常采用滤波手段来排除或削弱干扰信号。例如，在观测到的大型汽轮发电机组的振动信号中，包含有正常运转的振动信号和因机械故障所引起的附加振动信号，这通常用信号和干扰信号谐波组分分布在频谱中的不同区间里，利用适当的滤波手段即可从总的振动信号中识别出故障信号，借以判断系统有无故障、故障类型及故障程度等信息；另外，各个广播电台和电视台采用不同的载波频率播送节目，它们分布在天线所接收到的信号频谱中的不同频段上，利用带通滤波即可将它们提取出来收听或观看。

（三）模拟信号变换

将一种信号变换为另一种信号是模拟信号处理的一项主要内容。在模拟系统中，信号的相加、相减、比例、微分及积分变换是常见的几种信号变换。从信息处理的角度看，信号变换是从信号中提取信息的重要手段，例如通过信号相加提取求和信息，从相减提取差异信息，通过比例变换提取增强后的信息，从微分变换提取信号时间变化率信息，从积分变换提取信号对时间的累积信息等。

信号变换的主要问题是：由于难以找到一种理想的运算装置，所以，信号变换都只能近似地实现，这为信息的提取带来不便。实际上，在模拟系统中，为了准确提取信息，往往还要增加许多额外的处理过程，如反馈技术。

图 8-1-27 给出一个模拟信号微分-积分变换的理想波形图。从图中可知，一个三角波模拟信号描述函数为$f_1(t)$，经过微分变换

$$f_2(t)=\frac{\mathrm{d}f_1(t)}{\mathrm{d}t} \tag{8-1-48}$$

被变换为一个方波信号$f_2(t)$，这个方波信号承载的是三角波信号的时间变化率信息；反之，一个方波信号$f_2(t)$经过积分变换

$$f_1(t)=\int f_2(t)\mathrm{d}t \tag{8-1-49}$$

被变换为一个三角波$f_1(t)$信号，它承载的是方波信号时间累积信息。

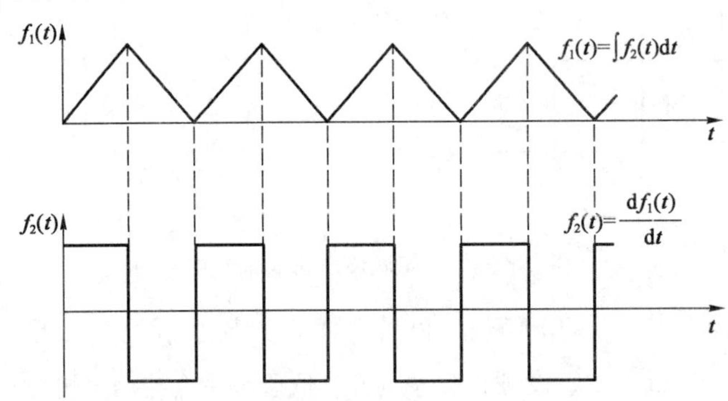

图 8-1-27 模拟信号微分-积分变换波形

（四）模拟信号识别

从一种不干净的、夹杂着许多无用信号的混合信号中把所需要的信号提取出来，这是信号识别问题。从信息的角度讲，信号识别是信息提取的一种前期处理过程，它剔除夹杂在信号中的各种伪信息，并保留原来的信息。利用频率的差异，采用滤波器滤除夹杂信号是信号识别的主要方法，但是，由于各种滤波器的特性都是非理想的，所以对于与信号频率相近的夹杂信号，滤波方法是无能为力的。增强有用信号自身的强度，也是一种信号识别的常用方法。但是，对于微弱信号，由于电子噪声信号也随着信号的增强而增强，这种方法的效果是有限的。

图 8-1-28 表示的是从调幅信号中识别出一个正弦波信号的过程。图 8-1-28a）表示原始的调幅信号$u_1(t)$，图 8-1-28b）表示经过单向导电器件处理后的调幅信号$u_2(t)$，图 8-1-28c）表示采用滤波器滤除高频载波信号后的信号u_3(t)，图 8-1-28d）表示滤除直流信号后所提取出来的真实信号$u_4(t)$。

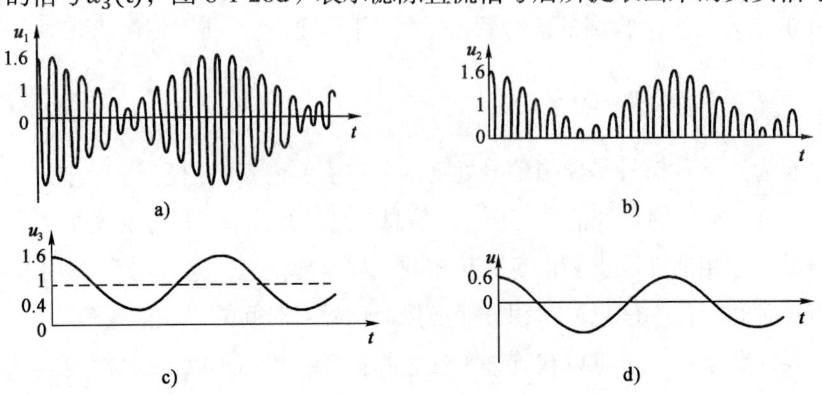

图 8-1-28 从调制信号中识别出模拟信号的过程

【例 8-1-11】 设放大器的幅频特性如图所示，放大器的输入信号$u_1(t) = \sqrt{2}U_1 \sin(2\pi f t)$，且$f > f_H$，则关于输出信号$u_2(t)$的说法正确的是：

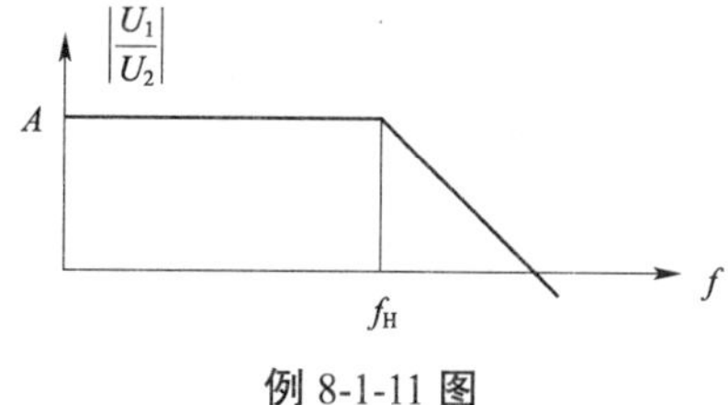

例 8-1-11 图

A. $u_2(t)$的出现频率失真

B. $u_2(t)$的有效值$U_2 = AU_1$

C. $u_2(t)$的有效值$U_2 < AU_1$

D. $u_2(t)$的有效值$U_2 > AU_1$

解 放大器的输入为正弦交流信号。但$u_1(t)$的频率过高，超出了上限频率f_H，放大倍数小于A，因此输出信号u_2的有效值$U_2 < AU_1$。

答案： C

【例 8-1-12】 某周期信号$u(t)$的幅频特性如图 a）所示，某低通滤波器的幅频特性如图 b）所示，当将信号$u(t)$通过该低通滤波器处理以后，则：

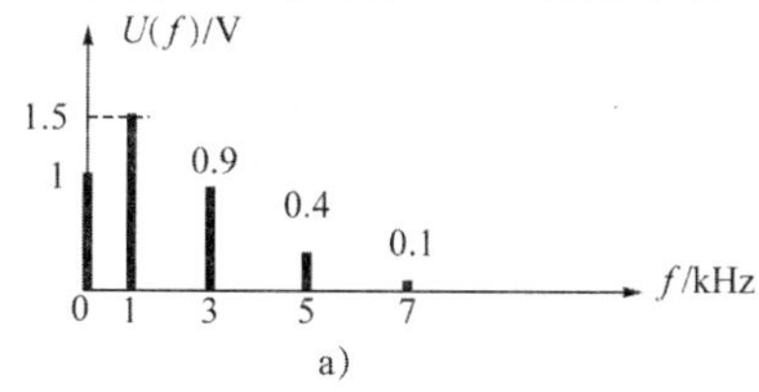

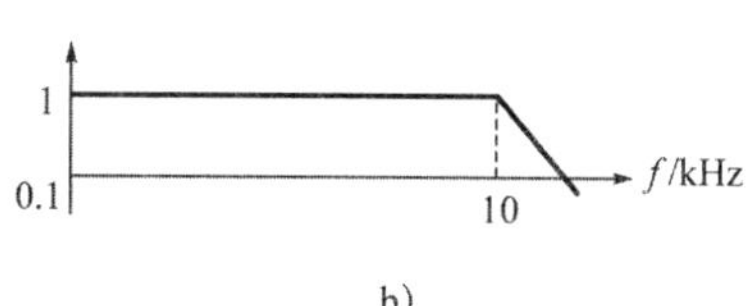

例 8-1-12 图

A. 信号的谐波结构改变，波形改变

B. 信号的谐波结构改变，波形不变

C. 信号的谐波结构不变，波形不变

D. 信号的谐波结构不变，波形改变

解 从周期信号$u(t)$的幅频特性图 a）可见，其频率范围均在低通滤波器图 b）的通频段以内，这个区间放大倍数相同，各个频率分量得到同样的放大，则该信号通过这个低通滤波以后，其结构和波形不会变化。

答案： C

第二节 数字信号与信息

对电子信号的处理，针对数字信号与模拟信号的不同采用了不同的处理方式，电子器件的工作状态也不同。数字电路的工作信号是二值信号，要用它来表示数并进行数的运算，就必须采取二进制形式表示。在电子电路中，信号往往表现为突变的电压或电流，并且只有两个可能的状态。正如我们所知，数字电路中的二极管和三极管工作在开关状态。利用导通和截止两种不同的工作状态，代表不同的数字信息，完成信号的传递和处理任务。由于一个n位的二进制数字代码序列可以有多种不同的排列方式，所以数字代码具有极强的表达能力。采用适当长度的数字脉冲序列数字信号就可以用来对各种复杂信息进行编码，并借助数字计算机的强大处理能力实现信息的处理，这就是数字信号得以广泛应用的根本所在。

数字信号可以用来对“数”进行编码，实现数值信息的表示、运算、传送和处理；也可以用来对文字和其他符号进行编码，实现符号信息的表达、传送和处理；数字信号可以用来表示逻辑关系，实现逻辑演算、逻辑控制等。因此，在数字电路中，重点研究的是输入信号与输出信号之间的逻辑关系。为了分析这些逻辑关系，必须了解信号的编码规则，使用一套科学的代码和数学工具来处理数字信号，即逻辑代码和逻辑代数。

一、数字信号的数制和代码

（一）几种常用进制

1. 十进制

十进制是我们所熟悉的计数体制，它用 0~9 十个数字符号，按照一定的规律排列起来，表示数值的大小。

例如，$123.45 = 1 \times 10^2 + 2 \times 10^1 + 3 \times 10^0 + 4 \times 10^{-1} + 5 \times 10^{-2}$

十进制数的特点：它的基数是 10，其中低位和相邻高位之间的关系是“逢十进一”，故称为十进制。任意一个十进制数 D 均可展开为

$$D = \sum k_i \times 10^i \tag{8-2-1}$$

式中，k_i是第i位的系数，它可以是 0~9 这十个数码中的任何一个。

若整数部分的位数是n，小数部分的位数是m，则i包含从$n-1$到 0 的所有正整数和从-1 到$-m$的所有负整数。

若以N取代式（8-2-1）中的 10，即可得到任意进制（N进制）数展开式的普遍形式

$$D = \sum k_i \times N^i \tag{8-2-2}$$

式中i的取值与式（8-2-1）的规定相同，N称为计数的基数，k_i为第i位的系数，N^i为第i位的权。

2. 二进制

目前在数字电路中应用最广的是二进制。在二进制数中，每一位仅有 0 和 1 两个可能的数字符号，所以计数的基数为 2。低位和相邻高位间的进位关系是“逢二进一”，故称为二进制。

根据式（8-2-2），任何一个二进制数均可展开为

$$D = \sum k_i \times 2^i \tag{8-2-3}$$

并由此计可算出它表示的十进制数的数值。

例如，$(101.11)_2 = 1 \times 2^2 + 0 \times 2^1 + 1 \times 2^0 + 1 \times 2^{-1} + 1 \times 2^{-2} = (5.75)_{10}$

上式中分别使用下脚注的 2 和 10 表示括号里的数是二进制和十进制数。有时也用 B（Binary）和 D（Decimal）代替 2 和 10 这两个脚注。

3. 十六进制

十六进制数用 0~9、A、B、C、D、E、F 等 16 个符号表示。任意一个十六进制数均可表示为

$$D = \sum k_i \times 16^i \tag{8-2-4}$$

例如，$(2B.6F)_{16} = 2 \times 16^1 + 11 \times 16^0 + 6 \times 16^{-1} + 15 \times 16^{-2} = (43.433\ 59)_{10}$

式中的下脚注 16 表示括号里的数是十六进制，有时也用 H（Hexadecimal）标注。

由于目前在微型计算机中普遍采用 8 位、16 位和 32 位二进制并行运算，而 8 位、16 位和 32 位的二进制数可以用 2 位、4 位和 8 位的十六进制数表示。为了应用方便，通常用十六进制符号书写程序。

（二）数制转换

1. 二~十转换

把二进制数转换为等值的十进制数称为二~十转换。转换时只要将二进制数按式（8-2-3）展开，然

后把所有各项的数值按十进制数相加，就可以得到等值的十进制数了。

例如，$(1101.01)_2 = 1 \times 2^3 + 1 \times 2^2 + 0 \times 2^1 + 1 \times 2^0 + 0 \times 2^{-1} + 1 \times 2^{-2} = (13.25)_{10}$

2. 十~二转换

把十进制数转换为二进制数，整数部分用“除 2 取余法”，小数部分用“乘 2 取整法”，具体操作举例如下。

【例 8-2-1】 分别将$(25)_{10}$和$(0.8125)_{10}$转换为二进制数。

解

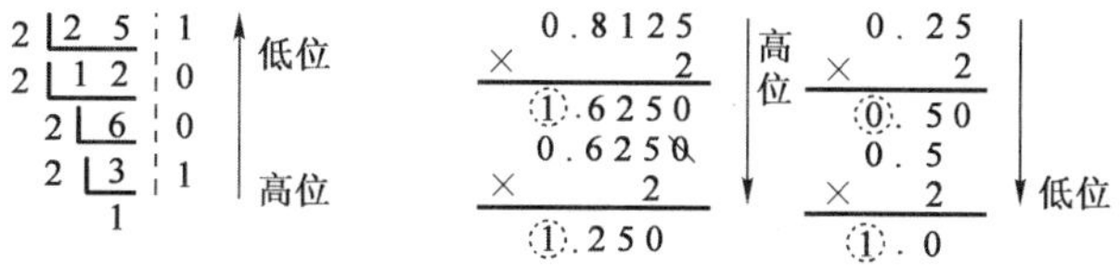

```
2 |2 5   1  ↑ 低位         0.8125     高    0.25
2 |1 2   0  |           ×      2     位  ×    2
  2 |6   0  |           ---------    |  -------
  2 |3   1  |  高位        (1).6250    |   (0).50
     1                    0.6250     |    0.5
                        ×      2     |  ×   2
                        ---------    |  -------
                          (1).250    ↓   (1).0   ↓ 低位
```

因此　$(25)_{10} = (11001)_2$　　$(0.8125)_{10} = (0.1101)_2$

3. 二~十六转换

把二进制数转换为等值的十六进制数，称为二~十六转换。

由于 4 位二进制数恰好有 16 个状态，而把这 4 位二进制数看作一个整体时，它的进位输出又正好是逢十六进一，所以只要从低位到高位将每 4 位二进制数分为一组，并代之以等值的十六进制数，即可得到对应的十六进制数。

例如，将$(01101010.11010010)_2$化为十六进制数时可得

$$
\begin{array}{l}
(0110,1010.1101,0010)_2 \\
\quad\ \downarrow \qquad \downarrow \qquad\quad \downarrow \qquad \downarrow \\
=(6 \qquad A \quad . \quad D \qquad 2)_{16}
\end{array}
$$

4. 十六~二转换

十六~二转换是指把十六进制数转换成等值的二进制数。转换时只需将十六进制数的每一位用等值的 4 位二进制数代替就行了。

例如，将$(8FB.C5)_{16}$化为二进制数时可得

$$
\begin{array}{l}
(8 \qquad F \qquad B \qquad .C \qquad 5)_{16} \\
\ \downarrow \qquad \downarrow \qquad \downarrow \qquad \downarrow \qquad \downarrow \\
=(1000 \quad 1111 \quad 1011.1100 \quad 0101)_2
\end{array}
$$

5. 十六进制数与十进制数的转换

在将十六进制数转换为十进制数时，可根据式（8-2-4）将各位数按权展开后相加求得。在将十进制数转换为十六进制数时，可以先转换成二进制数，然后再将得到的二进制数转换为等值的十六进制数。

（三）代码

不同的数码不仅可以表示不同的数量大小，而且还能用来表示不同的事物。在后一种情况下，这些数码已没有表示数量大小的含义，只是表示不同事物的代号而已。这些数码称为代码。为了便于记忆和处理，在编制代码时总要遵循一定的规则，这些规则就叫作“码制”。

例如，在用 4 位二进制数码表示 1 位十进制数的 0~9 这十个状态时，就有多种不同的码制。通常将这些代码称为二~十进制代码，简称 BCD（Binary Coded Decimal）代码。表 8-2-1 列出了几种常见的 BCD 代码，它们的码制规则各不相同。

几种常见的BCD代码　　表 8-2-1

十进制数	编码种类				
	8421 码	余 3 码	2421 码	5211 码	余 3 循环码
0	0000	0011	0000	0000	0010
1	0001	0100	0001	0001	0110
2	0010	0101	0010	0100	0111
3	0011	0110	0011	0101	0101
4	0100	0111	0100	0111	0100
5	0101	1000	1011	1000	1100
6	0110	1001	1100	1001	1101
7	0111	1010	1101	1100	1111
8	1000	1011	1110	1101	1110
9	1001	1100	1111	1111	1010
权	8421		2421	5211	

下面分别介绍不同码制的特点：

（1）8421 码是 BCD 代码中最常用的一种。在这种编码方式中，每一位二值代码的 1 都代表一个固定的数值，把每一位的 1 代表的十进制数加起来，得到的结果就是它所代表的十进制数码。由于代码中从左到右每一位的 1 分别表示 8、4、2、1，所以把这种代码叫作 8421 码。每一位的 1 代表的十进制数称为这一位的权。8421 码中每一位的权是固定不变的，它属于恒权代码。

（2）余 3 码的编码规则与 8421 码不同，如果把每一个余 3 码看作 4 位二进制数，则它的数值要比它所表示的十进制数码多 3，故而将这种代码叫作余 3 码。

如果将两个余 3 码相加，所得的和将比十进制数和所对应的二进制数多 6。因此，在用余 3 码作十进制加法运算时，若两数之和为 10，则余 3 码正好等于二进制数的 16，便从高位自动产生进位信号。

此外，从表 8-1 还可以看出，0 和 9、1 和 8、2 和 7、3 和 6、4 和 5 的余 3 码互为反码，这对于求取对 10 的补码是很方便的。

余 3 码不是恒权代码。如果试图把每个代码视为二进制数，并使它所等效的十进制数与所表示的代码相等，那么代码中每一位的 1 所代表的十进制数在各个代码中不是固定的。

（3）2421 码是一种恒权代码。它的 0 和 9、1 和 8、2 和 7、3 和 6、4 和 5 也互为反码，这个特点和余 3 码相仿。

（4）5211 码是另一种恒权代码。学了计数器的分频作用后可以发现，如果按 8421 码接成十进制计数器，则连续输入计数脉冲的 4 个触发器输出脉冲对于计数脉冲的分频比从低位到高位依次为 5∶2∶1∶1。可见，5211 码每一位的权正好与 8421 码十进制计数器 4 个触发器输出脉冲的分频比相对应。这种对应关系在构成某些数字系统时很有用。

（5）余 3 循环码是一种变权码，每一位的 1 在不同代码中并不代表固定的数值。它的主要特点是相邻的两个代码之间仅有一位的状态不同。因此，按余 3 循环码接成计数器时，每次状态转换过程中只有一个触发器翻转，译码时不会发生竞争冒险现象。

实际上，包括文字在内的任何抽象的符号，以及诸如图像、语音等任何具体的物理符号都可以用“0”和“1”代码进行编码，并以数字信号的形式进行信息的传输和处理。为此，诞生了许多国际通用的编码标准或协议，以便于信息的交流和应用。通用的符号为美国标准信息代码 ASCII（America Standard

Code for Information Interchange）的一些基本的示例，它规范了全球抽象符号的编码形式。相应地，还有图像编码标准、语音编码标准等。按照这些标准进行编码的信息都可以用数字信号来描述，从而可以实现诸如文字信息、图像信息、语音信息等复杂的数字处理，并且可以在世界范围内自由地通信和交流。

【例 8-2-2】 十进制数 65 的八位二进制代码是：

A. 01100101　　B. 01000001

C. 10000000　　D. 10000001

解　根据二进制数规则，数 65 需要用 7 位二进制数表示，最高位的权重是 $2^6=64$，习惯上可以用八位二进制数表示，所以它的二进制代码是 01000001。

答案： B

【例 8-2-3】 十进制数 65 的 BCD 码是：

A. 01100101　　B. 01000001

C. 10000000　　D. 10000001

解　BCD 码用 4bit 二进制代码表示十进制数的 1 个位，所以 BCD 码是 $6_{10}=0110_2$ 和 $5_{10}=0101_2$ 的组合，即 $65_{10}=01100101_2$。

答案： A

【例 8-2-4】 十进制数字 32 的 BCD 码为：

A. 00110010　　B. 00100000

C. 100000　　D. 00100011

解　BCD 码是用二进制数表示的十进制数，属于无权码，此题的 BCD 码是用四位二进制数表示的。

答案： A

二、算术运算

（一）基本算术运算

在数字电路中，1 位二进制数码的 0 和 1 不仅可以表示数量的大小，而且可以表示两种不同的逻辑状态。例如，可以用 1 和 0 分别表示一件事情的是和非、真和伪、有和无、好和坏，或者表示电路的通和断、电灯的亮和暗等。这种只有两种对立逻辑状态的逻辑关系称为二值逻辑。当两个二进制数码表示两个数量的大小时，它们之间可以进行数值运算，这种运算称为算术。二进制的算术运算和十进制的算术运算的规则基本相同，唯一区别是二进制运算是逢二进一，而十进制数的加法逢十进一；当然，结合信号处理上的一些硬件电路的特殊要求，还要了解二进制运算中的特殊方法。事实上，二进制数的运算都是用代码的“移位”和“相加”（相减也转换为补码相加）两种操作来实现。

1. 加减运算

（1）加法。和十进制加法规则一样，二进制的加法也是从低位开始加，逢二进一。

（2）减法。为简化逻辑运算过程，在数字电路中减法的运算是用它们的补码来完成的。

二进制的补码定义：最高位是符号位（正数为 0，负数为 1）；正数的补码与原码相同；负数的补码可以通过将原码的数值逐位求反，然后将结果加 1 实现的（即求反加一）。

例如，数 1010 的反码是 0101，而它的补码就是它的反码加 1：

$$(1010)_{补码}=0101+0001=0110$$

【例 8-2-5】 计算$(+1001)_2-(0101)_2$

解　根据二进制的运算规则可知

$$(+1001-0101)_{补}=(+1001)_{补}+(-0101)_{补}$$

```
       0 1001
     + 1 1011
    ----------
溢出←1 0 0100
       ↑  └真值
     符号位
```

因此，+1001 − 0101 = 00100（正数），真值为$(4)_{10}$。

说明：在采取补码运算时，首先求出$(+1001)_2$和$(-0101)_2$的补码，它们是：

```
[+1001]补 = [0]1001
             └正数，符号位为0
[0101]补  = [1]1011
             └负数，符号位为1
```

然后两个补码相加并舍去进位，则得到与前面一样的结果。这样就把减法运算转化成了加法运算。

2. 乘除运算

（1）乘法。与十进制数的乘法相同，二进制数的乘法也是从右向左逐位操作的，下面是二进制数乘法操作的示例。

【例 8-2-6】 $(7\times6)_{10}=(111)_2\times(110)_2=(101010)_2=(42)_{10}$

因

```
     111
   × 110
   -----
     000
    111
   111
  ------
  101010
```

所以$(111)_2\times(110)_2=(101010)_2$

仔细考查例题中的乘法运算可以发现，它实际上是由一系列“移位”和“相加”操作组成的，即被乘数逐步左移并逐步相加即可完成乘法运算。被乘数左移的位数与乘数中取值“1”所处的位数相同，而在乘数取值“0”的位置上则不进行任何操作。这样，示例中的乘法运算步骤转变成：

①乘数第 0 位为“0”，不做任何操作；

②乘数第 1 位为“1”，乘数左移 1 位，得数 1110；

③乘数第 2 位为“1”，乘数左移 2 位，得数 11100；

④将前面两数相加：1110+11100 = 101010。

乘法的原意是被乘数自身相加若干次（乘数规定了相加的次数），一个数与自身每相加一次，其值加倍，对二进制数而言，这意味着这个数向左移动一个位。从这个角度看，二进制数的乘法运算等价为“移位加”的操作就不难理解了。

（2）除法。与十进制数相同，二进制数除法运算也是从左向右操作的，下面是二进制数除法运算的一个示例。

【例 8-2-7】 $42\div6=(42)_{10}\div(6)_{10}$

$=(101010)_2\div(110)_2=(111)_2$

$=(7)_{10}$

```
        0111
110 ) 101010
      110
      ----
      1001
       110
       ----
        110
        110
        ---
          0
```

分析可知，二进制的除法运算实际上是由一系列“移位”和“相减”操作组成的，即以被除数逐步右移并逐步和被除数相减的方式完成除法运算的。当被除数大于除数时，进行相减，完成一次比较，该位的商置 1，接着除数右移一位（减半）再和前面相减的余数比较，这样逐位进行，若被除数小于除数，则不操作，相应位的商置 0，则接着将除数减半（右移 1 位）再行比较，如此逐位进行。因为除法的本意是“求解一数（被除数）是另一数（除数）的多少倍”，这实质上是一个两个数的比较问题。上述“移位减”操作的含义是这样的：

①将除数倍增到和被除数相同的位数，先进行大数比较，求得商的高位值（0 或 1）;

②然后将除数减半（右移 1 位），再和前面的余数比较，求得低一位的商值（0 或 1）;

③如此进行，直到除尽为止。

不难发现，乘法运算可以用加法和移位两种操作实现，而除法运算可以用减法和移位操作实现。因此，二进制数的加、减、乘、除运算都可以用加法运算电路完成，这就大大简化了运算电路的结构。

3. 微分与积分运算

在数值计算中，微分运算被转换为差分运算，积分运算则被转换为数值的逐步累积即所谓的数值积分运算，它们都可以用上述基本的算术运算来实现。

这为通过数字信号处理来实现数值信息处理提供了方便。当然，还有二进制小数的表示及运算等其他问题，这里不再作进一步介绍，读者可参阅相关计算机课程的教材。

（二）用数字电路实现数值运算

在数字系统中，数字信号的“移位”位操作由移寄存器电路来实现；数字信号的“相加”则由相应的逻辑电路即所谓的加法器电路来完成。数字电子电路加法器就是根据“异或”原理设计的。图 8-2-1 是实现两个三位数（101 和 110）相加的数字系统原理图。图 8-2-1 中的数字信号分别表示这两个数以及这两个数之“和”。M_2、M_1、M_0 分别表示三个加法器。C_2、C_1、C_0表示各位相加后的进位值，在电路的接法上是与前级串联，表示进位。S_2、S_1、S_0是每一位相加后的输出值，显然，这个系统的输出信号是两个输入信号之和信号的移位由数字移位寄存器来完成。

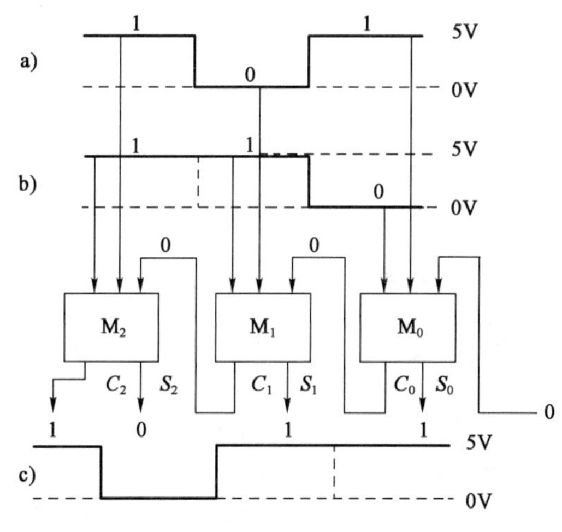

图 8-2-1　三位数相加的数字系统原理图

三、逻辑运算

当两个二进制数码表示不同的逻辑状态时，它们之间可以按照指定的某种因果关系进行逻辑运算。这种逻辑运算和算术运算有着本质的不同。下面介绍逻辑运算的各种规律。

（一）逻辑变量与逻辑函数

事物的发展和变化通常是按照一定的因果关系进行的。例如，照明电路中电灯是否能亮取决于电源是否接通和灯泡的好坏。后两者是因，前者是果。这种因果关系一般称为逻辑关系。逻辑代数正是反映这种逻辑关系的数学工具。

为了描述事物两种对立的逻辑状态，采用的是仅有两个取值的变量。这种变量称为逻辑变量。和普通代数变量一样，逻辑变量都是用字母表示。但是，它又和普通代数变量有着本质区别，研究的逻辑变量的取值只有 0 和 1 两种可能，而且这里的 0 和 1 不是表示数值大小，而是代表逻辑变量的两种对立状态。

如果以逻辑变量作为输入，以运算结果作为输出，那么当输入变量的取值确定之后，输出的取值便随之而定。因此，输出与输入之间乃是一种函数关系，这种函数关系称为逻辑函数，其逻辑关系用逻辑代数（布尔代数）讨论。下面就逻辑代数体系作一简要介绍：

1. 符号

（1）变量。逻辑变量用大写英文字母（ABC…XYZ）表示。

（2）数值。“0”和“1”表示逻辑变量的取值，“0”表示“假”（F），“1”表示“真”（T）。

（3）运算符。“+”“×”分别表示由逻辑连接词“或”和“与”所定义的逻辑“或”和逻辑“与”运算，称为逻辑“加”和逻辑“乘”；逻辑求反运算用变量上方加一横杆表示，如$\overline{A}$、$\overline{B}$等。符号“=”是逻辑演绎推理的演算符。和代数运算一样，逻辑“乘”运算符“×”通常不写出来。

2. 函数（表达式）

如前所述，逻辑变量表示事物或事件的状态，逻辑函数或逻辑表达式表示事物或事件之间的关系，即事物运动演化的规律性描述。逻辑函数是由逻辑变量符和运算符组成，它表述变量之间的逻辑关系，例如，$C=A+B$、$D=(A+B)+AB$等。

3. 逻辑函数化简

直接由逻辑变量写出的逻辑函数表达式往往不是简洁的表达式，简化处理后逼近能凸显其内在的逻辑关系，通常还可以使硬件电路结构简单。表 8-2-2 中列出了逻辑代数运算中的基本公式。

逻辑代数运算中的基本公式　　　　表 8-2-2

范　围	名　称	逻　辑　与	逻　辑　或
变量与常量的关系	01 律	（1）$A\cdot 1=A$ （3）$A\cdot 0=0$	（2）$A+0=A$ （4）$A+1=1$
和普通代数相似的定律	交换律 结合律 分配律	（5）$A\cdot B=B\cdot A$ （7）$A\cdot(B\cdot C)=(A\cdot B)\cdot C$ （9）$A\cdot(B+C)=A\cdot B+A\cdot C$	（6）$A+B=B+A$ （8）$A+(B+C)=(A+B)+C$ （10）$A+(B\cdot C)=(A+B)\cdot(A+C)$
逻辑代数特殊规律	互补律 重叠律 反演律 （摩根定理）对合律	（11）$A\cdot\overline{A}=0$ （13）$A\cdot A=A$ （15）$\overline{A\cdot B}=\overline{A}+\overline{B}$ （17）$\overline{\overline{A}}=A$	（12）$A+\overline{A}=1$ （14）$A+A=A$ （16）$\overline{A+B}=\overline{A}\cdot\overline{B}$

【例 8-2-8】 对逻辑表达式的$ABCD+\overline{A}+\overline{B}+\overline{C}+\overline{D}$的简化结果是：

A. 0　　B. 1　　C. ABCD　　D. $\overline{A}\ \overline{B}\ \overline{C}\ \overline{D}$

解　根据逻辑函数的摩根定理对原式进行分析：

$$ABCD+\overline{A}+\overline{B}+\overline{C}+\overline{D}=ABCD+\overline{\overline{\overline{A}+\overline{B}+\overline{C}+\overline{D}}}=ABCD+\overline{ABCD}=1$$

答案： B

【例 8-2-9】 逻辑表达式$(A+B)(A+C)$的化简结果是：

A. A　　B. $A^2+AB+AC+BC$

C. $A+BC$　　D. $(A+B)(A+C)$

解　根据逻辑代数公式分析如下：

$$(A+B)(A+C)=A\cdot A+A\cdot B+A\cdot C+B\cdot C=A(1+B+C)+BC=A+BC$$

答案： C

这是常用的逻辑电路分析方法，需要熟练掌握和灵活运用。从工程的角度看，逻辑函数的运算是借助数字逻辑系统完成的。逻辑器件按照逻辑表达式的要求组合起来构成数字逻辑系统，因此，逻辑表达式的简化形式还需要考虑数字逻辑系统组建的技术因素，这种化简并不意味着“越简越好”。经验丰富的电气工程师能够恰当地处理这个问题。

4. 数字信号的逻辑演算

用数字信号表示逻辑变量的取值情况，逻辑函数的演算即可以用数字信号处理的方法来实现。

图 8-2-2 说明用数字信号表示逻辑变量、逻辑函数以及实现基本逻辑演算的情况。其中的数字信号 a 和 b 分别表示逻辑变量 A 和 B 的输入情况，信号中的高位 5V 代表“真”（逻辑“I”状态），低位 0V 代表“假”（逻辑“0”状态）；而数字信号 c、d、e、f 分别表示$A+B$、AB、$\overline{A}$、$\overline{B}$则表示“或”“与”“非”三种简单逻辑函数的演算结果。

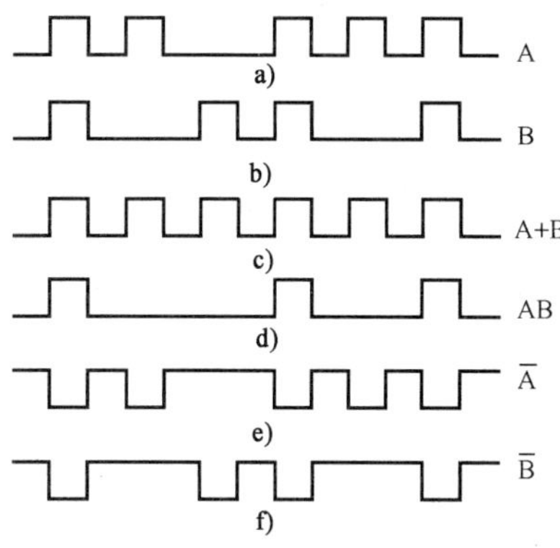

图 8-2-2　数字信号的基本逻辑运算

在数字系统中使用专门制作的各种逻辑门电路来自动、快速地完成数字信号之间按位的逻辑“与”“或”“非”演算操作，将这些基本的演算逻辑门电路组合起来组成所谓的组合逻辑系统，就可以完成任意复杂的逻辑函数的演算。有关技术细节请参阅本书第 7 章关于数字电路问题的讨论。

【例 8-2-10】 已知数字信号 A 和数字信号 B 的波形如图所示，则数字信号 $F=\overline{A+B}$的波形为：

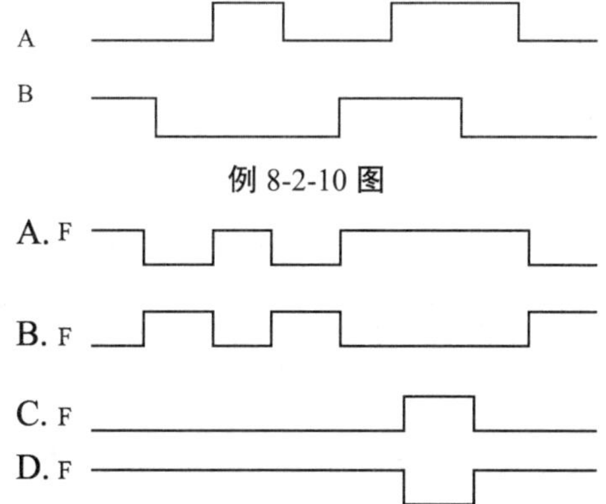

例 8-2-10 图

解　$\overline{A+B}$=F，F 是个或非关系，可以用“有 1 则 0”的口诀处理。

答案：B

【例 8-2-11】 已知数字信号 A 和数字信号 B 的波形如图所示，则数字信号$F=\overline{A}B+A\overline{B}$的波形为：

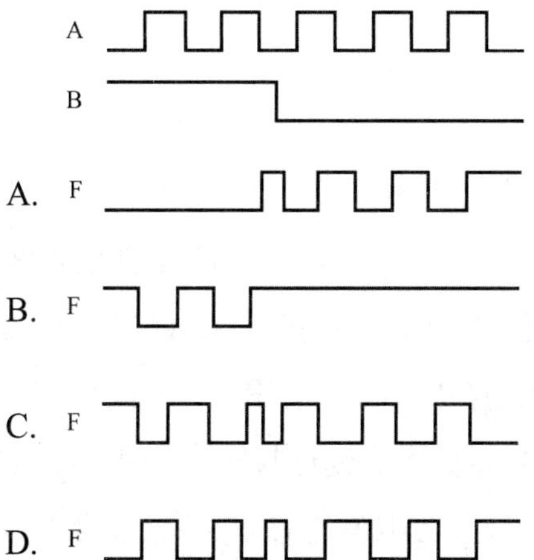

解　信号$F=\overline{A}B+A\overline{B}$为异或关系：当输入A与B相异时，输出F为“1”；当输入A与B相同时，输出F为“0”。

答案： C

【例 8-2-12】 逻辑函数F= $f(A,B,C)$的真值表如下所示，由此可知：

例 8-2-12 表

A	B	C	F	A	B	C	F
0	0	0	0	1	0	0	0
0	0	1	1	1	0	1	0
0	1	0	1	1	1	0	0
0	1	1	0	1	1	1	0

A. $F=\overline{A}\,\overline{B}C+B\overline{C}$　　　　B. $F=\overline{A}\,\overline{B}C+\overline{A}B\overline{C}$

C. $F=\overline{A}\,\overline{B}\,\overline{C}+\overline{A}BC$　　　　D. $F=A\overline{B}\,\overline{C}+ABC$

解　从真值表到逻辑表达式的方法：首先在真值表中 F=1 的项组用“或”组合；然后每个 F=1 的项组输入变量取值，对应一个乘积项为“与”逻辑，其中输入变量取值为 1 的写原变量，取值为 0 的写反变量；最后将输出函数 F“合成”。

根据真值表可以写出逻辑表达式为$F=\overline{A}\,\overline{B}C+\overline{A}B\overline{C}$

答案： B

（二）数字信号的符号信息处理

符号的处理主要体现为符号代码转换。在数字技术中，各种符号信息都是按照 ASCII 标准编码的。当符号被具体应用时，这些符号的标准代码往往需要转换为便于处理的其他形式，如在汉字处理中，以拼音方式从键盘输入计算机的是 ASCII 代码，在计算机内部，这个代码要转换为汉字编码（即所谓的汉字内码）才能进一步进行汉字处理。又如，在符号显示中，数字的、文字的或其他符号的 ASCII 代码都必须转换为显示装置所要求的代码形式才能在显示器中显示这些符号。

四、数字信号的存储

数字电路处理数字信号的存储问题，简单来说，就是只要将 0V 或 5V 信号电压按原来的顺序保持在一个电路中即可，这在电子电路中是容易实现的。如图 8-2-3 所示的原理电路可以确切地表示数字信号存储的方法，它由双位置开关和 5V 电源组成。开关合到电源侧，对应位置给出的是 5V 电压；开关投到接地侧，对应位置则给出 0V 电压。只要开关位置不变，信号就被永久保存。图中的开关所处的位置表示存储的是数字信号 110（即 5V、5V、0V 信号），开关链的长度和数字信号的位数相同。数字信号中的每一位电压被用来触发对应位置上的开关动作，完成信号的存储。

显然，图 8-2-3 电路是一种通用的存储器设计方案，它可以存储任何数字信号。当前数字系统中普遍采用的信息存储器正是根据这种简单的方案设计制作的。便于存储是数字信号得到广泛应用的一个重要原因。相比之下，模拟信号由于是连续取值的信号，它的存储在技术上十分困难，这个问题尚未得到理想的解决方法。

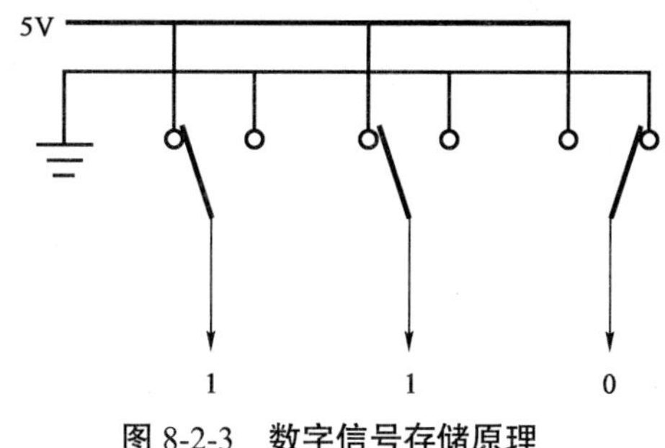

图 8-2-3　数字信号存储原理

五、模拟信号与数字信号的相互转换

我们已经知道模拟信号真实反映原始形式的物理信号，是人类感知外部世界的主要信息来源，也是信息处理的主要对象，而数字信号是信息的编码形式，可以用电子电路或电子计算机方便、快速地对它进行传输、存储和处理。因此，将模拟信号转换为数字信号，或者说用数字信号对模拟信号进行编码，从而将模拟信号问题转化为数字信号问题加以处理，是现代信息技术中的一项重要内容。

图 8-2-4 表示的是现代数字化信息系统的基本组成。模拟信号通过采样和模拟/数字（Analog to Digital，简记为 A/D）转换完成数字编码，数字编码信号经过处理、存储、传输后，再由数字/模拟（Digital to Analog，简记为 D/A）转换为模拟信号的形式输出。例如，在数字化的广播系统中，连续的声音信号经过采样、A/D 变换后，以数字信号的形式发送和传输，在接收端经过 D/A 变换将数字信号还原成连续的声音信号。在控制系统中，对象状态和过程的连续信号经过采样和 A/D 变换被转换为数字信号，数字信号经过控制系统模型的运算和处理后输出数字控制信号，再经过 D/A 变换，将数字控制信号转换成模拟控制信号，完成对象的控制和调节等。

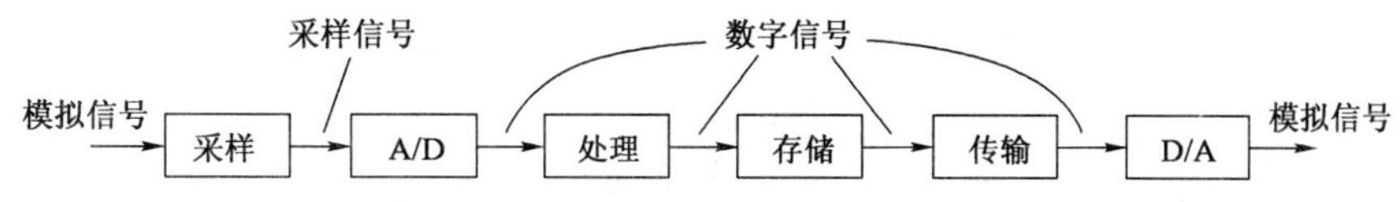

图 8-2-4　现代数字信息系统组成

（一）信号的采样与采样定理

对模拟信号进行采样可获得采样信号，采样信号是一种可连续取值的离散时间信号。采样过程在采样脉冲的控制下进行，它的基本原理如图 8-2-5a）所示。采样脉冲控制开关 k 的通断，从而将连续的模拟信号（见图 8-2-5b）转换成离散的采样信号，如图 8-2-5c）所示。采样脉冲的频率称为采样频率。从直观上看，采样频率越高，采样信号就越接近模拟信号，采样所造成的信息损失也就越小。但是，这种采样方法将占用大量的系统有效工作时间，降低系统的运行速度。从理论上讲，只要采样频率保持在被采样信号带宽（最高谐波频率）的 2 倍以上，就可以保证采样处理不会丢失原来的信息。这就是著名的采样定理。

当然，在采样之前需要对模拟信号进行预处理，包括滤波、放大等，以消除经过传感器变换或其他系统噪声带来的干扰，并增强模拟信号的幅值；在采样之后还要对离散的采样信号进行滤波处理，以保证采样后的信号不丢失有用的信息。

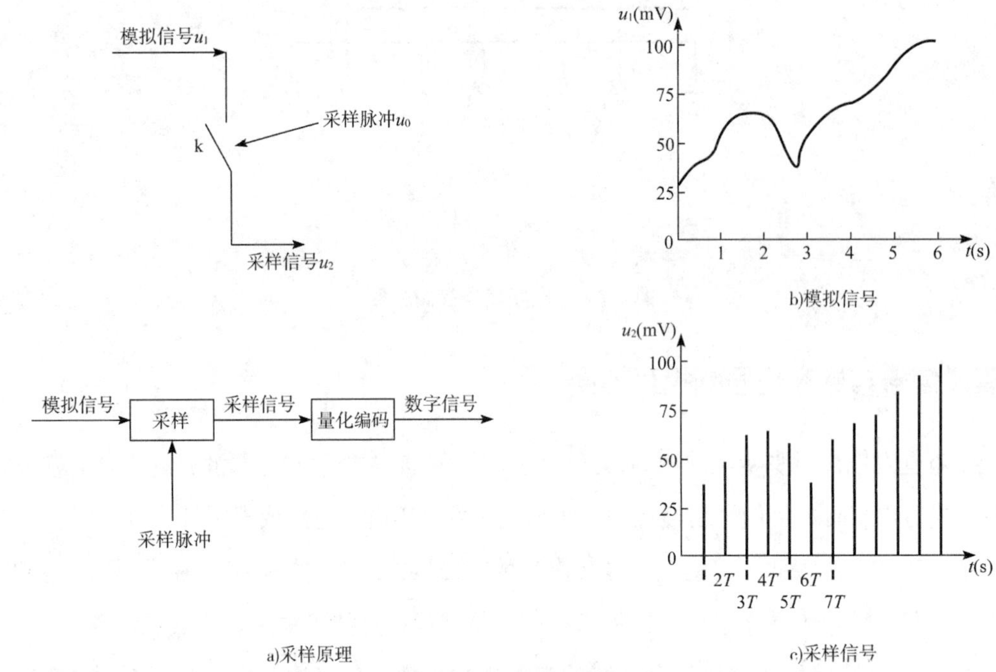

图 8-2-5　信号采样

（二）数字/模拟转换（D/A）

D/A 转换过程和 A/D 相反，它将数字信号转换为模拟信号。从信息处理的角度讲，A/D 转换是对模拟信号进行编码，D/A 转换则是对数字信号进行解码。从技术的角度看，D/A 转换只要用简单的电阻网络即可实现，这要比 A/D 转换容易得多。

图 8-2-6 表示的是一种 4 位 D/A 转换器的原理图，它是一个由 4 个电阻构成的网络，每个电阻转换一位数字信号。电阻的阻值按二进制设置，其中 D_3 位电阻为R、D_2 位电阻为 $2R$、D_1 位电阻为 $4R$、D_0 位电阻为 $8R$。电流/电压转换器通常用运算放大器电路实现，它将输入电流转换为电压输出，其传递特性为$U_A = R_A I$。电压/电流转换器输入端保持在零电位，因此，D_3,⋯,D_0端上的信号电压就分别加到了电阻R、$2R$、$4R$、$8R$上，所以，各个电阻上的电流为

$I_3 = D_3/R$，$I_2 = D_2/2R$，$I_1 = D_1/4R$，$I_0 = D_0/8R$

$I = I_3 + I_2 + I_1 + I_0$

$U_A = IR$

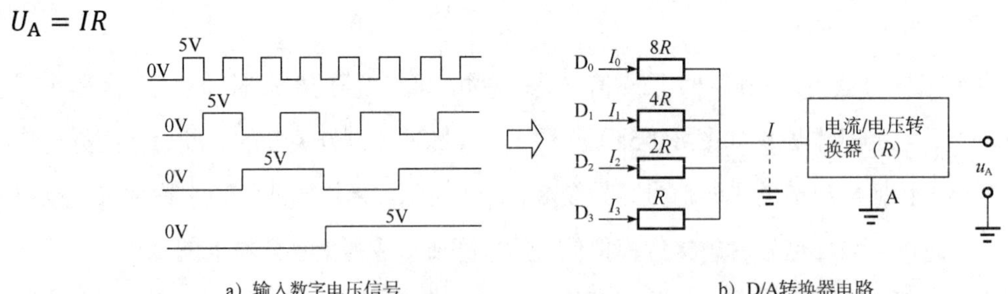

图 8-2-6　D/A 转换原理图

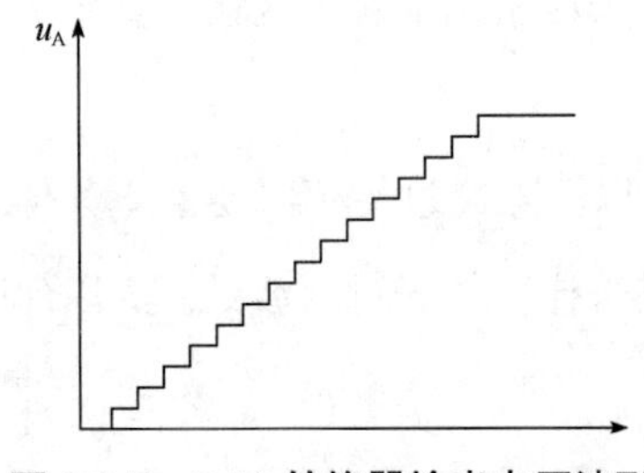

图 8-2-7　D/A 转换器输出电压波形

表 8-2-3 给出该 4 位 D/A 转换器按图 8-2-6b）的顺序输入数字信号时的转换关系。从表 8-2-3 中可以看出，D/A 转换过程将数字信号转换成逐级增长的阶梯形模拟信号，信号代码不同，阶梯高度也就不同。在前面关于 A/D 转换问题的讨论中，我们已经利用了 D/A 转换器作为阶梯信号发生器来产生模拟比较电压。图 8-2-7 表示的是一个 4 应数字信号的所有代码从 0000 开始，以逐 1 增长的顺序转换成模拟信

号的情况。不同的代码对应不同的阶梯电压高度。

D/A 转换器中主要数据关系　　表 8-2-3

数字信号（V）				数 字 代 码				各电阻电流				电　流	模 拟 信 号
D_3	D_2	D_1	D_0	D_3	D_2	D_1	D_0	I_3	I_2	I_1	I_0	$I=I_3+I_2+I_1+I_0$	u_A
0	0	0	0	0	0	0	0	0	0	0	0	0	0
0	0	0	5	0	0	0	1	0	0	0	$5/8R$	I_0	I_0R_A
0	0	5	0	0	0	1	0	0	0	$5/4R$	0	$2I_0$	$2I_0R_A$
0	0	5	5	0	0	1	1	0	0	$5/4R$	$5/8R$	$3I_0$	$3I_0R_A$
0	5	0	0	0	1	0	0	0	$5/2R$	0	0	$4I_0$	$4I_0R_A$
0	5	0	5	0	1	0	1	0	$5/2R$	0	$5/8R$	$5I_0$	$5I_0R_A$
0	5	5	0	0	1	1	0	0	$5/2R$	$5/4R$	0	$6I_0$	$6I_0R_A$
0	5	5	5	0	1	1	1	0	$5/2R$	$5/4R$	$5/8R$	$7I_0$	$7I_0R_A$
5	0	0	0	1	0	0	0	$5/R$	0	0	0	$8I_0$	$8I_0R_A$
5	0	0	5	1	0	0	1	$5/R$	0	0	$5/8R$	$9I_0$	$9I_0R_A$
5	0	5	0	1	0	1	0	$5/R$	0	$5/4R$	0	$10I_0$	$10I_0R_A$
5	0	5	5	1	0	1	1	$5/R$	0	$5/4R$	$5/8R$	$11I_0$	$11I_0R_A$
5	5	0	0	1	1	0	0	$5/R$	$5/2R$	0	0	$12I_0$	$12I_0R_A$
5	5	0	5	1	1	0	1	$5/R$	$5/2R$	0	$5/8R$	$13I_0$	$13I_0R_A$
5	5	5	0	1	1	1	0	$5/R$	$5/2R$	$5/4R$	0	$14I_0$	$14I_0R_A$
5	5	5	5	1	1	1	1	$5/R$	$5/2R$	$5/4R$	$5/8R$	$15I_0$	$15I_0R_A$

（三）模拟/数字转换（A/D）

采样信号在离散的采样点上或采样期间（采样脉冲宽度）里表示模拟信号的值。而 A/D 转换则对采样信号进行幅值量化处理，即用二进制代码来表示采样瞬间信号的值，或者说，用“0”“1”代码对采样信号的值进行编码，从而将采样信号进一步转换为数字信号。

有多种方法可以用来将模拟信号转换为数字信号，图 8-2-8a）是数字电路中典型的基于逐次比较原理的 8 位 AD 转换原理图。图中的阶梯信号发生器在一个 8 位的数字信号（D_0，…，D_7，代码形式是从 0000 0000 到 1111 1111）驱动下工作，它从 0000000 开始，以每次加 1 的顺序产生 2^8=256 个数字信号。相应地，阶梯波发生器从 0 开始，以每次增加一个台阶的顺序生成阶梯形式的模拟输出电压。对 8 位 A/D 转换器而言，阶梯信号发生器最多可以产生 255 个阶梯的模拟电压。不难看出，阶梯信号发生器将数字信号转换成了模拟信号，所以它实质上是一个 D/A 转换器。

A/D 转换的主要过程叙述如下（见图 8-2-8a）：数字发生器发出信号 D_0，…，D_7 按二进制计数方式从 0 开始逐次加 1 生成数字信号序列，并驱动阶梯信号发生器输出电压逐次上升一个阶梯，同时将驱动数字信号送入寄存器中暂存；阶梯信号发生器输出电压u在比较器上与待转换的模拟信号电压u_x进行比较，当$u \geqslant u_x$时，比较器送出一个脉冲信号u_0，并控制寄存器将此时的数字信号输出，变换过程至此结束。

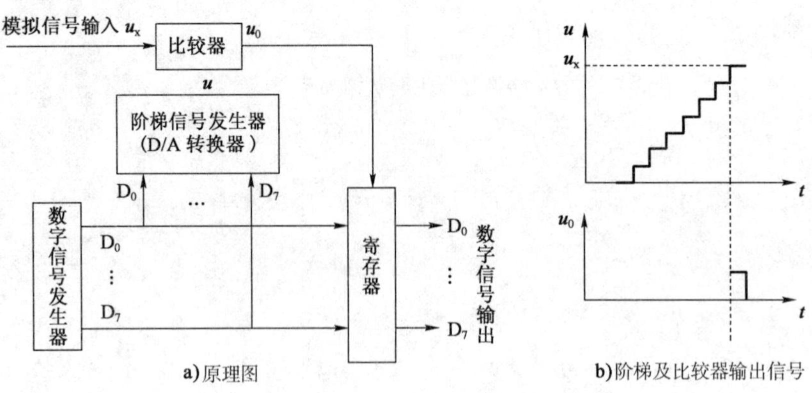

图 8-2-8　A/D 变换器工作原理

在实际测量中，阶梯信号电压与被测电压的逐次比较过程不可能正好以整数次结束。由于系统误差和外界干扰的影响，在被测值附近会发生一个阶梯电压的差异，即有时多一个字，有时少一个字的测量误差。数字电压表在使用中所发生的最后一位数字跳动的现象也是来源于此。所以，通常以字误差表示数字电压表的测量误差。本例中一个字误差等于

$$\Delta u = \frac{5v}{2^8 - 1} = 19.61\text{mV} \approx 20\text{mV}$$

即电压表的误差字约为 20mV，所以 8 位转换器组成的 5V 量程数字电压表只能用 3 位数来表示测量值，即整数 1 位，小数 2 位。显然，由于该表无法分辨 20mV 以下的电压，所以更长位数的显示对它是没有意义的。

习　题

8-2-1　信息与消息和信号的意义不同，但三者又是相互关联的概念，信息指受信者预先不知道的新内容。下列对于信息的描述正确的是（　　）。

A. 信号用来表示信息的物理形式，消息是运载消息的工具

B. 信息用来表示消息的物理形式，信号是运载消息的工具

C. 消息用来表示信号的物理形式，信息是运载消息的工具

D. 消息用来表示信息的物理形式，信号是运载消息的工具

8-2-2　信息可以以编码的方式载入（　　）。

A. 数字信号之中　　B. 模拟信号之中

C. 离散信号之中　　D. 采样保持信号之中

8-2-3　下述信号中哪一种属于时间信号（　　）。

A. 数字信号　　B. 模拟信号

C. 数字信号和模拟信号　　D. 数字信号和采样信号

8-2-4　模拟信号是（　　）。

A. 从对象发出的原始信号　　B. 从对象发出并由人的感官所接收的信号

C. 从对象发出的原始信号的采样信号　　D. 从对象发出的原始信号的电模拟信号

8-2-5　下列信号中哪一种是代码信号（　　）。

A. 模拟信号　　B. 模拟信号的采样信号

C. 采样保持信号　　D. 数字信号

8-2-6　下述哪种说法是错误的（　　）。

A. 在时间域中，模拟信号是信息的表现形式，信息装载于模拟信号的大小和变化之中

B. 在频率域中，信息装载于模拟信号特定的频谱结构之中

C. 模拟信号可描述为时间的函数，在一定条件下也可以用频率函数表示

D. 信息装载于模拟信号的传输媒体之中

8-2-7　用传感器对某管道中流动的液体流量$x(t)$进行测量，测量结果为$u(t)$，用采样器对$u(t)$采样后得到信号$u^*(t)$，那么（　　）。

A. $x(t)$和$u(t)$均随时间连续变化，因此均是模拟信号

B. $u^*(t)$仅在采样点上有定义，因此是离散信号

C. $u^*(t)$仅在采样点上有定义，因此是数字信号

D. $u^*(t)$是$x(t)$的模拟信号

8-2-8　模拟信号$u(t)$的波形图如图所示，它的时间域描述形式是（　　）。

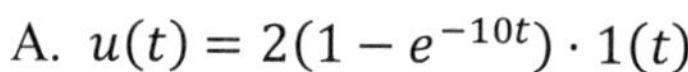

A. $u(t)=2(1-e^{-10t})\cdot 1(t)$

B. $u(t)=2(1-e^{-0.1t})\cdot 1(t)$

C. $u(t)=[2(1-e^{-10t})-2]\cdot 1(t)$

D. $u(t)=2(1-e^{-10t})\cdot[1(t)-1(t-2)]$

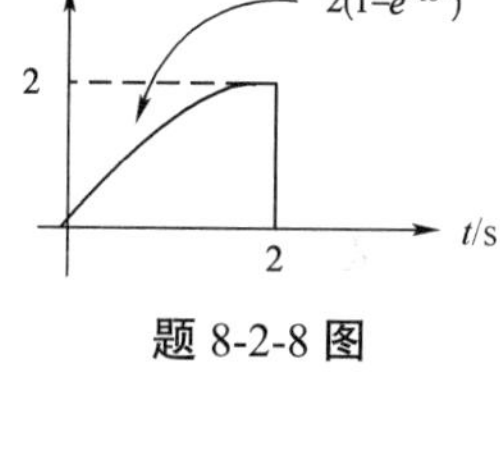

题 8-2-8 图

8-2-9　周期信号中的谐波信号频率是（　　）。

A. 固定不变的　　　　B. 连续变化的

C. 按周期信号频率的整倍数变化　　　　D. 按指数规律变化

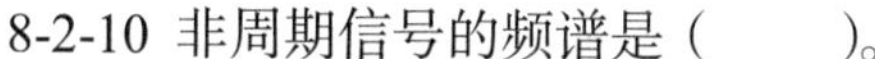

8-2-10 非周期信号的频谱是（　　）。

A. 离散的

B. 连续的

C. 高频谐波部分是离散的，低频谐波部分是连续的

D. 有离散的有连续的，无规律可循

8-2-11 如图所示为电报信号、温度信号、触发脉冲信号和高频脉冲信号的波形，其中是连续信号的是（　　）。

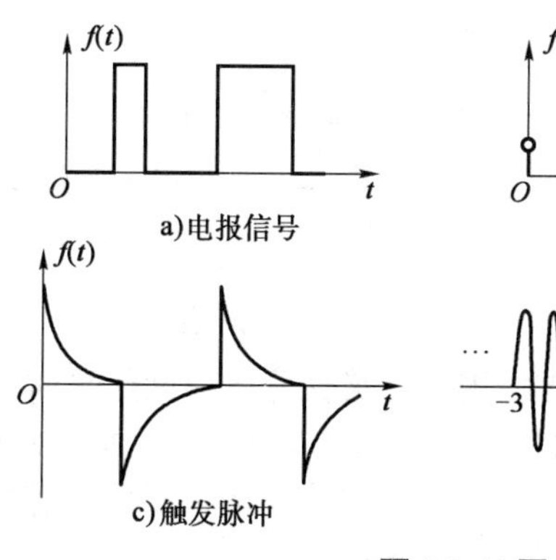

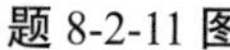

题 8-2-11 图

A. a）c）d）　　　　B. b）c）d）

C. a）b）c）　　　　D. a）b）d）

8-2-12 图 a）所示电压信号波形经电路 A 变换成图 b）波形，在经电路 B 变换成图 c）波形，那么，电路 A 和电路 B 应依次选用（　　）。

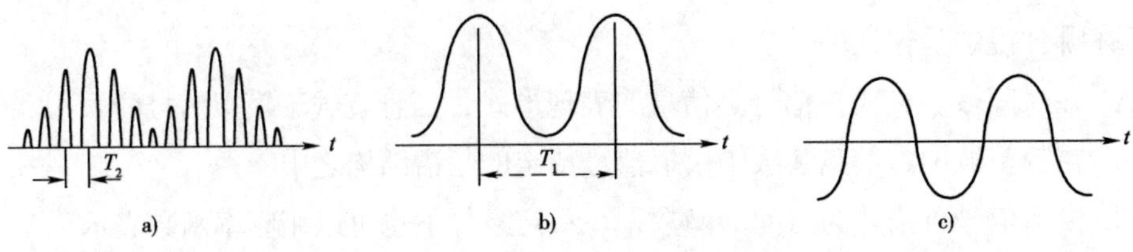

题 8-2-12 图

A. 低通滤波器和高通滤波器　　B. 高通滤波器和低通滤波器

C. 低通滤波器和带通滤波器　　D. 高通滤波器和带通滤波器

8-2-13 模拟信号经过（　　），才能转化为数字信号。

A. 信号幅度的量化　　B. 信号时间上的量化

C. 幅度和时间的量化　　D. 抽样

8-2-14 连续时间信号与通常所说的模拟信号的关系（　　）。

A. 完全不同　　B. 是同一个概念

C. 不完全相同　　D. 无法回答

8-2-15 根据如图所示信号$f(t)$画出的$f(2t)$波形图是（　　）。

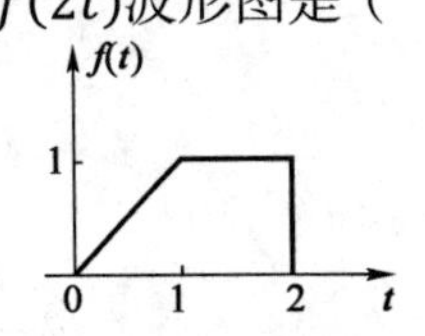

题 8-2-15 图

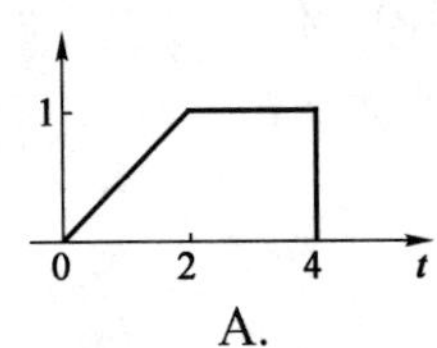

A.

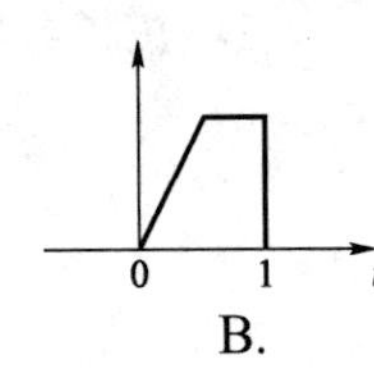

B.

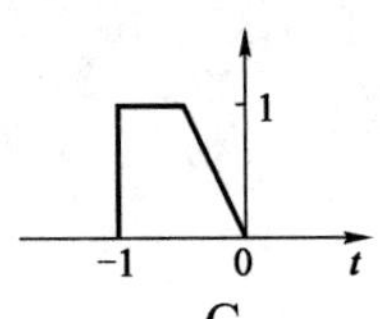

C.

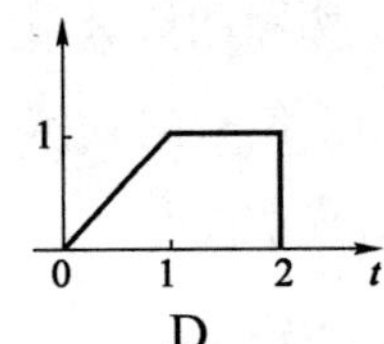

D.

8-2-16 单位冲激信号$\delta(t)$是（　　）。

A. 奇函数　　B. 偶函数

C. 非奇非偶函数　　D. 奇异函数，无奇偶性

8-2-17 单位阶跃函数信号$\varepsilon(t)$具有（　　）。

A. 周期性　　B. 抽样性　　C. 单边性　　D. 截断性

8-2-18 单位阶跃信号$\varepsilon(t)$是物理量单位跃变现象，而单位冲激信号$\delta(t)$是物理量产生单位跃变（　　）的现象。

A. 速度　　B. 幅度　　C. 加速度　　D. 高度

8-2-19 如图所示的周期为T的三角波信号，在用傅氏级数分析周期信号时，系数a_0、a_n和b_n判断正确的是（　　）。

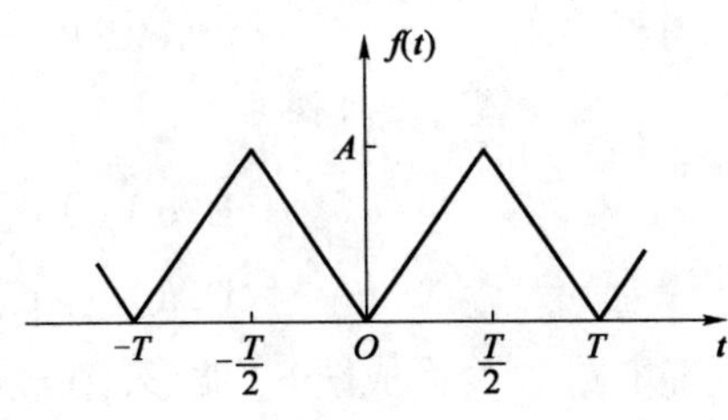

题 8-2-19 图

A. 该信号是奇函数且在一个周期的平均值为零，所以傅里叶系数a_0和b_n是零

B. 该信号是偶函数且在一个周期的平均值不为零，所以傅里叶系数a_0和a_n不是零

C. 该信号是奇函数且在一个周期的平均值不为零，所以傅里叶系数a_0和b_n不是零

D. 该信号是偶函数且在一个周期的平均值为零，所以傅里叶系数a_0和b_n是零

8-2-20　$(70)_{10}$的二进制数是（　　）。

A. $(0011100)_2$　　B. $(1000110)_2$

C. $(1110000)_2$　　D. $(0111001)_2$

8-2-21　将$(10010.0101)_2$转换成十进制数是（　　）。

A. 36.1875　　B. 18.1875

C. 18.3125　　D. 36.3125

8-2-22　将$(11010010.01010100)_2$表示成十六进制数是（　　）。

A. $(D2.54)_H$　　B. D2.54　　C. $(D2.A8)_H$　　D. $(D2.54)_B$

8-2-23　数字信号如图所示，如果用其表示数值，那么，该数字信号表示的数量是（　　）。

A. 3 个 0 和 3 个 1

B. 一万零一十一

C. 3

D. 19

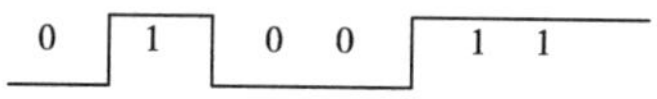

0　1　0　0　1　1

题 8-2-23 图

8-2-24　某逻辑问题的真值表见表，由此可以得到，该逻辑问题的输入输出之间的关系为（　　）。

A. $F = 0 + 1 = 1$

B. $F = \overline{A}\,\overline{B}C + ABC$

C. $F = A\overline{B}C + ABC$

D. $F = \overline{A}\,\overline{B} + AB$

题 8-2-24 表

C A B	F
0 0 0	0
0 0 1	0
0 1 0	0
0 1 1	0
1 0 0	1
1 0 1	0
1 1 0	0
1 1 1	1

习题题解及参考答案

第二节

8-2-1　**解：**信息、消息与信号的关系是借助某种信号的形式传送消息，受信者可以从所得到的消息中提取信息。

答案：D

8-2-2　**解：**信息是以编码方式载入数字信号中的。

答案：A

8-2-3　**解：**模拟信号是连续的时间信号，是实际物理对象随时间变化的真实过程。

答案：B

8-2-4　**解**：同上题。

答案：D

8-2-5　**解**：模拟信号是连续的时间信号，它的采样信号是离散的时间信号，采样保持信号是采样信号的特殊形式，只有数字信号是代码信号。

答案：D

8-2-6　**解**：传输媒体是一种介质，它可以传送信号但不表示信息。

答案：D

8-2-7　**解**：由原始形态（光、热等物理量）转换而来的连续时间信号，通常是指电信号，称作模拟信号。

答案：B

8-2-8　**解**：本题可以用信号的叠加关系分析。将原图分解为指数函数和阶跃函数，将结果求和即可。

答案：D

8-2-9　**解**：周期信号中的谐波信号是由傅里叶级数分解得到的，它的频率是同期信号频率的整数倍。

答案：C

8-2-10　**解**：非周期信号的傅里叶变换形式是频率的连续函数，它的频谱是连续频谱。

答案：B

8-2-11　**解**：图示中的温度信号是采样以后的信号，$f(nt)$只是在n为整数点上有值，因此它是个离散信号。

答案：A

8-2-12　**解**：该电路是通过频率选择器，根据信号频率的不同来处理信号的。

答案：A

8-2-13　**解**：模拟信号不仅要经过抽样过程，还要在信号的幅度上进行量化才能成为数字信号。

答案：C

8-2-14　**解**：模拟信号定义为在时间和数值都连续的信号，通常指的是电信号。

答案：C

8-2-15　**解**：图 b）所示的信号是原图信号的压缩信号。

答案：B

8-2-16　**解**：单位冲激信号符合偶函数特性，关于y轴对称。

答案：B

8-2-17　**解**：单位阶跃信号有单边性质。$\varepsilon(t)=\begin{cases}0 & t<0\\1 & t>0\end{cases}$

答案：C

8-2-18　**解**：单位中激函数和单位阶跃信号的关系为$\delta(t)=\frac{\mathrm{d}}{\mathrm{d}t}[\varepsilon(t)]$。

答案：A

8-2-19　**解**：当函数在一个周期里的正、负面积相等时，a_0等于零；函数关于$f(t)$轴对称，为偶函数，$a_n=0$；如果函数对称于原点时，$b_n=0$。

答案：B

8-2-20　**解**：根据$D=\sum k_i\times N^i$展开，进制中$k_i=0$，1。

答案： B

8-2-21　**解：** 将十进制转换为二进制数时，整数部分用除法，小数部分用乘法。

答案： C

8-2-22　**解：** 将二进制转换为十六进制数时，以小数点为界，将二进制 4 位一组，左右两边分开写。注意只有十进制数的脚标才能省去。

答案： A

8-2-23　**解：** 通常数字信号是二进制数。数字电路中的高电位表示"1"，低电位表示"0"。

即$(010011)_B = 1 \times 2^4 + 1 \times 2^1 + 1 \times 2^0 = 16 + 2 + 1 = 19$

答案： D

8-2-24　**解：** 本题考查的是如何从真值表写出逻辑表达式。首先应写出输出 F 为"1"的项的"或"逻辑组合，然后写出输出 A、B、C 中的"与"关系，当输入为"1"时，写原变量，输入为"0"的项写反变量。由此写出 $F=\overline{A}\,\overline{B}\,C + ABC$。

答案： B

第九章　计算机应用基础

复 习 指 导

一、考试大纲

7.7　计算机系统

计算机系统组成；计算机的发展；计算机的分类；计算机系统特点；计算机硬件系统组成；CPU；存储器；输入/输出设备及控制系统；总线；数模/模数转换；计算机软件系统组成；系统软件；操作系统；操作系统定义；操作系统特征；操作系统功能；操作系统分类；支撑软件；应用软件；计算机程序设计语言。

7.8　信息表示

信息在计算机内的表示；二进制编码；数据单位；计算机内数值数据的表示；计算机内非数值数据的表示；信息及其主要特征。

7.9　常用操作系统

Windows 发展；进程和处理器管理；存储管理；文件管理；输入/输出管理；设备管理；网络服务。

7.10　计算机网络

计算机与计算机网络；网络概念；网络功能；网络组成；网络分类；局域网；广域网；因特网；网络管理；网络安全；Windows 系统中的网络应用；信息安全；信息保密。

二、复习指导

在计算机系统这一章中要求掌握以下几部分内容。

（一）计算机基础知识

计算机的分类、计算机系统的组成（硬件和软件的组成及功能）、操作系统，在这部分中重点掌握以下内容：

（1）计算机按年代及硬件的分类；

（2）CPU 的组成及功能、存储器的种类、输入/输出设备；

（3）软件的组成；

（4）操作系统的功能。

（二）计算机程序设计语言

计算机语言的分类，发展趋势及计算机常用的高级程序设计语言。

（三）信息表示

数制、二进制、数值转换、信息的表示及存储，并要求重点掌握以下内容：

（1）信息的表示方法；

（2）信息的存储单位；

（3）数制的定义；

（4）二进制；

（5）数制的转换；

（6）非数值数据在计算机内的表示；

（7）多媒体数据在计算机内的表示；

（8）信息的安全及保密。

（四）常用操作系统

Windows 的发展、操作系统管理，并要求重点掌握以下内容：

（1）进程和处理器管理；

（2）存储资源管理；

（3）文件管理；

（4）输入/输出管理；

（5）设备管理；

（6）网络服务。

（五）计算机网络

网络的功能、组成及分类、网络安全、网络应用，并要求重点掌握以下内容：

（1）网络的概念；

（2）网络的功能；

（3）网络的组成；

（4）网络的分类；

（5）TCP/IP 协议的作用；

（6）IP 地址和域名的作用；

（7）如何防止病毒的攻击；

（8）网络应用；

（9）网络管理；

（10）网络安全。

第一节　计算机基础知识

一、计算机的发展

1946 年 2 月，人类历史上第一台数字电子计算机 ENIAC 诞生了，它标志着人类社会计算机时代的开始。ENIAC 由 18 000 多个电子管和 1 500 多个继电器组成，占地达 170m^2，重 30t，每秒钟可执行 5 000 次加法运算，应用于当时军事指挥中的弹道计算。它的严重缺陷在于不能存储程序。

为了解决存储程序问题，1946 年 6 月，著名数学家冯·诺依曼提出了“存储程序”和“程序控制”的概念，为现代计算机的体系结构奠定了理论基础。它的主要思想是：

（1）采用二进制形式表示数据和指令。

（2）计算机应包括运算器、控制器、存储器、输入设备和输出设备等五大基本部件。

（3）采用存储程序和程序控制的工作方式。

存储程序是指把解决问题的程序和需要加工处理的原始数据存入存储器中，这是计算机能够自动、连续工作的先决条件。

程序控制是指由控制器从存储器中逐条地读出指令，并发出各条指令相应的控制信号，指挥和控制计算机的各个组成部件自动、协调地执行指令所规定的操作，直至得到最终的结果，即整个信息处理过程是在程序的控制下自动实现的。因此，计算机的工作过程实际上是周而复始地取指令，执行指令的过程。

半个多世纪以来，尽管计算机技术的发展速度是惊人的，但至今广泛使用的绝大部分计算机，就其基本组成而言，仍遵循冯·诺依曼提出的这种设计思想，均属于冯·诺依曼体系的计算机。

计算机与信息处理技术的广泛应用，推动了集成电路技术与制造工艺的迅猛发展。自 ENIAC 诞生以来直至多年后的今天，微型计算机上使用的 Pentium（奔腾）CPU 芯片，集成了上亿个晶体管，而面积只有几个平方毫米，时钟工作频率可达 3G 以上，总功率几十瓦。1981 年美国 IBM 公司推出的个人计算机（Personal Computer，PC），最终导致了计算机应用的社会化与家庭化。

【例 9-1-1】 当前计算机的发展趋势是向多个方向发展，下面四个选项中不正确的一项是：

A. 高性能、人性化、网络化　　B. 多极化、多媒体、智能化

C. 高性能、多媒体、智能化　　D. 高集成、低噪声、低成本

答案：D

二、现代计算机的分类

（一）按年代分类

1. 大型主机阶段

20 世纪 40~50 年代，是第一代电子管计算机。经历了电子管数字计算机、晶体管数字计算机、集成电路数字计算机和大规模集成电路数字计算机的发展历程，计算机技术逐渐走向成熟。

2. 小型计算机阶段

20 世纪 60~70 年代，是对大型主机进行的第一次“缩小化”，可以满足中小企业事业单位的信息处理要求，成本较低，价格可被接受。

3. 微型计算机阶段

20 世纪 70~80 年代，是对大型主机进行的第二次“缩小化”，1976 年美国苹果公司成立，1977 年就推出了 Apple II 计算机，大获成功。1981 年 IBM 推出 IBM-PC，此后它经历了若干代的演进，占领了个人计算机市场，使得个人计算机得到了很大的普及。

4. 客户机/服务器阶段

该阶段即 C/S 阶段。随着 1964 年 IBM 与美国航空公司建立了第一个全球联机订票系统，把美国当时 2 000 多个订票的终端用电话线连接在了一起，标志着计算机进入了客户机/服务器阶段，这种模式至今仍在大量使用。在客户机/服务器网络中，服务器是网络的核心，而客户机是网络的基础，客户机依靠服务器获得所需要的网络资源，而服务器为客户机提供网络必需的资源。C/S 结构的优点是能充分发挥客户端 PC 的处理能力，很多工作可以在客户端处理后再提交给服务器，大大减轻了服务器的

压力。

5. Internet 阶段

Internet 阶段也称互联网、因特网、网际网阶段。互联网即广域网、局域网及单机按照一定的通信协议组成的国际计算机网络。互联网始于 1969 年，是在 ARPA（美国国防部研究计划署）将美国西南部的大学［UCLA（加利福尼亚大学洛杉矶分校）、Stanford University Research Institute（斯坦福大学研究学院）、UCSB（加利福尼亚大学）和 University of Utah（犹他州大学）］的四台主要的计算机连接起来。此后经历了文本到图片，到现在语音、视频等阶段，带宽越来越快，功能越来越强。互联网的特征是：全球性，交互性，成长性，即时性，多媒体性。

6. 云计算时代

从 2008 年起，云计算（Cloud Computing）概念逐渐流行起来，它正在成为一个通俗和大众化（Popular）的词语。云计算被视为“革命性的计算模型”，因为它使得超级计算能力通过互联网自由流通成为可能。企业与个人用户无须再投入昂贵的硬件购置成本，只需要通过互联网来购买或租赁计算力，用户只需为自己需要的功能付钱，同时消除传统软件在硬件、软件、专业技能方面的花费。云计算让用户脱离技术与部署上的复杂性而获得应用。云计算囊括了开发、架构、负载平衡和商业模式等，是软件业的未来模式。它基于 Web 的服务，以互联网为中心。

（二）按硬件分类

将计算机按硬件分类，分为服务器、工作站、台式机、笔记本计算机、手持设备五大类。

1. 服务器

服务器的英文名为 Server，专指某些高性能计算机，能通过网络对外提供服务。相对于普通电脑来说，稳定性、安全性、性能等方面都要求更高，因此在 CPU、芯片组、内存、磁盘系统、网络等硬件上和普通电脑有所不同。服务器是网络的节点，存储、处理网络上 80%的数据、信息，在网络中起到举足轻重的作用。它们是为客户端计算机提供各种服务的高性能的计算机，其高性能主要表现在高速度的运算能力，长时间的可靠运行，强大的外部数据吞吐能力等方面。服务器的构成与普通电脑类似，也有处理器、硬盘、内存、系统总线等，但因为它是针对具体的网络应用特别制定的，因而服务器与微机在处理能力、稳定性、可靠性、安全性、可扩展性、可管理性等方面差异很大。

2. 工作站

工作站的英文名为 Workstation，是一种以个人计算机和分布式网络计算为基础，主要面向专业应用领域，具备强大的数据运算与图形、图像处理能力，为满足工程设计、动画制作、科学研究、软件开发、金融管理、信息服务、模拟仿真等专业领域而设计开发的高性能计算机。它属于一种高档的电脑，一般拥有较大屏幕显示器和大容量的内存和硬盘，也拥有较强的信息处理功能和高性能的图形、图像处理功能以及联网功能。

3. 台式机

台式机的英文名为 Desktop，也叫桌面机，为现在非常流行的微型计算机，多数家用和办公用的机器都是台式机。台式机的性能相对较笔记本电脑要强。

4. 笔记本电脑

笔记本电脑的英文名为 Notebook Computer（简称 NB），也称手提电脑或膝上型电脑，笔记本电脑可以大体分为 4 类：

（1）商务型。商务型笔记本电脑一般可以概括为移动性强、电池续航时间长、商务软件多。

（2）时尚型。时尚型外观主要针对时尚女性。

（3）多媒体应用型。多媒体应用型笔记本电脑则有较强的图形、图像处理功能和多媒体功能，尤其是播放功能。

（4）特殊用途。

5. 手持设备

手持设备英文名为 Handhold，种类较多，如 PDA，SmartPhone，智能手机，3G 手机，Netbook，EeePC 等，它们的特点是体积小。随着 3G 时代的到来，手持设备将会获得更大的发展，其功能也会越来越强。

（三）按内部逻辑结构分类

计算机按照内部逻辑结构的不同，可分为复杂指令系统计算机（CISC）和精简指令系统计算机（RISC）两类。

复杂指令系统计算机的特点就是指令数目多而且复杂，每条指令的字节长度不等。精简指令系统计算机的特点是执行指令数目较少，能够以更快的速度执行操作，每条指令采用相等的字节长度。

三、计算机的系统

（一）计算机系统的特点

（1）具有强大的计算能力。所有复杂的计算问题都可以通过计算机进行计算。

（2）具有逻辑判断能力。通过判断决定程序的不同走向，从而进行管理和实施控制，应用于决策和推理领域。

（3）存储能力强大。拥有巨大的信息存储空间。

（4）计算精确。可以满足各个领域的计算精度要求。

（5）计算速度快。计算机依次进行操作所需时间可以小到纳秒（ns）计算的速度。

（6）通用性强。通过编程使用不同的软件可实现不同的应用。

（7）操作界面简单。适合不同用户使用计算机。

（8）具有互联网功能，把世界各地的计算机系统连接在一起。实现信息及软硬件资源的共享。

【例 9-1-2】 计算机系统拥有非常突出的特点，在下面有关计算机系统特点的四个选项中不正确的一项是：

A. 计算能力、判断能力、存储能力　　B. 精确计算能力、通俗易用

C. 价格低廉、操作方便、界面友好　　D. 联网功能、快速操作能力、通用性

解　选项 C 属于没有抓住重点，表述不完善。

答案：C

【例 9-1-3】 计算机按用途可分为：

A. 专业计算机和通用计算机　　B. 专业计算机和数字计算机

C. 通用计算机和模拟计算机　　D. 数字计算机和现代计算机

解　计算机按用途可分为专业计算机和通用计算机。专业计算机是为解决某种特殊问题而设计的计算机，针对具体问题能显示出有效、快速和经济的特性，但它的适应性较差，不适用于其他方面的应用。在导弹和火箭上使用的计算机很大部分就是专业计算机。通用计算机适应性很强，应用范围很广，如应用于科学计算、数据处理和实时控制等领域。

答案：A

（二）计算机系统的组成

计算机系统由硬件和软件两大部分组成。其中，硬件是指构成计算机系统的物理实体（或物理装置），如主板、机箱、键盘、显示器和打印机等。软件是指为运行、维护、管理和应用计算机所编制的所有程序的集合。图 9-1-1 给出了计算机硬件系统组成框图。

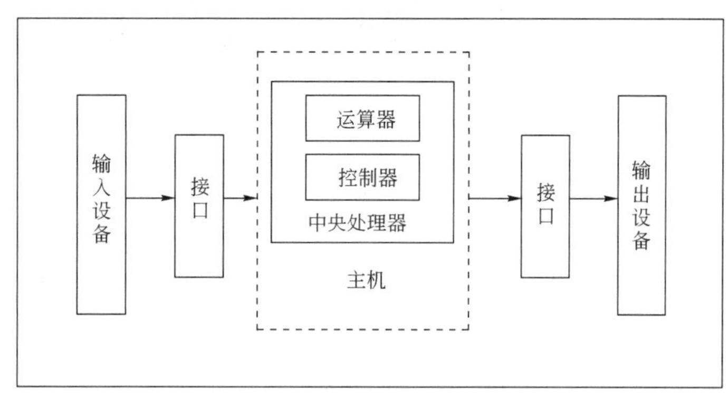

图 9-1-1　计算机硬件系统组成

1. 硬件部分

（1）输入装置。将程序和数据的信息转换成相应的电信号，让计算机能接收的装置，如键盘、鼠标、光笔、扫描仪、图形板、外存储器等。

（2）输出装置。能将计算机内部处理后的信息传递出来的设备，如显示器、打印机、绘图仪、外存储器等。

（3）存储器。计算机在处理数据的过程中或在处理数据之后把程序和数据存储起来的装置。存储器分为主存储器和辅助存储器。主存储器与中央处理器组装在一起构成主机，直接受 CPU 控制，因此也被称为内存储器，简称内存。存储器由内存、高速缓存、外存和管理这些存储器的软件组成，以字节为单位，是用来存放正在执行的程序、待处理数据及运算结果的部件。内存分为只读存储器（ROM）、随机存储器（RAM）、高速缓冲存储器（Cache）。

①只读存储器（ROM）：是一种只能读不能写入的存储器，最大特点是电源断电后信息不会丢失，经常用来存放监控和诊断程序。

②随机存储器（RAM）：可随机读出和写入信息，用来存放用户的程序和数据，关机后 RAM 中的内容自动消失，并不可恢复。

③高速缓冲存储器（Cache）：在逻辑上位于 CPU 和内存之间，其运算速度高于内存而低于 CPU，其作用是减少 CPU 的等待时间，提高 CPU 的读写速度，而不会改变内存的容量。辅助存储器也称外存储器，存储容量大，外存分为磁表面存储器和光存储器两大类。

（4）运算器。它是计算机的核心部件，对信息或数据进行加工和处理，主要由逻辑运算单元（ALU）组成，在控制器的指挥下可以完成各种算术运算、逻辑运算和其他操作。

（5）控制器。它是计算机的神经中枢和指挥中心，计算机的硬件系统由控制器控制其全部动作。运算器和控制器一起称为中央处理器。主存、运算器和控制器统称为主机。输入装置和输出装置统称为输入、输出装置。通常把输入、输出装置和外存一起称为外围设备。外存既是输入设备又是输出设备。

（6）中央处理器（CPU）。CPU 主要由运算器、控制器等组成。运算器按控制器发出的命令来完成各种操作。控制器规定计算机执行指令的顺序，并根据指令的信息控制计算机各部分协同动作。

（7）计算机总线。在计算机系统中，各个部件之间传送信息的公共通路叫总线。总线是一种内部结构，它是 CPU、内存、输入、输出设备传递信息的公用通道，主机的各个部件通过总线相连接，外部设备通过相应的接口电路再与总线相连接，从而形成了计算机硬件系统。微型计算机是以总线结构来连接各个功能部件的。总线分为主板总线、硬盘总线及其他总线。

（8）数模/模数转换。数模转换器是将数字信号转换为模拟信号的系统，一般用低通滤波即可以实现。模数转换器是将模拟信号转换成数字信号的系统，是一个滤波、采样保持和编码的过程。模拟信号经带限滤波、采样保持电路，变为阶梯形状信号，然后通过编码器，使得阶梯状信号中的各个电平变为二进制码。

【例 9-1-4】 根据冯·诺依曼结构原理，计算机的 CPU 是由：

A. 运算器、控制器组成　　B. 运算器、寄存器组成

C. 控制器、寄存器组成　　D. 运算器、寄存储器组成

解　CPU 是分析指令和执行指令的部件，是计算机的核心。它主要是由运算器和控制器组成。

答案：A

【例 9-1-5】 总线中的控制总线传输的是：

A. 程序和数据　　B. 主存储器的地址码

C. 控制信息　　D. 用户输入的数据

解　计算机的总线可以划分为数据总线、地址总线和控制总线。数据总线用来传输数据，地址总线用来传输数据地址，控制总线用来传输控制信息。

答案：C

【例 9-1-6】 微处理器与存储器以及外围设备之间的数据传送操作通过：

A. 显示器和键盘进行　　B. 总线进行

C. 输入/输出设备进行　　D. 控制命令进行

解　当要对存储器中的内容进行读写操作时，来自地址总线的存储器地址经地址译码器译码之后，选中指定的存储单元，而读写控制电路根据读写命令实施对存储器的存取操作，数据总线则用来传送写入内存储器或从内存储器读出的信息。

答案：B

2. 软件部分（见图 9-1-2）

（1）系统软件。它是生成、准备和执行其他软件所需要的一组程序，通常负责管理、监督和维护计算机各种软硬件资源。给用户提供一个友好的操作界面。

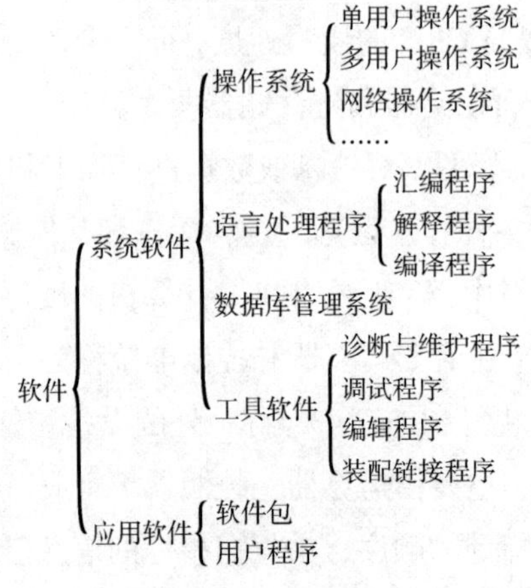

图 9-1-2　软件的组成

系统软件主要有操作系统、程序设计语言［机器语言、汇编语言、高级语言、非过程语言（不必关心问题的解法和处理过程的描述，只要说明所要完成的加工和条件，指明输入数据以及输出形式，就能得到所要的结果。如 Visual C++、Java 语言等）、智能性语言（应用于抽象问题求解、数据逻辑、公式处理、自然语言理解、专家系统和人工智能的许多领域）］。

（2）应用软件。它是用户为了解决某些特定具体问题而开发或外购的各种程序，如 Word，Excel 等。

【例 9-1-7】 在计算机内，ASSCII 码是为：

A. 数字而设置的一种编码方案　　B. 汉字而设置的一种编码方案

C. 英文字母而设置的一种编码方案　　D. 常用字符而设置的一种编码方案

解　ASSCII 码是“美国信息交换标准代码”的简称，是目前国际上最为流行的字符信息编码方案。在这种编码中每个字符用 7 个二进制位表示，从 0000000 到 1111111 可以给出 128 种编码，用来表示 128 个不同的常用字符。

答案：D

【例 9-1-8】 目前常用的计算机辅助设计软件是：

A. Microsoft Word　　B. Auto CAD　　C. Visual BASIC　　D. Microsoft Access

解　Microsoft Word 是文字处理软件。Visual BASIC 简称 VB，是 Microsoft 公司推出的一种 Windows 应用程序开发工具。Microsoft Access 是小型数据库管理软件。Auto CAD 是专业绘图软件，主要用于工业设计中，被广泛用于民用、军事等各个领域。CAD 是 Computer Aided Design 的缩写，意思为计算机辅助设计。加上 Auto，指它可以应用于几乎所有跟绘图有关的行业，比如建筑、机械、电子、天文、物理、化工等。

答案：B

【例 9-1-9】 根据软件的功能和特点，计算机软件一般分为：

A. 系统软件和非系统软件　　B. 应用软件和非应用软件

C. 系统软件和应用软件　　D. 系统软件和管理软件

答案：C

【例 9-1-10】 计算机的软件系统是由：

A. 高级语言程序、低级语言程序构成　　B. 系统软件、支撑软件、应用软件构成

C. 操作系统、专用软件构成　　D. 应用软件和数据库管理系统构成

解　计算机的软件系统是由系统软件、支撑软件和应用软件构成。系统软件是负责管理、控制和维护计算机软、硬件资源的一种软件，它为应用软件提供了一个运行平台。支撑软件是支持其他软件的编写制作和维护的软件。应用软件是特定应用领域专用的软件。

答案：B

四、操作系统

（一）操作系统的定义

操作系统是控制其他程序运行，管理系统资源并为用户提供操作界面的系统软件的集合。

（二）操作系统的功能及特征

操作系统（Operating System，OS）是一种管理电脑硬件与软件资源的程序，同时也是计算机系统的内核与基石。操作系统身负诸如管理与配置内存，决定系统资源供需的优先次序，控制输入与输出设备，操作网络与管理文件系统等基本事务。操作系统管理计算机系统的全部硬件资源，包括软件资源及

数据资源，控制程序运行，改善人机界面，为其他应用软件提供支持等，使计算机系统所有资源最大限度地发挥作用，为用户提供方便的、有效的、友善的服务界面。操作系统是一个庞大的管理控制程序，大致包括五个方面的管理功能：进程与处理机管理，作业管理，存储管理，设备管理，文件管理。目前微机上常见的操作系统有 DOS、OS/2、UNIX、XENIX、LINUX、Windows、Netware 等。但所有的操作系统都具有并发性、共享性、虚拟性和随机性这四个基本特征。

（三）操作系统的分类

操作系统大致可分为六种类型。

1. 简单操作系统

它是计算机初期所配置的操作系统，如 IBM 公司的磁盘操作系统 DOS/360 和微型计算机的操作系统 CP/M 等。这类操作系统的功能主要是操作命令的执行，文件服务，支持高级程序设计语言编译程序和控制外部设备等。

2. 分时操作系统

它支持位于不同终端的多个用户同时使用一台计算机，彼此独立互不干扰，用户感到好像一台计算机全为他所用。具有同时性、交互性和独占性。

3. 实时操作系统

它是为实时计算机系统配置的操作系统。其主要特点是资源的分配和调度，首先要考虑实时性，然后才是效率。此外，实时操作系统应有较强的容错能力。

4. 网络操作系统

它是为计算机网络配置的操作系统。在其支持下，网络中的各台计算机能互相通信和共享资源。其主要特点是与网络的硬件相结合来完成网络的通信任务。

5. 分布操作系统

它是为分布计算系统配置的操作系统。它在资源管理、通信控制和操作系统的结构等方面都与其他操作系统有较大的区别。由于计算机系统的资源分布于系统的不同计算机上，操作系统对用户的资源需求不能像一般的操作系统那样等待有资源时直接分配的简单做法，而是要在系统的各台计算机上搜索，找到所需资源后才可进行分配。对于有些资源，如具有多个副本的文件，还必须考虑一致性。所谓一致性，是指若干个用户对同一个文件所同时读出的数据是一致的。为了保证一致性，操作系统须控制文件的读、写、操作，使得多个用户可同时读一个文件，而任一时刻最多只能有一个用户在修改文件。分布操作系统的通信功能类似于网络操作系统。由于分布计算机系统不像网络分布得很广，同时分布操作系统还要支持并行处理，因此它提供的通信机制和网络操作系统提供的有所不同，它要求通信速度高。分布操作系统的结构也不同于其他操作系统，它分布于系统的各台计算机上，能并行地处理用户的各种需求，有较强的容错能力。

6. 智能操作系统

现在很多智能操作系统应用在手机上，如 Symbian 操作系统在智能移动终端上拥有强大的应用程序以及通信能力，它有一个非常健全的核心——强大的对象导向系统、企业用标准通信传输协议以及完美的 sunjava 语言。Symbian 认为无线通信装置除了要提供声音沟通的功能外，同时也应具有其他多种沟通方式，如触笔、键盘等。在硬件设计上，它可以提供许多不同风格的外形，像使用真实或虚拟的键盘，在软件功能上可以容纳许多功能，包括和他人互相分享信息，浏览网页，传输、接收电子信件，传真以及个人生活行程管理等。此外，Symbian 操作系统在扩展性方面为制造商预留了多种接口，而且操作系统还可以细分成三种类型：Pearl、Quartz、Crystal，分别对应普通手机、智能手机、HandHeld PC 场合的应用。

习　题

9-1-1　微型计算机的硬件包括（　　）。

A. 微处理器、存储器、外部设备、外围设备

B. 微处理器、RAM、MS 系统、FORTRAN 语言

C. ROM 和键盘、显示器

D. 软盘驱动器和微处理器、打印机

9-1-2　微型计算机的软件包括（　　）。

A. MS-DOS 系统、Super SAP　　B. dBASE 数据库、FORTRAN 语言

C. 机器语言和通用软件　　D. 系统软件、程序语言和通用软件

9-1-3　运算器的主要功能是完成（　　）。

A. 存储程序和数据　　B. 算术运算和逻辑运算

C. 程序计数　　D. 算术运算

9-1-4　既可做输入设备，又可做输出设备的是（　　）。

A. 显示器　　B. 打印机　　C. 硬盘　　D. 光盘

9-1-5　软件中（　　）是非系统软件。

A. DOS 系统　　B. FORTRAN 77　　C. BASIC　　D. TBSA

9-1-6　计算机的中央处理器包括（　　）。

A. 整个计算机主板　　B. CPU 的运算器部分

C. CPU 的控制器部分　　D. 运算器和控制器

9-1-7　计算机中 CPU 中央处理器的功能是（　　）。

A. 完成输入输出操作　　B. 进行数据处理

C. 协调计算机各种操作　　D. 负责各种运算和控制工作

9-1-8　在工作中，若微型计算机的电源突然中断，则只有（　　）不会丢失。

A. RAM 和 ROM 中的信息　　B. ROM 中的信息

C. RAM 中的信息　　D. RAM 中部分信息

9-1-9　下列四种软件中，处于系统软件最内层的是（　　）。

A. 语言处理程序　　B. 操作系统　　C. 服务性程序　　D. 用户程序

第二节　计算机程序设计语言

一、计算机语言

计算机语言（Computer Language）指用于人与计算机之间通信的语言。计算机语言是人与计算机之间传递信息的媒介。计算机系统的最大特征是指令通过一种语言传达给机器。为了使电子计算机进行各种工作，就需要有一套用以编写计算机程序的数字、字符和语法规则，由这些字符和语法规则组成对计算机的各种指令（或各种语句），就是计算机能接受的语言。

计算机指令通常包含操作码和操作数。操作码决定了计算机应该执行哪种基本的硬件操作，例如加法、减法或数据传送等。操作数是与操作码一起使用的数字、字符或地址，表示要进行操作的对象。

（一）计算机语言的分类

计算机语言的种类非常的多，总的来说可以分成机器语言、汇编语言、高级语言三大类。

1. 机器语言

机器语言是用二进制代码表示的计算机能直接识别和执行的一种机器指令的集合。它是计算机的设计者通过计算机的硬件结构赋予计算机的操作功能。机器语言具有灵活、直接执行和速度快等特点。

用机器语言编写程序，编程人员要首先熟记所用计算机的全部指令代码和代码的含义。手编程序时，程序员得自己处理每条指令和每一数据的存储分配和输入输出，还得记住编程过程中每步所使用的工作单元处在何种状态。这是一件十分繁琐的工作，编写程序花费的时间往往是实际运行时间的几十倍或几百倍。而且，编出的程序全是些 0 和 1 的指令代码。直观性差，还容易出错。除了计算机生产厂家的专业人员外，绝大多数程序员已经不再去学习机器语言了。

2. 汇编语言

为了克服机器语言难读、难编、难记和易出错的缺点，人们就用与代码指令实际含义相近的英文缩写词、字母和数字等符号来取代指令代码（如用 ADD 表示运算符号“+”的机器代码），于是就产生了汇编语言。所以说，汇编语言是一种用助记符表示的仍然面向机器的计算机语言。汇编语言亦称符号语言。汇编语言由于是采用了助记符号来编写程序，比用机器语言的二进制代码编程要方便些，在一定程度上简化了编程过程。汇编语言的特点是用符号代替了机器指令代码。而且助记符与指令代码一一对应，基本保留了机器语言的灵活性。使用汇编语言能面向机器并较好地发挥机器的特性，得到质量较高的程序。

汇编语言中由于使用了助记符号，用汇编语言编制的程序送入计算机，计算机不能像用机器语言编写的程序一样直接识别和执行，必须通过预先放入计算机的 “汇编程序”的加工和翻译，才能变成能够被计算机识别和处理的二进制代码程序。用汇编语言等非机器语言书写好的符号程序称源程序，运行时汇编程序要将源程序翻译成目标程序。目标程序是机器语言程序，它一经被安置在内存的预定位置上，就能被计算机的 CPU 处理和执行。

汇编语言像机器指令一样，是硬件操作的控制信息，因而仍然是面向机器的语言，使用起来还是比较繁琐费时，通用性也差。汇编语言是低级语言。但是，汇编语言用来编制系统软件和过程控制软件，其目标程序占用内存空间少，运行速度快，有着高级语言不可替代的用途。

3. 高级语言

不论是机器语言还是汇编语言都是面向硬件具体操作的，语言对机器过分依赖，要求使用者必须对硬件结构及其工作原理都十分熟悉，这对非计算机专业人员是难以做到的，对于计算机的推广应用是不利的。计算机事业的发展，促使人们去寻求一些与人类自然语言相接近且能为计算机所接受的语义确定、规则明确、自然直观和通用易学的计算机语言。这种与自然语言相近并为计算机所接受和执行的计算机语言称高级语言。高级语言是面向用户的语言。无论何种机型的计算机，只要配备上相应的高级语言的编译或解释程序，则用该高级语言编写的程序就可以通用。

如今被广泛使用的高级语言有 BASIC、PASCAL、C、COBOL、FORTRAN、LOGO 以及 VC、VB 等。这些语言都是属于系统软件。

计算机并不能直接地接受和执行用高级语言编写的源程序，源程序在输入计算机时，通过“翻译程序”翻译成机器语言形式的目标程序，计算机才能识别和执行。这种“翻译”通常有两种方式，即编译方式和解释方式。编译方式是：事先编好一个称为编译程序的机器语言程序，作为系统软件存放在计算机内，当用户由高级语言编写的源程序输入计算机后，编译程序便把源程序整个地翻译成用机器语言表示的与之等价的目标程序，然后计算机再执行该目标程序，以完成源程序要处理的运算并取得结果。解释方式是：源程序进入计算机时，解释程序边扫描边解释并逐句输入逐句翻译，计算机一句句执行，并不产生目标程序。PASCAL、FORTRAN、COBOL 等高级语言执行编译方式；BASIC 语言则以执行解释方式为主；而 PASCAL、C 语言是能书写编译程序的高级程序设计语言。每一种高级（程序设计）语言，都有自己人为规定的专用符号、英文单词、语法规则和语句结构（书写格式）。高级语言与自然语言（英语）更接近，而与硬件功能相分离（彻底脱离了具体的指令系统），便于广大用户掌握和使用。高级语言的通用性强，兼容性好，便于移植。

（二）计算机语言的发展趋势

面向对象程序设计以及数据抽象在现代程序设计思想中占有很重要的地位，未来语言的发展将不再是一种单纯的语言标准，将会以一种完全面向对象，更易表达现实世界，更易为人编写，其使用将不再只是专业的编程人员，人们完全可以用订制真实生活中一项工作流程的简单方式来完成编程。

二、计算机程序设计语言

1. C 语言

C 语言是 Dennis Ritchie 在 20 世纪 70 年代创建的，它功能更强大且与 ALGOL 保持更连续的继承性，而 ALGOL 则是 COBOL 和 FORTRAN 的结构化继承者。C 语言被设计成一个比它的前辈更精巧、更简单的版本，它适于编写系统级的程序，比如操作系统。在此之前，操作系统是使用汇编语言编写的，而且不可移植。C 语言是第一个使得系统级代码移植成为可能的编程语言。

2. C++

C++语言是具有面向对象特性的 C 语言的继承者。面向对象编程，或称 OOP（Object Oriented Programming）是结构化编程的下一步。OOP 程序由对象组成，其中的对象是数据和函数离散集合。有许多可用的对象库存在，这使得编程简单得只需要将一些程序堆在一起。比如说，有很多的 GUI（Graphical User Interface）和数据库的库实现为对象的集合。

3. 汇编语言

汇编是第一个计算机语言。汇编语言实际上是你对计算机处理器实际运行的指令的命令形式表示法。这意味着你将与处理器的底层打交道，比如寄存器和堆栈。如果你要找的是类英语且有相关的自我说明的语言，这不是你想要的。特别注意：语言的名字叫“汇编”。把汇编语言翻译成真实的机器码的工具叫“汇编程序”。把这门语言叫作“汇编程序”这种用词不当相当普遍，因此，请从这门语言的正确称呼作为起点出发。

4. Pascal 语言

Pascal 语言是由 NicolasWirth 在 20 世纪 70 年代早期设计的，Pascal 被设计来强行使用结构化编程。最初的 Pascal 被严格设计成教学之用，最终，大量的拥护者促使它闯入了商业编程中。当 Borland 发布 IBMPC 上的 TurboPascal 时，Pascal 辉煌一时。集成的编辑器，闪电般的编译器加上低廉的价格使之变得不可抵抗，Pascal 编程成为 MS-DOS 编写小程序的首选语言。然而时日不久，C 编译器变得更快，并具有优秀的内置编辑器和调试器。Pascal 在 1990 年 Windows 开始流行时走到了尽头，Borland 放弃了 Pascal 而把目光转向了为 Windows 编写程序的 C++。TurboPascal 很快被人遗忘。

5. Java

Java 是由 Sun 最初设计用于嵌入程序的可移植性“小 C++”。在网页上运行小程序的想法着实吸引了不少人的目光，于是，这门语言迅速崛起。事实证明，Java 不仅仅适于在网页上内嵌动画，它是一门极好的完全的软件编程的小语言。“虚拟机”机制、垃圾回收以及没有指针等使它很容易成为不易崩溃且不会泄漏资源的可靠程序。

虽然不是 C++的正式续篇，Java 从 C++中借用了大量的语法。它丢弃了很多 C++的复杂功能，从而形成一门紧凑而易学的语言。不像 C++，Java 强制面向对象编程，要在 Java 里写非面向对象的程序就像要在 Pascal 里写“空心粉式代码”一样困难。

6. C#

C#是一种精确、简单、类型安全、面向对象的语言。其是.Net 的代表性语言。什么是.Net 呢？按照微软总裁兼首席执行官 Steve Ballmer 把它定义为：.Net 代表一个集合，一个环境，它可以作为平台支持下一代 Internet 的可编程结构。

7. FORTRAN

FORTRAN 语言是世界上第一个被正式推广使用的高级语言。它是 1954 年被提出来的，1956 年开始正式使用，至今已有五十多年的历史，但仍历久不衰，它始终是数值计算领域所使用的主要语言。FORTRAN 语言是 Formula Translation 的缩写，意为“公式翻译”。它是为科学、工程问题或企事业管理中的那些能够用数学公式表达的问题而设计的，其数值计算的功能较强。

习　题

9-2-1　根据计算机语言的发展过程，它们出现的顺序为（　　）。

A. 机器语言、汇编语言、高级语言　　B. 汇编语言、机器语言、高级语言

C. 高级语言、汇编语言、机器语言　　D. 机器语言、高级语言、汇编语言

9-2-2　汇编语言是（　　）。

A. 机器语言　　B. 低级语言　　C. 高级语言　　D. 自然语言

第三节　信息表示

一、计算机中的信息表示方法

计算机采用二进制，用 0 和 1 存储信息。

数据的存储单位有位、字节和字等。

1. 位

比特，记为 bit，是计算机最小的存储信息单位，是用 0 或 1 来表示的一个二进制位数。

2. 字节

拜特，记为 Byte，是数据存储中最常用的基本单位。8 位二进制构成一个字节，从最小的 00000000 到最大的 11111111，计算机的存储器（包括内存储器与外存储器）通常也是以多少字节来表示它的容量。

3. 字

字是位的组合，并作为一个独立的信息单位处理。字又称为计算机字，它的含义取决于计算机的类型、字长以及使用者的要求。常用的固定字长有 8 位、16 位、32 位等，在微机系统内有一个约定，将一个字的大小规定为两个字节。

【例 9-3-1】 计算机信息数量的单位常用 KB、MB、GB、TB 表示，它们中表示信息数量最大的一个是：

A. KB　　B. MB　　C. GB　　D. TB

解　$1\text{KB} = 2^{10}\text{B} = 1024\text{B}$　　$1\text{MB} = 2^{20}\text{B} = 1024\text{kB}$

$1\text{GB} = 2^{30}\text{B} = 1024\text{MB}$　　$1\text{TB} = 2^{40}\text{B} = 1024\text{GB}$

答案： D

【例 9-3-2】 计算机存储器是按字节进行编址的，一个存储单元是：

A. 8 个字节　　B. 1 个字节　　C. 16 个二进制数位　　D. 32 个二进制数位

解　计算机内的存储器是由一个个存储单元组成的，每一个存储单元的容量为 8 位二进制信息，称 1 个字节。

答案： B

二、信息的表示及存储

信息是人们表示一定意义的符号的集合，可以是数字、文字、图形、图像、动画、声音等。数据是信息在计算机内部的表现形式。数据本身就是一种信息。

（一）数制

1. 数制的定义

用一种固定的数字（数码符号）和一套统一的规则来表示数值的方法，即为数制。

（1）数制的种类，如十进制、二进制、八进制、十六进制、六十进制、十二进制等。

（2）数制的规则，如 R 进制的规则是逢 R 进 1。

2. 权

权是指指数位上的数字乘上一个固定的数值。

3. 基数

十进制的基数是十，二进制的基数是二，八进制的基数是八。

进位计数制中的三个要素：数位（数字在一个数中所处的位置）、权、基数。

4. 二进制数

二进制是“逢二进一”的计数方法，计算机中的数据如文字、数字、声音、图像、动画、色彩等信息都是用二进制数来表示的。

采用二进制计数的原因，主要是由于二进制数在技术操作上的可行性、可靠性、简易性及通用性。

（1）可行性。二进制数只有 0、1 两个数码，要表示这两个状态，在物理技术上很容易实现，如电灯的亮和灭、晶体管门电路的导通和截止等。

（2）可靠性。因二进制只有两个状态，数字转移和处理抗干扰能力强，不易出错。

（3）简易性。二进制数的运算法则简单，使计算机运算器结构大大简化。

（4）通用性。因为二进制数只有 0、1 两个数码，与逻辑代数中的“真”和“假”两个值对应，从而为计算机实现逻辑运算和逻辑判断提供了方便。

（二）数制的转换

日常生活中使用的进位制很多，如一年等于十二个月（十二进制），一斤等于十两（十进制），一分钟等于六十秒（六十进制）等。在计算机系统中经常使用十进制、八进制、十六进制、二进制。

1. 十进制数转换二进制数

十进制数转换为二进制数步骤：

（1）将十进制整数转换为二进制整数。

（2）将十进制小数转换为二进制小数。

（3）合成一个二进制数。

【例 9-3-3】 信息与数据之间存在着固有的内在联系，信息是：

A. 由数据产生的　　B. 信息就是数据

C. 没有加工过的数据　　D. 客观地记录事物的数据

解　数据是反映客观事物属性的原始事实。信息是由原始数据经过处理加工，按特定的方式组织起来的，对人们有价值的数据的集合。

答案： A

【例 9-3-4】 把十进制数 29.125 转换为二进制数。

解　①先将十进制整数 29 转换成二进制（除 2 取余数法）

十进制数	余数	转换结果的最低位
2⌊29	……………………1	↑
2⌊14	……………………0	
2⌊7	……………………1	
2⌊3	……………………1	
1	……………………1	转换结果的最低位

转换后结果：$(29)_{10}=(11101)_2$

②把十进制小数 0.125 转换成二进制（乘 2 取整法）

	取整数部分	
0.125		
× 2		
0.250	0	……………………转换结果的最高位
× 2		
0.50	0	
× 2		
1.0	1	……………………转换结果的最低位

转换后结果：$(0.125)_{10}=(0.001)_2$

③将整数部分与小数部分合在一起。

$$(29)_{10}+(0.125)_{10}=(11101)_2+(0.001)_2$$

$$(29.125)_{10}=(11101.001)_2$$

注：带小数点数制的转换要分为两部分，一部分是整数的转换，另一部分是小数的转换。

2. 二进制数转换成十进制数

【例 9-3-5】 将二进制数$(11101.001)_2$转换成十进制数（按权展开法）。

解　
$$\begin{aligned}(11101.001)_2&=1\times2^4+1\times2^3+1\times2^2+0\times2^1+1\times2^0+0\times2^{-1}+0\times2^{-2}+1\times2^{-3}\\&=16+8+4+0+1+0.0+0.0+0.125\\&=(29.125)_{10}\end{aligned}$$

3. 八进制数与十六进制数

计算机中经常使用八进制数与十六进制数，因为二进制数写起来太长，不便于比较和记忆。而八进制数、十六进制数与二进制数有简单的对应规则，可方便地写成二进制数的形式。它们的对应关系见表 9-3-1、表 9-3-2。

表 9-3-1

十六进制数	0	1	2	3	…	8	9	A	B	…	E	F
二进制数	0000	0001	0010	0011	…	1000	1001	1010	1011	…	1110	1111

表 9-3-2

八进制数	0	1	2	3	4	5	6	7
二进制数	000	001	010	011	100	101	110	111

例如，十进制数 345 可表示为表 9-3-3 所列的其他制数。

表 9-3-3

八进制数	531	5	3	1
二进制数	101011001	1 0 1	0 1 1	0 0 1
十六进制数	159	1	5	9

4. 十进制数转换为R进制数

对于十进制数转换为R进制数仍可采用除R取余法和乘R取整法。

5. R进制数转换为十进制数

对于R进制数转换为十进制仍可采用按权（R^i）展开算法。

（三）数值数据在计算机内的表示

计算机中的数值数据分成整数和实数两大类。

1. 整数的表示

在计算机中，整数分为无符号整数和有符号整数。无符号整数的所有二进制位都用来表示数值，所以这类整数一定是正整数。有符号整数必须使用一个二进制位表示符号，称为符号位。通常符号位放在二进制数的最高位。

在计算机中有符号数的表示是将符号位和数值一起编码，主要有三种编码方式，即原码、补码和反码。

（1）原码

在原码表示中，机器数的最高一位表示符号，0 表示正数，1 表示负数，其余各位则表示数值的大小。

例如：X = +0101001　　　$【X】_{原}$ = 00101001

X = −0101001　　　$【X】_{原}$ = 10101001

（2）反码

在反码中对于正数，反码与原码表示相同。对于负数，负数的反码是：除符号位外，原码的每位求反（0 变为 1，1 变为 0）。

例如：X = +0101001　　　$【X】_{原}$ = 00101001　　　$【X】_{反}$ = 00101001

X = −0101001　　　$【X】_{原}$ = 10101001　　　$【X】_{反}$ = 11010110

（3）补码

在补码中对于正数，补码表示和原码表示是一样的，而负数的补码是：将原码符号位除外，每位求反（0 表位 1，1 变为 0）末位加 1。

例如：X = +0101001　　【X】$_{原}$ = 00101001　　【X】$_{补}$ = 00101001

X = −0101001　　【X】$_{原}$ = 10101001　　【X】$_{补}$ = 11010111

2. 实数的表示

既有整数又有小数的数称为实数，如 436.55、−132.44 等都是实数。一个实数可以表示成一个纯小数和一个乘幂之积，例如：$45.761 = 10^2 \times (0.45761)$，其中指数部分用来指出小数点的实际位置，括号内是一个纯小数。

任一实数都可以用一个指数和一个纯小数来表示，因为实数的小数点的位置是不固定的，所以也叫作浮点数。整数称为浮点数的阶码，纯小数称为浮点数的尾数。整数和纯小数可看作实数的特例。用阶码和尾数来表示实数的方法叫浮点表示法。

（四）非数值数据在计算机内的表示

计算机中数据的概念是广义的。计算机内除了有数值的信息之外，还有数字、字母、通用符号、控制符号等字符信息，还有逻辑信息、图形、图像、语音等信息，这些信息进入计算机都转变成 0、1 表示的编码，所以称为非数值数据。

1. 字符的表示方法

字符主要是指数字、字母、通用符号等，在计算机内它们都被转换成计算机能够识别的十进制编码形式。这些字符编码方式有很多种，国际上广泛采用的是美国国家信息交换标准代码（American Standard Code for Information Interchange），简称 ASCII 码，如表 9-3-4 所示。

ASCII 字符编码表　　表 9-3-4

	000	001	010	011	100	101	110	111
0000	NUL	DLE	SP	0	@	P	、	p
0001	SOH	DC1	!	1	A	Q	a	q
0010	STX	DC2	“	2	B	R	b	r
0011	ETX	DC3	#	3	C	S	c	s
0100	EOT	DC4	$	4	D	T	d	t
0101	ENQ	NAK	%	5	E	U	e	u
0110	ACK	SYN	&	6	F	V	f	v
0111	BEL	ETB	‘	7	G	W	g	w
1000	BS	CAN	(	8	H	X	h	x
1001	HT	EM	)	9	I	Y	i	y
1010	LF	SUB	*	:	J	Z	j	z
1011	VT	ESC	+	;	K	]	k	{
1100	FF	FS	,	<	L	\	l	|
1101	CR	GS	–	=	M	]	m	}
1110	SO	RS	.	>	N	^	n	~
1111	SI	US	/	?	O	–	o	del

ASCII 规定每个字符用 7 位二进制编码表示，表中的横坐标是第 6、5、4 位的二进制编码值，纵坐标是第 3、2、1、0 位的二进制编码值，两坐标的交点则是指定的字符，7 位二进制可以给出 128 个编码，表示 128 个常用的字符。其中 95 个编码，对应着计算机终端能输入并可以显示的 95 个字符，打印机设备也能打印这 95 个字符，如大小写各 26 个英文字母，0~9 这 10 个数字符，通用的运算符和标点符号=、−、*、/、<、>、,、{、} 等。

【例 9-3-6】 查表写出字母 A、数字 1 的 ASCII 码。

解 根据字母 A 在表中的位置，行指示了 ASCII 码第 3、2、1、0 位的状态，列指示第 6、5、4 位的状态，因此字母 A 的 ASCII 码是 1000001B = 41H。同理可以查到数字 1 的 ASCII 码是 0110001B = 31H。

2. 汉字编码

我国制定了《信息交换用汉字编码字符集——基本集》(GB 2312—80)。这种编码称为国标码。在国标码的字符集中共收录了汉字和图形符 7 445 个，其中一级汉字 3 755 个，二级汉字 3 008 个，图形符号 682 个。

国标 GB 2312—80 规定，全部国标汉字及符号组成94×94的矩阵。在这矩阵中，每一行称为一个"区"，每一列称为一个"位"。这样，就组成了 94 个区（01~94 区），每个区内有 94 个位（01~94）的汉字字符集。区码和位码简单地组合在一起（即两位区码居高位，两位位码居低位）就形成了"区位码"。区位码可唯一确定某一个汉字或汉字符号，反之，一个汉字或汉字符号都对应唯一的区位码，如汉字"玻"的区位码为"1803"（即在 18 区的第 3 位）。

所有汉字及符号的 94 个区划分成如下四个组：

（1）1~15 区为图形符号区，其中，1~9 区为标准区，10~15 区为自定义符号区。

（2）16~55 区为一级常用汉字区，共有 3 755 个汉字，该区的汉字按拼音排序。

（3）56~87 区为二级非常用汉字区，共有 3 008 个汉字，该区的汉字按部首排序。

（4）88~94 区为用户自定义汉字区。

汉字的内码是从上述区位码的基础上演变而来的。它是在计算机内部进行存储、传输所使用的汉字代码。

区码和位码的范围都在 01~94 内，如果直接用它作为内码就会与基本 ASCII 码发生冲突，因此汉字的内码采用如下的运算规定：

高位内码 = 区码 + 20H + 80H

低位内码 = 位码 + 20H + 80H

在上述运算规则中加 20H 应理解为基本 ASCII 的控制码；加 80H 意在把最高二进制位置"1"与基本 ASCII 码相区别，或者说是识别是否汉字的标志位。

例：将汉字"玻"的区位码转换成机内码：

$$
\begin{aligned}
\text{高位内码} &= (18)_{10} + (20)_{16} + (80)_{16} \\
&= (00010010)_2 + (00100000)_2 + (10000000)_2 \\
&= (10110010)_2 \\
&= (B2)_{16} = B2H
\end{aligned}
$$

$$
\begin{aligned}
\text{低位内码} &= (3)_{10} + (20)_{16} + (80)_{16} \\
&= (00000011)_2 + (00100000)_2 + (10000000)_2 \\
&= (10100011)_2 \\
&= (A3)_{16} = A3H
\end{aligned}
$$

$$内码 = 区码 + 20H + 80H + 位码 + 20H + 80H$$
$$= (1011001010100011)_2 = B2A3H$$

【例 9-3-7】 汉字的国标码是用两个字节码表示，为与 ASCII 码区别，是将两个字节的最高位：

A. 都置成 0　　B. 都置成 1

C. 分别置成 1 和 0　　D. 分别置成 0 和 1

解　ASCII 码最高位都置成 0，它是“美国信息交换标准代码”的简称，是目前国际上最为流行的字符信息编码方案。在这种编码中每个字符用 7 个二进制位表示。对于两个字节的国标码将两个字节的最高位都置成 1，而后由软件或硬件来对字节最高位做出判断，以区分 ASCII 码与国标码。

答案：B

（五）多媒体数据在计算机内的表示

1. 多媒体技术

多媒体信息都是以数字形式而不是以模拟信号的形式存储和传输的。传播信息的媒体的种类很多，如文字、声音、图形、图像、动画等。多媒体技术是指能对多种载体（媒介）的信息和多种存储体（媒质）上的信息进行处理的技术，是一种将文字、图形、图像、视频、动画和声音等表现信息的媒体结合在一起，并通过计算机进行综合处理和控制，将多媒体各个要素进行有机组合，完成一系列随机性交互式操作的技术。

2. 媒体的分类

按照国际电联的定义，媒体分为五类：

（1）感觉媒体，如图形、图像、语言、音乐等。

（2）表示媒体，如图像编码、声音编码、电报码、条形码等。

（3）显示媒体，如显示器、打印机、鼠标、摄像机等。

（4）存储媒体，如软盘、硬盘、光盘等。

（5）传输媒体，如同轴电缆、光纤、无线链路等。

3. 多媒体的特性

（1）多样性。多媒体强调的是信息媒体的多样化和媒体处理方式的多样化，它将文字、声音、图形、图像甚至视频集成进入了计算机，使得信息的表现有声有色，图文并茂。

（2）交互性。其指任何计算机能对话，以便进行人工干预控制。交互性是多媒体技术的关键特征，也就是可与使用者作交互性沟通的特征，这也正是它与传统媒体的最大不同。

（3）集成性。将计算机、声像、通信技术合为一体，即把多种媒体如文本、声音、图形、图像、视频等信息有机地组织在一起，共同表达一个完整的多媒体信息。

（4）数字化。指多媒体中各个多媒体信息都以数字形式存放在计算机中。

（5）实时性。声音、图像是与时间密切相关的，这就决定了多媒体技术必须要支持实时处理。

4. 矢量图形的表示

矢量图（vector），也叫向量图，简单地说，就是缩放不失真的图像格式。矢量图是通过多个对象的组合生成的，对其中每一个对象的记录方式，都是以数学函数来实现的，也就是说，矢量图实际上并不是相位图那样记录画面上每一点的信息，而是记录了元素形状及颜色的算法，当你打开一幅矢量图的时候，软件对图像对应的函数进行运算，将运算结果（图形的形状和颜色）显示给你看。无论显示画面是大还是小，画面上的对象对应的算法是不变的，所以，即使对画面进行倍数相当大的缩放，其显示效果仍然相同（不失真）。举例来说，矢量图就好比画在质量非常好的橡胶膜上的图，不管对橡胶膜怎样的长宽等比成倍拉伸，画面依然清晰，不管你离得多么近去看，也不会看到图形的最小单位。

矢量图的好处是轮廓的形状更容易修改和控制，但是对于单独的对象，色彩上变化的实现不如位图来得方便直接。另外，支持矢量格式的应用程序也远远没有支持位图的多，很多矢量图形都需要专门设计的程序才能打开浏览和编辑。

常用的矢量绘制软件有 adobe illustrator、coreldraw、freehand、flash 等，对应的文件格式为“.ai”“.eps”“.cdr”“.fh”等，另外还有“.dwg”“.wmf”“.emf”等。

5. 位图的表示

位图（bitmap），也叫点阵图、删格图像、像素图，简单地说，就是最小单位由像素构成的图，缩放会失真。构成位图的最小单位是像素，位图就是由像素阵列的排列来实现其显示效果的，每个像素有自己的颜色信息，在对位图图像进行编辑操作的时候，可操作的对象是每个像素，可以改变图像的色相、饱和度、明度，从而改变图像的显示效果。举个例子，位图图像就好比在巨大的沙盘上画好的画，当你从远处看的时候，画面细腻多彩，但是当你靠得非常近的时候，你就能看到组成画面的每粒沙子以及每个沙粒单纯的不可变化的颜色。

位图的好处是色彩变化丰富，编辑上可以改变任何形状区域的色彩显示效果，相应地，要实现的效果越复杂，需要的像素数越多，图像文件的大小（长宽）和体积（存储空间）越大。

常用的位图绘制软件有 adobe photoshop、corel painter 等，对应的文件格式为“.psd”“tif”“.rif”等，另外还有“.jpg”“.gif”“.png”“.bmp”等。

6. 声音的表示

声音是一种连续变化的模拟量。我们可以通过“模/数”转换器对声音信号按固定的时间进行采样，把它变成数字量，一旦转变成数字形式，便可把声音存储在计算机中并进行处理了。声音是一种物理信号，计算机要对它进行处理，其前提是必须用二进制数字的编码形式来表示声音。最常用的声音信号数字化方法是取样—量化法，它分成如下三个步骤：

取样（Sampling）→量化→编码（Encoding）。

计算机中的数字声音有两种不同的表示方法。一种称为“波形声音”，通过对实际声音的波形信号进行数字化（取样和量化）处理而获得，它可表示任何种类的声音。另一种是“合成声音”，它使用符号（参数）对声音进行描述，然后通过合成（synthesize）的方法生成声音，合成语音（用声母、韵母或清音、浊音、基音频率等参数描述的语音）等。

计算机中使用最广泛的波形声音文件采用 wav 作为扩展名，称为波形文件格式（wave file format），wav 文件格式能支持多种取样频率和样本精度，并支持压缩的声音数据。

习　题

9-3-1 二进制数 10110101111 的八进制数和十进制数分别为（　　）。

A. 2657，1455　　B. 2657，1554　　C. 2657，1545　　D. 2567，1455

9-3-2 计算机能直接接收的数为（　　）。

A. 二进制　　B. 十六进制　　C. 十进制　　D. 其他进制

9-3-3 下列数据中，有可能是八进制数的是（　　）。

A. 488　　B. 317　　C. 597　　D. 189

9-3-4　信息与数据之间存在着固有的内在联系，信息是（　　）。

A. 由数据产生的　　B. 信息就是数据

C. 没有加工过的数据　　D. 客观地记录事物的数据

9-3-5　标准的 ASCII 编码采用（　　）。

A. 7 位编码，在存储时点用一个字节　　B. 8 位编码，在存储时占用一个字节

C. 16 位编码，在存储时占用两个字节　　D. 24 位编码，在存储时占用三个字节

9-3-6　浮点数是用一个整数和纯小数表示的，其中（　　）。

A. 整数表示是浮点数的阶码，纯小数表示浮点数的尾数

B. 纯小数部分是用定点表示

C. 纯小数表示这个浮点数的大小

D. 整数部分表示的是浮点数的精度

9-3-7　由于计算机采用了多媒体技术，使计算机具有处理（　　）。

A. 文字与数据的能力　　B. 文字、图形、声音、视频和动画的能力

C. 照片与图形的能力　　D. 交互性的能力

第四节　常用操作系统

操作系统就是管理电脑硬件与软件的程序，所有的软件都是在基于操作系统程序的基础上去开发的，是一个核心系统软件。操作系统种类很多，有工业用的，商业用的，个人用的，涉及的范围很广，电脑常用的操作系统有以下几种。

一、常用操作系统

（一）Windows 操作系统

Windows 操作系统由微软公司开发，大多数用于我们平时的台式电脑和笔记本电脑。Windows 操作系统有着良好的用户界面和简单的操作。我们最熟悉的莫过于 Windows XP 和现在很流行的 Windows 7，还有比较新的 Windows 10。Windows 之所以取得成功，主要在于它具有以下优点：直观、高效的面向对象的图形用户界面，易学易用。Windows 是一个多任务的操作环境，它允许用户同时运行多个应用程序，或在一个程序中同时做几件事情。每个程序在屏幕上占据一块矩形区域，这个区域称为窗口，窗口是可以重叠的。用户可以移动这些窗口，或在不同的应用程序之间进行切换，并可以在程序之间进行手工和自动的数据交换和通信。虽然同一时刻计算机可以运行多个应用程序，但仅有一个是处于活动状态的，其标题栏呈现高亮颜色。一个活动的程序是指当前能够接收用户键盘输入的程序。

（二）UNIX 操作系统

UNIX 操作系统是一个强大的多用户、多任务操作系统，支持多种处理器架构，最早由 Ken Thompson、Dennis Ritchie 和 Douglas Mcllroy 于 1969 年在 AT&T 的贝尔实验室开发。经过长期的发展和完善，目前已成长为一种主流的操作系统技术和基于这种技术的产品大家族。由于 UNIX 具有技术成熟、可靠性高、网络和数据库功能强、伸缩性突出和开放性好等特色，可满足各行各业的实际需要，特别能满足企业重要业务的需要，已经成为主要的工作站平台和重要的企业操作平台。

（三）Linux 操作系统

Linux 继承了 UNIX 的许多特性，还加入自己的一些新的功能。Linux 是开放源代码的，免费的。谁都可以拿去做修改，然后开发出有自己特色的操作系统。做得比较好的有红旗、Ubntu、Fedora、Debian 等。这些都可以装在台式机或笔记本上。

（四）苹果操作系统

Mac OS X 是全球领先的操作系统。基于 UNIX 基础，设计简单直观，让处处创新的 mac 安全易用，兼容 mac 软件，不支持其他软件。Mac OS X 以稳定可靠著称。由于系统不兼容任何非 mac 软件，因此在开发 Snow Leopard 的过程中，Apple 工程师们只能开发 mac 系列软件。所以他们可以不断寻找可供完善、优化和提速的地方，即从简单地卸载外部驱动到安装操作系统。只专注一样，所以品质非凡。

二、操作系统管理

（一）进程和处理器管理

进程和处理器管理或称处理器调度，是操作系统资源管理功能的另一个重要内容。在一个允许多道程序同时执行的系统里，操作系统会根据一定的策略将处理器交替地分配给系统内等待运行的程序。一道等待运行的程序只有在获得了处理器后才能运行。一道程序在运行中若遇到某个事件，如启动外部设备而暂时不能继续运行下去，或一个外部事件的发生等，操作系统就要来处理相应的事件，然后将处理器重新分配。

（二）存储管理

系统的设备资源和信息资源都是操作系统根据用户需求按一定的策略来进行分配和调度的。操作系统的存储管理就负责把内存单元分配给需要内存的程序以便让它执行，在程序执行结束后将它占用的内存单元收回以便再使用。对于提供虚拟存储的计算机系统，操作系统还要与硬件配合做好页面调度工作，根据执行程序的要求分配页面，在执行中将页面调入和调出内存以及回收页面等。

（三）文件管理

文件管理是操作系统的一个重要的功能，主要是向用户提供一个文件系统。一般来说，一个文件系统向用户提供创建文件、撤销文件、读写文件、打开和关闭文件等功能。有了文件系统后，用户可按文件名存取数据而无须知道这些数据存放在哪里。这种做法不仅便于用户使用而且还有利于用户共享公共数据。此外，由于文件建立时允许创建者规定使用权限，这就可以保证数据的安全性。

（四）输入/输出管理

操作系统的人机交互功能是决定计算机系统“友善性”的一个重要因素。人机交互功能主要靠可输入输出的外部设备和相应的软件来完成。可供人机交互使用的设备主要有键盘显示、鼠标、各种模式识别设备等。与这些设备相应的软件就是操作系统提供人机交互功能的部分。人机交互部分的主要作用是控制有关设备的运行和理解并执行通过人机交互设备传来的有关的各种命令和要求。早期的人机交互设施是键盘显示器。操作员通过键盘输入命令，操作系统接到命令后立即执行并将结果通过显示器显示。输入的命令可以有不同方式，但每一条命令的解释是清楚的、唯一的。随着计算机技术的发展，操作命令也越来越多，功能也越来越强。随着模式识别，如语音识别、汉字识别等输入设备的发展，操作员和计算机在类似于自然语言或受限制的自然语言这一级上进行交互成为可能。此外，通过图形进行人机交互也吸引着人们去进行研究。这些人机交互可称为智能化的人机交互。

（五）设备管理

操作系统的设备管理功能主要是分配和回收外部设备以及控制外部设备按用户程序的要求进行操作等。对于非存储型外部设备，如打印机、显示器等，它们可以直接作为一个设备分配给一个用户程序，在使用完毕后回收以便给另一个需求的用户使用。对于存储型的外部设备，如磁盘、磁带等，则是提供存储空间给用户，用来存放文件和数据。存储性外部设备的管理与信息管理是密切结合的。

（六）网络服务

网络服务（Web Services）是指一些在网络上运行的、面向服务的、基于分布式程序的软件模块，网络服务采用 HTTP 和 XML 等互联网通用标准，使人们可以在不同的地方通过不同的终端设备访问 WEB 上的数据，如网上订票、查看订座情况。网络服务在电子商务、电子政务、公司业务流程电子化等领域有广泛的应用，被业内人士奉为互联网的下一个重点，据估计，未来网络服务将占领软件行业的半壁江山，特别是在目前 IT 领域衰退的情况下，网络服务更被认为是软件行业的一个新的增长点。

【例 9-4-1】在下面四条有关进程特征的叙述中，其中正确的一条是：

A. 静态性、并发性、共享性、同步性

B. 动态性、并发性、共享性、异步性

C. 静态性、并发性、独立性、同步性

D. 动态性、并发性、独立性、异步性

解　进程与程序的概念是不同的，进程有以下四个特征。

动态性：进程是动态的，它由系统创建而产生，并由调度而执行。

并发性：用户程序和操作系统的管理程序等，在它们运行过程中，产生的进程在时间上是重叠的，它们同存在于内存储器中，并共同在系统中运行。

独立性：进程是一个能独立运行的基本单位，同时也是系统中独立获得资源和独立调度的基本单位，进程根据其获得的资源情况可独立地执行或暂停。

异步性：由于进程之间的相互制约，使进程具有执行的间断性。各进程按各自独立的、不可预知的速度向前推进。

注：首先要了解什么是进程、什么是程序，再判断进程的特征。

答案：D

【例 9-4-2】一幅图像的分辨率为640×480像素，这表示该图像中：

A. 至少由 480 个像素组成　　　　B. 总共由 480 个像素组成

C. 每行由 640×480 个像素组成　　D. 每列由 480 个像素组成

解　点阵中行数和列数的乘积称为图像的分辨率，若一个图像的点阵总共有 480 行，每行 640 个点，则该图像的分辨率为$640\times480=307\,200$个像素。每一条水平线上包含 640 个像素点，共有 480 条线，即扫描列数为 640 列，行数为 480 行。

答案：D

【例 9-4-3】操作系统的设备管理功能是对系统中的外围设备：

A. 提供相应的设备驱动程序，初始化程序和设备控制程序等

B. 直接进行操作

C. 通过人和计算机的操作系统对外围设备直接进行操作

D. 既可以由用户干预，也可以直接执行操作

解　操作系统对外部设备的作用是控制外部设备按用户程序的要求进行操作，包括设备驱动、初始

化以及设备控制等功能。

选项 C 的分配和回收功能就是控制功能，相比之下选项 A 更完整。

答案： A

【例 9-4-4】 操作系统中的进程与处理器管理的主要功能是：

A. 实现程序的安装、卸载

B. 提高主存储器的利用率

C. 使计算机系统中的软硬件资源得以充分利用

D. 优化外部设备的运行环境

解 进程与处理器调度负责把 CPU 的运行时间合理地分配给各个程序，以使处理器的软硬件资源得以充分地利用。

答案： C

【例 9-4-5】 操作系统的随机性指的是：

A. 操作系统的运行操作是多层次的

B. 操作系统与单个用户程序共同系统资源

C. 操作系统的运行是在一个随机的环境中进行的

D. 在计算机系统中同时存在多个操作系统，且同时进行操作

解 操作系统的运行是在一个随机的环境中进行的，也就是说，人们不能对于所运行的程序的行为以及硬件设备的情况做任何的假定，一个设备可能在任何时候向微处理器发出中断请求。人们也无法知道运行着的程序会在什么时候做了些什么事情，也无法确切地知道操作系统正处于什么样的状态之中，这就是随机性的含义。

答案： C

习 题

9-4-1 操作系统在计算机中是哪部分的接口？（ ）

A. 软件与硬件的接口 B. 主机与外设的接口

C. 计算机与用户的接口 D. 高级语言与机器的接口

9-4-2 运行中的 Windows 应用程序名，列在桌面任务栏的（ ）中。

A. 地址工具栏 B. 系统区

C. 活动任务区 D. 快捷启动工具栏

9-4-3 在“资源管理器”右窗口中，若希望显示文件的名称、类型、大小、修改时间等信息，则应该选择“查看”等菜单的（ ）命令。

A. 平铺 B. 详细信息 C. 图标 D. 列表

9-4-4 Windows XP 中，操作具有（ ）的特点。

A. 先选择操作命令，再选择操作对象

B. 先选择操作对象，再选择操作命令

C. 需同时选择操作命令和操作对象

D. 允许用户任意选择

9-4-5　操作系统的功能是（　　）。

A. 管理和控制计算机系统的所有资源　　B. 管理存储器

C. 管理微处理机存储程序和数据　　D. 管理输入/输出设备

9-4-6　Windows XP 的许多应用程序的“文件”菜单中，都有“保存”和“另存为”两个命令，下列说法中正确的是（　　）。

A. “保存”命令只能用原文件名存盘，“另存为”不能用原文件名

B. “保存”命令不能用原文件名存盘，“另存为”只能用原文件名

C. “保存”命令只能用原文件名存盘，“另存为”也能用原文件名

D. “保存”和“另存为”命令都能用任意文件名存盘

9-4-7　下列说法中不正确的是（　　）。

A. 在同一台 PC 机上可以安装多个操作系统

B. 在同一台 PC 机上可以安装多个网卡

C. 在 PC 机的一个网卡上可以同时绑定多个 IP 地址

D. 一个 IP 地址可以同时绑定到多个网卡上

9-4-8　操作系统的功能不包括（　　）。

A. 提供用户操作界面　　B. 管理系统资源

C. 提供应用程序接口　　D. 提供 HTML

第五节　计算机网络

一、网络的概念

计算机发展到现在，已经不再是单机使用，而是进入了计算机网络时代。网络已是无处不在。数据通信就是将数据从某端传送到另一端，达到信息交换的目的。从计算机与计算机之间的数据传送，乃至于无线广播、卫星通信等，均属于数据通信的范畴。利用通信设备联结多台计算机及外设而成的系统，就称为计算机网络（Computer Network）。

二、计算机网络的功能

计算机网络的功能主要有硬件资源共享、软件资源共享和用户间信息交换。

（一）硬件资源共享

可以在全网范围内提供对处理资源、存储资源、输入输出资源等设备的共享，使用户节省投资，也便于集中管理和均衡分担负荷。

（二）软件资源共享

允许互联网上的用户远程访问各类大型数据库，可以得到网络文件传送服务、远地进程管理服务和远程文件访问服务，从而避免软件研制上的重复劳动以及数据资源的重复存储，也便于集中管理。

（三）用户间信息交换

计算机网络为分布在各地的用户提供了强有力的通信手段。用户可以通过计算机网络传送电子邮

件，发布新闻消息和进行电子商务活动。

【例 9-5-1】 计算机网络的主要功能包括：

A. 软、硬件资源共享，数据通信，提高可靠性，增强系统处理功能

B. 计算机计算功能、通信功能和网络功能

C. 信息查询功能、快速通信功能、修复系统软件功能

D. 发送电报、拨打电话、进行微波通信等功能

答案： A

三、计算机网络的组成及分类

计算机网络，通俗地讲，就是将分散的多台计算机、终端和外部设备用通信线路互联起来，彼此间实现互相通信。总的来说，计算机网络的组成基本上包括计算机、网络操作系统、传输介质以及相应的应用软件四部分。按照地理范围划分，可以把各种网络类型划分为局域网、城域网、广域网和互联网四种。

（一）计算机网络的组成

网络硬件是计算机网络系统的物质基础。要构成一个计算机网络系统，首先要将计算机及其附属硬件设备与网络中的其他计算机系统连接起来。不同的计算机网络系统，在硬件方面是有差别的。随着计算机技术和网络技术的发展，网络硬件日趋多样化，功能更加强大，更加复杂。下面是一些常见的网络硬件。

（1）主机。在网络上提供资源和服务的主机被称为服务器，使用资源和接受服务的计算机被称为客户机。

（2）传输介质。传输介质是传输数据信号的物理通道，将网络中各种设备连接起来。常用的有线传输介质有双绞线、同轴电缆、光缆等。

（3）网络互联设备。用于连接计算机与传输介质、连接网络与网络的设备，如网卡、交换机、路由器、网关等。

网络软件是指用于构建和维护计算机网络的软件。在网络系统中，网络上的每个用户，都可享有系统中的各种资源，系统必须对用户进行控制。否则，就会造成系统混乱、信息数据的破坏和丢失。为了协调系统资源，系统需要通过软件工具对网络资源进行全面的管理、调度和分配，并采取一系列的安全保密措施，防止用户不合理的数据和信息访问，以防数据和信息的破坏与丢失。网络软件主要包括网络操作系统、网络协议和网络应用软件。

（4）网络协议。网络协议是实现计算机之间、网络之间相互识别并正确进行通信的一组标准规则，它是计算机网络工作的基础。如 TCP、IP、HTTP、FTP 协议等。

（5）网络操作系统。网络操作系统是网络系统管理和通信控制软件的集合，它负责整个网络的软、硬件资源的管理以及网络通信和任务的调度，并提供用户与网络之间的接口。目前，常用的网络操作系统有 Windows 2000 Server、Windows XP、UNIX 和 Linux 等。

从另一种角度来看，计算机网络可以分为资源子网和通信子网两个组成部分，如图 9-5-1 所示。

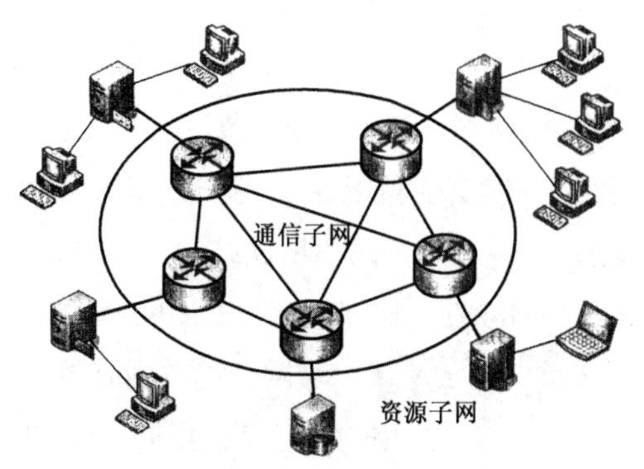

图 9-5-1　资源子网和通信子网

资源子网主要负责全网的信息处理，为网络用户提供

网络服务和资源共享功能等。它主要包括网络中所有的主计算机、I/O 设备、终端，各种网络协议、网络软件和数据库等。

通信子网主要负责全网的数据通信，为网络用户提供数据传输、转接、加工和变换等通信处理工作。它主要包括通信线路（即传输介质）、网络连接设备（如网络接口设备、通信控制处理器、网桥、路由器、交换机、网关、调制解调器、卫星地面接收站等）、网络通信协议和通信控制软件等。

值得一提的是，资源子网和通信子网的概念是针对计算机广域网而言的，对局域网来讲，没有通信子网和资源子网之分。

（二）局域网（LAN）

LAN 就是指局域网，这是最常见、应用最广的一种网络。现在，随着整个计算机网络技术的发展和提高，局域网得到了充分的应用和普及，几乎每个单位都有自己的局域网，甚至有的家庭都有自己的小型局域网。很明显，所谓局域网，就是在局部地区范围内的网络，它所覆盖的地区范围较小。局域网在计算机数量配置上没有太多的限制，少的可以只有两台，多的可达几百台。一般来说，在企业局域网中，工作站的数量在几十到两百台左右。在网络所涉及的地理距离上，一般来说，可以是几米至 10km 以内。局域网一般位于一个建筑物或一个单位内，不存在寻径问题，不包括网络层的应用。这种网络的特点就是：联结范围窄，用户数少，配置容易，联结速率高。目前，局域网最快的速率要算现今的 10G 以太网了。IEEE 的 802 标准委员会定义了多种主要的 LAN 网：以太网（Ethernet）、令牌环网（Token Ring）、光纤分布式接口网络（FDDI）、异步传输模式网（ATM）以及最新的无线局域网（WLAN）。

（三）城域网（MAN）

这种网络的地理范围一般是一座城市，其联结距离在 10~100km 之间，采用的是 IEEE 802.6 标准。MAN 与 LAN 相比，扩展的距离更长，连接的计算机数量更多，在地理范围上可以说是 LAN 网络的延伸。在一个大型城市或都市地区，一个 MAN 网络通常联结着多个 LAN 网，如联结政府机构的 LAN、医院的 LAN、电信的 LAN、公司企业的 LAN 等。由于光纤联结的引入，使 MAN 中高速的 LAN 互联成为可能。

城域网多采用 ATM 技术做骨干网。ATM 是一个用于数据、语音、视频以及多媒体应用程序的高速网络传输方法。ATM 包括一个接口和一个协议，该协议能够在一个常规的传输信道上，在比特率不变及变化的通信量之间进行切换。ATM 也包括硬件、软件以及与 ATM 协议标准一致的介质。ATM 提供一个可伸缩的主干基础设施，以便能够适应不同规模、速度以及寻址技术的网络。ATM 的最大缺点就是成本太高，所以一般在政府城域网中应用，如邮政、银行、医院等。

（四）广域网（WAN）

这种网络也称为远程网，所覆盖的范围比城域网（MAN）更广，它一般是在不同城市之间的 LAN 或者 MAN 网络互联，地理范围可从几百公里到几千公里。因为距离较远，信息衰减比较严重，所以这种网络一般是要租用专线，通过 IMP（接口信息处理）协议和线路联结起来，构成网状结构，解决寻径问题。这种城域网因为所联结的用户多，总出口带宽有限，所以用户的终端联结速率一般较低，通常为 9.6k~45Mbit/s，如邮电部的 CHINANET、CHINAPAC 和 CHINADDN 网。

【例 9-5-2】 广域网与局域网有着完全不同的运行环境，在广域网中：

A. 用户自己掌握所有设备和网络的宽带，可以任意使用、维护、升级

B. 可跨越短距离，多个局域网和主机连接在一起的网络

C. 用户无法拥有广域连接所需要的技术设备和通信设施，只能由第三方提供

D. 100MBit/s 的速度是很平常的

解　在局域网中，所有的设备和网络的带宽都是由用户自己掌握，可以任意使用、维护和升级。而在广域网中，用户无法拥有建立广域连接所需要的所有技术设备和通信设施，只能由第三方通信服务商（电信部门）提供。

答案：C

（五）互联网（Internet）

互联网又称因特网。在互联网应用如此发展的今天，它已是我们每天都要打交道的一种网络，无论是从地理范围还是从网络规模来讲它都是最大的一种网络，就是我们常说的 Web、WWW 和万维网。从地理范围来说，它可以是全球计算机的互联，这种网络最大的特点就是不定性，整个网络的计算机每时每刻随着人们网络的接入在不变地变化。当你联在互联网上的时候，你的计算机可以算是互联网的一部分，但一旦断开与互联网的联结时，你的计算机就不属于互联网了。它的优点是信息量大，传播广，无论你身处何地，只要联上互联网，就可以对任何可以联网用户发出你的信函和广告。

【例 9-5-3】一个典型的计算机网络系统主要是由：

A. 网络硬件系统和网络软件系统组成

B. 主机和网络软件系统组成

C. 网络操作系统和若干计算机组成

D. 网络协议和网络操作系统组成

解　一个典型的计算机网络系统主要是由网络硬件系统和网络软件系统组成。网络硬件是计算机网络系统的物质基础，网络软件是实现网络功能不可缺少的软件环境。

答案：A

（六）网络体系结构与协议

1. 网络协议概念

计算机网络是由多种计算机和各类终端，通过通信线路连接起来组成的一个复合系统，要实现资源共享、数据传输、均衡负载、分布处理等网络功能，都离不开信息交换（即通信），而通信双方交流什么，怎样交流，以及何时交流，都必须遵循某种互相都能接受的一组规则，这些规则的集合称为协议（Protocol），它可以定义为在两实体间控制数据交换的规则的集合。

一般来说，网络协议主要由语法、语义和同步（定时）三个要素组成。

（1）语法。即数据与控制信息的结构或格式。例如在某个协议中，第一个字节表示源地址，第二个字节表示目的地址，其余字节为要发送的数据等。

（2）语义。定义数据格式中每一个字段的含义。例如发出何种控制信息，完成何种动作以及做出何种应答等。

（3）同步。收发双方或多方在收发时间和速度上的严格匹配，即事件实现顺序的详细说明。

由此可见，网络协议是计算机网络不可缺少的组成部分。

2. 分层原则

由于不同系统中的实体间通信的任务十分复杂，很难想象制定一个完整的规则来描述所有的问题。为了简化计算机网络设计复杂程度，一般将网络功能分成若干层，每一层关注和解决通信中的某一方面的规则。

一般来说，层次划分应遵循以下原则。

（1）每层的功能应是明确的，并且是相互独立的。当某一层具体实现方法更新时，只要保持与上、下层的接口不变，那么就不会对邻层产生影响。

（2）同一节点相邻层之间通过接口通信，层间接口必须清晰，跨越接口的信息量应尽可能少。

（3）层数应适中。若层数太少，则层间功能的划分会不明确，多种功能混杂在一层中，造成每一层的协议太复杂。若层次太多，则体系过于复杂，各层组装时的任务要变得困难。

（4）每一层都使用下层的服务，并为上层提供服务。

（5）在需要不同的通信服务时，可在一层内再设置两个或更多的子层次，当不需要该服务时，也可绕过这些子层次。

3. 网络的体系结构

所谓网络的体系结构（Architecture），就是计算机网络各层次及其协议的集合。层次结构一般以垂直分层模型来表示。如果两个网络的体系结构不完全相同就称为异构网络。异构网络之间的通信需要相应的连接设备进行协议的转换。

网络的体系结构具有以下特点。

（1）以功能作为划分层次的基础。

（2）第n层的实体在实现自身定义的功能时，只能使用第$n-1$层提供的服务。

（3）第n层向第$n+l$层提供和服务不仅包含第n层本身的功能，还包含由下层服务提供的功能。

（4）仅在相邻层间有接口，且所提供的服务的具体实现细节对上一层完全屏蔽。

（5）不同层次根据本层数据单元格式对数据进行封装。

应该注意的是，网络体系结构中层次的划分是人为的，有多种划分的方法。每一层功能也可以有多种协议实现。因此伴随网络的发展产生了多种体系结构模型。

4. 接口和服务

接口和服务是分层体系结构中十分重要的概念。实际上，正是通过接口和服务将各个层次的协议连接为整体，完成网络通信的全部功能。

对于一个层次化的网络体系结构，每一层中活动的元素被称为实体（Entity）。实体可以是软件实体，如一个进程；也可以是硬件实体，如智能芯片等。不同系统的同一层实体称为对等实体。同一系统中的下层实体向上层实体提供服务。经常称下层实体为服务提供者，上层实体为服务用户。

服务是通过接口完成的。接口就是上层实体和下层实体交换数据的地方，被称为服务访问点（Service Access Point，SAP）。例如n层实体和$n-1$层实体之间的接口就是n层实体和$n-1$层实体之间交换数据的SAP。为了找到这个SAP，每一个SAP都有一个唯一的标志，称为端口（Port）或套接字（Socket）。

通过上述分析可以看出，协议和服务是两个不同的概念。协议好像是“水平方向”的，即协议是不同系统对等层实体之间的通信规则。而服务则是在“垂直方向”上的，即服务是同一系统中下层实体向上层实体通过层间的接口提供的。网络通信协议是实现不同系统对等层之间的逻辑连接，而服务则是通过接口实现同一个系统中不同层之间的物理连接，并最终通过物理介质实现不同系统之间的物理传输过程。

上下层实体之间交换的数据传输单位称为数据单元，数据单元分为三种：协议数据单元、接口数据单元和服务数据单元。

5. 开放系统互联参考模型 OSI/RM

从 20 世纪 70 年代起，世界许多著名计算机公司都纷纷推出自己的网络体系结构，如 IBM 公司的 SNA（System Network Architecture），Digital 公司的 DNA（Digital Network Architecture）等。

有了网络体系结构，满足同一体系结构的计算机系统能够很容易地互联在一起。然而，已建立的网络系统结构很不一致，互不相容，难以相互连接。为了建立一个国际统一标准的网络体系结构，国际标准化组织（International Organization for Standardization，ISO）从 1978 年 2 月开始研究开放系统互联参考模型（Open Systems Interconnection Reference Model，OSI/RM），1982 年 4 月形成国际标准草案。

所谓开放系统，是指一个系统在它和其他系统进行通信时，能够遵循 OSI 标准的系统。按 OSI 标准研制的系统，均可实现互连。OSI/RM 采用分层描述的方法，将整个网络的通信功能划分为七个层次，每层各自完成一定的功能。由低层至高层分别称为物理、数据链路层、网络层、传输层、会话层、表示层和应用层。OSI 参考模型如图 9-5-2 所示。

OSI 参考模型包括 7 层功能及其对应的协议，每完成一个明确定义的功能集合，并按协议相互通信。每层向上层提供所需的服务，在完成本层协议时使用下层提供的服务。各层的功能是相对独立的，层间的相互作用通过层接口实现。只要保证层接口不变，那么任何一层实现技术的变更均不影响其余各层。

下面简单介绍一下各层的主要功能。

（1）物理层（Physical Layer）。物理层的功能及其特性物理层是网络通信协议的最底层，它建立在通信媒体的基础上，规定通信双方相互连接的机械、电气、功能和规程特性。物理层提供在两个物理通信实体之间的透明的位流传输，过程中的传输状态进行检测，出现故障时，即通知相关的通信实体。

关于物理上互联的问题，国际上已有许多标准可用。其中主要有美国电子工业协会（EIA）的 RS-232-C、RS-366-A、RS-449，CCITT 建议的 X.21，IEEE 802 系列标准等。

（2）数据链路层（Data Link Layer）。数据链路层负责在数据链路上无差错地传送。数据链路层将传输的数据组织的数据链路协议数据单元（Protocol Data Unit，PDU），称为数据帧（Frame）。数据帧中包含地址、控制、数据及校验码等信息。这样，数据链路层就把一条有可能出差错的实际链路，转变成让其上一层（网络层）看起来好像是一条不出差错的链路。

数据链路层的主要作用是，确定目的节点的物理地址并实现接收方和发送方数据帧的时钟同步：通过校验、确认和重等手段，将不可靠的物理链路改造成对网络层来说是无差错的数据链路；数据链路层还要协调收发双方的数据传输速率，即进行流量控制，以防止接收方因来不及处理发送方来的高速数据而导致溢出或阻塞。

（3）网络层（Network Layer）。网络层的基本工作是接收来自源主机的报文，把它转换成报文分组或称数据包括（Packet），而后送到指定目标主机。报文分组在源主机与目标主机之间建立起的网络连接上传送，当它到达目标主机后再还原为报文。

网络层关心的是通信子网的运行控制，需要在通信子网中进行路由选择。如果同时在通信子网中出现过多的分组，会造成阻塞，因而要对其进行控制。当分组要跨越多个通信子网才能到达目的地时，还要解决网际互联的问题。此外，网络层因为要涉及不同网络之间的数据传送，所以如何表示和确定网络地址和主机地址也是网络层协议的重要内容之一。

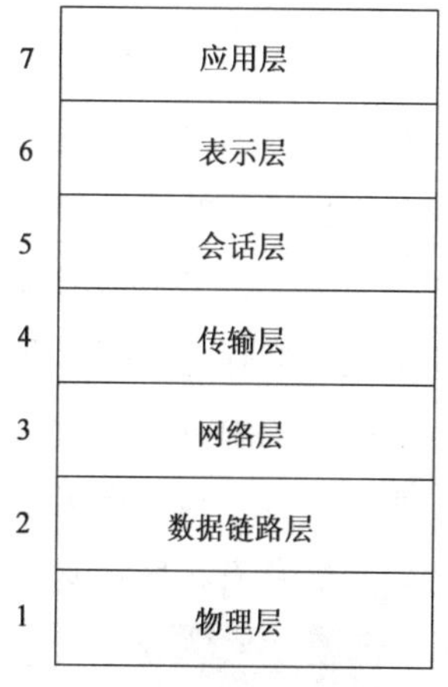

图 9-5-2 OSI 参考模型

（4）传输层（Transport Layer）。传输层为上一层（会话层）提供一个可靠的端到端的服务，实现端到端的透明数据传输服务。该层的目的是提供一种独立于通信子网的数据传输服务，即对高层隐藏通信子网的结构，使高层用户不必关心通信子网的存在。由此用统一的传输原语书写的高层软件便可运行于任何通信子网上。传输层传输信息的单位称为报文（Message）。当报文较长时，先分成几个分组（称为段），然后再交给下一层（网络层）进行传输。

传输层的具体工作是负责是建立和管理两个端点中应用程序（或进程）之间的连接，实现端到端的数据传输、差错控制和流量控制；服务访问点寻址；传输层数据在源端分段和在目的端重新装配；连接控制问题。

传输层是一个端对端，也就是主机到主机的层，负责端到端的通信。其上各层面向应用，是属于资源子网的问题；其下各层面向通信，主要解决通信子网的问题。显然，传输层是七层协议中很重要一个中间过渡层，实现了数据通信中由通信子网向资源子网的过渡，和两种不同类型问题的转换。

（5）会话层（Session Layer）。将进程之间的数据通信称为会话。会话层的主要功能是组织和同步不同的主机上各种进程间的通信，控制和管理会话过程的有效进行。会话层负责在两个会话层实体之间进行会话连接的建立和拆除。

会话层不参与具体的数据传输，但对数据传输的同步进行管理。会话层在两个不同系统互相通信的应用进程之间建立、组织和协调其交互。在会话层及以上更高层次中，数据传送的单位一般都称为报文。

（6）表示层（Presentation Layer）。表示层为上层用户提供共同需要的数据或信息语法表示变换。大多数用户间并非仅交换随机的比特数据，而是要交换诸如人名、日期、货币数量和商业凭证之类的信息。它们是通过字符、整型数、浮点数以及由简单类型组合成的各种数据结构来表示的。不同的机器采用不同的编码方法来表示这些数据类型和数据结构（如 ASCII 或 EBCDIC、反码或补码等）。为了让采用不同编码方法的计算机通信交换后能相互理解数据的值，可以采用抽象的标准方法来定义数据结构，并采用标准的编码表示形式。管理这些抽象的数据结构，并把计算机内部的表示形式，转换成网络通信中采用的标准表示形式，是由表示层来完成的。数据压缩和加密也是表示层可提供的表示变换功能。

（7）应用层（Application Layer）。应用层是开放系统互联环境中的最高层。不同的应用层为特定类型的网络应用提供访问 OSI 环境的手段。例如因特网中使用的支持 Web 应用的 HTTP 协议，支持收发电子邮件的 SMTP 协议等都属于应用层的范畴。

开放系统互联参考模型 OSI/RM 在网络技术发展中起了主导作用，促进了网络技术的发展和标准化。但是应该指出的是，OSI 参考模型只是定义了分层结构中每一层向其高层所提供的服务，并没有为准确地定义互连结构的服务和协议提供分的细节。OSI 参考模型并非具体实现的协议描述，它只是一个为制定标准而提供的概念性框架，仅仅是功能参考模型。对于学习者，通过 OSI 的七层参考模型比较容易对网络通信的功能和实现过程建立起具体形象的概念。

但是 OSI 参考模型是在其协议开发之前设计出来的。这就意味着 OSI 模型在协议实现方面存在某些不足。实际上，OSI 协议过于复杂，这也是 OSI 从未真正流行开来的原因所在。

虽然 OSI 模型和协议并未获得巨大的成功，但是 OSI 参考模型在计算机网络的发展过程中仍然起了非常重要的指导作用，作为一种参考模型和完整体系，它仍对今后计算机网络技术朝标准化、规范化方向发展具有指导意义。

【例 9-5-4】 在 OSI 参考模型中，处于数据链路层与传输层之间的是：

A. 物理层　　B. 表示层　　C. 会话层　　D. 网络层

解 从 OSI 参考模型图中可以看出，处于数据链路层与传输层之间的是网络层。

答案： D

6. TCP/IP 体系结构

TCP/IP 是运行在 Internet 上的一个网络通信协议，实际上 TCP/IP 是一个协议集，目前已包含了 100 多个协议，TCP 和 IP 是其中的两个协议，也是最基本、最重要的两个协议，因此通常用 TCP/IP 来代表整个协议集。

TCP/IP 最早的起源可以追溯到 1969 年由美国国防部开发的 ARPANET，它是为该网络制定的网络体系结构和体系标准，其目的是为了能无缝隙地连接多个网络。TCP/IP 可用于任何互联网系统间的通信。它既能用于局域网中，也能用于广域网中。在 TCP/IP 协议出现之后，出现了 TCP/IP 参考模型。

TCP/IP 使各种单独的网络有了一个共同的可参考的网络协议，实现了不同设备间互操作。虽然 TCP/IP 不是 OSI 的标准，但由于 TCP/IP 能够用来连接异构机环境，得到了工业界很多公司的支持，而且 TCP/IP 已经成为 UNIX 实现的一部分，特别是 TCP/IP 是 Internet 的连接协议，使得它已被公认为当前的网络互联标准。

TCP/IP 协议之所以能够迅速发展，是因为它适应了世界范围内数据通信的需要。TCP/IP 协议具有以下几个特点。

（1）协议标准具有开放性，它独立于特定的计算机硬件与操作系统，可以免费使用。

（2）统一分配网络地址，使得整个 TCP/IP 设备在网络中都具有唯一的 IP 地址。

（3）实现了高层协议的标准化，能为用户提供多种可靠的服务。

在 TCP/IP 参考模型的各层中定义了不同的协议，这些分层的协议形成了一组从上到下单项依赖关系的协议栈，也称为协议簇。TCP/IP 参考模型与 TCP/IP 协议簇之间的关系如图 9-5-3 所示。

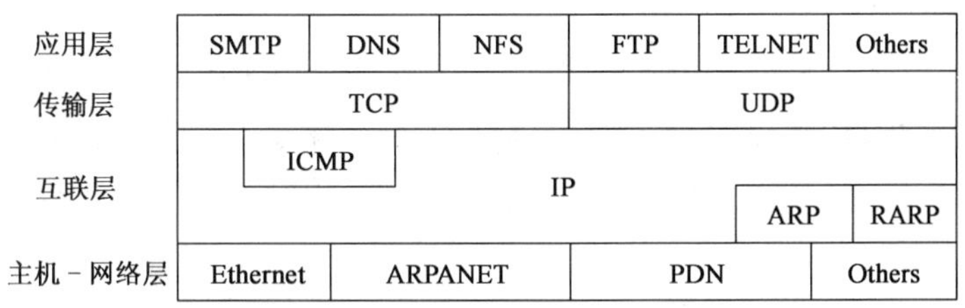

图 9-5-3 TCP/IP 参考模型与 TCP/IP 协议簇

（1）主机网络层。TCP/IP 参考模型允许主机联入网络使用多种现成的、流行的协议，如局域网协议或其他一些协议。在 TCP/IP 的主机—网络层中，它包括各种物理网协议，例如局域网的 Ethernet、Token Ring、分组交换网的 X.25、FDDI、ISDN 等。当某种物理网被用作传送 IP 数据的通道时，就可以认为是这一层的内容。这体现了 TCP/IP 协议的兼容性与适应性。TCP/IP 还用于多种传输介质，如在 Ethernet 中可以支持同轴电缆、双绞线和光纤等。

（2）互联层。

①IP 协议。互联层的核心协议是互联网协议 IP。IP 协议的基本任务是通过互联网传输数据报，各个 IP 数据报之间是相互独立的。IP 协议是提供无连接数据服务，这是 Internet 和 Intranet 上最主要的服务。IP 并不保证正确地传递数据报。分组可能丢失、重复、延迟以及次序颠倒，系统既不能检测这些情况，也不通知发送者和接收者。一系统的 IP 数据报从一台计算机传送到另一台计算机可以通过不同的路径。

IP 提供了三个基本功能：一是基本数据单元的传送，规定了通过 TCP/IP 网的数据的确切格式；二是 IP 软件执行路功能，选择传递数据的路径；三是 IP 包括了一些其他规则以确定主机和路由器如何处理分组、差错报文产生的处理等。

除 IP 协议之外，互联层还包括以下协议：互联网络控制报文协议 ICMP、正向地址解析协议 ARP、反向地址解析协议 RARP。

②ICMP 协议。ICMP 协议是 IP 的一部分，随同 IP 一起使用。ICMP 允许路由器向其他路由器或主机发送差错或控制报文，ICMP 在两台机器上的 Internet 协议软件之间提供了通信。另外，ICMP 还用来检测报文差错，根据 ICMP 协议数据单元格式规定的代码可确定差错类型。

③ARP 协议。地址解析协议 ARP 是将 IP 地址转换成相应物理地址的协议。只需给出目的主机的互联网地址，它可以找出同一物理网络中任一主机的物理地址。这样，网络的物理编址可以对网络层服务透明。

④RARP 协议。反向地址解析协议 RARP 是将物理地址转换成 IP 地址的协议。当节点只有自己的物理地址而没有 IP 地址时，则可能通过 RARP 协议发出广播请求，征寻自己的 IP 地址，这样，无 IP 地址的节点可通过 RARP 协议取得自己的 IP 地址。

（3）传输层。TCP/IP 模型在传输层提供了两个协议，即传输控制协议 TCP 和用户数据报协议 UDP。

①TCP 协议。TCP 是一种建立在 IP 协议之上的可靠的、面向连接的、端到端的通信协议，它保证将一台主机的字节流无差错地传送到目的主机。TCP 协议将来自应用层的字节流分成多个字节段，然后将一个个的字节段传送到互联层，发送到目的主机。当互联层将接收到的字节段传送给传输层时，传输层再将多个字节还原成字节流传送到应用层。为了保障数据的可靠传输，TCP 对从应用层传送来的数据进行监控管理，提供重发机制。TCP 协议同时要完成流量控制功能，协调收发双方的发送与接收速度，达到正确传输的目的。

②UDP 协议。UDP 协议是建立在 IP 协议之上的不可靠的、无法连接的端到端的通信协议。它没有重发和纠错功能，不能保障数据传输的可靠性。因此 UDP 适用于不要求分组顺序到达的传输过程，分组传输顺序的检查与排序由应用层完成。UDP 增加了多端口机制，发送方使用这种机制可以区分一台主机上的多个接收者的问题。

（4）应用层。TCP/IP 模型的应用层包括了所有的高层协议，并且总是不断有新的协议加入。目前，应用层协议主要有以下几种：

①网络终端协议 Telnet，用于实现互联网中的远程登录功能，它允许一台本地机器登录到远程服务器上作为服务器的终端，以共享远程服务器的所有资源和功能。

②文件传输协议 FTP，用于实现互联网中交互式文件传输功能，它允许授权用户登录到文件服务器中，通过远程服务器传输文件，也可向远程服务器下载或上载文件。

③简单邮件传输协议 SMTP，用于实现互联网中电子邮件传送功能，它解决如何通过一条链路把电子邮件传送到接收者。

④域名系统 DNS，用于实现网络设备名到 IP 地址映射的网络服务，它采用层次结构的域名系统，为用户提供了高效、可靠的查询方式。

⑤简单网络管理协议 SNMP，用于管理与监视网络设备，它定义了一种在工作站或微机等典型的管理平台与设备之间使用 SNMP 命令进行网络设备管理的标准。

⑥超文本传输协议 HTTP，用于 WWW（World Wide Web）服务。通过它可以将 WWW 服务器中的

用超文本标注语言 HTML 制作的网页传送到客户机中，用户便可以用浏览器浏览网页。

应用层协议可以分为三类：一类依赖于 TCP 协议，如网络终端协议 Telnet、简单电子邮件协议 SMTP、文件传输协议 FTP 等；另一类依赖于 UDP 协议，如简单网络管理协议 SNMP、简单文件传输协议 TFTP；再一类则既依赖于 TCP 协议，也依赖于 UDP 协议，如域名系统 DNS。

【例 9-5-5】网络协议主要组成的三要素是：

A. 资源共享、数据通信和增强系统处理功能

B. 硬件共享、软件共享和提高可靠性

C. 语法、语义和同步（定时）

D. 电路交换、报文交换和分组交换

解　网络协议主要由语法、语义和同步（定时）三个要素组成。语法是数据与控制信息的结构或格式。语义是定义数据格式中每一个字段的含义。同步是收发双方或多方在收发时间和速度上的严格匹配，即事件实现顺序的详细说明。

答案：C

（七）IP 地址和域名

1. IP 地址

Internet 上有几百上万台主机，那么各主机是如何标志自己的呢？原来，Internet 中的每台主机都分配一个地址，叫 IP 地址。IP 地址相当于计算机主机在互联网上的门牌号码。网络上每台主机都必须拥有一个独一无二的 IP 地址，每一笔通过网络传送的信息都会清楚表明发出信息的主机及终点主机的地址，以确保传送无误。IP 地址的表示方法是以 4 组 0~255 的数字，中间用“.”符号隔开，如 198.137.240.92 是美国白宫的 IP 地址，198.116.14.34 是美国太空总署的 IP 地址等。

IP 地址是由一个 32 位的二进制数组成的号码，并将 32 位的二进制数分为 4 段，每段 8 位。IP 地址的表示方法为：nnn.hhh.hhh.hhh。IP 地址由两部分组成，即网络地址和收信主机（收信主机指网络中的计算机主机或通信设备如路由器、网关等）地址。

Internet 网委员会定义了五类地址，即 A、B、C、D、E 类地址，以适应不同网络规模的要求。每类地址规定了网络地址、收信主机地址各使用多少位，也就定义了可能有的网络数目和每个网络中可能有的收信主机数，下面以 A、B、C 三类地址为例分别定义如下：

（1）A 类地址（见表 9-5-1）

表 9-5-1

1 位	7 位	24 位
0	网络地址	主机地址

A 类地址有效网络数为 126 个，每个网络主机数为 16777214，这类地址一般分配给具有大量主机的网络使用。

（2）B 类地址（见表 9-5-2）

表 9-5-2

2 位	14 位	16 位
10	网络地址	主机地址

B 类地址有效网络数为 16348 个，每个网络主机数为 65534，这类地址一般分配给具有中等规模主

机数的网络使用。

（3）C 类地址（见表 9-5-3）

表 9-5-3

3 位	21 位	8 位
110	网络地址	主机地址

C 类地址有效网络数为 2097154 个，每个网络主机数为 254，这类地址一般分配给小型的局域网络使用。

【例 9-5-6】 在微机系统内，为存储器中的每一个：

A. 字节分配一个地址　　　　B. 字分配每一个地址

C. 双字分配一个地址　　　　D. 四字分配一个地址

解　计算机系统内的存储器是由一个个存储单元组成的，而每一个存储单元的容量为 8 位二进制信息，称为一个字节。为了对存储器进行有效的管理，给每个单元都编上一个号，也就是给存储器中的每一个字节都分配一个地址码，俗称给存储器地址“编址”。

答案：A

2. 域名

域是指局域网或互联网所涵盖的范围内，某些计算机及网络设备的集合。而域名则是指某一区域的名称，它可以用来当作互联网上一台主机的代称，而且域名要比 IP 地址便于记忆。一般来说，域名可以分解为三部分，分别为：

（1）主机名称。主机名称通常是按照主机所提供的服务种类来命名，如提供 WWW 服务的主机，其主机名称为 WWW，而提供 FTP 服务的主机，其主机名称就会是 FTP。WWW 是 World Wide Web 的缩写，中文意思是“全球网络信息查询系统”，简称为“环球网”或“万维网”，用户可以通过“IE”等浏览器查询 WWW 系统中的信息。

（2）机构名称及类别。机构名称通常是指公司、政府机构的英文名称或简称，如 sina 为新浪网络公司，sohu 为搜狐网络公司等；而类别则是指机构的性质，如 com 为公司，gov 为政府机关，edu 为教育机构等。

（3）地理名称。地理名称用以指出服务器主机的所在地，一般只有在美国以外的地区才会使用地理名称，如中国 cn，日本 jp，英国 uk 等。

（八）URL

URL（Uniform Resource Locator）用来指示某一项资源（或信息）的所在位置及访问方法，URL 的格式——访问方法：//主机地址/路径文件名。例如，http://www.bta.net.cn/index.htm。

1. 访问方法

它用来表示该 URL 所链接的网络服务性质，如“http”为 www 的访问方式，“ftp”为文件传输服务的访问方式等。

2. 主机地址

它用来表示该项资源所在服务器主机的域名，如 www.bta.net.cn 及 www.sohu.com 等。

3. 路径文件名

它用来表示该项资源所在服务器主机中的路径及文件名，如 index.htm。

四、网络安全

计算机病毒，也常被称为电脑病毒，是编制者在计算机程序中插入的一组能够破坏计算机功能或者破坏数据、影响计算机正常使用并且能够自我复制的计算机指令或程序代码。这些代码具有传染性、隐蔽性、感染性、潜伏性、可激发性以及表现性或破坏性等特点。由于其特性与生物学上的病毒相似，因此人们将这类恶意计算机程序称为“计算机病毒”，有时也会简称为“病毒”。计算机病毒一般分成引导区型、文件型、混合型和宏病毒型 4 种类型。

目前计算机病毒及各类“黑客”软件多如牛毛，一台没有进行任何安全设置的 Windows 系统（不安装各种系统补丁、不安装病毒防火墙），在 Internet 中很快就会被攻陷，致使人们在使用网络提供的各种高效工作方式的同时，不得不时刻提防来自计算机病毒、黑客等诸多方面的潜在威胁。所以，掌握 Windows 系列产品的安全防范技术十分重要，可以说这是每个计算机用户必须掌握的基本技术。各种用于网络安全防范的设置方法和工具软件，可以在很大程度上帮助用户提高计算机抵抗外来侵害的能力，能方便地检查和堵塞可能存在的各种安全漏洞。美国微软公司的 Windows 系列操作系统以其简便、易用的特点占据了较大的市场份额，自然也成为被攻击的主要对象。

（一）安装 Windows 系统补丁

对于一个新安装完毕的 Windows 操作系统，首先要做的事情就是立即安装系统补丁程序。微软公司为了方便用户使用，专门开设有“Windows Update”网站，随时发布各种新系统漏洞的补丁程序。一般情况下，能够及时安装补丁程序并进行安全设置的计算机不会受到病毒的侵袭。

（二）启用 Windows 防火墙

启用 Windows 防火墙可以有效地防止来自网络中其他计算机的访问，提高系统的安全性。

（三）用户账户安全设置

通过设置适当的用户账户，禁止不必要的用户账户来加强 Windows 的安全性。

（四）设置 TCP/IP 筛选

如果计算机在使用时有非常固定的用途，如某 Web 服务器工作时仅需要对外开放用户 HTTP 联结的 TCP80 端口和用户站点维护的 FTP 端口（默认为 TCP21 端口），此时可使用 Windows 的 TCP/IP 筛选器关闭所有其他端口。

（五）使用安全系数高的密码

提高安全性的最简单有效的方法之一就是使用一个不会轻易被暴力攻击所猜到的密码。

暴力攻击就是攻击者使用一个自动化系统来尽可能快地猜测密码，以希望不久可以发现正确的密码。因此，设置密码时应使用包含特殊字符和空格，同时使用大小写字母，避免使用从字典中能找到的单词。每使你的密码长度增加一位，就会以倍数级别增加由你的密码字符所构成的组合。一般来说，小于 8 个字符的密码被认为是很容易被破解的。可以用 10 个、12 个字符作为密码，16 个当然更好了。在不会因为过长而难于键入的情况下，让你的密码尽可能地更长会更加安全。

（六）升级软件

在很多情况下，在安装部署生产性应用软件之前，对系统进行补丁测试工作是至关重要的，最终安全补丁必须安装到你的系统中。如果很长时间没有进行安全升级，可能会导致你使用的计算机非常容易成为不道德黑客的攻击目标。因此，不要把软件安装在长期没有进行安全补丁更新的计算机上。同样的情况也适用于任何基于特征码的恶意软件保护工具，诸如防病毒应用程序，如果不对它进行及时的更新，从而不能得到当前的恶意软件特征定义，防护效果会大打折扣。

（七）使用数据加密

对于那些有安全意识的计算机用户或系统管理员来说，有不同级别的数据加密范围可以使用，根据需要选择正确级别的加密通常是根据具体情况来决定的。数据加密的范围很广，从使用密码工具来逐一对文件进行加密，到文件系统加密，最后到整个磁盘加密。

（八）使用数字签名技术

数字签名的主要作用是保证信息传输的完整性，发送者的身份认证，防止交易中的抵赖发生。数字签名的应用过程是，数据源发送方使用自己的私钥对数据校验或其他与数据内容有关的变量进行加密处理，完成对数据的合法"签名"，数据接收方则利用对方的私钥来解读收到的"数字签名"，并将解读结果用于对数据完整性的检验，以确认签名的合法性。数字签名技术是在网络系统虚拟环境中确认身份的重要技术，完全可以代替现实过程中的"亲笔签字"，在技术和法律上有保证。

（九）通过备份保护你的数据

备份数据是在面对灾难的时候把损失降到最低的重要方法之一。数据冗余策略既可以包括简单、基本的定期拷贝数据到CD上，也包括复杂的定期自动备份到一个服务器上。

【例 9-5-7】 在对网络安全问题的解决上，采用了多项技术，下列叙述中不正确的是：

A. 加密的目的是为防止信息的非授权泄漏

B. 鉴别的目的是验明用户或信息的正身

C. 访问控制的目的是防止非法访问

D. 防火墙的目的是防止火灾的发生

解 防火墙技术可针对来自外面网络的攻击进行检测和报警。

答案：D

【例 9-5-8】 现在全国都在开发三网合一的系统工程，即：

A. 将电信网、计算机网、通信网合为一体

B. 将电信网、计算机网、无线电视网合为一体

C. 将电信网、计算机网、有线电视网合为一体

D. 将电信网、计算机网、电话网合为一体

解 "三网合一"是指在未来的数字信息时代，当前的数据通信网（俗称数据网、计算机网）将与电视网（含有线电视网）以及电信网合三为一，并且合并的方向是传输、接收和处理全部实现数字化。

答案：C

【例 9-5-9】 下面四个选项中，不属于数字签名技术的是：

A. 权限管理

B. 接收者能够核实发送者对报文的签名

C. 发送者事后不能对报文的签名进行抵赖

D. 接收者不能伪造对报文的签名

解 数字签名机制提供了一种鉴别方法，以解决伪造、抵赖、冒充和篡改等安全问题。接收方能够鉴别发送方所宣称的身份，发送方事后不能否认他曾经发送过数据这一事实。数字签名技术是没有权限管理的。

答案：A

【例 9-5-10】 下列选项中，不是计算机病毒特点的是：

A. 非授权执行性、复制传播性　　B. 感染性、寄生性

C. 潜伏性、破坏性、依附性　　　　D. 人机共患性、细菌传播性

解　计算机病毒特点包括非授权执行性、复制传染性、依附性、寄生性、潜伏性、破坏性、隐蔽性、可触发性。

答案： D

【例 9-5-11】 为有效地防范网络中的冒充、非法访问等威胁，应采用的网络安全技术是：

A. 数据加密技术　　　　B. 防火墙技术

C. 身份验证与鉴别技术　　　　D. 访问控制与目录管理技术

解　在网络安全技术中，鉴别是用来验明用户或信息的真实性。对实体声称的身份信息进行唯一性的识别，以便验证其访问请求或保证信息是否来自或到达指定的源和目的。鉴别技术可以验证消息的完整性，有效地对抗冒充、非法访问、重演等威胁。

答案： C

五、网络服务与应用

（一）网上订票、订旅馆

在网上订购飞机票、火车票及旅馆，既方便，又节省时间。例如，在 IE 浏览器的地址栏中，输入首铁在线的网址“http://www.036.com.cn”，打开网站首页，就可以在网上订票。

（二）查询公交线路

有时出门不知道如何乘车到达目的地，利用 8684 公交网，可以方便地查到最佳乘车方案。例如，在 IE 浏览器的地址栏中，输入 8684 公交网的网址“http://www.8684.cn”，打开网站首页，而后选择城市即可查询。

（三）利用 Outlook Express 进行邮件收发

Outlook Express 是 Office 组件之一，它是一个桌面信息管理系统，可以处理许多办公日常事务。使用它，可以收发电子邮件，管理邮件，安排约会，建立联系人和任务等，从而提高日常工作效率。

（四）IE 浏览器和搜索引擎

要获取网络信息，浏览器和搜索引擎是必不可少的。浏览器是用于显示网页信息的软件，目前最常用的是 Windows 自带的 Internet Explorer。搜索引擎运用特定的计算机程序搜索网络信息，并对信息进行组织和处理，为人们提供检索服务，常用的搜索引擎有百度、Google、Hao123 等。

（五）电子商务、电子政务

如利用网络购书、购物，还可以在网上查看政府的规章制度及网上申请注册填表等。

六、网络管理

（一）网络管理的概念

网络管理是指网络管理员通过网络管理程序对网络上的资源进行集中化管理的操作，包括配置管理、性能和记账管理、问题管理、操作管理和变化管理等。一台设备所支持的管理程度反映了该设备的可管理性及可操作性。

（二）网络管理软件的划分

网络管理技术是伴随着计算机、网络和通信技术的发展而发展的，两者相辅相成。从网络管理范畴来分类，可分为对网“路”的管理，即针对交换机、路由器等主干网络进行管理；对接入设备的管理，即对内部 PC、服务器、交换机等进行管理；对行为的管理，即针对用户的使用进行管理；对资产的管

理，即统计 IT 软硬件的信息等。根据网管软件的发展历史，可以将其划分为三代：

第一代网管软件就是最常用的命令行方式，并结合一些简单的网络监测工具，它不仅要求使用者精通网络的原理及概念，还要求使用者了解不同厂商的不同网络设备的配置方法。

第二代网管软件有良好的图形化界面。用户无须过多了解设备的配置方法，就能图形化地对多台设备同时进行配置和监控，大大提高了工作效率。但仍然存在人为因素造成的设备功能使用不全面或不正确的问题，容易引发误操作。

第三代网管软件相对来说比较智能，是真正将网络和管理进行有机结合的软件系统，具有“自动配置”和“自动调整”功能。对网管人员来说，只要把用户情况、设备情况以及用户与网络资源之间的分配关系输入网管系统，系统就能自动地建立图形化的人员与网络的配置关系，并自动鉴别用户身份，分配用户所需的资源（如电子邮件、Web、文档服务等）。

（三）网络管理的五大功能

根据国际标准化组织定义的网络管理有五大功能：故障管理、配置管理、性能管理、安全管理、计费管理。依据网络管理软件产品功能的不同，又可细分为五类，即网络故障管理软件、网络配置管理软件、网络性能管理软件、网络服务/安全管理软件、网络计费管理软件。

1. 故障管理

故障管理是网络管理中最基本的功能之一。用户都希望有一个可靠的计算机网络。当网络中某个组成失效时，网络管理器必须迅速查找到故障并及时排除。通常不大可能迅速隔离某个故障，因为网络故障的产生原因往往相当复杂，特别是当故障由多个网络组成共同引起的。在此情况下，一般先将网络修复，然后再分析网络故障的原因。分析故障原因对于防止类似故障的再发生相当重要。网络故障管理包括故障检测、隔离和纠正三方面，应包括以下典型功能：

（1）故障监测。主动探测或被动接收网络上的各种事件信息，并识别出其中与网络和系统故障相关的内容，对其中的关键部分保持跟踪，生成网络故障事件记录。

（2）故障报警。接收故障监测模块传来的报警信息，根据报警策略驱动不同的报警程序，以报警窗口/振铃（通知一线网络管理人员）或电子邮件（通知决策管理人员）发出网络严重故障警报。

（3）故障信息管理。依靠对事件记录的分析，定义网络故障并生成故障卡片，记录排除故障的步骤和与故障相关的值班员日志，构造排错行动记录，将事件—故障—日志构成逻辑上相互关联的整体，以反映故障产生、变化、消除的整个过程的各个方面。

（4）排错支持工具。向管理人员提供一系列的实时检测工具，对被管设备的状况进行测试并记录下测试结果以供技术人员分析和排错。根据已有的排错经验和管理员对故障状态的描述给出对排错行动的提示。

（5）检索/分析故障信息。浏阅并且以关键字检索查询故障管理系统中所有的数据库记录，定期收集故障记录数据，在此基础上给出被管网络系统、被管线路设备的可靠性参数。

（6）对网络故障的检测是对网络组成部件状态监测的依据。不严重的简单故障通常被记录在？错误日志中，并不作特别处理；而严重一些的故障则需要通知网络管理器，即所谓的“警报”。一般网络管理器应根据有关信息对警报进行处理，排除故障。当故障比较复杂时，网络管理器应能执行一些诊断测试来辨别故障原因。

2. 计费管理

计费管理记录网络资源的使用，目的是控制和监测网络操作的费用和代价。它对一些公共商业网络尤为重要。它可以估算出用户使用网络资源可能需要的费用和代价，以及已经使用的资源。网络管理员还可规定用户可使用的最大费用，从而控制用户过多占用和使用网络资源。这也从另一方面提高了网络的效率。另外，当用户为了一个通信目的需要使用多个网络中的资源时，计费管理应可计算总计费用。

（1）计费数据采集。计费数据采集是整个计费系统的基础，但计费数据采集往往受到采集设备硬件与软件的制约，而且也与进行计费的网络资源有关。

（2）数据管理与数据维护。计费管理人工交互性很强，虽然有很多数据维护系统自动完成，但仍然需要人为管理，包括缴纳费用的输入、联网单位信息维护，以及账单样式决定等。

（3）计费政策制定。由于计费政策经常灵活变化，因此实现用户自由制定输入计费政策尤其重要。这样需要一个制定计费政策的友好人机界面和完善的实现计费政策的数据模型。

（4）政策比较与决策支持。计费管理应该提供多套计费政策的数据比较，为政策制定提供决策依据。

（5）数据分析与费用计算。利用采集的网络资源使用数据，联网用户的详细信息以及计费政策计算网络用户资源的使用情况，并计算出应交纳的费用。

（6）数据查询。提供给每个网络用户关于自身使用网络资源情况的详细信息，网络用户根据这些信息可以计算、核对自己的收费情况。

3. 配置管理

配置管理同样相当重要。它初始化网络并配置网络，以使其提供网络服务。配置管理是一组对辨别、定义、控制和监视组成一个通信网络的对象所必要的相关功能，目的是为了实现某个特定功能或使网络性能达到最优。

（1）配置信息的自动获取。在一个大型网络中，需要管理的设备是比较多的，如果每个设备的配置信息都完全依靠管理人员的手工输入，工作量则相当大，而且还存在出错的可能性。对于不熟悉网络结构的人员来说，这项工作甚至无法完成，因此，一个先进的网络管理系统应该具有配置信息自动获取功能。即使在管理人员不是很熟悉网络结构和配置状况的情况下，也能通过有关的技术手段来完成对网络的配置和管理。在网络设备的配置信息中，根据获取手段大致可以分为三类：第一类是网络管理协议标准的 MIB 中定义的配置信息（包括 SNMP 和 CMIP 协议）；第二类是不在网络管理协议标准中有定义，但是对设备运行比较重要的配置信息；第三类就是用于管理的一些辅助信息。

（2）自动配置、自动备份及相关技术。配置信息自动获取功能相当于从网络设备中“读”信息，相应地，在网络管理应用中还有大量“写”信息的需求。同样，根据设置手段对网络配置信息进行分类：第一类是可以通过网络管理协议标准中定义的方法（如 SNMP 中的 set 服务）进行设置的配置信息；第二类是可以通过自动登录到设备进行配置的信息；第三类就是需要修改的管理性配置信息。

（3）配置一致性检查。在一个大型网络中，由于网络设备众多，而且由于管理的原因，这些设备很可能不是由同一个管理人员进行配置的。实际上，即使是同一个管理员对设备进行的配置，也会由于各种原因导致发生配置一致性问题。因此，对整个网络的配置情况进行一致性检查是必需的。在网络的配置中，对网络正常运行影响最大的，主要是路由器端口配置和路由信息配置，因此，要进行一致性检查的也主要是这两类信息。

（4）用户操作记录功能。配置系统的安全性是整个网络管理系统安全的核心。因此，必须对用户进行的每一配置操作进行记录。在配置管理中，需要对用户操作进行记录，并保存下来。管理人员可以随时查看特定用户在特定时间内进行的特定配置操作。

4. 性能管理

性能管理估价系统资源的运行状况及通信效率等系统性能。其能力包括监视和分析被管网络及其所提供服务的性能机制。性能分析的结果可能会触发某个诊断测试过程或重新配置网络以维持网络的性能。性能管理收集分析有关被管网络当前状况的数据信息，并维持和分析性能日志。一些典型的功能包括：

（1）性能监控。由用户定义被管对象及其属性。被管对象类型包括线路和路由器，被管对象属性包括流量、延迟、丢包率、CPU 利用率、温度、内存余量。对于每个被管对象，定时采集性能数据，自动生成性能报告。

（2）阈值控制。可对每一个被管对象的每一条属性设置阈值，对于特定被管对象的特定属性，可以针对不同的时间段和性能指标进行阈值设置。可通过设置阈值检查开关控制阈值检查和告警，提供相应的阈值管理和溢出告警机制。

（3）性能分析。对历史数据进行分析、统计和整理，计算性能指标，对性能状况作出判断，为网络规划提供参考。

（4）可视化的性能报告。对数据进行扫描和处理，生成性能趋势曲线，以直观的图形反映性能分析的结果。

（5）实时性能监控。提供一系列实时数据采集、分析和可视化工具，用以对流量、负载、丢包、温度、内存、延迟等网络设备和线路的性能指标进行实时检测，可任意设置数据采集间隔。

（6）网络对象性能查询。可通过列表或按关键字检索被管网络对象及其属性的性能记录。

5. 安全管理

安全性一直是网络的薄弱环节之一，而用户对网络安全的要求又相当高，因此网络安全管理非常重要。网络中主要有以下几大安全问题：

网络数据的私有性（保护网络数据不被侵入者非法获取），授权（防止侵入者在网络上发送错误信息），访问控制（控制对网络资源的访问）。

相应地，网络安全管理应包括对授权机制、访问控制、加密和加密关键字的管理，另外还要维护和检查安全日志，包括网络管理过程中，存储和传输的管理及控制信息对网络的运行和管理至关重要，一旦泄密、被篡改和伪造，将给网络造成灾难性的破坏。

（1）网络管理本身的安全由以下机制来保证：

①管理员身份认证，采用基于公开密钥的证书认证机制。为提高系统效率，对于信任域内（如局域网）的用户，可以使用简单口令认证。

②管理信息存储和传输的加密与完整性。Web 浏览器和网络管理服务器之间采用安全套接字层（SSL）传输协议，对管理信息加密传输并保证其完整性；内部存储的机密信息，如登录口令等，也是经过加密的。

③网络管理用户分组管理与访问控制。网络管理系统的用户（即管理员）按任务的不同分成若干用户组，不同的用户组中有不同的权限范围，对用户的操作由访问控制检查，保证用户不能越权使用网络管理系统。

④系统日志分析、记录用户所有的操作，使系统的操作和对网络对象的修改有据可查，同时也有助于故障的跟踪与恢复。

（2）网络对象的安全管理有以下功能：

①网络资源的访问控制。通过管理路由器的访问控制链表，完成防火墙的管理功能，即从网络层和传输层控制对网络资源的访问，保护网络内部的设备和应用服务，防止外来的攻击。

②告警事件分析。接收网络对象所发出的告警事件，分析与安全相关的信息（如路由器登录信息、SNMP 认证失败信息），实时地向管理员告警，并提供历史安全事件的检索与分析机制，及时地发现正在进行的攻击或可疑的攻击迹象。

③主机系统的安全漏洞检测。实时地监测主机系统的重要服务（如 WWW、DNS 等）的状态，提供安全监测工具，以搜索系统可能存在的安全漏洞或安全隐患，并给出弥补的措施。

（四）网络管理协议

随着网络的不断发展，规模增大，复杂性增加，简单的网络管理技术已不能适应网络迅速发展的要求。以往的网络管理系统往往是厂商在自己的网络系统中开发的专用系统，很难对其他厂商的网络系统、通信设备软件等进行管理，这种状况很不适应网络异构互联的发展趋势。20 世纪 80 年代初期 Internet 的出现和发展使人们进一步意识到了这一点。研究开发者们迅速展开了对网络管理的研究，并提出了多种网络管理方案，包括 HEMS、SGMP、CMIS/CMIP 等。

1. SNMP

简单网络管理协议 SNMP 的前身是 1987 年发布的简单网关监控协议 SGMP。SGMP 给出了监控网关 OSI 第三层路由器的直接手段，SNMP 则是在其基础上发展而来。最初，SNMP 是作为一种可提供最小网络管理功能的临时方法开发的，它具有以下两个优点：

（1）与 SNMP 相关的管理信息结构（SMI）以及管理信息库（MIB）非常简单，从而能够迅速、简便地实现。

（2）SNMP 是建立在 SGMP 基础上的，而对于 SGMP 人们积累了大量的操作经验。SNMP 经历了两次版本升级，现在的最新版本是 SNMP-V3。在前两个版本中 SNMP 功能都得到了极大的增强，而在最新的版本中，SNMP 在安全性方面有了很大的改善，SNMP 缺乏安全性的弱点正逐渐得到克服。

2. CMIS/CMIP

公共管理信息服务/公共管理信息协议 CMIS/CMIP 是 OSI 提供的网络管理协议簇。CMIS 定义了每个网络组成部分提供的网络管理服务，这些服务在本质上是很普通的，CMIP 则是实现 CMIS 服务的协议。

OSI 网络协议旨在为所有设备在 ISO 参考模型的每一层提供一个公共网络结构，而 CMIS/CMIP 正是这样一个用于所有网络设备的完整网络管理协议簇。出于通用性的考虑，CMIS/CMIP 的功能与结构跟 SNMP 很不相同，SNMP 是按照简单和易于实现的原则设计的，而 CMIS/CMIP 则能够提供支持一个完整网络管理方案所需的功能。

3. CMOT

公共管理信息服务与协议 CMOT 是在 TCP/IP 协议簇上实现 CMIS 服务，这是一种过渡性的解决方案，直到 OSI 网络管理协议被广泛采用。

4. LMMP

局域网个人管理协议 LMMP 试图为 LAN 环境提供一个网络管理方案。LMMP 以前被称为 IEEE802 逻辑链路控制上的公共管理信息服务与协议 CMOL。由于该协议直接位于 IEEE802 逻辑链路层 LLC 上，它可以不依赖于任何特定的网络层协议进行网络传输。由于不要求任何网络层协议，LMMP 比 CMIS/CMIP 或 CMOT 都易于实现。然而没有网络层提供路由信息，LMMP 信息不能跨越路由器，从而限制了它只能在局域网中发展。但是，跨越局域网传输局限的 LMMP 信息转换代理可能会克服这一问题。

习 题

9-5-1 因特网能提供的服务有多种，其中大多数是免费的，在下列因特网能提供的服务中，叙述错误的一条是（ ）。

A. 文件传输服务　　B. 信息搜索服务、电子邮件服务

C. 远程登录服务　　D. 网络自动连接、网络自动管理

9-5-2 用 IE 浏览上网时，要进入某一页，可在 IE 的 URL 栏中输入该网页的（ ）。

A. IP 地址或域名　　B. 只能是域名

C. 实际的文件名称　　D. 只能是 IP 地址

9-5-3 下列邮件地址格式中，正确的是（ ）。

A. 用户名@主机域名　　B. 主机域名@用户名

C. 用户名.主机域名　　D.主机域名.用户名

9-5-4 建立计算机网线路和主要目的是（ ）。

A. 资源共享　　B. 速度快　　C. 内存增大　　D. 可靠性高

9-5-5 合法的 IP 地址是（ ）。

A. 202:196:112:50　　B. 202、196、112、50

C. 202,196,112,50　　D. 202.196.112.50

9-5-6 校园网属于（ ）。

A. 远程网　　B. 局域网　　C. 广域网　　D. 城域网

9-5-7 计算机系统安全与保护计算机系统的全部资源具有（ ）、完备性和可用性。

A. 秘密性　　B. 公开性　　C. 系统性　　D. 先进性

9-5-8 计算机病毒主要是通过（ ）传播的。

A. 硬盘　　B. 键盘　　C. 软盘　　D. 显示器

9-5-9 目前计算机病毒对计算机造成的危害主要是通过（ ）实现的。

A. 腐蚀计算机的电源　　B. 破坏计算机程序和数据

C. 破坏计算机的硬件设备　　D. 破坏计算机的软件和硬件

9-5-10 下列哪一个不能防病毒（ ）。

A. KV300　　B. KILL

C. WPS　　D. 防病毒卡

9-5-11 计算机病毒种类繁多，按计算机病毒的类型来分，下面四条有关病毒的表述中，不属于计算机病毒的一条叙述是（ ）。

A. 文件型计算机病毒、引导区型计算病毒、混合型计算机病毒

B. 引导区型计算机病毒、宏病毒、特洛伊木马病毒

C. 蠕虫病毒、混合型计算机病毒、时间炸弹和逻辑炸弹

D. 在人畜间流行的病毒、人畜混合型病毒

9-5-12 给信息实施保密可供选择的方法有两种（　　）。

A. 给计算机系统加密，给用户个人账户加密

B. 为计算机配置杀毒软件，每天进行杀毒操作

C. 计算机系统使用正版软件，不使用盗版软件

D. 给信息加密，把信息藏起来

9-5-13 用于解域名的协议是（　　）。

A. HTTP　　B. DNS　　C. FTP　　D. SMTP

9-5-14 TCP 协议称为（　　）。

A. 网际协议　　B. 传输控制协议

C. Network 内部协议　　D. 中转控制协议

9-5-15 IP 地址能唯一地确定 Internet 上每台计算机与每个用户的（　　）。

A. 距离　　B. 费用　　C. 位置　　D. 时间

习题题解及参考答案

第一节

9-1-1 **解：**一个完整的计算机系统包括硬件与软件部分。硬件包括中央处理器、存储器、外部设备等。

答案：A

9-1-2 **解：**计算机的软件系统包括系统软件和应用软件两个部分，如操作系统、程序语言及通用办公软件等。

答案：D

9-1-3 **解：**运算器又称算术运算/逻辑运算部件，它的主要功能是对数据进行算术运算和逻辑运算，是对信息或数据进行加工处理和运算的部件。

答案：B

9-1-4 **解：**可以从硬盘读出数据，也可以往硬盘上写入数据，因此它既可是输入设备，又可是输出设备。

答案：C

9-1-5 **解：**DOS 属于操作系统软件，FORTRAN 77 和 BASIC 属于程序设计语言，而 TBSA 是应用软件。

答案：D

9-1-6 **解：**从计算机硬件系统组成，我们可以看到中央处理器包括运算器和控制器。

答案：D

9-1-7 **解：**在中央处理器中，运算器按控制器发出的指令来完成各种操作。控制器规定计算机执行指令的顺序，并根据指令的信息控制计算机各部分协同动作。

答案：D

9-1-8 **解:** ROM是只读存储器，程序固化在芯片上，当电源断电时，上面的信息是不会丢失的。

答案: B

9-1-9 **解:** 操作系统要对系统中的各种软、硬件资源进行管理。操作系统是计算机硬件和各种程序之间的接口程序，它位于各种软件的最底层。操作系统提供了一种环境，使用户能方便和高效地执行程序。

答案: B

第二节

9-2-1 **解:** 计算机语言发展经历了由最初的机器语言发展到使用符号表示的汇编语言，继而开发出人们使用方便的高级语言。

答案: A

9-2-2 **解:** 机器语言和汇编语言都属于计算机低级语言。

答案: B

第三节

9-3-1 **解:** 二进制最后一位为1，所对应的十进制数一定是个奇数，二进制数转为十进制数，按权展开法得到1455。将二进制从后往前每3位为一组，所对应的八进制为2657。

答案: A

9-3-2 **解:** 计算机能接收的语言为机器语言，而机器语言是由二进制编码组成的。

答案: A

9-3-3 **解:** 八进制数是由0、1、2、3、4、5、6、7八个数码组成，采用的是逢八进一的规则。

答案: B

9-3-4 **解:** 数据是信息的符号表示或称为载体，信息是数据的内涵，是对数据语义的解释。采用数据这种形式来表示信息，更加易于人们的理解和接受。

答案: A

9-3-5 **解:** 在ASCII编码中，每个字符用7位二进制数表示。一个字符的ASCII码通常占用一个字节，由7位二进制数编码组成，所以ASCII码最多可表示128个不同的字符。

9-3-6 **解:** 任一实数都可以用一个整数和一个纯小数来表示。因为实数的小数点的位置是不固定的，所以也叫作浮点数。整数称为浮点数的阶码，纯小数称为浮点数的尾数。

答案: A

9-3-7 **解:** 计算机的多媒体技术，使计算机不仅具有处理文字与数字的能力，而且还有处理文字、图形、声音、视频和动画的能力，使计算机拥有了处理多媒体信息的能力。

答案: B

第四节

9-4-1 **解:** 计算机操作系统是计算机的系统软件。在计算机内，操作系统管理计算机系统的各种资源，扩充硬件的功能，它提供良好的人机界面，方便用户使用计算机。它在整个计算机系统中具有承上启下的作用，是计算机与用户的接口。

答案: C

9-4-2 **解:** 运行中的Windows应用程序名，是列在桌面任务栏的活动任务区，作用主要是方便程序打开和管理，比如可以把多个窗口最小化到任务栏中。

答案：C

9-4-3　**解：**在资源管理器查看菜单下有缩略图、平铺、图标、列表、详细信息等子菜单，如果希望查看文件的名称、类型、大小、修改时间等信息，要进入详细信息子菜单。

答案：B

9-4-4　**解：**在 Windows XP 中，要想进行操作，首先要选择操作对象。

答案：B

9-4-5　**解：**操作系统（Operating System，OS）的功能为：管理计算机系统的全部硬件资源，包括软件资源及数据资源；控制程序运行；改善人机界面；为其他应用软件提供支持等，使计算机系统所有资源最大限度地发挥作用，为用户提供方便的、有效的、友善的服务界面。

答案：A

9-4-6　**解：**在 Windows 操作系统中，"保存"文件和"另存为"文件都可以使用原文件名。

答案：C

9-4-7　**解：**操作系统是管理计算机系统的各种软、硬件资源，以及提供人机交互的界面。为了使用不同的操作系统，常常在同一台 PC 机上安装多个操作系统。若某一台 PC 机连接了两个网络，便需要为该计算机配置两个 IP 地址，这两个 IP 地址可以配置在同一个网卡上，也可以配置在不同的网卡上（前提条件为该 PC 机安装多个网卡）。但一个 IP 地址却不可以同时绑定到多个网卡上。

答案：D

9-4-8　**解：**操作系统有两个重要的作用：

（1）通过资源管理，提高计算机系统的效率。操作系统是计算机系统的资源管理者，它含有对系统软、硬件资源实施管理的一组程序。其首要作用就是通过 CPU 管理、存储管理、设备管理和文件管理，对各种资源进行合理的分配，改善资源的共享和利用程度，最大限度地发挥计算机系统的工作效率，提高计算机系统在单位时间内处理工作的能力。

（2）改善人机界面，向用户提供友好的工作环境。操作系统不仅是计算机硬件和各种软件之间的接口，也是用户与计算机之间的接口。试想如果不安装操作系统，用户将要面对的是 01 代码和一些难懂的机器指令，通过按钮或开关来操作计算机，这样既笨拙又费时。安装操作系统后，用户面对的不再是笨拙的裸机，而是操作便利、服务周到的操作系统，从而明显改善了用户界面，提高了用户的工作效率。

HTML 代表的意义是超文本标记语言，它是全球广域网上描述网页内容和外观的标准。所以，HTML 不是由操作系统提供的。

答案：D

第五节

9-5-1　**解：**因特网能提供多种服务，其中电子邮件服务、文件传输服务、远程登录服务、WWW 服务、信息搜索服务等是目前公认的有代表性的服务。

答案：D

9-5-2　**解：**当要浏览某一网页时，IP 地址就等于域名。

答案：A

9-5-3　**解：** 邮件地址格式，不允许把用户名放在@后面。

答案： A

9-5-4　**解：** 建立网络的目的主要是数据、信息、资源共享。

答案： A

9-5-5　**解：** IP 地址在数据之间是用点来分割的。

答案： D

9-5-6　**解：** 局域网地域范围小，用于办公室、机关、学校、工厂等内部联网。其范围没有严格的定义，一般认为距离为 0.1~25km。

答案： B

9-5-7　**解：** 计算机系统安全与保护指计算机系统的全部资源具有系统性、完备性和可用性。

答案： C

9-5-8　**解：** 通过使用外界被感染的软盘，如不同渠道来的系统盘，来历不明的软件、游戏盘等是最普遍的传染途径。

答案： C

9-5-9　**解：** 大部分病毒在激发的时候直接破坏计算机的重要信息数据，所利用的手段有格式化磁盘、改写文件分配表和目录区、删除重要文件或者用无意义的“垃圾”数据改写文件等。引导型病毒的一般侵占方式是由病毒本身占据磁盘引导扇区，而把原来的引导区转移到其他扇区，也就是引导型病毒要覆盖一个磁盘扇区。被覆盖的扇区数据永久性丢失，无法恢复。

答案： B

9-5-10　**解：** WPS 是一个应用软件，用于文档的编辑与处理。

答案： C

9-5-11　**解：** 计算机病毒是破坏计算机功能或者破坏数据，影响计算机使用的一组计算机指令或者程序代码，是一种功能比较特殊的、具有破坏性的计算机程序，并非真的是医学上的病毒。

答案： D

9-5-12　**解：** 给信息加密，即隐蔽信息的可读性，将可读的信息数据转换为不可读的信息数据，即密文，也称密码。这样就可以使非法者不能直接了解数据内容，从而达到给信息加密的目的。把信息藏起来，即隐蔽信息的存在性，将信息隐藏在一个容量更大的信息载体之中，形成隐秘载体，做到使非法者难以察觉出其中隐藏有某些数据，从而实现给信息加密的目的。

答案： D

9-5-13　**解：** DNS 就是将各个网页的 IP 地址转换成人们常见的网址。

答案： B

9-5-14　**解：** TCP 为 Transmission Control Protocol 的简写，译为传输控制协议，又名网络通信协议，是 Internet 最基本的协议。

答案： B

9-5-15　**解：** IP 地址能唯一地确定 Internet 上每台计算机与每个用户的位置。

答案： C

第十章　工 程 经 济

复 习 指 导

一、考试大纲

9.1　资金的时间价值

资金时间价值的概念；利息及计算；实际利率和名义利率；现金流量及现金流量图；资金等值计算的常用公式及应用；复利系数表的应用。

9.2　财务效益与费用估算

项目的分类；项目计算期；财务效益与费用；营业收入；补贴收入；建设投资；建设期利息；流动资金；总成本费用；经营成本；项目评价涉及的税费；总投资形成的资产。

9.3　资金来源与融资方案

资金筹措的主要方式；资金成本；债务偿还的主要方式。

9.4　财务分析

财务评价的内容；盈利能力分析（财务净现值、财务内部收益率、项目投资回收期、总投资收益率、项目资本金净利润率）；偿债能力分析（利息备付率、偿债备付率、资产负债率）；财务生存能力分析；财务分析报表（项目投资现金流量表、项目资本金现金流量表、利润与利润分配表、财务计划现金流量表）；基准收益率。

9.5　经济费用效益分析

经济费用和效益；社会折现率；影子价格；影子汇率；影子工资；经济净现值；经济内部收益率；经济效益费用比。

9.6　不确定性分析

盈亏平衡分析（盈亏平衡点、盈亏平衡分析图）；敏感性分析（敏感度系数、临界点、敏感性分析图）。

9.7　方案经济比选

方案比选的类型；方案经济比选的方法（效益比选法、费用比选法、最低价格法）；计算期不同的互斥方案的比选。

9.8　改扩建项目的经济评价特点

改扩建项目的经济评价特点。

9.9　价值工程

价值工程原理；实施步骤。

二、复习指导

（一）资金的时间价值

复习本节时应注意掌握资金时间价值的概念，熟悉现金流量和现金流量图。重点掌握资金等值计算，应会利用公式和复利系数表进行计算，掌握实际利率和名义利率的概念及计算公式。

对于资金等值计算公式，应该注意等额系列计算公式中F、P、A发生的时点，应用时注意它的应用条件。

应会查复利系数表，掌握$(F/P,i,n)$、$(P/F,i,n)$、$(F/A,i,n)$、$(A/F,i,n)$、$(P/A,i,n)$、$(A/P,i,n)$几个符号的含义，如$(P/A,i,n)$是表示已知A求P的等额支付现值系数。

（二）财务效益与费用估算

本节应了解项目的分类和项目的计算期，熟悉财务效益与费用所包含的内容，重点掌握建设投资的构成、建设期利息的计算、经营成本的概念、项目评价涉及的税费以及总投资形成的资产。

（三）资金来源与融资方案

本节应了解资金筹措的主要方式，掌握资金成本的概念及计算，熟悉债务偿还的主要方式。

（四）财务分析

本节应了解财务评价的内容，熟练掌握盈利能力分析的相关指标的概念和计算，重点掌握净现值、内部收益率、净年值、费用现值、费用年值、投资回收期的含义和计算方法，熟悉利用这些指标评价方案盈利能力时的判别标准。如采用净现值、净年值指标时要根据其是否大于或等于零进行判断，采用内部收益率指标要根据其是否大于或等于基准收益率进行判断等。应用时注意它们的应用条件，如内部收益率可用于单个方案自身的经济性评价，两个方案比选时就要用差额内部收益率等。熟悉偿债能力分析、财务生存能力的概念，熟悉相关财务分析报表。

（五）经济费用效益分析

本节应理解社会折现率、影子价格、影子汇率、影子工资的概念，复习时应注意经济净现值、经济内部收益率指标与财务净现值、财务内部收益率的区别。了解效益费用比的概念。掌握经济净现值、经济内部收益率、效益费用比的判别标准。

（六）不确定性分析

对于盈亏平衡分析，应熟悉固定成本、可变成本的概念，熟练掌握盈亏平衡分析的计算，了解盈亏平衡点的含义。

对于单因素敏感性分析，应了解该方法的概念、敏感度系数和临界点的含义，看懂敏感性分析图。

（七）方案经济比选

本节应熟悉独立型方案与互斥型方案的区别，掌握互斥方案比选的效益比选法、费用比选法和判别标准，了解最低价格法的概念；熟悉计算期不同的互斥方案的比选可采用的方法和指标。

（八）改扩建项目的经济评价特点

对于改扩建项目，应了解其与新建项目在经济评价上的不同特点。

（九）价值工程

应掌握价值工程的基本概念，包括价值工程中价值、功能及成本的概念，掌握价值的公式，根据公式可知提高价值的途径。

了解价值工程的实施步骤，掌握价值系数、功能系数、成本系数的计算。应掌握价值工程的核心。

本章的复习，应注重掌握相关的基本概念、基本公式和计算方法。在复习的同时，应该通过做习题训练，进一步巩固考试大纲要求掌握的内容。做习题时，应注意掌握习题考核的知识点。

第一节 资金的时间价值

一、资金时间价值的概念

随着时间的推移，资金的价值是会发生变化的。通过资金运动可以使资金增值。不同时间发生的等额资金在价值上的差别称为资金的时间价值，也称为货币的时间价值。

应该指出，资金的时间价值不是资金本身或时间产生的，而是在资金运动中产生的。把资金作为生产要素，经过生产与交换，会给投资者带来资金的增值。当然，资金的增值也不可能没有资金和时间，资金是其增值的基础，而生产与交换，需要经历一定的时间过程。

二、利息与利率

（一）利息的计算

利息是在一定时期内占用资金所付出的代价，用下式表示

$$\text{利息} = \text{目前应付(收)总金额} - \text{原来借(贷)款金额}$$

原来的借（贷）款金额称为本金。

计算利息的时间单位称为计息周期，通常为年、季、月、周或日。

利率是一个计息周期中单位资金所产生的利息（即单位时间里所得到的利息额）与本金之比，通常用百分数表示

$$i = \frac{I}{P} \times 100\% \tag{10-1-1}$$

式中：i——利率；

P——本金；

I——单位时间所得利息。

计算利息有单利计息和复利计息两种方法。

1. 单利计息

这种计息方法是指计算利息时，只考虑本金计算利息，而利息本身不再另外计算利息。

单利计息的计算公式为

$$I = P \cdot i \cdot n \tag{10-1-2}$$

$$F = P(1 + i \cdot n) \tag{10-1-3}$$

式中：I——利息；

P——本金；

i——利率；

n——计息周期；

F——本金与利息之和，简称本利和。

由于单利计息没有考虑利息本身的时间价值，在工程经济分析中的应用较少，一般只适合于不超过

一年的短期投资或短期贷款。

2. 复利计息

复利计息是指在计算利息时，将上一计息期产生的利息，累加到本金中去，以本利和的总额进行计息。即不仅本金要计算利息，而且上一期利息在下一计息期中仍然要计算利息。

复利计息公式为

$$F = P(1+i)^n \tag{10-1-4}$$

式中符号含义同前。应该注意，上式中的i和n所反映的时段应该是一致的，如i为年利率，则n为计息年数；如i为月利率，则n为计息月数。

（二）实际利率与名义利率

计息期通常以一年为计算单位，但有时借贷双方也可以商定每年分几次按复利计息，这时计息周期短于一年，如按月、按季或按半年计息等。比如，设月度为计息期，每月利率为1%，则一年要计息12次，$1\% \times 12 = 12\%$称为名义利率，即名义利率是周期利率与每年计息周期数的乘积。这种计息方式习惯上表述为“年利率为12%，按月计息”。

需要注意的是，名义利率为12%时的实际利息额比年利率为12%时的利息额要高，比如借款1000元，年利率12%，按月计息，则第1年年末的本利和为

$$F = 1\,000 \times \left(1+\frac{12\%}{12}\right)^{12} = 1\,126.83\text{元}$$

若按年利率12%复利计息，则第1年年末本利和为

$$F = 1\,000 \times (1+12\%) = 1\,120\text{元}$$

比按月计息少了6.83元。由此可见，一年内复利计息次数不同。其年末的本利和也不同。对于相同的名义利率，如果一年内计息次数增加，则年末的本利和也会增加。

实际利息多少可以用实际利率计算。为了避免不同语言表述方式的不同可能造成的混乱，1973年通过的国际“借贷真实性法”规定：年实际利率是一年利息额与本金之比。

例如上面的例子，年名义利率都是12%，计息期不同，则按年计息的实际利率为

$$\text{年实际利率} = \frac{F-P}{P} = \frac{1\,120-1\,000}{1\,000} = 12\%$$

按月计息的年实际利率为

$$\text{年实际利率} = \frac{F-P}{P} = \frac{1\,126.83-1\,000}{1\,000} = 12.68\%$$

这意味着“名义利率12%，按月计息”与按年利率12.68%计息，两者是一致的。

设名义利率为r，一年中的计息周期数为m，则一个计息周期的利率为$\frac{r}{m}$，根据复利计息公式，由名义利率求年实际利率的公式为

$$i = \left(1+\frac{r}{m}\right)^m - 1 \tag{10-1-5}$$

【例10-1-1】 某企业向银行借款，按季度计息，年名义利率为8%，则年实际利率为：

A. 8%　　B. 8.16%　　C. 8.24%　　D. 8.3%

解 利用由年名义利率求年实际利率的公式计算：

$$i = \left(1+\frac{r}{m}\right)^m - 1 = \left(1+\frac{8\%}{4}\right)^4 - 1 = 8.24\%$$

答案： C

【例 10-1-2】 某项目借款 2 000 万元，借款期限 3 年，年利率为 6%，若每半年计复利一次，则实际年利率会高出名义利率多少？

A. 0.16%　　B. 0.25%　　C. 0.09%　　D. 0.06%

解　年实际利率为：

$$i=\left(1+\frac{r}{m}\right)^m-1=\left(1+\frac{6\%}{2}\right)^2-1=6.09\%$$

年实际利率高出名义利率：$6.09\%-6\%=0.09\%$

答案： C

三、现金流量及现金流量图

一个投资建设项目在其整个计算期内各个时间点上有货币的收入和支出，其中货币收入称现金流入(CI)，记为“+”；货币支出称现金流出(CO)，记为“−”。

现金流入和现金流出统称为现金流量。现金流入与现金流出之差称为净现金流量，记为 NCF 或 (CI−CO)，即

$$净现金流量=现金流入-现金流出$$

现金流量有三个要素：流向、大小、时间。现金流量可以用表格或图形表示。在工程经济分析中，经常用图形表示现金流量。用于表示现金流量与时间对应关系的图形称为现金流量图，如图 10-1-1 所示。

在现金流量图中，横轴是时间标度，每一格代表一个时间单位（如年、季、月等），即一期。0 点为计算期的起始时刻，也称为零期。横轴上任意一时点t表示第t期期末，同时也是第$t+1$期的期初。

各时间点上箭头向上表示现金流入，向下表示现金流出，其箭线的长短与现金流入和现金流出的大小成比例，箭头处一般要标注出现金流量的数值。

在工程经济分析中，对投资与收益发生的时间点有两种处理方法。一种是年初投资年末收益法，即将投资计入发生年的年初，收益计入发生年的年末；一种是年（期）末习惯法，即将投资和收益均计入发生年的年（期）末。两种处理方法的计算结果稍有差别，但一般不会引起本质的变化。

当实际问题的现金流量发生的时点未说明是期末还是期初时，一般可将投资画在期初，经营费用和销售收入画在期末。

借方的现金流量就是贷方的现金流出，对于借贷双方，其财务活动的现金流量图正好相反。例如，张某现在从银行贷款 10 000 元，3 年后需还本付息共 11 500 元，其现金流量图如图 10-1-2a）所示，而对于银行，该项财务活动的现金流量图如图 10-1-2b）所示。

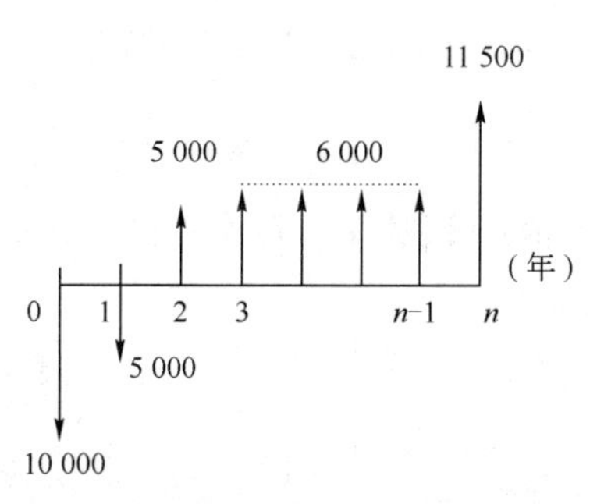

图 10-1-1　现金流量图

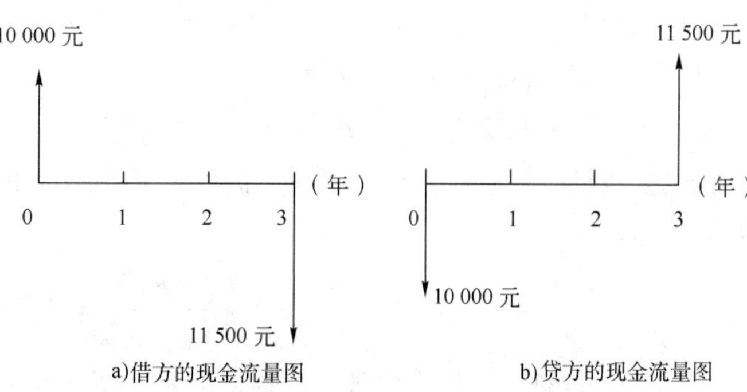

图 10-1-2　某项财务活动的现金流量图

四、资金等值计算的常用公式及应用

在工程经济分析中，常常需要将发生在某一时点上的资金换算到另一时点，以便进行计算分析和比较。

在不同时点上发生的资金，其绝对数额不等但价值可能相等。如果我们考虑反映资金时间价值的尺度复利率i，将某一时点发生的资金按利率i换算到另一时点，则二者绝对数额不等，但它们的价值相等，这就是资金的等值。这种资金金额的换算称为资金等值计算。

若把将来某一时点的资金金额换算成该时点之前某一时点的等值金额，称之为“贴现”或“折现”，计算中所采用的反映资金时间价值尺度的参数i称为“贴现率”或“折现率”，折现率一般采用银行利率进行计算。

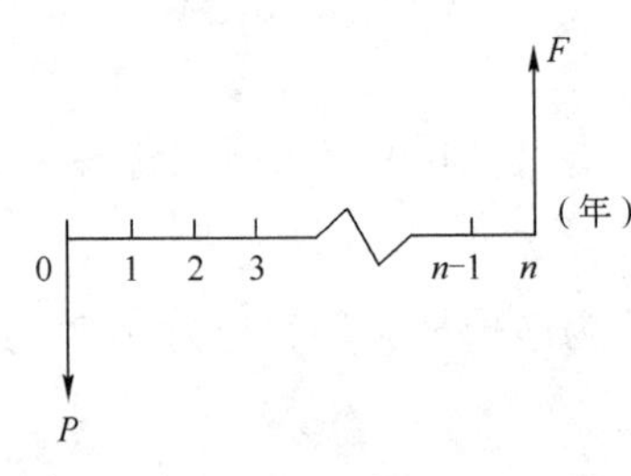

图 10-1-3 一次支付现金流量图

（一）一次支付系列

一次支付系列是指在期初借款P，当借款到期时，将本利和F一次还清。一次支付的现金流量图如图 10-1-3 所示。

1. 一次支付终值公式（已知P求F）

一次支付终值公式为

$$F = P(1+i)^n \tag{10-1-6}$$

上式称为一次支付终值公式，式中P称为本金或现值；F称为本利和，也称为终值或将来值；i为利率；n为计息期数；$(1+i)^n$称为一次支付终值系数（一次支付终值因子），可用$(F/P,i,n)$表示，含义为利率i、计息期数n，已知P求F。上式可写成

$$F = P(1+i)^n = P(F/P,i,n)$$

为计算方便，可将$(F/P,i,n)$按不同的利率i和不同的计息期数n制成复利系数表格以便于应用。

应用上式时应注意，期数为n时，P发生在第一个计息期的期初，F发生在第n期的期末。

如图 10-1-2 所示，借款 10 000 元发生在第一年年初（0 年末），还款 11 500 元发生在第 3 年年末。

【例 10-1-3】 某工程贷款 1 000 万元，合同规定 3 年后偿还，年利率为 5%，问 3 年后应偿还贷款的本利和是多少？

解 绘出现金流量图如解图所示。

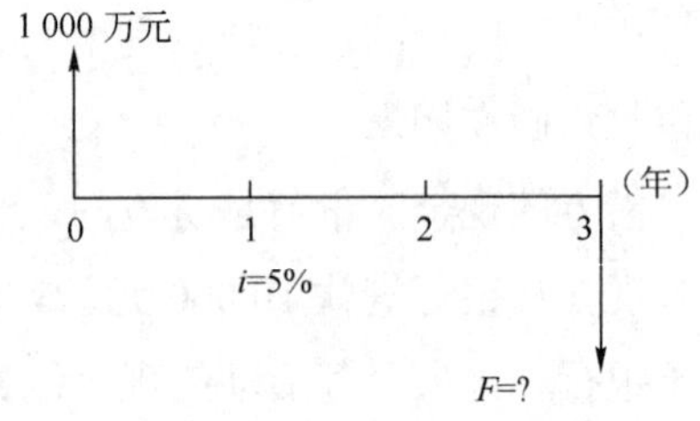

例 10-1-3 解图 某工程贷款现金流量图

查复利系数表（参见表 10-1-1），可得

$$(F/P,5,3) = 1.158$$

3 年后本利和为

$$F = P(F/P,5,3) = 1\,000 \times 1.158 = 1\,158 \text{ 万元}$$

也可按一次支付终值公式计算，即

$$F = P(1+i)^n = 1\,000 \times (1+5\%)^3 = 1\,158 \text{ 万元}$$

也即 3 年后应偿还本利和 1 158 万元。

2. 一次支付现值公式（已知F求P）

当需要将期末一次性偿还的本利和折算成现值时，即已知将来值F求现值P，可由一次支付终值公式得到

$$P = \frac{F}{(1+i)^n} = F(P/F,i,n) \tag{10-1-7}$$

式中，$\frac{1}{(1+i)^n}$称为一次支付现值系数，记为$(P/F,i,n)$。

【例 10-1-4】 为了 5 年后得到 500 万元，年利率为 8%，问现在应投资多少？

解　绘出现金流量图，如解图所示。

查表可得$(P/F,8,5)=0.680\,6$，现在应投资额为

$$P=F(P/F,8,5)=500\times0.680\,6=340.3\text{ 万元}$$

或　$P=F/(1+i)^n=500/(1+8\%)^5=340.3$ 万元

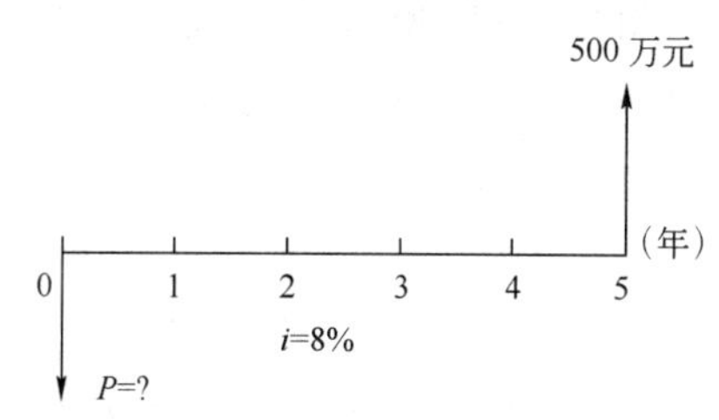

例 10-1-4 解图　现金流量图

【例 10-1-5】 某人预计 5 年后需要一笔 50 万元的资金，现市场上正发售期限为 5 年的电力债券，年利率为 5.06%，按年复利计息，5 年末一次还本付息，若想 5 年后拿到 50 万元的本利和，他现在应该购买电力债券：

A. 30.52 万元　　B. 38.18 万元

C. 39.06 万元　　D. 44.19 万元

解　根据一次支付现值公式（已知F求P）：

$$P=\frac{F}{(1+i)^n}=\frac{50}{(1+5.06\%)^5}=39.06\text{ 万元}$$

答案：C

（二）等额多次支付系列

等额多次支付是指所分析系统中的现金流入或现金流出在多个时点上发生，其现金流量每期均发生，且数额相等。等额多次支付情况下，共有 4 个参数：i、n、A，再加上F或P。等额多次支付有 4 个等值计算公式，在各个计算公式中，i、n均为已知。

1. 等额支付终值公式（已知A求F）

假设某人连续每期期末从银行贷款，数额均为A，连续贷款n期，则n期后应一次还贷多少？该问题的现金流量图如图10-1-4 所示。

如图 10-1-4 所示的现金流量图，等额资金为A，利率i，计息期数n，将来值为F，计算公式为

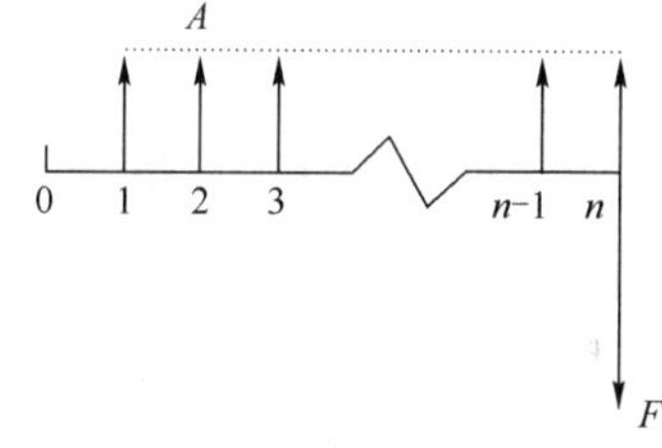

图 10-1-4　多次支付现金流量图

$$F=A\left[\frac{(1+i)^n-1}{i}\right]=A(F/A,i,n)\tag{10-1-8}$$

上式称为等额支付终值公式，$\frac{(1+i)^n-1}{i}$称为等额支付终值系数，记为$(F/A,i,n)$。

【例 10-1-6】 若连续 6 年每年年末投资 1 000 万元，年复利利率$i=5\%$，问 6 年后可得本利和多少？

解　绘出现金流量图，见解图。

根据上式，可得

$$F=A\left[\frac{(1+i)^n-1}{i}\right]$$

$$=1\,000\times\left[\frac{(1+5\%)^6-1}{5\%}\right]$$

$$=6\,802\text{ 万元}$$

例 10-1-6 解图　等额投资现金流量图

或利用复利系数表，可得

$$F=A(F/A,i,n)=1\,000\times6.802=6\,802\text{ 万元}$$

即 6 年后可得本利和 6 802 万元。

2. 等额支付偿债基金公式（已知F求A）

等额支付偿债基金是指为了未来偿还一笔债务F，每期期末预先准备的年金。

由等额支付终值公式可得

$$A=F\left[\frac{i}{(1+i)^n-1}\right]=F(A/F,i,n) \tag{10-1-9}$$

上式称为等额支付偿债基金公式，式中$\frac{i}{(1+i)^n-1}$称为等额支付偿债基金系数，记为$(A/F,i,n)$。

应用上面等额支付系列终值公式和等额支付偿债基金公式时应注意，等额支付的第一个A发生在第1期期末，最后一个A与F同时发生在第n期期末。

【例 10-1-7】 某企业预计 4 年后需要资金 100 万元，i =5%，复利计息，问每年年末应存款多少？

解 绘出现金流量图，见解图。

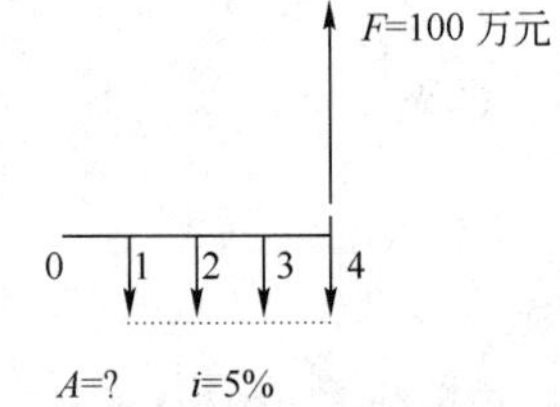

例 10-1-7 解图 某企业等额支付现金流量图

根据上面公式，可得

$$A=F\left[\frac{i}{(1+i)^n-1}\right]$$

$$=100\times\left[\frac{5\%}{(1+5\%)^4-1}\right]=23.20\text{ 万元}$$

或利用复利系数表，可得

$$A=F(A/F,i,n)=100\times 0.232\,01=23.20\text{ 万元}$$

即每年年末应存款 23.20 万元。

3. 等额支付资金回收公式（已知P求A）

等额支付资金回收是指以利率i投入一笔资金，希望今后n期内以每期等额A的方式回收，其A值应为多少？这类问题的现金流量图如图 10-1-5 所示。

等额支付资金回收公式为

$$A=P\left[\frac{i(1+i)^n}{(1+i)^n-1}\right]=P(A/P,i,n) \tag{10-1-10}$$

式中，$\frac{i(1+i)^n}{(1+i)^n-1}$称为等额支付资金回收系数，记为$(A/P,i,n)$。

【例 10-1-8】 如现在投资 100 万元，预计年利率为 10%，分 5 年等额回收，每年可回收：[已知：$(A/P,10\%,5)=0.263\,8$，$(A/F,10\%,5)=0.163\,8$]

A. 16.38 万元　　B. 26.38 万元　　C. 62.09 万元　　D. 75.82 万元

解 根据等额支付资金回收公式，每年可回收：

$$A=P(A/P,10\%,5)=100\times 0.263\,8=26.38\text{ 万元}$$

答案： B

4. 等额支付现值公式（已知A求P）

每年收益（或支付）等额年金，求其现值，现金流量图如图 10-1-6 所示。

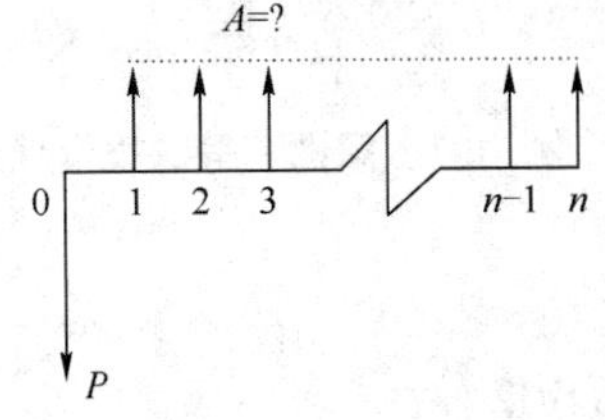

图 10-1-5 等额支付资金回收现金流量图

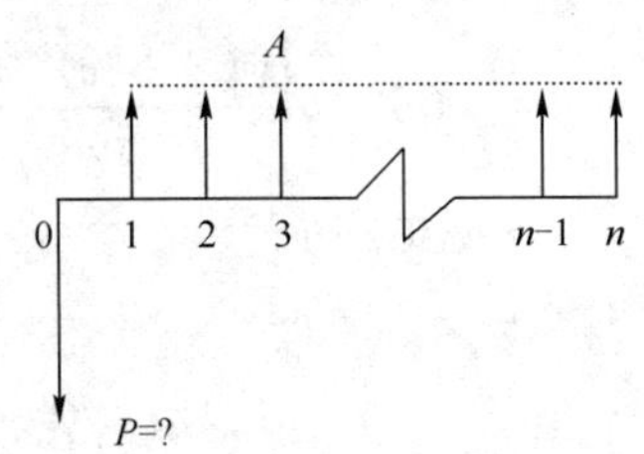

图 10-1-6 等额支付现值现金流量图

等额支付现值公式为

$$P=A\left[\frac{(1+i)^n-1}{i(1+i)^n}\right]=A(P/A,i,n) \tag{10-1-11}$$

式中$\frac{(1+i)^n-1}{i(1+i)^n}$称为等额支付现值系数，记为$(P/A,i,n)$。

应用等额支付资金回收公式和等额支付现值公式时应注意，P发生在第 0 年年末，即第 1 期期初，A发生在各期期末，P和A不在同一时间发生。

【例 10-1-9】 某企业利用银行贷款建设，年复利率 8%，当年建成并投产，预计每年可获得净利润 100 万元，要求 10 年内收回全部贷款，问投资额应控制在多少以内？

解 绘出现金流量图，如解图所示。

根据上式，可得

$$P=A\left[\frac{(1+i)^n-1}{i(1+i)^n}\right]$$

$$=100\times\left[\frac{(1+8\%)^{10}-1}{8\%\times(1+8\%)^{10}}\right]=671.0\text{ 万元}$$

或利用复利系数表，可得

$$P=A(P/A,i,n)=100\times6.710=671.0\text{ 万元}$$

即投资额应控制在 671.0 万元以内。

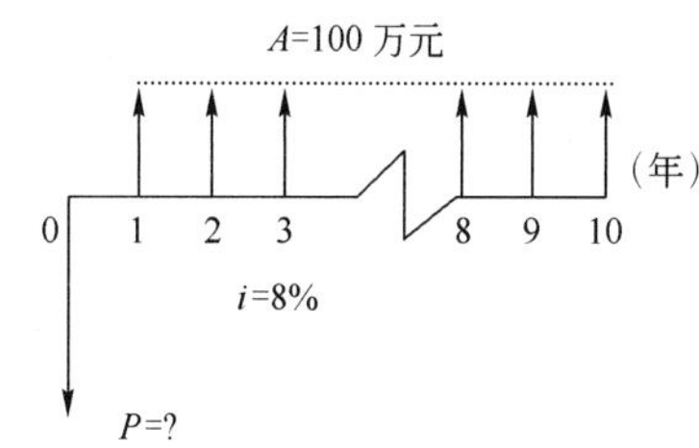

例 10-1-9 解图 等额支付现金流量图

五、复利系数表的应用

资金等值计算时，可以利用相应的公式计算，也可以应用复利系数表进行计算。复利系数表的形式见表 10-1-1 所列。表 10-1-1 是利率为 5%的复利系数表。

复利系数表（利率为 5%） **表 10-1-1**

年份 n	一次支付		等额支付			
	终值系数 $(1+i)^n$ $(F/P,i,n)$	现值系数 $\frac{1}{(1+i)^n}$ $(P/F,i,n)$	终值系数 $\frac{(1+i)^n-1}{i}$ $(F/A,i,n)$	偿债基金系数 $\frac{i}{(1+i)^n-1}$ $(A/F,i,n)$	资金回收系数 $\frac{i(1+i)^n}{(1+i)^n-1}$ $(A/P,i,n)$	现值系数 $\frac{(1+i)^n-1}{i(1+i)^n}$ $(P/A,i,n)$
1	1.050	0.952 4	1.000	1.000 00	1.050 00	0.952
2	1.103	0.907 0	2.050	0.487 80	0.537 80	1.859
3	1.158	0.868 8	3.153	0.317 21	0.367 21	2.723
4	1.216	0.827 7	4.310	0.232 01	0.282 01	3.546
5	1.276	0.783 5	5.526	0.180 97	0.230 97	4.329
6	1.340	0.746 2	6.802	0.147 02	0.197 02	5.076
7	1.407	0.710 7	8.142	0.122 82	0.172 82	5.78
8	1.477	0.676 8	9.549	0.104 72	0.154 72	6.463
9	1.551	0.644 6	11.027	0.090 69	0.140 69	7.108
10	1.629	0.613 9	12.578	0.079 50	0.129 50	7.722

由上表可以看出，等额支付系列的终值系数（$F/A,i,n$）与偿债基金系数（$A/F,i,n$）互为倒数，等额支付系列的资金回收系数（$A/P,i,n$）与现值系数（$P/A,i,n$）互为倒数。

【例 10-1-10】 某项目建设期 2 年，前 2 年年初分别投资 1 000 万元和 800 万元，2 年建成并投产，从第 3 年开始每年净收益 300 万元，项目生产期为 10 年，年利率为 5%，试计算该项目的净现值（净现值：按设定的折现率，将项目计算期内各年的净现金流量折现到建设期初的现值之和）。

解 该项目的现金流量图如解图所示，净现值为

$$\begin{aligned}\mathrm{NPV} &= -1\,000 - 800(P/F,5,1) + 300(P/A,5,10)(P/F,5,2)\\ &= -1\,000 - 800\times 0.952\,4 + 300\times 7.722\times 0.907\,0\\ &= 339.24\ 万元\end{aligned}$$

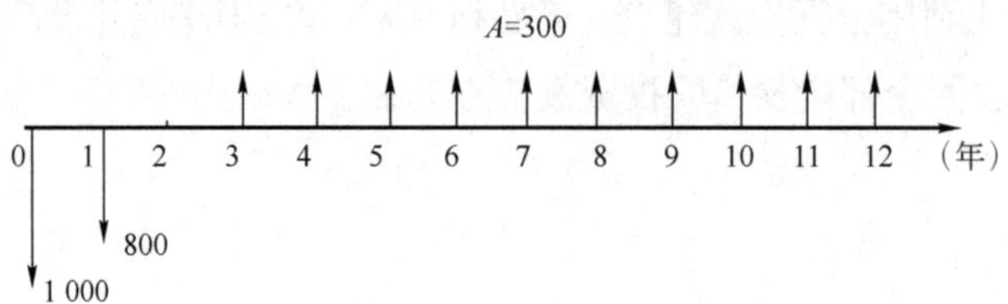

例 10-1-10 解图 某投资项目的现金流量图

习 题

10-1-1 某公司购买设备，有三家银行可提供贷款，甲银行年利率 18%，半年计息一次；乙银行年利率 17%，每月计息一次；丙银行年利率 18.2%，每年计息一次。均按复利计息，若其他条件相同，公司应向（ ）。

A. 向甲银行借款　　B. 向乙银行借款

C. 向丙银行借款　　D. 向甲银行、丙银行借款都一样

10-1-2 某公司从银行贷款，年利率 11%，每年年末贷款金额 10 万元，按复利计息，到第 5 年年末需偿还本利和（ ）。

A. 54.4 万元　　B. 55.5 万元　　C. 61.051 万元　　D. 62.278 万元

10-1-3 某公司从银行贷款，年利率 8%，按复利计息，借贷期限 5 年，每年年末偿还等额本息 50 万元。到第 3 年年初，企业已经按期偿还 2 年本息，现在企业有较充裕资金，与银行协商，计划第 3 年年初一次偿还贷款，需还款金额为（ ）。

A. 89.2 万元　　B. 128.9 万元　　C. 150 万元　　D. 199.6 万元

10-1-4 某学生从银行贷款上学，贷款年利率 5%，上学期限 3 年，与银行约定从毕业工作的第 1 年年末开始，连续 5 年以等额本息还款方式还清全部贷款，预计该生每年还款能力为 6 000 元。该学生上学期间每年年初可从银行得到等额贷款是（ ）。

A. 7 848 元　　B. 8 240 元　　C. 9 508 元　　D. 9 539 元

第二节 财务效益与费用估算

一、项目的分类与项目计算期

对建设项目可以从不同的角度进行分类，通常有以下分类方法：

（1）按项目的目标，可分为经营性项目和非经营性项目；

（2）按项目的产出属性（产品或服务），可分为公共项目和非公共项目；

（3）按项目的投资管理形式，可分为政府投资项目和企业投资项目；

（4）按项目与企业原有资产的关系，可分为新建项目和改扩建项目；

（5）按项目的融资主体，可分为新设法人项目和既有法人项目。

一个建设项目要经历若干个不同的阶段。在进行建设项目经济评价时，项目计算期是指经济评价中为进行动态分析所设定的期限，包括建设期和运营期。建设期是指项目资金正式投入开始到项目建成投产为止所需要的时间，一般按合理工期或预定的建设进度确定；运营期又分为投产期和达产期两个阶段。投产期是指项目投入生产，但生产能力尚未达到设计能力时的过渡阶段。达产期是指生产运营达到设计预期水平后的时间。运营期的长短一般取决于主要设备经济寿命。

项目计算期的长短与行业特点、主要设备经济寿命等有关。

二、财务效益与费用

财务效益与费用是对项目进行财务分析的基础，这里的财务效益与费用是指项目实施后所获得的收入和费用支出。

（一）收入

项目的收入包括营业收入和补贴收入。

1. 营业收入

营业收入是指销售产品或提供服务获得的收入。对于生产销售产品的项目，营业收入就是销售收入。销售收入是指企业向社会出售商品或提供劳务的货币收入。

$$销售收入 = 产品销售量 \times 产品单价$$

在项目经济评价中需要对营业收入进行估算，根据市场预测分析数据、产品或服务价格、各期的运营负荷（产品或服务的数量）等因素估算。

2. 补贴收入

补贴收入是企业从政府或某些国际组织得到的补贴。

对于适用增值税的经营性项目，除营业收入外，可得到的增值税返还也作为补贴收入计入财务效益；对于非经营性项目，财务效益包括可能获得的各种补贴收入。

3. 利润

利润是企业在一定期间的经营成果。

营业利润 = 营业收入 − 营业成本 − 税金及附加 − 销售费用 − 管理费用 − 财务费用 − 资产减值损失 − 公允价值变动损失(+收益) + 投资收益(−损失)

利润总额 = 营业利润 + 营业外收入 − 营业外支出

净利润 = 利润总额 − 所得税费用 = 利润总额 × (1 − 所得税率)

【例 10-2-1】 对于国家鼓励发展的增值税的经营项目，可以获得增值税的优惠。在财务评价中，先征后返的增值税应记作项目的：

A. 补贴收入　　B. 营业收入

C. 经营成本　　D. 营业外收入

解　根据建设项目经济评价方法的有关规定，在建设项目财务评价中，对于先征后返的增值税、按销量或工作量等依据国家规定的补助定额计算并按期给予的定额补贴，以及属于财政扶持而给予的其他形式的补贴等，应按相关规定合理估算，计作补贴收入。

答案： A

（二）项目的费用支出

建设项目所支出的费用主要包括投资、成本费用和税金等。

1. 建设投资

建设投资是指项目筹建和建设期间所需的建设费用。建设投资由工程费用（包括建筑工程费、设备购置费、安装工程费）、工程建设其他费用和预备费（包括基本预备费和涨价预备费）所组成。

其中工程建设其他费用是指建设投资中除建筑工程费、设备购置费和安装工程费之外的，为保证项目顺利建成并交付使用的各项费用，包括建设用地费用、与项目建设有关的费用（如建设管理费、可行性研究费、勘察设计费等）及与项目运营有关的费用（如专利使用费、联合试运转费、生产准备费等）。

建设项目的总投资包括建设投资、建设期利息和流动资金之和。建设期利息包括银行借款和其他债务资金的利息，以及其他融资费用。流动资金是指项目运营期内长期占用并周转使用的营运资金。建设项目投资构成如图 10-2-1 所示。

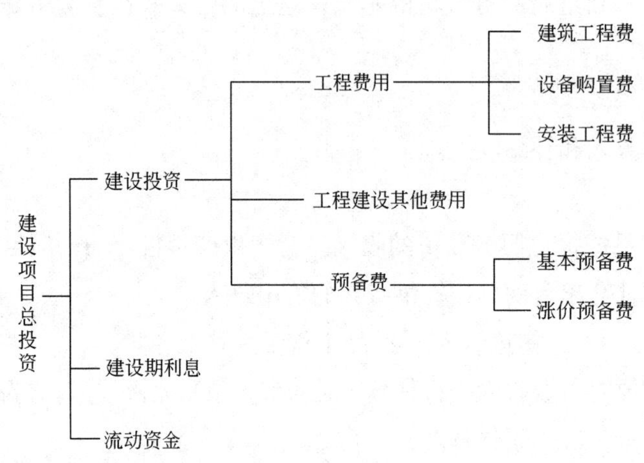

图 10-2-1 建设项目投资构成

【例 10-2-2】 在下列费用中，应列入项目建设投资的是：

A. 项目经营成本　　　　B. 流动资金

C. 预备费　　　　　　　D. 建设期利息

解 建设项目评价中的总投资包括建设投资、建设期利息和流动资金之和。建设投资由工程费用（建筑工程费、设备购置费、安装工程费）、工程建设其他费用和预备费（基本预备费和涨价预备费）组成。

答案： C

2. 建设期利息

建设期利息是指为建设项目所筹措的债务资金在建设期内发生并按规定允许在投产后计入固定资产原值的利息，即资本化利息。估算建设期利息一般按年计算。

根据借款是在建设期各年年初发生还是在各年年内均衡发生，估算建设期利息应采用不同的计算公式。

（1）借款在建设期各年年初发生，建设期利息为

$$Q=\sum[(P_{t-1}+A_t)\cdot i] \tag{10-2-1}$$

式中：Q——建设期利息；

P_{t-1}——按单利计算时为建设期第$t-1$年末借款累计，按复利计息时为建设期第$t-1$年末借款本息累计；

A_t——建设期第t年借款额；

i——借款年利率；

t——年份。

（2）借款在建设期各年年内均衡发生，建设期利息为

$$Q=\sum\left[\left(P_{t-1}+\frac{A_t}{2}\right)\cdot i\right] \tag{10-2-2}$$

【例 10-2-3】 某新建项目，建设期为 3 年，第 1 年年初借款 500 万元，第 2 年年初借款 800 万元，第 3 年年初借款 400 万元，借款年利率 8%，按年计息，建设期内不支付利息。试问该项目的建设期利息是多少？

解 第 1 年借款利息：$Q_1=(P_{1-1}+A_1)\times i=500\times 8\%=40$万元

第 2 年借款利息：$Q_2=(P_{2-1}+A_2)\times i=(540+800)\times 8\%=107.2$万元

第 3 年借款利息：$Q_3=(P_{3-1}+A_3)\times i=(540+907.2+400)\times 8\%=147.78$万元

建设期利息为：$Q=Q_1+Q_2+Q_3=40+107.2+147.78=294.98$万元

【例 10-2-4】 某新建项目，建设期为 3 年，第 1 年借款 500 万元，第 2 年借款 800 万元，第 3 年借款 400 万元，各年借款均在年内均衡发生，借款年利率 8%，每年计息一次，建设期内按期支付利息。试问该项目的建设期利息是多少？

解 第 1 年借款利息：$Q_1=(P_{1-1}+A_1/2)\times i=500\div 2\times 8\%=20$ 万元

第 2 年借款利息：$Q_2=(P_{2-1}+A_2/2)\times i=(500+800\div 2)\times 8\%=72$ 万元

第 3 年借款利息：$Q_3=(P_{3-1}+A_3/2)\times i=(500+800+400\div 2)\times 8\%=120$ 万元

建设期利息为：$Q=Q_1+Q_2+Q_3=20+72+120=212$ 万元

【例 10-2-5】 某建设项目的建设期为 2 年，第一年贷款额为 400 万元，第二年贷款额 800 万元，贷款在年内均衡发生，贷款年利率为 6%，建设期内不支付利息，计算建设期贷款利息为：

A. 12 万元　　B. 48.72 万　　C. 60 万元　　D. 60.72 万元

解 第一年贷款利息：$400/2\times 6\%=12$ 万元

第二年贷款利息：$(400+800/2+12)\times 6\%=48.72$ 万元

建设期贷款利息：$12+48.72=60.72$ 万元

答案：D

3. 流动资金

流动资金是指运营期内长期占用并周转使用的营运资金，不包括运营中需要的临时性营运资金。建设项目投资期垫支的营运资金一般默认在营业终结期（项目寿命期满）收回。营运资金垫支一般发生在投资期，垫支时做现金流出，在项目寿命期满收回时做现金流入。流动资金估算的基础是营业收入、经营成本和商业信用等。在估算营业收入和经营成本后估算流动资金。按行业或前期研究阶段的不同，估算流动资金的方法可选用扩大指标法或分项详细估算法。

（1）扩大指标法

扩大指标法是参照同类企业流动资金占营业收入或经营成本的比例，或者单位产品占用营运资金

的数额估算流动资金，计算公式如下

$$流动资金 = 年营业收入额 \times 营业收入资金率$$

或
$$流动资金 = 年经营成本 \times 经营成本资金率$$

或
$$流动资金 = 单位产品占用流动资金额 \times 年产量$$

（2）分项详细估算法

分项详细估算法是利用流动资产与流动负债估算项目占用的流动资金。流动资产的构成要素一般包括存货、库存现金、应收账款和预付账款，流动负债的构成要素一般只考虑应付账款和预收账款。计算公式如下

$$流动资金 = 流动资产 - 流动负债$$

$$流动资产 = 存货 + 现金 + 应收账款 + 预付账款$$

$$流动负债 = 应付账款 + 预收账款$$

$$流动资金本年增加额 = 本年流动资金 - 上年流动资金$$

4. 总成本费用

费用是指企业在日常活动中发生的、会导致所有者权益减少的、与向所有者分配利润无关的经济利益的总流出。成本通常是指企业为生产产品或提供服务所进行经营活动的耗费。

总成本费用是指在运营期内为生产产品或提供服务所发生的全部费用，等于经营成本与折旧费、摊销费和财务费用之和。

总成本费用可按以下两种方法计算：

（1）生产成本加期间费用估算法

$$总成本费用 = 生产成本 + 期间费用$$

其中 $生产成本 = 直接材料费 + 直接燃料和动力费 + 直接工资 + 其他直接支出 + 制造费用$

$$期间费用 = 管理费用 + 营业费用 + 财务费用$$

生产成本是企业为生产产品或提供服务而发生的各项生产费用，包括各项直接支出和制造费用。其中，直接支出包括直接材料、直接燃料和动力、直接工资、其他直接支出（如福利费）；制造费用是指企业内的车间为组织和管理生产所发生的各项费用，包括车间管理人员工资、折旧费、修理费及其他制造费用（办公费、差旅费、劳保费等）。

管理费用是指企业行政管理部门为组织和管理生产经营活动而发生的各项费用，包括企业管理人员的工资、福利费及公司一级的折旧费、修理费、无形资产摊销费、长期待摊费用、其他管理费用（如办公费、差旅费、技术转让费、咨询费等）。

营业费用是指企业在销售产品和提供服务等经营过程中发生的各项费用以及专设销售机构的各项经费。

财务费用是指企业在生产经营过程中为筹集资金而发生的各项费用，包括企业生产经营期间发生的利息支出、汇兑净损失、金融机构手续费等。在项目评价中一般只考虑其中的利息支出。

（2）生产要素估算法

$$\begin{aligned}总成本费用 = {} & 外购原材料、燃料和动力费 + 工资及福利费 + 折旧费 + 摊销费 + \\ & 修理费 + 财务费用(利息支出) + 其他费用\end{aligned}$$

5. 固定资产折旧

固定资产是指使用期限超过一年，单位价值在规定标准以上，并在使用过程中保持原有物质形态的

资产。固定资产在使用过程中，其价值量会不断变化。

建设项目建成或者设备购置投入使用时发生并核定的固定资产完全原始价值总量，称为固定资产原值。固定资产在使用过程中会发生损耗，这种损耗称为固定资产损耗，产生的损耗，包括有形损耗和无形损耗。有形损耗也称为物理损耗，是由于使用或者自然力的作用而引起的固定资产物质上的损耗。无形损耗也称为精神损耗，是由于科学技术进步、社会劳动生产率提高而引起原来的固定资产贬值。

固定资产原值或者重置价值减去累计折旧额后的余额称为固定资产净值，它反映了固定资产现存的价值。

固定资产达到规定的使用期限或者报废清理时可以回收的价值称为固定资产残值。

固定资产折旧简称折旧，是指固定资产在使用过程中由于逐渐磨损和贬值而转移到产品中去的那部分价值。固定资产在使用过程中，虽然其实物形态不变，但是由于磨损和贬值其价值会发生变化。折旧是固定资产价值补偿的一种方式，通过从销售收入中提取折旧费对固定资产进行价值形态的补偿，提取的折旧费积累起来可以用作固定资产的更新。

在项目投产前一次性支付的无形资产的费用，如技术转让费（包括专利费、许可证费等），在项目投产后分次摊入成本的金额，称为摊销费。摊销费是无形资产转移到成本的那部分价值。同样，摊销费也在销售收入中回收，其性质与折旧费类似，所以也可以把它列入计算折旧的栏目中，一并计算现金流量。

折旧常用的方法有年限平均法（直线法）、工作量法、双倍余额递减法、年数总和法等。其中，双倍余额递减法属于加速折旧法，对企业较为有利，一方面可以避免承担固定资产无形损耗带来的风险；另一方面可以冲减企业的利润，减少同期的纳税额。各种折旧方法计算公式如下：

（1）年限平均法

$$年折旧额=\frac{固定资产原值-残值}{折旧年限} \tag{10-2-3}$$

残值与固定资产原值之比称为净残值率，将上式两边同除以固定资产原值，可以得到年折旧率，所以年折旧额也可以按以下两式计算

$$年折旧率=\frac{1-预计净残值率}{折旧年限}\times 100\% \tag{10-2-4}$$

$$年折旧额=固定资产原值\times 年折旧率 \tag{10-2-5}$$

按这种折旧方法计算，折旧率不变，每年折旧额也相等。

【例 10-2-6】 某企业以 15 万元购入一种测试仪器，按规定使用年限为 10 年，残值率为 3%，求各年的折旧额。

解 根据式（10-2-4）和式（10-2-5），可知

$$年折旧率=\frac{1-3\%}{10}=9.7\%$$

$$年折旧额=15\times 9.7\%=1.455\ 万元$$

（2）工作量法

这种方法根据固定资产实际完成的工作量计算折旧额。一些专业设备，如汽车、机床等一般用这种方法计提折旧。工作量法分为两种，一种是按照行驶里程计算折旧，另一种是按照工作小时计算折旧。

按行驶里程计算折旧的公式如下

$$\text{单位里程折旧额} = \frac{\text{原值} \times (1 - \text{预计净残值率})}{\text{总行驶里程}} \tag{10-2-6}$$

$$\text{年折旧额} = \text{单位里程折旧额} \times \text{年行驶里程}$$

按照工作小时计算折旧的公式为

$$\text{每工作小时折旧额} = \frac{\text{原值} \times (1 - \text{预计净残值率})}{\text{总工作小时}} \tag{10-2-7}$$

$$\text{年折旧额} = \text{每工作小时折旧额} \times \text{年工作小时}$$

采用工作量法折旧，若每年的工作量不同，则每年的折旧额不等。

【例 10-2-7】 同例 10-2-6，各年该测试仪器工作小时见表，用工作量法计算各年的折旧额。

某测试仪器各年的工作小时 **例 10-2-7 表**

年　份	1	2	3	4	5	6	7	8	9	10	合计
工作小时	420	450	460	500	510	500	530	550	540	540	5000

解 根据公式（10-2-7），可知

$$\text{第 1 年折旧额} = (15 - 15 \times 3\%) \times \frac{420}{5\,000} = 1.222\ \text{万元}$$

$$\text{第 2 年折旧额} = (15 - 15 \times 3\%) \times \frac{450}{5\,000} = 1.310\ \text{万元}$$

同样，可求得其余各年折旧额。

（3）双倍余额递减法

双倍余额递减法属于加速折旧法，是一种加快回收折旧金额的方法。此法初始年折旧额大，随着固定资产使用年数的增加，年折旧额逐年降低，但每年的折旧率是相同的。

$$\text{年折旧率} = \frac{2}{\text{折旧年限}} \times 100\% \tag{10-2-8}$$

$$\text{第}n\text{年折旧额} = \text{第}n\text{年固定资产净值} \times \text{年折旧率} \tag{10-2-9}$$

采用此法计算折旧额，应在固定资产折旧年限到期的前 2 年内，将固定资产净值扣除预计残值后的净额平均摊销。

【例 10-2-8】 同例 10-2-6，但用双倍余额递减法计算各年的折旧额。

解 根据公式（10-2-8）和公式（10-2-9）可得

$$\text{年折旧率} = \frac{2}{10} \times 100\% = 20\%$$

第 1 年折旧额$= 15 \times 20\% = 3$ 万元

第 2 年折旧额$= (15 - 3) \times 20\% = 2.4$ 万元

第 3 年折旧额$= 15 \times (1 - 20\%)^2 \times 20\% = 1.92$ 万元

……

第 8 年折旧额$= 15 \times (1 - 20\%)^7 \times 20\% = 0.629$ 万元

第 9 年和第 10 年的折旧额：

$(\text{固定资产净值} - \text{预计残值}) \div 2 = [15 \times (1 - 20\%)^8 - 15 \times 3\%] \div 2 = 1.033$ 万元

（4）年数总和法

$$年折旧率=\frac{折旧年限-已使用年限}{折旧年限\times(折旧年限+1)\div2}\times100\% \tag{10-2-10}$$

$$年折旧额=(固定资产原值-残值)\times年折旧率 \tag{10-2-11}$$

年数总和法也是一种加速折旧的方法，前几种方法每年的折旧率是不变的，而采用这种方法折旧，折旧额和折旧率都是逐年减小的。

【例 10-2-9】 同例 10-2-6，但用年数总和法计算各年的折旧额。

解　根据公式（10-2-10）和公式（10-2-11）可得

第 1 年折旧率 $=\frac{10-0}{10\times(10+1)\div2}\times100\%=18.18\%$

第 1 年折旧额 $=(15-15\times3\%)\times18.18\%=2.645$ 万元

第 2 年折旧率 $=\frac{10-1}{10\times(10+1)\div2}\times100\%=16.36\%$

第 2 年折旧额 $=(15-15\times3\%)\times16.36\%=2.380$ 万元

同理，可计算出各年的折旧率及折旧额。

各年折旧额累计之和应等于固定资产原值减去残值。

6. 经营成本

经营成本是指建设项目总成本费用扣除折旧费、摊销费和财务费用以后的全部费用。

经营成本是项目评价中所使用的特定概念，是从投资方案本身考察的，在一定期间（一般为一年）内由于生产和销售产品或提供服务而实际发生的现金支出。经营成本不包括虽已经计入产品成本费用中但实际没有发生现金支出的费用项目。

经营成本与项目的融资方案无关，在完成建设投资和营业收入的估算后就可以估算经营成本，为项目融资之前的现金流量分析提供依据。

经营成本按下式计算

$$经营成本=外购原材料、燃料和动力费+工资及福利费+修理费+其他费用$$

经营成本与总成本费用之间的关系是

$$经营成本=总成本费用-折旧费-摊销费-财务费用$$

7. 固定成本和可变成本

总成本费用按成本与产量的关系可分为固定成本和可变成本。

固定成本是指产品总成本中，在一定产量范围内不随产量变动而变动的费用，如固定资产折旧费、管理费用等。固定成本一般包括折旧费、摊销费、修理费、工资、福利费（计件工资除外）及其他费用等。通常把运营期间发生的全部利息也作为固定成本。

可变成本也称为变动成本，是指产品总成本中随产量变动而变动的费用，如产品外购原材料、燃料及动力费、计件工资等。

固定成本总额在一定时期和一定业务范围内不随产量的增加而变动。但在单位产品成本中，固定成本部分与产量的增加成反比，即产量增加，单位产品的固定成本减少。

变动成本总额随产量增加而增加，但单位产品成本中，产量增加，单位可变成本不变。

8. 机会成本和沉没成本

机会成本是指将有限资源投入某种经济活动时所放弃的投入到其他经济活动所能带来的最高收益。

沉没成本是指过去已经支出而现在已无法得到补偿的成本。

【例 10-2-10】某项目投资中有部分资金源于银行贷款，该贷款在整个项目期间将等额偿还本息。项目预计年经营成本为 5 000 万元，年折旧费和摊销为 2 000 万元，则该项目的年总成本费用应：

A. 等于 5 000 万元　　B. 等于 7 000 万元

C. 大于 7 000 万元　　D. 在 5 000 万元与 7 000 万元之间

解 经营成本是指项目总成本费用扣除固定资产折旧费、摊销费和利息支出以后的全部费用。即，经营成本=总成本费用−折旧费−摊销费−利息支出。本题经营成本与折旧费、摊销费之和为 7 000 万元，再加上利息支出，则该项目的年总成本费用大于 7 000 万元。

答案： C

（三）项目评价涉及的税费

项目评价涉及的税费主要包括增值税、资源税、消费税、城市维护建设税和教育费附加、地方教育附加、城镇土地使用税、土地增值税、耕地占用税、环境保护税、所得税、关税等，以下简述几种主要的税种。

1. 增值税

增值税是就商品生产、商品流通和劳务服务各个环节的增值额征收的一种流转税（流转税是指以商品生产、商品流通和劳务服务的流转额为征税对象的各种税，包括增值税、消费税和关税等）。增值税是价外税，价外税是指增值税纳税人不计入货物销售价格中，而在增值税纳税申报时，按规定计算缴纳的增值税。增值税设基本税率、低税率和零税率三档。计税公式为

$$应纳税额 = 当期销项税额 - 当期进项税额$$

其中

$$销项税额 = 销售额 \times 适用增值税率$$

销项税额是按照销售额和规定税率计算并向购买方收取的增值税额。进项税额是指纳税人购进货物或者应税劳务所支付或者负担的增值税额。准予从销项税额中抵扣的进项税额，是指从销售方取得增值税专用发票上注明的增值税额或从海关取得的完税凭证上注明的增值税额。

根据现行规定，建筑业增值税一般纳税人的增值税税率为 9%。

财务分析应按税法规定计算增值税。当采用含（增值）税价格计算销售收入和原材料、燃料动力成本时，利润和利润分配表以及现金流量表中应单列增值税科目；采用不含（增值）税价格计算时，利润表和利润分配表以及现金流量表中不包括增值税科目。

2. 资源税

资源税是对在我国境内开发应税资源的单位和个人在应税资源产品的销售或自用环节征收的税种。

3. 消费税

消费税是以特定消费品为纳税对象的税种。

4. 城市维护建设税、教育费附加、地方教育附加

城市维护建设税是为加强城市的维护建设，扩大和稳定城市维护建设资金来源的附加税，以纳税人依法实际缴纳的增值税、消费税税额为计税依据。

教育费附加是国家为发展地方教育事业，扩大地方教育经费来源，计征用于教育的专项资金。地方教育附加是各省、自治区、直辖市根据国家有关规定，为进一步规范和拓宽财政性教育经费筹资渠道，增加地方教育的资金投入，开征的一项地方政府性基金，主要用于各地方教育经费的投入补充。教育费附加和地方教育附加都是以各单位和个人实际缴纳的增值税、消费税的税额为计征依据。

在项目评价时，消费税、资源税、城市维护建设税、教育费附加、地方教育附加、土地使用税等均可包含在税金及附加中。

5. 城镇土地使用税

城镇土地使用税是指国家在城市、县城、建制镇、工矿区范围内，对使用土地的单位和个人，以其实际占用的土地面积为计税依据，依照规定税额计算征收的一种税。

6. 土地增值税

土地增值税是按照转让房地产所取得的增值额征收的一种税。房地产开发项目应按规定计算土地增值税。

7. 耕地占用税

耕地占用税是为了合理利用土地资源、加强土地管理、保护耕地，对在我国境内占用用于种植农作物的土地建设建筑物、构筑物或者从事非农业建设的单位和个人征收的税金。

8. 环境保护税

环境保护税是为了保护和改善环境，减少污染物排放，推进生态文明建设，对在我国领域和我国管辖的其他海域，直接向环境排放应税污染物的企业事业单位和其他生产经营者征收的税金。

9. 企业所得税

企业所得税是企业应纳税所得额征收的税种，其计算公式为

$$应纳所得税额 = 应纳税所得额 \times 所得税税率$$

$$应纳税所得额 = 利润总额 \pm 税收项目调整项目金额$$

10. 关税

关税是以进出口应税货物为纳税对象的税种。

11. 固定资产投资方向调节税

固定资产投资方向调节税是以投资行为为征税对象的一种税。按国家规定，自 2000 年 1 月起新发生的投资额，暂停征收固定资产投资方向调节税。

在财务现金流量表中所列的“税金及附加”，是指在项目运营期内各年销售产品或提供服务所发生的应从营业收入中缴纳的税金，包括资源税、消费税、土地增值税、城市维护建设税、教育费附加、地方教育附加、土地使用税等。

（四）总投资形成的资产

建设项目评价中的总投资，是指项目建设和投入运营所需要的全部投资，为建设投资、建设期利息和流动资金之和。应注意项目评价中的总投资区别于目前国家考核建设规模的总投资，后者包括建设投资和 30%的流动资金（又称铺底流动资金）。

按现行财务会计制度的规定，固定资产是指为生产商品、提供劳务、出租或经营管理而持有的，使用寿命超过一个会计年度的有形资产。

无形资产是指企业拥有或控制的没有实物形态的可辨认非货币性资产。

其他资产，原称递延资产，是指除流动资产、长期投资、固定资产、无形资产以外的其他资产，如长期待摊费用。

项目评价中总投资形成的资产可划分为：

1. 固定资产

构成固定资产原值的费用包括：

（1）工程费用，即建筑工程费、设备购置费和安装工程费；

（2）工程建设其他费用；

（3）预备费，可含基本预备费和涨价预备费；

（4）建设期利息。

2. 无形资产

构成无形资产原值的费用，主要包括技术转让费或技术使用费（含专利权和非专利技术）、商标权和商誉等。

3. 其他资产

构成其他资产原值的费用，主要包括生产准备费、开办费、出国人员费、来华人员费、图纸资料翻译复制费、样品样机购置费和农业开荒费等。

建设项目经济评价中，应按有关规定将建设投资中的各分项分别形成固定资产原值、无形资产原值和其他资产原值。形成的固定资产原值可用于计算折旧费，形成的无形资产原值和其他资产原值可用于计算摊销费。建设期利息应计入固定资产原值。

总投资中的流动资金与流动负债共同构成流动资产。

习　题

10-2-1　构成建设项目的总投资的三部分费用是（　　）。

A. 工程费用、预备费、流动资金

B. 建设投资、建设期利息、流动资金

C. 建设投资、建设期利息、预备费

D. 建筑安装工程费、工程建设其他费用、预备费

10-2-2　建设项目总投资中，形成固定资产原值的费用包括（　　）。

A. 工程费用、工程建设其他费用、预备费、建设期利息

B. 工程费用、专利费、预备费、建设期利息

C. 建筑安装工程费、设备购置费、建设期利息、商标权

D. 建筑安装工程费、预备费、流动资金、技术转让费

10-2-3　某新建项目，建设期 2 年，第 1 年年初借款 1 500 万元，第 2 年年初借款 1 000 万元，借款按年计息，利率为 7%，建设期内不支付利息，第 2 年借款利息为（　　）。

A. 70 万元　　B. 77.35 万元　　C. 175 万元　　D. 182.35 万元

10-2-4　某企业购置一台设备，固定资产原值为 20 万元，采用双倍余额递减法折旧，折旧年限为 10 年，则该设备第 2 年折旧额为（　　）。

A. 2 万元　　B. 2.4 万元　　C. 3.2 万元　　D. 4.0 万元

10-2-5　以下关于增值税的说法，正确的是（　　）。

A. 增值税是营业收入征收的一种所得税

B. 增值税是价内税，包括在营业收入中

C. 增值税应纳税额一般按生产流通或劳务服务各个环节的增值额乘以适用税率计算

D. 作为一般纳税人的建筑企业，增值税应按税前造价的 3%缴纳

10-2-6　在建设项目总投资中，以下应计入固定资产原值的是（　　）。

A. 建设期利息　　B. 外购专利权

C. 土地使用权　　D. 开办费

第三节　资金来源与融资方案

一、资金筹措的主要方式

一个项目的建设，需要通过融资筹集建设项目所需的资金，资金筹措方式是指项目获得资金的具体方式。按照融资主体不同，项目的融资可分为既有法人融资和新设法人融资两种融资方式；按融资的性质，可以分为权益融资和债务融资。权益融资形成项目的资本金，债务融资形成项目的债务资金。

（一）资本金筹措

项目资本金是指在建设项目总投资中，由投资者认缴的出资额，对项目来说是非债务资金，投资者按出资比例依法享有所有者权益，可转让其出资，但不得抽回。项目法人不承担资本金的任何利息和债务，没有按期还本付息的压力。股利的支付依投产后的经营状况而定，项目法人的财务负担较小。由于股利从税后利润中支付，没有抵税作用，且发行费用较高，故资金成本较高。

项目资本金（即项目权益资金）的来源和筹措方式根据融资主体的特点有不同筹措方式。

既有法人融资项目新增资本金，可通过原有股东增资扩股、吸收新股东投资、发行股票、政府投资等方式筹措；新设法人融资项目的资本金，可通过股东直接投资、发行股票、政府投资等方式筹措。

发行普通股股票（简称普通股）是筹集权益资金最常见的方式，企业发行普通股股票筹集的资金称为普通股股本。普通股筹资优点是：没有固定利息负担、没有固定到期日、筹资风险小、能增加公司的信誉、筹资限制较少、在通货膨胀时普通股筹资容易吸收资金；缺点是：普通股的资本成本较高、增加股东可能会分散公司的控制权、信息披露成本高并增加了公司保护商业秘密的难度、股票上市会增加公司被收购的风险。

（二）债务资金筹措

债务资金是项目投资中以负债方式从金融机构、证券市场等资本市场取得的资金。债务资金的特点是：使用上有时间性限制，到期必须偿还；不管企业经营好坏，均得按期还本付息，形成企业的财务负担；资金成本一般比权益资金低；不会分散投资者对企业的控制权。

目前，我国项目债务资金的来源和筹措方式有：

1. 商业银行贷款

国内商业银行贷款手续简单、成本较低，适用于有偿债能力的项目。

2. 政策性银行贷款

政策性银行贷款一般期限较长，利率较低。

3. 外国政府贷款

外国政府贷款在经济上有援助性质，期限长、利率低。

4. 国际金融组织贷款

国际金融组织贷款，如国际货币基金组织、世界银行、亚洲开发银行等。国际金融组织有自己的贷款政策，符合该组织认为应当支持的项目才能获得贷款。

5. 出口信贷

出口信贷是设备出口国政府为促进本国设备出口，鼓励本国银行向本国出口商或外国进口商（或进口方银行）提供的贷款。贷款的使用条件是购买贷款国的设备，其利率通常低于国际上商业银行的利率，但需要支付一定的附加费用（管理费、承诺费、信贷保险费等）。

6. 银团贷款

银团贷款是指多家银行组成一个集团，由一家或几家银行牵头，采用同一贷款协议，按照共同约定的贷款计划，向借款人提供贷款的贷款方式。它主要适用于资金需要量大、偿债能力较强的项目。

7. 企业债券

企业债券是企业以自身的财务状况和信用条件为基础，按有关法律、法规规定的条件和程序发行的、约定在一定期限内还本付息的债券。企业债券的特点是筹资对象广，但发债条件严格、手续复杂；其利率虽低于贷款利率，但发行费用较高。它适用于资金需求量大、偿债能力较强的项目。

8. 国际债券

国际债券是在国际金融市场上发行的、以外国货币为面值的债券。

9. 融资租赁

租赁筹资是指出租人以租赁方式将出租物租给承租人，承租人以交纳租金的方式取得租赁物的使用权，在租赁期间出租人仍保持出租物的所有权，并于租赁期满收回出租物的一种经济行为。融资租赁是通过租赁设备融通到所需资金，是债务资金筹措的一种融资方式，形成债务资金。承租人支付的租金可以计入成本费用，因此可以减少应付所得税，具有抵税作用。

企业筹集资金除了受到宏观经济、法律、政策及行业特点等因素制约外，还受到企业或项目自身因素的影响，包括拟建项目的规模、拟建项目的速度、控制权、资金结构、资金成本等因素的影响。

（三）准股本资金筹措

准股本资金是一种既具有资本金性质，又具有债务资金性质的资金。主要包括优先股股票和可转换债券。

（1）优先股股票：是一种兼具资本金和债务资金性质的有价证券。从普通股股东的立场看，优先股可视同一种负债；但从债权人的立场看，优先股可视同资本金。

优先股的股份持有人优先于普通股股东分配公司利润和剩余财产，但参与公司决策管理等权利受到限制。公司清算时，剩余财产先分给债权人，再分给优先股股东，最后分给普通股股东。

在项目评价中，优先股股票应视为项目资本金。

（2）可转换债券：兼有债券和股票的特性。有债权性、股权性和可转换性三个特点。在项目评价中，可转换债券应视为项目债务资金。

二、资金成本

资金成本是企业为筹措资金和使用资金而付出的代价，由资金筹集费和资金占用费所组成。资金筹集费是筹集资金过程中发生的费用，如律师费、证券印刷费、发行手续费、资信评估费等；资金占用费是使用资金过程中向提供资金者所支付的费用，如借款利息、债券利息、优先股股息、普通股股息等。

资金成本一般用资金成本率表示。资金成本率是指筹集的资金与筹资发生的各种费用等值时的贴现率。考虑了资金时间价值的资金成本率的一般计算公式为

$$\sum_{t=0}^{n}\frac{F_{\mathrm{t}}-C_{\mathrm{t}}}{(1+K)^{n}}=0 \qquad (10\text{-}3\text{-}1)$$

式中：F_{t}——各年实际筹措资金流入额；

C_{t}——各年实际资金筹集费和资金占用费；

K——资金成本率；

n——资金占用期限。

若不考虑资金的时间价值，资金成本可按下式计算

$$K=\frac{D}{I-C}=\frac{D}{I(1-f)} \tag{10-3-2}$$

式中：K——资金成本；

D——资金占用费；

I——筹集资金总额；

C——资金筹集费；

f——筹资费率。

（一）各种资金来源的资金成本

1. 银行借款成本

借贷、债券等的融资费用和利息支出均在缴纳所得税之前支付，因此作为股权投资者可以获得所得税抵减的好处，所得税后资金成本可根据下式计算

$$\text{所得税后资金成本}=\text{所得税前资金成本}\times(1-\text{所得税税率}) \tag{10-3-3}$$

借款成本主要是利息支出，在筹资的时候也有一些费用，但这些费用一般较少，进行财务评价时可以忽略不计。考虑到利息在所得税前支付，可少交一部分所得税。其资金成本计算公式为

$$K_e=R_e(1-T) \tag{10-3-4}$$

式中：K_e——借款成本；

R_e——借款利率；

T——所得税税率。

如果考虑筹资费用，计算公式为

$$K_e=\frac{R_e(1-T)}{1-f} \tag{10-3-5}$$

式中：f——筹资费率。

【例 10-3-1】 某项目从银行贷款 500 万元，年利率为 8%，在借款期间每年计息 2 次，所得税税率为 25%，手续费忽略不计，问该借款的资金成本是多少？

解　将名义利率折算为实际利率，即

$$R_e=\left(1+\frac{r}{m}\right)^m-1=\left(1+\frac{8\%}{2}\right)^2-1=8.16\%$$

借款资金成本$K_e=R_e(1-T)=8.16\%\times(1-25\%)=6.12\%$

2. 债券成本

与借款类似，企业发行债券筹集资金所支付的利息计入税前成本费用，同样可以少交一部分所得税。企业发行债券的筹资费用较高，计算其资金成本时应予以考虑。债券成本的计算公式为

$$K_b=\frac{R_b(1-T)}{B(1-f_b)} \tag{10-3-6}$$

式中：K_b——债券成本；

R_b——债券每年实际利息；

B——债券每年发行总额；

f_b——债券筹资费用率。

3. 优先股资金成本

优先股是一种兼有资本金和债务资金特点的融资方式，优先股股东不参与公司经营管理，对公司无

控制权。发行优先股通常不需要还本，但需要支付固定股息，股息一般高于银行贷款利息。从债权人的立场看，优先股可视为资本金；从普通股股东的立场看，优先股可视为一种负债。在项目评价中，优先股股票应视为资本金。优先股资金成本的计算公式为

$$\text{优先股资金成本} = \frac{\text{优先股股息}}{\text{优先股发行价格} - \text{发行成本}} \tag{10-3-7}$$

【例 10-3-2】 某优先股面值 100 元，发行价格 99 元，发行成本为面值的 3%，每年支付利息 1 次，固定股息率为 8%，问该优先股的资金成本是多少？

解 该优先股的资金成本$= \frac{8}{99-3} \times 100\% = 8.33\%$

4. 普通股资金成本

普通股资金成本属于权益资金成本。其计算方法有资本资产定价模型法、税前债务成本加风险溢价法、股利增长模型法等。

（1）资本资产定价模型法

资本资产定价模型法的计算公式为

$$K_c = R_f + \beta(R_m - R_f) \tag{10-3-8}$$

式中：K_c——普通股资金成本；

R_m——市场投资组合预期收益率；

R_f——无风险投资收益率；

β——项目的投资风险系数。

（2）股利增长模型法

该模型是一种假定股票投资收益以固定的增长率递增的计算股票资金成本的方法，计算公式为

$$K_s = \frac{D_i}{P_0(1-f)} + g \tag{10-3-9}$$

式中：K_s——普通股资金成本；

D_i——第i期支付的股利；

P_0——普通股现值；

f——筹资费率；

g——期望股利增长率。

由于股利必须在企业税后利润中支付，因而不能抵减所得税的缴纳。

5. 保留盈余资金成本

保留盈余又称留存收益，是指企业从历年实现的利润中提取或形成的留存于企业内部的积累。保留盈余包括盈余公积和未分配利润。由于企业保留盈余资金不仅可以用来追加本企业的投资，也可把资金放入银行或者投资到别的企业。因此，使用保留盈余资金意味着要承受机会成本。

（二）扣除通货膨胀影响的资金成本

借贷资金利息等通常包含通货膨胀因素的影响，扣除通货膨胀因素影响的资金成本计算公式为

$$\text{扣除通货膨胀因素影响的资金成本} = \frac{1 + \text{未扣除通货膨胀因素影响的资金成本}}{1 + \text{通货膨胀率}} - 1 \tag{10-3-10}$$

如果需要计算扣除所得税和扣除通货膨胀因素影响的资金成本，应当先计算扣除所得税影响的资金成本，然后再计算扣除通货膨胀因素影响的资金成本。

【例 10-3-3】 如果通货膨胀率为 2%，试计算例 10-3-1 的借款资金成本。

解 例 10-3-1 的计算结果已扣除了所得税的影响，则扣除通货膨胀因素影响的借款资金成本为

$$(1 + 6.12\%) \div (1 + 2\%) - 1 = 4.04\%$$

（三）加权平均资金成本

项目的资金有不同来源，其成本一般是不同的。对项目进行评价时，需要计算整个融资方案的综合资金成本，一般是以各种资金所占全部资金的比重为权重，对个别资金成本进行加权计算，即加权平均资金成本，其计算公式为

$$K_{\mathrm{w}} = \sum_{t=1}^{n} K_t W_t$$

式中：K_{w}——加权平均资金成本；

K_t——第t种融资的资金成本；

W_t——第t种融资金额占总融资金额的比重，有$\sum W_t = 1$。

【例 10-3-4】 某项目资金来源包括普通股、长期借款和短期借款，其融资金额分别为 500 万元、400 万元和 200 万元，资金成本分别为 15%、6%和 8%。试计算该项目融资的加权平均资金成本。

解 该项目融资总金额为$500 + 400 + 200 =1\,100$万元，其加权平均资金成本为

$$\frac{500}{1\,100} \times 15\% + \frac{400}{1\,100} \times 6\% + \frac{200}{1\,100} \times 8\% = 10.45\%$$

从以上例子可以看出，个别资金成本、税收、通货膨胀等因素会影响企业的平均资金成本。

三、债务偿还的主要方式

（一）等额利息法

等额利息法，即每期付息额相等，期中不还本金，最后一期归还本金和当期利息。

（二）等额本金法

等额本金法，即每期偿还相等的本金和相应的利息。

假定每年还款，等额本金法的计算公式为

$$A_t = \frac{I_{\mathrm{c}}}{n} + I_{\mathrm{c}} \cdot \left(1 - \frac{t-1}{n}\right) \cdot i \tag{10-3-11}$$

式中：A_t——第t期的还本付息额；

I_{c}——还款开始的期初借款余额；

$\frac{I_{\mathrm{c}}}{n}$——每年偿还的本金；

n——约定的还款期；

i——借款的年利率。

（三）等额本息法

等额本息法，即每期偿还本利额相等。

可利用等额支付资金回收公式（10-1-10）计算，即

$$A = P\left[\frac{i(1+i)^n}{(1+i)^n - 1}\right] = P(A/P, i, n)$$

【例 10-3-5】 某公司向银行借款 150 万元，期限为 5 年，年利率为 8%，每年年末等额还本付息一次（即等额本息法），到第五年末还完本息。则该公司第 2 年年末偿还的利息为：[已知：$(A/P, 8\%, 5) = 0.250\,5$]

A. 9.954 万元　　B. 12 万元　　C. 25.575 万元　　D. 37.575 万元

解 注意题目问的是第 2 年年末偿还的利息（不包括本金）。

等额本息法每年还款的本利和相等，根据等额支付资金回收公式（已知P求A），每年年末还本付息金额为：

$$A=P\left[\frac{i(1+i)^n}{(1+i)^n-1}\right]=P(A/P,8\%,5)=150\times0.2505=37.575\text{ 万元}$$

则第 1 年年末偿还利息为$150\times8\%=12$万元，偿还本金为$37.575-12=25.575$万元

第 1 年已经偿还本金 25.575 万元，尚未偿还本金为$150-25.575=124.425$万元

第 2 年年末应偿还利息为$(150-25.575)\times8\%=9.954$万元

答案：A

（四）"气球法"（任意法）

"气球法"，即期中任意偿还本利，到期末全部还清。

（五）一次偿付法

一次偿付法，即最后一期偿还本利。

（六）偿债基金法

偿债基金法，即每期偿还贷款利息，同时向银行存入一笔等额现金，到期末存款正好偿付贷款本金。

【例 10-3-6】某公司向银行借款 2 400 万元，期限为 6 年，年利率为 8%，每年年末付息一次，每年等额还本，到第 6 年年末还完本息。请问该公司第 4 年年末应还的本息和是：

A. 432 万元　　B. 464 万元　　C. 496 万元　　D. 592 万元

解　该公司借款的偿还方式为等额本金法。

每年应偿还的本金均为：$2400/6=400$万元

前 3 年已经偿还本金：$400\times3=1200$万元

尚未还款本金：$2400-1200=1200$万元

第 4 年年末应还利息为：$I_4=1200\times8\%=96$万元

第 4 年年末应还本息和：$A_4=400+96=496$万元

或按等额本金法公式计算：

$$A_t=\frac{I_c}{n}+I_c\cdot\left(1-\frac{t-1}{n}\right)\cdot i=\frac{2400}{6}+2400\times\left(1-\frac{4-1}{6}\right)\times8\%=496\text{ 万元}$$

答案：C

习　题

10-3-1　某企业发行债券筹集资金，发行总额 500 万元，债券年利率为 5%，发行时的筹资费用率 1%，所得税税率 25%，该债券筹资成本为（　　）。

A. 3%　　B. 3.8%　　C. 5%　　D. 6%

10-3-2　某扩建项目总投资 1000 万元，筹集资金的来源为：原有股东增资 400 万元，资金成本为 15%；银行长期借款 600 万元，年实际利率为 6%。该项目年初投资当年获利，所得税税率 25%，该项目所得税后加权平均资金成本为（　　）。

A. 7.2%　　B. 8.7%　　C. 9.6%　　D. 10.5%

10-3-3　某项目从银行贷款 500 万元，期限 5 年，年利率 5%，采取等额还本利息照付方式还本付息，每年末还本付息一次，第 2 年应付利息是（　　）万元。

A. 5　　B. 20　　C. 23　　D. 25

10-3-4　某公司发行普通股筹资 10 000 万元，筹资费率为 3%，第一年股利率为 8%，以后每年增长

6%，所得税率为 25%，则普通股资金成本为（　　）。

A. 8.25%　　B. 10.69%　　C. 14.00%　　D. 14.25%

第四节　财 务 分 析

建设项目经济评价包括财务评价（也称财务分析）和国民经济评价（也称经济分析）。

财务评价（财务分析）是在国家现行财税制度和价格体系的前提下，从项目的角度进行经济分析，评价项目的盈利能力和借款偿还能力，评价项目在财务上的可行性。对于经营性项目，应分析项目的盈利能力、偿债能力和财务生存能力，判断项目的财务可接受性；对于非经营性项目，财务分析主要分析项目的财务生存能力。

一、财务评价的内容

（1）根据项目的性质和目标选择适当的方法。

（2）收集、预测财务分析的数据，进行财务效益和费用的估算。

（3）进行财务分析。通过编制财务报表，计算财务指标，分析项目的盈利能力、偿债能力和财务生存能力。

（4）进行不确定性分析，估计项目可能承担的风险。

二、盈利能力分析

财务分析可分为融资前分析和融资后分析，一般先进行融资前分析，在满足条件的基础上，考虑融资方案进行融资后分析。

融资前分析应以动态分析（折现现金流量分析）为主，静态分析为辅。融资前动态分析，不考虑债务融资方案，通过编制项目投资现金流量表，计算项目投资内部收益率和净现值等指标，从项目投资总获利能力的角度，考察项目方案的合理性。

根据分析的角度不同，融资前分析可选择计算所得税前指标和（或）所得税后指标。

融资前分析也可计算静态投资回收期指标，以反映收回项目投资所需要的时间。

融资后的盈利能力分析包括动态分析和静态分析，其中动态分析包括项目资本金现金流量分析和投资各方现金流量分析。项目资本金现金流量分析考虑了融资方案的影响，通过编制项目资本金现金流量表，计算项目资本金财务内部收益率，考察项目资本金的收益水平。投资各方现金流量分析通过编制投资各方现金流量表，计算投资各方的财务内部收益率指标，考察投资各方的收益水平。静态分析不考虑资金的时间价值，依据利润和利润分配表计算项目资本金净利润率和总投资收益率指标。

按照是否考虑资金的时间价值，项目经济评价指标可分为静态评价指标和动态评价指标；按照指标的性质，项目经济评价指标可分为时间性指标、价值性指标和比率性指标；国家发改委、住建部发布的《建设项目经济评价方法与参数》（第三版）按照分析的角度不同，将项目经济评价分为财务分析和经济分析，对应的指标为财务分析指标和经济分析指标。

以下介绍常用的评价指标。

（一）净现值

净现值是考察项目在计算期内盈利能力的主要动态评价指标，是采用最为普遍的指标之一。

净现值是指按行业的基准收益率或设定的折现率，将项目计算期内各年的净现金流量折现到建设期初的现值之和。基准收益率也称基准折现率，是企业或行业或投资者以动态的观点所确定的、可接受的投资项目最低标准的受益水平。

净现值的计算公式为

$$NPV = \sum_{t=0}^{n} (CI - CO)_t (1 + i_c)^{-t} \tag{10-4-1}$$

式中：NPV——净现值；

CI——现金流入量；

CO——现金流出量；

$(CI - CO)_t$——第t年的净现金流量；

n——项目计算期；

i_c——基准收益率（折现率）。

确定基准收益率应考虑年资金费用率、机会成本、投资风险和通货膨胀等因素，一般可按下式确定：

$$i_c = (1 + i_1)(1 + i_2)(1 + i_3) - 1 \approx i_1 + i_2 + i_3 \tag{10-4-2}$$

式中：i_1——资金费用率与机会成本中较高者；

i_2——风险贴补率；

i_3——通货膨胀率。

利用净现值指标时，首先确定一个基准收益率i_c，然后确定计算现值的基准年，计算时将各年发生的净现金流量等值换算到基准年，最后根据计算结果进行评价。

根据净现值的计算结果进行评价，NPV≥0 表示项目的投资方案可以接受。

【例 10-4-1】 某项目寿命期为 5 年，各年投资额及收支情况见表，基准投资收益率为 10%，试用净现值指标判断该项目财务上的可行性。

某项目的现金流量表（单位：万元） **例 10-4-1 表**

年末	0	1	2	3	4	5
投资支出	40	20				
收入			30	45	45	45
经营成本			15	20	20	20
净现金流量	−40	−20	15	25	25	25

解 绘出该项目的现金流量图，见解图。

项目方案的净现值为

$$\begin{aligned} NPV &= -40 - 20(P/F, 10, 1) + [15 + 25(P/A, 10, 3)](P/F, 10, 2) \\ &= -40 - 20 \times 0.9091 + (15 + 25 \times 2.4869) \times 0.8264 \\ &= 5.59 \text{ 万元} > 0 \end{aligned}$$

由于$NPV > 0$，故从盈利的角度上看，该项目可取。

例 10-4-1 解图 某项目的现金流量图

净现值指标是最常用的动态指标之一，其优点是只要设定了收益率，可以根据 NPV 是否大于零判断方案财务上的可行性，概念清晰。对于单方案的经济评价，可以直接采用净现值指标进行评价。其缺点在于多方案比较时，该指标一是有利于投资额大的方案，二是有利于寿命期长的方案。因此，当进行投资额相差较大的方案比较，或是寿命期不等的方案比较时，可采用其他评价指标作为净现值的辅助评价指标。

净现值用于项目的财务分析时，计算时采用设定的折现率一般为基准收益率，其结果称为财务净现值，记为 FNPV；净现值用于项目的经济分析时，设定的折现率为社会折现率，其结果称为经济净现值，记为 ENPV。

（二）净年度等值（净年值）

净年度等值也可以简称净年值 NAV、等额年值 AW。它是通过资金的等值计算，将项目净现值分摊到寿命期内各年年末的等额年值。其计算公式为

$$\begin{aligned}\text{NAV} &= \text{NPV}(A/P,i_c,n)\\ &= \sum_{t=0}^{n}(\text{CI}-\text{CO})_t(1+i_c)^{-t}(A/P,i_c,n)\end{aligned} \tag{10-4-3}$$

式中：NPV——净现值；

$$\text{NPV} = \sum_{t=0}^{n}(\text{CI}-\text{CO})_t(1+i_c)^{-t}$$

$(A/P,i_c,n)$——等额支付资金回收系数；

$$(A/P,i_c,n) = \frac{i_c(1+i_c)^n}{(1+i_c)^n-1}$$

其余符号含义同前。

对于单一方案，NAV≥0 时，表示方案在经济上可行。从等值计算公式可知，由于等额支付资金回收系数$(A/P,i,n)$为正数，因此 NAV 与 NPV 符号相同，即若 NPV≥0，则 NAV 也一定不小于 0，采用 NPV 指标和 NAV 指标评价同一方案的经济性时，得出的结论是一致的。

在项目投资方案比选时，常用净年值指标作为净现值指标的补充。比如对一些寿命期不等的方案比选，采用净现值指标一般有利于寿命期长的方案，这时可采用净年值指标进行项目方案的经济评价，净年值大的方案较优。

当方案的收益相同或者收益难以直接计算时（如教育、环保、国防等项目），进行方案比较也可以用年度费用等值 AC（费用年值）指标，其计算公式为

$$\text{AC} = \text{PC}(A/P,i_c,n) = \sum_{t=0}^{n}\text{CO}_t(1+i_c)^{-t}(A/P,i_c,n) \tag{10-4-4}$$

式中：AC——费用年值；

PC——费用现值；

其余符号同前。

采用年度费用等值 AC 指标进行方案比选时，年度费用等值小的方案较优。

如果采用基准收益率计算费用的净现值，称为费用现值 PC。费用现值小的方案较优。

【例 10-4-2】 某项目的净现金流量见表，已知设定的折现率为 10%，试用净年值指标评价方案的可行性。

某项目的净现金流量（单位：万元） 例 10-4-2 表

年末	0	1~10
净现金流量	−400	80

解 该项目的净年度等值为

$$\text{NAV} = -400(A/P,10\%,10)+80 = -400\times 0.1627+80 = 14.92\text{ 万元}$$

由于$\text{NAV}>0$，故该项目经济上可行。

（三）内部收益率 IRR

内部收益率也是考查项目在计算期内盈利能力的主要动态评价指标。内部收益率是使项目净现值为零时的折现率，其表达式为

$$\sum_{t=0}^{n}(\mathrm{CI}-\mathrm{CO})_t(1+\mathrm{IRR})^{-t}=0$$

式中：IRR——内部收益率；

其余符号意义同前面公式。

前面介绍净现值指标时，需要事先给出基准收益率或者设定一个折现率i，对于一个具体的项目，采用不同的折现率i计算净现值 NPV，可以得出不同的 NPV 值。NPV 与i之间的函数关系称为净现值函数。图 10-4-1 为某项目的净现值函数，图中净现值曲线与横坐标的交点所对应的利率就是内部收益率 IRR。

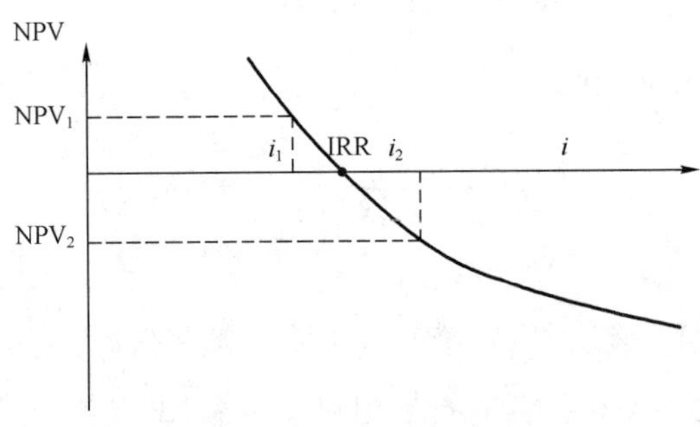

图 10-4-1 某项目的净现值函数

内部收益率的经济内涵可以这样理解：资金投入项目后，通过项目各年的净收益回收投资，各年尚未回收的资金以内部收益率 IRR 为利率增值，则到项目寿命期末时，正好可以全部收回投资。内部收益率是项目投资占用的尚未回收资金的获利能力，取决于项目内部，反映了项目内部潜在的最大获利能力。采用内部收益率指标的好处是不需要事先给定基准收益率（基准折现率），内部收益率可以反映投资过程的收益程度，不受外部参数的影响。

常规项目投资方案是指净现金流量除建设期初或投产期初的净现金流量为负值外，以后年份均为正值，计算期内净现金流量由负到正只变化一次，常规项目只要累计净现金流量大于零，则内部收益率就有唯一解。

采用内部收益率指标评价项目方案时，其判定准则为：设基准收益率为i_c，若 IRR≥i_c，则方案在经济效果上可以接受；反之，则不能接受。内部收益率用于财务分析时，称为财务内部收益率，记为 FIRR；用于经济分析时，称为经济内部收益率，记为 EIRR。

可采用线性插值试算法求得 IRR 的近似解，其计算步骤为：

（1）作出方案的现金流量图或现金流量表，列出净现值计算公式。

（2）选择一个初始的收益率代入净现值计算公式，计算净现值。若 NPV>0，说明试算的收益率较小，应增大收益率；若 NPV<0，说明试算的收益率偏大，应减小。

（3）重复步骤（2）。

（4）当试算的两个净现值的绝对值较小，且符号相反时，可用线性插值公式求得内部收益率的近似解。其计算公式为

$$\mathrm{IRR}=i_1+\frac{\mathrm{NPV}_1}{\mathrm{NPV}_1+|\mathrm{NPV}_2|}(i_2-i_1) \tag{10-4-5}$$

式中：i_1——试算较小的收益率；

i_2——试算较大的收益率；

NPV_1——用i_1计算的净现值，$NPV_1 > 0$；

NPV_2——用i_2计算的净现值，$NPV_2 < 0$。

【例 10-4-3】 某项目 A 的现金流量见表，已知基准收益率i_c =15%，试用内部收益率指标判断该项目的经济性。

某项目 A 的现金流量表（单位：万元） **例 10-4-3 表**

年份	0	1	2	3	4	5
净现金流量	−120	30	40	40	40	40

解 项目 A 的净现值计算公式为

$$NPV = -120 + 30(P/F, i, 1) + 40(P/A, i, 4)(P/F, i, 1)$$

现在分别设$i_1 = 15\%$，$i_2 = 18\%$，计算相应的净现值NPV_1和NPV_2如下。

$$NPV_1 = -120 + 30 \times 0.869\,6 + 40 \times 2.855\,0 \times 0.869\,6 = 5.396\,3 \text{ 万元}$$

$$NPV_2 = -120 + 30 \times 0.847\,5 + 40 \times 2.690\,1 \times 0.847\,5 = -3.380\,6 \text{ 万元}$$

利用公式（10-4-4）可求得 IRR 的近似解

$$IRR = i_1 + \frac{NPV_1}{NPV_1 + |NPV_2|}(i_2 - i_1)$$

$$= 15\% + \frac{5.396\,3}{5.396\,3 + 3.380\,6} \times (18\% - 15\%) = 16.8\%$$

因为该项目$IRR = 16.8\% > i_c = 15\%$，所以该项目在经济效果上可以接受。

（四）差额内部收益率

由于 IRR 并不是初始投资的收益率，实际上是未收回投资的增值率，所以在互斥方案比较排序时，不能用 IRR 进行排序和选优，而应该采用差额投资内部收益率指标。差额投资内部收益率（增量投资内部收益率）是两个方案各年净现金流量差额的现值之和等于零时的折现率，其表达式为

$$\sum_{t=0}^{n} [(CI - CO)_2 - (CI - CO)_1]_t (1 + \Delta IRR)^{-t} = 0 \qquad (10\text{-}4\text{-}6)$$

式中：$(CI - CO)_1$——投资小的方案的年净现金流量；

$(CI - CO)_2$——投资大的方案的年净现金流量；

ΔIRR——差额投资内部收益率；

n——计算期。

采用 ΔIRR 进行方案比较时，应将 ΔIRR 与基准收益率i_c比较，其评价准则是：

若 ΔIRR> i_c，投资大的方案为优；

若 ΔIRR< i_c，投资小的方案为优。

（五）动态投资回收期

动态投资回收期T^*是指在给定的基准收益率（基准折现率）i_c的条件下，用项目的净收益回收总投资所需要的时间。动态投资回收期的表达式为：

$$\sum_{t=0}^{T^*} (CI - CO)_t (1 + i_c)^{-t} = 0 \qquad (10\text{-}4\text{-}7)$$

式中：T^*——动态投资回收期；

其余符号含义同前。

【例 10-4-4】某项目动态投资回收期刚好等于项目计算期，则以下说法中正确的是：

A. 该项目动态回收期小于基准回收期　　B. 该项目净现值大于零

C. 该项目净现值小于零　　D. 该项目内部收益率等于基准收益率

解　动态投资回收期T^*是指在给定的基准收益率（基准折现率）i_c的条件下，用项目的净收益回收总投资所需要的时间。动态投资回收期的表达式为：

$$\sum_{t=0}^{T^*}(\mathrm{CI}-\mathrm{CO})_t(1+i_c)^{-t}=0$$

式中，i_c为基准收益率。

内部收益率 IRR 是使一个项目在整个计算期内各年净现金流量的现值累计为零时的利率，表达式为：

$$\sum_{t=0}^{n}(\mathrm{CI}-\mathrm{CO})_t(1+\mathrm{IRR})^{-t}=0$$

式中，n为项目计算期。如果项目的动态投资回收期正好等于计算期，则该项目的内部收益率 IRR 等于基准收益率i_c。

答案：D

（六）静态投资回收期

静态投资回收期指在不考虑资金时间价值的条件下，以项目的净收益（包括利润和折旧）回收全部投资所需要的时间。投资回收期通常以“年”为单位，一般从建设年开始计算。其表达式为

$$\sum_{t=0}^{P_t}(\mathrm{CI}-\mathrm{CO})_t=0 \tag{10-4-8}$$

式中：CI——现金流入量；

CO——现金流出量；

$(\mathrm{CI}-\mathrm{CO})_t$——第$t$年的净现金流量；

P_t——投资回收期。

通常按下式计算

$$P_t=\frac{\text{累计净现金流量开始}}{\text{出现正值的年份数}}-1+\frac{\text{上年累计净现金流量的绝对值}}{\text{当年净现金流量}} \tag{10-4-9}$$

计算出投资回收期P_t后，应与部门或行业的基准投资回收期P_c进行比较，当$P_t \leqslant P_c$时，表明项目投资在规定的时间内可以回收，该项目在投资回收能力上是可以接受的。

【例 10-4-5】某企业计划投资 100 万元建一生产线，寿命期为 10 年，按直线法计提折旧，预计净残值率为 5%。项目预计投资后每年可获得净利润 15 万元，则静态投资回收期为：

A. 3.92 年　　B. 5.08 年　　C. 4.08 年　　D. 5.92 年

解　按直线法计提折旧，年折旧额为：

$$\text{年折旧额}=\frac{\text{固定资产原值}-\text{残值}}{\text{折旧年限}}=\frac{100-100\times5\%}{10}=9.5\text{ 万元}$$

第一年投资 100 万元，年净利润 15 万元，年折旧额 9.5 万元，第一年的净现金流量为：

$$15+9.5-100=-75.5\text{ 万元}$$

以后各年净现金流量为：

$$\text{年净现金流量}=\text{净利润}+\text{折旧额}=15+9.5=24.5\text{ 万元}$$

该项目的累计净现金流量见解表：

累计净现金流量（单位：万元）　　例 10-4-5 解表

年　份	1	2	3	4	5	6	7	8	9	10
净现金流量	−75.5	24.5	24.5	24.5	24.5	24.5	24.5	24.5	24.5	24.5
累计净现金流量	−75.5	−51.0	−26.5	−2	22.5	47.0	71.5	96.0	120.5	145

累计净现金流量在第 5 年为正值，则项目的静态投资回收期为：

$$T = 4 - 1 + \frac{|-2|}{24.5} = 4.08\text{ 年}$$

答案： C

（七）总投资收益率（ROI）

总投资收益率表示总投资的盈利水平，是指项目达到设计能力后，正常年份的年息税前利润或运营期内年平均息税前利润（EBIT）与项目总投资（TI）的比率。其计算公式为

$$\text{总投资收益率} = \frac{\text{正常年份的年息税前利润或运营期内年平均息税前利润}}{\text{项目总投资}} \times 100\%$$

息税前利润是指企业支付利息和缴纳所得税之前的利润，息税前利润 = 净利润 + 所得税 + 利息支出 = 利润总额 + 利息支出。

总投资收益率高于同行业的收益率参考值，说明用总投资收益率表示的盈利能力满足要求。

（八）项目资本金净利润率

项目资本金净利润率表示项目资本金的盈利水平，是指项目达到设计能力后，正常年份的年净利润或运营期内年平均净利润与项目资本金的比率。其计算公式为

$$\text{项目资本金净利润率} = \frac{\text{正常年份的年净利润或运营期内年平均净利润}}{\text{项目资本金}} \times 100\% \qquad (10\text{–}4\text{–}10)$$

如果项目资本金净利润率高于同行业的资本金净利润率参考值，说明用项目资本金净利润率表示的盈利能力满足要求。

【例 10-4-6】 某新建项目的资本金为 2 000 万元，建设投资为 4 000 万元，需要投入流动资金 700 万元，项目建设获得银行贷款 3 000 万元，年利率为 10%。项目一年建成并投产，预计达产期年利润总额为 800 万元，正常运营期每年支付银行利息 100 万元，所得税率为 25%，试计算该项目的总投资收益率和项目资本金净利润率。

解　该项目的总投资为

总投资 = 建设投资 + 建设期利息 + 流动资金

$= 4\,000 + 3\,000 \times 10\% + 700 = 5\,000$ 万元

息税前利润 = 利润总额 + 利息支出 $= 800 + 100 = 900$ 万元

总投资收益率 $= 900 \div 5\,000 \times 100\% = 18\%$

年净利润 = 利润总额 ×(1 − 所得税率) $= 800 \times (1 - 25\%) = 600$ 万元

项目资本金净利润率 $= 600 \div 2\,000 \times 100\% = 30\%$

三、偿债能力分析和财务生存能力分析

（一）偿债能力分析

偿债能力分析是通过编制相关报表，计算利息备付率、偿债备付率和资产负债率等指标，考察财务主体的偿债能力。

1. 利息备付率

利息备付率是指在借款偿还期内的息税前利润与应付利息的比值。该指标从付息资金来源的充裕性角度，反映偿付债务利息的保障程度和支付能力。其计算公式为

$$利息备付率=\frac{息税前利润}{应付利息} \tag{10-4-11}$$

利息备付率应分年计算。利息备付率越高，利息偿付的保障程度越高，利息备付率应大于1，一般不宜低于2，并结合债权人的要求确定。

【例 10-4-7】 某建设项目预计生产期第三年息税前利润为200万元，折旧与摊销为50万元，所得税为25万元，计入总成本费用的应付利息为100万元，则该年的利息备付率为：

A. 1.25　　B. 2　　C. 2.25　　D. 2.5

解 利息备付率 = 息税前利润/应付利息

式中，息税前利润 = 利润总额 + 利息支出

本题已经给出息税前利润，因此该年的利息备付率为：

$$利息备付率=息税前利润/应付利息=200/100=2$$

答案： B

2. 偿债备付率

偿债备付率是指在借款偿还期内，用于计算还本付息的资金与应还本付息金额之比。该指标从还本付息资金来源的充裕性角度，反映偿付债务本息的保障程度和支付能力。其计算公式为

$$偿债备付率=\frac{用于计算还本付息的资金}{应还本付息金额} \tag{10-4-12}$$

式中用于还本付息的资金按下式计算

$$用于计算还本付息的资金=息税前利润+折旧和摊销-所得税$$

偿债备付率应分年计算。偿债备付率越高，可用于还本付息的资金保障程度越高，当偿债备付率小于1时，表示企业当年资金来源不足以偿付当期债务，需要通过短期借款偿付已到期债务。偿债备付率一般应大于1，不宜低于1.3，并结合债权人的要求确定。

3. 资产负债率

资产负债率是指各期末负债总额同资产总额的比率，按下式计算

$$资产负债率=\frac{期末负债总额}{期末资产总额} \tag{10-4-13}$$

适度的资产负债率，表明企业经营安全、有较强的筹资能力，企业和债权人的风险较小。

【例 10-4-8】 某建设项目预计第三年息税前利润为200万元，折旧与摊销为30万元，所得税为20万元。项目生产期第三年应还本付息金额为100万元。该年的偿债备付率为：

A. 1.5　　B. 1.9　　C. 2.1　　D. 2.5

解
$$偿债备付率=\frac{用于计算还本付息的资金}{应还本付息金额}$$

式中，用于计算还本付息的资金 = 息税前利润 + 折旧和摊销 − 所得税

$$偿债备付率=\frac{200+30-20}{100}=2.1\ 万元$$

答案： C

【例 10-4-9】 某建设项目各年的偿债备付率小于 1，其含义是：

A. 该项目利息偿还的保障程度高

B. 该资金来源不足以偿付当期债务，需要通过短期借款偿付已到期债务

C. 用于还本付息的保障程度较高

D. 表示付息能力保障程度不足

解　偿债备付率是指在借款偿还期内，各年可用于还本付息的资金与当期应还本付息金额之比。该指标从还本付息资金来源的充裕性角度，反映偿付债务本息的保障程度和支付能力。利息备付率小于 1，说明当年可用于还本付息（包括本金和利息）的资金保障程度不足，当年的资金来源不足以偿付当期债务，需要通过短期借款偿付已到期债务。

答案： B

（二）财务生存能力分析

财务生存能力分析是通过编制财务计划现金流量表，计算项目在计算期内的净现金流量和累计盈余资金，分析项目是否有足够的净现金流量维持正常经营，实现财务的可持续性，从而判断项目在财务上的生存能力。

可通过以下两个方面具体判断项目的财务生存能力：

（1）拥有足够的经营净现金流量是财务可持续性的基本条件。

（2）各年累计盈余资金不出现负值是财务生存的必要条件。

四、财务分析报表

进行财务分析需要编制相关的财务分析报表。财务分析报表主要包括项目投资现金流量表、项目资本金现金流量表、投资各方现金流量表、利润与利润分配表、财务计划现金流量表、资产负债表和借款还本付息计划表等。

（一）项目投资现金流量表

现金流量表是反映项目计算期内各年现金收支的报表，用以计算各项静态和动态指标，进行项目的财务盈利能力分析。

项目投资现金流量表原称为全部投资现金流量表，是以项目建设所需总投资为计算基础，不考虑融资方案的影响，反映计算期内各年的现金流入和流出的财务报表。该表用于项目投资现金流量分析，通过计算项目投资内部收益率和净现值等指标来评价项目在财务上的可行性。项目投资现金流量分析属于融资前分析，排除了融资方案的影响，从项目投资总的获利能力的角度，考察项目方案设计本身的合理性。项目投资现金流量表的构成见表 10-4-1。

项目投资现金流量表　　表 10-4-1

序号	项　目	合 计	计 算 期				
			1	2	3	…	n
1	现金流入						
1.1	营业收入（不含销项税）						
1.2	销项税额						
1.3	补贴收入						
1.4	回收固定资产余值						
1.5	回收流动资金						
2	现金流出						
2.1	建设投资						

续上表

序号	项目	合计	计算期				
			1	2	3	…	n
2.2	流动资金						
2.3	经营成本（不含进项税）						
2.4	进项税额						
2.5	应纳增值税						
2.6	税金及附加						
2.7	维持运营投资						
3	所得税前净现金流量（1−2）						
4	累计所得税前净现金流量						
5	调整所得税						
6	所得税后净现金流量（3−5）						
7	累计所得税后净现金流量						
计算指标：项目投资财务内部收益率（%）（所得税前），项目投资财务内部收益率（%）（所得税后） 项目投资财务净现值（所得税前）(i_c = %)，项目投资财务净现值（所得税后）(i_c = %) 项目投资回收期（所得税前），项目投资回收期（所得税后）							

表中的调整所得税为以息税前利润为基数计算的所得税。

（二）项目资本金现金流量表

项目资本金现金流量表从项目资本金出资者整体的角度，以项目资本金为计算的基础，根据拟定的融资方案和项目其他数据，确定项目各年的现金流入和现金流出，用于进行项目资本金现金流量分析。项目资本金现金流量表考虑了融资，属于融资后分析。根据项目资本金现金流量表计算的指标，可以反映项目权益投资者整体在该投资项目上的盈利能力。项目资本金现金流量表见表 10-4-2。

项目资本金现金流量表　　表 10-4-2

序号	项目	合计	计算期				
			1	2	3	…	n
1	现金流入						
1.1	营业收入（不含销项税）						
1.2	销项税额						
1.3	补贴收入						
1.4	回收固定资产余值						
1.5	回收流动资金						
2	现金流出						
2.1	项目资本金						
2.2	借款本金偿还						
2.3	借款利息支付						
2.4	经营成本（不含进项税）						
2.5	进项税额						
2.6	应纳增值税						
2.7	税金及附加						
2.8	所得税						
2.9	维持运营投资						
3	净现金流量（1−2）						
计算指标：项目财务内部收益率（%）							

项目资本金现金流量分析考察的是项目资本金整体的获利能力，有时为了考察投资各方的收益，还需要编制投资各方现金流量表。

（三）投资各方现金流量表

此表是在项目融资后的财务盈利能力分析中，以项目投资者的出资额作为计算基础。把股权投资、租赁资产支出和其他现金流出作为现金流出；而现金流入包括股利分配、资产处置收益分配、租赁费收入、技术转让收入和其他现金流入，用以计算项目投资各方的财务内部收益率和财务净现值等评价指标，反映项目投资各方可能获得的收益水平。

（四）利润与利润分配表

利润与利润分配表反映项目计算期内各年利润总额、所得税及税后利润的分配情况，用以计算投资利润率、投资利税率和资本金净利润率等指标。利润与利润分配表见表 10-4-3。

利润与利润分配表 表 10-4-3

序 号	项 目	合 计	计 算 期				
			1	2	3	…	n
1	营业收入						
2	税金及附加						
3	总成本费用						
4	补贴收入						
5	利润总额（1−2−3+4）						
6	弥补以前年度亏损						
7	应纳税所得额（5−6）						
8	所得税						
9	净利润（5−8）						
10	期初未分配利润						
11	可供分配利润（9+10）						
12	提取法定盈余公积金						
13	可供投资者分配的利润（11−12）						
14	应付优先股股利						
15	提取任意盈余公积金						
16	应付普通股股利（13−14−15）						
17	各投资方利润分配 其中：××方 …						
18	未分配利润（13−14−15−17）						
19	息税前利润（利润总额+利息支出）						
20	息税折旧摊销前利润（息税前利润+折旧+摊销）						

（五）财务计划现金流量表

财务计划现金流量表反映项目计算期内各年经营活动、投资活动和筹资活动的现金流入和流出，用于计算各年的累计盈余资金，分析项目是否有足够的净现金流量维持正常运营，即项目的财务生存能力。

（六）资产负债表

资产负债表反映项目计算期内各年年末资产、负债和所有者权益的增减变化及对应关系，用以考察项目的资产、负债、所有者权益的结构是否合理，通过计算资产负债率，进行偿债能力分析。

（七）借款还本付息计划表

借款还本付息计划表用于计算利息备付率和偿债备付率指标，用于偿债能力分析。

【例 10-4-10】 在进行融资前项目投资现金流量分析时，现金流量应包括：

A. 资产处置收益分配　　B. 流动资金

C. 借款本金偿还　　D. 借款利息偿还

解 融资前项目投资的现金流量包括现金流入和现金流出，其中现金流入包括营业收入、补贴收入、回收固定资产余值、回收流动资金等，现金流出包括建设投资、流动资金、经营成本和税金等。

答案： B

习 题

10-4-1 某项目第 1、2 年年初分别投资 800 万元、400 万元，第 3 年开始每年年末净收益 300 万元，项目运营期 8 年，残值 30 万元。设折现率为 10%，已知$(P/F,10\%,1)=0.909\,1$，$(P/F,10\%,2)=0.826\,4$，$(P/F,10\%,10)=0.385\,5$，$(P/A,10\%,8)=5.334\,9$。则该项目的财务净现值为（　　）。

A. 158.99 万元　　B. 170.55 万元

C. 448.40 万元　　D. 1 230 万元

10-4-2 已知某项目投资方案一次投资 12 000 元，预计每年净现金流量为 4 300 元，项目寿命 5 年，$(P/A,18\%,5)=3.127$，$(P/A,20\%,5)=2.991$，$(P/A,25\%,5)=2.689$，则该方案的内部收益率为（　　）。

A. <18%　　B. 18%~20%

C. 20%~25%　　D. >25%

10-4-3 某投资项目一次性投资 200 万元，当年投产并收益，评价该项目的财务盈利能力时，计算财务净现值选取的基准收益率为i_c，若财务内部收益率小于i_c，则有（　　）。

A. i_c低于贷款利率　　B. 内部收益率低于贷款利率

C. 净现值大于零　　D. 净现值小于零

10-4-4 某小区建设一块绿地，需一次性投资 20 万元，每年维护费用 5 万元，设基准折现率 10%，绿地使用 10 年，则费用年值为（　　）万元。

A. 4.750　　B. 5

C. 7.250　　D. 8.255

10-4-5 某项目的净现金流量见题表，则该项目的静态投资回收期为（　　）。

题 10-4-5 表

年份	1	2	3	4	5	6	7
净现金流量（万元）	−400	−100	100	200	200	200	200

A. 4.5 年　　B. 5 年

C. 5.5 年　　D. 6 年

10-4-6 某项目建设投资 400 万元，建设期贷款利息 40 万元，流动资金 60 万元。投产后正常运营期每年净利润为 60 万元，所得税为 20 万元，利息支出为 10 万元。则该项目的总投资收益率为（　　）。

A. 19.6%　　B. 18%

C. 16%　　D. 12%

10-4-7　某项目总投资 16 000 万元，资本金 5 000 万元。预计项目运营期总投资收益率为 20%，年利息支出为 900 万元，所得税率为 25%，则该项目的资本金净利润率为（　　）。

A. 30%　　B. 32.4%

C. 34.5%　　D. 48%

10-4-8　某企业去年利润总额 300 万元，上缴所得税 75 万元，在成本中列支的利息 100 万元，折旧和摊销费 30 万元，还本金额 120 万元，该企业去年的偿债备付率为（　　）。

A. 1.34　　B. 1.55

C. 1.61　　D. 2.02

10-4-9　下列关于现金流量表的表述中，正确的是（　　）。

A. 项目资本金现金流量表排除了融资方案的影响

B. 通过项目投资现金流量表计算的评价指标反映投资者各方权益投资的获利能力

C. 通过项目投资现金流量表可计算财务内部收益、财务净现值和投资回收期等评价指标

D. 通过项目资本金现金流量表进行的分析反映了项目投资总体的获利能力

10-4-10　为了从项目权益投资者整体角度考查盈利能力，应编制（　　）。

A. 项目资本金现金流量表　　B. 项目投资现金流量表

C. 借款还本付息计划表　　D. 资产负债表

第五节　经济费用效益分析

经济费用效益分析是在合理配置社会资源的前提下，分析项目投资的经济效益和对社会福利所作出的贡献，评价项目的经济合理性。经济费用效益分析强调从资源配置效率的角度分析项目的外部效果，考察项目对国民经济的贡献。

对于以下类型的项目应作经济费用效益分析：①有垄断特征的项目；②产出有公共产品特征的项目；③外部效果显著的项目；④资源开发项目；⑤涉及国家经济安全的项目；⑥受过度行政干预的项目。

一、经济费用效益分析参数

进行项目的经济费用效益分析，首先需要对项目的经济效益和费用进行识别。项目对提高社会福利和社会经济所作的贡献都记为项目的经济效益，包括项目的直接效益和间接效益；整个社会为项目所付出的代价记为项目的经济费用。经济效益的计算应遵循支付意愿原则和接受补偿意愿原则（项目产出物的正面效果的计算遵循支付意愿原则；项目产生物的负面效果的计算遵循接受补偿意愿原则），经济费用的计算（项目投入物的经济价值计算）应遵循机会成本的原则。计算经济费用效益指标采用的参数有社会折现率、影子价格、影子汇率和影子工资等。

经济费用效益分析应按照“有无对比，增量分析”的原则，不应考虑沉没成本和已实现的效益，“转移支付”不作为经济分析中的效益和费用。

（一）社会折现率

社会折现率是社会投资对资金时间价值的估量，是从整个国民经济角度所要求的资金投资收益率标准。社会折现率是用以衡量资金时间经济价值的重要参数，代表社会投资所应获得的最低收益率水平，代表资金占用的机会成本，在建设项目国民经济评价中是衡量经济内部收益率的基准值，也是计算项目经济净现值、用作不同年份之间资金换算的折现率。

（二）影子价格

影子价格是计算经济费用效益分析中投入物或产出物所使用的计算价格，是社会处于某种最优状态下，能够反映社会劳动消耗、资源稀缺程度和最终产品需求状况的一种计算价格。影子价格应能够反映项目投入物和产出物的真实经济价值。

对于市场定价货物的影子价格，可按下述公式计算：

（1）可外贸货物影子价格

直接进口投入物的影子价格(到厂价) = 到岸价(CIF) × 影子汇率 + 进口费用 (10-5-1)

直接出口产出物的影子价格(出厂价) = 离岸价(FOB) × 影子汇率 − 出口费用 (10-5-2)

（2）市场定价的非外贸货物影子价格

投入物影子价格(到厂价) = 市场价格 + 国内运杂费 (10-5-3)

产出物的影子价格(出厂价) = 市场价格 − 国内运杂费 (10-5-4)

（三）影子汇率

影子汇率是指单位外汇的经济价值，是能正确反映国家外汇经济价值的汇率，即外汇的影子价格。建设项目国民经济评价中，项目的进口投入物、出口产出物均应采用影子汇率以正确反映外汇的真实经济价值。影子汇率换算系数是影子汇率与外汇牌价的比值。影子汇率按下式计算

影子汇率 = 外汇牌价 × 影子汇率换算系数 (10-5-5)

（四）影子工资

影子工资是指建设项目使用劳动力资源而使社会付出的代价，按下式计算

影子工资 = 劳动力机会成本 × 新增资源消耗 (10-5-6)

式中，劳动力机会成本是指劳动力在本单位使用，而不能在其他项目中使用而被迫放弃的劳动收益；新增资源消耗是指劳动力在本项目新就业或由其他就业岗位转移来本项目而发生的社会资源消耗。影子工资与财务分析中的劳动力工资之间的比值称为影子工资换算系数，影子工资可按下式计算

影子工资 = 财务工资 × 影子工资换算系数 (10-5-7)

【例 10-5-1】 某项目要从国外进口一种原材料，原始材料的 CIF（到岸价格）为150 美元/t，美元的影子汇率为 6.5，进口费用为240 元/t，请问这种原材料的影子价格是：

A. 735 元人民币　　B. 975 元人民币

C. 1 215 元人民币　　D. 1 710 元人民币

解

直接进口原材料的影子价格(到厂价) = 到岸价(CIF) × 影子汇率 + 进口费用

$= 150 \times 6.5 + 240 = 1\,215$ 元人民币/t

答案： C

二、经济费用效益指标

(一)经济净现值

经济净现值是指按社会折现率将项目计算期内各年的经济净效益折现到建设期初的现值之和，按下式计算

$$\mathrm{ENPV}=\sum_{t=1}^{n}(B-C)_t(1+i_s)^{-t} \tag{10-5-8}$$

式中：ENPV——经济净现值；

B——经济效益流量；

C——经济费用流量；

$(B-C)_t$——第t年的经济净效益流量；

n——项目计算期；

i_s——社会折现率。

经济净现值是反映项目对社会经济贡献的绝对值，是经济效益分析的主要指标。如果经济净现值等于或大于0，则表明项目可达到符合社会折现率的效率水平，从经济资源配置的角度可以接受该项目。

(二)经济内部收益率

经济内部收益率是指项目在计算期内经济净效益流量的现值累计等于0时的折现率。其表达式为

$$\sum_{t=1}^{n}(B-C)_t(1+\mathrm{EIRR})^{-t}=0 \tag{10-5-9}$$

式中：EIRR——经济内部收益率；

其余符号意义同前面公式。

经济内部收益率是经济费用效益分析的辅助评价指标，如果经济内部收益率等于或者大于社会折现率，则表明项目资源配置的效率达到了可以被接受的水平。

(三)效益费用比

效益费用比是指项目在计算期内效益流量的现值与费用流量的现值之比，计算公式为

$$R_{\mathrm{BC}}=\frac{\sum_{t=1}^{n}B_t(1+i_s)^{-t}}{\sum_{t=1}^{n}C_t(1+i_s)^{-t}} \tag{10-5-10}$$

式中：R_{BC}——效益费用比；

B_t——第t期的经济效益；

C_t——第t期的经济费用。

效益费用比也是经济费用效益分析的辅助评价指标，如果效益费用比大于1，说明项目资源配置的经济效益达到了可以被接受的水平。

【例 10-5-2】 交通部门拟修建一条公路，预计建设期为一年，建设期初投资为100万元，建设后即投入使用，预计使用寿命为10年，每年将产生的效益为20万元，每年需投入保养费8 000元。若社会折现率为10%，则该项目的效益费用比为：

A. 1.07　　B. 1.17

C. 1.85　　D. 1.92

解 项目建设期1年、使用寿命10年，则项目计算期为11年，现金流量图如解图所示：

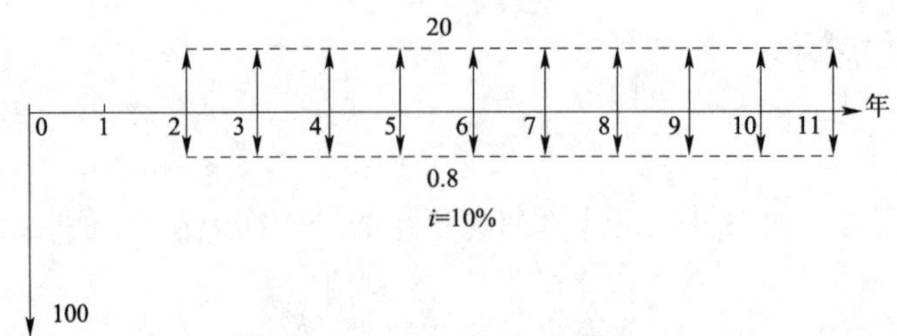

例 10-5-2 解图　现金流量图

项目计算期内效益流量的现值为：

$$B = 20 \times (P/A, 10\%, 10) \times (P/F, 10\%, 1) = 20 \times 6.1446 \times 0.9091 = 111.72 \text{ 万元}$$

费用流量的现值为：

$$C = 0.8 \times (P/A, 10\%, 10) \times (P/F, 10\%, 1) + 100$$
$$= 0.8 \times 6.1446 \times 0.9091 + 100 = 104.47 \text{ 万元}$$

该项目的效益费用比为：

$$R_{BC} = B/C = 111.72/104.47 = 1.07$$

答案： A

习　题

10-5-1　对建设项目进行经济费用效益分析所使用的影子价格的正确含义是（　　）。

A. 政府为保证国计民生为项目核定的指导价格

B. 使项目产出品具有竞争力的价格

C. 项目投入物和产出物的市场最低价格

D. 反映项目投入物和产出物真实经济价值的价格

10-5-2　计算经济效益净现值采用的折现率应是（　　）。

A. 企业设定的折现率　　B. 国债平均利率

C. 社会折现率　　D. 银行贷款利率

10-5-3　从经济资源配置的角度判断建设项目可以被接受的条件是（　　）。

A. 经济内部收益率等于或大于社会折现率

B. 财务内部收益率等于或大于社会折现率

C. 经济内部收益率等于或大于银行利率

D. 财务内部收益率等于或大于银行利率

10-5-4　某地区为减少水灾损失，拟建水利工程。项目投资预计 500 万元，计算期按无限年考虑，年维护费 20 万元。项目建设前每年平均损失 300 万元。若利率 5%，则该项目的效益费用比为（　　）。

A. 6.11　　B. 6.67　　C. 7.11　　D. 7.22

第六节　不确定性分析

不确定性分析是对影响项目的不确定性因素进行分析，测算不确定性因素变化对经济评价指标的影响程度，从而判断项目可能承担的风险，为投资决策提供依据。不确定分析方法有盈亏平衡分析、敏

感性分析等。

一、盈亏平衡分析

通过分析产品产量、成本和盈利之间的关系，找出项目方案在产量、单价、成本等方面的临界点，进而判断不确定因素对方案经济效果的影响程度。这个临界点称为盈亏平衡点（BEP）。盈亏平衡点是企业盈利与亏损的转折点，在该点上销售收入（扣除销售税金及附加）正好等于总成本费用，达到盈亏平衡。盈亏平衡分析就是通过计算项目达产年的盈亏平衡点，分析项目收入与成本费用的平衡关系，判断项目对产品数量变化的适应能力和抗风险能力。盈亏平衡分析只用于财务分析。

盈亏平衡分析可分为线性盈亏平衡分析和非线性盈亏平衡分析，对建设项目评价仅进行线性盈亏平衡分析。线性盈亏平衡分析的基本假定有：

（1）产量等于销售量；

（2）在一定范围内产量变化，单位可变成本不变，从而总成本费用是产量的线性函数；

（3）在一定范围内产量变化，销售单价不变，从而销售收入是产量的线性函数；

（4）按单一产品计算，生产多种产品的应换算成单一产品，不同产品的生产负荷率变化保持一致。

如果营业收入和成本费用都是按含税价格计算的，还应减去增值税。

为了便于进行盈亏平衡分析，可将项目投产后的总成本费用分为固定成本和可变成本（变动成本）两部分。固定成本指在一定生产规模限度内不随产量变动而变动的费用；可变成本是指随产品产量变动而变动的费用。总成本费用是固定成本与可变成本之和。对于线性盈亏平衡分析，收入与销售量、费用与销售量的关系可以在同一坐标图上表示出来，即盈亏平衡分析图，见图 10-6-1。

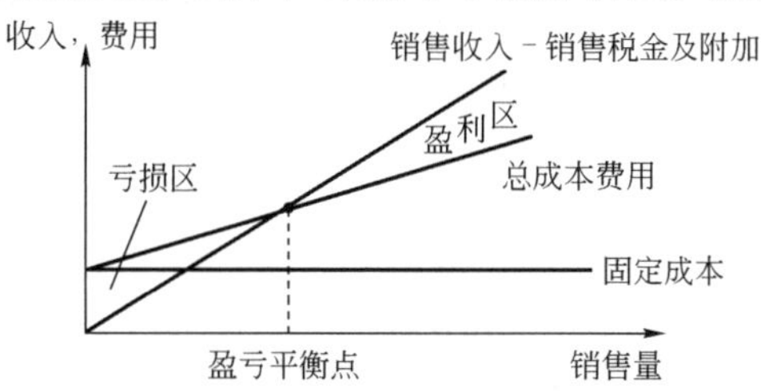

图 10-6-1 盈亏平衡分析图

图中纵坐标为销售收入和成本费用，横坐标为产品销售量。销售收入线与总成本费用线的交点称作盈亏平衡点（BEP），该点是项目盈利与亏损的临界点。在 BEP 右边，销售收入大于总成本费用，项目盈利；在 BEP 左边，销售收入小于总成本费用，项目亏损；在 BEP 上，销售收入等于总成本费用，项目不盈不亏。盈亏平衡点对应的产量称为盈亏平衡产量。盈亏平衡点可以用产量、生产能力利用率或产品售价等表示。盈亏平衡点可采用以下公式计算

$$\mathrm{BEP}_{生产能力利用率}=\frac{年固定总成本}{年销售收入-年可变成本-年销售税金及附加}\times 100\% \tag{10-6-1}$$

生产能力利用率是盈亏平衡产量与设计生产能力的比率。

$$\begin{aligned}\mathrm{BEP}_{产量}&=\frac{年固定总成本}{单位产品销售价格-单位产品可变成本-单位产品销售税金及附加}\\&=\mathrm{BEP}_{生产能力利用率}\times 设计生产能力\end{aligned} \tag{10-6-2}$$

在其他条件不变的前提下，盈亏平衡产量与年固定总成本成正比。

$$BEP_{单位产品售价}=\frac{年固定总成本}{设计生产能力}+单位产品可变成本+单位产品销售税金及附加 \qquad (10-6-3)$$

以上计算公式中的收入和成本均为不含增值税销项税额和进项税额的价格（简称不含税价格）。如采用含税价格，公式（10-6-1）分母中应再减去年增值税，公式（10-6-2）分母中应再减去单位产品增值税，公式（10-6-3）中应再加上单位产品增值税。

盈亏平衡点越低，项目盈利可能性越大，抗风险能力越强。

【例 10-6-1】 某工业项目生产的产品年设计生产能力为200t，达产第一年销售收入为4 000万元，销售税金及附加为240万元，固定成本1 300万元，可变成本1 200万元。销售收入和成本费用均以不含税价格表示，求以生产能力利用率、产量及销售价格表示的盈亏平衡点。

解　首先计算单位产品变动成本

$$BEP_{生产能力利用率}=1\,300\div(4\,000-1\,200-240)\times100\%=50.78\%$$

$$BEP_{产量}=1\,300\div(4\,000\div200-1\,200\div200-240\div200)=101.56t$$

或

$$BEP_{产量}=200\times50.78\%=101.56t$$

$$BEP_{产品售价}=1\,300\div200+1\,200\div200+240\div200=13.7\ 万元$$

计算结果表明，该项目的生产负荷达到设计能力的50.78%即可实现盈亏平衡，产量达到101.56t则可实现盈亏平衡，产品售价最低降至13.7万元/t即可维持盈亏平衡。

二、敏感性分析

敏感性分析是通过测定一个或者多个不确定因素的变化所导致财务或经济评价指标的变化幅度，了解各种因素变化对实现预期目标的影响程度，从而对外部因素发生变化时项目投资方案的承受能力作出判断。通常只进行单因素敏感性分析。单因素敏感性分析在计算敏感因素对经济效果指标影响时，假定只有一个因素变动，其他因素不变。

（一）单因素敏感性分析的步骤和内容

1. 选择需要分析的不确定性因素，并设定这些因素的变动范围

对于一般工业投资项目，常从以下因素中选取需要作为敏感性分析的因素：

（1）投资额，包括固定资产投资和流动资金占用；

（2）项目建设期限、投产期限、投产时产出能力及达到设计能力所需时间；

（3）产品产量及销售量；

（4）产品价格；

（5）经营成本，特别是其中的变动成本；

（6）项目寿命期；

（7）项目寿命期的资产残值；

（8）折现率；

（9）外汇汇率。

选择需要分析的不确定因素时，应根据实际情况设定其可能的变动范围，一般选择不确定性因素变化的百分率为±5%、±10%、±15%、±20%等。

2. 确定分析指标

敏感性分析可选用前述各种评价指标，如内部收益率、净现值、投资回收期等。一般进行敏感性分

析的指标应与确定性分析采用的指标一致。当选用财务内部收益率指标时，主要是分析投资大小对项目投资方案资金回收能力的影响；当选用财务净现值作为分析指标时，主要是分析产品价格、成本波动等对项目投资方案超额净收益的影响；当选用静态投资回收期作为分析指标时，则主要是分析项目投资方案状态和参数变化对技术方案投资回收快慢的影响。通常财务分析与评价中的敏感性分析必选的指标是项目投资财务内部收益率。

3. 计算各不确定性因素在不同幅度变化下，所导致的评价指标变动结果

建立起一一对应的关系，一般用图或表的形式表示。

4. 确定敏感因素，对方案的风险情况作出判断

通过计算敏感度系数和临界点，找出敏感因素，可粗略预测项目可能承担的风险。

敏感因素是指其数值变动能显著影响方案经济效果的因素。

（二）敏感性指标的计算

1. 敏感度系数

敏感度系数是指项目评价指标变化的百分率与不确定性因素变化的百分率之比。敏感度系数高，表示项目效益对该不确定性因素的敏感程度高。敏感度系数的计算公式为

$$S_{AF}=\frac{\Delta A/A}{\Delta F/F} \tag{10-6-4}$$

式中：S_{AF}——评价指标A对于不确定性因素F的敏感度系数；

$\Delta F/F$——不确定性因素F的变化率；

$\Delta A/A$——不确定性因素F发生ΔF变化率时，评价指标A的相应变化率。

$S_{AF}>0$，表示评价指标与不确定性因素同方向变化；$S_{AF}<0$，表示评价指标与不确定性因素反方向变化。S_{AF}绝对值较大者敏感度系数高，$|S_{AF}|$越大，说明评价指标A对不确定性因素F越敏感。

2. 临界点（转换值）

临界点是指不确定性因素的变化使项目由可行变为不可行的临界数值。即当不确定性因素达到某一变化率时，正好使内部收益率等于基准收益率（或者使净现值等于零），该变化率就是临界点。

临界点的高低与计算临界点的指标的初始值有关，如果选取基准收益率为计算临界点的指标，则对于同一个项目，随着设定的基准收益率的提高，临界点就会变低；而在一定的基准收益率下，临界点越低，说明该因素对项目评价指标的影响就越大，项目对该因素就越敏感。敏感性分析的结果通常采用敏感性分析表和敏感性分析图表示。

【例 10-6-2】某项目以内部收益率作为项目评价指标，选取投资额、产品价格和主要原材料成本作为敏感性因素对项目进行敏感性分析，计算基本方案的内部收益率为 17.5%，当投资额增加 10%时，内部收益率降为 14.5%，试计算其敏感度系数。

解　投资额增加 10%时，内部收益率的变化率为

$$\Delta A=(14.5\%-17.5\%)\div 17.5\%=-0.171$$

敏感度系数

$$S_{AF}=-0.171\div 0.1=-1.71$$

图 10-6-2 是单因素敏感性分析的一个例子，该例选取的分析指标为净现值 NPV，考虑投资额、产品价格、经营成本的变动（按一定百分比变动）对净现值指标的影响。

敏感分析图中，横轴表示各不确定因素变动幅度，纵轴表示评价指标。根据原评价指标值和不确定因素变动后的评价指标值，可画出直线，该直线反映不确定因素不同变化幅度时所对应的评价指标值。每一条直线的斜率反映技术方案经济效果评价指标对该不确定因素的敏感程度，斜率的绝对值越大敏感度越高。

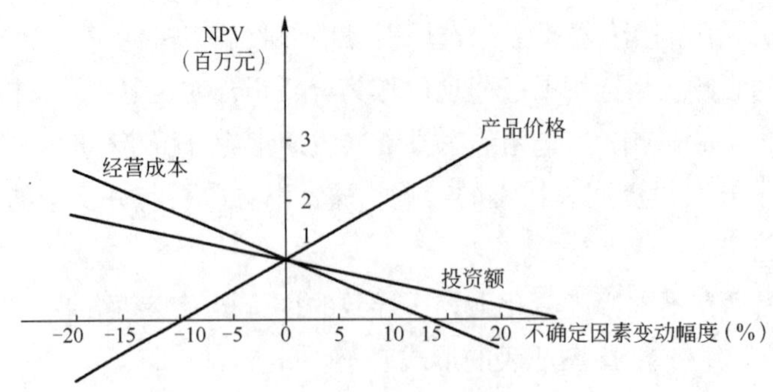

图 10-6-2 敏感性分析图

由图可以看出，本方案的净现值对产品价格最敏感，不确定性因素产品价格的临界点约为 10%，产品价格降低 10%左右，净现值将为 0，项目对三个不确定性因素的敏感程度由高到低依次为产品价格、经营成本、投资额。

【例 10-6-3】 某项目在进行敏感性分析时，得到以下结论：产品价格下降 10%，可使 NPV=0；经营成本上升 15%，NPV=0；寿命期缩短 20%，NPV=0；投资增加 25%，NPV=0。则下列因素中，最敏感的是：

A. 产品价格　　B. 经营成本　　C. 寿命期　　D. 投资

解 题目中影响因素中，产品价格变化幅度较小就使得项目净现值为零，故该因素最敏感。

答案： A

习　题

10-6-1 某项目设计生产能力为年产 5 000 台，每台销售价格 500 元，单位产品可变成本 350 元，每台产品税金 50 元，年固定成本 265 000 元，则该项目的盈亏平衡产量为（　　）。

A. 2 650 台　　B. 3 500 台　　C. 4 500 台　　D. 5 000 台

10-6-2 某企业拟投资生产一种产品，设计生产能力为 15 万件/年，单位产品可变成本 120 元，总固定成本 1 500 万元，达到设计生产能力时，保证企业不亏损的单位产品售价最低为（　　）。

A. 150 元　　B. 200 元　　C. 220 元　　D. 250 元

10-6-3 对某项目进行敏感性分析，采用的评价指标为内部收益，基本方案的内部收益率为 15%，当不确定性因素原材料价格增加 10%时，内部收益率为 13%，则原材料的敏感度系数为（　　）。

A. −1.54　　B. −1.33　　C. 1.33　　D. 1.54

10-6-4 对某项目投资方案进行单因素敏感性分析，基准收益率 15%，采用内部收益率作为评价指标，投资额、经营成本、销售收入为不确定性因素，计算其变化对 IRR 的影响见表。

不确定性因素变化对 IRR 的影响　　　　题 10-6-4 表

变化幅度	−20%	0	+20%
投资额	22.4	18.2	14
经营成本	23.2	18.2	13.2
销售收入	4.6	18.2	31.8

则敏感性因素按对评价指标影响的程度从大到小排列依次为（　　）。

A. 投资额、经营成本、销售收入　　B. 销售收入、经营成本、投资额
C. 经营成本、投资额、销售收入　　D. 销售收入、投资额、经营成本

第七节　方案经济比选

方案经济比选是对不同的项目方案从技术和经济相结合的角度进行多方面分析论证，比较、择优的过程。

一、方案比选的类型

对项目方案的经济评价中除了要计算各种评价指标，分析指标是否达到了标准的要求（如$P_t \leqslant P_c$，NPV≥0，IRR≥i_c等），往往还需要对多个方案进行比选，进而从中选择较优方案。项目的备选方案根据其相互之间的关系可分为三种类型：

（一）独立型

独立型是指各个方案的现金流量是独立的，不具有相关性，任一方案的采用与否不影响是否采用其他方案的决策。其特点是具有可加性。方案采用与否取决于方案自身的经济性。

（二）互斥型

互斥型是指方案具有排他性，选择了一个方案，就不能选择另外的方案。只能在不同方案中选择其一。对于同一地域土地的利用方案、厂址选择方案、建设规模方案等都是互斥方案。

（三）混合型

混合型是指独立方案和互斥方案混合的情况。

二、方案经济比选的方法

独立方案的采用与否，取决于方案自身的经济性，可用净现值、净年值或内部收益率作为方案的评价指标，当净现值NPV≥0，或净年值NAV≥0，或内部收益率IRR≥i_c时，则方案在财务上是可行的。

对于互斥型方案，在多个方案进行比较选择时，有方案的计算期相等和计算期不等两种情况。

（一）计算期相等的方案比较

方案比选可以采用效益比选法、费用比选法和最低价格法。

1. 效益比选法

比较备选方案的效益，从中择优，具体方法有净现值法、净年值法、差额投资内部收益率法等。

（1）净现值法

分别计算各方案的净现值，以净现值较大的方案为优。

（2）净年值法

比较各方案的净收益的等额年值，以净年值较大的方案为优。

（3）差额投资内部收益率法

对于若干个互斥方案，可两两比较，分别计算两个方案的差额内部收益率$\Delta IRR_{A\text{-}B}$，若差额内部收益率$\Delta IRR_{A\text{-}B}$大于基准收益率i_c，则投资大的方案较优。

差额内部收益率只反映两方案增量现金流的经济性（相对经济性），不能反映各方案自身的经济效果。

注意：互斥方案的比较，不能直接用内部收益率IRR进行比较。

如果选取相同的基准收益率，对于计算期相同的互斥方案，采用净现值法或差额内部收益率法，其评价结果是一致的。

2. 费用比选法

通过比较备选方案的费用现值或年值，从中择优。费用比选法包括费用现值法和费用年值法。

（1）费用现值法

计算备选方案的费用现值并进行比较，费用现值较低的方案较优。对于计算期相等的互斥方案，当方案的收益相同时，可以用费用现值法进行方案比选。

（2）费用年值法

计算备选方案的费用年值并进行比较，费用年值较低的方案较优。

3. 最低价格（服务收费标准）法

最低价格法是在相同产品方案比选中，按净现值为 0 推算备选方案的产品价格，以最低产品价格较低的方案为优。

（二）计算期不同的互斥方案的比选

当方案的计算期不同时，不能直接采用净现值法、净现值率法、差额内部收益率等方法进行方案比较，可采用年值法、最小公倍数法或研究期法等进行方案比较。

1. 年值法

计算备选方案的等额年值，以等额年值不小于 0 且等额年值最大者为最优方案。由此可见，年值法既可用于寿命期相等的方案比较，也可用于寿命期不等的方案比较。当方案的收益相同时，可以用费用年值法进行互斥方案的比选。

2. 最小公倍数法

这种方法是先求出两个方案计算期的最小公倍数，然后以最小公倍数作为方案比较的计算期（寿命期），即假定方案重复实施，将计算期不等的方案转化为计算期相等的方案，然后可采用上述计算期相等的方案比较方法进行指标计算，从中择优。

3. 研究期法

研究期法是通过研究分析，直接选取一个适当的计算期作为备选方案共同的计算期，计算各个方案在该计算期内的净现值，以净现值较大的为优。通常选取各方案中最短的计算期作为共同的计算期。

【例 10-7-1】 已知甲、乙为两个寿命期相同的互斥项目，其中乙项目投资大于甲项目。通过测算得出甲、乙两项目的内部收益率分别为 17%和 14%，增量内部收益 $\Delta IRR_{乙-甲}=13\%$，基准收益率为 14%，以下说法中正确的是：

A. 应选择甲项目　　B. 应选择乙项目

C. 应同时选择甲、乙两个项目　　D. 甲、乙两项目均不应选择

解 两个寿命期相同的互斥项目的选优应采用增量内部收益率指标，$\Delta IRR_{乙-甲}$为 13%，小于基准收益率 14%，应选择投资较小的方案。

答案：A

【例 10-7-2】 现有甲、乙、丙、丁四个互斥的项目方案，各方案预计的投资额和年经营成本各不相同，但预计销售收入相同。有关数据见表，基准收益率为 10%。则应选择：

已知$(P/A,10\%,5)=3.7908$，$(P/A,10\%,10)=6.1446$

例 10-7-2 表

方案	甲	乙	丙	丁
费用现值（万元）	350	312	570	553
寿命期（年）	5	5	10	10

A. 甲方案　　B. 乙方案　　C. 丙方案　　D. 丁方案

解 对于收益相同的互斥方案，寿命期相同的方案可用费用现值法或费用年值法进行方案比选，寿命期不同的方案可用费用年值法进行方案比选。

本题甲、乙方案寿命期均为 5 年，但甲方案的费用现值较高，可先淘汰；丙、丁方案寿命期均为 10 年，但丙方案的费用现值较高，也可先淘汰。用费用年值法比较乙方案和丁方案，由于$(A/P,i,n)=1/(P/A,i,n)$，故乙方案和丁方案的费用年值分别为：

$$\mathrm{AC}_{乙}=\mathrm{PC}_{乙}/(P/A,i,n)=312\div 3.7908=82.30\text{ 万元}$$

$$\mathrm{AC}_{丁}=\mathrm{PC}_{丁}/(P/A,i,n)=553\div 6.1446=90.90\text{ 万元}$$

由于乙方案的费用年值较低，故应选择乙方案。

或根据$\mathrm{PC}=\mathrm{AC}(P/A,i,n)$，可得乙方案和丁方案的费用年值：

$\mathrm{PC}_{乙}=\mathrm{AC}_{乙}(P/A,10\%,5)$，$312=\mathrm{AC}_{乙}\times 3.7908$，$\mathrm{AC}_{乙}=82.30$万元

同理可得：$\mathrm{AC}_{丁}=90.90$ 万元

乙方案的费用年值较低，应选择乙方案。

答案： B

习　题

10-7-1 某项目有甲乙丙丁 4 个投资方案，寿命期都是 8 年，设定的折现率为 8%，$(A/P,\%,8)=0.174$，各方案各年的净现金流量见题表。

各方案各年的净现金流量表（单位：万元）　　题 10-7-1 表

年份	0	1~8
甲	−500	92
乙	−500	90
丙	−420	76
丁	−400	77

采用年值法应选用（　　）。

A. 甲方案　　B. 乙方案　　C. 丙方案　　D. 丁方案

10-7-2 有甲乙丙丁 4 个互斥方案，投资额分别为 1 000 万元、800 万元、700 万元、600 万元，方案计算期均为 10 年，基准收益率为 15%，计算差额内部收益率结果 $\Delta\mathrm{IRR}_{甲-乙}$、$\Delta\mathrm{IRR}_{乙-丙}$、$\Delta\mathrm{IRR}_{丙-丁}$分别为 14.2%、16%、15.1%，应选择（　　）。

A. 甲方案　　B. 乙方案　　C. 丙方案　　D. 丁方案

10-7-3 在几个产品相同的备选方案比选中，最低价格法是（　　）。

A. 按主要原材料推算成本，其中原材料价格较低的方案为优

B. 按净现值为 0 计算方案的产品价格，其中产品价格较低的方案为优

C. 按市场风险最低推算产品价格，其中产品价格较低的方案为优

D. 按市场需求推算产品价格，其中产品价格较低的方案为优

10-7-4　既可用于计算期相等的方案比较，也可用于计算期不等的方案比较方法是（　　）。

A. 年值法　　B. 内部收益率法　　C. 投资回收期法　　D. 净现值率法

第八节　改扩建项目的经济评价特点

改扩建项目是在企业原有基础上建设的。对于新建项目，所发生的费用和收益都可归于项目；而改扩建和技改项目的费用和收益既涉及新投资部分，又涉及原有基础部分，因此对项目经济效果的评价与新建项目有所不同。

一、改扩建项目的主要特点

（1）项目的活动与既有企业有联系但在一定程度上又有区别。

（2）项目的融资主体和还款主体都是既有企业。

（3）项目一般要利用既有企业的部分或全部资产、资源，但不发生产权转移。

（4）建设期内企业生产经营与项目建设一般同时进行。

二、改扩建项目的经济评价特点

由于改扩建项目的特点，其经济评价往往比较复杂。改扩建项目经济评价主要有以下特点：

（1）需要正确识别和估算“有项目”“无项目”“现状”“新增”“增量”等五种状态（五套数据）下的资产、资源、效益和费用，“无项目”和“有项目”的计算口径和范围要一致。应遵循“有无对比”的原则。

（2）应明确界定项目的效益和费用范围。

（3）财务分析采用一般建设项目财务分析的基本原理和分析指标。一般要按项目和企业两个层次进行财务分析。

（4）应分析项目对既有企业的贡献。

（5）改扩建项目的经济费用效益分析采用一般建设项目的经济费用效益分析原理。

（6）需要根据项目目的、项目和企业两个层次的财务分析结果和经济费用效益分析结果，结合不确定性分析、风险分析结果等进行多指标投融资决策。

（7）需要合理确定计算期、原有资产利用、停产损失和沉没成本等问题。

【例 10-8-1】 以下关于改扩建项目财务分析的说法中正确的是：

A. 应以财务生存能力分析为主　　B. 应以项目清偿能力分析为主

C. 应以企业层次为主进行财务分析　　D. 应遵循“有无对比”原则

解　改扩建项目财务分析要进行项目层次和企业层次两个层次的分析。项目层次应进行盈利能力分析、清偿能力分析和财务生存能力分析，应遵循“有无对比”的原则。

答案： D

习　题

10-8-1　对于改扩建项目的经济评价，以下表述中正确的是（　　）。

A. 仅需要估算“有项目”“无项目”“增量”三种状态下的效益和费用

B. 只对项目本身进行经济性评价，不考虑对既有企业的影响

C. 财务分析一般只按项目一个层次进行财务分析

D. 需要合理确定原有资产利用、停产损失和沉没成本

10-8-2 价值工程的价值(V)对于产品来说，可以表示为$V=F/C$，式中C是指（ ）。

A. 产品的寿命周期成本　　B. 产品的开发成本

C. 产品的制造成本　　D. 产品的销售成本

第九节 价 值 工 程

一、价值工程的基本概念

（一）价值、功能和寿命周期成本

1. 功能

功能是指产品或作业的功用和效能。它实质上也是产品或作业的使用价值。

2. 寿命周期成本

寿命周期成本是指产品或服务在寿命期内所花费的全部费用。其费用不仅包括产品生产工程中的费用，也包括使用过程中的费用和残值。

3. 价值

价值工程中的“价值”，是指产品或作业的功能与实现其功能的总成本的比值。它是对所研究的对象的功能和成本的综合评价。其表达式为

$$价值(V)=\frac{功能(F)}{成本(C)} \tag{10-9-1}$$

这里的成本是指实现产品或作业的寿命周期成本。

（二）价值工程的定义

价值工程，也可称为价值分析，是指以产品或作业的功能分析为核心，以提高产品或作业的价值为目的，力求以最低寿命周期成本实现产品或作业使用所要求的必要功能的一项有组织的创造性活动。

价值工程是一种以提高产品和作业价值为目标的管理技术。其主要特点是：

（1）价值工程着眼于寿命周期成本，把研究的重点放在对产品的功能研究上，核心是功能分析。

（2）价值工程将保证产品功能和降低成本作为一个整体考虑。

（3）价值工程强调创新。

（4）价值工程要求将功能定量化。

（5）价值工程是一种有计划、有组织的活动。

（三）提高价值的途径

从上面价值的表达式可知，在成本不变的情况下，价值与功能成正比；功能不变的情况下，价值与成本成反比。由此可以得出提高产品或作业的 5 种主要途径：

（1）成本不变，提高功能；

（2）功能不变，降低成本；

（3）成本略有增加，功能较大幅度提高；

（4）功能略有下降，成本大幅度降低；

（5）成本降低，功能提高，则价值更高。

二、价值工程的实施步骤

价值工程活动过程一般包括准备阶段、功能分析阶段、方案创造阶段和方案实施阶段。

（一）准备阶段：（1）对象选择；（2）组成价值工程工作小组；（3）制订工作计划。

（二）功能分析阶段：（1）收集整理信息资料；（2）功能系统分析；（3）功能评价。

（三）创新阶段：（1）方案创新；（2）方案评价；（3）提案编写。

（四）实施阶段：（1）审批；（2）实施与检查；（3）成果鉴定。

三、价值工程研究对象的选择

（一）选择研究对象的原则

研究对象的选择，应选择对国计民生影响大的、需要量大的、正在研制准备投放市场的、质量功能急需改进的、市场竞争激烈的、成本高利润低的、需提高市场占有率的、改善价值有较大潜力的产品等。

（二）选择研究对象的方法

常用方法有因素分析法（经验分析法）、ABC 分析法、价值系数法、百分比法、最合适区域法等。

1. ABC 分析法

应用数理统计分析的方法选择对象。按产品零部件成本大小由高到低排列，绘出费用累计曲线，一般规律如下。

A 类部件：占部件的 5%~10%，占总成本的 70%~75%（数量较少，但占总成本比重较大）；

B 类部件：占部件的 20%左右，占总成本的 20%左右；

C 类部件：占部件的 70%~75%，占总成本的 5%~10%（数量较多，但占总成本比例不大）。

通常可以把 A 类部件作为分析对象。

2. 价值系数法

（1）价值系数法的步骤

①用 01 评分法（强制确定法）或其他评分法计算功能系数。即将零件排列起来，一一进行重要性对比，重要的得 1 分，不重要的得 0 分，求出各零件得分累计分数，其功能系数按下式计算

$$\text{功能系数}(f_i)=\frac{\text{零件得分累计}}{\text{总分}} \tag{10-9-2}$$

②求出每一零件成本与各零件成本总和之比，即成本系数

$$\text{成本系数}(C_i)=\frac{\text{零部件成本}}{\text{各零部件成本总和}} \tag{10-9-3}$$

③求出各零件的价值系数

$$\text{价值系数}(V_i)=\frac{\text{功能系数}}{\text{成本系数}} \tag{10-9-4}$$

（2）计算结果存在的三种情况

①价值系数小于 1，表明该零件相对不重要且费用偏高，应作为价值分析的对象；

【例 10-9-1】 某产品共有五项功能 F_1、F_2、F_3、F_4、F_5，用强制确定法确定零件功能评价体系时，

其功能得分分别为 3、5、4、1、2，则 F3 的功能评价系数为：

A. 0.20　　B. 0.13　　C. 0.27　　D. 0.33

解 F3 的功能系数为：$F_3 = 4/(3+5+4+1+2) = 0.27$

答案： C

②价值系数大于 1，即功能系数大于成本系数，表明该零件较重要而成本偏低，是否需要提高费用视具体情况而定；

③价值系数接近或等于 1，表明该零件重要性与成本适应，较为合理。

表 10-9-1 给出了价值系数计算的例子，显然，该表中 D 零件的价值系数远小于 1，为 0.463，可考虑作为价值分析的对象。

价值系数计算表　　**表** 10-9-1

零部件代号	一对一比较结果				积分	成本（元）	功能系数f_i	成本系数C_i	价值系数V_i
	A	B	C	D					
A	×	1	0	1	2	115	0.333	0.319	1.044
B	0	×	0	1	1	50	0.167	0.139	1.201
C	1	1	×	0	2	65	0.333	0.181	1.840
D	0	0	1	×	1	130	0.167	0.361	0.463
小计					6	360	1	1	

四、功能分析

功能分析是价值工程的核心。功能是某个产品或零件在整体中所担负的职能或所起的作用。功能分析的目的是用最低的成本实现同一功能。

功能分析一般有功能定义、功能整理、功能评价三个步骤。

（一）功能定义

功能定义就是用简明准确的语言表达功能的本质内容。

根据功能的不同特性，功能可以按以下标志分类：

（1）按功能的重要程度分为基本功能和辅助功能。基本功能是必不可少的功能，辅助功能属于次要功能。

（2）按功能的性质可分为使用功能和美学功能。使用功能有使用目的，如手机的通话功能；美学功能也称为外观功能，具有外观的艺术特征，如手机的造型、色彩款式等。

（3）按目的和手段功能可分为上位功能和下位功能。上位功能是目的性功能，下位功能是实现上位功能的手段性功能。这种上位与下位、目的与手段是相对的。

（4）按总体和局部，功能可分为总体功能和局部功能。总体功能体现出整体性的特征，是以局部功能为基础的。

（5）按功能的有用性可分为必要功能和不必要功能。使用功能、美学功能、基本功能、辅助功能等都是必要功能。多余功能、过剩功能都属于不必要功能。

（二）功能整理

功能整理就是要明确功能之间的逻辑关系，确定必要功能，剔除不必要功能。

功能整理有功能分析系统技术和功能卡片排列法两种方法。

功能分析系统技术的主要步骤：

（1）分析出基本功能，列在最左侧，称为上位功能，其余的是辅助功能。

（2）确定功能之间的关系，是并列关系还是上下位关系。

（3）绘出功能系统图。

（三）功能评价

功能评价主要解决功能的定量化问题，以便进行比较分析。功能评价的方法有 01 评分法、04 评分法、DARE 法等。

价值工程的成本有两种，一种是目前的实际成本，称为现实成本；一种是以实现功能的最低费用，称为功能的目标成本（功能评价值）。

将功能目标成本与功能现实成本比较，求出两者的比值（功能价值）和两者的差异值（改善期望值），然后选择功能价值低、改善期望值大的功能作为价值工程活动的重点对象。

功能价值的计算方法有功能成本法和功能指数法，这里只介绍功能成本法。

（1）功能现实成本的计算

功能现实成本应当按功能计算成本，即需要将产品或零部件的现实成本换算成功能的现实成本。

（2）功能评价值的计算

对象的功能评价值（目标成本），是指可靠地实现用户要求功能的最低成本，可以看成是用户期望的成本目标值。

确定功能评价值的一种方法是功能重要系数法，这种方法将功能划分几个功能区，然后确定各功能在总功能中的比重，即功能重要性系数（也称为功能评价系数），将产品的目标成本按功能重要性系数分配到各功能区作为该功能区的目标成本（功能评价值）。

$$F_i = \text{整体功能的目标成本} \times \text{功能重要性系数} \tag{10-9-5}$$

式中，F_i为第i个评价对象的功能评价值（目标成本）。

（3）功能价值的计算

按功能成本法计算的功能价值表达式为：

$$V_i = \frac{F_i}{C_i} \tag{10-9-6}$$

式中：V_i——第i个评价对象的价值系数；

F_i——第i个评价对象的功能评价值；

C_i——第i个评价对象的现实成本。

功能的价值系数计算结果有以下三种情况：

①$V_i = 1$，即功能评价值等于功能现实成本。说明评价对象的功能现实成本与实现功能所必需的最低成本大致相当，较为理想。

②$V_i < 1$，即功能现实成本大于实现功能所必需的最低成本（功能评价值）。说明评价对象的现实成本过高或有过剩的功能现象。此时应将此功能作为价值工程分析的对象，通过改进降低成本或剔除过剩功能。

③$V_i > 1$，即功能现实成本小于功能评价值，表明该部件功能比较重要，但分配的成本较少。此时，是否需要提高成本或减少不必要功能，应进行具体分析。

对于V_i小于 1 的功能区域，尤其是小于 1 较多的，即成本降低期望值$\Delta C_i = C_i - F_i$较大的功能区域，应作为价值工程分析对象，通过改进，使V_i等于或接近 1。

五、方案创新

通过采用适当的方法，如头脑风暴法、专家意见法（德尔菲法）、哥顿法等提出创新方案，经过综合评价选出最佳方案并编写正式提案。

六、方案实施

确定方案后，经审批准即可实施，实施过程中应检查方案实施的情况，方案实施完成后对成果进行评定验收、成果鉴定。

【例 10-9-2】 下面关于价值工程的论述中正确的是：

A. 价值工程中的价值是指成本与功能的比值

B. 价值工程中的价值是指产品消耗的必要劳动时间

C. 价值工程中的成本是指寿命周期成本，包括产品在寿命期内发生的全部费用

D. 价值工程中的成本就是产品的生产成本，它随着产品功能的增加而提高

解　根据价值工程中价值公式中成本的概念。

答案：C

【例 10-9-3】 在价值工程的一般工作程序中，分析阶段要做的工作包括：

A. 制订工作计划　　B. 功能评价　　C. 方案创新　　D. 方案评价

解　价值工程一般工作程序包括准备阶段、功能分析阶段、创新阶段和实施阶段。功能分析阶段的工作有收集整理信息资料、功能系统分析、功能评价。

答案：B

习　　题

10-9-1　价值工程的核心是（　　）。

A. 尽可能降低产品成本　　B. 降低成本提高产品价格

C. 功能分析　　D. 有组织的活动

10-9-2　价值工程的工作目标是（　　）。

A. 尽可能提高产品的功能　　B. 尽可能降低产品的成本

C. 提高产品价值　　D. 延长产品的寿命周期

10-9-3　某企业原采用甲工艺生产某种产品，现采用新技术乙工艺生产，不仅达到甲工艺相同的质量，而且成本降低了 15%。根据价值工程原理，该企业提高产品价值的途径是（　　）。

A. 功能不变，成本降低　　B. 功能和成本都降低，但成本降幅较大

C. 功能提高，成本降低　　D. 功能提高，成本不变

10-9-4　某产品的实际成本为 8 000 元，该产品由多个零部件组成，其中一个零部件的实际成本为 840 元，功能评价系数为 0.092，则该零部件的价值指数为（　　）。

A. 0.105　　B. 0.876　　C. 0.92　　D. 1.141

习题题解及参考答案

第一节

10-1-1 **解：** 利用名义利率求实际利率公式计算、比较，或用一次支付终值公式计算、比较。

答案： C

10-1-2 **解：** 已知A，求F，用等额支付系列终值公式计算。

答案： D

10-1-3 **解：** 已知A，求P，用等额支付系列现值公式计算。第三年年初已经偿还 2 年等额本息，还有 3 年等额本息没有偿还。所以$n = 3$，$A = 50$。

答案： B

10-1-4 **解：** 可绘出现金流量图，利用资金等值计算公式，将借款和还款等值计算折算到同一年，求A。

$A(P/A,5\%,3)(1+i) = 6\,000(P/A,5\%,5)(P/F,5\%,3)$

$A \times 2.723\,2 \times 1.05 = 6\,000 \times 4.329\,5 \times 0.863\,8$

或：$A(P/A,5\%,3)(F/P,5\%,4) = 6\,000(P/A,5\%,5)$

$A \times 2.723\,2 \times 1.215\,5 = 6\,000 \times 4.329\,5$

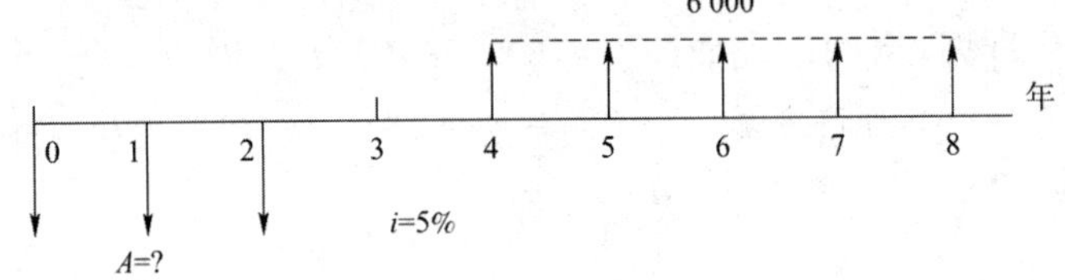

题 10-1-4 解图

解得：$A = 7\,848$

答案： A

第二节

10-2-1 **解：** 建设项目总投资由建设投资、建设期利息、流动资金三部分构成。

答案： B

10-2-2 **解：** 总投资形成的固定资产原值的费用包括工程费用、工程建设其他费用、预备费、建设期利息。

答案： A

10-2-3 **解：** 按借款在年初发生的建设利息计算公式计算。

第一年借款利息：$1\,500 \times 7\% = 105$万元

第二年借款利息：$[(1\,500 + 105) + 1\,000] \times 7\% = 182.35$万元

答案： D

10-2-4 **解：** 用双倍余额递减法公式计算，注意计算第二年折旧额时，要用固定资产净值计算。

答案： C

10-2-5　**解：** 增值税是对商品生产、流通、劳务服务中多个环节的新增价值或商品的附加值（增值额）征收的一种流转税。增值税是价外税，价外税是指增值税纳税人不计入货物销售价格中，而在增值税纳税申报时，按规定计算缴纳的增值税。增值税应纳税额一般按生产流通或劳务服务各个环节的增值额乘以增值税率计算。目前我国建筑企业一般纳税人的增值税税率为 9%。

答案：C

10-2-6　**解：** 按规定，建设期利息应计入固定资产原值。

答案： A

第三节

10-3-1　**解：** 按债券筹资成本公式计算，即

$(500\times 5\%)\times(1-25\%)/[500\times(1-1\%)]=38\%$

答案： B

10-3-2　**解：** 权益资金成本不能抵减所得税。

$$15\%\times\frac{400}{1\,000}+6\%\times(1-25\%)\times\frac{600}{1\,000}=8.7\%$$

答案： B

10-3-3　**解：** 等额还本则每年还本：$500/5=100$万元，次年以未还本金为基数计算利息。第 2 年初尚未还本金：$500-100=400$万元，第 2 年应还利息：$400\times 5\%=20$万元。

答案： B

10-3-4　**解：** 根据股利增长模型法，普通股资金成本为：

$$K_s=\frac{D_i}{P_0\times(1-f)}+g=\frac{10\,000\times 8\%}{10\,000\times(1-3\%)}+6\%=14.25\%$$

由于股利必须在企业税后利润中支付，所以不能抵减所得税的缴纳。

答案： D

第四节

10-4-1　**解：** 可先绘出现金流量图再计算（见解图）。注意第 1、2 年初即第 0、1 年末。

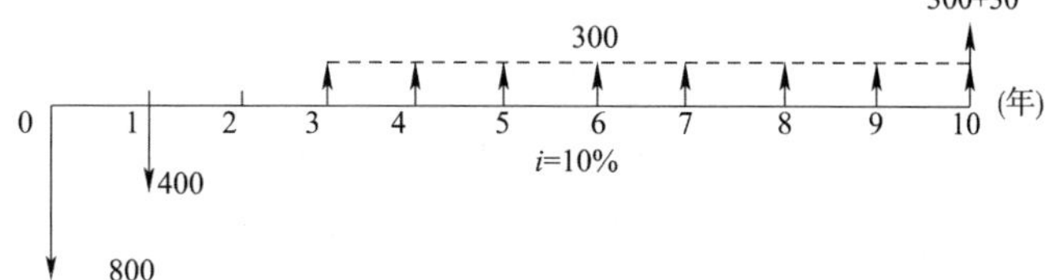

题 10-4-1 解图

$P=-800-400(P/F,10\%,1)+300(P/A,10\%,8)(P/F,10\%,2)+30(P/F,10\%,10)$
$=170.55$

答案： B

10-4-2　**解：** 用不同的等额支付系列现值系数计算净现值，根据净现值的正负判断内部收益率位于那个区间。

由 $-12\,000+4\,300\times(P/A,20\%,5)=861.3$ 元 >0

$-12\,000+4\,300\times(P/A,25\%,5)=-437.3$ 元 <0

可知内部收益率位于20%~25%区间内。

答案： C

10-4-3 **解：** 根据净现值函数曲线可判断。

答案： D

10-4-4 **解：** 费用年值$\mathrm{AC} = 5 + 20(A/P, 10\%, 10) = 8.255$万元。

答案： D

10-4-5 **解：** 根据静态投资回收期公式计算。

答案： B

10-4-6 **解：** 项目总投资为建设投资、建设期利息和流动资金之和，计算总投资收益率要用息税前利润。

答案： B

10-4-7 **解：** 先根据总投资收益率计算息税前利润，然后计算总利润、净利润，最后计算资本金净利润率。

项目总投资为建设投资、建设期利息和流动资金之和，计算总投资收益率要用息税前利润。

息税前利润$= 16\,000 \times 20\% = 3\,200$ 万元

总利润$= 3\,200 - 900 = 2\,300$ 万元

净利润$= 2\,300 \times (1 - 25\%) = 1\,725$ 万元

资本金净利润率$= 1\,725 \div 5\,000 \times 100\% = 34.5\%$

答案： C

10-4-8 **解：** 按偿债备付率公式计算。

息税前利润= 利润总额 + 利息支出 $= 300 + 100 = 400$ 万元

偿债备付率$= \frac{400+30-75}{120+100} = 1.61$

答案： C

10-4-9 **解：** 项目投资现金流量表反映了项目投资总体的获利能力，主要用来计算财务内部收益、财务净现值和投资回收期等评价指标。

答案： C

10-4-10 **解：** 项目资本金现金流量表从项目权益投资者的整体角度考察盈利能力。

答案： A

第五节

10-5-1 **解：** 影子价格反映项目投入物和产出物的真实经济价值。

答案： D

10-5-2 **解：** 进行经济费用效益分析采用社会折现率。

答案： C

10-5-3 **解：** 从国民经济效率的角度看，经济内部收益率等于或大于社会折现率，表明项目的经济盈利性达到或超过了经济效益要求。

答案： A

10-5-4 **解：** 项目建成每年减少损失，视为经济效益。若$n \to \infty$，则$(P/A, i, n) = 1/i$。按效益费用比公式计算：

$B=300\times\frac{1}{i}=6\ 000$，$c=500+20\times\frac{1}{i}=900$

$R_{BC}=6\ 000/900=6.67$

答案： B

第六节

10-6-1 **解：** 用盈亏平衡分析公式计算，考虑每台产品的税金。

盈亏平衡产量$=\frac{265\ 000}{500-350-50}=2\ 650$台

答案： A

10-6-2 **解：** 用盈亏平衡分析公式计算。

由$15\times10^4=\frac{1\ 500\times10^4}{单价-120}$，可得：单价$=220$元

答案： C

10-6-3 **解：** 按敏感度系数公式计算。

$$\frac{\frac{13\%-15\%}{15\%}}{10\%}=-1.33$$

答案： B

10-6-4 **解：** 变化幅度的绝对值相同时（如变化幅度为±20%），敏感性系数较大者对应的因素较敏感。

答案： B

第七节

10-7-1 **解：** 甲乙方案年投资相等，但甲方案年收益较大，所以淘汰乙方案；丙乙方案比较，丙方案投资大但年收益值较小，淘汰丙方案，比较甲丁方案净年值。

答案： D

10-7-2 **解：** ΔIRR 大于基准收益率时，应选投资额较大的方案；反之，应选投资额较小的方案。

答案： B

10-7-3 **解：** 最低价格法是在相同产品方案比选中，按净现值为 0 推算备选方案的产品价格，以最低产品价格较低的方案为优。

答案： B

10-7-4 **解：** 计算期相等和计算期不等的方案比较均可以用年值法。

答案： A

第八节

10-8-1 **解：** 改扩建项目的经济评价应考虑原有资产的利用、停产损失和沉没成本等问题。

答案： D

10-8-2 **解：** 依据价值工程定义。

答案： A

第九节

10-9-1 **解：** 价值工程的核心是功能分析。

答案： C

10-9-2　**解：**价值工程以提高价值为工作目标。

答案：C

10-9-3　**解：**质量相同，功能上没有变化。

答案：A

10-9-4　**解：**该零件的成本系数为：

该零件实际成本/所有零件实际成本 $= 840 \div 8\,000 = 0.105$

该零部件的价值指数为：

$V =$ 该零件的功能评价系数/该零件的成本系数 $= 0.092 \div 0.105 = 0.876$

答案：B

第十一章　法 律 法 规

复 习 指 导

一、“法律法规”考试大纲

8.1　中华人民共和国建筑法

总则；建筑许可；建筑工程发包与承包；建筑工程监理；建筑安全生产管理；建筑工程质量管理；法律责任。

8.2　中华人民共和国安全生产法

总则；生产经营单位的安全生产保障；从业人员的权利和义务；安全生产的监督管理；生产安全事故的应急救援与调查处理。

8.3　中华人民共和国招标投标法

总则；招标；投标；开标；评标和中标；法律责任。

8.4　中华人民共和国合同法

一般规定；合同的订立；合同的效力；合同的履行；合同的变更和转让；合同的权利义务终止；违约责任；其他规定。

8.5　中华人民共和国行政许可法

总则；行政许可的设定；行政许可的实施机关；行政许可的实施程序；行政许可的费用。

8.6　中华人民共和国节约能源法

总则；节能管理；合理使用与节约能源；节能技术进步；激励措施；法律责任。

8.7　中华人民共和国环境保护法

总则；环境监督管理；保护和改善环境；防治环境污染和其他公害；法律责任。

8.8　建设工程勘察设计管理条例

总则；资质资格管理；建设工程勘察设计发包与承包；建设工程勘察设计文件的编制与实施；监督管理。

8.9　建设工程质量管理条例

总则；建设单位的质量责任和义务；勘察设计单位的质量责任和义务；施工单位的质量责任和义务；工程监理单位的质量责任和义务；建设工程质量保修。

8.10　建设工程安全生产管理条例

总则；建设单位的安全责任；勘察设计工程监理及其他有关单位的安全责任；施工单位的安全责任；监督管理；生产安全事故的应急救援和调查处理。

二、复习指导

与工程建设有关的法规应当是重点复习的内容，尤其是建筑法、招投标法中的内容。

法规中与设计工作有关的规定要给予特别注意。

第一节 我国法规的基本体系

按现行立法权限，我国的法规可分为五个层次。即：全国人大及其常委会通过的法律，国务院发布的行政规定，国务院各部委发布的规章制度，地方人大制定的地方法律，地方行政部门制定并发布的地方规章制度。

举例如下：

一、法律

《中华人民共和国建筑法》	1998 年 3 月 1 日起实施，2019 年 4 月 23 日修改
《中华人民共和国安全生产法》	2002 年 11 月 1 日起实施，2021 年 6 月 10 日修改
《中华人民共和国招标投标法》	2000 年 1 月 1 日起实施，2017 年 12 月 28 日修正
《中华人民共和国民法典》	2021 年 1 月 1 日起实施
《中华人民共和国行政许可法》	2004 年 7 月 1 日起实施；2019 年 4 月修订
《中华人民共和国节约能源法》	1997 年 1 月 1 日颁布，2007 年 10 月 28 日修改，2008 年 4 月 1 日起实施（修订版）；2018 年 10 月 26 日修改
《中华人民共和国环境保护法》	1989 年 12 月 26 日起实施，2014 年 4 月 24 日修改，2015 年 1 月 1 日起实施（修订版）
《中华人民共和国房地产管理法》	1995 年 1 月 1 日起实施，2007 年 8 月 30 日和 2009 年 8 月 27 日两次修订，2019 年 8 月 26 日第三次修订
《中华人民共和国城乡规划法》	2008 年 1 月 1 日起施行。

二、行政规定

《建设工程勘察设计管理条例》	2000 年 9 月 25 日起实施，2017 年 10 月 7 日修改
《建设工程质量管理条例》	2000 年 1 月 30 日起实施，2019 年 04 月 23 日修改
《建设工程安全生产管理条例》	2004 年 2 月 1 日起实施

三、部门规章

《建设工程勘察设计资质管理规定》	2007 年 9 月 1 日起实施，2015 年 5 月 4 日修订 2016 年 9 月 13 日修订，2018 年 12 月 22 日修订
《工程监理企业资质管理规定》	2007 年 8 月 1 日起实施，2015 年 5 月 4 日修订
《建筑企业资质管理规定》	2007 年 9 月 1 日起实施，2016 年 9 月 13 日修订 2018 年 12 月 22 日修订

地方法律、规章不再举例。

第二节　中华人民共和国建筑法

第一章　总　　则

第一条　为了加强对建筑活动的监督管理，维护建筑市场秩序，保证建筑工程的质量和安全，促进建筑业健康发展，制定本法。

第二条　在中华人民共和国境内从事建筑活动，实施对建筑活动的监督管理，应当遵守本法。

本法所称建筑活动，是指各类房屋建筑及其附属设施的建造和与其配套的线路、管道、设备的安装活动。

第三条　建筑活动应当确保建筑工程质量和安全，符合国家的建筑工程安全标准。

第四条　国家扶持建筑业的发展，支持建筑科学技术研究，提高房屋建筑设计水平，鼓励节约能源和保护环境，提倡采用先进技术、先进设备、先进工艺、新型建筑材料和现代管理方式。

第五条　从事建筑活动应当遵守法律、法规，不得损害社会公共利益和他人的合法权益。

任何单位和个人都不得妨碍和阻挠依法进行的建筑活动。

第六条　国务院建设行政主管部门对全国的建筑活动实施统一监督管理。

第二章　建筑许可

第一节　建筑工程施工许可

第七条　建筑工程开工前，建设单位应当按照国家有关规定向工程所在地县级以上人民政府建设行政主管部门申请领取施工许可证；但是，国务院建设行政主管部门确定的限额以下的小型工程除外。

按照国务院规定的权限和程序批准开工报告的建筑工程，不再领取施工许可证。

第八条　申请领取施工许可证，应当具备下列条件：

（一）已经办理该建筑工程用地批准手续；

（二）依法应当办理建设工程规划许可证的，已经取得建设工程规划许可证；

（三）需要拆迁的，其拆迁进度符合施工要求；

（四）已经确定建筑施工企业；

（五）有满足施工需要的资金安排、施工图纸及技术资料；

（六）有保证工程质量和安全的具体措施。

建设行政主管部门应当自收到申请之日起七日内，对符合条件的申请颁发施工许可证。

第九条　建设单位应当自领取施工许可证之日起三个月内开工。因故不能按期开工的，应当向发证机关申请延期；延期以两次为限，每次不超过三个月。既不开工又不申请延期或者超过延期时限的，施工许可证自行废止。

第十条　在建的建筑工程因故中止施工的，建设单位应当自中止施工之日起一个月内，向发证机关报告，并按照规定做好建筑工程的维护管理工作。

建筑工程恢复施工时，应当向发证机关报告；中止施工满一年的工程恢复施工前，建设单位应当报发证机关核验施工许可证。

第十一条　按照国务院有关规定批准开工报告的建筑工程，因故不能按期开工或者中止施工的，应当及时向批准机关报告情况。因故不能按期开工超过六个月的，应当重新办理开工报告的批准手续。

第二节 从业资格

第十二条 从事建筑活动的建筑施工企业、勘察单位、设计单位和工程监理单位，应当具备下列条件：

（一）有符合国家规定的注册资本；

（二）有与其从事的建筑活动相适应的具有法定执业资格的专业技术人员；

（三）有从事相关建筑活动所应有的技术装备；

（四）法律、行政法规规定的其他条件。

第十三条 从事建筑活动的建筑施工企业、勘察单位、设计单位和工程监理单位，按照其拥有的注册资本、专业技术人员、技术装备和已完成的建筑工程业绩等资质条件，划分为不同的资质等级，经资质审查合格，取得相应等级的资质证书后，方可在其资质等级许可的范围内从事建筑活动。

第十四条 从事建筑活动的专业技术人员，应当依法取得相应的执业资格证书，并在执业资格证书许可的范围内从事建筑活动。

第三章 建筑工程发包与承包

第一节 一般规定

第十五条 建筑工程的发包单位与承包单位应当依法订立书面合同，明确双方的权利和义务。

发包单位和承包单位应当全面履行合同约定的义务。不按照合同约定履行义务的，依法承担违约责任。

第十六条 建筑工程发包与承包的招标投标活动，应当遵循公开、公正、平等竞争的原则，择优选择承包单位。

建筑工程的招标投标，本法没有规定的，适用有关招标投标法律的规定。

第十七条 发包单位及其工作人员在建筑工程发包中不得收受贿赂、回扣或者索取其他好处。

承包单位及其工作人员不得利用向发包单位及其工作人员行贿、提供回扣或者给予其他好处等不正当手段承揽工程。

第十八条 建筑工程造价应当按照国家有关规定，由发包单位与承包单位在合同中约定。公开招标发包的，其造价的约定，须遵守招标投标法律的规定。

发包单位应当按照合同的约定，及时拨付工程款项。

第二节 发包

第十九条 建筑工程依法实行招标发包，对不适于招标发包的可以直接发包。

第二十条 建筑工程实行公开招标的，发包单位应当依照法定程序和方式，发布招标公告，提供载有招标工程的主要技术要求、主要的合同条款、评标的标准和方法以及开标、评标、定标的程序等内容的招标文件。

开标应当在招标文件规定的时间、地点公开进行。开标后应当按照招标文件规定的评标标准和程序对标书进行评价、比较，在具备相应资质条件的投标者中，择优选定中标者。

第二十一条 建筑工程招标的开标、评标、定标由建设单位依法组织实施，并接受有关行政主管部门的监督。

第二十二条 建筑工程实行招标发包的，发包单位应当将建筑工程发包给依法中标的承包单位。建筑工程实行直接发包的，发包单位应当将建筑工程发包给具有相应资质条件的承包单位。

第二十三条　政府及其所属部门不得滥用行政权力，限定发包单位将招标发包的建筑工程发包给指定的承包单位。

第二十四条　提倡对建筑工程实行总承包，禁止将建筑工程肢解发包。

建筑工程的发包单位可以将建筑工程的勘察、设计、施工、设备采购一并发包给一个工程总承包单位，也可以将建筑工程勘察、设计、施工、设备采购的一项或者多项发包给一个工程总承包单位；但是，不得将应当由一个承包单位完成的建筑工程肢解成若干部分发包给几个承包单位。

第二十五条　按照合同约定，建筑材料、建筑构配件和设备由工程承包单位采购的，发包单位不得指定承包单位购入用于工程的建筑材料、建筑构配件和设备或者指定生产厂、供应商。

第三节　承　　包

第二十六条　承包建筑工程的单位应当持有依法取得的资质证书，并在其资质等级许可的业务范围内承揽工程。

禁止建筑施工企业超越本企业资质等级许可的业务范围或者以任何形式用其他建筑施工企业的名义承揽工程。禁止建筑施工企业以任何形式允许其他单位或者个人使用本企业的资质证书、营业执照，以本企业的名义承揽工程。

第二十七条　大型建筑工程或者结构复杂的建筑工程，可以由两个以上的承包单位联合共同承包。共同承包的各方对承包合同的履行承担连带责任。

两个以上不同资质等级的单位实行联合共同承包的，应当按照资质等级低的单位的业务许可范围承揽工程。

第二十八条　禁止承包单位将其承包的全部建筑工程转包给他人，禁止承包单位将其承包的全部建筑工程肢解以后以分包的名义分别转包给他人。

第二十九条　建筑工程总承包单位可以将承包工程中的部分工程发包给具有相应资质条件的分包单位；但是，除总承包合同中约定的分包外，必须经建设单位认可。施工总承包的，建筑工程主体结构的施工必须由总承包单位自行完成。

建筑工程总承包单位按照总承包合同的约定对建设单位负责；分包单位按照分包合同的约定对总承包单位负责。总承包单位和分包单位就分包工程对建设单位承担连带责任。

禁止总承包单位将工程分包给不具备相应资质条件的单位。禁止分包单位将其承包的工程再分包。

第四章　建筑工程监理

第三十条　国家推行建筑工程监理制度。

国务院可以规定实行强制监理的建筑工程的范围。

第三十一条　实行监理的建筑工程，由建设单位委托具有相应资质条件的工程监理单位监理。建设单位与其委托的工程监理单位应当订立书面委托监理合同。

第三十二条　建筑工程监理应当依照法律、行政法规及有关的技术标准、设计文件和建筑工程承包合同，对承包单位在施工质量、建设工期和建设资金使用等方面，代表建设单位实施监督。

工程监理人员认为工程施工不符合工程设计要求、施工技术标准和合同约定的，有权要求建筑施工企业改正。

工程监理人员发现工程设计不符合建筑工程质量标准或者合同约定的质量要求的，应当报告建设单位要求设计单位改正。

第三十三条　实施建筑工程监理前，建设单位应当将委托的工程监理单位、监理的内容及监理权限，书面通知被监理的建筑施工企业。

第三十四条 工程监理单位应当在其资质等级许可的监理范围内，承担工程监理业务。

工程监理单位应当根据建设单位的委托，客观、公正地执行监理任务。

工程监理单位与被监理工程的承包单位以及建筑材料、建筑构配件和设备供应单位不得有隶属关系或者其他利害关系。

工程监理单位不得转让工程监理业务。

第三十五条 工程监理单位不按照委托监理合同的约定履行监理义务，对应当监督检查的项目不检查或者不按照规定检查，给建设单位造成损失的，应当承担相应的赔偿责任。

工程监理单位与承包单位串通，为承包单位谋取非法利益，给建设单位造成损失的，应当与承包单位承担连带赔偿责任。

第五章 建筑安全生产管理

第三十六条 建筑工程安全生产管理必须坚持安全第一、预防为主的方针，建立健全安全生产的责任制度和群防群治制度。

第三十七条 建筑工程设计应当符合按照国家规定制定的建筑安全规程和技术规范，保证工程的安全性能。

第三十八条 建筑施工企业在编制施工组织设计时，应当根据建筑工程的特点制定相应的安全技术措施；对专业性较强的工程项目，应当编制专项安全施工组织设计，并采取安全技术措施。

第三十九条 建筑施工企业应当在施工现场采取维护安全、防范危险、预防火灾等措施；有条件的，应当对施工现场实行封闭管理。

施工现场对毗邻的建筑物、构筑物和特殊作业环境可能造成损害的，建筑施工企业应当采取安全防护措施。

第四十条 建设单位应当向建筑施工企业提供与施工现场相关的地下管线资料，建筑施工企业应当采取措施加以保护。

第四十一条 建筑施工企业应当遵守有关环境保护和安全生产的法律、法规的规定，采取控制和处理施工现场的各种粉尘、废气、废水、固体废物以及噪声、振动对环境的污染和危害的措施。

第四十二条 有下列情形之一的，建设单位应当按照国家有关规定办理申请批准手续：

（一）需要临时占用规划批准范围以外场地的；

（二）可能损坏道路、管线、电力、邮电通讯等公共设施的；

（三）需要临时停水、停电、中断道路交通的；

（四）需要进行爆破作业的；

（五）法律、法规规定需要办理报批手续的其他情形。

第四十三条 建设行政主管部门负责建筑安全生产的管理，并依法接受劳动行政主管部门对建筑安全生产的指导和监督。

第四十四条 建筑施工企业必须依法加强对建筑安全生产的管理，执行安全生产责任制度，采取有效措施，防止伤亡和其他安全生产事故的发生。

建筑施工企业的法定代表人对本企业的安全生产负责。

第四十五条 施工现场安全由建筑施工企业负责。实行施工总承包的，由总承包单位负责。分包单位向总承包单位负责，服从总承包单位对施工现场的安全生产管理。

第四十六条　建筑施工企业应当建立健全劳动安全生产教育培训制度，加强对职工安全生产的教育培训；未经安全生产教育培训的人员，不得上岗作业。

第四十七条　建筑施工企业和作业人员在施工过程中，应当遵守有关安全生产的法律、法规和建筑行业安全规章、规程，不得违章指挥或者违章作业。作业人员有权对影响人身健康的作业程序和作业条件提出改进意见，有权获得安全生产所需的防护用品。作业人员对危及生命安全和人身健康的行为有权提出批评、检举和控告。

第四十八条　建筑施工企业应当依法为职工参加工伤保险缴纳工伤保险费。鼓励企业为从事危险作业的职工办理意外伤害保险，支付保险费。

第四十九条　涉及建筑主体和承重结构变动的装修工程，建设单位应当在施工前委托原设计单位或者具有相应资质条件的设计单位提出设计方案；没有设计方案的，不得施工。

第五十条　房屋拆除应当由具备保证安全条件的建筑施工单位承担，由建筑施工单位负责人对安全负责。

第五十一条　施工中发生事故时，建筑施工企业应当采取紧急措施减少人员伤亡和事故损失，并按照国家有关规定及时向有关部门报告。

第六章　建筑工程质量管理

第五十二条　建筑工程勘察、设计、施工的质量必须符合国家有关建筑工程安全标准的要求，具体管理办法由国务院规定。

有关建筑工程安全的国家标准不能适应确保建筑安全的要求时，应当及时修订。

第五十三条　国家对从事建筑活动的单位推行质量体系认证制度。从事建筑活动的单位根据自愿原则可以向国务院产品质量监督管理部门或者国务院产品质量监督管理部门授权的部门认可的认证机构申请质量体系认证。经认证合格的，由认证机构颁发质量体系认证证书。

第五十四条　建设单位不得以任何理由，要求建筑设计单位或者建筑施工企业在工程设计或者施工作业中，违反法律、行政法规和建筑工程质量、安全标准，降低工程质量。

建筑设计单位和建筑施工企业对建设单位违反前款规定提出的降低工程质量的要求，应当予以拒绝。

第五十五条　建筑工程实行总承包的，工程质量由工程总承包单位负责，总承包单位将建筑工程分包给其他单位的，应当对分包工程的质量与分包单位承担连带责任。分包单位应当接受总承包单位的质量管理。

第五十六条　建筑工程的勘察、设计单位必须对其勘察、设计的质量负责。勘察、设计文件应当符合有关法律、行政法规的规定和建筑工程质量、安全标准、建筑工程勘察、设计技术规范以及合同的约定。设计文件选用的建筑材料、建筑构配件和设备，应当注明其规格、型号、性能等技术指标，其质量要求必须符合国家规定的标准。

第五十七条　建筑设计单位对设计文件选用的建筑材料、建筑构配件和设备，不得指定生产厂、供应商。

第五十八条　建筑施工企业对工程的施工质量负责。

建筑施工企业必须按照工程设计图纸和施工技术标准施工，不得偷工减料。工程设计的修改由原设计单位负责，建筑施工企业不得擅自修改工程设计。

第五十九条　建筑施工企业必须按照工程设计要求、施工技术标准和合同的约定，对建筑材料、建筑构配件和设备进行检验，不合格的不得使用。

第六十条 建筑物在合理使用寿命内，必须确保地基基础工程和主体结构的质量。

建筑工程竣工时，屋顶、墙面不得留有渗漏、开裂等质量缺陷；对已发现的质量缺陷，建筑施工企业应当修复。

第六十一条 交付竣工验收的建筑工程，必须符合规定的建筑工程质量标准，有完整的工程技术经济资料和经签署的工程保修书，并具备国家规定的其他竣工条件。

建筑工程竣工经验收合格后，方可交付使用；未经验收或者验收不合格的，不得交付使用。

第六十二条 建筑工程实行质量保修制度。

建筑工程的保修范围应当包括地基基础工程、主体结构工程、屋面防水工程和其他土建工程，以及电气管线、上下水管线的安装工程，供热、供冷系统工程等项目；保修的期限应当按照保证建筑物合理寿命年限内正常使用，维护使用者合法权益的原则确定。具体的保修范围和最低保修期限由国务院规定。

第六十三条 任何单位和个人对建筑工程的质量事故、质量缺陷都有权向建设行政主管部门或者其他有关部门进行检举、控告、投诉。

第七章 法律责任

第六十四条 违反本法规定，未取得施工许可证或者开工报告未经批准擅自施工的，责令改正，对不符合开工条件的责令停止施工，可以处以罚款。

第六十五条 发包单位将工程发包给不具有相应资质条件的承包单位的，或者违反本法规定将建筑工程肢解发包的，责令改正，处以罚款。

超越本单位资质等级承揽工程的，责令停止违法行为，处以罚款，可以责令停业整顿，降低资质等级；情节严重的，吊销资质证书；有违法所得的，予以没收。

未取得资质证书承揽工程的，予以取缔，并处罚款；有违法所得的，予以没收。

以欺骗手段取得资质证书的，吊销资质证书，处以罚款；构成犯罪的，依法追究刑事责任。

第六十六条 建筑施工企业转让、出借资质证书或者以其他方式允许他人以本企业的名义承揽工程的，责令改正，没收违法所得，并处罚款，可以责令停业整顿，降低资质等级；情节严重的，吊销资质证书。对因该项承揽工程不符合规定的质量标准造成的损失，建筑施工企业与使用本企业名义的单位或者个人承担连带赔偿责任。

第六十七条 承包单位将承包的工程转包的，或者违反本法规定进行分包的，责令改正，没收违法所得，并处罚款，可以责令停业整顿，降低资质等级；情节严重的，吊销资质证书。

承包单位有前款规定的违法行为的，对因转包工程或者违法分包的工程不符合规定的质量标准造成的损失，与接受转包或者分包的单位承担连带赔偿责任。

第六十八条 在工程发包与承包中索贿、受贿、行贿，构成犯罪的，依法追究刑事责任；不构成犯罪的，分别处以罚款，没收贿赂的财物，对直接负责的主管人员和其他直接责任人员给予处分。

对在工程承包中行贿的承包单位，除依照前款规定处罚外，可以责令停业整顿，降低资质等级或者吊销资质证书。

第六十九条 工程监理单位与建设单位或者建筑施工企业串通，弄虚作假、降低工程质量的，责令改正，处以罚款，降低资质等级或者吊销资质证书；有违法所得的，予以没收；造成损失的，承担连带赔偿责任；构成犯罪的，依法追究刑事责任。

工程监理单位转让监理业务的，责令改正，没收违法所得，可以责令停业整顿，降低资质等级；情节严重的，吊销资质证书。

第七十条　违反本法规定，涉及建筑主体或者承重结构变动的装修工程擅自施工的，责令改正，处以罚款；造成损失的，承担赔偿责任；构成犯罪的，依法追究刑事责任。

第七十一条　建筑施工企业违反本法规定，对建筑安全事故隐患不采取措施予以消除的，责令改正，可以处以罚款；情节严重的，责令停业整顿，降低资质等级或者吊销资质证书；构成犯罪的，依法追究刑事责任。

建筑施工企业的管理人员违章指挥、强令职工冒险作业，因而发生重大伤亡事故或者造成其他严重后果的，依法追究刑事责任。

第七十二条　建设单位违反本法规定，要求建筑设计单位或者建筑施工企业违反建筑工程质量、安全标准，降低工程质量的，责令改正，可以处以罚款；构成犯罪的，依法追究刑事责任。

第七十三条　建筑设计单位不按照建筑工程质量、安全标准进行设计的，责令改正，处以罚款；造成工程质量事故的，责令停业整顿，降低资质等级或者吊销资质证书，没收违法所得，并处罚款；造成损失的，承担赔偿责任；构成犯罪的，依法追究刑事责任。

第七十四条　建筑施工企业在施工中偷工减料的，使用不合格的建筑材料、建筑构配件和设备的，或者有其他不按照工程设计图纸或者施工技术标准施工的行为的，责令改正，处以罚款；情节严重的，责令停业整顿，降低资质等级或者吊销资质证书；造成建筑工程质量不符合规定的质量标准的，负责返工、修理，并赔偿因此造成的损失；构成犯罪的，依法追究刑事责任。

第七十五条　建筑施工企业违反本法规定，不履行保修义务或者拖延履行保修义务的，责令改正，可以处以罚款，并对在保修期内因屋顶、墙面渗漏、开裂等质量缺陷造成的损失，承担赔偿责任。

第七十六条　本法规定的责令停业整顿、降低资质等级和吊销资质证书的行政处罚，由颁发资质证书的机关决定；其他行政处罚，由建设行政主管部门或者有关部门依照法律和国务院规定的职权范围决定。

依照本法规定被吊销资质证书的，由工商行政管理部门吊销其营业执照。

第七十七条　违反本法规定，对不具备相应资质等级条件的单位颁发该等级资质证书的，由其上级机关责令收回所发的资质证书，对直接负责的主管人员和其他直接责任人员给予行政处分；构成犯罪的，依法追究刑事责任。

第七十八条　政府及其所属部门的工作人员违反本法规定，限定发包单位将招标发包的工程发包给指定的承包单位的，由上级机关责令改正；构成犯罪的，依法追究刑事责任。

第七十九条　负责颁发建筑工程施工许可证的部门及其工作人员对不符合施工条件的建筑工程颁发施工许可证的，负责工程质量监督检查或者竣工验收的部门及其工作人员对不合格的建筑工程出具质量合格文件或者按合格工程验收的，由上级机关责令改正，对责任人员给予行政处分；构成犯罪的，依法追究刑事责任；造成损失的，由该部门承担相应的赔偿责任。

第八十条　在建筑物的合理使用寿命内，因建筑工程质量不合格受到损害的，有权向责任者要求赔偿。

第八章　附　　则

第八十一条　本法关于施工许可、建筑施工企业资质审查和建筑工程发包、承包、禁止转包，以及建筑工程监理、建筑工程安全和质量管理的规定，适用于其他专业建筑工程的建筑活动，具体办法由国务院规定。

第八十二条　建设行政主管部门和其他有关部门在对建筑活动实施监督管理中，除按照国务院有关规定收取费用外，不得收取其他费用。

第八十三条 省、自治区、直辖市人民政府确定的小型房屋建筑工程的建筑活动，参照本法执行。

依法核定作为文物保护的纪念建筑物和古建筑等的修缮，依照文物保护的有关法律规定执行。

抢险救灾及其他临时性房屋建筑和农民自建低层住宅的建筑活动，不适用本法。

第八十四条 军用房屋建筑工程建筑活动的具体管理办法，由国务院、中央军事委员会依据本法制定。

第八十五条 本法自1998年3月1日起施行。

【例 11-2-1】 某工程项目甲建设单位委托乙监理单位对丙施工总承包单位进行监理，有关监理单位的行为符合规定的是：

A. 在监理合同规定的范围内承揽监理业务

B. 按建设单位委托，客观公正地执行监理任务

C. 与施工单位建立隶属关系或者其他利害关系

D. 将工程监理业务转让给具有相应资质的其他监理单位

解 《中华人民共和国建筑法》第三十四条规定，工程监理单位应当根据建设单位的委托，客观、公正地执行监理任务。

选项C和D明显错误。选项A也是错误的，因为监理单位承揽监理业务的范围是根据其单位资质决定的，而不是仅仅依靠和甲方签订的合同所决定的。

答案：B

【例 11-2-2】 根据《中华人民共和国建筑法》的规定，有关工程发包的规定，下列理解错误的是：

A. 关于对建筑工程进行肢解发包的规定，属于禁止性规定

B. 可以将建筑工程的勘察、设计、施工、设备采购一并发包给一个工程总承包单位

C. 建筑工程实行直接发包的，发包单位可以将建筑工程发包给具有资质证书的承包单位

D. 提倡对建筑工程实行总承包

解 《中华人民共和国建筑法》第二十二条规定，发包单位应当将建筑工程发包给具有资质证书的承包单位。是“应当”，不是“可以”，选项A、B、D没有错误。

答案：C

【例 11-2-3】 根据《中华人民共和国建筑法》的规定，施工企业矿业将部分工程分包给其他具有相应资质的分包单位施工，下列情形中不违反有关承包的禁止性规定的是：

A. 建筑施工企业超越本企业资质等级许可的业务范围或者以任何形式用其他建筑施工企业的名义承揽工程

B. 承包单位将其承包的全部建筑工程转包给他人

C. 承包单位将其承包的全部建筑工程肢解以后以分包的名义分别转包给他人

D. 两个不同资质等级的承包单位联合共同承包

解 《中华人民共和国建筑法》第二十七条规定，大型建筑工程或者结构复杂的建筑工程，可以由两个以上的承包单位联合共同承包。共同承包的各方对承包合同的履行承担连带责任。

两个以上不同资质等级的单位实行联合共同承包的，应当按照资质等级低的单位的业务许可范围承揽工程。

答案：D

【例 11-2-4】 根据《中华人民共和国建筑法》的规定，某建设单位领取了施工许可证，下列情节中，可能不导致施工许可证废止的是：

A. 领取施工许可证之日起三个月内因故不能按期开工，也未申请延期

B. 领取施工许可证之日起按期开工后又中止施工

C. 向发证机关申请延期开工一次，延期之日起三个月内，因故仍不能按期开工，也未申请延期

D. 向发证机关申请延期开工两次，超过六个月因故不能按期开工，继续申请延期

解 《中华人民共和国建筑法》第九条规定，建设单位应当自领取施工许可证之日起三个月内开工。因故不能按期开工的，应当向发证机关申请延期；延期以两次为限，每次不超过三个月。既不开工又不申请延期或者超过延期时限的，施工许可证自行废止。

答案：B

【例 11-2-5】 某在建的建筑工程因故中止施工，建设单位的下列做法符合《中华人民共和国建筑法》的是：

A. 自中止施工之日起一个月内向发证机关报告

B. 自中止施工之日起半年内报发证机关核验施工许可证

C. 自中止施工之日起三个月内向发证机关申请延长施工许可证的有效期

D. 自中止施工之日起满一年，向发证机关重新申请施工许可证

解 《中华人民共和国建筑法》第十条规定，在建的建筑工程因故中止施工的，建设单位应当自中止施工之日起一个月内，向发证机关报告，并按照规定做好建筑工程的维护管理工作。

答案：A

【例 11-2-6】 根据《中华人民共和国建筑法》的规定，下列关于建设工程分包的描述，正确的是：

A. 工程分包单位的选择，必须经建设单位指定

B. 总承包单位可以将工程分包给其他的分包单位

C. 总承包单位和分包单位就分包工程对建设单位承担连带责任

D. 其他分包单位可以将其承包的工程再分包

解 《中华人民共和国建筑法》第二十九条规定，建筑工程总承包单位可以将承包工程中的部分工程发包给具有相应资质条件的分包单位；但是，除总承包合同中约定的分包外，必须经建设单位认可。施工总承包的，建筑工程主体结构的施工必须由总承包单位自行完成。

建筑工程总承包单位按照总承包合同的约定对建设单位负责，分包单位按照分包合同的约定对总承包单位负责。总承包单位和分包单位就分包工程对建设单位承担连带责任。

禁止总承包单位将工程分包给不具备相应资质条件的单位。禁止分包单位将其承包的工程再分包。

按照上述条文，选项 A 不正确，选项 B、D 均属于非法分包，选项 C 正确。

答案：C

【例 11-2-7】 根据《中华人民共和国建筑法》的规定，建筑设计单位不按照建筑工程质量、安全标准进行设计的，责令改正，处以罚款，造成工程质量事故的，责令停业整顿，降低资质等级或者吊销资质证书，没收违法所得，并处罚款造成损失的，承担赔偿责任，构成犯罪的，依法追究：

A. 刑事责任　　B. 行政责任　　C. 民事责任　　D. 违约责任

解 《中华人民共和国建筑法》第七十三条规定，建筑设计单位不按照建筑工程质量、安全标准进

行设计的，责令改正，处以罚款；造成工程质量事故的，责令停业整顿，降低资质等级或者吊销资质证书，没收违法所得，并处罚款；造成损失的，承担赔偿责任；构成犯罪的，依法追究刑事责任。

答案： A

习　题

11-2-1　施工许可证的申请者是（　　）。

A. 监理单位　　B. 设计单位　　C. 施工单位　　D. 建设单位

11-2-2　建设单位在领取开工证之后，应当在（　　）个月内开工。

A. 3　　B. 6　　C. 10　　D. 12

11-2-3　违法分包是指以下哪几种情况？（　　）

①总承包单位将建设工程分包给不具备相应资质条件的单位　②总承包单位将建设工程主体分包给其他单位　③分包单位将其承包的工程再分包的　④分包单位多于3个以上的

A. ①　　B. ①②③④　　C. ①②③　　D. ②③④

11-2-4　《中华人民共和国建筑法》中所指的建筑活动是（　　）。

A. 各类房屋建筑

B. 各类房屋建筑其附属设施的建造和与其配套的线路、管道、设备的安装活动

C. 在国内的所有建筑工程

D. 国内所有工程包括中国企业在境外承包的工程。

11-2-5　我国推行建筑工程监理制度的项目范围应该是（　　）。

A. 由国务院规定实行强制监理的建筑工程的范围

B. 所有工程必须强制接受监理

C. 由业主自行决定是否聘请监理

D. 只有国家投资的项目才需要监理

11-2-6　《中华人民共和国建筑法》中规定了申领开工证的必备条件，下列条件中哪项不符合建筑法的要求？（　　）

A. 已办理用地手续材料　　B. 已确定施工企业

C. 已有了方案设计图　　D. 资金已有安排

第三节　中华人民共和国安全生产法

第一章　总　　则

第一条　为了加强安全生产工作，防止和减少生产安全事故，保障人民群众生命和财产安全，促进经济社会持续健康发展，制定本法。

第二条　在中华人民共和国领域内从事生产经营活动的单位(以下统称生产经营单位)的安全生产，适用本法；有关法律、行政法规对消防安全和道路交通安全、铁路交通安全、水上交通安全、民用航空安全以及核与辐射安全、特种设备安全另有规定的，适用其规定。

第三条 安全生产工作坚持中国共产党的领导。

安全生产工作应当以人为本，坚持人民至上、生命至上，把保护人民生命安全摆在首位，树牢安全发展理念，坚持安全第一、预防为主、综合治理的方针，从源头上防范化解重大安全风险。

安全生产工作实行管行业必须管安全、管业务必须管安全、管生产经营必须管安全，强化和落实生产经营单位主体责任与政府监管责任，建立生产经营单位负责、职工参与、政府监管、行业自律和社会监督的机制。

第四条 生产经营单位必须遵守本法和其他有关安全生产的法律、法规，加强安全生产管理，建立健全全员安全生产责任制和安全生产规章制度，加大对安全生产资金、物资、技术、人员的投入保障力度，改善安全生产条件，加强安全生产标准化、信息化建设，构建安全风险分级管控和隐患排查治理双重预防机制，健全风险防范化解机制，提高安全生产水平，确保安全生产。

平台经济等新兴行业、领域的生产经营单位应当根据本行业、领域的特点，建立健全并落实全员安全生产责任制，加强从业人员安全生产教育和培训，履行本法和其他法律、法规规定的有关安全生产义务。

第五条 生产经营单位的主要负责人是本单位安全生产第一责任人，对本单位的安全生产工作全面负责。其他负责人对职责范围内的安全生产工作负责。

第六条 生产经营单位的从业人员有依法获得安全生产保障的权利，并应当依法履行安全生产方面的义务。

第七条 工会依法对安全生产工作进行监督。

生产经营单位的工会依法组织职工参加本单位安全生产工作的民主管理和民主监督，维护职工在安全生产方面的合法权益。生产经营单位制定或者修改有关安全生产的规章制度，应当听取工会的意见。

第八条 国务院和县级以上地方各级人民政府应当根据国民经济和社会发展规划制定安全生产规划，并组织实施。安全生产规划应当与国土空间规划等相关规划相衔接。

各级人民政府应当加强安全生产基础设施建设和安全生产监管能力建设，所需经费列入本级预算。

县级以上地方各级人民政府应当组织有关部门建立完善安全风险评估与论证机制，按照安全风险管控要求，进行产业规划和空间布局，并对位置相邻、行业相近、业态相似的生产经营单位实施重大安全风险联防联控。

第九条 国务院和县级以上地方各级人民政府应当加强对安全生产工作的领导，建立健全安全生产工作协调机制，支持、督促各有关部门依法履行安全生产监督管理职责，及时协调、解决安全生产监督管理中存在的重大问题。

乡镇人民政府和街道办事处，以及开发区、工业园区、港区、风景区等应当明确负责安全生产监督管理的有关工作机构及其职责，加强安全生产监管力量建设，按照职责对本行政区域或者管理区域内生产经营单位安全生产状况进行监督检查，协助人民政府有关部门或者按照授权依法履行安全生产监督管理职责。

第十条 国务院应急管理部门依照本法，对全国安全生产工作实施综合监督管理；县级以上地方各级人民政府应急管理部门依照本法，对本行政区域内安全生产工作实施综合监督管理。

国务院交通运输、住房和城乡建设、水利、民航等有关部门依照本法和其他有关法律、行政法规的规定，在各自的职责范围内对有关行业、领域的安全生产工作实施监督管理；县级以上地方各级人民政府有关部门依照本法和其他有关法律、法规的规定，在各自的职责范围内对有关行业、领域的安全生产工作实施监督管理。对新兴行业、领域的安全生产监督管理职责不明确的，由县级以上地方各级人民政府按照业务相近的原则确定监督管理部门。

应急管理部门和对有关行业、领域的安全生产工作实施监督管理的部门，统称负有安全生产监督管理职责的部门。负有安全生产监督管理职责的部门应当相互配合、齐抓共管、信息共享、资源共用，依法加强安全生产监督管理工作。

第十一条　国务院有关部门应当按照保障安全生产的要求，依法及时制定有关的国家标准或者行业标准，并根据科技进步和经济发展适时修订。

生产经营单位必须执行依法制定的保障安全生产的国家标准或者行业标准。

第十二条　国务院有关部门按照职责分工负责安全生产强制性国家标准的项目提出、组织起草、征求意见、技术审查。国务院应急管理部门统筹提出安全生产强制性国家标准的立项计划。国务院标准化行政主管部门负责安全生产强制性国家标准的立项、编号、对外通报和授权批准发布工作。国务院标准化行政主管部门、有关部门依据法定职责对安全生产强制性国家标准的实施进行监督检查。

第十三条　各级人民政府及其有关部门应当采取多种形式，加强对有关安全生产的法律、法规和安全生产知识的宣传，增强全社会的安全生产意识。

第十四条　有关协会组织依照法律、行政法规和章程，为生产经营单位提供安全生产方面的信息、培训等服务，发挥自律作用，促进生产经营单位加强安全生产管理。

第十五条　依法设立的为安全生产提供技术、管理服务的机构，依照法律、行政法规和执业准则，接受生产经营单位的委托为其安全生产工作提供技术、管理服务。

生产经营单位委托前款规定的机构提供安全生产技术、管理服务的，保证安全生产的责任仍由本单位负责。

第十六条　国家实行生产安全事故责任追究制度，依照本法和有关法律、法规的规定，追究生产安全事故责任单位和责任人员的法律责任。

第十七条　县级以上各级人民政府应当组织负有安全生产监督管理职责的部门依法编制安全生产权力和责任清单，公开并接受社会监督。

第十八条　国家鼓励和支持安全生产科学技术研究和安全生产先进技术的推广应用，提高安全生产水平。

第十九条　国家对在改善安全生产条件、防止生产安全事故、参加抢险救护等方面取得显著成绩的单位和个人，给予奖励。

第二章　生产经营单位的安全生产保障

第二十条　生产经营单位应当具备本法和有关法律、行政法规和国家标准或者行业标准规定的安全生产条件；不具备安全生产条件的，不得从事生产经营活动。

第二十一条　生产经营单位的主要负责人对本单位安全生产工作负有下列职责：

（一）建立健全并落实本单位全员安全生产责任制，加强安全生产标准化建设；

（二）组织制定并实施本单位安全生产规章制度和操作规程；

（三）组织制定并实施本单位安全生产教育和培训计划；

（四）保证本单位安全生产投入的有效实施；

（五）组织建立并落实安全风险分级管控和隐患排查治理双重预防工作机制，督促、检查本单位的安全生产工作，及时消除生产安全事故隐患；

（六）组织制定并实施本单位的生产安全事故应急救援预案；

（七）及时、如实报告生产安全事故。

第二十二条　生产经营单位的全员安全生产责任制应当明确各岗位的责任人员、责任范围和考核标准等内容。

生产经营单位应当建立相应的机制，加强对全员安全生产责任制落实情况的监督考核，保证全员安全生产责任制的落实。

第二十三条　生产经营单位应当具备的安全生产条件所必需的资金投入，由生产经营单位的决策机构、主要负责人或者个人经营的投资人予以保证，并对由于安全生产所必需的资金投入不足导致的后果承担责任。

有关生产经营单位应当按照规定提取和使用安全生产费用，专门用于改善安全生产条件。安全生产费用在成本中据实列支。安全生产费用提取、使用和监督管理的具体办法由国务院财政部门会同国务院应急管理部门征求国务院有关部门意见后制定。

第二十四条　矿山、金属冶炼、建筑施工、运输单位和危险物品的生产、经营、储存、装卸单位，应当设置安全生产管理机构或者配备专职安全生产管理人员。

前款规定以外的其他生产经营单位，从业人员超过一百人的，应当设置安全生产管理机构或者配备专职安全生产管理人员；从业人员在一百人以下的，应当配备专职或者兼职的安全生产管理人员。

第二十五条　生产经营单位的安全生产管理机构以及安全生产管理人员履行下列职责：

（一）组织或者参与拟订本单位安全生产规章制度、操作规程和生产安全事故应急救援预案；

（二）组织或者参与本单位安全生产教育和培训，如实记录安全生产教育和培训情况；

（三）组织开展危险源辨识和评估，督促落实本单位重大危险源的安全管理措施；

（四）组织或者参与本单位应急救援演练；

（五）检查本单位的安全生产状况，及时排查生产安全事故隐患，提出改进安全生产管理的建议；

（六）制止和纠正违章指挥、强令冒险作业、违反操作规程的行为；

（七）督促落实本单位安全生产整改措施。

生产经营单位可以设置专职安全生产分管负责人，协助本单位主要负责人履行安全生产管理职责。

第二十六条　生产经营单位的安全生产管理机构以及安全生产管理人员应当恪尽职守，依法履行职责。

生产经营单位作出涉及安全生产的经营决策，应当听取安全生产管理机构以及安全生产管理人员的意见。

生产经营单位不得因安全生产管理人员依法履行职责而降低其工资、福利等待遇或者解除与其订立的劳动合同。

危险物品的生产、储存单位以及矿山、金属冶炼单位的安全生产管理人员的任免，应当告知主管的负有安全生产监督管理职责的部门。

第二十七条　生产经营单位的主要负责人和安全生产管理人员必须具备与本单位所从事的生产经营活动相应的安全生产知识和管理能力。

危险物品的生产、经营、储存、装卸单位以及矿山、金属冶炼、建筑施工、运输单位的主要负责人和安全生产管理人员，应当由主管的负有安全生产监督管理职责的部门对其安全生产知识和管理能力考核合格。考核不得收费。

危险物品的生产、储存、装卸单位以及矿山、金属冶炼单位应当有注册安全工程师从事安全生产管理工作。鼓励其他生产经营单位聘用注册安全工程师从事安全生产管理工作。注册安全工程师按专业分类管理，具体办法由国务院人力资源和社会保障部门、国务院应急管理部门会同国务院有关部门制定。

第二十八条　生产经营单位应当对从业人员进行安全生产教育和培训，保证从业人员具备必要的安全生产知识，熟悉有关的安全生产规章制度和安全操作规程，掌握本岗位的安全操作技能，了解事故应急处理措施，知悉自身在安全生产方面的权利和义务。未经安全生产教育和培训合格的从业人员，不得上岗作业。

生产经营单位使用被派遣劳动者的，应当将被派遣劳动者纳入本单位从业人员统一管理，对被派遣劳动者进行岗位安全操作规程和安全操作技能的教育和培训。劳务派遣单位应当对被派遣劳动者进行必要的安全生产教育和培训。

生产经营单位接收中等职业学校、高等学校学生实习的，应当对实习学生进行相应的安全生产教育和培训，提供必要的劳动防护用品。学校应当协助生产经营单位对实习学生进行安全生产教育和培训。

生产经营单位应当建立安全生产教育和培训档案，如实记录安全生产教育和培训的时间、内容、参加人员以及考核结果等情况。

第二十九条　生产经营单位采用新工艺、新技术、新材料或者使用新设备，必须了解、掌握其安全技术特性，采取有效的安全防护措施，并对从业人员进行专门的安全生产教育和培训。

第三十条　生产经营单位的特种作业人员必须按照国家有关规定经专门的安全作业培训，取得相应资格，方可上岗作业。

特种作业人员的范围由国务院应急管理部门会同国务院有关部门确定。

第三十一条　生产经营单位新建、改建、扩建工程项目（以下统称建设项目）的安全设施，必须与主体工程同时设计、同时施工、同时投入生产和使用。安全设施投资应当纳入建设项目概算。

第三十二条　矿山、金属冶炼建设项目和用于生产、储存、装卸危险物品的建设项目，应当按照国家有关规定进行安全评价。

第三十三条　建设项目安全设施的设计人、设计单位应当对安全设施设计负责。

矿山、金属冶炼建设项目和用于生产、储存、装卸危险物品的建设项目的安全设施设计应当按照国家有关规定报经有关部门审查，审查部门及其负责审查的人员对审查结果负责。

第三十四条　矿山、金属冶炼建设项目和用于生产、储存、装卸危险物品的建设项目的施工单位必须按照批准的安全设施设计施工，并对安全设施的工程质量负责。

矿山、金属冶炼建设项目和用于生产、储存、装卸危险物品的建设项目竣工投入生产或者使用前，应当由建设单位负责组织对安全设施进行验收；验收合格后，方可投入生产和使用。负有安全生产监督管理职责的部门应当加强对建设单位验收活动和验收结果的监督核查。

第三十五条　生产经营单位应当在有较大危险因素的生产经营场所和有关设施、设备上，设置明显的安全警示标志。

第三十六条　安全设备的设计、制造、安装、使用、检测、维修、改造和报废，应当符合国家标准或者行业标准。

生产经营单位必须对安全设备进行经常性维护、保养，并定期检测，保证正常运转。维护、保养、检测应当作好记录，并由有关人员签字。

生产经营单位不得关闭、破坏直接关系生产安全的监控、报警、防护、救生设备、设施，或者篡改、隐瞒、销毁其相关数据、信息。

餐饮等行业的生产经营单位使用燃气的，应当安装可燃气体报警装置，并保障其正常使用。

第三十七条 生产经营单位使用的危险物品的容器、运输工具，以及涉及人身安全、危险性较大的海洋石油开采特种设备和矿山井下特种设备，必须按照国家有关规定，由专业生产单位生产，并经具有专业资质的检测、检验机构检测、检验合格，取得安全使用证或者安全标志，方可投入使用。检测、检验机构对检测、检验结果负责。

第三十八条 国家对严重危及生产安全的工艺、设备实行淘汰制度，具体目录由国务院应急管理部门会同国务院有关部门制定并公布。法律、行政法规对目录的制定另有规定的，适用其规定。

省、自治区、直辖市人民政府可以根据本地区实际情况制定并公布具体目录，对前款规定以外的危及生产安全的工艺、设备予以淘汰。

生产经营单位不得使用应当淘汰的危及生产安全的工艺、设备。

第三十九条 生产、经营、运输、储存、使用危险物品或者处置废弃危险物品的，由有关主管部门依照有关法律、法规的规定和国家标准或者行业标准审批并实施监督管理。

生产经营单位生产、经营、运输、储存、使用危险物品或者处置废弃危险物品，必须执行有关法律、法规和国家标准或者行业标准，建立专门的安全管理制度，采取可靠的安全措施，接受有关主管部门依法实施的监督管理。

第四十条 生产经营单位对重大危险源应当登记建档，进行定期检测、评估、监控，并制定应急预案，告知从业人员和相关人员在紧急情况下应当采取的应急措施。

生产经营单位应当按照国家有关规定将本单位重大危险源及有关安全措施、应急措施报有关地方人民政府应急管理部门和有关部门备案。有关地方人民政府应急管理部门和有关部门应当通过相关信息系统实现信息共享。

第四十一条 生产经营单位应当建立安全风险分级管控制度，按照安全风险分级采取相应的管控措施。

生产经营单位应当建立健全并落实生产安全事故隐患排查治理制度，采取技术、管理措施，及时发现并消除事故隐患。事故隐患排查治理情况应当如实记录，并通过职工大会或者职工代表大会、信息公示栏等方式向从业人员通报。其中，重大事故隐患排查治理情况应当及时向负有安全生产监督管理职责的部门和职工大会或者职工代表大会报告。

县级以上地方各级人民政府负有安全生产监督管理职责的部门应当将重大事故隐患纳入相关信息系统，建立健全重大事故隐患治理督办制度，督促生产经营单位消除重大事故隐患。

第四十二条 生产、经营、储存、使用危险物品的车间、商店、仓库不得与员工宿舍在同一座建筑物内，并应当与员工宿舍保持安全距离。

生产经营场所和员工宿舍应当设有符合紧急疏散要求、标志明显、保持畅通的出口、疏散通道。禁止占用、锁闭、封堵生产经营场所或者员工宿舍的出口、疏散通道。

第四十三条 生产经营单位进行爆破、吊装、动火、临时用电以及国务院应急管理部门会同国务院有关部门规定的其他危险作业，应当安排专门人员进行现场安全管理，确保操作规程的遵守和安全措施的落实。

第四十四条 生产经营单位应当教育和督促从业人员严格执行本单位的安全生产规章制度和安全操作规程；并向从业人员如实告知作业场所和工作岗位存在的危险因素、防范措施以及事故应急措施。

生产经营单位应当关注从业人员的身体、心理状况和行为习惯，加强对从业人员的心理疏导、精神慰藉，严格落实岗位安全生产责任，防范从业人员行为异常导致事故发生。

第四十五条 生产经营单位必须为从业人员提供符合国家标准或者行业标准的劳动防护用品，并监督、教育从业人员按照使用规则佩戴、使用。

第四十六条 生产经营单位的安全生产管理人员应当根据本单位的生产经营特点，对安全生产状况进行经常性检查；对检查中发现的安全问题，应当立即处理；不能处理的，应当及时报告本单位有关负责人，有关负责人应当及时处理。检查及处理情况应当如实记录在案。

生产经营单位的安全生产管理人员在检查中发现重大事故隐患，依照前款规定向本单位有关负责人报告，有关负责人不及时处理的，安全生产管理人员可以向主管的负有安全生产监督管理职责的部门报告，接到报告的部门应当依法及时处理。

第四十七条 生产经营单位应当安排用于配备劳动防护用品、进行安全生产培训的经费。

第四十八条 两个以上生产经营单位在同一作业区域内进行生产经营活动，可能危及对方生产安全的，应当签订安全生产管理协议，明确各自的安全生产管理职责和应当采取的安全措施，并指定专职安全生产管理人员进行安全检查与协调。

第四十九条 生产经营单位不得将生产经营项目、场所、设备发包或者出租给不具备安全生产条件或者相应资质的单位或者个人。

生产经营项目、场所发包或者出租给其他单位的，生产经营单位应当与承包单位、承租单位签订专门的安全生产管理协议，或者在承包合同、租赁合同中约定各自的安全生产管理职责；生产经营单位对承包单位、承租单位的安全生产工作统一协调、管理，定期进行安全检查，发现安全问题的，应当及时督促整改。

矿山、金属冶炼建设项目和用于生产、储存、装卸危险物品的建设项目的施工单位应当加强对施工项目的安全管理，不得倒卖、出租、出借、挂靠或者以其他形式非法转让施工资质，不得将其承包的全部建设工程转包给第三人或者将其承包的全部建设工程支解以后以分包的名义分别转包给第三人，不得将工程分包给不具备相应资质条件的单位。

第五十条 生产经营单位发生生产安全事故时，单位的主要负责人应当立即组织抢救，并不得在事故调查处理期间擅离职守。

第五十一条 生产经营单位必须依法参加工伤保险，为从业人员缴纳保险费。

国家鼓励生产经营单位投保安全生产责任保险；属于国家规定的高危行业、领域的生产经营单位，应当投保安全生产责任保险。具体范围和实施办法由国务院应急管理部门会同国务院财政部门、国务院保险监督管理机构和相关行业主管部门制定。

第三章 从业人员的安全生产权利义务

第五十二条 生产经营单位与从业人员订立的劳动合同，应当载明有关保障从业人员劳动安全、防止职业危害的事项，以及依法为从业人员办理工伤保险的事项。

生产经营单位不得以任何形式与从业人员订立协议，免除或者减轻其对从业人员因生产安全事故伤亡依法应承担的责任。

第五十三条 生产经营单位的从业人员有权了解其作业场所和工作岗位存在的危险因素、防范措施及事故应急措施，有权对本单位的安全生产工作提出建议。

第五十四条 从业人员有权对本单位安全生产工作中存在的问题提出批评、检举、控告；有权拒绝违章指挥和强令冒险作业。

生产经营单位不得因从业人员对本单位安全生产工作提出批评、检举、控告或者拒绝违章指挥、强令冒险作业而降低其工资、福利等待遇或者解除与其订立的劳动合同。

第五十五条 从业人员发现直接危及人身安全的紧急情况时，有权停止作业或者在采取可能的应急措施后撤离作业场所。

生产经营单位不得因从业人员在前款紧急情况下停止作业或者采取紧急撤离措施而降低其工资、福利等待遇或者解除与其订立的劳动合同。

第五十六条 生产经营单位发生生产安全事故后，应当及时采取措施救治有关人员。

因生产安全事故受到损害的从业人员，除依法享有工伤保险外，依照有关民事法律尚有获得赔偿的权利的，有权提出赔偿要求。

第五十七条 从业人员在作业过程中，应当严格落实岗位安全责任，遵守本单位的安全生产规章制度和操作规程，服从管理，正确佩戴和使用劳动防护用品。

第五十八条 从业人员应当接受安全生产教育和培训，掌握本职工作所需的安全生产知识，提高安全生产技能，增强事故预防和应急处理能力。

第五十九条 从业人员发现事故隐患或者其他不安全因素，应当立即向现场安全生产管理人员或者本单位负责人报告；接到报告的人员应当及时予以处理。

第六十条 工会有权对建设项目的安全设施与主体工程同时设计、同时施工、同时投入生产和使用进行监督，提出意见。

工会对生产经营单位违反安全生产法律、法规，侵犯从业人员合法权益的行为，有权要求纠正；发现生产经营单位违章指挥、强令冒险作业或者发现事故隐患时，有权提出解决的建议，生产经营单位应当及时研究答复；发现危及从业人员生命安全的情况时，有权向生产经营单位建议组织从业人员撤离危险场所，生产经营单位必须立即作出处理。

工会有权依法参加事故调查，向有关部门提出处理意见，并要求追究有关人员的责任。

第六十一条 生产经营单位使用被派遣劳动者的，被派遣劳动者享有本法规定的从业人员的权利，并应当履行本法规定的从业人员的义务。

第四章 安全生产的监督管理

第六十二条 县级以上地方各级人民政府应当根据本行政区域内的安全生产状况，组织有关部门按照职责分工，对本行政区域内容易发生重大生产安全事故的生产经营单位进行严格检查。

应急管理部门应当按照分类分级监督管理的要求，制定安全生产年度监督检查计划，并按照年度监督检查计划进行监督检查，发现事故隐患，应当及时处理。

第六十三条 负有安全生产监督管理职责的部门依照有关法律、法规的规定，对涉及安全生产的事项需要审查批准（包括批准、核准、许可、注册、认证、颁发证照等，下同）或者验收的，必须严格依照有关法律、法规和国家标准或者行业标准规定的安全生产条件和程序进行审查；不符合有关法律、法规和国家标准或者行业标准规定的安全生产条件的，不得批准或者验收通过。对未依法取得批准或者验收合格的单位擅自从事有关活动的，负责行政审批的部门发现或者接到举报后应当立即予以取缔，并依法予以处理。对已经依法取得批准的单位，负责行政审批的部门发现其不再具备安全生产条件的，应当撤销原批准。

第六十四条 负有安全生产监督管理职责的部门对涉及安全生产的事项进行审查、验收，不得收取费用；不得要求接受审查、验收的单位购买其指定品牌或者指定生产、销售单位的安全设备、器材或者其他产品。

第六十五条　应急管理部门和其他负有安全生产监督管理职责的部门依法开展安全生产行政执法工作，对生产经营单位执行有关安全生产的法律、法规和国家标准或者行业标准的情况进行监督检查，行使以下职权：

（一）进入生产经营单位进行检查，调阅有关资料，向有关单位和人员了解情况；

（二）对检查中发现的安全生产违法行为，当场予以纠正或者要求限期改正；对依法应当给予行政处罚的行为，依照本法和其他有关法律、行政法规的规定作出行政处罚决定；

（三）对检查中发现的事故隐患，应当责令立即排除；重大事故隐患排除前或者排除过程中无法保证安全的，应当责令从危险区域内撤出作业人员，责令暂时停产停业或者停止使用相关设施、设备；重大事故隐患排除后，经审查同意，方可恢复生产经营和使用；

（四）对有根据认为不符合保障安全生产的国家标准或者行业标准的设施、设备、器材以及违法生产、储存、使用、经营、运输的危险物品予以查封或者扣押，对违法生产、储存、使用、经营危险物品的作业场所予以查封，并依法作出处理决定。

监督检查不得影响被检查单位的正常生产经营活动。

第六十六条　生产经营单位对负有安全生产监督管理职责的部门的监督检查人员（以下统称安全生产监督检查人员）依法履行监督检查职责，应当予以配合，不得拒绝、阻挠。

第六十七条　安全生产监督检查人员应当忠于职守，坚持原则，秉公执法。

安全生产监督检查人员执行监督检查任务时，必须出示有效的行政执法证件；对涉及被检查单位的技术秘密和业务秘密，应当为其保密。

第六十八条　安全生产监督检查人员应当将检查的时间、地点、内容、发现的问题及其处理情况，作出书面记录，并由检查人员和被检查单位的负责人签字；被检查单位的负责人拒绝签字的，检查人员应当将情况记录在案，并向负有安全生产监督管理职责的部门报告。

第六十九条　负有安全生产监督管理职责的部门在监督检查中，应当互相配合，实行联合检查；确需分别进行检查的，应当互通情况，发现存在的安全问题应当由其他有关部门进行处理的，应当及时移送其他有关部门并形成记录备查，接受移送的部门应当及时进行处理。

第七十条　负有安全生产监督管理职责的部门依法对存在重大事故隐患的生产经营单位作出停产停业、停止施工、停止使用相关设施或者设备的决定，生产经营单位应当依法执行，及时消除事故隐患。生产经营单位拒不执行，有发生生产安全事故的现实危险的，在保证安全的前提下，经本部门主要负责人批准，负有安全生产监督管理职责的部门可以采取通知有关单位停止供电、停止供应民用爆炸物品等措施，强制生产经营单位履行决定。通知应当采用书面形式，有关单位应当予以配合。

负有安全生产监督管理职责的部门依照前款规定采取停止供电措施，除有危及生产安全的紧急情形外，应当提前二十四小时通知生产经营单位。生产经营单位依法履行行政决定、采取相应措施消除事故隐患的，负有安全生产监督管理职责的部门应当及时解除前款规定的措施。

第七十一条　监察机关依照监察法的规定，对负有安全生产监督管理职责的部门及其工作人员履行安全生产监督管理职责实施监察。

第七十二条　承担安全评价、认证、检测、检验职责的机构应当具备国家规定的资质条件，并对其作出的安全评价、认证、检测、检验结果的合法性、真实性负责。资质条件由国务院应急管理部门会同国务院有关部门制定。

承担安全评价、认证、检测、检验职责的机构应当建立并实施服务公开和报告公开制度，不得租借资质、挂靠、出具虚假报告。

第七十三条　负有安全生产监督管理职责的部门应当建立举报制度，公开举报电话、信箱或者电子邮件地址等网络举报平台，受理有关安全生产的举报；受理的举报事项经调查核实后，应当形成书面材料；需要落实整改措施的，报经有关负责人签字并督促落实。对不属于本部门职责，需要由其他有关部门进行调查处理的，转交其他有关部门处理。

涉及人员死亡的举报事项，应当由县级以上人民政府组织核查处理。

第七十四条　任何单位或者个人对事故隐患或者安全生产违法行为，均有权向负有安全生产监督管理职责的部门报告或者举报。

因安全生产违法行为造成重大事故隐患或者导致重大事故，致使国家利益或者社会公共利益受到侵害的，人民检察院可以根据民事诉讼法、行政诉讼法的相关规定提起公益诉讼。

第七十五条　居民委员会、村民委员会发现其所在区域内的生产经营单位存在事故隐患或者安全生产违法行为时，应当向当地人民政府或者有关部门报告。

第七十六条　县级以上各级人民政府及其有关部门对报告重大事故隐患或者举报安全生产违法行为的有功人员，给予奖励。具体奖励办法由国务院应急管理部门会同国务院财政部门制定。

第七十七条　新闻、出版、广播、电影、电视等单位有进行安全生产公益宣传教育的义务，有对违反安全生产法律、法规的行为进行舆论监督的权利。

第七十八条　负有安全生产监督管理职责的部门应当建立安全生产违法行为信息库，如实记录生产经营单位及其有关从业人员的安全生产违法行为信息；对违法行为情节严重的生产经营单位及其有关从业人员，应当及时向社会公告，并通报行业主管部门、投资主管部门、自然资源主管部门、生态环境主管部门、证券监督管理机构以及有关金融机构。有关部门和机构应当对存在失信行为的生产经营单位及其有关从业人员采取加大执法检查频次、暂停项目审批、上调有关保险费率、行业或者职业禁入等联合惩戒措施，并向社会公示。

负有安全生产监督管理职责的部门应当加强对生产经营单位行政处罚信息的及时归集、共享、应用和公开，对生产经营单位作出处罚决定后七个工作日内在监督管理部门公示系统予以公开曝光，强化对违法失信生产经营单位及其有关从业人员的社会监督，提高全社会安全生产诚信水平。

第五章　生产安全事故的应急救援与调查处理

第七十九条　国家加强生产安全事故应急能力建设，在重点行业、领域建立应急救援基地和应急救援队伍，并由国家安全生产应急救援机构统一协调指挥；鼓励生产经营单位和其他社会力量建立应急救援队伍，配备相应的应急救援装备和物资，提高应急救援的专业化水平。

国务院应急管理部门牵头建立全国统一的生产安全事故应急救援信息系统，国务院交通运输、住房和城乡建设、水利、民航等有关部门和县级以上地方人民政府建立健全相关行业、领域、地区的生产安全事故应急救援信息系统，实现互联互通、信息共享，通过推行网上安全信息采集、安全监管和监测预警，提升监管的精准化、智能化水平。

第八十条　县级以上地方各级人民政府应当组织有关部门制定本行政区域内生产安全事故应急救援预案，建立应急救援体系。

乡镇人民政府和街道办事处，以及开发区、工业园区、港区、风景区等应当制定相应的生产安全事故应急救援预案，协助人民政府有关部门或者按照授权依法履行生产安全事故应急救援工作职责。

第八十一条 生产经营单位应当制定本单位生产安全事故应急救援预案，与所在地县级以上地方人民政府组织制定的生产安全事故应急救援预案相衔接，并定期组织演练。

第八十二条 危险物品的生产、经营、储存单位以及矿山、金属冶炼、城市轨道交通运营、建筑施工单位应当建立应急救援组织；生产经营规模较小的，可以不建立应急救援组织，但应当指定兼职的应急救援人员。

危险物品的生产、经营、储存、运输单位以及矿山、金属冶炼、城市轨道交通运营、建筑施工单位应当配备必要的应急救援器材、设备和物资，并进行经常性维护、保养，保证正常运转。

第八十三条 生产经营单位发生生产安全事故后，事故现场有关人员应当立即报告本单位负责人。

单位负责人接到事故报告后，应当迅速采取有效措施，组织抢救，防止事故扩大，减少人员伤亡和财产损失，并按照国家有关规定立即如实报告当地负有安全生产监督管理职责的部门，不得隐瞒不报、谎报或者迟报，不得故意破坏事故现场、毁灭有关证据。

第八十四条 负有安全生产监督管理职责的部门接到事故报告后，应当立即按照国家有关规定上报事故情况。负有安全生产监督管理职责的部门和有关地方人民政府对事故情况不得隐瞒不报、谎报或者迟报。

第八十五条 有关地方人民政府和负有安全生产监督管理职责的部门的负责人接到生产安全事故报告后，应当按照生产安全事故应急救援预案的要求立即赶到事故现场，组织事故抢救。

参与事故抢救的部门和单位应当服从统一指挥，加强协同联动，采取有效的应急救援措施，并根据事故救援的需要采取警戒、疏散等措施，防止事故扩大和次生灾害的发生，减少人员伤亡和财产损失。

事故抢救过程中应当采取必要措施，避免或者减少对环境造成的危害。

任何单位和个人都应当支持、配合事故抢救，并提供一切便利条件。

第八十六条 事故调查处理应当按照科学严谨、依法依规、实事求是、注重实效的原则，及时、准确地查清事故原因，查明事故性质和责任，评估应急处置工作，总结事故教训，提出整改措施，并对事故责任单位和人员提出处理建议。事故调查报告应当依法及时向社会公布。事故调查和处理的具体办法由国务院制定。

事故发生单位应当及时全面落实整改措施，负有安全生产监督管理职责的部门应当加强监督检查。

负责事故调查处理的国务院有关部门和地方人民政府应当在批复事故调查报告后一年内，组织有关部门对事故整改和防范措施落实情况进行评估，并及时向社会公开评估结果；对不履行职责导致事故整改和防范措施没有落实的有关单位和人员，应当按照有关规定追究责任。

第八十七条 生产经营单位发生生产安全事故，经调查确定为责任事故的，除了应当查明事故单位的责任并依法予以追究外，还应当查明对安全生产的有关事项负有审查批准和监督职责的行政部门的责任，对有失职、渎职行为的，依照本法第九十条的规定追究法律责任。

第八十八条 任何单位和个人不得阻挠和干涉对事故的依法调查处理。

第八十九条 县级以上地方各级人民政府应急管理部门应当定期统计分析本行政区域内发生生产安全事故的情况，并定期向社会公布。

第六章 法律责任

第九十条 负有安全生产监督管理职责的部门的工作人员，有下列行为之一的，给予降级或者撤职的处分；构成犯罪的，依照刑法有关规定追究刑事责任：

（一）对不符合法定安全生产条件的涉及安全生产的事项予以批准或者验收通过的；

（二）发现未依法取得批准、验收的单位擅自从事有关活动或者接到举报后不予取缔或者不依法予以处理的；

（三）对已经依法取得批准的单位不履行监督管理职责，发现其不再具备安全生产条件而不撤销原批准或者发现安全生产违法行为不予查处的；

（四）在监督检查中发现重大事故隐患，不依法及时处理的。

负有安全生产监督管理职责的部门的工作人员有前款规定以外的滥用职权、玩忽职守、徇私舞弊行为的，依法给予处分；构成犯罪的，依照刑法有关规定追究刑事责任。

第九十一条　负有安全生产监督管理职责的部门，要求被审查、验收的单位购买其指定的安全设备、器材或者其他产品的，在对安全生产事项的审查、验收中收取费用的，由其上级机关或者监察机关责令改正，责令退还收取的费用；情节严重的，对直接负责的主管人员和其他直接责任人员依法给予处分。

第九十二条　承担安全评价、认证、检测、检验职责的机构出具失实报告的，责令停业整顿，并处三万元以上十万元以下的罚款；给他人造成损害的，依法承担赔偿责任。

承担安全评价、认证、检测、检验职责的机构租借资质、挂靠、出具虚假报告的，没收违法所得；违法所得在十万元以上的，并处违法所得二倍以上五倍以下的罚款，没有违法所得或者违法所得不足十万元的，单处或者并处十万元以上二十万元以下的罚款；对其直接负责的主管人员和其他直接责任人员处五万元以上十万元以下的罚款；给他人造成损害的，与生产经营单位承担连带赔偿责任；构成犯罪的，依照刑法有关规定追究刑事责任。

对有前款违法行为的机构及其直接责任人员，吊销其相应资质和资格，五年内不得从事安全评价、认证、检测、检验等工作；情节严重的，实行终身行业和职业禁入。

第九十三条　生产经营单位的决策机构、主要负责人或者个人经营的投资人不依照本法规定保证安全生产所必需的资金投入，致使生产经营单位不具备安全生产条件的，责令限期改正，提供必需的资金；逾期未改正的，责令生产经营单位停产停业整顿。

有前款违法行为，导致发生生产安全事故的，对生产经营单位的主要负责人给予撤职处分，对个人经营的投资人处二万元以上二十万元以下的罚款；构成犯罪的，依照刑法有关规定追究刑事责任。

第九十四条　生产经营单位的主要负责人未履行本法规定的安全生产管理职责的，责令限期改正，处二万元以上五万元以下的罚款；逾期未改正的，处五万元以上十万元以下的罚款，责令生产经营单位停产停业整顿。

生产经营单位的主要负责人有前款违法行为，导致发生生产安全事故的，给予撤职处分；构成犯罪的，依照刑法有关规定追究刑事责任。

生产经营单位的主要负责人依照前款规定受刑事处罚或者撤职处分的，自刑罚执行完毕或者受处分之日起，五年内不得担任任何生产经营单位的主要负责人；对重大、特别重大生产安全事故负有责任的，终身不得担任本行业生产经营单位的主要负责人。

第九十五条　生产经营单位的主要负责人未履行本法规定的安全生产管理职责，导致发生生产安全事故的，由应急管理部门依照下列规定处以罚款：

（一）发生一般事故的，处上一年年收入百分之四十的罚款；

（二）发生较大事故的，处上一年年收入百分之六十的罚款；

（三）发生重大事故的，处上一年年收入百分之八十的罚款；

（四）发生特别重大事故的，处上一年年收入百分之一百的罚款。

第九十六条 生产经营单位的其他负责人和安全生产管理人员未履行本法规定的安全生产管理职责的，责令限期改正，处一万元以上三万元以下的罚款；导致发生生产安全事故的，暂停或者吊销其与安全生产有关的资格，并处上一年年收入百分之二十以上百分之五十以下的罚款；构成犯罪的，依照刑法有关规定追究刑事责任。

第九十七条 生产经营单位有下列行为之一的，责令限期改正，处十万元以下的罚款；逾期未改正的，责令停产停业整顿，并处十万元以上二十万元以下的罚款，对其直接负责的主管人员和其他直接责任人员处二万元以上五万元以下的罚款：

（一）未按照规定设置安全生产管理机构或者配备安全生产管理人员、注册安全工程师的；

（二）危险物品的生产、经营、储存、装卸单位以及矿山、金属冶炼、建筑施工、运输单位的主要负责人和安全生产管理人员未按照规定经考核合格的；

（三）未按照规定对从业人员、被派遣劳动者、实习学生进行安全生产教育和培训，或者未按照规定如实告知有关的安全生产事项的；

（四）未如实记录安全生产教育和培训情况的；

（五）未将事故隐患排查治理情况如实记录或者未向从业人员通报的；

（六）未按照规定制定生产安全事故应急救援预案或者未定期组织演练的；

（七）特种作业人员未按照规定经专门的安全作业培训并取得相应资格，上岗作业的。

第九十八条 生产经营单位有下列行为之一的，责令停止建设或者停产停业整顿，限期改正，并处十万元以上五十万元以下的罚款，对其直接负责的主管人员和其他直接责任人员处二万元以上五万元以下的罚款；逾期未改正的，处五十万元以上一百万元以下的罚款，对其直接负责的主管人员和其他直接责任人员处五万元以上十万元以下的罚款；构成犯罪的，依照刑法有关规定追究刑事责任：

（一）未按照规定对矿山、金属冶炼建设项目或者用于生产、储存、装卸危险物品的建设项目进行安全评价的；

（二）矿山、金属冶炼建设项目或者用于生产、储存、装卸危险物品的建设项目

没有安全设施设计或者安全设施设计未按照规定报经有关部门审查同意的；

（三）矿山、金属冶炼建设项目或者用于生产、储存、装卸危险物品的建设项目的施工单位未按照批准的安全设施设计施工的；

（四）矿山、金属冶炼建设项目或者用于生产、储存、装卸危险物品的建设项目竣工投入生产或者使用前，安全设施未经验收合格的。

第九十九条 生产经营单位有下列行为之一的，责令限期改正，处五万元以下的罚款；逾期未改正的，处五万元以上二十万元以下的罚款，对其直接负责的主管人员和其他直接责任人员处一万元以上二万元以下的罚款；情节严重的，责令停产停业整顿；构成犯罪的，依照刑法有关规定追究刑事责任：

（一）未在有较大危险因素的生产经营场所和有关设施、设备上设置明显的安全警示标志的；

（二）安全设备的安装、使用、检测、改造和报废不符合国家标准或者行业标准的；

（三）未对安全设备进行经常性维护、保养和定期检测的；

（四）关闭、破坏直接关系生产安全的监控、报警、防护、救生设备、设施，或者篡改、隐瞒、销毁其相关数据、信息的；

（五）未为从业人员提供符合国家标准或者行业标准的劳动防护用品的；

（六）危险物品的容器、运输工具，以及涉及人身安全、危险性较大的海洋石油开采特种设备和矿

山井下特种设备未经具有专业资质的机构检测、检验合格，取得安全使用证或者安全标志，投入使用的；

（七）使用应当淘汰的危及生产安全的工艺、设备的；

（八）餐饮等行业的生产经营单位使用燃气未安装可燃气体报警装置的。

第一百条　未经依法批准，擅自生产、经营、运输、储存、使用危险物品或者处置废弃危险物品的，依照有关危险物品安全管理的法律、行政法规的规定予以处罚；构成犯罪的，依照刑法有关规定追究刑事责任。

第一百零一条　生产经营单位有下列行为之一的，责令限期改正，处十万元以下的罚款；逾期未改正的，责令停产停业整顿，并处十万元以上二十万元以下的罚款，对其直接负责的主管人员和其他直接责任人员处二万元以上五万元以下的罚款；构成犯罪的，依照刑法有关规定追究刑事责任：

（一）生产、经营、运输、储存、使用危险物品或者处置废弃危险物品，未建立专门安全管理制度、未采取可靠的安全措施的；

（二）对重大危险源未登记建档，未进行定期检测、评估、监控，未制定应急预案，或者未告知应急措施的；

（三）进行爆破、吊装、动火、临时用电以及国务院应急管理部门会同国务院有关部门规定的其他危险作业，未安排专门人员进行现场安全管理的；

（四）未建立安全风险分级管控制度或者未按照安全风险分级采取相应管控措施的；

（五）未建立事故隐患排查治理制度，或者重大事故隐患排查治理情况未按照规定报告的。

第一百零二条　生产经营单位未采取措施消除事故隐患的，责令立即消除或者限期消除，处五万元以下的罚款；生产经营单位拒不执行的，责令停产停业整顿，对其直接负责的主管人员和其他直接责任人员处五万元以上十万元以下的罚款；构成犯罪的，依照刑法有关规定追究刑事责任。

第一百零三条　生产经营单位将生产经营项目、场所、设备发包或者出租给不具备安全生产条件或者相应资质的单位或者个人的，责令限期改正，没收违法所得；违法所得十万元以上的，并处违法所得二倍以上五倍以下的罚款；没有违法所得或者违法所得不足十万元的，单处或者并处十万元以上二十万元以下的罚款；对其直接负责的主管人员和其他直接责任人员处一万元以上二万元以下的罚款；导致发生生产安全事故给他人造成损害的，与承包方、承租方承担连带赔偿责任。

生产经营单位未与承包单位、承租单位签订专门的安全生产管理协议或者未在承包合同、租赁合同中明确各自的安全生产管理职责，或者未对承包单位、承租单位的安全生产统一协调、管理的，责令限期改正，处五万元以下的罚款，对其直接负责的主管人员和其他直接责任人员处一万元以下的罚款；逾期未改正的，责令停产停业整顿。

矿山、金属冶炼建设项目和用于生产、储存、装卸危险物品的建设项目的施工单位未按照规定对施工项目进行安全管理的，责令限期改正，处十万元以下的罚款，对其直接负责的主管人员和其他直接责任人员处二万元以下的罚款；逾期未改正的，责令停产停业整顿。以上施工单位倒卖、出租、出借、挂靠或者以其他形式非法转让施工资质的，责令停产停业整顿，吊销资质证书，没收违法所得；违法所得十万元以上的，并处违法所得二倍以上五倍以下的罚款，没有违法所得或者违法所得不足十万元的，单处或者并处十万元以上二十万元以下的罚款；对其直接负责的主管人员和其他直接责任人员处五万元以上十万元以下的罚款；构成犯罪的，依照刑法有关规定追究刑事责任。

第一百零四条　两个以上生产经营单位在同一作业区域内进行可能危及对方安全生产的生产经营活动，未签订安全生产管理协议或者未指定专职安全生产管理人员进行安全检查与协调的，责令限期改正，处五万元以下的罚款，对其直接负责的主管人员和其他直接责任人员处一万元以下的罚款；逾期未改正的，责令停产停业。

第一百零五条 生产经营单位有下列行为之一的，责令限期改正，处五万元以下的罚款，对其直接负责的主管人员和其他直接责任人员处一万元以下的罚款；逾期未改正的，责令停产停业整顿；构成犯罪的，依照刑法有关规定追究刑事责任：

（一）生产、经营、储存、使用危险物品的车间、商店、仓库与员工宿舍在同一座建筑内，或者与员工宿舍的距离不符合安全要求的；

（二）生产经营场所和员工宿舍未设有符合紧急疏散需要、标志明显、保持畅通的出口、疏散通道，或者占用、锁闭、封堵生产经营场所或者员工宿舍出口、疏散通道的。

第一百零六条 生产经营单位与从业人员订立协议，免除或者减轻其对从业人员因生产安全事故伤亡依法应承担的责任的，该协议无效；对生产经营单位的主要负责人、个人经营的投资人处二万元以上十万元以下的罚款。

第一百零七条 生产经营单位的从业人员不落实岗位安全责任，不服从管理，违反安全生产规章制度或者操作规程的，由生产经营单位给予批评教育，依照有关规章制度给予处分；构成犯罪的，依照刑法有关规定追究刑事责任。

第一百零八条 违反本法规定，生产经营单位拒绝、阻碍负有安全生产监督管理职责的部门依法实施监督检查的，责令改正；拒不改正的，处二万元以上二十万元以下的罚款；对其直接负责的主管人员和其他直接责任人员处一万元以上二万元以下的罚款；构成犯罪的，依照刑法有关规定追究刑事责任。

第一百零九条 高危行业、领域的生产经营单位未按照国家规定投保安全生产责任保险的，责令限期改正，处五万元以上十万元以下的罚款；逾期未改正的，处十万元以上二十万元以下的罚款。

第一百一十条 生产经营单位的主要负责人在本单位发生生产安全事故时，不立即组织抢救或者在事故调查处理期间擅离职守或者逃匿的，给予降级、撤职的处分，并由应急管理部门处上一年年收入百分之六十至百分之一百的罚款；对逃匿的处十五日以下拘留；构成犯罪的，依照刑法有关规定追究刑事责任。

生产经营单位的主要负责人对生产安全事故隐瞒不报、谎报或者迟报的，依照前款规定处罚。

第一百一十一条 有关地方人民政府、负有安全生产监督管理职责的部门，对生产安全事故隐瞒不报、谎报或者迟报的，对直接负责的主管人员和其他直接责任人员依法给予处分；构成犯罪的，依照刑法有关规定追究刑事责任。

第一百一十二条 生产经营单位违反本法规定，被责令改正且受到罚款处罚，拒不改正的，负有安全生产监督管理职责的部门可以自作出责令改正之日的次日起，按照原处罚数额按日连续处罚。

第一百一十三条 生产经营单位存在下列情形之一的，负有安全生产监督管理职责的部门应当提请地方人民政府予以关闭，有关部门应当依法吊销其有关证照。生产经营单位主要负责人五年内不得担任任何生产经营单位的主要负责人；情节严重的，终身不得担任本行业生产经营单位的主要负责人：

（一）存在重大事故隐患，一百八十日内三次或者一年内四次受到本法规定的行政处罚的；

（二）经停产停业整顿，仍不具备法律、行政法规和国家标准或者行业标准规定的安全生产条件的；

（三）不具备法律、行政法规和国家标准或者行业标准规定的安全生产条件，导致发生重大、特别重大生产安全事故的；

（四）拒不执行负有安全生产监督管理职责的部门作出的停产停业整顿决定的。

第一百一十四条　发生生产安全事故，对负有责任的生产经营单位除要求其依法承担相应的赔偿等责任外，由应急管理部门依照下列规定处以罚款：

（一）发生一般事故的，处三十万元以上一百万元以下的罚款；

（二）发生较大事故的，处一百万元以上二百万元以下的罚款；

（三）发生重大事故的，处二百万元以上一千万元以下的罚款；

（四）发生特别重大事故的，处一千万元以上二千万元以下的罚款。

发生生产安全事故，情节特别严重、影响特别恶劣的，应急管理部门可以按照前款罚款数额的二倍以上五倍以下对负有责任的生产经营单位处以罚款。

第一百一十五条　本法规定的行政处罚，由应急管理部门和其他负有安全生产监督管理职责的部门按照职责分工决定；其中，根据本法第九十五条、第一百一十条、第一百一十四条的规定应当给予民航、铁路、电力行业的生产经营单位及其主要负责人行政处罚的，也可以由主管的负有安全生产监督管理职责的部门进行处罚。予以关闭的行政处罚，由负有安全生产监督管理职责的部门报请县级以上人民政府按照国务院规定的权限决定；给予拘留的行政处罚，由公安机关依照治安管理处罚的规定决定。

第一百一十六条　生产经营单位发生生产安全事故造成人员伤亡、他人财产损失的，应当依法承担赔偿责任；拒不承担或者其负责人逃匿的，由人民法院依法强制执行。

生产安全事故的责任人未依法承担赔偿责任，经人民法院依法采取执行措施后，仍不能对受害人给予足额赔偿的，应当继续履行赔偿义务；受害人发现责任人有其他财产的，可以随时请求人民法院执行。

第七章　附　　则

第一百一十七条　本法下列用语的含义：

危险物品，是指易燃易爆物品、危险化学品、放射性物品等能够危及人身安全和财产安全的物品。

重大危险源，是指长期地或者临时地生产、搬运、使用或者储存危险物品，且危险物品的数量等于或者超过临界量的单元（包括场所和设施）。

第一百一十八条　本法规定的生产安全一般事故、较大事故、重大事故、特别重大事故的划分标准由国务院规定。

国务院应急管理部门和其他负有安全生产监督管理职责的部门应当根据各自的职责分工，制定相关行业、领域重大危险源的辨识标准和重大事故隐患的判定标准。

第一百一十九条　本法自 2002 年 11 月 1 日起施行。

【例 11-3-1】 根据《中华人民共和国安全生产法》的规定，从业人员享有权利并承担义务，下列情形中属于从业人员履行义务的是：

A. 张某发现直接危及人身安全的紧急情况时禁止作业撤离现场

B. 李某发现事故隐患或者其他不安全因素，立即向现场安全生产管理人员或者本单位负责人报告

C. 王某对本单位安全生产工作中存在的问题提出批评、检举、控告

D. 赵某对本单位的安全生产工作提出建议

解　选项 B 属于义务，其他几个选项属于权利。

答案：B

【例 11-3-2】 某生产经营单位使用危险性较大的特种设备，根据《中华人民共和国安全生产法》的规定，该设备投入使用的条件不包括：

A. 该设备应由专业生产单位生产

B. 该设备应进行安全条件论证和安全评价

C. 该设备须经取得专业资质的检测、检验机构检测、检验合格

D. 该设备须取得安全使用证或者安全标志

解 《中华人民共和国安全生产法》第三十七条规定，生产经营单位使用的危险物品的容器、运输工具，以及涉及人身安全、危险性较大的海洋石油开采特种设备和矿山井下特种设备，必须按照国家有关规定，由专业生产单位生产，并经具有专业资质的检测、检验机构检测、检验合格，取得安全使用证或者安全标志，方可投入使用。检测、检验机构对检测、检验结果负责。

答案：B

【例 11-3-3】国家规定的安全生产责任制度中，对单位主要负责人、施工项目经理、专职人员与从业人员的共同规定是：

A. 报告生产安全事故

B. 确保安全生产费用有效使用

C. 进行工伤事故统计、分析和报告

D. 由有关部门考试合格

解 《中华人民共和国安全生产法》第八十三条规定，生产经营单位发生生产安全事故后，事故现场有关人员应当立即报告本单位负责人。

单位负责人接到事故报告后，应当迅速采取有效措施，组织抢救，防止事故扩大，减少人员伤亡和财产损失，并按照国家有关规定立即如实报告当地负有安全生产监督管理职责的部门，不得隐瞒不报、谎报或者迟报，不得故意破坏事故现场、毁灭有关证据。

答案：A

【例 11-3-4】某超高层建筑施工中，一个塔式起重机分包商的施工人员因没有佩戴安全带加上作业疏忽而从高处坠落死亡。按我国《建筑工程安全生产管理条例》的规定，除工人本身的责任外，请问此意外的责任应：

A. 由分包商承担所有责任，总包商无需负责

B. 由总包商与分包商承担连带责任

C. 由总包商承担所有责任，分包商无需负责

D. 视分包合约的内容确定

解 《建设工程安全生产管理条例》第二十四条规定，建设工程实行施工总承包的，由总承包单位对施工现场的安全生产负总责。

总承包单位依法将建设工程分包给其他单位的，分包合同中应当明确各自的安全生产方面的权利、义务。总承包单位和分包单位对分包工程的安全生产承担连带责任。

分包单位应当服从总承包单位的安全生产管理，分包单位不服从管理导致生产安全事故的，由分包单位承担主要责任。

答案：B

【例 11-3-5】根据《中华人民共和国安全生产法》的规定，组织制定并实施本单位的生产安全事故应急救援预案的责任人是：

A. 项目负责人　　B. 安全生产管理人员

C. 单位主要负责人　　D. 主管安全的负责人

解 《中华人民共和国安全生产法》第二十一条规定，生产经营单位的主要负责人对本单位安全生产工作负有下列职责：

（一）建立健全并落实本单位全员安全生产责任制，加强安全生产标准化建设；

（二）组织制定并实施本单位安全生产规章制度和操作规程；

（三）组织制定并实施本单位安全生产教育和培训计划；

（四）保证本单位安全生产投入的有效实施；

（五）组织建立并落实安全风险分级管控和隐患排查治理双重预防工作机制，督促、检查本单位的安全生产工作，及时消除生产安全事故隐患；

（六）组织制定并实施本单位的生产安全事故应急救援预案；

（七）及时、如实报告生产安全事故。

答案：C

【例 11-3-6】依据《建设工程安全生产管理条例》，建设工程安全生产管理应坚持的方针是：

A. 预防第一，安全为主　　B. 改正第一，罚款为主

C. 安全第一，预防为主　　D. 罚款第一，改正为主

解 《建设工程安全生产管理条例》第三条规定，建设工程安全生产管理，坚持“安全第一，预防为主”的方针。

答案：C

【例 11-3-7】依据《中华人民共和国安全生产法》，企业应当对职工进行安全生产教育和培训，某施工总承包单位对职工进行安全生产培训，其培训的内容不包括：

A. 安全生产知识　　B. 安全生产规章制度

C. 安全生产管理能力　　D. 本岗位安全操作技能

解 《中华人民共和国安全生产法》第二十八条规定，生产经营单位应当对从业人员进行安全生产教育和培训，保证从业人员具备必要的安全生产知识，熟悉有关的安全生产规章制度和安全操作规程，掌握本岗位的安全操作技能，了解事故应急处理措施，知悉自身在安全生产方面的权利和义务。

答案：C

【例 11-3-8】根据《中华人民共和国安全生产法》的规定，下列有关重大危险源管理的说法正确的是：

A. 生产经营单位对重大危险源应当登记建档，并制定应急预案

B. 生产经营单位对重大危险源应当经常性检测评估处置

C. 安全生产监督管理部门应当针对该企业的具体情况制定应急预案

D. 生产经营单位应当提醒从业人员和相关人员注意安全

解 《中华人民共和国安全生产法》第四十条规定，生产经营单位对重大危险源应当登记建档，进行定期检测、评估、监控，并制定应急预案，告知从业人员和相关人员在紧急情况下应当采取的应急措施。

答案：A

【例 11-3-9】根据《中华人民共和国安全生产法》的规定，下列有关从业人员的权利和义务的说法，错误的是：

A. 从业人员有权对本单位的安全生产工作提出建议

B. 从业人员有权对本单位安全生产工作中存在的问题提出批评

C. 从业人员有权拒绝违章指挥和强令冒险作业

D. 从业人员有权停止作业或者撤离作业现场

解 《中华人民共和国安全生产法》第五十三条规定，生产经营单位的从业人员有权了解其作业场所和工作岗位存在的危险因素、防范措施及事故应急措施，有权对本单位的安全生产工作提出建议。

故选项A的说法无误。

第五十四条规定，从业人员有权对本单位安全生产工作中存在的问题提出批评、检举、控告；有权拒绝违章指挥和强令冒险作业。

生产经营单位不得因从业人员对本单位安全生产工作提出批评、检举、控告或者拒绝违章指挥、强令冒险作业而降低其工资、福利等待遇或者解除与其订立的劳动合同。

故选项B、选项C的说法无误。

第五十五条规定，从业人员发现直接危及人身安全的紧急情况时，有权停止作业或者在采取可能的应急措施后撤离作业场所。

选项D的表述不完整，应为“在采取可能的应急措施后撤离作业场所”。

答案： D

习　题

11-3-1　重点工程建设项目应当坚持（　　）。

A. 安全第一的原则　　B. 为保证工程质量不怕牺牲

C. 确保进度不变的原则　　D. 投资不超过预算的原则

11-3-2　对本单位的安全生产工作全面负责的人员应当是（　　）。

A. 生产经营单位的主要负责人　　B. 主管安全生产工作的副手

C. 项目经理　　D. 专职安全员

第四节　中华人民共和国招标投标法

第一章　总　则

第一条　为了规范招标投标活动，保护国家利益、社会公共利益和招标投标活动当事人的合法权益，提高经济效益，保证项目质量，制定本法。

第二条　在中华人民共和国境内进行招标投标活动，适用本法。

第三条　在中华人民共和国境内进行下列工程建设项目包括项目的勘察、设计、施工、监理以及与工程建设有关的重要设备、材料等的采购，必须进行招标：

（一）大型基础设施、公用事业等关系社会公共利益、公众安全的项目；

（二）全部或者部分使用国有资金投资或者国家融资的项目；

（三）使用国际组织或者外国政府贷款、援助资金的项目。

前款所列项目的具体范围和规模标准，由国务院发展计划部门会同国务院有关部门制订，报国务院批准。

法律或者国务院对必须进行招标的其他项目的范围有规定的，依照其规定。

第四条 任何单位和个人不得将依法必须进行招标的项目化整为零或者以其他任何方式规避招标。

第五条 招标投标活动应当遵循公开、公平、公正和诚实信用的原则。

第六条 依法必须进行招标的项目，其招标投标活动不受地区或者部门的限制。任何单位和个人不得违法限制或者排斥本地区、本系统以外的法人或者其他组织参加投标，不得以任何方式非法干涉招标投标活动。

第七条 招标投标活动及其当事人应当接受依法实施的监督。

有关行政监督部门依法对招标投标活动实施监督，依法查处招标投标活动中的违法行为。

对招标投标活动的行政监督及有关部门的具体职权划分，由国务院规定。

第二章 招 标

第八条 招标人是依照本法规定提出招标项目、进行招标的法人或者其他组织。

第九条 招标项目按照国家有关规定需要履行项目审批手续的，应当先履行审批手续，取得批准。

招标人应当有进行招标项目的相应资金或者资金来源已经落实，并应当在招标文件中如实载明。

第十条 招标分为公开招标和邀请招标。

公开招标，是指招标人以招标公告的方式邀请不特定的法人或者其他组织投标。

邀请招标，是指招标人以投标邀请书的方式邀请特定的法人或者其他组织投标。

第十一条 国务院发展计划部门确定的国家重点项目和省、自治区、直辖市人民政府确定的地方重点项目不适宜公开招标的，经国务院发展计划部门或者省、自治区、直辖市人民政府批准，可以进行邀请招标。

第十二条 招标人有权自行选择招标代理机构，委托其办理招标事宜。任何单位和个人不得以任何方式为招标人指定招标代理机构。

招标人具有编制招标文件和组织评标能力的，可以自行办理招标事宜。任何单位和个人不得强制其委托招标代理机构办理招标事宜。依法必须进行招标的项目，招标人自行办理招标事宜的，应当向有关行政监督部门备案。

第十三条 招标代理机构是依法设立、从事招标代理业务并提供相关服务的社会中介组织。

招标代理机构应当具备下列条件：

（一）有从事招标代理业务的营业场所和相应资金；

（二）有能够编制招标文件和组织评标的相应专业力量；

第十四条 招标代理机构与行政机关和其他国家机关不得存在隶属关系或者其他利益关系。

第十五条 招标代理机构应当在招标人委托的范围内办理招标事宜，并遵守本法关于招标人的规定。

第十六条 招标人采用公开招标方式的，应当发布招标公告。依法必须进行招标的项目的招标公告，应当通过国家指定的报刊、信息网络或者其他媒介发布。

招标公告应当载明招标人的名称和地址、招标项目的性质、数量、实施地点和时间以及获取招标文件的办法等事项。

第十七条 招标人采用邀请招标方式的，应当向三个以上具备承担招标项目的能力、资信良好的特定的法人或者其他组织发出投标邀请书。

投标邀请书应当载明本法第十六条第二款规定的事项。

第十八条 招标人可以根据招标项目本身的要求，在招标公告或者投标邀请书中，要求潜在投标人提供有关资质证明文件和业绩情况，并对潜在投标人进行资格审查；国家对投标人的资格条件有规定的，依照其规定。

招标人不得以不合理的条件限制或者排斥潜在投标人，不得对潜在投标人实行歧视待遇。

第十九条 招标人应当根据招标项目的特点和需要编制招标文件。招标文件应当包括招标项目的技术要求、对投标人资格审查的标准、投标报价要求和评标标准等所有实质性要求和条件以及拟签订合同的主要条款。

国家对招标项目的技术、标准有规定的，招标人应当按照其规定在招标文件中提出相应要求。

招标项目需要划分标段、确定工期的，招标人应当合理划分标段、确定工期，并在招标文件中载明。

第二十条 招标文件不得要求或者标明特定的生产供应者以及含有倾向或者排斥潜在投标人的其他内容。

第二十一条 招标人根据招标项目的具体情况，可以组织潜在投标人踏勘项目现场。

第二十二条 招标人不得向他人透露已获取招标文件的潜在投标人的名称、数量以及可能影响公平竞争的有关招标投标的其他情况。

招标人设有标底的，标底必须保密。

第二十三条 招标人对已发出的招标文件进行必要的澄清或者修改的，应当在招标文件要求提交投标文件截止时间至少十五日前，以书面形式通知所有招标文件收受人。该澄清或者修改的内容为招标文件的组成部分。

第二十四条 招标人应当确定投标人编制投标文件所需要的合理时间；但是，依法必须进行招标的项目，自招标文件开始发出之日起至投标人提交投标文件截止之日止，最短不得少于二十日。

第三章 投　　标

第二十五条 投标人是响应招标、参加投标竞争的法人或者其他组织。

依法招标的科研项目允许个人参加投标的，投标的个人适用本法有关投标人的规定。

第二十六条 投标人应当具备承担招标项目的能力；国家有关规定对投标人资格条件或者招标文件对投标人资格条件有规定的，投标人应当具备规定的资格条件。

第二十七条 投标人应当按照招标文件的要求编制投标文件。投标文件应当对招标文件提出的实质性要求和条件作出响应。

招标项目属于建设施工的，投标文件的内容应当包括拟派出的项目负责人与主要技术人员的简历、业绩和拟用于完成招标项目的机械设备等。

第二十八条 投标人应当在招标文件要求提交投标文件的截止时间前，将投标文件送达投标地点。招标人收到投标文件后，应当签收保存，不得开启。投标人少于三个的，招标人应当依照本法重新招标。在招标文件要求提交投标文件的截止时间后送达的投标文件，招标人应当拒收。

第二十九条 投标人在招标文件要求提交投标文件的截止时间前，可以补充、修改或者撤回已提交的投标文件，并书面通知招标人。补充、修改的内容为投标文件的组成部分。

第三十条 投标人根据招标文件载明的项目实际情况，拟在中标后将中标项目的部分非主体、非关键性工作进行分包的，应当在投标文件中载明。

第三十一条 两个以上法人或者其他组织可以组成一个联合体，以一个投标人的身份共同投标。

联合体各方均应当具备承担招标项目的相应能力；国家有关规定或者招标文件对投标人资格条件

有规定的，联合体各方均应当具备规定的相应资格条件。由同一专业的单位组成的联合体，按照资质等级较低的单位确定资质等级。

联合体各方应当签订共同投标协议，明确约定各方拟承担的工作和责任，并将共同投标协议连同投标文件一并提交招标人。联合体中标的，联合体各方应当共同与招标人签订合同，就中标项目向招标人承担连带责任。

招标人不得强制投标人组成联合体共同投标，不得限制投标人之间的竞争。

第三十二条　投标人不得相互串通投标报价，不得排挤其他投标人的公平竞争，损害招标人或者其他投标人的合法权益。

投标人不得与招标人串通投标，损害国家利益、社会公共利益或者他人的合法权益。

禁止投标人以向招标人或者评标委员会成员行贿的手段谋取中标。

第三十三条　投标人不得以低于成本的报价竞标，也不得以他人名义投标或者以其他方式弄虚作假，骗取中标。

第四章　开标、评标和中标

第三十四条　开标应当在招标文件确定的提交投标文件截止时间的同一时间公开进行；开标地点应当为招标文件中预先确定的地点。

第三十五条　开标由招标人主持，邀请所有投标人参加。

第三十六条　开标时，由投标人或者其推选的代表检查投标文件的密封情况，也可以由招标人委托的公证机构检查并公证；经确认无误后，由工作人员当众拆封，宣读投标人名称、投标价格和投标文件的其他主要内容。

招标人在招标文件要求提交投标文件的截止时间前收到的所有投标文件，开标时都应当当众予以拆封、宣读。

开标过程应当记录，并存档备查。

第三十七条　评标由招标人依法组建的评标委员会负责。

依法必须进行招标的项目，其评标委员会由招标人的代表和有关技术、经济等方面的专家组成，成员人数为五人以上单数，其中技术、经济等方面的专家不得少于成员总数的三分之二。

前款专家应当从事相关领域工作满八年并具有高级职称或者具有同等专业水平，由招标人从国务院有关部门或者省、自治区、直辖市人民政府有关部门提供的专家名册或者招标代理机构的专家库内的相关专业的专家名单中确定；一般招标项目可以采取随机抽取方式，特殊招标项目可以由招标人直接确定。

与投标人有利害关系的人不得进入相关项目的评标委员会；已经进入的应当更换。

评标委员会成员的名单在中标结果确定前应当保密。

第三十八条　招标人应当采取必要的措施，保证评标在严格保密的情况下进行。

任何单位和个人不得非法干预、影响评标的过程和结果。

第三十九条　评标委员会可以要求投标人对投标文件中含义不明确的内容作必要的澄清或者说明，但是澄清或者说明不得超出投标文件的范围或者改变投标文件的实质性内容。

第四十条　评标委员会应当按照招标文件确定的评标标准和方法，对投标文件进行评审和比较；设有标底的，应当参考标底。评标委员会完成评标后，应当向招标人提出书面评标报告，并推荐合格的中标候选人。

招标人根据评标委员会提出的书面评标报告和推荐的中标候选人确定中标人。招标人也可以授权评标委员会直接确定中标人。

国务院对特定招标项目的评标有特别规定的，从其规定。

第四十一条 中标人的投标应当符合下列条件之一：

（一）能够最大限度地满足招标文件中规定的各项综合评价标准；

（二）能够满足招标文件的实质性要求，并且经评审的投标价格最低；但是投标价格低于成本的除外。

第四十二条 评标委员会经评审，认为所有投标都不符合招标文件要求的，可以否决所有投标。

依法必须进行招标的项目的所有投标被否决的，招标人应当依照本法重新招标。

第四十三条 在确定中标人前，招标人不得与投标人就投标价格、投标方案等实质性内容进行谈判。

第四十四条 评标委员会成员应当客观、公正地履行职务，遵守职业道德，对所提出的评审意见承担个人责任。

评标委员会成员不得私下接触投标人，不得收受投标人的财物或者其他好处。

评标委员会成员和参与评标的有关工作人员不得透露对投标文件的评审和比较、中标候选人的推荐情况以及与评标有关的其他情况。

第四十五条 中标人确定后，招标人应当向中标人发出中标通知书，并同时将中标结果通知所有未中标的投标人。

中标通知书对招标人和中标人具有法律效力。中标通知书发出后，招标人改变中标结果的，或者中标人放弃中标项目的，应当依法承担法律责任。

第四十六条 招标人和中标人应当自中标通知书发出之日起三十日内，按照招标文件和中标人的投标文件订立书面合同。招标人和中标人不得再行订立背离合同实质性内容的其他协议。

招标文件要求中标人提交履约保证金的，中标人应当提交。

第四十七条 依法必须进行招标的项目，招标人应当自确定中标人之日起十五日内，向有关行政监督部门提交招标投标情况的书面报告。

第四十八条 中标人应当按照合同约定履行义务，完成中标项目。中标人不得向他人转让中标项目，也不得将中标项目肢解后分别向他人转让。

中标人按照合同约定或者经招标人同意，可以将中标项目的部分非主体、非关键性工作分包给他人完成。接受分包的人应当具备相应的资格条件，并不得再次分包。

中标人应当就分包项目向招标人负责，接受分包的人就分包项目承担连带责任。

第五章 法律责任

第四十九条 违反本法规定，必须进行招标的项目而不招标的，将必须进行招标的项目化整为零或者以其他任何方式规避招标的，责令限期改正，可以处项目合同金额千分之五以上千分之十以下的罚款；对全部或者部分使用国有资金的项目，可以暂停项目执行或者暂停资金拨付；对单位直接负责的主管人员和其他直接责任人员依法给予处分。

第五十条 招标代理机构违反本法规定，泄露应当保密的与招标投标活动有关的情况和资料的，或者与招标人、投标人串通损害国家利益、社会公共利益或者他人合法权益的，处五万元以上二十五万元以下的罚款，对单位直接负责的主管人员和其他直接责任人员处单位罚款数额百分之五以上百分之十以下的罚款；有违法所得的，并处没收违法所得；情节严重的，禁止其一年至二年内代理依法必须进行招标的项目并予以公告，直至工商机关吊销营业执照。

前款所列行为影响中标结果的，中标无效。

第五十一条 招标人以不合理的条件限制或者排斥潜在投标人的，对潜在投标人实行歧视待遇的，强制要求投标人组成联合体共同投标的，或者限制投标人之间竞争的，责令改正，可以处一万元以上五万元以下的罚款。

第五十二条 依法必须进行招标的项目的招标人向他人透露已获取招标文件的潜在投标人的名称、数量或者可能影响公平竞争的有关招标投标的其他情况的，或者泄露标底的，给予警告，可以并处一万元以上十万元以下的罚款；对单位直接负责的主管人员和其他直接责任人员依法给予处分；构成犯罪的，依法追究刑事责任。

前款所列行为影响中标结果的，中标无效。

第五十三条 投标人相互串通投标或者与招标人串通投标的，投标人以向招标人或者评标委员会成员行贿的手段谋取中标的，中标无效，处中标项目金额千分之五以上千分之十以下的罚款，对单位直接负责的主管人员和其他直接责任人员处单位罚款数额百分之五以上百分之十以下的罚款；有违法所得的，并处没收违法所得；情节严重的，取消其一年至二年内参加依法必须进行招标的项目的投标资格并予以公告，直至由工商行政管理机关吊销营业执照；构成犯罪的，依法追究刑事责任。给他人造成损失的，依法承担赔偿责任。

第五十四条 投标人以他人名义投标或者以其他方式弄虚作假，骗取中标的，中标无效，给招标人造成损失的，依法承担赔偿责任；构成犯罪的，依法追究刑事责任。

依法必须进行招标的项目的投标人有前款所列行为尚未构成犯罪的，处中标项目金额千分之五以上千分之十以下的罚款，对单位直接负责的主管人员和其他直接责任人员处单位罚款数额百分之五以上百分之十以下的罚款；有违法所得的，并处没收违法所得；情节严重的，取消其一年至三年内参加依法必须进行招标的项目的投标资格并予以公告，直至由工商行政管理机关吊销营业执照。

第五十五条 依法必须进行招标的项目，招标人违反本法规定，与投标人就投标价格、投标方案等实质性内容进行谈判的，给予警告，对单位直接负责的主管人员和其他直接责任人员依法给予处分。

前款所列行为影响中标结果的，中标无效。

第五十六条 评标委员会成员收受投标人的财物或者其他好处的，评标委员会成员或者参加评标的有关工作人员向他人透露对投标文件的评审和比较、中标候选人的推荐以及与评标有关的其他情况的，给予警告，没收收受的财物，可以并处三千元以上五万元以下的罚款，对有所列违法行为的评标委员会成员取消担任评标委员会成员的资格，不得再参加任何依法必须进行招标的项目的评标；构成犯罪的，依法追究刑事责任。

第五十七条 招标人在评标委员会依法推荐的中标候选人以外确定中标人的，依法必须进行招标的项目在所有投标被评标委员会否决后自行确定中标人的，中标无效。责令改正，可以处中标项目金额千分之五以上千分之十以下的罚款；对单位直接负责的主管人员和其他直接责任人员依法给予处分。

第五十八条 中标人将中标项目转让给他人的，将中标项目肢解后分别转让给他人的，违反本法规定将中标项目的部分主体、关键性工作分包给他人的，或者分包人再次分包的，转让、分包无效，处转让、分包项目金额千分之五以上千分之十以下的罚款；有违法所得的，并处没收违法所得；可以责令停业整顿；情节严重的，由工商行政管理机关吊销营业执照。

第五十九条 招标人与中标人不按照招标文件和中标人的投标文件订立合同的，或者招标人、中标人订立背离合同实质性内容的协议的，责令改正；可以处中标项目金额千分之五以上千分之十以下的罚款。

第六十条 中标人不履行与招标人订立的合同的，履约保证金不予退还，给招标人造成的损失超过履约保证金数额的，还应当对超过部分予以赔偿；没有提交履约保证金的，应当对招标人的损失承担赔偿责任。

中标人不按照与招标人订立的合同履行义务，情节严重的，取消其二年至五年内参加依法必须进行招标的项目的投标资格并予以公告，直至由工商行政管理机关吊销营业执照。

因不可抗力不能履行合同的，不适用前两款规定。

第六十一条 本章规定的行政处罚，由国务院规定的有关行政监督部门决定。本法已对实施行政处罚的机关作出规定的除外。

第六十二条 任何单位违反本法规定，限制或者排斥本地区、本系统以外的法人或者其他组织参加投标的，为招标人指定招标代理机构的，强制招标人委托招标代理机构办理招标事宜的，或者以其他方式干涉招标投标活动的，责令改正；对单位直接负责的主管人员和其他直接责任人员依法给予警告、记过、记大过的处分，情节较重的，依法给予降级、撤职、开除的处分。

个人利用职权进行前款违法行为的，依照前款规定追究责任。

第六十三条 对招标投标活动依法负有行政监督职责的国家机关工作人员徇私舞弊、滥用职权或者玩忽职守，构成犯罪的，依法追究刑事责任；不构成犯罪的，依法给予行政处分。

第六十四条 依法必须进行招标的项目违反本法规定，中标无效的，应当依照本法规定的中标条件从其余投标人中重新确定中标人或者依照本法重新进行招标。

第六章 附 则

第六十五条 投标人和其他利害关系人认为招标投标活动不符合本法有关规定的，有权向招标人提出异议或者依法向有关行政监督部门投诉。

第六十六条 涉及国家安全、国家秘密、抢险救灾或者属于利用扶贫资金实行以工代赈、需要使用农民工等特殊情况，不适宜进行招标的项目，按照国家有关规定可以不进行招标。

第六十七条 使用国际组织或者外国政府贷款、援助资金的项目进行招标，贷款方、资金提供方对招标投标的具体条件和程序有不同规定的，可以适用其规定，但违背中华人民共和国的社会公共利益的除外。

第六十八条 本法自2000年1月1日起施行。

【例 11-4-1】 根据《中华人民共和国招标投标法》的规定，某工程项目委托监理服务的招投标活动，应当遵循的原则是：

A. 公开、公平、公正、诚实信用

B. 公开、平等、自愿、公平、诚实信用

C. 公正、科学、独立、诚实信用

D. 全面、有效、合理、诚实信用

解 《中华人民共和国招标投标法》第五条规定，招标投标活动应当遵循公开、公平、公正和诚实信用的原则。

答案： A

【例 11-4-2】 下列属于《中华人民共和国招标投标法》规定的招标方式是：

A. 公开招标和直接招标　　B. 公开招标和邀请招标

C. 公开招标和协议招标　　D. 公开招标和不公开招标

解 《中华人民共和国招标投标法》第十条规定，招标分为公开招标和邀请招标。

答案：B

【例 11-4-3】 有关我国招投标的一般规定，下列理解错误的是：

A. 采用书面合同　　B. 禁止行贿受贿

C. 承包商必须有相应资质　　D.可肢解分包

解 《中华人民共和国建筑法》第二十四条规定，提倡对建筑工程实行总承包，禁止将建筑工程肢解发包。

答案：D

【例 11-4-4】 下列不属于招标人必须具备的条件是：

A. 招标人须有法可依的项目　　B. 招标人有充足的专业人才

C. 招标人有与项目相应的资金来源　　D. 招标人为法人或其他基本组织

解 《中华人民共和国招标投标法》第八条：招标人是依照本法规定提出招标项目、进行招标的法人或者其他组织。所以选项 A、D 对。

第九条：招标项目按照国家有关规定需要履行项目审批手续的，应当先履行审批手续，取得批准。招标人应当有进行招标项目的相应资金或者资金来源已经落实，并应当在招标文件中如实载明。所以选项 C 对。

第十二条：……招标人具有编制招标文件和组织评标能力的，可以自行办理招标事宜。

选项 B 中"充足人才"和《中华人民共和国招标投标法》的第十二条表述不一致，何为充足？很难界定，所以选项 B 的表述不合适。

答案：B

【例 11-4-5】 有关评标方法的描述，错误的是：

A. 最低投标价法适合没有特殊要求的招标项目

B. 综合评估法可用打分的方法或货币的方法评估各项标准

C. 最低投标价法通常用来恶性削价竞争，反而工程质量更为低落

D. 综合评估法适合没有特殊要求的招标项目

解 2018 年 9 月 28 日住房和城乡建设部决定对《房屋建筑和市政基础设施工程施工招标投标管理办法》作出修改后公布。其中，第四十条规定：评标可以采用综合评估法、经评审的最低投标标价法或者法律法规允许的其他评标方法。

采用综合评估法的，应当对投标文件提出的工程质量、施工工期、投标价格、施工组织设计或者施工方案、投标人及项目经理业绩等，能否最大限度地满足招标文件中规定的各项要求和评价标准进行评审和比较。以评分方式进行评估的，对于各种评比奖项不得额外计分。

采用经评审的最低投标价法的，应当在投标文件能够满足招标文件实质性要求的投标人中，评审出投标价格最低的投标人，但投标价格低于其企业成本的除外。

由此可以看出，采用经评审的最低投标价法的前提是在能够满足招标文件实质性要求的投标人中，评审出投标价格最低的投标人中标。如果有人恶性竞争，报价低于成本价。而不能满足招标文件的实质性要求是不能中标的。选项 C 完全否定了最低投标价法，是不符合文件精神的。

答案：C

【例 11-4-6】 有关招标的叙述，错误的是：

A. 邀请招标，又称有限竞争性招标

B. 邀请招标中，招标人应向三个以上的潜在招标人发出邀请

C. 国家重点项目应公开招标

D. 公开招标适合专业性较强的项目

解 《中华人民共和国招标投标法》第十七条规定，招标人采用邀请招标方式的，应当向三个以上具备承担招标项目的能力、资信良好的特定的法人或者其他组织发出投标邀请书。所以选项B对。

《中华人民共和国招标投标法实施条例》第八条规定，国有资金占控股或者主导地位的依法必须进行招标的项目，应当公开招标；但有下列情形之一的，可以邀请招标：

（一）技术复杂、有特殊要求或者受自然环境限制，只有少量潜在投标人可供选择；

（二）采用公开招标方式的费用占项目合同金额的比例过大。

从上述条文可见：只有在特殊情况下才能邀请招标，一般情况下均应公开招标。所以选项C对。

答案：D

【例 11-4-7】 根据《中华人民共和国招标投标法》的规定，下列工程建设项目，项目的勘察、设计、施工、监理以及与工程建设有关的重要设备、材料等的采购，按照国家有关规定可以不进行招标的是：

A. 大型基础设施、公用事业等关系社会公共利益、公众安全的项目

B. 全部或者部分使用国有资金投资或者国家融资的项目

C. 使用国际组织或者外国政府贷款、援助资金的项目

D. 利用扶贫资金实行以工代赈、需要使用农民工的项目

解 《中华人民共和国招标投标法》第三条规定，在中华人民共和国境内进行下列工程建设项目包括项目的勘察、设计、施工、监理以及与工程建设有关的重要设备、材料等的采购，必须进行招标：

（一）大型基础设施、公用事业等关系社会公共利益、公众安全的项目；

（二）全部或者部分使用国有资金投资或者国家融资的项目；

（三）使用国际组织或者外国政府贷款、援助资金的项目。

选项D不在上述法律条文必须进行招标的规定中。

答案：D

习 题

11-4-1 建设单位工程招标应具备下列哪些条件？（ ）

①有与招标工程相适应的经济技术管理人员；②必须是一个经济实体，注册资金不少于一百万元人民币；③有编制招标文件的能力；④有审查投标单位资质的能力；⑤具有组织开标、评标、定标的能力。

A. ①②③④⑤ B. ①②③④ C. ①②④⑤ D. ①③④⑤

11-4-2 施工招标的形式有以下哪几种？（ ）

①公开招标；②邀请招标；③议标；④指定招标。

A. ①② B. ①②④ C. ①④ D. ①②③

11-4-3 招标委员会的成员中，技术、经济等方面的专家不得少于（　　）。

A. 3 人　　B. 5 人

C. 成员总数的 2/3　　D. 成员总数的 1/2

11-4-4 建筑工程的评标活动应当由（　　）负责。

A. 建设单位　　B. 市招标办公室　　C. 监理单位　　D. 评标委员会

11-4-5 在中华人民共和国境内进行下列工程建设项目必须要招标的条件，下面哪一条是不准确的说法？（　　）

A. 大型基础设施、公用事业等关系社会公共利益、公众安全的项目

B. 全部或者部分使用国有资金投资或者国家融资的项目

C. 使用国际组织或者外国政府贷款、援助资金的项目

D. 所有住宅项目

11-4-6 招标人和中标人应当自中标通知书发出之日起（　　）之内，按照招标文件和中标人的投标文件订立书面合同。

A. 15 天　　B. 30 天　　C. 60 天　　D. 90 天

第五节　中华人民共和国民法典

（2020 年 5 月 28 日第十三届全国人民代表大会第三次会议通过）

（2021 年 1 月 1 日实施）

第三编　合　　同

第一分编　通　　则

第一章　一般规定

第四百六十三条　本编调整因合同产生的民事关系。

第四百六十四条　合同是民事主体之间设立、变更、终止民事法律关系的协议。

婚姻、收养、监护等有关身份关系的协议，适用有关该身份关系的法律规定；没有规定的，可以根据其性质参照适用本编规定。

第四百六十五条　依法成立的合同，受法律保护。

依法成立的合同，仅对当事人具有法律约束力，但是法律另有规定的除外。

第四百六十六条　当事人对合同条款的理解有争议的，应当依据本法第一百四十二条第一款的规定，确定争议条款的含义。

（编者注　第一百四十二条第一款的表述是：有相对人的意思表示的解释，应当按照所使用的词句，结合相关条款、行为的性质和目的、习惯以及诚信原则，确定意思表示的含义。）

合同文本采用两种以上文字订立并约定具有同等效力的，对各文本使用的词句推定具有相同含义。各文本使用的词句不一致的，应当根据合同的相关条款、性质、目的以及诚信原则等予以解释。

第四百六十七条 本法或者其他法律没有明文规定的合同，适用本编通则的规定，并可以参照适用本编或者其他法律最相类似合同的规定。

在中华人民共和国境内履行的中外合资经营企业合同、中外合作经营企业合同、中外合作勘探开发自然资源合同，适用中华人民共和国法律。

第四百六十八条 非因合同产生的债权债务关系，适用有关该债权债务关系的法律规定；没有规定的，适用本编通则的有关规定，但是根据其性质不能适用的除外。

第二章 合同的订立

第四百六十九条 当事人订立合同，可以采用书面形式、口头形式或者其他形式。

书面形式是合同书、信件、电报、电传、传真等可以有形地表现所载内容的形式。

以电子数据交换、电子邮件等方式能够有形地表现所载内容，并可以随时调取查用的数据电文，视为书面形式。

第四百七十条 合同的内容由当事人约定，一般包括下列条款：

（一）当事人的姓名或者名称和住所；

（二）标的；

（三）数量；

（四）质量；

（五）价款或者报酬；

（六）履行期限、地点和方式；

（七）违约责任；

（八）解决争议的方法。

当事人可以参照各类合同的示范文本订立合同。

第四百七十一条 当事人订立合同，可以采取要约、承诺方式或者其他方式。

第四百七十二条 要约是希望与他人订立合同的意思表示，该意思表示应当符合下列条件：

（一）内容具体确定；

（二）表明经受要约人承诺，要约人即受该意思表示约束。

第四百七十三条 要约邀请是希望他人向自己发出要约的表示。拍卖公告、招标公告、招股说明书、债券募集办法、基金招募说明书、商业广告和宣传、寄送的价目表等为要约邀请。

商业广告和宣传的内容符合要约条件的，构成要约。

第四百七十四条 要约生效的时间适用本法第一百三十七条的规定。

（编者注 第一百三十七条的规定是：以对话方式作出的意思表示，相对人知道其内容时生效。以非对话方式作出的意思表示，到达相对人时生效。以非对话方式作出的采用数据电文形式的意思表示，相对人指定特定系统接收数据电文的，该数据电文进入该特定系统时生效；未指定特定系统的，相对人知道或者应当知道该数据电文进入其系统时生效。当事人对采用数据电文形式的意思表示的生效时间另有约定的，按照其约定。）

第四百七十五条 要约可以撤回。要约的撤回适用本法第一百四十一条的规定。

（编者注 第一百四十一条的规定是：行为人可以撤回意思表示。撤回意思表示的通知应当在意思表示到达相对人前或者与意思表示同时到达相对人。）

第四百七十六条 要约可以撤销，但是有下列情形之一的除外：

（一）要约人以确定承诺期限或者其他形式明示要约不可撤销；

（二）受要约人有理由认为要约是不可撤销的，并已经为履行合同做了合理准备工作。

第四百七十七条 撤销要约的意思表示以对话方式作出的，该意思表示的内容应当在受要约人作出承诺之前为受要约人所知道；撤销要约的意思表示以非对话方式作出的，应当在受要约人作出承诺之前到达受要约人。

第四百七十八条 有下列情形之一的，要约失效：

（一）要约被拒绝；

（二）要约被依法撤销；

（三）承诺期限届满，受要约人未作出承诺；

（四）受要约人对要约的内容作出实质性变更。

第四百七十九条 承诺是受要约人同意要约的意思表示。

第四百八十条 承诺应当以通知的方式作出；但是，根据交易习惯或者要约表明可以通过行为作出承诺的除外。

第四百八十一条 承诺应当在要约确定的期限内到达要约人。

要约没有确定承诺期限的，承诺应当依照下列规定到达：

（一）要约以对话方式作出的，应当即时作出承诺；

（二）要约以非对话方式作出的，承诺应当在合理期限内到达。

第四百八十二条 要约以信件或者电报作出的，承诺期限自信件载明的日期或者电报交发之日开始计算。信件未载明日期的，自投寄该信件的邮戳日期开始计算。要约以电话、传真、电子邮件等快速通讯方式作出的，承诺期限自要约到达受要约人时开始计算。

第四百八十三条 承诺生效时合同成立，但是法律另有规定或者当事人另有约定的除外。第四百八十四条 以通知方式作出的承诺，生效的时间适用本法第一百三十七条的规定（见第四百七十四条编者注）。

承诺不需要通知的，根据交易习惯或者要约的要求作出承诺的行为时生效。

第四百八十五条 承诺可以撤回。承诺的撤回适用本法第一百四十一条的规定（见第四百七十五条编者注）

第四百八十六条 受要约人超过承诺期限发出承诺，或者在承诺期限内发出承诺，按照通常情形不能及时到达要约人的，为新要约；但是，要约人及时通知受要约人该承诺有效的除外。

第四百八十七条 受要约人在承诺期限内发出承诺，按照通常情形能够及时到达要约人，但是因其他原因致使承诺到达要约人时超过承诺期限的，除要约人及时通知受要约人因承诺超过期限不接受该承诺外，该承诺有效。

第四百八十八条 承诺的内容应当与要约的内容一致。受要约人对要约的内容作出实质性变更的，为新要约。有关合同标的、数量、质量、价款或者报酬、履行期限、履行地点和方式、违约责任和解决争议方法等的变更，是对要约内容的实质性变更。

第四百八十九条 承诺对要约的内容作出非实质性变更的，除要约人及时表示反对或者要约表明承诺不得对要约的内容作出任何变更外，该承诺有效，合同的内容以承诺的内容为准。

第四百九十条 当事人采用合同书形式订立合同的，自当事人均签名、盖章或者按指印时合同成立。在签名、盖章或者按指印之前，当事人一方已经履行主要义务，对方接受时，该合同成立。

法律、行政法规规定或者当事人约定合同应当采用书面形式订立，当事人未采用书面形式但是一方已经履行主要义务，对方接受时，该合同成立。

第四百九十一条　当事人采用信件、数据电文等形式订立合同要求签订确认书的，签订确认书时合同成立。

当事人一方通过互联网等信息网络发布的商品或者服务信息符合要约条件的，对方选择该商品或者服务并提交订单成功时合同成立，但是当事人另有约定的除外。

第四百九十二条　承诺生效的地点为合同成立的地点。

采用数据电文形式订立合同的，收件人的主营业地为合同成立的地点；没有主营业地的，其住所地为合同成立的地点。当事人另有约定的，按照其约定。

第四百九十三条　当事人采用合同书形式订立合同的，最后签名、盖章或者按指印的地点为合同成立的地点，但是当事人另有约定的除外。

第四百九十四条　国家根据抢险救灾、疫情防控或者其他需要下达国家订货任务、指令性任务的，有关民事主体之间应当依照有关法律、行政法规规定的权利和义务订立合同。

依照法律、行政法规的规定负有发出要约义务的当事人，应当及时发出合理的要约。

依照法律、行政法规的规定负有作出承诺义务的当事人，不得拒绝对方合理的订立合同要求。

第四百九十五条　当事人约定在将来一定期限内订立合同的认购书、订购书、预订书等，构成预约合同。当事人一方不履行预约合同约定的订立合同义务的，对方可以请求其承担预约合同的违约责任。

第四百九十六条　格式条款是当事人为了重复使用而预先拟定，并在订立合同时未与对方协商的条款。

采用格式条款订立合同的，提供格式条款的一方应当遵循公平原则确定当事人之间的权利和义务，并采取合理的方式提示对方注意免除或者减轻其责任等与对方有重大利害关系的条款，按照对方的要求，对该条款予以说明。提供格式条款的一方未履行提示或者说明义务，致使对方没有注意或者理解与其有重大利害关系的条款的，对方可以主张该条款不成为合同的内容。

第四百九十七条　有下列情形之一的，该格式条款无效：

（一）具有本法第一编第六章第三节（见第五百零八条编者注）和本法第五百零六条规定的无效情形；

（二）提供格式条款一方不合理地免除或者减轻其责任、加重对方责任、限制对方主要权利；

（三）提供格式条款一方排除对方主要权利。

第四百九十八条　对格式条款的理解发生争议的，应当按照通常理解予以解释。对格式条款有两种以上解释的，应当作出不利于提供格式条款一方的解释。格式条款和非格式条款不一致的，应当采用非格式条款。

第四百九十九条　悬赏人以公开方式声明对完成特定行为的人支付报酬的，完成该行为的人可以请求其支付。

第五百条　当事人在订立合同过程中有下列情形之一，造成对方损失的，应当承担赔偿责任：

（一）假借订立合同，恶意进行磋商；

（二）故意隐瞒与订立合同有关的重要事实或者提供虚假情况；

（三）有其他违背诚信原则的行为。

第五百零一条　当事人在订立合同过程中知悉的商业秘密或者其他应当保密的信息，无论合同是否成立，不得泄露或者不正当地使用；泄露、不正当地使用该商业秘密或者信息，造成对方损失的，应当承担赔偿责任。

第三章　合同的效力

第五百零二条　依法成立的合同，自成立时生效，但是法律另有规定或者当事人另有约定的除外。

依照法律、行政法规的规定，合同应当办理批准等手续的，依照其规定。未办理批准等手续影响合同生效的，不影响合同中履行报批等义务条款以及相关条款的效力。应当办理申请批准等手续的当事人未履行义务的，对方可以请求其承担违反该义务的责任。

依照法律、行政法规的规定，合同的变更、转让、解除等情形应当办理批准等手续的，适用前款规定。

第五百零三条　无权代理人以被代理人的名义订立合同，被代理人已经开始履行合同义务或者接受相对人履行的，视为对合同的追认。

第五百零四条　法人的法定代表人或者非法人组织的负责人超越权限订立的合同，除相对人知道或者应当知道其超越权限外，该代表行为有效，订立的合同对法人或者非法人组织发生效力。

第五百零五条　当事人超越经营范围订立的合同的效力，应当依照本法第一编第六章第三节（见第五百零八条编者注）和本编的有关规定确定，不得仅以超越经营范围确认合同无效。

第五百零六条　合同中的下列免责条款无效：

（一）造成对方人身损害的；

（二）因故意或者重大过失造成对方财产损失的。

第五百零七条　合同不生效、无效、被撤销或者终止的，不影响合同中有关解决争议方法的条款的效力。

第五百零八条　本编对合同的效力没有规定的，适用本法第一编第六章的有关规定。

（编者注　第一编第六章的内容如下：

第六章　民事法律行为

第一节　一般规定

第一百三十三条　民事法律行为是民事主体通过意思表示设立、变更、终止民事法律关系的行为。

第一百三十四条　民事法律行为可以基于双方或者多方的意思表示一致成立，也可以基于单方的意思表示成立。

法人、非法人组织依照法律或者章程规定的议事方式和表决程序作出决议的，该决议行为成立。

第一百三十五条　民事法律行为可以采用书面形式、口头形式或者其他形式；法律、行政法规规定或者当事人约定采用特定形式的，应当采用特定形式。

第一百三十六条　民事法律行为自成立时生效，但是法律另有规定或者当事人另有约定的除外。

行为人非依法律规定或者未经对方同意，不得擅自变更或者解除民事法律行为。

第二节　意思表示

第一百三十七条　以对话方式作出的意思表示，相对人知道其内容时生效。

以非对话方式作出的意思表示，到达相对人时生效。以非对话方式作出的采用数据电文形式的意思表示，相对人指定特定系统接收数据电文的，该数据电文进入该特定系统时生效；未指定特定系统的，相对人知道或者应当知道该数据电文进入其系统时生效。当事人对采用数据电文形式的意思表示的生效时间另有约定的，按照其约定。

第一百三十八条　无相对人的意思表示，表示完成时生效。法律另有规定的，依照其规定。

第一百三十九条　以公告方式作出的意思表示，公告发布时生效。

第一百四十条　行为人可以明示或者默示作出意思表示。

沉默只有在有法律规定、当事人约定或者符合当事人之间的交易习惯时，才可以视为意思表示。

第一百四十一条　行为人可以撤回意思表示。撤回意思表示的通知应当在意思表示到达相对人前或者与意思表示同时到达相对人。

第一百四十二条　有相对人的意思表示的解释，应当按照所使用的词句，结合相关条款、行为的性质和目的、习惯以及诚信原则，确定意思表示的含义。

无相对人的意思表示的解释，不能完全拘泥于所使用的词句，而应当结合相关条款、行为的性质和目的、习惯以及诚信原则，确定行为人的真实意思。

第三节　民事法律行为的效力

第一百四十三条　具备下列条件的民事法律行为有效：

（一）行为人具有相应的民事行为能力；

（二）意思表示真实；

（三）不违反法律、行政法规的强制性规定，不违背公序良俗。

第一百四十四条　无民事行为能力人实施的民事法律行为无效。

第一百四十五条　限制民事行为能力人实施的纯获利益的民事法律行为或者与其年龄、智力、精神健康状况相适应的民事法律行为有效；实施的其他民事法律行为经法定代理人同意或者追认后有效。

相对人可以催告法定代理人自收到通知之日起三十日内予以追认。法定代理人未作表示的，视为拒绝追认。民事法律行为被追认前，善意相对人有撤销的权利。撤销应当以通知的方式作出。

第一百四十六条　行为人与相对人以虚假的意思表示实施的民事法律行为无效。

以虚假的意思表示隐藏的民事法律行为的效力，依照有关法律规定处理。

第一百四十七条　基于重大误解实施的民事法律行为，行为人有权请求人民法院或者仲裁机构予以撤销。

第一百四十八条　一方以欺诈手段，使对方在违背真实意思的情况下实施的民事法律行为，受欺诈方有权请求人民法院或者仲裁机构予以撤销。

第一百四十九条　第三人实施欺诈行为，使一方在违背真实意思的情况下实施的民事法律行为，对方知道或者应当知道该欺诈行为的，受欺诈方有权请求人民法院或者仲裁机构予以撤销。

第一百五十条　一方或者第三人以胁迫手段，使对方在违背真实意思的情况下实施的民事法律行为，受胁迫方有权请求人民法院或者仲裁机构予以撤销。

第一百五十一条　一方利用对方处于危困状态、缺乏判断能力等情形，致使民事法律行为成立时显失公平的，受损害方有权请求人民法院或者仲裁机构予以撤销。

第一百五十二条　有下列情形之一的，撤销权消灭：

（一）当事人自知道或者应当知道撤销事由之日起一年内、重大误解的当事人自知道或者应当知道撤销事由之日起九十日内没有行使撤销权；

（二）当事人受胁迫，自胁迫行为终止之日起一年内没有行使撤销权；

（三）当事人知道撤销事由后明确表示或者以自己的行为表明放弃撤销权。当事人自民事法律行为发生之日起五年内没有行使撤销权的，撤销权消灭。

第一百五十三条 违反法律、行政法规的强制性规定的民事法律行为无效。但是，该强制性规定不导致该民事法律行为无效的除外。

违背公序良俗的民事法律行为无效。

第一百五十四条 行为人与相对人恶意串通，损害他人合法权益的民事法律行为无效。

第一百五十五条 无效的或者被撤销的民事法律行为自始没有法律约束力。

第一百五十六条 民事法律行为部分无效，不影响其他部分效力的，其他部分仍然有效。

第一百五十七条 民事法律行为无效、被撤销或者确定不发生效力后，行为人因该行为取得的财产，应当予以返还；不能返还或者没有必要返还的，应当折价补偿。有过错的一方应当赔偿对方由此所受到的损失；各方都有过错的，应当各自承担相应的责任。法律另有规定的，依照其规定。

第四节 民事法律行为的附条件和附期限

第一百五十八条 民事法律行为可以附条件，但是根据其性质不得附条件的除外。附生效条件的民事法律行为，自条件成就时生效。附解除条件的民事法律行为，自条件成就时失效。

第一百五十九条 附条件的民事法律行为，当事人为自己的利益不正当地阻止条件成就的，视为条件已经成就；不正当地促成条件成就的，视为条件不成就。

第一百六十条 民事法律行为可以附期限，但是根据其性质不得附期限的除外。附生效期限的民事法律行为，自期限届至时生效。附终止期限的民事法律行为，自期限届满时失效。）

第四章 合同的履行

第五百零九条 当事人应当按照约定全面履行自己的义务。

当事人应当遵循诚信原则，根据合同的性质、目的和交易习惯履行通知、协助、保密等义务。

当事人在履行合同过程中，应当避免浪费资源、污染环境和破坏生态。

第五百一十条 合同生效后，当事人就质量、价款或者报酬、履行地点等内容没有约定或者约定不明确的，可以协议补充；不能达成补充协议的，按照合同相关条款或者交易习惯确定。

第五百一十一条 当事人就有关合同内容约定不明确，依据前条规定仍不能确定的，适用下列规定：

（一）质量要求不明确的，按照强制性国家标准履行；没有强制性国家标准的，按照推荐性国家标准履行；没有推荐性国家标准的，按照行业标准履行；没有国家标准、行业标准的，按照通常标准或者符合合同目的的特定标准履行。

（二）价款或者报酬不明确的，按照订立合同时履行地的市场价格履行；依法应当执行政府定价或者政府指导价的，依照规定履行。

（三）履行地点不明确，给付货币的，在接受货币一方所在地履行；交付不动产的，在不动产所在地履行；其他标的，在履行义务一方所在地履行。

（四）履行期限不明确的，债务人可以随时履行，债权人也可以随时请求履行，但是应当给对方必要的准备时间。

（五）履行方式不明确的，按照有利于实现合同目的的方式履行。

（六）履行费用的负担不明确的，由履行义务一方负担；因债权人原因增加的履行费用，由债权人负担。

第五百一十二条 通过互联网等信息网络订立的电子合同的标的为交付商品并采用快递物流方式交付的，收货人的签收时间为交付时间。电子合同的标的为提供服务的，生成的电子凭证或者实物凭证中载明的时间为提供服务时间；前述凭证没有载明时间或者载明时间与实际提供服务时间不一致的，以实际提供服务的时间为准。

电子合同的标的物为采用在线传输方式交付的，合同标的物进入对方当事人指定的特定系统且能够检索识别的时间为交付时间。

电子合同当事人对交付商品或者提供服务的方式、时间另有约定的，按照其约定。

第五百一十三条 执行政府定价或者政府指导价的，在合同约定的交付期限内政府价格调整时，按照交付时的价格计价。逾期交付标的物的，遇价格上涨时，按照原价格执行；价格下降时，按照新价格执行。逾期提取标的物或者逾期付款的，遇价格上涨时，按照新价格执行；价格下降时，按照原价格执行。

第五百一十四条 以支付金钱为内容的债，除法律另有规定或者当事人另有约定外，债权人可以请求债务人以实际履行地的法定货币履行。

第五百一十五条 标的有多项而债务人只需履行其中一项的，债务人享有选择权；但是，法律另有规定、当事人另有约定或者另有交易习惯的除外。

享有选择权的当事人在约定期限内或者履行期限届满未作选择，经催告后在合理期限内仍未选择的，选择权转移至对方。

第五百一十六条 当事人行使选择权应当及时通知对方，通知到达对方时，标的确定。标的确定后不得变更，但是经对方同意的除外。

可选择的标的发生不能履行情形的，享有选择权的当事人不得选择不能履行的标的，但是该不能履行的情形是由对方造成的除外。

第五百一十七条 债权人为二人以上，标的可分，按照份额各自享有债权的，为按份债权；债务人为二人以上，标的可分，按照份额各自负担债务的，为按份债务。

按份债权人或者按份债务人的份额难以确定的，视为份额相同。

第五百一十八条 债权人为二人以上，部分或者全部债权人均可以请求债务人履行债务的，为连带债权；债务人为二人以上，债权人可以请求部分或者全部债务人履行全部债务的，为连带债务。

连带债权或者连带债务，由法律规定或者当事人约定。

第五百一十九条 连带债务人之间的份额难以确定的，视为份额相同。

实际承担债务超过自己份额的连带债务人，有权就超出部分在其他连带债务人未履行的份额范围内向其追偿，并相应地享有债权人的权利，但是不得损害债权人的利益。其他连带债务人对债权人的抗辩，可以向该债务人主张。

被追偿的连带债务人不能履行其应分担份额的，其他连带债务人应当在相应范围内按比例分担。

第五百二十条 部分连带债务人履行、抵销债务或者提存标的物的，其他债务人对债权人的债务在相应范围内消灭；该债务人可以依据前条规定向其他债务人追偿。

部分连带债务人的债务被债权人免除的，在该连带债务人应当承担的份额范围内，其他债务人对债权人的债务消灭。

部分连带债务人的债务与债权人的债权同归于一人的，在扣除该债务人应当承担的份额后，债权人对其他债务人的债权继续存在。

债权人对部分连带债务人的给付受领迟延的，对其他连带债务人发生效力。

第五百二十一条 连带债权人之间的份额难以确定的，视为份额相同。

实际受领债权的连带债权人，应当按比例向其他连带债权人返还。

连带债权参照适用本章连带债务的有关规定。

第五百二十二条 当事人约定由债务人向第三人履行债务，债务人未向第三人履行债务或者履行债务不符合约定的，应当向债权人承担违约责任。

法律规定或者当事人约定第三人可以直接请求债务人向其履行债务，第三人未在合理期限内明确拒绝，债务人未向第三人履行债务或者履行债务不符合约定的，第三人可以请求债务人承担违约责任；债务人对债权人的抗辩，可以向第三人主张。

第五百二十三条 当事人约定由第三人向债权人履行债务，第三人不履行债务或者履行债务不符合约定的，债务人应当向债权人承担违约责任。

第五百二十四条 债务人不履行债务，第三人对履行该债务具有合法利益的，第三人有权向债权人代为履行；但是，根据债务性质、按照当事人约定或者依照法律规定只能由债务人履行的除外。

债权人接受第三人履行后，其对债务人的债权转让给第三人，但是债务人和第三人另有约定的除外。

第五百二十五条 当事人互负债务，没有先后履行顺序的，应当同时履行。一方在对方履行之前有权拒绝其履行请求。一方在对方履行债务不符合约定时，有权拒绝其相应的履行请求。

第五百二十六条 当事人互负债务，有先后履行顺序，应当先履行债务一方未履行的，后履行一方有权拒绝其履行请求。先履行一方履行债务不符合约定的，后履行一方有权拒绝其相应的履行请求。

第五百二十七条 应当先履行债务的当事人，有确切证据证明对方有下列情形之一的，可以中止履行：

（一）经营状况严重恶化；

（二）转移财产、抽逃资金，以逃避债务；

（三）丧失商业信誉；

（四）有丧失或者可能丧失履行债务能力的其他情形。

当事人没有确切证据中止履行的，应当承担违约责任。

第五百二十八条 当事人依据前条规定中止履行的，应当及时通知对方。对方提供适当担保的，应当恢复履行。中止履行后，对方在合理期限内未恢复履行能力且未提供适当担保的，视为以自己的行为表明不履行主要债务，中止履行的一方可以解除合同并可以请求对方承担违约责任。

第五百二十九条 债权人分立、合并或者变更住所没有通知债务人，致使履行债务发生困难的，债务人可以中止履行或者将标的物提存。

第五百三十条 债权人可以拒绝债务人提前履行债务，但是提前履行不损害债权人利益的除外。

债务人提前履行债务给债权人增加的费用，由债务人负担。

第五百三十一条 债权人可以拒绝债务人部分履行债务，但是部分履行不损害债权人利益的除外。

债务人部分履行债务给债权人增加的费用，由债务人负担。

第五百三十二条 合同生效后，当事人不得因姓名、名称的变更或者法定代表人、负责人、承办人的变动而不履行合同义务。

第五百三十三条 合同成立后，合同的基础条件发生了当事人在订立合同时无法预见的、不属于商业风险的重大变化，继续履行合同对于当事人一方明显不公平的，受不利影响的当事人可以与对方重新协商；在合理期限内协商不成的，当事人可以请求人民法院或者仲裁机构变更或者解除合同。

人民法院或者仲裁机构应当结合案件的实际情况，根据公平原则变更或者解除合同。

第五百三十四条 对当事人利用合同实施危害国家利益、社会公共利益行为的，市场监督管理和其他有关行政主管部门依照法律、行政法规的规定负责监督处理。

第五章 合同的保全

第五百三十五条 因债务人怠于行使其债权或者与该债权有关的从权利，影响债权人的到期债权实现的，债权人可以向人民法院请求以自己的名义代位行使债务人对相对人的权利，但是该权利专属于债务人自身的除外。

代位权的行使范围以债权人的到期债权为限。债权人行使代位权的必要费用，由债务人负担。

相对人对债务人的抗辩，可以向债权人主张。

第五百三十六条 债权人的债权到期前，债务人的债权或者与该债权有关的从权利存在诉讼时效期间即将届满或者未及时申报破产债权等情形，影响债权人的债权实现的，债权人可以代位向债务人的相对人请求其向债务人履行、向破产管理人申报或者作出其他必要的行为。

第五百三十七条 人民法院认定代位权成立的，由债务人的相对人向债权人履行义务，债权人接受履行后，债权人与债务人、债务人与相对人之间相应的权利义务终止。债务人对相对人的债权或者与该债权有关的从权利被采取保全、执行措施，或者债务人破产的，依照相关法律的规定处理。

第五百三十八条 债务人以放弃其债权、放弃债权担保、无偿转让财产等方式无偿处分财产权益，或者恶意延长其到期债权的履行期限，影响债权人的债权实现的，债权人可以请求人民法院撤销债务人的行为。

第五百三十九条 债务人以明显不合理的低价转让财产、以明显不合理的高价受让他人财产或者为他人的债务提供担保，影响债权人的债权实现，债务人的相对人知道或者应当知道该情形的，债权人可以请求人民法院撤销债务人的行为。

第五百四十条 撤销权的行使范围以债权人的债权为限。债权人行使撤销权的必要费用，由债务人负担。

第五百四十一条 撤销权自债权人知道或者应当知道撤销事由之日起一年内行使。自债务人的行为发生之日起五年内没有行使撤销权的，该撤销权消灭。

第五百四十二条 债务人影响债权人的债权实现的行为被撤销的，自始没有法律约束力。

第六章 合同的变更和转让

第五百四十三条 当事人协商一致，可以变更合同。

第五百四十四条 当事人对合同变更的内容约定不明确的，推定为未变更。

第五百四十五条 债权人可以将债权的全部或者部分转让给第三人，但是有下列情形之一的除外：

（一）根据债权性质不得转让；

（二）按照当事人约定不得转让；

（三）依照法律规定不得转让。

当事人约定非金钱债权不得转让的，不得对抗善意第三人。当事人约定金钱债权不得转让的，不得对抗第三人。

第五百四十六条 债权人转让债权，未通知债务人的，该转让对债务人不发生效力。

债权转让的通知不得撤销，但是经受让人同意的除外。

第五百四十七条 债权人转让债权的，受让人取得与债权有关的从权利，但是该从权利专属于债权人自身的除外。受让人取得从权利不因该从权利未办理转移登记手续或者未转移占有而受到影响。

第五百四十八条 债务人接到债权转让通知后，债务人对让与人的抗辩，可以向受让人主张。

第五百四十九条 有下列情形之一的，债务人可以向受让人主张抵销：

（一）债务人接到债权转让通知时，债务人对让与人享有债权，且债务人的债权先于转让的债权到期或者同时到期；

（二）债务人的债权与转让的债权是基于同一合同产生。

第五百五十条 因债权转让增加的履行费用，由让与人负担。

第五百五十一条 债务人将债务的全部或者部分转移给第三人的，应当经债权人同意。债务人或者第三人可以催告债权人在合理期限内予以同意，债权人未作表示的，视为不同意。

第五百五十二条 第三人与债务人约定加入债务并通知债权人，或者第三人向债权人表示愿意加入债务，债权人未在合理期限内明确拒绝的，债权人可以请求第三人在其愿意承担的债务范围内和债务人承担连带债务。

第五百五十三条 债务人转移债务的，新债务人可以主张原债务人对债权人的抗辩；原债务人对债权人享有债权的，新债务人不得向债权人主张抵销。

第五百五十四条 债务人转移债务的，新债务人应当承担与主债务有关的从债务，但是该从债务专属于原债务人自身的除外。

第五百五十五条 当事人一方经对方同意，可以将自己在合同中的权利和义务一并转让给第三人。

第五百五十六条 合同的权利和义务一并转让的，适用债权转让、债务转移的有关规定。

第七章 合同的权利义务终止

第五百五十七条 有下列情形之一的，债权债务终止：

（一）债务已经履行；

（二）债务相互抵销；

（三）债务人依法将标的物提存；

（四）债权人免除债务；

（五）债权债务同归于一人；

（六）法律规定或者当事人约定终止的其他情形。

合同解除的，该合同的权利义务关系终止。

第五百五十八条 债权债务终止后，当事人应当遵循诚信等原则，根据交易习惯履行通知、协助、保密、旧物回收等义务。

第五百五十九条 债权债务终止时，债权的从权利同时消灭，但是法律另有规定或者当事人另有约定的除外。

第五百六十条 债务人对同一债权人负担的数项债务种类相同，债务人的给付不足以清偿全部债务的，除当事人另有约定外，由债务人在清偿时指定其履行的债务。

债务人未作指定的，应当优先履行已经到期的债务；数项债务均到期的，优先履行对债权人缺乏担保或者担保最少的债务；均无担保或者担保相等的，优先履行债务人负担较重的债务；负担相同的，按照债务到期的先后顺序履行；到期时间相同的，按照债务比例履行。

第五百六十一条 债务人在履行主债务外还应当支付利息和实现债权的有关费用，其给付不足以清偿全部债务的，除当事人另有约定外，应当按照下列顺序履行：

（一）实现债权的有关费用；

（二）利息；

（三）主债务。

第五百六十二条　当事人协商一致，可以解除合同。

当事人可以约定一方解除合同的事由。解除合同的事由发生时，解除权人可以解除合同。

第五百六十三条　有下列情形之一的，当事人可以解除合同：

（一）因不可抗力致使不能实现合同目的；

（二）在履行期限届满前，当事人一方明确表示或者以自己的行为表明不履行主要债务；

（三）当事人一方迟延履行主要债务，经催告后在合理期限内仍未履行；

（四）当事人一方迟延履行债务或者有其他违约行为致使不能实现合同目的；

（五）法律规定的其他情形。

以持续履行的债务为内容的不定期合同，当事人可以随时解除合同，但是应当在合理期限之前通知对方。

第五百六十四条　法律规定或者当事人约定解除权行使期限，期限届满当事人不行使的，该权利消灭。

法律没有规定或者当事人没有约定解除权行使期限，自解除权人知道或者应当知道解除事由之日起一年内不行使，或者经对方催告后在合理期限内不行使的，该权利消灭。

第五百六十五条　当事人一方依法主张解除合同的，应当通知对方。合同自通知到达对方时解除；通知载明债务人在一定期限内不履行债务则合同自动解除，债务人在该期限内未履行债务的，合同自通知载明的期限届满时解除。对方对解除合同有异议的，任何一方当事人均可以请求人民法院或者仲裁机构确认解除行为的效力。

当事人一方未通知对方，直接以提起诉讼或者申请仲裁的方式依法主张解除合同，人民法院或者仲裁机构确认该主张的，合同自起诉状副本或者仲裁申请书副本送达对方时解除。

第五百六十六条　合同解除后，尚未履行的，终止履行；已经履行的，根据履行情况和合同性质，当事人可以请求恢复原状或者采取其他补救措施，并有权请求赔偿损失。

合同因违约解除的，解除权人可以请求违约方承担违约责任，但是当事人另有约定的除外。

主合同解除后，担保人对债务人应当承担的民事责任仍应当承担担保责任，但是担保合同另有约定的除外。

第五百六十七条　合同的权利义务关系终止，不影响合同中结算和清理条款的效力。

第五百六十八条　当事人互负债务，该债务的标的物种类、品质相同的，任何一方可以将自己的债务与对方的到期债务抵销；但是，根据债务性质、按照当事人约定或者依照法律规定不得抵销的除外。

当事人主张抵销的，应当通知对方。通知自到达对方时生效。抵销不得附条件或者附期限。

第五百六十九条　当事人互负债务，标的物种类、品质不相同的，经协商一致，也可以抵销。

第五百七十条　有下列情形之一，难以履行债务的，债务人可以将标的物提存：

（一）债权人无正当理由拒绝受领；

（二）债权人下落不明；

（三）债权人死亡未确定继承人、遗产管理人，或者丧失民事行为能力未确定监护人；

（四）法律规定的其他情形。

标的物不适于提存或者提存费用过高的，债务人依法可以拍卖或者变卖标的物，提存所得的价款。

第五百七十一条　债务人将标的物或者将标的物依法拍卖、变卖所得价款交付提存部门时，提存成立。

提存成立的，视为债务人在其提存范围内已经交付标的物。

第五百七十二条　标的物提存后，债务人应当及时通知债权人或者债权人的继承人、遗产管理人、监护人、财产代管人。

第五百七十三条　标的物提存后，毁损、灭失的风险由债权人承担。提存期间，标的物的孳息归债权人所有。提存费用由债权人负担。

第五百七十四条　债权人可以随时领取提存物。但是，债权人对债务人负有到期债务的，在债权人未履行债务或者提供担保之前，提存部门根据债务人的要求应当拒绝其领取提存物。

债权人领取提存物的权利，自提存之日起五年内不行使而消灭，提存物扣除提存费用后归国家所有。但是，债权人未履行对债务人的到期债务，或者债权人向提存部门书面表示放弃领取提存物权利的，债务人负担提存费用后有权取回提存物。

第五百七十五条　债权人免除债务人部分或者全部债务的，债权债务部分或者全部终止，但是债务人在合理期限内拒绝的除外。

第五百七十六条　债权和债务同归于一人的，债权债务终止，但是损害第三人利益的除外。

第八章　违约责任

第五百七十七条　当事人一方不履行合同义务或者履行合同义务不符合约定的，应当承担继续履行、采取补救措施或者赔偿损失等违约责任。

第五百七十八条　当事人一方明确表示或者以自己的行为表明不履行合同义务的，对方可以在履行期限届满前请求其承担违约责任。

第五百七十九条　当事人一方未支付价款、报酬、租金、利息，或者不履行其他金钱债务的，对方可以请求其支付。

第五百八十条　当事人一方不履行非金钱债务或者履行非金钱债务不符合约定的，对方可以请求履行，但是有下列情形之一的除外：

（一）法律上或者事实上不能履行；

（二）债务的标的不适于强制履行或者履行费用过高；

（三）债权人在合理期限内未请求履行。

有前款规定的除外情形之一，致使不能实现合同目的的，人民法院或者仲裁机构可以根据当事人的请求终止合同权利义务关系，但是不影响违约责任的承担。

第五百八十一条　当事人一方不履行债务或者履行债务不符合约定，根据债务的性质不得强制履行的，对方可以请求其负担由第三人替代履行的费用。

第五百八十二条　履行不符合约定的，应当按照当事人的约定承担违约责任。对违约责任没有约定或者约定不明确，依据本法第五百一十条的规定仍不能确定的，受损害方根据标的的性质以及损失的大小，可以合理选择请求对方承担修理、重作、更换、退货、减少价款或者报酬等违约责任。

第五百八十三条　当事人一方不履行合同义务或者履行合同义务不符合约定的，在履行义务或者采取补救措施后，对方还有其他损失的，应当赔偿损失。

第五百八十四条　当事人一方不履行合同义务或者履行合同义务不符合约定，造成对方损失的，损失赔偿额应当相当于因违约所造成的损失，包括合同履行后可以获得的利益；但是，不得超过违约一方订立合同时预见到或者应当预见到的因违约可能造成的损失。

第五百八十五条　当事人可以约定一方违约时应当根据违约情况向对方支付一定数额的违约金，也可以约定因违约产生的损失赔偿额的计算方法。

约定的违约金低于造成的损失的，人民法院或者仲裁机构可以根据当事人的请求予以增加；约定的违约金过分高于造成的损失的，人民法院或者仲裁机构可以根据当事人的请求予以适当减少。

当事人就迟延履行约定违约金的，违约方支付违约金后，还应当履行债务。

第五百八十六条　当事人可以约定一方向对方给付定金作为债权的担保。定金合同自实际交付定金时成立。

定金的数额由当事人约定；但是，不得超过主合同标的额的百分之二十，超过部分不产生定金的效力。实际交付的定金数额多于或者少于约定数额的，视为变更约定的定金数额。

第五百八十七条　债务人履行债务的，定金应当抵作价款或者收回。给付定金的一方不履行债务或者履行债务不符合约定，致使不能实现合同目的的，无权请求返还定金；收受定金的一方不履行债务或者履行债务不符合约定，致使不能实现合同目的的，应当双倍返还定金。

第五百八十八条　当事人既约定违约金，又约定定金的，一方违约时，对方可以选择适用违约金或者定金条款。

定金不足以弥补一方违约造成的损失的，对方可以请求赔偿超过定金数额的损失。

第五百八十九条　债务人按照约定履行债务，债权人无正当理由拒绝受领的，债务人可以请求债权人赔偿增加的费用。

在债权人受领迟延期间，债务人无须支付利息。

第五百九十条　当事人一方因不可抗力不能履行合同的，根据不可抗力的影响，部分或者全部免除责任，但是法律另有规定的除外。因不可抗力不能履行合同的，应当及时通知对方，以减轻可能给对方造成的损失，并应当在合理期限内提供证明。

当事人迟延履行后发生不可抗力的，不免除其违约责任。

第五百九十一条　当事人一方违约后，对方应当采取适当措施防止损失的扩大；没有采取适当措施致使损失扩大的，不得就扩大的损失请求赔偿。

当事人因防止损失扩大而支出的合理费用，由违约方负担。

第五百九十二条　当事人都违反合同的，应当各自承担相应的责任。

当事人一方违约造成对方损失，对方对损失的发生有过错的，可以减少相应的损失赔偿额。

第五百九十三条　当事人一方因第三人的原因造成违约的，应当依法向对方承担违约责任。当事人一方和第三人之间的纠纷，依照法律规定或者按照约定处理。

第五百九十四条　因国际货物买卖合同和技术进出口合同争议提起诉讼或者申请仲裁的时效期间为四年。

第二分编　典型合同

……

第十八章　建设工程合同

第七百八十八条　建设工程合同是承包人进行工程建设，发包人支付价款的合同。

建设工程合同包括工程勘察、设计、施工合同。

第七百八十九条 建设工程合同应当采用书面形式。

第七百九十条 建设工程的招标投标活动，应当依照有关法律的规定公开、公平、公正进行。

第七百九十一条 发包人可以与总承包人订立建设工程合同，也可以分别与勘察人、设计人、施工人订立勘察、设计、施工承包合同。发包人不得将应当由一个承包人完成的建设工程支解成若干部分发包给数个承包人。

总承包人或者勘察、设计、施工承包人经发包人同意，可以将自己承包的部分工作交由第三人完成。第三人就其完成的工作成果与总承包人或者勘察、设计、施工承包人向发包人承担连带责任。承包人不得将其承包的全部建设工程转包给第三人或者将其承包的全部建设工程支解以后以分包的名义分别转包给第三人。

禁止承包人将工程分包给不具备相应资质条件的单位。禁止分包单位将其承包的工程再分包。建设工程主体结构的施工必须由承包人自行完成。

第七百九十二条 国家重大建设工程合同，应当按照国家规定的程序和国家批准的投资计划、可行性研究报告等文件订立。

第七百九十三条 建设工程施工合同无效，但是建设工程经验收合格的，可以参照合同关于工程价款的约定折价补偿承包人。

建设工程施工合同无效，且建设工程经验收不合格的，按照以下情形处理：

（一）修复后的建设工程经验收合格的，发包人可以请求承包人承担修复费用；

（二）修复后的建设工程经验收不合格的，承包人无权请求参照合同关于工程价款的约定折价补偿。

发包人对因建设工程不合格造成的损失有过错的，应当承担相应的责任。

第七百九十四条 勘察、设计合同的内容一般包括提交有关基础资料和概预算等文件的期限、质量要求、费用以及其他协作条件等条款。

第七百九十五条 施工合同的内容一般包括工程范围、建设工期、中间交工工程的开工和竣工时间、工程质量、工程造价、技术资料交付时间、材料和设备供应责任、拨款和结算、竣工验收、质量保修范围和质量保证期、相互协作等条款。

第七百九十六条 建设工程实行监理的，发包人应当与监理人采用书面形式订立委托监理合同。发包人与监理人的权利和义务以及法律责任，应当依照本编委托合同以及其他有关法律、行政法规的规定。

第七百九十七条 发包人在不妨碍承包人正常作业的情况下，可以随时对作业进度、质量进行检查。

第七百九十八条 隐蔽工程在隐蔽以前，承包人应当通知发包人检查。发包人没有及时检查的，承包人可以顺延工程日期，并有权请求赔偿停工、窝工等损失。

第七百九十九条 建设工程竣工后，发包人应当根据施工图纸及说明书、国家颁发的施工验收规范和质量检验标准及时进行验收。验收合格的，发包人应当按照约定支付价款，并接收该建设工程。

建设工程竣工经验收合格后，方可交付使用；未经验收或者验收不合格的，不得交付使用。

第八百条 勘察、设计的质量不符合要求或者未按照期限提交勘察、设计文件拖延工期，造成发包人损失的，勘察人、设计人应当继续完善勘察、设计，减收或者免收勘察、设计费并赔偿损失。

第八百零一条 因施工人的原因致使建设工程质量不符合约定的，发包人有权请求施工人在合理期限内无偿修理或者返工、改建。经过修理或者返工、改建后，造成逾期交付的，施工人应当承担违约责任。

第八百零二条　因承包人的原因致使建设工程在合理使用期限内造成人身损害和财产损失的，承包人应当承担赔偿责任。

第八百零三条　发包人未按照约定的时间和要求提供原材料、设备、场地、资金、技术资料的，承包人可以顺延工程日期，并有权请求赔偿停工、窝工等损失。

第八百零四条　因发包人的原因致使工程中途停建、缓建的，发包人应当采取措施弥补或者减少损失，赔偿承包人因此造成的停工、窝工、倒运、机械设备调迁、材料和构件积压等损失和实际费用。

第八百零五条　因发包人变更计划，提供的资料不准确，或者未按照期限提供必需的勘察、设计工作条件而造成勘察、设计的返工、停工或者修改设计，发包人应当按照勘察人、设计人实际消耗的工作量增付费用。

第八百零六条　承包人将建设工程转包、违法分包的，发包人可以解除合同。

发包人提供的主要建筑材料、建筑构配件和设备不符合强制性标准或者不履行协助义务，致使承包人无法施工，经催告后在合理期限内仍未履行相应义务的，承包人可以解除合同。

合同解除后，已经完成的建设工程质量合格的，发包人应当按照约定支付相应的工程价款；已经完成的建设工程质量不合格的，参照本法第七百九十三条的规定处理。

第八百零七条　发包人未按照约定支付价款的，承包人可以催告发包人在合理期限内支付价款。发包人逾期不支付的，除根据建设工程的性质不宜折价、拍卖外，承包人可以与发包人协议将该工程折价，也可以请求人民法院将该工程依法拍卖。建设工程的价款就该工程折价或者拍卖的价款优先受偿。

第八百零八条　本章没有规定的，适用承揽合同的有关规定。

……

附　　则

第一千二百六十条　本法自2021年1月1日起施行。《中华人民共和国婚姻法》、《中华人民共和国继承法》、《中华人民共和国民法通则》、《中华人民共和国收养法》、《中华人民共和国担保法》、《中华人民共和国合同法》、《中华人民共和国物权法》、《中华人民共和国侵权责任法》、《中华人民共和国民法总则》同时废止。

【例11-5-1】 依据《中华人民共和国民法典》的规定，因发包人变更计划，提供的资料不准确，或者未按照期限提供必需的勘察工作条件而造成的返工、停工，发包人应当承担的责任是：

A. 不必偿付任何费用

B. 赔偿勘察人的全部损失

C. 双倍支付勘察人因此消耗的工作量

D. 按照勘察人实际消耗的工作量增付费用

解　《中华人民共和国民法典》第八百零五条规定，因发包人变更计划，提供的资料不准确，或者未按照期限提供必需的勘察、设计工作条件而造成勘察、设计的返工、停工或者修改设计，发包人应当按照勘察人、设计人实际消耗的工作量增付费用。

答案：D

【例11-5-2】 根据《中华人民共和国民法典》的规定，当事人订立合同可以采取要约和承诺方式，下列关于要约的概念，理解错误的是：

A. 要约是希望与他人订立合同的意思表示

B. 要约内容要求具体确定

C. 要约是吸引他人向自己提出订立合同的意思表示

D. 经受要约人承诺，要约人即受该意思表示约束

解 《中华人民共和国民法典》第四百七十二条规定，要约是希望与他人订立合同的意思表示，该意思表示应当符合下列条件：（一）内容具体确定；（二）表明经受要约人承诺，要约人即受该意思表示约束。故选项A、B、D正确，选项C错误。

答案： C

第六节 中华人民共和国行政许可法

第一章 总 则

第一条 为了规范行政许可的设定和实施，保护公民、法人和其他组织的合法权益，维护公共利益和社会秩序，保障和监督行政机关有效实施行政管理，根据宪法，制定本法。

第二条 本法所称行政许可，是指行政机关根据公民、法人或者其他组织的申请，经依法审查，准予其从事特定活动的行为。

第三条 行政许可的设定和实施，适用本法。

有关行政机关对其他机关或者对其直接管理的事业单位的人事、财务、外事等事项的审批，不适用本法。

第四条 设定和实施行政许可，应当依照法定的权限、范围、条件和程序。

第五条 设定和实施行政许可，应当遵循公开、公平、公正、非歧视的原则。

有关行政许可的规定应当公布；未经公布的，不得作为实施行政许可的依据。行政许可的实施和结果，除涉及国家秘密、商业秘密或者个人隐私的外，应当公开。未经申请人同意，行政机关及其工作人员、参与专家评审等的人员不得披露申请人提交的商业秘密、未披露信息或者保密商务信息，法律另有规定或者涉及国家安全、重大社会公共利益的除外；行政机关依法公开申请人前述信息的，允许申请人在合理期限内提出异议。

符合法定条件、标准的，申请人有依法取得行政许可的平等权利，行政机关不得歧视任何人。

第六条 实施行政许可，应当遵循便民的原则，提高办事效率，提供优质服务。

第七条 公民、法人或者其他组织对行政机关实施行政许可，享有陈述权、申辩权；有权依法申请行政复议或者提起行政诉讼；其合法权益因行政机关违法实施行政许可受到损害的，有权依法要求赔偿。

第八条 公民、法人或者其他组织依法取得的行政许可受法律保护，行政机关不得擅自改变已经生效的行政许可。

行政许可所依据的法律、法规、规章修改或者废止，或者准予行政许可所依据的客观情况发生重大变化的，为了公共利益的需要，行政机关可以依法变更或者撤回已经生效的行政许可。由此给公民、法人或者其他组织造成财产损失的，行政机关应当依法给予补偿。

第九条 依法取得的行政许可，除法律、法规规定依照法定条件和程序可以转让的外，不得转让。

第十条 县级以上人民政府应当建立健全对行政机关实施行政许可的监督制度，加强对行政机关实施行政许可的监督检查。

行政机关应当对公民、法人或者其他组织从事行政许可事项的活动实施有效监督。

第二章　行政许可的设定

第十一条　设定行政许可，应当遵循经济和社会发展规律，有利于发挥公民、法人或者其他组织的积极性、主动性，维护公共利益和社会秩序，促进经济、社会和生态环境协调发展。

第十二条　下列事项可以设定行政许可：

（一）直接涉及国家安全、公共安全、经济宏观调控、生态环境保护以及直接关系人身健康、生命财产安全等特定活动，需要按照法定条件予以批准的事项；

（二）有限自然资源开发利用、公共资源配置以及直接关系公共利益的特定行业的市场准入等，需要赋予特定权利的事项；

（三）提供公众服务并且直接关系公共利益的职业、行业，需要确定具备特殊信誉、特殊条件或者特殊技能等资格、资质的事项；

（四）直接关系公共安全、人身健康、生命财产安全的重要设备、设施、产品、物品，需要按照技术标准、技术规范，通过检验、检测、检疫等方式进行审定的事项；

（五）企业或者其他组织的设立等，需要确定主体资格的事项；

（六）法律、行政法规规定可以设定行政许可的其他事项。

第十三条　本法第十二条所列事项，通过下列方式能够予以规范的，可以不设行政许可：

（一）公民、法人或者其他组织能够自主决定的；

（二）市场竞争机制能够有效调节的；

（三）行业组织或者中介机构能够自律管理的；

（四）行政机关采用事后监督等其他行政管理方式能够解决的。

第十四条　本法第十二条所列事项，法律可以设定行政许可。尚未制定法律的，行政法规可以设定行政许可。

必要时，国务院可以采用发布决定的方式设定行政许可。实施后，除临时性行政许可事项外，国务院应当及时提请全国人民代表大会及其常务委员会制定法律，或者自行制定行政法规。

第十五条　本法第十二条所列事项，尚未制定法律、行政法规的，地方性法规可以设定行政许可；尚未制定法律、行政法规和地方性法规的，因行政管理的需要，确需立即实施行政许可的，省、自治区、直辖市人民政府规章可以设定临时性的行政许可。临时性的行政许可实施满一年需要继续实施的，应当提请本级人民代表大会及其常务委员会制定地方性法规。

地方性法规和省、自治区、直辖市人民政府规章，不得设定应当由国家统一确定的公民、法人或者其他组织的资格、资质的行政许可；不得设定企业或者其他组织的设立登记及其前置性行政许可。其设定的行政许可，不得限制其他地区的个人或者企业到本地区从事生产经营和提供服务，不得限制其他地区的商品进入本地区市场。

第十六条　行政法规可以在法律设定的行政许可事项范围内，对实施该行政许可作出具体规定。

地方性法规可以在法律、行政法规设定的行政许可事项范围内，对实施该行政许可作出具体规定。

规章可以在上位法设定的行政许可事项范围内，对实施该行政许可作出具体规定。

法规、规章对实施上位法设定的行政许可作出的具体规定，不得增设行政许可；对行政许可条件作出的具体规定，不得增设违反上位法的其他条件。

第十七条　除本法第十四条、第十五条规定的外，其他规范性文件一律不得设定行政许可。

第十八条　设定行政许可，应当规定行政许可的实施机关、条件、程序、期限。

第十九条 起草法律草案、法规草案和省、自治区、直辖市人民政府规章草案，拟设定行政许可的，起草单位应当采取听证会、论证会等形式听取意见，并向制定机关说明设定该行政许可的必要性、对经济和社会可能产生的影响以及听取和采纳意见的情况。

第二十条 行政许可的设定机关应当定期对其设定的行政许可进行评价；对已设定的行政许可，认为通过本法第十三条所列方式能够解决的，应当对设定该行政许可的规定及时予以修改或者废止。

行政许可的实施机关可以对已设定的行政许可的实施情况及存在的必要性适时进行评价，并将意见报告该行政许可的设定机关。

公民、法人或者其他组织可以向行政许可的设定机关和实施机关就行政许可的设定和实施提出意见和建议。

第二十一条 省、自治区、直辖市人民政府对行政法规设定的有关经济事务的行政许可，根据本行政区域经济和社会发展情况，认为通过本法第十三条所列方式能够解决的，报国务院批准后，可以在本行政区域内停止实施该行政许可。

第三章 行政许可的实施机关

第二十二条 行政许可由具有行政许可权的行政机关在其法定职权范围内实施。

第二十三条 法律、法规授权的具有管理公共事务职能的组织，在法定授权范围内，以自己的名义实施行政许可。被授权的组织适用本法有关行政机关的规定。

第二十四条 行政机关在其法定职权范围内，依照法律、法规、规章的规定，可以委托其他行政机关实施行政许可。委托机关应当将受委托行政机关和受委托实施行政许可的内容予以公告。

委托行政机关对受委托行政机关实施行政许可的行为应当负责监督，并对该行为的后果承担法律责任。

受委托行政机关在委托范围内，以委托行政机关名义实施行政许可；不得再委托其他组织或者个人实施行政许可。

第二十五条 经国务院批准，省、自治区、直辖市人民政府根据精简、统一、效能的原则，可以决定一个行政机关行使有关行政机关的行政许可权。

第二十六条 行政许可需要行政机关内设的多个机构办理的，该行政机关应当确定一个机构统一受理行政许可申请，统一送达行政许可决定。

行政许可依法由地方人民政府两个以上部门分别实施的，本级人民政府可以确定一个部门受理行政许可申请并转告有关部门分别提出意见后统一办理，或者组织有关部门联合办理、集中办理。

第二十七条 行政机关实施行政许可，不得向申请人提出购买指定商品、接受有偿服务等不正当要求。

行政机关工作人员办理行政许可，不得索取或者收受申请人的财物，不得谋取其他利益。

第二十八条 对直接关系公共安全、人身健康、生命财产安全的设备、设施、产品、物品的检验、检测、检疫，除法律、行政法规规定由行政机关实施的外，应当逐步由符合法定条件的专业技术组织实施。专业技术组织及其有关人员对所实施的检验、检测、检疫结论承担法律责任。

第四章 行政许可的实施程序

第一节 申请与受理

第二十九条 公民、法人或者其他组织从事特定活动，依法需要取得行政许可的，应当向行政机关提出申请。申请书需要采用格式文本的，行政机关应当向申请人提供行政许可申请书格式文本。申请书格式文本中不得包含与申请行政许可事项没有直接关系的内容。

申请人可以委托代理人提出行政许可申请。但是，依法应当由申请人到行政机关办公场所提出行政许可申请的除外。

行政许可申请可以通过信函、电报、电传、传真、电子数据交换和电子邮件等方式提出。

第三十条 行政机关应当将法律、法规、规章规定的有关行政许可的事项、依据、条件、数量、程序、期限以及需要提交的全部材料的目录和申请书示范文本等在办公场所公示。

申请人要求行政机关对公示内容予以说明、解释的，行政机关应当说明、解释，提供准确、可靠的信息。

第三十一条 申请人申请行政许可，应当如实向行政机关提交有关材料和反映真实情况，并对其申请材料实质内容的真实性负责。行政机关不得要求申请人提交与其申请的行政许可事项无关的技术资料和其他材料。

行政机关及其工作人员不得以转让技术作为取得行政许可的条件；不得在实施行政许可的过程中，直接或者间接地要求转让技术。

第三十二条 行政机关对申请人提出的行政许可申请，应当根据下列情况分别作出处理：

（一）申请事项依法不需要取得行政许可的，应当即时告知申请人不受理；

（二）申请事项依法不属于本行政机关职权范围的，应当即时作出不予受理的决定，并告知申请人向有关行政机关申请；

（三）申请材料存在可以当场更正的错误的，应当允许申请人当场更正；

（四）申请材料不齐全或者不符合法定形式的，应当当场或者在五日内一次告知申请人需要补正的全部内容，逾期不告知的，自收到申请材料之日起即为受理；

（五）申请事项属于本行政机关职权范围，申请材料齐全、符合法定形式，或者申请人按照本行政机关的要求提交全部补正申请材料的，应当受理行政许可申请。

行政机关受理或者不予受理行政许可申请，应当出具加盖本行政机关专用印章和注明日期的书面凭证。

第三十三条 行政机关应当建立和完善有关制度，推行电子政务，在行政机关的网站上公布行政许可事项，方便申请人采取数据电文等方式提出行政许可申请；应当与其他行政机关共享有关行政许可信息，提高办事效率。

第二节 审查与决定

第三十四条 行政机关应当对申请人提交的申请材料进行审查。

申请人提交的申请材料齐全、符合法定形式，行政机关能够当场作出决定的，应当当场作出书面的行政许可决定。

根据法定条件和程序，需要对申请材料的实质内容进行核实的，行政机关应当指派两名以上工作人员进行核查。

第三十五条 依法应当先经下级行政机关审查后报上级行政机关决定的行政许可，下级行政机关应当在法定期限内将初步审查意见和全部申请材料直接报送上级行政机关。上级行政机关不得要求申请人重复提供申请材料。

第三十六条 行政机关对行政许可申请进行审查时，发现行政许可事项直接关系他人重大利益的，应当告知该利害关系人。申请人、利害关系人有权进行陈述和申辩。行政机关应当听取申请人、利害关系人的意见。

第三十七条 行政机关对行政许可申请进行审查后，除当场作出行政许可决定的外，应当在法定期限内按照规定程序作出行政许可决定。

第三十八条 申请人的申请符合法定条件、标准的，行政机关应当依法作出准予行政许可的书面决定。

行政机关依法作出不予行政许可的书面决定的，应当说明理由，并告知申请人享有依法申请行政复议或者提起行政诉讼的权利。

第三十九条 行政机关作出准予行政许可的决定，需要颁发行政许可证件的，应当向申请人颁发加盖本行政机关印章的下列行政许可证件：

（一）许可证、执照或者其他许可证书；

（二）资格证、资质证或者其他合格证书；

（三）行政机关的批准文件或者证明文件；

（四）法律、法规规定的其他行政许可证件。

行政机关实施检验、检测、检疫的，可以在检验、检测、检疫合格的设备、设施、产品、物品上加贴标签或者加盖检验、检测、检疫印章。

第四十条 行政机关作出的准予行政许可决定，应当予以公开，公众有权查阅。

第四十一条 法律、行政法规设定的行政许可，其适用范围没有地域限制的，申请人取得的行政许可在全国范围内有效。

第三节 期 限

第四十二条 除可以当场作出行政许可决定的外，行政机关应当自受理行政许可申请之日起二十日内作出行政许可决定。二十日内不能作出决定的，经本行政机关负责人批准，可以延长十日，并应当将延长期限的理由告知申请人。但是，法律、法规另有规定的，依照其规定。

依照本法第二十六条的规定，行政许可采取统一办理或者联合办理、集中办理的，办理的时间不得超过四十五日；四十五日内不能办结的，经本级人民政府负责人批准，可以延长十五日，并应当将延长期限的理由告知申请人。

第四十三条 依法应当先经下级行政机关审查后报上级行政机关决定的行政许可，下级行政机关应当自其受理行政许可申请之日起二十日内审查完毕。但是，法律、法规另有规定的，依照其规定。

第四十四条 行政机关作出准予行政许可的决定，应当自作出决定之日起十日内向申请人颁发、送达行政许可证件，或者加贴标签、加盖检验、检测、检疫印章。

第四十五条 行政机关作出行政许可决定，依法需要听证、招标、拍卖、检验、检测、检疫、鉴定和专家评审的，所需时间不计算在本节规定的期限内。行政机关应当将所需时间书面告知申请人。

第四节 听 证

第四十六条 法律、法规、规章规定实施行政许可应当听证的事项，或者行政机关认为需要听证的其他涉及公共利益的重大行政许可事项，行政机关应当向社会公告，并举行听证。

第四十七条 行政许可直接涉及申请人与他人之间重大利益关系的，行政机关在作出行政许可决定前，应当告知申请人、利害关系人享有要求听证的权利；申请人、利害关系人在被告知听证权利之日起五日内提出听证申请的，行政机关应当在二十日内组织听证。

申请人、利害关系人不承担行政机关组织听证的费用。

第四十八条 听证按照下列程序进行：

（一）行政机关应当于举行听证的七日前将举行听证的时间、地点通知申请人、利害关系人，必要时予以公告；

（二）听证应当公开举行；

（三）行政机关应当指定审查该行政许可申请的工作人员以外的人员为听证主持人，申请人、利害关系人认为主持人与该行政许可事项有直接利害关系的，有权申请回避；

（四）举行听证时，审查该行政许可申请的工作人员应当提供审查意见的证据、理由，申请人、利害关系人可以提出证据，并进行申辩和质证；

（五）听证应当制作笔录，听证笔录应当交听证参加人确认无误后签字或者盖章。

行政机关应当根据听证笔录，作出行政许可决定。

第五节　变更与延续

第四十九条　被许可人要求变更行政许可事项的，应当向作出行政许可决定的行政机关提出申请；符合法定条件、标准的，行政机关应当依法办理变更手续。

第五十条　被许可人需要延续依法取得的行政许可的有效期的，应当在该行政许可有效期届满三十日前向作出行政许可决定的行政机关提出申请。但是，法律、法规、规章另有规定的，依照其规定。

行政机关应当根据被许可人的申请，在该行政许可有效期届满前作出是否准予延续的决定；逾期未作决定的，视为准予延续。

第六节　特别规定

第五十一条　实施行政许可的程序，本节有规定的，适用本节规定；本节没有规定的，适用本章其他有关规定。

第五十二条　国务院实施行政许可的程序，适用有关法律、行政法规的规定。

第五十三条　实施本法第十二条第二项所列事项的行政许可的，行政机关应当通过招标、拍卖等公平竞争的方式作出决定。但是，法律、行政法规另有规定的，依照其规定。

行政机关通过招标、拍卖等方式作出行政许可决定的具体程序，依照有关法律、行政法规的规定。

行政机关按照招标、拍卖程序确定中标人、买受人后，应当作出准予行政许可的决定，并依法向中标人、买受人颁发行政许可证件。

行政机关违反本条规定，不采用招标、拍卖方式，或者违反招标、拍卖程序，损害申请人合法权益的，申请人可以依法申请行政复议或者提起行政诉讼。

第五十四条　实施本法第十二条第三项所列事项的行政许可，赋予公民特定资格，依法应当举行国家考试的，行政机关根据考试成绩和其他法定条件作出行政许可决定；赋予法人或者其他组织特定的资格、资质的，行政机关根据申请人的专业人员构成、技术条件、经营业绩和管理水平等的考核结果作出行政许可决定。但是，法律、行政法规另有规定的，依照其规定。

公民特定资格的考试依法由行政机关或者行业组织实施，公开举行。行政机关或者行业组织应当事先公布资格考试的报名条件、报考办法、考试科目以及考试大纲。但是，不得组织强制性的资格考试的考前培训，不得指定教材或者其他助考材料。

第五十五条　实施本法第十二条第四项所列事项的行政许可的，应当按照技术标准、技术规范依法进行检验、检测、检疫，行政机关根据检验、检测、检疫的结果作出行政许可决定。

行政机关实施检验、检测、检疫，应当自受理申请之日起五日内指派两名以上工作人员按照技术标准、技术规范进行检验、检测、检疫。不需要对检验、检测、检疫结果作进一步技术分析即可认定设备、设施、产品、物品是否符合技术标准、技术规范的，行政机关应当当场作出行政许可决定。

行政机关根据检验、检测、检疫结果，作出不予行政许可决定的，应当书面说明不予行政许可所依据的技术标准、技术规范。

第五十六条　实施本法第十二条第五项所列事项的行政许可，申请人提交的申请材料齐全、符合法定形式的，行政机关应当当场予以登记。需要对申请材料的实质内容进行核实的，行政机关依照本法第三十四条第三款的规定办理。

第五十七条　有数量限制的行政许可，两个或者两个以上申请人的申请均符合法定条件、标准的，行政机关应当根据受理行政许可申请的先后顺序作出准予行政许可的决定。但是，法律、行政法规另有规定的，依照其规定。

第五章　行政许可的费用

第五十八条　行政机关实施行政许可和对行政许可事项进行监督检查，不得收取任何费用。但是，法律、行政法规另有规定的，依照其规定。

行政机关提供行政许可申请书格式文本，不得收费。

行政机关实施行政许可所需经费应当列入本行政机关的预算，由本级财政予以保障，按照批准的预算予以核拨。

第五十九条　行政机关实施行政许可，依照法律、行政法规收取费用的，应当按照公布的法定项目和标准收费；所收取的费用必须全部上缴国库，任何机关或者个人不得以任何形式截留、挪用、私分或者变相私分。财政部门不得以任何形式向行政机关返还或者变相返还实施行政许可所收取的费用。

第六章　监督检查

第六十条　上级行政机关应当加强对下级行政机关实施行政许可的监督检查，及时纠正行政许可实施中的违法行为。

第六十一条　行政机关应当建立健全监督制度，通过核查反映被许可人从事行政许可事项活动情况的有关材料，履行监督责任。

行政机关依法对被许可人从事行政许可事项的活动进行监督检查时，应当将监督检查的情况和处理结果予以记录，由监督检查人员签字后归档。公众有权查阅行政机关监督检查记录。

行政机关应当创造条件，实现与被许可人、其他有关行政机关的计算机档案系统互联，核查被许可人从事行政许可事项活动情况。

第六十二条　行政机关可以对被许可人生产经营的产品依法进行抽样检查、检验、检测，对其生产经营场所依法进行实地检查。检查时，行政机关可以依法查阅或者要求被许可人报送有关材料；被许可人应当如实提供有关情况和材料。

行政机关根据法律、行政法规的规定，对直接关系公共安全、人身健康、生命财产安全的重要设备、设施进行定期检验。对检验合格的，行政机关应当发给相应的证明文件。

第六十三条　行政机关实施监督检查，不得妨碍被许可人正常的生产经营活动，不得索取或者收受被许可人的财物，不得谋取其他利益。

第六十四条　被许可人在作出行政许可决定的行政机关管辖区域外违法从事行政许可事项活动的，违法行为发生地的行政机关应当依法将被许可人的违法事实、处理结果抄告作出行政许可决定的行政机关。

第六十五条　个人和组织发现违法从事行政许可事项的活动，有权向行政机关举报，行政机关应当及时核实、处理。

第六十六条 被许可人未依法履行开发利用自然资源义务或者未依法履行利用公共资源义务的，行政机关应当责令限期改正；被许可人在规定期限内不改正的，行政机关应当依照有关法律、行政法规的规定予以处理。

第六十七条 取得直接关系公共利益的特定行业的市场准入行政许可的被许可人，应当按照国家规定的服务标准、资费标准和行政机关依法规定的条件，向用户提供安全、方便、稳定和价格合理的服务，并履行普遍服务的义务；未经作出行政许可决定的行政机关批准，不得擅自停业、歇业。

被许可人不履行前款规定的义务的，行政机关应当责令限期改正，或者依法采取有效措施督促其履行义务。

第六十八条 对直接关系公共安全、人身健康、生命财产安全的重要设备、设施，行政机关应当督促设计、建造、安装和使用单位建立相应的自检制度。

行政机关在监督检查时，发现直接关系公共安全、人身健康、生命财产安全的重要设备、设施存在安全隐患的，应当责令停止建造、安装和使用，并责令设计、建造、安装和使用单位立即改正。

第六十九条 有下列情形之一的，作出行政许可决定的行政机关或者其上级行政机关，根据利害关系人的请求或者依据职权，可以撤销行政许可：

（一）行政机关工作人员滥用职权、玩忽职守作出准予行政许可决定的；

（二）超越法定职权作出准予行政许可决定的；

（三）违反法定程序作出准予行政许可决定的；

（四）对不具备申请资格或者不符合法定条件的申请人准予行政许可的；

（五）依法可以撤销行政许可的其他情形。

被许可人以欺骗、贿赂等不正当手段取得行政许可的，应当予以撤销。

依照前两款的规定撤销行政许可，可能对公共利益造成重大损害的，不予撤销。

依照本条第一款的规定撤销行政许可，被许可人的合法权益受到损害的，行政机关应当依法给予赔偿。依照本条第二款的规定撤销行政许可的，被许可人基于行政许可取得的利益不受保护。

第七十条 有下列情形之一的，行政机关应当依法办理有关行政许可的注销手续：

（一）行政许可有效期届满未延续的；

（二）赋予公民特定资格的行政许可，该公民死亡或者丧失行为能力的；

（三）法人或者其他组织依法终止的；

（四）行政许可依法被撤销、撤回，或者行政许可证件依法被吊销的；

（五）因不可抗力导致行政许可事项无法实施的；

（六）法律、法规规定的应当注销行政许可的其他情形。

第七章 法律责任

第七十一条 违反本法第十七条规定设定的行政许可，有关机关应当责令设定该行政许可的机关改正，或者依法予以撤销。

第七十二条 行政机关及其工作人员违反本法的规定，有下列情形之一的，由其上级行政机关或者监察机关责令改正；情节严重的，对直接负责的主管人员和其他直接责任人员依法给予行政处分：

（一）对符合法定条件的行政许可申请不予受理的；

（二）不在办公场所公示依法应当公示的材料的；

（三）在受理、审查、决定行政许可过程中，未向申请人、利害关系人履行法定告知义务的；

（四）申请人提交的申请材料不齐全、不符合法定形式，不一次告知申请人必须补正的全部内容的；

（五）违法披露申请人提交的商业秘密、未披露信息或者保密商务信息的；

（六）以转让技术作为取得行政许可的条件，或者在实施行政许可的过程中直接或者间接地要求转让技术的；

（七）未依法说明不受理行政许可申请或者不予行政许可的理由的；

（八）依法应当举行听证而不举行听证的。

第七十三条 行政机关工作人员办理行政许可、实施监督检查，索取或者收受他人财物或者谋取其他利益，构成犯罪的，依法追究刑事责任；尚不构成犯罪的，依法给予行政处分。

第七十四条 行政机关实施行政许可，有下列情形之一的，由其上级行政机关或者监察机关责令改正，对直接负责的主管人员和其他直接责任人员依法给予行政处分；构成犯罪的，依法追究刑事责任：

（一）对不符合法定条件的申请人准予行政许可或者超越法定职权作出准予行政许可决定的；

（二）对符合法定条件的申请人不予行政许可或者不在法定期限内作出准予行政许可决定的；

（三）依法应当根据招标、拍卖结果或者考试成绩择优作出准予行政许可决定，未经招标、拍卖或者考试，或者不根据招标、拍卖结果或者考试成绩择优作出准予行政许可决定的。

第七十五条 行政机关实施行政许可，擅自收费或者不按照法定项目和标准收费的，由其上级行政机关或者监察机关责令退还非法收取的费用；对直接负责的主管人员和其他直接责任人员依法给予行政处分。

截留、挪用、私分或者变相私分实施行政许可依法收取的费用的，予以追缴；对直接负责的主管人员和其他直接责任人员依法给予行政处分；构成犯罪的，依法追究刑事责任。

第七十六条 行政机关违法实施行政许可，给当事人的合法权益造成损害的，应当依照国家赔偿法的规定给予赔偿。

第七十七条 行政机关不依法履行监督职责或者监督不力，造成严重后果的，由其上级行政机关或者监察机关责令改正，对直接负责的主管人员和其他直接责任人员依法给予行政处分；构成犯罪的，依法追究刑事责任。

第七十八条 行政许可申请人隐瞒有关情况或者提供虚假材料申请行政许可的，行政机关不予受理或者不予行政许可，并给予警告；行政许可申请属于直接关系公共安全、人身健康、生命财产安全事项的，申请人在一年内不得再次申请该行政许可。

第七十九条 被许可人以欺骗、贿赂等不正当手段取得行政许可的，行政机关应当依法给予行政处罚；取得的行政许可属于直接关系公共安全、人身健康、生命财产安全事项的，申请人在三年内不得再次申请该行政许可；构成犯罪的，依法追究刑事责任。

第八十条 被许可人有下列行为之一的，行政机关应当依法给予行政处罚；构成犯罪的，依法追究刑事责任：

（一）涂改、倒卖、出租、出借行政许可证件，或者以其他形式非法转让行政许可的；

（二）超越行政许可范围进行活动的；

（三）向负责监督检查的行政机关隐瞒有关情况、提供虚假材料或者拒绝提供反映其活动情况的真实材料的；

（四）法律、法规、规章规定的其他违法行为。

第八十一条 公民、法人或者其他组织未经行政许可，擅自从事依法应当取得行政许可的活动的，行政机关应当依法采取措施予以制止，并依法给予行政处罚；构成犯罪的，依法追究刑事责任。

第八章 附 则

第八十二条 本法规定的行政机关实施行政许可的期限以工作日计算，不含法定节假日。

第八十三条 本法自2004年7月1日起施行。

本法施行前有关行政许可的规定，制定机关应当依照本法规定予以清理；不符合本法规定的，自本法施行之日起停止执行。

【例11-6-1】 根据《中华人民共和国行政许可法》的规定，除可以当场作出行政许可决定的外，行政机关应当自受理行政可之日起作出行政许可决定的时限是：

A. 5日之内　　B. 7日之内　　C. 15日之内　　D. 20日之内

解 《中华人民共和国行政许可法》第四十二条规定，除可以当场作出行政许可决定的外，行政机关应当自受理行政许可申请之日起二十日内做出行政许可决定。二十日内不能做出决定的，经本行政机关负责人批准，可以延长十日，并应当将延长期限的理由告知申请人。但是，法律、法规另有规定的，依照其规定。

答案：D

习 题

11-6-1 行政机关实施行政许可和对行政许可事项进行监督检查（　　）。

A. 不得收取任何费用　　B. 应当收取适当费用

C. 收费必须上缴　　D. 收费必须开收据

11-6-2 行政机关应当自受理行政许可申请之日起（　　）作出行政许可决定。

A. 二十日内　　B. 三十日内

C. 十五日内　　D. 四十五日之内

第七节 中华人民共和国节约能源法

第一章 总 则

第一条 为了推动全社会节约能源，提高能源利用效率，保护和改善环境，促进经济社会全面协调可持续发展，制定本法。

第二条 本法所称能源，是指煤炭、石油、天然气、生物质能和电力、热力以及其他直接或者通过加工、转换而取得有用能的各种资源。

第三条 本法所称节约能源（以下简称节能），是指加强用能管理，采取技术上可行、经济上合理以及环境和社会可以承受的措施，从能源生产到消费的各个环节，降低消耗、减少损失和污染物排放、制止浪费，有效、合理地利用能源。

第四条 节约资源是我国的基本国策。国家实施节约与开发并举、把节约放在首位的能源发展战略。

第五条 国务院和县级以上地方各级人民政府应当将节能工作纳入国民经济和社会发展规划、年度计划，并组织编制和实施节能中长期专项规划、年度节能计划。

国务院和县级以上地方各级人民政府每年向本级人民代表大会或者其常务委员会报告节能工作。

第六条 国家实行节能目标责任制和节能考核评价制度，将节能目标完成情况作为对地方人民政府及其负责人考核评价的内容。

省、自治区、直辖市人民政府每年向国务院报告节能目标责任的履行情况。

第七条 国家实行有利于节能和环境保护的产业政策，限制发展高耗能、高污染行业，发展节能环保型产业。

国务院和省、自治区、直辖市人民政府应当加强节能工作，合理调整产业结构、企业结构、产品结构和能源消费结构，推动企业降低单位产值能耗和单位产品能耗，淘汰落后的生产能力，改进能源的开发、加工、转换、输送、储存和供应，提高能源利用效率。

国家鼓励、支持开发和利用新能源、可再生能源。

第八条 国家鼓励、支持节能科学技术的研究、开发、示范和推广，促进节能技术创新与进步。

国家开展节能宣传和教育，将节能知识纳入国民教育和培训体系，普及节能科学知识，增强全民的节能意识，提倡节约型的消费方式。

第九条 任何单位和个人都应当依法履行节能义务，有权检举浪费能源的行为。

新闻媒体应当宣传节能法律、法规和政策，发挥舆论监督作用。

第十条 国务院管理节能工作的部门主管全国的节能监督管理工作。国务院有关部门在各自的职责范围内负责节能监督管理工作，并接受国务院管理节能工作的部门的指导。

县级以上地方各级人民政府管理节能工作的部门负责本行政区域内的节能监督管理工作。县级以上地方各级人民政府有关部门在各自的职责范围内负责节能监督管理工作，并接受同级管理节能工作的部门的指导。

第二章 节能管理

第十一条 国务院和县级以上地方各级人民政府应当加强对节能工作的领导，部署、协调、监督、检查、推动节能工作。

第十二条 县级以上人民政府管理节能工作的部门和有关部门应当在各自的职责范围内，加强对节能法律、法规和节能标准执行情况的监督检查，依法查处违法用能行为。

履行节能监督管理职责不得向监督管理对象收取费用。

第十三条 国务院标准化主管部门和国务院有关部门依法组织制定并适时修订有关节能的国家标准、行业标准，建立健全节能标准体系。

国务院标准化主管部门会同国务院管理节能工作的部门和国务院有关部门制定强制性的用能产品、设备能源效率标准和生产过程中耗能高的产品的单位产品能耗限额标准。

国家鼓励企业制定严于国家标准、行业标准的企业节能标准。

省、自治区、直辖市制定严于强制性国家标准、行业标准的地方节能标准，由省、自治区、直辖市人民政府报经国务院批准；本法另有规定的除外。

第十四条 建筑节能的国家标准、行业标准由国务院建设主管部门组织制定，并依照法定程序发布。

省、自治区、直辖市人民政府建设主管部门可以根据本地实际情况，制定严于国家标准或者行业标准的地方建筑节能标准，并报国务院标准化主管部门和国务院建设主管部门备案。

第十五条　国家实行固定资产投资项目节能评估和审查制度。不符合强制性节能标准的项目，建设单位不得开工建设；已经建成的，不得投入生产、使用。政府投资项目不符合强制性节能标准的，依法负责项目审批的机关不得批准建设。具体办法由国务院管理节能工作的部门会同国务院有关部门制定。

第十六条　国家对落后的耗能过高的用能产品、设备和生产工艺实行淘汰制度。淘汰的用能产品、设备、生产工艺的目录和实施办法，由国务院管理节能工作的部门会同国务院有关部门制定并公布。

生产过程中耗能高的产品的生产单位，应当执行单位产品能耗限额标准。对超过单位产品能耗限额标准用能的生产单位，由管理节能工作的部门按照国务院规定的权限责令限期治理。

对高耗能的特种设备，按照国务院的规定实行节能审查和监管。

第十七条　禁止生产、进口、销售国家明令淘汰或者不符合强制性能源效率标准的用能产品、设备；禁止使用国家明令淘汰的用能设备、生产工艺。

第十八条　国家对家用电器等使用面广、耗能量大的用能产品，实行能源效率标识管理。实行能源效率标识管理的产品目录和实施办法，由国务院管理节能工作的部门会同国务院产品质量监督部门制定并公布。

第十九条　生产者和进口商应当对列入国家能源效率标识管理产品目录的用能产品标注能源效率标识，在产品包装物上或者说明书中予以说明，并按照规定报国务院产品质量监督部门和国务院管理节能工作的部门共同授权的机构备案。

生产者和进口商应当对其标注的能源效率标识及相关信息的准确性负责。禁止销售应当标注而未标注能源效率标识的产品。

禁止伪造、冒用能源效率标识或者利用能源效率标识进行虚假宣传。

第二十条　用能产品的生产者、销售者，可以根据自愿原则，按照国家有关节能产品认证的规定，向经国务院认证认可监督管理部门认可的从事节能产品认证的机构提出节能产品认证申请；经认证合格后，取得节能产品认证证书，可以在用能产品或者其包装物上使用节能产品认证标志。

禁止使用伪造的节能产品认证标志或者冒用节能产品认证标志。

第二十一条　县级以上各级人民政府统计部门应当会同同级有关部门，建立健全能源统计制度，完善能源统计指标体系，改进和规范能源统计方法，确保能源统计数据真实、完整。

国务院统计部门会同国务院管理节能工作的部门，定期向社会公布各省、自治区、直辖市以及主要耗能行业的能源消费和节能情况等信息。

第二十二条　国家鼓励节能服务机构的发展，支持节能服务机构开展节能咨询、设计、评估、检测、审计、认证等服务。

国家支持节能服务机构开展节能知识宣传和节能技术培训，提供节能信息、节能示范和其他公益性节能服务。

第二十三条　国家鼓励行业协会在行业节能规划、节能标准的制定和实施、节能技术推广、能源消费统计、节能宣传培训和信息咨询等方面发挥作用。

第三章　合理使用与节约能源

第一节　一般规定

第二十四条　用能单位应当按照合理用能的原则，加强节能管理，制定并实施节能计划和节能技术措施，降低能源消耗。

第二十五条　用能单位应当建立节能目标责任制，对节能工作取得成绩的集体、个人给予奖励。

第二十六条 用能单位应当定期开展节能教育和岗位节能培训。

第二十七条 用能单位应当加强能源计量管理，按照规定配备和使用经依法检定合格的能源计量器具。

用能单位应当建立能源消费统计和能源利用状况分析制度，对各类能源的消费实行分类计量和统计，并确保能源消费统计数据真实、完整。

第二十八条 能源生产经营单位不得向本单位职工无偿提供能源。任何单位不得对能源消费实行包费制。

第二节 工业节能

第二十九条 国务院和省、自治区、直辖市人民政府推进能源资源优化开发利用和合理配置，推进有利于节能的行业结构调整，优化用能结构和企业布局。

第三十条 国务院管理节能工作的部门会同国务院有关部门制定电力、钢铁、有色金属、建材、石油加工、化工、煤炭等主要耗能行业的节能技术政策，推动企业节能技术改造。

第三十一条 国家鼓励工业企业采用高效、节能的电动机、锅炉、窑炉、风机、泵类等设备，采用热电联产、余热余压利用、洁净煤以及先进的用能监测和控制等技术。

第三十二条 电网企业应当按照国务院有关部门制定的节能发电调度管理的规定，安排清洁、高效和符合规定的热电联产、利用余热余压发电的机组以及其他符合资源综合利用规定的发电机组与电网并网运行，上网电价执行国家有关规定。

第三十三条 禁止新建不符合国家规定的燃煤发电机组、燃油发电机组和燃煤热电机组。

第三节 建筑节能

第三十四条 国务院建设主管部门负责全国建筑节能的监督管理工作。

县级以上地方各级人民政府建设主管部门负责本行政区域内建筑节能的监督管理工作。

县级以上地方各级人民政府建设主管部门会同同级管理节能工作的部门编制本行政区域内的建筑节能规划。建筑节能规划应当包括既有建筑节能改造计划。

第三十五条 建筑工程的建设、设计、施工和监理单位应当遵守建筑节能标准。

不符合建筑节能标准的建筑工程，建设主管部门不得批准开工建设；已经开工建设的，应当责令停止施工、限期改正；已经建成的，不得销售或者使用。

建设主管部门应当加强对在建建筑工程执行建筑节能标准情况的监督检查。

第三十六条 房地产开发企业在销售房屋时，应当向购买人明示所售房屋的节能措施、保温工程保修期等信息，在房屋买卖合同、质量保证书和使用说明书中载明，并对其真实性、准确性负责。

第三十七条 使用空调采暖、制冷的公共建筑应当实行室内温度控制制度。具体办法由国务院建设主管部门制定。

第三十八条 国家采取措施，对实行集中供热的建筑分步骤实行供热分户计量、按照用热量收费的制度。新建建筑或者对既有建筑进行节能改造，应当按照规定安装用热计量装置、室内温度调控装置和供热系统调控装置。具体办法由国务院建设主管部门会同国务院有关部门制定。

第三十九条 县级以上地方各级人民政府有关部门应当加强城市节约用电管理，严格控制公用设施和大型建筑物装饰性景观照明的能耗。

第四十条 国家鼓励在新建建筑和既有建筑节能改造中使用新型墙体材料等节能建筑材料和节能设备，安装和使用太阳能等可再生能源利用系统。

第四节 交通运输节能

第四十一条 国务院有关交通运输主管部门按照各自的职责负责全国交通运输相关领域的节能监

督管理工作。

国务院有关交通运输主管部门会同国务院管理节能工作的部门分别制定相关领域的节能规划。

第四十二条 国务院及其有关部门指导、促进各种交通运输方式协调发展和有效衔接，优化交通运输结构，建设节能型综合交通运输体系。

第四十三条 县级以上地方各级人民政府应当优先发展公共交通，加大对公共交通的投入，完善公共交通服务体系，鼓励利用公共交通工具出行；鼓励使用非机动交通工具出行。

第四十四条 国务院有关交通运输主管部门应当加强交通运输组织管理，引导道路、水路、航空运输企业提高运输组织化程度和集约化水平，提高能源利用效率。

第四十五条 国家鼓励开发、生产、使用节能环保型汽车、摩托车、铁路机车车辆、船舶和其他交通运输工具，实行老旧交通运输工具的报废、更新制度。

国家鼓励开发和推广应用交通运输工具使用的清洁燃料、石油替代燃料。

第四十六条 国务院有关部门制定交通运输营运车船的燃料消耗量限值标准；不符合标准的，不得用于营运。

国务院有关交通运输主管部门应当加强对交通运输营运车船燃料消耗检测的监督管理。

第五节 公共机构节能

第四十七条 公共机构应当厉行节约，杜绝浪费，带头使用节能产品、设备，提高能源利用效率。

本法所称公共机构，是指全部或者部分使用财政性资金的国家机关、事业单位和团体组织。

第四十八条 国务院和县级以上地方各级人民政府管理机关事务工作的机构会同同级有关部门制定和组织实施本级公共机构节能规划。公共机构节能规划应当包括公共机构既有建筑节能改造计划。

第四十九条 公共机构应当制定年度节能目标和实施方案，加强能源消费计量和监测管理，向本级人民政府管理机关事务工作的机构报送上年度的能源消费状况报告。

国务院和县级以上地方各级人民政府管理机关事务工作的机构会同同级有关部门按照管理权限，制定本级公共机构的能源消耗定额，财政部门根据该定额制定能源消耗支出标准。

第五十条 公共机构应当加强本单位用能系统管理，保证用能系统的运行符合国家相关标准。

公共机构应当按照规定进行能源审计，并根据能源审计结果采取提高能源利用效率的措施。

第五十一条 公共机构采购用能产品、设备，应当优先采购列入节能产品、设备政府采购名录中的产品、设备。禁止采购国家明令淘汰的用能产品、设备。

节能产品、设备政府采购名录由省级以上人民政府的政府采购监督管理部门会同同级有关部门制定并公布。

第六节 重点用能单位节能

第五十二条 国家加强对重点用能单位的节能管理。

下列用能单位为重点用能单位：

（一）年综合能源消费总量一万吨标准煤以上的用能单位；

（二）国务院有关部门或者省、自治区、直辖市人民政府管理节能工作的部门指定的年综合能源消费总量五千吨以上不满一万吨标准煤的用能单位。

重点用能单位节能管理办法，由国务院管理节能工作的部门会同国务院有关部门制定。

第五十三条 重点用能单位应当每年向管理节能工作的部门报送上年度的能源利用状况报告。能源利用状况包括能源消费情况、能源利用效率、节能目标完成情况和节能效益分析、节能措施等内容。

第五十四条 管理节能工作的部门应当对重点用能单位报送的能源利用状况报告进行审查。对节能管理制度不健全、节能措施不落实、能源利用效率低的重点用能单位，管理节能工作的部门应当开展现场调查，组织实施用能设备能源效率检测，责令实施能源审计，并提出书面整改要求，限期整改。

第五十五条 重点用能单位应当设立能源管理岗位，在具有节能专业知识、实际经验以及中级以上技术职称的人员中聘任能源管理负责人，并报管理节能工作的部门和有关部门备案。

能源管理负责人负责组织对本单位用能状况进行分析、评价，组织编写本单位能源利用状况报告，提出本单位节能工作的改进措施并组织实施。

能源管理负责人应当接受节能培训。

第四章 节能技术进步

第五十六条 国务院管理节能工作的部门会同国务院科技主管部门发布节能技术政策大纲，指导节能技术研究、开发和推广应用。

第五十七条 县级以上各级人民政府应当把节能技术研究开发作为政府科技投入的重点领域，支持科研单位和企业开展节能技术应用研究，制定节能标准，开发节能共性和关键技术，促进节能技术创新与成果转化。

第五十八条 国务院管理节能工作的部门会同国务院有关部门制定并公布节能技术、节能产品的推广目录，引导用能单位和个人使用先进的节能技术、节能产品。

国务院管理节能工作的部门会同国务院有关部门组织实施重大节能科研项目、节能示范项目、重点节能工程。

第五十九条 县级以上各级人民政府应当按照因地制宜、多能互补、综合利用、讲求效益的原则，加强农业和农村节能工作，增加对农业和农村节能技术、节能产品推广应用的资金投入。

农业、科技等有关主管部门应当支持、推广在农业生产、农产品加工储运等方面应用节能技术和节能产品，鼓励更新和淘汰高耗能的农业机械和渔业船舶。

国家鼓励、支持在农村大力发展沼气，推广生物质能、太阳能和风能等可再生能源利用技术，按照科学规划、有序开发的原则发展小型水力发电，推广节能型的农村住宅和炉灶等，鼓励利用非耕地种植能源植物，大力发展薪炭林等能源林。

第五章 激励措施

第六十条 中央财政和省级地方财政安排节能专项资金，支持节能技术研究开发、节能技术和产品的示范与推广、重点节能工程的实施、节能宣传培训、信息服务和表彰奖励等。

第六十一条 国家对生产、使用列入本法第五十八条规定的推广目录的需要支持的节能技术、节能产品，实行税收优惠等扶持政策。

国家通过财政补贴支持节能照明器具等节能产品的推广和使用。

第六十二条 国家实行有利于节约能源资源的税收政策，健全能源矿产资源有偿使用制度，促进能源资源的节约及其开采利用水平的提高。

第六十三条 国家运用税收等政策，鼓励先进节能技术、设备的进口，控制在生产过程中耗能高、污染重的产品的出口。

第六十四条 政府采购监督管理部门会同有关部门制定节能产品、设备政府采购名录，应当优先列入取得节能产品认证证书的产品、设备。

第六十五条　国家引导金融机构增加对节能项目的信贷支持，为符合条件的节能技术研究开发、节能产品生产以及节能技术改造等项目提供优惠贷款。

国家推动和引导社会有关方面加大对节能的资金投入，加快节能技术改造。

第六十六条　国家实行有利于节能的价格政策，引导用能单位和个人节能。

国家运用财税、价格等政策，支持推广电力需求侧管理、合同能源管理、节能自愿协议等节能办法。

国家实行峰谷分时电价、季节性电价、可中断负荷电价制度，鼓励电力用户合理调整用电负荷；对钢铁、有色金属、建材、化工和其他主要耗能行业的企业，分淘汰、限制、允许和鼓励类实行差别电价政策。

第六十七条　各级人民政府对在节能管理、节能科学技术研究和推广应用中有显著成绩以及检举严重浪费能源行为的单位和个人，给予表彰和奖励。

第六章　法律责任

第六十八条　负责审批政府投资项目的机关违反本法规定，对不符合强制性节能标准的项目予以批准建设的，对直接负责的主管人员和其他直接责任人员依法给予处分。

固定资产投资项目建设单位开工建设不符合强制性节能标准的项目或者将该项目投入生产、使用的，由管理节能工作的部门责令停止建设或者停止生产、使用，限期改造；不能改造或者逾期不改造的生产性项目，由管理节能工作的部门报请本级人民政府按照国务院规定的权限责令关闭。

第六十九条　生产、进口、销售国家明令淘汰的用能产品、设备的，使用伪造的节能产品认证标志或者冒用节能产品认证标志的，依照《中华人民共和国产品质量法》的规定处罚。

第七十条　生产、进口、销售不符合强制性能源效率标准的用能产品、设备的，由产品市场监督管理部门责令停止生产、进口、销售，没收违法生产、进口、销售的用能产品、设备和违法所得，并处违法所得一倍以上五倍以下罚款；情节严重的，吊销营业执照。

第七十一条　使用国家明令淘汰的用能设备或者生产工艺的，由管理节能工作的部门责令停止使用，没收国家明令淘汰的用能设备；情节严重的，可以由管理节能工作的部门提出意见，报请本级人民政府按照国务院规定的权限责令停业整顿或者关闭。

第七十二条　生产单位超过单位产品能耗限额标准用能，情节严重，经限期治理逾期不治理或者没有达到治理要求的，可以由管理节能工作的部门提出意见，报请本级人民政府按照国务院规定的权限责令停业整顿或者关闭。

第七十三条　违反本法规定，应当标注能源效率标识而未标注的，由市场监督管理部门责令改正，处三万元以上五万元以下罚款。

违反本法规定，未办理能源效率标识备案，或者使用的能源效率标识不符合规定的，由市场监督管理部门责令限期改正；逾期不改正的，处一万元以上三万元以下罚款。

伪造、冒用能源效率标识或者利用能源效率标识进行虚假宣传的，由市场监督管理部门责令改正，处五万元以上十万元以下罚款；情节严重的，吊销营业执照。

第七十四条　用能单位未按照规定配备、使用能源计量器具的，由市场监督管理部门责令限期改正；逾期不改正的，处一万元以上五万元以下罚款。

第七十五条　瞒报、伪造、篡改能源统计资料或者编造虚假能源统计数据的，依照《中华人民共和国统计法》的规定处罚。

第七十六条　从事节能咨询、设计、评估、检测、审计、认证等服务的机构提供虚假信息的，由管理节能工作的部门责令改正，没收违法所得，并处五万元以上十万元以下罚款。

第七十七条　违反本法规定，无偿向本单位职工提供能源或者对能源消费实行包费制的，由管理节能工作的部门责令限期改正；逾期不改正的，处五万元以上二十万元以下罚款。

第七十八条　电网企业未按照本法规定安排符合规定的热电联产和利用余热余压发电的机组与电网并网运行，或者未执行国家有关上网电价规定的，由国家电力监管机构责令改正；造成发电企业经济损失的，依法承担赔偿责任。

第七十九条　建设单位违反建筑节能标准的，由建设主管部门责令改正，处二十万元以上五十万元以下罚款。

设计单位、施工单位、监理单位违反建筑节能标准的，由建设主管部门责令改正，处十万元以上五十万元以下罚款；情节严重的，由颁发资质证书的部门降低资质等级或者吊销资质证书；造成损失的，依法承担赔偿责任。

第八十条　房地产开发企业违反本法规定，在销售房屋时未向购买人明示所售房屋的节能措施、保温工程保修期等信息的，由建设主管部门责令限期改正，逾期不改正的，处三万元以上五万元以下罚款；对以上信息作虚假宣传的，由建设主管部门责令改正，处五万元以上二十万元以下罚款。

第八十一条　公共机构采购用能产品、设备，未优先采购列入节能产品、设备政府采购名录中的产品、设备，或者采购国家明令淘汰的用能产品、设备的，由政府采购监督管理部门给予警告，可以并处罚款；对直接负责的主管人员和其他直接责任人员依法给予处分，并予通报。

第八十二条　重点用能单位未按照本法规定报送能源利用状况报告或者报告内容不实的，由管理节能工作的部门责令限期改正；逾期不改正的，处一万元以上五万元以下罚款。

第八十三条　重点用能单位无正当理由拒不落实本法第五十四条规定的整改要求或者整改没有达到要求的，由管理节能工作的部门处十万元以上三十万元以下罚款。

第八十四条　重点用能单位未按照本法规定设立能源管理岗位，聘任能源管理负责人，并报管理节能工作的部门和有关部门备案的，由管理节能工作的部门责令改正；拒不改正的，处一万元以上三万元以下罚款。

第八十五条　违反本法规定，构成犯罪的，依法追究刑事责任。

第八十六条　国家工作人员在节能管理工作中滥用职权、玩忽职守、徇私舞弊，构成犯罪的，依法追究刑事责任；尚不构成犯罪的，依法给予处分。

第七章　附　　则

第八十七条　本法自 2008 年 4 月 1 日起施行。

【例 11-7-1】 根据《中华人民共和国节约能源法》的规定，下列行为中不违反禁止性规定的是：

A. 使用国家明令淘汰的用能设备

B. 冒用能源效率标识

C. 企业制定严于国家标准的企业节能标准

D. 销售应当标注而未标注能源效率标识的产品

解　《中华人民共和国节约能源法》第十三条第 3 款规定，国家鼓励企业制定严于国家标准、行业标准的企业节能标准。第十三条第 4 款规定，省、自治区、直辖市制定严于强制性国家标准、行业标准的地方节能标准，由省、自治区、直辖市人民政府报经国务院批准；本法另有规定的除外。第十七条规定，禁止使用国家明令淘汰的用能设备、生产工艺。第十九条第 2 款规定，禁止销售应当标注而未标注能源效率标识的产品。第十九条第3款规定，禁止伪造、冒用能源效率标识。

答案：C

【例 11-7-2】 根据《中华人民共和国节约能源法》的规定，发布节能技术政策大纲的国家主管部门是：

A. 国务院管理节能工作部门会同国务院发展计划部门

B. 国务院管理节能工作部门会同国务院能源主管部门

C. 国务院管理节能工作部门会同国务院建设主管部门

D. 国务院管理节能工作部门会同国务院科技主管部门

解 《中华人民共和国节约能源法》第五十六条规定，国务院管理节能工作的部门会同国务院科技主管部门发布节能技术政策大纲，指导节能技术研究、开发和推广应用。

答案：D

习 题

11-7-1 用能产品的生产者、销售者，提出节能产品认证申请（　　）。

A. 可以根据自愿原则　　B. 必须在产品上市前申请

C. 不贴节能标志不能生产销售　　D. 必须取得节能证书后销售

11-7-2 建筑工程的建设、设计、施工和监理单位应当遵守建筑节能标准，对于（　　）。

A. 不符合建筑节能标准的建筑工程，建设主管部门不得批准开工建设

B. 已经开工建设的除外

C. 已经售出的房屋除外

D. 不符合建筑节能标准的建筑工程必须降价出售

第八节 中华人民共和国环境保护法

第一章 总 则

第一条 为保护和改善环境，防治污染和其他公害，保障公众健康，推进生态文明建设，促进经济社会可持续发展，制定本法。

第二条 本法所称环境，是指影响人类生存和发展的各种天然的和经过人工改造的自然因素的总体，包括大气、水、海洋、土地、矿藏、森林、草原、湿地、野生生物、自然遗迹、人文遗迹、自然保护区、风景名胜区、城市和乡村等。

第三条 本法适用于中华人民共和国领域和中华人民共和国管辖的其他海域。

第四条 保护环境是国家的基本国策。

国家采取有利于节约和循环利用资源、保护和改善环境、促进人与自然和谐的经济、技术政策和措施，使经济社会发展与环境保护相协调。

第五条 环境保护坚持保护优先、预防为主、综合治理、公众参与、损害担责的原则。

第六条 一切单位和个人都有保护环境的义务。

地方各级人民政府应当对本行政区域的环境质量负责。

企业事业单位和其他生产经营者应当防止、减少环境污染和生态破坏，对所造成的损害依法承担责任。

公民应当增强环境保护意识，采取低碳、节俭的生活方式，自觉履行环境保护义务。

第七条　国家支持环境保护科学技术研究、开发和应用，鼓励环境保护产业发展，促进环境保护信息化建设，提高环境保护科学技术水平。

第八条　各级人民政府应当加大保护和改善环境、防治污染和其他公害的财政投入，提高财政资金的使用效益。

第九条　各级人民政府应当加强环境保护宣传和普及工作，鼓励基层群众性自治组织、社会组织、环境保护志愿者开展环境保护法律法规和环境保护知识的宣传，营造保护环境的良好风气。

教育行政部门、学校应当将环境保护知识纳入学校教育内容，培养学生的环境保护意识。

新闻媒体应当开展环境保护法律法规和环境保护知识的宣传，对环境违法行为进行舆论监督。

第十条　国务院环境保护主管部门，对全国环境保护工作实施统一监督管理；县级以上地方人民政府环境保护主管部门，对本行政区域环境保护工作实施统一监督管理。

县级以上人民政府有关部门和军队环境保护部门，依照有关法律的规定对资源保护和污染防治等环境保护工作实施监督管理。

第十一条　对保护和改善环境有显著成绩的单位和个人，由人民政府给予奖励。

第十二条　每年6月5日为环境日。

第二章　监督管理

第十三条　县级以上人民政府应当将环境保护工作纳入国民经济和社会发展规划。

国务院环境保护主管部门会同有关部门，根据国民经济和社会发展规划编制国家环境保护规划，报国务院批准并公布实施。

县级以上地方人民政府环境保护主管部门会同有关部门，根据国家环境保护规划的要求，编制本行政区域的环境保护规划，报同级人民政府批准并公布实施。

环境保护规划的内容应当包括生态保护和污染防治的目标、任务、保障措施等，并与主体功能区规划、土地利用总体规划和城乡规划等相衔接。

第十四条　国务院有关部门和省、自治区、直辖市人民政府组织制定经济、技术政策，应当充分考虑对环境的影响，听取有关方面和专家的意见。

第十五条　国务院环境保护主管部门制定国家环境质量标准。

省、自治区、直辖市人民政府对国家环境质量标准中未作规定的项目，可以制定地方环境质量标准；对国家环境质量标准中已作规定的项目，可以制定严于国家环境质量标准的地方环境质量标准。地方环境质量标准应当报国务院环境保护主管部门备案。

国家鼓励开展环境基准研究。

第十六条　国务院环境保护主管部门根据国家环境质量标准和国家经济、技术条件，制定国家污染物排放标准。

省、自治区、直辖市人民政府对国家污染物排放标准中未作规定的项目，可以制定地方污染物排放标准；对国家污染物排放标准中已作规定的项目，可以制定严于国家污染物排放标准的地方污染物排放标准。地方污染物排放标准应当报国务院环境保护主管部门备案。

第十七条 国家建立、健全环境监测制度。国务院环境保护主管部门制定监测规范，会同有关部门组织监测网络，统一规划国家环境质量监测站（点）的设置，建立监测数据共享机制，加强对环境监测的管理。

有关行业、专业等各类环境质量监测站（点）的设置应当符合法律法规规定和监测规范的要求。

监测机构应当使用符合国家标准的监测设备，遵守监测规范。监测机构及其负责人对监测数据的真实性和准确性负责。

第十八条 省级以上人民政府应当组织有关部门或者委托专业机构，对环境状况进行调查、评价，建立环境资源承载能力监测预警机制。

第十九条 编制有关开发利用规划，建设对环境有影响的项目，应当依法进行环境影响评价。

未依法进行环境影响评价的开发利用规划，不得组织实施；未依法进行环境影响评价的建设项目，不得开工建设。

第二十条 国家建立跨行政区域的重点区域、流域环境污染和生态破坏联合防治协调机制，实行统一规划、统一标准、统一监测、统一的防治措施。

前款规定以外的跨行政区域的环境污染和生态破坏的防治，由上级人民政府协调解决，或者由有关地方人民政府协商解决。

第二十一条 国家采取财政、税收、价格、政府采购等方面的政策和措施，鼓励和支持环境保护技术装备、资源综合利用和环境服务等环境保护产业的发展。

第二十二条 企业事业单位和其他生产经营者，在污染物排放符合法定要求的基础上，进一步减少污染物排放的，人民政府应当依法采取财政、税收、价格、政府采购等方面的政策和措施予以鼓励和支持。

第二十三条 企业事业单位和其他生产经营者，为改善环境，依照有关规定转产、搬迁、关闭的，人民政府应当予以支持。

第二十四条 县级以上人民政府环境保护主管部门及其委托的环境监察机构和其他负有环境保护监督管理职责的部门，有权对排放污染物的企业事业单位和其他生产经营者进行现场检查。被检查者应当如实反映情况，提供必要的资料。实施现场检查的部门、机构及其工作人员应当为被检查者保守商业秘密。

第二十五条 企业事业单位和其他生产经营者违反法律法规规定排放污染物，造成或者可能造成严重污染的，县级以上人民政府环境保护主管部门和其他负有环境保护监督管理职责的部门，可以查封、扣押造成污染物排放的设施、设备。

第二十六条 国家实行环境保护目标责任制和考核评价制度。县级以上人民政府应当将环境保护目标完成情况纳入对本级人民政府负有环境保护监督管理职责的部门及其负责人和下级人民政府及其负责人的考核内容，作为对其考核评价的重要依据。考核结果应当向社会公开。

第二十七条 县级以上人民政府应当每年向本级人民代表大会或者人民代表大会常务委员会报告环境状况和环境保护目标完成情况，对发生的重大环境事件应当及时向本级人民代表大会常务委员会报告，依法接受监督。

第三章 保护和改善环境

第二十八条 地方各级人民政府应当根据环境保护目标和治理任务，采取有效措施，改善环境质量。

未达到国家环境质量标准的重点区域、流域的有关地方人民政府，应当制定限期达标规划，并采取措施按期达标。

第二十九条 国家在重点生态功能区、生态环境敏感区和脆弱区等区域划定生态保护红线，实行严格保护。

各级人民政府对具有代表性的各种类型的自然生态系统区域，珍稀、濒危的野生动植物自然分布区域，重要的水源涵养区域，具有重大科学文化价值的地质构造、著名溶洞和化石分布区、冰川、火山、温泉等自然遗迹，以及人文遗迹、古树名木，应当采取措施予以保护，严禁破坏。

第三十条 开发利用自然资源，应当合理开发，保护生物多样性，保障生态安全，依法制定有关生态保护和恢复治理方案并予以实施。

引进外来物种以及研究、开发和利用生物技术，应当采取措施，防止对生物多样性的破坏。

第三十一条 国家建立、健全生态保护补偿制度。

国家加大对生态保护地区的财政转移支付力度。有关地方人民政府应当落实生态保护补偿资金，确保其用于生态保护补偿。

国家指导受益地区和生态保护地区人民政府通过协商或者按照市场规则进行生态保护补偿。

第三十二条 国家加强对大气、水、土壤等的保护，建立和完善相应的调查、监测、评估和修复制度。

第三十三条 各级人民政府应当加强对农业环境的保护，促进农业环境保护新技术的使用，加强对农业污染源的监测预警，统筹有关部门采取措施，防治土壤污染和土地沙化、盐渍化、贫瘠化、石漠化、地面沉降以及防治植被破坏、水土流失、水体富营养化、水源枯竭、种源灭绝等生态失调现象，推广植物病虫害的综合防治。

县级、乡级人民政府应当提高农村环境保护公共服务水平，推动农村环境综合整治。

第三十四条 国务院和沿海地方各级人民政府应当加强对海洋环境的保护。向海洋排放污染物、倾倒废弃物，进行海岸工程和海洋工程建设，应当符合法律法规规定和有关标准，防止和减少对海洋环境的污染损害。

第三十五条 城乡建设应当结合当地自然环境的特点，保护植被、水域和自然景观，加强城市园林、绿地和风景名胜区的建设与管理。

第三十六条 国家鼓励和引导公民、法人和其他组织使用有利于保护环境的产品和再生产品，减少废弃物的产生。

国家机关和使用财政资金的其他组织应当优先采购和使用节能、节水、节材等有利于保护环境的产品、设备和设施。

第三十七条 地方各级人民政府应当采取措施，组织对生活废弃物的分类处置、回收利用。

第三十八条 公民应当遵守环境保护法律法规，配合实施环境保护措施，按照规定对生活废弃物进行分类放置，减少日常生活对环境造成的损害。

第三十九条 国家建立、健全环境与健康监测、调查和风险评估制度；鼓励和组织开展环境质量对公众健康影响的研究，采取措施预防和控制与环境污染有关的疾病。

第四章 防治污染和其他公害

第四十条 国家促进清洁生产和资源循环利用。

国务院有关部门和地方各级人民政府应当采取措施，推广清洁能源的生产和使用。

企业应当优先使用清洁能源，采用资源利用率高、污染物排放量少的工艺、设备以及废弃物综合利用技术和污染物无害化处理技术，减少污染物的产生。

第四十一条 建设项目中防治污染的设施，应当与主体工程同时设计、同时施工、同时投产使用。防治污染的设施应当符合经批准的环境影响评价文件的要求，不得擅自拆除或者闲置。

第四十二条 排放污染物的企业事业单位和其他生产经营者，应当采取措施，防治在生产建设或者其他活动中产生的废气、废水、废渣、医疗废物、粉尘、恶臭气体、放射性物质以及噪声、振动、光辐射、电磁辐射等对环境的污染和危害。

排放污染物的企业事业单位，应当建立环境保护责任制度，明确单位负责人和相关人员的责任。

重点排污单位应当按照国家有关规定和监测规范安装使用监测设备，保证监测设备正常运行，保存原始监测记录。

严禁通过暗管、渗井、渗坑、灌注或者篡改、伪造监测数据，或者不正常运行防治污染设施等逃避监管的方式违法排放污染物。

第四十三条 排放污染物的企业事业单位和其他生产经营者，应当按照国家有关规定缴纳排污费。排污费应当全部专项用于环境污染防治，任何单位和个人不得截留、挤占或者挪作他用。

依照法律规定征收环境保护税的，不再征收排污费。

第四十四条 国家实行重点污染物排放总量控制制度。重点污染物排放总量控制指标由国务院下达，省、自治区、直辖市人民政府分解落实。企业事业单位在执行国家和地方污染物排放标准的同时，应当遵守分解落实到本单位的重点污染物排放总量控制指标。

对超过国家重点污染物排放总量控制指标或者未完成国家确定的环境质量目标的地区，省级以上人民政府环境保护主管部门应当暂停审批其新增重点污染物排放总量的建设项目环境影响评价文件。

第四十五条 国家依照法律规定实行排污许可管理制度。

实行排污许可管理的企业事业单位和其他生产经营者应当按照排污许可证的要求排放污染物；未取得排污许可证的，不得排放污染物。

第四十六条 国家对严重污染环境的工艺、设备和产品实行淘汰制度。任何单位和个人不得生产、销售或者转移、使用严重污染环境的工艺、设备和产品。

禁止引进不符合我国环境保护规定的技术、设备、材料和产品。

第四十七条 各级人民政府及其有关部门和企业事业单位，应当依照《中华人民共和国突发事件应对法》的规定，做好突发环境事件的风险控制、应急准备、应急处置和事后恢复等工作。

县级以上人民政府应当建立环境污染公共监测预警机制，组织制定预警方案；环境受到污染，可能影响公众健康和环境安全时，依法及时公布预警信息，启动应急措施。

企业事业单位应当按照国家有关规定制定突发环境事件应急预案，报环境保护主管部门和有关部门备案。在发生或者可能发生突发环境事件时，企业事业单位应当立即采取措施处理，及时通报可能受到危害的单位和居民，并向环境保护主管部门和有关部门报告。

突发环境事件应急处置工作结束后，有关人民政府应当立即组织评估事件造成的环境影响和损失，并及时将评估结果向社会公布。

第四十八条 生产、储存、运输、销售、使用、处置化学物品和含有放射性物质的物品，应当遵守国家有关规定，防止污染环境。

第四十九条 各级人民政府及其农业等有关部门和机构应当指导农业生产经营者科学种植和养殖，科学合理施用农药、化肥等农业投入品，科学处置农用薄膜、农作物秸秆等农业废弃物，防止农业面源污染。

禁止将不符合农用标准和环境保护标准的固体废物、废水施入农田。施用农药、化肥等农业投入品及进行灌溉，应当采取措施，防止重金属和其他有毒有害物质污染环境。

畜禽养殖场、养殖小区、定点屠宰企业等的选址、建设和管理应当符合有关法律法规规定。从事畜禽养殖和屠宰的单位和个人应当采取措施，对畜禽粪便、尸体和污水等废弃物进行科学处置，防止污染环境。

县级人民政府负责组织农村生活废弃物的处置工作。

第五十条 各级人民政府应当在财政预算中安排资金，支持农村饮用水水源地保护、生活污水和其他废弃物处理、畜禽养殖和屠宰污染防治、土壤污染防治和农村工矿污染治理等环境保护工作。

第五十一条 各级人民政府应当统筹城乡建设污水处理设施及配套管网，固体废物的收集、运输和处置等环境卫生设施，危险废物集中处置设施、场所以及其他环境保护公共设施，并保障其正常运行。

第五十二条 国家鼓励投保环境污染责任保险。

第五章 信息公开和公众参与

第五十三条 公民、法人和其他组织依法享有获取环境信息、参与和监督环境保护的权利。

各级人民政府环境保护主管部门和其他负有环境保护监督管理职责的部门，应当依法公开环境信息、完善公众参与程序，为公民、法人和其他组织参与和监督环境保护提供便利。

第五十四条 国务院环境保护主管部门统一发布国家环境质量、重点污染源监测信息及其他重大环境信息。省级以上人民政府环境保护主管部门定期发布环境状况公报。

县级以上人民政府环境保护主管部门和其他负有环境保护监督管理职责的部门，应当依法公开环境质量、环境监测、突发环境事件以及环境行政许可、行政处罚、排污费的征收和使用情况等信息。

县级以上地方人民政府环境保护主管部门和其他负有环境保护监督管理职责的部门，应当将企业事业单位和其他生产经营者的环境违法信息记入社会诚信档案，及时向社会公布违法者名单。

第五十五条 重点排污单位应当如实向社会公开其主要污染物的名称、排放方式、排放浓度和总量、超标排放情况，以及防治污染设施的建设和运行情况，接受社会监督。

第五十六条 对依法应当编制环境影响报告书的建设项目，建设单位应当在编制时向可能受影响的公众说明情况，充分征求意见。

负责审批建设项目环境影响评价文件的部门在收到建设项目环境影响报告书后，除涉及国家秘密和商业秘密的事项外，应当全文公开；发现建设项目未充分征求公众意见的，应当责成建设单位征求公众意见。

第五十七条 公民、法人和其他组织发现任何单位和个人有污染环境和破坏生态行为的，有权向环境保护主管部门或者其他负有环境保护监督管理职责的部门举报。

公民、法人和其他组织发现地方各级人民政府、县级以上人民政府环境保护主管部门和其他负有环境保护监督管理职责的部门不依法履行职责的，有权向其上级机关或者监察机关举报。

接受举报的机关应当对举报人的相关信息予以保密，保护举报人的合法权益。

第五十八条 对污染环境、破坏生态，损害社会公共利益的行为，符合下列条件的社会组织可以向人民法院提起诉讼：

（一）依法在设区的市级以上人民政府民政部门登记；

（二）专门从事环境保护公益活动连续五年以上且无违法记录。

符合前款规定的社会组织向人民法院提起诉讼，人民法院应当依法受理。

提起诉讼的社会组织不得通过诉讼牟取经济利益。

第六章　法律责任

第五十九条　企业事业单位和其他生产经营者违法排放污染物，受到罚款处罚，被责令改正，拒不改正的，依法作出处罚决定的行政机关可以自责令改正之日的次日起，按照原处罚数额按日连续处罚。

前款规定的罚款处罚，依照有关法律法规按照防治污染设施的运行成本、违法行为造成的直接损失或者违法所得等因素确定的规定执行。

地方性法规可以根据环境保护的实际需要，增加第一款规定的按日连续处罚的违法行为的种类。

第六十条　企业事业单位和其他生产经营者超过污染物排放标准或者超过重点污染物排放总量控制指标排放污染物的，县级以上人民政府环境保护主管部门可以责令其采取限制生产、停产整治等措施；情节严重的，报经有批准权的人民政府批准，责令停业、关闭。

第六十一条　建设单位未依法提交建设项目环境影响评价文件或者环境影响评价文件未经批准，擅自开工建设的，由负有环境保护监督管理职责的部门责令停止建设，处以罚款，并可以责令恢复原状。

第六十二条　违反本法规定，重点排污单位不公开或者不如实公开环境信息的，由县级以上地方人民政府环境保护主管部门责令公开，处以罚款，并予以公告。

第六十三条　企业事业单位和其他生产经营者有下列行为之一，尚不构成犯罪的，除依照有关法律法规规定予以处罚外，由县级以上人民政府环境保护主管部门或者其他有关部门将案件移送公安机关，对其直接负责的主管人员和其他直接责任人员，处十日以上十五日以下拘留；情节较轻的，处五日以上十日以下拘留：

（一）建设项目未依法进行环境影响评价，被责令停止建设，拒不执行的；

（二）违反法律规定，未取得排污许可证排放污染物，被责令停止排污，拒不执行的；

（三）通过暗管、渗井、渗坑、灌注或者篡改、伪造监测数据，或者不正常运行防治污染设施等逃避监管的方式违法排放污染物的；

（四）生产、使用国家明令禁止生产、使用的农药，被责令改正，拒不改正的。

第六十四条　因污染环境和破坏生态造成损害的，应当依照《中华人民共和国侵权责任法》的有关规定承担侵权责任。

第六十五条　环境影响评价机构、环境监测机构以及从事环境监测设备和防治污染设施维护、运营的机构，在有关环境服务活动中弄虚作假，对造成的环境污染和生态破坏负有责任的，除依照有关法律法规规定予以处罚外，还应当与造成环境污染和生态破坏的其他责任者承担连带责任。

第六十六条　提起环境损害赔偿诉讼的时效期间为三年，从当事人知道或者应当知道其受到损害时起计算。

第六十七条　上级人民政府及其环境保护主管部门应当加强对下级人民政府及其有关部门环境保护工作的监督。发现有关工作人员有违法行为，依法应当给予处分的，应当向其任免机关或者监察机关提出处分建议。

依法应当给予行政处罚，而有关环境保护主管部门不给予行政处罚的，上级人民政府环境保护主管部门可以直接作出行政处罚的决定。

第六十八条　地方各级人民政府、县级以上人民政府环境保护主管部门和其他负有环境保护监督管理职责的部门有下列行为之一的，对直接负责的主管人员和其他直接责任人员给予记过、记大过或者降级处分；造成严重后果的，给予撤职或者开除处分，其主要负责人应当引咎辞职：

（一）不符合行政许可条件准予行政许可的；

（二）对环境违法行为进行包庇的；

（三）依法应当作出责令停业、关闭的决定而未作出的；

（四）对超标排放污染物、采用逃避监管的方式排放污染物、造成环境事故以及不落实生态保护措施造成生态破坏等行为，发现或者接到举报未及时查处的；

（五）违反本法规定，查封、扣押企业事业单位和其他生产经营者的设施、设备的；

（六）篡改、伪造或者指使篡改、伪造监测数据的；

（七）应当依法公开环境信息而未公开的；

（八）将征收的排污费截留、挤占或者挪作他用的；

（九）法律法规规定的其他违法行为。

第六十九条　违反本法规定，构成犯罪的，依法追究刑事责任。

第七章　附　　则

第七十条　本法自2015年1月1日起施行。

【例11-8-1】根据《中华人民共和国环境保护法》的规定，下列关于建设项目中防治污染的设施的说法中，不正确的是：

A. 防治污染的设施，必须与主体工程同时设计、同时施工、同时投入使用

B. 防治污染的设施不得擅自拆除

C. 防治污染的设施不得擅自闲置

D. 防治污染的设施经建设行政主管部门验收合格后方可投入生产或者使用

解　选项D，应经环保部门验收，非建设行政主管部门验收，参见《中华人民共和国环境保护法》。

第十条　国务院环境保护主管部门，对全国环境保护工作实施统一监督管理；县级以上地方人民政府环境保护主管部门，对本行政区域环境保护工作实施统一监督管理。

县级以上人民政府有关部门和军队环境保护部门，依照有关法律的规定对资源保护和污染防治等环境保护工作实施监督管理。

第四十一条　建设项目中防治污染的设施，应当与主体工程同时设计、同时施工、同时投产使用。防治污染的设施应当符合经批准的环境影响评价文件的要求，不得擅自拆除或者闲置。

（旧《中华人民共和国环境保护法》第二十六条规定，建设项目中防治污染的措施，必须与主体工程同时设计、同时施工、同时投产使用。防治污染的设施必须经原审批环境影响报告书的环境保护行政主管部门验收合格后，该建设项目方可投入生产或者使用。）

答案：D

【例11-8-2】建设项目对环境可能造成轻度影响的，应当编制：

A. 环境影响报告书

B. 环境影响报告表

C. 环境影响分析表

D. 环境影响登记表

解　见《中华人民共和国环境影响评价法》第十六条。

国家根据建设项目对环境的影响程度，对建设项目的环境影响评价实行分类管理。

建设单位应当按照下列规定组织编制环境影响报告书、环境影响报告表或者填报环境影响登记表（以下统称环境影响评价文件）：

（一）可能造成重大环境影响的，应当编制环境影响报告书，对产生的环境影响进行全面评价；

（二）可能造成轻度环境影响的，应当编制环境影响报告表，对产生的环境影响进行分析或者专项评价；

（三）对环境影响很小、不需要进行环境影响评价的，应当填报环境影响登记表。

建设项目的环境影响评价分类管理名录，由国务院环境保护行政主管部门制定并公布。

答案：B

习　题

11-8-1　按照新修订后的环境保护法的规定，下列说法正确的选项是（　　）。

A. 排污单位必须事先取得排污许可证

B. 排污单位应当事先在环保部门登记备案

C. 污染物超出排放限量的必须交罚款后才能继续使用

D. 罚款必须用于本单位的污染治理

11-8-2　建设项目防治污染的设施必须与主体工程做到几个同时，下列说法中哪个是不必要的？（　　）

A. 同时设计　　B. 同时施工

C. 同时投产使用　　D. 同时备案登记

11-8-3　建设项目未进行环境影响评价，被责令停止建设，拒不执行的（　　）。

A. 可移交公安机关拘留直接负责的主管人员

B. 交罚款后才能继续建设

C. 经县级以上领导批准后可以继续建设

D. 可向法院起诉直接责任人

第九节　中华人民共和国房地产管理法

第一章　总　则

第一条　为了加强对城市房地产的管理，维护房地产市场秩序，保障房地产权利人的合法权益，促进房地产业的健康发展，制定本法。

第二条　在中华人民共和国城市规划区国有土地（以下简称国有土地）范围内取得房地产开发用地的土地使用权，从事房地产开发、房地产交易，实施房地产管理，应当遵守本法。

本法所称房屋，是指土地上的房屋等建筑物及构筑物。

本法所称房地产开发，是指在依据本法取得国有土地使用权的土地上进行基础设施、房屋建设的行为。

本法所称房地产交易，包括房地产转让、房地产抵押和房屋租赁。

第三条 国家依法实行国有土地有偿、有限期使用制度。但是，国家在本法规定的范围内划拨国有土地使用权的除外。

第四条 国家根据社会、经济发展水平，扶持发展居民住宅建设，逐步改善居民的居住条件。

第五条 房地产权利人应当遵守法律和行政法规，依法纳税。房地产权利人的合法权益受法律保护，任何单位和个人不得侵犯。

第六条 为了公共利益的需要，国家可以征收国有土地上单位和个人的房屋，并依法给予拆迁补偿，维护被征收人的合法权益；征收个人住宅的，还应当保障被征收人的居住条件。具体办法由国务院规定。

第七条 国务院建设行政主管部门、土地管理部门依照国务院规定的职权划分，各司其职，密切配合，管理全国房地产工作。

县级以上地方人民政府房产管理、土地管理部门的机构设置及其职权由省、自治区、直辖市人民政府确定。

第二章 房地产开发用地

第一节 土地使用权出让

第八条 土地使用权出让，是指国家将国有土地使用权（以下简称土地使用权）在一定年限内出让给土地使用者，由土地使用者向国家支付土地使用权出让金的行为。

第九条 城市规划区内的集体所有的土地，经依法征收转为国有土地后，该幅国有土地的使用权方可有偿出让，但法律另有规定的除外。

第十条 土地使用权出让，必须符合土地利用总体规划、城市规划和年度建设用地计划。

第十一条 县级以上地方人民政府出让土地使用权用于房地产开发的，须根据省级以上人民政府下达的控制指标拟订年度出让土地使用权总面积方案，按照国务院规定，报国务院或者省级人民政府批准。

第十二条 土地使用权出让，由市、县人民政府有计划、有步骤地进行。出让的每幅地块、用途、年限和其他条件，由市、县人民政府土地管理部门会同城市规划、建设、房产管理部门共同拟定方案，按照国务院规定，报经有批准权的人民政府批准后，由市、县人民政府土地管理部门实施。

直辖市的县人民政府及其有关部门行使前款规定的权限，由直辖市人民政府规定。

第十三条 土地使用权出让，可以采取拍卖、招标或者双方协议的方式。

商业、旅游、娱乐和豪华住宅用地，有条件的，必须采取拍卖、招标方式；没有条件，不能采取拍卖、招标方式的，可以采取双方协议的方式。

采取双方协议方式出让土地使用权的出让金不得低于按国家规定所确定的最低价。

第十四条 土地使用权出让最高年限由国务院规定。

第十五条 土地使用权出让，应当签订书面出让合同。

土地使用权出让合同由市、县人民政府土地管理部门与土地使用者签订。

第十六条 土地使用者必须按照出让合同约定，支付土地使用权出让金；未按照出让合同约定支付土地使用权出让金的，土地管理部门有权解除合同，并可以请求违约赔偿。

第十七条 土地使用者按照出让合同约定支付土地使用权出让金的，市、县人民政府土地管理部门必须按照出让合同约定，提供出让的土地；未按照出让合同约定提供出让的土地的，土地使用者有权解除合同，由土地管理部门返还土地使用权出让金，土地使用者并可以请求违约赔偿。

第十八条 土地使用者需要改变土地使用权出让合同约定的土地用途的，必须取得出让方和市、县人民政府城市规划行政主管部门的同意，签订土地使用权出让合同变更协议或者重新签订土地使用权出让合同，相应调整土地使用权出让金。

第十九条　土地使用权出让金应当全部上缴财政，列入预算，用于城市基础设施建设和土地开发。土地使用权出让金上缴和使用的具体办法由国务院规定。

第二十条　国家对土地使用者依法取得的土地使用权，在出让合同约定的使用年限届满前不收回；在特殊情况下，根据社会公共利益的需要，可以依照法律程序提前收回，并根据土地使用者使用土地的实际年限和开发土地的实际情况给予相应的补偿。

第二十一条　土地使用权因土地灭失而终止。

第二十二条　土地使用权出让合同约定的使用年限届满，土地使用者需要继续使用土地的，应当至迟于届满前一年申请续期，除根据社会公共利益需要收回该幅土地的，应当予以批准。经批准准予续期的，应当重新签订土地使用权出让合同，依照规定支付土地使用权出让金。

土地使用权出让合同约定的使用年限届满，土地使用者未申请续期或者虽申请续期但依照前款规定未获批准的，土地使用权由国家无偿收回。

第二节　土地使用权划拨

第二十三条　土地使用权划拨，是指县级以上人民政府依法批准，在土地使用者缴纳补偿、安置等费用后将该幅土地交付其使用，或者将土地使用权无偿交付给土地使用者使用的行为。

依照本法规定以划拨方式取得土地使用权的，除法律、行政法规另有规定外，没有使用期限的限制。

第二十四条　下列建设用地的土地使用权，确属必需的，可以由县级以上人民政府依法批准划拨：

（一）国家机关用地和军事用地；

（二）城市基础设施用地和公益事业用地；

（三）国家重点扶持的能源、交通、水利等项目用地；

（四）法律、行政法规规定的其他用地。

第三章　房地产开发

第二十五条　房地产开发必须严格执行城市规划，按照经济效益、社会效益、环境效益相统一的原则，实行全面规划、合理布局、综合开发、配套建设。

第二十六条　以出让方式取得土地使用权进行房地产开发的，必须按照土地使用权出让合同约定的土地用途、动工开发期限开发土地。超过出让合同约定的动工开发日期满一年未动工开发的，可以征收相当于土地使用权出让金百分之二十以下的土地闲置费；满二年未动工开发的，可以无偿收回土地使用权；但是，因不可抗力或者政府、政府有关部门的行为或者动工开发必需的前期工作造成动工开发迟延的除外。

第二十七条　房地产开发项目的设计、施工，必须符合国家的有关标准和规范。

房地产开发项目竣工，经验收合格后，方可交付使用。

第二十八条　依法取得的土地使用权，可以依照本法和有关法律、行政法规的规定，作价入股，合资、合作开发经营房地产。

第二十九条　国家采取税收等方面的优惠措施鼓励和扶持房地产开发企业开发建设居民住宅。

第三十条　房地产开发企业是以营利为目的，从事房地产开发和经营的企业。设立房地产开发企业，应当具备下列条件：

（一）有自己的名称和组织机构；

（二）有固定的经营场所；

（三）有符合国务院规定的注册资本；

（四）有足够的专业技术人员；

（五）法律、行政法规规定的其他条件。

设立房地产开发企业，应当向工商行政管理部门申请设立登记。工商行政管理部门对符合本法规定条件的，应当予以登记，发给营业执照；对不符合本法规定条件的，不予登记。

设立有限责任公司、股份有限公司，从事房地产开发经营的，还应当执行公司法的有关规定。

房地产开发企业在领取营业执照后的一个月内，应当到登记机关所在地的县级以上地方人民政府规定的部门备案。

第三十一条　房地产开发企业的注册资本与投资总额的比例应当符合国家有关规定。房地产开发企业分期开发房地产的，分期投资额应当与项目规模相适应，并按照土地使用权出让合同的约定，按期投入资金，用于项目建设。

第四章　房地产交易

第一节　一般规定

第三十二条　房地产转让、抵押时，房屋的所有权和该房屋占用范围内的土地使用权同时转让、抵押。

第三十三条　基准地价、标定地价和各类房屋的重置价格应当定期确定并公布。具体办法由国务院规定。

第三十四条　国家实行房地产价格评估制度。

房地产价格评估，应当遵循公正、公平、公开的原则，按照国家规定的技术标准和评估程序，以基准地价、标定地价和各类房屋的重置价格为基础，参照当地的市场价格进行评估。

第三十五条　国家实行房地产成交价格申报制度。

房地产权利人转让房地产，应当向县级以上地方人民政府规定的部门如实申报成交价，不得瞒报或者作不实的申报。

第三十六条　房地产转让、抵押，当事人应当依照本法第五章的规定办理权属登记。

第二节　房地产转让

第三十七条　房地产转让，是指房地产权利人通过买卖、赠与或者其他合法方式将其房地产转移给他人的行为。

第三十八条　下列房地产，不得转让：

（一）以出让方式取得土地使用权的，不符合本法第三十九条规定的条件的；

（二）司法机关和行政机关依法裁定、决定查封或者以其他形式限制房地产权利的；

（三）依法收回土地使用权的；

（四）共有房地产，未经其他共有人书面同意的；

（五）权属有争议的；

（六）未依法登记领取权属证书的；

（七）法律、行政法规规定禁止转让的其他情形。

第三十九条　以出让方式取得土地使用权的，转让房地产时，应当符合下列条件：

（一）按照出让合同约定已经支付全部土地使用权出让金，并取得土地使用权证书；

（二）按照出让合同约定进行投资开发，属于房屋建设工程的，完成开发投资总额的百分之二十五以上，属于成片开发土地的，形成工业用地或者其他建设用地条件。

转让房地产时房屋已经建成的，还应当持有房屋所有权证书。

第四十条　以划拨方式取得土地使用权的，转让房地产时，应当按照国务院规定，报有批准权的人民政府审批。有批准权的人民政府准予转让的，应当由受让方办理土地使用权出让手续，并依照国家有关规定缴纳土地使用权出让金。

以划拨方式取得土地使用权的，转让房地产报批时，有批准权的人民政府按照国务院规定决定可以不办理土地使用权出让手续的，转让方应当按照国务院规定将转让房地产所获收益中的土地收益上缴国家或者作其他处理。

第四十一条　房地产转让，应当签订书面转让合同，合同中应当载明土地使用权取得的方式。

第四十二条　房地产转让时，土地使用权出让合同载明的权利、义务随之转移。

第四十三条　以出让方式取得土地使用权的，转让房地产后，其土地使用权的使用年限为原土地使用权出让合同约定的使用年限减去原土地使用者已经使用年限后的剩余年限。

第四十四条　以出让方式取得土地使用权的，转让房地产后，受让人改变原土地使用权出让合同约定的土地用途的，必须取得原出让方和市、县人民政府城市规划行政主管部门的同意，签订土地使用权出让合同变更协议或者重新签订土地使用权出让合同，相应调整土地使用权出让金。

第四十五条　商品房预售，应当符合下列条件：

（一）已交付全部土地使用权出让金，取得土地使用权证书；

（二）持有建设工程规划许可证；

（三）按提供预售的商品房计算，投入开发建设的资金达到工程建设总投资的百分之二十五以上，并已经确定施工进度和竣工交付日期；

（四）向县级以上人民政府房产管理部门办理预售登记，取得商品房预售许可证明。

商品房预售人应当按照国家有关规定将预售合同报县级以上人民政府房产管理部门和土地管理部门登记备案。

商品房预售所得款项，必须用于有关的工程建设。

第四十六条　商品房预售的，商品房预购人将购买的未竣工的预售商品房再行转让的问题，由国务院规定。

第三节　房地产抵押

第四十七条　房地产抵押，是指抵押人以其合法的房地产以不转移占有的方式向抵押权人提供债务履行担保的行为。债务人不履行债务时，抵押权人有权依法以抵押的房地产拍卖所得的价款优先受偿。

第四十八条　依法取得的房屋所有权连同该房屋占用范围内的土地使用权，可以设定抵押权。

以出让方式取得的土地使用权，可以设定抵押权。

第四十九条　房地产抵押，应当凭土地使用权证书、房屋所有权证书办理。

第五十条　房地产抵押，抵押人和抵押权人应当签订书面抵押合同。

第五十一条　设定房地产抵押权的土地使用权是以划拨方式取得的，依法拍卖该房地产后，应当从拍卖所得的价款中缴纳相当于应缴纳的土地使用权出让金的款额后，抵押权人方可优先受偿。

第五十二条　房地产抵押合同签订后，土地上新增的房屋不属于抵押财产。需要拍卖该抵押的房地产时，可以依法将土地上新增的房屋与抵押财产一同拍卖，但对拍卖新增房屋所得，抵押权人无权优先受偿。

第四节 房屋租赁

第五十三条 房屋租赁，是指房屋所有权人作为出租人将其房屋出租给承租人使用，由承租人向出租人支付租金的行为。

第五十四条 房屋租赁，出租人和承租人应当签订书面租赁合同，约定租赁期限、租赁用途、租赁价格、修缮责任等条款，以及双方的其他权利和义务，并向房产管理部门登记备案。

第五十五条 住宅用房的租赁，应当执行国家和房屋所在城市人民政府规定的租赁政策。租用房屋从事生产、经营活动的，由租赁双方协商议定租金和其他租赁条款。

第五十六条 以营利为目的，房屋所有权人将以划拨方式取得使用权的国有土地上建成的房屋出租的，应当将租金中所含土地收益上缴国家。具体办法由国务院规定。

第五节 中介服务机构

第五十七条 房地产中介服务机构包括房地产咨询机构、房地产价格评估机构、房地产经纪机构等。

第五十八条 房地产中介服务机构应当具备下列条件：

（一）有自己的名称和组织机构；

（二）有固定的服务场所；

（三）有必要的财产和经费；

（四）有足够数量的专业人员；

（五）法律、行政法规规定的其他条件。

设立房地产中介服务机构，应当向工商行政管理部门申请设立登记，领取营业执照后，方可开业。

第五十九条 国家实行房地产价格评估人员资格认证制度。

第五章 房地产权属登记管理

第六十条 国家实行土地使用权和房屋所有权登记发证制度。

第六十一条 以出让或者划拨方式取得土地使用权，应当向县级以上地方人民政府土地管理部门申请登记，经县级以上地方人民政府土地管理部门核实，由同级人民政府颁发土地使用权证书。

在依法取得的房地产开发用地上建成房屋的，应当凭土地使用权证书向县级以上地方人民政府房产管理部门申请登记，由县级以上地方人民政府房产管理部门核实并颁发房屋所有权证书。

房地产转让或者变更时，应当向县级以上地方人民政府房产管理部门申请房产变更登记，并凭变更后的房屋所有权证书向同级人民政府土地管理部门申请土地使用权变更登记，经同级人民政府土地管理部门核实，由同级人民政府更换或者更改土地使用权证书。

法律另有规定的，依照有关法律的规定办理。

第六十二条 房地产抵押时，应当向县级以上地方人民政府规定的部门办理抵押登记。

因处分抵押房地产而取得土地使用权和房屋所有权的，应当依照本章规定办理过户登记。

第六十三条 经省、自治区、直辖市人民政府确定，县级以上地方人民政府由一个部门统一负责房产管理和土地管理工作的，可以制作、颁发统一的房地产权证书，依照本法第六十一条的规定，将房屋的所有权和该房屋占用范围内的土地使用权的确认和变更，分别载入房地产权证书。

第六章 法律责任

第六十四条 违反本法第十一条、第十二条的规定，擅自批准出让或者擅自出让土地使用权用于房地产开发的，由上级机关或者所在单位给予有关责任人员行政处分。

第六十五条　违反本法第三十条的规定，未取得营业执照擅自从事房地产开发业务的，由县级以上人民政府工商行政管理部门责令停止房地产开发业务活动，没收违法所得，可以并处罚款。

第六十六条　违反本法第三十九条第一款的规定转让土地使用权的，由县级以上人民政府土地管理部门没收违法所得，可以并处罚款。

第六十七条　违反本法第四十条第一款的规定转让房地产的，由县级以上人民政府土地管理部门责令缴纳土地使用权出让金，没收违法所得，可以并处罚款。

第六十八条　违反本法第四十五条第一款的规定预售商品房的，由县级以上人民政府房产管理部门责令停止预售活动，没收违法所得，可以并处罚款。

第六十九条　违反本法第五十八条的规定，未取得营业执照擅自从事房地产中介服务业务的，由县级以上人民政府工商行政管理部门责令停止房地产中介服务业务活动，没收违法所得，可以并处罚款。

第七十条　没有法律、法规的依据，向房地产开发企业收费的，上级机关应当责令退回所收取的钱款；情节严重的，由上级机关或者所在单位给予直接责任人员行政处分。

第七十一条　房产管理部门、土地管理部门工作人员玩忽职守、滥用职权，构成犯罪的，依法追究刑事责任；不构成犯罪的，给予行政处分。

房产管理部门、土地管理部门工作人员利用职务上的便利，索取他人财物，或者非法收受他人财物为他人谋取利益，构成犯罪的，依法追究刑事责任；不构成犯罪的，给予行政处分。

第七章　附　　则

第七十二条　在城市规划区外的国有土地范围内取得房地产开发用地的土地使用权，从事房地产开发、交易活动以及实施房地产管理，参照本法执行。

第七十三条　本法自 1995 年 1 月 1 日起施行。

【例 11-9-1】《中华人民共和国城市房地产管理法》规定，土地使用权出让，必须符合：

A. 土地利用总体规划

B. 土地利用总体规划和城市规划

C. 土地利用总体规划和年度建设用地规划

D. 土地利用总体规划、城市规划和年度建设用地规划

解　《中华人民共和国城市房地产管理法》第十条规定，土地使用权出让，必须符合土地利用总体规划、城市规划和年度建设用地计划。

答案：D

第十节　中华人民共和国城乡规划法

第一章　总　　则

第一条　为了加强城乡规划管理，协调城乡空间布局，改善人居环境，促进城乡经济社会全面协调可持续发展，制定本法。

第二条　制定和实施城乡规划，在规划区内进行建设活动，必须遵守本法。

本法所称城乡规划，包括城镇体系规划、城市规划、镇规划、乡规划和村庄规划。城市规划、镇规划分为总体规划和详细规划。详细规划分为控制性详细规划和修建性详细规划。

本法所称规划区，是指城市、镇和村庄的建成区以及因城乡建设和发展需要，必须实行规划控制的区域。规划区的具体范围由有关人民政府在组织编制的城市总体规划、镇总体规划、乡规划和村庄规划中，根据城乡经济社会发展水平和统筹城乡发展的需要划定。

第三条　城市和镇应当依照本法制定城市规划和镇规划。城市、镇规划区内的建设活动应当符合规划要求。

县级以上地方人民政府根据本地农村经济社会发展水平，按照因地制宜、切实可行的原则，确定应当制定乡规划、村庄规划的区域。在确定区域内的乡、村庄，应当依照本法制定规划，规划区内的乡、村庄建设应当符合规划要求。

县级以上地方人民政府鼓励、指导前款规定以外的区域的乡、村庄制定和实施乡规划、村庄规划。

第四条　制定和实施城乡规划，应当遵循城乡统筹、合理布局、节约土地、集约发展和先规划后建设的原则，改善生态环境，促进资源、能源节约和综合利用，保护耕地等自然资源和历史文化遗产，保持地方特色、民族特色和传统风貌，防止污染和其他公害，并符合区域人口发展、国防建设、防灾减灾和公共卫生、公共安全的需要。

在规划区内进行建设活动，应当遵守土地管理、自然资源和环境保护等法律、法规的规定。

县级以上地方人民政府应当根据当地经济社会发展的实际，在城市总体规划、镇总体规划中合理确定城市、镇的发展规模、步骤和建设标准。

第五条　城市总体规划、镇总体规划以及乡规划和村庄规划的编制，应当依据国民经济和社会发展规划，并与土地利用总体规划相衔接。

第六条　各级人民政府应当将城乡规划的编制和管理经费纳入本级财政预算。

第七条　经依法批准的城乡规划，是城乡建设和规划管理的依据，未经法定程序不得修改。

第八条　城乡规划组织编制机关应当及时公布经依法批准的城乡规划。但是，法律、行政法规规定不得公开的内容除外。

第九条　任何单位和个人都应当遵守经依法批准并公布的城乡规划，服从规划管理，并有权就涉及其利害关系的建设活动是否符合规划的要求向城乡规划主管部门查询。

任何单位和个人都有权向城乡规划主管部门或者其他有关部门举报或者控告违反城乡规划的行为。城乡规划主管部门或者其他有关部门对举报或者控告，应当及时受理并组织核查、处理。

第十条　国家鼓励采用先进的科学技术，增强城乡规划的科学性，提高城乡规划实施及监督管理的效能。

第十一条　国务院城乡规划主管部门负责全国的城乡规划管理工作。

县级以上地方人民政府城乡规划主管部门负责本行政区域内的城乡规划管理工作。

第二章　城乡规划的制定

第十二条　国务院城乡规划主管部门会同国务院有关部门组织编制全国城镇体系规划，用于指导省域城镇体系规划、城市总体规划的编制。

全国城镇体系规划由国务院城乡规划主管部门报国务院审批。

第十三条　省、自治区人民政府组织编制省域城镇体系规划，报国务院审批。

省域城镇体系规划的内容应当包括：城镇空间布局和规模控制，重大基础设施的布局，为保护生态环境、资源等需要严格控制的区域。

第十四条 城市人民政府组织编制城市总体规划。

直辖市的城市总体规划由直辖市人民政府报国务院审批。省、自治区人民政府所在地的城市以及国务院确定的城市的总体规划，由省、自治区人民政府审查同意后，报国务院审批。其他城市的总体规划，由城市人民政府报省、自治区人民政府审批。

第十五条 县人民政府组织编制县人民政府所在地镇的总体规划，报上一级人民政府审批。其他镇的总体规划由镇人民政府组织编制，报上一级人民政府审批。

第十六条 省、自治区人民政府组织编制的省域城镇体系规划，城市、县人民政府组织编制的总体规划，在报上一级人民政府审批前，应当先经本级人民代表大会常务委员会审议，常务委员会组成人员的审议意见交由本级人民政府研究处理。

镇人民政府组织编制的镇总体规划，在报上一级人民政府审批前，应当先经镇人民代表大会审议，代表的审议意见交由本级人民政府研究处理。

规划的组织编制机关报送审批省域城镇体系规划、城市总体规划或者镇总体规划，应当将本级人民代表大会常务委员会组成人员或者镇人民代表大会代表的审议意见和根据审议意见修改规划的情况一并报送。

第十七条 城市总体规划、镇总体规划的内容应当包括：城市、镇的发展布局，功能分区，用地布局，综合交通体系，禁止、限制和适宜建设的地域范围，各类专项规划等。

规划区范围、规划区内建设用地规模、基础设施和公共服务设施用地、水源地和水系、基本农田和绿化用地、环境保护、自然与历史文化遗产保护以及防灾减灾等内容，应当作为城市总体规划、镇总体规划的强制性内容。

城市总体规划、镇总体规划的规划期限一般为二十年。城市总体规划还应当对城市更长远的发展作出预测性安排。

第十八条 乡规划、村庄规划应当从农村实际出发，尊重村民意愿，体现地方和农村特色。

乡规划、村庄规划的内容应当包括：规划区范围，住宅、道路、供水、排水、供电、垃圾收集、畜禽养殖场所等农村生产、生活服务设施、公益事业等各项建设的用地布局、建设要求，以及对耕地等自然资源和历史文化遗产保护、防灾减灾等的具体安排。乡规划还应当包括本行政区域内的村庄发展布局。

第十九条 城市人民政府城乡规划主管部门根据城市总体规划的要求，组织编制城市的控制性详细规划，经本级人民政府批准后，报本级人民代表大会常务委员会和上一级人民政府备案。

第二十条 镇人民政府根据镇总体规划的要求，组织编制镇的控制性详细规划，报上一级人民政府审批。县人民政府所在地镇的控制性详细规划，由县人民政府城乡规划主管部门根据镇总体规划的要求组织编制，经县人民政府批准后，报本级人民代表大会常务委员会和上一级人民政府备案。

第二十一条 城市、县人民政府城乡规划主管部门和镇人民政府可以组织编制重要地块的修建性详细规划。修建性详细规划应当符合控制性详细规划。

第二十二条 乡、镇人民政府组织编制乡规划、村庄规划，报上一级人民政府审批。村庄规划在报送审批前，应当经村民会议或者村民代表会议讨论同意。

第二十三条 首都的总体规划、详细规划应当统筹考虑中央国家机关用地布局和空间安排的需要。

第二十四条 城乡规划组织编制机关应当委托具有相应资质等级的单位承担城乡规划的具体编制工作。

从事城乡规划编制工作应当具备下列条件，并经国务院城乡规划主管部门或者省、自治区、直辖市人民政府城乡规划主管部门依法审查合格，取得相应等级的资质证书后，方可在资质等级许可的范围内从事城乡规划编制工作：

（一）有法人资格；

（二）有规定数量的经相关行业协会注册的规划师；

（三）有相应的技术装备；

（四）有健全的技术、质量、财务管理制度。

规划师执业资格管理办法，由国务院城乡规划主管部门会同国务院人事行政部门制定。编制城乡规划必须遵守国家有关标准。

第二十五条　编制城乡规划，应当具备国家规定的勘察、测绘、气象、地震、水文、环境等基础资料。

县级以上地方人民政府有关主管部门应当根据编制城乡规划的需要，及时提供有关基础资料。

第二十六条　城乡规划报送审批前，组织编制机关应当依法将城乡规划草案予以公告，并采取论证会、听证会或者其他方式征求专家和公众的意见。公告的时间不得少于三十日。

组织编制机关应当充分考虑专家和公众的意见，并在报送审批的材料中附具意见采纳情况及理由。

第二十七条　省域城镇体系规划、城市总体规划、镇总体规划批准前，审批机关应当组织专家和有关部门进行审查。

第三章　城乡规划的实施

第二十八条　地方各级人民政府应当根据当地经济社会发展水平，量力而行，尊重群众意愿，有计划、分步骤地组织实施城乡规划。

第二十九条　城市的建设和发展，应当优先安排基础设施以及公共服务设施的建设，妥善处理新区开发与旧区改建的关系，统筹兼顾进城务工人员生活和周边农村经济社会发展、村民生产与生活的需要。

镇的建设和发展，应当结合农村经济社会发展和产业结构调整，优先安排供水、排水、供电、供气、道路、通信、广播电视等基础设施和学校、卫生院、文化站、幼儿园、福利院等公共服务设施的建设，为周边农村提供服务。

乡、村庄的建设和发展，应当因地制宜、节约用地，发挥村民自治组织的作用，引导村民合理进行建设，改善农村生产、生活条件。

第三十条　城市新区的开发和建设，应当合理确定建设规模和时序，充分利用现有市政基础设施和公共服务设施，严格保护自然资源和生态环境，体现地方特色。

在城市总体规划、镇总体规划确定的建设用地范围以外，不得设立各类开发区和城市新区。

第三十一条　旧城区的改建，应当保护历史文化遗产和传统风貌，合理确定拆迁和建设规模，有计划地对危房集中、基础设施落后等地段进行改建。

历史文化名城、名镇、名村的保护以及受保护建筑物的维护和使用，应当遵守有关法律、行政法规和国务院的规定。

第三十二条　城乡建设和发展，应当依法保护和合理利用风景名胜资源，统筹安排风景名胜区及周边乡、镇、村庄的建设。

风景名胜区的规划、建设和管理，应当遵守有关法律、行政法规和国务院的规定。

第三十三条　城市地下空间的开发和利用，应当与经济和技术发展水平相适应，遵循统筹安排、综合开发、合理利用的原则，充分考虑防灾减灾、人民防空和通信等需要，并符合城市规划，履行规划审批手续。

第三十四条 城市、县、镇人民政府应当根据城市总体规划、镇总体规划、土地利用总体规划和年度计划以及国民经济和社会发展规划，制定近期建设规划，报总体规划审批机关备案。

近期建设规划应当以重要基础设施、公共服务设施和中低收入居民住房建设以及生态环境保护为重点内容，明确近期建设的时序、发展方向和空间布局。近期建设规划的规划期限为五年。

第三十五条 城乡规划确定的铁路、公路、港口、机场、道路、绿地、输配电设施及输电线路走廊、通信设施、广播电视设施、管道设施、河道、水库、水源地、自然保护区、防汛通道、消防通道、核电站、垃圾填埋场及焚烧厂、污水处理厂和公共服务设施的用地以及其他需要依法保护的用地，禁止擅自改变用途。

第三十六条 按照国家规定需要有关部门批准或者核准的建设项目，以划拨方式提供国有土地使用权的，建设单位在报送有关部门批准或者核准前，应当向城乡规划主管部门申请核发选址意见书。

前款规定以外的建设项目不需要申请选址意见书。

第三十七条 在城市、镇规划区内以划拨方式提供国有土地使用权的建设项目，经有关部门批准、核准、备案后，建设单位应当向城市、县人民政府城乡规划主管部门提出建设用地规划许可申请，由城市、县人民政府城乡规划主管部门依据控制性详细规划核定建设用地的位置、面积、允许建设的范围，核发建设用地规划许可证。

建设单位在取得建设用地规划许可证后，方可向县级以上地方人民政府土地主管部门申请用地，经县级以上人民政府审批后，由土地主管部门划拨土地。

第三十八条 在城市、镇规划区内以出让方式提供国有土地使用权的，在国有土地使用权出让前，城市、县人民政府城乡规划主管部门应当依据控制性详细规划，提出出让地块的位置、使用性质、开发强度等规划条件，作为国有土地使用权出让合同的组成部分。未确定规划条件的地块，不得出让国有土地使用权。

以出让方式取得国有土地使用权的建设项目，建设单位在取得建设项目的批准、核准、备案文件和签订国有土地使用权出让合同后，向城市、县人民政府城乡规划主管部门领取建设用地规划许可证。

城市、县人民政府城乡规划主管部门不得在建设用地规划许可证中，擅自改变作为国有土地使用权出让合同组成部分的规划条件。

第三十九条 规划条件未纳入国有土地使用权出让合同的，该国有土地使用权出让合同无效；对未取得建设用地规划许可证的建设单位批准用地的，由县级以上人民政府撤销有关批准文件；占用土地的，应当及时退回；给当事人造成损失的，应当依法给予赔偿。

第四十条 在城市、镇规划区内进行建筑物、构筑物、道路、管线和其他工程建设的，建设单位或者个人应当向城市、县人民政府城乡规划主管部门或者省、自治区、直辖市人民政府确定的镇人民政府申请办理建设工程规划许可证。

申请办理建设工程规划许可证，应当提交使用土地的有关证明文件、建设工程设计方案等材料。需要建设单位编制修建性详细规划的建设项目，还应当提交修建性详细规划。对符合控制性详细规划和规划条件的，由城市、县人民政府城乡规划主管部门或者省、自治区、直辖市人民政府确定的镇人民政府核发建设工程规划许可证。

城市、县人民政府城乡规划主管部门或者省、自治区、直辖市人民政府确定的镇人民政府应当依法将经审定的修建性详细规划、建设工程设计方案的总平面图予以公布。

第四十一条 在乡、村庄规划区内进行乡镇企业、乡村公共设施和公益事业建设的，建设单位或者个人应当向乡、镇人民政府提出申请，由乡、镇人民政府报城市、县人民政府城乡规划主管部门核发乡村建设规划许可证。

在乡、村庄规划区内使用原有宅基地进行农村村民住宅建设的规划管理办法，由省、自治区、直辖市制定。

在乡、村庄规划区内进行乡镇企业、乡村公共设施和公益事业建设以及农村村民住宅建设，不得占用农用地；确需占用农用地的，应当依照《中华人民共和国土地管理法》有关规定办理农用地转用审批手续后，由城市、县人民政府城乡规划主管部门核发乡村建设规划许可证。

建设单位或者个人在取得乡村建设规划许可证后，方可办理用地审批手续。

第四十二条 城乡规划主管部门不得在城乡规划确定的建设用地范围以外做出规划许可。

第四十三条 建设单位应当按照规划条件进行建设；确需变更的，必须向城市、县人民政府城乡规划主管部门提出申请。变更内容不符合控制性详细规划的，城乡规划主管部门不得批准。城市、县人民政府城乡规划主管部门应当及时将依法变更后的规划条件通报同级土地主管部门并公示。

建设单位应当及时将依法变更后的规划条件报有关人民政府土地主管部门备案。

第四十四条 在城市、镇规划区内进行临时建设的，应当经城市、县人民政府城乡规划主管部门批准。临时建设影响近期建设规划或者控制性详细规划的实施以及交通、市容、安全等的，不得批准。

临时建设应当在批准的使用期限内自行拆除。

临时建设和临时用地规划管理的具体办法，由省、自治区、直辖市人民政府制定。

第四十五条 县级以上地方人民政府城乡规划主管部门按照国务院规定对建设工程是否符合规划条件予以核实。未经核实或者经核实不符合规划条件的，建设单位不得组织竣工验收。

建设单位应当在竣工验收后六个月内向城乡规划主管部门报送有关竣工验收资料。

第四章 城乡规划的修改

第四十六条 省域城镇体系规划、城市总体规划、镇总体规划的组织编制机关，应当组织有关部门和专家定期对规划实施情况进行评估，并采取论证会、听证会或者其他方式征求公众意见。组织编制机关应当向本级人民代表大会常务委员会、镇人民代表大会和原审批机关提出评估报告并附具征求意见的情况。

第四十七条 有下列情形之一的，组织编制机关方可按照规定的权限和程序修改省域城镇体系规划、城市总体规划、镇总体规划：

（一）上级人民政府制定的城乡规划发生变更，提出修改规划要求的；

（二）行政区划调整确需修改规划的；

（三）因国务院批准重大建设工程确需修改规划的；

（四）经评估确需修改规划的；

（五）城乡规划的审批机关认为应当修改规划的其他情形。

修改省域城镇体系规划、城市总体规划、镇总体规划前，组织编制机关应当对原规划的实施情况进行总结，并向原审批机关报告；修改涉及城市总体规划、镇总体规划强制性内容的，应当先向原审批机关提出专题报告，经同意后，方可编制修改方案。

修改后的省域城镇体系规划、城市总体规划、镇总体规划，应当依照本法第十三条、第十四条、第十五条和第十六条规定的审批程序报批。

第四十八条　修改控制性详细规划的，组织编制机关应当对修改的必要性进行论证，征求规划地段内利害关系人的意见，并向原审批机关提出专题报告，经原审批机关同意后，方可编制修改方案。修改后的控制性详细规划，应当依照本法第十九条、第二十条规定的审批程序报批。控制性详细规划修改涉及城市总体规划、镇总体规划的强制性内容的，应当先修改总体规划。

修改乡规划、村庄规划的，应当依照本法第二十二条规定的审批程序报批。

第四十九条　城市、县、镇人民政府修改近期建设规划的，应当将修改后的近期建设规划报总体规划审批机关备案。

第五十条　在选址意见书、建设用地规划许可证、建设工程规划许可证或者乡村建设规划许可证发放后，因依法修改城乡规划给被许可人合法权益造成损失的，应当依法给予补偿。

经依法审定的修建性详细规划、建设工程设计方案的总平面图不得随意修改；确需修改的，城乡规划主管部门应当采取听证会等形式，听取利害关系人的意见；因修改给利害关系人合法权益造成损失的，应当依法给予补偿。

第五章　监督检查

第五十一条　县级以上人民政府及其城乡规划主管部门应当加强对城乡规划编制、审批、实施、修改的监督检查。

第五十二条　地方各级人民政府应当向本级人民代表大会常务委员会或者乡、镇人民代表大会报告城乡规划的实施情况，并接受监督。

第五十三条　县级以上人民政府城乡规划主管部门对城乡规划的实施情况进行监督检查，有权采取以下措施：

（一）要求有关单位和人员提供与监督事项有关的文件、资料，并进行复制；

（二）要求有关单位和人员就监督事项涉及的问题作出解释和说明，并根据需要进入现场进行勘测；

（三）责令有关单位和人员停止违反有关城乡规划的法律、法规的行为。

城乡规划主管部门的工作人员履行前款规定的监督检查职责，应当出示执法证件。被监督检查的单位和人员应当予以配合，不得妨碍和阻挠依法进行的监督检查活动。

第五十四条　监督检查情况和处理结果应当依法公开，供公众查阅和监督。

第五十五条　城乡规划主管部门在查处违反本法规定的行为时，发现国家机关工作人员依法应当给予行政处分的，应当向其任免机关或者监察机关提出处分建议。

第五十六条　依照本法规定应当给予行政处罚，而有关城乡规划主管部门不给予行政处罚的，上级人民政府城乡规划主管部门有权责令其做出行政处罚决定或者建议有关人民政府责令其给予行政处罚。

第五十七条　城乡规划主管部门违反本法规定作出行政许可的，上级人民政府城乡规划主管部门有权责令其撤销或者直接撤销该行政许可。因撤销行政许可给当事人合法权益造成损失的，应当依法给予赔偿。

第六章　法律责任

第五十八条　对依法应当编制城乡规划而未组织编制，或者未按法定程序编制、审批、修改城乡规划的，由上级人民政府责令改正，通报批评；对有关人民政府负责人和其他直接责任人员依法给予处分。

第五十九条　城乡规划组织编制机关委托不具有相应资质等级的单位编制城乡规划的，由上级人民政府责令改正，通报批评；对有关人民政府负责人和其他直接责任人员依法给予处分。

第六十条　镇人民政府或者县级以上人民政府城乡规划主管部门有下列行为之一的，由本级人民政府、上级人民政府城乡规划主管部门或者监察机关依据职权责令改正，通报批评；对直接负责的主管人员和其他直接责任人员依法给予处分：

（一）未依法组织编制城市的控制性详细规划、县人民政府所在地镇的控制性详细规划的；

（二）超越职权或者对不符合法定条件的申请人核发选址意见书、建设用地规划许可证、建设工程规划许可证、乡村建设规划许可证的；

（三）对符合法定条件的申请人未在法定期限内核发选址意见书、建设用地规划许可证、建设工程规划许可证、乡村建设规划许可证的；

（四）未依法对经审定的修建性详细规划、建设工程设计方案的总平面图予以公布的

（五）同意修改修建性详细规划、建设工程设计方案的总平面图前未采取听证会等形式听取利害关系人的意见的；

（六）发现未依法取得规划许可或者违反规划许可的规定在规划区内进行建设的行为，而不予查处或者接到举报后不依法处理的。

第六十一条　县级以上人民政府有关部门有下列行为之一的，由本级人民政府或者上级人民政府有关部门责令改正，通报批评；对直接负责的主管人员和其他直接责任人员依法给予处分：

（一）对未依法取得选址意见书的建设项目核发建设项目批准文件的；

（二）未依法在国有土地使用权出让合同中确定规划条件或者改变国有土地使用权出让合同中依法确定的规划条件的；

（三）对未依法取得建设用地规划许可证的建设单位划拨国有土地使用权的。

第六十二条　城乡规划编制单位有下列行为之一的，由所在地城市、县人民政府城乡规划主管部门责令限期改正，处合同约定的规划编制费一倍以上二倍以下的罚款；情节严重的，责令停业整顿，由原发证机关降低资质等级或者吊销资质证书；造成损失的，依法承担赔偿责任：

（一）超越资质等级许可的范围承揽城乡规划编制工作的；

（二）违反国家有关标准编制城乡规划的。

未依法取得资质证书承揽城乡规划编制工作的，由县级以上地方人民政府城乡规划主管部门责令停止违法行为，依照前款规定处以罚款；造成损失的，依法承担赔偿责任。

以欺骗手段取得资质证书承揽城乡规划编制工作的，由原发证机关吊销资质证书，依照本条第一款规定处以罚款；造成损失的，依法承担赔偿责任。

第六十三条　城乡规划编制单位取得资质证书后，不再符合相应的资质条件的，由原发证机关责令限期改正；逾期不改正的，降低资质等级或者吊销资质证书。

第六十四条　未取得建设工程规划许可证或者未按照建设工程规划许可证的规定进行建设的，由县级以上地方人民政府城乡规划主管部门责令停止建设；尚可采取改正措施消除对规划实施的影响的，限期改正，处建设工程造价百分之五以上百分之十以下的罚款；无法采取改正措施消除影响的，限期拆除，不能拆除的，没收实物或者违法收入，可以并处建设工程造价百分之十以下的罚款。

第六十五条　在乡、村庄规划区内未依法取得乡村建设规划许可证或者未按照乡村建设规划许可证的规定进行建设的，由乡、镇人民政府责令停止建设、限期改正；逾期不改正的，可以拆除。

第六十六条　建设单位或者个人有下列行为之一的，由所在地城市、县人民政府城乡规划主管部门

责令限期拆除，可以并处临时建设工程造价一倍以下的罚款：

（一）未经批准进行临时建设的；

（二）未按照批准内容进行临时建设的；

（三）临时建筑物、构筑物超过批准期限不拆除的。

第六十七条　建设单位未在建设工程竣工验收后六个月内向城乡规划主管部门报送有关竣工验收资料的，由所在地城市、县人民政府城乡规划主管部门责令限期补报；逾期不补报的，处一万元以上五万元以下的罚款。

第六十八条　城乡规划主管部门作出责令停止建设或者限期拆除的决定后，当事人不停止建设或者逾期不拆除的，建设工程所在地县级以上地方人民政府可以责成有关部门采取查封施工现场、强制拆除等措施。

第六十九条　违反本法规定，构成犯罪的，依法追究刑事责任。

第七章　附　　则

第七十条　本法自 2008 年 1 月 1 日起施行。《中华人民共和国城市规划法》同时废止。

【例 11-10-1】城镇近期建设规划的年限一般为：

A. 两年　　B. 五年　　C. 十年　　D. 二十年

解　根据我国城市总体规划的相关要求，城市总体规划的期限一般为 20 年，其中近期建设规划期限一般为 5 年。而建制镇总体规划的期限可以为 10~20 年，近期建设规划可以为 3~5 年。

答案：B

【例 11-10-2】某城乡规划主管部门在审定当地建设工程规划以后，应该：

A. 对设计方案保密　　B. 公布设计方案的总平面图

C. 立即公开全部设计方案　　D. 在五年以后，公开全部设计方案

解　根据《中华人民共和国城乡规划法》第四十条，对符合控制性详细规划和规划条件的，由城市、县人民政府城乡规划主管部门或者省、自治区、直辖市人民政府确定的镇人民政府核发建设工程规划许可证。城市、县人民政府城乡规划主管部门或者省、自治区、直辖市人民政府确定的镇人民政府应当依法将经审定的修建性详细规划、建设工程设计方案的总平面图予以公布。

答案：B

【例 11-10-3】下列有关项目选址意见书的叙述，说法正确的是：

A. 以划拨方式提供国有土地使用权的建设项目，建设单位应向人民政府行政主管部门申请核发选址意见书

B. 内容包含建设项目的基本情况，规划选址的主要依据，选址用地规范与具体规划要求

C. 由公安部门审批项目选址意见书

D. 大、中型限额以上的项目，由项目所在地县、市人民政府核发选址意见书

解　选项 A 错误，依据《中华人民共和国城乡规划法》第三十六条，应向城乡规划部门申请，而不是人民政府。

选项 C 错误，不属于公安部门管理。

选项 D 错误，国家审批的大、中型限额以上的建设项目，由项目所在地县市人民政府城市规划行政主管部门提出审查意见，并报国务院城市规划行政主管部门备案。

答案：B

【例 11-10-4】 下列说法正确的是：

A. 国家污染排放标准是根据国际环境质量标准和国家经济技术条件指定的

B. 国家污染排放标准是根据国家环境质量标准和国家经济技术条件指定的

C. 国家污染排放标准是根据国际环境现状和国家经济技术条件指定的

D. 国家污染排放标准是根据国家环境现状和国家经济技术条件指定的

解 国务院环境保护行政主管部门制定国家环境质量标准，并根据此标准和国家经济技术条件制定国家污染物排放标准。

答案： B

【例 11-10-5】 根据《中华人民共和国城乡规划法》，直辖市的城市整体规划，由直辖市、人民政府报国务院审批，省、自治区人民政府所在地的城市以及国务院确定的城市的整体规划，由省、自治区、人民政府审查同意后，报：

A. 全国人民代表大会审批　　B. 国务院审批

C. 中共中央政治局常委审批　　D. 住房和城乡建设部审批

解 根据《中华人民共和国城乡规划法》第十四条：城市人民政府组织编制城市总体规划。

直辖市的城市总体规划由直辖市人民政府报国务院审批。省、自治区人民政府所在地的城市以及国务院确定的城市的总体规划，由省、自治区人民政府审查同意后，报国务院审批。其他城市的总体规划，由城市人民政府报省、自治区人民政府审批。

答案： B

【例 11-10-6】 以下何种情况应该申请核发建设工程规划许可证？

A. 城市规划区内的建设工程的选址和布局

B. 在城市规划区内申请用地

C. 在城市、镇规划区内进行建筑物、构筑物、道路、管线和其他工程建设的

D. 新建、扩建和改建项目

解 见《中华人民共和国城乡规划法》第四十条。

答案： C

第十一节　建设工程勘察设计管理条例

第一章　总　　则

第一条　为了加强对建设工程勘察、设计活动的管理，保证建设工程勘察、设计质量，保护人民生命和财产安全，制定本条例。

第二条　从事建设工程勘察、设计活动，必须遵守本条例。

本条例所称建设工程勘察，是指根据建设工程的要求，查明、分析、评价建设场地的地质地理环境特征和岩土工程条件，编制建设工程勘察文件的活动。

本条例所称建设工程设计，是指根据建设工程的要求，对建设工程所需的技术、经济、资源、环境等条件进行综合分析、论证，编制建设工程设计文件的活动。

第三条　建设工程勘察、设计应当与社会、经济发展水平相适应，做到经济效益、社会效益和环境

效益相统一。

第四条 从事建设工程勘察、设计活动，应当坚持先勘察、后设计、再施工的原则。

第五条 县级以上人民政府建设行政主管部门和交通、水利等有关部门应当依照本条例的规定，加强对建设工程勘察、设计活动的监督管理。

建设工程勘察、设计单位必须依法进行建设工程勘察、设计，严格执行工程建设强制性标准，并对建设工程勘察、设计的质量负责。

第六条 国家鼓励在建设工程勘察、设计活动中采用先进技术、先进工艺、先进设备、新型材料和现代管理方法。

第二章 资质资格管理

第七条 国家对从事建设工程勘察、设计活动的单位，实行资质管理制度。具体办法由国务院建设行政主管部门商国务院有关部门制定。

第八条 建设工程勘察、设计单位应当在其资质等级许可的范围内承揽建设工程勘察、设计业务。

禁止建设工程勘察、设计单位超越其资质等级许可的范围或者以其他建设工程勘察、设计单位的名义承揽建设工程勘察、设计业务。禁止建设工程勘察、设计单位允许其他单位或者个人以本单位的名义承揽建设工程勘察、设计业务。

第九条 国家对从事建设工程勘察、设计活动的专业技术人员，实行执业资格注册管理制度。

未经注册的建设工程勘察、设计人员，不得以注册执业人员的名义从事建设工程勘察、设计活动。

第十条 建设工程勘察、设计注册执业人员和其他专业技术人员只能受聘于一个建设工程勘察、设计单位；未受聘于建设工程勘察、设计单位的，不得从事建设工程的勘察、设计活动。

第十一条 建设工程勘察、设计单位资质证书和执业人员注册证书，由国务院建设行政主管部门统一制作。

第三章 建设工程勘察设计发包与承包

第十二条 建设工程勘察、设计发包依法实行招标发包或者直接发包。

第十三条 建设工程勘察、设计应当依照《中华人民共和国招标投标法》的规定，实行招标发包。

第十四条 建设工程勘察、设计方案评标，应当以投标人的业绩、信誉和勘察、设计人员的能力以及勘察、设计方案的优劣为依据，进行综合评定。

第十五条 建设工程勘察、设计的招标人应当在评标委员会推荐的候选方案中确定中标方案。但是，建设工程勘察、设计的招标人认为评标委员会推荐的候选方案不能最大限度满足招标文件规定的要求的，应当依法重新招标。

第十六条 下列建设工程的勘察、设计，经有关主管部门批准，可以直接发包：

（一）采用特定的专利或者专有技术的；

（二）建筑艺术造型有特殊要求的；

（三）国务院规定的其他建设工程的勘察、设计。

第十七条 发包方不得将建设工程勘察、设计业务发包给不具有相应勘察、设计资质等级的建设工程勘察、设计单位。

第十八条 发包方可以将整个建设工程的勘察、设计发包给一个勘察、设计单位；也可以将建设工程的勘察、设计分别发包给几个勘察、设计单位。

第十九条 除建设工程主体部分的勘察、设计外，经发包方书面同意，承包方可以将建设工程其他部分的勘察、设计再分包给其他具有相应资质等级的建设工程勘察、设计单位。

第二十条 建设工程勘察、设计单位不得将所承揽的建设工程勘察、设计转包。

第二十一条 承包方必须在建设工程勘察、设计资质证书规定的资质等级和业务范围内承揽建设工程的勘察、设计业务。

第二十二条 建设工程勘察、设计的发包方与承包方，应当执行国家规定的建设工程勘察、设计程序。

第二十三条 建设工程勘察、设计的发包方与承包方应当签订建设工程勘察、设计合同。

第二十四条 建设工程勘察、设计发包方与承包方应当执行国家有关建设工程勘察费、设计费的管理规定。

第四章 建设工程勘察设计文件的编制与实施

第二十五条 编制建设工程勘察、设计文件，应当以下列规定为依据：

（一）项目批准文件；

（二）城乡规划；

（三）工程建设强制性标准；

（四）国家规定的建设工程勘察、设计深度要求。

铁路、交通、水利等专业建设工程，还应当以专业规划的要求为依据。

第二十六条 编制建设工程勘察文件，应当真实、准确，满足建设工程规划、选址、设计、岩土治理和施工的需要。

编制方案设计文件，应当满足编制初步设计文件和控制概算的需要。

编制初步设计文件，应当满足编制施工招标文件、主要设备材料订货和编制施工图设计文件的需要。

编制施工图设计文件，应当满足设备材料采购、非标准设备制作和施工的需要，并注明建设工程合理使用年限。

第二十七条 设计文件中选用的材料、构配件、设备，应当注明其规格、型号、性能等技术指标，其质量要求必须符合国家规定的标准。

除有特殊要求的建筑材料、专用设备和工艺生产线等外，设计单位不得指定生产厂、供应商。

第二十八条 建设单位、施工单位、监理单位不得修改建设工程勘察、设计文件；确需修改建设工程勘察、设计文件的，应当由原建设工程勘察、设计单位修改。经原建设工程勘察、设计单位书面同意，建设单位也可以委托其他具有相应资质的建设工程勘察、设计单位修改。修改单位对修改的勘察、设计文件承担相应责任。

施工单位、监理单位发现建设工程勘察、设计文件不符合工程建设强制性标准、合同约定的质量要求的，应当报告建设单位，建设单位有权要求建设工程勘察、设计单位对建设工程勘察、设计文件进行补充、修改。

建设工程勘察、设计文件内容需要作重大修改的，建设单位应当报经原审批机关批准后，方可修改。

第二十九条 建设工程勘察、设计文件中规定采用的新技术、新材料，可能影响建设工程质量和安全，又没有国家技术标准的，应当由国家认可的检测机构进行试验、论证，出具检测报告，并经国务院有关部门或者省、自治区、直辖市人民政府有关部门组织的建设工程技术专家委员会审定后，方可使用。

第三十条 建设工程勘察、设计单位应当在建设工程施工前，向施工单位和监理单位说明建设工程勘察、设计意图，解释建设工程勘察、设计文件。

建设工程勘察、设计单位应当及时解决施工中出现的勘察、设计问题。

第五章 监督管理

第三十一条　国务院建设行政主管部门对全国的建设工程勘察、设计活动实施统一监督管理。国务院铁路、交通、水利等有关部门按照国务院规定的职责分工，负责对全国的有关专业建设工程勘察、设计活动的监督管理。

县级以上地方人民政府建设行政主管部门对本行政区域内的建设工程勘察、设计活动实施监督管理。县级以上地方人民政府交通、水利等有关部门在各自的职责范围内，负责对本行政区域内的有关专业建设工程勘察、设计活动的监督管理。

第三十二条　建设工程勘察、设计单位在建设工程勘察、设计资质证书规定的业务范围内跨部门、跨地区承揽勘察、设计业务的，有关地方人民政府及其所属部门不得设置障碍，不得违反国家规定收取任何费用。

第三十三条　县级以上人民政府建设行政主管部门或者交通、水利等有关部门应当对施工图设计文件中涉及公共利益、公众安全、工程建设强制性标准的内容进行审查。

施工图设计文件未经审查批准的，不得使用。

第三十四条　任何单位和个人对建设工程勘察、设计活动中的违法行为都有权检举、控告、投诉。

第六章 罚　　则

第三十五条　违反本条例第八条规定的，责令停止违法行为，处合同约定的勘察费、设计费1倍以上2倍以下的罚款，有违法所得的，予以没收；可以责令停业整顿，降低资质等级；情节严重的，吊销资质证书。

未取得资质证书承揽工程的，予以取缔，依照前款规定处以罚款；有违法所得的，予以没收。

以欺骗手段取得资质证书承揽工程的，吊销资质证书，依照本条第一款规定处以罚款；有违法所得的，予以没收。

第三十六条　违反本条例规定，未经注册，擅自以注册建设工程勘察、设计人员的名义从事建设工程勘察、设计活动的，责令停止违法行为，没收违法所得，处违法所得2倍以上5倍以下罚款；给他人造成损失的，依法承担赔偿责任。

第三十七条　违反本条例规定，建设工程勘察、设计注册执业人员和其他专业技术人员未受聘于一个建设工程勘察、设计单位或者同时受聘于两个以上建设工程勘察、设计单位，从事建设工程勘察、设计活动的，责令停止违法行为，没收违法所得，处违法所得2倍以上5倍以下的罚款；情节严重的，可以责令停止执行业务或者吊销资格证书；给他人造成损失的，依法承担赔偿责任。

第三十八条　违反本条例规定，发包方将建设工程勘察、设计业务发包给不具有相应资质等级的建设工程勘察、设计单位的，责令改正，处50万元以上100万元以下的罚款。

第三十九条　违反本条例规定，建设工程勘察、设计单位将所承揽的建设工程勘察、设计转包的，责令改正，没收违法所得，处合同约定的勘察费、设计费25%以上50%以下的罚款，可以责令停业整顿，降低资质等级；情节严重的，吊销资质证书。

第四十条　违反本条例规定，勘察、设计单位未依据项目批准文件，城乡规划及专业规划，国家规定的建设工程勘察、设计深度要求编制建设工程勘察、设计文件的，责令限期改正；逾期不改正的，处10万元以上30万元以下的罚款；造成工程质量事故或者环境污染和生态破坏的，责令停业整顿，降低资质等级；情节严重的，吊销资质证书；造成损失的，依法承担赔偿责任。

第四十一条　违反本条例规定，有下列行为之一的，依照《建设工程质量管理条例》第六十三条的规定给予处罚：

（一）勘察单位未按照工程建设强制性标准进行勘察的；

（二）设计单位未根据勘察成果文件进行工程设计的；

（三）设计单位指定建筑材料、建筑构配件的生产厂、供应商的；

（四）设计单位未按照工程建设强制性标准进行设计的。

第四十二条 本条例规定的责令停业整顿、降低资质等级和吊销资质证书、资格证书的行政处罚，由颁发资质证书、资格证书的机关决定；其他行政处罚，由建设行政主管部门或者其他有关部门依据法定职权范围决定。

依照本条例规定被吊销资质证书的，由工商行政管理部门吊销其营业执照。

第四十三条 国家机关工作人员在建设工程勘察、设计活动的监督管理工作中玩忽职守、滥用职权、徇私舞弊，构成犯罪的，依法追究刑事责任；尚不构成犯罪的，依法给予行政处分。

第七章 附 则

第四十四条 抢险救灾及其他临时性建筑和农民自建两层以下住宅的勘察、设计活动，不适用本条例。

第四十五条 军事建设工程勘察、设计的管理，按照中央军事委员会的有关规定执行。

第四十六条 本条例自公布之日起施行。

【例 11-11-1】 依据《建筑工程勘察设计管理条例》，下列工程不能直接发包的是：

A. 采用特定专利的工程 B. 由国家投资的大型工程

C. 建筑艺术造型有特殊要求的工程 D. 采用专有技术的工程

解 《建筑工程勘察设计管理条例》第十六条规定，下列建设工程的勘察、设计，经有关主管部门批准，可以直接发包：

（一）采用特定的专利或者专有技术的；

（二）建筑艺术造型有特殊要求的；

（三）国务院规定的其他建设工程的勘察、设计。

答案： B

第十二节 建设工程质量管理条例

第一章 总 则

第一条 为了加强对建设工程质量的管理，保证建设工程质量，保护人民生命和财产安全，根据《中华人民共和国建筑法》，制定本条例。

第二条 凡在中华人民共和国境内从事建设工程的新建、扩建、改建等有关活动及实施对建设工程质量监督管理的，必须遵守本条例。

本条例所称建设工程，是指土木工程、建筑工程、线路管道和设备安装工程及装修工程。

第三条 建设单位、勘察单位、设计单位、施工单位、工程监理单位依法对建设工程质量负责。

第四条 县级以上人民政府建设行政主管部门和其他有关部门应当加强对建设工程质量的监督管理。

第五条 从事建设工程活动，必须严格执行基本建设程序，坚持先勘察、后设计、再施工的原则。

县级以上人民政府及其有关部门不得超越权限审批建设项目或者擅自简化基本建设程序。

第六条 国家鼓励采用先进的科学技术和管理方法，提高建设工程质量。

第二章 建设单位的质量责任和义务

第七条 建设单位应当将工程发包给具有相应资质等级的单位。

建设单位不得将建设工程肢解发包。

第八条 建设单位应当依法对工程建设项目的勘察、设计、施工、监理以及与工程建设有关的重要设备、材料等的采购进行招标。

第九条 建设单位必须向有关的勘察、设计、施工、工程监理等单位提供与建设工程有关的原始资料。

原始资料必须真实、准确、齐全。

第十条 建设工程发包单位，不得迫使承包方以低于成本的价格竞标，不得任意压缩合理工期。

建设单位不得明示或者暗示设计单位或者施工单位违反工程建设强制性标准，降低建设工程质量。

第十一条 施工图设计文件审查的具体办法，由国务院建设行政主管部门会同国务院其他有关部门制定。

施工图设计文件未经审查批准的，不得使用。

第十二条 实行监理的建设工程，建设单位应当委托具有相应资质等级的工程监理单位进行监理，也可以委托具有工程监理相应资质等级并与被监理工程的施工承包单位没有隶属关系或者其他利害关系的该工程的设计单位进行监理。

下列建设工程必须实行监理：

（一）国家重点建设工程；

（二）大中型公用事业工程；

（三）成片开发建设的住宅小区工程；

（四）利用外国政府或者国际组织贷款、援助资金的工程；

（五）国家规定必须实行监理的其他工程。

第十三条 建设单位在开工前，应当按照国家有关规定办理工程质量监督手续，工程质量监督手续可以与施工许可证或者开工报告合并办理。

第十四条 按照合同约定，由建设单位采购建筑材料、建筑构配件和设备的，建设单位应当保证建筑材料、建筑构配件和设备符合设计文件和合同要求。

建设单位不得明示或者暗示施工单位使用不合格的建筑材料、建筑构配件和设备。

第十五条 涉及建筑主体和承重结构变动的装修工程，建设单位应当在施工前委托原设计单位或者具有相应资质等级的设计单位提出设计方案；没有设计方案的，不得施工。

房屋建筑使用者在装修过程中，不得擅自变动房屋建筑主体和承重结构。

第十六条 建设单位收到建设工程竣工报告后，应当组织设计、施工、工程监理等有关单位进行竣工验收。

建设工程竣工验收应当具备下列条件：

（一）完成建设工程设计和合同约定的各项内容；

（二）有完整的技术档案和施工管理资料；

（三）有工程使用的主要建筑材料、建筑构配件和设备的进场试验报告；

（四）有勘察、设计、施工、工程监理等单位分别签署的质量合格文件；

（五）有施工单位签署的工程保修书。

建设工程经验收合格的，方可交付使用。

第十七条　建设单位应当严格按照国家有关档案管理的规定，及时收集、整理建设项目各环节的文件资料，建立、健全建设项目档案，并在建设工程竣工验收后，及时向建设行政主管部门或者其他有关部门移交建设项目档案。

第三章　勘察、设计单位的质量责任和义务

第十八条　从事建设工程勘察、设计的单位应当依法取得相应等级的资质证书，并在其资质等级许可的范围内承揽工程。

禁止勘察、设计单位超越其资质等级许可的范围或者以其他勘察、设计单位的名义承揽工程。禁止勘察、设计单位允许其他单位或者个人以本单位的名义承揽工程。

勘察、设计单位不得转包或者违法分包所承揽的工程。

第十九条　勘察、设计单位必须按照工程建设强制性标准进行勘察、设计，并对其勘察、设计的质量负责。

注册建筑师、注册结构工程师等注册执业人员应当在设计文件上签字，对设计文件负责。

第二十条　勘察单位提供的地质、测量、水文等勘察成果必须真实、准确。

第二十一条　设计单位应当根据勘察成果文件进行建设工程设计。

设计文件应当符合国家规定的设计深度要求，注明工程合理使用年限。

第二十二条　设计单位在设计文件中选用的建筑材料、建筑构配件和设备，应当注明规格、型号、性能等技术指标，其质量要求必须符合国家规定的标准。

除有特殊要求的建筑材料、专用设备、工艺生产线等外，设计单位不得指定生产厂、供应商。

第二十三条　设计单位应当就审查合格的施工图设计文件向施工单位作出详细说明。

第二十四条　设计单位应当参与建设工程质量事故分析，并对因设计造成的质量事故，提出相应的技术处理方案。

第四章　施工单位的质量责任和义务

第二十五条　施工单位应当依法取得相应等级的资质证书，并在其资质等级许可的范围内承揽工程。

禁止施工单位超越本单位资质等级许可的业务范围或者以其他施工单位的名义承揽工程。禁止施工单位允许其他单位或者个人以本单位的名义承揽工程。

施工单位不得转包或者违法分包工程。

第二十六条　施工单位对建设工程的施工质量负责。

施工单位应当建立质量责任制，确定工程项目的项目经理、技术负责人和施工管理负责人。

建设工程实行总承包的，总承包单位应当对全部建设工程质量负责；建设工程勘察、设计、施工、设备采购的一项或者多项实行总承包的，总承包单位应当对其承包的建设工程或者采购的设备的质量负责。

第二十七条　总承包单位依法将建设工程分包给其他单位的，分包单位应当按照分包合同的约定对其分包工程的质量向总承包单位负责，总承包单位与分包单位对分包工程的质量承担连带责任。

第二十八条　施工单位必须按照工程设计图纸和施工技术标准施工，不得擅自修改工程设计，不得偷工减料。

施工单位在施工过程中发现设计文件和图纸有差错的，应当及时提出意见和建议。

第二十九条 施工单位必须按照工程设计要求、施工技术标准和合同约定，对建筑材料、建筑构配件、设备和商品混凝土进行检验，检验应当有书面记录和专人签字；未经检验或者检验不合格的，不得使用。

第三十条 施工单位必须建立、健全施工质量的检验制度，严格工序管理，作好隐蔽工程的质量检查和记录。隐蔽工程在隐蔽前，施工单位应当通知建设单位和建设工程质量监督机构。

第三十一条 施工人员对涉及结构安全的试块、试件以及有关材料，应当在建设单位或者工程监理单位监督下现场取样，并送具有相应资质等级的质量检测单位进行检测。

第三十二条 施工单位对施工中出现质量问题的建设工程或者竣工验收不合格的建设工程，应当负责返修。

第三十三条 施工单位应当建立、健全教育培训制度，加强对职工的教育培训；未经教育培训或者考核不合格的人员，不得上岗作业。

第五章 工程监理单位的质量责任和义务

第三十四条 工程监理单位应当依法取得相应等级的资质证书，并在其资质等级许可的范围内承担工程监理业务。

禁止工程监理单位超越本单位资质等级许可的范围或者以其他工程监理单位的名义承担工程监理业务。禁止工程监理单位允许其他单位或者个人以本单位的名义承担工程监理业务。

工程监理单位不得转让工程监理业务。

第三十五条 工程监理单位与被监理工程的施工承包单位以及建筑材料、建筑构配件和设备供应单位有隶属关系或者其他利害关系的，不得承担该项建设工程的监理业务。

第三十六条 工程监理单位应当依照法律、法规以及有关技术标准、设计文件和建设工程承包合同，代表建设单位对施工质量实施监理，并对施工质量承担监理责任。

第三十七条 工程监理单位应当选派具备相应资格的总监理工程师和监理工程师进驻施工现场。

未经监理工程师签字，建筑材料、建筑构配件和设备不得在工程上使用或者安装，施工单位不得进行下一道工序的施工。未经总监理工程师签字，建设单位不拨付工程款，不进行竣工验收。

第三十八条 监理工程师应当按照工程监理规范的要求，采取旁站、巡视和平行检验等形式，对建设工程实施监理。

第六章 建设工程质量保修

第三十九条 建设工程实行质量保修制度。

建设工程承包单位在向建设单位提交工程竣工验收报告时，应当向建设单位出具质量保修书。质量保修书中应当明确建设工程的保修范围、保修期限和保修责任等。

第四十条 在正常使用条件下，建设工程的最低保修期限为：

（一）基础设施工程、房屋建筑的地基基础工程和主体结构工程，为设计文件规定的该工程的合理使用年限；

（二）屋面防水工程、有防水要求的卫生间、房间和外墙面的防渗漏，为5年；

（三）供热与供冷系统，为2个采暖期、供冷期；

（四）电气管线、给排水管道、设备安装和装修工程，为2年。

其他项目的保修期限由发包方与承包方约定。

建设工程的保修期，自竣工验收合格之日起计算。

第四十一条 建设工程在保修范围和保修期限内发生质量问题的，施工单位应当履行保修义务，并对造成的损失承担赔偿责任。

第四十二条 建设工程在超过合理使用年限后需要继续使用的，产权所有人应当委托具有相应资质等级的勘察、设计单位鉴定，并根据鉴定结果采取加固、维修等措施，重新界定使用期。

第七章 监督管理

第四十三条 国家实行建设工程质量监督管理制度。

国务院建设行政主管部门对全国的建设工程质量实施统一监督管理。国务院铁路、交通、水利等有关部门按照国务院规定的职责分工，负责对全国的有关专业建设工程质量的监督管理。

县级以上地方人民政府建设行政主管部门对本行政区域内的建设工程质量实施监督管理。县级以上地方人民政府交通、水利等有关部门在各自的职责范围内，负责对本行政区域内的专业建设工程质量的监督管理。

第四十四条 国务院建设行政主管部门和国务院铁路、交通、水利等有关部门应当加强对有关建设工程质量的法律、法规和强制性标准执行情况的监督检查。

第四十五条 国务院发展计划部门按照国务院规定的职责，组织稽查特派员，对国家出资的重大建设项目实施监督检查。

国务院经济贸易主管部门按照国务院规定的职责，对国家重大技术改造项目实施监督检查。

第四十六条 建设工程质量监督管理，可以由建设行政主管部门或者其他有关部门委托的建设工程质量监督机构具体实施。

从事房屋建筑工程和市政基础设施工程质量监督的机构，必须按照国家有关规定经国务院建设行政主管部门或者省、自治区、直辖市人民政府建设行政主管部门考核；从事专业建设工程质量监督的机构，必须按照国家有关规定经国务院有关部门或者省、自治区、直辖市人民政府有关部门考核。经考核合格后，方可实施质量监督。

第四十七条 县级以上地方人民政府建设行政主管部门和其他有关部门应当加强对有关建设工程质量的法律、法规和强制性标准执行情况的监督检查。

第四十八条 县级以上人民政府建设行政主管部门和其他有关部门履行监督检查职责时，有权采取下列措施：

（一）要求被检查的单位提供有关工程质量的文件和资料；

（二）进入被检查单位的施工现场进行检查；

（三）发现有影响工程质量的问题时，责令改正。

第四十九条 建设单位应当自建设工程竣工验收合格之日起15日内，将建设工程竣工验收报告和规划、公安消防、环保等部门出具的认可文件或者准许使用文件报建设行政主管部门或者其他有关部门备案。

建设行政主管部门或者其他有关部门发现建设单位在竣工验收过程中有违反国家有关建设工程质量管理规定行为的，责令停止使用，重新组织竣工验收。

第五十条 有关单位和个人对县级以上人民政府建设行政主管部门和其他有关部门进行的监督检查应当支持与配合，不得拒绝或者阻碍建设工程质量监督检查人员依法执行职务。

第五十一条 供水、供电、供气、公安消防等部门或者单位不得明示或者暗示建设单位、施工单位购买其指定的生产供应单位的建筑材料、建筑构配件和设备。

第五十二条 建设工程发生质量事故，有关单位应当在24小时内向当地建设行政主管部门和其他有关部门报告。对重大质量事故，事故发生地的建设行政主管部门和其他有关部门应当按照事故类别和等级向当地人民政府和上级建设行政主管部门和其他有关部门报告。

特别重大质量事故的调查程序按照国务院有关规定办理。

第五十三条 任何单位和个人对建设工程的质量事故、质量缺陷都有权检举、控告、投诉。

第八章 罚 则

第五十四条 违反本条例规定，建设单位将建设工程发包给不具有相应资质等级的勘察、设计、施工单位或者委托给不具有相应资质等级的工程监理单位的，责令改正，处50万元以上100万元以下的罚款。

第五十五条 违反本条例规定，建设单位将建设工程肢解发包的，责令改正，处工程合同价款0.5%以上1%以下的罚款；对全部或者部分使用国有资金的项目，并可以暂停项目执行或者暂停资金拨付。

第五十六条 违反本条例规定，建设单位有下列行为之一的，责令改正，处20万元以上50万元以下的罚款：

（一）迫使承包方以低于成本的价格竞标的；

（二）任意压缩合理工期的；

（三）明示或者暗示设计单位或者施工单位违反工程建设强制性标准，降低工程质量的；

（四）施工图设计文件未经审查或者审查不合格，擅自施工的；

（五）建设项目必须实行工程监理而未实行工程监理的；

（六）未按照国家规定办理工程质量监督手续的；

（七）明示或者暗示施工单位使用不合格的建筑材料、建筑构配件和设备的；

（八）未按照国家规定将竣工验收报告、有关认可文件或者准许使用文件报送备案的。

第五十七条 违反本条例规定，建设单位未取得施工许可证或者开工报告未经批准，擅自施工的，责令停止施工，限期改正，处工程合同价款1%以上2%以下的罚款。

第五十八条 违反本条例规定，建设单位有下列行为之一的，责令改正，处工程合同价款2%以上4%以下的罚款；造成损失的，依法承担赔偿责任：

（一）未组织竣工验收，擅自交付使用的；

（二）验收不合格，擅自交付使用的；

（三）对不合格的建设工程按照合格工程验收的。

第五十九条 违反本条例规定，建设工程竣工验收后，建设单位未向建设行政主管部门或者其他有关部门移交建设项目档案的，责令改正，处1万元以上10万元以下的罚款。

第六十条 违反本条例规定，勘察、设计、施工、工程监理单位超越本单位资质等级承揽工程的，责令停止违法行为，对勘察、设计单位或者工程监理单位处合同约定的勘察费、设计费或者监理酬金1倍以上2倍以下的罚款；对施工单位处工程合同价款2%以上4%以下的罚款，可以责令停业整顿，降低资质等级；情节严重的，吊销资质证书；有违法所得的，予以没收。

未取得资质证书承揽工程的，予以取缔，依照前款规定处以罚款；有违法所得的，予以没收。

以欺骗手段取得资质证书承揽工程的，吊销资质证书，依照本条第一款规定处以罚款；有违法所得的，予以没收。

第六十一条 违反本条例规定，勘察、设计、施工、工程监理单位允许其他单位或者个人以本单位名义承揽工程的，责令改正，没收违法所得，对勘察、设计单位和工程监理单位处合同约定的勘察费、设计费和监理酬金1倍以上2倍以下的罚款；对施工单位处工程合同价款2%以上4%以下的罚款；可以责令停业整顿，降低资质等级；情节严重的，吊销资质证书。

第六十二条 违反本条例规定，承包单位将承包的工程转包或者违法分包的，责令改正，没收违法所得，对勘察、设计单位处合同约定的勘察费、设计费25%以上50%以下的罚款；对施工单位处工程合同价款0.5%以上1%以下的罚款；可以责令停业整顿，降低资质等级；情节严重的，吊销资质证书。

工程监理单位转让工程监理业务的，责令改正，没收违法所得，处合同约定的监理酬金25%以上50%以下的罚款；可以责令停业整顿，降低资质等级；情节严重的，吊销资质证书。

第六十三条 违反本条例规定，有下列行为之一的，责令改正，处10万元以上30万元以下的罚款：

（一）勘察单位未按照工程建设强制性标准进行勘察的；

（二）设计单位未根据勘察成果文件进行工程设计的；

（三）设计单位指定建筑材料、建筑构配件的生产厂、供应商的；

（四）设计单位未按照工程建设强制性标准进行设计的。

有前款所列行为，造成重大工程质量事故的，责令停业整顿，降低资质等级；情节严重的，吊销资质证书；造成损失的，依法承担赔偿责任。

第六十四条 违反本条例规定，施工单位在施工中偷工减料的，使用不合格的建筑材料、建筑构配件和设备的，或者有不按照工程设计图纸或者施工技术标准施工的其他行为的，责令改正，处工程合同价款2%以上4%以下的罚款；造成建设工程质量不符合规定的质量标准的，负责返工、修理，并赔偿因此造成的损失；情节严重的，责令停业整顿，降低资质等级或者吊销资质证书。

第六十五条 违反本条例规定，施工单位未对建筑材料、建筑构配件、设备和商品混凝土进行检验，或者未对涉及结构安全的试块、试件以及有关材料取样检测的，责令改正，处10万元以上20万元以下的罚款；情节严重的，责令停业整顿，降低资质等级或者吊销资质证书；造成损失的，依法承担赔偿责任。

第六十六条 违反本条例规定，施工单位不履行保修义务或者拖延履行保修义务的，责令改正，处10万元以上20万元以下的罚款，并对在保修期内因质量缺陷造成的损失承担赔偿责任。

第六十七条 工程监理单位有下列行为之一的，责令改正，处50万元以上100万元以下的罚款，降低资质等级或者吊销资质证书；有违法所得的，予以没收；造成损失的，承担连带赔偿责任：

（一）与建设单位或者施工单位串通，弄虚作假、降低工程质量的；

（二）将不合格的建设工程、建筑材料、建筑构配件和设备按照合格签字的。

第六十八条 违反本条例规定，工程监理单位与被监理工程的施工承包单位以及建筑材料、建筑构配件和设备供应单位有隶属关系或者其他利害关系承担该项建设工程的监理业务的，责令改正，处5万元以上10万元以下的罚款，降低资质等级或者吊销资质证书；有违法所得的，予以没收。

第六十九条 违反本条例规定，涉及建筑主体或者承重结构变动的装修工程，没有设计方案擅自施工的，责令改正，处50万元以上100万元以下的罚款；房屋建筑使用者在装修过程中擅自变动房屋建筑主体和承重结构的，责令改正，处5万元以上10万元以下的罚款。

有前款所列行为，造成损失的，依法承担赔偿责任。

第七十条 发生重大工程质量事故隐瞒不报、谎报或者拖延报告期限的，对直接负责的主管人员和其他责任人员依法给予行政处分。

第七十一条 违反本条例规定，供水、供电、供气、公安消防等部门或者单位明示或者暗示建设单位或者施工单位购买其指定的生产供应单位的建筑材料、建筑构配件和设备的，责令改正。

第七十二条 违反本条例规定，注册建筑师、注册结构工程师、监理工程师等注册执业人员因过错造成质量事故的，责令停止执业1年；造成重大质量事故的，吊销执业资格证书，5年以内不予注册；情节特别恶劣的，终身不予注册。

第七十三条 依照本条例规定，给予单位罚款处罚的，对单位直接负责的主管人员和其他直接责任人员处单位罚款数额5%以上10%以下的罚款。

第七十四条 建设单位、设计单位、施工单位、工程监理单位违反国家规定，降低工程质量标准，造成重大安全事故，构成犯罪的，对直接责任人员依法追究刑事责任。

第七十五条 本条例规定的责令停业整顿，降低资质等级和吊销资质证书的行政处罚，由颁发资质证书的机关决定；其他行政处罚，由建设行政主管部门或者其他有关部门依照法定职权决定。

依照本条例规定被吊销资质证书的，由工商行政管理部门吊销其营业执照。

第七十六条 国家机关工作人员在建设工程质量监督管理工作中玩忽职守、滥用职权、徇私舞弊，构成犯罪的，依法追究刑事责任；尚不构成犯罪的，依法给予行政处分。

第七十七条 建设、勘察、设计、施工、工程监理单位的工作人员因调动工作、退休等原因离开该单位后，被发现在该单位工作期间违反国家有关建设工程质量管理规定，造成重大工程质量事故的，仍应当依法追究法律责任。

第九章 附 则

第七十八条 本条例所称肢解发包，是指建设单位将应当由一个承包单位完成的建设工程分解成若干部分发包给不同的承包单位的行为。

本条例所称违法分包，是指下列行为：

（一）总承包单位将建设工程分包给不具备相应资质条件的单位的；

（二）建设工程总承包合同中未有约定，又未经建设单位认可，承包单位将其承包的部分建设工程交由其他单位完成的；

（三）施工总承包单位将建设工程主体结构的施工分包给其他单位的；

（四）分包单位将其承包的建设工程再分包的。

本条例所称转包，是指承包单位承包建设工程后，不履行合同约定的责任和义务，将其承包的全部建设工程转给他人或者将其承包的全部建设工程肢解以后以分包的名义分别转给其他单位承包的行为。

第七十九条 本条例规定的罚款和没收的违法所得，必须全部上缴国库。

第八十条 抢险救灾及其他临时性房屋建筑和农民自建低层住宅的建设活动，不适用本条例。

第八十一条 军事建设工程的管理，按照中央军事委员会的有关规定执行。

第八十二条 本条例自发布之日起施行。

附 刑法有关条款

第一百三十七条 建设单位、设计单位、施工单位、工程监理单位违反国家规定，降低工程质量标准，造成重大安全事故的，对直接责任人员处五年以下有期徒刑或者拘役，并处罚金；后果特别严重的，处五年以上十年以下有期徒刑，并处罚金。

【例 11-12-1】根据《建设工程质量管理条例》的规定，监理单位代表建设单位对施工质量实施监理，并对施工质量承担监理责任，其监理的依据不包括：

A. 有关技术标准　　B. 设计文件　　C. 工程承包合同　　D. 建设单位指令

解 《中华人民共和国建筑法》第三十二条规定，建筑工程监理应当依照法律、行政法规及有关的技术标准、设计文件和建筑工程承包合同，对承包单位在施工质量、建设工期和建设资金使用等方面，代表建设单位实施监督。

答案：D

【例 11-12-2】 有关建设单位的工程质量责任与义务，下列理解错误的是：

A. 可将一个工程的各部位分包给不同的设计或施工单位

B. 发包给具有相应资质登记的单位

C. 在工程开工前，办理工程质量监督手续

D. 委托具有相应资质等级的工程监理单位进行监理

解 《中华人民共和国建筑法》第二十四条规定，提倡对建筑工程实行总承包，禁止将建筑工程肢解发包。

答案：A

习　题

11-12-1　工程勘察设计单位超越其资质等级许可的范围承揽建设工程勘察设计业务的，将责令停止违法行为，处罚款额为合同约定的勘察费、设计费的多少倍？（　　）

A. 1 倍以下　　B. 1 倍以上，2 倍以下

C. 2 倍以上，5 倍以下　　D. 5 倍以上，10 倍以下

11-12-2　《建设工程质量管理条例》规定，建设单位拨付工程款必须经（　　）签字。

A. 总经理　　B. 总经济师

C. 总工程师　　D. 总监理工程师

第十三节　建设工程安全生产管理条例

第一章　总　则

第一条　为了加强建设工程安全生产监督管理，保障人民群众生命和财产安全，根据《中华人民共和国建筑法》、《中华人民共和国安全生产法》，制定本条例。

第二条　在中华人民共和国境内从事建设工程的新建、扩建、改建和拆除等有关活动及实施对建设工程安全生产的监督管理，必须遵守本条例。

本条例所称建设工程，是指土木工程、建筑工程、线路管道和设备安装工程及装修工程。

第三条　建设工程安全生产管理，坚持安全第一、预防为主的方针。

第四条　建设单位、勘察单位、设计单位、施工单位、工程监理单位及其他与建设工程安全生产有关的单位，必须遵守安全生产法律、法规的规定，保证建设工程安全生产，依法承担建设工程安全生产责任。

第五条　国家鼓励建设工程安全生产的科学技术研究和先进技术的推广应用，推进建设工程安全

生产的科学管理。

第二章 建设单位的安全责任

第六条 建设单位应当向施工单位提供施工现场及毗邻区域内供水、排水、供电、供气、供热、通信、广播电视等地下管线资料，气象和水文观测资料，相邻建筑物和构筑物、地下工程的有关资料，并保证资料的真实、准确、完整。

建设单位因建设工程需要，向有关部门或者单位查询前款规定的资料时，有关部门或者单位应当及时提供。

第七条 建设单位不得对勘察、设计、施工、工程监理等单位提出不符合建设工程安全生产法律、法规和强制性标准规定的要求，不得压缩合同约定的工期。

第八条 建设单位在编制工程概算时，应当确定建设工程安全作业环境及安全施工措施所需费用。

第九条 建设单位不得明示或者暗示施工单位购买、租赁、使用不符合安全施工要求的安全防护用具、机械设备、施工机具及配件、消防设施和器材。

第十条 建设单位在申请领取施工许可证时，应当提供建设工程有关安全施工措施的资料。

依法批准开工报告的建设工程，建设单位应当自开工报告批准之日起 15 日内，将保证安全施工的措施报送建设工程所在地的县级以上地方人民政府建设行政主管部门或者其他有关部门备案。

第十一条 建设单位应当将拆除工程发包给具有相应资质等级的施工单位。

建设单位应当在拆除工程施工 15 日前，将下列资料报送建设工程所在地的县级以上地方人民政府建设行政主管部门或者其他有关部门备案：

（一）施工单位资质等级证明；

（二）拟拆除建筑物、构筑物及可能危及毗邻建筑的说明；

（三）拆除施工组织方案；

（四）堆放、清除废弃物的措施。

实施爆破作业的，应当遵守国家有关民用爆炸物品管理的规定。

第三章 勘察、设计、工程监理及其他有关单位的安全责任

第十二条 勘察单位应当按照法律、法规和工程建设强制性标准进行勘察，提供的勘察文件应当真实、准确，满足建设工程安全生产的需要。

勘察单位在勘察作业时，应当严格执行操作规程，采取措施保证各类管线、设施和周边建筑物、构筑物的安全。

第十三条 设计单位应当按照法律、法规和工程建设强制性标准进行设计，防止因设计不合理导致生产安全事故的发生。

设计单位应当考虑施工安全操作和防护的需要，对涉及施工安全的重点部位和环节在设计文件中注明，并对防范生产安全事故提出指导意见。

采用新结构、新材料、新工艺的建设工程和特殊结构的建设工程，设计单位应当在设计中提出保障施工作业人员安全和预防生产安全事故的措施建议。

设计单位和注册建筑师等注册执业人员应当对其设计负责。

第十四条 工程监理单位应当审查施工组织设计中的安全技术措施或者专项施工方案是否符合工程建设强制性标准。

工程监理单位在实施监理过程中，发现存在安全事故隐患的，应当要求施工单位整改；情况严重的，应当要求施工单位暂时停止施工，并及时报告建设单位。施工单位拒不整改或者不停止施工的，工程监理单位应当及时向有关主管部门报告。

工程监理单位和监理工程师应当按照法律、法规和工程建设强制性标准实施监理，并对建设工程安全生产承担监理责任。

第十五条　为建设工程提供机械设备和配件的单位，应当按照安全施工的要求配备齐全有效的保险、限位等安全设施和装置。

第十六条　出租的机械设备和施工机具及配件，应当具有生产（制造）许可证、产品合格证。

出租单位　应当对出租的机械设备和施工机具及配件的安全性能进行检测，在签订租赁协议时，应当出具检测合格证明。

禁止出租检测不合格的机械设备和施工机具及配件。

第十七条　在施工现场安装、拆卸施工起重机械和整体提升脚手架、模板等自升式架设设施，必须由具有相应资质的单位承担。

安装、拆卸施工起重机械和整体提升脚手架、模板等自升式架设设施，应当编制拆装方案、制定安全施工措施，并由专业技术人员现场监督。

施工起重机械和整体提升脚手架、模板等自升式架设设施安装完毕后，安装单位应当自检，出具自检合格证明，并向施工单位进行安全使用说明，办理验收手续并签字。

第十八条　施工起重机械和整体提升脚手架、模板等自升式架设设施的使用达到国家规定的检验检测期限的，必须经具有专业资质的检验检测机构检测。经检测不合格的，不得继续使用。

第十九条　检验检测机构对检测合格的施工起重机械和整体提升脚手架、模板等自升式架设设施，应当出具安全合格证明文件，并对检测结果负责。

第四章　施工单位的安全责任

第二十条　施工单位从事建设工程的新建、扩建、改建和拆除等活动，应当具备国家规定的注册资本、专业技术人员、技术装备和安全生产等条件，依法取得相应等级的资质证书，并在其资质等级许可的范围内承揽工程。

第二十一条　施工单位主要负责人依法对本单位的安全生产工作全面负责。施工单位应当建立健全安全生产责任制度和安全生产教育培训制度，制定安全生产规章制度和操作规程，保证本单位安全生产条件所需资金的投入，对所承担的建设工程进行定期和专项安全检查，并做好安全检查记录。

施工单位的项目负责人应当由取得相应执业资格的人员担任，对建设工程项目的安全施工负责，落实安全生产责任制度、安全生产规章制度和操作规程，确保安全生产费用的有效使用，并根据工程的特点组织制定安全施工措施，消除安全事故隐患，及时、如实报告生产安全事故。

第二十二条　施工单位对列入建设工程概算的安全作业环境及安全施工措施所需费用，应当用于施工安全防护用具及设施的采购和更新、安全施工措施的落实、安全生产条件的改善，不得挪作他用。

第二十三条　施工单位应当设立安全生产管理机构，配备专职安全生产管理人员。

专职安全生产管理人员负责对安全生产进行现场监督检查。发现安全事故隐患，应当及时向项目负责人和安全生产管理机构报告；对违章指挥、违章操作的，应当立即制止。

专职安全生产管理人员的配备办法由国务院建设行政主管部门会同国务院其他有关部门制定。

第二十四条　建设工程实行施工总承包的，由总承包单位对施工现场的安全生产负总责。

总承包单位应当自行完成建设工程主体结构的施工。

总承包单位依法将建设工程分包给其他单位的，分包合同中应当明确各自的安全生产方面的权利、义务。总承包单位和分包单位对分包工程的安全生产承担连带责任。

分包单位应当服从总承包单位的安全生产管理，分包单位不服从管理导致生产安全事故的，由分包单位承担主要责任。

第二十五条 垂直运输机械作业人员、安装拆卸工、爆破作业人员、起重信号工、登高架设作业人员等特种作业人员，必须按照国家有关规定经过专门的安全作业培训，并取得特种作业操作资格证书后，方可上岗作业。

第二十六条 施工单位应当在施工组织设计中编制安全技术措施和施工现场临时用电方案，对下列达到一定规模的危险性较大的分部分项工程编制专项施工方案，并附具安全验算结果，经施工单位技术负责人、总监理工程师签字后实施，由专职安全生产管理人员进行现场监督：

（一）基坑支护与降水工程；

（二）土方开挖工程；

（三）模板工程；

（四）起重吊装工程；

（五）脚手架工程；

（六）拆除、爆破工程；

（七）国务院建设行政主管部门或者其他有关部门规定的其他危险性较大的工程。

对前款所列工程中涉及深基坑、地下暗挖工程、高大模板工程的专项施工方案，施工单位还应当组织专家进行论证、审查。

本条第一款规定的达到一定规模的危险性较大工程的标准，由国务院建设行政主管部门会同国务院其他有关部门制定。

第二十七条 建设工程施工前，施工单位负责项目管理的技术人员应当对有关安全施工的技术要求向施工作业班组、作业人员作出详细说明，并由双方签字确认。

第二十八条 施工单位应当在施工现场入口处、施工起重机械、临时用电设施、脚手架、出入通道口、楼梯口、电梯井口、孔洞口、桥梁口、隧道口、基坑边沿、爆破物及有害危险气体和液体存放处等危险部位，设置明显的安全警示标志。安全警示标志必须符合国家标准。

施工单位应当根据不同施工阶段和周围环境及季节、气候的变化，在施工现场采取相应的安全施工措施。施工现场暂时停止施工的，施工单位应当做好现场防护，所需费用由责任方承担，或者按照合同约定执行。

第二十九条 施工单位应当将施工现场的办公、生活区与作业区分开设置，并保持安全距离；办公、生活区的选址应当符合安全性要求。职工的膳食、饮水、休息场所等应当符合卫生标准。施工单位不得在尚未竣工的建筑物内设置员工集体宿舍。

施工现场临时搭建的建筑物应当符合安全使用要求。施工现场使用的装配式活动房屋应当具有产品合格证。

第三十条 施工单位对因建设工程施工可能造成损害的毗邻建筑物、构筑物和地下管线等，应当采取专项防护措施。

施工单位应当遵守有关环境保护法律、法规的规定，在施工现场采取措施，防止或者减少粉尘、废气、废水、固体废物、噪声、振动和施工照明对人和环境的危害和污染。

在城市市区内的建设工程，施工单位应当对施工现场实行封闭围挡。

第三十一条 施工单位应当在施工现场建立消防安全责任制度，确定消防安全责任人，制定用火、用电、使用易燃易爆材料等各项消防安全管理制度和操作规程，设置消防通道、消防水源，配备消防设施和灭火器材，并在施工现场入口处设置明显标志。

第三十二条 施工单位应当向作业人员提供安全防护用具和安全防护服装，并书面告知危险岗位的操作规程和违章操作的危害。

作业人员有权对施工现场的作业条件、作业程序和作业方式中存在的安全问题提出批评、检举和控告，有权拒绝违章指挥和强令冒险作业。

在施工中发生危及人身安全的紧急情况时，作业人员有权立即停止作业或者在采取必要的应急措施后撤离危险区域。

第三十三条 作业人员应当遵守安全施工的强制性标准、规章制度和操作规程，正确使用安全防护用具、机械设备等。

第三十四条 施工单位采购、租赁的安全防护用具、机械设备、施工机具及配件，应当具有生产（制造）许可证、产品合格证，并在进入施工现场前进行查验。

施工现场的安全防护用具、机械设备、施工机具及配件必须由专人管理，定期进行检查、维修和保养，建立相应的资料档案，并按照国家有关规定及时报废。

第三十五条 施工单位在使用施工起重机械和整体提升脚手架、模板等自升式架设设施前，应当组织有关单位进行验收，也可以委托具有相应资质的检验检测机构进行验收；使用承租的机械设备和施工机具及配件的，由施工总承包单位、分包单位、出租单位和安装单位共同进行验收。验收合格的方可使用。

《特种设备安全监察条例》规定的施工起重机械，在验收前应当经有相应资质的检验检测机构监督检验合格。

施工单位应当自施工起重机械和整体提升脚手架、模板等自升式架设设施验收合格之日起30日内，向建设行政主管部门或者其他有关部门登记。登记标志应当置于或者附着于该设备的显著位置。

第三十六条 施工单位的主要负责人、项目负责人、专职安全生产管理人员应当经建设行政主管部门或者其他有关部门考核合格后方可任职。

施工单位应当对管理人员和作业人员每年至少进行一次安全生产教育培训，其教育培训情况记入个人工作档案。安全生产教育培训考核不合格的人员，不得上岗。

第三十七条 作业人员进入新的岗位或者新的施工现场前，应当接受安全生产教育培训。未经教育培训或者教育培训考核不合格的人员，不得上岗作业。

施工单位在采用新技术、新工艺、新设备、新材料时，应当对作业人员进行相应的安全生产教育培训。

第三十八条 施工单位应当为施工现场从事危险作业的人员办理意外伤害保险。

意外伤害保险费由施工单位支付。实行施工总承包的，由总承包单位支付意外伤害保险费。意外伤害保险期限自建设工程开工之日起至竣工验收合格止。

第五章 监督管理

第三十九条 国务院负责安全生产监督管理的部门依照《中华人民共和国安全生产法》的规定，对全国建设工程安全生产工作实施综合监督管理。

县级以上地方人民政府负责安全生产监督管理的部门依照《中华人民共和国安全生产法》的规定，对本行政区域内建设工程安全生产工作实施综合监督管理。

第四十条　国务院建设行政主管部门对全国的建设工程安全生产实施监督管理。国务院铁路、交通、水利等有关部门按照国务院规定的职责分工，负责有关专业建设工程安全生产的监督管理。

县级以上地方人民政府建设行政主管部门对本行政区域内的建设工程安全生产实施监督管理。县级以上地方人民政府交通、水利等有关部门在各自的职责范围内，负责本行政区域内的专业建设工程安全生产的监督管理。

第四十一条　建设行政主管部门和其他有关部门应当将本条例第十条、第十一条规定的有关资料的主要内容抄送同级负责安全生产监督管理的部门。

第四十二条　建设行政主管部门在审核发放施工许可证时，应当对建设工程是否有安全施工措施进行审查，对没有安全施工措施的，不得颁发施工许可证。

建设行政主管部门或者其他有关部门对建设工程是否有安全施工措施进行审查时，不得收取费用。

第四十三条　县级以上人民政府负有建设工程安全生产监督管理职责的部门在各自的职责范围内履行安全监督检查职责时，有权采取下列措施：

（一）要求被检查单位提供有关建设工程安全生产的文件和资料；

（二）进入被检查单位施工现场进行检查；

（三）纠正施工中违反安全生产要求的行为；

（四）对检查中发现的安全事故隐患，责令立即排除；重大安全事故隐患排除前或者排除过程中无法保证安全的，责令从危险区域内撤出作业人员或者暂时停止施工。

第四十四条　建设行政主管部门或者其他有关部门可以将施工现场的监督检查委托给建设工程安全监督机构具体实施。

第四十五条　国家对严重危及施工安全的工艺、设备、材料实行淘汰制度。具体目录由国务院建设行政主管部门会同国务院其他有关部门制定并公布。

第四十六条　县级以上人民政府建设行政主管部门和其他有关部门应当及时受理对建设工程生产安全事故及安全事故隐患的检举、控告和投诉。

第六章　生产安全事故的应急救援和调查处理

第四十七条　县级以上地方人民政府建设行政主管部门应当根据本级人民政府的要求，制定本行政区域内建设工程特大生产安全事故应急救援预案。

第四十八条　施工单位应当制定本单位生产安全事故应急救援预案，建立应急救援组织或者配备应急救援人员，配备必要的应急救援器材、设备，并定期组织演练。

第四十九条　施工单位应当根据建设工程施工的特点、范围，对施工现场易发生重大事故的部位、环节进行监控，制定施工现场生产安全事故应急救援预案。实行施工总承包的，由总承包单位统一组织编制建设工程生产安全事故应急救援预案，工程总承包单位和分包单位按照应急救援预案，各自建立应急救援组织或者配备应急救援人员，配备救援器材、设备，并定期组织演练。

第五十条　施工单位发生生产安全事故，应当按照国家有关伤亡事故报告和调查处理的规定，及时、如实地向负责安全生产监督管理的部门、建设行政主管部门或者其他有关部门报告；特种设备发生事故的，还应当同时向特种设备安全监督管理部门报告。接到报告的部门应当按照国家有关规定，如实上报。

实行施工总承包的建设工程，由总承包单位负责上报事故。

第五十一条　发生生产安全事故后，施工单位应当采取措施防止事故扩大，保护事故现场。需要移动现场物品时，应当做出标记和书面记录，妥善保管有关证物。

第五十二条　建设工程生产安全事故的调查、对事故责任单位和责任人的处罚与处理，按照有关法律、法规的规定执行。

第七章 法律责任

第五十三条　违反本条例的规定，县级以上人民政府建设行政主管部门或者其他有关行政管理部门的工作人员，有下列行为之一的，给予降级或者撤职的行政处分；构成犯罪的，依照刑法有关规定追究刑事责任：

（一）对不具备安全生产条件的施工单位颁发资质证书的；

（二）对没有安全施工措施的建设工程颁发施工许可证的；

（三）发现违法行为不予查处的；

（四）不依法履行监督管理职责的其他行为。

第五十四条　违反本条例的规定，建设单位未提供建设工程安全生产作业环境及安全施工措施所需费用的，责令限期改正；逾期未改正的，责令该建设工程停止施工。

建设单位未将保证安全施工的措施或者拆除工程的有关资料报送有关部门备案的，责令限期改正，给予警告。

第五十五条　违反本条例的规定，建设单位有下列行为之一的，责令限期改正，处 20 万元以上 50 万元以下的罚款；造成重大安全事故，构成犯罪的，对直接责任人员，依照刑法有关规定追究刑事责任；造成损失的，依法承担赔偿责任：

（一）对勘察、设计、施工、工程监理等单位提出不符合安全生产法律、法规和强制性标准规定的要求的；

（二）要求施工单位压缩合同约定的工期的；

（三）将拆除工程发包给不具有相应资质等级的施工单位的。

第五十六条　违反本条例的规定，勘察单位、设计单位有下列行为之一的，责令限期改正，处 10 万元以上 30 万元以下的罚款；情节严重的，责令停业整顿，降低资质等级，直至吊销资质证书；造成重大安全事故，构成犯罪的，对直接责任人员，依照刑法有关规定追究刑事责任；造成损失的，依法承担赔偿责任：

（一）未按照法律、法规和工程建设强制性标准进行勘察、设计的；

（二）采用新结构、新材料、新工艺的建设工程和特殊结构的建设工程，设计单位未在设计中提出保障施工作业人员安全和预防生产安全事故的措施建议的。

第五十七条　违反本条例的规定，工程监理单位有下列行为之一的，责令限期改正；逾期未改正的，责令停业整顿，并处 10 万元以上 30 万元以下的罚款；情节严重的，降低资质等级，直至吊销资质证书；造成重大安全事故，构成犯罪的，对直接责任人员，依照刑法有关规定追究刑事责任；造成损失的，依法承担赔偿责任：

（一）未对施工组织设计中的安全技术措施或者专项施工方案进行审查的；

（二）发现安全事故隐患未及时要求施工单位整改或者暂时停止施工的；

（三）施工单位拒不整改或者不停止施工，未及时向有关主管部门报告的；

（四）未依照法律、法规和工程建设强制性标准实施监理的。

第五十八条 注册执业人员未执行法律、法规和工程建设强制性标准的，责令停止执业3个月以上1年以下；情节严重的，吊销执业资格证书，5年内不予注册；造成重大安全事故的，终身不予注册；构成犯罪的，依照刑法有关规定追究刑事责任。

第五十九条 违反本条例的规定，为建设工程提供机械设备和配件的单位，未按照安全施工的要求配备齐全有效的保险、限位等安全设施和装置的，责令限期改正，处合同价款1倍以上3倍以下的罚款；造成损失的，依法承担赔偿责任。

第六十条 违反本条例的规定，出租单位出租未经安全性能检测或者经检测不合格的机械设备和施工机具及配件的，责令停业整顿，并处5万元以上10万元以下的罚款；造成损失的，依法承担赔偿责任。

第六十一条 违反本条例的规定，施工起重机械和整体提升脚手架、模板等自升式架设设施安装、拆卸单位有下列行为之一的，责令限期改正，处5万元以上10万元以下的罚款；情节严重的，责令停业整顿，降低资质等级，直至吊销资质证书；造成损失的，依法承担赔偿责任：

（一）未编制拆装方案、制定安全施工措施的；

（二）未由专业技术人员现场监督的；

（三）未出具自检合格证明或者出具虚假证明的；

（四）未向施工单位进行安全使用说明，办理移交手续的。

施工起重机械和整体提升脚手架、模板等自升式架设设施安装、拆卸单位有前款规定的第（一）项、第（三）项行为，经有关部门或者单位职工提出后，对事故隐患仍不采取措施，因而发生重大伤亡事故或者造成其他严重后果，构成犯罪的，对直接责任人员，依照刑法有关规定追究刑事责任。

第六十二条 违反本条例的规定，施工单位有下列行为之一的，责令限期改正；逾期未改正的，责令停业整顿，依照《中华人民共和国安全生产法》的有关规定处以罚款；造成重大安全事故，构成犯罪的，对直接责任人员，依照刑法有关规定追究刑事责任：

（一）未设立安全生产管理机构、配备专职安全生产管理人员或者分部分项工程施工时无专职安全生产管理人员现场监督的；

（二）施工单位的主要负责人、项目负责人、专职安全生产管理人员、作业人员或者特种作业人员，未经安全教育培训或者经考核不合格即从事相关工作的；

（三）未在施工现场的危险部位设置明显的安全警示标志，或者未按照国家有关规定在施工现场设置消防通道、消防水源、配备消防设施和灭火器材的；

（四）未向作业人员提供安全防护用具和安全防护服装的；

（五）未按照规定在施工起重机械和整体提升脚手架、模板等自升式架设设施验收合格后登记的；

（六）使用国家明令淘汰、禁止使用的危及施工安全的工艺、设备、材料的。

第六十三条 违反本条例的规定，施工单位挪用列入建设工程概算的安全生产作业环境及安全施工措施所需费用的，责令限期改正，处挪用费用20%以上50%以下的罚款；造成损失的，依法承担赔偿责任。

第六十四条 违反本条例的规定，施工单位有下列行为之一的，责令限期改正；逾期未改正的，责令停业整顿，并处5万元以上10万元以下的罚款；造成重大安全事故，构成犯罪的，对直接责任人员，依照刑法有关规定追究刑事责任：

（一）施工前未对有关安全施工的技术要求作出详细说明的；

（二）未根据不同施工阶段和周围环境及季节、气候的变化，在施工现场采取相应的安全施工措施，或者在城市市区内的建设工程的施工现场未实行封闭围挡的；

（三）在尚未竣工的建筑物内设置员工集体宿舍的；

（四）施工现场临时搭建的建筑物不符合安全使用要求的；

（五）未对因建设工程施工可能造成损害的毗邻建筑物、构筑物和地下管线等采取专项防护措施的。

施工单位有前款规定第（四）项、第（五）项行为，造成损失的，依法承担赔偿责任。

第六十五条　违反本条例的规定，施工单位有下列行为之一的，责令限期改正；逾期未改正的，责令停业整顿，并处10万元以上30万元以下的罚款；情节严重的，降低资质等级，直至吊销资质证书；造成重大安全事故，构成犯罪的，对直接责任人员，依照刑法有关规定追究刑事责任；造成损失的，依法承担赔偿责任：

（一）安全防护用具、机械设备、施工机具及配件在进入施工现场前未经查验或者查验不合格即投入使用的；

（二）使用未经验收或者验收不合格的施工起重机械和整体提升脚手架、模板等自升式架设设施的；

（三）委托不具有相应资质的单位承担施工现场安装、拆卸施工起重机械和整体提升脚手架、模板等自升式架设设施的；

（四）在施工组织设计中未编制安全技术措施、施工现场临时用电方案或者专项施工方案的。

第六十六条　违反本条例的规定，施工单位的主要负责人、项目负责人未履行安全生产管理职责的，责令限期改正；逾期未改正的，责令施工单位停业整顿；造成重大安全事故、重大伤亡事故或者其他严重后果，构成犯罪的，依照刑法有关规定追究刑事责任。

作业人员不服管理、违反规章制度和操作规程冒险作业造成重大伤亡事故或者其他严重后果，构成犯罪的，依照刑法有关规定追究刑事责任。

施工单位的主要负责人、项目负责人有前款违法行为，尚不够刑事处罚的，处2万元以上20万元以下的罚款或者按照管理权限给予撤职处分；自刑罚执行完毕或者受处分之日起，5年内不得担任任何施工单位的主要负责人、项目负责人。

第六十七条　施工单位取得资质证书后，降低安全生产条件的，责令限期改正；经整改仍未达到与其资质等级相适应的安全生产条件的，责令停业整顿，降低其资质等级直至吊销资质证书。

第六十八条　本条例规定的行政处罚，由建设行政主管部门或者其他有关部门依照法定职权决定。

违反消防安全管理规定的行为，由公安消防机构依法处罚。

有关法律、行政法规对建设工程安全生产违法行为的行政处罚决定机关另有规定的，从其规定。

第八章　附　　则

第六十九条　抢险救灾和农民自建低层住宅的安全生产管理，不适用本条例。

第七十条　军事建设工程的安全生产管理，按照中央军事委员会的有关规定执行。

第七十一条　本条例自2004年2月1日起施行。

【例11-13-1】根据《建设工程安全生产管理条例》的规定，施工单位实施爆破、起重吊装等施工时，应当安排现场的监督人员是：

A. 项目管理技术人员　　B. 应急救援人员

C. 专职安全生产管理人员　　D. 专职质量管理人员

解　《中华人民共和国安全法》第四十三条规定，生产经营单位进行爆破、吊装、动火、临时用电以及国务院应急管理部门会同国务院有关部门规定的其他危险作业，应当安排专门人员进行现场安全管理，确保操作规程的遵守和安全措施的落实。

答案：C

【例 11-13-2】根据《建设工程安全生产管理条例》规定，建设单位确定建设工程安全作业环境及安全施工措施所需费用的时间是：

A. 编制工程概算时　　B. 编制设计预算时

C. 编制施工预算时　　D. 编制投资估算时

解　《建设工程安全生产管理条例》第八条规定，建设单位在编制工程概算时，应当确定建设工程安全作业环境及安全施工措施所需费用。

答案：A

【例 11-13-3】下列说法正确的是：

A. 设计单位和注册建筑师等注册执业人员应当对其设计负责

B. 设计单位提出预防安全事故的强制性标准

C. 经原设计单位同意，甲方另外委托具有资质的设计单位改图并承担相关责任

D. 施工方发现图纸有问题，直接联系设计单位进行修改

解　《建设工程安全生产管理条例》第十三条第四款规定，设计单位和注册建筑师等注册执业人员应当对其设计负责。选项 A 正确。

《建设工程安全生产管理条例》第十三条规定，设计单位应当按照法律、法规和工程建设强制性标准进行设计，防止因设计不合理导致生产安全事故的发生。选项 B 错误。

根据《建设工程质量管理条例》第二十八条，施工单位必须按照工程设计图纸和施工技术标准施工，不得擅自修改工程设计，不得偷工减料。施工单位在施工过程中发现设计文件和图纸有差错的，应当及时提出意见和建议。选项 D 错误。

根据《中华人民共和国注册建筑师条例》第二十七条，任何单位和个人修改注册建筑师的设计图纸，应当征得该注册建筑师同意；但是，因特殊情况不能征得该注册建筑师同意的除外。选项 C 错误。

答案：A

习　题

11-13-1 深基坑支护与降水工程、模板工程、脚手架工程的施工专项方案必须经下列哪些人员签字后实施？（　　）

①经施工单位技术负责人；②总监理工程师；③结构设计人；④施工方法人代表。

A. ①②　　B. ①②③　　C. ①②③④　　D. ①④

11-13-2 施工现场及毗邻区域内的各种管线及地下工程的有关资料（　　）。

A. 应由建设单位向施工单位提供

B. 施工单位必须在开工前自行查清

C. 应由监理单位提供

D. 应由政府有关部门提供

习题题解及参考答案

第二节

11-2-1 **解：**《中华人民共和国建筑法》第七条规定，建筑工程开工前，建设单位应当按照国家有关规定向工程所在地县级以上人民政府建设行政主管部门申请领取施工许可证；但是，国务院建设行政主管部门确定的限额以下的小型工程除外。按照国务院规定的权限和程序批准开工报告的建筑工程，不再领取施工许可证。

答案：D

11-2-2 **解：**《中华人民共和国建筑法》第九条规定，建设单位应当自领取施工许可证之日起三个月内开工。因故不能按期开工的，应当向发证机关申请延期；延期以两次为限，每次不超过三个月。既不开工又不申请延期或者超过延期时限的，施工许可证自行废止。

答案：A

11-2-3 **解：**《建设工程质量管理条例》第七十八条规定，本条例所称违法分包，是指下列行为：

（一）总承包单位将建设工程分包给不具备相应资质条件的单位的；

（二）建设工程总承包合同中未有约定，又未经建设单位认可，承包单位将其承包的部分建设工程交由其他单位完成的；

（三）施工总承包单位将建设工程主体结构的施工分包给其他单位的；

（四）分包单位将其承包的建设工程再分包的。

答案：C

11-2-4 **解：**《中华人民共和国建筑法》第二条规定，在中华人民共和国境内从事建筑活动，实施对建筑活动的监督管理，应当遵守本法。本法所称建筑活动，是指各类房屋建筑及其附属设施的建造和与其配套的线路、管道、设备的安装活动。

答案：B

11-2-5 **解：**《中华人民共和国建筑法》第三十条规定，国家推行建筑工程监理制度。国务院可以规定实行强制监理的建筑工程的范围。

答案：A

11-2-6 **解：**见《中华人民共和国建筑法》第八条第（一）、（四）、（五）款规定，可知A、B、D项符合要求。

《中华人民共和国建筑法》第八条规定，申请领取施工许可证，应当具备下列条件：

（一）已经办理该建筑工程用地批准手续；

（二）依法应当办理建设工程规划许可证的，已经取得建设工程规划许可证；

（三）需要拆迁的，其拆迁进度符合施工要求；

（四）已经确定建筑施工企业；

（五）有满足施工需要的资金安排、施工图纸及技术资料；

（六）有保证工程质量和安全的具体措施。

建设行政主管部门应当自收到申请之日起七日内，对符合条件的申请颁发施工许可证。

答案：C

第三节

11-3-1 **解：**《中华人民共和国安全生产法》第三条规定，安全生产工作，坚持安全第一、预防为主、综合治理的方针。

答案：A

11-3-2 **解：**《中华人民共和国安全生产法》第五条规定，生产经营单位的主要负责人对本单位的安全生产工作全面负责。

答案：A

第四节

11-4-1 **解：**《中华人民共和国招标投标法》第十二条规定，招标人具有编制招标文件和组织评标能力的，可以自行办理招标事宜。任何单位和个人不得强制其委托招标代理机构办理招标事宜。

答案：D

11-4-2 **解：**《中华人民共和国招标投标法》第十条明确规定，招标分为公开招标和邀请招标。

答案：A

11-4-3 **解：**《中华人民共和国招标投标法》第三十七条规定，评委会专家组成中技术、经济方面的专家不少于成员总数的三分之二。

答案：C

11-4-4 **解：**《中华人民共和国招标投标法》第三十七条规定，评标由招标人依法组建的评标委员会负责。依法必须进行招标的项目，其评标委员会由招标人的代表和有关技术、经济等方面的专家组成，成员人数为五人以上单数，其中技术、经济等方面的专家不得少于成员总数的三分之二。

答案：D

11-4-5 **解：**《中华人民共和国招标投标法》第三条规定，不是所有的住宅项目都需要监理。

《中华人民共和国招标投标法》第三条规定，在中华人民共和国境内进行下列工程建设项目包括项目的勘察、设计、施工、监理以及与工程建设有关的重要设备、材料等的采购，必须进行招标：

（一）大型基础设施、公用事业等关系社会公共利益、公众安全的项目；

（二）全部或者部分使用国有资金投资或者国家融资的项目；

（三）使用国际组织或者外国政府贷款、援助资金的项目。

前款所列项目的具体范围和规模标准，由国务院发展计划部门会同国务院有关部门制订，报国务院批准。法律或者国务院对必须进行招标的其他项目的范围有规定的，依照其规定。

答案：D

11-4-6 **解：**《中华人民共和国招标投标法》第四十六条规定，招标人和中标人应当自中标通知书发出之日起三十日内，按照招标文件和中标人的投标文件订立书面合同。招标人和中标人不得再行订立背离合同实质性内容的其他协议。

答案：B

第六节

11-6-1 **解：**《中华人民共和国行政许可法》第五十八条规定，行政机关实施行政许可和对行政许可事项进行监督检查，不得收取任何费用。但是法律、行政法规另有规定的，依照其规定。

答案： A

11-6-2 **解：**《中华人民共和国行政许可法》第四十二条规定，除可以当场作出行政许可决定的外，行政机关应当自受理行政许可申请之日起二十日内作出行政许可决定。二十日内不能作出决定的，经本行政机关负责人批准，可以延长十日，并应当将延长期限的理由告知申请人。但是法律、法规另有规定的，依照其规定。

答案： A

第七节

11-7-1 **解：**《中华人民共和国节约能源法》第二十条规定，用能产品的生产者、销售者，可以根据自愿原则，按照国家有关节能产品认证的规定，向经国务院认证认可监督管理部门认可的从事节能产品认证的机构提出节能产品认证申请；经认证合格后，取得节能产品认证证书，可以在用能产品或者其包装物上使用节能产品认证标志。

答案： A

11-7-2 **解：**《中华人民共和国节约能源法》第三十五条规定，建筑工程的建设、设计、施工和监理单位应当遵守建筑节能标准。不符合建筑节能标准的建筑工程，建设主管部门不得批准开工建设；已经开工建设的，应当责令停止施工、限期改正；已经建成的，不得销售或者使用。

答案： A

第八节

11-8-1 **解：**《中华人民共和国环境保护法》第四十五条规定，国家依照法律规定实行排污许可管理制度。实行排污许可管理的企业事业单位和其他生产经营者应当按照排污许可证的要求排放污染物；未取得排污许可证的，不得排放污染物。

答案： A

11-8-2 **解：**《中华人民共和国环境保护法》第四十一条规定，建设项目中防治污染的设施，应当与主体工程同时设计、同时施工、同时投产使用。防治污染的设施应当符合经批准的环境影响评价文件要求，不得擅自拆除或闲置。

答案： D

11-8-3 **解：**《中华人民共和国环境保护法》第六十三条规定，企业事业单位和其他生产经营者有下列行为之一，尚不构成犯罪的，除依照有关法律法规规定予以处罚外，由县级以上人民政府环境保护主管部门或者其他有关部门将案件移送公安机关，对其直接负责的主管人员和其他直接责任人员，处十日以上十五日以下拘留；情节较轻的，处五日以上十日以下拘留：

（一）建设项目未依法进行环境影响评价，被责令停止建设，拒不执行的；

……

答案： A

第十二节

11-12-1 **解：**《建设工程质量管理条例》第六十条规定，违反本条例规定，勘察、设计、施工、工程监理单位超越本单位资质等级承揽工程的，责令停止违法行为，对勘察、设计单位或者监理单位处合同约定的勘察费、设计费或者监理酬金1倍以上2倍以下的罚款；对施工单位处工程合同价款2%以上4%以下的罚款，可以责令停业整顿，降低资质等级；情节严重的，吊销资质证书；有违法所得的，予以没收。未取得资质证书承揽工程的，予以取缔，依照前款规定处以罚款；有违法所得的，予以没收。

答案：B

11-12-2 **解：**《建设工程质量管理条例》第三十七条规定，工程监理单位应当选派具备相应资格的总监理工程师和监理工程师进驻施工现场。未经监理工程师签字，建筑材料、建筑构配件和设备不得在工程上使用或者安装，施工单位不得进行下一道工序的施工。未经总监理工程师签字，建设单位不拨付工程款，不进行竣工验收。

答案：D

第十三节

11-13-1 **解：**《建设工程安全生产管理条例》第二十六条规定，施工单位应当在施工组织设计中编制安全技术措施和施工现场临时用电方案，对下列达到一定规模的危险性较大的分部分项工程编制专项施工方案，并附具安全验算结果，经施工单位技术负责人、总监理工程师签字后实施，由专职安全生产管理人员进行现场监督：

（一）基坑支护与降水工程；

（二）土方开挖工程；

（三）模板工程；

（四）起重吊装工程；

（五）脚手架工程；

（六）拆除、爆破工程。

答案：A

11-13-2 **解：**《建设工程安全生产管理条例》第六条规定，建设单位应当向施工单位提供施工现场及毗邻区域内供水、排水、供电、供气、供热、通信、广播电视等地下管线资料，气象和水文观测资料，相邻建筑物和构筑物、地下工程的有关资料，并保证资料的真实、准确、完整。

答案：A

附录一

全国勘察设计注册工程师资格考试
公共基础考试大纲

Ⅰ.工程科学基础

一、数学

1.1 空间解析几何

向量的线性运算；向量的数量积、向量积及混合积；两向量垂直、平行的条件；直线方程；平面方程；平面与平面、直线与直线、平面与直线之间的位置关系；点到平面、直线的距离；球面、母线平行于坐标轴的柱面、旋转轴为坐标轴的旋转曲面的方程；常用的二次曲面方程；空间曲线在坐标面上的投影曲线方程。

1.2 微分学

函数的有界性、单调性、周期性和奇偶性；数列极限与函数极限的定义及其性质；无穷小和无穷大的概念及其关系；无穷小的性质及无穷小的比较极限的四则运算；函数连续的概念；函数间断点及其类型；导数与微分的概念；导数的几何意义和物理意义；平面曲线的切线和法线；导数和微分的四则运算；高阶导数；微分中值定理；洛必达法则；函数的切线及法平面和切平面及法线；函数单调性的判别；函数的极值；函数曲线的凹凸性、拐点；偏导数与全微分的概念；二阶偏导数；多元函数的极值和条件极值；多元函数的最大、最小值极其简单应用。

1.3 积分学

原函数与不定积分的概念；不定积分的基本性质；基本积分公式；定积分的基本概念和性质（包括定积分中值定理）；积分上限的函数及其导数；牛顿-莱布尼兹公式；不定积分和定积分的换元积分法与分部积分法；有理函数、三角函数的有理式和简单无理函数的积分；广义积分；二重积分与三重积分的概念、性质、计算和应用；两类曲线积分的概念、性质和计算；求平面图形的面积、平面曲线的弧长和旋转体的体积。

1.4 无穷级数

数项级数的敛散性概念；收敛级数的和；级数的基本性质与级数收敛的必要条件；几何级数与 p 级数及其收敛性；正项级数敛散性的判别法；任意项级数的绝对收敛与条件收敛；幂级数及其收敛半径、收敛区间和收敛域；幂级数的和函数；函数的泰勒级数展开；函数的傅里叶系数与傅里叶级数。

1.5　常微分方程

常微分方程的基本概念；变量可分离的微分方程；齐次微分方程；一阶线性微分方程；全微分方程；可降阶的高阶微分方程；线性微分方程解的性质及解的结构定理；二阶常系数齐次线性微分方程。

1.6　线性代数

行列式的性质及计算；行列式按行展开定理的应用；矩阵的运算；逆矩阵的概念、性质及求法；矩阵的初等变换和初等矩阵；矩阵的秩；等价矩阵的概念和性质；向量的线性表示；向量组的线性相关和线性无关；线性方程组有解的判定；线性方程组求解；矩阵的特征值和特征向量的概念与性质；相似矩阵的概念和性质；矩阵的相似对角化；二次型及其矩阵表示；合同矩阵的概念和性质；二次型的秩；惯性定理；二次型及其矩阵的正定性。

1.7　概率与数理统计

随机事件与样本空间；事件的关系与运算；概率的基本性质；古典型概率；条件概率；概率的基本公式；事件的独立性；独立重复试验；随机变量；随机变量的分布函数；离散型随机变量的概率分布；连续型随机变量的概率密度；常见随机变量的分布；随机变量的数学期望、方差、标准差及其性质；随机变量函数的数学期望；矩、协方差、相关系数及其性质；总体；个体；简单随机样本；统计量；样本均值；样本方差和样本矩；χ^2分布；t分布；F分布；点估计的概念；估计量与估计值；矩估计法；最大似然估计法；估计量的评选标准；区间估计的概念；单个正态总体的均值和方差的区间估计；两个正态总体的均值差和方差比的区间估计；显著性检验；单个正态总体的均值和方差的假设检验。

二、物理学

2.1　热学

气体状态参量；平衡态；理想气体状态方程；理想气体的压强和温度的统计解释；自由度；能量按自由度均分原理；理想气体内能；平均碰撞频率和平均自由程；麦克斯韦速率分布律；方均根速率；平均速率；最概然速率；功；热量；内能；热力学第一定律及其对理想气体等值过程的应用；绝热过程；气体的摩尔热容量；循环过程；卡诺循环；热机效率；净功；制冷系数；热力学第二定律及其统计意义；可逆过程和不可逆过程。

2.2　波动学

机械波的产生和传播；一维简谐波表达式；描述波的特征量；波面，波前，波线；波的能量、能流、能流密度；波的衍射；波的干涉；驻波；自由端反射与固定端反射；声波；声强级；多普勒效应。

2.3　光学

相干光的获得；杨氏双缝干涉；光程和光程差；薄膜干涉；光疏介质；光密介质；迈克尔逊干涉仪；惠更斯-菲涅耳原理；单缝衍射；光学仪器分辨本领；衍射光栅与光谱分析；X 射线衍射；布拉格公式；自然光和偏振光；布儒斯特定律；马吕斯定律；双折射现象。

三、化学

3.1 物质的结构和物质状态

原子结构的近代概念；原子轨道和电子云；原子核外电子分布；原子和离子的电子结构；原子结构和元素周期律；元素周期表；周期族；元素性质及氧化物及其酸碱性。离子键的特征；共价键的特征和类型；杂化轨道与分子空间构型；分子结构式；键的极性和分子的极性；分子间力与氢键；晶体与非晶体；晶体类型与物质性质。

3.2 溶液

溶液的浓度；非电解质稀溶液通性；渗透压；弱电解质溶液的解离平衡；分压定律；解离常数；同离子效应；缓冲溶液；水的离子积及溶液的 pH 值；盐类的水解及溶液的酸碱性；溶度积常数；溶度积规则。

3.3 化学反应速率及化学平衡

反应热与热化学方程式；化学反应速率；温度和反应物浓度对反应速率的影响；活化能的物理意义；催化剂；化学反应方向的判断；化学平衡的特征；化学平衡移动原理。

3.4 氧化还原反应与电化学

氧化还原的概念；氧化剂与还原剂；氧化还原电对；氧化还原反应方程式的配平；原电池的组成和符号；电极反应与电池反应；标准电极电势；电极电势的影响因素及应用；金属腐蚀与防护。

3.5 有机化学

有机物特点、分类及命名；官能团及分子构造式；同分异构；有机物的重要反应：加成、取代、消除、氧化、催化加氢、聚合反应、加聚与缩聚；基本有机物的结构、基本性质及用途：烷烃、烯烃、炔烃、芳烃、卤代烃、醇、苯酚、醛和酮、羧酸、酯；合成材料：高分子化合物、塑料、合成橡胶、合成纤维、工程塑料。

四、理论力学

4.1 静力学

平衡；刚体；力；约束及约束力；受力图；力矩；力偶及力偶矩；力系的等效和简化；力的平移定理；平面力系的简化；主矢；主矩；平面力系的平衡条件和平衡方程式；物体系统（含平面静定桁架）的平衡；摩擦力；摩擦定律；摩擦角；摩擦自锁。

4.2 运动学

点的运动方程；轨迹；速度；加速度；切向加速度和法向加速度；平动和绕定轴转动；角速度；角加速度；刚体内任一点的速度和加速度。

4.3 动力学

牛顿定律；质点的直线振动；自由振动微分方程；固有频率；周期；振幅；衰减振动；阻尼对自由振动振幅的影响——振幅衰减曲线；受迫振动；受迫振动频率；幅频特性；共振；动力学普遍定理；动量；质心；动量定理及质心运动定理；动量及质心运动守恒；动量矩；动量矩定理；动量矩守恒；刚体定轴转动微分方程；转动惯量；回转半径；平行轴定理；功；

动能；势能；动能定理及机械能守恒；达朗贝尔原理；惯性力；刚体作平动和绕定轴转动（转轴垂直于刚体的对称面）时惯性力系的简化；动静法。

五、材料力学

5.1　材料在拉伸、压缩时的力学性能

低碳钢、铸铁拉伸、压缩试验的应力-应变曲线；力学性能指标。

5.2　拉伸和压缩

轴力和轴力图；杆件横截面和斜截面上的应力；强度条件；胡克定律；变形计算。

5.3　剪切和挤压

剪切和挤压的实用计算；剪切面；挤压面；剪切强度；挤压强度。

5.4　扭转

扭矩和扭矩图；圆轴扭转切应力；切应力互等定理；剪切胡克定律；圆轴扭转的强度条件；扭转角计算及刚度条件。

5.5　截面几何性质

静矩和形心；惯性矩和惯性积；平行轴公式；形心主轴及形心主惯性矩概念。

5.6　弯曲

梁的内力方程；剪力图和弯矩图；分布荷载、剪力、弯矩之间的微分关系；正应力强度条件；切应力强度条件；梁的合理截面；弯曲中心概念；求梁变形的积分法、叠加法。

5.7　应力状态

平面应力状态分析的解析法和应力圆法；主应力和最大切应力；广义胡克定律；四个常用的强度理论。

5.8　组合变形

拉/压-弯组合、弯-扭组合情况下杆件的强度校核；斜弯曲。

5.9　压杆稳定

压杆的临界荷载；欧拉公式；柔度；临界应力总图；压杆的稳定校核。

六、流体力学

6.1　流体的主要物性与流体静力学

连续介质和质点；流体的压缩性与膨胀性；流体的黏性与牛顿内摩擦定律；流体静压强及其特性；重力作用下静水压强的分布规律；作用于平面的液体总压力的计算。

6.2　流体动力学基础

以流场为对象描述流动的概念；流体运动的总流分析；三维流动连续性方程；恒定总流连续性方程、能量方程和动量方程的运用。

6.3　流动阻力和能量损失

沿程阻力损失和局部阻力损失；实际流体的两种流态——层流和紊流；圆管中层流运动；紊流运动的特征；减小阻力的措施。

6.4　孔口管嘴管道流动

孔口自由出流、孔口淹没出流；管嘴出流；有压管道恒定流；管道的串联和并联。

6.5　明渠恒定流

明渠均匀水流特性；产生均匀流的条件；明渠恒定非均匀流的流动状态；明渠恒定均匀流的水力计算。

6.6　渗流、井和集水廊道

土壤的渗流特性；达西定律；井和集水廊道。

6.7　相似原理和量纲分析

力学相似原理；相似准数；量纲分析法。

II.现代技术基础

七、电气与信息

7.1　电磁学概念

电荷与电场；库仑定律；高斯定理；电流与磁场；安培环路定律；电磁感应定律；洛仑兹力。

7.2　电路知识

电路组成；电路的基本物理过程；理想电路元件及其约束关系；电路模型；欧姆定律；基尔霍夫定律；支路电流法；等效电源定理；叠加原理；正弦交流电的时间函数描述；阻抗；正弦交流电的相量描述；复数阻抗；交流电路稳态分析的相量法；交流电路功率；功率因数；三相配电电路及用电安全；电路暂态；R-C、R-L 电路暂态特性；电路频率特性；R-C、R-L 电路频率特性。

7.3　电动机与变压器

理想变压器；变压器的电压变换、电流变换和阻抗变换原理；三相异步电动机接线、启动、反转及调速方法；三相异步电动机运行特性；简单继电-接触控制电路。

7.4　信号与信息

信号；信息；信号的分类；模拟信号与信息；模拟信号描述方法；模拟信号的频谱；模拟信号增强；模拟信号滤波；模拟信号变换；数字信号与信息；数字信号的逻辑编码与逻辑演算；数字信号的数值编码与数值运算。

7.5　模拟电子技术

晶体二极管；极型晶体三极管；共射极放大电路；输入阻抗与输出阻抗；射极跟随器与阻抗变换；运算放大器；反相运算放大电路；同相运算放大电路；基于运算放大器的比较器电路；二极管单相半波整流电路；二极管单相桥式整流电路。

7.6　数字电子技术

与、或、非门的逻辑功能；简单组合逻辑电路；D 触发器；JK 触发器数字寄存器；脉冲计数器。

7.7 计算机系统

计算机系统组成；计算机的发展；计算机的分类；计算机系统特点；计算机硬件系统组成；CPU；存储器；输入/输出设备及控制系统；总线；数模/模数转换；计算机软件系统组成；系统软件；操作系统；操作系统定义；操作系统特征；操作系统功能；操作系统分类；支撑软件；应用软件；计算机程序设计语言。

7.8 信息表示

信息在计算机内的表示；二进制编码；数据单位；计算机内数值数据的表示；计算机内非数值数据的表示；信息及其主要特征。

7.9 常用操作系统

Windows 发展；进程和处理器管理；存储管理；文件管理；输入/输出管理；设备管理；网络服务。

7.10 计算机网络

计算机与计算机网络；网络概念；网络功能；网络组成；网络分类；局域网；广域网；因特网；网络管理；网络安全；Windows 系统中的网络应用；信息安全；信息保密。

III.工程管理基础

八、法律法规

8.1 中华人民共和国建筑法

总则；建筑许可；建筑工程发包与承包；建筑工程监理；建筑安全生产管理；建筑工程质量管理；法律责任。

8.2 中华人民共和国安全生产法

总则；生产经营单位的安全生产保障；从业人员的权利和义务；安全生产的监督管理；生产安全事故的应急救援与调查处理。

8.3 中华人民共和国招标投标法

总则；招标；投标；开标；评标和中标；法律责任。

8.4 中华人民共和国合同法

一般规定；合同的订立；合同的效力；合同的履行；合同的变更和转让；合同的权利义务终止；违约责任；其他规定。

8.5 中华人民共和国行政许可法

总则；行政许可的设定；行政许可的实施机关；行政许可的实施程序；行政许可的费用。

8.6 中华人民共和国节约能源法

总则；节能管理；合理使用与节约能源；节能技术进步；激励措施；法律责任。

8.7 中华人民共和国环境保护法

总则；环境监督管理；保护和改善环境；防治环境污染和其他公害；法律责任。

8.8　建设工程勘察设计管理条例

总则；资质资格管理；建设工程勘察设计发包与承包；建设工程勘察设计文件的编制与实施；监督管理。

8.9　建设工程质量管理条例

总则；建设单位的质量责任和义务；勘察设计单位的质量责任和义务；施工单位的质量责任和义务；工程监理单位的质量责任和义务；建设工程质量保修。

8.10　建设工程安全生产管理条例

总则；建设单位的安全责任；勘察设计工程监理及其他有关单位的安全责任；施工单位的安全责任；监督管理；生产安全事故的应急救援和调查处理。

九、工程经济

9.1　资金的时间价值

资金时间价值的概念；利息及计算；实际利率和名义利率；现金流量及现金流量图；资金等值计算的常用公式及应用；复利系数表的应用。

9.2　财务效益与费用估算

项目的分类；项目计算期；财务效益与费用；营业收入；补贴收入；建设投资；建设期利息；流动资金；总成本费用；经营成本；项目评价涉及的税费；总投资形成的资产。

9.3　资金来源与融资方案

资金筹措的主要方式；资金成本；债务偿还的主要方式。

9.4　财务分析

财务评价的内容；盈利能力分析（财务净现值、财务内部收益率、项目投资回收期、总投资收益率、项目资本金净利润率）；偿债能力分析（利息备付率、偿债备付率、资产负债率）；财务生存能力分析；财务分析报表（项目投资现金流量表、项目资本金现金流量表、利润与利润分配表、财务计划现金流量表）；基准收益率。

9.5　经济费用效益分析

经济费用和效益；社会折现率；影子价格；影子汇率；影子工资；经济净现值；经济内部收益率；经济效益费用比。

9.6　不确定性分析

盈亏平衡分析（盈亏平衡点、盈亏平衡分析图）；敏感性分析（敏感度系数、临界点、敏感性分析图）。

9.7　方案经济比选

方案比选的类型；方案经济比选的方法（效益比选法、费用比选法、最低价格法）；计算期不同的互斥方案的比选。

9.8　改扩建项目经济评价特点

改扩建项目经济评价特点。

9.9　价值工程

价值工程原理；实施步骤。

附录二

全国勘察设计注册工程师资格考试
公共基础试题配置说明

I.工程科学基础（共 78 题）

数学基础	24 题	理论力学基础	12 题
物理基础	12 题	材料力学基础	12 题
化学基础	10 题	流体力学基础	8 题

II.现代技术基础（共 28 题）

电气技术基础	12 题	计算机基础	10 题
信号与信息基础	6 题		

III.工程管理基础（共 14 题）

工程经济基础	8 题	法律法规	6 题

注：试卷题目数量合计 120 题，每题 1 分，满分为 120 分。考试时间为 4 小时。

2024 | 全国勘察设计注册工程师
执业资格考试用书

Zhuce Gongyong Shebei Gongchengshi (Jishui Paishui) Zhiye Zige Kaoshi
Jichu Kaoshi Fuxi Jiaocheng

注册公用设备工程师（给水排水）执业资格考试
基础考试复习教程

（下册）

注册工程师考试复习用书编委会 / 编
徐洪斌　曹纬浚 / 主编

微信扫一扫
里面有数字资源的获取和使用方法哟

人民交通出版社
北京

内 容 提 要

本书编写人员全部是多年从事注册公用设备工程师基础考试培训工作的专家、教授。书中内容紧扣现行考试大纲并覆盖了考试大纲的全部内容，着重于对概念的理解运用，重点突出。教程小节后附有习题，每章后附有题解和参考答案。另出版有配套复习用书《2024 注册公用设备工程师（给水排水）执业资格考试基础考试试卷》（含公共基础、专业基础 4 个分册，收录有 2022 年补考真题和 2023 年真题），可作为考生检验复习效果和准备考试之用。

本书配电子书，部分科目配有视频讲解，考生可微信扫描上册封面红色“二维码”，登录“注考大师”获取资源（有效期一年）。

由于本书篇幅较大，故分为上、下两册，上册为公共基础考试内容，下册为专业基础考试内容，以便于携带和翻阅。

本书可供参加 2024 年注册公用设备工程师（给水排水）执业资格考试基础考试的考生复习使用。

图书在版编目（CIP）数据

2024 注册公用设备工程师（给水排水）执业资格考试基础考试复习教程/徐洪斌，曹纬浚主编.—北京：人民交通出版社股份有限公司，2024.4

ISBN 978-7-114-19220-3

Ⅰ.①2… Ⅱ.①徐… ②曹… Ⅲ.①给排水系统—资格考试—自学参考资料 Ⅳ.①TU991

中国国家版本馆 CIP 数据核字（2024）第 017114 号

书　　名：**2024 注册公用设备工程师（给水排水）执业资格考试基础考试复习教程**
著 作 者：徐洪斌　曹纬浚
责任编辑：刘彩云
责任印制：刘高彤
出版发行：人民交通出版社
地　　址：（100011）北京市朝阳区安定门外外馆斜街 3 号
网　　址：http://www.ccpcl.com.cn
销售电话：（010）59757973
总 经 销：人民交通出版社发行部
经　　销：各地新华书店
印　　刷：北京市密东印刷有限公司
开　　本：889×1194　1/16
印　　张：74.75
字　　数：1956 千
版　　次：2024 年 4 月　第 1 版
印　　次：2024 年 4 月　第 1 次印刷
书　　号：ISBN 978-7-114-19220-3
定　　价：178.00 元（含上、下两册）

版权声明

前　言

原建设部（现住房和城乡建设部）和原人事部（现人力资源和社会保障部）从 2003 年起实施注册公用设备工程师（给水排水）执业资格考试制度。

本教程的编写老师都是本专业有较深造诣的教授和高级工程师，分别来自北京建筑大学、北京工业大学、北京交通大学、北京工商大学、郑州大学及北京市建筑设计研究院。为了帮助公用设备工程师们准备考试，教师们根据多年教学实践经验和考生的回馈意见，依据考试大纲和现行教材、规范，对考试必备的基础知识进行了凝练总结，编写了这本教程，以协助考生在较短时间内理解和掌握考试大纲的要求。本教程的目的是为了指导复习，因此力求简明扼要，联系实际，着重对概念和规范的理解应用，并注意突出重点，是一套值得考生信赖的考前辅导和培训用书。

本教程分上、下册出版，上册第 1 至第 11 章为上午段公共基础考试内容，下册第 12 至第 18 章为下午段专业基础考试内容，每册书后均附有考试大纲、试题配置说明。考生在复习本书的同时，可结合《2024 注册公用设备工程师（给水排水）执业资格考试基础考试试卷》（含公共基础、专业基础 4 个分册，收录有 2022 年补考真题、2023 年真题及解析，配有在线题库）进行相关知识点的巩固，并熟练掌握高频考题的解题思路和结论。

本书配电子书，部分科目配有视频讲解，考生可微信扫描上册封面红色“二维码”，登录“注考大师”获取资源（有效期一年）。

本书由徐洪斌、曹纬浚担任主编，参加编写的人员有刘明惠、吴昌泽、王秋媛、范元玮、魏京花、谢亚勃、刘燕、钱民刚、许小重、毛军、李兆年、黄辉、许怡生、陈向东、孙伟、李魁元、蒋全科、耿颖、何新生、马浩亮、杨苗青、张秀金、程辉、李远、赵江涛、李国令、张俊龙、黄善恒、刘俊钊、刘儒雪、尚丹、汤秋菊、李瑶华、彭杨彬、段东歌、任孟月、张玉欢、高睿成、李夏、陶淑元、魏颂雨、姚松源、李欣烨、高照、郭宝磊、杨增浩、王晨曦、赵宇鑫、王文博、周子杰、张婧怡、吕明哲、赵怡蔚、段妮妮、吴楠、刘润泽。

祝各位考生考试取得好成绩！

徐洪斌

2024 年 1 月

主编致考生

一、注册公用设备工程师（给水排水）在专业考试之前进行基础考试是和国外接轨的做法。通过基础考试并达到职业实践年限后就可以申请参加专业考试。基础考试是考大学中的基础课程，按考试大纲的安排，上午考试段考 11 科，120 道题，4 个小时，每题 1 分，共 120 分；下午考试段考 7 科，60 道题，4 个小时，每题 2 分，共 120 分；上、下午共 240 分。试题均为 4 选 1 的单选题，平均每题时间上午 2 分钟，下午 4 分钟，因此不会有复杂的论证和计算，主要是检验考生的基本概念和基本知识。考生在复习时不要偏重难度大或过于复杂的知识，而应将复习的注意力主要放在弄清基本概念和基本知识方面。

二、考生在复习本教程之前，应认真阅读“考试大纲”，清楚地了解考试的内容和范围，以便合理制订自己的复习计划。复习时一定要紧扣“考试大纲”的内容，将全面复习与突出重点相结合。着重对“考试大纲”要求掌握的基本概念、基本理论、基本计算方法、计算公式和步骤，以及基本知识的应用等内容有系统、有条理地重点掌握，明白其中的道理和关系，掌握分析问题的方法。同时还应会使用为减少计算工作量或简化、方便计算所制作的表格等。本教程中每章前均有一节“复习指导”，具体说明本章的复习重点、难点和复习中要注意的问题，建议考生认真阅读每章的“复习指导”，参考“复习指导”的意见进行复习。在对基本概念、基本原理和基本知识有一个整体把握的基础上，对每章节的重点、难点进行重点复习和重点掌握。

三、注册公用设备工程师（给水排水）基础考试上、下午试卷共计 240 分，上、下午不分段计算成绩，这几年及格线都是 55%，也就是说，上、下午试卷总分达到 132 分就可以通过。因此，考生在准备考试时应注意扬长避短。从道理上讲，自己较弱的科目更应该努力复习，但毕竟时间和精力有限，如 2009 年新增加的“信号与信息技术”，据了解，非信息专业的考生大多未学过，短时间内要掌握好比较困难，而“信号与信息技术”总共只有 6 道题，6 分，只占总分的 2.5%，也就是说，即使“信号与信息技术”1 分未得，其他科目也还有 234 分，从 234 分中考 132 分是完全可以做到的。因此考生可以根据考试分科题量、分数分配和自己的具体情况，计划自己的复习重点和主要得分科目。当然一些主要得分科目是不能放松的，如“高等数学”24 题（上午段）24 分，“水文学和水文地质”12 题（下午段）24 分，“水泵及水泵站”12 题（下午段）24 分，都是不能放松的；其他科目则可根据自己过去对课程的掌握情况有所侧重，争取在自己过去学得好的课程中多得分。

四、在考试拿到试卷时，建议考生不要顺着题序顺次往下做。因为有的题会比较难，有的题不很熟悉，耽误的时间会比较多，以致到最后时间不够，题做不完，有些题会做但时间来不及，这就太得不偿失了。建议考生将做题过程分为四遍：

（1）首先用 15~20 分钟将题从头到尾看一遍，一是首先解答出自己很熟悉很有把握的题；二是将那些需要稍加思考估计能在平均答题时间里做出的题做个记号。这里说的平均答题时间，是指上午段 4 个小时考 120 道题，平均每题 2 分钟；下午段 4 个小时考 60 道题，平均每题 4 分钟，这个 2 分钟（上午）、4 分钟（下午）就是平均答题时间。将估计在这个时间里能做出来的题做上记号。

（2）第二遍做这些做了记号的题，这些题应该在考试时间里能做完，做完了这些题可以说就考出了考生的基本水平，不管考生基础如何，复习得怎么样，考得如何，至少不会因为题没做完而遗憾了。

（3）这些会做或基本会做的题做完以后，如果还有时间，就做那些需要稍多花费时间的题，能做几个算几个，并适当抽时间检查一下已答题的答案。

（4）考试时间将近结束时，比如还剩 5 分钟要收卷了，这时你就应看看还有多少道题没有答，这些题确实不会了，建议考生也不要放弃。既然是单选，那也不妨估个答案，答对了也是有分的。建议考生回头看看已答题目的答案，A、B、C、D 各有多少，虽然整个卷子四种答案的数量并不一定是平均的，但还是可以这样考虑，看看已答的题 A、B、C、D 中哪个答案最少，然后将不会做没有答的题按这个前边最少的答案通填，这样其中会有 1/4 可能还会多于 1/4 的题能得分，如果考生前边答对的题离及格正好差几分，这样一补充就能及格了。

五、基础考试是不允许带书和资料的，因此一些重要的公式、规定，考生一定要自己记住。

六、本教程每节后均附有习题，并在每章后附有提示及参考答案。建议考生在复习好本教程内容的基础上，多做习题。多做习题能帮助巩固已学的概念、理论、方法和公式等，并能发现自己的不足，哪些地方理解得不正确，哪些地方没有掌握好；同时熟能生巧，提高解题速度。

复习中若遇到疑问，可根据上、下册不同，参考封底邮箱信息，发邮件至两位主编邮箱，我们会尽快回复解答。相信这本教程能帮助大家准备好考试。

最后，祝愿各位考生取得好成绩！

曹纬浚

2024 年 1 月

目 录 CONTENTS

12 水文学和水文地质

考题配置 单选，12 题

分数配置 每题 2 分，共 24 分

复习指导

对于本章，考生要紧紧围绕考试大纲要求的知识点来复习，并重在理解，如对流域面积、降雨量、径流系数、径流总量、径流深度等之间关系的理解，无论考题如何变化总能得出正确的答案，另外也可通过量纲分析验算结果的正确性。

由于考试不提供也不允许携带任何参考资料，因此考题不会涉及繁琐的计算公式，但是简单的公式还需要牢记，如承压井、潜水井的裘布依公式等。大纲要求的基本概念需要好好理解和掌握。专业基础考试题量不大，考试时间足够，考试时不必紧张，可沉着做题，考出好成绩。

12.1 水文学概念

考试大纲☞： 河川径流 泥沙测算 流域水量平衡

12.1.1 河川径流

水资源：由于地球上存在着水循环作用，大气降水（雨、雪等）会不断地对水资源进行补给，所以水资源是一种可再生的资源；并出现年内和年际量的变化，具有一定的周期和规律。

水循环：水圈中各水体经过蒸发、水汽输送、凝结、降落、渗透、地表及地下径流的往复循环过程，称为水循环（水文循环）。相连接的河流所构成的系统称为水系。区别水系的干、支流，通常采用斯特拉勒河流分级法对其分级。干流是一水系中级别最高的河流。

枯水期：指流域内地表水流枯竭，主要依靠地下水补给水源的时期。当月平均径流量占全年径流量的比例小于 5%时，属枯水期。枯水期是一年中降水较少、河流水位较低的时期，其长度和强度受流域自然地理及气象条件影响，包括降水量、蒸发量、温度和湿度等多个因素。枯水期通常发生在少雨或无雨的季节，这时地表水流枯竭，河流主要依靠地下水补给。这个时期的起止时间和历时取决于河流的补给情况，如果一个地区长时间没有降雨，那么枯水期可能会延长。在枯水期，一些中小型河流可能会因为得不到足够的地下水补给而出现干涸现象。

（1）水文现象，在地区上具有相似性和特殊性，在时程上具有周期性和随机性。

（2）水文学研究方法有三种：

①地理综合法：按照水文现象地带规律和非地带性的地域差异，用各种水文等值线图表示水文特征的分布规律，或建立地区经验公式以揭示地区水文特征。

②成因分析法：根据水文变化的成因规律，由其影响因素预报、预测水文情势的方法。

③数理统计法：根据水文现象的统计规律，对水文观测资料统计分析，进行水文情势预测、预报的方法。

（3）水文循环，即水的三态互变，由四个重要环节构成：蒸发、降水、下渗、径流。根据水文循环过程，地表的水文循环分为大循环和小循环两种类型。

①大循环：即海陆间循环。海洋蒸发的水汽，被气流带到大陆上空，凝结后以降水形式降落到地表。其中，一部分渗入地下转化为地下水，一部分又被蒸发进入天空，余下的水分则沿地表流动形成江河而注入海洋。

②小循环：即海洋或大陆上的降水同蒸发之间的垂向交换过程。其中，包括海洋小循环（海上内循环）和陆地小循环（内陆循环）两个局部水循环过程。

全球每年约有 577 000km^3 的水参加水文循环。

（4）河川径流是水循环的基本环节，包含地表径流和地下径流。地表径流和地下径流汇入河川后，向流域出口断面汇集和排泄的水流称为河川径流。

①形成过程。

流域内的水自降落开始，至水流汇集、流至出口断面的整个过程，称为径流形成过程。以降雨补给的河流为例，可分为 4 个阶段。

a. 降雨阶段。流域内的径流由降雨产生，所以降雨就成为径流形成的首要环节。降雨的大小以及它在时间、空间上的分布，对径流的大小和变化起着决定性作用。

b. 流域蓄渗阶段。该阶段降雨全部消耗于植物截留、土壤下渗、地面填洼和流域蒸发。当降雨强度逐渐增大，超过下渗强度时，就会形成坡面上的细小水流。

c. 坡面漫流阶段。流域蓄渗阶段完成后，剩余雨水沿着坡面形成坡面漫流。它从局部区域开始，渐渐扩展到全流域。坡面漫流的雨水最后汇入小河沟、溪涧而进入河槽，进入第 4 阶段。

d. 河槽集流阶段。进入河槽的水流沿着河槽纵向流动，在流动过程中沿途汇集了各干流、支流的来水，最后到达流域出口断面。

②影响因素。

从径流的形成过程来看，影响径流变化的主要因素可分为气候因素、下垫面因素和人类活动因素。

a. 气候因素。流域的气象条件是影响径流量的决定性因素，降雨和蒸发最为重要，直接影响径流的形成和变化。

b. 下垫面因素。流域的地貌、地质和土壤、植被、湖泊和沼泽、流域面积与形状等情况，对流域的径流有重要影响。

c. 人类活动因素。这些因素主要指人类改造自然的水利化措施，如旱地改水田、坡地改梯田、修建水坝等，通过这些措施来增加河川径流量，改变河川径流分配，减少地表径流。

③河川径流的特征值。

河川径流的特征值主要包括流量、径流总量、径流模数、径流深度、径流系数等，单位的记忆也是重点！

a. 流量Q：单位时间内通过河流过水断面的水量，单位为m^3/s，流量有瞬时流量、日平均流量、年平均流量等。

b. 径流总量W：一段时间(T)内通过河流过水断面的总水量，单位为 m^3。其公式为

$$W = QT \tag{12-1-1}$$

式中：Q—计算时段内的平均流量（m^3/s）。

c. 径流模数M：单位流域面积上平均产生的流量，单位为$L/(s \cdot km^2)$。其公式为

$$M = \frac{1\,000Q}{F} \tag{12-1-2}$$

式中：F—流域面积（km^2）。

d. 径流深度R：计算时段内的径流总量W折算成全流域面积上的平均水深，单位为 mm。其公式为

$$R = \frac{W}{1\,000F} = \frac{QT}{1\,000F} \tag{12-1-3}$$

e. 径流系数α：同一时段内流域上的径流深度R与降水量P之比值就是径流系数。其公式为

$$\alpha = \frac{R}{P} \tag{12-1-4}$$

【例 12-1-1】 水资源是一种：

A. 非可再生资　　B. 可再生资源

C. 无限的资源　　D. 取之不尽，用之不竭的资源

解　可再生资源是指能够通过自然力以某一增长率保持或增加蕴藏量的自然资源。地球上的水可以通过水循环得以补充和更新，故水资源属于可再生资源。水资源包括河川径流、地下水、积雪和冰川、湖泊水、沼泽水、海水等，其中陆地上的淡水资源是主要的水资源形式。这些资源在合理调控资源使用率的情况下，可以实现资源的持续利用。此外，水资源的循环性和有限性表明，虽然水资源可以通过自然过程得到补充和更新，但其补给量是有限的，需要合理利用以确保可持续供水。

选 B。

【例 12-1-2】 某流域的集水面积为 600km²,其多年平均径流总量为 5 亿 m³,其多年平均径流深为：

A. 1 200mm　　B. 833mm　　C. 3 000mm　　D. 120mm

解　根据径流深度公式：

$$R = \frac{W}{1\,000F} = \frac{5 \times 10^8 m^3}{1\,000 \times 600 km^2} = 833mm$$

选 B。

【例 12-1-3】 某水文站控制面积为 480km²，年径流深度为 82.31mm，其多年平均径流模数为：

A. $2.61L/(s \cdot km^2)$　　B. $3.34L/(s \cdot km^2)$

C. $1.30L/(s \cdot km^2)$　　D. $6.68L/(s \cdot km^2)$

解　由径流深度公式$R = \frac{W}{1\,000F}$, $W = QT$（其中$T = 365 \times 24 \times 3\,600s$）,径流模数公式$M = \frac{1\,000Q}{F}$,可得

$$M = \frac{10^6 R}{T} = \frac{10^6 \times 82.31}{365 \times 24 \times 3\,600} = 2.61L/(s \cdot km^2)$$

选 A。

【例 12-1-4】 径流深度的计量单位是：

A. mm　　B. cm　　C. dm　　D. m

解　径流深度R是计算时段内的径流总量W折算成全流域面积上的平均水深，单位是 mm。选 A。

12.1.2　泥沙测算

河流中的泥沙，按其运动形式可分三类：悬移质泥沙，浮于水中并随之运动；推移质泥沙，受水流冲击沿河底移动或滚动；河床质泥沙，相对静止而停留在河床上。三者没有严格的界限，随水流条件的变化而相互转化。一般情况，河流中泥沙以悬移质为主。

1）悬移质泥沙测验与计算

描述河流中悬移质的情况，常用的两个定量指标是含沙量和输沙率。单位体积内所含干沙的质量，称为含沙量，用C_s表示，单位为kg/m³。单位时间流过河流某断面的干沙质量，称为输沙率，用Q_s表示，单位为kg/s。断面输沙率是通过断面上含沙量测验配合断面流量测量来推求的。其公式为

$$Q_s = QC_s \tag{12-1-5}$$

$$C_s = \frac{W_s}{V} \tag{12-1-6}$$

式中：Q—断面流量（m³/s）；

W_s—水样中的干沙质量（g 或 kg）；

V—水样体积（L 或 m³）。

【例 12-1-5】 悬移质输沙率的计量单位是：

A. m³/s　　B. kg/m³　　C. kg/s　　D. L/s

解　输沙率是指单位时间内流过河流某断面的干沙质量，单位为kg/s。选 C。

2）推移质泥沙测验

推移质输沙率是指单位时间内通过测验断面的推移质泥沙质量，单位为kg/s。推移质取样的方法，是将采样器放到河底直接采集推移质沙样。但是，这些测验工作尚存在许多问题。推移质泥沙的估算不宜采用单一方法，而采用多种方法估算，经分析比较，得出合理的结果。

具有多年推移质泥沙资料时，其算术平均值即为多年平均推移质年输沙量。当缺乏资料时，可采用系数法。其公式为

$$\overline{W}_b = \beta\overline{W}_s \tag{12-1-7}$$

式中：$\overline{W}_b$—多年平均推移质年输沙量（t）；

$\overline{W}_s$—多年平均悬移质年输沙量（t）；

β—推移质输沙量与悬移质输沙量的比值，一般情况，β可参考下列数值取值：平原地区河流为0.01~0.05，丘陵地区河流为0.05~0.15，山区河流为0.15~0.30。

12.1.3　流域水量平衡

流域是指汇集地表水和地下水的区域，当地面分水线与地下分水线相重合，则称为闭合流域，否则为不闭合流域。

对于任一“闭合”流域，其在给定时段内输入的水量与输出的水量之差，必等于区域内蓄水量的变化，这就是流域水量平衡。

多年平均的大洋水量平衡方程为：蒸发量=降水量+径流量

多年平均的陆地水量平衡方程为：降水量=径流量+蒸发量

进入闭合流域的水量为$P + V_1$，P为流域平均降水量，V_1为时段开始时流域的蓄水量；流出闭合流域的水量为$E + R + V_2$，E为流域平均蒸发量，R为出口断面径流量，V_2为时段末流域的蓄水量。

那么，水量平衡方程式为

$$P + V_1 = E + R + V_2 \tag{12-1-8}$$

如果给定时段内开始与终了时流域内蓄水量之差以ΔV表示，即$\pm\Delta V = V_2 - V_1$，有

$$P = R + E \pm \Delta V \tag{12-1-9}$$

式中：P—年降水总量；

R—年径流总量；

E—年蒸发总量。

水量充沛的年份，ΔV为正值，补充蓄水量；水量少的年份，ΔV为负值，蓄水量的一部分蒸发掉。

【例 12-1-6】 流域水量平衡方程是建立在下列哪个范围上的？

A. 内陆河流域　　B. 外陆河流域

C. 相邻流域　　D. 闭合流域

解　闭合流域即该流域的地面分水线明确，且地面与地下水分水线又相互重合，没有补给相邻流域的水量。流域水量平衡方程是建立在闭合流域范围基础上的。选 D。

【例 12-1-7】 多年平均的大洋水量平衡方程为：

A. 降水量+径流量=蒸发量

B. 降水量−径流量=蒸发量

C. 降水量+径流量+蓄水量=蒸发量

D. 降水量+径流量−蓄水量=蒸发量

解　多年平均的大洋水量平衡方程为：蒸发量=降水量+径流量。选 A。

经 典 练 习

12-1-1　当前我国人均水资源占有量约为（　　）。

A. 1 700m^3　　B. 2 300m^3　　C. 3 200m^3　　D. 7 100m^3

12-1-2　流域总蒸发不包括（　　）。

A. 水面蒸发　　B. 土壤蒸发

C. 植物蒸发及散发　　D. 植物吸收

12-1-3　使水资源具有可再生性是以下哪一个自然界的原因造成的？（　　）

A. 径流　　B. 水文循环

C. 降水　　D. 蒸发

12-1-4　某闭合流域多年平均降水量为 950mm，多年平均径流深为 450mm，则多年平均蒸发量为（　　）。

A. 450mm　　B. 500mm　　C. 950mm　　D. 1 400mm

12-1-5　一次降雨形成径流过程中的损失包括（　　）。

A. 植物截留、填洼、蒸发

B. 植物截留、填洼、补充土壤缺水和蒸发

C. 植物截留、填洼、补充土壤吸着水和蒸发

D. 植物截留、填洼、补充土壤毛细水和蒸发

12-1-6　水文循环的主要环节是（　　）。

A. 截留、填洼、下渗、蒸发　　B. 截留、填洼、径流、蒸发

C. 蒸发、降水、下渗、径流　　D. 蒸发、散发、降水、下渗

12-1-7　水的大循环是指（　　）。

A. 从海洋蒸发的水分再降落到海洋

B. 海洋蒸发的水凝结降落到陆地，再由陆地径流或蒸发形式返回到海洋

C. 从陆地蒸发的水分再降落到海洋

D. 地表水补充到地下水

12-1-8 关于小循环，下列叙述正确的是（　　）。

A. 小循环是指海洋蒸发的水汽凝结后形成降水又直接降落在海洋上

B. 小循环是指海洋蒸发的水汽降到大陆后又流归到海洋与陆地之间水文循环

C. 小循环是指随着大气环流运行的大气内部水循环

D. 小循环是指地表水与地下水之间的转换与循环

12-1-9 在水文频率计算中，我国一般选配皮尔逊-III型曲线，这是因为（　　）。

A. 已从理论上证明它符合水文统计规律

B. 已制成该线型的ϕ值表供查用，使用方便

C. 已制成该线型的K_p值表供查用，使用方便

D. 经验表明，该线型能与我国大多数地区水文变量的频率分布配合良好

12-1-10 某水文站控制面积为680km^2，多年年平均径流模数为$20L/(s \cdot km^2)$，则换算为年径流深约为（　　）。

A. 315.4mm　　B. 630.7mm　　C. 102.3mm　　D. 560.3mm

12.2 洪、枯径流

考试大纲☞： 设计枯水流量和水位　设计洪水流量和水位

12.2.1 设计枯水流量和水位

1）枯水流量

枯水流量也称为最小流量，是河川径流的一种特殊形态。它是在给定时段内，通过河流某一指定断面枯水量的大小。对于以地面水为水源的取水工程设计，特别是对于无调节而直接从河流取水的工程设计，其设计最低水位及相应的设计最小流量的确定，直接关系到设置取水口的高低和取水量的大小。

枯水流量常用小于或等于设计流量的频率表示。

如，保证率$P = 90\%$的设计枯水，$p = 1 - P = 10\%$，由枯水经验频率公式计算得$p = m/(n + 1)$，$n \approx m/p = 1/0.1 = 10$，即小于或等于此流量的每隔 10 年可能发生一次。

再如，保证率$P = 80\%$的设计枯水，$p = 1 - P = 20\%$，即小于或等于这样的枯水平均 5 年（20%）可能发生一次。

2）影响枯水径流的因素

（1）自然因素。决定枯水径流大小和变化的自然因素有很多，总体来说，包括土壤岩石的类型及其渗透特性、水力特征、流域的水文地质情况、流域面积、植被类型、河槽情况、河网密度等。在不同地区，其主导因素也不相同。流域的水文地质条件和流域面积大小，决定了地下水的储量和地下水对河川径流的补给量。在一定的水文地质条件下，流域面积愈大，储藏地下水的能力愈大；河槽下切度愈大，河流获得地下水补给的范围愈大。所以，流域面积愈大，枯水流量愈大；河网密度愈大，枯水流量愈大。

（2）人为因素。人类经济活动，如水土保持、修建水库等能增加地下径流量，而引水灌溉会减小枯水径流量。工农业和生活提取表层地下水，在枯水季节会引起河道水量对地下水补给的减少，导致地下水位下降；人为地植树造林和采伐树林植被，对枯水径流也有影响。

3）有长期实测资料时枯水径流的计算

工程所在的设计断面处有 20 年以上连续实测资料时，可对枯水径流系列进行频率分析，计算各种频率的枯水径流。

（1）资料的审查。在频率计算之前，须进行枯水资料的可靠性、一致性和代表性分析审查，包括相关流域的自然地理概况、流域河道特征、有明显人类活动影响的工程措施、水文气象资料以及前人分析的有关成果。

①可靠性审查。从审查测验方法、测验成果、整编方法和整编结果着手，包括水位资料的审查、水位流量关系曲线的审查、水量平衡的审查。

②一致性分析。运用数理统计的思想方法进行分析计算时，要保证数据具有一致性。即在同样的气候条件、同样的下垫面条件和同一测流断面上获得数据。人类活动可能会对一致性造成影响，若资料的一致性较差，需考虑还原计算，把全部系列建立在同一基础上。

③代表性分析。代表性是指样本对总体的接近程度，若接近程度较高，则系列的代表性好。样本对总体代表性的高低，可通过对它们的统计参数的比较，进行合理性分析和判断。例如，从上、下游站的资料对比，从邻近流域资料对比，从本站资料的历年对比中发现问题；资料年数太少，而取得的资料又是丰水年组或枯水年组中的一部分，资料的代表性就差一些。但是水文现象的总体是无法通盘了解的，只能大致认为，一般资料系列越长、丰平枯水段齐全，其代表性越高。而增加资料系列长度的手段有插补延长、增加历时资料、坚持长期观测三种。

（2）年枯水径流频率分析。

①枯水样本系列。对调节性能强的水库，需采用水库数个月的枯水流量组成系列；对于无调节而直接从河流中取水的一级泵站，则需用每年的最小日平均流量组成系列。随着分析时段的减少，枯水流量的不稳定性增加，受人类活动影响也增大，因此一般不用瞬时最小流量作为分析对象，而是用日、旬、月等的平均枯水流量。

②频率曲线线形。根据对汉江、岷江等流域的枯水径流资料进行频率分析的结果，得出皮尔逊III型曲线与经验频率点据配合尚好。

③枯水经验频率。在n项连续枯水径流系列中，按从大到小排列的第m项经验频率，采用数学期望$P_m = m/(n+1)$来计算。

④含零系列的频率分析。对于有些年份最小日平均流量为零的情况，其组成的系列中，资料值为零的经验频率点据与皮尔逊III曲线没有较好配合。在实际工作中，常把小于零的部分当作零来处理。

（3）枯水径流的历时分析。在枯水径流研究中，径流历时曲线是一个实测时段内的经验频率曲线，表明流量（水位）等于或大于某一特定流量（水位）的时间百分比。通常将频率为 90%、95%、99%的径流历时值，作为河流枯水径流资源的量度。枯水径流历时曲线中的低水部分为农业灌溉、河流通航等提供了重要依据。

4）资料短缺时枯水径流的计算

当实测资料的年数不足 20 年，或有 20 年但资料系列不连续或代表性不足，一般都要进行插补延长。其原则为：

（1）参证站具有长期枯水径流观测，并与设计站有数十年同步资料。

（2）参证流域与设计流域的气候、地理等条件相似，枯水径流基本相似，属同一河流分级，流域面积相差不大。

（3）对人类活动的影响，一般要进行还原计算，且要求较高的精度。

若插补延长的资料长度接近，甚至超过观测资料的长度，则用插补后的系列求得的变差系数一般小于实测资料的变差系数，用式（12-2-1）修正。

$$C_{V设} = b(\overline{Q}_{参}/\overline{Q}_{设})C_{V参} \tag{12-2-1}$$

式中：$C_{V参}$，$\overline{Q}_{参}$—参证站的变差系数和均值；

$C_{V设}$，$\overline{Q}_{设}$—设计站的变差系数和均值；

b—两站枯水流量系数，由同步资料来确定。

5）缺乏资料地区枯水径流的计算

若设计站无可利用的实测资料，可采用资料的移用和经验公式等方法。

（1）资料的移用。通常在枯水流量稳定的季节，对设计站和参证站同时观测，推导出经验系数，由参证站的枯水流量均值推算设计站均值。

（2）经验公式。要建立地区枯水流量经验公式，需要分析确定大面积的水文气象和水文地质的一致区。这主要取决于地形、含水层与河流补给关系、含水层厚度等。其经验公式类型一般为

$$Q = CF^n \tag{12-2-2}$$

$$Q = CF^nP^m \tag{12-2-3}$$

式中：Q—某给定时段某一频率下的枯水流量（m^3/s）；

F—流域面积（km^2）；

P—多年平均降水量（mm）；

C,n,m—地区参数。

【例 12-2-1】 与枯水流量值并没有密切关系的工程是：

A. 农业灌溉　　B. 河流航道　　C. 道路桥涵　　D. 河港码头

解　枯水流量也称为最小流量，是河川径流的一种特殊形态。其制约着城市的发展规模、灌溉面积、通航的容量和时间。枯水流量与道路桥涵没有密切关系。选 C。

【例 12-2-2】 保证率$P = 80\%$的设计枯水，是指：

A. 小于或等于这样的枯水每隔 5 年必然会出现一次

B. 大于或等于这样的枯水平均 5 年可能出现一次

C. 小于或等于这样的枯水正好每隔 80 年出现一次

D. 小于或等于这样的枯水平均 5 年可能出现一次

解　枯水流量常用小于或等于设计流量的频率表示。频率$p = 1 - P = 20\%, n \approx m/p = 1/0.2 = 5$，即小于或等于这样的枯水平均 5 年（20%）可能出现一次。选 D。

【例 12-2-3】 百年一遇的枯水，是指：

A. 大于或等于这样的枯水每隔 100 年必然会出现一次

B. 大于或等于这样的枯水平均 100 年必然会出现一次

C. 小于或等于这样的枯水每隔 100 年必然会出现一次

D. 小于或等于这样的枯水平均 100 年必然会出现一次

解　所谓百年一遇，不是恰好每隔 100 年就一定会遇上一次，而是指在相当长的时间内平均 100 年出现一次。概率统计中没有绝对的概念。枯水流量常采用不足概率q，即以小于或等于该径流的概率来表示。选 D。

12.2.2 设计洪水流量和水位

目前全国水位统一采用的基准是黄海基面。

1）洪水及设计洪水

某流域内的暴雨或大面积的降雨产生的大量地面水流，在短期内汇入河槽，使河流水量、水位猛涨，河槽水流成波状下泄，这种径流称为洪水。洪水三要素包括洪峰流量（一次洪水的流量最大值）、洪水过程线（流量关于时间绘出的曲线图）和洪水总量（洪水过程线与横轴围成的面积）。

洪峰流量：指在一定流域范围内，当发生暴雨或融雪时，各处的径流依其远近先后汇入河槽，导致河水流量开始增加，水位相应上涨。随着更多径流从上游向下游汇集，河水流量继续增大。当流域内大部分高强度的径流都汇入时，河水流量达到最大值，这个最大值就是洪峰流量，通常以 m^3/s 为单位进行计量。当暴雨中心在上游时，离流域出口远，导致洪峰出现的时间晚，并且由于地形变化，错峰出流，会形成较小的洪峰流量。

暴雨中心：指降雨强度最大的地方。

流域出口：指河流或其支流在地理上的最终流出点，通常表现为河流流入湖泊、海洋或其他水体（如另一个河流）的地方。这个点也可以理解为河流的水系网络中的一个关键节点，标志着该流域内所有水流路径的终点。

当河流发生较大洪水时，会形成洪灾。为防止和减小洪涝灾害，需要修建各种水利工程以控制洪水。所以采用一些方法确定洪水的特征值（洪峰流量、不同时段的洪水总量），并根据这些特征值拟定一次洪水过程线和洪水的地区组成等，称为设计洪水。

推求设计洪水的方法有四种：由流量资料推求设计洪水、由暴雨资料推求设计洪水、由经验公式推求设计洪水和由水文气象资料推求设计洪水。对于防洪、发电和灌溉等综合功能的大、中型水库，这些设计都必不可少。在设计之前，须先确定工程建筑物的防洪标准，设计标准过高，投资高，不经济；设计偏小，又不够安全。防洪设计标准分两类：确保水工建筑物安全的设计标准和保障防护对象避免一定洪水威胁的设计标准。前者如《水电枢纽工程等级划分及设计安全标准》（DL 5180—2003）等，后者如《防洪标准》（GB 50201—2014）中的规定。

2）设计洪水流量

（1）资料的审查。审查资料的可靠性、一致性和代表性。

①审查洪水可靠性是为了减少观测和整编中的误差，重点审核影响较大的年份和观测质量差的年份。

②用数理统计的方法进行洪水概率计算的前提是要求资料满足一致性。

③洪水系列的代表性是指洪水系列分布对于总体分布的代表程度。洪水系列有丰水年组和枯水年组交替出现的现象。

（2）洪水资料的选样。洪峰流量的选样，应满足频率分析关于独立随机取样的要求，每年只选取最大的一个瞬时洪峰流量作为频率计算的样本，且它们之间相互独立，不具相关关系；不能把年内不同季节、不同类型的最大洪峰流量混在一起作为一个洪水系列来计算，更不能把溃坝所形成的洪水加入系列中。总之，洪峰流量和不同时段的洪量系列，都应由每年的最大值组成。

（3）特大洪水的处理。特大洪水是指历史上曾经发生过的，比其他一般洪水大得多的稀遇洪水。对特大洪水，要根据流域内外历史洪水和实测洪水的调查考证资料，对其发生的重现期做出正确估计。重现期即某随机变量的取值在长时期内平均多少年出现一次。洪水系列分两种情况：一是在系列资料中没有特大洪水，在频率计算时，各项数值按从大到小排位，序号是连贯的，称为连序系列；二是系列中有特大洪水，特大洪水的重现期N必然大于实测系列年数，需在更长的时期内进行排位，序号是不连贯的，其中有漏缺项位，称为不连序系列。

不连续N年系列中特大洪水的经验频率计算公式为

$$P_M = \frac{M}{N+1} \tag{12-2-4}$$

式中：P_M——不连续N年系列第M序号的经验频率；

M—特大洪水由大到小排列的序号；

N—调查考证的年数。

例如，实测资料为 39 年，有一特大洪水，排序第一，那么一般洪水的最大项排位第二，则其经验频率为$P_2 = 2/(39+1) = 0.05$。

连续N年系列中特大洪水的经验频率计算公式为

$$P_m = \frac{m}{n+1} \tag{12-2-5}$$

式中：P_m—连续N年系列第M序号的经验频率；

m—实测系列由大到小排列的序号；

n—调查考证的年数。

（4）频率曲线线形的选择。样本系列各项的经验频率初算确定之后，在概率格纸上绘出经验频率点据的位置，目估绘出一条平滑的曲线，称为经验频率曲线。我国一直采用皮尔逊III型曲线作为洪水频率计算的依据，检查曲线与经验频率点据的配合情况。若配合得不好，应适当调整参数值，直到配合较好为止。

（5）频率曲线参数估计。洪峰系列常属于不连续系列，用适线法估计频率曲线的统计参数之前，一般采用矩法估计参数。假定在迄今N年中有a个特大洪水，其中有l个发生在n年实测系列之中，假定年系列的均值和方差与除去特大洪水后的$(N-a)$年系列的相等，即

$$\overline{x}_{n-l} = \overline{x}_{N-a}，\ \sigma_{n-l} = \sigma_{N-a}$$

用矩法估计参数时，则可推导出式（12-2-6）和式（12-2-7）。

$$x = \frac{1}{N}\left(\sum_{j=1}^{a} x_j + \frac{N-a}{n-l}\sum_{i=l+1}^{n} x_i\right) \tag{12-2-6}$$

$$C_{\mathrm{V}} = \frac{1}{\overline{x}}\sqrt{\frac{1}{N-1}\left[\sum_{j=1}^{a}\left(x_j-\overline{x}\right)^2 + \frac{N-a}{n-l}\sum_{i=l+1}^{n}(x_i-\overline{x})^2\right]} \tag{12-2-7}$$

式中：x_j—特大洪水值；

x_i—实测洪水值；

$\overline{x}$—N年不连续系列的均值；

C_{V}—变差系数。

我国规范统一采用适线法计算洪水频率。经验适线法，即在经验频率点据和频率曲线线形确定之后，通过调整参数使曲线与经验频率点据配合得最好此时的参数即所求曲线线形的参数，从而计算洪水值。

（6）推求设计洪峰流量（或水位）。根据上述方法求得参数初估值，再用适线法求得洪水频率曲线，然后在频率曲线上求得设计洪峰和各时段的设计洪量。

（7）设计洪水估计值的抽样误差。洪水点据代表总体分布的样本，尽可能顾及点群的趋势，曲线通过点群的中心，即曲线上下点数基本相等。根据统计学原理分析点据的精度，对精度不同的点据要区别对待，使曲线尽量接近或通过可靠的点据。对于历史特大洪水的点据，精度一般较差，可使频率曲线脱离点群，但不能为顾及点群趋势而离特大值过远。

用P型曲线配线法所求的x值，其误差用均方差表示：

$$\Delta_{XP}=\frac{\overline{x}C_V}{\sqrt{n}}B$$

式中：C_V—变差系数。

B—C_S和P的函数，一般可由诺谟图求出。

（8）计算结果的合理性分析。根据洪水的地域性特点，洪水频率计算参数和各设计值在上下游站邻近地区有一定的分布规律。利用这些参数之间的关系，对频率计算结果进行分析对比，及时发现错误或不合理的地方。

3）洪水重现期

$$N=T_2-T_1+1$$

这个公式是用来计算首项特大洪水的重现期。其中，T_2为实测连续系列最近的年份，又称为设计年份；T_1为调查或考证到的最远的年份。

【例 12-2-4】 有点雨量资料系列为 50、100、150，作为样本，其变差系数约为：

A. 0.30　　B. 0.35　　C. 0.41　　D. 0.50

解　求得平均值为 100。均方差：

$$S=\sqrt{\frac{[(50-100)^2+(100-100)^2+(150-100)^2]}{3-1}}=50$$

变差系数$C_V=\frac{S}{X}=\frac{50}{100}=0.5$。选 D。

【例 12-2-5】 下列为洪水三要素之一的是：

A. 洪水历时　　B. 洪水涨水期平均流量

C. 洪水过程线　　D. 洪水涨水历时

解　洪水三要素为洪峰流量、洪水过程线和洪水总量。选 C。

【例 12-2-6】 在进行频率计算时，对于某一重现期的洪水流量，以：

A. 大于该径流流量的频率表示

B. 大于或等于该径流量的频率表示

C. 小于该径流量的频率表示

D. 小于或等于该径流量的频率表示

解　对于某一重现期的洪水流量，常以大于或等于该径流量的频率表示。选 B。

【例 12-2-7】 某河流断面枯水年平均流量 $23m^3s$ 的频率为 90%，其重现期为：

A. 10 年　　B. 20 年　　C. 80 年　　D. 90 年

解　重现期是指等于及大于（或等于及小于）一定量级的水文要素值出现一次的平均间隔年数。

对于洪峰流量：$T=\frac{1}{P}$；

对于枯水流量：$T=\frac{1}{1-P}$，即$T=\frac{1}{1-P}=\frac{1}{1-0.9}=10$年。

选 A。

【例 12-2-8】 某一历史洪水从发生年份以来为最大，则该特大洪水的重现期是：

A. 重现期 = 发生年份 − 设计年份

B. 重现期 = 发生年份 − 设计年份 + 1

C. 重现期 = 设计年份 − 发生年份 + 1

D. 重现期 = 设计年份 − 发生年份 − 1

解 选 C。

【例 12-2-9】 一次流域降雨的净雨深形成的洪水，在数量上应该：

A. 等于该次洪水的径流深

B. 大于该次洪水的径流深

C. 小于该次洪水的径流深

D. 小于或等于该次洪水的径流深

解 暴水降落地面后，因土壤入渗、洼地填蓄、植物截留及蒸发等因素，损失了一部分雨量，而未损失的部分即为净雨量。净雨量 = 暴雨量 − 损失量，即地表径流。选 A。

经 典 练 习

12-2-1 （　　）是洪水三要素之一。

A. 洪水历时

B. 洪水涨水期平均流量

C. 洪水过程线

D. 洪水涨水历时

12-2-2 有点雨量资料系列为 140、180、220，作为样本，其变差系数为（　　）。

A. 0.25　B. 0.22　C. 0.20　D. 0.18

12-2-3 雨量系列为 50、100、150（mm），其均方差为（　　）。

A. 1.30　B. 40　C. 50　D. 60

12-2-4 变差系数C_V越大，说明随机变量X（　　）。

A. 系列分布越离散

B. 系列分布越集中

C. 系列水平越高

D. 不一定

12-2-5 水文资料的三性审查中的“三性”是指（　　）。

A. 可行性、一致性、统一性

B. 可靠性、代表性、一致性

C. 可靠性、代表性、统一性

D. 可行性、代表性、一致性

12-2-6 减少抽样误差的途径是（　　）。

A. 改进仪器的科技含量

B. 提高资料的一致性

C. 提高观测精度

D. 增大样本容量

12-2-7 下列属于不稳定的水位流量关系曲线处理方法的是（　　）。

A. 断流水位法　B. 河网汇流法　C. 连时序法　D. 坡地汇流法

12-2-8 在洪峰、洪量的频率计算中，关于选样方法错误的是（　　）。

A. 可采用年最大值法

B. 采用固定时段选取年最大值

C. 每年只选一个最大洪峰流量

D. 可采用固定时段最大值

12-2-9 用适线法进行水文频率计算，当发现初定的理论频率曲线上下部位于经验频率点据之下，中部位于经验频率点据之上时，调整理论频率曲线应（　　）。

A. 加大离势系数C_v

B. 加大偏态系数C_s

C. 减小偏态系数C_s

D. 加大均值$\bar{x}$

12-2-10 某水文站的水位流量关系曲线为单一线，当受断面淤积影响时，则（　　）。

A. 水位流量关系曲线上抬　　B. 水位流量关系曲线下降

C. 水位流量关系曲线呈绳套状　　D. 无变化

12-2-11 我国年径流深分布总趋势（　　）。

A. 分布均匀　　B. 自西向东递减

C. 自东南向西北递增　　D. 自东南向西北递减

12-2-12 有点雨量资料系列（mm）为 600、800、1 000，作为样本，其变差系数为（　　）。

A. 0.12　　B. 0.14　　C. 0.25　　D. 0.44

12-2-13 径流系列的代表性是指（　　）。

A. 是否有特大洪水

B. 系列是否连续

C. 能否反映流域特点

D. 样本的频率分布是否接近总体的概率分布

12-2-14 设计洪水的三要素是（　　）。

A. 设计洪水标准、设计洪峰流量、设计洪水历时

B. 设计洪峰流量、某时段设计洪水平均流量、设计洪水过程线

C. 设计洪峰流量、设计洪水过程线、设计洪水历时

D. 设计洪峰流量、不同时段设计洪量、设计洪水过程线

12-2-15 关于水文抽样误差的主要影响因素的分析中，下列不正确的是（　　）。

A. 水文随机变量抽样误差随均值的增加而变大

B. 水文随机变量抽样误差随样本容量的增大而变小

C. 水文随机变量抽样误差随变差系数C_V的增加而变大

D. 水文随机变量抽样误差随离差系数C_S的增加而变大

12.3 降水资料收集

考试大纲☞：暴雨公式　洪峰流量

12.3.1 暴雨公式

1）概述

（1）我国年降水量分布。我国年降水量在地理上分布大体是从沿海到内陆，从南到北依次递减；季节特点是大部分地区降雨集中在夏季，而冬季降水量最少；影响降水量大小及时空分布的因素有地理位置、气旋、台风、地形、森林等。

（2）降水量的划分。我国气象局规定，把降雨按照 24h 降水量大小划分为：小雨（0.1~9.9mm）、中雨（10~24.9mm）、大雨（25~49.9mm）、暴雨（50~99.9mm）、大暴雨（100~249.9mm）、特大暴雨（>250mm）。

（3）暴雨强度公式。暴雨强度换算为$q[\mathrm{L/(s\cdot hm^2)}]$，其公式为

$$q=\frac{167A_1(1+C\lg T)}{(t+b)^n} \tag{12-3-1}$$

式中：　　q—设计暴雨强度$[\mathrm{L/(s\cdot hm^2)}]$；

t—降雨历时（min）；

T—设计重现期（a）；

A_1，C，b，n—地方参数。

（4）暴雨资料推求设计洪水。我国大部分地区的洪水主要由暴雨形成。在中小流域常因流量资料不足或数据代表性差、一致性差等而无法推求设计洪水，但暴雨资料一般较多，可用暴雨资料推求设计洪水。

2）直接法推求设计面暴雨量

设计面暴雨量是指设计断面以上流域的设计面暴雨量。计算方法有：直接计算和间接计算两种。直接计算的适用条件：当设计流域雨量站较多，分布较均匀，各站又有较长的同期资料，能求出比较可靠的流域平均雨量。推求方法：直接选取每年中各种时段的年最大面雨量，组成不同时段的样本系列，分别进行频率计算，从而求得不同时段的设计面雨量。

（1）统计选样及资料的审查和订正。

①统计选样。根据降雨径流形成规律、流域面积大小和工程重要性等确定。一般大中型工程取 1d、3d、7d、15d、30d 等，小型工程可取小于 24h。

②资料的审查和订正。雨量资料按观测方法的不同有定时观测和自记资料两种。长历时雨量一般由以 8h 为分界的定时观测的日雨量记录进行统计选样，短历时雨量应尽可能由自记雨量记录摘取。定时观测资料往往比自记雨量小。在我国，年最大 24h 雨量约为年最大日雨量的 1.1~1.3 倍，对暴雨资料都要进行可靠性审查、代表性分析和一致性审查。

（2）面雨量资料的插补延长。为提高面雨量资料的精度，需设法插补展延较短系列的多站面雨量资料。一般可利用近期的多站平均雨量与同期少站平均雨量建立关系。若相关得好，可用相关线展延多站平均雨量作为流域面雨量。

（3）特大值处理。先判断大暴雨资料是否属于特大值，可与本地区各站实测历史最大纪录相比较，从经验点距偏离曲线的程度等来判断。然后，确定其重现期。当流域面积较小时，一般可近似地假定暴雨的重现期与相应洪水的重现期相等。若将一般大暴雨作为特大值处理，会使频率计算成果偏低，影响设计的安全。

（4）频率计算及合理性分析。经验频率公式可采用$P=\frac{m}{n+1}$，线形采用皮尔逊-III型曲线。频率曲线及其统计参数的确定仍用适线法。我国暴雨的C_S和C_V比值，一般地区为 3.5 左右；在$C_V>0.6$的地区，大约为 3.0；$C_V<0.45$的地区，大约为 4.0。合理性分析检查：对各种历时的点面暴雨量统计参数进行分析比较；将直接法计算的面暴雨量与间接法计算的结果进行比较；将邻近地区已出现的特大暴雨的历时、面积、暴雨量等资料进行比较。根据工程重要性，在合理性检查的基础上，确定设计值是否需要加安全保证值。

（5）水文频率分析中，常用三个统计参数，即均值$\overline{X}$、变差系数C_V和偏态系数C_S关系：

①均值$\overline{X}$，它为分布的中心，代表整个随机变量的水平。当C_V和C_S值固定时，由于$\overline{X}$的不同，频率曲线的位置也就不同，$\overline{X}$大的频率曲线位于$\overline{X}$小的频率曲线之上。

②变差系数C_V，用于衡量分布的相对离散程度，它是系列均方差与均值之比。当$\overline{X}$和C_S值固定时，C_V值越大，频率曲线越陡；反之，C_V值越小，频率曲线越平缓。我国降雨量和径流量的C_v分布，大致是南方小、北方大，沿海小、内陆大，平原小、山区大。

③偏态系数C_S，用于衡量系列在均值的两侧分布对称程度的参数。当$\overline{X}$和C_V值固定时，C_S愈大，频率曲线的中部愈向左偏，且上段愈陡，下段愈平缓；反之，C_S愈小，频率曲线的中部愈向右偏，且上段

愈平缓，下段愈陡。

（6）相关分析：按数理统计方法建立依变量和自变量间近似关系或平均关系，称为相关分析。相关分析法，一般用于插补或延展水文系列及建立水文预报方案。

在相关分析计算中，应注意以下几点：

①相关变量在物理成因上必须有密切的内在联系。

②同期观测资料不能太少，根据经验一般要求n在 10 以上，否则抽样误差太大，影响成果的可靠性。

③相关系数$|r|>0.8$，且回归线的均方误差S_y不大于y均值$\bar{y}$的 10%~15%。

④在插补延长资料时，一般不能做过多的外延，最好不要超过实际幅度的 50%。

3）间接法推求设计面暴雨量

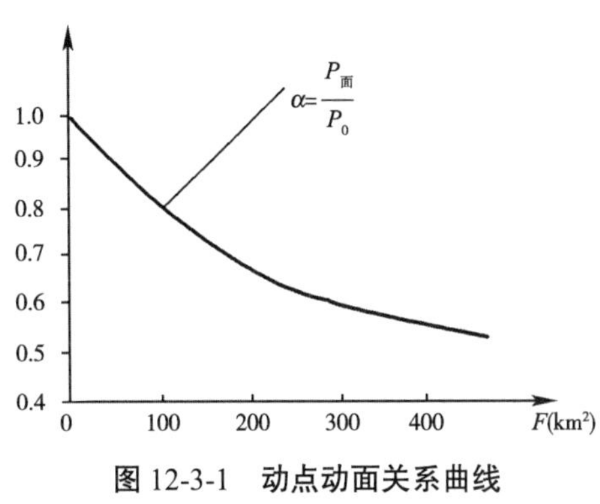

图 12-3-1　动点动面关系曲线

间接法的适用条件：设计流域内雨量资料系列太短，或互不同期，或站数太少、分布不匀，不能控制全流域的情况。推求方法：先求出流域中心处的设计点暴雨量，然后通过暴雨的点面关系（见图 12-3-1），将设计点暴雨量转换成设计面暴雨量。

（1）设计点暴雨量的推求。有较充分点雨量资料时，以年最大值法选样，组成样本系列，进行频率计算，求出设计点暴雨量；当缺乏点雨量资料时，查各时段年最大暴雨量的均值及C_V等值线图，得出流域中心处的均值及C_V值，然后取C_V的固定倍比，确定C_S值，即可由此统计参数对应的频率曲线推求设计暴雨值。

（2）设计面暴雨量的计算。流域中心设计点暴雨量求得后，要用点面关系折算成设计面暴雨量。暴雨的点面关系在设计计算中，有定点定面关系和动点动面关系。

①定点定面关系。若在流域内有一定数量且分布均匀的其他雨量站资料时，可用长系列站作为固定点，以设计流域作为固定面，根据同期观测资料建立各时段暴雨的点面关系。即

$$\alpha_0=\frac{x_F}{x_0} \tag{12-3-2}$$

式中：　α_0—定点定面条件下的点面折减系数；

x_F—某时段固定面的暴雨量；

x_0—某时段固定点的暴雨量。

②动点动面关系。该法是以流域中心设计点暴雨量及地区综合暴雨中心点面关系去求设计面暴雨量。这种关系是按照各次暴雨的中心与暴雨分布等值线图求得的，各次暴雨中心与暴雨分布不尽相同，所以称为动点动面关系。

4）设计暴雨的时程分配

设计暴雨的时程分配就是设计暴雨的降雨强度过程线，也称作设计雨型。习惯上多用同频率放大法。在有资料时设计暴雨时程分配的求解：关键在于选择典型的暴雨过程，要求是能反映本地区大暴雨一般特性，总量大、强度大、接近设计条件，对工程的安全较为不利。在无资料时设计雨量时程分配的求解：可借用邻近暴雨特性相似流域的典型暴雨过程，或引用各省区暴雨洪水图集中按地区综合概化成的典型概化雨型来推求设计暴雨的时程分配。

【例 12-3-1】 频率分析中，我国常用的累积频率曲线的数学模型是：

A. 正态分布　　　　B. 耿贝尔极值分布

C. 对数正态分布　　　　D. 皮尔逊型分布

解 需记忆的内容。我国常用的累积频率曲线的数学模型是皮尔逊型分布。选 D。

【例 12-3-2】 相关分析在水文分析计算中主要用于：

A. 计算相关系数　　B. 插补、延长水文系列

C. 推求频率曲线　　D. 推求设计值

解 在水文分析计算中，经常会遇到某一变量的实测资料系列较短，而与其有关的另一变量的实测资料较长。在这种情况下，可用相关分析法，首先鉴定两变量间的关系密切程度，然后建立两变量的相关关系，便可利用系列长的变量值去延长或插补系列较短的变量的可能值。选 B。

【例 12-3-3】 偏态系数$C_S>0$，说明随机变量：

A. 出现大于均值的机会比出现小于均值的机会多

B. 出现大于均值的机会比出现小于均值的机会少

C. 出现大于均值的机会和出现小于均值的机会相等

D. 出现小于均值的机会为零

解 偏态系数用来反映系列在均值两边的对称特征，$C_S=0$说明正离差和负离差相等，此系列为对称系列，为正态分布；$C_S>0$说明小于均值的数出现的次数多；$C_S<0$说明大于均值的数出现的次数多。选 B。

12.3.2 洪峰流量

1）小流域暴雨洪水计算的特点

（1）在小流域上修建的工程数量很多，水文站少，缺乏暴雨和流量资料。

（2）小流域面积小，自然地理条件单一，在拟订计算方法时，可作适当简化，允许做出一些假定。如假定时段内设计暴雨的时空分布均匀等。

（3）小型工程数量多、分布广、计算方法趋于简便。

目前我国各地区用于计算小流域暴雨洪水的公式有推理公式法、经验公式法等。

2）小流域设计洪水计算的经验公式

地区经验公式法是用来推求设计洪峰流量的，建立在某地区和邻近地区的实测洪水和调查洪水资料的基础之上，找出洪峰流量和流域特征、降雨特性之间的关系。此法在使用时有一定的局限性。

（1）单因素公式。这是最简单的经验公式，它以流域面积作为影响洪峰流量的主要因素，把其他因素用一个综合系数来表示。其公式为

$$Q_{m,P}=C_P F^n \tag{12-3-3}$$

式中：$Q_{m,P}$—设计洪峰流量（m^3/s）；

F—流域面积（km^2）；

n—经验指数；

C_P—随区域和频率变化的综合系数。

（2）多因素公式。为了反映小流域上洪峰的各种特性，就要采用多因素经验公式。其表示为

$$Q_{m,P}=Ch_{24,P}F^n \tag{12-3-4}$$

$$Q_{m,P}=Ch_{24,P}^{\alpha}f^{\gamma}F^n \tag{12-3-5}$$

$$Q_{m,P}=Ch_{24,P}^{\alpha}J^{\beta}f^{\gamma}F^n \tag{12-3-6}$$

式中：　f—流域形状系数；

F—流域面积（km^2）；

J—河道干流平均坡度；

$h_{24,P}$—设计年最大 24h 净雨量（mm）；

α，β，γ，n—指数，通过地区资料得到；

C—综合系数，通过地区资料得到。

（3）净雨历时、汇流时间与洪峰流量的关系:

当净雨历时小于流域汇流时间时，洪峰流量是由部分流域面积上的全部净雨所形成；

当净雨历时等于流域汇流时间时，洪峰流量是由全部流域面积上的全部净雨所组成；

当净雨历时大于流域汇流时间时，洪峰流量是由全部流域面积上的部分净雨所形成。

【例 12-3-4】 根据等流时线法，降雨历时时间与流域汇流时间相同时，洪峰流量由下列哪项组成？

A. 部分流域面积上的全部净雨　　B. 全部流域面积上的部分净雨

C. 部分流域面积上的部分净雨　　D. 全部流域面积上的全部净雨

解 集流了全流域面积上全部径流的径流量最大。选 D。

【例 12-3-5】 在等流时线法中，当净雨历时小于流域汇流时间时，洪峰流量是由:

A. 部分流域面积上的全部净雨所形成

B. 全部流域面积上的部分净雨所形成

C. 部分流域面积上的部分净雨所形成

D. 全部流域面积上的全部净雨所形成

解 按等流时线原理，当净雨历时大于流域汇流时间时，洪峰流量是由全部流域面积上的部分净雨所形成。当净雨历时小于流域汇流时间时，洪峰流量是由部分流域面积上的全部净雨所形成。选 A。

【例 12-3-6】 在某一降雨重现期下，随着降雨历时的增大，暴雨强度将会:

A. 减小　　B. 增大　　C. 不变　　D. 不一定

解 由暴雨强度公式知，在某一降雨重现期下，随着降雨历时的增大，暴雨强度将会减少。选 A。

经典练习

12-3-1 在某一降雨历时下，随着重现期的增大，暴雨强度将会（　　）。

A. 减小　　B. 增大　　C. 不变　　D. 不一定

12-3-2 频率$p = 2\%$的设计洪水，是指（　　）。

A. 等于或大于该频率的洪水每隔 50 年必然会出现一次

B. 等于或大于该频率的洪水平均 50 年可能出现一次

C. 等于或大于该频率的洪水正好每隔 20 年出现一次

D. 等于或大于该频率的洪水平均 20 年可能出现一次

12-3-3 某地区有 5 个雨量站，各区代表面积及各雨量站的降雨量见下表，则用算术平均法计算出本地区平均降雨量为（　　）。

某地区雨量站所在多边形面积及降雨量表　　**题 12-3-3 表**

雨量站	A	B	C	D	E
多边形面积（km^2）	78	92	95	80	85
降雨量（mm）	35	42	23	19	29

A. 39.6mm　　B. 29.7mm　　C. 29.5mm　　D. 39.5mm

12-3-4 某河某站有 24 年实测径流资料，选择线型为 P-III型，经频率计算已求得年径流深均值为 667mm，$C_V = 0.32$，$C_S = 2C_V$，ϕ值见下表，则$P = 90\%$的设计年径流深为（　　）。

ϕ 值 表　　**题 12-3-4 表**

C_S	P(%)				
	1	10	50	90	99
0.64	2.78	1.33	−0.11	−1.19	−1.85
0.70	2.82	1.33	−0.12	−1.18	−1.81

A. 563mm　　B. 413mm　　C. 234mm　　D. 123mm

12-3-5 暴雨资料系列的选样是采用（　　）。

A. 固定时段选取年最大值法

B. 年最大值法

C. 年超定量法

D. 与大洪水时段对应的时段年最大值法

12-3-6 用配线法进行频率计算时，判断配线是否良好的原则是（　　）。

A. 抽样误差最小原则

B. 统计参数误差最小原则

C. 理论频率曲线与经验频率点据配合最好原则

D. 设计值偏于安全原则

12-3-7 在设计年径流量计算时，进行相关性分析的目的是（　　）。

A. 检查两个径流系列的代表性

B. 检查两个径流系列的可靠性

C. 检查两个径流系列的一致性

D. 对短径流系列进行延长插补

12-3-8 在进行频率计算时，提到某一重现期的枯水流量时，常用（　　）。

A. 大于该径流流量的频率来表示

B. 小于该径流流量的频率来表示

C. 等于或大于该径流流量的频率来表示

D. 小于或等于该径流流量的频率来表示

12-3-9 对于特大洪水的处理内容是（　　）。

A. 插补延展洪水资料　　B. 代表性分析

C. 选择设计标准　　D. 经验频率和统计参数的计算

12-3-10 当流域面积较大时，流域的设计面雨量（　　）。

A. 可以用流域某固定站设计点雨量代表

B. 可以用流域某固定站设计点雨量乘以点面折算系数代表

C. 可以用流域中心站设计点雨量代表

D. 可以用流域中心站设计点雨量乘以点面折算系数代表

12.4 地下水储存

考试大纲☞： 地质构造 地下水形成 地下水储存 地下水循环

12.4.1 地质构造

1）地壳构造

地壳中的岩石是地下水储存、运动的重要介质，而三大类型岩石：沉积岩、岩浆岩、变质岩，不同程度地存在有一定的空隙，这为地下水的形成、储存与循环提供了必要的空间条件。研究地下水的空间分布、特征，是研究地下水行为特征的重要基础。

2）岩石分类

（1）沉积岩。在地表及地表以下不太深处形成的岩体，它是在常温常压下由风化作用及某些火山作用所形成的沉积物，再经改造而成的。

（2）褶曲。由沉积物组成的水平层状结构称为褶曲。褶曲构造包括同生褶曲和后生褶曲，是地层岩石受到挤压和弯曲后作用的不同形态。同生褶曲指在先成的岩石中出现的褶曲；后生褶曲是在原有岩石破坏后，由地壳运动产生的褶曲。褶曲有背斜褶曲和向斜褶曲两种基本形态。背斜褶曲是指褶曲的岩层向上凸起，而向斜褶曲则是指褶曲的岩层向下凹陷。

（3）岩浆岩。岩浆沿着地壳岩石的裂隙上升到地壳范围内或喷出地表，热量逐渐散失，最后冷却凝固而成的岩石称为岩浆岩，又称火成岩。

（4）变质岩。由于地壳运动、岩浆运动等地质作用影响，使早期形成的岩石处于新的物理、化学环境之下（温度、压力的改变，与化学活动性液体反应等）所形成新的岩石。

3）岩层产状

岩层产状用岩层的走向、倾向和倾角三个要素来表示，如图 12-4-1 所示。

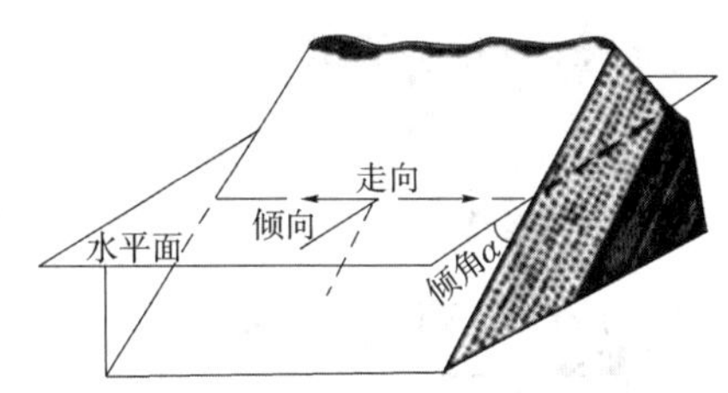

图 12-4-1 岩层产状

（1）走向。岩层层面与水平面的交线为走向线，走向线两端的指向即为走向。走向表示岩层的水平延伸方向，用方位角度表示。走向有两个方向，彼此相差 180°。

（2）倾向。在岩层层面上，垂直于岩层走向线向下所引的直线为倾斜线，在水平面上投影所指的方向即岩层倾向。倾向表示岩层层面的倾斜方向。倾向只有一个方向，与走向的交角恒为 90°。

（3）倾角。岩层层面倾斜线与其在水平面上投影线之间的夹角。倾角表示岩层层面的倾斜程度。

4）第四纪沉积物

（1）残积物

残积物是岩石风化后，未经搬运而残留于原地的土，而另一部分风化物则被风和降水所带走。残积物处于岩石风化壳的上部，是风化壳中的剧风化带，向下则逐渐变为半风化的岩石。它的分布主要受地形的控制，在宽广的分水岭上，由雨水产生的地表径流速度小，风化产物易于保留的地方，残积物就比较厚。在平缓的山坡上也常有残积物覆盖。

在不同的气候条件下，不同的原岩，将产生不同矿物成分、不同物理力学性质的残积土。由于风化剥蚀产物是未经搬运的，颗粒不可能被磨圆或分选，没有层理构造。

（2）坡积物

坡积物是残积物经水流搬运，顺坡移动堆积而成的土，即雨雪水流的地质作用将高处岩石风化产物缓慢地洗刷剥蚀，顺着斜坡向下逐渐移动、沉积在较平缓的山坡上而形成的沉积物。其成分与坡上的残积土基本一致。由于地形的不同，其厚度变化大，新近堆积的坡积土，土质疏松，压缩性较高。它一般分布在坡腰上或坡脚下，其上部与残积物相接。坡积物底部的倾斜度决定于基岩的倾斜程度，而表面倾斜度则与生成的时间有关，时间越长，搬运、沉积在山坡下部的物质就越厚，表面倾斜度就越小。

坡积物质随斜坡自上而下呈现由粗而细的分选现象。其成分与坡上的残积土基本一致。与下卧基岩没有直接关系，这是它与残积物明显的区别。

（3）洪积物

洪积物是山洪带来的碎屑物质，在山沟的出口处堆积而成的土。由暴雨或大量融雪骤然集聚而成的暂时性山洪急流，具有很大的剥蚀和搬运能力，它冲刷地表，挟带着大量碎屑物质堆积于山谷冲沟出口或山前倾斜平原而形成洪积物。

山洪流出沟谷口后，由于流速骤减，被搬运的粗碎屑物质（如块石、砾石、粗砂等）首先大量堆积下来，离山渐远，洪积物的颗粒随之变细，其分布范围也逐渐扩大。其地貌特征，靠山近处窄而陡，离山较远宽而缓，形如锥体，故称为洪积扇（锥）。由相邻沟谷口的洪积扇组成洪积扇群。如果逐渐扩大以至连接起来，则形成洪积冲积平原的地貌单元。

洪积物的颗粒虽因搬运过程中的分选作用而呈现上述随离山远近而变的现象，但由于搬运距离短，颗粒的磨圆度仍不佳。此外，山洪是周期性产生的，每次的大小不尽相同，堆积下来的物质也不一样。因此，洪积物常呈现不规则交错的层理构造，如具有夹层、尖灭或透镜体等产状。

（4）冲积物

冲积物是河流流水的地质作用将两岸基岩及其上部覆盖的坡积、洪积物质剥蚀后搬运、沉积在河流坡降平缓地带形成的沉积物。即由于河流的流水作用，将碎屑物质搬运堆积在它流经的区域内，随着从上游到下游水动力的不断减弱，搬运物质从粗到细逐渐沉积下来，一般在河流的上游以及出山口，沉积有粗粒的碎石土、砂土；在中游丘陵地带沉积有中粗粒的砂土和粉土；在下游平原三角洲地带，沉积了最细的黏土。冲积土分布广泛，冲积平原是城市、人口集中的地带。粗粒的碎石土、砂土，是良好的天然地基，但如果作为水工建筑物的地基，由于其透水性好会引起严重的坝下渗漏；而对于压缩性高的黏土，一般都需要处理地基。

冲积物的特点是呈现明显的层理构造。由于搬运作用显著，碎屑物质由带棱角颗粒（块石，碎石及角砾）经滚磨、碰撞逐渐形成亚圆形或圆形颗粒（漂石、卵石、圆砾），其搬运距离越长，沉积的物质越细。典型的冲积物是形成于河谷（河流流水侵蚀地表形成的槽形凹地）内的沉积物，可分为平原河谷冲积物和山区河谷冲积物等类型。

5）*岩石中的空隙与岩石的水理性质*

将岩石空隙作为地下水储存场所和运动通道研究时，可分为三类：松散岩石中的孔隙、坚硬岩石中的裂隙和可溶岩石中的溶隙（溶穴）。

（1）孔隙

松散岩石是由大小不等的颗粒组成的，颗粒或颗粒集合体之间的空隙，称为孔隙。岩石中孔隙的大小是影响其储存地下水能力大小的重要因素。

某一体积岩石中孔隙体积所占的比例称为孔隙度。其表达式为

$$n=\frac{V_{\mathrm{n}}}{V}\times 100\% \tag{12-4-1}$$

式中：n—岩土的孔隙度；

V—岩土的体积（包括孔隙在内）；

V_{n}—岩土中孔隙的体积。

孔隙度的大小主要取决于分选程度及颗粒排列情况，另外颗粒形状及胶结充填情况也影响孔隙度。自然界中大多数松散岩石由不等大小的岩石颗粒组成。细小颗粒充填在粗大颗粒之间的孔隙中，使岩石的孔隙度下降。黏性土的孔隙度往往可超过理论上的最大值，因黏土颗粒十分细小，由表面带电荷的矿物组成，在沉积过程中，黏土矿物构成颗粒集合体，可形成直径比颗粒大很多的结构孔隙。

（2）裂隙

坚硬的岩石一般不存在或只保留一部分颗粒之间的空隙，而是主要发育在各种应力作用下岩石破裂变形产生的裂隙。

裂隙体积与包括裂隙在内的岩石体积的比值称为裂隙率。其表达式为

$$\eta_{\mathrm{f}}=\frac{V_{\mathrm{f}}}{V}\times 100\% \tag{12-4-2}$$

式中：η_{f}—岩石的裂隙率；

V_{f}—岩石中裂隙的体积；

V—岩石的总体积。

裂隙按成因可分为成岩裂隙、构造裂隙、风化裂隙。

（3）溶隙（溶穴）

可溶性沉积岩在地下水溶蚀下产生的空洞称为溶穴。

溶穴的体积与包括溶穴在内的岩石体积的比值称为岩溶率。其表达式为

$$K_{\mathrm{K}}=\frac{V_{\mathrm{K}}}{V}\times 100\% \tag{12-4-3}$$

式中：K_{K}—岩溶率；

V_{K}—岩石中溶隙的体积；

V—岩石的总体积。

溶岩发育极不均匀，大的可达数百米、高达上百米、长达数十千米，小的只有几毫米。并且，往往相距极近处的岩溶率相差极大。

岩石的水理性质包括容水性、给水性、持水性、透水性。

容水性：指岩石孔隙中能够容纳水分的能力，与孔隙的大小、分布和连通性有关。数量上以容水度来衡量。容水度是岩石空隙中能够容纳水量的体积与岩石体积之比。

给水性：指饱和岩石在重力作用下释放出水分的能力，与岩石的颗粒大小、形态、排列方式以及压实程度等因素有关。给水度通常用来描述饱和岩石单位体积内的可释放水量。

持水性：指在分子力和表面张力作用下，岩石空隙中能够保持一定水量的能力，数量上用持水度来衡量。持水度是指饱和岩石经重力排水后所保持水的体积与岩石体积之比。

透水性：指水通过岩石孔隙的能力，通常与岩石的孔隙率和孔隙连通性有关。

【例 12-4-1】 岩石根据成因可分为三种类型，下列岩石中是沉积岩的为：

A. 石英岩　　B. 玄武岩　　C. 页岩　　D. 大理岩

解　沉积岩是在地表及地表以下不太深处形成的岩体，它是在常温常压下由风化作用及某些火山

作用所形成的沉积物，再经改造而成的。沉积岩主要包括有石灰岩、砂岩、页岩等。选 C。

【例 12-4-2】 根据成因不同，岩石分为三类，其中含水性最好的成因岩石是：

A. 沉积岩　　B. 变质岩　　C. 岩浆岩　　D. 三类均是

解　根据成因，岩石可分三大类：岩浆岩（火成岩）、沉积岩（水成岩）和变质岩三大类。选 A。

12.4.2 地下水形成

1）岩石中的空隙

岩石中的空隙，必须以一定方式连接起来，构成脉络相通的孔隙，才能成为地下水有效的储容空间和运移通道。

松散岩石的空隙分布在颗粒之间，连通性好、分布均匀、各个方向上空隙通道比较接近，地下水的分布与流动较均匀。

坚硬岩石中的裂隙具有方向性强，分布范围有限，裂隙宽窄不一、长度不等的特点，只有不同方向的裂隙相互连通，才能构成一定范围的裂隙通道，具备储存和运移地下水的功能，地下水的分布与流动一般不均匀。

可溶岩中的空隙连通性由溶隙、溶孔和溶洞构成，具有空隙大小悬殊、分布极不均匀的特点。在溶岩系统中，地下水分布极不均匀。

2）岩石中水的存在形式

地壳岩石中的水可分为岩石骨架中的水（矿物结合水）和岩石孔隙中的水。我们在此只研究岩石孔隙中的水，主要有结合水、重力水、毛细水、气态水等。

受固相表面的引力大于水分子自身重力的那部分水称为结合水。它又可分为强结合水（吸着水）和弱结合水（薄膜水）。距离固体表面更远的那部分水分子，重力影响大于固体表面对它的吸引力，在自身重力下能运动，这部分水就是重力水。在松散岩石中细小的毛细孔道构成毛细管，地下水面以上广泛存在毛细水，可分为支持毛细水、悬挂毛细水、孔角毛细水。气态水是指以水蒸气状态存在于岩土孔隙中的水。

3）岩石的水理性质

在一个很大的空隙中，从空隙壁面向外，依次分布着强结合水、弱结合水和重力水。空隙越大，重力水占的比重越大。空隙大小和数量不同的岩土，其容纳、保持、释出和透过水的能力也有所不同。

（1）容水性。岩土能容纳一定水量的性能称为容水性。其表达式为

$$\theta = \frac{V_{\mathrm{w}}}{V} \times 100\% \qquad (12\text{-}4\text{-}4)$$

式中：θ—体积含水率；

V_{w}—含水体积；

V—包括孔隙在内的岩土总体积。

或表示为

$$\theta_{\mathrm{g}} = \frac{G_{\mathrm{w}}}{G_{\mathrm{s}}} \times 100\% \qquad (12\text{-}4\text{-}5)$$

式中：θ_{g}—重力含水率；

G_{w}—含水的重力；

G_{s}—干燥岩土的重力。

还有个概念，容水度是指岩石完全饱水时所能容纳的最大水体积与岩石总体积的比值。这时，岩土空隙已全部充满水，其含水率称为饱和含水率。容水度在数值上一般与孔隙度（裂隙度、岩溶率）相等。

（2）持水性。含水岩土在重力作用下释水，由于固体颗粒表面的吸附力和毛细力的作用，使其在空隙中保持一定水量的特性，称为持水性。饱水岩土在重力作用下，经 2~3d 释水后，岩土空隙中尚能保持水体积与岩土总体积之比，这时的含水率称为田间持水率。

（3）给水性。含水岩土在重力作用下能自由释出一定水量的性能，称为给水性。用给水度μ来衡量给水性能，它是指饱水岩土在重力作用下释出的水体积与岩土总体积之比，在数值上等于容水度（孔隙度）减去持水度，即饱和含水率与田间持水率之差。

岩土的空隙尺度和数量，对给水度的影响很大，粗颗粒松散岩土和具有大裂隙的坚硬岩石，岩土空隙中的结合水与毛细水很少，其持水性差，持水度小，给水度几乎等于容水度。对于黏土和闭合裂隙的岩石，其持水度接近于容水度，给水度很小。

（4）透水性。岩石的透水性是指岩土允许水体透过的性能。结合水一般不会运动，而重力水在运动时会产生摩阻，就如水力学中同圆管流的流速分布，重力水的流速从空隙边缘向空隙中心逐渐增大，在贴近边缘处的流速趋于零。决定岩土透水性优劣的主要因素是空隙的大小，其次是空隙数量。反映岩土透水性的指标是渗透系数。

（5）储水性。土壤是由空隙及骨架组成的弹性—塑性体，若从土壤的承压含水层中抽水，导致压力水头面下降，但承压含水层未被疏干，被抽的水是来自含水层的弹性释放，若发生相反的过程，岩土体又能储存部分的水，称为弹性储存，这二者统称为储水性。

4）包气带与饱水带

地表以下一定深度上，岩石中的空隙被重力水所充满，形成地下水面。地下水面以上称为包气带；地下水面以下称为饱水带。

（1）包气带。包气带的空隙未被水分所充满，而是包含着部分空气，因此称为包气带。包气带水来源于大气降水的入渗，地表水的渗漏，由地下水面通过毛细上升输送的水分，以及地下水蒸发形成的气态水。包气带的含水率及其水岩运动受气象因素影响极为显著。包气带是饱水带与大气圈、地表水圈联系必经的通道。

（2）饱水带。饱水带岩石孔隙全部被液态水充满，有重力水，也有结合水。饱水带中的水体是连续分布的，能够传递静水压力，在水头差的作用下，可发生连续运动。

5）含水层与隔水层

含水层是指能够透过水并给出相当数量水的岩层。含水层不但储存有水，而且水还可以在其中转移。隔水层是不能透过水也不能给出水量的岩层。

构成含水层的基本条件：岩层要具有能容纳重力水的空隙；有储存和聚集地下水的地质条件；具有补给来源。

含水层与隔水层的划分并不存在严格的界限。孔隙细小的岩层，所含的几乎全是结合水，通常不能运动，这类岩层起着阻隔水通过的作用，构成隔水层；空隙较大的岩层，一般能透过水和给出水，构成含水层。黏土层由于饱含结合水而不能透水和给水，起着隔水作用，当水头作用较大时，也能给出一部分水，就转化为含水层了。

【例 12-4-3】 含水层是指：

A. 含水的岩层

B. 能够透水的岩层

C. 能够透过水并给出相当数量水的岩层

D. 含有重力水和毛细水的岩层

解 含水层是指能够透过水并给出相当数量水的岩层，选 C。

【例 12-4-4】 岩石的空隙性为地下水的储存和运动提供了空间条件，非可溶性坚硬岩石的容水空间主要是岩石的：

A. 孔隙　　B. 裂隙和断层　　C. 岩溶　　D. 孔隙和溶隙

解 坚硬岩石主要发育在各种应力作用下岩石破裂变形产生的裂隙，其容水度一般与裂隙度相等。选 B。

【例 12-4-5】 松散岩石的给水度与容水度越接近，说明：

A. 岩石颗粒越细　　B. 岩石颗粒不变

C. 岩石颗粒越粗　　D. 岩石颗粒粗细不一定

解 粗颗粒松散岩土和具有大裂隙的坚硬岩石，岩土空隙中的结合水与毛细水很少，其持水性差，持水度小，给水度几乎等于容水度。选 C。

【例 12-4-6】 含水层和隔水层划分的依据是：

A. 岩石的透水性　　B. 岩石的含水性

C. 岩石的给水性　　D. 以上均是

解 含水层和隔水层划分的依据是岩石的透水性，一般情况下，渗透系数大于1m/d的岩层均可认为是透水，而渗透系数小于0.001m/d的岩层则称为不透水，渗透系数介于二者之间的为半透或弱透水层。选 C。

12.4.3 地下水储存

在包气带中储存的水称为包气带水，在饱水带中的水分为潜水和承压水，如图 12-4-2 所示。

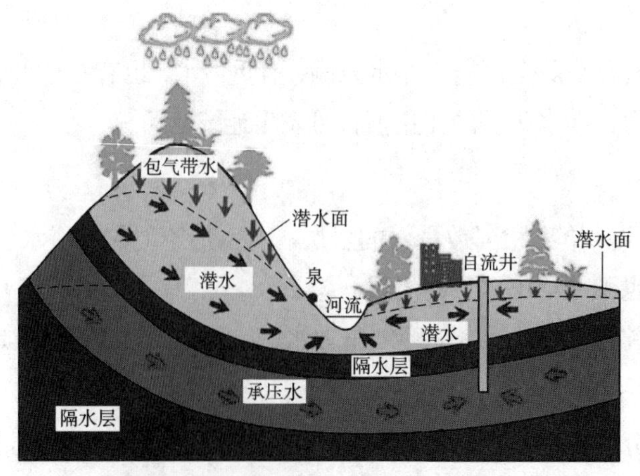

图 12-4-2 包气带水、潜水、承压水

1）包气带水

包气带水是包气带中聚集在局部隔水层之上的重力水。其特征为：接近地面，接受大气降水补给，

以蒸发形式或向隔水地板边缘排泄，动态变化很不稳定。包气带水工程意义：供水意义不大，在寒冷地区易引起道路冻胀和翻浆。

2）潜水

潜水是指埋藏在地面以下第一个稳定隔水层之上具有自由水面的含水层中的重力水。其特征为：上部没有隔水层，与大气相通，具有自由水面，积极参与水循环，可接受大气降水或地表水入渗补给，潜水的分布区与补给区基本一致；潜水直接通过包气带与地表水、降水等发生水力联系，动态变化明显，受气候影响较大；潜水面形状易受地形影响；潜水位置较浅，大气降水与地表水入渗补给潜水的途径较短，易受污染。潜水的工程意义：潜水等水位图可决定潜水流向，求潜水的水力坡度，确定潜水的埋藏深度，确定潜水与地表水的关系，提供合理的取水位置。

潜水出流（排泄）方式有两种：在重力作用下从水位高的地区流向水位低的地区，即径流排泄；通过包气带和植物蒸腾作用进入大气，即蒸发排泄。

3）承压水

承压水是充满于两个隔水层之间的含水层中承受着水压力的重力水。承压水的特征为：不具有自由水面，承受一定的水头压力，水从压力高的地方流向压力低的地方；分布区和补给区不一致；动态变化稳定，受气候、水文因素影响小；不易受地面污染，一旦污染不易自净；富水性好的承压水层是理想的供水水源。

承压水层有上下两个稳定的隔水层，分别称为隔水顶板和隔水底板。两板之间的距离为含水层的厚度。当井穿透隔水顶板后，承压水层中的水会上升到顶板以上某一高度后稳定下来，稳定水位高出顶板的垂直距离称为承压水头。井内稳定水位的高出称为承压水在该点的测压水位或承压水位。

【例 12-4-7】 下列不属于承压水基本特点的是：

A. 没有自由水面

B. 受水文气象因素、人为因素及季节变化的影响较大

C. 分布区与补给区不一致

D. 水质类型多样

解 承压水的基本特点包括：

①承压性。有稳定的隔水顶板存在，没有自由水面，水体承受静水压力，与管道中的水流相似。

②分布区与补给区不一致。承压水由于有稳定的隔水顶板，含水层分布范围内能明显区分出补给区、承压区和排泄区三个部分。所以它的分布区与补给区是不一致的。

③受水文气象因素、人为因素及季节变化的影响较小。

④水质类型多样。承压水的水质从淡水到矿化度极高的卤水都有，可以说具备了地下水各种水质类型。

选 B。

12.4.4 地下水循环

地下水循环是指地下水的补给，径流与排泄过程。地下水以大气降水、地表水、人工补给等各种形式获得补给，在含水层的岩土介质中流过一段路程，然后又以泉水、蒸发等形式排出地表，如此周而复始。

1）大气降水的补给

大气降水是地下水的主要补给方式，包括雨、雪、露水等。降水降至地表后，一部分变为地表径流或蒸发至大气圈，另一部分向下渗补给含水层。

2）地表水的补给

地表水体指河流、湖泊、水库和海洋等，地表水体可能补给地下水，也可排泄地下水，这主要取决于地表水的水位与地下水位之间的关系。

3）凝结水的补给

广大的沙漠地区，大气降水和地表水体的渗入很少，凝结水是其主要补给。

4）含水层之间的补给

深层与浅层含水层之间的隔水层中若有透水的孔洞或由于断层的影响，使上下含水层之间产生一定水的联系时，地下水从水位高的含水层流向水位低的含水层来补给水。有时虽然没有通道，但由于隔水层的弱透水能力，也可进行渗流补给。

5）人工补给

人为地借助某些工程设施将地表水注入地下水层以增加地下水的补给量，稳定地下水水位。这对保证水资源充分合理地利用有重要意义。

12.4.5 地下水排泄

排泄：含水层或含水系统向外界释放水量的过程。

排泄过程的变化：①释放水量，降低势能；②盐量和能量等也随之减少。

排泄的方式：①溢流地表成泉；②向地表水泄流；③土面蒸发及植物蒸腾；④人工排泄。

【例 12-4-8】 地下水的循环包括：

A. 补给、径流、排泄　　B. 入渗、补给、排泄

C. 入渗、补给、排泄　　D. 补给、入渗、排泄

解 地下水循环是指地下水的补给、径流与排泄过程。地下水以大气降水、地表水、人工补给等各种形式获得补给，在含水层的岩土介质中流过一段路程，然后又以泉水、蒸发等形式排出地表，如此周而复始。选 A。

【例 12-4-9】 下列不完全属于地下水补充方式的是：

A. 大气降水的补给、凝结水的补给、人工补给

B. 地表水的补给、含水层之间的补给、人工补给

C. 大气降水的补给、人工补给、江河水的补给

D. 大气降水的补给、人工补给、固态水的补给

解 地下水补给来源：大气降水入渗、地表水入渗、凝结水入渗、其他含水层或含水系统越流补给和人工补给。选 D。

经典练习

12-4-1 饱水岩土在重力作用下，通过 2~3d 释水后，空隙中尚能保持的水分，称为（　　）。

A. 饱和含水率　　B. 剩余含水率　　C. 田间持水率　　D. 最大持水率

12-4-2　下列哪项与承压水的特征相符合？（　　）

A. 承压水参与水循环比潜水强烈

B. 承压水很容易受到污染

C. 承压水是充满于两隔层之间的具有静水压力的重力水

D. 承压水可以很容易得到地表水和大气水的补给。

12-4-3　下列关于地下水循环的说法，不正确的是（　　）。

A. 雨降至地面后，变为地表径流，或蒸发至大气圈，或向下渗补给含水层

B. 可以人为地将水注入地下水层以增加地下水的补给量

C. 地下水以大气降水、地表水、人工补给等各种形式获得补给

D. 广大的沙漠地区，降水和地表水是其主要补给

12-4-4　固体颗粒表面的吸附力和毛细作用，使含水岩土空隙中能保持一定的水量，称为（　　）。

A. 孔隙度　　B. 持水度　　C. 田间持水度　　D. 给水度

12-4-5　湿土重 200kg，重力含水率为 15%，若土样的体积为 150dm^3，则土的体积含水率为（　　）。

A. 0.10　　B. 0.20　　C. 0.30　　D. 0.40

12-4-6　不属于承压水特点的是（　　）。

A. 没有自由液面　　B. 受水文、气象、人为因素影响较大

C. 分布区与补给区不一致　　D. 水质类型多样

12-4-7　泉水排泄是地下水排泄的主要方式。下列关于泉水的叙述错误的是（　　）。

A. 泉的分布反映了含水层或含水通道的分布

B. 泉的分布反映了补给区和排泄区的位置

C. 泉的高程反映了该处地下水位的高程

D. 泉水的化学成分和物理成分反映了该处地表水的水质特点

12-4-8　下列说法正确的是（　　）。

A. 储存有水的岩层称含水层

B. 区分隔水层与含水层的标志为岩层是否含水

C. 含水层和隔水层在一定条件下可以相互转化

D. 含水的数量很小的岩层为隔水层

12-4-9　下列关于岩溶水的特征，描述不正确的是（　　）。

A. 岩溶水分布极不均匀

B. 岩溶水在大洞穴中一般呈有压水流，在断面小的管路中一般呈无压水流

C. 岩溶水水位、水量变化幅度大，对降水反应明显

D. 集中排泄是岩溶水排泄的最大特点

12-4-10　度量岩石容水性的指标为容水度，它在数值上一般等于（　　）。

A. 孔隙度　　B. 持水度　　C. 给水度　　D. 田间持水率

12.5　地下水运动

考试大纲☞： 地下水流向井稳定运动　地下水流向井不稳定运动　泰斯公式

地下水的运动状态可区分为层流和紊流两种状态，其流态可用无量纲的雷诺数来判别，其表达式为

$$\mathrm{Re} = \frac{vd}{\nu} \tag{12-5-1}$$

式中：v—地下水的渗流速度，也可以用u表示；

d—含水层颗粒的平均粒径；

ν—地下水运动黏滞系数。

多数试验表明，由层流过渡到紊流时的临界雷诺数在60~150之间。地下水在绝大多数情况下，实际流动的雷诺数多数呈层流流态，只有在卵石层的大孔隙、宽大裂隙、溶洞以及抽水井附近水力梯度很陡时，才呈现紊流的流态。

根据地下水运动要素（如水头H、渗透速度v、水力梯度I、渗透流量Q等）随时间变化的特征，地下水运动可分为稳定流运动和非稳定流运动。前者是指渗流场中任意点的运动要素变化与时间无关，后者则随时间变化。自然界中的地下水运动始终处于非稳定流状态，而稳定流运动只是一种相对的、暂时的动平衡状态。只有在特定条件下，由于运动要素变化幅度小，才可把非稳定流运动近似当成稳定流运动来处理。

描述地下水运动规律的是达西定律，由达西定律和能量守恒原理，可以推导出地下水运动的基本方程。

下面是地下水流向井运动的相关概念。

（1）潜水井：当井揭露潜水含水层，由含水层中吸取无压地下水的井，称为潜水井或普通井。

（2）承压水井：当井揭露承压水含水层时，称为承压水井。

（3）完整井：揭露整个含水层，井一直打到含水层底板隔水层时的潜水井或承压水井，称为完整井。

（4）非完整井：没有打到含水层底板隔水层的潜水井或承压水井。

（5）水位降深：初始水头减去抽水t时间后的水头，也简称降深，用S表示。

（6）降落漏斗：抽水时，水位降深S在不同的位置上是不同的，井中心降深最大，离井越远，降深越小，抽水井周围总体上形成的漏斗状水头下降区，亦即由抽水（排水）而形成的漏斗状的水头（水位）下降区。

（7）影响半径：是从抽水井到实际观测不到水位降深处的径向距离。

泰斯公式是一种用于计算地下水非稳定井流关系式的数学模型，描述在抽水过程中地下水的非稳定流动状态，即水位随时间的变化和降落漏斗的扩张过程。这个公式基于一些假设条件，包括含水层是等厚、均质、各向同性且无限延伸的，以及井径无穷小的完整井。

【例12-5-1】 下面关于井的说法，错误的是：

A. 根据井的结构和含水层的关系可将井分为完整井和非完整井

B. 完整井是指打穿了整个含水层的井

C. 只打穿了部分含水层的水井是非完整井

D. 打穿了整个含水层但只在部分含水层上安装有滤水管的水井是非完整井

解 根据揭露含水层的程度和进水条件，抽水井可分为完整井和非完整井。

（1）完整井：揭露整个含水层，一直打到含水层底板隔水层时的潜水井或承压水井，称为完整井。

（2）非完整井：没有打到含水层底板隔水层的潜水井或承压水井称为非完整井。

根据揭露含水层的类型的不同，抽水井分为潜水井和承压水井。

（1）潜水井：揭露潜水含水层，由含水层中吸取无压地下水的井称为潜水井或普通井。

（2）承压水井：揭露承压水含水层的井，称为承压水井。

选B。

12.5.1 地下水流向井稳定运动

1）稳定流假设

（1）含水层均质、各向同性，产状水平，厚度不变，分布面积很大，可视为无限延伸。

（2）抽水前的地下水面是水平的，并视其为稳定的。

（3）含水层中的水流服从达西定律，并在水头下降的瞬间水就释放出来。如有弱透水层，则忽略其弹性释水量。

（4）在有侧向补给的有限含水层中，当降落漏斗扩展到补给边界后，侧向补给量和抽水量平衡时，地下水向井运动便可达到稳定状态。

（5）在有垂向补给的无限含水层中，随着降落漏斗的扩大，垂向补给量不断增大。当它增大到与抽水量相等时，将形成稳定的降落漏斗，地下水向井的运动也进入稳定状态。

（6）在没有补给的无限含水层中，随着抽水时间的延长，水位降深的速率会越来越小，降落漏斗的扩展越来越慢，在短时间内观测不到明显的水位下降，这种情况称为似稳定状态，也称似稳定。

2）承压井的裘布依公式

在以上假设条件的基础上，将含水层视为半径为R的圆形岛状含水层，在R处为定水头H_0，如图 12-5-1 所示。

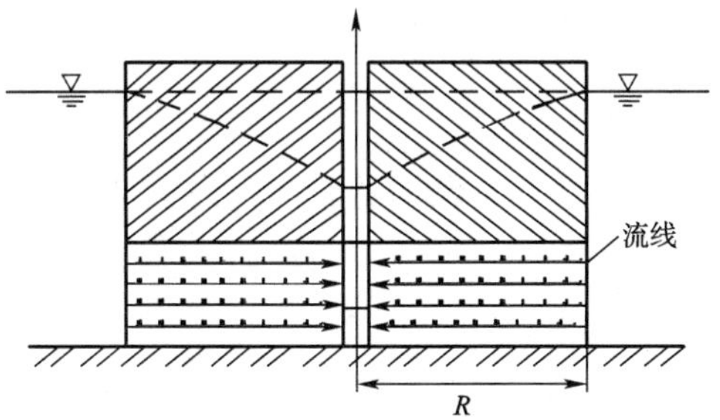

图 12-5-1　地下水向承压井的运动

这时，水流有如下特征：

（1）水流为水平径向流，即流线为指向井轴的径向直线，等水头面为以井为共轴的圆柱面，并和过水断面一致。

（2）通过各过水断面的流量处处相等，并等于井的流量。

上述条件下给出的数学模型为

$$\frac{\mathrm{d}}{\mathrm{d}r}\left(r\frac{\mathrm{d}h}{\mathrm{d}r}\right)=0 \tag{12-5-2}$$

$$H|_{r=R}=H_0 \tag{12-5-3}$$

$$H|_{r=r_\mathrm{w}}=h_\mathrm{w} \tag{12-5-4}$$

求解模型，对式（12-5-2）进行积分，得

$$r\frac{\mathrm{d}h}{\mathrm{d}r}=C_1 \tag{12-5-5}$$

通过任一断面的流量相等，并等于抽水量Q，所以

$$Q=k(2\pi rh_0)\frac{\mathrm{d}h}{\mathrm{d}r} \tag{12-5-6}$$

得

$$r\frac{\mathrm{d}h}{\mathrm{d}r}=\frac{Q}{2\pi kh_0} \tag{12-5-7}$$

即

$$C_1=\frac{Q}{2\pi kh_0}$$

将上式分离变量，得

$$\mathrm{d}h=\frac{Q}{2\pi kh_0}\frac{1}{r}\mathrm{d}r \tag{12-5-8}$$

给出的定解条件取定积分，得

$$\int_{h_w}^{H_0} \mathrm{d}h = \frac{Q}{2\pi k h_0} \int_{r_w}^{R} \frac{1}{r} \mathrm{d}r \tag{12-5-9}$$

积分得

$$H_0 - h_w = \frac{Q}{2\pi k h_0} \ln \frac{R}{r_w} \tag{12-5-10}$$

整理，得

$$S_w = \frac{Q}{2\pi k h_0} \ln \frac{R}{r_w} \tag{12-5-11}$$

或

$$Q = \frac{2.73 k h_0 S_w}{\lg R - \lg r_w} \tag{12-5-12}$$

式中：S_w—井中水位降深；

Q—抽水井流量；

h_0—含水层厚度；

k—渗透系数；

r_w—井的半径；

R—影响半径。

3）潜水井的裘布依公式

通过任一断面的流量相等，并等于抽水量Q，所以

$$Q = k(2\pi r h) \frac{\mathrm{d}h}{\mathrm{d}r} = \pi r k \frac{\mathrm{d}h^2}{\mathrm{d}r} \tag{12-5-13}$$

得

$$r \frac{\mathrm{d}h^2}{\mathrm{d}r} = \frac{Q}{\pi k} \tag{12-5-14}$$

将上式分离变量，得

$$\mathrm{d}h^2 = \frac{Q}{\pi k} \frac{1}{r} \mathrm{d}r \tag{12-5-15}$$

按给出的定解条件取定积分得

$$\int_{h_w}^{H} \mathrm{d}h^2 = \frac{Q}{\pi k} \int_{r_w}^{R} \frac{1}{r} \mathrm{d}r \tag{12-5-16}$$

积分得

$$H_0^2 - h_w^2 = \frac{Q}{\pi k} \ln \frac{R}{r_w} \tag{12-5-17}$$

整理得

$$(2H_0 - S_w) S_w = \frac{Q}{\pi k} \ln \frac{R}{r_w} \tag{12-5-18}$$

或

$$Q = 1.366k \frac{(2H_0 - S_w) S_w}{\lg \frac{R}{r_w}} \tag{12-5-19}$$

4）承压-潜水井

在承压含水层中，进行大降深抽水，可能产生无压区。计算公式为

$$Q = 1.366 \frac{k(2H_0 h_0 - h_0^2 - h_w^2)}{\lg \frac{R}{r_w}} \tag{12-5-20}$$

水头预报：无压区用潜水公式，承压区用承压水公式。

【例 12-5-2】 达西公式并不是对所有的地下水层流运动都适用，其适用的雷诺数范围为：

A. ≤0~1　　B. ≤1~10　　C. ≤10~20　　D. >20

解 达西公式的适用范围：只有当雷诺数小于 1~10 时，地下水运动才服从达西公式，大多情况下地下水的雷诺数不超过 1。选 B。

【例 12-5-3】 一潜水含水层厚度 125m，渗透系数为5m/d，其完整井半径为 1m，井内动水位至含水层底板的距离为 120m，影响半径 100m，则该井稳定的日出水量为：

A. 3 410m³　　B. 4 165m³　　C. 6 821m³　　D. 3 658m³

解 代入潜水裘布依公式：

$$Q = 1.36K\frac{H^2 - h^2}{\lg\frac{R}{r}} = 1.36 \times 5 \times \frac{125^2 - 120^2}{\lg\frac{100}{1}} = 4\,165\text{m}^3/\text{d}$$

选 B。

12.5.2　地下水流向井不稳定运动

承压水井非稳定流抽水时，含水层将发生弹性变形而释出弹性水量。承压水完整井当以固定流量Q抽水时，若当单井在抽水前，承压水面假定为水平，水头为H_0，井半径为r的条件下，则对于初始时刻$t = 0$时，初始条件为$H(r,0) = H_0$（H_0为抽水前的水位，为一常量），其边界条件为（$t > 0$）

$$\lim\left(r\frac{\partial H}{\partial r}\right) = \frac{Q}{2\pi T}\quad（当r \to \infty时，H \to H_0）\tag{12-5-21}$$

在上述初始条件和边界条件下，得到非稳定流运动的泰勒公式（推导省略）为

$$S(r,t) = \frac{Q}{4\pi T}\int_u^\infty \frac{1}{u}e^{-u}\text{d}u = \frac{Q}{4\pi T}W(u)\tag{12-5-22}$$

式中：$S(r,t)$—以固定流量Q抽水时与抽水井距离为r处任一时间t的水位降深值（m）；

T—含水层的导水系数(m^2/d)，$T = KM$；

K—渗透系数；

M—含水层厚度；

u—井函数变量，$u = \frac{r^2}{4\alpha t} = \frac{\mu_e r^2}{4Tt}$；

α—压力（或水位）传导系数(m^2/d)，$\alpha = \frac{T}{\mu_e}$；

μ_e—含水层的弹性释水系数；

$W(u)$—井函数，$W(u) = -0.577\,2 - \ln u - \sum\limits_{n=1}^{\infty}(-1)n\frac{u^n}{n \times n!}$，可通过查表求得。

【例 12-5-4】 有一承压完整井位于砂砾石含水层中，抽水量$Q = 1\,256\text{m}^3/\text{d}$，已知含水层的导水系数$T = 100\text{m}^2/\text{d}$，释水系数等于$6.94 \times 10^{-4}$，则抽水后 100min 时距井 400m 处的降深可表示为：

A. $2W(3.99)$m　　B. $W(3.99)$m

C. $2W(0.399)$m　　D. $W(0.399)$m

解 根据地下水向井的非稳定流运动的泰斯公式，有降深$S(r,t) = \frac{Q}{4\pi T}W(u)$

其中，

$$u = \frac{\mu r^2}{4Tt} = \frac{6.94 \times 10^{-4} \times 400^2}{4 \times 100 \times \left(\frac{100}{\frac{24}{60}}\right)} = 3.99$$

$$\frac{Q}{4\pi T}=\frac{1\,256}{4\times 3.14\times 100}=1$$

故$S(r,t)=W(3.99)$m

选 B。

经典练习

12-5-1 地下水以10m/d的流速在粒径为 20mm 的卵石层中运动，卵石间的空隙直径为 3mm，当地下水温为 15℃时，运动黏滞系数为 $0.1\mathrm{m}^2/\mathrm{d}$，则雷诺数为（　　）。

A. 0.6　　B. 0.3　　C. 0.4　　D. 0.5

12-5-2 水体流动过程中，各个运动要素（水位、流速、流向等）不随时间改变时，则该流体称作（　　），该流体所做的运动为（　　）。

A. 稳定流　层流运动　　B. 非稳定流　层流运动

C. 稳定流　紊流运动　　D. 非稳定流　紊流运动

12-5-3 地下水运动的基本方程可由（　　）推导出来。

A. 牛顿第一定律和质量守恒原理　　B. 热力学第二定律和能量守恒原理

C. 质量守恒原理和能量守恒原理　　D. 达西定律和质量守恒原理

12-5-4 地下水在绝大多数情况下，实际流动的雷诺数多数呈（　　）流态，只有在卵石层的大孔隙、宽大裂隙、溶洞以及抽水井附近水力梯度很陡时，才呈现（　　）的流态。

A. 层流　紊流　　B. 稳定流　层流

C. 层流　不稳定流　　D. 稳定流　不稳定流

12.6 地下水分布特征

考试大纲☞： 河谷冲积层地下水　沙漠地区地下水　山区丘陵区地下水

储存地下水的岩土称含水层介质，按其性质可分为孔隙、裂隙和溶隙。据此，将储存于其中的地下水也相应分为孔隙水、裂隙水和岩溶水三类。不同地貌下的地下水有不同的分布特征，下面简单讲述。

【例 12-6-1】 孔隙水、裂隙水、岩溶水的划分依据为：

A. 埋藏条件　　B. 化学成分

C. 含水层介质的性质　　D. 含水层含水存在形式

解 隙水、裂隙水、岩溶水的划分依据主要是含水层介质的性质。选 C。

12.6.1 河谷冲积层地下水

河谷冲积层是河谷地区地下水的主要富水层位，含水层颗粒较粗大，沿江河成条带状有规律地分布，与地表水水力联系密切，补给充分，水循环条件好，水质较好，开采技术条件好，一般可构成良好的地下水水源地。

地下水的补给来源主要是大气降水和河水等，地下水动态变化很大。由于河流的上游、中游与下游的水动条件存在着差异，所赋存的地下水特点也不同。

（1）河流上游山区河谷冲积层中的地下水为潜水。冲积层厚度不大，主要由粗砂、砾石组成，因而其透水性好。

（2）河流中游河谷冲积层中的地下水。此段河谷变宽，发育有河漫滩和多阶级地。河漫滩沉积物在垂直方向上有双层结构的特点，即上层为亚黏土、亚砂土等，具有相对隔水性，下层为砂层或砾石层，透水性好。

（3）河流下游平原冲积层中的地下水。此段冲积物较厚，河流的低阶地与河漫滩分布面积也较宽广，岩性变化也较复杂，存在双层结构，且常出现粗粒与细粒岩层构成的互层，可构成多层含水层。

河流对地下水的补给，主要取决于河流水位与地下水位的相对关系。雨季河流水补给地下水，旱季地下水补给河流水。

【例 12-6-2】 河谷冲积物孔隙水的一般特征为：

A. 沉积的冲积物分选性差，磨圆度高

B. 沉积的冲积物分选性好，磨圆度低

C. 沉积的冲积物孔隙度较大，透水性强

D. 沉积的冲积物孔隙度小，透水性弱

解 河谷冲积物孔隙度大，透水性强。选 C。

【例 12-6-3】 根据洪积扇组成物质的不同，可将洪积扇分为黏性细土带、粗粒沉积交错过渡带和砂砾石带。其中，砂砾石带中地下水的特点是：

A. 水动力条件强，含水层厚度大，透水性强，蒸发作用微弱，水质好

B. 水动力条件弱，含水层厚度大，透水性强，蒸发作用强，水质好

C. 水动力条件强，含水层厚度大，透水性强，蒸发作用强，水质好

D. 水动力条件弱，含水层厚度大，透水性强，蒸发作用微弱，水质好

解 基础知识。选 A。

12.6.2 沙漠地区地下水

干旱缺水是沙漠地区的特点，但在特定的条件下，沙漠地区埋藏有丰富的地下水，它们大部分来自当地和周围山地降落的雨雪以及河流湖泊的渗透，少部分是来自空气中和地下岩浆里的水蒸气。

沙漠内风沙潜水的补给来源有以下几个方面：

（1）地表水的入渗：风沙潜水的补给来源，主要是河水和洪水渗入。

（2）大气降水的入渗：尽管沙漠地区降水很少，但冬春积雪的融化和夏季降雨，可以很快下渗储存于地下，成为风沙潜水的补给源。

（3）凝结水的补给：一是空气中水汽的凝结，二是土壤内部因蒸发生成的水汽在夜间冷凝成水。

（4）沙丘下伏淡水含水层自下而上的补给：根据沙漠内风沙带水分布和埋藏特点，可分为①河流两旁的潜水；②湖盆边缘的潜水；③沙漠边缘低洼处的潜水。

【例 12-6-4】 在干旱的广大沙漠地区，地下水的主要补给来源形式是：

A. 大气降水渗入补给　　B. 地表水系渗入补给

C. 凝结水补给　　D. 人工补给

解 在广阔的沙漠地区，大气降水和地表水对地下水的补给都很少，而凝结水往往是地下水的重要补给来源。选 C。

【例 12-6-5】 关于沙漠地区的地下水，下列描述错误的是：

A. 山前倾斜平原边缘沙漠地区的地下水，水位埋置较深，水质较好

B. 古河道中的地下水，由于古河道中岩性较粗，径流交替条件较差

C. 大沙漠腹地的沙丘地区地下水，其补给主要为地下径流和凝结水

D. 沙漠地区的地下水，是人畜生活和工农业建设的宝贵资源

解 沙漠中地下水的分布为山前倾斜平原边缘沙漠中的地下水、古河道中的地下水、沙漠腹地的沙丘潜水、沙丘下伏承压水。

山前倾斜平原边缘沙漠中的地下水特征：气候干旱，对地表水形成不利。冰雪融化补给地表水，没有冰雪时，雨季洪流渗入补给地下水；水位埋藏较深受蒸发影响不大，水量一般相对丰富，水质较好。

古河道中的地下水特征：古河道中岩性较粗，径流交替条件较好，常有较丰富的淡水；地下水埋藏较浅，水质好，为主要供水水源。

大沙漠腹地的沙丘潜水特征：补给主要依靠地下水径流或者凝结水；潜水埋藏随沙丘的大小和形状而异，高大沙丘下的潜水埋藏深，小沙丘下埋藏较浅；水质不好，大多是具有苦咸味的高矿化水。

沙丘下伏承压水特征：分布于新生界内陆盆地的古冲积平原和古河湖平原；水量丰富，水质基本满足供水要求。

选 B。

12.6.3 山区丘陵区地下水

山地丘陵区地下水总的运动方向是向盆地或者区域地下侵蚀基准面排泄的，山地丘陵区地下水排泄量一般包括地下水开采量、向河谷排泄量、侧向径流量、泉水溢出量和地下水蒸发量等。

山地丘陵区主要是基岩地下水分布区，按基岩含水岩体的类别及其相应的地下水储存条件可分为三种类型：岩溶地区地下水、基岩裂隙水和山间盆地松散岩类孔隙水（包括潜水和承压水）。

1）岩溶水的特征

岩溶是指流动的侵蚀性水流与可溶的岩石之间相互作用产生的结果，其作用包括化学溶解、沉淀、水流冲蚀、重力崩塌及生物溶蚀等。

赋存于各种岩溶空隙中的地下水便是岩溶水。岩溶水与其他类型的地下水相比，它的独特性在于不断改造其赋存环境，通过溶蚀的分异作用，使含水空间及本身的储存趋于不均一性，常造成岩溶区地表严重缺水，而深部地下水富集并趋于“地下河系化”的现象。

岩溶水的基本特点：水量丰富而不均一，在不均一之中又有相对均一的地段；含水系统中多重含水介质并存，既具有统一水位面的含水网络，又有相对孤立的管道流；既有向排泄区的运动，又有导水通道与蓄水网络之间的互相补排运动；水质水量动态受岩溶发育程度的控制，在强烈发育区，动态变化大，对大气降水或地表水的补给响应快；岩溶水既是赋存于溶孔、溶隙、溶洞中的水，又是改造其赋存环境的动力，不断促进含水空间的演化。

（1）岩溶水分布的不均一性

岩溶水的不均一性是指岩溶含水系统中不同地段富水的差异性和水力联系的各向异性。它是由于岩溶发育过程中的分异作用造成的，而且其不均一程度取决于岩溶发育程度。

（2）岩溶含水层的含水介质特征

碳酸盐岩地区并不一定都是岩溶含水层，在那些岩溶不发育，岩块致密，仍以原生孔隙为主的地区或地段，实际上是碳酸盐岩地区的“相对隔水层”。

岩溶水含水体中存在着溶蚀孔隙、微裂隙、层面等扩散流介质，溶蚀大裂隙含水介质和管道流介质，可以根据它们各自在岩体中所占的比例大小来划分岩溶含水层类型。

（3）岩溶水的运动特征

岩溶水中多重含水介质并存，所以导致岩溶水的运动非常复杂多变，总的来说可以概括为四个并存：层流和紊流并存；在压流和无压流并存；统一水流与孤立水流并存；明流与伏流并存。

岩溶水运动速度变化很大，因此其流态变化也很复杂。在溶孔、溶隙中，地下水缓慢地渗流，水流流态属层流状态；而在溶洞、暗河等岩溶管道中，地下水流速大，最快可达2 400m/h，显然处于紊流状态；在介于两者之间的大裂隙中则多显示过渡的混合流状态。

（4）岩溶水的补给、排泄和动态特征

①溶孔裂隙水

a. 补给仍以缓慢地入渗补给为主，岩溶水量、水位等动态滞后于降雨可达数月之久。

b. 具有统一的地下水位面及较完整的降落漏斗，各个方向上渗透性及水力联系相似。

c. 地下径流以扩散流为主，排泄以大泉集中式排泄为主，动态相对稳定，年变化幅小，不具备暴涨暴落的水文型动态，泉水流量和数年前降水有关。

d. 地下水动态常具有多年周期性变化。

e. 局部可以发育成溶孔溶隙及小管道共同组成的强含水段。

②管道流

在岩溶强烈发育地区，地下管道极其发育。管道水在整个岩溶含水体中占据重要地位并控制了区域水文地质特征。由于管道含水空间较大，因此导致其水流特征完全不同于溶孔溶隙水。管道流在漏斗、竖井、落水洞、地下暗河入口，封闭洼地中接受集中式迅速的补给，以流入、灌入式补给为主，在管道中快速集中径流，向地下暗河出口或以大泉形式排泄。

③溶孔溶隙—管道双重介质流

总体来说，它的特征介于前两种介质之间，既有局部快速补给，又有大部分地区沿溶孔溶隙的缓慢下渗；既有管道中的集中流，又有其周围裂隙溶隙中的扩散流；既向排泄区运动，双重介质间也有侧向运动，管道起疏水、导水作用，而溶隙则起储水作用，不同季节互相补给，在水文过程线上，管道流代表峰值部分，溶孔溶隙流代表其基流部分。

2）基岩裂隙水的特征

（1）基岩裂隙的特征

①裂隙率较低。

②分布很不均匀。

③在空间上的展布具有明显的方向性。

④裂隙岩层一般不形成具有统一水力联系、水量均匀分布的含水层，而常由部分裂隙在岩层中某些局部范围内连通，构成若干带状或脉状裂隙含水系统，各个系统与系统之间没有或仅有微弱的水力联系。

⑤补径排、动态特征及其水量的大小取决于自身的规模。

（2）裂隙水的分布特征

①裂隙水分布不均。

②裂隙水的分布既有层状，又有脉状。

a. 层状裂隙水：裂隙水层状分布，具有良好的水力联系和统一的地下水面。

b. 脉状裂隙水：发育不均，连通性差的脉状含水系统，水力联系差，无统一的地下水面。

③裂隙水的分布和富集受构造控制。

（3）裂隙水的运动特征

①运动状况复杂，呈明显的各向异性。

②有局部承压现象。

③运动速度不大，多呈层流状态，在宽大的裂隙中也可呈紊流状态。

3）山间盆地孔隙水的特征

孔隙水赋存于松散沉积物颗粒构成的孔隙网络之中。

分布：①第四纪松散沉积物；②部分第三纪胶结程度差的沉积岩；③基岩风化壳。

特点：①在空间上呈连续、均匀和层状分布，同一含水层中的水有统一的地下水面；②自然条件下呈层流，符合达西定律；③不同地貌单元和成因类型的第四纪沉积物中有不同的地下水特征，其优点是分布普遍，埋藏较浅，易于开采等。

【例 12-6-6】 在可溶解性岩石分布地区寻水，实质上就是调查岩溶的发育程度和分布规律，并结合补给条件寻找其富水部分。一般情况下，岩溶水的分布是：

A. 极不均匀，具有向深部逐渐减弱的规律，且在水力联系上具有明显的各向异性

B. 均匀，具有向深部逐渐减弱的规律，且在水力联系上具有明显的各向异性

C. 均匀，水质好，水量丰富，具有各向异性

D. 极不均匀，且水质差，在水力联系上具有明显的各向异性

解 岩溶水的三大特点：①岩溶水极不均匀；②岩溶的发育具有向深部逐渐减弱的规律，使含水层的富水性相应也具有强弱的分带性；③岩溶水在水力联系上也具有明显的各向异性。

选项 A 和选项 D 的差别在第二句话上，但根据岩溶水的特点③，应选 A。

【例 12-6-7】 下面有关基岩裂隙水特征的描述，不正确的是：

A. 没有统一的地下水面　　B. 分布不均匀

C. 呈条状和带状分布　　D. 裂隙水表现出各向同性

解 基岩裂隙水通常储存在岩石的裂隙、孔隙中，由于裂隙分布的不均匀和连通性的差异，基岩裂隙水一般没有统一的地下水面。

基岩裂隙水的分布受裂隙发育程度、岩石的透水性等因素的影响，通常分布不均匀。

基岩裂隙水往往沿着特定的地质构造（如断层、裂隙带等）分布，形成条状或带状的分布特征。

裂隙的方向、连通性和透水性在不同方向上可能存在显著差异，导致水流方向和水头分布呈现出明显的各向异性特征，而非各向同性。选 D。

经典练习

12-6-1　按岩层的空隙类型区分为三种类型的地下水中不包括（　　）。

A. 孔隙水　　B. 裂隙水　　C. 岩溶水　　D. 承压水

12-6-2　关于裂隙水，下列描述正确的是（　　）。

A. 水流有明显的各向异性

B. 水流均呈层流

C. 裂隙岩层一般形成具有统一水力联系、水量均匀分布的含水层

D. 运动速度很大

12-6-3　关于孔隙水的特征，下列说法不正确的是（　　）。

A. 同一含水层中的水具有统一的地下水面

B. 埋藏较深，不易于开采

C. 自然条件下呈层流，符合达西定律

D. 不同地貌单元和成因类型的第四纪沉积物中有不同的地下水特征

12-6-4 坚硬岩石的裂隙按其成因可分为三种类型，以下不是成因的是（　　）。

A. 成岩裂隙　　B. 风化裂隙　　C. 构造裂隙　　D. 水成裂隙

12-6-5 对冲积物的描述，下面说法正确的是（　　）。

A. 冲积物是洪水冲积而成的

B. 冲积物是经常性的河流水流冲积而成的

C. 冲积物的岩性和其中地下水的分布在上中下游没有差别

D. 冲积物中的地下水和河水之间不存在相互补给关系

12.7 地下水资源评价

考试大纲☞： 储量计算　开采量评价

地下水资源是指有使用价值的各种地下水量的总称，它属于整个地球水资源的一部分。地下水的使用价值包括水质和水量两个方面。它是否能成为有使用价值的资源，首先是由水质决定的。在水质符合利用要求的前提下，看其可利用的数量有多少。因此，进行地下水资源评价，应同时进行水质和水量的评价。地下水量的计算和评价比水质评价复杂得多。一般所说的地下水资源评价，都是在水质符合要求的前提下，着重对水量进行评价。

地下水资源量分为补给量、储存量和允许开采量（或可开采量）三类。

12.7.1 储量计算

储存量是指储存在单元含水层中的重力水体积（m^3）。

（1）潜水含水层的储存量，也称为容积储存量。可用公式表示为

$$W_{容} = \mu F h_0 \tag{12-7-1}$$

式中：$W_{容}$—容积储存量（m^3）；

μ—含水层的给水度（小数或百分数）；

F—含水层分布面积（m^2）；

h_0—含水层厚度（m）。

（2）承压含水层除了容积储存量外，还有弹性储存量。可用公式表示为

$$W_{弹} = \mu_e F h \tag{12-7-2}$$

式中：$W_{弹}$—弹性储存量（m^3）；

μ_e—储水（或释水）系数（弹性给水度），无因次量；

F—含水层分布面积（m^2）；

h—承压含水层自顶板算起的压力水头高度（m）。

（3）可变储存量（调节储量）

$$W_{调} = \mu F \Delta H \tag{12-7-3}$$

式中： $W_{调}$—可变储存量（m^3）；

μ—含水层变幅内的平均给水度；

F—含水层分布面积（m^2）；

ΔH—地下水位变幅（m）。

由于地下水的水位常常是随时间而变化的，也因时而异。由于地下水的补给与排泄不均衡，也会引起地下水储存量的变化，从而引起地下水的水位的变化。储存量的变化一般可表示为：

$$\Delta S = R - (D + E + C) \tag{12-7-4}$$

式中：ΔS—储存量的变化（增加或减少的水量）；

R—补给量（包括降水入渗、地表水补给等）；

D—排泄量（如泉水流出、河流排泄等）；

E—开采量（人类抽取的水量）；

C—其他损耗量（如蒸发、植物吸收等）。

地下水的储存量在地下水的运动交替和地下水开采过程中起着调节作用。在天然条件下，地下水的储存量呈周期性的变化，主要有年周期，还有不同长短的多年周期。一般应当计算一年内最大储存量和最小储存量。在开采条件下，如果开采量不大于补给量，储存量仍呈周期性变化；在开采量超过补给量时，就由储存量来补偿这部分超过的开采量，使储存量出现逐年减少的趋势性变化。

有人将一定期限内的最小储存量称为永久储存量或静储量。它是在一定周期内不变的储存量。最大与最小储存量之差称为暂时储存量，相当于调节储量。在地下水径流微弱的地区，暂时储存量的数量可以很大，几乎接近补给量，可以将它作为允许开采量。在一般情况下，计算允许开采量时，不能考虑永久储存量。如果动用了它，就会出现区域地下水位逐年持续下降的趋势，导致地下水源枯竭。但是，如果永久储存量很大（如含水层厚度大、分布又广的大型储水构造），每年适当动用一部分永久储存量，使在 100 年或 50 年内总的水位降不超过取水设备的最大允许降深也是可以的。

【例 12-7-1】 某潜水水源地分布面积为 $12km^2$，年内地下水位变幅为 1m，含水层变幅内平均给水度为 0.3，该水源地的可变储量为：

A. $3.6\times10^3m^3$　　B. $4.0\times10^5m^3$　　C. $4.0\times10^3m^3$　　D. $3.6\times10^6m^3$

解 利用可变储存量（调节储量）公式$W_{调} = \mu_e F\Delta H = 0.3 \times 12 \times 10^6 \times 1 = 3.6 \times 10^6 m^3$。选 D。

【例 12-7-2】 地下水调节储存量是指：

A. 含水层最低水位以下的容积储存量

B. 含水量最低水位和最高水位之间的容积储存量

C. 含水量最高水位以下的容积储存量

D. 含水层在地下水周期补给的条件下暂时可动用的储存量

解 由于地下水的水位常常是随时间而变化的，地下水储存量也因时间而变化。在天然条件下，地下水的储存量呈周期变化。一般将一定期限内最大与最小储存量之差称为暂时存储量，相当于调节储存量。在地下水径流微弱的地区，暂时储存量的数量很大，几乎接近补给量，可以将它作为允许开采量。选 B。

12.7.2 补给量计算

（1）垂直补给量

①降水入渗补给量

$$Q_{降} = \alpha PF$$

式中，α为降水入渗系数；P为降水量；F为含水层分布面积。

②越流补给量

$$Q_{越} = F\Delta H\frac{K'}{m'}$$

式中，F为越流补给面积；ΔH为弱透水层上下水头差；K'为弱透水层垂直渗透系数；m'为弱透水层厚度。

【例 12-7-3】一潜水含水层和承压含水层中间分布有一弱透水层，分布面积$A = 2\text{km}^2$，潜水含水层厚度$h = 40\text{m}$，承压含水层厚度$m = 30\text{m}$，承压水头$H = 30\text{m}$，弱透水层厚$m' = 10\text{m}$，弱透水层的垂直渗透系数$K' = 0.015\text{m/d}$，假设补给过程中潜水与承压水水头保持不变，则潜水对承压水的日越流补给量为：

A. $3\times10^4\text{m}^3$　　B. $9\times10^4\text{m}^3$　　C. $1.5\times10^4\text{m}^3$　　D. $2\times10^4\text{m}^3$

解

$$Q_{越} = F\Delta H\frac{K'}{m'} = 2\times10^6\times（40-30）\times0.015/10 = 3\times10^4\text{m}^3$$

选 A。

③灌溉水入渗补给量

灌溉渠系渗漏补给量：

$$Q_{渠} = (1-\eta)Q$$

式中，Q为渠系引水量；η为渠系有效利用系数。

田间灌溉水渗漏补给量，计算方式同“降水入渗补给量”。

（2）侧向补给量

$$Q_{侧} = KIF$$

式中，K为含水层平均渗透系数；I为地下水水力坡度；F为过水断面面积。

（3）河渠渗漏补给量

$$Q_{\text{RC}} = \left(Q_{上} - Q_{下}\right)(1-\lambda)\frac{L}{L'}$$

式中：　$Q_{上}$，$Q_{下}$—上、下游水文断面实测流量；

L'—两侧流断面之间河渠长度；

L—计算河渠长度；

λ—修正系数，在 0~0.2 之间。

（4）水库、湖泊蓄水渗漏补给量

$$Q_{库} = Q_{入} + P - E_0 - Q_{出} \pm \Delta Q$$

式中：$Q_{入}$，$Q_{出}$—水库年流入/流出量；

P—湖库年降雨量；

E_0—湖库年蒸发量；

ΔQ—水库年蓄水变化量。

12.7.3　消耗量计算

（1）潜水蒸发量

$$E = CE_0$$

$$C=\left(1-\frac{\Delta}{\Delta_0}\right)^n$$

式中：E—潜水蒸发量；

E_0—水面蒸发量；

C—潜水蒸发系数；

Δ—潜水水位埋深；

Δ_0—地下水蒸发极限深度；

n—与土质有关的指数。

（2）地下水流出量

用达西公式估算。

（3）泉水溢出量

用实测资料确定。

（4）消耗项的越流量

$$Q=F\Delta H\frac{K'}{m'}$$

式中：F—越流补给面积；

ΔH—弱透水层上下水头差；

K'—开采层与补给层之间弱透水层垂直渗透系数；

m'—弱透水层厚度。

12.7.4　开采量评价

允许开采量（或可开采量）是指通过技术经济合理的取水构筑物，在整个开采期内出水量不会减少、动水位不超过设计要求，水质和水温变化在允许范围内，不影响已建水源地正常开采，不发生危害性环境地质现象等前提下，单位时间内从该水文地质单元或取水地段开采含水层中可以取得的水量。其常用的流量单位为m^3/d或m^3/a等。简言之，地下水允许开采量（或可开采量）是指在可预见的时期内，通过经济合理、技术可行的措施，在不引起生态环境恶化条件下允许从含水层中获取的最大水量。

允许开采量与开采量是不同的概念。开采量是指目前正在开采的水量或预计开采量，它只反映了取水工程的产水能力。开采量不应大于允许开采量，否则会引起不良后果。允许开采量的大小，是由地下水的补给量和储存量的大小决定的，同时还受技术经济条件的限制。为了说明这一关系，有必要分析开采量的组成。

地下水在开采以前，由于天然的补给、排泄，形成了一个不稳定的天然流场。雨季补给量大于消耗量，含水层内储存量增加，水位抬高，流速增大；雨季过后，消耗量大于补给量，储存量减少，水位下降，流速减小。补给与消耗总是这样不平衡地发展着，形成一个不稳定的天然流场。这种不平衡的发展过程，具有年和多年的周期性。从一个周期的时间来看，这段时间的总补给量和总消耗量是接近相等的，如果不相等，则含水层中的水就会逐渐被疏干，或者水会储满含水层而溢出地表。

在人工开采地下水时，增加了一个经常定量的地下水排泄点，改变了地下水的天然排泄条件，即在天然流场上又叠加了一个人工流场。这既破坏了补给、消耗之间的天然动平衡，又力图建立新的、开采状态下的动平衡。在开采最初阶段，由于增加了一个人工开采量，必须减少地下水的储存量，使开采地段水位下降形成一个降落漏斗。随漏斗扩大，流场发生了变化，使天然排泄量减少，促使补给量增加，即为补给增量。在开采状态下，可以用水均衡方程表示，即

$$\left(Q_{补}+\Delta Q_{补}\right)-\left(Q_{排}-\Delta Q_{排}\right)-Q_{开}=-\mu F\frac{\Delta h}{\Delta t} \tag{12-7-5}$$

式中：$Q_{补}$—开采前的天然补给量(m^3/d)；

$\Delta Q_{补}$—开采时的补给增量(m^3/d)；

$Q_{排}$—开采前的天然排泄量(m^3/d)；

$\Delta Q_{排}$—开采时天然排泄量减少值(m^3/d)；

$Q_{开}$—人工开采量(m^3/d)；

μ—含水层的给水度；

F—开采时引起水位下降的面积（m^2）；

Δt—开采时间（d）；

Δh—在Δt时间段内开采影响范围内的平均水位降（m）。

由于开采前的天然补给量与天然排泄量在一个周期内是近似相等的，即$Q_{补}\approx Q_{排}$，所以上式可简化为

$$Q_{开}=\Delta Q_{补}+\Delta Q_{排}+\mu F\frac{\Delta h}{\Delta t} \tag{12-7-6}$$

这个方程表明，开采量实质上是由三部分组成的，即：

（1）增加的补给量($\Delta Q_{补}$)，也就是开采时夺取的额外补给量，可称为开采夺取量。

（2）减少的天然排泄量($\Delta Q_{排}$)，如开采后潜水蒸发消耗量的减少、泉流量的减少甚至消失、侧向流出量的减少等。这部分水量实质上就是由取水构筑物截获的天然补给量，可称为开采截取量。它的最大极限等于天然排泄量，接近于天然补给量。

（3）可动用的储存量（$\mu F\frac{\Delta h}{\Delta t}$)，是含水层中永久储存量所提供的一部分（枯水期抽水）。

明确了开采量的组成，就可以按各个组成部分来确定允许开采量。要点如下：

（1）允许开采量中补给增量部分，只能合理地夺取，不能影响已建水源地的开采和已经开采含水层的水量；地表水的补给增量，也应从总的水资源考虑，统一合理调度。

（2）允许开采量中减少的天然排泄量，应尽可能地截取，但也应考虑已经被利用的天然排泄量。例如，有的大泉是风景名胜地。由于增加开采后泉的流量可能减小，甚至枯竭，破坏了旅游景观，这也是不允许的。截取天然补给量的多少与取水构筑物的种类、布置地点、布置方案及开采强度有关。如果开采方案不佳，则只能截取部分天然补给量。只有选择最佳开采方案及开采强度，才能最大限度地截取天然补给量。因此，在计算允许开采量时，只要天然排泄量尚未加以利用，就可以用天然补给量或天然排泄量作为开采截取量。

（3）允许开采量中可动用的储存量，应慎重确定。首先要看永久储存量是否足够大，再看现时的技术设备最大允许降深是多少，然后算出从天然静水位至区域允许最大降深动水位这段含水层中的储存量，按 100 年或 50 年平均分配到每年的开采量中，作为允许开采量的一部分。

几种主要的允许开采量评价方法：

（1）应用解析法评价允许开采量

对于条件比较简单、考虑因素较少的单井水流模型，一般都可求得其解析解，如稳定型水源地可得到裘布依解析解；疏干型水源地则可得到泰斯解析解。

（2）应用数值解法评价允许开采量

对于条件较为复杂的水源地，允许开采量的评价只能借助于数值解法。

（3）评价允许开采量的其他方法

①水量均衡法：水量均衡法是区域性地下水资源评价的最基本方法。因为大区域内水文地质条件比较复杂，用其他地下水动力学方法评价区域内允许开采量常有较大的困难，而采用水量均衡法则相对简单和切实可行，但评价的结果比较粗略，主要适用于地下水埋藏较浅、地下水的补给和消耗条件比较单一地区，如山前冲洪积平原和岩溶地区等。

②试验推断法：试验推断法亦称曲线外推法。在地下水资源丰富地区，常因抽水设备的限制抽水量或水位降深达不到设计要求，只能在小于开采量的条件下抽水。于是，就不能用抽水结果直接评价允许开采量，但可根据长期稳定抽水资料推断允许开采量。因为不论是单孔还是群孔，其稳定抽水量和稳定水位下降之间，存在着一定的函数关系。

③开采试验法：在某些地区，如裂隙发育的基岩地区和岩溶地区等，水文地质条件复杂，补给源一时不易查明，如果要急于确定允许开采量，则只能采用开采试验法（或称开采抽水法）。即打勘探开采井，按照（或接近于）实际开采水位下深值和设计开采量进行抽水试验，直接或间接地评价允许开采量。这种方法对潜水和承压水、新旧水源地都适合，但不宜用于大型水源地。

④下降漏斗法：此种方法最适合用于计算大面积分布的深层承压水地区的扩充开采量，也可用于勘察区附近有水文地质条件与之相似的水源地。

⑤补偿疏干法：是一种在特定水文地质条件下，利用地下水动态储存量的季节性变化来评估和增加可开采水资源量的方法，适用于含水层分布范围不大但厚度较大、有较大蓄水空间的地区，这些地区往往在雨季有集中补给，而旱季则缺乏补给源。

【例 12-7-4】 由于大区域内水文地质条件比较复杂，用地下水动力学方法评价区域内允许开采量常有较大的困难，但采用下列哪种方法，则相对简单和切实可行，且该方法主要适用于地水埋藏较浅、地下水的补给和消耗条件比较单一地区：

A. 试验推断法　　B. 水量均衡法　　C. 数值法　　D. 稳定流公式

解　水量均衡法是区域性地下水资源评价的最基本方法。因为大区域内水文地质条件比较复杂，用其他地下水动力学方法评价区域内允许开采量常有较大的困难，而采用水量均衡法则相对简单和切实可行，当然用这种方法评价的结果比较粗略。而且此方法主要适用于地下水埋藏较浅、地下水的补给和消耗条件比较单一地区，如山前冲洪积平原和岩溶地区等。选 B。

经典练习

12-7-1　以下关于地下水资源的说法，不正确的是（　　）。

A. 地下水资源量分为补给量、储存量和允许开采量（或可开采量）三类

B. 地下水资源是指有使用价值的各种地下水量的总称，它属于整个地球水资源的一部分

C. 在任何情况下，计算允许开采量时不能考虑永久储存量

D. 有人将一定期限内的最小储存量称为永久储存量或静储量

12-7-2　某潜水水源地分布面积为 $10km^2$，含水层厚度 50m，含水层的给水度为 0.3，该水源地的容积储量为（　　）。

A. $1.5\times10^8m^3$　　B. $4.0\times10^5m^3$　　C. $4.0\times10^8m^3$　　D. $1.5\times10^5m^3$

12-7-3　关于允许开采量，下列说法正确的是（　　）。

A. 允许开采量中补给增量部分能够任意夺取

B. 地下水在开采以前是一个稳定的天然流场

C. 总补给量和总消耗量总是相等的

D. 允许开采量的大小，是由地下水的补给量和储存量的大小决定的，同时，还受技术经济条件的限制

12-7-4 下列不属于评价地下水允许开采量的方法是（ ）。

A. 越流补给法　　B. 水量平衡法

C. 开采试验法　　D. 降落漏斗法

12-7-5 某承压水水源地，含水层分布面积为 10km^2，弹性给水度为 0.1，承压含水层自顶板算起的压力水头高度为 60m，该水源地的弹性储存量为（ ）。

A. $6\times10^7m^3$　　B. $4\times10^7m^3$

C. $4\times10^4m^3$　　D. $6\times10^4m^3$

12-7-6 某潜水水源地分布面积为 5km^2，年内地下水位变幅为 4m，含水层变幅内平均给水度为 0.2，该水源地的可变储量为（ ）。

A. $4\times10^3m^3$　　B. $2\times10^6m^3$

C. $4\times10^6m^3$　　D. $2\times10^3m^3$

12-7-7 地下水在开采条件下的补给量要大于天然条件下的补给量，其原因是（ ）。

A. 开采夺取地表水和增强降水渗入

B. 开采夺取天然排泄量

C. 开采增加越流补给和人工补给

D. 以上均对

参考答案及提示

12-1-1 B 当前我国人均水资源占有量约为 2 300m^3。

12-1-2 D 总蒸发包括水面蒸发、土壤蒸发、植物散发。

12-1-3 B 水文循环是使水资源具有可再生性的自然界原因。

12-1-4 B 降水量=径流深+蒸发量，故蒸发量=降水量−径流深=950mm−450mm=500mm。

12-1-5 B 在流域蓄渗阶段，降雨全部消耗于植物截留、土壤下渗、地面填洼和流域蒸发。

12-1-6 C 水文四要求：蒸发、降水、入渗、径流。

12-1-7 B 水分循环即水的三态互变，由水文四要素构成：蒸发、降水、入渗、径流。

大循环即海陆间循环。海洋蒸发的水汽，被气流带到大陆上空，凝结后以降水形式降落到地表，其中一部分渗入地下转化为地下水，一部分又被蒸发进入天空，余下的水分则沿地表流动形成江河而注入海洋。

小循环即海洋或大陆上的降水同蒸发之间的垂向交换过程。其中，包括海洋小循环（海上内循环）和陆地小循环（内陆循环）两个局部水循环过程。

12-1-8 A 由海洋蒸发的水汽降到大陆后又流回海洋的循环，称为大循环；海洋蒸发的水汽凝结后形成降水又直接降落在海洋上或者陆地上的降水在没有流回海洋之前，又蒸发到空中去的这些局部循环，称为小循环。

12-1-9 D 因皮尔逊III型曲线能与我国大多数地区水文变量的频率分布配合良好，所以我国一般选配皮尔逊III型曲线进行水文频率计算。

12-1-10 B 径流深度公式$R=\frac{W}{1\,000F}$

已知：$W=QT$（其中$T=365\times24\times3\,600\text{s}$），$M=\frac{1\,000Q}{F}$

可得：

$$R=\frac{QT}{1\,000F}=\frac{MF\times10^{-3}}{1\,000F}=630.7\text{mm}$$

12-2-1 C 洪水三要素：洪峰流量、洪水过程线和洪水总量。

12-2-2 B 求得平均值为 180，均方差：

$$S=\sqrt{\frac{(140-180)^2+(180-180)^2+(220-180)^2}{3-1}}=40$$

变差系数：

$$C_V=\frac{S}{\overline{X}}=\frac{40}{180}=0.22$$

12-2-3 C 求得平均值为 100，均方差：

$$S=\sqrt{[(50-100)^2+(100-100)^2+(150-100)^2]/(3-1)}=50$$

12-2-4 A 变差系数C_V对频率曲线的影响：

（1）当$C_V=0$时，随机变量的取值都等于均值，频率曲线为$K=1$的一条水平线；

（2）C_V越大，随机变量相对于均值越离散，频率曲线越偏离水平线；

（3）随着C_V的增大，频率曲线的偏离程度也随之增大。

12-2-5 B 水文资料的三性审查中“三性”指可靠性、一致性、代表性。

12-2-6 D 抽样误差是指由于抽样的随机性而带来的偶然的代表性误差，常通过增大样本容量而减小。

12-2-7 C 不稳定的水位流量关系曲线的处理方法常用的有临时曲线法和连时序法。当测流次数较多时，能控制水位流量关系变化的转折点时，多采用连时序法。

12-2-8 C 我国采用年最大值法选样，即从资料中逐年选取一个最大流量和固定时段的最大洪水总量，组成洪峰流量和洪量系列；对于洪峰选样，选取年最大值；对于洪量选样，选取固定时段年最大值。

12-2-9 A 当均值$\overline{x}$、偏态系数C_S不变时，增大离势系数C_V，随机变量相对于均值越离散，频率曲线变得越来越陡。

12-2-10 A 河床的冲刷与淤积、洪水涨落、变动回水、结冰、水生植物等都会导致水位流量关系的不稳定。水位流量关系通常用水位为纵坐标、流量为横坐标的水位流量关系曲线来表示。当河床发生淤积时，过水断面面积变小，则同水位处的流量减少，水位流量关系曲线上抬。

12-2-11 D 我国西北地区严重缺水，东南地区水量充沛。我国年径流深东南约为 600~1 000mm，西北<5mm，自东南向西北递减。

12-2-12 C 求其平均值为 800，均方差：

$$S=\sqrt{\frac{(600-800)^2+(800-800)^2+(1\,000-800)^2}{3-1}}=200$$

变差系数：

$$C_V=\frac{S}{\overline{X}}=\frac{200}{800}=0.25$$

12-2-13 D 洪水系列的代表性指洪水系列分布对于总体分布的代表程度。

12-2-14 D 洪水三要素：洪峰流量、洪水过程线、洪水总量。

12-2-15 A

12-3-1 B 由公式（12-3-1）可知。暴雨强度：

$$q=\frac{167A_1(1+C\lg T)}{(t+b)^n}$$

即q与T成正比，重现期增大，暴雨强度增大。

12-3-2 B 特大洪水经验频率计算公式$p=\frac{m}{n+1}$，知$n\approx\frac{m}{p}=\frac{1}{0.02}=50$，表示大于等于这样的洪水平均 50 年可能出现一次。

12-3-3 B 利用算术平均法可得：

$$\overline{P}=\frac{\sum_{i=1}^{5}F_i\cdot P_i}{\sum_{i=1}^{5}F_i}=\frac{78\times35+92\times42+95\times23+80\times19+85\times29}{78+92+95+80+85}=29.68\text{mm}$$

12-3-4 B 经查ϕ值表，当$C_\text{V}=0.32$，$C_\text{S}=0.64$时，$\phi_{90\%}=-1.19$

$$\overline{x}_\text{p}=\overline{x}(1+\phi_{90\%}C_\text{V})=667\times[1+(-1.19)/0.32]=413\text{mm}$$

12-3-5 A 选样采用每年中各时段的年最大面雨量，组成不同时段的样本系列。

12-3-6 C 我国一直采用皮尔逊III型曲线作为频率计算依据，检查曲线与经验率点的配合情况。

12-3-7 D 为提高雨量资料的精度，需设法插补展延较短系列的多站面雨量资料，若相关性较好，可用相关线展延作为流域面雨量。

12-3-8 D 枯水流量常用小于或等于径流流量的频率表示。

12-3-9 D 特大洪水加入系列后，使之成为不连续的系列，因此在作经验频率计算和统计参数计算时要进行处理。

12-3-10 D 设计面雨量为流域中心设计点雨量与点面关系系数的折算。

12-4-1 C 此为田间持水率的定义。

12-4-2 C 承压水是充满于两个隔水层之间的含水层中的承受着水压力的重力水。其特征为：不具自由水面，承受一定的水头压力；分布区和补给区不一致；动态变化稳定，受气候、水文因素影响小；不易受地面污染，一旦污染不易自净；富水性好的承压水层是理想的供水水源。

12-4-3 D 地下水以大气降水、地表水、人工补给等各种形式获得补给。广大的沙漠地区，大气降水和地表水体的渗入很少，凝结水是其主要补给。

12-4-4 B 含水岩土在重力作用下释水，由于固体颗粒表面的吸附力和毛细力的作用，使其在空隙中保持一定水量的特性，称为持水性。

12-4-5 B 先求得水质量 30kg，换算为体积 30dm^3，再求得体积含水率为$30/150=0.2$。

12-4-6 B 承压水特征为：不具自由水面，承受一定的水头压力；分布区和补给区不一致；动态变化稳定，受气候、水文因素影响小；不易受地面污染，一旦污染不易自净；富水性好的承压水层是理想的供水水源。

12-4-7 C 选项 A，通过岩层中泉的出露多少及涌水量大小，可以确定岩石的含水性及含水层的富水程度和分布情况，正确。

选项 B，泉域系统上游所有靠大气降水形成的地表水、地下水渗漏补给地下岩溶地下水的地区和直接入渗补给泉水汇流系统的地区即为泉的补给区，泉向外界排泄的地区即为排泄区。可通过对泉的分布研究获得，正确。

选项 C，泉的出露高程为该点地下水水位，错误。

选项 D，泉是地下水的天然集中地表出露，泉水的化学成分和物理成分反映该处地下水的水质特点，正确。

12-4-8 C 选项 A，含水层是指饱和水并能够透过与给出相当数量水的岩层，错误。

选项 B，划分含水层与隔水层的标志不在于岩层是否含水，而是所含水的性质。含水层不断储存有水，而且水可以在其中运移。隔水层是指那些不能透过与给出水的岩层，或者透过与给出水的数量微不足道的岩层，一般它起着阻隔重力水通过的作用，错误。

选项 C，含水层和隔水层在一定条件下可以互相转化。例如，在寻常条件下，黏性土层，特别是不具有大孔隙的黏土层，由于饱含结合水，不能透水与给水，起着隔水层的作用。但在较大的水头差作用下，由于部分结合水发生运动，黏土层能透水，并给出一定数量的水。事实证明，黏土层往往在水力条件发生不大的变化时，就可以由隔水层转化为含水层，这种转化实际上是相当普遍的，正确。

选项 D，隔水层是指那些不能透过与给出水的岩层，或者透过与给出水的数量微不足道的岩层，与含水量无关，错误。

12-4-9 B 选项 A，岩溶水是赋存于可溶性岩层的溶蚀裂隙和溶洞中的地下水，又称喀斯特水，其最明显特点是分布极不均匀，正确。

选项 B，岩溶水在大洞穴中一般呈无压水流，在断面小的管路中一般呈有压水流，错误。

选项 C，岩溶水的水质、水量动态受岩溶发育程度的控制，在强烈发育区，动态变化大，对大气降水或地表水的补给响应快，正确。

选项 D，岩溶水的排泄以大泉集中式排泄为主，正确。

12-4-10 A 岩土能容纳一定水量的性能称为容水性。在数值上一般与孔隙度（裂隙度、岩溶率）相等。

12-5-1 B

$$\mathrm{Re}=\frac{vd}{\nu}=\frac{10\times 3\times 10^{-3}}{0.1}=0.3$$

12-5-2 A 地下水运动要素（如水头H、渗透速度v、水力梯度I、渗透流量Q等）不随时间变化的称为稳定流；地下水在绝大多多数情况下呈层流运动。

12-5-3 D 由达西定律和质量守恒原理，可以推导出地下水运动的基本方程。

12-5-4 A 地下水在绝大多数情况下，实际流动的雷诺数多数呈层流流态，只有在卵石层的大孔隙、宽大裂隙、溶洞以及抽水井附近水力梯度很陡时，才呈现紊流的流态。

12-6-1 D 按岩层的空隙类型分为孔隙水、裂隙水和岩溶水三类。

12-6-2 A 裂隙水的分布特征：裂隙水分布不均；裂隙水的分布既有层状，又有脉状。裂隙水的运动特征：运动状况复杂，呈明显的各向异性；有局部承压现象；运动速度不大，多呈层流状态，在宽大的裂隙中也可呈紊流状态。

12-6-3 B 孔隙水的优点是分布普遍，埋藏较浅，易于开采等。

12-6-4 D 裂隙按成因可分为：a. 成岩裂隙——岩石在形成时产生的裂隙（如玄武岩中的柱状节理）；b. 构造裂隙——构造运动中产生的裂隙；c. 风化裂隙——风化作用产生的裂隙，主要分布在地壳附近。

12-6-5 B 基础知识。

12-7-1 C 在一般情况下，计算允许开采量时不能考虑永久储存量，并非任何情况下。如果永久储存量很大（如含水层厚度大、分布又广的大型储水构造），每年适当动用一部分永久储存量，是允许的。

12-7-2 A 利用容积储存量公式$W_{容} = \mu F h_0 = 0.3 \times 10 \times 10^6 \times 50 = 1.5 \times 10^8 \mathrm{m}^3$。

12-7-3 D 允许开采量（或可开采量）是指通过技术经济合理的取水构筑物，在整个开采期内出水量不会减少、动水位不超过设计要求、水质和水温变化在允许范围内、不影响已建水源地正常开采、不发生危害性环境地质现象等前提下，单位时间内从该水文地质单元或取水地段开采含水层中可以取得的水量。允许开采量的大小，是由地下水的补给量和储存量的大小决定的，同时，还受技术经济条件的限制。

12-7-4 A 越流补给法为地下水补给来源的一种方式，其他选项为评价地下水允许开采量的方法。

12-7-5 A 可利用弹性储存量公式计算：

$$W_{弹} = \mu_e F h = 0.1 \times 10 \times 10^6 \times 60 = 6 \times 10^7 \mathrm{m}^3$$

12-7-6 C 利用可变储存量（调节储存量）公式计算：

$$W_{调} = \mu_e F \Delta H = 0.2 \times 5 \times 10^6 \times 4 = 4 \times 10^6 \mathrm{m}^3$$

12-7-7 D 地下水在开采条件下水力坡度大，引起地表水渗入的增加，地下水水位下降引起越流的加剧，以及天然排泄量（蒸发、泉水溢出量）减小，都会使含水层的补给量增加。

13 水处理微生物学

考题配置 单选，10 题
分数配置 每题 2 分，共 20 分

复习指导

本章多为概念题，需要记忆，如细菌的结构、内部组成，不同消毒方式对细菌内部结构的破坏等，都需要理解、掌握并牢记。同时本章还需要水处理技术方面的综合知识，如反硝化菌是异氧兼性菌，硝化菌是自养好氧菌，藻类属光能自养型、铁细菌及硫细菌属化能自养型等。

13.1 细菌的形态和结构

考试大纲☞： 细菌的形态 细胞结构 生理功能 生长繁殖 命名

微生物是一切肉眼看不见或看不清的微小生物，通常要用光学显微镜和电子显微镜才能看清楚的生物，普遍具有个体微小、结构简单、面积大，吸收多、转化快，繁殖迅速、容易变异，分布广泛、种类繁多的特点。

微生物的分类如图 13-1-1 所示。

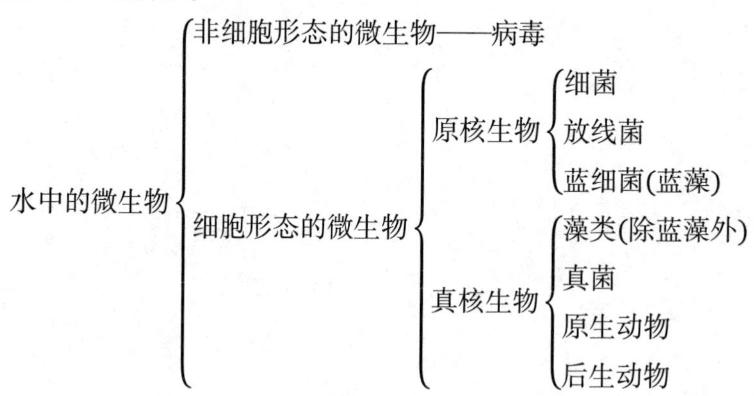

图 13-1-1 微生物分类示意图

13.1.1 细菌的形态

细菌按照其基本形态分为球菌、杆菌、螺旋菌（包括弧菌）三类，少数为丝状菌。

1）球菌

根据球菌生长排列方式分为单球菌、双球菌、四球菌（四个叠在一起呈“田”字形）、八叠球菌、链球菌、葡萄球菌（不规则排列、呈葡萄状）。

2）杆菌

各种杆菌的大小、长短、弯度、粗细差异较大，一般长 1~5μm，宽 0.5~1μm。大的杆菌如炭疽杆菌，小的如野兔热杆菌。菌体的形态多呈直杆状，也有的菌体微弯。

3）螺旋菌

螺旋不足一周的称为弧菌，如霍乱弧菌、纤维弧菌等；螺旋超过一周的称为螺旋菌。

4）丝状菌

丝状体是丝状菌分类的特征，有铁细菌（如浮游球衣菌、泉发菌属及纤发菌属），丝状硫细菌（如发硫菌属、贝日阿托氏菌属、透明颤菌属、亮发菌属）等多种丝状菌。

细菌的形态特征是鉴别菌种的依据之一。

【例 13-1-1】 不属于细菌基本形态的是：

A. 球状　　B. 杆状　　C. 螺旋状　　D. 丝状

解　细菌的形态大致上可分为球状、杆状和螺旋状三种，少数为丝状。选 D。

【例 13-1-2】 下列哪一种不属于细菌的基本形态?

A. 球状　　B. 杆状　　C. 螺旋状　　D. 三角状

解　细菌的形态大致上可分为球状、杆状和螺旋状三种，少数为丝状。

（1）球状：包括单球菌、双球菌、四联球菌、八叠球菌、葡萄球菌、链球菌等。

（2）杆状：包括短杆状、棒杆状、梭状、月亮状、分枝状等。

（3）螺旋状：可分为弧菌（螺旋不满一环）和螺菌（螺旋满 2~6 环，小的坚硬的螺旋状细菌）。

选 D。

13.1.2　细胞结构和功能

细菌细胞的结构可分为基本结构和特殊结构，特殊构造只有一部分细菌具有，如图 13-1-2 所示。

1）基本结构

细菌的基本结构，包括细胞壁和原生质体两部分。原生质体位于细胞壁内，包括细胞膜、细胞质、核质和内含物。

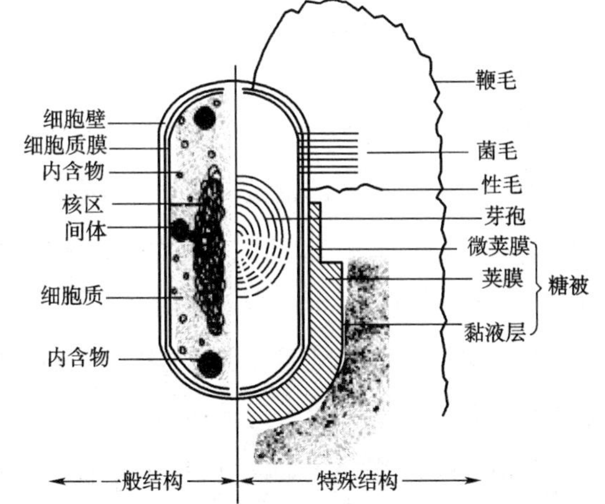

图 13-1-2　细菌细胞的一般结构和特殊结构

（1）细胞壁。细胞壁是包在原生质体外，坚韧而富有弹性的结构。根据革兰氏染色反应特征，将细菌分为两大类：G 阳性（G+）菌和 G 阴性（G−）菌，前者经染色后呈蓝紫色，后者呈红色。这两类细菌在细胞壁结构和组成上有着显著差异，因而染色反应也不同。革兰氏染色法一般包括初染、媒染、脱色、复染等四个步骤。其原理为：细菌细胞经过初染和媒染后，在细胞壁内形成了不溶于水的结晶紫与碘的复合物，G+菌由于其细胞壁较厚，肽聚糖网层次较多且交联致密，故遇乙醇脱色处理时，因失水反而使网孔缩小，再加上它不含类脂，故乙醇处理时，细胞壁上不会溶出缝隙，因此能把结晶紫与碘复合物牢牢留在壁内，使其呈现出蓝紫色；而 G−菌细胞壁薄，肽聚糖层薄且交联松散，外壁层类脂含量高，在遇乙醇后，细胞壁上会溶出较大的空洞或缝隙，薄而松散的肽聚糖网不能阻挡结晶紫与碘复合物的溶出，因此通过乙醇脱色后仍呈无色，再经红色染料（如蕃红）复染，就使 G−菌呈红色。

细胞壁的功能主要有：保持细胞形状和提高细胞机械强度；为细胞的生长、分裂所必需；作为鞭毛的支点，实现鞭毛的运动；赋予细胞特定的抗原性以及对抗生素和噬菌体的敏感性；细胞壁是多孔型分子筛，阻挡某些分子进入和保留蛋白质在间质。

（2）细胞膜。细胞膜是一层紧贴细胞壁内侧，包围着细胞质的半透性薄膜。其组成包括蛋白质、脂类、糖类，主要成分是蛋白质。

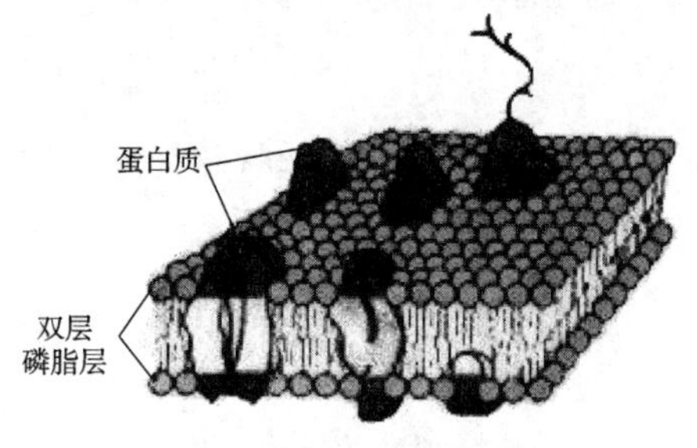

图 13-1-3　细胞膜构造图

细胞膜的结构可用“流动镶嵌模型”来描述，如图 13-1-3 所示。其要点是：磷脂双分子层组成膜的基本骨架；磷脂分子和蛋白分子在细胞膜中不断运动，故膜具有流动性；膜蛋白以不同方式分布于膜的两侧或磷脂层中。

细胞膜的主要功能：选择性地控制细胞内外物质（营养物质和代谢产物）的运输和交换；维持细胞正常渗透压；进行氧化磷酸化或光合磷酸化的产能基地；合成细胞壁组分和荚膜的场所；许多代谢酶和运输酶及电子呼吸链组成的所在地；鞭毛的生长点和附着点。

（3）细胞质。细胞质是细胞膜内除细胞核质外所有物质的统称，是一种透明黏稠的胶状物。其组成为水、蛋白质、核酸、脂类、糖类和无机盐等。

（4）核质。细菌属于原核生物，核质由核酸构成，携带着遗传信息，无核膜、核仁。

（5）内含物。内含物是细菌新陈代谢的产物，或是储备的营养物质。在营养缺乏时，它们又被分解利用。常见的内含物颗粒有异染颗粒、硫粒、聚β-羟基丁酸盐、淀粉粒等。

2）特殊结构

常见的特殊结构，包括荚膜、鞭毛、菌毛和芽孢等。

（1）荚膜。荚膜是某些细菌在细胞壁外包绕的一层黏稠性物质，较厚时称为荚膜，比较薄时称为黏液层。荚膜主要成分为多糖，少数含多肽与蛋白质，也有多糖与多肽混合型的。荚膜功能是：对细菌具有保护作用；作为通透性屏障和离子交换系统；储藏营养；表面附着作用。

许多细菌的荚膜物质黏集成团块，内含很多细菌，称其为菌胶团。菌胶团是污水处理中细菌的主要存在形式，在废水处理中有重要意义：有较强的吸附和氧化有机物的能力；可防止细菌被动物吞噬；可增强细菌对不良环境的抵抗。菌胶团具有指示作用：新生胶团颜色较浅，甚至无色透明，但有旺盛的生命力，氧化分解有机物的能力强；老化了的菌胶团，由于吸附了许多杂质，颜色较深，看不到细菌单体，而像一团烂泥似的，生命力较差。

（2）鞭毛。鞭毛是起源于细胞膜并穿过细胞壁伸出菌体外的蛋白性丝状物，主要成分是蛋白质。它是细菌的运动器官，执行运动功能。

（3）菌毛。菌毛比鞭毛更细，且短而直，硬而多，须用电镜才能看到。菌毛可分为普通菌毛和性菌毛两类。前者遍布整个菌体表面，形短而直，数百根，与细菌黏附有关，是细菌的致病因素之一；后者比前者长而粗，仅有 1~10 根，中空呈管状。带性菌毛的细菌具有致育性，细菌的毒力质粒和耐药质粒都能通过性菌毛的接合方式转移。细菌的抗药性与某些细菌的毒力因子均可通过此种方式转移。

（4）芽孢。芽孢是某些细菌在不利环境条件下，细胞内形成的圆形或椭圆形的休眠体。芽孢只是休眠体，不是繁殖体，在条件适宜时可以长成新的营养体。芽孢的特点：壁厚；水分少；不易透水；含耐热物质和耐热性酶，具有耐热性；具有极强的抗热、抗辐射、抗化学药物等能力。

【例 13-1-3】 革兰氏染色结果主要与下列哪项细菌细胞结构有关？

A. 细胞膜　　B. 细胞质　　C. 核质　　D. 细胞壁

解 革兰氏染色的结果取决于细菌细胞壁的结构。阳性菌细胞壁厚，当乙醇脱色时，肽聚糖脱水而孔缩小，故保留结晶紫-碘复合物在细胞膜上呈紫色。阴性菌肽聚糖层薄，乙醇脱色不能使其结构收缩，并且乙醇将细胞壁中脂类溶解，结晶紫-碘复合物溶出细胞壁。选 D。

【例 13-1-4】 下列结构中不属于细菌特殊结构的是：

A. 芽孢　　B. 核质　　C. 鞭毛　　D. 荚膜

解 常见的特殊结构包括荚膜、鞭毛、菌毛和芽孢等。选 B。

【例 13-1-5】 细胞（质）膜成分中不包括哪一种成分？

A. 蛋白质　　B. 核酸　　C. 糖类　　D. 脂类

解 细胞膜的主要成分有蛋白质、脂类、糖类，主要成分为蛋白质。选 B。

13.1.3 生长繁殖

细菌繁殖的主要方式是裂殖，常见的是二分裂，即一个细胞分裂成两个细胞的过程。如果细菌分裂了n次，则细菌的繁殖数目N为：

$$N = A \times 2^n$$

其中，A表示原有细菌数，n表示分裂次数。

将单个或少量同种细菌细胞接种于固体培养基表面，在适当的培养条件下，该细胞会迅速生长繁殖，形成许多细胞聚集在一起且肉眼可见的细胞集合体，称为菌落。不同种的细菌菌落特征是不同的，包括其大小、形态、光泽、颜色、硬度、透明度等。菌落特征可以作为细菌的分类依据之一，主要从三方面看菌落的特征：表面特征（光滑、粗糙、干燥等）、边缘特征（圆形、锯齿状、花瓣状等）、纵剖面特征（平坦、扁平、突起等）。

【例 13-1-6】 单个细菌细胞在固体培养基上生长，形成肉眼可见的，具有一定形态结构特征的群体，称为：

A. 菌落　　B. 真菌　　C. 芽孢　　D. 假根

解 将单个或少量同种细菌细胞接种于固体培养基表面，在适当的培养条件下，该细胞会迅速生长繁殖，形成许多细胞聚集在一起且肉眼可见的细胞集合体，称为菌落。选 A。

【例 13-1-7】 细菌的繁殖方式有：

A. 直接分裂　　B. 接合生殖

C. 孢子繁殖　　D. 营养繁殖

解 细菌繁殖的主要方式是裂殖，常见的是二分裂，即一个细胞分裂成两个细胞。

除裂殖外，少数细菌进行出芽繁殖，另有少数进行有性繁殖。选 A。

13.1.4 命名

细菌等微生物的命名，都是采用林奈双命名法，即一种微生物的名称由两个拉丁文单词组成，第一个单词是属名（首字母大写），它描述微生物的主要特征；第二个是种名，描述微生物的次要特征。如大肠杆菌用拉丁文*Escherichia coli*表示。有时候在种名后还会有表示微生物命名人的单词。属名和种名用斜体字表示，其他均不用斜体。

【例 13-1-8】 下列具有非细胞结构的是：

A. 细菌　B. 噬菌体　C. 蓝藻　D. 真菌

解　噬菌体是病毒，病毒没有细胞结构，由蛋白质外壳和内部遗传物质组成。选 B。

【例 13-1-9】 细菌的命名法规定细菌名称的两个组成部分是：

A. 科名和属名　B. 属名和种名

C. 科名和种名　D. 种名和亚种名

解　细菌的命名依据“国际细菌命名法规”的规定，学名用拉丁文，遵循“双名法”，即每一种细菌的拉丁文名称由属名和种名两部分构成。选 B。

经典练习

13-1-1　下列哪种生物是生物圈最主要的分解者？（　　）

A. 原生动物　B. 真菌

C. 细菌　D. 藻类

13-1-2　蛋白质合成的场所是（　　）。

A. 线粒体　B. 叶绿体

C. 内质网膜　D. 核糖体

13-1-3　生物遗传的物质基础是（　　）。

A. 脂肪酸　B. 糖

C. 核酸　D. 氨基酸

13-1-4　不属于细菌特殊结构的是（　　）。

A. 核糖体　B. 荚膜

C. 芽孢　D. 鞭毛

13-1-5　下列物质中，不属于细菌的内含物的是（　　）。

A. 异染颗粒　B. 淀粉粒

C. 葡萄糖　D. 聚-β 羟基丁酸

13-1-6　关于微生物细胞膜的功能，下列描述错误的是（　　）。

A. 控制细胞内外物质的运输和交换

B. 维持细胞正常的渗透压

C. 合成细胞壁和荚膜的场所

D. 不是氧化磷酸化和光合磷酸化的产能基地

13-1-7　革兰氏染色的关键步骤是（　　）。

A. 草酸铵结晶紫初染　B. 碘液媒染

C. 酒精脱色　D. 番红复染

13-1-8　通常情况下，细菌表面带（　　）。

A. 正电荷　B. 负电荷

C. 不带电　D. 都有可能

13-1-9　下列关于微生物特点的描述不正确的是（　　）。

A. 个体小，面积大　B. 吸收多，转化快

C. 生长慢，繁殖慢　　D. 分布广，种类多

13-1-10 关于细菌细胞组分中水的生理功能，下列说法不正确的是（　　）。

A. 溶剂作用　　B. 参与生化反应

C. 运输物质的载体　　D. 维持和调节酸碱度

13.2 细菌生理特征

考试大纲☞：营养类型划分　影响酶活力因素　细菌的呼吸类型　细菌的生长

13.2.1 营养类型划分

1）细菌细胞的化学组成和营养

组成细菌细胞的化学物质，包括水、有机物（碳水化合物、蛋白质、脂肪、核酸等）和无机盐。干细菌物质中有机物占 90%~97%。

细菌从体外获得的六大类营养，包括碳源、氮源、能源、生长因子、无机盐和水。这些营养被吸收后，可以转化为细菌自身所需要的物质。

（1）碳源：能为细胞提供碳素来源的物质称为碳源。除水分外，碳源是需要量最大的营养物质，分为有机碳源和无机碳源两种。前者包括各种糖类、蛋白质、脂肪、有机酸等，后者包括 CO_2、CO_3^{2-}等。必须利用有机碳源作主要碳源的微生物，称为异养微生物，以无机碳源作主要碳源的微生物称为自养微生物。

碳源的功能：提供细胞骨架和代谢中碳素的来源，生命活动能量的主要来源。

（2）氮源：能为细胞提供氮素来源的物质称为氮源。蛋白质、氨基酸、多肽等为有机氮源，NH_4Cl、NH_4NO_3 等为无机氮源。氮源的主要作用是提供细胞新陈代谢中所需的氮素合成材料。

（3）能源：为微生物生命活动提供最初能量来源的营养物质和辐射能。以辐射能为能源的微生物称为光能营养微生物，以化学物质为能源的称为化能营养微生物。

（4）生长因子：是微生物代谢所必需，不能用简单的碳、氮源合成的有机物。如维生素、碱基、胺类等。并非所有微生物都需要外界提供生长因子。

（5）无机盐：为微生物提供碳源、氮源以外的各种重要元素。根据所需浓度分为大量元素和微量元素。前者如 P、S、K、Mg 和 Na 等，后者如 Cu、Zn、Mn、Co、Sn 和 Se 等。

（6）水：水是微生物代谢活动中不可或缺的，占细胞总重的 70%~90%。

2）细菌的营养类型

根据微生物需要的主要营养元素，即能源和碳源的不同而划分的类型，包括光能自养、化能自养、光能异养和化能异养四种营养类型。

（1）光能自养型。以光为能源，CO_2 为唯一或主要碳源，通过光合作用来合成细胞所需的有机物质，如蓝藻。

（2）化能自养型。利用氧化无机物的化学能作为能源，并利用 CO_2 等来合成有机物质，供细胞所用，如硝化细菌、硫细菌、铁细菌等。

（3）光能异养型。不能以 CO_2 作为主要或唯一碳源，而需以有机物作为供氢体，利用光能来合成细胞物质，如红螺菌。

（4）化能异养型。利用有机物作为生长所需的碳源和能源，来合成自身物质。大部分细菌都是这种营养方式，如原生动物、后生动物、放线菌等。

【例 13-2-1】 以光作为能源，有机物作为碳源和供氢体的微生物类型是：

A. 光能自养型　　B. 光能异养型

C. 化能自养型　　D. 化能异养型

解 光能异养型微生物：不能以二氧化碳作为主要或唯一碳源，而需以有机物作为供氢体，利用光能来合成细胞物质。选 B。

【例 13-2-2】 以氧化无机物获得能量，二氧化碳作为碳源，还原态无机物作为供氢体的微生物称为：

A. 光能异养型微生物　　B. 光能自养型微生物

C. 化能异养型微生物　　D. 化能自养型微生物

解 化能自养型微生物：利用氧化无机物获得能量，并利用 CO_2 作为碳源来合成有机物质，供细胞所用。选 D。

13.2.2 影响酶活力因素

1）酶的概念与特性

酶是由生物活细胞产生的具有催化活性的生物催化剂。绝大多数酶都是具有特定催化功能的蛋白质，具有很大的分子量。

酶的催化特性：具有一般催化剂的共性（催化效率高，不改变平衡点等）；高催化效率（最高达10^{17}倍）；高度专一性；具有可调节性；反应条件温和，对环境敏感。

2）酶的分类

酶有许多分类方法，根据酶促反应的性质来分，一共分六大类。

（1）水解酶：该类酶能促进基质的水解作用及其逆行反应。可用表达式$A\cdot B+H\cdot OH \rightleftharpoons AOH+BH$表示。

（2）氧化还原酶：该类酶能引起基质的脱氢或受氢作用，产生氧化还原反应。可用表达式$A\cdot 2H+B \rightleftharpoons A+B\cdot 2H$表示。

（3）转移酶：该类酶能催化一种化合物分子上的基团转移到另一化合物分子上。可用表达式$A\cdot B+C \rightleftharpoons A+B\cdot C$表示。

（4）同分异构酶：该类酶能催化同分异构体之间的互变。 可用表达式$A \rightleftharpoons A'$表示。

（5）裂解酶：该类酶能催化有机物碳链的断裂，产生碳链较短的产物。可用表达式$A \rightleftharpoons B+C$表示。

（6）合成酶：该类酶能催化有 ATP 参与的合成反应。可用表达式$A+B+ATP \rightleftharpoons A\cdot B+ADP+Pi$表示。

另外，根据酶存在部位（即细胞内外的不同）分为胞外酶和胞内酶两类。胞外酶能被分泌到细胞外起作用；胞内酶在细胞内部起作用。绝大多数酶类为胞内酶。

此外，酶还分为单成分酶和双成分酶（又称全酶）。单成分酶完全由蛋白质组成，如多数水解酶，蛋白酶。而双成分酶不但具有蛋白质，还有非蛋白质部分。其中，蛋白质部分为主酶，作用是识别底物和加速反应（专一性体现）；非蛋白质部分为辅助因子，起传递电子、化学基团等作用。主酶和辅助因子单独存在时不起催化作用，只有全酶才表现出催化活性。

3）酶的作用机理

酶能够高效专一地催化反应，其活性中心起到至关重要的作用。酶的活性中心是指酶蛋白肽链中由少数几个氨基酸残基组成的，具有一定空间构象的与催化作用密切相关的区域。活性中心分两个功能部位：结合部位和催化部位。基质靠近结合部位时结合到酶分子上，基质的键在催化部位被打断或形成新键，从而发生一定的化学变化。

目前广泛接受的是“诱导契合”假说，其要点是：当酶分子与基质分子接近时，酶蛋白受基质分子的诱导，构象发生有利于基质结合的变化，并形成酶—基质中间复合物，在此基础上互补契合进行反应，最终生成反应产物。

4）酶活力的影响因素

（1）温度。如图 13-2-1 所示，在最适温度范围内，酶活性最强，酶促反应速度最大。不同微生物体内酶的最适温度不同，培养微生物应在最适温度下进行，以发挥酶的最大催化效率。

（2）pH 值。如图 13-2-2 所示，酶在最适 pH 值范围内表现出很好的活性，此时酶促反应速度最快，效率最高，大于或小于最适 pH 值，都会降低酶活性。

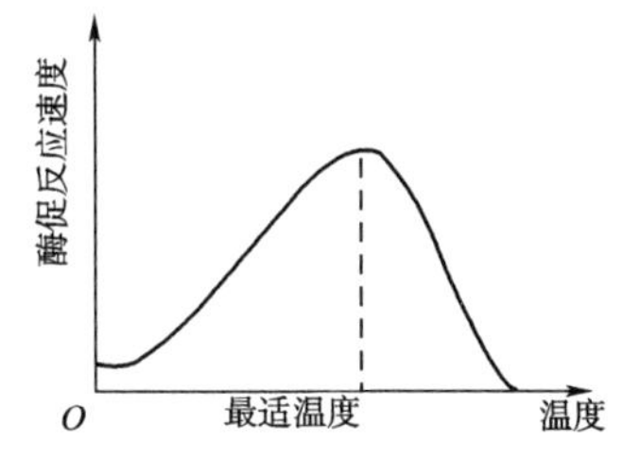

图 13-2-1　温度对酶活力的影响

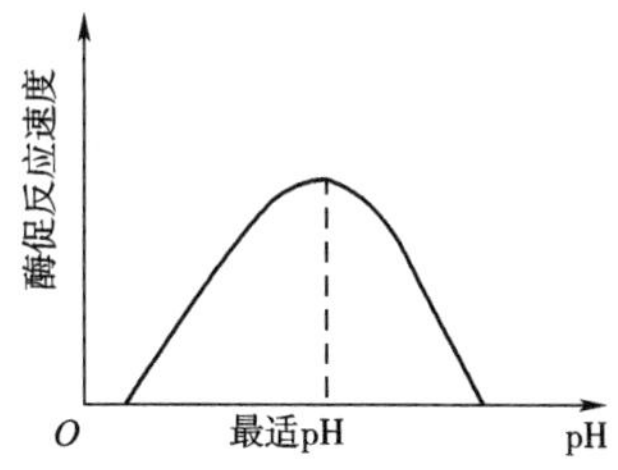

图 13-2-2　pH 对酶活力的影响

（3）抑制剂。能减弱、抑制甚至破坏酶活性的物质称为酶的抑制剂。一般分为可逆与不可逆两类，前者又有竞争性抑制和非竞争性抑制之分。竞争性抑制剂是与底物结构类似的物质，可争先与酶的活性中心结合，通过增加底物浓度最终可解除抑制，恢复酶的活性。非竞争性抑制剂与酶活性中心以外的位点结合后，底物仍可与活性中心结合，但酶不显活性，不能通过增加底物浓度解除抑制。

（4）激活剂。能激活酶的物质称为酶的激活剂。如一些无机阳离子（Na^+、K^+、Ca^{2+}等）、无机阴离子（Cl^-、CN^-、SO_4^{2-}等）、有机化合物等都可以作为激活剂。许多酶只有当某一种适当的激活剂存在时，才表现出催化活性或强化其催化活性。

（5）底物浓度。在酶催化反应中，若酶的浓度为定值，底物的浓度较低时，酶促反应速度与底物浓度成正比。当所有的酶与底物结合生成中间产物后，即使再增加底物浓度，中间产物浓度也不会增加，酶促反应速度也不增加，即此时酶达到饱和。若对底物浓度和酶促反应速度作一曲线，如图 13-2-3 所示，用米门公式表示该规律。

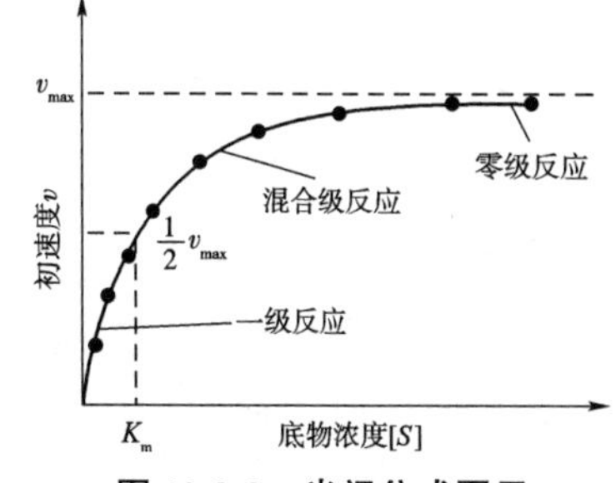

图 13-2-3　米门公式图示

米门公式为：

$$v=\frac{v_{\max}[S]}{K_{\mathrm{m}}+[S]} \tag{13-2-1}$$

式中：v——反应速度；

$[S]$——底物（基质）浓度；

$v_{\max}$——最大反应速度；

K_{m}——米氏常数，当酶促反应速度为$0.5v_{\max}$时的基质浓度。

K_m是酶的特征常数，只与酶的种类和性质有关，与酶浓度无关。K_m受 pH 值和温度的影响。如果$[S] \ll K_m$，则$v = \frac{v_{max}[S]}{K_m}$，酶促反应为一级反应；如果$[S] \gg K_m$，则$v = v_{max}$，反应呈零级反应；中间是混合级反应。

（6）酶浓度。从米门公式和酶浓度与酶促反应速度的关系图解可以看出：当底物浓度较低时，酶促反应速度与酶分子的浓度成正比。当底物分子浓度足够时，酶分子越多，底物转化速度越快。但事实上，当酶浓度很高时，并不保持这种关系。根据分析，这可能是高浓度的底物夹带有许多抑制剂所致。

【例 13-2-3】 下列哪种酶是胞内酶？

A. 柠檬酸合成酶　B. 淀粉酶　C. 蛋白酶　D. 脂酶

解　胞内酶是在细胞内起催化作用的酶，胞外酶是在细胞膜上合成并分泌到细胞外起催化作用的酶。选 A。

【例 13-2-4】 反应酶催化反应速度与底物浓度之间的关系是：

A. 米门氏公式　B. 欧氏公式　C. 饱和学说　D. 平衡学说

解　酶促反应速率与反应底物浓度之间的关系用米门氏公式来表示，是研究酶促反应动力学的一个基本公式。选 A。

【例 13-2-5】 下列各项中不是酶的催化特性的是：

A. 酶容易失去活性　B. 酶能改变反应平衡点

C. 酶的催化效率极高　D. 酶具有专一性

解　酶的催化特性包括：

①只加快反应速度，而不改变反应平衡点，反应前后质量不变。

②反应的高度专一性，主要表现在一种酶只能催化某一种或某一类底物进行反应。

③反应条件温和。一般化学催化剂需要高温、高压、强酸或强碱等异常条件。酶反应只需常温、常压和近中性的水溶液就可进行催化反应。

④对环境极为敏感。许多因素都会影响酶的活力，使其失去活性或调节其活力。

⑤催化效率极高，比无机催化剂的催化效率高几千倍或几亿倍。

选 B。

13.2.3　细菌的呼吸类型

细菌呼吸作用是氧化和还原的统一过程，伴随着电子、原子或化学基团的转移。其中，电子供体（即失去电子或氢）称为供氢体，电子受体称为受氢体。

根据基质脱氢后其最终受氢体的不同，微生物的呼吸作用可分为好氧呼吸、厌氧呼吸和发酵。

根据微生物（细菌）与氧气的关系，微生物可分为好氧微生物（细菌）、厌氧微生物（细菌）和兼性微生物（细菌）。好氧细菌只能进行好氧呼吸，可将有机物分解成二氧化碳和水；厌氧细菌只能进行厌氧呼吸，可将复杂的有机物分解成简单的有机物和二氧化碳等；兼性细菌可进行好氧呼吸和厌氧呼吸。

1）好氧细菌呼吸

好氧呼吸是一种最普遍又最重要的生物氧化产能方式。基质脱氢后，脱下的氢经完整呼吸链传递，最终被外源氧分子接受，产生水和能量，是一种高效产能方式。好氧异养微生物以葡萄糖为例：$C_6H_{12}O_6 + 6O_2 \longrightarrow 6CO_2 + 6H_2O$ +能量，供氢体是有机物。好氧自养微生物在氧化无机物过程中获取能量，以硫细菌为例：$H_2S + 2O_2 \longrightarrow H_2SO_4$ +能量，供氢体是无机物。

2）厌氧细菌呼吸

厌氧呼吸是一类在无氧条件下，以某些无机氧化物（如 CO_2、NO_3^-等）作为受氢体的生物氧化，产能效率低。如乳酸菌利用葡萄糖产乳酸，反硝化细菌和产甲烷细菌的呼吸。厌氧细菌呼吸依靠脱氢酶系统来进行呼吸作用。

3）兼性细菌呼吸

兼性细菌有氧、无氧均能生存，具有两种酶体系，既能进行有氧呼吸，又能进行无氧呼吸。例如，酵母菌在有氧气条件下，将葡萄糖分解为水和二氧化碳；在无氧条件下，将葡萄糖分解为酒精和二氧化碳。在无氧环境中释放的能量比有氧少得多。

呼吸中，产生的能量主要以 ATP 的形式储存起来。ATP（A−P~P~P）中 A 表示腺苷，P 代表磷酸基团，~代表高能磷酸键，水解时释放大量能量。ATP 生成方式有两种：

（1）底物水平磷酸化。底物分子中的能量直接以高能键形式转移给 ADP 生成 ATP，这个过程称为底物水平磷酸化，这一磷酸化过程在胞浆和线粒体中进行。发酵就是在无氧条件下，脱下的氢未经呼吸链直接交给中间代谢产物，实现底物水平磷酸化产能。

（2）氧化磷酸化。氧化和磷酸化是两个不同的概念。氧化是底物脱氢或失电子的过程，而磷酸化是指 ADP 与 Pi 合成 ATP 的过程。在结构完整的线粒体中氧化与磷酸化这两个过程是紧密地偶连在一起的，即氧化释放的能量用于 ATP 合成，这个过程就是氧化磷酸化，氧化是磷酸化的基础，而磷酸化是氧化的结果。

【例 13-2-6】 在葡萄糖的发酵过程中，获得 ATP 的途径是：

A. 底物磷酸化　　B. 氧化磷酸化　　C. 光合磷酸化　　D. 还原磷酸化

解　葡萄糖发酵是指在氧气不足条件下，葡萄糖分解为丙酮酸或乳酸的过程，此过程中伴有少量 ATP 的生成。这一过程是在细胞质中进行，不需要氧气，每一反应步骤基本都由特异的酶催化。在糖酵解第二个阶段，发生一次氧化反应生成一个分子的 NADH，发生两次底物水平的磷酸化，生成两分子的 ATP。选 A。

【例 13-2-7】 EMP 途径是将葡萄糖最终转化为：

A. 乙酰辅酶　　B. 柠檬酸　　C. 果糖　　D. 丙酮酸

解　EMP 途径，也称为糖酵解途径，是生物体内细胞将葡萄糖分解为能量的过程，可为细胞提供能量；还是许多生物合成反应的前体物质来源。这个过程发生在细胞质中，并且可以分为两个主要阶段：

第一阶段：葡萄糖经过一系列反应，最终生成两分子的甘油醛-3-磷酸（G3P）。这一阶段不涉及氧化还原反应及能量释放。

第二阶段：甘油醛-3-磷酸继续反应，经过氧化还原反应和 ATP 合成，最终形成两分子的丙酮酸。在这个过程中，每分子葡萄糖还会产生两分子的 ATP 和两分子的 NADH。

此外，在无氧条件下，丙酮酸可以进一步转化为乳酸或者是在发酵过程中转化为乙醇和二氧化碳。而在有氧条件下，丙酮酸则进入线粒体，通过柠檬酸循环和电子传递链进一步氧化，以产生更多的 ATP。选 D。

【例 13-2-8】 下列各个呼吸类型中，能量利用效率最高的是：

A. 发酵　　B. 好氧呼吸

C. 硝酸盐呼吸　　D. 硫酸盐呼吸

解 有氧呼吸的能量转换效率大约是40.45%，1mol的葡萄糖彻底氧化分解共释放能量2 870kJ，其中可使1 161kJ的能量储存在ATP（38mol）中。无氧呼吸的能量转换效率大约是2.128%，1mol的葡萄糖彻底氧化分解共释放能量2 870kJ，其中可使61.08kJ的能量储存在ATP（2mol）中。发酵属于无氧呼吸。选B。

【例13-2-9】 好氧呼吸最终的电子受体是：

A. 化合态氧　　　　B. 氧以外的其他物质

C. H_2　　　　D. O_2

解 好氧呼吸是一种最普遍又最重要的生物氧化产能方式。基质脱氢后，脱下的氢经过完整的电子呼吸链传递，最后与电子受体氧气反应，产生水和能量。其中，整个过程可简化为电子供体通过载体（电子呼吸链）将电子传递给电子受体（O_2）。选D。

13.2.4 细菌的生长

1）影响细菌生长的环境因素

（1）温度

微生物的生长温度范围很广，大多数细菌的适宜温度在20~40℃之间，但有的嗜热菌适宜温度可高达100℃以上。因此，按照温度的不同，将微生物分为低温、中温和高温三类。

高温或低温对细菌的生长都是不利的，高温能使蛋白质凝固变性而杀死微生物。湿热比干热容易杀死细菌，因为湿热所用的水蒸气热传导力和穿透力都比较强，更容易破坏蛋白质，高压蒸汽灭菌也是这个道理。

低温时，细菌代谢活动减弱，处于休眠状态，维持生命而不繁殖。一般4℃左右为保存菌种的适宜温度。反复冻融会使细胞受到破坏、死亡。

（2）pH值

各种细菌都有它们所适宜的pH值条件，即最适pH值。在酸性太强或碱性太强的环境里，它们一般不能生存。微生物代谢可能导致某些酸碱性物质积累，影响pH值环境。

（3）氧化还原电位

不同种细菌的氧化还原电位不同。好氧菌：$E > +0.1\text{V}$；厌氧菌：$E < +0.1\text{V}$；兼性菌：好氧时，$E > +0.1\text{V}$，厌氧时，$E < +0.1\text{V}$。活性污泥法系统（好氧），$E = (+0.2\sim+0.6)\text{V}$；厌氧生物处理系统，$E = (-0.2\sim-0.1)\text{V}$。

（4）干燥

水是生物生存的必要条件，因为细胞中发生的各种生化反应要在水溶液中进行。干燥缺水时，细菌的芽孢耐旱性强，在环境中能保持几十年，遇到适宜条件再生。

（5）渗透压

不同浓度的溶液用半透膜隔开，当达到平衡时，两边液面高差就是这个溶液的渗透压。细菌细胞膜就是半透性膜，在细胞内外会产生渗透压。在等渗透压溶液中，细菌生活得最好；在高渗透压溶液中，细胞会失水，发生质壁分离；在低渗透压溶液中，细胞容易膨胀，甚至胀裂。

（6）光及辐射

除光合细菌外，一般细菌不喜欢光线。日光中有杀菌作用的紫外线，会使细胞的核酸发生变化而死亡。紫外线以波长265~266nm杀菌力最强。

经紫外线照射过的微生物暴露于可见光下时，可以明显地降低其死亡率，导致修复作用发生。

（7）化学药剂

重金属类，如 Hg、Ag、Cu 等对细菌有毒害作用。有机化合物类，如酚、醇、醛等能使蛋白质变性，是杀菌剂。卤族元素及其化合物也有杀菌消毒作用。氧化剂、染料、表面活性剂等对细菌生长也有影响。

2）细菌的生长

细菌同化作用大于异化作用，细胞质量和体积不断增加的现象叫生长。由于细菌个体微小，个体质量和体积的变化不易观察，常以细菌群体作为研究对象。细菌生长测定数量的方法有总细胞计数法（快速，但无法区分细菌的死活）和活菌计数法（测定时间长，结果是活菌落）。质量法测定：混合液挥发性悬浮固体（MLVSS）测定比混合液悬浮固体（MLSS）更确切。

细菌培养方式有间歇培养和连续培养，不同培养方式表现出不同生长变化规律。

（1）间歇培养

将少数细菌接种到一定量的液体培养基内封闭，在适宜温度下培养，在培养过程中不加入也不取出培养基和微生物，这就是间歇培养。在培养中，以培养时间为横坐标，以活微生物个数为纵坐标，来描述细菌生长规律的曲线，叫作生长曲线。

微生物生长曲线大致分为四个时期：延滞期（适应期）、对数期（指数期）、稳定期、衰亡期，如图 13-2-4 所示。

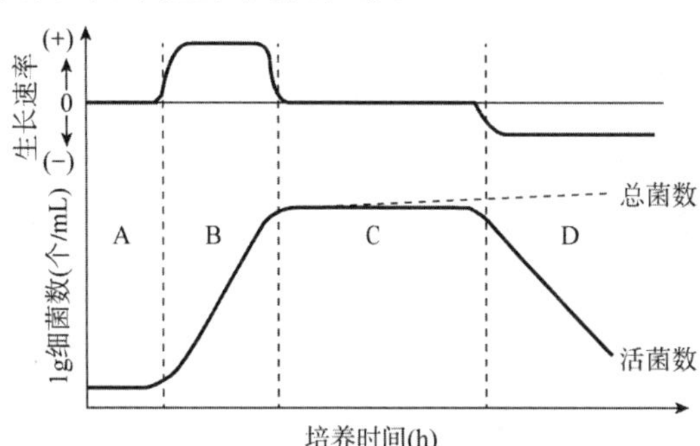

图 13-2-4　微生物生长曲线

A-延滞期；B-指数期；C-稳定期；D-衰亡期

延滞期：在该期细菌并不生长繁殖，数目不增加，但细胞生理活性很活跃，菌体体积增长很快。这是个适应时期，新接种的细菌一时缺乏分解底物的酶，需一定的时间来合成。该期特点：细菌数目几乎没有变化；细菌生长速度为零。

对数期：细菌细胞分裂速度迅速增加，进入对数增长期。该期特点：细菌数呈指数增长，极少有细菌死亡；世代时间最短；生长速度最快。

稳定期：随着营养物质的消耗和有毒代谢产物的积累，部分细菌开始死亡，新生细菌数和死亡数基本相等。该期特点：细菌新生数等于死亡数；生长速度为零；芽孢、荚膜形成，内含物开始储存等。

衰亡期：因营养严重不足，大部分细菌死亡，只有少数菌体繁殖，微生物进入内源呼吸期。该期特点：细菌进行内源呼吸；细菌死亡数远大于新生数，细菌数目不断减少。

在污水生物处理过程中，如果利用对数期的微生物，整体处理效果并不好，因为微生物繁殖很快，活力很强大，不易凝聚和沉淀。并且对数期需要充分的食料，污水中的有机物须有较高的浓度，难以得到较好的出水。稳定期的污泥代谢活性和絮凝沉降性能均较好，该期常用于污水处理。衰亡期的微生物用于延时曝气、污泥消化等。

（2）连续培养

连续进料，又连续出料的培养方式。它分为恒浊连续培养和恒化连续培养。恒浊连续培养特点是调节进料流速，使装置内微生物保持一定的浊度，此法可获得大量菌体或与菌体代谢相平衡的代谢产物。恒化连续培养是固定恒定的进料流速，又以同样的速率排出，进出培养基量相同。这种方式往往有一种限制性营养物控制生长，而且污水生物处理时多采用恒化连续培养。

3）细菌的遗传变异

（1）细菌的遗传

细菌的遗传性是指在一定的环境条件下，细菌的形态、结构、代谢、繁殖和对异物的敏感等性状相对稳定，并能代代相传，子代与亲代相似的现象。生物遗传的物质基础是核酸，核酸包括 DNA 和 RNA。DNA 是由四种脱氧核苷酸构成的，分别为腺嘌呤脱氧核苷酸（dAMP）、胸腺嘧啶脱氧核苷酸（dTMP）、胞嘧啶脱氧核苷酸（dCMP）、鸟嘌呤脱氧核苷酸（dGMP）。RNA 的碱基主要有 4 种，即 A（腺嘌呤）、G（鸟嘌呤）、C（胞嘧啶）、U（尿嘧啶）。大多数生物的遗传物质都是 DNA，不含 DNA、只含 RNA 的微生物的遗传物质是 RNA，如 RNA 病毒。

微生物的遗传物质具有多样性，常见的存在于其细胞染色体和质粒上等。染色体是遗传物质的主要载体，是遗传物质存在的主要形式。质粒是染色体外或附加于染色体的携带有某种特殊性遗传信息的小型 DNA 分子。一般而言，染色体所携带的遗传信息控制其生死存亡，而质粒所携带的遗传信息并非细胞生死存亡所必需，只与其某些次要特性有关。常见的质粒有抗药性质粒、抗生素产生质粒、降解质粒、限制性内切酶质粒、杀伤性质粒等。

作为主要遗传物质的 DNA，是双螺旋结构，由两条单链反向平行缠绕而成。DNA 的复制是半保留复制，新 DNA 分子一条链是亲代的，另一条链是新合成的。RNA 在细胞中有三种主要类型：信使 RNA（mRNA）、转移 RNA（tRNA）和核糖体 RNA（rRNA）。mRNA 传达 DNA 遗传信息；tRNA 在蛋白质合成中起转移氨基酸的作用；rRNA 是核糖体的组成部分，是蛋白质合成的主要场所。

（2）细菌的变异

细菌的变异主要有基因突变和基因重组。

基因突变是由于某些原因，引起生物体内的 DNA 链上碱基的改变，导致后代表现型可遗传的变化。根据突变发生过程是否受人为诱变可分为自发突变和诱发突变。自发突变是在没有特设的诱变条件下，由于外界环境的自然作用而发生的基因突变，其特点为：无定向性（突变可能有利或有害），自发性（各种性状的突变可以在没有人为诱变因素下自发发生），稀有性（频率低），独立性（突变对细胞而言是随机的），诱变性（通过诱变，可提高自发突变的频率），稳定性（突变后新性状也是稳定可遗传的），可逆性（突变后可能发生回复突变）。诱发突变（即诱变）是人为地利用物理化学因素，引起细胞 DNA 分子中碱基对发生变化。所利用的物理化学因素称为诱变剂，如紫外线、亚硝酸、乙烯亚胺等。

基因重组是把两个不同性状个体的基因融合，使基因重新排列组合，并能遗传给后代，产生新品种或表达新的遗传性状。该过程中，没有任何碱基对结构上的变化，而是大片段 DNA 的排列方式发生变化。转化、接合和转导等都是基因重组在细胞水平上的反应：①转化是活的受体细菌吸收供体细胞释放的 DNA 片段，受体细胞获得供体细胞的部分遗传性状，受体细胞必需处于感受态（细胞处于易接受外源 DNA 转化时的生理状态）才能被转化；②接合是遗传物质通过细胞与细胞的直接接触而进行的转移和重组，接合重组细菌必需直接接触，实际上是通过性菌毛进行的，接合后质粒（F、R 因子，降解质粒等）复制到受体细胞；③转导是遗传物质通过病毒的携带而转移的基因重组。

【例 13-2-10】在细菌中通过转化过程发生转移的是：

A. 细胞器　　B. DNA 片段　　C. 蛋白质　　D. mRNA

解　转化、转导和接合等都是基因重组在细胞水平上的反应。基因重组过程中，没有任何碱基对结构上的变化，而是大片段 DNA 的排列方式发生变化。选 B。

【例 13-2-11】 转化过程中，受体菌从供体菌处吸收的是：

A. 供体菌的 DNA 片段　　B. 供体菌的全部蛋白质

C. 供体菌的全部 DNA　　D. 供体菌的蛋白质片段

解 转化是指来自于供体菌游离的 DNA 片段直接进入并整合入受体菌基因组中，使受体菌获得部分新的遗传性状的过程。选 A。

经典练习

13-2-1 1 个葡萄糖分子能产生多少二氧化碳？（　　）

A. 6　　B. 12　　C. 2　　D. 8

13-2-2 细菌生产和死亡数量相等的期间是（　　）。

A. 延迟期　　B. 对数期　　C. 稳定期　　D. 衰亡期

13-2-3 酶的化学组成中不包括（　　）。

A. 蛋白质　　B. 金属离子　　C. 有机物　　D. 核酸

13-2-4 测定细菌世代时间的最佳时期是（　　）。

A. 缓慢期　　B. 对数期　　C. 稳定期　　D. 衰亡期

13-2-5 1 分子葡萄糖完全氧化产生的 ATP 分子数是（　　）。

A. 12　　B. 24　　C. 38　　D. 46

13-2-6 催化 A+B+ATP⟶AB+ADP+Pi 的酶属于（　　）。

A. 合成酶　　B. 裂解酶　　C. 转移酶　　D. 异构酶

13-2-7 细菌活菌数最大的时期是（　　）。

A. 延迟期　　B. 对数期　　C. 稳定期　　D. 衰亡期

13-2-8 若在对数期 50min 时测得大肠杆菌数为1.0×10^4cfu/mL，培养到 450min 时大肠杆菌数为1.0×10^{11}cfu/mL，则该菌的细菌生长繁殖速率为（　　）。

A. 1/17　　B. 1/19　　C. 1/21　　D. 1/23

13-2-9 反硝化细菌从营养类型上看属于（　　）。

A. 光能自养菌　　B. 化能自养菌

C. 光能异养菌　　D. 化能异养菌

13-2-10 下列不是影响酶促反应速率的因素是（　　）。

A. 酶浓度　　B. 温度　　C. 溶解度　　D. 基质浓度

13-2-11 在低渗溶液中，微生物细胞会发生的变化是（　　）。

A. 维持平衡　　B. 失去水分　　C. 吸收水分　　D. 不一定

13-2-12 下列物质中，不属于微生物遗传物质的是（　　）。

A. DNA　　B. RNA　　C. 脱氧核糖核酸　　D. 蛋白

13-2-13 酶能提高反应速度的原因是（　　）。

A. 酶能降低活化能　　B. 酶能提高活化能

C. 酶能增加分子所含能量　　D. 酶能减少分子所含能量

13-2-14 下列描述中，不正确的是（　　）。

A. 高温会使微生物死亡

B. 微生物需要适宜的 pH 值

C. 低温下微生物不能存活

D. 缺水会使微生物进入休眠状态

13-2-15 下列关于基因突变的说法中，错误的是（　　）。

A. 突变的概率很小

B. 自然条件下就可以发生

C. 突变对于微生物来说是有利的

D. 废水处理中可以利用基因突变进行人工诱变菌种

13-2-16 TCA 循环的最终代谢产物是（　　）。

A. 有机酸　　B. 醇、醛

C. NH_3 和 H_2S　　D. CO_2 和 H_2O

13.3 其他微生物

考试大纲☞： 铁细菌　硫细菌　球衣细菌　酵母菌　藻类　原生动物　后生动物　病毒　噬菌体　微生物在水处理中的作用

13.3.1 铁细菌

菌体呈丝状的细菌叫丝状菌。铁细菌、硫细菌、球衣细菌都是丝状菌。

铁细菌能将二价铁盐氧化成三价铁化合物，并能利用此氧化过程中产生的能量来满足自身需要。铁细菌属于化能自养型，生长需要氧气。它们长期产生氢氧化铁，可积累成褐铁矿，堵塞并降低水流量，在铁制水管中的生长繁殖会缩短水管的使用寿命。

$$4FeCO_3 + O_2 + 6H_2O \longrightarrow 4Fe(OH)_3 + 4CO_2 + 167.5kJ \quad (13\text{-}3\text{-}1)$$

【例 13-3-1】 铁细菌的营养类型属于：

A. 光能自养型　　B. 化能自养型

C. 光能异养型　　D. 化能异养型

解　铁细菌属于化能自养型，可将二价铁盐氧化成三价铁化合物，并能利用此氧化过程中产生的能量满足自身需要。选 B。

13.3.2 硫细菌

硫细菌能将自然界的还原性硫化物氧化成硫黄或硫酸，同时同化二氧化碳，合成有机成分。这也是自然界中硫元素循环中不可缺少的一环。它包括了硫氧化菌和硫酸盐还原菌，但通常仅指硫氧化菌。硫细菌属于化能自养型，生长需要氧气。

$$2H_2S + O_2 \longrightarrow 2H_2O + 2S + \text{能量} \quad (13\text{-}3\text{-}2)$$

$$2S + 3O_2 + 2H_2O \longrightarrow 2H_2SO_4 + \text{能量} \quad (13\text{-}3\text{-}3)$$

$$CO_2 + H_2O + \text{能量} \longrightarrow [CH_2O] + O_2 \quad (13\text{-}3\text{-}4)$$

管道中滋生硫细菌，会产生硫酸腐蚀管道。废水处理中，当硫细菌大量繁殖时，会使活性污泥结构松散，沉降性能差，发生污泥膨胀。

【例 13-3-2】硫细菌的营养类型属于：

A. 光能自养型　　B. 化能自养型

C. 光能异养型　　D. 化能异养型

解 硫细菌可氧化可溶性硫化合物，从中获得能量，属于化能自养型。选 B。

13.3.3 球衣细菌

球衣细菌是好氧细菌，大多具有假的分枝，属于化能异养型，分解有机物的能力很强。在污水处理中有一定数量的球衣细菌，对有机物的去除是有利的。但大量繁殖后，会造成污泥膨胀，影响出水水质。

在此补充一点，能引起污泥膨胀的还有放线菌、霉菌等形态呈分枝状的丝状微生物。放线菌绝大多数为有益菌，对人类健康贡献突出，有 70%的抗生素由放线菌产生。

【例 13-3-3】能产生抗生素的常见种类是：

A. 细菌　　B. 放线菌　　C. 酵母菌　　D. 病毒

解 有 70%的抗生素由放线菌产生。选 B。

13.3.4 真菌

酵母菌是真菌的一种，其形态与细菌类似，但比细菌大得多，一般呈卵圆形、圆柱形或球形。酵母菌具有真核生物的特征，有真核、细胞器（线粒体、内质网等）、液泡。

酵母菌有无性繁殖和有性繁殖两种方式。无性繁殖中最常见的是出芽生殖，也有裂殖或产生无性孢子。酵母菌营专性或兼性好氧生活，发酵型酵母在缺氧时通过将糖类转化成二氧化碳和乙醇来获取能量。在酿酒过程中，乙醇被保留下来；在蒸馒头过程中，二氧化碳将面团发起，而乙醇挥发掉。在有氧气的环境中，酵母菌将葡萄糖转化为水和二氧化碳。另外，氧化型酵母菌氧化有机物能力强，常用来处理淀粉生产废水、制糖废水等。

另一常见真菌为霉菌。霉菌是呈分枝状的丝状菌体。菌丝体按功能可分为营养菌丝和气生菌丝，按有无隔膜可分为有隔菌丝和无隔菌丝。常见霉菌有青霉、丝霉、曲霉、毛霉等。

【例 13-3-4】下列关于酵母菌的说法中，错误的是：

A. 酵母菌是真核微生物

B. 酵母菌可进行无性繁殖，不能进行有性繁殖

C. 酵母菌是既可进行无氧呼吸又可进行有氧呼吸

D. 常用来处理淀粉生产废水、制糖废水等

解 酵母菌有无性繁殖和有性繁殖两种方式。选 B。

13.3.5 藻类

藻类是指具有光合作用色素（叶绿素、胡萝卜素、叶黄素等），而能进行独立营养生活的水生低等植物的总称。藻类属于光能自养型，根据藻类的形态及生理特性，将之分为甲藻门、金藻门、硅藻门、裸藻门、绿藻门、黄藻门、红藻门等。

藻类对给水工程有一定的危害性。当水库、湖泊中藻类大量繁殖时，会带来臭味，使水带颜色，水源水中含藻类多时，还可能阻塞滤池。水体中氮、磷含量过多时，藻类会大量繁殖，严重影响水环境质

量。在天然水体中，藻类光合作用补充水中氧气，有利于微生物氧化分解水中的有机污染物。在污水处理中采用该方法，既可获得大量有营养价值的藻类，也净化了污水。

13.3.6 放线菌

放线菌是分枝状的丝状菌体，通过孢子丝产生分生孢子，孢子萌发产生新菌丝来繁殖，常见的有链霉属及诺卡氏菌属。水处理中常用诺卡氏菌属处理石油、石蜡、纤维素、氰化物等。

【例 13-3-5】 当水体中氮、磷含量过多时，会大量繁殖的是：

A. 真菌类　　B. 藻类　　C. 放线菌　　D. 后生动物

解 水体中氮磷含量过多时，藻类会大量繁殖，造成水体富营养化现象。选 B。

13.3.7 原生动物

1）形态与分类

原生动物是动物界中最低等的单细胞动物。但在生理上却是一个完善的有机体，其细胞体内各部分有不同的分工，形成和多细胞动物一样的营养、呼吸、排泄、生殖等机能。污水生物处理中常见的原生动物有三类：肉足类、鞭毛类和纤毛类。肉足类有伪足作为运动和摄食的胞器；鞭毛类有一根或一根以上的鞭毛作为运动器官；纤毛类周身表面或部分表面具有纤毛，作为运动或摄食的工具。

2）原生动物在污水处理中的应用

（1）净化作用。动物性营养型原生动物（如鞭毛虫、纤毛虫等）能直接利用水中的有机物质，对水中有机物的净化起一定作用。但这些原生动物是以吞食细菌为主的，对出水指标有较好的改善。

（2）促进絮凝作用。活性污泥絮凝沉淀得好，则出水水质也较好。小口钟虫、尾草履虫等纤毛虫能分泌一些促进絮凝的黏性物质，与细菌凝聚在一起，促进絮凝作用。

（3）指示作用。由于不同种类的原生动物对环境条件的要求不同，对环境变化的敏感程度不同，所以由原生动物种群的生长情况来判断生物处理运作情况及污水净化效果：①可以根据原生动物类群更替，判断水处理程度，运行初期以鞭毛虫和肉足虫为主，中期以动物性鞭毛虫和游泳型纤毛虫为主，后期以固着型纤毛虫为主；②可以根据原生动物的种类，判断水处理的好坏，若固着型纤毛虫减少，游泳型纤毛虫突然增加，表明处理效果将变坏；③可以根据原生动物形态变化，判断进水水质变化及运行中的问题。纤毛虫在环境适宜时，用裂殖方式进行繁殖；当食物不足，或溶解氧、温度、pH 值不适宜等情况时，就会变为接合繁殖，甚至形成孢囊以保卫其身体。

【例 13-3-6】 原生动物在环境条件比较差的时候，会出现：

A. 鞭毛　　B. 纤毛

C. 孢囊　　D. 芽孢

解 原生动物在环境条件较差时，会形成孢囊以保卫其身体。选 C。

13.3.8 后生动物

后生动物是指原生动物以外的多细胞动物。在水处理中常见的有多细胞的无脊椎动物，包括轮虫、甲壳类动物和昆虫及其幼虫等。轮虫的出现是水处理效果好的标志，以 50~1 000 个/mL 为宜。甲壳类动物以细菌和藻类为食料，可用于净化含藻类较多的水。其他小动物如颤蚓、水丝蚓，厌氧时大量生存，为废水净化程度差的指标。

【例 13-3-7】 在活性污泥培养过程中，当大量出现钟虫等固着型纤毛虫、轮虫，则可以判断该阶段为：

A. 活性污泥培养初期　　B. 活性污泥培养对数期

C. 活性污泥培养成熟期　　D. 活性污泥培养中期

解　根据原生动物和后生动物的指示作用，污泥成熟时出现大量钟虫等固着型纤毛虫（原生动物）和轮虫（后生动物）。选 C。

13.3.9　病毒和噬菌体

1）病毒

病毒是一类没有细胞结构，专门寄生在活的宿主细胞内的极微小生物。其特点为：病毒是一类非细胞生物，一般只由核酸（DNA 或 RNA）和蛋白质外壳构成；具有大分子的属性，在细胞外，病毒如同化学大分子，不表现生命特征；病毒不具备独立代谢的能力，病毒没有完整的酶系统和独立代谢系统，必须寄生在活细胞内。根据病毒宿主范围，可分为噬菌体、动物病毒和植物病毒等。噬菌体是以原核生物为宿主的病毒，动物病毒能感染人并引起疾病。

2）病毒的繁殖

病毒必须到宿主细胞内，利用宿主细胞提供的原料和场所来繁殖。其过程是：吸附（只吸附表面有特异受体的易感细胞）、侵入和脱壳（DNA 注入宿主细胞，蛋白质外壳留在细胞外）、复制与合成（病毒 DNA 支配宿主细胞合成大量新病毒的核酸和蛋白质）、装配和释放（新合成的 DNA 与蛋白质组装成新病毒，再裂解释放出来）。

【例 13-3-8】 噬菌体和细菌的关系是：

A. 共生　　B. 互生　　C. 拮抗　　D. 寄生

解　噬菌体是病毒，寄生在细菌内。选 D。

【例 13-3-9】 病毒在繁殖过程中，下列不是其特点的是：

A. 病毒需要侵入寄主细胞　　B. 病毒能自行复制与合成

C. 病毒成熟后释放　　D. 病毒将蛋白质外壳留在细胞外

解　病毒必须到宿主细胞中，才能够进行繁殖，繁殖过程有四步：

①吸附（病毒识别宿主细胞的特异受体，并吸附于细胞表面）；

②侵入与脱壳（病毒将核酸注入宿主细胞内，衣壳留在外面）；

③复制与合成（病毒利用宿主细胞的合成机构，合成自己的核酸和衣壳蛋白）；

④装配与释放（新合成的衣壳和核酸组装为成熟的病毒）。

选 B。

13.3.10　微生物之间的关系

在自然界中微生物之间关系复杂多样，归纳起来基本分为互生、共生、拮抗和寄生四种。

1）互生关系

两种不同的生物，可以单独生存，但当其生活在一起时，可以由一方为另一方提供有利的生活条件，这种关系叫互生关系。

互生关系可以是单方有利，也可以是双方互利。例如，水体中的氨化菌、氨氧化菌和亚硝酸菌氧化菌之间存在着单方面有利的互生关系。水中溶解的有机物会抑制氨氧化菌的发育，甚至可能导致其死亡。氨化菌能溶解有机氮化物，分解成氨或铵盐，这样既为氨氧化菌解了毒，又提供了氮素养料。氨对亚硝酸菌氧化菌有抑制作用，可因氨氧化菌把氨氧化成亚硝酸，就为它解了毒，还提供了养料。又如，氧化塘中的藻类与细菌之间的双方互利关系。藻类利用光能，并以水中二氧化碳进行光合作用，放出氧气，它既除去了对好氧菌有害的二氧化碳，又将产物氧供给好氧菌；好氧菌利用氧去除有机污染物，同时放出二氧化碳供给藻类。

【例 13-3-10】藻类在氧化塘中进行的是下列哪种作用？

A. 氧化作用　　B. 光合作用　　C. 同化作用　　D. 分解作用

解　氧化塘是一个菌类、藻类和原生动物的共生系统。在氧化塘中，藻类通过光合作用吸收二氧化碳和水，释放出氧气，同时将有机物质转化为藻类自身的组织和细胞物质。这种过程不仅可以去除水中的氮、磷等营养物质，还可以产生氧气，改善水质。选 B。

2）共生关系

两种不同种的生物，不能单独生活并形成一定的分工，只能相互依赖彼此取得一定利益，这种关系叫共生关系。地衣是藻类和真菌所形成的一种共生体，藻类利用光合作用合成有机物为自身和真菌提供营养，真菌同时从基质中吸收水分和无机盐为两者提供营养。

3）拮抗关系

一种微生物产生不利于另一种微生物生存的代谢产物以抑制其生长繁殖，或一种微生物以另一种为食料，这种关系称为拮抗关系。

例如，青霉菌在生活过程中分泌青霉素，来抑制或杀死其他微生物而使它们自己得到优势发展，这是代谢产物引起的拮抗关系。又如，原生动物以细菌为食，后生物以原生动物为食，强吃弱，大吃小，这是捕食引起的拮抗关系。

4）寄生关系

一种微生物生活在另一种微生物体内，摄取营养以生长和繁殖，使后者受到损害或死亡，这种关系叫寄生关系。前者为寄生菌，后者为宿主或寄主。噬菌体和细菌之间就是寄生关系。

【例 13-3-11】硝化细菌与亚硝化细菌属于：

A. 共生关系　　B. 互生关系　　C. 拮抗关系　　D. 寄生关系

解　两种不同的生物，可以单独生存，但当其生活在一起时，可以由一方为另一方提供有利的生活条件，这种关系叫互生关系。水体中的氨化菌、氨氧化菌（亚硝化细菌）和亚硝酸菌氧化菌（硝化细菌）之间存在着单方面有利的互生关系。氨对硝化细菌有抑制作用，但由于亚硝化细菌可把氨氧化成亚硝酸，不仅为硝化细菌解了毒，还提供了养料。选 B。

经 典 练 习

13-3-1　属于化能自养型微生物的是（　　）。

A. 病毒　　B. 霉菌　　C. 蓝细菌　　D. 硫细菌

13-3-2　放线菌是（　　）。

A. 原核微生物　　B. 真核微生物　　C. 原生动物　　D. 后生动物

13-3-3 在水处理初期，水中主要的原生动物种类是（ ）。

A. 纤毛虫 B. 钟虫 C. 鞭毛虫 D. 等枝虫

13-3-4 地衣中藻类与真菌的关系是（ ）。

A. 共生关系 B. 互生关系 C. 拮抗关系 D. 寄生关系

13-3-5 氧化塘中藻类与细菌的关系是（ ）。

A. 共生关系 B. 互生关系 C. 拮抗关系 D. 寄生关系

13-3-6 两种可以单独生活，当它们生活在同一环境时，一方可以为另一方提供有利条件的关系，当两者分开时各自可单独生存，这种关系叫作（ ）。

A. 互生 B. 共生 C. 拮据 D. 寄生

13-3-7 下列关于原生动物在水处理中的作用，叙述不正确的是（ ）。

A. 有净化废水中有机物的功能

B. 可以促进活性污泥的絮凝作用

C. 作为废水生物处理的指示生物

D. 当水处理效果好时，活性污泥中的原生动物以游泳型纤毛虫为主

13-3-8 下列关于藻类的说法中，不正确的是（ ）。

A. 有的藻类会产生毒素，危害水体安全

B. 数量越大，对水的处理效果越好

C. 氧化塘进行废水处理时，释放氧气给其他好氧微生物，有利于水处理

D. 当氮、磷含量过多时，可能引发赤潮或水华现象

13-3-9 在天然水体对有机物的自净过程中，各种微生物的相互关系与交替演变规律是（ ）。

A. 鞭毛虫⟶游泳型纤毛虫⟶固着型纤毛虫⟶肉足类⟶轮虫

B. 肉足类⟶轮虫⟶钟虫

C. 肉足类⟶鞭毛虫⟶钟虫⟶细菌⟶轮虫

D. 肉足类⟶游泳型纤毛虫⟶固着型纤毛虫、轮虫

13.4 水的卫生细菌学

考试大纲☞： 水中细菌分布 水中病原细菌 水中微生物控制方法 水中病毒检验

13.4.1 水中细菌分布

水中细菌来源于空气、土壤、污水、垃圾、死去的植物和动物等，所以水中细菌的种类是多种多样的。若空气中的细菌含量高，降落下来的雨雪中所含细菌数目就较多；水中有机物含量多，细菌的种类和数量将大大增加；对于静止湖泊，雨前水中细菌数目比雨后要少；地下水由于渗滤作用和缺少有机质，所含细菌远少于地面水。

【例 13-4-1】 下列说法不正确的是：

A. 水中的细菌来源于空气、土壤、垃圾等

B. 在静止湖泊中，雨后微生物数目比雨前要多

C. 细菌能长期滞留在空气中

D. 地下水由于渗滤作用和缺少有机质，细菌含量很少

解 细菌在空气中只是短暂停留。选 C。

【例 13-4-2】 下列有关水中细菌的分布，说法不正确的是：

A. 湖泊及水库水的表面和中心区、深水区所含细菌少，岸边附近和底泥所含细菌较多

B. 空气质量好，雨雪中所含细菌也少

C. 地面环境卫生状态好，水的地面径流所带入的细菌也就少

D. 地下水比地表水所含的细菌要多

解 通常情况下，地表水由于受到土壤冲刷、大气沉降、生活污水和工业废水排放等影响，可能含有较多的细菌。而地下水由于渗滤作用和缺少有机质，所含细菌远少于地面水。选 D。

13.4.2 水中病原细菌

能引起疾病的微生物称致病性微生物（或病原微生物），包括细菌、病毒和原生动物等。水中细菌有很多，但大部分不是病原菌。常见的病原菌有伤寒杆菌、痢疾杆菌、霍乱弧菌、军团菌等。

1）伤寒杆菌

伤寒杆菌有伤寒沙门氏菌、副伤寒沙门氏菌和乙型副伤寒沙门氏菌三种。不生芽孢和荚膜，靠鞭毛运动，革兰氏阴性菌。

2）痢疾杆菌

痢疾杆菌有痢疾杆菌和副痢疾杆菌两类，可引起细菌性痢疾。不生芽孢和荚膜，一般无鞭毛，革兰氏阴性菌，靠污染的食物和水，以及蚊蝇传播。

3）霍乱弧菌

霍乱弧菌的细胞呈弯曲杆状，有一根较粗的鞭毛，能运动，革兰氏阴性菌，不生荚膜和芽孢。在霍乱感染中，轻者腹泻，重者呕吐、腹痛，甚至死亡。

4）军团菌

军团菌是具有高度暴发性和流行性的呼吸道致病菌。革兰氏阴性菌，菌体呈多行性，不形成芽孢和荚膜。

【例 13-4-3】 下列不是常见的病原细菌的是：

A. 伤寒杆菌　　B. 痢疾杆菌

C. 大肠杆菌　　D. 霍乱弧菌

解 大肠杆菌不是病原细菌。选 C。

13.4.3 水中微生物控制方法

水中病原微生物的去除叫水的消毒。常用方法有氯消毒、臭氧消毒、紫外线消毒和乙醇消毒等。

（1）氯消毒。氯消毒是目前最常用的消毒方法，可以使用液氯或漂白粉，加入水中后，会生成有强氧化性的次氯酸和次氯酸根，但起消毒作用的是 HClO（次氯酸）中性分子。因为微生物细胞表面带有负电，次氯酸根虽有氧化能力，却不能靠近细胞。只有 HClO 可以进入细胞体内，破坏反应酶类，使微生物死亡，起到杀菌消毒作用。另外，漂白粉中有效氯最多仅约占 35%。水中的 pH 值较小时，主要是 HClO；pH 值高时，主要是 ClO^-。例如，水温 25℃，pH 值为 7 时，HClO 约占 73%；而 pH 值< 5时，

几乎全是 HClO，所以酸性环境消毒效果好。水厂消毒后，水中要保持一定的余氯，以保证到达用户后仍有杀菌能力。《生活饮用水卫生标准》(GB 5749—2022) 规定，集中式给水出厂水的游离性余氯含量不低于 0.3mg/L，管网末梢水不得低于 0.05mg/L。

液氯消毒的优点是价格便宜、工艺成熟、杀菌效果好。但是也有缺点：易与某些物质生成有机氯化物，会致癌、致突变，危害人体健康。

相比，二氧化氯作为消毒剂时，与氯消毒相比，其消毒能力更强，且不易生成致癌的二次污染物，常用于水处理、空气消毒、食品保鲜等领域。

(2) 臭氧消毒。臭氧具有很强的氧化性，能直接破坏细菌的细胞壁，分解 DNA、RNA、蛋白质和多糖等大分子物质，使微生物无法正常生长繁殖，导致其死亡。臭氧消毒效果好，副产物少，但是不能在水中长期残留，消毒效果没有持久性。

(3) 紫外线消毒。使病原菌的核酸发生突变，阻碍其复制、转录，导致细胞死亡，来达到杀菌的目的。其特点是快速、高效，在污水紫外线消毒中，接触时间在数秒内。但有时不能完全杀死细胞，没有持续消毒作用。

(4) 乙醇消毒。乙醇之所以可以消毒，是因为其可以吸收细菌蛋白的水分，使其菌体蛋白脱水、凝固变性而达到消毒目的。高浓度 (95%) 酒精渗透入菌体蛋白迅速凝固形成坚固的菌膜，影响酒精渗透入菌体，而降低了消毒效果，所以不能用于消毒。另外，醇类消毒剂中最常用的是乙醇和异丙醇，而不是碳原子越多越好。

【例 13-4-4】 加氯消毒的特点是：

A. 价格便宜，杀菌效果好，不会产生有害的副产物

B. 价格便宜，杀菌效果好，会产生有害的副产物

C. 价格便宜，杀菌效果不好，不会产生有害的副产物

D. 价格便宜，杀菌效果不好，不会产生有害的副产物

解 液氯消毒的优点是价格便宜、工艺成熟、杀菌效果好。但是也有缺点：易与某些物质生成有机氯化物，会致癌、致突变，危害人体健康。选 B。

13.4.4 水的卫生学检验

水中的微生物种类多而复杂，病原细菌数量少且检测技术困难，若对每一种可能造成污染的病原微生物都进行检测，显然是不可能的。所以选择具有代表性的指示生物作为评价水质安全的指标。

1) 大肠菌群

大肠菌群是指一群以大肠埃希氏菌为主的需氧及兼性厌氧的革兰氏阴性无芽孢杆菌，在 32~37℃，24h 内，能发酵乳糖，使产酸产气。它是水质污染的指标，也是判断饮水消毒效果的指标，可以作为致病菌污染的指示菌。其抵抗力略强于肠道致病菌，易于检验，但不能完全代表肠道病毒的灭活。大肠菌群在水中数量较多。

2) 生活饮用水的卫生生物学标准

《生活饮用水卫生标准》(GB 5749—2022) 于 2023 年 4 月 1 日实施，其中规定生活饮用水中菌落总数不超过100CFU/mL，总大肠菌群、耐热大肠菌群、大肠埃希氏菌均不得检出。标准增加贾第鞭毛虫和隐孢子虫两个微生物检项，限制均为小于 1个/10L。

3）水的卫生细菌学检验

（1）菌落总数的测定。将一定量水样接种到营养琼脂培养基中，在37℃培养24h后，数出菌落数，再根据接种的水样数量算出每毫升所含菌数。菌落总数能反映水被污染的程度。但不能说明该水是否满足饮用条件，因为它不能说明是否有病原菌，所以还要进行大肠菌群的测定。

（2）大肠菌群的测定。常用方法有两种：多管发酵法和滤膜法。

多管发酵法：①初步发酵。将水样置于糖类培养基中培养，观察有无酸和气体产生，即有无发酵。若有酸和气体生成，则还需下一步检验。②平板分离。将上步的产酸产气菌接种到品红亚硫酸钠培养基（紫红色，金属光泽；深红色，不带或略带金属光泽；淡红色，中心色较深）或伊红美蓝培养基（深紫黑色，金属光泽；紫黑色，不带或略带金属光泽；淡紫红色，中心色较深）中培养，长出菌落后，根据其特征来确定此类细菌存在，再镜检为革兰氏阴性无芽孢杆菌。③复发酵。将菌落移于糖类培养基中，观察其产酸产气，则确定为大肠菌群。④求最大可能数（MPN）。利用统计原理，计算每升水中大肠菌群的最大可能数。

滤膜法：①过滤水样，细菌截留在滤膜上；②将滤膜移至品红亚硫酸钠培养基或伊红美蓝培养基中培养；③将符合大肠菌群菌落特征的菌落进行染色镜检；④将革兰氏阴性无芽孢杆菌接种到含糖培养基中，根据产气与否来判断有无大肠菌群；⑤根据滤膜上生长的大肠菌群菌落数和过滤水体积，计算每升水样的大肠菌群数。

【例 13-4-5】 下列不属于大肠杆菌群特征的是：

A. 革兰氏染色阳性　　B. 能发酵乳糖产生有机酸

C. 能在品红亚硫酸钠培养基上生长　　D. 细胞壁含少量肽聚糖

解　大肠菌群是指一群以大肠埃希氏菌为主的需氧及兼性厌氧的革兰氏阴性无芽孢杆菌，在32~37℃，24h内，能发酵乳糖，使产酸产气，可在品红亚硫酸钠培养基或伊红美蓝培养基上生长。选A。

【例 13-4-6】 发酵法测定大肠菌群实验中，pH = 4时，溶液颜色由：

A. 红色变黄色　　B. 红色变蓝色

B. 黄色变红色　　D. 黄色变蓝色

解　培养基中含有溴甲酚紫，遇酸变黄，大肠杆菌在发酵的过程中会产酸产气，使培养基呈现酸性，从而溶液颜色由红变黄。选A。

13.4.5　水中病毒检验

水中可传染疾病的病毒，常见的有脊椎灰质炎病毒、甲肝病毒、柯萨奇和埃可病毒。检验病毒最常用的方法是蚀斑检验法，将一定体积的水样接种到含单层敏感细胞的培养基上，培养一段时间后，若水样中有病毒，则敏感细胞会被感染，形成一个空斑（叫蚀斑），最后统计蚀斑的总数。每个病毒蚀斑，称为1个蚀斑形成单位（PFU）。每升水中无1个病毒蚀斑，饮用才安全。

水中活细胞常用的计数方法是平板菌落计数法，是根据每个活的细菌能长出一个菌落的原理设计的。取一定容量的菌悬液，进行一系列的倍比稀释，然后将定量的稀释液进行平板培养，根据培养出的菌落数算出培养物中的活菌数。此法灵敏度高，是一种检测污染活菌数的方法。为确保计数的准确性和可靠性，要选取菌落数在30~300之间的平板进行计数。菌落数太少，可能导致误差较大；而菌落数太多，又可能使菌落相互重叠，影响计数的准确性。

【例 13-4-7】 水中活细胞的计数方法是：

A. 计数法　B. 平板法　C. 染色涂片　D. 平板菌落计数法

解 平板菌落计数法灵敏度高，是一种检测水中活细胞的常用计数方法，选 D。

经典练习

13-4-1 现行《生活饮用水卫生标准》中菌落总数不得超过（　　）。

A. 120CFU/mL　B. 100CFU/mL　C. 10CFU/mL　D. 80CFU/mL

13-4-2 营养琼脂培养基一般要求高温灭菌温度为（　　）。

A. 100°C　B. 110°C　C. 120°C　D. 140°C

13-4-3 能破坏核酸使病毒失活的是（　　）。

A. 高温　B. 紫外线

C. 臭氧　D. 液氯

13-4-4 营养琼脂培养基常用的灭菌方法是（　　）。

A. 煮沸消毒　B. 间歇灭菌法

C. 高压蒸汽法　D. 巴氏消毒法

13-4-5 加氯消毒中，真正起作用的成分是（　　）。

A. Cl_2　B. Cl^-　C. HClO　D. OCl^-

13-4-6 培养基灭菌温度一般是（　　）。

A. 100°C　B. 120°C　C. 150°C　D. 180°C

13-4-7 紫外线杀菌的机理是（　　）。

A. 干扰蛋白质的合成　B. 损伤细胞壁

C. 损伤细胞膜　D. 破坏核酸

13.5 废水生物处理

考试大纲☞： 污染物降解　污染物转化　有机物分解　废水生物处理　水体污染监测

13.5.1 有机物降解

微生物对有机物的分解（或降解）是通过一系列生化反应，最终将有机物分解成小分子有机物或简单无机物的过程。生物分解可分为好氧分解和厌氧分解。好氧分解是在有氧的条件下，借好氧细菌（包括好氧菌和兼性菌）作用进行。厌氧分解是在无氧条件下，借厌氧菌（也包括兼性菌）作用进行的。厌氧分解三阶段：水解酸化、产氢产乙酸和产甲烷。

1）纤维素、半纤维素的生物分解

纤维素属于碳水化合物，主要来自食品、造纸、纺织、棉纺印染废水等。其分子式为$(C_6H_{10}O_5)_n$，淀粉的n为 22~28，纤维素的n为 100~200。纤维素在细菌胞外酶的作用下水解成可溶性的简单物质如葡萄糖，再被微生物吸收分解掉，这里的微生物可以是分解纤维素的细菌，也可以是别的微生物。在有充分氧气条件下，葡萄糖就彻底氧化为二氧化碳和水；在缺氧条件下，葡萄糖就在厌氧菌作用下产生多种有机酸、醇类和甲烷等物质。

葡萄糖大部分微生物都能分解；纤维素只有一些特殊微生物能分解，主要有纤维黏菌、纤维杆菌、纤维弧菌、链霉菌、曲霉、青霉和木霉等。

半纤维素存在于植物的细胞壁中，由聚戊糖、聚己糖和聚糖醛酸构成。能分解纤维素的微生物大多数能分解半纤维素。半纤维素在多种酶作用下，水解成单糖和糖醛酸。单糖和糖醛酸在好氧条件下彻底分解，在厌氧条件下生成发酵产物。

2）淀粉的生物分解

淀粉在生活中很常见，在污水中一般来源于淀粉厂、纺织工业、酒厂、印染等工业废水。淀粉分解过程：淀粉→糊精→麦芽糖→葡萄糖。参与的微生物有曲霉、根霉等。葡萄糖的分解，也可由另一些细菌来完成。

3）脂肪的生物分解

脂肪由碳、氢、氧所构成，洗毛、肉类加工厂等工业废水和生活污水中都含有油脂。脂肪先被水解为甘油和脂肪酸，甘油和脂肪酸在有氧环境中被彻底分解或合成微生物细胞物质；在厌氧条件下，脂肪酸被分解为简单的酸。参与分解的微生物有荧光杆菌、灵杆菌、绿脓杆菌、青霉、曲霉、乳霉等。

4）芳香族化合物的生物分解

芳香族化合物存在于炼焦、石油、煤气灯等多种工业生产废水中。酚对微生物有毒害作用，但仍能被一些微生物分解。分解时，苯环被打开，产物最终被彻底氧化分解。参与的微生物有食酚假单胞菌和解酚假单胞菌，放线菌中的诺卡氏菌属。

5）烃类化合物的生物分解

烃类化合物主要来自石油生产。某些微生物如甲烷假单胞菌、分枝杆菌、青霉等能引起烃类物质转化分解。在好氧条件下，不同烃类有自己的降解途径。

6）蛋白质的生物分解

蛋白质由许多个氨基酸分子组成，分子量高达几万到几百万。食品加工厂、屠宰场等生产废水和生活污水中都常含有大量蛋白质。蛋白质通过以下途径分解。

（1）氨化作用

蛋白质先经过水解，产物为氨基酸。氨基酸进入细菌细胞内，再合成菌体蛋白质或进行脱氨基作用，也可能转变成另一种氨基酸。不论在有氧还是厌氧条件下，氨基酸都能分解成氨和一种不含氮的有机化合物，该过程叫作氨化作用。若有含硫氨基酸，则会产生硫化氢。

参与氨化的细菌叫氨化细菌。氨化细菌种类很多，如荧光假单胞菌、灵杆菌、厌氧的腐败梭菌等。

（2）硝化作用

氨在有氧条件下，经硝化细菌作用先氧化成亚硝酸再氧化成硝酸，这种氨氧化成硝酸的过程为硝化作用。硝化作用由两种细菌分工进行：亚硝酸菌氧化氨为亚硝酸，硝酸细菌氧化亚硝酸为硝酸。

$$2NH_3 + 3O_2 \longrightarrow 2HNO_2 + 2H_2O(\text{亚硝化细菌}) \tag{13-5-1}$$

$$2HNO_2 + O_2 \longrightarrow 2HNO_3(\text{硝化细菌}) \tag{13-5-2}$$

（3）反硝化作用

硝酸盐在厌氧条件下被反硝化细菌还原成亚硝酸盐和氮气等，该过程叫反硝化。反硝化细菌多数为异养厌氧菌，反硝化过程中需要消耗有机物，即有机物作供氢体。

$$HNO_3 \longrightarrow HNO_2 \longrightarrow N_2$$

7）尿素的转化

尿素的化学式为 $CO(NH_2)_2$，是人畜尿中的主要含氮有机物。尿素的分解过程简单，尿素细菌将尿素水解成碳酸铵，碳酸铵很不稳定，很快分解掉。

$$CO(NH_2)_2 + 2H_2O \longrightarrow (NH_4)_2CO_3 \tag{13-5-3}$$

$$(NH_4)_2CO_3 \longrightarrow 2NH_3 + CO_2 + H_2O \tag{13-5-4}$$

【例 13-5-1】 下列哪项物质不经过水解可被微生物直接吸收利用？

A. 蛋白质　　B. 葡萄糖　　C. 脂肪　　D. 核酸

解 选项 A、C、D 都是高分子，不能被微生物直接利用，只有葡萄糖是小分子，可被直接吸收利用。选 B。

13.5.2 无机元素的转化

1）硫的生物转化

在蛋白质的生物分解中说到了硫化氢的产生，在工业生产中也会生成硫化氢。硫化氢被氧化成硫黄和硫酸的过程叫硫化作用，硫酸盐被还原成硫化氢的过程叫反硫化作用。硫化作用产生的硫酸排出菌体后，与环境中物质反应生产硫酸盐。

硫化作用：含硫氨基酸+$H_2O \longrightarrow$ 有机酸+H_2S+NH_3

反硫化作用：$SO_4^{2-}+2[H] \longrightarrow H_2S$

参与硫化作用的细菌大多为化能自养需氧型细菌，也有进行光合作用的细菌。包括丝状硫黄细菌、光合自养硫黄细菌和排硫杆菌等。

参与反硫化作用的细菌叫硫酸盐还原菌（反硫化细菌），常见的有去硫弧菌。反硫化细菌在缺氧，有机物存在的条件下，进行反硫化作用。

在混凝土管道和沟渠中，管底沉淀物中的硫酸盐还原菌产生的硫化氢上升到管顶的凝结水中，在管顶的硫化细菌作用下产生硫酸，对管道顶部有腐蚀破坏作用，所以为减少管道产生硫化氢，要求管道有适当坡度以保证很少有沉淀物聚集在底部。

【例 13-5-2】 下列关于硫元素及其循环的说法，不正确的是：

A. 硫是生物必需的大量元素之一

B. 硫是生物体内某些氨基酸、维生素和辅酶的成分

C. 有机硫化物被微生物分解而释放出硫化氢的过程叫脱硫作用

D. 反硫化作用是将 H_2S 氧化成硫单质的过程

解 硫酸盐被还原成硫化氢的过程叫反硫化作用。选 D。

2）磷的生物转化

无机磷化物的转化：$Ca_3(PO_4)_2$ 可与微生物产生的硝酸、硫酸作用生产可溶性磷酸盐，如 $CaHPO_4$，可溶性磷酸盐再被植物吸收利用。

有机磷化物的转化：有机磷化物有卵磷脂、核酸和各种糖的磷酸酯等。在有氧条件下，有机磷化物被分解，产生磷酸 H_3PO_4；在厌氧条件下，磷酸被还原成 H_3PO_3、H_3PO_2、PH_3。

【例 13-5-3】 对于磷的生物转化，以下说法错误的是：

A. 有机磷可被分解产生磷酸

B. 不溶性磷酸盐可转化为可溶性磷酸盐

C. 生物群内的磷可双向流动形成循环

D. 某些微生物体内可过量积累磷

解 微生物通过产酸作用将有机磷分解为无机磷。部分微生物在代谢有机磷化合物时会产生酸性代谢产物，这些酸性代谢产物能够将有机磷分解为磷酸盐和有机酸，选项A正确。

在微生物作用下，土壤中的不溶性磷可转变为可溶性磷，这个过程称为磷化物溶解作用，选项B正确。

生物群内磷属于沉积型循环，只是单向流动，不形成循环，选项C错误。

聚磷菌体内可过量积累磷，选项D正确。

3）镉的生物转化

含铬废水生物处理方法包括微生物降解机制、生物吸附技术、生物沉淀法。其中，微生物降解机制是某些微生物利用铬作为电子受体进行呼吸作用，从而将其还原为低毒的或无毒的形态，将铬离子转化为不溶性的铬酸盐或氢氧化铬沉淀。生物吸附技术是一种利用生物体或其衍生材料吸附废水中铬离子的方法。生物沉淀法是通过生物作用使铬离子转化为不溶性沉淀物的过程，该方法通常涉及微生物的代谢作用，通过微生物产生的胞外聚合物与铬离子结合，形成沉淀物，这些沉淀物可以通过沉淀、过滤等方式从废水中分离出来。镉的生物转化包括还原、沉淀、加碱。

13.5.3 废水生物处理方法

生物处理法是利用生物（即细菌、霉菌和原生动物等）的代谢作用处理各种废水、污水的方法。根据处理过程中微生物对氧气的要求不同，生物处理法可分为好氧生物处理法与厌氧生物处理法两大类。厌氧生物处理法常用于高浓度有机废水和污泥的消化处理，好氧生物处理法常用于低浓度有机废水。根据微生物在处理中的存在形态，分活性污泥法和生物膜法。

1）好氧生物处理法

好氧生物处理法，是在有氧气的条件下，利用好氧和兼性微生物的好氧呼吸作用，将废水中的有机物分解为水和二氧化碳等。好氧活性污泥法处理工艺很多，常见的有推流式活性污泥法、渐减曝气法、阶段曝气法、延时曝气法、吸附再生活性污泥法、完全混合式活性污泥法、深井曝气法等。好氧生物膜法有生物滤池、生物转盘、生物流化床和生物接触氧化法等。

（1）活性污泥法。活性污泥系统具有混合培养的，主要起氧化有机物作用的细菌和其他较高级微生物，形成一个具有不同营养水平的生态系统。传统活性污泥法过程中，曝气池里细菌多为异养菌，在二沉池的污泥部分主要是原生动物，且沉淀性能良好。完全混合曝气池内在空间上微生物种类没有什么差别。随着时间推移，污泥初步成熟，混合液中微生物种类由肉足类、鞭毛类优势动物开始，依次出现游泳型、爬行型、附着型纤毛虫。

活性污泥法运行中微生物造成的问题：

①活性污泥不凝聚。

②含微小絮体。

③起泡沫。

④丝状菌引起的污泥膨胀：在活性污泥法运行过程中，有时会出现污泥结构松散，沉降性能不好，甚至溢出池外的现象，称为污泥膨胀。正常情况下絮体沉降性能好，丝状菌和絮体保持平衡，出水水质

良好。如果丝状菌大量增殖，就会出现污泥膨胀。可采取一定方法来有效控制，如控制污泥负荷在0.2~0.45kg/(kg · d)，控制营养比例（BOD_5：N：P=100：5：1），控制DO浓度，加氯、臭氧或过氧化氢，投加混凝剂（可增加絮体改善沉淀效果）。

⑤非丝状菌引起的污泥膨胀，这种情况与絮凝作用有关，是由于细菌产生了过多菌胶团基质引起的。

（2）生物膜法。含有营养物质和接种微生物的污水在填料的表面流动一定时间后，微生物会附着在填料表面而增殖和生长，形成一层薄的生物膜，在该生物膜上由细菌及其他各种微生物组成生态系统，其对有机物有降解功能。生物膜法最常用形式为生物滤池，生物膜附着在填料上，从里到外为填料、厌氧微生物、好氧微生物、附着水层、流动水层。生物膜微生物自上而下的分布为：上层以腐生细菌为主；中层以菌胶团、球衣菌、鞭毛虫等为主，下层以菌胶团（自养菌）、固着型纤毛虫、轮虫等为主。水质净化的最基本部分是异养性膜，它将进水中的有机物转化为细菌和生物膜。动物性原生动物主要居留在膜上，有些与游离细菌在一起。

2）厌氧生物处理法

厌氧生物处理是在无氧条件下，借厌氧微生物来处理废水的过程。厌氧反应器有接触消化池、厌氧生物滤池、厌氧流化床和升流式厌氧污泥床（UASB）等。

（1）第一阶段：水解发酵阶段。水解性细菌将大分子有机物水解成小分子产物。发酵性细菌将水解性细菌的水解产物发酵生成有机酸、醇等。水解和发酵性细菌有专性厌氧菌和兼性厌氧菌。

（2）第二阶段：产氢产乙酸阶段。产氢和产乙酸细菌将第一阶段的产物转化成乙酸、氢气和二氧化碳。

（3）第三阶段：产甲烷阶段。产甲烷细菌利用氢气和二氧化碳或只用乙酸来生成甲烷，后者占比较大。产甲烷菌是厌氧菌，专性强，生长缓慢，对温度和酸碱度敏感。

（4）第四阶段：同型产乙酸阶段。同型产乙酸细菌将氢气和二氧化碳转变为乙酸。

以上是厌氧发酵四阶段理论，也有三阶段理论。无论哪种理论，都在不断地完善和补充，较好地揭示了厌氧发酵过程中不同代谢菌群之间相互功能、相互影响、相互制约的动态平衡关系，阐明了复杂有机物厌氧消化的微生物过程。

3）脱氮除磷

氮、磷是导致水体富营养化的主要因素。污水中含有的有机氮经微生物降解为无机的NH_3，在好氧条件下，NH_3会被氧化成亚硝酸盐和硝酸盐。亚硝酸盐有致癌作用，危害人体健康。

（1）脱氮。生物脱氮流程是先经过硝化作用，然后利用反硝化细菌进行反硝化，将NO_3^-转化为氮气，氮气进入大气，完成脱氮过程。影响硝化作用的因素：污泥龄、溶解氧、温度、pH值、营养物质、毒物。影响反硝化作用的因素：营养物质、溶解氧、温度、pH值。

（2）除磷。有明显除磷能力的细菌统称为除磷菌（或聚磷菌）。除磷过程是先在厌氧条件下，聚磷菌分解聚磷酸盐，释放磷酸，产生ATP，并利用ATP将污水中的脂肪等有机物摄入细胞以PHB（聚-β羟基丁酸盐）及糖原等形式存于细胞内。再进入好氧环境，PHB分解释放能量，用于过量地吸收环境中的磷，合成聚磷酸盐存于细胞，沉淀后随污泥排走。

4）生物处理法对水质的要求

（1）酸碱度。一般来说，好氧生物处理pH值在6~9之间，厌氧生物处理pH值在6.5~7.5之间。

（2）温度。根据生物处理中微生物对温度的要求，选择适宜温度。

（3）有毒物质。污水中不能含过多有毒物质。重金属如锌、铜、铅、铬等，非金属如酚、甲醛、氰化物、硫化物等都有毒性，能抑制微生物对物质的氧化作用。

（4）营养物质。废水中要有微生物生长繁殖所必需的各种营养物质。若个别营养元素不足，需要人工补充。

【例 13-5-4】 利用生物方法去除水体中的磷，是利用了聚磷菌在厌氧条件下所发生的作用和在好氧条件下所发生的作用，再通过排泥而达到除磷的目的，这两个作用过程分别是：

A. 吸磷和放磷　　B. 放磷和吸磷　　C. 吸磷和吸磷　　D. 放磷和放磷

解 除磷过程是先在厌氧条件下，聚磷菌分解聚磷酸盐，释放磷酸，产生 ATP，并利用 ATP 将污水中的脂肪等有机物摄入细胞以 PHB 及糖原等形式存于细胞内。再进入好氧环境，PHB 分解释放能量，用于过量地吸收环境中的磷，合成聚磷酸盐存于细胞，沉淀后随污泥排走。选 B。

【例 13-5-5】 活性污泥法与生物膜法的主要区别在于：

A. 对氧气的需求不同

B. 处理废水时有机物浓度不同

C. 微生物存在状态不同

D. 微生物种类不同

解 活性污泥法中的微生物呈悬浮状态，生物膜法中的微生物呈附着生长状态。两者的主要区别即为微生物存在状态不同。选 C。

【例 13-5-6】 厌氧消化过程中，下列描述中不正确的是：

A. 水解和发酵细菌都是严格厌氧细菌

B. 甲烷生成主要来自乙酸转变成甲烷和 CO_2

C. H_2 和 CO_2 能转化成甲烷

D. 产甲烷细菌是严格厌氧菌

解 厌氧消化过程中，水解和发酵性细菌有专性厌氧的，也有兼性厌氧的。甲烷（CH_4）的生成有两种主要途径：①将乙酸直接转变为 CH_4 和 CO_2；②将 H_2 和 CO_2 转化为 CH_4 和 H_2O。其中①为主要途径。产甲烷细菌为专性厌氧菌（即严格厌氧菌）。选 A。

13.5.4 水体自净与生物监测

1）水体自净

污染物投入水体后，使水环境受到污染。水体本身有一定的净化污水的能力，即经过水体的物理、化学与生物的作用，使污水中污染物的浓度得以降低，并在微生物的作用下进行分解，经过一段时间后，水体往往能恢复到受污染前的状态，这一过程称为水体自净。

水体的自净能力是有限的，当排入水体的污染物数量超过某一界限时，将造成水体的永久性污染，这一界限称为水体的自净容量或水环境容量。影响水体自净的因素很多，其中主要因素有：受纳水体的地理、水文条件，微生物的种类与数量，水温，富氧能力以及水体和污染物的组成，污染物浓度等。

2）污化带及指示生物

当有机污染物质进入河流后，在其下游河段中发生正常的自净过程，在自净中形成了一系列连续的污化带，分别是：多污带、α-中污带、β-中污带和寡污带。由于各种水生生物需要不同的生存条件，随着水体自净程度的变化，各污化带水质也在不断变化，而且在各污化带能找到一些有代表性的生物。污化指示生物有细菌、真菌、原生动物、藻类、鱼类等。污化带的划分及其特点如下：

（1）多污带。此带在靠近污水出口的下游，水色暗灰，很浑浊，含有大量有机物，溶解氧极少，甚至没有。在有机物分解过程中，产生 H_2S、SO_2 和 CH_4 等气体。由于环境恶劣，水生生物很少。多污带有代表性的指示生物是细菌，种类很多，数量很大，每毫升几亿个，几乎都是异养（兼性）厌氧细菌。具有代表性的指示生物：贝日阿托式菌、球衣细菌、颤蚯蚓、摇蚊幼虫、蜂蝇幼虫。

（2）α-中污带。在多污带下游，α-中污带比 β-中污带污染得更严重些。水仍为灰色，溶解氧少，有氨和氨基酸等存在。含硫化合物已开始氧化，但还有 H_2S 存在，BOD 已有减少，水面上有泡沫和浮泥。生物种类比多污带稍多，细菌含量仍高，每毫升几千万个。水中出现蓝藻、纤毛虫、轮虫，水底污泥中滋生大量颤蚯蚓。具有代表性的指示生物：天蓝喇叭虫、美观单缩虫、椎尾水轮虫、臂尾水轮虫、大颤藻、菱形藻、小球藻等。

（3）β-中污带。绿色植物大量出现，水中溶解氧升高，有机物质含量已很少。氨和氨基酸进一步氧化，转变成铵盐、亚硝酸盐和硝酸盐，水中 CO_2 和 H_2S 含量很少。生物种类变得多种多样，细菌数量减少，每毫升几万个。有根的水生植物、鱼类也出现了。具有代表性的指示生物：水花束丝藻、梭裸藻、变异直链硅藻、腔轮虫、卵形鞍甲轮虫、大型水蚤、绿草履虫、肿胀珠蚌等。

（4）寡污带。河流的自净作用已经完成，溶解氧已恢复到正常含量，无机化作用彻底，有机污染物质已完全分解，CO_2 含量很少，H_2S 几乎消失，蛋白质已分解成硝酸盐类，BOD 和悬浮物含量都很低。寡污带生物种类很多，但细菌数量很少，有大量浮游植物，显花植物大量出现，鱼类种类也很多。具有代表性的指示生物：水花鱼腥藻、玫瑰旋轮虫、平突船卵水蚤、圆钵砂壳、黄团藻、大变形虫等。

【例 13-5-7】 下列污泥段含氧量最低的是：

A. 多污带　　B. α-中污带

C. β-中污带　　D. 寡污带

解　在多污带，水色暗灰、浑浊，含有大量有机物，溶解氧极低甚至没有。选 A。

经 典 练 习

13-5-1　活性污泥的主要成分是（　　）。

A. 原生动物　　B. 有机污染物　　C. 菌胶团　　D. 无机物

13-5-2　原生动物在污水生物处理中不具备下列哪项作用？（　　）

A. 指示生物　　B. 吞噬游离细菌

C. 增加溶解氧含量　　D. 去除部分有机污染物

13-5-3　厌氧产酸段将大分子有机物转化成有机酸的微生物类群为（　　）。

A. 发酵细菌群　　B. 产氢产乙酸细菌群

C. 同型产乙酸细菌群　　D. 产甲烷细菌

13-5-4　下述表达中，不正确的是（　　）。

A. 纤维素在酶的作用下被水解为纤维二糖，进而转化成葡萄糖

B. 半纤维素在酶的作用下被水解成单糖和糖醛酸

C. 淀粉在水解酶的作用下最终被水解为葡萄糖

D. 脂肪在水解酶的作用下被水解为葡萄糖

13-5-5 水体自净过程中形成的一系列污化带，按顺序出现分别是（　　）。

A. 排污带、稀释带、自净带　　B. 排污带、净污带、寡污带

C. 多污带、中污带、寡污带　　D. 多污带、自净带、无污带

13-5-6 下列关于水体自净的过程，说法不正确的是（　　）。

A. 通过水的物理、化学、生物作用，使污染物浓度得以降低

B. 当进入水体的污染物含有大量有机物时，微生物会大量繁殖

C. 在自净过程中，有机碳量基本保持不变

D. 在连续的自净过程中，污染物浓度是逐渐降低的

13-5-7 好氧活性污泥中，与污泥活性关系密切的微生物类群是（　　）。

A. 放线菌类　　B. 轮虫类　　C. 菌胶团细菌　　D. 藻类

13-5-8 在缺氧条件下，磷酸盐可在微生物的作用下被还原成为最终产物的是（　　）。

A. H_3PO_3　　B. H_3PO_2　　C. PH_3　　D. $CaHPO_4$

13-5-9 下列不属于厌氧消化三阶段理论的细菌是（　　）。

A. 发酵性细菌　　B. 产氢产乙酸细菌

C. 同型产乙酸细菌　　D. 产甲烷细菌

参考答案及提示

13-1-1 C 细菌是自然界主要的分解者。

13-1-2 D 核糖体是细胞内一种核糖核蛋白颗粒，主要由 RNA（rRNA）和蛋白质构成，其功能是按照 mRNA 的指令将氨基酸合成蛋白质多肽链，所以核糖体是细胞内蛋白质合成的分子机器。

13-1-3 C 核酸是一切生物遗传变异的基础。

13-1-4 A 细菌常见的特殊结构包括荚膜、鞭毛、菌毛和芽孢等。

13-1-5 C 常见细菌的内含物颗粒有异染颗粒、硫粒、淀粉粒、聚-β 羟基丁酸等。

13-1-6 D 微生物细胞膜功能强大，是氧化磷酸化和光合磷酸化的产能基地。

13-1-7 C 革兰氏染色的关键步骤是酒精脱色。若脱色过度，阳性菌可被染成阴性菌；脱色时间短，阴性菌可被染成阳性菌。

13-1-8 B 大多数细菌等电点的 pH 值为 3~4，而水中细菌细胞表面电荷的性质受 pH 值控制，即水的 pH 值低于细菌等电点时，细菌细胞表面带正电荷，反之则带负电荷。所以一般细菌带负电荷。

13-1-9 D TCA 循环即三羧酸循环。三羧酸循环即在线粒体中，乙酰辅酶 A 和草酰乙酸缩合生成柠檬酸，经过一系列酶促反应重新生成草酰乙酸，而将乙酰辅酶 A 彻底氧化成 H_2O 和 CO_2，并释放出能量的过程。

13-1-10 D 水是细菌最重要的组成成分之一。细菌细胞内的水主要分为两类：在细胞内绝大部分水以游离的形式存在，可以自由流动，称为自由水；另一部分水主要与细胞中的其他物质相结合，称为结合水。其中，自由水的功能主要有以下三点：①作溶剂。水是细胞内良好的溶剂。②细菌细胞中各种化学反应的介质。③作为运输物质的载体来运送养料和代

谢废物。结合水是细胞结构的重要组成成分，故选项 A、B、C 正确。维持和调节酸碱度的主要是无机盐。

13-2-1 A 葡萄糖分子式为 $C_6H_{12}O_6$。方程式为$C_6H_{12}O_6 + 6H_2O + 6O_2 \xrightarrow{酶} 6CO_2 + 12H_2O + ATP$。

13-2-2 C 稳定期特点：细菌新生数等于死亡数；生长速度为零；芽孢、荚膜形成，内含物开始储存等。

13-2-3 D 酶分为单成分酶和双成分酶（又称全酶）。单成分酶完全由蛋白质组成，如多数水解酶、蛋白酶。而全酶不但具有蛋白质，还有非蛋白质部分，非蛋白质部分为辅助因子，起传递电子、化学基团等作用。酶的辅助因子可以是金属离子，也可以是小分子有机化合物。

13-2-4 B 对数期是测定细菌世代时间的最佳时期。

13-2-5 C 一分子葡萄糖完全氧化产生 38 个 ATP。第一阶段产生 2 个 ATP，第二阶段产生 2 个 ATP，第三阶段产生 34 个 AYP，所以总共产生了 38 个 ATP。总反应式$C_6H_{12}O_6 + 6H_2O + 6O_2 \xrightarrow{酶} 6CO_2 + 12H_2O +$大量能量（38ATP）。

13-2-6 A 该酶促使 A 与 B 合成 AB，应为合成酶。

13-2-7 C 在稳定期，细菌活菌数最大。随着营养物质的消耗和有毒代谢产物的积累，部分细菌开始死亡，新生细菌数和死亡数基本相等。

13-2-8 D 由$1.0 \times 10^4 \times 2^n = 1.0 \times 10^{11}$，得$n = 23$，繁殖速率为$1/23$。

13-2-9 D 反硝化细菌在还原硝酸过程中需要消耗有机物作为能源，是化能异养型菌。

13-2-10 C 酶活力的影响因素有：温度、pH 值、抑制剂、激活剂、底物浓度、酶浓度等。

13-2-11 C 在低渗透压溶液中，细胞吸收水分，容易膨胀，甚至胀裂。

13-2-12 D DNA 也称为脱氧核糖核酸，RNA 也称为核糖核酸。核酸是生物的遗传物质，分为 DNA 和 RNA。

13-2-13 A 酶的催化作用的本质是降低化学反应的活化能。

13-2-14 C 低温下，细菌代谢活动减弱，处于休眠状态，维持生命而不繁殖。

13-2-15 C 突变具有不定向性，是不利的。

13-3-1 D 选项 A、B 排除，选项 C 是光能自养型。硫细菌为化能自养型微生物。

13-3-2 A 具有细胞形态的微生物分为原核微生物和真核微生物，其中细菌、放线菌和蓝细菌属于原核微生物。

13-3-3 C 在水处理初期，水中主要以鞭毛虫和肉足虫为主。

13-3-4 A 两种不同种的生物，不能单独生活并形成一定的分工，只能相互依赖彼此取得一定的利益，这种关系叫作共生关系。地衣是藻类与真菌形成的一种共生体，藻类利用光合作用合成有机物，为自身和真菌提供营养，真菌同时从基质中吸收水分和无机盐为二者提供营养。

13-3-5 B 氧化塘中藻类与细菌可以独立生存，在一起时又互利，所以是互生关系。

13-3-6 A 两种不同的生物，可以单独生存，但当其生活在一起时，可以由一方为另一方提供有利的生活条件，这种关系叫互生关系。

13-3-7 D 当水处理效果好时，活性污泥中的原生动物以固着型纤毛虫为主。

13-3-8 B 藻类大量繁殖会引发赤潮或水华现象，对水的处理效果不好。

13-3-9 D 当水体刚开始受到污染时，细菌数目开始增多，但数量还不大，这时可发现较多的鞭毛虫。在一般天然情况下，清洁的水中不可能发现数量大的鞭毛虫，新污染的水中则可发现一定数数量的肉足虫。但是，动物性鞭毛虫掠食细菌的能力又不如游泳型纤毛虫，因此游泳型纤毛虫逐渐取得优势。游泳型纤毛虫的数目随着细菌数目的变化而变化。只要细菌数目多，游泳型纤毛虫就占优势。当水体中有机物逐渐被氧化分解，细菌数目逐渐减少，这时游泳型纤毛虫也逐渐减少，而让位给固着型的纤毛虫，如各种钟虫。固着型纤毛虫只需要较低的能量，所以它们可以生存于细菌很少的环境中。水中细菌等物质愈来愈少，最后固着型纤毛虫也得不到必需的能量。这时，水中生存的微型生物主要是轮虫等后生动物，它们都是以有机残渣、死的细菌等为食料，故选项D正确。

13-4-1 B 《生活饮用水卫生标准》（GB 5749—2022）规定生活饮用水中菌落总数不超过100CFU/mL。

13-4-2 C 营养琼脂培养基一般要求高温灭菌温度为120℃。

13-4-3 B 紫外线消毒可使病原菌的核酸发生突变，阻碍其复制、转录，从而达到杀菌的目的。

13-4-4 C 高压蒸汽灭菌法是灭菌效果最好、目前应用最广的灭菌方法，此法适用于高温和不怕潮湿物品的灭菌。

13-4-5 C 实际起消毒作用的是次氯酸分子。氯消毒是目前最常用的消毒方法，可以使用液氯或漂白粉，加入水中后，会生成有强氧化性的次氯酸和次氯酸根。但是起消毒作用的是HClO（次氯酸）中性分子。

13-4-6 B 培养基一般要求高温灭菌温度为120℃。

13-4-7 D 紫外线消毒可使病原菌的核酸发生突变，阻碍其复制、转录，从而达到杀菌的目的。

13-5-1 C 活性污泥是微生物群体及它们所依附的有机物质和无机物质的总称。微生物群体主要包括细菌、原生动物和藻类等。优良运转的活性污泥，是以丝状菌为骨架由球状菌组成的菌胶团。

13-5-2 C 原生动物在污水处理中的作用有净化作用、促进絮凝作用、指示作用。

13-5-3 A 在水解发酵阶段，水解性细菌将大分子有机物水解成小分子产物，发酵性细菌将水解性细菌的水解产物发酵生成有机酸、醇等。

13-5-4 D 脂肪在水解酶的作用下，被水解为甘油和脂肪酸，甘油和脂肪酸在有氧条件下，被彻底分解或合成微生物细胞物质，在厌氧条件下，脂肪酸被分解为简单的酸。

13-5-5 C 当有机污染物质进入河流后，在其下游河段中发生正常的自净过程，在自净中形成了一系列连续的污化带。分别是多污带、α-中污带、β-中污带和寡污带。

13-5-6 C 污染物投入水体后，使水环境受到污染。水体本身有一定的净化污水的能力，即经过水体的物理、化学与生物的作用，使污水中污染物的浓度得以降低，并在微生物的作用下进行分解。经过一段时间后，水体往往能恢复到受污染前的状态。

13-5-7 C 活性污泥是微生物群体及它们所依附的有机物质和无机物质的总称。优良运转的活性污泥，是以丝状菌为骨架由球状菌组成的菌胶团。

13-5-8 C 通常情况下，磷酸盐一般不能被微生物还原，但在缺氧条件下以及不存在硫酸盐和硝酸盐时，磷酸盐也可在一些微生物的作用下作为电子受体被还原为 PH_3。

13-5-9 C 厌氧消化三阶段：①水解和发酵阶段。在这一阶段中复杂的有机物在水解和发酵菌的作用下进行水解和发酵，参与这一阶段的细菌主要有水解和发酵细菌。②产氢产乙酸阶段。在产氢产乙酸菌的作用下，把除甲酸、乙酸、甲醇以外的第一阶段产生的中间产物如丙酸、丁酸和乙醇等转化为乙酸、H_2 和 CO_2。参与这一阶段的细菌主要是产氢产乙酸菌。③产甲烷阶段。在这一阶段产甲烷细菌将第一和第二阶段产生的乙酸、水和二氧化碳等转化为甲烷。参与这一阶段的细菌主要是产甲烷细菌。故选项 A、B、D 正确。同型产乙酸菌主要是将产氢产乙酸阶段产生的 H_2 和 CO_2 转化为乙酸，属于第四阶段，故选项 C 错误。

14 水 力 学

考题配置 单选，8 题

分数配置 每题 2 分，共 16 分

复 习 指 导

本章系统性最强，需要透彻理解和掌握水力学中最基本、应用最广泛的三大方程——伯努利方程、连续性方程、动量方程，掌握了这三大基本方程，诸多水力学计算可迎刃而解，同时在计算中应选取公式应用合适的边界条件。孔口出流、管嘴出流等的流量公式如能记忆更好，如果考试时忘记了，也可利用三大方程来计算导出。

注：依据考试大纲，本章内容与“6 流体力学”的内容有少量重复，但本书在编写时，侧重点不同，请读者了解。

14.1 水静力学

考试大纲☞：静水压力 阿基米德原理 潜、浮物体平衡与稳定

14.1.1 静水压力

1）静水压强

在静止的液体中，围绕某点取一微小的受力作用面，设其面积为ΔA，作用于该面上的压力为ΔP，其平均压强$\Delta P/\Delta A$的极限即为该点的静水压强，用p表示，其单位为 Pa($\mathrm{N/m^2}$)。注意，这里所说的静水是静止状态下的水。

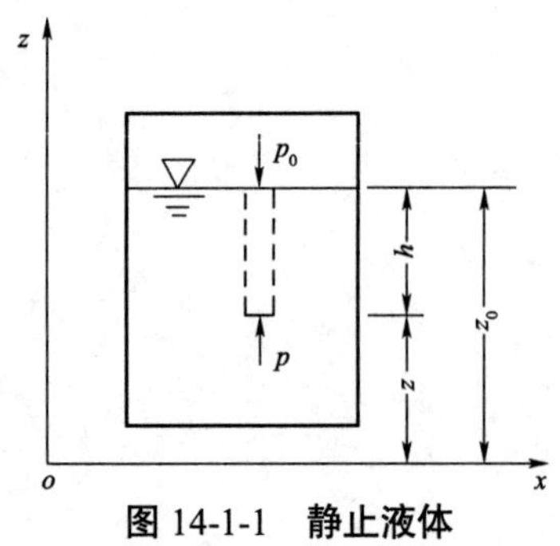

图 14-1-1 静止液体

2）静水压强的特性

静水压强的方向沿着作用面的内法线方向，静水压强的大小与作用面方位无关。

3）液体静力学基本方程

重力作用下的静止液体如图 14-1-1 所示。选直角坐标系oxz，自由液面的位置是z_0，压强为p_0。那么液面下h处的压强为

$$p = p_0 + \rho g h \tag{14-1-1}$$

式中：p——液面下h处的压强；

p_0——液体表面处的压强；

h——该点到液面处的距离。

这就是重力作用下液体静压强的分布规律，即液体静力学基本方程。它有几点推论：静压强大小与液体的体积无直接关系；两点的压强差等于两点间单位面积垂直液柱的重力；平衡状态下，液体内（包括边界）任一点压强的变化，能等值地传递到其他各点。

4）液体作用在平面上的压力

计算静止液体作用在平面上的总压力有解析法和图解法两种。

（1）解析法

如图 14-1-2 所示，对于任意形状的平面，其面积为A，与水面夹角为α，以平面的延伸面与液面交线为ox轴，oy轴垂直于ox轴。将坐标系绕oy轴旋转 90°后展开。在此不再推导公式，压力大小为

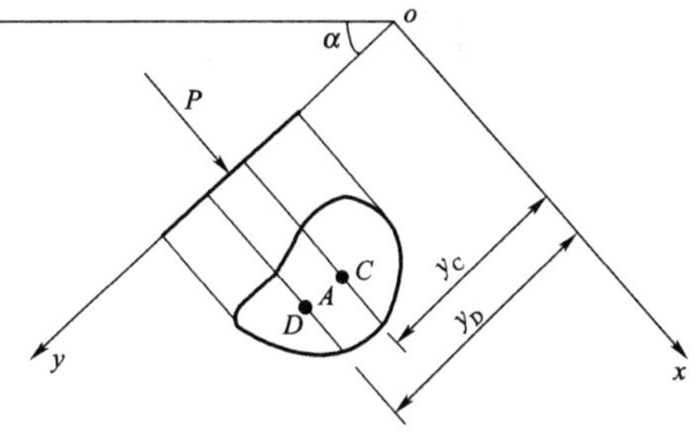

图 14-1-2 平面上的总压力（解析法）

$$p = p_C A \tag{14-1-2}$$

任意形状平面上，静水压力的大小等于受压面积与其形心处压强的乘积。总压力方向沿受压面的法线方向。在实际工程中常见到的受压面多是有纵向对称轴的平面，总压力作用点D必然在此对称轴上。而要找到总压力作用点的位置，由式（14-1-3）确定

$$y_D = y_C + \frac{I_C}{y_C A} \tag{14-1-3}$$

式中：y_D——总压力作用点到ox轴的距离；

y_C——受压面形心到ox轴的距离；

I_C——受压面对过其形心，且平行于ox轴的轴线的惯性矩；

A——受压面面积。

注意：受压面的形心只与受压面的形状有关，y_C不是形心到液面的距离，常见的矩形和圆形惯性矩分别是

$$I_C = \frac{1}{12} bh^3 \text{和} I_C = \frac{\pi}{64} d^4 \tag{14-1-4}$$

在使用时容易把长和宽混淆，b是受压矩形与x轴平行方向的宽，上述的y轴是沿受压面且垂直于受压面和液面交线的，不要当作水深。

（2）图算法

图算法是以压强分布图为基础，受压面为矩形，如图 14-1-3 所示。图算法步骤：先绘出压强分布图，总压力大小等于压强分布图的面积S，乘以受压面的宽度b，即

$$P = bS \tag{14-1-5}$$

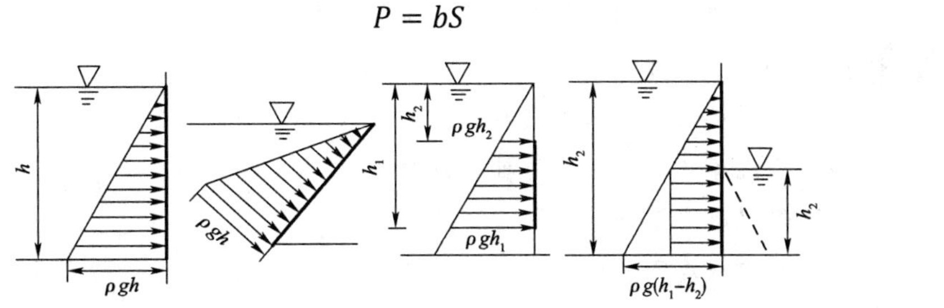

图 14-1-3 压强分布图

总压力的作用线通过压强分布图的形心，还垂直于受压平面，所以很容易找到压力的作用点。其实，总压力大小等于整个受压面压力作用线的“体积”。

5）液体作用在曲面上的压力

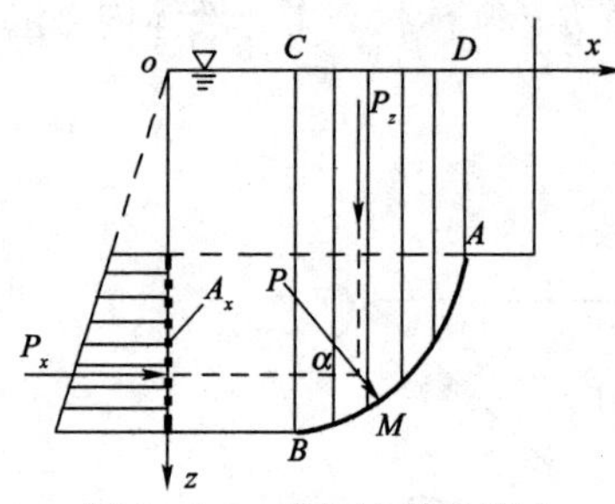

图 14-1-4 曲面上的总压力

先将水平方向和铅垂方向的分力分别求出，再求合力的大小和方向。作用在静止流体单位面积上的表面力（应力）永远沿着作用面的内法线方向，所以在静止流体中只存在压应力。而实际工程中的曲面多为圆柱曲面的一部分，如图 14-1-4 所示，求水对曲面AB的压力。

（1）水平方向。将受压曲面做铅垂投影面上的投影A_x，那么液体对投影面A_x的压力P_x，就是液体对曲面AB的水平方向压力（注意判断压力的方向）

$$P_x = p_C A_x \tag{14-1-6}$$

（2）铅垂方向。铅垂方向总压力大小等于压力体$ABCD$的重力，压力方向向下，即

$$P_z = \rho g V \tag{14-1-7}$$

压力体是曲面到自由液面（或其延伸面）之间的铅垂柱体。如图 14-1-5 所示，从左到右分别为实压力体（压力向下）、虚压力体（压力向上）和叠加压力体（AB面压力向下，BC面压力向上，叠加后压力体为半圆柱体ABC，压力向上）。

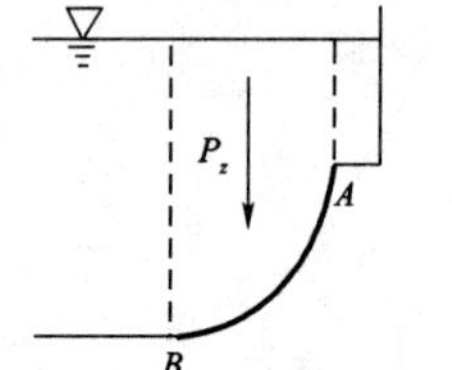

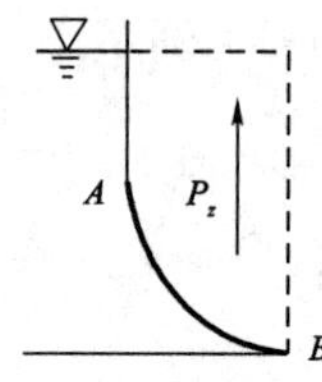

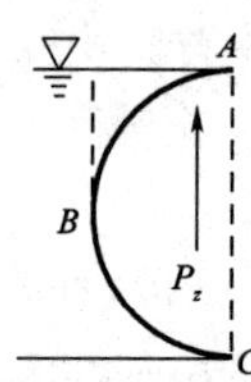

图 14-1-5 不同种压力体

（3）合力。总压力大小为

$$P = \sqrt{P_x^2 + P_z^2} \tag{14-1-8}$$

总压力与水平面夹角

$$\alpha = \arctan\frac{P_z}{P_x} \tag{14-1-9}$$

过P_x作用线（通过P_x面压强分布图形心）和P_z作用线（通过压力体形心）的交点，作与水平面成α角的直线，该直线就是总压力作用线，该线与曲面交点就是总压力作用点M。

【例 14-1-1】 垂直放置的矩形平板一侧挡水，水深$h = 3\text{m}$，静水总压力P的作用点到水面的距离Y_d为：

A. 1.25m　　B. 1.5m　　C. 2m　　D. 2.5m

解 矩形挡板，静水总压力作用点在其压强分布图的形心处。选 C。

【例 14-1-2】 流体的切应力：

A. 当流体处于静止状态时，由于内聚力，可以产生

B. 当流体处于静止状态时不会产生

C. 仅仅取决于分子的动量交换

D. 仅仅取决于内聚力

解 作用在静止流体单位面积上的表面力（应力）永远沿着作用面的内法线方向，因此流体在静止状态时不会产生切应力，因此选项 A 错误、选项 B 正确；根据牛顿内摩擦定律$\tau = \mu\frac{\text{d}u}{\text{d}y}$，流体的切应力与流体的动力黏滞系数和流体的速度梯度有关，因此选项 C、D 错误。选 B。

【例 14-1-3】 压强为 3 500kN/m^2时水的体积为 1.0m^3，当压强增加到 2 400kN/m^2时，其体积为 0.99m^3，则当压强增加到 7 000kN/m^2时水的体积为：

A. 0.994 5m^3　　B. 0.995 6m^3　　C. 0.997 4m^3　　D. 0.998 3m^3

解　此过程可以被看作是一个等温压缩过程，等温压缩系数表示在压缩过程中压强增加一个单位，流体密度的相对增加率。

$$r_{\mathrm{T}} = \frac{1}{\rho}\left(\frac{\partial \rho}{\partial p}\right)_{\mathrm{T}}$$

等温压缩系数为常数。因为压缩过程中质量不变，所以压强增加一个单位，体积的相对减少率是不变的。设 7 000kN/m^2时水的体积为$x$$m^3$，则：

$$\frac{24\,000-3\,500}{0.99-1} = \frac{7\,000-3\,500}{x-1}$$

解得$x = 0.998\,3\mathrm{m}^3$，选 D。

14.1.2　阿基米德原理

全部浸入液体中的物体，称为潜体。液体对它的总压力在水平方向的分力为零，在此不再作证明。在铅垂方向的分力大小等于潜体上下两面压力体的叠加，即潜体所排开液体的重量，作用线通过其几何中心，这就是阿基米德原理。

$$P_z = \rho g V \tag{14-1-10}$$

式中：P_z——作用在浸没于流体中物体的总压力(N)；

ρ——液体密度(kg/m^3)；

g——重力加速度(m/s^2)；

V——浸没于流体中的物体体积(m^3)。

漂浮在液面上的物体称为浮体。对于漂浮在液面的物体，上式中的物体体积就只算浸没于液体中的那部分体积。注意：在一定液体中，物体所受的浮力大小只与它所排开液体的体积有关；浮力方向都是向上的，作用线通过物体（浸于液体的部分）的几何中心，而不是重心；浮力的存在是物体表面上作用的液体压强不平衡的结果。

【例 14-1-4】 下列关于浮力的说法，正确的是：

A. 浸没于水中的物体，所受浮力等于重力

B. 漂浮在水面的物体不受浮力

C. 浮力方向总是向上的

D. 物体浸没于水中，各侧面不受水压力

解　选项 A 没有说明物体处于平衡状态，选项 B、D 错误。选 C。

14.1.3　潜、浮物体平衡与稳定

1）潜体的平衡与稳定

潜体在倾斜后恢复其原来平衡位置的能力，称潜体的稳定性。潜体平衡的稳定性取决于物体的重心与浮心的相对位置。

（1）稳定平衡：平衡时重心G位于浮心C的正下方（见图 14-1-6a）。当物体倾斜时，重力W与浮力F

构成一恢复力偶，使物体回到平衡位置（见图 14-1-6b）。

（2）不稳定平衡：平衡时重心位于浮心正上方（见图 14-1-6c）。当物体倾斜时，重力与浮力构成一倾倒力偶，使物体倾倒（见图 14-1-6d）。

（3）随遇平衡：平衡时重心与浮心重合。当物体倾斜时，既不发生恢复，也不发生倾倒。只有在均质液体中的均质潜体才有可能达到随遇平衡。

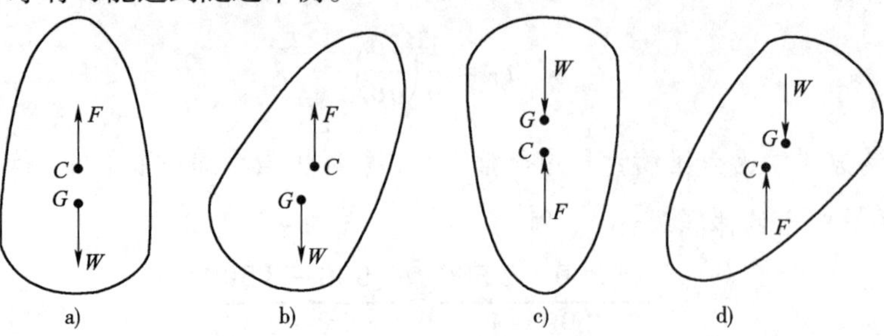

图 14-1-6 潜体的稳定性

2）浮体的平衡与稳定

由于浮体倾斜时，产生浮力部分的体积、形状和浮心位置都可能改变，情况比潜体要复杂。当浮体重心低于浮心时，浮体处于稳定平衡状态；当浮体重心高于浮心时，可能处于三种平衡状态。

图 14-1-7a）为一船舶剖面示意图。设初始时重心G在浮心C正上方，当船舶倾斜后，原来浸没于水中的部分有所改变，原来的浮心C变成现在的C'，原来的浮轴线GC变成了MC'。新旧两根浮轴线的交点M，称为定倾中心（见图 14-1-7b）。这样，浮体平衡的稳定性取决于重心G与定倾中心M的相对位置。

（1）稳定平衡：平衡时定倾中心M位于重心G的正上方。当船舶倾斜时，重力与浮力构成一恢复力偶，使船舶回到平衡位置（见图 14-1-7b）。

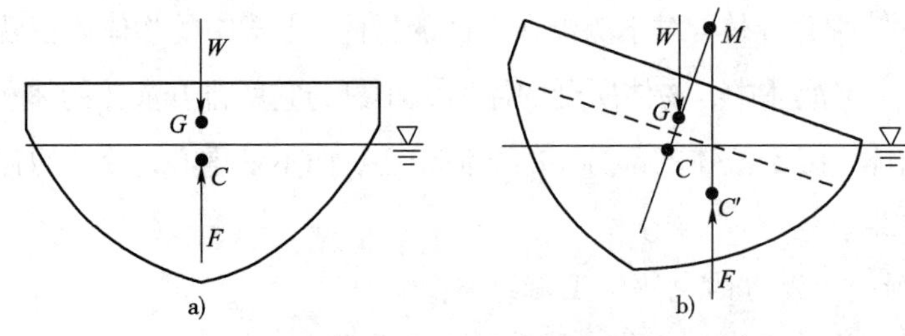

图 14-1-7 浮体的稳定性

（2）不稳定平衡：平衡时定倾中心位于重心正下方。当船舶倾斜时，重力与浮力构成的力偶促使船舶倾倒。

（3）随遇平衡：平衡时定倾中心与重心重合。

影响定倾中心位置的因素除重心和浮心位置外，还与上层建筑的转动惯量、流体密度及船体重力等多种因素有关。

【例 14-1-5】 一潜体在液体中维持稳定平衡，则：

A. 重心在几何中心之下　　B. 重心在几何中心之上

C. 重心与几何中心重合　　D. 重心与几何中心在同一水平面上

解 平衡时重心位于浮心的正下方。对于潜体而言，浮心即为几何中心。选 A。

经典练习

14-1-1 根据静水压强的特性，静止液体中同一点各方向的压强（ ）。

A. 数值相等　　B. 数值不等

C. 水平方向数值相等　　D. 铅垂方向数值最大

14-1-2 如图所示的密闭容器中，点 1、2、3 位于同一水平面上，则压强关系为（ ）。

A. $p_1 > p_2 > p_3$

B. $p_2 > p_1 > p_3$

C. $p_1 = p_2 < p_3$

D. $p_1 < p_2 < p_3$

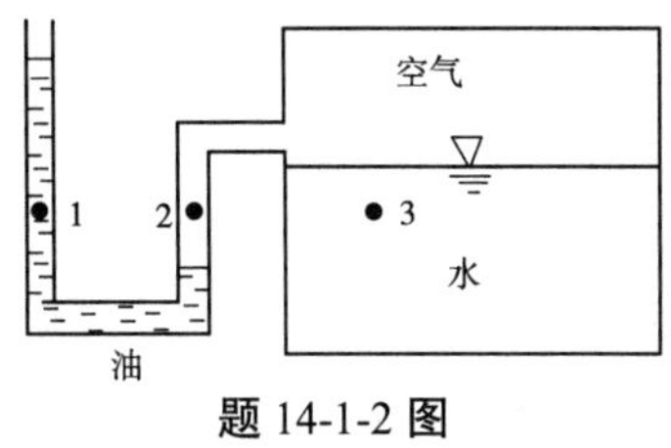

题 14-1-2 图

14-1-3 一弧形闸门，宽度$b = 2\text{m}$，圆心角$\alpha = 30°$。半径$r = 3\text{m}$，闸门转轴与水面齐平，作用在闸门上的静水总压力的水平分力为（ ）。

A. 22.07kN　　B. 10kN

C. 15kN　　D. 19kN

14-1-4 真空度为 65 000Pa，绝对压强为（ ）。

A. −35 000Pa　　B. 10 000Pa

C. 35 000Pa　　D. 无法判断

14-1-5 图中 1、2、3、4 各点压强由大到小的排列顺序是（ ）。

A. 1、2、3、4

B. 1、3、2、4

C. 4、2、3、1

D. 4、3、2、1

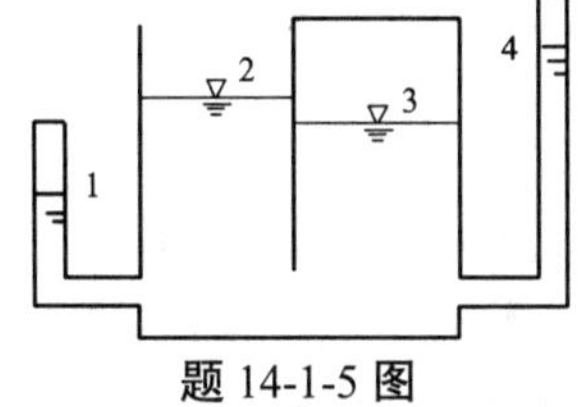

题 14-1-5 图

14-1-6 如图所示，一匀质球形木瓢漂浮在水面上，上面切去一块，在较小的偏转干扰条件下属于（ ）。

A. 随遇平衡

B. 不稳定平衡

C. 稳定平衡

D. 不确定

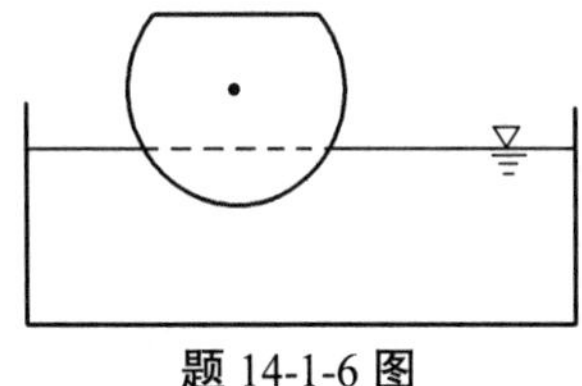

题 14-1-6 图

14.2 水动力学理论

考试大纲☞： 伯努利方程　总水头线　测压管水头线

14.2.1 伯努利方程

1）（无）黏性流体元流的伯努利方程

无黏性元流伯努利方程的应用条件是：无黏性流体，恒定流动，质量力中只有重力，沿流线，不可压缩流体。如图 14-2-1 所示，断面 1 和断面 2 的速度水头、压强水头、位置水头，流体从

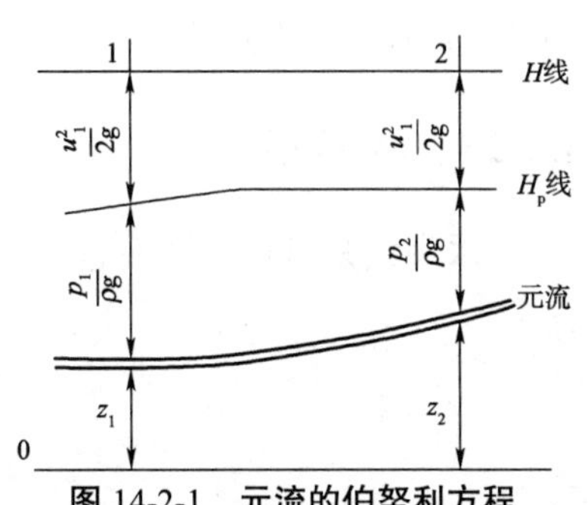

图 14-2-1 元流的伯努利方程

1 流向 2，则列出伯努利方程为

$$z_1+\frac{p_1}{\rho g}+\frac{u_1^2}{2g}=z_2+\frac{p_2}{\rho g}+\frac{u_2^2}{2g} \tag{14-2-1}$$

实际流体具有黏性，运动时产生流动阻力，克服阻力做功后，流体的一部分机械能转化为热能散失掉。所以，对于黏性流体元流的伯努利方程为

$$z_1+\frac{p_1}{\rho g}+\frac{u_1^2}{2g}=z_2+\frac{p_2}{\rho g}+\frac{u_2^2}{2g}+h'_{1-2} \tag{14-2-2}$$

式中： z——位置水头，又叫位置高度，是单位重量流体所具有的位置势能；

$\frac{p}{\rho g}$——压强水头，是测压管高度，是单位重量流体所具有的压强势能；

$z+\frac{p}{\rho g}$——测压管水头，是单位重量流体所具有的总势能；

$\frac{u^2}{2g}$——速度水头，是单位重量流体所具有的动能；

$z+\frac{p}{\rho g}+\frac{u^2}{2g}$——总水头，是单位重量流体所具有的机械能；

h'_{1-2}——水头损失，是单位重量流体所损失的机械能。

2）恒定总流的伯努利方程

总流是由无数元流构成的，通过积分可以得到恒定总流的伯努利方程。设恒定总流的过流断面 1 和断面 2 的位置高度、压强、断面平均流速分别为z_1、z_2，p_1、p_2，v_1、v_2，则

$$z_1+\frac{p_1}{\rho g}+\frac{\alpha_1 v_1^2}{2g}=z_2+\frac{p_2}{\rho g}+\frac{\alpha_2 v_2^2}{2g}+h_{1-2} \tag{14-2-3}$$

式中，α是为修正以断面平均速度计算的动能，与实际动能的差值引入的修正系数，其值取决于过流断面上速度的分布情况，分布较均匀的流动α通常取 1。总流伯努利方程的适用条件包括恒定流动、质量力只有重力、不可压缩流体、过流断面为渐变流断面、两断面间无分流和汇流。

【例 14-2-1】 如图所示，下列相互之间可以列总流能量方程的断面是：

A. 1-1 断面和 2-2 断面

B. 2-2 断面和 3-3 断面

C. 1-1 断面和 3-3 断面

D. 3-3 断面和 4-4 断面

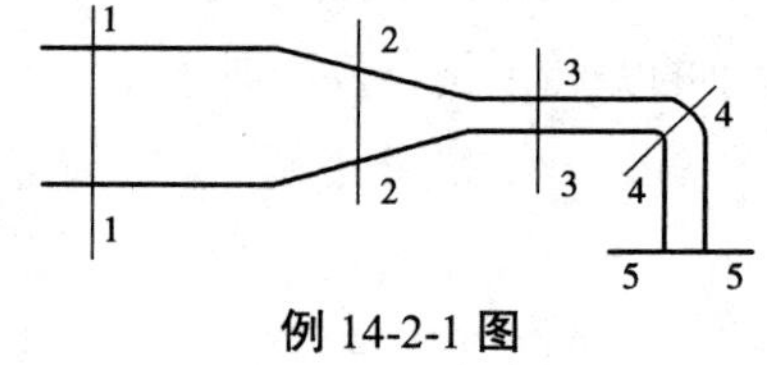

例 14-2-1 图

解 总流的伯努利方程适用条件：恒定流，质量力只有重力，不可压缩流体，所取断面为渐变流（渐变流是指各流线接近于平行直线的流动，两断面之间可以是急变流），两断面无分流和汇流（即流量沿程不变）。故只有 1-1 和 3-3 断面符合要求。选 C。

14.2.2 总水头线

总水头线是沿程各断面总水头的连线，在实际流体中总水头线沿程是单调下降的。总水头用公式表示

$$H=z+\frac{p}{\rho g}+\frac{\alpha v^2}{2g} \tag{14-2-4}$$

图 14-2-2 为总水头线与测压管水头线的变化。

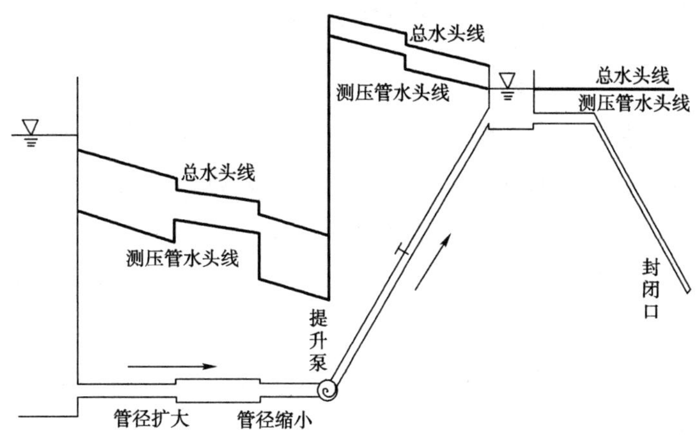

图 14-2-2 总水头线与测压管水头线

14.2.3 测压管水头线

$H_{\mathrm{p}}=z+\frac{p}{\rho g}$是测压管水头，测压管水头线是沿程各断面测压管水头的连线。该线沿程可升可降，也可不变。如图 14-2-2 所示，注意：水头线越高表示其值越大。观察测压管水头线和总水头线，可以得到一些规律：

（1）实际流体流动总是存在能量损失，所以在没有机械能（如水泵）输入的情况下，总水头线是一直下降的。但当有水泵等存在，有机械能输入时，水头线会突然上升，而且总水头线上升的变化量就是泵的扬程。

（2）测压管水头线总是低于总水头线，由两者的公式即可看出。它们相差一个速度水头，从图中可以看出，管道较细时，两水头线距离大，因为管道相连接，通过的水流量相等，管道细速度大，速度水头就大，反之距离小。

（3）在管径不变时，沿程流速也不变，总水头线和测压管水头线平行。

（4）水静止时，测压管水头线与总水头线重合，与水面平齐。

（5）在管径扩大、缩小或有阀门存在时，会造成局部水头损失，总水头线下降，测压管水头线升降都有可能。

【例 14-2-2】 黏性液体总水头线沿程变化是：

A. 沿程下降　　B. 沿程上升　　C. 保持不变　　D. 前三种都有可能

解 实际流体流动总是存在能量损失的,所以在没有机械能输入的情况下,总水头线是一直下降的。选 A。

【例 14-2-3】 一管流，A、B两断面的数值分别是：$z_{\mathrm{A}}=1\mathrm{m}$，$z_{\mathrm{B}}=5\mathrm{m}$，$p_{\mathrm{A}}=80\mathrm{kPa}$，$p_{\mathrm{B}}=50\mathrm{kPa}$，$v_{\mathrm{A}}=1\mathrm{m/s}$，$v_{\mathrm{B}}=4\mathrm{m/s}$判别管流流动方向的依据是：

A. $z_{\mathrm{A}}<z_{\mathrm{B}}$，流向 A

B. $p_{\mathrm{A}}<p_{\mathrm{B}}$，流向 B

C. $v_{\mathrm{A}}<v_{\mathrm{B}}$，流向 B

D. $z_{\mathrm{A}}+\frac{p_{\mathrm{A}}}{\gamma}+\frac{v_{\mathrm{A}}^2}{2g}<z_{\mathrm{B}}+\frac{p_{\mathrm{B}}}{\gamma}+\frac{v_{\mathrm{B}}^2}{2g}$，流向 A

解 已知流体的总水头公式：$z+\frac{p}{\gamma}+\frac{v^2}{2g}$，可分别列出$A$断面与$B$断面的总水头，得：$z_{\mathrm{A}}+\frac{p_{\mathrm{A}}}{\gamma}+\frac{v_{\mathrm{A}}^2}{2g}<z_{\mathrm{B}}+\frac{p_{\mathrm{B}}}{\gamma}+\frac{v_{\mathrm{B}}^2}{2g}$，可知$A$断面的总水头小于$B$断面的总水头，即流体由$B$流向$A$。选 D。

经典练习

14-2-1 能量方程中$z+\frac{p}{\rho g}+\frac{\alpha v^2}{2g}$表示（　　）。

A. 单位重量液体具有的机械能　　B. 单位质量液体具有的机械能

C. 单位体积液体具有的机械能　　D. 通过过流断面液体的总机械能

14-2-2 从物理意义上看，能量方程表示的是（　　）。

A. 单位重量液体的位能守恒　　B. 单位重量液体的动能守恒

C. 单位重量液体的压能守恒　　D. 单位重量液体的机械能守恒

14-2-3 欧拉法描述液体流动时，表示同一时刻因位置变化而形成的加速度称为（　　）。

A. 当地加速度　　B. 迁移加速度

C. 液体质点加速度　　D. 加速度

14-2-4 下列哪种流体的总水头线是水平线？（　　）

A. 黏性不可压缩流体　　B. 理想不可压缩流体

C. 恒定流　　D. 非恒定流

14.3 水流阻力和水头损失

考试大纲☞： 沿程阻力系数变化　局部水头损失　绕流阻力

14.3.1 沿程阻力系数变化

1）沿程水头损失

实际流体具有黏性，在管道内流动时，流体内部流层之间存在相对运动和流动阻力。克服流动阻力做功，使流体一部分机械能不可逆地转化为热能，造成能量损失。总流单位重量流体的平均机械能损失称为水头损失。

水头损失分为沿程水头损失h_f和局部水头损失h_j。沿程水头损失是由于管道边壁产生的流动阻力做功引起的水头损失。局部水头损失是由于边壁急剧变化，流速分布也发生变化，集中产生流动阻力造成的水头损失，如弯管、三通、阀门等处。

圆管沿程水头损失的计算公式

$$h_f=\lambda\frac{l}{d}\frac{v^2}{2g} \tag{14-3-1}$$

式中：l——管道长度(m)；

λ——沿程阻力系数；

d——管道直径(m)；

v——断面平均流速(m/s)。

2）沿程阻力系数

沿程阻力系数λ是 Re 数和壁面的相对粗糙度k_s/d的函数，德国尼古拉兹进行了管流沿程阻力系数和断面速度分布的实验测定，根据结果绘出了λ、Re 和k_s/d的关系曲线。如图 14-3-1 所示，根据λ的变化特性，将曲线分为 5 个阻力区。

其中，雷诺数是一种可用来表征流体流动情况的无量纲数。雷诺数的基本释义是：流体力学中表征黏性影响的相似准则数，记作Re。雷诺数又称雷诺准则数，是用以判别黏性流体流动状态的一个无因次数群。雷诺数表达式为：$Re = \rho vd/\mu$，其中v、ρ、μ分别为流体的流速、密度与黏性系数，d为一特征长度。例如流体流过圆形管道，则d为管道的当量直径。

上临界雷诺数对应的是从层流向紊流转化时的临界雷诺数，表示当雷诺数超过这个值时，流体的流动状态将从层流转变为紊流（湍流）。而下临界雷诺数则对应从紊流（湍流）向层流转化时的临界雷诺数，表示当雷诺数低于这个值时，流体的流动状态将从紊流（湍流）转变为层流。

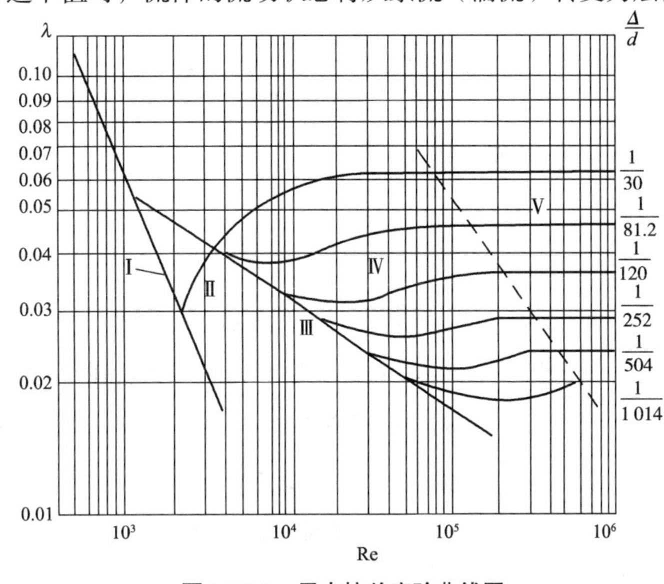

图 14-3-1　尼古拉兹实验曲线图

（1）I是层流区。Re< 2 300，λ和相对粗糙度k_s/d无关，只是 Re 的函数，并符合$\lambda = 64/Re$。

（2）II是层流向紊流过渡区，也即临界过渡区。$2\,300 < Re < 4\,000$，λ与相对粗糙度无关，只是 Re 的函数。此区范围窄，实用意义不大。

（3）III是紊流光滑区。$Re > 4\,000$，在此区内，Re 较小时，λ只是 Re 的函数。随着 Re 的增大，k_s/d较大的先离开此线，k_s/d小的后离开。

（4）IV是紊流过渡区。λ既与 Re 有关，又和k_s/d有关。

（5）V是紊流粗糙区。λ只与k_s/d有关，和 Re 无关。沿程水头损失与流速的平方成正比，故该区又称为阻力平方区。

管道内紧靠管壁存在黏性剪应力起控制作用的薄层，称为黏性底层。在黏性底层内速度梯度很大，黏性剪应力不容忽视。黏性底层的内侧是过渡层，再向内侧是紊流核心。如图 14-3-2 所示，在紊流光滑区，黏性底层厚度h大于粗糙突起的高度k_s，因而粗糙突起被掩盖，其对紊流核心的流动几乎没有影响，λ只与 Re 有关，与粗糙度无关；在紊流过渡区，由于黏性底层厚度变薄，粗糙突起不能被掩盖，并影响到紊流核心的紊流程度，因而λ与 Re 和粗糙度都有关；在紊流粗糙区，黏性底层厚度远小于粗糙突起的高度，Re 对紊流程度几乎没有影响，只与粗糙度有关。

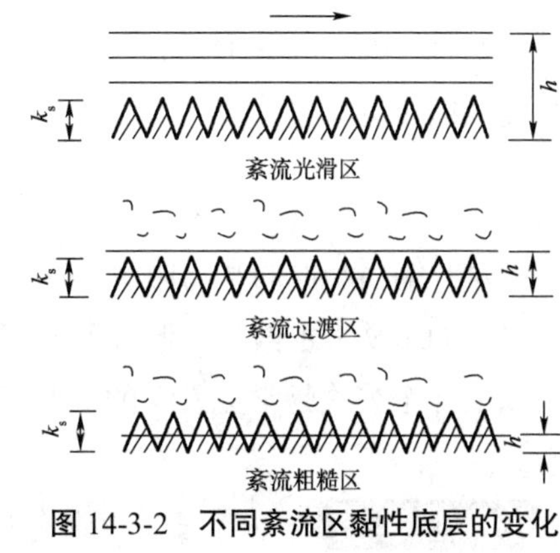

图 14-3-2　不同紊流区黏性底层的变化

【例 14-3-1】 其他条件相同，一根管道里输送水，一根管道里输送油，前者与后者沿程水头损失大小比较：

A. 大于　　B. 小于　　C. 等于　　D. 不确定

解　油的黏度比水大，阻力系数也较大。选B。

【例14-3-2】 水在直径为1cm的圆管中流动，流速为1m/s，运动黏性系数为0.01cm²/s，则圆管中的流动型态为：

A. 层流　　B. 紊流　　C. 临界流　　D. 无法判断

解　根据雷诺数的大小，一般可以把圆管中的流动形态分为三类：当Re < 2 300时，为层流状态；当2 300 < Re < 4 000时，为临界流状态；当Re > 2 300时，为紊流状态。在本题中：

$$\mathrm{Re}=\frac{vd}{\upsilon}=\frac{1\times 0.01}{0.01\times 10^4}=10^4$$

所以属于紊流，选B。

14.3.2　局部水头损失

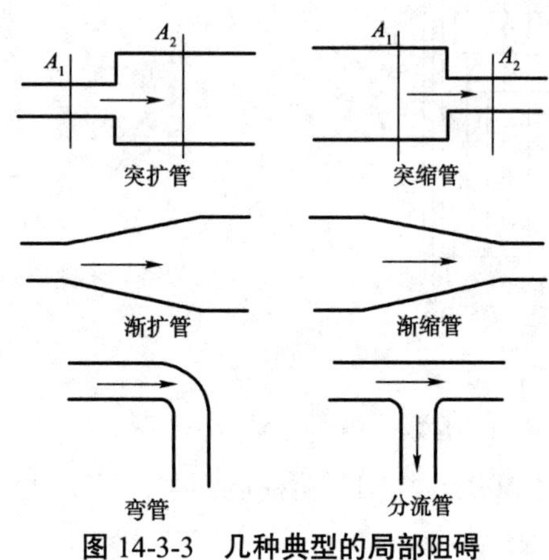

图14-3-3　几种典型的局部阻碍

流体经过突然扩大、突然缩小、转弯、分岔等局部阻碍时（见图14-3-3），因惯性作用，主流和壁面脱离，使管内出现漩涡区，紧靠壁的低速质点速度逐渐减小至零，能量损耗，造成局部水头损失。局部漩涡区越大，漩涡强度越大，局部水头损失越大。

局部水头损失的计算公式

$$h_{\mathrm{j}}=\zeta\frac{v^2}{2g}\tag{14-3-2}$$

式中：ζ——局部水头损失系数。

突然扩大管

$$h_{\mathrm{j}}=\left(1-\frac{A_1}{A_2}\right)^2\frac{v_1^2}{2g}=\zeta_1\frac{v_1^2}{2g}$$

或

$$h_{\mathrm{j}}=\left(\frac{A_2}{A_1}-1\right)^2\frac{v_2^2}{2g}=\zeta_2\frac{v_2^2}{2g}\tag{14-3-3}$$

两个局部水头损失系数ζ_1、ζ_2分别与扩大前、后两个断面的平均速度对应，A_1、A_2分别为管扩大前后的断面面积。当流体在淹没情况下，流入断面很大的容器时（如水由管道进入很大的池子），按$A_1/A_2=0$来考虑，即用$\zeta_1=1$来计算。

突然缩小管

$$h_{\mathrm{j}}=0.5\left(1-\frac{A_2}{A_1}\right)\frac{v_2^2}{2g}=\zeta_2\frac{v_2^2}{2g}\tag{14-3-4}$$

v_2是收缩后断面的平均速度，A_1、A_2分别为管收缩前后的断面面积。当流体由断面很大的容器流入管道时（如水从大水槽经管道流出），作为特例，按$A_2/A_1=0$来考虑，即用$\zeta_2=0.5$来计算。

以上几个公式是常见常考的，对于渐缩、渐扩管和弯管等，可通过查表得到相应的局部水头损失系数。

【例14-3-3】 一输水管道中设有阀门，已知管道直径为50mm，通过流量为3.34L/s，水银压差计读值$\Delta h=150\mathrm{mm}$，水的密度$\rho=1\,000\mathrm{kg/m^3}$，水银的密度$\rho=13\,600\mathrm{kg/m^3}$，沿程水头损失不计，阀门的局部水头损失系数$\zeta$是：

A. 12.8　　B. 1.28　　C. 13.8　　D. 1.38

解　流量$Q=\frac{\pi}{4}d^2v$，得流速：

$$v=\frac{4Q}{\pi d^2}=1.702\text{m/s}$$

列总流能量方程：

$$z+\frac{p_1}{\rho_{水}g}+\frac{v^2}{2g}=z+\frac{p_2}{\rho_{水}g}+\frac{v^2}{2g}+\zeta\frac{v^2}{2g}$$

化简得：

$$\frac{p_1}{\rho_{水}g}=\frac{p_2}{\rho_{水}g}+\zeta\frac{v^2}{2g}$$

又有$p_1+\rho_{水}g(\Delta h+h)=p_2+\rho_{水银}g\Delta h+\rho_{水}gh$，代入可得：

$$\frac{p_1-p_2}{\rho_{水}}=\frac{\rho_{水银}-\rho_{水}}{\rho_{水}}\Delta h=\frac{\zeta v^2}{2g}$$

阀门的局部水头损失系数：

$$\zeta=\frac{\rho_{水银}-\rho_{水}}{v^2\rho_{水}}2g\Delta h=\frac{13\,600-1\,000}{1.702^2\times 1\,000}\times 2\times 9.8\times 0.15=12.789$$

选A。

【例14-3-4】 有一段直径为100mm的管路，长度为10m，其中有两个弯头（每个弯头的局部水头损失系数为0.8），管道的沿程水头损失系数为0.037。如果拆除这两个弯头，同时保证管路长度不变，作用于管路两端的水头维持不变，则管路中流量将增加：

A. 10%　　B. 20%　　C. 30%　　D. 400%

解　沿程水头损失计算公式为：

$$h_{\mathrm{f}}=\lambda\frac{l}{d}\frac{v^2}{2g}$$

局部水头损失计算公式为：

$$h_{\mathrm{j}}=\zeta\frac{v^2}{2g}$$

没去掉弯头之前管路两端的水头损失为：

$$h_1=h_{\mathrm{f}}+h_{\mathrm{j}}=\lambda\frac{l}{d}\frac{v^2}{2g}+\zeta\frac{v^2}{2g}=0.037\times\frac{10}{0.1}\times\frac{{v_1}^2}{2g}+0.8\times 2\times\frac{{v_1}^2}{2g}=5.3\times\frac{{v_1}^2}{2g}$$

去掉弯头之后管路两端的水头损失为：

$$h_2=h_{\mathrm{f}}=\lambda\frac{l}{d}\frac{v^2}{2g}=0.037\times\frac{10}{0.1}\times\frac{{v_2}^2}{2g}=3.7\times\frac{{v_2}^2}{2g}$$

因为管路两端水头维持不变，所以管路中的水头损失也维持不变，即$h_1=h_2$，解得$\frac{v_2}{v_1}=1.2$，故$\frac{Q_2}{Q_1}=\frac{v_2}{v_1}=1.2$，所以管路中流量将增加20%，选B。

14.3.3　绕流阻力

在外部流动中，黏性流体绕物体流动或物体在流体中运动，物体受到的阻力称为绕流阻力。绕流阻力可分为摩擦阻力和压差阻力。摩擦阻力是作用在物体表面上的切应力在来流方向的总和。压差阻力是物面上压应力的合力在来流方向的分量。摩擦阻力即边界层内的黏性阻力，压差阻力主要是由于边界层分离后尾流区压强降低引起上游面和下游面的压差形成的。所以压差阻力由物面形状决定，也称形状阻力。绕流阻力计算公式为

$$D = C_{\mathrm{D}} \frac{\rho v_0^2}{2} A \tag{14-3-5}$$

式中：D——阻力；

C_{D}——绕流阻力系数；

ρ——流体密度(kg/m³)；

v_0——受绕流物体扰动前来流的速度(m/s)；

A——绕流物体在与流速垂直方向的投影面积(m²)。

如图 14-3-4 所示，对于低雷诺数圆球绕流阻力，Re≤1，运动受黏性力支配，圆球的绕流阻力为斯托克斯公式

$$D = 3\pi\mu d v_0 \tag{14-3-6}$$

式中：μ——流体的动力黏滞系数。

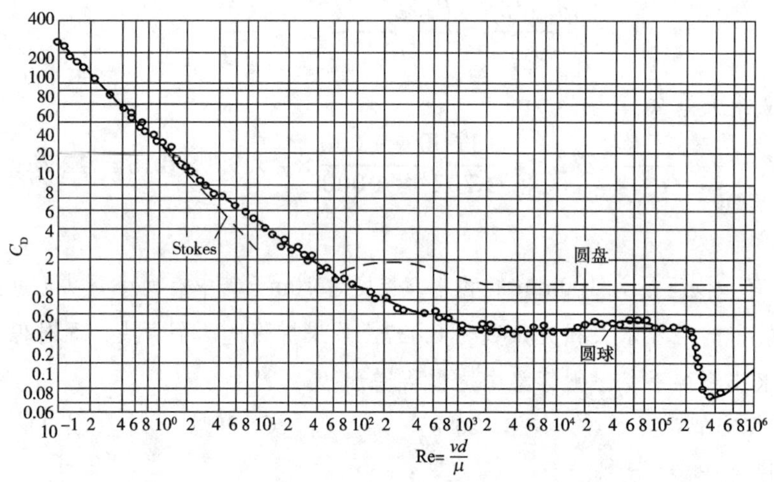

图 14-3-4 圆盘、圆球绕流阻力系数曲线

可见，在雷诺数小于 1 时，绕流阻力与直径、动力黏滞系数、流速均成正比。在研究水中悬浮颗粒运动等问题中，也常用该公式。由以上两个公式可得此时的阻力系数$C_{\mathrm{D}} = 24/\mathrm{Re}$。

在上升流体中球状固体颗粒受到重力、向上的浮力和绕流阻力的作用，当三力达到平衡时，小球和流体存在一个相对速度v，此时该速度定义为悬浮速度。在雷诺数 Re<1 时，悬浮速度公式为

$$v = \frac{1}{18\mu} d^2(\rho_{\mathrm{s}} - \rho) g \tag{14-3-7}$$

式中：ρ_{s}——固体颗粒的密度(kg/m³)；

ρ——流体的密度(kg/m³)。

在空气中粉尘沉降等问题中，也可以用式（14-3-6），即斯托克斯公式。注意公式中速度是相对运动速度，也可能水流是向上的，而颗粒物相对地面是静止的。

【例 14-3-5】 圆球的斯托克斯阻力公式的适用范围是：

A. Re < 1　　B. 1 < Re < 10

C. 10 < Re < 100　　D. 100 < Re < 1000

解 圆球的斯托克斯阻力公式的适用范围主要是低雷诺数（Re）区域，特别是在$\mathrm{Re} < 1$的斯托克斯区域。在这个区域内，颗粒运动处于层流状态，阻力系数与颗粒雷诺数成反比。选 A。

【例 14-3-6】 其他条件不变，满足$\mathrm{Re} < 1$时，当水中球形颗粒的直径增大一倍时，颗粒的沉降速度：

A. 保持不变　　B. 原值的 2 倍　　C. 原值的 4 倍　　D. 原值的 8 倍

解 $\mathrm{Re} < 1$时，颗粒沉降速度公式：

$$v=\frac{1}{18\mu}d^2(\rho_s-\rho)g$$

$$\frac{v_1}{v_2}=\frac{\frac{1}{18\mu}d^2(\rho_s-\rho)g}{\frac{1}{18\mu}(2d)^2(\rho_s-\rho)g}=\frac{1}{4}$$

$v_2=4v_1$。选 C。

经 典 练 习

14-3-1 在相同的条件下，已知流量比为 3，直径一样，则其雷诺数比为（ ）。

A. 1.732 B. 3 C. 6 D. 不确定

14-3-2 已知某液体的密度$\rho=800\text{kg/m}^3$，动力黏度系数$\mu=1.52\times10^{-2}\text{Pa}\cdot\text{s}$，则该液体的运动黏性系数$\nu$为（ ）。

A. $12.16\text{m}^2/\text{s}$ B. $1.90\times10^{-5}\text{m}^2/\text{s}$

C. $1.90\times10^{-3}\text{m}^2/\text{s}$ D. $12.16\times10^{-5}\text{m}^2/\text{s}$

14-3-3 圆管紊流粗糙区的沿程阻力系数λ（ ）。

A. 只与雷诺数 Re 有关 B. 只与管壁相对粗糙度有关

C. 与雷诺数及相对粗糙度都有关 D. 与雷诺数和管长有关

14-3-4 圆管流的临界雷诺数（ ）。

A. 随管径变化 B. 随流体的密度变化

C. 随流体的速度变化 D. 不随以上各量变化

14-3-5 如图所示，通过虹吸管由 A 池向 B 池供水，管路由三段组成，管径相同，$d=0.2\text{m}$，$l_1=5\text{m}$，$l_2=5\text{m}$，$l_3=8\text{m}$，沿程阻力系数$\lambda_1=\lambda_2=\lambda_3=0.02$，进口局部损失系数$\zeta_e=3$，中间有两个弯头，每个弯头的局部损失系数$\zeta=0.3$。试求通过的流量（ ）。

A. $Q=0.065\,1\text{m}^3/\text{s}$

B. $Q=0.085\,0\text{m}^3/\text{s}$

C. $Q=0.097\,3\text{m}^3/\text{s}$

D. $Q=0.067\,3\text{m}^3/\text{s}$

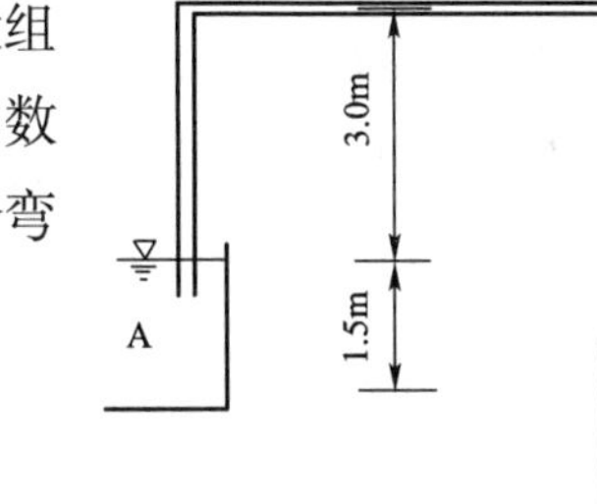

题 14-3-5 图

14-3-6 A、B 两根圆形输水管，管径相同，雷诺数相同，A 管为冷水，B 管为热水，则两管流量（ ）。

A. A > B B. A < B C. A = B D. 不确定

14-3-7 关于流态，下列说法正确的是（ ）。

A. 层流发生在内壁光滑的管道内

B. 紊流发生在局部干扰强烈的区域

C. 层流的流层之间会发生混掺

D. 紊流的流层之间会发生混掺

14-3-8 根据尼古拉兹实验判断，当水流处于层流区时，沿程阻力系数与雷诺数、相对粗糙度的关系是（ ）。

A. $\lambda=f\left(\text{Re},\frac{\Delta}{d}\right)$ B. $\lambda=f(\text{Re})$ C. $\lambda=f\left(\frac{\Delta}{d}\right)$ D. 都不正确

14-3-9 15℃水在半径为 10mm 的钢管内流动，流速为0.15m/s，该水密度为999kg/m^3，黏度为 0.001 14Pa · s。则该流动是（　　）。

A. 层流　　B. 湍流

C. 过渡流　　D. 无法判断

14-3-10 有一断面为矩形的管道，已知长和宽分别为 100mm、50mm，如水的运动黏度是1.57×10^{-6}m^2/s，通过的流量$Q=8.0$L/s，空气温度$t=30$℃，判别该流体的流动状态是（　　）。

A. 急流　　B. 缓流

C. 层流　　D. 紊流

14-3-11 水平放置的渐扩管，如果忽略水头损失，上、下游断面形心点的压强，有以下的关系（　　）。

A. $p_1>p_2$　　B. $p_1=p_2$

C. $p_1<p_2$　　D. 不确定

14.4 孔口、管嘴出流和有压管路

考试大纲☞： 孔口（或管嘴）的变水头出流　短管水力计算　长管水力计算　管网水力计算基础

14.4.1 孔口（或管嘴）的变水头出流

1）薄壁小孔恒定出流

容器壁上开孔，流体经孔口流出的水力现象称为孔口出流。孔口出流时壁厚对出流无影响，水流仅在一条周线上接触的孔口称为薄壁孔口。

孔口出流的流量系数约为 0.62，流速系数约为 0.97，收缩系数约为 0.64。

（1）自由出流

水从孔口流出进入大气中叫作自由出流。如图 14-4-1 所示，恒定自由出流的基本公式为

$$Q=\mu A\sqrt{2gH_0} \tag{14-4-1}$$

式中：μ——孔口流量系数；

A——孔口面积(m^2)；

H_0——作用水头(m)，$H_0\approx H$。

要保持恒定出流，需要保持容器内水面恒定，流入量和流出量相等即可。

（2）淹没出流

水由孔口流入另一水体中，称为淹没出流。如图 14-4-2 所示，其基本公式为

$$Q=v_cA=\mu A\sqrt{2gH_0} \tag{14-4-2}$$

式中：μ——淹没孔口流量系数；

A——孔口面积(m^2)；

H_0——作用水头(m)，$H_0\approx H$。

注意： 自由出流和淹没出流的流量公式相同，各项的系数值也相同。但要注意，出流差别在于作用水头。自由出流时，作用水头为水面至孔口形心的高度；淹没出流时，作用水头为孔口上、下流水面的高差。

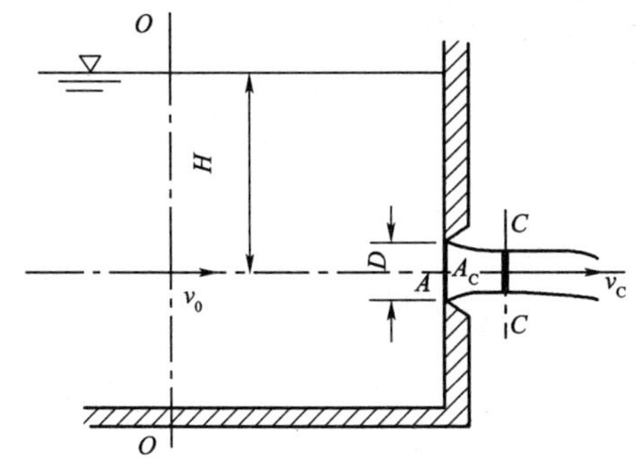

图 14-4-1　孔口自由出流

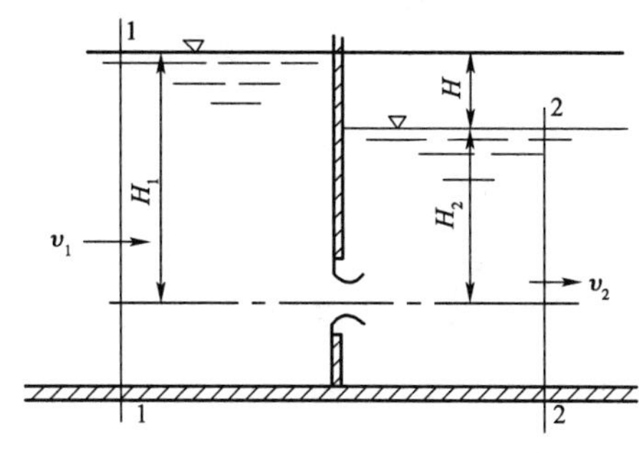

图 14-4-2　淹没出流

2）孔口的变水头出流

孔口出流过程中，若没有外来水补充，容器内水位随时间变化，导致孔口的流量随时间变化的流动，叫孔口的变水头出流。其放空时间为

$$t=\frac{2FH_1}{\mu A\sqrt{2gH_1}}=\frac{2V}{Q_{\max}} \tag{14-4-3}$$

式中：V——容器放空的体积(m³)，$V=FH_1$；

F——容器底面积；

H_1——放空高度；

μ——自由出流孔口流量系数；

A——孔口面积(m²)。

可以看出，变水头出流容器的放空时间，等于在恒定水头H_1作用下，流出同体积水所需时间的两倍。

3）管嘴出流

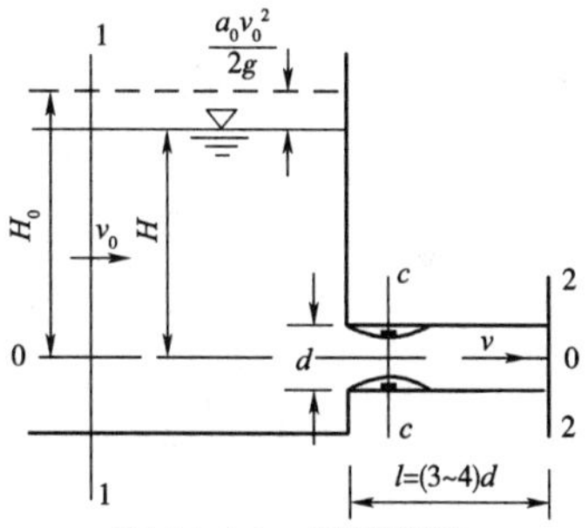

在孔口上接个长度为 3~4 倍孔径的短管，水通过短管并在出口断面满管流出的水力现象称为管嘴出流。如图 14-4-3 所示，管嘴流量为

图 14-4-3　管嘴出流

$$Q=vA=\varphi_{\mathrm{n}}A\sqrt{2gH_0}=\mu_{\mathrm{n}}A\sqrt{2gH_0} \tag{14-4-4}$$

式中：H_0——作用水头(m)，$H_0\approx H$；

φ_{n}——管嘴流速系数，0.82；

μ_{n}——管嘴流量系数，0.82。

对比式（14-4-4）和式（14-4-1），形式上相同，但流量系数不同，$\mu_{\mathrm{n}}=1.32\mu$。可见在相同水头作用下，同样面积管嘴的过流能力是孔口的 1.32 倍。孔口外接短管，增加了阻力，但流量不减，反而增加，这是因为管嘴收缩断面处有真空作用，相当于把孔口出流的作用水头增加了。

【例 14-4-1】 有一水池，长 30m，宽 15m，边壁设有 1 个出流管嘴，管径为 200mm，孔口流量系数为 0.82，初始其作用水头为 3m，求放空时间：

A. 1.27h　　B. 1.42h　　C. 1.51h　　D. 1.90h

解　管嘴流量

$$Q=\mu_{\mathrm{n}}A\sqrt{2gH_0}=0.82\times\frac{3.14\times0.2^2}{4}\times\sqrt{2\times9.8\times3}=0.2\mathrm{m^3/s}=708\mathrm{m^3/h}$$

此题为孔口的变水头出流，则其放空时间（3 个出流管嘴）

$$t=\frac{2FH_0}{3\mu A\sqrt{2gH_0}}=\frac{2V}{3Q_{\max}}=\frac{2\times30\times15\times3}{3\times708}=1.27\mathrm{h}$$

选 A。

14.4.2 短管水力计算

在水头损失中，沿程损失和局部损失都占相当比重，两者均不可忽略的管道就称为短管，如水泵吸水管、虹吸管和工业送风管等。长管是指水头损失以沿程损失为主，局部损失和流速水头都可忽略不计的管道，如城市给水管道。

短管的流量公式为

$$Q=vA=\frac{1}{\sqrt{1+\lambda\frac{l}{d}+\sum\zeta}}\sqrt{2gH}A=\mu A\sqrt{2gH} \tag{14-4-5}$$

式中：$\sum\zeta$——局部损失系数和；

其他符号意义同前。

对于短管淹没出流，如从一个水箱经管道流入另一个水箱。其流量计算只需将式（14-4-5）中的速度水头去掉，即去掉分母中根号下的 1 即可。

【例 14-4-2】 如图所示，有两个水池，水位差为 8m，先由内径为 600mm，管长为 3000m 的管道 A 将水自高位水池引出，然后由两根长为 3 000m、内径为 400mm 的 B、C 管接到低位水池。若管内摩擦因数$\lambda=0.03$，则总流量为：

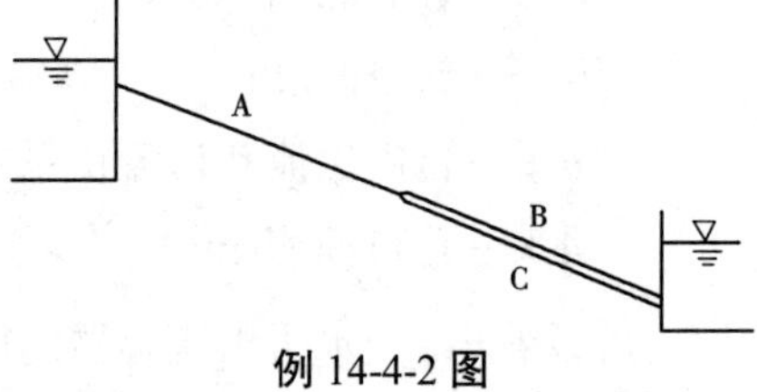

例 14-4-2 图

A. $0.17\mathrm{m^3/s}$　　B. $195\mathrm{m^3/s}$

C. $320\mathrm{m^3/s}$　　D. $612\mathrm{m^3/s}$

解 管段很长，局部损失忽略不计。B 管和 C 管水力条件相同，流量均为 A 管的一半。

由公式$H=\frac{8\lambda}{\pi^2gd^5}lQ^2$，得$H=\frac{8\lambda}{\pi^2gd_{\mathrm{A}}^5}l_{\mathrm{A}}Q^2+\frac{8\lambda}{\pi^2gd_{\mathrm{B}}^5}l_{\mathrm{B}}\left(\frac{Q}{2}\right)^2$

代入数据，解得$Q=0.17\mathrm{m^3/s}$，选 A。

14.4.3 长管水力计算

1）简单管道

沿程流量和直径都不变的管道称为简单管道。如图14-4-4 所示，这种长管的全部作用水头都消耗在沿程水头损失上，总水头线连续下降的直线，并与测压管水头线重合（因为速度水头忽略不计）。其计算公式为：

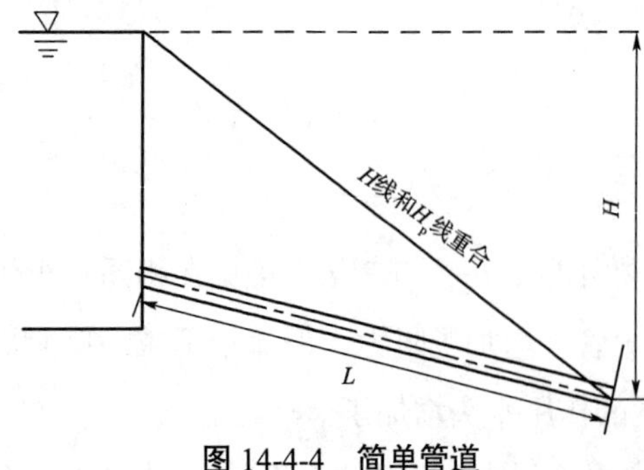

图 14-4-4 简单管道

$$H=h_{\mathrm{f}}=\lambda\frac{l}{d}\frac{v^2}{2g}=\frac{\lambda\frac{l}{d}\left(\frac{4Q}{\pi d^2}\right)^2}{2g}=\frac{8\lambda}{\pi^2gd^5}lQ^2 \tag{14-4-6}$$

令$a=\frac{8\lambda}{\pi^2gd^5}$，称为比阻，则$H=alQ^2$，式中$a$单位是$\mathrm{s^2/m^6}$，它取决于沿程阻力系数$\lambda$和管径$d$，这些数据可以查找相关表格获取。该公式是长管流量的基本公式，是后面串联和并联管道计算的基础。

2）串联管道

由直径不同的管段连接起来的管道，称为串联管道，如图 14-4-5 所示。其满足节点流量平衡

$$Q_i = Q_{i+1} + q_i \tag{14-4-7}$$

式中：q_i——第i段管道末尾与第$i+1$段管路连接节点处泄流量。

每一管段均为简单管道，水头损失按比阻计算

$$h_{fi} = a_i l_i Q_i^2 = S_i Q_i^2 \text{（}S_i\text{为管段阻抗，}S_i = a_i l_i\text{）} \tag{14-4-8}$$

$$H = \sum_{i=1}^{n} h_{fi} = \sum_{i=1}^{n} S_i Q_i^2 \tag{14-4-9}$$

若中途无流量分出，则

$$H = Q^2 \sum a_i l_i \tag{14-4-10}$$

也即：当沿途无流量分出时，并联管路的总阻抗等于各管路阻抗之和。

3）并联管道

在两节点之间并接两根以上管段的管道就成为并联管道。如图 14-4-6 所示，总流量是分管段流量之和，各个分管段的首端和末端是相同的，那么这几个管段的水头损失都相等。即

$$H = H_1 = H_2 = \cdots = H_i \tag{14-4-11}$$

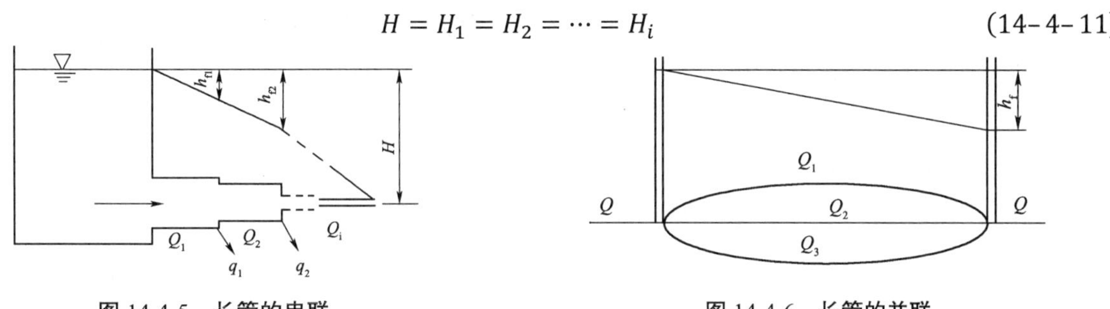

图 14-4-5　长管的串联　　　　图 14-4-6　长管的并联

以阻抗和流量表示

$$S_1 Q_1^2 = S_2 Q_2^2 = \cdots = S_i Q_i^2 \tag{14-4-12}$$

可知，并联长管中阻抗大的流量小，阻抗小的流量大。

【例 14-4-3】 在水力计算中，所谓的长管是指：

A. 管道的物理长度很长　　B. 沿程水头损失可以忽略

C. 局部水头损失可以忽略　　D. 局部水头损失和流速水头可以忽略

解　长管是指水头损失以沿程损失为主，局部损失和流速水头都可忽略不计的管道。选 D。

【例 14-4-4】 一水塔供水系统，由三条管段串联组成。已知要求末端出水水头为 10m，$d_1 = 450\text{mm}$，$l_1 = 1\,500\text{m}$，$Q_1 = 0.23\text{m}^3/\text{s}$；$d_2 = 350\text{mm}$，$l_2 = 1\,000\text{m}$，$Q_2 = 0.13\text{m}^3/\text{s}$；$d_3 = 250\text{mm}$，$l_3 = 1\,000\text{m}$，$Q_3 = 0.05\text{m}^3/\text{s}$，管径改变处有出水。管道沿程阻力系数$\lambda_1 = 0.012$，$\lambda_2 = 0.015$，$\lambda_3 = 0.018$，试求水塔高度：

A. 25.2m　　B. 23.85m　　C. 30.52m　　D. 22.08m

解　由公式：

$$H = \frac{8\lambda}{\pi^2 g d^5} l Q^2$$

得

$$H = \sum_{i=1}^{3} \frac{8\lambda_i}{\pi^2 g d_i^5} l_i Q_i^2 = 12.08\text{m}$$

则水塔高度$H' = H + 10 = 22.08\text{m}$。选 D。

14.4.4 管网水力计算基础

在给水工程中往往将许多管路组合成管网，以满足用户需要。管网按其布置图形可分为枝状及环状两种，如图 14-4-7 所示。

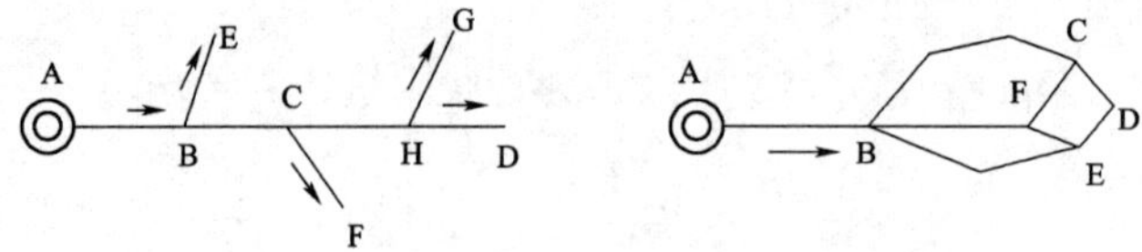

图 14-4-7 枝状管网（左）和环状管网（右）

1）枝状管网的水力计算

枝状管网是由多条管段串联而成的干管和与干管相连的多条支管所组成。枝状管网的设计计算，主要是确定水塔水面的高度或水泵的扬程和各管段的管径。按串联管路计算干线中从水塔到管网的控制点的总水头损失。常把水头要求最高、通过流量最大的地点称为最不利点或控制点。如图 14-4-8 所示，水塔高度为

$$H_t = \sum h_f + H_z + z_0 - z_t = \sum a_i l_i Q_i^2 + H_z + z_0 - z_t \tag{14-4-13}$$

式中：H_z——控制点的自由水头(m)；

z_0——控制点的地形高程(m)；

z_t——水塔处的地形高程(m)；

$\sum h_f$——从水塔到管网控制点的总水头损失(m)。

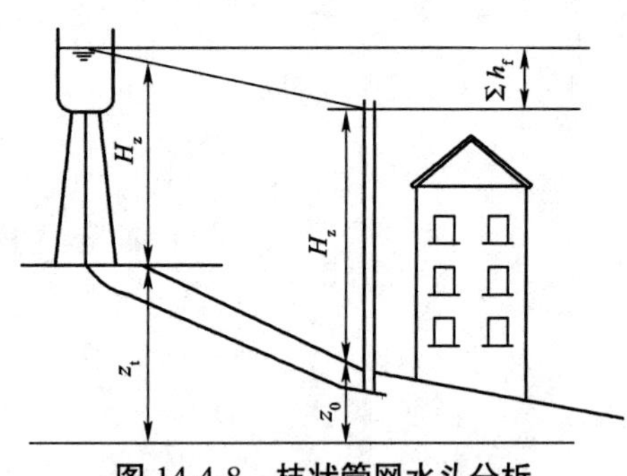

图 14-4-8 枝状管网水头分析

各管段的水头损失按长管用流量和对应的阻抗来计算，前面内容里已经给过公式。这样可以确定各支管的起始水头，再结合支管流量，节点的高程等数据校核各支管的管径是否合适。

2）环状管网的水力计算

环状管网是由多条管段相互连接成闭合形状的管道系统。环状管网的计算，主要是求管段的通过流量、管径和各管段的水头损失；再从控制点的地形标高和所需自由水头推算水塔水面高度或泵的扬程。管网的管线布置、各管段的长度、管网各节点的流量已知，待求各管段的通过流量Q、各管段的管径d，各管段的水头损失h_f。任意环状的管网，存在关系式

$$n_g(\text{管段数目}) = n_k(\text{环数}) + n_p(\text{节点数目}) - 1 \tag{14-4-14}$$

满足的水力条件：

（1）在各节点上，$\sum Q_i = 0$。

（2）在各环内，$\sum h_f = \sum S_i Q_i^2 = 0$。

经 典 练 习

14-4-1 长管并联管道与各并联管段的（　　）。

A. 水头损失相等　　B. 总能量损失相等

C. 水力坡度相等　　D. 通过的流量相等

14-4-2 有一管材、管径相同的并联管路，已知通过的总流量为$0.08\mathrm{m^3/s}$，管径$d_1=d_2=200\mathrm{mm}$，管长$L_1=400\mathrm{m}$，$L_2=800\mathrm{m}$，沿程损失系数$\lambda_1=\lambda_2=0.035$，则管中流量$Q_1$和$Q_2$分别为（　　）。

A. $Q_1=0.047\mathrm{m^3/s}$，$Q_2=0.033\mathrm{m^3/s}$

B. $Q_1=0.057\mathrm{m^3/s}$，$Q_2=0.023\mathrm{m^3/s}$

C. $Q_1=0.050\mathrm{m^3/s}$，$Q_2=0.040\mathrm{m^3/s}$

D. $Q_1=0.050\mathrm{m^3/s}$，$Q_2=0.020\mathrm{m^3/s}$

14-4-3 下面关于长管的描述，正确的是（　　）。

A. 长管是指管道总长度比较长的管路系统

B. 长管是指总水头损失比较大的管路系统

C. 长管是指忽略局部损失的管路系统

D. 长管是指忽略沿程损失的管路系统

14-4-4 圆柱形外伸管嘴的正常工作条件是（　　）。

A. $H_0\geqslant 9\mathrm{m}$，$l=(3\sim4)d$

B. $H_0\leqslant 9\mathrm{m}$，$l=(3\sim4)d$

C. $H_0\geqslant 9\mathrm{m}$，$l>(3\sim4)d$

D. $H_0\leqslant 9\mathrm{m}$，$l<(3\sim4)d$

14-4-5 若一船底有一穿孔，则其下沉过程属于（　　）。

A. 变水头出流，沉速先慢后快

B. 变水头出流，沉速不变

C. 恒定水头出流，沉速先慢后快

D. 恒定水头出流，沉速不变

14.5 明渠均匀流

考试大纲☞： 最优断面和允许流速　水力计算

14.5.1 最优断面和允许流速

明渠流动具有自由表面，表面压力都是大气压，重力对流动起主导作用；底坡的改变对流速和水深有直接影响；明渠局部边界变化对水深在很长距离都有影响；明渠均匀流是流线为平行直线的明渠水流，是明渠流动最简单的形式。

明渠均匀流条件是沿程减少的位能等于沿程水头损失。因此，明渠均匀流只能出现在底坡不变，断面形状尺寸、粗糙系数都不变的顺向坡长直渠道中。明渠均匀流是等深流，水面线即测压管水头线，与渠底平行。它又是等速流，总水头线与测压管水头线平行，所以，水力坡度J=渠底坡度i。

1）水力最优断面

明渠均匀流的一些基本公式

$$v=C\sqrt{RJ}=C\sqrt{Ri} \tag{14-5-1}$$

$$Q=Av=AC\sqrt{Ri} \tag{14-5-2}$$

$$R=\frac{A}{\chi} \tag{14-5-3}$$

$$C=\frac{1}{n}R^{1/6} \tag{14-5-4}$$

$$Q=\frac{1}{n}AR^{2/3}i^{1/2}=\frac{i^{1/2}}{n}\frac{A^{5/3}}{\chi^{2/3}} \tag{14-5-5}$$

式中：v——明渠的断面平均流速(m/s)；

C——谢才系数($m^{1/2}/s$)；

R——水力半径(m)；

i——渠道底坡；

A——过流断面面积(m^2)；

χ——湿周(m)；

n——渠道粗糙系数。

当过流断面面积A、粗糙系数n及渠道底坡i一定时，使流量Q达到最大值的断面称为水力最优断面。由式（14-5-5）可知，即湿周χ最小时，渠道断面最优，在计算上，其实就是求解一个函数的极值问题。

对于不同形状（如矩形、圆形、梯形）断面的渠道，过流断面面积A的相关计算不同，如矩形断面宽深比为2时，水力最优；水力最优梯形断面的水力半径为水深的一半，即$R = h/2$。但是，水力最优不一定经济最优。

【例 14-5-1】 水力最优断面是：

A. 造价最低的断面　　B. 流速最大的断面

C. 面积一定，湿周最小的断面　　D. 面积一定，水力半径最小的断面

解　当过流断面面积A、粗糙系数n及渠道底坡i一定时，使流量Q达到最大值的断面称为水力最优断面。由式（14-5-5）可知，湿周χ最小时，渠道断面最优，选C。

2）允许流速

允许流速是一个范围值，即为确保渠道能长期稳定地通水，设计流速控制在既不冲刷渠底，又不致水中悬浮的泥沙沉降淤积的不冲不淤的范围。渠道的设计流速的大小取决于土质和衬砌材料情况，最大和最小流速都有相应的规范。

【例 14-5-2】 某混凝土衬砌隧洞，洞径$d = 2m$，粗糙系数$n = 0.014$。模型设计时，选定长度比尺为40，在模型中测得下泄流量为35L/s，则对应的原型中流量及模型材料的粗糙系数分别为：

A. $56m^3/s$和0.007 6　　B. $56m^3/s$和0.006 7

C. $354.18m^3/s$和0.007 6　　D. $354.18m^3/s$和0.006 7

解　隧道中流体主要受重力作用流动，因此模型应该是按照弗劳德准则计算。

弗劳德数：$Fr = \frac{v}{\sqrt{gl}}$，即$K_v = \sqrt{K_l} = \sqrt{40}$

所以$\frac{Q_{原}}{Q_{模}} = \frac{\pi {r_1}^2 v_1}{\pi {r_2}^2 v_2} = 40 \times 40 \times \sqrt{40}$

因为$Q_{模} = 0.035m^3/s$，故$Q_{原} = 354.18m^3/s$

由公式$Q_{原} = \frac{1}{n} A R^{2/3} i^{1/2}$，可以求得$i$，再将$i$代入$Q_{模} = \frac{1}{n} A R^{2/3} i^{1/2}$中，得$n = 0.007\,6$

选C。

【例 14-5-3】 明渠恒定均匀流的总水头H和水深h随流程s变化的特征是：

A. $\frac{dH}{ds} < 0$，$\frac{dh}{ds} < 0$　　B. $\frac{dH}{ds} < 0$，$\frac{dh}{ds} = 0$

C. $\frac{dH}{ds} = 0$，$\frac{dh}{ds} = 0$　　D. $\frac{dH}{ds} = 0$，$\frac{dh}{ds} > 0$

解　明渠均匀流流线为平行直线，过水断面的形状、水深、断面平均流速等均沿程不发生变化，所以总水头线、水面线和渠底线三线平行，故选C。

14.5.2 水力计算

常见的渠道断面形式有矩形、梯形和圆形，相关的水力计算都是以前一节的公式为基础，再加上不同断面相应的几何关系来求解。

1）梯形断面的水力计算

梯形断面颇具代表性，矩形是一种特殊的梯形。如图 14-5-1 所示，b为底宽，h为水深，m表示边坡系数，$m = \cot\alpha$，则$a = mh$，梯形断面的几何关系如下。

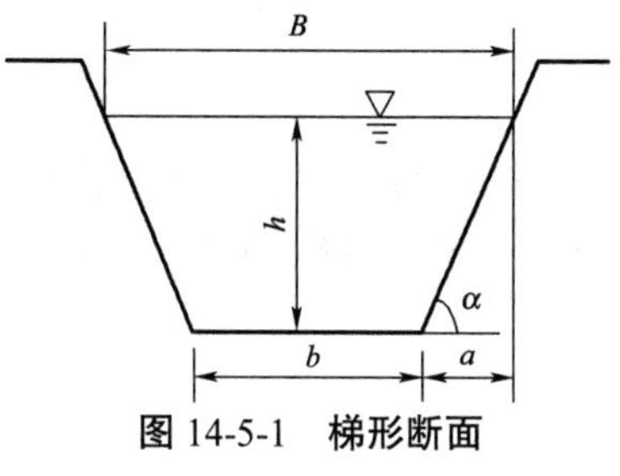

图 14-5-1 梯形断面

$$\left.\begin{array}{ll} \text{水面宽} & B = b + 2mh \\ \text{过流断面} & A = (b + mh)h \\ \text{湿周} & \chi = b + 2h\sqrt{1 + m^2} \\ \text{水力半径} & R = \dfrac{A}{\chi} \end{array}\right\} \quad (14\text{-}5\text{-}6)$$

明渠均匀流的水力计算分为三类基本问题：

（1）验算渠道的输水能力。当渠道建成后，过流断面面积、尺寸，壁面材料n，底坡i都已知，根据前面的式（14-5-1）~式（14-5-6）算出A、R、C值，再计算流量即可。

（2）决定渠道底坡。这种情况是过流断面的形状、尺寸，壁面材料n，流量Q均已知，先用公式算出$K = AC\sqrt{R}$，代入明渠均匀流基本公式，$i = Q^2/K^2$。

（3）设计渠道断面。这时已知Q、m、n、i，要设计出渠道的过流断面尺寸b和h。有两个未知数，可列方程组求解，也可用试算法，计算过程复杂。

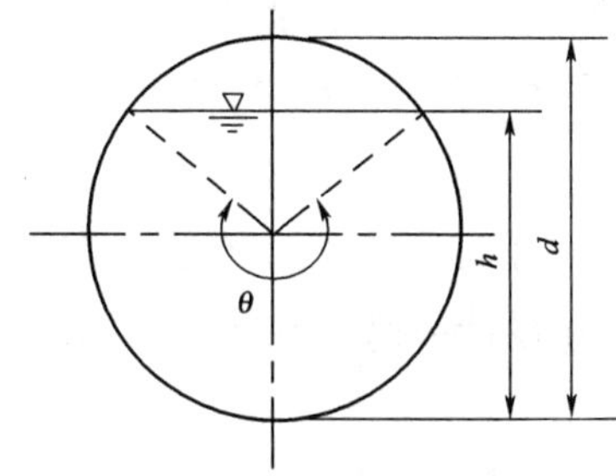

图 14-5-2 无压圆管过流断面

2）圆形断面的水力计算

无压圆管均匀流只是明渠均匀流特定的断面形式，它的形成条件、水力特征及基本公式都和前面所述的一样。如图 14-5-2 所示，d为直径，h为水深，α为充满度，它等于h/d，θ是充满角。其几何要素关系为

$$\left.\begin{array}{ll} \text{充满度} & \alpha = \sin^2\dfrac{\theta}{4} \\ \text{过流断面面积} & A = \dfrac{d^2}{8}(\theta - \sin\theta) \\ \text{湿周} & \chi = \dfrac{d}{2}\theta \\ \text{水力半径} & R = \dfrac{d}{4}(1 - \dfrac{\sin\theta}{\theta}) \end{array}\right\} \quad (14\text{-}5\text{-}7)$$

无压圆管的水力计算与梯形断面相似，也分为三类问题：验算输水能力Q；决定管道坡度i；计算管道直径，$Q = AC\sqrt{Ri} = f(d)$，求出管径。

对于一定的无压管道（d、n、i已定），流量Q会随h变化。由式（14-5-5）分析可知，在水深很小时，水深增加，水面增宽，过流断面A增加很快，接近管轴处增加最快。水深超过半管后，A增加变缓。湿周χ的增加与A不同，在接近管轴处最慢，在满流前最快。可见，在满流前，Q可达最大值。设满流时的流量为Q_0，流速为v_0，则

$$\frac{Q}{Q_0}=\frac{AC\sqrt{Ri}}{A_0C_0\sqrt{R_0i}}=f_Q\left(\frac{h}{d}\right) \tag{14-5-8}$$

$$\frac{v}{v_0}=\frac{C\sqrt{Ri}}{C_0\sqrt{R_0i}}=f_v\left(\frac{h}{d}\right) \tag{14-5-9}$$

以上两个函数只是充满度$\alpha=h/d$的函数，这样任意一个充满度值，就对应有流量和流速，便绘出函数曲线，如图 14-5-3 所示。

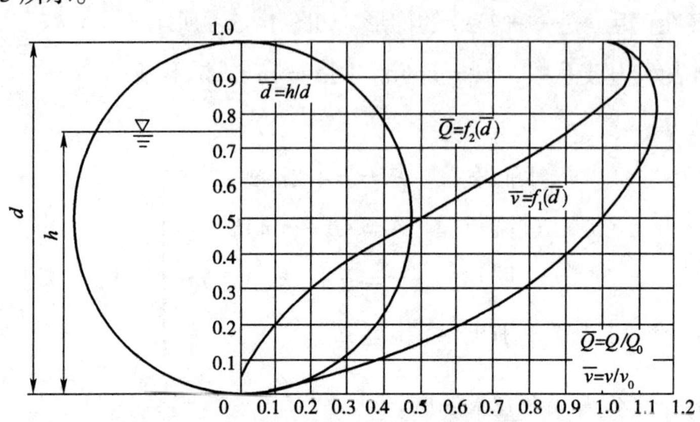

图 14-5-3 圆形无压管道均匀流的水力计算

在求解具体问题时，满流时的数据是可以求得的，根据函数值，很容易求出相应充满度下的流量和流速。由图 14-5-3 可见，满流时，流量和流速都不是最大的，这是因为快满流时，过流断面面积随水深增加很慢而湿周增加很快，导致水力半径减小。当$h=0.95d$时，流量达到最大值，$Q=1.087Q_0$，此时管中通过的流量超过满流时流量的8.7%；当$h=0.81d$时，流速达到最大值，$v=1.16v_0$，此时管中流速超过满流时流速的16%；当$\alpha=0.8$时，也即管内水深为80%管径时，流量接近满流时的流量；当$\alpha=0.5$时，也即管内水深为50%管径时，流速接近满流时的流速。

污水管道在设计充满度下的最小设计流速一般为 0.6m/s，这个流速被认为能够保持污水在管道内的稳定流动，同时减少沉积物的积累。而雨水管道和合流管道在满流时的最小设计流速为 0.75m/s，明渠为 0.4m/s。

【例 14-5-4】 对于明渠均匀流，如果流量、粗糙系数和渠道断面都不变，坡度增大，则水深：

A. 增加　　B. 减小

C. 不变　　D. 条件不足，无法判断

解 根据明渠均匀流的基本公式可知，坡度增大，过水断面面积减小，所以水深也减小。选 B。

【例 14-5-5】 无压圆管均匀流流量最大时充满度满足：

A. $h/d=1$　　B. $h/d=0.95$　　C. $h/d=0.87$　　D. $h/d=0.8$

解 当$h=0.95d$时，总量达到最大值$Q=1.087Q$。选 B。

经 典 练 习

14-5-1 明渠均匀流可能发生在（　　）。

A. 平坡非棱柱形渠道　　B. 顺坡非棱柱形渠道

C. 顺坡棱柱形渠道　　D. 平坡棱柱形渠道

14-5-2 水力最优断面是（　　）。

A. 造价最低的渠道断面　　B. 壁面粗糙度最小的断面

C. 对一定流量具有最大面积的断面　　D. 对一定的面积具有最小湿周的断面

14-5-3 坡度、边壁材料相同的渠道，当过水面积相等时，明渠均匀流过水断面的平均流速在哪种渠道中最大？（　　）。

A. 半圆形渠道　　B. 正方形渠道

C. 宽深比为 3 的矩形渠道　　D. 等边三角形渠道

14-5-4 有一排水渠道，边度系数$m=1$，粗糙系数$n=0.020$，底坡$i=0.003$，通过流量$Q=1.2\text{m}^3/\text{s}$，排水断面为梯形，按水力最优断面设计，其断面尺寸为（　　）。

A. $b=0.577\text{m}$，$h=0.70\text{m}$　　B. $b=2.12\text{m}$，$h=1.25\text{m}$

C. $b=1.50\text{m}$，$h=1.50\text{m}$　　D. $b=1.0\text{m}$，$h=1.5\text{m}$

14.6 明渠非均匀流

考试大纲☞：临界水深　缓流　急流　临界流　渐变流微分方程

14.6.1 临界水深

明渠非均匀流是不等深、不等速流动，水深的变化同明渠的流动状态有关。设水深h，流量Q，过水断面面积A，断面动能修正系数α。以断面最低点为基准点，总水头方程为

$$E=h+\frac{\alpha v^2}{2g}=h+\frac{\alpha Q^2}{2gA^2}=H \tag{14-6-1}$$

E称为断面单位能量，是单位重力液体相对于通过该断面最低点的基准面的机械能，由断面单位势能h和断面单位动能$\frac{\alpha Q^2}{2gA^2}$组成。单位重力流体的机械能是相对于沿程同一基准面的机械能，其值沿程减少。而断面单位能量E是以各个断面最低点为基准面来计算的，只和水深、流速有关，与该断面位置的高低无关。以水深为纵坐标、断面能量为横坐标作曲线，如图 14-6-1 所示。

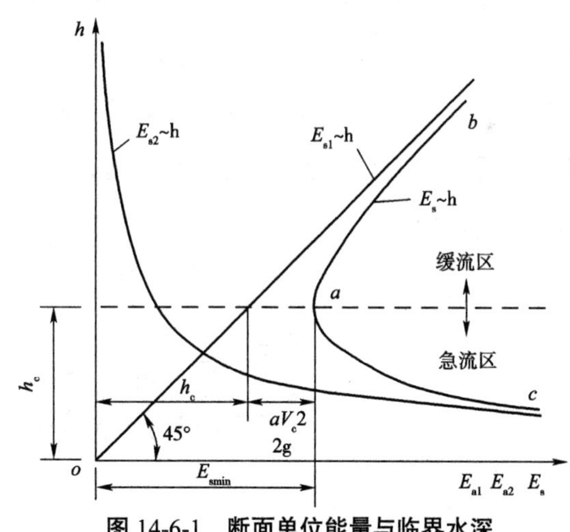

图 14-6-1　断面单位能量与临界水深

当$h\to 0$时，$A\to 0$，则$E\to\infty$，曲线以横轴为渐近线；当$h\to\infty$时，$A\to\infty$，则$E\approx h\to\infty$，曲线以通过原点与横轴成 45°角的直线为渐近线。可以看出，断面单位能量存在最小值，其对应的水深h_{cr}为临界水深。即在临界水深时，断面单位能量最小。

临界水深可由下式确定

$$\frac{\alpha Q^2}{g}=\frac{A_{cr}^3}{B_{cr}} \tag{14-6-2}$$

式中：A_{cr}、B_{cr}——临界水深时的过流断面面积和水面宽度。

上式等号左边是已知量，右边是临界水深的函数，可解得h_{cr}。

根据上式，也可以求得临界流速

$$v_{cr}=\sqrt{g\frac{A_{cr}}{B_{cr}}} \tag{14-6-3}$$

对于矩形断面渠道，水面宽B和底宽b相等，可以直接求解临界水深，得

$$h_{cr}=\sqrt[3]{\frac{\alpha Q^2}{gb^2}}=\sqrt[3]{\frac{\alpha q^2}{g}} \tag{14-6-4}$$

式中：q——单宽流量，$q=Q/b$。

矩形断面的临界水深计算公式：

$$h_{cr}=\sqrt[3]{\frac{\alpha Q^2}{gB^2}}=2\frac{\alpha v_{cr}^2}{2g}$$

式中：v_{cr}——临界流速，即临界水深对应的流速。

【例 14-6-1】 下列关于断面单位能量的说法中，正确的是：

A. 是单位重力液体相对于沿程某一基准面的机械能

B. 是单位质力液体相对于沿程某一基准面的机械能

C. 是单位重力液体相对于通过该断面最低点的基准面的机械能

D. 是单位质力液体相对于通过该断面最低点的基准面的机械能

解 E称为断面单位能量，是单位重力液体相对于通过该断面最低点的基准面的机械能。选 C。

14.6.2 三种流态（缓流、急流、临界流）

一般明渠水流存在三种流态，即缓流、临界流和急流。缓流的水深较大，流速较小。如遇障碍物，障碍物上面水面下降，上游水深增加，其干扰的影响能向上游传播，多见于底坡较缓的渠道或平原河道中，如图 14-1-6-2a）所示。急流的水深较小、流速较大，如遇障碍物，障碍物上水深增加，障碍物干扰的影响不能向上游传播，多见于底坡较陡的渠道或者山区的河道中，如图 14-1-6-2b）所示。缓急流的分界是临界流，但它不是一种稳定的状态。

1）微幅波

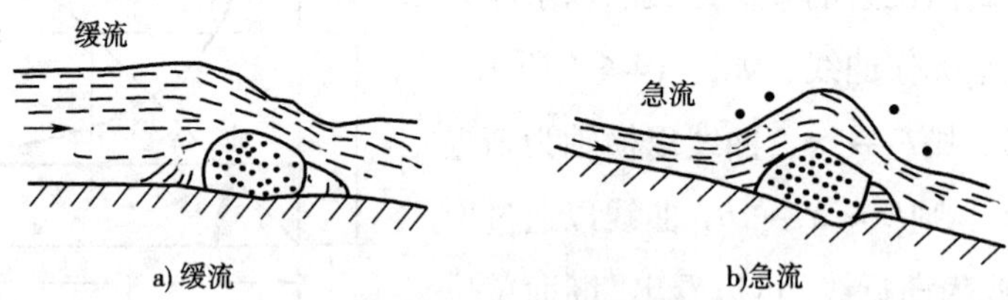

图 14-6-2 缓流和急流

当在静水中加一干扰时，就会产生一个微幅波向各个方向传波，其波速为c，则：

矩形断面，$c=\sqrt{gh}$

一般断面，$c=\sqrt{g\overline{h}}$

式中，h为渠中水深；$\overline{h}$为渠中平均水深，$\overline{h}=A/B$；B为水面宽度；A为过水断面面积。

当$v<c$时，水流为缓流。

当$v>c$时，水流为急流。

当$v=c$时，水流为临界流。

急流与缓流可通过多种形式来判断，见表 14-6-1。

明渠水流流态的各种判别方法 表 14-6-1

判别方法		波速v_c	弗劳德数Fr	临界水深h_c	均匀流时底坡
流态	缓流	$v < v_c$	$Fr < 1$	$h > h_c$	$i < i_c$，$h_0 > h_c$
	临界流	$v = v_c$	$Fr = 1$	$h = h_c$	$i = i_c$，$h_0 = h_c$
	急流	$v > v_c$	$Fr > 1$	$h < h_c$	$i > i_c$，$h_0 < h_c$

【例 14-6-2】 下列关于急流的说法中，正确的是：

A. 断面比能中动能大于势能　　B. 流速水头大于 1

C. 水深比较小　　D. 以上三种说法都不正确

解 其中 A 项，不能说动能一定大于势能。其余选项，参考表 14-6-1。选 D。

【例 14-6-3】 由混凝土构成的长直矩形渠道，$b = 2\text{m}$，水深$h = 0.7\text{m}$，流量$Q = 1.6\text{m}^3/\text{s}$。该流是：

A. 急流　　B. 缓流　　C. 临界流　　D. 不清楚

解 $v_c = \sqrt{gh_m}$，$v < v_c$。选 B。

2）弗劳德数

弗劳德数表示了流速与波速之比，即

$$\mathrm{Fr} = \frac{v}{\sqrt{gl}} \tag{14-6-5}$$

式中，v为物体的运动速度，g为重力加速度；l为物体的特征长度。

当$\mathrm{Fr} < 1$时为缓流，$\mathrm{Fr} > 1$时为急流，$\mathrm{Fr} = 1$时临界流。

弗劳德数在水力学中是一个极其重要的无量纲参数，所表示的能量意义为过水断面单位重量液体平均动能与平均势能之比的两倍开平方。当水流处于缓流时，水流的机械能中势能占主导地位，动能处于次要地位；急流时，则动能处于主导地位，势能处于次要地位。

从水流受力的角度来理解，弗劳德数则表示了惯性力与重力之比，当$\mathrm{Fr} > 1$时，说明惯性力作用大于重力的作用，惯性力起主导作用，水流处于急流状态；当$\mathrm{Fr} < 1$时，重力作用大于惯性力作用，这时重力起主导作用，水流处于缓流状态。

在惯性力和重力起重要作用的流动中，欲使两几何相似的物体（相似比为$n = l_{实}/l_{模}$）满足动力相似条件，则必须保证模型和实物的弗劳德数相等。

14.6.3 渐变流微分方程

明渠水流从急流状态过渡到缓流状态时，水面骤然跃起的急变流现象叫水跃，水面急剧上升。水跌是明渠水流从缓流过渡到急流，水面急剧降落的急变流现象。

渐变流微分方程有三种形式，即式（14-6-6）。第一种表示的是能量的转化关系，即减小的势能一部分用于克服沿程损失，另一部分转化为动能，表现为动能的增加；第二种表示的是断面单位能量沿程的变化关系，如果$i > J$，说明坡度大，断面单位能量沿程增加；第三种表示的是水深沿程的变化关系，是进行水面曲线分析和计算的基本公式。

$$\left.\begin{aligned}-\mathrm{d}z &= \mathrm{d}\left(\frac{\alpha v^2}{2g}\right)+\mathrm{d}h_{\mathrm{f}}\\ \frac{\mathrm{d}E}{\mathrm{d}s} &= i-J\\ \frac{\mathrm{d}h}{\mathrm{d}s} &= \frac{i-J}{1-(\mathrm{Fr})^2}\end{aligned}\right\} \tag{14-6-6}$$

经 典 练 习

14-6-1　有两个断面形状、尺寸完全相同的棱柱形渠道，$n_1 < n_2$，在通过相同流量的情况下，有(　　)。

A. $h_1 < h_2$　　B. $h_1 = h_2$　　C. $h_1 > h_2$　　D. 无法判断

14-6-2　下列关于缓流的说法中，正确的是(　　)。

A. 断面比能以势能为主　　B. 速度水头都比较小

C. 接近于均匀流　　D. 运动相关参数变化很慢

14-6-3　下面的流动中，不可能存在的是(　　)。

A. 缓坡上的非均匀急流　　B. 平坡上的均匀缓流

C. 陡坡上的非均匀缓流　　D. 逆坡上的非均匀急流

14-6-4　流量一定，渠道断面的形状、尺寸和粗糙系数一定时，随底坡的减少，正常水深将(　　)。

A. 不变　　B. 减少　　C. 增大　　D. 不定

14-6-5　下列哪项能作为判别明渠均匀流的指标(　　)。

A. 雷诺数 Re　　B. 断面单位能量e　　C. 水深　　D. 流速

14.7　堰流

考试大纲☞： 薄壁堰　实用断面堰　宽顶堰　小桥孔径水力计算　消力池

14.7.1　薄壁堰

在缓流中，为控制水位和流量而设置的顶部溢流的障壁称为堰，缓流经堰顶部溢流而过的急变流现象称为堰流。在水利工程、给排水工程、道桥工程中，堰是主要的泄流构筑物和流量测量设备。根据堰顶厚度δ与堰上水头H的比值范围将堰分为三类：薄壁堰($\delta/H < 0.67$)、实用堰($0.67 < \delta/H < 2.5$)和宽顶堰($2.5 < \delta/H < 10$)，如图 14-7-1 所示。当堰宽增至$\delta > 10H$时，沿程水头损失不能忽略，流动已不属于堰流。

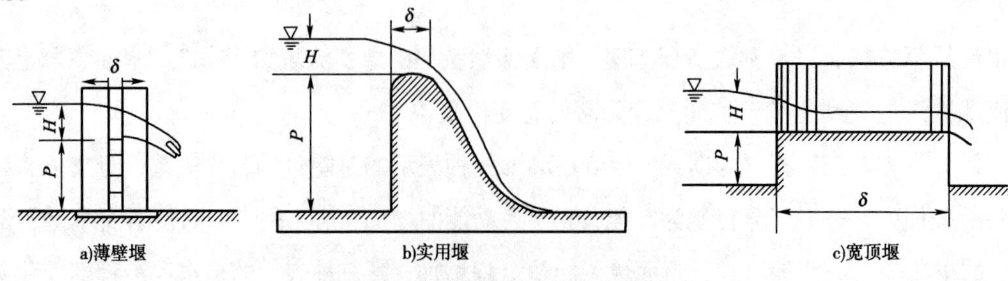

图 14-7-1　薄壁堰、实用堰和宽顶堰

薄壁堰来流受到薄堰壁阻挡，底部水流因惯性会向上弯，这样水舌下与堰壁间会产生一空隙。若堰壁

逐渐增厚，该空隙减小至消失，薄壁堰便成为实用堰。常见的薄壁堰有矩形堰和三角形堰，如图 14-7-2 所示的矩形堰，b为堰宽，H为堰上水头，p为堰上游坎高。水流泻下时，由缓流变为急流，属于水跌现象，部分势能转化为动能和阻力损失。堰上水头H是指堰壁上游$3H$以上处水面与堰顶的垂直距离。

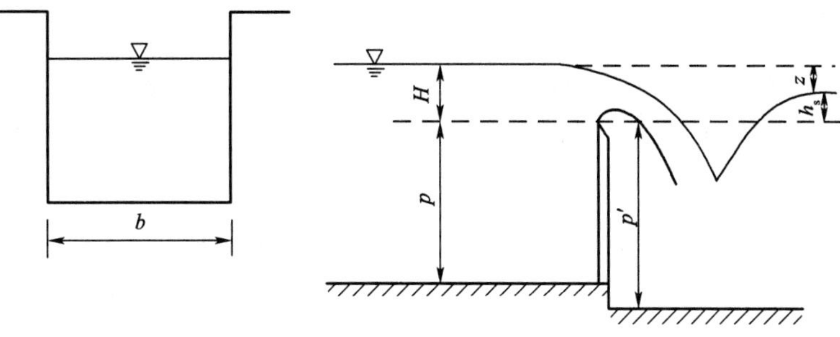

图 14-7-2 **薄壁堰**

矩形薄壁堰的自由溢流流量

$$Q = mb\sqrt{2g}H_0^{3/2} \tag{14-7-1}$$

式中：b——矩形堰板开口宽度；

m——流量系数；

H_0——作用水头，即堰上水头与流速水头之和，后文中的H_0也是这个意义。

为了能直接使用H来求得流量，将流速水头计入流量系数内，将此式改写为

$$Q = m_0 b\sqrt{2g}H^{3/2} \tag{14-7-2}$$

式中：m_0——计入流速水头的流量系数，需由实验确定。

法国巴赞提出经验公式

$$m_0 = \left(0.405 + \frac{0.0027}{H}\right)\left[1 + 0.55\left(\frac{H}{H+p}\right)^2\right] \tag{14-7-3}$$

式中：p为上游堰高，H、p单位为 m，公式适用范围$H \leqslant 1.24$m，$p \leqslant 1.13$m，$b \leqslant 2$m。

当下游水位较高，超过堰顶，即$h_s > 0$，且$z/p' < 0.7$时，发生淹没堰流。此时堰的过水能力降低，且水面波动较大，不稳定，所以作为流量测量设备的薄壁堰，不宜在淹没条件下工作。

当流量小时，矩形堰上水头很小，测量误差较大。为了使在小流量仍有较大的堰上水头，就要减小堰宽，因此采用三角堰。其计算公式为

$$Q = \frac{4}{5}m_0 \tan\frac{\theta}{2}\sqrt{2}gH^{5/2} \tag{14-7-4}$$

式中：θ——三角形开口的开口角度，常采用 90°。

（1）当$\theta = 90°$，$H = 0.05 \sim 0.25$m时，由实验得出$m_0 = 0.395$，则

$$Q = 1.4gH^{5/2} \tag{14-7-5}$$

（2）当$\theta = 90°$，$H = 0.25 \sim 0.55$m时，另有经验公式

$$Q = 1.343H^{2.47} \tag{14-7-6}$$

【例 14-7-1】 当三角形薄壁堰的作用水头增加6%后，流量将增加：

A. 10%　　B. 13%　　C. 15%　　D. 21%

解 本题未给出作用水头的高度，因此

（1）当$H = 0.05 \sim 0.25$m时，经验公式为$Q = 1.4H^{5/2}$。

因此当作用水头增加 6%后，流量将增加$\frac{1.4\times(1.06H)^{5/2}}{1.4H^{5/2}} - 1 = 15.68\% \approx 16\%$

（2）当$H = 0.25 \sim 0.55$m时，经验公式为$Q = 1.343H^{2.47}$。

因此当作用水头增加6%后，流量将增加$\frac{1.343\times(1.06H)^{2.47}}{1.343H^{2.47}}-1=15.48\%\approx15\%$

选 C。

14.7.2 实用断面堰

实用堰的堰顶厚对水流有一定的影响，水流上表面具有明显的曲度。实用堰的剖面有曲线型（见图 14-7-3a）和折线型（见图 14-7-3b）两种，水利工程中的大中型溢流坝多采用曲线形，小型工程常用折线型。

实用堰的流量计算公式见式（14-7-1），式中各项物理意义同前。实用堰的流量系数m变化范围很大，曲线型实用堰$m=0.45$，折线型实用堰可取$m=0.35\sim0.42$。可知，曲线型剖面的流量系数比折线型剖面的流量系数大，溢流能力更强。另外，实用堰受淹没和侧收缩影响时，计算流量都是在此公式基础上乘上相应的系数。

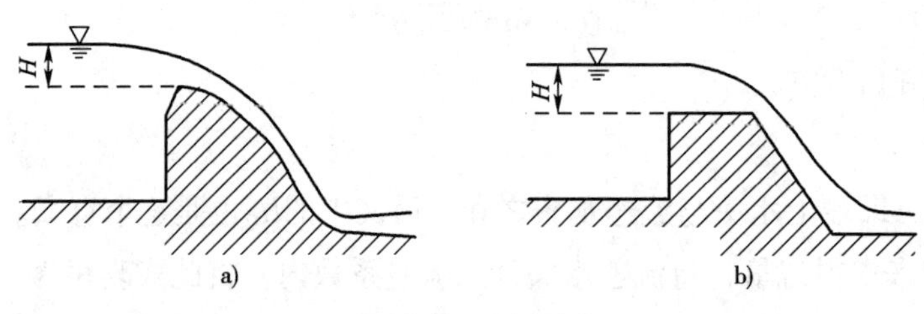

图 14-7-3 实用堰

【例 14-7-2】 实用堰的堰顶厚度与堰上水头的比值范围是：

A. 0.2~0.5 B. 0.5~0.67 C. 0.67~2.5 D. 2.5~10

解 实用堰的比值范围是：$0.67<\frac{\delta}{H}\leqslant2.5$。选 C。

14.7.3 宽顶堰

堰顶厚度较大，与堰上水头的比值超过 2.5，堰顶厚对水流有显著影响，如图 14-7-4 所示。由于堰顶上过流断面小于来流的过流断面，流速会增加，势能减小，转化为动能，并有局部水头损失。在堰进口处形成小于临界水深的收缩水深，堰上保持急流状态。在堰出口水面降落，与下游连接。

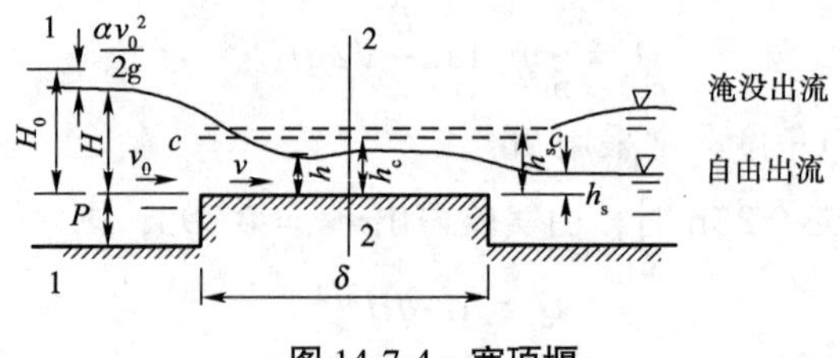

图 14-7-4 宽顶堰

宽顶堰的溢流流量用式（14-7-1）表示，式中流量系数m的经验公式如下。

对于矩形直角进口宽顶堰

$$m=0.32+0.01\times\frac{3-P/H}{0.46+0.75P/H}\quad(0\leqslant P/H\leqslant3)\tag{14-7-7}$$

$$m=0.32\quad(P/H>3)$$

矩形修圆（堰剖面进口处不是直角，而是圆弧角）进口宽顶堰

$$m=0.36+0.01\frac{3-P/H}{1.2+1.5P/H}\quad(0\leqslant P/H\leqslant3)\tag{14-7-8}$$

$$m = 0.36 \quad (P/H > 3)$$

当下游水位较高，造成堰上水深大于临界水深，水流由急流变成缓流，此时称为淹没出流。如图 14-7-4 所示，下游水深增加，堰过流断面扩大，流速减小，水的部分动能转化为势能；在堰出口处，水位又回升。只有当$h_s > 0.8H_0$时，才能发生淹没出流。淹没宽顶溢流的流量为式（14-7-1）再乘上淹没系数即可。

各种堰流一般都是由缓流到急流的水跃过程，出流后的急流与下游的缓流衔接时会形成水跃。当发生淹没出流时，下游水位高于堰顶，出流流量会受到影响。当水跃为远驱水跃或临界水跃时为自由出流，出流流量不受下游水位影响。

【例 14-7-3】 相同情况下，宽顶堰的自由式出流流量Q与淹没式出流流量Q'比较为：

A. $Q > Q'$　　B. $Q = Q'$　　C. $Q < Q'$　　D. 无法确定

解 当下游水深增加，流速减小，会发生淹没出流。计算流量需再乘上淹没系数，宽顶堰的淹没系数≤1。选 A。

【例 14-7-4】 宽顶堰形成淹没出流的充分条件是：

A. $h_s > 0$　　B. $h_s > 0.8H_0$

C. $h_s > 0.5\mathrm{H}_0$　　D. $h_s < h_2(h_2$为临界水深)

解 当堰下游水位升高到影响宽顶堰的溢流能力时，就成为淹没出流。试验表明，当$h_s > 0.8H_0$时，即可形成淹没出流。选 B。

【例 14-7-5】 自由式宽顶堰堰顶收缩断面的水深h_c与临界水深h_k相比，有：

A. $h_c > h_k$　　B. $h_c = h_k$　　C. $h_c < h_k$　　D. 无法确定

解 如解图所示，堰上水头比值δ超过 2.5 时，由于堰顶上过流断面小于来流的过流断面，势能转化为动能，流速增加，并产生局部的水头损失。水面最大跌落处形成收缩断面水深$h_c = (0.8\text{~}0.92)h_k$。选 C。

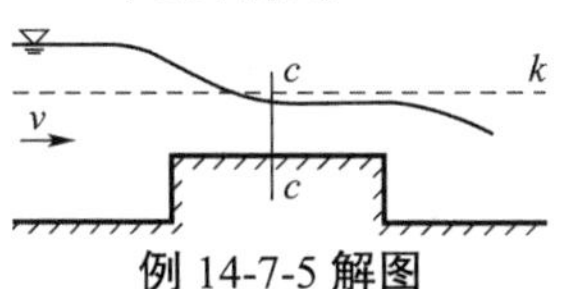

例 14-7-5 解图

14.7.4 小桥孔径水力计算

小桥孔过流与宽顶堰溢流相似，可看作是有侧收缩的宽顶堰溢流。根据下游水位是否影响桥孔过流，分为自由出流（见图 14-7-5a）和淹没出流（见图 14-7-5b）。若下游河槽水深h不超过桥下河槽临界水深h_c的 1.3 倍，即$h \leqslant 1.3h_c$，为自由出流，桥下为急流；若$h > 1.3h_c$，为淹没出流，桥下为缓流，且此时桥下水深近似为下游河渠水深。其中，h_c为桥孔水流的临界水深。

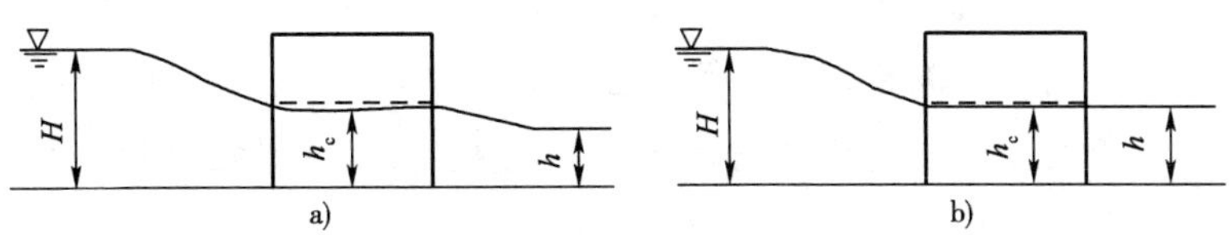

图 14-7-5　小桥孔过流

小桥孔径的水力计算要保证在通过设计流量Q时，桥下不发生冲刷，即以不冲允许流速作为小桥孔径的设计流速，再核算桥前壅水高度是否满足规定。其计算步骤和方法如下。

1）计算临界水深

以不冲允许流速v'计算桥孔下临界水深h_c，已知设计流量Q，桥孔过水断面为矩形，设宽为b，因断

面受侧收缩影响，有效宽度为εb，由式（14-6-4）可知临界水深

$$h_c = \sqrt[3]{\frac{\alpha Q^2}{g(\varepsilon b)^2}} \tag{14-7-9}$$

桥下水深$h_{c0} = \psi h_c$，其中系数ψ要视进口形状而定，平滑进口$\psi = 0.80\sim0.85$，非平滑进口$\psi = 0.75\sim0.80$。又有$Q = A_c v' = \varepsilon b \psi h_c v'$，代入上式，可得

$$h_c = \frac{\alpha \psi^2 v'^2}{g} \tag{14-7-10}$$

由上式便可算出h_c。

2）计算小桥孔径

计算孔径即计算桥孔的宽度b，公式如下。

自由出流$h \leqslant 1.3h_c$，桥下水深$h_{c0} = \psi h_c$

$$b = \frac{Q}{\varepsilon \psi h_c v'} \tag{14-7-11}$$

淹没出流$h > 1.3h_c$，桥下水深$h_{c0} = h$

$$b = \frac{Q}{\varepsilon h v'} \tag{14-7-12}$$

3）校核桥前壅水高度

$$H = h_{c0} + \frac{v^2}{2g\varphi^2} - \frac{Q^2}{2g(B_1 H)^2} < \mathrm{H}' \tag{14-7-13}$$

式中：h_{c0}——桥下水深(m)；

v——桥下水流速(m/s)；

φ——小桥孔的流速系数；

B_1——桥前河槽宽(m)；

H'——桥梁允许壅水水深(m)。

就桥梁而言，过高的壅水会淹没桥梁的上部结构，使桥孔成为有压流，使主梁受水平推力和浮力作用，会导致上部结构在洪水中颤动解体，所以桥梁前壅水水深要控制在一定范围。一般将行近流速水头项略去，结果偏大，更安全。

【例 14-7-6】 下列关于小桥孔出流的叙述中，正确的是：

A. 以不淤允许流速作为小桥孔径的设计流速

B. 小桥孔过流不能看作是有侧收缩的宽顶堰溢流

C. 下游河槽水深超过桥下河槽临界水深的 1.3 倍时为自由出流，桥下为急流

D. 过高的壅水会使桥孔成为有压流，使主梁受水平推力和浮力作用

解 选 D。

14.7.5 消力池

消力池是促使在泄水建筑物如堰、坝等下游产生底流式水跃的消能设施。如图 14-7-6 所示，消力池的形式通常有下降式、消力坎式和综合式等三种。图 14-7-6a）为下降式。降低护坦高程形成的消力池，用以加大尾水深度，促使下泄急流在池中产生底流式水跃。图 14-7-6b）为消力坎式。在护坦上

（一般在末端）设置消力坎而形成的消力池，多用于水跃淹没度不足，或开挖消力池有困难的情况。图 14-7-6c）为综合式。既降低护坦高度又设置消力坎而形成的消力池，多用于尾水深度与上游水深相差较大的情况。

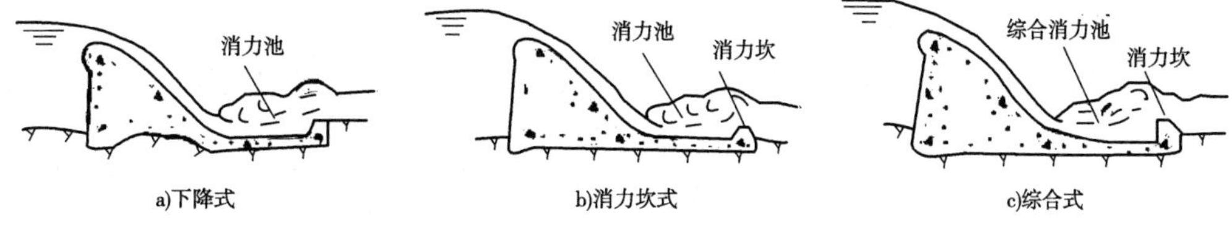

图 14-7-6　消力池

消力池能使下泻急流迅速变为缓流，而且形式繁多。一般可将下泄水流的动能消除 40%~70%，并可缩短护坦长度，是一种有效而经济的消能设施。

【例 14-7-7】 消力池的形式中不包括下列哪项？

A. 上升式　　B. 下降式　　C. 消力坎式　　D. 综合式

解　消力池的形式通常有下降式、消力坎式和综合式。选 A。

经典练习

14-7-1　对于薄壁堰、实用堰、宽顶堰的分类界限（堰顶厚度δ与堰上水头H的比值），正确的是（　　）。

A. 小于 0.67，0.67~2.5，大于 2.5　　B. 小于 0.67，0.67~10，大于 10

C. 小于 0.67，0.67~2.5，2.5~10　　D. 小于 0.67，小于 2.5，小于 10

14-7-2　实用堰应符合（　　）。

A. $\frac{\delta}{H} \leqslant 0.67$　　B. $0.67 < \frac{\delta}{H} \leqslant 2.5$

C. $2.5 < \frac{\delta}{H} \leqslant 10$　　D. $\frac{\delta}{H} > 0.67$

14-7-3　当三角形薄壁堰的作用水头增加20%后，流量将变为原来的（　　）。

A. 1.2 倍　　B. 1.44 倍　　C. 1.58 倍　　D. 1.73 倍

参考答案及提示

14-1-1　A　静水压强的两个特性是：同一点各方向的压强大小相等；方向沿受力作用面的内法线方向。

14-1-2　D　点 2 处压强与密闭容器内空气各处压强相等，即容器内空气各处压强、水面压强和油的右液面压强都相等。

14-1-3　A　纯计算问题。水平分力就是液体对曲面做的铅垂投影面的压力。

$$P_x = \frac{1}{2}\rho ghbh = \frac{1}{2}\rho gb(r\sin 30°)^2 = \frac{1}{2} \times 1\,000 \times 9.8 \times 2 \times (3 \times \sin 30°)^2 = 22.07\text{kN}$$

14-1-4　C　当绝对压强小于P_0时，真空度$= -(P - P_0)$，$P_0 = 100\,000\text{Pa}$，$P = 35\,000\text{Pa}$。

14-1-5　B　在连续的液体空间里，位置低的压强大。

14-1-6　C　木瓢重心在球心之下，而由于球的特点，在较小的偏转干扰下，浮力作用下始终垂直通过球心，所以重力与浮力会形成回复力矩。

14-2-1 A 该式表示单位重量液体具有的机械能。

14-2-2 D 能量方程表示的是单位重量液体的机械能守恒。

14-2-3 B 流体力学中把加速度对时空求导，分别得到当地加速度（即时变加速度）和位变加速度（即迁移加速度）。

14-2-4 B 理想不可压缩流体是无黏性流体，无水头损失，总水头线是水平线。

14-3-1 B 雷诺数$\mathrm{Re}=du\rho/\mu$，流量比为 3，流速u比也为 3，Re 之比为 3。

14-3-2 B 运动黏度$\nu=\mu/\rho$。

14-3-3 B 在紊流粗糙区，λ只与k_s/d有关，和 Re 无关。

14-3-4 D 临界雷诺数是个定值，与各参数无关。

14-3-5 D 以 B 池水平面为基准面。列 A、B 断面的能量方程：

$$H=\sum\lambda\frac{l}{d}\frac{v^2}{2g}+\sum\zeta\frac{v^2}{2g}$$

即

$$1.5=\left[0.02\times\left(\frac{5+5+8}{0.2}\right)+(3+0.3+0.3+1)\right]\frac{v^2}{2\times 9.8}$$

得$v\approx 2.143\ 3\mathrm{m/s}$，通过的流量$Q=v\frac{\pi d^2}{4}\approx 0.067\ 3\mathrm{m^3/s}$。

14-3-6 A 冷水的运动黏度大，而雷诺数相同，故冷水流速也较大。

14-3-7 D 实际液体由于存在黏滞性而具有的两种流动形态：液体质点作有条不紊的运动，彼此不相混掺的形态称为层流；液体质点作不规则运动、互相混掺、轨迹曲折混乱的形态称为紊流。

14-3-8 B 在层流区，$\mathrm{Re}<2\ 300$，λ和相对粗糙度k_s/d无关，只是 Re 的函数，并符合$\lambda=64/\mathrm{Re}$。

14-3-9 A

$$\mathrm{Re}=\frac{du\rho}{\mu}=\frac{0.01\times 0.15\times 999}{0.001\ 14}=1\ 314.47<2\ 300$$

故为层流。

14-3-10 D 对于矩形管道，雷诺数$\mathrm{Re}=\frac{vd}{\mu}$，$d=4R$，其中$v$是流速，$R$是水力半径，$\mu$是运动黏性系数。其中：

$$R=\frac{A}{\chi}=\frac{ab}{2(a+b)}=\frac{0.1\times 0.05}{2\times(0.1+0.05)}=\frac{1}{60}\mathrm{m}$$

$$v=\frac{Q}{ab}=\frac{8\times 10^3}{0.1\times 0.05}=1.6\mathrm{m/s}\quad (a、b\text{分别为矩形的长和宽})$$

雷诺数：

$$\mathrm{Re}=\frac{vd}{\mu}=\frac{1.6\times 4\times 1/60}{1.57\times 10^{-6}}\approx 67\ 941>2\ 300$$

故为紊流。

14-3-11 C 由$z_1+\frac{p_1}{\rho g}+\frac{v_1^2}{2g}=z_2+\frac{p_2}{\rho g}+\frac{v_2^2}{2g}$和$z_1=z_2$，可知$\frac{p_1}{\rho g}+\frac{v_1^2}{2g}=\frac{p_2}{\rho g}+\frac{v_2^2}{2g}$

又因$v_1>v_2$，所以可知$p_1<p_2$。

14-4-1 B 并联管路总的能量损失等于各支管的能量损失，总流量等于各支管流量之和。

14-4-2 A 并联管路的计算原理是能量方程和连续性方程，可知：

$$Q=Q_1+Q_2,\ h_{f1}=h_{f2}$$

又$h_f = SlQ^2$，$S = \frac{8\lambda}{g\pi^2 d^5}$

得：

$$h_f = \frac{8\lambda lQ^2}{g\pi^2 d^5} \times \frac{\lambda lQ^2}{d^5}$$

所以

$$\frac{\lambda_1 l_1 Q_1^2}{d_1^5} = \frac{\lambda_2 l_2 Q_2^2}{d_2^5}$$

得$\frac{Q_1}{Q_2} = \sqrt{2}$

14-4-3 C 长管是指水头损失以沿程损失为主，局部损失和流速水头都可忽略不计的管道。

14-4-4 B 圆柱形外伸嘴管的正常工作条件：①作用水头$H_0 \leqslant 9$m；②管嘴长度$l = (3\sim4)d$。

14-4-5 D 重力与浮力相等，内外液面差不变，为孔口恒定淹没出流，流速不变。

14-5-1 C 明渠均匀流条件是沿程减少的位能等于沿程水头损失。因此，明渠均匀流只能出现在底坡不变，断面形状尺寸、粗糙系数都不变的顺向坡长直渠道中。

14-5-2 D 谢才公式，选项 A、B、C 均不正确。

14-5-3 A 根据明渠均匀流的公式：

$$v = C\sqrt{RJ} = C\sqrt{Ri},\ R = \frac{A}{\chi}$$

其中，C为谢才系数，R为水力半径，i为渠道底坡，χ为湿周，A为过水断面面积。

当A一定时，湿周χ越小，其平均流速v越大。

14-5-4 A 梯形断面水力最优条件为水力半径是水深的一半。

14-6-1 A 由式$Q = \frac{1}{n}AR^{2/3}i^{1/2}$可知，当$n_1 < n_2$时，$A_1R_1^{2/3} < A_2R_2^{2/3}$，相应地$h_1 < h_2$。

14-6-2 A Fr 表示水流的惯性力与重力两种作用的对比关系。急流时，惯性对水流起主导作用；缓流时，重力对水流起主导作用。

14-6-3 B 均匀流只能发生在顺坡上。

14-6-4 C 根据以下公式

$$R = \frac{A}{\chi}$$

$$C = \frac{1}{n}R^{1/6}$$

$$Q = \frac{1}{n}AR^{2/3}i^{1/2} = \frac{i^{1/2}}{n}\frac{A^{5/3}}{\chi^{2/3}}$$

可知，Q一定时，当i减小，$\frac{A^{5/3}}{\chi^{2/3}}$变大，所以$h$变大。

14-6-5 B 单位重量水体相对于过水断面最低点处的水平面的总能量定义为断面比能，也称为断面单位能量，记为e。断面比能判别方法如下：

$$\left.\begin{aligned} &\mathrm{d}E_S/\mathrm{d}h > 0，缓流 \\ &\mathrm{d}E_S/\mathrm{d}h = 0，临界流 \\ &\mathrm{d}E_S/\mathrm{d}h < 0，急流 \end{aligned}\right\}$$

14-7-1 C 根据堰顶厚度δ与堰上水头H的比值范围将堰分为三类：薄壁堰($\delta/H < 0.67$)、实用堰

$(0.67 < \delta/H \leqslant 2.5)$和宽顶堰$(2.5 < \delta/H \leqslant 10)$。

14-7-2 B 实用堰的比值范围是：$0.67 < \frac{\delta}{H} \leqslant 2.5$。

14-7-3 C （1）当$H = 0.05 \sim 0.25\text{m}$时，经验公式为$Q = 1.4H^{5/2}$。

当三角形薄壁堰的作用水头增加20%后，流量变为$Q' = 1.4 \times (1.2H)^{5/2} = 1.58Q$

（2）当$H = 0.25 \sim 0.55\text{m}$时，经验公式为$Q = 1.343H^{2.47}$。

当三角形薄壁堰的作用水头增加20%后，流量变为$Q' = 1.343 \times (1.2H)^{2.47} = 1.57Q$

15 水泵及水泵站

考题配置 单选，12题
分数配置 每题2分，共24分

复习指导

本章知识点较多，且很多内容与实际结合较为紧密，有实际工作经验的考生在考试中较有优势，没有工作经验的考生则要仔细理解、掌握，如水泵的构造、工作原理等内容。同时考题中相当大一部分与设计规范内容相关，如污水泵站的容积、设计水量按照最大日最大时等内容，没有给排水工程设计经验的考生需要阅读相关的设计规范，对提高答题的准确度会有所帮助。另外，对知识点的理解要密切结合相关图件，如水泵的工况点、水泵的串并联特性等。

15.1 叶片式水泵

考试大纲☞： 离心泵工作原理 离心泵的基本方程式 性能曲线 比转数(n_s) 定速运行工况 管道系统特性曲线 水箱出流工况点 并联运行 串联运行 调速运行 吸水管中压力变化 气穴和气蚀 气蚀余量 安装高度 混流泵

15.1.1 离心泵工作原理

泵是输送和提升液体的机器，它把原动机的机械能转化为被输送液体的能量，使液体获得动能或势能。

1）离心泵的基本构造

离心泵的基本构造由六部分组成，分别是叶轮、泵体、泵轴、轴承、密封环和填料函。离心泵的主要过流部件有吸水室、叶轮和压水室。吸水室位于叶轮的进水口前面，起到把液体引向叶轮的作用；叶轮是泵的最重要的工作元件，是过流部件的心脏，叶轮由盖板和中间的叶片组成；压水室主要有螺旋形压水室（蜗壳式）、导叶和空间导叶三种形式。

叶轮是离心泵的核心部分，它转速高，出力大，叶轮上的叶片起到主要作用，叶轮在装配前要通过静平衡实验。叶轮上的内外表面要求光滑，以减少水流的摩擦损失。

泵体也称泵壳，是水泵的主体。其起到支撑固定作用，并与安装轴承的托架相连接。

泵轴的作用是借联轴器和电动机相连接，将电动机的转矩传给叶轮，所以它是传递机械能的主要部件。

轴承是套在泵轴上支撑泵轴的构件，有滚动轴承和滑动轴承两种。

密封环又称减漏环。填料函主要由填料、水封环、填料筒、填料压盖、水封管组成。

2）离心泵的工作原理

离心泵启动时要求水泵腔体灌满水，出水管阀门要求关闭，启动后当水泵压水管路上的压力表显示值为水泵零流量空转扬程时，表示泵已上压，可逐渐打开压水管上的阀门，此时，真空表读数逐渐增加，压力表数值逐渐下降。

离心泵之所以能把水送出去，是由于离心力的作用。由水泵构造可知，当水受到离心力作用被甩出叶轮外缘，经蜗形泵壳的流道进入压水管路中，水受离心作用甩出后形成真空，吸水池中的水在大气压作用下压入泵内，该过程达到输送水的目的。水泵在工作前，泵体和进水管必须灌满水，形成真空状态，当叶轮快速转动时，叶片促使水很快旋转，旋转着的水在离心力的作用下从叶轮中飞去，泵内的水被抛出后，叶轮的中心部分形成真空区域。水源的水在大气压力（或水压）的作用下通过管网压到了进水管内。这样循环不已，就可以实现连续抽水。

3）离心泵的分类

离心泵，按其主轴的方向可分为卧式泵和立式泵；按压出室的形式可分为蜗壳式泵和导叶式泵；按水流进入叶轮的方式可分为单吸泵和双吸泵；按轴上安装的叶轮的个数可分为单级泵和多级泵。

【例 15-1-1】 水泵是输送和提升液体的机器，它把原动机的机械能转化为被输送液体的能量，使液体获得：

A. 动能　　B. 势能

C. 动能或势能　　D. 压能

解　泵是输送和提升液体的机器，它把原动机的机械能转化为被输送液体的能量，使液体获得动能或势能。选 C。

15.1.2 离心泵的基本方程式

离心泵的基本性能，通常用 6 个性能参数来表示：①流量Q；②扬程H；③轴功率N；④效率η（效率η是水泵有效功率N_u与轴功率N的比值，通常情况下，$\eta = \frac{N_u}{N} = \frac{\rho gQH}{N}$）；⑤转速$n$；⑥允许吸上真空高度$H_s$。

为方便用户使用，每台泵的泵壳上钉有一块铭牌，铭牌上简明列出该泵在设计转速下运转、效率为最高时的流量、扬程、轴功率及允许吸上真空高度或气蚀余量值。铭牌所列数值，是该泵设计工况下的参数值，它只是反映在特性曲线上效率最高点的各参数值。

叶轮中液体的运动情况：水流从吸入管沿着泵轴的方向以绝对速度C自叶轮进口处流入，液体质点在进入叶轮后，就经历着一种复合圆周运动。叶轮中液体的流速可以用牵连速度（液体因叶轮旋转而具有的圆周运动的速度）u、相对速度（液体相对于叶片的速度）W和绝对速度（牵连速度与相对速度的矢量合成）C表示。水流在叶轮中的复合运动可用速度平行四边形来表示，如图 15-1-1 所示。图中速度C_1与u_1和C_2与u_2的夹角，称为α_1和α_2角，W_1与$-u_1$和W_2与$-u_2$间的夹角，称为β_1和β_2角。

β_1称为水泵的进水角，β_2称为水泵的出水角，根据出水角的大小可将叶片分为后弯式、径向式、前弯式三种。当β_1和β_2均小于 90°时，叶片与旋转方向呈后弯式叶片，当$\beta_2 = 90°$时，叶片出口是径向的，当β_2大于 90°时，叶片与旋转方向呈前弯式叶片。实际工程中离心泵的叶轮，大部分是后弯式叶片。后弯式叶片的流道比较平缓，弯度小，叶槽内水力损失较小，有利于提高泵的效率。

1）基本方程式的推导

基本方程式推导的三个假设：①液流是恒定流；②叶槽中，液流均匀一致，叶轮同半径处液流的同名速度相等；③液流为理想液体。

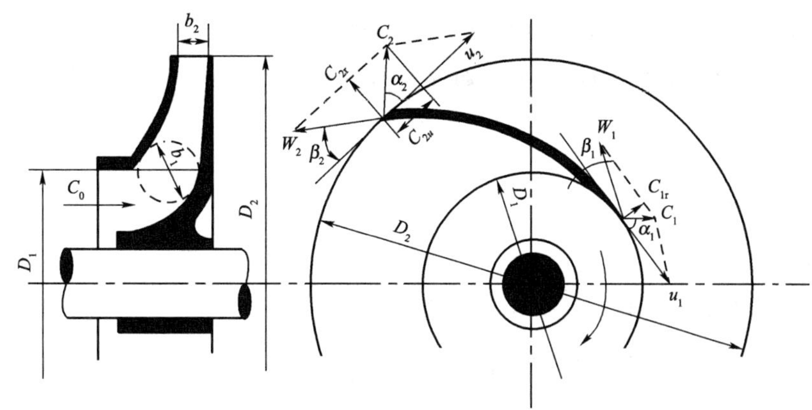

图 15-1-1　离心泵叶轮中水流速度

根据流动均匀一致的假定，应用动量矩定理可得

$$\frac{\mathrm{d}m}{\mathrm{d}t}(C_2\cos\alpha_2 R_2 - C_1\cos\alpha_1 R_1) = M \tag{15-1-1}$$

式中：M——作用在叶槽内整股水流上的所有外力矩；

R_1，R_2——叶轮进口和出口至轴中心的半径。

将上式推广应用到流过叶轮的全部叶槽的水流时，可得

$$\sum M = \rho Q_{\mathrm{T}}(C_2 R_2\cos\alpha_2 - C_1 R_1\cos\alpha_1) \tag{15-1-2}$$

式中：Q_{T}——通过叶轮的理论流量；

ρ——水的密度。

根据假定三得：$N_{\mathrm{T}} = \sum M\omega$

又知，理论功率$N_{\mathrm{T}} = \rho g Q_{\mathrm{T}} H_{\mathrm{T}}$，可得

$$H_{\mathrm{T}} = \frac{\sum M\omega}{\rho g Q_{\mathrm{T}}} \tag{15-1-3}$$

$$H_{\mathrm{T}} = \frac{\omega}{g}(C_2 R_2\cos\alpha_2 - C_1 R_1\cos\alpha_1) \tag{15-1-4}$$

由假定二知，$u_1 = R_1\omega$，$u_2 = R_2\omega$，$C_{1\mathrm{u}} = C_1\cos\alpha_1$，$C_{2\mathrm{u}} = C_2\cos\alpha_2$，得离心泵的基本方程式

$$H_{\mathrm{T}} = \frac{u_2 C_{2\mathrm{u}} - u_1 C_{1\mathrm{u}}}{g} \tag{15-1-5}$$

式中：H_{T}——理论扬程（m）；

u_2，u_1——叶轮出口、进口的牵连速度（液体因叶轮旋转具有的圆周运动的速度）；

$C_{2\mathrm{u}}$，$C_{1\mathrm{u}}$——叶轮出口、进口绝对速度的切向分速度。

2）基本方程式的讨论

提高水泵理论扬程的技术措施：①提高水泵扬程和改善其吸水性能；②增加水泵转速和加大叶轮外径。

为提高水泵扬程和改善其吸水性能，大多数离心泵在水流进入叶片时，使$\alpha_1 = 90°$，也即$C_{1u} = 0$，此时，基本方程式可写成

$$H_{\mathrm{T}} = \frac{u_2 C_{2\mathrm{u}}}{g} \tag{15-1-6}$$

由式（15-1-6）可知，为了获得正值扬程($H_{\mathrm{T}} > 0$)，必须使$\alpha_2 < 90°$，α_2越小，泵的理论扬程越大。在实际应用中，水泵厂一般选用$\alpha_2 = 6°\sim15°$。

基本方程式的适用条件：①适用于一切叶片泵；②适用于各种液体。

正在运转的离心泵的扬程还可以用压力表和真空表的读数来计算：

$$H = H_{\mathrm{d}} + H_{\mathrm{v}} + \frac{v_2^2 - v_1^2}{2\mathrm{g}} + \Delta z$$

式中：H_{d}——压力表读数（m）；

H_{v}——真空表读数（m）；

$\frac{v_2^2}{2\mathrm{g}}$、$\frac{v_1^2}{2\mathrm{g}}$——压力表所在断面、真空表所在断面的流速水头（m）；

Δz——真空表与压力表的位置高差（m）。

在泵站的工艺设计中，泵的扬程也可用下式来确定：

$$H = H_{\mathrm{ST}} + \sum h = H_{\mathrm{ST}} + SQ^n$$

式中：H_{ST}——水泵装置的静扬程；

n——指数，一般$n = 2$或$n = 1.852$；

S——管道系统的总摩阻系数；

Q——水泵出水量(m^3/s)；

$\sum h$——水泵装置管路中总水头损失。

【例 15-1-2】 水泵铭牌上的数值只是反映：

A. 水泵的性能参数值

B. 水泵在设计转速下的性能参数值

C. 水泵在特性曲线上效率最高时的各性能参数值

D. 水泵在设计转速下，特性曲线上效率最高时的各性能参数值

解 铭牌所列数值，是该泵设计工况下的参数值，它只是反映在特性曲线上效率最高点的各参数值。选 D。

15.1.3 离心泵效率

水泵效率是指水泵的有效功率与轴功率之比的百分数，它标志着水泵能量转换的有效程度，是水泵的重要技术经济指标，用η表示。水泵铭牌上的效率是对应于通过设计流量时的效率，该效率为水泵的最高效率。水泵的效率越高，表示水泵工作时的能量损失越小。

水泵轴功率不可能全部传递给输出的液体，其中必有一部分能量损失。水泵内能量损失可分为三部分，即水力损失、容积损失和机械损失。

1）水力损失和水力效率

水流流经水泵的吸入室、叶轮、压出室时产生摩擦损失、局部损失和冲击损失。摩擦损失是水流与过流部件壁间的摩擦阻力引起的损失。局部损失是水流在泵内由于水流速度大小与方向发生变化引起的损失。冲击损失是泵在非设计工况下运行时水流在叶片入口处、出口处及压出室内引起的损失。水力

损失越大，水泵的扬程越小。未考虑水泵内水力损失的扬程为理论扬程H_T，则水泵扬程H与理论扬程H_T之比，称为水力效率η_h。

2）容积损失和容积效率

水流流过叶轮后，有一小部分高压水经过泵体内间隙（如减漏环）和轴向力平衡装置（如平衡孔）泄露到叶轮的进口，另有一部分从轴封装置处泄漏到泵体外，消耗了一部分能量，即容积损失。漏损q越大，水泵的出水量Q越小。通过水泵出口的流量Q与通过泵进口的流量$Q+q$之比，称为容积效率η_V。

3）机械损失和机械效率

叶轮在液体中旋转时，前、后盖板外表面与液体产生摩擦损失（即轮盘损失），泵轴转动时轴和轴封、轴承产生摩擦损失，克服摩擦损失消耗了部分能量，即机械损失，机械损失功率用P_m表示。从泵的输入功率中扣除机械损失后，叶轮传递给液体的功率，称为水功率，用P_w表示。

水泵的效率是容积效率、水力效率与机械效率的乘积。提高水泵效率，必须减少水泵内的各种损失。提高水泵的效率，除了从水力模型、选用材质、加工工艺、部件等方面加以改善和提高外，使用单位还要注意正确选择泵型、保证安装质量、合理调节运行工况和加强维护管理，才能使泵经常在高效率状态下运行，达到节约能源、降低成本和提高经济效益的目的。水泵效率也属于水泵性能参数的一个分类。

15.1.4 性能曲线

在离心泵的 6 个基本性能参数中，通过选定转速(n)作为定量，然后列出扬程(H)、轴功率(N)、效率(η)以及允许吸上真空高度(H_s)等随流量而变化的函数关系式。

当n为常数时

$$H=f(Q);\ N=F(Q)$$
$$H_s=\psi(Q);\ \eta=\varphi(Q)$$

如把这些关系式用曲线的方式来表示，就称这些曲线为离心泵的特性曲线。每一台泵在一定的转速下，都有它自己固有的特性曲线，此曲线反映该泵本身潜在的工作能力。水泵的实测特征曲线中，自变量通常是流量，它表示水泵在单位时间内所输送的流体体积或质量。

图 15-1-2 为目前生产的 14SA-10 型泵的特性曲线。该曲线是在转速(n)为 1 450r/min的情况下，通过离心泵性能试验和气蚀试验来绘制的。图中包含有$Q\sim H$、$Q\sim N$、$Q\sim\eta$、$Q\sim H_s$四条曲线。它们有如下特点：①每一个流量(Q)都相应于一定的扬程(H)、轴功率(N)、效率(η)和允许吸上真空高度(H_s)；②$Q\sim H$曲线是一条不规则的曲线；③泵正常启动时，$Q=0$的情况，相当于闸阀全闭，此时泵的轴功率仅为设计轴功率的 30%~40%，而扬程值又最大，完全符合电动机轻载启动要求，因此，在给水排水泵站中，凡使用离心泵的，通常采用“闭闸启动”；④在$Q\sim N$曲线上各点的纵坐标，表示泵在各不同流量Q时的轴功率值；⑤在$Q\sim H$曲线上各点的纵坐标，表示泵在相应流量下工作时，泵所允许的最大限度的吸上真空高度值。

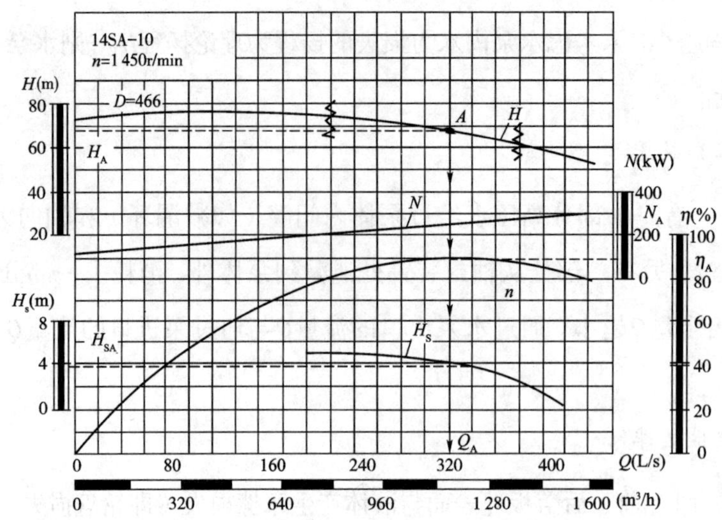

图 15-1-2 14SA-10 型离心泵的特性曲线

【例 15-1-3】 电动机启动时要求轻载启动，所以离心泵启动前应处于什么状态？

A. 出水阀门全开　　B. 出水阀门全闭

C. 吸水阀门全闭　　D. 吸水阀门或出水阀门全闭

解 在给水排水泵站中，凡使用离心泵的，通常采用“闭闸启动”：指在关闭压水管路上阀门的状态下启动水泵，即启动前出水阀门处于全闭状态；吸水管路上的阀门是为水泵检修设置的，平时处于常开状态。选 B。

15.1.5 比转数(n_s)

按照泵的相似原理，将各种叶片泵分成若干相似泵群，在每一个相似泵群中，拟用一台标准模型泵作代表，用它的几个主要性能参数(Q,H,n)来反映该群相似泵的共同特性和叶轮构造。模型泵的确定是，在最高效率下，当有效功率$N_u = 735.5\text{W}(1\text{HP})$，扬程$H_m = 1\text{m}$，流量$Q_m = \frac{N_u}{\rho g H_m} = 0.075\text{m}^3/\text{s}$时，该模型泵的转数就叫作与它相似的实际泵的比转数$n_s$。

如 12Sh-28A 型离心泵中，数字“28”即此泵的比转数$n_s = 280$，因此，凡与它工况相似的泵，其比转数也将等于 280。

由相似定律得出比转数的计算公式

$$n_s = n\left(\frac{Q}{Q_m}\right)^{\frac{1}{2}}\left(\frac{H_m}{H}\right)^{\frac{3}{4}} \tag{15-1-7}$$

现将模型泵的$H_m = 1\text{m}$，$Q_m = 0.075\text{m}^3/\text{s}$代入式（15-1-7），可得下式

$$n_s = \frac{3.65n\sqrt{Q}}{H^{\frac{3}{4}}} \tag{15-1-8}$$

式中：n——水泵的额定转速(r/min)；

Q——水泵效率最高时的单吸流量(m^3/s)；

H——水泵效率最高时的单级扬程(m)。

比转数n_s实际上是相似定律中的一个特例。在应用式（15-1-8）时，应注意以下几点：①Q和H是指泵最高效率时的流量和扬程，也即泵的设计工况点。②比转数n_s是根据所抽升液体的密度$\rho = 1\,000\text{kg/m}^3$时得出的，也即根据抽升 20℃左右的清水时得出的。③Q和H是指单吸、单级泵的流量和扬程。如果是双吸式泵，则公式中的Q值，应采用泵设计流量的一半，若是多级泵，H应采用每级叶轮的扬程（如

为五级泵，则扬程用该泵总扬程的1/5代入)。④对于任一台泵而言，比转数不是无因次数，它的单位是r/min，可它并不是一个实际的转速，只是用来比较各种泵性能的一个共同标准，因此它本身的单位含义无多大用处。

叶片泵叶轮的形状、尺寸、性能和效率都随比转数而变的。因此，使用比转数n_s，可对叶片泵进行分类，如图 15-1-3 所示。

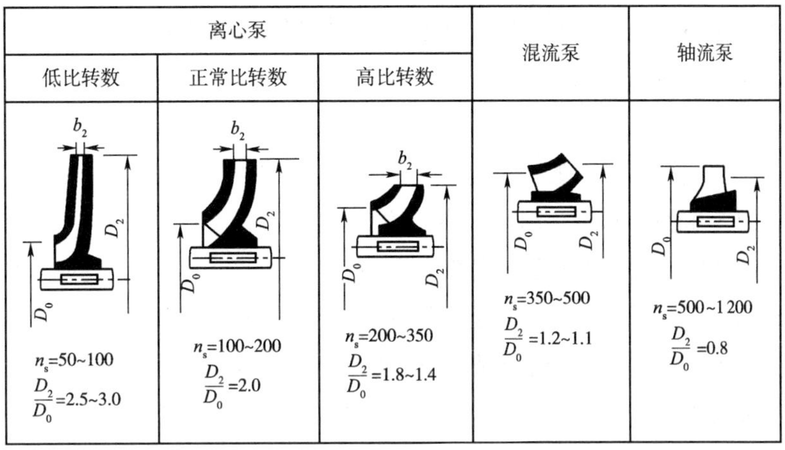

离心泵			混流泵	轴流泵
低比转数	正常比转数	高比转数		
b_2, D_2, D_0 n_s=50~100 $\frac{D_2}{D_0}$=2.5~3.0	b_2, D_2, D_0 n_s=100~200 $\frac{D_2}{D_0}$=2.0	b_2, D_0, D_2 n_s=200~350 $\frac{D_2}{D_0}$=1.8~1.4	D_0, D_2 n_s=350~500 $\frac{D_2}{D_0}$=1.2~1.1	D_0, D_2 n_s=500~1 200 $\frac{D_2}{D_0}$=0.8

图 15-1-3　叶片泵叶轮按比转数分类

低比转数：扬程高、流量小。在构造上可用增大叶轮的外径(D_2)和减小内径(D_0)与叶槽宽度(b_2)的方法来得到高扬程、小流量。其D_2/D_0可以大到 2.5，b_2/D_2可以小到 0.03。结果使叶轮变为外径很大，外形扁平，叶轮流槽狭长（呈瘦长形），出水方向成径向。

高比转数：扬程低、流量大。要产生大流量，叶轮进口直径D_0及出口宽度b_2就要加大，但又因扬程要低，则叶轮的外径D_2就要缩小，于是，D_2/D_0比值就小，b_2/D_2就大。结果，叶轮外形就变成外径小而宽度大，叶槽由狭长而变为粗短（呈矮胖形），水流方向由径向渐变为轴向。介于离心泵和轴流泵之间的是混流泵，其比转数$n_s = 300{\sim}500$。混流泵的特点是流量大于同尺寸的离心泵而小于轴流泵，扬程大于轴流泵而小于离心泵。

比转数n_s不同，反映了泵特性曲线的形状也不同，如图 15-1-4 所示。

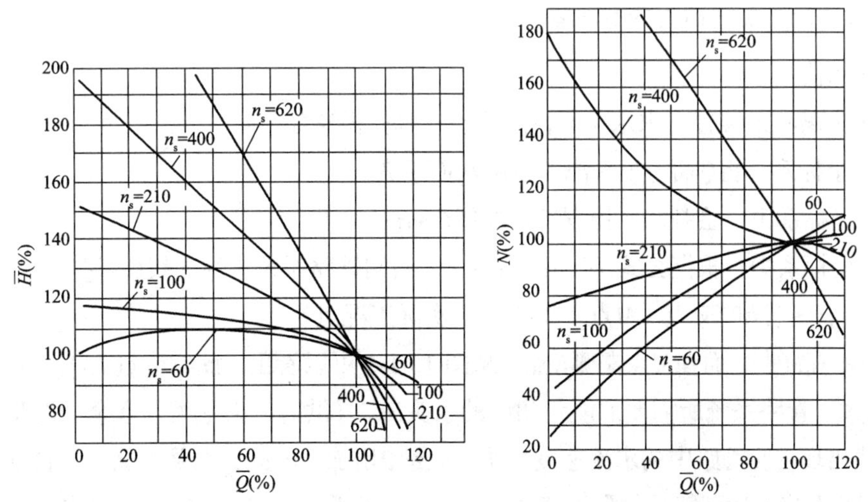

图 15-1-4　不同n_s叶片泵的相对$\overline{Q}$~$\overline{H}$、$\overline{Q}$~$\overline{N}$曲线

【例 15-1-4】 混流泵、离心泵和轴流泵的比转数大小顺序为：

A. 离心泵>轴流泵>混流泵　　　　B. 轴流泵>混流泵>离心泵

C. 离心泵>混流泵>轴流泵　　　　D. 混流泵>轴流泵>离心泵

解　由图 15-1-3 可看出，当$D_2/D_0=0.8$时，离心泵就演变成了轴流泵，其出水方向是沿泵轴方向。介于离心泵和轴流泵之间的是混流泵。选 B。

15.1.6 定速运行工况

水泵工况是指水泵运行时，瞬时的实际出水量Q、扬程H、轴功率N、效率η等，把这些值绘在扬程曲线、功率曲线、效率曲线上，就成为一个具体的点，这个点就称为水泵装置的瞬时工况点。工况点反映了水泵瞬时的工作状况。

泵站中决定离心泵装置工况点的因素有三个方面：①泵本身的型号；②泵运行的实际转速；③输配水管路系统的布置以及水池、水塔（高地水库）的水位值。

离心泵装置工况点的求解有图解法和数解法两种，其中图解法简明、直观，在工程中应用较广。

图解法即通过绘制水泵性能曲线与管道系统特性曲线，在图上找到两线的交点，即为离心泵装置的实际工况点，这个交点反映了在特定管路条件下水泵的流量和扬程，是水泵在实际使用中的真实工作状态，如图 15-1-5 中M点所示。数解法则是通过解方程组的方法，求出上述两条曲线方程的公共解，此公共解即为水泵的实际出水量、实际扬程值。

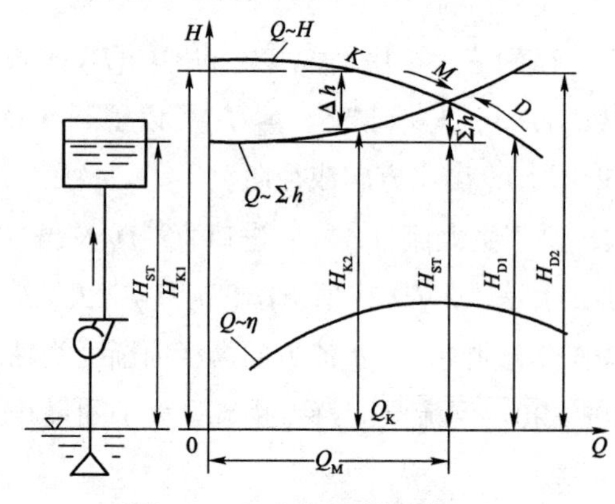

图 15-1-5　离心泵装置的工况

1）图解法求离心泵装置的实际工况点

（1）直接作图法

图 15-1-5 示为离心泵装置，求水泵运行工况点。具体做法如下：

①建立$Q\sim H$坐标系，将Q轴与吸水池的自由水面平齐；

②在建立的坐标系中，绘制水泵扬程特性曲线$Q\sim H$；

③在建立的坐标系中，根据公式$H=H_{\mathrm{ST}}+\sum h$，绘制管路系统特性曲线$Q\sim\sum h$；

④曲线$Q\sim H$与$Q\sim\sum h$的交点（M点）即为水泵实际工况点。

假设工况点不在M点，而在M点左侧K点，从图 15-1-5 可以看出，此时流量为Q_{K}，水泵提供的能量相应的水头H_{K1}大于管路系统所需要的能量相应的水头H_{K2}，供需失去平衡，富余的能量将以动能相应的水头Δh的形式出现，使管路中的水流速度加快，流量Q增加。由此，水泵工况点将自动向流量增大的一侧移动，直到移至M点达到能量供需平衡为止。反之，假设工况点在M点右侧D点，此时，水泵提供的能量相应的水头H_{D1}，小于管路需求的能量相应的水头H_{D2}，由于管路中水流能量不足，流速降低，水泵工况点将自动向流量减小的一侧移动，直到退至M点，达到能量供需平衡为止。所以，M点就是该泵装置的实际工况点。

（2）折引作图法

折引作图法如图 15-1-6 所示。

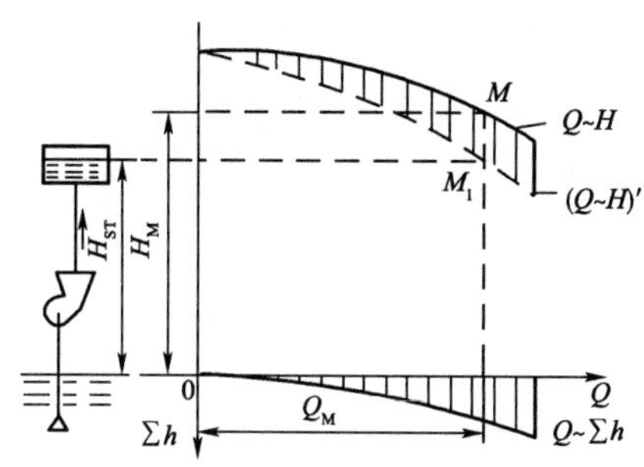

图 15-1-6　折引特性曲线法求工况点

作图步骤如下：

①建立$Q\sim H$坐标系，将Q轴与吸水池的自由水面平齐。

②在建立的坐标系中，绘制水泵扬程特性曲线$Q\sim H$。

③沿Q坐标轴下绘出管路水头损失特性曲线$Q\sim\sum h$。

④在水泵性能曲线$Q\sim H$上减去相应流量下的水头损失$\sum h$，

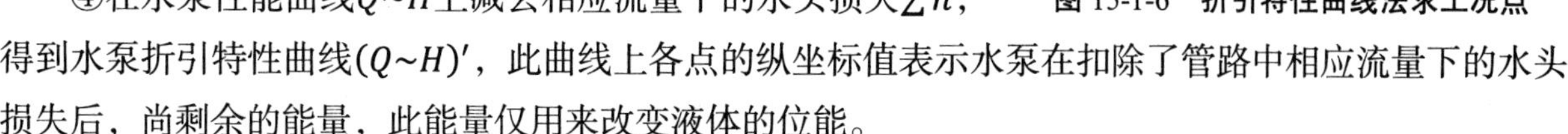

得到水泵折引特性曲线$(Q\sim H)'$，此曲线上各点的纵坐标值表示水泵在扣除了管路中相应流量下的水头损失后，尚剩余的能量，此能量仅用来改变液体的位能。

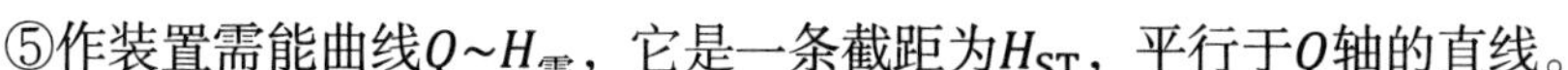

⑤作装置需能曲线$Q\sim H_{需}$，它是一条截距为H_{ST}，平行于Q轴的直线。

⑥曲线$Q\sim H_{需}$与$(Q\sim H)'$交于M_1点，M_1点是折引泵的工况点。

⑦过M_1点向上引垂线，与曲线$Q\sim H$相交于M点，M点即为水泵的工况点。

2）离心泵装置工况点的改变

离心泵装置的工况点是建立在水泵和管道系统能量供求关系的平衡上，只要两种情况之一发生改变时，其工况点就会发生变化。

第一种情况是通过改变管路特性曲线来改变工况点，方法有自动调节（水位变化）、阀门调节（节流调节）等；第二种情况是通过改变水泵特性曲线来改变工况点，方法有变速调节（调速运行）、变径调节（换轮运行）、变角调节（改变轴流泵的叶片安装角）以及水泵并联和串联等。

定速运行情况下，离心泵装置工况点的改变，主要是管道系统特性曲线发生改变引起的（如H_{ST}的改变和节流调节）。

3）数解法求离心泵装置的工况点

离心泵装置工况点的数解，其数学依据是如何由泵及管道系统特性曲线方程中解出Q和H值，也即由下列两个方程式中求解Q、H值。

$$H=f(Q)$$
$$H=H_{ST}+SQ^2$$

由上式可见：两个方程式求两个未知数是完全可能的，关键在于如何来确定泵的$H=f(Q)$函数关系。根据确定方法不同，数解法分为抛物线法和最小二乘法。

（1）抛物线法

抛物线法是把离心泵的$Q\sim H$曲线上的高效段用抛物线方程近似拟合，即

$$H=H_x-h_x \tag{15-1-9}$$

式中：H——水泵的实际扬程（高效段内）（m）；

H_x——水泵在$Q=0$时的虚总扬程（m）；

h_x——相应于流量为Q时，水泵内部的虚水头损失之和（m），$h_x=S_xQ^m$；

m——指数，对于水泵，$m=2$或$m=1.84$，一般采用$m=2$。

则得

$$H=H_x-S_xQ^2 \tag{15-1-10}$$

如果在水泵高效段内相距较远的地方任取两点，将这两点坐标代入式（15-1-10），得

$$H_x=H_1+S_xQ_1^2=H_2+S_xQ_2^2 \tag{15-1-11}$$

$$S_x = \frac{H_1 - H_2}{Q_2^2 - Q_1^2} \tag{15-1-12}$$

H_1、H_2、Q_1、Q_2为已知值，根据式（15-1-12）求出S_x值，再得出H_x值。从而得出

$$H = H_x - S_x Q^2 \tag{15-1-13}$$

$$H = H_x - S_x Q^2 = H_{ST} + SQ^2 \tag{15-1-14}$$

也即

$$Q = \sqrt{\frac{H_x - H_{ST}}{S_x + S}} \tag{15-1-15}$$

式中，H_x、S_x及S均为已知值，当H_{ST}一定时，即可求出水泵工况点的流量Q和扬程H。

（2）最小二乘法

设$Q \sim H$曲线可用下列多项式拟合

$$H = H_0 + A_1 Q + A_2 Q_2 + \cdots + A_m Q^m \tag{15-1-16}$$

根据最小二乘法原理求得

$$\begin{cases} nH_0 + A_1 \sum\limits_{i=1}^{n} Q_i + A_2 \sum\limits_{i=1}^{n} Q_i^2 + \cdots + A_m \sum\limits_{i=1}^{n} Q_i^m = \sum\limits_{i=1}^{n} H_i \\ H_0 \sum\limits_{i=1}^{n} Q_i + A_1 \sum\limits_{i=1}^{n} Q_i^2 + A_2 \sum\limits_{i=1}^{n} Q_i^3 + \cdots + A_m \sum\limits_{i=1}^{n} Q_i^{m+1} = \sum\limits_{i=1}^{n} H_i Q_i \\ H_0 \sum\limits_{i=1}^{n} Q_i^m + A_1 \sum\limits_{i=1}^{n} Q_i^{m+1} + A_2 \sum\limits_{i=1}^{n} Q_i^{m+2} + \cdots + A_m \sum\limits_{i=1}^{n} Q_i^{2m} = \sum\limits_{i=1}^{n} H_i Q_i^m \end{cases} \tag{15-1-17}$$

求得H_0、A_1、A_2、…、A_m。

实际工程中，一般取$m = 2$或$m = 3$。

$m = 2$时，$H = H_0 + A_1 Q + A_2 Q^2$。

$m = 3$时，$H = H_0 + A_1 Q + A_2 Q^2 + A_3 Q^3$。

【例 15-1-5】 折引特性曲线上各点的纵坐标表示水泵下列哪项所需的能量：

A. 把水提升到H（扬程）高度上

B. 把水提升到H_{ST}（静扬程）高度上

C. 改变水的动能和位能

D. 克服管道水头损失

解 折引特性曲线上各点的纵坐标值，表示泵在扣除了管道中相应流量时的水头损失以后，尚剩的能量。该能量仅用来改变被抽升水的位能，即它把水提升到H_{ST}高度上去。选 B。

15.1.7 管道系统特性曲线

水流经过管道时，一定存在管道水头损失，其值为

$$\sum h = \sum h_f + \sum h_l \tag{15-1-18}$$

式中：$\sum h_f$——管道中沿程阻力损失之和；

$\sum h_l$——管道中局部阻力损失之和。

$\sum h = SQ^2$即曲线$Q \sim \sum h$，一般称为管道水头损失特性曲线，如图 15-1-7 所示，其为一条二次抛物线。

按公式$H = H_{ST} + \sum h$画出如图 15-1-8 所示的曲线，称此曲线为泵装置的管道系统特性曲线。管道水头损失特性曲线只表示在泵装置系统中，当$H_{ST} = 0$时，管道中水头损失与流量之间的关系曲线，此

情况为管道系统特性曲线的一个特例。

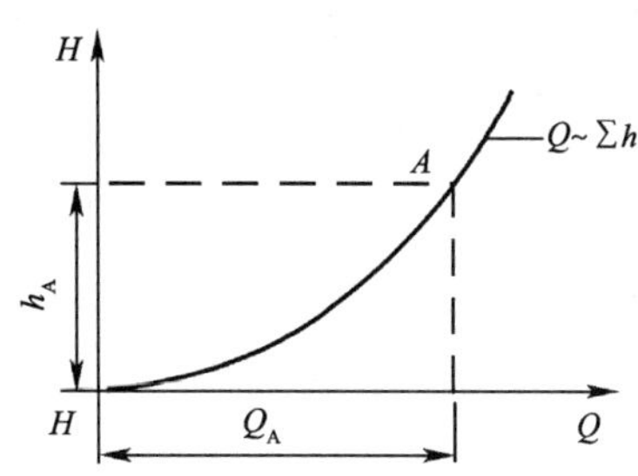

图 15-1-7 管道水头损失特性曲线

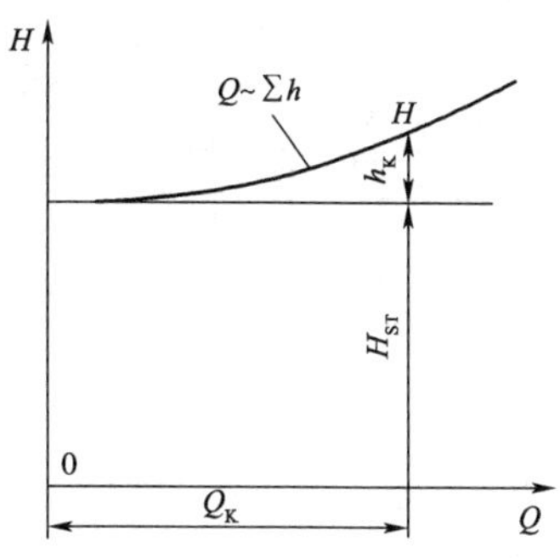

图 15-1-8 管道系统特性曲线

【例 15-1-6】 管道水头损失特性曲线表示流量与以下哪一种的关系?

A. 静扬程

B. 管道沿程摩阻损失

C. 管道局部水头损失

D. 管道沿程和局部水头损失

解 按公式$H=H_{ST}+\sum h$画出的曲线，称为泵装置的管道系统特性曲线。管道水头损失特性曲线只表示在泵装置系统中。当$H_{ST}=0$时，管道中水头损失与流量之间的关系曲线，此情况为管道系统特性曲线的一个特例。$\sum h=SQ^2$即曲线$Q\sim\sum h$，称为管道水头损失特性曲线。管道中水头损失包括沿程阻力损失和局部阻力损失。选 D。

【例 15-1-7】 管道系统特性曲线是一条:

A 开口向下的抛物线　　B. 开口向上的抛物线

C. 向上倾斜的直线　　D. 向下倾斜的直线

解 管道系统特性曲线是一条开口向上的抛物线。选 B。

15.1.8 水箱出流工况点

图 15-1-9 所示为水箱出流的简图。两个水箱中水位高差为H(m)，如果水箱比较大，忽略水箱内的行进流速，那么，当管道的管径、长度及布置已定时，即可由$\sum h=SQ^2$画出$Q\sim\sum h$曲线，如图 15-1-9a）所示。然后，沿水箱的水面画一水平线与$Q\sim\sum h$曲线相交于K点。此K点的纵坐标值H_K，既表示水箱能够供给液体的比能H，也表示当管道中通过流量为Q_K时，消耗于摩阻上的液体比能值$\sum h_K$（也即$H=\sum h_K=H_K$）。从能量供与求的关系上看，K点是矛盾统一的一个点。在水箱水位不变时，管道中将有稳定的流量Q_K出流，K点称为该水箱出流的工况点。显然，如果水箱水位不断地下降，则工况点K将沿此$Q\sim\sum h$曲线向左下方移动。

图 15-1-9b）表示用另一种形式来求此水箱出流的工况点：沿水箱水面画一水平线I，其纵坐标值皆为H，又沿Q坐标轴下面画出该管道的水头损失特性曲线$Q\sim\sum h$，然后，由水平线I上减去相应流量下的水头损失，得到$(Q\sim\sum h)'$曲线，此曲线与Q坐标轴相交于K'点。则K'点表示此水箱所能提供的总比能全部消耗掉的情况，也表示水箱能够供给的总比能与管道所消耗的总比能相等的那个平衡点。因此，K'点即为该水箱出流的工况点。

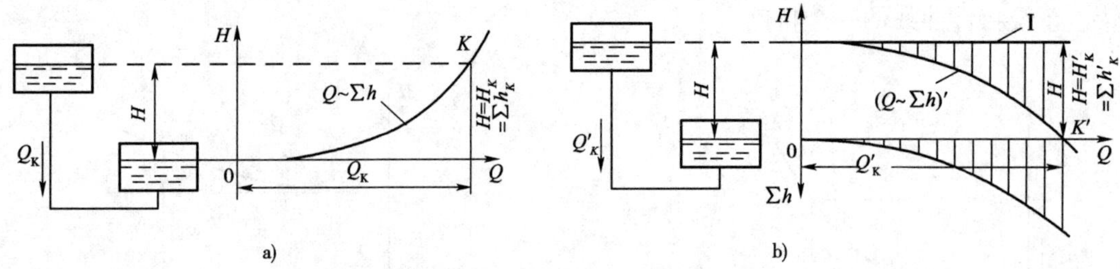

图 15-1-9 水箱出流工况图示

上述求水箱出流工况点的两种方式，实质上是一样的。前一种比较直观，后一种在水箱的水位线*I*上扣除了管道的水头损失，这个方法实际上是一种折引的方法，即将高水箱的工作能量扣除了管道的水头损失后，把它折引到低水箱的位置上来了。今后，在对泵站进行工况计算时，我们将常常采用这种折引的方法。

【例 15-1-7】 当水泵的吸水井水位下降时，工况点会向出水量何种方向移动？

A. 增大　　B. 减小　　C. 不变　　D. 增大或减小

解 由工况点图解法的原理可知，当水泵的吸水井水位下降时，静扬程加大，管道系统特性曲线上移，与水泵特性曲线的交点（即工况点）位置将向出水量减小的方向移动。选 B。

15.1.9 并联运行

多台水泵联合运行，通过联络管共同向管网或高地水池输水的情况，称为并联工作。水泵并联工作的特点：①可以增加供水量，输水干管中的流量等于各台并联水泵出水量之总和。②可以通过开停水泵的台数来调节泵站的流量和扬程，以达到节能和安全供水的目的。③当并联工作的水泵中有一台损坏时，其他几台水泵仍可继续供水，因此，水泵并联输水提高了泵站运行调度的灵活性和供水的可靠性，是泵站中最常见的一种运行方式。

（1）同型号、同水位的两台水泵的并联工作，如图 15-1-10 所示。

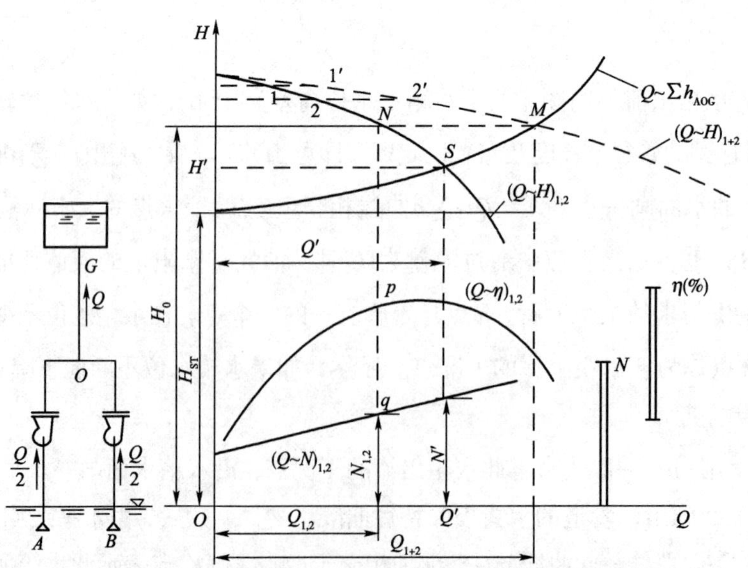

图 15-1-10 同型号、同水位对称布置的两台水泵并联

①绘制两台水泵并联后的总和$(Q\sim H)_{1+2}$曲线。

②绘制管道系统特性曲线，求出并联工况点。

③求每台泵的工况点：通过M点作横轴平行线，交单泵的特性曲线于N点，此N点即为并联工作时各单泵的工况点。

并联机组的总功率及总效率为

$$N_{1+2}=N_1+N_2;\ y_{1+2}=\frac{\rho g Q_1 H_1+\rho g Q_2 H_2}{N_1+N_2}$$

（2）不同型号的2台水泵在相同水位下的并联工作，如图15-1-11所示。

这情况不同于上面所述的主要是：2台水泵的特性曲线不同，管道中水流的水力不对称。所以，自吸水管端A和C至汇集点B的水头损失不相等。2台水泵并联后，每台泵的工况点的扬程也不相等。因此，欲绘制并联后的总和$(Q\sim H)$曲线，一开始就不能使用等扬程下流量叠加的原理。

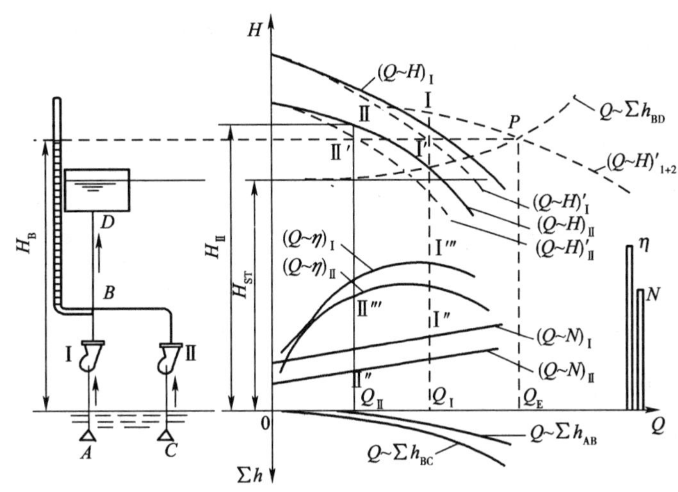

图 15-1-11　不同型号、相同水位下两台泵并联

采用折引特性曲线法，将泵Ⅰ、泵Ⅱ的$(Q\sim H)_{\rm I}$和$(Q\sim H)_{\rm II}$曲线上，相应地扣除水头损失$\sum h_{\rm AB}$和$\sum h_{\rm BC}$的影响，将得到如图15-1-11中虚线所示的$(Q\sim H)'_{\rm I}$折引特性曲线和$(Q\sim H)'_{\rm II}$折引特性曲线。它们表示了将2台泵都折引到B点工作时的性能。这样，就可以采用等扬程下流量叠加的原理，绘出总和$(Q\sim H)'_{1+2}$折引特性曲线。接着画出管段BD的$Q\sim\sum h_{\rm BD}$曲线，求得它与总和折引$(Q\sim H)'_{1+2}$曲线相交于E点，此E点的流量$Q_{\rm E}$，即为2台泵并联工作的总出水量。通过E点，引水平线与$(Q\sim H)'_{\rm I}$及$(Q\sim H)'_{\rm II}$曲线相交于Ⅰ′及Ⅱ′两点，则$Q_{\rm I}$及$Q_{\rm II}$为泵Ⅰ及泵Ⅱ在并联时的单泵流量，$Q_{\rm E}=Q_{\rm I}+Q_{\rm II}$，其扬程分别为$H_{\rm I}$及$H_{\rm II}$。

【例 15-1-8】 两台同型号水泵在同水位、管路对称情况下，并联后工况点的流量和扬程与单台泵相比：

A. 流量和扬程都增加　　B. 流量和扬程都不变

C. 扬程增加，流量不变　　D. 流量增加，扬程不变

解　两台同型号水泵在同水位的条件下并联后其流量和扬程都会增加，但不会成倍增加。选A。

【例 15-1-9】 两台同型号水泵并联工作后工况点的流量和扬程，与第二台水泵停车，只开一台泵时的单台泵相比：

A. 流量增加，扬程不变　　B. 流量和扬程都不变

C. 扬程增加，流量不变　　D. 流量和扬程都增加

解　同型号、同水位的两台水泵并联工作，如解图所示。

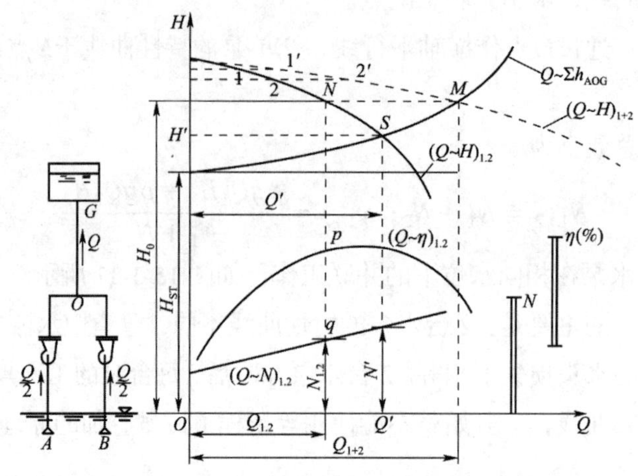

例 15-1-9 解图　同型号、同水位对称布置的两台水泵并联

解图中M点为并联工况点，N点为并联工作时各单泵的工况点。如果将第二台泵停车，只开一台泵，则解图中S点，可以近似视为单泵的工况点。比较M点和S点，流量和扬程均增加。

选 D。

【例 15-1-10】 绘制同型号的两台或多台水泵并联Q~H性能曲线时，应采用：

A. 等扬程时各泵流量相加　　　　B. 等流量时各泵扬程相加

C. 等扬程时各泵流量相减　　　　D. 等流量时各泵扬程相减

解　同型号的两台（或多台）泵并联的总和流量，等于同一扬程下各台泵流量之和。选 A。

15.1.10　串联运行

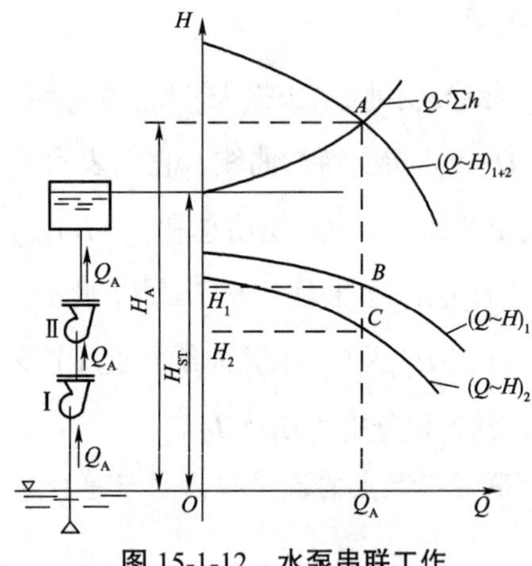

图 15-1-12　水泵串联工作

串联工作就是将第一台水泵的压水管，作为第二台水泵的吸水管，水由第一台水泵压入第二台水泵，水以同一流量，依次流过各台水泵。在串联工作中，水流获得的能量，为各台水泵所供给能量之和，如图 15-1-12 所示。串联工作的总扬程为：$H_A = H_1 + H_2$，由此可见，各水泵串联工作时，其总和Q~H曲线等于同一流量下扬程的叠加。只要把参加串联的水泵Q~H曲线上横坐标相等的各点纵坐标相加，即可得到总和$(Q\sim H)_{1+2}$曲线，它与管道系统特性曲线交于A点。此A点的流量为Q_A、扬程为H_A，即为串联装置的工况点。自A点引竖线分别与各泵的Q~H曲线相交于B及C点，则B点及C点分别为两台单泵在串联工作时的工况点。

串联工作的各台泵的设计流量应是接近的，否则不能保证两台泵都在较高效率下运行，严重时，可使小泵过载或者反而不如大泵单独运行。

【例 15-1-11】 与一台泵单独运行相比，串联运行时的总扬程：

A. 不变

B. 成倍增加

C. 减小

D. 增加，但非成倍

解　与一台泵单独运行相比，串联运行时的总扬程一定增加，但并非成倍增加。选 D。

15.1.11 调速运行

调速运行是指泵在可调速的电机驱动下运行，通过改变转速来改变泵装置的工况点。其大大地扩展了离心泵的有效工作范围，是泵站运行中十分合理的调节方式。

1）叶轮相似定律

泵叶轮的相似定律是基于几何相似和运动相似的基础上的，凡是两台泵能满足几何相似和运动相似的条件，称为工况相似泵。

几何相似的条件是：两个叶轮主要过流部分一切相对应的尺寸成一定比例，所有的对应角相等。现设有两台几何相似水泵的叶轮，一个为模型水泵的叶轮，其符号以下角标m表示；另一个为实际水泵的叶轮，其符号不带下角标m。则：

$$\frac{b_2}{b_{2m}}=\frac{D_2}{D_{2m}}=\lambda \tag{15-1-19}$$

式中：b_2，b_{2m}——实际水泵与模型水泵叶轮的出口宽度；

D_2，D_{2m}——实际水泵与模型水泵叶轮的外径；

λ——任一线性尺寸的比例或称模型缩小的比例尺，例如比模型泵大一倍的实际泵$\lambda=2$。

运动相似的条件是：两叶轮对应点上水流的同名速度方向一致，大小互成比例。也即在相应点上水流的速度三角形相似。

$$\frac{C_2}{C_{2m}}=\frac{u_2}{u_{2m}}=\frac{nD_2}{n_m D_{2m}}=\lambda\frac{n}{n_m} \tag{15-1-20}$$

叶轮相似定律有三个方面。

①第一相似定律——确定两台在相似工况下运行泵的流量之间的关系。

$$\frac{Q}{Q_m}=\lambda^3\frac{n}{n_m} \tag{15-1-21}$$

②第二相似定律——确定两台在相似工况下运行泵的扬程之间的关系。

$$\frac{H}{H_m}=\lambda^2\frac{n^2}{n_m^2} \tag{15-1-22}$$

③第三相似定律——确定两台在相似工况下运行泵的轴功率之间的关系。

$$\frac{N}{N_m}=\lambda^5\frac{n^3}{n_m^3} \tag{15-1-23}$$

2）相似定律的特例——比例律

把相似定律应用于以不同转速运行的同一台叶片泵，就得到下式：

$$\frac{Q_1}{Q_2}=\frac{n_1}{n_2} \tag{15-1-24}$$

$$\frac{H_1}{H_2}=\left(\frac{n_1}{n_2}\right)^2 \tag{15-1-25}$$

$$\frac{N_1}{N_2}=\left(\frac{n_1}{n_2}\right)^3 \tag{15-1-26}$$

比例律应用的条件是：在调速前后两点间工况相似，符合比例律的两点效率相同。

（1）比例律应用的图解方法

比例律在泵站设计与运行中的应用，最常遇到两种情形：①已知泵转速为n_1时$(Q\sim H)_1$曲线如图 15-1-13 所示，但所需的工况点，并不在该特性曲线上，而在坐标点$A_2(Q_2,H_2)$处，现需泵在A_2点工作，计算其转速n_2。②已知泵n_1时$(Q\sim H)_1$曲线，试用比例律翻画转速为n_2时的$(Q\sim H)_2$曲线。

①应用比例律的前提是对应点工况相似，工况相似的点均分布在相似工况抛物线上，该抛物线的方程可依据比例律写为

$$H = kQ^2 \tag{15-1-27}$$

式中：k——系数，可依据相似工况点的Q、H值确定，$k = \frac{H_1}{Q_1^2}$或$k = \frac{H_2}{Q_2^2}$。

此时需利用等效率曲线$H = kQ^2$，求出与B点工况相似的C点，进而得$n_2 = n_1 \times \frac{Q_B}{Q_C}$。

与比例率一样，切削率也有切削抛物线，K为切削系数，在一定的切削限度内，认为该抛物线上各点效率相同，故等效率曲线又称为水泵叶轮切削抛物线。

求出转速n_2后，再利用比例律，可翻画出n_2时的$(Q{\sim}H)_2$曲线（如图 15-1-13 所示虚线），此曲线即为图解法求得的转速为n_2时的$(Q{\sim}H)_2$曲线。

②我们在利用比例律时，认为相似工况下对应点的效率是相等的，因此图 15-1-14 中a、b、c、d等点的效率，即可按等效率原理求出转速为n_2时的相应的点a'、b'、c'、d'等点的效率，连成$(Q{\sim}\eta)_2$曲线，如图 15-1-14 所示。

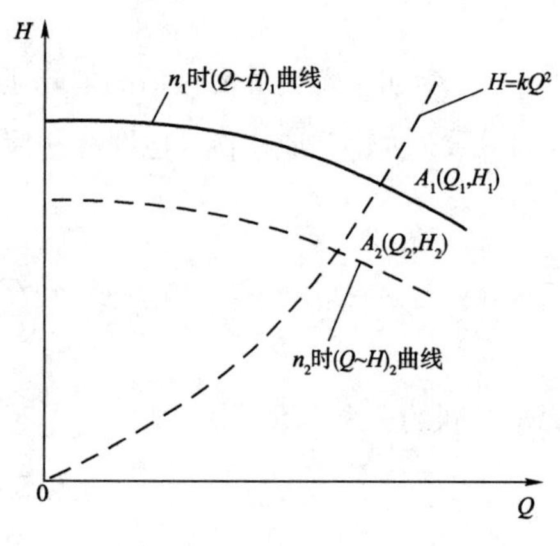

图 15-1-13 比例律的应用

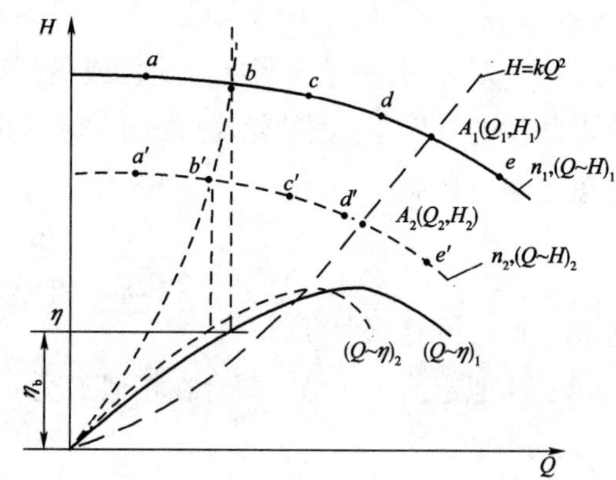

图 15-1-14 转速改变时特性曲线变化

凡是效率相等各点的$\frac{H}{Q^2}$比值，均是常数k，按此k值可画出一条效率相等、工况相似的抛物线。

实际上根据试验指出，当泵调速的范围超过一定值时，其相应点的效率就会发生变化。实测的等效率曲线与理论上的等效率曲线是有差异的，只有在高效段范围内两者才吻合。尽管如此，在工程实践中采用调速的方法，还是大大地扩展了叶片泵的高效率工作范围。

（2）比例律应用的数解方法

由图 15-1-14 可知，相似工况抛物线方程$H = kQ^2$与转速为n_1时的$(Q{\sim}H)_1$曲线的交点$A_1(Q_1,H_1)$是与所需的工况点$A_2(Q_2,H_2)$相似的工况点。求出A_1点的(Q_1,H_1)值，即可方便地应用比例律求出转速n_2值。

【例 15-1-12】 实际水泵与模型水泵的尺寸相差不大，且工况相似时，第一相似定律可表示为：

A. $\frac{Q}{Q_m} = \lambda \frac{n}{n_m}$　　B. $\frac{H}{H_m} = \lambda \frac{n^2}{n_m^2}$　　C. $\frac{Q}{Q_m} = \lambda^3 \frac{n}{n_m}$　　D. $\frac{N}{N_m} = \lambda^5 \frac{n^3}{n_m^3}$

解 第一相似定律——确定两台在相似工况下运行泵的流量之间的关系：$\frac{Q}{Q_m} = \lambda^3 \frac{n}{n_m}$。选 C。

【例 15-1-13】 某离心泵转速$n_1 = 960\text{r/min}$时，$(Q{\sim}H)_1$曲线上的工况点为$\alpha_1(H_1 = 38.2\text{m}$，$Q_1 = 42\text{L/s})$，转速由$n_1$调整到$n_2$后，其相似工况点为$\alpha_2(H_2 = 21.5\text{m}$，$Q_2 = 31.5\text{L/s})$，则$n_2$为：

A. 680r/min　　B. 720r/min　　C. 780r/min　　D. 820r/min

解 直接应用比例律，可以通过$\frac{Q_1}{Q_2} = \frac{n_1}{n_2}$或$\frac{H_1}{H_2} = \left(\frac{n_1}{n_2}\right)^2$计算，如应用流量比例关系$\frac{Q_1}{Q_2} = \frac{n_1}{n_2}$，即$\frac{42}{31.5} = \frac{960}{n_2}$，

得$n_2 = 720\text{r/min}$，选 B。

15.1.12 吸水管中压力变化

图 15-1-15 为离心泵管路安装示意图。其绘出了水从吸水管经泵壳流入叶轮的绝对压力线。利用各断面的能量方程，可得：

$$\frac{P_a}{\rho g} - \frac{P_K}{\rho g} = \left(H_{ss} + \frac{v_1^2}{2g} + \sum h_s\right) + \frac{C_0^2 - v_1^2}{2g} + \lambda\frac{W_0^2}{2g} \tag{15-1-28}$$

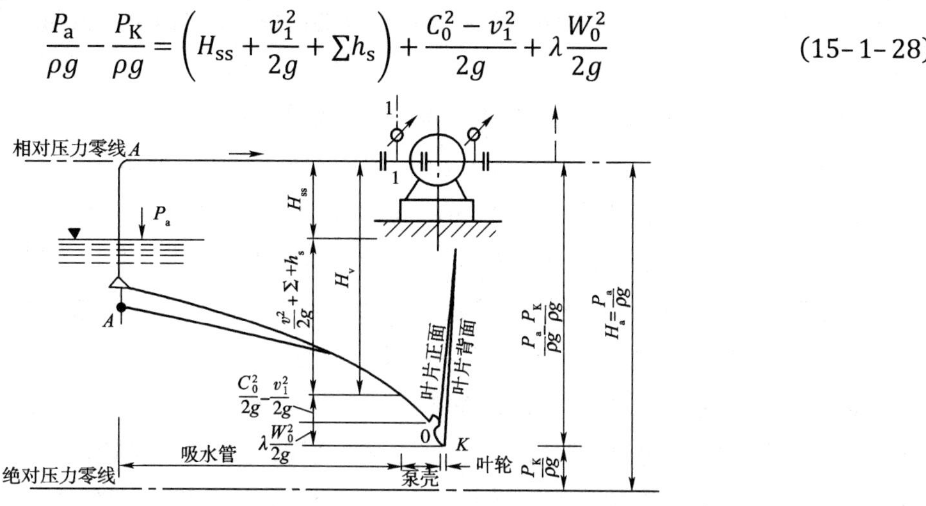

图 15-1-15 吸水管及泵入口中压力变化

该式的含义：吸水池水面上的压头$\left(\frac{P_a}{\rho g}\right)$和泵壳内最低压头$\left(\frac{P_K}{\rho g}\right)$之差用来支付：把液体提升$H_{ss}$高度；克服吸水管中水头损失$(\sum h_s)$；产生流速水头$\left(\frac{v_1^2}{2g}\right)$、流速水头差$\left(\frac{C_0^2-v_1^2}{2g}\right)$和供应叶片背面$K$点压力下降值$\left(\lambda\frac{W_0^2}{2g}\right)$。

【例 15-1-14】 水泵吸水管压力的变化可用下列能量方程表示：

$$\frac{P_a}{\rho g} - \frac{P_K}{\rho g} = \left(H_{ss} + \frac{v_1^2}{2g} + \sum h_s\right) + \frac{C_0^2 - v_1^2}{2g} + \lambda\frac{W_0^2}{2g}$$

公式中$\frac{C_0^2-v_1^2}{2g}$表示：

A. 流速水头差　　B. 流速水头

C. 吸水管中的水头损失　　D. 富余水头

解

$$\frac{P_a}{\rho g} - \frac{P_K}{\rho g} = \left(H_{ss} + \frac{v_1^2}{2g} + \sum h_s\right) + \frac{C_0^2 - v_1^2}{2g} + \lambda\frac{W_0^2}{2g}$$

该式的含义：吸水池水面上的压头$\frac{P_a}{\rho g}$和泵壳内最低压头$\frac{P_K}{\rho g}$之差用来支付：把液体提升H_{ss}高度；克服吸水管中水头损失$\sum h_s$；产生流速水头$\frac{v_1^2}{2g}$、流速水头差$\frac{C_0^2-v_1^2}{2g}$和供应叶片背面K点压力下降值$\lambda\frac{W_0^2}{2g}$。选 A。

【例 15-1-15】 水泵吸水管压力的变化可用下列能量方程表示：

$$\frac{P_a}{\rho g} - \frac{P_K}{\rho g} = \left(H_{ss} + \frac{v_1^2}{2g} + \sum h_s\right) + \frac{C_0^2 - v_1^2}{2g} + \lambda\frac{W_0^2}{2g}$$

公式$\frac{C_0^2-v_1^2}{2g} + \lambda\frac{W_0^2}{2g}$表示：

A. 气蚀余量

B. 真空表安装点的压头下降值

C. 吸水管中的水头损失

D. 泵壳进口内部的压力下降值

解 $\frac{C_0^2-v_1^2}{2g} + \lambda\frac{W_0^2}{2g}$反映了泵壳进口内部的压力下降值。选 D。

15.1.13 气穴和气蚀

泵中最低压力P_K如果降低到被抽液体工作温度下的饱和蒸汽压力（即汽化压力），泵壳内即发生气穴和气蚀现象。

当叶轮进口低压区的压力$P_K \leq P_{va}$时，水就大量汽化，同时出现“冷沸”现象，形成的气泡中充满蒸汽和逸出的气体。气泡随水流带入叶轮中压力升高的区域时，气泡突然被四周水压压破，水流因惯性以高速冲向气泡中心，在气泡闭合区内产生强烈的局部水锤现象，其瞬间的局部压力，可以达到几十兆帕，此时，可以听到气泡冲破时炸裂的噪声，这种现象称为气穴现象。

离心泵中，一般气穴区域发生在叶片进口的壁面，金属表面承受着局部水锤作用，其频率可达20 000~30 000次/s之多，就像水力楔子那样集中作用在以平方微米计的小面积上，经过一段时间后，金属就产生疲劳，金属表面开始呈蜂窝状，随之，应力更加集中，叶片出现裂缝和剥落。同时，由于水和蜂窝表面间歇接触之下，蜂窝的侧壁与底之间产生电位差，引起电化腐蚀，使裂缝加宽。最后，几条裂缝互相贯穿，达到完全蚀坏的程度。泵叶轮进口端产生的这种效应称为“气蚀”。

气蚀是气穴现象侵蚀材料的结果，在许多书上统称为气蚀现象。在气蚀开始时，称为气蚀第一阶段，表现在泵外部的是轻微噪声、振动（频率可达600~25 000次/s）和泵扬程、功率开始有些下降。如果外界条件促使气蚀更加严重时，泵内气蚀就进入第二阶段，气穴区就会突然扩大，这时，泵的H、N、η就将到达临界值而急剧下降，最后终于停止出水。

气蚀是否发生，取决于$NPSH_a$（装置气蚀余量）与$NPSH_r$（必须气蚀余量）。为避免发生气蚀，应使$NPSH_a > NPSH_r$。可采取的措施主要有：

（1）降低水泵安装高度（实际安装高度小于最大安装高度）；

（2）减小吸入损失，为此可以设法增加管径，尽量减小管路长度、弯头和附件等；

（3）防止长时间在大流量下运行；

（4）在同样的转速和流量下，采用双吸泵，因其减小了进口流速，所以泵不易发生气蚀；

（5）水泵发生气蚀时，应减小流量或降速运行。

【例 15-1-16】 泵壳内发生气穴汽蚀现象是由于水泵叶轮中的最低压力降低到被抽升液体工作温度下的：

A. 饱和蒸汽压力　　B. 不饱和蒸汽压力

C. 水面大气压力　　D. 环境压力

解 泵中最低压力P_K如果降低到被抽液体工作温度下的饱和蒸汽压力（即汽化压力），泵壳内即发生气穴和气蚀现象。选A。

15.1.14 气蚀余量

气蚀余量是指在水泵进口断面，单位质量的液体所具有的超过饱和蒸汽压力的富余能量相应的水头，用H_{sv}表示。

当海拔高度增加时，大气压会降低，将会影响泵进口的液体压力。因此，使用气蚀余量时需要修正海拔高度的影响。而温度对液体的物理性质会产生影响，这些物理性质直接关系到泵的气蚀特性，故使用气蚀余量时需要修正温度的影响。

气蚀余量可用下式计算

$$H_{sv}=h_a-h_{va}-\sum h_s-H_{ss} \tag{15-1-29}$$

式中：h_a——即$\frac{P_a}{\rho g}$，吸水池水面的大气压（m）；

h_{va}——即$\frac{P_{va}}{\rho g}$，吸水池水温下的饱和蒸汽压力（m）；

$\sum h_s$——吸水管路总水头损失（m）；

H_{ss}——水泵的安装高度，指吸水池测压管水面至水泵进口计算断面的高差。

为安全计，在工程中，泵实际使用时的气蚀余量应该比泵厂要求的气蚀余量要再大 0.4~0.6mH_2O。泵厂样本中要求的气蚀余量越小，表示该泵的吸水性能越好。

【例 15-1-17】 叶片泵的气蚀余量H_{sv}是指水泵进口处单位重量液体所具有的什么的富裕能量，反映水泵的吸水性能？

A. 超过当地大气压力　　B. 小于饱和蒸汽压力

C. 超过饱和蒸汽压力　　D. 小于当地大气压力

解　气蚀余量是指在水泵进口断面，单位质量的液体所具有的超过饱和蒸汽压力的富余能量相应的水头，用H_{sv}表示。选 C。

【例 15-1-18】 总气蚀余量的计算公式为：$H_{sv}=h_a-h_{va}-\sum h_s\pm H_{ss}$，设吸水井水面大气压为 10m，汽化压力为 0.75m，吸水管水头损失为 2.1m，吸水井水面高于泵 2m 时，气蚀余量为：

A. 5.15m　　B. 6.65m　　C. 8m　　D. 9.15m

解　$H_{sv}=h_a-h_{va}-\sum h_s\pm H_{ss}$中：

$h_a=P_a/\gamma$为吸水井表面的大气压力（mH_2O）；

$h_{va}=P_{va}/\gamma$为该水温下的汽化压力（mH_2O）；

$\sum h_s$为吸水管水头损失之和（mH_2O）；

H_{ss}为水泵吸水地形高度，即安装高度（m）。

水泵的安装高度H_{ss}是吸水井水面的测压管高度与泵轴的高差。当水面的测压管高度低于泵轴时，水泵为抽吸式工作情况，$|H_{ss}|$值前取“−”号；当水面的测压管高度高于泵轴时，水泵为自灌式工作情况，$|H_{ss}|$值前取“+”号。

因此，$H_{sv}=h_a-h_{va}-\sum h_s\pm H_{ss}=10-0.75-2.1+2=9.15\text{m}$，选 D。

15.1.15　安装高度

正确地计算泵的最大允许安装高度，使泵站既能安全供水，又能节省土建造价，具有很重要的意义。水泵的安装高度有两种计算方法。

（1）当水泵的吸水性能用允许吸上真空高度来衡量时，水泵的最大安装高度为

$$H_{ss}=H_s'-\frac{v_1^2}{2g}-\sum h_s \tag{15-1-30}$$

式中：H_s'——修正后的允许吸上真空高度（m），$H_s'=H_s-(10.33-h_a)-(h_{va}-0.24)$；

H_s——水泵厂给定的允许吸上真空高度（m）。

允许吸上真空高度（H_s），指泵在标准状况下（即水温为 20℃、表面压力为一个标准大气压）运转时，泵所允许的最大的吸上真空高度，单位为“mH_2O”。水泵厂一般常用H_s来反映离心泵的吸水性能。

（2）当水泵的吸水性能用气蚀余量来衡量时，水泵的最大安装高度为

$$H_{ss}=h_a-h_{va}-H_{sv}-\sum h_s \tag{15-1-31}$$

式中：H_{sv}——水泵厂给定的气蚀余量（m）。

【例 15-1-19】 必要气蚀余量低的叶片泵，其最大安装高度较：

A. 大　　B. 小　　C. 大或小　　D. 不变

解 当水泵的吸水性能用气蚀余量衡量时，水泵最大安装高度$H_{ss}=h_a-h_{va}-H_{sv}-\sum h_s$。选 A。

【例 15-1-20】 有一台 250S-39A 型离心泵，流量$Q=116.5\text{L/s}$，水泵泵壳吸入口处的真空值H_v是 6.2m（水柱），水泵进水口直径为 250mm，吸水管总水头损失为 1.0m，水泵的安装高度是：

A. 4.91m　　B. 5.49m　　C. 6.91m　　D. 7.49m

解 根据公式计算如下：

$$H_{ss}=H_v-\frac{v_0^2}{2g}-\sum h_s，v_0=\frac{Q}{A}=\frac{\frac{116.5}{1\,000}}{\pi\times\left(\frac{0.25}{2}\right)^2}\approx 2.38\text{m/s}$$

解得$H_{ss}\approx 4.91\text{m}$，选 A。

【例 15-1-21】 水泵安装高度指的是：

A. 水泵允许吸上真空高度　　B. 泵轴至吸水池水面的高差

C. 水泵气蚀余量　　D. 静扬程加吸水管水头损失

解 水泵的安装高度也称为水泵的吸水地形高度，即自泵吸水井水面的测压管水面至泵站之间的垂直距离，如果吸水井是敞开的，则安装高度即为吸水泵与泵站之间的高差。选 B。

15.1.16 混流泵及轴流泵

混流泵根据其压水室的不同，通常可分为蜗壳式和导叶式两种。混流泵叶轮的工作原理是介于离心泵和轴流泵之间的一种过渡形式，液体受离心力和轴向升力共同作用，斜流出升轮，混流泵中蜗壳式性能接近离心泵，导叶式则接近轴流泵。叶片泵基本方程同样适合于混流泵。

离心泵的工作原理在本章已做过介绍，下面简单介绍轴流泵的工作原理。

轴流泵的工作是以空气动力学中机翼的升力理论为基础的。具有翼型断面的叶片，在水中作高速旋转时，水流相对于叶片就产生了急速的绕流，叶片对水将施以力P'，在此力作用下，水就被压升到一定的高度上去。

混流泵是叶片式泵中比转数较高的一种泵，特点是属于中、大流量，中、低扬程。就其工作原理来说，它是靠叶轮旋转对液体产生轴向推力和离心力的双重作用下来工作的。

【例 15-1-22】 混流泵工作是利用叶轮旋转时产生的：

A. 速度与压力变化　　B. 作用力与反作用力

C. 离心力和升力　　D. 流动速度和流动方向的变化

解 混流泵是靠叶轮旋转对液体产生轴向推力和离心力的双重作用下工作的。选 C。

经典练习

15-1-1 离心式水泵的工作原理是利用（　　），使液体获得动能和势能。

A. 叶轮旋转　　B. 叶片转动甩水　　C. 叶片的转动速度　　D. 离心力甩水

15-1-2 Sh 型泵是（　　）。

A. 射流泵　　B. 单级单吸离心泵

C. 混流泵　　D. 单级双吸离心泵

15-1-3 水泵铭牌上标出的流量、扬程、轴功率及允许吸上真空高度是指水泵特性曲线上（　　）

的值。

A. 转速最高　　B. 流量最大　　C. 扬程最高　　D. 效率最高

15-1-4 从离心泵的基本方程可知，为了获得正值扬程($H_T > 0$)，必须使（　　）。

A. $\alpha_1 < 90°$　　B. $\alpha_2 < 90°$　　C. $\beta_1 < 90°$　　D. $\beta_2 < 90°$

15-1-5 实际工程中使用的离心泵叶轮，大部分是（　　）。

A. 前弯式叶片　　B. 后弯式叶片　　C. 径向式叶片　　D. 轴向式叶片

15-1-6 提高水泵扬程的方法有（　　）。

A. 提高转速和加大叶轮直径　　B. 提高转速和减小叶轮直径

C. 降低转速和加大叶轮直径　　D. 降低转速和减小叶轮直径

15-1-7 水泵的作用是使液体获得（　　）。

A. 动能　　B. 压能　　C. 势能　　D. 动能或势能

15-1-8 叶片泵的基本方程式为$H_T =$（　　）。

A. $\frac{u_2C_{2u}-u_1C_{1u}}{g}$　　B. $\frac{u_2C_{2u}}{g}$　　C. $u_2C_{2u} - u_1C_{1u}$　　D. u_2C_{2u}

15-1-9 水流通过水泵时，比能增值H_T与圆周运动速度u_2有关，因此，提高转速n和（　　）可以提高水泵扬程。

A. 减小叶轮直径D_2　　B. 加大叶轮直径D_2

C. 切削叶轮直径D_2　　D. 固定叶轮直径D_2

15-1-10 每台水泵都有其特定的特性曲线，水泵的$Q\sim H$特性曲线反映了该水泵本身的（　　）。

A. 潜在工作能力　　B. 基本构造

C. 工作环境　　D. 基本工作原理

15-1-11 离心泵采用闭闸启动的原因是，出水量为零时水泵的轴功率约为额定功率的（　　），符合电机轻载启动的要求。

A. 80%　　B. 60%　　C. 30%　　D. 10%

15-1-12 反映流量与管道系统所需能量之间关系的曲线方程$H = H_{ST} + SQ^2$，称为（　　）方程。

A. 水头损失特性曲线　　B. 阻力系数与流量

C. 管道系统特性曲线　　D. 流量与管道局部阻力

15-1-13 若两台水泵满足几何相似和(　　)的条件，则称为工况相似的水泵，符合叶轮的相似定律。

A. 形状相似　　B. 运动相似　　C. 条件相似　　D. 水流相似

15-1-14 比转数$n_s = \frac{3.65n\sqrt{Q}}{H^{3/4}}$，一单级单吸泵，流量$Q = 45\text{m}^3/\text{h}$，扬程$H = 33.5\text{m}$，转速$n = 2\,900\text{r/min}$，比转数为（　　）。

A. 106　　B. 90　　C. 85　　D. 60

15-1-15 两台同型号水泵在外界条件相同的情况下并联工作，并联时每台水泵工况点与单泵单独工作时工况点相比出水量（　　）。

A. 增加或减少　　B. 有所增加　　C. 相同　　D. 有所减少

15-1-16 叶轮内液体的运动是一种复合圆周运动，液体质点的速度是（　　）的合成。

A. 相对速度和绝对速度　　B. 相对速度和牵连速度

C. 绝对速度和牵连速度　　D. 圆周运动速度和牵连速度

15-1-17 水泵装置总扬程包括两部分：一是将水提升所需的（　　）；二是消耗在管路中的水头损失。

A. 总扬程　　B. 吸水扬程　　C. 静扬程　　D. 压水扬程

15-1-18 离心泵装置的工况就是装置的工作状况。工况点就是水泵装置在（　　）状况下的流量、扬程、轴功率、效率以及允许吸上真空高度等。

A. 出厂销售　　B. 实际运行　　C. 启动　　D. 水泵设计

15-1-19 水泵叶轮相似定律的第二定律可以简化为（　　）。

A. $\frac{H}{H_m}=\lambda\frac{n^3}{n_m^3}$　　B. $\frac{H}{H_m}=\lambda^2\frac{n^2}{n_m^2}$

C. $\frac{H}{H_m}=\lambda\frac{n}{n_m}$　　D. $\frac{H}{H_m}=\lambda^2\frac{n}{n_m}$

15-1-20 叶轮相似定律中的比例律之一是（　　）。

A. $\frac{Q_1}{Q_2}=\frac{n_1}{n_2}$　　B. $\frac{H_1}{H_2}=\left(\frac{n_1}{n_2}\right)^3$　　C. $\frac{Q_1}{Q_2}=\left(\frac{n_1}{n_2}\right)^2$　　D. $\frac{N_1}{N_2}=\left(\frac{n_1}{n_2}\right)^2$

15-1-21 有一台多级泵（八级），流量$Q=45\text{m}^3/\text{h}$，$H=160\text{m}$，转速$n=2\,900\text{r/min}$，则比转数$n_s=$（　　）。

A. 150　　B. 120　　C. 80　　D. 60

15-1-22 水泵吸水管中压力的变化可用下述能量方程式：

$$\frac{P_a}{\rho g}-\frac{P_k}{\rho g}=\left(H_{ss}+\frac{v_1^2}{2g}+\sum h_s\right)+\frac{C_0^2-v_1^2}{2g}+\lambda\frac{W_1^2}{2g}$$

式中，$H_{ss}+\frac{v_1^2}{2g}+\sum h_s$的含义是（　　）。

A. 泵壳进口外部的压力下降值　　B. 液体提升高度

C. 吸水管水头损失　　D. 压水管水头损失

15-1-23 总气蚀余量的计算公式为$H_{sv}=h_a-h_{va}-\sum h_s\pm|H_{ss}|$，设吸水井水面大气压为10m，汽化压力为0.75m，吸水管水头损失为2.1m，吸收井水面低于泵轴2.5m时，气蚀余量为（　　）。

A. 4.65m　　B. 6.15m　　C. 9.65m　　D. 11.15m

15-1-24 两台离心泵串联工作，串联泵的设计流量应是接近的，否则就不能保证两台泵在高效率下运行，较大泵的容量不能充分发挥作用，或较小泵容易产生（　　）。

A. 功率过高　　B. 转速过高　　C. 流量过小　　D. 扬程过高

15-1-25 根据比例律可知，不同转速下满足比例律的所有工况点都分布在$H=kQ^2$这条抛物线上，此线称为相似工况抛物线，也称为（　　）。

A. 管路特性曲线　　B. 流量-扬程特性曲线

C. 水泵效率曲线　　D. 等效率曲线

15-1-26 如果水泵叶轮中最低压力P_K降低到被抽升液体工作温度下的（　　）时，泵壳内即发生气穴和气蚀现象。

A. 相对压力　　B. 水面大气压力

C. 饱和蒸汽压力　　D. 环境压力

15-1-27 水泵气蚀的危害主要是产生噪声和压力振动，叶轮损坏，缩短水泵的使用寿命，引起（　　）。

A. 扬程降低　　B. 转速降低　　C. 轴功率增加　　D. 流量增加

15-1-28 当某水泵的气蚀余量大于 10m 水柱时，它的允许吸上真空高度（　　）。

A. $H_s > 0$　　B. $H_s = 0$　　C. $H_s = 10$　　D. $H_s < 0$

15.2 给水泵站

考试大纲☞：泵站分类　泵站供配电　水泵机组布置　吸水管路与压水管路　泵站水锤　泵站噪声

15.2.1 泵站分类

在泵站的分类中，按照泵机组设置的位置与地面的相对标高关系，泵站可分为地面式泵站、地下式泵站与半地下式泵站；按照操作条件及方式，泵站可分为人工手动控制、半自动化、全自动化和遥控泵站四种。在给水工程中，常见的分类是按泵站在给水系统中的作用分为：取水泵站、送水泵站、加压泵站及循环泵站四种。

1）取水泵站（一级泵站）

在地面水水源中，取水泵站一般由吸水井、泵房及闸阀井三部分组成。其特点是：临水埋深大，常建成地下式；与进水构筑物合建。

2）送水泵站（二级泵站）

通常是建在水厂内，它抽送的是清水，所以又称为清水泵站。由净化构筑物处理后的出厂水，由清水池流入吸水井，送水泵站中的泵从吸水井中吸水，通过输水干管将水输往管网。其特点是：①埋深浅，常建为地面式或半地下式；②机组台数多，泵房面积大，常与吸水井分建。

3）加压泵站

在城市给水管网面积较大，输配水管线很长，或给水对象所在地的地势很高，城市内地形起伏较大的情况下，通过技术经济比较，可以在城市管网中增设加压泵站。其特点是：①串联加压时，二级泵站与加压泵站必须同步工作；②并联加压时，城市用水负荷可利用水库调节使二级泵站工作制度比较均匀，有利于调度，此外，供水时变化系数降低，从而使输水干管管径减小，输水干管越长时经济性越好。

4）循环泵站

在某些工业企业中，生产用水可以循环使用或经过简单处理后回用时采用循环泵站。在循环系统泵站中，一般设置输送冷、热水的两组泵，热水泵将生产车间排出的废热水，压送到冷却构筑物进行降温，冷却后的水再由冷水泵抽送到生产车间使用。其特点是：①要求水量和水压稳定；②要求供水安全性高，但型号、规格、台数多；③常建在冷却构筑物或净水构筑物附近；④常建为地下式。

给水泵站选择水泵的依据主要是所需要的流量、扬程及其变化规律。这些参数决定了水泵的性能要求和选型标准，以确保泵站能够满足供水系统的需求。

【例 15-2-1】 按在给水系统中的作用，给水泵站一般分为送水泵站、加压泵站、循环泵站和：

A. 一级泵站　　B. 中途泵站　　C. 二级泵站　　D. 终点泵站

解　在给水工程中，常见的分类是按泵站在给水系统中的作用分为取水泵站、送水泵站、加压泵站及循环泵站四种。取水泵站又称一级泵站。选 A。

15.2.2 泵站供配电

1）泵站供配电系统中负荷等级及电压选择

电力负荷一般分为三级。一级负荷是指突然停电将造成人身伤亡危险，或重大设备损坏且长期难以修复，因而给国民经济带来重大损失的电力负荷，大中城市的水厂及钢铁厂、炼油厂等重要工业企业的净水厂均应按一级电力负荷考虑；二级负荷是指突然停电产生大量废品、大量原材料报废或将发生主要设备损坏事故，但采用适当措施后能够避免的电力负荷，例如有一个以上水厂的多水源联网供水的系统或备用蓄电池的泵站，或有大容量高地水池的城市水厂；三级负荷指所有不属一级及二级负荷的电力负荷。

电压大小的选定，与泵站的规模和供电距离有关。目前，电压等级有 380V、6kV、10kV、35kV 等几种。小规模水厂（总功率小于 100kW），一般供电电压为 380V，中小型水厂供电电压一般为 10kV，大型水厂为 35kV。

2）泵站中常用的供配电系统

无论是高压配电还是低压配电，现代都采用由电器开关厂生产的成套设备。成套设备一般称配电屏（又称开关柜）。采用成套配电装置有很多优点：工作安全可靠，维护方便，施工安装简单，便于移动。开关柜的布置应遵守以下规定：①开关柜前面的过道宽度不应小于下列数值，低压柜 1.5m，高压柜 3.0m；②背后检修的开关柜与墙壁的净距不宜小于 0.8m。

【例 15-2-2】 两个以上水厂的多水源联网供水，可在突然断电时避免发生水泵等主要设备破坏事故的电力负荷属于：

A. 一级负荷　　B. 二级负荷　　C. 三级负荷　　D. 四级负荷

解 电力负荷一般分为三级。一级负荷是指突然停电将造成人身伤亡危险，或重大设备损坏且长期难以修复，因而给国民经济带来重大损失的电力负荷；二级负荷是指突然停电产生大量废品，大量原材料报废或将发生主要设备损坏事故，但采用适当措施后能够避免的电力负荷；三级负荷指所有不属一级及二级负荷的电力负荷。选 B。

15.2.3 水泵机组布置

水泵机组的布置是泵站内布置的重要内容之一，它决定了泵房建筑面积的大小以及泵站工程的造价。机组间距以不妨碍操作和维修的需要为原则。机组布置的基本要求是：保证运行安全、装卸、维修和管理方便，管道总长度最短、接头配件最少、水头损失最小并应考虑泵站有扩展的余地。常见的布置形式有以下几种。

1）纵向排列

纵向排列（即各机组轴线平行单排并列）适用于如 IS 型单级单吸悬臂式离心泵。因为悬臂式泵系顶端进水，采用纵向排列能使吸水管保持顺直状态。

2）横向排列

侧向进、出水的泵，如单级双吸卧式离心泵 SH 型、SA 型采用横向排列方式较好。横向排列虽然稍增长泵房的长度，但跨度可减小，进出水管顺直，水利条件好，节省电耗，故被广泛采用。

3）横向双行排列

这种排列更为紧凑，节省建筑面积。泵房跨度大，起重设备需考虑采用桥式行车。在泵房中机组较多的圆形取水泵站，采用这种布置可节省较多的基建造价。

在布置机组时，应遵照以下规定：①相邻机组的基础之间应有一定宽度的过道，以便工作人员通行；②在设计泵房时，泵离开墙壁或其他机组的距离应大于泵轴长度加上 0.25m；③装有大型机组的泵站内，应留有适当的面积作为检修机组之用，其尺寸应保持在被检修机组的周围有 0.7~1.0m 的过道；④泵房的主要通道宽度应不小于 1.2m，当一侧布置有操作柜时，其净宽不宜小于 2.0m；⑤辅助泵通常安置于泵房内的适当地方，尽可能不增大泵房尺寸。

在选择泵站串联和水泵串联时，应考虑泵站串联将使系统更加灵活，可依据实际需求增减运行泵的数量。因此，最初不需要投入大量资金购买大型泵，可依据实际情况逐步增加泵的数量扩展系统。

【例 15-2-3】 水泵机组布置常见的形式：

A. 纵向排列、横向排列、横向双行排列

B. 纵向排列、横向排列、横向单行排列

C. 纵向排列、横向排列、纵向双行排列

D. 纵向排列、横向排列、纵向单行排列

解 水泵机组布置常见的形式有纵向排列、横向排列、横向双行排列。选 A。

15.2.4 吸水管路与压水管路

吸水管路和压水管路是泵站的重要组成部分，正确设计、合理布置与安装吸、压水管路，对于保证泵站的安全运行、节省投资、减少电耗有很大的关系。

1）对吸水管路的要求

对于吸水管路的基本要求有三点。

①不漏气。

②不积气。为使泵能及时排走吸水管路内的空气，吸水管应有沿水流方向连续上升的坡度i，一般大于 0.005，以免形成气囊。

③不吸气。为避免吸水井水面产生漩涡，使泵吸入空气，吸水管进口在最低水位下的淹没深度h不应小于 0.5~1.0m。

为了防止泵吸入井底的沉渣，并使泵工作时有良好的水利条件。应遵守以下规定。

①吸水管的进口高于井底不小于$0.8D$，D为吸水管喇叭口扩大部分的直径，通常取D为吸水管直径的 1.3~1.5 倍。

②吸水管喇叭口边缘距离井壁不小于$(0.75\sim1.0)D$。

③在同一井中安装有几根吸水管时，吸水喇叭口之间的距离不小于$(1.5\sim2.0)D$。

吸水管路的设计流速根据管径D的大小，建议采用以下数值：$D<250$mm 时，为$1.0\sim1.2$m/s；250mm $\leqslant D<$ 1000mm 时，为$1.2\sim1.6$m/s；$D>$ 1000mm 时，为 1.5~2.0m/s。

2）对压水管路的要求

泵站内的压水管路经常承受高压，所以要求坚固而不漏水，通常采用钢管，并尽量采用焊接接口，但为安装及检修方便，在适当地点可设法兰接口。

为了安装上方便和避免管路上的应力传至泵，一般应在吸水管路和压水管路上设置伸缩节或可曲挠的橡胶接头。为了承受管路中内压力所造成的推力，在一定部位上（各弯头处）应设置专门的支墩或拉杆。

在不允许水倒流的给水系统中，应在泵压水管上设置止回阀。压水管路的设计流速根据管径 D 的大小，建议采用以下数值：$D < 250\text{mm}$ 时，为1.5~2.0m/s；$250\text{mm} \leqslant D < 1000\text{mm}$ 时，为2.0~2.5m/s；$D > 1000\text{mm}$ 时，为 2.0~3.0m/s。

3）吸水管路和压水管路的布置

吸入式的水泵，每台水泵应设单独的吸水管，并应尽量减少吸水管的长度和管配件，以减少吸水管的水头损失。当泵站内机组台数较多或吸水井距泵站较远时，可以采用多台水泵从公用吸水管中吸水。在水泵站设计中，一般吸水管流速小于压力管流速，其目的是为了减少吸水管的水头损失。

供水安全要求较高的泵站，在布置压水管路时，必须满足：

①能使任何一台水泵及闸阀停用检修而不影响其他水泵的工作；

②每台水泵能输水至任何一条输水管。

4）吸水管路和压水管路的敷设

管路及其附件的布置和敷设应当保证使用和修理上的便利。敷设互相平行的管路时，应使管道外壁相距 0.4~0.5m，以便维修人员能无阻地拆装接头和配件。泵站内的水管不能直接埋于土中，视具体情况可以敷设于：

①砖、混凝土或钢筋混凝土的地沟中；

②机器间下面的地下室中；

③泵站地板上。

【例 15-2-4】 泵站内吸水管路敷设应有沿水流方向大于 0.5%的连续上升坡度，其目的是保证水泵吸水管路：

A. 不漏气　　　　B. 不积气

C. 不吸气　　　　D. 不产生水锤

解 不积气：为使泵能及时排走吸水管路内的空气，吸水管应有沿水流方向连续上升的坡度i，一般大于 0.005，以免形成气囊。选 B。

15.2.5 泵站水锤

在压力管道中，由于水流流速突然变化而引起水流压力急剧上升或降低的现象，称为水锤。泵站水锤有启动水锤、关闭水锤和停泵水锤。一般情况下，启动水锤不大；关闭水锤在正常操作时不会引起过大的水锤压力；由于突然停电或误操作造成的水泵开阀停车所产生的停泵水锤往往数值较大，破坏性强，所以应对停泵水锤造成的升压进行认真分析并采取必要的保护措施。

1）停泵水锤

停泵水锤的主要特点是：突然停电（泵）后，泵工作特性开始进入水力暂态（过渡）过程，其第I阶段为泵工况阶段，该阶段是不稳定的，之后在重力水头的作用下，管路中的水又开始向泵站倒流，速度由零逐渐增大，以后的技术特点，应视在泵出口处有无止回阀而分别出现下述几种情况。

（1）在泵出口处有止回阀的情况

当管路中倒流水流的速度达到一定程度时，止回阀很快关闭，因而引起很大的压力上升，这种压力突然升高能击毁管路或其他设备。

（2）在泵出口处无止回阀的情况

从开始停泵至流量降低到零为泵工况阶段，随后，管路中水又向泵站方向倒流，其流速绝对值由零逐渐增大，但流速的符号是“负”，故流速的代数值是逐渐减小的。由流量等于零至转速降到零这一阶段，称为制动工况阶段，即第Ⅱ阶段。制动工况结束，泵进入第Ⅲ阶段，即水轮机工况阶段。在此阶段，倒流流量继续增大，机组反向的转速也很快增大，最后达到最大反向转速。由转矩M为零时刻起泵工作进入第Ⅳ阶段，即另一种状况的制动工况阶段。

（3）泵管路系统中的水柱分离现象和断流（弥合）水锤

不管泵出口处有无止回阀，突然停泵后在泵站及管路内发生压力降落。当管路中某处的压力降到当时水温的饱和蒸汽压以下时，水将发生汽化，破坏了水流的连续性，造成水柱分离，而在该处形成“空腔段”。当分离开的水柱重新弥合时或“空腔段”重新被水充满时，由于两股水柱间的剧烈碰撞会产生压力很高的 “断流（弥合）水锤”。

2）停泵水锤防护措施

（1）防止水柱分离：①主要从管路布置上考虑，即输水管线布置时尽量避免驼峰或坡度剧变；②如果由于地形条件所限，不能变更管路布置，可考虑在管路的适当地点设置调压塔，也即采取补气稳压装置。

（2）防止升压过高的措施

防止升压过高的措施有：①设置水锤消除器；②设空气缸；③采用缓闭阀；④取消止回阀。

【例 15-2-5】 水泵管路系统中预防水锤的措施很多，若防止水柱分离则可采取的措施是：

A. 设置水锤消除器　　　　B. 补气稳压装置

C. 设置旁通管　　　　D. 缓闭式止回阀

解　停泵水锤防护措施：

（1）防止水柱分离：①主要从管路布置上考虑；②如果由于地形条件所限，不能变更管路布置，可考虑在管路的适当地点设置调压塔。

（2）防止升压过高的措施：①设置水锤消除器；②设空气缸；③采用缓闭阀；④取消止回阀。

选 B。

15.2.6　泵站噪声

1）泵站中的噪声源

工业噪声通常可以分为空气动力性、机械性和电磁性噪声 3 种。空气动力性噪声是由于气体振动产生的，当气体中有了涡流或发生了压力突变时，引起气体的扰动，就产生空气动力性噪声；机械性噪声是由于固体振动而产生的；电磁性噪声是由于电机的空气隙中交变力相互作用而产生的。

泵站中的噪声源有电机噪声、泵和液力噪声（由流出叶轮时的不稳定流动）、风机噪声、阀件噪声和变压器噪声等。其中以电机转子高速转动时，引起与定子间的空气振动而发出的高频声响为最大。

2）噪声的危害

噪声的危害有：①噪声可以造成职业性听力损失；②噪声引起多种疾病；③噪声影响正常生活；④噪声降低劳动生产率。

3）泵站内噪声的防治

防治噪声最根本的方法是从声源上治理，但是在许多情况下，由于技术上或经济上的原因，直接从声源上治理噪声往往是很困难的。因此一般需要采取吸声、消声、隔声、隔振等噪声控制技术。

【例 15-2-6】 水泵机组振动所产生的噪声属于：

A. 空气噪声　　B. 固体噪声

C. 波动噪声　　D. 电磁噪声

解　水泵机组振动所产生的噪声是由于固体振动而产生的，属于固体噪声。选 B。

【例 15-2-7】 机械性噪声来源于：

A. 变压器　　B. 空压机　　C. 轴承振动　　D. 鼓风机

解　机械噪声按声源的不同可分为三类。

（1）空气动力性噪声：由气体振动产生，如通风机、压缩机、发动机、喷气式飞机和火箭等产生的噪声。

（2）机械性噪声：由固体振动产生，如齿轮、轴承和壳体等振动产生的噪声。

（3）电磁性噪声：由电磁振动产生，如电动机、发电机和变压器等产生的噪声。

选 C。

经 典 练 习

15-2-1　给水泵站按照操作条件及方式分为（　　）。

A. 地面式泵站、地下式泵站、半地下式泵站

B. 人工手动控制泵站、半自动化泵站、自动化泵站、遥控泵站

C. 取水泵站、送水泵站、加压泵站、循环泵站

D. 合建式泵站，分建式泵站

15-2-2　泵房的主要通道宽度不应小于（　　）。

A. 0.8m　　B. 1.0m　　C. 1.2m　　D. 1.5m

15-2-3　给水泵站中，水泵吸水管的流速在确定时应根据管径的不同来考虑。当管径小于 250mm 时，为 1.0~1.2m/s；当管径等于或大于 250mm 时，为（　　）。

A. 1.0~1.2m/s　　B. 1.2~1.6m/s　　C. 1.6~2.0m/s　　D. 1.5~2.5m/s

15-2-4　水泵压水管的设计流速，当$D < 250$mm时，一般应在（　　）。

A. 0.8~1.0m/s　　B. 1.2~1.6m/s　　C. 1.5~2.0m/s　　D. 1.5~2.5m/s

15-2-5　电磁性噪声来源于（　　）。

A. 变压器　　B. 空压机　　C. 轴承振动　　D. 鼓风机

15-2-6　水泵机组产生的噪声中最强的是（　　）。

A. 空气噪声　　B. 固体噪声　　C. 波动噪声　　D. 电磁噪声

15-2-7　吸水管进口在最低水位下的淹没深度h不应小于 0.5~1.0m，其目的是保证水泵吸水管路（　　）。

A. 不漏气　　B. 不积　　C. 不吸气　　D. 不产生水锤

15-2-8　根据对用电可靠性的要求，大中城市自来水厂的泵站电力负荷等级应按（　　）。

A. 一级负荷　　B. 二级负荷　　C. 三级负荷　　D. 任意等级

15-2-9 有两个独立电源供电，按生产需要与允许停电时间，采用双电源自动或手动切换的接线成双电源对多台一级用电设备分组同时供电的属于（ ）。

A. 一级负荷的供电方式

B. 二级负荷的供电方式

C. 三级负荷的供电方式

D. 四级负荷的供电方式

15-2-10 下列措施中，（ ）不能起到噪声的防治作用。

A. 用多孔材料装饰泵房内墙　　B. 隔音罩

C. 防水电机　　D. 橡胶隔振垫

15-2-11 向高地输水的泵房，当水泵设有普通止回阀或底阀时，应进行（ ）压力计算。

A. 静扬程　　B. 停泵水锤　　C. 饱和蒸汽压　　D. 基础承载

15-2-12 对于吸水管路的基本要求有（ ）。

A. 不漏气、不积气、不吸气

B. 不漏气、不积气、不吸气、不产生水锤

C. 不漏气、不积气、不产生水锤

D. 不积气、不吸气、不产生水锤

15.3 排水泵站

考试大纲☞： 排水泵站分类　构造特点　水泵选择　集水池容积　水泵机组布置　雨水泵站　合流泵站　螺旋泵污水泵站

15.3.1 排水泵站分类

排水泵站按其排水的性质，一般分为污水泵站、雨水泵站、合流泵站和污泥泵站。

按其在排水系统中的作用，可分为中途泵站（或叫区域泵站）和终点泵站（又叫总泵站）。

按泵启动前能否自流充水分为自灌式泵站和非自灌式泵站。

按泵房的平面形状，可以分为圆形泵站和矩形泵站。

按集水池与机器间的组合情况，可分为合建式泵站和分建式泵站。

按采用泵的特殊性又可分为潜水泵站和螺旋泵站。

按照控制的方式又可分为人工控制、自动控制和遥控三类。

【例 15-3-1】 按泵站在排水系统中的作用，可分为中途泵站和：

A. 加压泵站　　B. 污泥泵站　　C. 终点泵站　　D. 循环泵站

解 排水泵站按其在排水系统中的作用，可分为中途泵站（或叫区域泵站）和终点泵站（又叫总泵站）。选 C。

15.3.2 构造特点

排水泵站一般设计成为半地下式或地下式，常位于地下水位以下，其地下部分一般采用钢筋混凝土结构，并采取必要的防水措施。一般来说，集水池应尽可能和机器间合建在一起，特殊情况下，两者才分建。在机器间的地板上应有排水沟和集水坑，集水池中一般应设事故排水管。

【例 15-3-2】关于排水泵站构造特点，下列说法不正确的是：

A. 排水泵站一般设计成为半地下式或地下式

B. 一般来说，集水池应尽可能和机器间合建在一起

C. 集水池中一般应设事故排水管

D. 地下部分一般采用钢筋混凝土结构，不需要采取防水措施

解 细节问题，需注意。地下部分一般采用钢筋混凝土结构，并采取必要的防水措施。选 D。

【例 15-3-3】下列为合建式圆形排水泵站的特点之一是：

A. 机组与附属设备布置容易　　B. 结构受力条件好

C. 工程造价较低　　D. 通风条件好

解 合建式圆形排水泵站的优点：圆形结构，受力条件好，便于沉井法施工；易于水泵的启动，运行可靠性高；根据吸水井水位易于实现自动控制。

缺点：机器间内机组布置较困难；站内交通不便；自然通风和采光不好；当泵房较深时，工人上、下不方便，且电机容易受潮。选 B。

15.3.3 水泵选择

1）泵站设计流量的确定

要正确地确定泵的出水量及其台数以及决定集水池的容积，必须知道排水量为最高日中每小时污水流量的变化情况。而在设计时，这种资料往往是不能得到的。因此，排水泵站的设计流量一般均按最高日最高时污水流量决定。一般小型排水泵站（最高日污水量在 5 000m^3以下），设 1~2 套机组；大型排水泵站（最高日污水量超过 15 000m^3）设 3~4 套机组。

2）泵站的扬程

泵站的扬程可按下式计算

$$H = H_{ss} + H_{sd} + \sum h_s + \sum h_d \tag{15-3-1}$$

式中：H_{ss}——吸水地形高度（m），为集水池内最低水位与水泵轴线之高差；

H_{sd}——压水地形高度（m），为泵轴线与输水最高点（即压水管出口处）之高差；

$\sum h_s$和$\sum h_d$——污水通过吸水管路和压水管路中的水头损失(包括沿程损失和局部损失)。

【例 15-3-4】确定排水泵站的设计流量一般按：

A. 平均日平均时污水量　　B. 最高日平均时污水量

C. 平均日最高时污水量　　D. 最高日最高时污水量

解 排水泵站的设计流量一般均按最高日最高时污水流量决定。选 D。

15.3.4 集水池容积

集水池的容积在满足安装格栅和吸水管的要求，保证泵工作时的水利条件以及能够及时将流入的污水抽走的前提下，应尽量小些。

全昼夜运行的大型污水泵站，集水池容积是根据工作泵机组停车时启动备用机组所需的时间来计算的。一般可采用不小于泵站中最大一台泵 5min 出水量的体积。

对于仅白天运行的小型污水泵站，必须使集水池容积能够满足储存夜间流入量的要求。

一般来说，对于自动控制的污水泵站，单台泵每小时启动次数不超过 6 次。

【例 15-3-5】污水泵站内最大一台泵的出水量为 112L/s，则 5min 出水量的集水池容积为：

A. 13.2m³　　B. 22.4m³　　C. 33.6m³　　D. 56.0m³

解 对于污水泵站，集水池容积一般采用不小于泵站中最大一台泵 5min 出水量的体积。因此集水池容积$W = 112 \times 10^{-3} \times 60 \times 5\text{m}^3 = 33.6\text{m}^3$。选 C。

15.3.5 水泵机组布置

污水泵站中机组台数，一般不超过 3~4 台，而且污水泵都是从轴向进水，一侧出水，所以常采取并列的布置形式。

每台泵应设置一条单独的吸水管，这不仅改善了水利条件，而且可减少杂质堵塞管道的可能性。吸水管的设计流速一般采用 1.0~1.5m/s，最低不得小于 0.7m/s，以免管内产生沉淀。

压水管的流速一般不小于 1.5m/s，当两台或两台以上泵合用一条压水管而仅一台泵工作时，其流速也不得小于 0.7m/s，以免管内产生沉淀。

【例 15-3-6】吸水管的设计流速一般采用何值，以免管内产生沉淀？

A. 1.0~1.5m/s　　B. 1.0~1.2m/s

C. 1.0~1.8m/s　　D. 1.5~1.8m/s

解 吸水管的设计流速一般采用 1.0~1.5m/s，最低不得小于 0.7m/s，以免管内产生沉淀。选 A。

15.3.6 雨水泵站

当雨水管道出口处水体水位较高，雨水不能自流排泄；或者水体最高水位高出排水区域地面时，都应在雨水管道出口前设置雨水泵站。

雨水泵站的特点是流量大，扬程小，因此，大都采用轴流泵，有时也用混流泵。其基本形式有“干室式”与“湿室式”。“干室式”泵站中，上层为电动机间，中层为机器间，安装水泵的轴及压水管，下层是集水池；“湿室式”泵站中，电动机层下面是集水池，水泵浸于集水池中。

泵的选型首先应满足最大设计流量的要求，但也必须考虑到雨水径流量的变化。雨水泵站一般不宜小于 2~3 台，通常不设备用泵。泵的扬程必须满足从集水池平均水位到出水池最高水位所需扬程的要求。

【例 15-3-7】对于雨水泵站分类，其基本类型之一是：

A. 干室式　　B. 半地下室　　C. 自灌式　　D. 非自灌式

解 雨水泵站的特点是流量大、扬程小。因此，大都采用轴流泵，有时也用混流泵。其基本形式有“干室式”与“湿室式”。选 A。

15.3.7 合流泵站

在合流制或截流式合流污水系统设置的用以提升或排除服务区域内的污水和雨水的泵站为合流泵站。合流泵站的工艺设计、布置、构造等具有污水泵站和雨水泵站两者的特点。

合流泵站设计选泵时，不仅要装设流量较大的用以抽送雨天合流污水的泵，还要装设小流量的泵，用于不下雨时抽送经常连续流来的少量污水。

【例 15-3-8】合流泵站设置是用于：

A. 提升和排除服务区内的污水和雨水的泵站

B. 提升合流制污水系统中的污水

C. 提升合流制污水系统中雨水

D. 提升截留干管中的混合污水至污水处理厂

解 在合流制或截流式合流污水系统设置的用以提升或排除服务区域内的污水和雨水的泵站为合流泵站。合流泵站的工艺设计、布置、构造等具有污水泵站和雨水泵站两者的特点。选 A。

15.3.8 螺旋泵

螺旋泵的泵壳和泵体叶片之间，既要保证一定的间隙，又要做到密贴，一般叶片与泵壳内壁之间保持 1mm 左右的间隙，以减少液体的回流，提高泵的效率。

影响螺旋泵的参数主要有以下几个：①倾角(θ)；②泵壳与叶片的间隙；③转速(n)，一般在 20~90r/min之间；④扬程(H)；⑤泵直径(D)，泵的流量取决于泵的直径，直径越大，流量越大；⑥螺距(S)；⑦流量(Q)及轴功率(N)。

螺旋泵的安装倾角为 30°~38°。螺旋泵的直径和长度是两个主要的设计参数，泵的直径主要取决于排水量，而长度则取决于所要求的扬程。

【例 15-3-9】 螺旋泵的理论流量与下述哪些因素有关：

A. 螺旋叶片外径、泵轴直径、螺距、转速、扬水断面率

B. 螺旋叶片外径、螺距、转速、倾角、扬水断面率

C. 螺旋叶片外径、螺距、转速、扬程、倾角

D. 螺旋叶片外径、泵轴直径、转速、扬水断面率

解 泵的流量取决于泵的直径。一般资料认为：泵直径越大，效率越高。泵的直径与泵轴直径之比以 2 : 1 为宜。螺旋泵的流量与螺旋叶片外径D、螺距S、转速n、叶片的扬水断面率有关，见公式$Q=\frac{\pi}{4}(D^2-d^2)\alpha Sn$。选 A。

15.3.9 污水泵站

污水泵站是污水系统设计的重要组成部分，特点是水流连续较小，但变化幅度大，水中污染物含量多。因此，设计时集水池要有足够的调蓄容积，并应考虑备用泵，此外设计时应尽量减少对环境的污染，站内提供较好的管理、检修条件。

考虑到污水泵在使用过程中因效率下降和管道中因阻力增加而增加的能量损失，在确定泵的扬程时，可增大 1~2m 安全扬程。

设计内容主要包括：①泵的选择；②集水池容积及尺寸的确定；③吸水管和出水管的计算；④泵房的布置；⑤泵房的建筑形式；⑥起重设备的选择及布置；⑦电气设备和自控设备的设计；⑧泵房的建筑、电气与结构的设计；⑨施工方法的确定。

污水泵吸水管道的设计流速一般采用 1.0~1.5m/s，并不得低于 0.7m/s，以免管道内产生沉淀。当吸水管道很短时，设计流速可提高到 2.0~2.5m/s。

【例 15-3-10】 污水泵房集水池宜装置冲泥和清泥等设施，抽送含有焦油等类的生产线应配备：

A. 隔油设施　　B. 加热设施　　C. 中和设施　　D. 过滤设施

解 污水泵房集水池的冲泥和清泥等设施需考虑污水水质、焦油等的积聚，还需要配备加热设施，故选 B。

【例 15-3-11】 在确定污水泵站的扬程时，可增大的安全扬程为：

A. 3~4m　　B. 2~3m　　C. 1~2m　　D. 1~3m

解 考虑到污水泵在使用过程中因效率下降和管道中因阻力增加而增加的能量损失，在确定泵的

扬程时，可增大 1~2m 安全扬程。选 C。

【例 15-3-12】 污水泵房集水池容积，应不小于最大一台污水泵的：

A. 30min 的出水量　　B. 5min 的出水量

C. 20min 的出水量　　D. 2min 的出水量

解 全昼夜运行的大型污水泵站，集水池容积是根据工作泵机组停车时启动备用机组所需的时间来计算的。一般可采用不小于泵站中最大一台泵 5min 的出水量。选 B。

对于小型污水泵站，由于夜间的流入量不大，通常在夜间停止运行。在这种情况下，必须使集水池容积能够满足储存夜间流入量的要求。

区域泵站按照作用不同，可以分为中途泵站（或称区域泵站）、终点泵站（或称总泵站）。中途泵站通常是为了避免排水干管埋设太深而设置的。终点泵站就是将整个城镇污水或工业企业的污水抽送到污水处理厂或将处理后的污水进行农田灌溉或直接排入水体。

经典练习

15-3-1 排水泵站按照采用泵的特殊性分为（　　）。

A. 圆形泵站和矩形泵站　　B. 自灌式泵站和非自灌式泵站

C. 区域泵站和总泵站　　D. 潜水泵站和螺旋泵站

15-3-2 按泵站在排水系统中的作用，可分为终点泵站和（　　）。

A. 总泵站　　B. 污泥泵站　　C. 中途泵站　　D. 循环泵站

15-3-3 压水管的流速一般不小于（　　），当两台或两台以上泵合用一条压水管而仅一台泵工作时，其流速也不得小于（　　），以免管内产生沉淀。

A. 1.6m/s　0.7m/s　　B. 1.5m/s　0.7m/s

C. 1.2m/s　0.7m/s　　D. 1.5m/s　0.9m/s

15-3-4 螺旋泵的直径和（　　）是两个主要的设计参数。

A. 长度　　B. 倾角　　C. 螺距　　D. 转速

15-3-5 雨水泵站集水池进水口流速一般不超过（　　）。

A. 0.5m/s　　B. 0.7m/s　　C. 1.0m/s　　D. 1.5m/s

15-3-6 螺旋泵的转速一般采用（　　）。

A. 20~90r/min　　B. 720~950r/min

C. 950~1450r/min　　D. 1450~2900r/min

15-3-7 排水泵站按其排水的性质，一般分为污水泵站、雨水泵站、合流泵站和（　　）。

A. 提升泵站　　B. 终点泵站　　C. 回流泵站　　D. 污泥泵站

15-3-8 关于雨水泵站的说法，不正确的是（　　）。

A. 其特点是流量大，扬程小

B. 雨水泵站一般不宜小于 2~3 台，通常设备用泵

C. 泵的扬程必须满足从集水池平均水位到出水池最高水位所需扬程的要求

D. 泵的选型首先应满足最大设计流量的要求，但也必须考虑到雨水径流量的变化

15-3-9 水泵额定工况点为（　　）。

A. 扬程最高时的工况点　　B. 有效功率最高时的工况点

C. 效率最高时的工况点　　D. 轴功率最高时的工况点

参考答案及提示

15-1-1 D 离心泵所以能把水送出去是由于离心力的作用。

15-1-2 D Sh 型泵为单级双吸离心泵。

15-1-3 D 每台泵的泵壳上钉有一块铭牌，铭牌上简明地列出了该泵在设计转速下运转、效率为最高时的流量、扬程、轴功率及允许吸上真空高度或气蚀余量值。

15-1-4 B 为获得正值扬程($H_T > 0$)，必须使$\alpha_2 < 90°$，α_2越小，泵的理论扬程越大。

15-1-5 B 实际工程中离心泵的叶轮，大部分是后弯式叶片。后弯式叶片的流道比较平缓，弯度小，叶槽内水力损失较小，有利于提高泵的效率。

15-1-6 A 提高水泵扬程的技术措施，如增加水泵转速和加大叶轮外径。

15-1-7 D 泵是输送和提升液体的机器，它把原动机的机械能转化为被输送液体的能量，使液体获得动能或势能。

15-1-8 A 基础知识，需牢记。

15-1-9 B 提高水泵扬程的技术措施，如增加水泵转速和加大叶轮外径。

15-1-10 A 水泵的$Q\sim H$特性曲线反映的是水泵在不同流量下能够提供的扬程，即水泵的潜在工作能力。

15-1-11 C 泵正常启动时，$Q = 0$的情况，相当于闸阀全闭，此时泵的轴功率仅为设计轴功率的30%~40%，而扬程值又最大，完全符合电动机轻载启动要求。

15-1-12 C 管道系统特性曲线方程为$H = H_{ST} + SQ^2$，反映在不同出水量下管道系统所需要的能量；水头损失特性曲线方程$\sum h = SQ^2$，反映在不同出水量下消耗在管路上的水头损失。

15-1-13 B 基础知识，需牢记。

15-1-14 C 比转数$n_s = \frac{3.65n\sqrt{Q}}{H^{3/4}} = \frac{3.65\times 2\,900\times\sqrt{45\times 1/3\,600}}{33.5^{3/4}} \approx 85$。

15-1-15 D 由并联工况点的图解法可知，并联时每台水泵的工况点出水量比单泵单独工作时工况点出水量要小。

15-1-16 B 液体质点的速度即液体质点的绝对速度，它是液体质点相对于叶片的相对速度和因叶轮做圆周运动而具有的牵连速度的矢量和。

15-1-17 C 由公式$H = H_{ST} + \sum h$知，水泵装置总扬程包括静扬程和水头损失两部分。

15-1-18 B 水泵装置的工况点即水泵在实际运行时的对应参数值或对应参数在曲线上的对应点。

15-1-19 B 水泵叶轮相似定律的第二定律为确定两台在相似工况下运行水泵的扬程之间的关系。用公式表达为：$\frac{H}{H_m} = \lambda^2 \frac{\eta_h}{(\eta_h)_m} \frac{n^2}{n_m^2} = \lambda^2 \frac{n^2}{n_m^2}$。

15-1-20 A 比例律应用于不同转速运行的同一台叶片泵。

$$\frac{Q_1}{Q_2} = \frac{n_1}{n_2};\ \frac{H_1}{H_2} = \left(\frac{n_1}{n_2}\right)^2;\ \frac{N_1}{N_2} = \left(\frac{n_1}{n_2}\right)^3$$

15-1-21 B 多级泵的扬程应除以水泵级数，再代入公式$n_s = \frac{3.65n\sqrt{Q}}{H^{3/4}}$，得$n_s = 125 \approx 120$。

15-1-22 A $H_{ss} + \frac{v_1^2}{2g} + \sum h_s$反映了泵壳进口外部的压力下降值，反映了真空表安装点的实际压头下降值H_v。

15-1-23 A $H_{sv} = h_a - h_{va} - \sum h_s \pm |H_{ss}| = 10 - 0.75 - 2.1 - 2.5 = 4.65\text{m}$。

15-1-24 A 串联水泵的流量相等，故串联时应选择额定流量接近的泵。

15-1-25 D 比例律成立的前提是工况相似，工况相似的点效率相等，因此抛物线$H = kQ^2$也称为等效率曲线。

15-1-26 C 泵中最低压力P_K如果降低到被抽液体工作温度下的饱和蒸汽压力（即汽化压力），泵壳内即发生气穴和气蚀现象。

15-1-27 A 水泵气蚀会产生噪声和压力振动，使叶轮损坏，缩短水泵的使用寿命，同时气泡还会堵塞叶轮槽道，致使扬程和流量降低，效率下降。

15-1-28 A 当水泵的吸水性能用允许吸上真空高度来衡量时，水泵的最大安装高度为

$$H_{ss} = H_s' - \frac{v_1^2}{2g} - \sum h_s$$

水泵的吸水性能用气蚀余量来衡量时，水泵的最大安装高度为

$$H_{ss} = h_a - h_{va} - H_{sv} - \sum h_s$$

根据这两个公式可以推导：$H_s' - \frac{v_1^2}{2g} - \sum h_s = h_a - h_{va} - H_{sv} - \sum h_s$

$$H_s - (10.33 - h_a) - (h_{va} - 0.24) - \frac{v_1^2}{2g} - \sum h_s = h_a - h_{va} - H_{sv} - \sum h_s$$

$$H_s - 10.09 - \frac{v_1^2}{2g} = -H_{sv}$$

该题中气蚀余量大于 10m，也即$H_{sv} = 10\text{m}$，则：

$$H_s - 10.09 - \frac{v_1^2}{2g} = -10$$

$$H_s = 0.09 + \frac{v_1^2}{2g}$$

由于真空表所在断面的流速水头$\frac{v_1^2}{2g}$必不小于 0，因此：$H_s > 0$。

15-2-1 B 按照操作条件及方式，泵站可分为人工手动控制、半自动化、全自动化和遥控泵站四种。

15-2-2 C 依据《室外给水设计标准》(GB 50013—2018) 第 6.6.1 条，泵房的主要通道宽度不应小于 1.2m。当一侧布置有操作柜时，其净宽不宜小于 2.0m。

15-2-3 B 吸水管中的设计流速建议采用以下数值：管径小于 250mm 时，为 1.0~1.2m/s；管径等于或大于 250mm 时，为 1.2~1.6m/s。

15-2-4 C 水泵压水管的设计流速，当$D < 250\text{mm}$时，为1.5~2.0m/s；当$D \geqslant 250\text{mm}$时，为2.0~2.5m/s。

15-2-5 A 电磁性噪声是由于电机的空气隙中交变力相互作用而产生的，由电磁振动产生，如电动机、发电机和变压器等产生的噪声。

15-2-6 A 以电机转子高速转动时，引起与定子间的空气振动而发出的高频声响为最大噪声。

15-2-7 C 不吸气：为避免吸水井水面产生漩涡，使泵吸入空气，吸水管进口在最低水位下的淹没深度h不应小于 0.5~1.0m。

15-2-8 A 大中城市的水厂及钢铁厂、炼油厂等重要工业企业的净水厂均应按一级电力负荷考虑。

15-2-9 A

15-2-10 C 一般需要采取吸声、消声、隔声、隔振等噪声控制技术。防水电机起到防水作用，而不是防噪声。

15-2-11 B 向高地输水的泵房，当水泵设有普通止回阀或底阀时，若电源突然中断或电机发生故障，会产生由降压开始的水锤压力，故需进行压力计算，根据需要采取水锤消除措施。

15-2-12 A 对于吸水管路的基本要求有：不漏气、不积气、不吸气。

15-3-1 D 按采用泵的特殊性可分为潜水泵站和螺旋泵站

15-3-2 C 排水泵站按其在排水系统中的作用，可分为终点泵站（总泵站）和中途泵站（区域泵站）。

15-3-3 B 细节问题，需记忆。

15-3-4 A 螺旋泵的直径和长度是两个主要的设计参数，泵的直径主要取决于排水量，而长度则取决于所要求的扬程。

15-3-5 B 集水池进水口流速要尽可能地缓慢，一般不超过 0.7m/s。

15-3-6 A 螺旋泵的转速n一般在20~90r/min之间。

15-3-7 D 基础知识，需牢记。

15-3-8 B 雨水泵站可以在旱季检修，因此，通常不设备用泵。

15-3-9 C 离心泵在最高效率相对应的流量即额定流量工作时最经济，因此与最高效率点对应的流量、扬程、轴功率为最佳工作点，即额定工况点。但在实际中，离心泵往往不可能正好在最佳工况下操作，因此一般规定一个工作范围，称为泵的高效区。此区通常为最高效率的 92%左右。

16 水分析化学

考题配置 单选，10 题

分数配置 每题 2 分，共 20 分

复习指导

本章涉及的考点较多、需要记忆的内容也较多，复习过程中需要花大力气来记忆、理解，方能考出好成绩，如水样的保存方法、不同滴定方法使用的指示剂类型、使用的条件或范围等，水质指标如 COD、BOD_5、TOD、TOC 等的检测方法、原理，吸收光谱、电位滴定等的基本原理、主要计算公式等。

16.1 水分析化学过程的质量保证

考试大纲☞： 水样的保存和预处理 水分析结果误差 数据处理

16.1.1 水样的保存和预处理

1）水样的采集

（1）采样断面布设

对于江、河水系，应在污染源上、中、下游设三种断面，分别是对照断面、检测断面（控制断面）、结果断面（消减断面）

（2）采样点布设

①中泓垂线的选择：河/水面宽 50m 以下，设 1 条；50~100m，设 2 条；大于 100m，设 3 条。

②每条垂线上设点包括：a. 表层水样（水面下0.5~1m）；b. 深层水样（底质上0.5~1m）；c. 中层水样；d. 工业废水，在车间或车间设备出口布采样点，在工厂排污口设点，在废水处理设施进、出水口布点。

（3）采样器

①玻璃采样器，含油类及有机物水样。

②塑料采样器，测定金属离子、硅、氟等。

③深水采样，使用采样瓶吊取。

2）水样的保存

水样的保存方法一般有冷藏或冷冻法、加入化学试剂保存法。冷藏或冷冻法是将样品在 4℃冷藏或将水样迅速冷冻，储存于暗处，可以抑制生物活动，减缓物理挥发作用和化学反应速度。加入化学试剂保存法主要有控制溶液 pH 值、加入抑制剂、加入氧化剂、加入还原剂四种。

适当的保护措施虽然能够降低水样变化的程度和减缓其变化速度，但并不能完全抑制其变化。有些项目特别容易发生变化，如水温、溶解氧、二氧化碳等，必须在采样现场进行测定。有一部分项目可在采样现场对水样做简单的预处理，使之能够保存一段时间。水样允许保存的时间，与水样的性质、分析的项目溶液的酸度、储存容器的材质以及存放温度等多种因素有关。部分水样监测项目保存方法见表 16-1-1。

部分水样监测项目保存方法表 **表 16-1-1**

测定项目	保存温度（℃）	保 存 剂	可保存时间（h）	备 注
酸度、碱度	4	—	24	
生化需氧量	4	—	6	
化学需氧量	4	加 H_2SO_4 至$pH < 2$	7(d)	
总有机碳	—	—	24	
硬度	4	—	7(d)	
溶解氧	—	加 1mL $MnSO_4$ 和 2mL 碱性 KI	4~8	现场固定
氟化物	4	—	7(d)	
氯化物	—	—	7(d)	
氰化物	4	加 NaOH 至$pH = 13$	24	现场固定
氨氮	4	加 H_2SO_4 至$pH < 2$	24	
硝酸盐	4	加 H_2SO_4 至$pH < 2$	24	
亚硝酸盐	4	—	24	
硫酸盐	4	—	7(d)	
硫化物	—	1L 加 2mL $Zn(Ac)_2(aq)$	24	现场固定
亚硫酸盐	4	—	24	
砷	—	加 H_2SO_4 至$pH < 2$	6(m)	
硒	—	加 HNO_3 至$pH < 2$	6(m)	
总金属	—	加 HNO_3 至$pH < 2$	6(m)	
总汞	—	加 HNO_3 至$pH < 2$	13(d)	硬塑容器
溶解汞	—	过滤，加 HNO_3 至$pH < 2$	38(d)	玻璃容器
Cr（VI）	—	加 NaOH 至$pH = 8 \sim 9$	当天测定	新硬质玻璃瓶
总铬	—	加 HNO_3 至$pH < 2$	当天测定	
酚类	4	加 H_3PO_4 至$pH < 4$，500mL 水样加 1g 的 $CuSO_4$	24	
油和动物脂	4	加 H_2SO_4 至$pH < 2$	24	
有机氯农药（六六六、DDT）	—	加水样量 0.1%的 H_2SO_4	7(d)	

水样的保存要求：

（1）抑制微生物作用；

（2）减缓化合物或配合物的水解、解离及氧化还原作用；

（3）减少组分的挥发和吸附损失。

3）水样的预处理

水样的预处理是水质分析过程中的一个重要环节，其目的是去除杂质、浓缩样品、调整 pH 值、消除干扰物质、保护仪器等，以确保后续分析结果的准确性和可靠性。

常见的水样预处理的方法包括沉淀法、过滤法、萃取法、pH 调整法、蒸馏法等。实际应用中，还需要根据具体情况进行选择和调整。在水样预处理过程中，应注意操作的准确性和规范性，以确保预处理效果和分析结果的可靠性。

水样浑浊也会影响分析结果，用适当孔径的滤器可以有效地除去藻类和细菌，滤后的样品稳定性更好。一般来说，可以用澄清、离心、过滤等措施来分离悬浮物。以 0.45μm 的滤膜区分可过滤态与不可过滤态的物质。采用澄清后，取上清液或用中速定量滤纸、砂芯漏斗、离心等方式处理样品时，相互间的可比性不大，其阻留悬浮物颗粒的能力大小顺序为：滤膜 > 离心 > 滤纸 > 砂芯漏斗。要测定可滤态部分，应在采样后立即用 0.45μm 的微孔滤膜过滤。在暂时无 0.45μm 滤膜时，泥砂型水样可用离心等方法分离；含有机质多的水样可用滤纸（或砂芯漏斗）过滤；采用自然沉降取上清液测定可滤态物质是不恰当的。如果要测定全组分含量，应在采样后立即加入保护剂，分析测定时充分摇匀后取样。

水样中被分析组分含量较低也会影响分析结果，可通过蒸发、溶剂萃取或离子交换等措施浓缩后再进行分析。

测定水中酚类化物、氟化物、氰化物时，在适当条件下可通过蒸馏，将酚类化物、氟化物、氰化物蒸出后测定，共存干扰物质残留在蒸馏液中，从而消除干扰。

测定含有机物水样中的无机元素时，需进行消解处理，目的是破坏有机物，溶解悬浮性固体，将各种价态欲测定元素氧化成单一高价态，或转变成易于分离的无机化合物。消解水样的方法有湿式消解法和干式消解法。

湿式消解法有 7 种。①硝酸消解法：对于较清洁的水样，可用硝酸消解。②硝酸-高氯酸消解法：消解含难氧化有机物的水样。③硝酸-硫酸消解法：提高消解温度和消解效果。常用的硝酸与硫酸的比例为 5∶2。④硫酸-磷酸消解法：消除 Fe^{3+}等离子的干扰。⑤硫酸-高锰酸钾消解法：该方法常用于消解测定汞的水样。⑥多元消解法：为提高消解效果，在某些情况下需要采用三元以上酸或氧化剂消解体系。⑦碱分解法：当用酸体系消解水样造成易挥发组分损失时，可改用碱分解法。

干式消解法：通过高温灼烧去除有机物后，将灼烧后残渣（灰分）用 2%HNO_3 溶解。高温易挥发损失的 As、Hg、Cd、Se、Sn 等元素，不宜用干式消解。

【例 16-1-1】 测定化学需氧量的水样，应如何保存？

A. 加碱　　B. 加酸　　C. 过滤　　D. 蒸馏

解 最理想的是取样后立即分析，测量 COD 时，加 H_2SO_4 至 $pH < 2$。选 B。

【例 16-1-2】 水的预处理中不会采用下列哪种方法？

A. 滴定　　B. 浓缩　　C. 蒸馏　　D. 消解

解 滴定是一种定量分析方法，用于确定溶液中某种物质的浓度，通常用于化学分析，而不用于水的预处理。选 A。

16.1.2 水分析结果误差

1）误差的来源

（1）系统误差

系统误差又叫可测误差，是由某些经常的原因引起的误差，使测定结果系统偏高或偏低。其大小、正负有一定规律；具有重复性和可测性。系统误差包括：①方法误差（由于某一分析方法本身不够完善或有缺陷而造成的）；②仪器和试剂误差（由于仪器本身不够精确和试剂或蒸馏水不纯造成的）；③操作误差（由于操作人员一些生理上或习惯上的原因而造成的）。

（2）随机误差

随机误差又叫偶然误差，是由于某些偶然原因引起的误差。其大小、正负无法测量，也不能加以校正。

（3）过失误差

过失误差指由于分析人员主观上责任心不强，粗心大意或违反操作规程等原因造成的误差。它是可以避免的。

2）准确度和精密度

准确度和精密度是分析结果的衡量指标。

（1）准确度

准确度指测定结果与真实值接近的程度。分析方法的准确度由系统误差和随机误差决定，可用绝对误差或相对误差表示。

$$\text{绝对误差} = \text{测量值} - \text{真值}$$

$$\text{相对误差} = \frac{\text{绝对误差}}{\text{真实值}} \times 100\%$$

误差越小，准确度越高。但在实际水处理和分析实践中，通常以“回收率”表示分析方法的准确度。

$$\text{回收率} = \frac{\text{加标水样测定值} - \text{水样测定值}}{\text{加标量}} \times 100\%$$

回收率越接近100%，方法的准确度越高。

（2）精密度

精密度指各次测定结果互相接近的程度。分析方法的精密度是由随机误差决定的，用偏差来衡量。偏差是指测定值与平均值之间的差值。

$$\text{绝对偏差} = \text{测定值} - \text{平均值}$$

即

$$d = X - \overline{X} \tag{16-1-1}$$

$$\overline{X} = \frac{\sum X_i}{n} \tag{16-1-2}$$

$$\text{相对偏差} = \frac{\text{绝对偏差}}{\text{平均值}} \times 100\% = \frac{\text{测定值} - \text{平均值}}{\text{平均值}} \times 100\%$$

$$d(\%) = \frac{d}{\overline{X}} \times 100\% \tag{16-1-3}$$

$$\text{标准偏差}s = \sqrt{\frac{\sum\left(X - \overline{X}\right)^2}{n-1}} \tag{16-1-4}$$

$$相对标准偏差(变异系数)RSD(CV) = \frac{s}{\overline{X}} \times 100\% \qquad (16\text{-}1\text{-}5)$$

（3）提高准确度与精密度的方法

为了提高分析方法的准确度和精密度，必须减少或消除系统误差和随机误差，在水样分析测定时主要应做到以下几方面。

①减少系统误差：a. 校准仪器；b. 做空白试验；c. 做对照试验；d. 对分析结果校正。

②增加测定次数。同一水样，多做几次取平均值，可减少随机误差。测定次数越多，平均值越接近真值。一般，要求平行测定2~4次。

③减少测量误差。在重量分析和滴定分析中，分析天平的称量误差为 0.000 2g，滴定管读数误差为 0.01mL，相对误差均要求小于 0.1%。

④选择合适的分析方法

【例 16-1-3】 要减少测定结果的偶然误差，有效的方法是：

A. 增加测定次数　　B. 进行对照试验

C. 进行空白试验　　D. 对结果进行校正

解　偶然误差又叫随机误差，是由于某些偶然原因引起的误差。其大小、正负无法测量，也不能加以校正。做空白试验，做对照试验均减少系统误差。增加测定次数可减少随机误差。选 A。

【例 16-1-4】 下列说法中，错误的是：

A. 绝对误差是测定值与真实值之差

B. 偏差是测定值与平均值之差

C. 标准偏差是测定结果准确度的标志

D. 相对标准偏差又称为变异系数

解　绝对误差是测定值与真实值之差；偏差是测定值与平均值之差；标准偏差反映数值相对于平均值的离散程度；相对标准偏差又称为变异系数，常用相对标准偏差表示分析结果的精密度，即多次重复测定结果之间的离散程度。选 C。

【例 16-1-5】 一支滴定管的精度标示为±0.01mL，若要求滴定的相对误差小于 0.05%，则滴定时至少耗用滴定剂体积为：

A. 5mL　　B. 10mL　　C. 20mL　　D. 50mL

解　精度是表示真实值与观测值的接近程度，滴定管的精度就是指的滴定管的绝对误差。由相对误差定义可知，相对误差 $=\frac{绝对误差}{真实值}$，代入数据得，滴定剂体积 $>\frac{0.01}{0.05\%}=20$mL。选 C。

16.1.3　数据处理

1）平均偏差

平均偏差即偏差的算术平均值，用来表示一组数据的精密度。

$$\overline{d} = \frac{\sum\left|X-\overline{X}\right|}{n} \qquad (16\text{-}1\text{-}6)$$

优点：简单。缺点：大偏差得不到应有反映。

2）标准偏差

标准偏差又称均方根偏差。标准偏差的计算分两种情况。

（1）有限测定次数

$$S = \sqrt{\frac{\sum\left(X - \overline{X}\right)^2}{n - 1}} \tag{16-1-7}$$

相对标准偏差（变异系数）

$$C_V = \frac{S}{\overline{X}} \times 100\% \tag{16-1-8}$$

（2）当测定次数趋于无穷大时

$$\sigma = \sqrt{\frac{\sum(X - \mu)^2}{n}} \tag{16-1-9}$$

其中，μ为无限多次测定的平均值（总体平均值），即

$$\lim_{n\to\infty} \overline{X} = \mu \tag{16-1-10}$$

当消除系统误差时，μ即为真值。

（3）平均值的标准偏差$S_{\overline{X}}$：标准偏差与测定次数的平方根的比值，表示测定结果分散程度。

3）置信度与置信区间

置信度（概率）P：真值在置信区间出现的概率。

置信区间：以平均值为中心，真值出现的范围。

对于有限次测定，平均值与真值μ关系为

$$\mu = \overline{X} \pm t\frac{s}{\sqrt{n}} \tag{16-1-11}$$

式中：μ——真值；

$\overline{X}$——多次测量结果的平均值；

t——与自由度$f(f = n - 1)$、置信度P相对应的t值（查表）；

s——有限次测定的标准偏差；

n——测定次数。

①置信度不变时，n增加，t变小，置信区间变小。

②n不变时，置信度P增加，t变大，置信区间变大。

4）显著性检验

在统计学中，若分析结果之间存在明显的系统误差，就认为它们有显著性差异，否则就没有显著性差异，分析结果之间的差异纯属偶然误差引起，这是正常的，是人们可以接受的。

t检验法

$$\mu = \overline{X} \pm t\frac{s}{\sqrt{n}} \tag{16-1-12}$$

得$t = \frac{|\overline{X}-\mu|}{s}\sqrt{n}$，然后与$t_{表}$比较，若$t < t_{表}$，则认为不存在显著性差异，结果可靠。

5）有效数字

分析测量结果必须用有效数字来表示。用有效数字表示的测量结果，除最后一位数字是不确定（或可疑）的以外，其余各位数字必须是确定无疑的，即有效数字是可靠数字和可疑数字的总称。

加减运算时，族中结果的绝对误差比其中任一个数的绝对误差大，因此运算时应以各个数值中绝对误差最大的数为准，确定其他数值在运算中保留的位数和决定计算结果的有效位数。

pH 及对数值计算，有效数字按小数点后的位数保留。

【例 16-1-6】 pH = 11.20的有效数字位数为：

A. 四位　　B. 三位　　C. 两位　　D. 任意位

解 pH 及对数值计算，有效数字按小数点后的位数保留。因此pH = 11.20有两位有效数字。选 C。

【例 16-1-7】 由计算器算得(12.25 × 1.115 5)/(1.25 × 0.250 0)的结果为 43.727 6，按有效数字运算规则应记录为：

A. 43.728　　B. 43.7　　C. 43.73　　D. 43.727 6

解 在乘除法中，它们的积或商的有效数字位数，应与参加运算的数字中有效数字位数最少的那个数字相同；同时采用四舍六入五成双的原则，式中 1.25 的有效数字位数最少（三位），因此结果取三位有效数字。选 B。

经典练习

16-1-1　取水样的量应保证在分析用量的（　　）倍以上。

A. 5 倍　　B. 3 倍　　C. 4 倍　　D. 10 倍

16-1-2　下列方式阻留悬浮物颗粒的能力大小顺序为（　　）。

A. 滤膜 > 离心 > 滤纸 > 砂芯漏斗

B. 滤膜 > 滤纸 > 离心 > 砂芯漏斗

C. 滤膜 > 离心 > 砂芯漏斗 > 滤纸

D. 滤纸 > 滤膜 > 离心 > 砂芯漏斗

16-1-3　一支滴定管的精度标示为 0.01mL，若要求测定的相对误差小于 0.05%，则滴定时至少耗用滴定剂（　　）。

A. 5mL　　B. 10mL　　C. 20mL　　D. 50mL

16-1-4　下列情况属于系统误差的是（　　）。

A. 砝码未经校正

B. 试样未混合均匀

C. 滴定液从滴定管损失半滴

D. 滴定操作者偶然从锥形瓶溅失少许试液

16-1-5　在滴定分析法中测定出现的下列情况，属于系统误差的是（　　）。

A. 试样未经充分混匀　　B. 滴定管的读数读错

C. 滴定时有液滴溅出　　D. 砝码未经校正

16-1-6　如果要求分析结果达到 0.1%的准确度，常用滴定管的滴定误差为 0.01mL，试判断滴定时消耗标准溶液的体积至少为（　　）。

A. 2mL　　B. 5mL　　C. 8mL　　D. 10mL

16-1-7　下列情况属于偶然误差的是（　　）。

A. 化学试剂纯度不够

B. 使用未校准的移液管

C. 用 1 : 1 的盐酸代替 1 : 10 的盐酸

D. 气温

16-1-8　系统误差不包括以下（　　）。

A. 方法误差　　B. 仪器和试剂误差

C. 操作误差　　D. 不可测误差

16.2 酸碱滴定法

考试大纲☞： 酸碱平衡　酸碱滴定　水的碱度与酸度

16.2.1 酸碱平衡

1）酸碱理论

（1）酸碱定义

布朗斯特德—劳莱的酸碱质子概念，凡给出质子的物质是酸，能接受质子的物质是碱。

$$HB \rightleftharpoons H^+ + B^-$$

酸(HB)给出一个质子(H^+)而形成碱(B^-)，碱(B^-)接受一个质子(H^+)便成为酸(HB)；此时碱(B^-)称为酸(HB)的共轭碱，酸(HB)称为碱(B^-)的共轭酸。这种因质子得失而互相转变的一对酸碱称为共轭酸碱对。

【例 16-2-1】 $H_2PO_4^-$的共轭碱是：

A. H_3PO_4　　B. HPO_4^{2-}　　C. PO_4^{3-}　　D. OH^-

解　根据酸碱质子理论，酸给出质子变成其共轭碱，而碱得到质子变成其相应的共轭酸，即共轭碱比共轭酸少一个H^-，选 B。

（2）酸碱反应

酸碱反应的前提是给出质子的物质和接受质子的物质同时存在，实际是两个共轭酸碱对共同作用的结果。其实质就是质子的转移过程。酸或碱的解离，必须有 H_2O 参加，H_2O 既可起酸的作用，又可起碱的作用。

（3）溶剂的质子自递反应

$$H_2O + H_2O \rightleftharpoons H_3O^+ + OH^-$$

H_2O 分子之间发生了质子(H^+)的传递作用，称 H_2O 的质子自递作用。其平衡常数$K_w = a_{H_3O^+} \cdot a_{OH^-}$称为水的质子自递常数，用$K_s$表示。$K_s = 1.0 \times 10^{-14}(25℃)$。

（4）共轭酸碱对K_a与K_b的关系

K_a越大，酸性越强；K_b越大，碱性越强。

$$K_a \cdot K_b = [H^+][OH^-] = K_w = 1.0 \times 10^{-14}(25℃)$$

2）酸碱溶液 pH 值的计算

（1）质子条件式

根据酸碱质子理论，在酸碱反应达到平衡时，酸给出的质子数必须等于碱得到的质子数，这种得失质子的物质的量相等关系称为质子平衡或质子条件，其数学表达式称为质子平衡方程或质子条件式，用 PBE 表示。

质子条件式可由溶液中得失质子的关系直接导出。例如，浓度为Cmol/L的弱酸 HB 溶液中，有如下平衡

$$HB + H_2O \rightleftharpoons H_3O^+ + B^-$$

$$H_2O + H_2O \rightleftharpoons H_3O^+ + OH^-$$

PBE：$[H_3O^+] = [B^-] + [OH^-]$或$[H^+] = [B^-] + [OH^-]$

质子条件式还可由化学反应的物料平衡和电荷平衡导出。

（2）溶液 pH 值计算

①一元弱酸。最简式：应用条件$\frac{c}{K_a} \geqslant 500$，$cK_a \geqslant 20K_w$

$$[H^+] \approx \sqrt{K_a c_{酸}}，\alpha = \sqrt{\frac{K_a}{c_{酸}}}(\alpha为酸的解离度) \tag{16-2-1}$$

②多元弱酸。二级解离比一级解离弱，近似按一级解离处理。

$$H_2S(a) = H^+(a) + HS^-(a)，K_{a1} = 9.1 \times 10^{-8}$$

$$HS^-(a) = H^+(a) + S^{2-}(a)，K_{a2} = 1.1 \times 10^{-12}$$

$K_{a1} \gg K_{a2}$，忽略二级解离，按一级解离处理。

最简式：应用条件$\frac{c}{K_{a1}} \geqslant 500$，$cK_{a1} \geqslant 20K_w$

$$[H^+] \approx \sqrt{K_{a1} c_{酸}} \tag{16-2-2}$$

③两性物质（如 $NaHCO_3$）。最简式：应用条件$\frac{c}{K_{a1}} > 20$，$cK_{a2} \geqslant 20K_w$

$$[H^+] \approx \sqrt{K_{a1} K_{a2}} \tag{16-2-3}$$

④缓冲溶液：由弱酸及其共轭碱，或弱碱及其共轭酸所组成的溶液，能抵抗外加少量强酸、强碱而使本身溶液 pH 值基本保持不变，这种对酸和碱具有缓冲作用的溶液称缓冲溶液。

最简式：

$$[H^+] \approx K_a \frac{c_a}{c_b} \tag{16-2-4}$$

$$pH = pK_a - \lg\frac{c_a}{c_b} \tag{16-2-5}$$

式中：c_a——共轭酸的浓度；

c_b——共轭碱的浓度。

【例 16-2-2】 已知下列各物质的K_b：①$Ac^-(5.9 \times 10^{-10})$；②$NH_2NH_2(3.0 \times 10^{-8})$；③$NH_3(1.8 \times 10^{-5})$；④$S^{2-}(K_{b1} = 1.41，K_{b2} = 7.7 \times 10^{-8})$。其共轭酸酸性由强至弱的次序为：

A. ① > ② > ③ > ④　　B. ④ > ③ > ② > ①

C. ① > ② ≈ ④ > ③　　D. ③ > ② ≈ ④ > ①

解 根据公式$K_a \cdot K_b = [H^+][OH^-] = K_w = 1.0 \times 10^{-14}(25℃)$，计算$K_a$比较。对于$S^{2-}$：$HS^- = H^- + S^{2-}$（二元弱酸 H_2S 的二级解离），其共轭酸为 HS^-，计算K_{a2}比较，$K_{a1} \cdot K_{b2} = K_{a2} \cdot K_{b1} = K_w$。选 A。

【例 16-2-3】 已知下列各物质在水溶液中的K_a：①$K_{HCN} = 6.2 \times 10^{-10}$；②$K_{H_2S} = 7.1 \times 10^{-15}$，$K_{H2S} = 1.3 \times 10^{-7}$；③$K_{HF} = 3.5 \times 10^{-4}$；④$K_{HAc} = 1.8 \times 10^{-5}$。其中碱性最强的物质是：

A. CN^-　　B. $S_2{}^-$　　C. F^-　　D. Ac^-

解 根据公式$K_a \cdot K_b = [H^+][OH^-] = K_w = 1.0 \times 10^{-14}(25℃)$，计算$K_b$比较。对于$S^{2-}$：$HS^- = H^- + S^{2-}$（二元弱酸 H_2S 的二级解离），其共轭酸为 HS^-，计算K_{b2}比较，$K_{a1} \cdot K_{b2} = K_{a2} \cdot K_{b1} = K_w$。选 B。

【例 16-2-4】 已知下列各物质的K_b分别为①$Ac^-(5.9 \times 10^{-10})$，②$NH_2NH_2(3.0 \times 10^{-8})$，③$NH_3(1.8 \times 10^{-5})$，④$S^{2-}(K_{b1} = 1.14，K_{b2} = 7.7 \times 10^{-8})$，其对应的共轭酸最强的是：

A. ①　　B. ②　　C. ③　　D. ④

解 共轭酸碱与K_b的关系为：K_b越大，碱性越强；反之，K_b越小，酸性越强。S^{2-}的一级电离常数

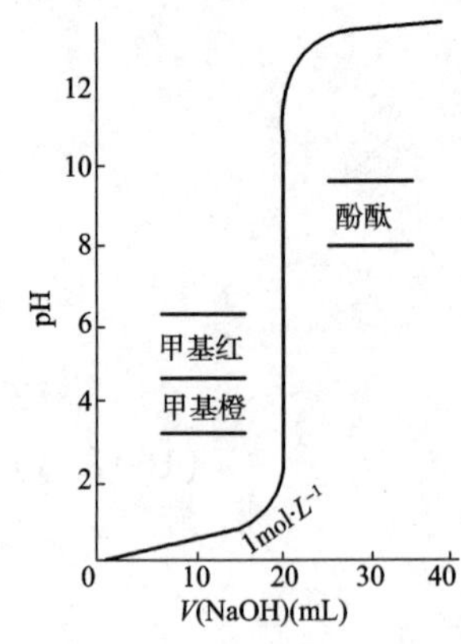

图 16-2-1　强碱滴定强酸曲线

远大于二级电离常数，忽略S^{2-}二级电离的影响，主要对比K_{b1}与其他物质K_b的关系。所以共轭酸最强的是①，其K_b最小，选 A。

16.2.2　酸碱滴定

酸碱滴定曲线：pH~V。

1）强碱滴定强酸（见图 16-2-1）

例：0.100 0mol/L NaOH溶液滴定 20.00mL、0.100 0mol/L HCl溶液。

（1）滴定前：加入滴定剂(NaOH)体积为 0.00mL 时，0.100 0mol/L盐酸溶液的pH = 1.00。

（2）化学计量点前：加入滴定剂体积为 19.98mL 时（−0.1%误差）。

$$[H^+] = c \times \frac{V_{HCl}}{V} = 0.100\,0 \times \frac{20.00 - 19.98}{20.00 + 19.98} = 5.00 \times 10^{-5}\text{mol/L}$$

溶液pH = 4.30

（3）化学计量点：即加入滴定剂体积为 20.00mL 反应完全。

$$[H^+] = 10^{-7}\text{mol/L}$$

$$\text{溶液 pH} = 7.00$$

（4）化学计量点后：加入滴定剂体积为 20.02mL，过量 0.02mL（+0.1%误差）。

$$[OH^-] = \frac{c_{NaOH} \times V_{过量\ NaOH}}{V_{HCl} + V_{加入\ NaOH}} \tag{16-2-6}$$

$$[OH^-] = \frac{0.100\,0 \times 0.02}{20.00 + 20.02} = 5.0 \times 10^{-5}\text{mol/L}$$

$$\text{pOH} = 4.30，\text{pH} = 14 - 4.30 = 9.70$$

强碱滴定强酸滴定曲线的讨论如下。

（1）滴加体积：19.98mL(−0.1%)~20.02mL(+0.1%)

滴定突跃：计量点前后，加入微小剂量滴定剂所引起的 pH 值急剧变化，称为滴定突跃，通常来说，滴定剂浓度越高，突跃范围越大；酸/碱的解离常数越大，突跃范围越大。滴定突跃范围为4.3~9.7，ΔpH = 5.4。

滴加体积：20.00mL

化学计量点：pH = 7

（2）指示剂的选择：指示剂的变色范围应处于或部分处于滴定突跃范围内。

①可选择指示剂。

甲基橙（pH3.1~4.4，红~黄），红色变为黄色；

甲基红（pH4.4~6.2，红~黄），红色变为黄色；

酚酞（pH8.0~9.8，无色~红），无色变为粉红。

②酸碱指示剂。

指示剂的理论变色点：pH = pK_a

指示剂的理论变色范围：pH = pK_a ± 1

指示剂的实际变色范围，比理论略小。

【例 16-2-5】 某酸碱指示剂的$K_{HIn} = 1.0 \times 10^{-6}$，其理论变色范围 pH 为：

A. 4~8　　B. 5~6　　C. 6~7　　D. 5~7

解 酸碱指示剂的理论变色范围：$pH = pK_a \pm 1$，由$K_{HIn} = 1.0 \times 10^{-6}$，可知理论变色范围为5~7，选 D。

【例 16-2-6】 关于酸碱滴定，下列说法正确的是：

A. 强酸滴定强碱与强碱滴定强酸曲线相同

B. 滴定突跃范围大小与被滴定液的浓度有关

C. 选择指示剂，不考虑变色范围与计量点 pH 值突跃范围

D. 判断强酸滴定弱碱或强碱滴定弱酸能否进行的条件是：$C_{sp} \times K_a \geqslant 10^{-10}$ 或$C_{sp} \times K_b \geqslant 10^{-10}$

解 计量点前后，加入微小剂量滴定剂所引起的 pH 值急剧变化，称为滴定突跃，通常来说，滴定剂浓度越高，突跃范围越大；酸/碱的解离常数越大，突跃范围越大。选 B。

（3）滴定突跃大小与滴定剂和被滴定液的浓度有关：若等浓度的强酸碱相互滴定，滴定起始浓度减少（增加）一个数量级，则滴定突跃缩小（增大）两个 pH 单位。

1.000mol/L NaOH 溶液滴定1.000mol/L HCl溶液，突跃范围3.3~10.7，$\Delta pH = 7.4$。

0.010 0mol/L NaOH 溶液滴定 0.010 0mol/L HCl 溶液，突跃范围5.3~8.7，$\Delta pH = 3.4$。

（4）强酸滴定强碱与强碱滴定强酸的滴定曲线类同，只是位置相反。

0.100 0mol/L HCl溶液滴定 20.00mL、0.100 0mol/L NaOH溶液，突跃范围9.7~4.3，$\Delta pH = 5.4$。

2）强碱滴定弱酸（见图 16-2-2）

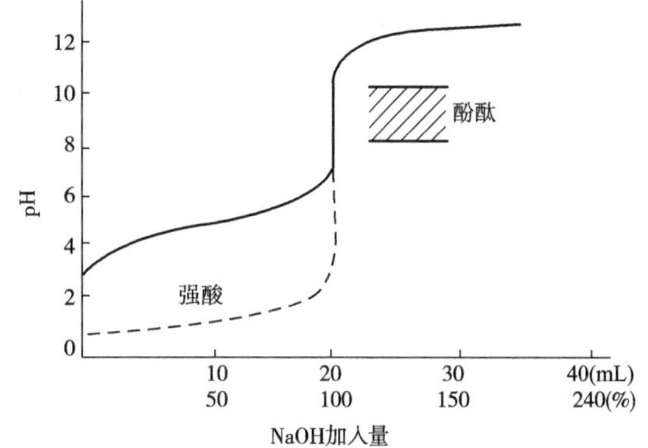

图 16-2-2　弱酸溶液的滴定曲线

例：0.100 0mol/L NaOH 溶液滴定 20.00mL、0.100 0mol/L HAc($pK_a = 4.74$)溶液。

（1）滴定开始前：0.100 0mol/L HAc，一元弱酸（用最简式计算）

$$[H^+] \approx \sqrt{c_a K_a} = \sqrt{0.100\,0 \times 10^{-4.74}} = 10^{-2.87}$$

溶液pH = 2.87；与强酸相比，滴定开始点的 pH 抬高。

（2）化学计量点前：开始滴定后，溶液即变为HAc(c_a) − NaAc(c_b)缓冲溶液；当加入滴定剂体积19.98mL 时(−0.1%)。

$$c_a = \frac{0.02 \times 0.100\,0}{20.00 + 19.98} = 5.00 \times 10^{-5}\text{mol/L}$$

$$c_b = \frac{19.98 \times 0.100\,0}{20.00 + 19.98} = 5.00 \times 10^{-2}\text{mol/L}$$

$$pH = pK_a - \lg\frac{c_a}{c_b} = 4.74 - \lg\frac{5.00 \times 10^{-5}}{5.00 \times 10^{-2}} \tag{16-2-7}$$

溶液pH = 7.74

（3）计量点时：0.050 0mol/L NaAc溶液。

$$K_b = \frac{K_w}{K_a} = \frac{1.0 \times 10^{-14}}{1.8 \times 10^{-5}} = 5.6 \times 10^{-10} \tag{16-2-8}$$

$$[OH^-] = \sqrt{k_b \times c_b} = \sqrt{0.050\,0 \times 5.6 \times 10^{-10}} = 5.27 \times 10^{-6}\text{mol/L}$$

溶液$pOH = 5.28$，$pH = 14 - 5.28 = 8.72$

（4）化学计量点后：过量的 NaOH 和生成的 NaAc 溶液，pH 取决于过量的 NaOH。

$$[OH^-] = \frac{c_{NaOH} \times V_{过量\ NaOH}}{V_{HCl} + V_{加入\ NaOH}} \tag{16-2-9}$$

加入滴定剂体积20.02mL(+0.1%)：

$$[OH^-] = \frac{0.100\,0 \times 0.02}{20.00 + 20.02} = 5.0 \times 10^{-5}(mol/L)$$

$pOH = 4.30$，溶液$pH = 14 - 4.3 = 9.70$

强碱滴定弱酸的滴定曲线的讨论如下。

（1）化学计量点：$pH = 8.72$。滴定突跃范围：$\Delta pH = 9.7 \sim 7.7$。

（2）指示剂：酚酞（pH 为8.0~9.8）无色变为粉红。

（3）弱酸、弱碱的浓度越大，滴定突跃越大；弱酸、弱碱的解离常数越大，滴定突跃越大。

（4）弱酸或弱碱能被准确直接滴定条件(误差$\leqslant \pm 0.1\%$)。

$$cK_a \geqslant 10^{-8}；\ cK_b \geqslant 10^{-8}$$

（5）0.100 0mol/L HCl溶液滴定0.100 0mol/L NH_3、H_2O 溶液。化学计量点：$pH = 5.28$。滴定突跃范围：$\Delta pH = 6.25 \sim 4.30$。

可选指示剂：①甲基红、黄色变为红色；②甲基橙、黄色变为橙色，否则误差加大。

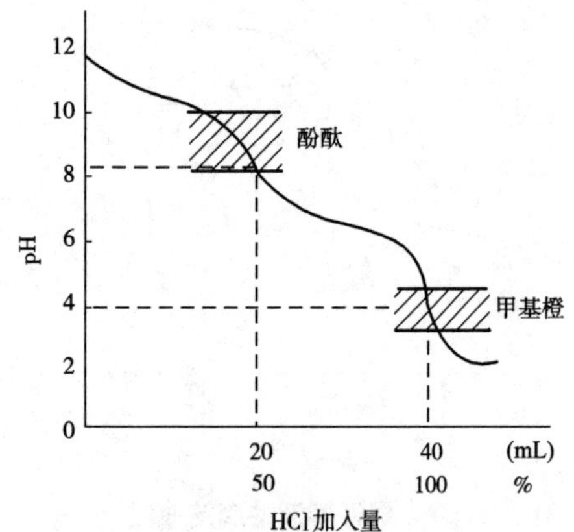

图 16-2-3　HCl 滴定Na_2CO_3的滴定曲线

3）多元酸碱的滴定（见图 16-2-3）

多元酸碱如 H_2S、H_2CO_3、H_3PO_4、Na_2CO_3。

多元酸碱分级滴定的条件：

$$\frac{K_{a,i}}{K_{a,i+1}} \geqslant 10^4 或 \frac{K_{b,i}}{K_{b,i+1}} \geqslant 10^4$$

能出现滴定突跃的条件：

$$cK_{ai} \geqslant 10^{-10}，\ \pm 1\%误差内$$

例如磷酸 H_3PO_4：

$$K_{a1} = 7.5 \times 10^{-3}；\ K_{a2} = 6.3 \times 10^{-8}；\ K_{a3} = 4.4 \times 10^{-13}$$

$$\frac{K_{a1}}{K_{a2}} > 10^4；\ \frac{K_{a2}}{K_{a3}} > 10^4$$

$c_{sp}K_{a1} \geqslant 10^{-10}$，第一个计量点时 H_3PO_4 被滴定至 $H_2PO_4^-$，出现第一个突跃；

$c_{sp}K_{a2} \geqslant 10^{-10}$，第二个计量点时 $H_2PO_4^-$被滴定至 HPO_4^{2-}，出现第二个突跃；

但第三个计量点时，由于$c_{sp}K_{a3} < 10^{-10}$，故不能直接准确滴定。

例：0.100 0mol/L HCl滴定0.100 0mol/L Na_2CO_3 溶液。

（1）滴定开始前：0.100 0mol/L Na_2CO_3 溶液

$$[OH^-] \approx \sqrt{K_{b1}c} = \sqrt{1.79 \times 10^{-4} \times 0.100\,0} = 4.23 \times 10^{-3} mol/L \tag{16-2-10}$$

$$pOH = 2.38，溶液\ pH = 14 - pOH = 11.62$$

（2）第一个化学计量点：$NaHCO_3$ 溶液。

$$[H^+] \approx \sqrt{K_{a1}K_{a2}} = \sqrt{4.2 \times 10^{-7} \times 5.6 \times 10^{-11}} = 4.8 \times 10^{-9} mol/L \tag{16-2-11}$$

溶液$pH = 8.31$

可选指示剂：①酚酞(pH 为 8.0~9.8)，由红变为无色；②甲酚红—百里酚蓝(pH = 8.3)，由黄变紫。

（3）第二个化学计量点：H_2CO_3饱和溶液（饱和碳酸浓度为0.04mol/L）。

$$[H^+] \approx \sqrt{K_{a1}c} = \sqrt{4.2 \times 10^{-7} \times 0.040} = 1.3 \times 10^{-4}\text{mol/L} \quad (16\text{–}2\text{–}12)$$

溶液pH = 3.89

可选指示剂：①甲基橙(3.3~4.4)，由黄色变为橙色；②溴甲酚绿—甲基红(pH = 4.8)，由紫红变绿。

【例 16-2-7】 用下列四种不同浓度的 NaOH 标准溶液：①$c_{NaOH} = 0.500\,0$mol/L，②$c_{NaOH} = 0.100\,0$mol/L，③$c_{NaOH} = 0.050\,00$mol/L，④$c_{NaOH} = 0.010\,00$mol/L，滴定相应浓度的 HCl 标准溶液 20.00ml，得到四条滴定曲线，其中滴定突跃最短者为：

A. ①　　B. ②　　C. ③　　D. ④

解 在化学计量点前后±0.1%（滴定分析允许误差）范围内，溶液参数将发生急剧变化，这种参数（如酸碱滴定中的 pH）的突然改变就是滴定突跃，突跃所在的范围称为突跃范围。突跃的大小受滴定剂浓度(c)和酸（或碱）的解离常数影响，c越大，突跃越大，解离常数越大，突跃越大。选 D。

16.2.3 水的酸度与碱度

1）碱度

（1）碱度的组成

水中的碱度主要有三类：

第一类是强碱，如 $Ca(OH)_2$、NaOH 等，在水中全部解离成 OH^-离子。

第二类是弱碱，如 NH_3、$C_6H_5NH_2$ 等，在水中部分解离成 OH^-离子。

第三类是强碱弱酸盐，如 Na_2CO_3、$NaHCO_3$ 等在水中部分解离产生 OH^-离子。

天然水中的碱度主要是碳酸盐碱度(CO_3^{2-})、重碳酸盐碱度(HCO_3^-)和氢氧化物碱度(OH^-)。

假设重碳酸盐碱度 HCO_3^-和氢氧化物碱度 OH^-不能同时存在，因为它们进行下列反应：

$$OH^- + HCO_3^- = CO_3^{2-} + H_2O$$

水中的碱度有 5 种存在形式：OH^-碱度、OH^-和 CO_3^{2-}碱度、CO_3^{2-}碱度、CO_3^{2-}和 HCO_3^-碱度和 HCO_3^-碱度。

（2）碱度的测定—连续滴定法

取一定体积水样，首先以酚酞为指示剂，用酸标准溶液滴定至终点（由红色变为无色），消耗酸标准溶液的量为P(mL)，接着以甲基橙为指示剂，再用酸标准溶液滴定至终点（由黄色变为橙红色），消耗酸标准溶液的量为M(mL)。

①水样中只有 OH^-碱度：一般pH > 10。

$$OH^- + H^+ \xrightarrow[P]{\text{酚酞}} H_2O$$

则$P > 0$，$M = 0$；$OH^- = P$；总碱度$T = P$

②水样中有 OH^-和 CO_3^{2-}碱度：一般pH > 10。

$$\begin{matrix} OH^- \\ CO_3^{2-} \end{matrix} + H^+ \xrightarrow[P]{\text{酚酞}} \begin{matrix} H_2O \\ HCO_3^- \end{matrix} + H^+ \xrightarrow[M]{\text{甲基橙}} H_2CO_3$$

则$P > M$，$OH^- = P - M$；$CO_3^{2-} = 2M$；$T = P + M$

③水样中只有CO_3^{2-}碱度：一般pH > 9.5。

$$CO_3{}^{2-} + H^+ \xrightarrow[P]{\text{酚酞}} HCO_3{}^- + H^+ \xrightarrow[M]{\text{甲基橙}} H_2CO_3$$

$$P = M;\ CO_3{}^{2-} = 2P = 2M;\ T = 2P = 2M$$

④水样中有$CO_3{}^{2-}$和$HCO_3{}^-$碱度：一般$pH = 9.5 \sim 8.5$。

$$CO_3{}^{2-} + H^+ \xrightarrow[P]{\text{酚酞}} HCO_3{}^- + H^+ \xrightarrow[M]{\text{甲基橙}} H_2CO_3$$

$P < M$，$CO_3{}^{2-} = 2P$；$HCO_3{}^- = M - P$；$T = M + P$

⑤水样中只有 $HCO_3{}^-$碱度：一般$pH < 8.3$。

$$HCO_3{}^- + H^+ \xrightarrow[M]{\text{甲基橙}} H_2CO_3$$

$P = 0$，$M > 0$；$HCO_3{}^- = M$；$T = M$

（3）碱度单位及其表示方法

①碱度以CaO(mg/L)和$CaCO_3$(mg/L)表示：

$$1\text{mmol/L 碱度} = 28.04\text{CaOmg/L}$$

$$1\text{mmol/L 碱度} = 50.05\ CaCO_3\text{mg/L}$$

$$\text{总碱度(CaOmg/L)} = \frac{C(P+M) \times 28.04}{V_{\text{水}}} \times 1\,000 \qquad (16\text{-}2\text{-}13)$$

$$\text{总碱度}(CaCO_3\text{mg/L}) = \frac{C(P+M) \times 50.05}{V_{\text{水}}} \times 1\,000 \qquad (16\text{-}2\text{-}14)$$

②碱度以mmol/L表示：

$$\text{总碱度(mmol/L)} = \frac{C(P+M)}{V_{\text{水}}} \times 1\,000 \qquad (16\text{-}2\text{-}15)$$

若计算每一种碱度时，应注明：OH^-碱度(OH^-，mmol/L)、$CO_3{}^{2-}$碱度($\frac{1}{2}CO_3{}^{2-}$，mmol/L)、$HCO_3{}^-$碱度($HCO_3{}^-$，mmol/L)。

③碱度以mg/L表示：

OH^-为17mg/mmol、$\frac{1}{2}CO_3{}^{2-}$为30mg/mmol、$HCO_3{}^-$为61mg/mmol。

2）酸度

（1）酸度的组成

组成水中酸度的物质可归纳为以下三大类。

强酸：如 HCl、H_2SO_4、HNO_3 等。

弱酸：如 CO_2、H_2CO_3、H_2S 及单宁酸等各种有机弱酸。

强酸弱碱盐：如 $FeCl_3$ 和 $Al_2(SO_4)_3$ 等。

（2）酸度的测定

如果以甲基橙为指示剂，用 NaOH 标准溶液滴定至终点(pH = 3.7)的酸度，称为甲基橙酸度，代表一些较强的酸—强酸酸度，适用于废水和严重污染水中的酸度测定。

如果以酚酞为指示剂，用 NaOH 标准溶液滴定至终点(pH = 8.3)的酸度，称为酚酞酸度，又叫总酸度（或弱酸酸度），它包括水样中的强酸和弱酸总和，主要用于未受工业废水污染或轻度污染水中酸度的测定。

【例 16-2-8】 用 HCl 滴定 NaOH 和 Na_2CO_3 混合液，首先加入用酚酞指示剂，消耗 HCl 体积V_1，之后用甲基橙指示剂，消耗 HCl 体积V_2，则V_1和V_2的关系是：

A. $V_1 > V_2$　　B. $V_1 < V_2$　　C. $V_1 = V_2$　　D. 不能确定

解　取一定体积水样，首先以酚酞为指示剂，用酸标准溶液滴定至终点（由红色变为无色），消耗酸标准溶液的量为P(mL)，接着以甲基橙为指示剂，再用酸标准溶液滴定至终点（由黄色变为橙红色），消耗酸标准溶液的量为M(mL)。

水样中有 OH^-和 $CO_3{}^{2-}$碱度：一般$pH > 10$

$$\begin{matrix} OH^- \\ CO_3{}^{2-} \end{matrix} + H^+ \xrightarrow[P]{\text{酚酞}} \begin{matrix} H_2O \\ HCO_3{}^- \end{matrix} + H^+ \xrightarrow[M]{\text{甲基橙}} H_2CO_3$$

则$P > M$，$OH^- = P - M$；$CO_3{}^{2-} = 2M$；$T = P + M$

因此本题$V_1 > V_2$。选 A。

经典练习

16-2-1　用同浓度的 NaOH 溶液分别滴定同体积的 $H_2C_2O_4$（草酸）和 HCl 溶液，消耗的 NaOH 体积数相同，说明（　　）。

A. 两种酸浓度相同　　B. 两种酸的电离度相同

C. $H_2C_2O_4$的浓度是 HCl 的两倍　　D. HCl 的浓度是 $H_2C_2O_4$的两倍

16-2-2　滴定分析中，一般利用指示剂颜色的变化来判断计量点的到达，在指示剂变色时停止滴定，这一点称为（　　）。

A. 等当点　　B. 滴定终点　　C. 滴定　　D. 滴定分析

16-2-3　某水样$pH > 10$，可能存在的碱度组成是（　　）。

A. $OH^- + CO_3{}^{2-}$　　B. $HCO_3{}^-$　　C. $HCO_3{}^- + CO_3{}^{2-}$　　D. $OH^- + HCO_3{}^-$

16-2-4　用0.1mol/L HCl溶液滴定0.1mol/L NaOH溶液，其 pH 值突跃范围为4.3~9.7，如果用0.010mol/L HCl溶液滴定0.010mol/L NaOH溶液，估计其突跃范围是（　　）。

A. 4.3~9.7　　B. 3.3~10.7　　C. 3.3~8.7　　D. 5.3~8.7

16-2-5　$HPO_4{}^{2-}$的共轭碱是（　　）。

A. $H_2PO_4{}^-$　　B. H_3PO_4　　C. $PO_4{}^{3-}$　　D. OH^-

16-2-6　$H_2PO_4{}^-$的共轭酸是（　　）。

A. H_3PO_4　　B. $HPO_4{}^{2-}$　　C. $PO_4{}^{3-}$　　D. OH^-

16-2-7　某水样 pH 值约为 7，可能存在的碱度组成是（　　）。

A. $CO_3{}^{2-}$　　B. $HCO_3{}^-$

C. $CO_3{}^{2-} + HCO_3{}^-$　　D. $OH^- + CO_3{}^{2-}$

16-2-8　用$c_{HCl} = 0.100\,0$mol/L的标准溶液滴定①$K_b = 10^{-2}$，②$K_b = 10^{-3}$，③$K_b = 10^{-4}$，④$K_b = 10^{-5}$的弱碱，得到四条滴定曲线，其中滴定突跃最小的是（　　）。

A. ①　　B. ②　　C. ③　　D. ④

16-2-9　酸碱滴定中选择指示剂的原则是（　　）。

A. $K_a = K_{HIn}$

B. 指示剂的变色范围与等当点完全符合

C. 指示剂的变色范围全部或部分处于滴定突跃范围内

D. 指示剂的变色范围全部处于滴定突跃范围内

16-2-10 用盐酸测定某水样的碱度，以酚酞为指示剂，消耗 HCl 标准溶液 20mL，接着以甲基橙为指示剂时又用去 HCl 标准溶液 30mL，则水样中碱度组成为（　　）。

A. $OH^- + CO_3^{2-}$　　B. OH^-　　C. CO_3^{2-}　　D. $CO_3^{2-} + HCO_3^-$

16.3 络合滴定法

考试大纲☞：络合平衡　络合滴定　硬度测定

16.3.1 络合平衡

金属离子与络合剂（配合剂）形成络合物（配合物）的反应称为络合反应（配合反应）。

1）氨羧络合剂

含有氨基二乙酸基团的有机化合物，其分子中含有氨氮和羧氧两种络合能力很强的配位原子，可以和许多金属离子形成环状结构的络合物。

最常用：乙二胺四乙酸（EDTA）。

2）EDTA 及其性质

（1）EDTA 结构

```
HOOCH2C                              CH2COO-
       \                            /
        NH+ - CH2 - CH2 - NH+
       /                            \
-OOCH2C                              CH2COOH
```

（2）EDTA 性质

EDTA(H_4Y)获得两个质子，生成六元弱酸 H_6Y^{2+}；溶解度较小，常用其二钠盐 $Na_2H_2Y \cdot 2H_2O$，溶解度较大。

（3）EDTA 在溶液中的存在形式

在高酸度条件下，EDTA 是一个六元弱酸，在溶液中有六级解离平衡：

$$H_6Y^{2+} \underset{+H}{\overset{-H}{\rightleftharpoons}} H_5Y^{+} \underset{+H}{\overset{-H}{\rightleftharpoons}} H_4Y \underset{+H}{\overset{-H}{\rightleftharpoons}} H_3Y^{-} \underset{+H}{\overset{-H}{\rightleftharpoons}} H_2Y^{2-} \underset{+H}{\overset{-H}{\rightleftharpoons}} HY^{3-} \underset{+H}{\overset{-H}{\rightleftharpoons}} Y^{4-}$$

有 7 种存在形式：在$pH > 12$时，以Y^{4-}形式存在；Y^{4-}形式是配位的有效形式。

3）EDTA 与金属离子的络合物

（1）EDTA 与金属离子能形成 5 个 5 元环的配合物，配合物的稳定性高。

金属离子与 EDTA 的配位反应

$$M^{n+} + Y^{4-} = MY$$

稳定常数：$K_{MY} = \frac{[MY]}{[M^{n+}][Y^{4-}]}$

略去电荷，简写为

$$M + Y = MY$$

稳定常数：$K_{MY} = \frac{[MY]}{[M][Y]}$

稳定常数具有以下规律：

①碱金属离子的配合物最不稳定，$\lg K_{MY} < 3$。

②碱土金属离子的$\lg K_{MY} = 8 \sim 11$。

③过渡金属、稀土金属离子和 Al^{3+} 的 $\lg K_{MY} = 15\sim19$。

④三价，四价金属离子及 Hg^{2+} 的 $\lg K_{MY} > 20$。

（2）EDTA 与大多数金属离子 1∶1 配位，计算方便。

（3）EDTA 易溶于水。

（4）EDTA 与无色金属离子形成无色络合物，与有色金属离子一般生成颜色更深的络合物。

4）酸度对络合滴定的影响

（1）酸效应：由于 H^+ 的存在，使络合剂参加主体反应能力降低的现象。

（2）酸效应系数：一定 pH 溶液中，EDTA 的各种存在形式的总浓度[Y′]，与能参加配位反应的有效存在形式 Y^{4-} 的平衡浓度[Y]的比值。定义

$$\alpha_{Y(H)} = \frac{[Y']}{[Y]} \tag{16-3-1}$$

式中：$\alpha_{Y(H)}$——酸效应系数，用来衡量酸效应大小的值。

（3）酸效应系数与 H^+ 浓度的关系

$$\alpha_{Y(H)} = \frac{[Y']}{[Y]} = \frac{[Y^{4-}]+[HY^{3-}]+[H_2Y^{2-}]+[H_3Y^-]+[H_4Y]+[H_5Y^+]+[H_6Y^{2+}]}{[Y]}$$

$$= 1+\frac{[H^+]}{K_{a6}}+\frac{[H^+]^2}{K_{a6}K_{a5}}+\frac{[H^+]^3}{K_{a6}K_{a5}K_{a4}}+\frac{[H^+]^4}{K_{a6}K_{a5}K_{a4}K_{a3}}+\frac{[H^+]^5}{K_{a6}K_{a5}K_{a4}K_{a3}K_{a2}}+\frac{[H^+]^6}{K_{a6}K_{a5}K_{a4}K_{a3}K_{a2}K_{a1}}$$

说明：

①酸效应系数 $\alpha_{Y(H)}$ 随溶液酸度增加而增大（酸度越大，pH 越低，$\alpha_{Y(H)}$ 越大）。

② $\alpha_{Y(H)}$ 的数值越大，表示酸效应引起的副反应越严重。

③通常 $\alpha_{Y(H)} > 1$，$[Y'] > [Y]$。

④当 $pH > 12$，$\alpha_{Y(H)} = 1$ 时，表示 $[Y'] = [Y]$。

总有 $\alpha_{Y(H)} \geqslant 1$，pH~$\lg\alpha_{Y(H)}$ 曲线称为酸效应曲线。由于酸效应的影响，EDTA 与金属离子形成配合物的稳定性降低，为了反映不同 pH 条件下配合物的实际稳定性，因而需要引入条件稳定常数。

在 EDTA 配位滴定中，$[H^+]$ 越大，pH 越低，酸效应系数越大，EDTA 有效浓度(Y^{4-})越小，配合物越不稳定，滴定曲线的 PM 突跃范围越窄。

5）络合滴定中的副反应及条件稳定常数

络合滴定中的副反应

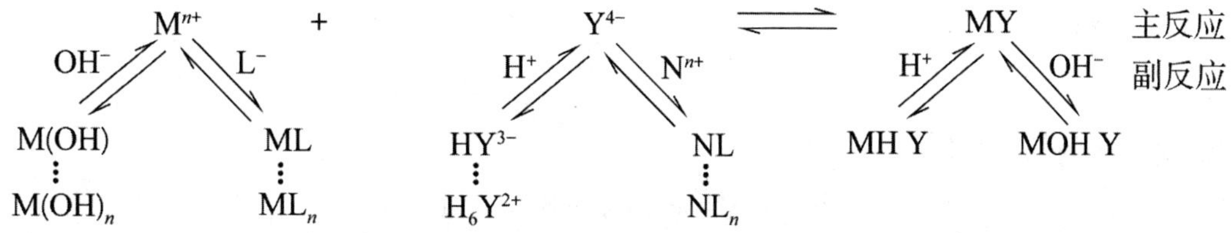

滴定主反应

$$M^{n+} + Y^{4-} = MY;\ K_{MY} = \frac{[MY]}{[M^{n+}][Y^{4-}]}$$

（1）考虑酸效应影响。

由 $\alpha_{Y(H)} = \frac{[Y']}{[Y]}$，得

$$[Y^{4-}]=\frac{[Y']}{\alpha_{Y(H)}} \tag{16-3-2}$$

代入稳定常数表达式得

$$\frac{K_{MY}}{\alpha_{Y(H)}}=\frac{[MY]}{[M^{n+}][Y']}=K'_{MY} \tag{16-3-3}$$

$K'_{MY}=\frac{K_{MY}}{\alpha_{Y(H)}}$称为条件稳定常数。

$$\lg K'_{MY}=\lg K_{MY}-\lg \alpha_{Y(H)}$$

（2）若金属离子也发生副反应，同样进行处理，引入金属离子副反应系数。

副反应系数 $\alpha_M=\frac{[M']}{[M^{n+}]}$

条件稳定常数 $K'_{MY}=\frac{K_{MY}}{\alpha_{Y(H)}\alpha_M}$

$$\lg K'_{MY}=\lg K_{MY}-\lg \alpha_{Y(H)}-\lg \alpha_M \tag{16-3-4}$$

由于酸度的影响是主要的，通常金属离子无水解效应，且不存在金属离子的副反应，只考虑酸效应。

6）金属离子准确滴定的条件

若允许的相对误差为±0.1%，根据终点误差公式，金属离子能被准确滴定的条件为

$$\lg cK'_{MY}\geqslant 6$$

当$c=10^{-2}$mol/L时

$$\lg K'_{MY}\geqslant 8$$

7）最小 pH 的计算及林旁曲线

溶液 pH 对滴定的影响可归结为两个方面：

（1）提高溶液 pH，酸效应系数减小，K'_{MY}增大，有利于滴定。

（2）提高溶液 pH，金属离子易发生水解反应，使K'_{MY}减小，不利于滴定。

两种因素相互制约，具有最佳点（或范围）。

当某 pH 时，条件稳定常数能够满足滴定要求，同时金属离子也不发生水解，则此时的 pH 即最小 pH。

不同金属离子有不同的最小 pH 值及最大 pH 值。

最小 pH 的计算

由$\lg K'_{MY}\geqslant 8$得

$$\lg K_{MY}-\lg \alpha_{Y(H)}\geqslant 8$$

即$\lg \alpha_{Y(H)}\leqslant \lg K_{MY}-8$

$$\lg \alpha_{Y(H)}=\lg K_{MY}-8\rightarrow \text{最小 pH}$$

将各种金属离子的$\lg K_{MY}$与其最小 pH 值绘成曲线，最小 pH 值~$\lg K_{MY}$称为 EDTA 的酸效应曲线或林旁曲线。

【例 16-3-1】 对于络合滴定，下面关于酸效应系数正确的是：

A. $\lg \alpha_{Y(H)}\leqslant \lg K_{MY}-8$　　B. $\lg \alpha_{Y(H)}\geqslant \lg K_{MY}-8$

C. $\lg \alpha_{Y(H)}\leqslant \lg K'_{MY}-8$　　D. $\lg \alpha_{Y(H)}\geqslant \lg K'_{MY}-8$

解　由$\lg K'_{MY}\geqslant 8$得：

$$\lg K_{MY} - \lg \alpha_{Y(H)} \geqslant 8$$

即$\lg \alpha_{Y(H)} \leqslant \lg K_{MY} - 8$。选 A。

16.3.2 络合滴定

1）络合滴定曲线

在络合滴定中，随着 EDTA 滴定剂的不断加入，被滴定金属离子的浓度不断减少，以被测金属离子浓度的负对数pM(pM = −lg[M])对加入滴定剂体积作图，可得络合滴定曲线，即pM~V曲线。

络合滴定必须满足的条件：①络合反应必须按化学计量关系定量完成；②金属指示剂在化学计量点附近发生颜色突变；③络合物要具有足够的稳定性；④具有合适的滴定曲线；⑤存在其他干扰离子时应不影响络合反应。

2）影响滴定突跃的主要因素

①络合物的条件稳定常数：K'_{MY}越大，滴定突跃越大；

②被滴定金属离子的浓度：C_M越大，滴定突跃越大。

3）计量点pM_{sp}的计算

计量点pM_{sp}的计算通式为

$$[M]_{sp} = \sqrt{\frac{c_{M.sp}}{K'_{MY}}} = \frac{\sqrt{\frac{c_M}{2}}}{K'_{MY}} \tag{16-3-5}$$

$$pM_{sp} = \frac{1}{2}\left(pc_{M.sp} + \lg K'_{MY}\right) \tag{16-3-6}$$

$$c_{M.sp} = \frac{1}{2}c_M \tag{16-3-7}$$

式中：$c_{M.sp}$——计量点时金属离子总浓度；

c_M——起始金属离子总浓度。

4）金属指示剂

（1）作用原理

金属指示剂是一种有颜色的有机络合剂（In，甲色），能与金属离子生成另一种颜色的有色络合物（MIn，乙色），且指示剂络合物 MIn 稳定性小于 EDTA 络合物 MY 稳定性($K'_{MIn} < K'_{MY}$)，达到计量点时，稍过量的 EDTA 便置换出指示剂络合物 MIn 中的金属离子，释放出游离的金属指示剂，溶液随之由乙色变为甲色。

金属指示剂变色过程

滴定前加入指示剂　　$M + In \equiv MIn$　　(溶液呈乙色)

　　甲色　　乙色

以 EDTA 进行滴定，滴定反应为$M + Y \equiv MY$

终点　　$MIn + Y \equiv MY + In$　　(溶液由乙色变为甲色)

　　乙色　　甲色

（2）金属指示剂应具备的条件

①在滴定的 pH 范围内，游离指示剂与其金属配合物之间应有明显的颜色差别。注意金属指示剂的适用 pH 范围，如铬黑 T 不同 pH 时的颜色变化。

$$H_2In^- \longrightarrow HIn^{2-} \longrightarrow In^{3-}$$

pH < 6　　pH = 8~11　　pH > 12

紫红色　　蓝色　　橙色

其指示剂络合物为紫红色，故适用范围$pH = 8 \sim 11$。

②指示剂与金属离子生成的配合物稳定性应适当。

不能太小，否则未到终点时指示剂游离出来，终点提前。

不能太大，指示剂应能够被滴定剂置换出来。

指示剂封闭：在络合滴定法中，由于金属离子与指示剂生成的络合物（MI）较相应的金属离子与滴定剂（比如 EDTA）生成的络合物更稳定（即$K'_{MIn} < K'_{MY}$），在滴定终点时，滴定剂不能从 MI 中夺取金属离子使指示剂游离，从而无法观察到指示剂颜色的转变，这种现象称为指示剂封闭。实际应用中，应根据具体情况选择合适的方法（如选择合适的指示剂、加入掩蔽剂、优化实验条件等）来解决指示剂封闭问题。例如，铬黑 T 能被 Fe^{3+}、Al^{3+}、Cu^{2+}、Ni^{2+}封闭，可加三乙醇胺掩蔽。

③指示剂与金属离子生成的配合物应易溶于水。

指示剂僵化：如果指示剂与金属离子生成的配合物不溶于水，生成胶体或沉淀，在滴定时，指示剂与 EDTA 的置换作用进行得缓慢而使终点拖后变长现象。例如 PAN 指示剂在温度较低时易发生僵化；可通过加有机溶剂、加热的方法避免指示剂僵化。

【例 16-3-2】 金属指示剂的适用 pH 范围，如铬黑 T 不同 pH 时的颜色变化。

$$H_2In^- \longrightarrow HIn^{2-} \longrightarrow In^{3-}$$

pH < 6　　pH = 8~11　　pH > 12

紫红色　　蓝色　　橙色

适用 pH 范围是：

A. pH < 6　　B. pH > 12　　C. pH = 8~11　　D. pH≥12

解　在滴定的 pH 范围内，游离指示剂与其金属配合物之间应有明显的颜色差别。其指示剂络合物为紫红色，故适用范围$pH = 8 \sim 11$。选 C。

【例 16-3-3】 当络合物的稳定常数符合下列哪种情况时，才可以用于络合滴定（$c_M = 10^{-2} mol \cdot L^{-1}$）？

A. $\lg K_a > 6$　　B. $\lg K_a = 8$　　C. $\lg K_a < 8$　　D. $\lg K_a > 8$

解　络合物的稳定性是以络合物的稳定常数来表示的，不同的络合物有其一定的稳定常数。络合物的稳定常数是络合滴定中分析问题的主要依据，从络合物的稳定常数大小可以判断络合反应完成的程度和它是否可以用于滴定分析。一般来说，络合物的稳定常数$\lg K_a > 8$的情况下才可用于络合滴定。选 D。

【例 16-3-4】 有关 EDTA 配位滴定中控制 pH 值的说法，下列正确的是：

A. pH 值越高，配位滴定反应就越完全

B. pH 值越小，EDTA 的酸效应越明显

C. 金属指示剂的使用范围与 pH 值无关

D. 只要滴定开始的 pH 值合适，就无须另加缓冲溶液

解　EDTA 配位滴定反应 pH 值越高，酸效应越不明显。酸效应是指络合物参与主体反应能力降低的现象，与配位滴定反应的进行程度无关，所以选项 A 不正确。在滴定的 pH 值范围内，游离指示剂与

其金属配合物之间有明显的颜色差别，应注意金属指示剂的适用 pH 值范围，可知选项 C 不正确。在测定水样总硬度和 Ca^{2+}时，都需要控制 pH 值，加入一定量缓冲溶液调节 pH 值分别至 10 和 12，所以选项 D 也不正确。选 B。

16.3.3 硬度测定

1）硬度及分类

硬度是指水中钙、镁、铁、锰、铝等金属离子的含量。

（1）按致硬阳离子分

$$总硬度 = 钙硬度[Ca^{2+}] + 镁硬度[Mg^{2+}]$$

（2）按阴离子组成分

$$总硬度 = 碳酸盐硬度 + 非碳酸盐硬度$$

碳酸盐硬度：包括重碳酸盐，如 $Ca(HCO_3)_2$、$Mg(HCO_3)_2$，以及碳酸盐，如 $MgCO_3$、$CaCO_3$ 的总量。一般加热煮沸可以除去，因此称为暂时硬度。

$$Ca(HCO_3)_2 = CaCO_3\downarrow + CO_2\uparrow + H_2O$$

由于生成的 $CaCO_3$ 等沉淀在水中还有一定的溶解度（100℃时为13mg/L），所以碳酸盐硬度并不能由加热煮沸完全除尽。

非碳酸盐硬度：非碳酸盐硬度主要包括 $CaSO_4$、$MgSO_4$、$CaCl_2$、$MgCl_2$ 等的总量，经加热煮沸不能除去，故称为永久硬度。

2）硬度的单位

（1）mmol/L：这是现在的通用单位。

（2）mg/L：mg Ca^{2+}/L；mg Mg^{2+}/L；mg $CaCO_3$/L(1mmol/L=100.1$CaCO_3$ mg/L)；mg CaO/L(1mmol/L=56.1CaOmg/L)。

（3）德国度（简称度）：1 度 = 10mg CaO/L所引起的硬度。

（4）法国度：1 法国度 = 10mg $CaCO_3$/L所引起的硬度。

3）硬度的测定

（1）总硬度测定：$[Ca^{2+} + Mg^{2+}]$的测定

在一定体积的水样中，加入一定量的 NH_3-NH_4Cl 缓冲溶液，调节pH = 10.0（加入三乙醇胺，掩蔽 Fe^{3+}、Al^{3+}），加入铬黑 T 指示剂，溶液呈红色，用 EDTA 标准溶液滴定至由红色变为蓝色。

计算公式

$$总硬度(mmol/L) = \frac{c_{EDTA}V_{EDTA}}{V_{水}} \times 1\,000 \tag{16-3-8}$$

（2）Ca^{2+}的测定

一定体积水样，用 NaOH（沉淀掩蔽剂）调节pH > 12，此时 Mg^{2+}以沉淀形式被掩蔽，加入钙指示剂，溶液呈红色，用 EDTA 标准溶液滴定至由红色变为蓝色。

计算公式

$$Ca^{2+}(mg/L) = \frac{c_{EDTA}V'_{EDTA} \times M_{Ca}}{V_{水}} \times 1\,000 \tag{16-3-9}$$

式中：M_{Ca}——钙的摩尔质量(Ca,40.08g/mol)；

c_{EDTA}——EDTA 标准溶液浓度(mol/L)；

V'_{EDTA}——EDTA 标准溶液体积(mL)；

$V_{水}$——水样体积(mL)。

$$Ca^{2+}(mg/L)=\frac{c_{EDTA}(V_{EDTA}-V'_{EDTA})\times M_{Mg}}{V_{水}}\times 1\,000 \tag{16-3-10}$$

式中：M_{Mg}——镁的摩尔质量(Mg,24.30g/mol)。

4）天然水中硬度与碱度的关系

（1）总碱度 < 总硬度

即 $$c(HCO_3^-)<c\left(\frac{1}{2}Ca^{2+}\right)+c\left(\frac{1}{2}Mg^{2+}\right)$$

碳酸盐硬度 = 总碱度；非碳酸盐硬度 = 总硬度 − 总碱度

（2）总碱度 > 总硬度

即 $$c(HCO_3^-)>c\left(\frac{1}{2}Ca^{2+}\right)+c\left(\frac{1}{2}Mg^{2+}\right)$$

碳酸盐硬度 = 总硬度；无非碳酸盐硬度，负硬度 = 总碱度 − 总硬度，$NaHCO_3$、$KHCO_3$、Na_2CO_3、K_2CO_3 等称为负硬度。

（3）总硬度 = 总碱度

即$c(HCO_3{}^-)=c\left(\frac{1}{2}Ca^{2+}\right)+c\left(\frac{1}{2}Mg^{2+}\right)$，只有碳酸盐硬度，且碳酸盐硬度 = 总硬度 = 总碱度。

【例 16-3-5】 测定总硬度时，溶液终点颜色为蓝色，这种蓝色化合物是：

A. MIn　　B. H_4Y　　C. MY　　D. In

解 测定总硬度的方法为：在pH = 10的条件下，以络黑 T 为指示剂，用 EDTA 溶液络合滴定钙和镁离子。加入络黑 T 后，与钙和镁生成紫红或紫色溶液。用 EDTA 滴定，游离的钙和镁离子首先与 EDTA 反应形成无色配合物，化学计量点时，跟指示剂络合的钙和镁离子与 EDTA 反应被夺取，指示剂游离出来，溶液颜色由紫变为天蓝色。此时的溶液中呈现蓝色的化合物是钙和镁与 EDTA 的络合物，用 MY 表示，M 是金属阳离子，Y 是 EDTA 的阴离子表示形式。选 C。

经 典 练 习

16-3-1 以 $FeCl_3$ 溶液滴定0.010 00mol/LEDTA溶液，当滴定到终点时，溶液的体积恰为原来的一倍，则 $FeCl_3$ 溶液的浓度为（　　）。

A. 0.005 000mol/L　　B. 0.010 00mol/L

C. 0.015 000mol/L　　D. 0.020 00mol/L

16-3-2 对于 EDTA(Y)配位滴定中的金属指示剂(In)要求它与被测金属离子(M)形成的配合物的条件稳定常数K'_{MIn}为（　　）。

A. $<K'_{MY}$　　B. $>K'_{MY}$　　C. $\approx K'_{MY}$　　D. $\geqslant 10^8$

16-3-3 对 EDTA 滴定法中所用的金属离子指示剂，需要它与被测离子形成的配合物条件稳定常数K'_{MIn}应（　　）。

A. $>K'_{MY}$　　B. $=K'_{MY}$　　C. $<K'_{MY}$　　D. $\geqslant 10^6$

16-3-4 用 EDTA 法测定总硬度时，为掩蔽 Fe^{3+}、Al^{3+}，需加入（　　）。

A. 酸性铬蓝 K　　B. 铬黑 T　　C. NaOH　　D. 三乙醇胺

16-3-5 EDTA 酸效应系数的定义是（　　）。

A. $[Y]/[Y]_{总}$　　B. $[Y]_{总}/[Y]$　　C. $[H^+]/[Y]_{总}$　　D. $[Y]_{总}/[H^+]$

16-3-6 EDTA 容量法是目前测定总硬度的常用方法，请指出本法所用的指示剂为（　　）。

A. 铬黑 T　　B. 酸性铬蓝 K　　C. 酚酞络合剂　　D. 甲基百里酚酞

16-3-7 金属离子 M 能够用 EDTA 直接滴定的必要条件是（　　）。

A. $cK(\mathrm{MY})\geqslant 10^6$　　B. $cK'(\mathrm{MY})\geqslant 10^6$

C. $\lg cK(\mathrm{MY})\geqslant 10^6$　　D. $\lg cK'(\mathrm{MY})\geqslant 10^6$

16-3-8 在 Ca、Mg 的混合液中，用 EDTA 法测定 Ca 要消除 Mg 的干扰，宜用（　　）。

A. 控制酸度法　　B. 络合掩蔽法　　C. 氧化还原掩蔽法　　D. 沉淀掩蔽法

16.4 沉淀滴定法

考试大纲☞： 沉淀滴定原理　莫尔法测定水中氯离子沉淀滴定

16.4.1 沉淀滴定原理

沉淀滴定：以沉淀反应为基础的滴定。

银量法：以生成银盐沉淀的反应为基础的滴定方法。银量法包括莫尔法、佛尔哈德法、法扬司法。

1）莫尔法

以铬酸钾 K_2CrO_4 为指示剂的银量法，称为莫尔法。

（1）莫尔法的原理

例如测定水中 Cl^- 时，加入 K_2CrO_4 为指示剂，以 $AgNO_3$ 标准溶液滴定，根据分步沉淀原理，首先生成 AgCl 白色沉淀，即

$$\mathrm{Ag^+ + Cl^- = AgCl\downarrow}\ (\text{白色})$$

当达到计量点时，水中 Cl^- 已被全部滴定完毕，稍过量的 Ag^+ 便与 CrO_4^{2-} 生成砖红色 Ag_2CrO_4 沉淀，而指示滴定终点，即

$$\mathrm{2Ag + CrO_4{}^{2-} = Ag_2CrO_4\downarrow}\ (\text{砖红色})$$

根据 $AgNO_3$ 标准溶液的浓度和用量，便可求得水中 Cl^- 的含量。

（2）滴定条件

①指示剂 K_2CrO_4 用量。

计量点时指示剂的理论用量：

$$[\mathrm{Ag^+}][\mathrm{Cl^-}] = K_{\mathrm{sp,AgCl}} = 1.77\times10^{-10}$$

$$[\mathrm{Ag^+}]_{\mathrm{sp}} = [\mathrm{Cl^-}]_{\mathrm{sp}} = \sqrt{K_{\mathrm{sp,AgCl}}} = 1.34\times10^{-5}\mathrm{mol/L}$$

$$[\mathrm{Ag^+}]\left[\mathrm{CrO_4{}^{2-}}\right] = K_{\mathrm{sp,Ag_2CrO_4}} = 1.1\times10^{-12}$$

$$\left[\mathrm{CrO_4{}^{2-}}\right] = \frac{K_{\mathrm{sp,Ag_2CrO_4}}}{[\mathrm{Ag^+}]^2} = \frac{1.1\times10^{-12}}{(1.34\times10^{-5})^2}\mathrm{mol/L} = 6.1\times10^{-3}\mathrm{mol/L}$$

理论上，需$\left[\mathrm{CrO_4{}^{2-}}\right] = 6.1\times10^{-3}\mathrm{mol/L}$，如果 K_2CrO_4 加入量过多，即$[\mathrm{CrO_4{}^{2-}}]$过高，则 Ag_2CrO_4 沉淀析出偏早，使水中 Cl^- 的测定结果偏低，且 K_2CrO_4 的黄色也影响颜色观察。

实际上，一般以$\left[\mathrm{CrO_4{}^{2-}}\right] = 5.0\times10^{-3}\mathrm{mol/L}$为宜，比理论略低，造成终点 $AgNO_3$ 标准溶液要稍多消耗一点，使测定结果偏高（+0.006%正误差），可用蒸馏水做空白试验扣除系统误差。

②控制溶液的 pH 值：在中性或弱碱性溶液中，pH = 6.5~10.5。

$$2CrO_4^{2-} + 2H^+ = Cr_2O_7^{2-} + H_2O$$

当 pH 值偏低，呈酸性时，平衡向右移动，$[CrO_4^{2-}]$减少，导致终点拖后而引起滴定误差较大（正误差）。当 pH 值增大，呈碱性时，Ag^+将生成 Ag_2O 沉淀。

说明：如有 NH_4^+存在，需控制pH = 6.5~7.2，因碱性条件下 NH_4^+转化为 NH_3，Ag^+与 NH_3 反应形成配离子

$$Ag^+ + 2NH_3 = Ag(NH_3)_2^+$$

③滴定时必须剧烈摇动。析出的 AgCl 会吸附溶液中过量的构晶离子 Cl^-，使溶液中 Cl^-浓度降低，导致终点提前（负误差）。所以滴定时必须剧烈摇动滴定瓶，防止 Cl^-被 AgCl 吸附。

④应用：

a. 莫尔法只适用于 $AgNO_3$ 直接滴定 Cl^-和 Br^-，而不适用于滴定 I^-和 SCN^-。这是因为 AgI 和 AgSCN 沉淀更强烈地吸附 I^-和 SCN^-，使终点变色不明显，误差较大。

b. 莫尔法只能用于测定水中的 Cl^-和 Br^-的含量，但不能用 Cl^-标准溶液直接滴定 Ag^+。

c. 凡能与 Ag^+生成沉淀的阴离子（如 PO_4^{3-}、CO_3^{2-}、$C_2O_4^{2-}$、S^{2-}、SO_3^{2-}），能与指示剂 CrO_4^{2-}生成沉淀的阳离子（如 Ba^{2+}、Pb^{2+}）以及能发生水解的金属离子（如 Al^{3+}、Fe^{3+}、Bi^{3+}、Sn^{4+}）干扰测定，都可采用莫尔法。

【例 16-4-1】 莫尔法可在下列哪种溶液中滴定？

A. 中性溶液　　B. 强碱溶液　　C. 弱酸溶液　　D. 强酸溶液

解 莫尔法适合在中性或弱碱性溶液中滴定，即控制pH = 6.5~10.5，Ag^+与Cl^-的反应能够正常进行，同时 K_2CrO_4 指示剂能有效地显示出滴定终点。强酸或强碱环境均不适合进行莫尔法滴定。当 pH 值偏低，呈酸性时，平衡向右移动，$[CrO_4^{2-}]$减少，导致终点拖后而引起滴定误差较大（正误差）；当 pH 值增大，呈碱性时，Ag^+将生成 Ag_2O 沉淀。选 A。

2）佛尔哈德法

用铁铵钒 $NH_4Fe(SO_4)_2$ 作指示剂的银量法，也称为铁铵矾指示剂法。

（1）原理

①直接滴定法测定水中的 Ag^+：以 NH_4SCN 为标准溶液，$NH_4Fe(SO_4)_2$ 作指示剂，直接滴定水中的 Ag^+。

滴定反应　　$SCN^- + Ag^+ = AgSCN\downarrow$ (白色)

计量点时，水中 Ag^+已被全部滴定完毕，稍过量的 SCN^-便与指示剂 Fe^{3+}生成血红色络合物 $FeSCN^{2+}$，指示终点。

$$SCN^- + Fe^{3+} = FeSCN^{2+}\text{(血红色)}$$

根据 NH_4SCN 标准溶液的消耗量，求得水中 Ag^+的含量。

②返滴定法测定水中的卤素离子：首先在一定体积水样中加入过量的 $AgNO_3$ 标准溶液，使水中卤素离子全部生成 AgX 沉淀。

$$\underset{\text{(过量)}}{Ag^+} + X^- = AgX\downarrow$$

然后加入铁铵钒指示剂，以 NH_4SCN 标准溶液返滴定剩余的 Ag^+。

$$SCN^- + Ag^+ = AgSCN\downarrow (白色)$$
$$(剩余)$$

计量点时，稍过量的 SCN^-标准溶液将与指示剂 Fe^{3+}作用，出现血红色络合物。

$$SCN^- + Fe^{3+} = FeSCN^{2+}(血红色)$$

根据所加入 $AgNO_3$ 标准溶液的总量和所消耗 NH_4SCN 标准溶液的量计算水中 Cl^-的含量。

说明：由于$K_{sp.AgSCN} < K_{sp.AgCl}$，计量点时，稍过量的 NH_4SCN 便会置换 AgCl 中的 Cl^-，即

$$AgCl\downarrow + SCN^- = AgSCN\downarrow + Cl^-$$

由于沉淀的转换，导致消耗较多的 NH_4SCN 标准溶液，产生较大的误差。为了避免沉淀转化造成的误差，可采取下列措施：a. 加入过量的 $AgNO_3$ 标准溶液形成 AgCl 后，加入少量有机溶剂，如硝基苯1~2mL，以覆盖 AgCl。b. 加入过量的 $AgNO_3$ 标准溶液形成 AgCl 沉淀后，将水样煮沸，使 AgCl 沉淀凝聚。

（2）滴定条件

①强酸性介质：$[H^+] = 0.1\sim1mol/L$。若$[H^+]$较低，Fe^{3+}将水解生成羟基络合物，甚至产生 $Fe(OH)_3$ 沉淀。因此，佛尔哈德法应在酸性溶液中进行。

强酸性是佛尔哈德法的最大优点，许多银量法的干扰离子不会与 Ag^+反应，扩大了应用范围。

②Fe^{3+}的浓度保持在0.015mol/L，浓度大会使溶液呈较深的橙黄色，影响终点的观察。

③滴定时应剧烈摇动，以避免 AgSCN 沉淀对 Ag^+的吸附（避免终点过早出现）。

【例 16-4-2】 莫尔法适用的 pH 范围一般为6.5~10.5，若酸度过高，则：

A. AgCl 沉淀不完全　　B. Ag_2CrO_4 沉淀滞后形成

C. 终点提前出现　　D. AgCl 沉淀吸附 Cl^-增多

解 当 pH 值偏低，呈酸性时，平衡向右移动，$[CrO_4^{2-}]$减少，Ag_2CrO_4 沉淀滞后形成，导致终点拖后而引起滴定误差较大（正误差）。选 B。

16.4.2 莫尔法测定水中氯离子沉淀滴定

1）测定方法

一般取 50mL 水样，加 5%$K_2CrO_4$1mL，在不断摇动下，用 $AgNO_3$ 标准溶液滴至砖红色出现并不褪，即为终点。同时在相同条件下做空白试验（以 $CaCO_3$ 作衬底）。

2）计算

$$氯离子(Cl^-, mg/L) = \frac{c_{AgNO_3}(V - V_0) \times 35.45 \times 1\,000}{V_水} \quad (16\text{-}4\text{-}1)$$

式中：c_{AgNO_3}——$AgNO_3$ 标准溶液的浓度(mol/L)；

V——水样消耗 $AgNO_3$ 标准溶液量(mL)；

V_0——空白消耗 $AgNO_3$ 标准溶液量(mL)；

$V_水$——水样体积(mL)。

【例 16-4-3】 测定 0.217 3g 某含氯试样时，耗去0.160 8mol/L $AgNO_3$ 溶液 28.66mL，则该试样中的 Cl%为：

A. 14.09　　B. 49.93　　C. 99.87　　D. 25.49

解 $Cl\% = \frac{0.106\,8\times28.66\times35.45\times10^{-3}}{0.217\,3}\times100\% = 49.93\%$。选 B。

经 典 练 习

16-4-1 莫尔法适用的 pH 范围一般为6.5~10.5，但应用于 NH_4Cl 中氯含量时，其适用的 pH 为6.5~7.2，这主要是由于碱性稍强时（ ）。

A. 易形成 Ag_2O 沉淀　　B. 易形成 AgCl 沉淀

C. 易形成$Ag(NH_3)_2{}^+$配离子　　D. Ag_2CrO_4 沉淀提早形成

16-4-2 在$pH = 4$的介质中，莫尔法滴定 Cl^-时，所得分析结果（ ）。

A. 偏高　　B. 偏低　　C. 不影响　　D. 无法确定

16-4-3 佛尔哈德法使用的指示剂为（ ）。

A. K_2CrO_4　　B. NaCl　　C. Na_3AsO_4　　D. $NH_4Fe(SO_4)_2$

16-4-4 莫尔法适用的 pH 范围一般为6.5~10.5，若碱度过高，则（ ）。

A. AgCl 沉淀不完全　　B. Ag_2CrO_4 沉淀滞后形成

C. 易形成 Ag_2O 沉淀　　D. AgCl 沉淀吸附 Cl^-增多

16-4-5 莫尔法使用的指示剂为（ ）。

A. K_2CrO_4　　B. NaCl　　C. Na_3AsO_4　　D. $NH_4Fe(SO_4)_2$

16-4-6 EDTA 在水溶液中的存在型体不正确的是（ ）。

A. $pH < 1$时，EDTA 只以H_6Y^{2+}型体存在

B. $pH = 2.75$~6.24时，EDTA 主要以H_2Y^{2-}型体存在

C. $pH > 10.34$时，EDTA 主要以Y^{4-}型体存在

D. $pH \geqslant 12$时，只有Y^{4-}型体存在

16.5 氧化还原滴定法

考试大纲☞： 氧化还原反应原理　指示剂滴定　高锰酸钾法滴定　重铬酸钾法滴定　碘量法滴定　高锰酸盐指数　COD　BOD_5总需氧量(TOD)　总有机碳(TOC)

氧化还原滴定法是基于氧化剂和还原剂之间电子转移的一类滴定分析方法。常见的氧化还原滴定法包括重铬酸钾法、高锰酸钾法和碘量法。

16.5.1 氧化还原反应原理

氧化还原反应：有电子转移的反应。

在氧化还原反应中，存在着两个电对(Ox/Red)。

1）电极电位

电极反应　　$Ox + ne^- = Red$

能斯特公式　　$\varphi_{Ox/Red} = \varphi^{\ominus}_{Ox/Red} + \frac{0.059}{n}\lg\frac{a_{Ox}}{a_{Red}}$

（1）标准电极电位$\varphi^{\ominus}_{Ox/Red}$

标准电极电位指在 25℃，氧化态和还原态的活度a均为1mol/L时的电极电位。其只与电对本性和温度有关。

但在实际应用时，存在着两个问题。

①活度未知：$a_{Ox}=\gamma_{Ox}[Ox]$，$a_{Red}=\gamma_{Red}[Red]$，$\gamma$为活度系数，与溶液离子强度有关。

②离子在溶液中可能发生络合、沉淀等副反应。

副反应系数 $$\alpha_{Ox}=\frac{c_{Ox}}{[Ox]};\ \alpha_{Red}=\frac{c_{Red}}{[Red]}$$

式中：c_{Ox}、c_{Red}——氧化态和还原态的总浓度。

考虑离子强度及副反应的影响，能斯特公式为

$$\varphi_{Ox/Red}=\varphi^{\ominus}_{Ox/Red}+\frac{0.059}{n}\lg\frac{\gamma_{Ox}a_{Ox}}{\gamma_{Red}a_{Red}}+\frac{0.059}{n}\lg\frac{c_{Ox}}{c_{Red}}$$

$$=\varphi^{\ominus'}_{Ox/Red}+\frac{0.059}{n}\lg\frac{c_{Ox}}{c_{Red}} \quad (16\text{–}5\text{–}1)$$

$$\varphi^{\ominus'}_{Ox/Red}=\varphi^{\ominus}+\frac{0.059}{n}\lg\frac{\gamma_{Ox}a_{Ox}}{\gamma_{Red}a_{Red}} \quad (16\text{–}5\text{–}2)$$

（2）条件电极电位$\varphi^{\ominus'}_{Ox/Red}$

条件电极电位指在特定的条件下，氧化态和还原态的总浓度$c_{Ox}=c_{Red}=1\text{mol/L}$时的实际电极电位。

条件电极电位与电对本性、温度、介质条件有关，可通过试验测得。它表示在考虑了外界因素影响下电对的实际氧化还原能力。

2）电极电位的应用

（1）判断氧化剂、还原剂的相对强弱

电极电位数值越大，其氧化态的氧化性越强；电极电位数值越小，其还原态的还原性越强。

（2）判断反应的次序和方向

电极电位大的氧化态可氧化电极电位小的还原态（电极电位大的氧化态作氧化剂，电极电位小的还原态作还原剂，反应正向进行）。

（3）判断氧化还原反应完成的程度

氧化还原反应的平衡常数

$$n_2Ox_1+n_1Red_2=n_2Red_1+n_1Ox_2$$

$$\lg K'=\lg\left(\frac{c_{Red_1}}{c_{Ox_1}}\right)^{n_2}\left(\frac{c_{Ox_2}}{c_{Red_2}}\right)^{n_1}=\frac{(\varphi_1^{\ominus'}-\varphi_2^{\ominus'})n_1n_2}{0.059}=\frac{(\varphi_1^{\ominus'}-\varphi_2^{\ominus'})n}{0.059} \quad (16\text{–}5\text{–}3)$$

两电对的条件电极电位极差越大，K'越大，反应越完全。

3）外界条件对电极电位的影响

外界条件对电极电位的影响主要表现在：

①温度。

②离子强度。

③有 H^+（或 OH^-）参与反应时，pH 对条件电极电位有影响。

④配位、沉淀等副反应使有效浓度降低。

电对的氧化态(c_{Ox})生成沉淀（或配合物）时，电极电位降低；还原态(c_{Red})生成沉淀（或配合物）时，电极电位增加。

4）氧化还原反应进行的速度及影响因素

影响反应速度的主要因素如下。

①反应物浓度：增加反应物浓度，可以加速反应的进行。

②催化剂：改变反应过程，降低反应的活化能，加快反应速度。

③温度：通常，温度每升高10℃，反应速度可提高2~3倍。

例如在高锰酸钾法滴定中，有如下情况。

①$KMnO_4$与$C_2O_4^{2-}$的滴定反应需要在75~85℃下进行，以提高反应速度。但当温度大于90℃时，草酸将分解。

注意：有些反应不能通过加热，加快反应速率，如用$K_2Cr_2O_7$标定$Na_2S_2O_3$，由于I_2易挥发，故不能通过加热提高反应速度，而只能通过提高酸度；又如还原性离子如Fe^{2+}、Sn^{2+}加热易被空气氧化，如$K_2Cr_2O_7$标定$(NH_4)_2Fe(SO_4)_2$。

②$KMnO_4$滴定$C_2O_4{}^{2-}$，开始粉红色消失缓慢，但随反应的进行，粉红色消失加快。说明在反应开始时速度较慢，随反应的进行速度加快，其原因在于反应生成的Mn^{2+}起催化剂作用。滴定速度应该先慢后快再慢。

自动催化：反应产物本身所引起的催化作用。

诱导反应：由于一种氧化还原反应的发生而促进另一种氧化还原反应进行的现象，称为诱导作用，反应称为诱导反应。

例如 （诱导反应）$MnO_4^- + 5Fe^{2+} + 8H^+ = Mn^{2+} + 5Fe^{3+} + 4H_2O$

（受诱反应）$2MnO_4^- + 10Cl^- + 16H^+ = 2Mn^{2+} + 5Cl_2 + 8H_2O$

故在HCl介质中$KMnO_4$滴定Fe^{2+}，有较大的正误差。

【例16-5-1】要求滴定误差在0.1%的条件下，对$n_1 = n_2 = 1$的氧化还原反应，用于滴定分析时，要求两电对的条件电极电位之差应为：

A. $\varphi_1^{\ominus'} - \varphi_2^{\ominus'} \geqslant 0.2V$　　B. $\varphi_1^{\ominus'} - \varphi_2^{\ominus'} \geqslant 0.25V$

C. $\varphi_1^{\ominus'} - \varphi_2^{\ominus'} \geqslant 0.4V$　　D. $\varphi_1^{\ominus'} - \varphi_2^{\ominus'} \geqslant 0.6V$

解　按滴定分析要求，所允许的误差≤0.1%，设两反应物的分析浓度均为c_x。氧化还原反应：$n_2Ox_1 + n_1Red_2 = n_2Red_1 + n_1Ox_2$。这就要求反应达到平衡时，反应产物必须大于或等于$c_x \times 99.9\%$，即$c(Ox_2) \geqslant c_x \times 99.9\%$，$c(Red_1) \geqslant c_x \times 99.9\%$；反应物剩余浓度不能高于$c_x \times 0.1\%$，即$c(Ox_1) \geqslant c_x \times 0.1\%$，$c(Red_2) \geqslant c_x \times 0.1\%$。

将数据代入平衡常数式，得：

$$K^{\ominus} = \frac{c^{n_2}(Red_1)c^{n_1}(Ox_2)}{c^{n_2}(Ox_1)c^{n_1}(Red_2)} = \frac{(c_x \times 99.9\%)^{n_2}(c_x \times 99.9\%)^{n_1}}{(c_x \times 0.1\%)^{n_2}(c_x \times 0.1\%)^{n_1}}$$

当$n_1 = n_2 = 1$时，$K^{\ominus} = \frac{(99.9\%)^1(99.9\%)^1}{(0.1\%)^1(0.1\%)^1} \geqslant 10^6$

又$\lg K^{\ominus} = \frac{\Delta\varphi n_1 n_2}{0.059} = \frac{\Delta\varphi}{0.059}$，因此$\frac{\Delta\varphi}{0.059} \geqslant 6$，即$\Delta\varphi \geqslant 0.354V$。选C。

16.5.2 指示剂滴定

1）氧化还原指示剂

在氧化还原滴定中，能够指示在计量点附近颜色变化的物质称为氧化还原指示剂。根据指示剂的性质可分为以下几类。

（1）自身指示剂

利用滴定剂或被滴定液本身的颜色变化来指示滴定终点到达，这种滴定剂或被滴定物质起着指示剂的作用，因此叫自身指示剂。

（2）专属指示剂

专属指示剂本身并没有氧化还原性质，但它能与滴定体系中的氧化态或还原态物质结合产生特殊颜色，而指示滴定终点。

（3）氧化还原指示剂

这类指示剂是其本身具有氧化还原性质的有机化合物。在氧化还原滴定中，这种指示剂也发生氧化还原反应，且氧化态和还原态的颜色不同，利用指示剂由氧化态变为还原态或还原态变为氧化态的颜色突变，来指示滴定终点。

氧化还原指示剂的理论变色电位及变色范围

$$\mathrm{In_{Ox}} + ne = \mathrm{In_{Red}}$$

$$\varphi_{\frac{\mathrm{In,Ox}}{\mathrm{In,Red}}} = \varphi^{\Theta'}_{\frac{\mathrm{In,Ox}}{\mathrm{In,Red}}} + \frac{0.059}{n}\lg\frac{c_{\mathrm{In,Ox}}}{c_{\mathrm{In,Red}}} \tag{16-5-4}$$

①指示剂的理论变色电位：$\varphi_{\frac{\mathrm{In,Ox}}{\mathrm{In,Red}}} = \varphi^{\Theta'}_{\frac{\mathrm{In,Ox}}{\mathrm{In,Red}}}$

②指示剂的理论变色范围：$\varphi^{\Theta'}_{\frac{\mathrm{In,Ox}}{\mathrm{In,Red}}} \pm \frac{0.059}{n}$

2）氧化还原滴定曲线

氧化还原滴定过程，随着滴定剂的加入，氧化态和还原态的浓度逐渐改变，两个电对的电极电位不断发生变化，化学计量点附近有一电位的突跃。以滴定剂的体积为横坐标，电对的电极电位为纵坐标绘制$\varphi \sim V$曲线，即氧化还原滴定曲线。

滴定过程中存在着两个电对：滴定剂电对和被滴定物电对。滴定在等当点前，常用被滴定物电对进行计算；滴定在等当点后，常用滴定剂电对进行计算。

3）说明

①两电对条件电极电位相差越大，滴定突跃越大。

②当$n_1 = n_2$，则计量点正好位于突跃范围的中点；若$n_1 \neq n_2$，则计量点不处于滴定的中点，而偏向n值较大电对一方。

③选择氧化还原指示剂的原则：应使指示剂的变色电位在滴定突跃范围内，且应尽量使指示剂的变色电位与计量点电位一致或接近。

【例 16-5-2】 在1mol/L的 HCl 溶液中，当0.100 0mol/L的 Ce^{4+}有 99.9%被还原成 Ce^{3+}时，该电对的条件电极电位为($Ce^{4+}/Ce^{3+} = 1.28$V)：

A. 1.22V　　B. 1.10V　　C. 1.89V　　D. 1.45V

解　$\varphi_{\mathrm{sp}} = \varphi^{\Theta'} + \frac{0.059}{1}\lg\frac{c(\mathrm{Ce^{4+}})}{c(\mathrm{Ce^{3+}})} = 1.28 + 0.059\lg\frac{0.1}{99.9} = 1.10\mathrm{V}$。选 B。

16.5.3 高锰酸钾法滴定

以高锰酸钾 $KMnO_4$ 作滴定剂的滴定方法。

1）高锰酸钾的强氧化性

高锰酸钾是暗紫色菱柱状闪光晶体，易溶于水，它的水溶液具有强的氧化性，其氧化性和还原产物视溶液的酸碱性而有差异。

（1）在强酸溶液中

$$MnO_4^- + 8H^+ + 5e^- == Mn^{2+} + 4H_2O，\varphi^{\ominus}_{\frac{MnO_4^-}{Mn^{2+}}} = 1.51V$$

（2）在弱酸性、中性或弱碱性溶液中

$$MnO_4^- + 2H_2O + 3e^- == MnO_2 + 4OH^-，\varphi^{\ominus}_{\frac{MnO_4^-}{MnO_2}} = 0.588V$$

（3）在大于 2mol/L 的强碱性溶液中

$$MnO_4^- + e^- == MnO_4^{2-}，\varphi^{\ominus}_{\frac{MnO_4^-}{MnO_4^{2-}}} = 0.564V$$

高锰酸钾的氧化能力在酸性溶液中比在碱性溶液中大，但反应速度则在碱性溶液中比在酸性溶液中快。利用这一反应，常用于测定有机物如甲酸、甲醇、甲醛、苯酚、甘油、酒石酸、柠檬酸和葡萄糖等，这些有机物一般被氧化成 CO_2。

2）高锰酸钾法特点

（1）优点：氧化能力强且可作自身指示剂。

（2）缺点：

①选择性较差，干扰较多。

②高锰酸钾标准溶液稳定性差，表现在两个方面。

a. 易与有机物、空气中尘埃、氨等还原性物质作用。

b. 易自行分解：$4KMnO_4 + 2H_2O == 4MnO_2\downarrow + 3O_2\uparrow + 4KOH$，酸度、$Mn^{2+}$、$MnO_2$ 的存在、光照能加速其分解。

【例 16-5-3】 含 Cl^- 介质中，用 $KMnO_4$ 法测定 Fe^{3+}，加入 $MnSO_4$ 的主要目的是：

A. 抑制 MnO_4^- 氧化 Cl^- 的副反应发生　B. 作为滴定反应的指示剂

C. 增大滴定的突跃范围　D. 同时测定 Mn^{2+} 和 Fe^{3+}

解 基础知识。选 A。

【例 16-5-4】 用草酸钠标定 $KMnO_4$ 溶液时，采用的指示剂是：

A. 二苯胺硫酸钠　B. $KMnO_4$　C. 淀粉　D. 铬黑 T

解 $KMnO_4$ 标准溶液的标定，$KMnO_4$ 可作为自身的指示剂，但当 $KMnO_4$ 的浓度为 0.002mol/L 时，应加入二苯胺磺酸钠等指示剂。选 B。

【例 16-5-5】 采用酸性 $KMnO_4$ 法测定化学需氧量（高锰酸盐指数）时，用作控制酸度的酸应使用：

A. 盐酸　B. 硫酸　C. 硝酸　D. 磷酸

解 采用酸性高锰酸钾法控制$[H^+]$时宜用硫酸。硝酸有氧化性，干扰滴定。盐酸中的氯离子有还原性，并且氯离子在酸性条件下也会被高锰酸根氧化。磷酸是弱酸，不利于对$[H^+]$的控制。选 B。

16.5.4 重铬酸钾法滴定

重铬酸钾法：以重铬酸钾 $K_2Cr_2O_7$ 为滴定剂的滴定方法。在水质分析中常用于测定水中的化学需氧量（简称 COD）。

$K_2Cr_2O_7$ 是一种强氧化剂，橙红色晶体，溶于水。在酸性溶液中，$K_2Cr_2O_7$ 与还原性物质作用时，其半反应式为

$$Cr_2O_7^{2-} + 14H^+ + 6e^- \rightleftharpoons 2Cr^{3+} + 7H_2O，\varphi^{\ominus}_{Cr_2O_7^{2-}/Cr^{3+}} = 1.33V$$

重铬酸钾法的主要特点：

（1）$K_2Cr_2O_7$固体试剂易纯制并且很稳定，在120℃干燥2~4h，可直接配制标准溶液，而不需标定。

（2）$K_2Cr_2O_7$标准溶液非常稳定，只要保存在密闭容器中，浓度可长期保持不变。

（3）滴定反应速度较快，通常可在常温下滴定，一般不需要加入催化剂。

（4）需外加指示剂。不能根据自身颜色的变化来确定滴定终点，常用二苯胺磺酸钠或试亚铁灵（邻菲罗啉-亚铁）作指示剂。

【例 16-5-6】 $K_2Cr_2O_7$是一种强氧化剂，在酸性溶液中，$K_2Cr_2O_7$与还原性物质作用后，$Cr_2O_7^{2-}$中的铬离子被还原为：

A. CrO_4^{2-}　　B. Cr^{6+}　　C. Cr^{3+}　　D. $Cr_2O_7^{2-}$不起变化

解　$K_2Cr_2O_7$是一强氧化剂，在酸性溶液中，$K_2Cr_2O_7$与还原性物质作用时，被还原为Cr^{3+}。选C。

【例 16-5-7】 用重铬酸钾标定硫代硫酸钠的反应方程式如下：

$$K_2Cr_2O_7 + 6KI + 14HCl = 8KCl + 2CrCl_3 + 7H_2O + 3I_2$$

$$2Na_2S_2O_3 + I_2 = Na_2S_4O_6 + NaI$$

则每消耗1个$K_2Cr_2O_7$相当于消耗$Na_2S_4O_6$的个数为：

A. 3个　　B. 4个　　C. 5个　　D. 6个

解　本题考查氧化还原反应中转移电子数目。在第一个反应中，Cr元素由+6价降为+3价，I元素由−1价升到0价，每消耗1个$K_2Cr_2O_7$就转移6个电子；在第二个反应中，S元素由+2价升到+2.5价，I元素由0价降到−1价，每消耗1个$Na_2S_4O_6$就转移2个电子。两方程电子转移数相同，因此每消耗1个$K_2Cr_2O_7$相当于消耗3个$Na_2S_4O_6$。选A。

【例 16-5-8】 下列有关重铬酸钾法滴定的说法，正确的是：

A. 重铬酸钾固体试剂易纯制并且很稳定，在100℃下干燥1~2h可直接配制标准溶液重铬

B. 重铬酸钾标准溶液非常稳定，不用存放在密闭容器中，溶液浓度也可长期保持不变

C. 滴定反应速度快，经常可在室温下进行，一般不需要催化剂

D. 不需要外加指示剂

解　重铬酸钾固体试剂在120℃干燥2~4h，可直接配制标准溶液，并非是在100℃下干燥1~2h；重铬酸钾标准溶液非常稳定，但需要保存在密闭容器中，浓度才可长期保持不变；不能根据自身颜色的变化来确定滴定终点，常用二苯胺磺酸钠或试亚铁灵（邻菲罗啉-亚铁）作指示剂。选C。

16.5.5　碘量法滴定

利用I_2的氧化性和I^-的还原性进行滴定的方法。

1）碘滴定法——直接碘量法

直接碘量法，即利用I_2标准溶液直接滴定S^{2-}、As^{3+}、SO_3^{2-}、Sn^{2+}等还原性物质的方法称为碘滴定法。

碘量法的基本反应

$$I_2 + 2e^- = 2I^-,\ \varphi^{\Theta}_{\frac{I_2}{I}} = 0.536V$$

由于I_2为较弱的氧化剂，只有少数还原能力较强，且不受H^+浓度影响的物质，才能定量发生反应；

碘滴定法必须在中性或酸性溶液中进行，否则在碱性溶液中，I_2发生歧化反应

$$3I_2 + 6OH^- = IO_3^- + 5I^- + 3H_2O$$

所以，直接碘量法应用受到限制。

2）碘量法——间接碘量法

间接碘量法，即利用 $Na_2S_2O_3$ 标准溶液间接滴定碘化钾(I^-)被氧化并定量析出的 I_2，求出氧化性物质含量的方法。基本反应为：$2I^- - 2e^- = I_2$；$I_2 + 2S_2O_3^{2-} = 2I^- + S_4O_6^{2-}$。

I^-是中等强度的还原剂，I^-能被许多氧化性物质氧化生成 I_2，然后用 $Na_2S_2O_3$ 标准溶液滴定生成的 I_2，以淀粉为指示剂，滴至蓝色消失，据消耗的 $Na_2S_2O_3$ 标准溶液量间接求出氧化性物质的量。

3）碘量法产生误差的原因

（1）溶液中 H^+的浓度：碘量法必须在中性或弱酸性溶液中进行。在碱性溶液中发生副反应：①I_2的歧化反应；②$S_2O_3^{2-} + 4I_2 + 10OH^- = 2SO_4^{2-} + 8I^- + 5H_2O$。在强酸性溶液中发生副反应：$S_2O_3^{2-} + 2H^+ = S + SO_2\uparrow + H_2O$。

（2）I_2的挥发和 I^-的氧化。

I_2的挥发和 I^-被空气中 O_2氧化成 I_2是碘量法产生误差的主要原因。

①防止 I_2的挥发：溶液中含 4%KI，I_2与 I^-反应生成I_3^-，可减少 I_2的挥发；要求含 I_2的溶液应在碘量瓶或带塞的玻璃容器中暗处保存。

②防止 I^-被空气中 O_2氧化：在酸性溶液中 I^-缓慢地被空气中 O_2氧化成 I_2，反应速度随$[H^+]$的增加而加快，且日光照射、微量 NO_2^-、Cu^{2+}等都能催化此氧化反应。因此，为避免空气中 O_2对 I^-的氧化产生滴定误差，要求对析出后的 I_2立即滴定，且滴定速度也应适当加快，切勿放置过久。

4）滴定终点确定

（1）在少量 I^-存在下，I_2与淀粉（特效指示剂）反应形成蓝色吸附络合物，根据溶液中蓝色的出现或消失来指示滴定终点。

（2）淀粉指示剂一般选结构无分枝（即直链），最好用新鲜配制的淀粉溶液，切勿放置过久（若需要长时间放置，应加入少量碘化汞），否则，有分枝的淀粉与 I_2的吸附络合物呈紫色或紫红色，用 $Na_2S_2O_3$标准溶液滴定时，终点不敏锐。

（3）指示剂应在接近终点前加入，以防止淀粉吸附包藏溶液中的碘。

5）溶解氧及其测定

溶解氧（DO）：溶解于水中的分子态氧称为溶解氧，用 DO 表示，单位为$mg\ O_2/L$。DO 的测定原理（温克勒氏法）如下：

（1）水样中加入硫酸锰 $MnSO_4$和碱性 KI 溶液(KI+NaOH)，有白色沉淀生成。

$$Mn^{2+} + 2OH^- = Mn(OH)_2\downarrow (白色)$$

（2）水中的 O_2将 $Mn(OH)_2$氧化成水合氧化锰 $MnO(OH)_2$棕色沉淀，将水中全部溶解氧固定起来。

$$Mn(OH)_2 + O_2 = MnO(OH)_2\downarrow (棕色)$$

（3）加入浓 H_2SO_4，在酸性条件下，$MnO(OH)_2$与 KI 作用，析出等化学计量的 I_2，溶液呈棕色。

$$MnO(OH)_2 + 2I^- + 4H^+ = Mn^{2+} + I_2 + 3H_2O$$

（4）以淀粉为指示剂，用 $Na_2S_2O_3$标准溶液滴定至蓝色消失，指示终点到达。根据 $Na_2S_2O_3$标准溶

液的消耗量，计算水中 DO 的含量。

$$I_2 + 2S_2O_3^{2-} = 2I^- + S_4O_6^{2-}$$

计算公式

$$DO = \frac{c \times V \times 8 \times 1\,000}{V_{水}} \tag{16-5-5}$$

式中：c——$Na_2S_2O_3$ 标准溶液浓度(mol/L)；

V——消耗 $Na_2S_2O_3$ 标准溶液体积(mL)；

$V_{水}$——水样体积(mL)。

说明：

（1）碘量法测定 DO，适于清洁的地面水和地下水。

（2）水样中如有氧化还原性物质，如 Fe^{2+}、Fe^{3+}、S^{2-}、NO_2^-、SO_3^{2-}、Cl_2 等，将影响测定结果，必须采用膜电极法或修正的碘量法。

（3）对于含 NO_2^- 的水样，可采用叠氮化钠修正法。即在浓 H_2SO_4 溶解沉淀物之前，在水中加入数滴 5%NaN_3 溶液，或在配制碱性 KI 溶液时，把碱性 KI 和 1% NaN_3 溶液同时加入，然后加入浓 H_2SO_4。其反应如下

$$2NaN_3 + H_2SO_4 = 2HN_3 + NaSO_4$$

$$HNO_2 + HN_3 = N_2 + N_2O + H_2O$$

【例 16-5-9】 碘量法测定时，淀粉指示剂在接近终点前加入的原因是：

A. 防止淀粉吸附包藏溶液中的碘

B. 防止碘氧化淀粉

C. 防止碘还原淀粉

D. 防止硫代硫酸钠被淀粉吸附

解 指示剂应在接近终点前加入，以防止淀粉吸附包藏溶液中的碘。选 A。

【例 16-5-10】 碘量法中，包含的一个基本步骤是：

A. 用 I_2 标准溶液滴定至淀粉指示剂变为蓝色

B. 加入过量 KI 与待测的氧化性物质生成 I_2

C. 加热含有 I_2 的溶液，使其挥发

D. 加入硫酸确保溶液具有足够的酸度

解 碘量法分为直接碘量法和间接碘量法。直接碘量法即待测液和碘反应，当碘稍过量时，淀粉和碘反应显蓝色，这就是反应终点。间接碘量法即加入定量的碘化钾、溴试剂等，生成碘单质，加淀粉显蓝色，然后加入硫代硫酸钠与碘反应，滴定终点为蓝色消失。该题不能确定是直接碘量法还是间接碘量法，但间接碘量法中要避免 I_2 挥发，碘量法一般加入盐酸来保持酸度，C、D 项错误；A 项是直接碘量法的基本步骤，B 项则是间接碘量法的基本步骤。本题无正确答案。

16.5.6 高锰酸盐指数

1）高锰酸盐指数

高锰酸盐指数是指在一定条件下，以高锰酸钾为氧化剂，处理水样时所消耗的高锰酸钾量，以氧的 mg/L表示(O_2mg/L)。它代表水中还原性物质的含量。

2）高锰酸盐指数的测定

高锰酸盐指数的测定可采用酸性高锰酸钾法和碱性高锰酸钾法。

（1）酸性高锰酸钾法

①水样在酸性条件下，加入过量 $KMnO_4$ 标准溶液(V_1,mL)（一般加 10.00mL），加热煮沸一定时间（沸水浴 30min；电炉沸腾煮 10min），反应为：

$$4MnO_4^- + 5C + 12H^+ = 4Mn^{2+} + 5CO_2\uparrow + 6H_2O$$

②然后加入过量的 $Na_2C_2O_4$ 标准溶液(V_2,mL)还原剩余的 $KMnO_4$。

③最后再用 $KMnO_4$ 标准溶液回滴剩余的 $Na_2C_2O_4$ 至粉红色出现，并在0.5~1min内不消失为止，消耗 $KMnO_4$ 标准溶液(V_1',mL)。

$$5C_2O_4^{2-} + 2MnO_4^- + 16H^+ \xlongequal{70\sim85℃} 2Mn^{2+} + 10CO_2\uparrow + 8H_2O$$

计算公式

$$\text{高锰酸盐指数} = \frac{[(V_1 + V_1')c_1 - V_2c_2] \times 8 \times 1\,000}{V_{\text{水}}} \tag{16-5-6}$$

式中：8——$\frac{1}{4}$ O_2(g/mol)；

c_1——$KMnO_4$ 标准溶液浓度(mol/L)，$\frac{1}{5}$ $KMnO_4$；

c_2——$Na_2C_2O_4$ 标准溶液浓度(mol/L)，$\frac{1}{2}$ $Na_2C_2O_4$。

（2）酸性高锰酸钾法测定中应注意事项

①酸性高锰酸钾法测定中应严格控制反应的条件。

②当水样中 Cl^- 的浓度大于300mg/L时，发生诱导反应，使测定结果偏高。

$$2MnO_4^- + 10Cl^- + 16H^+ \longrightarrow 2Mn^{2+} + 5Cl_2 + 8H_2O$$

防止 Cl^- 干扰：可加 Ag_2SO_4 生成 AgCl 沉淀，除去 Cl^- 后再行测定；加蒸馏水稀释，降低 Cl^- 浓度后再行测定；改用碱性高锰酸钾法测定。

（3）碱性高锰酸钾法

在碱性条件下反应，可加快 $KMnO_4$ 与水中有机物（含还原性无机物）的反应速度，且由于在此条件下$\varphi^{\ominus}_{MnO_4^-}(0.588V) \lim_{x\to\infty} < \varphi^{\ominus}_{\frac{Cl_2}{Cl^-}}(1.395V)$，$Cl^-$ 的含量较高，也不干扰测定。水样在碱性溶液中，加入一定量 $KMnO_4$ 与水中的有机物和某些还原性无机物反应完全，以后同酸性高锰酸钾法。高锰酸盐指数的测定方法只用于较清洁的水样。

【例 16-5-11】 某地区饮用地表水，其中氯化物超标，颜色发黄，欲了解是否被有机物污染，最常用的方法是采用：

A. 酸性高锰酸钾法　　B. 碱性高锰酸钾法

C. 重铬酸钾法　　D. 紫外分光光度法

解　对氯化物含量较高的水样，可采用碱性高锰酸钾法。选 B。

16.5.7 COD

1）化学需氧量

化学需氧量指在一定条件下，一定体积水样中有机物（还原性物质）被 $K_2Cr_2O_7$ 氧化，所消耗 $K_2Cr_2O_7$ 的量，以mgO_2/L表示。COD 是水体中有机物污染综合指标之一。

2）COD 测定方法

在强酸性条件下，一定体积水样中加入过量的 $K_2Cr_2O_7$ 标准溶液，并加入 $AgSO_4$ 催化剂，加热回流 2h，待水中有机物及还原性物质反应完全后，将溶液稀释并冷却后，以试亚铁灵为指示剂，用硫酸亚铁铵$(NH_4)_2Fe(SO_4)_2$ 标准溶液回滴，滴至溶液由起始的橙黄色最终变为棕红色即为终点，同时取无有机物蒸馏水做空白试验。根据$(NH_4)_2Fe(SO_4)_2$ 标准溶液的用量求出化学需氧量（COD，mgO_2/L）。COD 测定方法属于反滴定法，反应式如下：

$$2Cr_2O_7{}^{2-} + 3C + 16H^+ = 4Cr^{3+} + 3CO_2 + 7H_2O$$
$$Fe^{2+} + Cr_2O_7{}^{2-} + 14H^+ = Fe^{3+} + 2Cr^{3+} + 7H_2O$$

计算：

$$COD = \frac{(V_0 - V_1) \times c \times 8 \times 1\,000}{V_{水}} \tag{16-5-7}$$

式中：V_0——空白试验消耗$(NH_4)_2Fe(SO_4)_2$ 标准溶液的量(mL)；

V_1——滴定水样时消耗$(NH_4)_2Fe(SO_4)_2$ 标准溶液的量(mL)；

c——$(NH_4)_2Fe(SO_4)_2$ 标准溶液的浓度(mol/L)；

8——氧的摩尔质量(g/mol)，$\frac{1}{4}O_2$；

$V_{水}$——水样的量(mL)。

COD 测定中的注意事项如下。

（1）水样中有 Cl^- 干扰反应：

$$Cr_2O_7{}^{2-} + 6\,Cl^- + 14H^+ = 2Cr^{3+} + 3Cl_2 + 7H_2O$$

可加入 $HgSO_4$，Hg^{2+}与 Cl^- 生成可溶性络合物而消除 Cl^- 干扰。

（2）加 $AgSO_4$ 作催化剂，加快反应速度。

（3）加热回流后，溶液呈强酸性，应加蒸馏水稀释，否则酸性太强，指示剂失去作用。

（4）加热回流后，溶液应呈橙黄色（若显绿色，说明加入的 $K_2Cr_2O_7$ 量不足，应补加），以试亚铁灵为指示剂（氧化态为浅蓝，还原态为红色），溶液由橙黄色经蓝绿色逐渐变为蓝色后，立即转为棕红色即达终点。

（5）同时应取无有机物蒸馏水做空白试验，以消除试剂和蒸馏水中还原性物质的干扰所引起的系统误差。

【例 16-5-12】 化学需氧量是水中有机污染物的综合指标之一，在测定 COD 时，氧化水样中有机污染物时所用的强氧化剂为：

A. $KMnO_4$　　B. $Ce(SO_4)_2$　　C. I_2　　D. $K_2Cr_2O_7$

解　化学需氧量：在一定条件下，一定体积水样中有机物（还原性物质）被 $K_2Cr_2O_7$ 氧化，所消耗 $K_2Cr_2O_7$ 的量，以 mgO_2/L 表示。选 D。

16.5.8　BOD_5

1）生物化学需氧量

在规定条件下，微生物分解水中的有机物所进行的生物化学过程中，所消耗的溶解氧的量称为生物化学需氧量，用 BOD 表示，单位为 mgO_2/L。

2）生物氧化过程

生物氧化过程可分为两个阶段。

第一阶段为碳化过程：有机物在好氧微生物的作用下转变为CO_2、H_2O、NH_3等无机物。

$$有机物 \longrightarrow CO_2 + H_2O + NH_3$$

此阶段在20℃下，可在20天内完成。

第二阶段为硝化阶段：有机物在好氧微生物的作用下分解出的NH_3，进一步转化为NO_2^-和NO_3^-的过程。

$$2NH_3 + 3O_2 \longrightarrow 2HNO_2 + 2H_2O + E$$
$$2HNO_2 + 2O_2 \longrightarrow 2HNO_3 + E$$

该阶段在20℃下，约需100天才能完成。硝化阶段大约在5~7d后开始，碳化阶段在5天内消耗的总氧量为第一阶段的70%~80%，且不受硝化阶段的影响，因此各国规定5d作为标准时间。

3）五日生化需氧量(BOD_5)

水样在(20 ± 1)℃下培养5天，五日内微生物分解水中的有机物所消耗的溶解氧量称五日生化需氧量，以BOD_5表示。

为了保证生物氧化过程的进行，必备的条件有：

①温度控制在(20 ± 1)℃；

②必须有充足的溶解氧；

③必须含有一定量的微生物，没有的应接种；

④必须有微生物所需的营养物质，如铁、钙、镁、钾、氮、磷等物质；

⑤保持pH值在6.5~8.5范围内，强酸或强碱应提前中和；

⑥无有毒物质，有毒的应稀释至无毒。

4）五日生化需氧量(BOD_5)的测定

（1）直接测定法

对水中溶解氧含量较高、有机物含量较少的清洁地面水，一般$BOD_5 < 7mgO_2/L$时，可不经稀释，直接测定。将水样首先调整至20℃左右，用曝气法使水中溶解氧接近饱和，直接以虹吸法将水样转移入数个溶解氧瓶内，转移过程中应注意不产生气泡，水样充满后并溢出少许，加塞，瓶内不应留有气泡。其中至少有一瓶测定水中的溶解氧，其余的瓶口进行水封后，放入培养箱中，在(20 ± 1)℃培养5d，在培养期间注意添加封口水，5天后弃去封口水，测定剩余的溶解氧，则培养5d前后溶解氧的减少量即为BOD_5。

$$BOD_5 = DO_1 - DO_2 \tag{16-5-8}$$

（2）稀释测定法

对于$BOD_5 > 7mgO_2/L$的水样，则在培养前需用有溶解氧的稀释水稀释，据培养前后的溶解氧及稀释比，求出五日生化需氧量。

稀释水：含有一定养分和饱和溶解氧的水为稀释水。

对稀释水有如下要求：①用蒸馏水配制合成稀释水；②稀释水的pH值应保持在6.5~8.5范围内，加入磷酸盐缓冲溶液；③稀释水加入营养物质，如$FeCl_3$、$MgSO_4$、$CaCl_2$等，以保证微生物正常生长；④稀释水与水样的比例要适中，在(20 ± 1)℃培养5天后，稀释水样中DO至少还剩有$0.5 \sim 1.0mgO_2/L$，而培养期间，稀释水样中DO的损失至少为$2mgO_2/L$，否则都不会得到满意的结果。

【例 16-5-13】 测定 5 天生化需氧量，水样的培养温度应控制为：

A. (18 ± 1)℃　　B. (19 ± 1)℃　　C. (20 ± 1)℃　　D. (21 ± 1)℃

解 测定 5 天生化需氧量，温度控制在(20 ± 1)℃。选 C。

16.5.9 总需氧量（TOD）

（1）总需氧量：水中有机物和还原性无机物在高温下燃烧生成稳定的氧化物时需氧量，以$TOD(O_2mg/L)$表示。

（2）测定：采用 TOD 分析仪。

水样→O_2（N_2载气）→石英燃烧管催化剂 Pt 900℃→冷却脱水器→氧燃料电池测定载气中 O_2 的减少量→记录

TOD 分析仪测定的 TOD 氧化率很高，尤其含氮的有机物氧化率更为突出，是 COD 与BOD_5无法媲美的，故有机物污染综合指标$TOD > COD > BOD_5 > OC$。

【例 16-5-14】 有机物污染综合指标大小：

A. TOD > COD > BOD5 > OC　　B. $TOD > OC > COD > BOD_5$

C. $TOD > COD > OC > BOD_5$　　D. $COD > TOD > BOD_5 > OC$

解 基础知识，需记忆。选 A。

16.5.10 总有机碳（TOC）

（1）总有机碳：用碳的含量表示水样中有机物质总量，用 TOC(mgC/L)表示。

（2）测定原理：将水样中所有有机物的碳转化成二氧化碳，然后测定。

使用 TOC 分析仪：TOC(总有机碳) = TC(总碳) − IC(无机碳)

水样→O_2→石英燃烧管催化剂 Pt 900℃→IR 检测仪 非分散红外 CO_2分析→记录仪→TC（总碳）

水样→O_2→低温石英管 磷酸催化剂 150℃→IR 检测仪→记录仪→IC（无机碳）

TOC 采用燃烧法，能将有机物全部氧化，TOC 测定值与理论值非常接近，被用来评价水体有机物污染程度。

【例 16-5-15】 下列关于 TOC 的说法，不正确的是：

A. 测定原理：将水样中所有有机物的碳转化成二氧化碳，然后测定。

B. TOC 测定值与理论值非常接近

C. 相比BOD_5或 COD，不能更直接表示有机物的总量

D. TOC 采用燃烧法

解 基础知识，需记忆。选 C。

经典练习

16-5-1 选择氧化还原指示剂的原则为（　　）。

A. 应使指示剂的变色电位在滴定突跃范围内，且应尽量使指示剂的变色电位与计量点电位一致或接近

B. 只需保证指示剂的变色电位在滴定突跃范围内

C. 只需尽量使指示剂的变色电位与计量点电位一致或接近

D. 指示剂的变色范围全部或部分处于滴定突跃范围内

16-5-2 采用酸性高锰酸钾滴定法测定耗氧量时，维持酸度只能用（ ）。

A. 盐酸　　B. 硝酸　　C. 硫酸　　D. 磷酸

16-5-3 用于标定 $KMnO_4$ 溶液的合适的基准物质为（ ）。

A. 邻苯二甲酸氢钾　　B. $CaCO_3$

C. NaCl　　D. $Na_2C_2O_4$

16-5-4 K_2CrO_7 是一种强氧化剂，在酸性溶液中，K_2CrO_7 与还原性物质作用后，CrO_7^{2-} 中的铬离子被还原为（ ）。

A. CrO_2^{4-}　　B. Cr^{6+}

C. Cr^{3+}　　D. $Cr_2O_7^{2-}$ 不起变化

16-5-5 在测定化学需氧量时，加入硫酸汞的目的是去除（ ）的干扰。

A. 亚硝酸盐　　B. 亚铁盐　　C. 硫离子　　D. 氯离子

16-5-6 水中有机污染物综合指标不包括（ ）。

A. TOD　　B. TCD　　C. TOC　　D. COD

16-5-7 不影响条件电极电位的因素有（ ）。

A. 溶液中存在沉淀剂　　B. 溶液中有配位体存在

C. 溶液的离子强度　　D. 待测离子浓度

16-5-8 碘量法中常在生成 I_2 的溶液中加入过量 KI，其作用是（ ）。

A. 防止 I_2 挥发　　B. 催化作用

C. 防止空气氧化　　D. 防止反应过于猛烈

16-5-9 高锰酸钾法在测定（ ）时要选择在碱性介质中进行。

A. 无机盐　　B. 矿物质

C. 有机物质　　D. 强还原性物质

16-5-10 COD 的测定方法属于（ ）。

A. 直接滴定法　　B. 返滴定法

C. 间接滴定法　　D. 置换滴定法

16.6 吸收光谱法

考试大纲☞： 吸收光谱原理　比色法　分光光度法

16.6.1 吸收光谱原理

1）吸收光谱法

在光谱分析中，依据物质对光的选择性吸收而建立起来的分析方法，又称吸光光度法，主要有以下几种。

①红外吸收光谱法：吸收光波长范围0.76~1 000μm，主要用于有机化合物结构鉴定。

②紫外吸收光谱法：吸收光波长范围200~400nm（近紫外区），可用于结构鉴定和定量分析。

③可见吸收光谱法：吸收光波长范围400~750nm，主要用于有色物质的定量分析。

2）物质的颜色与光吸收的关系

（1）互补色光

若两种颜色的光按适当的强度比例混合后可成为白光，则这两种色光成为互补色光。例如，黄光和蓝光。

（2）物质的颜色与光吸收的关系

物质之所以呈现不同的颜色是物质对光选择性吸收造成的。溶液在日光的照射下，如果可见光几乎均被吸收，则溶液呈黑色；如果全不吸收，则呈无色透明；若吸收了白光中的某种色光，则呈现透射光的颜色，即呈现被吸收光的互补色。例如，$KMnO_4$ 溶液吸收波长500~560nm的绿色光，呈现紫色；$K_2Cr_2O_7$溶液吸收蓝紫色光，而呈现黄色；硫酸铜溶液呈现蓝色是由于它吸收了白光中的黄色光波。

（3）吸收曲线

在同样的条件下依次将各种波长的单色光通过某物质溶液，并分别测定每个波长下溶液对光的吸收程度（吸光度A），以波长为横坐标、吸光度为纵坐标得到的A~λ曲线，称为该溶液的吸收曲线，又称吸收光谱。

吸收曲线的讨论：

①同一种物质对不同波长光的吸光度不同。吸光度最大处对应的波长称为最大吸收波长λ_{max}。

②不同浓度的同一种物质，其吸收曲线形状相似和λ_{max}不变。而对于不同物质，它们的吸收曲线形状和λ_{max}则不同。

③吸收曲线可以提供物质的结构信息，并作为物质定性分析的依据之一。

④不同浓度的同一物质在某波长下吸光度有差别，可作为物质定量分析的依据。

⑤在λ_{max}处吸光度随浓度变化的幅度最大，所以测定最灵敏。吸收曲线是定量分析中选择入射光波长的重要依据。

3）光的吸收定律

①朗伯-比尔定律：当一束平行的单色光通过均匀溶液时，溶液的吸光度与溶液浓度(c)和液层厚度(b)的乘积成正比，是吸光光度法定量分析的依据。

其数学表达式为

$$A = kbc \tag{16-6-1}$$

式中：A——吸光度；$A = \lg\frac{I_0}{I_t}$，I_0为入射光强度，I_t为透过光强度；

k——吸光系数，当b以“cm”为单位、c以“mol/L”为单位时，$k = \varepsilon$。

$$A = \varepsilon bc \tag{16-6-2}$$

式中：ε——摩尔吸光系数，其物理意义是当某一波长光通过浓度为1mol/L、液层厚度为1cm溶液时的吸光度[L/(mol · cm)]。

②摩尔吸光系数ε的讨论。

ε是吸收物质在一定波长和溶剂条件下的特征常数。当温度和波长等条件一定时，ε仅与吸收物质本性有关，而与其浓度c和光程长度b无关；可作为定性鉴定的参数；同一吸收物质在不同波长下的ε值是不同的，ε越大表明该物质对某波长的光吸收能力越强，用光度法测定该物质的灵敏度越高，ε代表测定方法的灵敏度。

③透光度（透光率）T：描述入射光透过溶液的程度，取值范围0~100%。

$$T = \frac{I_t}{I_0} \tag{16-6-3}$$

吸光度A与透光度T的关系

$$A = \lg\frac{1}{T} = -\lg T \tag{16-6-4}$$

4）偏离朗伯-比尔定律的原因

从朗伯-比尔定律可知，吸光度与溶液的浓度成正比，即$A \sim C$呈线性关系，标准曲线法测定未知溶液的浓度时发现：标准曲线常发生弯曲（尤其当溶液浓度较高时），这种现象称为对朗伯-比尔定律的偏离。引起这种偏离的因素有两大类。

（1）物理性因素

朗伯-比尔定律的前提条件之一是入射光应为单色光。分光光度计只能获得近乎单色的狭窄光带。复合光可导致对朗伯-比尔定律的正或负偏离。

（2）化学性因素

朗伯-比尔定律假定所有的吸光质点之间不发生相互作用。故朗伯-比尔定律只适用于稀溶液（浓度大，易发生偏离）。溶液中存在着离解、聚合、互变异构、配合物的形成等化学平衡时，使吸光质点的浓度发生变化，影响吸光度。

5）显色反应及显色反应条件的选择

（1）对显色反应的要求

灵敏度高、选择性高、生成物稳定、显色剂在测定波长处无明显吸收，两种有色物最大吸收波长之差："对比度"，要求$\Delta\lambda > 60$nm。

（2）显色反应条件的选择

①显色剂用量：选择吸光度A与显色剂用量的关系变化平坦处，见图 16-6-1。

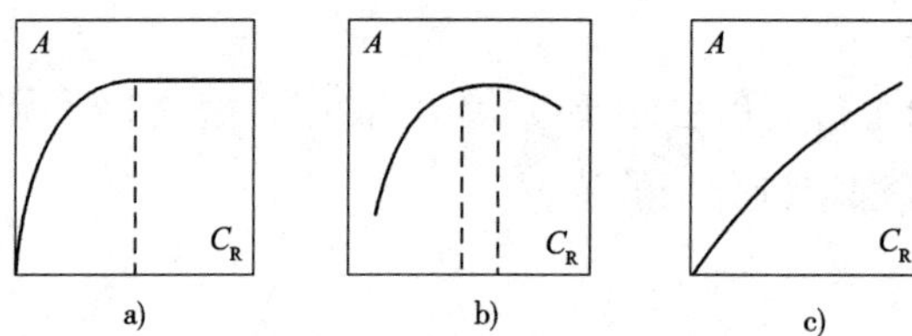

图 16-6-1　显色剂用量的选择

②反应体系的酸度：在相同实验条件下，分别测定不同 pH 值条件下显色溶液的吸光度。选择曲线中吸光度较大且恒定的平坦区所对应的 pH 范围。

③显色时间与温度：实验确定。

④溶剂：一般尽量采用水相测定。

⑤共存离子干扰的消除：a. 加入掩蔽剂；b. 选择适当的显色反应条件；c. 分离干扰离子。

6）测定条件的选择

①选择适当的入射光波长：一般应该选择λ_{max}为入射光波长。如果λ_{max}处有共存组分干扰时，则应考虑选择灵敏度稍低但能避免干扰的入射光波长。

②选择合适的参比溶液。

选择参比溶液的目的：消除溶剂和试剂等非测定物质对入射光吸收的影响，使测得的吸光度真正反映待测溶液吸光强度。

参比溶液的选择一般遵循以下原则：a. 若仅待测组分与显色剂反应产物在测定波长处有吸收，其他所加试剂均无吸收，用纯溶剂（水）作参比溶液；b. 若显色剂或其他所加试剂在测定波长处略有吸收，而试液本身无吸收，用"试剂空白"（不加试样溶液）作参比溶液；c. 若待测试液在测定波长处有吸收，而显色剂等无吸收，则可用"试样空白"（不加显色剂）作参比溶液；d. 若显色剂、试液中其他组分在测量波长处有吸收，则可在试液中加入适当掩蔽剂，将待测组分掩蔽后再加显色剂，作为参比溶液。

③控制适宜的吸光度（读数范围）最佳读数范围：用仪器测定时，应尽量使溶液吸光度$A = 0.80 \sim 0.20$，溶液透光度值$T = 15\% \sim 65\%$。最佳值：相对误差最小时的透吸光度$A_{\min} = 0.434$，$T_{\min} = 36.8\%$。

【例 16-6-1】 某符合朗伯-比尔定律的有色溶液，当浓度为c时，其透光率为T_a，若浓度增大一倍，则溶液的吸光度为：

A. $T_a/2$　　B. $2T_a$　　C. T_a^2　　D. $-2\lg T_a$

解　$A = \lg\frac{1}{T_a} = -\lg T_a = kbc$，浓度增大一倍，溶液的吸光度与溶液浓度($c$)成正比，所以吸光度同比增大。$A = -2\lg T_a$。选 D。

【例 16-6-2】 某符合朗伯-比尔定律的有色溶液，当浓度为c时，其透光率为T_0；若浓度增大一倍，则溶液的透光率为：

A. $T_0/2$　　B. $2T_0$　　C. T_0^2　　D. $-2\lg T_0$

解　吸光度$A = kbc$，透光率$T = \frac{I_t}{I_0}$

A与T的关系：

$$A = \lg\frac{1}{T} = -\lg T$$

式中：k——吸光系数；

c——溶液浓度。

当溶液浓度c增大一倍时，吸光度A增大一倍。原本$A = -\lg T_0$，现在$2A = -\lg T_1$，得$A = -\frac{1}{2}\lg T_1$，所以$T_1 = T_0^2$。选 C。

【例 16-6-3】 有甲乙两个不同浓度的同一有色物质的水样，在同一波长进行光度法测定。当甲水样用 1cm 的比色皿、乙水样用 2cm 的比色皿时，测定的吸光度值相等，则它们的浓度关系正确的是：

A. 甲是乙的$1/2$　　B. 甲是乙的$1/4$

C. 乙是甲的$1/2$　　D. 乙是甲的$1/4$

解　根据朗伯-比尔定律，当一束平行的单色光通过均匀溶液时，溶液的吸光度与溶液浓度（c）和液层厚度（b）的乘积成正比，是吸光光度法定量分析的依据。其数学表达式为：$A = kbc$。所以，可知乙的浓度是甲的$1/2$。选 C。

【例 16-6-4】 某一溶液在同一波长下分别用 1cm 和 2cm 比色皿测量的吸光度值为A_1和A_2，则：

A. $A_1 = A_2$　　B. $A_1 = 2A_2$

C. $A_2 = 2A_1$　　D.以上说法都不对

解　根据朗伯-比尔定律，当一束平行的单色光通过均匀溶液时，溶液的吸光度A与溶液浓度(c)和液层厚度(b)的乘积成正比，即$A = \varepsilon bc$，其中ε为摩尔吸光系数。故$A_1 = \varepsilon c$，$A_2 = 2\varepsilon c$，因此$2A_1 = A_2$。选 C。

16.6.2 比色法

1）目视比色法

采用直接用眼睛比较标准溶液与被测溶液颜色的深浅，来测定物质含量的方法称为目视比色法。它测量的是透过光的强度。

2）光电比色法

利用光电比色计测定溶液吸光度并进行定量分析的方法称为光电比色法。光电比色计的组成为：光源、滤光片、比色皿、光电池、检流计。

（1）光源：常用钨丝灯，发射400~1 100nm的连续光谱。

（2）滤光片：滤光片最易透过的光应是有色溶液最易吸收的光，即滤光片的颜色与被测有色溶液颜色互为补色。

（3）比色皿：盛试液和空白溶液的吸收池，有玻璃和石英两种，常用规格有 0.5cm、1cm、3cm、5cm（操作时，需拿毛面）。

（4）光电池：将光信号转换成电信号的装置，常用硒光电池。

（5）检流计：测量光电流的仪器，上有透光度(T%)和吸光度(A)两种刻度。

光电比色法优点：①仪器代替人眼，消除主观误差，提高准确度。②采用滤光片和参比溶液消除干扰，提高选择性。

光电比色法局限性：只限于可见光区400~800nm，滤光片获得单色光，不纯，影响准确度和灵敏度。

【例 16-6-5】 光电比色法的光源为：

A. 钨丝灯　　B. 空心阴极灯　　C. 氢灯　　D. 辉光灯

解　光源：常用钨丝灯，发射400~1 100nm的连续光谱。选 A。

【例 16-6-6】 关于光电比色计的组成，下列正确的是：

A. 光源、滤光片、比色皿、光电池、检流计

B. 光源、吸光片、比色皿、光电池、检流计

C. 光源、凹面镜、比色皿、光电池、检流计

D. 光源、石英棱镜、比色皿、光电池、检流计

解　选 A。

16.6.3 分光光度法

利用分光光度计测定溶液吸光度进行定量分析的方法称为分光光度法。

1）分光光度计的组成

分光光度计的组成：光源→单色器→比色皿→光电池→检流计。除了单色器以外，其他与光电比色计构件相同。

单色器：即分光系统，是将混合的光按波长顺序分散为不同波长的单色光的装置。其主要部件是棱镜(或光栅)＋狭缝。

2）分光光度法特点

（1）采用棱镜或光栅等分光器将复合光变为单色光，可获得纯度较高的单色光，进一步提高了准确

度和灵敏度。

（2）扩大了测量的范围，测量范围由可见光区扩展到紫外光区和红外光区。

3）分光光度计类型

（1）可见分光光度计（工作范围360~800nm）。

（2）紫外可见分光光度计（工作范围200~1 000nm）。

（3）红外分光光度计（工作范围760~800nm）。

4）定量方法

常用标准曲线法（或工作曲线法）：配制不同浓度的标准溶液，分别测定各浓度的吸光度，以浓度为横坐标，吸光度为纵坐标，绘制A~C标准曲线（工作曲线）（见图 16-6-2）。待测试液在相同条件下显色，并测定吸光度，然后在工作曲线上求出其浓度。

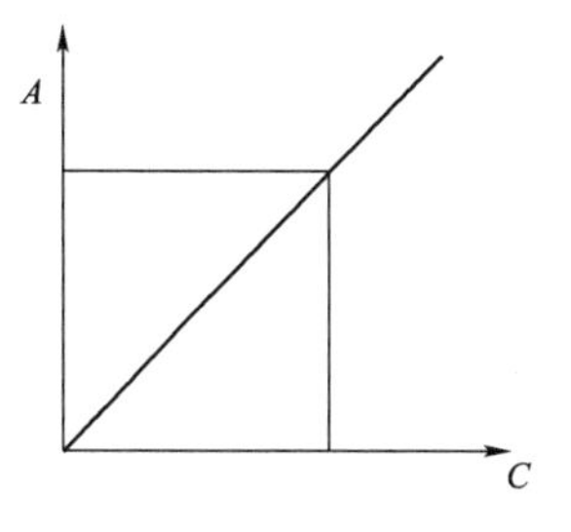

图 16-6-2　标准曲线（工作曲线）

经典练习

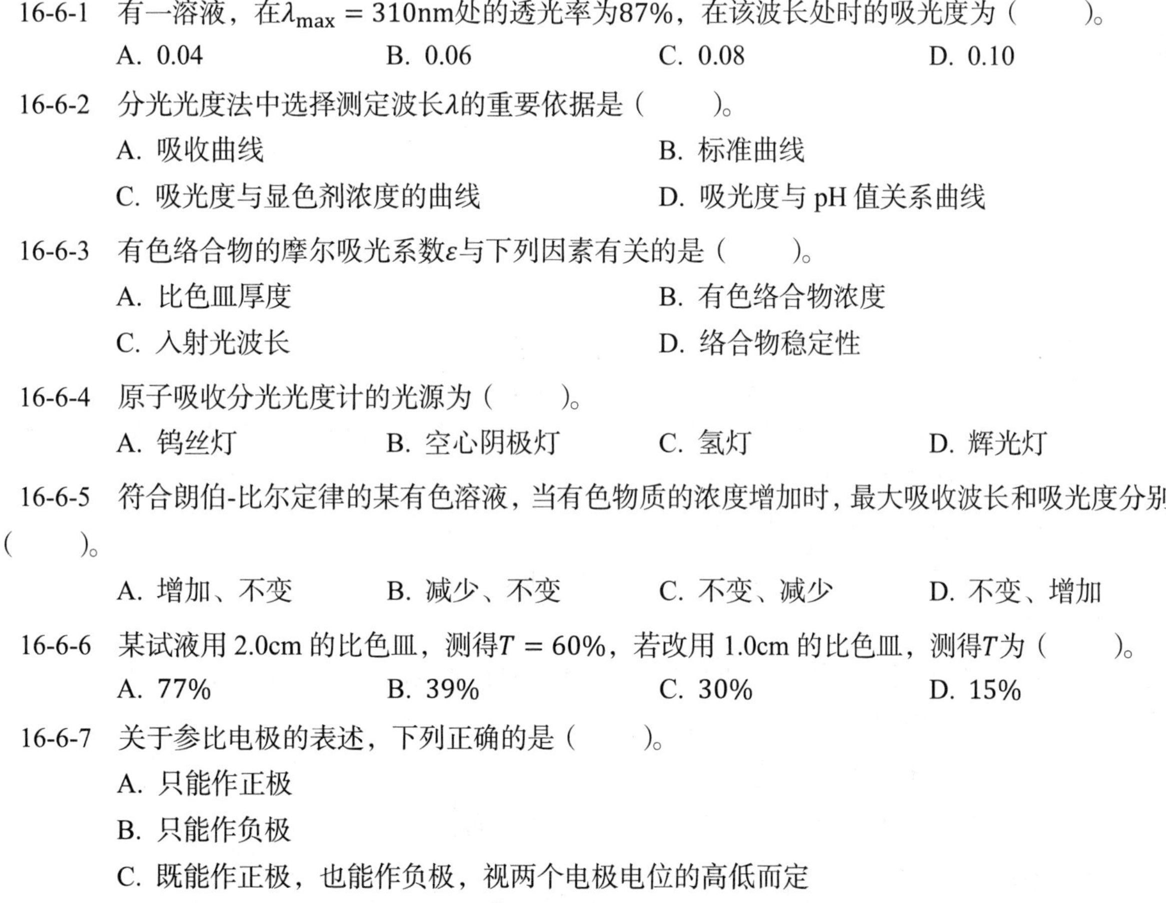

16-6-1　有一溶液，在$\lambda_{max} = 310$nm处的透光率为87%，在该波长处时的吸光度为（　　）。

A. 0.04　　B. 0.06　　C. 0.08　　D. 0.10

16-6-2　分光光度法中选择测定波长λ的重要依据是（　　）。

A. 吸收曲线　　B. 标准曲线

C. 吸光度与显色剂浓度的曲线　　D. 吸光度与 pH 值关系曲线

16-6-3　有色络合物的摩尔吸光系数ε与下列因素有关的是（　　）。

A. 比色皿厚度　　B. 有色络合物浓度

C. 入射光波长　　D. 络合物稳定性

16-6-4　原子吸收分光光度计的光源为（　　）。

A. 钨丝灯　　B. 空心阴极灯　　C. 氢灯　　D. 辉光灯

16-6-5　符合朗伯-比尔定律的某有色溶液，当有色物质的浓度增加时，最大吸收波长和吸光度分别是（　　）。

A. 增加、不变　　B. 减少、不变　　C. 不变、减少　　D. 不变、增加

16-6-6　某试液用 2.0cm 的比色皿，测得$T = 60\%$，若改用 1.0cm 的比色皿，测得T为（　　）。

A. 77%　　B. 39%　　C. 30%　　D. 15%

16-6-7　关于参比电极的表述，下列正确的是（　　）。

A. 只能作正极

B. 只能作负极

C. 既能作正极，也能作负极，视两个电极电位的高低而定

D. 既能作正极，也能作负极，与两个电极电位的高低无关

16.7　电化学分析法

考试大纲☞：电位分析法　直接电位分析法　电位滴定法

16.7.1 电位分析法

1）电位分析法的原理

利用电极电位和活度或浓度之间的关系，并通过测量电极电位来测定物质含量的方法称为电位分析法。它分为直接电位法和间接电位法（通常叫电位滴定法）。

（1）直接电位法

直接电位法指通过测定原电池电极电位，直接测定水中被测离子的活度或浓度的方法。

（2）电位滴定法

电位滴定法采用滴定剂的电位分析方法，故又称间接电位法。在滴定过程中，根据电极电位的“突跃”来确定滴定终点，并由滴定剂的用量求出被测物质的含量。

在电位分析法中，原电池的装置中由一个指示电极和一个参比电极组成。其中一个电极电位随溶液中被测离子的活度或浓度的变化而改变的电极，称为指示电极；另一个电极电位为已知的、恒定不变的电极，称为参比电极。当这两个电极共同浸入被测溶液中构成原电池时，通过测定原电池的电极电位，即可求得被测溶液的离子活度或浓度。

2）指示电极

电位法中所用指示电极分为金属基电极和膜电极两大类。

（1）金属基电极

①金属-金属离子电极。将具有氧化还原反应的金属，浸入该金属离子的溶液中达到平衡后即组成金属-金属离子电极。

电极反应：$M^{n+} + ne^- = M$

电极电位（25℃）：$\varphi_{M^{n+}/M} = \varphi^{\Theta}_{M^{n+}/M} + \frac{0.059}{n}\lg a_{M^{n+}}$

此类电极还有 Ag｜Ag^+、Zn｜Zn^{2+}、Hg｜Hg^{2+}、Cu｜Cu^{2+}、Pb｜Pb^{2+}等。

②金属-金属微溶盐电极。将金属及其微溶盐浸入含有该微溶盐的阴离子溶液中达到沉淀溶解平衡后，即组成金属-金属微溶盐电极。

电极反应：$AgCl + e^- = Ag\downarrow + Cl^-$

电极电位（25℃）：$\varphi_{AgCl/Ag} = \varphi^{\Theta}_{AgCl/Ag} - 0.059\lg a_{Cl^-}$

此类电极还有甘汞电极。

③均相氧化还原电极：可由惰性电极构成，又叫惰性金属电极。插入溶液中，其本身不参与反应，只作为氧化态、还原态物质电子交换场所。

电极反应：$Fe^{3+} + e^- = Fe^{2+}$

电极电位（25℃）：$\varphi_{Fe^{3+}/Fe^{2+}} = \varphi^{\Theta}_{Fe^{3+}/Fe^{2+}} + 0.059\lg\frac{a_{Fe^{3+}}}{a_{Fe^{2+}}}$

（2）膜电极

膜电极是以固态或液态膜为传感器的电极。膜电极的薄膜并不给出或得到电子，而是有选择性地让某种特定离子渗透或交换并产生膜电位。其膜电位与该种离子的活度（或浓度）成正比，故可做指示电极。膜电极又称离子选择电极。

①玻璃电极。浸泡后的玻璃膜示意图如下：

内部溶液｜水合硅胶层｜干玻璃层｜水合硅胶层｜外部溶液

H^+　　$H^+ + Na^+$　　Na^+　　$Na^+ + H^+$　　H^+

除 H^+玻璃电极外，还有 Na^+、K^+、Ag^+、Li^+等玻璃电极。

②微溶盐晶体膜电极：分为单晶膜电极和多晶压片膜电极。目前研制最成功的是单晶 LaF_3 的氟电极。

③液体离子交换膜电极：用浸有液体离子交换剂的惰性多孔薄膜作为电极膜。其响应机理与其他电极类同，只是结构略微复杂一些。这类电极中最广泛应用的是以二烷基磷酸钙为交换剂的钙电极。

【例 16-7-1】 甘汞电极属于：

A. 金属-金属离子电极　　B. 金属-金属微溶盐电极

C. 均相氧化还原电极　　D. 膜电极

解 甘汞电极属于金属-金属微溶盐电极，选 B。

3）参比电极

电位分析法中要求参比电极装置简单，在测量的条件下电极电位恒定，且再现性好。常用的参比电极是饱和甘汞电极，其原理与 Ag-AgCl 电极相同。电极电位取决于饱和 KCl 的浓度。甘汞电极由金属汞、甘汞(Hg_2Cl_2)及饱和 KCl 溶液组成。

【例 16-7-2】 下列关于电极的说法，不正确的是：

A. 在电位分析法中，原电池的装置中由一个指示电极和一个参比电极组成

B. 电极电位随溶液中被测离子的活度或浓度的变化而改变的电极为指示电极

C. 电极电位为已知的、恒定不变的电极称为参比电极

D. 电位分析法中要求参比电极装置复杂，在测量的条件下电极电位恒定，且再现性好

解 基础知识，需记忆。选 D。

16.7.2 直接电位分析法

1）pH 值的电位测定

（1）pH 的测定原理

pH 值电位法的电极体系是由玻璃电极为指示电极、饱和甘汞电极为参比电极以及被测溶液组成的工作电池。该电池表示为：

(−)Ag，AgCl | HCl | 玻璃膜 | 水样 ‖ 饱和 KCl | Hg_2Cl_2，Hg(+)

（玻璃电极）　$\varphi_{膜}$　　φ_L　　（饱和甘汞电极）

电池的电位：

$$\varphi_{电池} = \varphi_{Hg_2Cl_2/Hg} + \varphi_L + \varphi_{不对称} - \varphi_{膜} - \varphi_{AgCl/Ag} \tag{16-7-1}$$

式中：$\varphi_{电池}$——两电极的电位差(mV)；

$\varphi_{Hg_2Cl_2/Hg}$——甘汞电极的电位(mV)；

$\varphi_{膜}$——玻璃电极的膜电位(mV)；

φ_L——液体接界电位(mV)；

$\varphi_{不对称}$——玻璃电极薄膜内外两表面不对称引起的电位差(mV)；

$\varphi_{AgCl/Ag}$——Ag-AgCl 内参比电极电位(mV)。

其中，$\varphi_{Hg_2Cl_2/Hg}$、$\varphi_{AgCl/Ag}$、φ_L、$\varphi_{不对称}$在一定条件下都是常数，将其合并为K，则在 25℃时

$$\varphi_{膜} = 0.059\lg a_{H^+} = -0.059\text{pH}$$

$$E = K + 0.059\text{pH} \tag{16-7-2}$$

$$\text{pH} = \frac{E - K}{0.059} \tag{16-7-3}$$

K常数中所包括的参比电极电位、膜内表面电位、液接电位等因素要保持恒定，另外在整个测定过程中，要严格控制试验条件，保持温度T恒定，搅拌溶液，缩短电位平衡时间（响应时间）等。

（2）酸度计

酸度计是根据 pH 的实用定义而设计的测定 pH 值的仪器。

①构成：由电极和电位计两部分组成，电极和试液组成工作电池；电池的电动势用电位计测量。

②使用：使用时应使温度保持恒定，并选用与待测溶液 pH 接近的标准缓冲溶液定位（不对称电位、液接电位等因素要保持恒定）。即将酸度计的电极浸入标准溶液，直接在酸度计上读出其 pH 值。

我国标准计量局制定了 6 种标准溶液及其在0~60℃的 pH 值。如：邻苯二甲酸氢钾(pH = 4.0)、混合磷酸盐(pH = 6.86)、四硼酸钠(pH = 9.18)。

注意：玻璃电极使用前需要浸泡 24h 以上，目的是使不对称电位处于稳定值，同时形成水合硅胶层，保证 H^+的传递。

2）离子活度（或浓度）的测定

（1）测定原理

将离子选择性电极（指示电极）和参比电极插入试液中，可以组成测定各种离子活度的电池。

如氟离子选择性电极测定水样中的 F^-离子时，电池组成为

Hg，Hg_2Cl_2（固）| 饱和氯化钾 ‖ F^-水样 | LaF_3 | 0.1mol/L NaF，0.1mol/L NaCl | AgCl，Ag

离子选择性电极与参比电极的电位差即膜电位φ公式为

$$\varphi = K \pm \frac{2.303RT}{n_i F}\lg a_i \tag{16-7-4}$$

在 25℃时，

$$\varphi = K \pm \frac{0.059}{n_i}\lg a_i \tag{16-7-5}$$

式中：±——若电极对阳离子响应，取正号；对阴离子响应，取负号。

可见离子选择电极的膜电位与被测离子的活度的对数成正比，只要用电位计测量膜电位，便可求得被测离子的活度。

若水样中有干扰离子存在，则膜电位公式为

$$\varphi = K \pm \frac{0.059}{n_i}\lg[a_i + K_{ij}(a_j)^{\frac{n_i}{n_j}}] \tag{16-7-6}$$

式中：a_i和a_j——被测离子i和干扰离子j的活度；

n_i和n_j——被测离子和干扰离子的电荷数；

K_{ij}——离子选择性常数。

$K_{ij} < 1$，表示i离子选择电极对干扰离子j的响应的相对大小。K_{ij}越小表明电极的选择性越高。如 pH 玻璃电极对 Na^+的选择性常数$K_{H^+/Na^+} = 10^{-11}$，表明此电极对 H^+相应比对 Na^+相应灵敏10^{11}倍。

（2）测定方法

①标准曲线法

用测定离子的纯物质，配制一系列不同活度的标准溶液，测定的膜电位φ与活度的对数$\lg a$成直线关系，当溶液的离子强度保持不变的情况下，膜电位φ与浓度的对数$\lg c$成直线关系。

$$\varphi = K \pm \frac{2.303RT}{nF}\lg \gamma_i c_i = K' \pm \frac{2.303RT}{nF}\lg c_i \tag{16-7-7}$$

用总离子强度调节缓冲溶液保持溶液的离子强度相对稳定，分别测定各溶液的电位值，并绘制$\varphi \sim \lg c_i$关系曲线。

总离子强度调节缓冲溶液(TISAB)的作用如下。

a. 保持溶液的离子强度相对稳定（因为离子活度系数保持不变时，膜电位φ才与$\lg c_i$呈线性关系）。

b. 缓冲和掩蔽干扰离子。

不同离子可选用不同的总离子强度调节剂，如氟离子选择电极测定水样中 F^-离子时，采用的 TISAB 为：0.1mol/L NaCl+0.25mol/L HAc+0.75mol/L NaAc+0.001mol/L柠檬酸钠（pH = 5，总离子强度为 1.75）。其中 HAc-NaAc 为缓冲溶液；柠檬酸掩蔽 Fe^{3+}、Al^{3+}。

②标准加入法

主要用于测定水样中离子的总浓度（含游离的和络合的）。设某一试液体积为V_0，其待测离子的总浓度为c_x，测定的工作电池电位为φ_1，则

$$\varphi_1 = K + \frac{2.303RT}{nF}\lg(x_i \gamma_i c_x) \tag{16-7-8}$$

式中：x_i——游离态待测离子占总浓度的分数；

γ_i——活度系数；

c_x——待测离子的总浓度。

往试液中准确加入一小体积V_s（约为V_0的1/100）的标准溶液（采用待测离子的纯物质配制），浓度为c_s（约为c_x的 100 倍）。由于$V_0 > V_s$，可认为溶液体积基本不变。

浓度增量为

$$\Delta c = \frac{c_s V_s}{V_0}$$

再次测定工作电池的电位为φ_2，可以认为$\gamma_2 \approx \gamma_1$，$x_2 \approx x_1$，则电位变化量

$$\varphi_2 = K + \frac{2.303RT}{nF}\lg(x_2\gamma_2 c_x + x_2\gamma_2\Delta c) \tag{16-7-9}$$

$$\Delta\varphi = \varphi_1 - \varphi_2 = \frac{2.303RT}{nF}\lg\left(1 + \frac{\Delta c}{c_x}\right) \tag{16-7-10}$$

令$S = \frac{2.303RT}{nF}$，则

$$\Delta\varphi = S\lg\left(1 + \frac{\Delta c}{c_x}\right) \tag{16-7-11}$$

$$c_x = \Delta c(10^{\Delta\varphi/s} - 1)^{-1} \tag{16-7-12}$$

只要测出$\Delta\varphi$，便可计算出被测离子的浓度c_x。

标准加入法的优点是：不需做标准曲线，只需一种标液便可求出待测离子的总浓度，是离子选择电极测定一种离子总浓度的有效方法。

（3）影响电位测定准确性的因素

①测量温度：影响主要表现在对电极的标准电极电位、直线的斜率和离子活度的影响上，在测量过程中应尽量保持温度恒定。

②线性范围和电位平衡时间（响应时间）：一般线性范围为$10^{-1} \sim 10^{-6}$mol/L；平衡时间越短越好。测量时可通过搅拌使待测离子快速扩散到电极敏感膜，以缩短平衡时间。测量不同浓度试液时，应由低到高测量。

③溶液特性：溶液特性主要是指溶液离子强度、pH 及共存组分等。溶液的总离子强度应保持恒定。

④电位测量误差：当电位读数误差为 1mV 时，一价离子，相对误差为3.9%，二价离子，相对误差为7.8%。

故电位分析多用于测定低价离子。相对误差较小。

【例 16-7-3】 离子选择性电极的选择性常用选择常数K_{ij}的大小来衡量：

A. K_{ij}的值越大表明电极选择性越高

B. K_{ij}的值越小表明电极选择性越高

C. K_{ij}的值不直接用来衡量电极选择性

D. 电极选择性与c_jK_{ij}的乘积有关

解 $K_{ij}<1$，表示i离子选择电极对干扰离子j的响应的相对大小。K_{ij}越小表明电极的选择性越高。选 B。

16.7.3 电位滴定法

电位滴定法是向水样中滴加能与被测物质进行化学反应的滴定剂，利用化学计量点时，电极电位的突跃来确定滴定终点；根据滴定剂的浓度和用量，求出水样中被测物质的含量和浓度。它与滴定分析法不同的是，它不需要指示剂来确定滴定终点，而是根据指示电极的电位“突跃”指示终点。

电位滴定的用途：①无合适的指示剂。②有色、浑浊、有胶体物覆盖指示剂产生的颜色。③混合离子的连续滴定，如 Cl^-、Br^-、I^-不可用分步沉淀滴定，可使用电位滴定连续测定，被滴定的先后次序为I^-、Br^-、Cl^-。④非水滴定（滴定体系不含水，但大多数指示剂都是水溶液）。⑤要求被测物质浓度大于10^{-3}mol/L。

1）滴定曲线

每滴加一次滴定剂，平衡后测量电位，将相应的电极电位数值(φ)和滴定剂用量(V)作图得到$\varphi\sim V$滴定曲线。达到化学计量点时，电极电位有一突跃，即可确定终点。

2）电位滴定终点确定方法

通常采用三种方法来确定电位滴定终点。

（1）$\varphi\sim V$曲线法：如图 16-7-1a）所示，滴定曲线对称且电位突跃部分陡直，绘制$\varphi\sim V$曲线方法简单，但准确性稍差。

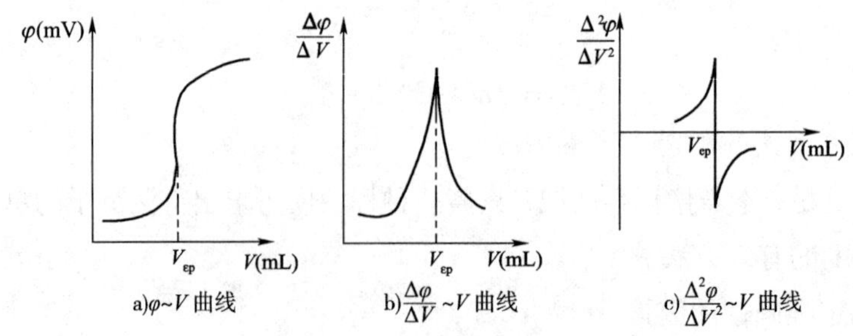

图 16-7-1 **滴定曲线**

（2）$\frac{\Delta\varphi}{\Delta V}\sim V$曲线法：如图 16-7-1b）所示，由电位改变量与滴定剂体积增量之比计算。$\frac{\Delta\varphi}{\Delta V}\sim V$曲线上存在着极值点，该点对应着$\varphi\sim V$曲线中的拐点。

（3）$\frac{\Delta^2\varphi}{\Delta V^2}\sim V$曲线法：$\frac{\Delta^2\varphi}{\Delta V^2}$表示$\varphi\sim V$曲线的二阶微商。

$\frac{\Delta^2\varphi}{\Delta V^2}$值由下式计算

$$\frac{\Delta^2\varphi}{\Delta V^2}=\frac{\left(\frac{\Delta\varphi}{\Delta V}\right)_2-\left(\frac{\Delta\varphi}{\Delta V}\right)_1}{\Delta V} \tag{16-7-13}$$

一次微商$\frac{\Delta\varphi}{\Delta V}\sim V$曲线的最高点恰是二次微商$\frac{\Delta^2\varphi}{\Delta V^2}=0$所对应的点，求$\frac{\Delta^2\varphi}{\Delta V^2}=0$时对应的$V$值，即得到终点时所加滴定剂的体积。如图 16-7-1c）所示。

3）电位滴定仪

近年来，普遍应用自动电位滴定仪，其优点是简便、快速。

4）电位滴定法的电极（见表 16-7-1）

电位滴定法对于酸碱滴定、络合滴定、沉淀滴定、氧化还原滴定都适用。根据不同的反应选择不同的指示电极，然后根据电位的突跃确定终点。

电位滴定法的电极 　　**表** 16-7-1

滴 定 方 法	参 比 电 极	指 示 电 极
酸碱滴定	甘汞电极	玻璃电极
沉淀滴定	甘汞电极、玻璃电极	银电极、硫化银薄膜电极、离子选择电极
氧化还原滴定	甘汞电极、玻璃电极、钨电极	铂电极
络合滴定	甘汞电极	铂电极、汞电极、银电极、钙离子等离子选择电极

【例 16-7-4】 欲测定水中 Cl^-和 I^-，需采用的方法为：

A. 酸碱滴定法　　B. 沉淀滴定法　　C. 络合滴定法　　D. 电位滴定法

解 混合离子的连续滴定，如 Cl^-、Br^-、I^-不可用分步沉淀滴定，可使用电位滴定连续测定，被滴定的先后次序为 I^-、Br^-、Cl^-。选 D。

经 典 练 习

16-7-1 测定溶液 pH 值时，所使用的指示电极是（　　）。

A. 氢电极　　B. 铂电极　　C. 玻璃电极　　D. 银—氧化银电极

16-7-2 玻璃电极在使用前，需在去离子水中浸泡 24h 以上，目的是（　　）。

A. 消除不对称电位　　B. 消除液接电位

C. 清洗电极　　D. 使不对称电位处于稳定值

16-7-3 电位分析法中，指示电极的电位与待测离子的活度有以下关系，即（　　）。

A. 电位与活度的对数呈线性关系　　B. 线性关系

C. 正比关系　　D. 指数关系

16-7-4 甘汞电极的组成为（　　）。

A. 金属汞、甘汞(Hg_2Cl_2)、功能膜及饱和 KCl 溶液

B. 甘汞(Hg_2Cl_2)、功能膜及饱和 KCl 溶液

C. 金属汞、甘汞(Hg_2Cl_2)及饱和 KCl 溶液

D. 金属汞、甘汞(Hg_2Cl_2)及饱和 NaCl 溶液

16-7-5 氟离子选择电极测定水样中 F^-离子时，采用 TISAB，（　　）不是其中的成分。

A. NaAc　　B. 柠檬酸钠　　C. HCl　　D. NaCl

参考答案及提示

16-1-1 B 水样量应保证分析用量的 3 倍以上，并至少做 2 次平行样。

16-1-2 A 基础知识，需记忆。

16-1-3 C 根据相对误差公式：

$$0.05\% = \frac{0.01\text{mL}}{\overline{X}} \times 100\%$$

得：滴定时至少耗用滴定剂体积为 20mL。

16-1-4 A 砝码未经校正，属于仪器误差，引起系统误差。

16-1-5 D 系统误差包括方法误差、仪器和试剂误差、操作误差，其中砝码未经校正属于仪器本身不够精确。

16-1-6 D 根据公式：

$$0.1\% = \frac{0.01\text{mL}}{\overline{X}} \times 100\%$$

得滴定时至少耗用标准溶液的体积为 10mL。

16-1-7 D 偶然误差是由于某些偶然原因引起的误差，气温是偶然因素。

16-1-8 D 系统误差又叫可测误差，是由某些经常的原因引起的误差，使测定结果系统偏高或偏低。其大小、正负有一定规律；具有重复性和可测性。系统误差包括：①方法误差（由于某一分析方法本身不够完善或有缺陷而造成的）；②仪器和实际误差（由于仪器本身不够精确和试剂或蒸馏水不纯造成的）；③操作误差（由于操作人员一些生理上或习惯上的原因而造成的）。

不可测误差为随机误差（又叫偶然误差），是由于某些偶然原因引起的误差。其大小、正负无法测量，也不能加以校正。

16-2-1 D 草酸化学式是 HOOC—COOH，是有机强酸。NaOH 滴定草酸、盐酸时，1mol 草酸与 2molNaOH 反应完全，1mol 盐酸与 1mol 的 NaOH 反应完全，与同体积 NaOH 的草酸与盐酸的摩尔的量比为 1∶2，所以盐酸浓度是草酸的 2 倍。

16-2-2 B 滴定剂和待测物反应完全时称达到计量点，当选择指示剂发生颜色变化时称达到滴定终点。

16-2-3 A 某水样$\text{pH} > 10$，有两种情况符合：OH^-或$OH^- + CO_3{}^{2-}$。

16-2-4 D 若等浓度的强酸碱相互滴定，滴定起始浓度减少（增加）一个数量级，则滴定突跃缩小（增大）两个 pH 单位。

16-2-5 C $HPO_4{}^{2-}$和 $PO_4{}^{3-}$互为共轭关系，$HPO_4{}^{2-} = H^+ + PO_4{}^{3-}$。

16-2-6 A H_3PO_4和 $H_2PO_4{}^-$互为共轭关系，$H_3PO_4 = H^+ + H_2PO_4$。

16-2-7 B 水样中只有 $HCO_3{}^-$碱度：一般$\text{pH} < 8.3$。

16-2-8 D 滴定突跃的范围大小受滴定剂浓度和酸（碱）的解离常数影响，K_b越大，滴定突跃的范围越大。

16-2-9 C 指示剂的选择：指示剂的变色范围应处于或部分处于滴定突跃范围内。

16-2-10 D $P < M$，水样中有 $CO_3{}^{2-}$和 $HCO_3{}^-$碱度。

16-3-1 B Fe^{3+}与 EDTA 的配比为 1∶1，终点时体积加倍，说明 $FeCl_3$ 溶液与 EDTA 溶液消耗体积相等，故浓度也相等。

16-3-2 A 指示剂络合物 MIn 稳定性小于 EDTA 络合物 MY 稳定性($K'_{MIn} < K'_{MY}$)。

16-3-3 C 指示剂络合物 MIn 的稳定性小于 EDTA 络合物 MY 的稳定性，即$K'_{MIn} < K'_{MY}$。

16-3-4 D 总硬度测定：在一定体积的水样中，加入一定量的 NH_3-NH_4Cl 缓冲溶液，调节$pH = 10.0$（加入三乙醇胺，掩蔽 Fe^{3+}，Al^{3+}），加入铬黑 T 指示剂，溶液呈红色，用 EDTA 标准溶液滴定至由红色变为蓝色。

16-3-5 B 酸效应系数：一定 pH 溶液中，EDTA 的各种存在形式的总浓度[Y′]，与能参加配位反应的有效存在形式Y^{4-}的平衡浓度[Y]的比值。

16-3-6 A 基础知识，需记忆。

16-3-7 B 金属离子能被准确滴定的条件为：$\lg cK'_{MY} \geqslant 6$。

16-3-8 D NaOH 做沉淀掩蔽剂。

16-4-1 C 如有 ${NH_4}^+$存在，需控制$pH = 6.5 \sim 7.2$，因碱性条件下 ${NH_4}^+$转化为 NH_3，Ag^+与 NH_3 反应形成配离子：$Ag^+ + 2NH_3 == Ag(NH_3)_2{}^+$。

16-4-2 A 当 pH 值偏低，呈酸性时，平衡向右移动，$[{CrO_4}^{2-}]$减少，Ag_2CrO_4沉淀滞后形成，导致终点拖后而引起滴定误差较大（正误差），所以结果偏高。

16-4-3 D 佛尔哈德法：用铁铵钒 $NH_4Fe(SO_4)_2$ 作指示剂的银量法。

16-4-4 C 当 pH 值增大，呈碱性时，Ag^+将生成 Ag_2O 沉淀。

16-4-5 A 以铬酸钾 K_2CrO_4 为指示剂的银量法称为莫尔法。

16-4-6 A 当$pH < 1$时，强酸性溶液中，EDTA 主要以H_6Y^{2+}型体存在，但并不是只以这种型体存在，还有H_5Y^+。当$pH = 2.75 \sim 6.24$时，EDTA 主要以H_2Y^{2-}型体存在；当$pH > 10.34$时，EDTA 主要以Y^{4-}型体存在；当$pH \geqslant 12$时，只有Y^{4-}型体存在。

16-5-1 A 选择氧化还原指示剂的原则：应使指示剂的变色电位在滴定突跃范围内，且应尽量使指示剂的变色电位与计量点电位一致或接近。两者均要求。

16-5-2 C 酸性高锰酸钾滴定法要求在强硫酸介质中进行。

16-5-3 D $KMnO_4$溶液常用 $H_2C_2O_4$、$Na_2C_2O_4$ 来标定。

16-5-4 C $K_2Cr_2O_7$是一强氧化剂，在酸性溶液中，$K_2Cr_2O_7$与还原性物质作用时，被还原为 Cr^{3+}。

16-5-5 D 水样中有Cl^-干扰反应：

$$Cr_2O_7{}^{2-} + 6Cl^- + 14H^+ == 2Cr^{3+} + 3Cl_2 + 7H_2O$$

可加入 $HgSO_4$，Hg^{2+}与 Cl^-生成可溶性络合物而消除Cl^-干扰。

16-5-6 B 基础知识，需记忆。

16-5-7 D 外界条件对电极电位的影响主要表现在：温度、离子强度、有 H^+（或 OH^-）参与反应时，pH 对条件电极电位有影响；配位、沉淀等副反应使有效浓度降低。

16-5-8 A 溶液中含4%KI，I_2 与 I^-形成${I_3}^-$，可减少 I_2 的挥发。

16-5-9 C 高锰酸钾反应速度则在碱性溶液中比在酸性溶液中快，利用这一反应，常用于测定有机物。

16-5-10 B 测定 COD 时，先加入过量的 $K_2Cr_2O_7$ 标准溶液，并加入 $AgSO_4$ 催化剂，以试亚铁灵为指示剂，然后用硫酸亚铁铵 $(NH_4)_2Fe(SO_4)_2$ 标准溶液回滴，属于返滴定法。

16-6-1 B $A = -\lg T = -\lg 87\% = 0.06$。

16-6-2 A 吸收曲线是定量分析中选择入射光波长的重要依据。

16-6-3 C ε是吸收物质在一定波长和溶剂条件下的特征常数。当温度和波长等条件一定时，ε仅与吸收物质本性有关，而与其浓度c和光程长度b无关。

16-6-4 B 光源：常用待测元素作为阴极的空心阴极灯。

16-6-5 D $\lambda_{\max}$与浓度无关，是物质的特征常数，吸光度A与浓度成正比。

16-6-6 A 由公式$A = \lg\frac{1}{T}$，$A = \varepsilon bc$，得：

$$\frac{\lg(1/T_1)}{\lg(1/T_2)} = \frac{b_1}{b_2}$$

计算出$T_2 = 77\%$。

16-6-7 C 在电位分析法中，原电池的装置中由一个指示电极和一个参比电极组成。其中，一个电极电位随溶液中被测离子的活度或浓度的变化而改变的电极，称为指示电极；另一个电极电位为已知的、恒定不变的电极，称为参比电极。当被参比的电极的电势高于参比电极时，参比电极作负极；当被参比的电极的电势低于参比电极时，则参比电极作正极。故参比电极既可作正极，也能作负极，视两个电极电势高低而定。

16-7-1 C 基础知识，需记忆。

16-7-2 D 玻璃电极使用前需要浸泡 24h 以上，目的是使不对称电位处于稳定值，同时形成水合硅胶层，保证 H^+的传递。

16-7-3 A 基础知识。

16-7-4 C 甘汞电极由金属汞、甘汞(Hg_2Cl_2)及饱和 KCl 溶液组成。

16-7-5 C 氟离子选择电极测定水样中 F^-离子时，采用的 TISAB 为：0.1mol/L NaCl + 0.25mol/L HAc + 0.75mol/L NaAc + 0.001mol/L柠檬酸钠（pH = 5，总离子强度为 1.75）。其中 HAc-NaAc 为缓冲溶液；柠檬酸掩蔽 Fe^{3+}、Al^{3+}。

17 工程测量

考题配置 单选，5 题
分数配置 每题 2 分，共 10 分

复习指导

本章关于误差、误差精度、误差传递等内容需要结合高等数学的相关知识理解并掌握；关于地物平面图测绘、等高线地形图测绘的方法、步骤可结合实际工作中的体会进行理解、记忆。

17.1 测量误差基本知识

考试大纲☞： 测量误差分类与特点 评定精度 观测值精度评定 误差传播定律

17.1.1 测量误差分类与特点

在测量工作中，对某量进行多次观测，无论使用多么精密的仪器，观测工作多么仔细，观测值之间总会存在差异。用X表示真值，L表示观测值，则观测值的真误差Δ可定义为：$\Delta = L - X$。

1）产生测量误差的原因

产生测量误差的原因有三个方面：测量仪器、观测者和外界条件的影响。

在测量工作中，常将观测者、仪器和外界条件称为观测条件。将观测条件相同的观测称为等精度观测；将观测条件不同的观测称为非等精度观测。

2）测量误差的分类

（1）系统误差

在相同的观测条件下，对某量进行了n次观测，如果误差出现的大小和符号均相同或按一定的规律变化，称这种误差为系统误差。系统误差一般具有累积性。

系统误差产生的主要原因之一，是由于仪器设备制造不完善。系统误差具有明显的规律性和累积性，对测量结果的影响很大。但是由于系统误差的大小和符号有一定的规律，所以可以采取措施加以消除或减少其影响。

（2）偶然误差

在相同的观测条件下，对某量进行了n次观测，如果误差出现的大小和符号均不一定，则称这种误差为偶然误差，又称为随机误差。例如，用经纬仪测角时的照准误差、钢尺量距时的读数误差等，都属于偶然误差。

测量实践证明，偶然误差具有以下特性：

①在一定观测条件下，偶然误差的绝对值不会超过一定的限值。

②绝对值小的误差比绝对值大的误差出现的机会多。

③绝对值相等的正、负误差出现的机会相同。

④偶然误差的算术平均值，随着观测次数的无限增加而趋向于零。即：

$$\lim_{n \to \infty} \frac{\sum \Delta}{n} = 0 \tag{17-1-1}$$

观测值之间的离散程度，称为观测值的精度。精度是与误差对应的一个概念，误差小，精度高；误差大，精度低。

（3）粗大误差

在一定的测量条件下，超出规定条件下预期的误差称为粗大误差，一般，给定一个显著性的水平，按一定条件分布确定一个临界值，凡是超出临界值范围的值，就是粗大误差，它又叫作粗误差或寄生误差。

产生粗大误差的主要原因有：

（1）客观原因：电压突变、机械冲击、外界振动、电磁（静电）干扰、仪器故障等引起了测试仪器的测量值异常或被测物品的位置相对移动，从而产生了粗大误差。

（2）主观原因：使用了有缺陷的量具；操作时疏忽大意；读数、记录、计算的错误等。另外，环境条件的反常突变也是产生这些误差的原因。

粗大误差不具有抵偿性，它存在于一切科学实验中，不能被彻底消除，只能在一定程度上减弱。它是异常值，严重歪曲了实际情况，所以在处理数据时应将其剔除，否则将对标准差、平均差产生严重的影响。

【例 17-1-1】 下面属于偶然误差特性的是：

A. 误差的绝对值不会超过一定限值

B. 误差全为正值

C. 误差全为负值

D. 绝对值大的误差概率较小

解 偶然误差具有如下特性：

（1）在一定观测条件下的有限次观测中，偶然误差的绝对值不会超过一定的限值。

（2）绝对值较小的误差出现的频率大，绝对值较大的误差出现的频率小。

（3）绝对值相等的正、负误差具有大致相等的频率。

（4）当观测次数无限增大时，偶然误差的理论平均值趋近于零，即偶然误差具有抵偿性。

选 A。

【例 17-1-2】 误差具有下列何种特性：

A. 系统误差不具有累积性

B. 取均值可消除系统误差

C. 检校仪器可消除或减弱系统误差

D. 理论上无法消除或者减弱偶然误差

解 检校仪器可消除或减弱系统误差。选 C。

17.1.2 评定精度

测量工作中常用的标准有中误差、相对中误差和极限误差。

1）中误差

在相同的观测条件下，对某量进行n次观测，其观测值为$L_1,L_2,\cdots,L_n$，相应的真误差为$\Delta_1,\Delta_2,\cdots,\Delta_n$，则观测值的中误差$m$为

$$m=\pm\sqrt{\frac{[\Delta\Delta]}{n}} \tag{17-1-2}$$

式中：$[\Delta\Delta]$——真误差的平方和，$[\Delta\Delta]=\Delta_1^2+\Delta_2^2+\cdots+\Delta_n^2$。

2）相对中误差

中误差属于绝对误差，例如，在距离测量中，绝对误差不能准确反映出观测值和精度高低。所以，与距离因素相关的量，要采用相对误差作为衡量精度的标准。

中误差的绝对值与相应观测结果之比，称为相对中误差，并化为分子为 1 的分数，即在距离测量中以往返测量观测值的相对较差来计算相对误差：

$$K=\frac{\left|D_{往}-D_{返}\right|}{D_{平均}}=\frac{1}{D_{平均}/|\Delta D|}$$

$$K=\frac{|m|}{D}=\frac{1}{\frac{D}{|m|}} \tag{17-1-3}$$

3）极限误差

根据偶然误差的特性，在一定观测条件下，偶然误差的绝对值不会超过一定的限值，该限值通常称为极限误差，也称限差或允许误差。

在一定的观测条件下，通常取$\Delta_{容}=2m$或$\Delta_{容}=3m$作为极限误差，当观测值的误差大于容许误差时应剔除。

【例 17-1-3】 设观测一个角的中误差为$\pm9''$，则三角形内角和的中误差应为：

A. $\pm10.856''$　B. $\pm12.556''$　C. $\pm13.856''$　D. $\pm15.588''$

解　三角形平均中误差$m_x=\pm\sqrt{3}m=\pm\sqrt{3}\times9''=15.588''$。选 D。

【例 17-1-4】 设在△EFN中，直接观测$\angle E$和$\angle F$，其中误差$m_{\mathrm{E}}=m_{\mathrm{F}}=\pm3°$，由$\angle E$、$\angle F$计算$\angle N$，则$\angle N$的中误差$m_{\mathrm{N}}$为：

A. $\pm5°$　B. $\pm7°$　C. $\pm3.5°$　D. $\pm4.2°$

解　因$\angle N=180°-\angle E-\angle F$，故$m_{\mathrm{N}}=\pm\sqrt{m_{\mathrm{E}}^2+m_{\mathrm{F}}^2}=\pm\sqrt{3^2+3^2}=\pm4.2°$，选 D。

【例 17-1-5】 设Δ为一组同精度观测值的偶然误差（真误差），下列可作为其中误差表达式的为：

A. $m=\sqrt{\frac{[\Delta\Delta]}{n}}$　B. $m=\pm\sqrt{\frac{[\Delta\Delta]}{n-1}}$

C. $m=\pm\sqrt{\frac{[\Delta\Delta]}{n}}$　D. $m=\sqrt{\frac{[\Delta\Delta]}{n-1}}$

解　在已知同精度观测值真误差Δ的情况下，中误差的计算公式为：$m=\pm\sqrt{\frac{[\Delta\Delta]}{n}}$，选 C。

选项 B 和 D 明显错误，选项 A 的错误在于中误差具有正负性。

17.1.3　观测值精度评定

1）算术平均值

设某量真值为X，对该量进行了n次等精度观测，观测值为$L_1,L_2,\cdots,L_n$，其算术平均值x为

$$x = \frac{L_1 + L_2 + \cdots + L_n}{n} = \frac{[L]}{n} \tag{17-1-4}$$

根据偶然误差特性可知，当$n \to \infty$时，$x \to X$。在实际测量工作中，由于观测次数n是有限的，$x \approx X$。因此，测量工作中常取观测值的算术平均值作为最终成果。算术平均值x称为最可靠值，也称为似真值、最或然值、最或是值。

算术平均值x与观测值L之差v，称为改正数，也称为似真误差、最或然误差等，即$v_i = L_i - x$。似真误差v的特性是其总和为零，即$[v] = 0$，用来检核相关计算。

2）观测值的中误差

根据改正数v，计算观测值中误差的公式为

$$m = \pm\sqrt{\frac{[vv]}{n-1}} \tag{17-1-5}$$

$$[vv] = {v_1}^2 + {v_2}^2 + \cdots + {v_n}^2$$

3）算术平均值的中误差

经推导可得，算术平均值的中误差为

$$M_x = \pm\frac{m}{\sqrt{n}} \tag{17-1-6}$$

即算术平均值的中误差是观测值中误差的$\frac{1}{\sqrt{n}}$。

【例 17-1-6】 设经纬仪一个测回水平角观测的中误差为$\pm 3''$，则观测 9 个测回所取平均值的中误差为：

A. $\pm 9''$　　B. $\pm 27''$　　C. $\pm 1''$　　D. $\pm 1/3''$

解 根据公式（17-1-6）可得：$M_x = \pm\frac{m}{\sqrt{n}} = \pm\frac{3''}{\sqrt{9}} = \pm 1''$，选 C。

【例 17-1-7】 经纬仪对中误差所引起的水平角测量偏差与测站点到目标点的距离关系为：

A. 成反比　　B. 成正比

C. 没有关系　　D. 有关系，但影响很小

解 经纬仪对中误差所引起的水平角测量偏差与测站点到目标点的距离关系是：仪器对中误差β与偏心距e成正比，与测站点到目标点的距离D成反比。因此，在进行水平角测量时，应注意仪器的对中操作，以减少对中误差对水平角观测的影响。选 A。

【例 17-1-8】 利用重复观测取平均值评定单个观测值中误差的公式是：

A. $m = \pm\sqrt{\frac{[vv]}{n-1}}$　　B. $m = \pm\sqrt{\frac{[vv]}{n\times(n-1)}}$

C. $m = \pm\sqrt{[vv]}$　　D. $m = \pm\frac{[vv]}{n}$

解 观测值中误差为$m_1 = \pm\sqrt{\frac{[vv]}{n-1}}$，而平均值中误差为观测值中误差的$\frac{1}{\sqrt{n}}$，即$m = \pm\sqrt{\frac{[vv]}{n\times(n-1)}}$，选 B。

【例 17-1-9】 有一长方形水池，独立地观测得其边长$a = 30.000\text{m} \pm 0.004\text{m}$，$b = 25.000\text{m} \pm 0.003\text{m}$，则该水池的面积$S$及面积测量的精度$m_s$为：

A. $750\text{m}^2 \pm 0.134\text{m}^2$　　B. $750\text{m}^2 \pm 0.084\text{m}^2$

C. $750\text{m}^2 \pm 0.025\text{m}^2$　　D. $750\text{m}^2 \pm 0.142\text{m}^2$

解 $S = a \times b = 30.000 \times 25.000 = 750.000\text{m}^2$

$\frac{\partial S}{\partial a} = b$，$\frac{\partial S}{\partial b} = a$

$$m_s = \pm\sqrt{b^2 \cdot m_a^2 + a^2 \cdot m_b^2}$$
$$= \pm\sqrt{25.000^2 \times 0.004^2 + 30.000^2 \times 0.003^2}$$
$$= \pm 0.134\text{m}^2$$
$$S = 750.000\text{m}^2 \pm 0.134\text{m}^2$$

选 A。

17.1.4 误差传播定律

误差传播定律是用于阐述独立观测值中误差与函数中误差关系的定律。

1）一般函数公式

设未知量z与t个独立观测值$x_1, x_2, \cdots, x_t$之间有如下的函数关系式

$$Z = f(x_1, x_2, \cdots, x_t)$$

x_i的真误差Δx_i引起z产生真误差Δz为

$$\Delta z = \frac{\partial f}{\partial x_1}\Delta x_1 + \frac{\partial f}{\partial x_2}\Delta x_2 + \cdots + \frac{\partial f}{\partial x_t}\Delta x_t \tag{17-1-7}$$

一般函数的中误差为

$$m_z^2 = \left(\frac{\partial f}{\partial x_1}\right)^2 m_{x_1}^2 + \left(\frac{\partial f}{\partial x_2}\right)^2 m_{x_2}^2 + \cdots \left(\frac{\partial f}{\partial x_t}\right)^2 m_{x_t}^2 \tag{17-1-8}$$

2）线性函数

设有函数

$$Z = k_1 x_1 \pm k_2 x_2 \pm \cdots \pm k_n x_n$$

式中：$k_1, k_2, \cdots, k_n$——任意常数；

$x_1, x_2, \cdots, x_n$——独立观测值，其中误差分别为$m_1, m_2, \cdots, m_n$，则函数Z称为线性函数。

线性函数的中误差为

$$m_z^2 = k_1^2 m_1^2 + k_2^2 m_2^2 + \cdots k_n^2 m_n^2 \tag{17-1-9}$$

3）和差函数

设有函数

$$Z = x_1 \pm x_2 \pm \cdots \pm x_n$$

式中：$x_1, x_2, \cdots, x_n$——独立观测值，其中误差分别为$m_1, m_2, \cdots, m_n$，则函数Z称为和差函数。

和差函数的中误差为

$$m_z^2 = m_{x_1}^2 + m_{x_2}^2 + \cdots + m_{x_n}^2 \tag{17-1-10}$$

4）倍数函数

设有函数

$$Z = kx$$

式中：k——任意常数；

x——独立观测值，其中误差为m，则函数Z称为倍数函数。

倍数函数的中误差为：

$$m_z = km_x \tag{17-1-11}$$

【例 17-1-10】 量测了边长为a的正方形其中一条边，一次量测精度是m，则正方形周长为 4a的中误差m_C是：

A. m　　B. $2m$　　C. $3m$　　D. $4m$

解 设周长为C。依题意，$C = 4a$，符合$y = kx$类型的误差传播定律。则由$m_C = km$，已知$k = 4$，得$m_C = 4m$。选 D。

经典练习

17-1-1 以下不是系统误差具有的性质的是（　　）。

A. 规律性　　B. 累积性

C. 可消除和减弱性　　D. 不可消除

17-1-2 下列（　　）属于系统误差。

A. 刻度盘误差

B. 经纬仪测角时的照准误差

C. 钢尺量距时的读数误差

D. 以上都不是

17-1-3 下列误差属于系统误差的是（　　）。

A. 水准仪i角误差　　B. 照准误差

C. 读数误差　　D. 经纬仪对中误差

17-1-4 不属于偶然误差特性的是（　　）。

A. 在一定观测条件下，偶然误差的绝对值不会超过一定的限值

B. 绝对值小的误差比绝对值大的误差出现的机会少

C. 绝对值相等的正、负误差出现的机会相同

D. 偶然误差的算术平均值，随着观测次数的无限增加而趋向于零

17-1-5 经纬仪取盘左和盘右测水平角时，是为了消除什么产生的误差？（　　）

A. 对中误差　　B. 十字丝竖丝不铅垂误差

C. 视准轴不垂直于横轴　　D. 视准轴不垂直于竖轴

17-1-6 用钢尺两次测量某一长度值，分别为 114.256m 和 114.222m，则测量值和精度为（　　）。

A. 114.239m，1/3 360　　B. 114.229m，1/67 200

C. 114.256m，1/3 360　　D. 114.222m，1/67 200

17-1-7 测量误差按其性质可分为（　　）。

A. 随机误差和偶然误差　　B. 正误差和负误差

C. 观测误差和仪器误差　　D. 系统误差和偶然误差

17-1-8 等精度观测是指（　　）条件下的观测。

A. 允许误差相同　　B. 系统误差相同

C. 观测条件相同　　D. 偶然误差相同

17-1-9 设v为一组同精度观测值改正数，则下列何项表示最或是值的中误差的是（　　）。

A. $m=\pm\sqrt{\frac{[vv]}{n(n-1)}}$　　B. $m=\pm\sqrt{\frac{[vv]}{n}}$

C. $m=\pm\frac{1}{n}\sqrt{\frac{[vv]}{n-1}}$　　D. $m=\pm\sqrt{\frac{[vv]}{n-1}}$

17-1-10 设观测 1 次的中误差为m_x，重复观察n次所得平均值的中误差是（　　）。

A. $\pm\frac{m_x}{\sqrt{n}}$　　B. $\pm m_x\times n$　　C. $\pm\frac{m_x}{n}$　　D. $\pm m_x\times\sqrt{n}$

17-1-11 设在三角形A、B、C中，直接观测了$\angle A$和$\angle B$。$m_{\angle A}=\pm 4''$、$m_{\angle B}=\pm 5''$，由$\angle A$、$\angle B$计算$\angle C$，则$\angle C$的中误差$m_{\angle C}$是（　　）。

A. $\pm 9''$　　B. $\pm 6.4''$　　C. $\pm 3''$　　D. $\pm 4.5''$

17-1-12 测量误差按其性质的不同可分为两类，它们是（　　）。

A. 读数误差和仪器误差

B. 观测误差和计算误差

C. 系统误差和偶然误差

D. 仪器误差和操作误差

17-1-13 误差的来源为下列中的（　　）。

A. 测量仪器构造不完善

B. 观测者感觉器官的鉴别能力有限

C. 外界环境与气象条件不稳定

D. 选项 A、B 和 C

17-1-14 观测误差按其对测量结果影响的性质，可分为（　　）。

A. 中误差和相对误差

B. 系统误差、偶然误差和粗差

C. 粗差和极限误差

D. 中误差和极限误差

17.2 控制测量

考试大纲☞： 平面控制网定位与定向　导线测量　交会定点　高程控制测量

17.2.1 平面控制网定位与定向

测量工作应该遵循“从整体到局部，先控制后碎部，由高级到低级”的程序。在一个小区域进行测量工作时，首先要建立控制网，然后再以控制网为基础，进行细部测量或测设工作。控制测量分为平面测量与高程测量，平面测量确定控制点平面位置，高程测量确定控制点的高程。由控制点所构成的图形即为控制网。

1）国家和城市平面控制网

在全国范围内建立的控制网，称为国家控制网，包括国家平面控制网和国家高程控制网。国家平面控制网主要采用三角网及导线网。国家高程控制网采用水准网。国家控制网依照施测精度，分为一等、二等、三等、四等四个等级。

为城市建设所建立的控制网称为城市控制网。城市平面控制网采用三角网及导线网，分为二等、三等、四等和一级、二级小三角网，或一级、二级、三级导线网。城市高程控制网采用水准网，分为二等、三等、四等。

2）两点间的水平距离

地面上两点间的连线在水平面上的投影长度称为水平距离D。在已知两点坐标时，水平距离为

$$D_{12}=\sqrt{(x_2-x_1)^2+(y_2-y_1)^2} \tag{17-2-1}$$

3）直线定向

确定地面上两点之间的相对位置，仅知道两点之间的水平距离是不够的，还必须确定此直线与标准方向之间的水平夹角。确定一条直线与标准方向之间的水平角度称为直线定向。

（1）标准方向的种类

①真子午线方向——通过地球表面某点的真子午线的切线方向，称为该点的真子午线方向。真子午线的方向用天文测量的方法测定，或用陀螺经纬仪方法测定。

②磁子午线方向——磁子午线方向是在地球磁场的作用下，磁针自由静止时其轴线所指的方向，可用罗盘仪测定。

③坐标纵轴方向——过地面某点平行于该高斯投影带中央子午线的方向，称为坐标纵轴方向。

（2）直线方向的表示方法

由标准方向的北端起，顺时针方向量到某直线的夹角，称为该直线的方位角。角值由 0°~360°。方位角如图 17-2-1 所示。

①真方位角与磁方位角——若标准方向为真子午线方向，则称真方位角，用A表示。若标准方向为磁子午线方向，则称磁方位角，用A_{m}表示。真方位角和磁方位角之间的关系为：$A=A_{\mathrm{m}}+\delta$。

②坐标方位角——从每带的坐标纵轴的北端按顺时针方向到一直线的水平角为该直线的坐标方位角，或称方位角。用α表示。真方位角与坐标方位角的关系：$A=\alpha+\gamma$。

③正、反方位角——同一条直线在不同端点量测，其方位角也不同。测量中常把直线前进方向称为正方向，反之称为反方向，如图 17-2-2 所示。

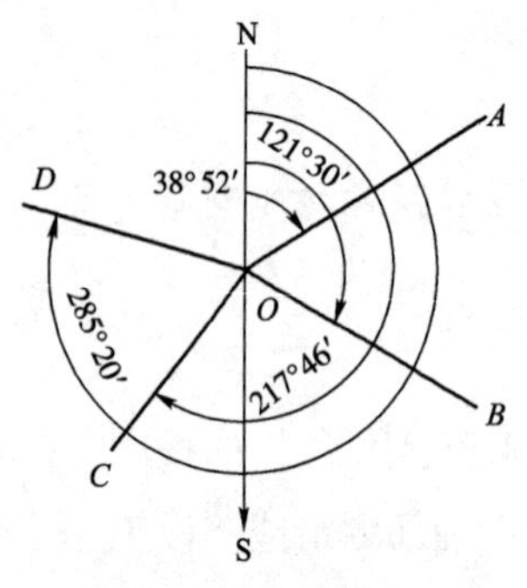

图 17-2-1 方位角

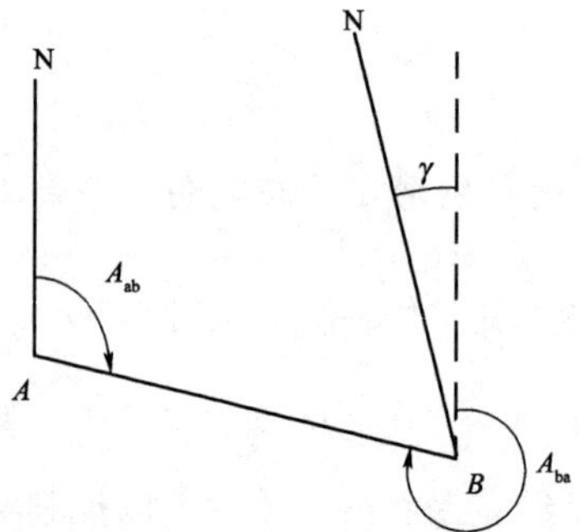

图 17-2-2 正、反方位角

设A为直线的起端，B为终端，则A_{ab}为正方位角，A_{ba}为反方位角。正反方位角之间的关系为一条直线的正、反坐标方位角无子午线收敛角，所以正、反坐标方位角的关系为

$$\alpha_{\mathrm{ba}}=\alpha_{\mathrm{ab}}\pm180° \tag{17-2-2}$$

$$A_{\mathrm{ba}}=A_{\mathrm{ab}}\pm180° \tag{17-2-3}$$

（3）象限角与方位角的换算

一条直线的方向有时也可用象限角表示。所谓象限角是指从坐标纵轴的指北端或指南端起始，至直

线的锐角，用R表示，取值范围为 0°~90°。为了说明直线所在的象限，在R前应加注直线所在象限的名称。四个象限的名称分别为北东（NE）、南东（SE）、南西（SW）、北西（NW）。象限角与方位角关系见图 17-2-3 和表 17-2-1。

象限角与方位角关系表 **表** 17-2-1

象　限	象限角R与方位角α换算公式	象　限	象限角R与方位角α换算公式
第一象限（NE）	$\alpha = R$	第三象限（SW）	$\alpha = 180° + R$
第二象限（SE）	$\alpha = 180° - R$	第四象限（NW）	$\alpha = 360° - R$

注意：此处X、Y轴与数学上的X、Y轴方向不同，即南—北为X轴正方向，西—东为Y轴正方向。

（4）坐标方位角的推算

若AB边的坐标方位角α_{ab}已知，又测定了AB边和$B1$边的水平角β_b（称连接角）和各点的转折角β_1、β_2、β_3…，利用正、反方位角的关系和测定的转折角可以推算连续折线上各线段的坐标方位角，如图 17-2-4 所示。

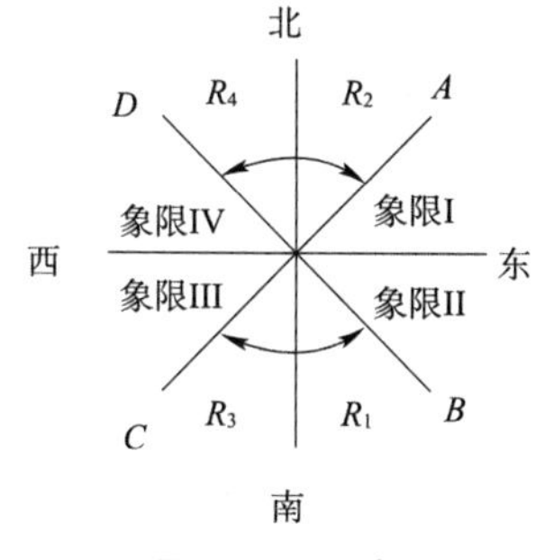

图 17-2-3　象限

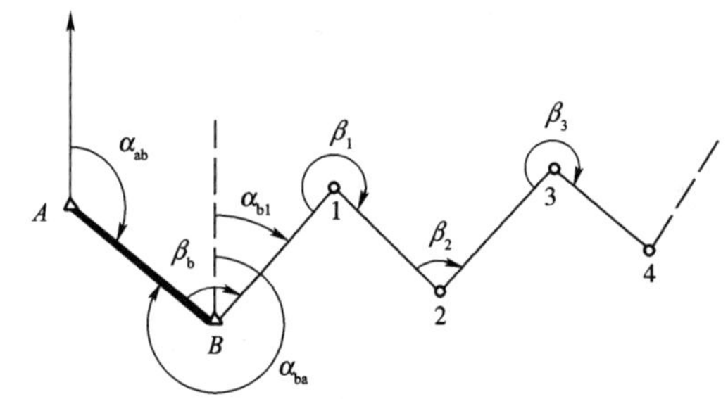

图 17-2-4　坐标方位角的推算

按右角推算各边坐标方位角时

$$\alpha_{前} = \alpha_{后} - \beta_{右} + 180° \tag{17-2-4}$$

按左角推算各边坐标方位角时：

$$\alpha_{前} = \alpha_{后} + \beta_{左} + 180° \tag{17-2-5}$$

若推算出的α >360°，则减去 360°，若推算出的$\alpha < 0°$，则加上 360°。

【例 17-2-1】测量工作的基准线是：

A. 水平线　　B. 垂直线　　C. 铅垂线　　D. 子午线

解　重力的方向线称为铅垂线，它是测量工作的基准线。选 C。

【例 17-2-2】已知直线AB的坐标方位角$\alpha = 210°30'40''$，则该直线所在象限及坐标增量的符号为：

A. 第III象限，$-\Delta X$，$-\Delta Y$　　B. 第III象限，$-\Delta X$，$+\Delta Y$

C. 第IV象限，$-\Delta X$，$+\Delta Y$　　D. 第II象限，$+\Delta X$，$-\Delta Y$

解　方位角$\alpha = 210°30'40''$时，直线AB位于第III象限。X、Y方向差值都小于 0。选 A。

【例 17-2-3】D点的高斯平面直角坐标横坐标通用值为 17 456 789.00，则该点经过 17 度带中央子午线的位置为：

A. 以东 456 789.00m　　B. 以西 45 678.00m

C. 以东 43 211.00m　　D. 以西 43 211.00m

解　横坐标通用值为自然坐标值西移 500km，故D点的自然坐标值应为：$y_D = 456\,789.00 - 500\,000 = -43\,211.00$m，$y_D$为负值，所以$D$点位于 17 带坐标系中央子午线以西 43 211.00m。选 D。

【例 17-2-4】 设国家高斯平面直角坐标系中方位角为$\alpha_{AB}=135°00'00''$，则该方位指向：

A. 东北方向　　B. 西北方向　　C. 东南方向　　D. 西南方向

解 坐标方位角是平面直角坐标系中某一直线与坐标主轴（X轴）之间的夹角，从主轴起算，顺时针方向0°~360°，方位角$90°<\alpha_{AB}<180°$，故该方向指向东南方向，选 C。

【例 17-2-5】 使用经纬仪观测水平角，角值计算公式$\beta=b-a$，已知读数a为$296°23'36''$，读数b为$6°17'12''$，则角值β为：

A. $110°06'24''$　　B. $290°06'24''$　　C. $69°53'36''$　　D. $302°40'48''$

解 根据经纬仪的水平度盘注记方式及其水平角测量原理，当读数b小于读数a时，要使b数值大于a同时方向又不变，b应加360°，则$\beta=a-b=6°17'12''+360°-296°23'36''=69°53'36''$，选 C。

【例 17-2-6】 已知A、B两点坐标，其坐标增量$\Delta x_{AB}=-30.6\text{m}$，$\Delta y_{AB}=15.3\text{m}$，则$AB$直线坐标方位角为：

A. $153°26'06''$　　B. $156°31'39''$　　C. $26°33'54''$　　D. $63°26'06''$

解 依题意$\Delta x_{AB}<0$，$\Delta y_{AB}>0$，故直线AB的方位角位于第二象限，即：

$$R_{AB}=\arctan\frac{\Delta y_{AB}}{\Delta x_{AB}}=\arctan 15.3-30.6=26°33'54''(\text{南东})$$

故AB的方位角：$\alpha=180°-26°33'54''=153°26'06''$，选 A。

【例 17-2-7】 在测站O点上，用经纬仪测得A点水平度盘的读数为 180°，B点水平度盘的读数为 80°，则$\angle AOB$角值为：

A. 100°　　B. −100°　　C. 260°　　D. 280°

解 根据经纬仪水平角测量原理：

$$\angle AOB=b-a=80°+360°-180°=260°（\text{当}b\text{小于}a\text{时，加 }360°）$$

选 C。

【例 17-2-8】 竖直角观测法中，竖盘指标差x可用下列何种方法计算？（盘左读数为L，盘右读数为R）

A. $x=R+L-360°$　　B. $x=R+L-180°$

C. $x=\frac{1}{2}(R+L-180°)$　　D. $x=\frac{1}{2}(R+L-360°)$

解 竖直角观测法中，竖盘指标差x可由$x=(R+L-360°)/2$计算，选 D。

17.2.2 导线测量

将测区内相邻控制点连成直线而构成的折线，称为导线。这些控制点，称为导线点。导线测量就是依次测定各导线边的长度和各转折角值；根据起算数据，推算各边的坐标方位角，从而求出各导线点的坐标。

1）导线及布设形式

根据测区的不同情况和要求导线可布设成下列三种形式。

（1）闭合导线——起讫于同一已知点，形成闭合多边形的导线。其本身存在着严密的几何条件，具有检核作用。

（2）附合导线——布设在两个已知点间的导线，称附合导线。其具有检核观测成果的作用。

（3）支导线——从一已知点和一已知方向出发，既不闭合也不附合。由于缺少检核条件，应进行复测检核，其边数一般不超过 4 条。

2）导线测量外业工作

（1）踏勘选点及建立标志

实地选点时，应注意下列几点：①相邻点间通视良好，地势较平坦，便于测角和量距；②点位应选在土质坚实处，便于保存标志和安置仪器；③视野开阔，便于施测碎部；④导线各边的长度应大致相等，除特殊情形外，应不大于 350m，也不宜于小于 50m 边长；⑤导线点应有足够的密度，分布较均匀，便于控制整个测区。

（2）边长测量

导线边长可用电磁波测距仪测定，测量时要同时观测竖直角，供倾斜改正之用。若用钢尺丈量，钢尺必须经过检定。对于一、二、三级导线，应按钢尺量距的精密方法丈量。

钢尺的修正：

①丈量精度用“相对误差”来衡量：

$$K=\frac{\left|D_{往}-D_{返}\right|}{\frac{1}{2}\left(D_{往}+D_{返}\right)}$$

要求一般量距：≤1/3 000（平坦），≤1/1 000（山区）。

②斜距l的各项改正：

a. 尺长改正：$\Delta l_{\mathrm{k}}=\frac{l}{l_0}\Delta l$

b. 温度改正：$\Delta l_{\mathrm{t}}=\alpha l(t-t_0)$

c. 倾斜改正：$\Delta l_{\mathrm{h}}=-\frac{h^2}{2l}-\frac{h^4}{8l^3}$

故斜距l经改正后为：$\dot{l}=l+\Delta l_{\mathrm{k}}+\Delta l_{\mathrm{t}}+\Delta l_{\mathrm{h}}$

（3）角度测量

用测回法施测导线左角（位于导线前进方向左侧的角）或右角（位于导线前进方向右侧的角）。

一般在附合导线中，测量导线左角，在闭合导线中均测内角。若闭合导线按反时针方向编号，则其左角就是内角。图跟导线一般用 DJ6 级光学经纬仪测一个测回。若盘左、盘右测得角值的差值不超过 40″，则取其平均值。

经纬仪的操作：

①电子经纬仪架设仪器：将经纬仪放置在架头上，使架头大致水平，旋紧连接螺旋。

②对中：目的是使仪器中心与测站点位于同一铅垂线上。可以移动脚架、旋转脚螺旋使对中标志准确对准测站点的中心。

③整平：电子经纬仪目的是使仪器竖轴铅垂，水平度盘水平。根据水平角的定义，是两条方向线的夹角在水平面上的投影，所以水平度盘一定要水平。

④电子经纬仪瞄准与读数：

a. 目镜对光：目镜调焦使十字丝清晰。

b. 瞄准和物镜对光：粗瞄目标，物镜调焦使目标清晰。注意消除视差。精瞄目标。

c. 读数：调整照明反光镜，使读数窗亮度适中，旋转读数显微镜的目镜使刻划线清晰，然后读数。

（4）连测

导线应与高级控制点连测，才能得到起始方位角，这一工作称为连接角测量，也称导线定向。目的是使导线点坐标纳入国家坐标系统或该地区统一坐标系统。附合导线与两个已知点的连接，应测两个连接角β_b、β_c。

3）导线测量内业计算

（1）附合导线计算

附合导线计算步骤如下：

①角度闭合差的计算与调整

首先，根据起始边坐标方位角及导线右角或左角，计算终边坐标方位角的观测值$\alpha'_{终}$

$$\left.\begin{aligned}\alpha'_{终}=\alpha_{始}-\sum\beta_{右}+n\cdot 180^{\circ}\\ \alpha'_{终}=\alpha_{始}+\sum\beta_{左}+n\cdot 180^{\circ}\end{aligned}\right\}\qquad(17\text{-}2\text{-}6)$$

即附合导线的角度闭合差的计算公式为

$$f_{\beta}=\alpha'_{终}-\alpha_{终}$$

式中：$\alpha_{终}$——终边坐标方位角理论值。

角度闭合的调整：若$f_{\beta}\geqslant f_{\beta容}$，说明角度测量误差超限，要重测；若$f_{\beta}<f_{\beta容}$，则只需对各角度进行调整。等精度观测，反符号平均分配给各角，然后再计算各边方位角。

②坐标增量闭合差的计算

附合导线坐标增量闭合差的计算公式为

$$\left.\begin{aligned}f_x=\sum\Delta x_{测}-\sum\Delta x_{理}=\sum\Delta x_{测}-(x_{终}-x_{始})\\ f_y=\sum\Delta y_{测}-\sum\Delta y_{理}=\sum\Delta y_{测}-(y_{终}-y_{始})\end{aligned}\right\}\qquad(17\text{-}2\text{-}7)$$

之后求出导线全长闭合差f_D

$$f_D=\sqrt{f_x^2+f_y^2}\qquad(17\text{-}2\text{-}8)$$

再求出导线全长相对闭合差f_k

$$f_k=\frac{f_D}{\sum D}=\frac{1}{\frac{\sum D}{f_D}}\qquad(17\text{-}2\text{-}9)$$

若$f_k\leqslant f_{k\Delta}$，说明精度合格。

③坐标增量闭合差的调整

坐标增量闭合差的调整是将坐标增量闭合差反号按边长依正比例分配于各边的纵、横坐标增量中。

a. 坐标增量改正数的计算

纵、横坐标增量改正数v_x、v_y的计算式为

$$\left.\begin{aligned}v_{xi}=-\frac{f_x}{\sum D}D_i\\ v_{yi}=-\frac{f_y}{\sum D}D_i\end{aligned}\right\}\qquad(17\text{-}2\text{-}10)$$

纵、横坐标增量改正数v_x、v_y的检核式为

$$\left.\begin{aligned}\sum v_x=-f_x\\ \sum v_y=-f_y\end{aligned}\right\}\qquad(17\text{-}2\text{-}11)$$

b. 改正坐标增量的计算

改正坐标增量$\Delta X'$、$\Delta Y'$等于计算出的坐标增量ΔX、ΔY加上改正数v_x、v_y，即

$$\left.\begin{aligned}\Delta X'=\Delta X+v_x\\ \Delta Y'=\Delta Y+v_y\end{aligned}\right\}\qquad(17\text{-}2\text{-}12)$$

④坐标计算

根据起始点的坐标及改正后各边的坐标增量按下式计算各点的坐标

$$\left.\begin{aligned} x_{i+1} &= x_i + \Delta x_{i,i+1} \\ y_{i+1} &= y_i + \Delta y_{i,i+1} \end{aligned}\right\} \tag{17-2-13}$$

（2）闭合导线计算

闭合导线是特殊情况的附合导线，因此，闭合导线与附合导线的平差计算方法相同，且角度闭合差与坐标增量闭合差的计算变得简单。

①角度闭合差的计算

由于始点与终点重合，闭合导线角度闭合差的计算公式为

$$\left.\begin{aligned} f_\beta &= \sum\beta_L \pm n\cdot 180° \\ f_\beta &= -\sum\beta_R \pm n\cdot 180° \end{aligned}\right\} \tag{17-2-14}$$

②坐标增量闭合差的计算

闭合导线坐标增量闭合差的公式为：

$$\left.\begin{aligned} f_x &= \sum\Delta X \\ f_y &= \sum\Delta Y \end{aligned}\right\} \tag{17-2-15}$$

同样，改正坐标增量的检核式可简化为

$$\left.\begin{aligned} \sum\Delta X' &= 0 \\ \sum\Delta Y' &= 0 \end{aligned}\right\} \tag{17-2-16}$$

其余计算与附合导线的坐标计算均相同。

【例 17-2-9】 用钢尺进行精密量距时，需要进行若干项目改正，试判别下列改正中哪个项目不需要：

A. 尺长改正　　B. 拉力改正　　C. 温度改正　　D. 倾斜改正

解 钢尺量长度时，需要进行修正的是尺长、温度、倾斜。选 B。

【例 17-2-10】 经纬仪的安置工作包括：

A. 对中，读数　　B. 整平，瞄准　　C. 对中，整平　　D. 整平，读数

解 经纬仪的安置工作包括对中，整平。选 C。

【例 17-2-11】 光学经纬仪竖盘刻划的注记有顺时针方向与逆时针方向两种，若经纬仪竖盘刻划的注记为顺时针方向，则该仪器的竖直角计算公式为：

A. $\alpha_{左} = 90° - L$，$\alpha_{右} = 270° - R$　　B. $\alpha_{左} = 90° - L$，$\alpha_{右} = R - 270°$

C. $\alpha_{左} = L - 90°$，$\alpha_{右} = R - 270°$　　D. $\alpha_{左} = L - 90°$，$\alpha_{右} = 270° - R$

解 若光学经纬仪竖盘刻划注记为顺时针方向，则该仪器的竖直角计算公式为：

$$\alpha_{左} = 90° - L,\ \alpha_{右} = R - 270°$$

选 B。

【例 17-2-12】 丈量AB、CD两线段，AB段往返误差为 0.02m，平均值为 120.356m，CD段往返误差为 0.03m，平均值 200.457m，以下正确的是：

A. AB段丈量精度比CD段高　　B. AB段丈量精度比CD段低

C. AB段与CD段的丈量精度相同　　D. 无法判断

解 AB、CD两段丈量的相对精度分别为：

$$K_{AB} = \frac{1}{\frac{120.356}{0.02}} = \frac{1}{6\,017};\ K_{CD} = \frac{1}{\frac{200.457}{0.03}} = \frac{1}{6\,682}$$

$$K_{CD} < K_{AB}$$

选 B。

【例 17-2-13】 计算求得某导线的纵横坐标增量闭合差分别为$f_x = -0.04\text{m}$，$f_y = +0.06\text{m}$，导线全长 409.25m，则导线全长相对闭合差为：

A. 1/10 000　　B. 1/6 000　　C. 1/5 600　　D. 1/4 000

解　依题意得导线全长闭合差为：

$$f_\text{d} = \sqrt{f_x^2 + f_y^2} = \sqrt{(-0.04)^2 + (0.06)^2} = 0.072\text{m}$$

导线全长相对闭合差为：

$$K = \frac{f_\text{d}}{D} = \frac{1}{\dfrac{409.25}{0.072}} = \frac{1}{5\,675} \approx \frac{1}{5\,600}$$

选 C。

17.2.3　交会定点

当导线点和小三角点的密度不能满足工程施工或大比例尺测图要求，需加密的点不多时，可用交会法加密控制点，称为交会定点。常用的交会法有前方交会、后方交会和距离交会。

1）前方交会

如图 17-2-5 所示，在已知点A、B分别对P点观测了水平角α和β，求P点坐标，称为前方交会。

前方交会的计算公式为

$$\left.\begin{aligned} x_\text{P} &= \frac{x_\text{A}\cot\beta + x_\text{B}\cot\alpha + (Y_\text{B} - Y_\text{A})}{\cot\alpha + \cot\beta} \\ y_\text{P} &= \frac{y_\text{A}\cot\beta + y_\text{B}\cot\alpha + (X_\text{B} - X_\text{A})}{\cot\alpha + \cot\beta} \end{aligned}\right\} \tag{17-2-17}$$

为了检核，通常需从三个已知点A、B、C分别向P点观测水平角，分别由两个三角形计算P点坐标。

2）距离交会

如图 17-2-6 所示，在两个已知点A、B上分别量至待定点P_1的边长D_a、D_b，求解P_1点坐标，称为距离交会。

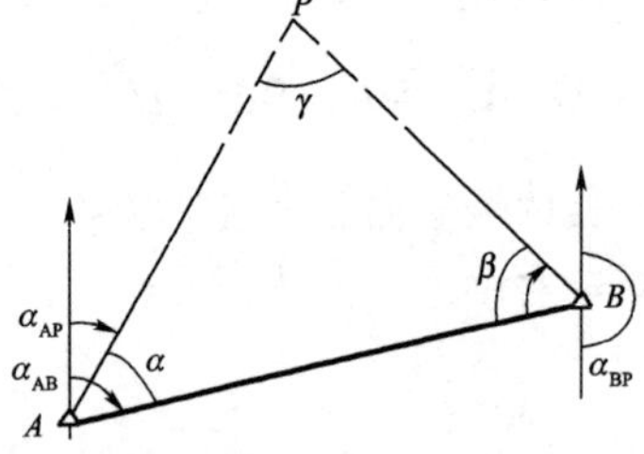

图 17-2-5　前方交会示意图

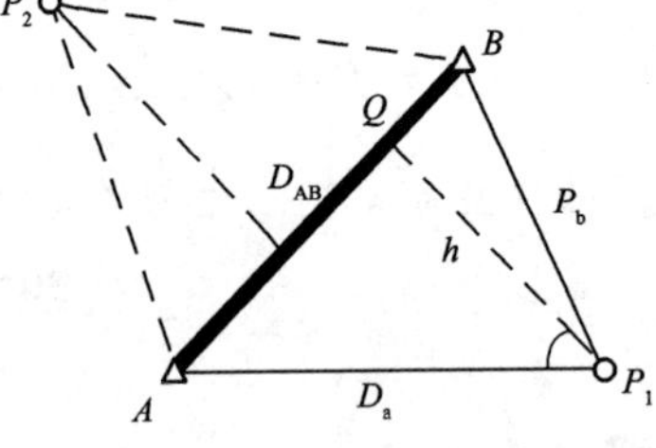

图 17-2-6　距离交会示意图

（1）利用A、B已知坐标求方位角α_AB和边长D_AB。

（2）利用余弦定理求A、B角。

$$D_\text{b}^2 = D_\text{AB}^2 + D_\text{a}^2 - 2D_\text{AB}D_\text{a}\cos A \tag{17-2-18}$$

$$\left.\begin{aligned} \cos A &= \frac{D_\text{AB}^2 + D_\text{a}^2 - D_\text{b}^2}{2D_\text{AB}D_\text{a}} \\ \cos B &= \frac{D_\text{AB}^2 + D_\text{b}^2 - D_\text{a}^2}{2D_\text{AB}D_\text{b}} \end{aligned}\right\} \tag{17-2-19}$$

（3）然后再用前方交会公式计算P点坐标。

【例 17-2-14】 平面控制加密中，由两个相邻的已知点A、B向待测点P观测水平角$\angle PAB$和$\angle ABP$。这样求得P点坐标的方法称为：

A. 后方交会法　　B. 侧方交会法　　C. 方向交会法　　D. 前方交会法

解　见前方交会的定义。选 D。

17.2.4　高程控制测量

建立高程控制网的主要方法是①水准测量，在山区也可采用；②用三角高程测量法建立高程控制网，此法不受地形起伏的影响，工作速度快，但其精度较水准测量低。

1）三、四等水准测量

三、四等水准测量除用于国家高程控制网的加密外，在小地区用作建立首级高程控制网。三、四等水准点的高程应从附近的一、二等水准点引测，一般用双面水准尺，为减弱仪器下沉的影响，在每一测站上应按“后—前—前—后”或“前—后—后—前”的观测程序进行测量。

2）三角高程测量

当地形高低起伏较大，不便于进行水准测量时，可采用三角高程测量的方法测定测站点到待测点之间的高差，然后根据测站点的高程计算出各待测点的高程。

如图 17-2-7 所示，已知A点的高程H_A，欲测定B点的高程H_B，在测站点A上安置仪器，量取仪器高i，在待测点B上设置观测标志。用望远镜中丝照准目标点M，测出竖直角α，量取目标点高v。设A、B两点间的水平距离为D_{AB}，则A、B两点间的高差h_{AB}为

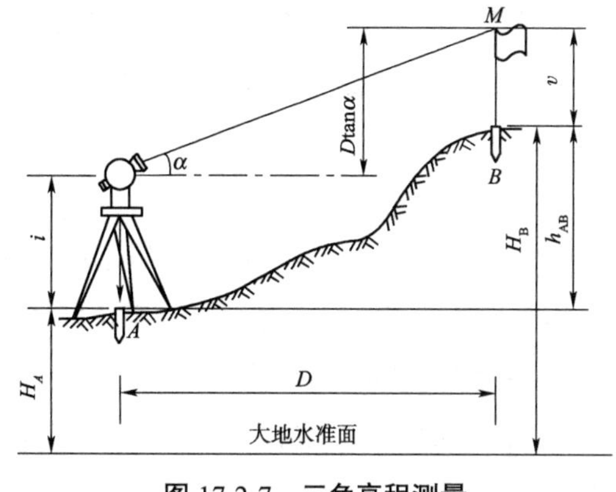

图 17-2-7　三角高程测量

$$h_{AB} = D_{AB}\tan\alpha + i - v \tag{17-2-20}$$

待测点B的高程H_B为

$$H_B = H_A + h_{AB} = H_A + D_{AB}\tan\alpha + i - v \tag{17-2-21}$$

当用三角高程测量方法测定平面控制点的高程时，应组成闭合或附合的三角高程路线。每条边均要进行对向观测。用对向观测所得高差平均值，计算闭合或附合路线的高差闭合差的容许值为

$$f_{h容} = \pm 0.05\sqrt{[D^2]}$$

式中：D——各边的水平距离（km）。

当f_h不超过$f_{h容}$时，按与边长成正比原则，将f_h反符号分配到个高差之中，然后用改正后的高差，从起算点推算各点高程。

3）水准仪的技术操作

水准仪的技术操作按以下四个步骤进行：粗平—照准—精平—读数。

（1）粗平

粗平就是通过调整脚螺旋，将圆水准气泡居中，使仪器竖轴处于铅垂位置，视线概略水平。具体做法是：用两手同时以相对方向分别转动任意两个脚螺旋，此时气泡移动的方向和左手大拇指旋转方向相

同，然后再转动第三个脚螺旋使气泡居中，如此反复进行，直至在任何位置水准气泡均位于分划圆圈内为止。

（2）照准

照准就是用望远镜照准水准尺，清晰地看清目标和十字丝。当眼睛靠近目镜上下微微晃动时，物像随着眼睛的晃动也上下移动，这就表明存在着视差。有视差，就会影响照准和读数精度。消除视差的方法是仔细且反复交替地调节目镜和物镜对光螺旋，使十字丝和目标影像共平面，且同时都十分清晰。

（3）精平

精平就是转动微倾螺旋将水准管气泡居中，使视线精确水平，其做法是：慢慢转动微倾螺旋，使观察窗中符合水准气泡的影像符合。左侧影像移动的方向与右手大拇指转动方向相同。由于气泡影像移动有惯性，在转动微倾螺旋时要慢、稳、轻、速度不宜太快。

（4）读数

读数就是在视线水平时，用望远镜十字丝的横丝在尺上读数。读数前要认清水准尺的刻画特征，成像要清晰稳定。

水准仪主要轴线应满足以下几何条件。

（1）圆水准器轴应平行于仪器竖轴，即$L_0L_0 /\!/ VV$。

（2）十字丝横丝应垂直于竖轴，即$II \perp VV$。

（3）水准管轴应平行于视准轴，即$LL /\!/ CC$。

高层建筑楼层高程传递的常用方法有悬挂钢尺法和全站仪天顶测距法。

全站仪天顶测距法：在高层建筑各层楼板间预留的垂准孔或电梯井间使用全站仪进行测量，通过测量垂直距离和已知的仪器常数，确定各楼层铁板的顶面标高。

悬挂钢尺法：通过在墙体上悬挂钢尺，利用水准仪读取数据，将高程传递到高层建筑的不同楼层。

【例 17-2-15】 欲放样B点的设计高程$H_{\mathrm{B}} = 6.000\mathrm{m}$，已知水准点高程$H_{\mathrm{A}} = 3.545\mathrm{m}$，水准尺后视$A$点水平读数$a = 2.817\mathrm{m}$，放样$B$点设计高程的前视读数：

A. $b = 3.545\mathrm{m}$　　B. $b = 1.555\mathrm{m}$

C. $b = 2.362\mathrm{m}$　　D. $b = 0.362\mathrm{m}$

解 由$H_{\mathrm{A}} = 3.545\mathrm{m}$，$A$点尺上读数为 2.817m，可知视线高为：$3.545 + 2.817 = 6.362\mathrm{m}$。已知$B$点高程为$H_{\mathrm{B}} = 6.000\mathrm{m}$，则$B$点水准尺读数为：$6.362 - 6 = 0.362\mathrm{m}$。选 D。

【例 17-2-16】 水准测量中，已知A点水准尺读数为 1.234m，B点为 2.395m，则高差h_{BA}为：

A. $+1.161\mathrm{m}$　　B. $-1.161\mathrm{m}$　　C. $+3.629\mathrm{m}$　　D. $-3.629\mathrm{m}$

解 B点到A点的高差为：$h_{\mathrm{BA}} = h_{\mathrm{B}} - h_{\mathrm{A}} = 2.395 - 1.234 = 1.161\mathrm{m}$。选 A。

【例 17-2-17】 在进行三、四等水准测量时，为削弱水准仪下沉的影响，可采用：

A. “后—前—前—后”的观测顺序　　B. 往返测量的观测方法

C. 使前、后视距相等的观测方法　　D. 两次同向观测的方法

解 为减弱仪器下沉的影响，在每一测站上应按“后—前—前—后”或“前—后—后—前”的观测程序进行测量。选 A。

【例 17-2-18】 水准测量的前后视距相等，可消除或减弱的影响为：

A. 水准尺倾斜　　B. 水准尺水平

C. 圆水准轴不平行于竖轴　　D. 水准管轴不平行于视准轴

解 水准测量的前后视距相等，可消除或减弱水准管轴不平行于视准轴的影响。选 D。

【例 17-2-19】 水准测量中设P点为后视点，E点为前视点，P点的高程是 51.097m，当后视读数为 1.116m，前视读数为 1.357m 时，E点的高程是：

A. 51.338m　　B. 52.454m　　C. 50.856m　　D. 51.213m

解 $H_E = H_P + h_{PE} = H_P + (\text{后视读数} - \text{前视读数})$

$= 51.097 + (1.116 - 1.357) = 50.856\text{m}$

选 C。

【例 17-2-20】 水准仪测量A、B两点间的高差，把已知高程点A作为后视，待求点B作为前视，先后在两尺上读取读数，得到后视读数a和前视读数b，则A、B两点间的高差可以表示为：

A. $H_{BA} = a - b$　　B. $h_{AB} = a - b$

C. $H_{AB} = a - b$　　D. $h_{BA} = b - a$

解 按水准测量原理，依题意，A、B两点间的高差为：$h_{AB} = a - b$，选 B。

【例 17-2-21】 三角高程测量中，设水平距离为D，α为竖直角，仪器高为i，中丝读数为v，球气差改正为f，则测站点与目标点间高差可表示为：

A. $D\tan\alpha + i - v + f$　　B. $D\tan\alpha + v - i + f$

C. $D\cos^2\alpha + i - v + f$　　D. $D\cos^2\alpha + v - i + f$

解 三角测量高差计算公式：$h = D\tan\alpha + i - v + f$，选 A。

【例 17-2-22】 根据水准测量的原理，水准仪的主要作用是：

A. 提供一条水平视线　　B. 提供水准器装置

C. 具有望远镜功能　　D. 可以照准水准尺读数

解 水准仪的主要作用是提供一条水平视线，借以测得两点之间的高差。选 A。

【例 17-2-23】 测量工作中视差产生的原因是：

A. 气流影像　　B. 验测目标太远

C. 仪器体系误差　　D. 验测点影像与十字丝分划板不重合

解 视差的表现是观测者在目镜前眼睛移动时读取的数值会发生变化，其原因是观测点成像与十字丝分划板不重合。而选项 A，气流影像则是观测者眼睛不动时可看到受气流影响的晃动的影像；选项 B，当验测目标太远时，受仪器望远镜放大倍数或受人眼最小分辨率的限制，观测时目标分辨不清；选项 C，仪器体系误差一般为系统性误差，误差类型较多。选 D。

经 典 练 习

17-2-1　直线AB的坐标增量为：$+\Delta X$，$-\Delta Y$。其坐标方位角范围及其象限是（　　）。

A. 第一象限，0°~90°　　B. 第二象限，90°~180°

C. 第三象限，180°~270°　　D. 第四象限，270°~360°

17-2-2　精确罗盘指北针所指的北方向是（　　）。

A. 平面坐标系的X轴　　B. 地球自转轴方向

C. 该点磁力线北方向　　D. 椭球子午线北方向

17-2-3　地球有时可看作一个圆球体，半径大致为（　　）。

A. 6 371km　　B. 637km　　C. 63 714km　　D. 10 000km

17-2-4 导线测量的外业工作在踏勘选点工作完成后，然后需要进行下列何项工作？（　　）

A. 水平角测量和竖直角测量　　B. 方位角测量和距离测量

C. 高程测量和边长测量　　D. 水平角测量和边长测量

17-2-5 观测水平角时，水平度盘与照准部的关系是（　　）。

A. 一起转动

B. 水平度盘在上半测回转动，下半测回不动

C. 水平度盘不动

D. 水平度盘有时转动，有时不动

17-2-6 已知A点，$H_A = 3.228\text{m}$，水准仪器后视A点水平读数$a = 1.518\text{m}$，放样B点的前视水平读数为$b = 1.310\text{m}$，则B点的高程测量结果为（　　）。

A. $H_B = 3.436\text{m}$　　B. $H_B = 3.020\text{m}$　　C. $H_B = 0.400\text{m}$　　D. $H_B = 6.056\text{m}$

17-2-7 图根平面控制可以采用图根导线测量，对于图根导线作为首级控制时，其方位角闭合差应符合下列哪项规定？（　　）

A. 小于$40''\sqrt{n}$　　B. 小于$45''\sqrt{n}$　　C. 小于$50''\sqrt{n}$　　D. 小于$60''\sqrt{n}$

17-2-8 已知直线AB的方位角$\alpha_{AB} = 60°30'18''$，$\angle BAC = 90°22'12''$，若$\angle BAC$为左角，则直线AC的方位角α_{AC}等于（　　）。

A. $150°52'30''$　　B. $29°51'54''$　　C. $89°37'48''$　　D. $119°29'42''$

17-2-9 在测站点O上，用经纬仪测得A点水平度盘读数为120°，B点水平度盘读数为280°，则$\angle AOB$的值为（　　）。

A. 160°　　B. −160°　　C. 80°　　D. 240°

17-2-10 闭合导线（n段）角度（β_i）闭合差检核公式是（　　）。

A. $\sum\beta_i - 360° \leqslant$ 容许值　　B. $\sum\beta_i - (n-1)180° \leqslant$ 容许值

C. $\sum\beta_i - 180° \leqslant$ 容许值　　D. $\sum\beta_i - (n-2)180° \leqslant$ 容许值

17-2-11 下列可作为测量野外工作基准线的是（　　）。

A. 水平线　　B. 法线方向　　C. 铅垂线　　D. 坐标纵轴方向

17-2-12 钢尺量距时，下列不需要的改正是（　　）。

A. 尺长改正　　B. 温度改正

C. 倾斜改正　　D. 地球曲率和大气折光改正

17-2-13 钢尺量距时，丈量值比实际的距离要小，其可能的原因为（　　）。

A. 钢尺比标准尺更长　　B. 钢尺倾斜

C. 定线不准　　D. 测量时的温度比核定时的温度要低

17-2-14 起讫于同一已知点的导线称之为（　　）。

A. 附合导线　　B. 结点导线网　　C. 支导线　　D. 闭合导线

17-2-15 重力测量三要素里不包括（　　）。

A. 距离　　B. 高度　　C. 角度　　D. 点位

17-2-16 确定一直线与标准方向的水平角度的工作称为（　　）。

A. 方位角测量　　B. 直线定向　　C. 象限角测量　　D. 直线定线

17-2-17 水准测量时，水准仪视准轴不平行于水准管轴所引起的误差属于（　　）。

A. 偶然误差　　B. 系统误差　　C. 粗差　　D. 相对误差

17-2-18 已知某直线两端点的坐标差分别为$\Delta x = -60.2$，$\Delta y = 86.5$，该直线的坐标方位角在第（　　）象限。

A. I　　B. II　　C. III　　D. IV

17-2-19 平板仪是根据（　　）原理测图。

A. 正投影　　B. 图解法　　C. 解析法　　D. 等级投影

17-2-20 视距测量中，设视距尺的尺间隔为l，视距乘常数为k，竖直角为α，仪器高为i，中丝读数为v，则测站点与目标点间高差计算公式为（　　）。

A. $h_{测点-目标点} = kl\cos\alpha - i + v$　　B. $h_{测点-目标点} = kl\cos 2\alpha - i + v$

C. $h_{测点-目标点} = kl\cos 2\alpha + i - v$　　D. $h_{目标点-测点} = kl\cos 2\alpha - i + v$

17.3 地形图测绘

考试大纲☞： 地形图基本知识　地物平面图测绘　等高线地形图测绘

17.3.1 地形图基本知识

1）基本概念

（1）地物：指地面上天然或人工形成的固定的物体，如湖泊、河流、海洋、房屋、道路、桥梁等。

（2）地貌：指地表高低起伏的形态，如山地、丘陵和平原等。

（3）地形：地物和地貌总称。

（4）地形图：按一定的比例尺，用规定的符号表示的地物、地貌平面位置和高程正射投影图。

（5）平面图：只表示地物，不表示地貌，且将水准面看作水平面进行投影图。

2）地形图比例尺

（1）比例尺：地形图上任意一线段的长度与地面上相应线段的实际水平长度之比。

（2）比例尺精度：相当于图上 0.1mm 的实地水平距离。精度= 0.1mm × M，M为比例尺分母。比例尺大小不同，精度数值也不同。图的比例尺越大，图上的地物地貌越详细，精度越高。但测绘工作量也成倍增加。所以应根据实际需要选择比例尺。高程比例尺是用来表示地形图上垂直高度与实际高度之间的比例关系，而平距比例尺则表示地形图上水平距离与实际水平距离之间的比例关系。在绘制纵断面图时，为了能够清晰地表示地形的起伏情况，高程比例尺通常会设置得比平距比例尺大 5~10 倍，以确保高程的变化能够得到准确的反映，同时又不会使图形过于拥挤或难以解读。

3）地形图的分幅与编号

（1）两种分幅方法。

梯形分幅——用经线、纬线划分图幅范围。它一般用于 1：5 000~1：100 万的中、小比例尺地图的分幅。

矩形分幅——用纵横坐标格网线划分图幅范围。它一般用于城市和工程建设 1：500~1：2 000 的大比例尺地图的分幅。

（2）编号方法：大比例尺地形图常用的编号方法有坐标编号法和数字顺序编号法。

4）图廓和图廓外注记

（1）图廓：图幅四周的范围线，它有内外图廓之分。内图廓线是地形图分幅时的坐标格网，是测量边界线，线粗为 0.1mm。外图廓线是距内图廓以外一定距离绘制的加粗平行线，仅起装饰作用，线粗为 0.5mm。

坐标格网线的位置——在内图廓外四角处注有坐标值，并在内图廓线内绘有 10cm 间隔互相垂直交叉的 5mm 短线，表示坐标格网线的位置。在内、外图廓线间还注记坐标格网线的坐标值。

（2）图廓外注记：为了图纸管理和使用的方便，在地形图的图框外有许多注记，如图名、图号、接图表、图廓等。

其他注记除了外图廓线之外，还应注明测量所使用的平面坐标系、高程系、比例尺、成图方法、成图日期及测绘单位等，供日后用图时参考。

5）地形图图示

（1）地物符号。

①比例符号：地物的形状和大小均按测图比例尺缩小，并用规定的符号绘在图纸上，这种地物符号称为比例符号。如房屋、较宽的道路、稻田、花圃、湖泊等。

②非比例符号：有些地物，轮廓较小，无法将其形状和大小按比例缩绘到图上，而采用相应的规定符号表示，这种符号称为非比例符号。如三角点、导线点、水准点、独立树、旗杆、路灯等。

③半比例符号：地物的长度可按比例尺缩绘，而宽度按规定尺寸绘出，这种符号称为半比例符号。用半比例符号表示的地物都是一些带状地物。如小路、通信线、管道、围墙、篱笆、铁丝网等。

（2）地貌符号。地形图上表示地貌的主要方法是等高线。用等高线表示地貌，既能表示地面高低起伏的形态，又能表示地面的坡度和地面点的高程。

（3）地物注记。对地物加以说明的文字、数字或特有符号，称为地物注记。

6）等高线

（1）等高线：地面上高程相等的相邻点所连成的闭合曲线。

（2）等高距：相邻等高线之间的高差称为等高距，也称为等高线间隔，用h表示。

（3）等高线平距：相邻等高线之间的水平距离称为等高线平距，用d表示。设地面两点的水平距离为D，高差是h，则高差与水平距离之比称为坡度，用i表示，即

$$i = \frac{h}{dM} \tag{17-3-1}$$

式中：d——两点间图上长度（m）；

M——地形图比例尺分母。

地面坡度i与等高线平距d成反比。地面坡度较缓，其等高线平距较大，等高线显得稀疏；地面坡度较陡，其等高线平距较小，等高线十分密集。

（4）等高线的分类

为了更详尽地表示地貌的特征，地形图上常用下面 4 种类型的等高线。

①首曲线：在同一幅地形图上，按规定的基本等高距描绘的等高线称为首曲线，也称基本等高线。首曲线用 0.15mm 的细实线描绘。

②计曲线：凡是高程能被 5 倍基本等高距整除的等高线称为计曲线，也称加粗等高线。计曲线要加粗描绘并注记高程。计曲线用 0.3mm 粗实线绘出。

③间曲线：为了显示首曲线不能表示出的局部地貌，按1/2基本等高距描绘的等高线称为间曲线，也称半距等高线。间曲线用 0.15mm 的细长虚线表示。

④助曲线：用间曲线还不能表示出的局部地貌，可按1/4基本等高距描绘的等高线称为助曲线。助曲线用 0.15mm 的细短虚线表示。

（5）等高线的特性

①在同一条等高线上各点的高程相等。

②每条等高线必为闭合曲线，如不在本幅图内闭合，也在相邻的图幅内闭合。

③不同高程的等高线不能相交。当等高线重叠时，表示陡崖和悬崖。

④山脊线（分水线）、山谷线（集水线）均与等高线垂直相交。

⑤等高线平距与坡度成反比。在同一幅图上，平距小表示坡度陡，平距大表示坡度缓，平距相等表示坡度相同。换句话说，坡度陡的地方等高线就密，坡度缓的地方等高线就稀。

⑥等高线跨河时，不能直穿河流，须绕经上游交于河岸线，中断后再从彼岸折向下游。

【例 17-3-1】 下列对等高线的描述正确的是：

A. 是地面上相邻点高程的连线

B. 是地面所有等高点连成的一条曲线

C. 是地面高程相同的相邻点连成的闭合曲线

D. 不是计曲线就是首曲线

解 等高线的定义是地面高程相同的相邻点连成的闭合曲线，因此选项 C 正确，选项 A、B 不准确。选项 D 涉及等高线分类的问题，等高线不仅包括首曲线和计曲线，还有间曲线等其他类别，所以不准确。选 C。

【例 17-3-2】 1∶1 000 地形图的比例尺精度为：

A. 0.05m　　B. 0.1m　　C. 0.2m　　D. 0.5m

解 根据比例尺精度的定义可知，1∶1 000 地形图的比例尺精度为：

$$m_{比例尺精度} = 0.1 \times 1\,000 = 100\text{mm} = 0.1\text{m}$$

选 B。

【例 17-3-3】 地形图中的等高距是指：

A. 相邻等高线之间高差　　B. 相邻等高线之间距离

C. 等高线之周长　　D. 等高线之高程

解 等高距：相邻等高线之间的高差称为等高距，也称为等高线间隔，用h表示。选 A。

【例 17-3-4】 按基本等高距绘制的等高线为：

A. 首曲线　　B. 计曲线　　C. 间曲线　　D. 助曲线

解 按基本等高距绘制的等高线为首曲线。计曲线为由零等高线起，每 5 倍等高距加粗并注记的等高线，间曲线为按1/2基本等高距描绘的等高线，助曲线为按1/4基本等高距描绘的等高线。选 A。

【例 17-3-5】 某场地平整成一个倾斜的平面，这个等高线的图形为：

A. 向高的地方凸的曲线　　B. 向低的地方凸的曲线

C. 间距不同互相平行的直线　　D. 间距相同互相平行的直线

解 向高的地方凸出的等高线为山谷线，向低的地方凸出的等高线为山脊线；间距不同、相互平行的直线，表明该范围内的坡度不一致，因此不是平面，会有起伏。间距相同且相互平行，表明该区域为倾斜的平面。选 D。

【例 17-3-6】 山谷线称之为：

A. 等高线　　B. 计曲线　　C. 汇水线　　D. 分水线

解 汇水线是集水线。山谷最低点的连线称为“山谷线”或“集水线”。山脊线为流域的分水线，山谷线为河流的集水线。选 C。

【例 17-3-7】 1∶1 000 的地形图宜采用：

A. 6°带高斯-克吕格投影　　B. 3°带高斯-克吕格投影

C. 正轴等角割圆锥投影　　D. 方位投影

解 我国国家基本比例尺地形图中，大中比例尺地形图采用高斯-克吕格投影，其中 1∶2.5 万～1∶50 万地形图采用 6°带投影，1∶1 万及更大比例尺地形图采用 3°带投影，故 1∶1 000 的地形图宜采用 3°带高斯-克吕格投影。选 B。

【例 17-3-8】 根据比例尺的精度概念，测绘 1∶1 000 比例尺地图时，地面上距离小于下列何项在图上表示不出来？

A. 0.2m　　B. 0.5m　　C. 0.1m　　D. 1m

解 比例尺的精度是指传统地形图上 0.1mm 所代表的实地长度。1∶1 000 比例尺精度为：

$$m_{比例尺精度} = 0.1 \times 1\,000 = 100\text{mm} = 0.1\text{m}$$

故地面上距离小于 0.1m 的地物在图上标示不出来。选 C。

【例 17-3-9】 地形图测绘中，铁丝网可利用哪种地物符号表达？

A. 比例符号　　B. 非比例符号　　C. 半比例符号　　D. 地物符号

解 比例符号用来表达面状地物；非比例符号用来表达重要的点状地物；半比例符号用来表达线状地物，如管线、道路、河流、栅栏、铁丝网等；地物符号是一般性的概念，与具体的符号类别不属于同一范畴。选 C。

17.3.2 地物平面图测绘

地形图测绘是在控制测量工作之后，以控制点为测站点，测定其周围的地物、地貌的特征点的平面位置和高程，按测图比例尺缩绘在图纸上，并根据地形图图式规定的符号，勾绘出地物、地貌的位置、形状、和大小，形成地形图。

1）测图前的准备工作

（1）图纸的准备

地形图的测绘一般是在野外边测边绘，因此测图前应先准备图纸。包括在图纸上绘制图廓和坐标格网，并展绘好各类控制点。一般选用一面打毛的乳白色半透明的聚酯薄膜作图纸。

（2）坐标格网

为了准确地将控制点绘在测图纸上，首先要在图纸上精确地绘制10cm × 10cm的坐标格网。绘制坐标格网的方法有对角线法、坐标格网尺法及计算机绘制等。

（3）控制点展绘

根据平面控制点坐标值，将其点位在图纸上标出点旁注明点名及高程，称为控制点展绘。

2）测图方法

在地形图测绘中，决定地物、地貌位置的特征点，称为地形特征点，也称碎部点。测绘地形图就是测定碎部点的平面位置和高程。

传统测图方法有大平板仪测图法、小平板仪与经纬仪联合测图法、经纬仪测绘法等。测图时是用平板仪图解出角度或用经纬仪测出角度，用视测量的方法测出距离和高差，然后用极坐标法绘制出地形图。

3）碎部点的选择

无论采用何种方法测图，都是确定碎部点的平面位置和高程位置。地物特征点主要是地物轮廓的转折点，如房屋的房角，围墙、电力线、道路、河岸线的转弯点、交叉点，电杆、独立树的中心点等。

4）地物绘制

地物要按照国家基本比例尺地图图式规定的符号表示。例如，房屋按其轮廓用直线连接；河流、道路的弯曲部分，用圆滑的曲线连接；对于不能按比例绘制的地物，应按相应的非比例符号表示。

17.3.3 等高线地形图测绘

地貌主要用等高线来表示。对于不能用等高线表示的特殊地貌，如悬崖、峭壁、陡坎、冲沟、雨裂等，则用相应的图式规定符号表示。

等高线是根据相邻地貌特征点的高程，按规定的等高距勾绘的。在碎部测量中，地貌特征点选在坡度和方向变化之处，这样两相邻点间可视为坡度均匀。由于等高线的高程是等高距的整倍数，而所测地貌特征点的高程并非整数，故勾绘等高线时，首先要按比例使用内插法在各相邻地貌特征点间确定等高线通过的高程点，再将高程相同的相邻点用光滑的曲线相连接。

等高线的勾绘方法有比例内插法、图解法和目估法等。

【例 17-3-10】 下列不是等高线的勾绘方法的为：

A. 比例内插法　　B. 图解法

C. 目估法　　D. 投影法

解 等高线的勾绘方法有比例内插法、图解法和目估法等。选 D。

经典练习

17-3-1 同一幅地形图上，等高线密集处表示地势坡度较（　　）。

A. 深　　B. 高　　C. 陡　　D. 缓

17-3-2 下列比例尺中，比例尺最大的是（　　）。

A. 1∶10 000　　B. 1∶5 000　　C. 1∶2 000　　D. 1∶1 000

17-3-3 通过静止的平均海平面并向陆地延伸所形成的封闭曲面称为（　　）。

A. 水平面　　B. 水准面　　C. 大地水准面　　D. 参考椭球面

17-3-4 1∶500 地形图的比例尺精度为（　　）。

A. 0.1m　　B. 0.05m　　C. 0.1mm　　D. 1m

17-3-5 若要求地形图能反映实地 0.05m 的长度，则所用地形图的比例尺不应小于（　　）。

A. 1/500　　B. 1/1 000　　C. 1/2 000　　D. 1/5 000

17-3-6 下列何项描述了比例尺精度的意义？（　　）

A. 数字地形图上 0.1mm 所代表的实地长度

B. 传统地形图上 0.1mm 所代表的实地长度

C. 数字地形图上 0.3mm 所代表的实地长度

D. 传统地形图上 0.3mm 所代表的实地长度

17-3-7 大比例尺地形图上的坐标格网线间距为图上长度（ ）。

A. 10cm　B. 1cm　C. 15cm　D. 20cm

17-3-8 1∶500 地形图上，量得AB两点间的图上距离为 25.6mm，则AB间实际长度为（ ）。

A. 51.2m　B. 5.12m　C. 12.8m　D. 1.25m

17-3-9 在 1∶500 地形图上量得某两点间的距离$d = 234.5\text{mm}$，下列何项表示了两点的实地水平距离D的值？（ ）

A. 117.25m　B. 234.5m　C. 469.0m　D. 1 172.5m

17-3-10 地形图是按一定比例，用规定的符号表示下列哪一项的正射投影图？（ ）

A. 地物的平面位置　B. 地物、地貌的平面位置和高程

C. 地貌高程位置　D. 地面高低状态

17-3-11 同一张地形图上等高距是相等的，则地形图上陡坡的等高线是（ ）。

A. 汇合的　B. 密集的　C. 相交的　D. 稀疏的

17-3-12 下述关于等高线平距的概念，错误的是（ ）。

A. 等高线平距的大小直接与地面坡度有关

B. 等高线平距越大，地面坡度越大

C. 等高线平距越小，地面坡度越大

D. 等高线平距越大，地面坡度越小

17-3-13 同一张地形图，等高距不变，等高线平距与地面坡度的关系为（ ）。

A. 平距大则坡度小　B. 平距大则坡度大

C. 平距大则坡度不变　D. 没有关系

17-3-14 已知A、B两点的高差为 10m，两点间的水平距离为 100m，则AB直线的地面坡度为（ ）。

A. 1%　B. 10%　C. 2%　D. 5%

17-3-15 测绘 1∶1 000 比例尺地形图时，根据比例尺精度可知，测量地物时的准确程度为（ ）。

A. 0.05m　B. 0.1m　C. 0.1mm　D. 1m

17-3-16 在地形测量中，一般用（ ）表示地面高低起伏状态。

A. 不同深度的颜色　B. 晕滃线

C. 等高线　D. 示坡线

17-3-17 若地形点在地形图中的最大距离不超过 3cm，对比例尺为 1∶500 的地形图，相应地形点在实地的最大距离为（ ）。

A. 15m　B. 20m　C. 30m　D. 25m

17.4 地形图的应用

考试大纲☞： 建筑设计中的地形图应用　城市规划中的地形图应用

17.4.1 建筑设计中的地形图应用

在进行建筑设计时，应该充分考虑地形特点，进行合理的竖向规划。例如，当地面坡度为 2.5%~5%时，应尽可能沿等高线方向布置较长的建筑物，这样，房屋的基础工程较节约，道路和联系阶梯也容易

布置。

地形图应用于建筑设计中可以避免开挖大量的土方，节约建设资金，地形对建筑物布置的间接影响主要是自然通风和日照效果两方面。

由地形和温差形成的地形风，往往对建筑通风起着主要作用，须结合地形加以研究，以达到良好的通风效果。把建筑物斜列布置在鞍部两侧迎风坡面，可充分利用垭口风，以取得较好的自然通风效果。建筑物布列在山堡背风坡面两侧和正下坡，可利用绕流和涡流获得较好的通风效果。

在平地，日照效果与地理位置、建筑物朝向和高度、建筑物间隔等有关；而在山区，日照效果除了与上述因素有关外，还与周围地形、建筑物处于向阳坡或背阳坡、地面坡度大小等因素密切相关。因此，日照效果问题就比平地复杂得多，必须对每个建筑物进行个别的具体分析来决定。

17.4.2 城市规划中的地形图应用

城市用地在规划设计以前，首先应按建筑、交通、给水和排水等对地形的要求，分析用地的地形，在地形图上标明不同坡度的地区的地面水流方向、分水线和集水线等，以便合理地利用地形和改造原有地形。

在地形图上，地势的详细程度主要是用等高线来表示的。地表起伏形态在一定程度上影响着地表的水热条件的再分配，使自然地理现象在垂直方向和水平方向上产生局部差异。地形对社会人文要素的空间分布与发展的影响也非常明显。地图上标示图纸和植被主要是为了向用图者提供制图区域的地表覆盖总体情况。城市规划工作者通过地形图就可以了解土质地势，从而为规划道路等提供方便。进行城市道路规划时，必须很好地分析研究整个城市用地地形，利用地形图了解全貌并在地形图上进行纸上定线，而后再依此计算道路坐标，实地放样、修正路线位置以及进行勘测设计等工作。

现在很多城乡规划都是在原来基础上重建、改建或扩建。在这些情况下，地形图就显得更加重要了，规划区域的地形图直接反映了当前地区的水系、地势、土质、植被、居民点、交通网、境界线等。一个地区的经济发展很大程度上取决于城市的各种分布是否合理，所以规划工作相当重要。

经 典 练 习

17-4-1 在地形图上，地势的详细程度主要是用（　　）来表示的。

A. 等高线　　B. 坡度

C. 分水线　　D. 山脊线

17-4-2 地形对建筑物布置的间接影响是（　　）。

A. 地势坡度　　B. 地质地貌

C. 自然通风和日照效果　　D. 以上都不是

17.5 建筑工程测量

考试大纲☞： 建筑工程控制测量　施工放样测量　建筑安装测量　建筑工程变形观测

17.5.1 建筑工程控制测量

1）施工平面控制网

如果直接利用测量控制点进行建筑物定位存在两个缺点，一是点位较少，不便进行也难以保证定位精度，二是利用测量控制点进行定位需作大量计算工作。因此，在面积不大，且不十分复杂的建筑场地，布设建筑基线，在面积大、较复杂的建筑场地，布设建筑方格网。

（1）建筑基线的布设

一般在场地中央布设一条长轴线或若干条与其垂直的短轴线，常见的布设形式见图 17-5-1。

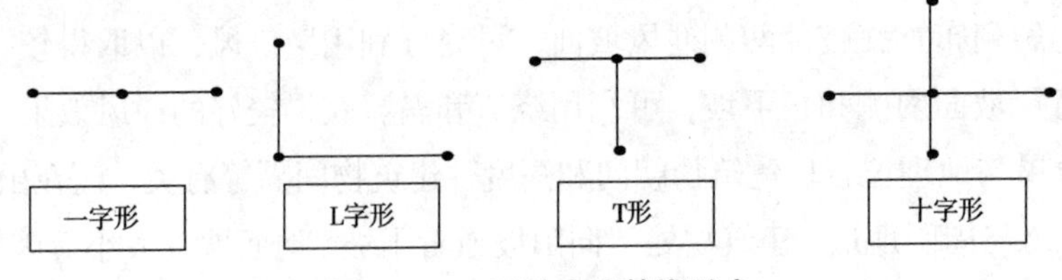

图 17-5-1　四种建设基线形式

（2）建筑方格网

由正方形或矩形格网组成的施工控制网称为建筑方格网，或称矩形网。它是建筑场地常用的控制网形式之一，适用于按正方形或矩形布置的建筑群或大型、高层建筑的场地。布设方格网时，应根据建（构）筑物、道路、管线的分布，结合场地的地形情况，先选定方格网的主轴线，再全面布设方格网。

（3）坐标换算

将大地坐标换算为施工坐标的坐标换算公式为：

$$\begin{cases} x'_{\mathrm{p}} = (x_{\mathrm{p}} - x_0)\cos\alpha + (y_{\mathrm{p}} - y_0)\sin\alpha \\ y'_{\mathrm{p}} = -(x_{\mathrm{p}} - x_0)\sin\alpha + (y_{\mathrm{p}} - y_0)\cos\alpha \end{cases}$$

式中：$x_{\mathrm{p}}, y_{\mathrm{p}}$——点$P$在大地坐标系$XOY$中的坐标；

x'_{p}, y'_0——点P在施工坐标系$X'O'Y$中的坐标；

x_0, y_0——施工坐标系原点在大地坐标系中的坐标；

α——两坐标系纵轴之间的夹角。

将施工坐标换算为大地坐标的公式为：

$$\begin{cases} x_{\mathrm{p}} = x_0 + x'_{\mathrm{p}}\cos\alpha - y'_{\mathrm{p}}\sin\alpha \\ x_{\mathrm{p}} = y_0 + x'_{\mathrm{p}}\sin\alpha + y'_{\mathrm{p}}\cos\alpha \end{cases}$$

2）建筑场地的高程控制测量

建筑场地高程控制点的密度，应尽可能满足在施工放样时安置一次仪器即可测设出所需的高程点，而且在施工期间，高程控制点的位置应稳固不变。对于小型施工场地，高程控制网可一次性布设，当场地面积较大时，高程控制网可分为首级网和加密网两级布设，相应的水准点称为基本水准点和施工水准点。

（1）基本水准点：是施工场地高程首级控制点，用来检核其他水准点高程是否有变动。

（2）施工水准点：用来直接测设建（构）筑物的高程。

【例 17-5-1】 建筑基线的布设的基本形式不包括：

A. 一字形　　B. L 字形　　C. 十字形　　D. 星形

解　建筑基线的布设的基本形式主要有一字形、L 字形、T 形及十字形。选 D。

17.5.2　施工放样测量

施工放样的任务是将图纸上设计的建筑物、构筑物的平面位置和高程按设计要求，以一定的精度在实地标定出来，作为施工的依据。

1）建筑限差和精度分配

（1）建筑限差

一般工程的总误差允许约为10~30mm。对高层建筑物轴线的倾斜度要求高于1/2 000～1/1 000；钢结构允许误差在1~8mm之间；土石方施工误差允许达 10cm；对特殊要求的工程项目，其设计图纸都有明确的限差要求。

（2）精度分配及放样精度要求

在精度分配处理中，一般先采用“等影响原则”“忽略不计原则”处理，然后把计算结果与实际作业条件对照。或凭经验做些调整（即不等影响）后再计算。如此反复直到误差分配比较合理为止。

2）常用的施工放样方法

（1）高程放样

①水准仪法放样

例：如图 17-5-2 所示，已知水准点A的高程$H_{\mathrm{A}} = 24.376\mathrm{m}$，要测设某设计地坪高程$H_{\mathrm{B}} = 25.000\mathrm{m}$。

测设过程如下：

在A、B间安置水准仪，在A竖水准尺，在B处设木桩。

对水准尺A读数，设为$a = 1.534\mathrm{m}$，则：水平视线高 $H_i = H_{\mathrm{A}} + a = 24.376 + 1.534 = 25.910\mathrm{m}$，$B$点应读数$b = H_i - H_{\mathrm{B}} = 25.910 - 25.000 = 0.910\mathrm{m}$。

调整B尺高度，至$b = 0.910\mathrm{m}$时，沿尺底做标记即设计高程H_{B}。

②全站仪放样

对一些高低起伏较大的工程放样，如大型体育馆的网架、桥梁构件、厂房及机场屋架等，用水准仪放样就比较困难，这时可用全站仪无仪器高作业法直接放样高程。如图 17-5-3 所示。

B点的高程为：$H_{\mathrm{B}} = H_{\mathrm{A}} - \Delta h_1 + \Delta h_2$

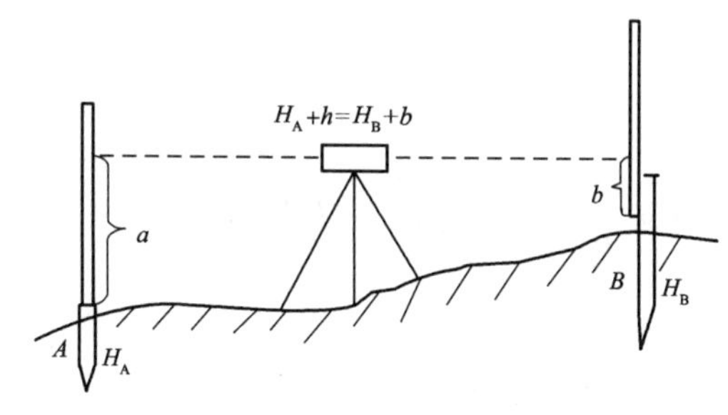

图 17-5-2　水准仪法测高程

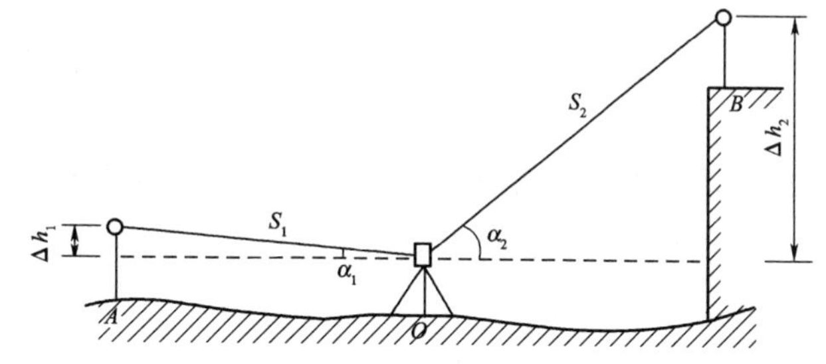

图 17-5-3　全站仪法测高程

（2）角度放样

采用经纬仪正倒镜分中法。如图 17-5-4 所示。

已有测站A、后视方向B待放样的角度为β，要求在地面上设置一个点P使得$\angle BAP = \beta$。

具体操作：A点架经纬仪，盘左瞄准B点，调节测微轮及水平度盘位置变换手轮，配水平度盘至$00°00'00''$；先后旋转仪器、测微轮及水平微动螺旋，使水平度盘读数为β，根据望远镜竖丝位置指挥操作人员在地面上投下一点P'；换成盘右，瞄准B点，用同样的方法在地面上投下一点P''，若$P'P'' < 1\mathrm{cm}$（当$AP < 100\mathrm{m}$时），取$P'P''$中间位置即为P。

（3）距离放样

距离放样是将图纸上设计的已知距离在实地标定出来，即按给定的一个起点和一个方向标定出另一个端点。

常用的测设方法有直角坐标法、极坐标法、距离交会法、角度交会法及直接坐标法。

①直角坐标法：多用于建筑物轴线的放样。现场有控制基线，且待测设的轴线与基线平行。

②极坐标法（见图 17-5-5）

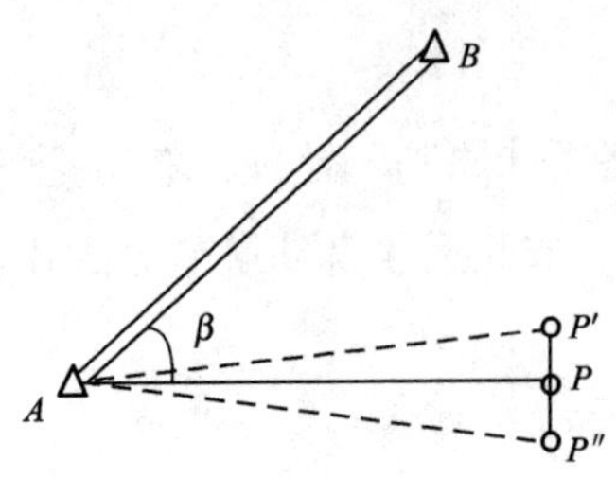

图 17-5-4　经纬仪正倒镜分中法

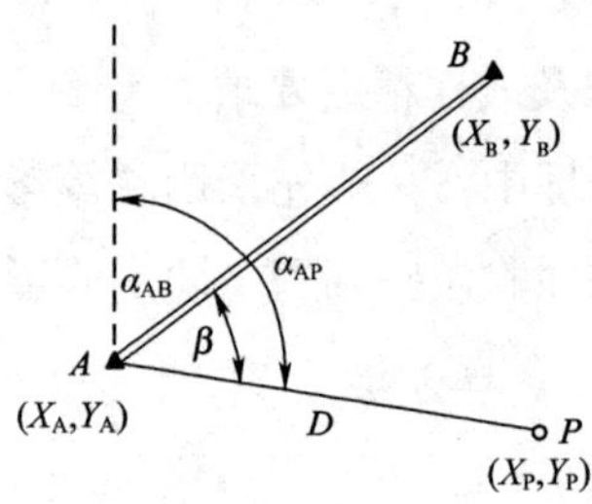

图 17-5-5　极坐标法

首先计算放样数据

$$\alpha_{AB} = \arctan\left(\frac{Y_B - Y_A}{X_B - X_A}\right) \tag{17-5-1}$$

$$\alpha_{AP} = \arctan\left(\frac{Y_P - Y_A}{X_P - X_A}\right) \tag{17-5-2}$$

$$\beta = \alpha_{AP} - \alpha_{AB} \tag{17-5-3}$$

$$D = \sqrt{(X_P - X_A)^2 + (Y_P - Y_A)^2} \tag{17-5-4}$$

后用经纬仪测设，用钢尺测设D，得P点设计位置。

③角度交会法（见图 17-5-6）

设$\angle PAB = \beta_1$，$\angle PBA = \beta_2$。

a. 首先计算α_{AB}、α_{AP}、α_{BP}，则

$$\beta_1 = \alpha_{AP} - \alpha_{AB}$$

$$\beta_2 = \alpha_{BP} - \alpha_{AB}$$

b. 在测站A测设β_1，得AP方向；在测站B测设β_2，得BP方向，相交得P点，定P点标志。

④距离交会法（见图 17-5-7）

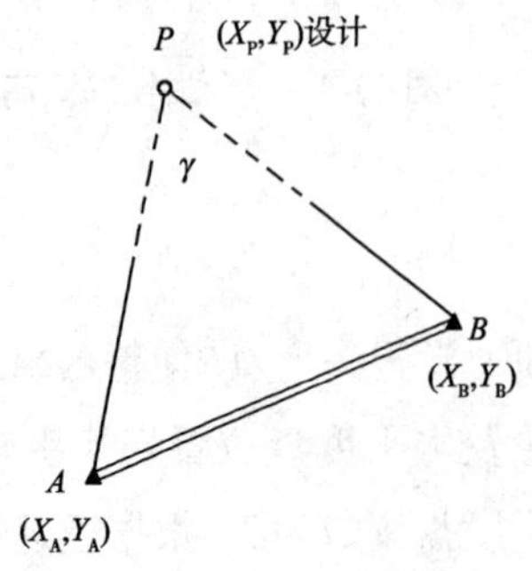

图 17-5-6　角度交会法

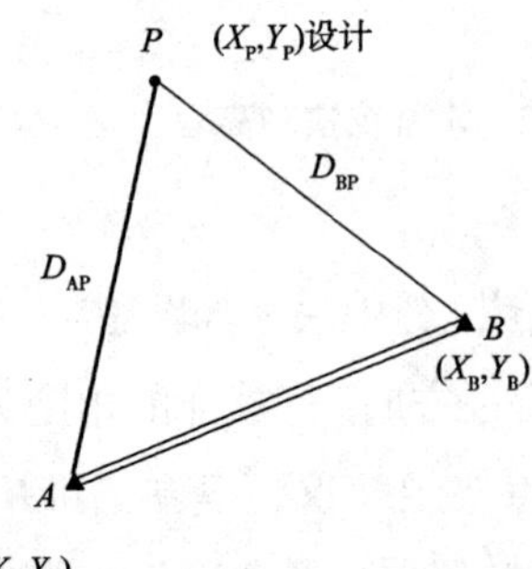

图 17-5-7　距离交会法

a. 计算D_{AP}、D_{BP}。

b. 在测站A用钢尺测设D_1，在测站B用钢尺测设D_2，相交得P点，定P点标志。

【例 17-5-2】 距离放样常用的测设方法不包括：

A. 直角坐标法　　B. 极坐标法　　C. 距离交会法　　D. 目测法

解 常用的测设方法有直角坐标法、极坐标法、距离交会法、角度交会法及直接坐标法。选 D。

17.5.3 建筑安装测量

1）柱子安装测量

（1）对柱子安装的精度要求。柱子中心线应与相应的柱列轴线保持一致，其允许偏差为±5mm。牛腿顶面及柱顶面的实际标高应与设计标高一致，其允许误差为±(5~8mm)，柱高大于 5m 时偏差为±8mm。柱身垂直允许误差：当柱高小于或等于 5m 时，±5mm；当柱高为 5~10m 时，±10mm；当柱高超过 10m 时，则为柱高的1/1 000，但不得大于 20mm。

（2）柱子安装前的准备工作有以下几项：在柱基顶面投测柱列轴线、柱子侧面中心线标定、柱长检查与杯底标高确定。

（3）柱子吊装时的垂直度校正。柱子吊装测量的目的是保证柱子平面和高程位置符合设计要求，柱身铅直。

2）吊车梁安装测量

（1）吊车梁安装前的准备工作

①在柱面上量出吊车梁顶面标高，即根据柱子上的±0.000m标高线，用钢尺沿柱面向上量出吊车梁顶面设计标高线，作为调整吊车梁面标高的依据。

②在吊车梁上弹出梁的中心线。在吊车梁的顶面和两端面上，用墨线弹出吊车梁的中心线作为安装定位的依据。

③在牛腿面上弹出梁的中心线。根据厂房中心线，在牛腿面上投测出吊车梁的中心线。

（2）安装测量

安装时，使吊车梁两端的梁中心线与牛腿面梁中心线重合，这是吊车梁初步定位。采用平行线法，对吊车梁的中心线进行检测。

吊车梁安装就位后，先按柱面上定出的吊车梁设计标高线对吊车梁面进行调整，然后将水准仪安置在吊车梁上，每隔 3m 测一点高程，并与设计高程比较，误差应在±3mm以内。

17.5.4 建筑工程变形观测

变形测量是指利用精密仪器、方法，定期对监测对象的空间位置及自身形态的变化进行动态监测，并对观测结果进行综合分析，及时向有关部门作出预报。

1）建筑物的沉降观测

（1）水准点和观测点的设置

水准点是沉降观测的基准，它应埋设在沉降影响范围以外，距沉降观测点 20~100m，观测方便，且不受施工影响的地方。为了相互校核并防止由于某个水准点的高程变动造成差错，一般至少埋设三个水准点。

（2）观测时间、方法及精度

一般在增加荷重前后，如浇灌基础、回填土、安装柱子和厂房屋架、砌筑砖墙、设备安装、设备运转等都要进行沉降观测。施工期间，高层建筑物每升高 1~2 层或每增加一次荷载，如基础浇灌、安装柱子等，就要观测一次。

（3）沉降观测的成果整理

定期用精密水准仪测定基准点与沉降观测点的高程，计算两次变形观测之间的沉降量与累计沉降量，最后绘制各沉降点的时间—荷载—沉降量曲线图和等沉降曲线图等。

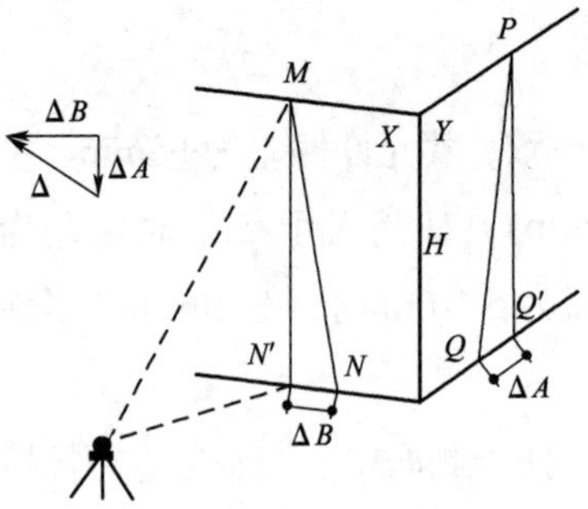

图 17-5-8 基础倾斜观测

2）建筑物的倾斜观测

观测对象主要是高耸的建筑物或地基有不均匀沉降的楼房。观测方法有经纬仪投（点）法、激光铅直仪法及摄影法。

建筑物主体的基础倾斜观测，应测定建筑物顶部观测点相对于底部观测点的偏移值，再根据建筑物的高度，计算建筑物主体的倾斜度，如图 17-5-8 所示。

$$\Delta = \sqrt{(\Delta X)^2 + (\Delta Y)^2} \tag{17-5-5}$$

$$i = \tan\alpha = \frac{\Delta D}{H} \tag{17-5-6}$$

建筑物的上部倾斜观测，引起建筑物上部倾斜的原因主要是基础的不均匀沉降。

上部倾斜观测可采用：

①沉降差推算法；

②铅垂线法；

③经纬仪垂直投影法。

3）位移观测

位移观测是根据平面控制点测定建筑物在平面上随时间而移动的大小及方向。首先，在建筑物纵横方向上设置观测点及控制点。控制点至少 3 个，且位于同一直线上，点间距离宜大于 30m，埋设稳定标志，形成固定基准线，以保证测量精度。

位移观测的方法有以下几种：测角前方交会、基准线法、极坐标法导线法及基准线法。

经典练习

17-5-1 建筑场地高程测量，为了便于建（构）筑物的内部测设，在建（构）筑物内设±0 点，一般情况建（构）筑物的室内地坪高程作为±0，因此，各个建（构）筑物的±0 应该是（　　）。

A. 同一高程　　B. 根据地形确定高程

C. 依据施工方便确定高程　　D. 不是同一高程

17-5-2 沉降观测的基准点是观测建筑物垂直变形值的基准，为了相互校核并防止由于个别基准点的高程变动造成差错，沉降观测布设基准点一般不能少于（　　）。

A. 2 个　　B. 3 个　　C. 4 个　　D. 5 个

17-5-3 水平位移观测时，基准点的数目，一般不能少于（　　）。

A. 1 个　　B. 2 个　　C. 3 个　　D. 4 个

17-5-4 施工控制网一般采用建筑方格网，对于建筑方格的首级控制技术要求应符合《工程测量标准》的要求，其主要技术要求为（　　）。

A. 边长：100~300m，侧角中误差：5″，边长相对中误差：1/30 000

B. 边长：150~350m，侧角中误差：8″，边长相对中误差：1/10 000

C. 边长：100~300m，侧角中误差：6″，边长相对中误差：1/20 000

D. 边长：150~200m，侧角中误差：7″，边长相对中误差：1/15 000

17-5-5 已知控制点A、B的坐标为：$X_A = 100\text{m}$，$Y_A = 50\text{m}$；$X_B = 100\text{m}$，$Y_B = 150\text{m}$。拟测设点P的坐标为：$X_P = 150\text{m}$，$Y_P = 100\text{m}$。试按角度交会法计算测设数据为（　　）。

A. $\beta_A = 45°, \beta_B = 90°$　　B. $\beta_A = 45°, \beta_B = 135°$

C. $\beta_A = 45°, \beta_B = 45°$　　D. $\beta_A = 90°, \beta_B = 45°$

17-5-6 变形观测包括沉降观测、（　　）和位移观测。

A. 竖直观测　　B. 倾斜观测　　C. 水平观测　　D. 角度观测

17-5-7 高烟囱倾斜的检测方法可选择采用（　　）。

A. 视距测量　　B. 流体静力测量

C. 导线测量　　D.经纬仪投测

17-5-8 建筑施工测量中常用的平面控制网的形式有（　　）。

A. 建筑基线、建筑方格网　　B. 平板仪导线、建筑方格网

C. 视距导线、建筑基线　　D. 平板仪导线、建筑基线

17-5-9 位移观测的方法不包括（　　）。

A. 测角前方交会法　　B. 基准线法

C. 极坐标法导线法　　D. 解析法

参考答案及提示

17-1-1 D 系统误差可通过采用适当的观测方法来抵消或消除。

17-1-2 A 系统误差产生的主要原因之一，是仪器设备制造不完善。照准误差和读数误差都属于偶然误差。

17-1-3 A 在相同的观测条件下，对某量进行了n次观测，如果误差出现的大小和符号均相同或按一定的规律变化，称这种误差为系统误差。基本特征是可以采用一定的观测方法或者加改正数的方式消除或给予改正，水准仪i角误差符合这一特征。其余各项为偶然误差，误差的大小具有随机性。

17-1-4 B 绝对值小的误差比绝对值大的误差出现的机会多。

17-1-5 C 经纬仪测量水平角时，盘左、盘右观测取平均值作为结果，主要是为了消除一些可能影响观测精度的误差。首先，这种方法可以消除视准轴不严格垂直于横轴，以及横轴不严格垂直于竖轴所引起的误差。另外，它也可以削弱度盘偏心误差、竖盘指标差等的影响。此外，通过观测多个测回并在测回间变换度盘位置，可以使读数均匀地分布在度盘各个位置，从而减小度盘分画误差的影响。总的来说，这种方法是通过数学手段尽可能地提高测量结果的准确性。

17-1-6 A 测量值应为其平均值，即 114.239m。

钢尺的测量精度$K = \frac{|D_1 - D_2|}{\frac{1}{2}(D_1 + D_2)} = \frac{0.034}{114.239} = \frac{1}{3\,360}$

17-1-7 D 测量误差包括系统误差和偶然误差。

17-1-8　C　在测量工作中。常将观测者、仪器和外界条件，称为观测条件。观测条件相同的观测，称为等精度观测。

17-1-9　A　最或是值中误差：$M = \pm\frac{m}{\sqrt{n}}$

观测值中误差：$m = \pm\sqrt{\frac{[vv]}{n-1}}$

所以最或是值中误差：$M = \pm\sqrt{\frac{[vv]}{n(n-1)}}$

17-1-10 A

17-1-11 B　按误差传播定律，$\angle C$的中误差计算公式为：

$$\angle C = 180° - \angle A - \angle C$$

$$m_{\angle C} = \sqrt{m_{\angle A}^2 + m_{\angle B}^2} = \sqrt{4^2 + 5^2} = \sqrt{41} = \pm 6.4''$$

17-1-12 C　测量误差按性质主要分为两类：系统误差和偶然误差。

17-1-13 D　测量误差的来源主要是仪器、观测者及外界条件。见测量误差的三个来源。

17-1-14 B　在测量过程中由于观测者主观臆断所引起的误差被称为观测误差。根据其对测量结果影响的性质可分为系统误差、偶然误差和粗差。

17-2-1　D　此处X、Y轴与数学上的X、Y轴方向相反，即南—北为X轴正方向，西—东为Y轴正方向。故$+\Delta X$，$-\Delta Y$应为第四象限，角度为 270°~360°。

17-2-2　C　磁子午线方向是磁针在地球磁场的作用下，磁针自由静止时其轴线所指的方向，可用罗盘仪测定。

17-2-3　A　地球平均半径为 6 371.004km，地球赤道半径为 6 378.140km，地球极地半径为 6 356.755km。

17-2-4　D　导线测量外业工作在踏勘选点完成后，需要进行的测量工作是水平角测量和边长测量。

17-2-5　C　根据经纬仪的测角原理及其构造，观测水平角时，水平度盘与照准部的关系是：水平度盘保持不动，读数指标随照准部转动。这一设计有助于确保测量的准确性和稳定性。

17-2-6　A　$H_B = H_A + a - b = 3.228 + 1.518 - 1.310 = 3.436\text{m}$

17-2-7　A　根据《工程测量标准》，图根导线作为首级控制时，方位角闭合差应小于$40''\sqrt{n}$。

17-2-8　A　根据正反方位角、左角定义及方位角传递公式可得：

$$\alpha_{AC} = \alpha_{BA} + \beta_{左} - 180° = \alpha_{AB} + 180° + \beta_{左} - 180° = \alpha_{AB} + \beta_{左}$$

$$= 60°30'18'' + 90°22'12'' = 150°52'30''$$

17-2-9　A　根据经纬仪水平角测量原理，$\angle AOB = b - a = 280° - 120° = 160°$。

17-2-10 D　闭合导线内角和闭合差检校公式为：

$$\sum\beta_i - (n-2)180° \leqslant 容许值$$

17-2-11 C　测量野外工作的基准线是铅垂线。

17-2-12 D　钢尺量距的三项改正分别为尺长改正、温度改正和倾斜改正。不需要进行地球曲率和大气折光改正。

17-2-13 A　当钢尺的长度大于标准尺长度时，尺长改正数为正值，说明丈量值长度比实际距离要小。钢尺倾斜、定线不准及测量时的温度比核定时的温度低（钢尺收缩），丈量值长度改正数均为负值，说明丈量值比实际距离值大。

17-2-14 D 闭合导线：起讫于同一已知点，形成闭合多边形的导线；附合导线：布设在两个已知点间的导线。

17-2-15 D 重力测量三要素包括距离、高度、角度。

17-2-16 B 确定地面上两点之间的相对位置，仅知道两点之间的水平距离是不够的，还必须确定此直线与标准方向之间的水平夹角。确定一条直线与标准方向之间的水平角度称为直线定向。

17-2-17 B 系统误差产生的主要原因之一，就是仪器设备制造不完善。

17-2-18 B 坐标差ΔX为负，ΔY为正的直线方位角应在第二象限。

17-2-19 B 平板仪测量时，水平角是用图解法测定的，直线的水平距离可直接丈量或用视距法测定。

17-2-20 C 视距测量中，测点至目标点的高差计算公式为：

$$h_{测点一目标点} = kl\cos 2\alpha + i - v$$

17-3-1 C 在同一幅图上，平距小表示坡陡，平距大表示坡缓，平距相等表示坡度相同。换句话说，坡陡的地方等高线就密，坡缓的地方等高线就稀。

17-3-2 D 比例尺是指地形图上任意一线段的长度与地面上相应线段的实际水平长度之比。比例尺越大，表示地图上的长度与实际地面长度的比例越小，即地图上的表示更详细，实际地面上的距离在地图上被放大了。所以分母越小，比例尺越大。

17-3-3 C 与平均海平面吻合，向大陆、岛屿内延伸所形成的闭合曲面，称为大地水准面。

17-3-4 B 比例尺精度指地形图上 0.1mm 的长度相应于地面的实地水平距离，故 1：500 地形图的比例尺精度为：$0.1 \times 10^{-3} \times 500 = 0.05\text{m}$。

17-3-5 A 地形图的比例尺精度为图上 0.1mm 的长度所代表的实际地面长度。根据题意，应有 $0.1 \times 10^{-3} \times M = 0.05\text{m}$，则$\frac{1}{M} = \frac{0.1\times10^{-3}}{0.05} = \frac{1}{500}$。

17-3-6 B 传统地形图上 0.1mm 所表示的实地水平距离。

17-3-7 A 大比例尺地形图上一般采用$10\text{cm} \times 10\text{cm}$正方形组成的坐标格网。

17-3-8 C 根据地形图比例尺定义可得：

$$D = M \cdot d = 500 \times 25.6\text{mm} = 12\,800\text{mm} = 12.8\text{m}$$

17-3-9 A $D = M \times d = 500 \times 234.5 = 117\,250\text{mm} = 117.25\text{m}$

17-3-10 B 地形图是按一定比例，用规定的符号表示地物、地貌的平面位置和高程的正射投影图，见地形图的定义。

17-3-11 B 同一张地形图上，等高线越密集，坡度越陡，反之，越缓，见等高线的定义。

17-3-12 B 等高线平距越大，坡度越小。

17-3-13 A 同一张地形图上，等高距不变，等高线平距大则地面平缓，坡度小。

17-3-14 B 坡度：高差与水平距离之比，用i表示，即$i = \frac{h}{dM}$。式中，d为两点间图上长度（m）；M为比例尺分母。$i = \frac{h}{dM} = \frac{10}{100} = 0.1$。

17-3-15 B 根据比例尺精度的含义，量距精度= $0.1\text{mm} \times 1\,000 = 100\text{mm} = 0.1\text{m}$。

17-3-16 C 地形图上表示地貌的主要方法是等高线。用等高线表示地貌，既能表示地面高低起伏的形态，又能表示地面的坡度和地面点的高程。

17-3-17 A 实地最大距离为：$C = d \times M = 3 \times 500 = 1\,500\text{cm} = 15\text{m}$。

17-4-1 A 地形图上表示地貌的主要方法是等高线。可用等高线来表示地势的详细程度。

17-4-2 C 地形对建筑物布置的间接影响主要是自然通风和日照效果两方面。

17-5-1 D 在建（构）筑物内设置±0点，是根据建（构）筑物的室内地坪设计高程确定的，通常±0点是室内地坪的设计高程。由于不同建（物）筑物的室内地坪设计高程不一定相同，所以各建（构）筑物内的±0点不是同一高程。

17-5-2 B 根据现行《工程测量标准》，变形监测水准基准点布设不少于3个。

17-5-3 C 监测数据需要校核，至少3个点才能满足校核的需要。

17-5-4 A 根据现行《工程测量标准》，建筑方格网首级控制技术要求：边长100~300m，测角中误差：5″；边长相对中误差小于$1/30\,000$。

17-5-5 C 根据测量坐标系的定义，考虑到本题所给坐标的特殊性，可作简图解。

如解图所示，将控制点及放样点展绘在测量坐标系中，从图中可以看出：ΔAPB是等腰三角形，即$\beta_\text{A} = \beta_\text{B} = \arctan\frac{PP'}{AP'} = \frac{50}{50} = 45°$。

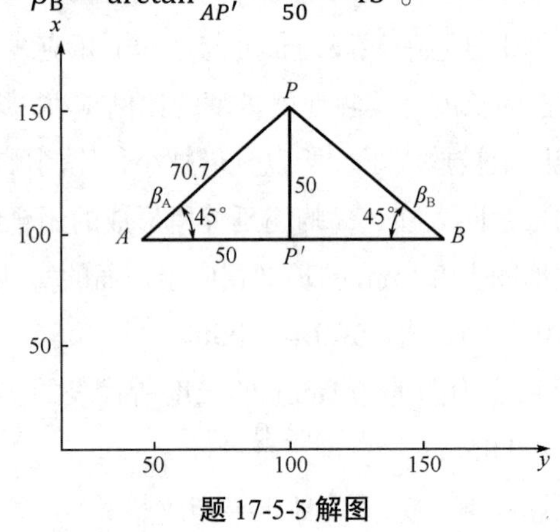

题17-5-5解图

17-5-6 B 变形观测包括沉降观测、倾斜观测和位移观测。

17-5-7 D

17-5-8 A 建筑施工测量中常用的平面控制网的形式有建筑基线、建筑方格网，在面积不大，且不十分复杂的建筑场地，布设建筑基线。面积大、较复杂的建筑场地，布设建筑方格网。

17-5-9 D 位移观测的方法有测角前方交会、基准线法、极坐标法导线法及基准线法。

18 职业法规

考题配置 单选，3题
分数配置 每题2分，共6分

复习指导

本章有关基本建设、建筑、城市规划、环保、房地产方面的法律规范主要靠记忆，复习过程中要对可能成为考题的知识点、敏感点强化记忆，如重要的时间节点、审批或主管部门等都有可能成为考试的出题点。

18.1 我国有关基本建设、建筑、城市规划、环保、房地产方面的法律规范

考试大纲☞： 我国有关基本建设 建筑 城市规划 环保 房地产方面的法律规范

18.1.1 中华人民共和国建筑法（2019年版）

（相关内容见上册第二节）

【例18-1-1】 建筑工程的发包单位，在工程发包中：

A. 必须把工程的勘察、设计、施工、设备采购发包给一个工程总承包

B. 应当把工程的勘察、设计、施工、设备采购逐一发包给不同单位

C. 可以把工程的勘察、设计、施工、设备采购的一项或多项发给一个总承包单位

D. 不能把工程的勘察、设计、施工、设备采购一并发包给一个总承包单位

解 见《中华人民共和国建筑法》第二十四条。选C。

【例18-1-2】 工程建设监理单位的工作内容，下列哪条是正确的？

A. 代表建设单位对承包单位实施监督

B. 对合同的双方进行监理

C. 代表一部分政府职能

D. 只能对建设单位提交意见，由建设单位行使权力

解 见《中华人民共和国建筑法》第三十二条。选A。

【例18-1-3】 全国人民代表大会常务委员会2011年对《中华人民共和国建筑法》的主要修改是：

A. 建筑施工企业应当依法为职工参加工伤保险缴纳工伤保险费。鼓励企业为从事危险作业的职工办理意外伤害保险，支付保险费

B. 责令停业整顿、降低资质等级和吊销资质证书的行政处罚，由颁发资质证书的机关决定；其他行政处罚，由建设行政主管部门或者有关部门依照法律和国务院规定的职权范围决定

C. 被吊销资质证书的，由工商行政管理部门吊销其营业执照

D. 违反本法规定，对不具备相应资质等级条件的单位颁发该等级资质证书的，由其上级机关责令收回所发的资质证书，对直接负责的主管人员和其他直接责任人员给予行政处分；构成犯罪的，依法追究刑事责任

解 2011 年全国人大常委会对第四十八条做了修改。选 A。

【例 18-1-4】 下列哪家单位应该对施工过程中产生的废气、废弃物和噪声等采取措施，保护环境？

A. 建设单位 B. 建筑施工企业

C. 行政主管单位 D. 其他

解 见《中华人民共和国建筑法》第四十一条。选 B。

【例 18-1-5】 在从事建筑活动中，建筑工程的发包单位与承包单位应当依法订立书面合同，明确双方的：

A. 责任和义务 B. 责任和权利 C. 权利和义务 D. 归责和免责

解 见《中华人民共和国建筑法》第十五条：建筑工程的发包单位与承包单位应当依法订立书面合同，明确双方的权利和义务。发包单位和承包单位应当全面履行合同约定的义务。不按照合同约定履行义务的，依法承担违约责任。选 C。

【例 18-1-6】 以下什么情况下会被罚款和取消资质？

A. 发包单位将工程发包给不具有相应资质条件的承包单位

B. 超越本单位资质等级承揽工程

C. 以欺骗手段取得资质证书的

D. 未取得施工许可证或者开工报告未经批准擅自施工的

解 见《中华人民共和国建筑法》第六十五条。选 C。

【例 18-1-7】 某监理人员对不合格的工程按合格工程验收后造成了经济损失，则：

A. 应撤销该责任人员的监理资质 B. 应由该责任人员承担赔偿责任

C. 应追究该责任人员的刑事责任 D. 应给予该责任人员行政处分

解 《中华人民共和国建筑法》第三十五条规定，工程监理单位不按照委托监理合同的约定履行监理义务，对应当监督检查的项目不检查或者不按照规定检查，给建设单位造成损失的，应当承担相应的赔偿责任。工程监理单位与承包单位串通，为承包单位谋取非法利益，给建设单位造成损失的，应当与承包单位承担连带赔偿责任。选 B。

【例 18-1-8】 《中华人民共和国建筑法》关于申请领取施工许可证的相关规定中，下列表述中正确的是：

A. 需要拆迁的工程，拆迁完毕后建设单位才可以申请领取施工许可证

B. 建设行政主管部门应当自收到申请之日起一个月内，对符合条件的申请人颁发施工许可证

C. 建设资金必须全部到位后，建设单位才可以申请领取施工许可证

D. 领取施工许可证按期开工的工程，中止施工不满一年，恢复施工前已向颁发施工许可证机关报告

解 2019 年 4 月 23 日十三届人大第十次会议上对原《中华人民共和国建筑法》第八条做了较大修改，修改后的条文是：

第八条　申请领取施工许可证，应当具备下列条件：

（一）已经办理该建筑工程用地批准手续；

（二）依法应当办理建设工程规划许可证的，已经取得规划许可证；

（三）需要拆迁的，其拆迁进度符合施工要求；

（四）已经确定建筑施工企业；

（五）有满足施工需要的资金安排、施工图纸及技术资料；

（六）有保证工程质量和安全的具体措施。

建设行政主管部门应当自收到申请之日起七日(原为15日)内,对符合条件的申请颁发施工许可证。

根据修改后的第八条，可判断：

选项A错误，拆迁进度符合施工要求即可，不是全拆迁完。

选项B错误，是7日内，不是一个月。

选项C错误，有资金安排即可以，不是资金全部到位。

选项D符合,《中华人民共和国建筑法》第十条规定，在建的建筑工程因故中止施工的，建设单位应当自中止施工之日起一个月内，向发证机关报告，并按照规定做好建筑工程的维护管理工作。

建筑工程恢复施工时，应当向发证机关报告；中止施工满一年的工程恢复施工前，建设单位应当报发证机关核验施工许可证。

选D。

【例18-1-9】 某建设单位于2010年3月20日领到施工许可证，开工后于2010年5月10日中止施工，根据建筑法规定，该建设单位向施工许可证发证机关报告的最迟期限应是2010年：

A. 6月19日　　B. 8月9日　　C. 6月9日　　D. 9月19日

解　《中华人民共和国建筑法》第十条规定，在建的建筑工程因故中止施工的，建设单位应当自中止施工之日起一个月内，向发证机关报告，并按照规定做好建筑工程的维护管理工作。选C。

18.1.2　中华人民共和国城乡规划法（2019年版）

第一章　总　　则

第一条　为了加强城乡规划管理，协调城乡空间布局，改善人居环境，促进城乡经济社会全面协调可持续发展，制定本法。

第二条　制定和实施城乡规划，在规划区内进行建设活动，必须遵守本法。

本法所称城乡规划，包括城镇体系规划、城市规划、镇规划、乡规划和村庄规划。城市规划、镇规划分为总体规划和详细规划。详细规划分为控制性详细规划和修建性详细规划。

本法所称规划区，是指城市、镇和村庄的建成区以及因城乡建设和发展需要，必须实行规划控制的区域。规划区的具体范围由有关人民政府在组织编制的城市总体规划、镇总体规划、乡规划和村庄规划中，根据城乡经济社会发展水平和统筹城乡发展的需要划定。

第三条　城市和镇应当依照本法制定城市规划和镇规划。城市、镇规划区内的建设活动应当符合规划要求。

县级以上地方人民政府根据本地农村经济社会发展水平，按照因地制宜、切实可行的原则，确定应当制定乡规划、村庄规划的区域。在确定区域内的乡、村庄，应当依照本法制定规划，规划区内的乡、村庄建设应当符合规划要求。

县级以上地方人民政府鼓励、指导前款规定以外的区域的乡、村庄制定和实施乡规划、村庄规划。

第四条 制定和实施城乡规划，应当遵循城乡统筹、合理布局、节约土地、集约发展和先规划后建设的原则，改善生态环境，促进资源、能源节约和综合利用，保护耕地等自然资源和历史文化遗产，保持地方特色、民族特色和传统风貌，防止污染和其他公害，并符合区域人口发展、国防建设、防灾减灾和公共卫生、公共安全的需要。

在规划区内进行建设活动，应当遵守土地管理、自然资源和环境保护等法律、法规的规定。

县级以上地方人民政府应当根据当地经济社会发展的实际，在城市总体规划、镇总体规划中合理确定城市、镇的发展规模、步骤和建设标准。

第五条 城市总体规划、镇总体规划以及乡规划和村庄规划的编制，应当依据国民经济和社会发展规划，并与土地利用总体规划相衔接。

第六条 各级人民政府应当将城乡规划的编制和管理经费纳入本级财政预算。

第七条 经依法批准的城乡规划，是城乡建设和规划管理的依据，未经法定程序不得修改。

第八条 城乡规划组织编制机关应当及时公布经依法批准的城乡规划。但是，法律、行政法规规定不得公开的内容除外。

第九条 任何单位和个人都应当遵守经依法批准并公布的城乡规划，服从规划管理，并有权就涉及其利害关系的建设活动是否符合规划的要求向城乡规划主管部门查询。

任何单位和个人都有权向城乡规划主管部门或者其他有关部门举报或者控告违反城乡规划的行为。城乡规划主管部门或者其他有关部门对举报或者控告，应当及时受理并组织核查、处理。

第十条 国家鼓励采用先进的科学技术，增强城乡规划的科学性，提高城乡规划实施及监督管理的效能。

第十一条 国务院城乡规划主管部门负责全国的城乡规划管理工作。

县级以上地方人民政府城乡规划主管部门负责本行政区域内的城乡规划管理工作。

第二章 城乡规划的制定

第十二条 国务院城乡规划主管部门会同国务院有关部门组织编制全国城镇体系规划，用于指导省域城镇体系规划、城市总体规划的编制。

全国城镇体系规划由国务院城乡规划主管部门报国务院审批。

第十三条 省、自治区人民政府组织编制省域城镇体系规划，报国务院审批。

省域城镇体系规划的内容应当包括：城镇空间布局和规模控制，重大基础设施的布局，为保护生态环境、资源等需要严格控制的区域。

第十四条 城市人民政府组织编制城市总体规划。

直辖市的城市总体规划由直辖市人民政府报国务院审批。省、自治区人民政府所在地的城市以及国务院确定的城市的总体规划，由省、自治区人民政府审查同意后，报国务院审批。其他城市的总体规划，由城市人民政府报省、自治区人民政府审批。

第十五条 县人民政府组织编制县人民政府所在地镇的总体规划，报上一级人民政府审批。其他镇的总体规划由镇人民政府组织编制，报上一级人民政府审批。

第十六条 省、自治区人民政府组织编制的省域城镇体系规划，城市、县人民政府组织编制的总体规划，在报上一级人民政府审批前，应当先经本级人民代表大会常务委员会审议，常务委员会组成人员的审议意见交由本级人民政府研究处理。

镇人民政府组织编制的镇总体规划，在报上一级人民政府审批前，应当先经镇人民代表大会审议，代表的审议意见交由本级人民政府研究处理。

规划的组织编制机关报送审批省域城镇体系规划、城市总体规划或者镇总体规划，应当将本级人民代表大会常务委员会组成人员或者镇人民代表大会代表的审议意见和根据审议意见修改规划的情况一并报送。

第十七条　城市总体规划、镇总体规划的内容应当包括：城市、镇的发展布局，功能分区，用地布局，综合交通体系，禁止、限制和适宜建设的地域范围，各类专项规划等。

规划区范围、规划区内建设用地规模、基础设施和公共服务设施用地、水源地和水系、基本农田和绿化用地、环境保护、自然与历史文化遗产保护以及防灾减灾等内容，应当作为城市总体规划、镇总体规划的强制性内容。

城市总体规划、镇总体规划的规划期限一般为二十年。城市总体规划还应当对城市更长远的发展作出预测性安排。

第十八条　乡规划、村庄规划应当从农村实际出发，尊重村民意愿，体现地方和农村特色。

乡规划、村庄规划的内容应当包括：规划区范围，住宅、道路、供水、排水、供电、垃圾收集、畜禽养殖场所等农村生产、生活服务设施、公益事业等各项建设的用地布局、建设要求，以及对耕地等自然资源和历史文化遗产保护、防灾减灾等的具体安排。乡规划还应当包括本行政区域内的村庄发展布局。

第十九条　城市人民政府城乡规划主管部门根据城市总体规划的要求，组织编制城市的控制性详细规划，经本级人民政府批准后，报本级人民代表大会常务委员会和上一级人民政府备案。

第二十条　镇人民政府根据镇总体规划的要求，组织编制镇的控制性详细规划，报上一级人民政府审批。县人民政府所在地镇的控制性详细规划，由县人民政府城乡规划主管部门根据镇总体规划的要求组织编制，经县人民政府批准后，报本级人民代表大会常务委员会和上一级人民政府备案。

第二十一条　城市、县人民政府城乡规划主管部门和镇人民政府可以组织编制重要地块的修建性详细规划。修建性详细规划应当符合控制性详细规划。

第二十二条　乡、镇人民政府组织编制乡规划、村庄规划，报上一级人民政府审批。村庄规划在报送审批前，应当经村民会议或者村民代表会议讨论同意。

第二十三条　首都的总体规划、详细规划应当统筹考虑中央国家机关用地布局和空间安排的需要。

第二十四条　城乡规划组织编制机关应当委托具有相应资质等级的单位承担城乡规划的具体编制工作。

从事城乡规划编制工作应当具备下列条件，并经国务院城乡规划主管部门或者省、自治区、直辖市人民政府城乡规划主管部门依法审查合格，取得相应等级的资质证书后，方可在资质等级许可的范围内从事城乡规划编制工作：

（一）有法人资格；

（二）有规定数量的经相关行业协会注册的规划师；

（三）有规定数量的相关专业技术人员

（四）有相应的技术装备；

（五）有健全的技术、质量、财务管理制度。

编制城乡规划必须遵守国家有关标准。

第二十五条　编制城乡规划，应当具备国家规定的勘察、测绘、气象、地震、水文、环境等基础资料。

县级以上地方人民政府有关主管部门应当根据编制城乡规划的需要，及时提供有关基础资料。

第二十六条 城乡规划报送审批前，组织编制机关应当依法将城乡规划草案予以公告，并采取论证会、听证会或者其他方式征求专家和公众的意见。公告的时间不得少于三十日。

组织编制机关应当充分考虑专家和公众的意见，并在报送审批的材料中附具意见采纳情况及理由。

第二十七条 省域城镇体系规划、城市总体规划、镇总体规划批准前，审批机关应当组织专家和有关部门进行审查。

第三章 城乡规划的实施

第二十八条 地方各级人民政府应当根据当地经济社会发展水平，量力而行，尊重群众意愿，有计划、分步骤地组织实施城乡规划。

第二十九条 城市的建设和发展，应当优先安排基础设施以及公共服务设施的建设，妥善处理新区开发与旧区改建的关系，统筹兼顾进城务工人员生活和周边农村经济社会发展、村民生产与生活的需要。

镇的建设和发展，应当结合农村经济社会发展和产业结构调整，优先安排供水、排水、供电、供气、道路、通信、广播电视等基础设施和学校、卫生院、文化站、幼儿园、福利院等公共服务设施的建设，为周边农村提供服务。

乡、村庄的建设和发展，应当因地制宜、节约用地，发挥村民自治组织的作用，引导村民合理进行建设，改善农村生产、生活条件。

第三十条 城市新区的开发和建设，应当合理确定建设规模和时序，充分利用现有市政基础设施和公共服务设施，严格保护自然资源和生态环境，体现地方特色。

在城市总体规划、镇总体规划确定的建设用地范围以外，不得设立各类开发区和城市新区。

第三十一条 旧城区的改建，应当保护历史文化遗产和传统风貌，合理确定拆迁和建设规模，有计划地对危房集中、基础设施落后等地段进行改建。

历史文化名城、名镇、名村的保护以及受保护建筑物的维护和使用，应当遵守有关法律、行政法规和国务院的规定。

第三十二条 城乡建设和发展，应当依法保护和合理利用风景名胜资源，统筹安排风景名胜区及周边乡、镇、村庄的建设。

风景名胜区的规划、建设和管理，应当遵守有关法律、行政法规和国务院的规定。

第三十三条 城市地下空间的开发和利用，应当与经济和技术发展水平相适应，遵循统筹安排、综合开发、合理利用的原则，充分考虑防灾减灾、人民防空和通信等需要，并符合城市规划，履行规划审批手续。

第三十四条 城市、县、镇人民政府应当根据城市总体规划、镇总体规划、土地利用总体规划和年度计划以及国民经济和社会发展规划，制定近期建设规划，报总体规划审批机关备案。

近期建设规划应当以重要基础设施、公共服务设施和中低收入居民住房建设以及生态环境保护为重点内容，明确近期建设的时序、发展方向和空间布局。近期建设规划的规划期限为五年。

第三十五条 城乡规划确定的铁路、公路、港口、机场、道路、绿地、输配电设施及输电线路走廊、通信设施、广播电视设施、管道设施、河道、水库、水源地、自然保护区、防汛通道、消防通道、核电站、垃圾填埋场及焚烧厂、污水处理厂和公共服务设施的用地以及其他需要依法保护的用地，禁止擅自改变用途。

第三十六条 按照国家规定需要有关部门批准或者核准的建设项目，以划拨方式提供国有土地使用权的，建设单位在报送有关部门批准或者核准前，应当向城乡规划主管部门申请核发选址意见书。

前款规定以外的建设项目不需要申请选址意见书。

第三十七条　在城市、镇规划区内以划拨方式提供国有土地使用权的建设项目，经有关部门批准、核准、备案后，建设单位应当向城市、县人民政府城乡规划主管部门提出建设用地规划许可申请，由城市、县人民政府城乡规划主管部门依据控制性详细规划核定建设用地的位置、面积、允许建设的范围，核发建设用地规划许可证。

建设单位在取得建设用地规划许可证后，方可向县级以上地方人民政府土地主管部门申请用地，经县级以上人民政府审批后，由土地主管部门划拨土地。

第三十八条　在城市、镇规划区内以出让方式提供国有土地使用权的，在国有土地使用权出让前，城市、县人民政府城乡规划主管部门应当依据控制性详细规划，提出出让地块的位置、使用性质、开发强度等规划条件，作为国有土地使用权出让合同的组成部分。未确定规划条件的地块，不得出让国有土地使用权。

以出让方式取得国有土地使用权的建设项目，建设单位在取得建设项目的批准、核准、备案文件和签订国有土地使用权出让合同后，向城市、县人民政府城乡规划主管部门领取建设用地规划许可证。

城市、县人民政府城乡规划主管部门不得在建设用地规划许可证中，擅自改变作为国有土地使用权出让合同组成部分的规划条件。

第三十九条　规划条件未纳入国有土地使用权出让合同的，该国有土地使用权出让合同无效；对未取得建设用地规划许可证的建设单位批准用地的，由县级以上人民政府撤销有关批准文件；占用土地的，应当及时退回；给当事人造成损失的，应当依法给予赔偿。

第四十条　在城市、镇规划区内进行建筑物、构筑物、道路、管线和其他工程建设的，建设单位或者个人应当向城市、县人民政府城乡规划主管部门或者省、自治区、直辖市人民政府确定的镇人民政府申请办理建设工程规划许可证。

申请办理建设工程规划许可证，应当提交使用土地的有关证明文件、建设工程设计方案等材料。需要建设单位编制修建性详细规划的建设项目，还应当提交修建性详细规划。对符合控制性详细规划和规划条件的，由城市、县人民政府城乡规划主管部门或者省、自治区、直辖市人民政府确定的镇人民政府核发建设工程规划许可证。

城市、县人民政府城乡规划主管部门或者省、自治区、直辖市人民政府确定的镇人民政府应当依法将经审定的修建性详细规划、建设工程设计方案的总平面图予以公布。

第四十一条　在乡、村庄规划区内进行乡镇企业、乡村公共设施和公益事业建设的，建设单位或者个人应当向乡、镇人民政府提出申请，由乡、镇人民政府报城市、县人民政府城乡规划主管部门核发乡村建设规划许可证。

在乡、村庄规划区内使用原有宅基地进行农村村民住宅建设的规划管理办法，由省、自治区、直辖市制定。

在乡、村庄规划区内进行乡镇企业、乡村公共设施和公益事业建设以及农村村民住宅建设，不得占用农用地；确需占用农用地的，应当依照《中华人民共和国土地管理法》有关规定办理农用地转用审批手续后，由城市、县人民政府城乡规划主管部门核发乡村建设规划许可证。

建设单位或者个人在取得乡村建设规划许可证后，方可办理用地审批手续。

第四十二条　城乡规划主管部门不得在城乡规划确定的建设用地范围以外做出规划许可。

第四十三条　建设单位应当按照规划条件进行建设；确需变更的，必须向城市、县人民政府城乡规划主管部门提出申请。变更内容不符合控制性详细规划的，城乡规划主管部门不得批准。城市、县人民政府城乡规划主管部门应当及时将依法变更后的规划条件通报同级土地主管部门并公示。

建设单位应当及时将依法变更后的规划条件报有关人民政府土地主管部门备案。

第四十四条　在城市、镇规划区内进行临时建设的，应当经城市、县人民政府城乡规划主管部门批准。临时建设影响近期建设规划或者控制性详细规划的实施以及交通、市容、安全等的，不得批准。

临时建设应当在批准的使用期限内自行拆除。

临时建设和临时用地规划管理的具体办法，由省、自治区、直辖市人民政府制定。

第四十五条　县级以上地方人民政府城乡规划主管部门按照国务院规定对建设工程是否符合规划条件予以核实。未经核实或者经核实不符合规划条件的，建设单位不得组织竣工验收。

建设单位应当在竣工验收后六个月内向城乡规划主管部门报送有关竣工验收资料。

第四章　城乡规划的修改

第四十六条　省域城镇体系规划、城市总体规划、镇总体规划的组织编制机关，应当组织有关部门和专家定期对规划实施情况进行评估，并采取论证会、听证会或者其他方式征求公众意见。组织编制机关应当向本级人民代表大会常务委员会、镇人民代表大会和原审批机关提出评估报告并附具征求意见的情况。

第四十七条　有下列情形之一的，组织编制机关方可按照规定的权限和程序修改省域城镇体系规划、城市总体规划、镇总体规划：

（一）上级人民政府制定的城乡规划发生变更，提出修改规划要求的；

（二）行政区划调整确需修改规划的；

（三）因国务院批准重大建设工程确需修改规划的；

（四）经评估确需修改规划的；

（五）城乡规划的审批机关认为应当修改规划的其他情形。

修改省域城镇体系规划、城市总体规划、镇总体规划前，组织编制机关应当对原规划的实施情况进行总结，并向原审批机关报告；修改涉及城市总体规划、镇总体规划强制性内容的，应当先向原审批机关提出专题报告，经同意后，方可编制修改方案。

修改后的省域城镇体系规划、城市总体规划、镇总体规划，应当依照本法第十三条、第十四条、第十五条和第十六条规定的审批程序报批。

第四十八条　修改控制性详细规划的，组织编制机关应当对修改的必要性进行论证，征求规划地段内利害关系人的意见，并向原审批机关提出专题报告，经原审批机关同意后，方可编制修改方案。修改后的控制性详细规划，应当依照本法第十九条、第二十条规定的审批程序报批。控制性详细规划修改涉及城市总体规划、镇总体规划的强制性内容的，应当先修改总体规划。

修改乡规划、村庄规划的，应当依照本法第二十二条规定的审批程序报批。

第四十九条　城市、县、镇人民政府修改近期建设规划的，应当将修改后的近期建设规划报总体规划审批机关备案。

第五十条　在选址意见书、建设用地规划许可证、建设工程规划许可证或者乡村建设规划许可证发放后，因依法修改城乡规划给被许可人合法权益造成损失的，应当依法给予补偿。

经依法审定的修建性详细规划、建设工程设计方案的总平面图不得随意修改；确需修改的，城乡规划主管部门应当采取听证会等形式，听取利害关系人的意见；因修改给利害关系人合法权益造成损失的，应当依法给予补偿。

第五章 监督检查

第五十一条 县级以上人民政府及其城乡规划主管部门应当加强对城乡规划编制、审批、实施、修改的监督检查。

第五十二条 地方各级人民政府应当向本级人民代表大会常务委员会或者乡、镇人民代表大会报告城乡规划的实施情况，并接受监督。

第五十三条 县级以上人民政府城乡规划主管部门对城乡规划的实施情况进行监督检查，有权采取以下措施：

（一）要求有关单位和人员提供与监督事项有关的文件、资料，并进行复制；

（二）要求有关单位和人员就监督事项涉及的问题作出解释和说明，并根据需要进入现场进行勘测；

（三）责令有关单位和人员停止违反有关城乡规划的法律、法规的行为。

城乡规划主管部门的工作人员履行前款规定的监督检查职责，应当出示执法证件。被监督检查的单位和人员应当予以配合，不得妨碍和阻挠依法进行的监督检查活动。

第五十四条 监督检查情况和处理结果应当依法公开，供公众查阅和监督。

第五十五条 城乡规划主管部门在查处违反本法规定的行为时，发现国家机关工作人员依法应当给予行政处分的，应当向其任免机关或者监察机关提出处分建议。

第五十六条 依照本法规定应当给予行政处罚，而有关城乡规划主管部门不给予行政处罚的，上级人民政府城乡规划主管部门有权责令其做出行政处罚决定或者建议有关人民政府责令其给予行政处罚。

第五十七条 城乡规划主管部门违反本法规定作出行政许可的，上级人民政府城乡规划主管部门有权责令其撤销或者直接撤销该行政许可。因撤销行政许可给当事人合法权益造成损失的，应当依法给予赔偿。

第六章 法律责任

第五十八条 对依法应当编制城乡规划而未组织编制，或者未按法定程序编制、审批、修改城乡规划的，由上级人民政府责令改正，通报批评；对有关人民政府负责人和其他直接责任人员依法给予处分。

第五十九条 城乡规划组织编制机关委托不具有相应资质等级的单位编制城乡规划的，由上级人民政府责令改正，通报批评；对有关人民政府负责人和其他直接责任人员依法给予处分。

第六十条 镇人民政府或者县级以上人民政府城乡规划主管部门有下列行为之一的，由本级人民政府、上级人民政府城乡规划主管部门或者监察机关依据职权责令改正，通报批评；对直接负责的主管人员和其他直接责任人员依法给予处分：

（一）未依法组织编制城市的控制性详细规划、县人民政府所在地镇的控制性详细规划的；

（二）超越职权或者对不符合法定条件的申请人核发选址意见书、建设用地规划许可证、建设工程规划许可证、乡村建设规划许可证的；

（三）对符合法定条件的申请人未在法定期限内核发选址意见书、建设用地规划许可证、建设工程规划许可证、乡村建设规划许可证的；

（四）未依法对经审定的修建性详细规划、建设工程设计方案的总平面图予以公布的

（五）同意修改修建性详细规划、建设工程设计方案的总平面图前未采取听证会等形式听取利害关系人的意见的；

（六）发现未依法取得规划许可或者违反规划许可的规定在规划区内进行建设的行为，而不予查处

或者接到举报后不依法处理的。

第六十一条　县级以上人民政府有关部门有下列行为之一的，由本级人民政府或者上级人民政府有关部门责令改正，通报批评；对直接负责的主管人员和其他直接责任人员依法给予处分：

（一）对未依法取得选址意见书的建设项目核发建设项目批准文件的；

（二）未依法在国有土地使用权出让合同中确定规划条件或者改变国有土地使用权出让合同中依法确定的规划条件的；

（三）对未依法取得建设用地规划许可证的建设单位划拨国有土地使用权的。

第六十二条　城乡规划编制单位有下列行为之一的，由所在地城市、县人民政府城乡规划主管部门责令限期改正，处合同约定的规划编制费一倍以上二倍以下的罚款；情节严重的，责令停业整顿，由原发证机关降低资质等级或者吊销资质证书；造成损失的，依法承担赔偿责任：

（一）超越资质等级许可的范围承揽城乡规划编制工作的；

（二）违反国家有关标准编制城乡规划的。

未依法取得资质证书承揽城乡规划编制工作的，由县级以上地方人民政府城乡规划主管部门责令停止违法行为，依照前款规定处以罚款；造成损失的，依法承担赔偿责任。

以欺骗手段取得资质证书承揽城乡规划编制工作的，由原发证机关吊销资质证书，依照本条第一款规定处以罚款；造成损失的，依法承担赔偿责任。

第六十三条　城乡规划编制单位取得资质证书后，不再符合相应的资质条件的，由原发证机关责令限期改正；逾期不改正的，降低资质等级或者吊销资质证书。

第六十四条　未取得建设工程规划许可证或者未按照建设工程规划许可证的规定进行建设的，由县级以上地方人民政府城乡规划主管部门责令停止建设；尚可采取改正措施消除对规划实施的影响的，限期改正，处建设工程造价百分之五以上百分之十以下的罚款；无法采取改正措施消除影响的，限期拆除，不能拆除的，没收实物或者违法收入，可以并处建设工程造价百分之十以下的罚款。

第六十五条　在乡、村庄规划区内未依法取得乡村建设规划许可证或者未按照乡村建设规划许可证的规定进行建设的，由乡、镇人民政府责令停止建设、限期改正；逾期不改正的，可以拆除。

第六十六条　建设单位或者个人有下列行为之一的，由所在地城市、县人民政府城乡规划主管部门责令限期拆除，可以并处临时建设工程造价一倍以下的罚款：

（一）未经批准进行临时建设的；

（二）未按照批准内容进行临时建设的；

（三）临时建筑物、构筑物超过批准期限不拆除的。

第六十七条　建设单位未在建设工程竣工验收后六个月内向城乡规划主管部门报送有关竣工验收资料的，由所在地城市、县人民政府城乡规划主管部门责令限期补报；逾期不补报的，处一万元以上五万元以下的罚款。

第六十八条　城乡规划主管部门作出责令停止建设或者限期拆除的决定后，当事人不停止建设或者逾期不拆除的，建设工程所在地县级以上地方人民政府可以责成有关部门采取查封施工现场、强制拆除等措施。

第六十九条　违反本法规定，构成犯罪的，依法追究刑事责任。

第七章　附　　则

第七十条　本法自 2008 年 1 月 1 日起施行。《中华人民共和国城市规划法》同时废止。

【例 18-1-10】城镇近期建设规划的年限一般为：

A. 两年　　B. 五年　　C. 十年　　D. 二十年

解 根据我国城市总体规划的相关要求，城市总体规划的期限一般为 20 年，其中近期建设规划期限一般为 5 年。而建制镇总体规划的期限可以为 10~20 年，近期建设规划可以为 3~5 年。选 B。

【例 18-1-11】某城乡规划主管部门在审定当地建设工程规划以后，应该：

A. 对设计方案保密

B. 公布设计方案的总平面图

C. 立即公开全部设计方案

D. 在五年以后，公开全部设计方案

解 根据《中华人民共和国城乡规划法》第四十条，对符合控制性详细规划和规划条件的，由城市、县人民政府城乡规划主管部门或者省、自治区、直辖市人民政府确定的镇人民政府核发建设工程规划许可证。城市、县人民政府城乡规划主管部门或者省、自治区、直辖市人民政府确定的镇人民政府应当依法将经审定的修建性详细规划、建设工程设计方案的总平面图予以公布。选 B。

【例 18-1-12】下列有关项目选址意见书的叙述，说法正确的是：

A. 以划拨方式提供国有土地使用权的建设项目，建设单位应向人民政府行政主管部门申请核发选址意见书

B. 内容包含建设项目的基本情况，规划选址的主要依据，选址用地规范与具体规划要求

C. 由公安部门审批项目选址意见书

D. 大、中型限额以上的项目，由项目所在地县、市人民政府核发选址意见书

解 选项 A 错误，依据《中华人民共和国城乡规划法》第三十六条，应向城乡规划部门申请，而不是人民政府。

选项 C 错误，不属于公安部门管理。

选项 D 错误，国家审批的大、中型限额以上的建设项目，由项目所在地县市人民政府城市规划行政主管部门提出审查意见，并报国务院城市规划行政主管部门备案。

选 B。

【例 18-1-13】下列说法正确的是：

A. 国家污染排放标准是根据国际环境质量标准和国家经济技术条件指定的

B. 国家污染排放标准是根据国家环境质量标准和国家经济技术条件指定的

C. 国家污染排放标准是根据国际环境现状和国家经济技术条件指定的

D. 国家污染排放标准是根据国家环境现状和国家经济技术条件指定的

解 国务院环境保护行政主管部门制定国家环境质量标准，并根据此标准和国家经济技术条件制定国家污染物排放标准。选 B。

【例 18-1-14】根据《中华人民共和国城乡规划法》，直辖市的城市整体规划，由直辖市、人民政府报国务院审批，省、自治区人民政府所在地的城市以及国务院确定的城市的整体规划，由省、自治区、人民政府审查同意后，报：

A. 全国人民代表大会审批　　B. 国务院审批

C. 中共中央政治局常委审批　　D. 住房和城乡建设部审批

解 根据《中华人民共和国城乡规划法》第十四条：城市人民政府组织编制城市总体规划。

直辖市的城市总体规划由直辖市人民政府报国务院审批。省、自治区人民政府所在地的城市以及国务院确定的城市的总体规划，由省、自治区人民政府审查同意后，报国务院审批。其他城市的总体规划，由城市人民政府报省、自治区人民政府审批。选B。

【例 18-1-15】 以下何种情况应该申请核发建设工程规划许可证？

A. 城市规划区内的建设工程的选址和布局

B. 在城市规划区内申请用地

C. 在城市、镇规划区内进行建筑物、构筑物、道路、管线和其他工程建设的

D. 新建、扩建和改建项目

解 见《中华人民共和国城乡规划法》第四十条。选C。

18.1.3 中华人民共和国节约能源法

（相关内容见上册第七节）

【例 18-1-16】《中华人民共和国节约能源法》所称能源是指：

A. 煤炭、石油、天然气、电力

B. 煤炭、石油、天然气、电力、热力

C. 煤炭、石油、天然气、生物质能和电力、热力以及其他直接或者通过加工、转换而取得有用能的各种资源

D. 煤炭、石油、天然气、电力、焦炭、煤气、热力、成品油、液化石油气

解 见《中华人民共和国节约能源法》第二条。选C。

【例 18-1-17】 对违反建筑节能标准的设计单位的处罚，以下不正确的是：

A. 由建设主管部门责令改正，处十万元以上五十万元以下罚款

B. 情节严重的，降低资质等级或者吊销资质证书

C. 造成损失的，依法承担赔偿责任

D. 由颁发资质证书的机关给予责令停业整顿、降低资质等级和吊销资质证书及其他行政处罚

解 见《中华人民共和国节约能源法》第七十九条。选D。

18.1.4 中华人民共和国环境保护法

（相关内容见上册第八节）

【例 18-1-18】《中华人民共和国环境保护法》所称的环境是指：

A. 影响人类生存和发展的各种天然因素总体

B. 影响人类生存和发展的各种自然因素总体

C. 影响人类生存和发展的各种大气、水、海洋和土地环境

D. 影响人类生存和发展的各种天然和经过人工改造的自然因素的总体

解 见《中华人民共和国环境保护法》第二条对环境的定义。选D。

【例 18-1-19】《中华人民共和国环境保护法》规定，产生环境污染和其他公害的单位，必须把环境保护工作纳入计划，建立：

A. 环境保护责任制度　　B. 环境安全责任制度
C. 社会保护责任制度　　D. 工作保护责任制度

解 《中华人民共和国环境保护法》第二十四条规定：产生环境污染和其他公害的单位，必须把环境保护工作纳入计划，建立环境保护责任制度。选A。

【例18-1-20】 在我国现行大气排放标准体系中，对综合性排放标准与行业性排放标准采取：

A. 不交叉执行准则
B. 按照最严格标准执行原则
C. 以综合性标准为主原则
D. 以行业性标准为主原则

解 在我国现有的国家大气污染物排放标准体系中，执行的是综合性排放标准与行业性排放标准不交叉执行的原则。同时，在《大气污染物综合排放标准》（GB 16297—1996）前言中也有相关阐述。选A。

随着党的十九大报告中对环保的重视及相关政策的趋严，环保类法规应受到考生的重视。

18.1.5 中华人民共和国城市房地产管理法（2019年版）

（相关内容见上册第九节）

18.1.6 中华人民共和国刑法修正案（十一）（自2021年3月1日起施行）

《中华人民共和国刑法修正案（十一）》第一百三十四条【重大责任事故罪；强令违章冒险作业罪；危险作业罪】在生产、作业中违反有关安全管理的规定，因而发生重大伤亡事故或者造成其他严重后果的，处三年以下有期徒刑或者拘役；情节特别恶劣的，处三年以上七年以下有期徒刑。

强令他人违章冒险作业，因而发生重大伤亡事故或者造成其他严重后果的，处五年以下有期徒刑或者拘役；情节特别恶劣的，处五年以上有期徒刑。

在生产作业中违反有关安全管理的规定，有下列情形之一，具有发生重大伤亡事故或者其他严重后果的现实危险的，处一年以下有期徒刑、拘役或者管制：

（一）关闭、破坏直接关系生产安全的监控、报警、防护、救生设备、设施或者篡改、隐瞒、销毁其相关数据、信息的；

（二）因存在重大事故隐患被依法责令停产停业、停止施工、停止使用有关设备、设施、场所或者立即采取排除危险的整改措施，而拒不执行的；

（三）涉及安全生产的事项未经依法批准或者许可，擅自从事矿山开采、金属冶炼、建筑施工，以及危险物品生产、经营、储存等高度危险的生产作业活动的。

18.1.7 注册公用设备工程师执业资格制度暂行规定（自2003年5月1日起施行）

第一章 总 则

第一条 为加强对公用设备专业工程设计人员的管理，保证工程质量，维护社会公共利益和人民生命财产安全，依据《中华人民共和国建筑法》、《建设工程勘察设计管理条例》等法律法规和国家有关执业资格制度的规定，制定本规定。

第二条 本规定适用于从事暖通空调、给水排水、动力等专业工程设计及相关业务活动的专业技术人员。

第三条 国家对从事公用设备专业工程设计活动的专业技术人员实行执业资格注册管理制度，纳入全国专业技术人员执业资格制度统一规划。

第四条 本规定所称注册公用设备工程师，是指取得《中华人民共和国注册公用设备工程师执业资格证书》和《中华人民共和国注册公用设备工程师执业资格注册证书》，从事公用设备专业工程设计及相关业务的专业技术人员。

第五条 建设部、人事部等国务院有关主管部门和省、自治区、直辖市人民政府建设行政部门、人事行政部门等依照本规定对注册公用设备工程师执业资格的考试、注册和执业进行指导、监督和检查。

第六条 全国勘察设计注册工程师管理委员会下设全国勘察设计注册工程师公用设备专业管理委员会（以下简称公用设备专业委员会），由建设部、人事部和有关行业协会及公用设备专业工程设计的专家组成，具体负责注册公用设备工程师执业资格的考试、注册和管理等工作。

各省、自治区、直辖市的勘察设计注册工程师管理委员会，负责本地区注册公用设备工程师执业资格的考试组织、取得资格人员的管理和办理注册申报等具体工作。

第二章 考 试

第七条 注册公用设备工程师执业资格考试实行全国统一大纲、统一命题的考试制度，原则上每年举行一次。

第八条 公用设备专业委员会负责拟定公用设备专业考试大纲和命题、建立并管理考试试题库、组织阅卷评分、提出评分标准和合格标准建议。全国勘察设计注册工程师管理委员会负责审定考试大纲、年度试题、评分标准与合格标准。

第九条 注册公用设备工程师执业资格考试由基础考试和专业考试组成。

第十条 凡中华人民共和国公民，遵守国家法律、法规，恪守职业道德，并具备相应专业教育和职业实践条件者，均可申请参加注册公用设备工程师执业资格考试。

第十一条 注册公用设备工程师执业资格考试合格者，由省、自治区、直辖市人事行政部门颁发人事部统一印制，人事部、建设部用印的《中华人民共和国注册公用设备工程师执业资格证书》。

第三章 注 册

第十二条 取得《中华人民共和国注册公用设备工程师执业资格证书》者，可向所在省、自治区、直辖市勘察设计注册工程师管理委员会提出申请，由该委员会向公用设备专业委员会报送办理注册的有关材料。

第十三条 公用设备专业委员会向准予注册的申请人核发由建设部统一制作，全国勘察设计注册工程师管理委员会和公用设备专业委员会用印的《中华人民共和国注册公用设备工程师执业资格注册证书》和执业印章。申请人经注册后，方可在规定的业务范围内执业。

公用设备专业委员会应将准予注册的注册公用设备工程师名单报全国勘察设计注册工程师管理委员会备案。

第十四条 注册公用设备工程师执业资格注册有效期为2年。有效期满需继续执业的，应在期满前30日内办理再次注册手续。

第十五条 有下列情形之一的，不予注册：

（一）不具备完全民事行为能力的；

（二）在从事公用设备专业工程设计或相关业务中犯有错误，受到行政处罚或者撤职以上行政处分，自处罚、处分决定之日起至申请注册之日不满 2 年的；

（三）自受刑事处罚完毕之日起至申请注册之日不满 5 年的；

（四）国务院各有关部门规定的不予注册的其他情形。

第十六条 公用设备专业委员会依照本规定第十五条决定不予注册的，应自决定之日起 15 个工作日内书面通知申请人。如有异议，申请人可自收到通知之日起 15 个工作日内向全国勘察设计注册工程师管理委员会提出申诉。

第十七条 注册公用设备工程师注册后，有下列情形之一的，由公用设备专业委员会撤销其注册：

（一）不具备完全民事行为能力的；

（二）受刑事处罚的；

（三）在公用设备专业工程设计和相关业务中造成工程事故，受到行政处罚或者撤职以上行政处分的；

（四）经查实有与注册规定不符的；

（五）严重违反职业道德规范的。

第十八条 被撤销注册人员对撤销注册有异议的，可自接到撤销注册通知之日起 15 个工作日内向全国勘察设计注册工程师管理委员会提出申诉。

第十九条 被撤销注册的人员在处罚期满 5 年后可依照本规定重新申请注册。

第四章 执 业

第二十条 注册公用设备工程师的执业范围：

（一）公用设备专业工程设计（含本专业环保工程）；

（二）公用设备专业工程技术咨询（含本专业环保工程）；

（三）公用设备专业工程设备招标、采购咨询；

（四）公用设备工程的项目管理业务；

（五）对本专业设计项目的施工进行指导和监督；

（六）国务院有关部门规定的其他业务。

第二十一条 注册公用设备工程师只能受聘于一个具有工程设计资质的单位。

第二十二条 注册公用设备工程师执业，由其所在单位接受委托并统一收费。

第二十三条 因公用设备专业工程设计质量事故及相关业务造成的经济损失，接受委托单位应承担赔偿责任，并有权根据合约向签章的注册公用设备工程师追偿。

第二十四条 注册公用设备工程师执业管理和处罚办法由建设部会同有关部门另行制定。

第五章 权利和义务

第二十五条 注册公用设备工程师有权以注册公用设备工程师的名义从事规定的专业活动。

第二十六条 在公用设备专业工程设计、咨询及相关业务工作中形成的主要技术文件，应当由注册公用设备工程师签字盖章后生效。

第二十七条 任何单位和个人修改注册公用设备工程师签字盖章的技术文件，须征得该注册公用设备工程师同意；因特殊情况不能征得其同意的，可由其他注册公用设备工程师签字盖章并承担责任。

第二十八条 注册公用设备工程师应履行下列义务：

（一）遵守法律、法规和职业道德，维护社会公众利益；

（二）保证执业工作的质量，并在其负责的技术文件上签字盖章；

（三）保守在执业中知悉的商业技术秘密；

（四）不得同时受聘于两个及以上单位执业；

（五）不得准许他人以本人名义执业。

第二十九条　注册公用设备工程师应按规定接受继续教育，并作为再次注册的依据条件之一。

第六章　附　　则

第三十条　在实施注册公用设备工程师执业资格考试之前，已经达到注册公用设备工程师执业资格条件的，可经考核认定，获得《中华人民共和国注册公用设备工程师执业资格证书》。

第三十一条　经国务院有关部门同意，获准在中华人民共和国境内就业的外籍人员及港、澳、台地区的专业人员，符合本规定要求的，可按规定的程序申请参加考试、注册和执业。

第三十二条　从事公用设备专业工程设计活动的单位配备注册公用设备工程师的具体办法由建设部会同有关部门另行规定。

注册公用设备工程师签字盖章生效的技术文件种类及管理办法由公用设备专业委员会制定。

第三十三条　本规定自 2003 年 5 月 1 日起施行。

经典练习

18-1-1 《中华人民共和国建筑法》中建筑活动是指（　　）。

A. 房屋建筑

B. 房屋建筑及其附属设施的建造

C. 各类房屋建筑及其附属设施的建造和与其配套的线路、管道、设备的安装活动

D. 以上都不是

18-1-2 建筑工程的发包单位不可以（　　）。

A. 将建筑工程的勘察、设计、施工、设备采购一并发包给一个工程总承包单位

B. 将建筑工程勘察、设计、施工、设备采购的一项或者多项发包给一个工程总承包单位

C. 提倡对建筑工程实行总承包

D. 由一个承包单位完成的建筑工程肢解成若干部分发包给几个承包单位

18-1-3 有下列情况的，建设单位应当按照国家有关规定办理申请批准手续（　　）。

A. 需要临时占用规划批准范围以外场地的

B. 可能损坏道路、管线、电力、邮电通信等公共设施的

C. 需要临时停水、停电、中断道路交通的

D. 以上全是

18-1-4 城市总体规划包括（　　）。

A. 城市、镇的发展布局，功能分区，用地布局

B. 禁止、限制和适宜建设的地域范围

C. 各类专项规划、综合交通体系

D. 以上均是

18-1-5 《中华人民共和国环境保护法》规定：建设项目中防治污染的措施，应当与主体工程同时设计、同时施工（　　）。

A. 同时治污　　B. 同时投产使用　　C. 同时建设　　D. 同时竣工

18-1-6 某单位在当地环境保护行政主管部门行使现场环境检查时弄虚作假，则有关部门应该采取

的措施是（　　）。

A. 对直接责任人员予以行政处分　　B. 对该单位处以罚款

C. 责令该单位停产整顿　　D. 对相关负责人员追究法律责任

18-1-7　检测机构若违反《建设工程质量检测管理办法》相关规定，一般对违规行为处以 1 万元以上 3 万元以下罚款，下列违规不在此罚款范围内的是（　　）。

A. 出具虚假检测报告的

B. 超出资质范围从事检测活动的

C. 未按照国家有关工程建设强制性标准进行检测的

D. 未按规定上报发现的违法违规行为和检测不合格事项的

18-1-8　注册公用设备工程师准许的行为不包括（　　）。

A. 保证执业工作的质量

B. 保守在执业中知悉的商业技术秘密

C. 授权他人以本人名义执业

D. 不得同时受聘于两个单位执业

18.2　工程技术人员的职业道德与行为准则

考试大纲☞： 工程技术人员的职业道德与行为准则

（1）热爱科技，献身事业。树立“科学技术是第一生产力”的观念，爱岗敬业，勤奋钻研，追求新知，掌握新技术、新工艺，不断更新业务知识，拓宽视野，忠于职守，辛勤劳动，为企业的振兴与发展贡献自己的才智。

（2）深入实际，勇于攻关。深入基层，深入现场，理论与实际相结合，科研和生产相结合，把施工生产中的难点作为工作重点，知难而进，不断解决施工生产中的技术难题，提高生产效率和经济效益。

（3）一丝不苟，精益求精。牢固确立精心工作、求实认真的工作作风。施工中严格执行建筑技术规范，认真编制施工组织设计，做到技术上精益求精，工程质量上一丝不苟，为用户提供合格产品，推广新技术、新工艺、新材料，不断提高技术水平。

（4）以身作则，培养新人。谦虚谨慎，尊重他人，善于合作共事，搞好团结协作，既当好科学技术带头人，又甘当铺路石，培育科技事业的接班人，大力做好施工科技知识在职工中的普及工作。

（5）严谨求实，追求真理。在参与可行性研究时，坚持真理，实事求是，协助领导进行科学决策；在参与投标时，从企业的实际出发，以合理造价和合理工期进行投标；在施工中，严格执行施工程序、技术规范、操作规程和质量安全标准，决不弄虚作假。

参考答案及提示

18-1-1　C　见《中华人民共和国建筑法》第二条。

18-1-2　D　见《中华人民共和国建筑法》第二十四条。

18-1-3 D 见《中华人民共和国建筑法》第四十二条。

18-1-4 D 见《中华人民共和国城乡规划法》第十七条。

18-1-5 B 见《中华人民共和国环境保护法》第四十一条：建设项目中防治污染的措施，应当与主体工程同时设计、同时施工、同时投产使用。

18-1-6 B 见《中华人民共和国环境保护法》第三十五条，违反本法规定，有下列行为之一的，环境保护行政主管部门或者其他依照法律规定行使环境监督管理权的部门可以根据不同情节，给予警告或者处以罚款：

(1) 拒绝环境保护行政主管部门或者其他依照法律规定行使环境监督管理权的部门现场检查或者在被检查时弄虚作假的；

(2) 拒报或者谎报国务院环境保护行政主管部门规定的有关污染物排放申请事项的；

(3) 不按国家规定缴纳超标准排污费的；

(4) 引进不符合我国环境保护规定要求的技术和设备的；

(5) 将产生严重污染的生产设备转移给没有污染防治能力的单位使用的。

18-1-7 A 根据《建设工程质量检测管理办法》：

第二十九条　检测机构违反本办法规定，有下列行为之一的，由县级以上地方人民政府建设主管部门责令改正，可并处 1 万元以上 3 万元以下的罚款；构成犯罪的，依法追究刑事责任：(一) 超出资质范围从事检测活动的；(二) 涂改、倒卖、出租、出借、转让资质证书的；(三) 使用不符合条件的检测人员的；(四) 未按规定上报发现的违法违规行为和检测不合格事项的；(五) 未按规定在检测报告上签字盖章的；(六) 未按照国家有关工程建设强制性标准进行检测的；(七) 档案资料管理混乱，造成检测数据无法追溯的；(八) 转包检测业务的。

第三十条　检测机构伪造检测数据，出具虚假检测报告或者鉴定结论的，县级以上地方人民政府建设主管部门给予警告，并处 3 万元罚款；给他人造成损失的，依法承担赔偿责任；构成犯罪的，依法追究其刑事责任。

18-1-8 C 依据《注册公用设备工程师执业资格制度暂行规定》第二十八条，注册公用设备工程师应履行下列义务：

(一) 遵守法律、法规和职业道德。维护社会公众利益；

(二) 保证执业工作的质量。并在其负责的技术文件上签字盖章；

(三) 保守在执业中知悉的商业技术秘密；

(四) 不得同时受聘于两个及以上单位执业；

(五) 不得准许他人以本人名义执业。

附录一

注册公用设备工程师（给水排水）执业资格考试
专业基础考试大纲

十二、水文学和水文地质

12.1 水文学概念

河川径流 泥沙测算 流域水量平衡

12.2 洪、枯径流

设计枯水流量和水位 设计洪水流量和水位

12.3 降水资料收集

暴雨公式 洪峰流量

12.4 地下水储存

地质构造 地下水形成 地下水储存 地下水循环

12.5 地下水运动

地下水流向井稳定运动 地下水流向井不稳定运动

12.6 地下水分布特征

河谷冲积层地下水 沙漠地区地下水 山区丘陵区地下水

12.7 地下水资源评价

储量计算 开采量评价

十三、水处理微生物学

13.1 细菌的形态和结构

细菌的形态 细胞结构 生理功能 生长繁殖 命名

13.2 细菌生理特征

营养类型划分 影响酶活力因素 细菌的呼吸类型 细菌生长

13.3 其他微生物

铁细菌 硫细菌 球衣细菌 酵母菌 藻类 原生动物 后生动物 病毒 噬菌体 微生物在水处理中的作用

13.4 水的卫生细菌学

水中的细菌分布 水中病原细菌 水中微生物控制方法 水中病毒检验

13.5 废水生物处理

污染物降解 污染物转化 有机物分解 废水生物处理 水体污染监测

十四、水力学

14.1 水静力学

静水压力 阿基米德原理 潜、浮物体平衡与稳定

14.2 水动力学理论

伯努利方程 总水头线 测压管水头线

14.3 水流阻力和水头损失

沿程阻力系数的变化 局部水头损失 绕流阻力

14.4 孔口、管嘴出流和有压管路

孔口（或管嘴）的变水头出流 短管水力计算 长管水力计算 管网水力计算基础

14.5 明渠均匀流

最优断面和允许流速 水力计算

14.6 明渠非均匀流

临界水深 缓流 急流 临界流 渐变流微分方程

14.7 堰流

薄壁堰 实用断面堰 宽顶堰 小桥孔径水力计算 消力池

十五、水泵及水泵站

15.1 叶片式水泵

离心泵的工作原理 离心泵的基本方程式 性能曲线 比转数（n_s） 定速运行工况 管道系统特性曲线 水箱出流工况点 并联运行 串联运行 调速运行 吸水管中压力变化 气穴和气蚀 气蚀余量 安装高度 混流泵

15.2 给水泵站

泵站分类 泵站供配电 水泵机组布置 吸水管路与压水管路 泵站水锤 泵站噪声

15.3 排水泵站

排水泵站分类 构造特点 水泵选择 集水池容积 水泵机组布置 雨水泵站 合流泵站 螺旋泵污水泵站

十六、水分析化学

16.1 水分析化学过程的质量保证

水样的保存和预处理 水分析结果的误差 数据处理

16.2 酸碱滴定法

酸碱平衡 酸碱滴定 水的碱度与酸度

16.3 络合滴定法

络合平衡 络合滴定 硬度测定

16.4 沉淀滴定法

沉淀滴定原理　莫尔法测定水中氯离子沉淀滴定

16.5　氧化还原滴定法

氧化还原反应原理　指示剂滴定　高锰酸钾法滴定　重铬钾法滴定　碘量法滴定　高锰酸钾指数　COD　BOD_5　总需氧量（TOD）　总有机碳（TOC）

16.6　吸收光谱法

吸收光谱原理　比色法　分光光度法

16.7　电化学分析法

电位分析法　直接电位分析法　电位滴定法

十七、工程测量

17.1　测量误差基本知识

测量误差分类与特点　评定精度　观测值精度评定　误差传播定律

17.2　控制测量

平面控制网定位与定向　导线测量　交会定点　高程控制测量

17.3　地形图测绘

地形图基本知识　地物平面图测绘　等高线地形图测绘

17.4　地形图的应用

建筑设计中的地形图应用　城市规划中的地形图应用

17.5　建筑工程测量

建筑工程控制测量　施工放样测量　建筑安装测量　建筑工程变形观测

十八、职业法规

18.1　我国有关基本建设、建筑、城市规划、环保、房地产方面的法律规范

18.2　工程设计人员的职业道德与行为准则

附录二

注册公用设备工程师（给水排水）执业资格考试专业基础试题配置说明

水文学和水文地质	12 题
水处理微生物学	10 题
水力学	8 题
水泵及水泵站	12 题
水分析化学	10 题
工程测量	5 题
职业法规	3 题

注：试卷题目数量合计 60 题，每题 2 分，满分为 120 分。考试时间为 4 小时。